猪病原感染与感染症

陈　谊　缪德年　李春华　**主编**

上海科学技术出版社

图书在版编目（CIP）数据

猪病原感染与感染症 / 陈谊，缪德年，李春华主编
. -- 上海 ：上海科学技术出版社，2022.11
  ISBN 978-7-5478-5846-2

  Ⅰ．①猪… Ⅱ．①陈… ②缪… ③李… Ⅲ．①猪病－
兽疫－防治 Ⅳ．①S858.28

  中国版本图书馆CIP数据核字(2022)第159419号

猪病原感染与感染症

  陈 谊 缪德年 李春华 主编

上海世纪出版（集团）有限公司
上 海 科 学 技 术 出 版 社 出版、发行
（上海市闵行区号景路 159 弄 A 座 9F－10F）
邮政编码 201101   www.sstp.cn
上海颛辉印刷厂有限公司印刷
开本 787×1092 1/16 印张 56
字数 1500 千字
2022 年 11 月第 1 版 2022 年 11 月第 1 次印刷
ISBN 978－7－5478－5846－2/S・241
定价：180.00 元

本书编委会

我国是历史悠久的养猪大国,也是世界猪肉消费大国。过去曾有"猪是农家宝"和"无豕不成家"之说,今天则提升为"猪、粮安天下",可见养猪业在我国国民经济和民众生活中的重要地位。

回顾 1918 年的世界大流感,死亡人数超过 5 000 万,比第一次世界大战死亡的人数还多;2009 年起源于美国的甲型 H1N1 流感,死亡人数超过 1.85 万,世界卫生组织将其警戒级别上升为 6 级。追根溯源,这两次流感大流行均起源于猪!

再就是 2018 年传入我国的非洲猪瘟,虽然目前尚无该病传染人的报道,但在不到 2 年的流行时间里就给我国养猪业造成巨大损失,并导致猪肉销售价格翻倍。由此可见,猪病的发生和流行已直接影响到我国的国民经济、公共卫生、生物安全与人民群众的日常生活。

猪病的有效防控,尤其是那些由细菌、病毒和寄生虫等病原体引起的重要感染与感染性疾病的防控,了解并掌握这些疾病的病原学、流行病学,及其发生发展与国内外防控研究现状十分必要。为此,上海市农业科学院陈谊等专家学者想国家动物疫病防控人员之所想,急我国猪病防控人员之所急,本着高度的责任感和事业心,不辞辛劳,字斟句酌,历时数载,终于在原《人猪共患疾病与感染》的基础上,编辑完成了 150 余万字的我国首部《猪病原感染与感染症》专著。本书记载了 230 种细菌、病毒和寄生虫性疾病,具有病种全、资料新的全新性与数据来源可靠的可信性和紧密结合临床、便于实施的实用性,值得我们猪病防控的教学科研人员和临床兽医工作者阅读参考。当然,随着猪病病原重组变异的发生和新的病原体的出现与防控技术的发展提高,本书不足之处在所难免,还有待于我们共同补充与完善。

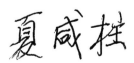

军事科学院军事医学研究院研究员

中国工程院院士

2020 年 6 月于长春

　　近几十年,特别是人类跨进 21 世纪的门槛以来,世界发生多起人或动物的新的感染性疾病,如 SARS、埃博拉出血热、塞卡病毒病、新冠肺炎等,给世界带来恐慌,也给人类敲响生物安全的警钟。我国是养猪大国,猪业安全关系到国家民生、经济、生物安全,也关系到人民健康与人心稳定。而多年来,每隔几年就会有一次猪的新的疫病大流行,不仅经济损失惨重,而且影响极大,涉及面很广。可是,我们对这些疫病认识总是"滞后",比如蓝耳病、圆环病毒病、弓形体病等。这些疫病国外早有报道,有的实际上在我国已有出现,但因多种原因,使我们对其缺乏"认知",从而造成未能早报告、早研究和早防控,特别是基层更是如此。疾病无国界,对世界猪的疫病流行的了解是防控之基础,至关重要,需要做到未雨绸缪。

　　本书作者从国内外常见猪的感染性疫病资料收集开始着手,经过 6 年努力共收集、整理到 220 余种猪疾病,当准备脱稿时又收集到近年来新增的猪疫病,使之增加到 230 种,让人感到震惊。想不到猪感染性疫病有如此之多,又与多种动物及人相互感染,表明同一世界生物的拮抗,共存的复杂性。我们在收集、整理相关资料时还见到一些似是而非的感染猪的微生物,其最终结果如何,仍有待观察、研究。这预示着猪疫病的增多速度在加快,仍有新疫病增加之趋势。

　　数据分析表明,猪感染症已出现某些临床病学和流行病学方面的变化,具体表现为以下几点:

　　第一,"老病"出现新症状、新血清型及基因变异。如猪传染性胃肠炎病毒的基因变异致猪出现呼吸系统症状,猪大肠杆菌病出现 aEPEC 感染,羊结核菌感染猪,猪流感病毒增加了 D 型血清型,PCV 出现 PCV3、PCV4,猪冠状病毒增添了 δ 冠状病毒感染等。

　　第二,"正常微生物"频频致猪感染发病。由于多因素的压迫,干扰着微生态平衡,猪的"正常微生物"的致病时有发生,其中以"细菌"表现明显,如肠球菌、脆弱拟杆菌、枯草芽孢杆菌、阴沟肠杆菌、艰难梭菌、亲水气单胞菌等感染猪或暴发病案增多。

　　第三,突破"种属"屏障,感染其他动物的病原成为感染猪的新病原,而且数量上大大超过仅感染猪的病原数量。近年来,虽然仅感染猪的新病原不断发生,如 PRRS、PCV2、δ 冠状病毒由点到面在猪群中流行;局部地区有布弓瓦纳病毒感染、LINDA 病毒感染的报道,但仅为感染猪 230 种疫病中的 40～50 种,其余的约 180 种均为感染其他动物的病原,经过各种方式突破"种属"屏障逐步感染猪。种属屏障的突破案例早已有之,只不过近年来明显增多,成为猪感染的新趋势。其表现有:① 对猪感染有明显症状的,如牛传染性腹泻、牛瘟、恶性卡他热等;② 某些动物病原,经过对猪的长期适应,已由无症状感染到产生临床症状,如东方马脑炎病毒、亨德拉病毒、Kobu 病毒、土拉热等;③ 某些动物病原可感染猪,但猪无明显临床症状,仅从猪体检出抗体或病原,如肾出血热综合征病毒、西尼罗热病毒、登革热病毒、埃博拉莱斯顿病毒、鼠疫、Q 热、微孢子虫、毛细线虫等;④ 隐性感染(无症状感染)已成为感染症中一个值得探讨的问题,所谓隐性感染并非机体无症状,而是病原已引起机体应答反应,完成柯克定律,是机体临床表现之一,是我们很难识别和控制的传染源,2020 年发生的新冠肺炎已证实了这一点。

在猪流行病传播中隐性感染的存在已久,常在我们引进似健康猪或经检疫为健康猪,但过后猪群却暴发疫情,如伪狂犬病、猪瘟、猪痢疾等,让人防不胜防。其感染形式多样:① 烈性疫病病原衍化。如非洲猪瘟、猪瘟、伪狂犬病,巴氏杆菌、猪丹毒、猪痢疾、猪衣原体、弓形体病、隐孢子虫病等病原,可致猪暴发严重症状的感染,但未致猪灭绝,在流行一段时间后,不论临床症状和病原毒力都出现分化,与机体共存,这可能是微生物界与其他生物界之间相互依存的正常现象。长期隐存后,疫病又会重新暴发。② 感染性病原对同一生物的不同发育阶段的临床表现不一。如猪细小病毒对母猪致病,而感染的肉猪、仔猪带毒却无症状,成为传染源;又如猪巨细胞感染、东部马脑炎、耶尔森菌病、伪结核耶尔森菌病、副猪嗜血杆菌病、猪传染性胸膜肺炎、支原体等。③ 致其他动物发生临床症状的病原逐渐隐性感染猪。目前已知有 60 多种这类病原,如登革热、肾出血热综合征、森林脑炎、戊型肝炎、鼠疫、志贺菌感染、斑点热,芽囊原虫病、微孢子虫病等病原已感染猪,感染猪绝大多数呈现免疫应答或分离到病原,少数病原致病猪出现临床症状。它们可能成为猪的新疫病或该疫病另一传染源。因为适应新宿主的病原体,流行过程中的大生物群体和微生物群体之间相互作用的过程中,病原体的血清型、基因结构、毒力产生变化。④ 人为或自然致弱病原可致猪免疫力提高,强毒感染不致病或呈现轻微临床症状,猪隐性感染,带毒。如经 PRV 弱毒株免疫的或自然感染少量病毒的猪仍可感染强毒,但不显症状,呈隐性感染,长期排毒。

本书能够出版,首先应感谢上海市农业科学院畜牧兽医研究所和上海科学技术出版社领导审时度势的大力支持;感谢同仁和家人王春林、钱开明、杨亚东、仲纪昌、张孙渠、赵洪兴、许日龙、李震、刘惠莉、于瑞嵩、周宗清、李红、夏东、杨建明、陈步青等在提供文献资料和整理、打印方面做了大量工作。本书虽有作者根据临床与科研实践的总结,更多的则是收集、整理、应用了同仁们的临床、实验、防治与科研的观点、资料,在此一并致谢,如有叙述不周,敬请谅解;同时,书中错漏之处也在所难免,请广大读者能不吝赐教,并请提供新的资料,以便本书能不断补充与修改,不胜感激。

编著者

2022 年 7 月

作 者 简 历

陈谊,男,1964 年毕业于南京农学院兽医专业,后分配至上海市农业科学院。先后主持赤霉病毒素及病毒利用研究、巴氏杆菌菌苗研究、兔瘟病毒及疫苗研究、鸽新城疫病毒及疫苗研究、猪益生菌研究、鸭瘟疫苗致鸡死亡研究及免疫佐剂研究等多项课题。

参加编著了十余本专业和科普图书。作者发现,我国几年一次的猪病大流行,实际上这些疫病国外杂志早有报道,其中有老病新发的,有基因变异的,也有其他动物感染的,于是策划、收集、整理了相关资料,并整理成册,供广大读者参考。

缪德年,博士,毕业于南京农业大学动物医学院。现就职于上海市农业科学院畜牧兽医研究所,任中国畜牧兽医学会兽医公共卫生学分会理事、上海畜牧兽医学会兽医公共卫生学分会理事。长期从事畜禽疫病防控关键技术的研究和开发工作,先后主持和参与国家自然科学基金、国家星火计划项目、上海市自然科学基金、上海市科技兴农重点攻关项目、上海市启明星计划项目等多项课题;发表学术论文 40 多篇,参与编写专著 2 本;获新兽药证书 1 项;获上海市科技进步三等奖 1 项、上海市科技进步二等奖 1 项;申请发明专利 6 项,获得授权 3 项,申报获得转基因生物安全证书(生产与应用)1 项。

李春华,女,博士,毕业于南京农业大学动物医学院预防兽医学专业,现就职于上海市农业科学院畜牧兽医研究所,主要从事畜禽疫病病原学及兽用生物制品研发工作。进行过猪细小病毒活疫苗等的研发和新兽药注册申报工作,目前着重于猪流行性腹泻病毒和新发猪 Delta 冠状病毒的研究和疫苗研发。

主持完成和参与完成多项国家及上海市科研项目。编著出版了《猪病防治技术手册》,发表论文 40 余篇,SCI 论文 6 篇。负责和参与申报获得农业农村部临床试验批文 3 项,进口新兽药证书 1 项。参与获得 2015 年三农科技服务金桥奖 1 项,上海市科技进步三等奖 1 项。

CONTENTS | 目录

第一节 病毒感染性疾病

一、非洲猪瘟（African Swine Fever, ASF）

该病是一种由非洲猪瘟病毒（ASFV）引起的野猪和家猪高度接触性、烈性传染病。暴发阶段呈急性、热性，皮肤和内脏器官出血等病症，发病过程短，死亡率高达 100%。而后呈现亚急性、慢性等亚临床经过，又称东非猪瘟或疣猪病等。本病属于世界动物卫生组织（OIE）要求法定报告的动物病，我国动物病原微生物名录中将其列为一类疾病。

[历史简介] 1909—1915 年肯尼亚发生严重的猪疫情，造成 1 366 头猪感染，死亡 1 352 头，死亡率高达 98.89%，是因家猪与野生动物、疣猪密切接触引起。此后，撒哈拉大沙漠十多个国家均有 ASF 报道。Montgomery（1921）对此疫情作了系统研究，认为疫情传染源为携带病毒而不表现症状的疣猪，由于未能用抗猪瘟血清来预防此病，故指出这是一种不常见的非洲猪瘟病毒引起的疾病。其后，Steyn（1928，1932）和 Walker（1930）都研究了此病。Dekock 等（1940）报道了南非、东非 1933—1934 年间有 11 000 头猪发生 ASF，病死 8 000 头，急宰 2 000 头，直到 1957 年此病走出非洲，发生于葡萄牙，威胁全世界。Adldinger 等（1966）用从非洲猪瘟病毒（ASFV）提取的感染性核酸和利用紫外线进行直接特征鉴定以及通过与 RNA 酶和 DNA 酶所起反应，证明该病毒是 DNA 病毒。国际病毒分类学委员会（ICTV）1979 年根据 ASFV 为双链 DNA，其复制特性与在胞质中复制的大型 DNA 病毒，如痘病毒、虹彩病毒相似，由于基因结构的相似性，故将其划为虹彩科虹彩病毒群。其后又于 1982 年将其划为痘科病毒。现发现 ASFV 基因结构与复制与痘病毒有本质差别，其特殊性介于虹彩病毒与痘病毒之间，故 ICTV（1995）又将其划为类 ASFV 属（未定属）。ICTV（1998，2005）的病毒分类报告，将 ASFV 列为双链 DNA 病毒目（ds DNA）、非洲猪瘟病毒科、非洲猪瘟病毒属。

Joy Loh（2009）报道，中东地区人的血清中和西班牙巴塞罗那市河水中检测到新的 ASFV 样病毒，基因序列和进化树分析均表明该病毒与 ASFV 很接近，但不同于已知的 ASFV，并由此推测出 ASFV 科中至少还应存在另一种新病毒成员。

[病原]　ASFV 分类上属于非洲猪瘟病毒科、非洲猪瘟病毒属,是一已知的代表种,是一种大的、有囊膜的双链 DNA 病毒,也是唯一的虫媒 DNA 病毒。

ASFV 是复杂的核衣壳 20 面对称体,直径 180 nm,由排列成三角形的大量亚单位构成,周围为一个清晰的六角形外壳(类似中空大棱柱),有囊膜,直径 175～215 nm。内部由高密度的核酸组成内核,内核呈球形,边缘为网状结构。

ASFV 基因组为线状双链 DNA,分子量为 10.5×10^6,全长 170～193 kb,包含 150～167 个开放阅读框,编码约 200 种蛋白。中间有 125 kb 左右的保守区,两端为可变区,左端约 35 kb,右端约 15 kb,并含有末端反向重复序列(基因末端倒置重复)。这些串联的重复通过共价键将双股 DNA 联结在一起,其基因组为末端共价闭合的单分子线状双链 DNA。对 ASFV 的 BA71V 毒株进行 DNA 测序,其基因序列由 170 101 个核酸和 151 个开放阅读框(ORFs)组成,这些 ORFs 存在于两股 DNA 链上,不同 ORF 之间间隔序列小于 200 bp,部分间隔区还存在短的串联突变。基因组 G+C 含量 39%。病毒转录子 3′端含 poly A 尾,5′端有"帽"结构。编码 5 个多基因家族(MGF110、MGF360、MGF530/505、MGF300、MGF100)。不同分离株基因组可能存在不同的多基因家族,即存在着多基因家族基因的获得或缺失。目前已完成 ASFV 全基因测序的主要分离株约 10 个以上(表-1)。

表-1　ASFV 科中已确定的病毒毒株

ASFV 毒株名称	分离地点与时间	全基因序列(GeneBank 登记号)
Benin	贝宁(1997)	AM712239
BA71	西班牙(1971)	U18466
E75	西班牙(1975)	FN557520
Ken	肯尼亚 1950	AY261360
Mel	马拉维 1983	AY261361
Mku	南非 1979	AY261362
OurT88/3	葡萄牙 1988	AM712240
Pret	南非 1996	AY261363
Teng	马拉维 1962	AY261364
War	纳米比亚 1980	AY261366
Warm	南非 ?	AY261365

病毒粒子主要由 5 种多肽组成,其中 2 种为糖蛋白多肽。空衣壳含有 2 种多肽,VP72 和 VP73,膜由 VP1 和 VP4 组成,VP5 可能与病毒的 DNA 有关。VP72 为组成病毒囊膜的结构蛋白,其相应的基因序列在各个分离的病毒毒株中保守性很强,在同一大洲中分离株的同源性达 98%以上,在不同大洲中分离株的同源性也可达 95%以上,因该结构蛋白为 ASFV 所仅有,因此,VP72 可作为诊断用抗原。抗原变异主要发生在结构蛋白 VP150、VP14 和 VP12 上。

根据病毒对家猪致病性的不同,ASFV 分为强毒力株、中等毒力株和低毒力株。尽管只有单一血清型,但已发现 20 种以上具有不同毒力的基因型和 80 多个基因亚型。用编码 VP72 蛋白 B646L 基因分析不同地区的 ASFV,可将流行非洲的毒株分为 10 个主要基因型,而不同基因型的 ASFV 分布有一定的区域性特点。在非洲东部和南部有一些基因型(Ⅷ、XIX)有高度同源,这些毒株只能限于猪—猪间传播,成猪—寄生于家猪的蜱间传播。也有些基因病毒,如Ⅴ、Ⅹ、Ⅺ、Ⅻ、Ⅷ和XIV或分离自家猪或分离自野生蜱或疣猪,先存在猪—蜱模式,也存在猪—猪循环模式。有些基因病毒仅在某个国家发生,如Ⅴ、Ⅵ、Ⅸ、Ⅻ、XIV、XV、XVI,而有些基因病毒不受国界限制,如Ⅰ、Ⅱ、Ⅴ、Ⅶ、Ⅹ、Ⅻ。各病毒毒株的毒力和抗原特性也各不相同。病毒可能不止一种免疫型。我国目前流行的是基因Ⅱ型,与格鲁吉亚、俄罗斯、波兰公布的毒株全基因组序列同源率为 99.95%。

通过补体结合、免疫扩散等试验表明病毒毒株存在着特异抗原和群抗原。补体反应与群抗原有关,血吸附抑制试验与特异抗原有关。即使是同源毒株,免疫力也是短暂的,各种血清型都是如此。中和抗体没有保护作用,说明本病的免疫与一般病毒病不同。

ASFV 至少有 8 个血清型。欧洲可能仅有 1 种。病毒具有吸附猪红细胞的特性,根据这一特性 ASFV 可分为红细胞吸附病毒和非红细胞吸附病毒。但细胞传代培养的病毒失去这种特性,也可被抗血清阻断。无论是自然感染或人工感染,该病毒均不能刺激机体产生典型的中和抗体。但除超强毒的某些毒株外,康复猪能抵抗同源毒株的攻击或再次感染。还发现一个不具有血吸附作用的变异株。

ASFV 有很好的抗原性,不同的 ASFV 分离株大部分被恢复期血清中和,但总有 10% 的 ASFV 不能被中和。ASFV 主要在感染猪的单核巨噬细胞中复制,然而也能在皮内细胞、肝细胞、肾小管上皮细胞和噬中性粒细胞中复制。已经证实,在感染后 6～7 小时开始合成病毒,经 10～12 小时合成完毕,这时可观察到最初合成的病毒粒子,感染细胞质的主要改变是细胞核染色质崩解,在胞浆中出现空泡和形成胞浆内包涵体。包涵体呈嗜酸性,吖啶橙色阳性,说明 DNA 存在。在感染后 6～8 小时,可出现红细胞吸附现象,但大多数是经过 18～48 小时出现;在红细胞吸附后 24 小时出现致红细胞病变作用。未能见 ASFV 感染淋巴细胞。在自然条件下,ASFV 也能在软蜱中复制,主要在毛白钝圆蜱和 O. erraticus 中复制。

ASFV 能适应大量的稳定细胞系,在其中生长,如 Vero、Ms 和 CV 细胞。在鸡胚卵黄囊中生长,某些毒株在猪兔交叉继代多次后再接种鸡胚,6～7 天内可使鸡胚死亡。在猪骨髓细胞和白细胞培养中生长时,24 小时显示吸附作用,而后表现出细胞病变。这种血吸附现象可被特异性的抗血清所抑制,并且是型特异的,有诊断价值。在骨髓细胞和白细胞培养中产生的病毒每隔 5 天继代一次,连续 60 代以上可以减弱病毒对猪的致病力。

ASFV 能抵抗温度或 pH 酸性等环境因素的改变。能从在室温放置 18 个月的血液和血清中分离到病毒。在冷藏血液中存活 6 年,37℃ 血液中存活 1 个月。干燥病毒在 40℃ 以下 15 天或 50℃ 下 3.5 小时不被破坏。然而病毒经 60℃ 处理 30 分钟可被灭活。而 56℃ 灭活 30 分钟对病毒无损。−20℃ 长时间保存则能被灭活,其速率是 2 年内下降 3～4 个对数单位。在 pH 4～10 中病毒稳定,在更低或更高 pH 中存活几小时到 3 天,pH 13.4 时存活

7天,pH 4.0以下则仅存活几小时。添加1∶100浓度的福尔马林,可在6天内杀死血液中病毒。Lugol氏液可在10分钟内杀死血液中的病毒。

ASFV在冰冻或未煮熟的肉中能存活几周或几个月。在肉制品中,如巴干火腿,经加工处理,300天后则病毒不再有感染力。在典型的西班牙制品中,如Serrano火腿、伊比利亚火腿及肩肉,病毒能存活140天,并能在腰肉中存活112天,70℃煮熟或灌装火腿中没有感染力的病毒。但腐败物中不一定能灭活病毒,在排泄物中该病毒能存活11天,腐败血清中能存活15周,骨髓中则可存活数月。

许多脂溶剂和消毒剂都能使ASFV灭活。

[流行病学]　ASF 1909—1915年暴发于肯尼亚,1933—1934年发生于南非,1958年发生于中、西非,1957年走出非洲,发生于葡萄牙。此后,1964年法国、1967年意大利、1977年苏联、1986年荷兰、2007年格鲁吉亚、1971—1978年古巴、1978—1981年巴西都相继报道本病的发生,从而蔓延至欧洲、美洲共49个国家,2001年前为39个国家,2001年后新增10个国家。2007年以来,非洲猪瘟在全球多个国家发生、扩散、流行,特别是在俄罗斯及其周边地区。2017年3月,俄罗斯远东地区伊尔库茨克州发生非洲猪瘟疫情。2018年8月,我国沈阳发生首例非洲猪瘟疫情,随后蔓延至全国各地。2020年2月,希腊东北部塞雷斯地区发生非洲猪瘟。2020年9月,德国在一头野猪尸体内确诊首例非洲猪瘟病例。

猪科动物是本病的易感动物,家猪、疣猪、豪猪、欧洲野猪和美洲野猪对本病易感。易感性与品种有关,其中家猪和欧洲野猪高度敏感,非洲野猪(疣猪和豪猪)常呈隐性感染。野生疣猪和丛林猪通常呈亚临床感染或无症状感染,但长期带毒。曾从健康的4头疣猪中的3头分离到ASF病毒。对牛、马、绵羊、山羊、犬、兔、猫、豚鼠、小白鼠和鸽子进行人工感染未成功。Velho(1956)报告,可在家兔中成功地盲目继代,第26代次毒,在猪体内引起致死性的感染。通过兔85代以上,对猪稍有改变,呈慢性感染。

病猪、康复猪和隐性感染猪为主要传染源。病猪在发热前24～48小时可能排出感染剂量的病毒,在急性经过的组织内从体温升高的第一天起至死亡后,均可检出病毒,第一天脾组织即检出病毒,经2～3天可在肝、淋巴结、扁桃体和肺中检出病毒。急性期排泄物中潜伏有大量病毒,尤以组织和血液中滴度最高,家猪淋巴组织感染水平的病毒约3个月。病毒分布于急性型病猪的各种组织、体液、分泌物、排泄物和精液,尤其从鼻咽部排毒。存活猪几个月内仍保持感染性,但排毒期不超过30天。从口吃进病毒量达到10^5HAD$_{50}$(红血球半数吸附单位)时,就会产生急性感染。急性病猪很容易通过直接接触而将病毒传给易感猪。而隐性的健康带毒猪和慢性猪似乎仅排泄少量病毒,较难传播疾病。野猪只在淋巴结中存在感染水平的病毒,其他组织中在感染2个月后不可能含有感染水平的病毒。隐性带毒猪、康复猪终生带毒。但因病猪体内特异性抗体的积蓄,故病毒量不易被检出。可用免疫荧光法从肺组织中检出抗原。野猪能直接将病毒传给家猪,也能传给其他野猪。本病很有可能自然感染疣猪、林猪和巨林猪(Hylo-choerus),它们均可能成为带毒者。此外,钝缘蜱属软蜱,也是传染源。Plowright等(1969)证明毛白钝缘蜱和O.erraticus蜱等软蜱是ASFV的保毒者,也是传染源。感染ASFV的组织中含有少量病毒和表现低水平或不能检查的病毒血症,

Plowright(1981)证明,即使很少的 ASFV 也是以通过软蜱传播给家猪。扁虱从病猪吸血饱食后 2 年内都可传播病毒,已知在一种非洲种扁虱(Ornithodorns moubata)中可以由交配及卵巢传递而发生感染。

接触传播、食物传播及软蜱吸血是本病的主要传播途径。病毒传代至第 56 代以上对猪毒力有所改变,呈慢性感染。资料表明传播非洲猪瘟的途径有:① 已污染的残羹泔水、剩饭、饲料和水;② 已污染的猪肉、猪肉制品、内脏和下水等,在冷冻制品放 1 000 天之后可检测到病毒;③ 病猪和易感猪的接触感染,在感染了 6 个月的猪肘中检测到病毒;④ 带病毒动物及已感染的蜱、壁虱等虫媒;⑤ 已污染的运载工具;⑥ 已污染的房舍,在发生过疾病后的猪圈在 1 个月后依旧能发现 ASFV;⑦ 已污染的衣服、鞋帽、工具及设备;⑧ 不妥当地处理病猪尸体及病猪接触过的污染的排泄物等。研究表明,ASFV 空气传播距离不超过 2 米的猪圈,养 10 头猪于 6 天内 8 头猪被感染;病毒进入水源后可因高度稀释而失去感染性;未证实猪群中垂直或交配传播,但由于生殖系统可以排泄病毒,因此 OIE 规定要对精液进行 ASFV 检测。所以,健康猪与病猪直接接触或采食被 ASFV 污染的饲料、泔脚及肉屑等均可被感染。携带 ASFV 的软蜱叮咬也可使猪被感染。本病毒已人工适应感染山羊和兔,在兔体传代 100 代后虽然对猪毒力减弱,但不能使猪对强毒株产生免疫力。有的兔化毒在猪体连续继代后又恢复了毒力(返强)。

在非洲难以根除本病是因为 ASFV 可在蜱和野猪之间循环感染,在新疫区病势发展急速,发病率和死亡率都很高。老疫区一般呈隐性感染,发病后猪群可长期带毒,却不产生中和抗体。但病猪在感染后 19 天可检出补反抗体,并可持续 88~124 天(图-1)。

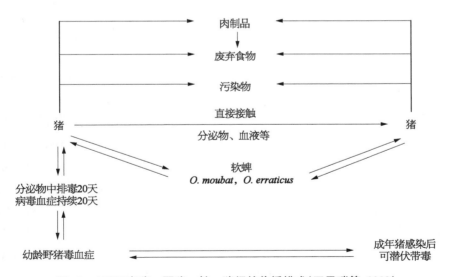

图-1　ASFV 在猪—野猪—蜱—猪间的传播模式(王君瑞等,2009)

[发病机制] ASFV 可通过口、鼻及蜱叮咬进入机体,吸入病毒后发生感染的原发途径是上呼吸道的淋巴系统,通过下呼吸道及消化道也可建立感染。在被感染的鼻咽、扁桃体和下颌淋巴结的单核细胞以及巨噬细胞中繁殖、复制,然后随淋巴细胞液和血液到达全身的靶

细胞(淋巴结、骨髓、脾、肺、肝和肾脏)并进行二次复制。感染 ASFV 前,病毒复制主要在网状内皮系统(RES)的细胞内。血液中也出现高滴度,许多病毒量随血液含量而变化(表-2)。感染 ASFV 后的 6～8 天开始出现病毒血症。随后病毒血症将存在很长时间。该系统细胞表面的 CD163 受体与 ASFV 的易感性有关。病毒可调节宿主细胞内与蛋白合成相关因子的活力和分布。病毒依赖动力蛋白和网格蛋白的内吞作用进入细胞,通过病毒膜蛋白 P54 与动力蛋白轻链(DYNLL1/DC8)相互作用,依靠微管运输到达核周围,启始病毒复制。在病毒复制过程中,eIF4E、eIF4G1 和 4E - BPI 的磷酸化增强病毒蛋白的合成;同时 eIF2a、eIF3b、eIF4E、eIF2 和核糖体 P 蛋白在 ASFV 合成部位大量聚集,有力保障了病毒蛋白的大量生成。

表- 2   猪实验感染 $10^5 \sim 10^7$ TCID$_{50}$ ASFV 后各组织病毒滴度测定

组 织	新生仔猪		45～55 lb 猪(10^7 TCID$_{50}$)		60～80 lb 猪(10^5 TCID$_{50}$)	
	Log10HAD*	注射后天数	Log10HAD$_{50}$	注射后天数	Log10HAD$_{50}$	注射后天数
头及颈部	9.2	3	9.5	7	8.0	6
血液	9.5	3	8.8	7	8.9	5&7
胸腔	8.8	5	9.4	7	7.7	6
肠	9.8	6	9.2	5&7	8.25	6&7
脾	9.2	2.5	9.2	7	8.2	5&7
肝	9.0	6	8.8	7	8.0	7
肾	8.8	5	8.0	7	6.25	5
骨髓	未测	—	8.8	5&7	8.25	7
心	8.5	6	6.8	5	未测	—
脑	8.0	5	6.8	5&7	5.5	7

注:* HAD$_{50}$为红细胞吸附半数/每毫升;1 lb(磅)＝0.453 6 kg。

病毒对巨噬细胞感染后释放细胞因子,导致巨噬细胞的大量破坏而引起全身性重度组织变性、淋巴组织大量细胞破裂、出血。脾脏的 S - S(Schweiger - Seidel)鞘断裂、消失。血管壁,尤其淋巴组织的血管壁常因上皮细胞坏死、炎性介质渗出呈纤维蛋白样变。同时,ASFV 与红细胞膜和血小板有关,并在感染猪体内引起血细胞吸附现象。ASFV 临床症状发展可归咎于病毒感染后,全身和局部能释放一种肿瘤坏死因子(TNF - α)的炎性细胞因子(一类由感染或受刺激细胞释放的蛋白质)。TNF - α 提供控制细胞程序性死亡的信号,全身水平的 TNF - α 升高导致凝血因子耗尽。肿瘤坏死因子参与了 ASFV 主要临床表现的致病过程,血管内凝血、血小板减少症、局部组织损伤、出血、细胞死亡和休克。在血液中病毒含量大于 10^8/mL,病毒侵袭导致淋巴细胞凋亡、血管内皮细胞损伤出血。出血的原因是病毒在免疫系统的一些细胞内生长并破坏了血管内层细胞后所致。用强毒株进行人工试验表明,病毒感染猪肺巨噬细胞的 TNF - α mRNA 表达水平及细胞培养上清液中的 TNF - α 明显升高,感染猪主要器官和血清中也能检测到高水平的 TNF - α。

急性病例中的出血机理是因为疾病的后期,在内皮细胞中复制的病毒使内皮细胞的吞噬活动加强而引起的。急性病例中淋巴细胞减少的机理与淋巴器官的 T 区淋巴细胞凋亡有关,但是还不能证明 ASFV 能在 T 细胞和 B 细胞中复制。在 ASFV 感染晚期,胞浆中聚腺苷化的宿主 mRNA 消失,导致宿主蛋白合成抑制,进而出现细胞病变。急性和亚急性 ASF 的后期可引起肺水肿(死亡的主要原因),是由于肺血管内巨噬细胞后作用的结果(Sierra 等,1990;Carrasco 等,1996)。ASFV 编码的凋亡蛋白在细胞凋亡中发挥重要作用,如 $E183L$ 基因编码一个分子质量为 54 kDa 的结构蛋白,基因转染实验显示,瞬时表达的 P54 蛋白能诱导 Vero 细胞凋亡,用删除动力蛋白结合区的 $E183L$ 突变基因转染则不表现细胞凋亡,提示 P54 蛋白在病毒诱导的细胞凋亡中发挥主要作用。

此外,病毒抑制宿主免疫反应还有:病毒的 EP153R 与 MHC Ⅰ 相互作用影响 MHC Ⅰ 分子在细胞膜表面的表达,限制了病毒抗原的递呈。病毒编码的 P1329L 为一种高度糖基化的细胞膜表面蛋白,干扰骨髓动物中的 TLR 反应。

ASF 患猪的死亡与猪血小板减少有关。研究表明,血小板减少不是出现在病毒血症和发热的同时。猪接种病毒后 2～3 天查出低水平的血液病毒,接种后 4 天出现发热(40～42℃),血液病毒滴度达峰值。接种后 7～8 天发生血小板减少($<10^5$ 血小板/mm³);接种后 7～9 天可见圆形的血小板团块,较大的为 5～7 μm;接种后 13～15 天血小板重新恢复正常。但巨核细胞数增加 3 倍。粒细胞生成和红细胞生成增加,并有含铁血黄素沉积。持续性病毒血症可能是由于病毒导致的单核吞噬细胞系统损害和猪生成的非中和抗体的联合作用,从而延缓病毒的清除。尽管康复猪存在循环抗体,但在肾和肺同时存在 ASFV 抗原,可使少数细胞缓慢而连续释放病毒。在循环中存在大量的病毒。当血小板减少时,感染猪可由于出血而立即死亡,显然与病毒诱发组织坏死无关。出血变化是感染发生死亡的主要原因。

[临床表现]　非洲猪瘟的潜伏期变化幅度较大,短的在 4～8 天,也有报道 2～5 天,长的为 15～19 天。OIE 载明,ASF 的感染期为 40 天。暴露于毒蜱后,一般不超过 5～7 天即出现典型症状。急性发病的潜伏期一般是 5～8 天,极少数延长到 15 天。常在人工接种后 2～3 天出现全身性疾病,也可以在发热前 24 小时发生,越是小猪全身性发病出现就越快。急性病例中,高病毒滴度可以一直持续到死亡,常在发病后 5～12 天出现死亡。临床表现因 ASFV 毒力、感染剂量和感染途径的不同而不同,可引起家猪呈现不同的临床表现,超强毒导致感染猪 100% 死亡,中等毒力株为 30%～50% 死亡率,低毒力株仅呈现轻微或亚临床症状。

ASFV 超强毒株感染猪,病猪血液中的病毒含量大于 10^8 病毒粒子/mL,主要侵袭巨噬细胞和脾、肺、肾、肝和淋巴结等组织中的网状细胞的特定亚类,导致淋巴细胞凋亡。血管内皮细胞损伤、血管内弥漫性凝血(DIC)和出血;感染的晚期阶段也见于内皮细胞、巨核细胞、血小板、中性粒细胞和肝细胞中复制。中等毒力株感染猪,病毒血症相对较轻,仅引起少数猪死亡,偶见较低水平的病毒血症和体温升高。ASFV 可在感染康复猪体内持续存在。

1. 最急性型　一般在新疫区或易感猪群,被强毒株感染,无临床症状,突然大批死亡。

死亡率高达100％。有些病例死前可见斜卧、高热、呼吸急促、扎堆、腹部或末梢暗红。

2. 急性型　体温升高至40~41℃,甚至高达42℃,稽留约4天,精神沉郁,厌食,拥挤一隅,不愿活动。胸部、腹部、四肢、耳尖、尾尖、皮肤上有红色或暗黑色斑点,部分病猪皮肤有出血性病变和坏死灶,以无毛、少毛处更为明显。可视黏膜潮红、发绀。眼鼻有黏液性分泌物。约1/3病例呈呼吸困难、急促,伴有咳嗽、呕吐、便秘、腹泻,粪便有黏液带血。有的内脏器官出血。病情延长,可出现共济失调等神经症状。后躯极度衰弱并步行艰难,是较早出现的特征性症状。前肢仍然保持协调能力,拖曳后肢而勉强行走。妊娠母猪在妊娠期的任何时间感染,均可发生流产。出现这些症状后的1~7天死亡,死亡率几乎高达100％。急性病期间,病猪白细胞减少。发病1~3天白细胞及血小板减少,白细胞总数下降至正常的40％~50％,淋巴细胞明显减少,幼稚型中性粒细胞增多。幸存猪将终生带毒。由发热开始,整个病程持续约7天,濒死期可发生抽搐征候。这些症状很难和急性猪瘟相区别。

3. 亚急性型　中等毒力的ASFV毒株感染的猪主要表现亚急性临床表现。有的猪断断续续发热,可持续1个月,体温波动无规律,常大于40.5℃。小猪病死率相对较高,亚急性型与急性型症状相似,区别在于严重程度和病症持续时间,病程可达数周,死亡率通常为60％。有些病猪出现关节疼痛、肿胀。由于病猪有暂时性血小板和白细胞减少,常出现大量出血灶。中等毒力ASFV致猪死亡率为30％~50％。怀孕母猪流产。

4. 慢性型　体温不高,呈波状热,呼吸困难,湿咳、消瘦、体弱和发育迟缓。关节呈无痛性软性肿胀,皮肤溃疡,斑块或小结;耳、关节、尾和鼻、唇,可见坏死性溃疡脱落,病程长达2~15个月。死亡率低。偶见低水平病毒血症、体温升高。母猪也会出现流产。有些猪无明显症状,但因猪体内携带病毒成为潜在传染源。

[病理变化]　ASF肉眼可见的病变主要表现于皮肤或各部浆膜下点状或斑状出血及坏死,在耳、鼻端、腹壁、外阴等部位皮肤有界限明显的紫绀区及散在的出血区,中央黑色,四周干枯;内脏器官出血,脾脏呈黑色、梗死、肿大、变脆;肾脏点状出血,心脏内外膜点状出血或出血斑,肺脏水肿,肠系膜淋巴结出血,膀胱出血等。由早年本病的高死亡率和特征性死亡后病变,到现在流行病学所见为低死亡率和缓和的临床表现,仅新疫点暴发时可见出血病变,血液中有高滴度病毒存在,在小血管内引起内皮层损害,血小板减少已成为本病的特征。同时,病毒在网状内皮细胞(RES)的细胞内复制,淋巴细胞往往被大量破坏,造成淋巴细胞减少,并有明显的细胞核崩解,从而使白细胞总数减少,这是本病的特征。此外,还有与猪瘟相似的脑炎病毒。

1. 最急性型　剖检病变不明显,突然死亡的病例仅在某些浆膜、黏膜和内脏有少数出血点和体腔中度积液。

2. 急性型　由于血管内皮细胞严重受损,导致各器官组织发生严重的充血、出血、水肿、坏死及梗死。四肢及腹部皮下充血,少毛、无毛部呈紫红色水肿,如耳、鼻、四肢末端、尾、会阴、腹股沟部、胸腹侧及腋窝处等。淋巴结肿大,出血,水肿,切面边缘呈红色、有时呈黑色大理石样,颌下淋巴结、腹腔淋巴结肿大,严重出血。脾脏肿大变软,表面有出血点,边缘钝圆,有时边缘梗死,呈黑色外包膜。有7％脾脏有小而暗红色突起三角形栓塞,髓质肿胀区呈深紫黑色,切面突起,淋巴滤泡小而少。肾、肠系膜淋巴结出血,呈紫红色,如血瘤状。肾脏被膜表面可见出血点,肾切面皮质可见点状出血,髓质、肾盂和乳头呈点状或呈弥散性出血,肾脏后方(腹膜后)中度水肿。肺小叶水肿,切面流泡沫状液体,气管内有血性泡沫样黏液。喉、会厌有瘀斑充血及扩散性出血,气管前 1/3 处有瘀斑。肺泡呈出血现象,淋巴细胞破裂。肠系膜、腰下部、腹股沟水肿、喉头、膀胱黏膜表面点状出血,心包积液特多,少数病例心包液含有纤维蛋白,呈混浊状。但多数心包膜下及次心内膜充血。胸水、腹水增多。肝脏充血暗色或斑点大多异常,小叶间结缔组织有淋巴细胞、浆细胞及间质细胞浸润。

3. **亚急性型**　有与急性型相类似的病理变化,病程较长。淋巴结、脾、肝窦的网状内皮组织增生是一种特征性的变化。

4. **慢性型**　临床病理变化不显著,常因并发或继发感染其他病原而使病变复杂化,主要表现为慢性肺炎、心内膜炎、关节炎,有时可见皮肤、肾脏点状出血。

显微镜下,真皮内小血管,尤其在乳头状真皮呈严重充血,血管内发生纤维性血栓,血管周围有许多嗜酸性球形聚集物;耳朵紫斑部上皮组织内可见到血管血栓性坏死现象。此外,可见间质性肺炎变化,伴随着纤维蛋白沉积和巨噬细胞浸润,肾小管退行性玻璃样变性,肝门巨噬细胞浸润,淋巴细胞性脑膜炎等。

[诊断]　在发生可疑病例时应从流行病学、临床表现等多方面进行综合分析,最终确诊需要进行实验室检测和鉴定。我国已发布《非洲猪瘟诊断技术》(GB/T 18648 - 2002)国家标准。

1. **病原学检查方法**　包括病毒的分离与鉴定、电子显微镜观察、血细胞吸附试验、动物接种试验(分别对猪瘟疫苗免疫猪和未免疫猪进行接种,以区别猪瘟与非洲猪瘟)。

2. **血清学检查**　血清学检查方法包括直接或间接免疫荧光法、酶联免疫吸附试验、补体结合反应、免疫印迹试验等。已知从 ASFV 感染细胞中分离鉴定出 86 种病毒蛋白多肽。P30 蛋白是由 *CP204L* 基因编码的结构蛋白,有很强的免疫原性,为病毒的早期蛋白,在感染后 4 小时胞浆内即可检测到,能诱导机体产生中和抗体,通常被用作检测抗原用于建立免疫学检测方法。

因临床上本病易与猪瘟、PRRS、PCV2、猪丹毒、猪沙门氏菌病、猪巴氏杆菌病等某些症状混淆,如出血、关节肿等,以及香豆素中毒、真菌毒素中毒等,故需进行鉴别。

[防治]　抵抗 ASFV 的有保护作用的免疫机制仍不清楚,研制的疫苗很难产生有效的免疫力,制造疫苗未能成功。可能与不同 ASFV 分离株间的变异太大有关,也可能与 ASFV 在参与免疫反应的细胞中复制有关。因此,本病目前尚无疫苗可用,且无特异治疗方法,主要是以预防为主。不过 ASFV 有很好的抗原性,猪在感染后 4 天和 6～8 天血清中能查到 IgM 和 IgG,并且血清抗体滴度能维持很长一段时间,ASFV 抗体能延迟临床症状出现、减轻病毒血症,并能保护感染猪不死亡。同时研究认为细胞介导的免疫反应可能是保护性反应的主要组成部分,因而 ASF 的免疫方法将会有新思路。

ASF 发病区已遍布世界各个国家,非洲以外的其他地区发病是由于进口感染地区的猪或带毒的其他猪类和猪制品。因此,新疫区对暴发点应采用全群扑杀,控制传染源。非疫区国家和地区,要加强口岸检疫,严禁从疫区进口猪类及其产品,加强来自疫区国家和地区船舶、飞机及个人携带的食品、废弃物、泔水等管控与消毒。

加强边境地区,尤其是对于曾发生 ASF 国家、地区边境的野猫、猪类、蜱等进行流行病学调查,掌控 AFS 动态,及时通报,防患未然。

消毒剂采用戊二醛癸甲溴铵 1∶2 500 倍液进行车辆消毒。

二、伪狂犬病(Pseudorabies,PR)

该病是一种由伪狂犬病毒(PRV)引起的多种家畜和野生动物急性传染病,又称 Aujeszky病、狂瘙痒症(maditch)、传染性球麻痹症(infection bulber patalysis)。猪是该病毒的自然宿主和贮存者,仔猪感染该病,死亡率高达 100%,成年猪多为隐性感染,成年母猪多表现为繁殖障碍和呼吸道症状。病毒通过接触感染,在鼻咽部复制,此时引起喷嚏、咳嗽、嗅觉失灵。而后病毒沿着神经干到达大脑,从而引起非化脓性脑炎。其所发生的一系列临床综合征被称为伪狂犬病。其他易感动物一旦感染,通常有发热、奇痒及脑脊髓炎等病症,均为致死性感染,但呈散发。本病有时也感染人,有人呈轻微临床表现,但不引起死亡。

[**历史简介**]   Hanson(1954)提出 1813 年美国已发生了牛的极度瘙痒和死亡等,被称为"疯痒症"的症状。由于病牛表现的症状与狂犬病相似,故 1849 年瑞士首先采用"伪狂犬病"一词。Aujeszky(1902)通过兔子、豚鼠系列传代和从一头牛、一只犬、一只猫中分离出病毒,详细描述了该病症状,并与狂犬病区分开来,同时提出该病是由一种病毒引起的。Schniedhoffer(1910)证明本病由病毒引起,故称之为 Aujeszky 氏病。Shope(1931)提出类似"奇痒"病与 Aujeszky 病在血清学上的一致性。Sabin 和 Wright(1934)将 PR 确定为疱疹病毒,与单纯疱疹病毒和 B 疱疹病毒具有免疫相关性。Shope、Hirt(1935)报道了猪的临床症状和发现了猪在传病中的作用。Traud(1933)用兔脑和睾丸做组织细胞,体外培养出伪狂犬病毒。在 20 世纪 60 年代前,PR 在东欧各国引起重视,但在美国被认为无经济意义而遭忽视,60 年代后,PR 则逐渐成为威胁世界养猪业的重要疾病。刘永纯(1974)报道在上海发现猫的病例;周圣文(1956)报道了我国猪的病例。

[**病原**]   伪狂犬病病毒(Pseudorabies virus,PRV),学名猪疱疹病毒 1 型(Suid herpesvirus 1)属于疱疹病毒科疱疹病毒甲亚科水痘病毒属。此群病毒既有单宿主病毒,也有 PRV 这样的广宿主病毒。PRV 的一个生物学特性是裂解复制周期和潜伏感染力不足 24 小时,尤其在神经系统的感觉神经节内更明显。完整病毒粒子为圆形,直径 $150\sim180$ μm,核衣壳直径为 $105\sim110$ μm,有囊膜,且表面有呈放射状排列的纤突长 $8\sim10$ nm。基因组为线性双股 DNA,大小为 145 kb。由单一长序列(UL)和单一短序列(US)通过反向重复序列(Ir)间隔构成。其 DNA 大小为猪细小病毒的 30 倍,至少可编码 100 种蛋白质。DNA 碱基中鸟嘌呤(G+C)和胞嘌呤占 73%。核衣壳至少由 8 种蛋白质组成,大小为 $22.5\sim142$ kb,其中相对分子质量为 142×10^3、34×10^3、32×10^3 的蛋白质。病毒的囊膜含有 9 种结构蛋白,其中 8 种蛋白质含有糖基,称为糖蛋白。包括:gⅠ、gⅡ(为Ⅱa、Ⅱb、Ⅱc 三种蛋白复合物)、gⅢ、gⅣ、gp50、gp63,另一种 115 kDa 的蛋白质为非糖蛋白。

最初,这些糖蛋白是用罗马数字或相对分子质量命名的。近年来这种蛋白相对分子质量命名法逐渐被通用于人疱疹病毒(如疱疹病毒 1 型、2 型)的英文字母命名法所替代。新老两种不同的糖蛋白命名法见表- 3。

表- 3　新老两种不同的 PR 糖蛋白命名法

老 命 名 法	新 命 名 法
gI	gE
gⅡa,b,c	gB
gⅢ	gC
gp50	gD
gp63	gI
gX	gG

命名方法改变后有利于不同疱疹病毒的同源蛋白的生物特性进行比较,例如,PR 病毒的 gE(原来为 gI)相对应于单纯疱疹病毒Ⅰ型的 gE,其他一些重要的蛋白质包括非结构蛋白 gG(原来为 gX)和胸苷激酶(TK)。以上基因所编码的蛋白质在病毒复制中不是必需的。例如 PR 基因工程疫苗株都是缺少以下一种或同时缺失几种基因:gB、gC、gG 和 TK。

这些 PR 病毒蛋白在毒力和免疫诱导方面所起的作用已初步鉴定。PR 病毒的毒力是由几种基因协调控制的,主要有 gB、gD、gI 和 TK 基因。糖蛋白 gB、gC 和 gD 在病毒免疫诱导方面起着最重要的作用。这一结论是通过单克隆抗体的实验得出的,代表多个抗原决定簇的 gB 单克隆抗体能在体外中和 PR 病毒,并且在抗体依赖性细胞介导细胞毒性反应(ADCC)中具有活性。特异性的 gB 单克隆抗体能够对 PR 实验感染小鼠产生免疫保护。gC 单克隆抗体同样能够在体外中和 PR 病毒并对小鼠和幼犬产生免疫保护。gD 特异的单克隆抗体、gD 和 gI 重组单抗能对小鼠和猪产生免疫保护。

尽管用单克隆抗体可以明显区分一些 PRV 毒株,但 PRV 只有 1 个血清型,迄今还未发现抗原性不同的 PRV 毒株。但不同毒株在毒力和生物学特征等方面存在差异。一些毒株的特性是稳定的,通过内切酶图谱差异可区别不同的 PRV 毒株,毒株的差异也表明感染性的不同,说明毒株的不同,但不能说明具有相似基因组和生物学标志的毒株就是同一株。如 Mcferran 等(1979)分离一株强毒能引起 12 周龄以上猪死亡。而 Davies.B.B.(1982)从新生仔猪脑分离的一株比 S62/26 毒力更弱,仅引起血清学阳转及排毒导致周围猪感染,而不能引起任何临床症状。R.A.Crandell(1987)认为野猪是最有可能的伪狂犬病的感染源。血清学检测了 201 头野猪,其中 35 头(17.4%)为 PRV 抗体阳性,而从 3 头猪的扁桃体分离到传染性鼻气管炎(IBR)病毒。病毒具有泛嗜性,能在多种组织培养细胞内增殖,其中以兔肾和猪肾细胞(包括原代细胞和传代细胞系)最为敏感,除这两种肾细胞外,病毒还能在牛、羊、犬和猴等的肾细胞,以及豚鼠、家兔和牛的睾丸细胞、Hela 细胞,鸡胚和小鼠成纤维等多种细胞内增殖,病毒在细胞内生长时产生核内包涵体。另外病毒也能在鸡胚上生长。Morrill

Graham(1941)证实实验动物也可用于病毒的分离。在兔、1日龄小鼠和组织培养之间对伪狂犬病病毒的敏感性无显著差异,但成年鼠与新生鼠相比则有较强的抵抗力。

伪狂犬病病毒对外界环境抵抗力很强,耐热并对 pH 的变化具有抵抗力,在 pH 6～11 之间稳定。当外有蛋白质保护时抵抗力更强。于 37℃ 半衰期为 7 小时,8℃ 可存活 46 天,24℃ 为 30 天,而在 25℃ 干草、树枝、食物上可存活 10～30 天,在肉内存活达 5 周之久。猪肉、香肠、火腿在 80℃ 进行热处理时可灭活,但 40℃ 不能灭活,−18℃ 需 40 天才可灭活。如短期保存病毒时,4℃ 较 −15℃ 和 −20℃ 冻结保存更好,55～60℃ 经 30～50 分钟、80℃ 经 3 分钟、100℃ 经 1 分钟可使其灭活。在 0.5％ 石灰乳或 0.5％ 苏打 1 分钟,0.5％ 盐酸中 3 分钟破坏,0.5％ 石炭酸中可抵抗 10 天,在 pH 7.6 下胃蛋白酶、胰蛋白酶中 90 分钟被破坏。pH 11.5 时可认为病毒已被灭活。1.5％ 氢氧化钠、碘酊、季铵盐及酚类复合物能迅速有效地杀死病毒;该病毒对各种射线,如 γ 射线、X 射线及紫外线也很敏感,1 分钟可将其全部灭活。但不受大气紫外线影响,病毒在大气中灭活平均需 24 小时。

[流行病学]　伪狂犬病在全世界广泛分布。本病自然发生于牛、马、绵羊、猪、犬、猫、鼠、野猪、狐、浣熊、北极熊和骆驼等 35 种野生动物,肉食动物也易感。可导致浣熊、负鼠、臭鼬和鼠类死亡。水貂、雪貂也有暴发。家兔最敏感,大鼠、小鼠、豚鼠也能感染。E.Mocsai 等(1989)实验证实了伪狂犬病毒由鼻内从羔羊传染给易感猪的水平传播。牛的病例仅散发,但牛和猪混养时可能有许多动物发病。人感染伪狂犬病病毒的报道从 20 世纪 80 年代以来陆续有临床报道,但未见由病人体内分离到病毒。动物的易感性与诸多因素有关,如病毒毒株的毒力、感染数量、感染途径、动物种类、个体状态及应激情况。可引起口内感染的病毒毒性要比鼻内感染的大,成年猪要比仔猪的大(仔猪 $10～10^3$ $TCID_{50}$,小猪 $10^4～10^5$ $TCID_{50}$,成年猪 $10^4～10^5$ $TCID_{50}$),感染后 8～17 天,病毒可从鼻内排出,最大滴度可达 $10^{5.8}～10^{8.3}$ $TCID_{50}$。而经弱毒免疫的猪仍可感染强毒,不显症状,但隐性感染长期排毒。

20 世纪中期,我国猪有被感染病例,首先是病例少,而且症状比较温和,1967 年作者仅观察并证实一生产队猪场小猪发生伪狂犬病。但 1987～1989 年四川有猪场血清阳性率为 20.22％;1996 年对黑龙江、吉林、辽宁和内蒙古 34 个猪场调查,阳性率达 58.82％;1995～1998 年广东省猪场阳性率达 45.1％;2006～2008 年对全国送检的 14 个省的 89 个规模化猪场的 5 312 份样品进行检测,伪狂犬病病毒抗体阳性猪场有 65 个,占检测猪场的 73.03％。对不同生长阶段猪群检测结果表明,伪狂犬病病毒抗体阳性率随猪龄的增长而升高,而且不同生长阶段猪群病毒抗体阳性率差异极显著。

除成年猪外,对其他动物均是高度致死性疾病,病畜极少康复。病猪、带毒猪及带毒鼠类为本病重要传染源,病毒可长期保存于鼠类体内,从而造成鼠患多的猪圈发病多。该病毒具有潜伏感染和隐性感染的特点,感染猪可不表现临床症状,但病毒长期潜伏在神经节、淋巴结、骨髓等部位。也分离不到病毒,但用探针方法可查出病毒基因组 DNA 的存在。据报道,猪在康复后咽背淋巴结及唾液腺带毒 2 个月以上,嗅球、视神经、三叉神经带毒 2～6 个月,扁桃体带毒 13 个月以上。由于本病病原可存在胴体中,因此,也可通过肉食品传播。感染了本病存活的耐过猪,虽已康复,但成为隐性带毒者,当受到气候、运输、分娩、泌乳等因素影响时,潜伏状态的病毒可转化为具有感染性的病毒,并排出病原体,成为新的传染源。在猪群使用疫苗或自然感染少量病毒后,该猪只得到部分免疫,成为隐性感染猪和亚临床症状猪,这种带毒猪可持续排毒 1 年以上,并通过精液、乳汁、空气(1.6 千米,密集猪场,猪不接触也能发生传播)、粪便、胎儿及分泌物传播。健康猪与病猪、带毒猪可以通过鼻对鼻或粪—口途径直接接触感染本病,猪在发病的第一天病毒就存在于病猪的鼻液和口腔中,直存留至感染后的 17 天,猪配种时可传染本病。母猪感染本病后 6~7 日乳中有病毒,持续3~5 日,乳猪可因吃奶而感染本病。魏振明等(1981)用 PRV 毒株滴鼻接种 30 日龄仔猪 11 头,死亡 5头,康复 6 头;攻毒后第 2 天,口咽、鼻腔、肛门可分离到病毒,排毒时间一般多在感染后 1 周左右,肛门排毒较少,个别达 30 天。病毒在猪体内分布不规律,以延脑、小脑、大脑、肺、脾、肾中分布病毒,肝组织未分布病毒。其他动物感染与接触猪、鼠有关。猪、犬、猫等因吃病猪内脏、病鼠经消化道感染。本病亦可经皮肤伤口、呼吸系统和生殖系统传播。有试验表明,通过脑内、鼻内、气管、胃、口腔和肌肉途径接种病毒都可导致发病,其中以胃内接种,猪的敏感性最低。自然感染主要经呼吸道发生,研究表明病毒可由神经传递,血液也可起到转移病毒作用。病毒经口、鼻在上呼吸道复制,往嗅上皮、扁桃体,通过第一、第五、第九对脑神经传递,再经神经轴浆扩展到大脑的各中枢;由鼻黏膜侵入肺;血液中的病毒是间歇出现,病毒经血液传递到全身。其他致病途径也有报道。妊娠母猪感染本病时,常可侵及子宫内的胎儿。Bolin 等(1982)以人工感染 PRV 母猪的胚胎及试管内感染 PRV 的胚胎,进行胚胎移植,通过中和抗体测定,证实上述两种方式感染的胚胎都可以将病毒传递给临产母猪所产仔猪,使血清转阳,表明猪可通过垂直感染引起死胎及流产。但又据报道,有一只猪于 1 月龄时感染本病,恢复后第 19 个月产仔时外表正常,但于产后 3~8 天,其鼻分泌物中有病毒,并在细胞培养物上产生典型伪狂犬病的 CPE,而且可被特异抗血清中和。但从其阴道、直肠及乳汁取样均不能证明有病毒,其产下的易感仔猪未受感染。以往认为患病牛本身不传给其他牛,但现在认为牛也可传染给其他牛和猪。伪狂犬病的扩大流行与病毒强毒株的出现及此病的广泛散播有关。病毒定位于中枢神经系统,呈隐性或无症状感染,在应激时被激活,免疫接种的动物成为野毒的携带者并传递给其他动物。

[发病机制]　PR 的临床表现主要取决于毒株和感染量,最主要的是感染猪的年龄。与其他动物的疱疹病毒一样,幼龄猪感染 PRV 后病情最重。病毒侵嗜呼吸和神经系统,因此,大多数临床症状与这两个器官系统的功能障碍有关,神经症状多见于哺乳仔猪和断奶仔猪,呼吸症状则见于育成猪和成年猪。根据毒株、猪龄、接种动物的数量和感染途径不同,发病机制有所不同。随着年龄的增长,动物对临床症状恶化的抵抗力随之增强。成年动物对弱毒株无临床表现,病毒的复制只局限于感染处。人工复制临床病例时需要最少量病毒,但在田间,极少量的病毒就能引起猪发生血清转阳,甚至成为隐性带毒者而不引起畜群出现任何临床症状。鼻内人工接种感染时,不足 2 周龄的猪感染量为 $10TCID_{50}$;6 周龄的猪感染量为 $1\ 000TCID_{50}$;4 月龄或更大的猪感染量为 $10\ 000TCID_{50}$。实验室里,可以通过肌肉、静脉、脑内、胃内、鼻内、气管内、结膜内、子宫内、睾丸内、口服等途径接种。鼻内接种的临床症状和病变与自然感染相似,经口—鼻内接种途径在田间应用最普遍。

自然发病时,病毒复制的主要部位是鼻咽上皮和扁桃体。病毒在发病的第一天就存在于病猪的鼻液和口腔中,并存留至感染后 17 天。病毒随这些位置的淋巴液扩散至附近的淋巴结,在淋巴结内复制。幼年乳猪感染后 1 天,每克鼻咽腔上皮细胞内有 $10^6 \sim 10^8$ TCID$_{50}$ 的病毒。经 5 个小时隐蔽期,局部增殖的病毒即可释放入双侧嗅细胞,18 小时可以由嗅上皮细胞及扁桃体;24 小时后可以由嗅球、延脑及脑桥分离到病毒。病毒也可以通过原发感染位置的嗅神经、舌神经或三叉神经扩散至中枢神经系统(Central nervous system,CNS)。例如病毒由三叉神经的轴浆扩散至髓质和脑桥,沿着嗅神经和吞咽神经扩散至髓质;病毒在髓质和脑桥的神经元复制后,可能扩散至脑内其余各处。老龄动物感染弱毒株和中等毒株后,病毒只在这些部位扩散。

强毒株的扩散途径如上述途径。除此以外,病毒广泛分布于全身,老龄猪出现临床症状,并可能有肉眼病变。几乎所有的病毒株都侵噬上呼吸道和 CNS。强毒株引发短期病毒血症,血清中含有病毒,并与灰白色层的细胞有关。侵入肺泡巨噬细胞终末细支气管的上皮细胞、肝、脾和淋巴结中的淋巴细胞,肾上腺皮质细胞,妊娠子宫的滋养层和胚胎、卵巢黄体均能分离到强毒株。从精液中也分离到了病毒,但这种病毒可能来自包皮病变,因为从睾丸到副性腺中都没有分离到病毒。精液质量降低可能是病畜发热和系统疾病所致,透明带完整时,胚胎对病毒感染有抵抗力。房室神经节、腹腔神经节及星状神经节等往往都是由血循环路径而感染的。

动物出现临床症状之前或同时开始排毒、临床症状不明显的动物,经过 2～5 天的潜伏期后开始排毒。可从鼻分泌物中分离到 PRV,1～2 周分泌量约为每拭子 100TCID$_{50}$,扁桃体刮取物、阴道分泌物、包皮、乳汁和少数尿液中同时也能分离到病毒,但分离量较少,疫苗主动免疫或先前患过此病使排毒时间缩短。与其他疱疹病毒一样,PRV 感染造成的宿主猪潜伏感染率很高。病毒久存于神经节和扁桃体中,如三叉神经节。潜伏感染猪处于应激时,如分娩、拥挤、运输等可见有病毒复发症状。实验证明,人工注射皮质类固醇后,会造成动物复发,病毒从鼻腔排出。因而,正处于 PR 根除过程中的患病动物需要使用类固醇时应考虑到这一点。

不同猪群感染 PRV 后的反应可能明显不同。本病可能迅速传播,感染同一猪场内各年龄段的猪群,猪群表现明显或不明显,只有进行血清学检测时才可发现。无新生仔猪,即处于分娩间隔期的猪群感染了 PRV 时,经常表现不明显。有新生猪的猪群第一次感染 PRV,症状很少不明显,这是因为新生仔猪高度易感。种猪和圈舍隔离的育成猪感染不明显,只表现为轻微的呼吸道症状,这种症状易被忽视或误诊为其他疾病,如猪流感等。

分娩至育成猪群最先出现的临床症状,根据首次感猪群年龄的不同而异。最初症状一般为少数后备小母猪或母猪流产,或育成猪咳嗽、倦怠、厌食或哺乳仔猪被毛粗乱,24 小时内出现共济失调和抽搐。出现上述症状中的任何一种,务必马上诊断,因为暴发前早期免疫可以大大减少损失。

[临床表现]   自然暴发时潜伏期约为 1 周,而实验感染可能短至 2 天,其主要症状与呼吸、神经和生殖系统的感染有关。但临床表现可因感染毒株的毒力和向性而有很大的差异。

神经系统发病是主要的表现,但在某些毒株,呼吸道疾病可能是最初的和主要的特征,还可致母猪流产等。毒株对猪各年龄的易感性也有差异。最易感染 2 周龄内仔猪,死亡率可达100%;小猪多呈现神经症状,病变以非化脓性脑炎为主,断奶猪及育肥猪以呼吸道症状为主,哺乳仔猪腹泻等临床症状呈多样性。随着病毒适应了某些动物和器官或反复经过具有轻症免疫基础的动物而变异的毒株。这种过程可以导致病毒基本特征和毒力的自然变异,从而会出现新临床表现和流行病学的伪狂犬病。

猪是 PRV 的唯一自然宿主。PRV 能引起猪的亚临床感染和潜在感染。

PR 不仅传播快,而且对各年龄段的猪都产生影响。PR 的症状因病毒的毒株、感染量以及仔猪所处的年龄段的不同而存在差异。与其他疱疹病毒一样,仔猪的年龄越小,症状越严重。家畜的呼吸器官和神经组织最易受病毒侵害而出现功能紊乱。总的来说,哺乳仔猪最易出现神经症状,而成年猪则以呼吸道症状为常见。该病有时也呈隐性感染,只有在血清学检测时才被发现。没有小猪的种猪群,PR 感染常以隐性为主,有小猪且为首次感染的猪群不会发生隐性,因为小猪对 PR 病毒极为易感。本病在 1~2 周内受感染的猪舍中迅速传播,其急性期持续 1~2 个月。哺乳仔猪的发病率和死亡率近 100%。在猪群里最初是未断奶仔猪发病率最高,但是随着病情延续和吮乳仔猪通过母乳获得被动免疫,则表现为断奶仔猪发病率增加。发生隐性感染的种猪或育成猪会出现一些轻微的呼吸道症状而被忽视或误诊。成年猪可不表现临床症状。但随着集约化饲养和更强的毒株出现,较大的猪中发病率和死亡率增加,特别是猪群中易感猪的进入,使本病发生地方性流行。猪群在感染 PRV 后出现的症状很大程度上取决于其所处的年龄段。4 周龄以内的仔猪感染伪狂犬病毒,主要表现为发热、痉挛、共济失调和昏睡等神经症状,为典型脑脊髓炎症状,死亡率高。据 Akkermans在荷兰的调查(表-4):2 周龄内死亡率为 100%,3~4 周龄为 50%,4~12 周龄为 10%~15%,12 周龄以上基本上不死亡。母猪的典型症状主要为流产,育成猪则出现咳嗽、精神沉郁、厌食,哺乳期仔猪会发生皮毛粗糙、精神沉郁、厌食,一般在 24 小时内出现共济失调、抽搐等症状。

表-4 猪伪狂犬病的死亡率

日 龄	感染猪数/头	死亡猪数/头	死 亡 率 /%
0~10	750	610	81
11~20	391	245	63
21~35	337	84	25
35 以上	53	9	17

Hirt(1935)报道了猪临床症状,Kojnek(1957)从猪分离出病毒,Howath(1968)报道了加利福尼亚猪的暴发流行。猪的临床表现随年龄不同而异且与牛不同,没有奇痒症状。但目前有报道,猪奇痒症状以及少见的成年猪一般为隐性感染,即使有症状也很轻微,易于恢复。育肥猪和肥猪患病,病毒在最初增殖部位常引起病变,为扁桃体坏死、肺炎等,病毒也常

经神经纤维或随血液循环到达中枢神经,从而可能出现神经症状。但大部分主要表现为发热,精神沉郁,有些猪有呕吐、咳嗽,一般于4~8天完全恢复。但可引起生长停滞,增重缓慢等。Basinger(1979)报道,猪群暴发PR,约有1/3患猪前期表现擦痒,值得关注。

1. 母猪　成年繁殖母猪一般除一过性的发热或有轻微的精神、食欲不振外,多无明显症状。母猪在妊娠期头3个月内感染可导致胎儿被重新吸收,而在妊娠期后3个月感染。由于病毒可以通过胎盘屏障引起胎儿感染,部分繁殖母猪发生死产、流产。主要表现在怀孕母猪,因胎盘感染引起胎盘病变和死胎,绝大部分症状出现在怀孕3个月之后,出现流产、木乃伊胎儿和死胎,主要是死胎,少见产弱仔。河南某猪场存栏120头母猪,5~6月怀孕母猪出现流产、产死胎,比例达14%。病毒可穿过胎盘,所以新生仔猪产下时就可处于被感染状态,并且通常在产下后2日内死亡。同时胎儿可见到浆液性鼻炎、坏死性扁桃体炎或肺部淋巴结出血、肺水肿,肝脏有2~3 mm的坏死点病灶。据报道,产前2~3周感染,损失最重。另外,还有种猪不育症的表现,即在种猪因发生伪狂犬病引起的死胎或断奶仔猪患伪狂犬病后,紧急着出现母猪配不上种,返情率可高达90%,有反复配种数次都屡配不上的。Kluge(1974)报道妊娠早期感染可能导致胚胎死亡或流产和提早恢复发情。可能出现大量的阴道分泌物,妊娠晚期感染可能导致流产或以后生产木乃伊胎,后者可能累及整窝仔猪或只是部分仔猪,流产可能是由于发热或病毒感染胎儿引起的。

母猪流产以死胎为主,头胎和经产母猪皆发病,无严格季节性,但以寒春为主,多发;而细小病毒感染母猪以初产为主,多为头胎母猪。

Bolin等(1987)人工接种PRV的母猪厌食、精神沉郁,至配种后10~12天伪狂犬病症状消失。而子宫内膜有黄色结节,子宫炎及出血。他们认为配种期间母猪感染是引起早期胚胎死亡及繁殖失败的潜在原因。首先是引起子宫内膜炎,对胚胎早期着床有害,而后黄体发生坏死,引起黄体分泌功能障碍,使怀孕中止,早期着床的胚胎由于PRV感染而致胚胎死亡。在母猪配种(第2次)后6小时内用伪狂犬病Funk hourses毒株人工接种试验组母猪,病毒分离(V1)、荧光抗体(FA)染色及镜检结果(表-5)。

表-5　配种后人工接种伪狂犬病毒试验组母猪检验结果

配种后天数(天)	猪号	阴道		子宫		输卵管		卵巢		淋巴结		病 理 变 化
		V1	FA	V1	FA	V1	FA	V1	FA	V1	FA	
3	1	+	−	+	−	+	−	+	−	+	−	中度阴道炎和子宫内膜炎
	2	+	−	+	+	+	−	+	+	+	+	阴道炎、严重子宫内膜炎和急性卵巢炎
	3	+	−	+	+	+	−	+	−	+	+	阴道炎、子宫内膜炎、急性卵巢炎
6	4	+	+	+	+	+	+	+	−	+	+	阴道炎、子宫内膜炎、黄体中淋巴细胞浸润
	5	+	−	+	+	+	+	+	+	+	+	阴道炎和溃疡、子宫内膜炎、黄体中淋巴细胞浸润
	6	+	−	+	+	+	−	+	−	+	+	阴道炎、子宫内膜炎、黄体中淋巴细胞浸润

续　表

配种后天数（天）	猪号	阴道		子宫		输卵管		卵巢		淋巴结		病　理　变　化
		V1	FA	V1	FA	V1	FA	V1	FA	V1	FA	
10	7	—	—	—	—	—	—	—	—	—	—	阴道炎、子宫内膜炎、黄体中淋巴细胞浸润
	8	—	—	—	—	—	—	—	—	—	—	阴道炎、溃疡性子宫内膜炎、黄体中淋巴细胞浸润
	9	—	—	+	—	—	—	+	+	—	—	阴道炎、溃疡性子宫内膜炎、黄体中淋巴细胞浸润
14	10	+	+	—	—	—	—	—	—	—	—	阴道炎、子宫内膜炎、黄体中淋巴细胞浸润
	11	—	—	—	—	—	—	+	+	—	—	阴道炎、子宫内膜炎、黄体广泛性坏死
	12	—	—	—	—	—	—	+	—	—	—	阴道炎、子宫内膜炎和黄体中出现淋巴结节
28	13	—	—	—	—	—	—	—	—	—	—	中度阴道炎、局灶性子宫内膜炎
	14	—	—	—	—	—	—	—	—	—	—	中度阴道炎、局灶性子宫内膜炎
	15	—	—	—	—	—	—	—	—	—	—	阴道炎、子宫内膜出血、退化的黄体有淋巴细胞浸润

母猪发病表现厌食、便秘、震颤、眼睑发炎或视觉消失，个别发病严重的耳尖发紫，四肢叉开呈鹅步不能站立，有时头侧向一边，体温40～42℃，最后死亡。

怀孕母猪感染本病，则分娩延迟或提前、流产或木乃伊，流产率达50%。所生小猪初生重量小，弱仔在2～3天内死亡。

Gustafson报道，妊娠前30天感染PRV，胚胎可能被消融；妊娠40天胎儿已有骨骼形成时感染，则可引起胎儿死亡；妊娠60～80天感染，则引起早产；妊娠后期感染则致死胎或弱仔，有时还发生迟产。

2. 哺乳仔猪　几日龄至1月龄的幼猪最易感。15日龄以内的仔猪表现为最急性。病程不超过72小时，死亡率达100%。出生初期的吮乳猪发生不明显综合征，较大的仔猪则有明显的神经症状。伪狂犬病感染引起的新生猪大量死亡，7日龄以下仔猪的死亡率可达100%（Kluge等，1999；Dee，1998），主要表现在刚生出第1天的仔猪没有临床表现，从第二天开始发病，3～5天内死亡达到高峰，有的整窝死亡，仔猪表现出明显的神经症状，开始为震颤，唾液分泌增多，运动障碍，共济失调和眼球震颤，发展为角弓反张，突然发作癫痫。有的病猪因后肢麻痹呈坐式，有的转圈或侧卧或做划水运动。昏睡、鸣叫，有的发生鼾声呼吸伴有明显的腹部运动，呕吐、拉稀（拉黄色稀粪），一旦发病，1～2天死亡。但这些症状并非一成不变，母猪对PRV的免疫状态不同，哺乳仔猪的临床表现也不同，如整窝仔猪有临床症状，或同窝某些仔猪有临床症状，而邻窝或同窝内其他仔猪正常。如果易感母猪或后备母猪临近分娩期感染，所产仔猪虚弱，很快出现临床症状，出生后1～2天死亡。病检可见肾脏布满针尖出血点，有时见有肺水肿、脑膜表面充血、出血。断奶仔猪4周龄以上仔猪常会突然发病，体温上升至41℃以上，精神疲乏、发抖，运动不协调，有些病猪只能向后移动，有些作圆圈运动，有些侧卧作划水运动，痉挛、流涎、呕吐、腹泻，有的眼球震颤，狂奔性发作，间歇性抽搐、昏迷，最后体温下降，36小时内死亡。3～4周龄猪损失可达40%～60%。断奶仔猪的死亡,发病率在20%~40%,死亡率在10%~20%,主要表现为感染病毒后36小时体温上升至40℃,其后出现咳嗽、便秘、粪便干硬,3~4天时体温上升至41~42℃,猪厌食,发生呕吐,尾、腹震颤,反复呕吐或带胆汁的干呕;第5天震颤明显,运动不协调,下肢最为明显。上下肢肌肉强直性痉挛或惊厥,弓背,流涎,有失明的病例。据报道,加利福尼亚病猪由于广泛的视网膜变性而出现失明。出现CNS症状的猪一般死亡;出现PRV性呼吸道感染的猪,继发如传染性胸膜肺炎等疾病,一般也会死亡。但5~9周龄的猪感染后,若能精心护理,及时治疗,继发感染死亡率通常不超过10%,现实中死亡率更低。存活的重病猪,尤其是出现CNS的猪,常常生长缓慢,有时有永久性症状,如头颈倾斜。这种猪体重增至可以出售的时间比其他猪长1~2个月。

刘显煜(2002)、程颖军(2016)在南北方都报道了PRV致哺乳仔猪拉黄色稀粪的腹泻症状,常误认为黄白痢或母猪奶水问题,但症状出现后,乳猪出现肌肉震颤、四肢无力、打喷嚏、皮肤苍白、消瘦死亡等临床症状,而母猪及其他猪只往往无临床症状。

同窝仔猪中有1头到多头出现拉黄色稀粪便,2~3天整窝就会出现拉黄稀便,个别仔猪有呕吐、扎堆、肌肉震颤症状,发病月龄越小,死亡率越高;另一症状是在接诊过的2万余头仔猪中约2/3在倒数几对乳头基部皮下颜色呈青色,2天左右腹部皮下有油菜籽样星状坏死点,坏死点颜色初期为紫红色,中后期颜色转为青紫色,个别出生2日龄的仔猪也出现了皮下坏死点。这些猪抗体检测为阳性。致死率可达100%。因此,认为可能是仔猪肠炎型伪狂犬病。

新生仔猪产下后很健康,膘情也好,在2~3天日龄发病后,仔猪眼眶发红,闭目昏睡,体温在41℃左右,口角流大量泡沫性睡液,有的呕吐或腹泻。初期听到刺激性声音可发出兴奋性鸣叫,后期则无反应。随后出现眼睑、口角、颌下水肿(可与低血糖、补铁引起的中毒相鉴别)。常在腹部出现粟粒大小的紫色斑点,严重时全身呈紫色。有报道乳猪耳背侧、脊背两侧皮肤出现大小不等、形态不定的紫红色斑块,表皮易脱落,露出红色创面。患猪步态不稳,有的只能后退,易跌倒,有时出现间歇性抽搐,角弓反张,一般持续4~10分钟,病情最短4~6小时,最长5天。一旦出现神经症状及拉黄色稀便,绝大多数死亡。

断奶仔猪(30 kg)症状与乳猪相似,只是轻微一些,主要表现为打喷嚏和呼吸困难,体温在41℃左右。其发病率、死亡率比乳猪低,对发病的3个猪场统计,发病率25%,死亡率95%,4月龄中猪症状轻微、低热、眼结膜发红、鼻镜潮湿,有鼻涕,体温40.5℃左右,易被误认为流感,偶有脓性鼻涕,呼吸困难,咳嗽,精神沉郁,食欲不振,有的呈犬坐势,有的呕吐或腹泻,1周后逐渐恢复,重症可延长到20天。若表现出僵直、惊厥,行走困难等神经症状,则预后不良。

小群猪发病突然,可侵害大部分易感猪,急性病例期限很少超过1个月,其后此猪群很少再有临诊病例出现;而大群猪则可能改变成为地方流行,因不断增加易感猪,所以不可避免地会定期出现临诊病例。猪是伪狂犬病病毒主要宿主,水平和垂直传染均有发生。隐性感染猪则是疾病循环发生的潜在源。

3. 公猪　感染伪狂犬病毒后,公猪精液也可带毒。表现出睾丸肿胀、萎缩等,有试验将病毒经鼻腔接种,可引起生殖器官退行性变化,精液品质下降,Hall(1983)将 PRV 人工接种公猪,10～14 天后精液质量变劣,持续 1～2 周,首先可见精子尾部异常,4 周左右则可见精子头部异常。但病毒不在生殖系统组织内增殖,在自然感染 PRV 时,可见到公猪阴囊肿大。病毒对生殖器官的侵袭致使公猪丧失种用能力。

4. 育肥猪　临床上,多数猪场均基于母猪流产、仔猪神经症状来确定伪狂犬病,而血清学资料显示往往是肥育猪 gE 转阳在先。仔猪免疫的不完整或程序的问题,或免疫剂量的不足,使肥育期猪群不足以抵御高感染压力或强毒攻击而感染。临床上出现咳嗽,同时血清 gE 抗体转阳。呼吸道症状(主要湿性咳嗽),通常维持 1～2 周。咳嗽过程是不断地排毒并感染其他猪的过程,导致猪场野毒阳性率居高不下,是导致感染压力的主要原因,这是当前伪狂犬病的主要危害。感染肥育猪一般体重下降 5～10 kg。猪感染可能与猪体抗体不高有关。

育肥—育成猪 PR 的特征症状为呼吸症状,发病率一般很高,达 100%,在无并发症时死亡率低,一般为 1%～2%。患猪中有 CNS 症状,但只是散发,症状从轻微的肌肉震颤至剧烈地抽搐不一。一般感染 3～6 天后出现临床症状,特征为动物热性反应、精神沉郁、厌食、呕吐;呼吸症状发展至鼻炎后,打喷嚏(有的有鼻痒)、鼻有分泌物,进而发展至肺炎,呈剧烈咳嗽,呼吸困难,尤其是猪被迫移动时更为明显。有毒力的毒株可能引起猪共济失调(后躯共济失调和腿软弱)、惊厥和死亡。这些猪体形消瘦,严重掉膘。症状一般持续 6～10 天,猪退热恢复食欲后可迅速康复。如果 PRV 感染后,继发有细菌感染,因 PRV 有抑制肺巨噬细胞的功能,从而减弱了这种防御细胞处理和破坏细菌能力而加重病情。P.R.Gillespie(1996)用 PRV 总病毒量 $10^{4.5}$ TCID$_{50}$ 气溶胶攻击 6 头育成猪,感染后 4～10 天表现精神沉郁,同居猪 3 头血清转阳,2 头在第 11 至第 14 天变得沉郁。感染猪呼吸困难和高热,3～4 天有轻微呼吸困难,第 7 天严重呼吸困难(3 级),在第 10 天除 1 头轻微呼吸困难(1 级),其他猪的症状消失,所有血清阳性猪流鼻涕、打喷嚏。少数猪出现头颈震颤,10 天后 1 头猪出现神经症状,持续 48 小时;2 头猪关节肿大及跛行。

5. 成年猪　母猪感染后的症状本质上主要是呼吸症状,与育肥或育成猪很相似。妊娠小母猪流产,在分娩至育成过程中,可能出现首次临床症状,怀孕母猪在妊娠前 3 个月内感染 PRV,胚胎会被吸收,母猪重新进入发情期。妊娠中 3 个月或妊娠末 3 个月因感染 PRV 而引起的繁殖障碍一般表现为流产和死胎,临近足月时,母猪感染则产弱仔。母猪或后备母猪接近分娩期感染时,则所产仔猪出生时就患有 PR,1～2 天死亡。PRV 可通过胎盘屏障,感染和杀死子宫内的胎儿,从而导致流产。猪场繁殖障碍很少发生,一般妊娠母猪发病率为 20% 以下,感染 PRV 的后备母猪,母猪和公猪死亡率很少超过 2%。

[病理变化]　病毒通过病毒血症散布到各器官,在上皮细胞、血管内皮细胞、淋巴细胞和巨噬细胞中复制,出现扁桃体炎、鼻气管炎和近端食道炎与坏死以及肺浮肿、坏死性肠炎和肾、肺、肝、淋巴结、肾上腺的多病灶坏死,且对灰质影响尤为明显。

病变一般较轻微,可见浆膜性纤维坏死性鼻炎,可蔓延至喉、气管。常见扁桃体坏死,伴有口腔和上呼吸道淋巴结肿胀出血;下呼吸道病变至肺水肿,至肺散在性小叶性坏死、出血和肺炎病变。扁桃体的坏死始于真皮下区,然后扩展至真皮,深至淋巴组织。核内包涵体常见于坏死灶邻近的真皮细胞的隐窝内。上呼吸道的病变有黏膜上皮坏死,黏膜下层单核细胞浸润。肺部病变有坏死性支气管炎、细支气管炎、肺泡炎和支气管周黏膜上皮坏死。当猪发生瘙痒时,局部皮肤见有相当大的损伤并出现广泛的皮下水肿。

肝脏和脾以及浆膜面下一般散在有黄白色疱疹样坏死灶,大小 2~3 mm,这类病变最常见于缺乏被动免疫的幼龄猪。所有被涉及的组织均呈灶性坏死,病变最常见于肝脏和脾脏、淋巴结和肾上腺。坏死灶分布不规则,周围聚集少数炎性细胞,也可能没有炎性细胞。坏死灶边缘的细胞内常含有核内包涵体。

新流产的母猪有轻微的子宫内膜炎,子宫壁增厚,水肿。检查胎盘,可见坏死性胎盘炎。子宫感染性病变为多灶性至弥漫性的淋巴组织细胞子宫内膜炎、阴道炎、坏死性胎盘炎,伴有绒膜窝凝固性坏死。核内包涵体见于发生坏死病变的变性滋养层。黄体的病变取决于感染的阶段,可能坏死,内含嗜中性粒细胞、淋巴细胞、血细胞和巨噬细胞。流产胎儿新鲜,浸渍,胎儿实质器官凝固性坏死。偶见有干尸体胎。感染窝内可能会出现部分仔猪正常,另一部分虚弱或出生时死亡。感染胎儿或新生猪的肝脏和脾脏有坏死灶,肺和扁桃体有出血性坏死灶。据报道,青年猪空肠后端和回肠发生坏死性肠炎。小肠发生黏膜上皮灶性坏死病变,可能涉及至肌层和肌层被膜。核内包涵体见于受损的内皮细胞。

公猪生殖道眼观病变为阴囊炎。病变为输精管退化,睾丸白膜有坏死灶。患有睾丸鞘膜炎的公猪生殖器官的被膜坏死和炎症病变。精子异常的类型有尾异常、远端胞浆残留、顶体囊状突起、双头、裂头。这些病变可能是因发热所致,而不是因为病毒感染生精上皮所致。

镜检观察常见于 CNS,延续时间可在感染后 12~24 周。无临床症状的猪也可能有镜检病变,但流产胎儿一般没有。病变特征为非化脓性脑膜炎和神经节炎。白质和灰质都有病变,病变的分布取决于病毒进入 CNS 的途径。感染区特征为出现以单核细胞为主的血管套和神经胶质结节。被感染的血管内皮表现正常。神经元灶性坏死,周围聚集有单核细胞,或病变神经元散在分布。脊髓尤其是颈部和脑部脊髓有类似病变。在变性神经元特别是猪的大脑皮质中不出现核内包涵体。

母猪抗体可持续至 4 月龄,从 PR 免疫母猪初乳获得的母源抗体半衰期约为 18 天,抗体效价需要 18 天才能减半(即从 1∶16 降至 1∶8)。如果太早检测免疫母猪所产仔猪,由于血清中还有母源抗体,它们可能被认为已经感染,而实际上它们并未感染或主动免疫。抗体于感染后第 7 天即可检出,于第 35 天达高峰,并持续数月。

[诊断]　根据病畜临诊症状,以及流行病学资料分析可初步诊断本病。本病多发于鼠类猖獗猪场,小猪神经症状明显,死亡率高,而大猪临床症状轻微,多有呼吸症状,怀孕母猪有流产及木乃伊胎。除乳猪外,PRV 感染时都需要一定量的病毒及毒力,故其传染性不是很强,一个猪群大多数动物被感染时常需要数周。因此猪的感染率在各个猪群中波动范围很大,同时新老感染猪群的发病率与临床症状有很大区别,常呈现临床症状多样性,故确诊本病必须进行实验室检查。

病原分离,采取病患部水肿液、侵入部的神经干、脊髓以及脑组织,接种兔以分离病毒,病兔常有典型奇痒症状。潜伏期约 2 天,先舔接种点,以后用力撕咬接种点,持续 4～6 小时,病兔变衰竭,倒卧于一侧,痉挛,呼吸困难而死亡。病料亦可接种小鼠,但要接种脑内或鼻内,症状可持续 12 小时,有痒的症状。但小鼠不如兔敏感。病料亦可直接接种猪肾或鸡胚细胞,可产生典型的病变。分离出的病毒再用已知血清作病毒中和实验以确诊本病。

另外,取自然病例的病料如脑或扁桃体的压片或冰冻切片,用直接免疫荧光检查,常可于神经节细胞的胞浆及核内产生荧光,几小时即取得可靠结果。

病理组织学检查可肯定其非化脓性脑炎的性质,但与猪瘟的病变不易区分。因此要作病原检查,或用急性期及恢复期猪血清做双份血清的病毒中和试验确诊本病。对于猪感染伪狂犬病病毒的诊断,因为它经常是隐性的,所以除了临诊检查之外,需可靠的诊断方法,包括血清中和试验、琼脂扩散试验、补体结合试验、荧光抗体试验及酶联免疫测定等。其中血清中和试验最灵敏,假阳性少,它是在猪肾传代细胞 PK15 上进行的,其特异性抗体应答在感染后 6～7 天可被检出。

对李氏杆菌、猪脑脊髓炎、狂犬病等,于临诊及流行病学无法鉴别时则均要用病原检查或双份血清病毒中和试验才能肯定。

成年猪的伪狂犬病与猪流行性感冒在临床上有某些相似,但后者对仔猪不会发生严重的神经症状。鉴别时可进行动物接种加以证实。

猪瘟与伪狂犬病都会使仔猪出现神经症状,但感染猪瘟后大小猪死亡率均高,而伪狂犬病只有哺乳仔猪和哺乳仔猪大批死亡,出现神经症状一般见于 4 个月以下的仔猪,实验诊断兔可出现奇痒和死亡。

李氏杆菌与伪狂犬病,两者神经症状有很多相似之处,而接种实验兔可以区分。

仔猪钙质缺乏症,维生素缺乏症也呈现仔猪痉挛和共济失调,但没有接触传染性,可以区别。

[防治]　对本病没有特效的治疗方法。紧急情况下,用家兔血清治疗,可降低死亡率。预防方法包括兽医卫生措施及疫苗、血清的应用。消灭牧场中的老鼠,对预防本病有重要的意义。现在公认猪为重要的带毒者,因此要严格将牛猪分开饲养。引进场外猪只时要注意该场猪群的健康情况。

不论是自然感染本病或者人工预防接种疫苗都能诱发产生 3 种免疫应答形式,从而防止疾病出现,但不能完全消灭病毒,或者防止其从猪体排出。所有血清中和试验阳性的猪可在其生活阶段排出病毒,因此以往曾有第一次发生本病 5 年后,再度出现临诊病例,在这种情况下,病毒静止地隐藏于细胞内,一直到猪体遇到应激因素时再度活动。

为了防治 PR,目前国内外所用的疫苗有弱毒苗、灭活苗和基因缺失苗,这些疫苗都能有效地减轻和防止 PR,但 PRV 具有终身潜伏感染、长期带毒和散毒的危险,可被其他应激因素激发而引起疾病暴发。因为有些活苗可以传导 CNS 感染的潜能,因此,不能完全依赖接种活苗或死苗来防止免疫后的猪发生潜伏感染。实验室和田间试验都已证明 PRV 野毒间、野毒和活苗毒株间有重组现象。欧洲只有少数田间证明流行的野毒含有疫苗株的重组成分。因此,小规模群体内清除感染时,使用基因工程致弱活毒苗及相容的血清学试验来区分疫苗抗体和野毒感染诱导产生的抗体是必要的。由于 *TK* 基因缺失活毒苗能提供给猪相对长的保护期,因而它能在数月内有效减少疾病传播,降低发病率,缩短潜伏期活化后的排毒期。猪在接种基因苗后几周至几月内对野毒感染的抵抗力增强,尤其是鼻内免疫后,猪感染野毒后会出现短期排毒和隐性感染。故一些专家禁用弱毒苗,只用灭活苗。我国种猪场只用灭活苗,仔猪育肥猪用弱毒苗,要求所有猪都进行免疫。基因缺失弱毒苗可用于 PR 发病后的紧急预防接种和治疗。

在疫区可用疫苗注射。东欧国家曾用毒力低、遗传稳定的"K"毒株组织培养苗,它对各种年龄猪无害,疫苗接种猪不排毒。应用于曾发生过或受威胁的猪群,注射两次(间隔 3～4 周),对 12～38 周龄猪保护力可达 1 年。为了保护乳猪可给孕猪注射,使仔猪在 6～8 周得到保护。但结果可在一定时期内带有毒,使疾病不易消灭,因此不主张用弱毒疫苗。欧洲曾应用弱毒苗及灭活苗多年,法国及德国生产的灭活苗比罗马尼亚、匈牙利、美国产生的活毒苗效果要好,两次给母猪接种(间隔 4 周),保护力可达 1 年,而且给其仔代免疫力四个月。但目前在美国不用疫苗,因用疫苗不能消灭本病,只能减少疾病的出现。

对于新生仔猪的保护,最好能使母猪初乳产生高水平抗体,然后,拥有高水平母源免疫力的仔猪可能对疫苗接种无反应。据文献报道,约 85% 的仔猪因具有母源抗体而对疫苗接种可能没有反应,从而不能将其被动免疫转变为主动免疫,以抵抗后来的病毒感染。在生产免疫程序中母猪在生殖周期的不同时期免疫接种,其所产仔猪在 8～12 周龄时一次肌肉接种即能产生对感染有效的免疫。

关于根除本病(主要对于猪)采用血清学及淘汰的办法,可能获得成功,即把所有的成年猪,作血清中和试验,阳性者取出隔离,以后淘汰,以 3～4 周之间隔,反复进行,一直至两次试验全部呈阴性为止。另外一种方式是培育健康幼猪,从选好的母猪产仔断乳后,尽快地分开隔离饲养,每窝小猪均须与其仔小猪隔离饲养,到 16 周龄大时,做血清学检查把阴性猪合成较大群,最终建立新无病猪群。

清洁与消毒工作要反复进行,房舍消毒后要使其保持干燥,消毒药可采用 5% 石炭酸,次氯酸钠,2% 氢氧化钠,磷酸三钠等。病畜住过的房舍以上述方式消毒,在最后一次消毒后至少 30 日,可再放入健康动物。要采取隔离方式饲养,放入后经 30 日再检查其血清反应。放入健康动物后要特别注意畜群安全,要防止猪与其他动物接触,要限制工作人员进入。

我国有的单位曾试制成牛的伪狂犬病鸡胚细胞氢氧化铝福尔马林疫苗,经反复试验证明疫苗效果可靠。耕牛每头颈部皮下注射 10 mL,6～7 天后再注射 1 次,有效免疫期在 1 年以上。

我国已颁布的相关标准有:GB/T 18641 - 2002 伪狂犬病诊断技术,NY/T 678 - 2003 猪伪狂犬病免疫酶试验方法,SN/T 1698 - 2006 猪伪狂犬病微量血清中和试验操作规程。

三、猪巨细胞病毒感染(Porcine Cytomegalovirus Infection,PCM)

该病是一种由猪巨细胞病毒(PCMV)引起的,以鼻炎为特征的仔猪常见传染病。因从鼻甲黏液腺细胞中发现巨大、嗜碱性核内包涵体,故又称猪包涵体鼻炎(Porcine inclusionbody rhinitis，PIRV）、猪巨细胞包涵体病（Porcine cytomegalic inclusion disease）。

［**历史简介**］　Jesconck（1940）从死胎猪体内发现的大型细胞和核内包涵体。Rowe 等（1956）组织培养出病毒。Done（1955）在苏格兰猪的鼻甲骨黏膜液腺中发现大量碱性核内包涵体，定名为"包涵体鼻炎"。Duncan 等（1965）、Valicek 等（1970）通过实验性传染并结合超微结构检查，证明该病病原体为疱疹样病毒粒子。由于该病原体能感染泪腺、唾液腺和肾小管上皮，故又被称为唾液腺病毒（Smith 1959、Weller 等 1960，Plummer 1973），也称为巨细胞病毒。Matthews（1982）确认该病毒为 β-疱疹病毒科的一个亚科。由于它们生长缓慢并产生巨细胞带有明显的核内包涵体且有种的特性，故将包涵体鼻炎定名为猪巨细胞病毒感染（PCM）。

［**病原**］　猪巨细胞病毒分类上属于疱疹病毒科巨细胞病毒属，又称猪疱疹病毒 II 型（β 疱疹病毒-2），为第二个猪的疱疹病毒。有观点将其划为玫瑰疹病毒属。

病毒为线状双链 DNA，病毒粒子呈正二十面体，有囊膜，即有一直径 45～70 nm 电子致密的芯髓，包裹一层 80～100 nm 的衣壳，完整病毒粒子直径为 120～150 nm 的单层或双层囊膜。芯髓外形不一致，可为椭圆、长方或哑铃形。核衣壳具有一电子致密的外套，由一半透明环将其与囊膜分开，细胞外及胞浆中病毒的囊膜有外部突起及清楚的单位膜结构。活体及试管中常见无芯髓或有半透明芯髓的颗粒以及缺乏囊膜的胞浆内或细胞外的核衣壳。本病毒未发现有明显不同抗原性状的毒株，即只有一个血清型，抗原特异性较强，与其他疱疹病毒无交叉类属反应。哺乳动物中 CMV 不感染人，人 CMV 也不感染动物。

病毒对细胞感染范围很窄，只能在来源于猪组织培养细胞内增殖，而且增殖速度很慢。原代猪胎肺细胞培养物最适于病毒的增殖和传代。在肺单层细胞内，开始呈局灶性病变，首先出现几个相邻的细胞肿胀，感染细胞较正常细胞大 6 倍，线粒体、内质网及高尔基体肿胀，折光性增强，但仍保持其多角形外观；随后细胞变圆、变胖，且突出于周边的正常细胞。随后细胞变性，从中心部开始脱落，并逐渐向外扩展，同时出现因细胞融合而产生的多核巨细胞。对细胞做包涵体染色检查时，可见圆形、椭圆形或不规则形的核内许多小的嗜酸性包涵体，其周围绕以淡染的晕环。Watt 等（1973）发现只有 3～5 周龄仔猪的肺巨噬细胞对病毒的初次分离及继代是高度敏感的。巨噬细胞及其核内和胞浆内的包涵体的形成见于接种后 3～14 天，偶见胞浆内小包涵体，依所用病毒的性质而不同，其高峰是接种后 11～14 天，产生 $10^{5.5}$ TCID$_{50}$/mL 病毒。肺巨噬细胞的局限性在于它不能复制，因为要求必须筛去沾染的病毒，包括猪细胞巨化病毒的原代培养物。Kawamura（1996）用猪输卵管的一个细胞系能使病毒繁殖，十四烷酰弗皮醇乙酸酯能加速病毒巨细胞培养物中的增殖，感染的细胞极度增大，比正常细胞大 6 倍，细胞内线粒体、内质网、高尔基氏体也肿大。超薄切片证明，大的核内包涵体与核衣壳的形成有关，常呈晶状排列。衣壳在核内获得一电子致密的外套，囊膜来自核膜内层，病毒游离存在或位于胞浆的膜性囊中。在复制后阶段，当细胞崩解时，晶状排列的病毒亦可见于胞浆中。其次，猪鼻黏膜、肾、睾丸和唾液腺细胞也能使病毒增殖和产生细胞病变。因病毒的细胞病变难以观察，所以必须用吉姆萨染色观察核内包涵体。

病毒在 56℃ 30 分钟灭活、22℃ 只能存活 24 小时，−30℃ 患病仔猪鼻黏膜的感染力至少持续 5 个月,在 -60℃ 下的病毒悬液可保持 2 年以上,-80℃ 应该保存更久;-70℃ 和 37℃ 冻融 3 次感染率不下降。

病毒对乙醚和氯仿敏感,表面活性消毒药可杀死病毒。

[流行病学]　猪巨细胞病毒感染遍布全世界各国养猪地区,病毒为地方性流行,感染率因猪群而异,英国发病率达 50%,北美、澳大利亚也有报道,美国艾奥瓦州仔猪发病率达 12%。临床和血清学调查表明,该病毒存在于大多数猪群。

本病的易感动物仅限于猪,病毒是"机会性感染,1~3 周猪最敏感"。常在断奶后 2~5 周内的小猪中暴发,4 月龄以上的猪感染后不表现临床症状。病毒不能在兔、小鼠、仓鼠、鸡胚和牛体内复制。宿主仅为猪、病猪,带毒猪为传染源。有相当数量的康复猪转为潜伏感染状态,康复猪血清中产生相当水平的中和抗体,但不能根除体内病毒,表明免疫性不坚强。患病母猪的初乳中含有中和抗体,也只能为哺乳仔猪提供一定保护力,因此,在一般条件饲养的猪群 PCMV 的抗体阳性率很高。试验表明,尽管血清中含有中和抗体,但长期持续排毒有的达数年之久,5~6 月龄猪肺巨噬细胞几乎 100% 可分离到病毒。病毒在肺巨噬细胞呈持续感染状态,这种潜伏猪在运输、寒冷、分娩等应激作用下易再次排毒。因此猪群一旦发生本病,即难以根除。

自然条件下的传播方式了解很少,一般认为 1 月龄仔猪主要是通过与母猪接触而遭受感染。感染本病的怀孕母猪的鼻和眼分泌物、尿液、子宫颈液以及发病公猪的睾丸和附睾丸中都可分离到该病毒,通过飞沫污染环境或吮乳过程,可能是直接的传播途径,并侵袭 1~3 周龄仔猪;而且感染的妊娠母猪引起胎儿和仔猪死亡、鼻炎、肺炎、发育迟缓和生长缓慢,呈地方性流行。感染率在 12%~90%,具体因猪群而异。

本病毒存在于猪的上呼吸道,在猪群内病毒多为水平传播,主要在感染后 2~4 周龄猪通过呼吸途径大量排出,经由直接接触和气雾感染,也可能通过尿传播。由于母源抗体的存在,往往为亚临床感染,10 周龄以上则多为隐性感染。带毒猪的引入是重要传染源。

[发病机理]　妊娠母猪接种病毒后 14~21 天,精神和食欲不振,这与病毒血症期一致,随后不久可从鼻液中分离到病毒。接种病毒后 30~35 天,从子宫颈液中分离到病毒。X 射线检查表明胎猪死亡大多就在这段时间,由此推断病毒在胎猪体内的增殖是在母猪病毒血症过后 14~20 天,子宫颈排出的病毒来自胎猪而非母猪。此时从子宫颈或子宫内膜不能检出病毒包涵体。低水平循环抗体的母猪被重复感染与胎盘感染无关。胚胎着床后不久被感染时,可能导致胚胎死亡,在早期胎猪的脑膜、枯氏细胞和腹巨噬细胞中最易发现病毒。

仔猪鼻内感染,在病毒血症出现以前,能从鼻腔和眼结膜拭子中分离到病毒,推测病毒增殖的原始部位是在鼻黏膜腺、泪腺、副泪腺(哈氏腺)。经鼻腔接种病毒的 3 周龄仔猪,在感染后 14~16 天可检测到病毒血症。在新生仔猪中病毒血症在感染后 5~19 天,病毒检出期延长。血液的感染性与白细胞有关,鼻分泌物排毒持续 32 天。咽和眼结膜排毒时间短。病毒在尿中持续时间较难测定。

本病毒侵入上皮细胞,特别是鼻黏膜腺的上皮细胞,引起腺细胞的破坏和覆盖上皮的转化,其主要临床表现是上呼吸道疾病的症状。在较大猪感染此病后,泛化局限于其他器官的上皮细胞,特别是肾小管上皮细胞,呈隐性感染。对幼猪,病毒表现对网状内皮细胞易感。泛化可能导致进一步的临床异常。

在胎猪和新生仔猪,病毒对网状内皮细胞,尤其是毛细血管内皮和淋巴样组织的窦状隙有嗜性,从而引起全身性损害。用不排毒猪的肺灌注洗液,经培养后在肺巨噬细胞中发现病毒,说明这些细胞有持续感染。易感猪接种 PCMV 后 3 周检出ⅡF 抗体(间接免疫荧光),6 周达高峰并持续到屠宰时。

PCMV 通过侵害猪的肺巨噬细胞,能够抑制宿主的免疫功能和防御机制,尤其是抑制 T 淋巴细胞的功能,PCMV 感染可能提高猪群呼吸与繁殖系统疾病的发生率。

[临床症状]　猪巨细胞病毒同一般巨细胞病毒一样,常需要一些一定的外因条件,主要是鼻黏膜的继发细菌感染,如波氏杆菌、嗜血杆菌等,才能引起发病,尤其对年龄较大的仔猪是促成发病条件的外因条件。该病原似乎有种特异性,对成年动物通常诱发隐性感染,与其他疱疹病毒一样,PCMV 亦能诱发潜伏感染,并能在循环抗体存在情况下排毒。而对年轻动物则常会诱发致命性全身感染。还能穿透胎盘感染胎儿,引致胎儿死亡或出生后 2 周内发病或成为僵猪。

绀野等(1972)报道了幼龄猪自然发病的病例。在临床上侵害大约 10 周龄以内的仔猪。当第一次猪群感染时,通常呈暴发性发生,波及数窝仔猪,且波及年龄范围广泛。以突然死亡和贫血为特征,如果猪非常幼小年龄暴露于严重感染,由于泛化感染可产生更严重的后果。这通常发生在具有高密度的连续容纳产仔至断奶猪的猪舍大群猪。在这种年龄的猪除上呼吸道疾病外,还可发生肠道疾病、突然死亡、贫血和消瘦,以及仔猪生长期的参差不齐。

首次感染本病毒的成年猪可能为一般性感染性病变,潜伏期 2～10 天。临床症状为呼吸道症状,如震颤、喷嚏、咳嗽、流泪、流鼻分泌物、呼吸困难。抗体阴性成年猪在感染 14～21 天出现食欲不振、精神委顿,但不发热。死亡率在 20%以内,大多数仔猪在 4 周内恢复正常。4～6 周龄感染猪,出现轻度呼吸症状,发育不良,僵猪。猪巨细胞病毒感染不诱发萎缩性鼻炎,但可致少数青年猪产生鼻甲骨萎缩,颜面变形等温和性鼻炎症状,其他症状还有贫血、苍白、水肿、颤抖和呼吸困难。4 周龄以上猪感染后若无并发继发感染,一般不表现出临床症状。

阴性感染的妊娠母猪在感染后 14～21 天精神委顿、食欲不振,在怀孕期无其他临床症状。但胎猪感染有时产死胎、木乃伊胎或出生后不久无症状死亡。存活猪在 2 周内发育不良、鼻炎、肺炎,颈、胸、下腹部及跗关节皮下出现不同程度水肿。同窝仔猪大约损失 25%,或成为僵猪。

在出生后 1 周的猪群内常有腹泻史,患猪皮肤苍白,由于水肿,表面上似乎肥胖和发育良好,特别是颈部和前躯。于出生后 2 周和第 3 周发生死亡,主要是由于贫血。在一个猪群内的死亡率可达 50%。在悉生猪实验引起的疾病,淤点性出血是一个特征,但在田间暴发中却不一定出现。野间进等(1984)报道,55 日龄 4 头猪发育不良、颜面浮肿、流大量鼻液、打喷嚏,1 头死亡,而且腹部有拇指大痂皮散在;使生长受阻,但不引起大量死亡的中度贫血是在新近断奶猪中可见。大多数猪群本病侵害至吮乳后期和断奶早期。喷嚏是最主要症状,经常呈阵发,并于斗殴游戏后发作。表现不严重的浆液性鼻炎,偶尔带血,眼睛周围有棕色或黑色渗出物,病程 2～4 周。一群猪内各种年龄的猪均发病,通常不发生死亡。

人工实验静脉或鼻接种未吃初乳仔猪最易感染,潜伏期为 5～10 天。1～3 周龄仔猪最敏感,发病程度取决于从初乳中获得抗体的多少。感染未获得母源抗体新生仔猪或 SPF 猪,感染 5～9 天出现精神委顿、食欲不振、喷嚏、眼鼻有分泌物、鼻塞、呼吸困难,康复后发育不良、僵猪。5～10 日龄仔猪感染后表现急性经过,起初频频打喷嚏、流泪、鼻孔流出浆液性分泌物,而后因鼻塞出现呼吸困难和吮吸困难、沉郁、厌食、消瘦、体重减轻及麻痹症状。有些可以在发病后 5 天死亡,病死率高达 20%。耐过猪有的增重较慢。2～4 周龄以上仔猪多呈亚急性型,通常只有轻微的呼吸道感染,发病率和死亡率低,多数病猪经 3～4 周恢复正常。4 周龄以上的猪感染后若无并发症和继发感染,一般不表现出临床症状。10 周龄以下的小猪在接种后 10～20 天,容易在其鼻黏膜细胞中检出包涵体。6 月龄以上的猪感染较难。

[病理变化]　病变主要在上呼吸道,从前头部到鼻端皮下组织浮肿,鼻黏膜表面有卡他性脓性分泌物,鼻甲骨和鼻腔周围的骨组织无变化,下颌和耳下腺淋巴结呈髓样肿胀。鼻黏膜深部常因有细胞聚集而形成的灰白色小病灶。严重病例可见胸腔和全身皮下组织显著水肿,在胸腔中可见心周和胸膜渗出液,肺水肿遍及全肺,肺尖叶和心叶有肺炎灶,肺小叶腹尖呈紫红色。在喉头及跗关节周围皮下水肿明显。所有淋巴结均肿大、水肿并带有淤血点,肾和心肌有点状出血,淤血点在肾包膜下最为广泛,以至于肾外观呈斑点状或完全发紫、发黑。少数病例小肠可见出血,病变从整个肠段到小于 1 厘米长的局部区域。胎儿感染不出现肉眼可见的特征性病变,典型病变时在繁殖障碍出现木乃伊胎儿、胚胎死亡和不育。木乃伊胎儿随机分布,因胎龄而异。3 月龄以上猪几乎无肉眼可见病变。

组织和检查发现大多数鼻黏膜上皮细胞缺乏纤毛,一部分有上皮再生,在固有层中混有嗜中性细胞和淋巴细胞浸润。在鼻腺部有大量明显肿大的上皮细胞,被侵害的腺细胞呈囊肿大,有的达直径 40 μm,出现这种细胞是本病的特征性变化。在肿大的细胞核内,含有绕以淡色紫环的大型包涵体。这种位于核内的被称为“鹰眼状”包涵体,是一个嗜碱性的颗粒状团块,直径 8～10 μm,病猪的病变部位较广。猪包涵体鼻炎病毒同其他动物巨细胞病毒相比,似乎具有较强的形成全身性感染的致病性。包涵体主要位于鼻黏膜管泡状腺内肿大的细胞胞核内,对于急性感染的幼龄仔猪,这种包涵体也可见于肾和脑组织等其他器官,所以,病毒感染可能是全身的。

剖检 3 月龄以下感染仔猪,可见鼻腔黏膜液较多,黏膜可见大量的小坏死灶,肾肿胀出血,颌下、耳下腺及淋巴结肿胀,点状出血。肺间质水肿,尖叶、心叶可见肺炎病灶,全身皮下组织明显水肿。3 月龄以上的感染猪几乎不见肉眼病变。

组织学变化主要在鼻部,鼻黏膜上皮细胞纤毛缺损、变性、脱落。鼻黏膜腺、副泪腺和泪腺上皮细胞明显肿大,细胞质出现空泡性变性,核明显增大,核内具有多种形态的嗜碱性包涵体;在腺腔内,有可见的脱落上皮细胞崩解物。病灶周围的淋巴管内见有少量巨大上皮细胞。鼻黏膜固有层见有圆形细胞浸润和水肿,管泡状腺上皮细胞明显肥大,大的直径 40 μm,是本病的特征性变化,核内见有绕以淡紫色环的大包涵体。大多数的核为均质的且呈弱碱性或强碱性。也有的核在核壁间形成空隙，呈钟锤形，弱酸性。在电镜下，可见到形成包涵体的、核有成熟和未成熟的病毒粒子。上皮病变部位见有淋巴细胞、浆细胞和巨噬细胞浸润。上皮细胞肥大和核内包涵体，在鼻甲骨黏膜的病变部位见有局限性淋巴细胞增生。在中枢神经系统见有神经胶质细胞增殖和形成血管套。

[诊断]　本病根据流行特点、临床症状和剖检病变仅能作出初步诊断，确诊需要进行实验室检查。证实猪群中存在猪巨细胞病毒感染最容易的方法是随机抽取猪的血清样品做间接免疫荧光试验或 ELISA 试验测定血清抗体，这也是对剖宫产猪进行监测的最可能的方法。在一个猪群中要确定本病为传染性鼻炎的一种病原时，必须从鼻拭中分离出病毒，或者通过鼻腔刮片的免疫染色实验确诊。

[防治]　本病毒分布广泛，目前尚无理想疫苗。对本病无特异性治疗手段，在发生鼻炎时，为预防细菌继发感染可使用抗生素或抗生素药物。患过本病的母猪初乳中含中和抗体，对哺乳仔猪有一定的保护力。

在引种时应严格检疫。通过剖宫产可建立无病毒猪群。由于本病毒能通过胎盘，因此必须对子代至少在产后 70 天连续做认真的血清学监测。

四、恶性卡他热 (Malignant Catarrhal Fever, MCF)

该病是一种由恶性卡他热病毒(MCFV)引起的黄牛和水牛的急性、热性、高度致死性传染病，也可感染包括猪在内的多种动物的散发性、致死性病毒病。其主要特征是持续性高热，口、鼻、眼和胃肠道黏膜的卡他性纤维素炎，并伴有角膜浑浊和严重的神经症状以及迅速脱水和淋巴结肿大等。又称牛恶性卡他、坏疽性鼻卡他。

[历史简介]　恶性卡他热主要危害牛科和鹿科等反刍动物。Plowright 等(1963)从角马分离到病毒。Kurze H 等(1950)报道了牛和猪卡他热。Holmgren N 等(1983)报道了瑞典母猪 MCF。Okkenhaug H 等(1995)报道了两起 MCF 猪暴发病案。LokenT 等(1998)报道了挪威首例由 OvHV-2(绵羊疱疹病毒 2 型)引起的猪恶性卡他热。此后，瑞士和芬兰相继报道了本病，德国、瑞典也报道了 3 起绵羊引起的猪恶性卡他热。我国江苏省盱眙县曾发生过水牛热病，它的病原体可能也属于此类病毒。证据表明盱眙水牛病的病原在山羊体内呈隐形感染，传给水牛后呈急性发作。

[病原]　MCFV 隶属于细状病毒属的 γ 疱疹病毒(一种泛嗜性病毒，属疱疹病毒属)。本病毒具有一般疱疹病毒的形态和结构。Kalunda(1980)研究指出，在感染的牛甲状腺细胞培养的细胞核中有病毒衣壳及有囊膜的颗粒存在。绵羊毒株在单层细胞培养的细胞核内，其核衣壳直径为 90 nm，胞浆内带囊的完整病毒粒子直径为 100～140 nm。角马白细胞的毒株核衣壳直径为 100 nm，并常呈结晶状排列；带囊膜的完整病毒粒子直径为 140～220 nm，中空的衣壳壳粒为 12.5 nm×9.5 nm，位于细胞外游离病毒粒子的直径约为 130 nm。

目前，MCFV 至少有 10 种病毒已被确定，其中 5 种病毒可引起疾病。公认有两种地方流行性 MCF，即由羚疱疹病毒Ⅰ型(AIHV-Ⅰ)引起的与非洲角马有关的 MCF 和由绵羊疱疹病毒 2 型(OvHV-2)引起的与绵羊有关的 MCF，这两种病毒的宿主动物分别是角马和绵羊,两者毒力有差异,通常是隐性感染,但后者可致猪发病。

病毒存在于病畜的血液、脑和淋巴组织等,血液中的病毒牢固地附着在白细胞上很难洗脱。病毒颗粒非常脆弱,对外界环境的抵抗力很弱,在体外只能生存很短时间。冰冻或交替冰冻处理可杀死病毒。在于 5℃枸橼酸抗凝血液中贮存,可生存几天,在−60℃或者冻干后生存时间不超过 1 周。腐败或 36℃培养,病毒很快破坏。病毒对乙醚敏感。在 50%甘油盐水中可存活约 1 周。

病毒能在甲状腺或肾上腺单层细胞上培养生长,引起明显的合胞体病变,A 型考德里氏(Cowdry)包涵体和细胞融合现象,但在开始几代的培养液中没有发现细胞外的病毒颗粒。在感染细胞的细胞质中存在 Feulgen 阳性颗粒,核内包涵体在成熟时表现嗜碱性增强。有囊膜的颗粒也见于细胞浆空泡及细胞外间隙中,具有疱疹病毒特征。MCFV 一旦能够在体外生长,也能在绵羊甲状腺、兔肾、角马肾、犊牛睾丸和肾上腺生长,并能连续传代。易感犊牛的接种试验表明,第 19 代的细胞培养物仍有致病力。病毒在甲状腺细胞培养适应生长后,可以形成有感染性的细胞外病毒。本病毒在鸡胚中不能培养,兔可人工感染,对其他实验动物无致病力。

[流行病学] 恶性卡他热在世界各大洲都有零星散发。水牛、黄牛、羊、角马、鹿、麋等能自然感染;猪在欧美一些国家有零星散发报道,此外,山羊、岩羊、驼鹿、长颈鹿等也易感。在非洲,从外表正常的角马血液白细胞、淋巴结和脾组织中能够分离到 MCFV。它在天然宿主中似乎是不致病的,但一旦进入牛体立即产生典型的临床疾病,其他宿主是症状不显或者无症状的病毒携带者。在角马和绵羊中则都是隐性感染。绵羊和山羊是隐性感染,罕见发病;鹿中也有类似疾病,可以传染给其他的鹿、牛和兔。在北美里尾鹿中曾经暴发过一次,于9～16 天出现症状,以全部死亡转归。一般兔的症状仅仅有点发热,但传至 9 代后对牛仍有致病力。

目前对本病的自然传播方式尚未完全阐明,一般认为绵羊和非洲角马是保毒宿主和传播媒介。有充分证据表明盱眙水牛病的病原体在山羊体内呈隐性感染,传给水牛后呈急性发作,但水牛之间不传播。牛、猪似乎必须与隐性感染的绵羊一起饲养才能发生感染。目前,流行病学调查显示,暴发猪 MCF 的传播途径是猪高度接触羊和羊舍残存物。通常是零星而较长时间的散发过程,极少有大规模暴发的报道。但也有报道发生了 MCF 而不表现任何症状的病猪甚至没有与绵羊和山羊的接触史,同样在牛中也有似乎没有因相互接触而被感染的报道,而先天性感染却确定存在。通过节肢动物传播病毒似乎不太可能,特别在北美,那里本病的发生都在冬季。总之,对本病的自然传播方式还有待进一步研究。

[发病机制] 猪 MCF 的发病机制尚未被探明,不过与羊的接触一直被视为猪发生MCF 的前提。绵羊是 OvHV‐2 的自然宿主,但自然感染后不出现症状。6～10 月龄的青年羊感染 OvHV‐2 的病例都有与羊有接触史,这表明与羊的接触在猪 MCF 的发病机制中可能发挥着重要作用。

MCFV 与完整细胞紧密结合,在血液中存在一段时间,继而进入各器官中,引起淋巴细胞性的血管周围浸润。此种变化发生于实质器官、黏膜、脑内、肺内,包括在急性病例中发生的单核细胞浸润引起的血管炎以及亚急性和慢性病例中发生的多系统淋巴组织增生。

[临床表现]　猪恶性卡他热发生基本为散发病例,少数有大规模暴发的病例。猪在开始出现临床症状之前都有与羊的接触史,而且猪只发病在几个月时间内呈断续性发病。早期报道的病例,临床症状与牛 MCF 的症状相似,包括发热、厌食、多涎、腹泻、流泪、眼经常分泌脓性黏液、角膜浑浊、流鼻涕、中枢神经系统疾病、全身淋巴结肿大和怀孕母猪发生流产。

Phillip.C.Gauger 等(2008)报道,美国一自繁自养猪场暴发猪恶性卡他热病案。该农场饲养有 135 头种猪(35 头后备母猪、85 头待产母猪和数头公猪)。1 月初母猪与 9 头年龄为 10~12 个月的羊一同关在妊娠母猪圈舍内,到 3 月 20 日,猪群开始出现饮水增加,体温在 39~40℃之间。其后 6 个月内 120 头接触羊的猪中有 41 头,占总猪数的 34%相继出现相似症状,即厌食、嗜睡、体温升高等,体温升高于死前 24~48 小时最明显,而后突然死亡。每月陆续发病和发病死亡的猪分别为:3 月 6 头和 2 头,4 月 6 头和 7 头,5 月 2 头和 1 头,6 月 5 头和 2 头,7 月 0 头和 4 头,8 月 3 头和 3 头。共死亡猪为 19 头,其中有 5 头小母猪;未死亡的 22 头猪康复。

此外,有 2 头妊娠后期母猪流产。零星的流产始于 5 月份,也就是妊娠母猪舍内放入羊群 4 个月左右出现 MCF 临床症状后 1~2 天,即母猪妊娠的第 104~111 天发生流产。

MCF 病理剖检未见有特征性的病理变化,仅见肺充血和小叶间水肿。组织病理学变化表现为多个组织出现淋巴细胞浸润性血管炎,与淋巴性增生性疾病的病理学变化一致。可见脑组织的淋巴浆细胞样与坏死性脉管炎及血管壁玻璃样病变,肺组织明显的血管周围性炎症、血管周围淋巴浆细胞聚集形成围管现象和脉管炎,肝组织门静脉血管周围浆细胞肝炎和淋巴浆细胞血管炎;肾组织坏死性血管炎、血管周围淋巴浆细胞聚集形成围管现象和脉管炎,子宫组织中有明显的血管周围炎和单核细胞血管炎。

[诊断]　由于本病没有特征性临床表现,而且少发、散发,潜伏期较长,呈陆续发病和死亡现象,很难从临床表现上判断。目前仅能在慢性散发猪场观察有无与羊接触史。此外,可通过 PCR 检测病死猪的脾、脑、肺、死胎等中的 OvHV‐2 病毒来确诊。

[防治]　抗生素治疗无效,也无疫苗预防。只能通过生物安全措施,在猪场内禁止其他畜群混养。

五、轮状病毒感染(Rotavius Infection,RVD)

该病是一种由轮状病毒(RV)引起的人和动物的病毒性传染病。其病症以婴幼儿和幼龄动物的腹泻和脱水为主要特征,成年人和成年动物多呈隐性感染。

[历史简介]　1943 年在腹泻儿童中发现病毒。Light(1943)证明了在感染传染性腹泻的患儿身上有一种滤过性的病原,这个病原也会造成家畜腹泻。Hodes(1969)从犊牛中分离到病毒。Mebus 等(1969)用电镜观察到牛腹泻病毒。Bishop 等(1973)在澳洲腹泻患儿十二指肠黏膜及粪便中发现一种新的病毒粒子。Flewett(1974)根据病毒轮状形态,建议称其为轮状病毒。Dowidson(1975)根据病毒有双层衣壳,建议命名为双层病毒。国际病毒分

类委员会(1976)建议在呼肠孤病毒科中设立轮状病毒属。在 ICTV(1978)第四届会议上命名正式通过,确认为一种新病毒。Woode 等(1975)首次报道猪轮状病毒病。随后 Rodger (1975)检测出猪轮状病毒。Theil(1977)用猪肾原代细胞培养猪轮状病毒成功。阙玲玲 (1982)在我国台湾地区发现猪轮状病毒。

[病原]   本病原属于呼肠孤病毒科轮状病毒属。其代表种为人轮状病毒,其他成员包括从牛、小鼠、豚鼠、绵羊、山羊、猪、猴、马、羚羊、北美野牛、鹿、家兔、犬和禽类中的分离株。病毒颗粒呈圆球形,为二十面体对称、无包膜。有双层衣壳,因似车轮而得名。该病毒与同科其他成员无抗原关系,但各种动物与人的轮状病毒内衣壳具有群特异抗原的共同抗原。直径为 $68\sim78$ nm,分子量为 10.7×10^6 a,核心部分直径 $36\sim38$ nm,含双股 RNA,由 11 个 RNA 基因片段组成,分别编码 6 个结构蛋白($VP_1\sim VP_4$、VP_6、VP_7)和 5 个非结构蛋白($NSP_1\sim NSP_5$),在决定病毒的抗原性和免疫原性等方面起着重要作用。其中比较重要的是核蛋白 VP_2、内壳蛋白 VP_6 和外壳蛋白 VP_4、VP_7 等。VP_4 和 VP_7 二者都是中和抗原,可以诱导产生中和抗体。根据 VP_4 和 VP_7 的特异性,可将轮状病毒分为两个血清型,即 G 型(VP_7)和 P 型(VP_4),VP_4 又以基因序列不同而分型,称 P 基因型。迄今已发现 27 个 G 型和 35 个 P 型。该病毒核心外围为 20 nm 双层衣壳,内层衣壳的壳微粒体向外层呈放射性条幅状排列,类似车轮。外层衣壳的多肽构成种特异抗原,人和动物无交叉反应。内层衣壳多肽则构成 7 组特异性抗原,Pedley 等(1986)建议所有轮状病毒分为 A~F 六个抗原组。现已知为 A~G 七个抗原组。血清型抗原是由第 9 或第 8、第 7 基因编码的中和特异抗原构成外核壳多肽,这种多肽是糖基化多肽,在大多数病毒毒株中是第 9 基因片段的产物,而在少数病毒毒株中属于第 7 或第 8 基因片段。

根据 RNA 电泳图谱(11 个节段或条段)分为 4 个区段,各病毒有特征性 RNA 电泳图型:Bishop(1973)从患儿十二指肠上皮细胞中发现的 A 组(群)轮状病毒为 4∶2∶3∶2;洪涛(1984)从成人腹泻患者粪便中发现 B 组(群)轮状病毒,又称为成人腹泻轮状病毒(AVLV)呈 4∶2∶2∶3,基因组内发生变异的频率较高。Flewett 证明我国成人腹泻轮状病毒与英国及巴西的非典型轮状病毒不相同,而美国 Sail 比较了成人腹泻轮状病毒与美国猪轮状病毒(RVLV)和人鼠感染性腹泻病毒(IDLRN),认为它们有共同抗原。电泳图谱也近似,故将其归属于 B 组轮状病毒;Saif(1980)发现猪和小儿轮状病毒,鉴定为 C 组(群),呈 4∶3∶2∶2;D 组宿主为禽,呈 5∶2∶2∶2;E 组宿主为猪,呈 4∶2∶2∶3;F 组宿主为禽,呈 3∶3∶3∶2,RV 的基因组内发生变异的频率较高。任何动物包括人的 RV 在血清学上都有极近的亲缘关系,说明具有共同的抗原性。这种抗原性来自病毒的内壳,共同群抗原存在于病毒内衣壳的结构蛋白 VP_6 上。

以 VP_6 内核蛋白为依据,可将轮状病毒分为 A~G 七个血清型。但由于人与动物某些毒株的抗原之间存在着一定的单向或双向交叉中和反应而使得轮状病毒间的抗原关系变得十分复杂。不同种的轮状病毒血清学差异很大(Bridger,1980)。在人和动物轮状病毒的系统比较中有部分毒株具有双重血清型特异性,给病毒分型带来困难。Hoshino 等提出根据 VP_3 和 VP_7 抗原进行分型正在探讨中。袁丽娟(1994)报道,RV 的 C 组病毒 VP_6 存在高度的序列同源性。从世界各地区分离到的人 C 组 RV 的氨基酸序列完全相同。在比较 RV 的 C 组病毒的牛 shintoku 株、猪 cowden 株，人 Bristol 株和 88～220 株的 VP$_6$ 氨基酸序列，牛、猪、人 C 组 VP$_6$ 彼此之间的同源性为 88.4%～91.6%，猪株与人株之间的保守性高于人株与牛株之间的保守性。据流行病学调查，日本和巴西家猪检测到轮状病毒 H 型（RVH）；美国 2006～2009 年收集 204 份标本，10 个州 15% 家猪粪便中检出轮状病毒 H 型。轮状病毒不同血清群之间的交叉保护作用尚未检测到，但有报道同一血清群的不同血清型间存在部分保护作用。

轮状病毒在外界环境中比较稳定，对温度抵抗力较强，56℃可存活 1 小时，18～20℃室温中可存活 7 个月；耐酸（pH 3.0），不被胃酸破坏；耐碱（pH 10.0）；−20℃可长期保存；在硫酸镁存在的情况下，50℃被灭活。

[流行病学]　轮状病毒（RV）感染遍及全世界，已知有人、牛、牦牛、小鼠、猪、绵羊、山羊、马、犬、猫、猴、羚羊、鸡、火鸡、鸭、珍珠鸡、鹌鹑、鸽和鹦鹉等感染与发病。A 组 RV 是最早发现的，具有共同组抗原的、引起人和动物腹泻的 RV，其余各组可称为非典型 RV。人类感染的仅为 A、B、C 三组，各型间无交叉保护作用。人和各种动物的 RV 都对各自宿主的幼龄动物呈现明显的致病性，症状也较严重。而成人、畜大多呈隐性感染，Woode（1978）调查成人、猪、牛等血清中的抗体，阳性检出率可达 90%～100%，但无临床症状。人 RV 感染后很快出现特异性抗体，IgM 在感染后 5～10 天效价最高；IgG 在感染后 15～20 天达高峰。猪轮状病毒特别是 A 血清群分布于世界各地。本病毒的流行率高达 100%，几乎存在于所有的猪场。其病毒抗原组的宿主范围见表-6、表-7。

表-6　轮状病毒抗原组的宿主范围

组	宿　主
A	又分亚群 1，亚群 2，人、灵长类、马、猪、犬、猫、家兔、鼠、牛、鸟
B	人、猪、牛、羊、鼠
C	人、猪、雪貂
D	鸡、火鸡
E	猪
F	鸡、禽类
G	鸡

表-7　A 组轮状病毒 G 型

G 型	人类感染	动物宿主
1	有	猪
2	有	猪

续　表

G 型	人类感染	动　物　宿　主
3	有	猿猴(SA-11)、恒河猴(MMU18006)、犬、猫、马、家兔、鼠、猪
4	有	猪(Gottpried)
5	有	猪(OSU)、马
6	有	牛(NCDU,WC3,RIT4237)
7	无	鸡、火鸡
8	有	无
9	有	无
10	有	牛(B223)
11	无	猪(YM)
12	有	无
13	无	马
14	无	马

注：G 型是轮状病毒 VP_7 蛋白抗原的名称。

　　虽然在许多动物中也检出轮状病毒，但无证据表明病毒会发生从人—动物或者动物—人的自然传播。用人类轮状病毒毒株实验性感染新生动物后可引发症状。我国台湾地区1982 年从 10 日龄仔猪粪便中检出猪 RV，用无菌粪滤液成功地感染了吮吸初乳的小猪，并用MA-104 细胞培养基分离出 CFF 的猪 RV 株。Jelle M 等报道 GⅡ轮状病毒毒株与人轮状病毒基因片段重组。GⅡ轮状病毒被认为来源于猪，但从人群中分离到的少数 GⅡ轮状病毒为人类的 P[25]、P[8]、P[6] 和 P[4] 轮状病毒重组毒株。

　　本病传染源为患病人、畜和带毒者。患者在症状出现前 1 日，粪便开始排毒，病期至 3～4 日时为排毒高峰，每毫升排毒量达 10^{10}～10^{12} 病毒颗粒。对于患儿体中病毒排出的持续时间，经过酶联免疫(ELISA)和 PCR 方法确定时间为第一次腹泻起 4～57 天。在患病儿童中，病毒停止排出 10 天内的占 43%，20 天内的有 70%。在余下的 30% 儿童中，主要为初发感染儿童，病毒排出可持续 25～57 天。8 周龄内的猪发病率达 50%～80%，而成年猪大多为隐性感染，不表现临床症状，但带毒猪会通过排泄物，持续向外排毒并且病毒在环境中耐受力很强，极易造成其他猪感染。所以可在不同个体成年猪、仔猪中反复循环，密切接触可造成续发感染。可感染各年龄和不同性别的人或畜，多为散发，发病年龄越来越小，且多发于秋冬、早春季节。志愿者和动物感染试验都证明，本病的主要传播途径是粪—口传播。接触传播也广泛存在，所以聚集群里常有小型和食物型暴发流行，呼吸道传播亦有可能。病畜痊愈后从粪便可持续至少 3 周排出病毒。

　　RV 种间交叉感染中，未见动物感染人的报道。而人 RV 的内衣壳蛋白可与小牛、小鼠、小猪、羔羊、兔及猴的 RV 发生交叉反应。用免疫电镜检查，人抗内衣壳 R 颗粒能与猪抗血清凝集。人 RV 能够感染犊牛、猴、仔猪、羔羊等，并可引起临床症候。Hoshino（1984）研究认为，不同宿主来源的 A 组 RV 株之间除具有共同组抗原外，人的某些 RV 与动物株 RV 之间可能存在共同的亚组抗原和血清型抗原。Flores J 等（1986）通过做多种动物 RV 分子杂交研究发现，从不同地区获得的不同电泳型表明，牛、猴、猪 RV 具有高度同源性；人 RVwa 株虽与牛、猴同源性很低，但与一株猪 RV 有较高的同源性。中国卢龙株 LL36775 株与猪 RVG_5 血清型 VP_7 基因型联系密切，发现人 G_5 型 与 C_{134}、CC_{117} 毒株同源性达 95.4％。庞其芳（1979）经中和试验证实，婴儿急性胃肠炎 RV 与猪 RV 抗原性相似。Sail 从猪分离的一株 RV（RVLV）与人 RV 呈交叉反应。SPF 猪对牛、羊、马、人 A 组 RV 均易感。Mebus（1962）用人 RV 接种仔猪，致猪发病、腹泻。林继煌（1982）用患儿粪便分离到的 wa 株、M 株和 DS－1 株 3 株标准人 RV，分别接种仔猪，仔猪腹泻率为 29.3％～100％，拉稀天数为 2.5～7.75 天，少数仔猪死亡。约 70％以上的猪粪便中带毒，平均排毒时间为 5.2 天（2～13 天）。攻毒猪 6 天后抗体水平滴度达 11.645％～12.87％。表明人的 RV 是猪的病原之一。一般而言，猪源轮状病毒仅仅感染猪。然而，一些学者发现该病毒有时可在不同物种之间进行感染。猪可感染牛源轮状病毒，并会引起腹泻；而马和人的胃肠炎病例中分离到猪源轮状病毒。有研究发现一个聚集性的 G9 型猪轮状病毒和人轮状病毒在 1976～1993 年间发生进化，并相继在日本和中国分离得到，说明 20 世纪 80 年代猪轮状病毒和人轮状病毒间可能出现跨种传播，并进化形成一个轮状病毒亚簇，不仅导致病毒感染，而且在新的宿主中进行传播。Wang Y.H 报道，在南京 2009～2010 年 G9 型检出率为 0.88％，2011～2012 年 G9 型检出率为 35.20％，2012～2013 年 G9 型检出率为 80％，G9 型中分为 G9Ⅵ亚型和 G9Ⅲ亚型。研究证明流行株可迅速地在一个较短的时间周期内发生改变，且不同的基因型在不同的，甚至相邻地理位置的地区成为流行株。病畜痊愈后获得的免疫主要是细胞免疫，它对病毒的持续存在影响时间不长，所以痊愈后动物可以再度感染。病毒可以从一种动物传给另一种动物，只要病毒在一种动物中持续存在，就有可能造成本病在自然界长期传播。由于本病毒对环境有较强的抵抗力和摄入较小的病毒剂量即可感的特征，使得控制极为困难。这是本病普遍存在的重要原因之一。猪群一旦感染后，它们会通过粪便进行排毒，时间可达 1～2 周，而且可能连年发生。本病传播方式主要是粪便污染饲料、饮水等，并以口—粪途径水平传播。除消化道外，呼吸道也可传播。气候阴冷、造成幼畜抵抗力下降，可作为本病发生的主要诱因。

　　［发病机制］　轮状病毒主要侵犯十二指肠和空肠病毒，可在上皮细胞胞浆中复制，使绒毛变短变钝，细胞变形，出现空泡继而坏死，使小肠失去消化、吸收蔗糖、乳糖的功能。糖类滞留于肠腔引起渗透压增高，从而吸收体液进入肠道，导致腹泻和呕吐。乳糖下降到结肠被细菌分解后，进一步增高了渗透压使症状加重。大量的吐、泻丢失水和电解质，导致脱水、酸中毒和电解质紊乱，临床症状的轻重和小肠病变轻重一致。病期 7～8 天后小肠病变可恢复。

　　猪轮状病毒在小肠绒毛顶端的肠上皮细胞胞质中复制。这些细胞含有肠激酶，它是一种激活胰蛋白所必需的酶，而胰蛋白酶能够激活轮状病毒。

病毒的复制能导致肠上皮细胞退化和溶解,随后引发肠绒毛萎缩。萎缩程度低于由其他肠道病毒感染引起的萎缩,如传染性胃肠炎、猪流行性腹泻。健康仔猪小肠绒毛的长度和隐窝深度的比率为 7∶1,而轮状病毒感染后比率可改变为 5∶1,猪传染性胃肠炎病毒感染后比率为 1∶1,肠道绒毛的萎缩越严重,对幼龄仔猪小肠上皮细胞表面的影响越严重。血清群 A 和 C 的致病性不高,而血清群 B 的致病力较高。小肠上皮的损伤在感染后不久就开始恢复,同时小肠绒毛得到康复。

轮状病毒引起腹泻主要是饲料吸收不良,结果成熟的肠上皮细胞遭到破坏。未消化的食物会提高小肠腔内的渗透压,引起水分在肠道内滞留导致腹泻发生。隐窝上的未成熟肠上皮细胞本来是用来取代那些已被破坏的成熟细胞,但它们的增殖反而通过细胞的分泌活动引发腹泻。最近的研究表明,轮状病毒引起的肠道局部炎症反应也参与腹泻发生。

[临床表现]

1. 隐性感染　中猪和大猪为无症状的隐性感染,有母猪抗体的 1 周龄仔猪,一般不易感染发病。

2. 仔猪　感染轮状病毒的仔猪主要表现为腹泻、厌食、呕吐、脱水等。在病毒感染 12～24 小时后,精神沉郁,食欲不振,不愿走动,吃奶后发生呕吐,继而排黄色、灰色或黑色的水样或糊状粪便,腹泻后 3～7 天出现严重脱水。症状轻重取决于猪的日龄、免疫状况及环境条件。

猪轮状病毒感染以 A、B、C 群为主,因病原纯培养局限,目前仅 A 群能复制。猪自然感染为不太严重或亚临床感染。有研究认为 A 群轮状病毒具有年龄依赖性,自然感染时,常感染 7～14 日龄仔猪或断奶 7 日龄内仔猪;人工感染 1～5 日龄仔猪症状严重。黄小波、文心田等(2012)用轮状病毒 A 群 OSU 株纯病毒接种 3 日龄仔猪,10 小时后开始出现腹泻,拉黄色水样粪便夹杂白色絮状物,肛门粪便 pH 为 6.0;接种 28 小时后,精神差,开始出现脱水,拉凝胶状腹泻物的次数增加,凝胶物状腹泻物呈白色、黄色、深黄色的蛋花状;接种 42 小时开始死亡,死亡时脱水非常明显,呈青紫色。有报道腹泻粪便呈黄色、灰色及黑色,水样、糊样,有黏液和血液,腹泻 3～4 天后,部分猪脱水,其中 10% 继而死亡,多数则在 2～3 天后恢复。胃充气,内有白色、黄色、绿色乳凝块;空肠、回肠部分充气,肠壁变薄,内有黄色内容物;盲肠、结肠肠壁变薄,充气扩张,充满黄色液体;胆囊充盈。

李国平等对仔猪 RV 感染调查结果显示,1～10 天的仔猪阳性率为 42.4%～66%,10 天到断奶仔猪的阳性率为 82.3%～91.7%,断奶后阳性率为 63.2%～72%。初生仔猪 RV 死亡率可达 100%,5～7 天仔猪死亡率可达 5%～30%。Flewett(1978)报道,各种年龄、性别的猪都可以感染猪轮状病毒,但只有仔猪有发病症状,1～10 日龄仔猪感染后发病率可超过 80%,死亡率高达 50%～100%。G. Corthir(1980)在法国进行猪轮状病毒的分离、鉴定和实验感染证明了这一情况(表- 8,表- 9)。

表-8　猪轮状病毒的分离、鉴定和实验室感染

组　　别	轮状病毒感染			
	PROF7	PROF16	PROF26	对照
感染仔猪	2	2	2	0
接触猪及对照猪	1	1	1	2
收集粪便作 ELISA 的滴度(组平均)				
第 1 天	1/2 600	1/1 200	1/900	<1<1/20
第 2 天	1/2 600	1/450	1/900	<1/20
第 3 天	1/260	1/80	1/900	<1/20
感染 4~5 天死亡数	3/3	3/3	3/3	0/2

注：感染猪为新出生的 HD 猪；无菌分离物接种 6 头猪，接种后第 1 天猪出现水样便，第 2 天牛奶样便，第 3 天腹泻，第 4~5 天死亡。

表-9　用抗轮状病毒血清抗 PROF7 病毒毒株感染引起猪腹泻的保护性饲喂试验

	轮状病毒感染		
	抗 OSU 株血清[a]	胎猪血清	对照
组别	PROF7	PROF16	PROF26
仔猪数	2	2	2
收集粪便作 ELISA 的滴度(组平均)滴度			
第 1 天	<1/20	1/5 000	<1/20
第 2 天	<1/20	1/5 000	<1/20
第 3 天	<1/20	1/320	<1/20
感染 4~5 天死亡数	0/2	2/2	0/2

注：a：血清中添加牛奶后饲喂。

病毒经口进入猪体内,可以抵抗蛋白分解酶和胃酸的作用而到达小肠,主要感染小肠吸收绒毛上皮,使之发生病变、溶解或脱落。隐窝细胞未分化成熟就移向感染发病的绒毛上皮,并取代其位置,从而发生吸收障碍而导致腹泻。死亡的原因一般认为是由于电解质紊乱和水分的丧失,从而导致脱水、酸中毒和休克而死亡。

在猪模型中,轮状病毒感染可导致乳糖酶含量降低,排泄物中乳糖流失增加及粪便增加,这与人类轮状病毒感染时对碳水化合物吸收障碍引起渗透性腹泻的假说相符,且乳糖酶缺乏症亦与轮状病毒诱发的胃肠炎有关。对于轮状病毒诱发腹泻引起吸收不良和乳糖酶缺乏症的一个最普遍的解释是病毒复制时对肠上皮细胞的直接破坏;另一个解释是,轮状病毒

影响微绒毛膜对糖酶的产生。

Fu 等（1989）对 A 群轮状病毒在猪群中的自然传播进行研究，用人 A 群轮状病毒抗血清以双夹心法 ELISA 试验对 5 窝 50 头出生 2 日龄仔猪连续采集粪样检测。结果仔猪首次排毒为 19～34 天（平均 27 天），持续时间平均为 8 天（2～13 天），跟踪的 18 头仔猪（47%）第 2 次排毒高峰约在 47 日龄（43～52 日龄），持续排毒平均 3 天（1～7 天）；至 53 日龄则粪便中不再检出轮状病毒抗原。

在第一窝仔猪发病后 2 天紧靠的另一窝仔猪开始排毒，然后经过 4～5 天感染扩散到同舍的其他 3 窝。每一窝中先有 1～2 头感染，此后传染给其他仔猪。一窝内仔猪全部感染轮状病毒需 4～10 天，5 窝仔猪全部感染则要 16 天。

39 头仔猪（78%）从粪便检出轮状病毒后很快发生腹泻，其中 6 头于排毒当天，11 头于次日，21 头于 2～8 天后腹泻。只有 1 头在排毒停止后发病。腹泻一般持续 1～8 天，平均 3 天。断奶前发生的腹泻比断奶后轻得多。

研究认为，轮状病毒在猪与猪、窝与窝和猪舍之间的连续传播，对维持猪场的轮状病毒感染链是非常重要的。

Kasza（1970）报道了猪 RV，Woode 等（1975）从腹泻猪中分离到 RV。研究认为致猪 RV 血清有 A、B、C、E 血清型，但大部分为 C 血清型，亦有 9 个亚型。轮状病毒血清型的 A 型与胃肠炎相关，B 型已从猪、牛、人中检出（Bridger，1980），C 型（副轮状病毒）已在猪、牛、人中检出（Saif 等，1980）；E 型在猪中检出（Chisey，1986）。除此之外，人、牛、羊、马等对 RV 也易感，而且临床上以呕吐、腹泻、脱水和酸碱平衡紊乱为特征，并有死亡。Bohl E H 等（1978）调查仔猪 RV 的发病率达 80% 以上，死亡率达 7%～20%。主要临床症状为潜伏期 18～19 小时，呈地方流行性。各种年龄和性别的猪都可感染，发病的多为 60 日龄以内的仔猪，小于 6 周以内仔猪更易感染。然而，刚出生 1 周仔猪感染率通常很低，其后随着年龄增长而增高。这与仔猪通过乳汁摄入的 RV 抗体逐渐减少有关。本病毒最高感染检出率在 3～5 周龄的仔猪，其后感染通常很少能检测到。发病率一般在 50%～80%。病猪精神委顿，食欲减退，常有呕吐。迅速发生腹泻，粪便呈水样或糊状，黄白色或暗黑色。腹泻越久，脱水越严重。症状的轻重取决于发病年龄和环境条件，特别是环境温度下降和继发大肠杆菌时，常使症状严重和死亡率增加。

Mebus（1962）研究认为 B 组 RV 和人 RV 使仔猪发病、腹泻，粪便呈黄绿色、灰白色或乳清样液体，有腥臭味。丁再棣（1983）从猪白痢仔猪粪便中分离到轮状病毒。证明病毒是猪白痢重要病因之一。林继煌（1983）报道用致儿童腹泻的 3 株人 RV（Wa、M 和 DS-1）株分别接种猪，结果显示：潜伏期 12～24 小时，病初精萎、食欲不振、不愿走动、常有呕吐，迅速发生腹泻，粪水样或糊状，黄白色或暗黑色，脱水见于腹泻后 3～7 天，体重减轻 30%，初生仔死亡率达 100%；有母源抗体下，仔猪 1 周内不发病，通常 10～21 天症状轻，腹泻 1～2 天康复，病死率低；3～8 周龄或断奶 2 天，仔猪感染死亡达 10%～30%，高至 50%；消化道症状为胃弛缓，胃内充满凝块或乳汁，肠管萎靡、半透明、胀满、内容物液状，灰黄色或黑灰色，小肠绒毛短缩、扁平。

[病理变化]　病变以 14 日龄以内仔猪最为严重,年龄越大病变可能越轻。病变主要在消化道,胃积食弛缓,充满凝乳块和乳汁,小肠中前段肠壁变薄,呈半透明状,肠腔膨胀,盲肠和结肠也含类似的内容物而显膨胀。空肠内脱落上皮细胞和炎性渗出物并混有红细胞;肠上皮细胞变性、坏死、脱落;肠固有膜毛细血管高度扩张,充血伴有轻微出血;严重者黏膜上皮大量脱落,裸露出固有层;黏膜下层水肿、增厚,炎性细胞浸润;肌层轻微水肿,内容物为液状,含大量水分,絮状物至灰黄色或灰黑色,腹泻 24 小时后小肠肠管逐渐平复,管壁逐渐恢复至原厚度。小肠后 2/3 部位的乳糜管中不含乳糜,小肠时有广泛出血,肠系膜淋巴肿大,小肠绒毛萎缩;组织学检查可见小肠绒毛顶端溶化,为立方上皮细胞覆盖;绒毛固有层柱状细胞增多,有单核细胞和多形核细胞浸润。

[诊断]　由于人和动物的轮状病毒感染极为普通,而动物的临床发病及其血清中抗体效价又无明显的线性关系,因此,抗体诊断在轮状病毒感染的现症诊断上的价值不大,只能说明感染率。而 IgM 测定可能具有较大的现症诊断意义。一般在冬春,仔猪发生呕吐、腹泻、泻水样粪时应考虑轮状病毒感染的可能。确诊和鉴别诊断主要依靠病原学检查。其方法有:① 电镜或免疫电镜从粪便中检查病毒颗粒;② 检查粪便中病毒抗原,用补体结合、ELISA 法、免疫斑点技术、葡萄球菌 A 蛋白的协同凝聚等方法,检测粪便中的轮状病毒特异性抗原;③ 检测病毒核酸,因为轮状病毒不易用细胞培养成功。1980 年 wyatt 等将含人轮状病毒的粪液饲喂无菌新生猪,传了 11 代,然后转用非洲绿猴肾细胞培养了 14 代,成功地分离了 1 株病毒,定名为 Wa 株。以后 Soto 等和 Urasawa 等用 MA104 细胞(恒河猴肾细胞)系分离出多株。先用胰蛋白酶处理粪便液标本,并在培养基液中加入少量胰蛋白酶,放入 36℃ 转瓶中旋转培养。Hasegawa 等以同样的方法用原 Cynomdgus 猴肾细胞(CMK)分离病毒,认为 MA104 细胞系更为易感。毕竟病毒分离很困难,所以可以采用检测病毒核酸技术。

临床上轮状病毒可以感染所有年龄段的猪,然而吮吸初乳的刚出生 1 周龄的仔猪感染率通常很低,症状也轻,其后随年龄增长而增加,与初乳和乳汁摄入的轮状病毒抗体量有关。本病毒最高感染率出现在 3～5 周龄的仔猪中。之后,通常很少能检测到感染。

本病毒引起的胃肠炎与其他病毒,如 Norwalk、Hawaii、Montgomery、County、Parramatla、Ditchling、Wallow、Cookle 因子、腺病毒、星状病毒、杯状病毒、冠状病毒等所引起胃肠炎的临床表现不易区别,需要依靠电子显微镜检查和血清学检查作鉴别。猪需与传染性胃肠炎(TGE)、猪流行性腹泻(PED)等病毒性腹泻病相鉴别。

本病与细菌性腹泻的临床表现有时可能相似,但是粪便的性质不同,一般病毒感染粪便为酸性,大肠杆菌粪便为碱性,需要做细菌培养来区分。

[防治]　本病尚无特效抗病毒药物。对发病猪只能对症治疗。适时补液和调整电解质等。猪根据临床表现可使用抗菌素控制继发感染。

猪轮状病毒感染的发生与饲养环境有密切关系,对猪舍及用具要经常进行消毒,可减少环境中病毒含量,也可以防止一些细菌的继发感染,减少发病机会。发现病猪立即隔离到清洁、干燥和温暖的猪舍中,加强护理,清除病猪粪便及其污染的垫草,消毒被污染的环境和用

具。能耐受 1％甲醛 1 小时以上，10％聚维酮碘（Povidong-iodine）、95％乙醇和 67％氯胺 T
是有效消毒剂。用葡萄糖甘氨酸溶液（葡萄糖 22.5 g、氯化钠 4.74 g、甘氨酸 3.44 g、柠檬酸
0.27 g、枸橼酸钾 0.04 g、无水磷酸钾 2.27 g，溶于 1 L 水中即成）或葡萄糖盐水给猪自由饮
用，可适当在水中或饲料中加多维和抗菌药物，提高抗应激力与防止继发细菌感染。停止喂
乳，投服收敛止泻剂。静脉注射 5％～10％葡萄糖盐水和 3％～10％碳酸氢钠溶液，以防治
脱水和酸中毒。在疫区要做到新生仔猪及早吃到初乳，因为初乳和乳汁中含有一定量的保
护性抗体，仔猪吃到初乳后可获得一定的抵抗力，能减少发病或减轻症状。被动免疫有保护
性防治效果。

　　我国已研制出猪轮状病毒弱毒疫苗，给新生仔猪吃初乳前肌内注射，30 分钟后吃奶，免
疫期达 1 年。给妊娠母猪分娩前注射，也可使其所产仔猪获得良好的被动免疫。也有应用
猪源轮状病毒灭活疫苗免疫仔猪。人工感染猪 14～21 天后用同样猪轮状病毒毒株攻击，可
获得完全保护。由于本病多发于寒冷季节，所以要注意寒冬季节的保暖及环境卫生。

　　我国已颁布的相关标准：SN/T 1720 - 2006 出入境口岸轮状病毒感染监测规程。

六、狂犬病（Rabies）

　　该病是一种由狂犬病毒引起的以侵犯中枢神经为主的人、畜、野生动物的急性传染病，
俗称"疯狂病""恐水症"等。恒温动物均可感染狂犬病，并在动物之间通过受感染动物的分
泌物（主要是由带毒的唾液）来传播。狂犬病通常由患病人、动物咬伤所致。临床上主要表
现为特有的恐水、怕风、恐惧不安、流涎、咽喉肌痉挛和进行性瘫痪等。

　　[历史简介]　在中国医学文献中很早就有对狂犬病的记载，古称"疯狗病"。Good
（1026）报道感染威尔士狗和人的狂犬病暴发。公元 100 年 Mutarch 和 Olcelsus 曾描述过这
种病典型的临床症状。到 18 世纪，狂犬病曾一度在欧洲流行猖獗。1881 年法国巴斯德认为
本病的病原体是极小的微生物，他将从自然界兽中直接获得的过滤性病毒命名为"街毒"。
把街毒在兔脑内传代，将感染的兔脑脊髓干燥，以氢氧化钾处理减毒，这样改变了毒力的病
毒称作"固定毒"。经过上百次传代，终于成功制造出了狂犬病减毒活疫苗，并于 1885 年给 1
位被患有狂犬病的狗咬成重伤的儿童治疗，终使这位儿童痊愈康复。Roux（1888）首次分离
出狂犬病病毒。Negri（1903）在狂犬病患者尸体的脑组织中发现了包涵体，并在实验接种的
动物脑中也观察到神经细胞浆内的包涵体，高度评价了这种包涵体的作用，将其定名为
Negri 小体。Miyamoto 等（1965）建议将包涵体作为狂犬病的诊断指标之一。Marsumoto
（1962）在电子显微镜下观察到狂犬病病毒，并对其形态与结构特征进行了描述。Fermandes
等（1963）在鸡胚组织、神经组织中成功增殖了狂犬病毒，从而促进了病毒的生物学、免疫学
和病理学特征的进一步认识。Sokol 等（1969）从纯化的病毒中分离出病毒粒子的不同成分，
用去氧胆酸钠处理并结合恒速平衡梯度离心，病毒囊膜与核衣壳即可被分开，后者会有
RNA，并由 96％蛋白质和 4％ RNA 构成。

　　[病原]　狂犬病病毒（Rabies Virus）属于弹状病毒科狂犬病毒属。病毒外形似子弹状，
具有包膜结构，长 175～200 nm，直径 75～80 nm，一端为半球形，另一端扁平。病毒粒子由

感染细胞浆膜表面芽生形成,有一个双层脂膜构成病毒颗粒的完整外壳,表面嵌有 10 nm 长的由病毒糖蛋白构成的包膜突起,如钉状覆盖了除平端外的整个病毒表面。来自宿主细胞浆膜的脂质外壳的内侧是膜蛋白,又称"基质蛋白"。膜蛋白的内侧为病毒的核心,即核衣壳,呈 40 nm 核心,由核酸和紧密包围在外面的核蛋白所构成。病毒为一种闭合的单股RNA,基因组为 11.9 kb 的不分节段的单股、负链 RNA。分子质量约 4.6×10^6 Da。已报道有 4 个固定毒的核苷酸全序列。基因组结构由 7 个功能区组成,包括 3'-先导区、5 个连续的结构基因和 5'-非转录区。5 个结构基因在基因组上的排列从 3' 到 5' 的方向依次是核蛋白基因(N)、磷酸蛋白基因(P)、基质蛋白基因(M)、糖蛋白基因(G)和大蛋白基因(L)。它们分别编码相应的 5 个病毒结构蛋白:N、P、M、G 和 L。在结构基因之间都有长度不等的不转录的基因间隔区,间隔区的具体大小为 N-P 为 2 nt,P-M 为 5 nt,M-G 为 5 nt,G-L 为423 nt。基因组的结构见图-2。

图-2　狂犬病毒基因结构

狂犬病病毒有两种主要的抗原,即存在于病毒外膜部分的糖蛋白与其内部的核蛋白抗原。前者激起中和抗体,能保护动物抵抗病毒的攻击,后者诱生不同狂犬病病毒和狂犬病相关的病毒之间有交叉作用的 T 辅助细胞的主要抗原,但不保护病毒的攻击,即所谓可溶性抗原。以往认为狂犬病毒是单一病毒毒株引起的,各病毒毒株用常规交叉中和试验表现为单一血清型。近来研究表明狂犬病毒属有多个血清型,最近分离的病毒 Lagos bet 株与Mokola 株和 Duvenhage 株则有较大的抗原差异。用单克隆抗体试验,易查出各固定毒或各街毒间糖蛋白和核壳体抗原的差异。目前用抗核壳体单抗可分成 6 个血清型,即经典狂犬病病毒与狂犬病相关病毒分为:① 血清型Ⅰ,CVS 原型株;② 血清型Ⅱ,Lagos 蝙蝠株;③ 血清型Ⅲ,Mokola 病毒原型株;④ 血清型Ⅳ,Duvehage 病毒原型株;⑤ 血清型Ⅴ,EBLI欧洲蝙蝠株;⑥ 血清型Ⅵ,EBLI2 欧洲蝙蝠株。各型之间有一定的交叉,但不能相互保护。至今已定性的狂犬病毒分为 7 个基因型:基因Ⅰ型——古典狂犬病毒(RABV),基因Ⅱ型——Lagos 蝙蝠狂犬病毒,基因Ⅲ型——Mokola 病毒,基因Ⅳ型——Duvenhage 病毒,基因Ⅴ型、Ⅵ型两种欧洲蝙蝠病毒(EBLV,1、2),基因Ⅶ型澳大利亚病毒(ABLV)。除 Lagos病毒外,都能导致人类狂犬病。2002 年俄罗斯又发现 2 种新的蝙蝠狂犬病毒。

血凝素为一种糖蛋白,与包膜有关。于 4℃、pH 6.4 情况下,可凝集鹅红细胞与雏鸡红细胞。凝集素不能与完整病毒分开,血凝抑制抗体和中和抗体有可比性。适于培养狂犬病毒的原代细胞有地鼠肾细胞、鸡胚纤维母细胞、犬肾细胞、猴肾细胞、人胚肾细胞、羊胚肾细胞等,传代细胞有人二倍体细胞、BHK-21、WI-38、MRC-5 等。从自然感染的机体内分离的病毒称野毒株。野毒株通过动物脑内传代,潜伏期逐渐缩短,最后固定在 4~6 日,称此病毒为病毒变异株,即固定毒株。固定毒株对人和犬的致病力明显降低,不侵犯唾液、不侵入脑组织、不形成内基小体,但其主要抗原性仍保留,可用于制备减毒活疫苗(表-10)。当前国际认可毒株有:① 巴斯德株及其衍变株,PV-12、PM、CVS;② Flurg 鸡胚株,LEP、HEP、Kelev、BAD;③ 北京株,AG、Fuenjalida 株等。

表-10　街毒与固定毒之比较

性　　状	街　　毒	固　定　毒
潜伏期	15～20 天	3～6 天
对动物周围注射致病作用	高	低
包涵体形成	常见	罕见
脑白质与脑灰质含病毒量比较	1:2	1:(100～200)
动物症状	兴奋型为主	麻痹型为主

病毒在 pH 3～11 中稳定,在 56℃ 30～60 分钟或 100℃ 2 分钟灭活,在 -70℃ 或晾干于 0～4℃ 保存时可存活数年。用干燥法、紫外线和 X 射线照射、日光、胰蛋白酶、丙内酯、乙醚和去污剂可迅速灭活狂犬病病毒。肥皂水也可灭毒。但病毒对石炭酸等有抵抗力。

[流行病学]　狂犬病在世界范围内广泛分布,几乎存在于所有大陆消灭或未消灭狂犬病地区,为一种自然疫源性疾病。早在 13 世纪已知在野生动物中流行。西欧于 16 世纪起主要在犬中有经常广泛性流行,也涉及各种野生动物,如狐、貂、獾等肉食兽类。北美狂犬病由欧洲输入,最早报告于 16 世纪,不但在犬中,而且在狐中也有发生。中南美洲亦以狂犬病为多,但吸血蝙蝠狂犬病为整个拉丁美洲地区的特点。整个非洲也早有狂犬病,并以犬狂犬病为主,东北非较多,南非除犬狂犬病外,还有猫鼬狂犬病发生。亚洲一向甚为普遍,特别是东南亚地区,以犬狂犬病为主。18 世纪以来,有些国家采取了对传染源,特别是对犬的严格措施,如捕杀野犬、管理家犬、进口检疫等。20 世纪 50 年代以后,许多国家进行了免疫犬为主的措施,疫情有所控制。2002 年世界卫生组织(WHO)公布 1999 年世界狂犬病调查,报告 145 个国家与地区中只有 45 个没有狂犬病报道。狂犬病的流行至今没有得到控制,影响因素有自然地理条件、宗教信仰、社会习俗、社会文化和经济条件与生态学、人口学有关情况以及预防措施等;也与自然界中狂犬病毒保存的复杂性密切相关。一切恒温动物都可感染狂犬病,其中以哺乳动物最敏感,禽类则不敏感。狂犬病在自然界中传播可分成两种流行病学形式:一种是城市型,主要由犬传播;另一种则是野生型,1964 年美国野生型狂犬病的发生率为 75%。蝙蝠、犬、猫、狼、狐狸、豺、獾、猪、牛、羊、马、骆驼、熊、鹿、象、野兔、松鼠、鼬鼠等均易感,这些动物可作为狂犬病的传染源、贮存宿主或传播媒介。野生动物可长期隐匿病毒,尤其是鼠类及某些蝙蝠是主要的自然储存宿主。其扩散为鼬鼠、香猫、松鼠、蝙蝠传给狼、狐、犬、猫,再传给人、牛、马、羊、猪。对人和家畜威胁最大的主要传染源约 90% 是患狂犬病的犬;其次是外观正常但带毒的犬、猫。近年来有报道无症状犬、猫带毒导致传染,约 24% 为隐性带毒或血清中和抗体阳性;犬感染潜伏期为 2～8 周,也有长达 1 年的,有时被咬的人会发病死亡而犬仍活着;曾有一只犬 4 年中 14 次分离到狂犬病病毒,咬伤人后引起人发病。

但近年健犬咬伤致人发病上升,病例构成由 5％上升到 39.29％。由于被病犬咬伤,经黏膜、创口、伤口方式感染;也有报道经气溶胶方式及通过器官移植而感染;也有经消化道、呼吸道(伤口)感染报道。

1. **皮肤伤口感染**　巴斯德同事 Roux 第一次于 1881 年分离出狂犬病毒时,即提出病毒由伤口局部通过周围神经而至中枢神经。Johnson 介绍病毒从局部侵入到中枢神经系统以致发病的几个步骤:① 狂犬病毒接种 3 小时后,病毒已不复见,是为隐晦期;② 病毒于组织中固定,未离开感染细胞;③ 病毒于局部完成生长循环,有局部繁殖,但无系统侵犯;④ 病毒侵袭中枢神经,发生症状与死亡。Dean 等人用豚鼠、家兔、犬、狐等动物做实验,用肌内注射后隔一定时间切断坐骨神经的方法,证明狂犬病毒是沿周围神经向心至中枢神经的,其沿神经进行速度为 3 mm/h(即一天约 7 cm),而在感觉神经节培养中其移动速度为 1 mm/h。Murphy 等证明了狂犬病毒可在被咬伤的局部肌肉增殖,但增殖甚少且慢,形成病毒扣压部位,亦有证实可直接进入神经组织;还可在结缔组织与局部神经中繁殖,但在这种最初感染的组织中,可能几周以至几个月查不出病毒,要到病毒转移至有关神经后才能查出。在这一时期中,病毒以何种形式潜伏及其与邻近组织关系尚未阐明。病毒沿周围神经到达中枢神经的路径是沿神经的轴索细胞浆或从神经束膜结构的组织间隙或神经束内的神经间隙中,上升至与有关周围神经相应的脊髓神经节与背根神经细胞中复制。最后,于中枢神经系统大量繁殖,此外,病毒偶亦通过血液传至中枢神经。

2. **呼吸道感染**　已有动物实验与临床证据。Selimov 用街毒或固定毒鼻内感染小鼠,有 30％～100％致病。Constantin 将狐、狼等实验动物置于带毒蝙蝠的洞穴中或实验室内气雾吸入均证明可得狂犬病,从而引起对空气传染的极大重视。至于呼吸道感染机制,用小动物进行鼻内感染,于鼻黏膜深层细胞与三叉神经节均可发现狂犬病毒,并证明富含神经末梢的器官,如味蕾、嗅神经上皮的病毒量高于唾液腺上皮的病毒量。

3. **经口感染**　小啮齿类、狐、臭鼬均可经口感染,并可于延髓、脊髓与肺、肾等器官发现病毒,并能产生免疫,但人还未有经口感染的报告。动物群间互相吞食死尸可能成为狂犬病的传播途径之一。

4. **顿挫与隐性感染**　狂犬病的恢复在动物中屡见不鲜,早在巴斯德时期即有狂犬病恢复的病例。活病毒腹腔注射小鼠有 16％显现症状后恢复,而鸡有 11％～53％恢复。恢复后动物脑中查不出病毒,但有特异性抗体。人狂犬病恢复者甚为罕见,最近有详细的 2 例恢复报告,其血清及脑脊液中特异性抗体特别高,但有人对此提出异议。关于隐性感染问题,健康动物与人血清中和抗体阳性可作为曾有过隐性感染的证据。疫区健康动物出现中和抗体的阳性率情况,犬类可达 10％～19％,大白鼠 15％,狐 3％～4.6％,蝙蝠可达 90％,而人洞穴工作者为 1.5％。从健康动物亦偶可分离出狂犬病病毒,南部印度一狂犬病人死于被健康犬咬伤,该犬唾液内于最初 5 个月曾 13 次分离到病毒。又从组织培养证明感染细胞可循环地产生干扰素干扰病毒生成,并形成持续感染。狂犬病均先出现于野生动物,然后波及犬和其他家畜,最后再传给人。

[**发病机制**]　狂犬病毒对神经组织有强大的亲和力,神经外少量病毒繁殖一般不出现

病毒血症。从周围神经侵入中枢神经、从中枢神经向各器官扩散。狂犬病的发病过程分为3个阶段。首先,狂犬病毒在接触部位的横纹肌内短期繁殖,Murphy 等(1973)研究表明,病毒在侵入神经系统之前会在肌纤维中复制,推测此阶段可能是病毒感染外围神经系统前一个必要的扩增阶段,可能是疾病具有较长且多变的潜伏期原因。然后,由神经肌肉接头处进入周围神经系统,从局部到侵入周围神经的间隔为3日或更长。病毒由轴浆沿周围神经向心性地扩散至背根神经节,在此大量繁殖,随后进入中枢神经系统,在中枢神经系统病毒仅在灰质内复制。最后,再以离心运动沿神经扩散至其他组织和器官,包括唾液腺、肾上腺髓质、肾脏、眼、皮肤和肺。唾液腺是病毒的主要排泄器官。狂犬病病毒在动物唾液腺中繁殖使唾液中的病毒含量很多,所以极易从咬伤的伤口或病毒沾染的黏膜处侵入机体,即局部组织少量繁殖,通过病毒外壳的 GP 与神经肌肉结合部的乙酰胆碱受体进入神经内,从周围神经进入中枢神经,从神经突出部出芽排出,进而感染临近细胞,在神经间扩散,从中枢神经向各器官扩散,但病毒不进入血液引起毒血症。带有病毒的唾液可感染新的宿主,形成狂犬病病毒感染的循环。在狂犬病病毒扩散过程中,可能有乙酰胆碱、谷氨酸、氨酪酸及氨基己酸等神经介质参与。研究表明,病毒吸附的关键环节之一是病毒与细胞表面受体的结合,而乙酰胆碱受体是最可能的细胞表面受体。由于迷走神经核、舌咽神经核及舌下神经核受累,临床出现恐水,呼吸困难和吞咽困难的表现;交感神经兴奋使唾液分泌增多以及大量出汗、心率增快、血压升高,迷走神经节、交感神经节、心脏神经节受损可影响心血管功能,甚至出现心搏骤停。

　　狂犬病的发病除与病毒有关外,病毒的局部存在并非导致临床表现差异的唯一因素,还可能与机体的免疫反应有关。狂犬病病毒感染机体后,可使机体产生抗体,此抗体可中和游离状态的病毒,体液免疫和细胞介导早期有保护作用,阻止病毒进入神经细胞内。但抗体对已进入神经细胞内的病毒无法起作用。当病毒进入神经细胞大量繁殖,同时产生的免疫病理反应可能引发对机体的损害。病毒感染细胞后,抗体作用于细胞表面病毒抗原,在补体参与下可引起细胞损害。实验表明,免疫抑制小鼠接种狂犬病毒后死亡延迟,而当被动输入免疫血清和免疫细胞后则迅速死亡。在人类狂犬病中,其淋巴细胞对狂犬病毒细胞增殖反应阳性者多为狂躁型,死亡较快,对髓磷脂基础蛋白(MBP)有自身免疫反应者为狂躁型,病情进展迅速,脑组织中可见由抗体、补体及细胞毒性 T 细胞介导的免疫性损害。关于细胞免疫在狂犬病抗感染免疫机制中是否发挥作用,尚不清楚。

　　1. 病毒的病理生理损害　狂犬病病毒在神经细胞内复制造成的特征性病变是神经细胞的肿胀、变性,以及在肿胀细胞内可见大小不等的嗜酸性包涵体;在非神经细胞组织(如唾液腺),则引起腺泡变性,单核细胞浸润。因此,临床上由于脑干吞咽神经核、舌下神经核受损,即发生呼吸肌、吞咽肌痉挛,患者出现恐水、呼吸困难、吞咽困难等;若交感神经受病变刺激,则唾液分泌和出汗增多;如迷走神经节、心脏神经节受损,则引起心血管功能紊乱,甚至突然死亡。如果脊髓受损则出现各类型的瘫痪。神经细胞损伤除病毒的直接作用外,可能还有补体或细胞毒性 T 细胞的参与。

　　2. 病毒的分子机制　病毒的分子生物学研究表明,狂犬病病毒的 G 蛋白分子结构是起免疫作用的主要抗原,同时又是感染毒力的标志。成熟 G 蛋白分子上有 3 或 4 个抗原位点,第Ⅲ和第Ⅱ抗原位点是病毒与中和抗体结合的主要部位,在第Ⅲ部位的第 333 位精氨酸和第Ⅱ部位的第 198 位赖氨酸如被其他氨基酸代替则结合抗体的能力就发生改变,病毒的毒力也随之减低或丧失,说明狂犬病病毒的毒力与 G 蛋白分子上某些氨基酸的变异有关。另外,还发现 G 蛋白分子上第 190～203 氨基酸区域的序列与蛇毒液中番木鳖样的神经毒序列相同,也能与乙酰胆碱受体结合,这可能是病毒侵入神经的原因。最近,Shimigu 等(2006)通过反向遗传技术证明,狂犬病病毒的 N、P 和 M 蛋白共同参与了狂犬病病毒的致病性。

[临床表现]　猪狂犬病均呈散发。猪经肌肉或皮下接种狂犬病毒后,病毒沿着外围神经或颅神经扩散,此途径成为病毒进入中枢神经系统(CNS)的主要路线。Dean 等人(1963)用狂犬病的固定毒(减毒株)或是街毒(强毒株)实验,病毒通常都是由动物接种部位经外围神经进入中枢神经系统的。Johnson(1971)强调,对于侵入中枢神经系统的狂犬病病毒,神经通道必须完整才能确保成为病毒的神经传递路线。

随着野生动物狂犬病发病率的增长,家畜被感染的危险性更大,但要准确估计猪狂犬病的发生率是困难的。Schoening(1965)统计了美国 1938—1956 年间 854 例猪狂犬病的分布与症状,占家畜病例的 6.6%。Bisseru(1972)报道了 25 个国家发生过猪狂犬病。Beran 报道了 2 例猪狂犬病,2 个月仔猪头部被咬,潜伏期 17 天和 23 天,猪躲在猪圈角落里站着发抖,受到威胁时试图跑和咬,4 天后麻痹死亡。Yates 等(1984)描述了 14 年间加拿大西部 15 个猪场暴发狂犬病情况。虽然多数报道认为,病猪在出现临床症状后 72～96 小时死亡,但猪狂犬病的潜伏期变化很大,平均为 20～60 天。如果一定数量的猪同时感染,那么其潜伏期的变化将是不定的。Merrimann(1966)报道一个猪群的潜伏期约为 70 天。Morehouse 等(1968)报道,在一个猪群中,狂犬病病程持续达 2 个月。Reichel 和 Mockelmann(1963)报道一个猪群狂犬病暴发,感染源是患狂犬病的狐狸,感染后病猪的潜伏期分别为 9 天、56 天和 123 天。Gigstad(1971)报道了人工感染猪的潜伏期变化,从脑接种的 12 天到肌肉接种的 98 天。从实验研究得出结论,猪对狂犬病可能有相对较高的天然抵抗力,当猪群发生此病并导致一定问题的时候,并没有预先可知的关于狂犬病猪的异常行为。Dlenden(1979)给断奶仔猪肌肉接种狂犬病街毒,虽然在脑脊髓液中和血液中发现高滴度抗体,但未曾观察到临床症状。曾有过母猪在兴奋期咬死小猪报道,但猪感染猪的情况较少。也有美国明尼苏达被患狂犬病臭鼬咬过的 4 只猪发病,但病后恢复,有中和抗体。

猪狂犬病临床症状与其他物种不一致。Hazlett 等(1968)报道为仔猪出现不明原因突然死亡且几乎没有临床症状。Merriman 等(1966),Dv Vernoy(2008)报道,病猪有厌食、发热、不协调、口渴、咀嚼、抽搐、流涎、咕噜声增加、阵发痉挛、抓脸等行为。

猪狂犬病典型的发病过程是突然发作,初期呈应激性增多现象,病猪拱地,啃咬被咬部位,兴奋不安,四处啃咬或攻击人,四肢运动和共济失调,举止笨拙,呆滞和后期衰竭,可在出现临床症状后 72 小时内死亡。Moreehouse 等(1968)报道狂犬病猪鼻子奇怪地反复抽动,就像鼻子刚被穿上环一样,鼻子歪斜,随后可能出现衰竭,无意识地咬牙,口齿急速地咀嚼及口腔大量流涎,以及全身肌肉阵发性痉挛,伤口处发痒,随着病程的发展,痉挛逐渐减弱。在间歇期,患猪常隐藏在阴暗处或垫草中或饲料堆中,听到轻微声音即会跳出来,无目的地乱跑,病猪不能尖声嘶叫,体温升高,最后只见肌肉频繁微颤,发生麻痹,全身衰竭,经3～4天死亡,且病死率很高。

麻痹型猪狂犬病开始时,后肢和肩部衰竭,运动失调,走路不稳,继而后肢麻痹,直至全身衰竭而死亡。Oldenberger(1963)报道了苏联猪狂犬病的一种麻痹形式,其病程为5～6天。Gigstad(1971)报道了人工感染猪的临床症状,后腿间断性地软弱无力,肩部亦软弱无力,共济失调,后躯麻痹呈滑水状运动,最后死亡。在狂暴型狂犬病猪中也有个别出现麻痹型的猪。

樊子文(1985)报道猪狂犬病患病猪体消瘦,腹围膨大而下垂,站立时两前腿略伏下,后腿略向后蹬,低头直视,两眼结膜、巩膜潮红,叫声嘶哑,怕响声,易惊恐,舌下垂,口闭不扰,有无色、无泡沫略带浑浊的黏涎呈线状自口腔中源源不断地流出,呈腹式呼吸。人驱赶时猪立即跃起,神情紧张,能主动攻击人和其他猪。行走似酒醉状,走不多远就自行卧地休息。继之,精神逐渐沉郁,先是后肢麻痹呈犬坐式,后伏卧,最后麻痹而瘫痪,表情呆滞,呼吸迫促,心跳缓慢,衰竭而死。剖检发现,胃肠膨气充血,胃内有砖碎末片等杂物,胃黏膜出血;心肌松软,充血;肝略肿淤血。其余内脏及淋巴结未见特征性的病变,脑膜略肿、充血、出血。

死于狂犬病的猪尸体剖检通常看不到任何大体病变。组织病理学变化可能在脑和脊髓中看到,但也可能变化不定。除了早期神经元的坏死和受影响的神经细胞的特征性胞浆包涵体外,病变范围可从分辨不清到弥散性脑炎。猪神经元的变性可能是非常轻微的(Jubb等1985),尼氏小体(Negri bodies)是特征性变化,但非所有猪皆能检到。Merrimann(1966)报道,3头狂犬病猪均对荧光抗体呈阳性,且全部显示此病的临床症状,但只有头脑内检到尼氏小体;Gigstad(1971)报道,人工接种狂犬病病毒后死亡的4头猪,均出现广泛的非化脓性脑炎,其中2头肌肉接种后42天死亡,另2头脑内接种后12～18天死亡,且4头猪均未发现尼氏小体。Hazlett和Koller(1968)报道,从1头狂犬病猪的10个脑切片中,只发现1个尼氏小体。从狂犬病死亡猪可观察到神经病理学变化,脑的病变从轻微的脉管炎和以局部性神经胶质增生为主的中度病变,到整个脑和脊髓的明显病变,情况不定。刘样茵等(2012)报道一起广东四会70日龄猪狂犬病,猪从中间一栏开始发病后向两边扩散,潜伏期3～4天,4天发病率为17.7%(23/130),死亡率100%。病猪警觉、惊恐,对任何物件紧咬不放的神经症状,口鼻因撕咬撞墙而皮破流血,鼻吻突前伸,耳竖立,食欲减退,眼结膜青灰色,肺膈叶背绿有出血点,间质水肿,脑脊液增多,脾有少量梗死。海马回神经细胞中有病毒特有的包涵体。

[诊断] 根据被狂犬病等动物咬伤史、典型的恐水、畏光、惧声、流涎、伤口发痒及中枢神经性兴奋、麻痹等症候,可作出初步诊断。临床上常要与以下致病原因相鉴别。

1. 破伤风 有外伤史,患者牙关紧闭,角弓反张,全身强直性肌痉挛持续时间较长,而无高度兴奋、恐水症状。

2. 脊髓灰质炎 一般症状较轻,肌痛明显,出现痉挛时其他症状已多消退,亦无恐水表现。

3. 类狂犬病性癔症 患者被动物咬伤后不定时间内出现喉紧缩感,恐惧甚至恐水症状,但不发热,不怕风,流涎和麻痹,对症治疗后顺利恢复。必要时查脑脊液有无中和抗体,对鉴别诊断有参考价值。

4.狂犬病疫苗注射引起的神经系统并发症　可有发热、关节酸痛、肢体麻木及多种瘫痪等。虽无恐水和高度兴奋症状,但与麻痹型狂犬病不易区别,停止疫苗接种,采用肾上腺皮质激素治疗后大多恢复。同时狂犬病早期临床表现复杂多变,多易误诊。

狂犬病早期临床表现复杂多变,提示狂犬病系多脏器功能障碍性疾病,对该病的综合基础治疗尤为重要。

实验室的血液、脑脊底检查,病理学检查,抗原、抗体检测及病毒分离、病毒基因组检测,只是进一步确诊和分型。

[防治]　狂犬病的高病死率,特别是动物狂犬病的问题一直没有得到解决,所以狂犬病仍是目前重点防治的一种传染病。狂犬病一旦发病,目前尚无特异性药物可进入神经细胞内灭活病毒并防止其扩散,针对神经介质的药物对神经系统的治疗作用尚不确切。一旦症状出现,抗狂犬病高效免疫球蛋白及疫苗不能改变疾病预后。对发病者仅能对症支持治疗,对发病动物则要及时扑杀和无害处理。

控制和消灭狂犬病必须对犬、猫及野生动物实行全面的综合预防措施,即落实以犬免疫为主的"检疫管理、免疫接种、消灭流浪犬、猫"的综合措施。对接种动物,如犬等应考虑预防接种,因为传播途径中有非创伤性传播可能。野生动物的免疫接种是进一步消灭狂犬病的目标。

我国已颁布的相关标准有:GB 17014－1997 狂犬病诊断标准及处理原则;GB/T 18639－2002 狂犬病诊断技术;GB/T 14926.56－2008 实验动物　狂犬病病毒检测方法;WS 281－2008 狂犬病诊断标准。

七、水疱性口炎(Vesicular Stomatitis, VS)

该病是一种由一组组织形态学相似的水疱性口炎病毒(VSV)引起的多种哺乳动物高度接触性、热性传染病。以马、牛、猪和某些野生动物的舌、唇、口腔黏膜、乳头和蹄冠处发生水疱以及口腔流出泡沫口涎为特征,此病有季节性、散发,人偶有感染,呈短暂的发热反应,口黏膜、舌上皮、冠状带和足底形成水疱,很多是亚临床感染。OIE(2003)将其划归为 A 类动物疫病。

[历史简介]　该病毒于 1821 年发现于马、骡,以后常见于牛、鹿和猪,故又称"传染性水疱性口膜炎病毒""口腔溃疡病毒"和"伪口蹄疫病毒"等。糜烂性口炎,马的接触传染性口炎,假口疮,1939 年美洲马、牛中发现水疱性口炎。此后委内瑞拉牛、猪、马和哥伦比亚猪中发生本病,呈地方性流行。然后又从巨后螨、白蛉、负兔等中分离了 Cocal 病毒、皮累病毒、Alagoas 病毒、Isfahan 病毒和 Chandipura 病毒等。

本病 1884 年在南非扎利亚马群和牛群中流行,第一次世界大战期间(1916)运到法国的美国马群中也有描述。病原鉴定是 Cotton(1925)从印第安纳运往堪萨斯发生水疱性口炎病的一头母牛样本中分离到病毒,并鉴定为印第安纳病毒毒株。此后在人、马、蚊、天鹅中也分离到病毒,临床上可引起脑炎。Cotton(1927)又从新泽西动物(马、牛)体内分离出第二种具有独特血清型病毒,鉴定为新泽西病毒毒株(VSNJV)。VSNJV 能够引起猪发病。1801 年、

1802 年和 1807 年美国曾报道猪感染,1941 年委内瑞拉报道了牛、猪、马感染,Schoening (1943)报道了哥伦比亚和美国猪感染,且猪的接触和运输造成疾病扩散。Hanson 在研究了多次水疱性口炎的暴发后,于 1950 年提出水疱性口炎的传播可能与节肢动物有关。Brdish (1956)对病毒进行生物物理学研究和电子显微镜观察,发现病毒为独特的子弹型。1960 年和 1961 年分别发现皮累(piry)和科卡(Cocal)病毒。Fielde 和 Hawkins(1967)报道了人感染水疱性口炎。1965 年印度马哈施特丹金迪普拉村暴发 VSV 儿童脑炎。程绍迥报道我国 1957—1958 年陕西省凤县有 1 010 头牛发生水疱性口炎,同期有 2 头猪发病。水疱性口炎是 OIE 规定的 A 类疾病,该病传播迅速,具有公共卫生意义,因可与口蹄疫混淆,故在动物的国际贸易中地位很重要。

[病原]　水疱性口炎病毒(Vesicular stomatitis virus,VSV)属于弹状病毒科(Rhabdoviridae),水疱病毒属(Vesiculovirus),为线性不分节段单股负链 RNA 病毒,基因组长约 11 kb。病毒粒子呈子弹状或圆柱状,长度约为直径的 3 倍为(150~180)nm×70 nm。沉降系数为 625S,病毒粒子表面具有囊膜,囊膜上均匀密布短的纤突。纤突长约 10 nm,是病毒的型特异性抗原成分,并有内脂环绕。病毒内部为密集盘卷的螺旋状的核衣壳。除这典型的颗粒外,还可以见短缩的 T 颗粒。T 颗粒还有正常的病毒颗粒的全部结构蛋白,但没有转录酶活性。其外径约 49 nm。壳粒直径为 4~5 nm,核衣壳中央为核蛋白。病毒粒子含有 5 种结构蛋白:糖蛋白(G)、基质蛋白(M)、核蛋白(N)、磷酸蛋白(P)和 RNA 聚合酶大蛋白(L)。其 RNA 从 $3'$~$5'$端依次排列 N、P、M、G 和 L 五个不重叠基因,含 11 162 个核苷酸,各个基因之间的间隔一般由 2 个核苷酸(GA 和 CA)构成。人畜感染 VSV 后 1 周产生体液免疫,外围血液中有 G 蛋白的特异性中和抗体和对 N、M 蛋白的群特异补体结合抗体。感染后也发生细胞免疫。G 蛋白具有型特异性,可刺激产生中和抗体和血凝抑制抗体,N 蛋白和 M 蛋白具有不同血清型交叉反应的特性。通过中和试验和补体结合试验,可将水疱性口炎病毒分为印第安纳和新泽西 2 个血清型,两型不能交叉免疫。印第安纳型又分为 Ⅰ、Ⅱ(包括可卡株、阿根廷株)和Ⅲ(巴西株)3 个亚型。根据病毒核酸酶指纹图谱和毒株间的进化关系,新泽西型(NJ 型)至少可分为 3 个亚型。水疱性口炎病毒的印第安纳、新泽西、可卡、巴西株病毒可致牛、马、猪发病并引起流行。目前已公认的有 9 个种,可使哺乳动物感染的有 8 个种(包括 1 个暂定种),对马、牛、猪等家畜及人有致病性,它们是 VS - NJV、VS - IV、VS - AV、COCV、CHPV、ISFV、PIRYV 和 CQIV;有 20 个暂定种,其中有些暂定种是鱼类的病原体,有些则无致病性(表- 11)。

表- 11　VSV 属相关的种及其分离宿主

	病　毒　种	分离地点/分离时间	分　离　宿　主
公认种	卡那加斯(Carajas)病毒,CJSV	巴西/1983	白蛉
	金迪普拉(Chandipura)病毒,CHPV	印度/1965,1991	哺乳动物、白蛉
	可卡(Cocal)病毒,COCV	特立尼达/1964,1975	哺乳动物、蚊、螨

续　表

病　毒　种	分离地点/分离时间	分离宿主
伊斯法罕(Isfahan)病毒，ISFV	伊朗/1975	巴氏白蛉、蜱
马拉巴(Maraba)病毒，MARAV	巴西/1983	白蛉
皮累(Piry)病毒，PIRYV	巴西/1964	哺乳动物
阿拉哥斯(Alagoas)病毒，VS—AV	巴西/1964	哺乳动物、白蛉
印第安纳(Indiana)病毒，VS—IV	美国/1925	哺乳动物、蛉、蚊、蚋、蠓
新泽西(Newjersey)病毒，VS—NJV	美国/1926	哺乳动物、蚊、蚋
卡尔查奎(Calchagui)病毒，CQIV	阿根廷/1987	哺乳动物、蚊
朱罗那(Jurona)病毒，JURV	巴西	蚊
拉—乔耶(La Joya)病毒，LJV	巴拿马	蚊
寇拉利巴(Keuraliba)病毒，KEUV	塞内加尔	哺乳动物
帕里内特(Perinet)病毒，PERV	马达加斯加/1982	白蛉、蚊
波顿(Portons)病毒，PORV	沙捞越	蚊
尤戈-波戈丹诺瓦(Yug Bogdanowac)	南斯拉夫/1983	白蚊

（表左侧标注：公认种；暂定种）

　　病毒颗粒由来自宿主的质膜、磷脂包被和一个固有的核糖核蛋白核心组成。在附着动物机体细胞进行渗透并脱去外壳后，病毒在被感染细胞的细胞质中进行复制。

　　病毒可感染多种动物及昆虫，人工接种牛、马、猪、绵羊、兔、豚鼠等动物的舌面，可发生水疱，接种于牛肌肉内则不发病。印第安纳病毒引起牛、马水疱病流行，但不引起猪发病，实验室感染牛、马、猪不产生病毒血症。可卡病毒可从马、牛、猪中分离到，实验感染牛、猪成功。新泽西病毒可有规律地感染猪和野猪。皮累病毒感染是 VSV 中另一血清型，单股负链 RNA 病毒，也由 N、P、M、G、L 蛋白 5 个开放读码框构成。其引导序列由近 56 个核苷酸构成的高度保守区域。通过编码病毒的糖蛋白、核衣壳蛋白的核苷酸序列发现，本病毒与金迪普拉病毒的遗传距离很近。本病毒易感动物为人、马、绵羊、山羊、猪、仓鼠、小鼠、蚊子等。皮累病毒目前仅能从负鼠体内分离到。此外，从啮齿动物、猴、猪、羊和水牛的血清中检测到皮累病毒的抗体。接种幼马后使其体温升高，接种部位溃疡，而绵羊、猪、山羊则没有临床表现，仅可在血清中检测到病毒中和抗体，所有动物体内均未能发现病毒。

　　水疱性口炎病毒可在 7～13 日龄鸡胚绒毛尿囊腔中增殖，于接种后 24～48 小时致鸡胚死亡。病毒可在牛、猪、豚鼠的原代肾细胞、鸡胚上皮细胞、羔羊睾丸细胞、Vero 和 BHK - 21 传代细胞等实验室培养细胞上生长。病毒有致细胞病变作用，并能在肾单层细胞上形成蚀斑。接种豚鼠、仓鼠和南美绒鼠可引起脑膜炎而死亡，在鸡、鸭、鹅趾蹼上接种也可使其感染。接种于豚鼠后肢跗部皮内可引起红肿和水疱；皮下接种于 4～8 月龄乳鼠可使之死亡。

　　病毒对环境因素不稳定，抵抗力不强，58℃ 30 分钟即可灭活，在阳光直射和紫外线照射下可迅速死亡。2％氢氧化钠或1％福尔马林可在数分钟内灭活,3％来苏水或10％碳酸需6小时以上才能杀死病毒,在含5％甘油 pH 7.5 磷酸盐缓冲液中的病毒,于4～6℃下可存活6个月。真空干燥的病毒在冰箱中则可保存5个月。

[流行病学]　在自然条件下,水疱性口炎病毒有广泛的宿主群,可以感染多种野生动物和家养哺乳动物(包括人)、某些鸟类和节肢动物。但在水疱性口炎病毒的自然循环中,这些动物究竟起什么作用还不清楚。

马、牛、骡、猪是主要的易感动物,幼猪比成年猪易感,而牛则相反。临床发病主要见于1岁以上的牛。啮齿动物、浣熊、狼、红猫、野猪、鹿、麋鹿、寒羊、羚羊、豪猪、树懒、蝙蝠、猴子、鸡、鸭、鹅、鸟和节肢动物均可感染。人与病毒接触也容易感染此病。绵羊、山羊、犬、兔不易感染。血清学调查表明,在疫区,人群中的抗体阳性率随年龄的增长而增加,水疱性口炎在家畜中流行时,人群中也往往有发病者。实验证明,易感宿主可因病毒基因不同而有所差别,新泽西型病毒的主要宿主是马、牛、猪,也可感染野猪。1952年分离自美国佐治亚本地农户的猪口腔分泌物标本中的病毒,可感染人、猪、牛、马、蚊、蠓等,很多种野生动物对该病毒敏感,也可以表现为不显性感染。而印第安纳型病毒则能引起牛和马的水疱性口炎,但不能使猪发病。可卡病毒是从马分离出的,其他家畜(牛、猪)和野猪等动物也曾实验感染可卡病毒成功。皮累病毒是从人和1种负鼠中分离的,血清学证据表明其他有袋动物、猿猴、啮齿动物、猪、水牛也感染。

一般认为,哺乳动物不是重要的贮存宿主或扩增宿主,而是水疱性口炎病毒的终末宿主。患病的家畜和野生动物是主要传染源,病毒从患病的水疱液或唾液中排出,在水疱形成前45小时就可以从唾液中排出病毒。血清学研究还发现,在缺乏可见性病变时也能出现感染,从感染猪的扁桃体中分离到病毒表明,这可能是病毒侵入机体的一个通道。也可能存在人类感染的传染源。水疱性口炎感染不会引起病毒血症,因此,不可能存在病毒对精液和胚胎的血源性污染。目前已知卵中存在病毒,且不可能传播,但可能通过水疱液污染的精液传染。

本病的生态分布主要在湖泊和多树地区,并从昆虫如白蛉、黑斑蚊等中分离到病毒,表明昆虫可能是主要传播媒介。在巴拿马,从吸血沙蝇中分离到印第安纳型病毒,并且病毒在沙蝇中复制,通过卵传播给子代幼虫,再通过叮咬传播给哺乳动物。研究发现,森林中生活的动物具有较高的抗体水平,表明病毒可能已在这些动物中传播。在美国新墨西哥,从豹角蚊中分离到一株水疱性口炎病毒,并证明此病毒可在蚊体内复制并进行传播。此外,病毒可以通过损伤皮肤和黏膜感染易感动物,也可以通过污染的饲料或饮水经消化道感染。人也有易感性。人类是通过直接接触含感染病毒的口腔分泌物而感染。实验室工作人员可通过气溶胶而被感染,或将病毒直接接种到手指内也会受到感染。人的 VSV 实验感染在实验室的各种病毒感染中占第六位。接触急性感染动物病毒的组织和新近由动物分离的强毒分离物最危险。长期传代实验室适应株,如 VSV-IN、Sam Juan 和 Glasgow 株,毒力低,对人威胁小得多。

本病呈点状散发,在一些疫区内连年发生,但传染力不强,仅少数家畜患病,如牛的发病率在 1.7%～7.7%，且有明显的季节性，多流行于夏秋季节，一般冬季本病流行停止，但也有冬季暴发本病的报道。本病呈地方流行性，在美洲常发生在低洼热带雨林和亚热带地区，有的疫区可连年发生，但传播性不强。

[发病机制] 水疱性口炎病毒的传播机制目前还不清楚。除少数几种野生动物和实验动物外，动物感染水疱性口炎病毒不能产生长期高水平的病毒血症，尿、粪和乳中无病毒存在。高滴度病毒从病畜的水疱液和唾液排出，在水疱形成前 96 小时就可从唾液排出病毒。这是接触传染短暂而又非常有效的病毒来源。

病毒侵入皮肤黏膜后，先在上皮的棘细胞内复制，成熟毒粒芽出细胞而积聚在细胞间，少量进入血循环，并到达肝、肾和中枢神经系统，病毒的大部分继而感染邻近的上皮细胞。敏感的动物在感染 VSV 数小时后，病毒即已到达马氏细胞浆内，导致水肿液的积蓄。病毒颗粒从细胞表面及包浆间膜出芽，聚积于细胞间隙内，并感染相邻细胞，受浆的间质细胞含有很多桥粒胞浆空泡，感染的细胞形成空泡，胞膜增厚，胞浆中张力丝减少，胞质和胞核皱缩，胞浆间桥变得明显，细胞坏死、融合和组织间渗出增加，从而形成肉眼可见的水疱疹。病变区上皮组织出现海绵样水肿，较多单核细胞浸润。病毒于感染 48 小时经血流引起发热，4 天后病毒血症消失，水疱增大，疱液病毒达 10^4～10^6/mL。水疱疹溃破露出糜烂面，偶尔形成溃疡。有时可以引起非特异性炎症，如脑炎和脊髓炎质的海绵样变，从而导致肢体瘫痪。毒株毒力和患者抵抗力强弱均直接影响内脏损害的严重度。

VSV 感染仅局限于接种部位，偶尔会蔓延到局部的淋巴结。病毒不会出现在其他组织中。病毒初期的复制似乎发生在角质细胞中（Schere，2007）。

VSIV 导致家猪自然发生 VS 尚未见报道。不过猪对 VSIV 非常敏感。VSV 对猪的毒力取决于病毒毒株（VSNJV 的毒力比 VSIV 强）、感染途径和感染剂量。在家猪上，实验性经鼻接种 $1 \times 10^{0.7}$/mL 半数组织培养感染剂（Median Tissue culture Infections Dose，$TCID_{50}$）的 VSNJV 会引发血清转化，但不会出现临床疾病，而经鼻接种大于 $1 \times 10^{3.3}$/mL $TCID_{50}$ 的病毒，会出现临床疾病，然后引发血清转化。接种后 1～2 天，VSNJV 会在接种部位产生大水疱，并且在接种后 7～8 天会排出高浓度病毒。经口腔黏膜（包括舌部）、鼻、蹄冠接种，会使大多数动物出现水疱病变。而经有毛皮肤接种，仅出现血清转化和亚临床疾病（Howerth，2006）。用 VSIV 接种剂量大于 1×10^3/mL $TCID_{50}$ 时会引发猪临床疾病（Stallhenecht，2004），而剂量小于 1×10^2/mL $TCID_{50}$ 时不会出现临床症状或可检出的抗体反应，相比 VSNIV，VSIV 引起的病变区较小，而病毒以低浓度排出，持续 3～4 天。

[临床表现] 1964 年研究证明印第安纳 3 个型和新泽西型可卡型和巴西型可引起猪、马特征性水疱病变。Stallkmacht 等（2001）报道 VSNJV 可以在家猪之间进行有效的传播。据报道，感染新泽西型病毒后可引起较高死亡率。患猪潜伏期 24 小时，OIE 规定最长潜伏期为 21 天。最初临床上出现跛行，继之患猪体温升高至 40.5～41.5℃，实验猪在接毒后 2～3 天出现热反应，然后体温下降，24～48 小时后口腔、鼻端和蹄部出现水疱、猪可在嘴上发生病灶，初期时常发热。水疱可能会在同一动物的同一部位或靠近部位，或在不同部位出现多种病变。病变通常开始出现在感染部位，在某些情况下是细小的针眼状，边缘凸起，呈苍白

色,很快发展成 2～4 cm 的灰红水疱,可能连成单个水疱,可在足上寄生病灶,特别是冠带上。还会磨牙、流口水,进而 1～2 天水疱破裂并释放淡黄色的含病毒分泌物(Howerth,1997),可能会呈大面积表皮糜烂和溃疡,而后形成痂块。水疱多发生于舌、唇部、鼻端及蹄冠部。水泡大小为 0.5 cm 至数厘米不等隆起的白色水泡。病猪口腔和蹄部病变严重时,采食会受影响,但食欲不减退,体重减轻,有时蹄部发生溃疡,病灶扩大,可使蹄壳脱落,露出鲜红的出血面。本病发病率高达 90%,但是一种自限性疾病。本病的病程约 2 周,转归良好。病灶痊愈后不留痕迹。水疱性口炎病毒感染是否形成病毒血症仍未有实验证实,实验猪吻突皮内接种及其他接近自然感染途径接种病毒后,只能从局部淋巴结而不能从血液中分离到病毒。但有报道,个别病例可以从血液中分离到病毒。

田文成(1988)报道辽宁 4 个农场中有 763 头中 60% 猪发病,体温为 40～41.7℃,身体、舌和蹄冠形成水疱,直径从几毫米到 2 cm,不能站立,幼猪因舌疼不能吃奶,蹄匣脱落。动物试验诊断为水疱性口炎,并有饲养员感染发病。

病理变化发生在口腔、乳头、蹄及蹄冠周围,病变同症状。没有其他特征性的眼观病变,也没有特异的组织病理学变化。

[诊断]   根据流行病学,临床症状和病理变化可做出初步诊断,确诊需要做病毒分离鉴定。

1. 临床综合诊断   本病的发生具有明显的季节性和区域性。根据本病常发生于夏秋季节,各种动物均可感染,发病率和死亡率较低,以及水疱、溃疡等病理部位等,发病猪的舌面、鼻端、唇部上皮有水泡,并伴有采食减少和流涎;发病后期,蹄冠、趾间有水疱,尤以蹄冠部严重。据此可以做出初步诊断。

2. 病毒分离   首先无菌采集水疱液、未破裂的水疱上皮和新破裂的水疱上皮。将水疱浆液置含 20% 胎牛血清和 5% 葡萄糖灭菌液氮管内保存;上皮样本在含有 pH 7.2～7.7 的10%～20% 缓冲甘油灭菌液氮管内密封后立即置于液氮罐内或 −80℃ 下保存备检。水疱液和新鲜水疱上皮研磨加一定量抗生素,制成 10% 的悬液或用未破皮水疱、水疱液接种于 7～13 日龄鸡胚绒毛膜或尿囊膜腔内,鸡胚于接种后 24～48 小时死亡,胚体有明显的充血和出血病变,但有的毒株在初次分离时也可能不引起鸡胚死亡,而引起绒毛尿囊膜增厚。可以将收获的绒毛尿囊膜进行传代。两个血清型病毒从被感染动物破损黏膜分离出。但在人类身上尚未获得分离的病毒。

3. 血清型诊断   OIE 推荐的血清学诊断方法,有间接夹心 ELISA、病毒中和抗体和补体结合试验。动物感染后 10～14 天,血液中补体结合抗体及中和抗体效价开始升高,补体结合抗体仅能持续几个月,而中和抗体能持续 1 年以上。不同的病毒毒株之间有交叉反应。

4. PCR 技术   选择恰当引物用 PCR 方法可以扩增出水疱性口炎新泽西和印第安纳株的不同核酸片段,从而区别这两个血清型,同时也可以诊断此病。我国规定了 VSV 的荧光RT‐PCR 诊断技术国家标准(GB/T 22916‐2008)。

5. 鉴别诊断   临床上,猪水疱性口炎与口蹄疫、猪水疱疹、猪水疱病难以区别,可应用动物接种试验进行鉴别诊断,即将 2 日龄乳鼠和 7 日龄乳鼠分为两组接种病料,观察 1～4 天结果如下：2 日龄乳鼠和 7 日龄乳鼠均健活的,为猪水疱疹;2 日龄死亡,7 日龄健活的,为猪水疱病;2 日龄和 7 日龄乳鼠均死亡的,为口蹄疫或水疱性口炎,而后用病料接种牛肌肉,不发病的为水疱性口炎,发病的则为口蹄疫。

[防治]　本病一般可以痊愈,且病程短、损害轻,多呈良性经过。为了使本病早日痊愈,缩短病程和防止继发感染,应在严格隔离的条件下对病畜进行对症治疗。口腔可用清水、食醋或 0.1％高锰酸钾进行洗涤,糜烂面上涂以 1％～2％的硼酸或碘甘油或冰醋酸(冰片 15 g、硼砂 150 g、芒硝 18 g,研磨成粉)治疗。蹄部可用来苏水洗涤,然后用松馏油或鱼石脂软膏;乳房可用肥皂水或 2％～3％硼酸水溶液洗涤,然后涂以青霉素软膏。对疫区严格封锁,并用 2％～4％氢氧化钠、10％碳酸、0.2％～0.5％过氧乙酸等消毒,粪尿应堆积发酵。一般经过 14 天再无病畜发生,可以解除封锁,解除封锁前进行一次终末消毒。

人与病畜接触时应注意个人防护,必要时可在疫区内进行预防接种,多发地区可以使用灭活疫苗进行预防接种。猪不可应用弱毒疫苗。有报道,猪有时能引起病变和排毒,灭活苗已成功地应用于猪,不同血清型之间没有交叉免疫性。实验感染猪的体液和细胞免疫持续 6 个月以上。

我国已颁布的相关标准有：GB/T 22916 - 2008 水疱性口炎病毒荧光 RT - PCR 检测方法;NY/T 1188 - 2006 水疱性口炎诊断技术;SN/T 1166.1 - 2002 水疱性口炎补体结合试验操作规程;SN/T 1166.2 - 2002 水疱性口炎微量血清中和试验操作规程;SN/T 1166.3 - 2002 水疱性口炎逆转录聚合酶链反应操作规程。

八、埃博拉出血热(Ebola Hemorrhagic Fever,EHF)

该病是一种由埃博拉病毒(EBOV)致人和动物高致病性的病毒性疾病。主要特征是高热、出血、肌痛、皮疹、肝肾功能损害并伴随外围血细胞、血小板数减少及高病死率。

[历史简介]　本病发生于 1976 年扎伊尔(今刚果金)Yambuku 及附近地区,发病人数达 318 人,死亡率达 88％;同年苏丹的 Nzara 和 Maridi 地区,发病人数达 284 人,死亡率达 53％。本病的首次暴发就显示出巨大的杀伤力,不过当时人们并不知道它究竟是何种病毒,直到在电子显微镜下从当地保留的标本中发现致病因子而获得病毒。该病毒在形态上与马尔堡病毒极为相似,不能区别。但抗原性不同,其多肽结构的差异表现在病毒蛋白 VP1 和 VP3,并以源于扎伊尔雅姆布库的埃博拉河流命名,因病人有出血,故又称埃博拉出血热。1976～1979 年,埃博拉病毒病仅在非洲偶尔出现,呈小到中等规模暴发。1995 年在扎伊尔的 Kikwit 和 2000 年在乌干达的 Gulu 出现大规模流行,导致 245 人死亡。1989 年美国肯尼亚州莱斯顿检疫站从菲律宾进口 100 只猴子,其中发病死亡 60 多只,并检测到埃博拉病毒。1994 年在科特迪瓦,一位来自瑞士的生物学家在解剖一只因埃博拉出血热而死亡的黑猩猩后发病,从其血液及黑猩猩组织中分离到 1 株病毒,在血清学和基因型上与 1976 年暴发的病毒不同。Simpson 和 Zuckarman(1988)发表了题为"马尔堡和埃博拉病毒亲缘关系研究"的报道。根据核苷酸序列和抗原性不同,目前已鉴定的 4 种不同亚型的埃博拉病毒分别是埃博拉-扎伊尔(Ebola - Zairian,EBO - Z)、埃博拉-苏丹(Ebola - Sudan,EBO - S)、埃博拉-

科特迪瓦(Ebola - Ivory、Coast,EBO - C)和埃博拉-莱斯顿(Ebola - Reston,EBO - R),近年又发现埃博拉-本迪布焦型(Ebola - Bundibugyo,EBOV - B),故埃博拉病毒已有 5 个亚型。只有 EBO - R 是唯一一种仅在灵长动物中引起致死疾病,但不引起人类严重疾病的丝状病毒。可是,近年来该病毒又有新的动向。Leroy E M 等(2005)第一次在锤头果蝠(Hypsignathus monstrosus)、无尾肩章果蝠(Epomops franqueti)、小领果蝠(Myonycteris torguata)中同时发现了埃博拉病毒的 RNA 及抗体,在研究史上有着里程碑式的意义。Garrette R W(2009)报道了菲律宾猪埃博拉莱斯顿型病毒感染,这是首次在家畜中发现埃博拉病毒。

[病原]　埃博拉病毒属于丝状病毒属(Filovirus)。丝状病毒可能出现几种不同形态。最常见的是长丝状结构,也会出现较短的、分支状、形状类似"6"或"U"以及环状结构。病毒粒子呈线状结构,直径为 80 nm,标准长度为 790~970 nm。电子显微镜下所观察到的病毒粒子的长度可达 1 400 nm,可能是由于病毒在出芽过程中多个病毒核酸被共同包裹所致。病毒分子量为 $(4.0×10^6)~(4.5×10^6)$ Da,基因组为不分节段的单股负链 RNA,全长为 19.1 kb。其基因组排列顺序为:$NP - VP35 - VP40 - GP - VP30 - VP24 - L$,编码 7 种蛋白质,每种蛋白质产物由单独的 mRNA 所编码。其中 GP 基因对 EBOV 复制有独特的编码和转录功能。纯化的病毒粒子含有 5 种多肽,即 VPO、VP1、VP2、VP3 和 VP4,相对分子量分别为 188 480、124 000、103 168、39 680 和 25 792 Da。VP1 为糖蛋白,组成病毒粒子表面的纤突;VP2 和 VP3 组成核衣壳蛋白;VP4 组成膜蛋白。病毒在感染细胞的胞浆中复制、装配,以芽生方式释放。EBOV 各型之间的核苷酸序列差异为 37%~41%,但至少 NP 基因有很高的同源性及 NP 蛋白有血清交叉反应。病毒外膜由脂蛋白组成,膜上有 10 nm 长的呈刷状排列的突起,为病毒的糖蛋白。

埃博拉病毒的基因编码在一条不分节段的负链 RNA 上,共有 18.9 kb,病毒 RNA 的 3′端有标记转录起始的前导序列,长 50~70 个碱基;5′端有标记转录终止的尾随序列,长度变化较大,从扎伊尔型埃博拉病毒的 677 个碱基到莱斯顿型埃博拉病毒的 25 个碱基不等。病毒 RNA 的 3′端无多聚腺苷酸链,5′端无加帽。从 3′端到 5′端顺序编码 7 种蛋白:NP - VP35 - VP40 - GP - VP30 - VP24 - L,分别表达核蛋白(NP、VP30)、基质蛋白(VP40、VP24)、糖蛋白(GP)和聚合酶复合物蛋白(L、VP35),其中 GP 基因可通过转录过程中的编辑移码来表达 3 种糖蛋白(GP1,2、sGP、ssGP)。VP35、VP40 等是以蛋白分子质量大小命名的。埃博拉病毒的基因编码有 3 处重叠:$VP35 - VP40$、$GP - VP30$、$VP24 - L$(其中莱斯顿型埃博拉病毒缺少 $GP - VP30$ 重叠)(见表- 12)。其余基因间由短暂的非编码区隔开。

表- 12　埃博拉病毒蛋白的性质和功能

基因	蛋白质	功　能	相对分子质量
NP	主要蛋白(NP)	包裹 RNA 是构成核壳体的主要成分	90~104
VP35	RNA 聚合酶辅酶(VP35)	RNA 聚合酶辅酶;抗干扰素	35
VP40	主基质蛋白(VP40)	构成基质层的主要部分,病毒的组装和出芽	35~40

基因	蛋白质	功　　　能	相对分子质量
GP	表面糖蛋白	构成囊膜突起,与配体结合并诱导膜融合	150～170
	可溶糖蛋白(sGP)	未知	50～55
	小型可溶糖蛋白(ssGP)	未知	50～55
VP30	副核蛋白(VP30)	包裹 RNA,激活转录	27～30
VP24	副基质蛋白(VP24)	病毒的组装,抗干扰素	24～25
L	RNA 聚合酶蛋白(L)	RNA 依赖性 RNA 聚合酶,转录和复制病毒 RNA	约 270

　　埃博拉病毒现已发现 5 种亚型,可以分成 3 组:扎伊尔型为一组,本迪布焦型和塔伊森林型为一组,苏丹型和莱斯顿型为一组。同一亚型内的埃博拉病毒基因序列差异在 30% 以内。埃博拉基因突变的平均速率约是 $8×10^{-4}$ 每位点每年。

　　病毒可实验感染多种哺乳动物培养细胞,在 Vero-E6 细胞中生长良好,且能出现致细胞病变作用。新生的病毒粒子以从宿主细胞膜发芽的方式释放到细胞外的环境中,随后感染新细胞。但目前对丝状病毒的复制方式还不是很清楚。病毒在室温下稳定,60℃ 30 分钟灭活,病毒为具有囊膜的 RNA 病毒,对多种化学试剂(乙醚、去氧胆酸钠、β-丙内酯、过氧乙酸、次氯酸钠、甲醛等)敏感。钴 60 照射、紫外线、γ 射线照射也能够完全灭活病毒。苯酚和胰酶不能完全灭活,只能减低其感染性。在 −70℃ 下稳定,4℃ 下可存活,存放 5 周其感染性保持不变,存放 8 周滴度降至 59%。

　　[流行病学]　本病目前流行于非洲的刚果(金)、苏丹、乌干达、加蓬、肯尼亚、利比里亚、科特迪瓦和埃塞俄比亚。灵长类动物对埃博拉病毒普遍易感。菲律宾也有报道。但此病毒的分布很广,人、猴、黑猩猩、猪等都检出有病毒或抗体。据报道,中非居民中有 2%～7% 有 EBOV 的抗体;猴类是一类重要的动物,在亚洲和非洲的猴类中有 10% 的带有 EBOV 的抗体。在实验室条件下,豚鼠、仓鼠、乳鼠可感染发病和死亡。本病的自然宿主(储存宿主)尚未确定,人和灵长类动物都能发生感染和死亡,人类感染都能追溯到灵长类动物。然而,灵长类动物只作为人类感染的传染源,不可能维持疾病在自然界长期存在。尽管非人类灵长类动物,如猴子是人类的传染源,但它们并不是埃博拉病毒最初来源,它们和人类一样是通过直接接触动物、自然界的某种东西或通过某种传播链而感染的,而埃博拉病毒最初来源于何种动物至今是一个谜。病毒的储存宿主应当是病毒在其体内能保持较长时间,且又是不明显受损害动物,有证据表明 EBOV 能在蝙蝠中复制,但不能证明蝙蝠就是储存宿主。2008 年 12 月菲律宾发现了 3 个猪场 70% 的猪血清为莱斯顿埃博拉病毒(REBOV)抗体阳性,农场 141 名员工进行血检,结果发现其中 6 人感染 REBOV。这种病毒 1989 年在一群猴子身上发现,猴子死亡率达 60% 以上,而且有 4 人抗体阳性,表明对人感染。但与其他类型埃博拉病毒不同,到目前为止,埃博拉病毒感染人未出现临床症状。在刚果(金)发生与"西非地区目前正在出现的埃博拉疫情没有任何关系"的埃博拉疫情,其病原是扎伊尔型以外的

埃博拉苏丹型和苏丹-扎伊尔交叉型。该国患者中有一人从体内分离到两种埃博拉病毒。图兰大学的罗伯特·加里说,这种病毒在人体内的变异速度是在狐蝠等动物宿主体内变异速度的2倍。

病毒可能通过直接接触患者的血液、唾液、粪便或体液传播,也可以通过空气传播。目前认为该病毒传播途径主要通过直接接触病人的体液、器官或排泄物;处理发病和死亡的动物,如黑猩猩、猴子;医务人员则经常是因为看病人或参加葬礼而感染。在非洲,不少医务人员因此丧命。使用未经消毒的注射器也是感染的一个重要途径。另外,该病也可通过气溶胶传播。美国《科学新闻》网站2012年11月15日报道,研究者把感染埃博拉病毒的小猪与猕猴关在一起,尽管他们之间并未发生身体接触,但猕猴仍被感染,表明埃博拉病毒可能会通过空气由猪传给猕猴。虽然猪在实验室条件下传播了埃博拉病毒,但目前仍然没有证据表明任何人在非洲因为与病猪接触而感染该病毒。性接触也可能传播,但确切的传播途径仍不清楚。

埃博拉病毒主要暴发于非洲的热带雨林地区,而东南亚地区则可能是埃博拉病毒属的另一成员——莱斯顿型埃博拉病毒感染的疫源地。从1989年到1996年,在由菲律宾出口到美国和意大利的食蟹猴中,曾先后数次暴发由莱斯顿型埃博拉病毒引起的埃博拉病毒疫情,而这些食蟹猴全部来源于菲律宾的同一个食蟹猴养殖出口基地。

当输往美国的食蟹猴初次发生疫情后,Hayes等(1992)针对该基地开展了一项流行病学监测,结果显示,在两个半月的时间内该养殖基地共有161只食蟹猴死亡,其中52.8%死亡的食蟹猴血清样品ELISA检测结果为莱斯顿型埃博拉病毒抗原阳性。莱斯顿型埃博拉病毒对食蟹猴高度致病并可感染人类。

[发病机制] EBOV是一种泛嗜性的病毒,可侵犯各系统器官,尤以肝脏、脾脏为主。本病的发生主要与机体的免疫应答水平有关。患者血清中IL-2、IL-3、TNF-α、IFN-γ和IFN-α水平明显升高。

CD8+T淋巴细胞在EHF的发病过程中对控制EBOV的感染和诱导保护性免疫反应的发生起十分重要的作用。有人发现EBOV的早期清除与CD8+T淋巴细胞的功能有关,不需要CD4+T淋巴细胞和抗体参与;后期保护则需要有CD4+T淋巴细胞和抗体参加,免疫缺陷者可能长期存在病毒复制而不发病,成为重要的传染源。EBOV的致病性还可能是病毒抑制吞噬细胞产生细胞因子的活性,如在动物试验中发现细胞内α-干扰素的量无明显变化,不能有效地发挥抗病毒作用。

单核吞噬细胞系统尤其是吞噬细胞是首先被病毒攻击的靶细胞,随后成纤维细胞和内皮细胞均被感染,血管通道性增加,纤维蛋白沉着。有研究指出,感染存活者对EBOV作出了持续、稳定的免疫反应,而死者对EBOV侵袭的抗体反应很微弱,因此平衡而适时的免疫反应是最有效的防御措施。感染后2天病毒首先在肺中检出,4天后在肝脏、脾脏等组织中检出,6天后全身组织均可检出。

本病主要病理改变是单核吞噬细胞系统受累,血栓形成和出血。全身器官广泛性坏死,尤其以肝脏、脾脏、肾脏、淋巴组织为甚。

埃博拉病毒引起休克和大出血的机制复杂。早先的研究表明,病毒侵害多种细胞,特别是免疫系统的巨噬细胞和肝细胞。血管内皮细胞是否直接受到埃博拉的攻击还不明确。有些研究者认为这些细胞的损害导致毛细血管内的血液流入外周器官,从而造成循环系统的崩溃并使人快速死亡,内皮通透性增加及毛细血管的受损看来是病理损伤的关键。最近研究发现,引起该病致命性出血的主要因子是一种 EBOV 产生的糖蛋白,它主要攻击和毁坏血管内皮细胞,从而引起血管"渗漏",使血液从血管内流到血管外。

通过动物试验表明,EBOV 蛋白的 GP 和 VP30 是其攻击血管内皮细胞的重要因子。VP30 在病毒转录过程中起非常重要的作用,在病毒颗粒中,VP30 紧密结合在核蛋白上,EBOV 产生一种糖蛋白,这种糖蛋白成为该病毒新拷贝的表面部分,它抑制免疫细胞并与血管内皮细胞相结合,导致内皮细胞损伤,呈现更圆形态,从血管壁上脱落下来。EBOV 有一个基因编码分泌蛋白和表面蛋白,前者与中性粒细胞表面的一种蛋白结合,阻止了中性粒细胞受各种免疫细胞的刺激而被活化的作用,这可能是 EBOV 逃避自身免疫应答的原因;EBOV 能优先入侵内皮细胞,因为内皮细胞位于心脏、血管及其他器官表面,因此 EHF 以大量出血为特征。EBOV 蛋白 GP 直接与人或猪的血管内皮细胞接触后,在 48 小时内血管内皮细胞会丧失功能,导致血管的通道性增加,最终变成流动的液体,引起出血;同时损伤的脉管内皮细胞可释放大量组织因子,启动外源性凝血途径,即组织因凝血途径凝血,引起弥散性血管内凝血(DIC),从而消耗大量的凝血因子,使血浆中血小板和凝血酶原极度减少,蛋白 C 快速下降,并引起全身广泛出血。大多数细胞损伤和凝血异常的结果是致宿主多发性病机制的结果,包括血管内和淋巴器官中淋巴细胞大量坏死;前炎症细胞因子肿瘤坏死因子(α-TNF)的产生以凝血功能紊乱,导致 DIC。

对这一蛋白稍作修饰后,该蛋白就不具备破坏血管内皮细胞的功能。如何抑制这种蛋白质的内皮细胞毒性是今后研制抗病毒药物或疫苗的焦点,可能有助于改善埃博拉病毒感染的致命性影响。最近研究人员找到了一种属于小分子蛋白的抗体,实验表明,这种抗体能够吸附在埃博拉病毒表面的蛋白上,从而阻止病毒入侵实验鼠的细胞。科学家认为,埃博拉病毒的表面蛋白在病毒入侵和感染人体细胞的过程中具有重要作用。研究结果表明,并不是埃博拉病毒与细胞结合导致细胞死亡,而是随后在细胞内生成的病毒糖蛋白被证明是致命的。Nabel 认为,在杀死细胞之前,埃博拉病毒蛋白必须逐渐达到一定的阈限。科学家们怀疑是该糖蛋白可与细胞内的某种蛋白结合,因而推测阻挠这种相互作用的药物可抑制埃博拉病毒在体内传播,并可使免疫系统有足够的时间消除感染。

有人认为,EBOV 的强大致病力是由于先期感染病毒后再次感染时,体内原有的抗体与病毒的糖蛋白和补体 C1q 结合,从而产生强大的致病力。

通过变异的蛋白基因可产生不杀死细胞的变异体。此外,研究人员还在病毒分子上发现一个对其破坏性行为来说是必不可少的区域。目前的研究表明,在莱斯顿发现的埃博拉病毒毒株与杀死细胞的病毒毒株相比较,前者的这个区域与在扎伊尔发现的埃博拉病毒的不同。莱斯顿病毒毒株的糖蛋白可杀死细胞并破坏非人类灵长类动物的血管,但并不损害人的细胞。

通过改变互补 DNA 系列，Volkkov 的工作组已经研制出一种埃博拉突变体能够诠释病毒的致死效应。GP 蛋白(毒性最强的蛋白)编码基因的突变，使病毒能复制出更多的蛋白质，并确定病毒有 GP 生成"自我控制"机制，Feldmann 从中也发现了可制作基因工程疫苗的策略。

[临床表现]　Sayama Y(2012)报道，2008 年在菲律宾邦阿西南省和布拉干省莱斯顿型埃博拉病毒(REBOV)流行的猪场共采集 215 份猪血清。通过检测发现，感染猪场中 70% 的猪血清为 REBOV 抗体阳性，高流行率显示猪是 REBOV 的易感动物，病毒可能在猪身上发生变异，从而导致致病能力变化。

Marsh GA(2011)报告，用 10^6 TCID$_{50}$ 的 REBOV 于口鼻和皮下接种 5～6 周龄的仔猪各 8 只，这些仔猪的鼻咽部可以检测到病毒；皮下接种的仔猪则在多个组织器官中可以检测病毒。这些猪未发现明显的临床症状，说明 REBOV 单独感染对猪的致病性不强。因为埃博拉病毒感染猪后主要侵犯肺部，猪表现为较多的咳嗽、咳痰，从而导致空气传播。皮肤损害没有被鉴定。具体实验如下。

用 2008 年从菲律宾病猪分离到的 REBOV 10^6 TCID$_{50}$ 经口鼻或皮下接种 5 周龄的猪，结果病毒在内脏器官中检出；每批猪表现发热、呼吸道疾病症状。没有组织在感染 28 天后被检出异常。

试验 1 组：由口鼻途径感染 REBOV 后 2～8 天，猪的口鼻组织分泌物中被检出 REBOV (表-13)。在感染之后 4～8 天病毒再被分离到。在任何时间未从这些猪的直肠拭子、尿和血液中检测到核酸或病毒。在猪感染 28 天后被安乐死亡猪的组织样本 REBOV - real - time PCR 检测是阴性。未见组织学异常。口服或皮下攻击的 8 只猪在 REBOV 感染后 10 天显示血清学变化，对 REBOV 免疫球蛋白 G 升高，以皮下攻击猪有较高的滴度(表-14)。

表-13　实验攻击 REBOV 猪鼻和扁桃体拭子病毒检测结果

攻击途径	猪号	攻击后天数						
		0 天	2 天	4 天	6 天	8 天	10 天	13 天
口鼻的	1	…	NT	N+	N+ T+	N+	…	…
	2	…	…	NT	N++ T++	N+	…	…
	3	…	…	N+	N+++ T+	…	…	…
	4	…	N+	N++	N+++	…	…	…
皮下的	5	…	…	…	…	…	…	…
	6	…	…	…	…	…	…	…
	7	…	…	…	…	…	…	…
	8	…	…	…	…	…	…	…

注：NT——未检出。

表-14 ELISA 免疫球蛋白 G 对再组合 REBOV 核蛋白抗原检测价

攻击途径	猪号	攻击后天数										
		0 天	2 天	4 天	6 天	8 天	10 天	12 天	15 天	17 天	20 天	28 天
口鼻的	1	<100	<100	<100	<100	400	800	800	800	3 200	1 600	3 200
	2	<100	<100	<100	<100	<100	200	800	800	400	100	100
	3	<100	<100	<100	<100	200	100	100	800	400	100	400
	4	<100	<100	<100	<100	<100	200	200	200	400	<100	100
皮下的	5	<100	<100	<100	<100	200	3 200	3 200	3 200	3 200	3 200	NT
	6	<100	<100	<100	<100	800	12 800	12 800	12 800	12 800	6 400	NT
	7	<100	<100	<100	<100	800	3 200	3 200	3 200	1 600	1 600	NT
	8	<100	<100	<100	<100	800	800	1 600	800	1 600	1 600	NT

注：NT——未检出。

实验 2 组：8 头猪中 7 头 REBOV 染色体组发生在口鼻攻击猪鼻腔分泌物的 6 和 8 天，如直肠拭中 5 头猪，血液中 7 头猪，并且其他器官和组织最多，包括骨骼肌肉，在肺染色体组水平最高，通常与肺炎部位有关。经由皮下和口腔途径攻击，病毒通常从浅部（下颌的、腋窝的、腹股沟的）和内部（支气管、肠系膜的）淋巴结再分离，猪的鼻甲骨、肌肉和肺。相对淋巴结和呼吸道系统有肉眼病理异常（表-15）。在 7 头猪淋巴结腺体被感染到下颌淋巴、咽后淋巴和支气管淋巴结。所以猪抗体的检出在第 8 天较第 6 天增加。

表-15 猪实验感染 REBOV 肉眼和组织病理学变化

感染后天数(天)	攻击途径	病理损害/抗原									
		淋巴结	肺	鼻甲	脾	肝	肾	心	扁桃体	肠	脑
6	皮下	+/+	+/+	+/+	−/−	−/−	−/−	−/−	−/−	−/−	−/−
6	皮下	+/+	+/−	+/+	−/−	−/−	−/−	−/−	−/−	−/−	−/−
8	皮下	+/+	−/−	+/−	−/−	−/−	−/−	−/−	−/−	−/−	−/−
8	皮下	+/+	+/−	+/+	−/−	−/−	−/−	−/−	−/−	−/−	−/−
6	口鼻	+/+	−/−	+/−	−/−	−/−	−/−	−/−	−/−	−/−	−/−
6	口鼻	+/+	−/−	+/−	−/−	−/−	−/−	−/−	−/−	−/−	−/−
8	口鼻	+/+	−/−	+/−	−/−	−/−	−/−	ND	−/−	−/−	−/−
8	口鼻	+/−	+/+	+/−	−/−	−/−	−/−	−/−	−/−	−/−	−/−

注：ND——未做

Pan Y 等(2014)报告,2011 年中国上海一些养猪场猪群暴发疾病,从来自 3 个养猪场的 137 份死猪脾脏样品检测到 PRRSV,其中 4 份样品混合感染了莱斯顿型埃博拉病毒。通过提取 RNA 并测序,发现这些病毒与菲律宾猪中分离到的莱斯顿型埃博拉病毒菌株高度同源。

[诊断]　本病诊断主要依据流行病学资料、临床表现和实验室检查。

1. 酶联免疫方法　目前常用的早期临床诊断方法有 ELISA 检测病毒抗原和检测血清中 IgM 的 ELISA 方法。由于急性期病人血清中特异性抗体水平相当低,其诊断价值远不如抗原或核酸检测高。血清特异性 IgM、IgG 抗体最早于病程 10 天左右出现,IgM 抗体可持续存在 3 个月,是近期感染标识;IgG 抗体可持续存在很长时间,主要用于血清流行病学调查。我国针对埃博拉病毒特异性核酸片段进行选择性扩增,覆盖了埃博拉病毒 5 个亚型,并选用荧光 PCR 检测方法,可直接在仪器检测,操作简单,灵敏度和准确度高。

2. PCR 检测对病毒进行基因分析　PCR 技术检测病毒核酸、病毒载量与疾病的预后密切相关,死亡病例 RNA 的复制水平明显高于生存病例。但这些检查必须在 P4 级实验室中进行,以防止感染扩散。

3. 病毒分离　最适合埃博拉病毒分离的细胞为 Vero 细胞,也可用 MA104 细胞,病毒在细胞内形成病变后,可用免疫荧光法等方法检测培养细胞中病毒抗原是否存在。

[防治]　因为无治疗药物和疫苗,目前无防治方法,发病猪群采取扑杀处理。因为一些抗病毒药物、干扰素和病毒唑无效。实验室研究已证实,使用高免疫的动物血清对本病无保护作用。

在国际交流中,边防国境卫生检疫是第一道防线,也是最主要的检疫关卡,除对来自世界各地旅客审查其旅行地外,体温检查是必需的。另外,凡去过疫区,或来自疫区的旅客除检查体温外,隔离观察 21 天恐怕是唯一手段。运输过程猪的废弃物等必须严格无害化消毒。对来自疫区的货物,运输工具必须严格消毒。

我国已颁布的相关标准有:SN/T‐1231‐2003 国境口岸埃博拉‐马尔堡出血热疫情监测和控制规程;SN/T‐1439‐2004 国境口岸埃博拉出血热检验规程。

九、猪传染性胃肠炎(Transmissible Gastroenteritis of Swine,TGE)

该病是由猪传染性胃肠炎病毒(TGEV)引起猪的一种急性、高接触性肠道传染病。不同年龄和品种的猪均可感染,但主要以 2 周龄以下仔猪表现呕吐、严重腹泻、脱水和高死亡率为特征。病毒主要通过肠道感染猪,具有明显的肠道组织嗜性特点。

[历史简介]　临床资料显示,在 1933 年美国伊利诺伊就有关于 TGE 的记载。Doyle 和 Hutchings(1946)从腹泻仔猪粪便实验证明,TGE 感染性因子的可过滤性,认为该病是由病毒引起的;其后,日本 Sasahara(1956)、英国 Goodwin 等(1958)也报道了本病的发生。Cavanagh 等(1995)确认该病毒属于冠状病毒科冠状病毒属。我国从 20 世纪 50 年代起已有 TGE 流行的报道。在 1984 年和 1986 年间,比利时(1984)、北美地区报道了一种特别的 TGEV——自然缺失变异的猪呼吸道冠状病毒(Porcine respiratory coronavirus,PRCV)。

比利时 Pensaert(1986)首次报道 PRCV。起因于该实验室每隔一定时间采集屠宰的仔猪进行血清学检查,发现 265 头仔猪中 68％出现 TGEV 中和抗体,而前一年病例数为 12％～14％,且这些仔猪并未注射疫苗。猪群中 TGEV 中和抗体高阳性率又无临床 TGE 发病,这一现象同样出现在荷兰、丹麦等国家。经研究发现是一种非嗜肠道性的与 TGEV 相关的病毒所感染,并从呼吸道组织和初代猪肾细胞培养物中分离到病毒,分离株被命名为 TLM83,后被命名为"猪呼吸道型冠状病毒"。

[病原]　TGEV 分类归属于冠状病毒科冠状(日冕)病毒属。TGEV 有囊膜,形态多样,粒子形态呈圆形或椭圆形。全病毒直径为 60～160 nm(Okaniwa 等,1968)。在颗粒周围有一层棒状表面纤突,长 12～25 nm,间隔较宽。

TGEV 基因组为不分节段的单股正链 RNA,具有传染性,其大小为 28.6 kb,平均分子量为 6.8×10^3 ku,分为 7 个区,整个基因组紧密包裹,几乎没有重叠,5′端有帽子结构,并与一个长为 60～70 个碱基引导的序列相连,3′端有 poly A 结构。全基因编码 8 个开放阅读框(ORF),其结构组成顺序为 5′- ORF1a - ORF1b - S - 3a - 3b - sM - M - N - 7 - 3′。基因间隔区大多由 1～15 个碱基组成,每个间隔区皆有一致序列 5′AA(UU)CUAAC3′,它是引导序列——聚合酶复合体转录亚基因组 mRNA 的起始信号。转录调控序列(TRS)位于基因的 5′端,包括保守序列 5′- CUAAC - 3′(CS)在内,两侧的基因影响病毒的转录水平。在 3′端有一个共价结合的 PolyA 结构。最大的非编码区位于 3′端 N 蛋白上游,不包括 PolyA 延长段,长约 280 个核苷酸。基因 1 位于 5′端,其大小为 20 kb,由 ORF1a 和 ORF1b 组成,有 43 个碱基重复,编码病毒的复制酶和转录酶。其余 6 个基因,除基因 3 有 2 个 ORFs(ORF3a、ORF3b)外,皆只有 1 个 ORF。其中 ORF2、ORF4、ORF5 和 ORF6 分别编码病毒的纤突(S)蛋白、小膜(sM)蛋白、膜内(M)蛋白和核衣壳(N)蛋白,ORF3a、ORF3b、ORF7 编码病毒的非结构蛋白,其中由 ORF7 编码的 NSP7 为病毒的疏水蛋白。TGEV 基因组具有较高的重组率,这一现象类似于分阶段的 RNA 病毒。

完整的 TGEV 包括 4 种结构蛋白,大的糖蛋白(S 或 E2),它形成病毒突起;小膜蛋白(sM);膜结合蛋白(M 或 E1),主要包埋在脂质囊膜中;磷蛋白(N),即核衣壳蛋白,包裹着基因组 RNA。

在 TGEV 和 PRCV 之间,两者的全部核苷酸和氨基酸序列有 95％的同源性,这证明 PRCV 是由 TGEV 进化而来的,但它是通过一系列独立的因素发生所造成的。

PRCV 与 TGEV 两者均为正链 RNA 病毒,有囊膜,含 1 大的聚腺苷酸化单股基因组。TGEV 只有 1 个血清型。TGEV 和 PRCV 两者不能通过中和试验区分开来。但英国 1996 年 2 月在 East Anglia 发生猪 TGE,其典型症状与 1980 年相似。该病猪场 PRCV 血清阳性,似乎是 PRCV 与 TGEV 无交叉保护力。但是,人工实验结果表明,感染 PRCV 的哺乳或断奶猪再攻击 TGEV 可部分地对 TGEV 攻击起免疫保护作用,如不同程度地缩短病程、减少 TGEV 的排毒量和减轻腹泻症状等似乎有交叉保护作用。两者区别在于:① 组织亲嗜性的不同,PRCV 是呼吸道,TGEV 是肠道,2 周内仔猪腹泻、死亡率可达 100％;② PRCV 的分子量为 179～190 kDa,而 TGEV 为 220 kDa,两者有 96％的同源性,

3 种非结构蛋白相似,两者可通过阻断 ELISA 区分开;③ PRCV 的 S 基因缺失,在欧洲 S 基因的 672 个核苷酸缺失,在美国 S 基因的 681 个核苷酸缺失,而 AR310 株 S 基因的 62 个核苷酸缺失。

Ritchie. A. E 等(1976)研究 TGEV 的分离毒株在毒力上有差异,但似乎同属一个抗原型。ORF3 可能是冠状病毒在猪体内的毒力和体外复制的重要决定因素;ORF7 也与病毒的致病性有关,但与病毒的复制无关。但在感染细胞内可检出 4 种病毒特异性 RNA,即基因组 RNA、双链型复制中间体、亚基因组 RNA 和分散存在的 mRNA。但目前仅有 1 个血清型。

TGEV 在器官的分布表明,TGEV 有消化道向性,也有呼吸道向性存在。病毒通过口鼻途径侵入机体,经消化道感染小肠,在小肠黏膜上繁殖,通过空肠和回肠肠绒毛上的刷状缘传递,在消化道中病毒浓度特别高。然而其变异株于肺中出现 TGEV,从肺实质、气管、扁桃体和鼻的洗刷物中分离出病毒,在呼吸道中检出的病毒最多,研究证明 TGEV 能在肺中繁殖,肺泡中的巨噬细胞为病毒繁殖的最好场所,用细胞培养的病毒毒株感染巨噬细胞,在 7 天内能检出高滴度的病毒,并伴有干扰素的产生。PRCV 在呼吸道初次复制后出现病毒血症。在胃肠道也有病毒存在,病毒只局限于小肠绒毛上皮细胞和隐窝内可复制,不引起绒毛变性。可从感染猪的肠系膜淋巴结中回收到 PRCV。

病毒能在猪肾、甲状腺以及唾液腺、睾丸等组织细胞培养中增殖和传代,其中以猪睾丸组织细胞最敏感,可引起明显的细胞病变;在猪肾组织细胞上需经盲传几代,才看到细胞病变。在弱酸性培养液中,猪 TGEV 的增殖及滴度最高。但是有些毒株始终不出现细胞病变,病毒对细胞的致病作用常因毒株而异。据报道,应用胰蛋白酶处理猪肾细胞和传代细胞及兔肾原代细胞,可提高这些细胞对病毒的敏感性,增加病毒的收获量,并使细胞出现明显的 CPE 和空斑。

病毒对温度较敏感,在室温或室温以上温度很不稳定,在 37℃下,存放 4 天感染性全部消失(Haraday,1968)。病毒若以液浆状态保存,其感染性可保持时间为:5℃ 8 周以上,20℃ 2 周,35℃仅 24 小时(Hass 等,1995 年);相反,来自患猪肠组织中病毒,在 21℃时干燥、腐败状况下,3 天后接种 4 头猪,只有 2 头发病;10 天后接种,则未检测到病毒;置于 37℃,在 24 h 病毒滴度下降 1 个 Log10(Young 等,1955)。患猪肠组织中的病毒于-20℃、-40℃、-80℃,365 天后滴度无明显下降。

病毒对光很敏感,Haelterman(1963)报道,将含有 10^5 感染计量(PID)猪粪样品放在阳光下,6 小时内病毒被灭活。Cartwright 等(1965)还报道了将一细胞病变毒株放于实验台上,暴露于紫外灯下的光敏作用。

TGEV 可被 0.03% 福尔马林、1% 苯酚和醛(Lysovat)、0.01% 丙内酯、次氯酸钠、氢氧化钠、碘、季铵盐化合物、醚、氯仿灭活。

TGEV 野毒株可抵抗胰酶、在猪胆汁中比较稳定,在 pH 3 酸性条件下稳定。由于这些特性,病毒在胃和小肠中能够存活。强毒株和野毒株在这些特性上不同,但大部分研究报告都未能阐明 TGEV 对这些不同处理后的敏感性和在细胞培养传代、与病毒毒力强弱之间的相关性。

TGEV 的蔗糖浮密度为 $1.18\sim1.20\ g/cm^3$，病毒囊膜中的磷脂和糖脂是由宿主细胞诱导产生的，所以囊膜的构成依赖于宿主细胞。

[流行病学]　猪传染性胃肠炎，世界各地均有发生。猪是唯一自然宿主。各种年龄的猪均易感。一般该病为散发，通常育肥猪群先发病，且继后 3～4 天群内暴发，并迅速传播至临近各圈舍的种猪和仔猪群，经 10 天左右达到高潮，随后呈零星发病。新疫区发病率与年龄关系不大，但死亡率与年龄关系较为密切。2 周龄内仔猪死亡率很高，日龄越小，死亡越快，5 日龄内死亡率达 100%，10～15 日龄死亡率达 50%，5 周龄的仔猪死亡率较低，断奶猪、育肥猪和成年猪的症状则较轻，且大多能自然康复，而其他动物对本病无易感性。老疫区由于病毒和病猪的持续存在，使得猪大多具有抗体，所以哺乳仔猪 10 日龄以内发病和死亡率均较低，而往往是断奶猪成为易感猪群，致使传染源不断。另外，老疫区因易感猪群受流行病学影响及猪群结构影响，常呈地方性流行或间歇性流行。

病猪和带毒猪是主要的传染源。病毒存在于这些猪的各个器官，50% 康复猪带毒，排毒可达 2～8 周，最长达 104 天，病毒可隐藏在康复猪的肺部或肠道组织内达 100 天。感染猪粪便排毒 7～8 周，而鼻腔可长期排毒。Van Cote 等(1993)在感染仔猪和哺乳感染仔猪的鼻腔里都检出 TGEV。Saiy 等(1983)研究认为病毒能在乳腺中增殖，而且通过乳汁排毒。它们从粪便、乳汁、鼻分泌物、呕吐物、呼出的气体排出，从而污染饲料、饮水、空气、土壤、圈舍和用具等。由于带毒猪或处于潜伏期猪的引入，经消化道、呼吸道传给易感猪致猪群发病。马思奇(1986)用弱毒接种 3 日龄哺乳仔猪，发现对母猪水平感染为 17.4%，母猪无任何不良反应，有 10 倍中和抗体产生。另外，其他动物如猫、犬、狐狸、燕、八哥等也可携带病毒，从而间接引起本病的发生。虽然 TGEV 自然感染猪胎儿尚无报道，Redman 等(1978)证明给胎儿肌内注射 TGEV 能引起肠绒毛萎缩和产生中和抗体，但病毒不能在子宫内传递给未接种的胎儿。TGEV 弱毒对怀孕母猪产前 45 天肌注或产前 15 天滴鼻，免疫母猪抗体转阳，表明对弱毒有反应，而所产仔猪均为中和抗体阴性、扁桃体、空肠、肠系膜 TGEV 为阴性，表明妊娠母猪接种的弱毒苗未能通过胎盘侵染胎儿。耐过猪一般能抵抗再次感染，据推测，免疫期为 9～12 个月。猪感染后 7～9 天血清中有抗体，可能维持 18 个月，但体液免疫不起主要作用；感染后 3～5 天肠道产生的分泌 IgA 抗体，同时产生局部细胞免疫。母乳中也有 IgA，可保护哺乳仔猪。

本病有明显的季节性，一般在每年的 12 月到次年的 3 月发病最多。仔猪多发生于早春季节。

但自各国发生 PRCV 感染猪后，TGEV 的发病率降低。PRCV 可感染所有日龄猪只。新购入仔猪易被感染而发病。母源抗体消失后，感染猪自身很快产生抗体。20～26 周龄前母源抗体很快消失，感染 7～10 天内排毒。感染后猪只排毒 1～6 天，感染后该病毒在猪精液中亦可存活达 6 天。

猪是病毒传播者，有调查认为欧椋鸟也可能是 PRCV 的传播者。PRCV 可通过空气或直接接触而快速传播，甚至可发生远距离传播。虽病毒可感染一些肠道细胞，但并不扩散；

在粪便中无病毒，表明不存在粪口传播途径。

寒冷天气、雨季有利于该病毒存在，温暖的夏季则不利于该病毒的存在。由于长期带毒，感染期不清楚。

PRCV 亲嗜呼吸道细胞，感染呼吸道上皮细胞和肺泡巨噬细胞，感染后发生毒血症，病毒在鼻、肺、气管、支气管、细支气管、肺泡和巨噬细胞中复制，且被传递到实质器官和淋巴结，仅感染一些肠道细胞，但并不扩散，这与 TGEV 似乎存在关联。TGEV 从鼻腔或口腔接种悉生猪，其肺部可见肉眼病变，新生仔猪肺泡巨噬细胞中有 TGEV 存在。然而，Laude 等（1984）报道，只有已适应细胞培养的 TGEV，在体外培养肺泡巨噬细胞上能生长增殖，强毒株却不能增殖。Furuuchi 等（1979）报道，TGEV 高度致弱株在上呼吸道和肺中能增殖，但不能在新生猪肠内增殖。研究认为，TGEV 和 PRCV 之间在致病性和组织嗜向性方面的差异与基因位点变异或小的缺失有关。

PRCV 感染后猪的免疫应答尚不清楚，如中和抗体在体内持续时间等。PRCV 感染 6～8 天，可产生部分抵抗 TGEV 感染的抵抗力，有助于提高抵抗 TGEV 感染的免疫力。母猪接种 PRCV 后产生的保护力较差，乳中的确有 IgA，且多次感染后，可提高免疫力。母源抗体的半衰期为 10 天，主动免疫在 4～8 周龄时产生抗体。此外，PRCV 感染后，机体产生 α-干扰素，α-肿瘤坏死因子，白细胞介素-1 等，感染后第 3 天达最高水平。有趣的是，这些细胞因子可抑制体内流感病毒 H1N1 的繁殖。同 H1N1 流感病毒单独感染相比，PRCV 感染可使流感病毒 H1N1 感染减少 99%。

[发病机制]　无论是口腔还是鼻腔途径感染，病毒都被吞噬进入消化道，病毒存在于发病猪的各器官、体液和排泄物中，但以空肠、十二指肠和肠系膜淋巴结中含量最高，其滴度达 $10^6/g$；病毒经呼吸道感染，并在鼻腔黏膜和肺组织中复制到很高滴度。病毒能抵抗低 pH 和蛋白水解酶而保持活性直至与高度易感的胃肠上皮细胞接触，使空肠柱状上皮细胞很快变性、坏死、脱落，小肠绒毛明显短缩，新生仔猪比 3 周龄猪病毒增殖多，且绒毛萎缩严重。空肠绒毛明显变短或萎缩，但十二指肠近端通常不变，大量此类细胞感染，其功能迅速被破坏或改变，导致小肠内的酶活性明显降低，扰乱消化和细胞运输营养物质和电解质，从而引起急性吸收不良的综合征。研究认为，感染猪不能水解乳糖，也可能消化其他营养，未消化乳糖等存在于肠道内，使渗透压升高，导致体液滞留甚至从身体组织内吸收体液，进而导致腹泻和脱水。TGEV 感染猪引起腹泻的其他机制包括空肠钠运输的改变和血管外蛋白质丢失和水积聚等，死亡的最终原因可能是脱水和代谢性中毒以及由于高血钾而引起的心功能异常。

TGE 的发病和症状不一，常与猪的年龄、病毒毒力与致病力以及猪免疫状况有关。Witte 和 walther（1976）证明，感染 6 个月龄猪所需 TGEV 剂量比感染 2 日龄猪所需要剂量大 10 000 倍。大猪受感染的绒毛上皮细胞可很快被游走的 Lieber Kuhm 滤泡上皮细胞所取代，Moon（1978）报道 3 周龄猪小肠内正常变换绒毛细胞的速度比新生仔猪快 3 倍。此外，这些新绒毛细胞可抵抗 TGEV 感染，可能是由于免疫应答、干扰素等不支持病毒在新生细胞上生长，或许是综合因子支持年龄发病低的原因。而 Hess 等（1977）证明，TGEV 细胞培养致弱程度与小肠感染程度呈负相关。弱毒株不能感染前段小肠上皮细胞,这可能说明了为什么这类弱毒株引起腹泻不像强毒株那样严重。

Cox 等(1990)将 PRCV 通过气雾感染仔猪,发现病毒首先在呼吸道高度复制,随后出现病毒血症,进而感染回肠,扩散至十二指肠,并在肠道侵害部分肠绒毛细胞。至于 PRCV 是通过病毒血症随血液到胃肠道,还是通过感染仔猪吞咽了在呼吸道表面细胞中增殖的病毒而到达十二指肠尚不清楚。静脉接种 PRCV 1.5 天后,小肠动脉和肠系膜淋巴结中病毒滴度高于肺组织,胃肠道接种 PRCV 可检出病毒在小肠中复制,而静脉注射 PRCV 1.5 天后,未能在小肠中检出 PRCV。

[临床表现]

1. TGE 的临床表现 本病的潜伏期为 15～18 小时,有的可延长至 2～3 天,在哺乳猪为 12～24 小时,断奶仔猪为 2～4 天,而大猪(育肥猪、种猪、有些康复猪)有可能不太明显,在出现个别临床症状后几天内则可造成全群暴发。

在短期内所有日龄的猪几乎 100% 发病,病势依日龄而异,日龄越小,病势越重,死亡率越高。10 日龄内的仔猪,初发病仔猪死亡率几乎 100%。仔猪在短暂食欲不振后,继而出现呕吐和水样腹泻,通常黄色,时有绿色或白色,常含有未消化的凝乳块和泡沫,气味腥臭。排泄物中含有大量的电解质、水和脂肪,呈碱性,但不含有糖,不见血液,病猪极度口渴,明显脱水、体重迅速减轻,行走不稳。临床症状的轻重,发病持续期长短和死亡率与猪的日龄呈负相关,大部分不足 7 日龄仔猪出现症状后 2～7 天死亡;大部分 3 周龄以上哺乳猪将存活,康复猪在相当一段时间内体质虚弱,发育不良,成为僵猪。

某些仔猪发病前先有短期体温升高,约半数仔猪体温高达 40.2～40.6℃,发生腹泻后体温下降。老疫区由于母猪的乳汁常有抗体存在可保护初生仔猪,但一旦断奶,仔猪极易发病。

育成期、育肥猪和母猪潜伏期短,为 18～72 小时,大部分猪 2～3 天全部感染,且很快传遍全群。其临床症状较轻,发生 1 到数日食欲不振,偶有猪有呕吐(一般在腹泻之前或初期发生,但不会多次反复),然后发生水样腹泻,呈喷射状。排泄物呈灰色或褐色,极少数发生死亡,但发病期间生长停滞。母猪症状同成年猪,1 周左右腹泻停止而康复;泌乳母猪泌乳减少或停止,很少死亡。某些泌乳母猪发病严重,体温升高、无乳、呕吐、厌食和腹泻。

美国堪萨斯某猪场报告,4 年前猪场曾发生 TGE,一次损失仔猪 40 窝约 300 多头,此次6 月上旬 30～100 kg 肉猪陆续发生拉稀、呕吐。先是个别猪发病,第二天发病猪明显增加,3～5 天传到整个圈舍。6 月 10 日,哺乳母猪陆续出现腹泻、呕吐、拒食;6 月 12 日,种猪舍13 头公猪、240 头怀孕母猪、60 头待产母猪和后备母猪发病;6 月 17 日,有 106 头发病;6 月21 日,发病猪降为 31 头;6 月 24 日,发病猪降为 5 头;6 月 25 日后则未有发病,而哺乳猪(包括新生仔猪)仍然发病死亡,直到 7 月初,哺乳仔猪腹泻和死亡停止。此次发病来势凶急,各年龄段、各品种猪皆发病,传染迅速;不同哺乳日龄仔猪死亡情况不同(表- 16),死亡率由往年 6 月发病时的 6%～7% 升高到 44.3%,一般病程 5～7 天。

表-16　不同哺乳日龄仔猪死亡情况

出生仔猪窝数	21窝 1～10日龄	23窝 11～20日龄	14窝 21～30日龄
出生活仔头数	192	221	119
断奶猪头数	71	109	96
死亡仔猪数	121	112	23
死亡率/%	63	50.6	19.3

注：① 断奶日龄为30日龄；② 其中1～10日龄中5窝42头仔猪全部死亡；11～20日龄中4窝仔猪共35头全部死亡。

临床表现为，头天猪群精神、食欲正常，次日晨见多数猪急性水泻和呕吐，排呈黄色或灰褐色、黑褐色水样粪便，腥臭、无血液，内有泡沫。小便色黄、量少。体温在39.6～40.5℃。随病程进展，粪便由稀变干，食欲渐进恢复，幼猪3～5天，育肥猪2～6天痊愈。成年猪症状轻，起始食欲减少，精神委顿，伏卧蜷缩，体温正常，为先驱症状。继而完全废食，排干硬粪便，在停食第二天后，开始腹泻和呕吐，粪便水样呈黑色或褐色，体温一般无变化。排粪随病程发展由排泡沫水样便到干粪，再至正常为1～4天，仍有1～2天的食欲恢复期。

2. PRC的临床表现　PRCV感染是一种临床性疾病，可能为致死性支气管肺炎，病猪呈现咳嗽、发热、食欲减退、精神沉郁等。PRCV大多数为亚临床感染，不会引起TGE的临床症状和病变，如传染性胃肠炎和绒毛萎缩，也没有引起临床型呼吸道病和肠道病变等。Vannier(1990)用PRCV感染仔猪出现短暂发热，肺部啰音，生长受抑制。Ulbrich等(1991)用PRCV感染哺乳仔猪，部分猪出现发热，咳嗽及繁殖障碍症，但症状温和。Halbur等(1993)使用AR310毒株攻击猪，在感染后10天大约60%的猪肺部发生病变；病变为支气管间质性肺炎。感染后3天，病变较轻；第5天，病变中等；第10天，病变严重；第15天，大多数炎症消失。许多欧洲和美洲的PRCV毒株常呈亚临床感染，有轻微的间质性肺炎；育肥猪感染只有短暂的体重下降。Woods等(1996)发现4～6日龄仔猪感染PRCV，猪只有体重下降表现。Toole等(1989)证明，PRCV感染仔猪，临床表现正常，7天后出现血清转阳，感染2天后出现轻度的支气管间质肺炎。PRCV所引起临床症状、病变及其严重程度取决于不同的PRCV毒株、感染剂量及猪的日龄。也与病毒S基因缺失的不同有关。

Jabrane等(1994)用病毒S基因缺失的AR310和LEPP的PRCV分离毒株以及感染美国毒株，毒株感染猪在4～10天都产生中度的呼吸道疾病，而美国毒株感染猪只产生轻微的呼吸道疾病。不过，如果病毒感染量低，即使在无特定病原猪群中感染AR310，也无临床症状产生。同样，用分离自加拿大的PRCV(IQ90)$10^{8.5}$ TCID$_{50}$感染1周龄猪，可引起严重肺炎，其死亡率达60%，而同窝接触感染猪，临床上仅表现为呼吸加快和发热。

由于多种呼吸道疾病和细菌广泛存在于猪群中，双重或混合感染可导致严重的呼吸道疾病。如在实验感染PRCV 2天后，再感染流感病毒或猪伪狂犬病毒，明显增加其呼吸道症状的严重程度；如感染PRRSV则可延长猪呼吸道病所引起的发热时间，并降低增重率。

［病理变化］　猪因脱水而干瘪，解剖可见整个小肠气性膨胀，肠管扩张。50%的胃膈侧

憩室边上有出血点。肠壁菲薄,几乎透明,25％病例有充血、出血变化,肠卡他性炎。小肠充满黄色、泡沫状的液体,并含有未消化的凝乳块。胃底黏膜潮红、充(出)血,并有黏液覆盖,近幽门处有坏死,50％病例有小点状或斑状出血,胃内容物鲜黄色并混有大量的絮状乳白色凝乳块。小肠绒毛萎缩,其程度差异较大,组织学变化,小肠最早变化是绒毛顶部肿胀,黏膜血管充血、出血,上皮细胞变性、坏死和脱落,继而绒毛萎缩变短,黏膜固有层水肿,增厚,淋巴管扩张,黏膜及黏膜下层出血,圆形细胞、多形核的细胞和嗜酸性粒细胞浸润。空肠壁变薄,出血,肠系膜淋巴结肿大,出血。空肠和回肠绒毛明显变短,正常空肠绒毛的长度与豚腺隐窝深度分别为 $795\,\mu m$ 和 $110\,\mu m$,绒毛与滤泡比约为 7：1;被感染仔猪相应数值分别为 $180\,\mu m$ 和 $157\,\mu m$,比值约为 1：1。实验攻毒的 8 周龄猪中的其他病变,包括派尔式淋巴集结上的圆顶上皮微小溃疡,尤其是小肠的前部。

电子显微镜观察,病毒颗粒主要位于细胞浆空泡中,在肠绒毛细胞和派尔氏淋巴集结圆顶区的 M 细胞、淋巴细胞和巨噬细胞中也见有病毒颗粒。

在胃溃疡灶周围可见有圆形细胞,多形核白细胞构成的炎性反应带。淋巴组织中的淋巴滤泡和活跃的细胞分裂相。半数病例肾曲细尿管变性,并伴有坏死和管腔阻塞,管腔内常见透明蛋白管形和尿酸盐沉着,脑血管周围有时见有圆形细胞浸润,肺有病变。14 日龄以上有较大胃的猪约有 10％病例可见有出血、溃疡灶,靠近幽门区可见有坏死区。脾脏和淋巴结肿大、肾包膜下有出血,在较少数较大的小猪膀胱有出血点,心肌质软,色灰白,心冠状沟有点状出血,间有出血,脑回变平。

PRCV 可引起猪肺扩散性间质炎症,未见肠及绒毛萎缩病变。

[诊断]

1. 流行病学和临床表现的综合诊断　TGE 发生于不同年龄猪,发病迅速,表现为呕吐和腹泻,且以哺乳仔猪死亡率高为特征,而康复较快。病死猪小肠呈卡他性炎症变化,肠绒毛萎缩。

2. 病原学诊断　① 电子显微镜检测:TGEV 感染猪的肠内容物和粪便以及空肠,十二指肠和肠系膜淋巴结,可通过电子显微镜负染色法或免疫电子显微镜(IEM)法检测病毒。② 病毒抗原检测:用免疫荧光法(IF)和 ELISA 法检测小肠上皮细胞、肠内容物及粪便中 TGEV。③ 抗原抗体检测:TGEV 抗体可通过多种不同的血清学方法检测,有间接荧光抗体试验、间接免疫过氧化物酶试验、放射免疫沉淀试验、病毒中和试验等。大批样品检测或对群体进行检测时,可先用 SN 试验进行筛选,对阳性样品再用阻断酶联免疫吸附试验(B-ELISA)等进行鉴定。随着分子生物学发展,重组抗原用于 TGEV 血清学诊断,如 TGEV-S 蛋白建立的间接 ELISA 法等。④ 病毒核酸检测:如 PCR 法,目前已知有 RT-PCR 法、多重 RT-PCR 法、巢式 RT-PCR 法、RT-PCR/酶切法、实时 RT-PCR 法等,以及限制性酶切片段长度多态性(RFLR)分析等。

3. 猪 TGEV 和 PRCV 的鉴别诊断　PRCV 感染无肠道疾病,而肺组织中存在 TGEV 抗原。

TGEV/PRCV 中和试验阳性,两者不能通过中和试验区分,但可通过使用 TGEV 的单克隆抗体即阻断 ELISA 试验，TGEV 抗血清含有阻断 TGEV 单抗结合抗体，而 PRCV 的抗血清不含有阻断 TGEV 单抗结合的抗体。依据 cDNA 探针的 RT - PCR 进行鉴别。

[防治]　对猪 TGE 尚无有效疗法。疫苗免疫接种是预防本病的主要措施，但仍存在一些问题。中国农业科学院哈尔滨兽医研究所研制的弱毒疫苗接种 3 日龄仔猪 1.0 mL 和 0.2 mL，14 天后攻毒，保护率达 95.2%，对照组则 100% 死亡。给妊娠母猪肌注或鼻内接种后，对 3 日龄哺乳仔猪的被动免疫保护率达 95% 以上。

在治疗方面无特效治疗药物。康复猪的全血清给新生仔猪口服，有一定的预防和治疗作用。

猪发生 TGE 和 PRC 因传播速度较快，已无隔离意义。引进猪是防治 TGEV、PRCV 入侵的主要措施。引进猪需再并群的话，要先隔离 4 周，再经血检 TGEV、PRCV 抗体阴性后方可并群。产房和哺乳房以小群舍和"全进全出"，在"全出"后要彻底消毒。防止饲养员、其他动物和工具等串棚。

十、猪流行性腹泻（Porcine Epidemic Diarrhea，PED）

该病是一种由猪流行性腹泻病毒（PEDV）引起的仔猪和育肥猪的急性肠道传染病。临床上主要表现为水样腹泻与呕吐，发病率和死亡率都较高。

[历史简介]　Oldham（1972）报道，1971 年英格兰的架子猪和育肥猪群体暴发了以前未发生过的类似猪传染性胃肠炎临床表现的急性腹泻。尽管排除了 TGEV 和其他已知的肠道致病性的传染性病原，但仍怀疑其是由未知的病毒性病原引起的。本病蔓延至西欧其他国家被称为"流行性病毒性腹泻（EVD）"，即 EDV - 1 型。同时，上海市农业科学院从英国引进的兰德罗斯大白猪（长白猪）和大约克猪发生了以哺乳仔猪和断奶仔猪为主的急性水样腹泻疾病，几乎所有仔猪全部发病死亡，各种药物治疗无效。作者和樊英远老师对病死猪进行了已知致病原分离未果。通过病死猪消化物和肠道黏膜过滤物接种断奶前后仔猪，呈现同样临床症状，连续传代 3 次的试验猪，于 -40℃ 冰库保存。潘雪珠等（1973）用此保藏猪再次传代分离到病毒，取名"华株病毒"。Wood（1977）报道了 1976 年在各种年龄猪群暴发了类似 TGE 的急性腹泻，也未找到致病原。因该病侵袭哺乳仔猪，为区别 EDV - 1 型，被称为"EDV - 2 型"。Chasey 和 Cartwright（1978）发现一种类冠状病毒与 EDV - 2 型有关；比利时 Pensaert 和 De Bouck（1978）以一种命名为 CV777 的分离物进行实验接种，发现对乳猪、育肥猪均有致病性，电子显微镜观察，该病毒粒子具有和冠状病毒科其他成员同样的形态特征，经免疫印迹和免疫沉淀法实验表明，PEDV 与猫传染性腹膜炎病毒有相同的抗原决定簇，这些决定簇在核衣壳蛋白上；膜糖蛋白的鉴定表明，该病毒应划入 I 群冠状病毒（Utigger 等，1995）。通过基因分析证明 PEDV 介于冠状病毒和 TGEV 之间（Dridgen 等，1993），所有证据表明 PEDV 为冠状病毒；研究表明 EDV - 1 和 EDV - 2 是由相同的冠状病毒引起的，故 1982 年将这种腹泻正式命名为猪流行性腹泻。

[病原]　PEDV 属于尼多病毒目冠状病毒科冠状病毒属，病毒粒子具有和冠状病毒科其他成员同样的形态特征，在粪样中检测到的粒子具有多形性，但多为球形，大小为 95～

190 nm,许多粒子的中央区域为电子不透明区,纤突呈花瓣状,长 18～23 nm,从核心向四周呈放射状分布。病毒基因组为单股正链有感染性 RNA。5′端有一个帽子结构(5′UTR),3′端有一个 poly(A)尾,全长 28 033 nt(27 000～33 000 核苷酸,分子量为 $6 \times 10^6 \sim 8 \times 10^6$);5′端非翻译区(5′UTR)位于基因 1 上游,长 296 nt,内含有长 65～98 nt 的前导序列和一个以 AUG 为起始密码子并含有 KozaK 序列(GUUCaugC)和编码 12 个氨基酸的开放阅读框(ORF);3′端为非翻译区(3′UTR),长度为 334 nt,末端连有 poly(A)序列。3′UTR 内含有 8 个碱基(GGAAGAGC)组成的保守序列,起始于 poly(A)上游的 73 nt 处;其余基因组序列包括 6 个 ORF,从 5′-3′端依次为编码复制酶多聚蛋白的 lab(pplab)、纤突蛋白(S,180～200 kDa);ORF3 蛋白,小膜蛋白(E);膜糖蛋白(M,27～32 kDa)和核衣壳蛋白 N 的基因(58 kD)(见图-3)。在 PEDV 自然或实验感染猪的血清中均可检测到特异性抗体,而且没有不同的血清型。

图-3　*PEDV* 基因组结构模式图

目前研究人员认为,PEDV 当前流行株发生明显变异是导致传统疫苗的保护效果不佳是主因。研究发现我国流行毒株具有多样性,但大多与疫苗株和我国以前的流行毒株核苷酸序列同源性大于 97%,基因组同源性为 97.2%～97.4%,变异主要集中在 S 基因,其同源性仅为 93.5%～94.2%。刘孝珍等(2011)对 2011 年分离的 17 个 PEDV S1 基因序列分析,与参考毒株 S1 基因核苷酸序列同源性为 90.54%～99.96%。与 CV777 相比,6 个 S1 基因在 453～454 bp 处存在 3 个核苷酸的缺失;1 个在 453～454 bp 处缺失 6 个核苷酸;其他 10 个 S1 基因在 173～186 bp 之间存在 12 个核苷酸插入,413～417 bp 间有 3 个核苷酸插入,467～468 bp 处缺失 6 个核苷酸,插入和缺失位点与韩国病毒株 KNU-0901,KNU-0905,KNU-0801 相似。S1 基因系统进化树分析表明,PEDVS1 基因分为 3 群,7 个为Ⅰ群,10 个为Ⅲ群。

病毒对乙醚和氯仿敏感,于蔗糖中的浮密度为 1.18 g/cm³。从感染仔猪的肠道灌注液中浓缩纯化的病毒不能凝集 12 种不同动物的红细胞。适应细胞培养的 PEDV 经 60℃或以上处理 30 分钟,失去感染力,但在 50℃条件下相对稳定,在 4℃、pH 5.0～9.0 或 37℃、pH 6.5～7.5 条件下稳定,经超声处理或反复冻融后,病毒感染力不受影响。5-碘-2′-脱氧尿苷不能抑制病毒复制,这表明病毒核酸为 RNA(Homann 和 Wyler,1989)。

用经过或未经过胰蛋白酶和胰酶制剂处理的多种细胞,均不适于 PEDV 的增殖,但 Vero 细胞有利于 PEDV 的持续增殖,然而 PEDV 仅在某些 Vero 细胞上生长良好。病毒生长依赖于细胞培养液中的胰蛋白酶,王靓靓等(2016)以胰酶终浓度 1～75 μg/mL 的浓度进行 PEDV 的培养,结果胰酶浓度 1～25 μg/mL 之间,都适合 PEDV 培养,以 2.5 μg/mL 浓度培养时,PEDV 的滴度最高。病毒在细胞培养物上的细胞病变(CPE)为空泡化和形成合胞体。

[流行病学]　PED 流行于世界温带与寒带地区,只发生于猪,各年龄猪对本病毒敏感,Pijper 等(1993)在荷兰对暴发于母猪和育肥猪的急性 PED 进行临床和病毒学研究观察,最先是育肥猪表现临床症状,然后感染迅速蔓延至母猪、哺乳仔猪、后备母猪和断奶猪;哺乳仔猪、哺乳仔猪和育肥猪发病率达 100%,成年母猪为 15%～90%。各地区的致病情况有所差异,在欧洲 PEDV 引起的仔猪死亡率较低,而亚洲死亡率较高,我国感染更为严重,或与 PEDV 基因变异有关。随着 PED 的流行,近年来各年龄猪呈现不同流行状况,种猪场在暴发后,该病可自然消失。未断奶猪 PED 流行日渐减少,作者在单位种猪场中观察到,PED 急性暴发后 2～3 年内,本场哺乳仔猪、断奶猪和育肥猪都未发生严重腹泻症状;荷兰报道在 PED 首次发病后至少 1～5 年内,哺乳仔猪和青年断奶猪只有很轻微感染而不出现腹泻症状,在 6～10 周龄猪和新引进的后备猪中呈地方性流行腹泻。这种现象很可能是因病毒的流行特点以及能保护哺乳仔猪的初乳免疫的存在所致,因此从一个地区来看,一旦在本病大暴发后数年里,很少能再见本病,但如果引进健康且对 PEDV 无免疫力的猪只即会发病。1994 年韩国对 469 份屠宰猪血清进行监测发现 17.6%～79% 的猪有 PED 抗体,表明该病毒在韩国以尚未清楚的隐蔽方式传播。在未引进新猪封闭的猪场,该病在群舍的传播较慢,通常需要 4～6 周病毒才能感染不同猪舍的猪群。

病猪是本病的主要传染源,主要通过消化道途径传播。在实验感染猪粪拭子中于感染后 3～11 天内均可检出 PEDV 抗原,其中接种后 4～5 天为排毒高峰,而自然感染猪的排毒期更短。有报道对猪肌肉或静脉注射病毒不会发生腹泻,说明自然情况下,非口途径不能使猪发生 PED。De Bouck 等(1980)报道,病毒传代是经口腔接种仔猪,而后收集腹泻早期仔猪小肠及其内容物,从而获得每毫升 10^5 猪感染量(PID)的病毒液。PEDV 的自然传播是病毒存在于肠绒毛上皮细胞和肠系膜淋巴结,肠绒毛细胞的空泡形成和细胞脱落并与粪便一起排出体外,从而污染环境、饲料、饮水、工具等,猪经口接触或摄取而感染。

[发病机制]　PED 的发病机制是在剖腹产或未吮吸初乳的仔猪中进行,表明 PEDV 抗体在疾病复制过程中起一定作用。仔猪 3 日龄时口服感染 CV777 毒株,接种后 12～18 小时可见受感染的上皮细胞,于 24～36 小时达到高峰;可以在小肠,结肠和盲肠的绒毛上皮细胞复制、繁殖,导致细胞变性、绒毛萎缩和脱落。受侵害的小肠上皮细胞变性,绒毛变短,腺窝深度比由正常的 7∶1 缩小为 3∶1,由于 PEDV 在小肠中复制和感染过程较慢,故其潜伏期较长。此外,肠道外其他组织细胞未检测到 PEDV 的复制;免疫荧光技术和投射电子显微镜观察证明,PEDV 在整段小肠和结肠的绒毛上皮细胞浆中复制,在早期首先感染绒毛上部,以后逐渐向绒毛基部发展,而 TGEV 则相反。应用 ELISA 检测人工感染猪的直肠拭子直接接种后 11 天仍可检出 PEDV 抗原。在绒毛萎缩前猪发生腹泻主要原因是病毒侵入小肠后,小肠绒毛吸收上皮增殖,损害细胞器,继而出现细胞功能障碍,因线粒体肿胀引起细胞能量减少,营养物质吸收不良引起腹泻,随着上皮脱落、绒毛萎缩、吸收面积减少,营养物质吸收显著降低,机体食入的蛋白质、糖、脂肪等不能被分解、吸收。肠内容物腐败、发酵,进一步刺激肠末梢感受器,肠蠕动增强引起腹泻;肠内碱性物质大量排出引起酸中毒、脱水、自体中毒、贫血导致猪只病毒血症衰竭死亡。

关于结肠感染对临床症状的影响,目前仍知之甚少,含病毒的结肠细胞会出现细胞病变,但未见细胞脱落;临床上常见的育成猪和成年猪发生猝死并伴有背部肌肉坏死,具体死亡机制也未能从致病机理的角度上做出解释。

[临床表现]　潜伏期1～2天,在自然流行中可能更长一些。

一般情况下,肥育猪首先出现临床症状,很快蔓延到怀孕母猪、产仔母猪、小母猪和断奶仔猪,临床以严重水样腹泻、呕吐和脱水为特征。哺乳仔猪发病明显,体温正常或偏高1～2℃,表现呕吐和水样腹泻、脱水、运动僵硬等症状。人工接种仔猪后12～20小时出现腹泻,呕吐多发生在接种病毒后12～80小时,脱水和运动僵硬见于接种后20～30小时,有的可于接种后90小时。腹泻开始时排黄色黏稠粪便,以后变成水样便混有黄白色凝乳块,严重时(10小时左右)排出粪便几乎均为水分。呕吐多发生在哺乳或吃食之后,有时也能在腹泻之间呕吐。呕吐和腹泻的同时,患猪伴有精神沉郁、厌食、消瘦及衰竭。症状的轻重与年龄的大小有关,虽然年龄越小,症状越重,但也与母源抗体有关,母源抗体的缺失会出现如此临床表现,这也与该病的流行有关。1周龄以内的哺乳仔猪常于腹泻后2～4天因脱水而死,发病率高达100%,病死率达50%。但在一些断奶猪和成年猪发生严重PED的猪场或地区,哺乳仔猪不发生或仅发生轻微腹泻,发病率很低。

断奶猪发病率较高,可达100%。在呈地方性流行的地区,如果一个猪场陆续有仔猪出生或断奶,病毒会不断感染失去母源抗体保护的仔猪,这种猪场内,PEDV可造成5～8周龄仔猪断奶期顽固性腹泻。一些以饲养肉猪为主的猪场,常因多渠道的、混养的断奶猪或育肥猪暴发急性PED,由于PEDV在保育猪和育肥猪的肠道中比在新生仔猪的肠道内更易于增殖,因此育肥猪对该病毒易感性更高,一旦发病,发病率高达100%。临床表现几乎一样,表现精神沉郁、食欲不佳、水样粪便、腹泻持续4～7天,大多数在7～10天后康复,病死率为1%～3%,病死率常见于腹泻早期或发生腹泻之前。对应激敏感的猪发生该病时,死亡率更高。病死猪可见背部肌肉坏死。断奶猪及母猪常呈现厌食和持续性腹泻,并慢慢恢复正常;成年猪多数则以呕吐为主,重者水样腹泻,3～4天可自愈。

PEDV在封闭的猪场内传播速度低,而且腹泻轻微。

PEDV的变异致使在PED灭活苗和弱毒苗广泛应用的同时,仔猪腹泻仍然不断发生。这与新毒株或变异毒株出现相关。张志等(2012)报道,来自河南和辽宁大规模猪场,共有2～7日龄仔猪2 000多头,其中500多头出现水样腹泻、食欲废绝、发热,死亡300多头。鉴定为目前流行的G2,G3亚型。口腔接种毒株细胞培养物于断初乳仔猪后,出现典型的腹泻症状,表现水样粪便,且很快死亡,粪内有凝乳样白色和淡黄色块状物,精神极度沉郁,被毛粗糙;仔猪极度脱水、消瘦,很快死亡。仔猪攻毒后存活时间最长57小时,最短13小时。仔猪肠道水肿,出血肠道充满气体,出现凝乳块并很快死亡。小肠充血,肠壁变薄发亮,内充满黄绿色或灰白色液状物,肠系膜淋巴结充血水肿,胃内充满乳凝块,胃底黏膜充血。其他脏器没有出现明显的病理变化。

[病理变化]　自然感染和实验感染的仔猪均有肉眼可见病变。胃内容物呈鲜黄色并混有大量乳白色凝块或絮状小片。14日龄以上患猪约10%可见溃疡灶,近幽门区有较大的坏

死区。25%胃底黏膜潮红、充血,并有黏膜覆盖,50%有小点或斑状出血,小肠膨胀,内充满泡沫状黄色液体,肠壁弛缓变薄,甚至变得半透明状,缺乏弹性,肠黏膜绒毛严重萎缩,肠系膜淋巴结水肿,肠系膜充血。实验感染猪在接种24小时后小肠绒毛上的肠细胞开始空泡化和脱落,这与猪只出现腹泻的时间相吻合。上皮细胞核浓缩、破碎,胞浆呈酸性、坏死性变化。从此时起,肠绒毛开始缩短,细胞变得扁平和消失,腹泻12小时后绒毛变得最短,绒毛长度与隐窝深度比由7:1降为3:1。细胞脱落进入肠腔,与粪便一起排出体外。

超微结构变化主要发生于小肠细胞浆中,可见细胞器减少,出现电子半透明区,接着微绒毛和末端网状结构消失,部分胞浆溶入肠腔,肠细胞变平,紧密连接消失,脱落进入肠腔内,可见肠细胞内的病毒是通过内质网膜以出芽方式形成的。在结肠,含病毒的肠细胞出现一些细胞病变,但未见细胞脱落。

[诊断] 引起猪只腹泻的病原及病因甚多,导致腹泻的PED、TGE和轮状病毒感染,在临床上更为相似。轮状病毒感染症状没有PED和TEG严重,而且主要为仔猪感染,并不使成年猪发病,可以从流行病学上加以区别。但PED和TEG在疾病的流行病学、临床表现、病理变化及病毒形态等方面都非常相似,因此对病因的确诊还需进行实验室的诊断。

1. 电子显微镜观察　对腹泻仔猪粪样进行直接电子显微镜观察,可见到PEDV粒子,由于PEDV和TGEV都是冠状病毒,一旦病毒的纤突丧失或不清晰,直接电子显微镜检查就较为困难。在人工感染的仔猪中,于腹泻发生后1天收集的粪样中,PEDV的阳性检出率为73%。由于两病毒的形态相同,可用免疫电子显微镜法加以区别。

2. ELISA检测方法　ELISA检测粪便和肠内容物中的病毒,对成年猪和仔猪的诊断是一种敏感可靠的方法,夹心ELISA法高度敏感,足以检出种猪场中流行该病出现持续腹泻时候猪粪样中的PEDV,以及低含量病毒。但收集粪样时,应选择腹泻期,并应从多头病猪收集。有研究认为,在感染后6~8天就不一致了。用阻断ELISA实验可检测被检血清中PED抗体高低,于接种后7天可检出抗体。也适用于母猪乳中免疫球蛋白的检测。而间接IF于接种后10~13天可检出抗体。

3. PCR分子诊断技术　该技术具有特异性强、灵敏度高、操作简便快速、取样广泛容易等特点。该方法只需取病猪粪便就可在5小时内得到诊断结论,能有效区分TEGV和轮状病毒。

[防治] 本病暴发时,无特别有效的防治措施,抗菌素药物治疗无效,无安全有效的疫苗。发生腹泻的猪只能采取对症治疗,如让其自由吸水,水中添加某些微量元素、维生素等电解质,防治脱水和电解质紊乱,添加抗菌药物或益生菌控制致病菌繁殖。另外,应停止喂料,尤其对于肥育猪。

由于PEDV传播相对较慢,可采取一些预防措施以防止病毒进入猪舍,特别是用于分娩的猪舍。首先是加强卫生管理,停止引进新猪。

十一、猪血凝性脑脊髓炎(Porcine Hemagglutinating Encephalomyelitis, HE)

该病是一种由猪血凝性脑脊髓炎病毒引起的幼猪急性、高度接触性的传染病。主要侵害1~3周龄的仔猪,以呕吐、食欲废绝、进行性消瘦及明显的神经症状为主要特征。其他年龄猪多为隐性感染，无临床症状。本病同义名有：仔猪呕吐-消耗病（VWD）、脑心肌炎、安大略病。

[**历史简介**]　20世纪50年代后期，在加拿大安大略省的乳猪中发现两种疾病。Roe和Alexander（1958）报道了仔猪呕吐-消耗病。Alexander（1959）报道了乳猪的脑脊髓炎及中枢神经系统障碍症。Mitchell（1961）发现两种症状在同一乳猪群中发生。Greig等（1962）从患脑脊髓炎的哺乳仔猪的脑组织中分离到一种猪病毒病原，由于它具有血凝性而被称为"血凝性脑脊髓炎病毒"（HEV）。Cartwright等（1969）在英国，从10日龄乳猪脑组织分离出一种抗原性相同HEV或相似的病毒，这些仔猪表现食欲不振，精神沉郁及呕吐，但没有明显的与脑脊髓炎有关症状，而有与加拿大报道的脑脊髓炎病变。没有死亡的仔猪生长缓慢，称为"呕吐-消耗病"。Mengeling（1972）在美国艾奥瓦从健康猪的鼻腔中分离到HEV（67N株）。Mengling和Cutlip（1976）使用同一野外分离株实验室复制出疾病的两种形式，即临床明显的HEV和VWD表现。1980年日本从有呼吸道疾病猪的呼吸道内分离到HEV。Chang（1993）从30～50日龄有中枢神经症状的猪获得病毒分离物。Greig和Phillip等（1971）将该病毒分类为冠状病毒。

[**病原**]　猪血凝性脑脊髓炎病毒属于冠状病毒科冠状病毒属第2抗原群的成员。病毒粒子是圆、椭圆形，外有囊膜。囊膜上有花瓣样纤突。电子显微镜下与其他冠状病毒相似，直径在100～130 nm，被一圈20～30 nm长棒形表面突起，并从囊膜凸出来排列成"日冕"状。

由于HEV的生长不受DNA代谢抑制剂影响，故认为病毒核酸型为单股RNA（不分节的单股正链RNA病毒）。纤突蛋白（S）、膜蛋白（M）、血凝素-酯酶蛋白（HE）、核衣壳蛋白（N）和小膜蛋白（SM或E）5种蛋白功能各异，但共同构建了病毒粒子的外部框架，共同维持着病毒粒子的正常生物功能。病毒含有5种多肽，其中4种被糖基化，分子量在30～180 kDa。HEV能够引发不同临床症状，通过血凝抑制试验，证明该病毒现有各毒株是同型的，且仅有1个血清型。病毒在CsCl中的浮密度为1.21 g/cm^3，在酒石酸钾中为1.18 g/mL。

病毒能凝集小白鼠、大白鼠、仓鼠、鸡和火鸡的红细胞（被感染细胞可吸附红细胞），但不与豚鼠、犊牛、绵羊、猪、马、鹅、兔和人的红细胞发生作用。经受体破坏酶处理的红细胞仍能为HEV所凝集，黏液素能抑制血凝。这是病毒具有一种病毒相关血凝素——S蛋白。因为病毒缺乏神经氨酸酶，吸附的红细胞也不能洗脱。刀豆球蛋白（一种植物凝集素）能与病毒囊膜结合，使凝血作用丧失。黏蛋白和正常血清能抑制血凝。

由中和试验（SN）、血凝抑制（HI）、免疫荧光（IF）和免疫电子显微镜技术证明了HEV和牛冠状病毒（BCV）之间存在一种抗原关系，与人呼吸道冠状病毒（OCA3）和小鼠肝炎病毒相关。和火鸡肠冠状病毒之间有轻微交叉反应。与猪传染性胃肠炎病毒及其他冠状病毒没有抗原关系。病毒适应实验小鼠，在小鼠上病毒是嗜神经性的。

病毒用原代猪肾（PK）细胞培养产生细胞病变（CPE），有明显的合胞体特征，在接毒后12～16小时可见到融合细胞，在合胞体形成后不久，其中大部分合胞体发生变化，从细胞培养层上脱离下来，漂浮在培养液中，形成半透明胶状团块。当加入非细胞毒量的二氨乙基葡聚糖时，可以强化细胞融合。

病毒可在其他的猪细胞培养物上增殖,如甲状腺、胎肺、睾丸、细胞系、猪胚胎肾 SEK6 细胞系、PK-15、IBRS、SK 等细胞系上增殖,而在非猪源细胞培养物上则不易感。

病毒在 pH 4～10 稳定。对热中度敏感,在 56℃ 30 分钟条件下,病毒的感染性全部丧失,但在 4℃条件下 7 天感染滴度仅下降 0.8 Log,37℃条件下只能存活 24 小时,低温和冻干时则很稳定。冰冻状态下,HEV 可存活 1 年以上。含病毒培养液的冻干制品长年不丧失感染力。对脂溶剂敏感。紫外线照射也能使病毒感染性明显减弱。

[流行病学]　猪是 HEV 自然感染的唯一动物,发病率近 100%,大部分被感染猪处于亚临床状态,成年猪被感染后也多为亚临床症状。在多个国家 HEV 血清调查中,HEV 特异抗体 HI 和 SN 的敏感性几乎相同。血清学监测猪感染 HEV 很普遍,在育肥猪中血清阳性率分别是:加拿大为 31%、北爱尔兰为 46%、英格兰为 49%、日本为 52%、德国为 75%、美国为 0～85%;在屠宰场带有抗体母猪的阳性比例各异,北爱尔兰为 43%、美国为 98%,而芬兰 40 个优良猪场则没有血清阳性猪,表明 HEV 可能是世界性的。

病猪和隐性感染猪是本病的主要传染源。一般认为,病毒的正常栖息场所是上呼吸道。病毒经口和鼻感染仔猪时,病毒可在扁桃体、喉、气管、肺、食管、胃和十二指肠存在约 48 小时,在后脑内存在约 72 小时,大脑、小脑和部分脑干内病毒含量较高。在粪和直肠拭子内未能检出病毒,病毒不发生子宫感染,成年猪可发生非显性感染,并可排出病毒 10 天以上。而美国 2003 年用 HEV76 攻击猪,在呼吸道 HEV 的浓度最高,其次是中枢神经系统,仅一头猪肠内有低浓度的病毒。这种分布状态与其他猪冠状病毒有差异。病毒随呼吸道等分泌物污染饲料、饮水及周围环境,健康猪接触后往往被感染而患病。本病多数在引入新猪后发病,之后由于猪群产生免疫而停止发病。据观察,在一个猪场发生了仔猪流行之后,至少 18 个月内不再出现临床症状疾病。暴发过程通常为 2～3 周,感染猪场母猪抗体阳性率可高达 96.3%,感染猪能很快产生抗体,因而发病范围有限。其后的母猪所生仔猪窝中就不再患病,但可能出现地区性的暴发。

在实验条件下,当非免疫猪,特别是在刚出生最初几周,以口鼻途径接触 HEV 可造成发病,但临床症状各异。在对几株 HEV 野外分离毒株毒力的比较研究中,出现症状的严重程度,除与每株分离物的毒力有关,还与猪的易感性差异有关。然而,较大猪和已知从初乳中获得了抗体的吃奶仔猪,在相同的条件下,常常呈临床不感染状况。这正解释了为什么 HEV 在猪中很普遍而自然发病较少见的现象。

HEV 呈地方性流行的猪场,大多数猪从初乳中得到了保护性抗体,并且血液循环中母源抗体持续 4～18(平均 10.5)周。随着时间的推移,抗体衰退,而猪已对疾病产生了与年龄相关的抵抗力,这种说法得到了血清学研究的证实,在比利时的两个种猪场,仔猪由初乳获得的被动免疫到 8～16 周时被亚临床感染而产生的猪主动免疫所替代。

本病的发生无明显季节性,一年四季均可发生。

[发病机理]　一些观察研究表明,HEV 可在上呼吸道中复制,伴有或者不伴有临床症状(Hirahara,1989),描述了从发病猪和健康猪的鼻腔、气管和肺分离到的 HEV 分离物。对 50 日龄的普通猪经口或鼻接种后产生了呼吸症状,如打喷嚏和鼻分泌物等,但皮下接种和

对 70 日龄鼻内接种的猪无打喷嚏等症状。对没有吃初乳的 10 日龄仔猪以鼻内接种,仅产生了打喷嚏和鼻分泌物;脑内接种的 7 头猪中有 2 头出现了神经症状,8～10 天内病毒通过口、鼻排出分泌物。传染物模式是通过鼻分泌物,在野外条件下多数呈亚临床过程。

通过口鼻接种,在没有吃初乳的猪上产生了典型的临床疾病。在对本病发病机理的一系列研究中,Andries(1980)用一株从具有 VWD 症状的猪上分离到的 HEV 病毒,经口鼻接种没有吃过初乳的新生仔猪,经过 4 天的潜伏期后出现了厌食和呕吐。接种后不同时间剖杀仔猪,用荧光抗体技术检查发现:接种 48 小时,病毒存在于扁桃体、喉、气管、肺、食管、胃和十二指肠;接种 72 小时,病毒存在于菱脑。结果揭示出病毒复制的主要部位是在鼻、扁桃体、肺和小肠的上皮细胞中。

病毒在接近侵入部位的局部复制后,通过外围神经蔓延到中枢神经(CNS),且至少包括 3 种途径:第一种途径是,从鼻和扁桃体到三叉神经节和脑干的三叉神经传感核;第二种途径是,沿着迷走神经迈过迷走神经传感节和脑干的迷走传感核;第三种途径是,从肠神经丛到脊髓,也是在局部传感节复制后到脊髓。较早的研究表明,毒血症在发病机理中可能意义不大或根本没有意义。病毒毒株的致病性差异、猪龄和易感性的不同会影响到本病呈现的病型。在患急性脑脊髓炎的猪脑中可以分离出病毒,而患慢性 VWD 病例中,既分离不到病毒,也查不出脑脊髓炎病变。呕吐-消耗型可能是受中枢神经调节的,在慢性病程中,此病毒被消除,炎性损害消退。有人证实呕吐-消耗型病毒抗原定位于胃壁。

在 CNS 系统首先在延髓出现界限分明的感染,以后逐渐进入几个脑干、脊髓,有时也进入大脑和小脑。脑荧光着色总是严苛地出现在神经元的棱固体和突起。呕吐是由病毒在迷走神经节复制而诱发或是由不同位置受感染的神经元对呕吐中枢产生刺激所引发。

为了阐明消耗病的发病机理,采用慢性感染,切除迷走神经和正常、对照 3 组猪进行了放射学研究(Andries,1982)。对照组猪胃排空总是在 10 小时内完成,而 HEV 感染猪,钡餐在猪胃中要保留 2～7 天。切除了双侧迷走神经组的猪,胃的排空则很少紊乱。这说明感染 HEV 的猪胃排空延迟并不仅仅是由早期病毒在迷走神经节和脑迷走神经核复制引起的,也可能病毒在胃壁内神经丛诱发的病变对胃内容物的滞留起着重要作用,该研究认为排空紊乱在呕吐-消耗病的发病机理中起着重要的作用。

[临床表现]　本病毒主要感染 1～3 周龄仔猪。往往表现为一群猪中仅数窝猪中数只散发。初患病猪呕吐、精神沉郁、厌食和便秘,或打喷嚏、咳嗽、磨牙等。进一步出现感觉过敏、脑炎、死亡。人工感染仔猪,接种后 4～5 天体温升高、呕吐,后转为沉郁,消瘦,2～3 周后死亡,也有急性无症状死亡。成年猪常隐性感染,感染后排毒可达 10 天之久。

在自然条件下,HEV 对较大的猪和有母源抗体的乳猪多为隐性感染,且隐性感染率很高。感染猪虽不发病,但会向周围环境散毒,而且病毒在宿主体内长时间复制,极可能发生基因变异,使病毒毒力增强。也有一些猪群的猪消瘦,发育迟缓等。新疫区以 3 周龄以内乳猪易感,常表现脑脊髓炎型和呕吐-消耗型。

1958 年前后该病在加拿大的最初暴发中,当 HEV 症状最初出现时,病猪为 4～7 日龄,通常在 3 天内死亡,受感染的仔猪窝数的发病率和死亡率近 100%。感染特征为抑郁、体重下降、感觉过敏、共济失调和偶有呕吐。同时发病的母猪和年龄较大的猪食欲不佳、消瘦,有时见到几次呕吐。到1974年前后,该疾病在世界范围流行,猪感染后第7天可产生抗体,2～3周达最高效价。因而,一窝猪从开始发病到这一窝猪发病停止或看不到症状的时间间隔一般要2～3周。发病猪的症状消失与母猪产生免疫力并传给后代的时间相一致。现有研究也已表明,猪被HEV感染后产生血清中和抗体和血凝抑制抗体,临床表现为地方流行或散发。到1993年,Chan报道在中国台湾地区30～50日龄猪发病,其特点是发热、便秘、神经质、肌肉颤动、渐进性后肢麻痹、虚脱、倒地不起和划船样运动,但发病率为4%,而死亡率为100%,猪是出现临床症状后4～5天死亡。较大的猪最常见的是后肢麻痹,一般是发病但短暂,少数病例伴随麻痹。许多国家和地区猪的HEV血清抗体阳性率都很高,而有临床症状的都不多。HEV的发病率、死亡率虽有不同,但其临床症状基本相同,HEV侵害1～3周龄仔猪,人工感染不吃初乳的仔猪,只有7日龄以下才能获得绝对地成功引起感染。本病在哺乳仔猪早至2日龄就会发生,大于3周龄的猪一般就不再发病。潜伏期4～6天。主要表现为两种临床症状。脑炎型的临床病程通常为2～3天,而呕吐-消耗型的猪可活数日至数周。脑炎型比胃肠型更易侵害仔猪。用HEV76感染3窝15头初生仔猪,4头在感染后4～6天呈现呼吸浅而急促,1头出现呕吐,6头肺前叶下初见有沿空气通道伸延的坚硬的暗红色区,鼻甲骨、气管、肺、脑在发病后6～8天出现严重病变,9头存在鼻甲骨下沿血管周围淋巴细胞、浆细胞及嗜中性白细胞浸润、鼻腔有脓性黏液渗出。气管也有同样病变。肺有灶性至弥漫性间质肺炎及肺泡气肿,3头在颈部脊髓、延髓、小脑部和丘脑有病变,病变由血管周围积聚单核细胞、神经细胞变性和灶状及散在的胶质细胞增生组成,大脑和小脑皮质没有明显变化。

呕吐-消耗病型在发生VWD的最初阶段,症状为呕吐,呕吐物呈黄绿色,伴之口渴、厌食、欲喝而不能饮的特征,体温升高至40.5℃,粪便干硬,可发生腹泻。出生后几天即发病,可能出现打喷嚏和咳嗽。在病毒接种后4～7天可见重复干呕和呕吐。4周龄以下的仔猪刚吃奶不久就停止吮吸,离开母猪,把吃进去的奶又吐出来。它们常常挤在一起,弓着背、苍白、不爱动,体温开始升高至40～41℃,但1～2天内又恢复到正常范围。常能看到受感染猪磨牙,把嘴伸到水槽中但饮水很少,如果根本不饮水则表明有咽麻痹的可能。长时间呕吐及采食量减少,导致便秘和体质下降。最小的仔猪几天后就严重脱水,同时出现呼吸困难、发绀,陷入昏迷状态而死亡。较大的猪食欲消失,很快消瘦,虽然呕吐不像发病开始阶段那样频繁,但没有停止。有些猪下颌处肿得很大。猪的这种"消耗"状态可持续数周直至饿死。在同一窝猪中,死亡率近100%,而幸存猪成为永久性僵猪。英国学者用分离物接种仔猪,接种后5～6天出现体温升高、呕吐,以后转为沉郁、被毛粗乱、消瘦,有些仔猪在2～4周后死亡。接种猪的血清都出现中和抗体。

脑脊髓炎型发病可能是从VWD开始。某些猪出生后4～7天就呕吐,呈间歇性,持续1～2天,但不严重也不脱水。在某些发病猪中,第一天还在吮乳。开始的症状是急性沉郁,爱挤在一起。猪在出生后3天就能患病,偶尔可看到打喷嚏、咳嗽或上呼吸道不畅,体重迅速下降,毛色失去光泽,变得粗糙。

在1~3天后出现严重的脑脊髓炎症候。越小的猪受到的影响越大,表现出各种各样的神经症状。常可见全身肌肉颤动和神经质,能够站立起来的猪一般是步态蹒跚,往往退行,最后呈犬坐姿势;继而运动性失调与麻痹交替,这些猪很快变得很虚弱,不能站立,四肢呈划桨状,身和蹄发绀,也可能有失明,角弓反张及眼球颤动现象。最后猪变得虚脱,倒卧和呼吸困难,大部分病倒并在昏迷中死亡。小猪的死亡率可达100%。

此外,T.Hirahara等(1987)用1984年从日本两地患呼吸系统疾病的猪中分离到的4株形成合胞体的细胞致病因子,即HEV接种仔猪,均出现轻度咳嗽、流鼻涕和其他轻度临床症状。接种病毒后1~9天内从呼吸道及肺回收到病毒。

[病理变化] 自然感染HEV有明显肉眼可见病变的仅仅是报道于某些慢性感染的猪,表现为恶病质和腹部膨胀。这样的病猪胃被气体充盈扩张。

在急性发病猪的扁桃体、神经系统、呼吸系统和胃部可观察到显微镜下的病变。从急性发病阶段幸存下来的猪,其病变趋于消失。扁桃体变化的特征是隐窝上皮细胞变性和淋巴细胞浸润。自然感染猪有20%可看到鼻、气管、肺泡上皮的变性和伴有嗜中性白细胞和巨噬细胞浸润的支气管周围间质性肺炎,而实验感染猪中这些症状比例偏高。

具有非化脓性脑炎病变的猪,伴有神经症状占70%~100%,伴有VWD综合征的占20%~60%。病变以血管周围套、神经胶质细胞增生的非化脓性脊髓神经的脑脊髓炎和神经元变性为特征。在脑桥至灰质、延髓及脊髓背上角表现最明显。这表明脑炎的病变是HEV在CNS中复制的一种特异性免疫反应。也出现外围神经传感节的神经炎变化,尤其是在三叉神经传感节等脑、脊髓和脊旁神经节的神经细胞的变化。

胃壁和肺脏的显微镜下变化只是在表现VWD综合征猪身上才能见到。发病猪的15%~85%会有胃壁神经节的变性和外围血管炎的变化,在幽门腺区表现最明显。

[诊断] 在感染后刚出现症状时,尽可能快地将发病仔猪杀死,无毒采集扁桃体、脑和肺用做病毒分离,以便最后确诊。当猪已发病超过2天时,分离病毒会很困难,将被选择的组织制备成悬液接种到PK原代细胞或猪甲状腺传代细胞上。当产生合胞体、血吸附和血凝作用时,都表明有HEV存在。由于感染猪采到的临床样品常常会含有很少量的感染性病毒,建议用细胞和培养液进行一次盲传。

用SN、蚀斑减数或HI试验能够鉴定出抗病毒抗体。由于病毒的亚临床感染很普遍,所以要仔细地测定抗体滴度。此外,只有当临床症状刚出现时就要尽快拿到急性期血清,才能测到明显上升的抗体滴度。经过6~7天潜伏期后才发病的猪,在这期间很可能已经有了高滴度的抗体,这要获得双价血清滴度上升的结果实际上已经不可能了。

对HEV感染、捷申-泰法病和伪狂犬病一定要进行鉴别诊断。后两种病造成脑脊髓的临床症状通常要比HEV感染的更严重,并且不但在仔猪中出现,在较大的猪中也出现。发生伪狂犬病时典型症状是大猪表现呼吸症状、母猪流产。这些病毒都能在PK和猪甲状腺细胞中生长,它们形成的CPE不同,是可区别的。还可以通过鉴别病毒的各种试验以及HEV产生血凝素对它们进一步区别。

[防治] 在大部分猪场,HEV的感染成为持久性的地方流行,并且表现为一种呼吸途

径的亚临床感染。常常是母猪在首次产仔之前就接触到了病毒,这样,通过初乳中的抗体保护后代仔猪,使其不表现临床症状。即使这些猪被感染了,也会呈亚临床型。只有在母猪产仔时没有获免疫的情况下(如新建的猪场或缺少足够的小猪而使病毒不能生存下来的小型猪场),产下的仔猪在出生后1周内受到感染时才会表现出临床症状。在猪场保持有这种病毒会使处于初产的母猪获得免疫,为后代仔猪制造了一种预防发病的条件。

一旦临床症状明显了,该病将会循病程发展,极少自然康复。母猪发病后2~3周产出的仔猪一般可通过母源抗体获得保护。在这之前,由未产生免疫力的母猪产下的仔猪,可在出生时注射特异性高免疫血清予以保护。但诊断和发病终止间隔一般很短,使得这种做法并没有什么益处。

十二、猪德尔塔冠状病毒感染(Porcine Deltacoronavirus Infection,PDCoVD)

猪德尔塔冠状病毒(Porcine deltacoronavirus,PDCoV)感染是一种由猪δ冠状病毒引起的以猪腹泻为主要特征的疾病,又称"猪丁型冠状病毒病"。

仔猪腹泻一直是困扰世界养猪业的一个巨大问题,猪德尔塔冠状病毒是一种新型的猪肠道冠状病毒,可引起5~15日龄哺乳仔猪腹泻和呕吐,导致迅速脱水,衰竭而亡,发病率和死亡率高,仔猪死亡率在30%~40%,生长猪、成年猪及生产母猪则发病轻微。

[历史简介]　猪传染性胃肠炎病毒、鸡传染性支气管炎病毒等皆为不同的冠状病毒。德尔塔冠状病毒最早于2007年在亚洲豹猫和白鼬猫群中被发现,它可以感染家养和野生鸟类及哺乳动物。香港的WOO等(2012)在研究哺乳动物和禽类冠状病毒时,从169份猪直肠拭子中检出17份PDCoV阳性样品,阳性率为10.1%,但未发现该病毒可引起仔猪腹泻。经全面基因组测序后,该病毒被命名为"HKU15"。在2012年2月美国的一次监测调查中也发现该病毒在猪中存在。Wang Le-Yi等(2014)从美国俄亥俄州一个有临床腹泻症状的猪场中检测到该病毒,并证实2013—2014年美国母猪场暴发腹泻疫情的多起病例由该病毒所致。通过流行病学、病原学和基因学研究,腹泻病料中未检出猪传染胃肠炎病毒、猪流行性腹泻病毒、轮状病毒等致腹泻病原,仅检出PDCoV。2014年2月美国首先分离、鉴定其病原,毒株为USA/JA/2014/8734株。其后多个国家都有病例报道。我国于2012年在四川省首次分离到PDCoV。

[病原]　猪德尔塔冠状病毒分类上属于尼多目冠状病毒科冠状病毒亚科德尔塔冠状病毒属德尔塔冠状病毒亚群。

猪德尔塔冠状病毒是具有囊膜的单股正链RNA病毒,在电子显微镜下,病毒的包膜上有形状类似日冕的棘突。基因组全长约为25 kb,包括5′UTR、复制相关基因(ORF1a/1b),编码4种主要结构蛋白:纤突蛋白(S)、囊膜蛋白(E)、膜蛋白(M)、核衣壳蛋白N、非结构蛋白NS6、NS7及3′UTR。据美国研究,PDCoV基因组的进化速率估计为每年$3.8×10^{-4}$($2.3×10^{-4}$~$5.4×10^{-4}$,95% HPD)突变点/位点。世界各国通过比较和遗传进化分析,各国分离出的PDCoV毒株之间存在差异。对NCBI上已公布的45个PDCoV的全基因序列进行同源性分析,遗传进化树的结果显示毒株的同源性均大于97%,其中美国、韩国、中国香港地区的毒株同源性在 99% 以上,中国毒株与上述毒株的同源性在 98% 以上,泰国毒株同源性在 97% 以上,而发生变异的主要区域是 S 基因序列。根据 GenBank 中 PDCoV 的 M 基因序列同源性分析,不同 PDCoV 毒株间 M 基因的同源性大于 99%,而与 PEDV、TGEV 和 PRCV 的 M 基因同源性均不足 50%。我国贺东生等、陈小芬等(2015)从华南某猪场分离到的 PDCoV-Ch-A 毒株,其 N 基因中间存在 1 个核苷酸缺失,其突变与美国、韩国毒株相比,核苷酸同源性为 98.8%~99%,氨基酸同源性为 96.2%~96.9%。从 N 基因系统进化树分析,PDCoV-Ch-A 毒株与国外报道的 δ 病毒亲缘关系较远,它单独在一个新的遗传分支上,为一个猪 δ 冠状病毒的新毒株。

PDCoV 在体外可感染猪肾上皮细胞(LLC-PK)和猪睾丸细胞(ST),并表现出明显的细胞病变,即细胞变大形成合胞体、细胞脱落等。进行 PDCoV 细胞传代时,均需加入 1~10 μg/mL 胰蛋白酶。

应用经过蚀斑纯化的 PDCoV 细胞培养分离株 USA/IL /2014,以 MOI=1 的感染量感染猪睾丸(ST)细胞,在感染后 24 小时产生大于 80% 致细胞病变效应(CPE),以合胞体形成和细胞脱离为特征。在感染后 24 小时收获病毒,其滴度为 $1.8×10^7$ $TCID_{50}$/mL,−80℃ 冻存,试验时稀释至 $3×10^3$ $TCID_{50}$/mL 用于猪接种。

[流行病学] 德尔塔冠状病毒可感染家养和野生禽鸟以及一些哺乳动物。2009—2012 年香港报道了猪德尔塔冠状病毒与麻雀德尔塔冠状病毒。2014 年美国发生多起猪的 PDCoV 流行病例。美国猪兽医协会(AASV)报告至少有 19 个州农场的猪出现 PDCoV 阳性病例,共检出 319 例 PDCoV 阳性,阳性率为 13%。2014 年韩国、加拿大等国从猪粪样中检测到 PDCoV。2013—2015 年,日本从发生 1 000 多起猪 PED 中检测到 PDCoV,约占 14%。泰国于 2015 年 6 月暴发 PDCoV。我国在 2014 年从各省分离到 PDCoV(表-17),如 CH/SICHUAN/S27/2012、CH/JXN12/2015、CH/SXD/2015 等毒株。各国报道了 PDCoV 的存在,并获得了相应本土病毒的基因系列,对其进行基因分析和遗传进化关系分析,这些毒株在基因组范围内存在较多的变异,这可能预示着猪德尔塔病毒呈现一定的地方流行性。

表-17 各国 PDCoV 检出率

国别	年 份	检出率(阳性数/样品数)	检 测 方 法	数 据 来 源
中国	2012	10.10(17/169)	RT-PCR	WOO
中国	2013—2014	4.0(2/50)[a]	RT-PCR	DONG
	2014	7.27(12/165)[a]		
中国	2014—2015	4.75(25/625)	RT-PCR	逢凤娇
		25.76(17/66)[a]		

续　表

国别	年　份	检出率(阳性数/样品数)	检　测　方　法	数　据　来　源
中国	2015	11.59(37/119)	ELISA	SU
		27.53(30/109)[a]		
中国	2014—2015	10.34(24/232)[a]	RT - PCR	陈建飞
中国	2012—2015	33.71(120/356)[a]	RT - PCR	SONG
美国	2006—2012	2.10(4/193)	ELISA	THACHIC
美国	2010—2013	0.17(4/2 286)	Real - time RT - PCR	MICLUKSEY
美国	2012—2013	0.30(5/1 734)	Real - time RT - PCR	SINHA
美国	2013—2014	12.60(71/565)	ELISA	THACHIL
美国	2014	30.40(89/293)	Real - time RT - PCR	MARTHALER
美国	2014	6.90(46/2 822)	Real - time RT - PCR	HOMWONG
美国	2015	48.20(82/170)	Real - time RT - PCR	ZHANG
韩国	2013—2014	0(0/581)	RT - PCR	LEE
	2015	2.0(2/100)	RT - PCR	
泰国	2015	64.27(2 898/4 500)[b]	RT - PCR	TAVEESAK

注：a 为临床腹泻样本，b 为统计数据。

口—粪是该病的传播途径。PDCoV 主要感染猪，不同年龄阶段、不同品种的猪皆可检测到该病毒(表-18，表-19)。Homwong N 等(2016)在美国也证实有同样现象。此外，根据流行病学调查，本病与 PEDV 间存在双重感染现象。据美国调查，在感染 PEDV 的 1 648 头猪中，PDCoV 阳性 77 头，PEDV＋PDCoV 阳性 66 头。

表-18　2013—2014 年日本其他特异性肠病毒 PCR 阴性粪样 PDCoV 检测

组　别	样本数量	阳性数量	阳性率(%)
新生猪(<21 日龄)	191	15	4.3
断奶猪(21~60 日龄)	53	6	10.3
保育猪(61~120 日龄)	51	1	2.0
育肥猪(>120 日龄)	95	10	10.5
母猪	87	42	48.3
总计	477	74	15.1

表-19　2014 年 3—9 月份美国送检样品中 PDCoV 病毒检测

组　　别	样本数量	阳性数量	阳性率（%）
（<21 日龄）	397	22	5.5
（21～42 日龄）	285	19	6.7
（43～56 日龄）	107	9	8.4
（57～147 日龄）	256	16	6.2
（>147 日龄）	233	8	3.6
混样	1 554	121	7.8
总计	2 822	46	6.9

在春末夏初天气转暖时，PDCoV 的检出率呈逐渐减少趋势，推测本病的流行可能有一定的季节性。

[发病机制]　猪口服接种 PDCoV，病毒主要在近空肠到直肠的肠组织中检测到。第 4 天时，IHC 染色在肠近端空肠至结肠的绒毛细胞质和隐窝肠上皮细胞有抗原，IHC 染色评分在空场近端和盲肠至结肠低，中肠空肠至回肠高，十二指肠和直肠阴性，肠系膜淋巴结中以 $10^8 \sim 10^{10}$ 拷贝/mL 的范围检测到病毒，此外，PDCoV 特异性 PCR 还检测到肝脏、2/3 胃、十二指肠样品和 1/3 肌肉样品的超过 10^7 病毒 RNA 拷贝。在接种后第 7 天，病毒主要分布在大肠，从盲肠到结肠含量很低。此外，从肠系膜淋巴结和 2/3 远端空肠和回肠样本检测到超过 10^7 个病毒 RNA 拷贝。在病毒接种 27 天后，接种猪的任何组织未能有 IHC 染色反应。此病毒感染猪之后，除了在肠道可以检测到，还可以在其他脏器中检测到该病毒。Ma 等用 RT - PCR 在感染猪的血液、肺、肝脏、肾脏均检测到 PDCoV。Chen Q 等用 RT - PCR 在感染猪的肠道、肠系膜淋巴结、胃、心、肝、脾、肺、肾、扁桃体、膈肌、肌肉均可检测到该病毒。但用免疫荧光法只能在十二指肠、空肠、回肠检到荧光，其他组织均检不到荧光，表明 PDCoV 具有广泛的组织嗜性（表-20）。这一情况与 PDEV 的一致，其机理尚不清楚，病毒对组织的侵袭和肠道萎缩性肠炎导致电解质大量丢失和脱水可能是腹泻的致病原因。

表-20　PDCoV 样本的分布

样　　本	病例 1D 阳性	OR（95%CI）	R（>X^2）
粪便	6.8%（42/629）	—	
肠	4.3%（37/85A）	0.62（0.40～0.98）	0.040 2
粪便拭子	3.1%（37/358）	0.45（0.22～0.85）	0.012 4
反溃物（剩料）	3.4%（1/29）	0.72（0.08～2.83）	0.680 2
口腔液体	12.1%（73/602）	1.89（1.28～2.82）	0.001 3
精液	0%（0/17）	0.39（0.00～2.94）	0.445 2
外环境	7.6%（11/144）	1.17（0.56～2.23）	0.653 3
混合样本	11.0%（11/100）	1.73（0.83～3.33）	0.136 5

用蚀斑纯化的 PDCoV 细胞培养分离株（3×10^4 TCID$_{50}$/猪），经口接种 5 日龄仔猪，PDCoV 接种仔猪出现轻微到中度的腹泻，在接种后 2～7 天检测直肠拭子显示病毒排放量增加，并通过免疫组织化学染色证实病毒抗原在小肠中形成肉眼和微观病变。本研究通过试验证实了 PDCoV 的致病性，以及在新生仔猪的 PDCoV 发病特征。

病毒在感染猪后第 2 天，1/10 猪的直肠拭子样本中检测到 PDCoV RNA，Ct 值为 37.4（相当于 3 TCID$_{50}$/mL）；感染后第 3 天，4/10 猪的检测 Ct 范围为 28.99～32.23（相当于 10^2～10^3 TCID$_{50}$/mL）；感染后第 4 天，8/10 猪的检测 Ct 范围为 19.05～37.53（相当于 $10^{0.5}$～10^5 TCID$_{50}$/mL）。第一次尸检后剩余的 5 头猪的直肠拭子检测均为 PDCoV 阳性，且感染后第 7 天的病毒排放检测 Ct 范围为 20.6～24.2（相当于 10^4～10^5 TCID$_{50}$/mL）。

在感染后第 3 天，2/8 猪血清中检测到病毒 RNA，Ct 值为 29.96～32.57（相当于 $10^{2.2}$～$10^{2.9}$ TCID$_{50}$/mL）。从感染后 4～7 天，所有猪的血清中都检测到病毒 RNA，Ct 范围为 29.06～37.39（相当于 $10^{0.5}$～10^3 TCID$_{50}$/mL）；在感染后 4～7 天的血清中，平均 Ct 值为 32.27～34.15。

应用 PDCoV 特异性 PCR，在感染后第 4 天和第 7 天尸检时检查各组织中的病毒分布。所有回肠，盲肠和结肠中 100% 均检测到病毒，Ct 平均值为 19.03～23.32（相当于 $10^{4.6}$～$10^{5.8}$ TCID$_{50}$/mL）；感染后第 4 天和第 7 天，所有肠系膜淋巴结中均检测到病毒，Ct 平均值为 26.13～27.74（相当于 $10^{3.4}$～$10^{3.9}$ TCID$_{50}$/mL）；感染后第 4 天，5/5 胃检出 Ct 平均值为 28.40（相当于 $10^{3.1}$ TCID$_{50}$/mL）；感染后第 7 天，4/5 胃检出 Ct 平均值为 34.54（相当于 $10^{1.1}$ TCID$_{50}$/mL）。在扁桃体、肺、心脏、肝、脾、肾、后腿肌肉和膈肌中可以检测到少量病毒。来自阴性对照猪的所有粪便、血清和组织样品 PDCoV PCR 检测均为阴性。

PdCV CVM1 或 M1 毒株感染的无菌仔猪中的病毒抗原分布为：PdCV CVM1 感染的组织切片或 PEDV 感染的组织切片分别用 PdCV 感染的母猪的恢复期血清或 PEDV 感染无菌仔猪制备的单特异性多克隆抗血清染色。PdCV 恢复期血清仅能染色来自 PdCV 感染的仔猪的黏膜上皮细胞；PEDV 抗血清仅能染色来自 PEDV 感染的无菌仔猪的被感染上皮细胞。PdCV 感染的仔猪在感染后 72 小时的肺部切片中显示支气管上皮细胞中含有辣根过氧化物酶（HRP）反应产物。在感染后第 3 天，PdCV MI 感染的无菌仔猪的空肠和回肠中检测到大量的病毒抗原。这些数据表明，PdCV 在小肠上皮细胞中复制，PdCV 与 PEDV 无血清学交叉反应。

PdCV CVM1 或 M1 毒株感染的无菌仔猪中病毒 RNA 载量和分布为：在 Ohio CVM1 感染仔猪的所有样品中检测到 PdCV 病毒 RNA。在感染后 24 小时，在小肠和大肠的所有样品中检测到 9～11 Log10 PdCV RNA 拷贝/g 或 mL。病毒 RNA 浓度在感染后 48 小时达到最高水平，感染后 72 小时减少。在十二指肠组织中，病毒 RNA 从感染后 24～72 小时下降，在 72 小时十二指肠样品中仅检测到 4.7 Log10 PdCV RNA 拷贝/g，与黏膜上皮细胞再生的组织学证据相关。在感染后 24～72 小时排泄的粪便样品中含高水平的病毒 RNA（大约 10 Log10 病毒 RNA/g 或 mL）。在肠外组织（肺，肝，肾，脾和血液）中的 PdCV RNA 水平相对较低，范围为 3.1～6.27 Log10 PdCV RNA 拷贝/g 样品。外周血中含有 3.4～4.1

Log10 拷贝的 PdCV RNA/mL，表明有病毒血症。这些数据表明，肠道和粪便中的病毒 RNA 排量显著超过给予的病毒（6 Log10 RNA 拷贝/仔猪），并支持 PdCV 引起肠道感染，并在胃肠道迅速复制的结论。

PdCV MI 感染的仔猪导致病毒的多系统分布，基于病毒 RNA 水平分析的实时 RT - PCR 结果显示在肠道中病毒载量最高，并证明粪便中的病毒排放。在粪便、小肠和大肠的所有切片中检测到高水平的病毒 RNA（6～9 Log10 病毒 RNA 拷贝/g 或 mL），而其他组织中检测到相对低水平的病毒 RNA（3～4 Log10 病毒 RNA 拷贝/g 或 mL）。2 只未接种的无菌仔猪通过间接接触感染后具有与 3 只接种病毒的仔猪相似的病毒 RNA 水平。

从口腔液检出 PDCoV 的概率比粪便样品高 1.89 倍。43～56 日龄组 PDCoV 阳性率最高（8.4%），单因素分析显示各年龄组间无显著性差异。然而，年龄调整样本的多变量分析表明，大于 147 日龄组检出 PDCoV 的概率比哺乳猪低 59%。2014 年 9 月份，诊断样本中 PDCoV 的检出百分比下降到 1% 以下。此外，19 个完整的 PDCoV 基因组测序，并进行贝叶斯分析估计出现的美国分支。PDCOV 基因组的进化率估计为 3.8×10^{-4} 个取代位点/位点/年（$2.3 \times 10^{-4} \sim 5.4 \times 10^{-4}$ 95%HPD）。笔者的研究结果表明，口腔液仍然是监测猪群健康的一个有价值的样本。

[临床表现]　无临床症状猪带毒。2017 年美国伊利诺伊无症状猪场的猪口液中检出德尔塔冠状病毒。2014 年俄亥俄农场猪发生腹泻并检出德尔塔冠状病毒。

1. 主要临床表现　PDCoV 病的主要临床表现为呕吐、水样腹泻、脱水和食欲下降等，病情多为短时间的一过性病程。各年龄段的猪均易感，但主要引起新生仔猪的腹泻与死亡。仔猪一旦感染则发病突然、传播迅速、出现呕吐、腹泻一般持续 3～4 天，并因脱水衰竭而死亡，其病死率为 30%～40%。以 5～15 日龄哺乳仔猪发病更为严重，有时病死率可达 100%。

Chen 等用 PDCoV 的细胞分离株，口服攻击 5 日龄仔猪，攻毒后 2～4 天出现中度腹泻，攻毒后 5 天出现严重水样腹泻。TUNG 等用 PDCoV 细胞适应毒 12 代和 100 代口服攻击 12 日龄仔猪，在攻毒后 21～24 小时，所有仔猪出现腹泻和呕吐，所有仔猪出现排毒和萎缩性肠炎。日本用 YMG/JPN/2014 毒株以 2×10^{6} TCID$_{50}$ 病毒量，口服攻击未吮吸初乳的无特定病原 3 日龄仔猪，极少数仔猪出现轻度腹泻，无呕吐及厌食，在感染 5 天后从腹泻中恢复。而接种普通仔猪，第 2 天出现严重急性水样腹泻，被毛枯燥和严重虚脱，直到第 11 天才从腹泻中恢复，这种仔猪腹泻的严重程度和持续时间差异可能是不同条件引起的，如接种量、宿主易感性或毒株不同等，以及仔猪出生时体内微生物群差异等。PDCoV 通过人工感染普通仔猪和无菌仔猪的实验发现，普通仔猪的发病时间早，腹泻更严重，病毒在体内存在时间更长，这或与其他腹泻病毒或肠道细菌共同感染有关。

2. 临床评估　Chen 等（2015）用 PDCoV 细胞培养分离株 USA/1L/2014 接种猪体，在 PDCoV 接种猪中，2/10 猪在感染后 2～4 天内有软粪，5/5 猪在感染后 5 天时出现轻度腹泻，5/5 猪在感染后 6 天时有大量水样腹泻，5 只猪中有 3 只在感染后第 7 天恢复到轻度腹泻。接种的猪保持活性，但在皮肤上有粪便沾染。尽管存在腹泻，但 PDCoV 接种猪未观察到呕吐、脱水、体重减轻、嗜睡、食欲不振或死亡。在整个研究期间,阴性对照猪是活跃的,且没有观察到临床症状。PDCoV 接种猪和阴性对照猪的平均体重没有显著差异,在感染前 1 天(P 值=0.62),感染第 4 天(P 值=0.74)、感染第 7 天(P 值=0.65)。与阴性对照猪相比,PDCoV 接种猪在感染前 1 天和感染后第 4 天之间的平均日增重较低,但统计学差异不显著(P 值=0.06)。两组猪在感染前 1 天和感染后第 7 天之间的平均日增重也没有显著差异(P 值=0.22)。

Ma 等应用 PdCV CVM1 和 MI 毒株感染无菌猪(genotobic pigs),成功复制了 PdCV 相关疾病。口服接种含有 10^6 个 PdCV Ohio CVM1 毒株基因组 RNA 拷贝的肠内容物过滤液后 20 小时,所有 3 头仔猪都出现突然发作、严重、持续的水样腹泻,腹泻评分为 3。在 PdCV 感染 48 小时和 72 小时的仔猪中观察到呕吐,体温保持在正常范围内。未观察到呼吸道症状(咳嗽和鼻涕)。尽管出现腹泻和进行性脱水,但仍保持食欲。受影响最严重的 1 只仔猪在感染后 24 小时终止,另 1 只在感染后 48 小时终止,第 3 只在感染后 72 小时终止。2 只未感染的无菌仔猪排便正常,无临床症状。

为了进一步确认 PdCV 是猪的肠道病原体,5 只无菌仔猪被放在一个隔离器中饲养,其中 3 只口服接种 10^6PFU 的已适应猪睾丸(ST)细胞并经蚀斑纯化的 PdCV MI 毒株,同一隔离器中的另外 2 只无菌仔猪口服 Dulbecco 改良的 Eagle's 培养基(DMEM)。3 只 PdCV 接种的无菌仔猪在感染后第 1 天和第 2 天均没有观察到明显的临床症状,在第 3 天出现腹泻(评分为 2),随后终止。值得注意的是,同一隔离器中未接种病毒的另外 2 只仔猪在第 6 天出现腹泻(评分为 2),并在第 7 天终止。在感染 PdCV MI 毒株的仔猪中没有观察到或只有轻度呕吐。结果证实 PdCV 是引起临床上显著腹泻病的潜在传染因子。

感染了 PdCV CVM1 或 MI 毒株的无菌仔猪的大体病理变化:病变类似于用 PdCV Ohio CVM1 接种的所有 3 只无菌仔猪的大体病变。在会阴、腹侧腹部和后腿粘上黄色黏附性腹泻粪便。观察到小肠内有膨胀的气体和流体填充物,小肠壁薄、呈半透明,并且胃和小肠都含有凝乳块。盲肠、结肠螺旋处和末端均膨胀并填充黄色液体样肠内容物。除了肠道变化外,在感染后 72 小时终止的仔猪中检测到腹水、胸腔积液和甲状腺萎缩。细胞培养适应的 PdCV MI 毒株在无菌仔猪产生和 PdCV Ohio CVM1 毒株相似的病理变化。

PdCV MI 毒株感染常规仔猪的病理变化:笔者在常规仔猪中复制了 PdCV 相关疾病,接种 10^6 PFU PdCV MI 毒株的所有 4 只仔猪在感染后第 1 天开始出现突然发作、严重的水样腹泻(评分为 3)。在相同的接种剂量下,PdCV MI 毒株在常规仔猪中引起比在无菌仔猪中更严重的临床症状。为了确定感染仔猪的腹泻和病毒排放的持续时间,监测仔猪到感染后第 21 天。腹泻持续 7～10 天,所有 4 只仔猪在感染后第 10 天时从疾病中恢复。这些仔猪在感染后第 10 天时体重减轻了 10%～15%,开始从疾病中恢复后体重增加。没有观察到体温变化。所有仔猪在感染后第 1 天出现严重的水性腹泻,但在粪便中未检测到或仅有很低水平的病毒 RNA(1.0 Log_{10} 病毒 RNA 拷贝/g);病毒 RNA 水平在感染后第 7 天达到峰值,在感染后第 10 天开始逐渐降低;并且在感染后第 21 天时仍可检测到。在试验终止日

（感染后第 21 天），在常规仔猪中未观察到明显的严重病变和组织学损伤，这与疾病的恢复较一致。此时，一些感染仔猪的回肠、结肠、血液、肝脏和肺仍然检出 PdCV RNA 呈阳性。这些数据表明，PdCV 在常规仔猪中持续存在至少 21 天。

Kwonil Jung（2015）应用 2 株 PDCoV（OH－FD22 和 OH－FD100）感染无菌仔猪，应用原位杂交和免疫荧光染色方法证实了 PDCoV 在感染仔猪中复制的组织部位。通过子宫切除术从 2 只无特定病原体（SPF）的母猪获得无菌仔猪，将 7 只 11～14 日龄的无菌仔猪随机分成 PDCoV 接种组（1～5 号猪）或阴性对照组（6 号和 7 号猪）。1～3 号猪和 4～5 号猪分别口服接种了 8.8 Log_{10} 基因组当量（GE）的 PDCoV 株 OH－FD22 和 11.0 Log_{10} GE 的 OH－FD100。每小时监测临床症状。2 号猪进行长期的临床症状和病毒排放监测直至接种后第 23 天。在临床症状出现后 24～48 小时或大于 48 小时对猪进行安乐死，以进行病理检查。应用无菌猪传代 OH－FD22 的肠内容物，经过蔗糖梯度超速离心半提纯，并与完全和不完全弗氏佐剂混合，分别在感染后第 30 天和第 44 天对 OH－FD22 感染的 2 号猪进行肌内注射免疫。通过使用针对 OH－FD22 的超免无菌猪抗血清，在冷冻或福尔马林固定的石蜡包埋的组织上进行免疫荧光染色。来自对照猪 6 号和 7 号以及 PEDV 感染的无菌猪的组织作为原位杂交/免疫荧光染色的阴性对照。所有接种猪均出现急性、严重、水样腹泻、呕吐或两者兼而有之。无论接种菌株或剂量如何，在接种后 21～24 小时（hpi）均产生临床症状。在接种后 96～120 小时时，1 号猪表现出严重的脱水，体重减轻和嗜睡；2 号猪的症状时间更长，腹泻持续到接种后第 7 天。有接种仔猪均表现出类似于无菌仔猪感染 PEDV PC21A 毒株（6.3～9.0 Log_{10} GE/猪）的临床症状。用来自无菌猪的 PDCoV 的超免无菌猪抗血清的免疫电子显微镜观察，显示肠内容物中仅有 PDCoV 颗粒。采用猪传代的 OH－FD22 和 OH－FD100 样品，RT－PCR 检测 PEDV、轮状病毒 A－C、TGEV / PRCV 和杯状病毒均为阴性。在接种后 24 小时检测到粪便中有病毒排放，这与 2～5 号猪的临床症状一致。1 号猪在感染后 24 小时仅出现呕吐，粪便中的病毒排放在感染后 48 小时腹泻时出现。

生长猪、成年猪和生产母猪发病轻微，可不治自愈，死亡率低；50 日龄保育猪仅表现一过性腹泻，但其生产性能、饲料报酬会受影响。但 PDCoV 首次分离是从美国患水样腹泻的母猪群中检测到的，母猪不仅表现出严重的腹泻，还表现出呕吐和厌食，表明老龄猪对 PDCoV 可能比仔猪更敏感，或与免疫状态有关。

PDCoV 可侵袭肺组织，临床上可引起肺炎。Ma 等（2015）用 PdCV M1 毒株攻击无菌仔猪，可引起轻度间质性肺炎，在 PdCV M1 毒株感染的仔猪的其他器官中未发现组织学损伤。在感染仔猪 72 小时的肺部切片中显示支气管上皮细胞中含有辣根过氧化酶（HRP）反应产物。

[病理变化]　自然感染或人工感染猪肠壁变薄、松弛，盲肠、结肠扩张，小肠肠管、回肠肠管扩张，肠内充满黄色液体，胃和小肠内有未消化的凝乳块。小肠黏膜充血、出血，肠系膜呈索状充血，严重者还可观察到腹腔、胸腔积水、胸腺萎缩。有时肺脏还会出现明显的病变，组织学检查，病猪胃肠道上皮均存在不同程度的损伤，可见胃小凹、小肠上皮细胞变化、坏死，绒毛严重萎缩。

1. 肉眼病变　接种 PDCoV 猪的小肠、盲肠和结肠通常在感染后 4 天和 7 天时含有黄色、柔软的水样内容物。在感染后 4 天和 7 天的大多数 PDCoV 接种猪中观察到薄壁和/或气体膨胀的小肠，膨胀的盲肠和结肠。无论接种状态如何，在其他检查的组织中均未观察到病变，包括肠系膜淋巴结、胃、扁桃体、肺、心脏、肝脏、脾脏、肾脏、后腿肌肉和膈肌。

2. 组织病理学　在感染后第 4 天和第 7 天尸检时，PDCoV 接种组各有 4/5 猪中观察到与病毒感染一致的轻度至重度绒毛萎缩。所有猪的病变都不同，最初在空肠和回肠的中部和远端观察到，在十二指肠和近端空肠中则不明显或极轻微。病变包括多灶性至弥漫性绒毛状肠细胞肿胀和空泡形成，在感染后第 4 天，一些猪出现中度至重度绒毛钝化和萎缩。绒毛状肠细胞轻度减弱或严重感染并坏死，退化的肠细胞脱落到肠腔中。此外，少量的淋巴细胞和中性粒细胞浸润中度收缩的固有层，偶尔会出现凋亡碎片和充血的血管。在感染后第 7 天观察到类似的病变，包括轻度至中度的肠细胞减少和坏死的肠细胞脱落。绒毛萎缩和偶发的绒毛融合在感染后第 7 天较为明显，伴有固有层中的中性粒细胞和淋巴细胞数量较少。所有切片的隐窝增生和伸长都是轻微的。未观察到肠细胞合胞体。在任何时间点，盲肠和结肠切片中的显微病变均不明显。

测量小肠绒毛高度、隐窝深度和绒毛高度与隐窝深度比，并在 PDCoV 接种猪和阴性对照猪进行比较。在感染后第 4 天，PDCoV 接种猪的中端空肠、远端空肠和回肠的平均绒毛高度显著降低，平均隐窝深度增加，平均绒毛高度与隐窝深度比率低于阴性对照猪；但两组猪的十二指肠和近端空肠的平均绒毛高度，隐窝深度和绒毛与隐窝比率均没有显著差异。在感染后第 7 天，观察到 PDCoV 接种和阴性对照猪之间在中端空肠、远端空肠和回肠的平均绒毛高度，远端空肠的平均隐窝深度，以及远端空肠和回肠的平均绒毛与隐窝比率均存在显著差异。

在感染后第 4 天和第 7 天尸检时，PDCoV 接种猪和阴性对照猪的盲肠、结肠和其他非肠组织中均未观察到明显的显微病变。

3. 免疫组化　在感染后第 4 天和第 7 天，在 PDCoV 接种猪的绒毛状肠细胞的细胞质中检测到 PDCoV 抗原。在感染后第 4 天，0/5、1/5、5/5、4/5 和 4/5 接种 PDCoV 猪是 IHC 阳性的，感染后第 7 天，2/5、3/5、4/5、4/5 和 4/5 PDCoV 接种猪中 IHC 是阳性的，病毒分别在十二指肠、近端空肠、中空肠、远端空肠和回肠中。IHC 评分在小肠段和猪中不同。总体而言，与十二指肠和近端空肠相比，中空肠、远端空肠和回肠的免疫反应性肠细胞数量增加。在接种 PDCoV 的猪盲肠、结肠、肺、肝、脾、肾、心脏、扁桃体、横膈膜、肌肉、胃和肠系膜淋巴结的检查切片中未观察到 PDCoV IHC 染色。在阴性对照猪的所有检查组织中，PDCoV IHC 染色均为阴性。

4. PdCV CVM1 或 MI 毒株感染无菌猪的组织学病变　用 PdCV Ohio CVM1 毒株攻毒后 24 小时，十二指肠、空肠和回肠出现明显的严重绒毛萎缩。绒毛病变与广泛的肠上皮细胞变性和坏死有关。在未感染的仔猪中未发现肠道病变。此外，在贲门内的胃窦、胃底的弯曲部和胃窦中观察到胃上皮细胞变性和坏死的聚集区域。未感染仔猪的胃中未发现病变，上皮细胞坏死偶尔伴有胃腺黏膜、十二指肠、空肠和回肠中的合胞体巨细胞形成。除了固有层水肿,盲肠和螺旋结肠的黏膜上皮细胞未改变。此时,在肠外组织中未观察到明显的病变。

到第48小时,小肠的绒毛萎缩进一步加剧。小肠的所有分裂仅包含短的钝性绒毛,由扁平的鳞状体到立方形上皮细胞排列;杯状细胞似乎不受病毒致细胞病变效应的直接影响,而是聚集在绒毛尖上或脱落到肠腔中。许多黏膜上皮细胞坏死和裂解;与细胞死亡一致的核变化包括核固缩、核破裂和核溶解。上皮来源的合胞体巨细胞仍然明显,但数量较少。在胃中,偶尔观察到扩张的胃窦,可能是由于单个PdCV感染的细胞裂解,并被减毒的未成熟的鳞状上皮细胞取代导致。下面的固有层发生水肿,含有活化的巨噬细胞,偶尔有淋巴细胞聚集,中性粒细胞和散的嗜酸性粒细胞。这些轻度的炎性细胞浸润归因于PdCV,因为在未受感染的无菌猪中,炎症细胞浸润明显不存在。回肠和肠系膜淋巴结的Peyer's结节中出现淋巴细胞耗尽,如同肠系膜淋巴结中一样。如无菌猪出现的典型病变,淋巴滤泡(即B细胞分化的位点)不存在或仅作为无活性淋巴细胞聚集体存在。

到第72小时,即使绒毛萎缩仍然存在,绒毛尖端的有限的上皮化在整个小肠中是组织学上明显的;绒毛上皮细胞衬里细胞中的许多有丝分裂现象伴随着这种再生反应。再生在十二指肠中最突出,在回肠中最不明显。十二指肠绒毛尖端由表达微绒毛的柱状上皮细胞排列,仍然可以看到多核巨细胞,但这些细胞多数是坏死的并且正在脱落到肠腔中。在胃黏膜中观察到单核细胞浸润的小病灶和偶尔扩张的胃窦,没有合胞体巨细胞。

由PdCV MI菌株感染的无菌仔猪的胃和小肠中的组织学病变类似于PdCV Ohio CVM1所描述的一样。在由PdCV MI毒株感染的所有无菌仔猪的小肠中观察到广泛的绒毛萎缩、坏死和钝化,包括通过间接接触感染的2只无菌仔猪。所有PdCV MI毒株感染的无菌仔猪的空肠和回肠中的绒毛萎缩比十二指肠中更严重。

5. 肠外组织的组织学　PdCV Ohio CVM1毒株感染除肺以外的任何其他器官均未见与之相关的组织学变化。在肺中,感染后48小时可见轻度多灶性支气管至支气管中心区域的非化脓性间质性肺炎,没有看到令人信服的上皮细胞坏死或合胞体的组织学证据。同样,PdCV MI毒株在无菌仔猪中引起轻度间质性肺炎,在PdCV MI毒株感染的仔猪的其他器官中未发现组织学损伤。

肉眼观察显示,所有受感染的猪都有PEDV样病变,其特征是肠壁变薄,透明状(空肠近端至结肠),肠腔内积聚大量黄色液体,胃里充满了凝乳块,其他内脏似乎正常。组织学病变包括急性弥漫性、严重萎缩性肠炎,盲肠和结肠中浅表上皮细胞的轻度空泡化。在接种后72~120小时,3~5号感染猪空肠的绒毛高度与隐窝深度的平均比率为1.4~3.6,这与试验感染PEDV PC21A毒株的无菌猪相似。试验期间,阴性对照猪中没有发生临床症状或病变。

在小肠(十二指肠至回肠)和大肠的绒毛上皮中观察到原位杂交阳性或免疫荧光染色的细胞。免疫荧光局限于绒毛上皮细胞的细胞质,在隐窝上皮细胞中很少观察到。感染猪的其他内脏器官未显示原位杂交阳性或免疫荧光阳性染色。在阴性对照猪和PEDV感染的无菌猪中均未检测到原位杂交阳性或免疫荧光染色的细胞。

在所用的试验条件下,PDCoV 接种 $72\sim168$ 小时猪的血清中没有检测到的病毒 RNA(<3.6 Log_{10} GEs/mL)。但是,在 PEDV 感染猪中出现症状时经常检测到病毒血症。

[诊断]　腹泻是多种病原菌及非致病条件引起的一临床症状,且发生混合或继发感染,给诊断带来不确定性或误诊,因此,目前对 PDCoV 感染诊断仍依赖于实验室病原和抗体的检测。

病原学检测方法有病毒分离培养与鉴定,免疫电子显微镜观察(IEM),间接免疫荧光检测法(IFA)、RT‑PCR、巢式 RT‑PCR、免疫组织化学分析法(ICH)和原位杂交法等。抗体检测方法则有 ELISA 等。

[防治]　目前尚无有效的治疗和免疫预防措施。只能按常规针对腹泻治疗、补液、口服补液盐、含葡萄糖甘氨酸的电解质溶液、减少脱水等。做好常规疫苗免疫及使用抗生素,微生态制剂等,防治混合或继发感染。

猪德尔塔冠状病毒病已经在美国全面发生,在我国各地区均能检测到该病毒。而目前国内外还没有研究出用于防治 PDCoV 的疫苗,防止该病毒的感染成为猪场防控的一大难题。这要求猪场首先要做好场内的生物安全,全进全出,而且严格消毒,空栏期至少 1 个星期;其次做好其他腹泻病的防控,特别是流行性腹泻病毒病(PEDV)、仔猪黄白痢及伪狂犬病的防控;三是做好圆环病毒病和猪呼吸与繁殖综合征免疫抑制性疾病的防控。针对已经发生的猪群,可以用高免血清进行防控。Ma 等研究表明,高免血清可以抵抗 PDCoV 的感染,这与猪流行性腹泻病毒不一样,其机理还不清楚,虽然该病毒在国内还没有大面积发生,但从其在美国的流行趋势及我国报道情况来看,预计该病毒数年内将会在我国全面发生,这需要我们的研究者加快研制出针对 PDCoV 的疫苗来防控 PDCoV 在我国猪场的发生。

十三、猪流行性感冒(Swine Influenza,SI)

流行性感冒简称流感,是由流感病毒(Influenza virus)引起的一种人兽共患的急性呼吸道传染病,其特征是高热、咳嗽、全身衰弱无力,有不同程度的呼吸道炎症。该病发病急、传播迅速、流行范围广。

[历史简介]　据记载流行性感冒于 1173 年已有发现。1878 年意大利发生禽流感,后证实为 A 型。1918—1919 年世界上发生过两次大流行,造成千万人死亡。19 世纪末在许多流感患者的咽喉部发现一种杆菌,名叫溶血性流感杆菌,也叫作 Pfeiffers bacillus 流感杆菌。Mcbryde(1928)成功用病猪呼吸道未经过滤的黏液感染猪获得成功,但用其过滤材料感染猪则未获得成功。Shope 将这项工作继续下去,并于 1931 年成功地用过滤材料感染雪貂,分离到猪流感病毒。Smith(1933)参照 Shope 方法,用患者咽喉部洗液经鼻腔感染雪貂成功,首次分离到人流感病毒,被命名为 A(甲)型流感病毒。Francis 和 Magill(1940)分离到 B 型流感病毒,Taylor(1947)则分离到 C 型流感病毒。1955 年科学家明确了病原与人和哺乳

动物流感关系,并证实鸡病毒 A 型的核蛋白。Sovinova(1956)和 Waddell(1963)分离到马流感病毒。1971 年 WHO 统一流感病毒命名系统,按 NP 不同分为 A、B、C 型;按 NA 分亚型。WHO(1980)根据 HA、NA 和抗原双向免疫扩散(DID)反应的数据,修订了 1971 年采用的命名系统,公布流感病毒命名原则(型/宿主/地点/病毒毒株序号/年代)。据国际病毒分类委员会第八次报告,病原为正黏病毒科,科下设 5 个属。Ben Hause(2011)从猪、牛体内分离到一种新病毒,国际病毒分类学委员会(ICTV)认为该病毒物种单一,与流感病毒 A、B、C 型不同,称为 D 型(丁型)流感病毒。该病毒于 1952 年由 Kuroya 等从新生儿肺炎死亡者的肺组织借小白鼠鼻腔接种法分离到的 1 株新生儿肺炎病毒,日本曾从猪和地鼠分离过同一类的病毒。Francis(1955)建议称之为丁型流行性感冒病毒。

[病原]　流感病毒属于正黏病毒科,根据核壳蛋白(NP)和基质蛋白(M)抗原性的差异,流感病毒分为 A、B、C、D 四型。A 型流感病毒属,有 16 种 HA 亚型;B 型流感病毒属,有 9 种 HA 亚型和 C 型流感病毒属。3 型病毒在基因结构和致病性方面存在很大差异。A、B 二型病毒在形态上相同,但在某些方面和 C 型不同。

病毒粒子具有多形性,多为球形或杆形,但也可见直径与此相仿而长度可达数百微米的丝状物者。直径 80～120 nm,病毒粒子中心有一直径 40～60 nm 的锥形核心。核衣壳呈螺旋对称,两端具有环状结构,内部由 A、B 型病毒含 8 个节段,即 PB2、PB1、PA、HA、NP、NA、M、NS;而 C 型为 7 节段,少一个编码 NA 的节段,单股、负链 RNA。8 个 RNA 节段具有共同的特点:5′末端均由 13 个保守核苷酸组成,序列为 3′- GGAACAAAGAUGAppp - 5′;3′末端由 12 个保守的核苷酸组成,序列为 Y - OH - UCGU/CUUUCGUCC - 5′,3′端第 4 个碱基有些毒株为 U 有些为 C。每一个节段的 5′端 15～21 核苷酸处有一保守的序列 po1yu,在病毒 RNA 转录时产生 polyu。5′末端第 11～16 个核苷酸和 3′末端第 10～15 个核苷酸互补,形成锅柄环结构,该结构是病毒转录和复制所必需的。外层囊膜由双层类脂膜、糖蛋白凸起的基质蛋白组成。囊膜上有呈辐射状密集排列的两种穗状突起物(纤突):一类呈棒状,由血凝素(HA)分子的三聚体构成,血凝素能凝集马、驴、猪、牛、羊、鸡、鸽、豚鼠和人的红细胞,并诱导机体产生相应的抗体,该抗体能抑制病毒的血凝作用,并能中和病毒的传染性;另一种呈蘑菇状,由神经氨酸酶(NA)分子的四聚体构成。两种纤突在囊膜上的比例约为 75∶20(表- 21)。

表- 21　甲、乙、丙型流感病毒比较

基因组	甲　　型	乙　　型	丙　　型
	8 个基因节段	8 个基因节段	7 个基因节段
结构	10 种病毒蛋白,M2 为甲型特有	10 种病毒蛋白,NB 为乙型特有	9 种病毒蛋白,HE 下为丙型特有
宿主	人、猪、马、禽类等	仅感染人类	人、猪

续 表

基因组	甲　　型	乙　　型	丙　　型
	8 个基因节段	8 个基因节段	7 个基因节段
病毒变异性	抗原性漂移和位移,漂移一般为线性	抗原性漂移可同时流行 1 种以上的变异株	抗原性漂移,多种变异株
临床特征	可以引起大流行,死亡率高	一般不引起大流行	多为散发,病情较轻

HA 和 NA 都为糖蛋白,具有良好的抗原性,同时又有很强的变异性,它们是病毒亚型及毒株分类的重要依据。目前已知 HA 有 16 个亚型(H1～H16),NA 有 10 个亚型(N1～N10)。由于不同的毒株所携带的 HA 和 NA 抗原不同,因此 A 型流感病毒有众多亚型,如 H1N1、H1N2、H2N2、H3N2、H5N1、H9N2、H7N9 等,各亚型之间无交叉或只有部分交叉免疫保护作用;由于流感病毒的基因组具有多个片段,在病毒复制时容易发生重组,从而出现新的亚型或新的毒株,这给疫苗的研制和防治本病带来极大困难。流感病毒的不同亚型对宿主的特异性和致病性有很大差异,如猪流感主要由 H1N1、H1N2、H3N2 亚型引起;人流感主要由 H1N1、H2N2、H3N2、H7N9 亚型引起;禽流感的病原主要由 H5N1、H5N2、H7N1、H9N2 亚型引起。但它们的交叉复制在病毒变异和流行甚为捉摸不定,Kennedy FS(1987)曾认为 H3N2 流感病毒抗原组分在人群中消失,而继续在中国东部地区、香港特别行政区和中国台湾地区的猪中流行多年。研究表明,中国猪流感甲 3 病毒的某些基因可能是鸟和人甲 3 病毒基因重组,这就是为什么其抗原决定簇还能在猪中存在多年原因。此外,不同流感病毒有对各自组织的亲和力。Kawaok Y(1987)报道,大多数流感病毒从雪貂呼吸道中分离,只有香港 68-1(H9N2)流感病毒从猪的肠道中分离出来,证明流感病毒有在某些哺乳动物肠道中进行复制的潜在性。提示在不同的哺乳动物中,甲型流感病毒有不同的组织亲和力。病毒和宿主的遗传因素决定了流感病毒在哺乳动物体内的组织亲和力。

鸡胚是流感病毒初次分离和大量繁殖的主要材料,一般用 9～11 日龄 SPF 鸡胚通过羊膜腔或尿囊腔接种病毒,但 C 型流感病毒只能在羊膜腔内增殖。流感病毒可以凝集鸡、豚鼠等多种动物红细胞,利用这一特性可以证实病毒的存在和增殖,同时需要用血凝抑制试验作进一步验证。

流感病毒可在人胚肾、猴肾、牛肾、地鼠肾、鸡胚肾、人胚肺细胞等多种原代细胞和 MDCK、Vero 等多种传代细胞中生长。原代猴肾细胞和 MDCK 细胞是流感病毒培养最常用的两种细胞。在流感病毒的细胞培养中,需加入一定量的胰蛋白酶,但高致病性禽流感病毒可在无胰蛋白酶存在的条件下增殖。

流感病毒可在雪貂、小鼠、鸡及黑猩猩、恒河猴、非洲绿猴等灵长动物体内复制增殖。小鼠应用最普遍,雪貂最经典,可产生典型的发热症状。

流感病毒对外界环境的抵抗力相对较弱,热、酸、碱、非等渗环境和干燥均可使病毒灭活。50℃ 30 分钟、60℃ 20 分钟、70℃ 10 分钟可将病毒杀灭。病毒在碱性条件下,神经氨酸酶的活性下降很快；较耐酸，pH 4 时仍具有一定抵抗力，pH 3 时病毒感染力才被破坏。紫外线对流感病毒也有较好杀灭效果，在阳光直射下，40～48 小时即可使病毒失去感染力。一般消毒剂对病毒均有作用，尤其对碘溶液特别敏感。其他氧化剂、季铵盐类、氨水、甲醛等都能迅速破坏其传染性。肥皂和去污剂对流感病毒亦有灭活作用。

[流行病学]　流行性感冒及其数次世界性大流行已有数世纪之久。A 型流感病毒自然感染人、灵长动物、猪、马、禽类、水貂、鲸鱼、小白鼠和雪貂等。2013 年 5 月，美国报道从海象体内分离到流感病毒 A 型 H1N1 亚型，表明病毒在自然界仍有新的宿主存在。禽流感主要是感染了病毒的家禽（鸭、鹅、鸡）、野生鸟类、迁徙性的水禽及其他动物引起的。自然界中的鸟带毒普遍，已知有 88 种鸟，我国有 18 种鸟带病毒；水禽以鸭带毒普遍；候鸟中天鹅、野鸭等是洲际间传播因素之一。B 型流感病毒可感染人和猪，但流行规模小；C 型流感病毒也可感染人、猪，但极少流行。但是，是人传给猪，还是猪本身也可以作为自然宿主还待研究。

目前猪的流感病毒（SIV）：A 型（甲型）有 H1N1、H1N2、H1N7、H2N3、H3N1、H3N2、H3N3、H3N6、H3N8、H4N6、H5N1、H5N2、H7N7 和 H9N2 等病毒；B 型（乙型）流感病毒；C 型（丙型）流感病毒。流行性感冒甲型的抗原变异性最强，常引起世界大流行。根据 20 世纪甲型流感流行资料分析，该病毒已有 4 次变异，形成 5 个亚型，1933—1946 年为 H0N1（原甲型 A0），1946—1947 年为 H1N1（亚甲型 A1），1957—1968 年为亚型甲型 A2，1968 后为 H3N2（香港型 A3）。一般新旧亚型之间有明显的交替现象，在新的亚型出现并流行到一个地区后，旧的亚型不再分到。另外，每个亚型中都发生过一种变种，即猪甲型、原甲型、亚甲型、亚洲甲型和港甲型。乙型有 3 次变异，但基本稳定，多为散发，分子病毒学基因分型的研究说明人类病毒的重新组合在自然界也可发生，使病毒能适应和继续生存下去。

流行性感冒流行中人—猪之间关系密切。从进化关系上，相比禽源流感病毒，猪群 H3N2 病毒同人群流感病毒具有相近的基因相似度。1918 年流感大流行期间，当时猪中发现了一种新的疾病，其征候与人类流感相似，于是有人认为猪的流感是从人类获得感染的。肉猪系 1 年生动物，不可能经不同亚型的流行年代获得，可是猪却具有各型病毒的抗体，这说明猪是人类流感病毒的储存宿主，而且说明不同亚型病毒可在猪群中同时并存和流行。这就为产生新的流感杂交病毒提供了良好温床，这与人类流感病毒新亚型的起源可能有关。Shope（1931）首先分离到该病原，并命名为猪流感病毒。Kindin（1969）从中国台湾地区屠宰场分离到人的甲 3 型流感病毒（A/香港/68）表明病毒为人传播。但 Easterday（1976）从美国一猪场的猪和人中分离到 A 型流感病毒 H1N1，证实 H1N1 - HSW1N1 可由猪传人。Rombary 等（1977）证实猪可感染人的 H3N2 病毒，该变异株已传入猪。1976 年美国新泽西 ForTDIX 兵营发生猪流感；2009 年美国疾控中心证实 7 人感染 H1N1 亚型猪流感病毒变种。表明人猪流感的发生具有相关性，猪流感发病高的地区，人流感血清学检出率也相对较高，几乎每次在人流感病毒新变异株引起人流感暴发或流行前后都有猪流感的发生和流行，并且分离到抗原与遗传学关系十分密切的类似毒株。已证实人和猪的流感病毒可在人和猪宿主之间交叉感染和传播。1978 年，我国台湾地区的一个猪群分离到了 H3N2 亚型猪流感病毒，通过测序发现，此病毒发生了人流感和猪流感基因片段重组。由于猪对人和禽的流感病毒都有感受性,所以认为猪是流感病毒混合器,不断会产生新的病毒变异株。1981 年德国发现由 H1N1 亚型病毒引起的猪流感。但是 A 型流感病毒的抗原性比较复杂,在哺乳动物和禽鸟类中的分布很广,这些病毒大多具有独特的表面抗原,这些表面抗原(HA、NA)可以同时发生变异,但更经常是单独变异。自 1931 年第一次分离获得流感病毒以来,每隔 10～13 年发生一次大的质变。发生变异往往是由量变到质变所产生的累积效应过程,当质变形成的新的亚型,可引起流感的较大流行,甚至世界性大流行。由于至今已发现的所有不同亚型的流感病毒几乎均可在禽中找到(表-22),因此,认为禽是流感病毒基因天然的巨大的贮存库。是甲型流行性感冒病毒新亚型起源的重要物质基础。一些研究也表明了这种变化,如 2009年 3—4 月墨西哥、美国猪源性流感流行,到 2009 年 5 月 30 日,此次疫情已造成全球 54 个国家和地区 15 510 人发病,其中 99 人死亡。导致全球大流行的病毒毒株为猪来源的 A 型H1N1 流感病毒[A/CALIFORNIA/04/2009(H1N1)],在人类流感大暴发后不久,就从猪体内检出了流感病毒,它不是既往经典的猪流感病毒,出现了该病毒与地方性猪病毒间的多种重组株,从商业猪场检出 7 个基因型的 9 种重组病毒,而且是禽流感病毒、人流感病毒和美洲、亚洲猪流感病毒的四重杂合体,是一个新的变种病毒。新病毒毒株有 8 个流感基因片段(PB2、PB1、PA、H1、NP、N1、M、NS)起源于猪、禽、人流感病毒的"三重组",即包括 3 个片段(H1、NP、NS)来自经典猪流感病毒;2 个片段(PB2、PA)来自北美禽流感病毒;1 个片段(PB1)来自人 H3N2 流感病毒;另有 2 个片段(N1、M)来自亚欧一类猪流感病毒。美国《科学》杂志(2011.6)报道,H7N9 患者分离到的病毒,通过直接接触可传染给雪貂,表明可空气传播。研究人员还在与人接触的猪上进行试验,发现猪会感染 H7N9 病毒,但不会将病毒传染给其他猪。因此,有人认为流感人有"鸟—哺乳动物—人"二次跨越理论和病毒基因混合器论。而人在维持猪流感病毒中不起直接的贮存宿主和交替宿主作用,可能是由于饲养、繁殖、销售等原因使猪的流感持续不断,人感染流感病毒香港株并作为重要宿主,而且已证明可传播给猪,但不一定发展为明显疾病,说明病毒不能在猪中建立循环,猪受感染仅仅是在与受感染的人接触时候发生。A 型流感病毒有可能在一定程度上发生于不同宿主,即为人、禽、马、猪等动物之间发生变异和新亚型起源的重要条件,在自然条件下,流感病毒感染的宿主范围有一定的特异性(表-22)。据此,可将病毒分为不同的群,如禽流感、猪流感、马流感、人流感等,但流感病毒感染的宿主范围界限并不十分严格,如猪可携带禽流感病毒,也可携带人流感病毒。

表- 22   A 型流感病毒宿主范围

血凝素	1	2	3	4	5	6	7	8	9	10	11	12	13	14	15
鸟类	+	+	+	+	+	+	+	+	+	+	+	+	+	+	+
人	+	+	+		+	+	+		+						
猪	+		+												
马		+			+										

　　注:2013 年 6 月中国台湾地区报道人 1 例 H6N1 感染,有人传人致病,并报道 H6 在鸡中存在,但未见发病;+:可感染。

甲型流感病毒自然发生在马、猪和几种鸟中。流行病学调查让人更担忧的是禽流感病毒对人、猪的直接感染。Pensaert M(1981)报道,北欧猪出现禽源 H1N1 病毒,以后在我国香港和内陆健康猪群中分离到;从鸭、鸡、鸽、猪分离到流感病毒 H9N2 亚型;郭吉元(1999)从广东检出 9 例由 H9N2 病毒引起人类病例,以及从华北、华南和香港养禽工人中检出 H9N2 抗体。该病毒具有与人流感病毒相似的受体特异性,宿主范围更广,在人群中也具有一定感染范围,故郭吉元认为禽流感 H9N2 病毒是直接感染人的,而不是通过所谓中间宿主猪,然后再感染人。2003 年,禽流感 H5N1 病毒已感染 622 人,并导致 371 人死亡;2013 年的 H7N9 禽流感病毒也直接感染人,流行病学调查并非起源于猪,猪也被感染;还有禽流感 H7N2 等,都与禽有关,特别是水禽。实际上,禽流感病毒可能是哺乳动物流感的根源,其直接感染哺乳动物并参与病原变异,并重组新病原感染哺乳动物,即在 A 型流感中,人、猪是互为传染源的共同宿主;禽鸟是人和猪流感的重要宿主;Qi X 等(2009)报道江苏省 2005 年发现"三源重配"猪 H3N2 流感病毒很可能致三宿主相互感染,这些新重组突出了猪群中流感病毒日益增加的复杂性和病毒多样化在生态学的重要宿主猪中发生的频率。变异株、新血清型出现表现流行性病毒扩展,出现新血清型症候,让我们感到传统的畜禽养殖模式或为季节性流感病毒的进化提供了复杂的宿主结构,带来更大威胁。

病人和隐性感染猪等动物是流感主要的传染源。病人在潜伏期不具有传染性,发病期传染性最强,体温恢复正常后传染也随之消失。人在维持猪流感中不起直接的贮存宿主或交替宿主作用,可能是由于饲养、繁殖、销售等使猪的感染持续不断。人可感染流感病毒香港株并作为重要宿主,而且已证明可传播给猪。该病毒不能在猪中建立循环,猪受感染仅仅是在与受感染人接触时发生。分离出的许多鸟甲型流感病毒含有人 HA 和 NA 表面抗原,并有报道表明流感可人传给鸟,也可从鸟传播给人。已报道通过从病人分离的禽流感病毒对鸡有感染性,还没有鸟病毒感染哺乳动物宿主,也没有实验工作人员受鸟病毒感染的报告。而有人和鸟流感病毒发生重组证据,人和鸟流感病毒具有共同的 HA 和 NA 抗原,使人乃至鸟流感病毒在哺乳动物或哺乳动物流感病毒在鸟体发生了重组的结果(图-4)。

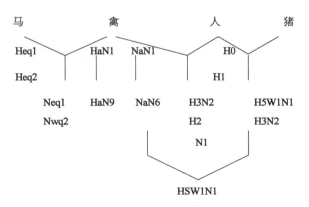

图-4　流感病毒种间相互关系

关于动物作为传染源问题。早在 1957 年甲 2 型出现后,Chu 氏提出了它起源于动物的可能性。就病原的变异，一些学者认为，老的人类病毒在人间消失后转入某种动物中保存下来，在一定条件下又引起人间的流行。Kilbourne(1973)认为所有动物流感病毒都是过去人间流行过的病毒遗迹。有的认为本来是动物的病毒发生变异获得了对人致病性而引起人间流行。有人认为人类病毒与动物病毒发生了重组，使动物病毒获得了对人的致病性。不论哪种学说，动物作为传染源的证据有以下几点。

第一，动物流感病毒的发现及其与人类流感病毒的关系。自1965年以来，先后从马、鸭子、鸡、火鸡、野鸭、鹦鹉、燕鸥及多种海鸟和候鸟中分离到甲型流感病毒的许多亚型。已发现与人类流感病毒 H 相同的有4种，与 N 种相同的有2种。Laver(1972)、Webster(1973)证明人流感病毒 H2 与 H3 在抗原性和肽环上都表现很大的差异，而 H3 与马 H2(马/迈阿密/63)和鸟 H7(鸭/乌克兰/63)在抗原性上有联系。在血凝素轻链(HA2)的肽环上基本相同。

第二，动物流感病毒感染人。据 Beveridge(1977)报告，在1918—1919年现代史上最大的一次人类瘟疫流行中，有2 000万人丧生。当时没有能够进行病毒分离，在后来的血清学追溯中，学者认为当时流行的可能是由猪型流感病毒(猪 H1N1)所致。试验发现，凡是经历过那次大流行的人，大都具有猪型抗体。WHO(1976)报告，1976年1月美国新泽西 Fort Dix 兵营中发生了猪型病毒流感。由此以来，猪型流感病毒可以感染人。同时也说明病猪是人类流感的传染源。

第三，人类流感病毒感染动物。甲3型流感染病毒已从鸡、犬、牛、熊体内分离到，血清学调查表明，鸡、犬、牛、貂等有甲3型抗体。这些都证明是人类感染动物的。至于甲3型能否与猪型一样在动物中(体内)长期保存下来，并对人类有感染力还在研究之中。广西的调查资料证明，猪和鸭中流感抗体的阳性率和特异性在一定程度上反映了人间流行的程度和抗原性。

第四，研究表明，HA 是宿主范围局限性的一个主要因素；NA 蛋白在流感病毒的跨物种传播过程中也起一定作用；NP 蛋白也被认为是流感病毒宿主范围限制性的一个决定因素，所以流感病毒有宿主限制性。而猪的上皮细胞同时具有 SA2,3Gal 和 SA2,6Gal 两种受体，禽和人流感病毒在对方宿主体内增殖，而且都能感染猪，这就为2种或2种以上不同毒株在猪体内发生基因重配提供可能。因此，猪被认为在流感病毒的生态分布和进化中充当了"混合器"的角色。

我国兽医工作者1996年以来，从全国各地发病的禽类、正常水禽及野鸟类中分离到了 H5N1 亚型高致病性禽流感病毒，并对来自不同禽类、不同时间和地点 H5N1 亚型病毒毒株进行生物学和分子生物学分析，研究结果表明我国禽类中 H5N1 亚型病毒均呈高致病力。但在几年的自然进化过程中，对哺乳动物的感染与致病力发生了质的变化，即由早期毒株不能感染发展到可感染，但不致病；由局部感染和低致病力发展到全身感染和高致病力。病毒不是突然出现的，而是在自然界中通过动物间长期接触，最终相互交叉感染。目前，这些病毒对猪、虎、猫等已经形成致病力。

Kida 等(1994)认为感染猪的 A 型流感病毒进化方式通过三种方式发生改变。第一，来自它种动物的 A 型流感病毒直接而完全地感染猪(病毒的宿主适应性进化);第二,编码主要病毒抗原变异或抗原性漂变(遗传型漂移);第三,两种不相关的 A 型流感病毒同时感染猪后,在猪体内通过基因杂交就可能产生一种具有不同抗原特性和遗传特性的新病毒(基因重配和 RNA 重组)。三种方式都可以自然发生在猪体内。禽及人流感病毒感染猪的可能性已得到了充分证实;感染试验证明,猪对于所有代表了流感病毒各种血清型的毒株都很敏感。但是,病毒由禽或人传播给猪后,必须适应新的宿主才能对猪具有致病力。现有证据表明,病毒从最初传入到产生致病力,可能需要经历许多年时间。

[发病机制]　流感病毒感染人、猪体能否致病取决于宿主与病毒间相互作用。HA 是宿主范围局限性的一个主要决定因素。HA 与宿主细胞上的受体结合是流感病毒感染的关键一步。猪的呼吸道上皮细胞同时含 a－2,3 半乳糖苷唾液酸(SA2,3GAL)和 a－2,6 半乳糖苷唾液酸(SA2,6Gal)两种受体,而人、猪流感病毒对 SA2,6Gal 的亲和性最高。流感病毒经飞沫传播进入呼吸道黏膜,正常和猪黏膜上存在分泌型 IgA 抗体可以清除吸入的病毒。当机体免疫力降低或病毒数量多及毒力较强时,其包膜上的血凝素与黏膜上皮细胞膜的糖蛋白结合,病毒脱膜后其 RNA 进入细胞内复制,待成熟后从细胞膜释放出再侵袭相邻上皮细胞。而神经氨酸酶可分解呼吸道黏膜的神经氨酸,使黏膜水解,病毒逐渐扩散而不断侵袭上皮细胞,并可沿呼吸道向下伸延,引起上皮细胞出现肿胀,气泡变性,细胞间连接松散而致大量细胞脱落使基底膜暴露。病毒也可在肺泡上皮细胞生长,并破坏上皮细胞,使肺泡出现充血、肺泡壁增厚、单核细胞浸润等间质性肺炎改变。流感病毒还可浸入血液扩散到全身,引起肝、脾出现相应的病理改变。

流感病毒感染猪一般局限于呼吸道(从鼻一直到肺的深部)的上皮细胞,几乎不侵入别的组织,极少检出病毒血症。这一病毒会在气道和气腔上皮中增殖,并损坏这些上皮,造成上皮细胞脱落和破裂。上皮细胞坏死和中性粒细胞浸润肺部是感染的征象。炎性细胞造成气道梗阻并释放出酶而使肺严重受损,导致肺部产生界限清晰的暗红色病变区。实验感染猪在接种后 1～3 天可从血清分离到病毒,但只能在 1 天内分离到,而且病毒滴度很低。试图证实病毒在呼吸道外的某个部位增殖基本上未获得成功。已证实病毒在鼻黏膜、扁桃体、气管、支气管淋巴结和肺等处增殖。肺似乎是主要靶器官。猪气管内接种病毒后,肺内的病毒滴度可达 $10^8 EID_{50}/g$ 组织。达到更深气道的病毒量和肺内病毒的产量决定了疾病的严重程度。育肥猪经由鼻腔接种大剂量病毒($10^7～10^{7.5} EID_{50}$)导致亚临诊感染,而气管内接种同样剂量可在 24 h 内产生典型的临诊症状。肺组织作免疫荧光研究,显示病毒增殖异常迅速,对细支气管上皮有高度特异的嗜性。迄今没有迹象表明,不同流感毒株在肺内的增殖部位有什么差别。免疫荧光表明,在感染后 2 小时,支气管上皮细胞呈阳性染色,感染后 16 小时支气管有大片荧光区,72 小时后荧光逐渐衰退。感染后 4 小时内可从肺泡隔中检出抗原,24 小时在肺泡和肺泡导管处有无数荧光细胞。肺泡和细支气管处的荧光在第 9 天消失。支气管几乎 100% 的上皮细胞都有荧光存在,支气管和细支气管内的渗出液中含有变性的和脱落的荧光黏膜细胞和嗜中性白细胞。只有将高剂量病毒直接注入气管才会导致严重病变和典型疾病。因此有观点认为,对流感病毒来说感染压比其他呼吸道病原体是更关键的发病因素。

有关流感病毒在细胞水平上的致病机制资料极少。近来,根据不吮初乳猪的研究推断,支气管肺泡产生的肺病坏死因子和白细胞介素－1等细胞素,在病毒感染后,促使肺炎等变化。在大多数实验中,病毒的清除极为迅速,在7天后就不能自肺或呼吸道其他部位分离出病毒。应用ELISA技术,则可在感染后第3天血清和第4天鼻拭子中检出流感病毒特异性抗体。

[临床表现]　猪流行性感冒病毒有A、B、C、D四型与人同源。猪A型流感病毒有多个亚型:H1N1、H1N2、H1N7、H2N3、H3N1、H3N2、H3N6亚型,以及1999年从北美洲安大略湖自然感染猪中分离到的H3N8、H4N6、H5N1、H5N2、H7N7和H9N2亚型。其中,H1N1、H1N2和H3N2三个亚型是引起近年流行最广泛毒株,H3N8则呈地方性流行,H4N6是低致病性禽流感病毒,H9N2从香港猪群中分离到;2005年从印度尼西亚猪体分离到H5N1亚型。猪体分离到禽流感病毒亚型,增加了流感病毒流行病学的复杂性,可能对人类更具危险性。H1N1流感病毒人工感染和自然感染猪。在感染后1~4天内呈现出类似流感症状,所有病猪状态低迷、食欲下降、轻度脱水,并伴有流涕、咳嗽、打喷嚏和眼结膜炎等症状。剖检可见病猪肺弹性组织塌陷、小叶中度水肿、间隔明显,且呈深紫色;具有温和、慢性的非特异性气管炎和中度间质性肺炎,并伴有轻度多灶性坏死,如有并发性感染肺炎,有脓肿并有脓液流出。流感病毒B型可人工感染猪。流感病毒C型于1949年从猪和犬中分离,一个血清型形成2个分支,还未构成亚型。Guo等(1983)从中国屠宰场外表健康猪的咽喉、气管中分离到C型病毒;血清学调查3%屠宰前检猪有抗C型抗体。人源和猪源C型病毒都能实验性地感染猪,猪之间可以传染,但没有发病症状。姜冰洁(1985)对猪中人流感病毒抗体进行调查,发现66.6%的为丙型抗体。

近年来,猪群中除了常见的古典型H1N1和类人型H3N2流感病毒引起的猪流感外,由重组病毒H1N2、H1N7、H3N6亚型引起的猪流感也时有报道。1998年美国北卡罗来纳、明尼苏达、艾奥瓦和得克萨斯接种过H1N1亚型猪流感疫苗的4个猪场暴发了严重的猪流感。研究表明,其病原为H3N2"人—猪"双重组病毒毒株和"人—猪—禽"三重组病毒毒株,母猪发病严重,有3%~4%的母猪出现流产,产仔率下降5%~10%,断奶前仔猪死亡率高达4%~5%;23个州的4 382份血清样品中抗三重组病毒毒株抗体阳性率达20.5%,表明该病毒已在猪中传播。同时,人源H3N2亚型毒株能感染猪并引发临床症状。研究表明,1968年以来已有多株人源H3N2亚型病毒传播给猪,并在2001年全欧洲猪群引起流感暴发。这些病毒虽从人群中消失,但仍然在猪中存在。

猪流行性感冒是一群发性疾病,是猪群中难以根除的呼吸道疾病之一。该病一直以急性暴发的形式或流行病的形式在数天之内横扫众多猪场,使患病猪出现高热和厉声地犬吠式咳嗽。尽管发病之初显得很厉害,但极少死亡,在1~3天的潜伏期后突然发病,潜伏期短(几小时到数天)。猪突然出现明显的呼吸困难、咳嗽、发热、拒食,通常持续2~4天,并出现5~8天的停止生长,体重减轻5 kg以上,使上市时间推迟10~14天。母猪发病率高达100%并发生流产,死亡率低于2%~5%。人工感染为24~48小时出现临床症状。猪群中的大多数猪只表现厌食、不活动、躺卧、蜷缩、挤作一团,有些猪张口呼吸、呼吸困难、肌肉痉挛、腹式呼吸，行走时伴有严重的阵发性咳嗽，类似群犬狂吠。发病猪体温升高至 40.5～41.7℃，可伴有结膜炎、鼻炎、鼻分泌物和打喷嚏，肌肉和关节疼痛。个别猪甚至全身发红或发绀，腹式呼吸明显，张口呼吸，常伴阵发性、痉挛性咳嗽；结膜充血发炎，卡他性鼻炎、打喷嚏，眼和鼻流出黏性分泌物，有时分泌物带血；粪便干结、小便发赤，多数病猪可于发病后 6～7 天康复。慢性病例猪，由于长时间拒食、多持续咳嗽、消化不良，表现为消瘦、体重明显下降，最终导致身体虚弱、衰竭、昏迷，甚至死亡。

母猪在怀孕期间感染，表现为发热、皮肤发红、流清涕和咳嗽等症状，病毒可通过胎盘感染胎儿，引起流产或产下的仔猪在 2～5 日龄时病情严重、发育不良，有些断奶前死亡，且死亡率较高。存活仔猪表现为持续咳嗽、消瘦，病程一般在 1 个月以上。有些感染 H3N2 的猪的体温在 40℃ 以上，很大一部分猪还有停食和呼吸频率增高、咳嗽明显，但不似 H1N1 感染的深部咳嗽，还会导致母猪流产、死亡和生产下降。

公猪会因体温升高而影响精液产生、授精率低，可持续 5 周时间。本病来势凶猛，发病率很高，可达 100%，但病死率低，通常不到 1%。

在有母源抗体的猪群，如呈地方性流行地区，将近 50% 的呼吸道病例被诊断为由 H1N1 和 H3N2 引起，许多猪受感染而不表现临床症状。比利时养猪高度密集的地区，99.5% 以上的中等猪场都是 H1N1 和 H3N2 血清阳性，母猪多数具有免疫力。而仔猪可受到母源抗体保护 8～10 周龄。这些仔猪和尚有部分免疫力的仔猪受到感染时，不大会出现猪流行性感冒症状。因此，典型的猪流行性感冒最常见于 15～18 周龄的肥育猪。

SI 的典型暴发只有在非特定的条件下才能实验性复制。育肥猪（100 kg 左右）在气管接种高剂量 H1N1 或 H3N2 病毒，即每头猪接种 10^7～$10^{7.5}$ EID$_{50}$（50% 鸡胚感染量）。接种后不到 24 小时感染猪表现高热、停食、呼吸困难。生长停滞 5～8 天，体重减轻 5～6 kg。然而康复极为迅速，症状仅持续 2 天。如果将相同剂量的病毒通过口鼻接种，结果只产生轻微的症状或亚临诊感染。至于不同的流感病毒毒株在肺内增殖的部位有否差别，迄今尚无征象。

除了临诊明显症候外，经常发生亚临诊感染，通过育肥过程中没有呼吸道疾病的猪作血清学调查而获得证明。

流感是否出现症状取决于许多因素，包括免疫状况、年龄、感染压力、并发感染、气候条件和畜舍情况等。虽然感染一年四季都有发生，但临诊疾病主要见于寒冷季节。流感中最重要的因素是并发感染。多年来已经知道并发感染的呼吸道细菌如胸膜肺炎放线杆菌、多杀性巴氏杆菌、副猪嗜血杆菌、猪链球菌等加剧了流行性感冒病毒感染的严重性和病程。最近通过自然条件下的观察，认为呼吸道病毒也是导致病情复杂的因素。研究表明，流感病毒与两种或三种其他病毒并发感染很多见，在欧洲集约化育肥猪舍中 PRCV 或 PRRSV 感染率很高。相关的症状不如急性 SI 暴发那样特征，通常猪群中只有 20%～50% 显示呼吸道症状、发热和食欲下降。

[病理变化]　猪流感的病理变化以呼吸道病变最为明显，肉眼可见鼻、咽、喉、气管、支气管黏膜充血、肿胀，表面有大量黏稠液体，小支气管和细支气管内充满泡沫样渗出液，有时

混有血液。胸腔蓄积大量混有纤维素的浆液,肺脏的病变部呈紫红色,如鲜牛肉状,病区肺膨胀不全、塌陷。其周围肺组织气肿,呈苍白色,界限分明,病变通常限于尖叶、心叶和中间叶,常呈不规则的两侧性对称,如为单侧性,则以右侧为常见。严重病例除呼吸道有病变外,脾脏轻度肿大、肠黏膜发生卡他性炎症、局部黏膜充血、胃大弯部充血严重、大肠有斑块状出血,并有轻微的卡他性渗出物。

猪流行性感冒在感染初期表现为肺实质充血、器官扩张和体液渗入组织使肺泡隔膜增厚,支气管和细支气管上皮有明显的实质性变化。病程中期表现渗出性支气管炎,小支气管和末端支气管充满大量多核白细胞、嗜中性粒细胞、淋巴细胞和少量脱落上皮的渗出物,支气管黏膜上皮破碎、脱落,上皮细胞空泡变性,局部纤毛脱落消失。病变部肺泡壁皱缩,内含有肺上皮细胞和少量单核细胞,肺泡壁增厚,并伴有单核细胞浸润。在发病后期,严重病例可见更明显的气管和支气管黏膜上皮细胞破坏,其管腔完全被白细胞填塞,肺泡充满红细胞、白细胞与凝固的浆液。脾髓内充盈大量血液,白髓体积缩小,红髓中固有的细胞成分也大为减少,胰腺细胞间充满红细胞;有局灶性的坏死灶,淋巴结毛细血管扩张充血,淋巴窦内可见渗出的浆液和巨噬细胞,还有中性粒细胞和数量不等的红细胞。

猪流感常与猪瘟、猪蓝耳病、附红细胞体病、猪链球菌、猪的副猪嗜血杆菌病等混合或继发感染,会使临床症状和病理变化更加严重与复杂化。

B 型流感病毒可以人工感染猪。范宗华(1984)从血清学方面获得的数据证实人乙型流感可以感染猪,仅 1 岁猪抗体阳性达 78.3%,几何滴度为 42.5,比 1974 年报道的高。成都的血清学检测表明,猪的乙型流感血清阳性率为 1.7%～5.5%,HI 范围为 20～40。郭吉元对 309 份猪血清作 SW1N1、H1N1、H2N2、H3N2 粤、H3N2 黔及新 29～31 作血抑制抗体检测,其阳性数分别为 148(47.9%)、13%(43%)、242(78.3%)、210(68%)、270(87.4%)和 17(5.5%);乙型流感猪的抗体滴度在 20～40。

郭吉元(1981)从北京猪中发现分离到 15 株 C 型流感病毒,1985 年再次从北京猪分离到 1 株 C 型流感病毒,病毒抗原近似于人 C 型流感病毒 C/NJ/1/76 株。

猪 C 型流感病毒感染猪表现为突然发病、发热、咳嗽、呼吸困难、鼻分泌物增加,但症状轻,恢复快,抗体增加,接触猪也能被感染。

从美国南达科他一头患病猪分离到 D 型流感病毒,后又发现牛也是该病毒的原始宿主。日本曾从猪和地鼠体内也分离到该病毒。

[诊断]　流行性感冒的诊断主要依据临床症状,在流行期根据流行病学史短期内出现较多致病的相似患者、典型症状及体征基本上可确诊,同时通过实验室进一步诊断。

1. 流行病学诊断　世界各地流感的流行方式基本相同,虽然一年四季都能发生,但在早春、晚秋及寒冷冬季,特别是在气候变化比较剧烈的时候更易暴发,而大部分人、猪都会在发病一定时间后自愈。

2. 临床症状和病理变化的诊断　人、猪都会出现高热及呼吸道症状、咳嗽、流清鼻液等。以肺脏的病变最明显,多发生于肺的尖叶、心叶、中间叶及隔叶的背部与基底部。X 射线透视呈现明显阴影。

3. 血清学诊断　常规采用血凝与血凝抑制试验,具有稳定性好、特异性强、操作简便、结果容易判定等优点。该方法既可定性,又可以定量,还能区分病毒亚型。此外,还可用琼脂凝胶扩散试验、酶联免疫吸附试验、免疫荧光技术、免疫纯化等技术。

4. 分子生物学诊断　常规用 RT‐PCR 反应技术,还可用基因芯片检测技术等。

5. 病毒分离与培养　常用鸡胚接种法和细胞培养法分离病原。由于 A 型流感病毒有重要的宿主差异性,并且不同毒株可能有不同的体外生长特性,因此初次分离人流感或猪流感毒株不能在鸡胚中良好生长,而细胞培养能获得更好结果。在病毒分离时考虑到不同流感毒株的组织嗜性和生长特性,运用两种流感病毒的分离系统能增加病毒分离的敏感性。

对病毒鉴定可以通过电子显微镜检查、红细胞凝集试验、型特异性补体结合试验、特异性血凝抑制试验、病毒中和试验、神经氨酸酶及其抑制试验、病毒 RNA 凝胶电泳等进行型、亚型鉴定。

[防治]　目前尚无治疗流感的特效药物。猪群发生流感以后,要早诊断、早治疗,在疾病发生之初很难区分普通感冒和流行性感冒,但流感常常发病突然,且非常容易疲劳。对流感的早期诊断对于流感病毒的药物治疗非常重要,这一时期是药物最为有效的阶段。一般采用对症治疗和防止继发感染相结合的方法。

对于生猪感染猪流感病毒,主要是保证病猪的休息和营养,同时可对发病猪场实施紧急疫苗接种并加强管理,以阻止病毒在猪场内和猪场间的传播。同时使用一些抗生素提高机体的抵抗力,避免继发其他细菌性疾病。此外,要加强猪场管理和消毒。

猪可添加或注射抗生素(阿莫西林、氟苯尼考)或抗生素(环丙沙星、氧氟沙星)控制并发或继发感染。发热猪可用解热镇痛药物和安乃近或复方安基比林肌注。

目前市场上人、猪都有流感单价或双价灭活疫苗。和人 H1N1、H3N2 亚型流感毒株和 B 型流感毒株制备的混合苗。

十四、梅那哥病毒病(Menangle Virus Disease,MeVD)

该病是一种由梅那哥病毒(MeV)引起的人畜共患病毒病。该病毒致人发热、头痛、寒战、肌肉痛、皮肤有点状红疹,甚至死亡;致猪流产、胎儿死产、畸形和脑炎等。

[历史简介]　1997 年 7 月澳大利亚新南威尔士一猪场母猪和人感染此病,至 1998 年澳大利亚有 4 个猪场发现本病,由 2 600 头母猪所产的异常仔猪中分离到病毒。澳大利亚新南威尔士梅那哥地区的 Elizabeth Macarthur 农业研究所从发病仔猪肺、脑、心分离的病毒在BHK21 细胞产生细胞空泡或合胞体形成等病变。电子显微镜下形态与副黏病毒属病毒相似。

[病原]　梅那哥病毒属于副黏病毒科腮腺炎病毒属,是一种有囊膜、不分节段的负链RNA 病毒,有神经氨酸酶和血凝素活性。与腮腺炎病毒属(TiV)亲缘关系最近,并能与 TiV特异性抗血清发生交叉免疫反应,但不与腮腺炎病毒属、麻疹病毒属和呼吸道病毒属其他现有成员的抗血清发生交叉免疫反应。

病毒由圆形或多态性的病毒颗粒组成，长30～100 nm，内含人字形的核胞体，直径4～19 nm，周围有单一边缘的囊膜，表层凸起的纤突长为4～17 nm。核衣壳呈螺旋对称。基因组包括6个开放阅读框，分别编码NP、P/V、M、F、HN、L蛋白，顺序为 3′- NP - P/V - M - F - HN - L - 5′。病毒可生长于多种动物的细胞，病毒对几种动物细胞无血凝吸附性和血凝集性。与马疱疹病毒无血清交叉反应，电子显微镜下形态学差异明显，从母猪采血进行血清试验，与繁殖障碍病原无血清学反应。

[流行病学]　本病目前仅发现于澳大利亚和马来西亚两个国家，感染动物仅发生于猪、人和果蝙蝠血清阳性；靠近病猪场所采集的野生动物与家养动物包括其他蝙蝠、鸟类、牛、羊、啮齿动物、猫和犬的血清，均无此病毒的抗体。果蝙蝠每年大约有6个月栖居于养猪场，在感染猪场的周围果蝙蝠血清中抗体阳性比例为42/125，说明果蝙蝠是本病来源。可能是病毒感染的储存宿主。病猪是猪场内的传染源。在猪群中的传播途径有：① 接触传播，病毒可能通过接触病猪的分泌物或排泄物在同一猪场内传播；② 呼吸传播；③ 消化道传播，即"粪—口"方式进行传播；④ 垂直传播，病毒可以通过妊娠母猪血胎屏障感染胎儿，导致畸形胎、产下胎儿即死亡和木乃伊胎，并使母猪怀孕率下降等。1997年7月澳大利亚新南威尔斯一猪场发生母猪繁殖异常疾病，同时猪场的2名工人也发生了感染性疾病。然而，通过肉品传播给人类或动物的可能性尚需进一步研究证实。近距离与猪接触可能是MeV传给人的基本方式，另感染者有血溅脸部及有轻微伤口和尸检猪只时未戴手套和眼罩的经历。尚无该病毒从人到人传播的报道。

[发病机制]　梅那哥病毒的致病机理尚不清楚。它可侵害猪的生殖系统和中枢神经系统。

[临床表现]　本病发生于仔猪和断奶猪，育肥猪少见。成年猪只的死亡率极低。主要为母猪流产和死产繁殖障碍症，梅那哥病毒可通过胎盘感染仔猪，潜伏10～14天。繁殖障碍和仔猪先天性缺陷表现为母猪产仔率、仔猪成活率和产窝数均下降。导致母猪受孕率降低，45%的母猪窝产仔数降至38%～82%；足月分娩时，产出木乃伊死胎，死胎具有严重的非化脓性脑脊髓炎，其中一些呈现严重的肌肉和颜面缺陷，出生后任何日龄的猪均不发病。1998年4个猪场从2 600头母猪所产的异样（如脑部、脊髓、肌肉等异常）仔猪中分离到梅那哥病毒。生下仔猪即死并有畸形，所产死胎、木乃伊胎儿、畸形胎儿的比例增加，常见肌肉发育不全，下颌过短和"驼背"，偶见无趾；脑组织和脊髓容量明显减少，少数病例有明显的肺发育不全，有时还有流产。Phibey，A.W（1998）报道感染小猪的颅面、脊骨异常，表现为短颌、大脑和脊髓退化。从感染小猪的大脑、心脏和肺脏标本中分离到MeV。除新生仔猪外，其他年龄猪不显症状，但各种年龄猪只90%以上血清样品中出现高滴度的中和抗体。死胎仔猪的脑、脊髓可见严重变性，灰质和白质都坏死，可见巨噬细胞浸润，偶见其他炎性细胞。神经元核内和胞浆内出现包涵体。关节弯曲僵硬，肺脏等腔体偶有纤维性渗出和发育不全。少数仔猪出现非化脓性心肌炎。断奶仔猪发病多在12～16周龄，从88个感染猪场中所有不同年龄猪均见发病，仔猪育成率低，有的有脑膜炎症类。99%以上血清样品有中和抗体，滴度达到1∶256。

[病理变化]　仔猪的大脑、脊髓退性变化、灰白质坏死、脑膜炎、巨噬细胞及炎症细胞浸润,肺脏发育不全。神经元细胞有核内及质内包涵体,非化脓性心肌炎。死产胎儿的脑与脊髓严重退行性变化、关节僵硬、下颚较短,有时体腔内有纤维素性液体,肺脏发育不全和非化脓性心肌炎。

[诊断]　本病的确诊依靠实验室的病毒分离和鉴定,要与亨德拉病毒、尼帕病毒等副黏病毒进行鉴别(表-23)。

表-23　感染人的动物传染性新的副黏病毒

病毒	鉴定年份	推测宿主	非人类物种感染		人类感染报告总数			临床疾病
			自然	实验	暴发数	个案	死亡	
HeV	1994	果蝙蝠	马	马、猫、豚鼠	6	3	2	流感样疾病、肺炎、脑炎
MeV	1997	果蝙蝠	猪	不适用	1	2	0	发热、皮疹
NV	1999	果蝙蝠	猪、猫、犬、马	猪、猫、仓鼠、果蝙蝠、豚鼠	7[a]	387	192	肺炎,脑炎

注:a 为观察到马来西亚的 1 起暴发、印度的 1 起暴发、2003—2005 年孟加拉的 5 起暴发。

[预防]　本病目前尚无有效的疫苗和治疗方法。预防主要是控制传染源,目前认为果蝙蝠是重要传染源,人畜尽量不接近果蝙蝠或驱赶猪场周围果蝙蝠,防止被叮咬,并加强个人防护;对猪场进行消毒,肥皂液是唯一消毒方法。

十五、蓝眼病(Blue Eye Disease,BE)

该病是一种由副黏病毒猪腮腺炎病毒属的猪腮腺炎病毒(popv)引起的一种猪传染病。其临床特征为脑炎等中枢神经紊乱、心肌炎、肺炎、角膜混浊、水肿和繁殖障碍。该病也可感染人,表现为脑膜炎和睾丸炎。

[历史简介]　1980 年墨西哥米却肯州(Michoacan)的拉帕丹镇(La Piedad)一个 2 500 头母猪的商品猪场中青年猪群"产仔室"暴发一种呈中枢神经症状和高死亡率的疾病。同时,一些断奶仔猪和育肥猪发现有角膜混浊和变蓝现象,故称为蓝眼病。Stephano 等(1981)从患猪体内分离到一种血凝性病毒;1983 年与 Gay 确定该病毒为副黏病毒科中一种不同血清型成员。1984 年在墨西哥米却肯州的拉帕丹镇分离到病毒。1984 年 8 月比利时肯特市的国际猪医协会第八次世代会上,墨西哥提交了一份新的猪病蓝眼综合征报告,故命名为蓝眼综合征,该病毒又称为蓝眼病副黏病毒(blue eye disease paramyxovirus,BEP),Fields (1996)将其划归入副黏病毒亚科。

[病原]　本病毒属副黏病毒科副黏病毒亚科腮腺病毒属成员之一。对病毒进行电子显微镜检查,形态上呈多型性,但通常近似于球形,直径大小不一,从 70～120 nm 或 257～360 nm;外壳被覆一层致密的凸起或穗突。病毒粒子破裂释放出的核衣壳通常单个存在,核衣壳呈

螺旋对称,直径为 20 nm,长为 1 000～1 630 nm,位于病毒粒子中央。核衣壳外有脂质囊膜,囊膜上有 6～8 nm 的纤突。病毒基因组为单股负链 RNA,全基因组长 15 180 nt,从 3′端到 5′依次为 N 基因(58～1 840)、P/V 基因(1 842～3 312,通过 RNA 编辑,编出 P 蛋白、V 蛋白、W 蛋白和 C 蛋白)。M 基因(3 241～4 580)、F 基因(4 603～6 440)、HN 基因(6 487～8 348)和 L 基因(8 352～15 137);N 基因前和 L 基因后分别为 3′端前导序和 5′端非翻译区,基因间为间隔区,间隔区长度不一,为 1～47 nt。病毒基因组共编码 6 个结构蛋白,其中 P 基因转录后可通过 RNA 编辑产生 V 蛋白、P 蛋白、W 蛋白和 C 蛋白;HN 蛋白决定病毒的嗜性,并在猪的敏感组织中表达,感染猪产生针对 HN 的优势免疫应答是亚单位苗候选抗原。具有血凝素和神经氨酸酶活性的 HN 蛋白,形成病毒粒子表面 2 种较大的纤突;融合蛋白 F,形成较小的纤突;基质蛋白 M;核衣壳蛋白 NP;磷酸化蛋白 P 和具有 RNA 聚合酶活性的 L 蛋白(200 ku)。其中 5 种能够产生明显的免疫沉淀。病毒的毒力主要取决于 HN 蛋白。病毒能结合各种年龄猪的脑组织上,能特异性识别具有 N-低聚糖链的唾液残基的 116 ku 膜蛋白。在神经受体识别中,病毒的 HN 蛋白似乎发挥主要作用,用神经氨酸酶、N-糖苷酶 F 和胰酶处理神经元膜蛋白能增强病毒的结合。

病毒只有 1 个血清型,但不同地区分离株的抗原性差异较大。

该病毒能在多种动物细胞内生长,如猪肾、猪睾丸、牛甲状腺、猫肾、BHK21、PK12 和 Vero 细胞及鸡胚原代细胞等,并能产生细胞病变(CPE),将病毒接种原代猪肾细胞或 PK15 细胞后,4～48 小时出现 CPE,其病变特征为细胞变圆,胞浆内出现空泡和形成胞浆内合胞体,全过程持续 5～7 天,细胞完全脱落。

本病毒能凝集鸡、豚鼠、小鼠、大鼠、兔、仓鼠、马、猪、鸭、猫、犬和人的 A、B、AB、O 型等多种动物红细胞,但在 37℃ 条件下经 30～60 分钟会自动脱落。Stephano 和 Gay(1985)报道 PK15 感染细胞对鸡红细胞吸附呈阳性。不同的毒株未见形态、理化特性和血清学差异,病毒与其他副黏病毒无抗原交叉关系,如 1、2、3、4、6 和 7 型副黏病毒和 1、2、3、4a、4b 和 5 型副流感病毒的抗血清对本病毒的传染性无影响。

病毒易被脂溶剂如乙醚、氯仿、福尔马林、β-丙脂灭活,福尔马林还能破坏病毒的血凝活性。病毒对热敏感,56℃ 经 4 小时被灭活。

[流行病学]　目前本病主要在墨西哥流行,首报于 Michoacan,后见于 Jalisco 和 Guanajuto 等州的猪场。Fuentes 等(1952)通过血清学调查证明墨西哥有 16 个州的猪场有 BE,但尚未见其他地区暴发流行报告。

猪是已知自然感染蓝眼病病毒(BEP)唯一具有临床症状的动物。兔、猫和美国一种野猪(Peccaries 西貒,矛牙野猪)均不表现临床症状,但除犬外均可产生抗体。小鼠、大鼠和鸡胚也能实验感染,也可感染人。蓝眼病病毒致病力有一个逐渐严重过程,1980 年受害的主要是仔猪,大于 30 日龄猪很少死亡且不表现神经障碍;1983 年时已见 15～45 kg 猪发生严重脑膜炎,其死亡率很高;1985 年时观察到公猪一过性不育症;1988 年时 BE(蓝眼病)公猪患有严重睾丸炎、附睾和睾丸萎缩。病猪和亚临床感染病猪是 BEP 的主要传染源,病毒在扁桃体、嗅球和中脑含量最高,尤其在 30 日龄以上的病猪嗅球和中脑组织内病毒滴度极高。

部分病毒也可以通过尿液排出体外。病猪和带毒猪通过喷嚏和咳嗽经呼吸道散毒,带有病毒的飞沫和尘埃也可传播病毒,病毒似乎通过鼻子与鼻子的接触在感染猪和易感猪之间接触传播。BEP是否可以通过精液传播还未确定,但是睾丸、附睾、前列腺、储精囊和尿道球部都发现有BEP。人、用具、车辆或病猪与带毒猪的流动能促使疫情扩散,还可经风或鸟类传播。本病在猪场一年四季均可发生,2~15日龄的仔猪最易感,暴发阶段其发病率达20%~65%,死亡率高达90%。大于30日龄仔猪症状轻微,病程呈一过性,且很少死亡。在一些连续生产猪场,本病可呈现周期性。而在封闭性生产的猪场,则具有自限性。发病后6~12个月的猪场引入"哨兵猪"无任何临床症状,也不产生BEP抗体。

[发病机制]　据推测,BEP自然感染是通过吸入所致。气管、鼻腔的滴注和气雾法是有效的感染方法,其临床症状和病理变化与自然感染病例非常相似。试验证明:1日龄乳猪接种后20~66小时出现神经症状,一些断奶仔猪(21~50日龄)接种11天出现神经症状,母猪怀孕期接种发生繁殖障碍。这些实验感染猪偶尔也发生角膜混浊。据Stephano和Gay等(1983,1988)报道,易感猪与这些实验感染猪接触19天后也发生BE。

病毒最初的复制部位还未确定,但鼻腔和扁桃体拭子中的病毒揭示可能与鼻黏膜和扁桃体有关。而且用免疫荧光法对自然感染或实验感染猪检测,在相应部位均易检出病毒抗原,神经轴突也发现有病毒。在BEP感染的早期,病毒从最初复制部位扩散到脑和肺,而且其组织病变和中枢神经症状也在发病早期出现。脑组织是病毒分离和进行免疫荧光检测的最佳组织。

间质性肺炎提示病毒可通过血液扩散。可从实验感染猪的脑、肺、扁桃体、肝、鼻甲骨、脾、肾、肠系膜淋巴结、心脏和血液分离到病毒。从脑、肺和扁桃体最易分离到病毒。

BE有时伴发角膜混浊的原因不清楚,实验感染不容易复制成功,但是常见角膜组织损伤如前眼色素层炎。一般角膜混浊见于发病后期。组织病变和临床症状提示可能与犬腺病毒肝炎一样是免疫反应所致。最近研究表明病毒在角膜中复制,因为在急性感染猪的角膜—巩膜角附近的上皮细胞中发现有病毒包涵体。感染猪总有角膜混浊,除非其临床表现正常或对感染有抵抗力,而且通常过些时候就可消失。

推测病毒可通过血液到达子宫,怀孕母猪因此发生繁殖障碍。怀孕期前1/3感染BEP,导致胎儿死亡并转入发情;怀孕后期感染,则发生死产和木乃伊胎。

青年杂交公猪鼻腔滴注BEP,接种15天睾丸和附睾出现炎症和水肿。接种30天后输精管出现病变,附睾上皮破裂,精子漏出精囊引起脓肿。感染80天后,表现为附睾纤维化、颗粒化以及睾丸萎缩。成年墨西哥无毛公猪接种10~45天后,在其睾丸、附睾、前列腺和尿道球部腺体检出病毒。

BEP感染常并发肺炎,特别是放线杆菌胸膜肺炎,但事先感染BEP,再感染多杀性巴氏杆菌A、B,不引起后者在肺组织中定植。

病毒感染动物后,最初在鼻黏膜和上呼吸道进行复制,进入中枢神经前继续在扁桃体和肺组织中复制,同时可进入血液而引起毒血症。病毒侵入中枢神经系统可能通过脉络膜扩散。病毒一旦进入神经元细胞,便可沿神经传导路径而广泛分布。中枢神经系统是病毒持续性感染的作用位点,病毒有可能在感染动物体内的中枢神经系统长期存在。病毒在扁桃体、嗅球和中脑中含量最高,尤其在 30 日龄以上病猪的嗅球和中脑组织内的病毒效价极高。从睾丸、附睾、前列腺、卵巢、脾脏、肝脏、胸腺、淋巴结等其他组织也可检测到病毒,说明病毒感染后曾形成病毒血症,造成全身性感染。

[临床表现]　病毒在鼻黏膜和扁桃体进行复制,经呼吸系统侵入机体,病毒进入血液,引起病毒血症,通过脉络膜扩散,侵犯中枢神经系统和其他组织,诱导各种症状。猪的临床症状差异较大,主要取决于猪的年龄。本病暴发时首先出现于繁殖群中的新生仔猪,2～15 日龄的猪最易感,临床症状骤然出现,仔猪突然虚脱、侧卧或躺卧,体温升高,嗜眠、被毛粗乱,拱背,有时伴有消化失常、便秘或腹泻。随着病情的发展出现典型的神经症状,表现为共济失调、后肢强直、肌肉震颤、呈犬坐样。患猪能行走,无厌食现象。被驱赶时,病猪异常兴奋、尖叫或四肢出现划水样运动。有些仔猪伴有结膜炎,出现眼睑水肿、流泪。仔猪瞳孔散大、眼球震颤,有 1%～10% 的猪出现单侧或双侧性的角膜混浊,有些甚至失明。试验接种猪时,病毒能在角膜内增殖,并在邻近的上皮细胞内可见有胞浆内包涵体形成,发病猪偶尔出现角膜混浊,而且往往出现得较晚,但常可引起角膜的组织损害,如前眼色素层炎。根据上述炎症和组织损害,认为角膜混浊发生是由于免疫反应所致。一般仅有角膜混浊不能恢复而其他症状猪可自动康复。先发病的仔猪常在出现症状后的 48 小时内死亡,而后发病猪4～6 天后才死亡。人工接种 1～17 日龄仔猪可引起严重神经症状,并可导致死亡,1 日龄仔猪在接种后 20～66 小时出现神经症状,3 日龄仔猪接种后 8 天死亡或濒于死亡,17 日龄仔猪接种后有 30% 感染发病。30 日龄后感染的仔猪多表现为呼吸道症状,如咳嗽、喷嚏,若病毒侵害脑部也能出现共济失调、阵发性抽搐及转圈等神经症状,但较少见;也有出现结膜炎和角膜混浊,一般发生率仅为 1%～4%。如果出现严重的中枢神经系统障碍,有 30% 出现角膜混浊,病死率高达 20%。人工接种 21～50 日龄的断奶仔猪,发病则需要 11 天,表现中度或一过性症状,如厌食、发热、打喷嚏、咳嗽;神经症状不常见也不明显,如有则表现为倦怠、运动失调、转圈、偶见晃头。和仔猪相似,单侧或双侧性角膜混浊可持续 1 个月而无其他症状。有些检测指出,15～45 日龄猪 BE 的死亡率达 20%,且具有严重的神经症状;角膜混浊者达 30%。疾病暴发期间所产的仔猪,有 20%～65% 的窝猪受累,受累窝猪的发病率为20%～50%,病死率 87%～90%。从发病起到死亡一直持续 2～9 周,主要因饲养管理状况而异。该病暴发大多可能具有自限性,死亡率在 2～9 周内通常先上升后下降,一旦流行结束就不会再出现死亡病例,除非引入易感猪。日龄较大猪发生非致死繁殖障碍,感染母猪多数临床表现正常。有的母猪在仔猪出现症状前的 1～2 天有中度的厌食现象,有时可观察到角膜混浊。怀孕母猪繁殖障碍持续 2～11 个月(常为 4 个月)。流行期间,母猪配种后返情率增加,空怀率增加,断奶至交配间隔延长,产仔期延长,产仔率降低。死胎和木乃伊胎增多,胎儿体表皮肤有瘀斑。个别猪发生流产,有时可导致母猪不育。人工接种妊娠母猪,病毒可经血液侵入子宫,导致繁殖障碍;在妊娠前期感染,致胚胎死亡,母猪则重新发情。在妊娠后期感染时,可造成死产和木乃伊胎。BEP 对猪繁殖性能影响见表- 24。

表- 24　BEP 暴发对猪繁殖性能的影响

参　　数	范　　围	持续时间（月）
重复交配率（%）	增加 5.8～22.1	2～6
产仔率（%）	降低 6.0～30.2	1～4
断奶—发情间隔	增加 1.0～2.9	2～8
2～67 日龄成活率（%）	降低 10.0～26.1	2～8
流产率（%）	增加 0～4.7	0～2
母猪死亡率（%）	增加 0.1～0.8	0～2
总出生数（窝）	降低 0～2.1	1～4
产活猪数（窝）	降低 0.8～4.1	4～8
死产数（%）	增加 4.5～19.6	2～11
木乃伊（%）	增加 6.8～36.2	3～12
断奶前死亡率（%）	增加 32.0～51.8	1～7

公猪感染后一般不表现临床症状，但可见轻微的厌食和角膜混浊。主要表现急性睾丸炎（发生率达 28%）、附睾丸炎（发生率达 78%）且睾丸附睾水肿，质地呈颗粒状，至后期大部分睾丸萎缩（单侧睾丸萎缩占 66%），从而性欲丧失。BEP 感染猪场有 29%～73% 的公猪为暂时性或永久性不育；精子活力和活精子的比例下降（从 50% 下降至 0），畸形精子增加，有些公猪的精液中完全无精子，射出的精液清如椰汁。病变严重的公猪缺乏性欲。

不同年龄的猪临床表现各不相同。

1. 新生仔猪　临床症状骤然出现，仔猪突然侧卧虚脱或出现神经症状。主要出现脑炎、肺炎、结膜炎和由此引发的角膜水肿、混浊，最后往往导致失明。2～15 日龄仔猪感染后体温升高、打喷嚏、咳嗽、呼吸不畅、弓背，有时伴有便秘或腹泻。呈犬坐姿势或倒地或肌肉震颤，伴有不随意运动的嗜睡，随后出现进行神经症状、胃肠道鼓气、瞳孔散大、眼球震颤、眼睑肿大、泪溢性结膜炎，约有 30% 的病猪出现单侧或双侧的角膜混浊。30 日龄内的感染仔猪常死于脑炎，死亡率很高。最早发病的仔猪在 48 小时内死亡，后出现的病例在出现症状 4～6 天后死亡。BE 暴发期，仔猪的感染率为 20%～65%，感染仔猪的发病率为 20%～50%，死亡率达 87%～90%。王泽华、王钧祯（2006）报道，某猪场 4 头母猪产仔 50 头，发病死亡乳猪 44 头（88%），多为 20 日龄乳猪表现突然倒地死亡，有的虚脱、弓背、强直，有的伴有眼睑肿、流泪、眼睑紧闭，有的呈单侧或双侧性角膜浑浊，只要瞳孔变蓝就死亡。

2. 30 日龄后的感染仔猪　表现中度和暂时性临床症状，厌食、发热、打喷嚏、咳嗽等。神经症状不明显，主要表现为倦怠、运动失调、转圈。患猪呈单侧或双侧性角膜浑浊或结膜炎，可持续 1 个月而无其他症状。猪感染率为 1%～4%，死亡率低。断奶前后的发病猪死亡率达 20%，中枢神经症状严重，角膜浑浊猪占 30%。

3. 成年猪的感染　症状较轻，有些感染猪为隐性，无明显临床症状。小母猪和其他成年猪偶见角膜浑浊。受感染仔猪的母猪表现正常或在仔猪出现症状前有中度厌食。怀孕母猪发热、厌食、精神沉郁，一些母猪发生流产、死胎和胎儿尸化，发病期间死胎率达24%，死胎木乃伊增加到12%，母猪断奶期延长，空怀率增加，有时导致母猪不育，或发情增多，并可持续半年。公猪感染后发生急性睾丸炎和附睾炎，因单侧性睾丸增大，导致14%～40%公猪繁殖力降低，以后睾丸萎缩伴有附睾硬化，因而精子活力下降，有些公猪性欲丧失，成年猪感染后偶尔也出现角膜混浊。

[病理变化] 肉眼病变没有特征性变化。仔猪常见尖叶腹侧有轻度肺炎变化，还有轻度乳汁性胃扩张、膀胱积尿，腹腔积有少量混杂纤维素的液体。脑充血，脑脊液增多，并发现有结膜炎、球结膜水肿、不同程度的角膜混浊，这些常为单侧性病变。另外，还有角膜形成囊泡、脓肿，queratocono 以及眼房前渗出等。偶尔发现心包和肾脏有出血变化。

公猪发生睾丸肿胀、水肿和附睾炎使其体积和重量增加，这些病变常为单侧性的。睾丸炎、附睾炎常见于疾病早期，后期则发生伴有或不伴有附睾颗粒化睾丸萎缩。白膜、睾丸或附睾偶尔有出血变化。

组织的显微病变主要集中在脑和脊髓。丘脑、中脑和大脑灰质呈非化脓性脑炎变化，其特征为多发性、散在性神经胶质细胞增生，淋巴细胞、浆细胞和组织细胞形成血管神经套，神经元坏死、噬神经现象和脑膜炎及脉络膜炎，神经元内有包浆包涵体。不同病例，其病变范围和程度差异较大。

肺脏散在间质性肺炎变化，特征是间质增厚伴有单核细胞渗出。

眼睛的病变主要为角膜混浊，其特征为角膜水肿，眼前房色素层炎。在虹膜、角膜内皮角膜、巩膜角和角膜中有嗜中性白细胞、巨噬细胞和单核细胞浸润。角膜外侧上皮中常有胞浆小泡，在角膜—巩膜附近的上皮内有时可见胞浆包涵体。

许多感染猪表现为轻度的扁桃体炎，其上皮脱落，腺窝内有炎性细胞。

公猪受累睾丸变性，发生上皮坏死。间质中间质细胞增生，单核细胞浸润，并纤维化。附睾表现为囊泡形成，上皮细胞纤毛缺乏，上皮破裂，精子漏于管间，单核细胞大量渗出，巨噬细胞吞噬精子碎片。纤维变性及精子肉芽肿均被纤化。

[诊断] 根据仔猪脑膜脑炎、角膜水肿混浊、母猪繁殖障碍和公猪睾丸炎、附睾炎等临床症状，可做出初步诊断。确诊必须进行实验室诊断。

1. 血清学诊断 血清学方法 HI、MSN、ELISA、IF 等已用于抗体阳性猪的诊断。HI 是最常用的诊断方法，因用鸡红细胞易出现1∶16的高滴度假阳性，故宜用牛红细胞。

2. 病理组织学检查 病猪病理组织学主要表现为丘脑、中脑和大脑皮层的非化脓性脑炎，其特征为多灶性和弥散性神经胶质细胞增生，淋巴细胞、浆细胞和网状组织细胞组成血管套，神经元坏死、噬神经现象和脑膜炎及脉络膜炎；前眼色素层炎、角膜炎、睾丸炎和附睾炎等，同时在神经元和角膜上皮出现胞浆内包涵体时，可以做出确诊。Stephano 和 Gay (1985)报道，约30%的感染猪引起角膜混浊。

3. 病毒分离 采集病猪的大脑或扁桃体等组织，研磨成无菌液，取上清液接种 PK15 细胞或猪肾原代细胞中，能分离到病毒，病毒可引起特征性合胞体细胞病变。

[防治] 本病目前尚无特效药物，也无特效治疗方法，用感染康复母猪血清给仔猪口服

似乎无效。抗菌药物仅用于继发感染的治疗和预防。猪一旦有明显的临床症状就无法改善其病程。患有角膜混浊的猪常可以自动康复,但有中枢神经症状的猪一般以死亡告终。本病的预防在于平时严格的饲养管理和环境卫生工作,实行周边防护,如人货消毒、隔离、防止野鸟、鼠类等入侵,及时清除废弃物和病死猪;对引进新猪要严格隔离、检疫,并进行血清学检查,以防止病毒的传入;感染猪场要进行封闭,并淘汰、无害化处理猪只,剔除感染的不育公猪,全面消毒隔离净化猪场。用细胞培养和鸡胚增殖的 BEP 病毒制成灭活疫苗或氢氧化铝佐剂苗,可用于本病的控制。

十六、尼帕病毒病(Nipah Virus Disease,NVD)

该病是由副黏病毒属尼帕病毒致人及多种动物感染的一种急性、致死性传染病,人、猪以高热、呼吸困难和中枢神经紊乱,病死率高为特征。

[历史简介]　该病是一种于 1997 年马来西亚森美兰州猪场暴发的家猪和成人发生高热和脑炎等临床症状的传染病。发病人都是养猪人。证据表明该病毒早在 1995 年左右就在马来西亚猪场存在,并逐步适应了猪和人为宿主。人们误认为是猪瘟和人乙型脑炎。1998 年 9 月至 2000 年 2 月期间,在马来西亚 Perak 州猪群和人群中再度大规模暴发流行,致使 265 名养猪人发病,105 人死亡,116 万头猪被扑杀。1998 年 9 月至 1999 年 5 月,由于感染猪的移动,使该病从马来西亚 Perak 蔓延到南部的 Negrisembilan 和 Selengo 州,并殃及新加坡等周边邻国。在新加坡,发病者皆为曾搬运过从马来西亚运来的生猪,病人出现高热和脑炎等。起初本病被认为是日本乙型脑炎所致,但流行病学又与日本乙型脑炎有所区别,表现为养猪场的成年男性工人多发。Kaw Bing chua(1993)从 3 名患者脑脊液中分离到一种新的副黏病毒,确定为该次暴发的病原。1998 年 2 月,从本病患者血清和病死猪中枢神经、肺、肾组织中分离到一种未知病毒,这种病毒与 1994 年在澳大利亚昆士兰州利亚布利班市亨德拉(Hendra)地区的病马体内分离到的病毒相似且密切相关,但又并不完全相同,病毒的基因型有 21% 的差异,氨基酸序列有 11% 的差异,故将其命名为"类亨德拉病毒"。1999 年 3 月 17 日经由美国疾控中心(CDC)和马来西亚卫生部合作,用马来西亚 Perak 州尼帕镇患病死者的脑脊液和病死猪体分离物接种非洲绿猴肾细胞(Vero、ATCC CCL81),5 天后从形成合胞体的 Vero 细胞内分离到病毒,并做进一步鉴定。电子显微镜下,该病毒核衣壳形态符合副黏病毒特点,与亨德拉副黏病毒 IgM 抗体反应为阳性,证明两者为同一种新的病毒,故将本病毒命名为"尼帕病毒",并归属到副黏病毒科,与亨德拉病毒一起设立 Henipa 病毒属。美国疾病控制中心将该病归为生物安全 4 级、生物恐怖 C 类。

[病原]　尼帕病毒(Nipah virus,NV)电子显微镜下、血清学和基因学研究属副黏病毒科 Henipa 病毒属,与 Hendra 病毒亲缘关系较近,是单股负链 RNA 病毒。病毒颗粒呈多形性(球形或细长形),大小差异较大,为 120～500 nm,形态发育在细胞膜上完成。由包膜及丝状的核衣壳组成,核衣壳直径 19±2 nm,螺距 5±0.4 nm,包膜膜突长度 17±1 nm。包膜含有 2 个转膜蛋白:细胞受体结合蛋白(G:糖蛋白;H:血细胞凝集素;H/N:血细胞凝集素/神经氨酸酶)和 1 个分开的融合蛋白。基因组全长 18 246 bp,NV 基因组是由 6 个转录

单位和 3′ 和 5′ 端的非翻译区所组成。6 个转录单位为：N（核衣壳蛋白）、P（磷蛋白）、M（膜蛋白）、F（融合蛋白）、G（糖蛋白）、L（大蛋白）。其中 P 基因由于内部翻译启动位点、重叠阅读框架和特殊的转录过程，可产生不同的多肽产物，如 P 蛋白、V 蛋白、C 蛋白。3′ 引导序列含有转录正链 RNA 所需的启动子。5′ 端含有病毒复制，合成负链 RNA 所需的启动子。3′ 和 5′ 基因末端的前 12 个核苷酸高度保守并互补（图-5）。NV 的 V 和 C 基因与其他副黏病毒核苷酸同源性不超过 49%。与 Hendra 病毒的基因非常接近，病毒的 N、P、C、M、F 和 G 基因的阅读框，两病毒的核酸序列同源性为 70%~80%，氨基酸水平同源性为 67%~92%。基因起始和终止信号、P 基因编辑信号和所有蛋白的推导序列均极为接近。与 Hendra 病毒有中和综合抗体交叉反应。与麻疹病毒、疱疹病毒、肠道病毒或其他病毒抗血清无反应。科学分析表明，Hendra 病毒与 Nipah 病毒亲缘关系较近，它们与副黏病毒科其他病毒明显不同，应被认为是副黏病毒科的一个新的种类。但与副黏病毒不一样，两者感染后均可引起许多种动物包括人类的致死性疾病。

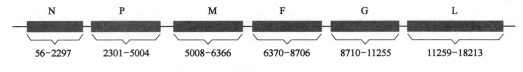

图-5　尼帕病毒基因组编码蛋白示意

注：根据 GenBank（NC-002728）绘制，其中 P 基因又编码 C（2 428~2 928 nt）和 V（2 406~3 775 nt）两个蛋白。

不同株 NV 序列的分析也提供了一些病毒传播方式的信息。分子生物学资料显示，在 1999 年疫情暴发前，至少有两种 NV 进入猪体内，但只有其中 1 株变异株和这次猪传染给人的疫情相关，提示这是由宿主感染引起的流行。与此相反，2004 年从孟加拉流行样本中获得的 NV 序列是不同的，提示在人和宿主间存在多次病毒交叉感染（Harcourt B.H，2005）。

该病毒极易分离，可由人急性期咽喉拭子或尿中分离，可由猪肺和犬、猫脑中分离，也可从马来西亚大蝙蝠及其食用过的果实中分离到。它可以在任何一种哺乳动物细胞与 Vero、BHK、ps 不同细胞系上生长，但不能在昆虫细胞系上生长。病毒在不同细胞系上的生长速度和细胞病变（CPE）模式不同。

病毒在体外相当不稳定，对热敏感，56℃ 经 30 分钟即被破坏，用一般消毒剂、肥皂等清洁剂可灭活。

［流行病学］　NV 能够感染人及多种宿主，并且发生率和病死率相当高，这在副黏病毒科中实属罕见。自然宿主有人、猪、马、犬、猫、山羊、果蝙蝠和鼠类。除犬会表现明显类似犬瘟热症状外，其他动物均为隐性感染，不表现临床症状。有人认为最初感染可能是接触过果蝙蝠、鼠、野猪或掠鹌、八哥、鹩哥等。1999 年 NVD 暴发流行期间，马来西亚有关部门在家养和野生动物中进行了一次 NVD 血清学检测，结果表明，在感染过 NVD 的猪场，95% 以上的母猪被检出 NVD 抗体，90% 以上的仔猪有抗体，但可能是母源抗体，猪的发病率、死亡率低。47 匹挽马中有 2 匹被检出 NVD 抗体，而 1 420 余匹赛马为阴性，23 只猫中有 1 只呈阳性反应；99 只大蝙蝠中有 15 只阳性，而啮齿类动物体内则尚未检测到抗体阳性。病例研究

显示,与猪直接接触过的人容易感染 NV。1998 年 3 月,新加坡一肉品加工厂屠宰工人发生类似病例,而他们加工的猪是来源于马来西亚。当地政府禁止从马来西亚进口生猪后,人的发病率渐趋于零,说明猪是 NV 的传染源,人接触猪的体液及排泄物是感染病毒的危险因素。2008 年 2 月,孟加拉国再度发生 NVD,9 人死亡。

该病毒传播快,同一猪场内传播可能是通过接触病猪的排泄物、尿、唾液、气管分泌物等而引起,猪在 NV 感染人和其他动物的过程中起关键作用。也可能通过针头、器械、人工授精等方式传播。果蝙蝠和野猪是猪群发生 NVD 的最可能传染源,因此,野猪也可能成为重要的传播媒介。感染者是给猪打耳号者、饲养员和病死猪处理员。而果蝙蝠的传播尚有不少疑点待解决,虽然,Ian 教授在当地果蝙蝠中分离到一种新的副黏病毒,但这种病毒不致病。要保藏宿主中传染性病原得以维持下去,必须在这些动物中持续传播。传播方式可能是垂直或水平传播。无论如何,病原必须感染新宿主,传染才能发生。NV 感染实验支持了从野生动物传染给家畜的理论,猪感染 NV 可在猪体内大量增殖。病毒血症期较长。NV 可在自然病例的尿液中分离到,说明尿道是排出病毒的途径之一。唾液也含有 NV。怀孕动物易致病,通过流产、正常出生胎儿外部液体水平传播,这是病原外溢原因之一,外溢可能仅为偶然发生。有报道,人吃了果蝙蝠污染的椰枣树汁而感染。某些鸟类或蜱也可能是造成病毒在猪群中传播的一个途径。病毒在猪与猪之间的传播速度大于人与猪的传播速度;人与人之间的传播可能性非常小。

人群的感染,猪起了关键作用,猪是病毒的主要宿主。流行病学研究发现,在马来西亚和新加坡,人类 NV 性脑炎暴发作为必需条件是从野生动物保藏宿主果蝙蝠跨物种传播到猪,且引起猪感染。NV 从野生动物宿主跨越其他宿主并不足以产生暴发,这种暴发需要前置条件:① 大型猪场的存在,在易感猪中病毒传播和扩大;② 感染猪从一个农场移动到另外猪场导致大量猪群感染;③ 人与猪密切接触。传播的关键因素是病原能够引起另一个宿主感染,而受体宿主对病原易感。如果病毒排出途径容易污染环境(如尿液和粪)就易于接触到易感宿主,因此,可能增加病例数量。携带 NV 的果蝙蝠到果园,通过尿液、粪便、唾液污染环境、围栏,没吃完的果子紧邻猪场,猪吃了被蝙蝠尿污染的果子,使分泌到环境中的病毒能够存活到新宿主,就会呈现新传染病。这种途径就是理论推测的接触途径或外溢到其他宿主的致病机制。患病猪的病毒血症持续时间较长,并可通过呼吸道、尿液、粪便等途径向外界散布病原。易感人群主要通过伤口与猪的分泌物、排泄物和呼出气体等接触而被感染。实验研究证明,与感染性液体密切接触可使猪、猫感染,感染动物的潜伏期可长达 18 天,期间虽无症状,但有感染。猪迅速发生接触感染,可能在首次接触后即发生感染。病毒在扁桃体和呼吸道上皮内繁殖,提示病毒至少可通过咽部和气管分泌物传播。

Mohd Nor(2000)和 Park,M.S(2003)认为,直接近距离地和猪接触是人感染 NV 最主要的来源。与猪近距离活动(如给猪喂药和帮助分娩)是人感染病毒的最大风险。猪上、下呼吸道大量感染病毒会造成气管炎、支气管肺炎和间质性肺炎,其显著的临床特征是粗糙的干咳。病毒感染后也可见肾微血管炎。利用免疫组织化学的方法可以在肾小管上皮细胞上见到病毒抗原的着色病灶。因此,感染猪的呼吸道分泌物和尿液的排出很可能是造成病毒在人群和猪中传播的原因。Hooper P T(1996)证明猪间可通过口腔或接触传播病毒。

　　血清学研究证实,在流行期间感染猪场的母猪95%抗体阳性,仔猪90%以上抗体阳性,推测可能是母源抗体。L.F.Wang等研究了机体对NV的免疫过程,认为机体激发抗病毒的免疫反应时,体内产生几百种不同的抗体,其中中和抗体可中和病毒。在NV感染病猪的农场附近,其他动物,如人、马、山羊包括犬和猫也感染了病毒。目前还不清楚人类接触猪以外的其他感染动物是否具有感染风险,但这种可能不能排除,因为临床上一些患者并没有直接和猪接触;另一些报道和犬有接触过的患者,也不明原因地死亡。而猪肉或猪肉制品未见有成为传播媒介的报道。人类病患唾液和尿液中都带有病毒,但其家庭成员均未受到感染。但患者与医护人员间,曾有3人被检出NVD抗体阳性,说明人与人之间也存在着较低的传播机会,但通过何种途径传播目前还不清楚。有认为NV可从患者的呼吸道分泌物和尿液中排出,但对医护人员的调查结果显示,没有找到该病毒在人和人之间传播的证据。这或许有两方面原因:① 医护人员对传染病有一定的保护措施;② 根据尸检组织的免疫组织化学(IHC)研究,传播减少可能是因为和猪相比,人的呼吸道分泌物和尿液中病毒载量较低。由于患者多个内脏器官有病变,而生殖器官未见异常,所以推测NV从母体传给胎儿以及通过性交传染的可能性较小。据《科学》杂志2001、2003年报道,孟加拉国两次类似尼帕病流行,共40多人发病,14人死亡,存在一个家庭内集体发病的情况,说明直接传播是一种重要的传播途径,可能存在散发的可能性。

　　马来西亚暴发的NV引起的病毒性脑炎研究资料显示,患者年龄13～68岁,平均37岁,男女比例为4.5∶1,93%的患者与猪有密切接触史,最后一次与猪接触到发病从几天到2个月不等,通常在发病前2周,提示从猪到人存在直接病毒传播和一个短的潜伏期。有7%的患者明确没有与猪的接触史,其中2位患者(2%)在发病前与不明原因死亡的犬接触过,故不能排除与感染的猫或犬的接触传播。另有5%的患者居住地离疫区很近,74%患者曾接种过日本脑炎病毒疫苗。

　　另据报道,马来西亚又分别从患者和病猪体内分离到1株和3株NV。将这4株新分离的NV与以前的毒株进行核酸序列和氨基酸顺序对比,发现其中从最早发生流行的马来西亚北部地区Tambum的猪体内分离的NV与其他毒株相比,不管是核酸序列还是氨基酸序列都存在较大区别,而从南部地区分离到的病毒株则和其他毒株相同。Abubakar等(2004)认为,在1998年马来西亚NVD的暴发是起源于不同毒毒株的NV感染。

　　综上所述,作为一种新发传染病,NVD从1998—1999年开始感染人、猪,到2001—2004年孟加拉国的再次暴发流行,短短几年之间多次造访人类,这种流行频率不得不引起注意,不但有不同毒株问题,还存在已知易感动物外的其他动物传染途径。

　　目前我国虽然还没有与NV相关的脑炎病例的报道,但不说明它的不存在。我国南方地区与东南亚相邻,气候条件相仿,随着国与国之间的交流日益频繁,国际贸易使人群、传播媒介流动和种群移动增加,许多病毒包括NV都有可能传入我国,进而造成疾病的流行甚至暴发,深入研究其致病特性、流行规律和传播媒介等非常重要。

　　[发病机制]　　NVD的发病机制尚不清楚,但NV可侵害中枢神经系统和呼吸系统,病

毒侵入血液,在其中繁殖,引起病毒血症,从而表现发热症状,然后定居肺和脑组织,损害脑、心、肾和肺,但不损害生殖器官。此病毒主要具有嗜内皮向性和嗜神经向性,另外还具有嗜气管、支气管性及嗜膜间质和外膜向性。在器官的血管内皮细胞中复制,致器官出现不同程度的病变。目前已知 NV 和 Hendra 病毒利用相同的细胞受体,通过其膜蛋白 G、F 吸附并与易感细胞融合而进入,NV 基因编码 V 蛋白且能够和 STAT1、STAT2(signal transducer and activator of trancription,STAT)结合形成高分子复合物而抑制宿主细胞干扰素的信号转录,从而逃避宿主细胞的免疫攻击。因此,V 蛋白可以作为治疗 NV 感染的一个靶蛋白。病毒起初侵害脑组织的毛细血管,影响脑部的血液供应,引起脑膜脑炎。

对比病理学表现,发现尼帕和亨德拉两种病毒均可导致血管组织的细胞融合作用,有亲血管性和亲神经性,从而产生间质肺炎和脑炎。NV 对猪的呼吸道上皮细胞有亲和性,免疫组化显示病毒感染广泛累及猪的呼吸系统,肺部有特征性的多核合胞细胞形成的肺炎肺融合细胞,上呼吸道的上皮细胞可检测到病毒特异性抗原,这可以解释人与猪之间可通过呼吸道传播此病。

死亡病例的尸检发现,主要器官发生广泛血管炎和血栓形成,中枢神经系统及周围组织出现缺血性坏死。血管似乎是病毒感染后最早的靶器官,血管炎表现为合胞体形成和内皮细胞损伤,主要累及小动脉、毛细血管及小静脉,也可侵及肌肉的大血管。伴有内皮细胞感染的多器官血管炎是 NV 病理学特征的标志。发生炎症的血管壁坏死,周围有中性粒细胞、多形核细胞的浸润灶,血管内有血栓形成。脑组织是 NV 病受累最严重的器官,其次是心、肺、肾等。在脑、肺和肾小球囊中,受累血管内皮细胞周围可见浆细胞,周围或邻近区有缺血和微梗死存在,脑组织中许多炎症血管周围的神经元内有嗜伊红细胞和病毒包含体存在,这与其他副黏病毒感染的表现一致。病灶区内还可形成小胶质细胞结节、血管周围白细胞套状聚集和软膜蛛网膜炎。血管炎微梗死和缺血灶随机分布在大脑灰质、白质、基底神经节、小脑脑干和脊髓。Wong 等(2002)认为患者死亡的原因可能是广泛分布的局灶梗死和神经元的直接受累。

免疫组化结果证实,病毒对多种组织细胞具有亲和力,如呼吸道上皮细胞、肾小球及管状上皮、蛛网膜细胞、全身血管内皮细胞、平滑肌细胞等。在喉上皮细胞、肺血管壁、心脏房室瓣上皮细胞、脑神经胶质细胞中都能检测到病毒抗原。

[临床表现] 猪感染本病的潜伏期为 7～14 天。潜伏期症状不明显,甚至完全无症状。一般表现为神经和呼吸道症状,不同年龄的猪临床症状有所不同,一般发病率较高,而死亡率低。病毒系嗜神经和血管性。整个大脑皮层及亚层脑组织出现广泛变性坏死,非化脓性脑膜脑炎和血管内细胞损伤等;肺脏膈叶出现硬变,小叶间结缔组织增生,支气管的横断面有渗出的黏液,肾脏的皮质和髓质充血。

1. 断奶仔猪和肉猪　4 周龄至 6 月龄猪通常表现为急性高热≥39.9℃,呼吸困难,张口呼吸急促,伴有轻度或严重的咳嗽,呼吸音粗糙,严重的病猪可见咳血。病猪通常还出现震颤、肌肉痉挛和抽搐等神经症状,步行时步伐不协调,后肢软弱并伴有不同程度的局部痉挛、麻痹或者跛行。感染率可达 100%,出现症状后 7～10 天死亡数明显增加,随后下降,但病死率低(5%以下)。

2. 母猪和公猪　种猪感染后可突然死亡。临床症状明显,常伴有呼吸困难、流涎、鼻腔分泌物增多,多呈黏性、脓性和血性。还可伴有精神亢奋,头颈僵直、破伤风状痉挛、眼球震颤、口腔咀嚼费力、咽喉部肌肉麻痹而出现吞咽困难,口吐白沫和舌外伸。母猪和公猪发病相似,高热≥39.9℃、肺炎和流出黏性脓状分泌物。病猪常由于严重的呼吸困难、局部痉挛、麻痹而死亡。怀孕还可能出现早产、死胎,母猪死亡率低。此外,病猪常出现流涎或口吐泡沫,舌外伸等神经症状。

3. 哺乳仔猪　哺乳仔猪感染后死亡率高达40%,仔猪大多出现呼吸困难、张口呼吸、痉挛、后肢软弱无力、肌肉震颤及抽搐等症状。

4. 野猪　急性发病,鼻腔的少量脓状黏性分泌物,常于发病后数小时内死于肺炎。

病猪的病例解剖可见不同程度的肺部病变,如充血、气肿和淤血,肺表面和肺小叶间隔膨胀。气管、支气管广泛充血和水肿,出现渗出,充满泡沫样液体,肺小叶增厚。脑组织可出现广泛性充血、水肿。病理检查可见广泛出血性间质肺炎,肺血管内皮细胞形成合胞体,肺脏、肾脏和脑组织可见明显广泛出血、单核细胞浸润或血栓形成。脑组织中神经胶质过多,并伴有非化脓性脑膜脑炎。

[诊断]　流行病学调查,所有患NVD脑炎成人死亡都是与猪直接接触的养猪场人员,且都注射过日本乙型脑炎疫苗。这些人群都在猪发病后1~2周发病。其临床症状主要为发热、头痛、呕吐、头晕,50%的患者有意识减退和显著的脑干功能障碍、颈部和腹部痉挛。此外,还有节段性肌痉挛、发射消失、肌张力减退等中枢神经症状,呈呼吸困难、咳痰、双侧肺有啰音。

PCR技术是利用NV的N基因区域设计引物,此方法灵敏度高,机体在免疫抗体产生之前或甚微时,即可检测到RNA病毒,可及早发现问题,防患于未然。鉴别诊断中最重要的是与流行性乙型脑炎的区分。在流行初期,曾因其临床表现和流行区域的特点被误认是流行性乙型脑炎,深入研究后发现该病与流行性乙型脑炎在流行病学和检测等方面存在较为明显的差异。

[防治]　本病无治疗特效药物。也没有用于治疗人和动物的高效价、高特异性的免疫血清。主要采取支持、对症疗法,把好高热、抽搐、呼吸三关及防止并发症,目前应用药物有吡唑呋喃菌素、利巴韦林衍生物ELCAR、6-氮尿苷对病毒有强抑制作用。据报道早期应用可缩短疗程和减轻症状,对治愈和生存率结果未确定。目前看来,染病猪即使活下来,仍要面对不同程度的脑损伤后遗症问题。干扰素poly(I)-poli(C12U)在动物模型中具有抵抗NV致死性攻击作用。病毒唑[三(氮)]唑核苷是一种广谱抗病毒制剂,对呼吸道合胞病毒、流感病毒和麻疹病毒具有不同程度的抑制作用,可试用于发病猪,但临床意义不大。对发病疫区主要采取:① 紧急处理感染猪只,② 强化疫区及周边区域抗体检测,③ 切断传播途径,④ 保护易感猪群等四项措施。NVD发生后,马来西亚等一些地方政府采取封锁感染猪场,扑杀发病场所所有猪只,就地消毒、深埋,烧毁注射,控制其他动物,并对猪场进行全面、彻底消毒,以消灭或减少传染源;同时禁止隔离区猪只外运,防止疫情蔓延;并对猪、马等易感动

物,以及养猪从业人员和与猪密切接触的人员进行紧急免疫接种。

Weingartl(2006)报道,通过对金丝雀痘病毒(cannarypox virus)改造,使 NV 的 G 蛋白重组入该病毒基因组,该重组疫苗可使猪产生抗感染的能力,能够抑制 NV 在动物体内的复制,因此可用于限制 NV 在未感染动物和人际的传播。

疫情控制后,马来西亚政府对以前发病场周围猪场的猪群进行 NV 抗体检测,3 周内检测 2 次,只要 1 次为抗体阳性的猪群必须扑杀。

NVD 作为新型人畜共患病受多种因素影响,这些因素构成了该病暴发的"关口"或关键控制点,在传播过程中每一步都与传染病的病原相关。不论是呼吸道还是猪群运输移动传播,防控措施主要控制"猪—猪"传播、"猪—人"传播及"狐蝠—猪"接触等。防治的中心措施是农场卫生控制,如猪场卫生监控、疾病症状的早期识别,猪群的生物安全等。

对于 NV 病的预防,我国应严格检疫进口生猪等动物,对于在养猪场、猪肉加工厂的工人进行定期体检,并为其配备防护设备,还应对从业人员进行流行病学监控,防患于未然。此外,在我国开展引起病毒性脑炎的病毒资源调查及其疾病关系的研究,对于在我国新发现的病原体,特别是发现引起脑炎的新病毒,对于控制我国的病毒性疾病具有非常重要的意义。

我国已颁布的相关标准有:NY/T 1469-2007 尼帕病毒病诊断技术。

十七、副流感病毒Ⅰ型(Paramyxovirus-1,PI-1)

该病是由副黏病毒引起的一种人畜共患性疾病。主要致人,特别是儿童上呼吸道感染和动物肺炎或流产,也是啮齿类实验动物最难控制的疾病之一,亦称 HVJ(Hemagglutinating Virus of Japan)。

[历史简介]　本病 1953 年发现于日本仙台,有 17 名新生儿肺炎,死亡 11 人。Kuroya(1953)从肺炎婴儿标本接种小鼠中分离到病毒。Chanock(1957)从哮喘婴儿喉头拭子中分离到人副流感病毒属于副流感病毒Ⅰ型,又称鼠副流感病毒Ⅰ型,现归入副黏病毒科副黏病毒属。现在仙台病毒和红细胞吸附Ⅱ病毒(HA-ⅡVirus)一起被命名为副流感病毒Ⅰ型。HA-Ⅱ病毒是 1958 年从一名重症呼吸道感染儿咽嗽液接种到肾细胞分离到的,由于其组织培养上能吸附豚鼠红细胞,故称为 HA-Ⅱ病毒。另一儿童上呼吸道一株能吸附红细胞的病毒,其抗原性不同于 HA-Ⅱ病毒,被命名为副流感Ⅲ型。1956 年 Chanock 从一婴儿哮喘患者分离到 CA-病毒,命名为副流感Ⅱ型。1960 年从一名流感患者咽分离到副流感病毒Ⅳ型,后又分离到一些毒株,其抗原性略有差异,故又将Ⅳ型分为ⅣA 和ⅣB 两个亚种。副流感病毒Ⅴ型,包括 SV5、NA、DA 等毒株。

[病原]　该病毒分类归属于副黏病毒属,呈多角形,主要为球形,直径 150~600 nm,病毒颗粒内含 15 kb 的单股负链 RNA。是一个具有细胞融合活性的有包膜病毒。包膜由 2 层蛋白膜组成,内层为基质或膜蛋白,外层膜为磷脂蛋白,外层膜上有放射状排列的纤突。成熟的病毒粒子存在有 6 种结构蛋白,血凝素神经氨酸酶蛋白 HN(72 kDa)、融合蛋白 F(65 kDa)、基质蛋白 M(34 kDa)、核衣壳蛋白 NP(60 kDa)、磷蛋白 P(79 kDa)、大蛋白 L(200 kDa)。其

基因图为：$3'-NP-P+C-M-F+HN-L-5'$（Powling 等 1983），2 个跨膜蛋白- HN 蛋白和 F 蛋白在包膜外表面形成刺突，和宿主细胞膜相互作用启动病毒感染。HN 蛋白具有血凝素和神经氨酸酶活性。血凝素可使病毒和细胞表面含唾液酸的受体结合，使病毒吸附到细胞表面。F 蛋白可以介导病毒-细胞融合或细胞-细胞融合，具有溶血性。HN 和 F 蛋白的相互作用是膜融合机理的一个因素。在转录和复制复合体中，NP、P 和 L 蛋白与 RNA 基因组相互联系。M 蛋白具有调节病毒成分与质脂相连的功能，在病毒装配和出芽方面起作用。本病毒有 2 个变异株，副流感病毒Ⅰ型只有 1 个血清型，但已分离到不同毒株。

副流感病毒Ⅰ型对乙醚敏感，pH 2.0 条件下极易灭活。在 5℃或室温下，可凝集多种动物细胞，包括鸡、豚鼠、仓鼠、大鼠、小鼠、绵羊等 12 种动物红细胞，其中以鸡的红细胞凝集价最高。该病毒在鸡胚羊膜腔和尿囊腔中易生长，也可在猴肾细胞、乳猪肾细胞、乳仓鼠肾细胞、恒河猴肾细胞上增殖。在−70℃下可贮存。

[流行病学]　副流感病毒Ⅰ型对人、猪、小鼠、豚鼠、地鼠、家兔等均易感。副流感病毒共分为 5 型，副流感病毒Ⅰ型引起人和动物常见呼吸道疫病，常呈隐性感染过程。自然宿主是人和啮齿动物，也是人类呼吸道疾病的病原之一。在自然条件下，副流感病毒Ⅰ型感染发生在小鼠、大鼠、仓鼠和豚鼠。雪貂可鼻内感染，引起发热、肺炎和死亡。鼻内接种灵长类动物，可引起无症状感染并有抗体升高。副流感病毒Ⅰ型对人类具有一定的致病性。

空气和直接接触是病毒传播和扩散的方式，相对温度高和空气流通慢的条件下可促进空气传染。本病一年四季均可发生，但以冬春季多发，气温骤变，忽冷忽热等环境因素可加重发病和流行。

[发病机制]　副流感病毒含于呼吸道分泌物内，通过"人—人"直接接触和飞沫经呼吸道传播。病毒囊膜表面两种突起糖蛋白在病毒感染细胞中起重要作用。有红细胞凝集活性和神经氨酸酶活性的突起糖蛋白可与靶细胞表面神经氨酸残基受体发生特异性结合，使病毒吸附于靶细胞。有促进细胞融合和溶血作用的另一种突起糖蛋白 F 蛋白则对病毒感染靶细胞和病毒在"细胞—细胞"间传播是必不可少的。当病毒颗粒吸附到能裂解的靶细胞时，F 蛋白被激活，病毒得以侵入靶细胞，从而引起感染。

[临床表现]　动物感染副流感病毒Ⅰ型表现有慢性型和急性型。猪可能是自然宿主，猪有易感性，可自然感染，已多次发现猪被感染。临床可急性感染，也可呈呼吸道症状、脑炎症状、腹泻等，妊娠母猪往往发生流产，产死胎等。Sasahara 等（1954）报道，病毒使母猪产死胎。Shimuzu 等（1954）报道，在妊娠早期接种病毒的怀孕母猪产木乃伊胎儿和发生死产。Greig 等（1971）从患有神经症状猪中分离到病毒。病毒常存在于猪中，可使母猪流产、肺炎和仔猪发生支气管炎。

从患流感和脑炎的猪体分离到副流感病毒Ⅰ型，该病毒对猪有致病性，可导致中枢神经、呼吸系统和繁殖系统等障碍。

[诊断]

1. 血清学检测　副流感病毒Ⅰ型的所有毒株抗原相同，目前只有一种血清型。IgM 抗体检测具有早期、敏感、特异等优点，对于婴儿呼吸道感染的早期诊断有重要意义。对动物可用血凝抑制试验、免疫荧光抗体检测试验、微量中和试验、琼脂扩散试验、玻片免疫酶法和酶联免疫吸附试验等。

可将患者鼻咽分泌物作涂片,用副流感病毒Ⅰ～Ⅲ型荧光抗体检测脱落上皮细胞中病毒特异性抗原。RCR法检测各型病毒核酸;中和试验、补体结合试验及血凝抑制试验检测血清特异性IgG抗体、酶联免疫吸附试验等有助于早期诊断。

2.病毒抗原检测和病毒分离　在病毒感染后的1～2周,可有效地检测到抗原。检查组织细胞和分泌物中病毒抗原方法包括病毒分离、CF、HA、ELISA、免疫细胞化学和MAP试验等。病毒分离可从未出现临床症状、血清学抗体阳性动物体中进行。可使用细胞培养,易感细胞有原代猴肾细胞、仓鼠细胞、小鼠细胞等;也可用鸡胚分离鉴定,对8～13日龄的鸡胚采用绒毛尿囊腔和羊膜腔接种;还可进行动物实验,分离病毒。

抗原培养5～10天后用0.1％豚鼠红细胞进行吸附试验,可检出红细胞吸附病毒的存在。盲目传代有助于提高病毒分离的阳性率。副流感病毒能使豚鼠和鸡红细胞发生凝集,病毒的最终鉴定可通过血凝抑制试验和红细胞吸附试验来完成。

副流感病毒感染流行期间临床较易诊断,散发病例的临床诊断则较难。5个型的确诊仍有赖于血清学和病毒学检查。副流感病毒感染需与流感嗜血杆菌所致的会厌炎、流感、呼吸道合胞病毒感染等进行鉴别。

[防治]　采用淘汰、就地焚烧或深埋病猪和死猪,全场彻底消毒,消除传染源。

十八、新城疫(Newcastle Disease,ND)

该病是由新城疫病毒(禽副黏病毒-1,APMV-1)感染引起禽的一种急性、高度接触性传染病。主要危害鸡、火鸡、水禽及鸟类,患鸡呈败血经过,以呼吸困难、下痢、神经机能紊乱,黏膜和浆膜出血为主要特征。人、猪也可感染发病。

[历史简介]　新城疫是Kraneveld(1926)发现于印度尼西亚的巴达维亚地区家禽中引起严重损失的一种疾病。Doyle T M(1927)于英国新城发现禽的相似疾病,对鸡致病率达90％以上,其用交叉免疫试验将该病的滤过性病原体与鸡瘟病毒区别开来,故命名为新城疫。2002年,国际病毒分类学委员会将新城疫病毒(newcastle disease virus,NDV)正式列为单股负链病毒目副黏病毒科副黏病毒亚科禽腮腺炎病毒属(Avulavirus,NDV-like virus)中的成员(Mayo,2002)。也有译成副黏病毒属或新城疫样病毒属。英国危险病原体顾问委员会(advisory committee on dangerous pathogens)将NDV列入二级风险微生物,意味着NDV属于可引起人类疫病,可能对工作人员具有危害的病原体,但不会在人群中传播。

[病原]　NDV属于副黏病毒科禽腮腺炎病毒属。病毒呈球形,具有双层囊膜,大小为180 nm左右。表面具有12～15 nm的纤突,有刺激宿主产生抑制红细胞的凝集素和病毒中和抗体的抗原成分。病毒粒子内部为一直径约17 nm的卷曲的核衣壳。所有的NDV都含有6个病毒特异性结构蛋白(L、NP、P、HN、F、M)。按其在病毒中的位置,L、NP和P三种蛋白称为外部蛋白或囊膜蛋白。浮密度为1.212～1.221 g/mL,其RNA在0.1 M的NaCl中沉降系数为50～57S。能凝集鸡、鸭、鸽、火鸡、人、小白鼠及蛙的红细胞,能溶解鸡、绵羊及

O 型人血红细胞。

NDV 属于单股负链,不分节段 RNA 病毒,基因长度约为 15.2 kb,包括 $3'-Leader-NP-P-M-F-HN-L-Leader-5'$ 六个基因,分别编码 6 种主要结构蛋白。由于病毒复制依赖缺乏校正功能的 RNA 聚合酶,因此,出现变异的概率较高。NDV 虽按其对鸡的毒力可分为 5 个型,但其病毒在血清学和免疫学方面并无差异,仅有 1 个血清型,只是病毒感染鸡的血清抗体高低不同。但是可分为不同的基因型,根据病毒基因长度、F 基因和 L 基因序列,NDV 分为两大支:Class Ⅰ和 Class Ⅱ。NDV 是一种变异进化速度很快的病原,毒力的变异主要与 F 基因核苷酸序列变异有关,在 ND 传播中,F 蛋白裂解位点的改变可能使 NDV 从低毒力向高毒力转变(Iorio RM 2008),通过某动物体连续传代,病毒对某动物毒力从无毒到强毒力。猪源 NDVJL01 株属基因Ⅰ型,其裂解位点的氨基酸序列为 [112] G－K－Q－G－R－L [117] 与 NDV 弱毒株序列完全相同。

F0 蛋白中 F1、F2 片段的排列顺序为 $NH_2-F2-phe-F1-COOH$,这是副黏病毒的共同特征。根据 F0 基因第 47～420 位核苷酸序列,可将其至少分为 9 个基因型,基因分型在病原流行病学追踪调查过程中有一定意义。根据病毒对鸡胚或鸡的毒力确定其致病型最具实际意义。NDV 的致病型有 3 个,即缓发型、中发型和速发型。

缓发型毒株,如 Hitchner B₁(Ⅱ系)、F 系(Ⅲ系)、La Sota(Ⅳ系)、Queensland V₄、Ulster2C、D26 及其衍生株(克隆 30,N79)等。感染的成年鸡一般不发病,雏鸡可能出现轻度的呼吸道症状,极敏感的雏鸡遇到毒力稍强的毒株时,偶尔会发生死亡。缓发型毒株多用作疫苗。中发型毒株,如 Mukteswar(Ⅰ系)、Komarov 等,对成年鸡有轻微的致病力,能导致产蛋下降;对雏鸡可引起死亡。在我国该类毒株有时会被用作加强免疫,但在其他大部分国家已停止使用。速发型毒株,根据组织倾向性分为速发嗜内脏型(如 Herts'33/56)和速发嗜神经型(如 Texas GB)两类。所有日龄的鸡均可出现急性、致死性感染,临床特征前者以消化道出血为主,而后者以呼吸道症状和神经症状为主。中发型毒株和速发型毒株均能引起人的结膜炎。

病毒通过各种途径接种于 8～11 日龄鸡胚,能迅速繁殖;能在多种细胞上培养,使感染细胞形成蚀斑。本病毒的抗血清能特异性地抑制蚀斑形成,故可用蚀斑减数技术鉴定病毒。本病毒能使禽类及人、豚鼠等哺乳动物的红细胞凝集。由于在慢性病鸡、痊愈鸡和人工免疫鸡的血清中含有血凝抑制抗体,因此,可用血凝抑制试验鉴定病毒和进行流行病学调查。

本病毒对热、光等物理因素的耐受性稍强,病毒在 60℃经 33 分钟或 55℃经 45 分钟失去活力;在 37℃条件下可存活 7～9 天;在直射阳光下,病毒经 30 分钟死亡;在 30℃真空冻干条件下可存活 30 天,15℃下存活 230 天。病毒对酸碱耐受性范围颇大,pH 2～12 时不被破坏;对乙醚敏感;2%NaOH、1%来苏水、1%碘酊及 70%酒精等常用消毒药数分钟至 20 分钟可将其杀死。

[流行病学] 新城疫发现于印度尼西亚、英国,1940 年发生于菲律宾、亚洲、澳大利亚及非洲等地,以后出现于欧洲大陆,1944 年又在美国加利福尼亚暴发,现已遍及全世界。鸡、火鸡、珍珠鸡及野鸡对本病毒均易感,鸭、鹅养殖也会暴发此病。天鹅、塘鹅、鸬鹚、燕、八

哥、麻雀、鹌鹑、老鹰、乌鸦、穴鸟、猫头鹰、孔雀、鸽子、鹦鹉、燕雀等也可自然感染。迄今,已知能自然和人工感染的鸟类已超过 250 余种。新城疫对不同宿主的致病性差别很大,有的宿主表现无任何临诊症状的隐性感染,有的却表现极高的死亡率。哺乳动物对本病毒有强大的抵抗力。Burnet(1942)曾认为,可能从 NDV 进化出一种人的病原微生物。事实上副黏病毒属中副黏病毒就致人、猪发病。脑内接种恒河猴和猪,引起脑膜脑炎。自 20 世纪 80—90 年代世界多个国家和地区,如澳大利亚、马来西亚和新加坡等,相继出现"猪源性新城疫病毒"的副黏病毒感染猪,经病毒分离、血凝试验和电子显微镜观察都确定为 NDV。通过病毒 F 基因核苷酸序列测定,并与国内外 NDV 株 F 基因进行同源性比较,其同源性达 88.7%～99.9%。2000 年 4 月,吉林省某猪场在国内首先发现本病,其后,上海、福建等省市相继报道具有较高发病率和死亡率的猪源性新城疫。目前尚不知"猪—猪""猪—人"间是否会传染,以及猪中发生该病的途径及机理。根据从流产母猪胎儿和胎盘中分离出病毒,推测该病毒有垂直传播的可能性。但据报道,有的猪场曾在间隔一段时间后猪又会发病。而 20 世纪八九十年代后,不少地区,包括我国有多起 NDV 感染人、猪,并引起死亡。人、猪 ND 的发生,进一步打破了这一规则。易感动物在 NDV 毒力的进化中发挥至关重要的作用,暗示着 NDV 有可能从低毒力向高毒力转变,并向多宿主扩展。NDV 的感染和致病宿主范围正在不断扩大,给人畜带来更大危害,给 ND 防控也带来新的挑战。

[发病机制] 病毒感染人和猪的致病机制尚不清楚。病毒感染家禽的主要途径是呼吸道,其次是消化道。当病毒粒子与宿主细胞接触时,具有生物活性的 HN 蛋白识别细胞上的受体位点并与之结合,使自身构象发生变化,进而触发 F 蛋白构象发生变化,这种触发机制可能是 HN 蛋白对 F 蛋白的直接作用,也可能是细胞蛋白参与的跨膜信号传递而引起的。F 蛋白构象改变后,其内部的融合多肽释放出来,发挥穿膜作用,从而引起病毒囊膜与细胞膜的融合,或几个细胞的融合,使病毒核衣壳释放到细胞内。病毒首先利用自身的 RNA 依赖性 RNA 多聚酶,催化合成互补的正链 RNA,然后以此为 mRNA,利用细胞的机制翻译成蛋白质并转录病毒基因组。合成的 F0 蛋白需要宿主蛋白酶裂解为 F1 和 F2。某些毒株的 HN 也需要裂解。合成的病毒蛋白被转运到细胞膜,将细胞膜修饰,在修饰区附近组装成核衣壳,并进一步出芽使病毒释出。病毒血症使病毒传遍家禽各种脏器,通过溶血、合胞体形成和细胞破坏,引起严重的组织损伤,甚至发生普遍的出血性病变,最终导致家禽死亡。

NDV 的致病性分子基础主要是由 F 蛋白和 HN 蛋白决定的,而另外一些未知因素也有一定的影响作用。F 蛋白具有使病毒囊膜与宿主细胞膜融合,进而使病毒核衣壳转入胞浆中的作用。HN 糖蛋白的裂解活性也可能对毒力起作用。由于 HN 蛋白参与受体结合并具有神经氨酸酶活性,无生物学活性的 HN0 可能会影响致病性。最大的形式 HN0－616 需要蛋白酶裂解才具有生物活性。迄今,编码 HN0 的所有病毒都是对鸡毒力最低的病毒,如 Ulster2C、D26 株和 Queensland V4 株,同其他缓发型 NDV,如 Hitchner B$_1$ 株和 L$_a$ Sota 株相比,虽然两类毒株的 F0 蛋白都不能被普通蛋白酶裂解,但前者的毒力较后者为弱,其原因极可能是由于 HN 的差异造成的。

上述两方面是 NDV 致病机制的主要分子基础,但不是全部。近年来有研究表明,将弱毒株病毒进行改造,使其具备强毒株 F 和 HN 的序列特征,结果虽然毒力明显增强,但仍达不到天然强毒株的毒力。这提示我们在 NDV 的致病过程中还有其他因素起作用,有待进一步的研究。

[临床表现]　猪副黏病毒能引起猪较为复杂的临床症状和病理变化,主要为腹泻、呼吸急促、体温升高、神经症状、母猪流产和受胎率降低等。

吴祖立等(1999)报道,7～10 日龄的仔猪感染后出现呼吸急促、体温略有升高、排黄色稀粪,类似仔猪黄痢症状。少数仔猪有神经症状,抗菌素治疗无效。病程为一过性,发病 1 个多月,可自然康复。发病率在 40% 左右,死亡率达 15%。此后同一猪场的新生仔猪未发现同样病例。病死仔猪主要病变为肺部严重充血、呈肉样变,肾脏有零星出血点。在有类似黄痢症状仔猪的脑和内脏中均分离到能凝集鸡红细胞的病毒。鸡 ND 标准抗体可抑制其血凝性。电子显微镜下观察到有典型的副黏病毒粒子。2000 年上半年,该场母猪出现受胎率降低,复配率升高的情况。2001 年上半年母猪又出现同样状况。母猪表现轻微子宫炎,个别母猪有神经症状,但均未分离到 ND 病毒,在有高热和明显呼吸道急促的病猪呼吸道、消化道以及在早期流产的胎盘中、晚期流产的胎猪消化道中,则分离到副黏病毒,其病毒形态、血凝性和生长特征同仔猪分离病毒相同。

金扩世、金宁一、鲁会军、程龙飞等(2000—2007)分别对吉林、福建 50～60 日龄仔猪感染 NDV 进行报道,主要表现为体温突然升高至 42℃、厌食、被毛粗乱、消瘦、咳嗽、流涕并伴有呼吸困难,后期呼吸加快、行走困难,最后衰竭而死。病程长短不一,发病率在 40%～50%,病死率达 15%。采取肝、脾、肾、肺等组织细菌学检查为阴性,电子显微镜检查肺、脾、肾组织有副黏病毒样颗粒。分离的 NDV SP - 13 病毒毒株对番鸭胚致死率为 80%,对 2 周龄鸡的死亡率为 25%,攻毒 1 周龄鸭表现精神差,但无死亡。用分离病毒传 5 代后通过口服或肌注 50 日龄仔猪 6 头,于接种后 5～10 天仔猪也呈现上述症状,并有 3 头死亡。

金扩世、吴祖立等(2000—2001)报道,有仔猪发病的猪场,母猪出现流产、早产严重,而母猪的死亡率不高,怀孕母猪妊娠 60～100 天之间流产,胎儿呈死胎或出现分解。死亡猪剖检可见实质器官肝肿大,呈土黄色,边缘有出血点;脾脏出血、坏死;肾脏有零星出血点;肺脏充血、出血,呈肉样变。实质器官淋巴结肿大。全身淋巴结肿大,以腹股沟淋巴结肿胀最为严重。

同一猪场中的母猪,出现受胎率降低,复配率升高的情况,同时母猪出现轻微的子宫炎症。个别母猪有神经症状。使用抗生素治疗无效。病程为一过性,发病 1 个多月,自然康复。母猪受胎率下降,复配率升高的情况,可间隔 1 年后再发生。

病毒攻击猪,在接种后 7 天内出现高热、厌食、咳嗽等症状,并有 3 头猪在 10 天内死亡。

Ding 等在 1999—2006 年从中国猪群中分离到 8 株 NDV,对其中 4 株进行了遗传特性分析,表明所有毒株均为弱毒株,其中有 2 株属于基因Ⅱ型,与疫苗株 La Sota 类似,另 2 株属于基因Ⅰ型,与疫苗株 Queensland V4 类似。

[诊断]　本病在临床症状上未能与其他疾病有特异性区别。如猪出现神经症状时,特别是有与病原接触史的人、猪应考虑本病。临床上,患者眼部有异物感、灼热感、疼痛、流泪、

轻度失明、结膜充血,偶见结膜下出血。有时伴有少量浆脓性或非脓性分泌物。眼睑轻度或明显水肿,上、下眼睑结膜出血,多数有滤泡与乳头增生,滤泡以下眼睑、下穹隆为显著,泪阜处也可见滤泡,球结膜轻度水肿。裂隙灯检查角膜常见小上皮浸润,荧光等染色后上皮表层点状着染。角膜知觉正常,耳前淋巴腺或有时前部颈淋巴结肿大,轻度压痛。以上症状可初步作出诊断,并依靠实验室作出确诊。病料采取可收集鼻、眼分泌物,猪还可采集脑及内脏器官等进行实验室检测。

1. 鸡胚传代及电子显微镜形态观察　将病料悬液接种于 SPF 鸡胚,传至第 5 代时,收集鸡胚囊液,以 10 000 r/分钟离心 20 分钟,取上清液再以 45 000 r/分钟离心 2 小时,用 PBS 悬浮沉淀,按常规方法负染,进行电子显微镜观察。

2. 血凝及血凝抑制试验　分别以鸡、小鼠、兔、犬、马红细胞进行血凝试验,用鸡 NDV 阳性血清进行血凝抑制试验。如果血凝滴度和血凝抑制滴度均达到 2^4 以上,即可判断为 NDV 阳性。

3. 分子生物学检测　RT - PCR 广泛用于病毒诊断技术或进行序列测定及遗传进化分析。RT - PCR 需要 NDV 特异性引物,一般以 F 基因的特异性片段设计,采用如下一对引物,扩增的片段长度为 362 bp。

上游引物:5′- TTGATGGCAGGCCTCTTGC - 3′;下游引物:5′- GGAGGATGTTGGCAGCATT - 3′。

[防治]　目前人、猪尚无治疗与免疫预防方法。可使用抗生素或抗生素等防止细菌继发感染,一般 1~2 周内可自愈。同时,不要对非易感动物进行疫苗接种,防止病毒变异。加强环境消毒,降低发病率,由此降低病毒传染给人和其他禽群的机会,特别是病禽或注射疫苗后的容器等应注意消毒,防止散毒,并加强密切接触者的自我保护。

十九、阿卡斑病(Akabane Disease,AD)

本病是一种由阿卡斑病病毒(Akabane disease virus,ADV)引起的牛羊病毒性传染病。以流产、早产、死胎、胎儿畸形、木乃伊胎、新生胎儿发生关节弯曲和积水性无脑综合征(Arthrogryrosis - hydranencephaly syndrome,AH 综合征)为主要特征,有的新生犊牛会先天性失明。又名赤羽病。

[历史简介]　从历史资料来看,日本最早于 1949 年发生过类似疫情,但长期处于不明的阶段,以后间隔 5~7 年呈周期性流行。1959 年,从日本群马县阿卡斑村的畜舍中的骚扰伊蚊和三带喙库蚊等蚊体内分离获得一株病毒,血清学研究证明该病毒属于布尼病毒科布尼病毒属的辛波(Simbu)群。1972—1973 年,日本关东以西的牛群中发生原因不明的流产、早产、死产及 AH 综合征,怀疑是中毒性疾病,但未找到可信赖的证据。1973—1975 年又出现 2 次同样的疫情流行,因母牛发生异常生产而损失犊牛 5 万头以上。以后,澳大利亚和以色列等地也有类似报道。澳大利亚损失犊牛数千头,绵羊在怀孕 1~2 个月内感染阿卡斑病毒则产生畸形羔羊及关节弯曲、AH 综合征。松本氏等(1980)对本病病原进行了研究,确定本病是由布尼病毒属的阿卡斑(赤羽)病毒引起的。随后证明澳大利亚和以色列等的 AH 综

合征的病原也是这种病毒,并建议将牛、绵羊和山羊的这种疾病称为阿卡斑(阿卡、赤羽)病。

[病原] 阿卡斑病毒属于布尼病毒属。根据 Ito(1979)报道,其病毒粒子近似球形,具有囊膜,表面有囊膜和糖蛋白纤突。直径 70～100 nm,有时可见直径为 130 nm 的大病毒粒子,不能通过 50 nm 滤膜。从感染细胞的超薄切片观察,证明本病毒是靠近高尔基体,行出芽增殖。用 5-碘-2'-脱氧尿核苷(IUDR)不能抑制其增殖,因此认为本病毒属于 RNA 病毒。病毒基因组为单股负链分节 RNA,由大、中、小 3 种分子组成,分别与核衣壳蛋白构成螺旋状核衣壳,核衣壳的直径为 2～3 nm。病毒含 G1、G2 糖蛋白,N 核蛋白,L 脂蛋白。

病毒对乙醚、氯仿、0.1%脱氧胆酸钠、酸(pH=3)敏感,遇热易灭活。病毒有凝集红细胞的活性,对鸭、鹅的红细胞凝集价相同,对鸽红细胞的凝集价比鸭、鹅高,尚有溶解鸽红细胞的活性,而且这种溶血作用可以被特异性免疫血清所抑制。稀释液中的氯化钠溶液和 pH 影响病毒的溶血和凝血特性,在提高 NaCl 浓度的条件下,病毒可凝集鸽、鸭和鹅的红细胞,但不凝集人、羊、牛、豚鼠及 1 日龄雏鸡的红细胞。以 0.32 mol/L NaCl 和 pH=5.9 时的溶血和凝血活性最高。

阿卡斑病毒原株(JaGAr-39)与后来分离的阿卡斑病毒毒株(NBE-9、OBE-1)进行交叉中和试验、交叉血凝抑制试验和交叉溶血抑制试验没有发现它们之间具有明显的抗原差异;与澳大利亚和以色列分离的毒株进行交叉血清学试验,也具相似结果。表明迄今分离的阿卡斑病毒毒株中,没有发现有不同血清型的存在。阿卡斑病毒与辛波群中的其他成员在交叉补体结合试验中表现有共同的群抗原,但在中和试验、血凝抑制和溶血抑制试验中具有很高的特异性,不出现交叉反应。近年研究显示,阿卡斑病毒抗原多样性,可能是有不同的基因型,可能是由一个不同基因型构成单一基因库。Calisher(1991)认为,阿卡斑病毒在脊椎动物和节肢动物间的传播使基因产生突变和重组,病毒才得以进化或变异。

阿卡斑病毒可在许多种类细胞培养物内生长、增殖,并产生细胞病变,除适应牛、猪、豚鼠、大白鼠、仓鼠等的原代细胞(肾原代细胞、鸡胚原代细胞)外,还适应于 Vero、Hmlu-1、BMK-21、ESK、PK-15、BEK-1、MDBK、RK-B 等继代或传代细胞。其中以 PK-1 细胞、仓鼠肺的 Hmlu-1 细胞的敏感性最高,并能产生蚀斑。以蚊细胞培养时不发生病变,但能长期产生并释放病毒,说明某种蚊可能是该病毒的传染媒介。

病毒对牛、绵羊和山羊的胎儿具有抗原性。从马可测出抗体保存率为 43.9%(大森,1976)。人和猪亦有较低的感受性。成熟小白鼠脑内接种很容易感染,并引起脑炎而死亡;给 3 周龄小鼠脑内接种可引起死亡,而皮下接种则不发生死亡,表明病毒为嗜神经性病毒。乳鼠对该病毒的易感性最高,哺乳小白鼠除脑内接种外,其他途径接种也很容易感染,但随着日龄的增加易感性则会下降。给妊娠大白鼠腹腔、皮下接种病毒时还可感染胎儿,并极易从血液、肺、肝、脾等脏器分离出病毒,胎儿和胎盘的感染价很高,在很长时间内都能分离到病毒。病毒接种于发育的鸡胚卵黄囊内,引起鸡胚积水性无脑、大脑缺损、发育不全、关节弯曲等 AH 综合征。因此认为,鸡胚是研究阿卡斑病毒致畸性和引起先天性缺损机制的实验模型之一。Ikeda 等(1977)将 10^3～10^5 $TCID_{50}$ 的病毒接种 6 日龄鸡胚卵黄囊,于 18 日龄以前,接毒鸡胚的死亡率与对照组相比并无增高,但在 18 日龄以后,死胚和不出壳的幼雏增多,从而导致孵化率明显降低。除鸡胚畸变外,许多孵出的幼雏也出现共济失调、步态异常,以及躯体震颤等病态。鸡胚脑(特别是小脑和脑干的混合物)和肌肉内含有最高滴度的病毒,心脏和其他脏器中的病毒含量次之。

[流行病学] 日本最先报道此病,后在非洲肯尼亚的催命按蚊、南非(阿扎尼亚)的羔羊和库螺体内也分离到病毒。此外,在日本的马、山羊、绵羊、猪及人,澳大利亚的牛、水牛、马、骆驼及绵羊,以色列的牛、羊、山羊,地中海塞浦路斯的山羊,印度尼西亚的猪和猴,马来西亚和中国台湾地区的猴及泰国的马等动物体内检出抗体。根据病毒分离和血清学检查,证明阿卡斑病毒也存在于越南、菲律宾和斯里兰卡等地区。由此可见,阿卡斑病毒可能广泛分布于热带和温带的广大地区。

日本的骚扰伊蚊、三带喙库蚊、虚库蠓(牛库蠓)、非洲肯尼亚的催命按蚊,澳大利亚的短跗库蠓等是病毒的主要传播媒介。这些昆虫从感染病毒的动物吸血后借助风力到达不同地区,并传播该病从而引起大流行。本病流行有明显的周期性,有报道其周期为5~10年,还有报道为25~26年、34~35年或50年不等。但随着牛群等动物的流动、更新频度,其发病周期会缩短或发生改变。但同一地区内连续2年发生的情况极少,因同一母牛连续2年发生异常生产的情况几乎没有,即使有,第2年发生数也很少。

疾病的发生有明显的季节性和地区性。在以色列,干燥地区不发生此病,而潮湿地区发生。在日本,阿卡斑病(流产和早产)发生于8~9月,10月发病达高潮,此后逐渐下降。犊牛AH综合征则在12月急剧增加,次年1月达高峰。

[发病机制] 阿卡斑病是阿卡斑病毒感染妊娠畜发生白血球减少和病毒血症后,再通过血液循环感染胎盘,并进一步感染胎儿,因此说该病是病毒在子宫内感染的疫病。被感染的胎儿约占感染妊娠畜(牛)的1/3,感染胎儿的原发病变是非化脓性脑脊髓炎和多发性肌炎。二者均受妊娠时间的影响,前者在整个妊娠期均可出现,而后者则仅在妊娠初期到中期阶段出现。被感染的胎儿的原发病变严重时,则会发生流产、早产、死产;若不太严重时,则胎儿幸存,但在原发病变的影响下,可发生次级病变,在剖检后多见大脑缺损、囊泡状空隙、关节弯曲症及肌纤维短小症等病理组织学变化,在妊娠期满则产生畸形、虚弱等异常仔畜。胎儿感染形成病变后在子宫内的病程相当长,因此分娩的胎儿很少。另外,每个胎儿感染的时间不一,病变的程度也因胎儿个体而异,病毒的嗜神经性、中枢神经系统的病变是关节弯曲和脊椎变形等体态异常的原因。某些胎儿发生的多发性肌炎,也是引起畸形的重要原因。

[临床表现] 猪感染本病的可能性较低。我国家畜体内也检测到了病毒抗体,但没有发现动物发病。

对猪进行感染试验,人工接种9头猪(公猪6头,母猪3头),年龄7月龄的SPF猪。结果显示:9头中3头精神不振、食欲减退,2头体温升高至41℃以上,8头出现白细胞减少和病毒血症。接种病毒后2~4天出现病毒血症,含毒量为$10^2 \sim 10^3$ TCID$_{50}$/mL。接种病毒后3周的NT抗体效价,9头在4以上。HI滴度达10以上为5头(5/9),为1:(10~100)。未发现胎儿的眼观形态异常,但从4号、7号、9号猪的羊水中回收到病毒,病毒价为$10^2 \sim 10^3$ TCID$_{50}$/mL。7号母猪有胎儿10头,体长12~15 cm;从6头胎儿中的3头胎儿脑中回收到病毒,毒价为 10^3 TCID$_{50}$/mL,4 号、9 号母猪的胚胎长 1 cm,胚胎数分别为 7 头和 9 头,将胚胎制成 10%乳剂,均回收到病毒(10^2 TCID$_{50}$/g)。表明阿卡斑病毒具有垂直感染的可能性(表- 25)。

表- 25　猪接种阿卡斑病毒的临床症状、病毒血症及 HI 和 NT 效价

猪			接种剂量和途径		临床症状				病毒血症	HI、NT 滴度(上行为 HI,下行为 NT)
编号	性别	妊娠日龄	TCID$_{50}$(mL)	途径	精神食欲	发热	白细胞减少	抑精症状	接种后天数(依次为 1、2、3、4、5、6、7 天)	接种后周数(依次为 1、2、3、4 周)
1	公		5.0	SC	−	−	+	−	− − + + − − −	<5 <5 40 40 <2 <2 64 32
2	公		5.0	SC	−	−	+	−	− − + + + − −	<5 5 160 80 <2 4 128 64
3	公		3.0	SC	−	−	+	−	− − + + − − −	<5 <5 40 40 <2 4 32 16
4	母	0	3.0	SC	−	−	+	−	− − − − − − −	<5 <5 10 5 <2 8 4 4
5	公		5.0	iV	+	−	+	−	− + + − − −	<5 <5 40 40 <2 8 128 64
6	公		5.0	iV	−	−	+	−	− − − − − − −	<5 <5 <5 4 <2 4 8
7	母	32~42	3.0	iV	+	−	+	−	− − − − − − −	<5 <5 <5 <2 4 4 /
8	公		3.0	iV	−	−	+	−	− − + + − − −	<5 <5 <5 <5 <2 <2 4 2
9	母	0	5.0	SC.iV	+	−	+	−	− + + − − −	<5 <5 <5 <2 8 4 /
10	母	32~42	/	/	−	−	−	−	− − − − − − −	<5 <5 <5 <5 <2 <2 <2 <2

注:10 号为未接母猪。

[诊断]　阿卡斑病毒致牛、羊等动物异常生产的病因很多,所以临床诊断非常困难。虽有季节性流行的特点,但胎儿在子宫内感染阿卡斑病毒后发生的病变较复杂,引起的病症较多,而且又不都在同一时期内出现,因此不易把不同时期发生的病型认为是同一种病。自确定本病的病原后,即依据病毒分离和血清学检查来诊断本病。

1. 血清学检查　血清反应可应用中和试验、补体结合(CF)试验、血凝抑制(HI)试验以及荧光抗体法等。用高渗盐水作感染小鼠脑制成抗原的稀释液,可得到稳定的红细胞凝集

反应(HA)价。即用 0.2 mol/L PBS 将 0.4 mol/L 的盐水调整 pH 至 6.0~6.2 的稀释液,可得到良好的结果。

2. 细胞培养 仓鼠源的 Hmlu-1 的传代细胞和猴肾细胞具有易感性,并形成细胞病变和蚀斑,适用于本病毒的分离和检查。

3. 接种动物 对乳鼠,3 周龄小鼠脑内接种,或接种鸡胚卵黄囊。

[防治] 本病是由虫媒媒介传播而引起的传染病,目前对该病尚无有效的治疗方法。因此,消灭畜舍内吸血昆虫(蚊、蠓),防止其叮咬畜体,对本病有预防效果。

疫苗预防注射在日本已见成效。阿卡斑病毒传播、感染的时间有季节性,在其感染期之前给未免疫妊娠母牛及后备母牛预防注射疫苗,可得到充分的免疫力,即可预防阿卡斑病。现有灭活苗和弱毒苗两种。试验结果表明,疫苗安全、可靠,灭活苗一般用于紧急预防,间隔 2~4 周后进行第二次免疫。在第二次注射后 1 周内即能获得完全预防本病的免疫。弱毒苗对妊娠牛一次皮下注射 1 mL,即能完全预防强毒病毒的攻击。阿卡斑病毒感染具有比较强的特异性免疫力,而且这种免疫力常与血清中的中和抗体滴度呈现线性关系。

二十、肾综合征出血热(Hemorrhagic Fever with Renal Syndrome, HFRS)

该病是一种由汉坦病毒(hantavirus, HV)属病毒引起的以啮齿类动物为主要传染源的自然疫源性疾病。人类感染汉坦病毒主要导致两种严重疾病的发生:肾综合性出血热和汉坦病毒肺综合征,且分别由不同型别的汉坦病毒引起。本病的主要临床症状为发热、出血、低血压休克和肾脏损害。又称为流行性出血热(epidemic hemorrhagic fever, EHF)。

[历史简介] 本病最早见于 1913 年海参崴地区,1931—1932 年在黑龙江流域中俄边境的侵华日军和苏联军队中发生,苏联于 1932 年对 HFRS 病例进行了临床描述。当时日本士兵发生的 HFRS 曾被误诊为"出血性紫斑""异型猩红热"和"出血性斑疹伤寒"等,并根据发病地命名为"孙吴热""二道岗热""虎林热"等,1942 年统称为 EHF。1934 年瑞士等欧洲国家也发现本病,北欧称其为流行性肾病(nephropathia epidemica, NE)。Smorodintsev 等(1940)通过人体试验和一系列病原研究,证实本病是由病毒引起的。

李镐汪等(1978)采用间接免疫荧光法,发现患者恢复期血清能够与在疫区野外捕捉到的黑线姬鼠肺组织发生反应,用此肺组织悬液接种非疫区黑线姬鼠,可进行传代,并且分离到病毒,即汉坦病毒(Hantaan virus, HTNV)。宋干和杜长寿等(1981)分离到汉坦病毒 A9 株和 A16 株,以及发现我国家鼠中存在另一种血清型病毒,即汉城病毒(Seoul Virus, SEOV)。以后,世界各国发现似汉坦病毒多株病毒株。1984 年河南新安县卫生防疫站检出猪 EHF 抗体阳性率 6.93%(23/332),徐志凯(1985)从 108 份猪血清中检出 9 份肾综合征出血热抗体阳性。张云等(1986)报道,我国 1984 年从自然感染的家猪肺中分离到肾综合征出血热病毒。

WHO(1982)在日本东京召开的一次出血热会议上,将其流行性出血热(EHF)统一命名为肾综合征出血热(HFRS)。

国际病毒命名委员会(1994)按病毒分子结构对 HV 分类提供建议。按照这一建议,已经在世界很多地方的多种不同的啮齿动物种群中发现了 HV 至少近 30 种血清型或基因型，而且还有更多型发现。我国卫生部(1994)决定将 EHF 改称为 HFRS。1993 年，美国西南部首先发现肺综合征出血热(hantavirus pulmonary syndrome，HPS)，病原为辛诺柏病毒(sin nombe virus，SNV)，宿主为鹿、鼠，病变以肺损为主，病死率达 78%，在北美、南美以及欧洲都有发现。我国 HFRS 在全球发病最多，故对 HPS 亦应提高警惕。

[病原]　本病病原已归属布尼亚病毒科汉坦病毒属。该属病毒外观为球形或卵圆形或多样性，直径为 74～240 nm(平均 120 nm)，表面包有包膜，内质在电子显微镜下呈颗粒状结构。应用电子显微镜和负染技术对纯化的病毒颗粒进行观察，可见 HV 表面结构含有无数个栅格状亚单位。病毒基因组为单股负链的 RNA，含大(L)、中(M)、小(S) 3 个片段，分别编码 RNA 聚合酶、2 种包裹膜蛋白(G1、G2)和核衣壳蛋白(NP)。不同型的毒株 L、M 和 S 片段的碱基数有一些差别。其中 HV 中和抗原、血凝抗原和型特异性抗原位点主要存在 G1 和 G2 上，而 NP 含有病毒的组群可刺激机体产生补体结合抗体的特异性抗原。L、M、S 分子量分别为 2.7×10^6、1.2×10^6、0.6×10^6。

核衣壳蛋白(NP) 4 种病毒的结构蛋白的分子量分别为 246 kDa、68～76 kDa、52～58 kDa 和 50～54 kDa。HV 3 个片段的大小，其 $3'$ 末端保守的核苷酸序列及 4 个结构蛋白的分子量，与布尼亚病毒科的其他 4 个属均不相同，而在 HV 各个血清间则基本一致。

HV 包裹糖蛋白具有血凝(HA)活性，可产生低 pH 依赖性细胞融合，对感染初期病毒吸附感染细胞表面及随后的病毒脱除衣壳可能有重要作用。HV 中和抗原定位点 G1 和 G2 糖蛋白上，但梁未芳和徐志凯曾分别发现，HV 的 NP 蛋白亦可能含中和 HI 抗原。

目前，HV 培养常用的细胞为 Vero-E6 和 CV-7 细胞；国内学者还发现了 2BS(人胚肺二倍体细胞)、RL(大白鼠肺原代细胞)、GHK(地鼠肾细胞)、鸡胚成纤维细胞、长爪沙鼠肺、肾细胞等为 HV 敏感的原代或传代细胞。HV 在培养细胞中生长较为缓慢，病毒滴度一般在接触病毒的 7～14 天后才达到高峰。HV 对培养细胞的致病变作用(CPE)较弱，对有些细胞甚至无明显致病变作用。

病毒接种于 1～3 日龄的小白鼠乳鼠脑内，可引起致死性感染。对 HV 敏感的实验动物有黑线姬鼠、实验用大白鼠、长爪沙鼠等，这些成年动物感染后均表现为自限性的隐性感染。已报道猕猴和黑猩猩接毒后，可以有规律地出现短暂性蛋白尿、病毒血症，少数伴有血尿，但是大多数成年灵长类动物对本病毒不易感。

目前明确的有 9 个病毒基因型。Ⅰ型：汉坦病毒(HTNV)；Ⅱ型：汉城病毒(SEOV)；Ⅲ型：普马拉病毒(PUUV)；Ⅳ型：希望山病毒(PHV)；Ⅴ型：多布拉伐-贝尔格莱德病毒(DOBV)；Ⅵ型：泰国病毒(THAIV)；Ⅶ型：索拉帕拉亚病毒(TPMV)；Ⅷ型：辛诺柏病毒(SNV)；Ⅸ型：纽约病毒(NYV)。引起 HFRS 的有 HTNV、DOBV、SEOV 和 PUUV。

根据其抗原性及基因分子结构，至少有 20 个血清/基因型，其中半数对人体致病。该病毒对外界环境的抵抗力不强，对紫外线、乙醚、氯仿、丙酮敏感，加热 56℃经 30 分钟、75%乙醇、0.5%碘酊或 pH 3～5 的偏酸环境可使其灭活。

[流行病学]　该病目前已遍及世界各地，世界上有 30 个国家存在 HFRS。这些国家主

要分布在欧亚大陆,其中发病最多的是中国、俄罗斯、芬兰、挪威、瑞典、丹麦等国家,美国也存在 SEOV 引发的 HFRS。亚洲发病率最高,发病人数占世界的 90% 以上。迄今,HFRS 在欧洲、亚洲不断暴发或流行,每年发病人数在 6 万～10 万人。我国 1931 年东北地区发生 HFRS,1955 年发生大流行。

HV 具有多宿主性。每一血清型各有其主要(或原始)的宿主动物。迄今已报道脊椎动物中包括哺乳动物、鸟纲、爬行纲和两栖纲在内的近 200 种动物可以感染 HV,其中多数为 HV 的宿主动物。这些动物主要为啮齿动物、食虫目、兔形目、食肉目及偶蹄目等。但是不同地区主要宿主动物不尽相同,不同型别的 HV 有其相对固定的宿主。我国已经查出 67 种脊椎动物携带 HV 或阳性抗体,除啮齿动物外,牛、鸡、山雀、蛇、蛙、兔、犬,还有猪、猫等。但 HV 在宿主鼠中并不致病。

HFRS 是由不同型别的 HV 引起的一组出血热综合总称。每一型别的 HV 又分别由不同的单一鼠种(原始宿主)主要携带传播,而人到宿主动物到人可以通过多途径传播。因此,它是一种多病原、多宿主、传播途径多样化、流行因素十分复杂的自然疫源性疾病。按宿主鼠种的不同,HFRS 分为姬鼠型(经黑线姬鼠和黄喉姬鼠传播)、家鼠型(经褐家鼠传播),而 NE 经欧洲棕背鼠传播。临床上姬鼠型 HFRS 为重型,NE 为轻型,而家鼠型 HFRS 介于其间,为中轻型。除以上主要宿主和传染源外,还发现家畜、家禽中有 HV 感染成自然带毒现象。现已发现家猫的感染率和带病毒率均较高。此外,在犬、家兔、牛、羊、猪、鸡中也查到 HV 感染。在中国,有证据证实,家猫和家猪为 HV 的扩大宿主。杨占清报道了 1986—1988 年河南、沈阳、江苏和山西家猪 HFRS 抗体,阳性率为 4.3%～11.76%,为对人群 HFRS 的传染源之一。在自然宿主中,HV 一般导致慢性、无症状感染,尽管其在血清中存在中和抗体,但是感染性病毒可以持续存在于宿主的尿、粪便和唾液中。哺乳动物除狼外,家猫、家兔、家猪及家犬等与人密切接触的动物,已证实感染后可从尿、粪和唾液中排毒。仔猪人工感染后 3 天,肺、脾、肾、脑和淋巴结检出肾综合出血热病毒,至第 10 天均为阳性,至第 20 天肺、脾仍为阳性,而心、肝、大肠、小肠、胃、膀胱、肌肉和血管则未检到病毒。仔猪感染后 3 天,血、尿、粪、唾液中检出病毒,第 10 天仍为阳性,阳性检出顺序为:血→尿→粪→唾液;感染后第 7 天血清中检出抗体,且逐渐升高达 1∶64。粪便和唾液抗体在感染后 16 天才出现,但滴度低,与自然感染一致。猫实验感染后,从尿、粪便及唾液向外排毒 1 个月以上。

该病入侵人与动物的方式是多途径和多样性的,包括了动物源性传播、螨媒传播及垂直传播三大类。水平传播对于病毒在自然界中的自然循环起着主导作用,如呼吸道传播、伤口传播、消化道传播、虫媒传播等。人工实验显示,HV 存在经卵传递,表明螨可以作为传播媒介和贮存宿主,这在自然疫源地及疫区数量保持上可能有主要作用。

疾病发生的季节性特点与鼠类繁殖和人类活动相关。HFRS 流行的周期性,主要取决于主要宿主动物的种群数量及其带毒情况。家猫和家猪在 HFRS 高发区即有高感染率和带病毒率,并且可从其排泄物排毒。流行病学研究表明,养猫户和养猪户的 HFRS 感染率和发病率明显增高,提示这两种动物可能成为传染人的扩大宿主(表-26)。

表-26　肾综合征出血热(HFRS)的传播途径

类　别	种　类	传　播　方　式
动物源性传播	伤口传播	与宿主动物及其排泄物(尿、粪)、分泌物(唾液)接触,病毒经污染皮肤或黏膜伤口感染
	呼吸道传播	吸入被宿主动物带病毒排泄物污染的气溶胶而感染
	消化道感染	食入被宿主动物带病毒的排泄物、分泌物污染的饮食物而感染
螨媒传播	革螨传播	通过革螨叮咬
	恙螨传播	通过恙螨叮咬
垂直传播	经胎盘传播	孕妇患者及怀孕宿主鼠类经胎盘传给其胎儿
	经卵传播	革螨或恙螨经卵将病毒传其子代

　　我国的研究证实,格氏血历螨、厩真历螨、柏氏禽刺螨等革螨及小盾纤恙螨自然携带HV,小白鼠乳鼠经其叮咬可感染,并发现存在经卵传播(2~3代)。近年,用分子生物学技术在两种螨体内检测到 HV-RNA 及 HV 在螨体内定位及增殖的初步证据,表明 HV 具备虫媒病毒的条件。螨媒传播在宿主动物中较为重要,尤其对病毒在自然界的长期存在及自然疫源地的保存有重要意义。柏氏禽刺螨(Ornithonyssus bacoti)主要在家鼠、家禽体外及其巢穴寄生,属专性吸血螨,其刺吸能力强,对家鼠型出血热传人可能有重要意义。小盾纤恙螨(L.Scutellare)幼虫亦属于专性吸血虫,并主要寄生于黑线姬鼠体表(耳壳),对姬鼠型出血热的传播可能有一定的重要意义。

　　在检测的 1 367 名工人中,检出 HV 抗体阳性 76 份,总阳性率为 5.56%。抗体阳性率随着工龄的增加而升高,呈正相关(表-27)。

表-27　肉联加工厂工人血清 HV 抗体阳性率

工龄(年)	检测人数	HV 抗体阳性数	阳性率(%)
0	182	6	3.29
1	256	11	4.29
2	242	13	5.37
3	254	14	5.51
4	220	15	6.81
5	213	17	7.98
合计	1 367	76	5.56

　　在 1 538 名密切接触者中,检出 HV 抗体阳性 66 名,阳性率为 4.29%。抗体随着接触时间的增加而升高,呈正相关。检查无接触史者血清 380 份,检出 HV 抗体阳性 6 份,阳性率

为 1.58%(表- 28)。陈瑞琪(1994)报道了养猪户与非养猪户血清中 HV 抗体(表- 29)提示猪也可能是传染源。

表- 28　家猪密切接触者血清 HV 抗体阳性率

接触时间(年)	检测人数	HV 抗体阳性数	阳性率(%)
0	252	6	2.38
1	212	8	3.77
2	263	11	4.18
3	275	12	4.36
4	282	14	4.96
5	254	15	5.91
合计	1 538	66	4.29

表- 29　养猪户与非养猪户血清中 HV 抗体检测结果

样本来源	阳性案例	阴性例	总例数	阳性率(%)
养猪户人血清	8	101	109	7.33
非养猪户人血清	1	100	101	0.99
总计	9	201	210	4.29

近年来发现,HFRS 的宿主有逐渐向家畜(禽)扩散的趋势,家猪可能是 HV 的扩散宿主。据山东(2004)检测,家猪血清抗体阳性率 1.9%。不同年龄家猪的肺均有 HV(表- 30)。家猪的心、肝、脾、肺、肾、血、尿、粪及猪圈内污物均可检出病毒,阳性率分别 3.32%、4.15%、4.17%、5.0%、4.17%、3.67%、7.04%、2.51% 和 5.56%。其中,含毒量血液为 10^5 TCID$_{50}$/mL、肺为 10^5 TCID$_{50}$/mL、肾、脾为 10^4 TCID$_{50}$/mL,表明病猪排毒并污染环境。感染后第 7 天可从血清检出 HV 抗体,且逐渐增高。感染率随猪龄而增高,感染后 HV 可随血行波及多个脏器,并随尿、粪排出感染性 HV 污染环境作为二次感染源。

表- 30　不同年龄家猪肺 HV 抗原检测结果

年龄(月)	总数	阳性数	阳性率(%)
0~12	39	2	5.13
13~24	54	4	7.41
25~26	27	3	11.11
总计	120	9	7.5

[发病机制]　HV 为"原发性损伤，一次性打击，自限性病程"，涉及机体的许多系统和中间环节，主要是病毒的直接损害和机体的免疫反应。在病程中期、后期，由于微循环障碍、凝血系统被激活、合并 DIC 以及免疫系统紊乱，加上大量介质的释放等形成中间病理环节，促使各脏器及组织病变的加剧(图- 6)。

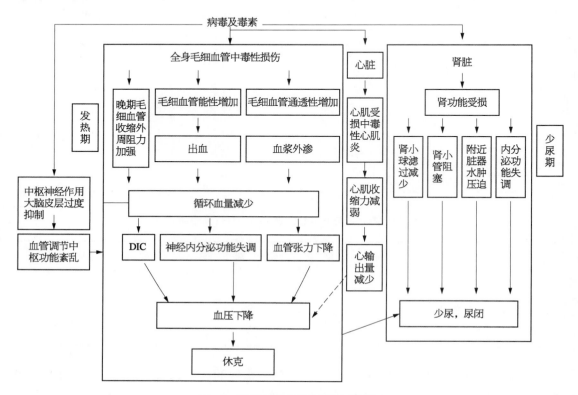

图- 6　流行性出血热各期发病原理

1. 病毒的直接损伤　病毒直接作用于全身毛细血管和小血管，引起广泛的血管壁损伤和功能障碍，由此产生一系列的病理、生理变化和临床表现。不同血清型的 HV 毒力有明显的差距，姬鼠型的 HV 多致重型感染，家鼠型多致中型和轻型感染；而 PUUV 引起轻型感染，PHV 则对人无致病性。现已证明，病毒 M 片段编码的糖蛋白对机体的细胞，尤其对免疫细胞的损害是引起机体病变的重要环节之一。

2. 机体的免疫反应　HFRS 发病早期即表现为体液免疫亢进、非特异性细胞免疫低下以及免疫系统紊乱。

(1) 体液免疫。由于病毒在体内复制，刺激机体免疫系统产生大量的抗体，IgM、IgA 和 IgE 抗体在病程早期即已出现，IgG 抗体稍迟，中和抗体出现则相对较晚，导致 I 型变态反应和Ⅲ型变态反应。

(2) 细胞免疫。急性期外周血 CD8 细胞明显上升，极期达高峰，CD4/CD8 下降或倒置。明显增加的 CD8 为细胞毒性细胞(Tc)。Tc 是引起细胞免疫及组织损伤的重要效应细胞，提示在本病的发病中可能有细胞毒性T细胞的参与。

HV侵犯多种重要免疫组织(如肝、骨髓、脾、淋巴结及胸腺等),及在免疫系统中担负重要功能的免疫细胞(如T、B淋巴细胞、单核—巨噬细胞等),是造成机体免疫功能异常的重要因素。

(3)机体内分泌功能的变化。HFRS患者的血清中分泌乳素、生长激素、儿茶酚胺及胰岛素、内啡肽等多种内分泌激素增高。这些激素在适当浓度时对机体有利,但是超过一定范围则产生有害的影响。体内激素普遍增多,一是由于组织损伤造成激素外溢,二是机体的应激性反应。

[临床表现] 动物(包括猪)一般为隐性感染,而犬、猫可发生显性感染,10%～20%的病例有上呼吸道卡他和胃肠卡他的前驱症状。

HFRS的宿主动物有逐渐向家畜等扩散的趋势。多年调研表明,猪的感染与人、鼠发病率呈正相关。米尔英(1990)报告,1981—1987年山西省发生流行性(HFRS),主要传染源为褐家鼠。在这种类型的疫区中,家畜、家禽带毒同褐家鼠接触机会颇多。通过RPHI(反向被动血凝抑制法)测定8种家畜HV抗体阳性率和抗体滴度如表-31。表明家鼠型疫区内,6种动物可被HV自然感染。另有研究显示,养猪户HFRS发病相对危险程度是非养猪户的2.7倍。

表-31 RPHI检测动物血清中FV抗体结果

动 物	检测数	阳性数	阳性率(%)	滴度范围	GMT
犬	105	22	20.95	10～80	21
猪	119	14	11.76	10～40	20
羊	99	6	6.06	20～40	25
兔	98	4	4.08	10～20	14
牛	26	1	3.85	40	40
鸡	69	2	2.90	20～40	28
驴	3	0	0		
骡	1	0	0		
合计	520	49	9.42	10～80	21

夏占国等(1984)在河南调查时检出猪有HFRS抗体,抗体阳性率为6.93%(23/332)。指出猪抗体阳性与人发病率有关联(表-32)。发病率高的地区,猪抗体阳性率高,表明猪抗体检出率与HV的空间分布有一定关系,说明其在猪体内有过生长、繁殖过程,并有可能向外排毒,徐志凯等(1985)也从108份猪血清中检出9份HFRS抗体。

表-32 猪血清中 HFRS 抗体检出率与当地 HFRS 发病率

地　　　区	检 出 份 数	阳 性 份 数	阳 性 率（%）	当地发病率
洛阳市郊区	170	14	8.24	9.4/10 万
偃师、洛宁、渑池	160	9	5.63	6.3/10 万
合计	330	23	6.97	

　　张云等（1986）首次从猪肺中分离到 HFRS 病毒。随后进行了猪能否作为传染源的研究。通过 120 份猪样本检测到的抗原阳性率是：心 3.3%（4/120）、肺 7.5%（9/120）、肝 4.2%（5/120）、脾 5.0%（6/120）、肾 4.2%（5/120）、血液 5.0%（6/120）、尿 4.1%（4/98）、粪便 3.3%（3/92），其中有 6 头猪的心、肺、脾、肾都检出 HV。分离病毒能致小鼠发病。同时，在这一地区对有 2 年屠宰史的 256 人、与猪接触的饲养者 305 人和无猪接触史的 285 人进行血清等检查，以 IF≥1∶20 为阳性标准，结果阳性率分别为 4.7%（12/256）、4.3%（13/305）和 1.4%（4/285）。1989 年在江苏省鼠型 HFRS 疫区两个乡用 IFAT 和 RT-PCR 法分别检测 120 份猪的心、肺、肝、脾、肾的 HV，均可检测到 HV 和 HV-RNA。IFAT 检测 HV 抗原阳性率分别为 3.3%、7.5%、4.2%、5.0%、4.2%。用 RPHA 检测家猪血液、尿液和粪便中 HV，抗原阳性率分别为 6.6%、7.1%、6.5%。表明家猪不但有可能作为 HV 的宿主动物，还可能作为人群感染 HFRS 的传染源。

　　杨占清等（1990）在对人流行病学调查中发现，人与猪发病有相关性（表-32），在人 HFRS 高流行区，猪的 HV 阳性率高，血清阳性率也相平行。而且家猪不同年龄 HV 检出率随年龄增加而增加：0～12 月龄为 5.1%（2/39）、13～24 月龄为 7.4%（4/54）、25～36 月龄为 11.1%（3/27）。感染后 HV 可随血传播至各个脏器，并随尿、粪排出感染性 HV，并污染外环境作为二次感染源。杨占清（2004）对山东地区家猪调查发现，猪的心、肝、脾、肺、肾的 HV 的抗原阳性率为 3.3%～5.5%，而血、尿、粪、圈内污染物的抗原阳性率分别为 3.76%、7.04%、2.51% 和 5.56%。

表-33 人发病率与猪病原和抗体阳性率

与人关系	发病率（以 10 万人计）	猪肺 HV 抗原			猪血清 HV 抗体		
		检测数	阳性数	阳性率（%）	检测数	阳性数	阳性率（%）
高流行区	170.52	390	13	3.33	298	11	3.69
中流行区	5.23	150	4	2.67	122	1	0.82
低流行区	2.53	125	1	0.80	124	1	0.81
非疫区	0	149	0	0	119	0	0

　　曾贵金（1988）用 HV R22 和 HB55 毒株对仔猪进行实验感染，病毒在猪体内存在 11 天和 20 天（表-34），表明鼠源和人源 HV 已可感染猪并能在宿主群繁殖扩大，同时发现感染仔

表-34 HV 在家猪体内的分布

菌株	检 测 组 织									
	肺脏	脾脏	心脏	肝脏	肾脏	胃	大肠	小肠	膀胱	脑
R22	+++	+++	−	−	+++	−	−	−	−	−
HB55	++	++	−	NT	NT	−	−	−	NT	−

NT：未检测。

猪与人工感染仔猪的短期自限性感染过程相似；接种后第 6 天体温升高至 39.6～40℃，第 5～7 天仔猪食欲稍有减退，至第 9 天则恢复正常。不管是动物源株还是人源株均能使家猪感染，从肺、肝、肾等组织中检测到 HV 抗原。杨占清（2004）用 HV R22 病毒毒株，每猪接种 $100TCID_{50}$/mL 病毒液 1.5 mL，分别经皮下、口腔和肺接种 30 日龄仔猪，结果仔猪发病不明显，仅个别猪体温轻微上升至 40.3℃，并维持 2～10 天。感染后 6～10 天仔猪食欲稍有减退，喜卧，活动减少。尿蛋白阴性，肺组织毛细血管轻度扩张、淤血，间质水肿，少数肺泡内有出血。肝细胞呈水样及气球样变性，部分区域有出血，肾小球毛细血管可见淤血，内皮细胞肿胀，肾小管水肿，脾脏及大血管未见明显异常。接种后 3～7 天可检出抗原，检出抗原顺序为：血清—尿—粪—唾液。粪、尿至感染后 10 天，血清和唾液抗体在感染后 16 天才出现，且滴度低，与自然感染一致。从猪分离的病原可致小白鼠发病，表明病毒又在猪体内繁殖、增殖，又能通过多种途径排出感染性病毒，污染外环境，可引起再感染（表-35、表-36）。HV 可通过胎盘垂直传播给胎儿，孕猪分娩有死胎和乳猪产出后不会吸吮母乳，且产出后 1 周内发病死亡。从一头孕猪血清和 7 只新生小猪的血清、尿、粪、唾液中均可检出病毒，乳猪抗原分别为 100%（7/7）、28.6%（2/7）、14.3%（1/7），并从乳猪脾、肺、肾、脑检出病毒。国外用乳猪、小猫做分离病毒试验，均发现受试动物发病和死亡，提示这些动物可能为传染源。另外，个别地区在本病流行季节，发现病死的猪和犬的内脏有出血病变。

表-35 R22 和 HB55 在家猪体内检出的时间与分布

接种后天数	R22			HB55	
	肺	脾	肾	肺	脾
6	0/2*	0/2	0/2	0/1	0/1
7	1/2	1/2	1/2	0/2	1/2
9	2/3	2/3	2/3	1/2	1/2
11	2/2	2/2	2/2	1/1	1/1
15	0/3	0/3	0/3	NT	NT
20	0/2	0/2	0/2	1/2	2/2
28	0/1	0/1	0/1	NT	NT

*：阳性数/接种数，NT：未检测。

表-36   家猪各种组织及排泄物中 HV 抗原与抗体检测结果

标本种类	检测数	HV 抗原		HV 抗体	
		阳性数	阳性率(%)	阳性数	阳性率(%)
心	180	6	3.33	0	0
肺	615	28	4.55	11	1.79
肝	191	8	4.19	0	0
脾	180	9	5.00	0	0
肾	191	8	4.19	0	0
血	445	17	3.82	26	5.84
粪	306	7	2.29	6	1.96
唾液	5	2	40.00	2	40.00
圈内污物	54	3	5.56	0	0

[诊断]   本病典型病例有发热期、低血压期、少尿期、多尿期和恢复期 5 期经过,并存在有大量 5 期不全的异型或轻型非典型病例。因此,流行病学史调查和早期临床表现询问和观察是初步诊断依据。

血清学检查在 HV 抗原和抗体检测上,IFA、ELISA 及 RPHI 等方法已成为实验室诊断和检测的常规方法。HV 有多种不同的血清型,应用 HTNV 型,和 SEOV 型病毒制备的两种血凝素,检测 HFRS 疫区宿主血清抗体。进行分型诊断、分型检测已在我国很多地区应用,可获得满意的结果,但其特异性和分型效率还有待改进。用重组病毒 N 蛋白抗原代替天然抗原进行抗体抗原检测,用酶标记特异性单克隆抗体以 ELISA 方法进行分型检测,具有较好的特异性。

1. 核酸探针   HTNV76-118 株或 SEOVR22 株 S 或 M 基因片段并用放射性核素标记杂交探针,可用于对 HV 不同型、株 RNAs 及相应的 cDNA 克隆的检测。

2. PCR 检测   根据已知的 HTNV 76-118 株及 SEOV R22 株 M 片段的核苷酸序列设计、合成两对型特异性引物,用 RT-PCR 方法进行扩增,研究从不同地区和不同宿主来源的 HV 基因组 RNA,可以明确区分 HTNV 和 SEOV。增加其他型 HV 的型特异性引物,可以更广泛地进行 HV 的分型检测及研究。PCR 分型与血清学分型结果有很好的一致性。

[防治]   HFRS 治疗原则是"三早一就地",即早发现、早休息、早治疗和就地治疗。但猪尚未有防治措施。

预防方面,主要坚持灭鼠和防鼠相结合,以灭鼠为中心的综合性预防措施,灭鼠、防鼠、灭螨、防螨,切断人、鼠、螨、禽畜传播链,加强食品卫生管理和个人、畜禽防护等。在预防上需进一步解决的问题有:① 搞清楚疫区流行的 HV 型别及其抗原性的关系;② 从不同种类带毒啮齿动物、小型哺乳动物及食虫目动物分离病毒,进行血清学检查,并注意有无新的血清型 HV 及已知血清型 HV 变异种和新的临床病型;③ 着重研究与人关系密切的家畜、家禽感染、带毒情况、所带 HV 毒力,及其排泄物排毒情况,借以了解其在疾病传播上的作用;

猪的感染已从早先未报道过感染,到近年来不断从疫区猪分离到病毒,也观察到临床表现,但对鸡、猪感染的研究甚少;④ 研究不同疫区及不同条件下 HFRS 的主要传播途径,对各种可能的传播途径做综合性研究,特别是人、畜、禽及其他动物关系的观察与研究;⑤ 探讨防控措施,强化以疫苗免疫为基础的综合防控措施。

疫苗是预防该病的有效措施之一,我国目前已有 3 种出血热单价疫苗及 2 种双价疫苗可供人使用。但猪尚未见有这方面研究产品。

二十一、克里米亚出血热(Crimean Hemorrhagic Fever,CCHF)

该病是一种由克里米亚-刚果出血热病毒引起的急性、出血性传染病。主要危害人,临床上呈出血症状群。动物多为隐性感染,不显明显症状。

[历史简介] Hymakob(1946)报道,1944 年苏联克里米亚地区的军人和农民发病,并通过志愿者人体试验证实是一种可过滤的致病因子,人的致病与被蜱叮咬有关。同年,丘马科夫等将出血热病人的第 2~4 天的血液接种于猫和小鼠,分离到病毒,故命名为"克里米亚出血热"。Gasals(1956)从刚果发热儿童中分离到病毒,命名为"刚果出血热"。Simpson(1967)描述了 12 例发热患者,其中 5 例为实验室感染,将血液接种于乳小白鼠分离到病毒,并证明该病毒与 1956 年分离毒相似,1969 年证实与克里米亚病毒相同,故合称"克里米亚-刚果病毒"。Donets(1977)证明两病毒性状一致。国际病毒分类与命名委员会定名为克里米亚-刚果出血热病毒"Crimean-Congo hemorrhagic fever virus"。1965 年,我国新疆南部地区发生发热和伴有出血症状的患者。冯宗慧(1983)从 1966 年新疆出血热急性期患者血液、尸体和亚洲璃蜱中分离到病毒,后经形态学、血清学证明与 CCHFV 一致。

[病原] CCHFV 属内罗毕病毒属(Donets,1977),有 7 个血清型,即 CCHFV、Drea Ghazi Khan(DGK)、Hughes、Naiyobisheep Disease(NSD)、Qalyub(QYB)、Sakhalia(SAK)和 Thiafora(THF)。目前导致人致病的有 3 种,即内罗毕病毒、Dugbe 病毒和 CCHF 病毒与 XHF 病毒。本病毒圆形或卵圆形,直径 90~105 nm,可通过帕克菲氏滤器 V 号和 N 号滤柱及蔡氏滤器。其抗原性和生物学特性与刚果病毒以及巴基斯坦分离到的哈扎拉病毒相似。病毒粒子由 4 种结构蛋白构成,即 2 个内部蛋白:转录酶蛋白(L)、核衣壳蛋白(N)和插在病毒膜内的 2 个外部糖蛋白 G1、G2。病毒基因组有大(L)、中(M)和小(S)3 个节段。每一个基因片段的 3′端和 5′端互补,可以形成环状或柄状结构。3 个基因片段末端 11 个碱基是保守的,除第 9 位核苷酸外均互补,随后的 20 个左右的碱基显示片段特异性互补。病毒基因组(A+U)%大于(G+C)%,感染基因组必须转录成正链 RNA(mRNA)用蛋白合成,LRNA 约 12 kb,编码 L 蛋白 7 200 kDa。MRNA 为 4.4~6.3 kb。SRNA 为 1.76~2.05 kb。G1 为 72~84 kDa。G2 为 30~45 kDa。G2 只在病毒成熟末期产生。N 蛋白为 48~54 kDa,N 蛋白是在感染细胞中可检测到的主要病毒蛋白,NRNA 只含 1 个编码框。病毒基因组与 2 100 个 N 蛋白和 25 个 L 蛋白紧密结合组成核衣壳。克里米亚-刚果出血热病毒群中有一种非病原性的 Hazara 病毒,分离自巴基斯坦的硬蜱。在中和、血凝抑制和抗体结合等血清学反应中可与 CCHFV 区别。

　　早期血清学实验提示,CCHFV 毒株间几乎没有明显的不同,但近几年基于 S 基因核苷酸序列分析所得资料表明 CCHFV 毒株间有广泛的遗传差异;如 1995 年阿联酋暴发的 CCHFV 的 S 片段序列与中国 1968 年分离的毒株有 10%~11.8% 的差异;2001 年科索沃的 CCHFV 的 S 基因序列与尼日利亚的 I6Ar10200 毒株差异为 17%。目前,CCHFV 遗传变异研究扩展到 M 基因和 L 基因。

　　本病毒尚无理想的感染试验动物。以病人的血液感染猴,仅可使其发热,但很快恢复。用病人血液经脑内途径接种新生小白鼠,可引起发病或死亡,但对成年鼠不致病。病毒接种于猪肾细胞培养,不引起明显的细胞病变,也无形态学改变。病毒于 50% 甘油中可长期保存,干燥状态下至少可保存 2 年。氯仿、乙醚可将病毒灭活。

　　[流行病学]　　本病开始发现于苏联南部及中亚地区,在塔吉克、保加利亚和南斯拉夫等地也发生过流行。20 世纪 60 年代在中东、非洲和印度也有发生。血清学调查表明,伊朗、印度存在本病毒感染。1965 年,我国新疆地区从急性患者血液、脏器和璃眼蜱中分离到病毒,证实该病毒与 CCHFV 一致。通过病毒与基因序列分析和比较初步判断,不同基因型的 CCHFV 可能自然存在于我国流行地区的宿主动物体内。在青海、内蒙古、四川、海南、安徽等地畜、人血清中发现抗体,虽然未分离到病毒和发现相关病例,但提示本病潜在的流行区域可能存在。一旦环境条件适宜,病毒会随宿主的大量繁殖和活动而增殖或扩散。一旦其中一种基因型被大量增殖并感染人和动物,该基因型的流行就有可能发生。一种基因型可以只出现在一次流行中,也可能出现在多次流行中。由于基因型不同,病毒致病力也不同,产生的流行强度和病死率也不同。

　　人、牛、羊、猪、马、骆驼、狒狒、长颈鹿、羚羊、野兔、野鼠、鸟类、蜱等对本病毒皆易感染。病人和带毒动物是本病的宿主和传染源。1956 年后,在苏联、东欧和非洲许多地区的人和牛、羊、猪等家畜中相继分离出病毒。绝大多数动物感染 CCHFV 后不发病,只出现一过性病毒血症和产生抗体(Shepherd,1991),至少有 20 个属的野生动物可检出 CCHFV 抗体。大多数动物是隐性感染,这些动物是蜱的宿主,在形成病毒的自然循环和维持疫病的自然疫源性方面起着重要作用。本病主要经蜱传播,主要媒介是眼蜱属的边缘革蜱、*Anatolicum* 和扇头蜱属 *Sanguinecus*、*pumilio*、*bursa* 等蜱及中国的璃眼蜱。目前至少在 31 种蜱和 1 种刺蚊中分离到 CCHFV。蜱不仅自身带毒,而且病毒在其体内还能经卵传代。因此,蜱既是传播媒介,也是病毒的储存宿主。人除因被阳性蜱叮咬而感染本病外,在用手捻碎阳性蜱时也可因接触蜱血而感染。接触病人的带毒血液也能引起感染。某些候鸟经常携带这些蜱类,所以有人认为候鸟是本病广泛分布于欧亚广大地区的间接传播媒介。Zeller HC(1994)指出,CCHFV 传播模型为:带毒硬蜱若虫感染野生鸟,被感染鸟将病毒传给硬蜱若虫至成虫,带毒成虫寄生并使动物感染,受感染动物将病毒传给新生蜱卵及幼虫,后者又感染至野鸟。这样的循环代表了 CCHFV 一种可能的贮存及繁殖机制,同时鸟的迁移也为病毒远距离传播提供可能。

　　本病多发生于半森林、半草原或半沙漠的畜牧区。一年四季均可发生,主要与人的职业、生产活动范围与疫源地接触程度有关。疫区的病例呈点状分布,散发性流行。

［发病机制］　目前认为病毒的直接损害作用是主要的。病毒进入机体后,病毒糖蛋白可识别易感染的细胞表面受体,然后病毒附着在受体上,通过细胞内吞噬作用进入细胞并在细胞质内复制,经复制增殖产生病毒血症,引起全身毛细血管内皮细胞的损伤,使血管通透性和脆性增加,引起出血、水肿和休克等一系列的临床表现。病毒血症亦可引起各个脏器实质细胞的变性与坏死,并导致功能障碍。主要病理变化是全身重要脏器的毛细血管扩张、充血、出血、管腔内纤维蛋白或血栓形成。实质器官出现变性与坏死,肝小叶中心坏死,可见灶状或点状坏死。肺泡壁毛细血管扩张和充血,肺泡内有蛋白质渗出液,肺毛细血管可有纤维蛋白血栓。肾脏体积增大,镜检可见肾小球血管壁即肾小囊基底增厚,近端肾小管上皮细胞除自溶现象外,尚可见浊肿和管内少量红细胞。肾髓质内间质水肿、血管扩张,因而挤压周围肾小管,使管腔变狭窄甚至闭塞。肾小管上皮有节段性变性坏死。此外,心肌、肾上腺、胰腺均有不同程度的变性、坏死。坏死区炎性细胞浸润不明显。脑膜呈非化脓性脑膜炎变化、脑实质水肿,毛细血管扩张充血,周围出血及淋巴细胞浸润。皮质及脑干有不同程度的神经细胞变性、噬神经现象和小胶质细胞增生。

［临床表现］　动物多为隐性感染,不表现明显的症状。Donets(1977)血清学调查,表明猪有感染,且有不同的血清反应阳性率。目前报道的血清学流行病学调查结果表明,欧洲和非洲的牛、马、驴、绵羊、山羊、猪有不同血清学阳性反应。在苏联、东欧和非洲等地区的牛、羊、猪中分离到这类病毒。家畜不仅是蜱的主要血源动物,而且也参与了 CCHFV 的自然循环。

［诊断］　本病主要依据临床症状和流行病学作初步诊断。实验室检查可见到白细胞降低、核左移、血小板减少、凝血酶原降低等变化。血清学诊断主要有中和试验、血凝抑制试验和补体结合试验等。

［防治］　目前对猪尚无免疫疫苗和治疗方法。要对疫区做好防蜱灭蜱,防止人、畜被蜱叮咬。目前已有鼠脑灭活疫苗应用于人。

二十二、裂谷热(Rift Valley Fever,RVF)

该病是一种由裂谷热病毒引起的急性、热性动物源性传染病,又名里夫特山谷热,又称动物性肝炎。主要危害绵羊、山羊、牛、骆驼等动物,人能感染发病,以出血性高热表现最为严重,死亡率高达 50%。猪也可感染。

［历史简介］　本病于 1921 年和 1930 年在非洲肯尼亚里夫特山谷的绵羊和牛中暴发流行,引起流产和死亡(同时有 1 人发病),因其在流行区形成峡谷状蔓延传播,因而得名。Daubney 和 Hudson(1931)从绵羊分离到本病病毒。1930 年报道人感染病例,1978 年南非流行期间报道了人死亡病例。2000 年疫情出现在沙特、也门、非洲野外地区。RVF 可能传入新地区并可在人和动物间流行,且很可能成为一个世界性的公共卫生问题。1981 年 5 月国际兽医局第 99 次会议指出,RVF 对世界任何国家都是一个威胁,因而被列入必须义务通报的 A 类传染病。目前我国尚无 RVF 报道。

［病原］　裂谷热病毒(Rift valley fever virus,RVFV)属布尼亚病毒科的白蛉病毒属,是

一种单股负链 RNA 病毒。病毒呈圆球形,直径为 90~110 nm,核为 80~85 nm。有长 5~10 nm 的长纤多肽包膜,3 个螺旋体核体,病毒 RNA 基因组含长 11 400~14 700 个核苷酸,分为 L、M、S 三段,分子质量分别是 2.7×10^6 Da、1.7×10^6 Da 和 6×10^6 Da。每个片段的核酸是独立的,各节段的末端均含有节段特异的非编码区(UTRs),RNA-S 编码病毒核心蛋白,RNA-M 由 2 个糖基胞膜的多肽及非结构蛋白组成,RNA-L 编码病毒聚合酶。S 片段为双,编码核衣壳蛋白 N 和非结构蛋白 NSs。宿主细胞核和细胞浆中能产生包涵体。分离毒株尚未有不同血清型报告,只有 1 个血清型。目前所分离的病毒与南非分离株 Kakamas 高度一致,基因组变异相当有限。RVFV 在抗原性上与甲病毒和黄病毒等披膜病毒完全无关。

根据 S 片段中 NSs 蛋白编码区中 669 nt 序列,结合 M 片段中 G2 蛋白编码区中 809 nt 序列和 L 片段中 L 蛋白编码区中 212 nt 序列,对 RVFV 进行了基因种系分析,将 RVFV 分为三种类型:中-东非型、西非型和埃及型。RNA 病毒在进化过程中常出现基因突变(如碱基置换、缺失或插入),而大的基因型改变需要 RNA 片段的交换(基因重排)。对多株病毒进行了基因组测序发现,RVFV 的 S 片段碱基转换率为零。有的病毒毒株的 L、M 片段在基因种系分析上属于西非型,而 S 片段属于中-东非型或埃及型;也有的毒株 L、M 片段在基因种系分析上属于中-东非型,而 S 片段属于西非型,结果表明自然界中部分 RVFV 在进化过程中存在基因重组现象。在病毒的变异中,部分自然毒株变异会出现病毒毒力的改变。这可能与 NSs 蛋白的部分缺失和 N 蛋白氨基酸的改变有关。

本病毒的实验感染宿主范围广泛,其中以沁鼠和地鼠最为敏感,任何途径均能感染。病毒在鸡胚卵黄囊、羊水、绒毛尿囊膜及肝脏中能迅速繁殖。用鸡胚纤维母细胞、羊肾细胞和地鼠肾细胞培养良好。羔羊肾细胞在感染后出现大量嗜酸性核内包涵体。RVFV 凝集 1 日龄雏鸡红细胞,也能凝集小白鼠、豚鼠和人的 A 型红细胞,感染组织的乳剂也常具有较高的血凝特性,血凝最适合条件是 pH 6.5 和 25℃。

本病毒对外界的抵抗力较强,室温下可存活 7 天,−20℃下可存活 8 个月;在血清中,−4℃可存活 1 048 天。pH 低于 6.2(pH 3.0 下病毒迅速灭活)或在 0.1% 的福尔马林中可将病毒灭活;对乙醚脱氧胆酸盐等脂溶剂敏感,但 56℃经 3 小时后,血清中的病毒可以恢复其活力。

[流行病学]　本病主要分布于非洲大陆的肯尼亚、苏丹、埃及、乌干达、南非、尼日利亚、赞比亚、津巴布韦、乍得、喀麦隆等国。人和绵羊、山羊、牛、马、骆驼、猴、幼犬、幼猫、田鼠、非洲鸡貂、羚羊、野生啮齿动物等均易感。猪也有感染。1951 年,该病在南非大流行,病死牛羊达 10 万只,并有 2 万人感染;1977 年 10 月本病在埃及的绵羊、山羊和骆驼中流行,有 1.8 万人感染,死亡 598 人。2000 年沙特人群中出现发热和出血的"怪病",855 人确认感染,118 人死亡,从患者的血液、咽喉洗液和粪便中分离到近 60 株病毒,也门也死亡 109 人。绵羊表现为发热、血泻等症状,怀孕母羊 90%~100% 流产,出现所谓"流产旋风"。2001 年沙特一鸡场感染人 RVF,鸡是可能的传染源。

小山羊、小绵羊和水牛是本病的主要传染源。野生啮齿动物,反刍动物是病毒的主要宿主和扩大宿主。急性病人血液和咽喉部有病毒存在,因此病人和其他动物宿主也可能成为本病的传染源。

本病在动物间的主要传播媒介是蚊,通过蚊子叮咬传播本病。感染绵羊及牛出现高滴度的病毒血症,可维持3~5天,足以使大量的新一代幼蚊通过吸血而感染,造成病毒在脊椎动物寄生并与蚊子间形成循环。现已证明,有25种蚊子参与该病传播。伊蚊、库蚊和缓足蚊属的多种蚊虫能传播本病,如神秘伊蚊、窄翅伊蚊、埃及伊蚊、希氏库蚊、尖音库蚊等。带RVFV的蚊子是宿主生物,并可将病毒经卵传给下一代,蚊卵在干旱气候下能够保存数年之久,不但延续RVFV的生存,在雨季孵化的病蚊新生代,也常成为数千万个可怕的病毒传播媒介。人感染本病至少有2种途径:一是皮肤黏膜伤口直接接触具有病毒的血液、肉类而引起感染,二是通过蚊虫叮咬感染。

本病多发于农牧区,具有严格的季节性,一般于5月末或6月初开始发病,11月底至12月终止流行。本病有明显的职业性,牧民、兽医和农民多见,男性发病率较高,本病呈地方流行并可暴发流行。本病对人基本是良性经过,但随疾病持续流行,人的症状日趋严重。1973年埃及发生过动物大流行。

[发病机制]　对RVF的发病机制了解不多,目前主要是根据其他虫媒病毒自然感染的发病机制类推。机体被蚊虫叮咬或吸入含病毒的气溶胶感染RVFV。一般认为病毒首先在侵入门户原发感染灶的邻近组织中增殖,经淋巴系统转移至局部淋巴结,并在其内进一步增殖;经3天左右的潜伏期继而进入血液循环形成原发性病毒血症,出现发热等症状。病毒在主要靶器官(肝、脾)内大量复制,导致高滴度的病毒血症。病毒血症期间,病毒随血流侵入大多数内脏,可引起局灶性感染和炎症,最常见的是脑炎和视网膜炎等。病毒对细胞的溶解效应导致细胞损伤,从而引发各器官的病损和功能障碍。动物实验证明,各器官呈现坏死等病变的部位和病毒复制部位相一致。脑部炎症和眼部病损除病毒的直接作用外,还与免疫病理相关。严重的病毒血症和来自肝的坏死产物使终末毛细血管内皮细胞受损、纤维沉着、血中的纤维降解产物增加,同时也促进血小板凝集,导致血小板减少,从而引起弥散性血管内凝血(DIC)。继而血液从毛细血管和末梢小血管漏出,发生出血性淤点。严重肝损伤后期,纤维素在肾小球毛细血管和近曲小管内沉着,导致肾损伤,并出现少尿;尿中出现红细胞、白细胞和管型,甚至无尿,最后肾功能衰竭。血管炎和肝坏死可能是导致出血的关键性病变,因为给大鼠使用环磷酰胺不能明显改变致病过程,提示此病的发病机制中宿主的免疫系统不是主要因素。内皮细胞抗血栓形成功能的破坏引发血管内凝血。肝细胞和其他受染细胞的广泛坏死导致凝血质释放入血液循环。严重的肝损伤使多种凝血蛋白的减少甚至完全丧失,从而进一步促进了DIC的发生,而血流障碍又转而使组织损伤加重。血管炎和凝血功能不全则导致紫癜和广泛性出血。

自登云等(1995)认为,该病毒可能包括嗜神经和嗜肝脏两群。Ramdall等(1964)研制疫苗时,曾将En+株分别在小鼠脑内和神经系统外两种途径连续传代,结果两传代株对神经组织和内脏器官的亲嗜性明显增强,说明感染途径可以改变病毒嗜性。

疾病的康复依赖于宿主的非特异性免疫应答,病毒血症的清除与中和抗体的出现相关。

病愈后可产生终身免疫力。

[临床表现]　RVFV 具有广泛的宿主,但各种动物和人对 RVFV 敏感性不同(表-37)。

表-37　不同动物和人对 RVFV 敏感性表现

100%死亡率	较高死亡率	病情严重有些死亡	亚临床型	能抵抗人工感染
羔羊	绵羊	人	亚临床型	獴
小山羊	犊牛	猴(印度,南美)	猴(非洲)	刺猬
小白鼠	大鼠	牛	野生啮齿动物	蛛猴
仓鼠	幼犬	山羊	兔	兔
睡鼠	小猫	水牛(非洲,亚洲)	猪	壁虎
鼠平		灰松鼠	犬	金丝鸟
某些种大鼠		野生啮齿动物	猫	鸽子
		骆驼	马	长尾小鹦鹉
			豚鼠	
			某些大鼠	

从上表可见,许多各种年龄的动物对此病均易感,并对牛、羊、骆驼等许多动物致病,甚至引起流产和死亡。但幼畜发病率和死亡率更高。猪对此病低度易感。《现代传染病学》(陈菊梅,1999)记载,本病毒人工感染山羊、猴、猪、小鼠、大鼠、仓鼠等均获得成功。国际兽医局认为兔和猪感染后呈隐性经过。兔、猪、豚鼠、鸡、刺猬感染本病毒后,不出现病毒血症。

Youssef BZ(2009)通过对埃及亚历山大地区的 200 人、45 头猪及接触过猪的 43 人的血样进行 ELISA 和 HAI 检测,结果猪的 RVF 血清的 ELISA 阳性率为 15.1%(37/245),245份血清样品中的阳性率高的为 20.69%,低的为 10%,HAI 的阳性率为 1.43%~12.07%,猪为 8.16%(20/245)。调查表明猪可能是一个中间宿主,并进入 RVFV 地方疾病循环圈。

[诊断]

1. 流行病学和临床诊断　主要依据临床症状和流行病学状况。动物症状因动物种类和年龄不同而异,主要表现为幼年羊、牛有临床症状,而成年动物多呈隐性,或有流产。共同临床特性是流产和黄疸,结合季节流行特征,进行初步诊断。

2. 病毒分离和血清学试验　用患病后 3 天内的人或畜血液接种小鼠、地鼠、鸡胚卵黄囊或用细胞培养分离病毒,也可用急性期病人咽喉洗漱液、粪便及肝、脾、脑与流产胚胎器官中分离病毒。用血凝抑制、补体结合试验和中和试验检测病畜双份血清的抗体。双份血清的间隔期应超过 12 天。早期可检查特异性 IgM。分子生物学可用 RT-PCR 方法检查 RVFV 的 RNA 链。

3. 病理学检查　病死的人、畜肝脏呈坏死性变化。在乌干达、刚果(布)、刚果(金)、肯尼亚等地区,RVF 还必须与内罗毕病和韦塞尔斯布朗病相鉴别,主要依据病毒中和试验。

[防治]　本病目前尚无特效疗法,一般仅作对症处理和支持治疗。在感染的早期使用

适量的 IFN-α 或者干扰素诱导剂可以起到很好的保护作用。在出现出血等严重症状时可以注射抗血清进行被动免疫治疗。

预防本病的主要措施是防蚊、灭蚊；对进口的家畜应严格检疫，防止本病传入；不可食用病畜肉和内脏，应予焚烧或消毒深埋，且遭病畜污染的场所要彻底消毒。人在接触病人、病畜或相关工作者时要加强个人防护，隔离病人须严格隔离并进行治疗。对疫区人、小羊、水牛和母畜应接种减毒苗或甲醛灭活苗。Meadors GF 曾进行过原代猴肾细胞和猕猴胚肺二倍体细胞传代灭活苗的研究。在地方性疫区和靠近动物流行疫区点的地方可对易感家畜作预防接种。

对动物，南非较广泛地使用了灭活疫苗。将 BHK-21 细胞培养的上清液用福尔马林灭活，加入铝佐剂。绵羊注射 2 mL 后几个月，虽然血清中测不出较高的中和抗体，但仍能保护绵羊免受 RVFV 的攻击。使用这种疫苗成功地阻断了南非绵羊中的 RVFV 的流行传播。

RVFV 能耐受气溶胶化，具有很强的传染性，可通过悬浮培养和微载体进行大量培养，WHO 已将其列为生物战剂之一，我国必须重视该病毒的防控。

我国已颁布的相关标准：SN/T 1711-2006 出入境口岸裂谷热监测标准。

二十三、口蹄疫（Foot and Mouth Disease，FMD）

该病是由口蹄疫病毒引起的，主要侵袭牛、羊、猪及野生偶蹄动物的一种急性、高度接触性的传染病。该病以发热，并在黏膜和皮肤上，特别是口腔和蹄叉部位出现水泡疹为特征。人、鼠、鸟禽也会感染本病。由于其有易感动物多、传播速度快、流行范围广、频繁发生和难以防制等特点，2002 年 OIE 将其列为 A 类动物疫病。

[历史简介]　Bulloch 等报道 1514—1516 年间意大利 Fractorius 发生水泡病，德国记载了 1756 年人群和家畜发生口蹄疫；Sagar（1764）发现本病的传染性；Loffler 和 Frosch（1897—1900）及 Hocke（1899）发现其病原体可以经陶质凝器滤过，证实其为滤过性（病毒性）传染病，并可应用免疫血清进行防治。Waldmann 和 pape（1920）发现天竺鼠是口蹄疫病毒的敏感试验动物。Skinner H（1951）建立了乳鼠 LD_{50} 计算方法，促进了本病的研究工作。Vallee 和 Carre（1922）确认了该病毒有 O 型和 A 型，并证明了病毒存在多型性。Waldmann 和 Trautwein（1936）根据免疫学特征，将 Riems 岛上检到过的病株分为 A、B、C 三型，而 C 型则为新发现的血清型。1928 年，OIE 采用了 Waldmann 命名法为国际通用命名，即 O、A、C 型。1948 年，Brooksby 发现了南部非洲与已知的 O、A、C 型不同的 3 个血清型：SAT1、SAT2、SAT3 型口蹄疫病毒。1954 年，Brooksby 和 Rogers 发现了 Asia Ⅰ型。1924 年 OIE 将 FMD 列为重点疫病。1951 年，WHO 建立了泛美口蹄疫中心（PAFMDC）。1953 年，欧洲口蹄疫防治委员会成立。1954 年，美国 Pirbright 动物病毒研究所建立了口蹄疫世界咨询实验室。OIE（1974）第 42 届常委会国际动物卫生法典将 FMD 列为 A 类动物疫病。Samuel 和 Knowles（2001）根据 FMD 的 O 型病毒 *VP1* 基因 C 末端核苷酸序列分析结果，绘制了 FMD 系统发生树。Frenkel（1935）在试管用牛、羊、猪胚胎皮肤培养 FMDV 成功，其后发展成组织细胞培养。Belin M 及其同事（1926—1929）用牛舌皮方法培养了本病毒并制成

口蹄疫甲醛灭活疫苗。从此,国际上相继开展多种 FMD 活疫苗和灭活疫苗用于该病的防治。Kield(1981)应用重组技术,在大肠杆菌中表达 FMDV 的 *VP1*,并制备实验疫苗。中国上海口蹄疫研究组(1976—2001)在 AEI 灭能苗和 RNA 基因工程疫苗基础上,进行了 DNA 基因疫苗研究,即构造重组 VP1 制成工程苗,经临床试验取得第一个猪 O 型 FMD 国家疫苗证书。目前,国际上正在开展合成肽疫苗研究开发。

[病原]　口蹄疫病毒属于小 RNA 病毒科口蹄疫病毒属,分子质量为 8.08×10^6 Da,其碱基组成为 A:G:U:C=26:24:22:28;沉淀系数 146S,病毒粒子为正二十面体,对称结构,呈球形或六边形,直径 20~25 nm,无囊膜。病毒基因组为单股正链 RNA,约由 8 500 个核苷酸组成,其基因组全长约 8.5 kb。可直接作为信使 RNA。病毒可在犊牛、仔猪、仓鼠肾细胞、牛舌上皮细胞、甲状腺细胞、牛胚胎皮肤细胞、肌肉细胞、胎肾细胞、兔胚胎肾细胞等原代或传代细胞中增殖,并可引起细胞病变。目前,许多国家用 BHK-21 细胞,通过接种单层细胞或悬浮培养病毒。病毒在猪肾细胞较牛肾细胞产生更为明显的细胞病变。犊牛甲状腺细胞对病毒极为敏感,并能获得高滴度病毒,特别适于野毒分离。FMDV 感染的细胞培养液内,除完整病毒颗粒外还存在其他不同颗粒:空衣壳沉淀系数 75S,在 CsCl 中的浮密度 1.31 g/cm³;12S 蛋白颗粒沉淀系数,CsCl 密度 150 g/cm³;病毒感染相关抗原 VIA,是依赖 RNA 的聚合酶,沉淀系数 3~4.5 g/cm³,在 CsCl 中的浮密度 1.67 g/cm³。

病毒在 pH 7.0~9.0 之间稳定,pH<6.0 或 pH>9.0 时可灭活。一些酸性和碱性化学物质,如磷酸、硫酸、柠檬酸、醋酸、蚁酸和碳酸钠、氢氧化钠等,可杀灭病毒。在野外,2%氢氧化钠、4%碳酸钠、0.2%柠檬酸消毒效果最好。FMDV 可存活于 pH 为中性的淋巴结和脊髓中,肌肉组织内的病毒在动物死后,当肌肉组织 pH<6.0 时可被灭活。病毒可在草料和污染环境中存活 1~3 个月以上,存活时间长短与环境温度和 pH 有关。

病毒容易发生变异,为多型性病毒。采用体内交叉保护试验及血清学试验(补体结合试验和中和试验等),将 FMDV 分为 7 个血清型,即 O 型和 A 型(Vallee 和 Carre,1922),C 型(Waldmann 和 Trantwein,1926),SAT1、SAT2、SAT3 型(Brooksby,1958),Aisa Ⅰ型(Brooksby 和 Roger,1957)。各型之间彼此没有交叉免疫力,感染了一型病毒的动物仍可感染另一型病毒而发病。曾根据各型病毒交叉保护试验和血清学试验中差异性将其血清型进一步划分为不同亚型,7 个型各有数目不等的亚型,共计 61 个亚型,也有人认为有 65 个亚型。基因的基本结构是:$VPg - 5'UTR(S - poly(C) - IRES) - L - P1(VP4 - VP2 - VP3 - VP1) - P2(2A - 2B - 2C) - P3(3A - 3B1 - 3B2 - 3B3 - 3C - 3D) - 3'UTR - poly(A)$。衣壳蛋白由 VP1、VP2、VP3 和 VP4 四种结构多肽各 60 个分子构成。其中 VP1 大部分露在病毒粒子表面,VP1 的 G-H 环是细胞吸附点的主要成分,也是重要的抗体中和位点。

病毒基因组有一个开放性阅读框(ORF)及 5′、3′端非编码区(NCR)组成,ORF 编码 4 种结构蛋白(VP1、VP2、VP3 和 VP4,即 ID、IB、IC 和 IA)及 RNA 聚合酶(3D)、蛋白酶(L、2A 和 3C)和其他非结构蛋白(如 3A 等)。结构蛋白 VP1 不仅是主要的型特异抗原,具有抗原性和免疫原性,能刺激机体产生中和抗体,而且包括病毒受体结合区,决定病毒和细胞间的吸附作用,直接影响病毒感染。FMDV 的毒力和抗原性都易发生变异,VP1 基因变异性最高,存在两个明显的可变区,42~60和134~158号氨基酸序列。研究表明,同型不同亚型的毒株,仅135~158一个可变区氨基酸残基存在差异,表现出亚型特异性,若42~60和134~158两个可变区发生变化,则出现型的差异。不同型FMDV,*VP1*基因G-H中的*RGD*基因序列具有遗传稳定性。

2001年Samuel和Knewles根据FMD的O型病毒*VP1*基因C末端核苷酸序列分析结果,绘制FMD系统发生树,以15%序列发生差异作为分型标准,将OIE和FAO(联合国粮食及农业组织)口蹄疫国际参考实验室收集的世界各地105株O型毒株划分为8个主要基因型:拓扑型(Tope TYPE)、欧洲-南美洲型(Euro - South Amirica,Euro - SA)、古典中国型(Cathay)、西非型(Wast Africa,WA)、东非型(East Africa,EA)、东亚南亚中部型(Middle East - South Asian,ME - SA/pan Asia)、东南亚型(South - East Africa,SEA)及两个印度尼西亚型(Indonesian)。2001年,Sangare O,Bastos AD等对O型FMDV的*VP1*基因C末端581 bp区域进行核苷酸序列分析,确定来自中东、欧洲、南美洲、东非、南非及亚洲的O型FMDV毒株间的遗传关系,并构建系统发生树。与3个分立的大陆板块相对应,世界各国不同时间、不同地区流行毒株的基因群不同,近年来国际上流行FMDV毒株主要基因型为*pan - Asia*,对猪、牛、羊均呈高致病力。

FMDV在畜毛上可以存活2~4周,在被污染的环境、饲具、毛皮和饲料中可以保持传染性达数月之久,在冻肉中可长期保存。食盐对FMDV无杀灭作用,但FMDV对高湿抵抗力弱。阳光曝晒、一般加热都可杀灭本病毒,也在65℃经30分钟和80℃经5分钟条件下即可杀灭本病毒,100℃时则立即杀灭。FMDV对酸和碱十分敏感,易被酸性和碱性消毒药杀灭,也会被人体胃酸所杀灭。

[流行病学] 除北美洲和冰岛外,FMD在世界范围内广泛流行,但各地血清型有所不同。1984年以来,FMD世界流行毒株的主要基因型为*pan - Asia*。当前,我国猪群流行的毒株以O型为主。

各种偶蹄动物都可自然感染FMDV,不感染奇蹄动物。野生偶蹄动物都是FMDV的天然宿主。易感动物有黄牛(奶牛)、牦牛、犏牛、水牛、猪、骆驼、绵羊、山羊、黄羊、岩羊、羚羊、鹿、麝、野猪、鬃猪、疣猪和大象等。人工接种试验感染动物有猫、兔、大白鼠、小白鼠、地鼠、黄鼠、刺猬、黄鼠狼等70余种动物,人、鸡、鸭、鹅也会感染。

牛对于自然感染的易感性最高,其次是猪、绵羊和山羊,而猪感染后排毒量则比牛羊多,但在各次流行中也存在差异。

本病的传染源主要为发病动物和隐性带毒动物。患病动物在病程不同阶段排出的病毒数量和毒力是有区别的。在症状出现前,感染动物就开始排出大量病毒,发病期排毒量最大,且病毒随气体、唾液、乳汁和鸟粪排泄物排出,其每天排出的每单位水泡皮、水泡液含毒量为10^{11},乳汁为$10^{9.7}$,气体为$10^{5.4}$,鸟粪为10^{10},猪蹄皮为$10^{10.6}$。带毒牛排出的病毒通过猪群会增强毒力,然后再传染到牛群引起流行。牧区感染的牛发病轻微,持续时间短,易被忽略,从而成为疫病的长期传染源。发病猪的排毒量远远大于牛和羊,相当于牛的20倍,感染力最强,因此认为猪对本病传播可能起着相当重要的作用。1915—1916年,美国暴发了一次疫病,充分证明了人群带毒在疫情蔓延中的重要性。Stockmam 证明了候鸟的媒介作用,Beattie(1945)证明了老鼠带毒,Kunike 证明了蝇的传播能力。病毒的来源是被 FMDV 感染的动物唾液、粪便、尿液、乳汁和精液等,甚至是病畜呼出的空气。未经消毒处理的畜产品、空气、饲料、水、用具和畜舍等则是本病的传播媒介。

有部分痊愈动物能持久排毒,经严重感染阶段后有些动物可转归为持续感染动物。动物带毒为感染后 28 天或 2～3 个月或更长。牛的咽腔带毒时长可达 24～27 个月。扈贵(1987)检测康复猪带毒时间为:脊髓 47 天、淋巴结 44 天、咽液 47 天、粪便 28 天、尿 36 天。健康猪与带毒牛同居常无明显症状,但部分猪的血清中可产生抗体。从健康带毒猪的咽喉、食道的刮取物接种健康猪和牛,可发生明显症状。羊带毒时间可达 7 个月,病毒可自尿中排出。从流行病学的观点来看,不同种类的动物在流行病学中的作用是不同的。绵羊是病毒的贮存宿主,它们携带病毒常常没有症状;猪是病毒的增殖宿主,它可将致病的弱毒株变成强毒株;牛是病毒的指示宿主,它对 FMD 最敏感。而犬、猫、啮齿动物、家禽及其他鸟类能机械传播病毒。

本病传播迅速,流行猛烈,常呈流行性发生,发病率也很高。幼畜比成畜易感,且死亡率较高。在新疫区,本病的发病率可达 100%,而老疫区则较低。本病以直接接触或间接接触两种方法传播。在自然情况下,易感动物通常经消化道感染,动物各部分的皮肤或黏膜损伤也是病毒易入侵的部位。近年来证明,空气也是重要的传播途径。猪是放大器,也是最有效的呼吸气溶胶病毒释放者(表-38)。本病传播和流行可呈跳跃式传播、流行,即在远离发病疫点的地区也能暴发或通过输入带毒动物及其产品,使疫病从一个地区传到另一个地区。疫病的流行和暴发具有周期性,每隔 1～2 年或 2～5 年发生一次。疫病的发生没有严格的季节性,一年四季皆可发生,但其流行却有明显的季节规律,且不同地区 FMD 可流行于不同季节。FMD 常见于冬、春暴发,而夏季很少流行并可使疫情减缓或平息。一些病畜经过夏季的高温还能自愈。单纯性猪 FMD 仅猪发病,不感染牛、羊,也不引起迅速扩散或跳跃式流行,且主要发生于集中饲养的猪场。活猪临时贮存仓库、城市郊区猪场以及交通密集的铁路、公路沿线、农村分散饲养的猪较少发生疫情。如果流行主要在猪群中发生,则疫情会因春秋两季大量易感动物的增加,一年中可能出现 2 次的发病高潮。易感动物的卫生条件和营养状况也能影响流行的经过。畜群的免疫状态则对流行的态势有着决定性的影响。

表-38   风媒传播不同毒株 FMD 扩散量的差异(IU/min)

毒株	牛	绵羊	猪
O1	57	43	7 140
O2	4	1.4	1 430
A5	93	0.6	570
A22	7	0.3	200
C	21	57	42 860
C	6	0.4	260

注:资料来源 Donaldson 等,1970;1 IU=1.4TCID$_{50}$。

FMDV 是 RNA 病毒,由于基因组 *RNA* 复制缺乏对错配碱基的修复机制,病毒 RNA,变异性极强,导致了 FMDV 基因组复制的差异。FMDV 基因组每复制 1 次,每个核苷酸位点的变异范围为 $10^{-3}\sim10^{-5}$,与亲本病毒基因组相比,有 0.1~10 个碱基位置变异。病毒在宿主体内长期存在和复制,在遗传变异和免疫压力下,导致产生新的病毒变异株。动物的免疫状态可能控制着病毒的复制水平,其变异性不仅表现在抗原性上,而且其宿主嗜性经常发生变化。如 1997 年中国台湾地区 FMD 大流行时病毒只感染猪,而且致病力强,新生仔猪发病高达 100%。此外,几乎每次 FMD 大流行都有人感染的报告,事实上人的临床症状也越来越重。FMDV 感染的宿主,可能会随病毒的变异产生一株病毒传染性极强的新毒株,从公共卫生方面考虑,必须引起兽医和医生的共同关注与重视,特别要警惕可能造成病毒在人体内连续传代的机会。

[发病机制] 病毒感染进入机体后的 24 小时内,可在咽、肺、呼吸道支气管上皮细胞复制;24 小时后由肺部分散到口腔、蹄上皮部位,可能是单核细胞、巨噬细胞介导病毒扩散至上皮细胞和肺泡间隙内;至 72 小时,舌部上皮细胞、上颚软组织、扁桃体、蹄和支气管淋巴结均可检到病毒。病毒在迅速扩散到机体大部而没有出现临床症状前,没有形成溃疡的部位也可以检出病毒。徐春河等(1987)报道,猪 FMDV 进入机体后,血液病毒量:24 小时为 1 Log10(LD_{50}/0.2 mL)、48 小时为 7.5 Log10、72 小时为 2.67 Log10,然后迅速下降;淋巴结毒量:24 小时为 3.57 Log10、48 小时为 5.5 Log10、72 小时为 3.63 Log10、96 小时为 1.48 Log10;脊髓、脾、肺、肾毒量居中,心、肌肉则较少。当感染猪向空气中大量排出病毒时,病毒在鼻黏膜复制比在肺部复制的量多。扈贵(1987)对感染猪染色体观察时发现,其形态出现异常,染色体结构畸变数达 14%(正常猪<1%)。主要表现为出现染色体断裂、染色体单体断裂和变型染色体。Soldotorlob 等(1981)以猪瘟毒株接种猪,发现可使细胞染色体分裂,从而引起细胞染色体结构的异常。

FMDV 通过与细胞表面的特异性受体结合,被细胞内吞,在溶酶体酶的作用下将病毒衣壳蛋白裂解,从而产生对细胞的感染。FMDV 与敏感细胞表面受体特异性结合后形成特异性吸附,而病毒结构蛋白 VP1 的 G－H 环上的 RGD 基因序列是病毒与细胞结合所必需的各种不同血清型 FMDV 的衣壳蛋白表面共同存在 1 个长的外环,称为 VP1 蛋白的 G－H 环,其中包含了 1 个高度保守的三肽基序,精氨酸-甘氨酸-天冬氨酸,即 RGD 基因序列。研究认为,FMDV 极其保守的 RGD 基序在病毒与细胞结合中起重要作用。研究发现,易感细胞表面存在 2 种受体家族可以介导 FMDV 的感染,分别是肝素硫酸盐糖蛋白和整合素(intergrin)家族。野生型 FMDV 是通过病毒表面 VP1 蛋白 G－H 环的基序与细胞表面的整合素结合介导病毒感染细胞。目前研究认为细胞表面的 $\alpha V_{\beta3}$ 整合素是病毒吸附的最主要受体,另外,$\alpha V_{\beta6}$ 整合素也可以起介导 FMDV 感染的作用。FMDV 侵染宿主细胞是个很复杂的过程,但这是 VP1 蛋白接触细胞后触发的细胞反应。被 FMDV 感染的细胞往往出现明显的致细胞病变,甚至细胞破裂。FMDV 导致细胞病变的原因目前尚不清楚,可能通过其编码蛋白质抑制宿主细胞 DNA 转录和 mRNA 翻译两条途径。FMDV 编码的蛋白可激活宿主细胞的 P_{220} 蛋白裂解酶的活性,后者可以使真核细胞中的 mRNA 翻译所需的"帽"联蛋白复合物 eIF - 4F 中的一个最主要蛋白质裂解,从而干扰了 mRNA 的翻译。FMDV 编码的蛋白 3C 可以催化组蛋白 H_3N 一端的甲基化消失,而组蛋白 H_3N 甲基化是 DNA 转录的基础。FMDV 通过在胞浆内合成 3C 蛋白酶,并转移至细胞核内发挥这一功能。

有研究证明,FMDV 可诱导宿主细胞凋亡。这是其致细胞病变死亡的重要途径之一,也为阐明该病毒的致病机制提供了有力的实验依据。

[临床表现]　该病潜伏期很短,当发现第一例病例前,就已开始流行。通常与感染病毒量和感染途径有关,一般为 2～7 天,最短为 15～20 小时,这不仅见于仔猪,而且见于成年猪。病猪以体温升高、病毒血症和蹄部发生水泡为主要特征。蹄部和舌溃疡、舌面溃烂常较小而不易察觉,通常是由个别猪只跛行才引起注意。多数病例的蹄病变起于蹄叉侧面的趾枕前部,其次是蹄叉后下端或蹄后跟附近。发生水泡处表现为深红色斑块,发现水泡的病猪体温可升高至 41～42℃,且伴有拒食、沉郁、常躺卧。水泡破裂后体温随之下降,一般经 4～7 天转入康复期。有一部分病例,常在蹄叉沿着蹄冠发生小水泡,并逐渐融合成一白色环带状或"⊥"形白色水泡,蹄冠上的水泡破裂后,留一红色糜烂灶,并常出血后结成痂块,且疼痛明显。由于炎症在蹄的皮基部蔓延,常使角质和基部松离,导致突然或逐渐"脱靴"。当角质蹄壳脱落形成"套筒"时,病猪患肢不能着地,并经常躺卧或在地上跪行。其后老蹄匣被新蹄匣代替,但新蹄匣再生常需要数月时间,再生过程可从与蹄冠平行的一条沟上察觉。

在口腔中,舌上和颚上发生豌豆大的水泡并糜烂,也可发生于齿龈、咽、唇,鼻镜上也可发生多个水泡,或者整个上皮层隆起鸡蛋大的水泡。在另一部分病例中,上皮层事先不发生明显的水泡而自行脱落。乳房上也可发生豌豆大的水泡、烂斑,尤其是泌乳母猪,乳头皮肤上的病灶较为常见,而阴唇部的病毒少见,有时患病孕猪也会发生流产、死胎和畸形胎。哺乳仔猪患病后,可能死亡但不出现水泡。仔猪死亡可能发生在母猪出现水泡之前或同时发生,在 FMD 某些暴发病例中,可有 60%～80% 的仔猪发生突然死亡。病程稍长时,也可见口腔(齿龈、唇、舌)黏膜和鼻面上的水泡和糜烂。仔猪死后的心脏呈现心肌黄色条纹,俗称"虎斑心"。心肌切面有灰白色或淡黄色斑点和条纹,心肌松软似煮熟状。心包膜有弥漫性出血点。心外膜下出现浅黄色斑纹、变性、坏死,心内膜有出血和变性、有时有急性肠炎。

由于 FMDV 在感染猪血液里出现的期限和持续性,专业文献的报道常自相矛盾,故观察和研究猪 FMD 特征性病具有临床意义。

用口蹄疫病毒人工感染猪之后,1～7 天开始出现患病的临床症状(体温升高,四肢、口腔、鼻形成水泡,拒食、跛行、抑制状态)。

潜伏期长短因感染动物的方法而异。在蹄冠皮下注射病毒时为 1～2 天,在耳部皮下接种病毒及饮食感染时为 6～7 天,其他方法感染的潜伏期在 3～5 天之间。

临床症状的表现程度和重病期,同样因感染方法而异。在蹄冠深层皮内,向肌肉和表皮划痕注入病毒的所有猪会出现抑郁、跛行、拒食、体温升高至 41.1～41.9℃ 等症状,而且 3 天内症状维持在同样水平。另外,扈贵(1987)报道 FMD 病猪食欲消失,在趾枕上蹄间隙中,特别是蹄冠周围产生许多水泡,5%病猪鼻镜上出现水泡,并以腕关节向前爬行,随着继发性水泡形成,体温升至 40~41℃,持续 4 天。蹄冠接种和背皮接种的猪 42%~50%出现蹄壳剥脱和壳脱落等症状,后者感染的 6 头猪有 3 头死亡。尾尖皮下、腹部皮下感染的猪症状则非常轻,体温升高到 40.6~40.7℃(不是所有猪),维持发热的总时间是 12~24 小时。而耳部皮下感染的 12 头猪里 7 头经过 6~7 天出现临床症状,开始四肢发展成大面积的水泡,经过 2~3 天消失,且没有形成糜烂;其余 5 头接种猪没有形成水泡,仅 1 头体温升高到 40.7℃,而剩余猪的体温仍在正常范围内。

在所有无症状患病猪血液里,从感染 FMDV 后第 5 天起,4 天内相继发现病毒;在感染后 20 天,缺乏 FMD 临床症状和病毒血症猪的血清里,病毒中和抗体的滴度为 5~7 Log10。

病毒检验证明,在所有猪发生临床症状之前,其血液和鼻腔流出物中就已出现病毒。胃肠外的感染则不因方法而异,病毒开始在血液中被发现,而后经 12~30 小时病毒可在鼻腔分泌物中检出;再经过 1 天,猪开始发生水泡、体温升高、拒食和跛行症状。

病毒血症的维持时间是 5~7 天,病毒从鼻腔的分离时间是在 4~6 天;病毒在血液里最高滴度(4.5~5.5 Log10)是在水泡形成期(蹄冠感染的猪是在第二期水泡形成期)。耳部皮下感染猪血液里病毒的滴度比其他方法感染的低,为 $2~3.4LD_{50}/mL$。

背部表皮划痕感染的猪,划痕部位经 2 天结痂,在结痂下面可见少量的渗出液。渗出液中含有 FMDV。而以蹄冠接种病毒的猪,大多数可形成水泡并开始糜烂。除耳尖接种病毒猪外,其他猪的水泡沿蹄冠出现并在后来消肿;口服和表皮划痕感染的猪,其水泡仅仅出现在口腔。

[诊断] 根据流行特点和特征性的临床症状,可以做出初步诊断。但猪 FMD 的症状与猪水疱病、猪水疱性口炎(流行范围小,发病率低,马类也发病)、猪水疱疹的症状几乎完全一致。而 FMD 以蹄病变为主,口腔病变较少见,有时在鼻镜、乳房发生水泡,故应及时送样到相关检测部门进行实验室诊断。

传统的实验室诊断方法是补体结合试验、反向间接血凝试验、琼脂扩散试验和乳鼠血清保护试验。酶联免疫吸附试验及其夹心法常用于动物血清检测。分子生物学诊断技术有核酸杂交、指纹法、电泳法和 RT-PCR 及核酸序列分析等。

[防治] 随着国际贸易频繁,动物及其产品的流通量增大和畜牧业产业化发展,导致 FMD 在世界范围内流行。国与国之间 FMD 传播的主要途径为合法和非法进口感染的活体动物、肉类制品、奶制品以及国内隐性感染动物的频繁流动,防治 FMD 生物灾害现已成为重大的生物安全问题。长期来,我国根据 FMD 防控法规,加强了动物检疫工作,对猪实行了强制性疫苗免疫接种,并实施了免疫屏障等技术措施。但这些措施难以在短期内有效控制和根除 FMD,我国每隔 5~10 年仍会出现 FMD 大流行。

对于猪 FMD 防控主要还是采用常规的防治原则:① 杜绝传染来源,采取综合防治措施;② 扑杀病畜,消灭传染源;③ 免疫接种,用 A 型和 O 型疫苗进行计划和紧急免疫接种。总之,封锁、隔离、消毒、扑杀和免疫是防治 FMD 的基本措施。

仔猪还可用免血清被动免疫,以减少发病和死亡。猪场消毒常用过氧乙酸。一旦发病,均应及时申报,按相应条例处置。

目前,FMD 的病原分离技术和疫苗制作工艺等都比较完备,但因病原本身的变异,如疫苗生产过程中多次传代(组织培养)繁殖病毒制备疫苗,造成制苗种毒发生新的变异,导致最终疫苗种毒可能不能提供所需的抗原覆盖率,往往给猪 FMD 的免疫防控带来一定困扰。现在开发基因工程病毒亚单位疫苗,是使用 FMDV 免疫原区的合成多肽(现在已有商品化的 FMD 合成肽疫苗),所以能确保质量、安检合格的灭活 FMD 疫苗仍是防治 FMD 的最佳选择。我国猪使用的灭活疫苗是由农村农业部统一规格、规定的 AEI 灭活疫苗。

我国已颁布的相关标准有:GB/T 18935 - 2008 口蹄疫诊断技术;GB/T 27528 - 2011 口蹄疫病毒荧光 RT - PCR 检测方法;SN/T 1181.1 - 2003 口蹄疫病毒感染抗体检测方法 琼脂免疫扩散试验;SN/T 1181.2 - 2003 口蹄疫病毒感染抗体检测方法 微量血清中和试验。

二十四、猪水疱病(Swine Vesicular Disease,SVD)

该病是由猪水疱病病毒引起的,导致猪口、蹄水泡症候群为主的一种急性、热性和高度接触性的传染病,其临床特征是蹄部出现水泡和跛行,且传染快、发病率高。也可感染人。

[历史简介]　Nardelli 等(1968)报道,1966 年 10 月意大利 Lombardy 的猪群中发现一种临床上与口蹄疫具有相似症候群的疾病,该病同时发生在从同一来源引进猪的两个猪场。意大利的 Brescia 口蹄疫研究所和英国的 Pirbright 动物病毒研究所进行了一系列检验,都未能证明发病猪有口蹄疫病毒存在,认为是一种不同于猪口蹄疫、水疱疹的新的猪水疱性、肠道病毒性病毒。Mowat、Darbyshire 和 Huntley(1971)报道,在香港发现一种类口蹄疫,但发病温和、发病率为 70%、死亡率低的猪病流行。1972 年,《英国记录》周刊发表了 Pribright 研究所描述猪水疱病特性的报告。1973 年 1 月和 4 月,FAO 欧洲控制口蹄疫委员会在罗马第 20 届会议上将本病定名为“猪传染性水疱病”。Nardell 等最先确定本病毒为肠病毒。1973 年 5 月,OIE 专门召开会议研究措施、制定条例,并在这次会议上正式定名为“猪水疱病”(SVD)。SVD 可超越国界迅速传播,是具有严重潜在后果及重要社会经济和公共卫生意义的传染病,可对动物和动物产品的国际贸易产生严重影响,故 OIE 规定该病为 A 类疾病。我国有文字记载的 SVD 是 1953 年华南农学院郑荣禄教授报道的广西屠宰场发生的猪病,他们用病料接种母猪不发病,当时认定为猪水疱疹;1964 年,上海肉联厂发生的疑似猪口蹄疫,但免疫不交叉。我国在 1968 年后也暴发 SVD,上海以上海市农科院畜牧兽医研究所和上海市食品公司为依托组成协作组,由沈培鑫和叶祝年主持进行病毒分离(上海龙华Ⅳ系毒株)、细胞培养、病原鉴定和疫苗研制等科研项目。1972 年 8 月,北京香山全国猪病会议上,何正礼教授提议将该病定名为“猪水疱病”。

[病原]　猪水疱病病毒属于微小 RNA 病毒科肠病毒属。病毒颗粒呈球形,直径为 20~33 nm,由裸露的二十面体对称的衣壳和含有单股 RNA 的核心组成,衣壳由许多空的圆筒形壳粒构成。病毒基因组为单股正链 RNA,长约 7 401 bp,基因组含 1 个大的开放阅读框(ORF),编码 1 条由 2 815 个氨基酸组成的多肽链,最终被裂解成 11 种蛋白质,其中 4 个为结构蛋白(VP4、VP2、VP3 和 VP1),并组成病毒衣壳;其余均为非结构蛋白,参与病毒复制,

阻断宿主细胞蛋白的合成途径等。SVDV 只有 1 个血清型,根据 *VP1* 和 *3BC* 基因的核苷酸序列可将 SVDV 株分为 4 个系统发生群,即 4 个抗原和遗传群:第一群为意大利最早分离的毒株 ITL/1/663,第二群为 1972—1981 年欧洲和日本流行毒株,第三群为 1988—1993 年意大利流行的毒株;第四群为 1987—1994 年在罗马尼亚、荷兰、意大利和西班牙流行的毒株。病毒的沉淀系数为 $150\pm3S$,分子量为 10.4×10^6 道尔顿。在 CsCl 中的浮密度分"轻组分"为 $1.34\ \text{g/cm}^3$ 和"重组分"为 $1.44\ \text{g/cm}^3$。两种组分在酸性环境下都具有稳定性,不受 pH 3 的影响。病毒在 pH 3~4 时皆稳定。

SVDV 同口蹄疫、水疱性口炎和水疱疹病毒没有交叉免疫反应,四种病毒虽然使动物产生的临床症状相似,但抗原性不同。意大利 SVD 血清与香港 SVDV 的中和抗体效价大于 1∶1 024。即 SVD 只有 1 种血清型,但观察到多个病毒毒株之间存在次要的抗原差异,各分离病毒毒株毒力也不一样。佩布莱特世界咨询实验室对不同国家、不同地区、不同时期发生的 7 株 SVD 毒株进行补反试验证实血清学关系研究,证实某些毒株之间也像口蹄疫病毒那样存在着亚型的差别($R=28\%\sim54\%$)。病毒与人柯萨奇 B_5 病毒在血清学上有密切关系。以人肠道病毒 A—H 组血清与 SVDV 做中和试验,在 8 组血清中只有柯萨奇 B_5 有关的 C、E 两组血清能中和猪 SVDV。Graves J H(1973)zim Benyesh - Melnick 氏程序制备的肠道病毒免疫学混合血清,可鉴定人肠道病毒的 42 个血清型。在 24 份人血清样品中发现 22 份能显著中和香港 SVDV,其中 14 份采自一个存在猪 SVDV 的实验工作人员。Graves(1976)用柯萨奇 B_5 病毒接种猪,猪不引起临床症状,但产生高效价中和抗体,可以抵抗 SVDV 强毒株攻击,而且可以从免疫猪的粪便中分离到柯萨奇 B_5 型病毒。说明病毒在体内是有活动的,证明柯萨奇 B_5 病毒能在猪体内复制,表明两种病毒有血缘关系。似可说明一种病毒存在两种动物间传播的可能性。另外,两种病毒所引起的细胞病理过程的超微结构变化也十分相似。因此,有人认为 SVD 可能起源于人的柯萨奇 B_5 病毒。病猪在第 4 天,血液中出现高滴度的病毒中和抗体,并保持高滴度达 2 年以上。

病毒能在原代仔猪肾细胞、IBRS - 2、PK - 15 传代细胞上繁殖并产生明显细胞病变。与口蹄疫病毒在同一细胞培养物中同时或先后接种两种病毒,都能产生较高的病毒滴度。SVDV 不能凝集兔、豚鼠、驴、黄牛、绵羊、鸡、鸽等的红细胞,也不能凝集人的红细胞,不能感染鸡胚。Herniman 等报道,病猪粪便和血液中病毒在 pH 3.93~9.6 和 5℃条件下可存活 164 天,且不丧失感染性;但 pH 低于 2.88 或高于 10.76 时,则 164 天后失去感染性。60℃经 2~10 分钟,可使病毒灭活。69℃则能被灭杀。2%氢氧化钠、5%氨水、8%福尔马林、1%过氧乙酸和次氯酸钠均可杀死该病毒。

SVDV 在各种环境温度下都较稳定,低温下存活时间更长,因此在低温气候条件下,可增强本病的间接传播能力。SVDV 在冷藏或冷冻猪肉中几乎可无限期存活,已证明可在冷冻猪胴体中至少保留 11 个月。在乳酸腌制的萨米拉烤肠或重辣香肠中,400 天后仍可检测到 SVDV;在加工的猪肠衣中,病毒可存活 780 天;在猪粪中,病毒可存活至少 138 天。

[流行病学]　SVD 1966 年 10 月发生在意大利,有两个猪场从同一猪场引入育肥猪,并

同时发病。第一个猪场有 20 幢猪舍,养 1 万头猪。开始,100 头新引进猪发病,很快传至同一舍的其他猪,约 25% 的猪出现水泡病变,其他猪舍只有个别猪发病,3 周后再未见有发病猪。第二个猪场养有 800 头猪,在引进 60 头猪后,这 60 头猪发生 SVD,其余猪中约 25% 有可见病变,并传播到相隔 200 米的另一猪舍。1974 年 4 月,香港一处 3 个月前发生过 O 型口蹄疫的猪场发生 SVD,并很快蔓延到相距 11 公里的其他猪场,发病率 70% 左右,大部分为 3 月龄到 6 岁的猪,但病变轻未见死亡。其后,该病流行于英国、波兰、奥地利、法国、比利时、荷兰等欧洲诸国,日本、中国也暴发流行。由于 1972—1974 年在欧洲许多国家蔓延流行,从而引起世界肉食品市场的混乱,但此后本病疏于报道。Sasahara 等(1980)从健康猪的粪便中分离到 1 株可被 SVD 免疫血清中和的病毒,因此认为猪群中可能存在隐匿性感染。王仁义(1981)对云阳县 1974—1978 年 3 次 SVD 流行调查,主要症状为鼻镜有黄豆大水泡、蹄冠肿大并有蚕豆大水泡、蹄壳脱落有溃疡等。发病猪为 63 头种母猪中的 33 头,占52.4%;46 头仔猪中的 40 头,占 87%;700 头商品肉猪中的 100 头,占 14.3%。

SVDV 除能引起猪感染发病外,偶有报道人感染的;其他家畜、家禽均不引起发病,人工感染马、驴、牛、羊、兔、豚鼠、鸡、鸭也不出现症状,但在接种后 7～15 天采血做保护试验,发现除鸡、鸭等血清无明显保护作用外,马、牛、绵羊、豚鼠的血清均有良好的保护力。从与感染猪密切接触的羊咽部检测到高滴度的猪 SVDV,并从羊体内检测到中和抗体,说明病毒已在羊的体内复制。澳大利亚报道,从与实验感染猪同舍牛的咽喉和直肠拭子、乳汁中可间歇分离到少量病毒。奶牛可在乳头部位见到水泡,并有流口水和发抖症状。怀孕母牛可因发热流产。某些毒株接种绵羊舌底部黏膜可引起局部溃疡,病毒经绵羊传代后对猪的毒力会显著降低。有证据表明,绵羊在接触感染后 6 天内可从咽喉拭子中分离到病毒,并能检测到抗体。病毒对 1～3 日龄乳鼠盲传 2～6 代,脑内和腹腔内接种于 3～10 天死亡,给 7 日龄鼠接种病毒则不引起死亡。Dawe 等用病毒腹腔接种 6 日龄鼠:$10^{4～5}$ $TCID_{50}$ 剂量可使之产生麻痹,3～8 天后死亡。乳鼠接种本病毒后产生神经症状。水貂也对本病毒易感。

SVD 的主要传播方式是直接接触传播。本病通过猪之间直接接触而迅速传播,未显临床症状的或轻微患病的感染病猪的流动是本病暴发期间再扩散的主要因素。Mann 和 Hutchings(1979)报道,入侵的门户途径也有重要意义,SVDV 经口感染时需要 $10^{6～8}$ 个 PBE(蚀斑单位),而通过皮肤则需要 $10^{3～6}$ 个 PBE。自然患病和人工感染 SVD 的报告表明,有的猪不表现临诊症状,但能产生高水平的中和抗体。该病自然暴发的发病率为 25%～65%。在实验条件下,母猪表现为轻微的临床症状,且随机检查病变并不明显。猪经接触、经口、皮下接触均易感染本病,在感染 4 天后,血中可发现高滴度的病毒中和抗体。病猪可由鼻、口排毒 10 天,也可随粪便排毒 6～12 天,尿液也带毒。其主要传播途径为:① 用屠宰场病猪的残屑或下脚喂猪;② 购进病猪,直接传播;③ 用污染了病毒的交通工具运猪等。

Watson 指出,本病可通过被粪便污染的物质,在圈舍间或农场间发生间接传播,这种传播方式无确定的传播路线。但可以肯定的是,有很多疫情与污染的车辆运输有关。英国(1981)分析了 474 起 SVD 传染源,不同传染源的相对重要性依次为:经猪污染的交通工具运输(20%)、从感染场调运生猪(16%)、饲喂泔水(15%)、市场接触(12%)、人员流动

（4%）、本地扩散（3%）、感染场清场后的残留污染（3%），其他车辆的流动（3%）、腌制厂废物（不到1%）和不确定因素（23%）。农场内疫病扩散主要是由猪只换圈或使用开放式排水系统所致。感染猪舍的污水流到道路、牧场或流入溪沟后，可感染与之接触的动物、车辆、设备或人员。本病也可通过水向清洁猪舍的饮、排水系统扩散。Chu 等（1979）则认为，病毒可从埋葬感染猪的土壤中的蚯蚓表面或肠道中分离到，进一步证明 SVDV 可存活在周围环境中。Mebus 等（1993）报道，SVDV 可在用感染猪制成的火腿淋巴结中存活 560 天，尽管经口感染通常需要至少 300 000 个感染单位，但饲喂感染肉食品仍具有很高的危险性，因为损伤黏膜非常容易受感染，一般只需 100 个病毒粒子。

流行病学上，现在仍弄不清何种动物携带病毒，故该病毒流行路径仍是个谜。

[发病机制]　在饲喂污染食物后 3～11 天（Mckerchev 等，1981）和试验感染后 2～4天，病毒在吻突、舌、冠状带、扁桃体、心肌和中枢神经系统组织中至少存活 7 天。上皮表皮生发层是病毒复制的主要部位。病毒经破损表皮侵入宿主机体，通常感染足部皮肤并在表皮细胞内繁殖复制。当接触大剂量病毒时，猪也可通过食入经扁桃体和消化道黏膜而感染。因感染而导致的非化脓性脑膜炎通常发生在大脑、丘脑、脑干和嗅球，坏死和炎症反应则发生在心内膜和心肌。

[临床表现]

1. 隐性型 SVD　猪不表现任何症状，但可能排毒。有时只在蹄部发生 1～2 个水泡，症状轻微，恢复很快。

2. 典型 SVD　病毒血症期，猪的皮肤、肌肉和淋巴结中含有大量病毒。猪若接触少量病毒，尤其是吸入或摄入少量病毒，可引起亚临床感染。应激可增加本病的易感性或病情，仔猪的临床症状比成年猪严重。康复猪体内抗体可使猪免遭重复感染。有些猪场的病情呈一过性经过，所有猪都感染后，疫情消失；而有的猪场则呈双波病情，间隔约 3 个月。

该病自然暴发时猪的发病率在 25%～65%。1966 年意大利首先发病的猪场在引进猪后，同圈的原有猪约 25% 表现症状，3 周后未见有新的病例。澳大利亚曾报道一个 30 头猪场，仅 2 头有临床症状，而另一疫点 100% 患病，并有 4 头母猪流产。有的猪不产生临床症状，但产生高水平中和抗体。在实验条件下，母猪仅表现轻微症状，且病变不明显。但被 SVDV 感染的母猪所生的 2～3 日龄乳猪也可发生感染，并出现水泡。与感染后的有临床症状猪相接触的仔猪，发病率通常是 100%，并出现中等程度和严重病变。野猪也可被感染，显示与家猪相同的症状。猪接触传染的潜伏期为 4～6 天，变动范围在 2～7 天或更长。用遭病毒污染的肉饲喂猪，其发病潜伏期为 2 天；在猪趾枕部接种该病毒，则 36 小时后就会出现典型病变。

病猪临床症状包括发热，体温达 41～42℃；食欲下降，可持续 1～3 天；病猪倦怠、不愿站立，怀孕母猪可发生流产；蹄冠状带、趾枕、蹄尖、掌蹠、伪蹄、足踵斑球部及趾间隙中的皮肤出现水泡病变，水泡直径 1～3 cm，常在 2～3 天内融合和破溃。同圈猪于第二天发生水泡病变，表现同样临床症状。大多数动物愈合迅速且无继发的细菌感染。在蹄球或蹄冠部皮下或皮内注射感染组织浸液或水泡液，常可在 36 小时内于接种部位或其周围出现水泡，此后迅速发展为全身感染，并于趾间、鼻镜和舌上出现水泡，且临床症状不能与猪的其他水泡性疾病相区别。严重感染的猪会出现精神沉郁、前冲、转圈。用鼻摩擦外物或用齿咬物、眼球转动等神经症状，个别出现强直性痉挛。

病毒血症的发生与发热和水泡出现是同时的。在潜伏期，皮肤和肌肉中已有病毒，滴度高，第2、第3天相当于 $10^{2.5\sim3.4}$ 和 $10^{2.4}$。与病猪接触的感染猪 24 小时鼻黏膜出现病毒，48 小时出现于咽和直肠，72 小时出现于血中。从鼻腔排毒持续 7～10 天，口腔排毒 7～8 天，咽排毒 8～12 天，直肠排毒 6～12 天。感染第 4 天处于病毒血症高峰阶段，第 5 天出现初期水泡病变。此时皮肤中病毒滴度达 $10^{5.6}$，肌肉中达 $10^{4.2}$，淋巴结中达 $10^{6.1}$。最早于接种后第 1 天即可从鼻分泌物、食道咽部液体和粪便中分离出病毒。感染的第 1 周就可以从收集到的样品中分离出大量病毒，而到第 2 周分离出的病毒则较少。

病毒感染发展过程，最初涉及上皮组织，继之以全身淋巴组织的感染，最后是原发性病毒血症。最早于感染后第 4 天即可检测到血清转阳。

病猪整个中央神经系统均可观察到一种慢性的非化脓性脑膜脑脊髓炎。嗅球是最常见而且最严重受感染部位。脑病变见于病毒血症发生后的第 3～4 天。病猪的脑血管组织切片中可见有血管"袖套"等典型的病毒性脑炎病理变化，与人肠道病毒中的柯萨奇病毒一样，可引起中枢神经系统的损害。

倪德全（2012）报道，断奶前后的仔猪，一般不会引起水泡的症状，只表现体温升高、精神委顿、陆续死亡，日龄越小则死亡率越高，可达 90%～100%。

[诊断]　SVD 在临床症状、病理剖检变化上很难与口蹄疫等水泡性疾病相区别，所以诊断本病就一定要与口蹄疫等疾病一起进行实验室鉴定（表-39）。为有助于鉴别诊断，还应对其他牲畜，特别是牛、马同期和近期疾病进行调查。

表-39　诊断 SVD 用的试验方法

试验方法	所需样品	检测对象	所需时间
ELISA	水泡液或上皮	病毒抗原	2～4 小时
电镜	组织	抗原	2～4 小时
病毒分离与鉴定	组织或水泡液	病毒	2～4 天
血清中和试验	血清	抗体	3 天

1. 病毒分离　采集病猪未破溃或刚破溃水泡皮，洗净、称重并研磨后，用生理盐水或磷酸盐缓冲液制成 1∶5～1∶10 悬液，置于 4℃ 条件下过夜或室温下 4 小时。振荡混合后，以 3 000 r/分钟离心 10 分钟，其上清液即为待检病毒液。然后颈部皮下接种 2～3 日龄乳鼠或仓鼠，或者接种 IBRS-2、PK-15 等猪肾传代细胞。一般经 1～2 代即可引起实验动物发病、死亡和组织培养细胞病变。初代呈阴性，应盲传 2～4 代。

2. 中和试验　是常用方法，较易得出确切的诊断结果，主要是选用 2～3 日乳鼠做试验。方法为用已知血清鉴定未知病毒和用已知病毒鉴定未知血清。

病猪在第 4 天血液中即可出现高滴度的病毒中和抗体,保持高的滴度 2 年多。

3. 小鼠接种试验　通过不同日龄乳鼠接种病毒区别 SVDV 和口蹄疫病毒。SVDV 只能致死 1～3 日龄小鼠,不能致死 7～10 日龄乳鼠;口蹄疫病毒对乳鼠致病力强,能致死 7～10 日龄乳鼠。

4. 耐酸试验　在 pH 4.0 条件下 30 分钟,口蹄疫病毒可被灭活,而 SVDV 仍能存活。同样 1 M MgCl$_2$ 经 50℃ 灭活稳定试验,口蹄疫病毒被灭活,SVDV 仍稳定。

5. 其他免疫诊断方法　有反向间接红细胞凝集试验、免疫荧光抗体法和补体结合试验等。

[防治]　SVD 无特异治疗药物,对发病猪仅采用对症治疗。水泡局部可用食醋水、0.1% 高锰酸钾液清洗,再涂布龙胆紫溶液或碘甘油等促进恢复,以缩短病程。

控制 SVD 最重要的措施是防止本病传入非疫区,具体措施如下。

第一,加强检疫制度,在收购和调运猪只时应逐头进行检疫,一旦发现病情按"早、快、严、小"的原则实施隔离封锁,并立即向主管部门报告。

第二,对疫区、受病毒威胁区屠宰的猪肉和下脚料应严格实行高温无害处理。病猪恢复 21 天以后,其产品可上市销售。封锁期限以最后一头猪康复 3 周后为准,到期后才能解封,并要全面消毒。

第三,SVDV 无脂膜,可耐受去污剂及许多通用消毒剂,且可耐受干燥处理。消毒药物可用 5% 氨水、0.5% 次氯酸钠,猪粪尿可用 5% 氨水堆积发酵。

第四,SVD 疫区和受威胁区要定期注射疫苗,可用乳鼠化弱毒苗、细胞弱毒苗或猪水疱灭活苗,保护率 80%,免疫期 6 个月。也可用 SVD 高免疫血清,每千克体重注射 0.1～0.3 mL,保护率 90%,免疫期 1 个月。组织培养的细胞弱毒疫苗对猪可能有轻微反应,但不引起同圈其他猪感染。但研制中要注意某些毒株毒力返祖现象。在应急情况下,可以应用自然发病后痊愈的猪血清,也可应用人工制备的猪高免疫血清进行紧急被动免疫。如果配合其他安全防治措施,可获得良好效果。康复猪血清一般采自自然痊愈后 1 个月的猪,血清中和效价应在 Log3.5～4.0 以上。每头猪注射 4 mL。自然痊愈猪康复后 1 个月,再经 1 次人工攻毒,即 1:50 病毒液 40 mL 多点注射。攻毒后 15 天采血,血清中和效价可达 Log5.5;每千克体重注射 0.2 mL,也可获得良好的被动免疫,免疫期达 30 天。在饲养期短、周转快、调动频繁的商品猪群中,合理使用高免疫血清的被动免疫方法,常可达到预防本病的效果。

第五,必须进行有效隔离和流动控制。因感染猪流动造成二次感染扩散现象相当普遍,流动控制可有助于防止本病的进一步扩散,从而加速疫情扑灭进程和提高扑疫成功率,并降低和控制计划成本及补偿开销。从一开始就应严格控制生猪流通和聚集,生猪在猪场内停留不足 28 天,或在过去 28 天内与抵达猪场的新猪有过接触的不得离开猪场。在疫情明确的区域应实施隔离与流动控制。

二十五、猪水疱疹(Vesicular Exanthema of Swine, VES)

该病是由猪水疱疹病毒(vesicular exanthema of swine virus, VESV)引起的猪的急性、热性并具有高度传染性的一种病毒性传染病。本病仅发生于猪,临床表现为口、鼻、乳腺和蹄部形成水疱性病变,类似猪口蹄疫、水疱病、水疱性口炎等病变。

[历史简介]　1932 年 4 月,美国加利福尼亚州 Buena park 镇一养猪场发生类口蹄疫疾病,并在州旅客列车上供应的猪肉中首次发现。1933 年该州再度暴发本病。Traum(1933)将该病命名为 VES。1944 年加利福尼亚州约 40% 的猪(近 43 万头)再度发病。1951—1956年蔓延到美国其他各州,引起了本病在美国大流行。1952 年冰岛和夏威夷地区有过流行。其后鲜见有关本病的报道。1959 年美国宣布消灭本病,但现在越来越多的证据表明本病起源于海洋,从红鼻海豚、海狮、海象、海狗和海豹等动物体内分离出本病病原。随着海洋资源的开发利用与海产品贸易频繁,本病的传播和潜在威胁应引起足够重视。

[病原]　VESV 属于杯病毒科水疱病毒属,病毒颗粒含 20%、分子量为 $2 \times 10^6 \sim 3 \times 10^6$的一种单股正链 RNA 病毒。病毒粒子直径为 35～40 nm,呈立方形,无囊膜,由 32 个壳粒组成对称的 20 面体。在核衣壳上排列着杯状或中空的壳粒。壳粒由一种多肽组成。病毒主要存在于感染细胞的胞浆中,具有独特的杯状结构,呈结晶状排列。

该病毒沉降系数为 160～170S;在 CsCl 中的浮密度为 $1.36 \sim 1.377$ g/cm^3;在 1 MmgCl$_2$ 中对热(50℃)不稳定。病毒不能凝集各种动物的红细胞。

VESV 目前至少有 13 个血清型,它们彼此之间无交叉免疫保护,对猪的致病力基本没有差别。病毒的多型性只在美国加利福尼亚州有发现,自 1952 年以来发生有此病地区的猪,其血清型只鉴定出 B 型。

各型 VESV 易在猪、马、犬和猫的肾、皮肤或胚胎组织上生长。病毒可以在猪肾、肺、肝、睾丸和羊膜细胞上培养增殖,并能产生典型的细胞病变(CPE)。在猪肾培养的单层细胞上,可出现大小两种蚀斑。一般大蚀斑型病毒有毒力,对猪的毒力更强,而小蚀斑病毒(包括较小的和非常小的蚀斑)均无毒力。临床上由可见病变的病料中分离出的病毒,在细胞培养中主要形成大蚀斑;而临床症状消失后由淋巴结中分离到的病毒,在细胞培养中主要产生小蚀斑。但经蚀斑纯化后的小蚀斑病毒可使动物产生特异性免疫。因此,可用小型蚀斑病毒做疫苗,但应注意的是,当少量大蚀斑病毒占优势时,则该疫苗就具备了致病力。

本病毒具有较强抵抗力。对酸中等稳定,在室温下可存活 6 周,在冰箱中能存活 2 年,受病毒污染的肉屑层在 7℃保存 4 周后仍有较强的感染力。在−70℃条件下,病毒可保持感染力 18 年。受病毒污染的肉屑层以 84.4℃,4.5 千克压力处理不能破坏其感染性。病毒可通过 62℃、60 分钟或 64℃、30 分钟处理灭活。病毒用 2% 的氢氧化钠溶液 15 分钟或 0.5 mol/L的 MgCl$_2$ 溶液灭活,高浓度的镁离子可加速热灭活。受严重污染的猪场,一般的消毒措施不能灭活病毒,数月内猪圈内仍具有高度传染性,所以必须采用非常的消毒措施。

[流行病学]　目前猪是唯一感染本病的家畜,患病率变化较大(0.5%～100%),其他动物的发病仅能通过人工接种的实验手段获得。人工接种证明马、犬、海豹、猴、猩猩等也可以感染本病,是各种血清型的天然宿主。在美国西海岸的陆地哺乳动物中,如野猪、狐、水牛、骡、牛等中能发现低水平的 VESV 抗体。抗体对自然疾病的影响仍不清楚。另外,某些海生和陆栖哺乳动物也可能是本病病原的携带者。Smith(1973)分离到一种病毒,目前被称为Sam Miguel 海狮病毒(SMSV),将其接种于猪可引起水疱疾病。患病猪、隐性感染猪是本病

病原的主要携带者。被感染的活猪，其猪肉、唾液及粪便中含毒，水疱形成之前 12 小时及形成之后 1～5 天尿中不含病毒，但存在病毒血症，持续 72～84 小时。在起疱之前 48 小时，病毒开始定位于口腔黏膜及蹄壳上皮。水疱液和水疱皮富含病毒，有时血液中可见少量病毒，这可能意味着来自其他病灶，并确定了将病毒传到次级病灶。破溃小疱可向环境中释放大量病毒，这是疾病在动物之间传播的主要方式。某些海生和陆栖哺乳动物也可能是本病病原的携带者或传染源，但具体是哪些动物还有待进一步研究。不同地区的猪群发病率相差较大，且一年四季均能发病，通常新暴发猪群都有接触及食用未煮熟或生的海产品泔脚史，常为地方性流行。

虽然无人类感染 VESV 的报道，但 Smith(1978)发现有研究者两种血清型病毒的抗体转阳。

[发病机制] 病毒可能通过直接接触并经伤口感染皮肤，口服感染剂量比鼻部皮内接种大 100～1 000 倍。病毒在皮肤的上皮层增殖，增殖的过程在整个上皮层的不同部位进行。推测病毒可能在淋巴结复制或浓缩，在此过程中，单层扁平上皮，细胞胞浆肿胀，最终产生空泡变性。同时伴以核浓缩或核破裂，局部细胞的坏死使病毒得以在细胞间传递。进而涉及周围组织的许多细胞。病毒从细胞到细胞扩展，局部淋巴结被牵连，有大量淋巴细胞破坏和充血。发生低水平的病毒血症，可能导致某些继发损害。感染细胞的坏死崩解使得上皮穿孔，破溃口则被较完整的上皮细胞包围，后者往往呈现细胞退化的早期变化，表现为细胞间桥柱长及明显的细胞间水肿，皮下组织表现充血、水肿、有时出血。上皮的基底层发生大量多核巨噬细胞的浸润。由于病毒增殖而导致上皮基底层进行性变化，伴随着水肿液压力的增加，使皮肤表面较完整的细胞层突出，产生特征性的水疱。迄今未发现包涵体的报道。

[临床表现] VESV 的主要自然宿主限于猪。本病的潜伏期随病毒株不同而异，通常 1～3 天。人工皮内接种猪，潜伏期 48 小时。多数感染猪在症状出现前约 12 小时有一个高热期，体温突然升高至 40.5～41℃。开始猪的唇、吻、鼻镜、齿龈、舌、口腔黏膜、乳腺、四肢的蹄冠、蹄底、蹄叉间隙等部位皮肤表现充血，初损部位发白，随后形成充满清亮透明或橙黄色液体水疱，有时小水疱相互融合成较大水疱，直径可达 3 cm。水疱损害能扩散至鼻腔、硬腭、软腭、蹄冠带、蹄部的趾间裂、蹄球以及蹄周围软组织。而躯体皮肤不出现丘疹和水疱，其皮肤及周围组织不见发绀和油脂性分泌物。水疱经几天后自行破裂，渐渐干涸形成褐色的干痂，经 7～10 天后干痂脱落，留下疤痕。水疱破裂暴露后露出新鲜糜烂区，通常出现水疱后 24～48 小时，病猪体温迅速下降，而糜烂区细菌感染会致局部肿胀，造成病猪跛行。口腔感染常会加重口蹄损害，若无并发症可在 1～2 周康复。成年猪死亡率低于 5%；哺乳仔猪感染会是致死性的，会因鼻、口腔形成的水疱窒息而死亡，或因母猪乳腺感染造成母猪泌乳量下降、无乳汁而造成乳猪饥饿死亡。有报道，本病毒可致猪严重腹泻和母猪妊娠后期流产，使母猪流产率上升。本病毒不会通过胎盘感染胎儿。

[病理变化] 病毒感染皮肤致猪皮肤发生水疱和溃疡。病毒在淋巴结内复制导致淋巴结充血和水肿，往往有大量淋巴细胞因此而被破坏。镜检可见皮肤水疱部的上皮细胞首先明显肿胀，胞浆呈水疱变性，随后细胞坏死、溶解，并出现细胞间水肿。此时表皮和真皮脱

落,形成特征性水疱。可见胸腹部皮肤发绀,胸腹腔和心包积液,并含有少量纤维蛋白。心脏苍白而软,可见明显的心肌炎和心肌变性,灶性病变可见白垩中心,多见于右心室外膜,并伸长到心肌的不同深度。肝脏和肺脏充血,轻度肿胀,脾褪色。脑膜充血或轻度脑炎,可见点状神经无变性区。

[诊断]　根据临床症状和病变可作出初步诊断,但确诊仍需进行实验室病原学诊断。目前我国尚无本病的报道。实验室诊断方法如下。

1. 血清学检测　新鲜水疱液或者水疱皮,用补体结合实验或中和试验鉴定其血清型。

2. 病原鉴定　通过接种猪肾细胞,观察其细胞病变。将其培养液进行动物实验,新鲜水疱液或培养液接种乳鼠和乳仓鼠,不发病则为猪水疱疹病毒。

[防治]　目前尚未有效措施防治本病。凡是残羹必须经过高温处理后方可喂猪,严把进口猪及猪肉产品检验关,对一切运输工具进行消毒。

二十六、诺如病毒感染(Norovirus Infection,NoV)

该病是由杯状病毒科诺如病毒属中一组形态相似、抗原性略有不同的诺瓦克样病毒引起人、动物腹泻的一种疾病,曾被称为诺如病毒性胃肠炎等。主要特征是急性肠胃炎和腹泻。具有发病急、传播速度快、涉及范围广等特点。诺如病毒貌似温和,但传染性强,是引起非细菌性腹泻暴发的主要原因。

[历史简介]　1968 年 10 月,美国俄亥俄州诺瓦克镇一所小学师生发生急性肠胃炎,90％的师生相继呈现非细菌性肠胃炎。患者的主要临床症状是恶心、呕吐和腹部痉挛,无论是患者肛拭子还是喉拭子检查均未发现已知的细菌、病毒及寄生虫感染的证据。但患儿的粪便滤液可引起"志愿者"的感染。Kapican 等(1972)将该次暴发中保留下的患者粪便滤液与志愿者恢复期血清混合孵育、离心,并取上清液经磷钨酸染色后用免疫电子显微镜观察,发现了包裹着一层抗体的病毒聚集体,单个颗粒直径为 27 nm。经大量的流行病学和病原研究,证实该颗粒是引起诺瓦克地区那次胃肠炎暴发的病原体,故被命名为诺瓦克样病毒。此后,Madeley(1976)、McSwiggan(1978)等相继从婴儿和急性肠炎患儿粪中检出病毒,且患儿有抗体。由于世界各地分离出的病毒与原型诺如病毒代表株多种形态相似,但抗原性略异的病毒样颗粒,故均以发现地点命名,如 Hawii Virus(HV)、Snow Mountain Virus(SMS)、Mexico Virus(MXV)、Southampton Virus(SOV)、Montgomery Countain、Paramatta、wellan、Cockle 等,这些病毒先是称为小圆结构病毒,后称为诺瓦克样病毒。Bridger(1980)和 Salf(1980)用电子显微镜观察仔猪腹泻粪便,从中也发现有类似病毒。Jiang 等(1990)克隆了诺如病毒的全基因组并表达了其结构蛋白,才获得了形态结构和生物学特性。第八届国际病毒命名委员会(2002)批准将该病毒命名为诺如病毒。

[病原]　诺如病毒(Norwalk virus,NoV)又称为诺瓦克样病毒,属于杯状病毒科诺如病毒属(Norovirus,NoV)。病毒颗粒直径为 26～35 nm,无包膜,表面粗糙,球形,呈 20 面体对称,由 32 个杯状结构以对称方式整齐地镶嵌在衣壳上,具有典型的羽状外缘,且表面有凹痕的小圆状结构病毒。该病毒基因组由 7 642 个核苷酸组成,是单股正链线性 RNA,SSRNA

长度为 7～8 kb,编码一个 58～60 kDa 的主要结构蛋白(VA)及微壳蛋白(VP₂),GC 含量为 48%。基因组包括 5′端非编码区、无帽结构,与一个小分子量的蛋白(Vpg)共价连接;3 个开放阅读框(ORF1、ORF2 和 ORF3)、3′端非编码区以及 polyA 区。

ORF1 编码包括保守的具有 RNA 多聚酶在内的非结构蛋白,分子量约 220 kDa;ORF2 编码蛋白分子量为 56 kDa;ORF3 编码分子量为 22.5 kDa 的强碱性微小结构蛋白。3 个 ORF 之间有部分重叠。ORF3 表达的部分区域蛋白与衣壳蛋白发生交互作用,共同形成衣壳;VP1 蛋白被认为与宿主受体识别有关,包括壳区(shell,S)和突出区(protruding,P)。S 区形成内壳,P 区形成摆样结构突出于内壳外;P 区进一步分为 P1 和 P2 亚区,后者是受体结合的关键区域。P2 区氨基酸变异使病毒具有再感染个体的能力。Sugiede 等(1988)发现,诺如病毒种类繁多,易变异。根据病毒衣壳基因的完整序列,即 capsid 编码区的核苷酸序列差异,诺如病毒分为 5 个基因群,每个基因群又分为许多基因型,即 GI 包括 14 个亚型,GI 型可感染猪,GII 包括 17 个亚型,$GIII$ 包括 2 个亚型,GIV 和 GV 各 1 个亚型。Patel MM 等(2009)则认为有 32 个基因型和大量亚群。目前已知诺如病毒的基因群和基因型及原型株有:感染人类的病毒分布在基因群 Ⅰ、Ⅱ、Ⅳ 中,基因群 Ⅰ 中除有感染人的毒株外还有感染猪的毒株;基因群 Ⅲ 和 Ⅴ 中的病毒分别能感染猪、牛和啮齿动物。NoV 之所以具有高度遗传多样性,除 NoV RNA 复制过程中,RdRp 缺乏校正功能而易引起位点突变外,不同病毒毒株间重组频繁,甚至有不同基因型,乃至不同基因群毒株间发生重组可能是重要原因。大量毒株频繁地重组,导致患者可以被重复感染,同时同型病毒之间缺乏交叉保护,造成预防该病毒感染的疫苗研制困难。诺如病毒有 4 个血清型:诺瓦克型、夏威夷型、雪山型、陶顿(Tauntonvirus)型。NoV 与诺瓦克样病毒有许多共同特征:① 分离自急性胃肠炎病人的粪便;② 直径为 26～35 nm 的水上圆结构病毒,无包膜;③ 基因为单股正链 RNA;④ 不能在细胞和组织中培养;⑤ 在 CsCl 中的浮密度为 1.36～1.41 g/cm³;⑥ 电子显微镜下缺乏显著的形态学特征。

NoV 仅能感染黑猩猩,尚不能在细胞或组织中培养,也没有适合的动物模型。NoV 对热、乙醚和酸稳定,室温下在 pH 7.2 中存活 3 小时;20% 乙醚经 4℃ 处理可存活 18 小时;经 60℃ 孵育 30 min 仍有感染性,经 80℃ 以上才能被杀死;也能耐受饮水中 $3.75×10^{-6}$～$6.25×10^{-6}$ 的 Cl^- 浓度(游离 Cl^- 浓度 $0.5×10^{-6}$～$1.0×10^{-6}$),但在处理污水的 $10×10^{-6}$ 的 Cl^- 浓度中则被灭活。

NoV 的研究一直受到缺乏体外复制系统的限制,故进展缓慢。近来,在体外培养方面取得突破,有人用三维培养技术培养小肠上皮细胞,证实可以让 NoV 成功复制,并检测到病毒 RNA 和细胞病理效应。NoV 重组机制有酶引发的模板转换学说和亚基因组 RNA 引发模板转换学说。Worobey 和 Holmes(1999)认为病毒重组发生必须满足以下条件:① 两种或多种毒株能够共同感染一个宿主,② 能够共同感染一个细胞,③ 细胞中至少有多种病毒能够同时进行有效的转录,④ 转录过程中能够发生模板转换,⑤ 重组毒株的优化选择。Nagy PD 等(1997)、Sasaki Y 等(2006)报道,在 NoV 暴发和散发的感染病例中,发现有多个型别 NoV 混合感染的情况。这可能大大推动 NoV 复制机制、发病机制以及预防和治疗新方法的研究。NoV 基因群和基因型见表- 40。

表- 40　NoV 基因群和基因型

群和型	原　型　株	群和型	原　型　株
Ⅰ.1	Hu/NoV/Norwalk/1986/US	Ⅰ.2	Hu/NoV/Southarnptow/1991/UK
Ⅰ.3	Hu/NoV/Desert Shieldy95/1990/SA	Ⅰ.4	Hu/NoV/Chiba 407/1987/SP
Ⅰ.5	Hu/NoV/Musgrove/1989/UK	Ⅰ.6	Hu/NoV/Hesse/1997/DE
Ⅰ.7	Hu/NoV/Winche Ster/1994/UK		
Ⅱ.1	Hu/NoV/Hawaii/1971/US	Ⅱ.2	Hu/NoV/Melksham/1994/UK
Ⅱ.3	Hu/NoV/Toronto 24/1991/CA	Ⅱ.4	Hu/NoV/Bristol/1993/NK
Ⅱ.5	Hu/NoV/Hillingdok/1990/UK	Ⅱ.6	Hu/NoV/Seacroft/1990/UK
Ⅱ.7	Hu/NoV/Leeds/1990/UK	Ⅱ.8	Hu/NoV/Amesterdam/1998/NL
Ⅱ.9	Hu/NoV/VA97207/1997/US	Ⅱ.10	Hu/NoV/Erfurt546/2000/DE
Ⅱ.11	Sw/NoV/SW918/1997/JP	Ⅱ.12	Hu/NoV/Wortley/1990/UK
Ⅱ.13	Hu/NoV/Fayettevilhe/1998/US	Ⅱ.14	Hu/NoV/M7/1999/US
Ⅱ.15	Hu/NoV/J23/1999/US	Ⅱ.16	Hu/NoV/Tiffin/1999/US
Ⅱ.17	Hu/NoV/CS-E1/2002/US	Ⅱ.18	Sw/NoV/OM-QW101/US
Ⅱ.19	Sw/NoV/OM-QW170/2003/US		
Ⅲ.1	Bo/NoV/Jewa/1980/DE	Ⅲ.2	Bo/NoV/CH126/1998/NL
Ⅳ.1	Hu/NoV/Alphatrow/1998/NL	Ⅳ.2	Lion/NoV/387/2006/IT
Ⅴ.1	Mu/NoV/MNV-1/2003/us		

[流行病学]　NoV 腹泻流行地区极为广泛,全球仅与外界高度隔离的厄瓜多尔的一个印第安部落的人群血液中未检出 NoVs 抗体,其他地方人群中均有检出。20 世纪 70 年代,世界上暴发的非细菌性腹泻中 19%～42%由 NoVs 所致,而 1996—1999 年美国的非细菌性腹泻中 96%由 NoV 所致,2012 年从一艘游轮旅客发病导致该病在美国全国性大暴发。每年有 2 300 万以上人群感染 NoV 而发病,是引发非细菌性感染性腹泻的重要原因。2006 年日本 NoV 引起的腹泻感染人数已经达到 25 年来最高。2012 年 9 月德国柏林、柏兰登、萨克森等地约 1 万名学生发生呕吐、腹泻。中国 1995 年报道了首例 NoV 感染,2004～2006 年浙江发生 10 起基因Ⅰ、Ⅱ型感染。NoV 有广泛的宿主,除人外还可感染猪、牛、鸡、兔、鼠、灵长动物及海狮等。而且会导致这些宿主不同的疾病和损伤,如消化道感染(人、猪、牛、犬、貂等),囊化状病变和生殖力丧失(猪、海狮和其他海洋哺乳动物等)。Jiang 等(2004)报告人类 NoV 的特异性抗体发现于非人类的灵长类动物中。由于猪肠道嵌杯病毒、牛肠道嵌杯病毒与人肠道嵌杯病毒在基因上密切相关,故各种动物肠道的嵌杯病毒和人类肠道嵌杯病毒可发生交叉感染,而猪和人的 NoV 基因密切相似,所以有人隐喻该病为潜在的人畜共患病。现在已知道动物(猪、牛、狮子)病毒毒株在诺如属和札幌属病毒中皆存在,但不清楚这些病毒株是否能传染给人类。迄今为止,在人类身上还没有发现任何一种动物 NoV 的基因序

列,造成此宿主局限性的原因目前还不清楚。但 Cheetham S.M(2006)通过人工接种证明一个人类 GⅡ组 NoV 能在无菌仔猪复制成功。动物源性传播,目前猪、牛、鼠、犬、羊和狮子等动物体内检出 NoV。基因型方面,GⅠ型感染人,GⅡ型感染人、猪和牛,GⅢ型感染人、狮和犬,GⅣ型感染鼠等。NoV 全年均可发生感染流行,而东南亚地区多发,多在集体聚集处以暴发形式发生。

患者是主要传染源,且发病后的第 2 天排毒最高,其后减少,9～10 天消失。Thornhill TS(1975)用免疫电子显微镜观察实验感染者的 NoV 排出时间发现,发病 72 小时内 48% 患者的粪便标本呈阳性,72 小时阳性率为 18%,亦有报道本病通过大便排毒时间最长可达 40 天,但有些患者甚至在康复后 2 周仍具有传染性。隐性感染者和健康带毒者均可为传染源,其中有 29%～88% 的可排毒,具有传播作用。但在鸡、猪、小牛的粪便中检测到病毒,它们可以作为该病的贮存宿主。Qiu-Hong Wang 等(2006)对引起人和猪腹泻的 NoV_5 调查,7 个猪场 621 份不同年龄粪样均为病毒阳性,其中 NoV_5 GⅡ感染率占 20%,认为猪是人 NoV_5 毒株储存宿主。显示主要经消化道传播,病人呕吐物、粪便可形成气溶胶,通过粪—口途径或粪—贝壳类(被污染)—口途径传播引起暴发。病毒既能在冷冻条件下生存,又能耐受 60℃以内的较高温度。60℃加热 30 min,仍能保持较强的传染性。此外,经水传播是诺如病毒感染性胃肠炎暴发或散发的重要途径之一,国内外均有污染的池塘水、生活饮用水和娱乐场所用水引起诺如病毒感染的报道。Nygard K 等(2001)报道瑞典 200 人因饮用污染水暴发胃肠炎,并检出 GⅡ/6 诺如病毒。目前已经在猪、牛、鼠、犬、羊和狮子等动物体内检出诺如病毒,表明人和动物存在潜在的交叉感染。

基因重组可能是诺如病毒基因多样性更重要的原因,不同病毒毒株间重组频繁,甚至有不同基因型,乃至不同基因群毒株间发生重组。大量的毒株和频繁的重组,导致患者可以被重复感染,同时不同病毒型之间缺乏交叉保护,是病毒在人群中持续暴发流行的最重要原因。

[**发病机制**]　NoV 主要引起十二指肠及空肠黏膜的可逆性病变,绒毛上皮变性、绒毛增宽变短、腺窝增生、固有层单核细胞浸润,病变通常 2 周内恢复。本组病毒引起腹泻和呕吐的确切机制尚不清楚,可能由于小肠黏膜上皮细胞刷状缘多种酶的活力受抑,如刷状缘碱性磷酸酶和海藻糖酶(trehalase)的水平明显下降,引起糖类及脂肪类吸收障碍,从而导致肠腔内渗透压升高,进入肠道液体增多,胃排空时间延长,引起腹泻和呕吐,但与肠黏膜腺苷酸环化酶水平无关。

感染 NoV 后,可出现暂时性的 D-木糖吸收障碍、乳糖酶缺乏和脂肪痢。感染后第二天,D-木糖排泄量可降至正常的 51%,4～5 天后,D-木糖平均排泄量仍显著低于感染前和感染 9～11 天的平均排泄量。

临床口服乳糖耐量试验表明,患者急性期和恢复初期均有短暂的乳糖酶缺乏,甚至在感染后 7～13 天仍吸收异常,感染期脂肪的每天排出量显著高于正常水平,并可持续 1 周以上。

此外,NoV 的敏感性呈现遗传决定的特征,在对该病毒暴发的调查中,发现有些具有高滴度抗体的志愿者仍然发病,而其他缺乏抗体者却没有发病。研究发现这种敏感性主要是由 NoV 的受体决定的。病毒的受体是组织血型抗原,参与该糖类抗原合成的 α1,2 海藻糖酶基因 *FUT2* 对此有重要作用。该基因缺失者对一些常见基因型的 NoV 具有高度耐受性。

[临床表现]　Sugiede 等(1998)报道了猪 NoV 感染。无论猪有无胃肠炎的临床症状,从其粪便中可经常检到 NoV。感染 NoV 的成年猪,可以无临床症状。1997 年,日本猪 NoV 的原型(SW918 株)首先发现于健康猪的粪便中。Wang 等(2005)认为,猪 NoV 仅见于无临床症状的成年猪粪便中。Sonia 等从 275 份健康猪粪中检出 6 份 NoV RNA 阳性;5 份中 3 份为 GⅡ型,1 份为基因重组型,1 份为与人相似的 NoV。在 27 个猪场的 1 117 头健康猪盲肠内容物中有 4 个 NoV RT - PCR 阳性猪。荷兰(1998—1999)对 100 个猪场混合样本进行检测,有 2 个混合样本 NoV RT - PCR 阳性。Estas MK 等(2006)报道 NoV GⅣ也可感染猪。Cheetham SM 等(2006)报道,通过实验已证实 1 个人类 GⅡ组 NoV 株能在无菌仔猪中成功复制。74%(48/65)的仔猪出现轻度腹泻,病理组织学检查显示在猪的小肠端出现轻度病变,超过 58.06%(18/31)的肠上皮细胞有病毒复制。Bank-Wolf BR(2012)用人 NoV GⅡ/4 感染 SPF 猪和牛,发现人 GⅡ/4 病毒可感染 SPF 猪和牛,可检测到复制病毒和血清抗体阳性。NoV GⅡ在猪体内抗体阳性率很高,美国为 97%,日本为 36%。Mattison K 等(2007)报道,在加拿大的 3 个州 10 个农场零售猪肉和猪粪便样本中检出与人 GⅡ/4 型相近的 NoV,实验室感染表明仔猪对人 GⅡ/4 型 NoV 易感,并产生感染症状,说明猪可能在自然状态下感染人 NoV。Farkas 等(2005)报道,委内瑞拉的猪体内普遍存在人 NoV 抗体,如 GⅡ抗体,但也发现猪的 NoV GⅡ抗体高于人的 GⅡ阳性率。这可能被解释为人 NoV GⅡ感染猪或一种尚未发现的猪 NoV 在猪群中流行。

[诊断]　临床表现可怀疑本病,但确认需通过实验室检测。目前还没有哪一种方法能完全准确地用于 NoV 型别的多样性以及较高的突变率检测。

病毒核酸检测:RT - PCR 成为 NoV 诊断的金标准。多重 RT - PCR 能同时诊断 NoV、星状病毒和轮状病毒等。也可用 NoV 颗粒作抗原;检测感染者的抗体 IgM;还可用针对病毒样颗粒的抗体,检出患者粪便中的 NoV 抗原。欧洲和日本已生产出商品用 NoV 免疫检测试剂,该试剂特异性强,但灵敏性不足,已被用于疫情暴发时的诊断,可检测多种样本。

鉴别诊断:本病应与细菌性、寄生虫性腹泻进行区别,与其他病毒性胃肠炎的鉴别主要根据病原学检查。

[防治]　目前尚未有预防 NoV 的疫苗和药物。由于其疾病多呈自限性,大多采用对症疗法。随着病毒的毒力变化和症状加重,更要注重对疾病发生的预防,强化聚集性的卫生管理和对水、食品和水产品的消毒,避免吃生或半生食物。熟食水产品大多可避免该病的暴发和流行。

对猪腹泻常可采用口服补盐液,以补充呕吐和腹泻中丢失的水、钠、钾、氯、碳酸氢盐。严重者务必采用静脉输液。补液应以及时、快速、适量为原则。

在 NoV 疫苗的研究中,仍存在着许多挑战:① 具有保护作用的免疫相关物没有完全搞

清;② 现在提炼的抗体缺乏长期免疫效果;③ 抗原性不同的毒株缺乏特异型防御作用;
④ 存在许多基因型和抗原型的病毒;⑤ 流行毒株的持续快速进化,可能需要一种与流感病
毒相似的每年一次的毒株选择过程,以使疫苗中的抗原与流行的 NoV 株相匹配。

二十七、札幌病毒感染(Sapovirus Infection)

该病是由杯状病毒(又称嵌杯状病毒)中札幌病毒致人、畜急性肠炎的一种病毒性传染
病,其特征是致人、畜呕吐和腹泻。

[**历史简介**] 1976 年日本札幌的一家孤儿院发生群聚腹泻事件,1982 年从胃肠炎患者
的粪便中分离到了有嵌杯状形态的病毒,称之为札幌病毒(Sapovirus,SaV)。1986 年美国
休斯敦一个日托所暴发胃肠炎时,也分离到了相似病毒,有人将这类病毒称之为 SaV。1995
年国际病毒分类学委员会(ICTV)将其与 NoV 合称为札如病毒。ICTV(1998)将病毒命名
为札幌样病毒,2002 年又重新命名为札如病毒。2004 年 ICTV 建立杯状病毒科是从小
RNA 病毒科中独立出的新科,2009 年将杯状病毒科分为 5 个属:诺如病毒属、札幌病毒属、
囊病毒属、兔出血热病毒属和 Nebovirus(NeV)属。

[**病原**] 札幌病毒属以 SaV 为代表,是典型的 HuCVs(人类杯状病毒),在电子显微镜
下可见 HuCV 的典型形态,且可分成 3 个遗传组,即 Sapporo82、london92 和 parkville 病毒,
每一个遗传组又进一步划分为许多群,其基因结构与 NoV 相比稍有差异。病毒无囊膜,直
径 27～35 nm,表面环绕着 6 个空洞,宛如嵌入 6 个杯子。为单股正链 RNA 病毒,基因组全
长 7～8 kb,带有多聚 A 尾(图- 7,图- 8)。测出的第 1 个 SaV 基因组是 *Hu/Manchester/*
93/UK,它属于 GⅡ型。SaV 含有 2 个主要的开放阅读框(ORF)。ORF_1 编码 1 个多聚蛋白

图- 7　SaV 的基因组结构

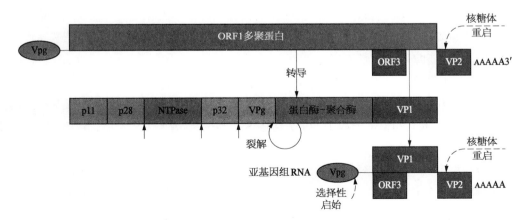

图- 8　SaV 基因编码的蛋白

经过蛋白酶处理后分解为几个非结构蛋白和1个衣壳蛋白（Capsid，VP_1）。其衣壳蛋白被分为3个不同区域：区域1高度保守，包括大量 AA 系列；区域2变异性高，这个区域包含有能被单克隆抗体识别的多血清特异决定位点；区域3以碳为终点，有保守性但是基因没有区域1广，此区域也保留了一些 AA 残基和抗原决定簇，但是往往也表现一些不变性。ORF_2编码1个碱性蛋白（VP_2），它是非结构蛋白。SaV G Ⅰ、G Ⅳ、G Ⅴ型还含有一个较小的 ORF_3，编码1个碱性蛋白。

由于人的 SaV 不能进行细胞培养，因此不能使用中和试验对 SaV 进行分型，比较普遍接受的分型方法是衣壳蛋白全基因的序列分析。SaV 被分为 G Ⅰ.1～7；G Ⅱ.1～7；G Ⅲ.1；G Ⅳ.1 和 G Ⅴ.1～4，计 5 个型 20 个亚型。已知 SaV 基因群和基因型有：*I.1 HU/SaN/Sapporo/1982/JP*；*I.2 HU/SaV/parkville/1994/US*；*I.3 HU/SaV/Stockholm 318/1997/SE*；*II.1 HU/SaV/London/1992/UK*；*II.2 HU/SaV/MeX 340/1990/MX*；*II.3 HU/SaV/Cruise Ship/2000/US*；*III.1 SW/SaV/PEC - Cowden/1980/US*；*IV.1 HU/SaV/Hou-7-1181/1990/US*；*V.1 HU/SaV/Arg39/AR*。Wisoot Chanit（2008）报道，日本有 4% SaV 基因群重组的 SaV 毒株，*GII/GV* 基因型占 79%。

Jeffrcce DJ（1990）首次报道，美国于 1980 年分离的 PEC（猪肠道杯状病毒，*SW/SV/Cowden/80/US*）分子生物学分析表明，该毒株在遗传学上与人 SaV 相近，被列为一独立的 SaV 基因群，即 G Ⅲ。我国 SaV 有 2 个亚群，阳性率为 5.56%～22.22%。猪肠道 SaV - Cowden 株（Porcine enteric sapovirus - Cowden）呈典型杯状病毒形状，圆形、有杯状凹陷，直径约 35 nm，有 1 个具有 7 320 碱基对的基因组，组成 2 个开放阅读框架（ORF），有 1 个较大结构的衣壳蛋白，分子量为 58 kDa。PEC/Cowden 属基因组 Ⅲ。可在猪肾原代细胞和猪肾传代细胞系（LLC - PK）上培养。GenBank 上目前只有 6 个猪 SaV 毒株的多聚蛋白基因序列：Cowden（美国）、OH - JJ259（2002 美国）、NC - QW270（2002 美国）、LL14（2003 美国）、OH - MM（2003 美国）、HUN（2002，匈牙利）。系统进化分析表明，这些基因群上属于 SaV G Ⅲ，猪 SaV 并可分为 2 个亚群。

[流行病学]　本病已有报道的国家有日本、美国、韩国、中国、巴西、意大利、西班牙、匈牙利、斯洛文尼亚、爱尔兰、丹麦、芬兰等。SaV 可感染人、猪、貂、蛤、牡蛎等，感染人的主要为 G Ⅰ、G Ⅱ、G Ⅳ和 G Ⅴ型，感染猪的主要为 G Ⅲ型以及少量其他类型，如 G Ⅱ、G Ⅲ、G Ⅳ等。同一地区不同年份可能以不同的基因型为主，也有几个基因型同时发生的。不同猪场的流行率差异很大，美国、日本、荷兰等猪场分离到 SaV，抗体阳性率为 83%；欧洲的丹麦、西班牙等 6 国 88 个猪场 RT - PCR 粪检中，39 个猪场 SaV 阳性率为 48%～75%；我国调查结果阳性率为 12.70%（24/189）。

SaV 可从病人粪便、环境样本（如废水）、水产品（蛤）、食品中检出，如 Aansman（2007）从河水中检出 G Ⅰ、G Ⅱ型 SaV。蛤、废水中检出的 SaV 与儿童腹泻病例的 SaV 基因序列同源性很高，提示可能存在食源性传播。"粪—口"传播是主要途径。不同季节不同年龄猪都有 SaV 感染，但哺乳仔猪感染率相对较低（表- 41）。

表-41　OH-B场猪 GⅢ SaV 的流行

季节和收集日期			样品 GⅢSaV 阳性数/总数（阳性率,%）				
春	夏	冬	哺乳仔猪	断奶仔猪	育肥猪	母　猪	总　数
2003.3			NA	22/30(73)	53/60(88)	NA	75/90(83)
2003.3			NA	11/15(73)	NA	NA	11/15(73)
	2004.7		NA	8/15(53)	5/15(33)	NA	13/30(43)
	2004.7		4/31(13)	NA	NA	9/15(60)	13/46(28)
		2004.10	3/30(10)	NA	NA	14/15(93)	17/45(38)
2005.3			NA	30/30(100)	0/30(0)	NA	30/60(50)
总计			7/61(11)	71/90(79)	58/105(55)	23/30(77)	159/286(56)

注：NA 为没有可用的。

[临床症状]　SaV 可感染各年龄猪,尤其是断奶猪,并可引起仔猪腹泻。以 2～8 周龄仔猪感染率最高。猪 SaV 的 PES/Cowden 毒株经猪口服,潜伏期 2～4 天。腹泻持续 3～7 天,所有接种猪可感染,并从温和到严重的腹泻。实验猪能被致病和产生肠道病变,可导致十二指肠和空肠绒毛短缩、变钝、融合或缺失。隐窝细胞增生。绒毛/隐窝比例降低,并伴随细胞浆空泡形成及固有层多形核和单核细胞浸润。用电子显微镜扫描可见肠细胞上有一层不规则的微绒毛。血清免疫荧光试验证明病毒在肠细胞内复制。在小肠内容物和毒血症的早期血液中有杯状病毒颗粒。病毒从血液到达小肠和绒毛肠细胞的机制未曾确定。猪口服感染后,粪便中带毒可达 9 天;静脉接种感染,粪便带毒时间至少 8 天。Wang QH(2006)发现,猪 SaV 感染各年龄猪,尤其断奶猪,引起猪仔腹泻。通过 RT - PCR 等方法检测证明 SaV GⅢ 型在猪中的检出率为 62%,断奶猪有较高流行,乳猪较低,而 SaV 未被鉴定的(G?/LL26 - like)主要被检出于青年猪(表- 42、表- 43)。GWO M(1990)通过分子生物学分析,检测到猪肠道有类似人的 Sapporo 样病毒颗粒。

表-42　SaV GⅢ 在猪中的流行

猪场或屠宰场	样品的病毒阳性数/总数（阳性率,%）				
	哺乳仔猪	断奶仔猪	育肥猪	母猪	总数%
M1 - A 场	NA	NA	23/61(37)	NA	23/61(37)
NC - A 场	NA	NA	8/8(100)	NA	8/8(100)
NC - B 场	NA	NA	16/21(76)	NA	16/21(76)
OH - A 场	4/14(28)	12/12(100)	20/22(90)	13/13(100)	49/61(80)
OH - B 场	7/61(11)	71/90(78)	58/105(55)	23/30(76)	159/286(55)
OH - C 场	7/15(46)	12/12(100)	12/12(100)	26/44(59)	57/83(68)
OH - D 场	3/8(37)	9/10(90)	NA	NA	12/18(66)
OH 屠宰场	NA	NA	65/83(78)	NA	65/83(78)
总计	21/98(21)C**	104/124(83)A	202/312(64)B	62/87(71)B	389/621(62)

注：NA 为没有可用的,＊＊A、B 和 C 不同阶段猪间评价(P≤0.05)。

表-43　SaV 似 G？/LL-26-like 在猪中的流行

猪场或屠宰场	样品的病毒阳性数/总数(阳性率,%)				
	哺乳仔猪	断奶仔猪	育肥猪	母　猪	总数%
M1-A 场	NA	NA	0/61(0)	NA	0/61(0)
NC-A 场	NA	NA	0/8(0)	NA	0/8(0)
NC-B 场	NA	NA	0/21(0)	NA	0/21(0)
OH-A 场	3/14(21)	7/12(58)	0/22(0)	0/13(0)	10/16(16)
OH-B 场	15/61(25)	0/90(0)	1/105(1)	0/30(0)	16/286(6)
OH-C 场	2/15(13)	1/12(8)	0/12(0)	0/44(0)	3/83(4)
OH-D 场	0/8(0)	3/10(30)	NA	NA	3/18(17)
OH 屠宰场	NA	NA	65/83(78)	NA	0/83(0)
总计	20/98(20)	11/124(9)	1/312(0)	0/87(0)	32/621(5)

注：NA 为没有可用的。

　　[诊断]　由于临床症状可由多种疾病病原引起,因而无特异性。但发生腹泻需要鉴别诊断。实验室诊断仍是主要手段。用电子显微镜和 ELISA 方法可以检测完整的病毒粒子和病毒抗原。RT-PCR 方法能提高检测敏感度,其中荧光定量 RT-PCR 增加了检测的敏感度,而且检测速度更快。

　　[防治]　对本病没有特异有效的治疗措施,由于病的自限性,可以采用对症疗法。除加强一般卫生措施外,尚无特异预防方法。

二十八、脑心肌炎病毒感染(Encephalomyocarditis Virus Infection,EMC)

　　该病是由脑心肌炎病毒(Encephalomyocarditis Virus,EMCV)引起人畜共患的一种急性传染性疾病。以动物脑炎和心肌炎或心肌周围炎为特征,感染仔猪病死率高,妊娠母猪发生繁殖障碍。该病又称哥伦比亚—SK 病、ME 病毒感染、三天热等。

　　[历史简介]　脑心肌炎病毒是 1940 年从木棉鼠中分离到的哥伦比亚—SK 病毒毒株。1945 年在美国佛罗里达州一只急性致死性心肌炎的黑猩猩体内也分离到该病毒。Murnane 等(1960)在 1958 年巴拿马猪分离该病原,并初步诊断脑心肌炎病毒感染为猪的致死原因。其后,Tesh(1978)从病人样本中分离到 ME 毒株。Andrawas(1978)证明该群病毒为鼠肠道病毒。该病毒群组为小核糖核酸病毒科心病毒属。

　　[病原]　EMCV 归属于心病毒属,只有 1 个血清型,但抗原性存在地区株差异。与昆虫的蟋蟀麻痹病毒在抗原性上有关联。

　　EMCV 根据其来源(通常是啮齿类实验动物),把不同株的病毒称为鼠肠道病毒。心病毒属的成员有脑心肌炎病毒和泰累尔鼠脑心肌炎病毒,根据血清学交叉试验和序列同源性分析,不同毒株间的同源性大于 50%,EMCV 为心病毒属的代表种。病毒粒子直径 25~30 nm,分子质量为 $2.6×10$ kDa,基因长度为 7.8 kb,病毒为单股正链 RNA,呈二十面立体对称,圆形、无囊膜,由 7 840 个核苷酸组成。蛋白衣壳由 60 个衣壳粒子组成,每一个衣壳粒子由 4 种特异蛋白质(VP1～VP4)和部分非结构蛋白组成。VP1 蛋白位于病毒粒子表面,是 EMCV 结构蛋白中免疫原性最强的抗原蛋白,可刺激机体产生中和抗体。在 CsCl 中的浮密度为 $1.33\sim1.34\ g/cm^3$。例如,Little johns 和 Aclsnd(1975)用澳大利亚分离株感染猪,出现高死亡率;而用 Horner 等(1979)分离的新西兰株仅引起猪 50% 死亡;用 Gainer(1968)分离的佛罗里达株仅引起猪心肌炎而无致死性。EMCV 在 pH 3.0 条件下或贮存于 -70℃ 条件下则很稳定,对乙醚、氯仿、酸、胰酶有抵抗力;干燥后常失去感染性,60℃ 经 30 分钟可灭活。可在鸡胚成纤维细胞或肾细胞中增殖,在啮齿动物、猪和人的多种动物的细胞上生长良好并产生病变;能感染 Vero 和 BHK21 细胞,产生细胞病变。能凝集豚鼠、大鼠、马和绵羊红细胞,血凝活性随毒株不同而有差异。

不同地区分离的 EMCV 毒株其核苷酸序列差异较大,但基因结构基本相似。EMCV 基因的 5′端无帽子结构,有长 600～1 300 个碱基的非编码区。该区含有二级结构和非起始三联密码子 AUG。3′端有 poly(A)尾,EMCV 基因编码的酪氨酸,以磷酸二酯键方式与 EMCV 的 RNA 连接。在近 5′端有 poly(C),长度 50～150 个碱基。EMCV 的 M 株核苷酸序列已经确定,1～147 为 5′端的 S 片段,148～208 为 poly(C),759～7 637 是蛋白编码区,poly(A)从 7 762 位开始。EMCV 的 R 株在 1～148 为 5′端 S 片段,149～280 为 poly(C),834～7 709 是蛋白编码区,7 836 是 poly(A)的起始位置。EMCV 的 RNA 编码大约 220 kDa 的聚合蛋白,包括 VP1、VP2、VP3 和 VP4,随后聚合蛋白被自己编码的蛋白酶水解成结构蛋白和 7 个非结构蛋白(2A～2C 和 3A～3D)。结构蛋白均参与病毒抗原位点的形成,非结构蛋白与病毒的复制、核定位及感染有关。从流产的猪胎儿分离的 EMCV(2887A 株)中构建的全长 cDNA 克隆进行了观察,其结构是:在 5′端,有短 poly(C)管[C(10)TCTC(3) TC(10)],短 poly(A)尾(7A)和在 3′端有 6 个非基因组的核苷酸。

Zhang 等(2007)测定了我国 BJC3 和 HB1 两个分离株的全基因序列,基因全长分别为 7 746 bp 和 7 735 bp。通过分析表明,各分离株核苷酸和氨基酸之间具有高度相似性。BJC3 和 HB1 两个分离株与 BEL - 2887A/91、EMCV - R 和 PV21 株之间的相似性为 92.5%～99.6%,而与 Mengo、EMC - B、EMC - D 以及 D 变异株之间的相似性为 81%～84.6%,表明不同地区分离的 EMCV 毒株其核苷酸序列差异较大,但基因组结构基本相似。

施开创(2010)对 13 个 EMCV 同源性分析,其同源性达 99%,可分为 2 个群,Ⅰ群分Ⅰa 和Ⅰb,猪源 EMCV 属于Ⅰa、Ⅰb,鼠源 EMCV 属于Ⅰa,而野猪源 EMCV 属于Ⅱ群。来自不同国家猪源 EMCV 基因组序列同源性达 99.5%,也有如 EMCV30 毒株为 85.1%。脑心肌型、繁殖障碍型分离株同源性达 99.5%,均属Ⅰa 亚群(图- 9)。

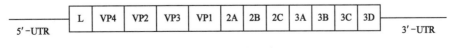

图- 9　猪脑心肌炎病毒结构

[流行病学]　本病发生于美国、南美洲、澳大利亚、古巴、南非、意大利、希腊、英国和日本等地。Sutherland(1977)报道新西兰、Williams(1981)报道南美洲、Romos(1983)报道古

巴等地有猪感染死亡,Sangar(1977)对英国调查发现,28％正常猪血清中有抗 EMCV 抗体。澳大利亚和加拿大也有牛、马感染 EMCV 的血清学证据。本病是一种感染多种家畜和野生动物的病毒性疾病。1945 年以来,猪、非灵长动物曾散在发生。可感染黑猩猩、狒狒、犬、猕猴、狨、象、狮、牛、马、松鼠、浣熊、貘、长颈鹿、猪、鼠、兔等动物及人。对鸟类、昆虫和多种实验性动物宿主有高度传染性。啮齿动物是自然宿主,并通过其消化道不断地排泄病毒,因而本病的暴发或流行区域的扩大通常与鼠有关。其中,大鼠和小鼠是主要的病毒宿主和传染源,它们的组织中存在高水平的病毒,随粪尿排到外界环境中。从猪场干燥的鼠粪和大小鼠肠道中均分离到病毒。病猪的粪、尿含有病毒,在短时间内能向外排毒,因而也是传染源。从非洲、巴西和美国捕获的蚊体内也分离到 EMCV,因此可能具有传染源作用。兔和猕猴通常为隐性感染,但能产生很高滴度的病毒血症。猪感染此病毒的临床症状最为严重,猪群发生本病的地理分布取决于贮存宿主体内特异毒株的分布及其与猪群间的作用。

　　病毒能通过带毒的啮齿动物或病猪直接或间接传播。猪主要因采食了病死鼠类及被污染的饲料和饮水而感染。"猪—猪"传播已被证实,病毒可随病猪粪尿等排出体外,但排毒量较低。盖新娜(2007)从我国猪群中分离出 EMCV,并证明感染后的带毒猪 90 天内仍具有传染性。EMCV 实验性感染猪致死后,可从许多器官中分离到病毒,但以心肌含量最高,肝、脾次之;该病毒还嗜好上皮组织,在脾脏和扁桃体巨噬细胞胞浆中发现大量的包涵体证实巨噬细胞在 EMCV 的复制和体内扩散方面有重要作用。经口或肠外感染实验猪,接种36～48小时即可发生病毒血症,持续 2～4 天;经口接种的猪在 7～9 天后,粪中有病毒;在病毒血症期后,粪中仍有病毒,说明病毒可在肠内增殖。已知猪在感染后一个时期内排出病毒,但还没有证明猪能长期无症状地携带病毒。但 Boulton 证实亚临床感染的母猪可传播给哺乳仔猪,并引起仔猪高死亡,Gomeg 等(1982)还从胎儿和死胎中分离到 EMCV,说明本病也可经胎盘垂直感染。Tesh(1978)通过人抗体监测表明,人 EMCV 抗体普遍存在,人可以感染 EMCV 并引发多种疾病。有报道狮子因吃了感染的象肉而发病死亡。人与猪之间的结构关系尚不明确,但Kirkland PD(1989)报道猪 EMC 高发区,人也是 EMC 高感染,且有临床症状,从脑膜炎儿童体内分离到 EMCV,并从正常人血清中检测到抗体。GajduseK DC(1995)报道,EMCV 易感宿主广泛,可以跨种传播,已证实病毒可以在人心肌细胞内增殖。Oberste MS(2009)报道从秘鲁 2名有恶心、头痛和呼吸困难症状病人血清中分离到 EMCV,与猪源 EMCV 株同源性达 91％～100％。啮齿动物到猪的传递方式是常见的,澳大利亚的几次猪场暴发 EMCV 都与大小鼠的疫病密切相关。因此,猪 EMCV 的公共卫生学意义值得关注。

　　[发病机制]　自然感染的主要途径是口腔。幼猪经口实验感染后 2 天即出现病毒血症,并持续 2～4 天。病毒自粪便排出时间可长达 9 天,推断病毒在肠道内能增殖。在脾脏和肠系膜淋巴结中检测到大量病毒,表明淋巴组织也是病毒的增殖场所。在实验和自然感染中,心肌的病毒滴度最高,损害最明显。肝脏、胰脏和肾脏也含有病毒,浓度比血液中高。耐过急性感染的动物产生特异性抗体,此后不再能分离到病毒。病程长短受毒株、病毒剂量、病史、病毒传代次数和动物易感性的影响。

　　EMCV 在怀孕母猪中跨胎盘感染的致病机理尚未充分了解。3 头怀孕后期的母猪肌肉接种 EMCV,其中 1 头产生跨胎盘感染并导致胚胎死亡,而怀孕早期的母猪接种病毒后是否导致胚胎感染尚无定论。感染和死亡的胚胎显示心肌损害,有许多小病灶到巨大弥散性瘀斑不等。用美国分离株实验接种怀孕母猪,不一定产生繁殖障碍。然而接种前的病毒通过小猪传代而不通过细胞培养,则跨胎盘感染容易成功。母猪感染 2 周后可引起胚胎死亡,目前尚不清楚是否所有 EMCV 毒株都能引起典型的心肌炎和繁殖障碍。

不同毒株对猪胚胎的致病力强弱不等。实验室传代的毒株对胚胎的致病力甚微,而野毒株感染怀孕中期和后期的母猪时,对胚胎的致病效应很明显。推测强毒株经过实验室长期传代后毒力会减弱,甚至完全丧失。

EMCV 对实验动物的致病力不定。实验感染成年豚鼠和某些大白鼠可引起致死性心肌炎。枭猴和狨对 EMCV 异常易感。病毒对兔和猕猴的致病力极小,仅导致隐性感染,但病毒血症的滴度很高。有意思的是,实验处理可以改变 EMCV 的器官嗜性和致病力。某些毒株主要导致致死性脑脊髓炎(嗜脑性),或广泛性心肌损伤(嗜心性),甚至变成专门破坏胰 β 细胞(嗜胰性)。

[临床表现]　猪 EMCV 可感染所有年龄段的猪,猪是感染最广泛和最严重的动物。EMCV 不同毒株对猪致病作用大不相同。

1. 无临床症状　本病在北美洲、南美洲和澳大利亚都有记载,但血清学研究认为本病分布也许更为广泛,可能是由于病毒毒力低而无临床症状,仅检测到血清抗体。英国在未发生本病临床症状时,经血清学研究已证明了接近 30% 的猪都含有此病毒抗体。我国调查 EMCV 抗体阳性率为:仔猪 2.86%、育成猪 1.98%、后备母猪 16.6%、经产母猪 27.68%。Maurice M(2001)、Koenen F(1994)报道哺乳仔猪急性心肌炎可达 100%,导致妊娠母猪发生流产、死胎、弱胎和木乃伊胎,其他猪则为隐性感染。盖新娜(2007)首次报道我国 EMCV 病死仔猪和流产,且 EMCV 在不同地区阳性率达 39.4%~90%。An DJ(2009)从 365 个农场收集到 3 315 份猪血样,经中和试验证明猪感染率为 41.5%。而 Sangar 报道英国正常猪有 28% 的猪血清中有 EMCV 抗体。张家龙(2005—2006)用 ELISA 检测了 13 省 46 个规模化猪场的 3 250 份血清样本的 EMCV 抗体,检测结果显示猪的 EMCV 抗体阳性率为 100%,各省的阳性率在 39.64%~90% 之间,平均抗体阳性率为 72%。Rijkem SGT(1997)、Dopfer D(1997)报道英国、日本正常猪体内检出 EMCV 特异性抗体。盖新娜等(2007)从北京、河北、湖北、天津、辽宁 5 个地区规模化养猪场的病猪中分离到 5 株 EMCV。

2. 临床表现差异明显　不同地区毒株致病的临床表现不同。比利时分离的 EMCV 毒株可引起猪的繁殖障碍,希腊和意大利分离的 EMCV 可致 1~4 月龄猪突然死亡而不引起母猪的繁殖障碍。英国自然感染分离到的 EMCV 毒株可使猪表现神经症状。Gothke K(1987)报告 EMCV 不仅感染中枢神经系统,而且感染唾液腺、胰、泪腺、肾、胸腺等。实验感染猪只在感染后的 2~11 天死亡,已知猪在感染后的短期内排毒,但没有证明猪能长期无症状携带病毒。心肌的含毒量最高,其次是肝脏、脾脏、肾脏及胰脏,比血液含量高 10~100 倍,而脑的含毒量则较低。心肌病变显著,特点与自然感染相同,但病毒传代次数、剂量及动物个体易感性会影响感染过程。EMCV 通常只引起 20 周龄以内猪只的致死性疾病,而感染后最严重的是引起仔猪和繁殖母猪发病,且仔猪更易感。同胎仔猪和同圈猪只的死亡率可达 100％,在急性发病死亡并经历几周后,仍有少量猪存活,大多数猪只的感染都是亚临床感染。成年猪大多隐性感染,但也有一部分成年猪死亡。

本病几乎没有临床症状,暴发型病例发病急。对于大部分感染猪,在短暂的发热反应后,常常无症状死亡。仔猪常由于心肌衰竭死亡。急性型病例表现发热、食欲不振、进行性麻痹等症状,多见于 30～60 日龄仔猪,偶尔见成年猪死亡。

通过各种途径感染的实验猪,体温升高至 41～42℃,持续 24 小时左右,部分猪呈现精神沉郁、食欲减少、震颤、步态蹒跚、麻痹、呕吐和呼吸困难,可突然死亡或几小时内死亡;也可因吃食、抓猪、驱赶兴奋时,由于心力衰竭突然死亡,死亡率 10％～80％不等。死亡是由病毒感染引起的心脏疾病造成,不论心肌病变的发展阶段如何,临床表现都是一种急性心力衰竭。仔猪主要表现为致死性心肌炎,死亡率以 1～2 月龄仔猪最高,可达 80％～100％。最急性 EMC 表现为同窝仔猪常常看不到前期症状情况下突然死亡或经短时间兴奋后虚脱死亡。病理检验发现,猪身体下半部的皮肤发紫、腹膜腔、胸膜腔和心包囊内积液较多,有少量纤维蛋白、心肌柔软、苍白,有条状坏死区。在病灶病变上可见白垩中心,或呈弥散性区有白垩斑点,还有肝肿胀、脾脏比正常的缩小一半、腹水、肠系膜水肿、肺水肿和充血、脑膜轻度充血或正常、胃大弯部水肿、胃黏膜充血、膀胱充血、胸腺上也有小点出血等症状。

1970 年澳大利亚首次证实在新南威尔士的 22 群猪中发生猪因感染 EMCV 而死亡,其中有 227 头死于本病。死亡猪多为 3～16 周龄,最小的只有 5 日龄。从该地区在 538 头病猪中发现,断奶前死亡于 EMC 的占 2.6％。该区某猪场发生 EMC 时还伴发了以产木乃伊胎和死胎为特征的生殖障碍。

1987 年 11 月在澳大利亚珀斯南部一个 450 头母猪场也发生了 EMC。开始有两窝 3～7 日龄的仔猪突然死亡,3 天后又有一窝猪全部死亡,另一窝猪则死了一半。3 周后,又有一窝 10 头猪中突然死亡 9 头。在本病暴发期间,共有 61 头母猪产仔,在感染的猪群中感染率达 81％。病死仔猪剖检可见胃内有正常的凝乳,胸腹腔内有大量淡黄色积液,心肌呈弥漫性灰白色,肾脏被膜下有出血斑点。组织学检查发现,病猪心肌发生局灶状非化脓性间质性心肌炎和心肌坏死,并伴有少量嗜中性白细胞浸润,但未发现钙化;肺泡内伴有巨噬细胞浸润聚集和间质细胞增生;肾脏和肝脏充血,脾脏、骨骼肌和脑未见明显病变。从脑中分离到 EMCV。受检母猪血清中含有 EMCV 中和抗体,效价大于或等于 128。在本病暴发期间和暴发以后,断奶仔猪和育肥猪的死亡率均不见增高,但前两周,木乃伊胎和死胎的发生率却增多,每窝新生仔猪的平均存活数由 10.5 头降到 8.9 头。

Sanford SE 等(1989)报道加拿大一猪场 4 窝 16 头 2～3 周龄仔猪在 2 周龄后突然死亡。剖检可见四肢发绀、心包和胸腔有大量的浆液纤维蛋白渗出液及弥漫性心肌出血。组织学检查可见非化脓性心肌炎、心肌坏死和非化脓性脑膜脑炎。病愈仔猪猪脑心肌炎病毒抗体为 1：24～1：96。

3. 呈散发或暴发　此病见于很小的吮乳猪至 4 个月龄猪,幼龄猪死亡率可达 50％,但未见成年猪。临床病程短,表现为食欲不振、抑郁、震颤、共济失调及呼吸困难。皮肤呈红斑,腹腔、胸腔及心包液体过多,网膜及肠系膜上常有纤维蛋白性丝条,而且有水肿。特征性的病变是心室的心肌是弥漫的或病灶苍白并有心肌坏死,可在心肌、脑、肺等组织中分离出病毒。感染后5～7天可查出中和抗体。

[病理变化]　心衰竭急性死亡的猪仅显示心外膜出血或没有肉眼可见的损害。实验感染的幼猪剖检时常见心包积水、胸腔积水、肺水肿和腹水。心肌肉眼可见的损害最显著,心脏扩大、质软而苍白,有直径2～15 mm淡黄色到白色坏死灶,或巨大、边缘不明确的淡白色斑。右心室的心外膜上损害最易看到,可延伸到心肌的不同深度。在大多数情况下病毒存在于心肌中,即使心肌损害极轻或根本没有也能发现病毒。而肾脏多呈皱缩。

根据怀孕不同阶段,感染胚胎形成不同大小的木乃伊胎,可能有出血、水肿或外观正常。在有些胚胎中可以看到心肌损害,但在实际场合这种损害较难看见。胚胎肉眼可见的变化不易与其他病毒所致变化区别,除非看到心肌损害。

组织病理学方面,幼猪中最显著的表现是心肌炎,并有局灶性或弥散性单核细胞积聚、血管充血、水肿和伴有坏死的心肌纤维变性。常见坏死性心肌矿化,但并不必然存在。在脑中可能看到充血性脑膜炎,血管周围有单核细胞浸润,有些神经元变性。在EMCV自然感染中,也曾看到猪胎具有非化脓性脑炎和心肌炎。

组织学检查最显著的变化为心肌炎,可见心肌充血、水肿和心肌纤维变性、坏死,淋巴细胞、巨噬细胞浸润。坏死的心肌有无机盐沉着、钙化。心肌层的渗出液中有嗜酸性粒细胞浸润。脑膜充血和轻度炎症,脑部可见丘状神经元变性区。

[诊断]　依据临床症状和剖检病变可作出诊断。EMCV感染的肉眼病变与维生素E和硒缺乏引起的心脏白斑区、因败血性栓塞引起的心肌梗死和水肿病中的肠系膜水肿有相似之处;与某些口蹄疫病毒毒株在青年猪心脏上引起的病变则不易区别。因此可用病毒分离和鉴定进行确诊。初次分离可用4周龄左右的小白鼠进行脑内或腹腔注射,潜伏期2～5天。部分小白鼠出现后腿麻痹而死亡,剖检见心肌炎、脑炎和肾萎缩等病变;也可用猪心脏饲喂小鼠做一个粗略的假定性诊断试验。然后用鼠胚成纤维细胞、初生鼠肾细胞系分离病毒。培养物经制样后在电子显微镜投射下若见球囊样的病毒粒子,即可确证。也可用特异性免疫血清进行中和试验,酶联试验等作出鉴定。

血清学诊断方法快速、方便是大规模检测和流行病学调查的首选方法,但该方法需要EMCV感染后一段时间才能应用,因此,不适用于早期诊断和有免疫耐受个体的诊断。

酶联免疫吸附试验常用间接ELISA检测EMCV抗体。包被的抗原有组织培养全病毒抗原和合成肽抗原。

微量血清中和试验是先将EMCV与待检血清或胸腔液反应,再接种到细胞培养物上。若待检样品中有特异性的EMCV抗体,则不出现细胞病变。

RT-PCR法可较灵敏地检出含量较少的EMCV RNA。首先要提取EMCV RNA,反转录成cDNA,再用2对EMCV特异性引物进行巢式PCR扩增,琼脂糖凝胶电泳和Sourthern杂交试验。PCR产物可用于克隆、测序和分析。

[防治]　目前预防本病的疫苗尚在研制中,尚无商品疫苗,也无治疗方法,应用高免血

清可能有效。鼠可能是本病的主要传染源,因此猪场要对啮齿类动物进行控制或减少鼠与猪的接触,包括避免鼠污染饲料和水。可用氯和碘制剂进行猪场及环境消毒。病猪应无害化处理,防止将病毒传染给人。

二十九、猪 Kobu 病毒感染(Porcine Kobu Virus,PKV)

该病是由 kobu 病毒引起的以仔猪腹泻为主要临床表现的一种病毒性感染,又称嵴病毒感染。

[**历史简介**]　1989 年,日本爱知县(Aichi)胃肠炎病人的粪便中发现一种新型 RNA 病毒,通过基因分析于 1997 年证实是一种新型的微 RNA 病毒。Yamashita T 等(1991)对腹泻病人的粪样通过电子显微镜观察到表面崎岖不平、呈嵴状的病毒粒子,并称该病毒为嵴病毒。kobu 一词亦由日语派生而来,即"球形"或"突起"之意。2003 年在表型健康牛体内发现牛嵴病毒,以被牛嵴病毒污染的 Hela 细胞培养液接种于 Vero 细胞,观察到细胞病变,从而分离出牛嵴病毒 U-1 毒株。匈牙利 Pankovic(2008)利用 RT-PCR 方法检测 10 日龄仔猪腹泻样品中是否存在诺瓦克病毒感染时,扩增出一条非特异性条带,序列分析发现与爱知病毒有一定的同源性;Reuter G 等(2007)从匈牙利某猪场健康猪群 60 份粪样和血清中检出阳性样品,通过系统发育分析显示属于嵴病毒属,从而证实猪 kobu 病毒存在,从此揭开猪 kobu 病毒研究的序幕。Yu JM 等(2009)报道,中国猪中分离到猪嵴病毒(Swine/2007/CHN)。ICTV(2005)第八次病毒分类报告将 kobu 病毒新增入微 RNA 病毒科,包括爱知 kobu 病毒、牛 kobu 病毒和猪 kobu 病毒。Knowles N 在 2012 年第九次病毒分类报告上,将猪 kobu 病毒列为嵴病毒属待定成员。

[**病原**]　猪 kobu 病毒属于微(小)RNA 病毒科嵴病毒属。病毒为单股正链 RNA 病毒。病毒颗粒为球形,直径 30 nm,面体对称,无囊膜。嵴病毒属成员具有相同的基因结构:由 5′端非编码区(5′UTR)、ORF、3′端非编码区(3′UTR)和 poly(A)组成(图-10)。基因组大小为 8.2~8.3 kb,包含编码一个聚合蛋白的大的开放阅读框(ORF),长度为 2 488 氨基酸,聚合蛋白可被自身的活性区域逐渐裂解成相应的功能蛋白。聚合蛋白内 3 个结构蛋白(VP0、VP3、VP1)和 7 个非结构蛋白(2A、2B、2C、3A、3B、3C、3D)组成。目前猪 kobu 病毒的参考毒株有 S-1-HUN 株(登记号:EU787450),为 8 201 bp 和 Swin/2 007/CHN。韩国分离的 kobu 毒株经核苷酸序列分析,分布于 5 个支系,但相互间同源性在 99%~100%。与其他小 RNA 病毒相比,猪 kobu 病毒粒子在 pH 3.5、氯仿、乙醚、有机溶剂等酸性或有化学物质条件下更稳定。但该病毒不耐热,在 60℃经 30 分钟即可灭活。

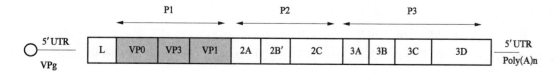

图-10　嵴病毒基因组结构

[流行病学]   自匈牙利发现 PKV 后,先后在美国、巴西、泰国、日本、韩国、中国等国家都有报道,故呈世界范围流行。嵴病毒属病毒已在人、牛、猪、绵羊体内发现,蝙蝠体内也检出类 kobu 病毒,他们之间是否相互感染不得而知。但 Khamrin P 等对日本 28 个猪场的健康猪群进行 kobu 病毒检测,在 293 头份粪样中,检出 133 份 kobu 病毒阳性;选取 52 份进行测序对比,发现 51 份 kobu 病毒毒株亲缘关系很近,形成一个独立分支,与牛 kobu 病毒 U-1 株的同源性很高,与其他猪 kobu 病毒毒株的同源性较低。目前猪 kobu 病毒,猪是唯一已知的宿主,在猪群中不论是"健康"猪还是腹泻猪,其阳性率均较高;在 3 周龄以下猪和具有腹泻症状的猪群中尤为明显,感染率最高。有研究表明,本病感染率随着猪年龄的增长而降低。尽管如此,猪 kobu 病毒感染是否与猪肠道疾病相关,目前尚无定论。本病通过何种途径传播,目前也没有确切的证据证明。

流行病学调查,猪 kobu 病毒可能存在变异,值得关注。Barry AF(2011)对荷兰和巴西猪群的 kobu 病毒的基因组序列测定和遗传进化分析,两地相同宿主、不同 kobu 病毒毒株之间未表现出明显的地域差异。Park S 等(2010)对韩国猪群的 kobu 病毒的遗传进化分析,发现猪 kobu 病毒存在基因多样性,且与地域呈相关性分布。Wang G(2010)对上海检出的 27 份 kobu 病毒进行基因序列分析,表明病毒具有多源性,可分为多个谱系。2011 年用 SimPlot 程序对 kobu 病毒 SH-W-CHN 株全基因进行了重组分析,发现假定亲本的 S-1-HUN 株与 Y-1-CH1 两株间未发现明显重组,但仍在 SH-W-CHN 株基因中发现一些重要信号,表明早期的同源重组可能是猪 kobu 病毒多个遗传谱系形成的因素之一。

[发病机制]   对本病的流行病学特征、可能引起的临床疾病表现尚需要更多、更充分的资料来定论。对病毒感染的生理学、病理学、发病机制和免疫学等了解甚少。

[临床表现]   猪 kobu 病毒存在于健康猪群和有腹泻症状的猪群,PKV(S-1-HUN 株)于 2007 年最先从匈牙利某健康猪群的粪样中检测到,阳性率达 65%(39/60)。2008 年 11 月从同一猪场粪样中,经 RT-PCR 检出 PKV 阳性率 53.3%(32/60),而血清阳性率为 26.7%(16/60)。PKV 阳性率皆很高,虽然母猪和肥猪无明显症状和无腹泻症状,但有病毒血症和很高感染率,而有腹泻症状猪群的阳性率更高。韩国对 40 个猪场 167 份粪样检测发现,来自腹泻仔猪的 84 份粪样中 kobu 病毒阳性率达 97.8%。泰国从 6 个猪场收集的 7~49 日龄腹泻猪粪样检测发现,病毒阳性率达 99%(97/98)。Park SJ 等(2010)研究比较腹泻猪群与健康猪群的感染率,发现猪 kobu 病毒感染在腹泻猪群中是特有的;An DJ 等(2011)对 3 个猪场 119 头份粪样检测,kobu 病毒阳性率 36.1%(53/119),A 群轮状病毒阳性为 11.8%(14/119),猪流行性腹泻(PEDV)和猪传染性胃肠炎(TGEV)均为阴性。因此,猪 kobu 病毒可能参与腹泻猪的胃肠炎致病过程,在致病中扮演了一定角色。本病毒不只局限于肠道感染,还可造成病毒血症。有研究报道,巴西猪群中哺乳仔猪、保育猪和生产母猪的 115 份粪样检测,阳性率达 53%(61/115);巴西不同日龄(3 天、21 天、36 天、60 天、75 天、180 天)猪的 30 份血清样品检测阳性率达 76.7%(23/30)。日本从 28 个健康猪场采集 293 粪样,RT-PCR 检测,阳性率达 45.4%(133/293),其中 124 份阳性猪为 6 月龄以下健康猪。而韩国调查,PKV 以 3 周龄以下仔猪感染率最高。

我国粤、闽、赣、鄂等规模猪场 kobu 发生严重。其中 3 周龄以下仔猪感染率最高。哺乳仔猪出生 2～3 天发生呕吐后拉稀,逐渐严重腹泻,并迅速死亡,但母猪、肥猪无明显症状。2010—2011 年我国对 135 份腹泻仔猪粪检测,检出 kobu 病毒阳性样品 112 份,阳性率 82.9%。

[诊断]   目前主要诊断手段是 PCR 方法。

[防治]   因为尚不能证明 kobu 病毒是致病原、条件性致病原或是通常肠道微生物,所以尚没有防治措施。

三十、猪传染性脑脊髓炎(Porcine Encephalomyelitis)

该病是由猪脑脊髓炎病毒引起的猪脑脊髓灰质炎、繁殖障碍、肺炎、下痢、心包炎、心肌炎、皮肤损伤以及无症状等多种临诊表现的一种病毒性传染性疾病。同义名有猪捷申病(*Porcine Teschen* disease,PTVD)、猪脑髓灰质炎(*Porcine poliomyelitis*)、泰法病或塔尔凡病(Talfan disease)。

[历史简介]   本病由 Trelfny(1929—1930)发现于捷克捷申地区的猪群,主要侵害幼猪,呈现剧烈的神经症状,死亡率达 70%～90%,而成年猪症状轻微。Klobouk(1933)确认其病原为病毒,人工实验可感染猪,故亦称为猪捷申病。随后该病又出现于中欧、西欧、北美、澳大利亚和非洲等地。Dobberstein(1942)认为此病的病变与人的脊髓灰质炎病变高度雷同,故又称此病为猪脊髓灰质炎。1955—1957 年,丹麦和英国发现一种被称为猪泰法病的轻症麻痹病,后来证明其病原体也是猪传染性脑脊髓炎病毒,只是其毒力较低而已。此后,在猪的肠道和粪便中又分离出了许多肠道病毒,这些肠道病毒似乎正常栖息于肠道,且分布极为广泛,没有明显的病原性,但可能引起下痢,在血清学上可分为几个群,ICTV 命名此类病毒为猪肠道病毒 I 型。1999 年 ICTV 将猪肠道病毒中的 11 个血清型归列为捷申病毒属。2003 年哈尔滨兽研所分离到本病毒的血清 I 型。由血清 I 型引起的脑脊髓灰质炎被 OIE 列为 B 类传染病。

[病原]   猪捷申病毒分类上属于小 RNA 病毒科捷申病毒属。

病毒呈小球状,由蛋白外壳和内部核心组成,直径 25～30 nm,无囊膜,其外层包裹核衣壳。衣壳由 32 个壳粒组成,呈廿面体对称,无脂蛋白;核心为单股正链 RNA,约有 7 200 个核苷酸(7.2 kb),仅含 1 个完整的开放阅读框(ORF),ORF 编码 1 个多聚蛋白,可被蛋白水解酶水解为结构蛋白 L、VP1、VP2、VP3、VP4,其中 VP1 和 VP3 是主要免疫性抗原。Kaku Y 等(2007)采用单克隆抗体技术证明其结构中的 GH 环和 C 末端具有免疫原性,以及非结构蛋白 2A、2B、2C、3A、3B、3C、3D。

捷申病毒基因组构成:VPg $-$ 5$'$UTR[L/1A $-$ 1B $-$ 1C $-$ 1D $-$ 2A^{npgp}/2B $-$ 2C/3A $-$ 3B $-$ 3C $-$ 3D]3$'$UTR $-$ poly(A)。早期猪的肠道病毒分为 10 个(Alexander 等)或 8 个(Dunne 等)血清型。根据中和试验,猪捷申病毒分 3 个亚型,第 1 型包括 Konratice 和 Bogen 等毒株;第 2 亚型包括 Talfan 和 Tyrol 等毒株;第 3 亚型包括 Reporyje 毒株。但血清型的划分与各毒株的毒力无关,例如第 2 亚型的 Talfan 毒株只能引起猪的轻症疾病,而 Tyrol 毒株毒力较强,经常引起严重的疾病暴发,并有较高的死亡率。按基因型分类,目前有 11 个基因型,利用病毒的 ID(即 VP1)核苷酸序列可将不同的血清型区分开。不同的血清型毒株,其致病性也不相同,PTV-1 曾被称为肠道病毒Ⅰ型,引起猪脑脊髓灰质炎,被国际兽疫局(OIE)列为 B 类传染病。PTV2-PTV11 曾被称为猪肠道病毒 2-11 型,可在健康猪、腹泻猪、腹膜心肌炎猪、流产死胎(死木胎 SMEDIC)粪便中分离到,其中一些分离株,可引起接种猪脑脊髓炎。很多国家都分离到 PTV-1 型。我国的调查结果显示,除 PTV-1 型外,还存在 PTV-4、PTV-5、PTV-6、PTV-7、PTV-8 型,其中 PTV-5、PTV-8 型居多。我国台湾地区调查显示,78 个毒株中涵盖了 PTV 的 10 个血清型,只缺少了 PTV-5 血清型,而各血清型分布亦无地区区域差异。

捷申病毒为 PTV-1 血清型参考毒株。其他参考毒株有 Talfan、PS34(SMEDIC)、PS35、F65、J1、WR1、T1、ECPO-3、E1 和 PW6 等。

我国 PTV 分离株有:Feng L 等(2007)的 Swine/CH/IMH/03 强毒株,属于 PTV-1 血清型,其核苷酸同源性和 Talfan 株最高。

王瑶、王斌等(2010)的 JF613 毒株,属于 PTV-2 血清型,但序列分析表明其基因组出现不同程度自然状态下的重组,同源性为 73%~91%。

张晓杰等(2010)分离的 HB 株和崔尚金(2010)分离的 Jilin/2003 株,同属于 PTV-8 血清型,这两株核苷酸相似性达 99%,而与国外同属于 PTV-8 血清型的 AF29603 株、AF296118 株基因序列比较,核苷酸发生了明显的遗传变异,同源性分别为 86% 和 87%。

迄今还不清楚 PTV8 和 PTV10 血清型的致病性,刘芹防等(2010)报道我国分离到 PTV-8 型。但 PTV8 型多与 PRRSV、PCV2 混合感染,主要引起流产、仔猪死亡、腹泻和肠炎。

病毒耐酸,于 pH 3.0~9.0 环境中,在 4℃ 可存活 24 小时以上;56℃ 30 分钟不能使其全部灭活。保存于 50% 甘油中的病毒,可在 4℃ 中长期保持毒力,于 -70℃ 中存活达几年,冷冻干燥明显降低毒力。对乙醚和氯仿等脂溶剂有抵抗力。

尚未发现 PTV 有凝集和吸附细胞的能力。病毒所有毒株都易在猪肾细胞培养物中增殖,并引起细胞病变,感染细胞变圆和坏死,也可形成蚀斑。对小白鼠、大白鼠、豚鼠和家兔等实验动物以及牛、马、羊等家畜进行人工接种,此病毒不感染。对鸡胚也没有致病性。

[流行病学]　20 世纪初,猪捷申病发现于捷克的东欧地区后,相继遍布整个欧洲、北美洲及大洋洲等地区,继而遍及全世界。

猪和野猪是捷申病毒的唯一宿主。对小白鼠、海猪、地鼠、家兔和鸡胚均无致病性,也不见增殖。就目前已知的 11 个血清型,其中大多数的 PTV 血清型是非致病的,在健康猪群中广泛传播。PTV 能够引起具有不同临床表现的疾病。各年龄的猪均易感染,幼龄猪易感性最高,哺乳仔猪感染率也高,但病死率都因日龄而异,哺乳仔猪几乎 100% 死亡,3 周龄以上的猪症状轻微或无症状。病猪、带毒猪为传染源,无论临床症状期还是潜伏期都具有传染性,最危险阶段在潜伏期和发病初期,发病第 1 天传播率为存栏数的 15%~40%,以后逐渐降低。野猪也可被感染。

病毒主要存在于病猪的脑和颈胸脊髓中,这两个部位含毒量最高,在感染后几周可随唾液等分泌物和排泄物排出。外观正常的猪,特别是在 4～8 周龄以上的猪体内,经常可分离获得病毒,说明可能普遍存在健康猪带毒现象或隐性感染,只有强毒力毒株才能引起疾病暴发流行。任何年龄的猪均易感,怀孕母猪带毒 3 个月,可经胎盘感染胎儿;未怀孕母猪感染后带毒可达 2 个月。成年猪很少排毒。

PTV 由直接或间接接触而感染,无论通过什么途径侵入猪体,都是在肠道增殖。增殖部位为回肠、盲肠及结肠等下部消化道的黏膜,增殖的病毒可较长期地随粪便排出,成为传染源,通过粪—口传播,实验证明能通过饲喂或滴鼻而传播本病。Fortner 等未能证明鼻分泌物中含有病毒,张晓杰等(2012)用 PTV HB 株口鼻加肌肉接种猪,猪发病,而仅肌肉接种的猪未发病,也未分出病毒,表明消化道是主要的自然感染途径。病毒在肠道内大量繁殖,并通过粪便排出体外,排毒时间可达数周,被污染的饲料和饮水可经消化道再感染其他健康猪,也可以通过眼结膜、生殖道和呼吸黏膜感染。

PTV 一般呈地方性流行或呈散发。成年猪通常具有很高的循环抗体水平,母猪免疫力提高后一般不发病,哺乳仔猪则因母乳中抗体而不感染,很少能在肠道中分离到病毒。发病主要局限于生长期幼猪和断奶仔猪,未免疫或抗体水平低的母猪和哺乳仔猪也有散发病例。在猪群中开始仅几头猪发病,有时可蔓延全群。母源抗体开始消失后,不同窝的仔猪在转并棚混在一起感染可持续几周。对以前未曾感染过的血清型,任何年龄的猪均易感染,而且可同时感染多种血清型毒株,因此,在同一个猪群中经常存在几种血清型。因为各血清型的致病力有较大差异,因此发病率、死亡率、流行形式也不同,新发病猪群呈暴发,而老疫区呈散发。该病毒与 PVI、PRRSV、PPV、FMDV、CSFV 等混合感染,引起猪群出现更严重和更复杂的临床表现。

[发病机制]   自然病例由食入病毒引起,病毒最初在扁桃体和肠道复制(Long,1985),与前段肠相比,回肠和大肠更容易受感染,在感染组织中有较高滴度存在。于感染初期,在扁桃体及咽头黏液中,可查明病毒呈一过性出现。在发热同时,可呈现数日病毒血症。在此期间,体内各脏器,特别是淋巴组织系统中,可出现病毒。有时病毒到达中枢神经系统增殖,引起非化脓性炎症。这和病毒血症的出现时间大体一致,在出现麻痹症状时,可证明病毒感染价最高。不同病毒毒株,对中枢神经的侵袭力也不同。

到目前为止尚不清楚肠道中哪种细胞适合病毒复制,不过根据脊髓灰质炎病毒的实验结果推测,可能是肠固有层中的网状内皮组织。肠病毒感染不引起内皮细胞的破坏。强毒株血清 1 型感染后出现病毒血症,引起中枢神经系统感染,但弱毒株不常出现病毒血症(Holman,1966)。通过病毒血症可能扩散到怀孕的子宫,因为经鼻或口腔接种病毒后母体中的胚胎或胎儿被感染(Huang,1980)。在实验中经鼻腔感染可引起肺脏感染(Meyer,1966),但对自然吸入病毒悬浮颗粒的情况不详。

当仔猪由母猪感染时,病毒很快地感染到肠道。肠道外的组织感染为一时性,而病毒可在大肠中存在数周。

[临床表现]   捷申病毒(PTV)共有 11 个血清型,不同血清型毒株感染后的临床症状也略有不同,严重者可造成猪群大批死亡,轻者可无明显临床症状(表- 44)。

表- 44 有关肠病毒感染的自然或实验性临床症状

症 状	血 清 型
脑脊髓灰质炎	1,2,3,5
生殖障碍	1,3,6,8
下痢	1,2,3,5,8
肺炎	1,2,3,8
心包炎和心肌炎	2,3

患猪出现一过性发热,体温 40℃以上;继而精神沉郁,全身肌肉震颤,阵发性痉挛并恶化。四肢肌肉僵硬,前肢向前伸,后肢后曳,孤立一角。部分出现知觉过敏,眼球震颤,剧烈全身性痉挛,肌肉麻痹,不能站立,昏睡而死。发病后 3～4 天死亡。有抗体猪、大猪则症状轻微,也有肌肉萎缩等后遗症。

猪捷申病因毒株毒力差异、病毒感染量不同、新老疫区流行学变化以及各个体被感染时间不同,临床上分为隐性或不显性型、亚急性型、急性型,而且临床表现呈多样性。

1. 隐性或不显性感染 从流行病学判断,主要是发生于老疫区或低毒力感染猪群。LARG 等(2006)报道曾暴发 PTV,但其后高致病的毒株被弱毒株所取代。同时猪群抗体阳性率达 61.17%,可从无明显临床症状猪的粪便、扁桃体中分离到病毒,虽然毒力不强,但病毒感染程度严重,潜在的发病可能不容忽视。我国的血清学调查表明,PTV 抗体阳性率在 44%～90%不等。同一窝仔猪,PTV 阳性率从 4 周龄的 40%到 16 周龄的 100%。因此,会出现 PTV 的散发或轻度病症。报道一般 PTV 抗体阳性率在 60%左右,大多数血清型是非致病性的,但其在健康猪中广泛传播。

2. 急性、亚急性和慢性感染 其临床表现以脑脊髓炎和母猪繁殖障碍综合征为主。其潜伏期为 4～28 天,人工接种潜伏期为 36 小时至 3 天。

(1)脑脊髓炎。1、2、3、5 型毒株均可引起脑脊髓炎,但不同毒株致病性不同。冯力等分离的 swine/CH/IMM/03 株是 PTV－1 血清型,接种仔猪精神委顿,食欲减退,体温达 41℃,腹泻;神经系统紊乱,表现为抽搐、昏迷、流涎等,攻毒后 49 小时开始死亡,剖检发现猪脑出血和淤血。王瑶等从发病率为 5%～10%有神经症状的猪中分离的 JE613 毒株是 PTV－2 血清型。1 型毒株引起的病死率高,且多为急性发病;2 型、3 型、5 型引起的症状轻微,死亡率低。国外报道 Talfan 病毒只能引起猪轻微症状或轻微麻痹,而且仅从肠道、粪便或扁桃体中分离到病毒。病猪初期 1～3 天体温升高达 40～41℃或更高,精神委顿,厌食,后肢麻痹,继而共济失调,呈犬坐式或前后肢瘫软;随着病情加重,出现神经症状,四肢僵硬,站立时倾向一侧,眼球突出,眼球、肌肉发生激烈震颤并伴有阵挛性惊厥,受到刺激时发生强烈的角弓反射,对声音极为敏感,大的声音可引起病猪大声尖叫,惊厥可持续 24～36 小时。当体温骤降后出现昏迷,于 3～4 天后死亡。轻症病例,经过精心照料后可以恢复,但耐过猪可能表现肌肉萎缩,四肢麻痹或瘫痪等后遗症。2 周内仔猪临床症状严重,而 4～6 周龄较大猪表现短暂食欲缺乏,后躯麻痹,步态如醉酒摇晃,可痊愈。

(2)母猪繁殖障碍。表现为不孕、产木乃伊和死胎综合征。在妊娠1~15天感染,胚胎死亡后被吸收,产仔数下降,妊娠30天左右感染,胎儿死亡率达20%~50%;妊娠45天以后感染,胎儿死亡率达20%~40%。胎儿死亡率的高低,多数由感染毒株的血清型决定。在中后期感染,产出的一部分腐败死胎、木乃伊胎或新鲜尸体畸形和水肿,存活的仔猪表现虚弱,常在出生后几天死亡。流行区的经产母猪常不表现任何症状,妊娠母猪感染后,可获得免疫力,以后可正常生产。

(3)其他临床表现。肺炎、肠炎、心肌炎和心包炎等。猪捷申病毒可在猪的肺和肠组织上增殖,引起肺炎、肠炎、心肌炎和心包炎等其他临床症状,造成呼吸困难、咳嗽、腹泻等。张晓生等(2012)报道,用HB毒株接种仔猪,接种7天后仔猪出现腹泻,排出黄色水样粪便,28天剖检时可见肺脏严重坏死,肺前区有灰红色突变区,肺泡和支气管中有渗出液,肝脏淤血,结肠肠壁变薄,肠道出血,肠腔中充满黄色水样内容物等。冯力等(2012)报道用swine/CH/IMM/03株接种猪,被接种的病猪除出现神经症状外,还出现腹泻等,剖检可见脑出血、肠道出血、小肠黏膜肠绒毛坏死、肺出血等。试验将从心肌分离到的病毒再感染试验猪,可致猪发生心肌炎和心包炎。病毒在肺或肠道中增殖时,能促使其他病原微生物的致病性增强或繁殖,致使临床表现更严重或进一步恶化。

[病理变化] PTV脑脊髓病变以中枢神经系统,特别是脊髓、小脑和脑干部的灰白质呈非化脓性炎症为特征,其他各脏器无特征性病变。呈弥漫性脑脊髓炎的变化,涉及整个脑脊髓灰质的病变最为明显:神经元变性,并出现管套现象,常可在神经细胞的浆内看到嗜酸性团块。脑出血,大脑实质内有少量胶质细胞浸润,小血管周围有少量单核细胞浸润。肺出血,肺心叶、尖叶及中间叶有灰红色实变区,肺泡和支气管内有渗出液。肺支气管及周围肺泡间质增宽,伴有少量纤维增生和炎性细胞浸润,即轻度间质肺炎。胸腔和心包积液,严重心肌坏死和浆液性纤维素心包炎。脾脏出血,肾皮质有出血点,肝脏淤血。腹泻病猪大肠及肠系膜水肿,结肠肠道出血,肠壁变薄,并有淋巴结滤泡增生,肠腔中充满黄色水样物。小肠肠绒毛坏死崩解,黏膜结构破坏,有大量黏膜上皮细胞脱落于肠腔,伴有出血淋巴细胞浸润,残存的黏膜固有层内血管淤血,肌层小血管淤血。用PTV Swing/CH/IMH/03对仔猪攻毒后,仔猪脑出血、淤血,肠道轻度出血,部分猪肺、脾出血。组织学表现为:大脑实质内有少量胶质细胞浸润,小血管周围有少量单核细胞浸润;肺支气管及其周围肺泡间质隔增宽,伴有少量纤维组织增生及炎性细胞浸润,轻度间质肺炎;脾红、白髓交界处淋巴细胞排列稀疏,淋巴细胞轻度减少;小肠绒毛坏死崩解,黏膜结构破坏,上皮细胞脱落于肠腔,伴有出血和淋巴细胞浸润,黏膜固有层内血管淤血,肌层小血管淤血。

[诊断] 临床、流行病学资料,对特别是成年猪中出现高热和神经症状,具有一定的诊断价值。确诊必须依赖病毒的分离与鉴定,可采集发病早期的脑脊髓做成乳剂后接种猪肾原代细胞或IB-R5-2、PK-15等细胞系,分离获得病毒后,在细胞培养物上进行交叉中和试验进而鉴定。

从流行病学来看,完全不具有本病抗体的猪群,当强毒感染时,哺乳仔猪几乎全部发病,呈急性经过,发病率和死亡率几乎达 100%;3 同龄以上猪群也同时发病,但症状轻,多数可恢复;成年猪呈隐性。初次发病猪群,经 3～4 周后,无新的病例发生,流行很快停息。有抗体和无抗体猪群混群时,无抗体母猪的仔猪则会全部发病。其发病率视该群猪具有抗体阳性率的大小而定。大部分猪发病的情况,多见于生后 3 周以后被动抗体消失的仔猪。

血清学诊断方法有免疫荧光试验、酶联免疫吸附试验和病毒中和试验等,病原学检测方法有 RT－PCR 和巢式 PCR。

临床上必须注意与狂犬病和伪狂犬病相鉴别,PRRSV、猪瘟病毒、伪狂犬病病毒、猪细小病毒、非洲猪瘟病毒、盖塔病毒,腹泻症状与猪流行腹泻病毒、猪传染性胃肠炎病毒、猪轮状病毒及一些细菌性腹泻等疾病的鉴别。

[防治] 目前我国尚无批准的疫苗。因为血清型多,因此无法制成适应各种发病猪场的疫苗。国内外对 PTV 尚无有效的免疫方法,也无特效抗病毒药物,只有采取综合防治措施,有效降低发病率和死亡率。首先猪场应坚持自繁自养,严格按规定引进猪种和按流程规范猪群转移。对猪群应做好免疫工作,提高免疫力,控制其他能控制的疫病,加强母猪、哺乳仔猪和断奶仔猪及公猪的细菌性、寄生虫性疾病控制。加强猪场环境净化和对其他动物的控制措施。

三十一、A 型塞内卡病毒病(Seneca Valley Virus Disease,SVVD)

该病是由一种 A 型塞内卡病毒(SVV)引起的猪的传染病。其特征为猪发生水疱,仔猪腹泻。

[历史简介] SVV 在 20 世纪 80～90 年代发生。2002 年美国一家公司从细胞培养物中分离发现 SVV,认为是细胞污染物,可能来源于猪的胰酶或胎牛血清,后又发现其是一种具有复制能力的溶瘤病毒,可靶向攻击多种神经内分泌肿瘤。2007 年加拿大发生猪原发性水疱病(PIVD),SVV 为引起该病的原发病原。在美国 1988 年以来的 30 年中仅有近 20 例猪被确认感染 SVV,且通常与特发性猪水疱病有关。目前,全球范围内都有猪感染 SVV 且同时发生相关水疱病变病例的报道,包括加拿大、澳大利亚、意大利、新西兰和巴西。

[病原] A 型塞内卡病毒属于小 RNA 病毒科塞内卡病毒属。它可能是猪特发性水疱病病原体。A 型塞内卡病毒没有特殊的表面形态,病毒粒子呈典型二十面体,直径 27 nm,无囊膜,衣壳蛋白 VP1 和心病毒相似,具有疏水性口袋,但没有口袋因子,病毒为单链 RNA 病毒。基因组长 7.2 kb,含一个 ORF,两侧分别有 5′UTR 和 3′UTR。SVV 基因组组成为:VPg＋5′UTR[L/1A－1B－1C－1D－2A^{npgp}/2B－2C/2A－3B－3C－3DJ]3′TUR－poly(A)。5′UTR 长 666 nt,含有 Ⅳ 型 IRES。3′UTR 长 71 nt,折叠呈现 2 个颈—环结构,可形成接吻环状结构,这种结构在肠道病毒的复制中具有重要作用。L 蛋白功能不清,IAB 在氨基端具有酰化信号,可切割成 VP4 和 VP2,VP1 后跟着 1 个短的口蹄疫病毒样(npgp)2A。

塞内卡病毒只有代表种 SVV 一个成员,只有一个血清型即 SVV－1,目前尚不清楚SVV 与哪种疾病有关。病毒具有潜在的细胞溶解活性,对具有神经内分泌特性的人肿瘤系具有高度选择性,已用于转移性神经内分泌性癌的治疗眼疾研究。

病毒可在不同来源的细胞中增殖(猪、绵羊、兔、仓鼠、猴、人)。

[流行病学]   目前已知猪是A型塞内卡病毒病唯一的自然宿主。自然发病疫情主要发生在美国,美国自1988年以来一直有散发病例,且暴发式地显著上升,仅2015年8月到11月,美国有9个州报告了100多个病例。

SVV的传播途径非常神秘。巴西的研究表明SVV可能通过邻近牛场或牛、猪血浆传播。美国的9个州103个病例的传播方式目前尚无定论。业界目前能够确认的是,SVV在寒冷月份的活性不高,猪特发性水疱病疫情的暴发具有季节倾向,常在春、秋多发。

[发病机制]   不清。

[临床表现]   猪只感染SVV后症状多样,只有一部分阳性病例出现临床症状。也有一些情况是只有5%的猪群感染,10天内都可痊愈。而另一些病例是高达80%的猪群呈阳性,需要大约21天才能康复。对SVV致死仔猪组织免疫学调查发现SVV感染、侵袭猪并在猪体多个组织中增殖,分布于猪体多个组织(见表-45)。从表-45可见SVV感染仔猪肾盂、输尿管上皮、膀胱上皮、舌;大脑的血管、淋巴管、神经丛脉络膜、脉络膜血管小脉管内皮和小肠表面肠细胞等免疫组织化学标记阳性。

病毒可引起各年龄段猪出现严重症状,架子猪、育肥猪、后备猪早期厌食、昏睡和发热,随后吻端、蹄冠状带水泡及溃烂,猪群突然跛行。新生猪死亡率较高。

Leme RA等(2010)对巴西7个地区的农场SVVD进行调查发现,猪群出现皮肤病变、腹泻、晕厥等神经紊乱和死亡。但SVVD的流行病学显示,该病早期流行于大猪且呈现类似口蹄疫的水泡病变,而近几年出现新生仔猪非水泡性病变的腹泻症。

1. 病猪呈现类似口蹄疫的口、鼻、蹄水泡症   肥猪表现为口、鼻、蹄部冠状带有水泡,其后冠状带溃疡,其他不同部位如下颌骨的腹侧、掌部、跖趾关节、外阴皮肤有痂块。口、鼻部出现病变的比例约25%;蹄部产生病变的比例约80%~90%。因溃疡,育肥猪多数表现出瘸腿,超过50%的病猪出现行走障碍。10%的感染母猪表现出跛行和蹄部溃疡,且可能会出现食欲不振、厌食、嗜睡。发病早期部分猪体温轻度上升。

2. 新生仔猪非水泡性病变的腹泻   近年通过对病猪的血清学、组织学和粪便的监测发现,7日龄以内SVV阳性仔猪未出现口、鼻、蹄病变,而出现腹泻症候,死亡数量也可能会急剧增加。主要表现为皮肤充血、流涎、昏睡等神经症状,猪胃充满乳汁、排液态粪便的腹泻、病猪消瘦。初生仔猪体弱,1~3天内突然死亡。检测呈阳性的仔猪,死亡率为30%~70%,通常在4~7天临床症状会缓和。

[病理变化]   皮肤的腹前侧、下颌骨、掌骨和趾骨关节部外皮损伤;冠状带发生溃疡;足垫足底溃疡、坏死性皮炎。齿龈点、舌炎,唇炎。脑炎,脑脊膜管充血,大小脑充血。淋巴样心肌炎、肺水肿、充血、肺胸膜表面有膀胱压痕,间质性肺炎。脾肿大,淋巴结耗竭。扁桃体淋巴耗竭。

[诊断]   因SVVD临床症候多样性,无法与相似临床症状疾病区别,故在无法初诊时,只有依靠病原学检测来确诊。目前主要通过IHC和RT-PCR来检测。

表-45　仔猪脑内卡病毒 A 的抗原和核酸分布

仔猪编号	舌 IHC	舌 RT-PCR	齿龈 IHC	齿龈 RT-PCR	心肌 IHC	心肌 RT-PCR	肺 IHC	肺 RT-PCR	肾盂 IHC	肾盂 RT-PCR	肝 IHC	肝 RT-PCR	膀胱 IHC	膀胱 RT-PCR	大脑 IHC	大脑 RT-PCR	小脑 IHC	小脑 RT-PCR	脑干 IHC	脑干 RT-PCR	小肠 IHC	小肠 RT-PCR
									被选择的组织与诊断技术（IHC 和 RT-PCR）													
1	+	+	+	+	−	+	−	+	+	+	−	−	NC	NC	+	−	−	+	−	−	−	−
2	+	+	NC	NC	−	+	−	+	+	+	−	+	NC	NC	+	−	−	+	−	−	−	+
3	+	+	NC	NC	−	+	−	+	+	+	−	+	NC	NC	+	−	−	+	−	+	−	+
4	+	+	+	+	−	+	−	+	+	+	−	−	NC	NC	+	+	−	+	−	+	−	+
5	NC	NC	NC	NC	−	+	−	+	−	−	−	−									+	+
6	NC	NC	NC	NC	−	−	−	−	+	+	−	−									+	+
7	NC	NC	NC	NC	−	+	−	+	+	+	−	−	+	+	+	−	−	+	−	−	+	+
8	NC	NC	NC	NC	−	+	−	+	+	+	−	−	+	+	+	−	−	−	−	−	−	−
9	NC	NC	+	+	−	−	−	+	+	+	−	−	+	+	−	−	+	+	+	+	−	−
10	+	+	+	+	−	+	−	+	+	+	−	+	+	+	−	−	−	−	−	−	−	+
11	NC	NC	NC	NC	−	−	−	+	+	+	−	−	+	+	−	−	+	−	−	−	+	+
12	−	+	NC	NC	−	+	−	+	+	+	−	+	+	+	−	−	+	−	−	−	+	+

注：NC 为该组织未有收集。

［防治］　目前该病流行面较小，还未有免疫学、药物学等方面的防治方法。

三十二、戊型病毒性肝炎（Hepatitis E，HE）

该病是由戊型肝炎病毒引起的，通过粪—口途径传播，经肠道传染的自限性、急性、以肝脏器官、黄疸为主要特征的传染病。该病对畜禽感染率高，且多呈隐性感染等特点，是一种人畜共患传染病。

［历史简介］　1955 年在印度，由于水源污染发生戊型肝炎大暴发。1977 年 HE 被命名为非甲非乙型肝炎。苏联学者 Balayan 等(1983)用免疫电镜技术发现，一名志愿受试者粪便中的戊型肝炎病毒颗粒，能与此志愿者恢复期的血清发生凝聚反应。Beyes 等(1989)通过克隆 V 基因组 cDNA 分析，成功克隆到缅甸患者的 ET－NANBH 毒株 cDNA。同年 9 月在东京国际 NANBH 和血液传染病会议上，建议将此型肝炎及相关病毒分别命名为戊型肝炎和戊型肝炎病毒。Balayan 等(1990)用 HEV 感染家猪试验获得成功，并且观察到临床症状。Reyes，Tom，Aye 等(1990)用基因文库的方法测定了 HEV 的全长 cDNA 序列。2004 年国际病毒分类学委员会建议把 HEV 分类于嗜肝病毒科、肝病毒属，单独构成一种病毒。其后归于戊型肝炎病毒科、戊型肝炎病毒属。

［病原］　HEV 是一种无包膜的单股正链 RNA 病毒，呈不规则球形，表面粗糙，在胞浆中装配，呈晶格状排列，可形成包涵体。直径 27～38 nm，平均 33～34 nm，有突起和刻缺，内部呈完整的病毒颗粒和不含完整基因的病毒颗粒两种不同形态。无囊膜，核衣壳呈 20 面体立体对称。能被氯化铯裂解，反复冻融易裂解；在镁和锰离子存在的条件下可保持完整性。在碱性环境中较稳定，－20℃贮存。HEV 在酒石酸钾/甘油中的浮密度为 1.29 g/cm³，在氧化铯中的浮密度为 1.30 g/cm³。

目前 HEV 只有一个血清型。基因组：单股正链 RNA，全长 7.2～7.6 kb，编码 2 400～2 533 个氨基酸，5′端 NC 区长 28 bp；3′端 NC 区长 686 bp。此外，3′端有一个 150～300 个腺苷酸残基组成的多腺苷(A)尾巴。猪 HEV 是一个单股正链 RNA，基因组全长 7.5 kb，含有 3 个相互重叠的阅读框 ORF_1、ORF_2 和 ORF_3。用免疫电镜和免疫荧光阻断表明，从世界不同地区分离到的 HEV 均有强烈的交叉反应，不同基因型戊型肝炎病毒的抗体有明显的交叉免疫保护作用，用不同基因型的病毒抗原对感染人群和感染动物进行血清学平行检测，结果高度一致。不同地区来源的 HEV 基因序列有一定差异，但同一地区来源的 HEV 基因序列保持相对稳定。HEV 至少可分为 8 个基因型：基因 1 型主要分布在亚洲和非洲，以缅甸株为代表(包括中国新疆株)；基因 2 型以墨西哥株为代表；基因 3 型在美国，包括美国的猪株和人的 HEV；基因 4 型在中国，包括北京株和中国台湾株，最近发现印度猪 HEV 属于 4 型，推测也可能有人 HEV 4 型存在。欧洲株、意大利株和希腊株分别属于 HEV 基因 5—8 型。Schlauder 等(2001)将 HEV 划分为 4 个基因型 9 个群(见表-46)。而 2007 年第 12 届国际病毒性肝炎及肝病研讨会上将 HEV 分为 5 个型：Ⅰ、Ⅱ型感染人；Ⅲ、Ⅳ型感染人兽；Ⅴ型感染禽。

表-46　HEV 的基因型

基因型	群	HEV 病毒毒株来源
Ⅰ	1	缅甸、中国、巴基斯坦、尼泊尔、埃及、印度、西班牙、摩洛哥、乌兹别克斯坦、吉尔吉斯斯坦、乍得
Ⅱ	2	墨西哥、尼日利亚
Ⅲ	3	美国、日本、英国、荷兰,加拿大猪 HEV
	4	意大利、新西兰猪 HEV
	5	西班牙、希腊、荷兰,西班牙猪 HEV
	6	希腊、英国
	7	阿根廷、奥地利
Ⅳ	8	中国、日本、越南、中国台湾的猪 HEV
	9	中国、中国台湾的猪 HEV

HEV 基因型有如下特点:① 不同基因型 HEV 间的遗传距离相差较大;② 同一地区的 HEV 株序列水平相对保守;③ 非流行区 HEV 株序列存在差异;④ 不同基因型 HEV 株在氨基酸水平相对保守,支持 HEV 只存在一个血清型的假说。

HEV 基因型地域分布呈现复杂性的特征,不同地区分离的 HEV 毒株的核苷酸序列差异较大,不同地区的猪源 HEV 和同一地区不同时间分离的猪源 HEV 都有不同的变异,但其基因组结构基本相似。动物与人 HEV 的基因组序列有很高的同源性。人类毒株序列与猪Ⅳ型病毒毒株序列(GU18851、DQ450072 和 EF5701333)的核苷酸同源性分别为 83.09% ～ 97.96%、85.87% ～ 97.26% 和 83.80% ～ 95.10%。Nishizawa(2003)从日本同一地区的猪和人体内分离的 2 株 HEV 都是由 7 240 个核苷酸组成,病毒全基因的同源性达 99%,其中 3 个开放式读码框所有编码的蛋白同源性达 99%、100%、100%,进一步证明散发的 HE 是动物源性的。DiBartolo Ⅰ 等(2010)对猪的 HEV 基因序列进行数据比对。14 个阳性 PCR 检测结果核苷酸序列经过系统发育分析表明,所有的基因型为 Ⅲ 型,聚集在 2 支,分别为 g3c 和 g3f 个亚型。从现有资料看来,动物 HEV 在种系发生树上并不构成独立分支,而是与多株不同的人类 HEV 共属同一分支,核苷酸序列同源性在 90% 以上。

Grandadam M 等(2004)通过试验证明 HEV 存在准种(quasispecies)现象。准种是指物种基因组的碱基序列在流行学上高度一致,指由优势株和多个密切相关性又不同的变异株(同源性>95%),但在个体之间又存在差异的一组群体。在宿主免疫压力的作用或药物干预下,准种群经过筛选,遗留下优势种群耐受宿主内环境,并继续变异。他们证明一次流行中的同一基因型 HEV 存在基因多态性。病毒免疫逃逸现象某种程度上得益于准种现象存在。

关于 HEV 的生活周期采用细胞培养(主要报道来自人或猴的肝、肾及肺细胞)与动物模型(猴与黑猩猩等灵长类动物以及志愿者进行,归纳为:HEV 通过胃肠进入血液,在肝脏中复制,从肝细胞中释放入胆汁及血液,从粪便中排出体外)。目前尚无不同型别 HEV 在致病性方面有何差异的资料和报道。

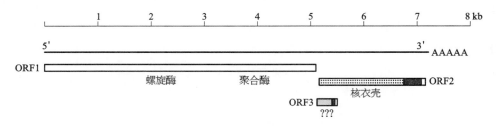

图- 11　HEV 基因结构图

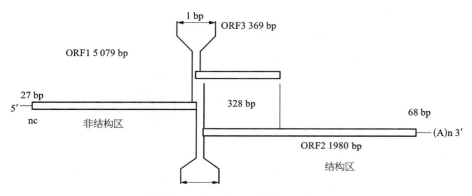

图- 12　HEV 基因组结构示意图

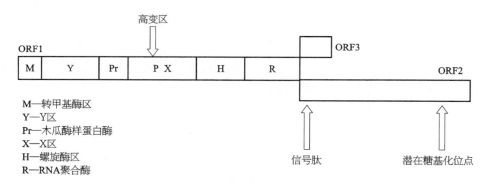

图- 13　HEV 阅读框(ORF)图

[流行病学]　本病主要流行于亚洲、非洲及美洲的一些发展中国家。我国是 HE 流行的主要地区之一,约占急性散发型病毒性肝炎的 10% 左右。wang 等(2002)报道,HEV 在各种动物中存在,可自然或人工感染非灵长动物、鼠等啮齿动物及鹿,也可广泛感染野猪、猪、牛、绵羊、山羊、犬、鸡、鸟等,感染率可达 60% 左右。姜梅等(2017)报道 HE 在我国东海地区感染率:猪(6.59%～13.64%)、牛(27.72%～34.71%)、犬(30.85%～56.88%)、羊(54.57%～71.63%)、鸡(29.90%～43.53)。人和畜是 HEV 的共同宿主,感染的人和家畜都

是传染源。猪的感染率很高,据报道山东烟台为 63.59%、黑龙江为 89.71%。故认为 HEV 很可能是动物源性病毒,并且猪可能是引起 HEV 在人群中暴发流行的储存宿主(wu 等 2000)。猪不仅在同一物种内传播,发现猪 HEV 可感染人外的灵长动物;一些人 HEV 株也可感染猪。鸡 HEV 引起鸡的大肝脾病,也可越种感染猪和火鸡。朱建福等发现鸡鸭养殖人群中 HEV IgG 阳性率高达 76.8%,高于当地同龄农村人口的阳性率,美国弗吉尼亚的兔子也检出 HEV:85 份兔粪和 85 份血清的病毒 RNA 阳性率分别为 16% 和 15%,而 85 份血清抗体阳性率 31 份,其与病毒基因 3 型密切相关。

Balayan 等(1990)首次用 HEV 实验感染家猪获得成功,由此提出家猪维持 HEV 的自然循环和作为动物模型的可能;Clayson 等(1995)用 ELISA 检测血清抗体和 RT - PCR 检测粪便排毒两种方法在尼泊尔圈养猪和野母猪中均发现较高比例的猪 HEV 自然感染,从而正式提出了 HEV 作为人兽共患病,猪是其自然宿主的假设。Meng XJ(1997)第一株动物源性 HEV—猪 HEV 的发现揭开了动物源性 HEV 研究新篇章。Meng XJ 等(1998)通过实验感染和基因检测证明人和猪的戊肝病毒可交互感染。黄守杰(2011)对江苏东台病人感染的 HEV 与从猪肉制品中分离的 HEV 进行测序,其基因同源性为 100%。在全球范围内,不论是发展中国家还是卫生和医疗条件好的发达国家,不论 HEV 在当地是否为地方性流行,猪群中普遍存在着血清抗 HEV 抗体。调查研究发现,猪群血清中存在特异性抗体,不同年龄的猪群 HEV 抗体分布不同,2 月龄仔猪感染率最高。中国台湾地区调查结果显示,在进口的猪群中存在着与当地不同的病毒毒株。美国的研究表明,与猪接触的职业人群的血清抗 HEV 抗体高于非职业人群。

HEV 基因 1 型在世界范围内广泛流行,被认为只在人群中流行,但 2006 年在柬埔寨猪粪中检到基因 1 型 HEV RNA。Caron 等(2006)报道 1 型可感染猪。基因 3、4 型被认为是人兽共患病原体,其中 3 型在世界范围内的人群和猪群中流行。在美国发现的猪 HEV 及从美国患者所分离的与猪 HEV 密切相关的 HEV 病毒毒株,均属于基因 3 型;从中国患者(T1株)和中国台湾患者与猪中分离的 HEV 与其他基因型明显不同,归为基因 4 型。1993 年基因 4 型在中国人群中发现,此后在日本、印度、印尼、越南等地的猪群中流行。Meng(1998)用猪 HEV 静脉接种恒河猴和黑猩猩,均可出现 HEV 急性感染,病毒血症,血清抗体转阳,ALT 升高,肝局部坏死性炎症,粪便中检到猪特异 HEV RNA。

多种动物易感染 HEV,戊肝可能是一种人与动物相互传播的共患性疾病:① 动物对 HEV 患者粪便中提取的 HEV 敏感;② 动物感染后其临床症状、病理学、血清学、血清生化改变与戊肝患者相似;③ 动物感染 HEV 后,其粪便提取物中含有 HEV 颗粒能有效感染其他动物(同种或不同种),而且传代后的 HEV 致病力不减;④ 饲养动物与人密切接触,有机会传播 HEV,野生动物亦可能成为人饮用水的污染源。

HEV 主要通过粪—口途径在猪之间传播,Casas M 实验室证实,经口感染 HEV 的猪可传染给哨兵猪。欧洲等国家对病毒的流行病学和畜群间动力学研究证实在猪场 HEV 从断奶仔猪到肥育猪的循环传播。而人类主要是通过食用被 HEV 污染的食物而感染。Williams TP(2001)报道 HEV 可在肝脏和胆汁中蓄积,同时也可以在小肠及大肠内增殖。

其中水的传播最为重要，在猪场周围的污水中能检测到 HEV 的存在。Pina S(2000)报道西班牙在猪屠宰场污水中发现类似 HEV RNA 序列。所以，在卫生条件差的地区或洪水后常引起暴发。复旦大学郑英杰等发表于《感染性疾病》杂志中的文章认为：人感染戊肝的主要来源是猪，通过人与猪戊肝病毒的病毒载量，分析戊肝感染与戊肝感染株(基因发生树)间的关系发现：猪是健康的戊肝病毒携带者，其带毒率远远高于人群；基因 Ⅳ 型戊肝病毒在人群和猪群中存在自由的传播，接触猪的人群比猪场河流下流的一般人群有更高的戊肝感染风险。在鸡，牛，羊中也普遍存在着 HEV 的感染和传播。

戊型肝炎主要有 4 个流行模式，即水源型、食物型、接触型、输入型。本病的流行常见于夏、秋的雨季或洪水后，散发则无明显的季节性。常于其他嗜肝病毒同时或叠加感染，加重病情。

[发病机制]　HEV 感染后呈一种急性自限性的发展过程，没有或很少发展为慢性，与慢性肝炎、肝硬化以及肝细胞癌变的发展关系不大。根据灵长类动物模型与志愿者实验研究以及临床观察资料分析，肝细胞免疫损害机制，包括细胞毒性 T 淋巴细胞(CTL)可以引起肝细胞坏死或凋亡，为特异性免疫引起的肝损伤。此外，肿瘤坏死因子(TNF)、白细胞介素-1(IL-1)等细胞因子可以引起非特异性的肝损伤。研究结果显示，HEV 无直接细胞致病性；HEV 感染引起的肝组织病理学损害，主要是 HEV 复制、表达产物导致机体的免疫学应答的结果。

[临床表现]　HEV 的主要宿主是猪，猪 HE 可无症状携带病毒，猪群中维系其在自然界循环。葛胜祥等(2003)检测了我国不同地区的 8 626 头猪，抗体阳性猪 7 191 头，阳性率为 83.4%，内蒙古为 100%、重庆为 99%、上海为 85.4%、华东为 88.7%、湖南为 73.3%、湖北为 68%。我国猪 HEV 为 4 型、3 型和 1 型。

李靖等(2012)对北京郊区 174 份猪血清样品进行 HEV 抗体检测，阳性率为 62.1%(108/174)，可疑样品 4 份，阴性样品 62 份。不同年龄段猪阳性率为 25%～88.3%(表-47)。

表-47　不同年龄猪戊肝抗体阳性率

年龄段	样品数/份	阳性数	阳性率/%
仔猪	47	33	70.2
育肥猪	68	17	25
母猪	59	58	88.3
总计	174	108	62.1

Meng(1997)调查美国商业猪场 HEV 感染率达 80%～100%，一般为 2～3 月龄仔猪。在抗体转阳前小猪血清中分离到猪 HEV 野毒株，属基因 3 型，与人 HEV 同源性达 97% 以上。进化树分析显示，两株病毒共同形成独立分支，提示猪的 HEV 可能感染人。HEV 基因 3,4 型有广泛的宿主，能感染人。欧洲猪只有 3 型。Maetelli F 对意大利 HEV 调查，猪 80 日龄以下阳性率为 20%，80 日龄到 120 日龄为 46.9%；DiBartolo I 等 (2010)对意大利北

部屠宰场内 48 头猪的血清用 ELISA 检测，HEV Ab 平均血清阳性率是 87％。48 只猪的胆汁、肝脏和粪便收集起来用套式 RT－PCR 技术检测 HEV 的 RNA，扩增 ORF2 的一个片段。HEV 基因组在胆汁中检测出来（51.1％）的较多，粪便中为 33.3％，肝脏中为 20.8％。48 只猪中有 31 只（64.4％）至少一个检测样本 HEV RNA 阳性。总的来说，3～4 月龄猪比 9～10 月龄猪检出更高的 HEV RNA（95％和 42.9％）。欧洲猪血清阳性率为 55％～76％，而美国无阴性猪。Feagins 等对美国市售的 127 份猪肝检测，有 14 份 HEV 阳性（11.0％）；Bouwknegt 等检测荷兰猪肝 HEV RNA，阳性率为 6.5％；Kulkarni 对印度猪肝检测，HEV 阳性率为 0.83％；日本检测报道为 1.9％，分属基因 3、4 型，其中二株与当地人戊肝患者同源性达 98.5％～100％。

与人感染不同，猪感染 HEV 后并无临床症状，大多数为亚临床感染。Halber 等（2001）以 $10^{4.5}$ 猴半数感染剂量，与猪 HEV 最为接近的 HEVUS－2 株感染 SPF 猪，未发现任何临床症状及 ALT/SB 改变，但抗体转阳，7～55 天后出现轻至中度肝和肠系膜淋巴结肿大，淋巴浆细胞性肝损伤和肝细胞坏死，在 3～27 天时 HEV RNA 可从血清、粪便、肝组织、胆汁检出，并可在不同时间内几乎自任何组织内检出，主要集中在小肠、淋巴结、大肠和肝脏；病毒血症消失时，HEV RNA 可从部分组织中检出。而且圈养在一起的对照猪在实验猪出现 HEV 感染后 2 周也被 HEV 感染。Usmanov 等（1991）以 HEV 吉尔吉斯（osh－205）株经口、静脉感染小猪出现 ALT 升高，粪便排毒、黄疸、肝炎，并在肠系膜淋巴结检测出 HEV，而免疫抑制小猪 HEV 感染更重，HEV 可在小猪之间传染，潜伏期更短，但无黄疸出现。Balayan 等（1990）用静脉和口服 HEV 感染实验猪，感染后 1～2 周猪出现 ALT 升高和粪便带毒，除 1 头死亡外，3～4 周时猪发生黄疸，以腋下和巩膜最为明显。在黄疸前期和黄疸期存在病毒血症，表明病毒在肝组织复制。14 天和 37 天后肝组织发生急性炎症。肝脏活检，可见局灶性坏死、肝细胞肿胀、空泡变性，病变较轻微，且多在接种后 2 个月左右消失或减退。有研究表明，猪在 HEV 攻毒后 30 天，可从猪肝脏、粪便、胆汁和其他组织中检测出 HEV RNA。而以抗体中和过的粪便接种猪无症状。HEV 基因组检测率在胆汁，粪便和肝脏中分别为 51.1％，33.3％和 20.8％。荷兰和新西兰的猪粪便中检出带毒率为 22％和 35％，这表明大部分猪是隐性感染。但由于母猪群抗体水平不一致，临床上会有变化。中滴度 Anti－HEV IgG 阳性和阴性母猪所生的 2 周龄小猪均为阴性，而高滴度母猪所生小猪 IgG 抗体全部为阳性。阳性小猪抗体滴度几周内很快下降，到 8～9 周龄时已不能检出抗体，表明 2 周龄小猪的抗 HEV 抗体来自母猪。HEV 自然感染小猪可产生特异性 HEV 抗体，Anti－HEV IgG 最早可出现 14 周龄，到 21 周龄时自然感染猪抗体几乎全部阳性，并且抗体滴度持续升高。IgM 比 IgG 约早一周出现峰值，但在 1～2 周后迅速下降。自然感染猪不出现临床症状，但有肝炎的病理表现，肝脏有轻度至中度的多灶性炎症，伴有轻度的肝细胞坏死和淋巴浆细胞性肠炎，部分出现淋巴浆细胞肾炎。

虽然感染猪表现不明显的肝炎临床症状，但由于肝脏功能受到损伤，对于相关生产指标的负面影响，给养殖业造成一定的经济损失。

[诊断]　应根据流行病学、临床症状和实验室检测综合诊断。确诊以血清学和病原学

检查的结果来判定。

目前主要使用酶联免疫法检测特异性抗体,除用 ELISA 方法检测患者血清抗 HEVIgG、IgM,还可检测抗 HEVIgA。在急性期血清中可测出高滴度的抗 HEV - IgM,恢复期抗 HEV - IgM 滴度下降或消失,取而代之是抗 HEV - IgG。可以同时检测抗 HEVIgG 与 IgA,后者阳性 HEV 近期的亚临床型感染;抗 HEVIgG 阳性,而 IgA 阴性,提示 HEV 远期感染。逆转录聚合酶链反应(RT - PCR),这是最常用的检测 HEV RNA 的方法,可以灵敏地检测含量较少的 RNA 基因组,然后用不同的限制性内切酶对 PCR 产物分析。该法不但可以检测有无 HEV 感染而且可对 HEV RNA 进行基因分型。目前已获得批号的戊肝检测试剂盒主要由 Genelab 公司和北京万泰公司生产,其 HEV - Ag 即包含部分 ORF2 基因编码的重组蛋白或合成肽。而有的实验室利用同时含有 ORF2 和 ORF3 编码产物的重组蛋白作为抗原研制的 ELISA 试剂,也具有很好的敏感性和特异性。

可采用免疫电镜检测 HEV 感染者或患者粪便或胆汁标本中的 HEV 病毒样颗粒(VLPs);采用免疫组织化学方法观测 HEV 感染者肝组织标本中 HEV 抗原的表达情况。阳性结果均提示 HEV 感染。

[防治]   急性戊型肝炎为自限性疾病。目前仍没有商品化的疫苗。

在没有商品疫苗前,强化动物管理是方法之一。研究认为,猪场中有 75.1%～80.7% 的猪能成功获得免疫保护,那么就可有效防止 HEV 在猪群中的传播。其二是控制上市猪只带毒传播也是措施之一。在日本 HEV 感染已成为猪的地方性疾病,据研究,仔猪感染的平均年龄在 59.0～67.3 天,感染日龄越小,到 180 日龄时猪的散毒概率就会极低。降低 HEV 阳性猪数量,减少 HEV 经猪传染至人的风险。所以,有必要采取彻底的控制措施以便将肥育期散毒猪的数量减少至最低程度,从而消除来自猪场的病毒传播。一般来说,仔猪断奶后随月龄的增加血清阳性率增大,而猪场管理水平越高,抗体阳性率越低。据报道无特定病原猪场可以杜绝 HEV 感染,说明适当的防控措施对该病原是有效的。

其三,其他动物,包括灵长目动物携带的病毒可能对切断 HEV 在猪群中的传播不利,有必要在特定的时间段内采取彻底的控制措施预防猪 HEV 感染。

其四,加强监测。HE 属于全国传染病报告系统的法定病种,各级疾病监测网点须对 HEV 感染进行常规监测,各级医务人员应依照《中华人民共和国传染病防治法》进行病例报告。

三十三、日本乙型脑炎(Japanese B Encephalitis,JE)

该病是一种由日本脑炎病毒引起的中枢神经系统的急性人畜共患传染病,又称流行性乙型脑炎(乙脑,epidemic type B encephalitis,EBE),人和马感染后呈现脑炎症状,猪感染后产生脑炎、母猪流产等症状,其他家畜家禽大多呈隐性感染。蚊虫为传播媒介。

[历史简介]   1871 年日本发现脑炎类似病例。1924 年从病尸的脑中分离到病毒,但与当时冬春季流行的贪昏睡性脑炎相混淆。同年意大利也发生相似疾病,并呈大流行,确认为一种独特的新的传染病。1928 年日本将冬春流行的昏睡性脑炎叫作流行性甲性脑炎,而将

夏秋流行的脑炎称为流行性乙型脑炎。从日本东京一名病死的 19 岁脑炎患者脑组织中分离到的病毒,国际上将这种病毒命名为日本乙型脑炎病毒,以便与当时在美国等地分离的甲病毒脑炎病毒相区分。Fujila(1933)、Tanignchi(1936)描述了该病毒并分离鉴定。1934—1936 年日本发生马流脑时,用小白鼠分离到病毒,证明与当地人流行的脑炎病毒完全一致。1938 年证实了蚊是本病毒的传播媒介,流行于夏秋季。1948—1950 年日本从猪流产胎儿和母猪中分离到本病毒。OIE(2002)将日本乙型脑炎划归为 B 类动物疫病。在国际病毒分类委员会登记的黄病毒属病毒已达 82 种,分为 12 个组。其中乙脑病毒组含 7 种病毒,即乙脑病毒、Koutango 病毒、墨累山谷脑炎病毒、圣路易脑炎病毒和西尼罗病毒等。1938 年我国从乙脑死亡病例中分离到该病毒,它是在我国流行的主要虫媒传播病毒,除引起脑炎外,还可以致猪流产和引起马的脑炎,对人类健康和经济发展危害极大。Sumiyoshi H(1987)报道 JaOArS82 株乙脑病毒全基因序列完成。

[病原] 乙型脑炎病毒(B encephalitis virus)属黄病毒属,或称 B 群虫媒病毒,是一种球形单股正链 RNA 病毒,核衣壳呈 20 面体对称,直径 30～40 nm,有囊膜及囊膜突起,表面有糖蛋白纤突,具有血凝活性,能凝集鹅、鸽、绵羊和雏鸡的红细胞,但不同毒株的血凝滴度有明显差异,血凝活性的最适 pH 范围是 6.4～6.80 JEV 只有一个血清型。乙脑病毒基因组大小为 11 kb,5′端含有一个 I 型帽子结构(m7G5′PPP5′A),3′端无多聚 A 尾,仅含一个开式读码框(ORF),可编码一个全长 3 432 个氨基酸的多聚蛋白前体,从 5′端到 3′端的编码顺序为 5′-C-PrM-E-NSI-(NS2a,b)-NS3-(NS4a,b)-NS5-3′。ORF 两端分别是 5′端非编码区(NCR),约 100 nt,乙脑病毒非编码区,为 400～700 nt。病毒结构蛋白有 C、PrM/M 和 E 3 个蛋白质;非结构蛋白有 7 种(NS1～7),病毒合成的酶或调节蛋白,与病毒复制和生物合成密切相关。乙脑病毒在宿主细胞质中复制,病毒蛋白的转译在粗面内质网中完成,经高尔基体分泌至细胞外。病毒基因首先转译为一个大的聚合蛋白(polyprotein),然后加工切割成各种病毒蛋白。其中 E 蛋白是乙脑病毒的主要抗原成分,具有特异性中和、血凝功能抗原的决定簇位点。多项动物实验研究表明 E 蛋白基因与乙脑病毒的毒力相关联,单个氨基酸的变异就可能导致病毒的神经毒力(neurovirulence)和嗜神经性(neurotropic)丧失。preM 基因转译出 M 蛋白的前体,然后加工成 M 蛋白,该过程的意义尚不明确。非结构蛋白至少有 7 种,即 NS1、NS2a、NS2b、NS3、NS4a、NS4b 和 NS5,其中 NS3 具有蛋白酶和解旋酶功能,NS5 为聚合酶,能诱生特异性中和抗体(见图-14)。

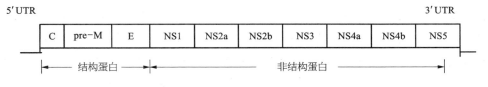

图-14 乙脑病毒基因结构示意图

本病毒最适宜在鸡胚卵黄囊内增殖,病毒效价在接种后 48 小时达最高峰。也能在鸡胚成纤维细胞、仓鼠肾细胞、猪肾传代细胞等上生长,并产生细胞病变和形成空斑;也可在蚊的组织培养细胞内增殖,产生较高病毒效价,但一般不引起细胞病变。

日本乙型脑炎病毒只有一个血清型(Koboyashi 等 1984)。Chem WR(1992)按病毒 C/PrM 基因的 240 个核苷酸分为 4 个基因型。Uchol PD(2001)依病毒 E 基因的 1 500 个核苷酸划为 5 个基因型。目前认为有 5 个基因型,但研究者将基因分型的 cut‑off 值定为 12% 的差异度,从而得到进化关系上明显的 4 型,泰国北部、柬埔寨为Ⅰ型;泰国南部、马来西亚、印尼为Ⅱ型;印度、中国、日本为Ⅲ型及印度尼西亚为Ⅳ型。我国从自然界分离到 66 株病毒,未发现抗原性有较大变异。研究发现同一基因型的病毒毒株在地域上有更紧密的联系,即有明显的地域性,在同一地区分离的毒株,即使年代相差很远,也属于同一基因型。中国乙型脑炎病毒为基因Ⅲ型;2004 年Ⅰ型成为主流基因型,Ⅱ型同时存在。

乙脑病毒的抗原性较稳定。尚未发现在免疫原性方面有不同的型与亚型。人与动物感染病毒后,可产生补体结合抗体、中和抗体及血凝抑制抗体,有助于临床诊断和流行病学调查。

病毒在感染动物的血液中存在的时间很短,主要在中枢神经系统及肿胀的睾丸内。小鼠是最常用来分离和繁殖的实验动物,以 1~3 日龄乳鼠最易感,脑内接种后 2~4 天,表现离巢,被毛无光泽,1~2 天内死亡。3~4 周龄小鼠脑内接种后 4~10 天发病。大鼠也可感染发病。豚鼠、兔、鸡都不发病。

病毒对外界抵抗力不强,56℃ 30 分钟即灭活,在 −70℃ 或冻干状态下保存可存活数年,−20℃ 下保存一年,但毒价降低,在 50% 甘油生理盐水中于 4℃ 保存 6 个月。病毒在 pH 7 以下或 pH 10 以上,活性迅速下降,保存病毒的最适 pH 7.5~8.5。对化学药品敏感,常用消毒药都有良好的灭活作用。对胰酶、乙醚、氯仿等亦敏感。5% 来苏水和 5% 石炭酸对病毒有很强的灭活作用。

[流行病学] 乙脑是自然疫源性疾病,英国 Solomon 等研究认为乙脑病毒可能起源于印尼—马来群岛。人、马、骡、驴、猪、牛、羊、犬、猫、鹿、鸡、鸭和野鸟等 60 余动物都易感性。据调查,一次自然流行后,猪的感染率达 100%,马、驴为 94%,牛为 92%,犬为 66%,鸭、鹅及鸟类均有感染。土井(1969)证实蜥蜴被毒蚊叮咬后产生毒血症;Gebbardt(1964)、Burton(1966)证实蛇带毒,并传下一代;病毒在蝙蝠脑内繁殖,Sulkin(1970)在孕蝙蝠体内分离到病毒。这些带毒动物在发生毒血症阶段都可成为传染源。在乙脑流行地区,家畜的隐性感染率很高,国内很多地区的猪、马、牛的血清抗体阳性率在 90% 以上,特别是猪的感染最为普遍,在日本,猪被认为是本病毒的主要自然传染源。Konno 等(1966—1969)已详细介绍了乙脑病毒的流行特点,在自然情况下,乙脑病毒感染呈一个连锁环。猪感染后产生病毒血症时间较长,血中的病毒含量较高,每年新生仔猪被蚊叮咬后 3~5 天内发生病毒血症且血中病毒含量高,传染性强。媒介蚊又嗜血,容易通过猪→蚊→猪发生 2 次循环,第 1 次循环 30% 猪感染,第 2 次循环 100% 猪感染,扩大病毒的传播。据调研,如果在 6 月 1 日至 6 月 10 日乙脑病毒在猪中第 1 次流行,病毒血症 4 天,病毒滴度高达 $10^{3~4}$,足够感染无毒蚊。这时蚊子吸血,病毒在蚊体内繁殖 14 天,共 18 天;猪于 6 月 18 日至 6 月 28 日又发生第 2 次流行,再经 18 天(7 月 6 日至 7 月 11 日)乙脑开始在人间或其他牲畜中流行(7 月 20 日至 8 月 15

日）。所以猪是本病的主要增殖宿主或传染源或供毒者,在乙脑流行中具有十分重要的作用。易感猪的数量增减是影响自然界蚊子感染率变动的因素,养猪少的年份三带喙库蚊的感染率也低。猪、牛是三带喙库蚊主要的吸血对象,猪诱蚊棚的三带喙库蚊占94%。免疫猪群地区三带喙库蚊的感染率显著下降,猪舍内吸血和未吸血的三带喙库蚊感染率相差16倍。马也是本病重要的动物传染源。其他温血动物虽能感染乙脑病毒,但随着血中抗体的产生,病毒很快在血中消失,作为传染源作用较小。此外,夜鹭、蝙蝠、越冬蚊虫也可能是乙脑病毒的储存宿主。

本病主要通过蚊子叮咬而传播,实验证实能感染乙脑病毒的蚊子有20余种。从自然界蚊体内分离到病毒的蚊有库蚊、伊蚊和按蚊3属的11种,即三带喙库蚊、二带喙库蚊、尖音库蚊、淡色库蚊、日本伊蚊、东乡伊蚊、刺扰伊蚊、吉浦伊蚊、背点伊蚊、潘氏按蚊等。库蚊(三带喙库蚊)、伊蚊和按蚊都是本病的长期宿主和传播媒介。Roson(1978)、Watts(1973)和三田村(1938)证实病毒能在蚊体内繁殖和越冬,并经卵传代,带毒越冬蚊能成为次年感染人和动物的传播媒介和储存宿主,形成哺乳动物(鸟类)→蚊→哺乳动物→(鸟类)循环(见图-15)。Gresser等(1958)观察到病毒在三带喙库蚊体内可增加5万～10万倍,并在被感染后10～12天能传播病毒。感染蚊的病毒浓度不仅影响蚊子的感染率,也影响蚊子的排毒时间。高桥用$10^{4.6}$～$10^{3.6}$和$10^{2.6}$的病毒混合液感染蚊子,其感染率分别为100%、4%和79%。感染较低量病毒的蚊,开始排毒时间延迟2～3天。温度是影响蚊体内病毒繁殖的1个重要因素。Takahashi(1976)以$10^{4.4}MLD_{50}/0.002\ mL$病毒感染蚊子,28℃时,第9天时传染率大于50%,第14天时为100%;20℃时,初排毒是第20天,第35天传染率不到100%,而在10℃时,蚊体内病毒停止繁殖,传染力也明显受抑制。除蚊外我国有些地区还可以从蠛蠓等体内分离到乙脑病毒,某些带毒的野鸟在传播本病方面的作用亦不应忽视。

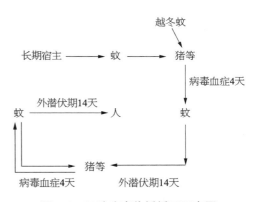

图-15　乙脑病毒传播循环示意图

本病的发生与蚊(库蚊、伊蚊、按蚊)的生态学有密切的关系,在热带地区本病全年均可发生;在亚热带和温带地区发生有明显的季节性,流行集中于夏秋季,80%病例发生在7～9月。在乙脑流行区内,人的乙脑大多发生在10岁以下的儿童,尤以3～6岁儿童发病率最高;猪主要是易感猪感染发病,康复猪感染一般不再发病;多发于3岁以下幼马,特别是当年幼驹,一般为散发。本病流行有一定规律,据调查,认为猪经自然感染获得的免疫力需经3年消失,因此3年后出现再感染现象,必然造成人易感人群增加,这与相隔4～5年乙脑流行1次的规律相符合。

[发病机制]　当机体被带病毒蚊叮咬后,病毒经皮肤进入血液循环,发病与否取决于侵入血流的病毒量和病毒毒力的强弱,同时取决于机体的免疫反应及防御功能。

一些对人、猴和小鼠的研究发现,他们被蚊叮咬感染后产生病毒血症,病毒散布到众多的组织如肝、脾和肌肉中,在那里进一步增殖而强化了病毒血症。病毒进入中枢神经系统的方式是经由脑脊髓液,通过内皮细胞、巨噬细胞和淋巴细胞的感染,或血源性途径。在人和小鼠中,JEV感染后选择性地破坏神经元,大多数在脑干、丘脑、基底神经节和皮质下层。病毒侵入的神经组织病变既有病毒的直接损伤,即神经细胞变性、坏死,又与免疫损伤有关。免疫病理被认为是本病的主要发病机制。病毒抗原与相应抗体的结合及在神经组织和血管壁的沉积,激活免疫反应和补体系统,导致脑组织免疫性损伤和坏死。血管壁破坏,附壁血栓形成,致脑组织供血障碍和坏死。大量炎性细胞的血管周围浸润,形成"血管套"(perivascular cuffing),吞噬被感染的神经细胞,形成嗜神经现象。急性期脑脊髓中 $CD4^+$、$CD8^+$ 淋巴细胞(以 $CD4^+$ 细胞为主)及 $TNF - \alpha$ 均明显增加。尸体解剖可在脑组织中检出 IgM,补体C3、C4,在"血管套"及脑实质病灶中发现 $CD3^+$、$CD4^+$ 及 $CD8^+$ 淋巴细胞。迅速死亡的患者组织学检查可无炎症现象,但免疫组化检查发现形态正常的神经元细胞有乙脑病原表达。

　　JEV在猪体内的增殖模式尚未清楚。致病机制中巨噬细胞起着重要作用,一般认为巨噬细胞与隐性感染的形成有关。猪感染乙脑病毒后,一般4、5天和14天后出现 IgM 和 IgG 血清抗体。Sabin 证明正常人、兔、猴、小白鼠的血清中含有对乙脑病毒的凝集素和非特异抑制物。孙继先(1984)从河南采集的猪、黄牛、羊血清中均含有对乙脑病毒的血凝素的非特异性抑制物,其血抑滴度猪为 1∶1 024、黄牛为 1∶768、羊为 1∶220。

　　[临床表现]　猪感染日本乙型脑炎病毒后,病毒在猪体内大量增殖,且病毒血症持续时间较长。人工感染潜伏期一般为3~4天,猪常突然发病,体温升高达 40~41℃,呈稽留热,持续几天或十几天以上,病猪精神萎靡,嗜睡,喜卧,食欲减退,饮欲增加,粪便干燥呈球形,表面常附有灰白色黏液,尿呈深黄色,结膜潮红,肠音减弱。个别病猪后肢呈轻度麻痹,因此步行踉跄,也有后肢关节肿胀疼痛而跛行。有的病猪出现视力障碍,摆头,乱冲乱撞,最后后躯麻痹倒地不起而死亡。仔猪出现体温升高,精神沉郁,四肢轻度麻痹。6月龄的猪感染本病毒呈非化脓性脑炎,母猪流产或死产。

　　1. 母猪　在怀孕母猪中,JEV可经胎盘感染。致胎猪在病毒血症期间被感染。实验表明怀孕母猪用JEV静脉接种感染,7天后在胎盘中发现病毒。母猪在妊娠早中期感染时,跨越胎盘感染和致病效应较为明显。这可能是病毒转移至胎儿并最终杀死胎儿。现场观察表明,在母猪妊娠40~60天感染JEV,易引起胎儿死亡和木乃伊化。妊娠85天后感染,胎猪很少受影响。胎儿的死亡归因于病毒的大量繁殖,随后破坏胎猪的至关重要的干细胞,那时胚胎尚未能产生免疫应答,此后,JEV对胎猪不产生致病效应,即病毒侵入胎儿时必须在免疫应答机能形成之前才会出现致病效应。JEV的跨胎盘感染取决于胎盘与胎儿的发育程度,而非病毒血症的强度。

　　妊娠母猪患病时,突然发生流产,流产前仅轻度减食或发热,而流产后症状减轻,体温、食欲恢复正常。少数母猪流产后从阴道流出红褐色至灰褐色黏液,胎衣不下。母猪流产后对继续繁殖无影响。流产多发生在妊娠后期,主要是流产和早产,胎儿多是死胎,大小不等或木乃伊,有的流产死胎皮下出血,全身水肿;有的仔猪出生后几天内发生痉挛症状而死亡,有的仔猪生命力很顽强,生长发育很好。同一胎的仔猪在大小及病变上都存在差别,常混合存在。流产后母猪症状很快减轻,体温和食欲逐渐恢复正常,在预产期不见腹部和乳房膨大,也不见泌乳。

2. **公猪** 公猪除有一般症状外,常发生一侧睾丸肿大,也有两侧睾丸同时肿胀的,肿胀程度不等,比正常睾丸大约半倍或 1 倍,患睾阴囊皮肤发红,皱褶消失,发烧、温热、有痛觉,触压稍硬,2～3 天后肿胀消退或恢复正常,或变小、变硬,丧失造精功能,病毒随精液排出。Ogasa 等(1977)证明,病毒感染易感公猪后,能进入性器官,导致精子发生过程紊乱。病猪精神、食欲无变化。哺乳仔猪睾丸肿大,充出血。

而公猪夏季不育似与 JEV 感染有关。公猪性欲降低、精子总数和活力明显下降,并含无数畸形精子,在大多数公猪中,损伤是暂时的,随后完全康复,但有部分严重感染公猪成为永久性不育。对自然感染猪,可在睾丸鞘膜腔中观察到大量黏液,附睾边缘和鞘膜脏层出现纤维性增厚。显微镜下,这种睾丸主要表现水肿和炎性变化,附睾和鞘膜的间质组织有细胞浸润,睾丸的间质组织也有细胞浸润和出血现象,另外,可见生精上皮的退行性变化。

3. **仔猪** 尚未发现出生后感染 JEV 的仔猪表现何种主要病理变化。然而,母猪若在怀孕期感染过 JEV,则每窝仔猪均出现不同程度的异常。不同数目的木乃伊胎死产或弱仔。从死胎和弱仔观察到大体病变主要包括脑水肿、皮下水肿、胸腔积水、腹水、浆膜小点出血、淋巴结充血、肝和脾内坏死灶、脊膜或脊髓充血等。而脑水肿的仔猪中枢神经系统出现区域性发育不良,特别是大脑皮层变得极薄,小脑发育不全和脊髓鞘形成不良。部分存活仔猪外表正常,但衰弱不能站立,不会吮乳;有的生活出现神经症状,全身痉挛,卧地不起,1～3 天死亡。实验表明流产不是子宫内感染的特征。

病理学检查发现,脑、脊髓、睾丸和子宫可见肉眼变化,脑和脊髓膜充血,脑室和脊髓腔液体增多,脑室内有黄红色积液,脑回肿胀、充血、出血,脑回沟变浅。睾丸不同程度肿大,睾丸实质有充血、出血和坏死灶。子宫内膜充血,黏膜上覆有黏稠分泌物、有小点出血。在发高热和流产病例中,常可见到黏膜下组织水肿,胎盘呈炎性浸润。流产和早产胎儿常见脑水肿,腹水增多,以及皮下血样浸润。胎儿常呈木乃伊化,从拇指大小到正常大小不等。成年猪脑组织常有轻度非化脓性脑炎病变。

[**诊断**] 根据流行病学、临床表现可作出初步诊断,但确诊主要靠血清学和病毒分离。

本病有严格的季节性。有调查表明,怀孕母猪发生流产;公猪发生睾丸炎,多为一侧肿胀;死后取大脑皮质、丘脑和海马角进行组织学检查,发现非化脓性脑炎等,可作为诊断依据。

本病隐性感染很多,也都产生抗体,但血清学反应阳性,而无明显临床症状时,很难诊断。血清学检测为确定乙脑病毒感染的主要依据之一。猪群感染似有两个高峰,如河南为 8 月下旬和 9 月下旬;8～9 月猪群血凝抑制抗体阳性率超过 90%(7 月 65.6%,8 月 86.6%,96.6%、100%,9 月 72.4%～96.6%),同时发现黄牛为 96.6%(58/60,几何平均滴度 1∶62.04),猪为 86.7%(183/211,1∶5 755),羊为 21%(6/26,1∶12.75),这对人畜间乙脑的流行及流行预测有较大的参考意义。OIE 推荐的血清学诊断方法有病毒中和试验、血凝抑制试验和补体结合试验等。采用逆转录-聚合酶链反应(RT‐PCR)扩增乙脑病毒 RNA,已用于诊断乙脑。

最后确诊必须进行病毒分离和鉴定,病料可采取濒死组织和发热期血液。猪采集流产胎儿的脑组织或肿胀公猪睾丸等,接种鸡胚卵黄囊或1～5日龄乳鼠的脑(接种后4天至14天出现中枢神经症状或死亡)。分离病毒,进行血清学中和试验鉴定。

猪的乙型脑炎需与有发热、流产等临床症状相似的疾病相鉴别。

(1)猪布氏杆菌病,流行无季节性。多发生于母猪妊娠后第3个月,可引起多个胎猪死亡,胎盘表面有黄色分泌物且有多个出血点;公猪睾丸肿胀多为两侧,副睾丸也有肿胀,有关节炎等。涂片和培养细菌为阳性。

(2)伪狂犬病,发生季节性不明显。染病的各年龄猪症状不一。仔猪发生中枢神经紊乱,呈现震颤、多涎、步态不稳、共济失调及眼球震颤;后肢麻痹、转圈、划水行走。育成猪类感冒症。怀孕母猪流产,子宫壁增厚和水肿;胎儿及新生儿新鲜、浸渍,肝、脾出现局灶性坏死和扁桃体出血性坏死灶。

(3)细小病毒病。母猪在不同孕期感染此病后,临床表现有一定的差异,早中期感染胎儿死亡、木乃伊等;怀孕70天之后感染,母猪多能正常生产,胎儿带毒。

[防治]　尚无治疗乙脑的特效药物,应采取对症、支持、综合治疗。必须重视对症处理,积极采取降温、镇惊措施。

灭蚊是预防乙脑又一主要措施。要结合其生活习性采取相应的灭蚊措施。家园中要清除积水盆、池以及进行河道灭蚊,乙脑流行前1～2月开展群众性灭蚊活动。大田结合水稻管理、农作物病虫害的防治措施灭蚊,亦可采用稻田养鱼捕食孑孓,对消灭蚊虫孳生地有一定效果。

预防接种是保护易感染猪最有效的措施之一。目前国内外广泛应用的疫苗有日本的鼠脑提纯灭活疫苗、中国地鼠肾细胞灭活疫苗和地鼠肾细胞减毒活疫苗。随着生物工程技术进展,开展了重组亚单位疫苗的研究,重组E蛋白及PreM蛋白可在动物体内诱导产生中和血凝抑制抗体,能保护动物免受乙脑病毒野毒株的侵染,但尚未见人体应用的报道。在日本甲醛疫苗能对实验引起的或自然发生的马和猪脑炎提供良好的保护,但无法预防猪的死产。而弱毒苗S疫苗则具有以上作用。

猪灭活疫苗使用不普遍,实际生产中使用的是减毒疫苗。根据JEV流行特点,在春季蚊子活动前要对初产母猪和公猪进行2次减毒疫苗免疫接种,两次之间间隔2～3周。在蚊活动季节,要对种猪在配种前再接种1次。

最近Konish报道,在猪身上试验了两种乙脑DNA疫苗。两种疫苗质粒均包括乙脑病毒的前膜蛋白(PrM)的信号肽、前膜蛋白以及外壳的编码区域,仅载体质粒不同,分别命名为PCJEME和PNJEME。结果发现两者免疫原性无显著差异。猪应用100～450 μg DNA疫苗两剂(相隔3周),1周后中和抗体和血凝抑制抗体达1∶40～1∶160,并且能维持245天以上。这说明两种DNA疫苗能诱导病毒特异性记忆B细胞较长时间产生抗体。

三十四、跳跃病毒病(Louping-ill,LI)

该病是一种由跳跃病病毒(Louping ill virus,LIV)侵犯羊等动物以及人中枢神经系统而引起的动物源性疾病。其临床特征为发热、共济失调、肌肉震颤、痉挛、麻痹等以及特征性的中枢神经系统运动障碍。因此病感染羊后羊出现共济失调症状，呈现跳跃步态，故称为"羊跳跃病"(Louping illness，LI)。此病多发于苏格兰境内，又被称为苏格兰脑炎(Scotland Encephalitis)。人感染该病毒后，多数表现为隐性感染，显性感染者仅有流感样症状。猪有自然感染病例。

[历史简介]　1807年本病最早发现于苏格兰北部的高地绵羊群。1903年Pool、Brownlee和Wilson把病毒接种羊脑产生感染。1929年从病羊和脊髓分离到跳跃病毒。Greige等(1931)证明该病原体是滤过性病毒。Rivess和Schwentker(1943)报道1933年实验室人员感染该病毒。匈牙利Fornosi(1952)作了本病流行报告。Doherty(1971)从小鼠分离到病毒。Reid(1984)、D.Gray(1988)报道山羊发生此病。

[病原]　本病原为跳跃病病毒，属黄病毒科、黄病毒属B组、蜱传脑炎亚组。

该病毒为单链RNA病毒，直径15～20 nm。对病毒种系数研究发现在各地流行区域所分离的病毒存在着微小的分子差异。此病毒可分为4个亚型，Ⅰ型主要存在于苏格兰与英格兰北部，Ⅱ型在苏格兰，Ⅲ型在威尔士，Ⅳ型在爱尔兰。跳跃病病毒主要存在于病畜的中枢神经系统，有时也出现于淋巴结、脾脏和肝脏中，发热时也可见于血液中。

病羊脑悬液经鸡胚绒毛尿囊膜或卵黄囊接种后，可出现散在的痘疱病变。病毒可在猪、羊、牛、鸡和其他动物细胞培养物上生长；在Vero、BHK-21、PS、LLC MK2细胞中生长良好，在Hela细胞与胎羊肾细胞培养中比较容易引起致细胞病变作用。小鼠对本病毒易感性较高，在乳鼠脑内接种可导致乳鼠感染而死亡，常用于病毒分离。本病毒经鼻腔或腹腔接种后能引起小鼠脑炎，经小鼠连续传40代后仍然对羊有感染性；大鼠对该病毒呈隐性感染；豚鼠或家兔均不感染。该病毒经脑内或鼻腔接种于猴，猴表现类似人感染症状。跳跃病病毒经腹腔接种幼龄仓鼠可致其死亡，剖检濒死仓鼠，可见小脑细胞坏死，而且几乎所有的脑细胞内都含有病毒。在人工感染羊后，羊脑干和脊髓中病毒最多，单核细胞坏死最为明显。跳跃病病毒能凝集鸡的红细胞，虽然在血凝抑制试验中此病毒与其他B群病毒呈交叉反应，但同群病毒效价最高。

病毒抵抗力较弱，通常在58℃ 10分钟、60℃ 2～5分钟、80℃ 30秒内灭活，4℃保存时活力不超过2周，但在甘油中可存活4～6个月；在高盐和酸性溶液中很快失活，能被乙醚和脱氧胆酸钠灭活。具有血凝作用的最适pH为6.4、温度为22℃和37℃。

[流行病学]　本病主要感染羊、马、猪、牛等家畜，猴、赤兔、鹿、松鸡、红色雷鸟也可自然感染。2岁以下的绵羊最易感染跳跃病，与绵羊一起放牧的牛及牧羊人也可能发病。人群普遍易感；人除实验室感染跳跃病病毒外，也已发生自然感染病例。Reid(1972)报道过3个人感染跳跃病且发生脑炎的病例，从其中2人体内分离到病毒。猴和人可发生飞沫感染。人和羊一样，也能出现双体温曲线，严重病例发生脑膜炎症状。马、猪、犬、猴、大白鼠和小白鼠均发生过实验室感染。默克兽医手册(10册)报道，牛、山羊、马、犬、猪、南美骆驼、红鹿和人也可感染。马、猪、牛是主要传染源；篦子硬蜱是自然界中重要传播媒介和病毒贮存宿主，贝尾扇头蜱、全沟硬蜱和血蜱也是本病的重要传播媒介。蜱的幼虫吸食病羊血长成稚虫时，

具有感染性,稚虫长成成虫时仍保持感染性。蚊也可感染。试验发现,母羊感染本病毒后在其乳汁中可检测到本病毒。试验证明初生山羊摄食被本病毒感染的母乳后可以感染本病。该病也可通过接触与呼吸道途径和皮肤损伤及带毒蜱叮咬而感染。本病主要发生在苏格兰、爱尔兰、英格兰、法国与苏联部分地区,以春夏流行较多,常于5月开始流行,6月达高峰,7～10月仍有散在病例发生。

[发病机制]　跳跃病病毒存在于受感染脊椎动物的血液中。当蜱叮咬受感染动物约1周以后,病毒即可在蜱的唾腺中大量复制。此时蜱叮咬敏感的脊椎动物或人类而传播疾病。人类感染病毒后,病毒在局部淋巴结即单核巨噬细胞系统中复制,并不断释放到血液循环,引起病毒血症。高浓度的病毒易于从毛细血管侵入到中枢神经系统,产生脑部炎性病变。

[病理变化]　主要位于中枢神经系统,呈现病毒性脑炎的特征变化。肉眼可见脑组织肿胀、扩张和点片状坏死。镜下除了可见脑皮质、髓质出现血管周围性炎性细胞浸润外,最大的特点是神经细胞,尤其是小脑蒲肯野氏细胞变性、坏死,血管周围出现单核细胞和少数多形核细胞构成的浸润灶—血管套。延髓和脊髓中也有严重的神经细胞变化,脑膜充血。

[临床表现]　羊感染后发生脑炎,但偶尔也能引起牛、马及猪发生脑炎。Pool和others等(1930)在实验室内通过脑内接种实现了从绵羊到绵羊和从绵羊到猪的传播。Edward(1947)报道通过猪脑内接种病毒,使猪发病。Dow和Mcferran(1964)在实验室内用羊跳跃病病毒感染猪,确认猪敏感。猪对皮下、鼻内、结膜、静脉内和硬膜外接种病毒易感,但经口接种病毒不敏感。Bannatyne CC(1981)观察在苏格兰西部猪场自然严重感染羊跳跃病毒病的案例。6周龄16头小猪中有10头呈现"精神不好",第二天,10头小猪出现神经症状,患猪不愿活动或无目的地乱走或把头挤向角落里;3头症状较严重的猪直肠体温为40.0～40.5℃,并且趋向于虚脱和持续的肌肉痉挛;3头惊厥小猪被急宰,5头死亡,2头于4周后痊愈。病检发现,3头小猪有严重的非化脓性脑膜脑脊髓炎。小猪整个脑及脊髓出现显著炎症性病变,包括局灶性小胶质细胞增生和淋巴样细胞的套管现象。2头猪的炎性渗出物中出现了少量的嗜伊红细胞。神经坏死表现为核皱缩、Nissl氏质缺乏和伊红着染的皱缩细胞浆特征;小脑的蒲肯野氏细胞层、脑干、脊髓和大脑皮质广泛呈现噬神经现象。2个猪脑还具有髓脂质内和轴索周围的水肿和小脑的白质、脑桥和延髓中的轴索肿胀。

[诊断]　根据流行病学、临床表现结合实验室检测可以确诊。通过血液检查、血清学检测和病毒分离及分子物学检测可对病原诊断。

[防治]　苏格兰脑炎目前尚无特效疗法,预防方面主要是灭蜱、净化环境,加强人群自我保护。现有福尔马林灭活苗、核酸疫苗与重组疫苗,这些疫苗均有一定的保护作用。

三十五、登革热(Dengue Fever,DF)

该病是一种由登革热病毒(Dengue Fever Virus)引起的急性热性传染病。临床上将登革热分为普通登革热(HF)、登革出血热(DHF)和登革休克综合征(DSS)。患者表现突然发热、头痛,全身肌肉、骨和关节痛等,极度疲乏,部分患者可有皮疹、出血倾向和淋巴结肿大,严重者会死亡。

[历史简介]　本病于 1779 年发生在埃及开罗、印度尼西亚雅加达，1880 年发生于美国费城。根据临床症状该病被命名为"骨痛热""关节热"和"骨折热"。因热型不规则又称为"马鞍状热"。1869 年英国伦敦皇家内科学会把其命名为"登革热"。Graham（1902）在黎巴嫩开始认识到登革热由节肢动物传播，1906 年 Bancroft 等通过实验证明埃及伊蚊是传染媒介。1907 年 Ashburn 和 Craig 证明本病病原可能是滤过性病原。1943 年日本 Hotta 和 Kimura 把急性期患者的血清接种于乳鼠脑内，分离到登革热病毒。美国 Sabin 及其同事，在 1944—1956 年分离出 DEN1～4 型的病毒。1944 年 Sabin 从印度、几内亚、夏威夷美国士兵血清中分离到 3 株病毒，并建立血清凝集抑制试验，发现 DEN1 和 DEN2 型病毒；1956 年在菲律宾发现的 DEN3、DEN4 型。1960 年 Hammon 等从病人和埃及伊蚊中分离到相同病毒，命名为"登革出血热"。1998 年 Kuno 等报道了 4 个血清型登革热病毒基因型全序列。

[病原]　登革热病毒属披盖病毒科黄热病毒属的 B 组虫媒病毒。依抗原性不同，登革热病毒分Ⅰ、Ⅱ、Ⅲ、Ⅳ四个血清型。登革热病毒原始型及标准株为：登革Ⅰ型（DV1）Hawaii 株、登革Ⅱ型（DV2）New Quinea - C 株、登革Ⅲ（DV3）H87 株和登革Ⅳ型（DV4）H241 株。4 个型的登革热病毒均可引起登革出血热，但常见为Ⅱ型和Ⅰ型病毒，以Ⅱ型为最常见。各型病毒间抗原性有交叉，与其他 B 组虫媒病毒如乙脑病毒和西尼罗病毒也有部分抗原相同。同一型中不同毒株有抗原差异，这是由于单股正链 RNA 病毒缺乏精确的修复系统，较 DNA 病毒更易发生变异，其中Ⅱ型传播最广泛。各型病毒都能引起本病，并能激发特异性抗体。各型间免疫保护不明显。目前 1～4 型的基因序列已研究清楚。在 4 个血清型中 DV1 和 DV3 型血缘关系最近，DV4 最远，近年又分离到Ⅴ、Ⅵ型，各型间各具特异性抗原，同型中不同毒株也表现抗原差异。由于登革热病毒极不稳定，抗原性不强，同属型之间又出现严重的抗原交叉反应，故病原学和血清学在检定方式上较难于掌握。

登革热病毒颗粒呈哑铃形，大小为 700 nm×（20～40）nm；棒状或球状，直径为 20～50 nm。病毒基因组由单股正链 RNA 组成，核衣壳外有类脂质包膜，长 5～10 nm，其末端有直径 2 nm 的小球状物。最外层为两层糖蛋白组成的包膜，包膜含有型和群特异抗原，用中和试验可鉴定其型别；相对分子质量为 $4.6×10^3$，在蔗糖中沉降系数为 46S，具有感染性。基因组一级结构：

（1）基因组含有 1 个长的 ORF，5′端为Ⅰ型结构，有 m7G 帽，3′端未发现 poly（A）尾；起始密码子为 AUG，前面有多个核苷酸，与同属的黄热病毒、西尼罗病毒有同源序列；ORF 框下游有 4 个终止密码子。3′端存在着保守的核苷酸序列，正股 RNA 的 3′端有 6 个核苷酸与互补的 3′端相同，表明正股 RNA 合成时在 3′端可能有类似的多聚酶识别点，还可能形成一个稳定的二级结构。根据 5′端和 3′端配对的碱基，有人认为该病毒为茎-环结构。

（2）整个基因组的核苷酸大约有 11 000 个碱基，它作为编码蛋白质的 mRNA，编码大约为 3 400 个氨基酸。

（3）基因编码顺序为 5′端含 96 个核苷酸的非编码序列—编码结构蛋白、C - PrM（内含 M 序列）- E -编码非结构蛋白，NS1 - NS2a - NS2b - NS3 - NS4a - NS4b - NS5 - 3′端非编码序列。

(4) 基因组由 A、U、G、C 四种核苷酸组成,其含量分别为 30.6%～32.2%、21.6%～22.9%、22.7%～26.4%、20.5%～22.0%;

(5) 同一型内不同毒株之间核苷酸同源性最高,不同型别毒株之间次之,与不同亚群的黄热病毒同源性较低。如Ⅱ型病毒牙买加株与 Pr-159(S1)株同源性为 95%,Ⅰ、Ⅱ、Ⅳ型病毒之间全基因组同源性为 62%～69%,Ⅱ、Ⅳ型病毒编码结构蛋白的核苷酸序列与黄热病毒同源性分别为 36.5% 与 39%,与西尼罗病毒分别为 42% 与 48%。这些结果支持把黄热病毒分为黄热病毒、乙脑病毒(含西尼罗病毒)、登革热病毒 3 个亚群的观点,同时也表明基因组的保守域在进化过程中所起的作用。

登革热病毒基因组编码的蛋白质包括 3 种结构蛋白(衣壳蛋白、膜蛋白、包膜蛋白)与 7 种非结构蛋白,其顺序为: $5'$-C-PrM-E-NS1-NS2a-NS2b-NS3-NS4b-NS5-$3'$。这些蛋白质是多聚蛋白转译后被切开而形成的,其作用机制可能涉及宿主细胞编码的蛋白酶与病毒编码的蛋白酶。E 蛋白是位于病毒表面的结构蛋白,它既含有黄病毒亚群和登革热病毒血清型特异的抗原表位,又有与中和、血凝抑制作用有关的抗原表位,是病毒颗粒的主要包膜蛋白,其中 M 蛋白和 E 蛋白含有保护性抗原。非结构蛋白(NS3)是一种多功能蛋白,具有多种酶活性,它与病毒多聚蛋白的加工和 RNA 的复制及 $5'$ 端加帽有关。该蛋白具有良好的免疫原性,并存在特异性 $CD4^+$ 和 $CD8^+$ 识别表位,可诱导机体产生特异性的体液免疫和细胞免疫反应。

病毒颗粒在蔗糖溶液中沉降系数为 175～218S,其取决于宿主细胞的来源,浮力密度在氯化铯中为 1.22～1.248 g/cm^2,在蔗糖中为 1.18～1.20 g/cm^2。成熟的毒粒含 6%RNA、66%蛋白、17%脂类和 9%糖类。脂和糖成分的含量随宿主而异。

病毒可凝集鸡和鹅红细胞,不耐酸,不耐醚,毒粒的感染性在 pH 7～9 稳定,在 pH 6.0 以下,病毒则失去结构的完整性。脂溶剂乙醚、氯仿和脱氧胆酸钠、β-丙内酯、醛类、离子型和非离子型去污剂、酯酶和多种蛋白水解酶均可使病毒灭活。病毒对寒冷的抵抗力强,在人血清中贮存于普通冰箱可保持感染性数周,-70℃可存活 8 年之久;但不耐热,50℃存活 30 分钟或 100℃ 2 分钟皆能使之灭活;UV 照射或 X 线辐照可将病毒灭活。

病毒在许多种原代和传代细胞上增殖并可产生蚀斑。病毒增殖的速度、病毒的产率和滴度,CPE 的程度,空斑的大小与数量,随病毒和宿主的不同而异,也受培养条件的影响。

白蚊、伊蚊细胞 C6/36 株对登革热病毒相当敏感,感染后呈现细胞病变及蚀斑;将培养条件改为 pH 6.8 及 36℃,可以明显增强细胞病变,细胞出现融合及脱落。

登革Ⅰ型病毒感染 KB 单层细胞(在 28℃或 37℃)后,90～100 分钟细胞即可产生较高的空斑形成单位(PFU)。此外,亦可用 Vero 细胞和 LLC-mk2 细胞进行感染。病毒经脑内接种传代,可使乳小鼠发病,但鼠系、鼠龄不同,则敏感性不同。但接种猴、猩猩和其他实验动物不产生症状。

[流行病学] 本病分布甚广,疫源地分丛林型和城市型,主要流行区分布在热带和亚热带 100 多个国家和地区,特别是东南亚、西太平洋及中南美洲。由于气候变暖,传播媒介分布范围在相应扩大,以及人员流动频繁和国际旅游发展,输入性病原增加,使登革热病毒的

流行范围进一步扩大。由于 RNA 突变或外来毒株的侵入而出现新的登革毒株,常常导致地区性登革热的暴发流行。除人外,猴、猪、犬、羊、鸡、蝙蝠及某些鸟类都带有登革热抗体,表明这些动物可受登革热病毒感染,对其在流行中的传染源作用尚待进一步研究。感染患者、隐性感染者、带病毒动物为主要传染源和宿主,未发现健康带病毒者。已知有 12 种伊蚊可传播本病,有埃及伊蚊、白纹伊蚊、波利尼西亚伊蚊和几种盾蚊伊蚊。我国的登革热流行,证实与 2 种伊蚊有关。广东、广西多为白纹伊蚊传播;中国台湾省、广东西部沿海、广西沿海、海南省和东南亚地区以埃及伊蚊为主。病毒在蚊体内复制 8～14 天后即具有传染性,传染期长达 174 天。具有传染性的伊蚊在叮咬人体时,即将病毒传播给人。形成"人—蚊—人"病毒循环。在地方性疫区可能同时存在"猴—人—猴"这一丛林病毒循环,某些非人灵长类可能是丛林型循环的贮存宿主。非人灵长类感染后多不发病,但特异性抗体升高。在自然疫源地,登革热病毒通过蚊子在非人灵长类之间传播循环。登革热流行特性有地方性、季节性、突然性、传播迅速、发病率高、病死率低、疫情常由一地向四周蔓延。根据流行病学研究,登革热病毒自然循环过程中存在毒株的灭绝和替换现象,随着自然条件和易感人群的变化,病毒本身在适应能力上也在变化,也在适应着人以外的其他动物。蚊虫等媒介数量的大规模变化也意味着基因漂移在登革热病毒进化中起主要作用。

[**发病机制**]　登革热和登革出血热的发病机制以免疫病理损伤为主。初次感染登革热病毒者,临床上表现为典型登革热,不发生出血和休克;再次感染异型登革热病毒时,病毒在血液中与原有的抗体结合,形成免疫复合物,激活补体,引起组织免疫病理损伤,临床上呈现出血和休克。经实验猴实验证实病毒繁殖明显增加的原因与抗体存在有关。血清学研究证实,登革热病毒表面存在不同的抗原决定簇,即群特异决定簇和型特异决定簇,群特异决定簇为黄病毒(包括登革热病毒在内)所共有,其产生的抗体对登革热病毒感染有较强的增强作用,称增强性抗体;型特异决定簇产生的抗体具有较强的中和作用,称中和抗体,能中和同一型登革热病毒的再感染,对异型病毒也有一定的中和能力。2 次感染时,如血清中增强抗体活性弱,而中和抗体活性强,足以中和入侵病毒,则病毒血症迅速被消除,患者可不发病,反之,体内增强性抗体活性强,后者与病毒结合为免疫复合物,通过单核细胞或巨噬细胞膜上的 Fc 受体,促进病毒在这些细胞上复制,称抗体依赖性感染增强现象(antibody-dependent enhancement,ADE),导致登革出血热发生。增强性抗体和中和抗体在体内并存时,只有当中和抗体水平下降到保护水平以下时才能发生 ADE 现象。

含有登革热病毒的单核细胞,在登革热病毒抗体的存在下大量繁殖并转运到全身,成为免疫反应的靶细胞,活性 T 细胞激活单核细胞,释放各种化学物质,激活的 T 细胞本身亦可释放一系列淋巴因子。这些生物活性物质激活补体系统与凝血系统,使血管通透性增加,弥散性血管内凝血形成,导致出血和休克。患者血中组胺增高,组胺可扩张血管,增加血管通透性,Ⅰ型变态反应参与存在。登革热病毒抗原与含有 Fc 受体和病毒受体的血小板相结合,登革热病毒抗体与血小板上的病毒抗原结合,产生血小板聚集、破坏,导致血小板减少,患者骨髓呈抑制,血小板生成减少。血小板减少可导致出血,还影响血管内皮细胞的功能。免疫复合物沉积于血管壁,激活补体系统,引起血管壁的免疫病理损伤,Ⅲ型变态反应也参与发病。

登革出血热的发病机制尚未完全阐明,主要有 3 种假说:

(1) 2 次感染假说。目前认为登革热病毒的基因 RNA 上有一长的开放阅读框,编码并翻译登革热病毒的结构蛋白(C、M/PrM、E)和非结构蛋白(NS1、NS2a、NS2b、NS3、NS4b、NS4a、NS5)。在这些蛋白中,C、M/PrM、NS1、NS3 具有免疫原性,它们可诱发机体产生抗登革热病毒的 γ-球蛋白。当体内存在抗登革热病毒抗体的感染者再次感染登革热病毒时,病毒作为抗原与原有的抗体结合形成抗原抗体复合物,后者激活补体,产生过敏毒素,从而引起一系列的病理生理变化,如血管通透性增加,血小板、红细胞受损以及诱发弥散性血管内凝血(DIC),临床上表现为出血与休克综合征。

(2) 毒力差异假说。登革热病毒的 4 个血清型毒株具有不同的致病力。登革出血热首先发生在城市和交通要道之地,支持新的变异病毒从外面传入的假说。我国海南岛 1980 年和 1985 年发生的两次大的登革热流行,新病毒是从海南岛儋州新英海港码头传入。

(3) 病毒感染的免疫增强假说。认为登革出血热是第 1 次登革热病毒感染 5 年内又获异型登革热病毒的第 2 次感染,产生了对登革热病毒感染的免疫增强所致。主要理由是:黄病毒属虫媒病毒,尤其Ⅰ、Ⅲ、Ⅳ型登革热病毒的非中和性和亚中和浓度抗体,能够提高Ⅱ型登革热病毒再感染的病毒增殖量,增强细胞吞噬作用,被吞噬的病毒得以进入细胞内,并在细胞内繁殖,造成单核细胞系感染。被感染的单核巨噬细胞又被抗体的免疫清除反应和一些内源性刺激物(C3b 淋巴因子等)所激活,释放出裂解补体 3(C3)的酶、血管通透因子和凝血致活酶,进而导致 DIC、休克等一系列病理过程。

病理改变主要为全身血管损害致血管扩张、充血、出血和血浆外渗,消化道、心内膜下、皮下、肝包膜下、肺及软组织出血,内脏小血管周围出血、水肿及淋巴细胞浸润。肝、脾及淋巴结中淋巴细胞及浆细胞增生,吞噬细胞活跃。肺充血及出血,间质细胞增多。肝脂肪变、灶性坏死,汇管区淋巴细胞、组织细胞及浆细胞浸润。肾上腺毛细血管扩张、充血及灶性出血,球状带脂肪消失,灶性坏死。骨髓示巨核细胞成熟障碍。其中最重要的改变为全身微血管损害,导致出血和蛋白渗出。

[临床表现]   猪在登革热流行病学中可能是隐性感染带毒者,为储存宿主。少有明显的症状,但特异性抗体水平明显高。用登革热病人血液接种小猪不产生感染,但猪带有抗体。我国云南流行病学调查表明,调查猪中有 9% 猪抗体阳性,从猪中分离到病毒,有 1~4型。海南省、广州发现猴、猪、鸡登革热病毒阳性率为 10%~20%,感染病毒型猴为 1 型,鸡为 1~3 型,猪为 1~4 型。张浩燕等用 RT-PCR 方法检测海南岛登革热流行区的棕果蝠和家猪血清中的登革热病毒基因组 RNA,证明棕果蝠和家猪可为贮存宿主,可能为传染源。

[诊断]   本病诊断依据流行病学、临床表现和实验室检查结果综合判断,确诊须有血清学和病原学检查结果。

实验室检查:用白纹伊蚊细胞纯系 C6/36 克隆株、1~3 日龄乳小白鼠等方法分离病毒。单克隆抗体免疫荧光法可以鉴定 4 个不同型登革热病毒。血清学试验于发病 5 日内(第一相)和 3~4 周时(第二相),分别采集血清,两相血清同时做血清学抗体检测。

　　[预防]　由于登革出血热及登革休克综合征的发病机制是抗体依赖的 2 次感染加重，因此其抗感染的预防较为困难，加之登革热病毒有 4 个血清型，每型疫苗只对同型病毒攻击有抵抗作用而对异型无效或效用不大，目前尚无成熟的疫苗上市。目前在无特效药物情况下，多采用对症治疗或中药治疗，高热以物理降温、卧床休息，一般抗病毒药和应用止血药，慎用强止痛退热药，忌用阿司匹林。灭蚊是一重要措施，将伊蚊幼虫密度控制在不能引起流行的范围内，是预防和控制登革热病的最有效的策略。

三十六、森林脑炎（Forest Encephalitis，FE）

　　该病是自然疫源性疾病，由森林脑炎病毒（Forest Encephalitis Virus，FEV）经蜱传播引起的急性、发热性、中枢神经系统传染病。临床症状是突然高热、头痛、意识障碍、脑膜刺激征、上肢与颈部肩肌瘫痪，常有后遗症，病死率较高。此病又称为俄国春夏脑炎、蜱传脑炎和东方蜱媒脑炎等。

　　[历史简介]　1910 年苏联亚洲地区发现以中枢神经病变为主要特征的急性传染病。T Kache V（1936）用小鼠从患者病料中分离到病毒；Osetowska（1970）报道，1927 年奥地利也已观察到病人；1937 年苏联从当地全沟蜱体内分离到病毒，提出并证实蜱为本病传播媒介；1938 年证实森林中的啮齿动物为本病贮存宿主；1971 年国际病毒分类委员会将森林脑炎划归入虫媒病毒乙群。Pletnev AG（1990）完成森林脑炎病毒全基因组序列测定。

　　我国所称的森林脑炎实际是由远东脑炎病毒引起的。我国卫生部颁布的传染病管理办法中正式称为森林脑炎。

　　[病原]　森林脑炎病毒属黄病毒科、蜱传黄病毒属、蜱传脑炎血清亚组。经负染后病毒在电镜下直径约 30～40 nm，呈二十面绒毛状球体。病毒为单股正链 RNA，分子量为 4×10^6 Da，沉降系数 2.8S。内有蛋白壳体，外围为类网状脂蛋白包膜外壳，呈绒毛状棘突，膜上有两种糖蛋白：M 和 E 蛋白。包膜的主要作用是感染宿主时有利于病毒附着在宿主细胞表面，因此可在多细胞中增殖。本身具有感染性。

　　FEV 基因组长约 11 kb。E、M、C 蛋白为结构蛋白，其中包膜糖蛋白 E 含有血凝抗原和中和抗原，它与病毒吸附于宿主细胞表面和进入细胞以及刺激机体产生中和抗体密切相关。E 蛋白氨基酸的改变能导致病毒的组织嗜性、病毒毒力、血凝活性和融合活性改变。有实验表明 E 蛋白 384 位氨基酸残基 Tyr 变为 His 能使病毒致病性明显减弱，若 392 位的 His 变为 Tyr 则成为强毒力株。FEV 基因组有单个开放阅读框，5′编码病毒结构蛋白，3′编码非结构蛋白，除以上 3 种结构蛋白外，还有 7 种非结构蛋白，即 NS1、NS2a、NS2b、NS3、NS4a、NS4b、NS5。5′端有帽状结构，3′端无 Poly（A）。编码顺序为 5′- C - PrM（M）- E - NS1 - NS2a - NS2b - NS3 - NS4a - NS4b - NS5 - 3′。根据 E 蛋白 206 位氨基酸的不同，蜱传脑炎病毒可分为欧洲、远东和西伯利亚 3 个亚型。这些病毒的 206 位氨基酸分别为缬氨酸、丝氨酸和亮氨酸。远东型毒力强，感染后致死率高；中欧型病毒感染症状轻，致死率为 1%～5%。我国流行的是远东亚型，毒力最强。

　　FEV 可以从患者脑组织中分离到，用酚与乙醚处理后提取的 RNA 有传染性，可使小鼠感染。把病毒接种于恒河猴、绵羊、山羊、野鼠脑内可引起脑炎,但家兔、大鼠、豚鼠对本病毒不敏感;病毒能在鸡胚中、卵黄囊、绒毛尿囊膜中增殖;也能在人胚肾细胞、鼠及羊胚细胞、Hela细胞及BHK-21细胞中增殖。

本病毒耐低温,在-20℃能存活数月,在0℃、50%的甘油中能存活1年。但对热及化学药品敏感,如在牛奶中加热至50℃~60℃ 20分钟、100℃ 2分钟即可灭活;在5%煤酚中1分钟即可灭活;对甲醛敏感,用甲醛灭活后仍保留抗原性。此外对乙醚、氯仿、胆盐、紫外线均敏感;在真空干燥下能保存数年。

[流行病学]   本病主要流行于中欧、北欧、东欧、苏联、日本和中国等横跨欧亚大陆的广阔地带。我国主要分布于东北、云南、新疆等地的原始森林地区。受全球气候变暖的影响,本病有向高纬度、高海拔地区移动趋势。

森林脑炎主要是自然界中的野生啮齿动物缟纹鼠、花鼠子、田鼠、松鼠、地鼠、小鼠、刺猬、兔、蝙蝠及鸟类;猪、黑熊、野猪、马、鹿、犬、羊、牛、猴及幼兽易感,以及鸟类如松鸡、蓝莺、交吻鸟、啄木鸟、麻雀等。成为该病毒的贮存宿主。家畜在自然疫源地被蜱叮咬而感染,并可把蜱带到居同点,成为人的传染源。人也普遍易感,但大多数人为隐性感染;狍、灰旱獭、獾、狐等为病毒储存宿主。感染的人、兽及储存宿主都可成为本病的传染源。带毒蜱也是传染源。

病毒寄生于感染蜱、动物体内,主要通过吸血昆虫(蜱)的叮咬而感染传播。蜱是FEV的传播媒介又是长期宿主,已知有5属19种硬蜱能自然感染蜱传脑炎病毒,另有7种硬蜱和5种软蜱能在实验条件下感染蜱传脑炎病毒,其中森林硬蜱的带毒率最高,成为主要的媒介。此外,还有全沟蜱、嗜血蜱、森林革蜱也带毒;病毒感染蜱后,可在蜱中繁殖,当蜱叮咬带毒动物时,病毒进入蜱体繁殖,可增殖千倍。在蜱唾液中病毒浓度最高,当蜱再吸血时,唾液中病毒感染健康动物。

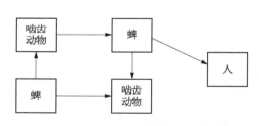

图-16   森林脑炎传播方式示意图

森林脑炎传播方式见图-16。

蜱卵一般能终生带毒,在其生命周期的各阶段包括幼虫、若虫、成虫及卵都能带毒,并可经卵传代。所以,蜱是自然疫地中的传播媒介和传染源。受感染的牛羊均可从乳汁中排出病毒,饮用未经消毒的奶可以感染本病。此病亦可通过吸入气溶胶而感染。实验室工作人员经口吸入或黏膜沾染而感染本病。此外,病毒可通过黏膜感染。本病多发生于春夏,有严格的地区性、季节性和职业性。已知有两种临床亚型,一种称为俄国春夏季脑炎,我国流行的主要是此型;另一种是中欧脑炎,病情相对较轻。

[发病机制]   森林脑炎病毒经不同的感染途径侵入人体后,在接触局部淋巴结或单核巨噬细胞后,病毒包膜E蛋白与细胞表面受体相结合,然后融合而传入细胞内,病毒在淋巴结和单核巨噬细胞内进行复制。复制病毒不断释放而感染肝、脾等脏器。感染后3~7天,复制病毒大量释放至血液中形成病毒血症,可表现病毒血症症状。病毒随血流进入脑毛细血管,然后从毛细血管内皮细胞间隙穿入神经系统或通过淋巴及神经途径抵至中枢神经系

统(脑等),产生广泛性炎性改变,而临床上则出现明显的脑炎症状。同时,人在发病后 7 天内,可从病人脑组织内分离到病毒,也可在其他脏器和体液,如肝、脾、脑脊液、尿液中检出,但阳性率很低。病后病人血清出现中和抗体,且可长期存在;补体结合抗体在感染后 1 个月开始出现,半年后数量明显下降;血凝抑制抗体约于感染后第 5 天出现,在血清中存在时间较长,IgM 早于血凝抑制抗体出现。

蜱传脑炎病毒侵入机体后是否致机体发病,决定于侵入机体的病毒数量、毒力及机体免疫功能状态,若侵入人体的病毒量少,在病毒进入单核巨噬细胞复制过程中或复制后经血流进入中枢神经系统的行程中,被机体细胞介导免疫、补体中和抗体等人体免疫功能所灭活,则不发病。若仅少数病毒侵入中枢神经系统,且毒力弱,不足以造成严重病理损伤,此时,则不引起发病或症状很轻或呈隐性感染。若大量病毒侵入人体,且病毒毒力强,侵入中枢神经系统后可引起大量神经组织的破坏。Rozck 等证实,CD8$^+$T 细胞参与 TBE 的发病过程,可以造成免疫损伤。由于血管破坏引起循环障碍,又进一步引起相应神经受损,这样临床上出现明显症状和典型病理经过。

[临床表现] 猪是保毒宿主,病毒侵染猪后,猪发生病毒血症概率很高,且具有传染性。

牛感染后仅有体温升高和食欲减退,一般无神经症状;羊感染后有时出现肢体麻痹;雏鸡感染蜱传脑炎病毒后出现肢体瘫痪;其他家畜多为隐性感染。猪易感,2~5 月龄仔猪经脑接种病毒后,大部分出现脑炎症状,发生致死性脑炎,有的死亡,有的尚能恢复,少数根本不出现症状。

野猪为本病病毒的储存宿主和传染源。

[诊断] 森林脑炎的诊断主要通过病毒的分离鉴定和血清学试验进行。

(1)可进行实验室病毒分离:① 标本的采集:取脑干部的脑组织用于分离病毒。② 乳鼠分离:乳鼠是分离森林脑炎病毒最敏感的动物,一般以脑内、腹腔联合接种效果较好。③ 鸡胚分离:森林脑炎病毒在鸡胚中生长繁殖良好,一般选择 7 日龄左右的鸡胚卵黄囊接种。④ 细胞培养分离、鸡胚成纤维细胞和猪肾细胞使微量病毒培养成功,并可产生细胞病变和空斑。

(2)血清学试验:感染森林脑炎病毒后,机体血液中可出现血凝抑制抗体、补体结合抗体、中和抗体及病毒特异性 IgM 抗体。其中血凝抑制抗体出现较早,在感染后 2~4 周达高峰,1~2 个月后下降;补体结合抗体于感染 10~14 日出现,1~2 个月达高峰,以后渐下降,维持 1 年;中和抗体于感染后 2 个月达高峰后逐渐下降,持续数年到 10 多年;病毒特异性 IgM 抗体在感染急性期呈阳性,有利于早期诊断。

血清学试验有补体结合试验、血凝抑制试验,ELISA - IgG 抗体方法分别比前两者敏感 50~200 倍和 10~80 倍。

通常需要鉴别诊断的疾病有乙型脑炎、结核性脑膜炎、流行性脑脊髓膜炎、脊髓灰质炎,某些地区需与流行性出血热鉴别。

[防治] 目前尚无特效的治疗药物。目前正在进行 DNA 疫苗研究。

预防主要通过加强灭蜱灭鼠工作进行,准确掌握流行区蜱的密度及其消长情况,为该病的流行病分析和预防控制提供依据。注意个人保护,监控自然疫源地,以消灭传染源、切断传播途径。

我国已颁布的相关标准：SN/T 1705 - 2006 出入境口岸森林脑炎检验规程；GBZ 88 - 2002 职业性森林脑炎诊断标准。

三十七、西尼罗热(West Nile Fever, WNF)

该病是由经蚊虫传播以鸟为主要动物宿主的西尼罗病毒(West Nile Virus, WNV)，引起的急性热性人与动物共患的自然疫源性病毒病。此病感染人、马、禽等动物，侵害宿主的中枢神经，导致部分宿主发生脑膜炎。人感染西尼罗病毒后，主要发生西尼罗热和西尼罗病毒性脑炎和脊髓灰质炎综合征以及胰腺炎、肝炎、心肌炎等；畜、禽、马感染后发生脑炎、心肌炎、流产等。

[历史简介]　西尼罗病毒首先在 1937 年 12 月在乌干达西尼罗地区 Omogo 镇一名发热妇女的血液经过接种小白鼠脑腔而分离到而得名，因以发热为主要症状，故命西尼罗热。1960 年埃及和法国认定马发病，其后捷克和意大利报道从病马中分离到西尼罗病毒。1999 年 8 月在美国纽约首次人发病并死亡后才引起世人关注。目前，西尼罗热已成为欧洲和美国面临的公共卫生问题之一。因该病近年来引起致命的脑炎和脑膜炎症状，故又称西尼罗病毒脑炎(WNE)。

[病原]　西尼罗病毒属黄病毒科、黄病毒属。在蚊子体内能够增殖的日本脑炎抗原复合群(Japanese encephalitis antigenic complex)病毒，除了西尼罗病毒外，还包括黄热病毒、登革病毒、日本脑炎病毒、斯庞德温尼病毒、圣路易斯病毒、乌干达病毒和韦赛尔斯布朗病毒、墨累山谷脑炎病毒等。

西尼罗病毒为单股正链不分节段的 RNA，有包膜。病毒颗粒直径 40～60 nm，为球形结构；脂质双分子膜包裹着一个直径在 30 nm 左右的二十面体的衣壳。病毒编码 10 种病毒蛋白，包括有 3 种结构蛋白：核衣壳蛋白(C)、包膜蛋白(E)和膜蛋白(PrM/M)；包膜蛋白和膜蛋白镶嵌在包膜中，是主要的病毒抗原型结构蛋白，可能与病毒的毒力及亲嗜性相关；E 糖蛋白在免疫学上是重要的结构蛋白。7 种非结构蛋白分别是 NS1、NS2A、NS2B、NS3、NS4A、NS4B 和 NS5，是病毒复制过程中所必需的一些酶类，NS5 为 RNA 依赖的 RNA 聚合酶。

病毒基因组约由 12 000 个核苷酸组成，基因组 5′端含有帽子结构 m7G5′，ppp5′A，3′端缺少多聚腺苷酸尾(polyA)。其中 5′端含有 100 nt 左右的非编码区，3′端含有 400～700 nt 的非编码区；两端的非编码区能够形成保守的二级结构，在病毒基因的复制以及病毒的增殖过程中具有重要作用。编码区含有一个开放阅读框(ORF)，前 1/3 区段编码 3 种结构蛋白，后 2/3 区段编码非结构蛋白。西尼罗病毒可在多种细胞中进行复制，包括鸡、鸭、鼠的胚胎细胞及人、啮齿类动物、两栖类动物、昆虫的传代细胞系中。一般来说，病毒的释放发生在其感染细胞后 10～12 小时，释放高峰则需在感染 24 小时以后。

西尼罗病毒只有 1 个血清型，根据病毒 PrM，E，NS5 等基因，分为 2 个基因型。基因 I 型为人类和鸟类主要致病基因型，与人脑炎有关，可从非洲、欧洲和北美洲分离得到；但有变异株，美国东海岸分离到的北美变异株，与 NY99 的基因核苷酸仅有 0.18% 的差异。Kunjin

病毒是西尼罗病毒的1个亚型,属于基因Ⅰ型,主要分布在澳大利亚地区。Kenya(KEN)株也属于基因Ⅰ型。研究表明,NY-99病毒毒株和KEN病毒毒株感染麻雀后导致相似程度的病毒血症和相近的死亡率,而Kunjin病毒则导致低滴度的病毒血症,而不致死,提示新出现的毒株NY-99和KEN株比以往流行的Kunjin株致病性更强。基因Ⅱ型仅在非洲撒哈拉以南少数地区散在分布,可引起非洲地方动物生病,其与人脑炎无关,不引起明显临床症状。

有人按氨基酸印记转换反应和对病毒包膜糖蛋白测定,将西尼罗病毒分为1和2两个病毒谱系:谱系1分布在西非、中东、东欧、北美、澳大利亚等,主要引起人疾病流行;谱系2局限于非洲,主要引起动物感染。

一些研究通过对从非洲和法国分离的21株西尼罗病毒比较发现,病毒的同源性与候鸟的迁徙路线有关。

[流行病学]　20世纪30年代末,西尼罗病毒首先在非洲发现,40—50年代在以色列、埃及流行,60—80年代出现在西班牙、法国、俄罗斯等欧洲多国。此病毒对人发生良性感染,对绵羊、猪、野猪和鸟类只显示血清学证据。1999—2002年西尼罗病毒出现在西半球,美国多次流行,2001年进入加拿大中南部。西尼罗病毒已在全球的5个洲流行,即非洲、欧洲、亚洲、美洲和大洋洲的共40多个国家和地区,且流行地域迅速扩大。

西尼罗病毒存在广泛的宿主系统,且感染宿主范围进一步扩大。据调查,西尼罗病毒可存在于马和猪等家畜以及蚊体内,最主要的传染源和储存宿主是鸟类,病毒在鸟体内高浓度存在多天,产生高水平的病毒血症,继而感染大批叮咬的蚊。美国科学家研究证实,乌鸦和家雀是西尼罗病毒传给人的储存宿主。此外,现已证实对西尼罗病毒敏感的还有鸡、鹅、乌鸦、马、犬、猫、松鼠、蝙蝠及人类;现已发现猕猴、狼、家兔、山羊、绵羊、美洲驼、羊驼、驯鹿、牛,甚至短吻鳄感染西尼罗病毒发病和死亡病例。人、马等哺乳动物是WNV的终末宿主,也是偶然宿主。1979—1980年,希腊报道猪感染西尼罗病毒感染,同时羊、牛、马也发生感染。英国农业情报署(CAB)曾报道有198种动物发生本病。各种家畜家禽对本病毒的隐性感染和产生不同程度的病毒血症,也可能成为本病传染源。

西尼罗病毒沿着鸟—蚊—鸟的途径维持在自然界的循环,已经在359种以上的南美蚊和225种以上的鸟类中检测到了该病毒。库蚊是主要的传播媒介。

禽类感染西尼罗病毒后发生病毒血症,体内病毒能够通过蚊虫叮咬进行传播,库蚊Culex modestus是媒介。同时已实验证实病毒可在鸟—鸟之间不需蚊子作为载体而直接传播,所以鸟是重要的中间宿主和扩增宿主。

我国尚未发现西尼罗病毒感染流行,但检测发现西部地区的马、猪等动物血清中西尼罗病毒抗体呈阳性,需要引起重视。

[发病机制]　西尼罗病毒感染蚊子后,在蚊子体内经10～14天发育成熟,成熟的病毒聚集于蚊子的唾液腺内,此时蚊子叮咬宿主就把病毒传递给宿主。研究证实,西尼罗病毒感染脐带静脉内皮细胞30分钟后,内皮选择蛋白在该细胞表面的表达明显增多,感染2小时后,细胞间黏附分子-1(ICAM-1,即CD54)和血管细胞黏附分子-1(VCAM-1)的表达显著增多。这些现象标志着炎症反应的开始和进行,而且比肿瘤坏死因子(TNF)和白细胞介

素-1(IL-1)引起的反应出现得早。前述表达活动不受可中和 TNF、IL-1 或 α-或 β-干扰素的抗体影响。说明西尼罗病毒感染细胞后出现的炎症反应是由西尼罗病毒直接造成的。以上机制对病毒在体内最初的传播有重要意义,表明病毒既有直接的病理损伤作用,也有间接的作用。

西尼罗病毒的可能发病机制是其在人和动物局部组织和淋巴结中繁殖,首次产生病毒血症感染网状内皮组织单核吞噬细胞系统,接着第 2 次病毒血症发作。然后经淋巴细胞传入血液,病毒经内皮细胞复制或经嗅觉神经元轴突传播,越过血-脑脊液屏障引起中枢神经系统感染及感染其他器官。被感染的机体在症状出现之前,持续病毒血症多天,一旦发病和出现对抗病毒 E 糖的 IgM 抗体,病毒血症迅速消失,病毒也可能在没有出现临床症状时自行消失。它的持续时间取决于免疫系统的完整性。西尼罗病毒感染引起的神经系统疾病的确切发病机制至今仍不清楚。通过皮下注射模拟自然途径感染病毒,病毒的扩散顺序依次是引流淋巴结、脾、血清;在病毒进入中枢神经系统前,出现病毒效价较高的病毒血症。淋巴结中导致初次和二次病毒血症的靶细胞尚未阐明。在动物模型以及人感染病例中发现在脑部以及脊髓脊索的多个位点同时检测到西尼罗病毒的分布,说明可能是病毒经血液途径传入到中枢神经系统。神经元细胞是该病毒在中枢神经系统中的主要靶细胞。西尼罗病毒 E 蛋白的第 3 结构域与病毒受体亲和相关,但是神经元细胞表面的受体分子尚未定位。目前认为,人群感染西尼罗病毒,经外围血管扩增繁殖,一个短暂的病毒血症过程之后,病毒侵入外围淋巴结以及中枢神经系统等靶器官,导致疾病,引起发热和脑炎等症状。其病理特点是充血和斑点状出血的脑膜脑炎;组织学上涉及脑的全部及脊髓的上部,有小的出血点和血管周围细胞浸润,灰质中有神经细胞坏死。病理变化表现为神经元退行性改变;然后出现 CD8[+]T 淋巴细胞为主的细胞浸润。实验性感染证据表明病毒导致的神经元细胞凋亡是神经改变的主要原因,尽管存在 CD8[+]T 淋巴细胞的炎症和免疫病理反应。病毒核衣壳蛋白能够导致体外培养神经元细胞的 caspase-9 依赖的细胞凋亡。

WNV 免疫反应是复杂的,免疫增强现象可能发生。实验证明 IgG1 和 IgG3 抗体在亚中和浓度可以增强感染,它是通过 Fc 受体引导病毒吸附到巨噬细胞表面,在补体存在的条件下 IgM 可增加病毒的繁殖。动物模型以及人感染西尼罗病毒,病毒特异的 IgM 出现在病毒感染的第 2 周,B 细胞和抗体在病毒的清除过程中发挥重要作用。

[临床表现]　美国农业情报署(1981)报道 1979—1980 年希腊猪感染西尼罗病毒,同时羊、牛、马也发生感染。张玲霞(2010)在《人兽共患病》中写道西尼罗病毒感染人外,也感染家畜特别是马和猪,病毒在宿主体内的血液系统中复制,1～4 天后产生高水平的病毒血症,同时出现相应的特异性抗体,获得终身免疫。Ratho PK 等在检测 1995—1996 年收集的 158 份猪血样中乙脑和西尼罗病毒抗体时,发现西尼罗病毒 HAI 抗体阳性猪 13 头(8.2%),CF 抗体阳性率为 3.2%。Escribano 等(2015)对 Serbia 猪等血清学检测发现,西尼罗病毒在鸟和蚊间传播,但也感染其他脊椎动物,包括人类和马,可使宿主产生严重的神经性疾病,在该国地中海沿岸发生西尼罗病毒性脑膜炎时,人发生良性感染,绵羊、猪、野猪和鸟类显示了血清学证据。至 2013 年超过 300 人感染该病病例被确认,其中 35 人死亡。在征集查定全地

区哺乳动物688个样本中,其中农场猪279头、野外野猪318头和麋91头,经ELISA血清抗体检测,猪阳性43头(15.4%)、野猪56头(17.6%)、麋17头(18.7%);而中和抗体检测阳性,为ELISA阳性猪中的6头(14%)、野猪中的33头(59%)和麋中4头(23.5%)。随着年龄增长,老龄猪血清阳性增加,1~4年龄母猪为所有WNV-ELISA阳性样本的88.37%(38/43),以西尼罗病毒流行的老龄母猪群较高,为63.3%,其他猪为279头猪的21.5%。Gibbs SE等(2006)对美国Florida、Georgia和Fexas野猪西尼罗病毒血清抗体调查发现,2001—2004年收集的222个样本中阳性率为22.5%,3个州的阳性率各自为17.2%、26.3%和20.5%。在欧洲西尼罗病毒感染普遍。通过西尼罗病毒中和抗体监测,9个野猪采样点皆为阳性,平均每个点阳性3.7头(1~17头);猪3个采样点皆阳性,平均2头(1~4);麋5个采样点皆阳性。反映出西尼罗病毒在哺乳动物猪和野猪中有感染,并产生机体的应答反应,但尚未见有病例报告。Tiawsirisup S等用$10^{4.95}$ $TCID_{50}$($10^5 \sim 10^6$)蚊繁病毒攻击断奶仔猪,平均病毒血症持续时间为4.3天(3~7天),平均日滴度为$10^{3.7}$ $TCID_{50}$/mL($10^2 \sim 10^{4.7}$),最高滴度在2或3 DPI;所有猪脑、脾荧光染色为阴性;接种猪周边淋巴细胞增殖轻微,病变与马相似但轻。表明猪目前仍是隐性感染,感染猪可能成为自然界中蚊虫吸食感染血液来源。

　　[诊断]　应用分子生物学进行检测,主要利用RT-PCR的方法。

　　鉴别诊断应考虑革登热和流行性乙型脑炎,依靠实验室检查来鉴别。

　　[防治]　对西尼罗热目前还没有特效的治疗方法,主要是支持疗法和对症治疗。预防即防控病原的传播途径是防控该病的一大措施,如防蚊灭蚊,消除蚊虫滋生、虫卵孵化的场所,如死水、池塘、河沟等,对森林、草地、庭院及时喷洒灭蚊剂等。我国目前尚未发现人感染西尼罗病毒。预防重点在于防止病毒传入我国。因为我国存在该病毒传入的条件:与我国相邻国家如俄罗斯、印度均有此病,国家间的经贸及人员交往频繁;我国有病毒的主要传播媒介—库蚊;鸟类的迁徙在该病毒的传播中起着重要作用,人类目前对这种传染源尚无法控制。因此,预防措施主要是加强人禽兽鸟出入境卫生检查和健康检查,以及货物、运输工具等灭蚊等处理。加强对西尼罗病毒流行季节出入境人员相关健康教育,注意自我防护。同时吸取国外西尼罗病毒感染防控经验,开展献血者筛查工作,保证血液制品中不含西尼罗病毒。

　　我国已颁布的相关标准:SN/T 1460-2004输入性蚊类携带西尼罗病毒与圣路易斯脑炎病毒的检测方法;SN/T 1515-2005国际口岸西尼罗病毒疫情监测管理规程;SN/T 1761-2006出入境口岸西尼罗病毒病实验室检验规程;GB/T 27518-2011西尼罗病毒病检测方法。

三十八、韦塞尔斯布朗病(Wesselsbron Disease)

　　该病是一种由韦塞尔斯布朗病毒(Wesselsbron virus)引起的绵羊虫媒性热性传染病。人经由带毒蚊虫叮咬感染,临床症状主要表现为发热、肌痛、关节痛、斑丘疹和脑炎等;牛、马、猪、犬也可以感染本病毒;绵羊被感染后,怀孕母羊流产,新生羔羊大批死亡。

　　[历史简介]　1954年报道南非韦塞尔斯布朗地区绵羊发生此病,故此得名。Weiss(1956)从南非Orange free邦死亡的羔羊中分离到病毒。Smith和Burn(1957)从南非Natal的人

和蚊中分离到病毒。

[病原]　韦塞尔斯布朗病毒属黄病毒科的黄病毒属。该病毒与黄热病毒（YFV）、斑齐病毒（Banyi birus）、Bouboui virus 和乌干达病毒（Vgaada virus）等抗原关系密切，被划为一个血清群，即黄热病毒血清群。韦塞尔斯布朗病毒是一种球形单股 RNA 病毒，直径约30 nm，有囊膜及囊膜突起，具有血凝活性，能凝集 1 日龄雏鸡红细胞。

本病毒易在鸡胚卵黄囊内增殖，主要存在于胚体内，但鸡胚的死亡不规律；也可在羊肾组织培养细胞内生长，形成胞质内包涵体。大多数塞尔斯布朗病毒毒株呈泛嗜性，但有嗜神经倾向。其对哺乳类动物的胚胎组织有很高的亲和力。

黄病毒属内成员间如韦塞尔斯布朗病毒与流行性乙型脑炎病毒、跳跃病病毒等在血清学上彼此有交叉关系，但在抗原性上关系并不密切。该病毒能被环境因素和多种化学试剂快速灭活，但在 pH 3～9 稳定。

韦塞尔斯布朗病毒经蔗糖和丙酮处理后可凝集鹅、马、驴、猪、牛、山羊、绵羊、猴、兔、豚鼠和鸡等动物红细胞，对人的红细胞也具有凝集作用。对于以上动物血凝试验 pH 范围为5.75～7.0，温度影响不大，但以 37℃ 最佳。

[流行病学]　本病主要发生在南非、莫桑比克、津巴布韦等一些非洲国家和东南亚地区的绵羊群中。除羊外，马、牛、猪等以及骆驼、犬、鸵鸟都有感染的报道或从中分离到病毒；也从大鸥、野鸡和沙鼠等动物体内分离出该病毒。试验动物豚鼠、家兔也可感染，未断奶的小鼠最敏感，人也可感染。亚洲的泰国曾有报道。患病动物是本病的主要传染源。野生反刍动物可能是疫源地病毒储存宿主，据调查比较温和潮湿地区家养食草动物有流行面很广的病毒抗体，在维持自然疫源地病毒持续存在占重要角色。伊蚊，特别是神秘伊蚊、黄环伊蚊是韦塞尔斯布朗病毒的主要媒介。曼蚊、库蚊也可传播本病。主要通过蚊叮咬途径传播；可经静脉、脑内和鼻内接种实验动物复制本病。气溶胶可传播本病毒。尚未发现病毒可在动物之间水平传播。本病具有明显的季节性和自然疫源地特征，多发于夏末和秋季，与蚊活动季节一致。病毒每年周期性活动，不太可能出现初次感染和突发流行高峰。在潮湿低注的河、沟、堤坝等蚊滋生地，放牧的易感动物易于感染本病。本病趋向于与裂谷热同时暴发，常见在接种过裂谷热疫苗地区多发。

[临床表现]　孕羊表现流产和死亡，流产可在发热后几天出现。新生羔羊易死亡，死亡羊可见肝脏的退行性病变。妊娠母牛可发生流产。D.O.B 马凯塔曾报告韦塞尔斯布朗病毒与黄热病毒密切相关形成一个复合体，发现牛、马、猪和绿猴等对病毒有反应。成功实验感染绵羊、山羊、牛、马、猪，通常仅发生轻度到重度的体温升高，呈不显性感染，死亡率较低。而妊娠母羊发生流产，羔羊死亡。然而猪感染发病的报道极少。

[诊断]　本病的发生有严格的季节性。根据流行病学、临床症状和病理学变化，可初步诊断本病。确诊需要依靠病毒分离鉴定和血清学试验。本病与裂谷热、内罗毕病、蓝舌病、心水病有相似之处，应进行鉴别。在本病流行地区，当人群出现全身不适、头痛、发热、肌痛等症状，并伴有脑炎等临床表现时，应给予韦塞尔斯布朗热高度关注。可结合 PCR 等分子生物学技术，对韦塞尔斯布朗病毒感染进行快速诊断。

［防治］　本病目前尚无有效治疗药物。也未见有关抗血清和抗病毒类药物治疗该病疗效的相关报道。防治该病主要采用支持疗法、对症疗法及制定良好的护理方案。消灭本病的传播媒介是预防本病的重要措施，特别是流行季节、洪水后等时段要消灭蚊虫。对疫区或受威胁区注射弱毒疫苗是唯一特异有效方法。但弱毒疫苗不宜用于怀孕的母羊和羔羊。

三十九、墨累山谷脑炎（Murray Valley Encephalitis，MVE）

该病是一种由墨累山谷脑炎病毒（MVEV）引起的人畜共患的急性传染病，又名澳大利亚X病。主要临床特征是发热、中枢神经症状、癫痫发作、头痛、言语障碍、记忆力损伤和震颤等。

［历史简介］　本病于1917—1918年首先流行于澳大利亚人群，是一种以脑炎为特征呈不规则间歇流行的疾病，最初被称为"澳洲X"病，病死率高达70%。1951年澳大利亚东部Murray山谷和Darling河流域再次暴发急性脑炎，其中感染者半数以上为儿童，从死亡病人的脑组织分离到病毒。其后再未见本病流行，但流行病学调查表明，本病仍有轻症感染和很高的隐性感染率。血清学研究表明流行区域发生的脑炎为同一疾病。

［病原］　本病病毒属黄病毒属虫媒病毒B组，乙型脑炎抗原复合群，在血清学方面与乙型脑炎存在部分交叉反应。病毒颗粒直径为20～50 nm，呈二十面体，有包膜。其基因组为单股正链RNA，长约11 Kb，基因组编码3个结构蛋白，即衣壳蛋白C、膜蛋白PrM和囊膜蛋白E；7种非结构蛋白，分别为NS1、NS2A、NS3、NS4A、NS4B和NS5，这些非结构蛋白的功能目前尚不清楚。该病毒具有复杂的抗原性，通过对澳大利亚和新几内亚不同分离病毒进行限制性酶切和核苷酸序列分析，结果表明不同地区毒株核苷酸同源性较低，表现为不同的基因型。以各种途径接种鸡胚，病毒对鸡胚均有很强的致病力，接种后多于3天内死亡，并伴有特殊的病理变化。成年鼠脑内接种、乳鼠各种途径接种均有强烈的致病力，乳鼠接种后表现痉挛、共济失调、抽搐和后肢麻痹。恒河猴脑内接种病毒后发生大脑炎而死亡，皮下接种无反应。用任何途径将病毒接种于家兔，一般为隐性感染；豚鼠接种后表现为发热反应；田鼠接种后可发生致死性感染。田鼠接种结果与西尼罗病毒相似，以此可与乙脑和圣路易脑炎相区别。病毒表面有血凝素，可凝集新生小鸡红细胞和鹅红细胞。本病毒的保存条件、感染和血凝性质与乙脑病毒和圣路易脑炎病毒相似。病毒对一般消毒剂敏感，易被甲醛灭活，但仍保留其抗原性。

［流行病学］　本病目前仅见于澳大利亚、巴布亚新几内亚和新西兰等地，尤其在山谷地区。人、家畜（牛、绵羊、马、猪、犬）、野生动物（野犬、野兔、狐狸、田鼠等）、家鸭等家禽与野鸟、昆虫与蚊等均易感染，但很多是隐性感染，可能是重要的宿主动物。据调查，白鹭等鸟类、野鸭等感染后发生的病毒血症可持续1～9天；鸡中常能分离到病毒，成鸡只产生一种低滴度的一过性的病毒血症，而2日龄雏鸡产生的病毒血症持续8天之久，峰值为7.6 Log10的病毒血症，在传播上起重要宿主作用。病人、带毒的人和动物均可成为本病的传染源，但一般认为鸟类是本病的主要传染源，在本病流行上具有重要意义。家禽感染后也可带病毒，成为传染源。本病由蚊虫传播，库蚊是主要传播媒介。本病流行于每年1～5月，高峰期在3月；人的非显性感染约为500～1 000倍于临床病例。在澳西部维持常年的散发和小的暴发

流行。近年来扩展到澳大利亚南部,并曾出现较大的暴发流行。

我国尚未发现墨累山谷脑炎的流行。

[**发病机制**]　病毒致病性损伤主要在大脑、小脑,尤其是浦肯野氏细胞、脑干、脑丘、下丘脑和脊髓,被破坏大脑皮质形成瘢痕灶及炎性细胞浸润。噬神经细胞作用,细胞、血管周围炎性细胞浸润形成血管套及脑膜炎症反应,随后出现神经症状。

[**临床表现**]　很多鸟类和哺乳动物有广泛的亚临床感染。Gard 等(1976)报道新威尔士野猪抗体阳性率达 58%,猪亚临床感染,无明显症状,其他动物感染后一般也没有明显的症状表现。R.L.多尔蒂(1917—1918)记载墨累山谷脑炎病毒可感染的动物有马、牛、猪、野猪、水牛、狐狸、负鼠、犬、家禽、野鸟等,但未能证实这些动物感染后发病。

[**诊断**]　本病病理学变化与乙脑相似,外周血象白细胞数正常或轻度升高。发病的早期应尝试从血液中分离病毒,死亡病例可从中枢神经系统分离病毒。常用鸡胚绒毛尿囊膜或鸡成胚细胞的组织培养分离病毒,此法可能优于小白鼠的病毒分离。重型粒细胞略占优势。早期及恢复期测定血清特异抗体大于 4 倍升高。血凝抑制抗体、补体结合试验抗体、中和抗体升高。疾病确诊靠从血清、脑组织和脑脊液中分离病毒。

该病需与其他病原性脑膜脑炎做出鉴别诊断,对于幼龄患者需与小儿麻痹症相区别。

[**防治**]　本病无特效疗法,一般只采用对症处理和支持疗法。主要防制措施为防蚊、灭蚊。目前尚无预防用的疫苗。

墨累山谷脑炎目前局限于澳大利亚和新几内亚流行,但由于国际交往的增加,易造成因输入型病例而引发传播或流行,对于这种潜在威胁,我们应予以足够的重视,加强进出口卫生检疫工作,防止国外病毒毒株、媒介传入我国。

四十、猪瘟(Classical Swine Fever, Hog Cholera, CSF, HC)

该病是一种由猪瘟病毒引起的具有高度传染性和致死性的猪的传染病,其特征为高热稽留和小血管变性引起的广泛出血、梗死和坏死和母猪繁殖障碍。临床表现为急性、亚急性、非典型和隐性型。急性猪瘟由强毒引起,发病率和死亡率都很高,反之,弱毒感染则可能不表现临床症状。在流行区或具有免疫力的猪群可表现多种临床类型。早年该病又称猪霍乱、猪热病。国际兽医局(OIE)将猪瘟视为 A 类 16 种法定建议传染病之一。

[**历史简介**]　据考证猪瘟起源于美国。按照 Hanson(1957)报道,大约在 1810 年在美国田纳西州(Tennessee)的富兰克林(Franklin)最早发现像猪霍乱的疾病。1830 年在美国俄亥俄州(Ohio)南部和印第安纳州瓦比西(Wabash)河流域暴发猪瘟。但是,许多学者认为俄亥俄州南部是最可疑的起源地区。而欧洲的一些研究者持不同的看法,一种认为很早以前美国携带猪瘟病毒的动物将病毒传给猪,从而引起猪瘟,另一种推测是美国从其他国家引进猪时,猪在国外停留期间被感染。1885 年 Salmon 和 Smith 诊断猪瘟为一种独立病,命名为猪霍乱沙门氏菌病。1903 年 De Schweinitz 和 Dorset 证明猪瘟的病原体是病毒。匈牙利的 Hutyra 和 Koves 于 1908 年制成猪瘟高免血清。1909 年日本第一次发现猪瘟并开始研究(SASAHARASE,1970)。

我国于何时发现猪瘟没有明确的文字记载。约于 1925 年东南大学农科院开始研制免疫血清防治猪瘟。解放初期研制出结晶紫猪瘟疫苗。1952 年 12 月农复会顾问纽森博士和李崇道博士从菲律宾带回猪瘟毒株,研制成疫苗,于 1958 年 3 月全面推广,预防注射率高达 90%,猪瘟发生率降低至 0.02%。在 1954 年中国兽药监察所方世玉、周泰冲、李继庚等研制出猪瘟 C 系弱毒株。1955 年,周泰冲、袁庆志等将 CSFV 石门强毒株经兔体 21 次代代后成功,持续传代 480 代次,成为商品化的标准疫苗株(54 - Ⅲ 等),后被命名为中国疫苗株(C - strain)或猪瘟兔化弱毒(HCLV)株,又称 K 株。

猪瘟这个病名在某些欧洲国家用不同的术语给以命名,在英国称为 SWINE FEVER(英文),德国称为 SCHWEINEPEST(德国名),法国称为 PESTE DU PORE(法文名),意大利称为 PEST SUINA(拉丁文)。1976 年在德国汉诺威举行的国际讨论会上,为减少本病术语上造成的混乱,规定各国的本病都归属于猪瘟(HOG CHOHERA)或古典猪瘟(CLASSICAL SWINE FEVER)。根据 HORGINEK(1973)建议,新增加瘟疫病毒属。

[病原] 猪瘟病毒(Classical Swine Fever Virus,CSFV)是黄病毒科、瘟病毒属成员。

CSFV、牛病毒性腹泻病毒(BVDV)和绵羊边界病毒(BDV)共同组成瘟病毒属。三者在病毒粒子结构、基因组结构和抗原特性等方面均相近,具有血清学交叉反应,但中和试验能将它们区分开。BVDV 和 BDV 感染反刍动物,也可感染猪,但 CSFV 在自然条件下仅能感染猪(Carbrey 等,1976)。

猪瘟病毒粒子呈球形,其结构由内部的核心和外围的囊膜构成。病毒直径约 40~50 nm,核衣壳为二十面体对称,直径约 33~44 nm,有囊膜。有一些病毒颗粒从囊膜向外放射出穗状的糖蛋白的纤突,囊膜突起长 6~8 nm(表- 48)。

表- 48 猪瘟病毒的物理特征

浮密度/(g/cm³)	病毒直径/nm	核衣壳/nm	囊膜/nm	突面/nm	参 考 文 献
	40±3	29±3	6±1	—	
1.15~1.17	40~50	18~23	—	12~15	Rithie 等 1968
1.15~1.16	39~40	28~29	6	—	Meyr 等 1968
1.16	53±14	27±3	—	—	Horzinek 等 1968
1.14~1.16	49±18	29±3	—	—	Forst 等 1968
	42±8	—	—	6~8	Enemann 等 1968
	40~45	30~35	—	—	Rutili 等 1968

　　猪瘟病毒只有一个血清型。但血清中和试验表明 CSFV 具有血清亚型（种），用多克隆抗体做交叉中和反应，发现 CSFV 株之间抗原性差异很大，除了双交叉反应外，也有单向交叉反应。中国兽药监察所在选择制苗用种毒时，发现国内外 7 株 CSFV 在猪和兔都有交叉免疫性。但自 1976 年以来，美国、法国和日本的一些学者根据血清中和试验，证明 CSFV 具有血清学变种。美国较早从非典型猪瘟病例分离到致病力低的毒株，例如 Mengling 等（1966，1969 年）报道的"331"慢性猪瘟毒株是从美国艾奥瓦州一次猪瘟流行中分离获得的，此株病毒实验感染时只产生持续性感染。比较 331 株和强毒 AMES 株的抗原性也发现二者不尽一致（Dirtle，1971）。法国也证明 CSFV 存在血清学变种，并认为至少有两个血清学亚组：Ⅰ组包括许多强毒株和绝大多数的疫苗用弱毒株；Ⅱ组包括发生慢性猪瘟的低毒力株，如美国的 331 株和在法国分离的慢性猪瘟病毒。这些低毒力毒株对猪的免疫力与弱毒疫苗株病毒不同，通常不能产生明显的血清中和抗体，在用强毒攻击时，猪呈现厌食和高热等临床反应。但是 C 株和 THIVERVAL 株等弱毒疫苗却完全保护猪体不受这些血清学变种的感染。根据与单克隆抗体（McAb）反应谱不同，猪瘟病毒的抗原性多样而复杂，存在遗传变异基因群。涂长春（2000）、Paton 等（2000）对全球流行株、疫苗株的遗传差异进行系统的总结，表明 CSFV 可分为 3 个基因群，它们分别是 1.1、1.2、1.3；2.1、2.2、2.3 和 3.1、3.2、3.3、3.4 基因亚群。我国传统的毒株如 HCLV 疫苗株和石门毒株属于 1.1 基因亚群，占 25.34%，而目前我国广大地区的流行毒株是基因 2 群，即 2 群的 1、2、3 亚群，占 74.66%，这与我国引入猪种有关。据有关检测报告，当前我国猪群中流行的猪瘟病毒毒株与疫苗弱毒株的同源性为 75%～89.9%，与石门系强毒的同源性为 75.4%～83.1%，但对我国流行的猪瘟所有基因型野毒都有良好的免疫保护力。

　　猪瘟病毒和牛腹泻-黏膜病病毒（BVDV）具有共同的可溶性抗原，应用去垢剂从感染细胞中分离猪瘟病毒糖蛋白，证明其在血清学上与 BVD-MD 病毒有交叉反应，而且还可使猪抵抗猪瘟强毒的攻击。虽然在遗传和抗原水平上猪瘟病毒区别于 BVDV 和 BDV，但这 3 种病毒有许多相似之处。差异主要表现在 E2 蛋白上，因为 CSFV 和 BVDV 与 BDV 区分的多数 MAB 都针对 E2。猪瘟病毒和其他瘟病毒有较密切的抗原关系，如在免疫扩散、免疫荧光和较低程度的中和试验，都有交叉反应。猪瘟某些毒株可诱发产生中和 BVDV 的抗体，BVDV 可使猪对猪瘟产生部分免疫性。瘟病毒的共同抗原主要存在于 NS2、3 蛋白上。CSFV 和 BVDV 之间，在氨基酸水平上约有 70% 的同源性。猪瘟野毒的毒力差异很大，强毒株引发急性疾病且有高病死率，中毒株可引起亚急性和慢性感染。初生胎儿感染低毒力猪瘟病毒后产生轻微症状和亚临床感染。这些病毒可引起猪胚胎及新生猪死亡。中毒株感染的结果一部分取决于宿主因素，如品种、年龄、免疫力和营养状况，而在高毒株和低毒株的感染中，宿主因素处于次要地位。据报道 CSFV 毒力有不稳定的特性，在猪体传一至数代后毒力可增强。

　　猪瘟病毒基因组为正向性单股 RNA。Meyer 等（1989）测定了 CSFV ALFORT 株的全部序列（见图-1），基因组全长为 12 084 nt，含有一个长的可读框（ORF）。该 ORF 开始于第 364 或 365 位的 ATG 起始密码子，结束于第 12 058～12 060 位的 AGA 终止密码子。

Mooemann(1990)测得的 CSFV BRESSIA 株的基因组长为 12 297 bp。两者的 ORF 均编码一个 3 898 氨基酸的多聚蛋白。CSFV 的基因组直接作为 mRNA 分子翻译出多聚蛋白,但其 5′端无帽结构,3′端没有 Poly(A)尾。2006 年 5 月 GenBank 收录了 27 个 CSFV 全基因序列,基因组长 12.3 kb,基因组结构基本上与 Moormann 结果相似。CSFV 的 ORF 首先翻译出一个多聚蛋白(poly protein,PPRO),有 3 900 个氨基酸组成,然后该 PPRO 在细胞内蛋白酶和病毒特异的蛋白酶作用下裂解成各种结构蛋白(S)和非结构蛋白(NS);PPRO 编码区两端分别是 5′端非翻译区(untranslated region,UTR)和 3′端 UTR。ORF5′有 400 个核苷酸的非编码区,在 ORF3′端有约 200 个核苷酸的非编码区。从 N 端开始至 C 端各个蛋白质分别是 N^{Pro}、C、E^{rns}、E1、E2、P_7、NS2、NS3、NS4A、NS4B、NS5A、NS5B。N^{Pro}、C、E^{rns}、E_1、E_2、NS_2,这些蛋白对于病毒 RNA 复制是非必需的,NS3、NS4A、NS4B 和 NS5A 形成复合体,与具有 RNA 依赖性 RNA 聚合酶活性的 NS5B 共同参与病毒 RNA 的复制。某些蛋白的功能已确定。核衣壳蛋白位于 $E^{rns蛋白}$(以前 gp44/48)前面,E^{rns} 位于病毒粒子的表面,是由细胞分泌的同源二聚体。它是各种病毒中唯一具有核糖核酸酶活性的蛋白,酶活性的功能未明。E1(gp33)蛋白,作为 E1 - E2 异源二聚物,处于病毒囊膜中。E2(gp55)是 CSFV 最主要的免疫原性蛋白,作为同源二聚物,或和 E1 - E2 异源二聚物存在。P7 蛋白可能不结合在病毒内。ORF C′端的剩余部分是编码非结构蛋白。根据 ORF 5′非编码区核苷酸的序列分析,E2 的 N 末端和 NS5B 能把病毒毒株区分为两组主要群。即使在各毒株内也存在明显的抗原变异。用单克隆抗体研究猪瘟毒株的差异,也证实病毒可分为两大群,在抗原差异和毒力之间没有任何联系。另一方面更易被牛黏膜病毒抗体中和,甚至超过用猪瘟抗体中和的野毒株,一般毒力较弱。

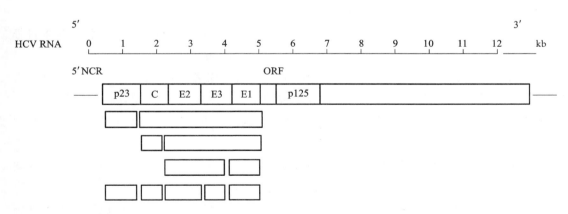

注:ORF 为开放阅读框;5′NCR 为 5′端非编码区;3′NCR 为 3′端非编码区;C 为 HCV 核衣壳蛋白;E1~E3 为 HCV 囊膜糖蛋白,分别对应于 gp51~54,gp44/48 和 gp33。

图-17 HCV基因组结构及多聚蛋白加工示意图

研究猪瘟病毒的主要困难,一是除猪肾细胞外,还没有找到更好的增殖病毒的敏感细胞;二是猪瘟病毒在细胞培养物中不产生肉眼可见的细胞病变,现在用于增殖猪瘟病毒的最好细胞,依然是原代和继代猪肾细胞,例如 PK-15 细胞。在 PK-15 细胞中增殖的病毒,经用聚乙二醇(PEG)及硫酸铵沉淀后,再经超速离心及梯度密度离心浓缩和提纯即可获得纯化的病毒制品。CSFV虽可在非猪细胞上增殖,但常用猪肾细胞增殖,病毒只能在细胞浆中增殖而不产生CPE。子代病毒在感染后5～6 h开始从细胞内释放。在单循环状况下,感染15 h以前病毒呈指数增长,几天内病毒增殖仍维持高水平。在细胞培养中,CSFV的传播可通过细胞培养液、细胞间桥和从母代细胞到子代细胞。CSFV可持读存在于细胞培养物中,病毒在细胞浆内成熟,因此在感染细胞表面检不出CSFV。

猪瘟病毒能在猪肾细胞和其他一些哺乳动物细胞内增殖。病毒成分在胞浆内合成和装配后,以芽生并释放。

细胞培养物中病毒的传播呈3种方式,是从感染细胞内释放的病毒粒子经培养液感染新的易感细胞;二是被感染细胞通过有丝分裂直接传给子细胞,向培养液中加入猪瘟抗血清不影响病毒感染滴度;三是通过胞浆小桥在细胞之间传播病毒。

许多研究者试用不同种类的细胞,主要是猪源细胞在体外增殖猪瘟病毒,证明骨髓、睾丸、肺、脾和肾的细胞以及白细胞均可增殖猪瘟病毒。曾报道猪瘟病毒可在牛肾细胞内生长。经几代鸡胚传代的猪瘟病毒还可在鸡胚成纤维细胞内生长。Pirtle和kmiagepp等(1968)应用免疫荧光技术系统试验了来自7个科29个种的哺乳动物细胞培养物对Ames强毒株和TCV弱毒变异株的感染性,包括26种原代细胞培养物14种低代细胞株(4～14代)以及13株高代细胞系证明牛胚胎、绵羊羔、山羊、鹿、猪、野猪、臭鼬、狐、松鼠、豚鼠、獾和家兔等的原代肾细胞,可以不同程度地增殖猪瘟病毒,而犬、雪貂、猩猩、大白鼠、小白鼠、袋鼠以及马的肾细胞和皮肤细胞不支持猪瘟病毒的生长。

低代细胞株,如胎牛皮肤、脾和气管,胎羊的肾和睾丸、兔的皮肤等继代细胞都可支持猪瘟病毒的增殖,也有猪瘟病毒可以适应鸭胚和鸡胚的报道。

在高代细胞系中,例如人和其他灵长细胞、猫肾和乳仓鼠肾BHK-21细胞以及牛肾细胞系(MDBK)、非洲缘猴肾细胞系BSC-1等,猪瘟病毒不能生长。

感染性最强的是PK-1、PK-2a和ST等几株猪肾和猪睾丸细胞系。新合成的病毒大多吸附或结合于细胞之上,仅约1%游离于培养液中。

我国近几年用原代猪肾细胞培养C系兔化猪瘟弱毒,可连续收获培养液4～5次,其对兔的感染滴度一般每毫升可达10^5个兔热反应剂量。

猪瘟病毒可在猪的白细胞培养物或猪肾细胞中连续培养,许多研究者由此获得一些弱毒株,例如Loan和Gustepson(1968)在白细胞中连续培养猪瘟病毒702～737天,减弱其毒力。Torlene等(1962)用猪肾细胞连续培养法培育出LOM弱毒株。美国也出现不少细胞培养的弱毒株。

Mengeling(1970),用5株猪瘟病毒感染猪肾PK-15细胞,都产生持续性感染,连续63周80代。经荧光抗体染色,几乎所有细胞的胞浆中都有病毒抗原,持续感染是在细胞发生有丝分裂时病毒传播至两个子细胞的结果。

Mengeling和Draka(1969)应用免疫荧光技术滴定猪瘟病毒在PK-15细胞中的复制。结果能在接种后6～8小时于细胞浆中检出病毒抗原,并可根据荧光细胞计数(荧光斑)测定病毒量。所谓荧光斑，是指在用荧光抗体着染感染细胞培养物，于荧光显微镜下看到的由几个至几十感染细胞组成的荧光灶。初发荧光斑出现于病毒接种后的 16～20 小时，继发荧光斑则需迟至 22 小时左右才能出现。由于荧光灶的数目与接种物中的病毒感染单位有直接关系，因此，荧光斑形成单位也是原病毒材料中病毒含量的计算指标。

来自不同实验室和具有不同传代次的同名毒株之间存在大量的微小差异，具有抗原反应异质性。用 Brescia 456610 反应异质性的强毒攻击 SPF 猪后，从血清中分离到 5 株变异株，其抗原表位差异见表-49。

表-49 Brescia 456610 及 5 个变异株的抗原差异

毒株表位 单抗株	A1(NMoAb)	A2	A3	B(NMoAb)	C(NMoAb)			D	PAb
	b2—b4,b7	b9—b11	b12	b6	b1,b5,b8			b13	
B456610 体株	+	+	+	H	+	+	+	+	+
V1.1.2	+	+	+	+	+	+	+	+	+
V1.12.2	+	+	+	+	−	+	+	+	+
V2.1.2	+	+	+	−	+	+	+	+	+
V2.16.2	+	+	−	−	+	+	+	+	+
V4.2.2	+	+	+	−	+	−	+	−	+

NmoAb：A1,B,C：中和表位；A1,A2：序列保守区；A3,B,C,D：易变区。

丘惠深等(1990)用 HCV 石门系强毒单抗 16 株(MAb41-MAb56)鉴别不同来源的 C 株兔毒的细胞毒，发现有 5 种反应模式(表-50)，表明不同厂家、不同种类细胞繁殖的 C 株细胞毒有多个抗原表位差异。

表-50 抗石门系 HCV 单抗与 C 株细胞毒的反应性

单抗株	石门系 CPK-15	C 株细胞毒来源					
		南京猪肾	广东牛睾丸	广东羊肾	南京牛睾丸	吉林牛睾丸	成都牛睾丸
MAb41	+	−	+	+	−	−	−
MAb43	+	+	−	+	+	−	−
MAb47	+	−	+	+	+	−	−
MAb50	+	+	+	+	+	+	+
MAb54	+	+	+	+	−	−	−

猪瘟病毒在细胞培养物中不产生细胞病变，但是 Gillespie 等 (1960)用 1 株猪瘟病毒兔化毒接种猪，当猪出现持续性病毒血症时，用猪肾细胞分离获得株在细胞培养物中引起细胞病变的"PAV-1"毒株。由于某些研究者从这株病毒的某些细胞培养物中分离出小 RNA 病毒、细小病毒和腺病毒，故认为"PAV-1"毒株不是猪瘟病毒，例如 Bordon 认为"PAV-1"

毒株是细胞培养中所用的血清污染病毒——腺病毒和牛腹泻病毒。Bachmann(1967)应用来自 SPF 猪的原代猪肾细胞,将"PAV-1"毒株连续传 205 代后检查,并未发现其他病毒。

猪瘟病毒对外界环境有一定抵抗力。CSFV 的不同病毒毒株对温度和 pH 的稳定性有差别,温度越高,CSFV 灭活越快。灭活速度部分取决于含有病毒的介质,在细胞培养液中 60℃、10 分钟即被灭活,而在脱纤血液中 68℃、30 分钟后仍能存活。CSFV 最稳定的 pH 为 5~10,高或低于这个范围感染力较快消失。在 pH 5.0 以下的灭活速度与温度有关,如 pH 4.4 时,半衰期为 260 小时,温度为 21℃时则半衰期为 11 小时,在自然干燥情况下,病毒易于死亡,污染环境如充分干燥和较高温度,1~3 周病毒即失去传染性。血毒加热到 60~70℃、1 小时才被杀死。二甲基亚砜(DMSO)对病毒囊膜中的脂质和脂蛋白有稳定作用,10% DMSO 液中的猪瘟病毒对反复冻融有耐受性。脂溶剂如乙醚、氯仿和脱氧胆酸盐,可很快使病毒灭活。2%氢氧化钠是最适合的消毒剂,施用于猪舍内病毒在数天内灭活,在猪粪中 CSFV(最初 $10^{5.5}$ $TCID_{50}$/mL),20℃时可存活 2 周,4℃时可存活 6 周以上。5%~10%漂白粉、3%来苏水使 CSFV 很快灭活。

含病毒的猪肉和猪肉制品几个月后仍有传染性,病毒在冻肉中可生存数月。病尸体腐败 2~3 天,病毒即被灭活。这种现象具有重要的流行病学意义。

[流行病学]　猪瘟遍布于全世界,具有高度接触传染性。猪瘟病毒能在 11 种野生动物和家畜中繁殖与传播。但野生小白鼠、白尾野兔、野鼠、浣熊、麻雀和鸽子接种猪瘟病毒后,没有发现产生抗体,肠外接种豚鼠、犊牛、山羊、绵羊和驯鹿会产生一定抗体。在自然条件下,这些人工接种的动物未能将病毒传播给同栏动物,黄牛和绵羊接种病毒后,无临床症状,但病毒能在血液中维持 2~3 周,病毒可在家兔体内继代,而接种的犊牛也没有把病毒传播给与之接触过的易感猪、犊牛、绵羊、山羊和鹿发生无症状感染。某些哺乳动物如貂兔、松鼠、白尾鹿、牛獾等,它们可能成为猪瘟病毒的储存宿主。本病仅发生于猪,猪是本病毒唯一的自然宿主。病猪是主要的传染源,母猪和野猪是储存宿主。

1955 年来,猪瘟的流行和发病特点已经发生很大的变化。猪瘟是世界性的,不局限于一时一地,从频发的大流行变为周期性、波动性的地区性散发性流行,通常 3~4 年一个周期,多局限于所谓"猪瘟不稳定"地区的散发性流行,呈现所谓非典型猪瘟、无名高热、症状显著减轻,死亡率降低,病理变化不特征等持续性感染,成为猪瘟最主要的传染源。宁宜宝等调查发现,非典型性猪瘟的发病率不高,潜伏期或病程延长,成年猪发病较轻或不显症状,多呈隐性带毒,带毒率一般为 3%~20%,高者可达 33%以上,有时还发生在疫苗免疫过的猪群,成年猪的死亡率为 2.1%~2.4%,多种病原混合感染,发病率与死亡率更高。凡带毒母猪所产仔猪的猪瘟病毒带毒率为 66%~100%,而中小猪及哺乳仔猪发病率及死亡率可高达 90%以上,幸存猪可成为新传染源。华中农大对规模化猪场送检的 2 828 份样本进行检查显示,猪瘟病毒感染阳性率为 14.5%,母猪隐性感染带毒率为 43%,而无临床症状,其产下的仔猪发生先天性感染,仔猪带毒阳性率达 90%以上。造成仔猪免疫耐受,抗体水平低下,致使有的仔猪转入保育舍后发病死亡,而幸存猪长期带毒可达 500 天以上,导致猪瘟病毒在母猪群及仔猪群持续感染。杜念兴(2007)指出,如果母猪体内抗体不足以控制病毒复制,怀孕母猪感染猪瘟病毒后,通过胎盘感染胎儿。妊娠不同时期感染与发病关系十分密切,胎儿40日龄以前感染猪多发生流产、死胎和木乃伊;70日龄感染可产弱仔,震颤,皮肤发绀等,持续病毒血症仔猪,多在1周内死亡。80~90日龄感染,12周内陆续死亡,存活仔猪亚临床感染。随着感染日龄增加,仔猪死亡时间延后或不死。但猪持续感染,形成免疫耐受,疫苗多次免疫也不足以激发免疫力,这些猪持续感染和免疫无能,成为一个疫苗免疫不能阻止猪瘟发生的不安全群体。有研究证明,在母猪带毒273天时,与健康阴性猪同舍,同舍猪感染,这种情况导致猪瘟在猪场形成恶性循环,即猪瘟亚临床感染—胎盘感染—母猪繁殖障碍—仔猪带毒(先天性震颤)—后备母猪亚临床感染—妊娠母猪带毒综合征(胎盘感染的恶性循环)。

大量的病毒可通过"带毒母猪"产下的仔猪进行传播,甚至可存在于血清中有中和抗体的猪中,构成潜在的传染源。把有些弱毒株制成疫苗接种仔猪后,病毒在猪体内持续复制长期传代,毒力可逐渐加强,数月后引起仔猪发病死亡,并传染给易感猪;感染母猪可经胎盘感染胎儿,引起死胎,或产出弱仔猪,并于出生后迅速死亡,经常可于这些死胎儿中分离到病毒。胎盘屏障可以阻挡母源抗体的通过,但感染性病毒颗粒却可穿透胎盘感染胎儿,造成子宫内胎儿感染。有残余毒力的猪瘟弱毒株也常可以感染胎儿,实践中经常同时接种免疫血清以减轻这些弱毒株的接种反应,但是必须指出,免疫血清并不能阻止有残毒的猪瘟弱毒疫苗株引起胎盘感染,某些弱毒株在实验感染母猪后,使其后代产生长期的病毒血症。

如果母猪在怀孕期暴露于一种毒力低的病毒毒株或接种弱毒活苗,这种弱毒经胎盘可传代给子宫中的胎儿,直到妊娠结束,病毒仍然停留在胎儿内,Stewart(1973)报道,母猪带毒期为109天,但很少或没有该病的临床病状,当未确诊前,感染猪瘟病毒的猪,通常带毒半年至1年。

Young(1952)第一次证实猪瘟弱毒活苗对胎儿的不良影响。接种猪瘟弱毒活苗的母猪生产的初生仔猪患病的主要特征为胸水和腹水增加,并伴有局部或全身性水肿。这种状态似乎与妊娠第30天的母猪注入过疫苗相呼应,这种特异现象预先出现的重要性主要与胎儿难产联系起来。Huck(1964)报道了带毒母猪在传播猪瘟病毒中所起的作用。随后在美国的猪群感染猪瘟后表现为母猪流产,产下死胎和所生仔猪出现奇异的震颤等综合病状。Carbrey(1966)报道有几个猪群暴发猪瘟,母猪在怀孕期间暴露于病毒时,从其所产仔猪的体内分离到病毒。这些猪群出现无规律的自然感染,推迟了对该病的诊断。给母猪接种猪瘟疫苗后产下的仔猪出现小脑发育不全、髓鞘形成不全与先天性震颤。

曾有几例报道,给怀孕母猪接种猪瘟弱毒苗后产生不良后果。给怀孕不到100天的母猪接种弱毒及疫苗,而不是抗猪瘟血清,生下死胎和木乃伊胎的概率高。头胎母猪在怀孕24~64天时,接种猪瘟弱毒苗和抗血清,结果只生下少数仔猪,而多数是死胎和木乃伊。与对照试验的母猪比较,生后5日龄时存活的猪只较少。Stewart等(1973)证实,用猪瘟病毒强毒与抗猪瘟血清35 mL或75 mL,分别同时经胎盘内感染易感母猪,结果为用35 mL血清感染组往往发病较多,抗体滴度为1∶16或更高。免疫母猪经胎盘感染时没有发病,用灭活苗接种,抗体滴度低(1∶4),甚至不能测出抗体。部分免疫母猪用毒力低的猪瘟病毒野毒株接种后发病。Stewart(1977)报道,一系列试验显示,感染猪瘟与没有感染猪瘟的怀孕母猪相比,所产的每窝仔猪平均数较少,产下死胎和所产仔猪 3 天内死亡的百分率高。当胎盘内感染时,母猪发生流产和不孕的也较多。

Van Qirscnot (1977)报道,1 头野外带毒母猪所产仔猪,其中 1 头死亡,1 头症状轻微,9 头正常。这 9 头先天性感染猪瘟病毒的所谓正常仔猪特征是:持久的病毒血症,排泄物带毒,生后 2～11 个月发病死亡;平均存活时间为 6 个月,在 9～28 周龄(平均 20 周龄)前没有显现病症。血液中病毒滴度为 10^5～$10^{6.9}$ PFU/mL。母源抗体消失后有 5 只仔猪没有测出抗体,有 1 只死亡前后 1 月有低量的沉淀抗体,免疫功能尚未减弱。如对羊的红细胞和猪的细小病毒感染,有一种正常的免疫反应。细胞免疫,采用淋巴细胞血球凝集激发试验作为指征,表现一种正常反应。结果指出细胞免疫对猪瘟病毒显现一种免疫耐受性。

Baker 等(1960)记述,用猪瘟弱毒苗接种未免疫母猪产下的 6 周龄仔猪,出现持久的病毒血症,而未免疫母猪产下的 3 月龄仔猪,以及免疫母猪产下的 6 周龄仔猪,不产生持久的病毒血症。有持续性病毒血症的猪生长发育受阻,体温上升,存活 6～17 周。Mengeling (1968)从艾奥瓦(IOWA)流行的猪瘟病猪分离得到一个毒株(331 株)。把此毒株接种 29 头猪后有 22 头猪发生慢性猪瘟,其中 16 头存活多 30 天,3 头存活 100 多天,1 头在出生 121 天时仍具有病毒血症。Stewar 等(1975)报道,在猪瘟流行期间,慢性猪瘟通过池塘旁边的蚊子叮咬导致许多猪受到感染。

Carbrey 等(1977)报道,当扑灭猪瘟的计划接近扫尾时,又遇到大量的慢性猪瘟,最后流行于 1976 年,在新泽西州再度发生。把从这次流行中幸存 30 天以上病猪体内分离的毒株,接种 60～72 日龄站岗免疫猪,接种后有 5 头出现持久的病毒血症,2 头没有受到强毒的侵袭,123～137 天宰杀的站岗免疫猪仍然保持持久的病毒血症。

现在某些国家在猪瘟的流行和防制中存在另一个问题,就是猪群中存在抗 BVDV 抗体,但滴度不高。例如爱尔兰已无猪瘟病毒感染,但在牛和猪混牧的牧场中,猪中出现 BVDV 抗体的阳性率高达 28%。据推测,这是猪与牛和绵羊接触的结果。澳大利亚在消灭猪瘟几年后,仍有一些猪中发现猪瘟中和抗体,且这些猪中,抗 BVDV 的血清抗体滴度更高。试验证实,猪在接种无毒力的猪瘟病毒以后,仅产生对这株病毒的中和抗体,随后再接种猪瘟强毒,使其对猪瘟的抗体增加,但对 BVDV 病毒仅有很低或根本没有抗体反应。相反,猪在接种 TVM2 株 BVDV 病毒以后,虽不产生任何临床症状,但可以产生一定程度的抗猪瘟强毒攻击的防护力。有人认为 BVDV 可能是猪瘟病毒的一个特殊的血清学变种,对猪已减毒,但已充分适应牛和绵羊。BVDV 已成为猪瘟流行的干扰因素。

据野外流行病学观察,用病猪肉制造的食物,如香肠和腌肉,猪瘟病毒可在其中存活 6～12 个月。昆虫可能传播病毒,厩蝇和埃及黑斑蚊在叮咬病猪或吮食污染材料后,可能将猪瘟病毒传染给易感染猪,但未能证明病毒能在昆虫体内增殖。

除以上因素外,由于饲养方式改变,免疫因素中疫苗工艺种类不同,免疫程序变化,猪及猪肉等畜制品广泛交流,病原传递复杂多变。从 20 世纪 70—80 年代,猪瘟的流行特征有了许多新的特点,有的地区发现所谓慢性、非典型和隐性猪瘟。因为猪瘟预防中弱毒苗的广泛实施,绝大多数猪都获得了不同程度抗猪瘟抗体,在疾病流行初期多出现亚急性和非典型猪瘟征兆。而流行速度趋向缓和、流行范围局限化,多数为局部地区的村屯、以户为单位散发居多。大型猪场一旦发生猪瘟,常常为仔猪发病或母猪流产、出现弱仔、死胎、木乃伊胎等。但流行病学观察统计,我国大部分猪瘟发生,不论是规模化还是小型散养户猪场,都与疫苗有关。

流行病学上要注意的另一问题是猪瘟病毒在野猪群中的持续感染,使野猪成为猪瘟病毒的天然宿主。我国有100多万头野猪,而且其活动范围很大,根本无法免疫。另外,家养野猪或家猪野猪杂交,也会造成猪瘟盛行。这些免疫防治死角,对家猪感染猪瘟病毒构成严重威胁。

[发病机制] 在自然条件下,CSFV侵入机体的途径为口鼻,偶尔病毒通过黏膜、生殖道黏膜或皮肤伤口侵入猪体,经口腔和母体感染后,扁桃体是病毒复制的最初部位。

最初病毒感染扁桃体腺窝的上皮细胞,随后扩散到周围的淋巴网状组织。CSFV通过淋巴管从扁桃体转移到扁桃体区域的淋巴结,病毒在局限淋巴结复制,然后到达外周血液,从此时病毒在脾脏、骨髓、内脏淋巴结和小肠淋巴样组织中大量生长。因为病毒在淋巴组织、循环中的白细胞和单核细胞中生长复制,所以出现高病毒血症。到病毒血症的后期,可能病毒不侵害实质器官。强毒株一般在侵入猪体后5~6天内扩散到猪体全身。

在急性CSF中出现的多发性出血,是由于内皮细胞变性和严重的血小板减少,以及纤维蛋白质合成障碍所致。急性CSF患猪最后均死亡。引起死亡的机制目前尚不清楚,但严重的循环障碍可能是最主要原因。

在急性CSF期间,患猪的免疫反应发生变化。据报道,对溶解酶反应的第2抗体的抑制,外周血液和器官淋巴细胞对T和B细胞有丝分裂原的异常反应性和B细胞缺乏是主要变化。

CSFV持续感染一般由弱毒株引起,认为有两种类型的持续感染,即慢性和迟发性CSFV感染。

慢性CSFV感染的第一阶段类似急性CSF,但病毒的扩散更慢,病毒在血清中的滴度低或缺乏,并且病毒抗原常常局限于扁桃体、唾液腺、空肠和肾上皮细胞内。特异性抗体反应和/或产生病毒的细胞数量减少,说明CSFV从血清中暂时消失。在血液循环中,同时存在病毒抗原和抗体,可以导致抗原-抗体复合物在肾脏沉积,引起肾小球肾炎。在急性病例恶化期间,病毒重新分布全身。在慢性CSFV感染猪中形成的免疫耗尽可能促进了病毒的重新扩散。

迟发性CSF感染开始为隐性病程,可能在最初接触病毒后的数月内不产生临床症状,这种感染为胎儿时期接触CSFV弱毒株的遗留结果。该患猪呈现一生高病毒血症,在食入母乳抗体后,病毒血症可一时减轻。CSFV抗原广泛分布于上皮组织、淋巴组织和网状内皮组织中,患先天性持续性CSFV以外的抗原-抗体反应一般正常,表明对该病毒有特异性免疫耐受性。在这些持续感染的猪中,外周血淋巴细胞对有丝分裂原的反应仅仅轻度降低。

　　出生后感染 CSFV 慢毒株的发病机理还不很清楚,病毒生长好像仅局限于扁桃体和局部淋巴结,但病毒可以通过血液转移,怀孕母猪常发生通过胎盘传染是由血液传播。病毒可能在一处或多处通过胎盘屏障,随后从胎儿扩散到胎儿,随着胎儿的生长,病毒非经肠感染以后,首先在扁桃体内生长繁殖。

　　Pesang(1973)证实,猪瘟病毒在感染口腔 7 小时后进入扁桃体,在颈部经淋巴管转移到淋巴结,感染后 16 小时可以检出病毒。病毒经感染的网状内皮系统细胞,到达各种不同的毛细血管,出现病毒血症。大约经 16 小时病毒停留在脾脏,即在第 2 个靶器官迅速持久地繁殖,导致更强病毒血症。由于猪瘟病毒在白细胞培养物上显示增殖,白细胞中的猪瘟病毒在血液中循环,不断复制使病毒血症更为严重。猪瘟病毒繁殖的其他部位,据证实可在内脏淋巴结、骨髓和淋巴组织如肠黏膜的孤立淋巴滤泡中。病毒感染后 3～4 天通常还没有侵入器官的实质,但它侵害间质细胞和上皮细胞。猪被病毒侵染后器官受到损害死亡,也可痊愈。

　　Pesang(1973)用荧光抗体试验检测在扁桃体、咽黏体、胃肠道、肾、膀胱、胆囊、胆管、胰腺、唾液腺、瞬膜、子宫、肾上腺和甲状腺的上皮细胞中发现猪瘟病毒。猪感染病毒后,胃肠道最先受害的细胞是局部聚集的网状内皮细胞、孤立淋巴滤泡、结合淋巴滤泡中的巨噬细胞,其次才是上皮细胞。由此,推测感染上皮细胞是通过网状内皮系统细胞促成的。

　　Cheville 等(1969)在对慢性猪瘟的研究中发现病毒抗原限于唾液腺、回肠黏膜、扁桃腺和肾脏的上皮细胞。相反在急性病例中病毒广泛地分布在网状内皮细胞。假设病毒在这些上皮细胞继续存在的话,那么与抗原相应的抗体无法到达此地,在这些部位如有病毒持久地存在,当然唾液、尿液和粪便中也就含有病毒。

　　病猪幸存 40 天以上继续不断地排出猪瘟病毒而外表存在免疫疲惫的迹象。这种变化由整个胸腺萎缩、极少的淋巴细胞和周围淋巴组织中胚芽滤泡构成。而肾小管变化表明有一种免疫病理过程。血小管周围间质中淋巴细胞浸润,浆细胞通过感染的肾小管移动,被解释为特殊的免疫反应。寻找嗜中性脾炎及脾脏内白细胞中存在的细菌还需进一步试验,但慢性猪瘟对其他传染因子的抵抗力降低。

　　发育病毒毒株的致病性对胎儿形成先天性感染。一般情况下,怀孕早期出现感染时,对胎儿损伤的危险性高。

　　从 CSF 康复的猪含有抗 CSFV 抗体,但在亚急性致死性病例中也可以产生中和抗体。慢性 CSF 猪能够出现特异性抗体反应,而先天性持续性 CSF 病例则出现对病毒的免疫耐受性,虽然在怀孕中期阶段,胎儿形成免疫力,但是只有部分胎儿在生长发育的最后阶段产生对 CSFV 抗体。偶尔出生后感染 CSFV 某些毒株时,中和抗体仅仅一时被检测到,或者缺乏,这可能是由于病毒的免疫性差所致,这些病毒一般为降低毒力的毒株。

　　病毒入侵机体后的命运,是否导致疾病及疾病的严重程度等,均与先天性的细胞反应、特异性免疫应答和病毒抗宿主反应有关,是三者发生、发展及相互制约与平衡的结果。分子生物学研究进一步揭示着三者的关系。

　　(1) CSFV 的细胞受体。病毒是通过 E^{rns} 和 E2 2 种囊膜糖蛋白与细胞表面的相互作用而进入细胞的,重组的这 2 种糖蛋白可与细胞表面上不同的成分相互作用。抑制试验表明,CSFV 最初结合到细胞膜上是由 E^{rns} 糖蛋白介导的,CSFV 和 BVDV 可与同一细胞受体结合而介导细胞感染,因为 CSFV 的 E^{rns} 蛋白可抑制猪源 BVDV 的感染,但对牛源 BVDV 没有作用,这同时也说明病毒的宿主嗜性与 E^{rns} 有关。

硫酸乙酰肝素(HS)是 CSFV 的一种受体,CSFV 的 E^{rns} 与 HS 结合而进入细胞,这种结合与 E^{rns} C 端的 Ser^{476} 有关。当将中性的 Ser^{476} 突变为碱性 Arg^{476} 时,病毒将不能与 HS 结合。HS 是迄今唯一得到证实的 CSFV 受体。另一种可能的受体是低密度脂蛋白受体(LDL),因为已证实黄病毒科的许多不同种类的成员 CHCV、BVDV、GBV 和 HGV 均可通过 LDL 受体的介导以细胞内吞的方式进入到细胞中。

(2) CSFV 毒力相关基因。CSFV 基因组与毒力相关的基因有 N^{pro}、E^{rns}、E1、E2。强毒株的这 4 个基因中仅 1 个基因的某些核苷酸突变或是强毒株中这些基因被弱毒株相应的基因取代后,CSFV 的致病力均可能明显下降。这 4 个基因的表达产物除 E^{rns} 蛋白具有淋巴细胞毒性外,其他 3 个蛋白质单独并不表现什么毒性,它们只是在维系病毒的整体致病力方面起作用。

纯化的 E^{rns} 的蛋白在体外细胞培养中对猪、牛、山羊等多种动物的淋巴细胞均表现出细胞毒作用。将 CSFV E^{rns} 的 RNase 消除后,一些毒株毒力减弱(Meyers,1999)。但消除 E^{rns} 糖蛋白的 RNase 活性可使 CSFV 毒力降低,这一特性只限于特定的变异株,并不是 RNase 阴性毒株的普遍特性,因为一些 RNase 阴性毒株虽然在某些细胞传代中能保持稳定,但在猪体内传代时却容易发生回复突变。

Risattc (2005)在 Brescia 毒株 E1 基因的 C 端插入了 19 个氨基酸残基的编码序列,得到 RB - C22V 重组病毒。该毒株可在细胞上正常生长,但将其接种猪后却毒力减弱,并且接种猪可抵抗强毒株的攻击。说明 E1 蛋白的 C 端与 CSFV 的毒力有关。对该区域进行突变,可以研制出活弱毒疫苗。

Risatti(2005)用疫苗 C 株的 E2 基因取代强毒株 Brecia 株基因 E2,结果发现把该嵌合病毒接种猪后毒力明显下降。接种猪只有短暂的病毒血症,病毒在扁桃体中的增殖减弱和排毒减少。

在 CSF 中的细胞介导免疫的作用尚不清楚。

(3) CSFV 致病机制与宿主免疫机制。CSFV 的急性致病性主要表现在两方面：一是淋巴细胞减少引起的免疫抑制;二是血液系统的紊乱导致的出血现象。而慢性和持续性感染也是 CSFV 致病性的一个重要方面。

Corthier (1978)和 Remond 等(1981)观察到在亚临床或免疫的猪对 CSFV 的一时性芽生性反应(Blastogenic response)。感染病毒诱导出抗 CSFV 的 T 淋巴细胞增生性反应,这种反应不是直接对 E2 蛋白的免疫决定簇。另外,还观察到良好的非特异性淋巴细胞增生(Kimman,1993)。用 CSFV 特异性细胞毒 T 淋巴细胞确定出一个决定簇,它位于 NS2.3 和 NS4A 蛋白裂解位点上(Pauly 等,1995)。

单核/巨噬细胞是动物机体内 CSFV 增殖的主要细胞,另外 CSFV 也可在血管内皮细胞和 DC 细胞内增殖。CSFV 并不感染淋巴细胞，在体外细胞培养中 CSFV 也不导致淋巴细胞病变。因此，淋巴细胞减少不是病毒直接感染的结果。Summerfield 等(1998)将强毒 Brecia 经口腔接种敏感猪，结果接种后第 1 天循环血液中的 T、B 淋巴细胞即开始减少，而在血浆和淋巴细胞中却要在接种后 3 天才能检测到病毒。在观察的一周内，只有不到 3％的白细胞和非淋巴细胞感染了病毒，因此，CSFV 导致的淋巴细胞凋亡，并非病毒直接感染细胞的结果，而是病毒感染激活了细胞的程序性死亡机制。这一机制的诱因是 CSFV 感染后大量细胞因子的产生，单核/巨噬细胞在感染 CSFV 后首先是 TNF－α(为主要的调节因素)分泌增加，接着是 IL－6、IL－1α 和补体成分 C1q 的分泌增多。由这些因子的特性可推知，淋巴细胞和血小板减少主要是因为 IL－6 和 IL－1α 之故；而 TNF－α 则起次要的作用。Summerfield 等同时发现在病毒感染的早期血液中 IFN－α 水平显著提高(IFN 可引起细胞的凋亡)，并且这种提高与 T、B 细胞大量减少的时间一致。然后随着病毒感染进程的发展，浆细胞样 DC 细胞(体内产生 INF－α 的最主要细胞，plasmacytoid dendritic cell，pDC)发生渐进性的缺失，INF－α 的水平也随之下降。猪感染 CSFV 后，多达 30％的淋巴细胞表达 Fas。Fas 是肿瘤坏死因子受体(TNFR)家族的成员。它被激活后，可激活 Caspase(属半胱氨酸蛋白酶，为一种凋亡酶)引起细胞的凋亡。因此 Fas 介导的淋巴细胞的凋亡是猪瘟发生时淋巴细胞减少的重要原因。CSFV 的免疫抑制作用的另一个重要原因是 E^{ms} 诱导淋巴细胞的凋亡。CSFV 在猪体内繁殖后，只有部分 E^{ms} 形成病毒粒子，大部分则分泌到细胞外进入到血液循环中，这一现象与 E^{ms} 引起病毒的免疫抑制作用是一致的(Bruschke 1997)。

肝脏的 Kupffer 细胞在 CSF 的病理发生中起着促进作用(Nunez 2005)。CSFV 的抗原在肝脏中出现后，可观察到肝脏中的 Kupffer 细胞增多，细胞活力增强，Kupffer 分泌 IL－6 和 IL－1α 增多，并且 CSFV 抗原量的多少与这 3 种细胞因子的过量表达呈正相关。超微结构分析表明，在 CSFV 感染初期，血小板于 Kupffer 细胞附近活化并发生凝聚。

Bensaude(2004)发现病毒感染后 3 h，猪体内 IL－6、IL－1 和 IL－8 等炎性细胞因子的水平出现一个短暂的升高；感染后 24 h 再一次升高并维持较长时间。这些因子的产生是 CSFV 与细胞表面特异受体结合，通过信号传递激活 NF－kB 等转录因子的结果。病毒侵入机体后首先与免疫细胞结合并启动细胞因子的产生，其数量有限，引起的反应并不强烈；随着病毒进入细胞后，刺激暂时消失，但当病毒在机体内增殖并释放到细胞外后，则再次启动新一轮的细胞因子风暴(cytokine storm)，并且由于病毒数量增多，其炎性反应也要强烈得多。一方面炎性因子的大量产生使其炎性产物增多而导致血管的通透性提高。同时，实验还证实 CSFV 感染后，血管内皮细胞产生的血液凝集因子、组织因子和血管内皮生长因子等与内皮细胞渗透性和血液凝集有关的细胞因子的转录水平也同时升高。组织化学和组织病理学研究表明，CSFV 感染后，巨噬细胞被激活而释放血小板活化因子，导致血小板被大量激活，继而被巨噬细胞吞噬。猪瘟病毒诱导炎性因子和促凝血因子的产生后，破坏了凝血—纤溶间的平衡，导致凝血和血栓的形成，从而使血小板减少，导致出血，这在猪瘟这一病理过程中起着重要的作用。

RNA 病毒基因组在复制过程中能形成双链 RNA(dsRNA)的复制型中间体，而 dsRNA

可诱导感染细胞的凋亡和 IFN 的产生，从而对病毒的增殖起抑制作用，这是宿主抗 RNA 病毒感染的重要的天然防线。同时，dsRNA 还能激活 DC 细胞，从而促进特异性免疫应答产生，CSFV 可避免 dsRNA 介导的感染细胞凋亡和抑制细胞产生 IFN‐α/β，而缺失 N^{pro} 基因的 CSFV 却没有这种现象。实验证明，N^{pro} 蛋白能与 dsRNA 结合进而抑制其功能，并对 IFN‐α/β 启动子有抑制作用，且能封闭 NDV 病毒的 IFN 诱生作用。N^{pro} 蛋白的这种作用使感染细胞能抵抗 dsRNA 分子诱导的凋亡而导致 CSFV 非强毒株持续性感染的产生，在这方面 BVDV 与 CSFV 一样，具有抵抗宿主的抗病毒反应和抗凋亡的能力，这可能是瘟病毒持续性感染的原因。

　　非典型猪瘟与动物疾病中的免疫耐受现象很相似。耐受性现象的本质是机体的一种内源性和外源性抗原不能引起免疫反应的状态。这种状态可在胚胎发育期形成；也可在个体出生后早期内以及在成年期被引起。T 淋巴细胞和其他的免疫潜能细胞参与耐受性的形成。除了抗原（病毒）的毒力外，也与被动和主动抗体以及机体免疫状态有关。这种生物学反应已由猪瘟结晶紫苗与高免疫血清同时注射猪免疫接种所证实。抗体的存在，能抑制或中和病毒。由于母猪仅每年一次的免疫，其亲代的仔猪母源抗体不均衡，分为高、中、低或无抗体水平，约 1/3～1/4 滴度为低水平；而主动免疫期抗体衰退也不一致，在一定日龄后也会出现高、中、低或无抗体状况，给机体防御和免疫带来不同变数。随着抗体水平上升，病毒增殖受到抑制，逃脱的中和突变病毒将可能继续生存并造成持续性感染，母猪长期多次地接种疫苗使中和逃脱突变的概率变大，从而造成亚临床持续感染，尤其是妊娠母猪在免疫后带毒期（2 个月）怀孕，病毒通过母猪感染胚胎。由于抗体不能通过胎盘，在整个怀孕期都能引起胎盘感染。尤其在受孕早期（45 天）胎盘淋巴组织处于早期分化阶段，过早地接受大量的抗原将胚胎的许多 B 淋巴细胞克隆被消除，从而造成先天性对病毒（C 株）的免疫耐受性。一些研究认为此种特异性抗体的生化反应是造成猪瘟病变和症状衰变原因。因此，非典型猪瘟并不是独立的一种猪瘟类型，而是在抑制条件下产生变异的结果。

　　高瑞伦（1988）用猪瘟石门系种毒接种以下 4 组猪，结果见表‐51。

　　1 组无抗体猪接种病毒后呈现典型猪瘟临床症状和病变；2 组母源抗体接近消失，出现潜伏期延迟，临床症状和病变有所减轻；3 组和 4 组猪分别具有母源抗体和主动抗体，则潜伏期延迟，临床症状和病理变化减轻，4 组猪病理变化不典型，不能判断是否是猪瘟死亡。它们的病变与猪瘟 5 大特征病变相同，但表现轻或不典型。

　　[临床表现]　CSF 是引起猪的高度接触性传染性病，有急性、亚急性、慢性、持续性和潜伏感染形式。由于流行的猪瘟病毒的株有强有弱，据 Garbre 报道，强毒力株占 45%，低毒力株 27%，无毒力株 22%，持续感染毒株占 6%。强毒力株引起典型猪瘟，猪死亡率高；中等毒力株引起持续感染，引发部分猪死亡；低毒力株引发非典型、温和隐性型猪瘟，不引发猪死亡。这些不同感染形式既与毒株的不同有关，也与宿主有关，相关因素包括毒株毒力、感染动物的年龄、感染时机（出生前还是出生后）和宿主抗 CSFV 的特异性免疫的强度等。非免疫小猪感染后症状严重，呈典型的猪瘟症状和病理病化，而成年猪感染后症状较轻，并有可能耐过。怀孕母猪感染后，病毒可经胎盘感染胎儿，如果被低毒力或中等毒力的毒株感染，则

表－51 不同猪瘟抗体水平猪攻毒后的临床症状与病变

试验猪类别	猪数	潜伏期（小时）					皮肤红斑	稽留热	粪便			肾针状小点出血	膀胱小点出血	喉头溃疡	胆囊溃疡	回盲瓣溃疡
		24	36	48	60	72			便秘	拉稀	无腥臭味稀粪					
1组 50～75 kg 非免疫猪	20	85%	15%				100%	100%	100%	100%		100%	90%	95%	90%	100%
2组 25～35 kg 非免疫猪	10			50%	50%		100%	100%			100%	100%	60%	70%	70%	100%
3组 45～50 日龄非免疫猪	10				10%	90%	100%	100%			100%	80%	10%	70%	50%	90%
4组 362 天免疫猪	10			10%	30%	60%	100%	100%			100%	40%	70%	20%	30%	60%

注：50～75 kg 非免疫猪检测无抗体；25～35 kg 非免疫猪检测无抗体，母源抗体接近消失；45～50 日龄猪未免疫但有母源抗体；362 天免疫猪为 30 日龄时接种过猪瘟兔化弱毒疫苗。

可能引起所谓的"母猪带毒综合征"，其表现是死胎、仔猪出生后早期死亡、弱仔，以及外表健康但隐性带毒的仔猪。

实验给猪接种猪瘟病毒，接种后2～6天有两项体温升高，接种24小时白细胞明显减少，而且贫血，第7天出现腹泻，第14～15天厌食、死亡。神经型症状可能是变异株引起，潜伏期短，病程急，感染猪侧卧，先表现强直性惊厥10～15 sec，随后阵挛惊厥30～40 sec，惊厥时可伴高声尖叫，惊厥多点连续发生或间隔数小时发生，后期常呈现昏迷。有些病例不表现惊厥，其神经的受害表现为身体和腿部肌肉剧烈的震颤；也曾有失明，步态不稳及异食癖。

生殖机能是猪瘟一个重要特征而无其他症状。可能发生于对妊娠母猪暴露于强毒时保护不适当或易感妊娠母猪接种了减毒活疫苗或暴露于弱的田间毒株母猪仅轻微发热外，无其他症状，随后引起高的流产率。一窝产仔猪少、仔猪干尸化、死产或畸形，活产仔猪尽管是带毒者，但只表现体弱或临床上正常。有人观察到产前感染猪瘟病毒，暴发中出现过高发病率的先天性肌阵挛（震颤）并伴随小脑发育不全，并已复制成功。症状因病毒株和感染时的妊娠期而不同。

田间观察发现一种慢性猪瘟，偶尔也见于血清—病毒同时接种之后，其潜伏期比正常的要长些，猪消瘦，皮肤出现特征性的损害，如脱毛、皮炎、耳朵起斑点，晚期腹部皮肤呈深紫色，有的可恢复，有的复发，死亡。

1. 急性猪瘟　急性猪瘟分最急性和急性型。最急性型病猪多见于新疫区发病初期，可能不显任何症状而突然死亡；未死亡猪食欲减少、沉郁、体温升至41～42℃，眼、鼻黏膜充血，极度衰弱，病程1～2天，死亡率极高。急性型。不同品种和年龄的猪，对猪瘟病毒易感，幼龄猪最为敏感，自然感染的潜伏期为3～8天，病期约5～16天，其临床症状见表-52。

表-52　感染猪瘟病毒后出现猪瘟症状时间

病　　状	开始出现天数	经　　过
活动减少	2～6	到死亡
食欲减少	2～6	到死亡
体温升高	2～6	到死亡前不久
白细胞减少	2～6	到死亡
眼结膜分泌物	4～7	到死亡
拥挤打堆	4～7	到死亡
呕吐	4～8	到死亡
呼吸困难	4～8	到死亡
全身痉挛	5～8	12天后少见
便秘	5～8	到发生腹泻
红斑	5～8	死前可能变成发绀
腹泻	6～10	常到死亡
共济失调	7～10	到死亡

病　　状	开始出现天数	经　　过
皮肤出血	7～12	到死亡
皮肤发绀	9～14	到死亡
耳部污斑	15～20	到死亡

　　典型猪瘟常表现为急性型。猪群第一次出现猪瘟时，开始仅有少部分猪显示症状，最初发病时，病猪精神沉郁，伏卧呆滞，昏睡；被驱赶时，行动迟缓垂头、弓背、低头直尾、怕冷、寒战、口渴、食欲减退或厌食；饲喂时，可缓步走进食槽，食数口后，即退槽卧地，死前有的猪可进食几口，有时有呕吐；常有呕吐，吐出的内容物淡黄色，含有胆汁；少数病猪全身痉挛，从痉挛开始经几小时或几天便死亡。病猪体温升高，感染后 6 天内体温升高到 41～42℃，最高超过 42℃，呈稽留热。同时，白细胞数减少，减到 9 000 个/mm³，甚至低到 3 000 个/mm³。发病初期，眼结膜发炎、潮红，眼睑浮肿，分泌物增加，角膜充血；后期眼结膜苍白，眼角处呈黏液脓性分泌物，甚至将上下眼睑粘连。病猪体温升高之初，排便困难，粪便呈粒状，不久出现腹泻，粪便呈灰黄色，附带血的黏液或伪膜，恶臭异常，有的病猪出现便秘和腹泻交替。病猪寒颤挤在一起，少数病猪可发生惊厥，常在几小时内或几天内死亡。体温升高的同时，可见口腔黏膜有出血点。前期皮肤潮红，到后期皮肤苍白、贫血，在病猪下腹部、耳根、鼻端、四肢及外阴大腿内侧等处可见紫绀或出血点与出血斑。指压不褪色，病程长的则融合形成较大的出血坏死区。随着更多猪的发病，病猪常出现后肢麻痹症状，大多数急性型病猪在发病后 10～20 天死亡，死亡率可达 60%～80%。

　　急性感染公猪的阴茎积液，膨胀肿大，用手撸之有浑浊、恶臭、带有白色沉淀物的液体流出。

　　哺乳仔猪也可发生急性猪瘟，主要表现神经症状，如磨牙、痉挛、转圈运动，角弓反张或倒地抽搐，如此反复几次后死亡。据国外报道，发生先天性震颤的小猪其中 12% 是由猪瘟病毒引起。

　　据有关研究报告，猪瘟病毒感染妊娠 50 天左右母猪可引起母猪流产与产死胎；母猪妊娠 70～80 天感染后可产弱仔猪，仔猪表现为先天性震颤，皮肤发绀，虚弱贫血，死亡率高；母猪妊娠 90 天后感染产出的仔猪少数发生死亡，多数存活 6～11 个月。P. Vannier(1981)用猪瘟病毒攻击不同妊娠期母猪发现其所产仔猪先天性震颤。分别给妊娠 22 天、43 天和 72 天母猪注射猪瘟病毒 5 mL，即 A、B、C 组，结果(表-53、表-54、表-55)显示 A 组产活仔 8 头和死胎 2 头，仔猪出生时不同程度肌肉震颤、共济失调、腿外翻，5 头数月内死亡。这些震颤主要局限于头部，直至死亡或无症状死亡。多数猪死前全身性发抖或后肢局部震颤。大脑/小脑比值为 0.05～0.08，存活率为 0.089。多数猪剖检时有发绀和局限于皮肤的出血性病灶。

　　B 组一头母猪产活仔猪 9 头，死胎 1 头，全部仔猪都有严重震颤，另一母猪产活仔 11 头，死胎 2 头。存活猪 10 头有震颤，2 头有腹泻和呼吸困难，肛温 40℃，耳发绀，全部死亡。大脑/小脑比值为 0.05～0.08。

表-53　仔猪出生时的状况

母　猪　号	产　仔　数	死胎或木乃伊	产活仔数	
			有震颤	无震颤
A组(怀孕22天感染)1	10	2	8	0
B组(怀孕43天感染)2、	10	1	9	0
3	13	2	10	1
C组(怀孕72天感染)4、	14	8	0	6
5	10	6	0	4
D组(对照)6、	11	0	0	11
7	6	0	0	6

表-54　小脑发育不全出现的频率

处　　理	大脑/小脑比值(出现头数)	
A组(怀孕22天感染)	<0.08　6/8	0.08～0.95　2/8
B组(怀孕43天感染)	<0.08　10/15	0.08～0.95　1/15

表-55　被感染仔猪器官的病毒分离

仔猪	肾	脾	肺	大脑	扁桃体	血液
A组	8/8	8/8	7/7	8/8	7/7	2/2
B组	12/12	12/12	12/12	10/12	12/12	3/3
C组	16/24	15/24	17/18	17/23	17/19	ND
D组	0/5	0/5	0/5	0/5	0/5	阴性

　　C组2头母猪,1头产死仔8头,活仔6头为弱仔,48 h内皆死亡;另一头母猪产6头死仔并木乃伊化,4头弱仔,48 h内死亡,无震颤症状。

　　D组为对照母猪。1头母猪产活仔11头,另一头产活仔6头,大脑/小脑比值>0.12。

　　先天性震颤可能是猪瘟病毒特定株经胎盘感染胎儿的结果,这种型的特点是病猪发育不全,小脑发育不良和髓鞘形成不全,用猪瘟病毒感染母猪发现33个先天性震颤仔猪的97%有小脑发育不全,发抖仔猪小脑是不正常地变小,而其结构成分的损害不明显,先天性震颤与母猪感染猪瘟病毒有关。

　　长时间保持持续震颤的仔猪,在生活过程中随着猪龄增长而震颤程度有所减退,存活仔猪有持续的病毒感染,并且不断地排出猪瘟病毒。

　　罗健(2005)报道猪场出现20多窝仔猪先天性震颤。其表现为临床正常的孕猪所产的仔猪,出生后发病,全身不由自主地有节奏震颤,主要以头部、四肢和尾部剧烈的阵发性肌痉挛,呈不断跳跃姿势,走路困难,无法哺乳。当被触摸或惊吓时,跳动频率及幅度加快加大。拉黄色油状粪便。但体温正常、呼吸无明显变化。因饥饿死亡。全身淋巴结肿大、红褐色、较暗淡。肾脏有陈旧性出血点、肾乳头出血;肺有少量出血点;小肠充满黄色糊状内容物,其他脏器未见异常。实验室诊断为猪瘟病毒感染;母猪群抗体滴度低。用猪瘟兔化脾淋疫苗,全群免疫,控制了本病,再未见此症发生。

2. 亚急性型　症状与急性型相似,体温先升高后下降,然后又升高,直到死亡。病程长达 21～30 天,皮肤有明显的出血点,耳、腹下、四肢、会阴等可见陈旧的出血斑点或陈旧交替出血点。可见扁桃体肿胀、溃疡,舌、唇、齿龈结膜有时也可见到。病猪日渐消瘦衰竭,行走摇晃,后躯无力,站立困难,最后死亡(本型多见于流行中后期或老疫区)。

3. 慢性型(非典型、隐性或持续型猪瘟)

(1)持续性型。症状与急性型相似,但病情相对缓和,病程更长。一般 2 周以上,甚至长达数月。疾病的发展大致可分为 3 个阶段:第 1 阶段体温升高至 40～41℃,有食欲不振、精神萎靡、白细胞减少等症状,此期为 3～4 天;第 2 阶段体温略有下降,但仍保持在 40℃左右的微热,精神、食欲和一般状况随之改善,但白细胞仍然减少;第 3 阶段病猪体温再度升高至 41℃左右,再度食欲不振,精神萎靡,严重猪出现腹泻、粪便恶臭、带有血液和黏液,体表淋巴结肿大,后躯无力,行走缓慢,皮肤常发生大片紫红色斑块或坏死痂,迅速消瘦,濒死前体温下降,这期间往往有细菌继发感染,从而引起白细胞再度升高。病猪中有部分猪只可能成为僵猪,生长缓慢,常有皮肤损伤、弓背。慢性猪瘟病毒可存活 100 天以上。

80 年代以来,我国余广海、董清华(1986)等人报告,国内一些地区出现了低毒力的猪瘟病毒引起的猪瘟,其症状和病变不典型,病情缓和。持续性型感染另一临床现象是低毒力猪瘟病毒感染造成慢性型和迟发型或隐性感染。

迟发型感染起初表现不明显病程,病毒感染几个月后猪才表现可见的症状,多因感染弱毒株引起,病猪终身带毒,并有高水平的病毒血症。病毒抗原广泛存在于上皮、淋巴样组织和网状内皮组织内,病毒增殖似乎局限于扁桃体和局部淋巴结,通过血流散布。先天性感染猪对猪瘟病毒不产生中和抗体应答,对猪瘟病毒产生特异性免疫耐受。

(2)隐性感染多见于生产母猪。感染母猪其本身并没有临床症状,只是对猪瘟疫苗的免疫应答能力差,但能将猪瘟垂直传播到下一代。有些资料报道,母猪免疫水平低下,抗体水平在 1∶4～7 时,怀孕母猪感染猪瘟病毒后,可通过胎盘感染胎儿;导致母猪繁殖障碍,流产、产出弱仔猪、死胎、木乃伊胎等或是非典型猪瘟,产出的正常仔猪,终生带毒,带毒者注射猪瘟兔化弱毒苗后,不能建立中和抗体应答,形成免疫耐受性。胚胎时感染猪在出生后几个月表现正常,应激因素使其减食,发生结膜炎、皮炎、下痢、运动失调,但体温基本正常,大多数猪能存活 6 个月以上,但最终仍会死亡。

(3)非典型猪瘟,仅见于保育期的仔猪,系由感染隐性猪瘟病毒的母猪垂直传染给仔猪。该猪出生时健康,哺乳期间生长正常,一旦断奶失去母源抗体保护进入保育栏后不久,便可能出现所谓非典型猪瘟。主要表现为顽固性腹泻、粪便淡黄色,由于肛门失禁而污染后躯。病猪迅速消瘦,步态不稳,四肢末端及耳尖皮肤淤血呈紫色。

Meyer 等(1978)发现患病毒血症的仔猪(在生后几周内)和非病毒血症的同窝仔猪相比,在外表上无任何差别,但是它们可以把病毒传染给同窝非感染的仔猪。母猪的同胎胎儿有的被感染、有的生下来为未被感染的现象是猪瘟病毒感染的特性之一。这些胎儿一旦脱离子宫就相互直接接触,没有感染的仔猪可被同窝感染仔猪排出的病毒所感染,并同其他猪发生感染时一样表现为无症状,但能产生抗猪瘟病毒中和抗体。1981 年 Meyer 等把感染的仔猪群分为 3 种典型类型:

第 1 种类型为:死胎或具有典型病变和/或证明有猪瘟病毒感染的流产胎儿,3 只怀孕40～41 天的母猪鼻内接种"Glentorf"毒株,3 只母猪发生流产、死胎、木乃伊,从全部病死胎儿中都能分离到病毒。而 4 只怀孕的母猪,68～69 天攻毒,2 只发生死胎(5/5 及 3/7)、部分木乃伊,基本上都能分离到病毒,而 2 只仅发生仔猪病毒血症。

第 2 种类型是从出生到死亡长期保持先天性病毒血症仔猪,这种持续性感染主要发生于那些怀孕 70～90 天时感染了猪瘟病毒的母猪所生的仔猪。87～97 天母猪攻击猪瘟病毒,1 只所产仔猪在 58 日龄前有病毒血症,58 日龄后未检出病毒并有抗体产生,另一只部分仔猪到 58 日龄死亡,而部分在 58 日龄到 125 日龄仍存活。在证实发生胎盘感染的母猪所生下的 82 头仔猪中,有 30 头(36％)发生病毒血症,其中 21 头(25％)于产后 21 周内死亡,其余 9 头(11％)在产后 8 周内死亡,这些仔猪尽管出现高滴度的病毒血症和长达 2 周的排毒时间,但是不表现出症状。只是到后来发展为慢性型,病猪发育不良,并于 3～8 周龄内死亡,否则要将这些仔猪从没有患病毒血症的同窝仔猪中区分开来是不大可能的。

第 3 种类型的仔猪在分娩时没有感染,因为它们在吃初乳之前既没有发现病毒血症,又测不到中和抗体,它们属于健康猪,只是在猪瘟病毒的母源抗体下降后,由于这些仔猪与同窝的病毒血症仔猪和排毒仔猪接触而被感染,大约在 6 周龄时开始出现中和抗体。

在猪瘟呈地方性流行的地区,很容易发生持续感染,排毒的断奶小猪有可能上市或直接进入肥育猪群,它们在那里可以引起一种急性致死性的,高死亡率的短期循环型传染。所以,如果把控制猪瘟放在扑杀肥育猪群是不行的,检出种猪群中那些长期带有猪瘟病毒的所谓慢性型病猪是不可少的一环。

郭振华(2014)报道 3 个繁殖场计 150 窝母猪头胎产出仔猪在 4 日龄内发生全身抖动,部分仔猪后肢不能站立,呈"八字腿"状,有的整窝发病,有的同窝中部分仔猪发病,3 个繁殖场发病率分别为引进种猪数的 20.9％(69 窝),8％(25 窝)和 19.4％(56 窝),而母猪未见临床症状,同样经产母猪也无临床症状。发病猪病理变化为腹股沟淋巴结、颌下淋巴结充血肿大,肠系膜淋巴结肿大,肺表面散在出血点,脾脏边缘锐利,呈锯齿状,喉头有散在出血点,肾脏表面密布针尖状出血点。病原检验:蓝耳病、伪狂犬病、圆环病毒病原阴性,猪瘟病毒阳性。可能为母猪慢性猪瘟垂直传播所致。

[猪瘟的病理剖检]

猪瘟的病理剖检变化,不同的临床表现其病变也有差别。典型猪瘟的主要病变是皮肤发绀,有出血点或斑;全身淋巴结充血、出血和水肿,切面多汁,呈大理石样病变;肾脏的色泽和体积变化不大,但表面和切面布满针尖大的出血点;整个消化道都有病变;口腔、齿龈有出血和溃疡灶；喉头、咽黏膜有出血点；胃和小肠黏膜呈出血性炎症，特别在大肠的回盲瓣段黏膜上形成特征性的纽扣状溃疡（见表-56、表-57、表-58）。

表-56　670头猪瘟病猪眼观病理变化的统计

眼观病变		出现数（头）	出现率（%）	眼观病变		出现数（头）	出现率（%）
皮肤出血点		637	95.1	肾脏	出血点	670	100
淋巴结	出血	412	61.5		畸形	66	9.9
	水肿	258	38.5	胃浆膜出血点		546	81.5
脾脏边缘	梗死	196	29.3	扁桃体化脓		185	27.6
	锯齿状	100	14.9	回、盲肠纽扣样溃疡		98	14.6
膀胱出血点		471	70.3	心肌出血点		69	10.3
会厌软骨出血点		340	50.7	肺出血点		86	12.8

表-57　病猪常见眼观病理变化与猪瘟关系

眼观病变		出现数（头）	确诊数（头）	确诊率（%）	眼观病变		出现数（头）	确诊数（头）	确诊率（%）
皮肤出血点		2 468	637	25.6	肾脏	出血点	2 598	670	25.8
淋巴结	出血	415	412	99.3		畸形	158	66	41.8
	水肿	1 016	258	25.4	胃浆膜出血点		589	546	92.7
脾脏边缘	梗死	196	195	99.5	扁桃体化脓		201	185	92
	锯齿状	287	100	34.8	回、盲肠纽扣样溃疡		103	98	95.1
膀胱出血点		581	471	81.8	心肌出血点		341	69	20.2
会厌软骨出血点		342	340	99.4	肺出血点		849	86	10.1

表-58　猪瘟与非典型猪瘟特征性比较

	猪　瘟	非典型猪瘟
肾脏	针状小点出血占95%以上	针状小点出血占70%以上，而且很少几点
膀胱	针状小点出血占95%以上	针状小点出血占50%以上，而且很少几点
胆囊	溃疡占90%以上	溃疡占30%以上，而且轻
回盲瓣	纽扣状溃疡占95%以上	纽扣状溃疡时有时无

续　表

	猪　瘟	非 典 型 猪 瘟
喉炎	会厌软骨边缘溃疡占95％以上	会厌软骨边缘溃疡时有时无
淋巴结	肿大出血占95％以上	肿大出血占95％以上
脾脏	梗塞占90％以上	梗塞占90％以上
体温	稽留热	稽留热
发病率	100％（非免疫猪）	30％～50％非免疫猪
死亡率	占发病猪95％以上	占发病猪20％～50％以上
临床表现症状	先便秘后拉稀呈腥臭味	不先便秘，拉稀粪无腥臭味
病程	短	长（可达1～2个月）
血清型	能中和猪瘟兔化毒	能中和猪瘟兔化毒
酶标记检查	阳性	阳性或阴性
免疫兔血清		中和价1∶32以上

　　（1）最急性型发生在疾病流行早期。猪突然发生高热而无明显症状并且迅速死亡，浆膜、黏膜和肾脏中仅有极少数的点状出血，淋巴结轻度肿胀，潮红或出血，通常很少或没有出血的痕迹。

　　（2）急性型具有典型的败血症变化。皮肤点状或斑状出血主要见于耳部、颈部、胸部、腹股沟部和四肢；淋巴结变化具有特征性，几乎全身淋巴结都有出血性淋巴结炎的变化，主要表现为淋巴结肿胀，外观呈深红色乃至紫红色，切面多汁，红白相间的大理石状外观；脾脏一般不肿胀，脾脏边缘有出血性梗死灶。梗死是由于破裂的血流进入毛细血管被血栓阻塞的部位形成的，它于脾周围表面，大小不等，是紫黑色，单独存在或在脾边缘融合成一条，胆囊和扁桃体也可发生梗死。肾脏皮质层出现大量的点状出血，可密布在肾脏表面，量少时可见散在出血点，肾皮质和髓质切面均见有点状和线状出血，肾乳头、肾盂常见有严重出血，输尿管、膀胱黏膜常有出血点或出血性浸润。消化道的大网膜、胃肠浆膜以及肠系膜常见有小点状出血，胃底黏膜可见出血性溃疡灶，大肠和直肠黏膜随病程进展由滤泡肿胀到溃疡，也常见有大量出血点，小肠和大肠集合淋巴滤泡肿胀，病灶周围可见炎性充血反应，此为慢性猪瘟纽扣状溃疡形成的初始。回盲瓣口的淋巴滤泡常肿大出血和坏死。口腔、齿龈有出血和溃疡灶。呼吸系统的喉和会厌软骨黏膜有出血斑点，扁桃体有出血或坏死，胸膜有点状出血，胸腔积液，淡黄红色，肺有局灶性出血斑块，有时可见肺淤血水肿。心血管中，心包积液，心外膜、冠状沟和纵沟及心内膜有数量和分布不等的出血斑点，中枢神经系统主要见于软膜和脑实质有针尖大小的出血点。此外，胸腺亦有大小不等的出血点。

　　（3）亚急性和慢性型。可见败血症的变化，皮肤等有新旧交替的出血点，四肢发绀，淋巴结、肾脏、脾脏、耳根、股内侧皮肤出现出血坏死样病灶，淋巴结切面可见有出血吸收灶，特征性病变为盲结肠有轮层状溃疡。慢性型断奶仔猪肋骨末端与软骨交界处部位发生钙化,呈黄色骨化线,检查肋软骨连合处,在骨骺线下 1～4 mm 的骨化线是经常可见到的变化。

经常可与巴氏杆菌和猪霍乱沙门氏菌混合感染,剖检时可见巴氏杆菌的肺部纤维素肺炎或沙门氏菌感染引起的盲结肠固膜性肠炎。有两种形式:一种是以慢性猪瘟的局灶性固膜性肠炎,特有的大肠纽扣状肿形式表现;另一种以仔猪慢性副伤寒的弥漫性固膜性肠炎形式出现,两种病变同在大肠相互交错存在或同时存在。

(4)非典型猪瘟病毒或低毒力温和型病毒感染的剖检变化。其猪瘟特性病变出现率低,仅是轻微败血症,病变多局限在 1～2 个器官,而且每例出现特征性病变的器官不固定,出现的频率和程度不一致,极易被忽视或判断失误。

(5)繁殖障碍型。由于母猪怀孕期间猪瘟病毒通过胎盘屏障引起死胎、滞留胎、木乃伊胎、早产、产出弱仔或颤抖的仔猪,多数仔猪可见到水肿、腹腔积水、水牛头、颌小、肺动脉畸形、肾皮质层有裂缝,腿关节弯曲,皮肤和肾点状出血,心内膜炎等,胸腺萎缩,淋巴结肿大。母猪持续病毒感染可导致卵巢病理变化,使卵泡结节化。

临床上出现震颤的仔猪,主要是猪瘟病毒侵害小脑,使小脑发育不良。

[诊断]

1. 根据临床症状和肉眼病理变化对猪瘟进行诊断　在猪瘟临床表现呈现非典型症状后以及疫苗的不规范使用和其他疾病的混合或继发感染,使猪瘟的流行病学、临床表现和病理学变化极其多变,首先是该病毒在新感染猪群中的传播速度很慢。据荷兰流行期间统计分析表明,病毒侵入母猪群后 37 天左右,检出概率为 50%,47 天后检出概率为 90%,仔猪发病率延缓,从病毒传入猪群到检出疾病到发病之间存在一个极其危险潜伏阶段,这对高密度饲养的地区,能导致灾难性的猪瘟流行。其次是临床症状和病理变化的无特异性,这在非典型猪瘟猪群中表现最明显,但在新暴发猪场及断奶猪群出现症状后 1～2 周内死亡率高,病猪白细胞减少。参照荷兰判定的 3 项诊断指标:死产 20% 以上,流产母猪至少 80%,断奶仔猪死亡率为 26% 以上。剖检时可见皮肤出血,淋巴结、肾和其他器官出血,脾脏梗死等。最早发现猪瘟往往是通过临床症状和病理解剖变化的判定,是猪瘟早期诊断极为有效的手段。

2. 实验室诊断　当猪出现可疑猪瘟临床症状和病理变化时,必须采集合适的脑、扁桃体、脾、淋巴结、肾和血液样本,提供实验室进行常规检查:病毒血清学抗体或核酸检测及组织病理学检查。

(1)血清学检测。抗体是猪群可能已发生猪瘟病毒感染的一个有效的指标物。在猪瘟病毒感染猪群后 2～3 周即可首次检测到抗体,并可在活体猪体内终生存在。血清学方法通常作为猪瘟诊断和监测的常规方法,不管猪群所表现的临床症状如何,猪瘟病毒特异性抗体检测阳性被认为是猪瘟发生的重要指标,可以在怀疑猪群感染猪瘟病毒时应用。抗体检测最常用的方法是病毒中和试验,该法无法区分产生的抗体是源自猪瘟野毒感染还是来自猪瘟病毒活疫苗的免疫。阻断 ELISA 和间接 ELISA 常用来检测猪瘟病毒 E2 糖蛋白抗体,该方法适合于高通量的样本筛选。

(2)直接抗原检测。把病毒样本无菌处理的悬液接种于猪肾细胞 PK15 或 SK6 细胞培养,并通过直接或间接免疫荧光试验或免疫组化法来检测病毒,也可利用带有单克隆或多克隆抗体的免疫荧光或免疫组化法,在固定的组织冷冻切片中检测抗原。

（3）PCR 检测病毒核酸。RT－PCR 方法能在感染后较短时间内检测到病毒核酸,并能在病猪康复后的较长时间内检测到病毒核酸。其方法是把猪瘟病毒 RNA 从样本中提取出来后,再转录为 cDNA,然后通过 PCR 进行扩增。其包括：RT－PCR 方法、实时 RT－PCR 方法。

此外,还有猪瘟与其他疾病的鉴别诊断。

[防治]　猪瘟病毒不但有高度传染性和致病死亡率以及持续性,使临床症状多样性,而且一些猪场和地区病情延绵不断,病原根除困难,如何防控猪瘟应同其他传染病一样需要综合防治,生物安全措施、科学合理选用疫苗和根据各地区猪场指定免疫程序和积极研制更有效安全疫苗是近期和远期的措施。

（1）生物安全措施。生物安全涉及畜牧、兽医生物学及管理等学科与技术。其中最主要的措施有引种、全进全出、饲料品质、人员管理和在一定隔离范围内不饲养其他禽、畜、宠物与购买外来畜产品等。猪场普遍存在盲目引种,即未经检验的带毒母猪以及自然感染低毒力或中等毒力阳性公猪的购进,然后通过繁殖病毒将从第一代第一胎起不断传播,猪瘟就连绵不断。其次是不能严格执行全进全出,按生产顺序转棚出栏。试验用 7 株野毒攻毒后的猪与健康猪同居,所有猪都产生病毒血症,组织和器官中存在高滴度的病毒,病毒甚至存在于有血清中和抗体的猪中,但无明显症状,且不断排毒,不断感染健康猪。不论如何消毒,一只未及时清理隐性感染猪将埋下传染根源。

（2）疫苗种毒是猪瘟免疫的基础。C 株是唯一安全有效疫苗种毒。疫苗株在接种猪之后在猪体内进行一定程度的增殖和感染,从而刺激机体产生抗体以达到保护动物免受野毒株感染。C 株病毒在接种猪后 5～15 天即可在猪的扁桃体中增殖,血中带毒 12 天,淋巴、脾、扁桃体带毒可长达 2 个月。免疫 4～5 天即可产生抗体,群保护率 30 天 50%、90 天 95%以上。

目前世界各地分离的疫苗弱毒较多,分属各基因型,如美国 331 株,日本 gpe 株和 Rovac 株等,均可引起妊娠母猪胎盘感染和仔猪死亡。只有我国 C 株猪瘟疫苗具有免疫力强,保护率高且持久,遗传稳定,无残余毒力,无仔猪死亡的情况。目前还没有发现 C 株弱毒苗所不能保护的毒株。在法国 C 株和 Thiverval 株对慢性猪瘟病毒引起的母猪繁殖障碍症均有效。试验表明 C 株对我国目前流行的高中低不同毒力、不同地域、不同分离时间以及不同基因亚群的多个野毒进行单独混合、交叉一次或多次攻毒,均能获得完全保护。邱惠深等（1997）用猪瘟兔化弱毒苗免疫猪对 5 株猪瘟野毒和石门系强毒攻击进行保护试验,结果免疫组仔猪对 5 株野毒攻击全部保护,对照组全都死亡,有趣的是石门系强毒攻击的对照猪死亡时间是 6～9 天,而 5 株猪瘟野毒攻击的仔猪死亡时间延长,平均 20.6 天,（12～16 天至31～34 天）,而且用扁桃体免疫荧光抗体野毒跟踪监测攻毒后试验猪,在免疫猪体内未检测到抗原（表-59）。

表- 59　猪瘟野毒在免疫猪与对照猪体内的存在状态（HCFA）

攻毒用猪瘟野毒	免 疫 猪 1				免 疫 猪 2			
	攻毒前	攻毒后（周）			攻毒前	攻毒后（周）		
		1	2	3		1	2	3
HCV- 02	—							
HCV- 03	—							
HCV- 05	—							
HCV- 06	—							
HCV- 08	—							

攻毒用猪瘟野毒	对 照 猪 1				对 照 猪 2			
	攻毒前	攻毒后（周）			攻毒前	攻毒后（周）		
		1	2	3		1	2	3
HCV- 02	—	+	+	+	—	+	+	+
HCV- 03	—	++	+++	++++	—	++	++++	++++
HCV- 05	—	++++	++++	++++		++++	++++	++++
HCV- 06	—	++	+	++				
HCV- 08	—	+++	++++	++++	—	++++	++++	++++

注：—阴性，＋弱阳性；＋＋阳性；＋＋＋强阳性；＋＋＋＋特强阳性。

　　（3）疫苗效价影响机体的免疫应答和临床反应。中国兽药监察所证明 C 株弱毒苗对不同基因型野毒攻击具有保护作用，对预防目前流行的猪瘟安全有效。分子生物学研究表明，不同生产厂生产的疫苗的 E0 基因结构稳定，没有一个碱基发生变异，E2 基因的核苷酸及氨基酸均呈较高的同源性，为 99.1％～100％。证明疫苗种毒没有发生变异，但为什么猪瘟在国内一直未能平息，这与疫苗毒价有关。临床预防中，常以 4 倍以上剂量作免疫预防标准，用不同剂量的 C 株疫苗免疫猪，证实免疫剂量与保护水平密切相关，欧洲为消灭亚临床（慢性）猪瘟，欧洲药典规定用 C 株疫苗免疫时，肌肉注射量为 $100PD_{50}$（400 RID），取得较好防治效果。而我国规定的免疫剂量为 $37PD_{50}$（150 RID），显然在猪瘟不稳定地区，不能防止耐过猪不带毒，不足以切断猪瘟亚临床感染引起的恶性循环。有研究用 450 个免疫剂量（3头份剂量）免疫仔猪，免疫后 10 个月和 12 个月后猪的中和抗体达 32 倍以上，最高为 256倍，以石门系强毒 10^{-6}MLD 攻击，获得保护。同时，生产实践表明，在疫区或不稳定区过高或过度使用疫苗也会促发隐性感染猪在注射后2～4 天暴发猪瘟，并造成猪大批死亡。此外，疫苗的保存不当，如早上稀释的疫苗到晚上效价即损失 90％，猪瘟苗毒价在长久放置后从 10^{-4}下降至 10^{-3}，这种疫苗按原规定头份剂量免疫，猪至 4 月龄时有 1/4 猪发生猪瘟（表- 60，表- 61）。

表-60　兔化苗免疫剂量与攻毒保护

PD$_{50}$	RID	攻毒后能保护亚临床感染数
8	2	11/24(45.8%)
20	80	3/20(15%)
80～100	320～400	9/20(100%)

（4）同源或异源抗体影响免疫效果。仔猪母源抗体水平与疫苗应答效果研究较多，无母源抗体仔猪接种 1 头份疫苗，其中和抗体产生效价为 4～32 倍，而有母源抗体 4 倍的仔猪，免疫接种后仅有 16.6% 仔猪产生 32 倍中和抗体，母源抗体为 16 和 32 倍的仔猪，免疫接种后均不产生中和抗体。对免疫母猪所产仔猪，50 日龄时接种疫苗，在 10 月龄时，103 头猪的血清中和抗体检测阳性，仅为 65%，其效价为 1∶16 的为 60%，于免疫后 3、6、8、9 月龄攻击猪瘟石门系强毒，总保护率为 68%，最多组保护率为 75%，9 月龄保护率为 50%。然而，母源抗体对哺乳仔猪具有保护作用，用 10^{-6}MLD 1 mL 石门系猪瘟强毒攻击，结果 36 日龄保护率 100%，40 日龄保护率 75%，45、50 日龄时均不能抵抗强毒攻击，只有 50% 仔猪可抵抗 10^{-6}MLD 攻击。总之，母源抗体与活疫苗的免疫率的关系，32 倍以下为 100%，64～512 倍为 50%，1 024 倍以上活疫苗无效。有研究表明，猪瘟兔化弱毒苗免疫母猪高产的 13～14 日龄哺乳仔猪母源抗体可以中和 5 和 10 个感染当中的猪瘟兔化弱毒，而对 50 和 100 个感染剂量的兔毒不能中和。而 45 日龄仔猪有部分能以母源抗体中和 5 和 10 个感染剂量的兔毒，但也不能抵抗猪瘟强毒的攻击。另一个要注意的问题是，由于猪瘟病原基因型的多样性变化，部分猪瘟病毒可以通过躲避抗体的中和作用引起持续感染。试验证明猪瘟兔化弱毒苗接种猪产生的抗体对不同野毒株的中和能力差异很大。通过对 11 个猪瘟毒株的体外细胞中和试验比较，血清抗体在 1∶16 稀释时能中和 9 株野毒株，2 株在 1∶8 稀释时才能中和，1 株在 1∶4 稀释时，才能中和，这低稀释度中和占野毒株不小比例，影响免疫时间的选择和免疫程序（表-61）。

表-61　有母源抗体时的免疫剂量与攻毒的保护

免疫周龄	母源中和抗体水平价	免疫剂量	攻　毒　保　护
2	1∶46	480 RID	扁桃体有一过性复制不引起持续感染
6	1∶6	480 RID	未发现强毒复制

牛病毒性腹泻病毒（BVDV）与猪瘟病毒具有共同的抗原，猪瘟病毒 B 群能被 BVDV 的抗血清中和，对猪瘟的免疫有干扰作用。

鉴于猪瘟的免疫预防受多种因素干扰，故在防疫时，要重点关注 2 方面：一是选择 C 株猪瘟兔化弱毒苗，在使用时疫苗效价应在 450～400 RID，实际生产应用时，兔化脾淋苗为 1 头份，而细胞苗常为 3～4 头份/猪；二是要以猪群血清抗体作为参考依据，制定免疫方案，建立免疫程序,应一地一程序,随时淘汰免疫耐受猪,(疫苗接种后不产生或仅产生低水平抗体的猪),保持猪群的整体免疫水平在 85% 以上(表-62、表-63)。

表-62　兔化苗免疫后抗体水平和攻毒保护

组　　别	抗体水平* OD490 组	攻毒数**	保 护 数	保 护 率
	<0.17	10	2	20%
免疫试验组	0.17~0.30	52	39	75%
	>0.30	10	10	100%
对照组	<0.17	10	0	0%

* 血清 1:80 稀释作 PPA-ELISA,** 攻毒剂量 100LD$_{50}$。

表-63　抗体水平和猪瘟感染

抗体水体 PPA-ELISA(OD490)	感 染 性 质
>0.3	抗亚临床感染
0.2~0.3	亚临床感染
>0.2	抗临床感染
<0.17	临床感染

目前生产中基本上分为猪瘟疫情稳定区或场与非稳定区或场,对其的免疫程序应有区别。建议稳定区的免疫程序:在母猪免疫状态下,仔猪 20~30 日龄一免,50~60 日龄二免,肉猪可以不再接种疫苗,后备猪在配种前一个月进行三免。

公、母猪每年进行 2 次免疫,怀孕母猪可在产仔后补免。

非稳定区的免疫程序:哺乳期仔猪在 10 日龄、30 日龄、50~60 日龄各免疫 1 次,后备猪应在三免后检测抗体情况,对免疫应答低下或抗体不高的猪应以淘汰,后备猪在配种前 1 个月进行四免。

公、母猪进行 2 次免疫,通过抗体检测,淘汰免疫力低下或抗体水平不高的猪,怀孕母猪可在产仔后补免。

(5)乳猪的超前免疫。非稳定猪场和疫区的母猪所产小猪主要受母源抗体与猪瘟野毒两方面干扰。盛祖括先生根据猪瘟疫苗特性及免疫原理提出新生仔猪超前免疫概念,即新生仔猪出生时即注射疫苗,注射后 2~3 小时再吃初乳,经试验对控制猪瘟有效,并推广全国。

四十一、牛病毒性腹泻和边界病(Bovine Viral Diarrhea and Border Disease, BVD and BD)

猪的牛病毒性腹泻病毒与羊边界病毒感染,可引起猪产生类似猪瘟的临床症状和病变。怀孕母猪感染(BVDV 和 BDV)后,发生流产、产出畸形胎儿。因病毒同属黄病毒科瘟病毒属,与猪瘟病毒有部分共同抗原,故可干扰猪瘟的诊断与防疫。

[历史简介]　BVD 和 BD 是牛、羊的接触性病毒性疾病,很早已在牛羊中传播并被诊断。1946 年 olafson 等首次报道,1953 年又报道为黏膜病,后证实两种病原体属于同一种病毒。美国兽医协会命名为牛病毒性腹泻黏膜病。猪感染 BVDV 的临床症状与猪瘟临床症状相似,一直误认为是猪瘟。Darbyhire(1960)首次报道 BVDV 与猪瘟病毒之间存在免疫琼脂扩散交叉反应,表明这两种病毒在抗原性上相关。Flynn 等(1964)在不表现猪瘟临床和病变的猪群中检测到琼扩抗体,认为 BVDV 可能感染猪。Snowdon(1968)应用 BVDV 不同毒株实验感染猪,获得猪产生的 BVDV 抗体,它们又产生低滴度的猪瘟病毒交叉抗体,且可抵抗猪瘟病毒强毒的攻击,故推测澳大利亚部分猪群中的猪瘟病毒抗体为 BVDV 感染所致。Stewart 等(1971)从实验猪血清中检测到与猪瘟病毒交叉中和作用抗体。Fernelius 等(1973)从自然感染猪体内分离到 BVDV,从病原学上证实 BVDV 可自然感染猪。周泰冲等(1981)从进口绵羊中检出牛病毒性腹泻抗体,阳性率达 46.7%。陈永倜等(1981)开始研究该病弱毒苗。Poton 等(1992)对英国仔猪猪瘟的血清检查,证明该仔猪猪瘟为 BVDV 引起,而非猪瘟病毒所致。德国 Matschullat 等(1994)观察到患类似猪瘟的母猪不孕,或所产仔猪生长迟缓等疾病,经特异性和干扰证实分离物非猪瘟病毒,分离物人工感染猪,产生较高的 BVDV 中和抗体,进而证实这种临床症状疾病由 BVDV 所致。

[病原]　BVDV、BDV 属黄病毒科,瘟病毒属。BDV 和 BVDV 分属瘟病毒属的不同种,BVDV-1 为 A 种,BVDV-2 为 B 种,BDV 为 D 种。病毒有囊膜,呈球形,直径 40～60 nm,也有报道为 25～120 nm。

病毒基因组为单股正链 RNA,全长约 12.3～12.5 kb,除 5′翻译区(5′-UTR)和 3′非翻译区(3′-UTR)外,由一个较大的开放阅读框(ORF)编码 C、Erns、E1、E2 4 种结构蛋白和 Npro、P_7、NS_2、NS_3、NS_4A、NS_4B、NS_5A、NS_5B 8 种非结构蛋白组成。基因顺序为 $5'-P_{20}-P_{14}-gP_{48}-gP_{25}-gP_5-Cp_{54}/P_{80}-P_{10}-P_{30}-P_{133}(P_{58}/P_{75})-3'$。BVDV 有两个生物型,即非致细胞病变型 Noncytopathgenic(Ncp)和致细胞病变型(CP)。Ncp 病毒在细胞中复制不引起细胞病变,但适于持续感染;CP 病毒能致细胞形成空泡、核固缩、溶解和死亡等。两种生物型病毒血清型相同,故 BVDV 只有一个血清型。Ridpath 等根据病毒基因组 5′端非翻译区(5′NTR)序列比较,将 BVDV 分为 2 个基因型,即 BVDV-Ⅰ型和 BVDV-Ⅱ型,前者有 12 个亚型,后者分 2 个亚型。

病毒粒子沉淀系数是 80～90S,蔗糖密度梯度中,其浮密度是 1.13～1.14 g/cm³。病毒在 26～27℃中保存 24 小时毒价下降 10 倍,在冻干或冰冻状态(-70～-60℃)下可保存多年。氯仿和乙醚的处理可灭活。

[流行病学]　BVDV 已在世界上许多国家的奶牛、肉牛中检出,在美国、澳大利亚、加拿大、德国、苏格兰、瑞典、日本、阿根廷广泛传播。我国引进种畜后,检测出奶牛、绵羊等阳性率高;绵羊、山羊、白尾鹿、黑尾鹿、叉角羚都有感染。美国家猪可自然感染此病毒,但通常没有症状。Terrstra C(1988)报道澳大利亚、爱尔兰有 3%～4%种猪,荷兰有 15%～20%种猪体内存在 BVDV 抗体。吴文辉等(2011)报道某市生猪的两个 BVDV 阳性率为 80.39%和

80.72%；猪瘟疫苗中 BVDV 阳性率为 39.5%。病牛、羊、猪是疾病传染源。先天性感染
BVDV 或 BDV 的猪成为持续感染源，它们在猪群中传播扩散病毒，传递给易感怀孕母猪。
曾经发生母猪怀孕早期感染 BVDV 后，BVDV 经由胎盘感染了胚胎，生产的大多数仔猪成
为持续感染猪。这些先天性感染 BVDV 的仔猪似乎排出大量病毒，因与其接触的其他仔猪
血清转阳并且滴度很高。相反，小猪出生后感染，在相同实验条件下，与其接触的小猪不会
被感染，说明感染小猪不排毒或排毒很少。用免疫荧光试验能自血液、扁桃体、脾、肾、回肠
和淋巴结中检出病毒抗原，也能自器官、组织分离到病毒。从回肠分离到病毒，表明粪便带
毒，因而粪—口传播是一个途径。一般认为传播途径与病牛、羊接触，与病牛、羊污染饲料、
奶制品及污染工具、人类有关。此外，与疫苗及其他生物制品污染有关。

[临床表现和病变]

1. BVDV 感染仔猪通常为隐性或不显现临床症状　猪自然感染 BVDV 后通常不表现
症状。Ewards S(1995)用猪源 87/6 分离株感染断奶猪，接种后 6～11 天，仔猪出现轻微迟
钝，食欲减退症状，有些身体颤抖，以后恢复正常，未见皮肤病变，直肠温度正常。接种后 7～
14 天扑杀的猪，未见肉眼病变和病理学变化。从接种后扑杀猪的扁桃体、腮淋巴结、肺、脾、
胰脏、回肠和肌肉中分离不到病毒，从其他组织（唾液腺、下颌、淋巴结、胸腺、甲状腺、纵膈淋
巴结、心、脑、肝、肾、肠系膜淋巴结、膀胱、尿、直肠）中也未分离到病毒。从接种后 14 天的猪
组织中未分离到病毒。仅从 2 头接种病毒后猪体内检出中和抗体。刘培柏等用 BVDV 接
种仔猪，在接种后 5～15 天于淋巴结、脾、肾中分离出 BVDV，接种后 3、6、9、12 和 15 天猪均
未产生明显临床病症；病理剖检和组织切片检查均未见病变。用 BVDV 的 Simger 株接种
9～18 kg 仔猪，仔猪不发病，但从血液和组织中能检出病毒，接种后 3 周可从血清中检出抗
体。Terpstra 等在同一个不同来源的健康猪中发现非 CPE 型 BVDV 持续带毒状态，血清转
阳和免疫耐受，但有白细胞减少现象。Akiko N 用牛源非 CPE 型 BVDV 接种仔猪，猪发生
感染，但未见明显的症状和病变。肥猪接种 A-1 株，产生 BVDV 抗体。

2. 仔猪亚临床症状　Terpsitra(1988)报道 BVDV 感染，通常为 2～4 周龄仔猪发病，
病症主要为发热、贫血、被毛粗乱、发育迟滞或消瘦、腹泻、结膜炎和多发性关节炎。病理
变化以慢性胃肠炎和败血症为特征。淋巴结、心外膜和肾脏有大量出血；消化道的炎症为
黏膜卡他、肿胀、溃疡，特别是胃、盲肠和结肠。结肠、盲肠坏死性炎症并伴有纽扣状溃疡。
有坏死性扁桃体炎、黄疸、水肿、体腔积液、多发性浆膜炎、多发性关节炎和胸膜萎缩等。
IFA 检测各组织器官 BVDV 阳性率分别为扁桃体 82%（36/44）、肾 54%（22～41）、脾
31%（13/42）、回肠 18%（6/33）。野毒攻击 SPF 猪 4 头，2 头体温升高至 40.5℃，1 头感染
后 3～5 天有轻度白细胞减少，猪腹泻，食欲减退。感染后 5 周 2 头产生 BVDV 抗体，而无
猪瘟抗体。

3. 干扰猪瘟免疫与监测　Akikon 以牛源非 CPE 型 BVDV 毒株按 $10^{6.8}$ $TCID_{50}$ 量肌注
仔猪，然后在 3、4、5 周采集血样检测 ELISA 结果表明与猪瘟病毒发生交叉反应，但猪瘟中
和抗体为阴性。一般认为 BVDV 感染可干扰猪群的猪瘟的检测和流行病学调查，并能抑制
猪瘟抗体的产生，导致免疫失败。Darbyshire 等(1960)观察到 BVDV 感染猪可使其免疫系

统对以后的猪瘟病毒攻击产生回忆性免疫应答,甚至对某些猪可以产生免疫交叉保护,因为两病毒沉淀抗原无法区别,抗原性上有交叉。张慧英等(2010)用 ELISA 方法对 368 份猪瘟血清样品进行 BVDV 检测,其中 7 份为阳性,这 7 份样品采用 ELISA 和 IHA 方法检测猪瘟抗体水平,抗体合格率偏低,表明 BVDV 在一定程度上干扰了猪瘟疫苗的免疫效果,影响抗体水平。吴文辉等(2010)对猪场感染 BVDV 前后的猪瘟抗体进行监测发现,BVDV 感染前猪瘟抗体合格率均在 90%,而 BVDV 感染后猪群的猪瘟疫苗免疫后的抗体合格率为 30%～60%(表- 64)。

表- 64　猪场检测到 BVDV 感染前后的猪瘟抗体合格率

	检测到 BVDV 前 6 个月	检测到 BVDV 前 1 个月	检测到 BVDV 后 3 个月	检测到 BVDV 后 5 个月	检测到 BVDV 后 6 个月
样品数	20	20	20	80	20
阳性数	18	18	6	33	12
阳性率(%)	90	90	30	41.25	60

4. 母猪繁殖障碍　　BVDV 可引起母猪繁殖障碍和不孕。病毒通过胎盘传染给仔猪,引起胎儿流产,产生畸形胎,同窝仔猪在 2 天内部分死亡。Wensvoort(1986)报道污染 BVDV 的猪瘟疫苗造成母猪产死胎和产后仔猪死亡。仔猪发病的临床症状和病理变化类似猪瘟,主要表现为食欲下降、被毛粗乱、发育迟滞、消瘦、结膜炎、腹泻和多发关节炎;慢性胃肠炎、败血症、淋巴结、心外膜和肾脏大出血;消化器官的炎症的黏膜卡他、肿胀、溃疡,特别是胃、盲肠和结肠,盲肠坏死性炎症并伴有溃疡,坏死性扁桃体炎、黄疸、水肿、体腔积液、多发性膜炎、多发性关节炎、胸腺萎缩等。IFA 检测阳性率:脾 31%、肾 54%、扁桃体 82%、回肠18%。Edwards S(1995)用猪源 87/6 毒株感染妊娠母猪,接种后 2 周未观察到临床症状和发热。其中,1 头母猪产下畸形胎:1 头四肢畸形死胎,7 头仔猪脚趾伸展过度。资料表明,仔猪生长稍有停滞,从一些仔猪长骨放射性线照片上观察到生长停止线,每个病例的股骨长度、整体脑重、小脑重量与自身体重的比例差异明显。把羊源 BVDV 137/4 毒株接种母猪后,母猪也产木乃伊胎,其中一些仔猪异常。WensVoort G(1988)报道接种过猪瘟疫苗的母猪计 8 个农场感染了 BVDV,结果许多母猪产出死胎和木乃伊胎。存活猪表现秃毛、腹水和先天震颤,直到 5 周龄时还腹泻;皮肤瘀斑,耳尖发蓝,生长迟缓,陆续部分死亡。剖检可见水肿,多发性淤血,淋巴结出血,偶见结肠扣状溃疡。323 头仔猪中 135 份 BVDV IFA 阳性。分离病毒可在 PK - 15 细胞生长,但不引起兔发热。Stewart 等对妊娠 65 天的 10 头母猪鼻腔接种 BVDV - Ⅰ型毒株,至 90～112 天时检测到 10 头母猪均发生 BVDV 感染,其中 1 头母猪发生胎盘感染,胎儿发生非化脓性脑膜炎。用 Singer 毒株子宫内接种 41～65 天的胚胎,导致胚胎死亡或发育延滞。用 BDV 野毒接种怀孕 30～34 天的母猪,病毒能跨胎盘感染胚胎,新生仔猪体重轻而身体短,出生前后病死率增加,出生后第 2 周存活仔猪眼睑水肿,体温升高,贫血。随后乳猪生长迟缓,有呼吸道症状和腹泻,在 2 个月内死亡。

怀孕 42～46 天感染病毒的新母猪,其胎猪的脑膜和脉络丛内的血管外膜和血管间隙中有淋巴细胞和组织细胞积累。用 BDV 实验接种怀孕 34 天母猪,在所产的 19 头活猪中有 9 头表现小脑发育不全。用 BDV AVeyron 毒株接种怀孕 30 天的母猪,死产和产后不久死亡仔猪淋巴结和其他淋巴组织显著出血。组织学检查发现,淋巴结、脾和扁桃体有明显的亚急性炎性病变,特征为淋巴细胞、浆细胞和嗜酸性多形核白细胞积聚,二级滤泡、网状细胞增多,淋巴组织发育不良,伴有核碎裂。

研究表明,猪源 BDV 能在猪中引起先天性感染。血清学试验表明,即使妊娠母猪在易感阶段感染,所产的同窝仔猪也并非全部感染。羊源 BDV 也能通过妊娠母猪引起先天性感染。感染两个毒株后,在同窝仔猪中也可出现抗体阳性或病毒分离阳性,而胎猪对感染有个体差异,感染猪仅少数表现显著的临床症状和病理变化。

[诊断]　牛病毒性腹泻病毒与猪瘟病毒同属瘟病毒属,具有共同的抗原结构,血清学诊断方法存在交叉反应,目前可用单克隆抗体 ELISA 法进行鉴别诊断;RT‐PCR 反应区分不同的瘟病毒。

[防治]　目前尚无有效疫苗和药物防控本病。为防治 BVDV 感染猪,要在做好生物安全措施的基础上,一是猪场要远离牛场、羊场;猪场内不要饲养羊等动物,制止牛、羊直接或间接与猪接触。二是猪不要饲喂牛、羊制品和下脚料。三是严禁猪场人员携带牛肉、羊肉或制品入场。四是疫苗生产企业要严控猪瘟等疫苗生产和检验过程中使用污染了 BVDV 或 BDV 的血清。

四十二、东部马脑炎(Eastern Equine Encephalitis,EEE)

该病是由东部马脑炎病毒(EEEV)引起的人畜共患的急性病毒性传染病。病毒侵犯中枢神经系统,引起易感动物高热及中枢神经系统症状,病死率高。动物病愈后大多留有不同程度的神经系统后遗症。马的病死率为 90%。人偶然被感染发病。

[历史简介]　Gitner 和 Shahan(1933)报道美国东部的新泽西州和弗吉尼亚州农场马群发生此病。Ten Broeck 和 Merrill(1933)发现新西兰、马里兰州东部的马流行本病。用死马脑组织接种豚鼠脑腔后分离发现病毒,用血清学方法将 EEEV 从 WEEV 区分出来,因首先于病马脑组织中分离而命名为东部马脑炎病毒。Folhergill 等(1938)从马萨诸塞一病患者脑组织分离到病毒,已明确该病毒可引起人类的脑炎。Casals(1964)用核酸分析证实 EEEV 已演变成为独立于美国南部毒株和北部毒株的抗原变异株。我国 1992 年从新疆博乐的全沟硬蜱分离到此病毒(XJ‐91031)。

东部马脑病曾被称为东方病毒性脑炎、脑脊髓炎、马睡眠病和睡眠病。1968 年,美国节肢动物传播病毒委员会列举和讨论了 204 种虫媒病毒感染病的名称和缩写,对本病推荐使用东方马脑脊髓炎名称,缩写为 EEE。1976 年国际病毒委员会将该病毒归入甲病毒属。Chang 等(1987)完成 EEEV 26SRNA 基因克隆;Volchkov G(1991)完成全序列测定。

[病原]　本病毒属于披膜病毒科、甲病毒属、A 组虫媒病毒。病毒颗粒为圆球形,直径约为 50～70 nm,含有一个电子密度高的核心,有囊膜,表面有纤突。其核衣壳呈二十面体

对称,并有 3 个多角形亚单位,脂蛋白外膜上有表面突起,长约 10 nm,核衣壳直径约 25～30 nm。病毒为 RNA 单股正链基因组,除 5′端帽结构和 3′端 polyA 尾外,全长 11 678 bp,碱基组成为 28.4% 的 A,24.6% 的 G,24.8% 的 C 和 22.8% 的 U。基因序列为:5′-C-E3-E2-6K-E1-3′。在感染细胞中发现存在两种 RNA,一种是 42S 基因组,是非结构蛋白的 mRNA;另一种是 26S 基因组,是结构蛋白的 mRNA。东部马脑炎病毒的结构蛋白包括衣壳蛋白和囊膜糖蛋白。病毒糖蛋白有 E1、E2、E3 和 6K,E1 和 E2 形成病毒的外膜抗原。E2 蛋白基因全长为 1 260 bp,含有病毒的主要抗原表位,这些表位与中和活性、血凝抑制活性和抗感染活性有关。研究表明 E2 在抗病毒感染中起决定作用,98% 的免疫保护力都源于 E2-2 位点的免疫原性。东部马脑炎病毒基因组密码子的使用是非常随机的,它反映出病毒为了能在脊椎动物宿主和蚊子体内进行有效复制而对宿主的适应。根据抗原变异分为北美株(NA)和南美株(SA),在抗原复合体中可通过空斑减少中和测定将不同抗原表型予以区分,在 EEE 抗原复合体中可区分出 2 个北美洲亚型和 1 个南美洲亚型。标准代表株是 Tenbroeck 株。另外,在中美洲和南美洲一些地区,还有一种 EEEV 变异株,其抗原性与 Tenbroeck 株有明显差异。该株可引起马群发生急性神经质病,而很少引起人类发病。Walder 等(1980)证明各毒株都有不同的毒力特性。Roehrig 等(1990)认为,在不连续的时间期间,在同一传染地区内分离株的表型特性通常较稳定。

本病毒能在鸡胚、地鼠肾、猴肾、鸭肾等细胞中及 Hela、Hep-2、Vero、BHK-21 和 C6/36 等传代细胞中繁殖。东部马脑炎病毒感染细胞后,在细胞的膜样结构上出现大量核衣壳堆集,但在蚊体唾液腺细胞内,只形成少数核衣壳,通过包膜进入唾液腺腔或内质网时不形成囊膜。对小鼠、鸡、豚鼠有较强的侵袭力和毒力,脑内和皮下接种可引起死亡。病毒能凝集 1 日龄雏鸡和成年鹅红细胞,血球凝集的 pH 为 5.9～6.9,最适 pH 为 6.2。

本病毒对乙醚、脱氧胆酸钠、紫外线、甲醛敏感,对胰酶、胰凝乳蛋白酶、番木瓜酶不敏感,60℃加热 30 分钟可灭活病毒。本病毒能耐受低温保存,冷冻干燥后真空保存活力维持 5～10 年。在 pH 7.6(7.0～8.0)条件下稳定。含有蛋白质的溶液对病毒有保护作用,在加有 0.1% 胱氨酸盐酸盐的豚鼠血清中,4℃ 下病毒可存活至少 11 年。

[流行病学]　东部马脑炎主要流行于美洲,分布在美国的东部、东北部与南部的几个州和加拿大的安大略省、墨西哥、巴拿马、古巴、阿根廷及圭亚那等地。此外,菲律宾、泰国、捷克、波兰和独联体等地也有从动物中分离到该病毒的报道。陈伯权(1983)用血凝抑制试验(HI)对河北人和猪血清进行虫媒病毒抗体调查,结果 1 份人血清和 3 份猪血清中 EEEV 抗体阳性,其中 2 份 HI 滴度为 1:640,1 份 HI 滴度为 1:160。马、骡、牛、羊、犬、猫、猪、鸟类(紫色白头翁、大头伯劳、山雀等)、鸡、蝙蝠、蚊易感该病毒。东部马脑炎病毒被接种于雉、鸽子、小鸡、小鸭、松鸡和火鸡雏后一般都能引起致死性的感染,而成年禽对其有抵抗力,不表现出症状,但能产生持续 1～2 天的高滴度病毒血症,然后出现高效价抗体。一些啮齿动物、家禽、家畜也可感染。一般认为,哺乳动物是终末宿主。Karstad 等(1958)、Baldwin 等(1977)在实验中从接触接种猪中检到血毒。我国 1990 年也从自然界中分离到病毒。我国一些地区,尤其是西北牧区人和畜群中存在 EEEV 的感染。

Scott 和 Weaver(1989)认为病毒的传播是通过蚊媒的两个独立循环进行的(图-18,图-19)。地方流行循环,形成鸟媒、蚊媒毒株,鸟类被认为是病毒宿主和增殖者。流行循环,形成寄生于多种禽类和哺乳动物宿主体内的各种蚊媒病毒毒株,并导致对哺乳动物的偶发性传染(终末宿主)。本病的流行特征和流行环节为 EEEV 呈蚊—鸟与蚊—鸟—蚊传播。蚊可因嗜血习性不同而在传播中起不同的作用;嗜吸鸟血黑尾脉毛蚊是鸟类中 EEEV 的主要传播媒介。

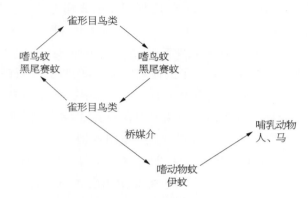

图-18　EEE 自然疫源循环

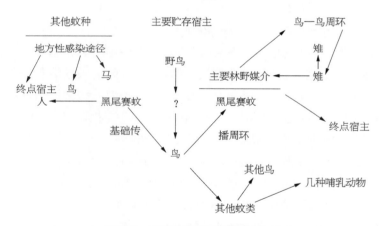

图-19　东方马脑炎病毒传播途径

野鸟是本病的主要贮存宿主。在自然情况下病毒在鸟间传播。鸟类感染本病后大多无症状,但出现不同程度的病毒血症,维持 4 天左右。1 日龄以上的鸡、幼鸟及马以外的哺乳动物感染后常无明显症状,但它们可以被蚊虫感染,发生病毒血症,并能达到感染蚊虫的水平,因此在自然循环中起储存宿主的作用。一些啮齿动物和野鼠,也是主要宿主,在本病的传播中有一定的作用。黑尾脉毛蚊是鸟类间主要传播媒介;骚扰伊蚊及带螨伊蚊可将病毒传给人和马,是人和马本病的主要传播媒介。Durden 等用螨寄生于有病毒血症鸡体表,30 天后在螨体内可检到病毒,带毒螨又可将病毒传给鸡,说明螨可传播 EEEV。一般来说,哺乳动物被认为是终末宿主,由于低的病毒滴度,而不能形成传播媒介,然而人工感染哺乳仔猪可形成持续 168 小时的高滴度病毒血症。接种病毒后 96 小时,从口咽部组织和肛门拭子中可获得感染性病毒，人工感染后 20 天，可从猪的扁桃体分离到病毒。Karstad 和 Hanson（1958）、Baldwin 等（1997）在人工实验感染猪时发现，一些与实验猪接触的对照猪发生血转阳。因此，可以推测，被感染的哺乳猪是媒介载体和之密切接触的哺乳动物的直接传染源。

本病有严格的季节性，与蚊有关，多发生于 7～10 月份，8 月份为流行高峰。通常在人类发病之前几周在马、骡中流行。

[发病机制]　本病发病机制及病理改变与所有甲病毒属类似，猪的自然感染可能是昆虫媒介传播病毒所致；人工实验感染可以通过颅内、皮内、静脉和口腔途径来完成。人工给猪接毒后的 18～72 小时，只有少数猪显示中枢神经系统临床症状。无论什么途径接种病毒，人工接毒后 6 小时，都能从猪体内分离到正进行体循环的感染病毒，在过了急性病毒血症期后，EEE 病毒只能从扁桃体和中枢神经组织中分离到。人工感染后 20 天，从扁桃体可分离到或利用核酸探针检测到病毒。因此，感染猪的扁桃体组织就成了病毒的主要扩散源，特别是相互接触而感染的猪更明显。核酸探针检测结果表明，在猪感染后的病毒血症早期，在心肌和中枢神经系统病变出现之前，肝脏组织出现一过性的病理性损伤，在产生病变部位存在 EEE 病毒。这表明，病毒可能是嗜肝组织的，并且还可能在肝脏进行复制。

[临床表现]　EEE 流行早期，Karstad 和 Hanson（1959）对美国佐治亚州等已处于病毒传播地区的家猪和野猪进行血清学调查，证明猪对本病易自然感染和人工接种，感染后不表现症状，但产生高效价抗体，据调查，佐治亚州 45 个农场中在 9 个（30%）农场的猪体内检到 EEEV 抗体。Elvinger 等（1961）在 376 头野猪的 60 头（16%）猪中检测到抗体，滴度在 1：4～128，而 Pursell 等（1972）报道在佐治亚州就发生一起 200 头猪群暴发 EEE，160 头死亡。Karstad（1995）、Baldwin 等（1997）报道人工感染猪，在接毒 24 小时内猪直肠温度升高，且持续时间不低于 12 小时；18～72 小时少数猪出现中枢神经系统临床症状。EEE 主要影响哺乳猪，仔猪感染后呈现精神沉郁，无食欲，运动失调，平卧，侧卧，抽搐等，最终死亡。大部分哺乳猪仅表现为一过性体温升高。但症状不很明显。人工感染或处于自然 EEEV 传播环境中的猪通过口腔、皮内或静脉途径人工给予大剂量 EEEV 时，也是如此。临床上未见成年猪发病报道，Pursell 等（1983）曾报道了一只 2 月龄母猪发生 EEE。人工感染也不能使成年动物临床发病。记载临床上发生 EEE 日龄最大的猪为 2 月龄。Francois Elvinger 等（1994）报道 1991 年南佐治亚州 2 群猪发生东方马脑脊髓炎（EEE）：

第一群 3 窝猪中 8 头 2 周龄仔猪表现共济失调、抑郁和死亡。其中 1 头癫痫、1 头呕吐。病检发现脑脊液（CSF）清亮，大脑、延脑下发生小脓肿，神经胶质增生、软化，神经细胞坏死等脑膜炎病变。

第二群 38 窝共 350 头仔猪中 280 头发病。小于 2 周龄的仔猪死亡并伴有体重减轻，共济失调和划水症状，2 天出现神经症状，7 天血清中出现中和抗体。仔猪发病是暴雨后 5 天蚊子大量繁殖后发生，发病时间持续一周。成年猪出现 EEEV 中和抗体，在脑中分离到 EEEV，实验证明大于 2 周不死。易感因素包括环境条件逆转或有并发病存在，在猪自然暴发 EEE 时，这些因素可导致高死亡率。

无论是自然感染还是人工感染，都不能观察到感染猪 EEE 大体病变。显微病理变化显示,在人工感染后 12 小时内,出现坏死性肝炎。在随后的 24 小时,病变的组织大小有所增长,而感染后 48 小时,病变出现部分消退,感染后 72 小时,病变则完全消退。急性死亡猪的中枢神经系统可能不会出现病变。最早出现在脑部的病变大约是在感染后的 48 小时。这些病变的出现往往伴有心肌的中度病变和肝脏病变的消退。脑炎的特征性病理变化是炎性细胞渗入,炎性细胞散布于血管周围形成套袖,病毒的嗜神经细胞特性,导致神经元坏死,神经小结节胶质增生、软化。初期,在渗出性血管套周围,主要是嗜中性白细胞,而后面的几期,则淋巴细胞更普遍。尚未观察到病毒包涵体。另外,可观察到组织细胞、外膜细胞、嗜酸性细胞和细胞碎片。在血管内,发现有无色的或呈颗粒状的血栓。病变主要发生于脑的灰质和脊索,蛋白质也受到影响。还可观察到,感染猪的脑膜有炎性细胞斑。Elvinger 等(1994)和 Baldwin 等(1997)报告人工感染猪也产生多灶性心肌坏死。此种病变已在猪的自然病例中有过报道,并能通过实验性感染复制。没有明显临床症状的人工感染存活猪,偶尔发现有中度的淋巴血管周围套袖性脑炎病变,其胶质化的病灶区和心肌坏死病灶已部分地被矿物化,并且被巨噬细胞包围。

[诊断]　本病主要靠流行病学、临床表现并结合血清学检查诊断,经血液或脑脊液抗体检测阳性者可确诊,但需与其他病毒性脑炎等脑部感染性疾病相鉴别。

(1)血清学检查。可采用补体、中和试验、血凝抑制试验、酶联免疫试验等方法,采集急性期和恢复期双份血清,血清抗体增加 4 倍以上有诊断意义。检测出现特异性 IgM 抗体也可确诊。血凝抑制试验可区分甲病毒的 6 种抗原成分,EEE、WEE 和 VEE 是其中 3 种。核苷酸序列比较,虽然 EEE 和 VEE 同源性很高,但作 HI 试验,可分辨出抗原差异性。

(2)病毒分离。感染早期血液和脑脊液中均有病毒存在,但不易成功分离。母源抗体不能全部预防仔猪感染 EEEV,少数感染仔猪其病毒滴度低,病毒血症持续时间也较短,但在扁桃体中能分离到病毒。对照仔猪均发生高热和中枢神经症状,血液中病毒滴度达 9.3×10^4 TCID$_{50}$。死亡猪脑组织接种小白鼠或鸡胚均可分离出病毒。

本病须与西方马脑炎、单纯性疱疹脑炎、肠道病毒脑炎等鉴别诊断。

对猪可进行血清学检查和病毒分离。但收集样品时,应进行必要的防护,以避免人的意外感染。

[防治]　本病尚无特效药物。给母猪接种疫苗可保护生猪生产者免受 EEEV 感染。美国 Elvinger F 等(1996)给母猪接种商品化的 EEEV 疫苗,母猪可产生抗体,这种抗体可以通过初乳给仔猪,对仔猪有保护作用,仔猪不发烧,没有临床症状。仔猪在获得初乳后 11 周,仍可检到母源抗体,保护仔猪生长超过其对 EEEV 的天然易感期。目前使用单价(东方马脑炎)疫苗、双价(EEE+WEE)疫苗或三价(EEE+WEE+VEE)疫苗,对马等家畜有较好的保护作用,以控制疫情扩展。使用恢复期血清,对人群有一定的保护作用和治疗作用。

蚊虫是传播媒介,灭蚊是预防的重要环节。首先要加强监测,一旦发现前哨有动物如鸟类、家禽有被致病现象,可强化灭蚊力度。在传染病流行区,灭蚊对生猪生产者是十分有益的,它可以阻止猪群 EEE 暴发,以避免 EEEV 在猪群增殖,保护处于危险环境中的生猪生产者和其他人群减少感染的发生。

总之,可采取两条途径进行 EEE 的预防:① 给处于危险状况下的动物接种疫苗,提高免疫力;② 控制传播载体。

四十三、西部马脑炎(Western Equine Encephalitis,WEE)

该病是由西部马脑炎病毒(WEEV)引起的人畜共患急性传染病,主要感染人、马。主要临床特点是发热和中枢神经系统症状,但病症较东部马脑炎轻,且病死率低。其他一些动物也有感染。

[**历史简介**]　Vdall(1931)描述了 1912 年美国马属动物脑炎的暴发和流行。1930 年美国加利福尼亚又发生马脑炎流行。1931 年 Merced 县马发生症状为颜面麻痹、发热、共济失调的疾病,Meyer 等人从死亡的马脑中分离到病毒,命名为西部马脑炎病毒。Meyer 等(1932)、Howitt(1938)用小白鼠脑内接种方法从病人体内发现了西部马脑炎,报道人感染病例。1976 年国际病毒委员会将该病毒归入甲病毒属。李其平等(1990—1993)从我国人、动物等血清中分离到一株西部马脑炎病毒。

[**病原**]　WEEV 属于披膜病毒科甲组虫媒病毒,有两个代表株:McMillan 株(从病人分离到)和 Highland 株(从鸟分离到),两者之间的抗原性有明显区别。本病毒在电子显微镜下是一种边缘及内部结构模糊的圆形颗粒,有囊膜,病毒直径 40 nm。其化学成分为碳水化合物 4%,脂质 54%,其余为核蛋白。病毒能在鸡胚、地鼠肾、猴肾及 Hela 细胞上繁殖。对鸡和红细胞有凝集作用。由单股正链 RNA 和衣壳蛋白组成。基因组含有 11 700 个核苷酸,3' 端有多聚腺苷酸(polyA)尾,5' 端有帽子结构。病毒 RNA 能够形成环状结构。

病毒在 pH 6.5~8.5 时最稳定,pH 低于 6.5 时,其感染力迅速消失。在 60~70℃ 10 分钟病毒可灭活。病毒对乙醚、甲醛、紫外线敏感。

核苷酸序列分析显示,WEEV 的基因组是重组体,分别来自类 EEEV 和类辛德比病毒基因组中的部分基因。其非结构蛋白和核心蛋白是源自类 EEE 病毒基因组,而其结构糖蛋白的 E1 和 E2 则源自类辛德比斯(Sindbis like)病毒基因的部分基因。

病毒毒株间其抗原性也存在地区性差异。目前分为 6 个血清型,分别为:Sindbis、WEEV、Highlands J、Y62 - 33、FortMorgan 和 Aura,其中前 3 种对人有致病性。Highlands J 是 WEEV 的变异株,基本无毒力。

[**流行病学**]　本病主要分布于美国、加拿大、巴西、圭亚那、阿根廷、秘鲁、智利、墨西哥等地区。本病毒的宿主范围广泛,易感动物有马属动物、牛、猪、鹿、野鼠、松鼠、鸟、蚊等。Yuill(1936,1965)报道,除马外,美洲兔也流行过西部马脑炎,并且死亡率增高。H·安特索布报道,在一些哺乳动物如黄鼠、美洲兔、赤狐、臭鼬、猪、美洲野牛、麋、叉角羚等体内检测到西部马脑炎中和抗体。Holden 等(1973)在美国得州调查,麻雀占当地鸟类的 70%,当地的病例数和环跗库蚊的感染率,与麻雀和警戒小鸟的血凝抑制抗体的阳性率相一致。其主要传染源是野鸟类,主要传播媒介是环跗库蚊。感染蚊可保有病毒 8 个月;病毒在埃及伊蚊体内可增殖 2 000 倍,感染蚊在 63 天后仍能传播病毒。该蚊除了参与病毒在野鸟中的循环外,还可将病毒传播给人、马、家禽、家畜及野生动物。鸟类、家禽和兽类感染本病毒后多为隐性

感染。而马属动物感染后既可为隐性感染,也可为显性感染。流行特征是蚊-鸟传播方式,野鸟是病毒的重要储存宿主,感染后鸟血清中有很高的病毒浓度,鸟病毒血症通常持续3～6天。雏鸡对西部马脑炎病毒高度敏感,1日龄雏鸡皮下感染,20～48小时可因衰竭和脑炎死亡。7～13日龄鸡胚对西部马脑炎病毒经各途径接种,潜伏期22～48小时均可致死。

本病有严格的季节性,主要发生于夏秋季,流行期为6～10月,7月份为发病高峰。一般散发于农村,患者主要为乡村居民及野外工作者。

[**发病机制**]　人或马被感染节肢动物(一般为蚊)叮咬之后,病毒在局部组织及局部淋巴结内复制并传播到全身,传播到脑部可引起脑部病变。感染严重程度和败血症的发生与持续,一般取决于神经系统外局部组织内病毒复制的速度、感染者免疫系统清除病毒的速度及特异抗体出现的时间。另外,患病动物自身免疫力的强弱也对病毒的致病程度有影响。

西部马脑炎的病理变化与东部马脑炎相似,主要为整个中枢神经系统有广泛的组织学改变。病变主要发生在丘脑、灰质、纹状体核、脑桥核、浦肯野氏细胞和小脑皮质细胞,可引起神经元退行性病变,直到被感染者坏死。围绕受损神经元的脑皮质可有水肿,以及淋巴细胞、中性粒细胞和少数红细胞的弥漫性浸润。曾见到小神经元的核内嗜酸性包涵体。大脑皮质不同区和层的节细胞受损,脊髓也有病变。灰质病变以嗅球、丘脑、脑桥、延髓、脊髓的背柱和腹柱显著。血管周围白细胞环状浸润、小的局部坏死和炎症浸润。

组织病理变化:组织正常或中度的血管充血、脑膜存在轻度斑片状或更大范围的渗出,并有明显的血管充血。血管周围可见淋巴细胞、浆细胞和中性粒细胞的炎性浸润,有时还能浸入血管壁,造成血管的坏死。广泛散在分布并伴有小胶质细胞增生的组织坏死灶和炎性细胞浸润是实质损伤的典型特征。神经元变性见于各个阶段,损伤主要分布在皮层下白质、内囊、丘脑和脊髓。还能见到广泛分布的脱髓鞘病变。婴儿感染能导致严重的大脑发育障碍,从而造成脑萎缩和脱髓鞘病变,伴有多发胶质细胞囊的形成和血管钙化。

[**临床表现**]　西部马脑炎病毒具有显著的嗜神经性,对血管系统也有亲和力,一般无神经细胞的改变。有较广泛的脱髓鞘和较大的斑点状出血。

动物最开始是发热,随之出现中枢神经系统症状,如脑炎引起的各种症状,猪中可检出西部马脑炎病毒的抗原和抗体,表明猪可自然感染。患病猪主要表现是脑膜炎症状。有报道,猪、鹿人工感染病毒后,不出现临床症状,也不出现病毒血症,但却能产生高滴度抗体。Holdan(1973)在美国德克萨州调查发现,除鸟类外,曾从牛、猪、野兔、黄鼠、松鼠等动物中检出西部马脑炎抗体,并从猪中分离出病毒,G. W.贝兰报道西部马脑炎病毒可致猪发生临床症状,说明这些动物可以自然感染。

[**诊断**]　本病有明显季节性,可以根据流行病学,结合临床表现及血清学或病毒分离综合判断。但需与日本乙型脑炎等其他虫媒病毒性脑炎鉴别。

(1)常规临床检查。以白细胞数增加、中性粒细胞增多为主;病初白细胞减少,进入极期后白细胞总数增加$[(1.0～2.0)×10^9/L]$,中性粒细胞0.8以上,随后转为淋巴细胞为主。

(2)病毒分离和血清学检查。尸检脑组织病毒分离阳性率高。脑脊液中也可分离出病毒。血清学检查可用 ELISA 或间接免疫荧光法检查血及脑脊液中特异性 IgM 和 IgG。

IgM 抗体阳性或 IgG 抗体恢复期较急性期有 4 倍以上增高可确诊。

[防治] 本病尚无特效疗法,主要是对症及支持疗法。预防主要措施是防蚊、灭蚊。目前已有灭活苗和弱毒苗进行免疫预防,一般一次免疫后可维持 2 年。可以给家畜、家禽注射灭活疫苗或减毒单价、双价或三价疫苗,以减少动物带毒,使人群流行率有所降低。

四十四、委内瑞拉马脑炎(Venezuelan Equine Encephalitis,VEE)

该病是由委内瑞拉马脑炎病毒(VEEV)引起的蚊媒人兽共患的自然疫源性疾病,流行于美洲,除马属动物和人外,其他动物也可被感染。人患病后主要表现为发热、结膜充血、头痛、肌痛、嗜睡等流感样症状,很少有神经系统症状。

[历史简介] 1935 年哥伦比亚地区的特立尼达岛马群中流行马脑脊髓炎,次年蔓延至委内瑞拉。1938 年再度在委内瑞拉发生流行时,Kubes 和 Rios 从本地的病驴脑中分离到病毒,因此得名。Beck 和 wyckeff 描述了其特性。1943 年 Casals,Lennet 和 Koprowski 报道了实验室人感染委内瑞拉病毒的病例,次年 Randall 和 mills 报告了特立尼达有 2 例感染委内瑞拉病毒死亡病例。Gilyard(1944)报道驻委的特立尼达—海岛的美国海军发生脑炎,分离出病毒并制成疫苗控制了疫情。证明此病原属委内瑞拉型。1962—1963 年委内瑞拉地区马再度发生 VEE 的同时有数千人发病。1976 年国际病毒委员会将 VEEV 归入甲病毒属。

[病原] VEE 属披膜病毒科甲组虫媒病毒、甲病毒属,与东、西部马脑炎病毒在抗原上有交叉反应,形态上也不易相区别。病毒属单股 RNA 病毒,长约 12 kb,直径 60～70 nm,有囊膜,囊膜内有一个直径 30～35 nm 的核衣壳。病毒是由 6 种抗原上相关但又不完全相同的病毒组成的一个复合群。病毒颗粒呈球形,为 20 面体对称,含 32 个壳粒。Yony 和 Johnson(1969)将该病毒分为 4 个亚型 8 个血清型,即 ⅠA、ⅠB、ⅠC、ⅠD 和 ⅠE、Ⅱ、Ⅲ、Ⅳ型,其中 ⅠA、ⅠB、ⅠC 型为流行型,在流行病学上有重要意义,是 VEE 的真正病原,主要引起马暴发流行 VEE,并伴随人的发病,称之为"马匹流行株"或"流行株"。而 ⅠD、ⅠE、Ⅱ、Ⅲ、Ⅳ型属地方型,仅发生于某些特定地区,故分流行株和地方株。分子生物学研究证明,流行区动物感染的 VEE 病毒,可发生变异,成为兽疫流行的亚型株。Calisher 等(1985)和 Digoutte(1976)又分别分离到 Cabasson 株和 AG80 - 663 株,定为 Ⅴ、Ⅵ型,计有 6 个亚型,即 VEE(Ⅰ亚型)、Everglades(Ⅱ亚型,EVE)、Mucambo(MVC,Ⅲ亚型)、Pixuna(Pix,Ⅳ亚型)、CAB(Ⅴ亚型)和 AG80 - 663(Ⅵ亚型)。其中 Ⅰ 和Ⅲ型又有多个亚型。由于 VEEV 血清型复杂,变异株多,病毒毒株间存在明显的毒力和血清学差异,因此将该病毒称为 VEE 脑炎病毒复合群。委内瑞拉马脑炎病毒有 4 个血清型,每一个血清型又分为数个亚型,共有 8 个密切相关的亚型(表- 65)。强毒代表株特立尼达驴毒株(TRD)基因全长 11 444 nt 包括帽子结构和 polyA 尾,5′端有帽子结构,3′端有 polyA 尾。基因组 5′端编码 4 个非结构蛋白,其 3′端的 1/3 编码 3 个结构蛋白,依次为衣壳蛋白、E1 糖蛋白和 E2 糖蛋白。病毒的非结构蛋白和结构蛋白分别由 42S 基因组 RNA 和 26S 亚基因组 RNA 翻译合成。

该病毒抗原具有凝集红细胞作用,可在鸡胚、Hela 细胞、豚鼠与大田鼠肾细胞、蚊子 C6/36 细胞上生长繁殖。细胞病变出现于接毒后 48 小时。

该病毒对热、酸、脂溶剂敏感,在 pH 8.0～9.0 时最稳定,对胰酶、糜蛋白酶、番木瓜酶不敏感,这一点与黄病毒科其他病毒有所不同,有助于该病毒的鉴别诊断。委内瑞拉马脑炎病毒在 50％的甘油生理盐水中可保持较好的活力;真空冻干后保存,病毒活力可维持 5～10 年以上。

[流行病学]　本病仅流行于美洲,主要分布在委内瑞拉、哥伦比亚、特立尼达、巴拿马、厄瓜多尔、阿根廷、巴西、秘鲁、美国等地。除人和马属动物外,还可感染牛、犬、山羊、绵羊、猪、家兔、猫、大鼠、小鼠、啮齿动物、禽、鸡、蝙蝠等 150 余种动物,这些动物可自然感染或实验室感染。病毒主要在野生动物如野鼠及有袋动物等中循环,仅偶然感染人和马。鸟类是主要的病毒储存宿主和扩大宿主,啮齿动物是地方株的储存宿主和扩大宿主。人和马是流行株的贮存宿主和传染源。马在病毒暴发流行(ⅠA,ⅠB 和 ⅠC)的扩散中最为重要。猫、绵羊、山羊、牛、蝙蝠主要是增殖宿主。在自然情况下,本病主要经蚊虫吸血传播,其传播媒介为伊蚊、曼蚊和库蚊等。形成啮齿动物→蚊→啮齿动物传播环。而 VEEV 流行株是马→蚊→马的传播方式(表- 65)。此外,本病还可能经呼吸道及接触传播。实验证明,蜱,螨可以感染 VEEV,从而传播病毒。

表- 65　委内瑞拉马脑炎病毒的血清亚型流行情况

亚型	变异株	原型株	来源	循　　环	致　病　性	
					马	人
Ⅰ	A/B	Trinidad Donkey	驴	动物流行性	＋	＋
	C	P - 676	马	动物流行性	＋	＋
	D	3380	人	动物流行性	－	＋
Ⅱ	E	Mena	人	动物流行性	－	＋
Ⅲ	F	78V - 3531	蚊子	动物流行性	－	？
		Fe3 - 7c	蚊子	动物流行性	－	＋
	A	Mucambo	猴	动物流行性	－	＋
Ⅳ	B	Tonata	鸟	动物流行性	－	＋
Ⅴ	C	71d - 1252	蚊子	动物流行性	－	？
Ⅵ		Pixuna	蚊子	动物流行性	－	？
		Cabassou	蚊子	动物流行性	－	？
		AG80—663	蚊子	动物流行性	－	＋

本病流行具有周期性,每隔 7～10 年有一次相当大的暴发,这可能与无免疫力的马属动物的积累有关。在流行的间隔期间,有人和马的散发病例和小的暴发。本病无严格的季节性,但以春夏季 3～6 月发生较多。大雨后蚊虫密度上升是病例增多的原因。而动物间本病的流行则是人发病流行的先兆,通常要早半个月以上。

[发病机制]　病毒侵入人体后扩散到局部淋巴结,并在其中复制增殖,数日后进入血循环形成病毒血症,可在心、肝、脾、肺、肾和肾上腺等富含血管的器官中增殖。以后病毒从血中消失,随循环系统进入中枢神经系统。有动物实验表明血液中的病毒可以进入外围神经系统,在嗅觉和牙组织中增殖,并沿神经通路向大脑移行。具体为首先进入嗅区,再进入三叉神经分布区域,最后沿神经纤维和相伴的血管扩散至整个大脑。病毒持续存在于大脑中,最终导致脑炎。据报道,通过化学方法或外科手术阻断嗅觉途径,病毒进入脑的过程明显受阻,说明嗅觉途径是 VEEV 侵犯中枢神经系统的一条主要通道。在免疫小鼠中,病毒主要是通过嗅觉途径进入大脑的。

病变主要见于白细胞生成器官,例如淋巴结、脾脏、骨髓以及肝脏中心小叶的坏死。生前呈现脑炎症状的患者,则有脑的组织病理学变化。

动物患委内瑞拉马脑炎后脑回扁平、充血、水肿。在光镜下,可见神经细胞有不同程度的变性坏死,胶质细胞增生;小血管周围呈袖套样浸润,伴有浆液渗出和出血。小血管内壁常有纤维蛋白附着并形成血栓。部分可见软化灶、脑膜充血和细胞浸润。内脏均有充血,肺水肿明显。婴幼儿还有间质性肺炎、支气管炎、肺出血及肝点状坏死等。

[临床表现]　临床上家畜表现为隐性感染或轻度症状。D.D 里奇曼(2009)指出,在肉牛、猪、部分蝙蝠、啮齿类动物和鸟类感染后,会形成足够的病毒血症以利于病毒增殖。猪产生高水平的病毒血症和产生中和抗体是 VEEV 的贮存宿主。实验室感染 VEEV 的犬、猪,较多呈现阳性。用德克萨 IB 毒株感染猪表现为发热、厌食、抑郁、蜷缩、不愿动、有攻击行为和死亡;白细胞减少,恢复迅速,没有后遗症。猪病症的严重程度取决于病毒毒株。组织病理学变化没有或只有很小的大体病理改变。短时间低滴度的病毒血症,可呈现症状。委内瑞拉病毒 I 型实验性皮下接种牛、猪、山羊可发生感染并产生抗体,但引起的病毒血症非常轻。因而不能把这些动物认为是此病毒的增殖宿主。野猪和家猪以及兔等也发生感染。Smart DL(1975),Pursell AR(1972)从神经紊乱的吮乳仔猪分离到委内瑞拉脑炎病毒后,本病发生传播。

负鼠、啮齿动物、鹿、野猪和西猫、兔也发生感染。

[诊断]　根据临床表现,结合流行病学、血清学和病毒学检查可确诊。

(1)血清学检查。中和试验、血凝抑制试验及 ELISA 检测病毒特异性 IgG、IgM 可协助诊断。

(2)病毒分离。从患者血液及咽拭子标本中均易分离到病毒;动物接种(乳鼠、幼豚鼠脑、鸡胚卵黄囊)和细胞培养(Vero 和 BHK-21 等细胞)是常用分离方法;或作双份血清抗体试验,亦用 RT-PCR 技术检测病毒核酸,有助于早期诊断。

[防治]　目前尚无有效药物和疫苗。预防主要是防蚊、灭蚊。

目前市场有与 EEE 或 EEE/WEE 联合灭活疫苗。

四十五、基孔肯雅出血热(Chikungunya Fever,CHIKF)

该病是由基孔肯雅病毒(CHIKV)引起的、蚊媒传播的一种急性、出血性传染病。病人发病突起,发热、关节疼痛、淋巴结肿大、黏膜出血、腹泻、躯干和四肢有皮疹等症状,是一种自然疫源性疾病。

[历史简介]　本病于 1952 年发现于坦桑尼亚内瓦拉区,病人常因剧烈的关节疼痛而被迫采取身体弯曲的姿势,故当地人用形容这种姿势的土语"基孔肯雅"命名此病。根据 David Bylon(1779)报道在巴达维亚(雅加达)流行的登革热,可能就是 CHIK 流行。其后印度 (1824—1965)多次暴发。Ross(1956)从病人的血液和蚊子中分离到病毒(Ross 毒株)。20 世纪 60 年代,在对南亚和东亚的蚊媒出血热病原学研究中发现,一部分轻型出血热病人是由基孔肯雅病毒引起的。因此近年来本病被列入病毒性出血热。

[病原]　CHIKV 属披膜病毒科阿尔法病毒组,即 A 组虫媒病毒,甲病毒属。病毒体呈球形或稍具多角形,平均直径为 42 nm,内有 1 个 25～30 nm 的核心。病毒含有两种主要蛋白质即血凝素蛋白和核心蛋白。病毒分子质量为 4×10^6 kDa,沉降系数为 46S。病毒结构蛋白由膜蛋白 E1、E2、E3 和 4 个非结构蛋白(NSP1～NSP4)组成。E1、E2 构成外膜抗原,E3 在双层类脂膜外连接 E1、E2 共同构成病毒颗粒的外膜突起;核心蛋白分子质量为 36 kDa。病毒 RNA 是单股线形正链 RNA,5′端有 m7G"帽子"结构,3′端有多聚腺苷酸尾,RNA 有信使 mRNA 的功能,具有翻译蛋白质的活性。基因组为不分节段的正链 RNA,长11～12 kb,病毒基因组编码顺序为 5′- NS1 - NS2 - NS3 - NS4 - C - E3 - E2 - E1 - 3′。

CHIKV 只有一个血清型,但免疫学上与马雅罗病毒(*Mayaro virus*,MAY)、阿尼昂尼昂病毒(O'nyong-nyong virus,ONN)、盖他病毒(Getah virus,GET)及西门利克森林病毒(Semliki forset virus,SFV)有关联。CHIKV 的抗体能和 CHIK 病毒、ONN 病毒反应,但是 ONN 病毒的抗体和 CHIK 病毒反应很弱。基孔肯雅病毒与 ONN 病毒的抗原性比较接近,一般的血清学方法难以区别,需用交叉中和试验或使用单克隆抗体来鉴别。应用单克隆抗体(McAb - b12)进行的交互血凝抑制试验表明,云南基孔肯雅病毒(B8635、B66、M26、M80、M81)以及国外原型株之间有相互抑制作用,与同亚组的 MAY、SF、GET 和 SIN 有低滴度的交叉反应(等于或小于 1∶20),与甲病毒专属的其他亚组存在较少的血清交叉(张海林、袁晓平,1987—1994)。云南 CHIKV 与原始株(Ross 株)比较,抗原基本一致,同属一个血清型。非洲和亚洲基孔肯雅病毒毒株之间有较轻微的抗原性差别。

CHIKV 与 ONNV 的抗原性相近,基因组同源性达 72%。大概在几千年前由同一个祖先进化成两支:一支是 ONNV,另一支是 CHIKV。CHIKV 的祖先在大约 750±500 年前进化成西非基因型以及现在亚洲基因型、中东非洲基因型的祖先,后者在 140±190 年前进化成亚洲基因型和中东非洲基因型。这部分解释了亚洲基孔肯雅病毒的差别,即亚洲基因型、西非基因型和东非、中非、南非基因型 3 种基因型。

CHIKV 和 ONNV 具有不同的生物学特征。研究者提出一种解释:这种差异是由病毒 3′端非编码区(3′NCR)造成的。3′NCR 内的重复序列元件的长度和数量会影响病毒复制的细胞类型、血清分组和蚀斑的大小等特征。

Yadav 等(2003)对印度 1963—2000 年间分离的 CHIKV 采用 RT - PCR 方法进行基因分型,结果发现,印度分离的病毒可分成 3 个进化分支,既有与以前暴发流行相似的病毒毒株,又有新的病毒毒株。这表明在印度基孔肯雅病毒非流行期内,早期的流行株并没有消失,而是以低水平在人、蚊之间传播,同时,又有新的病毒毒株传入。因此,在没有明确储存宿主的情况下,没有病例发生,并不表示没有病毒毒株的存在。这应该特别引起疾病控制工作者的注意。

本病毒可在多种组织细胞中生长,例如北京鸭肾细胞、绿猴肾细胞、地鼠肾细胞、Hela细胞等。近年发现白蚊、伊蚊细胞 C6/36 克隆对本病毒很敏感,且在传代培养中观察到病毒产生细胞病变。

本病毒对乙醚敏感;10 mg/mL(10 ppm)的鞣酸也可完全抑制病毒对细胞的感染力;对胰酶有抵抗力。在 pH 8~9 的环境中稳定。紫外线、60℃和 0.2%~0.4%甲醛可使病毒在短时间内灭活。在酸性条件下很快灭活,故实验室可用 1%盐酸溶液来消毒玻璃或塑料器皿。

[流行病学]　本病的疫源地分为城市型和丛林型,主要分布于坦桑尼亚、南非、莫桑比克、乌干达、刚果(金)、尼日利亚、泰国、印度、马来西亚、缅甸、越南、老挝等非洲和亚洲的热带和亚热带地区。日本也曾发生本病,并分离到了病毒。在东南亚,本病常和登革热同时或先后流行,并占一定比例。1958 年以来,本病在亚洲,尤其是苏门答腊岛等东南亚地区广泛流行。陈伯权(1980.7)从西双版纳一名不明原因的发热病人体内分离到 1 株 CHIKV,编号87448。1986 年张海林等从云南棕果蝠脑组织中分离到 CHIKV(B8635 株)。

在自然疫源地区,传染源主要是受感染的动物和病人、野生灵长类动物,他们是病毒的主要贮存宿主,非洲绿猴、黑猩猩、狒狒、恒河猴、细毛长猴等在本病的丛林疫源地的维持上可能起着重要作用,其他的动物宿主还有牛、马、羊、猪、兔、猫、鸡、蝙蝠等。在泰国,在多种哺乳动物包括家畜血清中也检测到本病抗体,但家畜在本病传播中的作用不确定。丛林型是野栖蚊种在野生动物宿主间传播病毒,野生灵长类不仅在病毒循环中起着重要作用,而且也是本病毒的增殖宿主,人仅在进入丛林时偶然受到感染。主要以蚊—灵长类—蚊的循环方式,呈地方性流行,表现为散发病例。而城市型疫源地,感染的人是主要传染源。病人在发病初期出现高滴度的病毒血症,足以引起媒介蚊感染,通过埃及伊蚊在人和人之间以及动物间传播,形成人—蚊—人的循环方式,患者是主要传染源。在本病流行期间,人类隐性感染、亚临床感染宿主在疾病的传播上也有不容忽视的作用。另外一些畜禽如猪、牛、马、羊、小鸡、猫等,感染后虽不出现症状,但成为重要的传染源,可能在本病的传播上也有一定的作用。有 11 种鸟类抗体阳性率达 37.95%,其中火鸠为 55.56%,可能对自然传播和保存病毒有一定作用。米竹青在云南调查认为基孔肯雅病属于丛林型疫源病,人和多种动物感染(表-66)。云南某地区人的感染率约为 10.07%,最高为 43.78%;970 个急性发热患者的中和抗体指数为 316。我国云南、海南等地区为本病的自然疫源地(表-66)。

表-66　云南人和动物血清中 CHIK 抗体情况

血清种类	地区	检查数	阳性数	阳性率(%)
健康人	西双版纳	1 198	127	10.60
	保山	200	15	7.5
	玉溪	197	1	0.51

续 表

血 清 种 类	地　　区	检 查 数	阳 性 数	阳性率(%)
恒河猴	西双版纳	204	5	2.45
猪	西双版纳	197	8	4.06
棕果蝙蝠	云南西部	284	140	49.30
犬	云南西部	111	2	1.80
黄胸鼠	云南西部	347	9	2.59
臭鼬	云南西部	11	2	18.18
鸟类	云南西部	247	91	36.84

本病主要传播途径是蚊虫吸血传播,此外还可经呼吸道传播。已从自然界捕获的多种蚊子中分离到基孔肯雅病毒,其中有埃及伊蚊、非洲伊蚊、白霜库蚊、致倦库蚊、非洲曼蚊、棕翅曼蚊、三带喙库蚊、带叉—泰氏伊蚊组等。实验证明另有 10 多种蚊虫能通过叮咬传播本病,其中有:白纹伊蚊、埃及伊蚊、东乡伊蚊、三列伊蚊、伪盾纹伊蚊等。非洲伊蚊氏野栖蚊,为丛林疫源地的主要媒介。埃及伊蚊氏家栖蚊,在城市疫源地为主要媒介。病毒可在蚊体内繁殖,在吸血后的第 6 天,蚊虫体内的病毒滴度达到高峰,第 19 天开始逐渐下降,到第 53 天,蚊虫体内的病毒已很少。埃及伊蚊吸血后第 5～14 天传播率最高,以后逐渐降低。未证实白纹伊蚊、东乡伊蚊能自然感染,但实验感染的传播能力很强,是本病的潜在媒介。2007 年以来,意大利、法国和北美相继发现 CHIKV 存在于亚洲虎蚊中。研究者认为,亚洲虎蚊的基因发生了变异,蚊体不仅能携带这种病毒,还能传播病毒。施华芳(1990)报道,1986 年从云南西双版纳的蝙蝠脑中分离到病毒。我国 2008 年报道,2008 年自斯里兰卡务工回国人员中检出 2 例输入病例。2010 年东莞市万江社区出现暴发疫情,累计 282 例。埃及伊蚊、白纹伊蚊和东乡伊蚊等,在我国南部沿海地区分布很广,需要高度警惕。

本病在非洲地区发病季节性不明显;在亚洲,雨季为流行高峰,一般为 7～11 月份。人流行前 5～6 个月在野生啮齿动物中发现病毒活动,流行 3 个月后,动物血清中有抗病毒抗体,认为其可能对疫源地的维持起一定作用。

[发病机制]　一般来说,致病的决定性过程是病毒进入细胞。对许多病毒敏感的细胞上都有病毒受体存在,这些受体与病毒的某个结构蛋白结合,介导了病毒侵入细胞,引发机体的感染。

目前 CHIKV 受体和配体都不清楚,致病决定因素或致病决定基因仍未确定。

在我国,CHIKV 动物试验研究表明,其感染的宿主范围比较广泛。多种灵长类、啮齿类和家畜对该病毒都有不同程度的易感性。接种该病毒后可引起动物发病,或死亡,或产生病毒血症。1～4 日龄乳小白鼠对本病毒比较敏感,脑、皮下或腹腔感染均可引起发病或死亡,潜伏期为 2～4 天,可用于病毒的分离和传代。病毒对 2 日龄兔子和 2 周龄以上的小白鼠无致病力;可引起雏鸡发病死亡;不引起成年豚鼠、兔子、成年金黄地鼠、鸽子发病,但都引发病毒血症。在成年金黄地鼠、鸽子、乳豚鼠、乳兔、雏鸡和树鼩的脑、肝、肺、脾、肾中均分离到病毒,其中在脑组织中的含量最高,这与病理检查结果基本吻合,表明动物感染 CHIKV 后,虽然多数动物不表现临床症状或症状较轻,但几乎都发生病毒血症和病毒侵入易感器官引起的病理改变,进一步说明了该病的隐性感染较普遍。

[临床表现]　多种灵长动物(猴、黑猩猩、狒狒)、啮齿动物、家畜家禽(猪、马、牛、羊、猫、小鸡)对本病毒有不同程度的易感性。美国 G.W 贝兰证实可从猪血清中分离到病毒。陈伯权(1983)在云南流行病调查中,从猪和人中分离到病毒,猪一般无症状,但有病毒血症。猪感染后可从猪体中测出血凝抑制抗体和中和抗体。在疫区猪的阳性率达 34.8%;而张海林(1989)在云南调查西双版纳猪的抗体阳性在 4.06%(8/197)。表明病毒已对猪等畜禽感染。此外,抗体阳性犬为 1.8%,黄胸鼠和臭鼩鼱为 18.18%。

[诊断]　主要通过流行病学、血清学试验、病毒分离和临床症状来诊断。

(1)流行病学和临床诊断。本病临床表现变化范围很大,从无名热、类登革热到轻型出血热,尤其是登革热流行区,当发现轻型出血热病例时,应考虑到本病。

(2)血清学试验和病毒分离。采用 Ig 捕获 ELISA 检查 IgM 抗体可作出早期诊断。常用血清学诊断方法为免疫荧光法、血凝抑制、中和试验。补体结合抗体出现较晚,较少用于实验诊断。分子生物学诊断方法有逆转录聚合酶链反应(RT-PCR)。中和试验和血凝抑制诊断是诊断本病的首选方法,但确诊仍需依赖于病毒分离。病毒分离方法是采集发病 3 天之内的病人的血清样本,接种于乳白鼠脑内或地鼠肾细胞、恒河猴单层细胞、Hela 细胞等,可引起细胞病变,形成空斑。

[防治]　目前尚无特效药物,以预防为主。

预防,主要是灭蚊、防蚊,对急性期患者应采取严密的防蚊措施,防止被蚊吸血扩大传播,目前尚无有效疫苗。灭活疫苗进行预防接种仅在暴发流行期使用。减毒活疫苗(CHIK181/clone 25 株)也有一定保护作用。

本病为非国际检疫病种,对其监测措施可仿照登革热。在我国应进一步在南方亚热带省份进行疫源地调查(本病毒除人外,畜禽、宠物均有不同程度的易感性),查清本病在我国的具体分布,以利于防止疫情扩散。

四十六、盖他病毒感染(Getah Virus Infection,GET)

该病是由盖他病毒(GETV)感染人畜的病毒性传染病,主要引起猪流产,马发热、皮疹、后腿水肿及淋巴结肿大等。库蚊和伊蚊是本病主要传播媒介。偶尔也会感染人。

[历史简介]　1955 年美国陆军医学院研究所的 Elisberg 和 Buescher 在马来西亚吉隆坡的白雪背库蚊中分离到 GETV(M.M2021 株),但不知其对动物是否致病。1959 年日本从群马县的猪血液中分离到病毒。Kamada 等(1982)对不同地区分离获得的盖他病毒的毒株(MI110,AM2012,Haruna 和 Sakai)作生物学、理化学特征和抗原性的比较研究,证明这些病毒间没有差异,基本相同,进一步明确盖他病毒在分类上属于甲病毒属成员。直到 1992 年美国疾病预防控制中心对病毒进行了鉴定,并命名为 Getah 病毒。以后又在马来西亚、柬埔寨、日本和澳大利亚的三带喙库蚊、刺扰伊蚊日本亚种中分离到病毒;我国杨火等(1984)

报道了海南省一株甲组虫媒病毒的分离、鉴定和血清抗体调查。1992 年从海南岛采集到的蚊子中也分离到病毒。60 年代澳大利亚研究者 Doherty 等(1966)、Sanderson 等(1969)进行了人和动物血清抗体调查,证明了 GETV 对人和动物的感染性,但究竟能引起什么样的临床症状尚不清楚。1959 年日本从群马县猪的血液中分离到病毒。1963 年澳大利亚也分离到该病毒。Matsuyama 等(1967)从健康猪体分离到病毒。直到 1978 年秋,日本关东地区的赛马群中流行一种体温升高伴有丘疹的马病,从病马的血液和马厩蚊体中分离到 GETV。甲野氏(1978)用组织培养的病毒,经回归接种健康马,呈现同类症状,至此才确认了本病毒的致病性。此后多次报道了 GETV 感染。1989 年香港赛马出现体温升高,伴有四肢水肿的情况,血凝抑制(HI)血清学试验抗体阳性。Yago 等(1978)从死亡仔猪分离到 GETV。Sugiyama I (2009)分析了 2001—2002 年日本九州野猪 90 份阳性样本,占采集样本的 47.8%,其中幼猪占 40.7%、成年猪占 62.5%,病猪有轻度症状。

我国于 1964 年从海南岛的库蚊体内分离到盖他病毒 M1 毒株;2002 年从河北省野外捕获的蚊中分离到盖他病毒(HB234,215 株);甘肃(GS12 - 2 株)这说明该病毒已存在于我国北方地区。上海 SH05 - 5、15、16、17 株和云南 YN0540 株。

[病原] 盖他病毒(GETV)属披膜病毒、甲病毒属,是西门里克森林脑炎病毒抗原复合群成员。病毒粒子呈球形,二十面体对称,有囊膜,直径 60～70 nm,相对分子质量约为 $52×10^6$,蔗糖密度梯度中浮密度为 1.22 g/cm^3。核衣壳被紧紧包在囊膜内,直径 40 nm。基因组为正向单股 RNA,不分节段,大小为 11～12 kb(不包括 3′端的原 A),有 5′帽子结构和 3′poly(A)原。5′末端前 2/3 编码非结构蛋白 nsP1 - nsP4,后 1/3 编码结构蛋白(capsid)E3、E2、6K 和 E1,E2 基因具有很好的保守性,且中和位点位于 E2 基因。病毒 RNA 转录生成亚基因组的 mRNA,后者转译生成巨蛋白。巨蛋白经酶切生成结构蛋白和非结构蛋白,结构蛋白再次酶切生成衣壳蛋白 C[相对分子质量$(30～33)×10^3$]和囊膜糖蛋白 E1 和 E2[相对分子质量$(45～48)×10^3$]。衣壳蛋白与 RNA 在感染细胞的胞液中装配,与内质网中的糖蛋白 E1 和 E2 结合,并转移到高尔基体,最后经细胞膜逸出细胞。

研究表明,不同盖他病毒毒株的血凝特性、对小白鼠的致病力、空斑表型和宿主选择性有所不同。核苷酸指纹图分析表明,不同地理位置的分离毒株基因组同源性为 68%～96%,甚至同一年份、同一地点分离的毒株之间也有差异。接种新生小鼠和 C6/36 细胞,分离的病毒毒株核苷酸指数也有差异。显然 GETV 基因组经常发生突变。Zhai YG 等(2008)报道,病毒核酸序列分析表明在我国分离的 GETV 进化关系很近,形成一个相对独立的类群。进一步地分析发现,我国分离的 GETV 存在特有的序列特点,其进化关系与分离年代相关。

不同病毒毒株的致病力强弱有很大差异,空斑大小对致病力也有关联,L 空斑的致病力明显强于 S 空斑。然而也有些毒株只形成小空斑,而致病力很强。

GETV 在 pH 6～9 稳定,在酸性环境中,如在 pH 3 迅速灭活。对热不稳定,在 56℃ 15 分钟,60℃ 10 分钟完全灭活,在低温下很稳定,在 -80～-20℃经 24 个月感染滴度无明显下降。在 4℃经 6 个月仍有部分感染力。对脂溶剂、$MgCl_2$,胰蛋白酶等敏感。而 0.1%胰蛋白酶经 6 小时感染滴度基本下降。然而任何浓度在短时间内使其感染滴度反而升高,如

TCID$_{50}$由$10^{4.5}$上升到$10^{6.0}$。在pH 6.0～6.5能凝集成年鹅和1日龄雏鸡的红细胞,但不能凝集马、牛、豚鼠、小鼠和成年鸡的红细胞;能在BHK-21、猪胚肾(ESK)、猪肾(SK-L)、Vero、仓鼠肺(HmLu-1)、兔肾(RK-13)和马胚皮(EFD)等多种传代细胞系中适应增殖,TCID$_{50}$可达$10^{6.0～7.5}$。也能在马的肺、脑、脾、肝、肾、胰、小肠、鼻黏膜;人的胚肺、牛胚肾、猪胚肾、仓鼠肾等原代细胞上培养。在细胞培养中24～48 h出现明显的CPE,特征为细胞变圆和折光力增强。它能形成清晰的直径4 mm和1 mm大小两种空斑。

[流行病学] GET流行于东南亚、斯里兰卡、印度、巴基斯坦、日本、俄罗斯,以及我国香港、台湾与内陆地区。除人类外,在猪、马、羊、牛体内都检测出阳性抗体。我国猪、马、羊GETV抗体阳性率在17.6%～37.5%。血清学调查人、牛、马、鸡、家兔、山羊、犬、某些野鸡、袋鼠有血凝抑制抗体和中和抗体。1978、1979和1983年日本马流行发热、荨麻疹和腿水肿症状。马可能是此病的主要传染源。禽类和蚊(包括多种库蚊,伊蚊和按蚊)是GETV的天然宿主,病毒能在蚊体内增殖,曾从白霜库蚊、三带喙库蚊、孤殖按蚊和日本刺扰伊蚊中分离到病毒,但此病毒对蚊无致病性。病毒通过蚊卵而垂直传播,也能在蚊与蚊之间水平传播。可能通过蚊—人畜—蚊循环。猪可能在自然界中对本病毒起到扩增宿主作用。猪感染有明显的季节性,病毒血清阳性样品在4月份开始增加,7～9月份达到高峰,这与蚊子有相关性。张小敏(2003)报道我国部分地区已有GET阳性猪群,并且感染程度相当多。上海地区猪群从6月中旬开始感染GETV,并不断上升,至8月阳性率最高。研究表明,在GETV流行期间,从猪的血液和蚊虫体内分离到的病毒时间比流行时间早3～4周。研究发现GETV对猪有轻度致病性,病毒感染猪后猪的脾、扁桃体、肾上腺、小肠和血清中病毒滴度最高,粪中滴度很低,口腔中基本没有。消化道传播途径仍待进一步探讨。

[临床表现] 猪和马是病毒的天然宿主,对GETV甚为易感。但认为GETV是一种温和的致病性病毒,对猪致病性主要表现:部分初生仔猪感染后食欲减退,有震颤等神经症状,病程2～3天,呈急性死亡。感染猪1～2天后,可在脾脏、淋巴结及粪便中检测到病毒。有一过性发热、厌食仔猪出现轻度抑郁和腹泻。

(1)产生病毒血症和抗体反应。熊埜御堂(1979)从猪舍、牛棚、蚊中分离到病毒;从蚊、猪、马中分离的病毒可复制。日本从不同地区收集了1 313份肥猪血清样品,被检地区,均检出该病毒抗体,阳性率为2.7%(1/37)和19.1%(40/209),阳性率以北海道最低,关东地区最高。Scherer等在50年代从猪分离到病毒。成年猪感染GETV后不显症状。实验感染猪呈现发热、厌食,小猪腹泻,产生1～2天病毒血症,最高滴度达10^3 TCID$_{50}$/0.1 mL,接种后6天产生抗体。1987—1989年中俄联合对黑龙江省2 843份猪血清进行GETV检测,证明猪为阳性;1998年上海对两个猪场采样血清检测,GETV抗体阳性率高达80%。也有报道仔猪和成年猪有临床症状,人工感染的仔猪和成年猪和自然感染猪表现有发热、体温近40.7℃,厌食、腹泻虚弱、震颤、步态异常,呈犬坐势或神经症状等,最后衰竭死亡。

(2)母猪流产或胎盘死亡与吸收,产仔减少。妊娠初期的母猪感染病毒后,病毒可经胎盘感染,导致胚胎死亡并被吸收,从而使产仔数减少。并从自然死亡猪胎中分离到病毒。Shibata I(2005)、Tetsuo等均从自然感染的猪死胎中分离出GETV。实验感染妊娠母猪证明,GETV 可跨胎盘感染而引起胚胎死亡。Akihiro Izumida 等(1988)给 5 月龄和 9 日龄猪脑内、静脉、皮肉接种 Getah 病毒,未见临床症状,但发生病毒血症。接种后一周测出 HI 抗体,2 周 HI 抗体达高峰(表-67)。5 头妊娠母猪皮下接种病毒(2078 毒株)后,出现病毒血症,产生 HI 抗体(表-68)。对 4 头母猪在妊娠 11~28 天接种病毒而后剖检取胎,共发现 14 个死亡胎儿。妊娠早期接种病毒会引起胎猪死亡,即 429 号母猪中 12 只胎儿死亡 11 只,死亡胎儿有出血性病变和 39 号母猪中 12 只胎儿,死亡 3 只查有出血性病变。并在胎盘、羊水、胎猪体回收到病毒,而怀孕母猪在妊娠的 44 天和 52 天皮下接种 GETV,没有发生胎猪死亡,表明母猪妊娠早期感染 GETV,胎盘和胎儿是病毒感染的地方,并从胎儿的每个器官中分离到病毒。相反,只能从存活的胎儿的极少器官和组织中分离到病毒。这个现象或许是因为病毒到各个胎儿转移的时间差异的结果。证明猪易感病毒,感染可能是造成妊娠母猪生殖系统紊乱的原因之一。(表-69,表-70,图-20,图-21)。

表-67   盖他病毒接种猪临床症状、病毒血症和抗体应答

猪号	年龄	接 种 病 毒			接种途径	临床症状	病毒血症									HI 抗体滴度				
		毒株	通过乳鼠次数	剂量 (SMLD$_{50}$)			接种后天数									接种后周数				
							0	1	2	3	4	5	6	7	0	1	2	3	4
1	5 月龄	Sagiyama	SM21[@]	$10^{7.7}$	SC	—	—	—	—	—	+	+	+	—	<10	10	20	10	<10
2	5 月龄	Haruna	SM15	$10^{7.4}$	SC	—	—	+	+	+	+	—	—	—	<10	10	80	80	20
3	5 月龄	Sakai	SM13	$10^{7.0}$	SC	—	—	+	+	+	—	—	—	—	<10	640	640	320	320
4	5 月龄	2078	SM7	$10^{6.0}$	SC	—	—	+	+	—	—	—	—	—	<10	320	640	320	160
5	9 日龄	2078	SM7	$10^{3.7}$	1C	—	—	+	+	—	—	—	—	—	<10	320	640	640	320
6	9 日龄	2078	SM7	$10^{4.8}$	1V	—	—	+	+	+	—	—	—	—	<10	320	320	640	320
7	9 日龄	2078	SM7	$10^{4.8}$	SC	—	—	+	+	—	—	—	—	—	<10	640	640	320	320

注:@哺乳小鼠。

表-68   2078 毒株皮下注射怀孕母猪的临床症状、病毒血症和抗体应答

母　猪		接种病毒物		临床症状	病毒血症						HI 抗体滴度				
猪号	病毒接种时母猪怀孕天数	通过次数	剂量		接种后天数						接种后周数				
					0	1	2	3	4	5~7	0	1	2	3	4
429	26	SM7[@] PB4[b]	$10^{6.4}$	—	—	+	+	+	—	—	<10	1 280(扑杀)			
39	28	SM7 PB2	$10^{5.4}$	—	—	+	+	+	—	—	<10	160 (扑杀)			
8	44	SM7 PB3	$10^{3.3}$	—	—	+	+	+	+	—	<10	80	1 280(扑杀)		
7	44	SM7 PB3	$10^{3.3}$	—	—	+	+	+	+	—	<10	320	640	320	160
408	52	SM7 PB4	$10^{6.1}$	—	—	+	+	+	—	—	<10	40	640	640	320

(扑杀)

注:@哺乳小鼠,b 猪血液病毒。

表-69　剖腹胎儿或新生仔猪临床表现

怀孕母猪号	接种后天数	胎儿或新生仔猪数		
		总　数	死　亡	存　活
429	12	12	11	1
39	11	12	3	9
8	14	13	0	13
7	71	11	3	8@
408	28	8	0	8

注：@新生仔猪。

表-70　从 429 和 39 号母猪胎儿、胎盘和羊水回收病毒

怀孕母猪号	胎儿临床表现	病　毒　回　收				
		脑	内脏器官[a]	肌肉[a]	胎盘	羊水
429	死亡	10/10[b]	10/10	10/10	2/2	5/5
	存活	1/1	0/1	1/1	0/1	0/1
39	死亡	2/2	2/2	2/2	2/2	3/3
	存活	0/8	0/8	0/8	0/5	0/8

注：a 从胎儿收集，b 感染胎儿的数目/试验胎儿的数目。

图-20　在剖检 429 号母猪时总共发现 12 只胎儿，其中 11 只胎儿死亡并有出血性损害

（3）初生乳猪多发病　本病毒是导致初生仔猪死亡的原因之一。Tetsuo ASAT 等证实，GETV 是引起赛马和新生仔猪死亡的急性热性病的病因。实验中给妊娠母猪接种病毒后，病毒感染了胎儿，并在胎儿体内分离到 GETV。感染母猪分娩的多数乳猪发病，少数耐过到康复的猪短时间内感染后 24 小时出现精神不振、食欲消失、全身发抖（颤抖）、舌头发

图-21 在剖检39号母猪时总共发现12只胎儿，其中3只胎儿死亡并有出血性损害

颤、后肢麻痹、行动不稳、体表皮肤发红、排棕黄色稀便等症状，2～3天后出现濒死状态。GETV肌肉接种5日龄悉生猪，20小时后呈现同样症状；王傲杰(2018)报道盖他病毒引起猪腹泻(棕黄色腹泻)及较高死亡率；新生仔猪震颤、皮肤发红。Shibata I等(1991)使用交叉中和试验法确定从自然感染的猪死胎中分离的病毒是GETV，从很多组织中检出GETV，其中以脾、扁桃体、肾上腺、小肠和血清中滴度最高，粪中滴度很低，口腔基本未检出。口服接种乳猪仅出现轻微病症，而且很快康复；但能从口服接种猪体内分离到病毒。猪可能在自然界中起到扩散宿主作用，少数耐过而康复的猪短时间内发育不良。

病死乳猪病理学检查未见肉眼和显微损害。

GETV感染成年猪不显现症状。将病料接种健康乳猪后，猪呈现与自然病例相同的病症。少数耐过而康复的猪短时间内发育不良。

野猪：日本九州在2001—2002年对90份野猪血清样品检测，结果GETV阳性率为47.8%，其中幼猪为40.7%，成年猪为62.5%。

[诊断] 从生病母猪的流产等繁殖障碍症与乳猪临床症状，很难判断是何种疾病，因此必须应用实验室技术才能确诊。

(1)血清学试验。目前主要是血凝抑制(HI)试验(只能凝集成鹅和1日龄雏鸡红细胞)。试验前需除去待检血清的非特异因素。方法是将血清先用丙酮处理，再用鹅红细胞吸收，最后在56℃水浴中灭活30分钟。然后，抗原与血清混合后在4℃过夜，加0.33%鹅红细胞混合，于37℃作用1小时观察结果。如欲自制抗原，则可将感染的细胞培养液经离心除去细胞碎片，再超离心取沉淀物。病毒浓度达到$10^{8.5}$ TCID$_{50}$/0.1 mL即可作抗原。血清的HI抗体滴度在1:10以上即判为阳性。

(2)病毒分离。采集病死乳猪的适宜组织，制备1:10悬液，无菌处理，离心澄清，接种BHK-21、ESK、SK-L、HmLu-1或Vero细胞培养，经1～2天即能看到CPE大小蚀斑。无蚀斑组织培养物盲传2代；再无CPE即可判断为阴性。

(3)实验动物接种。乳鼠对GETV甚为易感，一般采集病死乳鼠的脑、肺、肾、扁桃体等组织,制成 1:10 悬液,冻融后离心澄清,取上清液或用接种组织细胞制品,接种 1~2 日乳鼠,脑内接种 0.025 mL,经 3~4 天后死亡。主要临床症状为后腿麻痹,多发性肌炎,骨骼肌发生变性和坏死。4 日龄乳鼠在 8 天后显示后肢麻痹,2~3 后死亡。成年小鼠则无症状。GETV 接种孕鼠可引起跨胎盘感染,导致出生乳鼠全部死亡或者产仔数减少。同时用已知阳性和阴性血清作中和试验。

[防治] GETV 在亚洲流行甚广,无有效药物治疗。日本已采用疫苗控制(有灭活疫苗、弱毒疫苗和猪脑炎、细小病毒与盖他病毒三联弱毒疫苗)。疫苗需要在传媒出现的季节之前接种方有效果,似猪乙型脑炎疫苗使用时间。防控蚊子可能是有效预防措施之一。因为感染甲病毒的自然宿主常表现为无症状、高滴度的病毒血症。如刺蚊虫传播,传播给人和家畜,引起流行,被感染动物发生不明原因的发热和炎症,包括皮炎、关节炎、肌炎或脑炎、流产等,严重的死亡。近年来,血清学普查表明,在海南、上海、浙江等地饲养的猪群中,盖他病毒的感染率均较高,加之在北方蚊体内检测到病毒等,提示我们应该防患于未然,加强此病的研究和预防工作。

四十七、猪痘(Swinepox,SP)

该病是由猪痘病毒(SPV)和痘苗病毒(vaccinsa virus,VacV)引起的急性、热性和接触性传染病,以皮肤黏膜发生特殊的红斑、血疹、脓疱和结痂为特征。

[历史简介] Spinola(1848)报道猪痘在欧洲发生。McNutt(1929)报道北美也发生猪痘。Moninger、Cosontos 和 Salgi 等(1940)在欧洲发现由痘苗病毒引起的猪痘和猪痘病毒引起的猪痘,两者只对猪有特异性。痘苗病毒试验毒株的来源和历史背景不清楚,毒株的大多数特性显示可能是从牛痘病毒中分离而来的。Schwarter 和 Biester 在研究了这类疾病后,称其为猪痘。

[病原] 猪痘实际上是由两种不同病毒引起:一种是猪痘病毒,一种是痘苗病毒。猪痘病毒分类上属于痘病毒科、猪痘病毒属。痘苗病毒分类上属于痘病毒科、正痘病毒属。痘病毒呈砖形、多棱形或卵圆形,有囊膜,为双股 DNA 和蛋白质组成的大型病毒。

猪痘病毒大小为 250~350×150~250×100 nm,基因组 175 kb,带有约 5 kb 的反向末端重复序列(ITRs),有 150 个推导的基因,其中有 146 个基因与其他脊椎动物痘病毒具有保守序列,SPV018、SPV019、SPV020 基因为猪痘所特有。ITRs 不稳定,这可能与 ITRs 中的易变的 70 bp 直接重复序列有关。其与痘苗病毒无交叉反应,只有一个血清型。猪痘高免血清不能在试管中中和病毒,康复猪能抵抗病毒感染。猪痘病毒的宿主范围窄,此病毒不能引起马、牛、绵羊、山羊、猫、猴、兔、鼠发痘;不能在鸡胚上形成痘斑和传代,不能在 Hela 细胞、牛肾细胞、兔肾细胞上生长;能够在猪肾原代细胞、睾丸、胚肺、胚脑细胞培养物中产生病变。通常病毒感染上皮细胞后可在细胞质内形成 5~30 μm 的嗜碱性或嗜酸性包涵体,包涵体内有原生小体,即病毒抗原。Kim(1977)研究了猪痘病毒的超微结构,在受猪痘病毒感染的细胞中发生的超微结构变化如下:① 由很细的丝组成的核内包涵体。② 核内包涵体内有横纹的纤维性结构。③ 位于细胞质内 Cowdry 氏 B 型包涵体中或其附近有同样纤丝结构。在猪痘病毒感染的猪体中能见到棘层细胞核中有空泡,但痘苗病毒感染的猪体中则见不到。

痘苗病毒大小为 $300 \times 230 \times 100$ nm，能够凝集鸡的红细胞，与正痘病毒属的成员之间有交叉反应，能够在鸡胚尿囊膜上生长形成痘斑，并能在猪肾原代细胞、Hela 细胞、牛肾细胞、兔肾细胞上生长。病毒能致猪发痘，还可引起兔、牛、羊、猿猴等发痘。

猪痘病毒对直射阳光、紫外线、高温及碱及消毒液敏感。在 pH 3 环境中病毒可逐渐丧失毒力。0.5%甲醛溶液、3%苯酚、0.01%碘溶液、3%硫酸或盐酸溶液，可在几分钟内将病毒杀死，1%～3%NaOH 液和 70%乙醇，10 分钟可杀灭病毒。病毒对干燥有抵抗力，在干燥的痂皮中可存活几个月。在正常条件下的土壤中可存活几周。

[流行病学]　猪痘发生于世界各地，猪痘病毒仅发生于猪，有严格的宿主特异性，猪是唯一宿主。幼猪发病率高，不感染牛、马、绵羊、犬、猫、家禽、兔、豚鼠、大鼠、小鼠和人类。兔经皮内注射可形成丘疹，但不能连续传代。发病猪以 4～6 周龄的哺乳仔猪多见，断奶猪也易感染，成年猪具有抵抗力。发病乳猪有可能感染为其哺乳的母猪。而痘苗病毒可感染各年龄段猪。患病猪和病愈带毒猪均是本病传染源。病毒随病猪的水疱液、脓汁和痂皮污染周围环境，病猪的唾液、眼分泌物、皮肤的痘疹和痂皮均含有病毒。

猪痘病毒一般不能由病猪直接传染给猪，主要是通过血虱（有谓虱体内的猪痘病毒可存活一年之久）、蚊、蝇等体外寄生虫等间接传播或破损皮肤感染。痘苗病毒则可通过直接或间接途径感染猪群，从而引起本病的流行。本病在一个地区一般不发生广泛传播，呈散发或地方流行性，一年四季均可发生，多见于春秋阴雨寒冷季节。猪舍潮湿污秽，猪营养状况不良时，此病流行。虽然此病死亡率不高，但发病率较高，同群可达 100%，但死亡率一般不超过 3%～5%，多数是因并发症造成死亡。

[发病机理]　　　SP 通常由 SPV 进入破损皮肤而引发，如虱咬、损伤等。病毒在皮肤棘细胞层细胞的胞浆中复制。在局部淋巴结中的病变不明显，而且从淋巴结中不易分离出病毒。二次病变并不像其他的痘病毒感染那样由细胞介导的病毒血症所致，而是很独特地由已知的病变上的病毒扩展而形成。从血液中还未曾分离到过病毒，但这很可能是由于 SPV 不容易分离，尤其是在病毒量很少时。病毒血症肯定会发生，仔猪的先天性感染就是证据。

在给悉生仔猪静脉注射病毒后，病毒在皮肤的棘细胞层复制，引起水疱变性，引发全身性皮肤病变，但内脏器官没有病变，这证实了 SPV 嗜好感染皮肤，在悉生猪上观察不到斑点阶段。因此，早期的皮肤发红可能是虱子叮咬后，细菌乘虚而入引起的反应和 SPV 两方面作用的效果。

[临床症状]　　猪痘是典型的痘疹病。多发生于幼猪、育肥猪，主要发生于正在发育的生长小猪，特别是吃奶小猪。潜伏期 5～7 天。实验性病毒接种猪后，潜伏期 2～5 天。野外条件下潜伏期可达 14 天。临床上分为斑点期（充血）、血症期（红疹）、水疱期（出水）、脓疱期（流脓）和结痂期。并不是所有感染都经过以上过程，一般没有明显的水疱和脓疱过程。从形成斑到结痂和脱落的时间是 3～4 周，单纯的病例结痂很快脱落，出现小瘢痕。有些病例只有丘疹与结痂而无水泡，多发于背部和身体两侧。病猪主要表现为体温升高至 41.3～41.8℃，精神萎靡，鼻黏膜和眼黏膜充血潮红、肿胀并有黏液性分泌物渗出。典型症状是下肢和四肢内侧、鼻镜、眼皮、皮肤皱褶等无毛或少毛部出现痘疹，严重时也在背部和身体两侧

可见,有时扩展到面部。McNutt 报道病变常见于下股部、四肢内侧。Schwarte 和 Biester 报道,艾奥瓦州猪痘病变位于背部和体侧部,一般不发生在头部和腿下部。痘疹开始为深红色的硬结节,凸出于皮肤表面,呈半球状,表面平整,直径可达 8 cm 左右,可迅速地经水疱期形成棕红色的圆形痂块。仔猪许多水疱同时破裂,可使面颊变湿和结痂块,不久转变为水疱,内有透明的渗出液,有的病例见不到水疱阶段,直接转为脓疱。脓疱中间凹陷,局部贫血呈黄色,周围组织膨胀,病猪时常因痒而摩擦至疱疹破裂而至浆液和出血性液渗出,最后痘疹结痂,脓疱结痂后呈棕黄色痂块,最后脱落为无色小白斑并痊愈。许多病例并不出现红斑→丘疹→水疱→脓疱→痂皮典型过程。出现的小红斑迅速增大,1～2 天变成水疱和脐型脓疱,7 天后形成痘痕或结痂,3 周后康复。红斑或丘疹常直接被覆痂皮。许多仔猪出现结膜炎、角膜炎。整个过程病猪表现为奇痒难耐,磨蹭墙壁和围栏。本病多为良性经过,病程10～15 天,病死率不高。除皮肤病外,有时伴有卡他性肺炎、咳嗽、呼吸困难、流鼻涕和轻度发热,一部分哺乳仔猪死亡。如果在咽、器官、支气管等处发生痘疹,常引发败血症而最终猪死亡。另外,还会观察到患病猪腹股沟淋巴结肿大,且容易触摸到,发展到脓疱期结束时,淋巴结则恢复正常。在本病发生过程中,如管理不当,治疗不及时而引起继发感染,则会引起病猪死亡,尤以幼龄猪为重,死亡率可达 20%。

组织切片中可见上皮充血、细胞浆内含有嗜碱性、嗜酸性两种包涵体。特征性的变化是表皮棘细胞层中的细胞核空化,这种特征在猪痘中不存在。猪痘中的嗜碱性包涵性可分为两种类型:第一种类似 B 型包涵体,强嗜碱性而表面呈颗粒状;第二种类似 A 型包涵体,少见,为卵圆形或圆形,中度嗜碱性,质较均匀。

[诊断]　根据流行病学、临床症状,痘疹所表现出的特殊病程经过,不难作出诊断。至于究竟系猪痘病毒还是痘苗病毒引起,则需进一步作病毒分离和鉴定。可取病变组织进行镜检,观察棘细胞的变化。再取毒样做家兔接种试验,接种部位出现痘症的是痘苗病毒,接种部位无变化的是猪痘病毒。

本病诊断时应与疥螨病、猪水疱病、湿疹、猪丹毒、猪水疱疹、水疱性口炎、口蹄疫和葡萄球菌病相区别。

[防治]　本病目前尚无疫苗,由于主要是接触传染以及与不良环境有关。因此,首先是改善饲养环境,保持良好卫生环境,注意定期杀灭体外寄生虫,灭虱、灭蚂、灭蚊、灭蝇等,以切断传播途径,阻止病毒传播。

一旦发现病猪,要立即隔离,病污要堆置发酵,猪舍要及时用碘剂等消毒药消毒。病猪发痘处用 15% 高锰酸钾清洗,并用碘酊或紫药水涂擦,防止感染、溃烂。体温升高猪只可用抗生素治疗。

四十八、猪细小病毒病(Porcine Parvovirus Infection,PP)

该病是由猪细小病毒引起的母猪无明显临床症状、初产和血清学阴性母猪不同怀孕期的仔猪呈现木乃伊、畸形胎、死胎、流产或弱仔的一种母猪繁殖障碍性传染病。

[历史简介]　Mayr 和 Mahnel(1996)在进行猪瘟病毒组织培养时发现和证实猪细小病

毒的存在和致病性。Cartwright 等(1997)从流产仔猪中分离出 PPV,进一步证实其致病性。此后,欧洲、美国、亚洲、非洲等多个国家均有该病流行报告,并逐步明确了 PPV 的致病性。潘雪珠、张婉华等(1983)首次从病猪分离到本病毒,证实我国存在 PPV,并开始研制灭活疫苗,获得我国第一张猪细小病毒灭活疫苗兽药证书。

[病原]　PPV 分类上属于细小病毒科细小病毒属成员。病毒外观呈六角形成圆形,无囊膜,磷膜,直径约 20～30 nm,呈二十面体等轴主体对称。衣壳由 32 个壳粒组成,有 2～3 个衣壳蛋白。分子量为 1.4×10^6 Da。G+C 含量 48%。从纯化的 PPV 电镜图谱中可以看到 2 种病毒粒子,即有感染能力的实心病毒粒子和无感染能力的空壳病毒粒子。

PPV 是自主复制性病毒。病毒基因组为单股线状 DNA,长约 5 000 个核苷酸(nt),成熟的病毒粒子仅含有负链 DNA 基因组。基因组在 3′端和 5′端分别有两段折叠配对序列。在 3′端配对序列中有一中间分叉形成叉形发夹结构。经分析发现,早期启动子 P4 和晚期启动子 P40 分别从基因组的 225 bp 和 2 035 bp 处起始转录,共同终止于 4 833 bp 处的 Poly(A)。从 P4 开始转录的 NS 基因编码 3 种非结构蛋白 NS1、NS2、NS3。由 P40 开始转录翻译的 3 种结构蛋白 VP1、VP2 和 VP3,而 5′端则有 flip 或 flop 结构存在。5′端核酸的少量缺失(20～80 nt)并不影响 PPV 在宿主细胞中的核酸复制和多肽表达,而 5′端环状结构(loop)的丢失将使 PPV DNA 复制中止。提示 PPV DNA 复制同其他细小病毒一样,遵循改良的滚动的发夹模式。PPV DNA 完全依赖宿主 DNA 的复制机制进行自身复制,并且几乎只能在细胞周期的 S 期的晚期和 G2 期早期进行。据 Molitor 等报道,双链复制型 DNA(RFDNA)共有 10 个限制酶酶切位点,从 3′端到 5′端分别是 Pst Ⅰ、Taq Ⅰ、Msp Ⅰ、Puu Ⅱ、Hind Ⅲ、Nco Ⅰ、EcoR Ⅰ、Bgl Ⅱ、Sac Ⅰ 和 Bgl Ⅱ。

PPV 结构蛋白和非结构蛋白的基因决定了 PPV 的宿主范围(表- 71)。PPV 在其许可性细胞和非许可性细胞中复制能力与病毒吸附过程无关,而是与病毒 DNA 复制、RNA 转录和病毒蛋白的表达等因素有关。

表- 71　PPV NADL - 2 KRESESE 4 与 FRV 的序列差异

AP2 残基	NADL - 2	KRESSE	FRV
215	异亮氨酸	苏氨酸	天门冬氨酸
378*	天门冬氨酸	甘氨酸	甘氨酸
383*	组氨酸	谷氨酰胺	谷氨酰胺
496*	丝氨酸	脯氨酸	苏氨酸
565	精氨酸	赖氨酸	赖氨酸

注:＊此处蛋氨酸残基决定 NADL - 2 与 KRESSE 毒株的表型和嗜性。

PPV 只有一个血清型。PPV 的组织嗜性与致病性决定于病毒的基因结构和宿主细胞的细胞因子,大致可分 4 个类型,第 1 类是以 NADL - 2 株为代表,口服接种不能穿过胎盘屏障,对妊娠母猪和胎儿都没有致病性,可以用作为弱毒疫苗防治 PPV 感染,但 NADL - 2 株通过子宫接种，与 NADL‑8 株一样有复制和感染能力，并导致胎儿死亡。第 2 类是以 NADL‑8 株为代表的强毒株，口服接种能够穿过胎盘屏障，造成胎儿感染，形成病毒血症。第 3 类是以 Kresse 株为代表的皮炎型强毒株，有报道称其毒力比 NADL‑8 株还要强。第 4 类为肠炎型毒株，其主要引起肠道病变。

　　PPV 几乎在所有猪原代细胞和传代细胞上都能生长繁殖，如猪肾原代细胞、猪睾丸细胞及 PK‑15、CPK、BRS‑2、MVPK、ST 等传代细胞。PPV 的复制需要宿主细胞的 DNA 合成酶，最适宜在具有旺盛增殖能力并处于有丝分裂时期的细胞内增殖，因此进行 PPV 培养时应与细胞同时接种或细胞未形成单层之前接种。

　　接种新生仔猪原代肾细胞后 2～6 天，可使细胞变圆、固缩或裂解。病毒可在细胞中产生核内包涵体，但包涵体通常散在分布。

　　PPV 具有血凝型，能凝集豚鼠、大鼠、小鼠、恒河猴、鸡、鹅和人 O 型红细胞，其中以对豚鼠的红细胞凝集性最好，对鸡红细胞凝集敏感性差异较大。

　　PPV 对热具有很强的抵抗力，56℃ 48 小时或 70℃ 2 小时恒热处理，仍有感染性。80℃ 加热 5 分钟可使病毒失去血凝活性和感染性，在 4℃ 极稳定。

　　PPV 的 pH 适宜范围为 3～9，弱酸性至中性介质适于病毒血凝性的保持。对乙醚、氯仿等脂溶剂有抵抗力。甲醛熏蒸和紫外线辐照需要相当长时间才能杀灭本病毒，0.5％漂白粉或 2％NaOH 溶液 5 分钟杀灭本病毒。

　　[流行病学]　PPV 在世界各地猪群和野猪中普遍存在，猪是唯一的易感动物，不同品种、性别、年龄的猪都易感。流行病学调查数据表明接触 PPV 普遍存在，除少数有免疫力的猪外，高比例的新母猪在开始受孕前已自然感染了 PPV，并很可能持续终身，在怀孕前没有形成免疫力的新母猪或阴性母猪，因感染而发生繁殖障碍的危险性很高。据报道，牛、绵羊、猫、豚鼠、大鼠、小鼠的血清中也存在 PPV 特异性抗体。

　　PPV 的传染源是病猪和带毒猪。感染的公猪的精细胞、精囊、附睾、前列腺、精液都可带毒；感染母猪流产的死胎、活胎、子宫分泌物中含有大量病毒。带毒母猪所产的活猪可能带毒、排毒的时间很长，甚至终身。子宫感染的胎儿至出生 9 周龄胎儿仍可带毒、排毒。急性感染猪的分泌物和排泄物的感染力可维持数月之久。猪在感染后 1～6 天产生病毒血症，3～7 天开始粪便排毒，1 周后可测出 HI，21 天抗体效价达 1∶15 000，以后猪不规则排毒。实验证明，猪被感染后传播病毒只有 2 周，但在猪圈中维持感染性至少 4～5 个月。这很可能是有些猪存在持续感染，并阶段性地排出病毒，造成 PPV 普遍存在。然而没有证据说明在急性期过后继续排毒，可能胚胎在子宫内感染后成为免疫耐受的 PPV 携带者。PPV 会导致持续感染，并在此过程中不断向外排毒。与其他细小病毒相比，猪细小病毒更易引致慢性排毒的持续性感染。

　　PPV 可经口、鼻、交配等水平传播，经胎盘垂直传播，污染的猪圈是 PPV 的主要贮存场所。公猪、育肥猪、母猪主要通过被污染的饲料、环境，呼吸道、消化道感染。公猪在传播 PPV 方面起着主要作用。在急性感染时，可通过交配传给母猪，带毒种公猪在配种季节经游动配种或精液人工授精等途径使病毒进入母猪子宫内引起易感母猪群隐性感染，通过胎盘传染给胎儿,引起 PPV 的扩大传播。不论免疫状况如何,公猪都能散布病毒,感染易感母猪。出生前后的仔猪最常见的感染途径是胎盘和口鼻。

　　PPV 感染力相当强,一旦病毒侵入健康猪群,不出 3 个月,几乎 100％猪只感染,但一般呈地方性流行或散发,在新建猪场和初次感染的猪场,往往呈流行性的。1 岁以上的大猪的阳性率可高达 80％～100％,发病猪均能保持几年甚至十几年不断发生繁殖失败。研究表明,新母猪在怀孕 55 天以前被 PPV 感染期所产仔猪被感染,但无抗体。这些猪养到 8 月龄,在任何时期排毒皆能从肾脏、睾丸和精液中分离到病毒。在另一项研究中,母猪在怀孕早期被感染,分娩仔猪已被感染,但无抗体,推断由于免疫耐受所致,耐受仔猪可能终身带毒和排毒。本病的发生与季节关系密切,多发生在春夏或母猪交配后一段时间和母猪产仔阶段。在 PPV 感染地区或猪场,猪随年龄的增长,病毒阳性率呈从高到低再到高的曲线,哺乳仔猪、经产母猪、公猪 PPV 抗体阳性率较高,而断奶仔猪、育肥猪、后备母猪较低。其 HI 抗体效价的消长也有一定的规律,由于免疫母猪或隐性感染母猪所哺乳的仔猪可以从初乳中获得高滴度的 PPV 抗体,哺乳仔猪 HI 抗体全部大于 512,5 日龄猪阳性率 100％,2 月龄100％,5 月龄 40％,6 月龄 19％,7 月龄 8％。在 8 个月龄猪,随年龄增大,HI 抗体下降消失,这是母源抗体的衰退,5～8 月龄阳性率 30％～40％,8 月龄以上猪,随年龄增大 HI 抗体上升,表明主动免疫反应。然而,自然条件下,母源抗体的消退有所差别,这不仅是猪的流行病问题,也是疾病防治问题。潘雪珠、粟寿初(1987)对吮吸阳性母猪初乳的 103 头猪跟踪被动抗体衰退的 HI 抗体监测,结果 2 月龄阳性率 100％,HI 抗体为 16～1 024,平均 233,3 月龄 HI 抗体为 16～1 024,平均 141,4 月龄 HI 抗体为 16～256,平均 81,5 月龄 HI 抗体为16～128,平均 49;6 月龄 HI 抗体为 16～128,平均 37;7 月龄 HI 抗体小于 16,但仍有 8 头猪,2～3 月龄 HI 抗体为 1 472,在 7～8 月龄时为 256～64,抗体未消失。研究表明,母源抗体越低仔猪抗体消失越快,越高则消失越晚。HI 抗体滴度 2～3 月龄在 16～32 时,则 5～7 月龄阳性率为 0,64～256 的则为 13％～30％,512～4 097 的 5～7 月则为 47％～100％。2～3月龄 HI 抗体小于 32 的猪,可能由于母源抗体消失早,自然感染 PPV 也早。这部分感染猪的病毒血症的发生和消失,HI 抗体的出现和免疫力的产生等一系列过程很可能完成在配种之前,而不引起繁殖障碍病。然而,这部分猪只有 24 头,大部分猪在 2～3 月龄时 HI 抗体大于 64 或更高,而 5～7 月龄时有相当一部分母源抗体未消失,在配种前后可能继续下降呈阴性。因此,这些猪在临近配种阶段或妊娠前期就有自然感染而发生繁殖障碍病的危险性。当然对母源抗体消失早的猪来说,如果感染发生晚至配种前后,也同样可能发生繁殖障碍病。因为,在阳性猪场,母猪初产阶段必然有一部分猪会发生 PPV 引起的繁殖障碍病。高水平的抗体能阻止感染,低水平抗体能减少感染猪散布病毒,被动免疫干扰 PPV 的发生、发展,有些新母猪要临近妊娠或妊娠初期才对病毒感染有高度易感性,这与母源抗体不均衡分布与衰退相关。

　　[发病机制]　关于控制 PPV 嗜性机制了解较少。研究证实 PPV 可以通过类似于吞噬作用的非特异性方式进入细胞,病毒主要分布在猪体内一些增殖迅速的淋巴结生发中心、猪肠固有层、肾间质、鼻甲骨膜等组织,侵染后 1～6 天产生病毒血症,分布于各组织、器官。PPV 是造成繁殖障碍的主因:

一是对母猪受精卵的影响。PPV 能顽固地吸附在母猪受精卵细胞表面,不能侵入内部,但形成对胚胎的威胁。同时部分 PPV 在穿过透明带进入卵细胞并且其透明带外的卵细胞层里可以看到细胞碎片。PPV 还能使母猪的黄体萎缩,怀孕母猪感染 PPV,则妊娠母猪黄体也发生萎缩,使之失去正常抑制排卵和分泌孕酮的功能,造成母猪体内的胎儿处于不利环境之中和不规则的发情之周期。二是对胚胎发育影响。PPV 造成的繁殖障碍主因是病毒直接影响胎儿,流行病学调查表明,只有一部分胚胎被跨胎盘感染;另一部分胚胎常常随后被子宫内扩散的病毒感染。当胚胎早期被感染时,子宫内扩散比较少见,因为感染胚胎死后很快被吸收,有效地清除子宫内的病毒宿主,在此情况下,仔猪数减少的原因就不太清楚了。在局部免疫形成之际,透明带对早期胚胎有保护作用,然而病毒导致子宫病变,不适于怀孕,在任何情况下,母猪通过精液被感染提供了一个感染点。也有可能 PPV 诱发的繁殖障碍是病毒对胚胎的直接效应。实验报道经口、鼻感染 PPV 的母猪,在不同时间内,用免疫荧光显微镜法鉴定母体和胎儿组织中感染细胞,通过检查母体和胎儿结合处的邻近组织,发现越到妊娠后期,绒毛膜的间质细胞和内皮细胞内病毒抗原越多,而在子宫内皮细胞和滋养外胚层没有见到病毒抗原,因此,不能证明病毒是通过这些组织进行母体-胎儿传染的,但是也不能排除这种途径,因为只检查了母体-胎儿接触区组织很少的一部分。还有人认为病毒是通过巨噬细胞传播的。不管通过何种途径,母体病毒血症是通过胎盘感染的先决条件。病毒分布的一个显著特点是内皮组织被广泛感染,这样阻止了胚胎血管网络的进一步发育。在没有免疫应答的情况下,病毒在胎儿组织中广泛复制,当胚胎死亡时,多数细胞中含有大量病毒抗原。利用免疫荧光镜检,可观察到胞浆内有明亮荧光,而核内很少,表明很多细胞的胞浆内含有少量病毒抗原,与该病较早阶段不一样,胎儿细胞有丝分裂的准备期可促进病毒复制并导致细胞死亡,而胎儿死亡受到严重感染时,细胞有丝分裂和病毒增殖(复制)所需的有关条件都受到抑制,而不是细胞吞噬活动性。胎儿的死亡可能是由于病毒损伤了很多器官,包括胎盘,但是,在缺乏免疫应答时,几乎任何器官发生损伤变化都会导致胎儿死亡,最终出现流产、死胎和木乃伊化胎儿。胎儿循环系统的损伤主要表现为水肿、出血和体腔中大量的浆液性渗出液的积聚,以及镜下所见的内皮细胞坏死。

PPV 不同毒株的致病性和组织嗜性均有较大的差异。NADL - 8 株是一株强毒株,可以使妊娠母猪形成病毒血症,并通过胎盘垂直传递给胎儿,造成胎儿大量死亡。NADL - 2 株是细胞适应的弱毒株,妊娠母猪感染后,不能通过胎盘感染胎儿,而通过子宫接种可导致胎儿死亡。Molitor 等证实,NADL - 2 毒株感染的细胞中存在缺损性病毒颗粒,其干扰了 NADL - 2 株的复制。这种干扰作用为宿主建立抵抗 PPV 的免疫反应提供了足够的时间,从而阻止了病毒血症的产生和继发的胎盘感染。妊娠后期的胎儿和成年猪一样已经具备足够的抵抗 PPV 感染的能力。然而 Oraveeavkul 等发现,PPV 的 Kresse 毒株能使妊娠后期的胎儿死亡,利用原位杂交技术来检测,NADL - 8 株和 Kresse 株在胎儿体内复制的部位和数量上的差异,结果表明,两株毒株在肝脏内的相对数量相当,而在脑和脾脏内可检测到 Kresse 毒株的 RFDNA,却检测不到 NADL - 8 毒株 RFDNA,说明对不同毒株其 DNA 的复制具有组织选择性,所以不同组织中病毒含量也就不同。以前认为 PPV 与母猪繁殖障碍有关,而对仔猪和其他年龄猪没有致病性,但研究证实 PPV 不仅与繁殖有关,而且能引起多种猪病,如 Blot(1997)证实 PPV 与猪的非化脓性心肌炎的关系。Krakonla(2004)证实 PPV 与猪消瘦性综合征有关。

[临床表现]　PPV 是引起母猪繁殖障碍的主要病原之一,主要引起母猪不孕、流产,产生木乃伊胎、死胎和发生病毒血症。此外,还能引起皮炎和肠炎,以及相关的其他症状,但大多数感染不表现临床症状。未能证明易感猪感染 PPV 可以致病。

1. 猪的隐性感染　PPV 具有潜伏感染性。Broun TT 等(1980)用 NADL－8 株强毒经口、鼻接种 6 周龄仔猪,并未发现有害作用,但接种后机体有不同应答反应,但直到 17 天仍保持临床正常。位于局部的病毒能不断刺激机体产生免疫反应,所以低水平的抗体持续很长时间,中和抗体、补结抗体也经常出现在循环血液中。

猪细小病毒可以感染淋巴样组织并在其中复制。接种后 3～17 天,除脑外,在所有组织中都可以分离到病毒(表-72)。接种后 3 天淋巴结和肺组织中的含毒量比其他组织稍大;5～7 天时组织中含病毒量最高,通常于淋巴样组织或含大量淋巴样细胞成分的组织检出的病毒浓度最大。在淋巴结、扁桃体、脾脏及回肠检到抗原,前 3 者的荧光细胞是弥漫性,有集中于滤泡趋势。在回肠,荧光细胞集中存在于胸腺依赖区滤泡和集合淋巴小结(Peyer)穹窿部上皮。说明 PPV 在这些组织内进行复制。而在腋窝上皮未见到抗原。从表现连续细胞周转的一些部位分离到显著量的病毒,表明细小病毒的复制需要合成 DNA 的活性细胞存在。猪 PPV 可以感染淋巴样组织并在其中复制,但不引起淋巴细胞功能的明显损伤和改变;如 T 细胞为 63%～66.27%、B 细胞为 18%±5%,未见差异;周围淋巴对 PHA、ConA、PWM 等几种致有丝分裂的反应未见改变。Tonson(1960)、Eutlip(1976)报道,青年猪和较大种猪体内急性感染后病毒能在淋巴样组织分裂旺盛的器官和组织中大量复制。不管年龄和性别如何,很多猪都于猪接触 PPV 的 10 天内出现短暂的、轻微的细胞减少。

表-72　仔猪接种猪细小病毒后从各组织分离到病毒的情况

组　织	接　种　后　天　数								
	3	5	7	10	17	17	17	17	17
	1#猪	2#猪	3#猪	4#猪	5#猪	6#猪	7#猪	8#猪	9#猪
胃	1+	1+	2+	1+	1+	—	1+	—	1+
十二指肠	1+	2+	1+	1+	1+	1+	1+	1+	1+
空肠	1+	1+	1+	1+	1+	1+	1+	1+	1+
回肠	1+	4+	2+	1+	1+	1+	1+	1+	1+
结肠	1+	2+	1+	1+	1+	1+	1+	1+	1+
脾	1+	3+	1+	1+	1+	1+	1+	1+	1+
肠系淋巴结	2+	4+	2+	2+	1+	2+	1+	1+	1+
肾	1+	1+	1+	1+	1+	1+	1+	1+	1+
膀胱	1+	3+	1+	1+	1+	1+	1+	1+	1+

续 表

组 织	接 种 后 天 数								
	3	5	7	10	17	17	17	17	17
	1♯猪	2♯猪	3♯猪	4♯猪	5♯猪	6♯猪	7♯猪	8♯猪	9♯猪
扁桃体	1+	3+	3+	1+	1+	1+	1+	1+	1+
咽后淋巴结	2+	3+	3+	3+	2+	2+	2+	1+	1+
支气管淋巴结	2+	4+	3+	3+	2+	2+	1+	1+	1+
胸腺	1+	2+	2+	1+	1+	1+	1+	1+	1+
肺	2+	4+	3+	1+	1+	1+	1+	1+	1+
脑	—	1+	1+	1+	—	—	1+	—	1+

注：1+、2+、3+、4+分离到病毒的相对量；—未分离到病毒。

接种后2～6天发生病毒血症，最早为1天，持续4～5天，有时会延长1～2天。

接种后5～6天可以检测到猪细小病毒血凝抑制抗体（见表-73）。5天前血凝抑制抗体小于5，第9天或第10天达高峰。Mayr和Cartwright等人工接种猪6～9天出现血凝抑制抗体，14～21天抗体滴度可达1 024～5 000倍，与接种猪密切接触的健康猪也呈现同样抗体。抗体水平随猪的年龄增长逐渐下降。

表-73 接种仔猪的血清中猪细小病毒血凝抑制抗体价

接种后天数	血 凝 抑 制 抗 体 价								
	1♯猪	2♯猪	3♯猪	4♯猪	5♯猪	6♯猪	7♯猪	8♯猪	9♯猪
5	未检	<5	<5	<5	<5	<5	<5	<5	160
6	未检	未检	160	160	320	80	80	49	320
7	未检	未检	320	320	640	320	640	320	1 280
8	未检	未检	未检	690	1 280	1 280	1 280	1 280	1 280
9	未检	未检	未检	1 280	1 280	2 560	1 280	1 280	1 280
10	未检	未检	未检	1 280	2 560	2 560	640	1 280	2 560
14	未检	未检	未检	未检	2 560	2 560	1 280	2 560	2 560
17	未检	未检	未检	未检	1 280	2 560	1 280	2 560	2 560

注：5天前的血凝抑制价均<5。

接种后3～7天，可在猪的多种组织中分离到病毒，但肉眼和显微检查各组织，均未发现任何明显的病理变化。猪的精神、食欲良好，胃肠蠕动正常。将病毒注入胎儿，母猪虽然都产生抗体，但不产生症状，1日龄仔猪接触病毒能被感染，但不发病，也无病变。病毒主要存在于快速增殖的组织中，即淋巴结的生发中心。

2. 繁殖障碍 PPV临床表现主要是母猪繁殖障碍。当初产母猪和血清呈阴性母猪，一旦感染PPV后，发生病毒血症，病毒随血流到达胎盘，致胎盘感染，引起胚胎和胎猪病变。

不同免疫状态的母猪在不同的怀孕期感染 PPV 后会造成木乃伊胎、死胎、流产、弱仔、产仔减少等不同表现。母猪虽无明显的临床症状，但有空怀、不孕、不发情或发情周期延长等表现。日本报道病毒引起流产，死产多发生于 8～10 月，且主要限于春夏期间配种的初产母猪。

Cartwright 和 Huck 首先报道了与繁殖障碍有关的 PPV 感染，研究证明胎儿免疫活性出现之前病毒于任何时候都能引起胚胎和胎儿死亡。Rscutler（1983）观察了 38 个猪场，100％的暴发中均见有木乃伊化，青年母猪和母猪表现怀孕但不产仔发生在 12 个猪场中（39.5％），流产发生在 8 个猪场（21.19％），母猪延迟发情发生在 3 个猪场（7.8％），12 个猪场中 108 窝所产木乃伊化仔猪平均为 3.1 头，有 1％～12％的母猪产木乃伊化仔猪（在老猪场产木乃伊化仔猪的初产母猪和母猪占繁殖群的 10％，而新建猪场有 80％母猪患病，其中有一个猪场 100％患病）。在 12 个猪场观察到青年母猪腹部膨大，认为是怀孕，而接近临产时腹部又变小，这种临床表现在 5％～14％的母猪中出现，有的母猪无病致死，从活的或木乃伊胎儿体内检出 PPV。有的猪场的母猪发情周期超过 18～24 天。在 7 个猪场新引进的繁殖用青年母猪与 PPV 感染有关，这 7 个猪场引入的青年母猪都生产了木乃伊化胎猪，但原猪场的母猪并没有发生。新引进母猪与新引进阳性公猪配种后生产了木乃伊化胎猪。

PPV 感染母猪可能在新发情而发情不正常或怀孕中期胎儿死亡，死胎连同胎液被吸收或分娩时产仔少，流产，产生大部分死胎、木乃伊胎等临床现象，这些症状与病毒毒力、免疫状态和病毒感染时间有关。流产可发生于全部妊娠期，但以妊娠中期前感染最为易发。Mengeling（1979）指出，胎儿的死亡可能是由于病毒损伤到组织器官（包括胎盘）而引起的，但是在缺乏免疫反应的情况下，几乎任何主要器官的变化可以导致死亡。母猪妊娠的前半期对能够诱发繁殖障碍的 PPV 是易感的，此时，母猪感染后引起胎儿死亡，表现为胎儿被吸收或胎儿木乃伊化，从而导致产仔总数减少。这也成为母猪久配不孕、空怀和不规则发情的重要原因。实验表明母体感染的病毒到达胎儿需 15 天。30 天之内的胎儿感染病毒后死亡并被吸收，70 天以上感染后患病较轻，并产生免疫应答。妊娠中期 46～60 天左右感染 PPV，病毒可穿过胎盘，但胎儿在子宫内生存完好，通常没有明显的临床症状，可能是因为通过胎盘或感染需要 10～14 天或更长时间。在妊娠 70 天之前宫内接种 PPV 可能造成胎儿死亡，但在后期感染 PPV，胎儿不死并能产生抗体。观察结果指出，在受胎前后感染青年母猪，在 21～23 天有 67％的胚胎是活的，感染怀孕 7、14 天母猪直到妊娠 56～63 天有死有活。感染孕期 30～50 天的母猪主要产木乃伊胎，感染孕期 50～60 天的母猪多产死胎，少数的产活仔，但仔猪体弱、不能站立，生存能力差，或产仔在分娩中窒息死亡或生后不久死亡。母猪妊娠后期感染，如在孕期 70 天之后感染的母猪，多发生流产，再晚感染的母猪多为正常产仔，活仔外表正常，但体内有抗体和病毒，也有的仔猪产生免疫耐变，成为长期带毒者。但免疫系统不完善者感染病毒后会产生十分严重的临床症状和死亡。Bachonann 等（1975）报道，病毒于妊娠后 35、48 和 55 天感染时，胎儿经 5～22 天死亡，并呈木乃伊化，能从脏器和血清中分离到病毒；于妊娠后 72、94 和 105 天感染时，胎儿不仅存活并产生高滴度的抗体。由于 70 日龄以上胎儿感染时，在子宫内即形成抗体，所以感染仔猪出生后，即可检出很高水平抗体，这也是本病的一个特点。妊娠后期感染胎儿后生活无异常，但很可能成为传染源。

在发生过 PPV 的猪场,几乎没有猪免于感染,大部分小母猪怀孕前已受到自然感染或疫苗免疫,因而产生了主动免疫,甚至可能终身免疫。只有阳性猪场猪出生后的急性感染,包括后来导致繁殖障碍的怀孕母猪的急性感染。此时由于母猪病毒血症的发生引起的经胎盘感染造成胎猪损失。这种急性感染通常只能发生在母猪抗体消失后的猪,通常是亚临床症状。个别母猪有体温升高,后躯运动失调或瘫痪,关节肿大等症状。

3. 公猪带毒是母猪繁殖障碍因素之一　公猪可能在 PPV 的传播中起重要作用,成年猪人工感染不呈现临床症状,能从健康的猪只中分离到病毒,表明无症状潜伏感染猪是大量存在的。Cartwright 和 Hvek(1967)研究认为 PPV 在急性感染期,病毒可能在以各种途径排出,并从自然感染的公猪精液中分离到病毒,Johnson 等(1976)对从出生后到 8 月龄不同生长阶段公猪进行扑杀,从肾脏、睾丸和精液中均可分离到病毒,Lucas 等(1974)给公猪接种 PPV,5 天后从受试公猪的睾丸内分离到病毒。Mengeling(1976)用 PPV 经口鼻感染公猪,攻毒后 5、8、15、21 和 35 天扑杀,从阴囊淋巴结中分离到病毒。Lucas 等(1974)在被感染的公猪睾丸内分离到病毒,并证明能通过交配传给母猪。

4. 其他临床表现　主要为猪皮炎、腹泻,仔猪非化脓性心肌炎、消瘦型综合征等。

(1) 皮炎型。引起皮炎症状的猪细小病毒以 Kresse 株和 IAF - A54 株为代表,主要引起皮肤病变,导致皮肤炎症。Kresse 等(1975)发现了 PPV 的一个新毒株- Kresse 株,随后进行了一些研究,确定其为皮炎型强毒株。1985 年,Kresse 等再一次对其致病性进行了系统的研究,试验从患有严重皮肤炎症的猪体分离并培养 PPV,用胎猪肾细胞系(FPK)和猪睾丸细胞系(ST)进行传代。用细胞毒和脚趾病变组织匀浆作为感染物,分别注射皮肤敏感部位(拱嘴、唇、舌、蹄上皮肤和脚趾间皮肤)或口服和同时腹腔注射,对 12 只同窝仔猪进行攻毒处理。试验发现,PPV 作为唯一病原感染时,被感染猪拱嘴、舌和蹄部的皮肤出现了病变,临床表现为厌食、腹泻和结膜炎,证明 PPV 可以导致皮肤炎症。1986 年,Kresse 等得出皮肤炎症的发生是 PPV 与细菌共同作用的结论。Choi CS 等(1987)将 Kresse 株和 NADL - 8 株经子宫接种妊娠中期和后期的胎猪,两者对妊娠中期的胎猪均有较强的致病性,而对妊娠晚期胎猪的致病性则明显不同。妊娠晚期胎猪接种 Kresse 株后 18、21 和 23 天均表现出明显的解剖病变,接种后 10 天在包括脑在内的各种组织中均能检测到 PPV 血凝抗原。而接种 NADL - 8 株的妊娠晚期胎猪仅在肝组织中检测到血凝抗原。特异性荧光染色试验表明,仅在接种 Kresse 株的胎猪脑中检测到 PPV 特异性的荧光。接种后 21 天,在接种 NADL - 8 株的妊娠晚期胎猪的各种组织中均检测不到血凝抗原,仅在肾脏中检测到 PPV 特异性的荧光。而在接种 Kresse 株的妊娠晚期胎猪的肝脏中可检测到血凝抗原,而且在所有组织中均可检测到 PPV 特异性的荧光。两株病毒在接种后 10 天均可引起特异的抗体反应。1990 年,Whitaker 等在肯塔基州两个猪场对 3 只典型渗出性皮炎仔猪进行病原学研究时发现,感染猪体表有肉眼可见的块状坏死区和结痂。病变组织用于病毒分离和直接免疫荧光检测,结果发现,在病灶组织中同时含有 PPV 和金黄色葡萄球菌,得出了皮肤炎症的产生是 PPV 侵入引起细菌性继发感染的结论。1993 年,Lager 等选择 NADL - 8 和 Kresse 两株 PPV 强毒对未摄初乳仔猪进行接毒处理,并人工造成仔猪的皮肤损伤进行观察,目的是研究 PPV 在导致仔猪皮肤炎症过程中的作用以及两株 PPV 之间的毒力差别。试验结果表明,受伤皮肤处确实存在 PPV 的复制,但是并未发现明显的皮肤炎症和前面所述的渗出性皮炎或者口蹄处严重的溃烂等。Kim J 等(2004)还从渗出性皮炎的回顾性研究中发现 PCV2 和 PPV 的共感染现象。

(2)肠炎型。引起肠炎症状的猪细小病毒以 IAF-A83 株和 WKBSH 株为代表,主要引起肠道病变,导致仔猪腹泻、脱水。1983 年夏季,Dea S 在加拿大魁北克省猪场发现大批 2~3 周龄仔猪出现腹泻症状,病猪排泄量大,粪便形式为水样或黄痢,持续时间一般为 1 周,无呕吐现象,并且保持很好的食欲。幼龄仔猪人工感染后,可能发生倦怠、食欲不振、呕吐、下痢、跛行等症状。研究人员通过电子显微镜在病料中发现大量直径为 18~26 nm 的细小病毒样粒子。血凝抑制试验表明,有 2 个分离物与猪细小病毒有关,证明 PPV 与仔猪腹泻有一定关联。Duhame GE 等(1988)从 2 头哺乳仔猪的肠隐窝上皮细胞中发现猪细小病毒,1 头仔猪表现腹泻、脱水,另一头则表现神经和肺炎症状。Yasuhara H 等(1989)从一腹泻母猪的粪便样品中分离到一株猪细小病毒。

[病理变化]   非怀孕猪既无肉眼病变也无显微病变。PPV 病毒主要是新母猪在妊娠不同时期感染致子宫和胚胎、胎儿的病变。PPV 感染母猪所产胎儿有死也有活,也有木乃伊胎。妊娠初期(1~70 天)是 PPV 增殖的最佳时期,胚胎发育中细胞有丝分裂旺盛阶段适于病毒增殖,所以在此阶段一旦被 PPV 感染,则病毒集中在胎盘和胎儿中增殖,故胎儿出现死亡、木乃伊化、骨质溶解、腐化、黑化等病理变化,或胎儿被吸收或胎儿流产。胚胎的肉眼变化是死亡,液体被吸收,继而软组织化。病毒广泛地分布于感染的胚胎与胎盘中,镜下可见死亡胎儿或正常发育的胚胎出现坏死和血管损伤;子宫肌层、固有膜深层和子宫内膜邻近区域出现单核细胞的聚集;由单核细胞形成的血管套;当胎儿感染时,阳性母猪子宫内出现局灶性淋巴细胞的浸润灶。大多数 PPV 感染母猪后,母猪一胎所产仔为大小不一的死胎、死仔或弱仔,仔猪皮下充血、水肿、胸腹腔积有淡红色或淡黄色渗出液;肝脾肾有时肿大脆弱或萎缩发黑。胎儿在没有免疫力之前感染 PPV,可出现不同程度的营养不良、发育迟缓;胎猪表面血管突起、淤血、水肿和出血,死后出血颜色逐渐变深、发黑、脱水而成为木乃伊化。显微变化为多组织与器官广泛的细胞坏死,炎症和核内包涵体。这些病变也见于胎盘。胎猪对 PPV 产生免疫应答后被感染,没有发现内部病变。显微病变主要为内皮质细胞肥大和单核细胞浸润,与免疫应答现象相符。而产活新仔在产出后半小时先在耳尖,后在颈、胸、腹部及四肢上端内侧出现淤血,而后皮肤发紫,半日内死亡。

成年猪、幼年猪感染时无可见病理变化。病理组织学变化表现为母猪黄体萎缩,子宫黏膜上皮和固有层灶性或弥漫性单核细胞浸润。死产猪的大脑灰质、白质、脑软膜发生脑膜脑炎,特征为血管外膜增生、浆细胞浸润。在血管周围形成细胞性"血管套"的非化脓性脑炎。死流产胎儿有脑脊髓炎病变,以细胞管套变化为主,并可见神经胶质细胞增生和变性。这病变是 PPV 感染的病理特征。类似病变可见于 PPV 感染的怀孕后期的活猪。怀孕中期被感染的胎猪由于免疫应答不足以提供保护,坏死和单核细胞两种显微病变都可能出现。此外,脊髓和脉络丛也有血管炎。肺、肝、肾等的血管周围也可见炎性细胞浸润。还可见间质性肝炎、肾炎和伴有钙化的胎盘炎。

死于急性 PPV 感染的新生动物,心肌弥漫性变性。由于病毒在长骨、肋骨及肋软骨接合处生长,导致骨质退化。病毒对颅骨和下颌骨膜有明显的亲和性。病毒的复制干扰了这些骨的生长,导致头骨畸形。病毒在肠,特别是小肠腺窝上皮的复制引起肠炎。病毒侵袭肝脏可引起肝炎。病毒侵袭肺可引起肺炎。在上述组织中都可以找到特殊的细胞核内包涵体和分离到 PPV。

[诊断]　引发母猪繁殖障碍症的诱因较多,有病毒性、细菌性、寄生虫性及物理学性原因。PPV 繁殖障碍症从流行病学、临床病理学表现上可作出初步诊断。若要确诊还需进一步作实验室检查。实验室诊断方法如下。

1. 血凝和血凝抑制试验

(1) 血凝(HA)试验:该试验即使在死亡时间较长无污染的木乃伊胎中也可检出抗原。

(2) 血凝抑制(HI)试验:一般采用试管法和微量法,是基础兽医常用的检测 PPV 抗体的方法,作普查与辅助诊断方法。

2. 血清中和(SN)试验　是根据培养细胞病变来计算血清抗体滴度的检测 PPV 抗体的方法。

3. 酶联免疫吸附试验(ELISA)　可用于 PPV 抗体检测,也可应用于胎儿组织 PPV 抗原检测。适用于 PPV 早期诊断和现场血清学检测及大规模的流行病学调查。

4. 聚合酶链式反应(PCR)和核酸探针技术

[防治]　PPV 感染目前尚没有有效的治疗方法,采取疫苗接种提高猪的免疫力和合理免疫程序是控制本病的有效手段之一。而坚持自繁自养和正确引种是预防措施之一。PPV 免疫疫苗有 NADL－2 弱毒苗、低温猪肾细胞传代 HT 苗及 HT 紫外线处置的 HT－SK－C 株弱毒苗,以及自然弱毒株苗等;灭活苗有我国潘雪珠、张婉华等以 AEI(N－乙酰乙烯亚胺)灭活苗等,还有各种基因疫苗等。疫苗的免疫成功,其关键在猪对疫苗的应答和免疫程序,使猪有高的免疫力,即抗 PPV 能力。许多研究者对其进行了探讨,Edwards 认为 PPV 疫苗只能用于没有母源抗体的猪,因为在田间条件下,母源抗体可能在不同程度上干扰疫苗效果。Paul 等发现猪群在接种灭活疫苗时,母源抗体水平低的猪与血清学阴性猪的免疫应答完全一样,而中等水平的母源抗体对疫苗有轻微干扰作用,高效价母源抗体对疫苗有明显干扰作用。这可能对弱毒疫苗干扰更明显。吕建强等研究认为,不论母源抗体水平高低,均不明显抑制疫苗主动免疫反应。只是二者制动免疫抗体反应规律有所不同。母源抗体大于 $1:149.5$ 时,灭活疫苗接种后抗体水平先降后升;升幅只有 $1\sim3$ 倍,而母源抗体小于 $1:25.6$ 时,主动免疫抗体持续上升;母源抗体阴性猪则主动免疫抗体大幅上升。潘雪珠、栗寿初等研究结果是 AEI 灭活疫苗接种猪,免疫时 HI 抗体<16,免疫后 $1\sim1.5$ 个月时,HI 抗体上升率 100%,而猪 HI 抗体在 $16\sim256$ 时,免疫后 $1\sim1.5$ 个月 HI 抗体上升率 92.6%,猪 HI 抗体在 $512\sim2\,048$ 时,接种猪免疫后 $1\sim1.5$ 个月时,HI 抗体上升率 56.1%。田间试验结果,总免疫效果为 95.1%,HI 抗体<256 的猪免疫力为 100%,HI 抗体在 $512\sim4\,096$ 的猪免疫力为 77.8%。可见,抗体水平影响灭活疫苗免疫效果。鉴于阳性猪场或接种过疫苗猪场的

仔猪吃奶后 2～3 天即可在血液中检测到母源抗体,并于 8～14 天达高峰。而且母源抗体可持续 20～24 周。故建议疫苗接种时间为仔猪 20 周龄时为宜。由于猪群处于不同生态和每个猪群抗体水平不平衡,呈现低抗体水平与高水平抗体的猪少,而中间抗体水平猪占多数,所以一次免疫接种必然出现如上所述的免疫状况,因此,建议在第 1 次免疫后,再免疫接种 1次。具体免疫程序需经抗体水平检测后制定。后备母猪需在配种前完成两次免疫。

目前 PPV 与 JEV 有二联灭活疫苗,联苗与单苗抗体水平无显著差异,证实两种病毒抗原可同时刺激机体没有相互干扰作用。

(注:本节介绍的是经典的 PPV,也即 PPV1。近年来也有猪的其他细小病毒的报道,如PPV2、PPV3、PPV4、PPV5 等。)

四十九、猪博卡病毒病（Porcine Bocavivus Disease，PBoVD）

该病是一种由猪博卡病毒（PBoV）引起的伴随断奶仔猪多系统衰竭综合征的病毒感染病。本病能侵染多种新生动物,对新生仔猪感染率高,可造成腹泻和死亡。

［历史简介］　早在 20 世纪 60 年代初博卡病毒已被发现,即牛细小病毒（BPV）和犬微小病毒（CnMV）,分类之初取此 2 种病毒宿主动物的英文前两个字母（Bovine＋Canine）组成博卡病毒属,属于细小病毒家族之一。ICTV 将细小病毒亚科分为 5 个属:细小病毒属（Parvovirus）、依赖性病毒属（Dependovirus）、核红病毒属（Erythrovirus）、阿姆多病毒属（Amdovirus）和博卡病毒属（Bocavirus）。博卡病毒属与其他细小病毒相比较最主要特征为博卡病毒在基因组的中间位置存在第 3 个开放阅读框（非结构蛋白 NP1）。后来将具有第 3 个 ORF 基因组特征的病毒归入博卡病毒属。

Tobias Allander(2005)采用聚合酶链反应（Polymerase chain Reaction，PCR）扩增技术,测序并结合生物信息方法,对儿童急性呼吸道感染的标本进行大规模筛选,发现一种新的人类呼吸道病毒,被命名为博卡病毒（HBoV）。Blomstrom AL 等(2009)用 MAD 法和高通量测序技术,从仔猪断奶多系统衰竭综合征的病猪中获得的一段 1 879 的核苷酸序列,经过与已知序列对比,表明该序列与 HBoV 序列相似,包括完整的 *NPr* 基因和部分 *VP1/VP2* 基因,暂定名为猪博卡样病毒。其后,Cheng WX 等(2010)报道中国从猪粪中检出博卡病毒,命名为猪博卡病毒 1、2 型。Lau SK 等(2011)又相继发现多个别型猪博卡病毒。各国在健康猪、病猪样本中获得了 PBoV 的全长或接近全长基因组序列,证明 PBoV 确实在猪体内存在,并且全基因组相近于博卡病毒属,故划归为细小病毒科博卡病毒属。

［病原］　PBoV 分类上属于细小病毒科博卡病毒属。病毒为结构简单的无包膜,正二十面体颗粒,直径约为 25～30 nm。病毒 GC 含量为 42%,其基因组为单链线状 DNA,大小为4 786～5 905 bp。各型 PBoV 的基因结构基本一致,基因组编码含有 3 个开放阅读框（ORF），ORF1（5′端编码非结构蛋白 NS1 和 NS2）中有与病毒滚环复制、解螺旋酶（Helicase）和三磷酸腺苷酶（ATPase）活动相关的保守序列。ORF2（3′端）编码结构蛋白,即 2 个结构蛋白（衣壳蛋白）VP1/VP2,其中 VP1/VP2 存在部分重叠,即基因组两端各为 200 nt 左右反向末端重复序列（ITR）。VP1 有与磷酸酯酸 A2 序列存在,且与钙离子结合环及催化残基相关序列连

在一起,是病毒的主要抗原蛋白。ORF3(中间序列)编码非结构蛋白NP,可能与病毒的复制密切相关。Cheung等(2010)研究发现另一种猪博卡病毒(PPV4)的序列为环状结构,长度约5 905 bp。杨晚竹等(2012)用半巢式PCR法在健康猪粪中筛选出2株猪博卡病毒环状附加体PBoVG2和PBoVG3,通过序列分析和二级结构的预测,发现PBoVG2和HBoV3附加体结构相似,而PBoVG3与博卡病毒属其他成员的末端二级结构存在较大差异。HBoV、PBoV环状附加体的发现,揭示了此类博卡病毒与其他细小病毒的复制方式存在一定差异。

对PBoV全基因组测序列及NS、NP、VP序列进化比较表明,PBoV病毒基因较为离散,其种属内的差异较大,可能有分支和细分支,推测PBoV在病毒分子进化过程中可能存在地域差异性。因而至今国际上还没有公认的PBoV标准基因分型方法,根据其核苷酸相似性比较推测PBoV在传播过程中可能发生重组,从而产生较大的变异。按ICTV规定的博卡病毒分类标准,PBoV可分为PBoV1型,有瑞士PBoV - Like株(FJ1872544)、中国PBoV - SX株(HQ223038)、PBoV - H18株(HQ291308)及乌干达PBoVBuK8 - 1株(JX854557)。PBoV2型,从中国健康猪粪中获得的PBoV1 - ZJD株(HM053693)和PBoV2 - ZJD(HM053694),两者NS1基因核苷酸同源性为94.2%,其基因组结构类似于博卡病毒属,并具有独特的ORF3型。PBoV3型,该型中北爱尔兰、中国、美国3个分离株序列同源性在76%~87.9%,研究人员按VP1序列将其分为A、B、C、D和E5个亚型。PBoV4型,在发现PBoV3的同时,在健康猪粪便样为分离到6V和7V缺少NS1和NP1基因序列。

Yang等利用11条PBoV的接近全基因序列,通过构建系统进化树,将11个病毒毒株分为3个基因群,分别命名为PBoV1、PBoV2和PBoV3,同时将PBoV3分为PBoV3A、PBoV3B、PBoV3C、PBoV3D和PBoV3E5个亚型。

北爱尔兰对病毒在细胞上适应性研究发现,病毒可以在猪原代肾细胞上生长,经4代传代后,细胞出现明显的病变。间接免疫荧光方法发现绿色荧光集中在猪原代肾细胞的细胞核。

[流行病学] PBoV自2009年在瑞典发现以来,已在全球多个国家均有发现。我国多个省市均有检测到的报道,不但从病猪体内检测到病毒,而且从健康猪群检测到。本病虽有致病的临床报道,但感染主要发生于低龄仔猪,6~12月龄猪中流行率也高于12~36月龄猪。Cadar D等对2006—2010年采集的842头野猪样本进行PBoV检测,其中在6~12月龄猪中检出率为77.06%,12~36月龄为22.94%。2010—2011年上海对各200份的仔猪、商品肉猪和经产母猪检测的PBoV阳性率分别为18%、12%和10%。而且PBoV1检出率呈上升趋势,但其传染途径等均不清楚。

家猪和野猪中存在PBoV,是主要传染源,其他动物是否感染PBoV未见报道。病毒存在于猪的淋巴结、血液、内脏组织、精液和粪便中。Lau等(2011)对169头猪的333份样本检测,结果显示淋巴结、鼻、咽部、粪便、肝脏中检出PBoV的阳性率分别为9%(8/89)、1%(1/114)、24%(12/50)、68%(34/50)和0(0/30),其中粪中最高;Cadar D等(2011)对收集的842份野猪样本,包括淋巴结、肺、肾、肝、脾、扁桃体进行检测,阳性率为12.94%(109/842)。翟少伦等在猪的肺、脾脏、淋巴结、血液和精液中检到PBoV。黄律(2011)用PPV4攻击猪,结果病毒在猪体内存在明显的消长曲线,猪体内的病毒含量在接种后8天达高峰,随后开始缓慢下降,病毒可在 8 天内由一头猪传给另一头猪。PPV4 可感染几乎猪的所有器官,但在肠道和泌尿道的含量要明显高于其他器官,推测猪博卡病毒可能通过血液、体液接触传播,以及呼吸道、消化道和排泄物途径传播。

PBoV 各基因型都有流行,Ⅰ型从瑞士仔猪中检出,检出率达 88%,高于正常猪 46%;从中国患呼吸道疾病猪体(内脏、血清、精液)检出,检出率达 69.7%(69/99);Ⅱ型于 2005 年从美国北卡罗来纳州急性、高死率(15%~100%)病猪肺中检出;Ⅲ、Ⅳ型从中国健康猪粪中检出,约 12.95% 检出率。而且同一猪体中有 2 个基因型病毒存在或存在多重感染。Lau 等(2011)发现同一猪样本中存在不同的 PBoV 病毒毒株。在家猪和野猪中都被检测到 PBoV1 - PBoV4,PBoV3 和 PBoV4 仅感染家猪。从河北卢龙县猪场(2006)检出 PBoV3 和 PBoV4(6V 和 7V),说明 PBoV 各基因型都有流行。McKillen 等(2011)从患 PMWS 猪群分离到两种 PBoV,其阳性率分别是 8.9%(32/369)和 9.5%(35/369)。Zhang HB 等(2010)对从国内 10 个省收集的 166 份样本进行 PBoV 分型检测,结果 PBoV1 - PBoV4 型的检出率分别为 28.9%、6.6%、19.3% 和 39.7%,表明猪群中 PBoV 感染状况复杂。Lau 等对从香港收集到的 333 份样本进行 PCR 技术检测,结果 PBoV 阳性率为 16.5%(55/333),全基因序列测定存在 PBoV3 和 PBoV4,推测可能猪体内不同 PBoV 毒株间发生了变异和重组。

PBoV 在春季感染率较高,而其他季节流行率低。上海对 2014 年猪粪便样本进行 PBoV 检测,4 月、8 月和 11 月阳性率:仔猪为 60%、20% 和 40%;种公猪为 40%、0% 和 40%;生产母猪为 60%、0% 和 20%,平均为 50%、10% 和 30%。

[临床表现]   到目前为止,PBoV 的单一致病性未知。但从流行病学调查结果看,临床上有几种表现。

(1)猪无临床症状带毒是 PBoV 感染的一个临床症状表现。首先是 PBoV 不但在有临床症状的猪群中检到,而且从健康猪群中检出,只是两者的感染率有所不同。在有临床症状的猪群中,特别是有呼吸道症状和消化道症状的猪群中检出率更高。Zhai S(2010)用 PCR 方法检测有呼吸道症状的断奶猪,其阳性率为 69.7%(69/99),而无呼吸道症状的断奶猪阳性率为 0~13.6%,表明 PBoV 可能在呼吸道病患中充当一定角色或是一个新病毒。Li B 用实时荧光 PCR 检测 258 份猪样本 PBoV 总阳性率为 44.2%(114/258),发病猪群阳性率为 56.1%(101/180),健康猪群为 16.7%(13/78)。除有临床症状发病猪外,其他各年龄段猪多无临床表现,但虽健康猪体内有 PBoV 存在,但各地健康猪带毒率不一。Shan 检测了上海、江苏、安徽、山东、贵州猪粪便样中 PBoV 的阳性率为 63.2%(215/340);Zeng 等(2010)对湖北 120 份健猪检测,PBoV 阳性率为 40%;Huang 等对安徽 132 份健猪样本进行检测 PBoV 阳性率为 0.76%(1/132)。

(2)PBoV 在与其他病毒混合感染或其他疾病发生时,PBoV 检测率增高。Cheng WX 等(2010)报道 2005 年美国北卡罗来纳州从患急性、高死率(5%~100%)病猪肺脏分离到 PBoV 病毒。断奶仔猪多系统衰竭综合征的猪 PBoV 阳性率为 88%,而未患病猪阳性率为 46%,前者比后者高出近 2 倍,说明 PBoV 可能在 PMWS 致病中参与了共同感染。翟少伦(2010)对 191 份疑似无名高热的猪的病料组织 108 份、血清 76 份、精液 7 份进行了 PBoV

检测,总阳性率为 39.3%,各组织阳性率 59.3%(64/108)、血清 14.3%(11/96)、精液 0%,猪场有高发病率和高死亡率,多数病猪表现明显的呼吸道症状及肺组织损伤。一些研究显示,多数 PBoV1、PBoV2 和 PBoV4 分离于病猪,可能与 PCV、猪瘟混合感染时症状更严重。临床表现表明 PBoV 对猪有一定致病性,因未能按科赫法则完成病原的致病性,认为 PBoV 目前可能是参与或助纣为虐的"病原"。也可能与 PCV2、PRRS 和猪瘟病毒等病原混合感染,导致呼吸道、腹泻症状更严重,以及引发流产、死胎,甚至死亡。

(3) PBoV 感染后主要引起哺乳至断奶仔猪表现临床症状。断奶仔猪主要呈现多系统衰竭综合征,即仔猪呼吸道和肠道感染,主要表现为支气管炎、肺炎和胃肠炎。马怡隽(2012)报道,感染本病的哺乳仔猪多在出生后 2～3 天出现剧烈的腹泻,腹泻物呈黄绿色或灰白色水样粪便,部分仔猪有呕吐症状,病猪迅速脱水,精神沉郁、被毛粗乱,厌食、消瘦,一般几天内死亡。10 日龄以内的仔猪死亡率高达 50%～80%,随着日龄的增长,死亡率降低。

(4) 报道该病毒感染母猪后可引起母猪流产、产死胎或木乃伊胎。

[病理变化]　病死猪消瘦,脱水,胃黏膜充血,有时有出血点,小肠黏膜充血,肠壁变薄无弹性,内含水样稀便,肠黏膜淋巴肿胀。

[诊断]　本病多发生于仔猪,常伴有下呼吸道感染症状和腹泻,与猪圆环病毒 2 型、猪繁殖与呼吸综合征病毒、猪瘟病毒、伪狂犬病毒等普遍存在混合感染。在疑似患病仔猪中,本病的检出率和病死率较高。可采用普通 PCR 或荧光定量 PCR 对粪便或组织样品进行检测。

[防治]　目前尚无针对本病的疫苗,而抗生素辅助治疗效果不明显。可在母猪饲料中添加黄芪多糖等提高机体自身免疫力,减轻病毒的感染症状。同时采取下列措施。

1. 加强消毒　猪博卡病毒对碘制剂敏感,可使用碘制剂加强对猪场消毒,在栏舍和腹泻潮湿处撒生石灰进行干燥消毒。

2. 做好保温　发病猪对温度非常敏感,怕冷打堆,在高温应激下,处理好母猪防暑降温和仔猪局部保温的矛盾。建议发病的猪场对一周内初生仔猪使用红外线灯泡进行照射保温,以改进因为水样腹泻物造成仔猪全身潮湿的状态。

3. 补液治疗　脱水是造成仔猪死亡的主要原因,所以对于发病猪补液治疗非常必要,这样可以大大降低死亡率。口服法适用于大群治疗。按每千克饮水加成品口服补液盐 30 克,使用注射器进行经口灌服,每天灌服 2 次以上。也可采用腹腔注射法,根据猪体大小,取 5% 葡萄糖生理盐水 200～300 mL,5% 碳酸氢钠注射液 30～50 mL,倒提仔猪,腹面朝上,固定仔猪肩膀,于倒数第 2、3 排乳头之间,距腹中线 2～3 cm 处进针,与腹壁成 90°角刺入 3 cm 左右,刺破腹壁后感觉进针阻力消失,回抽无血液和腹腔内容物,即可注射药水。每天 1 次,连续 2～4 天。

五十、Torque Teno 病毒感染(Torque Teno Virus Infection,TTV)

该病是由 Torque Teno 病毒(TTV)致人畜及野生动物和禽类肝和实质器官感染,并发生相关症状的疾病。主要特征是肝脏病变或损伤,致血清转氨酶(ALT)升高或病毒血症。

[历史简介]　Torque Teno 病毒是继甲、乙、丙、丁、戊及庚型肝炎病毒之后发现的又一

新型肝炎相关病毒。Nishizawa T 等(1997)从日本一例输血后发生急性感染的非甲—非戊型肝炎病人血清中发现病毒,称为输血传播病毒,故以该病人的姓名缩写(TT)而命名 TTV 肝炎病毒。通过代表性差异分析法(RDA),从患者血清中获得了 500 bp 的核苷酸片段,由于与 GenBank 中已有序列同源性很低,并证实 N22 与输血后肝炎有高度特异性,认为其是一种新基因,并将该基因可能代表的病毒命名为 TT 病毒。Leary 等(1999)利用巢式 PCR (nPCR)从猪血清中检到 TTV。Okamoto(2002)从猪体内扩增到细环病毒全基因片段,命名为 Sd-TTV$_{31}$。Niel(2005)用 RCA 法检测到猪 TTV 的另一种亚型 TTVⅡ型。鉴于 Sd-TTV$_{31}$ 和 TTV$_{1P}$ 的序列相近,故划归于猪细环病毒基因 Ⅰ 型,而与 TTV2$_P$ 的核苷酸序列差异较大划为 TTV2 基因。Biagini P 等(2006)提议将 TTV 归入圆环病毒科、圆环病毒属,ICTV(2007)将 Sd-TTV$_{31}$ 和 TTV$_{1P}$ 划为细环病毒壬型细环病毒 2 个种(TTsuV1 和 TTsuV2),而 TTV$_{2P}$ 列为该属暂定种。2009 年归为细环病毒科、阿尔法细环病毒属。

　　[病原]　TTV 属于细环病毒属,是一种小的无囊膜的二十面体对称、单股负链环状 DNA 病毒。最近研究认为 TTV 是一个单链环形非包膜病毒。病毒粒子呈球形,直径 30～32 nm,氯化铯浮密度为 1.31～1.34 g/cm³,蔗糖浮密度为 1.26 g/cm³。根据物种不同所报道的 TTV 基因组长度也不同。感染人和猿的基因组长度在 3.7 kb～3.9 kb;感染猪的为 2.8 kb;感染犬的为 2.9 kb;感染猫的约为 2.1 kb。整个基因组分为编码区和非编码区。编码区组已经确定 2 个阅读框(ORF1 和 ORF2),分别编码 770 个和 203 个氨基酸。ORF1 可能编码病毒的衣壳蛋白,ORF2 可能编码非结构蛋白。有人认为有 4～6 个 ORF。虽然不同种动物的 TTV 基因组结构组成相对保守,但它们的核苷酸序列具有高度异质性。这些 TTV 变种可分为 39 个以上的基因型,相互间差异大于 30%,也可分为 5 大亚群,相互间差异大于 50%。

　　猪 TTsuV 全序列分析发现,猪 TTV 有 2 个基因型:TTV1(又分为 1a 和 1b 亚型)和 TTV2(又分为 2a、2b 和 2c 3 个亚型)。基因长度:猪 TTV1 型为 2 878 nt,猪 TTV2 型为 2 735 nt。根据其核苷酸序列:日本分为 Ⅰa、Ⅰb、Ⅱa 和 Ⅱb 型;但有人认为应分为 3 个型(1～3 型)和 9 个亚型(1a、1b、1c、2a、2b、2c、2d、2e、2f),型间变异大于 30%,亚型间变异约 11%～15%。温立斌等(2010)对 TTV 扩增片段的核苷酸序列分析结果:中国猪群 TTV1 和 TTV2 流行毒株之间的核苷酸同源性分别为 87.3%～93.8% 和 74.8%～99.1%,与 GenBank 其他 TTV1 和 TTV2 毒株同源性分别为 69.6%～100% 和 74.8%～99.1%。系统进化分析结果表明,中国 TTV1 和 TTV2 流行毒株存在新的基因亚型。不同国家 TTVsuV1 部分非编码区核苷酸序列同源性为 86%～100%,说明不同国家存在变异较大的猪细环病毒毒株。

　　[流行病学]　TTV 呈全球分布,如在亚洲、非洲和南美洲的正常献血者中感染率为 30%～40%。除了人可感染 TTV 以外,已经证实 TTV 感染宿主很广泛,包括灵长类动物(黑猩猩、类人猿和猴)、家畜(猪、牛、羊、犬、猫)和其他动物(野猪、骆驼、树鼩、老鼠)等。TTV 可在黑猩猩体内传代,但不引起血清生化或组织病理改变。在对家养动物的 TTV 感染研究中,猪 TTV 感染最多,加拿大猪血清阳性率达 80.9%。猪粪阳性率达 60.3%,意大利、西班牙、匈牙利及我国均有高阳性率。各国报道的感染率和基因型有所不同。不同病种

或不同传播方式可能产生的 TTV 基因序列的差异。北京血液透析患者的体内 TTV 部分基因的同源性为 88.3%～97.8%；深圳非甲—非庚型肝炎病人和献血人员体内 TTV 部分序列同源性为 66.2%～96.7%；日本研究了 3 例血清和粪便 TTV DNA 阳性肝癌患者，其血清和粪便的 TTV DNA 差异率为 15.3%～38.7%。我国高危人群感染 TTV 以 1a 型为主，TTV 基因型与疾病发生和传播方式关系不大。非甲—非戊和非庚型肝炎病人、血清 HbsAg 阳性而病毒复制指标阴性的肝炎病人、正常献血人员、肝炎肝硬化病人、原发性肝癌病人、静脉内吸毒者、女性性乱者和男性性乱者 TTV 感染率分别为 43.2%、28.8%、51.9%、38.5%、35.5%、17.3%、18.8%。TTV 阳性和性传播疾病有相关性。TTV 可与 HCV（丙肝病毒）重叠感染。Zheng H(2007)报道 TTV 在人群中主要通过血液和血液制品传播，并能在粪便、唾液、胆汁和乳汁内检测到。接触传播很可能是造成如此高比例人群携带该病毒的主要原因。日本研究发现 TTV 还可经消化道传播。但 TTV 在猪群中传播方式目前尚不清楚。有报道表明在粪便中、体液中及浇灌植物的废水中都检测出 TTV DNA 的存在，这意味着通过口途径的肠道传播可能是 TTV 的传播方式之一。Taira O(2009)认为垂直传播以及成年猪之间水平传播也可能是 TTV 在猪群中的传播方式。未有针对猪直接致病和参与哪些疾病流行的证据，但证明与 PMWS 有关；与 PRRSV 和圆环病毒Ⅱ型等多种病毒有关。在人群及猪群中感染比例较高，虽然目前尚未有确切的证据表明该病毒与人和动物已知疾病有直接关系，但人猪接触密切及猪 TTV 存在于人血液制品中，表明其具有潜在公共卫生意义和致病威胁。

[临床表现]　据 Leary TP(1999)报道 TTV 在世界各地猪体内广泛存在，带毒率为 30%～80%。Kerarainen(2007)报道猪精液中存在病毒；Martinez Guino(2009)报道猪初乳和死胎中检出病毒，表明血液、粪便、精液、初乳、胎盘、子宫有感染，可能是病毒传播的主要途径。但未有病毒对猪直接致病和参与哪些疫病流行的证据。温立斌等(2009)证明江苏猪群中有 TTV。以相对保守的 5′OTR 设计引物对 138 份猪血清检测，结果 TTV1 感染率为 15.9%，TTV2 为 34.0%，总感染率为 5.8%。上海对猪血清样本 ELISA 检测 TTV 阳性率为 3.75%（母猪 5.5%，育肥猪 2.0%）。Brassard 等(2008)用 PCR 和基因序列测定 TTV，猪阳性率为 80.9%；猪粪样为 60.3%、Martelli F 等(2006)用 PCR 检测意大利 10 个猪场 179 头健康猪，8 个猪场阳性，猪阳性率为 24%，其中保育猪为 57.4%、育肥猪为 22.9%。Kekarainen T 等(2006)对西班牙 PMWS 阳性猪和阴性猪 PCR 检测：PMWS 感染猪群 TTV 阳性率为 97%，而阴性猪群为 78%。Takacs(2008)对 82 头成年猪和 44 头断奶猪检测 TTV，其阳性率分别为 30% 和 73%。我国对 154 头高热病猪检测，TTV1 的阳性率为 40.9%。反映出两者有一定相关性。可能与 PCV2 共同引起，或参与或协同 PMWS，故在 PMWS 和 PRDC 猪群中检出率更高。

研究证实 TTV 从人类到哺乳动物体内广泛存在，从猪脾、淋巴结、肺中检出 TTV2 型，其中肺中检出率最高，说明 TTV 广泛存在于猪的实质器官，并对免疫器官有一定的嗜性，这和人源 TTV 嗜肺性具有一致性。其中，在猪体内检测到的 TTV 被分为 2 个基因型，即 TTV1 和 TTV2。即同一血清中常存在 TTVsuV1 和 TTVsuV2 混合感染现象。Sagales 等对西班牙 1985—2005 年 99 个农场 162 份血清进行 TTV 调查,每年均检出阳性猪,母猪和肉猪 TTV1 感染率分别为 34.2% 和 30.9%;TTV2 感染率分别为 46.6% 和 62.8%,TTV1 和 TTV2 共同感染率分别为 19.8% 和 24.5%。王礞礞等(2009)对 2008—2009 年的 7 个省 258 份猪的组织样品进行 TTV 感染情况调查发现,TTV1 感染率为 37.6%、TTV2 为 82.6%,共同感染率为 38.4%。Martinez 等(2006)对欧洲 178 头野猪中的 TTV 感染状况进行调查,结果感染率为 84%,其中 TTV1 和 TTV2 分别为 58% 和 66%;80% 的幼猪和 58% 的成年猪被 TTV2 感染;成年猪中,母猪感染率为 74%,公猪感染为 57%。流行病学调查表明:TTV 可感染不同年龄段猪。TTV2 对哺乳仔猪的感染率低于其他日龄猪,但断奶后感染率上升,随着日龄的增长,组织中病毒载量也随之增高。TTV1 和 TTV2 病毒血症最高能持续 15 周和 8 周。

[诊断] 目前 TTV 的致病性尚不清楚,临床上此病与很多病毒性肝炎难以区分。其诊断依赖实验室方法。主要采用 PCR 法检测血中 TTV DNA,也可用 ELISA 法。

[防治] 目前尚无有效药物及疫苗,需参考病毒性肝炎进行对症治疗。

国内外学者对 TTV 的致病性尚存在很大争议。根据流行病学调查结果,一部分学者认为 TTV 可能是一种肝炎病毒的变异体,但另一部分学者则认为 TTV 可能是一种伴随病毒,但其致病性的情况,尚需更深入的研究。

预防方面参照病毒性肝炎预防方法。

五十一、猪圆环病毒病(Porcine Circovirus Disease,PCVD)

该病是由猪圆环病毒感染引起的病毒性传染病,其主要临床特征为猪的体质下降、消瘦、腹泻、呼吸困难、咳喘、贫血和黄疸;病猪体表淋巴结肿大、皮肤出现散在斑点状的丘疹,从圆形或不规则隆起变成黑色丘疹,呈现在背、臀、体两侧及全身,全身器官组织发生炎性变化。单一感染症状轻微的猪可逐渐康复,混合感染或继发感染则症状严重或死亡。

[历史简介] 德国 Ilise Tischer(1974)在连续多株传代的猪肾细胞系 PK-15 培养的污染物中发现一种病毒颗粒,称之为猪小环病毒(PCV),并于 1982 年命名为猪圆环病毒。美国 ATCC 也在 PK-15 细胞系中发现 PCV-1 型病毒,将其实验感染出生后不同时期的猪,证实没有致病性。而后又发现 PCV-1 可经垂直传播,使胎猪感染,致使出生仔猪发生"先天性颤抖病"。以后陆续有证据显示该病毒与断奶仔猪多系统衰竭综合征(PMWS)和仔猪先天性震颤有关。1991 年加拿大萨斯卡彻温报告了 PMWS。1997 年证实在具有 PMWS 的猪的体内存在 PCV 抗原。Nayar 等(1997)和 Ellis 等(1998)也分别从断奶后多系统衰竭综合征(PMWS)病仔猪组织内分离到猪圆环病毒,但该病毒与传统污染 PK-15 细胞的 PCV 在致病性、抗原性、限制酶切图谱和核苷酸序列及遗传进化等方面有大的差异。该病毒具有致病性,可引起 5~12 周龄的仔猪发生 PMWS,还与猪皮炎肾病综合征(PDNS)、猪呼吸道疾病综合征(PRDC)、增生性坏死性肺炎(PNP)、先天性震颤(CT-AⅡ)等疾病有关。故建议来自细胞培养物的病毒命名为 PCV-1,而将与新的疾病有关的病毒命名为 PCV-2。

国际病毒分类委员会(ICTV)第 6 次学术报告会上将有相似理化特性和基因组特征的猪圆环病毒、鸡传贫病毒、鹦鹉喙羽病毒独立列为一个新科,即圆环病毒科。PCV 列为新命

名的一个种：圆环病毒科（Circoviridae）、圆环病毒属（Circovirus）成员。2005 年、2011 年
ICTV 第 8、9 次报告进一步确证了圆环病毒科的两个病毒属即圆环病毒属（指病毒基因组为
环形构象）和圆圈病毒属。在第 11 次国际病毒学会上，将脊椎动物的圆环病毒分为圆环病
毒和环病毒（Gyrovirus）两个属。圆环病毒属有圆环病毒（PCV1 和 PCV2）、鹦鹉喙羽病毒
（BFDV）、鹅圆环病毒（GoCV）、金丝雀圆环病毒（CaCV）及鸽圆环病毒（PiCV）等 11 种病毒
和 1 个种，代表种是 PCV。鸡传染性贫血（CAV）划为环病毒属，代表种是 CAV。

　　Palinski R 等和 Phan 等（2016—2017）利用宏基因组测序技术分别从美国猪场急性死
亡母猪及流产胎儿和罹患心肌炎的仔猪中发现一种新 PCV 基因型，并命名为 PCV3。以后
欧洲、韩国、中国相继发现猪群中存在 PCV3。

　　[病原]　　PCV 是圆环病毒科、圆环病毒属的成员，是能在哺乳动物细胞内自主复制的
最小的无囊膜单链环状 DNA 病毒。现已鉴定了猪圆环病毒 1 型（PCV-1），无致病性，参考
毒株为 AY184287；和猪圆环病毒 2 型，有致病性，参考毒株为 AF055392。病毒粒子呈二十
面体对称，直径 14~25 nm，氯化铯密度为 1.37 g/cm³，由衣壳蛋白（Cap 蛋白）和核酸组成。
病毒的 Cap 蛋白为一条多肽链，分子质量为 28 kDa。病毒基因组为共价闭合环状的双叉单
链 DNA，长约 1 760 bp（PCV1 基因组全长 1 759 bp；PCV2 基因组全长为 1 768 bp 或 1 767 bp）。
推测 PCV1 和 PCV2 均含有大小相差悬殊的 11 个 ORF（见表-74、表-75），其中 ORF1、2、
3、4、7、8 具有一定的同源性，其余 ORFs 无任何同源性。PCV2 的 ORF1、5、7 和 10 位于病
毒基因组 DNA 链上，5′→3′方向相同（顺时针方向）；ORF2、3、4、6、8、9、11 位于互补链上，
5′→3′方向相同（逆时针方向）。这些基因彼此重叠，从而充分利用了病毒有限的遗传物质。
预测 PCV1 和 PCV2 的 11 个 ORF 中，ORF1 和 ORF2 是两个主要的阅读框，分别编码病毒
复制相关（Rep）蛋白和衣壳（Cap）蛋白。

　　PCV1 和 PCV2 基因组保守区段都含有 poly(A)信号，PCV1 有 4 个 poly(A)信号，分别
位于基因组链的第 314~319 nt、第 973~978 nt 和互补链的 1 015~1 030 nt、第 1 184~1 189 nt；
PCV2 有 3 个 poly(A)信号，分别位于病毒基因组链的第 327~332 nt、第 983~988 nt 和互
补链的第 1 022~1 027 nt。

　　PCV 的 ORF1 和 ORF2 两个阅读框之间有一段 111 bp 的 DNA 片段（第 728~838 nt），
PCV 复制的起始点位于此处。该区域内具有多个特征性结构，包括 PCV 特有的茎结构
（stem-Loop structure）及其顶部保守的九核苷酸基序（nonanucletide motif）和位于茎结构
下游的 4 个六聚体重复（5′-CGGCAG-3′）H1、H2、H3 和 H4，其中 H1 和 H2，H3 和 H4 相
邻，而 H2 与 H3 之间有 5 bp 的间隔。PCV1 和 PCV2 的九核苷酸略有差异，PCV1 为 5′-
TAGTATTAC-3′，PCV2 为 5′-AAGTATTAC-3′，即仅第 1 个核苷酸不同（T→A）。该
核苷酸基序（九聚体）在所有具备环状单链 DNA 基因组的动物圆环病毒、植物双联体病毒、
矮缩病毒、细菌复制子 pX174 及质粒 pC194 中高度保守，DNA 的滚环式复制（rolling-
circle replication，RCR）即从此开始。当将 PCV1 的九核酸基序 TAGTATTAC 突变为
CTGTATTAC 后，病毒 DNA 的复制能力完全丧失，可见 PCV 茎环结构中的九核苷酸基序
对病毒 DNA 的复制非常关键。

现有研究结果表明，PCV1 和 PCV2 在抗原性和遗传性都有不同。从发病和不发病的猪分离到的 PCV2，用单克隆抗体和多克隆抗体检测，发现所有鉴定的 PCV2 毒株，在抗原性上都"相似"，而且这些毒株的基因组具有 90％以上的相似性。据 J Choi 等报告，他们对来自英国、加拿大、法国和美国 2 株 PCV2 作核苷酸序列测定，其毒株来源不论是 PMWS 或者 CT（先天性颤抖病）其同源性在 96％以上，而与另外 4 株 PCV1 株比较，其同源性仅 72％。该报告认为：① 所有 PCV2 分离株形成一个单一的主要基因型；② PCV2 基因组的次要遗传性差别比较稳定，并代表了不同地区来源；③ PCV2 基因内 96％以上的核苷酸相同，而 PCV2 变异较快。Firth C 等研究发现 PCV2 核苷酸的进化率为 1.2×10^{-3} 位点/年，是单链 DNA 病毒中最高的。根据对 PCV2 毒株的序列分析结果，可将 PCV2 分离毒株分为 5 个亚型（PCV2a、2b、2c、2d、2e）。近年来，世界范围内主要流行 PCV2 亚型已从 PCV2a 转化为 PCV2b，即 PCV2b 为现在主要流行毒株，其毒力也最强。Li W 等对 2001—2009 年间报道的中国 136 株 PCV2 进行分析，结果 PCV2b 占 127 株，PCV2a 占 9 株，其中 2001 年中国流行株以 PCV2a 为主，以后 PCV2b 占绝大部分。我国存在 PCV2a、2b、2d，而 2c 仅见于丹麦报道。2008 年加拿大发现自然存在的 PCV1 和 PCV2 的重组体，其中 ORF1 和 ORF2 阅读框分别来自 PCV1 和 PCV2a，命名为 PCV1/2a，其在猪圆环病毒阳性样品中占 2.5％。2012 年 Cader 等证实野猪中也发生 PCV 型间和型内重组。Harding 报道，PCV2a 和 PCV2b 各 1 剂量混合接种小猪后造成的病变大于 2 倍剂量 PCV2a 或 PCV2b 单独接种形成的病变。

表-74　PCV1 和 PCV2 各阅读框比较（Hamel 等，1998）

ORF	PCV1 基因组 DNA 位置(nt)	PCV1 编码蛋白 所在链	PCV1 编码蛋白 氨基酸(数目)	PCV1 编码蛋白 分子质量(kDa)	PCV1 糖基化位点 Glyc	PCV2 基因组 DNA 位置(nt)	PCV2 编码蛋白 所在链	PCV2 编码蛋白 氨基酸(数目)	PCV2 编码蛋白 分子质量(kDa)	PCV2 糖基化位点 Glyc	同源性(%)
1	第 51～995 位	V	314	35.8	+	第 47～985 位	V	312	35.6	+	85
2	第 1 735～1 034 位	C	233	27.8	+	第 1 723～1 022 位	C	233	27.8	+	66
3	第 671～357 位	C	104	11.9	−	第 658～38 位	C	206	23.2	−	62
4	第 565～386 位	C	59	6.5	+	第 552～205 位	C	115	13.3	+	83
5	第 1 016～1 177 位	V	53	6.2	−	第 1 163～1 450 位	V	95	9.8	+	None
6	第 1 161～1 530 位	C	27	2.8	−	第 1 518～1 330 位	C	62	6.7	+	None
7	第 1 682～1 741 位	V	19	1.9	−	第 1 670～81 位	V	56	6.0	−	79
8	第 753～688 位	C	21	2.3	−	第 790～627 位	C	37	4.3	−	67
9	第 92～1 732 位	C	42	4.6	−	第 968～837 位	C	31	3.4	−	None
10	第 1 524～1 631 位	V	35	4.1	−	第 1 642～1 755 位	V	37	3.7	+	None
11	第 1 033～989 位	C	14	1.8	−	第 648～719 位	V	23	2.8	−	None

注：V 为病毒基因组链；C 为病毒基因组互补链；Glyc 为糖基化位点；+代表含有糖基化信号（N-X-S 或 N-X-T）；−代表无糖基化位点。

表-75 猪圆环病毒与其他病毒或复制子核苷酸基序比较

病毒或复制子	九核苷酸基序	基因组结构
PCV1	TAGTATTAC	单链环状 DNA
PCV2	AAGTATTAC	单链环状 DNA
CAV	TACTATTAC	单链环状 DNA
GCV	TATTATTAC	单链环状 DNA
PiCV	TAGTATTAC	单链环状 DNA
BFDV	TAGTATTAC	单链环状 DNA
植物 Giminivirus	TAATATTAC	含有 1 或 2 个单链环状 DNA
植物 Nanovirus	TATTATTAC	含有 6 或 7 个单链环状 DNA
φX174	TGATATTAT	单链环状 DNA
PC194	TGATAATAT	单链 DNA 质粒

PCV 是目前已知的最小的并能在哺乳动物细胞中复制的动物病毒之一,能在 PK-15 细胞系、猪源和 Vero 细胞培养物中完全复制,但不引起细胞病变。Gills 证明传了 9 代的 PK-15 细胞在其 142 代培养物中仍有 PCV 抗原,来源不清楚。免疫荧光和免疫酶法证明 PCV 抗原广泛存在于不同代次的 PK-15 传代、猪源原代、继代细胞及 1～19 日龄的猪体内。在 PK-15 细胞中增殖需要细胞酶的辅助,依赖细胞周期 S 期表达的细胞蛋白,因此必须在细胞分裂的 S 相时接种。Tischer 等发现在细胞营养液中加入 α-氨基葡萄糖可以增强病毒的复制,病毒抗原增加 30%,不引起明显的细胞病变(CPE)。它能在骨髓、外周血液、肺洗液和淋巴结的单核细胞、巨噬细胞中增殖,在牛血液单核细胞中也能适应,但只在猪源和 Vero 细胞培养物中才能完全复制。PCV 感染对正常免疫功能可能有干扰。

猪圆环病毒不具备凝血活性,对牛、羊、猪、鸡等动物和人的红细胞不能凝集。病毒具有高度稳定性,对理化因素有较强的抵抗力,在 pH 3 的酸性环境中及氯仿作用可存活较长时间;对高温的抵抗力甚强,70℃时仍可稳定存活 15 分钟,56℃中不会灭活;对碱性消毒剂、氧化剂以及季铵盐类物质较敏感,3% 苛性钠溶液,0.5% 强力消毒灵等有较好的消毒效果。

[流行病学] 从 1991 年加拿大西部一个健康猪场中主要 2～8 周龄仔猪发生一种新的疾病以来,PCVD 已演化为一种世界性疾病。近来,采用间接免疫过氧化物酶测定(IPMA)和单克隆抗体竞争性 ELISA 从 1969 年以后保存的血清中检测出 PCV2 抗体和病毒,表明 PCV2 及其相关的疾病已在全世界范围内流行了几十年。1995 年法国的布列塔尼省约 1 000 个猪群发生该病。1997 年西班牙中部和东北部的 3 个猪场暴发此病。1997 年 6 月日本富山县的 1 个猪场的断奶仔猪发生该病。1997 年 10 月北爱尔兰某猪场 11 周龄左右的猪发生本病。1999 年日本农林省公布有 1 019 头猪感染 PCV;而 2000 年 4 357 头猪感染了

PCV。2000 年韩国报道了猪 PCV 病例。

分子流行病学调查表明,养猪国家的大多数猪场存在 PCV2 感染,发病率最高可达 60%,暴发时病死率在 40% 以上。在 PCVD 流行一段时间后,因在各国流行时间的长短和多种其他因素的影响,各大洲猪表现出不同的症状和发病模式。其流行特点为:

(1)猪是 PCV2 的易感动物,人工感染家兔、小鼠后不致病,也不导致组织损伤;在牛、羊和马的血清中均未检出 PCV2 抗体。而许多研究认为猪体内长时间大量存在 PCV 感染,从流行病学的演变规律推测,认为很可能是新的传染病的征兆。因为病猪和带毒猪(多数为隐性感染)为本病的主要传染源,即使接受疫苗免疫的猪,受到 PCV2 野毒攻击后仍然会发生病毒血症。病毒主要通过消化道(饲料、饮水和初乳)和呼吸道感染易感猪。从人工或自然感染猪的排泄物、鼻腔、口腔和扁桃体拭子和尿液与粪便中均检出 PCV2 的 DNA。也可通过精液感染易感猪,感染 PCV2 的怀孕母猪可经过胎盘垂直传播给胎儿,引起繁殖障碍。家猪和野猪是 PCV2 的自然宿主,各个年龄阶段的猪均易感,但保育猪和肥猪多见。小鼠对 PCV2 易感,可作为 PCV2 感染的动物模型。有报道牛可感染 PCV2,并参与形成牛出血性疾病综合征。病毒可在自然和实验条件下感染公猪的精液中检测到,即使血清中有抗体。该病毒可以在精液中潜伏 5~47 天。精浆污染,PCV2 可在精子与非精子细胞中检测到。病毒通过受感染的猪间歇性地排出。因此,精液是垂直传播的工具。此外,PCV2 可通过污染病毒的人员、工作服、用具和设备传播。

(2)哺乳仔猪很少发病。多年流行病学调查表明,哺乳仔猪发病较少。Allan(1995)利用不吮吸初乳的仔猪进行实验,通过口、鼻、静脉接种病毒检测 PCV 在体内分布,病毒最早出现于脾、胸腺、肺,而中枢神经未检出。仅从流产死胎的一个猪场猪胎儿组织中的 2 个血液、一个脾分离到 PCV;在 160 头胎儿血清中未检出 PCV 抗体,据此推测在胎儿未产生免疫力前,可能通过胎盘发生了 PCV 的感染。

(3)PCV2 的组织嗜性非常广泛。刘中原(2013)发现在感染猪的肠系膜淋巴结、脾脏、肺脏、肾脏、心脏、肝脏、胸腺、膀胱和胰腺等组织器官中均有病毒分布,其中以腹股沟淋巴结和脾脏中的病毒含量最高,肝中含量少。PCV2 病毒对脾、肾、肺和肠系膜淋巴结的嗜性较高,对仔猪的肝嗜性较低。由于 PCV 能破坏猪的免疫系统,造成免疫抑制,引起继发性免疫缺陷,因而常与很多病毒病、细菌病等混合或继发感染,表现出多种临床综合征。

(4)本病流行以散发为主,有时可呈现暴发,病情发展缓慢,有时可持续 12~18 个月。病猪多于出现症状后 2~8 天死亡。

(5)饲养管理不良,饲养条件差,饲料质量低,环境恶劣,通风不良,饲养密度过大,不同日龄的猪只混群饲养,以及各种应激因素的存在,均可诱发本病,并加重病情的发展,增加死亡率。对养猪任何一个环节的疏忽,都可以促成 PCV 的暴发。此外,PCV2 在猪体内可发生两种亚型混合感染。病毒对淋巴组织和器官的侵染更严重,导致临床和组织学变化更严重(表-76)。

表-76　用辣根过氧化酶组织染色法检测经 2 倍同种或同种不同亚型(PCV2a、2b)接种的 20 头无菌猪的组织和肉眼病变

	接种组群			
	2a2a	2b2b	2a2b	2b2a
临床变化和肉眼病变				
消瘦	—————	—————	+++——	+——
腹水或水肿	—————	——+——	+++++	+++
黄疸	—————	—————	—————	+——
胸腺萎缩	—————	—————	++++++	++—
肝卷白或发黄	+————	—————	—————	++—
外周淋巴结炎	++———	—————	++++++	+++
支气管淋巴结炎	+—+—+—	+++++	++++++	+++
其他损害	—————	——+——	—————	++—
罹病率(+)	13%	15%	65%	71%
组织的损害				
淋巴系统				
组织细胞浸润	++++++	+++++	++++++	+++
淋巴细胞衰竭	—+———	—————	—————	+++
胸腺				
淋巴细胞浸润	——+——	—————	++++—+	+++
淋巴细胞衰竭	——+——	—————	++++——	+—+
肺脏				
淋巴细胞浸润	————+	+++++	++++++	+—+
间质性肺炎	—+———	+++++	+—+——	+——
肝脏				
淋巴细胞浸润	+—++++	+++++	++++++	+++
肉芽肿肝炎	—————	—————	—————	+++
肾脏				
淋巴细胞浸润	—————	——+	———+—	—+
肉芽肿肾炎	—————	——+	—————	——
罹病率(+)	26%	40%	57%	70%
PCV2 辣根过氧化酶染色率(强毒)				
淋巴结系统	++++++	+++++	++++++	+—+
胸腺	++++++	+++++	++++++	+—+
肝脏	++———	—+++—	++++—+	++—
肺脏	—————	—+++—	—++——	+—
肾脏	—————	—+———	++++——	+——
感染率(+)	47%	64%	73%	47%
总罹病率(+)	27%	39%	63%	65%

[发病机制]　众所周知,DNA 病毒是在细胞内增殖的,然而归属 DNA 病毒的 PCV2 在单核细胞/巨噬细胞内罕有发现,却在细胞浆内存在大量的抗原和核酸。Allan G.M(1995)研究表明,PCV 感染后可出现短暂的病毒血症,病毒可进入血浆感染单核细胞。已知血细胞和其他上皮细胞或内皮细胞的细胞核内存在病毒标记物,由此推断出这类细胞在病毒繁殖中起着关键作用,而且单核细胞/巨噬细胞浆内存在的抗原和核酸是其吞噬所致。

大量的证据证明,猪体内存在 PCV2 而不引起仔猪断奶多系统衰竭综合征。虽然目前许多国家养猪场存在着 PCV,但不是所有这些国家的猪场有本病的重大暴发。这样的差别,很可能是由于 PCV2 某些毒株的致病力低于其他毒株所致。也有研究认为,PCV2 是其他病毒和细菌的门户开放者(Door-opener)。在实验条件下,对仔猪接种 PCV2,虽然有些仔猪出现了临床症状,但不是全部仔猪都会发病。如果对仔猪既接种 PCV2,又接种猪细小病毒或者 PRRSV,那么全部接种的仔猪都可能产生 PMWS 症状。但是如果仅仅接种 PPV 或者 PRRSV,就不出现 PMWS 的临床症状。在对 PCV2 感染仔猪进行尸体解剖时发现,这些仔猪丧失了负责产生抗体的淋巴细胞的供应能力。在感染后期,淋巴结持续肿大,充满了替代的巨噬细胞。实际上,其免疫能力已经大大降低,免疫机制遭到破坏,为其他病毒或病菌的入侵制造了条件。有研究解释了上述情况。在仔猪 1 日龄时接种 PCV2,然后分为两组,一组 7 头仔猪在 3 日龄时肌肉注射一种佐剂和抗原的混合液,以刺激仔猪的免疫系统,而另一组仔猪不予注射。结果,凡是接种免疫制剂和 PCV2 的仔猪,都发生 PMWS,而另一组仅接种 PCV2 的仔猪没有发生 PMWS,因此感染 PCV2 的仔猪,其是否发病还与其他的免疫刺激有关。石坤等(2016)研究 PCV2 与 PRRSV 体外共感染肺泡巨噬细胞系(PAM－CD163)的炎症反应;PCV2 单独感染,早期促进了 IL－6、IL－8、IL－1β 的表达,晚期促进 IL－10 的表达;PRRSV 单独感染能在晚期促进 IL－1β、IL－10 表达;两者共感染促进了 IL－10 表达并且促进作用持续增加,促使 IL－6、IL－8、IL－1β 的表达量较早增加,并且持续增加。可见两种病毒之间存在一定的相互关系,从细胞学、分子学方面解释共同调节机体免疫系统。

1. 猪 PCV 感染和致病的分子机制,PCV2 的组织嗜性及靶细胞　PCV1 没有致病性,广泛存在于猪体内及猪源细胞系。PCV2 具有致病性,但其易感宿主范围窄,目前已知 PCV2 可以引起猪的 PMWS,并与 PDNS、PRDC、CT－AⅡ 等疾病有关。用 PCV2 人工感染兔和小白鼠不致病,也不引起组织损伤,在牛、羊(包括人工感染 PCV2 的羊)、马的血清中均没有检测到 PCV2 抗体(Allan,2000)。

PCV2 感染的靶细胞主要是单核/巨噬细胞系,如肺泡巨噬细胞、枯否氏细胞、树突状细胞等。在这些细胞(主要是浆细胞)内 PCV2 抗原或核酸的含量很高;其次在组织细胞、多核巨细胞中也常可检测到 PCV2,偶尔可在肾上皮细胞、呼吸道上皮细胞、血管内皮细胞、淋巴细胞、胰腺泡和小管细胞、平滑肌细胞、肝细胞、肠细胞的细胞浆或细胞核中检测到。

PCV2 的组织嗜性广泛,分布于感染猪的淋巴结、脾、肾、肺、心、肝、脑、胸腺、肠管、膀胱、胰等多种组织和脏器中,其中淋巴结和脾脏中的病毒含量最高。

对胚胎和仔猪感染研究发现,PCV2 的细胞嗜性及靶细胞随猪胎龄或年龄而变化。用 PCV2 经子宫感染妊娠后 57、75、92 天的胎儿和出生后 1 天的仔猪,于感染后 21 天检测心、肺、肝、脾和腹股沟淋巴结中的 PCV2，结果胎儿阶段，心肌细胞、肝细胞、巨噬细胞为靶细胞，并且各组织器官中的病毒感染细胞数量同妊娠 92 天感染的胎儿基本一致。成年猪有丝分裂活性低的淋巴细胞中，很少检测到病毒抗原（Sanche，2003；Chianini，2003）。上述结果与 PCV2 的复制必须依赖宿主细胞在细胞周期的 S 期细胞核内合成的聚合酶以及有丝分裂活跃的细胞最适合 PCV2 的复制有关。

与其他类型细胞相比，尽管单核/巨噬细胞系内 PCV2 含量最高，但 PCV2 特异性抗原和核酸仅在单核/巨噬细胞的胞浆中大量存在，胞核内很少见到病毒，故推测巨噬细胞胞浆中的病毒是通过吞噬作用获得的，单核-巨噬细胞系并不是 PCV2 复制的原始场所。体外实验表明，PCV2 抗原可持续存在于巨噬细胞胞浆中（感染 8 天后仍有感染性），但未能形成双链 DNA 的复制中间体；80%～90% 的单核细胞源和骨髓类的树突状细胞内呈没有复制的"沉默感染"状态，但可持续存在并保持感染力达 5 天。根据上述体内外检测结果，单核/巨噬细胞系很有可能在病毒散播到非免疫细胞中起到暂时的"储存库"作用，是病毒免疫逃逸与散播的天然载体。相反，另有研究发现，在 PMWS 猪组织中的单核/巨噬细胞系的细胞浆和细胞核中均检测到了病毒核酸，在巨噬细胞中发现 PCV2 基因组双链的复制形式，认为病毒可以在巨噬细胞内增殖（Gilpin，2001），并且已证明，在适量 LPS 刺激下，PCV2 可在体外培养的 AM 内复制。因此，推测机体内 PCV2 在单核/巨噬细胞中的增殖可能需要其他的致病因子的协同作用。当然关于 PCV2 在感染猪体内增殖的主要细胞类型及这些细胞在 PCV2 感染中能起的作用有待进一步研究证实。

2. PCV2 对感染猪免疫功能的抑制作用

（1）PCV2 对淋巴细胞的影响。PCV2 可导致感染猪的免疫器官损伤、淋巴组织增殖活性降低及淋巴细胞缺失，引起机体免疫功能下降或紊乱，缺乏有效的免疫应答能力。PMWS自然病例的外周血白细胞亚群中单核细胞增加，T 和 B 细胞含量减少，并出现了低密度的未成熟粒细胞。在各类 T 细胞中，CD3$^+$、CD4$^+$、CD8$^+$ 记忆性 Th 细胞，CD3$^+$CD4$^+$CD8$^+$ Th 细胞，CD3$^+$CD4$^+$CD8$^+$ Tc 细胞，CD3$^+$CD4$^+$CD8$^+$ γδT 细胞，IgM$^+$ B 细胞含量下降，其中 CD3$^+$CD4$^+$CD8$^+$ 记忆性/活化 Th 细胞减少最显著；B 细胞和 T 细胞含量下降，巨噬细胞含量增高及部分抗原传递细胞消失或被重新分布，并发现淋巴组织中 PCV2 基因组的含量与该组织中细胞损伤程度，外周血中 IgM$^+$ B 细胞及 CD8$^+$ 和 CD4$^+$/CD8$^+$ 双阳性 T 细胞的下调呈正相关。

在 PCV2 自然感染猪淋巴结、扁桃体和脾脏等淋巴组织器官 B 淋巴细胞依赖区的 B 淋巴细胞和巨噬细胞中均发现有 PCV2 特异性的凋亡小体，这与 PCV2 ORF3 编码的 ORF3蛋白有关。通过对淋巴组织中淋巴细胞缺失程度与淋巴组织增殖活性、血清中病毒含量及凋亡指数等指标综合分析，认为淋巴细胞缺失主要与淋巴组织增殖活性降低有关，细胞凋亡不起主要作用，而淋巴组织增殖活性降低主要与 PCV2 感染导致 T、B 等淋巴细胞产生的刺激淋巴结生长的因子（主要是细胞因子）不足或缺乏有关（Mandmoli，2004）。

（2）PCV2 感染与特异性抗体产生。PCV2 能够引起感染猪的特异性体液免疫反应，但血液中的特异性抗体水平一般与 PCV2 在组织器官中的含量呈负相关。通过对自然和人工感染猪血液中 PCV2 抗体水平的测定,发现与 PCV2 感染无症状猪相比,在自然 PMWS 和感染 PCV2 后第 7、14 天的病猪血清中检测不到或仅能检测到低水平的中和抗体。IgM 水平迅速下降或维持在一个较低水平,IgG1、IgG2 和 IgA 的水平也轻微降低,说明抗体产生的动态与 PCV2 在感染机体内的含量和 PMWS 症状的出现密切相关。

与 PMWS 病猪血清中 PCV2 抗体动态相反,Wellenberg(2004)发现 PDNS 患猪血清中的 PCV2 抗体水平显著升高,病猪肾脏组织的免疫组化(IHC)检测结果显示 IgG1、IgG2 和 IgM、C1q 和 C3 补体因子及 CD8+ 细胞增加,但 IgA 和 C5 补体因子却仅轻微增加,因此认为过剩的 PCV2 特异抗体可能是导致 PDNS 发生的生理学基础。

(3) PCV2 感染与细胞因子的分泌。PCV2 常引起病猪体内细胞因子分泌失衡,造成机体免疫功能调节紊乱,引起临床和病理反应。因此,通过对细胞因子产生图谱的分析,可以了解 PCV2 的感染与致病机制。

对 PMWS 病猪支气管淋巴结、扁桃体、脾和胸腺中部分细胞因子 mRNA 的半定量(RT-PCR)分析表明,胸腺中的 IL-10 和扁桃体中 IFN-γ mRNA 表达量均显著升高,脾中的 IL-2 和 IL-12p40 及扁桃体中的 IL-4 mRNA 显著下降,腹股沟淋巴结中的 IFN-γ、IL-4、IL-10、IL-12p40 mRNA 表达量明显降低。这些细胞因子 mRNA 表达水平的失衡,特别是胸腺中 IL-10 mRNA 的过量表达,与胸腺的损害和萎缩程度呈正相关,结合 CD8+ 和 IgM+ 细胞亚群的减少以及病猪组织受损程度,表明抗体的细胞免疫受到抑制。通过对 PMWS 病猪和 PCV2 亚临床感染猪血清中部分细胞因子水平的检测,发现感染后第 10、14 天,PMWS 病猪血清中 IL-10 和 C-反应蛋白(C-reactive protein,CRP)(感染后产生的一种急性蛋白质,APP)的含量高于临床症状猪血清中的水平,而 IFN-α 与 IL-6 的含量没有差异,表明 IL-10 和 CRP 的含量增加与 PCV2 感染后能够发展为 PMWS 有一定的关系(stevenson,2006)。

Kim(2004)对自然和人工感染 PMWS 病猪淋巴结肉芽肿原因的研究,单核细胞超化蛋白-1(MCP-1)和巨噬细胞炎性蛋白-1(MIP-1)在 PCV2 导致的肉芽肿炎症反应中起重要作用。

体外研究表明,PCV2 能够影响感染猪的外周血单核细胞(PBMC)及 AM 分泌细胞因子的种类和水平。现已发现 PMWS 患病猪的 PBMC 对 PCV2 的记忆反应能力降低,仅分泌 IL-10 和 IFN-γ 两种细胞因子;对植物血凝素(PrA)和超抗原(葡萄球菌肠毒素 B,SEB)刺激的反应程度降低,基本或完全丧失产生 IL-2、IL-4 和 IFN-γ 的能力;同时发现 PCV2 下调或抑制健康猪和 PMWS 病猪 PBMC 产生 IL-2 和 IL-4 的能力,但促进 IL-1β 和 IL-8 两种促炎细胞因子的分泌。Chang(2006)报道感染 PCV2 的 AM 分泌肿瘤坏死因子-α(TNF-α)和 IL-8 的水平增加,AM 源的嗜中性粒细胞趋化因子-Ⅱ(AMCF-Ⅱ)、粒细胞集落刺激因子(G-CSF)、MCP-1 和 IL-8 的 mRNA 水平明显上调,同时 AM 的吞噬和杀菌作用降低,而这些变化则可以加剧 PCV2 在体内对肺组织和肺脏防御系统的损害。

3. PCV2 的突变与致病性 核苷酸序列比较表明,由不同地区健康无临床症状的猪和 PMWS 病猪体内分离的 PCV2 毒株的核苷酸序列比较保守而无明显区别。进一步对

PCV2 Cap 蛋白上 3 个表位氨基酸的分析结果表明，Cap 蛋白氨基酸序列的变化与 PCV2 分离株的致病性无明显关系。由此得出了 PCV2 不同分离毒株的致病性没有区别的假设。

然而 Fenaux(2004)将一株 PCV2 在 PK - 15 上连续传代后，其 ORF2 内两个核苷酸发生了突变(C32gG、A573c)，并导致相应的两个氨基酸突变：一个是当传到 30 代时，Cap 蛋白第 110 位脯氨酸(P)变为丙氨酸(A)；另一个是出现在第 120 代，由原来的第 191 位的精氨酸(R)变为丝氨酸(S)。这进一步证明 Cap 蛋白内两个氨基酸的突变可以提高 PCV2 在 PK - 15 中的生长能力(病毒滴度增加 1 Log)，使 PCV2 毒力减弱，表现为在感染猪体内 PCV2 DNA 含量降低、解剖的组织病变减轻。

Opriessing(2006)比较了 SPF 猪体内 PCV2 - 40895(阿华州 PMWS 病猪组织分离获得)和 PCV2 - 4838(另一阿华州非 PMWS 病猪中分离)两个毒株的致病性(两个毒株全基因组核苷酸的同源性为 98.9%)，发现两个毒株在 SPF 猪体内的增殖动态、增殖量和致病性有明显的区别。与 PCV2 - 4348 毒株感染猪相比，感染后第 14、21、28 天，PCV2 - 40895 株感染猪血清中病毒 DNA 的水平显著升高，组织病变严重，病毒抗原含量增多。比较分析 2 株病毒的氨基酸序列，发现共 11 个氨基酸发生了突变；其中 9 个位于 ORF2 区，2 个在 ORF1 区。ORF2 区内 9 个突变的氨基酸内 5 个为最常发生的突变位点，而 ORF1 内的 2 个突变点为不常突变位点，其中第 302 位突变以 PCV2 - 4348 株所特有，其毒力改变是否与该位点或结合其他位点在内的突变有关，待进一步研究，但结果证明了 PCV2 不同分离毒株的致病性不尽相同。

4. PCV2 与其他因子的协同作用　临床上 PCV2 自然感染猪，有的表现出明显的临床症状和病理变化，有的则呈亚临床症状，同时实验室中用 PCV2 单独感染断奶仔猪常不易复制出典型的 PMWS，而大多数表现温和的临床症状和轻微的 PMWS 病变。因此，PMWS 发生除了要有原发和必要的病原 PCV2 外，还有其他因子的协同作用，使 PCV2 在机体内大量增殖，促进 PMWS 发生。现已证明，PCV2 的致病作用与其他感染机体内增殖量及其他协同因子密切关系(Segales，2004)。参与 PCV2 致病的协同因子包括病原微生物、免疫佐剂和免疫调节剂等。

PPV、PRRSV、猪肺炎支原体、猪链球菌、沙门氏菌、多杀性巴氏杆菌等病原微生物对 PCV2 的致病作用具有协同作用，当这些病原与 PCV2 共感染新生仔猪时，这些病原通过促进 PCV2 增殖和改变细胞因子网络平衡等途径协同 PCV2 致病，引起严重的 PMWS 临床症状和病变。PCV2 与 PPV 共感染仔猪的 AM 分泌 TNF - α 及血清中 TNF - α 的水平明显升高，而血清中 TNF - α 的水平与共感染猪的体重下降呈正相关。在 PCV2 与 PPV 共感染猪血清中出现了 IFN - α 反应，因此认为 PPV 通过诱导机体产生过量的 TNF - α 和 IFN - α 加剧了 PMWS 的发生(Kim，2006；Hasshing，2005)。

一定浓度的 LPS 能较弱地刺激 PCV2 在猪肺泡巨噬细胞中复制，推测革兰氏阴性杆菌在与 PCV2 共感染中，对 PCV2 在体内复制，促使 PMWS 发生及加剧病情起重要作用(Chang，2006)。

一些免疫佐剂、非特异性免疫调节剂及商品疫苗，如钥孔戚血蓝蛋白和氟氏不完全佐剂，Baypaman 以及地塞米松，能增强 PCV2 在体内增殖或改变机体免疫系统功能，促进 PMWS 发生或加重病情，Kawashoma（2003）发现地塞米松可引起猪的 CD4＋细胞含量下降，而对 IgG 含量或 PCV2 抗体滴度及 B 细胞含量没有明显影响，表明地塞米松引起的细胞免疫功能下降可能是诱发 PMWS 发生的主要原因。

PCV2 主要侵害猪淋巴细胞和巨噬细胞，引起淋巴细胞分裂增殖障碍，凋亡的淋巴细胞不能及时得到补充，导致淋巴器官的功能破坏，最终造成猪免疫力下降，引起一些病毒等病原共同侵袭，如共感染的 PRRSV、CSFV、PRV 等。邢刚（2006—2011）从全国各地采集 191 份 PCV 病料，检测到 PCV2 阳性样品 117 份，感染率为 61.25%；117 份 PCV2 阳性样品中，蓝耳病病毒感染率为 55.6%，猪瘟病毒感染率为 30%，而在 41 份健康猪样品中，PCV2 带毒率达 24.4%。

[临床表现]　猪群感染 PCV2 后表现出多种临床表现。在各地区，不同猪场，甚至同一猪场的不同群，会呈现不同的病症和模式，这与 PCV2 病毒特性与变异、病毒感染量、疫苗使用和猪体免疫应答，以及环境因素等有关，从而造成了猪的临床表现复杂多变性。在经历了一个高暴发、高死亡率以后，PCV2 在世界各国出现了高感染、低死亡率的慢性、亚临床型状态，使临床表现更为复杂。

1. 各种年龄猪都有抗体存在呈现无临床症状的慢性感染　Tischer（1986）证实，在德国 2 个屠宰场发现 77%～95% 的猪体内存在 PCV 抗体，可能大部分猪在育肥期已被感染，大约 60% 阳性血清抗体滴度与人工接种后 3～6 周产生的抗体滴度相当。2～3 日龄猪的血清也存在 83% 阳性，只是抗体滴度稍低。Edwards（1994）报道来自 44 个猪场 87 头猪中 75 头存在 PCV 抗体（86%）。Hines（1995）发现美国 13 个猪群（3 个州）均存在 PCV 抗体，阳性率为 53%（208/399），不同猪群抗体阳性率高低不等，低的为 27%，高的为 100%，滴度为 1∶8～1∶256。这表明 PCV 分布的世界性。野猪体内也存在 PCV 抗体，进一步证实了 PCV 在部分猪体内是不引起临床病理变化、非致病的普通病毒。慢性猪圆环病毒发生在已能产生免疫力的种猪群中，主要是繁育猪群。免疫母猪出现症状意味着感染周期中最初所见多数繁殖疾病问题终结，如死胎和仔猪早期死亡。猪场在进入较为慢性或温和的亚临床感染期，猪的体重不足或生长缓慢及饲料转化率较差现象较为少见。

但在慢性感染的猪场中，在某些阶段，感染猪群仍会受到病毒性疾病的危害。研究者对猪体内长时间大量存在 PCV 感染，从流行病学演变规律推测认为这很可能是新的传染病的征兆。Olvera 等（2004）研究报告指出血液中高病毒含量（病毒血症）的存在通常导致较严重的猪圆环病毒病的病情。较低水平的病毒血症可引起中等严重程度的"猪皮炎和肾病综合征"（PDNS）的皮肤型病状。随着血液中病毒含量的增加，猪圆环病毒病也变得越发严重。该病在慢性感染的猪群要到母源抗体开始减退时才会暴发，通常发生在 10 周龄起的幼猪中。

猪发病的总体格局，首先在无任何免疫力的情况下，病毒会迅速感染猪群，造成高水平的病毒感染，从而严重发病和导致高死亡率。而后由于从慢性感染或免疫母猪中获得抗体，继之死亡率下降,生长缓慢、体重不足的仔猪数量减少,在无并发病情况下,死亡率在1%～2%,体重下降1～2 kg。猪场就进入较为慢性或温和的亚临床感染期(见图-22)。

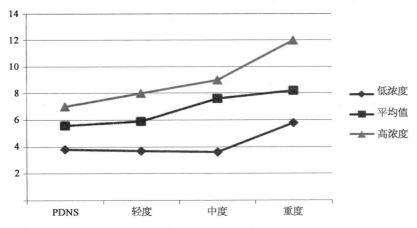

图-22 PCV2病毒感染量与病情严重程度之间的关系

宋建国等(2015)报道,对13个非免疫猪场调查,其中8个猪场中PCV2抗体阳性率为61.54%,表明未免疫的猪场均存在较为普遍的感染;猪群平均抗体阳性率为48.83%,与2006年的47.06%相比无明显差异。但不同生长阶段猪之间,阳性率存在明显差异,其中肥育猪阳性率为97.3%、保育猪为34.91%、母猪为69.79%、仔猪为16.67%,表明不同生长阶段的猪感染程度不同。母源抗体对仔猪感染有一定影响,仔猪断奶后阳性率随母源抗体下降而变化,随着猪龄的增长感染逐渐加重,抗体阳性率又升高。

猪在PCV2感染的急性期、亚临床期和慢性期出现病毒血症;临床上表现生长缓慢和死亡(图-23)。

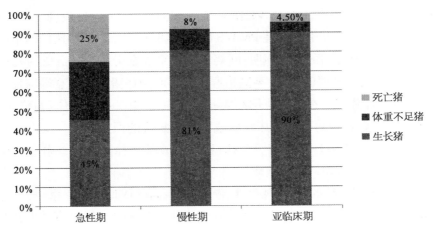

图-23 生长猪在复合感染PMWS/PCVAD时急性期、慢性期和亚临床期的影响

注:尽管慢性期或者少量PCV2病毒感染时不引人注意,但是仍会造成生长猪死亡或减重。

2. PCV 与其他病毒的协同作用，致 PCV 感染临床症状多种表现形式　自 1996 年以后，PMWS 和其他疾病与 PCV2 相关的猪病在全球都被确认，PCV2 与 PMWS 的相关性是结论性的，而 PCV2 在其他综合征中的作用还需要进一步澄清。在一研究中，研究了猪皮炎和肾病综合征 PDNS、PMWS 和间质性肺炎（IP）由 PCV2 引起的病例中，是否包含或同时存在其他的病原体。结果显示如表-77。

表-77　PCV2 病猪中其他相关病原的分离

PMWS （93 个病例）：PCV2：91.4%	PDNS （30 个病例）：PCV2：93.5%	IP （63 个病例）：PCV2：90.5%
PRRSV：63.4%	PRRSV：56.7%	PRRSV：60.3%
PCV2＋PRRSV：60.2%	PCV2＋PRRSV：56.7%%	PCV2＋PRRSV：58.7%
PPV：0.8%	SIV：（6/20）	SIV：8.2%
衣原体：9.3%	PPV：30%	PPV：7.3%
（流感）SIV：（4/37）	PCV2＋PPV：30%	衣原体：—
（细小 V）PPV：10.8%	衣原体：—	（肺支原体）M.hyo：10.3%
PCV2＋PPV：8.1%	M.hyo：—	
（肺支原体）M.hyo：—		

　　尽管在 90% 以上病例中检测到 PCV2，同时从流行病学和实验性研究的结果来看，PCV2 无疑主要与这些病例有关。目前已知很少有猪群对 PCV 表现为血清阴性，表明 PCV2 广泛传播，虽然有报告证明 PCV2 作为唯一病原接种于易感猪表现了明显的致病性。这些试验充分证实了 PCV2 本身就是 PMWS 的病因，但只有相对较小比例的猪或猪群实际上发病。法国对 199 窝仔猪的研究表明，断奶仔猪多系统衰竭综合征造成的死亡中 51.6% 发生在 14.5% 窝。同一来源的猪，在某些猪群表现了断奶仔猪多系统衰竭综合征而在另一些猪群则不表现临床症状。在现场病例和实验研究中，还有一些病原体，如猪细小病毒、猪繁殖和呼吸综合征病毒，也可引起临床症状或者增强疾病的严重程度。从田间实验观察和实验室研究结果表明，猪圆环病毒相关疾病（PCVAD）是一种由多因子引发的疾病，PCV2 病毒需要同其他因子一起协同引发致病。

　　PCV2 可感染不同年龄的猪，呈现急性、慢性病症；高的或低的死亡率，甚至隐性感染造成临床症状复杂，以及混合或继发促成多种临床症状。与 PCV2 感染有关的猪病主要有 6 种临床表现。

　　（1）断奶仔猪多系统衰竭综合征（PMWS）。本临床症状从吃奶到断奶仔猪都可发生，会引起一定死亡，有时死亡率会更高。通常出现在 6～16 周龄的猪，最主要发生于断奶后

2～3 周的仔猪或断奶 2～3 天至一周发生；在美国主要发生在 10～20 周龄的猪，发病率为 20%～60%，病死率为 5%～35%，有时高达 50% 以上。在北美常常导致断奶猪低度的，但持续的病死，导致断奶仔猪死亡率增高。PMWS 是一种慢性潜伏期长的疾病，抗体检测其在欧洲的流行率为 95%，给实验仔猪接种病毒可引发 PMWS。常见引发持续性病损，断奶后死亡率增高。

Carlton(1997)发表了 PCV 为断奶猪多系统综合征(PMWS)的概念。Lecenn(1997)报道法国 100 个猪群中的 8～13 周龄猪发生一种以多系统衰竭为特征的传染病，病症为肌肉衰弱无力、下痢、呼吸困难，表现症状后 2～8 天内部分猪死亡，约有 50% 存活，存活猪生长发育不良。病理学检查发现，肺有灰褐色病灶，淋巴结增大 3～4 倍，淋巴结细胞坏死萎缩，多核巨噬细胞聚集。Segales(1997)报道西班牙 3 个月肥育猪场，感染猪严重生长发育不良，贫血，皮肤苍白，腹股沟淋巴结肿大，严重淋巴结炎。有些猪有黄疸，肝硬变，多灶型黏液，脓性支气管肺炎，胃溃疡，严重的淋巴组织萎缩，多灶性。

病猪表现精神、食欲不振，发热，持续或间歇性下痢，被毛粗乱，竖毛，进行性消瘦，生长迟缓，呼吸困难，咳嗽，喘气，贫血，皮肤苍白，体表淋巴结肿大，明显的腹股沟淋巴结肿大。有的皮肤与可视黏膜发黄，耳部和皮肤有红色丘疹或疹斑，腹泻，胃溃疡，嗜睡。最终导致猪生长缓慢，同窝或同龄猪个体大小不一，死亡或僵猪。临床上约有 20% 的病猪呈贫血与黄疸症状，具有诊断意义。时有中枢神经症状和突然死亡情况，其中有些症状可能与继发感染有关。在猪场病可持续 12～18 个月。

病理解剖可见心肌变软，心冠脂肪黄色胶样浸润，间质性肺炎和黏液性脓性支气管炎变化。肺脏肿胀，间质增宽，质度坚硬似橡皮样，可见，肺斑点血状出血，其上面散在有大小不等的褐色突变区(间质性肺炎)。肝炎，肝硬化，发暗。肝细胞变性坏死，肝表面有灰色病灶。肾脏水肿，呈灰白色，皮质部有白色病灶。脾脏轻度肿胀，有坏死。胃的食管区黏膜水肿，有大片的溃疡形成。盲肠和结肠黏膜充血、出血。淋巴结肿大 2～5 倍，切面为灰黄色，可见出血。特别是腹股沟、纵膈、肺门和肠系膜与颌下淋巴结病变明显，严重时可肿大几倍。如有继发感染则可见胸膜炎、腹膜炎、心包积水、心肌出血、心脏变形，质地柔软。

特征性显微病理损害表现为淋巴器官的肉芽肿炎症和不同程度的淋巴结细胞缺失。

现有各国的研究成果和实地流行病学调查结果足以表明，PCV2 是 PMWS 发生的主要角色，但触发 PCV2 感染，并使其发展为 PMWS 尚需诸多因素，如病原体的共同感染(PRRSV、PPV、其他病毒或细菌)；免疫刺激(佐剂和疫苗)；环境因素(氨、肉毒素)；应激因素(运输、猪群合并)；宿主遗传易感性存在差别。

(2) 猪皮炎和肾病综合征(PDNS)。PDNS 最早在 1994 年在英国有记述，被认为是一种免疫介导的水疱性病，影响皮肤和肾。PDNS 通常散发于吮乳期至发育生长的猪，通常发生于 12～14 周龄猪，发病率在 12%～14%，病死率为 5%～14%，持续 18～24 个月。在欧洲引起 10%～20% 的死亡率并不少见，在英国常发一次 PDNS，发病率达 14%，死亡率达 30%。而在北美仍较少发现，即使发生猪群亦只有 0.5%～2% 被感染。我国各地发病情况不一，上海报道发病率达 12%，死亡率达 40%。

PDNS 与 PCV2 之间存在着牢固的和不断增强的联系，因为 PCV2 抗原和（或）核酸或病毒本身，在多数 PDNS 病猪组织内发现，许多病猪伴有淋巴细胞缺失，与 PMWS 的特征一样。据报道欧洲许多猪群 PMWS 和 PDNS 几乎同时暴发。

最常见的临床症状有发热、厌食、消瘦、皮肤苍白、皮炎、跛行、结膜炎、腹泻等。体温升高至 41.5℃，皮下水肿。保育期后期或肥育期的中大猪感染 PCV2 后常引起病变，但感染的中大猪不易死亡。此型特征性症状是在会阴部、四肢、胸腹部及耳部等处皮肤上出现直径 1～20 cm 圆环形或不规则隆起，呈现红色或紫色病变斑点或斑块或褐色斑点，中央为黑色；病灶常融合成条带状和斑块，不易消失。病灶通常最早出现在后躯、后肢和腹部，有时亦可扩展到胸肋或耳，有时也会在其他部位出现，全身特征性症状表现为坏死性脉管炎。发病温和的猪体温正常，行为无异，常自行康复。发病严重者四肢和眼睑水肿，体表淋巴结肿大，腹股沟淋巴结肿大发红。皮肤出现直径 2～4 cm 的红色圆形出血性皮质病变。可能出现跛行、发热、厌食或体重减轻，运动失调、无力等。

剖检可见，肾肿大、苍白，表面覆盖有出血小点。肾被膜易剥离，表面呈土黄色，有大小不等的白色坏死点，白斑肾或花斑肾。肾髓质均匀出血。脾脏肿大，变硬、易碎，会出现梗死，有出血点。肝脏呈橘黄色，心脏肥大，心包积液。胸腔和腹腔积液，淋巴结肿大，可视的浅表淋巴结肿大 3～4 倍，切面苍白。胃有溃疡，小肠、大肠出血。病理变化，主要是出血性坏死性皮炎和动脉炎，即全身性坏死性脉管炎和渗出性纤维蛋白坏死性肾炎和间质性肾炎。这种病损是Ⅲ型过敏反应的特征，属免疫介导性障碍，由免疫复合物在脉管和肾小球微血管的管壁上的沉淀引起。

另外其他病原体如多杀性巴氏杆菌，或者 PRRSV 和 PCV2 联合可诱发 PDNS。但至今尚未见到一种能复制与 PDNS 完全一致的病理实验报告。PDNS 日渐发展成为皮肤病损的常见疾病，因此必须注意与其他疾病相区别，如猪丹毒、猪瘟、多灶性渗出性皮炎、猪痘等。

此外，渗出性皮炎是猪葡萄球菌引起的，但是在发生渗出性皮炎的病例中普遍存在 PCV2 和猪细小病毒感染。感染猪的皮肤被一种有臭味的浆液和皮渗出物所覆盖，呈现出肮脏、潮湿和油腻的外观。主要危害 5～35 日龄的仔猪，但在较大日龄猪也有较轻病例。此病的发病率在 10%～100%，死亡率在 5%～90%，平均为 25%。

（3）PCV2 相关繁殖障碍。1999 年加拿大 West 首次报告以后，有关 PCV2 相关的繁殖障碍已有多次报道。感染猪场显示的临床症状都是一致的，包括流产、死产、木乃伊胎儿增多。产木乃伊胎占所产仔猪数的 15%，死胎占 8%。一般母猪无异常症状，繁殖能力正常，断奶前死亡率上升。

PCV2 相关的繁殖障碍主要发生在初产母猪或引进的新猪群中，但值得关注的是尚未发现发病猪群中与 PMWS 或 PDNS 同时暴发。然而，在不吃初乳猪暴发 PMWS 中 PCV2 感染是肯定的，由此推断垂直传染是可能的。PCV2 经公猪精液排出已经证实。该病毒可以在透明带晶胚中复制，导致胚胎死亡。了解 PCV2 在繁殖障碍中的流行病学和性传递，对保持良好的繁殖健康和性能将具有深远的意义。

发病母猪主要表现为体温升高达 41～42℃,食欲减退,PCV2 可造成母猪的病情增加,造成怀孕期多个不同阶段,并可从不同阶段的流产胎儿中检出 PCV2。母猪出现流产、产死胎、弱仔、木乃伊胎。断奶前死亡率上升。病后母猪受胎率低或不孕,断奶前仔猪死亡率上升达 11%。

据报道,个别严重的猪场,初产母猪死产、流产发病率高达 80%。

用加拿大流产胎儿分离株(PCV2),在不同的妊娠阶段对胎儿进行试验接种,复制出临床流产所见的肉芽病变和组织学病变。(Sancheg 等,2001)

原先健康的猪场,初次感染 PCV2 后就出现非常严重的繁殖障碍,主要是流产增加,或发情延迟。这种情况可持续 2～4 周,其后母猪产木乃伊或死胎的数量增加,可持续数月。此后断奶仔猪发生 PMWS,造成断奶仔猪严重生长不良,死亡率增加。在后备母猪或初产母猪多的猪场,其流产或产木乃伊的情况特别严重。母猪繁殖所发生的流产、死胎、木乃伊与母猪的 PCV2 感染有关。在母猪繁殖诊断中不能排除 PCV2 的感染。如果在流产胎儿中检到 PRRSV,也应该进一步分离 PCV2,因为这 2 个病毒同时存在的可能性很大,有时高达 62%。

Allan G M(1995):PCV 感染的妊娠母猪并不能将 PCV 传染给具有免疫活性的胎儿。这种病毒抗体在成年猪中广泛存在,在 20 周龄感染猪群中的猪出现血清转阳,表明妊娠期大多数母猪可获得保护,使 PCV 不能垂直传染。然而有试验从死胎中分离到 PCV,表明有垂直传播的可能,是否与母源抗体有关。

剖检可见死胎、木乃伊胎,新生仔猪胸腹部积水,心脏扩大、松弛、苍白、有充血性心力衰竭。

死产和新生仔猪的病理损害为非化脓性到坏死性或纤维性心肌炎,并含有 PCV2 抗原。实验接种证实,心是猪胎儿中 PCV2 增殖的主要场所。

(4)PCV2 相关性猪间质性肺炎。PCV2 相关性猪间质性肺炎发生于 6～14 周龄猪,发病率为 2%～30%,病死率为 4%～10%。在美国发生 PRRSV/PCV2/M.hyo 共同感染引起的慢性呼吸道病的育肥猪场,病死率达到 10%～20% 的情况并不少见。同样,在急性 SIV 感染期同时感染 PCV2 时,病死率可能达 10%,即使应用攻击性的治疗方案仍效果不好,而这种方案过去用于减少 SIV 暴发的病死率是高度有效的。由 PCV2 和 M.hyo 共同感染(没有 PRRSV 和 SIV)引起的地方流行性呼吸道病也常见,增加了解决麻烦的难度。虽然尚不清楚 PCV2 是否为主要病原体、协同病原体、继发或机会性病原体,但独特的肺损害伴随着 PCV2 抗原的论证当然可以推断 PCV2 在美国的 PRDC 中起着重要作用。相反,PRDC 在加拿大西部并不重要,很可能因为该地区许多养猪单位不存在 M.hyo,以及在很多情况下 PRRSV 毒株的致病力较低。

在 PMWS 和 PCV2 相关肺炎的诊断中有许多是交叉的,要区别两种疾病较困难,需要在实验室对样品进行检测。例如在艾奥瓦州立大学兽医诊断实验室(ISU－VDL)诊断的大多数 PMWS 病例都具有肺炎,在非呼吸道组织中没有特征性病损的迹象,可被认为是 PRDC(猪呼吸道病复合症)病例。PRDC 通常生长于育肥猪的肺炎,典型的是呼吸道病原微生物的混合感染,包括猪肺炎支原体(M.hyo)、猪流感病毒(SIV)、PRRSV、多杀性巴氏杆菌和其他。PCV2日益与呼吸道病相关联,例如在2000年送交ISU-VDL的PRDC病例存在延长的临床情况,特别严重的细支气管炎和细支气管纤维变性,在病损中存在大量PCV2抗原,由此推断为PCV2相关的PRDC。

临床上主要表现为呼吸道病症(PRDC),即咳嗽、流鼻涕、呼吸加快、精神沉郁,食欲不振、生长缓慢,多见于保育猪和育肥猪。

剖检可见弥漫性间质性肺炎或肺斑驳状病变,显灰红色,肺细胞增生,肺泡腔内有透明蛋白;细支气管上皮坏死。

文献记载,伴有PCV2的特征性肺病损有实验证据。在早期的PMWS病例报道中具有细支气管炎的间质性肺炎。Magar等(2000)用SPF猪接种PCV2,产生了除PMWS的特征性淋巴组织病损外,还有支气管间质肺炎。Harms等(2001)用初生猪接种PCV2,产生了温和的呼吸道病和支气管间质肺炎的显微损害。Bolin等(2001)用不吮初乳猪接种PCV2诱发了温和的呼吸道病和多灶性间质性肺炎。Rovira等(2002)用寻常猪接种PCV2诱发了温和的间质性肺炎和淋巴浆细胞鼻炎。此外,用SEW猪接种PCV2的感染性克隆,可以产生温和的肉芽性支气管间质性肺炎。

此外PCV2与PNPC(增生性坏死性肺炎)有关。

(5)PCV2相关性肠炎。有腹泻病史的猪群,无论表现或不表现衰竭病症,在送交的病例中确实存在PCV2相关性肠炎的现象日益常见。有关兽医送交病例的目的是想实验室肯定由胞内劳森氏菌(L.intracellularis)引起的增生性回肠炎。虽然临床症状和肉眼观察到的增厚的回肠黏膜病损与回肠没有差别,但显微镜检查肯定了存在肉芽肿肠炎和集合淋巴结淋巴细胞缺失。

此外,免疫组化染色显示病理损害中有大量PCV2抗原,与PCV2相关性肠炎的确诊是一致的。值得注意的是对20世纪80年代中期的肉芽肿性肠炎病例做回访性检查,证实了病损与PCV2感染有关。应该考虑PCV2相关的肉芽肿性肠炎与生长育肥猪非应答性腹泻有差异。

肉芽肿肠炎是PCV2感染的另一临床表现形式之一,发病率为10%～20%,死亡率高达50%～60%;多发生于40～70日龄的猪,临床表现为腹泻,腹泻的粪便起初为黄色,进而转为黑色,伴有生长发育迟缓。

总体上组织病理学变化有:任何组织的淋巴结炎并伴有淋巴细胞坏死、淋巴细胞由组织细胞和淋巴细胞代替,并发生肉芽肿性炎症,典型的多发生于肺和淋巴组织,较少发生于肝、肾、胰和肠道;增生性和坏死性肺炎;全身性坏死性脉管炎和纤维蛋白性坏死性肾小球肾炎等。

(6)PCV2相关性中枢神经系统病(CNS)。Kanitg(1972)把先天性颤抖与一种病毒感染联系起来,Hines和Lukert(1994)首次报道PCV和先天性颤抖之间有潜在联系。这项工作在时间上早于PMWS的发现和PCV2的鉴定,近年来的资料进一步证实了这些早期的报道。Stevenson等(2001)证实了在先天性颤抖猪的脑和脊髓中存在PCV2的核酸和抗原。

在实验接种的不吮初乳的脑组织中 PCV2 DNA 也存在最多。共同作者之一 Halbur 常观察到美国的 PMWS 病猪呈典型病毒性脑炎的非化脓性脑膜脑炎,免疫组化染色有助于确定脑炎病损组织中存在 PCV2。不断有证据证实 PCV2 相关的 CNS 疾病。主要发生于初产母猪所产仔猪,一般发病率达 1%～3%,但也有高达 20% 的。

出生后第一周发病仔猪站立时震颤,由轻变重,震颤的双侧影响骨骼肌,卧下或睡觉时震颤消失,受外界刺激(如突然发生的噪声或寒冷等)时可以引发或加重震颤,严重时影响吃奶以致死亡,如精心护理,多数仔猪 3 周内可恢复。

PCV 是仔猪先天性震颤的病因,一血清阴性母猪在围产期内变成阳性猪,其所产仔猪有先天性震颤症状并检出 PCV 抗体,分离到 PCV。然后用分离的 PCV 病毒感染 4 只血清阴性的怀孕母猪,母猪不但发病,并且其所产仔猪发生先天性震颤,这些母猪及仔猪体内分离到 PCV。

Hines 等(1994)报道用 PCV 接种血清阴性妊娠母猪后,其所产仔猪出现实验性先天性震颤,表明 PCV 可垂直感染胎儿,认为 PCV 是一种胎儿病原。成年猪感染 PCV2 不发病,但通过精液垂直传播给胎儿,导致初生仔猪的先天性震颤。Wesk K.M 等(1999)报道,怀孕母猪繁殖障碍的全部幼年猪出现震颤。

Allan 等(1995)用未吃初乳仔猪试验接种 PCV 仔猪产生症状与感染伪狂犬病毒仔猪相似。先天性震颤猪体内可分离到 PCV。

25 年前,美国 ATCC 发现某些 PK15 细胞感染了一种称为 PCV1 的病毒,用其实验感染出生后不同时期的猪,证实没有致病性。而后又发现 PCV1 可经垂直传递使胎猪感染,致使初生仔猪发生"先天性颤抖病"。

PCV 存在 3 种类型:PCV1 没有明显致病性;PCV2 可引起猪的多种临床异常或疾病;PCV3 则是在某些临床症状猪的体内检测到 PCV3 DNA。如流产母猪及胎儿及木乃伊胎;皮炎和肾病综合征猪的血液和组织中,发热与厌食及患有呼吸系统疾病的猪;腹泻猪的粪样中;患先天性震颤症的新生仔猪中均检测到单一感染病原 PCV3 DNA,而且检出高水平的 PCV3(7.57×10^7 基因组拷贝/毫升)。PCV3 感染猪表现出与 PCV2 感染的相似症状。由于目前尚未通过组织细胞培养分离到纯 PCV3,无法进行重复试验加之临床上存在混合感染,故 PCV3 的临床症状尚待进一步观察和实验。

[诊断]　由于 PCV 与其他病毒的协同作用,因此引发的症状不同,给临床诊断带来复杂性,根据相关资料统计有 6 种以上疾病的临床与 PCV 相关。

1. 断奶仔猪多系统衰竭综合征　① 仔猪断奶后 1 周内开始发病的,该病在猪场持续不断发生达年余。② 生长缓慢,僵猪比例上升,持续呼吸困难,皮肤苍白或黄疸,可视黏膜黄染。③ 体表淋巴结肿大,特别是腹股沟淋巴结严重肿大,呈现不同程度的肉芽肿或淋巴细胞缺失等组织病理学变化。④ 感染猪的病变淋巴组织或其他组织中含有中度滴度至高滴度 PCV2 病毒。

2. 猪皮炎和肾病综合征　① 主要发生于保育猪和中大猪,后者发生病变,但不易死亡。② 皮肤出现圆环状出血或坏死,呈红色或紫红色斑点或斑块,主要发生在后躯及会阴部。

③ 可视浅表淋巴结肿大,切面苍白。④ 全身坏死性脉管炎。⑤ 肾脏肿大,发白及肾皮质有大面积出血点及渗出性纤维蛋白坏死性肾小球肾炎和间质性肾炎。小肠、大肠出血和粪便潜血,血液中肌酸和脲的含量升高。

3. PCV2 相关繁殖障碍　① 母猪繁殖能力正常,但发情率增加,或发情延迟、受胎率低或不孕。② 母猪怀孕期各个不同阶段出现流产、死胎、弱仔。③ 断奶仔猪死亡率增加。④ 在流产死产胎儿体内分离到 PCV。

4. PCV 相关性间质肺炎　① 保育猪、肥育猪呼吸道炎症。② 肺斑驳状病变呈灰红色,弥漫性间质性肺炎。③ 细支气管上皮坏死。④ 依赖病原诊断。

5. PCV2 相关性肠炎　① 多发生在 40～70 日龄仔猪。② 腹泻黄色和黑色粪便。③ 淋巴细胞坏死和发生肉芽肿肠炎。

6. PCV2 相关性中枢神经系统病　① 发生于初生一周仔猪,耐过猪可恢复。② 仔猪震颤,并检出 PCV2。③ 非化脓性脑膜脑炎。④ 围产期母猪 PCV2 阳性。

根据临床症状和淋巴组织、肺、肝、肾特征性病变和组织学变化,可以做出初步诊断。确诊要进行实验室诊断。

实验诊断包括病原及血清学两个方法。血清学方法一般用间接荧光技术或 ELISA 检测 PCV 病毒抗原。病原学方法为采集肺、肾、肝、胰、脑和淋巴结等组织,进行聚合酶链式反应(PCR)、免疫组织化学(IHC)、原位杂交等方法检测。感染猪的 PCV2 抗原或核酸可在组织细胞的细胞质、多核巨细胞、单核巨细胞及其他细胞中检测到。

[防治]　研究表明 PCV2 能够攻击猪的免疫系统,造成免疫抑制,从而使致病性的病原体引起多种疾病复合征发生,甚至达到难以控制的程度,另外还造成对疫苗接种副作用加大,或使免疫失败和对治疗无应答的现象。因此,对猪 PCV2 的免疫预防非常重要。但目前尚未有理想的疫苗和免疫程序。由于对 PCV2 引起的相关猪病的病原和发病机制还未完全了解,所以只有开展有效的综合防控措施。

(1) PCV2 疫苗免疫接种,提高母源抗体和抗体水平,降低猪只病毒血症含量,减少发病率和提高生产水平。免疫接种是预防 PCV2 的最有效方法,目前已有多种商品化疫苗用于生产。但疫苗接种仅能有效缓解 PCV2 的发病。

接种疫苗可减少仔猪感或病毒血症。虽然已接种疫苗猪受到 PCV2 野毒攻击后仍然会发生病毒血症,但美国兽医协会曾报告疫苗可减少发生病毒血症的猪的数量,又可减少带有高病毒的猪的数量(图-24)。这对猪的健康和生产性能产生巨大的影响。中和抗体是防止动物感染的第一道防线,它们会中和病毒,使 PCV2 病毒不能进入动物的体细胞内,避免体细胞损伤。病毒需要在细胞内进行增殖,病毒血症只有在病毒进入细胞内并进行增殖之后才会发生。因此,病毒进入细胞之前被中和抗体中和,病毒血症就不会出现。在遭到 PCV2 攻击时,病毒的中和抗体水平越高,抗病毒血症能力越好,同时生产性能也越好。

Melissa Reindl(2010)报告用 2 种疫苗接种种猪,证明猪平均日增重的差异与不同水平的 PCV2 病毒血症有关,持续性病毒血症猪为 839 g/d,暂时性病毒血症猪为 870 g/d,无病

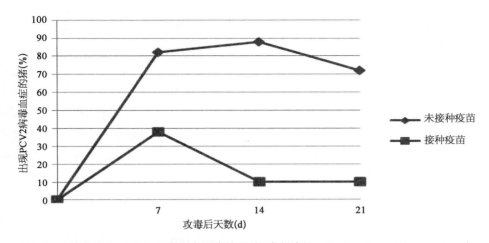

图-24　接种疫苗对减少仔猪病毒感染的影响（资料来源：Opriessnig and Halbur，2007）

注：免疫接种或减少血液中含圆环病毒的猪的数量。

毒血症猪为886 g/d。

（2）做好其他疾病免疫接种和综合防治，可减少 PCV2 感染诱发的疾病发生。研究表明 PCV2 在其他致病病原协同下，诱发多种临床症状和致病情严重，因此，免疫接种各种有效疫苗防止混合感染是有效手段之一。对尚无有效疫苗的病原，如某些细菌病、原虫病等可选择性地预防用药或治疗。

（3）做好猪场的生物安全措施。从日常的综合性饲养管理做起，降低病原的密度和传播力。在发生应激等情况时，可采用抗应激措施，如增加维生素，使用微生态制剂调节机体内环境，采用生物、物理等方法改善"外环境"。

五十二、猪繁殖与呼吸综合征（Porcine Reproductive and Respiratory Syndrome，PRRS）

该病是一种由猪繁殖与呼吸综合征病毒引起的传染病，临床上以母猪流产、产出死胎、弱仔、木乃伊胎和仔猪、肥猪的呼吸困难为特征；病理学上以局灶性间质肺炎为特点，病死率高。此病又称蓝耳病（Blue-ear disease）、神秘的猪病（Mystery swine disease）、猪繁殖和生育综合征。

［历史简介］　1987 年在美国中西部首先发现一种未知猪繁殖系统急性流行性传染病，并分离到病毒，其后此病在美欧亚多个国家先后发生。开始由于病原不明确，欧洲一些国家称为"猪神秘病"（Swine mystery disease，SMD）；因为一些猪的耳朵发紫，又称"猪蓝耳病"；又因其症状包括呼吸与繁殖两系统又称猪不孕和呼吸综合征（Swine infertility and respiratory syndrome，SIRS）。Collins 等（1990）将病料悬液过滤后接种悉生猪，复制出呼吸道疾病，由此确定了 PRRS 的病原体。1991 年荷兰中央兽医研究所从人工和自然感染猪的肺泡巨噬细胞分离到 1 株能引起生殖道的病毒，被称为 Lelystad 病毒（LV 株）。其后美国分离到 VR-2332 病毒毒株。证实两毒株皆为 PRRS 病原。1992 年国际兽医局在国际专家研

讨会上采用 PRRS 这一名词,并将其列为 B 类传染病。郭宝清等(1996)在我国暴发流产的胎儿中分离到 PRRSV。

[**病原**]　PRRSV 属于套式病毒目、动脉炎病毒科、动脉炎病毒属。病毒呈球形,有脂质双层囊膜,呈十二面体对称,病毒粒子直径 45～65 nm、核衣壳直径 25～35 nm,是一种 RNA 病毒,与马动脉炎病毒有密切的关系。PRRSV 为不分节段的聚腺苷酸化单股正链 RNA 病毒,其基因大小为 15 kb 左右,含有 8 个开放阅读框(ORFs),编码 8 种特异性病毒蛋白;ORF1 是最大的一个阅读框,长约 12 kb,占基因组的 80%。ORF1(包括 ORF1a 和 ORF1b)位于 5′端 211 碱基组成的非编码前导序列之后,ORF1 编码的聚合蛋白经裂解后产生 Nsp1α、Nsp1β 和 Nsp2-56 种非结构蛋白。ORF1b 编码的聚合蛋白被 ORF1a 编码的蛋白酶切割后形成 RdRp、CP2、CP3 和 CP4 4 个蛋白。ORF2-7 位于基因组 3′端,ORF2-7 的终止密码子后为 114 个碱基组成的非编码区和约 20 个碱基的 Poly(A)尾序列。ORF2-7 编码 7 种结构蛋白,ORF2-5 分别编码 GP2、GP3、GP4、GP5 4 种糖基化膜蛋白以及 GP26 蛋白;GP5 和 N 蛋白是主要结构蛋白。GP5 和 Nsp2 是最易发生变异的蛋白。每个 ORF 与其相邻 ORF 都发生部分重叠。

根据抗原和基因差异,PRRSV 可分为 2 个血清群:即美洲型(NA-PRRSV),主要流行于美洲和亚洲,代表株为 VR-2332 株。包括 4 个亚型:即 VR-2332 株、BJ-4 株;JA-142 株、CH-1a 株;MN184B 株和 NVDC-JXA1 株,其中 NVDC-JXA1 株引起的发病率和死亡率极高;和欧洲型(FU-PRRSV),代表株为 LV(lelystad)株。包括 3 个亚型:即 LV 株、BJEV06-1 株、NMEU09-1 株;Eigir 株和 Lena 株,其中 Lena 株可致猪厌食、高热,仔猪死亡,6 周龄仔猪实验攻毒的致死率达 40%。

PRRSV 在氯化铯中浮密度为 1.19 g/cm^3,在蔗糖中为 1.14,在 pH 6.5～7.5 相对稳定,pH 高于 7 或低于 5 时,感染力很快消失。对温度敏感,37℃ 48 小时或 56℃ 45 分钟可使病毒完全失活,-70℃ 以下病毒具有较好的稳定性。病毒可从受感染猪宰后 0～24 小时分离到,而 4℃ 保存 48 小时的肌肉中未分离到;4℃ 骨髓中存活数周,-20℃ 保存肌肉中一个月后分离到病毒。在水中存活 11 天,但在干燥缺水物体上存活 1 天。病毒不能凝集猪、牛、羊、马、兔、鼠、鸭、鸡和人 O 型的红细胞,但用非离子除垢剂处理后,再用脂溶剂处理,可凝集小鼠红细胞。用氯仿或乙醚等脂溶剂处理后,再用脂溶剂处理可灭活病毒。

PRRSV 一个显著的生物学特性,就是对宿主有严格的要求,对单核巨噬细胞系统的多种细胞具有亲嗜型,包括猪肺泡巨噬细胞(PAM)、外周血单核细胞和肺血管内巨噬细胞(PIM)等。在 PRRSV 分离时,首选的增殖系统是 6～8 周龄仔猪的 PAM,在病毒感染 PAM 24～72 小时可观察到细胞病变(CPE),主要表现为细胞圆缩、聚集成堆、脱落至崩解,病毒价可达 10^6 TCID$_{50}$ 以上。PRRSV 也可在 MA-104、Marc-145、CL2621、CRL1117 和 HS、2H 等传代细胞系中增殖,但病毒价稍低。虽然呼吸道上皮细胞可被感染,可在肺泡样细胞和支气管上皮细胞中检测到 PRRSV 抗原,但 PAM 占肺脏感染细胞的 80%～90%。

抗体依赖性增强作用(Antibody-dependent enhancement,ADE),是 PRRSV 的一个重要生物学特性,是指在一定抗体存在下可介导和加强病毒感染。病毒感染早期产生的针对

PRRSV 的抗体(多针对 N 蛋白),特别是亚中和剂量的特异性抗体(多针对 GP5 蛋白),不仅不能中和病毒,反而能促进病毒的增殖,这种 ADE 作用在体内或体外的试验均存在。在猪肺泡巨噬细胞(PAM)培养中加入一定滴度的 PRRSV 抗体,可使病毒产量提高 $10\sim100$ 倍。用加有 PRRSV 抗体的病毒培养物接种妊娠中期母猪,可观察到病毒在胎儿中的复制显著高于不加抗体病毒培养物对照组。临床上刚断奶的仔猪呼吸道症状比较大的架子猪严重得多。有研究表明 ADE 的产生是由病毒 GP5 糖蛋白上的抗原表位诱导产生的中和抗体和 PAM 上存在的 Fc 受体相互作用的结果。

Meredith MJ(1993)认为 PRRSV 在有循环抗体存在的情况下,可建立持续感染。病毒可在感染猪内持续存在,也可在感染猪群中持续存在。在病毒感染猪后,病毒血症可持续 $2\sim3$ 周,最长可持续 7 周,病毒血症期间可以从被感染猪的肺脏、淋巴结、多种组织及血清中分离到病毒。PRRSV 感染的 PAM 可能会通过胎盘进入胎儿体内。所以在妊娠中后期,病毒可通过胎盘感染胎儿。有研究认为 PRRSV 可持续感染,而持续感染性主要有 3 个方面的机制:① 可能是通过阻碍猪体内干扰素活性的诱导或通过阻断巨噬细胞中抗病毒蛋白活性,从而逃逸机体的免疫;② 突出于病毒囊膜表面上的 GP5 胞外域产生了某些突变,使机体不能有效清除病毒而产生持续感染;③ PRRSV 具有 ADE 现象,使得病毒在微量抗体存在的条件下能进一步增殖,也能导致持续性感染。

PRRSV 具有极强的变异特性。普遍认为 PRRSV 是由小鼠乳酸脱氢酶增高病毒(lactate dehydrogerase elevating virus,LDV)变异神经野猪在适应 LDV 突变体为 PRRSV 前身,并在各地感染家猪独立进化后形成 2 个不同的基因型,通过 70 年代各自选择了优势突变体。1991 年中国台湾首报突变体。郭宝清(1996)分离到 CH-1a 病毒毒株,2006 年我国暴发 HP-PRRS 代表株 JKA-1 株,这是一株具有高度致病性的变异性。Carlsson V 等(2009)研究认为这种变异不仅表现在 2 个基因型之间,而且表现于同 1 基因型不同分离株之间。病毒经过了高频率病毒重组,每个位置复制时核苷酸置换的错配率为 $10^{-3}\sim 10^{-8}$。如美洲型毒株的变异多发生在 ORF1a 基因内的 Nsp2 区域;欧洲型 LV 株的变异也很大,某些欧洲型 PRRSV 的 ORF7 基因序列介于美洲型和欧洲型之间。PRRSV 的不断变异将会导致其致病性发生改变,如 VR-2332L[9]-CH-1aF[39]-JXA I[39],蜕变成高致病性 PRRSV。

[流行病学] PRRS 最早流行于美国和欧洲,以后逐渐殃及世界各地。其主要有两个血清型病毒毒株,1991 年我国台湾地区有发病报道。1996 年郭宝清从流产胎儿中分离到 PRRSV(CH-1a)株,确认是猪无名高热病原之一。目前我国流行的 PRRS 主要有经典型、欧洲型和高致病性型三大类型,而且不断有新的变异毒株出现。

猪是目前已证实的宿主,各年龄和品种的猪均易感。Zimmerman(1999)报道野鸭能通过粪便向外排泄病毒,可能是传播媒介。在对番鸭、珍珠鸡、鸡和野鸭攻毒,以粪便排毒作为易感性的标准发现番鸭有完全抵抗力;珍珠鸡和鸡部分易感;野鸭对病原高度易感。在 PRRS 流行期间,对猪舍周围老鼠进行检测,鼠类不是该病毒的贮存库。

患病猪和隐性带毒猪是 PRRSV 保存者和本病重要的传染源。病猪具有高度感染性,只要有少量病毒即可感染。感染母猪可以明显排毒,活猪体内感染在猪群内可持续几年之久。PRRSV 可从受感染猪的肌肉和淋巴组织分离到,且可长期隐性存在于猪体内,一旦应激将发病排毒,耐过猪可长期带毒和不断向外排毒,感染猪临床症状消失后 8 周仍可向外排毒。病猪可经唾液 42 天、尿液 4 天和精液 43 天排出病毒。实验室感染猪 157 天可在口咽部分离到病毒。猪在受感染后 22 周将会感染接触(哨兵)猪。猪在接触病毒后 92 天,可用 PCR 方法检出病毒 RNA。

PRRS 是一种高度接触传染病,持续性感染是 PRRS 流行病学一个主要特征。猪感染病毒后 3~6 个月持续排毒,症状消失后猪群至少 2 个月有传染性,个别母猪在感染病毒 99 天后仍有感染性。PRRSV 传播的方式如下。

1. 污染物传播　病毒随猪排泄物污染圈舍、饲料、饮水或工具后,通过鼻接触污染物、粪尿引起感染。

2. 空气传播　PRRSV 可通过空气进行传播,尤其是在高湿、低风速、低温下进行空气传播。Le Potier 等(1997)在对一地区 PRRS 暴发观察中,离暴发点 500 m 以内的猪场中 45% 猪受到感染,而距 1~2 公里猪场只有 2% 的猪感染。但是只间隔 1 米的距离,也难通过实验重复。

3. 精液传播　研究表明病毒可在公猪睾丸、尿道球部腺体这些明显不会产生免疫反应的部位长期存活并增殖。公猪人工感染病毒后 3、5、13、25、27、43 天能从精液中分离到病毒,也有报道在感染后 90 天,病毒可随精液排出(Swenson 等,1995)。把急性感染阶段的公猪精液注射给仔猪,几天后仔猪 PRRSV 血清阳性。Yaeger 等(1993)用感染了 PRRSV 的公猪精液人工授精初产母猪,母猪血清转阳。

4. 胎盘垂直传播　暴露在 PRRSV 中的妊娠母猪可通过子宫将病毒传给仔猪。实验证明,野毒可通过胎盘传播感染胎儿,而弱毒在一定条件下通过胎盘感染胎儿,使仔猪带毒。妊娠 90 天左右受感染并能存活至 21 日龄的仔猪可能会持续传染 PRRSV。

吴东来等(1999)对妊娠 70~90 天母猪接种 PRRSV CH - la 株,结果从死产胎儿的脾及淋巴结和肺脏中观察到抗原阳性细胞,并从新生仔猪肺脏中检出抗原阳性细胞(表- 78),表明 PRRSV 在妊娠后期可通过胎盘传播给胎儿,并导致胎儿死亡。这一结果与 K.M.Lager 等(1996)报道相一致。

表- 78　PRRSV 抗原在死胎及新生仔猪体内的分布

样品号	肺	脾	淋巴结	肾	心	肝	脑	脐带
A - 1	−	++	NE	−	NE	NE	NE	
A - 2	−	+++	+++	−	−	NE	NE	−
A - 3	−	+	−	−	NE	NE	NE	NE
A - 4	++	+++	+++	−	NE	NE	NE	+
A - 5*	+++	−	NE		NE	−	−	NE

续　表

样品号	肺	脾	淋巴结	肾	心	肝	脑	脐带
B-1	－	＋＋＋	NE	－	NE	NE	NE	NE
B-2	－	＋＋＋	NE	－	－	NE	NE	NE
C-1	＋	＋＋＋	＋＋	－	＋	NE	NE	NE
C-2	－	＋	NE	－	NE	NE	NE	NE
C-3	－	＋＋	NE	－	NE	＋＋	NE	NE
C-4*	＋＋＋	－	NE	－	NE	－	－	NE

注：判定标准：－：未见阳性细胞；＋：10 个视野见有 1～2 个阳性细胞；＋＋：1 个视野内见有 1～2 个阳性细胞；＋＋＋：1 个视野内见有 5 个以上阳性细胞；*：新生仔猪；NE：未检查。

5. 动物（猪）产品及其副产品的传播　随着物资交流的频繁与快捷，PRRSV 可以通过猪肉和其副产品进行传播。这一传播方式已经得到澳大利亚生物安全机构研究证实。以往已证实，PRRSV 存在于猪的肌肉、淋巴组织，可从屠宰后 24 小时肌肉组织中分离；在 4℃下的骨髓中存活数周。分别给 12 头 8 周龄的猪鼻腔接种 PRRSV 欧洲株和美洲株，所有猪在 5 天后均出现病毒血症，第 11 天屠宰，在 2 株病毒接种猪的其中 7 头和 5 头的半膜肌肉中检出病毒；并以试验感染猪的 500 克生半膜肌肉喂 1 头易感猪，共计 48 头易感猪，结果表明，无论是 PRRSV 欧洲株还是美洲株均可以通过受感染猪肉进行传播（Martin 等，2002）。PRRSV 传播特点如下。

1. 同一猪体内 PRRSV 不同病毒毒株并存　Bong K 等（1997）在不同时间先后把 PRRSV 大、小空斑变种接种同一仔猪，发现遗传性不同的毒株在猪体内同时并存。证明初生猪的双重感染即初生 1～7 日龄仔猪带有母猪传播的 PRRS 小空斑病毒，10～14 日龄时攻击大空斑病毒后 3～7 天，从仔猪体内分离到大小两种空斑病毒，21 日龄时攻毒的 10 头仔猪和同居的各 3 头仔猪其大、小空斑变种的双重感染明显；同样 3 周龄猪的双重感染也存在，以大空斑病毒攻击后 14 天，6 头接触感染猪中有 2 头双重感染明显。这样的双重感染在自然条件下可能容易发生，因为规模化猪场集中产仔，断奶后常将几个亲源的断奶猪混群。还有可能发生 PRRSV 株的重组，而导致出现新的 PRRSV 株，它在某些猪群中可长期存在或在地方流行。这些代表了病毒毒株相互独立地引进，而不代表病毒的重组和突变现象，可能危及各个生产阶段。

2. 病原的循环感染　PRRSV 持续性感染的根源在于带毒母猪和混群感染。在对暴发 PRRS 流行病学调查中，断奶猪特别是断奶组群猪和引进新猪的混群猪，常呈暴发型。在 9 周龄时可能有 80%～90%仔猪被感染；引进带毒公、母猪，会使全场母猪流产和仔猪发病。

3. 疾病的传播一般缓慢而持久　自然暴发持续时间长，且变化幅度大，同一猪群中症状重复出现，在猪场或一个地区 PRRS 相当广泛流行后，可能会出现亚临床症状或持续感染而没有临床症状。据美国报道，PRRS 大暴发后，此后疫情大为平静，这或许是疾病传染到某一流行阶段时,猪群会自然产生免疫力形成的一个现象。但当周围病毒水平增加到一定程度,便可使免疫过的母猪也暴发 PRRS。似乎疫苗和自然暴发都不能使母猪产生很好的免疫力。而复发的 PRRS 没有初始暴发那么严重,在临床上往往使猪群处于不同疾病阶段和具有不同免疫力的病毒携带猪,导致猪群特别是母猪群的防治困难。

4. 不可忽视或值得商榷的弱毒感染性　对 PRRSV 弱毒的安全性和返强一直有不同看法,在生产应用上也存在分歧。在一些 PRRS 流行猪场用弱毒疫苗可控制 PRRS,病死率下降80%。但欧美等国家仍规定弱毒疫苗仅可用于流行区和肉用猪。而非疫区和种猪必须应用灭活苗。对美国国家动物疾病中心的母猪分娩观察表明,对仔猪呼吸几乎不引起症状的分离毒株,却能导致母猪繁殖障碍,即使毒株已高度致弱,但感染妊娠后期母猪时,该病毒仍可穿过胎盘。弱毒的排毒也可能是危害途径之一。丹麦兽医研究实验表明,PRRS 弱毒苗病毒可在猪群中传播并逆转成为强毒表型。他们对 1 100 头母猪进行弱毒苗免疫接种,结果大多数母猪流产,产弱仔和死胎,但新生仔猪没有呼吸道症状。分离到的病毒被证实源于疫苗毒。把分离毒株再接种母猪,引起母猪繁殖障碍。金光明等(2003)把弱毒苗接种于肌肉、鼻黏膜和生殖道黏膜,结果生殖道接种导致子宫黏膜及上皮淋巴细胞显著减少,黏膜上皮变得不规则或变薄。J.V.Lo Pez(2004)报道,一次引入 PRRS 疫苗后,疫苗毒可在猪场内流行至少 16 个月。16 个月后所产仔猪才为 PRRS 阴性。同时要对使用疫苗毒株基因序列有所了解,如与猪场存在的 PRRSV 基因序列不同时,则意味着可能会引起新的 PRRS 发生。

另外,PRRS 与相关疾病和 PCV 等混合感染。

[发病机制]　易感猪可通过口、鼻接触发病猪传递在空气、水、粪中的病毒而自然感染,或由静脉、腹腔和子宫内人工接种感染。PRRSV 接触黏膜,在鼻黏膜、肺和扁桃体的巨噬细胞中增殖。巨噬细胞和内皮细胞是 PRRSV 感染的主要靶细胞。国内外试验证明 PRRSV 能减少肺泡内巨噬细胞数量。吴东来等通过试验证明 PRRSV 最显著的作用是破坏肺泡巨噬细胞,减少肺泡内 PAM 的数量。研究资料表明,PRRSV 侵染细胞的方式是首先和猪肺泡巨噬细胞的受体结合,发现在肺泡巨噬细胞(PAM)上存在 3 个病毒受体,即硫酸乙酰肝素(HS)、唾液酸黏附素(Sn)和 CD163 分子。通过 HS 吸附病毒到 PAM 细胞上,经 Sn 介导病毒的内吞,CD163 分子可能协助 Sn 内吞、病毒脱衣壳和将基因组 RNA 释放到细胞质中。PRRSV 嗜好在 PAM 和肺血管内巨噬细胞(PIM)内复制,可在数小时至数天内造成肺、淋巴结损伤。由于巨噬细胞的大量破坏,使其对异物的非特异吞噬清除功能大为降低。病毒可在肺泡巨噬细胞中增殖,感染后 12 小时即可通过排粒方式从肺泡巨噬细胞释放完整的病毒粒子,大量病毒进入血液和其他组织,12~24 小时可在血液中发现滴度较高的病毒,出现病毒血症,最后分布到全身许多组织的巨噬细胞和单核细胞。病毒可从外周血白细胞、胸腺、脾、骨髓、外围淋巴结、肺和脑等多种器官分离到,8 周后仍可从肺、血浆、血清、血细胞中分离到病毒。病毒感染后 2~7 天,猪出现高热、嗜睡、厌食等症状,母猪在妊娠期后 3 个月,病毒可穿过胎盘,引起胎儿感染,造成流产、早产、死产和弱仔。应濑修等对猪人工接种 PRRSV,病毒抗原在死胎主要分布于脾脏和淋巴结的巨噬细胞内,而少见于肺和肾等其他脏器。有研究认为,除 PRRSV 对肺的亲嗜性最高外,病毒对经垂直感染的死胎的脾脏等淋

巴器官的亲嗜性更强,在所有死胎的脾脏(9/9)中检出 PRRSV 抗原阳性,肺脏的检出率为 2/9,但新生仔猪病毒抗原却分布于肺脏,少见于脾脏,而育成猪及成猪在这些器官的血管内皮细胞中均可检出病毒抗原,并导致相应的病理组织学变化。表明病毒的原始靶细胞为巨噬细胞,通过在巨噬细胞内大量增殖后,才有可能侵害血管内皮细胞,引起相应病变。研究提示:经胎盘垂直感染的胎儿和呼吸道感染的成猪抗原分布存在差异;死胎中抗原分布于脾脏等淋巴器官,育成猪、成猪主要分布于肺脏;同是经胎盘垂直感染胎儿,出生前以脾为主,出生后病毒分布嗜性从脾等淋巴器官转移到肺脏。颜其贵等人工感染猪表明病毒存在于仔猪的内脏及心肌组织中,也存在于肺泡、淋巴结和脾脏的巨噬细胞中。Halbur 等认为只要有巨噬细胞存在的组织器官,都可以导致 PRRSV 的感染发生。因猪感染 PRRSV 后其单核细胞、生殖细胞可以发生细胞凋亡,最终导致细胞的死亡。在许多组织中的巨噬细胞被 PRRSV 感染后所产生的病理变化和炎症的类型和程度取决于毒株、猪龄、其他并发感染、宿主遗传特征和环境应激因子。特征为间质性肺炎、脑炎、心肌炎、淋巴结病变、动脉炎以及子宫—胚胎上皮坏死和脱落等。病毒感染后第 2 天即可造成肺损伤,7 天左右损伤可波及心脏,呈多中心病灶,也可能出现某一区域极为严重。对肺泡区巨噬细胞侵害致肺泡壁增厚,并有单核细胞及巨噬细胞浸润。感染后 7 天,40％以上的肺泡巨噬细胞被破坏,存活细胞功能下降,14 天淋巴结肿胀、坏死,脾、胸腺、扁桃体、肠系膜淋巴结等淋巴组织呈现衰竭状态,致初始的呼吸综合征进一步恶化,新生仔猪呼吸困难、神经症状和病死率高达 100％。

关于 PRRSV 感染妊娠母猪导致繁殖障碍及死胎的原因有不同解释:K.M.Lager 等认为是由于坏死性脐动脉炎阻断了正常血流循环使胎儿缺氧所致,而与病毒对胎儿机体的直接作用关系不大;吴东来等认为死胎脾脏中有大量病毒,表明脾巨噬细胞受到病毒侵害,脾是胎儿期重要造血器官,巨噬细胞在造血过程中参与铁的代谢,病毒对巨噬细胞的侵害,可导致造血过程中的铁代谢障碍,这可能是造成死胎的原因之一。而 PRRSV 感染导致的临床或亚临床表现,有些最终消逝,有些则持续。

抗体依赖性增强作用(ADE)也可能是导致 PRRS 的致病机制之一。研究表明,PRRSV 的 ADE 是由 ORF5 所编码的 26 kDa 囊膜糖蛋白 E 介导的,而这种 26 kDa 糖蛋白也能诱导机体产生中和抗体,也许是在其诱导的抗体处于亚中和抗体水平时产生了 ADE 效应。低水平和亚中和抗体水平不但不能有效地清除血液中的病毒,反而与病毒形成病毒—抗体复合物,病毒借助抗体的 Fc 片段与 Fc 受体阳性细胞如 PAM 等巨噬细胞结合,促进病毒进入细胞而感染,亦所谓的抗体依赖性增强作用,并进而导致持续性感染。在妊娠后期胎儿已出现主动免疫应答,产生的抗体使经胎盘感染的 PRRSV 出现 ADE 效应,这可能是 PRRSV 的易感性与亚中和水平母源抗体之间有关联,说明 PRRSV 的致病机制与 ADE 有关。在病毒中加入一定量 PRRSV 抗体,再注射到妊娠中期的胎儿,结果比单独注射病毒的致病性显著增强;同时在临床上常见刚断奶仔猪呼吸道症状比架子猪严重得多,表明 ADE 对 PRRSV 的致病性有重要影响,也说明 PRRSV 抗体在不同水平时所起的作用完全不同,这给 PRRS 的免疫防治和根除增加了困难。

[临床表现]　PRRS 在大流行一段时间后,近年多发生在一些免疫力较低的规模化猪

场或地区。发病猪场开始小群猪群出现厌食和嗜睡非特征性临床症状，一般 3～7 天，此时感染猪呈病毒血症，各年龄猪皆出现淋巴细胞减少。张文利等（2015）用 HP - PRRSV 接种 30 日龄仔猪，感染猪外周白细胞数量在 10～14 天持续下降，下降到一个低水平，而后维持在此水平。此外，淋巴细胞数量、单核细胞、粒细胞、B 细胞和 Tc 细胞、Th 细胞、Tm 细胞与 γδT 细胞数量下降。呼吸困难，体温升高至 39～41℃，有少数猪只皮肤充血或末端发绀，多数见于耳、鼻、乳腺或阴唇，常会误诊为其他病原感染所致。在 5～10 天后另一猪群又会出现相似症状，呈波状流行后而全群暴发。PRRSV 主要侵袭生殖和呼吸系统，各年龄猪呼吸困难，母猪繁殖障碍等。但本病临床症状受病毒株、猪群免疫状态和饲养管理、环境等因素影响，临床表现变化很大，如低致病力毒株侵袭，猪群可无临床症状，而强毒株或超强毒株能够引起猪群严重的临床症状。单一的 PRRSV 感染很少引起猪只死亡，但在免疫水平低的猪群，继发或混合感染都会引起严重的临床症状，死亡增加，所以临床表现复杂。临床上常分为急性、亚临床型和慢性型。故本病的潜伏期差异较大，从急性的 3 天左右到最长 30 天以上，甚至无临床表现。

1. 隐性感染　除低毒株引起猪群无症状外，耐过猪可长期排毒。亚临床猪不发病，表现 PRRSV 的持续感染，猪群血清抗体阳性率为 10%～90%。

2. 急性型　感染母猪一般表现为体温升高至 40～41℃，精神沉郁，食欲减少或废绝，出现不同程度的呼吸困难。怀孕母猪流产，早产，产死胎、木乃伊胎和弱仔，一般约为 20% 的胎儿死亡。大部分母猪在妊娠期 21～109 天流产；在孕期 100 天以上发生流产的母猪，约占母猪群的 80% 以上。临产母猪乳腺发育不良，产后无乳。急性期过后，母猪重新发情间隙期延长，返情率不高或长时间不孕。再发情不规律和不孕导致整个繁殖周期分娩率降低。恢复后的母猪的窝活仔数减少，受胎率下降 10%～15%（或与感染公猪精子活力下降和畸形有关）。部分母猪产后无乳，胎衣停滞及阴道分泌物增多。有些猪群中急性发病母猪有 1%～4% 死亡，有时伴有肺水肿或肾盂肾炎—膀胱炎。

流产胎儿呈现脐带坏死。几乎所有早产弱仔在产后数小时内死亡。哺乳仔猪虚弱、共济失调、呼吸困难或轻度瘫痪，体温升高至 40℃ 以上，一般在出生后一周 30% 以上的仔猪死亡。1 月龄左右仔猪体温升高，腹式呼吸，厌食，眼睑水肿，特别是眼结膜水肿，腹泻，被毛粗糙，渐进性消瘦，生长迟缓，肌肉震颤，脚分开，共济失调。由于病毒侵害肺部巨噬细胞等淋巴组织，引起呼吸困难，致部分仔猪咳嗽，双耳及边缘、腹部、吻突、脐部、臀部、后肢，尾部皮肤呈蓝紫色，发绀。欧洲株病毒引起耳、乳头、鼻端、颈部、腹侧皮肤、阴唇和腹部表现蓝色。一般死亡率达 30%～50%，继发或并发其他疾病死亡率达 80% 以上。断奶后的耐过猪，生长缓慢，死亡率会继续增加，并成为长期带毒猪。

生长猪、育肥猪会表现出轻微的似流感症状，短暂的厌食和呼吸困难。少数病猪出现咳嗽，双耳背部及边缘、腹部、尾部皮肤呈深紫色。肉猪长期带毒。公猪的发病率低，临床上有厌食、嗜睡、呼吸困难等症状，但症状轻微，往往是一过性或不表现临床症状。但在感染 2～10 周后，公猪精液品质下降，精液减少，精子活力降低，畸形精子（多为无头）增多。康复后公猪精液带病毒可达数月。

近年来 PRRSV 的反复流行致病毒多次变异和毒力增强,发生高致病性 PRRS(HP-PRRS)。其潜伏期短,一般 3～10 天。仔猪体温明显升高至 41℃以上,持续 3～4 天,嗜睡,开始皮肤发红,后期耳背、腹下、臀部和四肢末端皮肤发绀,呈紫红色。眼结膜炎、眼睑水肿、咳嗽、鼻端、腹式呼吸、气喘等,仔猪病死率可达 100％。不同妊娠阶段母猪都会发生流产,流产率超过 30％,部分母猪拉稀,后躯无力,不能站立或共济失调。

3. 慢性型　主要表现为呼吸道症状,母猪生产性能下降。病死猪皮肤发绀、出血;全身淋巴结肿大,腹股沟、髂、肺门淋巴结水肿、出血;大脑充血、出血;肺脏呈灰白色,尖叶、心叶、小叶肉变,呈暗紫色,肿大,呈花斑状或弥漫性出血。心耳、冠状脂、心肌外膜出血。脾脏肿大,边缘有凸起,切面出血坏死。肝脏变性发硬,有灰白色坏死灶。肾脏表面有沟回,呈花斑状,有大量出血,肾皮质、乳头、髓质出血。胃底严重出血。膀胱黏膜弥漫性出血。

[病理变化]　本病的病理学变化与临床表现有相当关联,PRRSV 在猪中感染多个系统与组织,但肉眼所见病变仅见于呼吸道、淋巴组织等少数器官,各年龄阶段的病理变化严重程度也不相同。

1. 新生乳猪,肺的病变明显　病变多见于肺的前侧,感染范围不一,部分取决于病毒毒株的致病力和感染后的时间。肺脏呈弥漫性间质肺炎并伴有水肿、细胞浸润或卡他性肺炎。肺脏表面呈暗紫色或暗红色的棕红色斑点,个别为黄白色伴有突变。淋巴结肿大,棕黄色,在颈、胸腔前侧和腹股沟发育成熟的死胎猪体表下颌、股前等淋巴结肿大、充出血;肌肉呈灰白色肉样;肾脏外形不规则,表面有弥漫性出血点;心肌柔软,发育不良,右心室轻度肥大,心冠脂肪有少量出血点,肺暗红色,轻度淤血、水肿,有局灶性肺炎灶;脾脏无明显变化;胃肠无明显变化,有的小肠淋巴结轻度肿大。显微检查,肺脏呈多灶性间质肺炎和嗜中性白细胞浸润性肺炎,炎性和坏死性肺泡渗出液大量积聚;淋巴结明显的滤泡增生,滤泡坏死,小体巨细胞数目增加、滤泡内有核破裂碎片,滤泡有丝分裂指数增高,混合性炎症细胞使副皮质膨大;可见淋巴浆细胞性鼻炎、脑炎和心肌炎。

2. 仔猪和肥猪两者病变相似,仅严重程度不同而已　死仔猪皮肤不同程度出现红色或紫红色斑点或斑块。全身皮肤出血的表现有:① 全身皮肤密布针点状,全身毛孔出血,出血点不会扩大,病情好转,出血点消失;② 全身皮肤油菜籽至斑块状出血,并留下黑色结痂,如阴囊皮肤开始出血为浅红色,中期出血严重时呈蓝紫色;后期皮肤出血灶坏死、干涸、硬结,类似黑色结痂;③ 四肢皮肤、肛门、腹部皮肤蓝紫色,出血,有的大面积溃疡溃烂;耳部皮肤蓝紫色有溃烂;腿关节下部、蹄部发红。头部、臀部皮下水肿,四肢肿胀。全身淋巴结肿大,灰白色切面有不同程度的淤血、出血,严重者呈均匀的紫红色或黄红相间,有的切面多汁,尤以颌下、股前、肺门淋巴结明显。心包积液,心肌变软,心冠脂肪表面有出血点,胸腔积有大量黄色清亮液体和不凝性血液;肝脏多数有淤血或点状出血;少量呈浅黄色肝变;脾呈暗紫色,伴有轻度水肿,边缘有丘状突起,淋巴结轻度肿大,边缘出血,白髓减少。多数病猪肾脏表面大量出血,弥漫性淤血点,肾轻度水肿;肺轻度肿大有棕黄色和红色斑点,肺门淋巴结肿大,有局灶性出血性肺炎灶;胃肠道病变不明显。

组织学检查:PRRSV 感染引发非化脓性鼻炎,伴有上皮性转化。可见鼻甲骨黏膜上皮鳞状病变,纤毛脱落,细胞肿胀,嗜中性白细胞增多,黏膜下层中性细胞炎性浸润。肺呈多灶性的间质性肺炎和嗜中性白细胞浸润性肺炎。肺泡壁巨噬细胞、淋巴细胞和单核细胞浸润增厚,肺泡腔及血管内含蛋白碎片凝聚物和变性细胞残骸。肺脏各级支气管扩张,黏膜上皮细胞肿胀,气管腔内有大量粒细胞、巨噬细胞、单核细胞、上皮细胞及组织细胞坏死崩解产物和粉红色液体。肝、脾、肾组织细胞变性,巨噬细胞、淋巴细胞浸润。淋巴结皮质和髓质内含有数量不等的红细胞,皮质淋巴窦中有大量白细胞及组织坏死崩解物。淋巴组织呈现增生和局灶性滤泡坏死。大多数感染猪有不同程度的淋巴组织细胞性脑膜炎和脉络炎,特征为血管周套、血管炎、神经胶质增生和神经胶质结节形成。淋巴浆细胞和组织细胞性心肌炎。

3. 母猪和胚胎　　母猪繁殖障碍主要特征为妊娠晚期发生流产、早产、胚胎自溶,木乃伊胎、死产和弱仔增加。没有并发感染的流产,仅见轻度和中度的淋巴浆细胞性子宫内膜炎和子宫肌炎,子宫内膜水肿。淋巴浆细胞性胎盘炎较少见。轻度的淋巴浆细胞性脑炎、多灶性组织细胞间质性肺炎和淋巴浆细胞性心肌炎很少见。感染母猪同胎中可能包含正常胚胎、死产胎猪、棕色或自溶的胚胎,胚胎表面有一层黏性的脂类、血液和羊水的混合物。胚胎中最一致病变为脐带有部分或全部出血。肾周围及结肠肠系膜水肿。镜检可见坏死性脐带动脉炎,特征为脓性纤维蛋白性炎,血管内层和肌层坏死,壁内和血管周出血。有间质性肺炎,特征为肺泡间隔有单核细胞浸润,肺细胞肿大和增生,炎性和坏死性混合肺泡渗出液增加。在妊娠 45～49 天实验感染的胚胎中有细支气管坏死和肺出血。

[诊断]　　根据妊娠母猪后期发生流产,新生仔猪死亡率高,而母猪临床表现温和与大部分大龄猪可能不表现症状等,可怀疑本病的流行,但呼吸与繁殖的疾病较多,更因本病常以并发病形式呈现,故确诊仍依赖于病原学和血清学检查。

1. 细胞培养法　　已知 PRRSV 能在猪肺泡巨噬细胞(PAM)、CL2621 和 MA104 细胞系生长。可取病猪的肺泡巨噬细胞、细支气管上皮、肺泡上皮细胞,脾脏的红髓及边缘区的巨噬细胞;死胎和弱仔的肺、脾、血液、腹水分离病毒。大多数样本能适应 PAM 生长,但不同的病毒毒株对不同细胞有选择性。有的只能在一种细胞上生长,有的可能在多种细胞上生长。以血清和肺组织分离率最高,木乃伊胎的分离率较低。

2. RT－PCR 试验　　本法检测病毒有高度特异性。Waensel 等用 PCR 方法能检出精液中 30 个 $TCID_{50}$ 病毒量,比 PAM 法敏感 10 倍。

3. 血清学检查法　　目前监测和诊断本病的方法是 ELISA 法,此外有间接免疫荧光抗体法(IFA)和过氧化物酶检测法(IPT)等。

[防治]　　本病目前尚无特效的药物,但对发病猪用抗生素可控制继发感染,降低死亡率。目前虽有诸多疫苗问世,对发病猪场疫情控制有效,但仍存在是否要用疫苗免疫疑问和选择何种类型疫苗等问题。

1. 疫苗的选择　　由于 PRRSV 序列的多样性,不仅有欧洲型、美洲型病毒流行,更多地出现两型在同一猪群或地区混合或其亚型流行。这给疫苗选择带来困难。因此,在疫苗选择前要对猪群(场或地区)进行流行病学调查,再确定选择何种疫苗。

（1）弱毒疫苗，具有免疫力强、免疫期长等优点。J00H.S 等报道，弱毒苗适用于 3～18 周龄的猪，在接种后 7 天内产生免疫力，并至少在 16 周内可提供有效保护。张文利等报道用 GDr180 弱毒苗免疫猪，则表现为白细胞、淋巴细胞、单核细胞、粒细胞、B 细胞、Tc 细胞、Th 细胞和 Tm 细胞上升。然而，Benfiels D A 等研究认为妊娠母猪接种弱毒苗对同源强毒攻击有一定保护作用，而对异源强毒攻击保护力有限。活苗有时也会同野毒一样穿过胎盘侵害胎儿。如果所使用的弱毒苗基因序列与某一群体存在的 PRRSV 基因序列同源性达 80％时，疫苗会比较有效。如果基因序列相似性不同时，则意味着 PRRS 可能潜在发生。

（2）灭活疫苗，具有安全性和对母源抗体的干扰作用不敏感。常用来作为后备母猪和母猪的基础免疫。Rogan D 等用灭活苗免疫猪后，可刺激产生特异性抗体，可减少病毒血症的发生，有效阻止肺部病变。把我国 CH-1a 株制成的灭活苗，接种猪后 20 天左右，猪体内抗体达高峰，并可持续 6 个月。把 SI 毒株灭活苗，接种仔猪 1 次，保护期可达 6 个月，后备母猪和公猪接种 2 次，可提供终生保护。

（3）PRRS 基因工程苗，目前在研制探讨中。

2. 预防　能否有效地控制 PRRS 的重要措施之一就是净化猪群，切断各年龄阶段猪的病原的传播途径。

（1）建立 PRRSV 阴性核心群，即母猪群和公猪群。方法有对核心群猪连续几年高密度接种灭活疫苗。接种疫苗时必须在同一时间，对猪群的所有猪只采取相同的免疫接种程序，禁止与未经免疫的猪只混群饲养。同时采用血清学方法检测并淘汰阳性猪只。另一方法是淘汰核心群，重新引进阴性后备母猪和公猪。

（2）母猪群体严格的群体封闭。在灭活苗免疫基础上，PRRSV 能够自动消失。

（3）建立全进全出制。产房、保育阶段猪只的全进全出。

（4）建立一个长期的监测制度。对种猪、后备母猪、保育猪和育肥猪进行 PRRSV 监测。

（5）做好其他疾病的防控与治疗。临床观察及实验室攻毒表明，PRRS 的临床症状与死亡率并非很严重，而是在混合或继发其他疾病后造成巨大损失。因此疾病综合防治非常重要。

第二节　可致猪感染或出现临床症状个案的病毒

一、塔赫纳病毒（Tahyna Virus, TAHV）

TAHV 属于布尼亚病毒科、正布尼亚病毒属、加利福尼亚群中的一个成员，基因组结构为分节段的负链 RNA。本病毒几乎存在于所有欧洲国家。在幼犬、哺乳仔猪和野兔中已经发现此病毒的抗体，该病毒能引起人群产生流感样的疾病，有些病例表现脑膜炎和非典型肺炎。研究显示，兔、刺猬、黄鼠、貂、狐狸、睡鼠、乳猪、马、牛等动物在实验条件下感染 TAHV 后，均发生病毒血症，哺乳仔猪可能是该病毒的重要宿主。抗体阳性率最高的家畜是马

(63.3%)、猪(55.0%)、牛(10.8%)。我国青海格林的野兔、牛、绵羊,猪体内存在 Tahyna 病毒抗体。李文娟(2015)对青海格尔木动物 TAHV 抗体阳性率调查发现野兔、牛、绵羊、猪有抗体存在;猪 IgG 和 NT 阳性率:格尔木分别为 7.5%(6/80)和 5%(4/80),西宁分别为 6.7%(2/30)和 6.7%(2/30),民和县分别为 3.3%(1/30)和 3.3%(1/30)。2006 年在格尔木进行的调查中,检测的 60 份猪血样中 3 份 IgM 阳性,2 份 IgG 阳性。牛、羊、兔等动物在维持 TAHV 在自然界中的持续存在和循环,形成自然疫源地的过程中发挥重要作用。当人与家畜同住一处,也为 TAHV 在蚊虫、储存宿主、易感人群之间的循环提供了更为便利的条件。

二、巴泰病毒(Batai Virus,BATV)

BATV 属于布尼亚病毒属布尼亚姆韦拉血清组成员。捷克称其为卡洛伏(Colovo)病毒,苏联称奥利卡(Olyka)病毒。

巴泰病毒于 1955 年从马来西亚捕获的库蚊中分离得到,此后从泰国、印度、日本、斯里兰卡、中国、欧洲、非洲等国家和地区的昆虫和哺乳动物中均分离到病毒,并在人、马、牛、猪等家畜和野生动物血清中检测到病毒抗体。Geevarhese G 等(1994)报道了 1987 年从印度 Kernataka 地区家猪分离到巴泰病毒。

三、内罗毕病毒(Nairibi Virus)

内罗毕病毒属布尼病毒科内罗毕病毒属,为内罗毕绵羊病毒群(包括 Ganjam 病毒、Dugbe 病毒),其中 Gamjam 病毒被认为是内罗毕绵羊病毒的一个变种,分离自印度血蜱、鸟、蜱、库蚊以及某些发热患者的血液中,也曾分离自非洲一些地区的蜱、发热病人以及牛、羊、猪等家畜。

四、卡奇谷病毒(Cache Velly Virus)

卡奇谷病毒属布尼亚病毒属。该病毒颗粒呈球形,有囊膜。病毒基因组为含有 3 个节段的负链单股 RNA。病毒有多个亚型。病毒于 1956 年从美国犹他州北部卡奇山谷的脉毛蚊中分离而得名,血清学试验表明病毒能在许多哺乳动物,包括野生和家养反刍动物、绵羊、山羊、鹿、牛、马、猪、狐、浣熊、黑尾野兔、土拨鼠、龟、犬、人中存在和复制,尽管病毒感染是亚临床经过,但仍能从发病的病畜中分离出病毒。人感染也会表现水疱、脓疱、肌肉病、头痛、发热、甚至死亡等临症。

五、津加热(Zinga Fever)

津加热是由津加病毒引起的一种人与动物共患病。

津加病毒分类上属于布尼亚病毒科,白蛉蛤热病毒属,是裂谷热病毒的一个亚型,二者有血清交叉反应。病毒粒子是球形,表面有双层脂质囊膜,囊膜表面有长的纤突,为 RNA 病毒。

山羊对津加病毒较为易感,可因该病毒死亡。在野外,从象、水牛、疣猪、猴、麋羚等体内检测到病毒中和抗体。

六、博尔纳病毒(Borna Virus)

博尔纳病毒病又称地方流行性脑脊髓炎或近东方马脑脊髓炎。1949 年在德国萨克森州、北达科他州 Barna 县暴发了一次人脑炎。1972 年从瑞士 Berne 腹泻马分离到病原,1983年才见报道。Gerald Woode 等(1982)从腹泻犊牛分离到与布雷达病毒相似的病毒。此病毒分类上属博尔纳病毒科,博尔纳病毒属。根据病毒形态结构、电子显微镜下的独特形态及多肽图增基因表达:病毒粒子呈多形性,为球形、卵圆形、杆状或肾形,二十面体对称,大小为 120～140 nm。Briese 和 Cubitt B 对病毒基因组进行了序列分析:病毒核酸型为非节段的负链单股 RNA(NNR 病毒),基因组长 8.9 kb,有 6 个 ORF,即磷蛋白、核蛋白、糖蛋白、x 蛋白和 RNA 依赖的 RNA 聚合酶,特征定位于核内的转录和复制;重叠的可读框和转录位,亚基因 RNA 转录后的修饰,在不同动物种属和组织培养中编码序列明显保守性。Horziek提议将两种病毒列为一新科,取拉丁"torus"(突隆)之意,将其取名为"Torovirus"(突隆病毒)。

病毒有严格的嗜神经性,自然宿主是脊椎动物,如牛、美洲鸵、羊驼、鹿、驴、猪、犬、狐、兔、猫、沙鼠、鸵鸟等,也包括人。该病毒在有蹄类动物中广泛流行,呈水平传播,除从病马分离到病毒外,在牛、羊、猪、实验动物兔和野鼠中抗体阳性率也很高。Brown D W C(1988)对印度南部 Vellore 地区家畜和人体内博尔纳病毒中和抗体进行了调查:收集 4 个村庄 150份血清,其中 58 份来自流行热带口炎性腹泻患者;同时收集 170 份家畜即 38 份野生猴血清,以＞5 为阳性,检测结果为:牛 49%,马 38%,绵羊 36%,驴 22%,猪 9%,山羊 8%,水牛8%为阳性。

七、牛瘟病毒(Rinderpest Virus)

牛瘟是反刍动物发热性、接触性传染病。病毒颗粒呈球形,直径 90～250 nm,常呈多形性,丝状颗粒长可达 500～1 000 nm。病毒颗粒由外部的脂蛋白囊膜和内部的核蛋白构成。囊膜周围有放射状排列的纤实。核蛋白围绕螺旋线。RNA 外有蛋白质球单位保护。

牛瘟病毒属于副黏病毒科麻疹病毒属,与麻疹病毒、犬瘟热病毒、新城疫病毒相似,为单股 RNA 病毒。牛是自然宿主,所有反刍动物都易感,其他家畜如猪和骆驼也可能发生感染,在印度,绵羊、山羊和家猪高度易感。此外,河马、野猪、水羚、疣猪、长颈鹿、鹿、野牛也易感。1983 年尼日利亚水牛发病后把病毒传播给薮羚、水羚、疣猪,导致疣猪死亡 20 头。欧洲猪可因食被污染的肉而得病,病毒能对猪发生温和感染。Delay(1962)报道,水牛、绵羊、山羊、亚洲的土猪和非洲的野猪都可能发生牛瘟;感染牛瘟的猪也可通过直接接触将病毒传播给其他猪和牛,病毒能在猪体内持续存活 36 天。泰国、马来西亚当地猪易感性高,常发生临床症状的自然传播,典型的临床症状和高死亡率。欧洲猪易感,轻微短暂发热是唯一症状,因此它们可能是本病得以传播的重要来源,呈隐形感染。猪的牛瘟病毒感染给本地区牛等的牛瘟预防带来困难。印度报道绵羊、山羊和家猪高度易感,因为家猪的先天性抵抗力,也给本病的控制带来麻烦。

八、亨德拉病毒(Hendra Virus)

1949～1995 年在澳大利亚昆士兰州亨德拉镇暴发了一种感染马和人的严重急性致死性呼吸道疾病。

该病毒属于副粘病毒亚科亨尼巴病毒属。病毒呈螺旋形核蛋白复合体,颗粒状,是单股负链 RNA 病毒。其基因序列为 $3'-N-P-M-F-G-L-5'$。从 46 种家畜包括猪在内的450 份血清样本中未检测出亨德拉病毒抗体(Black ct al,rov1),但默克兽医手册第 10 册报道,在实验条件下,猫、仓鼠、雪貂、猴、猪和豚鼠会发生该病毒的感染。1997 年 4 月至 8 月澳大利亚新南威尔州一养猪场发生亨德拉病毒感染,2 600 头母猪,其死产小猪有脑和脊髓严重变性、关节强硬、短颚畸形和体腔有纤维素渗出物及肺发育不全等病变;组织学检查,脑及脊髓有灰白质严重变性、坏死和吞噬细胞及其他炎性细胞浸润,神经元有核内和细胞质内包涵体,少数小猪有非化脓性心肌炎。1988 年墨西哥一猪场的 2～21 日龄的小猪也发生过类似症状。目前尚无疫苗及有效防治方法。

九、犬瘟热病毒(Canine Distemper Virus)

犬瘟热病毒分类上属副粘病毒科麻疹病毒属,为单股负链 RNA 病毒。主要感染犬种、鼬种、浣熊种、猫种等动物,犬是主要宿主。猪感染犬瘟热病毒强毒株,可呈现支气管肺炎临床症状。

十、副流感-3 病毒(Parainfluenza-3 Virus)

PI-3V 可引起婴儿和儿童急性呼吸道肺炎。已在患呼吸道疾病的牛、绵羊及山羊中检出 PI-3;从人、鹿、猪、犬、猫、猴、豚鼠、大鼠中检测到抗体,牛检出为 60%～90%;从流产牛胎儿也分离到此病毒。猪和马感染 PI-3 病毒病例少见。苏联 Yarstem 等(1984)对 1～5 月龄猪进行检测,结果在 1 000 头猪中有 15% 猪体内存在 PI-3 抗体。该病毒是引起猪肺炎的病原之一。E.Tehteh 等(1988)发现明尼苏达有一头猪表现兴奋且后肢颤抖,死后剖检见轻度弥散性间质肺炎,并从该猪分离出 PI-3 病毒。为此,在对猪群 1 392 份血清进行伪狂犬病病毒抗体检测的同时,进行了 PI-3 抗体检测,以了解明尼苏达猪的 PI-3 抗体情况。HI 试验结果:936 份伪狂犬病(AD)抗体阳性血清中,有 734 份 PI-3 抗体阳性,占 78.4%,其中阴性 202 份;效价 1:10 的 435 份,1:20 的 167 份,1:40 的 81 份,1:80 的 44 份,1:160 的 7 份。AD 抗体阴性的血清 456 份中有 340 份 PI-3 抗体阳性,占 74.6%,其中阴性116 份,PI-3 抗体阳性 1:10 的 107 份,1:20 的 193 份,1:40 的 37 份,1:80 的 3 份,1:160 的 0,有 12.4% 的 HI 效价≥40,表明猪对 PI-3 病毒有感染。从猪分离出 PI-3 病毒进一步证实了 PI-3 对猪的重要作用。

十一、罗斯河病毒(Ross River Virus,RRV)

罗斯河病毒属披膜病毒科甲病毒西门里克森病毒复合组(Semlikiforest Virus

Complex)的亚型中盖他病毒(Getah Virus)的一个亚型。单股正链 RNA,没有 DNA 阶段。病毒颗粒呈球形,直径 40～50 nm,外部有衣壳,核壳体直径 30 nm,由糖蛋白外壳、双层类脂膜和含有 RNA 的核心构成,长 11.7 kb,有感染性。5′端有帽子结构,3′端有 PolyA 尾巴,RNA 兼有信使 mRNA 的功能。该病毒有 3 个基因型。Doherty(1959)从澳大利亚罗斯河捕到的警觉伊蚊中分离到病毒,1963 年 5 月将分离到的一株病毒命名为罗斯河病毒 T48 株。在自然界,马、犬、猪、牛、羊和一些野生哺乳动物是该病毒的自然宿主,血清学证明在澳大利亚的野生动物和家畜中罗斯河病毒感染广泛,曾在牛、绵羊、马、猪、大袋鼠、小袋鼠、犬、啮齿动物中发现特异性抗体。从美属萨摩亚犬和猪中查出有抗病毒的中和抗体。病毒可引起绵羊和猪产生病毒血症,而引起疾病。病毒除对人外,一般不引起任何宿主疾病。1928 年澳大利亚马兰比季河发生人多发性关节炎。我国海南岛分离到 HBb - 17 病毒毒株,普查人的抗体阳性为 1‰,而发热患者抗体阳性率为 8.7‰。分布于澳大利亚、巴布亚新几内亚、斐济的库蚊、伊蚊为传媒。

十二、鹭山病毒(Sagiyama Virus)

鹭山病毒病是由鹭山病毒引起的人与动物共患传染病。

鹭山病毒在分类上属披膜病毒科、甲病毒属。病毒粒子呈现球形。该病毒基因组与罗斯河病毒最为接近,二者非结构蛋白同源性为 86%,结构蛋白同源性为 83%,由此推测二者由相同的祖代病毒进化而来。

自然界中鹭山病毒对鸟类及鸡等感染性最大;其次是哺乳动物,如牛、马、猪、山羊、犬、兔等。蚊子是该病的一种重要传媒,以蚊—鸟—蚊循环。当蚊虫叮咬带病毒的鸟或哺乳动物后,再叮咬健康人或者动物可以传播该病毒。日本东京在一次关于鹭山病毒血清学调查中分别从马、猪、苍鹭、白鹭、鸡、牛、山羊、犬、兔和人的血清中检出该病毒的抗体。同时候鸟可能参与鹭山病毒的流通循环。

十三、辛德毕斯病毒(Sindbis Virus)

辛德毕斯病毒是 1952 年从埃及尼罗河三角洲 Sindbis 村库蚊中分离得到并命名。病毒与 WEEV 的抗原关系密切,分类属于披膜病毒科、甲病毒属的单链不分节段 RNA 病毒。病毒颗粒直径 32 nm,核衣壳呈立体对称型,表面有包膜。抗原组分两组,其结构蛋白由核衣壳蛋白(C)、3 个糖蛋白(E1、E2、E3)和一个 6K 多肽组成,非结构蛋白有 Nsp1、Nsp2、Nsp3 和 Nsp4。辛德毕斯病毒易感的动物范围比其他甲病毒都广泛,主要以鸟为主,库蚊、伊蚊、蝙蝠、鱼、青蛙、蜱、绵羊、山羊、牛、猪、犬、刺猬和人均易感,并从这些动物血清中检测到病毒中和抗体。人感染后有临床症状。家畜等大型脊椎动物和人类是其终末宿主。

十四、鄂木斯克出血热病毒(Omsk Hemorrhagic Fever Virus)

鄂木斯克出血热病毒属黄病毒科黄病毒属蜱媒病毒。病毒颗粒呈球形,表面有脂质囊膜,囊膜内为核衣壳蛋白,呈二十面体对称。病毒为单股正链 RNA,长约 11 kb,编码

C.M.E,3 种结构蛋白和 7 种非结构蛋白,5′端有帽状结构,3′端无 poly(A)。1945 年发现于苏联鄂木斯克地区,故此而得名。1947 年丘马柯夫将发病病人血液接种豚鼠后分离到病毒。野兽、禽类和家畜均可感染本病毒。已知小牛、小羊、绵羊、仔猪、猴、豚鼠、田鼠、猫、狐狸、乌鸦、大麻雀等对本病毒敏感。在多种鼠类和家畜血液中发现有中和抗体,获得免疫力;人感染后出现严重临症。人的中和抗体可持续 20 年。

十五、乌苏图病毒(Usustu Virus)

USUV 属于黄病毒属的一种虫媒病毒。1959 年在南非斯威士兰乌苏图河蚊中发现而命名。1964 年用蚊毒接种小鼠脑,分离到病毒。1981 年从中非发热和皮疹病人中分离到。2004 年 Nikolay 等从非洲布基纳吉一男孩分离到病毒。2009 年意大利一病人体内有 USUV。病毒主要宿主是鸟和蚊,并通过鸟和蚊传播。2011—2012 年塞尔维亚普查猪、野猪和孢子等动物中 WNV 时,检测到 4 头野猪血清中有 USUV 抗体为 33.3%。2013—2014 年西班牙普查 4 963 头马鹿、小鹿、绵羊、孢子血清中,USUV 抗体阳性率为 0.1%~0.2%,在 9 个地区野猪,5 个地方麋和 3 个地方家猪的 USUV 中和抗体监测中分别有 5 个地方(1 头、3 头、2 头、5 头、1 头);0 个地方和 2 个地方(1 头、1 头)检测到阳性样本。野猪 9 个地方,USUV、VNT 阳性计 5 处野猪 12 头,家猪 3 个地方,USUV、VNT 阳性 2 处、猪 2 头。

十六、LINDA 病毒

2015 年 1 月,在奥地利的一家猪场首次发现有一批仔猪吮吸母乳无力,行走时整个身体都在晃动,受影响的病例中摇摆的发生率为 20% 至 100%。虽然在当年 7 月份疫情停止了,但猪场的生产力也大为下降,平均每头母猪年断奶仔猪数只有 22.4 头,低于年平均断奶仔猪 25.8 头。在仔猪死亡后剖检时发现先天性震颤造成典型的脑和脊髓的严重损伤。新分离的 LINDA 病毒可以导致仔猪先天性震颤。但育肥猪和母猪没有出现这种情况。

新型病毒的鉴定:对病猪农场调查,Vetmeduni(奥地利维也纳兽医研究所)科学家发现了一种新病毒是引起仔猪震颤的原因,是黄病毒科(Flaviviridae)的一名成员,已被临时命名为 LINDA 病毒。现进行血清学检测以确定 LINDAV 在奥地利流行程度。

维多利亚组织报告说,LINDA V 与最近在北美洲发现的非典型猪瘟(APPV)密切相关,后来在欧洲被发现,它也类似于经典猪瘟病毒,可导致猪只脊髓损伤。

十七、库宁病毒(Kunjin Virus)

库宁病毒病是由库宁病毒引起的一种人与动物共患病,属于自然疫源性疾病。1960 年在澳大利亚昆士兰背部切尔河采集到的环喙库蚊中分离到库宁病毒,并以该地区一个土著部落库宁名字加以命名。库宁病毒在分类上属于黄病毒科,黄病毒属,乙型脑炎亚组。其抗原性与西尼罗病毒、墨累河谷脑炎病毒(MVEV)和圣路易斯脑炎病毒密切相关。

病毒颗粒为圆形,呈二十面体核壳体,有囊膜,外有一层来自宿主细胞的脂质包膜蛋白。病毒基因组为单股正链 RNA,全长约为 11 022 bp,具有一个开放阅读框,编码 3 433 个氨基

酸,分别构成 3 个结构蛋白(C,prM,E)和 7 种非结构蛋白(NS1,NS2A,NS2B,NS3,NS4A,
NS4B,NS5)。病毒 RNA 具有感染性。库蚊是本病毒的主要传播媒介,从伪杂鳞库蚊、致倦
库蚊等蚊种也曾分离到库宁病毒。鸟类是库宁病毒的主要宿主,部分水鸟是其传染源。鸟
类、家禽、猪、牛可能是本病的脊椎动物宿主。在自然界中该病毒主要在蚊—脊椎动物之间
循环。在本病流行的地区,鸟类、家禽、猪、牛、人以及野生动物血清中病毒中和抗体水平较
高,表明病毒能在机体中复制。接种病毒后牛体温升高、精神萎靡、腹泻、前肢肌肉微颤抖,
可能濒死。马其失调或进行性麻痹。曾报道人库宁病毒与墨累河谷脑炎病毒协同感染
发病。

十八、实里达病毒(Seleter Virus)

实里达病毒属呼肠孤病毒科环状病毒属,为克泰罗沃组的蜱传媒病毒。病毒呈立方体
对称,双股 RNA 病毒。在北非、印度、巴基斯坦、牙买加等地有该病毒的有关报道,也发现于
新加坡、马来西亚的微小蜱中,检出黄牛、水牛、猪中有中和抗体,未见人感染患病。

十九、切努达病毒(Chenuda Virus)

切努达病毒分类上属呼肠孤病毒科环状病毒属的克泰罗沃病毒(Kemerovo Virus,
KEMV)等亚型之一,从埃及和南非分离得到。其属有 3 个病毒血清群,切努达病毒血清群
为其之一,包括切努达病毒、Essaowira 病毒、莫诺湖病毒、瓦乔病毒、Kaea Iris 病毒。该属病
毒粒子呈二十面体对称,有囊膜,基因组为双链 RNA。

病毒首次在埃及的切努达镇被分离到,此后在蜱、猪和人体样本中分离到。该病毒可感
染多种动物,包括骆驼、羊、犬、猴,甚至啮齿动物。

二十、痘病毒(Pox Virus)

痘病毒科痘病毒属。牛痘病毒已被证实野猪是宿主。猪人工接种易感。马痘病毒与牛
痘病毒关系密切,两者都可以相互传染,并产生交叉反应。实验感染马、牛、犬、猪、鸡,于 2~
3 天后可产生典型的皮肤丘疹。

二十一、汉坦病毒肺综合征(Hantavirus Pulmonary Syndrome,HPS)

最早发现引起汉坦病毒肺综合征的病毒为辛诺柏病毒(Sin Nombre Virus,SNV),目前
已明确该病的病原除辛诺柏病毒外,汉坦病毒多个型别的病毒也可导致汉坦病毒肺综合征。

辛诺柏病毒呈粗糙的圆球形,直径约 112 nm,有致密的胞膜,胞膜表面有较细的突起。
7 nm 长的丝状核衣壳存在于病毒颗粒内。病毒基因组为单股负链分节段 RNA,分大(L)、
中(M)、小(S)3 个节段,分别编码 L、M(G1 和 G2)和 N 蛋白。

啮齿动物是其自然宿主。在很多野生和家养的动物,如猫、犬、猪、鹿等动物血清中也可
检测到相应病毒的抗体。

二十二、牛传染性鼻气管炎病毒(Infections Bovine Rhinotracheitis Virus)

IBRV 分类属于疱疹病毒科甲科,牛疱疹病毒 I 型,为一群较大的有囊膜的双链 DNA 病毒,直径 150～220 nm,基因组全长 135.3 kb,包括一个长序列和一个短序列。1950 年发生于美国科罗拉多州的肥育牛,命名为 IBR。Madin(1956)从患牛分离到病毒。Huck (1964)确认 IBRV 属于疱疹病毒,具有广泛嗜性,能侵袭各种器官和组织,主要有呼吸道和生殖道两种表现。病毒感染黑尾鹿、河马、水牛、羚羊和疣猪,并致其产生抗体。对猪感染多有报道。Onstan(1967)在瑞典从患龟头炎和阴道炎的病者分离到 IBRV。挪威报道病毒致猪产生接触传染性脓包性阴道炎。美国艾奥瓦州有 11% 的猪有 IBRV 抗体。研究表明,猪可被实验感染,一般是隐性感染,除非是脑内或生殖道接种。R.A.Cramdell(1987)在得州两部非圈养畜群中,野猪被认为是最有可能的 PRV 感染源,血清学检测 201 头野猪中 35 头 (17.4%)为 PRV 阳性,但 IBR 抗体阴性。但从一头野猪体内发现 IBRV。从一头经地塞米松处理的野猪的三叉神经节分离出牛的 IBRV。初代培养 3 天的猫肾细胞(CRFK)接种胎牛肾原代细胞(BEK),分别在 3、5 和 6 天出现特征性的疱疹病毒 CPE。以此经鼻接种的 3 头猪,在临床上和血清学上都无反应,在接种 3 天后其中 2 头猪的扁桃体拭子重新分离出 IBRV。3 号猪即使在地塞米松 2 个处理过程后也未产生 IBR 抗体,而被接种的 6 号猪(细胞培养 3 代的病毒以 $5 \times 106ICID50$ 鼻接种),在补体存在时测出了 IBR 抗体。经静脉注射病毒的猪,出现 IBRV 的阳性血清学反应。虽然猪自然感染 IBR 的发病机制不清楚,研究表明猪存在着潜伏感染。猪是杂食兽,感染源很可能是感染牛的尸体,由于野猪的栖居地内有牛活动,存在食牛尸机会,已从喂生牛肉的商业牧场的水貂、白鼬分离出 IBRV 似乎可以证明了这一点。

二十三、海狮水泡疹病毒(San Miguel Sea Lion Viruses,SMSV)

SMSV 属于水泡疹病毒属,单股正链 RNA,已有 8 种血清型,能引起家猪发生与 VESV 一样的病。San Miguel 海狮病毒天然存在于美国加州海狮中,1973 年由海狮中分离。当地灰鲸、海豹的血清中有该病毒抗体。在加利福尼亚的野猪、绵羊和狐狸中检测出 SMSV 血清中和抗体,分离出的病毒具有水泡疹病毒的理化特征。该病毒可能存在于野猪中。给猪接种 SMSV,引起典型水泡疹。猪接种海洋环状病毒会产生与猪传染性水泡疹病相同的疱疹损伤。

二十四、金迪普拉病毒(Changdipura Virus,CHPV)

本病引起人发热、关节痛、Reye 综合征,能够感染许多哺乳动物和人。

1965 年印度马哈施特邦金迪普拉有两例发热者,从其血液中分离到此病毒,并以此村命名为金迪普拉病毒。后扩展至村附近及印度中部,2003 年出现 319 名儿童脑炎,死亡 183 例;2004—2005 年二度发生,儿童病死率高达 78.3%。该病已发生于印度、斯里兰卡、尼日利亚、塞内加尔等地。最初认为是一种孤儿病毒。

金迪普拉病毒分上属弹状病毒科,水泡病毒属。病毒粒子呈子弹形,表面有刺突起,由跨膜蛋白组成。病毒基因组为一条不分节段的单股负链 RNA,全长 11 kb。与皮累病毒等关系密切。

CHPV 在自然界有广泛的宿主,包括人类、脊椎动物和昆虫。可以从白蛉、人类和脊椎动物分离到。从印度马、牛、恒河猴检测到病毒中和抗体。从印度、斯里兰卡、非洲人群检测到特异性抗体。Joshi 等(2003)对印度安得拉邦的卡因地加尔和瓦朗加尔两地区动物血清学检测:猪占 30.6%,水牛占 17.9%、其他牛占 14.3%、山羊占 9.3%、绵羊占 7.7%。小鸡胚胎可以感染 CHPV,小鸡可能是一种中间宿主。传播途径尚不清楚,可能是白蛉叮咬人群,从而将 CHPV 传播给人。蚊子能否传播此病尚不清楚。但蚊子(埃及伊蚊)能感染,蚊子可能导致 CHPV 在鼠间传播。

脑炎发病流行具有季节性,主要发生在炎热夏天。

二十五、牛冠状病毒(Bovine Coronavirus,BCV)

牛冠状病毒与人冠状病毒 OC-43 株、猪血凝性脑脊髓炎病毒、小鼠肝炎病毒等有亲缘关系。牛冠状病毒对牛致病,人、马、猪、兔、犬等都具有相当高的抗体阳性率,从腹泻饲养动物粪中检出冠状病毒。

二十六、淋巴球性脉络丛脑膜炎病毒(Lymphocytic Choriomeningitis Virus,LCMV)

淋巴球性脉络丛脑膜炎病毒属沙粒病毒属,是单股 RNA 病毒。1934 年首次发现LCMV,病毒由 Armstrong 和 Lillie(1934)从一名疑似圣路易斯脑炎死者的中枢神经组织浸出液接种猴传代而分离得到。1935 年发现其为人类某些无菌性脑膜炎病例的病原,并发现实验室内繁殖的小鼠群体中存在着 LCMV 的慢性持续性感染,从此 LCM 才被确认为一种独立的传染病。本病分布于世界各地。周宗安、翟春生、陈为民等报道,啮齿动物(鼠、兔)、人、猴、猪、犬均能自然感染。犬、猪、兔等动物感染后一般无明显症状。

二十七、玻利维亚出血热病毒(Boliviahemorrhagic Fever Virus,BHFV)

玻利维亚出血热,病原马秋波病毒(Machupo Virus),分类上属于沙粒病毒科,沙粒病毒属,塔卡里布复合群。病毒粒子呈圆形或多形性,有双层脂质囊膜,外层囊膜表面有纤实,在囊膜内有不同数目游离的核糖体,是本病毒的典型特征。基因组为负链 RNA,病毒粒子内含有 2 个大小不等的单股 RNA 片段。

在 1959 年 9 月首发于玻利维亚的阿瓜格克拉拉,1963 年 5 月 Johnson 从 1 名死于该病的人的脾中分离到病毒。宿主有小鼠、田鼠、猪、犬、猴、猩猩等,易感动物除人外,还有猴、猩猩、狍、猪、豚鼠、兔等,先后从这些动物体内发现与分离到病毒。

二十八、猪腺病毒(Porcine Adenovirus,PAdv)

Rowe(1953)从人扁桃体中分离到一种病毒,病毒为无囊膜的 DNA 裸病毒,大部分为长期的潜伏感染或无症状隐性感染,部分可致病,在一定条件下可致肿瘤。以后又从其他哺乳动物和禽中分离到相似病毒,因其最初从腺体组织中分离,故称腺病毒。猪腺病毒是 Haig(1964)从一头 12 日龄下痢仔猪直肠拭子分离得到,此后又从健康猪及呈现脑炎症状猪的脑中分离到多株病毒毒株。ICTV 第 9 次报告将 PAdv 分为 A、B、C 3 型,5 个血清型。A 型分 1~3 血清型;B 型分为 4 血清型;C 型为 5 血清型。猪有 4 个血清型。腺病毒对猪感染率较高。可以从猪等分离到腺病毒并检出沉淀抗体,但不表现临床症状,表现自然易感,正常母猪血清中存在 1、2、3 型中和抗体。巴西在 2009—2010 年对猪场排泄物检测,其阳性率为 66%~78%,Genov 等(1976)对匈牙利、保加利亚猪群检测,其感染率为 20%,但病毒对猪病原性不清。H.N.Abid 等(1984)报道腺病毒引起仔猪的肠炎爆发:3 群 2~4 周龄仔猪约半数仔猪在 1~3 周龄时间里断续发生黄色水样至粥样腹泻至产生黄白色粪便;精神抑郁,不食,明显脱水并丧失原有体重 2/3,至 1 月龄仔猪仅有 7 磅;空肠、回肠后段黏膜变薄,绒毛变短易钝;小肠黏膜下的淋巴滤泡增殖,小肠绒毛的上皮细胞含有嗜碱性核内包涵体。将腺病毒经口鼻攻击 2 日龄仔猪能引起腹泻。Coussernet 等用腺病毒 3 血清型接种仔猪,实验复制出腹泻,空肠、回肠末端的绒毛变短及感染的绒毛上皮细胞中有核内包涵体。

据实验统计,猪腺病毒不同血清型对猪致病性有差异:PAdv1 型血清接种至妊娠母猪子宫,可造成流产,在流产胎儿的肠上皮细胞内可见到典型的腺病毒核内包涵体。PAdv2、3 型鼻腔攻击未吮吸仔猪不表现临床症状,但接种能引起扁桃体和下部的肠道的感染。猪 1、2、3 血清型不能和人腺病毒 1~31 型参考血清发生反应,但气管接种人腺病毒 1、2、5、6 型能引起支气管肺炎的肉眼和显微变化;未吮吸乳猪肺炎;接种成年猪有时可引起潜伏感染,病毒常可在猪体持续存在几个月。PAdv4 型,鼻腔接种仔猪引起脑膜炎;从腹泻或脑炎自然病猪分离到的血清 4 型病毒,攻击引起悉生小猪脑膜脑炎。

二十九、猪星状病毒(Astrovirus)

Madeley 和 Cosgrove(1975)用电子显微镜观察苏格兰得肠胃炎的 2 岁儿童粪便时,在 121 例病例中发现 12 例有圆形小颗粒病毒,因病毒表面有一个 5~6 个尖三角突起呈星芒结构,命名为星芒病毒。Bridger(1980)从腹泻猪的排泄物中发现这种病毒颗粒。Rutishauser 等(1984)也在腹泻猪粪中发现病毒粒子。第九次国际病毒分类委员会(2004)建议设立星状病毒属。本病毒属于星状病毒科,星状病毒属,为单链 RNA,猪星状病毒为独立血清型。星状病毒由于特征差异,可分为哺乳动物和禽类星状病毒属。猪的星状病毒自然感染发生于 1 日龄至 8 周龄仔猪,患猪腹泻,呈糊状至黄色水泻。Shimizu(1990)用克隆化的猪星状病毒口服接种 4 日龄仔猪后,猪出现温和性腹泻,粪便中有病毒,但所有接种仔猪未死亡。Bridger 报道,用含有星状病毒、嵌状病毒、非典型轮状病毒和肠道病毒的粪便过滤液接种悉生仔猪,猪厌食、腹泻和生长受阻,最后死亡。但这种接种方法不能代表猪星状病毒的致病性。Akos Boros 等(2018)报道匈牙利神经侵袭性星状病毒爆发导致仔猪脑脊髓炎、虚弱、瘫痪症状,经 PCR 鉴定为猪星状病毒 3 型。近 2 年匈牙利大规模猪场 25~35 日龄猪中流行一种神经系统症:半身麻痹、高死亡率。尸检脑脊髓炎和神经系坏死,以脑干和脊髓中病毒载量最高。RNA 病毒主要集中在神经细胞,特别是脑干、小脑(浦肯野细胞)、颈部脊髓的神经细胞中。从粪中检测不到病毒。

三十、D 型流感病毒(Influenza D Virus,IDV)

D 型(丁型)流感病毒引起新生儿肺炎是由 sano 氏等(1952)于日本首次报道。同年 Kuroya 氏等从死亡病例肺组织中,通过感染小鼠鼻腔分离到一种不同于已知流感、流腮、新城疫、小鼠肺炎等病原体的具有良好血凝性能的病毒,称之为"仙台型新生儿肺炎病毒"或"新生儿肺炎病毒",后又改称为日本血凝病毒(HVJ)。山田守英等(1955)又从流行性小儿脑脊髓炎患者体内分离出此病毒。这些病毒以后经 Francis(1955)、Jensen(1955)等进一步研究,建议称之为"丁型流行性感冒病毒"。童葵塘等(1959)报道长春生物制品研究所一周龄左右小白鼠发生肺炎。孙望楚(1960)对从北京、长春肺炎乳鼠分离的病毒,鉴定为丁型流感病毒。Jensen 和肖俊等(1956)报道 40%的人血清对丁型流感病毒仙台株的抗体效价在 1∶32 以上,而 3 岁以下儿童缺乏抗体,10~13 岁的儿童血清抗体达 1∶128 以上。因此认为丁型流感病毒在几年前就曾感染过人,但并没有引起流行。Sommerville,Gordener 和 White 等(1957)对轻型上呼吸道感染者及肺炎患者的血清学试验证实丁型流感病毒在英国人群中存在,但未分离到病毒。本病毒能在某些动物中引起流行或隐性感染,Sasahara 等报道过猪的感染。病毒在各种家畜、家鼠和野生啮齿动物中的分布情况,不但对丁型流感的流行病学具有重大意义,且对其他型流感病毒在自然界的循环和变异毒种的发源地也可能有重要的启发。但此后再未见此病毒流行情况报道。美国南达科他州立大学 Ben Hause(2011)从一头 15 周龄类似流感症状猪分离到 D(丁)型流感病毒,命名为 D/Swine/Oklahoma/1334/2011。后发现牛是 D 型流感病毒的原始宿主。Chiapponi C 和 Silvca F(2015)对意大利猪群和牛群进行调查研究发现 IDV(D/Swine/Itary/199723/2015)。Jiang W M 等(2014)也监测到中国牛群中也存在 IDV。病毒不但能够导致猪和牛发病,而且能够在雪貂和豚鼠中传播。Ferguson L(2016)从 316 份人血清中检测到 1.3%血样中含有 IDV,形成公共卫生威胁。

IDV 粒子呈球形,直径 100~120 nm,有包膜结构,包膜上含有 10~13 nm 长的刺突,PB2、PB1、P3、NP、HEF、MCM1 和 CM2、N5、NEP 和 NS1,为单股负链,分节段 RNA。其基因组由 7 个节段组成(每个阶段长为 1 000~2 400 bp),能够编码 9 种蛋白。其中第 1,2,3 个节段编码 3 个 RNA 聚合酶的亚单位:PB1、PB2 和 PB3;第 4 个节段负责编码 HEF(HEF 蛋白相当于 IAV 或 IBV 的 HA 和 NA 蛋白);第 5 个节段负责编 NP;第 6 个节段负责编码 M2 和 M1;第 7 个节段编码的是两个非结构蛋白:NS1 和 NEP。ORF 分析表明除了最小的节段含有两个 ORF 外,其他每个节段都含有一个 ORF。进化分析表明 IDV 与 IAV 和 IBV 差异很大,而与 ICV 最为相似。氨基酸序列分析发现 IDV 与 ICV 有 50%的同源性,两者受体均为 9-O 乙酰唾液酸受体。分子进化分析表明 IDV 和 ICV 可能与 ICV 来自共同的祖先,也可能是由 ICV 进化而来。月叶斯分子钟分析推断 IDV 大约在 1971 年前后进化成 2 个谱系,D/ok(D/swine/Oklahoma/1334/2011)和 D/660(D/swine/Oklahoma/660/2013)谱系,但 2 个谱系之间存在交叉反应性。SuS 等(2017)采用贝叶斯马尔科夫连镇蒙特卡洛方法对 IDV 的 HEF 分析发现 HEF 每个节点平均每年进化速率为 1.54×10^{-3},表明 IDV 比 ICV 更容易发生变异进化。但是 RNA - seq 表明 IDV 的 HEF 蛋白与 ICV 的 HEF 蛋白相比有保守区但是结合位点不同,所以 IDV 与 ICV 没有血清学交叉反应。HEF 由 HEF1 和 HEF2 两个亚基组成。不同宿主的 IDV 存在差异性,研究表明牛的 IDV 的片段和猪的 IDV 有 96%的同源性,两宿主之间差异最大的是 HEF 和 M,同源性最高片段的是 PB1 和 NS,分别为 98.9%～99.1%、98.8%和 99.2%的一致性。

IDV 的宿主主要是牛、猪、雪貂、豚鼠、山羊、绵羊、骆驼等,鸡和火鸡不能被感染。IDV 受体的分布存在宿主差异和器官差异,这就决定了 IDV 的宿主易感性和器官易感性。IDV 的受体是 9 - O 乙酰唾液酸受体,研究发现不同宿主靶器官的唾液酸与糖链结合方式不同,因此形成不同的唾液酸寡糖,猪的气管上皮细胞靶器官的细胞表面含有 SAa2 和 6Ga1 唾液酸寡糖两种受体,由此决定猪的 IDV 感染雪貂和猪以后只在上呼吸道内复制,并不在下呼吸道和肺内复制,而牛的 IDV 在牛、猪和豚鼠的上呼吸道和下呼吸道内均可复制,因为牛的 IDV 受体是 SAa2、6Ga1 和 SAa2、3Ga1;而人的气管上皮细胞膜上有 SAa2,6Ga1 与猪相同。糖微点阵芯片实验证明 IDV 和 ICV 类似都能结合 9 - O 乙酰唾液酸受体及多种衍生物,结构生物学研究发现 IDV 通过表面唯一的糖蛋白 HEF 结合 9 - O 乙酰唾液酸受体及其衍生物。IDV 的 HEF 受体结合位点的 230 - helix 和 270 - loop 之间存在一个开放通道,它是 IDV 能够容纳多种类型的糖环构象,从而结合 9 - O 乙酰唾液酸受体及其多种衍生物,为其广泛的细胞嗜性提供了良好的结构基础。组织免疫荧光实验表明 IDV 的 HEF 能结合人、猪和牛的气管纤毛上皮细胞。

IDV 主要通过直接接触感染宿主,使宿主表现出呼吸道疾病症状和呼吸道炎症,但症状温和。接触感染比接种感染病毒复制能力强,引起的症状更明显,可能是因为 IDV 有宿主适应性。Hause 等(2013)将分离到的首株 IDV(D/OK)人工感染猪,观察不到感染猪有流感临床症状和病理学变化,但是猪感染后能通过鼻洗液持续排毒。与 IAV 相比,虽然 IDV 在雪貂和猪体内尤其上呼吸道感染复制能力较低,致病力不高,哺乳动物间传播能力有限,但可能会通过呼吸道表面的毛细血管内皮细胞进入宿主循环系统,引起病毒血症。但其有限的哺乳动物间接触传播能力给人类健康造成巨大的潜在威胁。

三十一、猪圆环病 3 型(Porcine Circine 3)

Palinski 等(2017)报道 2015 年美国某猪场发生一起母猪类 PCV2 症的疾病。通过对发病母猪及流产胎儿的 PCR 和宏基因组等检测,未检到 PCV2,而只检测到一未知病毒,经遗传分析发现此病毒基因组结构与圆环科病毒相似,其 Cap 蛋白氨基酸序列与其他圆环病毒相比同源性均低于 70%,因此,将其认定为一种新型圆环病毒即 PCV3。根据 ICTV 分类标准,PCV3 属于圆环病毒科圆环病毒属成员。

猪圆环病毒粒子直径为 20～25 nm,病毒是无囊膜的二十面体。PCV3 的基因组为 2 000 bp,相对较大;GC 含量 50%,具有 3 个 ORF,其中 ORF1 编码的 Rep 蛋白由 247 个氨基酸组成;ORF2 编码的 Cap 蛋白由 214 个氨基酸组成,它们分别沿相反方向复制;ORF3 具有两个不同的代替性起始密码子 TGC 或 ATG,分别编码 231 个氨基酸和 177 个氨基酸。ORF3 复制方向与 ORF1 相同。个别 PCV3 毒株会在 ORF1 和 ORF2 之间非编码区的 1 224 位核苷酸发生缺失,因此,发生缺失的 PCV3 基因组大小为 1 999 bp。相反,某些毒株则会在第 6 位和第 7 位核苷酸之间插入 1 个新核苷酸,因而插入的 PCV3 基因组大小为 2 001 bp。这将导致 ORF3 231 密码子发生改变。PCV3 与 PCV1 和 PCV2 的差异见图-25。由于分离到的 PCV3 毒株相对较少,暂时将 PCV3 分为 PCV3a 和 PCV3b 两个亚型。根据 PCV2 的演变进程,可能会有更多的 PCV3 亚型出现。

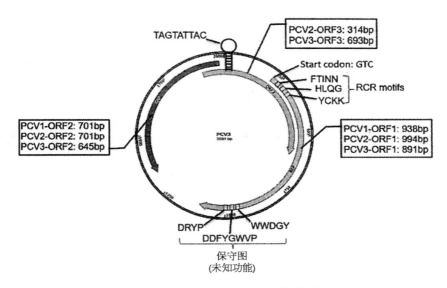

图- 25　PCV1、PCV2、PCV3 结构图

　　PCV3 在血清、扁桃体、皮肤、脑组织、流产胎儿中都能检测到。目前尚未通过细胞培养分离到病毒。PCV 无血凝性,对热具有较强的耐受力,80℃热环境 15 分钟可使其失去感染力。病毒对酒精、碘酒、氯仿等脂溶性消毒剂不敏感,对 NaOH、苯酚、氧化物、四价氨化物等碱性消毒剂敏感,可日常消毒剂对 PCV3 防控。

　　PCV3 已在世界范围内广泛流行。PCV3 并非一种新病毒,由于其临床症状与 PCV2 相似,并且与 PCV2 混合感染率较高,而忽视了它的存在。Saraiva G L 等(2018)通过对各国所发现的 PCV3 毒株进行分子系统发育分析发现,虽然感染 PCV3 的猪只症状有所不同,但这些毒株的基因序列具有高度的相似性,可能来源于同一个祖先,并在 50 年前就已存在。

　　PCV3 对不同品种不同发育阶段的猪都具有易感性。韩国对 73 个猪场,7 200 头的断奶猪、育肥猪、育成猪和患病猪检测,结果 PCV3 在 73 个猪场中阳性率占 72.6%;4 种猪的阳性率分别为 49.3%、42.6%、41.1% 和 51.5%。波兰对 14 个猪场的 1 050 个血清样品检测,结果 PCV3 阳性率为 85.7%;各猪场阳性率为 5.9%～65%。但断奶仔猪易感性较高,并表现出明显的临床症状。在对我国 8 个省猪场调查发现,PCV3 对具有严重呼吸症状的断奶猪仔猪的感染率为 63.75%,具有轻微症状断奶仔猪感染率为 13.14%,没有呼吸道症状的断奶仔猪为 1.85%。有腹泻症状的断奶仔猪感染率为 17.14%,没有腹泻症状断奶仔猪为 2.85%。

PCV3 的传播方式可分为水平传播和垂直传播两种方式。目前已从感染猪的鼻液、粪便、唾液、精液以及被污染的衣物、设备等检出 PCV3;Kedkovid 等发现 PCV3 可经母乳传播;在具有皮炎肾病综合征母猪和流产胎儿中也能检测到 PCV3。

混合感染可能是 PCV3 症状严重的另一原因。刘晓东等(2017)对 19 个 PCV3 阳性病例检测发现 PCV3 与 PCV2 和 CSFV 有较高的混合感染率;刘建奎等(2018)对福建 PCV3 猪只检测发现其与 TTV 也有较高混合感染率;Zhao D(2018)对江苏 40 份 PCV3 阳性样检测,PCV3 和 PCV2 混合感染率高达 70%,高于 Ku 等的 15.8%。Ting Ouyang(2019)报道 PCV3 与其他病原共感状况(表- 79)。

表- 79　PCV33 与其他病原共同感染状况

共感病原	采集样本/个	共同感染率/%
PCV3+PCV1	56	12.5~17.5
PCV3+PCV2	1 845	2.0~61.54(22.49%)
PCV3+PCV1+PCV2	56	6.25~61.54
PCV3+PRRSV	268	0.67~61.54(22%)
PCV3+PCV2+PRRSV	322	0.63~30.76(10.7%)
PCV3+PEDV	66	22.27
PCV3+PPV2	105	8.6
PCV3+PPV6	105	20
PCV3+PPV7	105	24.8
PCV3+TTsuV1	237	11.4~83.3
PCV3+TTsuV2	237	8.6~71.2
PCV3+TTsuV1+TTsuV2	132	50.9

PCV2 可跨种传播,曾从貂的病料中分离到 PCV2。我国科研人员从有呼吸症状的犬中检出 PCV3,证明 PCV3 也能够跨种传播。Ting(2019)报告 PCV3 曾从家畜(猪、牛、犬)和野生动物(野猪、鹿)中检出到,而且也发现鼠和蜱感染 PCV3,这些结果提示 PCV3 具有种间传播能力以及意想不到的在动物间广范围循环,这些动物可能为潜在的贮主,其传播威胁养猪业,甚于人类(图- 26)。

PCV3 在猪体内的分布十分广泛,各生长阶段的猪群均易感染,而且发病症状各不相同,很似 PCV2 临床症状,加之其与 PCV2 等病毒的混合感染,造成确诊的困惑。目前只从某些临床症状的猪分离到 PCV3,需要进一步研究。

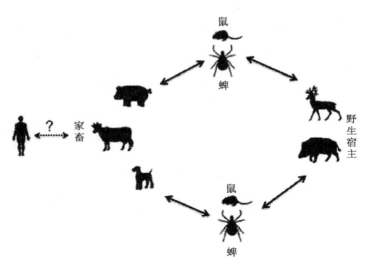

图-26　PCV3 种间传递循环示意图

1. 新生仔猪先天性震颤（CT）　Ye X 等（2018）报道 2016 年 12 月至 2017 年 4 月两广多个猪场发生 CT，主要症状为头部和四肢震颤，并导致新生猪行走和站立困难，最终导致仔猪死亡。通过对患病仔猪的心脏、肺脏、脾脏、肝脏和脑检测，检测到 PCV3。

2. 猪呼吸症状和腹泻症状　我国从具有严重呼吸症状猪中检出 PCV3，断奶仔猪感染率达 63.76％；具有腹泻症状的断奶仔猪感染率为 17.1％。

3. 猪皮炎肾病综合征　从猪皮炎肾病综合征母猪中分离到 PCV3。

4. 猪繁殖障碍症　从流产胎儿中检测到 PCV3；从公猪精液中检测到 PCV3。

PCV3 因未能细胞分离，故尚未有疫苗。

三十二、犬传染性肝炎（Infectiou Canine Hepatitis，ICH）

本病最早是 Green 在 1928 年从一次狐脑炎的流行中发现。

Rubarthe（1947）认为是犬的传染病，1961 年后证明本病不同于犬瘟热，是独立疾病。病毒为双股 DNA，病毒颗粒对称衣壳，直径 70～80 nm，核内呈特征性的晶体排列，核内有包涵体。该病毒只有一个血清型。在自然条件下，犬、狐、猴、猪、豚鼠、雪貂是贮存宿主。易感动物有人、犬、猴、猪、豚鼠、熊、狐等。

三十三、朊病毒（Virino）

朊病毒又称蛋白侵染因子（Prion）。1985 年英国朊病毒病发生于牛，经病理组织学检查定名为牛海绵状脑病（Bovine Spongiform Encephalopathy，BSE）。该病毒感染牛、小鼠、大鼠、猫、羚羊、水貂，也可感染猪、鸡。O Lipp 等研究表明猪多次经脑内接种疯牛病脑匀浆时对 Prion 易感，猪可感染疯牛病，但经口途径接种未发生感染。用 Prion 污染的肉骨粉曾广泛饲喂猪群，通过饲喂试验表明猪对 Prion 有相对抵抗力。

三十四、猪感染人甲型和乙型病毒性肝炎(Viral Hepatitis A and B,HA and HB)

乙型肝炎病毒在分类上属于正嗜肝病毒属。病毒DNA由3.2 kb组成,为环状部分双股RNA,分为长的负链(L)和短的正链(S)两股。实验动物黑猩猩、恒河猴、长臂猿可实验感染乙型肝炎病毒。报道从牛、羊、猪等多种动物血液中检出HBsAg和HBsAb。

徐卫民等(1996)检测了屠宰场待宰的94头6～8月龄家猪的人甲、乙肝病毒抗原、抗体。结果,抗-HAV-IgM血样78份,仅1份阳性(1.28%);IgG 91份,84份阳性(92%～31%);HBsAg阳性率10.64%,抗-HBs阳性率为22.37%,而HBeAg、抗-HBe和抗-HBc均为阴性。中和试验结果,18份HBsAg双抗夹心法阳性血样,其中10份被抗HBsMcAb所中和;22份抗HBs双抗夹心法阳性血样中,18份被纯化HBsAg中和,20份被HBsAg阳性血清中和,有17份血样同时被两种中和试剂中和。Song Y.J等(2016)用ELISA法检测自然环境中采集的460份不同年龄的猪血清,其抗-HAV抗体阳性率为3.5%。实验室猪口服和静脉注射HAV,猪出现病毒血症及在攻毒后1周粪便排毒,在攻毒后28天出现抗体,并持续15天。被感染猪没有发热、黄疸等症状。

三十五、布弓瓦纳病毒(Bungowannal Virus)

该病毒是一种与瘟病毒有交叉反应的新病毒。血清学qRT-PCR和原位杂交表明,病毒为引起猪心肌炎综合征(porcine myocarditis syndrome,PMC)暴发的病原体。报道2003年6月澳大利亚新南威尔州某猪场3～4周龄仔猪突然死亡,母猪死胎明显增加,并有木乃伊胎,以多灶性非化脓性心肌炎病变为主。鼻腔攻毒可起临症,3天出现病毒血症,可从口、咽分泌物检出病毒。病毒多少依次为口咽分泌物、鼻分泌物、结膜分泌物、粪便。10天转阳。

三十六、猪丙型肿瘤病毒(Porcinetype - Concorius)

哺乳动物的C型肿瘤病毒包括那些与小白鼠、仓鼠、豚鼠、猫、猪、牛及灵长类的肉瘤和白血病有关的许多病毒。最初猪的丙型肿瘤病毒是从猪的淋巴肉瘤中分离获得的。此病毒在屠宰猪中发生率为0.3/10万～5/10万,占已知肿瘤猪的1/4。据针对猪内源性逆转录病毒(PERV)基因组的研究报道,猪体内可能存在着9个群的内源性逆转录病毒,其中5个群为丙型转录病毒,分别为g1～g5;4个群为乙型逆转录病毒,分别为b1～b4。这些内源性病毒在基因组中拷贝数从2(b2和g5)到约50(g1)不等。g1、g2、b4在成年猪肾组织内转录成RNA,且肾脏中猪内源性逆转录病毒DNA的水平高于心脏。其中g1,即猪丙型肿瘤病毒是目前唯一已知具有感染性的病毒。肖能芳(1980)从泸州肉联厂屠宰猪中发现两例猪淋巴性白血病。本病国外报道发生于4～12月龄猪,其中5～6月龄猪较多发。肉眼检验发现猪全身性淋巴结(尤其是股沟淋巴结)显著肿大,呈灰白,皮、髓质消失,呈鱼肉状;实质器官显著大等。第一例病猪营养中下等,宰前无明显症状,宰后见浅腹股沟淋巴结、股前淋巴结肿大,灰红色;肝脾肿大,呈红褐色;肾肿大;肠系膜淋巴结肿大,灰红色。镜检发现,脾造血组织增大显著,未分化的母细胞占大多数,肝、脾、肾均有淋巴细胞浸润。第二例病猪营养中下等,精神不佳,腹部膨胀;宰后检验发现,脾肿大数倍,长 70 cm,重 1.5 kg,质较硬脆,红褐色;滤泡肿大,有的如小米粒大小,灰白色,部分滤泡形成结节而散在脾内并已出血、坏死;肝肿大、重 3.5 kg,土黄色,质脆,切面可见片状及结节灶坏死灶;脂肪变性;肾肿胀,有灰白色或红褐色相同斑块,灰白色结节稍隆起于表面;全身淋巴结肿大,呈灰白色,有坏死灶;皮、髓质界限消失呈鱼肉样。镜检发现,淋巴结、肝、脾、肾均有淋巴细胞浸润,形成大小不等的淋巴细胞集团。

Snyler 和 Theilen 氏纤维肉瘤病毒(S.T.fibrosarcoma Virus)是从猫纤维肉瘤中分离出来的一株与 C 型肿瘤病毒类似的病毒。把用组织培养的病毒注射给新生的小猫能引起肉瘤,并能引起猫、鼠、猴及新生幼犬、家兔、猪、羔羊等产生肿瘤。

三十七、乳头瘤病毒(Papilloma Virus)

双股 DNA 病毒,可引起自然宿主兔、牛、马、鹿、仓鼠等产生乳头状瘤,在猴、山羊、猪等动物体内发现乳头状瘤病毒。猪生殖器乳头瘤病毒(Genital papilloma virus of pigs)天然病灶发生于猪外生殖器,潜伏期 8 周,不感染其他部位的皮肤。人、牛、兔、豚鼠、小白鼠和鸡胚均无易感性。在乳头状瘤的细胞中可见胞浆内包涵体。Parish(1961)报道患此病公猪的外阴道自然发生乳头状瘤病。此病毒可通过在成年猪的外阴部皮肤上的划痕或注射而感染,注射后 8 周出现疣。在病变中见到细胞质的包涵体。

三十八、印基病毒(Ingwavuma Virus)

该病毒于 1959 年首次在南非的 Ingwavuma 河地区采集的鸟标本中分离得到,1962 年从同一地区采集的库蚊中再次分离到。其可感染人、猪、犬、牛、水牛、多种鸟以及鸭、鸡等。

第一节 细菌感染性疾病

一、大肠杆菌病(*Colibacillosis* E.coli)

该病是由埃希氏大肠杆菌群中某些血清型大肠杆菌或者称致病性大肠杆菌引起的人与畜禽的一种条件性传染病。其病症复杂多样,主要表现有腹泻、败血症、或为各器官的局部感染、或表现中毒症状。大肠杆菌可引起人和动物多种综合征,是人与畜禽等动物的结肠和大肠中的常居栖息菌群,是粪便中的主要微生物,也是地球表面上分布最广的细菌之一。在常态下,可从粪便中检出的大肠杆菌的数量:人为 $10^{7\sim9}$ CFU(菌落形成单位),猪为 $10^{8\sim9}$ CFU,当它们在肠道中维持在一定数量级时,都为人畜肠道正常菌群,对人和动物是有益的,很难检出致病菌;但在机体状态和环境条件发生相关性的变化时,肠道中大肠杆菌数量或某些血清型出现骤增或骤减。也有人认为在应激等多因素诱导下,肠道有益菌群紊乱,会造成以消化道功能紊乱等为主的综合症。此时常有一些特定血清型大肠杆菌在某一群人或动物粪便或体内分离到,因而又称大肠杆菌病为条件性疾病。本病发病率高,感染、发病面广,病菌总是与人畜粪便一同存在,可通过污染的水、食品和环境致易感人群、动物发病,故又称食源性疾病。

[历史简介] 埃希氏大肠杆菌是慕尼黑儿科医生 Theodor Escherich(1885)从婴儿的一块肮脏的尿布上发现的,并发表在当年"新生儿和婴儿的肠道细菌"一论文,但很长时间内都认为大肠杆菌是脊椎动物胃肠道中的一种正常共生菌。Kauffmann(1943)建立了一个包括 25 个菌体(O)抗原、55 个表面(K)抗原和 20 个鞭毛(H)抗原的抗原表,形成血清分类法。从 20 世纪 40 年代到 70 年代初,欧洲、美国等地,接连发生数起医院内同一大肠杆菌血清型菌株引起的婴儿肠炎流行。Galdshchmids 首先利用血清学技术确定一些 Coli 为婴儿腹泻的致病因子。Bray(1945)从 51 名中 48 名腹泻小儿的粪便中分离到大肠杆菌,并发现这些细菌能使家兔发病;同时发现一些腹泻婴儿粪便中培养得到的大肠杆菌具有一种独特气味,从而提出特殊大肠杆菌也许能导致婴儿腹泻,并发现上述菌株的抗血清与腹泻婴儿中分离的 95% 的大肠杆菌起凝集反应,而非腹泻婴儿 100 株菌中仅 4 株有凝集反应,后将这些菌株

归于大肠杆菌 Var.neapolitanum。Giles 等（1971）论述了流行在英国阿伯丁地区由同一血清群（型）菌株引起的婴儿肠炎；207 名婴儿中 51％死亡，流行高峰在 4～6 月，流行主要发生在婴儿中，这些细菌与 Bray 发现的大肠杆菌 Var.neapolitanum 相同。Taylo 等报告在几次婴儿肠炎暴发流行中几乎全部均可分离到同一血清群（型）菌株，并在当时命名为 Bacterium Colineapolitionum（BCN），并认为是夏秋季节儿童腹泻的病原菌（后来 Kauffmann 和 Dupont 鉴定为血清群 O_{111}）。人们才发现原来有一部分大肠杆菌是致病的，这是最早被称谓的致病性大肠杆菌（Enteropohogenic Eschrichia Coli，EPEC），这改变了对大肠杆菌的传统观念。但当时将所有的病原性大肠杆菌都归纳至 EPEC。Neter（1955）提出致病性大肠杆菌（EPEC）概念，即与腹泻相关的大肠杆菌。但在后来 Ewing 等发现，此类菌株只包括致腹泻大肠杆菌的某些血清群（型）。在 1995 年巴西圣保罗的第二届国际 EPEC 大会上，与会者对 EPEC 定义达成共识：EPEC 为致泻性大肠杆菌，对小肠细胞产生特征性的黏附与脱落（attaching and effacing，A/E）组织病理损伤，不产生志贺、志贺样或 Vero 毒素。基于 EPEC 携带的毒力基因的不同，将 EPEC 分为典型（tEPEC）和非典型（aEPEC）肠致病性大肠埃希菌。tEPEC 菌株含有编码紧密素（intimin）的 eaeA 基因和编码束状菌毛的 bfp 基因，而 aEPEC 菌株只含有 ene 基因。De 等（1956）发现能引起旅游者和婴幼儿腹泻的大肠杆菌，定名为 ETEC。Taylor 和 Betelheim（1966）发现产毒素大肠杆菌（ETEC），主要引起幼儿和老人发生水样腹泻。Smith 和 Gyles（1970）的研究证明大肠杆菌能产生肠毒素，包括耐热肠毒素（ST）和不耐热肠毒素（LT）两类。这一研究结果曾引起了一场学术争论，部分学者认为，毒素是 EPEC 的毒力因子，将 EPEC 与肠产毒性大肠杆菌（ETEC）的概念互用；另一些学者则认为 EPEC 的菌株并不产生肠毒素，许多产肠毒素的菌株也不属于所谓的 EPEC 血清群（型）；Levine 等将 3 株在数年前分离的不产生肠毒素的 EPEC，给志愿者口服后发生了腹泻；人们至此认识到 EPEC 与 ETEC 是两类不同的致腹泻大肠杆菌，并从此正式建立了 ETEC 的概念。现已明了，EPEC 和 ETEC 的致病机制亦各不相同，临床表现 EPEC 主要是引起婴幼儿腹泻，ETEC 则主要是引起婴幼儿腹泻和 DT。1943—1945 年地中海的美国士兵和 1947 年英国儿童中暴发胃肠炎，症状类似于志贺氏菌等致的腹泻疾病，主要是较大年龄儿童和成年人发病；Sakazakin 等（1967）从患痢疾患者粪便中分离到大肠杆菌，被确定为侵袭性大肠杆菌（ETEC）。Konowalchuk（1977）报告，从致病性大肠杆菌中分离出一种对 Vero 细胞具有广泛且不可逆损伤毒性的细菌，并将这类细菌命名为 STEC。Riley（1982）从美国一例 STEC 食物中毒患者的粪便中发现大肠杆菌 O157：H7 菌株，具有致病性，确认引起 HC 的相应病原大肠杆菌为 O157：H7 菌株；该菌是人畜共患病细菌。Levine（1987）提出肠出血性大肠杆菌（EHEC）概念，感染的临床表现多样但以儿童和老人较易发生的 HC 最为常见，包括 O157：H7、O16：H11、O111 等血清型。1996 年前文献中根据肠出血性大肠杆菌所产生的毒素特点，将其称为产志贺样毒素的大肠杆菌（SLTEC）。Paton（1998）报道了 STEC 广泛定居于牛、绵羊、山羊、猪、犬、鸡等多种动物消化道，可成为 STEC 的储存宿主。Mathewson 等（1985）分离到一类新的致腹泻大肠杆菌，根据对 Hep - 2 细胞的黏附特征，命名为集聚性大肠杆菌。Nataro 等（1987）正式将其定名为肠集聚性大肠杆菌（EAggEC），临床表现主要是小儿顽固型腹泻及 DT。徐建国等(1994)在我国腹泻病例中发现肠产志贺样毒素且具侵袭力的大肠杆菌,明确其独立作为人致泻大肠杆菌的病原学意义,故提出 ESIEC 概念。

对动物最早发生大肠杆菌病及相应病原菌的论述,目前,尚未见明确的资料。但根据大肠杆菌广泛存在的生态特征,以及现在所知多种动物对病原性大肠杆菌的易感性推测,动物大肠杆菌病的发生应该早于人大肠杆菌病。Shanks(1938)就描述了猪水肿病及其症状,直到 1955 年 Schofield 和 Davis 确定某些大肠杆菌对猪具有致病能力,从死亡猪水肿病猪的肠道内分离到大量溶血性大肠杆菌,如 O138:K81、O139:K82、O141:K85、O47:K87、O157:H2、O98、O75、O127 等。Bergeland(1980)对新生仔猪腹泻病原鉴定发现,48%由大肠杆菌引起。方定一等(1963)首先报道了仔猪白痢,他们从 1956 年起从患病猪场的粪便和脏器中分离的 49 个菌株中,鉴定出了 3 株为大肠杆菌,并利用分离菌株制备了抗血清。其后方定一、何明清研制了无毒大肠杆菌菌苗。樊英远(1980)在分离到青山大肠杆菌强毒株基础上与中国科学院合作首先在我国研究成功 K88、K99 二价基因工程菌苗并应用于猪的免疫。

[病原]　大肠埃希氏菌(*Escherichia coli*, E coli),又称大肠杆菌,属于埃希氏菌属,还包括赫曼氏埃希大肠杆菌、蟑螂埃希氏大肠杆菌、脆弱埃希氏大肠杆菌和奥格森埃希氏大肠杆菌等。

大肠杆菌革兰氏染色阴性;普通染色着色良好,两端略深,为需氧兼氧菌;为无芽孢、两端钝圆的卵圆形或杆状菌,大小为 $1\sim3\ \mu m\times0.4\sim0.7\ \mu m$,有鞭毛,不具有可见荚膜;在有些环境条件下,出现个别长丝状;多单独存在或有成双,但不形成长链排列;约有 50%的菌株具有周身鞭毛而能运动,但多数菌体只有 $1\sim4$ 根(一般不超过 10 根);有的菌株具有荚膜或微荚膜,不形成芽孢;多数菌株生长有菌毛,其中有的为对宿主及其他一些组织细胞具有黏附作用的宿主特异性菌毛。电子显微镜观察,菌体杆状,菌体表面呈皱褶状,不平整但光滑,周身鞭毛,有的周身菌毛。

大肠杆菌对营养的要求不高,在普通营养琼脂培养基上能良好生长,多形成光滑型(smooth,S)菌落,亦有的能形成粗糙型(rough,R)菌落,有的为介于两者之间的中间型(intermediate,I),有的为黏液型(mucoid,M)。在普通培养基上菌落为圆形、隆起、光滑、湿润、半透明近无色,直径在 $2\sim3$ mm;在血液琼脂培养基上,具有溶血能力的菌株在菌落周围形成明显的 β 型溶血环,很少有 α 型溶血的;在麦康凯琼脂培养基和远藤氏琼脂培养基上为红色菌落;在沙门氏菌—志贺氏菌琼脂(SS)培养基上多数不生长,少数形成深红色菌落;在伊红亚甲蓝琼脂(EMB)培养基上,形成紫黑色并带有金色光泽的菌落;在中国蓝琼脂培养基上,形成蓝色菌落;在普通营养肉汤中呈均匀混浊生长,管底常有点状沉淀且有的菌株能形成轻度菌环;在半固体培养基中,能形成鞭毛,具有动力的菌株沿接种穿刺线呈扩散生长;在有氧或无氧环境中均能良好生长繁殖,但在氧气充足条件下生长发育较好;于 $15\sim45$℃条件下均可生长发育,最适温度为 37℃;生长发育的适宜 pH 为 $7.0\sim7.6$,最适 pH 为 7.4。

大肠杆菌的生化代谢活跃,发酵葡萄糖产酸、产气(个别菌株不产气),能发酵多种碳水化合物和利用多种有机酸盐。在常用的生化特性检测项目中,甲基红试验阳性,吲哚产生和乳糖发酵阳性(个别菌株阴性),V-P 试验阴性,尿素酶和柠檬酸盐利用阴性(极个别菌株阳性),硝酸盐还原试验阳性,氧化酶阴性,氧化—发酵试验(O-F 试验)为 F 型。但也有非典型菌株异常生化特性的表达,这很可能主要是与其微生态环境效应直接相关联。如大肠杆菌中存在不产气的、无动力的非典型理化反应菌株,它们一般属于特定的 O 抗原群,其中,以 O1、O25 常见;大肠杆菌中有一群低活性大肠杆菌,O127a:NM(属 EPEC)、O112a、112c:NM 和 O124 血清群(属 EIEC),吲哚阴性大肠杆菌(被称为大肠杆菌 II 型);H_2S 阳性大肠杆菌从人、鸡中分离;尿素酶阳性大肠杆菌从马、骡、猪、鸡等中分离。

该菌 DNA 的 G+C mol% 为 48～52;模式株:ATCC 11775,CCM5172,CIP54.8,DSM30083,IAM12119,NCTC9001,SerotypeO1:K1(L1):H7;GenBank 登记号(16SrRNA):X80725。

病原性大肠杆菌和人与动物肠道内寄居的非致病性大肠杆菌在形态、染色反应、培养特性和生化特性等方面没有差别。但以一定的几种血清型为主。有些菌株在鲜血琼脂培养基上有溶血现象,而且抗原结构不同。细菌表面抗原结构可用 O(菌体)、K(荚膜,又可分为 L、B、A 3 种)和 H(鞭毛)3 种表示。目前,大肠杆菌 O 抗原已排列到 181,在一些不同的 O 血清群之间存在着交叉反应,即使同一 O 血清群菌株之间有的也存在一定差异,表现尤为突出的是有些 O 抗原又可分为部分(因子)抗原,即 O 抗原因子(如 O19a、O19ab 等),O 抗原是一种耐热(100℃或 121℃不被灭活)的多糖—磷脂的复合体,其抗原特异性是由多糖侧链上的糖类排列顺序和末端化学基因(称为免疫显性糖基)所决定的;K 抗原存在于荚膜和被膜中(也包括菌毛),是大肠杆菌表面几种抗原的总称,其序号已排至 103,存在于荚膜和被膜中的 K 抗原是酸性荚膜多糖(CPS)成分、菌毛是蛋白质成分;H 抗原已明确的有 55 种,属于蛋白质成分。这 3 种抗原相互组合可构成几千个血清型。另外,还有 5 个血清型 F 抗原。对人和某一动物群体引起的致病菌常为一定的几种血清型,称之为致病性大肠杆菌。目前发现的 O 抗原中有 162 个与腹泻有关。目前国际上主要意见将人的致泻大肠杆菌根据致泻性大肠杆菌毒力因子、致病机理和遗传学研究分为 5 类,即 EPEC、ETEC、EIEC、EHEC 和 EaggEC;1994 年又发现肠产志贺毒素且具有侵袭力的大肠杆菌(Entero-SLT-producing and in Vasove E.coli,ELISA)。文献中还可见肠黏附性大肠杆菌(Entero-acherent E.coli,EAEC)和产 VT 毒素大肠杆菌(Verotoxin-producing E.coli,VTEC)。尽管这些病原大肠杆菌在某些特征方面存在完全不同的差异性,但他们均具有一个共同的致腹泻作用特征,因此,可统一归类在致泻性大肠杆菌的名义之下。动物的致泻性大肠杆菌,已被明确的主要是类似于人 ETEC 的菌株。其中人和动物致病性大肠杆菌血清型有一部分是相同的,可以互相传播和感染。

大肠杆菌每种血清型即以其所携带的抗原序号加以命名。以 O:K:H 的抗原式表示,O 抗原是 S 型菌的一种耐热抗原,它的抗原特异性决定于 LP5 的特异多糖侧链的结构。当 S 型丢失,该部分结构时,即变成 R 型菌,O 抗原随之丢失。每个菌株只含有一种 O 抗原。K 抗原又分成 L、A 和 B 3 型,一个菌落可含 1～2 种不同 K 抗原,也可无抗原。除 K88、K99

是两种蛋白 K 抗原外,其余均属多糖 K 抗原。H 抗原为不耐热的鞭毛蛋白抗原,H 抗原能刺激机体产生高效价凝集抗体。其中 O 抗原是血清学分型的基础,无 K 或 H 抗原的菌株则记为 O:K-:H 或 O:K:H-,但也常常是省略 K(因有不少 K 抗原在病原大肠杆菌中是不重要的),如 O8:K25:H9、O33:K-:H-、O38:K-:H26、O121:H-、O157:H7 等;对 H-的菌株也常是直接记为 NM(nonmotile),表示无动力,如 O55:NM:O9:K103,987P:NM 等;另外属于菌毛性质的 K 抗原也常常是直接列出,如在人源 ETEC 的肠道定居因子抗原 I,即 CFA/Ⅰ(F2)、CFA/Ⅱ(F3)及动物源 ETEC 的 K88(F4)、K99(F5)、987P(F6)、F41、F18 等菌毛抗原,则直接写成 O78:CFA/I:H11、O132:987P:H21、O101:K30、F41:H-、O64:987P 等。

致病性大肠杆菌菌株一般能产生 1 种内毒素或 1 或 2 种肠毒素。其毒力因子有:

(1)黏附因子。主要是各种菌毛;1 型菌毛并不只限于致病性大肠杆菌。许多菌毛与病原性有关,P 菌毛、FIC 菌毛、S 菌毛是典型的由 UPEC 产生的菌毛;S 菌毛也常见于 NMEC 菌株。定居因子抗原 CFA/Ⅱ 是人源 ETEC 的黏附结构,K88 是猪源 ETEC 的黏附因子。束状菌毛 BFP 是 EPEC 典型的黏附因子。EaggEC 有一种不同类型的束状菌毛,称 AAF/Ⅰ。EPEC 和 EHEC 产生非菌毛性质的黏附素、称紧密素,对形成紧密黏附必不可少。

(2)外毒素。如 STEC 的 Stx1 和 Stx2;ETEC 的 LT1 和 LT2、Sta、STb 等;UPEC 产生的 CNF1、EaggEC 产生的 EAST 等病原性大肠杆菌最明显的毒力因子。

(3)内毒素。主要是脂多糖等,是败血症发生的重要原因之一。

(4)侵袭素。如气杆菌素、α-溶血素等;侵袭性质粒抗原发现于 EIEC,它发现于引起败血症的菌株;溶血素见于许多致病性大肠杆菌,如在 UPEC 菌株中常见,也是猪 ETEC 和 STEC 菌株中常见的毒素。

(5)大肠杆菌素。引起全身性感染的大肠杆菌多数拥有一个质粒,该质粒编码大肠杆菌 V(Colicin V),据认为与大肠杆菌引起的败血症关系密切;

(6)抗免疫反应作用。其他如荚膜、K 抗原、脂多糖等有抗吞噬活性,也抵御血清免疫物质,是 UPEC、NMEC 及全身感染的重要致病因子,常见的是 K1 和 K5 抗原。

内毒素能耐热,100℃经 30 分钟被破坏。肠毒素有两种:一种不耐热(LT),有抗原性,经 60℃,10 分钟破坏;另一种耐热(ST)无抗原性,经 60℃以上温度和较长时间才被破坏。据 1976 年美国农业部家畜疾病研究中心报道,由北美分离产生的 LT 肠毒素的大肠杆菌菌株,从猪分离到的比从牛分离到的多,大多数由牛分离的菌株不产生肠毒素。

此外,在与基因有关的毒力岛(HPI)主要含有与铁摄取有关的毒力基因簇,它是赋予细菌致病性和毒力的重要因素,介导感染过程。Schubet(1998)发现 93%的 EaggEC、27%的 EIEC、5%的 EPEC 和 ETEC 具有 irp2-fyuA 基因簇。

大肠杆菌对外界环境的抵抗力不强,50℃加热 30 分钟、71～72℃,经 15 分钟,亦可死亡。对于低温具有一定的耐受力,但快速冷冻可使其死亡,如在 30 分钟内将温度从 37℃降至 4℃,则对其有致死作用。对于要废弃的大肠杆菌材料,常采用高压蒸气灭菌的方法处理(121℃、105 kg/cm²)条件下,15～20 分钟可有效杀灭大肠杆菌。实验室研究表明 pH 3 以下或 pH 10 以上的酸碱条件下迅速死亡。常用消毒药在数分钟内即能杀抑该菌，如 5％～10％的漂白粉、3％的来苏水、5％的石炭酸等。

[流行病学]　大肠杆菌广泛存在于自然界，主要栖息于人及恒温动物的肠道，是脊椎动物胃肠道中的一种正常共生菌，虽在其他动物肠道中也有存在，但其数量相对较少。

自从 Escherich 在 1885 年发现后的 60 多年间，一直被认为是人和动物肠道中的正常菌群的主要成员之一，但后发现有一类大肠杆菌，被称为病原性大肠杆菌。其具有广泛的致病性，致病力变得越来越强，对猪的危害性越来越大，主要表现在大肠杆菌的血清型多，抗原复杂。已知猪病大肠杆菌有 ETEC、EPEC 和 AEEC 及 EHEC 4 个类型多个血清型，如全球流行的典型 ETEC 血清型约为 40 余种，其 O 抗原群常见的约 20 余种。同时，大肠杆菌流行血清型差异性和变异大。我国流行的大肠杆菌血清型与国外多数国家的常见血清型及频率分布有一定差异；不同地区流行的血清型亦有较大差异，各地都有优势血清型；同一猪场亦可能存在多种血清型，不同时期流行的血清型也不尽相同；同一猪场肠道内可分离到几种血清型，不同时期流行的血清型也不尽相同。20 世纪 30 年代～60 年代，O8 曾是最常见的致病血清型，而 70 年代 O149 成为最常见的致病血清型，随后 O101 血清型分离率逐步提高。O119 原为犊牛消化道致病菌的主要血清型，现在已成为仔猪腹泻性大肠杆菌的优势血清型。自人类大肠杆菌 O157:H7 的分离，猪的 O157:H7 等致病性大肠杆菌分离率亦逐渐增加。

动物的大肠杆菌病要比人的更具广泛性。动物大肠杆菌病的发生与流行，直接与养殖环境的卫生条件、养殖密度、饲养管理水平、集约化程度、畜禽粪便无害化处理效果、疫病防控等有关，尤其在猪、鸡、牛、兔等这些群体养殖动物中表现突出。其流行情况，即使在同一国家、地域或场，也会存在不小的差异。其中以猪和鸡最易感且危害严重。一般情况下，均以幼龄动物的发病率和死亡率高。新生仔猪只要与 1 000～1 万个致病性大肠杆菌接触就足以感染。一窝猪数量多（15 头比 7 头）更容易发病。断奶仔猪大肠杆菌感染，断奶后头 7 天，仔猪腹泻率为 0.6％；8～13 天为 32％，14～17 天为 41.4％，22～28 天为 8.4％。断奶体重大于 2.5 kg 比小于 2.5～2.1 kg，发病死亡率低 2.6％～3.5％。断奶前后 6～8 天，临床健康仔猪粪便中也有溶血性大肠杆菌。在空肠前段内容物中，患猪比健康猪溶血性大肠杆菌多 10^3～10^5 倍，通常在小肠绒毛表面及上皮的隐窝中能找到。大肠杆菌在动物中可引起多种综合征。

人与动物的大肠杆菌病，无论是胃肠道感染还是胃肠道外感染，其传染源主要是病人或患病动物或病原携带者。在胃肠道感染患者粪便中有大量病原菌排至体外构成主要传染源，多是通过粪—口、人—人、人—动物—人或病原污染水、蔬菜、水果、饮料、饲料、动物制品等传播；哺乳期仔猪、犊牛或其他幼龄哺乳动物等，主要是因母体的乳头被污染后，幼仔动物通过吮乳经消化道发生感染，或接触污染环境（水、饲料、污物等），经口、消化道感染。母猪肠道外感染可能与污染环境有关。

我们已经知道，虽然在大肠内大肠杆菌数量小于全部菌数的 1％，且对于一个物种有致病性的大肠杆菌的血清型对另一物种则没有致病性；某些血清型具有种特异性，另一些血清型则没有。Hinton(1985)报道猪的大肠杆菌存在于胃肠道,个别猪的大肠杆菌群较为复杂,在一个猪中可鉴定出 25 种以上的大肠杆菌菌株;Katonli(1995)报道,很多显性品系在肠道内 1 天或数周就发生改变而引起显性菌群的连续变化。而且自发现大肠杆菌以来,致病性大肠杆菌数量不断增多,而且每隔一段时期后,主要致病性大肠杆菌菌株都会发生变化。以及致病范围扩大,增加了很多新病症。在英国等地,曾从猪、胴体、屠宰场工作人员、肉食店腊肠里分离到具有 R 因子的耐抗生素大肠杆菌。猪源大肠杆菌耐药增强,常超过治疗量的 4 倍至数倍。胡功政用 7 株猪中分离菌中的 5 株可产生 β-内酰胺酶耐药株试验,耐药能力达 1 000 ppm 以上。近年来非典型肠道致病性大肠埃希菌在世界广泛流行。我国福建已从腹泻病人、猪场小猪与母猪粪便中分离到 aEPEC 菌,其致病性、交叉感染及流行病学状况值得关注,但该病原的检出率在逐年上升,将会成为人猪等畜禽今后肠道致病菌主要菌型,要予以关注。而更重要的一点是我们还不知道为什么这样。

[发病机制]　肠黏膜屏障是由肠黏膜上皮细胞、肠黏液层、肠黏膜免疫系统、肠道正常微生物群等环节组成的复杂的防御系统,在阻止病原微生物入侵方面有非常重要的作用,而病原的黏附、侵袭,对宿主细胞的破坏及毒素的作用,是病原细菌发挥致病作用的 4 个重要方面;病原大肠杆菌都具备以上作用,在病原菌进入消化道后常是首先黏附于肠黏膜上皮细胞上,大量生长繁殖,产生肠毒素以及其他毒素,也有的直接侵入细胞,发挥致病作用。机体受到感染,肠黏膜屏障的损坏将导致各种炎症疾病和自身免疫病的发生,则会出现相应的一系列病理损伤和临床表征。

1. 细菌黏附作用对感染发生的介导　病原菌与宿主上皮细胞的黏附是病原菌定植的重要阶段。黏附作用常具有一定的宿主特异性,某些病原大肠杆菌可以牢固地黏附于某些组织细胞表面,这一作用主要是靠大肠杆菌的 CFA 来完成的;常见的 CFA 是大肠杆菌的宿主特异性菌毛黏附素,另外则是某些大肠杆菌表面所具有的非菌毛黏附素。大肠杆菌通过黏附素与特定的细胞表面受体结合,使其固着于相应细胞,构成了感染发生的先决条件。

(1) ETEC 的黏附特征。ETEC 所表达的黏附素主要包括人源 ETEC 菌株的 CFA/Ⅰ、CFA/Ⅱ 及动物源 ETEC 菌株的 K88、K99、987P、F41、F18 等,均为宿主特异性菌毛黏附素。其中的 CFA/Ⅱ 又可分为大肠表面(Coli surpace,CS)抗原亚成分 CS1、CS2 和 CS3(菌株可同时表达 CS1、CS3 或 CS2 和 CS3、或仅表达 CS3 或 CS2);Thoma 等(1982)报告了 E8775 (CFA/Ⅳ)菌毛,由 CS4、CS5 和 CS6 组成(菌株可同时表达 CS4 和 CS5 或 CS5 和 CS6、或仅表达 CS6)。K88 含 K88ab、K88ac、K88ad 3 种抗原血清型;F18 含 F18ab 和 F18ac 2 种抗原血清型,F18ab 与仔猪水肿病有关、F18ac 与仔猪白痢有关。这些菌毛黏附素,也常与某些特定的 O 群及肠毒素类型相关联。已知不同的 ETEC 菌株可籍相应的菌毛黏附素特异性地定居于宿主细胞表面,这种黏附作用还有的能直接导致宿主细胞的损伤。

(2) EPEC 的黏附特征。黏附是 EPEC 发挥致病性所需要的。EPEC 黏附在肠上皮细胞表面的微绒毛上,诱导特异性的组织病理学改变。已知 EPEC 能黏附于肠上皮细胞表面,此时肠上皮细胞可将细菌包裹起来,但细菌并不侵入到细胞内 EPEC 虽是胞外菌,但是可以和肠上皮细胞紧密黏附,产生特征性的黏附和脱落(A/E)损伤,然后影响到上皮细胞吸收。在体外也可以黏附宿主上皮细胞,导致细胞异常,包括细胞凋亡和紧密连接损失有关的黏膜屏障的破坏。与致病性相比,EPEC 和宿主之间更像是共生的关系。相关研究发现 EPEC 对细胞所表现出的 LA 和 LD 两种黏附作用,并不是由菌毛介导的,而是由存在于菌体表面被称为黏附素的物质所介导,如由位于染色体上一个 35 kb 大小被称为 LEE(肠细胞消除位点)毒力岛上的 eae 基因(其中的 ae 是 attaching 和 effacing 的英文缩写),所导致的致病作用,是由其编码的一种分子量 94 kDa 的细菌外膜蛋白(曾被称为 EAE 蛋白)被称为紧密素(intimin)所承担的,紧密素能与宿主细胞膜上的相应受体结合,也是 EPEC 近距离黏附和侵入宿主细胞的主要物质基础;EPEC 靠紧密素与宿主细胞发生近距离黏附后可致宿主细胞支架发生重排,在细菌黏附处形成一个致密的纤维样肌动蛋白垫即"底座"(pedestal)结构,细菌定居其上,此时则使被感染的细胞表现出微绒毛破坏、消除(刷状缘脱落)的黏附消除效应(attaching and effacing,A/E)亦称 A/E 损伤(A/E lesion),同时细菌侵入到宿主细胞内。Baldini 还发现 EPEC 对 HEP-2 细胞的黏附作用,是由一个 Mr 为$(50\sim70)\times10^{6}$ 的大质粒控制的,由其所表达的 EAF 介导;另外,已知 EPEC 还能产生 BFP,能与宿主细胞发生远距离黏附。

(3) EHEC 的黏附特征。在 EHEC 由质粒编码的黏附因子(菌毛)可使菌体紧密黏附于盲肠和结肠上皮细胞膜的顶端,同样可以发生像由 EPEC 那样所致的损伤,但并不侵入到细胞内,也是与 eae 基因相关的。Baines 等(2008)报告,在对 EHEC 的研究中,发现 O157∶H7 菌株在牛的肠道中存在并能导致肠黏膜的 AE 损伤及水肿等病变。

(4) EaggEC 的黏附特征。已有研究报告显示,EaggEC 对 HEP-2 细胞所表现出的特征性集聚性黏附作用是由质粒所控制的,在多种菌毛中,一种被称为集聚性黏附菌毛 1 (AAF/1)的菌毛可能与其有关的。

(5) UPEC 的黏附特征。UPEC 菌株具有两种性质的菌毛,其一是甘露糖敏感血凝(MSHA)的 I 型菌毛(F1)亦即普通菌毛,其二是甘露糖抗性血凝(MRHA)的宿主特异性菌毛。具有宿主特异性菌毛的 UPEC,可黏附于泌尿道上皮细胞并引起病变,可与人类 P 血型红细胞发生凝集,与 UPEC 的致病性有关。通过对引起肾盂肾炎的 UPEC 菌株研究证明,人类 P 血型红细胞抗原成分是 UPEC 菌株黏附的受体,此受体的化学本质为含有 1 个二半乳糖部分的糖脂,人工合成的二半乳糖部分亦可抑制 UPEC 菌株对泌尿道上皮细胞的黏附,因此,亦将具有这类性质的菌毛统称为肾盂肾炎相关菌毛并命名为 Pap 或称 P 菌毛(也称为二半乳糖集合菌毛);UPEC 中不具有上述性质的介导 MRHA 的菌毛被称为 α 菌毛,其性质尚待进一步研究明确。

2. 毒素与病理损伤　已知大肠杆菌可以产生多种毒素,主要包括肠毒素、溶血素、内毒素等,其中,最为主要的是由 ETEC 产生的 LT 和 ST,其次是由 EPEC、EHEC 及 ESIEC 菌株产生的 SLT(即称 VT),这些毒素在致泻性大肠杆菌的感染发病中起着重要作用。

(1) 肠毒素的致泻作用。当 ETEC 籍宿主特异性菌毛黏附于宿主小肠上皮细胞后,便大量生长繁殖并产生和释放肠毒素,刺激肠壁上皮细胞使细胞中的腺苷酸环化酶活性增强,促使细胞内环磷酸腺苷(cAMP)水平增高,导致肠腺上皮细胞分泌功能亢进,引起水和电解质进入肠腔,造成肠腔中大量液体蓄积,超过肠管重吸收能力,加之刺激肠蠕动加快,以致临床上出现腹泻。已知由 ETEC 产生的肠毒素 LT 和 ST,在人源性和猪源性菌株所产生的 LT 非常相似但仍有区别,分别称为 LTh 和 LTp;ST 可分为 STa 和 STb 两种,其中 STb 不能在乳鼠肠道引起液体蓄积,只有 STa 对人 ETEC 具有重要意义,STa 又可分为 STh 和 STp 两类;STh 存在于人源性菌株,STp 存在于猪源或牛源性菌株。Barmam 等(2008)报告用 PCR 方法检测猪水肿病源的大肠杆菌致病因子,发现也具有表达 SLT 的基因 Stx2 以及 eae 基因。另外,则是由 EAggEC 产生的 EAST - Ⅰ,Savarino 等(1991)研究表明在 EAggEC 的 CF 中 2～5 kDa 的蛋白质组分,类似于 ST 但又与 ST 无免疫交叉反应,也不能与 ST 的 DNA 探针杂交,作为 ST 家族第 3 个成员命名为 EAST - Ⅰ;Baldwin 等(1992)认为,毒素在感染部位的积蓄使上皮细胞膜形成超量的孔道,破坏了完整的膜,继之细胞死亡,可能是 EAggEC 引起持续腹泻的一个重要原因。

　　VT 与 ETEC 产生的 LT、ST 不同,但与痢疾志贺菌产生的 Ⅰ 型毒素很相似,因此这种毒素在最初就被描述为 SLT,在后来的研究发现 VT 是两种毒素,它们在抗原性和免疫性方面存在差异,分别称为 VT1(即 SLT1)和 VT2(即 SLT2),其中的 VT1 与 Stx 相似。VT 是不耐热毒素,由噬菌体转导产生。VT1 在结构与抗原性方面与 Stx 非常相似,分子量为 70 kDa,含有 1 个 A 亚单位和 5 个 B 亚单位,A 为活性亚单位(分子量为 32 kDa),B 亚单位(一个 B 亚单位的分子量为 7.60 kDa)的结构尚不清楚;VT2 在结构与抗原性方面与 Stx 不同。VT1 可以被 Stx 抗血清中和,VT2 则不能;VT2 抗血清也不能中和 VT1 及 Stx,但可以中和猪源菌株的 VT2,猪源的 VT2 是引起猪水肿病的 VTEC 菌株产生的毒素,与人源菌株产生的 VT2 不同,只对 Vero 细胞有毒性作用,对 Hela 细胞无毒性作用;为与人源的 VT2 相区别,称之为变异体 VT2(Vaxiant VT2、VT2v),即在前述 Baxman 等(2008)报告基因 Stx2 编码的 SLT。VT1 可阻止肠道上皮细胞的绒毛端对水和电解质的吸收,这可能是最初水样腹泻的原因。VT 毒素主要作用于微血管和血小板,导致血管内溶血性贫血、TTP、急性中枢神经系统功能失调、肠壁缺血坏死,急性肾皮质坏死等。VT 是 EHEC 引起 HC 的先决条件,所有的 EHEC 可被认为是 VTEC,但只有像 O157:H7 及 O26:H11 等血清型菌株那样能够引起临床病理特征的 VTEC 才属于 EHEC,因此,EHEC 实际上是 VTEC 的一个亚群。综合 VT 的作用,包括细胞毒性、肠毒性及神经毒性,是毒性最强的细菌毒素之一,也是导致感染患者死亡或出现严重症状的主要原因。

　　(2)溶血素的细胞毒性。从泌尿道感染患者分离的大肠杆菌,有 35%～60% 的菌株能产生溶血素,这些菌株同时表现为 MRHA,且一般均具有特定的 O、K、H 抗原类型;尽管流行病学资料充分提示溶血素是 UPEC 的致病因子,但其致病机制尚不太清楚,据信是破坏白细胞、损伤肾脏细胞,因溶血素对真核细胞有细胞毒作用;Kausar 等(2009)报告,从 200 例尿道感染患者检出的 UPEC,只有 42 例(占 21%)产生溶血素,有 60 例(占 60%)具有 MRHA 活性。另外则是在动物源的很多菌株,很可能是一种辅助毒力因子。

　　(3)内毒素与内毒素反应。大肠杆菌在崩解后可释放出内毒素,其主要的活性成分是菌细胞壁脂多糖(LPS)中的类脂 A，因此，也常将内毒素与脂多糖视为同义语。在细菌内毒素的致病作用方面，已知不同细菌来源的内毒素所致发病症状及病理变化等大致相同，主要是引起宿主产生非特异的病理、生理反应即所谓的内毒素反应，包括发热、白细胞反应、弥漫性血管内凝血、低血压及休克等。在动物大肠杆菌研究中，有认为内毒素在幼龄猪水肿病的发生中起着重要作用。

3. 侵袭性与病变形成　属于 EIEC 的大肠杆菌具有侵袭性，能够侵入肠黏膜上皮细胞并具有在其中生长繁殖的能力，从而导致病变形成并产生像志贺菌属细菌那样引起的痢疾样疾病。同样，ESIEC 也具有这种侵袭性。已有的研究表明，这种侵袭性的表达均与一个大小为 20～250 kb 的质粒有关，质粒上的侵袭性基因(inv)编码侵袭性担保——侵袭素的产生，基因 inv 的活性受毒力基因 virB、virF、virR 等的调控，基因 virG 也与基因 inv 有关，在细菌依赖基因 inv 侵入肠上皮细胞后，基因 virG 的存在与否决定着细菌是否能向邻近细胞扩散，引起炎症反应。

4. 其他致病活性与效应　20 世纪 80 年代初 Goebel 等在对 UPEC 的研究中，发现在该菌染色体上编码 α—溶血素的一簇基因占据了染色体的一段较大 DNA 区域，被命名为"溶血素岛"；后来发现该岛除了编码 α—溶血素等毒素外，还编码另外一些与该菌尿路性致病有关的毒力因子如 P 菌毛，因此，将其重新命名为致病岛(PAI)亦称毒力岛。到目前已知细菌中发现了 90 多个致病岛，尤其在大肠杆菌中的研究为多，如 UPEC 的 PAI-Ⅰ、PAI-Ⅱ、PAI-Ⅲ，EPEC 的 PAIAL862、PAIAL863，ETEC 的 LEE、TAI，EHEC 的 SPLE1、SPLE2 等。Schubert 等(1998)报告在 93% 的 EAEC、20% 的 EIEC、5% 的 EPEC 和 ETEC，均带有小肠结肠炎耶尔森菌致病岛的 irp-2；孙素霞等(2007)报告，在从腹泻患者粪便中分离的 6 株 EAggEC，检出 5 株具有小肠结肠炎耶尔森菌致病岛。在致病岛上与细菌毒力有关的基因，所决定的毒力因子主要包括：铁摄取系统，黏附素，孔形成毒素，二极载体通路毒素，超抗原，分泌性酯酶，分泌性蛋白酶，O 抗原，由 Ⅰ、Ⅲ、Ⅳ、Ⅴ 型蛋白分泌途径分泌的蛋白，对抗生素的抗性等。对大肠杆菌毒力岛的发现与研究，在揭示大肠杆菌的致病与机体发病机制方面发挥了重要作用。

UPEC 的多数菌株属于一个有限范围的血清群(型)，表面酸性多糖抗原(N-乙酰神经氨酸多聚体)多长 K1、K2、K3、K12 和 K13 等(尤以 K1 常见)，具有抵抗机体吞噬细胞吞噬的作用；K1 抗原还缺乏免疫原性，以致 K1 抗原特别是大量存在时，有助于细菌侵入肾脏；另一方面，这些 K 抗原还具有一定的抗细胞内杀伤作用，这些在决定大肠杆菌引起机体深部组织感染中尤为重要；再者，K1 抗原与 B 群脑膜炎奈瑟球菌多糖的结构可能是一致的(二者间有抗原关系)，其对脑膜具有器官趋向性。另外，多数 UPEC 菌株能产生气杆菌素(aerobactin)，尽管对气杆菌素的研究较多，基因也已被克隆，但其在致病过程中的确切作用尚待进一步研究证明。还有则是从动物源全身性感染病例所分离的一些菌株常带有产生大肠杆菌素 V(colv)的质粒，它与这些菌株引起败血症的能力有关。

以往更多认为鞭毛仅是作为细菌的运动器官，但现在的研究表明，H 抗原与某些菌株的致病作用直接相关，至少有助于细菌的扩散；另外则是某些 H 抗原常限于一定的 O 群菌株，更多表现在致泻性大肠杆菌尤其是 EHEC(如 H7),进一步表明了它与相应菌株致病的关联。

5.Ⅲ型分泌系统(T3SS)   EPEC 利用分泌的毒力因子在宿主细胞膜上先形成Ⅲ型分泌系统(一个镶嵌在宿主细胞膜上的针状蛋白结构,能将细菌分泌的其他毒力因子直接输送到宿主细胞内),然后将特异性毒力因子注入宿主细胞内,瞬即产生 A/E 损伤。A/E 是由细菌的毒力岛编码的第Ⅲ分泌系统注入宿主细胞的毒力因子诱导的。EPEC 毒力岛编码的 EspA、EspB、EspD 和 Tir 是形成特有的 A/E 损伤所需的蛋白。由 EPEC 染色体 eaeA 基因编码的一个 94 kDa 的外膜蛋白 Intimin 与细胞膜上细菌受体 Tir 的胞外部分结合,激活宿主蛋白 N-WASP,形成 Arp2/3 复合物,该复合物可有效诱导微丝的聚合,在细菌入侵的部位形成略凸出于细胞膜表面的基座(pedestals),随后基座周围的上皮微毛消失,直接影响到上皮的吸收。关于 Intimin 的作用机制已取得了广泛研究,Vandekerchove D G F 等(2002)制得了相关抗体或疫苗用于 EPEC 的检测或抵抗。

大肠杆菌的病原性是由许多致病因子综合作用的结果,它们包括黏附因子、宿主细胞的表面结构、侵袭素、许多不同的毒素及分泌这些毒素的系统。一个单一的成分不足以使大肠杆菌变成致病毒株,与其他因子一起共同发挥致病作用,并起主要作用。

[临床表现]   由于病原血清型增多和患猪年龄、饲养环境及抗生素的不规范应用造成了猪大肠杆菌病临床病型多、猪发病日龄越来越宽并有新病型不断出现。大肠杆菌致病菌株产生大量毒力因子引发大肠杆菌病。这些毒力因子使得致病菌株在肠道中定植,并在有利条件下与其他细菌或大肠杆菌中非致病菌株进行竞争。

如张光志等(2010)报道了一起肠侵袭性大肠杆菌(EIEC)致 2 只野猪死亡病例。野猪以发热、腹泻和脓血便为主要症状。剖检可见肝脏中度肿大,肝脏右叶边缘形成坏死灶;肺脏出血和淤血水肿;胃和十二指肠出血,淤血水肿;大肠与小肠部分肠段有出血点和出血斑,小肠内壁段的黏膜坏死脱落,心包积液,血管内弥散性凝血和实质器官变性,其他器官未见异常。

猪大肠杆菌病主要临床表现包括初生到断奶哺乳仔猪腹泻(习惯称为仔猪黄白痢)、断奶仔猪腹泻、水肿病、全身性感染、大肠杆菌性乳房炎及泌尿系统感染等。

1.致猪腹泻的大肠杆菌病   肠道大肠杆菌感染主要表现为腹泻,其程度与大肠杆菌毒力因子及仔猪的年龄和免疫状况有关。严重时临床表现出脱水、代谢性酸中毒及死亡。有些情况下,特别是幼龄猪常常在没有出现腹泻时就已经死亡。Dergeland(1980)鉴定 40% 新生仔猪腹泻是由大肠杆菌引起。新生仔猪下痢可在仔猪出生 2~3 小时发生,初产母猪更易感,死亡率在出生头几天会更高。

(1)哺乳仔猪腹泻。在导致哺乳仔猪腹泻的主要毒力因子中,纤毛抗原以其黏附素致使大肠杆菌固定于肠壁并大量繁殖,产生肠毒素。由于仔猪的肠毒素大肠杆菌病的发病率,在年龄方面有 3 个相关联的高峰,(初生、3 周龄和刚断奶后),在这 3 个时间猪体内抗体也相对有变化,此时正常猪肠毒素大肠杆菌增多,肠毒素使肠的吸收细胞呈退行性变化,使小肠内吸附液体变为分泌液体,营养物质不被吸收,加速大肠菌增殖。与哺乳仔猪(0~6 日龄)

腹泻最相关的是产肠毒素大肠杆菌（ETEC）。ETEC 菌株产生 F4（K88）、F5（K99）、F6、F41（987P）和 F18、F17 等黏附素；同时产生 LT 和 ST 两种毒素。LT1 是一种高分子毒素，作用于肠细胞，激活腺苷酸环化酶，刺激产生 Cl^-、Na^+ 和 HCO_3^- 离子过量分泌，导致腹泻。ST 激活鸟苷酸环化酶，促使产生环状 GMP，从而抑制肠道 Na/Cl 联合转达系统，降低肠道对电解质和水的吸收，引发腹泻，其中 STa 在 2 周龄以下的仔猪中具有活性。此外 EPEC 和 AEEC 和 EIEC 也影响哺乳仔猪的腹泻。

引起仔猪腹泻的大肠杆菌血清型随地区和时间不同而有差异，甚至同一地区的不同猪场的致病性血清也有不同；同一猪场亦可能存在多种血清型，不同时期流行的血清型也不尽相同。20 世纪 30～60 年代，O8 曾是最常见的致病血清型，70 年代 O149 成为最常见的致病性血清型，随后 O101 血清型分离率逐步提高。O119 原为犊牛消化道致病菌的主要血清型，现已成为仔猪腹泻性大肠杆菌的优势血清型。Riley E M（1987）报道，国外发现致仔猪腹泻的常见 ETEC 血清型为 O149、O8、O147，并能产生 LT，STb 毒素。世界范围内，猪源 ETEC 菌株多属于 O8、O9、O20、O45、O64、O101、O138、O139、O141、O149、O157 等 40 余种血清型。Moon（1974）报道对胃肠道具有致病潜力的肠致病性大肠杆菌中，仔猪黄痢的血清型为 O8、O9、O20、O64、O101、O105、O138、O139、O141、O147、O157；仔猪白痢的为 O8、O9、O20、O64、O115、O138、O139、O141、O147。何明清（1988）从 697 头四川哺乳仔猪中分离到 2 091 株大肠杆菌，肠内分离到 330 个 O 抗原，O141 占 11％、O3 占 10.4％、O8 占 9％、O157 占 6.1％、O1 占 5.5％、O9 占 4.2％，此外还有 O14、O45、O147。Smith（1970）阐明了引起猪腹泻症的大肠杆菌所产生的肠毒素可分为耐热和不耐热的两种，产肠毒素大肠杆菌症，一般认为猪在出生后 1～2 天内发病，呈最急性经过，2～3 天死亡。而内村和也等（1983）报道，一有 2 800 头猪的猪场，腹泻是在断奶后 5 天发生，粪便呈黑褐色泥状，一窝中死亡 2～4 头，死亡率约为 30％；一个月中 60 窝断奶猪有 40 窝发病。作者从病死猪的实质器官、肠管（空回肠）粪便及病后 2 个月断奶，5 天的粪便中分离到仅产不耐热肠毒素（LT）大肠杆菌，未检出耐热毒素（ST）大肠杆菌。LT 阳性菌株能引起 y-1 肾上腺细胞的形态，由完整单质细胞变为圆形或纺锤形，剖检见空肠、回肠黏膜肥厚，部分充血。组织学检查见空肠黏膜上皮细胞变性，该处黏膜固有层有轻度细胞浸润；回肠黏膜下层组织的淋巴滤泡增生。

常见的临床上表现有：仔猪黄痢，常发生于出生后 1 周内仔猪，以 1～3 日龄最常见，随着日龄增加而减少，7 日龄以上很少发生，同窝仔猪发病率 90％以上，死亡率很高达 50％，甚至全窝死亡。一窝小猪出生时况况正常，12 小时内突然 1～2 头全身衰竭死亡；在适当条件下，在产仔猪一小时内就会发生严重水样腹泻；1～3 天内其他仔猪相继腹泻，仔猪突然发生腹泻，而后逐渐严重，可几分钟腹泻一次，粪便呈黄色糨糊状，混有小气泡，常有腥臭味，捕捉时，在挣扎鸣叫中，肛门冒出稀粪，并迅速消瘦、少数病猪可能呕吐，过度分泌引起腹泻而致脱水，腹肌松弛、无力、精神迟钝，眼睛无光、皮肤蓝灰色、质地枯燥，仔猪体重下降 40％，阴门、肛门周围及腹股沟皮肤发红。更甚者，发生代谢性酸中毒，以至昏迷死亡。病猪很少在出现腹泻之前就虚脱死亡。

最急性病死仔猪剖检常未见明显病理变化,有的表现有败血症,一般不见尸体严重脱水,肠道膨胀,有多量黄色液状内容物和气体,胃底黏膜发红,肠黏膜呈急性卡他性炎症变化,以十二指肠最为严重,空肠、回肠次之,肝脏、肾脏有时有小的坏死灶。

T.N.Do 等(2004)报道产肠毒素大肠杆菌(ETEC)引起的仔猪腹泻占腹泻病的 31%,这些 ETEC 株的 45.5% 是 O149、K91 和致病性 F4/STa/STb/LT。分离株的 22.2% 含有肠毒素(STa/STb/LT),但不含有已知的 F4、F5、F6、F41 和 F18 的 5 种菌毛抗原基因。用 4 株典型 ETEC 和 1 株非典型 ETEC 菌攻击未吸初乳 1 日龄仔猪,仔猪全部发生腹泻,半数猪在 11～24 小时内垂死,并分离到病原(肠内容物、肠壁上和病理组织),表明 5 株 ETEC 均有致病性和新的黏附菌毛。对 1～12 日龄出现腹泻猪分离的 262 株大肠杆菌检测,有 121 株(88.9%)同时携带菌毛和肠毒素基因。所有 F4/STa/STb/LT 病变型大肠杆菌都属于血清型 O149,可引起 3 个年龄组的仔猪发生腹泻。病变型 F4/STa/STb 的分离株属于血清型 O8:G7,与 1～4 日龄猪发病高度相关。血清型 O111 仅存在 5～14 日龄和 15～21 日乳猪体内,而不引起新生猪发病。血清型 O64 中病变型 F5/Sta 大肠杆菌仅在 14 日龄以下猪体内分离到。

仔猪白痢临床上多发生于 10～30 日龄仔猪,以 2～3 周龄较多见,1 月龄以上的猪很少发生,其发病率约 50%,而病死率低。据研究,由 E.coli 引起的肠炎可见于不同年龄的猪只,且由于肠上皮细胞中存在或缺失特异性的菌毛受体,因此发病年龄通常与菌毛类型有关。携带 F5、F6 和 F41 菌毛的 E.coli(F5＋、F6＋和 F41＋的 E.Coli)通常感染 3 周龄以下的幼龄仔猪,而携带 F4 菌毛的 E.coli 能够引起断奶前后的仔猪发生肠炎。其临床表现为,各窝仔猪发病头数不一,发病亦有先后,此愈彼发,拖延时间较长,可达 10 余天,其症状轻重不一。仔猪突然发生腹泻,开始排糊样粪便,继而变成水样,随后出现乳白、灰白或黄白色下痢,气味腥臭,病猪体温和食欲无明显变化,病猪逐渐消瘦,拱背,皮毛粗糙不洁,发育迟缓,病程一般 3～7 天,绝大部分猪可康复。

病死猪尸体外表苍白、消瘦,肠黏膜有卡他性炎症变化,有多量黏液性分泌液,胃见有食滞。

(2) 动物 aEPEC。aEPEC 被认为是一种在世界范围内所发现的新致病菌。tEPEC 的宿主主要是人类,而 aEPEC 菌株除了在人类样品中可检出外,还存在动物贮存宿主,可从多种健康动物及腹泻动物(猫、犬、马、鹿、绒猴、牛、羊、猪、禽类)样品中分离到。一些动物来源的 aEPEC 菌株属于人类致病血清群,表明这些动物作为 aEPEC 菌株的重要贮存宿主,在动物传播到人中发挥重要作用(表-80)。研究提示,aEPEC 基因组表现为多态性,在种系发生上认为 aEPEC 菌株的来源存在多样性;可能是 STEC 菌株在肠道定居过程中失去了志贺素编码噬菌体或是 aEPEC 菌株失去 EAF 质粒;或者 aEPEC 为人特异 A/E 大肠杆菌部分独特亚型或者人感染了家养动物中缺失 EAF 质粒的 EPEC 菌株。同时对 aEPEC 一种较宽泛的定义,即 eaef,而 bfp－的大肠杆菌。上述两种因素可能成为 aEPEC 基因组表现多态性的重要原因。

表-80　部分国家动物 aEPEC 感染率(%)

国　　家	动物样品来源	感染数(感染率)
印度	212 便粪便(鸡 62、鸭 50、鸽 100)	33(15.6%)
瑞士	198 头猪、279 头羊的粪便	猪(89%)、羊(55%)
巴西	70 只腹泻猫、230 只健康猫 15 只	
美国	1 275 份零售牛肉、猪肉 11 份	
日本	442 只鸟(62 种)泄殖腔拭子	113 只(25%)
德国	803 份(牛、羊、犬、猫、猪、鸡、山羊)粪便	90 份
澳大利亚	191 份胃肠感染的牛粪	15 份

福建调查按 100%相似度,39 株人的 aEPEC 可分为 P1、P2、P5、P114 个相对优势基因型,每个基因型别都只限于一个地区,没有地区间交叉的优势基因型别,可见 aEPEC 引发腹泻病例现有地区间的传播关系,同时没有发现能够跨年度流行的 aEPEC 基因型别。

我国从养殖场 1 例小猪和 1 例母猪粪样中检出 aEPEC。2 株猪源 aEPEC 与人源株的最大相似度 78.8%。尚未发现和人源株在遗传上有密切相关的菌株。

(3) 断奶仔猪腹泻(PWECD)。E.coli 菌株可引起生长-肥育猪腹泻。Svendsen 等(1974)报道由大肠杆菌 O149(无 F4)引起的自然暴发的 PWECD 病例中,一只或多只仔猪在断奶后 2 天左右突然死亡,患猪出现脱水,精神萎靡,极度饮欲,食欲不规律。尾部震颤,直肠温度正常。重症猪步态蹒跚,鼻盘、耳、腹部发绀,死亡高峰在断奶后 6～10 天,也有些猪可康复。近年来有报道 60～90 日龄仔猪发生大肠杆菌感染引起的腹泻,死亡率超过50%。这通常与其他病、滥用抗生素有关。EPEC 与断奶仔猪的腹泻密切相关。AEEC 不仅可引起猪腹泻,而且也能引起人、兔、牛、羊、犬和猫腹泻或死亡。主要的黏附素是 F18 和F4(K88)的菌株。F4 菌株会引发从出生到断奶任何周龄仔猪腹泻。其特征性症状是脱水、嗜睡和衰竭,常会导致高死亡率。F18＋E.coli 均可引起断奶后仔猪腹泻,如携带志贺样毒素(Stx2e)的编码基因,则可归入 STEC 中。其特征性症状是脑、额头、眼睑、胃多组织无显著特点的水肿,共济失调,侧卧,呼吸困难,甚至死亡。国外曾报道一起感染 F18ac＋E.coli 的11 周龄近 1 500 头仔猪出现严重水样腹泻或有呕吐;10%～40%猪出现脱水和寒颤。患者无神经症状或其他的与水肿病有关的症状。断奶仔猪腹泻往往是由吮乳过渡到完全喂食饲料的一个应激反应过程,因饲养管理不善而导致肠内大肠杆菌增殖,引起腹泻,但症状表现缓和,一般不会引起猪只死亡。Wray(1985)报道了一起年龄稍大猪的断奶后腹泻和毒血症与 ETEC 有关。非 ETEC 是其他家畜腹泻的一个病因。猪腹泻菌株大多数实验室中诊断系根据 OK 血清分型或溶血,并且只发现了 ETEC 血清型。因为大多数菌株只产生猪特异性耐热肠毒素(STb),不应忽视非 ETEC 引起猪发病的可能性。Dlsson 等(1980)比较了猪源大肠杆菌菌株产生耐热肠毒素的各种测定方法后,认为是某种毒性因子而不是 LT 和 ST在仔猪肠结扎试验中导致液体积蓄。我国吉林分离的 H10 菌株为引起婴幼儿和仔猪腹泻的常见病原大肠杆菌。

2. 猪水肿病(ED)　是某些血清型的溶血性大肠杆菌引起的肠道毒血症，又称肠毒血症。Shanks(1938)首先报道了此病。本病有多种血清型，最常见的有 O138：K81、O139：K82，此外还有 O2、O8、O9、O45、O60、O64、O75、O98、O115、O121、O147、O149、O157 等。研究证明，这些菌株通常没有侵袭性，但偶尔可在肠系膜淋巴结中分离到。与水肿病有关的血清型菌株对猪有特嗜性，其他动物中没有发现。部分还可见于同样由大肠杆菌所致的哺乳仔猪和断奶仔猪伴有严重腹泻的疾病中。某些大肠杆菌菌株在不同条件下既可引起断奶仔猪腹泻也可引起水肿病。同一猪群可同时发生断奶仔猪腹泻和水肿病。1961 年 Qrskv 从患肠炎和水肿病的病猪中分离到致猪黄白痢的猪源 ETEC F4(K88)，黏附素，已知 K88 抗原有 K88ab、K88ac、K88ad 3 种血清型变异。其受体性质为 β-D-半乳糖，定居于猪小肠前段。由于仔猪断奶后，保护仔猪免受致病菌侵袭的母源抗体 IgA 逐渐减少，肠道抵抗细菌定植能力下降，同时在饲料中蛋白质含量过高，粗纤维不足，过饱，缺硒及气候变化等因素刺激下，致病性大肠杆菌大量繁殖并依赖定植因子黏附到小肠壁上，产生 SLT-ⅡV，ST 及 LT。SLT-ⅡV 以非特异性机制吸收进入血液循环，与血管内皮细胞核平滑肌细胞上的受体结合，阻碍靶细胞的蛋白质合成，从而造成细胞的变性和坏死，引起血管通透性增加，血管内大分子物质进入组织，使组织形成高渗透压，导致水分子的大量进入，最后造成组织的水肿病变。ST 和 LT 能于小肠细胞上促使细胞内 cGMP 和 cAMP 浓度升高，引起肠细胞肠腔内分泌水和电解质紊乱，从而导致腹泻发生。Smith 和 Halls(1968)用 O141：K85a，C 菌株(该菌可产生 SLT-Ⅱe 和肠毒素)攻击 21 头猪，产生单一症状厌食，2 只几天后恢复，其余直到死亡；攻击第 3 天(2～5 天)20 头粪中菌数超过 109 CFU/g；腹泻于第 4 天(1～8)出现，腹泻的 17 头中 1 头死亡；攻击的第 6 天(5～13 天)神经症状明显时腹泻症状不再明显，同时出现眼睑肿胀，共济失调，痴呆状，不久便不再活动。晚期呼吸困难。13 头共济失调中 9 头出现神经症状而死亡。第 7 天(5～13 天)猪只濒死，直肠温度正常。

王世荣(1985)研究认为仔猪水肿病是由一定血清型的大肠杆菌在特定条件下引起的：① 80％以上死亡水肿病猪肠系膜淋巴结分离到溶血性大肠杆菌如 O139：K82(B)等，制成悬液静脉注射可复制本病；② 用不溶血大肠杆菌可使试验猪死亡，但缺乏猪水肿病特有临床症状和病理，所以不是任一种大肠杆菌可复制本病；③ 如用 O139 悬液口服不能复制本病，即使人工破坏肠黏膜在灌菌后也不能引起发病；④ 水肿病的溶血性大肠杆菌的毒素起作用，菌体裂解后内毒素和致水肿毒素，静脉注射可复制本病。

本病呈地方性流行，不同品种和性别的仔猪均可发病，主要发生于断奶仔猪，尤以断奶后 5～15 天发病较多。在一窝仔猪中肥胖而生长得快的仔猪首先发病。疾病暴发初期，常见不到临床症状就突然死亡；发病稍慢的，早期病猪表现为精神沉郁、不食，眼睑、头部、颈部、腹部皮下、肛门等部位水肿，有时全身水肿，指压留痕。时有神经症状，表现兴奋、转圈、心跳加快、震颤和共济失调，有的呈卧状，侧卧，四肢划动，叫声嘶哑，后逐渐发生后肢麻痹。部分仔猪出现空嚼，舌外伸，最后昏迷死亡。急性病例 4～5 小时后死亡，死亡率 100％，亚急性的通常为 1～2 天，病死率 60％～80％。年龄稍大的猪，病期可长达 5～7 天，部分在治疗及时情况下可耐过。

组织水肿是特征性病理变化。眼睑、颜面头顶皮下水肿,切开呈灰白色胶冻样;胃壁显著水肿,特别是胃大弯和贲门部,切面呈胶冻样,切开后流出肠内灰白色清亮液体。肠系膜、肠系膜淋巴结出血、水肿、全身淋巴结水肿、出血、胸腹腔积液。

3. 猪源性大肠杆菌 O157 EHEC O157 在 1975 年被首次分离,感染患者和携带者极易造成感染的传播。牛、羊、犬和鸡等是天然宿主。1972 年爱尔兰、加拿大、美国、德国记载过猪的新菌体抗原。La Ragion R M(2009)发现是美国牛、羊、猪等家畜是 O157:H7 的主要宿主。一般来说,动物作为传染源要比人类更为重要,因为它往往是动物食品的污染根源。在实验室里,EHEC O157 可以感染小鼠、鸡、兔、猪、牛等,这说明牛、鸡、猪等可能是 EHEC O157 的宿主。王红等(2004)连续 2 年从广西牲畜肉中检出 O157:H7;表明该菌可能是在生猪饲养和屠宰加工过程感染。徐辉等(2007)从猪头肉中检出 O157:H7。褟雄标等(2010)从广西 2 个猪场保育猪群的拉稀猪的粪便中分离到 5 株 EHEC O157:H7。感染猪仅发生拉稀等轻微症状,1978—1979 年从猪分离到的大肠杆菌血清型中 O157 血清型为 19%,但说明猪已是天然宿主。L.Renault(1979)从腹泻小猪肠内容物分离到溶血性 O157:K88:H43 大肠杆菌产生的不耐热肠毒素,但不产生耐热肠毒素(ST)。仔猪在 4 周龄断奶后 1~3 周内,有 50% 仔猪表现拉很稀的黄痢,其中的 10% 同时有神经症状,死亡率约为 25%。病变只见有肠炎、结肠炎和盲肠炎。Hennigs JC(1993)报道,EHEC 的某些株可产生 Vero 毒素 1(TV1)和 2(TV2),这些细菌是人类和其他动物出血性或非出血性结肠炎的病因。产 Vero 毒素大肠杆菌诱导悉生猪免疫损害。EHEC 包括 O157:H7、O26:H11 和 O111 等。试验用产 VT 的大肠杆菌 10049 株(血清型 O111:NM)和不产 Vero 毒素大肠杆菌 2 430 株(血清型 O111:NM)及非致病性大肠杆菌 G58-1(血清型 O101:K28:NM),经口服接种 1 日龄悉生猪,结果 100049 攻击后存活的悉生猪(23/27)均有持续腹泻、厌食,伴有结肠炎,组织学检查,肠腺窝上皮表面有细菌吸附积聚,微纤毛脱落,中性粒细胞浸润,黏膜下炎症,淋巴腺复合物丢失,脾动脉周围淋巴鞘萎缩。此外,外周血淋巴细胞绝对数显著减少,抗羊红细胞平均几何滴度低于 G58-1 株。同时,ConA、PHA 和 PWM 的淋巴细胞活性降低。试验结果表明,悉生猪对 EHEC 敏感,当产 Vero 毒素大肠杆菌接种猪产生非出血性腹泻,持续感染可能至少部分是于该猪菌损害了宿主的免疫应答能力所致。

4. 母猪大肠杆菌乳房炎(Coliform Mastitis,CM)、无乳综合征(MMA)和子宫炎等 大肠杆菌感染也可以引起母猪乳房炎、子宫炎、无乳综合征等。CM 是其中症状之一。大肠杆菌乳房炎遍及世界各地,早期有一些报告,从患乳房炎母猪乳汁中分离出大肠杆菌。瑞典统计约 39% 的产仔母猪患缺乳性毒血症。大肠杆菌乳房炎引起母猪乳汁缺失是一个重要发现。Martin 等(1975)研究结果表明大肠杆菌乳房炎引起母猪乳汁缺乏。观察到 3 头患大肠杆菌乳房炎的母猪在产后第 2 天平均产乳量只有健康母猪的 1/2。所产仔猪的体重也减轻。Mermansson 等(1978)报道产后缺乳的平均发病率是 12.8%。引起乳房炎的大肠杆菌来源于母猪群和周围环境中,普遍存在。在患乳房炎的 1/3 母猪中,从乳腺、子宫内容物及其尿道内分离出相同的细菌。母猪肠道菌群、未满月仔猪口腔菌群及环境中细菌对乳头感染起着重要作用。CM 似乎无传染性,从乳房炎患猪分离的血清型表明,不仅在同一猪群内有极其复杂的血清型,而且在同一母猪不同乳腺中血清型也极其复杂。次要复合物隐藏的重要比例不止一型,与乳房炎有关的大肠杆菌有很多种,说明潜在性致病菌的大量存在。目前普遍认为泌乳缺乏主要是由于内毒素作用的结果。给乳房注入内毒素后,临床症状和内分泌、血液及血液化学的变化与自然缺乳病例相差不大,可在母猪的血清中发现内毒素。

ROSS 等(1975)描述了母猪大肠杆菌乳房炎的临床症状,并证实了它类似于泌乳缺乏母猪初期阶段所表现的临床变化。但存在着隐性感染乳房炎的母猪,其症状很难描述。

母猪产仔后第 1～2 天(很少在第 3 天)常表现出初期的临床症状,也可能在分娩过程中出现。病初精神倦怠、体虚、保仔力减弱,产仔后第 2 天 CM 母猪平均乳产量只有健康母猪产乳量的一半,乳汁质量差。病猪喜用臀部斜卧;病重猪可出现僵直、昏睡、喜卧,甚至出现昏迷。食欲、饮水减少或废绝。体温升高,但极少超过 42℃,然而在无热病例体温或许正常。呼吸和心跳次数增加,一般情况下,上述病状持续不到 2～3 天。

在皮肤上损伤局限在乳腺及相应部位的淋巴结。乳房患部皮下组织出现弥漫性水肿,感染乳房组织的外观稍硬(触摸乳房组织是硬的,触压引起疼痛),皮肤发红,指压褪色,有时引起组织凹陷,形成明显的灰白色界线。出现红斑坚硬的干燥区分泌物稀少,有时混有凝块。腹股沟淋巴结和髂淋巴结可能肿胀,出现严重急性化脓性炎症。有的存在着急性坏死性乳房炎。发炎乳腺渗出物外观呈浆液状奶油色,像脓液,含有纤维蛋白原血凝块。乳汁 pH 达 7～8(正常乳汁 pH 为 6.5)。

病初期母猪白细胞左移减少,以后可见白细胞增数,血浆蛋白和纤维蛋白原的比例下降,泌乳缺乏,血浆皮质醇值增加。

采食乳猪外观瘦弱,营养不良。因初乳减少,免疫球蛋白的数量不足,影响仔猪的免疫力等。患病母猪所产的仔猪的体重也减轻。仔猪常常试图吸吮,从一个乳头移向另一个乳头,一点一点地吃或舔食地面上的尿液。母猪提供哺乳吮吸时间短,仔猪因吃不饱不能安睡而四处漫游。

Awad-Masalmeh 等(1990)在 57 例母猪乳房炎病例中,有 18 例可以从粪便中分离到与乳汁中存在的同样 O 型血清型大肠杆菌,这突出了大多数肠道外感染的内源性,人类粪便中的菌群显然是病原菌的蓄存库。

5. 猪全身感染致猪败血症、肺脏炎症和脑膜炎、关节炎　　Bertschingr 和 Fairbrother 认为大肠杆菌可由菌血症引起全身感染,如引起肺、肝、脾、肾、脑和心脏等发生相应病变。肺脏的组织学检查可见肺泡间质的间质肺炎并伴有水肿和中性粒细胞浸润,但肺泡内没有渗出物。在继发于肠源性大肠杆菌病的败血症,浆膜表面可见出血斑,脾脏肿大并伴有急性腹泻。王红琳等(2004)从南方疑似猪胸膜肺炎的 45 日龄仔猪的疑似胸膜肺炎的 114 份肺脏病料中,获得 60 个胸膜炎阴性样本,其中分离到大肠杆菌 38 株,占病料 33.6%。经血清型鉴定 38 株大肠杆菌为 O 型,并分属于 16 种血清型,其中 O147、O141、O157、O9 为优势血清型占 60.5%(23/38)。表明大肠杆菌引起肺炎,这种致病性大肠杆菌,可能有原发或继发性的感染。有报道感染猪精神沉郁、厌食、跛脚、伴有痉挛和划桨运动,呼吸困难,昏迷等,这些临床症状在猪出生后 12 小时即可发生,48 小时内出现死亡。年龄较大的仔猪有同期性腹泻,急性败血症出现前与新生仔猪有相似症状。

6. 大肠杆菌致母猪泌尿生殖道感染   姜卫东、黄引贤(1998)从广东 12 个猪场 107 头腹泻仔猪的直肠和淋巴结以及 47 头猪 22 头母猪泌尿生殖道器官分离到 118 株和 40 株大肠杆菌,分离菌的 86.08%(136/158)对昆明系小鼠有毒力,24.5%(25/102)产生 ST;共有 O 抗原血清型 26 种血清型,以 O119、O64、O75、O141、O26、O8 和 O101 为优势血清型,O119、O75 为我国少见血清型。对 76 头腹泻死亡仔猪检测,小肠各段黏膜均有不同程度的充血和水肿,肠内充满黄色黏稠物和气体,以十二指肠病变最严重。从 7 头仔猪肠系膜淋巴结和 107 头腹泻猪直肠全分离到大肠杆菌,其中 67.1%菌(105/158)对昆明系小鼠具有强毒力。从母猪泌尿生殖器官中分离到的大肠杆菌与从同一猪场仔猪分到的大肠杆菌血清型一致,并分离到 ETEC(4/19)。表明患病仔猪有可能经过已污染的产道而感染。刘忠华、黄引贤(1998)对广东母猪子宫、阴道、卵巢进行病原细菌调查,6 个猪发生本病,严重猪场每年淘汰 241 头占淘汰总数的 55.2%(感染经产母猪 76.3%,未配种后备母猪 23.7%)。主要表现为不发情,推迟发情,配不上或阴道流脓。阴道流脓主要发生在产后和发情阶段。后备母猪一旦开始发情,症状就表现出来。病猪子宫(17/22)、卵巢水肿,子宫角见多量水样物质,少数病例可见大量脓样物质。组织切片观察,12/22 例卵巢血管明显淤血,红细胞变性,结缔组织丰富,卵泡坏死,卵巢水肿和浆细胞浸润;21/22 例子宫水肿,子宫黏膜脱落,固有层腺体丰富,腺体组织及结缔组织明显水肿,腺上皮变性,血管变性,有些固有层水肿浸润到肌层,水肿组织中以浆细胞为主,杂有淋巴细胞和单核细胞,少有中性粒细胞;13/22 例阴道黏膜下层和固有层不同程度水肿,浆细胞增多,杂有淋巴细胞和中性粒细胞。从 22 例患病母猪卵巢、子宫角、子宫颈、阴道中大肠杆菌检出例分别为 10、15、13、17 株,血清型为 O 抗原多种血清型,毒力强。Sone M 等把混有精子的大肠杆菌等注入子宫,一段时间后从子宫中分离到大肠杆菌,子宫出现水肿和积脓。Maclachlan NJ 在 16/18 病猪、Bargonzoni ML(1993)在 22/55 病猪子宫分离到大肠杆菌。也有报道从膀胱脓样物及子宫中分离到 O11 和 O75 等尿道致病性大肠杆菌。

7. 脑脊髓血管病(Cerbrospinal Angiopathy)   除大肠杆菌致猪肠道外感染的乳房炎外,脑脊髓血管病是断奶猪的一种散发性疾病,主要侵害断奶后 5 周内的一窝或一群猪中的一只或少数猪,以多种神经症状为特征,共济失调,中枢意识减弱或头的位置异常,无目的地游走和持续转圈;有明显的视力损害;时有发热,病程可持续若干天;可能死亡;也可能只消瘦而无神经紊乱。组织学检查,本病为不局限于中枢神经系统的一种血管病为特征,认为是亚临床水肿病的一种后遗症。(Berlsehinger H.V.1974)伊藤隆(1988)报道非溶血性大肠杆菌致断奶猪的脑脊髓血管病,30~40 日龄断奶仔猪发生旋转运动、四肢痉挛、瘫痪、抖颈等神经症状,发病率达产仔数的 10%以上。扑杀 6 头未见明显病变猪,在其脑脊髓局部毛细血管周围和管壁内发现嗜酸性透明滴状物,脱髓灶、软化灶等,脑中均分离出非溶血性大肠杆菌。

Harding(1966)用大肠杆菌实验感染仔猪 17~27 天,猪可发生本病。

[诊断]   无论是人的还是动物的大肠杆菌病,可以根据流行病学、临床表现和病理变

化,作出初步诊断。临床表现主要为腹泻的胃肠道感染类型最为普遍,但大肠杆菌致人和动物的临床表现,现已不只是腹泻,还有胃肠外感染。另外,腹泻症状也可出现于其他病原感染。因此,病原学检验是进行最终诊断必需的。

大肠杆菌广泛存在于自然界,是人和动物体内的正常菌群。因此,在能否确定大肠杆菌感染的诊断时,不仅需要检出有统一或优势大肠杆菌的存在(尤其是粪便或肛拭样本),更主要地确定其是否为相应感染的病原菌。确诊需要根据流行病学、临床病学特征,进行相应的检验。

1. 细菌的分离与鉴定　取肠内容物或腹泻粪便,作为被检验材料,接种于麦康凯琼脂平板、伊红—亚甲蓝琼脂平板或鲜血琼脂平板培养基培养后,如麦康凯培养基上培养 24 小时形成红色菌落。挑取可疑菌落,接种于普通琼脂斜面,做染色、镜检及生化、血清、溶血试验。但要注意那些生化特性不典型菌株。

2. 血清学检测　将被检菌株分别与 O K 血清做平板凝集试验或试管凝集试验。目前,人致泻性大肠杆菌的诊断血清有：15 种一组,包括 3 种多价及其所包含的 12 种单价血清,主要供对 EPEC 菌株的检定用;16 种一组,包括 3 种 OK 多价及其包含的 13 种 OK 单价血清,属于 OK 多价 1 和 OK 多价 2 范围的主要供 EIEC 菌株的检定用;属于多价 3 的血清主要供 ETEC 菌株检定用;2 种一组,包括 O157 和 H7 各 1 种,专供对 EHEC 的 O157:H7 菌株检定用。人用血清有时也用于动物菌株检定,仅作参考。动物常见病原大肠杆菌 O 群诊断血清,目前尚未明确分组,主要包括用于对猪(牛和羊等)腹泻,属于 ETEC 及禽类(主要是鸡)病原大肠杆菌一些常见 O 群血清。

这些因子血清并不能覆盖所有人致泻大肠杆菌及动物病原大肠杆菌的菌株,所以不能仅以此来做出最终的判定,还应结合有关方面的检验结果,给予综合判定。

3. 毒力因子与毒力基因检测　在对大肠杆菌的毒力因子检查中,需根据不同致病种类大肠杆菌的特点进行相应内容的检查,其中较多检查的是宿主特异性菌毛、产肠毒素能力及侵袭性等。目前对致泻性大肠杆菌常规 PCR 检测特异的诊断基因,分别包括 ETEC 的 ST 和 LT 基因、EPEC 的紧密素 eaeA 基因和束状菌毛因子基因(bfp)、EIEC 的质粒毒力基因(virA)和侵袭性质粒抗原基因(ipaH)、EHEC 的 eaeA 和志贺样毒素基因(stx)、EAggEC 的黏附聚集因子基因(aggR)等。

4. 动物感染试验　包括有乳鼠灌喂试验、腹腔接种,检查肠毒素可用兔子和仔猪肠结扎试验。

[防治]　根据大肠杆菌广泛存在的特点,以及其主要的传染源和传播途径,要有效预防和控制疾病的发生,从源头做起,在污染猪场,需从母猪及饲料、环境控制大肠杆菌。

1. 不断改善卫生环境条件,减少环境中的大肠杆菌数量　对粪便、垃圾、污水等要进行无害化处理,注意饮食卫生和水源管理,防止病从口入,是日常防止大肠杆菌肠道感染的重要措施。

对猪场采取综合性预防措施。首先是采取全进全出管理方式,对圈舍、用具和人员服装等进行彻底消毒和清洗,适当空圈后再进猪只,防止连续使用引起大肠杆菌持续大量生长繁殖;对粪尿等进行无害化处理;实行自繁自养,不从疫区引进种猪;引进猪只要进行一段时间隔离、观察,因为成年母猪对本场内大肠杆菌可逐渐产生免疫力,并由初乳为仔猪提供一定的保护力;做好饲养管理,主要有母猪产前产后管理、仔猪保护和严防饲料和饮水被大肠杆菌污染等。对猪水肿病的发生要控制猪的生长速度和断奶料含过多蛋白与能量。

2. 做好免疫与药物预防　猪最先使用的是自家菌苗免疫,即从本场分离出的致病性大肠杆菌,研制成菌苗用于本场母猪免疫,其针对性好。但研制麻烦,使用范围受局限。随着生物工程技术的发展,相继研制成功了大肠杆菌的基因工程菌苗,目前有 3 种: K88 - K99、K88 - LTB、K88 - K99 - 987P,于母猪产前 40 天和 15 天各注射 1 次。通过乳汁被动免疫仔猪控制大肠杆菌致病的黄痢,但对存在不同的黏菌素 K 抗原的免疫效果有待进一步观察。

猪的大肠杆菌病预防就是目前比较热门的微生态制剂,如用无毒大肠杆菌制成 Y - 10 口服苗;以乳酸菌为主的有益微生物制成益生素等。以往这种制剂是用在初生未吃初乳的仔猪,但预防效果表现不一。作者在微生态制剂制备和使用过程中,注意到 2 点与预防效果有很大关联。一是微生态菌的选择是要一个酸度较低的混合菌;二是防治必须从母猪开始使用,因为母猪往往是大肠杆菌的保存者和传染源。控制母猪的大肠杆菌排出量,即减少对环境污染和对初生乳猪的感染量。

病原性大肠杆菌 O157 分泌名为"志贺毒素",能引起痢疾和发热。但实验表明,如果让老鼠同时感染双歧杆菌和 O157 两种细菌,那么老鼠的死亡率会大大降低。

服部教授为了弄清楚原因做了一个实验。他将两种类型的双歧杆菌(简称 A 菌和 B 菌)分别与 O157 混在一起,给老鼠接种。如此一来,接种 A 菌的老鼠全部存活下来,接种 B 菌的某些个体虽然存活了一小段时间,但最终全军覆没。与此同时,在两组实验老鼠体内的 O157 菌都能正常繁殖并产生志贺毒素。教授调查了双歧杆菌的全部基因,发现 B 菌没有但 A 菌有的,只有一种可以从糖类中制造有机酸的遗传基因。

O157 的志贺毒素可以从大肠进入血管,危害人类健康。A 菌分泌的有机酸可以增强肠壁的防御机能,阻止志贺毒素流入血管。

3. 药物治疗　目前,药物预防也是常用手段之一,抗菌药物可减少人腹膜炎的发生。在新生仔猪未吃初乳前和产后 12 小时口服一定抗菌药物来预防仔猪和断奶前后猪的大肠杆菌病。

为了控制由 E.coli 引起的腹泻,通常需要使用抗生素。断奶后,在出现作为水肿病关联症状的神经症状时,尽管有必要对发病猪群进行一定程度的治疗,但此时一定要对抗生素的选择加以重视。有资料表明,对由大肠杆菌所致神经症状的病猪,如给予青霉素治疗,会加速猪的死亡。在日本对早期出现 O157 病的病人,给予抗生素治疗后,病人开始好转后,很快死亡。这是临床治疗中值得注意的。为什么用青霉素来治疗由大肠杆菌引起的神经症状会加速治疗猪的死亡呢? 因引发神经症状的致病因子志贺毒素(O157 也分泌志贺毒素)是一种所谓的外毒素,虽然是释放在细菌株外,但实际上它在细菌体内也在不断地积累。一旦给含有大量志贺毒素的囊状大肠杆菌注射能够破坏其细胞壁的抗生素后,在机体中大量增殖的大肠杆菌突然死亡,使细菌体中的志贺毒素一下子被释放到动物体,导致治疗猪的病情骤然加重,甚至因毒素致死。对于部分抗生素能导致感染产志贺毒素性大肠杆菌的仔猪病情恶化的机理,仍存在多处疑问,但提醒治疗者要弄清致病大肠杆菌型,有针对性选择抗生素和慎用抗生素。

　　猪的大肠杆菌治疗可用多种抗菌炎药物,如诺氟沙星、恩诺沙星等喹诺酮药物,磺胺类药物等。

　　我国已颁布的相关标准:GB/T 478.6-2003 食品卫生微生物检验,致泻大肠杆菌埃希氏菌检验;WS/T 8-1996 病原性大肠埃希氏菌食物中毒诊断标准及处理原则;NY/T 555-2002 动物产品中大肠菌群、粪大肠菌群和大肠杆菌的检测方法;SB/T 10462-2008 肉与肉制品中肠出血性大肠杆菌 O157:H7 检验方法;SN/T 2075-2008 出入境口岸肠出血性大肠杆菌 O157:H7 监测规程。

二、弗劳地柠檬酸杆菌感染(*Citrobacter freumdii* Infection)

　　该感染是由弗劳地柠檬酸杆菌机会性致人畜的疾病。柠檬酸杆菌是常见的非致病肠道细菌,为人和动物肠道的正常菌群。当机体抵抗力下降时,该菌可致人腹泻、脑膜炎、菌血症和尿道感染等;致猪腹泻,消瘦,活动力差,甚至败血症。

　　[历史简介]　Werkman 和 Gillen(1932)描述一群可利用柠檬酸钠并产生三亚甲基乙二醇的革兰氏阴性细菌。以后此菌一直被包含在沙门氏菌属和埃希氏菌属之中,1953 年开始列为独立的菌种。直到 20 世纪 60~70 年代,据已认可的生化特性确定了柠檬酸杆菌的 3 个主要菌群。分别命名为弗劳地柠檬酸杆菌、科泽柠檬酸杆菌和非丙二酸盐阴性柠檬酸杆菌。后改归属于柠檬酸杆菌属。Walter Reed 军事研究院和 Farmer(1974)对弗劳地柠檬酸杆菌菌群的研究及 Crosa(1974)发现弗劳地柠檬酸杆菌明显的遗传异质性,提示该菌内可能存在多个分类单位(种)。1993 年国际协作研究建议承认柠檬酸杆菌属中的许多新种(基因种)。

　　[病原]　弗劳地柠檬酸杆菌归属于柠檬酸杆菌属。该菌属有 3 个种,即弗劳地柠檬酸杆菌、异型柠檬酸杆菌(C.diuersus)和丙二酸阴性柠檬酸杆菌(C.amalonaticus)。弗劳地柠檬酸杆菌为革兰氏阴性无芽孢短杆菌,在营养琼脂平板上形成光滑、凸起,直径 2~4 mm 菌落,不产生色素,有时可形成黏液型和粗糙型菌落。在 SS 和 EMB 平板上菌落中等大小,光滑湿润,边缘整齐。迟缓发酵乳糖,直接分离呈优势菌生长,在 BP 前增菌液中生长良好,在 SC 和 GN 增菌液中生长被抑制。

　　糖代谢试验:葡萄糖产酸产气,甘露醇、卫矛醇、麦芽糖、棉籽糖、木糖、阿拉伯糖、甲基红、DNPG 均呈阳性反应。VP、肌醇、鼠李糖、七叶苷、侧金盏花醇均呈阴性反应。氨基酸和蛋白质代谢试验:鸟氨酸脱羧酶阳性;苯丙氨酸脱氨酶、靛基质、硫化氢、赖氨酸脱羧酶、明胶、尿素酶均呈阴性反应;碳源和氮源利用:西檬氏柠檬酸盐、丙二酸盐、氰化钾、黏液酸均呈阳性反应;呼吸酶类试验:硝酸盐还原阳性;氧化酶阴性。

　　Crose(1974)发现在弗劳地柠檬酸菌中明显的遗传异质性,因为 60℃时(△Tm 值范围为 0~12.8 K)[32]P 标记物所选择弗劳地柠檬酸菌分离株 DNA 和参考菌株的相关性(结合)仅表现为 43%~100%,这提示弗劳地柠檬酸菌内可能存在多个分类单位(种)。根据 DNA 配对研究,设立 11 个独特的基因种,表型种弗劳地柠檬酸菌中发现包括 8 个基因种,其中包括模式种弗劳地柠檬酸菌 ATCC8090。弗劳地复合体内 7 个新基因种的 4 个命名。

Lipsky D.A(1980)将弗劳地柠檬酸菌复合体分为 2 个生物型。弗劳地柠檬酸杆菌有相当大的抗原多样性：32～48 种不同的 O(菌体型)和 87～90 种 H(鞭毛)型。

通过应用 16SrRNA 序列对柠檬酸杆菌属各种菌进行了分群(图- 27)。

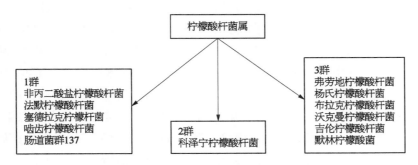

图- 27　16SrRNA 序列分析对柠檬酸杆菌各种菌的分群

[流行病学]　弗劳地柠檬酸杆菌是肠道正常菌群,在肠道致病菌的培养中一般不被重视,虽对人、猪、兔、鼠类等有感染报道,但对其流行病学情况不甚了解。

患病动物和人的粪便、尿液、伤口是主要的传染源。另外污染的土壤、河水等也可导致动物和人感染柠檬酸杆菌。动物、人通过接触或食用污染的食物、饮水,即通过接触或消化道途径感染,通过环境也可以传播此细菌。另外还存在医源性感染,主要是水平传播,通过脐带—手或粪—手传播。

[发病机制]　在柠檬酸菌属引起的感染中以弗劳地柠檬酸菌引起的感染最多,通常与严重的医院内感染有关,引起人的原发或继发感染。关于柠檬酸菌属的种在感染时哪个潜在毒力决定簇或因子可能起作用的研究进行很少。已检测到弗劳地柠檬酸菌复合体中一些成员的产毒活性,潜在地解释了其与细菌性胃肠炎散发关系。Guarino 报告在三株弗劳地柠檬酸菌中的一种低相对分子质量(<10 000)、热稳定、溶于甲醇的因子,这些菌株引起乳鼠的液体积聚。Schmidt(1993)对弗劳地柠檬酸复合体检测发现有与大肠杆菌 O157：H7 的志贺样毒素Ⅱ基因序列(SLT-Ⅱ)反应。

Tschape H R(1995)将一次腹泻暴发归因于产 SLT 弗劳地柠檬酸菌。从腹泻病人分离到的菌株为弗劳地柠檬酸杆菌,菌株中发现有 LT.ST 和 SLT-Ⅱ等有毒物质。

[临床表现]　王冬梅(2000)报道,用购买的商贩削价奶粉冲水后,1 人喝了一碗,同时喂养 7 只小猪,猪在取食后 7～12 小时发病,且因腹泻全部死亡;48 小时后,人腹泻、腹痛、呕吐、开始水样便,腹泻 6～10 次/日,后便黏液,体温达 38～39℃,鉴定为弗劳地柠檬酸杆菌感染。Rass 等(1975)报道母猪乳房炎与弗氏柠檬酸杆菌有关,从乳液中分离到本菌。刘忠华、黄引贤(1998)从患子宫疾病的母猪子宫分离到本菌。

[诊断]　(1)无菌采集样本,分别加在 225 mL 的 BP、SC、GN 增菌瓶内,37℃培养 24 小时,在 BP 中生长良好,在 SC 和 GN 中被抑制。

(2)采集样本在 SS 和 EMB 平板培养 24 小时,观察菌体及菌落形态。

（3）分离菌落接种双糖并进行系统生化鉴定。

（4）动物试验　有小白鼠致死试验、家兔肠攀肠毒素试验和豚鼠眼角膜试验。

（5）血清凝集试验　用沙门氏菌、志贺氏菌、致病性及侵袭性大肠杆菌等诊断血清与检出菌做玻片交叉凝集试验。

[防治]　本病出现多种临床症状，故需对症治疗，用药前需做药敏试验。该菌一般对羧苄青霉素、丁胺卡那、氨苄青霉素、卡那霉素、氯霉素敏感；对痢特灵、新霉素中度敏感，对先锋霉素、庆大霉素、诺氟沙星不敏感。对腹泻失水患者，应予水和电解质的补充和调节。

柠檬酸杆菌在环境中的分布比较广泛，在动物和人类机体抵抗力低下时，均可引起发病，并成为病菌传播的传染源。因此，注意对污染源的消毒、防治，减少再感染的发生非常必要。尤其应注意饮食方面的卫生，供人食用的动物的污染，直接可引起人类感染，采取严密的措施对各环节进行控制，防患于未然，确保人类的健康尤为重要。柠檬酸杆菌属的成员是条件性致病菌，保持环境的清洁，定期消毒，是非常行之有效的措施。

三、阴沟肠杆菌感染（*Enterobacter cloacae* Infection）

该病是由常存在于人和动物肠道内条件性机会性的阴沟肠杆菌复合体（*Enterobacter. Cloacae complex*）致人、畜发生的疾病。人可发生呼吸系统、泌尿系统、消化系统和败血症等多种临床表现。阴沟肠杆菌感染类型趋于多样化，是构成医院内感染的一种重要病原菌；猪的感染常见症状是腹泻。

[历史简介]　Jordan(1890)发现人类阴沟肠杆菌，曾将其称为阴沟芽孢杆菌，归属于芽孢杆菌属。Lehman 和 Neumann(1896)改称为阴沟杆菌。Castellani 和 Chalmers(1919)改名为阴沟气杆菌。Hormaeche 和 Edwards(1960)定名为阴沟肠杆菌（E.cloacae），将其归属于肠杆菌属，以解决原先被归为产气杆菌属的一些菌株在分类学上的不一致，并将阴沟肠杆菌和产气肠杆菌划进为这个新属的两个种，并以阴沟肠杆菌为该属的模式株。Rhodes A N 等(1998)通过 16S rRNA 检测证明 1.2 万年前乳齿象的大肠和小肠有机物中存在阴沟肠杆菌。1972 年这个属中增加了聚团肠杆菌。近年研究用热休克蛋白 60（HSP60）对阴沟肠杆菌进行检测分析，阴沟肠杆菌分为 12 个基因簇和一个不稳定性基因簇（X111），又根据本菌的基因组的异质性重新分为 6 个种：阿氏肠杆菌（E.asburiae）、霍氏肠杆菌（E.hormaehei）、阴沟肠杆菌（E.cloacae）、神户肠杆菌（E.kobei）、路德维希肠杆菌（E.ludwigii）和超压肠杆菌（E.nimipressurahis）。6 个种间 DNA 相似度约在 61%～67%。

[病原]　阴沟肠杆菌归属于肠杆菌属。

阴沟肠杆菌为革兰氏染色阴性，呈短粗大豆杆状，两端钝圆，无芽孢，涂片染色镜检细菌大小中等，$0.6～0.8\,\mu m×1.0～1.3\,\mu m$，单个散在或成团。电镜下观察菌体呈杆状，表面似有皱褶，有微泡，周身鞭毛 6～8 条和菌毛。无芽孢、无荚膜。兼性厌氧，37℃培养 24 小时，普通培养基中生长成半透明、光滑湿润、灰白色、扁平、微隆起、边缘整齐的中等大小的菌落，直径 2～3 mm；培养 48 小时菌落不透明。在麦康凯琼脂培养基中呈现浅红色、边缘整齐的 1～3 mm小菌落，黏稠状。SS 培养基中菌落边缘无色、中心浅橘红色，生长丰富。伊红—亚甲蓝(EMB)培养基中菌落粉红色,且呈黏稠状。在血琼脂培养基中生长丰富,不溶血,但在菌苔处有明显轻度β溶血晕。在普通液体培养物里生长丰富,均匀混浊,管底有小点状菌体沉淀,液面有菌膜。阴沟肠杆菌的模式株为 ATCC 13047,CIP 60.85,DSM30054,JCM1232,LMG2783,NCTC 10005;GenBank 登录号(16SrRNA):AJ41784。该菌 DNA 的 G＋Cmol％为 52～54。

生化反应特征:硫化氢、苯丙氨酸、靛基质、甲基红、尿素、赖氨酸、鸟氨酸、氧化酸阴性;葡萄糖酸盐、枸橼酸盐、动力、产气、棉籽糖、山梨醇、侧金花醇、木胶糖、葡萄糖阳性。不产生黄色色素。鸟氨酸脱羧酶试验、精氨酸双水解酶试验阳性;赖氨酸脱羧酶、吲哚试验阴性。阴沟肠杆菌复合体能发酵大多数碳水化合物产气,发酵甘油或肌醇不产气,发酵乳糖可能缓慢,可利用丙二酸盐作为碳源。在《伯杰系统细菌手册》2005 中引出了阴沟肠杆菌复合体内的基因群的表型特征以及阴沟肠杆菌基因群 3 的各个生物群的生化特征(表-81,表-82)。

表-81 阴沟肠杆菌复合体内基因群的表型特征[a]

特 性	基因群或基因亚群[b]						
	1	2	3	4a	4b	4c	5
葡萄糖酸盐脱氢酶	－	－	＋	－	－	－	－
动力试验	＋	＋	＋		d	＋	＋
丙二酸盐试验	＋	＋	＋	－	－	d	＋
七叶苷水解	d	(d)	(d)	＋	＋	＋	＋
利用:侧金盏花醇	－	－	d				
D-阿拉伯糖醇	－	－	d				
卫茅醇	－	d	d			d	＋
岩藻糖	－		d				
D-半乳糖醛酸盐	＋	d	＋	＋	＋	＋	＋
Myo-肌醇	＋	＋	d	＋	＋	＋	＋
来苏糖	d	－	＋	＋	＋	d	＋
D-蜜二糖	＋	＋	d	＋	＋	＋	＋
3-甲基葡萄糖	－		d				
苯乙酸盐	d	＋					＋
腐胺	d						
D-蜜三糖	＋	＋	d	d	d		
L-鼠李糖	＋	＋		－	d		
D-山梨糖	＋	＋	d	－	＋		
木糖醇	－	－	(d)	－	－		

注:上角标的 a 指＋表示糖醇利用试验培养 1～2 d 或其他试验培养 1 d 有 90％～100％的菌株呈阳性,＋表示培养 1～4 d 有 90％～100％的菌株呈阳性,－表示培养 4 d 后有 90％～100％的菌株呈阴性,d 表示培养 1～4 d 内呈阳性或阴性不确定,(d)表示培养 3～4 d 内呈阳性或阴性不确定;b 指溶解肠杆菌的模式株和阴沟肠杆菌的现有模式株属于基因群 1,霍氏肠杆菌的模式株属于基因群 3,阿氏肠杆菌的模式株属于基因群 4 的 4a 亚群。

表-82　阴沟肠杆菌复合体内基因群 3 的各生物群底物利用特征[a]

利　　用	基因群或基因亚群[b]						
	3a	3b	3c	3d	3e	3f	3g
侧金盏花醇	−	−	−	−	−	＋	＋
D-阿拉伯糖醇	−	−	−	−	−	−	＋
岩藻糖	d	＋	＋	−	＋	＋	＋
α-D-甲基半乳糖	−	＋	＋	＋	−	−	＋
3-甲基葡萄糖	＋	−	＋	−	−	＋	−
D-蜜二糖	−b	＋	＋	＋	＋	＋	＋
D-棉子糖	−	＋	＋	＋	＋	＋	＋
D-山梨糖醇	−	＋	＋	＋	＋	＋	＋

注：上角标的 a 指＋表示培养 1～2 d 后所有菌株呈阳性，−表示培养 4 d 后呈阴性，d 表示培养 1～4 d 内呈阳性或阴性不确定，b 表示来自预防与控制中心(Center for Disease Control and Prevention，CDC)的霍氏肠杆菌 5 个代表菌株(包括其模式株)与 3a 生物群相符合。

　　阴沟肠杆菌具有菌体(O)、鞭毛(H)和表面(K)3 种抗原成分，但通常对阴沟肠杆菌抗原血清型的检定及机体的免疫、应答，主要是对其 O 抗原的。Gaston(1983)设计了一基于独特菌体抗原的阴沟肠杆菌血清群分群方案，在对 300 多株阴沟肠杆菌分离株进行抗原性分析后，最初建立了 28 个血清群，其中以血清群 O:3(21％)和 O:8(13％)为主。血清分群最初比生物分型在确定菌株亲缘关系方法具有更高的分类价值，可对 85％的阴沟肠杆菌进行分类。

　　坂崎和 Namuika 已报告，阴沟肠杆菌具有 53 个 O 抗原群(1～53)和 56 个 H 抗原(1～56)及 79 个血清型。有的阴沟肠杆菌菌株会与肠杆菌科其他菌属的细菌发生血清学交叉反应，主要有大肠杆菌、志贺菌属、沙门氏菌属等。

　　阴沟肠杆菌的抗原均具有较好的抗原性(尤其是 O 抗原)，机体被感染或耐过后或免疫接种后动物均可产生一定的免疫应答，主要是体液免疫反应。但由于阴沟肠杆菌的感染常是表现为呼吸道、泌尿道、创伤等局部感染特征，因此，常不能表现出良好的免疫保护。

　　Hormaeche 和 Edwards(1960)提出肠杆菌属，以解决原先被归为产气杆菌属的一些菌株在分类学上的不一致。并将阴沟肠杆菌和产气肠杆菌划进这个新属的两个种，并以阴沟肠杆菌为该属的模式株，1972 年这个属中增加了聚团肠杆菌。

　　阴沟肠杆菌复合体(E.cloacae conplex)：大量的报告显示，这个种在 DNA 水平上是遗传学上不一致的，收集的系统性调查证明在该复合体中至少有 6 种且可能多达 13 种基因种(表-83)。

表-83 阴沟肠杆菌的遗传多样性

特　　征	来　源　参　考　株　号		
	Lindh 和 Ursin8（122）	Grimont 和 Grimont(77)	Hoffmann 和 Roggenkamp(89)
菌株数(个)	123	49	213
方法	DNA(点)杂交	DNA 杂交	多个看家基因序列分析
簇或基因群数(个)	5	5	12
群(菌株数)及模式株或参考菌株	群Ⅰ(n=2) 阴沟肠杆菌 ATCC 13047 溶解酶杆菌 ATCC 23373 T	群Ⅰ(n=3) 阴沟肠杆菌 ATCC 13047 T 溶解酶杆菌 ATCC 23373 T	群Ⅰ(n=9) 阿氏肠杆菌 35953 T
	群Ⅱ(n=7) CDC1347－71（＝ATCC 29941）	群Ⅱ(n=7) CDC1347－71（＝ATCC 29941）	群Ⅱ(n=14) 利比肠杆菌 ATCC-BAA-260 T
	群Ⅲ(n=98)	群Ⅲ(n=15) 霍氏肠杆菌 ATCC 49162 T	群Ⅲ(n=58)
	群Ⅳ(n=3)	群Ⅳ(n=17) 阿氏肠杆菌 ATCC 35953 T	群Ⅳ(n=9)
	群Ⅴ(n=2)	群Ⅴ(n=3)	群Ⅴ(n=14) 群Ⅵ(n=28) 群Ⅶ(n=3) 霍氏肠杆菌 ATCC 49162 T 群Ⅷ(n=59) 群Ⅸ(n=5) 群Ⅹ(n=2) 超压肠杆菌 ATCC 9912 T 群Ⅺ(n=4) 阴沟肠杆菌 ATCC 13047 T 群Ⅻ(n=3) 溶解肠杆菌 ATCC 23375 T
未分群菌株数(个)	11	4	5

[流行病学]　肠杆菌广泛分布于自然界的腐物、土壤、动物、植物、蔬菜、动物与人类的粪便、水和日常食品中,也存在于人及动物的皮肤、呼吸道、泌尿道等部位。常可从尿液、痰液、呼吸道分泌物、脓汁等临床材料中检出,也偶尔从血液和脑脊液分离到。在医院内,更是

多种物体表面的普遍污染菌及医院内感染菌。

　　阴沟肠杆菌感染的发生具有一定的条件性,但只要具备了入侵和生长繁殖的条件,就可能发生感染。无论是人还是动物的阴沟肠杆菌感染,在一般情况下,多是在个体的发生或是在动物养殖场的局部发生。动物的阴沟肠杆菌感染,还仅是在近些年来才被关注;已有报告显示主要是发生于鸡,也有猪的病例报告,均主要是发生在幼龄期。方福明(2008)报告在1999年,云南省麻栗坡县铜塔村发生水牛猝死,经病原学检查为由阿氏肠杆菌感染引起。

　　动物的阴沟肠杆菌感染,为世界性分布,且缺乏明显的区域分布特征,也缺乏明显的季节性特征。另一方面则常是在环境、用具被污染的情况下,导致继发感染或混合感染,如宿主防御功能减退。对动物的感染了解很少。阴沟肠杆菌感染存在多种类型,且在近年来还有不断扩展的趋势,可能是与临床广谱抗生素的使用不规范以及阴沟肠杆菌的耐药特征有直接关系;动物的阴沟肠杆菌感染,主要是胃肠道感染,但也存在全身性感染,且有日益发病严重的征兆,需引起广泛的关注。

　　[发病机制]　在发病机制方面,有研究认为,与潜在毒力因子有关。目前,比较明确的是阴沟肠杆菌的黏附与毒素在发病中的作用,大多数这些因子可以分成几大组(表-84);但总体来讲对阴沟肠杆菌感染的发生,还有不少的问题不清楚。

表-84　与肠杆菌属的种相关的潜在毒力因子

作　用	因　素	发现种类	表现型或基因型率(%)	活　性	建议作用
一般因素					
吸附-黏附	MSHA[①]	产气肠杆菌、河生肠杆菌、阴沟肠杆菌、中间肠杆菌、格高菲肠杆菌、坂崎肠杆菌	75～98	细胞黏附	定值
铁载体	肠杆菌素	产气肠杆菌、阴沟肠杆菌、坂崎肠杆菌	99～100	铁摄取	未知
	气杆菌素	阴沟肠杆菌	49～72	铁摄取	细菌胃肠道易位;易位后在组织中的增殖
抗免疫	血清抗性	阴沟肠杆菌	93	抗补体溶介活性	系统侵袭期间促进细菌繁殖及扩散
不常见因素					
吸附-黏附	MSHA	产气肠杆菌、阴沟肠杆菌、格高菲肠杆菌、中间肠杆菌	1～2	细胞黏附	定值

续　表

作　用	因　素	发现种类	表现型或基因型率(%)	活　性	建议作用
铁载体	耶尔森菌素	阴沟肠杆菌、产气肠杆菌②	1	铁摄取	未知
毒素	氧肟酸盐类	阴沟肠杆菌	6	铁摄取	未知
	α-溶血素	阴沟肠杆菌	<1~13	细胞破坏	免疫系统失活(?)白细胞毒素
	SLT	阴沟肠杆菌	<1	细胞破坏	在HUS中可能有效
	肠毒素	阴沟肠杆菌、坂崎肠杆菌	22	动物模型液体分泌	未知
侵袭	侵袭素	阴沟肠杆菌	?	组织侵袭	系统疾病
外膜	OmpX	阴沟肠杆菌	?	组织侵袭、抗补体介导的溶解、耐药性	系统疾病
毒力岛	HPI	阴沟肠杆菌、产气肠杆菌	1	编码耶尔森菌素铁摄取	未知

注：① MRHA：甘露糖抗性的黏附素，HPI高毒力岛；HUS溶血性尿毒综合征。② 气杆菌外的其他异羟肟盐类。

相关的研究显示肠杆菌属细菌一般均能产生Ⅰ型和Ⅲ型甘露糖敏感的红细胞凝集素(MSHA)，仅仅是偶尔产生甘露糖抗性的红细胞凝集素(MRHA)；MSHA的受体似乎是一个高甘露糖的寡聚糖，假定的菌毛是一种35 kDa的蛋白质，其多肽与鼠伤寒沙门氏菌的一种甘露糖特异的黏附因子(FimH)具有68%~85%的一致性。这些凝集素，可能是与在组织细胞的定植并发生感染有关。

有研究表明肠杆菌能产生几种毒素。阴沟肠杆菌的溶血素，对人的红细胞和白细胞具有细胞毒性作用。Paton等(1996)报告，从一名患溶血尿毒综合征(HUS)的婴儿体内分离到1株产生志贺毒素(Shiga toxin, Stx)的阴沟肠杆菌，该菌株与Stx2特异性基因探针反应(不能与Stx1特异性基因探针反应)，但阴沟肠杆菌携带的Stx2基因是不稳定的，其作用也不清楚。

Stoorvogel等(1991)报告，可能至今被确定的阴沟杆菌最重要的毒力因子是OmpX(Outer membrane protein)，这是一种由染色体基因编码的17 kDa的外膜蛋白，是与致病过程中的侵袭作用相关。另外，肠杆菌普遍能产生各种铁载体，大多数阴沟肠杆菌分离菌株能产生异羟肟酸铁载体的气杆菌素(aerobactin)，一般是与侵袭性感染的细菌有关。Keller等(1998)报告，有许多的阴沟肠杆菌菌株具有血清抗性。

李刚山等(2007)报告，从云南某部队感染性腹泻患者粪便中分离的9株阴沟肠杆菌，进行小肠结肠炎耶尔森菌高致病性毒力岛（HP1）的 irp^{-2} 基因检测，结果均为阳性，并证实是具有毒力的菌株，与致病性密切相关。在国内首次从阴沟肠杆菌中检出 HPI 的 irp^{-2} 基因，这在对阴沟肠杆菌的致病作用、分子流行病学等方面的研究具有重要意义。

[临床表现]

（1）阴沟肠杆菌对动物的感染主要发生在鸡，也有发生在猪的报告；可从猪的淋巴结和结肠分离到此菌。其发病特征主要表现为腹泻等临床症状的胃肠道感染，但也常可出现全身性症状。

肖剑等（2004）报告，温州市郊某养殖户，饲养了 45 头母猪，2003 年 11 月出现母猪产死胎和弱胎现象。12 月份共有 8～20 日龄存栏仔猪 60 余头，其中有 40 头发病，主要表现为腹泻，并有 10 头死亡。2004 年 1 月，新出生仔猪 6 窝，其中 5 窝仔猪全部腹泻，1 窝 12 头仔猪中有 8 头腹泻。主要症状为：10～15 日龄仔猪发病较多，病猪体温升高，呼吸急促，耳尖发紫，腹泻，粪便呈黄色黏稠或水泥浆状，肛门粘有黄色粪便，食欲不振，消瘦，被毛粗乱。母猪无明显症状。

大体剖检发现肺部明显充出血，肠系膜淋巴结肿胀，小肠严重充血，心肌松弛。其他脏器病变不明显。病原鉴定为阴沟肠杆菌。

（2）母猪乳房炎，在大肠杆菌乳房炎的病例中分离到阴沟肠杆菌。

[诊断]　无论是人的还是动物的阴沟肠杆菌感染，均缺乏具有诊断价值的流行病学、临床学和病理学特征，且常常容易被认为是其他常见病原菌的感染。因此，临床与病理检验，对于确定阴沟肠杆菌感染似乎是意义不大。

对阴沟肠杆菌的病原学检验，需做相应的细菌分离与鉴定，可直接将病菌接种于普通培养基或适宜的培养基中，37℃培养 24 小时后，挑选纯一或优势生长菌落再移接于普通琼脂培养基上做纯培养供鉴定用。依据该菌的形态特征、培养特性及生化特性进行相应的检验。

一般情况下，对阴沟肠杆菌不做血清型检定。在特定条件下，尤其对来源于临床腹泻及食物中毒标本的菌株，因大肠杆菌、志贺菌、沙门氏菌都是这些临床症状的常见病原菌，有必要进行血清学鉴别。

[防治]　阴沟肠杆菌虽具有较好的抗原性，但仍未有相应的菌苗研究报告。

对阴沟肠杆菌病的治疗可选用多种抗生素，但因阴沟肠杆菌可产生 β-内酰胺酶等与耐药性相关的酶类，故应避免用耐药性大的药物，同时可进行药敏试验确定使用药物。在使用抗菌药物的同时，还需辅以支持疗法。

预防方面，最主要是搞好环境卫生，要加强食品卫生管理，对病畜、禽及污染食品要消毒处理；医院内，一旦发生感染要彻底消毒，医护人员、医疗器械要严格执行消毒隔离制度，防止医源性传播。对粪便、垃圾、污水等进行无害化处理。

动物的阴沟肠杆菌病的预防主要是防止畜禽的高密度饲养，环境保持清洁、卫生，防止棚舍潮湿等。注意饲料、饮水的清洁卫生，对粪便及时无害化处理。

四、克雷伯氏杆菌感染（*Klebsicella pneumoniae* Infection）

该病是由寄生于人和动物肠道和呼吸道内条件性致病菌克雷伯氏菌，引起感染的人兽肺炎、脑膜炎、腹膜炎、泌尿系统感染、子宫炎、乳房炎及其他化脓性炎症,甚至发生败血症。鼻硬结克雷伯菌可致慢性肉芽硬结症,最常累及鼻腔、鼻窦、咽喉部、气管、支气管等部位;臭鼻克雷伯菌可引起鼻黏膜和鼻甲萎缩的臭鼻症,但臭鼻症并非原发的细菌感染,还可能有其他因素。

[历史简介]　Friedlander(1882)从大叶肺炎患者痰液及肺组织中发现肺炎克雷伯氏菌,故称 Friedlander 杆菌,简称肺炎杆菌。Schroeter(1886)将其列为透明球菌属,命名为肺炎透明球菌($Hyalococcus\ pneumoniae$)。Beijerinck(1990)将其归入气杆菌属,命名为产气杆菌($A.aerogenes$)。Zopt(1885)曾将引起婴儿的痉挛性喉头炎的肺炎杆菌称为格鲁布(croup)。Trevisan(1885)以德国细菌学家克雷伯(Edwin Klebs)的名字建立了克雷伯菌属(Klebsiella Trevisan 1885 emend. Drancourt et al. 2001),后将此菌归入此菌属并命名为肺炎克雷伯菌。Dimock 和 Edward(1927)报道本菌致马泌尿生殖道感染。相继克雷伯菌属又增加了若干菌种。最初 Cowan 等人将克雷伯氏菌分为 5 种:产气克雷伯氏菌($K.aerogens$)、爱氏克雷伯氏菌($K.edawardsii$)、肺炎克雷伯氏菌($K.pneumoniae$)、鼻硬结克雷伯氏菌($K.rhinoscleromiatis$)和臭鼻克雷伯氏菌($K.ozaenae$);Edwards 和 Ewing 及 Buchanan 等将克雷伯氏菌属分为 4 个种和 3 个亚种,即肺炎克雷伯氏菌、产酸克雷伯氏菌、土生克雷伯氏菌和植物克雷伯氏菌 4 个种。前者又分为肺炎、臭鼻和鼻硬结克雷伯氏 3 个亚种。

在人和动物共患的病原克雷伯菌中,除了肺炎克雷伯菌外,还包括其他一些已明确的种,如运动克雷伯菌($K.mobilis$)即原归于肠杆菌属的产气肠杆菌($E.aerogenes$,Hormaeche and Edwards 1960),可作为条件性致病菌引起人的呼吸道、泌尿生殖道的感染及菌血症等,也可引起鸡、鸭感染发病;产酸克雷伯菌(K.oxytoca)可引起人的呼吸道和泌尿道感染、创伤及烧伤感染、筋膜炎,与抗生素相关的出血性结肠炎、菌血症及败血症等,也可引起马流产、犬和鸡的感染、大熊猫的腹泻、小鼠的肠炎及养殖牙鲆出血症等;土生克雷伯菌($K.terrigena$),现已归于拉乌尔菌属(Raoultelle Drancourt et al.2001)的土生拉乌尔菌($R.terrigena$),能引起人及猪感染发病。

通常人兽共患病原克雷伯氏菌系肺炎克雷伯菌。

[病原]　克雷伯氏菌属是归属于肠杆菌科,为革兰氏染色阴性的粗短的杆菌,大小约为 $0.3\sim1.0\ \mu m\times0.6\sim6.0\ \mu m$。菌体常平直,有时稍膨大,单个、成对或短链状排列,无鞭毛和芽孢,无动力,具有明显的荚膜,长期传代可失去荚膜。所有生长菌毛的菌株均有某些黏附特性,多数菌株具有菌毛,有的属于甘露糖敏感的 I 型菌毛,有的则为抵抗甘露糖的 II 型菌毛,也有的两者兼而有之。肺炎克雷伯菌的 DNA 中 G＋C 为 $53\sim58$ mol%。模式株:ATCC13883,CID82.9,DSM30104,JCM1662,其中 ATCC13883 菌株为肺炎克雷伯菌狭义的菌株(其 V－P 反应和在 KCN 中生长均为阴性);GenBank 登录号(16SrRNA):X87276,Y17656。

肺炎克雷伯菌肺炎亚种[$K.pneumoniae\ subsp.\ Pneumoniae$],即通常所指的肺炎克雷伯菌,DNA 的 G＋Cmol% 及模式株与其相同;GenBenk 登录号(16sRNA):AB004753,AF130981。肺炎克雷伯菌臭鼻亚种[Ozaenae(Abel 1893)ΦrsKov 1984],即通常所指的臭鼻克雷伯菌。最早被命名为黏液臭鼻杆菌($Bacillus\ mucosus\ ozaenae$ Abel 1893)、臭鼻杆菌

(*Bacillus ozaenae* Abel 1893)；1925 年归入克雷伯菌,命名为臭鼻克雷伯菌[K.Ozaenae (Abel 1893) Bergey et al.1925]。模式株：ATCC 11296,CIP S2.211,JCM 1663,LMG3113；GenBank 登录号(16SrRNA)：Y17654,AF130982。

肺炎克雷伯菌鼻硬结亚种[*K. pneumoniae subp.* rhinoscleromatis (Trevisan 1887) ΦrsKov 1984],即通常所指的鼻硬结克雷伯菌。该菌最早被命名为鼻硬结克雷伯菌(*K. rhinosclerromatis* Trevisan 1887)],后又称为鼻硬结杆菌[*Bacterium rhinoscleromatis* (Trevisan 1887) Migula 1990]。模式株：ATCC13884,CIP52.210,JCM1664,LMG3184；GenBank 登录号(16SrRNA)：Y17657,AF130983。

本菌属兼性厌氧,能在 15～40℃中生长,最佳生长温度为 37℃、pH 为 7.0～7.6,对营养要求一般,不需特殊的生长因子,在含糖培养基上能形成肥厚荚膜,菌落圆突,灰白色,闪光、丰盛而黏稠,常相互融合,触之黏稠而易拉成丝,斜面上能长成灰白色半流动状黏性培养物。本菌分离通常用肠道杆菌鉴别培养基,经 48 小时培养可见隆起的黏液状菌落。对粪便等污染样品可用麦康凯-肌醇-羧苄青霉素培养基或甲基紫和双层紫琼脂等选择培养基。肉汤内生长数天后可成黏稠液体。具有发酵肌醇、产酸或产酸产气,水解尿素,利用枸橼酸盐,不产生硫化氢、鸟氨酸脱羧酶阴性等特性,这些特性常可用于区别于肠杆菌科的其他成员。

有的肺炎克雷伯菌肺炎亚种菌株能产生 H_2S(纸条法);能发酵山梨醇、蔗糖、鼠李糖、乳糖、核糖、侧金盏花醇、甘油、水杨苷、卫茅醇等,不发酵苦杏仁苷、山梨糖、糊精、甘露糖、肌醇、菊糖等;少数菌株之外的鸟氨酸脱羧酶阳性,不产生吲哚,甲基红试验阴性,V－P 试验阳性。

肺炎克雷伯菌 3 个亚种的主要鉴别特征见表-85(摘自赵乃昕等主编的《医学细菌名称及分类鉴定 2006》)。

表-85　肺炎克雷伯菌 3 个亚种的鉴别特征

特　　征	肺炎亚种	臭鼻亚种	鼻硬结亚种
葡萄糖产气	＋	d	＋
乳糖	＋	(＋)	－
卫茅醇	d	－	－
V－P 反应	＋	－	－
柠檬酸盐利用	＋	d	－
丙二酸盐利用	＋	－	＋
尿素酶	＋	d	－
果胶酸盐利用	－	－	－
D-酒石酸盐利用	d	d	－
黏液酸盐利用	＋	d	－
赖氨酸脱羧酶	＋	d	－
精氨酸双水解酶	－	d	－
ONPG	＋	v	－

另外,Reeve 和 Braithwaiter(1975)曾指出,在克雷伯菌中存在着对乳糖发酵强阳性表型菌株和弱阳性表型菌株两大类,并认为强阳性表型菌株是存在调节乳糖发酵质粒的。

克雷伯氏菌具有 O 抗原和 K 抗原两种。Kauffmann(1949)作了血清学分类,分为 3 个种,3 个亚种。现分为 5 个种,3 个亚种。有 O 抗原 12 个、K 抗原 82 个分型主要根据 K 抗原。某些克雷伯菌还带有菌毛抗原,表现为两种黏附特性,一种是 MS 黏附素,对甘露糖抵抗,与疏松菌毛有关,称为 II 型菌毛,带有菌毛的细菌不能结合未经鞣酸处理的新鲜红血球。利用荚膜肿胀试验,可将其分为 80 多个型别,其中 1、2 和 4 型的致病性较强。其他分型方法不少,可用于发生感染后的流行病学调查。

克雷伯氏菌的血清型与致病性有密切关系。据报道,克雷伯氏菌 K2、K8、K9、K21 和 K24 菌株具有在肠道内繁殖的能力,很容易随粪便污染而感染。K1－K6 菌株通常与呼吸道感染有关,这些菌种很少在粪便、尿标本中分离到。臭鼻病是一种萎缩性鼻炎,伴有难闻的气味,已经证明这种疾病与 K4、K5 和 K6 血清型有关。此外,肺炎克雷伯氏菌不同血清型多重抗药性菌株引起的暴发感染时有发生。研究表明该菌对庆大霉素、氨苄青霉素、头孢菌素、羧苄青霉素的耐药性可以在耐药性菌株与实验室敏感菌株及在敏感菌株之间传递。Courteny 等研究表明编码多重量耐药性的质粒即 R 质粒能被转移到不含质粒的大肠杆菌中。用质粒图谱分析证明 R 质粒在流行菌株和肠道菌群中的传递是导致暴发感染的主要原因。有关研究证明肺炎克雷伯氏菌对庆大霉素的耐药性与广泛使用庆大霉素有关,但其耐药性的改变并不是由于抗生素的使用所致。细菌的耐药性有 3 个来源,即 R 质粒的传递、抗药性基因突变和生理性适应。抗生素的使用起着选择耐药性菌株、淘汰敏感菌株的作用。本菌产生肠外毒素性复合物主要成分:荚膜多糖 60%、脂多糖 30%、少量蛋白质 7%,分 LT 和 ST 肠毒素。

由于长期应用广谱抗生素,引起菌群紊乱,使被抑制的条件性致病菌大量繁殖、传播,给临床抗生素感染带来思想困难;由于 ESBL 的质粒上常常携带着对其他抗生素耐药基因,使克雷伯菌产生多种不耐药表型,自 1983 年德国发现 ESBL(超广谱 β－内酰胺酶)二阶段有所增加。

研究表明,整合子(integron)是一种能识别俘获外源性移动基因,是携带编码抗生素耐药基因盒的 DNA 片段,具有位点特异性的基因重组系统。整合子不仅可介导细菌耐药性群聚,导致多重耐药性的产生,而且可以在不同遗传物质和菌种间转移,引起耐药基因高效快速转移。现已确认 4 类整合子,但耐药方面最重要作用的为第 I 类整合子。翁幸璧等(2014)报道,分离的 1 株同时携带 4 种内酰胺酶的肺炎克雷伯菌——MDRKP 菌呈多重耐药与该菌携带获得性耐药基因 TEM－1、8HV－11、DHA－1、(aac)6'－I6 基因相关。

[流行病学]　克雷伯氏菌主要寄生于动物和人的呼吸道及肠道中,是条件性致病菌。肺炎克雷伯菌肺炎亚种的感染缺乏宿主特异性,能在一定的条件下引起人及多种动物的感染发病。在机体免疫功能低下或长期使用抗菌药物时,能致动物肺炎、子宫炎、乳腺炎及其他化脓性炎症。目前已从马、牛、猪、鸡、鹧鸪、鸭、麝鼠等体内分离到肺炎克雷伯氏菌。国内牛钟相等报道克雷伯氏菌肺炎亚种是引起"山羊猝死症"的主要病因之一。刘华英等报道乌

骨鸡的产酸克雷伯氏病。肺炎克雷伯氏菌对 30 日龄以内雏鸡有极强致病力。

克雷伯氏菌在自然界中广泛存在于土、水、谷类等中。患者和患病动物是肺炎克雷伯菌主要的传染源,主要通过呼吸道传播。家禽及其产品如蛋、肉用鸡以及它们所处的环境,可能是人患克雷伯氏菌病的传染源。主要是自身带菌所致的内源性感染。

人及动物的肺炎克雷伯菌感染,在临床表现与病理变化方面存在多种类型且比较复杂,但主要可以分为呼吸系统感染和呼吸系统外感染两大类。另一方面,常常是同一种克雷伯菌可引起多种不同类型的感染,或多种克雷伯菌可引起同一类型的感染。肺炎克雷伯菌的感染是以呼吸道最为常见。除呼吸道感染外,还常可引起消化系统、泌尿系统、某些组织器官、创伤的感染以及败血症等。在人与动物间的不同点,是表现在动物更易出现败血症感染。

本病一年四季均可发生,以夏、秋季为发生高峰。研究表明,患者年龄越小,患病率越高。

[**发病机制**]　虽然肺炎克雷伯菌的感染类型较多,但无论是对人,还是对动物主要还是通过呼吸系统;在病原致病机制、临床与病理变化等方面,也有不少的相似甚至相同之处。

对克雷伯菌的致病机制研究较多的是肺炎克雷伯菌的荚膜多糖(CPS)及菌毛,其与肺炎克雷伯菌在宿主体内的移居、黏附和增殖有关,被认为是肺炎克雷伯菌的重要毒力因子。

1. 细菌黏附对发病过程形成的影响　黏附于宿主细胞表面是致病菌发生感染的第一步,细菌常是借助于表面黏附蛋白成分与宿主细胞受体的作用来达到附着的目的。已知肺炎克雷伯菌的黏附因子主要有Ⅰ型Ⅲ型菌毛以及非菌毛的黏附蛋白 CF29K 和 KPF28。越来越多的研究结果表明菌毛在该菌的致病过程中发挥了重要的作用,是与细菌的黏附定植直接相关的。

Ⅰ型菌毛能凝集豚鼠的红细胞,能与宿主糖蛋白中含甘露糖的三糖结合,因此,为 MSHA。在致病过程中,Ⅰ型菌毛能使细菌与黏膜或泌尿生殖道、呼吸道、肠的上皮细胞结合,尽管Ⅰ型菌毛主要与泌尿道感染的致病机理有关,但也涉及肾盂肾炎的致病机理。已表明Ⅰ型菌毛能与近曲小管细胞结合,能与尿中的可溶性含甘露糖蛋白(如 Tamm - Horsfall 蛋白质)结合,由此表明Ⅰ型菌毛介导泌尿生殖道的细菌移植。Ⅰ型菌毛介导的细菌移植,首先与宿主黏膜表面非特异性结合,只有当黏膜上皮的细菌侵入到深部组织才能发生感染,此后的菌毛便不再发生作用,因为随之启动了调理素(opsonin)依赖性的细胞活性,即调理素吞噬作用。Ⅲ型菌毛只能凝集鞣酸处理过的红细胞,能耐甘露糖,属于 MRHA 的。表达Ⅲ型菌毛的肺炎克雷菌能黏附于内皮细胞和呼吸道、泌尿生殖道的上皮细胞上,在肾脏能介导细菌黏附到肾小管基底膜、肾小球囊(鲍曼囊)和肾小球上。总之,Ⅰ型菌毛主要黏附在尿道上皮细胞,Ⅲ型菌毛主要黏附于呼吸道上皮细胞。

2. 细菌荚膜多糖的抗机体免疫活性　荚膜多糖形成的纤维结构的厚包裹以多层方式覆盖在菌体的表面,从而保护细菌免受多形核中性粒细胞的吞噬,还能抑制巨噬细胞的分化及功能;荚膜作用的分子机制是抑制补体的活性,特别是补体 C3b。

3. 细菌毒素与病理损伤　已知肺炎克雷伯菌可产生多种毒素,其中,一种相对分子质量为 5 000 的热和酸稳定肠毒素(ST)的致病作用与大肠杆菌的 STa 相似,可激活鸟苷酸环化酶系统；36 kDa 的不耐热肠毒素(LT)，可能具有导致组织损伤并能协助细菌进入血流的作用。

克雷伯菌的毒力是多因素且复杂的，主要包括菌毛黏附素(fimbrial adhesin)或非菌毛黏附素(afimbrial adhesin)、铁载体系统、荚膜多糖、脂多糖、毒素等。克雷伯菌可通过黏附素吸附于细胞，铁摄取系统可使细菌在宿主的铁限制环境中生长增殖，荚膜多糖、脂多糖等具有抵抗机体的血清杀菌及白细胞吞噬作用，毒素及其他菌细胞外成分可对宿主细胞产生损伤并能协助细菌进入血液。

克雷伯菌的潜在毒力因子见表-86。

表-86　克雷伯菌的潜在毒力因子

毒　力　因　子	特　　　征
黏附素	1 型和 3 型菌毛
	CF29k(非菌毛的，质粒介导)
	KPF28(菌毛的，质粒介导)
铁载体	肠杆菌素
	气杆菌素
荚膜多糖	77 种荚膜型(K1～K5 型毒力最强)
脂多糖	8 种菌体(O)型；O/2ab，O_2 和 O_3 在临床标本中最常见
毒素	肠毒素热稳定型(ST)和热不稳定型(LT)
	细胞毒素
	溶血素

[临床表现]

1. 以呼吸道症为主的临床表现　可从正常猪肺和肠中分离到肺炎克雷伯氏菌。猪肺炎克雷伯菌感染主要发生于天气突然变化或应激条件下，主要表现为呼吸道症状。猪体温升高，呼吸加快，皮肤充血、发绀、发紫，鼻流脓液，拉恶臭稀便等症状；尸僵不全，肌肉苍白，颈至腹下的皮下结缔组织呈黄绿色浆液性浸润，血液暗红、凝固不全，胸腔积红色渗出液，肺气肿，气管、支气管充满气泡，胃和肠黏膜卡他性炎症，肝暗红色、质软，心耳积血，心室壁厚，肾质软，淋巴结轻度肿胀。

我国也有肺炎克雷伯菌感染猪的报道。

案例 1

陈枝华、江斌等(1991)报道浙闽一带发生一种以呼吸道症状为主的传染病。对持续高温下 5 个发病猪场调查：共 2 368 头猪，发病 1 053 头，发病率 41%；死亡 111 头，死亡率 4.7%。本病主要发生于 45～90 kg 的大猪，小猪症状轻。表现为：体温升高达 41～42℃，有浆液性、黏液性鼻漏，尿黄、粪干。呼吸急促、连声咳嗽，以腹式呼吸为主；在猪侧卧呼气时，可见腹壁的波浪运动；严重者出现犬坐姿势。临死前，部分猪口鼻有淡红色泡沫流出。临床用青霉素、链霉素治疗效果不佳。人工攻毒猪,在攻毒后6小时开始出现精神沉郁,体温升高达41.6~41.8℃,并有喘息症状,第2天后即出现咳嗽。

对36头病死猪或急宰猪剖检发现主要病变在肺部;肺淋巴结肿胀、充血、出血,肺的大部分组织发生肝变(尤其是肺尖叶)、切面红色或大理石样变或虾肉样变化。有些病例肺部组织出现局灶性坏死,手触摸有明显硬质感,切开硬灶有胶冻样物质流出;有的病例肺表面有纤维性物质渗出,肺与胸壁发生明显粘连。肝脏肿大。其他脏器未见到明显的肉眼病变。

案例2

邓绍基等(1997)报道闷湿夏季采购进60日龄左右仔猪408头。数天后有3头拉稀、高热,退热药、抗生素治疗无效,3天后死亡。而后陆续发病,并死亡105头。从发病到病情得以控制共2个月。临床表现为:病初体温升高至41.3~41.8℃,精神委顿,食欲减退,饮水增加,鼻流脓液,咳嗽,眼结膜发炎,呼吸浅快,全身皮肤充血潮红,肌肉震颤,尿液呈茶色。病中期鼻端发绀,两耳和腹部发紫,呈吸气性呼吸困难,眼有脓性分泌物;有的病猪行走摇摆,后躯无力;有的病猪后肢麻痹,卧地不起。病后期体温降至37.5℃,身体明显消瘦,呼吸极度困难,拉黄色水样恶臭稀便,部分发病猪的粪便混有血液和气泡,最后衰弱死亡。

剖检10头病死猪,其病理变化:口腔有多量黏稠液体,胸腹腔有大量液体,颜色红黄色并混有纤维素性渗出物而浑浊;肺脏肿大,有大片坏死和肉变区,并与胸壁粘连,整个胸腔呈典型的胸膜肺炎病变;肝脏肿大,有坏死灶,质硬,胆囊黏膜变厚,有点状出血;肾脏有点状出血,被膜易剥离;脾脏肿大,边缘有条索状纤维性渗出物;心内膜附着大量黄白色纤维素渗出物;全身淋巴结水肿;膀胱充满尿液,黏膜肿胀;肠臌气,肠内粪便呈淡黄色或浅红色。

人工攻毒90日龄28 kg仔猪,30~36小时相继死亡,病死猪的症状、剖检变化与自然病例基本一致。

案例3

王永康等(1997)报道千头母猪的20日龄至100日龄、4~20 kg仔猪,每月死亡仔猪200头左右。病猪主要症状:体温升高,两耳皮肤发红发紫,精神沉郁,采食不佳至废绝,一般在数天内死亡。不死的猪生长迟缓,长期腹泻。病猪呈现后肢瘫痪,不能站立等,病程约4~5天死亡。无明显季节性,但由于并圈,气候突变且气候在20℃以上发病数量增加,而气温在20℃以下发病较少,且多表现腹泻症状。

病理变化:肝脏肿大有坏死灶并质硬;肾脏有点状出血;肺脏呈纤维性肺炎;脾脏边缘坏死;胆囊黏膜变厚有点状出血;膀胱充满尿液,黏膜肿胀;心内外膜出血。1例颈部皮下有黄色水肿液。

案例4

房司铎(1971)报道哺乳仔猪肺炎克雷伯氏菌杆菌病例。临床症状为15~20日龄仔猪,营养状况上等。起始病猪精神沉郁,结膜苍白,食欲减退,呼吸浅速,偶发咳嗽,站立不稳,体温低下。剖检变化：病死猪尸僵不全，肌肉颜色苍白，颈至腹下的皮下结缔组织呈黄色浆液性浸润，血液暗红色凝固不全，胸腔积红色渗出液，肺气肿，气管、支气管内充满气泡，胃底和肠黏膜卡他性炎症，肝脏暗红色、质软、心耳积血，心室壁变薄，肾脏质软，淋巴结轻度水肿。哺乳仔猪感染该菌，可能系母猪带菌，通过产道或接触传染给仔猪。

2. 母猪乳房炎 Kauffmann(1949)报道了本菌致猪乳腺炎等。Ross 等(1957)调查病猪中的克雷伯氏菌以肺炎克雷伯氏菌血清型为主。用不到 120 个克雷伯肺炎杆菌作乳房滴注，母猪将会发生乳房炎。检测污染乳头 1 425 次样本，有 30 个分离到本菌。在妊娠母猪开产或产后 2 小时内，外部感染母猪的乳头，致病成功。病猪表现体温低下、精神沉郁、结膜苍白、食欲减退、呼吸浅速、站立不稳、偶发咳嗽。母猪发生乳腺炎和产生严重的白细胞减少症。

3. 母猪子宫疾病 刘忠华、黄引贤(1998)从不发情、阴道流脓、子宫水肿的淘汰的母猪的子宫角、子宫颈和阴道分离到克雷伯氏菌。

[诊断] 本菌可从肺、粪便、水、土壤中分离，接种于选择性培养基等培养，根据菌落形态特征及生化特性作出鉴定。痰液、血液和尿液是常见的检测标本，也有采集机体分泌物、粪便等标本。痰液培养可能出现假阳性，应注意判定。如痰液涂片上见到有荚膜的革兰氏阴性杆菌，或痰液定量的细菌浓度达到≥10^7 CFU/mL 者，其诊断价值较大。有条件的可作肺炎克雷伯氏菌肠毒素检测及微膜肿胀试验。

按常规方法取新鲜粪便，将其接种于各种选择培养基：① 麦康凯-肌醇-羧苄青霉素(MIC)琼脂培养基，菌落呈红色，对克雷伯氏的选择性达 97%～99%；② Simmon's 枸橼酸琼脂加 1% 的肌醇。菌落呈较大、黄色、湿润，而大肠杆菌为微小的无色菌落。根据吲哚试验、ITR 试验、果胶酸盐降解、10℃生长、发酵菊糖、D-松三糖、L-山梨糖试验及龙胆酸盐利用、卫矛醇、侧金盏花醇发酵等生化反应即可鉴定本属菌。

同时克雷伯氏菌与肺炎链球菌、大肠杆菌有密切的抗原关系，如克雷伯氏菌 K2 与肺炎链球菌 2 型有交叉反应；克雷伯氏菌 K7、K8、K10 和 K11 与大肠感染 K55、K34、K39 和 K37有密切的抗原关系；克雷伯氏菌 K63 和大肠杆菌 K42 间的抗原有交叉反应，故要注意鉴别。

此外，还可应用分子生物学检查、免疫血清学检查和动物感染试验。

临床上要注意与土生乌拉尔菌感染和阴沟肠杆菌感染的鉴别。

[防治] 对畜禽要创造良好生产环境，加强平时的饲养管理；对养殖场环境、圈舍、产床、家禽孵化器、饲槽、笼具等进行定期消毒处理；对粪便、病死畜禽要及时进行无害化处理；保持饲料、饮水的清洁卫生。

药敏试验结果表明，本菌对氨苄西林＋舒巴坦敏感；对第 3 代头孢菌素(复达欣、头饮曲松、头孢安塞肟、头孢哌酮)敏感，可酌情选用；对氧氟沙星敏感，儿童慎用，成人一般剂量为 10～20 mg/kg·d，疗程一般为 1～2 周。同时对患者要给予支持和对症治疗。以肺部感染为例，应注意气道通畅，及时及出分泌物，必要时给予吸氧等。注意水、电解质与酸碱平衡，补充足够的热能。注意机体发热、感染性休克、中毒性脏器受损等的妥善对症处理。动物可参照人的用药，对家禽、家畜还可用土霉素拌料，可预防该病的发生。

菌苗的研制仅限于牛、羊、家兔等的病原分离菌(肺炎克雷伯菌)制备的福尔马林氢氧化铝灭活苗的试验,通过免疫接种后相应动物表现有一定的免疫保护效果。表明克雷伯菌的K.O抗原具有良好的免疫原性,在被感染后耐过或接种免疫动物,其机体能产生良好的免疫应答,主要为体液免疫抗体反应。

五、变形杆菌感染(*Proteus* Infection)

变形杆菌(*Proteus*)是一种常见的条件致病腐生菌,在严重污染的食物中,通过生长繁殖后,可使食物含有大量此菌,人畜食入后易引起泌尿系统感染、菌血症、伤口感染、食物中毒或腹泻等。临床上主要表现为胃肠炎型和过敏型。

[历史简介]　Hauser(1885)第1次分离并描述了该菌的基本特性,即该菌培养时可在培养基的表面扩展,由于菌苔(落)形态的可变性状,即以希腊神话的海神 paseidon 的随从 proteus(proteus 为可以随意改变自己的形状)命名变形杆菌,当时包括现在的奇异变形杆菌和普通变形杆菌。以后新的类似细菌不断被分离。现在已形成3个菌属,即变杆菌属、普罗菲登斯菌属和摩根菌属。1931年确认本菌为牛的病原体。Butzler 等(1972)认为是人腹泻的病原。Skirrow(1977)分离到病原。Perch(1948—1950)建立了普通变形杆菌和奇异形杆菌抗原表。以 O 抗原分群,H 抗原分型,确立了49个"O"抗原群和19个 H 抗原。

[病原]　变形杆菌归属于肠杆菌科变形杆菌属,变形杆菌包括5群,即普通变形杆菌(*P.vulgaris*)、奇异变形杆菌(*P.mirabilis*)、摩尔根氏变形杆菌(*P.morganii*)、雷极氏变形杆菌和无恒变形杆菌。普通变形杆菌是变形杆菌属的代表菌种。

本属菌为能活泼运动而又极为多形性的一群肠道菌,有球形和丝状形,具有鞭毛、无荚膜、无芽孢、革兰氏染色阴性。最适生长温度为34～37℃,在10～45℃之间均可生长。对营养要求不高。在固体培养基上呈扩散生长,形成迁徙生长现象。若在培养基中加入0.1％石炭酸或0.4％硼酸可以抑制其扩散生长,形成一般的单个菌落。在 SS 平板上可以形成圆形、扁薄、半透明的菌落,易与其他肠道致病菌混淆。培养物有特殊臭味,在血琼脂平板上有溶血现象。能迅速分解尿素。

变形杆菌有菌体(O)和鞭毛(H)两种抗原成分,根据 O 抗原分群;O 抗原和 H 抗原组合可分血清型。研究显示,变形杆菌的致病性与其结构和生化特征密切相关,影响因素包括菌毛、鞭毛、酶类(包括尿素酶、蛋白酶和氨基酸脱氨酶等)和毒素(包括溶血素和内毒素)。奇异变形杆菌和普通变形杆菌均具有 O 抗原和鞭毛(H)抗原;另外,在某些菌株还存在荚膜(K)抗原,也称 C 抗原。

1. 普通变形杆菌(*P.vulgaris*)　革兰氏染色阴性,菌体大小0.4～0.8 μm×1.0～3.0 μm,散在排列,具有周鞭毛,鞭毛数量不定。无芽孢小杆菌,兼性厌氧菌,37℃培养24小时,肉汤呈混浊生长,营养琼脂、血琼脂、MEB 平板上菌落呈蔓延生长,血平板上见草绿色溶血环。麦康凯平板上不生长,普通琼脂平板上形成多层同心圆形的湿润薄膜菌苔。从血平板、SS 平板取具有生姜气味、迁徙状生长的溶血、革兰氏阴性的杆菌,接种于 TSI 琼脂斜面,同时进行尿素酶实验和苯丙氨酸脱氨酶实验,发酵葡萄糖,不发酵乳糖,产生 H2S,有动力及琼脂斜面蔓延生长和两种总酶实验阳性,苯丙氨酸、靛基质、麦芽糖阳性,赖氨酸、鸟氨酸脱羧酶阴性。

2. 奇异变形杆菌(*P.mirabilis*)　革兰氏染色阴性,周身具有鞭毛,运动活泼,无荚膜、无芽孢,呈单个或成对的球状、球杆状、长丝状或短链状多种形态。该菌在普通培养基上生长良好,10～45℃范围内均可生长,37℃培养24小时,肉汤均匀混浊,液面有一层薄菌膜;在普通或巧克力琼脂平板上形成半透明的灰白色菌落,呈迁徙扩散生长,有腐败臭味,菌落或菌苔在阳光或日光灯下可发生淡黄色荧光;在血平板上形成β溶血。在含有0.1%胆盐、4%碳酸、0.25%乙醇、0.4%苯乙醇、5%～6%硼酸的琼脂培养基上或40℃以上培养时,迁徙生长现象消失,形成圆形、较扁平、透明或半透明的菌落。而鲜血琼脂平板上,可见由接种点向周围迁徙性扩散生长的灰白色平铺菌落,且以接种点为中心形成水波纹状圆心圈,覆盖整个单板;血平板变黑,散发出特殊的腐败性臭味。普通肉汤中呈均匀浑浊样,并有气泡产生。奇异变形杆菌在一定的生长条件下,裂殖状态的短杆菌(长2～4 μm)将发生分化,菌体明显变成长丝状(可达80 μm),胞内含多个核质,鞭毛表达增长和数量增多(50倍以上),多细胞协同一致并迅速成群向四周迁徙样生长。这种特殊的行为方式,称为集群(群游现象)。集群分化和裂殖合成总是交替进行,每一个循环(约为4小时)为一个集群周期。由于集群分化菌不仅菌体伸长,鞭毛过量表达,而且伴随着胞内尿素酶、胞外溶血素和溶蛋白酶产生等毒性产物及活性显著增加,因此比裂殖菌具有更强的侵袭、定植、存活力和毒力。集群菌产生的高水平溶血素,其溶血能力是裂殖菌的10倍以上;动力阴性和集群阴性的变异菌株完全丧失侵袭能力,不能侵入尿道细胞,仅产生低水平及活性的溶血素、尿素酶和溶蛋白酶(约为野型株的0%～10%);动力阳性和集群阴性变异菌株侵袭力比野型裂殖菌低约25倍,毒性产物水平同样减少(溶蛋白酶减少3倍)。同时奇异变形杆菌集群分化因过量表达鞭毛及尿素酶等,是泌尿感染并发肾及尿路结石的最主要原因之一。鞭毛主要介导奇异变形杆菌的动力,与奇异变形菌在组织中的侵袭力直接相关。奇异变形菌合成的尿素酶是一种胞浆内Ni^{2+}金属蛋白酶,分解尿素产生氨和CO_2而形成的碱性环境是肾和尿路结合发生的重要机制。本菌至少产生3种不同的β-内酰胺酶,分别为超广谱的P-内酰胺酶(ESBLS)、Ampc酶、OXA-P-内酰胺酶,是需氧或兼性厌氧菌,可发酵葡萄糖,产酸产气,迟缓或不发酵蔗糖,对麦芽糖、乳糖、阿拉伯糖、甘露醇不发酵;苯丙氨酸脱羧酶和鸟氨酸脱羧酶阳性,迅速分解尿素,能产生大量H_2S,甲基红试验阳性,VP试验和靛基质试验阴性,能利用枸橼酸盐,还原硝酸盐,不液化明胶。DNA中G＋C含量为38～41 mol%。模式株:ATCC 29906;GenBank登记号(16srRNA):AF008582。

[流行病学]　变形杆菌在土壤、水等自然环境中及动植物中都可检出,为腐生菌,虽然能在粪中发现,但数量不多,一般不致病。Hagan和Bruners(1981)报告变形杆菌在猪粪中可找到,但很少大量出现,除非肠道的正常机能受到扰乱。而且在一般情况下,被污染的食物感官、性状无明显改变,很容易被人误食。报道夏秋季节食品的带菌率在11.3%～60%;在人和动物肠道中带菌率为0.9%～62.7%,其中以犬的带菌率最高。在自然条件下,本属菌即可通过污染饲料、食品、饮水经消化道感染或菌尘的吸入经呼吸道感染,特别容易出现在因抗生素治疗而杀灭了正常菌群的患者。在肠道内过度繁殖时,可引起轻度腹泻,即内源

性或外源性感染。奇异变形杆菌是最容易被分离的菌种,常分离自犬、牛及鸟类。普通变形杆菌最常见的宿主是牛、鸟类、猪和犬。裘先前(2005)调查,猪的心、耳及凤爪中变形杆菌数为 10^6、10^6 和 10^5 个/g。

据调查,在炎热夏季,被污染的食物放置数小时即可含有足量的细菌,引起人类食物中毒。此外,苍蝇、蟑螂、餐具盒亦可作为传播媒介。

[发病机制]　关于变形杆菌食物中毒机制,一般认为是该菌在一定条件下,于食品(尤其是含蛋白质较高的)中大量繁殖,并达到一定数量,产生大量毒素引起。多糖成分可能是变形杆菌毒性的主要相关成分。当猪饥饿、缺水或饲喂不规律等,影响肠道正常菌群生态环境,造成严重的菌群失调,致使变形杆菌在肠道内大量繁殖,并扩散到各脏器组织中,造成广泛的内源性感染而急性死亡和猪腹泻。

细菌的致病性一般是由侵袭力和毒素构成,研究证实,奇异变形杆菌无侵袭力,但大多数菌株含有内毒素和耐热肠毒素,并从患者粪便中分离的菌株比食品中分离到的菌株产毒数量多和毒力强,从而证明奇异变形杆菌的致病性与其产生的内毒素、耐热肠毒素(ST)密切相关。提示内毒素、ST 是变形杆菌引起食物中毒的主要致病因素。

[临床表现]

1. 猪奇异变形杆菌的临床表现　郑世英等(1992)报告,在 1990 年 1 月某猪场改湿料为粉料,供水不足,突然气温下降至 $-20℃$ 之后,猪陆续死亡,12 天内猪死亡 147 头,占同类猪死亡数 23.3%,总存栏猪的 17%。多数猪不显临床症状,体温不高,黏膜发白。剖检见消化道黏膜呈弥漫性紫红色或黑紫色;小肠壁变薄,内容物呈暗红色稀样。经微生物检验,分离出奇异变异杆菌。杨炳杰等(2008)报告一起断奶仔猪奇异变形杆菌病。200 多头 20~25 日龄的断奶仔猪陆续出现拉稀症状,粪便呈黄色、绿色,粥样或水样,体温正常;病初食欲尚可,后期不食、脱水、体温降低,有 140 头仔猪发病,发病率 70% 以上;其中死亡仔猪约 110 头,病死率 65%。就诊的 23 日龄仔猪 3 头,已经发病 2~3 天,患猪瘦弱,皮肤苍白,被毛粗乱,鼻端干燥,弓腰,体温无异常,眼结膜干燥苍白,眼球下陷,站立不稳。肛门周围粘有灰黄色或黄绿色粪便。其病理变化为血液稀薄,肺脏部分小叶肝变,空肠与回肠黏膜有微量出血和溃疡,肠壁增厚、增生、肿胀,肠内容物呈灰黄色或黄绿色,附有黏液,且具有特殊气味,肠系膜淋巴结水肿,回盲口无出血。

福建某猪场(1989)患病猪食欲废绝,体温升高至 $42℃$,当体温升至 $41℃$ 以上时,猪表现气喘,呼吸急促,呈犬坐姿势,张口伸舌,腹式呼吸。偶有呕吐,继而腹泻,粪为水样夹有黏液,并有腐臭味。大多数乏力,步态不稳。个别急性病猪有共济失调的神经症状。猪眼结膜充血,腹部皮肤潮红,胸腹下发绀。重症鼻孔流泡沫样黏液。肺有湿啰音。奇异变形杆菌致猪拉稀,粪便呈黄绿色,粥样或水样粪便。空肠、回肠溃疡,肠壁增生、肿胀。

病检肺明显肿胀,呈红色肝变,触之坚实,肺尖叶、心叶有弥漫性出血,膈叶有出血斑块。气管、支气管内含有大量白色泡沫样黏液,肺与心包有纤维素性粘连。肺门淋巴结肿胀、充出血、切面湿润,呈大理石样变。胃黏膜溃疡,易剥离,胃底部充出血。肝脾轻度肿胀。慢性病例肾苍白,膀胱黏膜偶有出血点。

2. 猪普通变形杆菌的临床表现　石於友等(2015)报道云南某猪场断奶仔猪持续发病3~4月,其150余头断奶仔猪,前后发病100余头,死亡40余头。发病仔猪病初咳嗽,呈现短咳,流清鼻液;中期咳嗽,采食量下降,流脓鼻液;后期体温升至41~42℃,食欲废绝,呼吸困难,喘气,抽搐死亡。大多数病猪四肢乏力,步态不稳,腹部皮肤潮红,眼结膜充血,消瘦,重症猪鼻孔流出泡沫样黏液。人工接种(每头 1.0×10^9/mL菌 2 mL)4 头仔猪体温升高至 40~41.5℃,精神委顿,食欲、饮水废绝,打鼾,发抖,腹部及颈部皮肤发绀,死亡前全身抽搐,四肢呈划水状,4头猪攻毒后4天(3~5天)死亡。病死猪心血及肝中回收到普通变形杆菌。剖检可见肺脏肿大淤血,出血,肺门淋巴结肿大,出血;气管、支气管内充满大量白色泡沫样黏液,胰腺肿大,颌下、腹股沟、肠系膜淋巴结肿大,胃空虚,胃黏膜溃疡、脱落,大小肠空虚,充气,空肠与回肠黏膜有出血和溃疡,肠内容物呈黄色并附有黏液,且具有特殊气味。其他脏器未见异常病理变化。

由于变形杆菌具有使苯丙氨酸脱氨,使鸟氨酸脱羧的功能,因此发病猪的肠道内容物会含有多量的氨,使其呈现碱性环境,常会表现出轻度氨中毒症状。

[诊断]　对于条件性致病菌引起的食物中毒的诊断,要作流行病学调查、临床表现和检样的镜检、细菌分离培养和生化试验。同时还必须对不同来源的可疑病菌作同源性试验,如果分离菌的生物学、生理生化反应不一致,确诊依据就不够充分。另外,必须测定可疑食物的污染菌数及恢复期病人血清抗体滴度(血凝滴度1:80~1:160为阳性,健康人为1:9~20,健康猪为1:20~40),抗体滴度数倍增加。普通变形杆菌对OX19,奇异变形杆菌OXK的凝集效价应在4倍以上增高才能肯定诊断。如果以上试验数据齐全,才可确诊为细菌性食物中毒,特别是条件性致病菌引起的食物中毒。

细菌分离鉴定可用普通培养基、血液营养培养基、沙门菌—志贺氏菌琼脂、SS 培养基等培养基平板,37℃培养24小时后,可见由接种点向周围迁徙性扩散生长的灰色平铺菌落,且以接种点为中心形成水波纹状圆心圈,覆盖整个平板;在血平板上变黑,散发出特殊的腐败性臭味。另外,可以通过丹尼斯(Dienes)现象来初步区分不同菌型的变形菌。

目前,检测变形菌是否具有侵袭力,多采用刚果红显色试验、豚鼠角膜试验(瑟林尼试验,Sereny Test)或基因探针法,其中的刚果红显色H试验具有操作简便,结果容易判定,被广泛采用,检测内毒素,多为常规的鲎试验。

[防治]　目前尚无有效的菌苗预防变形杆菌感染。对于本病主要是加强管理,改善环境卫生和减少应激,避免垂直传播,应加强食品生产环节的卫生监督;变形菌感染是主要的食源性传染病,防止污染、控制繁殖、食品在食用前彻底加热处理是预防变形菌食物中毒的3个主要环节,尤其是对肉类食物的深加工,切断病原的传播尤为重要。对动物畜舍及周边环境加强消毒,对粪便及时进行无害化处理,特别是饮水消毒。对于本病高发地区可用敏感药物进行预防或用分离菌株制备灭活菌苗进行免疫接种。对此地区人畜可用氟哌酸预防。或用氟哌酸、庆大霉素、氨苄青霉素、妥布霉素和阿米卡星等进行治疗。

六、沙门氏菌病(*Salmonellosis*)

该病是由沙门氏杆菌属中若干成员及亚种引起的人和动物疾病的总称。这些菌可由人传给动物,也可由动物传给人,引起人畜(禽)共患病。它也是人食物中毒最常见的感染源。人畜临床上多以发热、头痛、恶心、呕吐、腹泻、败血症和肠炎以及脏器炎症为特征。妊娠母畜也可能发生流产,严重的可影响幼畜发育。

[**历史简介**]　最早对沙门氏菌感染的认识是人的伤寒。最先有 Louis(1829)、Gerhrdt(1837)、Schoenlein(1839)和 Jenner(1849)分别对伤寒症的临床和病理特征作了描述,并与其他临床表现热症的疾病作了区别。William Budd(1837)在他家乡发生伤寒流行时,通过深入现场进行人群调查后,明确提出"伤寒是由特殊的毒物在人体繁殖引起的""毒物随粪便排出""通过消毒隔离措施可有效控制流行",又在 1856—1878 年间的发现和所发表的论据基础上,写了一本有关伤寒流行病学的专著。Karl Joseph Eberth(1880)从人体组织中发现伤寒沙门氏菌,描述了伤寒患者肠系膜淋巴结组织切片中观察到的相应病原体。而后,Gaffkey(1884)从伤寒患者的脾脏分离并培养出本菌(这是第 1 种被发现的引起人发病的沙门氏菌-肠道沙门氏菌肠道亚种伤寒血清型)。Salmon 和 Smith(1885)从感染猪瘟的病死猪肠道分离第 1 株猪霍乱沙门氏菌(这是第 1 种引起动物发病的沙门氏菌-肠道沙门氏菌肠道亚种猪霍乱血清型),其后将沙门氏菌与霍乱疾病联系起来,认为猪瘟继发或混合感染了细菌病,后被证实为仔猪副伤寒的原发病原体。Gaertrer(1888)从病牛和食物中毒人中分离到肠炎沙门氏菌。De Nobele(1893)再一次报告由食物传播的暴发感染中分离到沙门氏菌,此后作为人兽共患病的病原引起了广泛的关注。Calduwell 和 Ryerson(1939)描述了肠道沙门氏菌亚利桑那亚种,并根据城市命名为 S.dar-es-Salmon。Loffler(1892)从自然发病鼠中分离到沙门氏菌,并命名为鼠伤寒沙门氏菌。1893 年在 Breslan 城首先证实鼠伤寒沙门氏菌可引起人的食物中毒,明确了该菌可以引起人鼠共患致病。Smith 和 Kilborne(1893)分离到引起马副伤寒的马流产沙门氏菌。Rettger(1899)发现引起禽白痢的鸡白痢沙门氏菌。Buxton(1957)发表一份很详尽的综述,介绍了自 1883 年以来所分离并被确定的几百个沙门氏菌血清型菌株的首次分离及其原始文献,在对沙门氏菌与其疾病的认识及其进一步深入研究方面发挥着重要作用。为控制仔猪副伤寒,Salmon 和 Smith(1886)首次采用加热方法来灭猪霍乱沙门氏菌制备灭活菌苗,其免疫保护效果很好,这也是世界上最早研制出的灭活菌苗。同时这个发现也使灭活疫苗的研究向前迈进了非常重要的一步,能有效预防人和动物各种传染病的大批灭活疫苗从此便发展起来。为表彰 Salmon 的贡献,Lignienes(1990)提议为纪念沙门,将这一大群寄生于人畜肠道细菌命名为沙门氏菌。Glaesser(1909)从仔猪分离到猪伤寒沙门氏菌。1913 年学术界规定将所有可运动、有鞭毛、具有相似生物学结构和血清型反应的肠道菌归为一个属,命名为沙门氏菌属,以示纪念。从 1929 年开始,White 和 Kauffmann 以沙门氏菌的 O.H.K 抗原进行血清学分型,至 2004 年已知有 5 个种 2 501 个血清型,并于 1941 年建立了沙门氏菌抗原表,可快速、确切对本菌进行鉴定。1983 年以前,分类学上已接受沙门氏菌属细菌有多个种,后因菌的 DNA 的高度相似性,将所有的分离株归为一个种,即猪霍乱沙门氏菌种。为避免种和血清名一致所致的混乱,Euzeby(1999)提议用肠道沙门氏菌(S.enterica)来代替原来的猪霍乱沙门氏菌种。尽管这一新的分类系统还未正式被国际细菌分类学委员会(ICSB)采纳,但 WHO 和美国微生物学会出版刊物已接受采用。

[**病原**]　沙门氏菌属（*Salmonella*）细菌是形态和生化特性上同源的一大属血清型相关的需氧及兼性厌氧的革兰氏染色阴性的短小杆菌或短丝状体，大小为 $0.7\sim1.5\ \mu m\times2.0\sim5.0\ \mu m$。不产生芽孢，亦无荚膜，有动力，绝大部分有鞭毛，能运动。在普通培养基即能生长，最适温度为 37℃、pH $6.8\sim7.8$，菌落直径为 $2\sim4\ mm$。在培养中易发生 S→R 型变异。能还原硝酸盐为亚硝酸盐，利用葡萄糖产气，能利用柠檬酸盐为唯一碳源，不发酵蔗糖、水杨酸、肌醇、苦杏仁苷；精氨酸、赖氨酸脱羧酶阳性；苯丙氨酸、色氨酸脱羧酶阴性；不产生尿素酶、脂酶和脱氧核糖核酸酶。

沙门氏菌抗原结构复杂，按 Kauffmann-white 的分类法，主要有菌体抗原（O 抗原）、鞭毛抗原（H 抗原）、荚膜抗原（K 或 Vi 抗原）及 M 抗原。Vi 抗原与沙门氏菌的毒力有关，初次从患者病料中分离的菌株，一般都有 Vi 抗原。常见的几种沙门氏菌的毒力抗原分类见表-88。其抗原结构是分类的重要依据。沙门氏菌 O 抗原至少有 58 个种，每个沙门氏菌含一种或多种抗原，大多数的临床微生物学实验通过简单的凝集反应将具有共同 O 抗原的沙门氏菌归为一个血清群，这将沙门氏菌属分为 A～Z、51～63、65～67 共 42 个不同的血清群，引起人类疾病的沙门氏菌大多属 A、B、C_1、C_2、D 和 E 群，约 50 个菌型除了不到 10 个罕见血清型属于邦戈尔沙门氏菌外，其余血清型都属于肠道沙门氏菌，其共有 6 个亚种（根据 DNA 相似性和宿主特异性）：肠道亚种（*S.enterica Subsp enterica*）又称猪霍乱沙门氏菌（*S.cholerae suis*），亚种Ⅰ；萨拉姆亚种（*enterica Subsp Salamae*），亚种Ⅱ；亚利桑那亚种（*S.enterica Subsp.arizonae*），亚种Ⅲa；双相亚利桑那亚种（*S..enterica Subsp.diarizonae*），亚种Ⅲb；浩敦亚种（*S.enterica Subsp.houtenae*），亚种Ⅳ；莫迪卡亚种（*S.enterica Subsp.indica*），亚种 6。分型还可用生物分型和噬菌体分型。

沙门氏菌有 2 400 多种血清型，其中许多血清型能在人和动物之间交叉感染。我国发现 161 种血清型，从人类和动物中经常分离出的血清型只有 40～50 种，其中仅有 10 种是主要血清型。

为了统一，现在各 O 群皆以群特异性 O 抗原进行编号，如过去的 A～F 群则分别为 O2 群（即 A 群）、O4 群（即 B 群）、O6，7 群（即 C1，C4 群）、O8 群即（C2，C3 群）、O9 群（即 D1 群）、O9，46 群（即 D2 群）、O9，46，27 群（D3 群）、03，10 群（即 E1，E2，E3 群）、O1，3，19 群（即 E4 群）、O11 群（即 F 群）。其余各 O 群均以其特异性 O 群编号，直至 O67 群。

沙门氏菌的 H 抗原分为两相，第 1 相的特异性高（也称特异相），用从 a～z 的小写英文字母表示，在 z 以后则用 z1、z2……编号，现已编至 z89；第 2 相的特异低（也称非特异相），分别用阿拉伯数字表示，这个系列从 1 延伸到 12。具有两相鞭毛抗原的称为双相菌，只有一相的称为单相菌，无鞭毛抗原的无相菌。H 抗原能发生相变异和 H－O 变异，H－O 变异指的是从有鞭毛的到失去鞭毛的变异；位相变异指的是双相菌的两个相可以交互分生，即第 1 相可以转变为第 2 相、第 2 相可以转变为第 1 相，通常在一个培养物内两个相抗原可以同时存在，但所得的菌落有的是第 1 相，有的是第 2 相，若任意挑选第 1 相或第 2 相的一个菌落在培养基上多次移接后，其后代可以出现部分第 1 相、另部分为第 2 相的不同菌落。有人提出 H 型菌株在传染过程中可变异为 O 型变种，且占检出沙门氏菌总数的 79%。

在少数的沙门氏菌中存在一种表面包膜的不耐热 K 抗原（提纯的抗原成分耐热），因一般认为它与毒力有关，所以称为 Vi（Virulence）抗原。Vi 抗原由聚-N-乙酰-D-半糖胺糖醛酸组成，不稳定，经 60℃加热、石炭酸处理可人工传代培养后易消失。Vi 抗原可阻止 O 抗原与相应抗体的凝集反应，其抗原性弱。Vi 抗原可发生 V-W（Vi-O）变异（又称 Vi 抗原变异），具有 Vi 抗原的菌株称 V 型菌，完全失去 Vi 抗原后称为 W 型菌，Vi 抗原部分丧失，与 O 抗血清能出现凝集（即 Vi 抗原的 O 凝集抑制被部分消除）的称为 VW 型菌；V 型菌经人工培养会逐渐丧失 Vi 抗原成为 VW 型菌，进而成为 W 型菌，具有 Vi 抗原的表现菌落不透明。另外，沙门氏菌属细菌的 M 抗原也分布较广，也属于 K 抗原范畴，但在菌型的诊断上还缺少实用价值。

用于命名沙门氏菌血清型的方法，是在书写抗原式时不同的 O 抗原间用逗号分开，O 抗原与 H 抗原及 H 抗原的第 1 相与第 2 相之间均用比号区分，不同的 H 抗原之间用逗号分开，无某抗原的记作—；但均为直接写出抗原（不出现 O、H 字样），具体为 O：H 第 1 相：第 2 相。若存在 Vi 抗原，则是将其列在 O 抗原之后；若同种沙门氏菌仅是其中某些菌株存在 Vi 抗原，则常是写成〔Vi〕的形式，如在伤寒沙门氏菌的某些菌株是存在 Vi 抗原的，其抗原式为 9,12,〔Vi〕：d：—。常见沙门氏菌抗原分类表见表-87。

表-87　常见沙门氏菌抗原分类

组　　　种	O 抗原	组内特异抗原	H 抗原	
			第 1 期	第 2 期
A 副伤寒-甲样菌	1,2,12	2	a	—
B 副伤寒-乙样菌	1,4,5,12	4	b	1,2
鼠伤寒沙门氏菌	1,4,5,12	4	i	1,2
C_1 副伤寒-丙样菌	6,7,Vi	7	c	1,5
猪霍乱沙门氏菌	6_1,7	7	c	1,5
猪霍乱沙门氏菌（欧洲型）	6_2,7	7	c	1,5
C_2 组波特沙门氏菌	6,8		e,h	1,2
D 伤寒杆菌	9,12,Vi	9	d	—
肠炎沙门氏菌	1,9,12	9	g,m	
鸡伤寒沙门氏菌	1,9,12	9	—	—
雏鸡沙门氏菌	1,9,12		—	
E 鸭沙门氏菌	3,10		e,h	1,6

注：对人类致病沙门氏菌中最常见者为 A 组、B 组、C 组及 D 组。

鼠伤寒沙门氏菌为 B 群沙门氏菌，有两相鞭毛抗原，抗原式为 1,4,〔5〕,12:i:1,2。其中的第 1 相 H 抗原 i，是在由名为 Ioda 或 PLT_2 的转导噬菌体溶原化后才能形成。鼠伤寒沙门氏菌的 O 抗原 4 为主要抗原，1 和 5 为次要抗原；12 是沙门氏菌的一个复合抗原，常见的有 12_1、12_2 和 12_3，在鼠伤寒沙门氏菌中经常存在的是 12，有时也可能有 12_2，因此，鼠伤寒沙门氏菌的 O 抗原也有时记作 $1,4,5,12_1(12_2)$。

沙门氏菌基因组为一环状染色体,多含有 1～2 个大质粒,这些质粒多与细菌抗药性有关。目前已完成 3 株沙门氏菌全基因组序列的测定,伤寒沙门氏菌 CT18 株、TY2 株和 LT_2 株,平均 G+C% 为 52.05%～53%,大小分别为 4 809.037 kb 和 4 857.432 kb。

沙门氏菌属细菌是嗜温性细菌,在中等温度、中性 pH、低盐和高水活度条件下生长最佳。生长最低水活度为 0.94,对中等加热敏感。细菌喜温耐寒不耐热,在水中可存活数月,加热 60℃、30 分钟灭活。通过蒸煮、巴氏消毒、个人卫生可以防止煮熟食品二次污染,控制蒸煮时间和温度一般都能防止沙门氏菌病发生。同时该菌属能适应酸环境。对含 0.2%～0.4% 饮水消毒余氯及酚、阳光等敏感。

沙门氏菌对人和动物的致病力,与一些毒力因子有关,沙门氏菌虽不产生外毒素,但内毒素毒力强,已知的有毒力质粒(Virulence plasmid,VP)、内毒素、肠毒素。

(1)毒力质粒。沙门氏菌引起宿主肠炎所经历的细菌定居肠道、侵入肠上皮组织和刺激肠液外渗 3 个阶段,与细菌所携带的毒力质粒有密切关系。毒力质粒是 G.W.Jones 于 1982 年首先在鼠伤寒沙门氏菌中发现,随后在都柏林沙门氏菌、猪霍乱沙门氏菌中发现类似的质粒。这种质粒可增强细菌对宿主肠黏膜上皮细胞的黏附和侵袭作用,提高细菌在网状内皮系统中存活和增殖的能力,并且与细菌的毒力呈正相关。

(2)内毒素。根据沙门氏菌菌落从 S→R 变异而导致的细菌毒力下降的平行关系可以说明,沙门氏菌细胞壁中的脂多糖是一种毒力因子。脂多糖是由一种所有沙门氏菌共有的低聚糖芯(称为 O 特异键)和一种脂质 A 成分所组成。脂质 A 成分具有内毒素活性,可引发沙门氏菌性败血症;动物发热、黏膜出血,白细胞减少继以增多,血小板减少,肝糖消耗,低血糖症,最后因休克而死亡。

(3)肠毒素。原来认为沙门氏菌不产生外毒素,最近有试验表明,有些沙门氏菌如鼠伤寒沙门氏菌、都柏林沙门氏菌等都能产生肠毒素,并分为耐热和不耐热的两种。试验表明,肠毒素是使动物发生沙门氏肠炎的一种毒力因子;也有报告认为肠毒素还可能有助于细菌的侵袭力。如鼠伤寒沙门氏菌产生的肠毒素,侵害幼龄动物诱发急性败血症、胃肠炎以及局部炎症。

沙门氏菌致病的基因由致病岛编码,致病岛一般位于染色体的几个区域。致病岛 1 介导沙门氏菌对肠上皮的侵袭;致病岛 2 介导细菌在巨噬细胞内的生存;致病岛 3 使细菌能在低镁环境中生存。

本菌属细菌都具有致病性,依其对宿主的感染范围可分为宿主适应性血清型,只对适应的宿主致病,如马流产沙门氏菌、鸡沙门氏菌、羊流产沙门氏菌、副伤寒沙门氏菌、鸡白痢沙门氏菌、伤寒沙门氏菌等;非宿主适应血清型,对多种宿主有致病性,如鼠伤寒沙门氏菌、鸭沙门氏菌、德尔伸沙门氏菌、肠炎沙门氏菌、纽波特沙门氏菌、田纳西沙门氏菌等。猪霍乱沙门氏菌和都柏林沙门氏菌,原来认为是分别对猪和牛的宿主适应性血清型,近来发现它们对其他宿主有致病性。沙门氏菌的血清型虽然很多,但常见的危害人畜禽的非宿主适应血清型只有 20 多种,加上宿主适应性血清型也只有几十种。随着时间的转移,致病性血清型会不断变异,如鼠伤寒沙门氏菌在进化过程中形成 3 个变种,即哥本哈根、宾斯和 O 型变种,变种的发生与其致病性有关。

[流行病学]　　沙门氏菌在自然界分布极其广泛,在人、畜、禽、野生动物、鸟类、啮齿动物体内和自然环境里常可见到;健康畜禽的皮肤和消化道都会带沙门氏菌,此菌也能在池塘和溪流中繁殖。故而,保存宿主、患病动物及患病人、带菌人及动物等均是传染源,主要是人和畜禽粪便,但人几乎没有长期健康带菌者;而患者自潜伏期即可排菌,但更为重要的时期为病人恢复期排菌,只是感染后排菌时间长短不一,据调查统计,有症状者排菌时间长,但排菌时间长短取决于年龄及患者的免疫功能,多数病畜禽是保存宿主。

沙门氏菌成为普遍存在的病原体的主要因素是它们有对广泛的无数宿主的适应能力。有的沙门氏菌对人致病,有的仅对动物致病,也有对人与动物都致病的。对人致病的已知的主要有鼠伤寒沙门氏菌、肠炎沙门氏菌、猪霍乱沙门氏菌等。Taiylor 和 Mccoy(1969)调查了全部脊椎动物宿主中,可能除未污染水中的鱼外,在其他动物体内都分离到沙门氏菌。据调查,国内屠宰的畜禽及蛋中,几乎都不同程度地存在沙门氏菌带菌,其中猪的阳性检出率达 10.7%～38.4%;鸡为 30%～50%,鸭的检出率更高。英国农业部(MAFF,2001)报告,曾对猪肉食物中沙门氏菌的流行程度进行为期 1 年的评估,在屠宰场中,23% 肉猪为沙门氏菌的携带者,5.3% 肉猪胴体受到污染。Carpenter(1973)对 400 头猪胴体棉拭检菌,23.3% 被沙门氏菌污染。Chenn P.Y 等(1977)对 75% 港猪沙门氏感染猪进行检测发现,宰后仍有55% 胴体表面污染沙门氏菌,其中分离的血清型也是当地人临床病例中最常见的血清型,认为香港猪肉是人沙门氏菌病的一个重要来源。*S.agona* 通过污染鱼粉感染禽、猪、牛,并造成食品污染,接着可以从临床病人中越来越多地分离到这个血清型。WHO(1980)从维也纳一个研究所调查的屠宰动物中发现的 16 个血清型中,除 3 个型外,其余均可在人中发现。我国污染沙门氏菌猪肉是人沙门氏菌的一个危险来源,主要有 *S.cholerasuis*、*S.newport*、*S.derby* 等,均可引起人的疾病。香港 Chen P.Y 从猪分离到 7 个血清型:*S.anatum*,*S.derby*,*S.typhimurium*,*S.london*,*S.choloraesuis*,*S.newport*,*S.meleagridis*,也是人临床资料中最常见血清型。从出生不久的猪就可找到沙门氏菌。顾有芳(1993)报道在某地 4 个猪场 75头猪的中性粒细胞中均分离到猪霍乱沙门氏菌。并且在整个生长期、运输阶段、侯宰圈、屠宰场以及肉品在加工、贮藏和销售过程中都可以传播细菌和进一步遭到污染。由于有些沙门氏菌株主要在生长猪及母猪肠道内繁殖,感染猪只可连续数周,甚至数月从粪便中排出病原菌,而不表现任何症状。但在屠宰时,猪只肠道中的沙门氏菌可能污染胴体,导致人类中毒,对公共卫生构成潜在威胁,是人畜共患的潜在病原,也是细菌性食物中毒中最常见的病菌之一。德国 1996—1997 年的数据显示,有 20% 的人类沙氏菌感染病例起源于猪。据中华卫生杂志报道,1957—1965 年我国发生的 32 起沙门氏菌食物中毒病案中,有 11 起是猪肉污染沙门氏菌,其中鼠伤寒沙门氏菌是 1 起、猪霍乱沙门氏菌是 4 起。山东淄博卫检调查,沙门氏菌阳性率,健康肉猪为 9.9%、熟肉为 1.33%,而病猪肉为 39.5%。

本病主要为世界性散发流行,猪的平均感染率可达 30%,最常见于猪的大约 70% 是鼠沙门氏菌,也是危害人类的第 2 重要的沙门氏菌。伤寒多经旅游者输入,但非伤寒沙门氏菌感染发病率普遍较高。在沙门氏菌中,除鼠伤寒在世界各地普遍流行外,其他多因地而异。

沙门氏菌可通过动物→动物、动物→人、人→人、人→动物传播。以生物学分型方法进行流行病学调查发现,鼠伤寒沙门氏菌约占人源沙门氏菌的 $40\%\sim80\%$。从土壤、水、昆虫中检出该菌,带菌蟑螂、老鼠或苍蝇污染用具或食物也可传播,甚至导致暴发流行。但主要通过消化道途径传播。沙门氏菌通常随其他感染猪的粪便污染的猪圈而被猪从口腔摄入,因此能够增加细菌摄入机会的诸多因素包括垫草、栅栏、地板、地面饲喂、老鼠等。同时菌量对猪发病有影响。J.T.Gray(1996)发现需 $10^4\sim10^{11}$ CFU 猪霍乱沙门氏菌才能导致繁殖猪急性发病;口服 10^6 CFU 可致中等发病;鼻内接种 10^8 CFU 可导致严重临床症状,而且比口服同样剂量后粪便中的细菌排出量大。鼻接种可产生最大反应,高于 10^8 CFU 感染猪导致严重发病;长期带菌。接种 5 天达峰值为 $4.9\times10^3/g$,3 周后降至 $9.7\times10^1/g$,第 5 周升至 $7.9\times10^2/g$,10 周后又增加。接种 15 周在扁桃体中达 3 Log10。而小于 10^7 CFU、大于 10^3 CFU可引起温和临床症状,带菌 9 周以上,5 天为 $4.2\times10^1/g$,5 周则测不到,7~8 周又有增加,清除本菌要 2 个月,小于 10^3 CFU 不被感染,不排细菌。通过环境沙门氏菌→饲料、水→动物→食品→人→动物→环境构成自然循环链进行自然循环与传播。其中肠炎沙门氏菌和肠道沙门氏菌亚利桑那亚种在人类以外的存在引起了特别关注。沙门氏菌感染的血清型随时间变化。20 世纪 60 年代到 80 年代以鼠伤寒沙门氏菌感染为主。美国 1934—1947 年间鼠伤寒沙门氏菌占 15.6%;20 世纪 50 和 60 年代已升至 30% 和 40%,此期丹麦、英国、德国分别占 91.2%、74% 和 37.3%;20 世纪 80 年代、1992 年德国肠炎沙门氏菌为 74%,1993 年为 70.7%;1995 年为 55%(从 7% 上升)。CDC 公告人来源沙门氏菌中 STM 鼠沙门氏菌占有率为 50%。我国 STM 占 34.6%。

沙门氏菌耐药性是流行病学中一个很得重视的问题。特别是鼠伤寒沙门氏菌,常常有质粒介导的多重耐药因子,实验证实可经大肠杆菌传递耐药性。我国多数实验报道对氯霉素、氨苄西林和复方磺胺甲噁唑耐药率为 $24\%\sim51\%$。据国内外对一组 965 株鼠伤寒沙门氏菌药敏试验结果显示对复方磺胺甲基异噁唑、氯霉素、链霉素、呋喃唑酮的耐药率达 89% 以上;对托布霉素、丁胺卡那霉素、诺氟沙星的敏感率在 90% 以上。近年来加拿大、美国、英国、捷克等国出现多重耐药鼠伤寒沙门氏菌 DT‐104 血清型。对新药氟喹诺酮类耐药的病例也屡见报道。

[发病机制]　沙门氏菌侵入到机体内后是否引起发病与下列因素有关:

① 细菌的侵入量。一般说来侵入体内的菌量多时易引起发病,但这不是绝对的,是否发病,这与菌的毒力、机体的抵抗力有密切关系。② 个体抵抗力有很大差异。个体抵抗力的因素中包括天然抵抗力(遗传因素)、后天免疫、年龄、健康状况等因素,这在很大程度上决定着是否发病以及预后问题。如肠道分泌型 SIg 抵御沙门氏菌侵入起重要作用,幼婴儿期 SIg 缺乏,故感染沙门氏菌者较其他年龄组为多。③ 沙门氏菌的毒力及菌型不同。如果毒力强的细菌感染,则可能发病。以上 3 者并不是孤立存在,而是相互作用、相互斗争的过程。现代实验证明,其致病机制主要取决于沙门氏菌的侵袭力和毒素。沙门氏菌能够侵入宿主细胞并在其中生存繁殖,所有与之相关的因素构成了沙门氏菌的侵袭力;能够穿过肠上皮细

胞层到达上皮下组织,是所有沙门氏菌共有的重要毒力特征,也是沙门氏菌致病所必需的,沙门氏菌在此部位被吞噬细胞吞噬,但不被杀灭并能继续生长繁殖,且沙门氏菌必须在吞噬细胞中生存才能致病。沙门氏菌的抗吞噬作用可能与 O 抗原有关,具有 Vi 抗原的则关系更密切。已知沙门氏菌的内毒素、侵袭力和抗吞噬作用,是由沙门氏菌染色体上的多个毒力岛:SPI-1,SPI-2,SPI-3,SPI-4,SPI-5 等所决定的。SPI-1 毒力岛赋予沙门氏菌侵袭能力,SPI-2、SPI-3、SPI-4 毒力岛均与其在巨噬细胞中的存活并造成系统性播散有关。此外,spu 基因簇广泛存在于一些血清型菌株携带的大的毒力质粒上,如鼠伤寒沙门氏菌、肠炎沙门氏菌、都柏林沙门氏菌、猪霍乱沙门氏菌等。

沙门氏菌的侵袭过程很复杂,涉及一系列基因的表达、细菌与细胞间的信号转导、沙门氏菌Ⅲ型分泌系统的激活等多个过程。SPI-1 毒力岛编码沙门氏菌的Ⅲ型分泌系统,从而赋予其侵袭宿主肠上皮细胞的能力,SPI-1 存在于沙门氏菌的所有血清型中。由于病原菌与宿主细胞的接触是激活该系统的信号,所以该系统又称为宿主-细胞接触依赖性分泌系统;其引起许多效应蛋白的分泌、转运,后者直接或间接激活宿主细胞的信号转导系统,引起宿主细胞的一系列反应,包括许多转录因子的激活、细胞骨架重排、细胞膜产生皱褶等,最终导致病原菌被宿主细胞摄取,侵袭单核细胞与在细胞内的生存,随之而来的核酸反应又引发许多前炎性细胞因子的产生,诱发炎症反应、侵入肠上皮细胞并能使细胞分泌体液及凋亡等。

沙门氏菌通过 SPI-1 介导的侵袭功能穿过肠上皮屏障进入皮下淋巴组织被巨噬细胞吞噬,其在吞噬细胞中的存活依赖于 SPI-2 和 SPI-3 毒力岛。SPI-2 介导沙门氏菌对 NADPH 吞噬细胞氧化酶的抗性;SPI-3 与沙门氏菌在巨噬细胞内的存活和低 Mg^{2+}、低 pH 环境中的生长有关。除此之外,有研究表明,SPI-1 毒力岛同时也为鼠伤寒沙门氏菌侵袭入肠上皮细胞后的胞内增生和吞噬泡内的生物发生所必需。

SPI-5 也主要与沙门氏菌的肠致病性有关,其 SopB 基因编码-肌醇磷酸盐磷酸酶,被 SPI-1 编码的Ⅲ分泌系统转位到上皮细胞中促进液体分泌和炎性细胞反应,破坏 SopB 显著降低菌株的肠道致病性,但不影响肠侵袭性。

非伤寒沙门氏菌经口进入人体内,逃脱胃酸的杀灭作用,克服共生细胞的抑制和小肠黏膜吞噬细胞的吞噬作用,在肠道大量繁殖,侵袭黏膜,从而引起局部微绒毛变性,黏膜固有层充血、水肿和点状出血等炎症反应,分泌物增加,并使肠蠕动加快,产生呕吐、腹泻等胃肠炎症状。释放出的肠毒素也可通过受体激活肠上皮细胞内的腺苷酸环化酶,使细胞内环磷酸腺苷(cAMP)增加,致使隐窝细胞对水、氯和碳酸氢盐分泌增强,同时又抑制上皮细胞对钠及氯的吸收。有时,细菌也可进入血液循环引起菌血症、败血症及局部化脓性感染灶。若细菌直接进入肠内集合淋巴结和孤立淋巴滤泡,经淋巴管可到达肠系膜淋巴结及其淋巴组织,并大量繁殖,也可发生类伤寒型的症状。

沙门氏菌的内毒素可引起宿主体温升高,白细胞数量下降,大剂量时可能致中毒症状和休克,还能致肠道局部发生炎症反应。沙门氏菌引起的肠热症,可能主要是内毒素在起作用。

关于沙门氏菌肠毒素问题,一直在研究中。沙门氏菌引起的腹泻是一种由多因素作用的复合现象,肠毒素可能仅为其中之一,鼠伤寒沙门氏菌可能产生类似于肠产毒性大肠杆菌(ETEC)菌株的肠毒素。

鼠伤寒沙门氏菌进入肠道后,首先黏附于肠黏膜(这种黏附作用主要依赖于菌毛),然后侵入肠黏膜上皮细胞内大量繁殖进一步侵入固有层,产生肠毒素并引起腹泻。如炎症只限于肠黏膜及肠系膜淋巴结,则临床上表现为胃肠炎型;如细菌侵犯肠内集合淋巴结以及其他淋巴组织并大量繁殖,则为肠热症型;如细菌穿过肠黏膜及淋巴屏障进入血流,则可表现为败血症。主要病理变化为肠黏膜充血、水肿、出血、坏死等。肠黏膜淋巴结肿大,重症患者尚可有心、脑、肝、肾、脑垂体、肾上腺、胆囊等处发生灶性融合性坏死病变。

[临床表现]　动物的沙门氏菌病又称副伤寒,是各种动物由沙门氏菌引起的疾病总称,临床上多表现为败血症和肠炎,主要见于 2～4 月龄仔猪,发生急性败血症至顽固性下痢的慢性肠炎,也有可使怀孕母畜流产。家畜中尤以猪的感染严重,而且各国所分离的沙门氏菌的血清型相当复杂,其中猪源、人源分离菌株有猪霍乱沙门氏菌及其 Kunzandorf 变种、鼠伤寒沙门氏菌及哥本哈根变种、德尔俾沙门氏菌、海德尔堡沙门氏菌、肠炎沙门氏菌、猪伤寒沙门氏菌及其 Voldagsen 变种、都柏林沙门氏菌等。所以在感染沙门氏菌后会有多种表现。

1. 外表无症状的慢性、隐性或暂时细菌携带者　猪感染沙门氏菌往往无症状,呈带菌率 0.1%～4.5%。郝士海(1957)从国内猪分离出猪霍乱沙门氏菌、德尔俾沙门氏菌、乙型副伤寒沙门氏菌、阿拉丁鼠伤寒沙门氏菌、斯坦利沙门氏菌、汤卜逊沙门氏菌、新港沙门氏菌、圣树安沙门氏菌、鸭甲型副伤寒沙门氏菌、加通沙门氏菌、巴拿马沙门氏菌、仙台沙门氏菌等 15 种。屠宰猪沙门氏菌检出率,日本为 22%、美国为 10%、法国及荷兰为 15%～20%、比利时为 22%。刘民庆(1984)对 2 138 份猪内脏进行菌检。检测到 289 株沙门氏菌分属 14 个血清型;标本阳性率:脾脏为 29.94%、淋巴结为 23.59%、大肠为 12.23%、胆囊为 12.18%、肝脏为 6.38%、肾脏为 1.81%。英国检验 9 351 件猪的肝、脾、肠淋巴结,沙门氏菌阳性率为 180 件,占 1.9%,检出 18 种血清型。而屠宰猪中猪霍乱沙门氏菌分离率占 64.5%;隐性感染猪仅在猪屠宰时,由肠系膜淋巴结感染。顾有芳(1993)报道国外从 4 个猪场的 75 头猪的中性粒细胞中分离到猪霍乱沙门氏菌。Wikock 等(1992)指出,新的猪霍乱沙门氏菌感染主要来源于无症状的带菌猪在受刺激时,无显著带菌猪的肠道中,沙门氏菌数增加,研究表明被反复感染或无症状的带菌猪是环境中保存和传播霍乱沙门氏菌的危险所在。

2. 猪的沙门氏菌病　猪的霍乱沙门氏菌感染,又称败血症沙门氏菌病,主要致猪败血症、小肠结肠炎、肺炎和肝炎的局部菌血症、脑膜炎、脑炎和流产(Schwartz,1987)。当机体抵抗力低时,菌进入内脏猪发病,病猪表现高热(40.5～41.6℃)、拒食、寒战、初便秘、后腹泻,伴有浅湿性咳嗽和明显黄疸,由于皮肤乳头层的毛细血管极度充血扩张,皮肤颜色异常,头、腹及四肢的皮肤出现紫色斑或发绀,随之毛细血管小静脉和小动脉管内形成血栓,导致皮肤坏死和脱皮,青年猪的坏死波及耳、尾、蹄部;肠黏膜有红点。多发于 5 月龄内仔猪。多呈慢性或亚急性经过,慢性病例常见或是由急性病例转成,或一开始即为慢性经过。主要的特征是下痢且形式多样。开始不见腹泻，直到发病后 3～4 天才出现水样、黄色粪便。病猪身体瘦弱、毛粗、皮糙，附有碎屑。部分猪有湿疹或疥癣样症状，眼结膜苍白，精神委顿，步态踉跄，多停立或伏卧，动时寒战，食欲减退，病后拒食，体温低于 40℃，濒死时小于 37℃，心跳弱，粪如浓茶、污泥或稀状，奇臭，混有黏液、脱落黏膜或血便；也有的粪呈黑色硬球状，多为长期腹泻与便秘交替。病程 10～30 天。盲肠结肠淋巴滤泡溃疡，肝脏有结节形成或灶性出血病变。

田中信民等(1994)报道某农场 3 窝 40 日龄仔猪发生灰绿色至黑色水样泥状下痢，一周后另一猪房 1 窝 60 月龄 12 头仔猪也发生同样症状病，全场 47 头仔猪全部发病。病猪顽固下痢，被毛无光泽，食欲不振，精神委顿，消瘦，致死率达 70.2％。诊断为猪霍乱沙门氏菌病。剖检：发育不良，消瘦，排水样泥状粪便，结肠至盲肠段浆膜水肿，肠膜增厚，黏膜全面附有假膜并有暗灰色的水样内容物。组织学检查：肝小叶多发斑疹伤害样结节，盲肠和结肠假膜和溃疡形成，纤维芽细胞、淋巴细胞、浆细胞、嗜中性细胞显著浸润和黏膜肥厚，回肠淋巴滤泡的淋巴细胞减少，和网内系活化，肠系膜淋巴细胞减少和网内系活化，斑疹伤害样结节。肝、肺、脾、心、肾、骨髓、肠系膜淋巴结均分离到猪霍乱沙门氏菌。结节内容物为 $1.9 \times 10^7/g$ 菌量，同居 4 头猪粪中也检出本菌。过去猪发病率为 14.1％、14.8％、18.2％、56.2％和81.1％，致死率为 27.8％、21.1％、43.6％、36.8％和46.5％，发病年龄为 90～120 日龄。本次发病率为 100％，致死率为 70.2％，发病 3 周仔猪几乎全部死亡，其日龄为 40～60 日龄，从发病到死亡的天数过去为 5 天以内，呈急性经过，本次发病猪全部约 3 周，属慢性。菌株呈多种药物耐性猪霍乱沙门氏菌质粒。而此次为 50 kb 质粒和缺乏 6.7 kb 质粒，几乎所有株保有180 kb 的传递 R 质粒，这种特征性的质粒谱和传递性 R 质粒，在今后对本病调查时可作为一项指标。

甘孟侯(1985)对猪霍乱沙门氏菌(S.Cholerae suis)感染 24 例猪急性和慢性病例尸检进行描述。

(1) 体表检查。急性死亡尸体营养中等，一般呈营养不良；慢性死亡猪极度消瘦，肩胛、肘头、肋骨、髋关节、坐骨等处显露；毛粗乱，皮粗糙无弹性，在胸、腹及腿内侧皮肤薄处有小的紫红色疹，亦见有个别尸体整个下腹、颈下、前胸等处皮肤呈紫红色。可视黏膜苍白或灰粉色或污血色，眼角有少许眼屎；有的尸体鼻孔内有泡沫；肛门松弛，肛门周围、尾、后肢关节处黏附粪便。

(2) 内部器官观察。皮下脂肪消失或菲薄如纸，皮下(肢前、肩前、鼠蹊部)有透明无色胶样液体者 6 例。

① 淋巴结。颌凹、鼠蹊、颈部、前胸淋巴结肿大，紫红色，切面隆起，灰紫色或土灰色，湿润，有的病例有散在出血点，以肠系膜淋巴结最明显。1 例颌凹淋巴结坏死；1 例边缘出血；3 例肠系膜淋巴结坏死。慢性经过病例，主要是盲肠、结肠的淋巴滤泡坏死和溃疡，以及部分回肠段淋巴滤泡肿胀、坏死(4 例)。典型的肠道变化过程，即从淋巴滤泡肿胀→增生、坏死→溃疡→愈合过程。这种典型的变化与猪瘟肠道溃疡不同；而在流行初期常有急性死亡病例，其剖检变化是败血症病变，很易与猪瘟相混同。口腔及食道无明显变化。

② 胃。一般胃内有食物,少数病例胃内空虚;胃底部和幽门部黏膜增厚,红肿,紫红色;约 10 例(41％)病例有出血点,胃底部较幽门病变严重(11/16);胃内有灰白色或淡黄色黏液。胃卡他炎症 16 例占 66.6％(16/24)。曾有过报道胃炎可占 90.2％(37/41),故可作为具有诊断意义的变化。

③ 小肠。有不同程度充血,黏膜肿胀,紫红色,有针头大小的出血点或出血斑;内有黏稠的黏液,灰白或灰黄色,少数灰红色陈状黏液;肠系膜血管怒张,紫红色;肠系膜淋巴结肿大,切面有出血点,少数病例切面滤泡颗粒状灰白色隆起;肠系膜淋巴结坏死者 3 例;部分病例见小肠的黏液集腺液滤泡肿胀、隆起、蜂窝状;4 例回肠段发生坏死,米粒至豆大溃疡。

④ 大肠。特征的病变在盲肠及结肠前段。肠壁滤泡肿胀(盲肠 5 例,结肠 7 例),呈半圆形,突出于肠黏膜表面,在浆膜面亦可透视而见,大小如小米粒、高粱粒、绿豆或黄豆大不等,呈污浊的淡黄色,数目多不等。有的继续增大,边缘隆起如堤状;有的中心下陷,黏膜坏死,周围以红色高出黏膜表面光滑堤所包围,中心坏死物呈灰黄色、灰绿色、黄绿、黄褐、暗灰或污黑不等,用力剥离时质软多成碎片,剥离后留下一深凹陷的溃疡,严重者一经剥离致使肠壁穿孔,形成圆形局灶性溃疡,大小为蚕豆大,亦有 2～3 个以上单个溃疡互相融合成一片,部分病例在肠的一段全部黏膜溃疡,仅见个别局灶的不完整的圆形溃疡于其上(间),这种局灶性溃疡在结肠段多见(盲肠 16 例、结肠 20 例)。另外,尚见整个肠黏膜呈弥漫性坏死糜烂,或呈条索状坏死,表面被覆盖淡黄色糠麸样坏死物,黏膜表面粗糙不平,没有堤状边缘,溃疡几乎与黏膜在同一水平上,或黏膜上覆有灰绿色、污黑或黄褐色的坏死物,黏膜坏死、肠壁显著增厚、变硬、缺乏弹性,多见于盲肠(盲肠 8 例、结肠 5 例)。局灶性和弥漫性溃疡以亚急性和慢性病例多见,在急性病例多为死亡,淋巴滤泡变化完全没有或仅见肠黏膜淋巴滤泡呈小米大小肿胀,多是大肠黏膜一片红肿和出血点(盲肠 10 例、结肠 16 例),黏膜聚集成纵形的皱褶,严重发红,切面犹如脑髓状。肠腔内被覆多量黏液和粪污。结肠后段一般无明显的肉眼变化,直肠有充血或出血。小肠以卡他性肠炎为主,盲肠结肠变化有 3 种形式,弥漫性充血和出血;单个圆形溃疡及条件(片状)溃疡、弥漫性坏死溃疡。这些变化的差异,乃因病程长短不同,它显示出逐渐发展的阶段。此外,亦见结肠溃疡穿孔,腹膜炎、肠浆膜上有纤维素、腹腔积液等。

⑤ 肝脏。大多数病例呈紫红或暗红褐色,甚至土黄色,肝边缘钝,混沌肿胀,质地略脆。切面肝小叶不太明显,流出紫红色血液。部分病例肝表面被覆有灰白色增生物。7 例胞膜下肝小叶中央有针头或小米大的灰黄色坏死。

⑥ 肾脏。急性病例见肾有小点出血。亚急性和慢性病例多无肉眼变化,肾紫红色,表面光滑,包膜易剥离,质较韧,切面平整,皮、髓质界限清楚。10 例肾表面出血,1 例髓质及肾乳头出血,1 例肾小球出血,2 例皮质出血。

⑦ 脾脏。被膜光滑,边缘锐,稍柔韧,切面平整,小叶清楚,髓质明显。4 例脾肿,1 例被膜上有出血点。

⑧ 呼吸道。喉、会厌软骨黏膜光滑,灰白色或灰粉色充血。气管及支气管黏膜灰白色或紫红色,管腔中常见有白色泡沫或红色带泡沫的黏液。肺多灰红色或紫红色,或部分橙红

色,充气,肺膜光滑。部分病例主要在心叶有不整形暗紫色小叶性肺炎(15 例),质韧,较湿润,间质扩张,充有白色液体,病变与周围界限明显,周围有不同程度充气和水肿。

⑨ 心脏。心囊扩大,心包内积水 17 例,多呈茶水样暗褐色(草黄色至橙黄色),有 1 例心包液混浊有纤维素。心冠脂肪贫瘠,胶冻样紫红色,右心常扩张,心腔积有凝块,后期死亡病例常见有淡黄-紫色分层凝块。4 例心耳有出血点。心肌色淡,质脆弱,似煮过一样。2 例心内膜出血,6 例心外膜出血,6 例纤维性心包炎。

⑩ 膀胱。多积尿,黄色,浆膜,黏膜灰白色,6 例黏膜充血,1 例黏膜出血。

⑪ 腹膜。光滑,3 例腹腔积液,淡黄色,1 例见纤维素混夹其中,结肠攀上附有纤维素,网膜菲薄透明。

(3)猪的鼠伤寒沙门氏菌感染多见于刚断奶后到 4 月龄的幼猪,可表现为小肠结肠炎。

此病可迅速传播、发病,开始呈水样、黄色腹泻,无出血和黏膜,持续 3～7 天,而后在数周内出现第 2 次、第 3 次腹泻,粪便中可见散在的出血、无大量出血。大部分猪可康复,部分猪至少 5 个月带菌、排菌。尸检可见局灶性或弥散性坏死性小肠炎、结肠炎和盲肠炎。结肠可见纽扣状病灶,肠系膜淋巴结肿大。

3. 仔猪副伤寒 是由猪霍乱沙门氏菌、猪伤寒沙门氏菌的鼠伤寒沙门氏菌等 6 种血清型菌所引起仔猪的一种条件性传染病,亦称猪沙门氏菌病。急性者为败血症;慢性者为坏死性肠炎,有时发生卡他性或干酪性肺炎。猪伤寒沙门氏菌与干酪性淋巴结有关。海德尔堡沙门氏菌可致断奶仔猪腹泻和卡他性小肠结肠炎。尸检可见肝白色坏死灶,即称伤寒结。

本病的潜伏期视猪的抵抗力及细菌的数量和毒力不同而异,也受环境因素和应激影响;潜伏期长短不一,可从 3 天到 1 个月左右。

临床分急性、亚急和慢性。

(1)急性(败血症)。在机体抵抗力弱而病原体毒力很强的情况下,病菌侵入后迅速发展为败血症,从而引起急性死亡。临诊表现为来势迅猛,体温突然升高(41～42℃),停食,精神不振,不愿行动,腹部收缩,弓背。后期呼吸困难,腹泻,粪便很臭,2～3 天后,体温稍有下降,肛门、尾巴、后腿等部位污染混合血液的黏稠粪便。由于心脏衰弱、呼吸困难,皮肤特别是耳尖、四肢端、胸前和腹下皮肤出现紫红色斑点或暗红色斑块。

(2)亚急性和慢性。病猪体温升高(40.5～41.5℃)呈弛张热,精神不振,寒战,喜钻垫草,堆叠一起,眼有黏性或脓性分泌物,上下眼睑常被黏着,少数发生角膜混浊,严重者发展为溃疡,甚至眼球被腐蚀。病猪食欲不振,初便秘后下痢,粪便淡黄色或灰绿色,恶臭。大便失禁,混有血液和假膜。由于下痢,失水,很快消瘦。部分病猪,在病的中、后期皮肤出现弥漫性湿疹状丘疹,特别是腹部皮肤,有时可见绿豆大、干涸的浆性覆盖物,揭开见浅表溃疡。耳尖、耳根、四肢皮肤暗紫色。病程可至 2～3 周或更长,最后极度消瘦、衰竭而死。

有时病猪症状逐渐减轻,状似恢复,但以后生长发育不良或短期内又行复发。

有的猪群发生所谓潜伏期"副伤寒",小猪生长发育不良,被毛粗乱,污秽,体质较弱,偶尔下痢。体温和食欲变化不大。一部分患猪发展到一定时期突然症状恶化而死亡。

急性型病死猪的大肠粗黏膜肿胀发红,有出血点,肠淋巴结肿大,脾脏肿大。在肝、脾、肾等脏器的实质内有粟粒大坏死灶。慢性病死猪的大肠黏膜增厚,有浅平溃疡和坏死。肠道表面附着形似糠麸样灰白色或暗色的假膜。肠系膜淋巴结增大,肝、脾、肾及肺均有坏死灶。

4. 大猪副伤寒　病猪表现急性经过,病初少食,毛松,打颤,鼻盘干燥,鼻流清液,喜卧,体温 41～41.8℃,继而废食,泻灰黑色稀粪,个另有呕吐,白猪耳壳及皮肤呈斑块性浅红色,驱赶走动时更明显,如用手搔皮肤,会留下红色痕迹,一个多小时还不消退。病程一般 4～7 天,临死前 0.5～1 天,耳尖发紫。咀筒、蹄颈部、尾尖、肛门周围、胸腹部皮肤呈紫蓝色出血斑。

剖检:脾脏肿大呈暗红色,略硬,肝脏边缘钝圆,有灰白色或粉红色坏死点,肺各叶有散在的红色出血斑,胃黏膜大面积严重充血,胃内容物混杂暗红色的血凝块,小肠黏膜充血,肠系膜淋巴结呈条索状肿胀;全身淋巴结充血呈紫红色,有的病例膀胱和肾亦有出血小点。

康纪平报道,一头 7 月龄 50 kg 后备公猪体温指向于 40.7～41.8℃,发抖,开始排球状硬粪,后期拉稀、带血。5 天后,耳出现瘀斑,腹股沟淋巴结肿大。阴茎包皮肿大,有大量脓样尿液。10 天后站立不稳,死亡。解剖可见表皮有瘀出血斑块,尤以颈、胸下,腹下更重。耳、胸突瘀出血。血凝不良。肝肿大,表面有绿豆大灰白色坏死小点。脾肿大,暗红色,质地硬。肾皮质部针尖状出血点。膀胱黏膜和会厌软骨小点出血。肠系膜淋巴结肿大,切面周边出血。大肠黏膜少量坏死。实验室检查:猪瘟、猪丹毒阴性,鉴定为猪霍乱沙门氏菌,抗原结构为 6,7:C:1,5。

[诊断]　人和动物的沙门氏菌感染,无论是胃肠道感染还是胃肠道外感染型,一般均缺乏具有鉴别诊断价值的临床与病变特征,且常常是多种病原菌均可引起同类型症状,还有不少情况是两种或两种以上病原菌的混合感染,亦有继发感染,造成本病临床表现复杂,诊断较为困难,目前最为直接和准确的方法,仍是病原菌的检出和相应病原学意义的确定。即使实验室分离、培养到沙门氏菌,也很难得出是腹泻的主因。沙门氏菌特异性抗体的辅助诊断价值,如血清凝集试验,ELISA 法等。

1. 病原分离与鉴定

(1) 血琼脂平皿培养。菌落 1～2 mm,光滑、边缘整齐、湿润、微凸透明、灰白色菌落。镜检、革兰氏阴性、单性、无荚膜、两端钝圆短杆菌、能运动。

(2) 增菌培养。把病料或培养物接种于四硫磺酸钠大皇缘(TTB)或亚硒酸盐胱氨酸增菌液,37℃培养 20 小时后再移种于选择性培养基 SS、DHL 或 HE、麦康凯琼脂单皿上。培养 18～24 小时。沙门氏菌在 SS,DHL 上呈无色半透明菌落,菌落中心为黑色。在 H 区上呈蓝色或蓝绿色,菌落中心为黑色。在麦康凯上呈无色半透明、边缘整齐、光滑稍隆起菌落。再后挑取 3 个以上可疑菌落接种于三糖铁培养基,斜面画线而后底部穿刺,37℃培养 18～24 小时。沙门氏菌在三糖铁培养基上,斜面部分保持红色,而垂直穿刺部位变为黄色并有黑色的硫化铁存在,产酸产气。

（3）生化试验，把用三糖铁培养的沙门氏菌进一步菌种鉴别，可作出检测和血清学检测（表-88）。

表-88　猪霍乱沙门氏菌的分群、抗原式及生化特性

菌　名	分群	抗原式	糖（醇）发酵				产生	利用	
			卫矛醇	伯胶糖	覃糖	甘露醇	硫化氢	酒石酸盐	枸橼酸盐
猪霍乱沙门氏菌原种	C	6,7:C:1,5	X	—	—	+	—	+	+
猪霍乱沙门氏菌孔氏变种	C	6,7:—:1,5	X	—	—	+	+	+	—
猪伤寒沙门氏菌原种	C	6,7:C:1,5	+	+	+	—X	—	—	+
猪伤寒沙门氏菌伍氏变种	C	6,7:—:1,5	+	+	+	—X	—	—	+
鼠伤寒沙门氏菌	B	1,4(5)12:i:1,2	+	+	v	v	+	V+	v
肠炎沙门氏菌	D	1,9,12:g,m	v	v	+	v	+	V+	v

注：+阳性，—阴性，X迟缓阳性，V不定。

2. 血清学检测（斑片凝集试验）　在洁净玻片上滴加一滴无菌生理盐水，以灭菌铂耳取少量菌落与生理盐水混匀制成菌悬液，再稍加少许沙门氏菌 OA-F 群抗血清，混匀，室温下3分钟内出现凝集颗粒现象为阴性。当分离菌在所在群确定后，依同法作单因子抗血清凝集试验，最后作鞭毛凝集试验，以确定分离菌的抗原式。

鉴于沙门氏菌在动物的感染类型比较复杂，且有时常与其他病原菌混合感染，因此对从动物分离的菌株，还要做同种动物的感染，以确定其原发或混合感染或继发感染的病原学意义。

本病应与其他细菌性腹泻、细菌性食物中毒、消化不良、肠道菌群失调、其他化脓性细菌所致的败血症或脓毒血症相鉴别。

［防治］　对病畜除对症支持治疗外，需及时静脉或口服补液以纠正脱水、酸中毒和电解质紊乱；要根据临床分离到的菌株药敏试验结果选用抗菌药，提高疗效，对尚未获得病原或无法获得病原的病例，可采用经验性治疗，可选用2种或2种以上针对革兰氏阴性菌的抗菌药物联合治疗。对于产超广谱β-内酰胺酶菌株，可选用碳青霉烯类（亚胺培南、美洛培南）、氨基糖苷类（阿米卡星、萘替米星）以及真菌素类（头孢美诺）等抗感染。不可盲目用药延误治疗和造成细菌的耐药性。同时要加强畜牧场的环境消毒，对环境要用 0.5％过氧乙酸或1％漂白粉等喷洒消毒；对粪便、垃圾、污水等要进行无害化处理。

本病的主要传染源是家畜、家禽及鼠类；病畜及无症状带菌者亦可作为传染源，必须积极从源头控制。主要措施有：① 加强对畜禽宰前的检疫和宰后的检验制度，减少产品污染率和对动物传染源的及时处理；② 加强食品卫生管理，严防食物中毒。低温运输、保藏各种食品，虽然不能杀死细菌，但可致细菌不能繁殖，如果食物污染量小，可使已污染菌不至于发展到有感染性阶段。由于细菌对热、阳光、消毒剂敏感，所以食品要煮熟、高温处理，减少对

食品和人畜污染,降低对机体感染力;③ 提高机体抵抗力,调整好机体生态。首先是应用菌苗免疫接种,提高机体特异性免疫功能。对于猪有仔猪副伤寒的灭活苗和弱毒苗;其次是当沙门氏菌经口腔进入体内,如果在宿主胃酸减少,胃排空增快,肠蠕动变慢时,以及肠道菌群失调等,可增加沙门氏菌的感染机会。所以要调整机体的生理、生态状态,或适时补充微生态菌等调整肠道菌群,提高抗病力。

由于抗菌药物广泛应用以及农用抗生素的应用,已造成沙门氏菌多重耐药菌株明显增加,成为临床较为严重问题,对此要加强综合管理和宣传教育。

七、耶尔森菌病(*Yersiniosis*)

该病是由耶尔森属中的相关致病菌引起的几种人畜共患的自然疫源性及地方性动物病的总称。其中重要的是由小肠结肠耶尔森菌病引起的腹泻;由伪结核耶尔森菌引起的伪结核以及由鼠疫耶尔森菌引起的鼠疫等。其病原菌还能引起呼吸系统、心血管系统、骨骼结缔组织等疾病,由它感染引发的后遗症有结节性红斑、关节炎、耶尔森肝炎等,还是重要的食源性致病菌,引发胃肠炎、败血症等。

[**历史简介**] Pfeiffer(1880)发现伪结核杆菌。Yersin(1894)从鼠疫中分离出鼠疫耶尔森菌。Malassez 等(1883)曾从儿童等臂结核结节病变材料接种于豚鼠的结核结节中分离到伪结核耶尔森菌,后查明为啮齿动物的病原,并从许多种哺乳动物及禽类中分离到。1934年美国 Mclver 和 Pike 首次对小肠结肠耶尔森菌作了描述,其形态和生化特性与伪结核相似,曾被称为 B 型伪结核巴氏杆菌,同伪结核一起被列入巴氏杆菌属。Schleifstein 和 Coleman(1939)在美国记述了 yE 病原体,被称为"未定菌",由于大部分菌株分离自小肠结肠炎病人大便,故称为 B.ente - rocoliticum。Van Loghem(1944)提议建立耶氏菌属。20 世纪 50 年代查明该菌与小儿肠系膜淋巴结炎和阑尾炎有关。Masshoff 和 Knapp(1954)从人肠系膜淋巴结分离到本菌,认识到本菌是人的重要病原菌。Daniels 和 Goundzwaard(1963)又从人体组织分离到此菌,并称其为 X 巴斯德菌(Pasteuralla X)。Quan(1965)从阿拉斯加兔中分离出此菌,Tsubokura(1973)从猪盲肠分离到此菌。Schleifstein 等(1939)从美国病人中分离到小肠结肠耶尔森菌(yE),称小肠结肠炎杆菌。曾报道 1933 年在纽约发生过此病,Karrer 和 Pusterrale、Hassing 等(1949)从欧洲 2 例败血症尸肝及猪粪中分离到此菌,Moyer(1957)报道猪可感染小肠结肠耶尔森菌。因其类似伪结核巴氏杆菌,Danice(1963)建议为伪结核巴氏杆菌。Dickinsen 和 Mocquot(1961)证明动物可携带小肠耶尔森菌,以后陆续从多种动物体分离出本病原体。而 Frederiksen 根据众多学者的研究成果,在 1964 年建议改名为小肠结肠耶尔森菌。Smith 和 Thal(1965)根据数值分类学研究结果,建议将细胞色素氧化酶反应为阴性的鼠疫巴氏杆菌、伪结核巴氏杆菌和本菌组成耶尔森菌属(以示纪念 yersin 氏于 1894 分离鼠疫杆菌),从巴氏杆菌属中分出。国际细菌分类命名委员会(1970)将鼠疫巴氏杆菌、伪结核巴氏杆菌和小肠结肠耶尔森菌从巴氏杆菌属分出组成耶尔森菌属。以与多沙巴斯德菌相区分。其后以 Knapp 和 Thal 的研究报告为基础,结合 DNA 杂交试验结果,表明耶尔森菌属与肠杆菌科其他成员具有有意义的联系,比与多杀巴氏杆菌之间的联

系更为密切,故将耶尔森菌属归属于肠杆菌科(丸山名等,1975)。1980年本属归入肠杆菌科。其后,Ewing(1974)把分离鳟鱼红口病病原也归入该科属。WHO(1974)在法国巴斯德研究院建立了小肠结肠耶氏菌和伪结核耶氏菌参考中心。

Brenner等(1976)报告了本菌显示有4个不同的DNA同源群。第1群是典型的小肠结肠耶尔森菌;第2群为鼠李糖反应阳性的;第3群为鼠李糖、蜜二糖、α-甲基葡萄糖和棉子糖反应阳性的;第4群是蔗糖反应阴性的,后3群菌曾称为不典型或类小肠结肠耶尔森菌(Swaminalhan B,1982)。1981年根据DNA相关度的资料和生化及形态特性的相关性,与小肠结肠耶尔森菌极为密切的3个同源群被作为耶尔森菌的新种而正式命名,并于1981年国际分类细菌学杂志上公布。这3个新种是费氏耶尔森菌(*Y.frederiksenii*)、中间型耶尔森菌(*Y.intermedia*)、和克氏耶尔森菌(*Y.kristensenii*)。小肠结肠耶尔森菌(yE)与这3个菌近缘。

[病原]　耶尔森菌属于肠杆菌科、耶尔森菌属。本属有11种,即鼠疫耶尔森菌(*Y.pestis*)、伪结核耶尔森菌(*Y.pseudotuberculosis*)、小肠结肠耶尔森菌(*Y.enterocolitica*)、中间耶尔森菌(*Y.pseudotuberculosis*)、费氏耶尔森菌(*Y.frederksenii*)、克氏耶尔森菌(*Y.krislensenii*)、鲁氏耶尔森菌(*Y.ruckeri*)、奥氏耶尔森菌(*Y.aldovae*)、罗氏耶尔森菌(*Y.rohdei*)、莫氏耶尔森菌(*Y.mollaretii*)和贝氏耶尔森菌(*Y.bercovieri*)。已知有4个有致病性,即鼠疫、小肠结肠、伪结核和克氏耶尔森菌(虹鳟鱼红嘴病的病原)。3种菌有共同抗原。

我国于1980年首次从猪中分离到yE。该菌有一种嗜淋巴组织特性,定居在淋巴组织后进行繁殖,成为细胞外病原体。本菌DNA的G+Cmol% 为48.1±1.5;模式株:ATCC9610、161、CIP80-27、DSM4780,这个菌株属于IB生物型(biovar IB)、O:8血清群、X噬菌体型;GenBank登录号(16rRNA):M59292。

yE是革兰氏染色阴性球杆菌,需氧或兼性厌氧菌,为嗜冷性菌,具有鞭毛、菌毛,不形成芽孢和荚膜,其大小为(0.99~3.45)μm×(0.52~1.27)μm,单个或短链状或成堆排列。在普通培养基上易于发生,在2~40℃和含胆碱或含胆酸盐培养基上亦能生长。仅在25~30℃适温下培养才能表现出yE的生物学特征,如动力、生化反应。22℃即能产生动力及具有光滑型菌体抗原成分,37℃培养时动力试验则为阴性,VP试验亦多为阴性,25℃时则为阳性。在肠道菌的选择性培养基上,25~28℃培养48小时,菌落表面光滑、凸起、半透明、S形,如连续培养则呈R形,溶血。根据Knud Borge等(1979)报道,从猪中分得的有β溶血作用的菌对人具有致病性。在SS琼脂和HE琼脂培养基上生长不良,呈针尖样。37℃培养时需要硫胺素,25℃则不需要。初分离时需用丙氨酸、蛋氨酸、胱氨酸,转种时则不要,但要谷氨酸、泛酸、尼克酸。生长pH为4.6~9.0,抗热能力为60℃3分钟。对败血症患者血液培养时采用牛心、牛脑浸出液或硫乙醇酸钠液体培养基,常可获得满意的阳性结果。在肉汤培养基中呈均匀状态,一般不形成菌膜,管底有少量沉淀物。Schiemann(1979)和Fukshima(1987)开发了加七叶苷的CIN琼脂培养基,CIN培养基是特异性选择培养基,在此培养基上形成1.5~3.5 mm菌落,菌落中心呈红色,周围有明显的透明环,称"公牛眼"。该菌在25~30℃的代谢活力要比35℃高。因此,许多生化试验要求细菌低温培养。

　　yE 各菌株的生化特性不太一致。典型菌株不利用鼠李糖,能分解蔗糖,不分解乳糖,不产气和硫化氢,葡萄糖不产气,氧化酶试验阴性,赖氨酸脱羧酶阳性,触酶、鸟氨酸脱羧酶阳性,吲哚阴性,尿素阳性。能产生耐热毒素,类似于产毒大肠杆菌的耐热毒素,当细菌在 30℃ 或以下时生长最适于产生毒素。而在 37℃ 时,则不产生毒素。Mikuiskis 等(1994)研究表明,yE 的 yst 基因很可能就是致腹泻毒力因子,其依据是 yst 仅产生于致病的 yE 中,当培养基的 pH、渗透压等一些因素均接近于肠道环境时,在 37℃,yst 的基因能够转录。侵袭素是 yE 另一致病因素,目前已克隆到侵袭素基因由 2 505 bp 构成,基因产物为 835 个 AA 组成的蛋白质,分子量为 91.304 4 kDa。细菌外膜蛋白是近年来研究发现 yE 的一些新毒力决定因子,致病性耶尔森菌毒力质粒编码的 yop 就是其中之一。它是一种分泌蛋白,该蛋白质的分泌通过一种新的通路(现称为Ⅲ型分泌系统)进行。几种重要的耶尔森菌外膜蛋白:① yopA,又称耶尔森菌黏附素 A(yodA);② yopE;③ yopH;④ yopM;⑤ yopO/ypkA;⑥ yopD。

　　已知本菌有 17 种血清群,抗原(O)有 50 多个型,鞭毛抗原(H)约有 20 多个,菌毛抗原 3 个型。Wanter 根据 O 型抗原的不同对 yE 进行血清学分型,1971 年分为 17 个型,1973 年分为 28 个型,1984 年分为 57 型,现已增至 84 个型,因血清型的病菌可含两种或两种以上的 O 抗原。各型血清型病株之间有共同的凝集抗原。H 抗原与分型无关,菌毛抗原与血凝有关,与分型的关系尚不清楚。还可根据噬菌体裂解性的不同分为 5 个或 7 个裂解型。国际上建立 2 种方法,即法国法(Nicolle,1973)有 13 个噬菌体型;瑞士法(Nilehn,1973)有 12 种噬菌体型。我国 1982 年从猪菌中分离到噬菌体。早在 20 世纪 70 年代初 Nilehn(1969)和 Wanter(1972)按 yE 的某些生化特性把 yE 分为 5 个生物型(表-89、表-90),研究表明菌株的生物型、血清型与分离株来源之间有一定关系。人类的病原菌大多属于 O3、O8、O9、O5、O6 和 1984 年新发现的 O13a 和 O13b 致病血清型,生物型则为 2、3、4 型。中国以 O9 多见,次之为 O3、O4、O5、O8 等。生物 5 型常在动物的流行病例中观察到。与猪有关的有 13 个血清型,如 O:3、O:5、O:9 等。小肠结肠耶氏菌产生和毒素与菌株的血清型有关,人类中常见 O:3、O:9、O:8 中几乎全部,其次为 O:5,27、O:6,30、O:7,8、O:13,7 中 80% 以上或全部菌株都能产生,其他血清型则很少产生。腹泻仔猪分离的菌株为 O3、O11 和 O10。猪中分离 yE 生物型,Pedersen 等(1979)报道的为生物 1 型或 4 型。Nilehn(1969)曾报道从猪中分离到生物 3 型。我国曾贵金(1980)分离到猪 1、3 型。刘敏庄(1985)从湘潭母猪、仔猪和架子猪共 105 头中分离到小肠结肠耶尔森菌 O:10,K1 血清型,属 Nilehn 生物 1 型。而生物 1 型大多对人类不致病。血清学分型和生物学分型的并用,有助于 yE 暴发的流行病学分析。景怀琦等(2004)研究指出,我国 O:3 和 O:9 血清型具有致病性,生物型以 2,3 型为主。而非致病菌株以 1A 型为主。致病菌株毒力基因分布特征为:ystA+ail+VirF+yadA+ystB-或 ail+ystA+ VirF+yadA-ystB-;非致病性菌株毒力基因分布特征为:ystA- ail- VirF- yadA- ystB+或 ail- ystA- VirF- yadA- ystB。穆玉娇(2012)从 1 346 头猪咽分离到 331 株小肠结肠耶氏菌(占 24.59%),鉴定出 O:3、O:5 和 O:8 血清型占84.6%、2.1% 和 1.8%,以及 1A、3、4 三个生物型,毒力基因分布特征为:ail+ ystA+ ystB+ yadA+ VirF+ 占

80.67％，占 257/331；ail＋ystA＋ystB＋yadA－VirF－占 3.32％(11/331)，且均为 O:3 血清型，其他型为 16.01％(53/331)。已知的常见血清型与生物型搭配形式有：血清型 O9/生物型 2、血清型 03/生物型 4、血清型 08/生物型 1、血清型 5、27/生物型 2。此外，yE 还存在超抗原和铁摄取系统。超抗原是 1989 年提出来的新概念，这种抗原能激发多克隆的 T 细胞。现已证实葡萄球菌、链球菌、支原体等致病微生物中存在。Stuart 等(1991)证实 yE 能产生超抗原活性。现认为超抗原的发现，可部分解释 yE 引起的慢性病变如活动性关节炎和结节性红斑，有可能是由超抗原引起自身免疫性疾病。Gripenbergg－Lerche 等(1994)研究认为关节炎是由外膜蛋白 yopA 和 yopH 引起，还有 yopE、yopM、yopO/yopA 及 yopD。Heesemann等(1987)曾报道了 yE 的铁摄取系统，直到 1993 年证实了 yE 新的铁载体，称之为耶尔森菌素的一个新的 65 kDa 的铁抑制外膜蛋白。目前一个新的摄取系统，即铁草胺菌素受体蛋白 FoxA，及耐热肠毒素、超抗原、毒性质粒等。

表-89　小肠结肠耶尔森菌与近缘菌的鉴别

试 验 项 目	小-结肠炎1~4型*	小肠5型*	费氏	中间	克氏	伪结
硝酸盐还原	+	-	+	+	+	+
VP28℃	+	-	+	+	-	-
VP37℃	-	-	-	6	-	-
西蒙氏枸橼酸盐	-	-	√	√	-	-
鸟氨酸脱羧酶	+	-	+	+	+	-
蔗糖	+	-	+	+	-	-
纤维二糖	+	+	+	+	-	-
鼠李糖	-	-	+	+	-	+
密二糖	-	-	-	+	-	+
山梨醇	+	-	+	+	+	-
糖	+	-	+	+	+	+
覃棉子糖	-	-	-	-	-	√
α甲基葡萄糖苷	-	-	-	+	-	-

注：＋：3 天内 90％以上阳性，√：10.1～89.9％阳性，－：10％以下阳性；* 大肠数为 Nilehn 或 Wauters 生物1～4型或 5 型。

表-90　yE 生物分型法

试　验	生　物　型				
	1	2	3	4	5
水杨苷	+	-	-	-	-
七叶灵	+	-	-	-	-
卵磷脂酶	+	-	-	-	-

试　验	生　物　型				
	1	2	3	4	5
靛基质	+	+	−	−	−
乳糖氧化	+	+	+	−	−
木胶糖	+	+	+	−	−
海藻糖	+	+	+	+	−
β-D 半乳糖苷酶	+	+	+	+	−
鸟氨酸脱羧基酶	+	+	+	+	−

[流行病学]　本病分布很广、遍及五大洲,是一种人畜共患的自然疫源性及地方性动物病。已有 80 多个国家和地区报道有本病存在。现已报道分离到本菌的动物有:猪、野猪、牛、马、羊、骆驼、犬、猫、家兔、野兔、猴、豚鼠、貂、浣熊、海狸、鸽、鹅、鼠、牡蛎、鱼、蛙、蜗牛、跳蚤等,以及奶制品、蛋制品、肉类和水产品等。动物体可长期带菌,有的感染后可出现临床症状。传染源主要是患病和带病动物,牛的感染率高达 7.9%～24.6%。主要血清型是 O:3、O:5 和 O:9 型;犬带菌率在 1.7%～7.5%,其 O:3 和 O:5 血清型占 95%,并证明 O:3 型菌株可引起犬腹泻。猪的小肠结肠耶尔森菌感染率为 6.28%,以 O:3 血清型,生物 3 型为主。鼠类等啮齿动物是本菌在自然界中的主要储存宿主之一,我国鼠类带菌率高达 60% 以上,而且鼠与猪接触频繁,相互传染机会多,故猪是传播该病的重要宿主。猪舌和咽喉(扁桃体)标本中,本菌的阳性检出率可达 30%～70%。zan-yoji 等(1974)从猪盲肠内容物检出阳性率 8.4%～15.3%,肠系膜淋巴结阳性率为 0.5%。斋藤(1973)检出猪粪阳性率为 21.6%。比利时和丹麦研究表明,约 3%～5% 猪是 yE 菌 O3 血清型的肠道带菌者,并且舌和咽喉的阳性率高达 53%。扁桃体带菌猪是人感染本病的传染源和贮菌者。最常见的致病血清型是 O3、O9、O5、O27 和 O8,其中 O8 主要分布在北美洲,其余型多见于欧洲、日本、南非、非洲南部、加拿大和中国。我国已发现 O3 和 O9 两型耶尔森菌引起的暴发流行。从病人分离的 yE 中发现 58 个血清型,其中 11 个是国际上首次报道,且大部分为 O3、O5、O8 和 O9 血清型,均为生物 3 型。另外,牛血清型有 O:3、O:5、O:9 等,犬有 O:3 等。动物与人流行菌型基本一致。猪肉的带菌不容忽视,曾金贵(1982)报道从河南肉联厂采集的 58 份健康猪回盲部内容物检出小肠结肠耶尔森菌 6 株,阳性率 6.8%,其血清型各为 3/O:3 和 1/O:10。李兆晋(1985)对长春肉联厂猪肉检验,小肠结肠耶氏菌阳性率为 10.83%,血清型多为 O:3 型;另一起检验阳性率为 8%,血清型 O:5,16 头;O:16,1 头。猪舌阳性率为 5%,血清型 O:5,8 头;O:6/11,1 头;O:16,1 头。猪是人类的重要传染源。

1. 猪感染率高　猪被认为与人类 yE 病关系最大,其带菌率瑞士、瑞典、罗马尼亚为 20.1%～27.3%(Rusu V,1981),加拿大为 3.6%,日本为 4.0%～21.6%,我国福建陈亢川(1981)报道为 2.3%～4.96%,平均 3.99%。辽宁检测猪的血清型为 O:4、O:5、O:3、O:8、O:10、O:9、O:125、O:138 等。血清型方面,猪为 O:3 型,在生化和噬菌体分型上与人体菌株密切相关。yE 在肠道定居,通过空肠、回肠到盲肠、结肠、直肠。在盲肠的下肠管黏膜繁殖,混入粪便排出。从这些黏膜培养出大量甚至纯菌。一般说空肠和回肠不适于本菌定居和繁殖,属于一过性通过,也不进入血液,即使进入血液也不繁殖,很快消失(表-91)。

表-91　人工感染 yE 在猪体内分布情况

猪　　号	1	2	3	4
十二指肠	—	—	<10	<24
空肠	—	—	30	24
廻肠	9×10^2		4.3×10^5	—
盲肠		1×10^7	1.2×10^5	1×10^8
上结肠	2×10^5	2×10^6	1.5×10^8	7.4×10^6
下结肠	9×10^5	2×10^5	1.18×10^8	1×10^6
直肠	1×10^8	5×10^8	1.78×10^8	1×10^7
血液	—	—	—	—

带菌猪能引起屠宰场猪肉胴体二次污染。有报道从猪肉检出 yE 以及因吃炒肉片引起人集体发病。卫生检测表明,新疆猪舌带 yE 达 76.3%;山东检测猪舌带菌率 59.5%、扁桃腺带菌率为 53.7%。

2. 猪可能是本地区耶尔森菌病重要来源　几十种动物与人群感染有关,关系重要的有猪、牛、羊、猫、犬、鼠等。从猪体分离到的血清型有 O:3、O:5、O:6、O:7、O:9、O:10、O:11、O:12、O:15、O:17、O:19、O:26b、O:46 等 13 个血清群,其中 O:O:3、O:O:9、O:O:5 群,可致人肠炎,O:3 群占首位。

从猪体分离的 yE 与人患者分离的菌株的生物型、血清型和噬菌体型,与人关系特别密切的 O:3 和 O:9 型菌株,在猪源的菌株中占很大比重。Winblad(1968)从人分离的 218 株 yE 菌血清型,90% 属血清 3 型。宁夏对 yE 流行性致血清型调查发现,以 O:3 为主、O:9 为辅。宁夏腹泻病人中猪源菌最多,占 83.24%;从猪和腹泻病人体内检出的大多为致病性 O:3 血清型,而从牛、羊等检出的 yE 均为非致病性 O:5、O:8 血清型,进一步提示猪为致病性菌株的重要传染源。猪是人耶氏菌主要传染源。

yE 感染多伴有环境传染源,病原菌在感染猪扁桃体后在其中存在相当长时间,可通过粪便排菌长达 30 周。从食物、水和土壤等周围环境中可分离到 yE。yE 不仅在其中长期生存,而且可以繁殖。在粪便中可在 12 周内保持感染性,污染的猪圈可引起猪感染而且可持续 3 周。可能主要通过与感染动物接触或摄食污染的饲料和饮水,经消化道感染,往往是暴发胃肠炎 yE 病重要原因。人与人传播已为医院和家庭能够暴发和流行所证实。尚无经呼吸道感染的报道。蟑螂、卷蝇、蚤等常可带菌,成为本菌的传播者,也可能经血节肢动物传播。Fukushima 等从日本猪场的苍蝇及火腿中检出 O:3 血清型菌。故提出本病流行图-28。

本菌多为散发,其传染源和传播方式仍不清楚。虽发病季节不明显,常见于寒冷季节。猪多发病于 11 月至来年 1 月,圈养多散发。通过消化道感染,经粪尿排菌污染饲料、水传播,也可经吸血节肢昆虫和空气传播。此外,家禽和野生鸟类都可能被感染,成为健康带菌者,认为鸟类同样起传播作用。

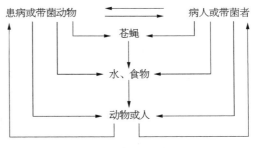

图-28　本病流行图

[发病机制]　小肠结肠耶尔森菌致病机制至今尚不完全清楚,可能与外膜蛋白、肠毒素、毒性质粒、超抗原、铁摄取系统等有关。

1. 肠毒素　yE 菌产生一种类似于产毒大肠杆菌的耐热毒素。当细菌在 30℃或 30℃以下时生长最适于产生毒素。而在 37℃时,则不产生毒素。侵袭力可能是 yE 菌肠外表现的基本发病机制,如肠系膜淋巴结、集合淋巴结脓肿、败血症和各种器官的转移性脓肿。yE 菌的致腹泻功能是否是由肠毒素引起一直是争论的问题。目前研究表明,yE 菌的 yst 基因受下列因素影响,如生长期、温度、渗透压、pH 和细菌的宿主因子。如在混合培养基中培养,在生长晚期才能检测到 yst。Mikuiskis 等(1994)研究表明 yst 很可能是它的到等腹泻因子,其依据为:① yst 仅产生于致病的 yE 菌中;② 当培养基的 pH、渗透压等一些因素均接近于肠道环境时,在 37℃ yst 的基因能转录。这两点均支持 yst 是 yE 菌的一个毒力因子。

2. 侵袭力　某些细菌进入到细胞里面是致病性很重要因素,对 yE 菌来说,其侵袭力主要由侵袭素介导的,目前已克隆了它的侵袭素基因由 2 505 bp 构成,基因产物为 835 个氨基酸组成的蛋白,分子量为 91.304 kDa。该基因能使无侵袭性的大肠杆菌转变成有侵袭性的大肠杆菌。此基因最初是在伪结核耶尔森菌中克隆,该菌的侵袭素 N-端有两个小区域,中间有一个 99 个氨基酸组成的区域与 yE 菌相比没有同源性,但它们两者的 C-端区域是非常保守的。总的看来,它们二者侵袭素氨基酸序列的同源性在 85%,并且这些同源区域内已有73% 氨基酸序列和 77% 相应核苷酸序列得到证实。

目前研究表明,不同种的耶尔森菌,其侵入细胞的介导因素也有所不同,如伪结核耶尔森菌,其毒力质粒也介导其低水平的侵袭作用。在 inv 基因突变时,此菌仍然可以低水平进入到上皮细胞。在 yE 菌中也克隆到了 inv 位点以外的另一个介导侵袭的基因位点 ail,它与inv 基因没有同源性,基因长度为 650 bp,基因产物为 17 kDa,实验室同样赋予 yE 菌侵入上皮细胞的表现型。因此,现在认为 yE 菌的侵袭性也是由多种因素介导的。

3. 细菌外膜蛋白　近年研究发现了耶尔森菌的一些新毒力决定因子,致病性耶尔森菌毒力质粒编码的 yop 就是其中之一,已证实 yop 在致病过程中有很重要的作用,其中 yopA介导该菌对哺乳动物及人类上皮细胞的黏附作用,同时还具有抗吞噬作用,可以引起慢性活动性关节炎;yopH 的存在可使宿主细胞微丝分裂,它还能阻止机体的防御功能,并具有抗吞噬作用;yopH 的存在可使宿主酪蛋白去磷酸化,使 yE 菌抗巨噬细胞的吞噬作用,并引起慢性关节炎;yopM 通过与凝血酶之间的相互作用来阻止血小板的凝集,损害宿主的凝血机制;

yopD 是 yopE 穿入靶细胞所必需的,它抑制巨噬细胞的呼吸暴发作用,由于呼吸暴发作用是巨噬细胞的杀菌装置,所以它间接引起抗吞噬作用。

[临床表现]　猪耶尔森菌感染通常呈隐性经过,已经从发热、肠炎和腹泻病猪体分离到小肠结肠炎耶尔森菌。

1. 猪是人类 yE 的贮存寄主　是最常见的传染源,亦可能是人耶尔森菌病的重要来源。猪带菌率最高,猪咽喉带菌率为 30%,猪舌为 53%～62.5%,对人有致病性血清型 O:3,O:9 可作为正常的咽喉菌丛在屠宰猪和新鲜的猪舌与碎肉中分离到,且占分离自猪菌株的 70%～90%。当人与病畜直接接触时可被感染,其中猪被认为与人 yE 病的关系甚为密切。AHIOHOB BC(1927)对 1 猪场进行调查,发现 1/2 的猪是 yE 的带菌者;Rabson(1972)在南非也自猪分离到与人相同的 yE 血清 3 型菌株;Pokorna V(1977)在捷克猪场从沟鼠等分离到 yE 为血清 3 型;Chin G N(1977)报告 1 位 parinaud 氏眼腺肿症候群的病人,也被认为与猪、犬有关。Bockemuhl(1976—1977)观察了西德猪群耶尔森菌带菌情况,检出 1 358 头猪中 371 头有耶尔森菌,其中 17 株属 O:3 血清型;9 株属 O:9 血清型。当地人群耶尔森菌病发生高峰在 10～1 月间,而猪群中 O:3、O:9 型亦在 10～12 月检出。比利时、丹麦有 3%～5% 的猪是 O:3 血清型的肠道带菌者,咽喉与舌头取样的培养阳性率达 53%。Christensen(1982)对丹麦屠宰猪 722 头健康猪扁桃体 O:3 血清型检出率为 26.05%。陈武森曾从 361 头屠宰健康猪的粪标本中检出 4 株结肠炎耶氏菌。我国福建调查(1981)猪 O:3 血清型阳性率达 2.3%～4.69%,春季检出率最高达 28.57%。目前已知猪携带 yE 血清型有 O:3、O:5、O:6、O:7、O:9、O:10、O:12、O:15、O:17、O:19、O:26b、O:46 等 13 个血清群,其中 O:3、O:9、O:5 可致人肠炎,而 O:3 群又居首。李功惠(1990)发现来自猪粪便的 N422 株,也具有毒力,血清型为 O:15 型,生物 3 型。

2. 猪的临床症状　呈散发感染,主要为架子猪,O:3 血清型引起猪腹泻;仔猪、大猪感染率低。曾有暴发流行的报道。据福建省调查,猪本菌检出率在 4.09%,共有 4 个血清型,其中 O:3 占 84.44%、O:5 占 6.67%、O:16 占 6.67%、O:10 占 2.22%。周文谟等(1982)报告从某猪场 29 头肠炎病猪稀便检出小肠结肠耶氏森菌 4 例共 11 株;85 年湘潭某猪场发生小肠结肠耶氏菌的腹泻,发病率 88%(846/959),死亡率 1.2%(10/846);被检 119 头病猪,39 头粪中检出该菌,血清型为 3/O:3。表明该菌能引起猪腹泻。Tsubokura 等(1973)从猪盲肠内容物分离到本菌占 4.3%(13/299);屠宰场为 8.4%～15.3%(1 796 头份);肠系膜淋巴结为 0.5%。猪无明显前期症状,腹泻明显,呈间歇性,干稀便交叉发生,带有黏液和血液,很少水样亦无泡沫。还表现为腹痛、发热、关节炎、脑膜炎,严重者败血症而死。多见于仔猪,潜伏期 2～3 天;病初厌食、体温 41～42℃,水泻,1 天数次至 10 余次,严重时肛门失禁;粪便呈灰白色或灰绿色糊状时,外包有灰白发亮薄膜,常混有黏液、红色或暗红色血液和肠黏膜脱落物;后期体温下降,不食,尿少,皮肤发绀,如不及时补液,仔猪常因脱水休克而死。成年猪感染常能耐过,病程 1 周左右,也有长达半年者;病变为卡他性胃肠炎;患猪疾病早期胃肠壁水肿、淋巴类组织增殖、肠壁增厚;中期肠黏膜表面有黄白相间的多发性浅表溃疡;晚期黏膜下溃疡、黏膜面脱落出血、溃疡融合,肠穿孔至出血性腹膜炎,肠系膜淋巴融合成大块。

于恩庶等(1982)在调查该省小猪长期腹泻时,分离到小肠结肠耶尔森菌,检查176头小猪,从粪便中分离到耶菌54株,阳性率为30%;有的猪栏达100%阳性,血中抗体在70%的猪中发现,效价高达1:320。而大猪与仔猪未检出。小肠结肠耶尔森菌病在猪中流行往往是从1~2头开始,而后逐步蔓延。陈坚(1985)报道一起猪冬季发病情况:一个大队共有959头猪,开始饲养家生猪发生腹泻,第2天又一家猪腹泻,到第6天~7天全大队猪都发生腹泻,除经产母猪和哺乳仔猪外,有846头猪严重腹泻,死亡10头,占1.18%,共流行了60天。

猪小肠结肠耶氏菌感染暴发流行猪的潜伏期2~3天。发病猪体温大部分为39.5~40℃,部分猪体温在40℃以上,食欲不振,个别呕吐,猪拉稀或水泻,初期呈喷射状,呈灰土色,有的带血丝,有的带黏液。一天数次至十余次,严重时肛门失禁。猪消瘦,发育不良。后期体温下降,不食,尿少,耳、皮肤发绀。消化道卡他性胃肠炎,胃壁松弛,小肠充血、壁薄、透明扩张,内含黄色水样内容物,鉴定血清型为O:3型,生物型为3型。Shu等(1995)用小肠结肠耶菌感染乳猪致厌食、腹泻和体重减轻。成年猪常能耐过,病程约7~15天,剖检病变为卡他性胃肠炎。此外,Platt-Samoraj A(2009)报道耶菌引起母猪生殖系统损伤,并从流产胎儿、胎盘、阴道检出本菌。

[诊断] 凡进食可疑被污染的食物和水,有与感染动物接触史,临床上出现上述症状的病例,均应考虑感染本菌病的可能性。确诊本病有赖于病原菌的分离鉴定和血清学检查等实验诊断。病原学检查方法如下。

1. 细菌检查 采集患者的血、粪、尿或病变组织(猪扁桃体检出率较高),于SS琼脂平皿或麦康凯琼脂平皿上划线培养。无症状带菌者粪便、食物、饲料、水样等宜先增菌后划线培养。增菌可采用冷增菌法(病料置pH 7.6 PBS增菌液中,4℃增菌14天)或普通增菌法(病料置新霉素、多黏菌素B和结晶紫的豆胨肉汤中,25℃或37℃增菌24~48小时),而后划线琼脂平皿上,25℃培养48小时,挑取可疑菌落,进一步做生化试验和血清型鉴定。

2. 血清学检测 血清型鉴定是可用O因子血清作凝集试验,如分离菌与2个O抗原因子血清呈阳性反应进行,可进一步做吸收试验,以确定是1个O抗原还是2个O抗原,也可以试管凝集反应进行血清学试验诊断。动物生病后,1~2周出现凝集素,3~4周增高,血清凝集价达1:200者为阳性。抗体水平在3个月后开始下降,如进行间接血凝试验,效价达1:512以上为阳性。人类细菌培养阳性较低,一般在20%~25%,故通过协同凝集反应,从患者的唾液、尿和粪中可检出小肠结肠炎耶尔森菌抗原具有重要意义。研究表明小肠结肠炎耶尔森菌O5、O27、O11与大肠杆菌O97、O98有交叉反应。小肠结肠炎耶尔森菌抗原与霍乱弧菌、布氏菌和morganella morganii有交叉。O12与沙门氏菌O47有交叉。小肠结肠炎耶尔森菌菌毛抗原与Veillonella球菌和土拉菌有交叉反应,故诊断注意鉴别。

目前,我国使用的48个血清型的"O"抗原均是从国外引进的,它们的组成见表-92所列。

表-92　我国使用的小肠结肠炎耶尔森菌"O"抗原型成分

O:1,2a,3	Q:10	O:20	O:44	O:2a,2b,3	O:11,23
O:21	O:44,45	O:3	O:11,24	O:22	O:46
O:4,32	O:12,25	O:28	O:47	O:4,33	O:12,26
O:35	O:48	O:5	O:14	O:36	O:49,51
O:5,27	O:15	O:7	O:50,51	O:6,30	O:16
O:38	O:52	O:6,31	O:16,29	O:39	O:52,53
O:7,8	O:17	O:40	O:52,54	O:8	O:18
O:41,42	O:55	O:9	O:19,8	O:41,43	O:57

　　我国猪中多为 O:3 血清型,生物 3 型表明猪为人类感染小肠结肠耶尔森菌的主要来源。食品中多为 O:5、O:6、O:16 血清型等。

　　3. 生物分子学方法检测　PCR 技术简单、快速、特异、灵敏。Rasmussen 等(1994)的 RAPD 分析将 87 个小肠结肠炎耶尔森菌的分离株用随机扩增多态性 DNA 图谱技术进行了检测,用 YCPEL、RAPDT、RAPD2 扩增的 RAPD 片段将菌株分为 3 个主要群:致病的美国血清型 O8、O13ab、O20、O21;致病的 O3、O5、O27、O9 和非致病的血清型。RAPD 分析提供了区分致病和非致病小肠结肠耶尔森菌以及进一步对致病菌株加以区分的简单可行方法,它有可能成为传统的血清分型法的一种替代方法。

　　[防治]　本病菌在自然界分布广泛,感染源种类繁多,流行病学方面尚有许多问题需要调查,因此彻底防治本病目前尚有一定困难,只能采取一般防治措施。

　　本病多为自限性,轻者不用治疗即可痊愈。重者还应及早抗菌治疗,其疗效取决于抗菌药物的选用及治疗及时性,一般认为抗菌药物应用不应晚于发病的 5～7 天。对敏感药物不应少于 10 天。常用链霉素、卡那霉素、丁胺卡那霉素、新霉素、妥布霉素、庆大霉素、多黏菌素等,多数菌株对青霉素、林可霉素、头孢菌素等。在应用抗菌药物治疗的同时,应禁止使用各种类型铁制剂。

　　小肠结肠耶尔森菌具有嗜冷性,因而冷藏食物无法控制细菌生长。对食物、饲料、水加热可杀死小肠结肠耶尔森菌。不与病人和感染动物接触,防止人畜感染。灭鼠、苍蝇和蟑螂等昆虫,切断传播机会。预防本病方法之一不要应用铁制剂。

　　因为几乎所有家畜都曾发现有该菌的自然感染,所以圈养畜禽,应妥善处理其排泄物:如发现病畜时,应积极治疗或宰杀:屠宰场、废弃物要妥善处理,严防污染周围环境、水源及食物;大力捕杀老鼠,做好"三管一灭"工作。

　　小肠结肠炎耶尔森菌主动免疫菌苗尚待研制。

　　我国已颁布的相关标准:GB/T 14926.3-2001 实验动物 耶尔森菌检测方法;GB/T 4789.8-2003 食品卫生微生物学检验 小肠结肠炎耶尔森氏菌检验;SN/T 2068-2008 出入境口岸小肠结肠耶尔森菌感染监测规程。

八、伪结核病（*Pseudotuberculosis*）

该病是由伪结核耶尔森菌引起的与结核相似的慢性人畜共患传染病，并以内脏、肝脏、脾脏和淋巴结及肠道与结核病相似的干酪化样结节为特征。

[**历史简介**]　Malassez 和 Vignal（1883）用死于结核性脑膜炎儿童的脓液，接种 1 只豚鼠，后观察到豚鼠发生好像似结核的病变；接着在自然死亡和接种病变材料后死亡的豚鼠体内，发现了相似的细菌。Preisz（1894）注意到该菌广泛分布于自然界，并称因其引发的疾病为"啮齿动物假结核病"；他所认识到的病原菌与 Pfeiffer 所描述的所谓啮齿动物假结核杆菌（*Bacillus pseudotuberculosis*）是相同的。Migula（1900）建议将本菌命名假（伪）结核杆菌（*Bacillus pseudotuberculosis*）。

伪（假）结核耶尔森菌早期被称为假结核杆菌，Trevisan（1887）曾将其归于巴斯德菌属。Pfeiffer（1889）和 Toplry 与 Wilson（1929）称其为假结核巴斯德菌（P.pseudotuberculosis）。Shigella Castellani 和 Chalmers（1919）与 Haupt（1935），认为该菌应归于志贺菌属，名为假结核志贺菌（S.pseudotuberculosis）。Smith 和 Thal（1965）根据数值分类学研究的结果，建议将细胞色素氧化酶反应为阴性的菌。即鼠疫耶尔森菌、小肠结肠耶尔森菌、伪结核耶尔森菌这 3 个种组成耶尔森菌属，以表示为纪念法国细菌学家 A.J.E.Yersin，并从巴斯德菌属中分出，在 1970 得到国际细菌命名委员会的认定。

[**病原**]　伪结核耶尔森菌属于肠杆菌科耶尔森菌属。本菌为革兰氏染色阴性，呈球形和长丝状杆菌。球形菌呈两极染色，尤以病变组织中的明显，大小为 $(0.5～0.8)×(1～3)$ μm。本菌具微抗酸性，可用改良姜-尼氏染色法来显示这种特性。不形成芽孢，也不形成可见荚膜，但在 22℃下用印度墨汁染色的涂片中可见到一种外膜。单个杆菌偶尔可见周身鞭毛。

本菌在有氧和厌氧条件下均可生长，最适的温度为 30℃，0～45℃均可生长，在低温下仍然可以存活。在蛋白胨肉汤中生长良好。22℃以下扩散生长，并形成一些凝聚块，有时也形成菌环和菌膜。在蛋白胨或肉浸琼脂培养基上，形成光滑到黏性、颗粒状、透明、灰黄色的奶油状菌落，直径为 0.5～1.0 mm。在含有血清的琼脂培养基上，菌落可达 2～3 mm。本菌在 25℃下可运动，但 37℃时无运动力。半固体培养基中最易显示运动力。本菌对许多化合物具有代谢作用，但不产气。在 22℃培养的琼脂表面菌落为 S 型，表面光滑、湿润而黏滑。在 37℃中菌落为 R 型，菌落干燥、粗糙、边缘不整齐、灰黄色。Niskanen T 等（2003）用 CIN 琼脂（Cefsulondin‐Irgasan‐Novobiocin Agar）选择性培养基培养伪结核耶氏菌，特征性形成直径 1 mm "公牛眼" 状菌落，中心呈深红色，而菌落最外周部分则为无色透明的一环。

本菌能对 D-葡萄糖和其他一些碳水化合物分解产酸但不产气，氧化酶阴性，过氧化氢酶阳性，精氨酸双水解酶阴性，不产生 H_2S，不利用丙二酸盐。发酵 D-木糖，在 25～28℃条件下能发酵 L-鼠李糖、蜜二糖（菌株间有差异），不发酵纤维二糖、D-山梨醇、蔗糖、L-岩藻糖、L-山梨糖、肌醇、α-甲基-D 葡萄糖苷；不能利用柠檬酸盐（Simmons）。明胶液化阴性，鸟氨酸脱羧酶和赖氨酸脱羧酶阴性，β-木糖苷酶阳性，V‐P 试验阴性，吲哚阴性，尿素酶阳性，水解七叶苷。

Martins 等(1998)报告通过对棉子糖、蜜二糖、柠檬酸利用试验,将伪结核耶尔森菌分为4 个生物型(biovar),具体如表-93 所示。

表-93　伪结核耶尔森菌的生物型

项　　目	生物 1 型	生物 2 型	生物 3 型	生物 4 型
棉子糖	－	－	－	－
蜜二糖	＋	－	－	＋
柠檬糖	－	－	＋	－

该菌 DNA 的 G＋Cmol％为 46.5;模式株:ATCC29833、NCTN10275、DSM8992,这个菌株属于血清群 O:1 群(Serogroup 1)。

顾峰等(2004)综述报告,目前可将伪结核耶尔森菌分为 O:1~O:15 的 15 个血清群,6个血清亚型,O 抗原已明确了 O:2~O:33 种;其中的血清 O:1 群又分为 1a、1b、1c 3 个亚群、血清 O:2 群又分为 2a、2b、2c 3 个亚群、血清 O:4 群又分为 4a、4b 两个亚群、血清 O:5群又分为 5a、5b 两个亚群;H 抗原不耐热,仅在 25℃以下生长才形成,可分为 a-e 的 5 种。各血清群的代表 O 抗原,分别为 O:1 群 O:2、O:2 群 O:5、O:3 群 O:8、O:4 群 O:9、O:5 群O:25、O:10 群 O:26、O:11 群 O:27、O:12 群 O:28、O:13 群 O:29、O:14 群 O:30、O:15 群主要由 O:1 群代表抗原 O:2 和 O:5 群代表抗原 O:10 组成。随着被检定菌株数量的增加,还会检出新的血清群,抗原也会发生相应的变化。各血清型都发现了致病性菌株,不同的血清型未见病原性差异,同一血清型既有致病性菌株,也有非致病性菌株。现已知Ⅲ型能产生外毒素。从人和动物中分离的菌株以Ⅰ、Ⅱ、Ⅲ型居多,但存在地区、动物来源和年代的差异,欧美从兔、鸟和猪中分离的菌株多以ⅠA 和Ⅲ型居多,北美有ⅠA、ⅠB 和Ⅲ型,日本从猪、犬中分离的菌株多为Ⅲ型,从病人和病猴中分离的菌株以ⅠB 和ⅠA 居多。禽类常见的血清型为Ⅰ型,其次为Ⅱ和Ⅳ型,Ⅲ型较为罕见。

从世界各地分离到的菌株来看,O:1~O:5 血清型菌株大多数都是致病性的菌株,而新发现血清型的致病性菌株较少见。O:1、O:2 包括 a、b、c 3 个亚型;O:4、O:5 则分为 a、b 2个亚型。

其分布也存在一定的地域差异,总体上是在欧洲和北美洲的人源菌株大部分都属于O:1血清群;来自远东的菌株则以 O:4 和 0：O:5 血清群居多。具体的是在欧洲诸国以O:1a血清型最多;在美国、加拿大、新西兰以 O:1 菌株最多,O:3 菌株也很多(尤其在新西兰以 O:3 菌株分布最广);在日本存在多种病原性血清群(型),优势的为 O:1b、O:3、O:4、O:5a 及 0：O:5b 等菌株;在我国,目前尚缺乏比较系统的研究确认。

分型技术上,血清学分型是较为经典的分型方法。而分子分型技术可以较好地反映伪结核耶尔森菌的亚型,目前比较成熟的方法是核糖体分型和脉冲凝胶电泳。核糖体分型(RT)方法已成为应用于鼠疫耶尔森菌(遗传多样性低、表型少)的分型。RT 分型可以分辨伪结核耶尔森菌的血清亚型；但不能显示出地理差异，这一点也间接证明了该菌的全球分布的特点；同样 RT 分型不能反映宿主源性差异，也说明了该菌在环境、不同种系动物、人类宿主间的循环感染。RT 分型操作比较简单、重复性好。但分型伪结核耶尔森菌也具有一定的局限性：① 条带少（少于 10 条），限制了分辨力；② 部分 RT 带型之间差异不太容易分辨；③ 某些伪结核耶尔森菌与鼠疫耶尔森菌在 RT 条带上高度相似，难以鉴别。

本菌为兼性细胞内寄生菌，能够产生坏死性、溶血性外毒素，其主要分为磷脂酶。菌体表层结构成分中含有多量的脂质类物质。一般认为这种物质能够抵抗吞噬细胞的消化作用。

研究表明，本菌侵入肠道上皮细胞是通过它的染色体编码的 inv 基因的侵袭毒性和 ail 基因编码的外膜蛋白的毒性作用。最近发现 Inv 和 ail 基因存在于不同致病性和非致病性的菌株和 yersinia 菌株中，而 ail 基因仅发现在 yersinia 菌和特别流行猖獗的人类疾病的分离菌株中，而鼠疫菌不具有 inv 和 ail 两基因。发现 Inv 基因序列在 yersinia 菌和所检测的细菌中，实践证实 inv 突变的伪结核菌，同样能引起肠道感染，一般认为 ail 基因的致病重要性远大于 inv 基因。

本菌很易被阳光、干燥、加热或普遍消毒剂破坏，密封于琼脂斜面或冻干保存的细菌可保存活力数年。在灭菌处理的土壤中能生存 18 个月，但在未经灭菌处理土壤中仅为 11 个月。在煮沸后保持室温的 4℃ 自来水中可存活 1 年不失毒力，在室温的自来水中存活 46 天（在 4℃ 保持可达 224 天）。在 4℃ 保存的肉类中可存活 145 天。在室温或 4℃ 的面包、牛奶中能存活 2～3 周。

目前，伪结核耶尔森菌耐药性，临床检测结果差异较大。一些报告显示，此菌一般是对链霉素、氟哌酸、红霉素、卡那霉素、丁胺卡那霉素、头孢噻肟、头孢唑啉、头孢哌酮、阿米卡星、氧氟沙星、亚胺培南、新霉素、庆大霉素等具有不同程度的敏感性；对四环素、磺胺类、氯霉素、青霉素、先锋霉素、痢特灵、环丙沙星等具有不同程度的耐药性。

[流行病学]　伪结核耶氏菌广泛分布于世界各地，在除南极洲外的各个大陆均有发现。在已发现的大多数国家，伪结核的感染率一般小于小肠结肠耶氏菌，而且其分布具有明显的地理差异，多分布于北半球；在南半球主要见于澳大利亚和新西兰，南美（除巴西外）与非洲罕有报道；北半球又以北欧、远东地区的分离率最高。我国 50 年代发现蜱、螨、鼠自然感染假结核耶氏菌、70 年代发生假结核耶氏菌病流行、80 年代于恩庶等报道人、猪假结核耶氏菌感染病例。

在自然情况下，本病菌可感染鸟类和哺乳动物特别是啮齿目和兔形目（家兔和野兔）动物，引起慢性消耗性疾病，常呈地方流行性。曾从人、马、牛、羊、猪、猴、鹿、狐、貂、鸡、鸽、犬、野鼠、栗鼠、猫等分离到本菌。被感染的动物有的表现临床症状，甚至造成致死性损害；有的则只携带病菌，没有明显症状。如目前已证实鹿是伪结核耶氏菌重要的储存宿主之一，在鹿群中，伪结核耶氏菌无症状的亚临床感染非常常见。哺乳动物和鸟类是重要的储存宿主；坪仓操等（1987）报告伪结核耶氏菌的自然宿主主要是猪，可因水和食物的污染，经消化道的途径感染人；我国福建卫生防疫站的黄淑敏和于恩庶（1990）报告了伪结核耶氏菌的分布情况的调查结果,通过在 1988 年 3~11 月间采集福建地区市售的肉类、家禽、家畜、牛奶、青菜、水果等食物(共 28 种 764 份)进行伪结核耶氏菌的检验,从猪场中分离到 1 株伪结核耶尔森菌(血清型为 O:3 群菌株)。这在我国属首次从猪中检出,并证明了猪可自然带菌和作为传染源。

在对伪结核耶尔森菌及不同血清群(型)与致病性菌株的分布分析中,日本学者发现分离到的 1 289 株(分别为人、不同动物、肉类食品、水样、土壤)分布在 1~12 个血清群中,从人检出的为 O:1~O:5 血清群(未检出 O:6~O:12 血清群);而 O:1b、O:2b、O:3、O:4 及 O:5 血清群都是从与人广泛接触的动物及水中分离的,其中的 O:3 血清群从猪分离得最多且有 60% 的菌株不分解蜜二糖。在 15 个血清群菌株中,只有 O:1~O:6 血清群和 O:10 血清群是具有病原性的,其他为非病原性的。虽多种动物均携带伪结核耶尔森菌,但从检出频率、血清群的种类等方面来看,均以猪、狸、野鼠为最多,认为它们在伪结核耶尔森菌在自然界的循环与感染中占有重要地位。

该菌是主要的食源性病原菌,主要是通过消化道感染及粪—口途径的接触性传播。在传播途径方面,主要的可能一是养猪者接触带菌猪被直接感染,二是各种带菌动物及鸟或发病动物及鸟类,直接感染或由动物粪便污染蔬菜、水及土壤被感染,三是由带菌野生动物的粪便污染水及蔬菜等使人感染,四是食品的制造、加工、运输及售卖贮存各环节被污染等。在自然条件下,被污染等。在自然条件下,被伪结核患病哺乳动物和鸟类污染的土壤、水、饲料及周围环境,均可传播病菌引起地方流行或散发病例。Laukkanen 等(2008)报告,从养殖场到屠宰场以至猪肉加工过程,是伪结核耶氏菌的传播链。另一方面,由于伪结核耶氏菌可在低温环境下生存,以致冰箱贮存食物也成为现代社会发生该菌感染的一个重要传染源。该菌还可通过损伤的皮肤、呼吸道和交配感染。

尽管伪结核的发生与流行可在一年四季存在,但常表现明显的季节性,多发生于冬春寒冷季节(11 月至翌年 5 月),夏季少见,这可能与伪结核耶尔森菌的嗜冷特性相关联的。

[发病机制]　黏附、侵袭、对宿主细胞的破坏及毒素作用,是病原细菌发挥致病作用的 4 个重要方面。这对伪结核耶尔森菌来讲,黏附、侵袭及对宿细胞的破坏是主要的方面。该菌具有侵袭力,有明显的淋巴嗜性,T 细胞介导的细胞免疫在抗感染中起重要作用。该菌经口进入消化道,移行至回肠,通过位于肠黏膜表面 Peyer's 体上淋巴上皮中特殊的抗原捕获细胞- M 细胞(microfold cell)吞饮并繁殖,而后进入下层 Peyer's 体淋巴组织(M 细胞是病原菌侵入机体内环境的通道),这种侵袭作用可导致大量的多形核白细胞增生,并与细胞外的细菌形成微小脓肿,发生病理损害,最终导致 Peyer's 体细胞的崩解,造成肠系膜淋巴结炎和终末回肠炎;部分患者还致细菌向深部播散,播散入血发展成严重的败血症或移行至肝、脾,发生全身损害。

伪结核耶尔森菌的遗传物质包括染色体和质粒,编码多种毒力因子,这一系列毒力因子共同作用,才能实现致病作用。

1. 与质粒有关的毒力因子　目前已发现致病性伪结核耶尔森菌的毒力质粒(pYV)主要分泌类蛋白:黏附素(YadA)、外膜蛋白(Yops)、Yops 分泌蛋白(Ysc)和低钙反应蛋白。

YadA 是一种非菌毛依赖性的黏附素,促进细菌与哺乳动物细胞的紧密黏附。它也是一种外膜蛋白,曾称为 Yop1 或 P1,涉及到自凝、细菌与上皮细胞的结合,对正常血清的抵抗以及在肠道的定居村。Yops 有两类,即一类属于与毒力相关的效应分子,在抵抗宿主免疫过程中发挥主要作用,包括 YopE、YopH、YopO、YopT、YopJ、YopM 等;另一类属于与毒力相关的转运分子,在效应分子通过宿主细胞过程中发挥作用,包括 YopB、YopD、LcrV、SycD(即 LerH)、YopK(即 YopQ)等。尽管各种 YopS 均有其相应的生物学活性,但在致病过程中协同发挥作用,总的来讲包括抵抗正常人或动物血清的杀菌作用,抗吞噬细胞的吞噬作用,介导对细胞黏附和抗上皮细胞吞噬作用等。这些蛋白通过 PYV 编码的Ⅲ型分泌系统(T3SS 或 TTSS)进入宿主细胞,发生致病作用。

2. 染色体编码的毒力因子　伪结核耶尔森菌能产生由染色体编码的超抗原(Superantigen, SAg)YPM,目前已发现 ypmA、ypmB、ypmC 3 个等位基因,分别编码 YPM 的 3 个变体(YPMa、YPMb、YPMc)。YPM 是一种能诱导具有 T 细胞受体(TCR)高变区(V 区)的 $V\beta3$、$V\beta9$、$V\beta13.1$、$V\beta13.2$ 受体 T 细胞增生,属于蛋白质(分子量为 14.5 kDa)性质的 SAg 毒素,使效应 T 细胞(某些 $CD4^+$ 与 $CD8^+$)分泌过量的促炎症细胞因子($TNF\alpha$、$TNF\beta$、IL-1、IFN-1、IL-6 等),造成对内皮等的损伤,对机体产生严重的杀伤作用。红疹、反应性关节炎、间质性肾炎等感染并发症与 YPM 强烈激活 T 细胞增殖分化有关,YPM 在伪结核致死性感染中起重要作用。

3. 毒力岛　伪结核耶尔森菌具有耶尔森菌高致病性毒力岛(HPI)。HPI 是强毒力菌株表型表达的必需条件。绝大部分的 O:1 血清群伪结核耶尔森菌均有此致病性的毒力岛,所以它们均是强毒力菌株,主要生物学活性是编码铁离子摄取系统(又称铁离子的"捕获岛"),对耶尔森菌在宿主体内的生存与繁殖具有重要作用。

4. Tat 系统　转运系统是细菌向感染细胞传递细菌毒力蛋白第 1 步。现已发现 3 种致病性耶尔森菌都具有 Tat 系统。已经证明,Tat 系统的缺失可以改变细菌一系列表型变化:细胞被膜的生物发生,生物膜的形成,运动性及各种环境压力的耐受性的损害等。因此,Lavander M 等认为 Tat 系统对于伪结核耶尔森菌造成全身系统感染具有关键作用。

[临床表现]　猪伪结核耶尔森菌常呈隐性过程,可从发热、肠炎和腹泻病猪体分离到本菌。

许多家畜或野生动物包括冷血脊椎动物、鸟类等均能发生不同程度的伪结核病;在养殖动物中以家兔伪结核较为常见,其次是猪的伪结核,也可见牛、马、绵羊、山羊、猫、犬、水貂、鸭、鸡等发病;是一种慢性消耗性疾病,以在肠道、内脏器官和淋巴结干酪样坏死结节为特征,新形成不久的结节中含有白色黏液,陈旧的则为凝固的白色干酪样团块,潜在的结节常突出于器官表面,有时表现败血症变化。此外,还引起绵羊、牛、猪的流产。O:3 血清群菌株也使牛、鹿、猪发生感染。Barcellos 等(1981)从间歇性腹泻的 11 周龄仔猪群的粪便中分离出猪伪结核耶森氏菌。Morita 等(1968)报道病猪早期沉郁、食欲不振、血样腹泻、眼睑、面下部及腹部下垂区肿胀。Neef 等(1994)用从大肠炎分离的伪结核耶菌感染 9 头猪,其中 4 头再现腹泻症,从直肠分离到该菌。

　　猪伪结核在我国已有发生,黄淑敏、于恩庶(1988)从厦门 177 份猪食品标本中,从猪肠中检出伪结核菌株(657 株),经血清学、形态学和生化反应等鉴定为血清型Ⅲ型,具有毒力、含 VW 抗原。李贤凤(1987)在国内某县的血清学调查中,检测 202 份血清,检出猪伪结核病阳性率为 2.48%,其抗体最高滴度 1:128。血清型则为Ⅳ型 2 份,抗体滴度 1:128;Ⅴ型 1 份,抗体滴度 1:64。但猪的临床症状不明显,大部分在猪屠宰检疫中发现。霍峰在 1993—1998 年先后调查了一些种猪场,饲养场和屠宰加工厂,此病很少表现明显的临床症状,严重者表现消瘦、衰弱、行动迟钝、食欲减退或停食,被毛粗乱,大多数瘦弱衰竭而死。特征性病理变化为:肉尸消瘦,盲肠蚓突肥厚、肿大、变硬,浆膜下有弥漫性灰白色脂状或干酪样粟粒大的结节,结节有的独立,有的由小结节合并而成片状。有的患猪的蚓突无明显肿大,仅在浆膜下有散在性灰白色脂状粟粒大的结节;有的患猪的蚓突浆膜下有少数或仅 1～2 个灰白色脂状粟粒大的结节,上述患猪尸体不明显消瘦。盲肠蚓突黏膜层血管充血。黏膜层下淋巴小结多数发生坏死,坏死结节中心为染成粉红色的坏死物质,坏死物周围有淋巴细胞和组织细胞。最外层有结缔组织增生。病变严重者脾脏肿大 2～5 倍,表面和深层组织有弥漫性粟粒至绿豆大、形态不规则的灰白色干酪样结节。脾脏发生严重的充血、出血。大部分脾小体发生坏死,坏死灶中心染成粉红色的坏死物质,坏死物质周围有淋巴细胞和组织细胞,最外层有增生结缔组织。小部分脾小体发生萎缩,脾小体内有红细胞。此外,部分患猪肝脏可见病变结节。淋巴窦内有出血,淋巴结生发中心扩大。分离菌培养液肌肉或口服接种健康断奶仔猪,7～21 天内宰杀,均见蚓突、脾脏有灰白色、脂状、粟粒大结节;部分严重患猪肠系膜淋巴结和肝脏出现相同病变,均为猪伪结核耶尔森菌病的特征性病理变化。结节多少表示疾病的过程和致病的程度。也有报道感染猪表现为胃肠炎和肝炎,常引起死亡。

　　引起猪流产的原因很多,伪结核耶尔森菌也是猪流产病原之一。刘荫武(1988)报告,云南思茅某猪场繁殖母猪 1982 年前仅发现个别母猪流产及早产。1982 年以后就发生大批母猪流产和死胎,且发病率逐年增加。1983 年流产 105 胎,1984 年流产 150 胎,而第 1 幢猪舍仔猪成活率仅 3%。流产母猪一般不出现临床症状,且与季节、品种和年龄无关。非流产母猪所生仔猪中也有很多弱胎和失明仔。通过细菌学、生物学、生化学及动物试验,证明是感染伪结核耶尔森菌所致。本菌可引起母牛流产及化脓性胎盘炎,引起绵羊流产及死胎。表明此菌也可侵害胎盘引起胎盘炎,从而导致胎儿营养障碍而发生流产和死胎。

　　[诊断]　对人及动物伪结核病的诊断,由于伪结核病在临床上无特异的症状,大多数多系在死后才被确诊,故易被误诊。目前,最为直接和准确的方法,仍是病原菌的分离与鉴定。在病发早期或发生败血症时可取病例血液;活体检查时采取粪便分离、培养。另一方面,对患者进行血清抗体检测,对发病动物(猪等)作剖检,也有助于作出明确的诊断。

　　1. 临床与病理学检验　对动物感染病例,通过剖检常可见脾脏、肠系膜淋巴结肿大,并能在脾脏、肝脏、肠系膜淋巴结等检出粟粒大至绿豆大的灰白色结节,也常见肠炎,这些病变具有对伪结核的一定诊断价值,但需与结核病相鉴别。

　　2. 细菌分离与鉴定　常见的伪结核耶尔森菌的被检样本,主要为发病动物的血液、肺、肝、脾、肾、肠系膜淋巴结等组织,肠内容物及粪便等。而对需要检测的健康动物,检测肠系膜淋巴结、肠内容物、粪便、猪舌及咽头。未污染的样本可直接用普通营养琼脂或血液营养琼脂培养基,污染样本宜用 CIN 琼脂(Cefsulodin‐Iegasan‐Novobiocin Agar)或麦康凯琼脂培养基进行分离。培养温度以 25℃ 左右为宜。亦可对样本用 PBS 于 4～7℃ 静置培养 3～4 周后,增菌再分离。

生化特性检查,是鉴定伪结核耶尔森菌最可靠方法。可根据其相应特性内容进行。其中需要注意,一是该菌具有嗜冷性,且只有在适宜的温度下培养才能表现出相应的典型生物学特性,如动力、某些生化反应等;二是该菌具有不同的生物型,尤其是猪源菌株常表现为不分解蜜二糖。亦可将可疑菌落移植到 Kligler 培养基、TSL 培养基作预备鉴定试验,再依次用 LIM 培养基,VP 反应,鸟氨酸脱羧酶试验,尿素、仓叶苷、鼠李糖、蜜二糖、纤维二糖及山梨糖分解等试验进行鉴定。

3. 血清型鉴定方面

(1)特异的免疫血清学诊断方法:用于临床是非常必要的辅助诊断方法,尤其在对人伪结核病的诊断中更有应用价值和实际意义。方法是取患者与从患者或疑为食物中毒的样本中分离的该菌,用固体培养基生长物制备成生理盐水菌悬液后置 100℃ 水浴 30 分钟或 121℃ 2.5 小时作抗原,进行常规肥达氏反应为准备试管定量凝集试验,抗体效价在 1∶160 以上,或以双份血清检查是在 2 管以上可 2 管以上下降者定为阳性。

(2)菌的分型:主要是做常规的玻片凝集试验进行 O 群的检定,同时做生理盐水对照,以出现明显凝集(＋＋)的判为阳性,需要注意的是因在不同血清群(型)菌株间会出现一定的交叉反应,所以,在必要时需用标准菌株做对照进行试管凝集试验的血清效价测定,特异反应的效价最高且与标准菌株是一致的。

(3)毒力因子检测:可以通过对该菌是否携带 PYV 毒力因子的检测,对菌株的致病性作出判断,所有不带 PYV 的菌株,都不能对人和动物发生有效感染,或不会引起严重的感染。但需要注意的是,PYV 在人工传代的菌株中可以发生丢失。对携带在 PYV 上的某种 YOPS 基因、uirF(即 CcrF)等检测,可以判断 PYV 的携带情况。

4. 动物试验 对分离的该菌做动物感染发病试验,是检验菌株病原性最为直接和有效的方法。试验动物以豚鼠最敏感。可皮下或肌肉接种,接种豚鼠接种部位有化脓灶,淋巴结和肠系膜淋巴结肿大,并有坏死结节。肝、脾有灰白色粟粒大的结节,有时肺出血。对动物(猪等)分离的菌株,还可直接使用同种供试动物进行感染试验。

[防治] 根据伪结核耶尔森菌广泛存在、菌的生态特征和致病性,以及其主要的传染源和传播途径,要有效预防和控制伪结核病的发生,一个重要的方面是不断改善卫生环境条件,减少环境中病原数量以减少感染发生的机会。对动物经常进行检疫和疾病监测,对患病动物及时隔离治疗或淘汰。另外,要消灭鼠类,防止啮齿动物和鸟类接触食品与饮水。

伪结核病大多数无症状,可自愈;治疗时可使用敏感的抗菌药物,但在有的情况下并不有效,均需要结合补液及其他对症疗法。对动物伪结核病的治疗,目前仍然主要使用抗生素,如链霉素、氯霉素、四环素或磺胺类药物。

免疫预防方面的菌苗接种,目前尚未有正式菌苗,主要是动物菌苗的研究。王永坤

(1986)报告,用从家兔伪结核病分离的菌株,制备成加有氢氧化铝剂的灭活菌苗免疫家兔,免疫后 111 天能抵抗强毒攻击。霍峰(2000)报告,用 3 个有致病力的猪体分离伪结核病菌株,经甲醛灭活,制成氢氧化铝灭活菌苗,每毫升含菌量 30 亿个 CFU。每只仔猪肌注 5 mL。免疫后 55 天抗体的凝集价在 1∶40～1∶160;免疫后 60 天和免疫后 120 天的仔猪;用每毫升 10 亿个菌的培养物 2 mL 攻击,结果试验仔猪全部保护,对照仔猪全部死亡。试验表明,通过免疫接种确实可提供有效的保护。

我国已颁布的相关标准:GB/T 14926.3 - 2001 实验动物耶尔森菌检测方法。

九、鼠疫(Plague)

该病是由鼠疫耶尔森氏菌(*Yersinia pestis*)引起的一种自然疫源性人畜共患病,又称黑死病。其传染性强,病死率高,是危害人类的最严重的烈性传染病之一,属国际检疫传染病。临床上可分为 9 型,即腺鼠疫、肺鼠疫、鼠疫败血症、皮肤鼠疫、肠鼠疫、眼鼠疫、脑鼠疫、扁桃体鼠疫和轻型鼠疫。

[历史简介] 大多数权威人士认为在公元前 1320 年腓力斯人(地中海东岸的古代居民)发生的瘟疫,是腺鼠疫流行的首次记载。《圣经》中曾有在公元前 1100 年鼠疫流行的记载。历史上曾记载有过 3 次世界范围的灾难性人间鼠疫大流行(其间有若干次小规模的流行)。第 1 次发生在公元 6 世纪(520—565),起源于中东鼠疫自然疫源地(中心在地中海沿岸),经巴基斯坦传至欧洲,流行 40 余年,估计死亡近 1 亿人,被称为"查士丁尼瘟疫"载入医学史册;第 2 次发生在公元 14 世纪并一直持续到 17 世纪(1346—1665),由中亚自然疫源地传至欧、亚、非洲流行 300 余年,被称为"黑死病""大灭绝""大瘟疫",实际上此次大流行一直持续到 1800 年才最终平息,带走了近 1 亿人的生命;第 3 次大流行从 19 世纪末(1894)至 20 世纪 30 年代达到高峰,一直延续到 20 世纪 60 年代方才止息。直接起源于 1890 年我国云南与缅甸交界处,于 1894 年 5 月登陆香港地区,署理院长的 James A. Lowson 医生于 5 月 8 日发现第 1 例患者(该院一名华人雇员),并确诊为腺鼠疫。

第 3 次大流行使医学界初步揭示了鼠疫的神秘面纱。1894 年 6 月 14 日日本细菌学家北里柴三郎在香港肯尼迪·汤医院从 1 名鼠疫病死尸体肿大的鼠蹊淋巴结和脏器涂片用苯胺染料染色标本中观察到一种杆菌,经肉汤培养接种小鼠及其他动物,动物死亡并在其脏器中发现有同样的杆菌;并在 7 月 7 日确定了他所分离的细菌是鼠疫的病原菌。随之北里在香港报告了他的这一发现。法国细菌学家 Alexandre J. E. Yersin 于 1894 年 6 月 15 日抵达香港,也从鼠疫死者淋巴结及脏器中发现并分离到鼠疫菌。他对该菌做了较为详细的研究,发现该菌小且多形,不运动,两端钝圆,两端浓染,革兰氏染色阴性的小杆菌;同时,对该菌在肉汤及琼脂培养基中的生长情况、特征等也进行了观察,随之还对鼠疫流行病学、鼠疫患者的临床特征及病理学、细菌学、感染试验及免疫学等进行了研究;首次推测大家鼠可能是鼠疫主要宿主,并将其结果发表在 7 月 30 日出版的法国巴斯德研究所年报纪要中。

该菌曾被称为鼠疫杆菌(bacterium pestis lehmann and Neumann,1896),被归入巴斯德菌属(Trevisan,1887),名为鼠疫巴斯德菌。Dorfeev(1947)称为鼠疫菌。Bercovier 等

(1981)称为假结核耶尔森菌鼠疫亚种等。Smith 和 Thal（1965）根据数值分类学研究的结果,建议将细胞色素氧化酶反应为阴性的伪结核耶尔森菌、小肠结肠炎、耶尔森菌这 3 个种组成耶尔森菌属(yaxsinia,表示为纪念在 1894 年首先分离到鼠疫耶尔森菌的 yersin),从巴斯德菌属中分出,并于 1970 年得到细菌国际命名委员会的认定;实际上,耶尔森菌属一词始用于 1944 年,这是 Van Loghem 为了 Yersin 在巴斯德菌方面的成就首先提出的,建议是将当时归属在巴斯德菌属内的鼠疫巴斯德菌和假结核巴斯德菌两个种列入,以与多杀巴斯菌相区分。1980 年国际细菌分类学细菌命名委员会公布了鼠疫的命名是假结核鼠疫亚种(Yersiruia Pseudotuber Colosis Subsp pestis)。

[病原]　鼠疫耶尔森菌属于耶尔森菌属。Achtman M(1999)通过比较基因组研究表明鼠疫菌在 1 500～2 万年前由血清 O:16 型假结核耶尔森菌进化而来。菌为卵圆形、两端钝圆并两极浓染,大小为 0.5～0.7 μm×1～2 μm 的杆菌,一般单个散在、偶尔成双或短链状排列,无芽孢和鞭毛,有荚膜(在 37℃生长或源于体内样品细胞内的菌体能产生包被)。在脏器压片的标本中,可以看到吞噬细胞的本菌,此点对于鉴别染病的病料有重要参考价值。在陈旧培养物或 3%NaCl 的普通营养琼脂培养基中呈明显多形性。兼性厌氧,有机化能营养,有呼吸和发酵两种代谢类型,最适生长温度 28～30℃(某些理化特性表现与生长温度密切相关,一般情况下是在 25～29℃比在 35～37℃培养的表现充分,有温度依赖性),最适 pH 为 6.9～7.1,在普通营养琼脂培养基础上生长良好,培养 16～18 小时后可见一层形状不一的浅灰色小菌落,这是该菌在培养初期的菌落特征,对该菌的鉴定具有一定意义;培养 24～48 小时后可形成直径 1～0.2 mm 的圆形、中心突出、透明的浅灰色小菌塔。在液体培养基中形成絮状菌体沉淀和菌膜,液体不混浊;稍加摇动则菌膜呈"钟乳石"状下沉,此特征有一定的鉴别意义。该菌的 DNA 的 G+C mol% 为 46;模式株为 ATCC 19428,NCTC 5923。

该菌能分解 D-葡萄糖和其他碳水化合物产酸不产气,氧化酶阴性,过氧化氢酶阳性,精氨酸双水解酶阴性,不产生 H_2S,不利用丙二酸盐。发酵 D-木糖,在 25～28℃能水解七叶苷,不发酵纤维二糖、α-甲基-D-葡萄糖苷、棉子糖、L-鼠李糖、D-山梨醇、蔗糖、L-山梨糖;不能利用柠檬酸盐(simmons),明胶液化阴性,尿素酶阴性,鸟氨酸脱羧酶和赖氨酸脱羧酶阴性,β-本糖苷酶阳性,V-P 试验阴性,吲哚阴性,动力阴性,T-谷氨酰转移酶阴性。

在致病性的耶尔森菌中,鼠疫耶尔森菌是唯一缺少菌体(O)抗原的,即使生长温度的改变也不能影响这一类型特征;虽然鼠疫耶尔森菌缺少 O 抗原,但其基因组中仍含有隐藏的 O 抗原基因簇,且与伪结核耶尔森菌 o:1b 血清型高度同源,两者染色体的同源性达 83%;在鼠疫耶尔森菌的各菌株间缺乏多样性,只有一个血清型和噬菌体型。

鼠疫耶尔森菌的抗原结构比较复杂,普遍被承认的抗原已经超过 18 种,即 A-K、N、O、Q、R、T 及 W 等。但它们与菌株的血清分型无直接的关联,其中,有些重要的抗原就是毒力因子物质并有的与特异性免疫保护相关,如 Fl 抗原、VW 抗原、PstI 等。目前,Fl 抗原被公认是鼠疫耶尔森菌的特异性抗原和保护性抗原之一。131T 抗原为鼠毒素,存在于细胞内,菌体裂解后释放,是致病及致死物质。VW 抗原可使细菌在吞噬细胞内保持毒力,抗拒吞噬。t 抗原具有外毒素性质,可作用于血管、淋巴内皮细胞,引起炎症、坏死、出血等。发生鼠疫感染痊愈后能获得持久免疫力,再次感染罕见。在不同类型疫源地内的不同生态型鼠疫耶尔森菌,其生化性状存在一定的差异。根据该菌对甘油、硝酸盐、阿拉伯糖的代谢能力,可将其分为 4 个生物型,即古典型(甘油＋、脱氮＋、阿拉伯糖＋)、中世纪型(甘油＋、脱氮＋、阿拉伯糖＋)、东方型(甘油＋、脱氮＋、阿拉伯糖＋)和田鼠型(甘油＋、脱氮＋、阿拉伯糖＋)。在我国,人们常根据本菌毒力的强弱或有无,把菌株划分为无毒株、弱毒株和强毒株 3 种类型。能产生两种性质截然不同的毒素,即鼠毒素和肉毒素,前者是蛋白质,后者是类脂多糖。我国鼠疫杆菌共有 17 个型,均以地方命名,如天山东段型、祁连山型等。V 和 W 抗原,具有 V、W 抗原的菌苗株免疫力比无 V、W 抗原菌株效果好。试验表明所有毒力菌株都具有 V、W 抗原,而不具有 V、W 抗原的菌株为无毒力型菌株,在具有 V、W 抗原的菌株中分离出不具有 V、W 抗原的品系,但与此相反的情况未见报道。

从基因组方面说,鼠疫耶尔森菌基因组大小约为 $4\,380\pm135$ kb,包含了染色体基因组及 3 种质粒 pPCPl(9.5 kb)、pMTl($100\sim110$ kb)、pCDl($70\sim75$ kb)。其中 pPCPl、pMTl 是鼠疫耶尔林菌获得的两个独特的编码不同毒力的决定因子的质粒,而 pCDl 存在于所有耶尔森菌中(在小肠结肠耶尔森菌中该质粒被称为 pYV),由此质粒编码的 V 抗原(LcrV)和耶尔森菌外膜蛋白(Yops)是鼠疫耶尔森菌重要的毒力因子。

鼠疫杆菌在低温及有机体生存时间较长,在脓痰中存活 $10\sim20$ 天,尸体内可存活数周至数月,蚤类中能存活 1 个月以上;对光、热、干燥及一般消毒药物均甚敏感,日光直射 $4\sim5$ 小时即死,回热 55℃ 15 分钟或 100℃ 1 分钟、5％石炭酸、5％来苏儿、5％～10％氯胺均可将病菌杀死。

[流行病学]　鼠疫是一种自然疫源性疾病。所谓自然疫源性就是在自然条件下不依赖于人类,而病原体、媒介及宿主 3 者在这种特定的生态环境中长期存在的生物学现象。由病原体、媒介和宿主在一定的地理景观、组成了一定的生物群落的共生物。

鼠疫菌的宿主主要是各种动物,特别是各种啮齿动物,它们对鼠疫菌的感受性及敏感性不完全一致,只有具有一定感受性的种群才有流行病学意义。目前已发现 200 余种啮齿目和兔形目在自然感染鼠疫,其中以黄胸鼠和褐家鼠最重要。人间鼠疫的传染源一般认为以家鼠为主;可分为主要储存宿主、次要宿主和偶然宿主。野生动物如猿、狼和狐狸等亦可被感染;猫、犬、羊、猪、家兔及骆驼等家畜和某些家禽亦可感染,并可由此引起人间鼠疫的发生和流行。

鼠疫的传播媒介主要是蚤类,但只有那些能在前胃形成菌检的蚤才能传播鼠疫,是主要媒介。根据其传播能力分为主要媒介、次要媒介和偶然媒介。

鼠疫的传播途径分为:啮齿动物传播,即人间鼠疫的主要传播途径是野鼠→家鼠→鼠蚤→人,鼠蚤为传播媒介;直接接触传播,鼠疫可通过皮肤黏膜直接接触患者含菌的痰/脓液或动物的皮、血和肉而感染;消化道传播,通过进食染菌动物,经消化道感染鼠疫,猪有可能通过食入鼠疫感染鼠而消化道感染;呼吸道传播,肺鼠疫可通过含菌的痰、飞沫或尘埃,经呼吸道传播,并可迅速造成人间的大流行。

季节性与疫源地的自然条件、宿主动物与蚤类的生态特征有关,人类鼠疫疾病发生取决于当地啮齿动物中的流行强度和人与之接触的机会,大多发生在野外活动季节(4~9月)。

[发病机制] 鼠疫耶尔森菌具备黏附、侵袭、对宿主细胞的破坏及毒素作用。细菌在经破损的表皮或跳蚤的叮咬直接侵入皮下组织时,常可引起侵入部位的炎症反应,且能被趋化参与炎症反应的吞噬细胞转移到肝、脾等免疫器官进行繁殖,主要在细胞外繁殖。

当细菌侵入机体后很快被吞噬细胞吞噬,被嗜中性粒细胞吞噬的细菌很快被消灭,但被巨噬细胞吞噬的细菌能够生存生长(这对早期的致病至关重要),先在局部繁殖后迅速经淋巴管至淋巴结繁殖,引起原发性淋巴结炎(腺鼠疫)。在淋巴结内大量繁殖的细菌及毒素进入血液,引起全身感染、败血症及严重中毒症状;细菌波及肺部,则引起继发性肺鼠疫。在原发性肺鼠疫的基础上,细菌侵入血液形成败血症,则为继发性败血病鼠疫。在少数感染极严重者,细菌迅速直接进入血液并在其中繁殖,则为原发性败血病型鼠疫,病死率极高。

有一些因素决定了鼠疫耶尔森菌的毒力,被称为毒力决定因素,目前,被公认的主要有4种:

1. Fl抗原 系与本菌被膜相关的一种糖蛋白,其分子由3部分组成:FIA为可溶性糖蛋白,有免疫原性;FIB是可溶性多糖,具有特异性;FIC为不溶性多糖,无免疫原性。由鼠疫耶尔森菌最大的质粒pMTl所编码,具有抗吞噬及消耗血液中补体成分的作用,使细菌在细胞外能够快速繁殖扩散;另外Fl抗原的相应抗体还具有免疫保护作用。$100℃$处理15分钟可失去抗原性,失去此抗原的鼠疫耶尔森菌,容易被吞噬细胞吞噬并消失。

2. $37℃$生长对钙离子的依赖性 这实际上是鼠疫耶尔森菌第2个毒力质粒pCDl整体的功能,使细菌被吞噬细胞吞噬后仍能存活,并产生一些具有细胞杀伤作用的特异性外膜蛋白(Yops),杀伤吞噬细胞或损坏其功能。外膜蛋白包括有多种,如YopB、YopT、YopD、YopM、YopJ、YopE、YopH、YpkA等,各种Yops均具有相应的生物活性,总体来讲包括抵抗正常人血清的杀菌作用、抗吞噬细胞吞噬作用、介导对细胞的黏附和抗上皮细胞吞噬作用等。失去此质粒,细菌便完全失去致病能力。

3. 色素沉着特征 由染色体上一个长102 kb的毒力岛(PI)编码,此PI两端均以IS100为界,因此,特别容易被剪切失掉;此毒力岛由两部分组成,一半编码可以吸附血红素的Yops,另一半为将铁转运至鼠疫耶尔森菌细胞内的转运系统。如果向宿主体内补充铁剂则该菌的生长速度就会明显增加,从而使毒力增强,色素沉着因子对毒力的决定作用则在于控制细菌在宿主体内繁殖;该菌与铁有关的另一性质是其能产生一种杆菌素样的杀菌物质称鼠疫杆菌素,由细菌最小的质粒pPCPl编码,鼠疫杆菌素本身与致病无关,是与鼠疫杆菌素基因处于同一质粒上的胞浆素原活化因子基因,决定了本菌可以通过跳蚤叮咬传播,并能在宿主体内播散。有毒力的鼠疫菌株在含刚果红培养基上可形成红色菌落,无毒菌株则不能。在含氯化血红色的培养基上不能形成色素(暗红色)的菌株,毒力显著下降。

4. 产生鼠疫杆菌素的能力 缺乏鼠疫杆菌素(pesticin,Pst)的毒力会减弱,补充铁剂也可增强其毒力。此4种毒力决定因子并不是决定鼠疫耶尔森菌全部毒力的因子,如pH 6抗原是染色体编码的表面蛋白(属于菌毛蛋白),该抗原能抵抗吞噬作用(能在巨噬细胞的吞噬溶菌酶体内表达)、具有凝血活性和细胞毒性。推测其在细胞炎性反应、组织坏死和细菌代谢产生的局部酸性环境中引起的全身性疾病中发挥重要作用。但其致病过程中是否存在黏附作用,目前尚不清楚。如细菌的 T 抗原为可溶性类外毒素蛋白质抗原(又称毒抗原),由质粒 pMTl 所编码,又称为鼠毒素(MT),为一种不典型的外毒素(需菌体自溶后释放),分为 A、B 两个蛋白质部分。细菌的强毒株、弱毒株均可产生 MT,但不同地区的菌株,其产生的量存在差别。MT 能引起炎症、坏死、出血、致病性休克、严重的毒血症、肝和肾及心肌损害等,但对人的损伤作用尚不清楚。完全具有此 4 种毒力因子的菌株,其毒力也不相等,甚至还有的可能对人类没有致病能力。因此,在鼠疫耶尔森菌的鉴定中,通常还需要使用动物实验的方法,实际测定菌株的毒力。

[临床表现]　猪的鼠疫耶尔森菌感染。

鼠疫是自然疫源性疾病,其传染源主要是各种感染了鼠疫的啮齿动物,但哺乳动物中一些畜兽类偶尔也参与鼠疫流行而成为次要的或一时性的传染源。猪为杂食性哺乳纲偶蹄目动物,在世界范围分布广,数量多,与啮齿动物(鼠)关系密切。猪在鼠疫流行中的作用,国内外学者看法不一,但总体认为猪能感染鼠疫。李敏(1992)用细菌学方法证实偶蹄类中可以自然感染鼠疫的动物共 5 种,即藏系绵羊、半细毛羊、山羊、藏原羚和岩羊;另 1978 年于云南剑川捕获的野猪血清,用间接血凝方法查出鼠疫 FI 抗体,滴度为 1:320,共 2 科 6 种动物。杨智明等(1992)报道,在 1986—1995 年间,对采集云南省的龙陵、盈江、施甸三县 241 份猪血清进行间接血凝(IHA)和放射免疫沉淀试验(RIP)检测鼠疫抗体,结果见表- 94。

表- 94　241 份猪血清的鼠疫 FI 抗体 IHA 和 RIP 检测结果

县	数　　量	IHA		RIP		备　　注
		阳性数	阳性率(%)	阳性数	阳性率(%)	
龙陵	2	0	0	1	50	静息期
盈江	190	0	0	9	5	流行后期
施甸	39	11	28	16	41	流行中期
施甸	10	0	0	2	20	流行后一年
合计	241	11	5	28	12	

注:备注内容指血清采集在疫情何期。

通过对鼠疫静息期、流行中期、流行后期和流行后一年的猪的检测,均从猪血清中检出鼠疫 FI 抗体,说明猪也受到当地动物鼠疫病的影响。值得注意的是,龙陵县从一份猪血清中检出鼠疫 FI 抗体(RIP,1:160),1993 年该县首次暴发动物鼠疫,病的流行波及人类。在动物鼠疫流行期间,尽管猪血清的阳性检出率较高(施甸 41%,盈江 5%),但都未发现有发病和死亡现象,说明猪对鼠疫耶尔森菌具有相当高的抗性,并有相应的免疫应答反应,有相应抗体产生。Marshall 等(1992)曾对猪在鼠疫流行病学中的作用进行观察,结果猪对口服大量鼠疫菌不敏感,但用感染鼠疫的小鼠喂养时,能产生 FI 抗体,21 天达高峰[(1:2 048)～(1:8 192)],其后 7 个月仍保持不变。因此,对猪的被感染途径,还有等待探讨。由于养猪场和家畜厩舍周围食源丰富,卫生条件差,常常有大量鼠类和昆虫栖居,当动物鼠疫流行时,猪可能因吞食大量的疫鼠和疫蚤类而感染鼠疫,也不排除猪被蚤类叮咬而感染的可能性。

[**诊断**]　对鼠疫有效诊断的基本原则,一是具有流行病学线索,发病前 10 天到过鼠疫动物流行区或接触过鼠疫区内的疫源性动物、动物制品及鼠疫病人。或是进入过鼠疫实验室接触过鼠疫实验用品;二是患者要具有鼠疫临床症状,还必须具有鼠疫细菌学诊断或血清学被动血凝试验(pHA)血清 FI 抗体阳性诊断结果才可确诊。

1. 临床与病理学检验　鼠疫的一些临床症状,病变特征,如淋巴结炎、肺部感染的呼吸道症状、出血性病变等,在对鼠疫的综合判定方面具有一定的价值。

2. 病原学检查　对鼠疫耶尔森菌的分离与鉴定,是一种传统且可行的检验技术,也是判定鼠疫的"金标准"。内容包括涂片镜检、细菌分离培养、鼠疫噬菌体裂解试验和动物试验等 4 方面,通常简称"四步检验"或"四步诊断"法。

做生化特性检查是鉴定鼠疫耶尔森菌的可靠方法,鉴定时需注意的是:① 有个别生化反应项目需在 25～28℃培养才能表达充分,在不同温度下常有不同的结果,② 某些生化特性与所在的疫源地有关,其中,主要是对鼠李糖和蜜二糖的生化反应不同,蜜二糖由于培养温度不同其结果有差异,在不同菌株间的反应结果也不完全相同;长期以来,一直将鼠疫耶尔森菌不发酵鼠李糖的生化反应作为与伪结核耶尔森菌的重要鉴别特征,其鼠疫耶尔森菌对鼠李糖发酵的结果在 37℃或 28℃的结果均一致,显然对鼠李糖发酵试验是有意义的。

3. 免疫血清学检查　对鼠疫耶尔森林菌一些抗原的检测,有助于对本病菌的鉴定,对鼠疫的调查和监测。目前,全世界的鼠疫调查和监测都是针对同一种目标抗原——鼠疫耶尔森菌的 FI 抗原,另外则是鼠毒素、V 抗原、Hms 蛋白、pH 6 抗原等。检测的方法均有以已知的抗体来确定相应抗原的存在,主要包括反向间接凝集试验、免疫荧光试验、酶联免疫吸附试验、胶体金纸上色谱等。

4. 分子生物学检测　主要有核酸探针技术、PCR、RAPD、RFLP、基因芯片和蛋白质芯片等。

5. 动物感染试验　被检标本经腹腔或皮下接种小白鼠(体重 18～20 g)0.2～0.4 mL 或豚鼠(体重 250～300 g)0.5～1.0 mL,饲养观察,直至动物死亡或经 7 天扑杀剖检,并进行"四步检查"。同时,采样血清,确定无阳性反应,才可做出检验阴性报告。还可通过半致死量测定,进行毒力定量。腺鼠疫应与淋巴结炎、野兔热、性病的下疳相鉴别。肺鼠疫应与其他细菌性肺炎、肺炭疽等相鉴别。皮肤鼠疫应与皮肤炭疽相鉴别。

[**防治**]　目前没有有关猪感染鼠疫耶尔森菌的防治方法的报道。

根据鼠疫的自然疫源地特征,及其主要的传染源和传播途径,一旦发生鼠疫暴发,需要立即按要求对疫区封锁,断绝一切交通通行,直到疫情完全扑灭,疫区彻底消毒后才可解除封锁。其中根本措施是灭鼠灭蚤,以切断鼠疫传播环节,消灭鼠疫疫源。另一方面,则加强交通、国境卫生检疫,对接触者需检疫 9 天或至服抗菌药物后 3 天,作为可能发生感染前的预防。

我国已颁布的相关标准:GB 15991－1995 鼠疫诊断标准、GB 15992－1995 鼠疫控制及考核原则与方法、GB 16883－1997 鼠疫自然疫源地及动物鼠疫流行判定标准、WS 279－

2008 鼠疫诊断标准、SN/T 1188 - 2003 国境口岸鼠疫疫情监测规程、SN/T 1240 - 2003 国境口岸鼠类监测规程、SN/T 1261 - 2003 入境鼠疫染疫列车卫生处理规程、SN/T 1280 - 2003 国境口岸鼠疫检验规程、SN/T 1298 - 2003 出入境口鼠疫染疫航空器卫生处理规程、SN/T 1707 - 2006 出入境口岸鼠疫疫情处理规程。

十、巴氏杆菌病(*Pasteurellosis*,Pm)

该病是由巴氏杆菌属的多杀性巴氏杆菌(*Pasteurella multocida*)引起的人和各种家畜、家禽及野生动物等的一种传染性疾病的总称。本病过去曾称为"出血性败血症";由各种畜禽分离出的巴氏杆菌,又分别以分离的畜禽来命名,如牛出败、猪肺疫、禽霍乱等,现统称为多杀性巴氏杆菌病。

[**历史简介**]　本病初见于法国家禽,Chabert(1782)描述了禽的发病。其后 Mailet(1836)对该病进行了研究,并首次用了禽霍乱这一病名。1877—1878 年法国 Rivolta、俄国 Peroncia Semmer 在感染禽血液中见到圆形、单个或成对的两极浓染的小杆菌。Bollinger(1878)描述了牛的巴斯德菌。1878 年一份报告从病理学方面描述了牛、野猪、鹿之中的兽疫流行,称其为出血性败血症。Toussant(1879)首先从禽霍乱病例中分离出细菌,并证明它是该病的唯一病原菌。Pasteur(1880)描述了一种能引起家禽霍乱的病原菌,鉴定了该菌的形态学和生化特征,并描述了该病的发病机理和病理损害。Hueppe(1886)将他们置于同一名称,即出血性败血性败血杆菌,即双极细菌引起的疾病,他们黏膜下层和浆膜下层毛细血管出血为特征的特殊型败血病,称为出血性败血病。Lignieres(1901)对这些细菌引起的疾病称之为巴氏杆菌病。Loeffer(1882)描述了猪出血败血症病原;Kitt(1885—1893)曾对鸡霍乱、兔败血症、猪肺疫、牛及野牛败血症的病原菌进行了比较研究,发现该病原菌在显微镜下呈两极浓染,且对多种动物具有致病性。虽然已被认为,从鸟类、牛、猪、绵羊、兔、驯鹿、美国野牛和其他野生动物所分离到的巴氏杆菌在培养特性和生化特性方面基本一致。为此,将该病原菌命名为多杀两极杆菌(Bacterium bipolare multlcidium)。Topley 和 Wilso(1929)还提议将该病原菌命名为败血巴斯德菌(Pasteurella septica)。为此,Flugge(1886)制定了该菌分类法。Trevisan(1887)提出引起这几种疾病的病原菌可被认为是不同的种,但它们均可归于同一属内,为了纪念巴斯德对禽霍乱病原研究的功勋,将这一属命名为巴斯德菌属。因为这些细菌无法用迄今已知的任何方法,包括血清试验来加以区分彼此。Rosenbuschr 和 Mercgant 对 114 个菌株研究(1939)建议,承认各种动物的出血性败血病和病原是同一种细菌,称之为多杀巴斯德菌,以表示这个种的多宿主特性。Jawetz 和 Baker(1950)曾自小白鼠肺炎病变中分离到类似巴氏杆菌的细菌,称之为嗜肺巴氏杆菌。Olson 和 Meadows(1969)从一被猫咬伤的妇女的伤口分离出小鼠肺炎病原(嗜血性巴氏杆菌)。Jones(1921)从牛出败病中分离到能溶解马、牛红细胞的细菌,命名为溶血性巴氏杆菌。WangHaily(1966)报道人尿素巴氏杆菌致人脑膜炎病例,认为该菌是溶血性巴氏杆菌的一个变种。

[**病原**]　多杀性巴氏杆菌属于巴斯杆菌属。多杀性巴氏杆菌(Pm)有 4 个亚种,即多杀

性巴氏杆菌、败血性巴氏杆菌、禽多杀性巴氏杆菌和猫多杀性巴氏杆菌。从猪分离到的多是多杀性巴氏杆菌亚种，很少或偶尔分离到败血和禽多杀巴氏杆菌亚种。多杀巴氏杆菌是两头钝圆、中央微凸的短杆菌，长 $1\sim1.5\ \mu m$，宽 $0.3\sim0.6\ \mu m$。不形成芽孢，也无运动性。普通染料都可着色，革兰氏染色阴性。病料组织和体液涂片用瑞氏吉姆萨氏法和亚甲蓝染色镜检，见菌体多呈卵圆形，两端着色深，中央部分着色较浅，很像并列的两个球菌，又称两极杆菌。首次传代菌株可能会出现明显的两极着色，连续传代后特征消失。用培养物作涂片染色，两极着色则不那么明显。用印度墨汁等染料染色时，可看到清晰的荚膜，很多新分离的菌株能有一种宽厚荚膜，但通常迅速丧失这种特性。经过人工培养而发生异变的肠毒菌，则荚膜狭窄而且不完全。此菌 DNA 中 G+C 含量约为 $40.8\sim43.9\ mol\%$。模式株：ATCC43137，NCTC10322；GenBank 登记号（16rRNA）：AF294 M35018。

本菌为需氧兼性厌氧菌，普通培养基上均可生长，但不繁茂，如添加少许血液或血清则生长良好。生长于普通肉汤中，初期均匀混浊，以后形成黏性沉淀和菲薄的附于管壁的薄膜。在血琼脂上呈灰白、湿润而黏稠的不溶血菌落。通常呈黏液样，具有独特的"甜"味，麦康凯平板上不生长。在普通琼脂上形成细小透明的露滴状菌落。明胶穿刺培养，沿穿刺孔呈线状生长，上粗下细。不同来源的菌株在血清营养琼脂培养基上，可形成 3 种不同类型的菌落，且常是与其毒力相关联的：① 黏液型（Mucoil，M）菌落：菌落大而黏稠，边缘呈流动状，荧光较好，菌体有荚膜（主要成分为透明质酸），对小白鼠的毒力中等，多为慢性病例或带菌动物分离的菌株，一般不能用通常的血清学方法分型；② 光滑（荧光）型（Smooth，S）菌落：菌落中等大小，对小白鼠毒力强，菌体有荚膜，且荚膜有特异性可溶性抗原，常是由急性病例分离的菌株属于此型，可用通常的血清学方法分型；③ 粗糙（蓝色）型（Rough，R）菌落：菌落小，难乳化，对小鼠的毒力弱，菌体无荚膜，能自凝。本菌在加 0.1% 血清和血红蛋白的培养基上 pH $7.2\sim7.4$ 37℃培养 $18\sim24$ 小时，45 度折射光线下检查，菌落呈明显的荧光反应，荧光呈蓝绿色而带金光，边缘有狭窄的红黄光带的称为 Fg 型，对猪、牛等家畜是强毒菌，对鸡等禽类毒力弱。荧光橘红而带金色，边缘有乳白光的称为 FO 型，其菌落大，有水样湿润感，略带乳白色，不及 Fg 透明。FO 型对鸡等禽类是强毒菌，而对猪、牛、羊家畜的毒力则很微弱。Fg 型和 FO 型可以发生相互转变。还有一种无荧光也无毒力的 Nf 型。本菌可形成靛基质。接触酶和氧化醇均为阳性；MR 试验和 V－P 试验阴性；石蕊牛乳无变化，不液化明胶；产生硫化氢和氨；对 H_2O_2 和过氧化氢酶反应阳性，可产生吲哚。

另外，本菌的抗原结构复杂，其荚膜抗原具有型的特异性及免疫原性。荚膜抗原的性质也不相同，A 型菌株的荚膜抗原主要为透明质酸，B 型和 E 型菌株的荚膜为酸性多糖，A 型和 D 型的荚膜抗原为半抗原。对于 B 型和 E 型及其他菌株，还有 3 种与荚膜有关联的主要抗原，它们分别是① α-复合物：可能为多糖蛋白复合物，紧密黏附于细菌的细胞壁上，具有免疫原性，但不确定。② β-抗原：为型特异性多糖，主要存在于能产生荧光的黏液型菌株中。③ γ-抗原：为脂多糖，存在于所有菌株中，是细胞壁的组成部分，具有一个或多个代表菌体抗原的决定簇。

Frederiksen 根据对阿拉伯糖、木糖、麦芽糖、海藻糖、山梨醇和甘露醇的发酵情况，提出巴氏杆菌多杀性巴氏杆菌的 7 种生物型。在琼脂上菌落可分为黏液性菌落、平滑型或荧光菌落和粗糙型或蓝色菌落。黏液型菌落和平滑型菌落一样,都含有荚膜物质,但血清学分型取决于与荚膜有联系的型特异可溶性抗原的存在。Robert 和 Carter 等根据菌株抗原结构的不同将本菌分成 4 种血清类型,分别标记为 Ⅰ～Ⅳ 型和 B.A.C 和 D 型。波冈和村田二氏用凝集反应检出本菌至少有 12 个菌体抗原(O 抗原)。将荚膜抗原(K 抗原)和 O 抗原相互组合成 15 个血清型(O 抗原以阿拉伯数字表示,K 抗原以大写英文字母表示)。琼脂扩散试验可分为 1～16 个菌体血清型。虽然多杀巴氏杆菌是作为一个单独的病菌类,但不同的血清型和某些特定的宿主种相关。最常见的血清型分布如表- 95。

表- 95 多杀性巴氏杆菌血清型

荚膜群	O 群	血清型	病 型	侵 害 动 物	交 互 免 疫 作 用
A	9 8	5:A 9:A 8:A	禽霍乱 禽霍乱 禽霍乱	鸡、鸭、火鸡等	各种不同血清型之间不能交互免疫
B E	6 6	6:B 6:E	出败 出败	牛	各种不同血清型之间不能交互免疫
A	1 3 7	1:A 3:A 7:A	肺炎、局部感染、继发感染	各种动物和人	各种不同血清型之间不能交互免疫
B	11	11:B			
D	1 2 3 4 10 12	1:D 2:D 3:D 4:D 10:D 12:D			

　　巴氏杆菌同属各个种之间鉴别,主要依据是否溶血,在麦康凯培养上是否生长、吲哚、酶、葡萄糖产气、乳糖、甘露醇等试验分为 P.multocida、p.septica、p.gallicida、p.granulomatis、P.haemolytica 等亚种;近年来其分类和命名有变化,参照 1985 年 MULTERS 等建议的 DNA 杂交法分为 3 群:P.multocida、P.septica、P.gallicida。

　　多杀巴氏杆菌各血清型与人畜关系,Carter(1955)曾对 20 种动物检查了 864 个菌株,将其血清型与宿主关系联系见表- 97。多杀巴氏杆菌有 A、B、D、E、F 荚膜血清型,其中,A、D 型常见于猪,呼吸道中一小部分分离菌株无荚膜,未能分型;肺炎猪肺中多为 A 型;萎缩性鼻炎多为 A、D 型,A、D 型也可从萎鼻或肺炎肺中分离;猪体中很少有 F 型;急性败血症猪多为 B 型,也有 A 或 D 型(表- 96)。

表- 96　猪与人巴氏杆菌血清型分布

动物寄主	型			不能分型者
	A	B	D	
人	20	0	11	16
猪	157	3	118	19

本菌抵抗力不强,在干燥空气中 2～3 天即可死亡;易自溶;在无菌蒸馏水和生理盐水中迅速死亡;在 37℃保存的血液、猪肉及肝脾中,分别于 6 个月、7 个月及 15 天死亡;在浅层的土壤中可存活 7～8 天,粪便中可存活 14 天;在直射阳光和自然干燥空气中迅速死亡;60℃ 20 分钟,75℃ 5～10 分钟死亡。常用消毒药 3％石炭酸、10％石灰乳和福尔马林中几分钟内死亡。本菌在干燥状态或密封在玻璃管内,可于—23℃或更低温度保存,不发生变异或失去毒力。

[流行病学]　全世界各种哺乳动物和鸟类都可感染巴氏杆菌,易感动物包括牛、猪、马、驯鹿、兔、犬、猫、水貂等野生动物。畜群中发生巴氏杆菌病时往往查不出传染源。因为本菌存在于病畜全身各组织、体液、分泌物及排泄物里,健康家畜的上呼吸道也可能带菌;在很多种动物的口咽部正常携带着多杀性巴氏杆菌的很多菌种与宿主呈共栖者。一般认为家畜在发病前已经带菌。猪的巴氏杆菌流行病学还不清楚,可存在于所有猪群中,包括健康猪。有资料指出猪的鼻道深处和喉头 30.6％带菌。扁桃体 63％带菌。扁桃体,特别是扁桃体隐窝似乎是猪巴氏杆菌侵入的首要位置,并可能保护着细菌免疫炎症细胞的作用或发挥着生理屏障作用以防止细菌吞噬。有报道称,在没有黏膜损伤和长达 60 天的感染后,A 型和 D 型菌株能够在实验性受感染猪的扁桃体内定植。扁桃体可能作为细菌的储存库,当上、下呼吸道的先天防御系统的功能衰弱或丧失时,能够引发败血症或肺炎的菌株随后进行传播。Smith(1955)调查指出猫、犬、猪和大白鼠均有高的带菌率;只有少数慢性病例仅存在肺脏的小病灶里。据猪肺疫流行区调查,采集猪肉、猪肝、猪脾各 20 份,共检出巴氏杆菌 34 株(57％),其中多杀性巴氏杆菌 4 株(11.76％)、侵肺巴氏杆菌 26 株(76.47％)和溶血性巴氏杆菌 4 株(11.76％);20 份猪脾检出巴氏杆菌 100％,猪肝为 50％,猪肉为 20％。各分离菌对小鼠致病力:多杀巴氏杆菌致小鼠 25 分钟发病、30 分钟死亡;侵肺菌为 10～15 分钟致病、10～20 分钟致死;溶血性巴氏杆菌为 10 分钟致病、13 分钟致死。本菌为条件性致病菌,其传染主要通过病畜禽和带菌畜群。它们的排泄物和分泌物排出细菌,污染饲料、饮水和外界环境而成为传染源。该病主要经消化道感染,其次通过飞沫或气溶胶经呼吸道感染,亦有经皮肤伤口或蚊蝇叮咬而感染;但鼻与鼻接触可能是最常见的感染途径。巴氏杆菌可通过垂直传播方式侵入一个猪群,种群可作为细菌宿主将病快速传播给血清阴性猪,但猪场内绝大多数似乎是水平传播。病菌可以在一个猪场内存在几个月甚至几年,有时少见猪患病迹象。本病可常年发生,在气温变化大,阴湿寒冷时更易发病;本病的发生一般无明显的季节性,但冷热交替,气候闷热,剧变,潮湿,环境卫生差,过度疲劳,饥饿等因素下易发生。机体抵抗力降低时,该菌会乘虚而侵入,通过内源性感染,经淋巴液引起败血症。

巴氏杆菌可经空气传播，可从患病的肥猪中只能回收到少数气源性巴氏杆菌(144 CFU/mL)。(Bekbo,1988)偶尔通过悬浮微粗传播，但身—鼻接触可能是最常见的感染途径；但巴氏杆菌病发生后，同种畜禽间相互传染，而不同的畜禽种间偶见相互传染。王以钊(1986)，江苏阜宁某农民购买 6 kg 猪肺切碎喂鸭，20 小时后鸭不愿下水，入水后毛湿，下沉，呼吸困难，摇头，腿部脓肿，行走不便，24 小时死亡一只，48 小时死亡 37 只。解剖死鸭发现心内外膜、肝有出血点，大肠有出血点。肝、肺涂片发现巴氏杆菌。作者在苏州郊区与陈胜忠兽医师观察到一牧场同用一池塘水的鸭、猪养殖场，猪发生锁喉风(颈肿胀)的巴氏杆菌病，大批肥猪死亡。其缘于鸭场鸭发生巴氏杆菌。从本病菌所引起的各种病理过程的描述来看，其他动物或人作为巴氏杆菌的携带者，应被认为是猪的潜在传染源。巴氏杆菌菌株之间有明显的不同，其中一些具有高度的毒力，而另一些则无害。因此，在动物中分离出多杀性巴氏杆菌，并不必然意味着把这样的动物引入造成兽疫流行。Blackall(2000)认为同一猪仅存或少量的菌株，不过不同猪场中的菌株有差异。Marois(2009)认为在流动猪场的猪群中多个菌株可能同时存在。Bowles(2000)认为高致病菌株优先引起肺炎。

[发病机制] 毒力很强的多杀性巴氏杆菌(Fg 型)，对无抵抗力动物的侵袭力异常大。细菌突破机体的第一道防御屏障后，很快通过淋巴系统进入血流，扩散至全身各组织成为菌血症，并于 24 小时内发展为败血症而死亡。侵入机体的菌数不多，或机体抵抗力稍强，病原体在侵入处被阻止停留一段时间，最初病变可限于局部，以后延至胸腹及前肢关节，主要是胶样浸润。由于局部病变加剧，影响全身防御机能，不能阻止细菌向血流侵入，形成菌血症。又由于局部坏死及菌体崩解的内毒素的作用，机体机能紊乱，以至致机体死亡。如病原菌是属于毒力弱的菌株，机体又具有较大的抵抗力，其病变局限于局部。由于机体机能障碍、组织坏死和菌体内毒素的作用，表现生长迟缓和消瘦。继而成为继发病或可能与其他病原菌混合存在或感染。

多杀性巴氏杆菌的致病性主要取决于菌的黏附作用、毒力和毒素。

1. 细菌的黏附作用 多杀巴斯德菌黏附作用因子主要有黏附因子、黏附蛋白等。

(1) 黏附因子。Fortin(1987)报道 44％巴氏杆菌萎缩性鼻炎分离物能凝集人"O"红细胞，认为这些菌株具有细胞黏附素。多杀性巴氏杆菌的黏附因子很多，对细菌的全基因组进行分析表明，该病原体含有一些能编码类似于菌毛或纤维蛋白的因子，主要包括 ptfA、fimA、flp1、flp2、hsf－1 和 hsf－2，这些黏附因子能促进细菌对宿主细胞的黏附和在宿主体内的定居。

菌毛是一种重要的表面黏附因子，携带菌毛的 A 型多杀巴斯德菌株能黏附于宿主的黏膜上皮细胞，反之则不能产生黏附作用。Ruffolo(1997)等报告，可从 A 型、B 型和 D 型多杀巴斯德菌株中分离鉴定出Ⅳ型菌毛，且该菌毛在细菌黏附于宿主细胞表面过程中起到重要作用，同时，Ⅳ型菌毛与细菌自身的毒力相关。Ⅳ型菌毛由 ptfA 基因编码。

(2) 黏附蛋白。细菌黏附宿主细胞的能力对其定植和感染致病密切相关，且细菌表面多糖和蛋白在这一过程起重要作用。Dabo 等(2005)关于多杀巴斯德菌粘连细胞外基质蛋白的研究表明，该细菌可以黏附宿主的纤维蛋白与胶原蛋白Ⅸ型，并鉴定细菌自身可能的黏附蛋白包括 OmpA、Oma87、PmlO69 及与铁相关的蛋白 Tbp 和 TonB 受体 HgbA。OmpA 属于 ap 离子通道蛋白，且蛋白与细菌的黏附作用相关。在多杀巴斯德菌的外膜蛋白 (OMP) 和荚膜蛋白 (CP) 中均有一种分子量为 39 kDa 的蛋白与黏附作用有关。据研究称 39 kDa 的蛋白质存在于多杀性巴氏杆菌 A：3 血清型的 p1059 菌株中，且该蛋白的表达与细胞表面荚膜存在的数量有关，进一步说明 39 kDa 蛋白致病机理主要表现为细菌的黏附力。Ali 等研究证实，这种 39 kDa 蛋白质的单克隆抗体和多克隆抗体均能抑制多杀巴斯德菌对鸡胚成纤维细胞的黏附与入侵作用。

通过猪肺疫的活菌苗和死菌苗的多沙巴斯德菌菌株对 Hela 细胞的附着试验测定它们的附着能力。结果证明，强毒株的附着能力明显比弱毒菌株强，从两个菌株细胞的荚膜中分别提取荚膜蛋白，结果表明 39 kDa 蛋白是强毒菌的特异蛋白。多杀巴斯德菌的毒力与 Hela 细胞的附着能力密切相关，同时，暗示本菌 39 kDa 荚膜蛋白与它们的毒力和 Hela 细胞的附着能力有关。

2. **细菌的荚膜**　多杀性巴氏杆菌（尤其是 A 型菌株）的荚膜被认为是一种重要的毒力因子，当菌体侵入机体并在宿主体内繁殖的能力因菌体周围存在的荚膜而得到加强。有致病力的菌株丧失产生荚膜的能力常导致毒力丧失。但毒力显然与荚膜有关的某些化学物质有关，而并非与荚膜的生理存在有关。荚膜这种结构有助于病原菌逃避肺泡巨噬细胞的吞噬作用。

3. **细菌毒素**　Kyaw 在用发育鸡胚研究致病机理时，提出毒素是由细菌在体内产生的。Heddleston 等(1975)用福尔马林盐水洗下一种与细菌结合较不紧密的毒素，这种内毒素是一种含氮的磷酸化脂多糖，给鸡注射少量可引起急性禽霍乱症状。内毒素的血清学特异性与脂多糖有关，游离的内毒素可诱导主动免疫。无论是强毒还是无毒的多杀巴斯德菌都可产生内毒素。有荚膜的强毒株和没有荚膜的无毒力的菌株之间的差异，不在于它们形成内毒素能力，而在于强毒株在活体内存活和繁殖达到能够产生足够的内毒素的程度，从而引起病理学的过程。

引起猪传染性萎缩鼻炎的 A 型或 D 型产毒素多杀性巴氏杆菌(toxigenic *Pasteurella multocida*，T⁺pm)能分泌一种皮肤坏死毒素(*Pasteurella multocida* toxin，PMT)。Akira (1984)从日本猪中分离到 241 株巴氏杆菌，其中 1 株分自肺脏，具有皮肤坏死毒素。这些菌株属于 Cartar 氏 D 血清型。Lax(1990)等研究表明，PMT 是一种分子量为 146 kDa 的不耐热蛋白质，由 toxA 基因编码，70℃加热 30 分钟，甲醛、戊二醛或胰酶处理均可使其失去活性。PMT 是一种促有丝分裂原，它可与哺乳动物细胞上受体结合，进入细胞后，独自可以启动 DNA 的合成，导致细胞生长和分裂(staddon 等，1996)。可通过对造骨细胞有丝分裂的激活，致使造骨细胞的异常生长及形态变化，最终导致破骨细胞对骨细胞的裂解，引起猪鼻甲的变形、萎缩。

[临床表现]

1. **猪巴氏杆菌病(猪肺疫)**　猪多杀性巴氏杆菌流行的主要的荚膜型有 A、B、D 和 E 型，我国没有 E 型报道。引起猪肺疫的多杀性巴氏杆菌有 A 和 B 血清型。Murty 和

Kaushik(1965)证明了多杀性巴氏杆菌B型引起猪的原发性疾病。陈笃生等(1987)对畜禽多杀性巴氏杆菌菌体抗原的血清学鉴定,猪源菌体抗原主要为O6,血清型为 6:B,部分为O5,血清型为 5:A。6:B 型多杀性巴氏杆菌是牛出败和大部分猪肺疫的病原;5:A 型是禽、兔和部分猪巴氏杆菌病病原。我国猪肺疫多为巴氏杆菌 B 血清型(郭大和,1979),邵学栋(1984)报道,在四川,由 B 群多杀性巴氏杆菌引起的猪肺疫占 2/3。而国外报道多为 A 型,近年我国猪群由巴氏杆菌 A 血清型引起的慢性猪肺疫增多。

猪巴氏杆菌病(猪肺疫)呈急性或慢性经过,急性病猪常有败血症病变。本病的流行形式依据猪体的抵抗力和病菌的毒力而有地方流行性和散发。地方流行性都为急性或最急性经过,病状比较一致,易于传染其他猪,死亡率高,病菌毒力强大,都是 Fg 型。散发的可为急性的,主要由 Fg 型菌引起,也可以是慢性的,多由 FO 型菌所致,病菌毒力较弱,多与其他疾病混合感染或继发。临床上一般分最急性、急性和慢性 3 个型。

最急性型:俗称"锁喉风",突然发病,迅速死亡。常常看不到临床症状猪就死亡。病程稍长、病状明显的可表现体温升高至 41~42℃,食欲废绝,全身衰弱,卧地不起或烦躁不安;呼吸困难,在呼吸极度困难时,常作犬坐势,伸长头颈呼吸,有时发出喘鸣声,一出现呼吸症状,即迅速恶化,很快死亡;颈下咽喉部发热、红肿、坚硬,严重者向上延及耳根,向后可达胸前;口鼻流泡沫,可视黏膜发绀,腹侧、耳根和四肢内侧皮肤出现原发性红斑;全身黏膜、浆膜和皮下组织有大量出血点,尤以咽喉部及其周围结缔组织的出血性浆液浸润最为特征;颈部皮下可见大量胶冻样淡黄色或灰青色纤维素性浆液,颈部水肿可蔓延至前肢;全身淋巴结出血,切面红色;心外膜和心包膜有小出血点;肺隐性水肿,脾有出血,但不肿大;胃肠黏膜有出血性炎症变化;病程 1~2 天,病死率 100%,未见有自然康复的。王新海、庄文兰(1989)报道,对 23 头仔猪阉割,16 小时后,猪尖叫,口流泡沫,呼吸困难,皮肤出现紫斑,食欲废绝,精神委顿,体温 40.5℃,发病 16 头,死亡 12 头。剖检:喉头有急性出血性炎症,心内外膜及心包膜有小点出血,肺水肿、瘀血、出血,支气管内含泡沫性黏液,胃肠黏膜有不同程度的出血。实验室诊断为巴氏杆菌。

急性型:是本病主要和常见的病型。除具有败血症的一般症状外,还表现急性胸膜肺炎。体温升高至 40~41℃,初期发生痉挛性干咳,呼吸困难,鼻涕黏稠浓,有时混有血液。后变为湿咳,有疼感,胸部有剧烈疼痛。呼吸更加困难,张口结舌,作犬坐势,可视黏膜发绀,常有黏脓性结膜炎。初起便秘,后腹泻。皮肤淤血或有小出血点。全身黏膜、浆膜、实质器官和淋巴结出血。肺有不同程度的肝变区,特征性的纤维素性肺炎,周围伴有水肿和气肿,肺小叶间浆液湿润,切面呈大理石纹理。病程长的肺肝变区内有坏死灶。胸膜常有纤维素性附着物,严重的胸膜与肺粘连,胸腔及心包积液。胸腔淋巴结肿胀,切面发红、多汁。支气管、器官内含有多量泡沫状黏液。猪消瘦无力,卧地不起多因窒息死亡。病程 5~8 天,不死的转为慢性。

杨含超、谢桂芹(1986)报道,一起猪巴氏杆菌病:鸡场 5 只死鸡,猪食了 2.5 只,3 天后混养的 20 头内江猪中 2 头突然发病,后又有 11 头发病(急宰 4 头,病死亡 9 头)。猪只突然发病,病初精神沉郁,食欲减退或废绝,体温 40~41℃,高达 43℃,呼吸浅表,增数,2~3 天后病猪呻吟发抖,呈哮喘状,有时张口吐舌,烦躁不安。喉头触摸有疼痛反应,触及胸部有敏感和躲闪反应。叩诊胸部有突音区,肺有湿啰音和支气管呼吸音。肠音时高朗、时低沉。病重猪呈犬坐式,不愿卧下,驱使不起。4～5 天死亡,临死前两鼻孔淌出血色泡沫样的黏液。皮肤呈梅花样的紫色斑。喉头周围组织充血、肿胀,有淡红色的黏液渗出,气管内充满血色泡沫。全身淋巴结充血、肿大,呈紫黑色,切面多汁黑红色。支气管和肠系膜淋巴结呈干酪样坏死。肺水肿和气肿,并有出血斑和坏死灶,与胸膜和横膈膜粘连。肺的局部有红色和灰色肝变区,呈现纤维素性坏死性胸膜肺炎变化,心包膜、心冠脂肪有出血点。脾红棕色轻微肿大。肾淤血,肿大呈暗红色,局部有坏死灶。菌检,生化试验符合巴氏杆菌特征,回归动物菌与原动物菌完全相同。菌落接近 FO 型。

陆昌华(1976)报道一群母猪进行三联苗免疫后,一头 2 胎母猪在免疫后 22 天,产下 12 头仔猪,但在乳猪 12 日龄时有 3 头突然死亡,剖检为大叶性肺炎,肺肿大,呈肝变,切面出血,肺小叶间浆液浸润。支气管、气管内有大量泡沫样炎性黏液。胃底弥漫性出血,肠壁薄,黏膜出血,肠系膜呈树枝状出血。心包积水,心耳及冠状沟、肝、脾均有针尖样出血点。肾表面有出血斑。膀胱内尿液积留,诊断为巴氏杆菌 Fg 型,荧光偏 nf 型,疑与重胎母猪与免疫有关。

慢性型:主要表现为慢性肺炎和慢性胃肠炎症状。有时有持续性咳嗽和呼吸困难,鼻流少量黏脓性分泌物。有时出现痂样湿疹,关节肿胀,食欲不振,常有泻痢现象。进行性营养不良,极度消瘦,如不及时治疗,多经过 2 周以上衰竭而死,病死率 60%～70%。尸体极度消瘦、贫血。肺肝变区扩大,并有黄色或灰色坏死灶。外面有结缔组织包囊,内含干酪样物质;有的形成空调与支气管相通。心包及胸腔积液,胸腔有纤维素性沉着,肋膜肥厚,常与病肺粘连。有时纵隔淋巴结、扁桃体、关节和皮下组织有坏死。

肺炎巴氏杆菌病是多杀巴氏杆菌感染猪肺脏的结果,通常是地方性肺炎或猪呼吸道病综合征(PRDC)的最后阶段,封闭式猪场最普遍,是肥育猪和保育猪死亡的首要原因(Chol,2003;Hansen,2010)。巴氏杆菌很少是猪肺炎原发原因。

此外,Byrne(1960)自 4 例呈现中枢神经系统受损症状的小猪得到 P. multocida 病理变化主要呈全身性急性败血症变化和咽喉部急性炎性水肿。尸体剖检可见到咽喉部、下颌间、颈部及胸前皮下发生明显的凹陷性水肿,手指按压会出现压痕;有时舌体水肿肿大并伸出口腔。切开水肿部会流出微浑浊的淡黄色液体。上呼吸道黏膜呈急性卡他性炎;胃肠道呈急性卡他性或出血性炎;颌下、咽背与纵膈淋巴结呈急性浆液性出血性炎。全身浆膜与黏膜出血。肺炎型出败主要表现为纤维素性肺炎和浆液纤维素性胸膜炎。肺组织从暗红、炭红色到灰白色,切面呈大理石样病变。随着病情发展,在肝变区内可见到干燥、坚实、易碎的淡黄色坏死灶,个别坏死灶周围还可见到结缔组织形成的包囊。胸腔积聚大量有絮状纤维素的浆液。此外,还常伴有纤维素性心包炎和腹膜炎。

2. 进行性猪萎缩性鼻炎 De Jone 和 Nielsen(1990)认为萎缩性鼻炎是由多杀性巴氏杆菌和波氏杆菌(博氏杆菌)产生的各种皮肤坏死毒素引发的一种疾病。由产毒素多杀性巴氏杆菌产生的毒素在适宜条件下有毒害作用。随着多杀性巴氏杆菌定植,并产生大量毒素,引起幼龄猪鼻甲骨、鼻软骨和鼻骨变形。

　　E.Trigo(1988)报道,多杀菌巴氏杆菌菌株纤毛的存在与萎缩性鼻炎有关。引起猪萎缩性鼻炎的巴氏杆菌大部分属 D 型,少数属 A 型。用猪萎缩性鼻炎(AR)猪鼻腔分离的多杀性巴氏杆菌 10 个菌株中 7 个荚膜血清 D 型,3 株为 A 型;从肺炎猪肺分离的多杀性巴氏杆菌中 6 株为 A 型,4 株为 D 型;从肺炎和胸膜炎猪分离的多杀性巴氏杆菌中 8 株为 A 型。结果 AR 分离的多杀性巴氏杆菌全部产生毒素,大多数有类似纤毛结构,而肺组织分离菌88.9%无纤毛结构。

　　产毒素多杀性巴氏杆菌引起进行性萎缩性鼻炎。病猪初始打喷嚏,逐渐鼻腔流脓性鼻液,时以鼻端拱磨地面,有时鼻孔流血。眼结膜发炎,流泪,内眼角下形成半月形泪痕,呈褐色或黑色眼斑。经 2~3 个月后,多数病猪进一步发展引起鼻甲骨萎缩。当两侧的损伤大致相等时,鼻腔的长度和直径减少,可见鼻塌短,鼻端向上翘起,鼻背皮肤发生皱褶,下颌伸长,不能正常吻合;当一侧病变严重时,可造成鼻子歪向同侧。

　　剖检常见鼻甲骨卷曲变小而钝直,甚至消失。鼻中隔常变形。鼻腔黏膜充血、水肿、有脓性渗出物蓄积。

　　3. 仔猪多发性关节炎　　作者在上海市农科院高产委员会猪场(1967)工作期,观察到兰德瑞斯和大约克头胎母猪产下的 1~2 天的仔猪不会哺乳,体弱,体温升高,前肢关节肿胀,并很快死亡。而经产母猪、仔猪和头胎母猪不表现临床症状。采集心、肝及关节液培养和回小鼠试验与生化检查(所化验室俞琪芬,韩志华)鉴定为巴氏杆菌。宫前干史(1995)报道,一起 V 因子依赖性多杀性巴氏杆菌引起哺乳仔猪多发性关节炎,一头母猪所产的 11 头仔猪中 4 头发生跗关节、腕关节肿胀,步行困难,关节周围有黄白色脓样或纤维样附着物,关节腔和滑膜面有许多嗜中性白细胞和少量纤维素贮留。滑膜呈现显著的纤维性肥厚,为多发性化脓性关节炎,其他脏器无明显病变。检出 A:3 型菌和生长素 V 因子。多杀巴氏杆菌引起的关节炎,已知对人的报道和所谓慢性鸡禽霍乱是同一病型,猪感染本病极少报道。严爱莲等(1986)从美国引进约克、长白、杜洛克猪 611 头,途中死亡一头,其后发病 72 头(11.78%)。体温为 41~42℃,精神沉郁,厌食,间或有浆液性鼻分泌物;呼吸加快,全身震颤;皮肤出现斑块或弥漫性充血、出血点,以肩胛、臀、背部最显著;可见便秘,关节肿大,跛行;有的猪出现共济失调,转圈运动,头偏一侧或空嚼等。后期病猪发生关节炎,卧地不起。病检:胸腔、腹腔有大量浆液性、纤维素性渗出液;腹腔有纤维素性物质覆盖于大肠外壁;纤维素性心包炎、心包膜增厚,心包积液,心耳、心冠有出血点。脾脏稍肿,边缘有出血性梗塞,被盖有纤维素性蛋白膜,脾髓柔软易刮。肠系膜淋巴结多汁。胃底黏膜有弥漫性出血斑,十二指肠有出血斑。关节腔中滑液增多,呈淡红色。确诊为猪巴氏杆菌病。

　　4. 新生仔猪的脐脓毒症　　КурЯШо(1983)报道苏联某猪场 28.1%的仔猪由脓毒性肠炎引起死亡。其中 6 日龄以前的占 26%、7~10 日龄的小猪占 74%,其症状为:肉眼可见尸僵不全,皮肤和可视黏膜苍白、干燥。79.2%的小猪的肚脐周围和腹股沟皮肤呈紫红色,浅鼠蹊淋巴结肿大,切面呈樱桃红色或深咖啡色,血凝不全。皮下组织呈出血性水肿(肚脐部占16.1%,股沟部占 15.3%,后肢部占 11.4%)。所有小猪的肚脐和脐部血管发炎,肚脐充血,水肿。有些小猪肚脐流脓。

所有小猪体内的其他器官也有变化,脾脏肿大的有 60.3%;肝脏肿大占 17.4%,5%的小猪表现黄疸,11.1%的小猪实质性萎缩,5%有纤维素性肝周炎,0.6%有化脓性肝炎;39.8%的小猪充血、水肿,44.3%有小叶性肺炎,14.4%有大叶性肺炎。大部分肺部炎症为卡他性和浆液性炎症;炎症局限于两个肺的前部和中间部分,3.6%有肺上脓灶,1.2%胸膜下有淤血点。3.3%的小猪在躯干和四肢的皮下有脓灶,22.9%的病猪关节被损害(15.4%的为跗关节损害、15.3%的为腕关节损害、3.3%的为膝关节损害、2.4%的为肘关节损害、2.1%的为后趾关节损害、1.2%的为前趾关节损害),其中脓性关节炎占 15.3%,浆液性纤维素性关节炎为7.6%。此外,有 32.3%的小猪发生腹膜炎;15.1%的发生胸膜炎,20.3%的发生心包炎。

从内脏、脐动脉、脐皮下组织、皮下脓肿及关节作细菌学检验,58 头猪中 48 头分离到巴氏杆菌。

[诊断]　根据流行特点、临床症状和病变可对本病作出初步诊断。确诊需要进一步作病原诊断。微生物学检查,可作涂片镜检、细菌培养和动物接种。

[防治]　猪发生本病后,联合应用磺胺类药物和抗生素(青霉素、链霉素、四环素),但由于多杀性巴氏杆菌对不同的抗生素均表现有抗药性,因此,用药前要搞清抗菌药的抗菌谱。猪通常采用多种抗生素配合使用,给药途径是注射或添加在饲料和饮水中。多杀巴氏菌的K.O 抗原均具有良好的免疫原性,接种免疫动物或人及动物被多杀巴氏菌感染后耐过,均能产生良好的免疫应答,主要为液体免疫抗体反应。同一荚膜型的不同菌体型的菌株,采用弱毒苗进行免疫,均可以保护,但采用灭活苗,则不能交叉保护。由于引起猪发生本病的菌株血清型较多。各种不同血清型之间不能交叉免疫,往往用灭活菌的免疫效果受到质疑。作者曾对鸡巴氏杆菌制作了发病鸡分离菌株苗和非发病鸡的灭活菌苗,只是在菌数量和免疫佐剂上进行了改进,对疾病有预防效果。对于本病加强管理,预估本病显得尤为重要。

(1)平时加强饲养管理和卫生防疫措施,消除可能降低机体抵抗力的各种因素。

(2)新引进的家畜应隔离观察,确认无病后方可引入猪舍。

(3)认真贯彻受兽医卫生消毒措施,减少细菌传播。本病流行时,一旦发现本病应立即隔离治疗,严格消毒,粪便可用生物热消毒。对健康家畜应仔细观察、检温、必要时用菌苗进行紧急预防接种或用药物预防本病发生。

我国已颁布的相关标准:NY/T 563 - 2002 禽霍乱(禽巴氏杆菌病)诊断技术、NY/T 564 - 2002 猪巴氏杆菌病诊断技术。

十一、猪放线杆菌病(*Actinobacillosis*)

该病是由放线杆菌属的多种放线杆菌致猪感染或发病的细菌性传染病,猪以全身性感染并有关节炎为特征。

[历史简介]　猪放线杆菌感染普遍存在,但对此菌的报道却很少。Van Dorssen 和 Jaartsveld(1962)报道该菌可引起猪的败血症和死亡。Cutlip 等(1972)、Mac Donald 等(1976)指出哺乳仔猪和刚断奶仔猪发病与马放线杆菌有关。Ross 等(1972)从各年龄的健

康猪扁桃体、鼻腔以及表现健康的母猪阴道中分离到本菌。Walker 和 Machachlan(1989)报道加拿大成年猪和母猪暴发类似猪丹毒症状的猪放线杆菌属引发的疾病。Yaeyer(1996)报道在美国和英国成年猪发生由本菌引起的类似胸膜肺炎的疾病，后命名为胸膜肺炎放线杆菌。

[病原]　猪放线杆菌分类上属于放线杆菌属。本菌为小杆菌，成单个或成链、成丝存在，革兰氏阴性、长杆菌，无运动性、无荚膜的需氧或厌氧杆菌，可出现丝状，呈现栅栏样；大小为 $0.5 \sim 3 \mu m \times 0.8 \mu m$。在绵羊血琼脂上培养 24 小时，形成直径 $1 \sim 2 mm$ 的灰白色、黏性、圆形、半透明和一条宽的完全 β 溶血带，扁平、边缘呈锯齿样。在马血琼脂上培养，菌落可出现一条窄而明显的 α 溶血带。可在泰康凯培养基上生长。生化检测，能产生过氧化酶、氧化酶和尿素酶；水解七叶苷，能利用树胶醛糖、水杨苷、海藻糖产酸不产气；不利用甘露糖醇、山梨糖醇。对小鼠致死。与胸膜肺炎放线杆菌生物Ⅱ型难以区别，但可用生化方法和DNA分析法进行鉴别。而马放线杆菌是不溶血，能利用甘露糖醇产酸，不分解阿拉伯糖、纤维二糖和水杨苷及七叶苷，对小鼠不致死。

[流行病学]　猪放线杆菌在猪体广泛存在。新生乳猪、仔猪和刚断奶猪在临床上发病普遍，而母猪和成年猪感染却很少发病。感染造成的临床疾病暴发在少病或高度健康的畜群中出现更多。Miniats 等(1989)、Sanford 等(1990)曾报道加拿大本菌感染可引起猪突然死亡(特别是哺乳仔猪)，这已对基本无病的猪场和另一些已作出努力改进其健康水平的猪场形成越来越大的威胁。在 1985 年只诊断 1 例本病，在 1989 年 13 个病例中，猪放线杆菌被证明是主要的或唯一的细菌，1990 年病例数增加一倍。一旦一个猪场暴发此病后，发病次数也越来越多，一个猪可能重复或多次发病，持续可达几年。欧洲也报告了多起健康猪场发生此病，他们的结论是"猪放线杆菌可能成为另一种在健康猪场中造成散发性疾病暴发的病原菌"，但只引起小规模和个别的猪发病。目前关于细菌进入猪群的方式尚无明确认识，有的认为是一种平常的感染，另一种认为可能是早已存在于周围环境中，当有机会时随时均可侵入机体。临床观察到疾病不再出现后，病原可从表面健康猪群中分离到。

[发病机制]　猪感染猪放线杆菌的发病机制仍然不清楚，该菌可在外表健康猪的扁桃体和上呼吸道生长，感染似乎是经呼吸道或伤口发生的。多定植于猪呼吸道黏膜，感染后可见肺脏、肾脏和器官出血。剖检可见胸腔及心内膜有浆液或纤维蛋白性渗出物。有报道称通过肌肉接种可导致发病，与通过皮肤和黏膜损伤而入侵产生相同结果。猪发病后，皮肤发红、散节有斑点或斑块，器官发生出血性病变，似乎病菌通过血液循环散布于全身，在血管形成栓塞或黏附到血管壁上，形成由出血和坏死包围着的微菌落。猪放线杆菌的毒力因子还未得到确定，但脂多糖、细胞壁的多糖、外膜蛋白以及一些菌株的 104 KD 溶血因子(Apx I)是潜在的毒力因子。从实验感染康复猪的血清中，已证明存在抗 Apx I 抗体。

[临床表现]　猪放线杆菌感染在各年龄段猪有不同表现：

1. 新生仔猪和刚断奶猪　仔猪都是在出生和 12 周龄之间死亡。多数暴发都只见于少数几窝哺乳仔猪，一头或几头 $2 \sim 4$ 周龄的仔猪或达半数仔猪突然死亡，通常是暴发该病的先兆。有些仔猪死前看起来十分健康,偶尔气喘,发抖和打滚;有的表现发热,体温达 40℃,气喘、伴有颤抖或摇摆,可出现肢、尾和耳充血或坏死,和关节肿胀,这可能是乳猪濒死的先兆。常可见 2～3 日龄乳猪肺出血病灶,从 2～10 日龄仔猪扁桃体分离到本菌。刚断奶的仔猪,出现厌食、发热、持续性咳嗽、呼吸急促和肺炎。有报道断奶猪有心包炎、胸膜炎以及肺、肝、皮肤和肠系膜淋巴结有粟粒状脓肿,康复猪生长迟缓。

2. 母猪　母猪在饲养的任何时候都可出现本病的临床症状,其特征表现如下。

(1) 呈丹毒病变。除仔猪有此病变外,母猪表现发热。败血症成年猪,皮肤出现圆形、菱形似猪丹毒皮肤病变,但形成较不规则图样。此外,发病猪食欲不振和突然死亡,但致死率通常较低。

(2) 肾盂肾炎。猪放线杆菌引起的膀胱炎和肾盂肾炎主要发生在成年母猪。膀胱和肾脏感染来自上行途径,大多数病例发生在配种的 1～3 周。Wandt 等(1994)提出感染可能包括其他细菌。成熟膀胱上皮细胞是本菌侵袭所需的,尿贮留和尿结晶也可促进感染。Car 和 Walton(1993)检查了 29 例患肾盂肾炎猪,检测到 21 头体内有猪放线杆菌。Walker 和 Maclachlan(1989)报道猪尿道疾病与猪放线杆菌有关。只有当母猪患有严重的尿路感染时,放线菌的感染率才会高。急性期病猪血尿,体重减轻,母猪因肾衰竭死亡。

(3) 其他。报道感染母猪可能出现中度发热、脑膜炎、子宫炎,有的流产,少数死亡。剖检发现肺、肾、心、肝、脾、皮肤和肠有点状至斑状出血。

3. 公猪　大多数 6 个月龄以上公猪在包皮的憩室部位隐藏有本菌,感染几周后可能根植于此,而且会感染同舍健康猪。

4. 猪皮下脓肿　皮下脓肿为猪的常见病,Mollowney(1984)报道马放线杆菌和猪放线杆菌引起猪颈部、鬐甲部和肋腹部的皮下脓肿。

[诊断]　猪放线杆菌病的临床症状在各年龄猪表现不一,给诊断带来复杂性。如果疾病发生在个别猪或一窝猪中几个猪突然死亡,肺、皮肤的出血和坏死及肾脏与脾脏的肿胀表明了猪放线杆菌感染。成年猪出现非典型丹毒样病变,而且肺及其他器官中有细菌栓、坏死和炎性细胞组成的显微病灶,应怀疑为猪放线杆菌感染。猪群发生中度高热、温和或非典型的肺部病变时,同时无该病的猪群发生疑似胸膜肺炎时,应考虑放线杆菌感染。确诊需从病灶分离到猪放线杆菌。

[防治]　猪放线杆菌对大多数常用抗生素敏感。可用青霉素类、链霉素肌注治疗病猪。可在饲料中添加土霉素等,按每吨料加 550 克饲喂猪群一周。

由于发病少,目前没有商品菌苗。疫区可用本场分离的菌种做自家天然菌苗免疫猪群,报道有一定效果。

十二、副猪嗜血杆菌病(*Haemophilus parasuis*,HPS)

该病是由副猪嗜血杆菌引起的猪的多发性纤维素性浆膜炎和关节炎的统称。本病多发于断奶前后、保育仔猪和小猪,临床上以发热、咳嗽、呼吸困难、肿胀、跛行以及胸膜、心包、脑膜和四肢关节炎和关节浆膜发生纤维素性炎症为特征,发作迅速,病程短,又称

Glasser's 病。

[历史简介]　猪的多发性浆膜炎和关节炎曾一度被认为是应激引起的仔猪散发性疾病。Glasser(1910)首次描述了浆液性纤维素性胸膜炎、心包炎及脑膜炎患猪的浆液性分泌物中,存在一种革兰氏阴性杆菌。Schermer 和 Ehrlich(1922)分离出此菌,并通过腹腔、静脉内、硬脑膜下与气管内接种复制出这种疾病,称之为 Glasser's 病(格拉泽氏病)。Hjarre 和 Wramby(1943)将病原菌称为猪副嗜血杆菌(Haemophilus Suis)是因为病原菌的早期生化鉴定表明,它与猪副嗜血杆菌非常相似,在生长中都需要 X 因子和 V 因子。而 Lecce(1960)称之为猪流感嗜血杆菌。Biberstein 和 White(1969)、Kilian(1976)的研究表明该菌生长时不需要 X 因子(血红素或铁卟啉等其他卟啉物质),只需要 V 因子[烟酰胺腺嘌呤二核苷酸(NAD)],根据公认为嗜血杆菌属细菌命名习惯,使用前缀"para-"为生长不需要补充 X 因子的微生物命名,提出"副猪嗜血杆菌"作为一种新的细菌名称。目前,该菌虽属巴斯德菌族,但它与其他嗜血杆菌种属之间缺乏核酸同源性;副猪嗜血杆菌菌株间存在大量的异源基因;Dewhirst 等(1992)认为在已确认的副猪嗜血杆菌中存在着不止一种的细菌类别,故其分类学位置仍待进一步探讨。

[病原]　副猪嗜血杆菌目前归类于巴氏杆菌科嗜血杆菌属,是一种非溶血、NAD 依赖性细菌。

本菌是一种没有运动性的小型多形态杆菌,从单个的球杆菌到长的、细长的以及丝状的菌体也可形成短链,大小为 1.5×0.3 μm～0.4 μm,无鞭毛,无荚膜,新分离的致病的菌株有荚膜,但体外培养时易受影响。亚甲蓝染色呈两极,革兰氏染色阴性。

本菌需氧或兼性厌氧,初次分离培养时供给 5%～10%CO_2 可促进生长。最适宜生长温度 37℃、pH 7.6～7.8。本菌生长时严格需要 NAD,即"V"因子。将 HPS 水平划线于鲜血琼脂平级上,再挑取金黄色葡萄球菌垂直于水平划线,37℃培养 24～48 小时,呈现典型的"卫星生长"现象,但不出现溶血现象。菌落为光滑型、灰白色透明,直径约为 0.5～2.0 mm。在巧克力培养基上生长差;在血琼脂平板上呈小而透明的不溶血菌落,在加 NAD、马血清和酵母浸出物的 PPLO 培养基上生长良好。

本菌的脲酶和氧化酶试验阴性,接触酶试验阳性,可发酵葡萄糖、蔗糖、果糖、半乳糖、D-核糖和麦芽糖。

Bakos(1952)首次报道了血清型存在。但本菌菌株间存在大量的异源基因型,天然存在各种血清型。而且血清型复杂多样,按 Kieletein-Rapp-Gabriedson(KRG)琼脂扩散血清分型方法,至少可以分为 15 个血清型,另有 20% 以上的分离株血清型不可定(表-97)。这可能是由于一些分离株不能表达足够多的型特异性抗原或者还存在另外一些血清型。型特异性抗原为对热稳定的多糖,很可能是荚膜或脂多糖(LPS)。蔡旭旺等(2005)的流行病学调查显示,我国 HPS 优势血清型为血清 4 型、5 型、12 型和 13 型,另有 4 株不能分型。除 HRG 血清型分型方法之外,也有研究用细菌体裂解产物进行 SDS-β AG 电脉分型,结果除 KRG 血清型为 SDS-PAGE3 型外,其他血清型,如 5、6、10 血清型均属 SDS-PAGE1 型。

表-97 副猪嗜血杆菌常见的血清型

副猪嗜血杆菌血清型	不同国家出现的频率(%)			
	日　本[a]	加拿大和美国	德　国	澳大利亚
1	2.5	2.5	4.1	2.4
2	5.8	7.9	5.5	7.3
4	9.2	16.2	17.2	12.2
5	14.2	23.3	23.8	31.7
7 或 10[b]	—	4.8	4.5	9.8
12	—	7.0	2.8	2.4
13	—	11.0	4.5	17.1
14	—	9.2	1.7	0
2,6,8,9,11 或 15	—	4.3	10.3	1.0
不定血清型	68.3	14.1	26.2	12.0

注：资料来源于 Barbara E.Straw et al.《Diseases of Swine &-TH ED1Tion》；a. 在 K 体，只检测了血清1～5 型。b. 一些菌株对 7 和 10 两个血清型都起反应，且不能用免疫扩散试验鉴别开来。

各血清型菌株之间的致病力存在极大差异(表-98)，其中血清 1、5、10、12、13 和 14 型毒力最强，可以引起患猪死亡或濒死亡状态；血清 2、4、8 和 15 型次之，中等毒力，患猪的死亡率低，但出现败血症与生长停滞；血清 3、6、7、9 和 11 型的毒力较弱，患猪一般不表现明显的临床症状。各血清型之间交替保护率较低。

表-98 不同副猪嗜血杆菌血清型的菌株对 SPF 猪的毒力

副猪嗜血杆菌血清型	所评估菌株数	毒　　力[a]
1,5,10,12,13,14	10	92 小时内致死
2,4,15	10	尸检可见严重多浆膜炎和关节炎
8	1	临床症状温和,总的损伤轻微
3,6,7,9,11	8	无临床症状和损伤

注：资料来源同上；a. 按猪腹膜内接种 $5×10^8$ 菌落形成单位(Colony‐forming units)计算毒力。

HPS 正在成为一个日益重要的猪病原菌。欧盟资助研究使用未吮吸初乳仔猪作模型，针对疾病表现差异，用从感染宿主猪和一些猪免疫组织构建的 cDNA 基因芯片比较了对照猪、"疾病侵袭猪"和"未被疾病侵袭猪"之间的肺基因表达，以便进行关联分析基因内的单核苷酸多态性(SNPs)。对上百个调节基因克隆进行测序和基因功能注释，以确定在宿主适应中涉及的新的毒力因子。

抗菌素是治疗 HPS 的主要手段。但很多国家发现大量有 β-内酰胺抗药性的临床分离株。西班牙报告显示，有 40% 的临床分离株对四环素有高度抗药性。有 23.3% 的菌株至少对 8 种抗生素耐药。研究表明，抗药性分离株携带一个新的质粒 β B1000。这种质粒在功能上具有 ROB - 1β -内酰胺酶活性,是由一个携带有 PB1000 的抗药性株 BB1018 克隆传播的。这也揭示了 HPS 对青霉素和头孢类抗生素耐药机理。Lancashire 等(2005)在澳大利亚分离到包含 tet(B)四环素抗性质粒的菌株,产生对四环素的耐药性。冷和平等(2007)报道,根据猪场抗生素应用实践表明,广东地区 2002 年磺胺类、2003 年阿莫西林、2004 年氟苯尼考、2005 年先锋霉素都对 HPS 有效,但自 2006 年起,以上药物都失去疗效,说明 HPS 产生严重的耐药性。Olvern(2007)通过基因分型及血清学分型,发现通过对暴发疾病的一个猪场,在同时存在 3 个不同 HPS 菌株,应用抗生素治疗消除了临床症状,治疗后仅分离到 1 株 HPS 耐药菌株,表明猪场菌株的多样性发生改变,但 1 年后,该猪场菌株的多样性又恢复到治疗前的原有状态,即又能够分离 3 个菌株。这给 HPS 猪场如何用药带来困惑。

[流行病学]   副猪嗜血杆菌入侵机体的有关因素仍不清楚,副猪嗜血杆菌有很强的宿主特异性,通常只感染猪,可以从健康猪的鼻腔和患肺炎猪的肺中分离出这种细菌,可以影响 2 周龄到 4 月龄的青年猪,主要在断奶后和保育舍阶段发病,感染高峰通常见于保育期 5~8 周龄的猪,发病率一般在 10%~15%,严重时死亡率可达 50%。可能是哺乳仔猪因有母源抗体保护,病菌呈隐性感染,所以,多在断奶后,保育期发病。目前,该病呈世界性分布,但一般没有大规模暴发的现象,且与青年猪的应激有关,当猪群中存在 PRRS、流感或支原体肺炎等情况下,更容易发病。环境差、饲养管理不当,断奶、转群、混群或运输等常为诱因。HPS 经由到鼻腔的途径传播,可以从母猪传播给幼龄仔猪、混群后在保育猪之间传播或来自新引进的猪只。每群猪中有数头患猪,并在开始应激的 2~7 天内发病,如不治疗,死亡率高。该病曾一度被认为是由应激引起的。

病猪和带菌猪是本病的主要传染源。HPS 是猪上呼吸道中的一种共栖菌。常可在鼻腔、扁桃体和气管前段分离到,而不见任何临床症状,无症状的母猪和育肥猪是主要的带菌者。

该病菌主要经空气、飞沫、直接接触及排泄物传播。多呈地方性流行,血清型较多,我国主要以血清型 4,5,12 和 13 型为主要流行型。相同血清型的不同地方分离菌株可能其毒力不同。本病虽一年四季均可发生,但以早春和深秋天气发生骤变时,造成机体免疫力下降时发生。同时,在临床上,本病多表现为继发感染,该菌会作为继发病原伴随其他主要病原混合感染,是一种典型的"机会主义"病原,只有在与其他病毒或细菌协同时才引发疾病。

[发病机制]   HPS 是猪上呼吸道的一种共栖菌,其定居部位现在仍有争议。猪鼻内接种病原菌后,病原菌通常在鼻腔和气管分离到,极少从肺和血液中分离到,从未在扁桃体中分离出来。与此相反,Amano 等(1994)用免疫过氧化物染色法和电镜检测发现,HPS 抗原在扁桃体组织而不是在鼻腔中。HPS 在感染期间侵入全身所涉及的因素很大程度上尚不清楚。Vahle(1995)对初乳缺乏症猪(CDCD)进行鼻内接种 HPS 有毒菌株,接种 12 小时后,从鼻窦和气管内分离到 HPS;30 小时后在血液培养物中分离到此菌;36~108 小时,全身各组织中可分离到该菌。用免疫组化分析法和透射镜检测,证明在接种早期,鼻窦和气管中部和尾部有细菌移生。这与化脓性鼻炎、病性处纤毛丢失以及鼻黏膜和气管黏膜的细胞急性膨胀有关。如果将鼻甲移出体外注射该菌,也引起纤毛活动的显著降低和纤毛上皮的损伤。研究者们观察到 HPS 优先在鼻窦和气管内移生,这与该菌从鼻窦而不是从扁桃体或肺样本

中分离出来结果是一致的(Mpller 等,1993)。Vahle(1997)研究结果表明,从鼻腔中部分离的病菌与急性关节炎有关。但目前尚不清楚有关全身感染和宿主因素的关系。根据试验结果,在猪感染的早期诊断,菌血症十分明显,肝、肾和脑膜上的淤血点构成了败血症损伤,血浆中可检出高水平内毒素,许多器官出现纤维蛋白血栓(DIC)(Amano 等,1994)。随后在多种浆膜表面复制产生典型的纤维蛋白化脓性多浆膜炎、多关节炎和脑膜炎,这在野毒病例中可以观察到。这结果曾假设这些薄膜特性的改变使得 HPS 侵入血中,黏膜损伤可能会增加细菌入侵的机会,由于不能在纤毛缺失及细胞降解处检测到 HPS,所以认为所观察到的细胞损伤可能由 HPS 的可溶性毒素所致。然而,一些菌株的毒性是相当大的,气管内接种不足 100 个菌落,就会引起全身病变,对 CDCD 猪则会导致几天内死亡(RappGabrielsim 等,1995)。但肺炎在应激模型中并不明显,甚至即使 HPS 由肺分离出来,猪肺炎症状也不明显。在接种血清型为 1.4 或 5 的参考菌株后,肺炎症状也不明显。研究结果证明对导致肺炎的 HPS 致病力不同,是由于不同的应激模型,给予菌量以及受检菌株的不同引起的。Pijoan 等认为当前 HPS 病的发生在一定程度上是因为 HPS 在幼猪体内的定居模式所致。当 HPS 不断感染仔猪并定居,在体内母源抗体降低时变为易感猪,与致病菌携带猪再接触而发生疾病。HPS 的感染导致肺泡巨噬细胞损伤,也可引起鼻腔黏膜炎症,导致非特异性呼吸道防卫机制缺陷,使猪发生继发性感染,导致死亡率升高,但其作用机制尚未完全弄清。

　　临床研究表明,该细菌有在呼吸道中定植,并可抵抗肺的防御机制。随后侵入血液,到达机体不同器官(表-99),并繁殖,最终引起以多浆膜炎和关节炎为特征的炎症和病变。体外研究发现,副猪嗜血杆菌毒力菌能耐受肺巨噬细胞吞噬,毒力菌株周围有一圈白色光晕(可能是毒力株能对抗血清和巨噬细胞的原因),可侵入培养的内皮细胞,能对抗血清杀菌活性,这导致其能够在动物的肺中生存,并通过血管,且可能通过血脑屏障,在血液中存活,并到达其他器官。

表-99　从仔猪的不同器官分离副猪嗜血杆菌结果

接种后（小时）	分离副猪嗜血杆菌的器官											
	鼻腔	扁桃体	气管	肺	血液	心包膜	胸膜	腹膜	关节	脑膜	肝脏	脾脏
4	++	−	+	−	−							
8	++	−	+	−	−							
12	++	−	+	−	−	−	−	−	−	−	−	−
18	++	−	++	−								
26	++	−	++	++								
36	++	−	+	+	++		+	+	+	−	+	+
84	+	−	+	−	−	+	+	++	+	−	−	−
108	−	−	−	−	−	−	−	−	++	−	−	−

　　[临床表现]　HPS 可发生于各年龄猪,影响到猪的各个生长阶段。其主要是在断奶前

后和保育猪阶段发生,危害最重,可使未获得免疫的新生仔猪迅速死亡。病猪主要表现为高热,腹式呼吸急促,昏睡不醒,顽固性腹泻,有的生后3天即发病。可引起猪的高发病率和高死亡率。HPS可以侵袭猪并侵害关节表面、肠系膜、肺、心和脑,引起肺炎、心包炎、腹膜炎、胸膜炎、关节炎和脑膜炎等,因而呈现泛临床症状,有时也无症状,故而临床上缺乏特征性典型临床症状。

人工接种试验,HPS的潜伏期约2～5天。早期临床症状表现为发热,体温可达40～42℃,食欲不佳,精神沉郁,有的四肢关节出现炎症,可见关节肿胀,疼痛,起立困难,一侧性跛行。驱赶时患猪尖叫、侧卧或颤抖、共济失调,逐渐消瘦,被毛粗乱。采食或饮水时频频咳嗽,鼻孔周围附有脓性分泌物。呼吸困难,出现腹式呼吸且频率加快。心率加快,节律不齐。可视黏膜发绀,最后因窒息和心衰死亡。

自然状况下,症状表现各异。繁殖母猪一般不表现明显症状,2～8周龄仔猪感染发病可呈现与呼吸道疾病类似的临床症状,主要有急性型和慢性型。

1. 急性型　突然发病,体温升高至40℃以上,精神沉郁,食欲减退,气喘,呼吸困难,以腹式呼吸为主,浅而快,头颈伸长,张口呼吸,可能咳嗽,鼻孔有黏液性及浆液性分泌物。关节肿胀。跛行及中枢神经系统症状(运动不协调、战栗、不安);步态僵硬,以足尖站立、短步、摇曳步态、跛行,共济失调,腱鞘水肿。可视黏膜发绀,3天左右死亡。急性感染病例存活猪可留下后遗症,即公猪跛行,仔猪和肥育猪可遗留呼吸道症状和神经症状;母猪流产、死胎、木乃伊胎增多,分娩时可引起严重疾病,便秘,粪便干硬,有黏液或带血,产后无乳等,个别有高热及神经症状。哺乳母猪的慢性跛行,引起母性行为变异。母猪产期延迟,超预产期。

2. 慢性型　通常由急性型转化而来,病猪消瘦、虚弱,被毛粗乱无光泽,皮肤发白,咳嗽,呈腹式呼吸,一些病例因腹膜粘连引起肠梗阻;也有发生脑膜炎,表现肌肉震颤、麻痹、惊厥或慢性关节炎,关节肿大。严重时皮肤发红,不能站立,耳朵发绀,接近死亡前皮肤呈红至蓝色,在疾病发作后2～3天死亡,少数病例会突然死亡。

[病理变化]　HPS的主要病变为胸膜、腹膜、心包膜以及关节的浆膜,甚至脑膜出现纤维素性炎症,表现在单个或多个浆膜表面出现浆液性或化脓性的纤维蛋白渗出物,外观淡黄色蛋皮样的、薄膜状的伪膜附着在肺胸膜、肋胸膜、心包膜、腹膜、肝、脾、肠以及关节等器官的表面,亦有条索状纤维性膜。一般情况下肺和心包的纤维素性炎同时存在;胸腔内有大量的淡红色液体及纤维性渗出物并与胸膜粘连,多数为间质肺炎,部分有对称性肉变。关节部位的纤维素性炎缺乏规律性,以髋关节和跗关节出现病变的频率较高;关节液脓,关节周围组织发炎、水肿,关节腔含有纤维蛋白,呈黄绿色。脑膜病变出现不多。另有报道HPS可引起筋膜炎、肌炎和化脓性鼻炎。宣长和(2006)报道,发现一日龄仔猪心外膜,肺胸腹和肋胸膜表面有纤毛状的纤维素伪膜,胸腔心包内有大量的淡黄色积液。在显微镜下观察,渗出物中可见纤维蛋白、中性粒细胞和少量巨噬细胞。全身淋巴结肿大,如下颌淋巴、股前淋巴、胸前淋巴、肺门淋巴、胃门淋巴、肝门淋巴,切面颜色为灰白色。实质细胞呈现不同程度的颗粒变性、水泡变性和坏死,实质和间质可见充血、出血、炎性细胞浸润、纤维性渗出和水肿液蓄积。

解剖症状:死亡时体表发紫,肚子大,有大量黄色腹水,肠系膜上有大量纤维素渗出,尤其肝脏整个被包住,肺的间质水肿。胸膜炎明显(包括心包炎和肺炎),关节炎次之,腹膜炎和脑膜炎相对少一些。以浆液性、纤维素性渗出为炎症(严重的呈豆腐渣样)特征。肺可有间质水肿,粘连,心包积液、粗糙、增厚,肝脾肿大,与腹腔粘连,关节病变亦相似。

腹股沟淋巴结呈大理石状,颌下淋巴结出血严重,肠系膜淋巴变化不明显,肝脏边缘出血严重,脾脏有出血边缘隆起米粒大的血泡,肾乳头出血严重,猪脾边缘有梗死,肾可能有出血点,心肌表面有大量纤维素渗出,喉管内有大量黏液,后肢关节切开有胶冻样物。

[诊断]　本病虽可通过流行病学、临床症状和病理变化等做出初步诊断,但其常与其他疾病混合感染,因此,必须进行细菌学病原检查来确诊。

HPS分离受多种因素影响。细菌分离培养最好选择浆膜表面物或渗出的脑脊髓液及心脏血液,采样物需在24小时内进行分离培养。用现在常用的鲜血巧克力培养基培养,病菌生长不佳,形成大约0.5 mm的灰白色透明的菌落,即使5％CO_2厌氧培养,也不能提高菌的生长速度。但在含有V因子的TSA或者TM/SN上生长较好。病料首先在TSA培养基上划线接种,在37℃中培养48小时后挑取单个菌落进行纯营养。将可能菌的单菌落与金黄色葡萄球菌垂直划线于无NAD的血平板上,在37℃培养24～48小时,如果看到"卫星生长现象",且无溶血现象,即可做出较为准确的判断。但要进一步诊断,需与猪NAD依赖的巴斯德菌类作生化鉴别(表-100)。因为有时其他的NAD依赖的细菌会被误认为嗜血杆菌,这些细菌在鼻窦,扁桃体或肺中大量存在,但只有较低的致病力(Mqller等,1993)。

表-100　猪NAD依赖的巴斯德菌类的不同生化反应

生 化 特 性	副猪嗜血杆菌	其他NAD依赖的巴斯德菌类				
		胸膜肺炎放线菌	小放线菌	L类嗜血杆菌	猪放线菌	吲哚放线菌
脲酶	－	＋	＋	－	－	－
溶血	－	＋	－	－	－	－
吲哚	－	－	－	－	－	－
葡萄糖发酵	＋	＋	＋	＋	＋/－	＋
乳糖发酵	－	－	＋	－	＋/－	＋/－
蔗糖发酵	＋	＋	－	－	－	－
甘露糖发酵	－	－	－	－	＋/－	＋/－
木糖发酵	－	＋	＋/－	－	＋/－	＋/－
L-阿拉伯糖发酵	－	－	－	＋	＋/－	－
蜜三糖发酵	－	－	＋	＋	＋/－	＋

免疫学诊断主要有补体结合试验、间接血凝试验等,通常临床上以其结果作参考。

鉴别诊断要将HPS与引起败血性感染的链球菌、猪丹毒菌、放线杆菌、埃希氏大肠杆菌、沙门氏菌等进行鉴别。同时还应与3～10周龄患支原体多发性浆膜炎和关节炎猪相区别,因为与HPS有相似病变,只有确认了其他病毒和细菌病原之后,才能认清HPS在支气管肺炎的作用。这些病原体可能作为多因子在疾病的发病全过程中起作用。

[防治]　目前尚没有研制出有效疫苗。其原因有：① 在一个猪群中出现几个 HPS 菌株或血清型，甚至在一个猪体上的不同样本中也可发现不同的菌株和血清型（Smert 等，1989；Rapp-Gabrielson，1993）。Olvera 等（2007）通过基因分型和血清学分型，发现同一猪场可同时存在 3 个不同菌株。猪的某一特异性菌落，可能因为猪群中存在不止一种菌株或血清型而缺乏功效，也可能因引进猪带有新的菌株而失效。② 发病过程中出现的菌株血清型不同而缺乏交叉保护。对其他有毒力菌株的交叉保存在实验室研究模型上并不总是很明显（Miniats，1991；Rapp-Gabrielson 等，1997）。虽然有试验证明，相同血清型的不同菌株可激发免疫力，这种交叉保护的功效已通过含血清型 4、5 型灭活菌得到证实，而临床应用中，对北美存在的与疾病相关最常见的 6 种血清型中，无 1 种菌苗能够同时具有保护作用。③ 有毒力的菌株可能不受相同血清型的无毒菌株激发保护而致病。甚至同源菌株的激发也无济于事，这表明保护性抗原与毒力因子或型特异性抗原并不一致（Kielstein 和 RaBbach，1991）。目前，美国、加拿大、西班牙等国有 HPS 氢氧化铝灭活菌，可以保护血清 4、5 和血清 1、6 型，每猪颈肌注射 2 mL，10～15 天再进行同剂量二免。

由于本病为接触性传播，所以隔离饲养非常重要。在对母猪强化药物治疗的阴性母猪及仔猪，在仔猪断奶后，只能阴性仔猪舍群饲养；对引进猪要隔离观察，确定为阴性猪后，再经药物预防治疗后，方可入群。

本病多为群发，在治疗中应全群投药，按疗程用药。可用药物：① 阿莫西林：全群饮水投药，预防量为 200 g/t；病猪用量为 400 g/t，连用 6 天；② 喹诺酮类：按 1∶1 000 溶于水饲喂，每天 2 次，连用 5 天，或 1∶1 000 拌料，连用 5 天。

隔离病猪，用敏感的抗菌素进行治疗，口服抗菌素进行全群药物预防。为控制本病的发生发展和耐药菌株出现，应进行药敏试验，科学使用抗菌素。用药方式：① 重症注射液肌内注射，每次 0.2 mL/kg，每早肌注 1 次，连用 5～7 d。② 硫酸卡那霉素注射液肌内注射，每次 20 mg/kg，每晚肌注 1 次，连用 5～7 d。③ 大群猪口服土霉素纯原粉 30 mg/kg，每日 1 次，连用 5～7 d。④ 抗生素饮水对严重的该病暴发可能无效。一旦出现临床症状，应立即采取抗生素拌料的方式对整个猪群治疗，发病猪大剂量肌注抗生素。大多数血清型的副猪嗜血杆菌对氟苯尼考、替米考星、头孢菌素、庆大、壮观霉素、磺胺及喹诺酮类等药物敏感，对四环素、氨基苷类和林可霉素有一定抵抗力。⑤ 在应用抗生素治疗的同时，口服纤维素溶解酶（富珠利克），可快速清除纤维素性渗出物，缓解症状，控制猪群死亡率。

用自家苗（最好是能分离到该菌，增殖、灭活后加入该苗中）、副猪嗜血杆菌多价灭活苗能取得较好效果。种猪用副猪嗜血杆菌多价灭活苗免疫能有效保护小猪早期发病，降低复发的可能性。母猪：初免猪产前 40 天一免，产前 20 天二免。经免猪产前 30 天免疫一次即可。受本病严重威胁的猪场，小猪也要进行免疫，根据猪场发病日龄推断免疫时间，仔猪免疫一般安排在 7 日龄到 30 日龄内进行，每次一毫升，最好一免后过 15 天再重复免疫一次，二免距发病时间要有 10 天以上的间隔。

消除诱因，加强饲养管理与环境消毒，减少各种应激，在疾病流行期间有条件的猪场仔猪断奶时可暂不混群,对混群的一定要严格把关,把病猪集中隔离在同一猪舍,对断奶后保育猪"分级饲养",这样也可减少 PRRS、PCV-2 在猪群中的传播。注意保温和温差的变化;在猪群断奶、转群、混群或运输前后可在饮水中加一些抗应激的药物如维生素 C 等。

十三、弯曲菌病(Campylo Bacteriosis)

该病是由弯曲菌属的细菌所致的多型性的人类与动物共患的传染病。本菌属有许多"种"及"亚种"均有致病性。临床上以发热、腹痛、腹泻、关节痛等为主要特征。又名弯曲菌肠炎。

[历史简介]　1895 年英国多次发生兽疫,Mcfadyean 和 Stockman 在受命研究中,从流产的羊胎儿体内分离出弧菌,并对妊娠母羊接种后发生该病,从而证明该菌是病原。1909 年将引起牛、羊流产的病原体称为胎儿弧菌。Smith(1919)调查了美国牛流产的病因,证明这些病例中"螺菌"出现率很高,结合英国研究结果,建议将该病原菌命名为胎儿弧菌。Jones(1931)确认空肠弯曲菌为牛冬痢病原体,随后从猪,羊中分离到此菌。Doyle(1944)从猪腹泻粪便中分离到一群弧样细菌,命名为大肠弧菌。Vinzent(1947)从败血症者血中检出此菌,并和 Dumas 和 Picard 发表了胎儿弧菌引起人流产的观察报告,其后巴斯德研究所证明其是胎儿弧菌。Dekeyser 和 Butiler(1973)从急性肠炎患者粪便中分离到空肠弯曲菌,并确定其致病性,认为是人类急性腹泻,尤其是小儿腹泻的主要病原,成为本菌研究进展的里程碑,成为食源性疾病主要监测病原菌。此属菌还可引起多种动物的多种疾病,如牛羊流产、火鸡肝炎、蓝冠病、鸡坏死性肝炎、雏鸡、犊牛、仔猪腹泻,人类的反应性关节炎、Reter's 综合征、格林-巴利综合征等,其与自身免疫有密切关系。Sebeld(1963)建议建立独立的弯杆菌属。Sebala 和 Veron(1973)发现本菌不能发酵葡萄糖,其 DNA 组成及含量与弧菌属不同,提出将本菌从弧菌属分出,如将胎儿弧菌改为胎儿弯曲菌等,将该类菌组建弯曲菌属。Skirrow(1977)在特定条件下,顺利分离出弯曲菌,使本病的研究迅速发展,并提出"弯曲肠炎"这一名词。国际系统细菌学委员会(1980)将弯曲菌分为 12 个种和亚种。现已认可的至少有 3 个属 16 个种和亚种。WHO 将本菌列为常见传染病之一。Smibert(1984)将空肠弯曲菌和 Krieg NR 等(1984)将结肠弯曲菌分别列入弯曲菌属的一个独立种。

[病原]　弯曲菌归类属于弯曲菌属,是一组革兰氏染色阴性细菌,复染时沙黄不易着色,易用石炭酸复红。细菌外形纤细,长 $0.5\sim5\ \mu m$,宽 $0.2\sim0.5\ um$,有一或多个弯曲,多弯曲时可长达 $8\ \mu m$,呈 S 状、逗点状、弧状、螺旋体,类似海鸥展翅形。菌体一或两端有无鞘单鞭毛,长约为菌体的 3 倍,具有特征性螺旋状运动。不形成芽孢,衰老时呈球菌状,且作色不佳,但扫描电镜下为圆饼状,微需氧,暴露于空气后,很快形成球状,不生长。最适生长的微氧条件为 $5\%O_2$,$10\%\ CO_2$ 和 $85\%N_2$ 的混合气体环境,温度为 $42\sim43℃$,pH 7.2(7.0~9.0)。初次分离培养时也可见球形细胞。

本菌对营养要求较高,在麦康凯培养基上基本不生长。常选用 Butzler、skirrow 和 Compy-BAP 培养基培养。在固体培养基上培养 48 小时后,可形成两类型的菌落:一种是低平,不规则,边缘不整齐,浅灰色,半透明的菌落;一种为圆形,直径 $1\sim2\ mm$,隆起,中凹,光滑,闪光,边缘整齐,半透明而中心颜色较暗的,浅灰或黄褐色菌落。在含 10%马溶血血液的哥伦比亚(BBL)培养基上菌落为半透明、微小菌落。

对各种碳水化合物不发酵,不氧化,不产酸。产生氧化酶,过氧化氢酶阳性,加 1‰胆汁培养基生长;不水解明胶,不分解尿素,也不产生色素。H_2 和阴性含 1‰甘氨酸培养或含 3.5‰NaCL 培养均不生长。

本菌对外界因素的抵抗力不强,但对多种抗生素具有较强的抵抗力,可用于细菌的分离。

本属菌中 DNAG+C 含量为 30 mol‰~38 mol‰。胎儿弯曲菌为 33~36,空肠弯曲菌为 31,结肠弯曲菌为 32~34,海鸥弯曲菌为 32.6,粪弯曲菌为 36.6,芬奈尔氏弯曲菌为 37.4,同性恋弯曲菌为 37.5~38,猪肠弯曲菌为 36,黏膜弯曲菌为 34,简单弯曲菌为 34~38,痰弯曲菌—痰亚种为 29~31,痰弯曲菌牛亚种为 29~31,模式株:ATCC33560;NCTC11351;L04315;M59298。

本菌的血清型分型方法较多,目前主要用依赖耐热的可溶性 O 抗原的间接血凝分型法(penner 分型系统)和依赖不耐热的 H.K 抗原的玻片凝集分型法(Lior 分型系统)分别称 HS 和 HL 系统已鉴定出 66 个血清型(48 个空肠弯曲菌和 18 个结肠弯曲菌的血清型);HL 系统已鉴定出 108 个血清型,包括 8 个型的海鸥弯曲菌在内。仅<5‰菌株未能分型,常见的血清型为 1、2、3、4 型。Skirrow(1980)利用萘啶酸敏感试验、马尿酸水解试验和快速硫化氢产生试验将肠道嗜热弯曲菌分为空肠弯曲菌生物Ⅰ型(人)、Ⅱ型(在鸡中较多),结肠弯曲菌在猪中较多。目前空肠弯曲菌的全基因顺序已完成。本菌致病的毒素如下。

1. 肠毒素   自 1983 年 Rui-placios 等首次发现该菌产生肠毒素后,人们发现了细胞紧张性肠毒素(cytotonic enterotoxin,CE),它可能是由 3 个亚单位组成的蛋白质,呈 AB 构型。它主要通过与细胞膜上的 Gml 神经节苷脂结合,引起胞内 cAMP 浓度升高而发生水样腹泻。用 CHO 细胞培养检测发现,从肠炎患者分离的菌株产生 CE 的比例高达 70‰~100‰。无腹泻症状的人源菌株约有 30‰产生 CE。来自急性肠炎患者和健康产蛋鸡的菌株产生 CE 的百分率为 32‰。临床症状与该菌血清型没有相关性。

2. 细胞毒素(cyt)   该毒素有 65 kD 和 68 kD 两条区带,毒素可能是 68 kD 的多肽。Pang 等用细胞培养和 51Cr 释放试验证明,该毒素可使细胞完整性遭到破坏而导致细胞变形甚至死亡。虽然该毒素能单独引起腹泻,但不产生肠液的积聚,与血型腹泻的发生有关。

3. 细胞致死性膨胀毒素(CDT)   Johnson 和 Lior 等 1988 年发现空肠弯曲菌产生 CDT,Pickett 等证明 CDT 是由 30.116 kD、28.989 kD 和 21.157 kD 3 条多肽构成的蛋白质。几乎所有空肠弯曲菌均可产生 CDT,但又效价不同。CDTP 使胞内 CAMP 浓度升高,但不及 CE 作用强,是空肠弯曲菌的唯一细胞毒素。

4. 内毒素   在细胞壁内含有 LPS,具内毒素的毒性作用。此外,弯曲菌的 LPS 和鞘毛蛋白两者都是主要的黏附素,参与细菌对细胞的黏附作用。

D.M.lam 等发现了一种耐热毒素,也有人发现该菌在一定条件下导致溶血,但是否产生溶血素还有待研究。

Nuijten 等应用场反转凝胶电泳(FLGE),对空肠弯曲菌 81 116 菌株的限制性内切酶片段进行电泳,以测定基因组的大小,并用 Southern 印迹法构建了基因组的物理图谱。还测定了核糖体和鞭毛蛋白的基因图谱的位置。研究结果表明,空肠弯曲菌的染色体为环状,长度为 1.7 Mb,其大小仅为大肠杆菌基因组的 35%。该菌基因组小,故生长时需要复杂的培养基,且不能发酵糖类及复杂的物质。与其他肠道菌相比,从弯曲菌中已克隆的基因要少得多,本菌 G+C 含量为 32%~35%。

Tayol 等应用脉冲电场凝胶电泳法对空弯菌和结肠弯曲菌的基因图谱进行了比较研究。用 Sal I.Sma I 限制性内切要点的酶切片段测定表明,两菌的基因组大小均为 1.7 mb。两菌的基因组均为环状 DNA 分子。通过限制性内切酶的部分酶切,并与从低熔点琼脂糖凝胶中提取的 DNA 片段杂交,构建了基因组图谱。已证明,19%~53%空肠/大肠弯曲菌菌株有质粒存在。

本菌易被干燥,直接阳光照射及弱消毒剂处理杀灭;对热敏感:66℃ 20 分钟即被杀死,但耐寒冷,4℃粪便、牛奶中可存活 3 周,水中生存 4 周,粪经冷冻保存 3 个月仍检出此菌。

[流行病学] 弯曲菌感染呈世界性分布,广泛分布于温带、亚热带和热带。近年来,弯曲菌在世界各地检出率均迅速增长,引致发病率呈上升趋势,已成为细菌性腹泻中最常见的致病菌。

弯曲菌作为共生菌大量存在于各种野生和家畜、家禽及人的肠道、口腔及生殖器官中。大多数动物可以终生带菌。感染动物通常无明显症状,但长期排菌,从而引起人类感染。从哺乳动物牛、羊、猫、猪、犬、家兔、猴、鹿、云豹、貂、水貂、熊、狐狸、麝鼠、豚鼠、田鼠等,有鸡、火鸡、鸭、鹅、鸽、麻雀、锦鸡、乌鸦、鹤、孔雀等禽类的粪便中分离出该菌。还从蛋鸡咽喉、消化道、生殖系统、胆囊、绵羊流产胎盘和胎儿内容物;猪、犬、猫、牛、羊的肠内容物、猪肉、羊肉、鸡肉、生蛤凉拌菜、汉堡包等;屠宰后的猪,鸡内脏及调味品;河水、井水、自来水中检出此菌。据研究,家禽带菌率为 91%,猪为 88%(50%~90%),牛为 43%,犬为 49%,猫为 58%;53%的河水样本可检出弯曲菌。可见本病的传染源是各种动物,尤其是与人密切接触的畜禽。无症状带菌者和恢复期病人也可成为传染源(表-101、表-102、表-103)。

表- 101　福建省惠安、莆田动物空肠弯曲菌调查

	品种	检查数	阳性数	阳性率(%)		品种	检查数	阳性数	阳性率(%)
禽鸟类	鸡	324	187	57.72	畜类	猪	483	284	58.8
	火鸡	47	31	65.95		黄牛	44	10	22.7
	鸭	178	55	30.8		奶水牛	160	47	29.37
	鹅	41	26	63.4		山羊	64	16	25.0
	鸽	70	28	40.0		绵羊	7	1	14.3
	麻雀	32	9	28.1		犬	11	5	45.45
	其他	23	2	9.0		猫	2	1	
						兔	51	15	29.4
						豚鼠	95	39	41.05

表- 102　各种贮存宿主的空肠弯曲菌带菌变化

宿　主	检查例数	阳 性 数	带菌率(%)
鸡	112	100	89.3(68～100)
犬	190	144	75.8(13～75)
猫	119	69	58
鸭	101	80	79.2
猪	135	83	61.5(0.96～60)

表- 103　从人和动物宿主检出的空肠弯曲菌分型统计

菌株来源	抗血清(血清型别)号											自凝	不能分型	总计
	1	2	3	4	5	6	7	8	9	10	11			
人	11	22	3	5	36	2	10	8	5	7	11	3		123
鸡	4	15		2	23		3	7			3	1	3	61
犬	13	4	1	11	14		5	1	12		4	2		67
猫	4	24	2	5	12		14				2	1		64
鸭	1		1	7	19		8		4	2	7			49
猪	13	5	2	5	3		4	18	1	4	21	2	5	83
合计	46	70	9	35	107	2	44	34	22	13	48	9	8	447

　　从表可知禽、鸟、畜和鼠等宿主都带有空肠弯曲菌,其带菌率各文献报道存在差异,但本菌广泛存在于家禽、家畜体内的事实已进一步得到确认。猪的弯曲菌大部分是结肠弯曲菌和空肠弯曲菌。胆汁中弯曲菌尤其高,因此,猪胆囊可能是弯曲菌的储存场所。田中博(1986)从腹泻儿童、犬、猫、鸡、牛、猪(100 头)中分离到的弯曲菌:人为 21.3%(空肠弯曲菌)、猪为(43/100)是结肠弯曲菌,猪对空/结肠弯曲菌的保菌率高达 70.8%。V.Stichtbrron 从西德屠宰场收集的 173 份健康猪粪中的 103 份(59%)分离出弯曲菌,而 103 份中有 25 份为空肠弯曲菌(是人感染菌),另外的为大肠弯曲菌。大肠弯曲菌也感染人,但此菌主要存于猪体(Skjrrow 等,1980)。林业杰等(1987)采集新鲜肉类 291 份,其中阳性 87 份(29.9%),其中鸡肉 68 份,阳性 25 份(36.8%);鸭肉 90 份,阳性 24 份(26.7%);猪肉 121 份,阳性 38 份(31.4%)。猪肉以结肠弯曲菌为主,空肠弯曲菌仅含 7.9%。但王瑞卿(1984)对肉联厂猪胴体检验,猪胴体空肠弯曲菌带菌率为 58.1%,比日本检出率 43% 高,其中猪肠带菌率为58.3%(28/48),胴体表面为 56.1%(23/41)。猪弯曲菌血清型分布见表- 104,吴光先(1990)对鸡、猪 188 株弯曲菌进行生物型鉴定,188 株空肠和结肠弯曲菌中,均以生物Ⅰ型占多数,88 株结肠弯曲菌中,生物Ⅰ型为 79 株,占 88.76%;而 99 株空肠弯曲菌均为生物Ⅰ型。猪的空肠弯曲菌为生物Ⅰ型,而结肠弯曲菌分别有生物Ⅰ型和生物Ⅱ型(表- 105)。

表-104　54株可分型菌株的血清型分布

血清型	鸡　肉	鸭　肉	猪　肉	小　计	％
2	4	0	0	4	7.4
4	1	2	0	3	5.6
20	1	1	2	4	7.4
24	2	0	4	6	11.1
26	0	0	2	2	3.7
28	1	0	2	3	5.6
34	0	0	2	2	3.7
43	1	1	0	2	3.7
48	4	1	3	8	14.8
49	3	4	0	7	12.8
51	0	0	2	2	3.7
54	0	3	2	5	9.3
其他*	0	3	3	6	11.2
合计	17	15	22	54	100

注：*：7型、23型、7/9型各1株从鸭肉中检出，10型、11型、30型各1株从猪肉中检出，猪肉分别在11个血清型中。

表-105　不同季节空肠和结肠弯曲菌的生物学型别

生物型		空肠弯曲菌				结肠弯曲菌	
		Ⅰ	Ⅱ	Ⅲ	Ⅳ	Ⅰ	Ⅱ
马尿酸钠水解		＋	＋	＋	＋	－	－
硫化氢快速产生		－	－	＋	＋	－	－
DNA分解		－	＋	－	＋	－	＋
不同季节检出株	春	21(11)	0	0	0	2(17)	0(2)
	夏	20(2)	0	0	0	3(22)	0(4)
	秋	22(4)	0	0	0	2(9)	1(1)
	冬	15(4)	0	0	0	2(22)	0(2)
合计		58(21)	0	0	0	9(70)	1(9)

注：括号外数字为分离自鸡的菌株数，括号内数字为分离自猪的菌株数。

在自然界中，猪的弯曲菌大部分是结肠弯曲菌、猪肠道弯曲菌和空肠弯曲菌。对我国肉联厂检测发现，猪空肠弯曲菌检出率为58.3％，日本为43.0％。弯曲菌可由贮存宿主通过多种途径传给人和其他动物，主要由肉，奶及制品被污染引起人的食物中毒；粪-口传播，病原污染水通过水传播；人与动物，动物与动物，儿童之间或母婴之间的密切接触传播等。

近年来,弯曲菌的耐药菌株增长迅速,而且多种药物耐药菌株出现。美国 1990 年无耐氟喹诺酮的空肠弯曲菌,1996 年发现首例耐氟喹诺酮病人,1997 年弯曲菌耐药率为 12%,1999 年为 18%。美国 1993 年为 7.4%,1997 年为 32%。泰国 1991 年为 0,1995 年为 84%,这与该药批准用于畜禽和用法有关。拉丁美洲报道人源空肠弯曲菌中耐四环素菌占 19.2%～40.8%,结肠弯曲菌中耐药菌株占 26.3%～30.6%。来源于鸡的耐四环素菌株占 14%～34.5%。此外,在不同地区还检出耐氨苄丙林、红霉素、氯霉素等耐药弯曲菌。

[发病机制]　弯曲菌的致病性主要与以下几个因素有关,鞭毛运动、黏附、侵袭及细菌毒素。细菌从口到胃穿过胃酸屏障抵达有微氧和富含胆汁的小肠上段,在适宜于弯曲杆菌的环境中大量繁殖,并可进一步侵犯空肠、回肠和结肠,破坏肠黏膜,感染肠上皮细胞;亦可穿透肠黏膜经血液引起菌血症和其他脏器的感染。目前较明确的是,黏附蛋白 PEB1 和趋化蛋白是致肠道病变的主要因素。研究发现,PEB1 直接参与了细菌对 Hela 细胞的黏附和侵袭过程,PEB1 存在于细菌表面,由 peb1 A 基因编码,在动物模型中,PEB1 的 A 点加强了该菌对肠上皮细胞的黏附和侵袭,并促进了定植,而灭活 PEB1 A 位点则能显著地削弱其黏附力。弯曲菌产生的细胞紧张性肠毒素、细胞毒素、细胞致死性膨胀毒素可能与腹泻及毒血症症状有关。其肠毒素类似于霍乱杆菌的肠毒素,具有外毒素性质。另外,许多证据表明,趋化蛋白(chemotactic protein)在空肠弯曲菌的黏附和侵袭中也发挥作用,因此,PEB1 和趋化蛋白在空肠弯曲菌致肠道感染中起重要作用。

空肠弯曲菌和其他革兰氏阴性菌一样,在细胞壁内含有 LPS,具有内毒素的毒性作用。此外,有报告指出,空肠弯曲菌的 LPS 和鞭毛蛋白两者都是重要的黏附素,参与细菌对细胞的黏附作用。一般认为空肠弯曲菌的 LPS 分子由以下 3 个部分组成:① 脂质 A:锚定于外膜,为 LPS 分子的外毒素部分,具有一定的黏附作用;② 核体:紧贴脂质 A,由内、外两层组成;③ O 抗原:即寡脂糖(LOS),为多糖重复体。通常与外膜相连。

[临床表现]　空肠弯曲菌的致病性表现多样,有无症状带菌者,轻型和重型腹泻(包括食物中毒引起的腹泻)以及肠道外感染致病。

1. 猪是弯曲菌的主要贮存宿主之一　Lauson 等(1977)观察到弯曲菌与猪肠道疾病有关。对猪有感染性的弯曲菌有空肠弯曲菌、结肠弯曲菌,猪肠弯曲菌和唾液弯曲菌。内村和也等(1983)从某猪场腹泻断奶仔猪的空肠后端分离到胎儿弯曲杆菌型属亚种(Campylobacter fertus subsp. Venerealis),频度为卄～卅。据 Jacotot 等的调查报告,约 90% 成猪有对胎儿弯曲杆菌的抗体。猪是弯曲菌主要贮存宿主,曾从 300 头健康猪的 182 头分离到结肠弯曲菌的猪,带菌率 60.7%,希腊为 79.8%、芬兰为 55%;猪的胆汁为本菌感染储存所,因菌耐酸,在胆汁中高度稳定,菌易通过胃屏障存留在胆囊胆汁系统中。但感染通常无明显症状。竹重都子等(1981)从来自 7 个饲养场的 212 头猪回盲部内容物分离弯曲菌,检出率 40%～100%,平均阳性率达 61.9%(144 头),这些分离菌的生物学性状与病人的分离菌株相同。剖检未见到肠壁炎症,病理组织学检查未看到肠黏膜变性、坏死和细胞浸润等炎症现象。侯佩兴等(2009)对上海 5 大屠宰场的猪肝、盲肠空肠弯曲菌分离率为 5.5%～15.6% 和 21%～45.2%;与国内猪空肠弯曲菌 58.8%、61.5%、26.47% 和 59.5% 检出率相似,表明猪及鸡的带菌率远远高于人和绵羊,牦牛等动物,表明猪是该菌的主要宿主。猪是生物 3 型的储存宿主。吴光先(1990)对不同季节猪肠道中弯曲菌群携带状况调查后,认为空肠弯曲菌(C.jejuni)和结肠弯曲菌(C.Coli)引起猪肠炎。

2. 腹泻可能是猪弯曲菌的主要症状之一　腹泻猪的弯曲菌检出率大大高于健康猪,特别是仔猪。据一些农场调查,30～50 日龄腹泻仔猪弯曲菌检出率高达 88%;Gebbart 等首先从患猪增生性回肠炎和其他肠道感染猪中分离到猪肠弯曲菌,致仔猪腹泻。

(1) 猪空肠弯曲菌感染。被感染猪主要表现为发热、肠炎、腹泻和腹痛,与细菌性痢疾症状相似。仔猪的发病率高于成年猪,有时表现寒战,抽搐,发抖,有时有呕吐现象,大便呈水样,量多,排便次数增加,严重者在病后 2 天出现痢疾样大便,便中带有血液和黏液,腥臭味,发生脱水现象,后期表现为呼吸困难。腹泻猪的弯曲菌携带量大大高于健康猪,特别是仔猪,30～50 日龄腹泻仔猪弯曲菌检出率高达 88%;Gebbart 等从患猪增生性回肠炎和其他肠道感染猪中分离到猪肠弯曲菌,致仔猪腹泻。

Ang(2000)报道空肠弯曲菌可致仔猪腹泻。空肠弯曲菌有 60 个血清型,以 O:11,O:12 和 O:18 血清型常见。人的 O:3 血清型也可引起猪腹泻。Babakhani T.K(1993)用空肠弯曲菌(CJ)口服攻击新生仔猪后第 1 天出现腹泻、便血或隐血黏液便,消瘦,不安。攻击后 24 小时和 48 小时可在粪便中检出 CJ,带菌持续至第 6 天,第 3 天大肠黏膜可见出血和瘀斑,第 6 天有些仔猪呈明显出血,有的黏膜充血、水肿并黏液增多,而小肠黏膜未见任何明显病变损害,大肠为主要损害部位,且仅发生于第 6 天处死小猪为亚急性、弥散性轻度至中度的侵蚀性结肠炎和盲肠炎,浅表黏膜上皮细胞浆嗜酸性增强,高度缩短,且表皮脱落至腔内,固有层有多量中性粒细胞浸润或聚集于腔内,腔和隐窝有大量杆状细菌集落,其中有些形似 CJ。用免疫过氧化酶染色检查发现,肠组织细胞中存在 CJ 抗原,证实固有层和表层存在 CJ 抗原。电子显微镜检查发现,黏膜表面有大量黏液、红细胞和 CJ,黏膜细胞微绒毛断裂,与人感染 CJ 相似。

(2) 猪结肠弯曲菌感染。林业杰等(1987)用结肠弯曲菌(30～40 亿个活菌)口服攻击 10 kg 左右仔猪。感染猪中 5 头中有 2 头于感染后 24 小时即从粪便中检出感染菌;2 头于 48 小时出现排菌;1 头于 72 小时才检出感染菌,排菌量由少到多。在急性腹泻期多数呈纯培养优势菌。急性期过后转入间歇排菌,排菌量亦时多时少,可持续 30 天以上。感染猪于感染后第 2 天出现迟钝、嗜睡、食欲减退等症状,并在 3～5 天内发生腹泻,急性腹泻期可持续 3～5 天,过后转入恢复期,出现似羊粪样硬结便,亦可持续 3～5 天,而后正常。感染猪在急性腹泻期间其他肠道病原体分离均为阴性。

感染猪在急性期肉眼可见小肠肠壁增厚,回盲瓣黏膜层有小点状溃疡灶;结肠段黏膜层有溃疡点、十二指肠及盲肠端黏膜层有轻度充血;脾脏边缘呈木梳状、脾淋巴结和心室有弥漫性充血。试验表明,结肠弯曲菌能引起乳猪肠炎。

(3) 猪增生性肠病。1983 年从猪增生性肠炎病料中分离到唾液弯曲菌,1985 年把其设为新种。唾液弯曲菌可引起以小肠、大肠的黏膜增厚为特征的猪肠腺瘤病、坏死性肠炎、局部性回肠炎和增生性出血性肠病,最常发生于 6～20 周龄断奶后肥育猪。初期猪肠腺瘤病的症状较轻,有的猪明显迟钝,不一定有腹泻。在断奶后的肥育猪,常由于厌食和不规则腹泻而生长不良,一般在发病4～6周后康复。如由于肠黏膜的发炎或坏死而发展为局部性回肠炎或坏死性肠炎,出现持久性腹泻和消瘦。不常死亡。但可由肠穿孔而引起腹膜炎。增生出血性肠病主要发生于年轻成年猪,呈急性出血性贫血,病程一长,粪便变黑。有些死亡病猪仅外表苍白,粪便正常。

剖检发现猪肠腺瘤病猪小肠后部、结肠前部和盲肠的肠壁肥厚,直径增加,浆膜下和肠系膜常水肿。黏膜表面湿润无黏液,有时附着有点状渗出物,黏膜肥厚。浆膜面呈明显网状。坏死性肠炎的病变相同,但有凝固性坏死和炎性渗出物。局部性回肠炎的回肠肌肉呈显著肥大。增生出血性肠病的病变同猪肠腺瘤病,但很少累及大肠。小肠有凝血块,结肠内混有血液的黑色粪便。

[诊断]　主要依靠临诊症状和死后剖检进行诊断。对新宰杀无并发症的猪肠腺瘤病病猪,可在黏膜内检出病原菌。

本病的诊断主要根据临床表现及粪便常规检查。但由于与其他急性感染性腹泻无特征性区别,因此,最后确诊有赖于细菌检查、培养和血清学检查。

[防治]　引起腹泻的弯曲菌种类较多,为开发疫苗造成困难。目前尚无菌苗用于预防。

弯曲菌肠炎应按消化道传染病隔离治疗;一般治疗、对症治疗和防治腹水及电解质紊乱等与其他感染性肠炎相同。虽然可选用抗菌药物较多,但由于抗药性问题,故在用药同时,要做药敏试验,试验后作进一步治疗。

对弯曲菌感染者应予以隔离。对患猪排泄物应进行消毒。对此菌感染可给予预防性控制,切断传播途径是预防工作的首要任务。应加强食品的加工方面卫生安全,从食物链源头抓起,对动物进行科学管理,改善饲养管理条件,确保饲养和饮水的清洁卫生,定期预防接种和消毒驱虫及良好科学的人与动物生活习惯。

十四、弓形菌感染(*Arcobacter* Infection)

该病是由弓形菌属的细菌引起的人与动物的共患病。主要临床特征是人与动物腹泻、菌血症和炎症。可造成猪流产、不育等。

[历史简介]　Ellis 等(1977)于英国贝尔法斯特区(Belfast)从流产胎儿中分离到弓形菌,并建立了弓形菌分离方法,以 Johnson 和 Murano(1999)建立的肉汤增菌方法最好。Vandamme 和 Deley(1991)根据该菌是一种耐氧的类弯曲菌的革兰氏阴性的螺杆菌,它能够生活在需氧或微需氧的环境中,并能在 15℃条件下生长,有别于弯曲菌的特征。提议从耐氧弯曲菌属中分出建立弓形菌属。

国际食品微生物标准委员会(ICMSF)2002 年将弓形菌归为对人类健康有危害微生物。北欧食品分析委员会(NMR$_2$)专家 2007 年也针对弓形菌做了专门技术报告。

[病原]　弓形菌在分类上归属于弯曲菌种、弓形菌属(*Areobacter*)。目前弓形菌属有 11 个种,常见的有嗜低温弓形菌(*A.cryaerophilus*)、布氏弓形菌(*A.butzleri*)、硝化弓形菌(*A.nitrofigilis*)、斯氏弓形菌(*A.skirrowii*)、嗜盐弓形菌(*A.halophilus*)和 *A.cibarius* 6 个

种,其中嗜低温弓形菌又分为 1A 和 1B 群两个亚群。

布氏弓形菌、嗜低温弓形菌和斯氏弓形菌经常感染动物致其繁殖障碍、乳腺炎和胃溃疡等,偶尔感染人,致人腹泻、菌血症等。它们的模式株分别是 ATCC49616、ATCC49942、ATCC43158、ATCC49615 和 ATCC51132、ATCC51400。*Arcobacter Cibarius* 是由 Kurt Houf 等人于 2005 年从屠宰后待加工鸡体内分离到的新种,标准株为 LMG21996^T。嗜盐弓形菌是由 Stuart P.Donachie 等人于 2005 年在夏威夷岛西北部的 Laysan Atoll 环岛上的高盐咸水湖中分离到的一种嗜盐弓形菌新种,其显著特点是专嗜盐性,它在胰酪胨大豆酵母浸膏琼脂(TSA)上能耐受 0.5%~20%(w/v)氯化钠,标准株为 LA31B^T。硝化弓形菌是一种生长于沼泽地区的光草属植物互米花草(*Spartina alterniflora*)根部的固氮菌。

弓形菌为革兰氏染色阴性,不产生芽孢杆菌,大小为 0.2~0.9 μm×1.0~3.0 μm,菌体微弯或弯曲,呈弧形,S 形成螺旋形。菌体一端或两端有无鞘的单根鞭毛,呈波浪形,运动活跃,无荚膜。

弓形菌耐氧的微需氧菌,生长的最适气体环境为 5%~10%的二氧化碳和 3%~10%的氧气,正常大气氧浓度条件和厌氧条件下也可生长。最适温度为 25~30℃,在大气环境中的生长温度为 30℃,而在厌氧环境中的生长温度为 35~37℃,但不需要氢气促进其生长。嗜低温弓形菌和硝化弓形菌在 42℃不生长,布氏弓形菌和斯弓形菌在 42℃的生长情况不定。弓形菌属于菌属,细菌形态相似,亲缘关系近,但生长特性有一定差异,弓形菌最高生长温度为 40℃,最低生长温度为 15℃,最佳生长温度 25~30℃,较弯曲菌最佳生长温度(30~42℃)更低,弯曲菌 15~30℃不能生长,因而可用于鉴别 2 个属。氧气耐受性和其他生化特性也可用于鉴别 2 个属。

弓形菌对营养要求较高。培养基中需要蛋白胨、酵母提取物等营养成分,在含人或动物(马、羊)全血或血清的培养基上生长良好。嗜低温弓形菌在含 3.5%氯化钠或 1%甘氨酸的培养基上均不生长,但嗜低温弓形菌 1B 和布氏弓形菌可在麦康凯培养基上生长。粪便标本接种选择性培养基(Campy - CVA),或用滤过法去除杂菌后接种非选择培养基,在微氧环境中培养可分离到此菌。在血琼脂平板上于 30~35℃微需氧环境中培养 48 小时,可形成 1~2 mm、微凸、半透明、湿润、边缘整齐或不整齐、不溶血的菌落。根据 42℃能否生长及在 3.5%氯化钠、1%甘氨酸中不生长的特性可鉴别其种。

弓形菌生化反应不活跃,不能利用糖类,TSI 上硫化氢阴性,不水解马尿酸盐,脲酶试验阴性,但绝大多数细菌还原硝化盐,不还原亚硝酸盐,氧化酶和触酶试验阳性,除嗜低温弓形菌 1A 群外,其他均对萘啶酸敏感。除硝化弓形菌外,醋酸吲哚酚水解阳性。

弓形菌在自然界中抵抗力不强,干燥、日光直射及弱消毒剂等物理因素作用下就能将其杀灭。对环丙沙星、萘啶酸、庆大霉素、四环素、氨苄青霉素和红霉素等敏感。乳酸链球菌肽单独使用不明显抑制弓形菌,但与有机酯共用抑制作用明显增强,加热至 55℃以及以上时能迅速将其灭活。该菌在水和粪便中存活较久,能耐受胃肠道中的酸碱环境,pH<5 或>9 能抑制其生长,0.3~1.0 kGy 的 γ 射线能使猪肉中的弓形菌含量减少 3.71 mg 单位,甚至将其完全杀灭;在 0.46 mg/L 氯水中 1 分钟内其灭活。但在未经氯水处理的饮用水中存活 35 天仍能保持细胞膜的完整性。

[流行病学]   弓形菌的细菌广泛散布在多种动物体内和自然界环境中。家禽、家畜和宠物对弓形菌均有不同程度的易感性,鸡、猪、牛、羊和马最易感染,犬、猫也可感染。而且弓形菌也经常在牡蛎中检出。人也普遍易感。

弓形菌感染的主要传染源是动物。其中以家禽和家畜带菌最多,例如猪肠道和粪便、家禽肉和胴体,牛、羔羊肉,以及饮用水和河水等。剖腹产且未吃初乳仔猪的感染试验表明,布氏弓形菌、嗜低温弓形菌和斯氏弓形菌能寄居于仔猪,但未见肉眼可见的病理变化。与人类疾病有关的嗜低温弓形菌和布氏弓形菌主要存在于牛、猪等家畜的肠道和生殖道中,可随动物粪便排出体外,污染水源等外界环境。当人与这些动物密切接触或食用被污染的食品和污染水等时,病原体就进入人体,从而感染。其他弓形菌主要在动物之间散播并引起动物弓形菌感染。动物多是无症状的带菌者,且带菌率很高,因而是重要的传染源和贮存宿主。

弓形菌主要通过食入被污染的动物性食品(鸡肉、猪肉、牛肉和羊肉)和水源而感染。在这些肉类食品中均可分离到弓形菌,尤其是鸡胴体。家禽肉类食品污染率最高,其次是猪肉和牛肉食品。在日本,在肉类零售店的取样调查中,23%的鸡肉、7%的猪肉和2.2%的牛肉被布氏弓形菌、嗜低温弓形菌或斯氏弓形菌污染;在澳大利亚肉类食品调查中,从73%的鸡肉、29%猪肉和22%的牛肉中检出了弓形菌,15%的羊肉被布氏弓形菌感染。在肉类食品中,分离到的布氏弓形菌最多,其次是嗜低温弓形菌,检测不到斯氏弓形菌常或含量较低。目前,肉类食品中弓形菌污染的来源以及污染扩散的途径仍不清楚。

饮用被病畜粪便污染的水源也是重要的传播途径。弓形菌(主要是布氏弓形菌)已从饮用水库、河水、地下水和污水中分离到。没有证据表明通过水的加工处理能够清除弓形菌,但是可以将之减少到一个和其他菌相似的程度。据德国一饮水加工厂调查研究中,分离出141株弓形菌(其中100株是布氏弓形菌),而仅分离出6株空肠弯曲菌和结肠弯曲菌。弓形菌能够轻易黏附在输送饮用水的不锈钢、铜质或塑料的水管壁上,而且可能在水管分布系统中再增殖。这都说明饮用水及河流在弓形菌的传播中扮演重要角色。在城市污水和城市污水化学生物絮凝池,活性污泥中的优势菌群且有致病性。

弓形菌还有其他传播途径,人类弓形菌感染存在垂直传播的可能性。已有报道从母猪到仔猪的子宫内感染途径和从猪或环境到仔猪的产后感染途径。种鸡的肠道和输卵管能够感染嗜低温弓形菌、布氏弓形菌和斯氏弓形菌,但目前尚无证据证明弓形菌从母鸡到卵的垂直传播。弓形菌引起的性病传播主要是在1999年从公牛包皮液分离出布氏弓形菌和嗜低温弓形菌;1992年从公猪和育肥猪包皮液分离出斯氏弓形菌及从牛、猪、羊流产胎儿中分离到弓形菌等后得以证实。嗜低温弓形菌也从患乳腺炎奶牛的牛奶中分离到。

弓形菌感染一年四季均可发病,一般夏秋季多发。平时多散发,也可由被污染的食品和水源等而造成暴发流行。自然因素,如光照、气候、雨量,社会因素,如地区卫生条件差异、去不发达地区旅游等都可影响本病的发生和流行。

[临床表现]

1. 猪是弓形菌的贮存宿主　弓形菌主要的贮存宿主是牛、羊、猪和马。布氏弓形菌、嗜低温弓形菌和斯氏弓形菌可存在于牛和猪等肠道和生殖道,可随动物粪便排出体外,弓形菌感染猪后没有明显的病理特征。解剖未见肉眼可见的病理变化。

2. 致猪不育、流产等繁殖障碍　从公猪和育肥猪包皮液中分离到斯氏弓形菌。其对母猪主要造成不育,发情期有慢性阴道排出物,慢性死产,从妊娠 90～108 天的后期流产。布氏弓形菌、嗜低温弓形菌和斯氏弓形菌已经从猪、牛、羊的胎儿和流产胎儿中分离到。丹麦能在 50% 的流产猪胎儿中分离到嗜低温弓形菌和斯氏弓形菌。弓形菌在临床健康的母猪和活的新生仔猪中能检测到,而且在同一流产胎儿和一窝中不同流产胎儿中检测到不同弓形菌。这一结果显示某些弓形菌株在猪的流产和繁殖障碍中起着基本作用。弓形菌在养殖场造成动物的慢性繁殖障碍的原因、机理尚不清楚。

3. 致动物肠炎和腹泻炎症　可从动物的肠道、胎盘、胎儿、口腔(患牙周炎)及患有乳房炎病牛的原奶和鸡的粪便中分离到弓形菌;可从患有腹泻的猪、牛、骆驼和陆龟的粪便中分离到布氏弓形菌,从患有腹泻和出血性肠炎的羊和牛的粪便分离到斯氏弓形菌。还有一些报道指出,布氏弓形菌也能引起非人类灵长类腹泻。

[诊断]　弓形菌是条件性致病菌,而且致病菌种多个,因此在临床表现会多样。它与弯曲杆菌的临床表现有相似之处。动物感染弓形菌临床上也以胃肠炎、腹泻症状为主。猪弓形菌感染还有不育、流产、死产等繁殖障碍。弓形菌会引发乳牛乳腺炎等。但都没有特异性临床表现。因此,确诊仍需实验室诊断。

[实验室诊断]

1. 血液检查　外周血中白细胞总数和中性粒细胞数增多。

2. 形态学检查　取腹泻病人和动物粪便样本或感染部位或流产胎儿临床样本直接涂片、革兰氏染色、镜检,观察到革兰氏阴性弯曲菌可以初步诊断。粪便等样本用湿片法或悬滴法在暗视野显微镜下观察,以现波浪形运动的细菌,应考虑弓形菌感染。在电镜下或经鞭毛染色法于光镜下检查见菌体一端或两端有无鞘的单根鞭毛,也可辅助诊断。特异性荧光抗体染色后镜检,敏感性更高。

3. 分离培养　将粪便等样本用选择性培养基 Campy – CVA 或用滤过法除去杂菌后在含血的非选择性培养基上分离培养。血液、脑脊液等样本应先接种于布氏肉汤液体培养基上增菌后,再转种含血的布氏琼脂培养基或其他高营养的培养基。接种的培养基于 30～35℃微氧环境中孵育 48 小时,挑取可疑菌落作形态学和生化学等进一步鉴定。

4. 生化检测　弓形菌脲酶试验、硫化氢试验和马尿酸盐水解试验均为阴性;接触酶试验除布氏弓形菌弱阳性外,其他均为阳性;硝酸盐还原试验除嗜低温弓形菌 11%～89% 菌株阳性外,其他弓形菌菌株均为阳性;亚硝酸盐还原试验除嗜低温弓形菌 1B 群和斯氏弓形菌无相关资料外,其他均阴性;醋酸吲哚酚水解试验除硝化弓形菌外,其他均阳性。

5. 分子生物学检查　病变组织或部位的标本可经 PCR 法检测出弓形菌 DNA。

[防治]　弓形菌是可致人和动物腹泻等症状的一种条件性致病菌,但我们对弓形菌在

全球范围内对人和动物健康所起的作用知之较少。

由于受污染的动物性食品对人和动物的弓形菌感染起着重要作用,因此人类食物链的预防控制至关重要,首先是动物屠宰线卫生控制,保证肉类卫生,避免各种污染源对屠宰的污染。在日常生产加工中,应依据 HACCP 原则,建立"过程控制"和定期微生物监测,加强对动物性食品加工过程中重点环节的监督管理。

切断传播途径非常重要,水可以作为弓形菌重要的传播媒介,在由弓形菌感染所致的腹泻中被污染的饮用水是重要的危险因子。因此,做好粪便无害化处理,防止病菌污染水源。

目前为止的抗生素敏感性试验表明,弓形菌对氨基糖苷类抗生素敏感,包括卡那霉素和链霉素。氨基糖苷类抗生素和四环素类药物适合治疗弓形菌感染。布氏弓形菌对环丙沙星、萘啶酸、庆大霉素和四环素最敏感,其次是氨苄青霉素和红霉素。几乎所有的嗜低温弓形菌都对红霉素敏感。虽然某些菌株对抗生素有抵抗力,但多数情况下仍采用抗生素治疗,例如用阿莫西林、克拉维素、红霉素和环丙沙星等。

对腹泻动物在用抗生素治疗的基础上,仍需对症治疗,如输液、调整电解质等。

十五、螺杆菌病(*Helicobater* Interction,HP)

该病是由幽门螺杆菌等螺杆菌引起的人和动物的消化道疾病。主要特征是被侵袭宿主发生慢性胃炎和消化道溃疡,并与癌变有关。

[历史简介]　早在一个世纪前 Bizzozeroc(1892)发现胃内存在一种螺旋状微生物,Luck 等(1924)发现人胃中存在尿素酶;Lieber 等(1959)证明尿素酶来源于细菌,但长期未能分离到纯培养物。Warren 和 Marshall(1982)从 135 例澳大利亚慢性胃炎患者的胃黏膜样本中分离到一种"未鉴定的弯曲状杆菌",Marshal 用弯曲菌培养技术,从胃窦活检标本中培养出这种细菌,初步鉴定与各种细菌均不相同,暂定为幽门弯曲菌(*Camphylobacter phyloridis*,CP),其与人类慢性胃炎及消化道溃疡密切相关。Marshal(1985)又在自己身上作了 CP 的实验感染,首先达到 koch 定律的要求,并提出了 CP 胃炎的假说,分析了 CP 与胃肠疾病关系。该两位学者认为此菌为病原菌,此发现得到 NcNurry 的证实,1983 年 9 月在布鲁塞尔召开了第二届国际弯曲菌专题讨论会上,将此菌归属于弯曲菌属。后发现鼬鼠弯曲菌、人肠道螺旋状菌等。根据电镜下形态、细胞壁脂肪酸成分分析和 16SrRNA 序列分析,发现其生化特征和表型与弯曲菌有明显不同,1989 年正式命名为幽门螺杆菌,将其从弯曲菌属中分出,列入新建立的螺杆菌属。Goddwon 等(1989)描述了该属 14 个种,1996 年该属正式命名的种为 17 个。到目前为止,已从人和动物体内分离并正式命名螺杆菌有 20 余种,分为肠螺杆菌属和胃螺杆菌属。世界卫生组织国际癌症研究中心(LARC)(1994)正式将幽门螺杆菌(HP)列为 I 类致癌原。

[病原]　幽门螺杆菌(HP)隶属螺杆菌属。本菌为革兰氏染色阴性,菌体细长弯曲呈螺旋形、S 形或海鸥形状,常聚集成簇或成堆。菌一端或两端有 2～6 根鞭毛,运动活泼,无芽孢,Hp 在不利条件下发生圆体样变化,这可能是 Hp 的 L 型。为严格微需氧环境,最适气体环境为含 O_2(5%～7%)和 CO_2(5%～10%)及 N_2(8.5%)的混合气体,在有氧或厌氧条件下

不能生长,生长时还需要一定的湿度(相对湿度为98%)。营养要求高,在普通培养基上不生长,须加入血清、血液、活性炭等物质,促其生长。常用的培养基有巧克力色血琼脂、Typ 血琼脂、Skirrow 琼脂、M－H 琼脂等。在30℃和42℃均生长不良,最适生长温度为35℃,最适 pH 为 5.5～8.5。本菌生长缓慢,培养需 3～4 天,少数需 7 天,可形成针尖状、无色或灰白色、圆形、光滑、透明或半透明、边缘整齐、凸起的菌落,有轻度 β 溶血。

本菌生化特性与弯曲菌属相似,但脲酶迅速呈强阳性与硝酸盐还原阳性两项结果相反。HP 产生大量尿素酶能迅速分解尿素,氧化酶和过氧化氢酶阳性。该菌所具有的高度脲酶活性是其显著特征,可作为鉴定的主要依据和快速诊断的方法。

HP 的致病性与其产生的毒素及致病因子相关,有尿素酶,尿素酶由 A 和 B 两个亚单位组成。6 个 A 和 B 亚单位共同组成尿素酶全酶,对 HP 的定植和生存起着重要作用;还有空泡细胞毒素(VacA)、细胞毒素相关蛋白 A(CagA)、黏附因素、趋化因子、脂多糖、过氧化氢酶、磷脂酶、热休克蛋白、鞭毛等。根据是否表达 VacA 和 CagA,有人提出将 Hp 划为Ⅰ型(VacA＋、CagA＋)和Ⅱ型(VacA－、CagA－),并证明Ⅰ型与较严重的胃、十二指肠疾病相关。

已完成了二株 HP 全基因组序列测定:HP 全基因组大小约 $1.67×10^6$ bp,开放阅读框(ORE)约为 1 500 个。鉴于 HP 的基因型和表现型存在一定程度的差异,根据其分泌毒素的情况不同,按是否存在编码一种特异性分泌器官的毒力岛(pathogenicity island,Pai)基因,可以将 HP 分为产毒菌 Tox＋和非产毒菌 Tox－。根据 HP 菌株有无 CagA 蛋白表达将其分为两型:Ⅰ型:高毒力株,含 CagA 基因,表达 CagA 蛋白和 VacA 蛋白;Ⅱ型:低毒力株,不含 CagA 基因,不表达 CagA 蛋白和 VacA 蛋白,无空泡毒素活跃。此外,有些 Hp 表现为中间类型:A:含 CagA 基因,表达 CagA 蛋白,不表达 VacA 蛋白;B:含 CagA 基因,不表达 CagA 蛋白,但表达 VacA 蛋白;C:含 cagA 基因,不表达 CagA 蛋白和 VacA 蛋白;D:不含 CagA 基因,但表达 VacA 蛋白。

[流行病学]　HP 是世界上感染率最高的细菌之一,全球分布的 HP 对人群感染非常普遍,是 B 型胃炎及消化性溃疡的主要致病因素,感染率大多在 50% 左右。感染的动物模型有灵长类动物、猪、雪貂、猫、小鼠、豚鼠、蒙古沙鼠等。影响 HP 流行模式的因素包括感染、自愈和再感染问题。HP 的传染源是病人和带菌者,其他动物如猪、猫、羊和猴等都可能也是传染源。Valra D 等(1988)用 Elisa 对屠宰工血清抗 IgG－HP 调查,屠宰工、搬运工和肠段处理工抗体滴度明显高于不接触新鲜动物职员的抗体滴度。饲养鸡、犬人群 HP 感染率分别为 58.72% 和 63.64%,明显高于未饲养者(49.67% 和 49.69%)。经多因子 logis 在 C 分析,养鸡、犬、猪都是人 HP 感染的重要因素。其传播途径尚未完全明了,PCR 证明感染者大便、唾液、牙垢斑中存在 HP,经粪—口、口—口、胃—口途径是可能的主要传播途径,饮用河水者 HP 感染率为 66.67%,明显高于饮自来水(48.97%)和井水(47.95%)者;饮生水者感染率 78.20%,明显高于饮用开水者(35.05%),进一步支持粪—口传播观点。

[发病机制]　幽门螺杆菌的致病性与它产生的毒素、有毒性作用的酶破坏胃黏膜和促使机体产生炎症和免疫反应等因素有关。

幽门螺杆菌在体内呈螺旋状且有鞭毛,此为该菌在黏稠的胃黏液中运动提供了基础。该菌鞭毛有鞘,对鞭毛有保护作用,对胃酸有一定的抵抗力,使得幽门螺杆菌的致病力强,并能产生空泡毒素(Vacuolating cytotoxin A,VacA);反之,动力弱的菌株致病力也弱,且不产生空泡毒素。

幽门螺杆菌对胃黏膜上皮细胞的黏附作用是其致病的先决条件。该菌具有严格的组织嗜性,一旦穿过黏液层,就会特异性地黏附并定居在胃黏膜上皮细胞表面,胃窦较胃底多见,也可见于胃肠道其他部位的胃上皮化生区域。该菌与胃上皮细胞特异性地黏附,提示在胃上皮细胞上可能存在特异性受体。其可与细菌表面的黏附因子特异性地结合。幽门螺杆菌与上皮细胞接触后会促使肌支蛋白收缩,形成黏着蒂样改变,当它紧密地黏附于胃黏膜上皮细胞表面后,可避免与胃内食物一道排出,也使其毒素容易作用于上皮细胞。

幽门螺杆菌产生的尿素酶对该菌的定植和生存起着重要的作用。尿素酶可催化尿素分解成氨和二氧化碳,氨可在该菌周围形成"氨云",其使通过中和胃酸对幽门螺杆菌起保护作用。除此之外,尿素酶还能造成胃黏膜屏障的损害,尿素酶产生的氨能降低黏液中的蛋白含量,破坏黏液的离子完整性,削弱屏障功能,造成 H^+ 逆向弥散。同时,氨还可以消耗需氧细胞的 α-酮戊二酸,破坏三羧酸循环,干扰细胞的能量代谢,造成细胞变性。

Leunk 等(1988)首次报道了幽门螺杆菌能产生使真核细胞空泡变性的空泡毒素(VacA),且发现 55% 的菌株可产生该毒素。空泡毒素为一分子量为 87 kDa 的蛋白质,由大分子前体水解而成。Cover(1990)发现与 VacA 密切相关的 CagA(毒素相关蛋白)。CagA 既是一种强免疫原,又是一种重要的毒力因子。CagA 经酪氨酸激酶的作用可干扰胃黏膜上皮细胞的信息传递途径和破坏细胞骨架,导致细胞增生。此毒素可引起组织细胞空泡变性,但这种作用是非致死的,即空泡性的细胞仍有活性,空泡化数天后失去正常形态,发生皱缩,最后死亡。Crabtree 证明拥有 CagA 基因的菌株可增加胃黏膜细胞 IL-8 的分泌。IL-8 是介导炎症的重要前炎性细胞因子。

幽门螺杆菌感染可引发炎症和免疫反应,在其感染的胃黏膜中可见细胞变性、坏死和炎细胞浸润,血清中可检测到特异性抗体。浸润的炎细胞包括中性粒细胞、单核-巨噬细胞、嗜碱性粒细胞和嗜酸性粒细胞,在慢性幽门螺杆菌感染者的胃黏膜固有层有 T 淋巴细胞和浆细胞浸润。

[临床表现]　在自然条件下,猪、兔等带有 HP 菌,并有高滴度抗体。猪可自然感染引起胃炎,呈抗体阳性。从正常猪的胃肠可分离到幽门螺杆菌,在一组小型猪的检出率为 8%。猪对人源型 HP 敏感,并产生与人感染 HP 相似的病变。动物 HP 感染模型已有成功报道,除猴、犬、鼠等外,Lambert 等(1987)、Krakowka 等(1987)用悉生乳猪接种 HP,从感染组动物胃和十二指肠均分离到 HP,胃黏膜出现慢性炎症细胞浸润,与人感染 HP 后的病理改变相似。Krakowka 等证实感染悉生乳猪的抗 HP 抗体逐渐上升,符合人感染 HP 后的血清抗体变化规律。Engstrand 等(1990)采用 8 周龄无特异致病菌小猪感染 HP,也获得类似结果。Eaton T 等(1989)成功用悉生猪建立 HP 感染的动物模型,已证明了 HP 的尿素酶、细胞毒素等几种致病因子的致病作用。感染猪可使胃黏膜呈急性、慢性炎症,诱发溃疡,并具

备人类胃部疾病大部分的病理学特征。Fox JG(1989)、Vaira D 等(1988、1990)在意大利 Bologna 屠宰场用 ELISA 方法对屠宰场、搬运工及肠段处理工血清中抗体 HP - IgG 进行调查,他们的抗体滴度明显高于不接触屠宰场的职员;在调查了猪、兔、牛、海豚和鲸鱼中细菌感染情况,发现 93% 的猪、87% 的兔抗体升高,胃黏膜涂片中猪和兔阳性率分别为 80% 和 70%,冰冻切片阳性率均为 50%。华杰松等(1992)对上海市郊某屠宰场 22 头猪取胃检查,4 头猪胃窦黏膜涂片观察到有 S 或海鸥状弯曲的革兰氏阴性细菌,其形态与染色与人体胃内 HP 相似。并且胃黏膜组织有慢性炎症表现。Ho 等(1991)以 PCR 方法检验,证实了 2 株猴、1 株猪和 1 株狒狒的螺旋样与人的 HP 相同。方平楚等(1993)以 ELISA 测定了 69 份猪血清中抗 Hp 抗体 IgG,阳性率为 49.28%,以吸收试验证明,该抗体与空肠弯曲菌、大肠埃希菌无交叉反应,仅与 HP 有特异性反应;抗体阳性猪胃黏膜 91.2% 有明显炎症反应,从而提示猪有可能自然感染 HP。

[诊断]　在一般临床诊断基础上,病原的分离与培养方可确诊。主要方法有:① 直接涂片染色:pinlard 用相差显微镜直接检查涂于玻片上的胃黏膜检查 HP,敏感性达 100%。② 细菌的分离培养:胃黏膜组织的细菌培养是诊断 HP 感染的最可靠方法,通过多种转送培养基,鉴定菌落、细菌形态和生化反应,是目前验证其他检测手段的"金标准"。③ 快速尿素酶检测(RUT):HP 是一种能够产生大量尿素酶的细菌,故可通过检测尿素酶来诊断 HP 感染。该试验是所有检测手段中最为简便迅速的一种,是随访 HP 根治状况的最好方法,其敏感型和特异性分别达到 91% 和 100%,数分钟即可作出诊断,是一种安全可靠、无痛苦的检测方法。通过 HP 尿素酶降解胃内尿素生成氨和二氧化碳,使尿素浓度下降、氨浓度升高,氨可使实际周围 HP 值升高,进而使指示剂显色。

基于此原理已发展了多种检测方法:① 胃活检组织尿素酶试验;② ^{13}C 或 ^{14}C 呼吸试验;③ 胃液尿素或尿素氮测定;④ ^{15}N-尿素排除试验。

其他检验方法有:① 活检标本切片染色;② 活检标本切片的免疫组织化学检测;③ 分子生物技术的基因检测;④ 免疫学方法如 ELISA 检测法等。

[防治]　幽门螺杆菌对多种抗生素有很高的敏感性,而且利用质子泵抑制剂或铋剂加抗生素可根除 HP。治疗首先需确定根除治疗的适应证,实施根除治疗时,应选择根除率高的治疗方案,以免耐药性问题。根据国际有关的防治共识和 2003 年安徽桐城形成的幽门螺杆菌治疗临床方面的共识意见,分成"必须治疗"(消化性溃疡、早期胃癌手术、胃 MALT 淋巴瘤、有明显异常的慢性胃炎);"可以治疗"(计划长期使用 NSAID、FD 经常规治疗疗效差者、GERD、胃癌家族史)和"不明确"(个人强烈要求治疗者、胃肠道外疾病)3 个层次。

目前用于根除 HP 感染的药物有 3 类:抑酸剂、抗生素和铋剂。联合用药根除率高而且避免 HP 耐药株产生。如甲硝唑+奥美拉唑+克拉霉素;甲硝唑+四环素+铋剂;甲硝唑+羟氨苄西林;质子泵抑制剂+阿莫西林+克拉霉素等,也有用呋喃唑酮、微生态制剂等。Midolo 等研究发现乳杆菌可在体外抑制 HP 生长,这一作用与其产生的 L-乳酸浓度成正相关。小鼠试验发现口服乳杆菌小鼠喂 HP 后,HP 不能在胃内定植,相反已感染 HP 小鼠喂乳杆菌可明显抑制 HP 活性。微生态菌是一种很好的辅助治疗制剂。

如何避免耐药菌株的产生,主要应注意:① 严格掌握根治的指征;② 选择根除率高的方案;③ 治疗失败时,有条件者再次治疗前先作药敏试验,避免使用幽门螺杆菌耐药的抗生素;④ 倡导对各种口服抗生素的合理应用。

目前幽门螺杆菌的菌苗尚未研制成功,但菌苗是对耐药性、预防感染、降低相关疾病发病率的最佳选择。正在研究的有全菌体抗原菌苗、尿素酶亚单位菌苗、DNA 苗、空泡毒素和细胞相关毒素相关蛋白基因工程苗等。

近年来,微生态学的兴起和微生态疗法的应用为 HP 相关疾病的防治提供了新的思路,益生菌通过产生有机酸、过氧化氢、细菌素等抑制物,降低活菌数,并影响细菌代谢或毒素的产生;竞争性抑制细菌与肠道上皮细胞的结合位点结合;与病原菌竞争营养物;降低肠黏膜细胞上的毒素受体;刺激宿主免疫反应等多种途径保护宿主免于发生肠道疾病。Midolo 等研究发现,乳杆菌可在体外抑制 HP 生长,这一作用与其产生L-乳酸的浓度呈正相关。有机酸可能通过三羧酸循环使 HP 失去生长繁殖所必需的能量而抑制其生存。另外,乳杆菌还可能产生其他一些细胞外复合物对 HP 发挥抑制作用,这些物质很可能是细菌素样蛋白。

十六、猪棒状杆菌感染(Infection of Corynebacterium)

该病是由棒状杆菌属的细菌引起的人与动物疾病的总称。由于棒状杆菌的种类不同,各种动物和人的临诊表现也不完全相同,但一般以某些组织和器官发生化脓性或干酪性病理变化为特征。

[历史简介] Klebs(1883)在白喉患者假膜的涂片中观察到白喉棒状杆菌。Loeffier(1884)分离到本菌,从而确定了白喉的病原学,Kruse(1886)命名本菌为白喉棒状杆菌。其后,Nocarol(1888)等,从人和动物体分离到伪结核棒状杆菌。Lehmann 和 Neumann(1896)根据细菌的形态特征建立了棒状杆菌属。该属包括化脓棒状杆菌(*Corynebacterium pyogenes* 1893、1903)、马棒状杆菌(*Corynebacterium* Suis WegieneK and Reddy,1982)。2004 年出版的《伯杰系统细菌手册》将化脓棒状杆菌划归属于隐秘杆菌属中,命名为化脓隐秘杆菌(*Arcanobacterium pyogenes* Pascual and Ramos 等,1997);将猪棒状杆菌划归为真杆菌属(Genus Ewbacterium)猪真杆菌(Eubacterium Suis Ludwig 等,1992);将马棒状杆菌划归为红球菌属中,命名为马红球菌(*Rhodococcus equin* Goodfellow and Alderson,1977)。

(一) 化脓隐秘杆菌(化脓棒状杆菌)

最早自牛的脓汁中分得,常和脓汁产生联系在一起。此菌常在牛、绵羊、猪和偶尔在其他动物脓中找到,但很少侵袭人类。许多家畜包括猪,都含有高水平的化脓隐秘杆菌抗毒素。它是引起化脓的最常见的病因。最易从猪中自皮下及其脓肿分离到此菌。

[病原] 本菌是一种革兰氏阳性多形态小杆菌,着色不规则,普通培养基上生长不良,在血液或血清培养基上生长较佳。在 37℃,48 小时中培养,可见明显的菌落(室温下极少生长或完全不长)。菌落直径不超过 1 cm,周围有 β 溶血环。有些非典型菌株产生窄小的溶血环或菌落周围呈绿色。此菌能液化凝固的血清卵白蛋白和明胶。石蕊牛奶变酸,形成凝块后又被液化。所有的菌株能发酵葡萄糖。对其他碳水化合物作用反复不定。过氧化氢酶和

氧化酶呈阴性。给家兔和小白鼠接种本菌,能产生一种致死性外毒素,并可引起家兔和豚鼠的皮下坏死。

鸟嘌呤细胞嘧啶的比率(G/C)为48.5%,细胞壁不含DAP,细胞壁含有一种与G群链球菌抗血清起反应的物质。新陈代谢与链球菌很类似。

[流行病学与发病机理]　本菌对动物的致病性非常广泛,常与反刍动物和猪的化脓损害有关,在呼吸道和生殖道黏膜普遍存在。

临床感染表现为内源性的。初期的损伤是主要影响因子。给猪皮下接种此菌,一般不引起反应。但在预先损伤部位如尾部接种此菌,就会形成化脓和脓肿。其他引起临床感染的影响因子包括难产,胎衣不下等损伤引起的化脓性子宫内膜炎,乳房组织损伤或咬伤导致化脓性或肉芽肿乳房炎。注射不当或阉割创伤会导致创伤部形成脓肿。蹄部损伤诱导化脓性关节炎,脐带污染导致脐静脉炎。多发性关节炎在产后发现,这意味着感染首先局限于子宫;肺部受到早期因子的损害,出现的化脓性支气管炎和化脓性支气管肺炎,常与本菌有关。常见步态僵硬、跛行、进行性极度瘦弱、肺炎和后躯瘫痪。

[临床病状和病理变化]　临床上常见特征的症状,取决于受感染部位。本菌引起化脓,最常见的损害是脓肿,其直径为几毫米至几厘米。脓肿内壁常很厚,包含的浓汁由黄变绿,其黏稠度不同,有恶臭味。多数情况下,脓肿也有可能有其他微生物如梭状芽孢杆菌、葡萄球菌等混合感染。脓肿的部位常见于皮下组织、尾部和尾部淋巴扩散而危及骨盆入口和骶骨部。化脓性损害也发现于脊柱之中,这常与尾部损伤有关。乳房中单个乳房,常有1个有时2个或3个脓肿灶,脓肿常被增生的纤维组织包围。鲁杏华等(2009)报道湖南某猪场30~60日龄仔猪出现体温升高至41℃,减食,消瘦,关节肿大或跛行,四肢无力,呼吸急促。发病率约15%,病死率100%,病程10天。病尸检见,肺严重实变,脾出血性肿大,硬化,肺肝布满大小不等的脓性结节。菌检、生生、16SrDNA PCR测序显示为化脓性隐秘杆菌。

吕宗吉(1996)报道,广东某猪场335头母猪,发病63头(发病率18.8%),死亡7头,淘汰重病母猪28头,诊断为化脓性棒状杆菌感染,其流行特点为患猪均为产后3~5天(43头)和产后28~33天(20头)猪。本病呈散发,每天发病0~2头(平均1.13头)。空怀母猪、怀孕母猪、肉猪、仔猪未见发病,患病母猪的仔猪85%健活。病猪体温在39.5~41.5℃,急性病猪呼吸急促,两耳发绀,严重者后躯、四肢、腹部皮肤充出血,呈红紫色斑。少数有咳嗽、流涕。大多数母猪少食、怕冷,泌乳迅速减少。病程3~5天或7~8天,多以死亡告终。病尸检:肺(8/8)炎症为化脓性肺炎,肺表面充血,有出血斑,支气管炎,肺气肿及间质水肿;支气管有泡沫性分泌物,淡绿或黄白脓性分泌物。脾肿大,有坏死灶、出血点(5/8)或脓肿,脾呈紫黑色,肝脓肿,充满浅黄绿色脓液,子宫蓄脓,全身淋巴结肿大,充出血和周边出血。

[诊断]　本病诊断依据是取脓汁或培养物涂片,革兰氏染色。

[防治]　目前尚无有效的疫苗。因为常为局部感染诱发其他症状或致死,脓肿常在尸检时才发现。因此,预防本病主要采取避免各种造成损伤的影响因子。发现脓肿可进行外科手术切除脓肿,并用抗生素或抗菌药物治疗。

（二）马红球菌（马棒状杆菌）感染

马棒状杆菌是最易引起幼驹肺炎。可从猪颌下和颈下淋巴结似结核样病灶中分离到。

[病原] 本菌形态上为杆状、球状和棒状多形型。革兰氏染色呈阳性，有些菌株有微弱的抗酸性，不形成鞭毛，不运动。在普通培养基上生长良好，形成黏稠的粉红色大菌落。初次培养需几天才能长成黏稠大菌落，而次代培养只需 $24\sim48$ 小时。血液琼脂上不溶血。在亚碲酸盐琼脂上菌落为深灰色或黑色。该菌不发酵碳水化合物，过氧化氢酶和尿素酶反应为阳性，硝酸盐还原试验阳性，凝固血清，不液化明胶，吲哚试验阴性，鸟嘌呤细胞嘧啶的比例（G/C）为 58%。

对某些化学药物具有相当的抵抗力，在 2.5% 的草酸中能存活 1 小时，许多菌株在低浓度（5%～15%）的硫酸中生存 15 分钟，可利用此种耐受性把该菌从含有其他杂菌的物质中分离出来。

通过补体结合试验可证明用酸处理过的种的特异性抗原；用凝集试验和沉淀反应可证明型的特异性抗原。

[流行病学和发病机理] 在欧洲、北美洲和澳大利亚的马、牛、猪粪便中以及土壤中，分离到此菌，常归为适应土壤寄生的微生物。

该菌感染猪时常限于头颈淋巴结，虽然从淋巴结结核样病灶中常分离到此菌，但也可从肉眼可见的正常淋巴结节中以及肺部分离到此菌。从 3 月龄猪的肺脓肿和肉芽肿中分离出的该菌，并用该菌的培养物接种于猪气管内，能产生同样的病变，并从该病变中能分离到此菌。但给猪投服马棒状杆菌，希望在淋巴结节或其他部位出现病变，均未获得成功。

[病理变化] 病变似结核杆病理变化，为淡黄色坏死灶，其直径为几毫米，坏死灶周围被一层纤维素样基膜包围，坏死物易于流出并留下一个空间。

[防治] 由于病变常于尸检时发现，因此尚无法知道如何预防与治疗。鉴于本菌感染与土壤污染有关，能否从土壤消毒和生态平衡及避免猪与土壤接触来预防。

（三）猪棒状杆菌感染（猪真杆菌感染 Eubacterium Suis Infection）

本病是由猪棒状杆菌，现名猪真杆菌（E.suis）引起的疾病，主要是猪膀胱炎、肾盂肾炎。猪尿道疾病与猪棒状杆菌感染有关。

[历史简介] Solty 等（1957）从英国患有膀胱炎和肾盂肾炎的成年猪尿液和病变组织中分离到一种杆菌，因其形态上类似白喉杆菌，故归入棒状杆菌属（Genus Corynebacterium），并命名为猪棒状杆菌（Corynebacterium Suis）。后划归于真杆菌属（Genus Ewbacterium）、猪真杆菌（Eubacterium Suis Ludwig 等，1992）。

[病原] 本菌属于真杆菌属真杆菌。Solty（1961）更仔细地记述了该菌特征，细菌形似白喉棒状杆菌，为厌氧、多形态的非抗酸性杆菌，革兰氏染色阳性。菌体细长，大小为 $2\sim3~\mu m\times0.3\sim0.5~\mu m$，可在含胰蛋白酶、酵母提取物、淀粉、半胱氨酸的 PY5 培养基上生长，在组织和培养基上均排列成文字样或栅栏样，不运动，不形成芽孢，不形成鞭毛。血琼脂厌气生长良好，2 天长出菌落、3～4 天才看清楚，可见 2～3 mm 菌落，接着长成扁平的大菌落，菌落干燥、灰色、表面不透明，边缘呈锯齿状，经 5～6 天培养后，菌落直径为 4～5 mm，不溶血。营

养琼脂上生长贫瘠，次代生长较差。大部分菌落可分解麦芽糖、木糖，水解淀粉，不利用葡萄糖等其他常规糖。产生尿素酶，甲基红、过氧化氢酶、木精、VP、吲哚和硝酸钾还原试验阴性。不液化凝固的血清和鸡蛋。在石蕊牛奶中轻度碱化，尽管该菌为厌氧菌，但在血琼脂上延长需氧培养时间，在5～10天内可长出菌落。

[流行病学]　该病在任何猪群中存在，公猪是主要传染源，主要栖居地之一是公猪的包皮和包囊。80％的菌在大多数5月龄或更大的公猪的包皮的憩室部位和包皮液中隐藏，同舍健康猪的阴囊中极少发现此菌。同舍猪会慢慢感染，除尿道外，还没有从猪的其他部位分离到本菌。本菌对各日龄干奶母猪威胁较大，常导致死亡，经产母猪比例大的猪群更易发病。患病母猪很快死亡或转为慢性，母猪的死亡率约12％，有时也见于青年母猪和后备母猪，分娩时应激常会诱发本病。

[发病机理]　本菌常定植于公猪的生殖道内，交配时传染给母猪而引起发病，通常在配种后1～3周内发病。由于母猪尿液为碱性，可与大肠杆菌在碱尿中存活并增殖。处于繁殖期任何阶段母猪或分娩母猪，因组织损伤即会感染发病。膀胱炎和肾盂肾炎的发生以成熟膀胱上皮细胞被本菌侵染，水贮留和尿结晶的存在也促使感染，膀胱感染后，接着就是尿道和肾感染。

[临床表现]　急性阶段血尿是主要的临诊症状。受感染母猪表现在配种后1个月左右阴道有分泌物和尿液混浊的特征性先兆。一些母猪可能因急性肾衰竭而死亡，在大多数情况下，成年母猪发病急骤，表现极度抑郁及循环虚脱。随着疾病病理的发展，发病母猪停食，消瘦，眼圈变红。轻症病猪可见阴道潮湿，肮脏，外阴部流出脓性分泌物或排血尿；重症病猪则频频排出带脓和血的尿，最终死亡。Glazebrok（1973）报道澳大利亚妊娠后期母猪感染，才能表现明显临床症状，沉郁、厌食、轻微发热（39.5℃），拱背及排尿疼痛，排出混浊、带血的尿液。而有的母猪在死亡前观察不到症状。若只有膀胱炎时，病程长，但病猪死亡，患猪食欲、体温正常，仅尿中见脓。本菌通过尿道上行感染致公猪发生膀胱炎和肾盂肾炎。公猪通常无临床症状，只有与患病母猪交配后才在其尿液及精液及阴鞘上检出猪棒状杆菌（Solty，1961），有时有数日间歇性血尿发作。尸检可见膀胱炎、肾盂肾炎从输尿管、尿液和尿道损害处可分离到猪棒状杆菌（Cor. Suis）。李冰等（2007）报道某猪场500头母猪中36头发病，其中13头妊娠母猪、23头空怀母猪，死亡2头。病猪精神不佳，体温40℃左右，食欲减退，饮水量增加。外阴部轻度肿胀，尿液浑浊，严重猪频尿，尿少，浑浊或带血，有脓液，纤维素黏膜碎片，拱背，不愿走动，肾肿大2倍，表面见灰黄色小坏死灶，肾盂扩张内积灰白色脓性渗出物，膀胱黏膜坏死，出血肿胀，覆有灰白色脓性假膜。

[病变]　病原菌引起的病变主要见于尿道、膀胱和肾脏，可引发膀胱炎和肾盂肾炎。尿道炎、膀胱炎、输尿管炎反应可表现为黏膜有纤维性及出血性坏死；肾化脓性炎症，肾表面可见黄色带、黄色结节和弥漫性无规则黄色病灶，突出于表面。肾盂含有黏液，其中有坏死碎片，变质的血液，髓质锥体部常呈黄色或黑色坏死中心的暗绿病灶。肾实质坏死。输尿管充满红紫色尿液。其他部位无相关病变出现。有时肺也出现化脓性坏死，肺泡腔有中性粒细胞渗出。

[诊断]　根据临床症状及尿液细菌学检查进行诊断,发现分娩母猪和配种母猪尿液出现临床症状变化后,应立即进行尿液涂片检查,确认可疑后要做样品的血琼脂培养,厌氧条件下培养 5～6 天,然后再在有氧条件下培养。经过此过程后,才能报告培养检查结果。确诊要通过生化试验等检查。

本病应与链球菌、大肠杆菌、克雷伯氏菌等引起的泌尿系统感染相鉴别。

[防治]　目前尚无有效预防方法。因为公猪是本病主要传染源,在自然交配的猪场,要经常对公猪监测,及时使用有效抗菌药物控制公猪和母猪感染。

治疗:可采用氨苄青霉素 10～15 mg/kg 体重投药,连续 4～5 天,也可给公猪的包皮内注射,每天 1 次,连续 5 天,可降低公猪传给母猪的细菌量。也可在母猪断奶和交配时注射氨苄青霉素。

大群猪治疗可采用氟苄尼考或强力霉素按每吨饲料 600 克添加,连用 14 天,每隔 4～6天再治疗一次。

十七、腐败梭菌感染(*Clostridium septicum* Infection)

该病是由腐败梭菌致动物恶性水肿的细菌感染性疾病,是多种家畜的一种创伤性急性传染病。人也可发生。动物发病后创伤周围呈现弥漫性气性水肿,并发生急剧、多因急性发热,毒血症死亡。猪恶性水肿的主要特征是创伤局部发生急剧炎性气性水肿,猪发热及患全身性毒血症,有些患猪胃黏膜肿胀、增厚、变硬,形成所谓"橡皮胃"。

[历史简介]　Pasteur 和 Joubort(1877)从死于炭疽腐败牛的血液中分离到此菌,命名为腐败弧菌(Vibrio Septique)。Koch 和 Gaffky(1881)对此菌进行了描述,并证实此菌是动物恶性水肿(气性坏疽)主要病原之一,故又称此菌为恶性水肿杆菌(*Bacillus oedematis maligni*)。其在动物中所引起的疾病称为恶性水肿病。此菌为培养的第一个厌氧致病微生物。

[病原]　本菌属于梭菌属。革兰氏染色阳性,但老龄菌可能为阴性。菌体两端钝圆,长3.1～14.1 μm,宽 1.1～1.6 μm,呈明显多形性,单个或两菌相连,有时也呈短链状排列,在动物渗出液中则以长链出现,具有周身鞭毛,活泼运动;在菌体中央批近端形成宽于菌体的椭圆形芽孢,但在动物组织中形成芽孢的倾向差,在肝脏浆膜面上的菌体,可形成无关节微弯曲的长丝状,长到几十微米,甚至达 500 微米左右,在诊断上极有意义。DNA 中 G+C 为 24 mol%。

本菌为专性厌氧菌,对营养要求不太严格,培养最适温度为 37℃,pH 为 7.6,在葡萄糖血清琼脂上,经 48 小时培养,长成带有穗状边缘有菲薄菌苔,呈蔓延状生长,很少形成单个菌落,此与本菌活泼运动有关。鲜血琼脂上需氧培养不能生长。在焦性没食子酸厌氧鲜血琼脂平皿上形成的菌落微隆起、淡灰色,易融成一片,生长成薄纱状菌落,边缘极不整齐,周围形成狭窄的 β 型溶血区。深层葡萄糖琼脂振摇混合培养,形成柔细棉团样菌落,或边缘有不规则的丝状突起的心脏形或豆形的菌落。肝片肉汤培养 16～24 小时后,呈均等混浊状生长,并产生气体,以后培养基变成透明,管底形成絮状灰白色的沉淀,并有脂肪腐败臭味。

本菌分解葡萄糖、半乳糖、果糖、麦芽糖、乳糖、杨苷(气肿疽梭菌不分解杨苷)、卫矛醇、甘油和菊糖产酸产气,通过不分解蔗糖(气肿疽梭菌分解蔗糖),对明胶液化缓慢(5~7天),使牛乳产酸凝固(3~5天),MS试验阳性,VP试验阴性,不产生靛基质,还原硝酸盐为亚硝酸盐。对亚甲蓝、石蕊、中性红等都有脱色作用。发酵产物主要是乙酸和丁酸,以及少量的异乙醇、丁醇和乙醇。

此菌繁殖型的抵抗力不大,常用浓度的消毒剂在短时间内可将其杀死。其芽孢的抵抗力强大,在腐尸中可存活3个月。土壤中保持20~25年不失去活力;但煮沸2分钟即死。3 mL/L福尔马林处理10分钟内杀灭。对磺胺类药物、青霉素等敏感。

Roberston等和杨学礼等报道,本菌按O抗原分为4个型、5个亚型。不同型的"O"抗原菌株间缺乏有效的交叉免疫,因而对本菌的分型具有重要意义。而H抗原可以分型,但研究结果认为H型间存在交叉反应。相同的"O"抗原的菌株并不一定具有相同的"H"抗原。表明腐败梭菌的血清型多样。产生致死毒素、坏死毒素、溶血毒素和透明质酸酶等,是致病的重要因素,并产生多种酶。

[流行病学] 腐败梭状芽孢菌在土壤中和大多数种类动物的肠道中常见。动物死后则常由肠道侵入身体组织,在反刍兽中尤其如此。腐败梭状芽孢菌引起的感染,不只限于发生于对黑腿病也易感染的牛、羊,而且还能感染对黑腿病不易感染的马、人和猪。一般认为家禽的梭菌感染不甚重要,但鸡确实发生过腐败梭菌感染(Saunders等,1965;Helfer等,1969)。在一群感染此菌的肉鸡中,病鸡表现有不同程度的精神委顿,共济失调,食欲不振等症状,死亡率约1%。

此菌可能通过伤口侵染活的动物,如羔羊脐带或绵羊的皱胃黏膜。被感染动物非常突然死亡,事前未显示症状或只出现几小时的症状,动物的伤口感染通常称为"恶性水肿"。这些感染的特征是迅速蔓延的肿胀,肿区柔软,加压力则有凹痕。病畜有发热和中毒症状,多数死于几小时或一两天内,受害组织有大量胶样渗出液浸润,大多位于皮下和肌肉间的结缔组织。肌肉暗红色,很少或不产气。

[发病机制] 腐败梭菌含有毒力因子。腐败梭菌的毒力由多因子引起,它可分泌多种毒素和扩散因子,参与肠壁的破坏。已确认的4个主要毒素为α、β、γ、δ;α毒素和δ毒素为溶血素;β毒素为脱氧核糖核酸酶;β毒素在腐败梭菌感染中被认为是一种散布工具;γ毒素为透明质酸酶,它具有氧不稳定性,作用迅速和组织裂解有关。此外,腐败梭菌也产生其他分泌物,如唾液酸苷酶。腐败梭菌最极端的致病性和α毒素有关。有报道认为由腐败梭菌产生的透明质酸会导致肌纤维内膜的消失,引起肌肉坏死并沿肌肉扩散。毒素以及组织崩解产物的全身作用,能在2~3天导致致死性的毒血症。

毒血症无疑是引起猪死亡的重要因素。猪在实验性静脉注射腐败梭菌毒素后,冠状动脉循环和肺循环出现特异性收缩,并伴有肺水肿。据此可推断,某些猪恶性水肿病引起的肺水肿和心包腔与胸膜腔内的浆液纤维素性渗出物均由细菌毒血症所致。

[临床表现] 腐败梭菌与气肿疽梭菌具有非常相似特征:Buxton曾将前者称为A型,后者称为B型。Sterne和Edwards(1955)报道了猪气肿疽。荒井研(1961)认为猪也可感染。Clay,M.A.(1960)报道,猪腐败梭菌感染可引起一种气性坏疽类损害,但猪通常不发生

黑腿病。刘山辉(2008)报道一头成年断奶母猪,精神不振,食欲废绝,继而突然呼吸加快,发病猪张口呼吸,口角粘有大量泡沫,皮肤黏膜呈紫绀色,心跳快速,体温升高至41℃,于发病后3小时死亡。病死猪体表和乳头多处破溃,剖检切开时流出血液呈紫黑色,不凝固,皮下脂肪呈粉红色。全身淋巴结出血,切面紫红色。肺脏紫红色,高度淤血和弥漫性出血;心室扩张,心力衰竭;脾脏肿大,紫黑色柔软,切面脾髓质呈液化样流出。肝脏紫红色,切面流出淡红色液化物,刀刮切面呈蜂窝样。胃肠暗红呈弥漫性出血,肠系膜淋巴结肿大、出血;肾脏暗红色,质地变软。呈腐败梭菌败血症和组织器官液化性坏死为病理经过。肝脏间质、肝窦状隙和液化灶中存在腐败梭菌。

王桂云、林克柱等(1979)报道突然死亡猪的腐败梭菌感染,症状同前;试验猪经口服和皮下注射病菌培养液,猪发病症状相同。口服剂量60 mL病菌液后11小时猪死亡;皮下注射10 mL猪局部出现炎性水肿。热、痛,压之柔软,后肢不能站立,有明显的全身反应。尸检:口服猪腹部气胀,鼻流少量带泡血液,血凝不全。肝脏土黄色、似煮熟状,土黄色区实质浑浊、质地极脆,切面呈蜂巢状,有少量气泡。脾脏有明显小点出血。膀胱内有小点出血。腹腔、胸腔内积液。淋巴结水肿,胃内肠内充满大量气体,胃底部有出血斑,胃壁略增厚,肠黏膜易脱落。肌肉、血液内均有气泡。皮下感染猪,两后肢及腹部呈弥漫性水肿,剖之流出多量暗褐色液体。大腿肌肉呈黑褐色坏死,味恶臭,压之有气泡冒出。内脏无变化。

本病的潜伏期12~72小时,临床上猪有两种病型:一种为创伤感染,通常通过伤口感染,局部发生气性炎性水肿,如突破机体的防御屏障,蔓延至血液中引起全身性败血症并伴有全身症状。创伤局部组织发生水肿,并迅速向周围蔓延,肿胀坚实,有热痛,后期则无热无痛,随着毒血症的发生,病猪出现全身症状。猪精神不振,食欲废绝,突然张口呼吸、呼吸加快,口角吐大量泡沫,皮肤黏膜呈紫绀色,心跳加快,体温升高至41℃以上,血凝不全、暗红色,迅速死亡;另一种为快疫型,经常由胃黏膜感染,胃黏膜肿胀、增厚,形成所谓"橡皮胃",有时病菌进入血液,转移至某部位肌肉,使局部出现气性炎性水肿及跛行,猪于感染1~2天死亡。

病理检查可见:尸体恶臭,尸僵完全,体表破溃,肛门、鼻孔流血,腹部异常膨胀,腹肌断裂,肠管从断裂处挤出,腹部下有许多黄豆大小气泡,皮下有许多黄豆大小气泡。McDonald,I.W等(1947)在屠宰场观察到猪有突起的暗红色斑构成的局部皮肤损害,此皮肤损害为含腐败梭菌的清亮的浆液性液体所扩张,不引起全身性疾病。皮下脂肪变性,内充满大量气体。切开时,腹腔、心包囊流出血液呈紫黑色,不凝固,皮下脂肪显粉红色,全身淋巴结出血,切面紫红色。肺紫红色,高度淤血和弥漫性出血,伴有肺气肿,气管和支气管中存在大量的泡沫样物,肺门淋巴结紫红色、出血。心室扩张。脾肿大、柔软、紫黑色,切面脾髓质呈液样化流出。肝肿大、紫红色,如煮熟状,切面流出淡红色液化物,刀切面呈蜂窝状小孔,被膜下聚集大量气泡。肾暗红色,质地变软。胃充满内容物,胃壁肿胀、增厚,胃底有出血斑。肠道膨胀、暗红呈弥漫性出血,小肠有出血点,肠系膜淋巴结水肿、出血。肺、心、血液、肌肉均有泡沫状小气泡,形成典型泡沫器官。肌肉变黄白色,似熟肉样。经消化道感染的病死猪,胃黏膜肿胀、增厚、变硬。

攻毒实验猪:猪 24 小时内死亡,猪体所有部位均出现肿胀,但常见于腹股沟和腹部腹侧、头颈和肩侧。肿胀从原发部位匀速扩展,但常局限于身体的任一部位。肿胀部皮肤出现紫红色斑块。触诊肿胀部位呈凹陷性水肿,有捻发音,猪侧卧、呻吟、肌肉产生丁酸味。死后尸体迅速腐败,皮下气体逐渐增多,整个尸体皮下组织形成气肿,两后肢、腹部呈弥漫水肿,剖面流暗红色液体,大腿肌肉坏死,黑褐色,味恶臭,压之有气泡冒出。肝常为局灶坏死后自溶,死后几小时内有灰褐色病灶,逐步病灶融合肝脏呈均一棕褐色,并有大量气泡。组织学病变表现为皮下组织水肿,内含大量变性的急性炎症细胞和细菌。皮下静脉和淋巴管中常见腐败性血椎,感染的骨骼肌纤维凝固性坏死,伴有肌纤维断裂和溶解,且在变性的肌纤维中极易看到细菌。

[诊断] 腐败梭状芽孢菌感染、引发疾病突然,病发展迅速,主要依赖流行病学和临床症状给予判断。病猪多有创伤史,在创伤感染局部有急剧的气性炎性水肿并伴有全身毒血症症状;肿胀局部皮下及邻近的肌肉结缔组织中有红黄色或红褐色带有气泡和酸臭味的液体流出,可作出初步诊断。有的病猪呈现"橡皮胃",可以实验室涂片和培养来确诊。如果腐败梭菌在新鲜的病变病理材料显占主要地位,则它可能是病原菌。一旦腐败开始,该菌由尸腐侵入肠道,就不能判定该菌为病原菌。还可应用免疫诊断技术。本病应与猪炭疽、猪肺疫及猪水肿病等相鉴别。

[防治] 及时用抗生素治疗是重要手段,及时全身和局部注射青霉素可能有效。预防腐败梭菌感染,应防止人畜创伤和及时处理伤口,以及控制环境卫生是主要预防措施。

一旦发生本病,应立即对病猪隔离治疗,对局部伤口要尽早开创,清除创腔中的坏死组织及水肿液后,用 3‰双氧水或 1‰~2‰高锰酸钾溶液冲洗,再涂上碘酊。同时可应用青霉素和链霉素联合注射或四环素、土霉素及磺胺类药物在病灶周围注射。在感染初期及时治疗,治疗效果较好。

在猪场经常发生本病时,应考虑使用腐败梭菌菌苗进行免疫预防,然而目前对猪很少作该病菌苗免疫接种。

十八、产气荚膜梭菌感染(*Clostridum perfringens* Infection)

该病是由产气荚膜梭菌又称魏氏梭菌(*Clostridum. welchii*),引起的各种动物坏死性肠炎、肠毒血症等。产气荚膜梭菌引起羔羊痢疾、羊猝疽、肠毒血症、马恶性水肿等,其同义名有产气荚膜杆菌、气肿性蜂窝织炎杆菌、魏氏杆菌、产气杆菌等。

[历史简介] Welchii 和 Nuttall(1892)从一个产气腐败尸体的血管中分离到此菌,并进行了描述,当时定名为产气荚膜杆菌(*Bacillus aerogenes capsulatus*)。Beijerinck(1893)曾以"梭菌"描述其分离的细菌形状。Dalling(1926)由患痢疾的羔羊中分离到 B 型菌。McEuen(1929)从得羊猝疽病死羊中分离到 C 型菌。Wilsdon(1931,1932)、Bennetts(1932)分别从羊肠毒血症羊中分离到 D 型菌。Bosworth(1943)分离到 E 型菌。原来人的坏死性肠炎病原菌曾被定为 F 型,Barnes(1964)报道新生猪坏死性肠炎。Sterne(1964)又将其 F

型划归为 C 型。至此，Migula 等（1990）将产气荚膜梭菌定名为魏氏梭菌，将产气荚膜梭菌分为 5 型。Bull 和 Pritchett（1917）首先证明了产气荚膜梭菌产生外毒素；Mac Farlane 和 Knight（1941）介绍了产气荚膜梭菌产生的 α 毒素为磷脂酶。Oakley（1943）对梭菌毒素类型进行了鉴定，之后，Ispolatovskya（1971）、Smith（1979）、Hauschild（1971）相继鉴定出梭菌产生的尿素酶、精氨酸酶、纤维蛋白溶酶和肠毒素等。英国 Field 和 Gibson（1955）报道了猪"C"型魏氏梭菌。周秀菊等（1964）从患红痢仔猪中分离到了产气荚膜梭菌。引起肠炎的 A 型产气荚膜梭菌于 1990 年在猪群中被发现。Hauschild（1968）、Duncan（1969）、Smith（1979）证明了肠毒素是人及动物致病的一个重要毒素。Niile（1963）报告了 A 型产气荚膜梭菌能引起犊牛肠毒血症。该菌的致病因子是其所产生的外毒素。其所产生的 E 毒素更是被美国 CDC 列为可用于战争和恐怖行动的 B 类生物武器。产气荚膜梭菌病又称气性坏疽（gangraena emphysematosa）。

　　[病原]　产气荚膜梭菌归属于梭菌属，是一类革兰氏阳性厌氧粗大杆菌，具有相似的形态和培养特性。主要致病物质是外毒素、肠毒素和荚膜。本菌具有共同的荚膜抗原，可引起交叉反应。此外，不同菌株分泌的肠毒素也具有抗原性，以凝集反应可将本类菌分为 5 个型。本菌产生的外毒素有 17 种（即 α、β、γ、δ、ξ、η、Θ、ι、k、λ、μ 和 V）以及肠毒素（CPE 也称为芽孢相关蛋白）及 β_2 毒素，主要为坏死和致死性毒素，α、β、ξ、ι、δ、Θ 等有溶血和致死作用，其中 α、β 毒素引起动物坏死性肠炎、肠毒血症，α 毒素引起人和兽创伤性气性坏疽，肠毒素引起食物中毒等，γ、η 也有致死作用。但有些毒素是以酶的作用呈现致病性的，如 α 毒素是卵磷脂酶，k 是胶原酶，λ 是蛋白酶，μ 是透明质酸酶，γ 是 DNA 酶。可通过毒素抗毒素交叉中和试验进行定型。该菌株基因全长 3 000 000 bp，由环形染色体和一个极小的质粒组合，染色体内包括 2 660 个基因。DNA 中的 G+C 含量为 24～27 mol%。模式株：ATCC 13124，BCRC（以前为 CCRC）10913，CCUG 1795，CIP 103409，DSM 756，JCM1290，LMG 11264，NCAIM B. 01417，NCCB 89165，NCIMB 6125，NCTC 8237；GenBank 登录号（16SrRNA）：M59103。

　　A 型产气荚膜梭菌是人类气性坏疽和食物中毒的主要病原菌；Yaeger（2007）研究发现，产气荚膜梭菌的毒力主要是由其分泌的多种毒素综合作用的结果，其中至少有 15 种毒素被认识。按分离株分泌 4 种主要毒素的能力进行分类，主要有 α 毒素、β 毒素、ξ 毒素和 ι 毒素。β 毒素阳性株与仔猪腹泻有关，因为从腹泻仔猪中分离到的所有菌株中，86% 的分离株为 α 毒素和 β 毒素阳性。其基本分型结果也支持这种关系。C 型的部分菌株能引起人的坏死性肠炎，其他型为兽类病原菌。在各种毒素和酶中，以 α 毒素最为重要，α 毒素是一种卵磷脂酶，能分解卵磷脂，人和动物的细胞膜是磷脂和蛋白质的复合物，可被卵磷脂酶所破坏，故 α 毒素能损伤多种细胞的细胞膜，引起溶血、组织坏死、血管内皮细胞损伤，使血管通透性增高，造成水肿。此外，Θ 毒素有溶血和破坏白血球的作用，胶原酶能分解肌肉和皮下的胶原组织，使组织崩解，透明质酸酶能分解细胞间质透明质酸，有利于病变扩散。

　　对于抗原和毒素血清学关系的研究表明在种内亦有相当的异质性。曾发现共同荚膜抗原引起的交叉反应，应用荚膜肿胀反应（Quellung reaction）和琼脂凝胶扩散试验，亦曾证明

在 5 种产毒素型之间有共同的抗原。产气荚膜梭菌分类的基础是 4 种主要毒素：甲型
（Alpha）磷脂酶（卵磷脂酶）；乙型荚（Beta）可致坏死，抗胰酶；戊型（Epsilon）可致坏死，神经
毒性；壬型（Iota）可致坏死，致死；酶激活需要的强亲和毒素（prototoxin）。产气荚膜梭菌 A、
B、C、D 和 E 型的主要毒素 A 型有甲型；B 型有甲型、乙型；C 型有甲型、乙型；D 型有甲型、
戊型；E 型有甲型壬型（表-106）。

表- 106　产气荚膜梭菌主要和次要毒素及其分型

毒素（抗原）	生　物　学　作　用	菌　型				
		A	B	C	D	E
主要毒素						
α	磷酸酯酶，增加血管通透性，溶血和坏死作用	＋	＋	＋	＋	＋
β	坏死作用	－	＋	＋	－	－
ε	增加胃肠壁通透性	－	－	－	＋	－
ι	坏死作用，增加血管通透性	－	－	－	－	＋
次要毒素						
δ	溶血素	－	±	＋	－	－
θ	溶血素，细胞毒素	±	＋	＋	＋	＋
κ	胶原酶、明胶酶、坏死作用	＋	＋	＋	＋	＋
λ	蛋白酶	－	＋	－	＋	＋
μ	透明质酸酶	±	＋	±	＋	±
ν	DNA 酶	±	＋	＋	＋	±
神经氨酸酶	改变神经节苷脂受体	＋	＋	＋	＋	＋
其他						
肠毒素	肠毒素、细胞毒素	＋	nt	＋	＋	t

注：＋表示大多数菌株产生；±表示某些菌株产生；－表示不产生；nt 表示未研究。

　　本菌是两端稍钝圆的大杆菌，呈粗杆状，边缘笔直，以单个菌体或成双排列，很少呈链状
排列；单个菌大小为 4～8 μm×1.0～1.5 μm，不运动，在动物体内形成荚膜是本菌的重要特
点；在老龄培养物种可见到棒状、球状和丝状等多形性；能产生与菌体直径相同的芽孢，呈卵
圆形，位于菌体中央或近端。但各个菌株形成芽孢的能力有所不同，在动物体或培养物中较
少见，不如其他梭菌较易形成。易为一般苯胺染料着染，革兰氏阳性，但在陈旧培养物中，一
部分可变为阴性。产气荚膜梭菌不严格厌气，繁殖迅速，在蛋黄琼脂平板上，菌落周围出现
由毒素分解蛋黄中的卵磷脂所致的乳白色浑浊圈，可被特异的抗毒素中和（若培养基中加入
α 毒素的抗血清），则不出现浑浊，此现象称为 Nagler 反应。在含亚硫酸盐及铁盐的琼脂中
形成黑色菌落。
　　在普通培养基上能迅速生长。在葡萄糖血清琼脂上培养 24～48 小时，形成中央隆起、

表面有放射状条纹、边缘呈锯齿状、灰白色、半透明大菌落,直径 2～4 mm。在血琼脂上形成灰白色、圆形、边缘呈锯齿状大菌落,周围有棕绿色溶血区,有的出现双层溶血环,内环完全溶血,是由 θ 毒素引起的,外环是由 α 毒素引起的不完全溶血,则内环透明,外环淡绿,为 β 型溶血。在蛋黄琼脂平板上,菌落周围出现乳白色浑浊圈,若培养基中加入 α 毒素的抗血清,则不出现浑浊,此现象称为 Nagler 反应,前者是由细菌产生卵磷脂酶(α 毒素)分解蛋黄中卵磷脂所致;后者因 α 毒素被抗毒素中和的原因,是本菌的特点。在肉汤培养基生长良好,有相当量的气体生成,在牛乳培养基中能迅速分解糖产酸,凝固酪蛋白,产生大量气体,将凝固酪蛋白迅速冲散,呈海绵状碎块,称"汹涌发酵",是本菌的特征。本菌分解糖的作用极强,能分解葡萄糖、果糖、单奶糖、麦芽糖、乳糖、蔗糖、棉子糖、木胶糖、覃糖、淀粉等产酸产气,不发酵甘露醇,缓慢液化明胶,还原硝酸盐。不产生靛基质,产生硫化氢。不消化凝固的血清。芽孢的耐热性差,100℃ 5 分钟多数可被杀死;但 A 型和 F 型菌芽孢可耐受 1～5 小时。

[流行病学]　本病的病原菌广泛存在于自然界,以土壤和动物肠道中较多。一般土壤中的检出率为 100%。人和动物的肠道是主要的寄生场所,但不经肠道感染宿主,只是污染外环境的主要来源。在尸检中也常发现它从消化道侵入膨胀的人畜尸体组织里。为此,根据死后采集的组织中存在本菌而作出病原结论时,必须谨慎。自然情况下,产气荚膜梭菌可致多种动物疾病。易感宿主有牛、羊、猪、马、兔、鸡、禽以及驯鹿、羊驼、野山羊等。人也可感染致病。实验动物以豚鼠、小鼠、鸽、幼猫以及家兔、羔羊易感性高。豚鼠肌肉或皮下注射菌液培养物 0.1～1.0 mL,鸽胸肌注射 0.1～0.5 mL,常于 12～24 小时死亡;羔羊或幼兔喂服培养物,可发生出血性肠炎甚至死亡。本菌的产毒素性变种与绵羊、犊牛、小猪和人致死性毒血症有关。本病属土壤源性传染病,传染源为患病动物及尸体。病原体主要通过污染的土壤、饲料、饮水进入动物消化道,同样可随粪便排出体外。可从母猪的皮肤和患病仔猪的粪便中分离到这些细菌,细菌感染很可能在吮乳期内发生。这与幼龄动物的消化道功能未成熟有关。偶见断奶猪患病。正常情况下,进入消化道的大多数病原体可被胃酸杀死,但有部分存活者可到达肠道,随肠蠕动排出。当饲料突然改变、应激等导致动物抵抗力下降,消化功能紊乱,肠道内正常菌群失调,促使本菌迅速繁殖,产生毒素。大量毒素经肠壁吸收进入血液循环,可引起肠毒血症。当毒素到达一定水平时,即可招致动物死亡。也可通过创伤及气溶胶途径传播,污染动物可引致动物中毒。本病一年四季均可发生,较多病例见于早春或秋季。常呈散发性流行。突然发生,病程短促,病死率高是本病较为明显的特点。疾病暴发可致许多动物受损,死亡。猪暴发此病时,通常场内的大多数窝易感猪和每一窝的大多数猪均患病。虽然在暴发期间大多数窝猪常患病,但仍可能有部分正常猪,以后几年里,在同一圈舍中本病有再发生倾向。

产气荚膜梭菌的血清型分布不同。A 型分布在世界各地,属人和动物肠道正常菌群。B～E 型在土壤中不能存活,主要寄生于有免疫力的动物肠道内。B 型局限某些地区,仅在欧洲、南非和中东地区存在,而在北美洲、澳大利亚和新西兰还没有 B 型的报告。C 型菌引起人的坏死性肠炎,一度在巴布亚新几内亚呈地方性流行,大多数东南亚国家为零星发病。E 型呈区域性分布。国外感染动物的产气荚膜梭菌一般为 C、D 型菌,如澳大利亚。Younan(1993)在约旦"正常"绵羊中分离到 B、C、D 型菌。我国动物产气荚膜梭菌感染则以 A 型为主。C 型菌主要引起新生哺乳动物(犊牛、羔羊、仔猪、马驹、山羊)和禽发病。王海荣(2001)报告,我国分离到 A、C、D 型为多。E 型仅见于野生牦牛产气荚膜梭菌性肠炎的报告。

[发病机制]　在梭菌感染中,无论是人还是动物发病,具有共同的特点是,细菌主要通过产生外毒素和侵袭性酶类引起发病。

产气荚膜梭菌既能产生外毒素,又有多种侵袭性酶(纤维蛋白酶、透明质酸酶、胶原酶和 DNA 酶等),并有荚膜,构成其强大的侵袭力,其中外毒素是其重要的致病因素,其毒性比肉毒毒素和破伤风毒素弱,但种类多。在梭菌中的各种外毒素中,α 毒素是所有产气荚膜梭菌所共有的,其中 A 型菌的产量最大,是引起气性坏疽的主要毒力因子,除此之外,产气荚膜梭菌的其他毒素,如 θ、κ、μ、ν 对组织也有一定的毒性作用。A 型产气荚膜梭菌的另一毒力因子肠毒素是引发人食物中毒的主要毒素。

经伤口感染引起气性坏疽的毒力因子主要是 A 型产气荚膜梭菌的 α 毒素,该毒素具有磷脂酶 C(PLC)和鞘磷脂酶(Sphingomyelinase)两种酶活性,能同时水解磷酸卵磷脂和鞘磷脂。α 毒素依靠这两种酶活性,水解组成细胞膜的主要成分膜磷脂,从而破坏细胞膜结构的完整性,引起组织损伤,造成红细胞、白细胞、血小板、内皮细胞和肌细胞的溶解,使血管通透性增加出现大量溶血,组织坏死,肝脏、心功能受损。由 370 个氨基酸组成的单链多肽,分子量为 43 kDa,是一种依赖锌离子的多功能性金属酶,具有细胞毒性、致死性、皮肤坏死性、血小板聚集和增加血管渗透性等特性,钙离子和镁离子是 α 毒素的激活剂。α 毒素蛋白由两个结构域构成:一个是氨基末端,具有卵磷脂酶活性;另一个是羟基端有溶解细胞的结构。本菌产生的一些酶类在致病中也有很重要的作用,如胶原酶能分解肌肉和皮下的胶原组织,使组织崩解;透明质酸酶能分解细胞间质透明质酸,有利于病变扩散。细菌一般不侵入血液,局部细菌繁殖产生的各种毒素以及组织坏死产生的毒素及毒性物质是被吸收进入血流而引起毒血症。

有些 A 型菌株能产生肠毒素,引起人食物中毒,该毒素是一种小分子的多肽,不耐热,100℃瞬时被破坏,在产气荚膜梭菌形成芽孢过程中表达,释放到肠腔,经胰酶作用后,其毒力能增加 3 倍。A 型菌株的肠毒素的基因序列高度保守,由 319 个氨基酸构成,分子量为 3.5 kDa。毒素蛋白有两个结构域:一个是羟基端(290～319 aa),可与位于小肠许多细胞的紧密连接处的 claudin 蛋白受体(分子量为 22 kDa)结合,形成一个分子量为 90 kDa 的复合物;另一结构域位于 44～171 aa 处,此可植入细胞膜,引起细胞毒性反应。其作用机制是大量细菌进入小肠,在肠腔内形成芽孢,并产生肠毒素,整段肠毒素肽嵌入细胞膜,破坏膜离子运输功能,改变膜的通透性,使 Ca^{2+} 进入细胞,而引起腹泻。肠毒素主要作用于回肠,其次为空肠,对十二指肠基本无作用。近年来还发现肠毒素可作为超级抗原,能大量激活外周 T 淋巴细胞,并释放各种淋巴因子,参与致病作用。

引起人和一些动物的坏死性肠炎的 C 型产气荚膜梭菌产生 α、β 外毒素,其中,β 毒素是强有力的坏死因子,是 C 型产气荚膜梭菌致病作用的主要毒力因子,可产生溶血性坏死,其毒性作用表现在小肠绒毛上,引起坏死性肠炎。关于本菌的致病机制,目前还不太清楚。根据 Steinthorsdottir(2000)和 Nagahama(2003)等的一些研究表明,β 毒素可使一些易感细胞系(如 HL-60,人脐静脉内皮细胞)等的细胞膜上形成小孔(孔径的大小约 12 A),这个通道使细胞内 K$^+$ 外流,而 Ca^{2+}、Na$^+$、Cl$^-$ 则由细胞外进入细胞,导致细胞肿胀、溶解。Miclard 等(2009)对 C 型菌致人和仔猪的超急性或急性病例研究表明,β 毒素与小肠黏膜上的血管内皮细胞发生特异性结合。这种结合导致内皮细胞急性变性和血栓形成,进而导致肠坏死性变化。

据对仔猪的观察,C 型产气荚膜梭的致病作用最初是小肠绒毛顶部开始的,引起发病需要细菌及其毒素。组织学的规律性特征是细菌黏附在绒毛上皮细胞,晚期大量地堆集黏附于坏死的黏膜,这一过程的机理还不清楚。实验证明,C 型产气荚膜梭菌首先在空肠绒毛黏附和繁殖,然后将产生的毒素与宿主组织密切接触。超微机构观察到微绒毛的显著损害,线粒体变性及终末毛细血管进一步损害。β 毒素中毒的作用由于限定于上皮细胞,因而上皮细胞的超微结构毒性损害可能早于细菌的黏附,从而导致黏膜发生进行性坏死。随后,上皮细胞破坏、脱落,细菌进一步侵入、繁殖,产生多量局灶性毒素引起大量坏死、组织结构崩解、出血。β 毒素是强有力的坏死因子,大量释放于肠腔,反过来又促进了小肠病理过程的迅速扩展。

对于急性病例,其膜道通透性明显增强,这样使得血液蛋白进入肠腔,同时 β 毒素进入血液,且进而带到腹腔和其他浆液腔。因而,急性病例终末期前后的毒血症即可得到解释。

慢性和亚急性病例,由于 β 毒素的产生和吸收减少,组织损害限于一定范围和程度,因而避免了肠毒素血症的系统效应,使宿主存活的机会增加。

此外,饲料的突然改变可能使肠道菌群,尤其是仔猪肠道菌群发生很大的改变,也可能造成肠道内消化酶改变,如胰酶、蛋白水解酶等,而后者的改变反过来增加宿主对病菌的易感性,这也是解释某些病例发生在断奶期间的原因。

在正常条件下,导致仔猪感染的感染源主要是含有产气荚膜梭菌芽孢的母猪粪便。因此,在未经充分消毒的分娩环境中,含有大量可导致新生仔猪感染的病菌芽孢。分娩环境中的污秽物极易造成仔猪感染,特别是母猪较脏的乳房上有大量孢子而极易造成初生哺乳仔猪通过吮吸而感染。因为新生仔猪肠道中缺乏发达的消化微生物菌群,使其中的产气荚膜梭状芽孢杆菌大量繁殖。但在无可见污秽物的分娩环境中,幼仔猪也会患病。梭状芽孢杆菌的繁殖周期很短,在条件充分时,几小时内就达 1 亿~10 亿的细菌,黏附于肠上皮细胞绒毛上,尤其在空肠,可引起肠上皮细胞脱落、绒毛坏死,导致出血。坏死可到达隐窝、肌层黏膜和下层黏膜,有时甚至可以穿透肠的渗透性。仔猪死亡是由于肠道病变和致病毒血症所致。

[临床表现]

1. 猪 A 型产气荚膜梭菌感染　Mansson(1962)认为 A 型产气荚膜梭菌是猪等体内正常菌群一部分。但 Jestin(1985)认为可能与仔猪肠道疾病有关。Yueger(2007)认为产气荚膜梭菌 A 型不会附着于绒毛上皮细胞,但可以游离于小肠内腔中,并不会产生肉眼病变或微观的损伤,由此表明产气荚膜梭菌 A 型很可能引起分泌性腹泻,可能是由 α 毒素和 β 毒素联合作用的结果。对 273 个病例研究发现,产气荚膜梭菌 A 型肠炎占这一年龄腹泻猪病原的48%,从 47% 仔猪小肠中检出 α 毒素和 β 毒素。病猪通常腹泻排出糊状或水样白色物,最早出现腹泻症状为出生 12 h,74% 的腹泻出现在 1～4 日龄,高峰在 2～4 日龄。

　　本病原经口感染,新生仔猪在出生后数分钟或数小时内便可感染。细菌在肠道增殖达每克肠内容物含 $10^8～10^9$ 个菌数时,黏附在空肠绒毛顶端的上皮细胞上,在这些上皮细胞脱落的同时常伴有基底膜中细菌繁殖和绒毛固有层的完全坏死。最急性病例出血并伴有坏死,且坏死可能蔓延至隐窝、黏膜肌层和黏膜下层,偶尔波及附肌层。有些细菌穿过肠壁进入肌层中、腹膜或邻近的肠系膜淋巴结中形成气肿,在气肿部位可见血栓形成。大部分细菌仍然附着在坏死的绒毛上,随着细胞的脱落进入肠腔和血液。

　　在本病的发病机理中,致死性坏死性 β-毒素是主要的因子。从仔猪分离的菌株均能产生 α 毒素(卵磷脂酶)、β 毒素以及多种次要毒素(包括 γ 毒素)。广泛地单独应用类毒素来预估本病便可说明毒素在本病发生中的重要性,以毒素进行实验感染更能说明问题,给猪口服毒素可复制出本病,并发现猪携带本菌;向猪肠样注射菌肉汤培养物也可复制本病,但只注射 β 毒素不引起肠道坏死,这可从 β 毒素对胰蛋白酶敏感得到解释。本病多发于 4 日龄内乳猪(因为此时乳猪尚未分泌胰蛋白酶),也可从此得到解释。

　　患猪的死亡主要是肠道的损伤所致,但不容忽视肠道外的作用。静脉注射大剂量毒素可引起猪突然死亡,而注射小剂量毒素引起脑灰质软化、肾上腺皮质坏死、肾病和肺水肿,在感染猪的肠内容物和腹水中均可查出毒素。自然感染病例出现低血糖症,其与继发性产气荚膜梭菌或埃希氏大肠杆菌性菌血症可能是致死因子。

　　(1) A 型产气荚膜肠炎。Barnes(1964)首次报道仔猪坏死性肠炎。A 型产气荚膜梭菌,可在每一猪场分离到,并在肥育猪和母猪中广泛存在抗体,在乳猪群中和母猪场暴发病似乎与培养特性相似的菌株有关。据推测,规模化、集约化饲养的猪场猪粪是此菌的重要来源,但在一些日粮和环境中也能发现此菌。

　　高桥敏方等(1985)报道一起一周龄内猪产气荚膜梭菌(A 型)病例:10 窝 109 头仔猪发病,死亡 52 头(47.7%)。仔猪消瘦,呈犬坐姿势,少数有血样腹泻。尸检:小肠上部充气,部分空、回肠有明显充血;肥厚及坏死,黏膜面有乳白色伪膜;肠系膜淋巴结肿大,肝脏褪色,质脆;肠绒毛变性,坏死,脱落,黏膜固有层崩解,黏膜下组织肌层坏死和浮肿,肠管内有剥离坏死产物,肠系膜淋巴充血,淋巴窦扩张变性,有巨噬细胞、淋巴细胞和嗜酸性颗粒浸润;小肠内容物菌数达 $10^7～10^9/g$,从心、肝、脾、肾中分离出纯 A 型产气荚膜梭菌。

　　一些证据表明本菌与新生仔猪和断奶后仔猪的肠道疾病有关。大多数乳猪在出生后数小时内即可感染本病,且能在清除胎粪后最早的粪样中查出该菌。用致病菌株感染非免疫仔猪,发现回肠和空肠中的菌数达 $10^8～10^9$ 个/每克肠内容物,在大肠内容物和粪便中的菌数与前相近。此菌能产生 α 毒素,还可能产生其他毒素,这些毒素在活体实验感染的猪只中,能引起肠上皮细胞坏死。肠祥接种纯化的 α 毒素未能复制出与上一致的病变。给 6

日龄乳猪接种 80~800 小鼠致死量的 α 毒素时，发现绒毛有轻度水肿。Johannsen 等（1993）实验证实这一结果，但感染猪中未出现肠道粘连和损伤。芽孢形成体能产生肠毒素，引起绒毛明显坏死及大量液体流入肠腔。肠毒素黏附于肠上皮细胞，使其不能并吸收水。在初乳中存在两种毒素的抗体，但肠毒素引起的疾病多见于母源抗体消失后的 5~7 周龄的断奶猪。

（2）A 型产气荚膜坏疽。A 型产气荚膜梭菌也能侵害其他病灶。A 型产气荚膜梭菌偶尔侵入猪的创伤部位。这种感染是急性的高度致死性的，通常只是散在发生。

在幼龄仔猪群中有时见高发产气荚膜梭菌气性坏疽，这是为预防注射而引起的一种并发症。如注射含铁制剂会在组织中产生一种有利于产气荚膜梭菌生长的微环境。Jaartsveld 等（1962）报道，25 头小猪注射铁制剂感染本菌，第 2 天死亡 12 头。群发率高，死亡大约 50%。感染小猪被注射的整个后肢有明显肿胀，并向上扩展到脐部。肿胀区域上的皮肤出现一种暗红棕色的变色现象。切开感染区可见严重水肿，并在肌肉和皮下有大量气体，病灶通常有一种腐败气味。死后迅速出现腐败，死亡几小时的猪的肝脏可能出现周围小气泡的灰色溶解灶。镜检表明，存在急性血栓性静脉炎的迹象，感染的肌纤维断裂并发生液化性坏死。在母猪难产及伴随的产伤发生之后，可见子宫坏疽，其内容物腐败。病猪阴门排出有腐败气味的红色液体，并在 12~24 小时内死亡。子宫及其内容物常为暗绿色或黑色，并排出有腐败臭味的气泡。腹腔内可有腐败味的红色液体。尸体的其他部位很快腐败，其他部位的病变少见。

研究表明：局部病灶的产生几乎仅因产气荚膜梭菌的 α 毒素（卵磷脂酶）作用所致。有人提出，卵磷脂酶通过作用于细胞膜脂蛋白复合体而引起坏死。另外，已证实 mu 毒素（透明质酸酶）导致肌肉膜与肌内膜分离。

顾爱民（2018）某猪场母猪猝死，其中膘好怀孕母猪死亡占 70%，每月 3~4 头，高峰达 8 头，以 11—2 月高发，仔猪中以 90~180 日龄多发。病猪无先兆突然发病，发病后在几分钟到几小时内死亡。猪腹圈膨胀明显，打击出鼓声，鼻孔、口角流白色或带血泡沫，肛门张开。肠道出血，肠腔充满气体，以小肠更明显，肠壁松弛，变薄，透明，盲肠黏膜充血，空肠段出血显著，呈紫红色，内有稀粪，伴气体。腹股沟、肠系膜淋巴结出血。心脏变软变薄，心肌表面有树枝状充血，心耳充血，心包积液；胃充满气体及饲料，胃底黏膜脱落，出血，肺出血；脾肿大 2~3 倍，周边也有出血点；肝肿大，质脆；肾淤血。

肖俊发等（1989）报告本县十余乡 800 余头猪发生急性下痢。主要临床症状为，初生猪剧烈水泻，如同黄痢病，拉水样粪便，有特殊的腥臭味，发病后数小时至十几小时死亡。断奶前后仔猪发生该病，出现拉稀，粪便不成形，多数为灰黄色或深绿色稀粪，少数有红色粪便，食欲减退，精神委顿，常有明显的呼吸急促，如同喘气病，1~2 天死亡。急性病例不见任何症状，突然死亡。大猪发病一般呈急性经过，突然死亡。病猪体温 40.5~41℃，皮肤呈紫红色。

本病主要病理为出血性、坏死性肠炎。死亡猪胃内充满乳汁或食物，胃黏膜脱落，肠鼓气，肠壁变薄，整个肠道出现出血性、坏死性炎症，各突质器官均出现不同程度的充血、出血和郁血,肾表面有纤尖状出血点,淋巴结出血,脾点状出血,肺气肿并有出血斑点,心肌有出血点,肝郁血,膀胱黏膜充血。纯培养物滤液静脉注射于猪,数小时后出现神经症状,体温升高,呼吸急促,24 小时内全部死亡。涂片、无菌培养涂片、生化特性试验、肠内容物、纯培养毒性接种动物等鉴定为 A 型魏氏梭菌。

Nabuurs MJ 等(1983)报道一起产气荚膜梭菌(A 型)引起的 1~3 周龄仔猪腹泻病例,实验观察到仔猪有米色腹泻物,消瘦,肠胀气,但死亡率。死后检验发现突出的症状是仔猪肠管积气和肠黏膜浅表坏死、绒毛萎缩。高桥敏方等(1985)报道一起 A 型产气荚膜梭菌引起新生仔猪坏死性肠炎:10 窝 109 头仔猪,死亡 52 头(47.7%),猪消瘦,呈犬坐姿势,少数病例出现血样腹泻,小肠上皮充气,部分空回肠(约 50 cm)有明显出血、肥厚及坏死,黏膜有乳白色的伪膜形成,肠系膜淋巴结肿大,肝脏褪色、质脆,肠黏膜绒毛变性、坏死、脱落,黏膜固有层崩解,黏膜下组织、肌层坏死和浮肿,肠管腔内有剥离坏死产物。在腔内、固有层、黏膜下组织及血管内见 G⁺(A 型荚膜梭菌)。肠系膜淋巴充血、淋巴窦扩张、变性,有巨噬细胞、淋巴细胞和嗜酸性颗粒细胞浸润。

宋家宽(1985)报道一猪场 89 头小肉猪一周死亡 52 头。患猪精神沉郁,体温升高达 40~41℃,高者达 42℃,鼻盘无汗,食欲废绝,羞明,肉眼角有泪痕,战栗,咳嗽,嘴、耳发紫,有的出现耳壳结痂。四肢系关节以下有绿豆至黄豆大红紫色瘀血斑,蹄爪在有毛无毛交叉处呈蓝紫色。腹泻,粪便为黑褐色,有的粪中带血和黏液,腥臭。晚期后肢站立困难,步履蹒跚。

尸检:颈部微浮肿,皮肤呈蓝靛色或背颈、腹部严重出血,耳廓有红紫相间的黄豆大的瘀血斑疹块,有的糜烂结痂,四肢系关节有不同色泽的出血疹块,爪有毛无毛处呈蓝紫色。肺严重的出血性或大理石样变,心耳严重出血,心外膜沿纵沟出血,有的心包积有黄色液体。肝肿大有灰白色病灶或土黄色的变性,胆囊肿大,充满胆汁。脾脏边缘梗塞。肾肿大出血,有的呈黄豆大至玉米大的形状体,膀胱积尿,深黄色,黏膜有不同程度出血。淋巴结肿大出血,有的呈髓状或大理石样变。胃浆膜出血,有的胃空虚或只有多量酱油色液体,幽门至十二指肠一段有弥漫性出血,小肠出血,回、盲肠连接处有程度不等的出血,肠系膜淋巴肿大或出血。有的胸腹腔积有黄色液体。人工接种猪情况,食废,呼吸加快,体温升高、畏寒,只饮水,后躯皮肤出血,后期腹泻,卧地衰竭死亡。颈、腹部皮肤呈蓝紫色,蹄部有坏死斑,皮下脂肪出血,腹水呈淡黄色。胃内充满气体,胃壁增厚,肠系膜淋巴结肿大出血,回盲肠浆膜出血,肠壁增厚。肝表面呈糜粒大凸起,切面有泡沫状液体流出,脾梗塞,肾严重出血。心包积液,右心耳和右心室严重出血,肺组织大面积出血坏死。

(3)A 型产气荚膜梭菌感染的猪红肠病。α 毒素致小猪肠毒血症并发生死亡;大猪精神委顿,腹部膨胀,突然倒地,皮肤、可视黏膜苍白,肛门外翻,有血样便,肠广泛出血,肝肿大,发黑,气肿。本菌感染乳猪,在出生后 48 小时内发生奶油样浅黄色或面糊样腹泻粪,体况下降,被毛粗乱,不发热,部分乳猪可在 48 小时内突然死亡,死亡猪腹部皮肤发黑。腹泻可持续 5 天,粪便带黏液和血斑,呈粉红色。断奶猪(5~7 周龄仔猪),出现腹泻或软便,有的只表现一过程水泻 1～2 天,可持续 4～7 天,粪便浅灰色,食欲不振,体况下降,失重,病猪常常脱水,会阴部沾有粪便。Olubunmi(1982)实验感染猪还有下颌水肿。

剖检可见,小肠松弛、充血、肠壁增厚,内容物干酪样或水样,无血液。黏膜轻度炎症,黏附有坏死物。在空肠、回肠可见坏死区。用普通放大镜即可看到绒毛缺失。大肠内充满白色的黏稠物。黏膜正常或被覆坏死碎片。断奶猪发生本病时肠黏膜少见肉眼病变,但在回肠和盲肠可能有泡沫样黏稠内容物。

病猪组织学病变包括绒毛萎缩,浅层黏膜坏死和纤维蛋白积聚。虽然有毛细血管扩张,但没有 C 型产气荚膜梭菌感染的出血变化。此外,可能出现结肠炎。在革兰氏染色的切片中,黏膜附件可见革兰氏阳性杆菌,但未附着于黏膜上。在断奶仔猪,可见回肠部分绒毛萎缩、浅层性结肠炎,但有的病例黏膜正常。

在粪或肠内容物涂片中可见梭菌,若由产肠毒素的菌株引起的感染则可见大量芽孢。在适宜的培养条件下能从受感染仔猪的小肠和断奶猪大肠内容物中分离出 A 型产气荚膜梭菌。在培养前将样品加热到 80℃维持 10 分钟,可分离出芽孢形成菌株。

Holmgeren N 等(2004)对 12 个猪群 820 头 1 周龄内仔猪检查,78％的仔猪在出生 4 天内死亡,死亡率最高在 2 天内,主要肉眼病变是急性肠炎,其胃中充满酸凝乳,小肠肿胀,肠内容物呈乳脂状和泡沫状,混有血液。咽部水肿,肠淋巴结充血,腹部浆膜和肠系膜血管血管扩张。急性肠炎是由 A 型产气荚膜梭菌引起,肠炎是造成仔猪死亡的主要因素。值得注意的是,在严重肠炎的病例中有一个趋势($P>0.08$),当没有组织变性时,大肠杆菌的生长更具有优势。随着黏膜变性程度的增加,A 型产气荚膜梭菌的产生增加,而存在于肠内容物中的大肠杆菌减少了。

村岗实雄等(1982)报道一起 A 型产气荚膜梭菌引起的成猪(80～180 kg)出血性肠炎病案,检测到 α 毒素值≤0.5～2.0;肠毒素为 0.5～0.25 微克/克。发病症状为食欲不振,下痢,呕吐,排黑便—暗红色痢便,经 1～4 天死亡(见表- 107)。剖检可见肛门及尾根部附着黑褐色粪便,大肠黏膜充血出血,充满暗红色泥状血液(见表- 108)。肝细胞变性、坏死,小肠及大肠黏膜坏死。肠黏膜上皮易脱落,绒毛顶部坏死,肠壁凹陷处存在坏死组织块,从小肠到大肠肠腔内有大量焦油样血液及血块,坏死组织块。Warthinstarry 染色,见不到回肠的黏膜上皮细胞原形质内的多量细菌。

表- 107　发病猪的概况

病例	体重(kg)	发病时间	病　　况
1	♀140	80.12.25	晨食欲不振、呕吐,第二天晨死亡(未经治疗)
2	♀160	81.1.17	晨食欲不振,排黑褐色便,1 日后死亡(未治疗)
3	♀150	81.2.7	晨食欲不振,排血便 4 天后死亡(使用强肝剂、补液、抗生素治疗)
4	♀180	81.8.29	晨食欲不振,排黑褐色便,第二天晨死亡(未治疗)
5	♀80	81.10.29	晨食欲不振,排黑褐色便,第二天晨死亡(未治疗)

表-108　死猪剖检结果

检　查　项　目			病	例		
			2	3	4	5
月龄			9	10	10	6
体重(kg)			160	150	180	80
肛门、尾根部附着黑褐色粪便			+++	+++	+++	+++
肝肿大、脆弱			−	+	+	−
实质脏器	脾脏肿大		+	+	−	−
	肾脏	褪色	+	+	−	−
		点状出血				
	心包积水		+	+		
消化器官	胃黏膜出血		+	++		
	小肠	黏膜充出血	+			+
		暗红色泥状血液	+	+		
	大肠	黏膜充出血	+++	+++	+++	+++
		暗红色泥状血液	+++	+++	+++	+++

　　2. 猪 C 型产气荚膜梭菌感染　据 A. Deflandre 等(2004)对 8 500 头母猪群仔猪调查,仔猪内脏中存在产气荚膜梭菌,每克粪便中菌数≥10^6 CFU,其中 A 型占 94%,C 型占 6%。猪 C 型产气荚膜梭菌肠毒血症是一种毒血症,通常不引起发热。从出生到一周龄左右的仔猪最易感,病猪初生时正常,但迟钝和沉郁,出现腹泻、下痢和肛门严重发红。大多数病猪 24 小时内死亡。在暴发期间生产的大多数窝猪有部分患猪,但在每窝中可能有一些正常猪。以后几年里,同一些圈舍中本病有再发倾向。偶见断奶猪发病。通过饲喂 C 型产气荚膜梭菌的全部猪可实验性地复制本病。随着日龄的增加,易感性降低。年龄大小也影响疾病的严重程度,最急性型发生在 1~2 日龄仔猪,表现出血而无腹泻,多数在 24 小时内死亡。年龄越大,腹泻越具有特征,一般从出血性带有坏死碎片的水样便到间断的黄色便。同时病程延长。1~2 周龄或更大的仔猪呈慢性感染,病程持续几周,多因脱水和细菌继发感染而死。康复猪生长缓慢。猪的易感性、临床症状及感染率随不同群窝和个体有差异。Field 和 Gibson(1954)与 SzentIvanyi 和 Szabo(1955)报道猪的 C 型产气荚膜梭菌感染。1~3 日龄的仔猪可表现为死亡率极高的急性出血性肠炎。尸检可见的空肠为主的黏膜坏死斑的肠炎。刘娣琴(2011)报道某猪场 3 日龄仔猪虚弱,症状不明显,后躯沾满血样稀粪,少数猪没

有下血痢便昏倒和死亡。尸检空肠呈暗红色,肠腔充满血样液体,空肠部绒毛坏死,肠系膜淋巴结鲜红色,菌检、生化及毒素检测为 C 型魏氏梭菌。因该病通常发生于 3～7 天仔猪,很少见到 2～4 周龄的猪(Bergeland 等,1966)和断奶猪(Meszaros 和 Pesti,1965)。苏联发现能合成 β 毒素的 B 型产气荚膜梭菌所引起的相似的疾病(Bakhtin,1956)。故又称仔猪红痢。有临床症状猪的死亡率通常是很高的,很少完全康复。不同猪群的发病率很不一样,感染的同窝猪的发病率为 9％～100％,死亡率可达 20％～70％。临床分为 4 型,即:① 最急性型:仔猪出现后数小时至一天内突然出现血痢,后躯沾满血样粪便,不愿走动,衰弱,很快变为濒死状态。直肠温度降至 35℃,死前腹部皮肤变黑。少数仔猪不见腹泻,有虚脱症状,常在当天或第二天死亡。② 急性型:仔猪拉红棕色稀粪,内含灰色坏死组织碎片,迅速消瘦,常在第三天死亡。③ 亚急性型:为非出血性腹泻,粪便由黄色柔软变为清液,内含灰色坏死组织碎片,逐渐消瘦,常在出生后第五至七天死亡。④ 慢性型:间歇或持续腹泻数周,粪便黄色,糊状,逐渐消瘦,于数周后死亡。剖检检查,病死猪腹腔有多量樱桃红色积液。空肠、肠壁深红色,黏膜及黏膜下层有广泛性出血,内容物呈暗红色液状。肠系膜淋巴结鲜红色。病程稍长的病例,肠壁出血不严重,而以坏死性炎症为主。肠壁变厚,弹性消失,表面的色泽变成浅黄色或土黄色,肠壁黏膜上附有灰黄色坏死假膜,容易剥离。在浆膜下层及肠系膜淋巴结中有数量不等的小气泡。心肌苍白,心外膜有出血点。肾灰白色,皮质部小点出血。膀胱黏膜小点出血。

R. A. T. Hamaoka 等(1983)报道日本 F 疫点和 O 疫点两起疫病。F 疫点饲养 60 头母猪和 259 头仔猪,死亡的 113 头都是 2～3 日龄的仔猪,死亡率为 42.5％。这些仔猪在出现带血的水样腹泻后死亡。O 疫点 191 头仔猪中,1～3 日龄的死亡 48 头,死亡率 25.1％;4～14 日龄的死亡 21 头,死亡率 10.9％,前者为急性型,没有任何明显临床症状,后者为慢性型,有出血性和非出血性的腹泻,精神沉郁或营养不良,急性病例的肠系膜和肠浆膜菌毒有气肿。毒素—抗毒中和试验和小白鼠试验证明,F 疫点和 O 疫点分离菌株为 C 型魏氏梭菌。

有一定免疫水平的母猪所生仔猪,会出现没有腹泻的亚急性形式的疾病,仔猪粪便颜色为黄色,其中含有坏死碎片,仔猪食欲旺盛,活泼好动,但体重会逐渐减弱,且大多会在 5～7天死亡。这类仔猪肠壁较厚并且很脆,其肠黏膜会坏死并大多粘连。某些情况下,会呈慢性病变。被感染仔猪体重逐渐减轻,伴随间歇性的粪便样黄色或灰色黏液腹泻。

尸检:出血性肠炎和肠黏膜溃疡是各种动物的主要病变。肠黏膜充血并呈暗红色,有大的溃疡,几乎穿透浆膜。回肠极为严重,肠内有带血内容物,腹腔内积有过多的浆液,常出现心内膜下和心外膜下出血。在 7～10 日龄猪群,其发病不如新生仔猪严重,出血性肠炎不明显,主要病变是肠黏膜上有黄色纤维蛋白沉着物,并伴有肠腔内的大量水样,略带血液的内容物。

史旭东(2005)报道一起 2 月龄 34 头仔猪和 1 头 3 月龄小母猪发生 C 型魏氏梭菌病例,此幢猪发病率 45.7％,死亡率 100％。开始 1 头 8 日龄仔猪腿脚不稳发软,后拉血便,即死亡。第 2 天又有 2 头,第 3 天有 3 头,以相同症状死亡,其后殃及同幢 10～15 kg、2 月龄 32头猪和 1 头 3 月龄母猪并死亡。尸检:猪周身皮肤发绀,有的肛门有血粪。胃充满食糜。肠系膜淋巴结鲜红色,脾边缘有小出血点,空肠浆膜上见有大量出血斑块,结肠盘系膜上积有多量半透明胶冻样液体。小肠腔,肠液中混有气泡。病变严重的为空肠,肠黏膜呈暗红色,有的肠段黏膜坏死,肠腔中充满腐肉样血色液体。

[诊断] 在诊断产气荚膜菌所致各种家畜和人的猝死时,其发病情况、临床症状、剖检病变等有一定参考价值,但要确诊,需进行实验诊断,一般根据肠内细菌学检查、毒素分析、毒素中和试验及细菌免疫染色法等综合诊断。如 A 型菌产生的主要毒素是 α 毒素,起着致病作用,不产生 β、ξ 毒素。在诊断 A 型产气荚膜梭菌所致的猝死症时,可用 B、C、D 型血清进行中和试验,肠毒素被 B、C、D 型血清中和者定为 A 型菌。

日本学者依田亲一等报道,在确诊 A 型产气荚膜梭菌引起疾病时,必须具备以下 3 个条件:① 从肠道内容物中分离出现 A 型菌;② 证明肠道内容物中有 α 毒素;③ 检出的 α 毒素对动物有病原性。C 型菌所致感染的诊断如同 A 型菌。检到 C 型产气荚膜梭菌,即可确诊,因为 C 型菌在肠道中不常出现,只有 C 型菌在肠道菌丛中占主导地位时才能引起发病。另外根据检出的内容物 β 毒素也可确诊。

产气荚膜梭菌的毒素可用小白鼠和豚鼠作血清中和试验来检测和鉴定。所用操作方法已由 Carter(1973)报道过。死亡后应尽速采集肠内容物和其他体液,并加 1‰氯仿作防腐剂。样品在送往实验室的过程中应加以冷却,其后离心取上清液(0.2~0.4 mol)静脉注射小白鼠和皮内注射到豚鼠的白色皮肤部分。部分样品用胰蛋白酶处理(1‰胰蛋白酶粉,重量/容量),室温放置 1 小时以激活戊型和壬型毒素并破坏乙型毒素。然后把这种经酶处理过的溶液注射给第 2 组小鼠和豚鼠。如果有毒素存在小白鼠在 4~12 小时内死亡。豚鼠则观察48 小时,看注射部位有无坏死病变产生。在检出毒性的同时或以后,对第 3 组动物接种曾与抗 A、B、C、D 型和 E 型的抗血清发生过反应的毒素上清液。此中和试验在 72 小时内判读,并根据表- 109 加以制定。

表- 109 产气荚膜梭菌血清中和试验的判定

抗 毒 素	能 中 和	被中和的毒素
A 型	仅限 A 型	甲型
B 型	A、B、C 型和 D 型	甲型、乙型、戊型
C 型	A 型和 C 型	甲型、乙型
D 型	A 型和 D 型	甲型、戊型
E 型	A 型和 E 型	甲型、壬型

[防治] 对猪的感染,应以预防为主。首先是加强猪舍消毒工作,尤其对母猪奶头、产房、接生用具和接生手术部位等都要消毒。一旦确定本病在某一地区发生。此菌以芽孢形成方式长期存在于环境中,可从母猪粪便中分离出这种细菌;在感染的分娩猪舍,此梭菌在乳猪之间传播。因本病的暴发可持续 2 个月之久,需隔离患病猪群。在某些养猪场,可在较长时间内出现急性病例。这些急性病例的出现是因非免疫后备母猪或母猪被引入污染区或乳猪因未从初乳中获得足够的特异性抗体所致。研究表明免疫母猪或感染康复母猪所产乳

猪常不易感染。因各猪群母猪的免疫状不同,其后代的发病率和发病持续时间也不相同。对于发病区菌苗的免疫接种是首要的。乳猪吃到足量的初乳,乳猪就得到保护。乳猪被动抗体水平与母猪分娩时的抗体水平有关,其抗体水平变化明显,从 4.5 IU/mL 到 123 IU/mL (Matishek 等,1986)。Hoch 报告,受到 C 型菌感染的新生仔猪,如果母乳中毒素价＞10 IU/mL,即可完全有效保护,免于死亡,母体初乳为 5～10 IU/mL 时,保护率为 75%。所以在母猪分娩前约 3 周应加强免疫一次,提高初乳中抗体水平。新生仔猪血清中抗毒素的滴度与母猪初乳中抗体滴度成正比,且于出生后第二天达到高峰。类毒素对断奶仔猪也有保护作用。因本病可在仔猪出生后仅几小时内发生,故对产下的仔猪应尽快地注射抗毒素。在流行区可加强产气荚膜梭菌的菌苗免疫,目前有 A 型魏氏梭菌灭活苗、肠毒血症灭活干粉菌苗、A、C 型二价干粉菌苗、多价魏氏梭菌灭活苗等以及对怀孕母猪产前一个月和半个月注射类毒素免疫,使初乳中含抗体,保护仔猪防止发病。亦可用 C 型产气荚膜梭菌的抗毒素血清直接注射新生仔猪,或对怀孕母猪于产前一个月和产前半个月各注射猪红痢的灭活菌苗 5～10 mL,通过初乳保护仔猪。在非流行区,可通过药物,即对革兰氏阳性有效的抗生素或抗菌药物对母猪进行预防性用药,对初生仔猪作紧急预防。如果在病程的早期就用抗生素治疗产气荚膜梭菌感染可能会有效。实验表明,小鼠在接种产气荚膜梭菌的同时注射青霉素,几乎可以完全地保护。但若延缓 3 小时以上时才注射青霉素,小鼠的存活率明显降低。猪产气荚膜梭菌气性坏疽的预防包括发生深部污染性创伤,应尽快全身用青霉素或非氨基糖苷类抗生素治疗。Jaartsveld 等(1962)报道,某些临床发病猪注射青霉素后痊愈。仔猪出生后应尽快口服抗菌素(如氨苄青霉素),这样可防止疾病发展。在仔猪 3 日龄内应坚持天天治疗。近年来的研究表明 C 型产气荚膜梭菌对猪场中常使用的抗菌素可产生抗药性。Rood 等(1985)已在这种细菌中鉴定出四环素抗性质粒。一些研究表明应用嗜酸乳杆菌等为生态制剂可使猪肠道中有益微生物总数增加,抑制病原性的多种条件性病原菌;产气荚膜梭菌易被胃酸杀死,故产酸微生态制剂可降低母猪肠道有害菌,减少环境污染。日本应用大组合菌群性微生态制剂预防猝死症,其依据是饲喂这种微生态制剂可使肠内的总细菌数及乳酸杆菌等有益菌的菌数增加,而病原性的多种条件性病原菌,尤其是产气荚膜梭菌明显减少。

十九、诺维梭菌感染(*Clostridium novgi* Infection)

本病是由诺维梭状菌引发的人畜共患性疾病,人产生气性坏疽;动物发生坏死性肝炎等。此菌一旦在猪体内快速繁殖,可产生极强的外毒素,引起猪只突然死亡。主要侵害成年肥猪和种猪,老龄母猪的发病比例较高。

[历史简介]　Novyi(1894)用未消毒牛奶蛋白接种豚鼠,并从恶性水肿的豚鼠分离到此菌,故命名为诺维梭状杆菌。Weinberg 和 Seguin(1915)从战伤性坏疽患者身上又分离出一相同菌株,命名为 *Bacillus oedematiens*,即当今的 A 型诺氏梭菌。Zeissler 和 Ressfeld (1929)、Kraneveld(1934)、Wanter 和 Records(1926)分别自病羊、骨髓炎患牛和病死尸体中分离到 B、C、D 型诺氏梭菌。Veillon 和 Zuber(1898)、Bergey 和 Hunton(1923)曾将称为水肿梭菌的称为诺氏梭菌。Scott 等(1934)将此菌分为 A、B、C 3 个型。Batly、Buntsin 和

Walkor(1964)报道了猪的诺维梭菌感染。Oakley 和 Warrack(1959)在系统研究一些病原梭菌的毒素时,发现溶血梭菌与诺维梭菌很近似,就将此菌称为 D 型诺维氏梭菌。

〔病原〕　诺维梭菌归属于梭菌属。革兰氏阳性厌氧芽孢核杆菌,两端钝圆、笔直或微弯,多为单个散在,偶有二连的粗大杆菌,大小为 8.0～14.5 μm×1.0～1.5 μm。人工培养 48 小时后可形成葡萄芽孢,呈卵圆形,此菌体略宽,位于菌体近端。幼龄菌有周身鞭毛,但无荚膜。

本菌于半胱氨酸葡萄糖鲜血琼脂平板上厌气孵育 48 小时后,可形成灰白色、半透明、扁平、不规则圆形的菌落,无光泽或闪光,边缘呈波浪形,裂叶状或根状,直径 0.8～2.0 mm。菌落下和周围有 1～3 mm 的 β 溶血,其外还有一层不完全透明的溶血区。A、B、D 型有 β 浴溶血环,而 C 型不溶血。在联苯胺血液琼脂中,菌落生长良好,呈双凸状。暴露于空气 30 分钟时,菌落呈黑色。卵黄琼脂平板培养时,A 型菌产生卵磷脂酶,有乳光沉淀反应;产生脂肪酶,有珍珠光泽反应。B 型菌有乳光沉淀反应;虽然产生微量脂肪酶,但不见珍珠光泽反应。C、D 型菌不产生脂肪酶。最适生长温度 45℃,大多数菌株在 37℃生长良好;25℃时生长微弱或不生长。在 20％胆汁、6.5％ NaCl 中或 pH 8.5 以下不生长。本菌能发酵葡萄糖、果糖、麦芽糖,但不能发酵鼠根糖、乳糖、蔗糖、甘露醇、棉实糖、甘露糖、甜醇、山梨醇、纤维二糖、菊糖、杨苷、七叶苷、淀粉、糊精、木糖、甘油、阿拉伯焦糖、肌酐、半乳糖、万寿菊糖(以上糖发酵试验的基础培养基是含半胱氨酸的 VL 肉汤),不产生靛基质和硫化氢,硝酸盐还原试验阴性,能液化明胶并产气,不液化凝固血清,凝固蛋白。在牛乳中气性发酵微弱,乳凝较迟,10 天后才出现细小絮状物。M－R 和 V－P 试验阴性。亚甲蓝还原试验和接触酶试验阴性。本菌严格厌氧,对培养条件的要求极为苛刻,在没有二硫苏糖醇(dithiothreitol)还原剂的条件下,即使用含有半胱氨酸的葡萄糖鲜血琼脂,也不易获得每次成功。该菌在加有无菌新鲜生肝块的肉肝胃酶消化液中生长良好。液体深层培养时,疱丁肉汤培养 24 小时生长达高峰,大量产气,肉渣颜色变淡。肝片肉汤培养后静放数天,菌体沉积在肝块表面和棱角处,呈乳白色,貌似岩石上的积雪。大部分菌株不消化肉渣和肝片。

本菌能产生高度烈性的外毒素(A 至 D),其产生致命的坏死性 α 毒素被认为是 B 型菌株在猪体内产生的主要毒素。该毒素能引发坏死、细胞屏障的高通透性。并会瓦解细胞间的连接。

D 诺维梭菌的 G+C：21 mol％。Buxton(1977)将其分为 A、B、C、D 4 个型,除 C 型外,其余 3 个型分别产生 5 个、5 个和 3 个外毒素。诺氏梭菌的毒素及其分型见表-110。

表-110　诺氏梭菌的毒素及其分型

毒素(抗原)	生　物　学　作　用	菌　　型			
		A	B	C	D
α	坏死,致死	＋	＋	－	－
β	溶血,坏死,致死,卵磷脂酶	－	＋		＋
γ	溶血,坏死,卵磷脂酶	＋	－		－

续　表

毒素(抗原)	生 物 学 作 用	菌 型			
		A	B	C	D
δ	溶血(易氧化性)	+	-	-	-
ε	卵磷脂酶,脂肪酶	+	-	-	-
ζ	溶血	-	+	-	-
η	原肌球蛋白酶	-	+	-	+
θ	卵黄乳浊化	-	tr	-	+

注：＋表示产生；－表示不产生；tr表示痕迹。

[流行病学]　诺维氏梭菌广泛存在于土壤、人、畜和草食动物的肠道中，以及肝脏中及鲸鱼体内，是一种动物病原梭菌，能引起许多动物感染、发病、死亡，是绵羊、山羊、牛和马传染性坏死性肝炎(黑病)的病原体，也是人气性坏疽的病原性，也可感染兔、鼠等。A型诺维梭菌可单独或与其他微生物联合引起人与家畜的气性坏疽，马、牛、羊、猪对之都有感染性，还可引起绵羊的一种快疫；动物恶性水肿及在澳大利亚、南非和北美等国家，羊感染此菌发病的现称"大头病"，一般夏季、秋季多发；B型致绵羊黑疫；C型致牛骨髓炎；D型(溶血梭菌)致牛的"细菌性血尿症"，偶尔发生，罕见于猪。虽A型和B型诺维氏梭菌均能从报道的突然死亡猪体内分离到，但该菌是猪大肠和肝脏的正常菌群。A、B型诺维氏菌的带菌动物数随地理分布而异，携带诺维氏菌的许多健康鸟类和哺乳动物的肝脏并不受损。

尽管猪群感染诺维氏梭菌的情况并不普遍，但集约化猪场或粗放型与半粗放型猪群都有发生。一旦引发疾病，肝脏内的芽孢就有生长力，并能产生高度烈性的外毒素，造成严重的坏死性和水肿性肝实质损伤。1987—1988年云南零星散发的一种以肝迅速自溶，腹腔和心包中积有多量血染液体，肺充血，水肿，气管内有血染泡沫状液体为特征的猪突然死亡的病例，用卵磷脂酶试验检测肝、脾，证明有毒素存在，并从内脏中分离出猪B型诺维梭菌，证明猪B型诺维梭菌感染引起的急性致死性毒血症在我国存在。

许多与诺维氏梭菌感染相关的母猪死亡似乎均发生或接近于产仔期的关键阶段。Batty等(1964)报道过一头成年母猪在产仔4天后死亡，出现明显的尸体腐败现象，在内脏器官中检出大量诺维氏梭菌。Duran和Walton(1997)研究过17例诺维氏梭菌感染由猪围产期是一个特殊的应激性阶段，其免疫系统一般菌群的改变可能在诺维氏梭状芽孢杆菌肝病的发生中起着重要的作用。一些研究显示，低强度感染(为子宫炎、膀胱炎、肠炎)可促进诺维氏梭菌在母猪肝脏中增殖。这些微生物是通过何种路线到达肝脏未有文献记载。

[发病机制]　有关猪发生本病的发病机理和流行病学资料有待于对本病的进一步研究。有时猪的一种急性毒血症，是诺维梭菌在受损的肝脏组织中产生的毒素所致。毒素引起肝局部坏死或血管系统更加弥漫性的损伤，甚至出现神经症状。

[临床表现]　诺维梭菌A型和B型均能从报道的突然死亡母猪体内分离到，也有混合型的。该菌能产生极强的外毒素。致死性和坏死性α毒素是A型和B型菌株的主要毒素。

Batly(1964)报道53头五周龄猪突然死亡,死后尸体腐烂异常迅速,气管内有血泡沫,肾脏表面出血。Bourne和Kerry(1965)报道猪的诺维氏梭菌感染,一头3周龄仔猪突然鼻腔有泡沫状红色液体,胸腔、心包囊及腹腔有血性渗出液,脾肿大,肝脏变性和气肿,死于此病的猪的明显特征是肝脏为青铜色,切开有大量气泡。当动物刚死时,这些特征特别明显。俞乃胜等(1987—1988)在云南见到零星散发的一种以肝迅速自溶,腹腔和心包中积有红色液体,肺充血、水肿,气管内有出血性泡沫状液体的突然死亡猪。分离鉴定为B型诺维氏梭菌感染。猪死亡突然,患猪病程短促,死前晚上未见任何异常,翌晨已亡于圈内,看不到临床表现,地面上也无患猪挣扎的痕迹。尸僵完全,腹部明显膨胀,鼻腔和嘴角流出泡沫样红色液体,肺水肿,切面气管内流出泡沫状液体,颚下、胸腹皮下无胶样水肿。胸腹腔和心包囊内有多量暗红色液体,肝脏质软,呈灰色或土黄色,个别切面中有大量气体,呈海绵状。胆囊肿大,脾脏肿大,呈黑红色,柔软、易碎。切片结构不清,可刮下粥样暗红色物质。肾脏土黄色。肝、脾、肾和淋巴结组织切片检查,均见不同程度的自溶。胃膨大,黏膜脱落,充满气体。小肠黏膜充血,肠内暗红色,并有黏膜脱落,整个肠管内充满气体。肠系膜淋巴结肿胀,多汁,大肠无明显变化。其他脏器无异变。

Alfredo Gare la等(2009)报道放牧母猪在转入预产房后突然死亡。尸体严重肿胀,皮肤呈紫色变色,皮下水肿。尸体剖开时伴有恶臭,淋巴结肿大充血,胸腔、心包和腹腔出血,浆膜出血和脾脏肿大。胃内充盈,肺充血,肝脏肿大、易碎、色深和均匀地渗透着气泡,气泡充满肺叶,产生蜂窝状的外观(类似于充满气泡的巧克力),从而产生海绵状的切面外观。肝内分布着球形非染色气泡,可见中等程度的多病灶性淋巴组织性肝炎,并伴随着肝细胞变性和坏死。心、肺、肾、脾、肝内可见大量梭状芽孢杆菌,经PCR检测和BLAST同源搜索显示427 bp的扩增物核苷酸序列与β型诺维梭菌状芽孢杆菌ATCC25758的部分鞭毛蛋白(flic)基因相匹配。

刘耀方(2013)报道某规模化养猪场13头怀孕母猪发病猝死,病猪死亡速度极快,病程很短,且这些母猪发病前均无任何前驱症状,来不及做任何治疗措施猪亦死亡。临床症状主要表现为体温升高,达到40～41℃,猝死,死后腹围迅速膨气。病死猪体表有大块紫斑,鼻孔、口腔、眼角、肛门出血,舌外吐。剖检可见胃肠道黏膜出血严重,脾脏肿大,心肌出血、心耳严重出血。血液、内脏涂片镜检、细菌培养、生化试验和PCR检测,鉴定为诺维氏梭菌。

1例尸体肝、脾肾及淋巴结组织切片检查,结果均见不同程度的自溶。肝的基本结构仍可辨认,但细胞核全部消失,胞浆成红色团块,部分肝小叶发生溶解,仅见无结构淡红染物质,间质中有大量单个散在、两端钝圆的粗大杆菌,个别细菌近端有芽孢。脾脏结构不清,细胞核消失,平滑肌膨胀变粗。肾脏轮廓仍在,细胞核消失,局部间质结缔组织增生,肾小管上皮细胞分离脱落,淋巴结内淋巴细胞稀疏,淋巴小结不明显,有嗜酸性粒细胞浸润,被膜下淋巴窦巨噬细胞较多。

赵爱民(2008)报道一怀孕母猪在采食后1～2小时突然出现不安,腹痛,腹围迅速膨大,呼吸急促,卧地不起,出现症状后仅2小时即死亡,尸体腐烂异常迅速。尸检:脾脏位移,肿大3倍,严重瘀血,切面有深褐色血液流出;肝为青铜色,切面有大量气泡;胃及肠道充气,胃扭转,扩张,胃黏膜严重出血性炎症,肠系膜充血,小肠卡他性炎症。其他脏器及淋巴结未见异常。诊断为诺维梭菌感染。

[诊断]　本病诊断较困难,因为疑似病例通常已死亡,死亡大于24小时猪存在细菌的入侵可能性,其肝部出现的诺维氏梭菌,并不能单独构成传染性坏死性肝炎或梭菌肝病确诊的充分证据。一般通过梭菌属微生物的鉴定结果,再结合突然死亡的病史,脏器管迅速分解和肝脏中有气泡的存在(肝肿大、易碎、充气、气泡充满肝叶,充满气泡的巧克力蜂窝状外观)进行综合判断。

1. 临床表现　此病有突然死亡史,侵害大的肥育猪和种猪,主要是母猪,死于诺维氏梭菌感染的动物通常体况较好。Duaran 和 Walton(1997)报道本病春天发病率更高,并且老龄母猪的发病率比良好的母猪发病率高4倍,尸体充血、肿胀、膨气及迅速腐败。鼻孔有浆液性泡沫渗出物,皮下组织水肿、肺水肿和气管泡沫。心包腔和胸腔有浆液性纤维蛋白性或浆浓性血样渗出物。肝脏气性腐败异常迅速。新鲜尸体可见肝脏有明显气泡。有报道由此病死亡的猪的明显特征是肝脏为青铜色,切面有大量气泡。当动物刚死时这症状特别明显。通常胃胀满或脾充血。

2. 细胞学诊断

(1)组织触片镜检:耳炎、心血、肝、脾、肾、腹水的触片,以革兰氏染色液染色,镜检。

(2)毒力沉淀:用小白鼠进行毒素毒力测定和致病力测定;用豚鼠作芽孢的致病力试验。其他可用荧光抗体法和 PCR 法进行鉴定或检测。

(3)细菌分离:取实质脏器、腹水、心血和小肠内容物直接接种于半胱氨酸葡萄糖鲜血琼脂平板或卵黄琼脂平板上作厌氧培养,或将病料接种于葡萄糖 VL 肉汤中,经70℃水浴加热30分钟,待温后加入无菌新鲜肝块,一般10余小时即开始生长,24小时产生浑浊,并有大量气体和特殊臭味出现。经厌氧孵育2天,再移植于上述培养基分离肉汤为有无菌新鲜生肝的肝胃消化糖,可使菌生长良好。该菌在有二硫苏糖醇(dithiothreitol)还原剂条件下,更易分离。

[防治]　本病发生突然,而且发病病例少,一般无法治疗。只能对猪采取一些预防措施。由于机体内存在本菌,可以通过减少感染猪群的肺炎、子宫炎、肠炎及寄生虫发病率来控制。有研究报告指出,使用杆菌肽锌能够降低死亡率。发病猪场,需加强饲养管理,不要突然更换饲料和使用发霉饲料,避免肠道菌群失衡、降低免疫功能诱发本病发生。有报道本菌对头孢噻呋敏感,故可做药敏试验后,进行预防用药。诺氏梭菌在猪肠道中是正常菌,但菌体发生大量繁殖会出现致病,因此可以考虑长时间在饲料或饮水中加入嗜酸杆菌、乳杆菌、芽孢菌等有益菌以通过生态菌的干扰,抑制等维持肠道正常菌群。

二十、破伤风(Tetanus)

该病是由破伤风梭菌经伤口感染引起的一种急性、中毒性人畜共患病。其特征是骨骼肌持续性痉挛和神经反射兴奋性增高。又名强直症、锁口风。

[历史简介]　公元5世纪,希波拉底第一个对破伤风症状做出了具体描述和临床诊断。

公元 610 年巢元方氏的《诸病源候论》中有脐炎及引起破伤风的记载。Aretaeus 在公元 1 世纪把破伤风称为"痉症"，新生儿破伤风又称为"四六风""脐风""光日风"等。公元 2 世纪张仲景曾有论述。Nicolaier（1884）用花园土接种兔、豚鼠、小鼠引起本病，5 年后在柏林分离到该菌，证明本菌为一种棒状芽孢杆菌。其方法是让培养物形成芽孢，然后在 80℃加热 45～60 分钟，再在厌氧条件下继续培养，并指出虽然该菌存在于最初伤口感染处，但能产生类似于番木鳖碱样的毒素。Flügge（1886）称该菌为破伤杆菌，因其缘于拉丁语 tetanus（牙关紧闭）故又称为"强直梭菌"。北里柴三郎（1989）从一名破伤风死亡士兵体内获得本菌进行纯培养，并阐明了它的生物学性状，并最终证实了 Nicolaier 认为的该菌存在于最初伤口感染处，但产生的毒素可以遍及全身。接着 Sanchez Toledo 和 Veillon 发现该菌在动物肠道中是一个常居细菌，但在土壤中却以强抵抗力的芽孢存在。Knud Feber（1890）首次报告分离到破伤风毒素。北里柴三郎与 Vonbehring（1890）发现了破伤风梭菌毒素和白喉杆菌毒素，建立了毒素与抗毒素的关系。为此于 1901 年获得第一个诺贝尔生理学或医学奖。

应用破伤风类毒素接种法预防破伤风已有 100 多年的历史。1890 年，Emil Behring 和 Kitasato 首次报告了注射抗毒素对破伤风免疫的作用。Edmond Nocard（1895）进一步将抗体作为治疗破伤风的方法，并生产出大量的破伤风免疫球蛋白。Michael（1919）和 Vallees Bazy（1917）报告将破伤风免疫接种人。Gaston Ramon（1911）开始研究破伤风类毒素疫苗，其学生 Descombey（1924）报告了破伤风类毒素疫苗。Ramon 和 Zoller（1926）将甲醛灭活的破伤风类毒素苗应用于人类免疫，并在第二次世界大战中被广泛应用。

[病原]　破伤风梭菌又称强直梭菌，属于梭菌属，为一种大型厌气革兰氏染色阳性杆菌（本菌在创口内或在液体培养基中培养较久时，革兰氏染色可呈阴性）。该菌两端钝圆，细长、正直或稍弯曲，大小为 0.3～0.5 μm×4～8 μm，多单个存在。在动物体内外均可形成芽孢，其芽孢在菌体一端，似鼓槌状或球拍状，多数菌株有周鞭毛，能运动，不形成荚膜，但Ⅳ型菌株无鞭毛，不能运动。在普通培养基上便可生长，最适温度为 37℃，最适 pH 为 7.2～7.4，在 pH 6.4 以下或 pH 9.2 以上都不能生长。其营养要求不高，能在普通的含糖肉水、琼脂、明胶培养基上发生。

在血清琼脂上形成不规则的圆形、扁平、透明、中心结实、周边疏松、类似羽毛状细丝，相互交错为蜘蛛状，直径 1～2 mm 的小菌落。在血琼脂上形成轻度的溶血环。在肉渣肉汤上部分肉渣变黑，上层肉汤透明，产生甲基硫醇，有咸臭味。在葡萄糖高层琼脂中，菌体沿穿刺线呈放射状向四周生长，如毛刷状。有的形成棉团状菌落。一般不发酵糖类，只轻度分解葡萄糖；能液化明胶；产生硫化氢，形成青霉基质，不能还原硝酸盐；不分解尿素；紫乳 4～7 天凝固，继之胨化；MR. VP 试验阴性。DNA 中的 G＋C 为 25～26 mol%，模式株：ATCC19406、NCTC279。

破伤风梭菌有两类抗原，即菌体和鞭毛两种抗原。菌体抗原有属特异性，鞭毛抗原有型特异性。由于鞭毛抗原的不同，可进一步分型。现已知有 10 个菌型，Ⅳ型无鞭毛，故缺乏型特异性抗原；Ⅱ、Ⅳ、Ⅴ、Ⅺ型有共同 O 抗原，所以这些菌之间交叉凝集。我国以 Ⅴ型最常见，但各型细菌所产生的毒素在免疫学上完全相同。

破伤风细菌的毒力因子,主要是破伤风痉挛毒素和破伤风溶血素及非痉挛毒素。破伤风梭菌分 10 个血清型,我国以 V 型最常见。在动物体内或在培养基内均可产生几种破伤风外毒素,也有同时产生第 3 种毒素,即非痉挛性毒素(nonspasmogenic toxin)。痉挛毒素由质粒编码,基因为 3945 核苷酸,编码产生 1 314 个氨基酸,存在于所有的毒原性菌株中。溶血毒素是一种作用于神经系统的神经毒,是引起动物特征性强直症状的决定性因素,是仅次于内毒梭菌毒素的第 2 种毒性最强的细菌毒素,以 10^{-7} mg 剂量即能致死一只小白鼠,是一种蛋白质。破伤风痉挛毒素是由两条肽链组成,即重链(β 链)和轻链(α 链)。重链分子量为 107 kDa;轻链分子量为 53 kDa,重链和轻链之间有一肽链和二硫链相连。该菌对热较敏感,65~68℃经 5 分钟即可灭活,通过 0.4% 甲醛杀菌脱素 21~31 天,可将它变成类毒素。其他毒素有溶血毒素和非痉挛毒素。可能引起某些非特异病变或有助于破伤风杆菌的生长与产毒。各型细菌产生的毒素,其生物活性的免疫学活性学活性相同,可被任何一型菌的抗毒素血清中和。用抗生素治疗时无须区别。

产毒破伤风梭菌 E88 的基因组别测序工作已全部完成,该菌基因由长度为 2 799 250 bp 的染色体和一长度为 74 082 bp 的质粒组成,染色体编码 2372 ORF,质粒则编码 61 ORF,包括破伤风毒素和胶原酶基因(基因检索号为 AE015927)。

本菌抵抗力不强,一般消毒药物均能在短时间内将其杀死,但芽孢抵抗力强,在土壤中可存活几十年。据报道本菌芽孢 34 年后尚能生活,能耐 100℃煮沸 1 小时,150℃ 干热 1 小时。

[流行病学]　本菌广泛存在于自然界,各种家畜均有易感性,其中马等单蹄兽最易感,猪、羊、牛次之,犬、猫仅偶尔发病,家禽自然发病罕见。实验动物中豚鼠、小鼠均易感,家兔有抵抗力,人的易感性也很高。各年龄段均可感染,幼龄动物的易感染性更高。梁学勇(2005)通过对宁陵县 2004 年就诊破伤风病例的流行调查分析发现,农村猪患破伤风病的就诊比例占总病例数的 61.03%、羊占 16.8%、马属动物占 11.77%、牛占 11.03%。

病原菌常寄居于人和动物肠道中,10%~40% 的人畜粪便中可检到此菌,扩散到施肥的土壤、腐臭淤泥中,Noble(1915)、Tenbroeck 等(1922)报道从人粪中检了本菌,可通过各种创伤、断脐、去势、断尾、穿鼻、手术或产后感染。

本病遍布全球,在热带气温的湿热地区发生率较高,本病无明显的季节性,多为散发,易感动物不分品种、年龄、性别,但在某些地区的一定时间里可能出现群发。我国农村地区发病高于城市,边远地区及少数民族地区发病率也偏高。

[发病机制]　当破伤风梭菌芽孢侵入机体组织后,在有闭合深创、水肿和坏死组织存在的条件下,或有其他化脓或需氧菌共同进入时在厌氧条件下,菌体能大量繁殖,产生毒素,引起发病。试验证明,用洗过的不含毒素的纯破伤风杆菌或其芽孢注射于健康的动物组织中,细菌不能发育,动物也不发病;如果同时注射腐生菌或某些刺激性化学药品,可使细菌繁殖,并产生毒素就可以致病。

破伤风为典型的毒血症,病菌只局限于创伤部位,很少侵入血流散布于其他器官,其症状产生由破伤风痉挛毒素作用于神经系统所引起。首先毒素与神经细胞结合,一方面引起过度兴奋,造成肌肉的持续紧张强直和腺体的过多分泌;另一方面形成许多高度敏感的兴奋灶,稍受刺激便发出兴奋冲动,从而产生阵发的剧烈痉挛等症状。表现形式上主要为机体各处肌肉痉挛。

实验证明,破伤风痉挛毒素对中枢神经系统,尤其是脑干神经和脊髓前角神经细胞有高度的亲和力。

关于毒素如何从局部到达中枢神经和作用于神经系统有 3 种不同意见:① 破伤风外毒素经运动神经末梢吸收,可沿神经轴到达中枢神经,刺激脊髓前角细胞引起反射性痉挛。其作用可能是阻止了某些抑制冲动性介质的释放,干扰了上行运动神经元对下行运动神经元的正常抑制冲动,使脊髓部分所支配的肌肉兴奋性过高,紧张力增加,发生强直痉挛。其对腰、颈部脊髓和桥脑部亲和力最大,常表现上行性痉挛。② 毒素先被吸收到淋巴,借血流散布于中枢神经,再作用于中枢神经系统,和脑干神经结合,可引起头、颈,依次前肢、躯干和后肢肌肉痉挛,谓之下行性痉挛。③ 毒素刺激神经感受器,引起兴奋,将兴奋传导致中枢神经系统,因而引起反射性痉挛。一些试验资料证明,只要微量破伤风毒素漏入神经外淋巴管或直接注射入血液,均能引起破伤风症状,因此,认为肌肉紧张性收缩是毒素作用于肌肉神经终末器的结果,而全身阵发性痉挛是毒素作用于脊髓前角细胞的结果。破伤风毒素与神经组织结合后不易被抗毒素中和。

[临床表现]　较常发生,多由于阉割感染。Kaplan(1943)报道阉割猪发病。日本 Sakurai(1966)在阉割 220 头猪中 200 头感染发病。病情发展迅速,1～2 天症状完全出现,一般也是从头部肌肉开始痉挛,牙关紧闭,口吐白沫,叫声尖细,眼神发直,恐怖,瞬膜外露,两耳竖立,腰背弓起,角弓反张或偏侧反张,尾呈强直状,全身肌肉痉挛,触摸坚实如木感,四肢僵硬,驱赶行走以蹄尖着地,呈奔跳姿势,出现强直痉挛状,难以站立,最后,呼吸困难,频率加快,口鼻流白色泡沫。病死率较高。Kanlan(1949)报道了在 60 头感染猪中仅症状轻微 4 头猪存活。

病死畜无特殊有诊断价值的病理变化。因窒息死亡,血液凝固不良呈黑紫色;黏膜、浆膜及脊髓等处有小出血点,四肢和躯干肌间结缔组织有浆液浸润。肺脏充血、水肿。

[诊断]　破伤风患者实验室检查无特异性,因此,病史资料极为重要,临床表现和流行病学调查是否有伤口被土壤或其他材料污染或不洁净的生产。因伤口直接涂片和细菌学检查阳性率不高,故一般不检查。细菌分离通常是:用无菌手术采集创伤分泌物或坏死组织,80℃处理 20～60 分钟,以杀死病检材料中的非芽孢菌,再接种于肉渣培养基或焦化没食子酸培养基,在厌氧条件下 37℃培养 24～48 小时后,做涂片检查,并接种于血液葡萄糖琼脂平板上,在厌氧培养下分离此菌,进行破伤风杆菌的鉴定。在普通琼脂平板上培养 24～48 小时后,可生成典型"棉子样"菌落,直径 1 mm 且呈不规则圆形,中心紧密,周边疏松似羽毛状或丝状突起,边缘不整齐呈羊齿状。

[防治]　目前尚无特效治疗破伤风的药物,关键在于预防。

1. 防治外伤感染　平时要注意饲养管理和环境卫生,防止家畜受伤,一旦发生外伤要注意及时处理,防止感染。阉割时要注意器械消毒和灭菌操作。对于较大较深的创伤,除作外科处理,应肌肉注射破伤风抗血清 1 万～3 万单位。小猪阉割时一定要对手术刀和局部皮肤消毒,术后对创口碘酒消毒和用磺胺粉。

2. **药物治疗**　一旦发现病猪应及时治疗,愈早愈好。治疗方案如下:① 使猪保持安静,将其放置阴暗、没有音响刺激的地方。彻底清除创口内的异物、坏死组织及分泌物,并进行彻底消毒。当创口较小时要进行扩创,同时应用青霉素 200 万单位和链霉素 200 万 μg 混合肌肉注射,每天 2 次,连续 7 天,以清除和抑制病菌。② 早期可皮下或静脉注射破伤风抗血清 20~40 万国际单位,以中和游离毒素。全量血清可一次用足,亦可分 3 天注射。③ 解除肌肉痉挛可用氯丙嗪,按 1~3 mg/kg 体重肌肉注射,或 25% 硫酸镁溶液 20 mL,静脉或肌肉注射。④ 对不能吃食、饮水的病猪,应静脉注射 10% 葡萄糖液,每次 50 mL 或腹腔注射,以维持营养并具有强心、解毒作用。⑤ 及时处理病死猪、排泄物和污染物。病死猪要焚烧无害化处理;排泄物、污染物要用过氧乙酸消毒后,再堆积发酵统一处理,防止病原扩散。⑥ 保护饲养者、兽医自身安全,尽量减少接触和接触后消毒。

二十一、肉毒梭菌感染中毒症(*Clostridial botulinum* Infection)

该病是由肉毒梭菌毒素而引起人畜共患中毒病。以运动中枢神经和延脑麻痹为特性,病死率极高。简称肉毒中毒,又称腐肉中毒。

[**历史简介**]　Kerner(1982)报道人类肉毒梭菌中毒的流行病学和临床学。Van Ermengen(1896)从比利时保存不良的熏火腿香肠及中毒病死人脾脏中分离到一种芽孢杆菌,证实其能产生神经麻痹毒素,并证明是引起食物中毒的病原菌,称其为肠中毒杆菌(*Bacillus botulinum*),后证实为 B 型肉毒梭菌(*cl. botulinum* type B),将其归为肠杆菌科(*enterobacteriaceae*)。1923 年发现者根据数值分类学研究的结果,建议将细胞色素氧化酶反应为阴性的腊肠杆菌从肠杆菌科中分出,归为梭菌属。而后各国相继发现并分离出毒素抗原性不同的肉毒梭菌。Landman(1904)在德国从豆罐头中分离 A 型肉毒梭菌。Bengston(1923)发现禽的 C 型肉毒梭菌,在澳大利亚病死的家禽体内分离出该菌,并证实该菌对鸡的致病性。1952 年美国西部 400 万~500 万鸭因病死亡,称该病为西部野鸭病,也证实为 C 型肉毒梭菌中毒症。Gunnison(1926)从俄国鱼罐头中分离出 E 型肉毒梭菌。Theiller(1927)从病死的牛骨中分离出 D 型肉毒梭菌。Moeller 和 Scheibed(1958)在丹麦报告人的肝酱馅饼中毒症中分离出 F 型肉毒梭菌。Gimenez 和 Ciccarell(1970)在阿根廷的玉米地土壤中分离到 G 型肉毒梭菌。1981 年瑞士从 5 具暴死的尸体及其粪便中分离到 G 型肉毒梭菌,并从 3 具尸体的血液中检出 G 型肉毒梭菌,同时结合两名死者生前的临床表现,怀疑他们为 G 型肉毒梭菌中毒。

[**病原**]　本菌归属于梭菌属,为革兰氏染色阳性,两端钝圆大杆菌,长 4~6 μm,宽0.9~1.2 μm,多单在,偶见成双或短链条状(在陈旧培养物中)排列。有 5~30 根鞭毛,动力微弱,无荚膜,芽孢椭圆形,大于菌体(A、B 型),位于菌体的近端,使菌体呈匙形或网球拍状,另外 5 个菌型的芽孢一般不超过菌体宽度。DNA 中的 G+C 为 26~28 mol%。Muller(1870)将肉毒梭菌分 4 个群 7 个血清型即 A、B、Ca、Cb、D、E、F、G,7 个血清型。人以 A、B、E 为主,动物以 C、D 为主。G 型(1966 年于阿根廷土壤中分离到,尚无人中毒报道)已被独立定名为阿

根廷梭菌。近年来我国还发现存在 AF、AB 之类的混合型。

肉毒杆菌 ATCC3502 的基因长度为 3 886 916 bp,(G+C)％约为 26％～28％,模式株:A 型- ATCC25763,B 型- ATCC25765、NCIB10642;解肮的 F 型- ATCC25764、NCIB10658;解肮的 F 型- ATCC25764、NCIB10658;非解肮的 F 型- ATCC27321、NCIB10641;E 型- ATCC9564、NCIB10660;C 型- ATCC25766、NCIB10618;D 型- ATCC25767、NCIB10619;G 型- ATCC27322、NCIB10714。带有一个 16 344 bp 的质毒素基因是由噬菌体 DNA 所编码,只有带有溶原性噬菌体的肉毒梭菌才能产生肉毒素,但 G 型毒素例外,该毒素由质粒基因所编码。

肉毒素由 bont 基因编码,7 个肉毒素都是单核多肽,分子质量约为 150 kDa,肉毒素的分子结构已阐明。A 型毒素由 1 296 个氨基酸组成。经 60℃加热 2 分钟,差不多能完成破坏。而 B、E 型毒素要经 70℃ 2 分钟才能被破坏;C、D 型毒素对热的抵抗力更大些;C 型毒素要经 90℃ 2 分钟才能完全被破坏,不论如何,只要煮沸 1 分钟或 75℃加热 5～10 分钟,毒素都能被完全破坏。

本菌为最严格的厌氧菌,对营养要求不甚苛求,在普通培养基中即能生长,但加入血清、血液或葡萄糖等,可以促进其发育。培养温度为 28～37℃,最适温度为 35℃,A、B 两型产生外毒素的最适温度为 37℃,其他各型菌为 30℃。最适 pH 6.8～7.6,产毒最适 pH 为 7.8～8.2。血清琼脂上培养 48～72 小时,生成中央隆起、边缘不整齐、灰白色表面粗糙的绒球状菌落;培养 4 天,菌落直径可达 5～10 mm,菌落常汇合在一起,通常不易获得单个菌落。血琼脂上培养,在菌落周围有溶血区。葡萄糖肉渣培养,呈均匀混浊状生长,肉渣可被 A、B 型和 F 型菌消化溶解成烂泥状,并变黑,产生腐败恶臭味,从第 3 天起,由于菌体下沉,肉汤变得清朗,其中含有外毒素。葡萄糖高层琼脂振荡培养,使其均匀分布于琼脂中,形成棉团状菌落,并产生气体。

本菌能分解葡萄糖、麦芽糖、果糖产酸产气。对明胶、凝固的血清、凝固的卵蛋白均有分解作用,并引起液化。不能形成靛基质,能产生硫化氢。

肉毒梭菌的生化性状很不规律,即使同型,也常见到株间的差异(表- 111)。

表- 111　各型肉毒梭菌的生化反应

生 化 试 验	型 别					
	A	B	C	D	E	F
葡萄糖发酵		+	+	+	+	+
麦芽糖发酵	+	+	(±)	(±)	(+)	+
乳糖发酵	+	−		(−)	−	−
蔗糖发酵	−	(±)	(±)	(±)	(±)	(±)
靛基质产生	(±)	−	(−)	(−)	−	−
胆胶液化	−	(+)	(±)	(±)	(±)	(+)
牛奶消化	(+)	(±)	+	+	+	(+)

注:＋阳性反应;—阴性反应;(±)视菌株而异;(+)多为阳性反应;(—)多为阴性反应。

肉毒素是一种特殊的蛋白质,性质稳定,如 A 型毒素系由 19 种氨基酸构成的球蛋白,分子是 90 万,是现今已知化学毒素(比氰化钾毒力大 1 万倍)和生物毒素中毒性最强的 1 种,对人的最小致死量约为 10^{-7} g。各型菌产生相应的毒素,即 1 个菌株产生 1 种型毒素,共分 8 个型,各型毒素的致病作用相同,但抗原型不同,其毒素只能被相应型的抗毒素血清中和。

肉毒梭菌有若干 H、O 和芽孢抗原,用凝集试验,可能把本菌分成若干个群。肉毒梭菌均产生神经毒素,其侵袭宿主的作用相同,但在血清学上却大不一样。根据该菌产生外毒素的种类(抗原性)分为 A、B、C、D、E、F 和 G 7 个型,C 型毒素包括 Ca、Cb 两个亚型。Ca 毒素(抗血清)除能中和本身毒素外,还能中和 Cb 和 D 型的毒素,因此,Ca 和 D 型毒素之间存在着共同抗原。而 Cb 抗毒素只能够中和 Cb 不中和 Ca。另外,关于肉毒梭菌的菌体抗原,一些血清学研究表明,A 型、B 型及 F 型相互间,C 型与 D 型之间,E 型与非蛋白分解性 B 型及 F 型之间分别存在着共同抗原。据此,可将肉毒梭菌分为近似按生化特性划分的组别。但是,与异种梭菌之间的非特异交叉反应招到结果判断的紊乱。所以,肉毒梭菌的分类迄今为止仍以按毒素型别进行分型为主。

肉毒素的抵抗力较强,其能抵抗胃酸和消化酶破坏,细菌胞内产生的无毒的前体毒素,在菌死后溶出,经胰蛋白酶和细菌蛋白酶激活后,始有毒性,可被肠胃道吸收而中毒,这是不同于其他细菌毒素的特点,但在 pH 8.5 以上即被破坏。但不耐热,煮沸 1 分钟即可被破坏。经甲醛处理的外毒素,被注射动物可产生抗毒素,不同型的外毒素只能被相应的抗毒素中和。

[流行病学]　此菌是腐物寄生菌,广泛存在于自然界,能使多种动物感染,无特定宿主,但不在动物体内生长,即使侵入胃肠道也不发芽增殖,而是随粪便排出。动物是重要贮存宿主。其芽孢主要存在于土壤、蔬菜、饲料、干草、人畜粪便中,当在营养丰富、高度厌氧条件下腐败的动物,被污染的食品(消毒不彻底的火腿、腊肠、鱼及肉罐头等)、饲料和水源在温度适宜时即成为细菌繁殖和产生毒素的良好环境,芽孢转变成菌体,产生强烈的外毒素,人、畜、禽吃了含此毒素的食品或饲料时即可引起食物或饲料中毒,呈现神经中毒症状。

肉毒梭菌在自然界的分布具有区域性差异,显示出生态的差别倾向。A、B 型的分布最广,其芽孢广泛分布于自然界,各大洲的许多国家和地区均有检出;C、D 型的芽孢一般多存在于动物的尸体中,或在腐尸附近的土壤中;E 型菌及其芽孢适应深水的低温,在海洋地区广泛分布。但是,越来越多的调查结果表明,除 G 型菌外,其他各型菌的分布均相当广泛。

中国是肉毒梭菌中毒事件发生最多的国家,在我国新疆和青海主要为 A 型,并有 E 型发生;宁夏以 B 型为主;西藏和东北各省以 B 型为主,仅山东曾检出 F 型 1 例。而我国 E 型肉毒梭菌分布存在独特现象,主要发生在青藏高原和东北平原,这与国外认为 E 型是"海洋型"的论点不一致。肉毒中毒主要发生在我国西部广大地区,从调查结果来看,肉毒梭菌在我国不同地区的分布状态有明显差别,新疆地区土壤主要分布 A 型和 B 型,两者检出率 A∶B=2.69∶1;宁夏土壤仅含 B 型;青海 A、B、E 3 型都有,A∶B∶E=1.6∶1.6∶1;西藏也含 3 型,以 E 型为主,A∶B∶E=1∶12∶18;沿海 5 省为 A、C、D、E、F。河北为 A、B、F 3 型。

有自然条件下,所有恒温动物和变温动物对肉毒素都敏感。肉毒中毒发生于各种不同的动物中,如牛、羊、马、猫、犬、鼠、貂、野鸭、鸡、鸽、猴、人都敏感,兔敏感性较低。猪敏感,但报道少。马中毒多由 B 型毒素引起,但也可由 A、C、D 型毒素引起;牛由 C、D 型毒素引起;羊和禽类由 C 型毒素引起;人主要由 A、B、E 型毒素引起,少数病例报道由 F 型毒素引起,猪发病是由 A 型和 B 型毒素引起。许多畜禽和人肠道中分离到病菌,证明猪、牛、羊长期带菌。肉毒中毒的发生方式包括食物中毒和感染中毒。食物中毒是由于误食含有肉毒素的食品而引起的纯粹的细菌毒素中毒,是肉毒中毒的主要发生方式。食物中毒一年四季均可发生,发病主要与饮食习惯有密切关系。感染中毒系感染的肉毒梭菌在人、畜体内产生毒素所致的中毒,包括创伤感染和肠道感染两种方式。

[发病机制]　肉毒梭菌的中毒机制,主要取决于肉毒梭菌的毒素。

1. 致病因子　肉毒梭菌的致病物质是肉毒素,是一种大分子蛋白毒素,具有神经麻痹活性。肉毒素是迄今已知毒物中最毒的一种,极微量即可引起人畜死亡,据估计人的最小口服致死量为 $5×10^{-9}∼5×10^{-8}$ 克。按毒素的型别或分子结构状态,分子大小各异。各型毒素神经麻痹活性成分都是 12 s(约 150 kDa)。肉毒梭菌在培养基及某种类的食品等介质中生长时,A 型产生 19S(900 kDa)、16S(500 kDa)和 12S(300 kDa)3 种不同分子的毒素;B 型、C 型和 D 型都产生 16S(500 kDa)和 12S(350 kDa)两种毒素;E 型和 F 型都只产生 12S(300 kDa);G 型产生 16S(500 kDa)一种毒素。19S 和 16S 两种大分子毒素是由神经毒素、非血凝无毒成分及血凝活性成分构成的蛋白复合体,12S 毒素为神经毒素(bont)(7S,150 Da)与非血凝无毒成分的复合体。据认为,非血凝无毒成分对神经毒素具有毒性稳定作用,从而可保护被食入的神经毒素得以完整地经胃进入小肠,然后被上皮细胞吸收进入淋巴系统,复合体离解,保持着 7S 分子状态转入血液循环。

2. 致病机理　肉毒素通常以神经毒素与血凝素或非血凝活性蛋白复合体的形式存在,该复合体被称为前体毒素(progenitor toxin),前体毒素中的非毒素组分可以保证菌毒素进入体内后,在正常胃液中,24 小时不被破坏。进入小肠后,小肠内的微碱环境导致毒素复合体(物)解离,神经毒素穿过小肠表皮进入血液及淋巴循环。选择性地作用于运动神经与副交感神经,主要作用点为神经末梢和神经肌肉交接处,抑制神经传导介质——乙酰胆碱的释放,因而使肌肉发生弛缓性瘫痪。毒素对神经肌肉接头处的作用主要通过以下步骤完成:① 靶细胞的识别与结合,神经毒素通过其 Hc 结构域结合于胆碱能神经元的突触前膜。② 内化,毒素分子只有进入细胞质才能发挥作用,毒素结合于细胞表面,通过内吞形成一个包裹毒素分子的酸性小泡。③ 跨膜转运,这种酸性小泡并不逆行入脊髓,而是滞留在运动神经元的突触前膜末端。④ 阻止神经递质的释放,神经毒素通过特异性切割引起递质释放的必需蛋白——Snare 蛋白,阻止转运小泡中的递质释放,引起肌肉麻痹。

3. 致病作用　肉毒梭菌的致病性完全在于其产生的强烈的外毒素。在临床上肉毒梭菌中毒主要可分为肠道致病性和伤口致病性两种,但其临床症状相似。主要以运动神经麻痹为特征,很多病例还发生口腔、咽喉和颈部肌肉麻痹,以致动物吞咽困难,窒息而死。① 肠道致病性。肠道感染的肉毒梭菌中毒症。在动物,自然发病主要是摄食含有毒素的饲料和饮水,引起肉毒梭菌中毒。鸡啄食土壤中肉毒梭菌的芽孢后也能发病。芽孢可在嗉囊、盲肠等部位繁殖产生毒素。② 伤口致病性。肉毒梭菌污染伤口,在伤口处繁殖并产生毒素,随血流侵入神经系统后引起中毒。临床表现同食物中毒,但无明显的胃肠道症状。Starin 等(1925)指出肌肉注射 A、B 型肉毒梭菌芽孢至动物体内,可产生毒素引起发病。

　　肉毒素经消化道吸收后进入血液循环,主要作用于中枢神经系统颅脑神经核、神经肌肉接着处及植物神经末梢,阻止神经末梢释放乙酰胆碱,引起肌肉麻痹和神经功能不全。

　　肉毒中毒的过程大致分为以下几个步骤:① 肉毒素和突触前神经末端细胞接触;② 肉毒素在细菌内源性蛋白水解酶的作用下,由单链变为双链——重链和轻链;③ 肉毒素进入胞体内;重链和轻链间的二硫链断裂,轻链进入细胞溶质;④ 轻链水解特异性蛋白质,阻止乙酰胆碱释放。

　　[临床表现]　猪肉毒梭菌中毒。

　　1. 猪是肉毒梭菌带菌者　猪对肉毒中毒有很强抵抗力,Smith(1971)证明 1 头猪静脉注射 21 400 个小鼠致死量/kg 体重的 A 型毒素后,4 天内测得每毫升血清中所含的毒素分别为 100 个、100 个、30 个和 10 个小鼠致死量。当注射大量 B、Cb 和 D 型毒素后,第 1 天未在猪血清中发现毒素,也未在尿中发现毒素。Narayan(1967)报道,从无症状携菌的猪发现了肉毒梭菌。

　　Muler(1967)报道,在丹麦屠宰的健康牛和猪中,仅从 3%～4% 的肝脏中分离出 Cb 型的菌,但死于肉毒中毒的 90% 的牛和马中都可分离此菌型。Yamakawa 等(1992)发现本菌广泛分布在感染猪场健康猪的肝、粪便和周围环境。

　　2. 猪肉毒梭菌中毒症　猪发病大多是由 A 型或 B 型毒素引起。猪中毒病例较少。

　　猪从吞食毒性物质到症状的发生,潜伏期为 8 小时到 3 天。潜伏期和临床症状取决于食入的毒素量多少。临床症状为出现随意肌逐渐松弛。最初的症状是虚弱、共济失调和步态蹒跚。麻痹的症状先从头部开始,出现吞咽困难,唾液外流,而前后肢软弱无力,行走困难;继而后肢麻痹,倒地状卧,不能起立,呼吸困难,可视黏膜发紫;最后呼吸麻痹,窒息而死。少数不死的猪需经数周甚至数月才能康复。

　　Morrill 和 Bajwa(1964)报道,通常是前肢出现虚弱,接着后肢也出现。麻痹逐渐发展为侧卧和完全松弛。Smith 等(1971)观察到在骨盆后肢和腰部首先出现虚弱,呈现蹒跚、肌肉呈弛缓性麻痹,接着全身运动麻痹和眼睛瞳孔扩张。其他临床症状包括厌食、不能采食或饮水或有呕吐,脊柱前凸、视力下降或完全失明、痰音、唾液过多,排尿和排粪失控,费力深呼吸。

　　从出现症状到死亡或康复的间隔时间不一,可能主要与吞食毒素数量有关系。有 5 头成年猪在采食腐败鱼后 19～52 小时死亡,2 头步态蹒跚的猪后来痊愈。

　　Fhom(1919)从腐败的芦苇中分离到毒素,注射猪死亡。Beiers(1967)、Doiue(1967)用含有 C 型株的死鱼和泔脚喂猪致猪死亡。病猪精神委顿,食欲废绝,心跳加快和节律不齐。从头部开始向后运动麻痹,吞咽困难,唾液外流。前肢软弱无力,以后后肢发生麻痹。病猪由趴地、倒地侧卧或伏卧,不能起立。瞳孔散、视觉障碍,波及四肢时则共济失调。呼吸困难,最后由于呼吸麻痹窒息而死。不死的猪经数周甚至数月才能康复。由于饲料中毒毒素分布可能不均,因此并非采食了同批饲料的所有猪都会发生中毒,一般以膘壮体肥、食欲良好的猪发病较多。

A 型产气荚膜梭菌,奶猪感染后精神沉郁,肛门口有浅黄色糊状粪便。粪便带黏液和血斑,或呈浅红色。病猪可在 48 小时内突然死亡。断奶猪感染后呈腹泻,粪便浅灰色,有时带有黏液。食欲不振,体况不佳,增重减慢,肛门及皮毛被粪便污染。病程 3~7 天或更长。剖检见小肠充血,内容物乳酪样或水样,无血液。在空肠、回肠可见坏死区。

剖检病死猪无特征性病理剖检变化。剖检时一般可见咽喉和会厌黏膜上有灰黄色被覆物,其下有出血点。胃肠黏膜、心内、外膜亦可能有小出血点,肺可能充血、水肿,脑外膜亦可能充血。

[诊断]　猪群中有多头猪发生肌肉进行性衰弱和麻痹症状,体温、意识正常,病理剖检无特征性变化,是本病诊断的重要依据。

本病应注意与毒玉米中毒、有毒植物中毒等有类似症状的其他中毒疾病以及猪传染性脑脊髓炎等相鉴定。

在食物中发现毒素,表明未经充分的加热处理,可能引起肉毒中毒。检出肉毒梭菌,但未检出肉毒素,不能证明此食物会引起肉毒中毒。肉毒中毒的诊断必须以检出食物或患者粪便及血清中的肉毒素为准。一般分两个检验程序。

1. 肉毒梭菌的检验与分离鉴定程序

(1)前增菌:把样品分别接种于疱肉培养基、TPGYT 培养基,并分别与 35℃、26℃培养 7 天。

(2)分离:培养菌染色、镜检,观察菌的形态是否为典型的肉毒梭菌。取 1~2 mL 培养物加等量的酒精混合(或 80℃加热 10 分钟),后在室温下培养 1 小时,非蛋白分解型的肉毒梭菌,因其芽孢不耐热,不要采取热处理的方法。用接种环涂划酒精处理或热处理的培养物于小牛肝卵黄琼脂或厌氧卵黄琼脂平板上,35℃厌氧培养 48 小时。

典型菌落是隆起或扁平,光滑或粗糙,在卵黄培养基上有斜光检验时,菌落表面通常出现虹晕色,此光区称为"珍珠层",C、D、E 型菌通常有 2~4 mm 黄色沉淀区围绕,A、B 型菌通常显示较小的沉淀区。挑取 10 个典型菌落再接种以上培养基培养,用其培养物检测肉毒素。

2. 肉毒素的检测程序

(1)初步的定性试验:① 小白鼠腹腔注射法:检验样品(可疑食品、饲料及病死患者的内容物等)经适当处理后取上清液,用明胶磷酸缓冲液稀释(1∶5,1∶10,1∶100 3 个稀释度)后各取 0.5 mL 腹腔注射小白鼠;设对照组即处理后上清液 100℃ 10 分钟加热处理后注射小白鼠、处理后上清液经胰酶处理后注射小白鼠。每个注射样注射 2 只小白鼠。注射后,定时观察 48 小时,排除 24 小时后死亡的小白鼠和无症状死亡小白鼠。48 小时后,如果除了经热处理后再注射样品的小白鼠未死,其余小白鼠均死亡的情况,重复试验,增加稀释倍数,计算最低致死量。② 鸡眼睑试验:取经处理上清液 0.1~0.2 mL 注射一侧眼睑皮下;另一侧供对照,经 0.5~2 小时后,试验侧的眼睑发生麻痹,逐渐闭合。试验鸡也于 10 小时之后死亡,而对照眼睑正常,则证明有毒。③ 豚鼠试验:取试验液 1~2 mL 给豚鼠注射或口服,3~4 天豚鼠出现流涎、腹壁松弛和麻痹等症状,最后死亡,而对照豚鼠仍健康,即可作出诊断。

(2)中和试验:可以为毒素定型。用无菌性盐水溶解冻干的抗毒素,取 A、B、E、F 4 种抗毒素注射于小白鼠体内,同时设对照。注射抗毒素 30 分钟或 1 小时后,再注射不同稀释度(10、100、1 000 倍最小致死量)的含毒素样品,观察 48 小时,如小白鼠死亡,应将含毒素样品稀释后再重复以上试验。如果发现毒素未被中和,可取 C、D 型抗毒素和 A~F 多价抗毒素重复试验。

此外,可用血凝抑制试验、免疫荧光试验、PCR 试验鉴定毒素的型。

(3)评价方法:典型的肉毒中毒,小白鼠是在 4~6 小时内死亡;96%~99%的小白鼠会在 12 小时内死亡;除有典型的症状出现外,24 小时后的死亡为可疑。如果 1:2~1:5 稀释注射样品使小白鼠死亡,而注射更高稀释样品不死亡,一般判断为非特异死亡。

[防治]　发现病猪应及时治疗,治疗方案如下。

1. **抗毒素血清疗法**　早期应用抗毒素血清可获得较好效果。未确定毒型时,可注射多价抗毒素血清,视中毒轻重注射 30 万~100 万单位,静脉或肌肉注射,以中和体内的游离毒素。或静脉注射 5 万单位,每隔 6~12 小时进行一次治疗,直至恢复。

2. **对症疗法**　5%碳酸氢钠或 0.1%高锰酸钾洗胃和灌肠,内服硫酸镁或硫酸钠等盐类泻剂,以清除消化道内的毒素。

3. **支持疗法**　10%葡萄糖生理盐水加 10%氯化钾 100~200 mL,静脉注射,同时补充维生素 B 和 C。

饲料煮沸毒素都能被完全破坏。毒素对酸性稳定,但对碱反应敏感。

动物也应以预防为主,不用腐败发霉饲料、青绿料喂动物,经常清除牧场周围动物尸体,防止病菌混入饲料和饮水。可以进行类毒素或明矾菌苗预防接种,猪进行免疫后,免疫期约 1 年。如果发现可疑病例,应立即停喂污染的饲料,必要时要更换饲养地。

二十二、猪丹毒(Erysipelas in Swine, SE)

该病是由红斑丹毒丝菌引起的一种急性、热性传染病,又称丹毒丝菌病。其特征是急性败血症;亚急性时表现为皮肤上有特殊的深紫色红色疹块;慢性时发生心内膜炎和关节炎。人感染时称类丹毒;动物感染称丹毒,如猪丹毒、禽丹毒、羊丹毒(药浴破)等。马、山羊、绵羊发生多发性关节炎;鸡、火鸡出现衰弱和下痢等症状;鸭感染后常呈败血症经过,侵害输卵管。猪丹毒表现急性败血型,常伴有皮肤菱形损害,或慢性型,以化脓性关节炎及增生性心内膜炎为特征。

[历史简介]　最初猪丹毒被误认为是炭疽病。1878 年 Koch 从实验室小白鼠体内分离到一种被称为"小白鼠败血杆菌"后,才被认为是一种独立疾病。Pasteur 和 Thuillier(1882)从病死猪红斑皮肤血管中分离到一种纤细弯曲细菌,并对之做了简要描述。据 Barbei 称,1870 年《英国医学杂志》发表了可能是人红斑丹毒丝菌感染的最早报告,1873 年有 16 个当时称"匍行性红斑"的病例;Rosenback(1884)提议将"匍行红斑"皮肤病称为类丹毒。

Felsenthal 从类丹毒病人的皮肤活检组织中分离出细菌,并指出这种细菌与猪丹毒病菌相似。1877 年他又对本病及其病原菌做了确切描述。他在自己手臂上注射这种细菌培养物进行了试验而复制了病变。1909 年描述了人类丹毒病原几乎与鼠败血杆菌相似,其后有多起报道人类感染,称为类丹毒。Loeffler(1885)发现猪体分离菌与 Koch 描述的小鼠败血杆菌相似,从而记载了引起猪丹毒的病原,并就猪感染症和致病菌进行了确切的描述。Smith(1885)从猪肾脏分离到此菌;TenBroeck(1920)从新泽西州 16 头猪瘟病猪中的 5 头猪扁桃体中分离到此菌;Creech(1921)从砧石皮病猪的皮肤中分离到此菌;Ward(1922)从多发性关节炎病猪分离到此菌。Rosenbach(1909)把猪丹毒、小鼠败血症和人类丹毒病例中分离的细菌做了比较,发现它们在血清学和病原学上相同,但认为它们在形态学和培养上有所不同。这些菌于 1918 年时已定为丹毒丝菌中的同一种。Buchanan(1974)称这类细菌为猪丹毒杆菌。To She Takahashi(1992)用 DNA - DNA 杂交技术证明不同血清型的菌株有两个基因组。

在我国,人、畜感染丹毒丝菌在古医籍中未见到可靠记载。在四川农村中猪感染丹毒丝菌称"打火印";在江苏省农村称为"发斑"(因为病猪身上见有方形或菱形的紫红色疹块)。据《中央畜牧兽医汇报》(1944)记载,四川省 1937 年开始用抗猪丹毒血清与丹毒菌液同时免疫接种猪进行免疫预防猪丹毒,获得较好防疫效果,表明猪丹毒在此之前已有流行。

[病原]　丹毒杆菌属于丹毒丝菌属,是一种形直或弯曲、两端钝圆的纤细小杆菌。革兰氏染色阳性,而老龄培养基中着色功能较差,常呈阴性。大小为 0.8～2.0 μm×0.2～0.5 μm。在感染动物血片中呈单个、成对、呈 V 形或小丝状。慢性病病灶触片呈不分枝的长丝或链状。本菌不运动、不产生芽孢、无鞭毛、无荚膜。细胞壁不含 DL -二氨基庚二酸。

本菌为需氧兼厌氧菌。在麦康凯培养基上不生长。在普通培养基上生长不良。在血或血清琼脂培养基上,并在 10% CO_2 中培养生长良好。最适宜 pH 7.2～7.6,最适宜温度为 37℃。在固体培养基上培养 24 h 的菌落,用显微镜反光观察,有光滑(S)型、粗糙(R)型和中间(I)型,三者可以互变。急性病猪分离株,菌落为光滑性,表面光滑,边缘整齐,有微蓝绿色泽,荧光强,呈 α 溶血。慢性病猪分离株和久经人工传代株,菌落较大,表面粗糙,边缘不整齐,呈土黄色,无荧光。中间性菌落金黄色。肉汤培养基中培养 24 h 后,培养物呈均匀混浊,管底有少量沉淀,摇动后呈旋转的云雾。明胶穿刺接种,15～18℃培养 4～8 天,细菌沿穿刺线呈特征性地向周围形成侧枝生长,呈试管刷样。糖发酵极弱,可发酵葡萄糖和乳糖。

丹毒丝菌在一定生长条件下,可以改变遗传性,发生变异。例如,把光滑型(S)菌株接种在含有 0.01%锥黄素的血斜面上,经若干代次后,可变异成菌落边缘不整齐的中间型(I)或粗糙型(R)。因此,小鼠的毒力与免疫原性也发生变化。又如将 S 型菌株接种于琼脂或明胶平板上,经培养 7 天后,在少数菌落的外围出现"子菌落"(Daughter Colony 或 2 次生长)。将此种子菌落再接种于琼脂平板,也可分离为菌落外围不整齐的 I 型或 R 型。这种变异型菌落在遗传上并不稳定,在一定条件下常可出现互变。

本菌对糖发酵反应缓慢,在加有 5%马血清和 1%蛋白胨水的糖培养基内,通常可发酵葡萄糖、麦芽糖、半乳糖、果糖、乳糖,产酸不产气;对木糖和蜜二糖可能产酸;一般不发酵甘油、山梨醇、甘露醇、肌醇、水杨酸、鼠李糖、蔗糖、海藻糖、棉子糖和淀粉。进行糖发酵时,添加酵母水解物的培养基较好。在三糖铁琼脂培养基中,高层和斜面菌产酸。本菌能产生硫化氢,不产生接触酶,不产生靛基质,不分解尿素,不水解七叶苷,不产生吲哚,在石蕊牛奶中无变化或微产酸变黄,MR 和 VP 试验阴性,过氧化氢酶试验阴性。但也有数例分离的红斑丹毒丝菌菌株不产生硫化氢。

本菌有不耐热抗原和耐热抗原。前者为不耐热的蛋白质和核蛋白成分,后者由细胞壁的糖肽片组成,即菌体可溶性的耐热肽聚糖的抗原,是血清型分类的基础。血清型与免疫原性不同的菌株,具有不同抗原决定簇和氨基酸的组成比例。但在决定血清型和免疫原性的两个成分中,均含胞壁酸(Muramicacid)、氨基葡萄糖、丙氨酸、谷氨酸、赖氨酸、丝氨酸和甘氨酸,其比例为 1:1:2:1:2:1:1。不同血清型菌株仅仅是氨基半乳糖、氨基果糖和氨基葡萄糖之比不同,1 型菌为 1:4:5,2 型菌为 1:2:3,2a 型菌为 1:8:10。细胞壁的其他单糖不同型菌株没有区别。Tmsiynsky(1964)证明 1 型和 2 型强毒株或弱毒菌株,均含有多糖成分 C1、C1T、C2 及核蛋白成分 NP1,免疫原性好的菌株还含有 NP2 和 NP3。C1、C1T会有半乳糖、木糖及氨基葡萄糖,C2 只含有半乳糖。这些多糖成分对小鼠无毒性,以 5 mg免疫小鼠亦无免疫原性,但它们是保持型特异性的基础。NP1 是一种等电蛋白质(Isoelectric protein),NP2 和 NP3 则是免疫性抗原物质。

本菌血清型,根据菌体抗原对热、酸的稳定性,又可分为型特异性抗原和种特异性抗原。抗原最初仅分为 A、B 和 N 血清型。75%～80%的猪源性分离菌属 Dedtie(1949)所称的 A型和 B 型,20%左右的分离菌组成一群非共同的血清型。Dedie(1949)将本菌分为 A、B 群和 N 型。其抗原构造 A 群菌为 A+(B)+C;B 群菌为(A)+B+C 或仅为 B+C;N 型菌只有 C。F. Heuner 认为 A 抗原在发挥致病性上起主导作用,B 型菌对防御感染起主导作用,所以制备菌苗使用的菌种最好是选用 B 型菌,其中凝集鸡红细胞作用强的菌株好。由于不断从健康猪扁桃体、患病猪的脏器、不同动物和禽类及各种水生动物体表分离出大量不同的血清型菌株。以特异性菌体抗原为分群基础,Kuccera(1972)、Wood 和 Norrumg(1978)发现了 22 个血清型和 1 个 N 型,计 23 个血清型。目前共有 28 个血清型(1a、1b、2－26 和 N型)。在血清型与宿主的种之间没有明确的相互关系,但从败血型丹毒病例中,更经常分离到 A 群菌,即 90%为 1a,毒力较强,而在猪疹块型和关节炎病例中经常分离到 B 群菌,毒力弱,而免疫原性较好。慢性心内膜炎多为 A、B 型,健康猪扁桃体中多为 B、F 型。禽咽喉以B 及 A 型最多,鱼为 A、B、E、F 型与 N 型。根据 Gledhill(1945)报告,就其抗原而言,菌株在性质上是一致的,各血清群之间的差异发生于抗原的定量分布上的差异。而 Truszczynski(1961)用凝胶扩散试验证明了有型特异和种特异的抗原存在,前者存在于酸萃提取物、肉汤培养物和细菌组分中;后者存在于肉汤培养物和细菌组分中。DNA 的 G＋C 为 36～40 mol%。模式株:ATTC19414,NCTC8163;GenBank 登录号(16SrRNA):AB055905。近年来,日本学者 Imadoy 将 1 株血清型 1a 的表面保护抗原(SpaA)N 端 342 个氨基酸与组氨酸六聚体融合,免疫猪后能抵抗血清 1 和 2 型的攻击。LacaveG 等以 ys－1 弱毒株为基础,将猪肺炎支原体 E－1 株黏附素的 P97 的 C 端,包括两个重复区 R1、R2 成功地实现转位,经与 SpaA 融合后,并在 y-1 弱毒株表面表达,免疫猪后不仅能产生抗 SpaA 对 IgG 和抗 P97 的 IgA 特异性抗体,而且能抵抗强毒株感染的致死效应。

来源于我国猪的丹毒杆菌有 A、B、N 型(马闻天,1957),徐克勤(1984)从猪、鸡、鸭、鹅和鱼类分离到除 14、15 血清型外的其他各型菌种。从猪丹毒病死猪分离的菌株 80％~90％为 1 型,其余为 2 型。Kuccera 等(1973)报告的 26 个血清型,通常是 1 型多为 1a 型,主要从急性败血性病例分离到;2 型主要从亚急性和慢性病例中分离到。试验表明 1、2 型都很容易使敏感猪诱发所有的临床病型,3 型到 26 型和 N 型菌株对猪的毒力较低。

不同血清型猪丹毒杆菌,对流行病学、免疫防治和实验诊断均有重要意义。凡从患败血型猪丹毒病例分离的菌株,95％以上为 1a 型;从体表健康猪扁桃体分离的菌株多为 2 型,且往往有几个血清型菌株同时存在;从皮肤疹块型病例和慢性关节炎患处分离的菌株,80％以上是 2a 型。水生动物主要是 1、2、5、6、N 型,土壤中分离的为 7 型。国内有人将 148 株猪的猪丹毒菌作分离检查时,81％为 1a 型,18％为 2 型;四川某单位从患急性猪丹毒死亡猪分离到 73 个菌株,经鉴定有 69 株为 1a 型,4 株为 2 型。在猪丹毒各临床症状的猪中分离的菌株的血清型各有差异。Murasa 等(1959)、Kucsara(1964)、Goudswaard 等(1973)认为红斑丹毒丝菌的特异性血清型可能和宿主偏爱、毒力和临床类型有关系。血清型 1 和 2 通常占从猪分离出来的菌株的 70％~80％,是引起临床猪丹毒的唯一血清。但 Wood 等(1978)报道除血清 1 和 2 型外,还有其他血清型菌株也能引起急性皮肤病变。

黑崎嘉子(1984)对关节病变分离的猪丹毒 50 株菌,其血清型为 1 型 10 株(20％)、2 型 38 株(76％)、10 型 1 株(2％);心内膜炎分离的 27 株,1 型 4％、2 型 96％;由疹块分离的 17 株菌中,1 型 6％、2 型 94％。Takuo Sawada(1987)报道猪丹毒猪大多数分离株为 1a、1b 和 2 型,也从败血症、疹块、关节炎、淋巴结和心内膜炎患猪中分离到罕见的 3、4、5、6、7、8、10、11、15、21 及 N 血清型;而 3、4、5、6、8、9、10、11、12、13、17、18、19、20 及 N 血清型的某些分离株对猪有致病性,表明可能是临床猪丹毒的病原菌。血清型 9 和 10 的丹毒菌株可引起接种过血清 2 型各菌株制备的标准丹毒吸附菌苗的猪出现急性局部或全身疹块,接种过菌苗的小鼠发生致死败血症。显然 1 型菌的致病力强。试验证明,不同血清型猪丹毒杆菌既具有型特异抗原,也有共同抗原。灭活菌苗交叉免疫力低的原因,可能与其共同抗原量不足或灭活过程中抗原受损有关,弱毒菌苗交叉免疫力较好。

对血清型变异的研究,有试验证明,1 型和 2 型连续通过小鼠 50 代或接种含 10％同型抗血清的培养基,连续 20 代均变为 N 型,并有许多 2 型菌株用人工减毒方法致弱毒力后,多数变为 1 型,有人曾用 2 型菌通过豚鼠 70 代变为 1 型,用变异的 1 型菌连续通过鸽子 16 代没有恢复原型,这些血清型别的变化,对健康动物带菌引起发病、流行病学和免疫等方面的意义,尚有待进一步研究。

此外,Takahshi(1987)报道,在丹毒杆菌属内还有另外一个种,称为扁桃体杆菌,可从各种来源分离到,包括健康猪的扁桃体,通常常规细菌学方法不能区分两个种的表型特征,而通过 DNA 同源性可以区分猪丹毒杆菌和扁桃体杆菌,虽然它对猪无毒力或毒力极小。

丹毒菌主要的毒力因子是荚膜抗原,唾液酸苷酶可能是其毒力因子之一,而透明质酸酶对其致病不是必需的。

本菌对外界环境的抵抗力相当大,直接日晒下可存在 12 天,在腌制 3 个月的腊肉、5 个半月的咸肉以及掩埋 9 个月的猪实体中还可找到活菌;病死猪的肝、脾在 4℃存放 159 天毒力仍然强大。在腐败尸体和水中能存活相当长时间。因此,一旦此菌污染猪场,猪场中表面正常猪的扁桃体、猪的中性粒细胞中(Timoney,1970)与黏膜上,各种各样腐败植物、动物组织;淡水和盐水鱼的皮肤、土壤上都带菌,使猪年复一年再发此病。可以抵抗胃酸的作用。本菌对温度的抵抗力不强,培养物暴露于 55℃,经 10 分钟被灭活,70℃ 5 分钟就可以灭菌。碘酊、1%漂白粉、3%来苏儿或克辽林、0.1%升汞、5%新鲜石灰水、1%烧碱都可迅速将其杀灭。

青霉素对本菌有高度的抑制作用,其次是链霉素和呋喃妥因。丹毒菌耐新霉素。

[流行病学]   本菌在自然界中分布十分广泛。已从 50 多种动物几乎半数啮齿动物和 30 种野鸟中分离到本菌。徐克勤对江苏省禽类带菌情况进行调查,发现带菌鸡 10.96%、鸭 81%、鹅 97.96%。从 35%～50%健康猪的扁桃体、禽类及水生动物体表均可分离到不同血清型的菌株,这些菌株对小鼠和仔猪有较强的致病力,是一种"自源性传染病"。猪和家禽是猪丹毒杆菌的最大贮存宿主。牛(犊牛关节软骨发生溃疡的非化脓性关节炎,以及牛扁桃体与心内膜病变)、羊(出生后 2～3 天或 4～9 周龄就可感染,绵羊关节炎或蹄叶支及心内膜炎)、犬、马、鸡、鸭、鹅、火鸡、麻雀、孔雀也有病例报告。实验宿主有大鼠、小鼠、鸽、兔等。苍蝇、跳蚤和蜘蛛等昆虫亦可能是宿主。各种各样的腐败植物和动物组织,10%以上淡水和海水鱼的皮肤上,人的所谓类丹毒的皮肤病变,海豚、鳄鱼等水生动物也感染。Wood 和 Shuman(1981)认为多种野生哺乳动物和鸟类也带有丹毒菌,构成了广泛的疫源。国内还从不同动物中分离到红斑丹毒丝杆菌:李凤贤等(1980)从福建邵武市的黄胸鼠、南安的臭鼩;戴翔等(1988)从新疆地区阿图什市的狼体内;付启勇等(1988)从豚鼠肝脓肿中;郭玉梅(1994)从人血样中;王明丽(1998)从人尿样中;王露霞等(2002)从人阴道分泌物中;付宝庆等(2008)从人的耳道分泌物中分离到此菌,表明本病仍有地区零星散发或呈地方性流行。

猪丹毒的传染源有内源性和外源性之说,但在临床上猪丹毒的暴发中的头一个病例的细菌来源,都无法查清。猪场母猪在怀孕后期发生流产及吮乳仔猪患败血症死亡则可能预示着本病已传入猪群。由于此菌是一种兼性细胞的寄生物,在猪中性粒细胞中、扁桃体内有很高的存活率,故认为猪是重要的带菌者和传染源。临床上正常的带菌者是最重要的传染源,有 35%～50%的健康猪在扁桃体、40%内脏、胆囊、回盲瓣的腺体、骨髓和其他淋巴样组织中存有猪丹毒杆菌。肉店污染率达 80%。Spears(1954)在 348 头猪的 31%骨髓中分离到猪丹毒杆菌。急性发病猪的粪、尿、唾液、鼻分泌物大量排出丹毒杆菌,因此被病株污染的土壤、食物和饮水可称为间接传染的媒介,通过饮食经消化道传染给易感猪。青年猪接触带菌母猪就很快成为带菌者和排菌者。另有报道,屠宰地下水和感染啮齿动物可污染水和土表。鱼的表面黏液中存在猪丹毒杆菌。可经过污染鱼粉成为猪的感染源。昆虫叮咬能传播本病。在自然情况下,皮肤伤口和消化道黏膜很可能是细菌侵入的门户。

在各个地区由于感染猪的菌株毒力有差异,因而发病率和死亡率可有很大不同,在复制及其严重程度上会有很大的差异。不论自然传染或人工复制都受着许多因素如年龄、体况、免疫状态、暴露于丹毒机会及猪的遗传性等的制约。菌株的毒力也许是最重要因素,如光滑型菌株有明显致病力,而粗糙型菌株似无致病性。各年龄的猪都易感,若当地菌株为相对低毒菌株时,则成年猪更易患病。刚产过仔猪的母猪似乎特别易感。若遇到有毒菌株,则各年龄的猪甚至哺乳无被动抗体的数周龄仔猪可发病。本病主要发生于架子猪,随着年龄的增长而易感性降低,没有实验证明对猪丹毒杆菌的敏感性与动物的遗传特性有关,某些品种或某些种群的猪对 SE 的抵抗力或易感性可能与被动免疫状态有关。但 1 岁以上的老龄种猪和哺乳仔猪也有发病死亡的报告。此外,3～4 周岁的羔羊可发生慢性多发性关节炎;鸡和火鸡发生衰弱和下痢;鸭出现败血症,并输卵管被侵害;小鼠、鸽败血症;以及牛、犬、马、鹿、鹅、麻雀、孔雀、金丝雀都有带菌发病报告,这给猪场提供了一个额外的广泛的潜在性的传染源。人可经轻微皮肤创伤感染。

本病一年四季均可发生,北方炎夏、多雨季节最流行,南方的春冬季节流行。常为散发性或地方性流行传染,有时暴发流行。除动物带菌、保菌外,在黑钙土、沙土、石灰质土壤中,本菌能较长时间存活,这也是导致本病暴发和不易根除的重要原因。

张振亚(1987)统计了 33 年气温与病例比照:月平均气温 2.2～20.1℃病例多,二者呈正相关;日温 10～15℃、日温 5～10℃,呈显著正相关;曲线相关验算 17.3℃时发病最多,达 95.61头/280 头;气候多变,降水多时发病增多;22.5～28℃为负相关,发病反而减少,大旱高温病猪匿迹。

徐汉祥(1985)对猪实验感染猪丹毒杆菌的发病与死亡进行分析发现二者与年龄和攻击菌数有关。用 C43 - 2.6.7.8 四株强毒,耳静脉攻击 128 头猪,皮内攻击 79 头猪。不同日龄猪的平均发病率与死亡率分别是 88.28% 和 42.19%。2.5～4 月龄、4.5～6 月龄以上分别为 80.77% 和 28.89%、93.65% 和 47.62%、92.31% 和 69.23%。不同体重猪的平均发病率与死亡率为 10～20 kg、20.51～30 kg、30.5～40 kg、40.5～50 kg 和 50 kg 以上分别为 72.22% 和 33.33%、90% 和 37.50%、95% 和 35%、88.46% 和 69.23%、25% 和 25%。不同性别:公猪发病率为 84.73%(50/59)、死亡率 37.29%(22/29),母猪分别为 91.3%(63/69)和 46.38%(32/69)。接种不同菌数与猪发病、死亡关系:皮内接种 10 个菌的皮肤反应为 50%,100 个菌以上几乎全部有皮肤反应。79 头接种 10 000 个菌,75 头猪出现皮肤红肿反应与体温反应 75 头,发病率 94.94%,死亡 2 头,死亡率 2.53%。

平均发病率与死亡率为 88.28% 和 42.19%。10 亿以下 85.71% 和 50%,10 亿～30 亿 89.29% 和 39.29%,31 亿～60 亿为 89.29% 和 32.19%,60 亿以上为 93.75% 和 37.5%。

[发病机制]　由 SE 菌引起疾病的过程机制十分清楚。一些研究表明,由许多种类致病菌产生的神经氨酸酶是 SE 菌致病的一种因子。在对数生长期时,SE 菌能产生这种酶,这种酶特异性地裂解神经氨酸的 α-糖苷键,它是体细胞表面的一种反应性黏多糖。无毒菌株或低毒力菌株产生的酶的活性比强毒菌株弱。神经氨酸酶不是毒素,它必须大量产生才具有致病作用,酶可以作用于全身的细胞壁上,无疑在急性败血症中,它的活性可达到高水平。因此,在引起广泛的血管损伤、血栓形成和溶血等多方面的病理机制中,酶是一种主要的因

子,对细胞表面的吸附能力是猪丹毒杆菌致病的重要因素。这一吸附过程与神经氨酸酶有直接关系。

Ta-kahashi(1987)报道,强毒株在体外对猪肾细胞的吸附能力大于弱毒株。Nakato 等(1987)报道,神经氨酸酶是猪丹毒杆菌吸附血管内皮细胞的必要条件。同时细菌产生毒素或硫化氢等引起败血症,并产生大量的神经氨酸酶,裂解糖苷与神经氨酸的连接,引起器官毛细血管和小静脉的内皮细胞通透性增强,导致细胞肿胀,单核细胞黏附于血管壁,白细胞渗出,纤维素沉积,形成广泛性透明血栓,使微循环障碍,机体发生酸中毒,引起休克与出血。

虽然神经氨酸酶活性在猪丹毒杆菌致病性上起着重要作用,但是无法解释传染源冲破机体防护系统发生致病作用的毒力特性,Shimoji 等(1994)证明猪丹毒杆菌的毒力与细菌的抵抗吞噬细胞的能力相关。而这种抗吞噬作用的能力与强毒株表面的类荚膜结构的存在有直接关系,而在弱毒株缺少类荚膜结构。

在自然条件下,本菌能使不同年龄的猪感染,但主要对 3～12 月龄猪的感染率最高。猪丹毒的病型,除了急性败血症型和疹块型外,还有表现慢性经过的关节炎和心内膜炎型。当侵入机体的猪丹毒杆菌毒力较弱时,其大部分被机体的吞噬细胞所消灭,仅有部分在皮肤局部淋巴间隙及毛细血管中增殖,引起小动脉炎,使局部皮肤发生充血和水肿等,形成疹块样病理变化,即形成亚急性疹块型猪丹毒。初期,疹块部皮肤因血管痉挛而变为苍白;后因血管发生反射性扩张充血,疹块部皮肤转变为红色或紫红色;再后,因有多量炎性渗出液渗出而压迫血管,同时,在小动脉内膜炎的基础上又继发血栓形成,致使疹块部中心皮肤又由红色逐渐变淡。

对慢性猪丹毒常引发的心内膜炎、关节炎和坏死性皮炎等病理过程,一般认为是自身变态反应性炎症,常见于病情持续 2 年以上慢性病猪或用猪丹毒杆菌培养物多次注射猪体时。这可能是由于细菌长期存在于体内或某些器官,细菌毒素或菌体蛋白与胶原纤维的黏多糖相结合,形成自身抗原,从而使机体对抗原产生相应的抗体,然后在自身抗原抗体反应的基础上,激发自身变态反应性炎症,致使纤维素渗出、炎性细胞浸润、结缔组织变性,从而形成心内膜炎、关节炎和坏死性皮炎等。猪丹毒关节炎的关节损害原因,一般认为是猪丹毒杆菌原发感染所致,但也有认为是抗原的超敏性所致,是持续存在于关节部位的抗原的免疫反应也可增进其损害。

[临床表现]　自然感染时,潜伏期 3～5 天,最短为 1 天,长者可达 28 天。临床上分为 3 种类型。

1. 急性败血症型　初期个别猪突然死亡。猪群大多数体温升至 42～43℃,稽留热,寒战,稍后表现严重衰弱,拒食,口渴,偶尔呕吐,结膜充血,两眼清亮有神,很少有分泌物,粪便干硬,似栗状,外表附有黏液。初期患重病猪在下颚及肢面的皮肤上出现明显的由红到紫的变色,通常是在最初的症状出现后 24 小时左右在腹部、股内、咽喉、颈及两耳的皮肤呈现损害,从看不见之前能摸到至出现典型的菱形、2.5～5 cm 见方的荨麻疹红斑,或表现为同样外观而更为弥漫性水肿的疹块。后期可能出现下痢,呼吸急促,黏膜发绀。部分猪耳尖、鼻端、腹下、股内侧皮肤从出现大小、形状不一的红斑,指压褪色,到皮肤疹块扩展融合,常遍及背部,在猪体大部分皮肤上联结成片的深紫色区。受害的皮肤变得黑硬,其边缘卷缩且与底部的新鲜皮肤面分离。病程多为 2～4 天,病死率达 80%～90%。在急性非致死性 SE 中,这些病变可广泛分布,但在首次出现后的 4～7 天内逐渐消失。除了病变表皮脱落外,无其他后遗症。

2. 亚急性疹块型(荨麻疹型)　病初少食、口渴、便秘、呕吐、恶心,体温升至 41℃以上。通常于发病后 2～3 天,在颈部、背部、胸腹侧、四肢外侧等皮肤表面出现疹块,俗称“鬼打印”。疹块大小不一,数量不等,形状各异,但以菱形、方形多见,起初疹块充血,色淡红,以后瘀血变为紫蓝色。触摸时感觉隆起且坚硬。病势较轻,可数日内消退,自行恢复。在浅色皮肤猪身上可看到小的粉红色和黑褐色疹块,表面隆起,触感坚实,在多数情况下,可摸到疹块。在黑猪身上,虽然在合适的部位也可看到疹块,但主要依靠触诊。有时病变数量少,易被忽略;有时数量特别多,难以计数。病猪也可能在未触到疹块病变前死去。单个病变呈特征性的方形和菱形。皮肤病变的严重程度直接与病的预后有关。粉红色到紫色病灶是急性非致死性 SE 的特征,而黑紫色病灶通常表示动物将要死亡。在急性致死性病例中,常在动物的腹部、耳部、尾部、大腿后部及下颚出现大面积的黑褐色病变。严重的病猪很少不死,严重的皮肤病变继而变为皮肤坏死,该处呈黑色、干燥、坚实,最后与下层组织分离。受影响的部位特别是耳和尾部最后将会脱落,可能需要数周方痊愈,这要视继发感染的结果而定。在怀孕期间与急性或亚急性 SE 接触过的母猪可能发生流产。

3. 慢性型　大多数由急性或亚急性转变而来,亦可由隐性感染转变而来,少有原发性。常见的有慢性关节炎、慢性心内膜炎和皮肤坏死。耳尖和尾尖可能会形成坏疽和腐烂。有时出现心功能不全的症状,这是在疾病发作后最应注意的,有时会导致突然死亡。

慢性关节炎引起关节不同程度的僵直、肿大。有时在感染后 3 周出现,从轻度跛行到四肢完全不能支撑体重的运动障碍。

关节炎的关节损害常见于腕关节和跗关节,有时也见于肘关节、膝关节,受害关节发生炎性肿胀,有热痛,甚至关节变形,出现行走困难,病猪消瘦,生长缓慢。日本 1988 年对 4 个屠宰场 48 头猪检测,从关节炎和淋巴结炎猪中分离到猪丹毒丝菌 75 株;血清型中 1a 型 50 株(66.7%),2 型 13 株(17.3%),6 型 8 株(10.7%),16、10、11、21 型各为 1 株(1.3%)。黑崎嘉子(1984)从 94 头患关节炎的 62 头(66%)猪体中分离到猪丹毒杆菌;从 226 例中患有关节炎的 97 头猪的滑液中检出细菌(43%),其中膝关节检出率最高,左右膝关节分别为 58% 和 47%。

慢性心内膜型通常无特征性临床症状,有些猪呈进行性贫血、消瘦,喜卧不愿行走,强行运动则举步迟缓,呼吸迫促,心率加快有杂音。经常无先兆,由于心脏停搏突然倒地死亡,往往宰后检查才发现。

皮肤坏死常发生于背、肩、耳、蹄、尾等部位,局部皮肤变黑,干硬为皮革状,坏死的皮肤逐渐与其下层的新生组织分离,变为一层甲壳,最后坏死的皮肤脱落遗留斑痕。但如继发感染,则病情变化复杂,病程延长。

据 Hoffmann 等报道,自然感染后可引起母猪繁殖障碍,为流产、产死胎及弱小胎。哺乳母猪可能出现无乳。

[病理变化]

1. 急性败血型　全身淋巴结充血、肿胀，切后多汁，常见小点出血，呈浆液性、出血性炎症变化。脾脏充血性肿大，呈樱桃红色，其被膜紧张，边缘钝厚，质地柔软，在白髓周围红晕，脾髓易刮下，呈典型的急性脾炎变化。

在死于急性 SE 的猪中，弥漫性皮肤出血的迹象往往是主要的，特别是口鼻部、耳、下颚、喉部、腹部和大腿部的皮肤。肺脏充血、水肿，在心房和左心房的心肌上特别是心外膜上有斑点状出血。常出现卡他性炎——出血性胃炎，胃的浆膜出血。肝脏充血，肾脏皮质部有斑点状出血。

肾常发生出血性肾小球肾炎变化，肾肿大，呈弥漫型暗红色，有"大红肾"之称。皮质部有出血小点。肺充血、水肿。胃肠道有卡他性或出血性炎症，以胃底部或十二指肠最严重。亚急性型，皮肤上出现疹块为特征，有的还有上述的急性败血型病变。

显微病变：皮肤病变的组织学检查揭示，毛细血管和静脉管损伤，在血管周围有淋巴细胞合成纤维细胞浸润。皮肤表皮和真皮乳头发生致病性变化。乳头血管充血，并含有微血栓和细菌。乳头由于循环障碍而出现局部坏死区。心脏、肾、肺、肝、神经系统、骨骼、肌肉和滑膜出现血管病变。对 SE 菌感染的细胞应答主要包括单核白细胞和巨噬细胞。嗜中性细胞也可能出现，但不是主要的，化脓病变不是 SE 菌感染的特征。

感染的淋巴结通常出现急性皮质性淋巴腺炎，伴有充血和出血。在有些淋巴结中，小血管和毛细血管出现血栓和坏死的迹象。有时见到出血性肾炎和肾小球的炎症变化。亦有报告称，肾小管坏死，并伴有玻璃样和颗粒样管型。在肾上腺皮质的窦状隙内可见单核细胞的局部聚集。骨骼肌可发生病变，它与血管病变有关。这些病变包括肌纤维的分段性玻璃样和颗粒样坏死，进而出血纤维化、钙化和增生。中枢神经系统病变包括渗透性失调的血管病变、神经细胞变性、内皮细胞肿胀和脑、脑干脊索的软化灶。

2. 慢性 SE　慢性 SE 的主要病变是增生性、化脓性关节炎，常发生在跗关节、膝关节、肘关节和腕关节。有时可见脊椎炎，心瓣膜上的疣物不常见。

（1）慢性关节炎。关节肿大，关节内充满呈浆液、纤维素性渗出物，有时呈血样，稍浑浊。滑膜充血、水肿，病程长，肉芽组织增生，关节处肥厚。关节膜发生纤维组织性增厚，滑膜出现不同程度的充血和增生，造成组织肿胀，颗粒出现，形成尖状物，伸入关节腔。这种尖状物被夹在关节表面之间，产生剧烈疼痛。增生的组织也可穿过关节软骨表面，形成软骨翳，破坏关节面，最后是关节纤维化和僵硬，炎性关节的周围的淋巴结通常肿大和水肿。

（2）慢性心内膜。常见在房室瓣表面形成一个或多个灰白色的菜花样疣状物，以致使瓣口狭窄，变形，闭锁不全。以二尖瓣多生，有时也见于三尖瓣和主动脉瓣等处。

病理变化，败血症病死猪，其腹部常见有范围更广的弥漫性紫色水肿，全身有大量的瘀血斑或较小的瘀血点，在肾包膜下面、胸膜及腹膜上最易看到。胃静脉梗塞伴随有肠系膜淋巴结肿胀出血，肺和肝充血。脾和肾可出现梗死。急性皮肤上出现菱形病变。

显微病变：滑膜组织的病变在严重性方面不同，从单核细胞在血管周围的轻度聚集到广泛的组织增生过程。慢性 SE 的典型滑膜病变是特征性的，即滑膜内膜和内膜下结缔组织明显增生,血管化及淋巴样细胞核巨噬细胞聚集,形成炎性组织的绒毛垫。还可见到纤维沉积和组织化。随着病变的逐渐发展,纤维结缔组织的增生更为严重,可见到增生性滑膜的长叶,滑膜的面垫可能坏死,有纤维沉积和纤维性——脓性渗出物。在大量淋巴样细胞聚集的过程中,明显存在形成滤泡的倾向,关节软骨受到侵害,出现骨膜炎和骨炎。在老的病变中,由于纤维的黏化和钙化,使关节僵直。

心瓣膜上的疣状赘生物菌有颗粒组织,由于大量重叠的纤维组成,随着额外纤维的形成而出现结缔组织增生,它可成为栓的来源。

[诊断] 猪的急性丹毒的发生在临床上很难与其他败血症区别,需要结合多个病例进行综合诊断。特别是散发且急性病例,一个猪群突然暴发本病后的某些临床症状比其他疾病更有特征性,如没有发病前兆,突然死亡,体温高,四肢僵硬,病猪不愿运动,被弄醒后无意起来,以及精神好、清洁明亮警惕的眼睛。其他特征性症状包括一些病猪废食,粪便干燥或正常,在几天内病猪死亡或康复。用青霉素治疗后的 24 h,病情会好转。本病亚急性型可根据皮肤上出现特征性疹块(菱形斑块,呈青紫色,按压时不凹陷)做出诊断。林荣泉(1986)对疹块型猪丹毒检验技术进行了总结如下。

1. 流行季节的特点 检出率与季节密切相关,严冬早春季节呈零星散发,检出较少,占 0.059%～0.064%,春末夏初直到初冬,检出率达 0.35%～0.67%。

2. 突出检验重点 皮肤检验以肉眼为主,手触、刀检剖为辅,因对初发和未痊愈的丹毒较难判断(见表-112、表-113)。

表-112 不同病程疹块型猪丹毒细菌检查结果

病 程	病 例	实 验 诊 断 结 果				
		阳性反应	病例	阴性反应	病例	阳性百分率
初发期	22	+++	16	—	6	72.7%
严重期	16	+++	11	—	5	68.7%
未痊愈期	18	++	6	—	12	33.3%
痊愈期	10	+	1	—	9	10%

注:+++:表示细菌毒力强,75%有猪丹毒杆菌,小白鼠接种后 12～24 h 死亡;++:毒力中等,57%有猪丹毒杆菌,小白鼠接种后 28～44 h 死亡;+:毒力较弱,12%有猪丹毒杆菌,小白鼠接种后未见死亡;—:细菌无毒力,未见猪丹毒杆菌。

表-113 不同病程疹块型猪丹毒的病变特征

病 程	皮 肤 病 变	皮下脂肪病变	淋巴结、脏器病变
初发期	灰白、淡红色疹块凸出于皮肤表面 2～3 mm,触摸有硬感,真皮层可见结缔组织浸润,中度水肿	有凸出疹块,呈炎性过程,表面干燥,脂肪颗粒粗大,四周界限清楚,有硬感,如表皮疹块微凸,则脂肪炎症不明显或无痕迹	乳房、股前、髂内外淋巴结水肿,切面多汁、肾水肿柔软、脾柔软

病 程	皮 肤 病 变	皮下脂肪病变	淋巴结、脏器病变
严重期	鲜红、紫红色凸出于皮肤表面的疹块,形状不一,边缘整齐与四周皮肤界限明显,有硬感,灯光下可见红色阴影区	皮下脂肪表面可见鲜红、粉红、橘黄、灰白凸出疹块,病变部脂肪呈严重炎性过程,脂肪颗粒粗大,见有小出血点或血液浸润,周围组织界限清楚	全身淋巴结充血肿胀,切面多汁,有时伴有小点出血,胃底、十二指肠、空肠、回肠黏膜有急性卡他性炎症,脾红棕色肿胀,边缘钝圆而柔软
未痊愈期	疹块表面色泽变淡,从凸出到扁平,留有病灶痕迹或痂皮脱落,残留红色斑痕,界限明显	脂肪有凹陷的瘢痕,但无红色炎症病灶	淋巴结呈淡红色,轻度充血水肿,肾脾有柔软感
痊愈期	残留有灰褐色,四周不整齐并呈锯齿状痂皮痕迹,有淡色瘢痕,界限清楚	呈淡色,无炎症病灶,瘢痕形状隐约可见,有时则毫无影迹可见	无可见病变

（1）弥漫性形成的伤痕与初发性疹块丹毒鉴别：宰后皮肤表面偶见弥漫性方形伤痕,其形态、颜色都极似初发性疹块丹毒,肉眼难判断可用刀剖切,初发丹毒的真皮层有血液浆液性浸润,而伤痕不见。

（2）初发小型疹块丹毒与内源性皮疹、白色疹块丹毒和脂肪增生鉴别：皮疹的皮下脂肪表面见弥漫性微凸灰白色小疹块,呈小圆形、不规则形,分布密集界限清楚。初发白色小型疹块丹毒则凸出表面,皮下脂肪呈方形和菱形,界限明显,触之硬感。局部皮肤脂肪增生多见于大肥猪,表皮呈半球形瘤状隆起,触之柔软无硬感。

（3）未痊愈丹毒与创伤结痂鉴别：疹块的形状多为四方形和菱形,边缘呈锯齿状,痂皮大于丹毒病灶范围,炎症由表皮深入真皮与皮下脂肪,界限明显；病变轻时,皮下脂肪稍有痕迹。创伤痂皮见有程度不同的深入组织的损害,呈现不规则,皮下脂肪有弥漫性不规则的出血浸润伤痕。

（4）烂斑丹毒与脓疮溃烂的鉴别：疹块由于在表皮细胞层中间有浆液浸润而表皮松弛,在脱落后形成烂斑,它有明显的丹毒疹块特征病变,脓疮溃烂系化脓性细菌感染而引起溃烂,有异常恶臭,不具有丹毒特征病变。

3. 重视淋巴结与部分脏器的病理变化　猪只在发生疹块型丹毒的同时,由于细菌毒素的作用,淋巴结与部分脏器也往往表现出特殊病变。淋巴结多呈浅灰色或充血、水肿多汁；肾和脾轻度肿胀而柔软；十二指肠、空肠、回肠和胃底腺区黏膜呈急性卡他性炎症。

詹存琭(1987)对 300 例患猪丹毒猪的脾、肾研究,认为 2 个型丹毒特性不同,败血型是体表及皮下脂肪呈暗红色或鲜红充血,俗称"大红袍"。肾、脾及淋巴结病变较典型,病原菌毒力较强,涂片检出率达 77% 以上,占病例的 10%～20%；疹块型丹毒皮肤出现大小不等的方形、圆形或菱形的高出皮肤面的疹块。病原菌毒力较弱,生长力差,涂片难找到,病灶不典型,该病检出率约 20%,占病例的 80%～90%。可伴有发热、关节痛全身症状,但症状较轻。

而败血型和慢性,往往要与炎症鉴别,需要做生物学检查。

(1)微生物检查。采集病猪耳静血、疹块部渗出液,死后可采集心、脾、肝、肾、淋巴结、心瓣膜、滑液组织或关节液进行涂片、染色、镜检,如见革兰氏阳性纤细杆菌,可作初步诊断。但在慢性心内膜炎病的涂片上往往见有长丝状的菌体,从皮肤病变和慢性感染的关节很少能发现本菌。把病料接种于血琼脂或麦康凯琼脂平板;污染样本用含 0.1% 叠氮钠或 0.001% 结晶紫选择性培养基,37℃ 24～48 h 培养,长出针尖大小的病菌。用生化试验、盒鉴定、触酶阴性、凝固酶阳性、三糖铁琼脂培养上,可见 H_2S 的大量产生。

(2)血清学诊断。猪丹毒阳性血清与分离物制成的沉淀原进行琼扩试验做血清型的鉴定。此外,有免疫荧光试验、血清培养凝集试验、凝集试验、补体结合反应、沉淀反应和间接血凝试验等。

(3)动物感染试验。将病料(疹块部渗出液或血液、脾、肝、肾等脏器)或纯培养物接种于鸽子、小鼠和豚鼠。先将病料磨碎,用灭菌生理盐水作 5～10 倍稀释,制成悬液。鸽子胸肌接种 0.5～1.0 mL,小鼠皮下接种 0.2 mL,豚鼠皮下或腹腔接种 0.5～1.0 mL。若为肉汤培养物可直接接种。固体培养基上的菌落,需先用灭菌生理盐水洗,制成菌液再接种。接种后1～4 天,鸽子翅、腿麻痹,精神委顿,缩头羽乱,不取食,死亡。小鼠出现拱背、毛乱、闭眼、拒食表现,3～7 天死亡。死亡的鸽子和小鼠脾脏肿大,肺充血、水肿,肝有点状坏死。

取心血、肾、脾等内脏,涂片染色镜检和分离培养。镜检时本菌呈典型革兰氏阳性细小杆菌。可从组织中分离到本菌的纯菌落。

[防治] 本病的预防关键是按照科学的免疫程序使用菌苗,控制措施的关键在于早期使用足够剂量的高效敏感的抗生素。

青霉素为首选治疗药物,对急性败血型可先用水剂,每千克体重 1 万 IU,静脉注射,并同时肌肉注射常规剂量每次 80 万～160 万 IU。也可用普鲁卡因青霉素 G 或苄星青霉素 G,每千克体重 15 万 IU 进行治疗。也可用链霉素、新霉素、四环素、红霉素等药物,以及头孢噻呋、泰乐菌素、恩诺沙星等。也可将金霉素与抗猪丹毒高免血清或青霉素与磺胺制剂合并使用。

菌苗可以较好地实现预防的目的。菌苗可提升动物的免疫水平,但无法提供完全的保护,因为不同菌株的抗原性差异较大。因此,由某一菌株制成的菌苗不可能对所有野毒株都有相同的免疫效果;临床上也观察到急性病症可能会在应激之后发生;菌苗对关节炎型或心脏型猪丹毒预防效果不好。所以,良好的卫生环境、预防应激、有效的粪便管理、定期的猪场消毒,对预防猪丹毒发生也很重要。

用的菌苗有甲醛灭活的氢氧化铝佐剂苗,也有弱毒菌苗。

1. 猪丹毒氢氧化铝灭活菌苗 该菌苗是用免疫原性良好的 2 型猪红斑丹毒丝菌,经甲醛灭活,加氢氧化铝胶吸附沉淀而成。注射菌苗后 21 天产生免疫力,免疫期可达 6 个月。加矿物油佐剂免疫持续期可达 9 个月。

2. 猪丹毒 GC42 弱毒冻干菌苗 既可口服,也可注射,安全性、稳定性和免疫性均好。每头猪皮下注射 7 亿个菌,免疫持续期可达 5 个月;注射 14 亿个菌免疫持续期可达 9 个月。可用于大规模免疫预防接种。

3. 猪丹毒 G4T10 弱毒株冻干菌苗   菌株毒力稳定、安全性和免疫原性较好。免疫持续期可达 6 个月。

4. 猪三联冻（疫）干菌苗   该疫（菌）苗是用猪瘟、猪丹毒、猪肺疫弱毒（菌）株联合制成，皮下或肌肉注射 1 mL，即可使猪对三大传染病获得免疫力，免疫持续期分别为猪瘟 12 个月、猪丹毒 9 个月、猪肺疫 6 个月。另外，世界范围内大量使用并证明安全性与免疫原性较好的用于制猪丹毒菌苗的菌株有：日本的"小金井"、瑞典的"AV-R"和罗马尼亚"VR-2"等菌株。

此外，在被动免疫、紧急预防和治疗时，可用抗猪丹毒血清，目前有牛源和马源两种抗血清。

本病被认为是一种"自然疫源性传染病"。所以，必须加强环境消毒、控制媒介传染。不准食用未经处理的急宰猪等畜禽肉类及内脏。同时要消灭蚊、蝇、虱、蜱等吸血昆虫。食堂的残羹泔水、鱼及畜产品加工的废料等，都必须高温煮沸后喂猪、牛、羊、马、犬及禽类。防止废料与畜禽接触（见表-114）。从环境中分离的猪丹毒杆菌，按常规血清型认定都具致病性，因而对猪舍及环境消毒至关重要。

表-114   从环境中分离的猪丹毒及其遗传类型、血清型

样品来源	阳性数	阴性数	阳性率（%）	遗传类型	血清型
堆肥	13	15	46.4	丹毒丝菌属 1 系、3 系	1a,2,未能按型分类
唾液	5	6	45.5	丹毒丝菌属 1 系	9,12,21 未能判定
饲料	9	8	52.9	红斑丹毒丝菌	1a,2
饲料槽	0	7	0		
墙壁	11	12	47.8	红斑丹毒丝菌	1a,2
供水槽	6	22	21.4	丹毒丝菌属 1 系	1a,1b,6,13
饮水口	9	8	52.9	红斑丹毒丝菌	1a,1b,6
风扇	3	8	27.3	红斑丹毒丝菌	1a,2

对猪粪要堆积发酵处理，如果不进行发酵处理，只让其干燥，猪丹毒杆菌可以在猪粪中存活 80 天。粪便发酵时的温度，确保上升至 60℃ 以上极为重要。猪丹毒菌在 60℃ 以上的环境中经数分钟到 10 分钟左右即可被杀死。对空圈要进行彻底消毒，可用石灰水涂刷一次，并空置 30 天以上，这关系到后一批次猪群的水平感染。

二十三、炭疽（*Anthrax*）

该病是由炭疽芽孢杆菌（Bacillus anthracis）引起的人和畜禽、野生动物的一种急性、热性、败血症传染病。其名字来源于希腊词"anthraxos"，因其形成一种特征性的皮肤炭样焦痂而得名。其特征是体温升高，腹胀，体表炎性肿胀，脾脏显著肿大，皮下和浆膜下结缔组织出血性胶样浸润，血液暗黑色、煤焦油样、凝固不良，天然孔出血，中毒性休克。牛、羊患炭疽后多猝死，腔道出血，脾脏肿大，故称该病为双称脾脱疽或连贴黄。中医称炭疽为"疔"或"疔

疽"。因羊毛工人易发，又称为"羊毛疔"或"疫疔"。

[历史简介]　中国黄帝《内经》有类似记载。公元前 300 年，Hippocrates 已描述了本病。Master(1752)、Fournier(1769)描述过人畜炭疽病。Chabert(1780)记述过动物炭疽。Eilert(1836)用患炭疽的病畜的血液进行人工感染成功，证实了本病具有传染性。Davaine 和 Pollender(1847)从一死牛脾的血液中发现炭疽杆菌。Kayer(1850)从绵羊血液中发现。Koch(1876)获得纯培养物，并把这种细菌移种到老鼠体内，使老鼠感染了炭疽，最后又从老鼠体内重新得到了和从牛身上得到的相同的细菌，第一次用科学方法证明某种特定的微生物是某种特定疾病的病原，且对本菌进一步确认并证明能形成芽孢，从而阐明了炭疽的发生和传播方式。Pasteur(1881)分离到减毒株，成功地完成了家畜炭疽的预防。

Sclavo(1895)研制出抗炭疽血清，用于炭疽的治疗。Murphy(1944)应用青霉素治疗炭疽病患者。Mccloy(1951)分离到炭疽噬菌体 wa 株。Smith(1955)证明了毒素存在。Mikesell(1983)发现炭疽毒素质粒。Green(1985)发现炭疽荚膜质粒。Fadyean(1993)描述了炭疽荚膜。Reed(2003)发表了炭疽杆菌全基因序列。

[病原]　炭疽芽孢杆菌归属于芽孢杆菌属，为需氧芽孢杆菌属群 I，菌体在 $0.9\ \mu m$ 以上的一族，其中有炭疽芽孢杆菌、蜡样芽孢杆菌、苏云金芽孢杆菌、巨大芽孢杆菌等。Ivanovics(1958)在研究炭疽芽孢杆菌和蜡样芽孢杆菌关系时，认为两者均应作为独立种来看待，并提出了溶血活性、青霉素酶、卵磷脂酶等鉴定标准。炭疽芽孢杆菌为革兰氏染色阳性，以繁殖体和芽孢两种存在形式，在人和动物体内为繁殖体形式。无鞭毛，不能运动，大小为 $3\sim8\ \mu m\times1\sim1.5\ \mu m$。在血液中成单个或成对，少数为 $3\sim5$ 个菌体相连的短链，每个菌体均有明显的荚膜。培养物中的菌体则成长链，像竹节样，一般条件下不形成荚膜。病畜体内的菌体中央或略偏一端。

本菌为需氧菌和兼需氧菌。一般培养基上生长良好，在 37℃、pH $7.0\sim7.4$ 条件下最合适生长。在普通琼脂平板上生长成灰白色、不透明、扁平、表面粗糙的菌落，边缘不整齐，低倍镜下呈卷发状。自病畜分离的炭疽杆菌在 50% 血清琼脂上，于含有 $65\%\sim70\%\ CO_2$ 中培养，可生长为带荚膜菌落。这种菌落光滑而黏稠，可拉出几厘米的细丝还原，可与其他类似菌体鉴别。新分离的有毒力的炭疽杆菌常不溶血。DNA 的 G+C 为 $32.2\sim33.9\ mol\%$。模式株：ATCC14578、MCTB9377、MCTC10340；GeaBank 登录号(16s：DNA)AF176321。

本菌菌体对外界环境抵抗力不强。在体外有氧环境下易形成芽孢，与繁殖体相比其芽孢抵抗力很强，在干燥土壤中可存活 60 年，在污染的草原中生存 40 年。在干热 150℃，可于60 分钟内灭污；在 $-5\sim10$℃冰冻状态下可存活 4 年。每毫升含 100 万个芽孢的盐水悬浮液，用湿热消毒，90℃需 $15\sim45$ 分钟、95℃需 $10\sim25$ 分钟、100℃需 $5\sim10$ 分钟灭活。马的鬃毛在 121℃高压灭活 15 分钟方可杀死其中的芽孢。一般加热固定染色制片后，芽孢仍存活。在炭疽死亡的尸体未打开时，炭疽杆菌在骨髓中可存活 1 周，皮肤上可活 2 周。炭疽杆菌主要有 4 种抗原：① 荚膜多肽抗原，有抗吞噬作用，与致病力有关；② 菌体多糖抗原，与毒力无关，有种特异性，耐热，可用作热沉淀反应；③ 芽孢抗原，有免疫原性和血清诊断价值；④保护性抗原，是炭疽毒素的组成部分，可致组织水肿和出血，有很强的免疫原性，注射动物可产生抗感染抗体。

炭疽杆菌的遗传物质包括染色体(全长约 5.23 Mb)和两个质粒 PXO$_1$ 和 PXO$_2$。炭疽杆菌的致病力取决于荚膜和毒素,二者由两个毒力质粒编码,毒素基因位于 PXO$_1$ 质粒(184.5 kbp);荚膜基因位于 PXO$_2$ 质粒(95.3 kbp)。PXO$_1$、PXO$_2$ 皆无毒菌株,具有两种质粒的炭疽芽孢杆菌是强毒菌株。具有 PXO$_1$ 而不具有 PXO$_2$ 或不具有 PXO$_1$ 而只有 PXO$_2$ 的是弱毒株。Keim 利用多位点可变数串联重复分析系统(MLVA)进行可变数串联重复系列(VNTR)基因序列分析对炭疽杆菌进行基因分型。目前炭疽菌可分为 A、B 两个组群。A 组可分为 A1~A6 亚组,B 组可分为 B1~B2 亚组,并发现基因具有地区特征性。

炭疽菌在繁殖过程中可产生外毒素蛋白复合物:水肿因子(EF)、保护性抗原(PA)、致死因子(LF)3 组分。三者单独存在皆无致病性,只有 EF 或 LF 在与 PA 结合才有生物活性。2 种或 3 种混合注射可杀死小鼠,使豚鼠和家兔注射局部出现组织水肿和出血、坏死等炭疽典型中毒表现。荚膜和毒素是炭疽杆菌致病的主要因素,对动物致病力以草食动物最为敏感,动物感染后常呈急性败血症而猝死;食肉动物受感染后常呈隐性过程或仅在局部形成病灶;人类的易感程度介于两者之间。编码毒素的 3 个基因 pagA、cya 和 lef 位于 PXO$_1$ 质粒的"致病岛"上。

消毒药对炭疽芽孢的作用,不同的试验结果差异较大。如试验认为甲醛有效性 1%~2%,而另一试验结果为 3%甲醛溶液 3 天不能杀死炭疽菌;10%甲醛溶液在 40℃时,15 分钟方能杀死芽孢。直射阳光照射 100 h、煮沸 30~40 分钟、121℃高压蒸汽灭菌 15 分钟能杀灭芽孢,而干热 140℃ 3 h 只能部分杀灭芽孢;20%漂白粉、2%碱性戊二醛、5%碘酒、4%高锰酸钾、1 356 mg/L 环氧乙烷;石炭酸、来苏儿、苯扎溴铵、酒精效果差。

[流行病学]　动物炭疽遍布全球,在南美洲、亚洲和非洲等牧区呈地方性流行,为一种自然疫源性疾病。

各种家畜、野生动物都有不同的易感性,其中草食兽易感,是天然宿主,如牛、羊、马、驴、水牛、骆驼、鹿、象、角马、河马、羚羊;摄食炭疽的犬科动物和肉食动物,如狼、狐、狮、虎、犬、猫、猴等;但罕见有感染大批肉食动物的炭疽暴发;猪有抵抗力。小鼠、豚鼠最易感,接种少量有毒力芽孢即可发病死亡,即使不能杀死绵羊、兔的弱毒株,亦可使其死亡。有中等毒力的菌株可杀死兔。人类也可感染。Wagner(1874)描述了人皮肤和脑膜炎炭疽。曾有猪发生炭疽引起人和畜间炭疽流行。

本病的主要传染源是病畜,芽孢是炭疽感染循环的中心。病死畜体及排泄物带有大量菌体。当尸体处理不当,菌体形成大量有强大抵抗力的芽孢污染土壤、水源、牧地,则可成为长久的疫源地。猪可因食入污染炭疽的动物制品或饲料而感染得病。病畜的痰、粪便和分泌物具有传染性。

本病的主要传播途径:① 经消化道感染,常呈地方性流行,通过采食污染的饲料、牧草、饮水或雨水冲刷暴露出含芽孢土壤而受感染。人摄入被污染的食物、水等而发生肠炭疽,病死率达 25%~75%;② 经呼吸道感染,通过吸入炭疽杆菌或带芽孢的空气、尘埃而发生肺炭疽,病死率达 80%~100%;③ 经皮肤、黏膜感染。病菌毒力强,可直接侵袭完整皮肤。人因接触带菌畜产品或通过外伤或昆虫叮咬诱发感染,发生皮肤炭疽,病死率达20%～25%。

炭疽按流行病学可分为工业型炭疽和农业型炭疽。农业型炭疽有明显季节性,与气候条件有关,特别是洪涝干旱年份,往往流行。一年四季皆散发,7～9月为发病高峰。

[发病机制] 炭疽感染是由炭疽杆菌的内生孢子引起的。炭疽内生孢子不分裂,几乎观察不到新陈代谢,具有抵抗干燥、高温、紫外线、γ-射线和许多消毒剂的能力,在一些土壤中炭疽孢子可保持休眠状态数十年,所有炭疽毒性基因是由炭疽杆菌在体内以孢子发芽的增殖形式来表达的。

菌体可通过破损的皮肤、黏膜侵入,毒力强的可通过完整皮肤侵入,还可经呼吸道和肠道侵入。当一定数量的芽孢进入皮肤破裂处。吞入肠道或吸入呼吸道,加上机体抵抗力减弱时,病原菌借其荚膜的保护首先在局部繁殖,产生大量毒素,导致组织及脏器发生出血性流通浸润和严重水肿,形成原发性皮肤炭疽、肠炭疽和肺炭疽等;当机体抵抗力降低时致病菌即迅速沿淋巴管及血循环进行全身扩散,形成菌血症和继发性脑炎。关于炭疽的死亡原因,不少学者进行了多方面的探讨。炭疽杆菌致病主要与其毒素中各组分的协同作用有关,炭疽毒素可直接损伤微血管的内皮细胞,使血管壁的通透性增加从而使小血管扩张,加重血管通透性,减少组织灌注量;又由于毒素损伤血管内膜激活内凝血系统及释放组织凝血活酶物质,血液呈高凝状态,故弥漫性血管内凝血(DIC)和感染性休克在炭疽中均较常见。此外,炭疽杆菌本身可堵塞毛细血管,使组织缺氧缺血和微循环内血栓形成,炭疽杆菌在体内有血清的条件下,形成大量荚膜物质,起囊套作用,能抵抗吞噬细胞的吞噬和降解,并可被吞噬细胞携带向其他部位扩散。在炭疽杆菌发芽过程中,由于体内的环境条件适宜,或产生炭疽毒素。毒素主要作用于哺乳动物的吞噬细胞。首先是毒素的PA63和PA20两个片段,PA20脱离后,暴露出与EF和LF毒素决定簇结合的位点,在PA63的介导下,通过钙调蛋白的协同作用,形成细胞膜离子通道,使得EF和LF进入细胞。EF是一种腺苷环化酶,催化细胞内三磷酸腺苷环化。EF通过使细胞内的环碟酸腺苷浓度增加,从而抑制免疫细胞功能如中性粒细胞的吞噬作用及巨噬细胞的吞噬作用等,致使宿主的免疫系统的功能遭到破坏,炭疽特征性水肿是由EF所致。LE是一种钙离子和锌离子依赖的金属蛋白酶(内肽酶),能切割多种有丝分裂活化的蛋白质激酶,切断与细胞生长和成熟有关的信号转导途径。巨噬细胞是LF的主要靶细胞,敏感的巨噬细胞对致死毒素的最初反应是合成大量的细胞因子,如TNF和IL-1、IL-6等,因此炭疽败血症休克所致死亡可能是由于这些细胞因子的释放造成的。毛细血管内皮细胞也对致死毒素敏感,在炭疽感染后期,排出大量的细菌,以及从口、鼻、肛门出血可能应归于淋巴结及毛细血管坏死。炭疽杆菌的氧化酶、过氧化氢酶、酪胱酶和胶原酶,以及毒素和其他代谢产物,迅速引起感染局部毛细血管通透性增强,血管周围组织渗透失衡,血管内静压升高,出现局部水肿。由于感染部位组织炎症、溃疡、坏死、中央焦痂,周围组织水肿,严重者有广泛性软组织出血性胶样水肿,即所谓典型的炭疽病灶。认为由于毒素的作用,使中枢神经受累,氧饥饿。毛细血管通透性增加,继发休克和肺水肿等。这些综合症最后导致动物呼吸衰竭、死亡。

[临床表现] 猪具有较强的抵抗力,因此发病的机会少。

猪炭疽从病程上分有最急性、急性或亚急性和慢性；从临床症状分有咽型和肠型。

1. 最急性型　常为最急性原发咽型炭疽，常未见症状而突然死亡。患猪膘肥体壮，突然停食，发热，行走摇摆，高度呼吸困难，嘶鸣，全身痉挛，突然倒地死亡。尸体膨胀，尸僵不全，口、鼻流出淡红色带泡沫液体，肛门流出少量黑红色血液，血液凝固不良。体腔内有多量红黄色或淡红色渗出液。淋巴结肿大，呈兰红色，有出血斑点。脾肿、柔软、暗红色，切面黑紫色如粥状，肝肿，膈面有白色坏死灶。猪对炭疽的抵抗力较强，最急性败血症状极少见，为散发。王长吉（1996）对新疆和田地区 1963—1994 年猪 70 例急性炭疽统计，其中 42 例为最急性。从发现临床症状到死亡，往往仅几小时，来不及诊断与治疗。剖检为咽喉水肿和出血，窒息死亡。Ratalics L et al.（1964）报道新生乳猪由于吸入传染性尘埃而发生肺型炭疽暴发，其特征为大叶性肺炎及渗出性胸膜炎，经 12～16 小时后死亡。

2. 急性或亚急性型　主要表现为体温升高，食欲废绝，黏膜发绀，1～2 天死亡。典型症状为咽型炭疽，体温升至 41～42.5℃，到临死前才下降。高热期有寒战不安，精神委顿，呆立一处，喜于卧地。可视黏膜呈蓝紫色，杂有小点出血，颈部水肿，呼吸困难，呈犬坐姿势，呼吸呈浅表喘息状态，心跳加速可达每分钟百次。初期便秘后腹泻带血，有腹痛表现，尿色暗红，部分病例混有血液。个别病例在舌、颊、唇黏膜上出现充满带血的水泡，腹下和四肢内侧皮肤上有蓝紫色斑块。部分病例症状严重时面部、咽喉严重水肿，按压热而不痛，肿胀逐渐波及耳下部和面部，甚至达颈部和胸前部，病猪吞咽和呼吸极度困难，口、鼻黏膜发绀，痉挛，磨牙，天然孔出血，窒息死亡。多数猪在颈部水肿出现后 24 小时内死亡。有报道哺乳母猪泌乳停止，怀孕母猪流产。

病理剖检：尸体败血症病变明显，尸体迅速腐败，腹围增大，尸僵不全，血液凝固不良，色暗红且黏稠，腐败尸体变成黑红色；鼻腔、肛门、阴道、口腔等天然孔流出暗红色血液；直肠脱出并有出血；可视黏膜发绀。各脏器出血，实质器官变性。皮下结缔组织有淡黄色胶样液体浸润，多见于咽喉部、颈部和胸前部，偶见于腹部和四肢；在咽喉部黏膜下、舌系带周围和杓状软骨、舌会厌皱襞等也有胶样水肿和出血。淋巴结肿胀，切面多汁，小点出血，在咽喉、颈前淋巴结高度肿胀，扁桃体表面有淡黄色胶样液体浸润。脾脏急性肿大 2～3 倍（最急性仅轻度肿胀），部分破裂，呈黑红色，软如糊状，可见煤焦油状的脾髓和血液。肝脏充血、肿胀，实质变性、色暗。肾脏充血、肿胀、周围有淡黄色胶样液体浸润，点状出血。肺脏充血、水肿，部分患猪有典型的大叶性肺炎，胸腔中有浆液性纤维蛋白性渗出液。咽喉部黏膜高度炎性水肿，且有点状或块状出血。心冠状动脉周围和心内膜下有轻度胶样浸润，心肌变性，松软，呈灰红色。肠系膜淋巴结肿大、出血，肠系膜水肿、溃疡等。

3. 慢性型　患猪部分为急性型转变，部分为隐性感染不见临床症状或症状不明显，只有屠宰后发现病变。局部炭疽死亡的猪，咽部、肠系膜及其他淋巴结常出血、肿胀、坏死，外围有广泛的水肿区。常侵害肠道，病变区增厚，肠道病变部黏膜肿胀、坏死。肠系膜常变厚，淋巴结肿大，常有不同程度的腹膜炎。此外肺炎症。

H. Usiatehko 等（1983）报道慢性炭疽初期，猪长时间躺卧，体温暂时升高，有时颈部轻度浮肿；后期症状消失，貌似健康，但在屠宰时可观察到损害的病灶。病猪由于喉黏膜高度水肿，发出喘息声，不能正常进食，常呈犬坐姿势，咳嗽，有时呕吐，舌的硬腭水肿，可导致死亡;无水肿的病例,逐渐消瘦,有的可以康复。

患慢性型炭疽时炭疽菌主要阻留于淋巴结,很少侵入血液,感染被局限于颌下、咽后、颈和肠系膜淋巴结,甚至梗塞于实质器官表面血管。对208个胴体检查:两侧颌下淋巴结均发生感染的占39.85%;一侧的占21.73%(右侧占10.14%,左侧占11.59%)。从颈淋巴结和受损的扁桃体及肠系膜淋巴结均可分离出病原体。有4个胴体出现明显的咽峡炎,伴有咽、扁桃体、腭滤泡、会厌和所有头部淋巴结的损伤。局部型炭疽诊断困难,患病猪可能准予屠宰,随之错误地将其作为食品利用,导致该病的传播蔓延,危及人畜安全。因为有的慢性局部型炭疽既无喉水肿,也不在其黏膜上发生化脓,常是颌下、咽后、耳下和颈淋巴结之一受到损伤;往往是增大,切面呈红砖色。常常不是整个淋巴结被损伤,而是它的个别叶,有时受损伤的部位呈豌豆粒大或针帽大。局部型炭疽常见部位剖检:① 胴体的右侧颌下淋巴结增大4～5倍。切面呈红砖色,切面深处有暗樱桃红的炭疽病灶,淋巴结和毗连的结缔组织充满渗出液。② 胴体的脾脏体积稍增大,表面分布有从绿豆到鸽蛋大的暗红色梗塞。③ 胴体的扁桃体两侧局灶性坏死,伪膜呈黄色并存在大量带臭味的黄灰色渗出液。④ 胴体的肠系膜淋巴结增大6～8倍,切面呈红砖色,有明显的暗樱桃色出血。⑤ 小肠黏膜稍肿起,充血,布满溃疡或体积为硬币大小的暗樱桃色结节;在损伤黏膜中心的左右侧有黏滞性黏液和点状出血。腹腔内有凝胶状渗出液,肠绊之间有淡黄色纤维蛋白丝。感染区的肠系膜血管高度充血,肠系膜呈胶陈样浸润并贯穿以出血。

临床上常见表现如下。

(1)咽喉型。慢性咽喉型炭疽通常颈部水肿和呼吸困难,在宰后检验中发现。病变见于咽喉部个别淋巴结,特别多见于颌下淋巴结,表现为淋巴结肿大,被膜增厚,质地变硬,切面干燥,有砖红色或灰黄色坏死灶;病程较长猪在坏死灶周围带有包囊形成,或继发化脓菌感染而形成肿胀,脓汁吸收后形成干酪样或变成碎屑状颗粒。有时在同一淋巴结切面可见有新旧不同的病灶。

(2)肠型炭疽。苏联1923—1940年间发生过6次肠炭疽。常伴有消化道紊乱的症状,可见急性消化失常,表现为呕吐、便秘或腹泻,甚至粪中带血,亦有恢复者,而咽喉部常无水肿。主要发生于小肠,多以肿大、出血和坏死的淋巴结为中心,形成局灶性出血坏死性肠炎病变。病灶为纤维样坏死的黑色痂膜,邻接的肠黏膜呈出血性胶样浸润。肠系膜淋巴结肿大、出血、坏死及水肿。Redomond(1997)报道试验猪50头感染猪中有33头在感染后1～8天出现厌食,反应迟钝、颤抖、便秘、拉稀、便血、有时运动失调,发热小于41.9℃,高峰出现在感染后48小时,仅有2头死亡。

(3)肺型炭疽。呼吸道感染少见,但猪肺炭疽时有时发生,新疆在70例猪急性炭疽中有10例猪肺炭疽,也常见职业工人的人肺炭疽往往导致死亡过半,主要为大叶性肺炎。Ratalics L和Toth L(1964)报道新生乳猪由于吸入传染性尘埃而引起肺炭疽的一次暴发,其特征为大叶性肺炎及渗出性胸膜炎。一般经12～16小时的病程后死亡,个别猪可苟延数日。

[诊断]

1. 流行病学调查及临床诊断　本病多为散发和地方流行,常在夏天多雨或干旱季节发生,经过急剧,死亡迅速。皮肤炭疽因其特征表现一般不易误诊,但肺炭疽和肠炭疽因其初期症状没有特异性常常得不到及时诊断和治疗,多数病畜生前缺乏临床症状,因此对疑似病死动物严禁剖检,要靠实验室检查确诊。

猪群出现原因不明而突然死亡的病例,病猪表现体温升高,咽喉出现痛性肿胀,死后天然孔流血,应首先怀疑为炭疽。血液不凝固呈暗黑色,皮下有出血性胶样浸润,脾脏肿大。若无防护条件,不可贸然剖检。

可采取临死前后病畜末梢血抹片,或切一块耳朵,必要时局部切开取一块脾脏为病料,置于灭菌容器中培养鉴定。

2. 显微镜检查   取上述病料涂片,用革兰氏染色法或碱性亚甲蓝染色法、印度墨汁负染法等进行荚膜染色。有条件还应用荧光抗体染色法、酶标传染色法等检验。

3. 细菌分离采集   把新鲜皮肤损害的分泌物、痰、呕吐物、排泄物、血液及脑脊液等病料直接接种于鲜血琼脂平板,污染或陈旧病料及环境样品,可接种于 PLET 琼脂平板或碳酸氢钠琼脂培养。在普通琼脂培养基上,菌落生长良好,灰白色,表面干燥稍隆起,放大可见菌落有花纹,边缘不整齐,呈明显卷发状,称为"狮头"样菌落。对分离的可疑菌株可做串珠试验、噬菌体裂解试验、青霉素抑制试验进行菌种鉴定。

4. 血清学诊断   方法有 Ascoli 沉淀反应、酶联免疫吸附试验(ELISA)、阻断性酶联免疫试验(BA-ELISA)、间接血凝试验(IHA)、放免试验(RIA)、免荧试验(IF)及免疫电化学发光技术(IECL);血清特异性抗体浓度出现 4 倍或 4 倍以上升高。

5. 分子生物学诊断   方法有 DNA 探针、PCR、串联重复式序列分析、扩增片断长度多态(AFLP)和脉冲凝胶电泳(PEGE)。

6. 鉴别诊断   临床上应注意与巴氏杆菌病、气肿疽、恶性水肿、焦虫病、羊梭菌病等相鉴别。

进行鉴别诊断时须注意皮肤炭疽与痈、蜂窝组织炎、恙虫病、皮肤白喉、兔热病及腺鼠疫等进行鉴别;肺炭疽早期与肺鼠疫相鉴别;肠炭疽与急性菌痢及急腹症等加以鉴别;炭疽杆菌脑膜炎与蛛网膜下腔出血及其化脓性脑膜炎区别。

[防治]   炭疽在我国列为乙类传染病,发生肺炭疽按甲类传染病处理。

(1) 对不明病死畜、尸体不得剥制和利用,需经检疫后处理。疑似尸体须带皮焚烧,不得深埋以免后患。

(2) 发现炭疽后立即上报,确定疫区范围,采取封镇、隔离、消毒、紧急预防接种等措施,尽快扑灭疫情。

(3) 对污染猪场的粪便,用堆积方法,使堆肥温度至 72～76℃,发酵 4 天;环境中地面表土应除去 15～20 cm,取下的土与 20%漂白粉液混合后再深埋。环境用新配制的 20%石灰乳或 20%漂白粉消毒 2 天以上或 4%高锰酸钾、0.04%碘液消毒;能封闭的圈舍用 1:44 (W/W)比例的环氧乙烷与溴甲烷混合,以每立方米空间 1.5 kg 的用量熏蒸 24 小时。皮毛消毒可用加有 2%盐酸的 5%食盐水于 25～30℃下浸泡 40 小时。在最后一头病畜死亡或痊愈后 15 天方可解除封镇,并同时进行一次消毒后开放。

二十四、李氏杆菌病(*Listeriosis*)

该病是由产单核细胞李氏杆菌引起的人畜传染病,呈散发。人畜主要表现脑膜炎、败血症和单核细胞增多症。家禽和啮齿动物主要表现为脑膜炎、坏死性肝炎和心肌炎。

[历史简介]　1910 年前本病在冰岛羊群中流行。1920 年 Lignieres 和 Spitz 从牛中分离该病病原菌。Murray(1926)从单核细胞增多症兔、豚鼠分离到本菌,命名为单核细胞增多性李斯特杆菌。1927 年 Pirie 从患"虎河病"沙鼠分离到单核细胞增生杆菌。1929 年 Nyfeld 从传染性单核细胞增多症病人中分离到该菌,误认为其为该病的病原菌,后发现该菌主要引起动物单核细胞明显增多,而较少引起人类单核细胞显著增多,但单核细胞增多性李斯特菌的名称仍保留下来。1933 年 Cill 查明羊转圈病病原菌是李氏杆菌后,才对本病有所重视。1938 年 Slaboapits' Kii 从一头青年猪分离到此菌。1940 年 Pirie 建议称该菌为单核细胞增多性李氏杆菌。1942 年 De Blieck 和 Jansen 报道仔猪感染。1951 年 Flesemfeld 报道宰禽工人感染本菌发生结膜炎。Gray(1966)、Ryser(1991)报道了李氏杆菌引起人和动物的感染。为纪念 Lister 将本菌命名为单核细胞李氏杆菌。20 世纪 80 年代,人类因食用被污染的动物性食物而屡发李氏杆菌病,才认识到它是人的一种食源性传染病。WHO 认为李氏杆菌是 90 年代食品污染的致病菌之一。

[病原]　单核细胞李氏杆菌属李氏杆菌属,目前该属内还有伊万诺夫、无害、威斯梅尔和西里杰李氏杆菌。产单核细胞李氏杆菌和伊万诺夫李氏杆菌有致病性。

李氏杆菌为兼性厌氧菌,是一种革兰氏染色阳性小杆菌。在涂片中多单在或两菌排成 V 型与 Y 型。大小为 0.5 μm×1.0~2.0 μm,R 型菌体较长约 5.0~7.0 μm,且为 3~8 个短链排列。无荚膜、无芽孢。在 20~25℃培养时,有周毛,运动最强,而 37℃培养可能无鞭毛,不运动。最适培养温度为 30~37℃,pH 为 7.0~7.2。5%~10% CO_2 条件下,可促其生长,在普通培养基上生长贫瘠,血琼脂上生长良好,形成 S 型、透明的露滴状小菌落,呈狭窄的 β 溶血环。在 0.6%酵母浸膏胰酪大豆琼脂(TSAYE)和改良 McBride(MMA)琼脂上,菌落呈蓝色、灰色或蓝灰色。在 0.25%琼脂、8%明胶、1%葡萄糖半固体培养基上,沿穿刺向周围呈云雾状生长,在培养基表面下 3~5 mm 处有生长最佳的伞状区,明胶不液化。

本菌对糖类的发酵能力依菌株不同而异,能分解葡萄糖、麦芽糖、乳糖、蔗糖、海藻糖、鼠李糖、水杨苷,产酸不产气。不分解卫矛醇、棉子糖、阿拉伯糖、纤维二糖、甘露醇、木糖、菊糖及肌醇等。吲哚试验、硫化氢产生试验、枸橼酸盐利用为阴性,MR、VP、接触酶反应为阳性。

用凝集素吸收试验已将本菌抗原分为 15 种 D 抗原(Ⅰ至ⅩⅤ)和 4 种 H 抗原(A 至 D)。现已知有 7 个血清型和 16 个血清变种。各型对人均可致病,其中以 1a、1b 和 4b 多见;牛、羊以 1 型和 4b 多见;猪、禽和啮齿动物以 1 型多见。DNA 中的 G+C 为 37~39 mol%。

抗原结构与毒力无关。1 型主要感染啮齿动物,4 型主要感染反刍动物,各型对人类均可致病,但大多数为 1 型、4 型,占全体病例的 90%。血清型与临床病症间未见相关性,因为分离菌株大多集中于少数几个主要血清型难以区别流行株与非流行株间差异,但与地理分布有一定的联系。

本菌能在吞噬细胞内生长，长期生存、繁殖，随着血液扩散至全身，属于胞内寄生菌；能产生 α 和 β 两种溶血素，裂解吞噬细胞、空泡及溶酶体膜。脂溶素、超氧化物和过氧化氢等物与毒力有关。单核李斯杆菌致病相关的毒力因子有 prfA、actA、iap、hly、plCA、inlA。本菌与葡萄球菌、链球菌、大肠杆菌等具有共同抗原成分，必须做交叉吸收试验，才能提高本菌的特异性。

单核细胞增生李斯特菌细胞壁的成分 35% 为糖肽，由交叉联结的间-二氨庚二酸组成，其余的碳水化合物为细胞的磷壁酸，后者是一种多聚体，以共价键联结于糖肽的特定位点上。不同血清型李斯特菌细胞壁的磷壁酸不一定相同，目前，至少可分为两种：一种是核糖醇残基以共价键于 C-1 和 C-5 间的磷酸二酯键上，或 C-2 的核糖醇被 N-乙酰葡糖胺所取代。

本菌耐碱、耐盐、不耐酸，在 pH 9.6 的肉汤和 10% 食盐液中能生长，20% 食盐液中经久不死，但在 pH 5.6 时仅可存活 2~3 天。对热的耐受性比大多数无芽孢杆菌强，牛奶中的病菌能耐受巴氏消毒，55℃ 湿热处理 40 分钟或 75℃ 15 秒钟被杀死。在土壤、粪便中能生存数月至十多个月。一般消毒药易使之灭活，对链霉素、四环素和磺胺类药物敏感。从临床分离菌株中分到一种带有抗链霉素、四环素、氯霉素、红霉素的大小为 37 kb 的质粒。这种质粒还能在不同型的李氏杆菌间自行转移，

[流行病学]　本菌在自然界分布很广，黄牛、水牛、乳牛、山羊、绵羊、猪、鸡、兔、犬、猫、马、驴、骡、老鼠、家雀和人等都能自然感染，迄今已从 42 种哺乳动物、22 种禽类、鱼类、甲壳类的动物中分离到本菌。动物是本病重要的储存宿主，Gray 等（1966）认为猪可能是重要宿主。患病动物和带菌动物是本病的传染源，动物的粪尿、乳汁、流产胎儿、子宫分泌物等排菌，也可从污水、土壤和垃圾、腐烂植物、饲料内分离到本菌。该菌可寄生在昆虫、甲壳纲动物、鱼、鸟、野生动物、家畜体内。健康带菌动物可能是人类李氏杆菌病的主要传染源。据报道病猫对该菌的传播作用较大。但传播途径尚不完全清楚。自然感染可能通过消化道、呼吸道、眼结膜及破伤皮肤。污染的饲料和饮水可能是主要传播媒介。

肖义泽（2000）报道云南某自然村二次暴发大面积牲畜和人群不明显原因疫病，牛发病率 71.04%、猪发病 72.01%，人发病率 8.2%~8.6%，动物病死率几乎 100%。

本病为散发，牛、兔、犬、猫最易感染，羊、猪、鸡次之。马属动物有一定抵抗力。各种年龄动物都可感染发病，以幼龄较易感，发病较急，妊娠母畜也较易感。主要发生于冬季或早春，冬季缺乏青料、青贮料发酵不完全，气候突变，有寄生虫或沙门氏感染等可成为本病的诱因。

[发病机制]　本病发病机制尚未完全明了，但临床经过同感染途径、机体免疫力及细菌毒力可能均有关。

由于单核细胞增多性李斯特菌是兼性需氧细胞内寄生菌，因此病原体的清除主要有赖细胞免疫功能健全，而作为调理素的免疫球蛋白和补体等体液免疫因素在清除病原体方面发挥作用较小。在感染早期，中性粒细胞及单核细胞的吞噬作用可使感染有限，此后随着 T 细胞的激活，T 细胞的炎症反应包括迟发型变态反应和肉芽肿形成，使单核—巨噬细胞在病灶部位积聚，其杀菌作用进一步加强。一些相关的细胞因子如 TNF、IL-2、IL-4 及 IFN-γ 在免疫反应中发挥重要作用。

病原体的侵袭力及毒力在发病中发挥着重要作用。菌血症及受染的单核细胞在血液中循环可导致病原体播散。通常情况下,不溶血和不能分型的菌株无毒力,因而不能导致临床感染。细菌在未致敏的单核—巨噬细胞内容易繁殖,细菌被吞噬后可刺激产生李斯特菌溶血素,结构与链球菌溶血素相似,为重要的毒力因子。它可连接于吞噬细胞膜内胆固醇,导致细胞膜破裂。这种特性使病菌能够避免吞噬细胞的溶酶体溶解,并最终导致巨噬细胞的破坏。研究表明该菌可诱导小鼠胸腺细胞及脾脏、淋巴结胸腺依赖区 T 淋巴细胞凋亡。此作用有可能削弱机体细胞免疫,部分菌株可产生一种溶解素 O,有助于病菌在细胞间传播。

李斯特菌感染可同时发生脑膜炎及脑炎,在肝、脾等脏器也可形成感染灶。典型病理改变是感染性肉芽肿形成及播散性小脓肿。肉芽肿可呈粟粒样。病灶周围粒细胞浸润,在 T 细胞的调节下,逐渐形成肉芽肿。肉芽肿主要由巨噬细胞聚集而成,周围有一些淋巴细胞。细菌在肝细胞中也可增殖形成肝肉芽肿。

[临床表现]　本菌除 2 型外,所有型均可从猪中分离到。

Kii(1918)从苏联等农场分离到本菌。DeBlieck(1942)报道仔猪感染。Hohne 等(1976)证明为猪扁桃体常存菌。猪表现败血症和中枢神经功能障碍症。孔庆雷等(1991)报道兰州某养殖场数个猪圈内有 5 头生猪突然死亡,尸体表现口鼻流血,血液颜色暗紫且凝固不良,尸僵不全,尸体腹部膨胀。经防治,但而后 1 个月内猪群中陆续发现病猪和猪死亡。病猪主要表现为食欲不振,减食至废绝,反应迟钝,体温升高(38～40.5℃),呼吸困难,流涎,站立不稳,步履蹒跚,易跌倒,倒地后难以自行起立,四肢颤抖且作泳动状,有的猪昏睡数分钟后再次如上述发作。表现此病状后多于 1～2 小时内死亡。死亡猪包括各种年龄的公猪、母猪与肥育猪。剖检仅见胃肠黏膜有少量出血点和脱落。肝脏略肿胀,色淡,小叶分区明显。少数肾脏有瘀斑。镜检、生化试验和动物试验表明为李氏杆菌感染。

王长生(1981)报道,病初出现兴奋,在栏内无目的行走或作转圈运动,有时发尖叫声。有的病初出现跛行或步态僵硬。部分发展到不能站立,强行扶起站立则四肢僵硬,不能移动。继之出现阵发性痉挛,开始经 1～2 小时发作一次,发作期仅持续 2～5 分钟,以后发展到 5～10 分钟发作一次。痉挛发作时四肢僵硬站立,全身肌肉震颤;有的除全身肌肉震颤外,头颈后仰、角弓反张或后退歪斜。倒地后并作四肢划水运动,口吐泡沫,尖叫;有的颈部肌肉发生强直性痉挛,牙关紧闭,类似破伤风头颈炎症。在病初除阵发性痉挛发作的间隙时间长时,在间歇期有的病猪还能食欲。在痉挛发作期常伴有呼吸困难和尖叫声。有的病例在病初出现跛行,以后发展为四肢麻痹,不能起立。

幼小病猪多数体温升高,最高可达 41～42℃;大猪多数体温正常或微热。病轻者,在病初或阵发性痉挛间歇期,能少量饮食。全身痉挛严重或四肢麻痹时,常停食。所见病例多为 10～40 kg 的猪,未见到哺乳仔猪和母猪的病例。急性型 1～3 天死亡,亚急性型病例病程 4～7 天,慢性病例可拖延跛行数周。

血检:白细胞总数增至 15 000～25 000/mm³;白细胞分类:单核细胞增至 5%～10%;中性白细胞增多,淋巴细胞减少。

本病的潜伏期为数天至 2～3 周,病猪的临床症状差异很大。临床上本病分为败血型、脑膜炎型和混合型。常突发病,体温升高达41~42℃,吃乳减少或不吃,粪干尿少,中后期体温降至常温或常温以下。亦有神经症状,短期内发病死亡较多。

1. 中枢神经系统机能障碍　多数病猪表现为脑膜炎症状,初期兴奋,共济失调,步行踉跄,无目的地乱跑,在圈内转圈跳动,运动失调,角弓反张,或不自立地后退或以头抵地不动;肌肉震颤,颈、颊肌肉震颤,强直僵硬;有的头颈后仰,四肢阵发性痉挛,二前肢或四肢张开呈典型的观星姿势或后肢麻痹拖地不能站立。

严重的侧卧、抽搐,口吐白沫,四肢乱划,病猪反应性增强,前肢僵直,后肢麻痹,轻微惊动就发生惊叫,病程1~3天,长的可达4~9天。单纯的脑膜炎型易发生于断奶后的仔猪,也见于哺乳仔猪。

脑膜炎症状与混合型相似,表现为一种典型综合征,多呈现颌部肌肉的不随意运动并多流口水,但较缓和。病猪体温、食欲、粪尿一般正常,病程较长,一般以死亡告终。血液学检查白细胞呈高达34~69×10⁹/L、单核细胞占8%~12%。

Weber H(1972)报道,脑组织血管周围由多量单核细胞形成管套。

2. 败血症　仔猪多败血症,Long JR(1972)报道患猪体温升高,精神高度沉郁,食欲废绝,口渴;有的表现全身衰竭,僵硬,咳嗽,腹泻,皮疹,呼吸困难,耳、腹部皮肤发绀。病程1~3天。死亡率高。

3. 妊娠母猪流产　较少母猪流产病例。

猪慢性型李氏杆菌病多为成年猪患,表现为长期不食,消瘦,贫血,步态不稳,肌肉颤抖,体温低。病情可拖延至2~3周。有的在身体各部位形成脓肿,在体表可见鸡蛋大小的脓肿。病猪多能自愈,但成为带菌猪。此外,猪软脑膜充血,其他器官无明显病理变化。

有神经症状的病畜,脑膜和脑可能有充血,炎症或水肿。脑脊液增量混浊,含很多细胞,脑干变软,有小化脓灶,周围有以单核细胞为主的细胞浸润,肝可能有小炎症和小坏死性。败血病有败血症变化,肝有坏死灶,血液和组织中单核细胞增多。流产母猪可见到子宫内膜充血和广泛坏死。胎盘子叶常见出血和坏死。脑组织内多量单核细胞浸润灶和在血管周围由多量单核细胞形成"管套"是本病在组织学上的特征表现。

［诊断］

1. 综合诊断　病畜表现特殊的神经症状,孕畜流产,血液中单核细胞增多。在冬春季节呈散发,发病率低,病死率高。剖检见脑及脑膜充血、水肿,肝有坏死灶,以及败血症变化。脑组织切片检查,见有中性粒细胞及单核细胞浸润灶,血管周围有单核细胞管套,可作为诊断的主要依据。

2. 病原学诊断

(1) 镜检:采取病畜的血液、肝、脾、肾、脑脊液、脑的病变组织作触片或涂片,如见革兰氏阳性,呈V形排列或并列的细小杆菌,可做出初步诊断。

(2) 细菌分离培养:把病料研磨成乳剂,接种后可在血液葡萄糖琼脂上长成露滴状小菌落,有β溶血环。也可用选择培养基培养。

(3) 动物接种试验:可用家兔、小鼠、幼豚鼠或幼鸽。将病料悬浮液滴于兔或豚鼠眼内,

1天后发生结膜炎,不久发生败血症死亡。妊娠2周的动物接种后常发生流产。

3. 血清学诊断　本菌与金色葡萄球菌、肠球菌及其他一些细菌有共同抗原成分,须作交叉吸收试验,才能得出可靠诊断。常用检验方法有凝集试验和补体集合试验。

4. 鉴别诊断　要与伪狂犬病、猪传染性脑脊髓炎、牛散发性脑脊髓炎区别。

[防治]

1. 治疗　动物李氏杆菌病常用链霉素治疗,病初用大剂量有较好疗效。

对败血型最好以氯霉素配合青、链霉素治疗,或青霉素与庆大霉素联合应用,当确诊后可对全群畜用磺胺嘧啶钠,连用3天,再口服长效磺胺,每7天1次,经3周可控制疫情。

2. 预防措施　加强动物检疫、防疫和饲养管理,驱除鼠类,消灭体外寄生虫。一旦发病,应立即隔离治疗,消除诱因,严格消毒。病畜禽尸体必须严格消毒,严防疫病传播。

人在参与病畜禽饲料管理和剖检尸体或接触污染物时,应注意自身保护。病畜禽肉要无害化处理。

二十五、葡萄球菌病(*Staphylococcosis*)

该病主要是由金黄色葡萄球菌等一些致病性葡萄球菌引起的人和动物的以化脓性炎症为主要特性的一类疾病的总称。可分为两类:一类为侵袭性疾患,如皮肤软组织感染、败血症、心内膜炎、肺炎及骨髓炎等;另一类是毒素所致,某些产生血浆凝固酶的菌株产生的肠毒素还能引起食物中毒症、中毒性休克综合征和烫伤样皮肤综合征等。

[历史简介]　在葡萄球菌发现前就有相关葡萄球菌中毒的文献记载。Von Reck Linghausen和Waldayer(1871)从人化脓灶中发现此菌,故又称化脓性球菌。Robet Koch(1878)从脓汁中发现葡萄球菌。Pasteur(1880)从一疖肿患者脓汁中发现排列似葡萄样的细菌,并将其注射家兔。可致兔脓疡。Alexander Ogsten(1881)确证化脓过程是由此菌所致。基于这类细菌易形成葡萄状,而希腊语葡萄为Staphyle,故命名葡萄球菌。Becker(1883)获得纯培养。Rosenback(1884)在分离培养此菌时,由于观察到菌体堆积成串及色泽黄白,创造了"金黄色葡萄球菌"一词。对化脓性葡萄球菌的培养特征做了描述,并指出了葡萄球菌与创伤性感染和骨髓炎有关。Pusset(1895)发现了柠檬色葡萄球菌。Winslow(1908)报道了表皮葡萄球菌。Vaughan和Sternberger(1884)曾将葡萄球菌和食物中毒联系起来。Danys(1894)、Owen(1906)和Barber(1914)等从食物中检出此菌,但未引起重视。Dack等(1930,1956)从芝加哥一奶油夹心饼中毒患者分离到此菌,用无菌滤液静脉注射兔,引起严重水泻致死;3名志愿者服下滤液,3小时中毒。实验证明金黄色葡萄球菌为食物中毒病原菌,并阐明了致病作用。Bergdoll等(1959)发现葡萄球菌肠毒素是由多种蛋白组成的混合物,1962年美国微生物学会第62届免疫学会通过葡萄球菌肠毒素命名法,分A、B、C 3种,后共发现A~F 6个型。后发现F型与热源外毒素C属同一种蛋白质,根据该毒素对人类引起中毒性休克综合征(TSS)的特点,命名为中毒性休克综合征毒素-1(TSS_1)。Spinola(1842)报道了葡萄球菌引起的渗出性皮炎。Bell和Weliz(1952)证明了人饮用葡萄球菌感染的乳腺炎牛的牛奶中毒。Sompolinsky(1953)分离到猪葡萄球菌(表皮葡萄球菌生物2型)并进行了鉴定。

过去葡萄球菌分类曾按菌所产生的色素分为金色葡萄球菌、白色葡萄球菌和柠檬色葡萄球菌。1965 年国际葡萄球菌和微球菌分类委员会将其分为金黄色葡萄球菌和表皮葡萄球菌。后又按血浆凝固酶试验分为阳性和阴性葡萄球菌二大类。Trautwein(1966)报道了母猪金黄色葡萄色乳腺炎。Casonan 等(1967)报道了葡萄球菌肠毒素 A、B、C 型和 D 型。1974 年《伯杰氏鉴定细菌手册》按 G+C 含量、细胞壁成分和厌氧条件下生长及发酵葡萄球菌糖的能力,将葡萄球菌归属于微球菌科葡萄球菌属,分金黄色葡萄球菌、表皮葡萄球菌和腐生葡萄球菌 3 种。之后,又发现了 10 余种凝固酶阴性葡萄球菌(CNS)。1994 年该属分为 32 个种和亚种。Baird-parker(1963 和 1965)按生理学和生物学特性将葡萄球菌分为 6 个亚群,Ⅰ群为金葡菌;Ⅲ群为家畜葡萄球菌;Ⅱ和Ⅴ、Ⅵ亚群分为白色葡萄球菌、表皮葡萄球菌和腐生葡萄球菌混合群。1974 年又按生化、产毒分子生物学特性分为金黄色葡萄球菌、表皮葡萄球菌和腐生葡萄球菌。Hajek(1976)根据纤维蛋白溶酶、色素、溶血性、团聚因子、分型噬菌体等将金色葡萄球菌分为 A～F 6 个生物型。在甲氧西林用于临床后,1961 年英国 Jevons 发现了耐甲氧西林金黄色葡萄球菌(MRSA);1995 年日本报道了万古霉素低浓度耐药菌株;2002 年美国报道了万古霉素高浓度耐药菌株;2002 年英国报道出现一种新的"超级细菌"- MASA 变种。

[病原]　本群病原属于葡萄球菌属。在人畜及动物共染的病原葡萄球菌中,除了金黄色葡萄球菌外,还包括一些 CNS,如表皮葡萄球菌、溶血葡萄球菌、腐生葡萄球菌和猪葡萄球菌等 30 余种。在一定条件下,可引起人及某些动物感染发病。但它们与金黄色葡萄球菌相比较,常常表现为频率低或致病作用弱。在通常情况下所谓的人畜共患病的病原葡萄球菌,主要指的是金黄色葡萄球菌。

1. 形态与染色　本菌革兰氏染色阳性。当菌体衰老或死亡或被白细胞吞噬后可变成为革兰氏染色阴性。呈球形,大小不一,致病性葡萄球菌菌体较小,各菌体的大小及排列也较整齐。无鞭毛、无芽孢,一般不形成荚膜,易被碱性染料着色。在固体培养基上的形态常呈葡萄状排列;在液体培养基上可呈单个、成双或短链排列;在脓汁中常呈单个散在或少数堆积葡萄状。

2. 培养特性　本菌为需氧或兼性厌氧,营养要求不高。在普通培养基上能生长。在 20% CO_2 环境中有利于毒素的产生。致病菌株最适温度为 37℃,最适 pH 为 7.4。某些菌株耐盐性强,在含 10%～15%氯化钠的培养基中仍能生长,因此可用高盐培养基分离本菌。在肉汤培养基中生长迅速,经 35℃培养 18～24 小时后呈均匀混浊,并有部分细菌沉于管底,摇动易消散。在普通琼脂平板,经 35℃ 24 小时培养可形成圆形,凸起,边缘整齐,表面光滑,有光泽,不透明的菌落,直径为 1～2 mm,但也有 4～5 mm 的。菌落因菌种不同而产生不同的色素,如金黄色、白色和柠檬色。此种色素为脂溶性,不溶于水,故此种色素只限于菌落内,不渗透至培养基中。在有 CO_2 及 O_2 环境下易形成色素,在无 O_2 环境下,不形成色素。在血琼脂平板上形成较大菌落,多数致病葡萄球菌能产生溶血毒素,使菌落周围红细胞溶解而形成透明的 β 溶血环,非致病性菌则无此现象。在高盐甘露醇血板上,致病葡萄球菌能产生卵磷脂酶,故菌落周围形成白色沉淀圈。

3. 生化反应　本菌属生化反应不规则,常因菌株和培养条件而异。大多数菌株能分解葡萄糖、麦芽糖和蔗糖,产酸不产气。致病性葡萄球菌凝固酶试验多为阳性,但有些阴性菌株也可致病。以往以甘露醇分解试验和明胶液化试验来判断葡萄球菌的致病力,现发现不少非致病性菌株亦能分解甘露醇和液化明胶,故此两种反应不能作为判断其致病力的唯一标准。触酶试验阳性。葡菌属菌 DNA 的 G+C 含量为 30~40 mol%。金黄色葡萄球菌有两种亚种,金黄色亚种的 DNA 的 G+C 含量为 32~36 mol%,模式株:ATCC12600、ATCC12600-U、NCTC8532;GerBark 登录号(16SrRNA):D83357、L37597、X68417。厌气亚种的 DNA 的 G+C 含量为 31.5~32.7 mol%,模式株:MVF-7、ATCC35844;GenBank 登录号(16SrRNA):D83355。表皮葡萄球菌的 DNA 的 G+C 含量为 30~37 mol%,模式株:Fussel2466、ATCC14900、NCTC11047;GenBank 登录号(16SrRNA):D83363、L37605。溶血葡萄球菌的 DNA 的 G+C 含量为 34~36 mol%,模式株:ATCC29970、NCTC11042、NRRLB-14755;GenBank 登录号(16SrRNAgene):D83367、L37600。

4. 抗原构造　抗原构造复杂,已发现有 30 种以上,了解生物学活性的仅有蛋白质抗原(SPA)、多糖抗原、表面荚膜抗原等。

蛋白质抗原,主要为葡萄球菌蛋白 A(SPA),是一种表面抗原,存在于细胞壁表面,90% 以上的金葡菌有此抗原,所有来自人的菌株均有 SPA,而来自动物的菌株则少见,表皮葡萄球菌和腐生葡萄球菌不含有 SPA。

多糖抗原,为半抗原,存在于细胞壁上,是金葡菌的一种主要抗原,有型特异性,可用于葡萄球菌分型。多糖抗原可分为 3 种:A 型多糖抗原,是带有 β-N-乙酰葡萄胺的核糖醇,来自致病性葡萄球菌;B 型多糖抗原,来自非致病性葡萄球菌,是一种甘油磷壁酸;C 型多糖抗原,来自致病性和非致病性葡萄球菌。金黄色葡萄球菌的荚膜多糖抗原可分 11 种,临床上分离株多为 5 型和 8 型。荚膜的重要成分为 N-乙酰胺基糖醛酸和 N-乙酰盐藻糖胺。荚膜产生的基因由单个染色体操纵子调控。

葡萄球菌的致病力的强弱与其产生的外毒素和酶有关。葡萄球菌能产生 20 多种酶类与毒素,大多对人和动物有害。致病性葡萄球菌产生的外毒素有溶血素,可将溶血素分为甲(α)、乙(β)、丙(γ)、丁(ε)4 个血清型,均可引起完全溶血;杀白细胞素,肠毒素,可有约 1/3 金葡萄球菌产生肠毒素,可致人食物中毒和急性胃肠炎,小猫及仔猪中毒;根据耐热肠毒素(SE)的抗原性不同,SE 分为 18 个毒素血清型,其中以 SEA 在污染食物中最常见,且毒力最强。SEA 引起的食物中毒率占金黄葡萄球菌食物中毒的 95%。据合肥地区调查 56 株 SA,发现 23 株携带 SEA 基因,占 41.7%。除 SEA、SEB、SEC、SED、SEE 5 种已鉴定的传统血清型外,还有 SEJ、SEK、SEL、SEM、SEN、SEO、SEP、SEQ、SEU 等血清型。产生剥脱性毒素的葡萄球菌可引起烫伤样皮肤综合征,其抗原有 8 个血清型,A、B、C1、C2、C3、D、E 和 F;它影响小肠与离子转运,能通过胃肠炎引起呕吐与腹泻。表皮溶解毒素等,可使宿主表皮浅层分离脱落。金葡菌噬菌体Ⅱ群 71 型能产生红疹毒素。表皮脱落毒素是猪的葡萄球菌毒力的重要决定因素,目前分离、鉴定出 6 种,即 ExhA、ExhB、ExhC、ExhD、ShetA 和 ShetB,它们具有菌种依赖性。能引起猪渗出性皮炎(EE)的 3 种葡萄球菌(猪葡萄球菌、产色葡萄球菌和松鼠葡萄球菌)产生的脱落毒素均属于这 6 种脱落毒素之一。此外,葡萄球菌还可引起中毒性休克综合征,此病多见于月经期青年妇女。葡萄球菌的超抗原包括传统的肠毒素 A、B、C、D、E 和肠毒素 G‑Q、TSST‑1,脱叶菌素 A、B 共 24 种。金葡菌致病因子复杂,免疫保护一直是研究的热点。

葡萄球菌还可产生各种侵袭酶,如凝固酶、DNA 酶、耐热核酸酶、溶纤维蛋白酶、透明质酸酶、磷酸酶和卵磷脂酶等。凝固酶的抗原可分为 4 个型。来自人及动物的某些菌株可凝固家兔、人、马和猪血浆。

葡萄球菌以噬菌体分型可分为 5 大群 26 个型。不同型别金葡菌所致感染的严重程度不一。

葡萄球菌是抵抗力最强无芽孢细菌,在干燥浓汁中能存活 2~3 个月,加热 80℃ 30~60 分钟才被杀死;耐盐性强,对磺胺类药物的敏感性低;对红霉素、链霉素、氯霉素等均较敏感。近年来耐药菌株逐年增多,如对青霉素 G 的耐药菌株达 90％以上,但不同菌群耐药性的速度有差异。

[流行病学]　葡萄球菌广泛存在于自然界,如空气、土壤、水及物体表面上,在人或动物的皮肤表面上,鼻腔、咽部、肠道等处也有本菌存在。大部分不致病,少数可引起人和动物的化脓性感染和食物中毒。侵袭马、牛、羊、猪、禽、兔等家畜禽多种动物和人类。共 31 种,与食源性中毒有关的葡萄球菌为 18 个种和亚种。

动物葡萄球菌的发生与流行,直接与养殖环境的卫生条件、养殖密度以及各种诱发因素的密切关系,尤其在猪、鸡、牛、兔等群体养殖动物中表现突出。但即使在同一条件下,发病程度存在不小的差异。动物中的传播方式是动物与动物的直接接触,或因鼻分泌物污染自身的皮肤而发生自身感染;甚至可经汗腺、毛囊进入机体组织,引起毛囊炎、疖、痈、蜂窝织炎、脓肿以及坏死性皮炎等;经消化道感染可引起食物中毒和胃肠炎;经呼吸道感染可引起气管炎、肺炎。猪渗出性皮炎与产脱落毒素的葡萄球菌有关。但在健康与皮炎病猪体都能分离到有毒素与无毒素菌,有无毒素菌株接种仔猪仅出现短暂的小红斑,48 小时后消失;把从健康猪分离的产脱落毒素的 6 个菌株接种小猪,其中 2 株菌株接种的小猪有一半不发病,认为从健康猪分离的产毒素菌株可能需要某种诱因使其侵染致病。渗出性皮炎主要通过接触传播,病猪带菌入群感染。Wegener 等(1992)发现猪葡萄球菌可储藏于青年母猪外阴中,可通过初产母猪的产道传播给新生仔猪。葡萄球菌也常成为其他传染病的混合感染或继发感染的病原。本病发生可能还需其他诱因。有研究表明 PCV2 可能与猪渗出性皮炎有某种关联。Wattrang(2002)报道 SPF 猪发生猪葡萄球菌皮炎,PCR 法检测到猪淋巴结 PCV2 核酸阳性。Harms(2001)在试验感染 PCV2CDCD(剖产未吃初乳)后观察到 42％(8/19)猪发生猪葡萄球菌的严重弥漫性渗出性皮炎。试验接种 PCV2 后的 3~7 天出现皮肤损伤,10~21 天变得严重。还有 33％(6/18)PCV2 猪出现轻微渗出性皮炎。但 PRRS 或 PRRS 与 PCV2 混合感染猪没有发生渗出性皮炎。Kim 和 Chae(2004)通过 ISH 法检测皮肤和淋巴结是否存在 PCV2 和 PPV,142 份有渗出性皮炎猪中 PCV2 占 8.5％(12/142),PPV 占 11.3％(16/142),PCV2 和 PPV 同时存在,占 42.4％(60/142),推断 PCV2 和 PPV 在渗出性皮炎中占有很高流行率。它们可能是渗出性皮炎的诱因。

菌种的变化是流行病学的一特点。葡萄球菌分为血浆凝固酶阳性和阴性两大类。阳性类包括金色葡萄球菌,中间型葡萄球菌有 hycus 葡萄球菌;阴性(CNS)包括表皮葡萄球菌、人型葡萄球菌、溶血葡萄球菌、腐生葡萄球菌等。过去认为,只有血浆凝固酶阳性的金色葡萄球菌具有致病性,20 世纪 80 年代后,随着医院内感染日益增多,多重耐药菌株的出现,人们认识到 CNS 亦是常见致病菌,感染率达 9%,其中腐生葡萄球菌在尿路感染中仅次于大肠杆菌,约占 21%。

耐药葡萄球菌的扩散出现新的趋势,60 年代发现 MRSA 和表皮葡萄球菌。近 20 年来耐药菌以火箭般速度感染和传播。1995 年日本平松(Hiramatsu)报道了第一例对万古霉素低度耐药菌株(MIC 8 mg/L)金葡菌。英国"土壤协会"(2009)报告,荷兰、丹麦、比利时、德国等目前出现了一种新的"超级细菌"- MRSA 变种。而且在荷兰的一些屠宰场里已发现肉类污染了这种病菌,更有近一半的养猪农户身上携带这种病菌。据丹麦 Hannah C、Lewis 等报道,2003 年以来,MRSA 对社区人群的感染逐渐增高,而 MRSA 的新亚型 CC398 主要来源于动物,尤其是猪。调查研究了 2004—2007 年的 21 名 MRSACC398 感染者,13 个病例有猪的暴露接触史;而 5 个农场的 50 头猪中有 4 个农场的 23 头猪可检出 MRSACC398。证实丹麦、荷兰、法国等欧洲国家及加拿大一样,猪成为人 MRSACC398 感染的主要的病菌储存宿主。动物感染耐甲氧西林金黄色葡萄球菌的比率变化很大,在 0.18%~49% 之间。金黄色葡萄球菌感染已经成为全球难题。

[发病机制] 人类与动物对致病性葡萄球菌有一定的天然免疫力,只有当皮肤黏膜受创伤后,或机体免疫力降低时,才易感染。患病后所获免疫力不强,无论是体液免疫,还是细胞免疫,免疫力均不持久,难以防止再次感染。葡萄球菌对机体感染机制中首先是菌体黏附于机体组织。

1. 金黄色葡萄球菌的黏附作用 黏附是细菌感染的先决条件,否则细菌就无法定居和繁殖,也不能产生和释放胞外酶和外毒素。对机体的黏附主要是金黄色葡萄球菌产生黏附素(Adhesion),黏附素虽然不能直接导致组织损伤,但其在金黄色葡萄球菌对机体组织的选择和疾病的严重程度方面却有主要的影响。金黄色葡萄球菌可表达数种黏附素,与其他细菌黏附素相比,该菌的黏附素具有 3 个显著的特点:① 黏附素均为细菌表面的蛋白成分,具有相似结构,不形成菌毛等特殊附件;② 黏附素所识别的宿主成分皆为胞外基质(extra cellular martric, ECM)如血纤维蛋白(fibrinogen)、胶原(collagen)及纤维黏连素(fibronectin, Fn)等;③ 黏附素与 ECM 的作用系蛋白质—蛋白质相互作用,无碳水化合物参与。这些黏附素分子均定位于金葡菌细胞的表面,具有革兰氏阳性菌表面分子的特性。它们均能识别机体 ECM 的成员,并发生特异性结合,并依此介导金黄色葡萄球菌黏附于宿主组织。尽管 ECM 在正常情况下一般不暴露,但当组织器官被机械作用或化学物质损伤后,ECM 暴露出来,则金黄色葡萄球菌黏附其上,并导致感染。此外,在不同动物中,ECM 的结构相当保守,故金黄色葡萄球菌能黏附于不同动物的各组织,而无明显的宿主特异性及组织趋向性。金黄色葡萄球菌的黏附素除介导细菌黏附外,还赋予细菌逃避宿主防御机制的功能。这主要是通过这些黏附素,将机体的可溶性 ECM(如纤维黏连素、血纤维蛋白原)大量结合在细菌的表面,使细菌菌体完全被宿主 ECM 包被,从而不被宿主的免疫系统所识别,这对金黄色葡萄球菌感染结果亦有重要影响。

金黄色葡萄球菌在黏附于机体组织器官后进一步的致病机制,主要取决于其产生的各种毒素、生物酶以及某些抗原。已知金黄色葡萄球菌可产生多种毒素,主要包括肠毒素(staphylococcal enterotoxin, SE)、溶血素(staphylysin)、杀白细胞素(stophylococcal leucocidin, SL)、表皮溶解毒素(epidmolytic toxin)、中毒性休克综合征毒素Ⅰ(toxic shock syndrome toaic Ⅰ,TSST Ⅰ)等,这些毒素在金黄色葡萄球菌的感染致病中起着重要作用。
① 肠毒素的致泻作用。肠毒素属于外毒素,是葡萄球菌所致食物中毒的致病因子,大多数动物对此毒素有很强的抵抗力。从临床上分离的金黄色葡萄球菌约 1/3 产生肠毒素,以 A 和 D 两型最为常见。各型肠毒素的分子量和等电点也各不相同。肠毒素是结构相似的一组蛋白质,分子量 26~34 kDa,分子中赖、天冬、谷、亮和酪氨酸等较集中,除 SEF 外所有 SE 均含有由 2 个半胱氨酸残基形成的大约有 20 个氨基酸的胱氨酸环,在这个区靠分子羧基端 SEA、SEB 和 SECL 有明显的相似性。当误食了被肠毒素污染了的牛奶、肉类、鱼类、虾、蛋类等食品后,毒素在肠道作用于内脂神经受体,传入中枢神经系统可刺激呕吐中枢,引起剧烈呕吐,并产生急性胃肠炎症状。

2. 溶血素的细胞毒性 多数致病性葡萄球菌产生溶血素,其致病力强,人源菌株多数产生 α 毒素,α 毒素是一种外毒素——"攻击因子"。溶血素对多种哺乳动物红细胞有溶血作用,兔红细胞对 α 溶血素的溶血作用最敏感,其次为绵羊。毒素分子插入红细胞的细胞膜疏水区,形成微孔,破坏了膜的完整性,而造成细胞溶解,因此它属于穿孔毒素。溶血素可损伤血小板,使之脱颗粒,α 溶血素能使小血管平滑肌收缩、痉挛,并导致毛细血管血流阻滞和局部缺血坏死,较大量的 α 溶血素可引起大脑生物电的迅速停止而导致死亡。溶血素常与牛羊的坏疽性乳腺炎有关,它还导致白细胞等崩解,并作用于平滑肌细胞的血管壁细胞,导致平滑肌收缩、麻痹,动物最终死亡。而从动物分离的菌株常产生 β 溶血素(毒素)。β 溶血素是依赖 Mg^{2+} 的鞘磷脂酶 C,能够破坏红细胞膜的磷脂层结构,这种作用不能直接溶解红细胞,而是使其易受溶解细胞的酶类物质的攻击。99％的金黄色葡萄球菌菌株含有 γ 毒素基因位点,γ 毒素经常在毒素休克综合征病例(toix shock syndrome,TSS)中检出,因此推测此毒素和毒素休克综合征毒素 1(TSST1)共同在 TSS 致病机制方面起作用。

3. 杀白细胞素的细胞毒性 金色葡菌产生的 SL 是由 17 种氨基酸组成的大分子复合物,是一种不耐热的蛋白质,根据其结晶在电镜下的形状可分为 F 组分和 S 组分。F 组分呈现正方形板状,分子质量为 31 kDa;S 组分为非常纤细的针状结构,分子质量为 32 kDa。SL 作用的早期,S 组分类似于细胞趋化因子,能明显增强中性粒细胞和巨噬细胞的趋化作用。但是,SL 的效应必须通过对靶细胞的吸附作用,与相应的细胞受体结合才能得以发挥。S 组分的特异性受体主要是细胞膜上的神经节苷脂 GMi,而 F 组分主要是卵磷脂。SL 的两个组分与细胞膜上的某些成分相互作用,使细胞膜的 K$^+$、Ca^{2+} 通透性强,细胞内外离子平衡紊乱,代谢加剧,能量缺乏,生理功能障碍,生物氧化受到抑制。S 组分还可增强细胞膜磷脂酶 A2 的活力,从而对构成细胞膜磷脂双层结构基质的酶解作用加强,造成细胞膜的孔状损害,致使其裂解死亡。S 或 F 单一组分无杀白细胞作用。在金葡菌的化脓性感染中 SL 具有重要作用,能够直接杀灭人和兔的多形核细胞和巨噬细胞或破坏其功能。这些死亡的细胞残存成分可形成脓肿,导致中毒性炎症反应及组织坏死等病变,其次为破坏机体的防御屏障和免疫应答过程。

4. 表皮溶解毒素的皮肤损伤作用 葡萄球菌的表皮溶解毒素,又称表皮剥脱毒素,是由噬菌体Ⅱ组金葡菌产生的一种蛋白质,相对分子质量为 24 000,具有抗原性,可被甲醛脱毒成类毒素。该毒素分两种:剥脱毒素 A 及 B,二者均为蛋白质,对酸不稳定,pH 4.0 时被灭活,可耐 60℃ 1 小时,100℃ 20 分钟失去活性。剥脱毒素 B 合成基因由 PRW002 质粒携带,受质粒所控制,剥脱毒素 A 为染色体编码基因。该毒素可使皮肤表皮浅层分离脱落产生大疱型天疱疮等症状,引起人类或小鼠的表皮剥脱性病变,也即葡萄球菌性烫伤样皮肤综合征。猪葡萄球菌脱落毒素能选择性地消化猪的桥粒芯糖蛋白 1(Desmoglein1,Dsg1),该蛋白是联结细胞之间的一个重要蛋白,它被消化,引起细胞间连接断裂致使猪皮肤发生渗出性皮炎症状。Fudaba(2005)将 ExhA、ExhB、ExhC 和 ExhD 分别注入猪体内,引起表皮生成大水泡和结痂。猪皮肤细胞表面被 Dsg1 覆盖,表皮脱落毒素先与受体 GM4 样糖脂类物质相结合,然后特异性地分群 Dsg1,当其被分解后表皮细胞则会分离,特别是上部的棘细胞层中的细胞分离。Sato 等(1991)用猪葡萄球菌产生的脱落毒素感染 L-929 和 Hep-2 细胞系时,细胞在 1 小时后就发生固缩。细胞固缩发生在单层细胞层形成之后,而不是形成之前,表明细胞固缩是由细胞间连结断裂引起的,而不是由感染脱落毒素细胞的环腺苷磷酸升高引起的。脱落毒素致渗出性皮炎过程,最初的皮肤损伤为表皮棘细胞层局部破损,然后损伤蔓延至毛囊,导致化脓性毛囊炎;使细菌在表皮内迅速扩散并进入表皮深层,造成表皮脱落,并伴有大量的皮脂分泌物和浆液渗出物;然后脂肪渗出堆积在损伤的皮肤上,发生严重的表皮破损和溃疡;表面的渗出物干燥后皮肤会出现干的深裂缝,形成龟裂,损伤扩大,然后损伤面发生联合;肾上皮细胞变性脱落,造成脱水;猪因脱水、缺少血浆蛋白和电解质紊乱而死亡。

5. 中毒性休克毒素的毒性作用 TSST1 由噬菌体Ⅰ群金黄色葡萄球菌产生的一种外毒素,分子质量为 22 kDa。最早发现于 1981 年,称为肠毒素 F 或热源性外毒素(PEC),后改为中毒性休克毒素,统称为 TSST1。该毒素是一种超抗原,可引致人类变态反应,发生毒素休克综合征。已证实从牛分离的菌株能与从人分离株产生同样的 TSST1,而从绵羊和山羊分离株的 TSST1 分子质量及抗原性均相似,但等电点不同。TSST1 对动物的致病作用尚不清楚。

6. 血浆凝固酶 大多数致病性金葡菌能产生血浆凝固酶,使血浆里的纤维蛋白原转变为纤维蛋白,沉积于菌体表面,阻碍吞噬细胞的吞噬作用,并有利于感染性血栓形成。凝固酶有两种,一种分泌于菌体外称为游离凝固酶(free coagulase),类似凝固酶原的作用,可被人或兔血浆中的协同因子(cofactor)激活变成凝血酶样物质后,使液态的纤维蛋白原变为固态的纤维蛋白,从而使血浆凝固。另一种结合在菌体表面,称为结合凝固酶(bond coagulase),或凝聚因子(clumping factor),在菌株的表面起纤维蛋白原特异受体作用,可使血浆纤维蛋白原与菌体表面凝固酶受体交联,引起菌体凝集。凝固酶和葡萄球菌的毒力关系密切,它有助于致病菌株抵御宿主体内吞噬细胞和杀菌物质的作用,同时,也使感染局限化和形成血栓。凝固酶具有免疫原性,刺激机体产生的抗体对凝固酶阳性的细菌感染有一定的保护作用。

7. 耐热核酸酶　耐热核酸酶由致病菌株产生,100℃作用 15 分钟不失去活性。感染部位的组织细胞和白细胞崩解时释放出核酸,使渗出液黏性增加,此酶能迅速分解核酸,利于病菌扩散。目前已将该酶的检测作为鉴定致病菌株的重要指标之一。

8. β-内酰胺酶　β-内酰胺类抗生素共同具有一个核心 β-内酰胺环,其基本作用机制是与细菌的青霉素结合蛋白结合,从而抑制细菌细胞壁的合成。CNS 可产生 β-内酰胺酶,借助其分子中的丝氨酸活性位点,与 β-内酰胺环结合打开 β-内酰胺环,导致此类药物失活,介导葡萄球菌对 β-内酰胺类抗菌药物的耐药性。

此外,葡萄球菌细胞壁上的抗原结构十分复杂,含有蛋白质和多糖两类抗原。当被葡萄球菌感染后,能产生一定程度的免疫力,其免疫性包括体液免疫和细胞免疫,影响机体的疾病过程。细胞免疫主要是增强吞噬细胞的作用,金葡菌侵入机体后,可刺激 T 淋巴细胞产生致敏淋巴细胞,当致敏淋巴细胞再次接触金葡菌,或其抗原成分后,释放巨噬细胞激活因子、巨噬细胞趋化因子、巨噬细胞移动抑制因子等,从而活化吞噬细胞,增强吞噬细胞的作用。体液免疫是指金葡菌感染后,机体血清中可出现微量抗体,主要有抗毒抗体,如 α 溶血素抗体与杀白细胞素抗体。这些抗体在机体内杀菌作用微弱,因葡萄球菌感染时所引起化脓炎症,有时形成脓肿,周围有纤维包裹,使抗体难以渗入炎症而发挥作用。金葡菌的反复感染,久治不愈,与变态反应有关。

[临床表现]　猪葡萄球菌感染

葡萄球菌是猪体正常菌群之一,在特定情况下侵袭猪体,可使猪感染致病。常分离到的菌型为金黄色葡萄球菌、表葡萄球菌等。随着该菌侵袭部位不一,猪表现出不同的临床症状:

1. 猪是人葡萄球菌的存储宿主　Hannah 等(2008)调查丹麦当地人 MRSA 后,认为猪是欧洲人 MRSA CC398 菌体感染的主要贮存宿主。Wulf(2008)调查发现,在荷兰 39％的猪和 81％的猪场存在 MRSA 感染,50％农场主是 MRSA 阳性携带者,而普通人仅为 0.03％。

2. 化脓性脓肿及肺炎　金葡菌引起化脓性炎症,该菌可通过各种途径侵入机体,导致皮肤感染或器官感染。皮肤软组织感染主要有疖、痈、伤口化脓,在颈、腹、跗关节等部位有大小不等的肿块。食欲与呼吸无变化,体温稍高,若发现在前肢腕关节或后肢跗关节时,病猪出现食欲减退,卧地不起,强迫行走时可见跛行,整个关节发热肿大,切开肿胀部位有暗绿色恶臭浓汁流出。局部多发生猪颌下局部脓肿,无全身反应。

宋万永(1988)报道了猪患金黄色葡萄球菌引发的肺炎,发病 9 例,死亡 7 例占 77.8％。开始表现为感冒症状,流浆液性鼻液,后转为黏液性或黏液性浓汁鼻液。体温 41.3～42.8℃,脉搏呼吸增速,恶寒,站立不稳,喜卧,多数猪表现四肢僵硬。后期不重,喜流清水。胸腹不断扇动,张口喘气。临死前呼吸浅快而弱。患猪精神高度沉郁,反应减弱。眼结膜初期充血,后转为发绀。有的病猪有黏液性或黏液性脓性眼多。1 例 15 kg 病猪初全身多处疱疹,后期破溃化脓。所以病猪开始时粪便正常或干燥,后期则全部干燥,排出算盘珠样粪便或根本不排粪。尿色、尿量初期正常,但后期变为茶色或深茶色,尿量少。心音快,强而有力。后期心音弱,第二心音消失。初期肺泡呼吸音粗粝,水泡音,病后期肺泡呼吸音微弱到消失,叩诊后期为实音。病程长,一般在 15～30 天,其中一例达 45 天。病猪极消瘦。

剖检可见尸体消瘦,眼周围有黏液脓性分泌物,一病例尸体表面有疱疹并破溃。皮下脂肪减少。心包液减少,呈粉红色。心冠脂肪减少,心肌苍白,松弛。肺体积增大,肺表面起伏不平,有黄豆大至榛实大黄白色结节,此部肺结构不清。肺其余部分呈紫红色,肺质地较硬。切开肺部流出紫红色血液。切开突出肺表面的结节,可见内有豆腐渣样白色浓稠液体和干酪样物。气管及支气管内充满黏稠的粉红色液体,支气管几乎被此液体充满。喉头周围淤血并有轻重不同的水肿。肺门淋巴结肿大,切面似豆腐渣样。4 例猪尸肝脏微肿,呈土黄色,切面稍膨隆。脾脏体积正常,3 例猪尸脾脏表面有大小不等的淤血灶。肾肿大,质稍脆。肾切面三界不清,有两例猪尸肾盂有黏液脓性液体。体表有疱疹和化脓灶的猪尸的肝脏亦见高粱粒大小的化脓灶。

3. 母猪乳腺炎和子宫炎　葡萄球菌乳腺感染,猪表现为急性、亚急性和慢性乳房炎,坏死性皮炎和乳房脓肿。乳房上有鸡蛋大小脓肿,乳房肿硬,局部皮温略高,或破溃,流出黄色浓汁。Trautwein 等(1996)报道金葡菌引发母猪乳腺炎。该菌会导致仔猪感染,哺乳小猪和刚断奶小猪最易感染。7 日龄以内小猪患病后,生长速度明显下降,被毛粗乱,消瘦,呈明显营养不良状,皮肤上还会出现零星点状黑斑,甚至死亡,是母猪无乳症病原之一。感染母猪有的出现间歇性咳嗽和阴道有脓性黏稠样分泌物流出,影响繁殖,甚至死亡。据某农场统计,3～4 月龄肥猪 823 头,发病 157 头,发病率 19%;死亡 14 头,死亡率 8.9%;种母猪 150 头,发病 79 头,发病率为 52.6%。

4. 渗出性表皮炎　又名脂猪病。英国称为非特异性"湿疹(eczema)",美国称为渗出性皮炎及油性皮脂溢(Seborrhoea oleosa)。渗出性皮炎主要损害是真皮内及表皮上层的一种炎症渗出液性的反应,但该病很可能是一种全身性而不是局部性的疾病。悉生猪实验感染所引起的皮炎先发生于鼻及耳部,继而出现于大腿内侧、腹壁及蹄冠。尸检在很多器官特别是肾、输尿管及脑中见有病变。

Spinola(1842)报道猪渗出性皮肤炎。Sompolinsky(1953)曾断定是由一种凝固酶阳性的细球菌引起该症状,Van OS J. L.(1967)、Schulz W(1969)用一种革兰氏阳性的猪葡萄球菌[Str hyicus(hyos)]接种猪复制出此病。该菌系一种非致病性葡萄球菌,而 Hunter D(1970)在血清学上给予区分致病与非致病菌株。后证实是猪葡萄球菌(现称表葡菌)引起猪 2 周发病。1976 年《铁岭农学院报》也有类似报道。此菌致病时常伴有皮肤屏障的破坏。该病发生突然,病程短,皮肤脂肪分泌过多,渗出及剥脱,但无痒感。动物常由于皮肤功能丧失和脱水而死亡。该病主要危害对象为哺乳仔猪,断奶仔猪次之,导致发病仔猪死亡和耐过猪生长发育不良。在高密度饲养和卫生条件差的猪场,临床上以"窝"为单位散发,很少见几窝哺乳仔猪或断奶仔猪同时发病的情况。哺乳仔猪发病表现为起初同窝内只有 1～2 头猪发病,约 1 周可传至整窝,断奶仔猪也呈窝发,但不一定是全窝发生,一般一窝内只有 4～5 头发病，多发于 5～35 日龄仔猪，发病率 10%～90%。死亡率 5%～90%，也有肥猪发病报道。猪感染后 3～4 天出现临床症状，病猪无神，眼睛周围有分泌物。可见仔猪精神沉郁，哺乳仔猪不吮乳，断奶仔猪拒食。多数仔猪的病变最先发于口、眼、耳周围，而后逐渐传至全身。腋下和腹部病变最为明显，主要为油脂样渗出及皮肤增厚、出现皱褶等。起始为皮肤发红，之后病变部位出现溃疡、油脂样渗出，渗出物混合灰尘等物质形成"沥青样"黑色焦痂。病程较长的猪出现全身皮肤病变，整个猪看上去湿润油腻。除皮肤病变外，还常见有外耳部化脓性炎症和眼部卡他性炎症，部分仔猪会出现腹泻。发病仔猪皮温较高，触摸有痛感，体温正常。个别发病仔猪出现急性炎症反应，在数小时内可出现全身皮肤发红，皮肤疼痛感强烈，触摸时发出尖叫声。成年猪发病较轻，主要表现为局限性病理变化。损伤主要发生于背部和腹部的局部，出现棕色的渗出性皮炎区，有些病例也可形成溃疡。

渗出性表皮炎临床上分：

（1）最急性型。常发生于只有数日龄的仔猪，突发明显的皮肤红斑，可见蹄冠、耳后及身体下部无毛皮肤处形成水疱及溃疡，全身皮肤湿润，皮肤皱起、发红，覆盖似油脂，棕灰色渗出物，并在眼周、耳后、腹壁上积累成厚的团块，表皮层的剥脱现象后像日晒病。皮肤裂隙中的皮脂和血清渗出，伴有一种难闻的气味。病猪不安及战栗，但无疼痛及痒感。很快病猪精神不振，废食，消瘦，脱水，低龄猪 24～48 小时内死亡，一般 3～5 天内死亡。刘顺容（2003）报道育肥猪耳部肿胀明显、发热、红肿、下垂明显，触摸有微波动感，一头急性败血症死亡。分离到金色、柠檬色和白色葡萄球菌。如无继发细菌侵入，体温一般正常。

（2）急性型。多见于 3～10 周龄的大猪，发病稍慢，皮肤皱缩，渗出物浓稠，呈棕色，厌食，消瘦及脱水，常在 4～8 天内死亡。

（3）亚急性型。病变发展较慢，可发生于鼻端、耳朵及四肢，布满红棕色斑点或体表覆盖一层皮屑样物质。有时病猪仅表现皮肤干燥，无水疱及溃疡。渗出物干涸结成棕色痂皮，在面部、眼周及耳后部最明显。

（4）慢性型。小部分猪发病属慢性型，其病程更长，皮肤起皱，增厚，结厚痂。痂皮沿曲线龟裂，形成深的纹裂。最急性猪大多死亡，慢性不严重仔猪经治疗可存活。

病死猪消瘦，脱水，被毛几乎呈烧焦状，皮肤表面多为黑色的厚痂皮。体表淋巴结水肿，表面有化脓灶；心包积液，肝肿胀，淤血，表面散布坏死呈苍白色；肾苍白肿胀，肾盂有黏液或结晶物积聚。肾小管上皮变性，肾输尿管阻塞。Amtsberg G（1969）曾报道中枢神经系统的损害。

此外，过去通常认为产色葡萄球菌对猪是非致病菌。但 Lars 等（2005）从产色葡萄球菌分离纯化致病因子脱落毒素 ExhB（与猪葡萄球菌的脱落毒素 ExhB 相似），并用产色葡萄球菌 Vab54 株接种断奶仔猪，结果所有接种的仔猪在临床和组织病理学上均出现广泛的渗出性皮炎症状，说明产色葡萄球菌也是猪渗出性皮炎的潜在病原之一。

Shixi Chen 等（2008）从一起急性暴发渗出性皮炎仔猪心包液分离到一株高致病性松鼠葡萄球菌 HBXX06 株。实验口服接种仔猪，复制出典型的猪渗出性皮炎症。当猪的皮肤和黏膜破损，没有免疫力的易感仔猪可通过损伤的皮肤和黏膜或呼吸道、消化道而发生感染，并传播到猪群造成地方性流行。国内学者从不同地区猪渗出性皮炎病猪分离到产表皮脱落毒素的松鼠葡萄球菌,而且接种小鼠都有很强的致病性。说明松鼠葡萄球菌也是猪渗出性皮炎的病原之一。

5. 心内膜炎、血栓　DIC Geissinger 等(1967)首先报道从患有心内膜的 4 周龄仔猪心内膜血栓和其他内脏分离到金葡菌(S. aureus),以及我国从猪右心房与心室血栓分离到葡萄球菌。各脏器坏死,尤其下颌淋巴结明显。组织学观察可见各内脏器官都有明显的血栓和 DIC 病变,与人相似。

6. 败血症　于强(1992)报道葡萄球菌引起仔猪败血症。刚断奶猪混养后 2 天有几头猪不吃食,皮肤发热,4 头猪突然死亡。主要症状为精神不振,食欲减退,不愿走动,眼结膜有脓性分泌物。发热、气喘、皮肤紫红色,尤以胸、腹部、会阴明显,初期腹泻,中后期粪便干燥,部分猪死亡。主要病变为皮下出血,肝淤血、肿大、易碎、肝表面有小米粒大的灰黄色坏死灶。肾有出血点,颌下淋巴结、肠系膜淋巴结呈弥漫性出血,肺门淋巴结周边出血。小肠及胃出血,肠系膜血管充血,血管粗大明显。

[诊断]　由于葡萄球菌引起的临床症状较多,也很繁杂,虽有些临床症状有利于考虑病原与疾病,但需与多种疾病相区别,比如 TSS、猪的渗出性皮炎等,会与其他病原相混淆,所以确诊仍需病原学诊断。

1. 葡萄球菌诊断主要应用细菌学检查　将病料涂片,染色,镜检。如见有大量典型的葡萄球菌即可初步诊断。但鉴定毒力强弱还需进行下列试验:① 凝固酶试验:阳性者多为致病菌;② 菌落色泽:金黄色者多为致病菌;③ 溶血试验:溶血者多为致病菌;④ 生化试验:分解甘露醇者多为致病菌;⑤ 动物试验:家兔皮下接种 1.0 mL 24 小时培养物,可引起局部皮肤溃疡坏死;静脉接种 0.1～0.5 mL,于 24～48 小时死亡。剖检可见浆膜出血,肾、心肌及其他器官出现大小不等的脓肿。

2. 分型　由于葡萄球菌的抗原构造比较复杂,而且连续培养可引起抗原的改变,制造特异性抗体比较困难,因此,尚不能用血清学方法进行分类。曾用水解菌体法得到蛋白质和多糖类;根据多糖的型特异性抗原分型,A 型菌株为病原菌,B 型为非病原菌,C 型为某些病原及非病原菌都有的一种抗原物质。SPA 具有种特异性,病原菌多含这种沉淀原。

3. 分群　应用噬菌体可将来自人的金色葡萄球菌分为 4 个群 23 个型,约 $60\%\sim70\%$ 金葡菌可被相应噬菌体裂解。但来自动物的菌株尚不能全靠噬菌体的方法进行分类。表皮葡萄球菌不敏感。

[防治]　由于葡萄球菌有不同的血清型,但在免疫方面还没有人报道有不同的免疫型,致病机制并不完全清楚,流行特征亦充分阐明,加之耐药性菌株不断出现,所以对本菌感染仍然是相当棘手的公共卫生问题。目前对葡萄球菌感染、发生和发展的预防应为综合性防治措施:

(1) 保持环境清洁和消毒,减少皮肤带菌和创伤,可采用 5% 石炭酸环境消毒;$1\%\sim3\%$ 龙胆紫溶液治疗葡萄球菌引起的化脓症,以及洗必泰、消毒净、新洁尔灭、度米芬、高锰酸钾、过氧化氢、孔雀绿,70% 酒精可用于环境及皮肤消毒。

（2）对发生葡萄球菌感染的人、畜需要选择敏感性药物治疗。葡萄球菌对青霉素类、四环素类、氨基糖苷类和磺胺类药物通常敏感,但葡萄球菌是耐药性最强的病原之一。除腐葡菌、金葡菌和表葡菌耐多种药物,金葡菌耐药有 3 种情况:① 质粒介导的耐药性,大部分金葡菌能产生 β-内酰胺酶,可破坏多数青霉素类,而耐青霉素酶青霉素如甲氧西林、异噁唑青霉素类则不受影响。其中氯唑西林对葡萄球菌的抗菌活性,比甲氧西林强 50%。② 染色体介导的耐药性。此类金葡菌对耐酶青霉素耐药,如 MRSA。③ 青霉素耐受性。某些金葡菌菌株对 β-内酰胺类及万古霉素等耐药,表现为 MIC 不变,而最低杀菌浓度(MBC)增高。据认为 MIC 与 MBC 的分离现象系因其自溶酶减少所致。此外,部分金葡菌被单核吞噬细胞吞噬后,可继续存活,影响抗药药物的作用。L 型金葡菌对作用于细胞壁的抗菌药物耐药。因此有必要针对葡萄球菌耐药特点选用敏感的抗菌药物。

（3）发现耐药菌株人畜需及时隔离,防止交叉感染。此病能高度接触传染,易感猪和温和病猪接触,能发展成为严重的渗出性皮炎,所以应将有临诊症状的整窝仔猪隔离,以防治进一步传播。在发现病情时,应对新生猪及早防治。例如选用头孢类抗生素和定胺卡那或林肯霉素和壮观霉素联合使用。

（4）尽管菌苗研制非常困难,迄今金葡菌菌苗研制共经历了全菌灭活苗、亚单位苗、DNA 苗等几次重大变革。Johnson 等将荚膜多糖 CP5 和 CP8 与铜绿假单胞菌的外毒素 A 结合制成的菌苗,已获得 FDA 批准进行临床试验,约 80% 和 75% 病人的血清中分别产生高水平的 CP5 和 CP8 抗体,约可持续 40 周。接种菌苗组菌血症的发生率较对照组低 57%,同时,减少了细菌向脏器的定植和脓肿的发生率,且接种的不良反应均较轻,大多数在两天内可自行消失。

二十六、肠球菌感染(*Enterococci* Infection)

该感染是人、动物肠道的正常菌群在某些因子干扰下,宿主与肠球菌之间共生状态失衡,肠球菌离开正常寄居部位,"位移"进入其他器官或产生致病因子,引起人、动物伤口感染、败血症、尿路感染、心内膜炎和胃肠道炎症等。

[**历史简介**]　Thiercelin(1899)首次使用肠球菌(*Enterococci*)这个词。Andrews 和 Horder(1906)第一次对人类粪便中分离出的革兰氏阳性球菌进行了描述,因其常成对或短链排列,故将其命名粪链球菌。Lancefield(1938)按其分类法,依照细菌细胞壁上多糖 C 抗原的特点,将其划归为链球菌属血清学 D 群链球菌。虽然粪链球菌形态学上与链球菌无差异,但生化反应不同,按细菌 DNA 分型,发现二者也不同,Kalina 建议应将肠球菌作为一个独立菌属。Schleifer 和 Kilpper(1984)提出粪链球菌不同于链球菌,提议将其划出成立独立一类球菌。随着核酸技术的应用,根据 DNA 杂交资料证实肠球菌不同于其他链球菌。正式在 Int. J. Syst. Bect 刊物上公布了这一新的菌属名称即肠球菌属。Collins 等(1984)建议肠球菌从链球菌属独立出来,建肠球菌属。伯杰鉴定细菌手册(1986)将其与链球菌分开,新设肠球菌属。目前,肠球菌属已有 27 个种,均已被 DNA - rRNA 杂交和 16SrRNA 序列证明为肠球菌属细菌。肠球菌感染几乎都是由粪肠球菌引起,占肠球菌的 80% 以上,其次是屎肠

球菌和鸟肠球菌(1967年将鸟肠球菌归入肠球菌),还有坚韧肠球菌和肠肠球菌等。2003年肠球菌已增加到27种。Manero和Blanch(1999)对肠球菌属细菌的生化谱型做了详细的描述,列出了70余种生化鉴定项目。

[病原]　肠球菌属于肠球菌属。有粪肠球菌、屎肠球菌、鸟肠球菌、铅黄肠球菌、坚忍肠球菌、鹑鸡肠球菌、病臭肠球菌(非临床分离)、殊异肠球菌、小肠肠球菌、黄色肠球菌、莱特肠球菌、棉子糖肠球菌、假鸟肠球菌、解糖肠球菌、鸽肠球菌、盲肠(鸡)肠球菌、硫磺肠球菌、黄尾杀手肠球菌、驴肠球菌、绒毛肠球菌、血过氧化物肠球菌、摩拉维亚肠球菌、猪肠球菌、鼠肠球菌、灰黄色肠球菌、淡黄色肠球菌、犬肠球菌、意大利肠球菌等。此群菌在血清学上属于D群。细菌为圆形或椭圆形,单个或短链排列,粪肠球菌可顺链的方向菌细胞延长。液体培养时为长链,无鞭毛,无芽孢,少数菌株有荚膜。革兰氏染色阳性,陈旧培养物可染成革兰氏阴性。需氧或兼性厌氧菌。最适生长温度为35℃,在10℃、45℃和pH 9.6条件下均可生长,大部分菌株在60℃存活30分钟,一般比其他链球菌的抗热性强。在3%～5%羊血或马血琼脂平板上,经35℃培养24～48 h,菌落1～2 mm,呈不透明、灰白色、较湿润的圆形菌落。粪肠球菌在含0.04%碲酸盐的培养基中为黑色菌落。不同的菌株可表现为不同的溶血现象,多为不溶血,少数菌株可产生β-或α-溶血。在液体培养基中呈混浊生长。在40%胆汁、七叶苷和6.5% NaCl培养基上生长,通常发酵大部分糖、醇,不发酵阿拉伯糖、菊糖、密二糖、棉子糖等。Optochin敏感试验阴性、触酶阴性。酪氨酸多数菌株脱羧形成酪氨酸和二氧化碳。液体培养基培养最终pH为4.1～4.6,能量产生主要是通过同型发酵乳酸途径。

临床上分离到的肠球菌中粪肠球菌占80%～90%;屎肠球菌占5%～15%。粪肠球菌有11个亚型,DNA的G+C含量为37～40 mol%,模式株为ATCC 19433。血琼脂培养基上不发生溶血反应,但也有溶血者;屎肠球菌有19个亚型,其DNA的G+C含量为37～40 mol%,模式株为ATCC 19434。血琼脂培养呈甲型溶血反应。

其与链球菌生化方面有差异(表-115)。

表-115　肠球菌与4组链球菌的生化反应区别

细胞组别	生 长 温 度		能生长的培养基				能否耐受
	10℃	45℃	0.1%美兰	0.1% NaCl	40%胆片	pH 9.6	60℃ 30分钟
A组链球菌	—	—	—	—	—	—	—
B组链球菌	—	—	—	—	+	—	—
C组链球菌	—	—	—	—	—	—	—
D组链球菌	—	+	—	—	+	—	+
肠球菌	+	+	+	+	+	+	+

抗原结构的胞壁肽聚糖亚单位由L-丙氨酸、D-谷氨酸、L-赖氨酸、D-丙氨酸组成。特异抗原决定簇是甘油壁酸,本质是多糖类,含有N-乙酰己糖胺。肠球菌致病性与其毒力因子有关。目前认为粪肠球菌毒力因子有:聚集物质(AS)、溶血素激活因子(CYL)、表面蛋

白(ESP)及两种新推测的表面蛋白(EF6591和EF3314)、心内膜抗原(EfaA)、明胶酶(Gel)、胶原结合蛋白黏附素(Ace)、胞外超氧化物(O^{-2})、信息素等。溶血素破坏宿主细胞,导致宿主细胞组织发生病理性变化;Shankar N等(2002)在美国人源多重耐药粪肠球菌中发现致病(毒力)岛(Pathogenicty island,PAIS),并在2006年又在猪粪便肠球菌中也发现PAIS。cyl、EsP、AS等毒力因子聚集于基因组的一定区域内,即PAIs内,毒力基因之间能够相与调节。在细菌中毒力基因通过水平传播、水平转移媒介(质粒抗菌素和转座子)传播的进化过程中PAIs起重要作用。Graham JP(2009)报道猪源粪肠球菌毒力岛基因与人源相关基因、致羔羊羊脑炎粪肠球菌基因同源性很高。

[流行病学]　肠球菌能生活在各种环境中,如土壤、食物、水、植物上,亦是人和动物肠道内正常菌群之一(见表-116)。同时也是人和动物的条件性致病菌中的一种。近年来,大多数肠球菌对青霉素族抗生素已有不同程度的耐药性,对庆大霉素耐药性的菌株亦逐年增加,并已出现了耐万古霉素的菌株。在上海分离到的耐庆大霉素肠球菌(HLGR)有30%～36.9%;耐万古霉素肠球菌(VRE),粪肠球菌占1.7%,屎肠球菌占3.5%。临床上以粪肠球菌和屎肠球菌居多,粪肠球菌感染率约90%。游选旺(2009)调查发现肠球菌主要致病菌是粪肠球菌,其次是屎肠球菌和鸟肠球菌等。由于肠球菌对多种抗生素的耐药性造成其在接受多种抗生素治疗的患者体内生成,此为该菌引起重叠感染的基础。因而对肠球菌严重感染的治疗成为临床棘手的问题之一。Larsen J(2010)报道认为粪肠球菌是一种新的人畜共患病病原体。

表-116　从动物分离的肠球菌种别

菌　种	分　离　株　数								
	家禽	牛	猪	犬	马	绵羊	山羊	兔	鼠
粪肠球菌	25	21	22	17	5	1	4	1	0
屎肠球菌	39	15	11	5	3	3	0	0	0
小肠肠球菌	25	6	11	4	4	5	2	2	0
耐久肠球菌	13	0	0	0	0	0	0	0	0
鸡肠球菌	4	0	0	0	0	0	0	0	0
鸟肠球菌	0	2	1	0	0	0	0	0	0
蒙特肠球菌	0	1	1	0	1	0	0	0	0
铅黄肠球菌	1	0	0	0	0	0	0	0	0
猪肠球菌	0	0	5	0	0	0	0	0	0
鼠肠球菌	0	0	0	0	0	0	0	0	5
绒毛肠球菌	0	0	5	0	0	0	0	0	0
未知	2	0	2	2	2	0	1	0	0

肠球菌引起的中毒时有散在暴发。Mannua等(2003)报道了肠球菌通过食物感染病例。Geti R(2004)报道肠球菌引起尿路感染、食物中毒、伤口感染、感染性心内膜炎和败血症。

引起粪肠球菌中毒的食物主要为熟肉类、奶及奶制品，人和动物的带菌者常为污染的来源。消化道是肠球菌传播途径，但南部地区大批猪病死后，人其后发生屎肠球菌感染，可能还有其他途径。Hong－Zhoulu(2002)报道肠球菌中的屎肠球菌可以通过发病猪直接传染人，引起人发病死亡。

除人肠球菌感染外，兽医临床上又多见感染报道，唐正安(2002)报道了云南鹌鸡肠球菌败血症；陈一资等(2003)、韩梅红等(2007)报道鸭暴发肠球菌感染；韩素娟等(2007)报道了绵羊脑炎型肠球菌等，其他动物有牛、猪、犬、家兔、鸡、鸵鸟等。肠球菌感染畜禽引起人们关注。

[发病机制]　　肠球菌为机会性感染病原体。动物的肠球菌感染可能与长期、大量使用抗菌药物或肠球菌"移位"有关。肠球菌离开正常寄居部位进入其他器官，首先在宿主组织局部聚集达到阈值密度，然后在黏附素作用下，黏附于宿主细胞的外矩阵蛋白，分泌细胞溶解素、明胶酶等毒力因子破坏宿主组织细胞，通过质粒接合转移使致病性肠球菌种间扩散，引起感染性疾病的发生。Huycke(1999)报道，95%粪肠球菌和38.5%屎肠球菌可产生胞外超氧化物(O^{-2})，它可破坏并穿透宿主细胞膜，从而使肠球菌通过上皮细胞屏障进入血液，引起疾病发生，信息素对中性粒细胞有趋化作用，能够引起细胞产生溶酶体酶，从而激活补体系统，引起炎症部位的组织损伤。

溶血素破坏宿主细胞，导致宿主细胞组织发生病理性变化。但近年来国内外的研究表明，某些肠球菌能产生β溶血素，能够裂解兔、马、人的红细胞；少部分肠球菌可产生α-或β-溶血素，β-溶血素对红细胞有裂解作用，在动物实验中证实这种溶血素作用与细菌毒力有关。Vergi等(2002)报道了粪肠球菌产生毒性因子，这些毒力因子包括肠球菌表面蛋白(EsP)、明胶酶和溶血素，产生明胶酶和溶血素的粪肠球菌表明在肠球菌感染的动物模型中有毒力。肠球菌的潜在毒力因子为肠球菌表面蛋白(72.4%)、明胶酶(58.6%)、聚合物质(48.3%)、溶细胞素(17.2%)。在小鼠实验中，肠球菌产生的溶血素与毒力有关，并且能产生β-溶血素的肠球菌比不能产生者更具毒性。杨劲松等(1997)利用精子尾部低渗肿胀实验证实肠球菌可破坏精子外膜且此作用与β-溶血素有关。同时研究还显示β-溶血素兼有细菌毒素的功能，对其他肠球菌和一些革兰氏阳性菌有杀灭作用。并且β-溶血素菌株都能产生细菌素，40株肠球菌中至少存在3种细菌素，产细菌素株的比率占72.5%，推测溶血素、细菌素与肠球菌的致病性有一定的关联。

[临床表现]　　Graham J P(2008)报道肠球菌引起动物感染和死亡也在增多，如鸡败血症和鸡胚死亡、弱雏、死雏等；鸵鸟肺脏、肠腔化脓；家兔腹泻；犬尿道感染；羔羊脑炎、羔羊心内膜炎等；犊牛心内膜炎；牛乳腺炎；公牛睾丸炎，仔猪死亡等。我国羔羊、鸭、猪都有发病报道，猪的临床表现有多样性。在1998年7月24日到8月31日之间，江苏省扬子江毗邻3个区县发生出血性休克死亡家猪千余头，40个农民发病，表现高热(39～40.5℃)、皮肤红斑或淤点，昏迷等，死亡12人(40%)。从7名患者及2头猪的血液分到11株细菌样本，通过细菌、生化和16SrRNA基因检测，鉴定为粪肠球菌(E.aectum)。人猪分离的粪肠球菌对抗生素易感性和琼脂电泳成像对比说明粪肠球菌脓毒症的暴发是猪传播到人。

王亚宾(2011)报道河南 20～70 日龄猪群中不时发生一种高热、皮下及各实质脏器肿大与出血性疾病,尤以散养和小规模猪群多发,发病率在 30%～90%,病死率在 10%～40%。个别猪出现跗关节肿大,关节内有多量稀薄脓液。在外购猪 5 天内全部发病,本场猪也相继发病。猪精神沉郁,呼吸困难,全身抽搐,站立不稳,体温高达 40.5～41.5℃,个别仔猪出现转圈等神经症状。剖检可见肝、脾、肾及淋巴结肿大、出血,肺尖叶、心叶肉变,肺脏上现出大小不等、多少不一的出血点。人工攻毒试验,猪在第 5 天出现病状,并有 1 头猪死亡。临床症状和剖检病变与现场相同。关节液分离菌攻击猪出现同现场病猪相似的临床症状和病变。Cheon D S 等(1996)报道仔猪暴发腹泻。曾彦钦(1990)报道猪鞭虫病继发感染粪链球菌(肠球菌)致仔猪体温升高,多数猪呼吸困难,鼻端发紫,有浆液性鼻漏,猪耳朵呈急性发热性肿胀、色青紫;慢性病猪耳朵干涸性坏死、色黑、僵硬。少数病猪跛行,个别病猪出现转圈等神经症状。

已有报道肠球菌与小驹、仔猪、犊牛和幼犬腹泻相关联。某猪场发生以一窝母猪为单位,200 头母猪 2～14 日龄兰德来斯仔猪连续不断地经历着腹泻,差不多 20 窝中 16 窝 2 周龄仔猪的 90% 发生腹泻,但死亡率极低。仔猪增重不好和发生发育障碍。对 21 只腹泻仔猪进行尸检、病理组织学检查、细菌培养、免疫荧光等为非传染性胃肠炎和轮状病毒感染。分离菌为肠球菌(E. Durans)。J. Larssen 等(2011)报道了 E. hiral 引起新生仔猪腹泻。

吕萍(2006)报道肠球菌存在猪肉感染人的危险。新鲜猪肉中粪肠球菌致病基因检出率非常高,也能引起人食物中毒。Shanker(2002)在多重耐药的粪肠球菌中发现毒力岛,2006 年又研究感染猪的粪肠球菌时,从猪分离的粪肠球菌中检出粪肠球菌毒力岛。

[诊断]　本病的多样性和非特异性临床表现使临床诊断鉴别较为困难。主要依靠实验室检测进行确诊。首先要根据肠球菌感染所致疾病的不同,可采取患者血液、脓汁、胆汁、尿液及脑脊液样本。实验室直接涂片和分离培养(用叠氮胆汁七叶苷琼脂),该培养基可抑制革兰氏阴性杆菌生长,而长出的肠球菌菌落为黑色。根据① 呈单个、成双或短链的革兰氏阳性球菌。② 血平板上呈 β 型或 α 型溶血或不溶血。③ PYP 试验、胆汁七叶苷试验和 6.5% NaCl 生长试验均为阳性。④ Lancefield 血清型鉴定为 D 群,即可确诊。根据肠球菌利用糖类的情况,可将其分为 4 组。粪肠球菌、屎肠球菌为 2 组。

16SrRNA 基因序列已被用作分子筛来评估细菌间的相关性及鉴定未知细菌属种的手段,是检测肠球菌手段之一。但 Hudson CR(2003)发现来自兽医和农业源的肠球菌,其鉴定随着培养代次不同而发生差异。原肠球菌被认为是肠球菌中表型差异最为显著的菌种,它与鹑鸡肠球菌、坚韧肠球菌和其他肠球菌的表型最为相似,容易导致错误的鉴定结果。

[防治]　由于其特殊的耐药性并拥有众多的毒力因子,所以对肠球菌所致感染治疗困难。

(1)一般对症和支持性治疗。

(2)抗生素治疗。尽量选择有效的抗生素是治疗肠球菌感染的关键。多年来,青霉素是首选抗生素,但肠球菌对青霉素的耐药菌株越来越多,治疗效果愈来愈差。由于青霉素可以损伤并穿透细菌的细胞壁,氨基糖苷类药物,如链霉素和庆大霉素等则可通过损伤的细胞壁进入细菌内达到核糖体而将细菌杀灭,故临床上多采用青霉素、庆大霉素等联合治疗,疗效显著。

二十七、链球菌病(*Stroptococcosis*)

该病是由链球菌属中一群条件性致病或致病性链球菌引起的人和动物多临床表现的传染性疾病的总称。链球菌的血清型较多,大部分菌没有致病性,但部分链球菌对宿主有致病性,它们存在于人和动物的皮肤、呼吸道、消化道和泌尿生殖道的黏膜上,能够引起这些组织感染,对宿主感染和致病力不尽相同,引起的病症也多种多样,如肺炎、菌血症、心内膜炎、脑膜炎、泌尿生殖道炎、关节炎等,甚至死亡,该病是重要的细菌性传染病。

[**历史简介**]　链球菌是奶中常见菌和重要腐生菌,早期分离于牛奶和奶制品,也是人和动物体内外常分离到的正常菌或有益菌。Rivolta(1873)从患有腺疫的马体中检出链球菌,称之为马腺疫链球菌,并描述了该病特征。Billroth(1874)从丹毒患者感染的伤口中分离到链球菌,Fehleisen(1883)从患者分离到链球菌,并证明这病原菌能在人体内导致典型丹毒。Rosenback(1884)从人的化脓灶中分离到链状的圆形球菌,命名为化脓性链球菌。Klein(1886)发现链球菌与人的猩红热有关。Nocard 和 Mollereau(1887)发现链球菌与牛羊乳腺炎有关。

Newsora 等(1937)证实猪颈淋巴腺炎与 E 群链球菌有关,命名为猪腺疫。Bryante(1945)报道了一种由链球菌引起母猪和仔猪败血性传染病的暴发和流行。Jansen 和 Van Dorssen(1952)与 Freld(1954)报道了 1～6 周龄和 2～6 周龄仔猪暴发链球菌病。吴硕显(1958)报道了我国仔猪链球菌病。1954 年从暴发败血症,脑膜炎和关节炎的乳猪中分离到一株 α-溶血性链球菌。自 20 世纪 50 年代以后,澳大利亚、日本、泰国、新加坡、欧洲、北美都相继报道了猪链球菌病的发生。Arends(1968)报道了丹麦人的猪链球菌感染致脑膜炎病例,30 株分离菌中 28 株为猪链球菌Ⅱ型。其后世界各国都有人暴发流行的报道。De Moor(1956—1963)通过生化特性和血清学试验方法对引起猪败血症感染的 α-溶血性链球菌进行鉴定,这类菌属于兰氏 R、S、RS 和 T 血清群。Elliott(1966)建议 R 群和 PM 群归于兰氏 D 群,命名为猪链球菌荚膜Ⅰ型。又在 1975 年按 1968 年荚膜分类方法试验,建议将 R 群命名为猪链球菌荚膜Ⅱ型猪链球菌作为细菌的一个新种被 Kilpper-Balz 和 Schleifer(1987)正式命名。

[**病原**]　链球菌属于链球菌属,革兰氏染色为阳性,但在培养较久或在脓汁中被吞噬细胞吞噬后可呈革兰氏染色阴性。呈成双或链状排列的圆形或卵圆形球菌。链长短与细菌的种类及生长环境有关,短者由 4～8 个菌组成,长者达 20～30 个。在液体培养基中易形成长链,在固体培养基及脓汁中为短链,成双或单个散在。致病性强的菌株多为长链。无鞭毛,无芽孢,多数菌株在含有血清的肉汤中培养 2～4 小时易见有荚膜,以后又逐渐消失。肺炎链球菌在人及动物体内能形成荚膜,病人痰、脓汁或脑脊液中的肺炎链球菌,可见菌体周围有肥厚的荚膜。

本属细菌大多为需氧或兼性厌氧,少数为专性厌氧。最适生长温度为 35～37℃。生长温度范围为 20～42℃,D 群链球菌可在 10～45℃生长。最适 pH 为 7.4～7.6。对营养要求高,在普通培养基上生长不良,发育极缓慢,在含葡萄糖、血清、血液的培养基中生长良好。有的种在培养基中产生橙色或黄色色素。在液体培养基(如血清肉汤)中,溶血性菌株在管底呈絮状或颗粒状沉淀生长,菌链较长;不溶血菌株则使培养基均匀混浊,菌链较短;甲型链球菌的链有长有短,生长情况介于上述两者之间。在血液琼脂平板上,经 35℃ 18～24 小时培养,可形成灰白色、圆形、凹陷、直径为 0.5～0.75 mm 的小菌落。肺炎链球菌可形成细小、圆形、灰白色、半透明、有光泽的扁平菌落。若培养较久时,由于自溶现象,菌落中心凹陷,边缘隆起,呈脐窝状。在菌落的周围由于链球菌种类的不同,可呈现透明溶血环(如乙型链球菌)、草绿色溶血环(如甲型链球菌、肺炎链球菌)或无溶血环(如丙型链球菌)因此,常根据在血平板上的溶血情况分类。

本属细菌触酶试验阴性,能分解葡萄糖产酸不产气,对乳糖、甘露醇、山梨醇、水杨苷等分解能力因菌株不同而异。大多数新分离的肺炎链球菌能分解菊糖;新鲜胆汁或 10% 去氧胆酸钠可激活自溶酶,促进本菌的自溶作用,所以胆汁溶菌试验阳性。几乎所有肺炎链球菌对 Optochin(乙基氢化羟基奎宁)敏感。而甲型溶血性链球菌上述三试验通常为阴性,因此,菊糖分解试验、胆汁溶菌试验及 Optochin 敏感试验可作为肺炎链球菌与 α 型溶血性链球菌的鉴别试验。

A 群链球菌可被杆菌肽(1 U/mL)抑制生长,其他链球菌则不受抑制。A 群和 B 群链球菌纸片(SXT 纸片含 SMZ 23.75 mg 和 TMP 1.25 mg)不敏感,而其他群链球菌对 SXT 敏感。B 群链球菌 CAMP 试验阳性,可水解马尿酸钠。七叶苷试验用于鉴定 D 群链球菌。

本菌 DNA 的 G+C 含量为 36～46 mol%。抗原构造较复杂,含有多种抗原。如乙型溶血性链球菌的菌体抗原可分为 3 种:① 群特异性抗原。简称 C 抗原,是细胞壁的多糖成分,有群特异性。根据群特异性抗原的不同,用血清学方法已分成 20 个群。② 型特异性抗原。简称表面抗原,是链球菌细胞壁的蛋白质抗原,位于 C 抗原的外层,其中又分为 M、T、R、S 4 种抗原。M 抗原与链球菌的致病性有关。根据 M 抗原的不同,可将 A 群链球菌分成 100 个型。③ 非特异性抗原。简称 P 抗原,无特异性。不能用作分类。

目前链球菌的分类有以下几套系统。

1. 按各自的种命名　如肺炎链球菌、化脓链球菌等。

2. 根据溶血型　Broum(1919)检测不同链球菌在血琼脂平板上产生不同的溶血,分为不完全溶血型(α-溶血)、完全溶血(β-溶血)和不溶血(γ-溶血)。

3. Lancefield(兰氏,1933)分类法　即以细菌细胞壁多糖成分的差异为分群的基础的兰氏分群法,建立了 6 个群(A～E 和 N),称兰氏分类系统,后来发现这些群与 Sherman 氏分类法很一致。随着时间的过去,又增多了更多血清群(F、G、H、K、L、M、O、P、Q、R、S、T、U和 V),但没有给这些新的群的菌以种的名称。目前有 A～V 20 个血清群。对人类致病的90% 属于 A 群,偶见 B、C、D、G 群链球菌感染。同群链球菌间,因表面抗原不同,可分为若干型,如 A 群分为 100 个型;B 群分为 5 个型,C 型分为 13 个型。

4. 细菌分类系统　Sherman(1937)提出了将链球菌分成脓性的、绿色的、乳的及肠球菌几类的细菌分类系统(化脓性链球菌包括大多数致病的种)。绿色链球菌主要特征是在血琼脂上产生α型溶血或变绿;乳链球菌由与奶有关的菌株构成并能在奶中产生奶酸;肠链球菌包括类似粪链球菌等肠道寄生菌株。

现链球菌共有75个种和110个分类未定种。与兽医学和医学有关的链球菌计18个种以上。但随着分子生物学分类方法的应用,以16SrRNA序列同源性和生化分类,使得链球菌属细菌的分类改变较大。将链球菌D群的肠球菌和N群的乳链球菌划为肠球菌属和乳链球菌属。厌氧链球菌归为消化链球菌属。链球菌属包括甲、乙和丙型链球菌和肺炎链球菌40个种。

5. 基因分型　随着分子生物学分类方法的应用,Bentley(1991)和Kawamura(1995)以16SrRNA序列同源性和生化分类使得链球菌分为7个群:① 化脓链球菌群:血清法中A、B、C、G、L、M、E、P、U、V血清组和一些不能分组的链球菌;② 牛链球菌群:牛链球菌、马链球菌、不解乳链球菌;③ 缓症链球菌群:缓症链球菌、肺炎链球菌、血链球菌、副血链球菌、戈登链球菌、口腔链球菌;④ 变异链球菌群:变异链球菌、节制链球菌、仓鼠链球菌、猕猴链球菌、鼠链链球菌、汗毛链球菌、野鼠链球菌;⑤ 唾液链球菌群:唾液链球菌、嗜热链球菌、前庭链球菌;⑥ 中间链球菌群:中间链球菌、咽炎链球菌、星座链球菌(过去曾称为米勒链球菌群或咽峡炎链球菌群);⑦ 非属种群:少酸链球菌、猪链球菌、多形链球菌。基因分类将囊链球菌、屎链球菌归于肠球菌中。

此外还有噬菌体分型、细菌素分型等方法。

链球菌的毒力因子有荚膜多糖(CPS)、溶血素(Suilysin)、溶菌酶释放蛋白(MRP)、胞外因子(EF)、纤连结合蛋白(FBN)、黏附素、谷氨酸脱氢酶(GDH)等。

[流行病学]　链球菌属种类繁多,在自然界分布广泛,如水、空气、尘埃中。某些链球菌是人和动物体表、口腔、消化道、呼吸道、泌尿生殖道黏膜、乳汁、肠道内的正常寄居菌,所以动物粪便及健康人的鼻咽腔及肠道内均可检出本属细菌,如从肺、气管、淋巴结分离到肺炎链球菌、猪链球菌、前庭链球菌、缓症链球菌等。大多数链球菌对人、动物不致病。患病动物、病猪及病死尸体是重要的传染源。而健康带菌动物也是不容忽视的传染源,往往在引入带菌猪后导致全群发病。带菌猪可不表现任何症状,也可能是病愈猪症状消失后成为带菌者。关于带菌率、感染水平及发病情况迄今未弄清它们之间的关系,带菌率并不能作为是否发病的指标,即使带菌率高达100%,该猪群的发病率也可能低于5%。W. Weigser 等(1981)对641份健康猪的下颌、髂内和髂外淋巴结进行β型溶血性链球菌的检查,140份淋巴结受到了感染。最常分离出来的种是:E群链球菌占59%,似马链球菌(S.equisimilis)血清群占32%,L群链球菌占13%,无乳链球菌(S.agalactiae)B血清群占4%。致病性链球菌在正常状态和生态条件下,可从人的鼻腔、咽喉、大肠、阴道及猪的鼻腔、咽喉、消化道和粪便中分离到,腭扁桃体是仔猪传染入侵门户。母猪是可能的传染源,受染母猪的子宫排泄物及阴道排泄物污染环境。其子宫或产道可能带菌,仔猪可在出生前或出生时经产道感染。脐感染是一因素,多数情况下脐似乎是传染门户。在肚脐先受感染,随后发生菌血症,进而导致其他器官,特别是关节的定位感染。剖腹产仔猪很少感染。

猪群中传播取决于带菌动物的存在，如颈脓肿猪、妊娠母猪阴道及正常幼龄仔猪咽部常检出链球菌。通过污染的饮水、饲料感染猪。猪链球菌的入侵门户通常是口、鼻腔，而后在扁桃体定居繁殖。可从临床带菌猪的鼻腔及生殖道检出该菌，已证明带菌猪在传播疾病方面发挥很大作用。病原通过饲喂或鼻内和咽内滴入都曾发生此病。4～10周猪带菌率最高，细菌可在其扁桃体存活1年以上，即使猪体内存在体液循环抗体或饲喂普鲁卡因青霉素（300 mg/kg）也无济于事。活猪扁桃体拭子的检出率在0～100%，而屠宰猪扁桃体的该菌分离率则高达100%。Clogtor - Hadly等调查野外猪扁桃体的保菌率为3%～60%。病原菌是由污染的食物或饮水通过咽黏膜而传染的。猪群中传染的持续期被证明取决于带菌动物的存在。

[**发病机制**] 关于猪感染猪链球菌后的发病机制目前有好几种假说，综合起来主要有两个方面：① 微生物的毒力因子和疾病本身的病理生理变化。感染由侵入门户如脐、扁桃体等扩散而形成临床上觉察不到的菌血症，患菌血症的期限不定，在仔猪可持续数日，一般结局为急性致死性败血症；而再大些的猪则多为器官呈局部化脓，如关节炎、仔猪的脑膜炎及心内膜炎。② 广为接受的假说是：猪链球菌进入扁桃体腺中，并在那里大量繁殖，通过淋巴系统或血液循环系统而向其他部位扩散。吞噬细胞吞噬细菌并将猪链球菌带入到中枢神经系统、关节和浆膜腔。不少证据表明，猪链球菌从扁桃腺进入血液中，可被单核细胞吞噬，然后通过脉络丛进入脑脊液中，并引起临床脑膜炎表现。猪链球菌2型也可以通过单核细胞吞噬进入脑脊液中，因为这种单核细胞可分化为Kolmer细胞（第4脑室脉络丛中的巨噬细胞），后者可以直接进入脑脊液中。与脑脊膜炎伴随出现的是脑脊液增多，后者可导致脑室的压力升高、神经元损害、神经系统的临床炎症的出现。脑脊液压力升高可致动脉闭塞，后者可致缺氧，最后导致这些动脉供血的脑部坏死。周康等（2016）研究猪链球菌2型皮下、肌肉、静脉、鼻腔及胸腔5种感染途径。除鼻腔接种猪仅呼吸粗粝外，其余4种途径均复制出感染症状。细菌计数结果提示，血液、肺脏组织和脑是猪链球菌2型易增殖部位，肺脏可能是呼吸道传播模式致全身感染的中转站（上呼吸道→肺脏→全身性感染），所有致死猪均出现菌血症。

目前公认猪链球菌中比较重要的毒力因子有荚膜多糖、溶菌酶释放相关蛋白、细胞外蛋白因子和溶血素等。菌毛与黏附因子等也可能与猪链球菌的毒力有关。

1. **荚膜多糖**（CPS） 猪链球菌大部分的血清型都能够形成荚膜。荚膜和细菌的毒力有一定关系。有毒菌株的荚膜变厚，抵抗多核淋巴细胞吞噬能力变强，而无毒菌株没有变化。研究表明，荚膜可能影响细菌的黏附性。但还存在其他致病因子与之相互作用。也是分型的标志。

2. **溶菌酶** 释放相关蛋白（MRP）和细胞外蛋白因子（EF），除荚膜多糖外，这两种蛋白质是常用于评价猪链球菌毒力的指标。Veckt等比较了180株来自病猪、健康猪和人的猪2型链球菌的蛋白质图谱发现，从病猪体内分离的菌株特有分子质量为136 kDa和110 kDa的蛋白带，前者被命名为MRP，后者被命名为EF。在这180株菌中存在3种表型：MRP^+EF^+、MRP^+EF^-、MRP^-EF^-。MRP^-是诱导细胞融合形成多核巨细胞，随后巨细胞发生凋亡；二是诱导单个细胞凋亡，使上皮细胞凋亡率达18%。从病猪中分离的菌株77%

为 MRP⁺EF⁺，从健康猪中分离的菌株 88% 为 MRP⁻EF⁻；分离自患者的菌株中，89% 含有 MRP，74% 表现为 MRP⁺EF⁻。无毒力的猪链球菌菌株不表达上述两种蛋白质。动物试验证明，缺少上述毒力基因的菌株对生猪没有致病性。因此，认为 EF 和 MRP 在猪链球菌 2 型的致病作用中起重要作用，可视为菌株的毒力标记。Smith(1993) 从患脑膜炎猪体内分离出的猪链球菌，具有类似 MRP 蛋白而没有 EF 蛋白(MRP⁺EF⁻)，接种到其他健康猪后发现并不致病，从而表明猪链球菌还有其他毒力因子的存在。

3. 猪链球菌溶血素　溶血素被认为是几种细菌的主要毒力因子，猪链球菌溶血素也属于此类毒素。Feder 等研究表明，猪链球菌 2 型的溶血素包括 54 kDa 和 62 kDa 两种分子质量；从病猪中分离出的绝大部分菌株经培养后均能够产生上述两种分子质量的溶血素。猪链球菌溶血素可能在猪链球菌侵入和裂解细胞的过程中发挥重要作用。它可以破坏微血管内皮细胞和上皮细胞，有利于细菌在组织内扩散。可以破坏脉络丛上皮细胞，从而突破脑脊液屏障，导致脑膜炎的发生。

此外，44 kDa 蛋白和 IgG 结合蛋白以及菌毛和黏附因子；有谷氨酸脱氢酸(GDH)、纤黏连蛋白/纤黏连蛋白结合蛋白(Fn/FBPS)和一个核酸酶 SsnA。

[临床表现]　猪链球菌病是由链球菌感染所引起的致猪急性、败血症的总称。它侵害各阶段的猪只，诱发多种临床表现，以败血症、脑膜炎、关节炎、淋巴结炎等为主要特征。Sanford 等发现猪链球菌可造成心脏和中枢神经损伤，如纤维素性，脓性心包炎，出血性、坏死性心肌炎，心内膜炎等。

1. A 群链球菌　几乎所有的菌群都可以从病猪体内得到，但对动物的致病性不强。

2. B 群链球菌　猪中分离很少，由患有关节的仔猪关节液中分离出的。

3. C 群链球菌　① 兽疫链球菌(现名马链球菌兽疫亚种，*S.egui* Subsp. *Zooepidemicus*)，天然寄生部位为母猪黏膜皮肤，可引起我国猪败血症、关节炎、流产、仔猪和断奶仔猪脑膜脑炎、神经症状。成年母猪及其仔猪的急性链球菌性败血病，呈散发，发病突然，12～48 小时内死亡。患猪虚弱、衰竭、呼吸困难、下痢及血尿。尸检：所有器官呈点状及瘀斑状出血。存活猪肺部呈广泛水肿及实变。传播迅速，死亡率高。② 马链球菌似马亚种(现名为似马链球菌，*S equisimilis*；Vandamme 1966，建议改为停乳链球菌似马亚种)，呈乙型溶血，引起哺乳仔猪败血症、关节炎、心内膜炎。也有报道引发脐炎。③ 泌乳障碍链球菌(*S dysgalactiae*)，致猪化脓性疾病、乳房炎。④ C 群溶血性链球菌，王育才(1968)报道，从病猪分离到 C 群溶血链球菌，临床上仔猪全身颤抖，共济失调或呈犬座姿势或转圈，颤抖呈阵发性，无明显界限。发病率达 13%，病死率达 32%。

4. L 群链球菌　呈乙型溶血反应，致仔猪败血症、关节炎和心内膜炎。

5. R(D) 群链球菌　De Moor(1963) 将引起猪败血症感染的新的 α-溶血链球菌应用生化和血清学方法鉴定，确定这些链球菌属于新的 R、S、Rs 和 T 群。Elliott(1966)和 Windsor 等(1975)证明以上新群具有 D 群抗原而归入 D 群。并将 S，R 和 Rs 群分别定为猪链球菌血清 1.2 和 1/2 型；Gottschalk(1989) 将 T 群定为猪链球菌血清 15 型。至此，猪链球菌共有 35 个血清型。其中猪链球菌 2 型引起猪、人的感染性疾病报道逐年上升。猪临床表现主要是败血症、肺炎、心内膜炎、关节炎、哺乳仔猪下痢、孕猪流产等。齐新永等(2009)报道用猪源猪链球菌2型 HA9801 强毒株(MRP+、EF+)静脉接种30~60日龄仔猪,结果2天后仔猪体温升高至 39.7~41.2℃,出现跛行,食欲减退至废绝,大便干结,呼吸急促,抽搐,划水样运动。接种猪5天内全部死亡。死亡前严重昏迷,呼吸困难,从嘴里流出血液。猪链球菌Ⅰ型,致2~4周仔猪脑膜炎、肺炎、关节炎、败血症等。而且引起猪发病的猪链球菌血清型不断增多。Windsor. R. S.等(1975)报道猪链球菌血清2型也会是10~14周龄猪的脑膜炎的病原。不同地区流行的致病性链球菌血清型也各不相同。主要致病猪链球菌血清型有 SS1,SS2,SS7,SS9,SS14 和 SS1/2。SS2 和 SS9 流行呈上升趋势。但也有一部分仅发现于临床健康猪(SS1,SS18,SS19 和 SS21 血清型)。Jones(1976)报道兰氏 R 群链球菌可分离自猪皮炎;Roxanna 等(1979)报道与兰氏 R 群链球菌致病的相关的猪肺炎;梅本弘明(1986)报道日本有兰氏 R 群 β 溶血链球菌感染造成仔猪败血症和脑膜脑炎增多;陈永林等(1988)从北京、上海分离的兰氏 R 群链球菌,造成仔猪伴有神经症状的败血症。野田一臣等(1984):R 链球菌引起猪脑脊髓脑膜炎、败血症、关节炎等,发病年龄从数天到6月龄皆可感染。苏联兽医制剂临床科学研究所(1986)报道血清型 R 链球菌致猪脑膜和断奶仔猪关节炎。

6. E(P.U.V)群链球菌　呈 β-溶血反应。主要致病菌豕链球菌($s. porcinus$)。Colins (1984)依据共同的生化特性,将链球菌 E.P.U 和 V 群定为豕链球菌;此菌至少有6个血清型,有些尚不能定型,能引起猪的链球菌性淋巴结炎(颊部脓肿)。颊部脓肿分离菌为血清4型。由 E 群链球菌感染痊愈猪可获得免疫力,但扁桃体带菌可达6个月以上。颌下淋巴结发生化脓性炎症,咽、耳下、颈部等淋巴结有时也受侵害。受害部位发热、发硬,触诊有痛感。以后脓肿部中央变软,表面皮肤自行破溃,流出脓液。一般不引起死亡。

F 群链球菌,猪带菌是传染源。G 群链球菌,猪败血症、心内膜炎、关节炎、肺炎和脓肿。H 和 K 群链球菌,动物不常见。L 群链球菌,猪败血症、脑膜炎、关节炎。M 群链球菌,从猪、牛、绵羊等伤口分离。N、P、Q 群链球菌,尚不了解,不能确定宿主范围。

7. S、T、U、V 群链球菌　引起猪败血症和淋巴结炎等。S 群仅限于青年猪,发生在4~8周龄。

由于对猪感染的链球菌群不同或感染途径不同,其致病力也有较大差异,因而,其临床症状和潜伏期也差异较大。潜伏期从几小时(最短4 h)到几天(长达7天)。

实际生产中临床表现是病猪表现发病突然,往往头天晚上查棚时未见猪有任何症状,次日早晨已死亡;病程长者表现精神沉郁,体温升高至 41~42.5℃,眼结膜潮红,流泪,鼻镜干燥,流浆液性鼻液,口、鼻黏膜潮红,耳、颈下、胸腹下及四肢下端皮肤有紫色斑块,有的猪出现颈部强直、偏头或转圈等神经症状,死前倒地抽搐,四肢痉挛,呈游泳状划动。濒死期从鼻腔流出暗红色血液,也有猪出现跛行或站立不稳,有的病猪腹泻或便秘。一棚猪或一窝猪可有无症状,一只猪表现一种症状,亦有一只猪表现多种症状。在临床分型上,猪链球菌引起的病症可分为4种形式,即急性败血症、脑膜炎型、关节炎型和淋巴结脓肿型,不过4种类型很少单独出现,往往混合存在或先后发生,在疾病的不同时期表现出不同症状。根据病程,又可分为最急性、急性、慢性型。

（1）最急性型。在流行病初期常为最急性病例，病程很短，患者多在 6～24 小时内死亡。前期末有任何征兆出现突然死亡，常常可见头天晚上还正常进食，第二天清晨已死亡或者突然停食，不食，精神委顿，体温上升至 40.5～42℃，卧地不起，呼吸急促，震颤，经 12～15 小时死亡。

（2）急性型。

① 急性败血症：急性病例病程稍长，一般 2～8 天，以 3～5 天死亡较多。体温为 40～41.5℃，继而可达 42～43℃，大多数病例呈稽留热，少数病例呈间歇热。食欲减退或废绝，精神沉郁，呆立，喜卧，爱喝冷水。口鼻黏膜潮红，头部发红，水肿，眼结膜充血，潮红，流泪或脓性分泌物。鼻镜干燥，流灰白色、浆液性、脓性鼻汁，咳嗽，呼吸急促，个别会出现神经症状，颈部强直，偏头或转圈、跳跃。有的病猪共济失调，走路摇摆，跛行或关节肿大，磨牙，空嚼等。病猪迅速消瘦，被毛粗乱。皮肤苍白、发绀、极度衰竭。颈下、腋下及四肢下端皮肤有紫红色出血性红斑。死时可从天然孔流出暗红色血液。此外，少数妊娠中，后期母猪亦可因败血性链球菌病导致流产和死胎。

陶云荷（1986）报道，13 头肥育猪及公母猪，第 1 天突然发病，次日晨死亡一头，全群发病。患猪体温 42.5℃，食欲废绝，磨牙，四肢关节肿胀，卧地不起，呼吸困难，鼻流水样黏液，全身发绀，急性死亡。慢性经过患猪呈犬坐姿势，呼吸急促，咳嗽，拉稀，全身多处出现淤血斑块，关节肿胀。剖检：全身皮下，黏膜和浆膜有出血点；肺水肿，小支气管及肺泡内充满泡沫样液体；心脏房室壁淤血，质地较硬；肝肿大，质脆，表面有灰白色病变，肾、脾水肿，淤血；胃底部有出血点，内充满黄色液体；盲肠壁充血；回肠空虚，黏膜脱落，有脓样物；肺、肝门、肠系膜等处淋巴结淤血，水肿。

汤锦如（1980）报道新生乳猪急性败血症链球菌病，全场 18 头母猪产仔 228 头，头产母猪 5 头产仔 44 头，发生死胎 10 头，发病 34 头，发病率 100％，产后 5 小时死亡 12 头，第 2 天死亡 6 头，10 天中无相继死亡 29 头，死亡率 85.29％（29/34）。

仔猪刚产下落地就发生阵发性痉挛，痉挛时四肢收于腹下，站立不稳，痉挛后卧地，似如好猪，心跳快，两侧肺部听诊呼吸音粗粝，此时乳猪体温 38.9～39.8℃。第 3 天后病猪心跳加快，呼吸困难，体温升高至 40.4～41℃，乳猪一肢或两肢关节肿大，不能站立，手触软而有痛感，痉挛现象减轻，食欲减少，精神极差，眼结膜极度苍白。肝暗红色，肿胀，表面有淡灰色不突出肝表面的大小约 0.2 cm 的坏死灶，质脆，胆囊肉充满胆汁；脾稍肿，暗紫色，切面结构模糊；肾浅紫红色，稍肿大，质脆，肠道黏膜稍红肿，血管充血，大肠无明显变化；肠系膜淋巴结肿大，紫红色，心内有煤焦动状血液和血凝块；心耳有少量针尖状出血点；肺粉红色，有气肿现象；前肢腕关节、后肢腕关节、膝关节、肘关节肿胀，切开腔内有淡黄色的干酪状物质。

② 脑膜炎型：多见于哺乳仔猪和断奶小猪。也曾发生于 10～14 周龄的断奶猪及 5～6 月龄的肥育猪，前者的病原被鉴定为猪链球菌 2 型，它与只能引起新生仔猪发病的 1 型不同。病初体温升高，至体温或下垂为 40.5～42.5℃，不食，便秘，有浆液性或黏液性鼻液。刚染病 2～3 小时内的病猪，耳朵朝后或下垂，双眼直视，头往后仰，呈角弓反张，惊厥，眼球震颤，结膜发红，发生盲目及显著的肌肉震颤。而后，病猪很快出现神经症状，四肢共济失调，

转圈,空嚼,磨牙,仰卧,直到后肢麻痹,侧卧于地,四肢作游泳状划动,甚至昏迷不醒。部分
猪出现多发性关节炎,有的小猪在头颈、背部等出现水肿。病程1~2天,共达5天。李玉林
(1987)报道小猪暴发脑膜脑炎型链球菌,收购的107头小猪3天死亡57头(52.7%),体温
39.5~41.7℃,精神沉郁,不食,多数呈昏迷状,昏睡在一起,不愿起立,步态不稳,走路摇晃。
低头,呆立,以头抵墙,卧地不起,时而四肢划动作游泳状,呻吟,挣扎,眼结膜潮红,呼吸弱而
频顿。有的头、颈部肿胀,有3头猪一侧耳朵呈急性热性肿胀,有部分猪腹下有紫红色瘀斑。
鼻腔流白色、淡红色黏液,全身淋巴结肿大,出血,以肺门、肝门淋巴结更明显。脑膜下绿豆
大的淤血和出血块。脑室有明显出血点。肝、心肌、肺、胃有出血。

　　Selwyn A. Headley等(2012)报道一起巴西2.5月龄3只猪发生猪链球菌2型诱发脑膜
炎病例。病猪表现斜颈、划桨运动、共济失调、侧卧、惊厥,无法站立等中枢神经症状,3~21
天后死亡。病变主要局限于大脑组织,有一个直径3.5 cm微微隆起,浅绿色硬块。脑膜血管
呈离散性充血,大脑横切面显示0.3~0.7 cm不等的多起脓肿,为多病灶或融合型占位性脓
肿病变,导致右侧大脑半球的白质和灰质明显损坏,并向对侧脑室发生中等程度扩张。一些
脓肿边缘通过脑膜表面与外部分离,而一些肿胀与侧脑室连接。脓肿被数量不等的结缔组
织包围,尤以脑膜表面连接的脓肿中更明显。在此区域可见严重的血管炎和血管周炎,并伴
有脓性渗出物聚积。大脑脓肿病变是链球菌脑膜脑炎的非典型表现。

　　(3)慢性型。由急性败血型或脑膜炎型转化而来,也可能在流行中,后期发病时即表现
为独立的病型。其特点是病程较长,症状比较缓和。主要表现为关节炎、淋巴结肿胀、局部
脓肿、子宫炎、阴道炎、乳腺炎、哺乳仔猪下痢、皮炎(脓疱疮)等。临床上以关节炎、淋巴结脓
肿较多见。

　　① 关节炎型:主要是哺乳仔猪及断奶的仔猪多发。多为链球菌C群或类马链球菌引起
发生在初生到6周龄仔猪,常在2~3周显症状,体温39.5℃,在一窝中通常有几只猪发病。
Field(1954)、Elliot(1956)、Nielsen(1972)、Ross(1972)、吴硕显(1958)、康海雄(1961)都有
报道。大猪多由急性或治疗不当病猪转变而来。或者从发病起即呈现关节炎症状,多见于
疾病流行后期,病情较长,可拖延1月有余。体温时高时低。病猪消瘦,食欲不佳,呈明显的
一肢或四肢关节炎,可发生于全身各处关节。关节肿胀,病猪悬蹄,高度跛行,严重时后躯瘫
痪。部分猪品因体质极度衰竭而死亡。部分耐过或成僵猪。

　　杨文友等(1986)一生产队11头仔猪,6头肥育猪发病,发病率33%,致死率100%。患
猪体温40.5℃,但大部分正常,发抖,耳发绀,关节肿胀、疼痛、较硬,个别有波动感。患猪不
愿站立或不能站立。强迫运动呈3足跳。剖检:可视黏膜苍白、腕、跗、系关节肿胀,周围组
织增生,水肿,骨组织增生,软骨化,关节腔内充满黄色干酪样脓汁。关节面污秽,呈暗红色,
表面粗糙,有纤维素样沉着物,附近淋巴结肿大,切面少汁,有淡红色豌豆大干酪样坏死区。
皮下化脓与关节腔相通。肝脏、肾等实质器官色较淡,其他内脏无明显病变。

　　② 淋巴结肿胀(化脓性淋巴结炎)型:多由E群链球菌引起,有时并发或继发另一种血
清群链球菌和其他化脓菌。再通过血源扩散,发生菌血症,而大部分猪在颈部淋巴结形成脓
肿及引起其他部位脓肿。一般发生于架子猪,多由皮肤伤口感染,传染缓慢,发病率较低,病

愈后可获得免疫力。多见于颌下淋巴结,有时见于咽部和颈部淋巴结。局部淋巴结最初出现小脓肿,逐渐增大。触诊坚硬,局部温度升高,有疼痛感,全身不适。由于局部受压迫和疼痛,影响采食、咀嚼、吞咽,甚至引起呼吸困难。部分病猪咳嗽,流鼻涕;后期肿胀淋巴结成熟,中央变软,皮肤变薄、坏死,流出脓汁后,全身症状好转,病程3~5周,多数可痊愈,一般不引起死亡。因而猪的颈部和下颚脓肿多是在屠宰时被发现。临床为咽喉部的淋巴结特别是下颌淋巴结显著肿大。

③ 心内膜炎或心包炎型:临床不易发现特征症状,主要表现为不同程度的呼吸困难,发绀,食欲不振,精神沉郁,不爱活动,消瘦,可出现突然死亡。本临床症状与脑膜炎临床症状混发。许多病例出现有脐静脉炎的轻微临床症状,患心内膜炎的幼猪常昏迷或未见先兆即倒毙。尸检心瓣膜增生性损害,脑炎、脑脊液混浊,脑膜充血、发炎,蛛网膜下间陈内积白色脓性物质。

(4) 链球菌的其他感染。

① 子宫炎引起流产、死胎或不孕:主要发生早期流产,由于流产的胚胎很小,经常被母猪立即吃掉,不易被发现,但可以通过配种后30天左右出现不规则返情而推断是流产。流产后,由于子宫炎继续存在,阴道流出脓性分泌物,如不及时治疗,则可造成长期不发情,屡配不孕。母猪虽可发生链球菌性子宫炎,但其子宫感染与新生仔猪的败血病之间似无关联。在一些情况下,母猪的流产也许是由 β 型溶血性链球菌感染所致。

② 乳腺炎:引起母猪无乳。

③ 哺乳仔猪下痢:母猪患病,乳汁带菌,可引起仔猪下痢。

④ 化脓性脊髓膜炎:柴谷增博等(1982)报道45日龄20头小公猪去势后第2天6头发生跛行;4天后呈横卧姿势,角弓反张,呼吸急促,剖检脊髓可见到与脑相同的纤维素性、化脓性渗出物,其渗出物波前神经根的神经束间和脊髓突质的血管周围。

⑤ 传染性皮炎(传染性脓皮病,Contagious pyoderma):特征是在面颈部位,其次是躯干部形成脓疱。在其损害部存在链球菌、葡萄球菌、因幼猪相互斗殴,齿咬伤传播。此病与渗出性表皮炎相混淆。朱荣顺(1989)报道断奶前后仔猪发生链球菌病,出现高温、两后肢瘫痪及耳壳坏死、化脓症状,发病47头,死亡12头,耳化脓、坏死4头。体温为41~42℃,呼吸快而浅表,鼻流少量浆液性鼻液,开始两后肢走路无力摇晃,继而卧地不起,驱赶时后臀拖地。眼结膜潮红充血,尿赤稍红,粪便干小呈粟状。有一窝4只小猪两耳壳发红稍肿,表面附着一层灰白色脓性分泌物,后呈紫黑色,并有脓水溢出。

[病理变化]

1. 最急性型　剖检常无明显病理变化,口、鼻流出红色泡沫液体,气管、支气管充血,充满带泡沫液体。

2. 急性败血型　病猪死亡后尸僵不全,尸体皮肤大片发红,有的体表弥漫性发绀。有的病死猪耳、胸、腋下和四肢皮肤有紫斑或出血点,血凝不良,呈现一般的败血症表现,以全身组织器官败血症病变和浆膜炎为主。鼻、喉头、气管黏膜充血、出血,带有大量泡沫;肺充血,广泛散在小叶性肺炎;全身淋巴结肿大、出血,有的淋巴结切面坏死。常见心包液增多、浑浊;病程稍长的病猪,有纤维素性心包炎,部分病例有纤维素性胸膜炎和腹膜炎,絮状纤维素与脏器发生粘连。多数病例脾脏肿大(败血脾),少数可增大 2～3 倍,呈现紫黑色;肾脏肿大;肠黏膜充血、出血;脑膜充血,间或出血;部分关节周围肿胀,关节囊内积有黄色胶冻样或纤维素样脓样物(化脓性关节炎)。

3. 脑膜脑炎 脑和脑膜水肿、充血、出血,脑、脑脊髓白质和灰质有小点出血,其他病变和败血型相似。

4. 慢性关节炎 常见四肢关节肿大,关节周围有胶冻样水肿,严重者关节周围化脓坏死,纤维组织坏死、增生,滑膜肿胀充血及关节液浑浊、淡黄色,有的形成干酪样黄白色块状物。

5. 慢性淋巴炎 常发生于颌下淋巴结,淋巴结红肿,切面有脓汁或坏死。

6. 慢性心内膜炎 心瓣膜比正常肥厚 2～3 倍,病灶常为不同大小的黄色或白色赘生物,赘生物呈圆形,如粟粒大小,光滑坚硬,常常盖住受损瓣膜和整个表面,赘生物不仅可见于二尖瓣、三尖瓣,而且还向心房、心室或血管延伸。

7. 组织病理学变化 齐新永等用猪链球菌 2 型 HA9301 攻击猪结果为淋巴结血管极度扩张,被膜与小梁间出血严重,有少量纤维素性渗出物和中性粒细胞浸润。脾脏呈急性出血性脾炎变化,中央动脉管壁水肿、疏松,内皮细胞肿胀,脱落,其周围呈弥漫性出血,出血区淋巴细胞碎裂、坏死,中性粒细胞浸润。红髓静脉窦充血、出血,网状细胞增生。肺脏的肺泡壁毛细血管扩张充血,肺泡腔中可见淡染的浅红色浆液和少量中性粒细胞,小叶间质因炎性水肿和出血显著增宽。肺脏出血,肺泡腔充满红细胞,肺泡壁充血水肿,炎性细胞浸润增厚。心外膜有一层纤维素渗出物附着,有少量炎性细胞浸润。肌纤维细胞肿胀,颗粒变性。肌纤维束之间间隔增宽,小血管充血。肾小管上皮细胞肿胀,变性,内膜面破裂,管腔中有破裂的蛋白颗粒,有的肾小管上皮细胞碎裂、消失。肾间质出血,少量中性粒细胞浸润。肾小管毛细血管内皮肿胀,毛细血管充血、出血,囊腔缩小血管球少量炎性细胞浸润,肾小球周围出血严重。脑软膜增厚,大量炎性细胞浸润,小血管有高度充血。

[诊断] 链球菌病的病型较复杂,其流行情况无特征性,因而流行病学调查、临床表现得到的资料仅能作为诊断参考。需要进行实验检查给予判断,从病变和病灶中可见到革兰氏染色阳性单个、成对、短链或呈长链的球菌,可以初步诊断。确诊必须分离细菌,并作血清学分型鉴定。或对纯培养菌进行形态学、生化反应和 PCR 法检测链球菌特有毒力基因。人工猪试验表明,MRF+EF+菌株毒力最强。引起猪典型的脑膜脑炎、多发性浆膜炎、多发性关节炎;MRF+EF-菌株毒力较弱,引起猪瘟和疾病;MRF-EF 则对猪没有致病力。

临床上很多症状易与其他疾病相混淆,故注意与猪瘟、猪丹毒、猪肺疫、副猪嗜血杆菌病、传染性胸膜肺炎、沙门氏菌病、伪狂犬病、仔猪水肿病等相区别。

因能引起人高发病的链球菌血清型不断增多,而且不同地区流行的致病性链球菌血清型也各不相同,因此,血清型的快速诊断与分型对病的早治、早防、菌苗免疫、公共卫生及综合防制具有重要意义。

[防治]　由于链球菌血清型多,菌间缺乏交叉保护力,因此依靠菌苗的免疫保护群体比较困难。

但通过流行病学调查,采用同血清型猪链球菌灭活菌在疫区或发病使用是控制本病的根本措施。对于有链球菌猪疫情的地区,在对发病猪治疗的同时,在兽医的指导下对与病猪有密切接触猪群预防用药。在无疫情的地区,不提倡预防用药,以防耐药菌株产生。发病猪场应及时消毒、隔离,对病死畜及时焚埋。

病死猪是本病传染源,所以要建立和健全生猪疫情报告制度,对病死猪取其病灶部位、脓灶、血液、淋巴结和多脏器组织等进行检验和病原分离与鉴定。实行生猪集中屠宰制度,统一检疫,严格禁止屠宰病死猪,同时加强上市猪肉的检疫与管理,禁售病、死猪。在本病流行区应加强猪、人及患者间感染的监测;对猪群实行接种菌苗。

二十八、猪放线菌病(*Actinomycosis*)

该病是由放线菌属中部分放线菌致牛、马、猪和人等的一种非接触性的慢性、化脓性、肉芽性疾病。本病以多发性肉芽肿、瘘管形成和排出带有"硫磺颗粒"的脓液形成特异的放线菌为特征,其中脓汁中含有特殊的菌块称硫磺颗粒。因又以头、颈、颌下和舌的特异性肉芽肿和慢性化脓灶为特征,本病又称大颌病。同义名有放线链丝菌病(*Actno streptothricosis*)、放线微菌病(Ray fungus disease)。

[历史简介]　Cohn(1874)描述了人泪管的"弗斯特氏放线菌",但未能分离该病的致病微生物。Lebert(1857)报道了首例人放线菌病。Bollinger(1877)描述了牛颌骨放线菌脓汁中黄色颗粒。Harz(1878)将一例分离于"颌肿瘤"的病牛的致病因子作了描述,并命名为"牛型放线菌"。Israel(1878)发现人的一种类似疾病,并与Wolff(1891)共同培养出一种革兰氏染色阳性厌氧杆菌和分枝的菌丝。Lanchner Sandova 是(1898)以首先分离此菌的 James Iserael 的名字命名此菌。1902 年从牛的肉芽肿状化脓病灶脓汁的长簇中分离出林氏放线菌。Lord(1920)证实伊氏放线菌可在正常人的牙齿和扁桃体处出现。Erikson(1940)鉴别了主要致人病的伊氏放线菌和对牛致病的牛放线菌。Grasser(1957)鉴别了猪放线菌。至今,已报告的放线菌有 69 属 1 687 种,仍有不断新发现的菌种。

[病原]　放线菌是一群单细胞的微生物,它有着与霉菌相似的分枝菌丝,属于放线菌属,革兰氏染色阳性,不运动,无荚膜,无鞭毛的非抗酸性丝状菌。细菌无典型的细胞核,无核膜、核仁、线粒体等;也看到少数菌丝,菌丝无间隔,直径 $0.6\sim0.7\ \mu m$,呈现真正的分枝。细胞壁由二氨基庚二酸和磷壁酸构成。在动物组织中的放线菌,形成肉眼可见的帽针头大小的黄白色小菌块(菌芝),称硫磺样颗粒,兼性厌氧,最适宜的 pH 为 7.2～7.4,在 37℃发育良好。在血琼脂平板上可长出灰白色、淡黄色、粗糙、微小圆形菌落,不溶血,显微镜下可见菌落内长度不等的蛛网状菌丝构成。含有甘油、血清或葡萄糖的培养基对本菌有促进生长作用。分解葡萄糖,产酸不产气,过氧化氢酶试验阴性。本菌的抵抗力不强,80℃ 5 分钟内可被杀死,但对石炭酸的抵抗力较强,对青霉素、锥黄素、碘等敏感。

牛放线菌:在组织中所谓"硫磺颗粒"里,牛放线菌团的中央部分,由革兰氏阳性的纤细而密集的分枝菌丝所组成,而其边缘则由革兰氏阴性的大头针状的菌丝体所组成。如将"颗粒"在两玻片之间压碎,或切片,在培养中的牛放线菌,幼龄时类似白喉杆菌,老龄培养则经常见分枝丝状或杆状。生长无特别营养要求,但有些菌株嗜血清,兼性厌氧,在氧情况下生长贫瘠,有CO_2时生长良好。在试管深层培养时,于表面下见一层分散存在的分叶样菌落。生长适温37℃。在脑心浸液琼脂上,培养18～24小时,见细小菌落,圆形,平整,表面有颗粒或平滑,质地柔软。偶尔有菌株形成绒毛样菌落;脑心浸液琼脂或血琼脂上有较大菌落,7～14天后其直径可达0.5～1.0 mm。菌落圆形,半透明,白色乳酪样,有平滑或颗粒样表面。有的菌株形成不规则而突起的菌落。不产生色素。在血琼脂上也不见溶血。在液体培养基内浑浊生长及少量沉淀,摇动时有絮片状悬浮物。有的菌株呈黏稠样生长,有的呈颗粒样。对葡萄糖、果糖、乳糖、麦芽糖、蔗糖水解产酸不产气;不发酵菊淀粉、鼠李糖。在牛乳和明胶培养基均不见生长,不液化明胶。用凝集试验测定其抗原性。本菌分A、B、C型,牛多为A型,猪源菌为B型和C型。

伊氏放线菌:本菌为一种不能运动,不产生芽孢的杆菌,有长成菌丝的倾向。革兰氏染色阳性。抗酸性染色则脱色。在脑心浸液琼脂上形成细小菌落,其中为纤丝样分枝菌体组成,长短不一,而且没有突出的密集中心。有的菌株形成有短而曲屈纤丝边缘的菌落,或者是没有丝状边缘的粗糙紧密的菌落。比较大型的菌落,即在培养7～10天后菌落表面粗糙,直径为2.5～3.0 mm。菌落为圆形,不规则,微隆起,波浪状或锯齿状或分叶状;白色乃至乳酪样,菌落脆物乃至坚硬,其表面可能为颗粒样或脑回样。以致菌落有所谓"臼齿样""覆盆子样"或"面包屑样"。在血琼脂上有相同的菌落,但不溶血,没有气中菌丝,也不产生色素。在液体培养基中经常表现为大小不等颗粒样生长,培养液透明,有的菌株则呈均浑浊的黏稠生长。生长最适温度37℃,高层琼脂生长如牛放线菌。

伊氏放线菌生化代谢活跃,5%胆汁中生长,三糖铁琼脂生长,40 g/L NaCl中不生长,V-P试验、吲哚形成、谷氨酸脱氢、鸟氨酸脱氢阴性。发酵葡萄糖、乳糖、麦芽糖、蔗糖、木胶糖、核糖、糊精产酸。不水解甘油、山梨醇、糖原、杨寿草醇和赤藓醇。接触酶阴性,不产生靛基质,硝酸盐还原,产生H_2S,不液化明胶,石蕊牛乳变酸。该菌DNA的G+C为60～63 mol%,模式株:ATCC 12102;GenBank登录号(16S rRNA):EU647594。

[流行病学]　放线菌存在于健康机体的口腔、牙齿和扁桃体等与外界相通的腔道,属正常菌群。对人畜有致病性的放线菌有牛放线菌、伊氏放线菌、林氏放线菌、猪放线菌、包氏放线菌、内氏放线菌、黏放线菌、驹放线菌、丙酸放线菌以及双歧杆菌属的艾斯双歧杆菌等。各种放线菌都以很大的恒定性寄居于哺乳动物的上消化道中或存在于被污染的饲料和土壤中。

很多动物亦可发生放线菌病,牛、猪、羊、马、鹿均可感染发病,人也可感染,如牛放线菌不产生外毒素,对牛、猪、马、人等都有病原性;伊氏放线菌可对人、猪等致病;林氏放线菌和猪放线菌是人和动物皮肤和柔软器官放线菌病的主要病原;猪放线菌主要对猪、马、牛易感。

放线菌以非致病方式寄生于机体,如支气管分泌物中可找到伊氏放线菌,它们常可引起内源性感染,适于在无氧条件下失活的组织内生长,无明显传染性。感染主要是黏膜破损或外伤与昆虫叮咬引起,先出现局部结节,然后结节转化、破溃形成窦道或瘘管。病变由邻近病灶接触蔓延,没有解剖的屏障限制,通向胸、腹腔。少有血源性传播,在免疫力降低、免疫缺陷或感染的放线菌致病较强时,则可引起严重的血行播散。

[发病机制]　放线菌病的发生,一般认为多属内源性疾病,促发因素多为局部口腔和肠道黏膜丧失活力,病原在无氧条件下于失活组织内生长,同时伴有其他需氧菌感染而有利于厌氧放线菌生长时,容易促使放线菌的侵入,并引发放线菌病。

根据动物机体反应以及病原菌毒力的不同,放线菌的病理过程不尽一致。病理变化主要是以增生性变化,或者以渗出性—化脓性变化为主。

放线菌喜欢侵犯结缔组织,肌肉和神经很少波及;下颌骨易被感染,其他骨骼则很少感染;腹部抵抗力最强,故腹部放线菌病很少穿过腹膜形成瘘管,而胸膜则不然。病原体可在动物机体的受害组织中引起以慢性传染性肉芽肿为形式的炎症过程。在肉芽中心,可见含有绒状菌芝的化脓灶(脓肿)。有时炎症过程可形成单一的结缔组织显著增生的性质,而不发生化脓的过程。由于结缔组织增生,而发展肉芽增殖,则破坏骨组织,引起骨梁的崩解。由于骨质的不断破坏与新生,以致质地疏松,体积增大。另外,在组织内由于白细胞的游走,脓汁内常含有硫磺样颗粒,颗粒外围为上皮样细胞、巨细胞、嗜酸粒细胞和浆细胞,以及化脓菌繁殖而形成脓肿或瘘管,另外则为纤维组织。

除以上各种放线菌外,含色葡萄球菌某些化脓性细菌常是本病重要的发病辅因。

[临床表现]　猪放线菌病病原有牛放线菌、伊氏放线菌、林氏放线菌、驹放线菌和猪放线菌等。牛放线菌和伊氏放线菌常致母猪乳房炎。多因仔猪的锐利牙齿损伤乳头而引起感染发病。黑龙江省肇东市兽疫防疫站(1982)报告了一头母猪伊氏放线菌病,其临床表现为先在2个乳头根部发现核桃大的硬结,渐蔓延到乳头,乳腺皮下也有数个小结节。剖检时,脾脏明显肿大,有多量密集的蚕豆大小、类似结核样结构,取其中硫磺颗粒镜检时,见到菊花状菌块结核的伊氏放线菌。王宝国等(2002)报道一例以颈部球状肿块为特征的疾病:某猪场30头肉猪中有10头猪陆续发病,临床可见病猪颈、颌下等部位有乒乓球至网状大小的肿块,质地较硬,剖开肿块可见中心是较软的肉芽组织,夹杂硫磺样颗粒,挤压时有脓汁,周围包被硬的结缔组织,其他组织器官未见异常。舌头患伊氏放线菌病时,舌肿。Schlegel(1951)曾报道猪的1例左胫骨和正常的原发性骨膜骨骼伊氏放线菌病,其部位几乎僵化,周围有多数小结节,有的已经破溃。

猪感染后会食欲减退,精神沉郁,体温略有升高,尿色微黄,大便一般正常。常以原发性乳房炎放线菌病最常见,从1个乳头基底部开始,形成无痛结节状肿胀和硬变,然后蔓延到邻近乳头。乳腺组织使部分或全部乳房变硬,成为坚硬肿块,接着形成脓肿,乳房肿大变形,表面凹凸不平,其中有大小不一肿块。如感染在耳壳,耳壳皮肤及皮下结缔组织显著增生,整个耳壳的外形似纤维瘤。皮肤和皮下组织增生,切片偶见软化灶,内含放线菌块。如果发生在腿、腹部,常见有一硬肿块,形似球形,界限明显,无移动性,触之较软,无痛感(但在肿块较硬时有痛感)。穿刺这些肿块无脓液流出,可挤出似豆腐渣样的渗出物。亦可见到颚骨肿、颈肿以及内脏和皮内感染发生肉芽肿和化脓。据报道驹放线菌(A.equuk)可致猪关节炎、心内膜炎、子宫炎、肾炎和流产；猪放线菌可致猪败血症、肺炎、肾炎、关节炎等。

[诊断]　放线菌病的临诊症状和病变比较特殊，不易与其他传染病相混淆。在患者病灶组织和瘘管中流出的脓液中，可肉眼看见放线菌组织中形成的硫磺样颗粒状菌落。用15%KOH溶液制片和革兰氏染色，颗粒呈菊花状，中心菌体为紫色，周围辐射状菌丝呈红色。菌丝末端由胶质样物质组成的鞘包围，膨大呈棒状，胶质样鞘呈革兰氏阴性。病理切片经苏木精伊红染色，中央部为紫色，末端膨大部为红色。硫磺样颗粒具有诊断价值，尤其是取硫黄色样颗粒培养鉴定为放线菌即可确诊。由于伊氏放线菌动物试验、皮肤试验和血清学检查方法尚未确定，故放线菌鉴定在参照临床表现外，主要是放线菌的分离与鉴定。

对伊氏放线菌的分离，可采用标本材料直接接种于常用的硫乙醇酸钠肉汤、血液营养琼脂、心浸液葡萄糖肉汤、脑心浸液葡萄糖肉汤、血脑心浸液葡萄糖肉汤或1%葡萄糖肉汤培养基方法，获得纯培养后进行鉴定。做生化特性检查是伊氏放线菌最可靠的方法，但要注意的，在取得上述各培养物镜检时，要注意下列典型结构，即中心为大团的革兰氏染色阳性菌丝体。单一的菌丝体呈特征性的V型或Y型。菌丝体外环是放射状排列的嗜伊红棒状体。

[防治]　早期诊断和早期治疗对预后甚为重要。

病猪治疗可采取外科手术切除脓肿，然后用碘酊纱布填塞。伤口周围注射10%碘仿乙醚或点注青霉素于伤口周围，每天1次，连续5天一个疗程。

母猪放线菌乳房炎通常是因乳猪牙齿致乳房损伤引起的感染，故要及时对乳猪断齿，同时注意皮肤消毒。

二十九、布鲁氏杆菌病(*Brucellosis*)

该病是由布鲁氏杆菌引起的传染—慢性变态反应性的传染病。其特征是发热、多汗、关节痛、脾脏肿大；生殖器官和胎膜发炎，引起流产、不育和多种组织的局部病灶。又称地中海弛张热、马耳他热(MF)、波浪热或波状热等。

[历史简介]　公元708年中国即有本病的流行记载。1814年Burnet描述了"地中海弛张热"并与疟疾作了鉴别记述。1860年Marston从人的临床表现和尸检结果与伤寒作了区别，提出该病为一种独立疾病，称为"地中海弛张热"。1886年英国医生David Bruce从英国马耳他病死士兵的脾脏中观察到此菌，称其为马耳他小球菌，又于1887年在马耳他岛的病羊中分离到此菌，称为马耳他热、地中海热和山羊热。Haghes(1887)根据本病的热型特征，建议称其为"波浪热"。但马耳地热仍然被认为是一种神秘并具有传播性的疾病。B. Bang(1890)发现在欧洲早已知道的牛的传染性流产是当时称作传染性流产杆菌的一种细菌所致，他们在1897年又从流产母牛的羊水中分离到相应的布鲁氏菌，称为流产布鲁氏菌(Br. abortus)。Themistocles Zammit(1905)在羊奶里再次分离到流产布鲁氏菌，从此发现流产布鲁氏菌具有人兽共患的特性，健康羊是主要的病原携带者，为自然宿主。1918年Evan证实马耳他布氏菌、流产布氏菌和猪布氏菌的形态和培养特性非常相似。同年Meyer和Shan为纪念Bruce建议将这三病原菌归为布鲁氏菌属。由本菌属的细菌所致的人及各种动物的疾患统称为"布鲁氏菌病"。1897年Wright与其同事发现病人血清与布鲁氏杆菌的培养物

可发生凝集反应,称为 Wright 凝集反应(WAT),从而建立了迄今仍用的血清学诊断方法。Traum(1914)从猪流产胎儿分离到猪布鲁氏菌(Br. Suis)。其后,南非 Bevan 和 Keefer、意大利 Vieiani、北美 Evans 等从病人的体内分离到流产布鲁氏菌和猪布布鲁氏菌,从而在流行病学上证实了病牛和病猪是人布鲁氏病的另两种传染源。Buadle(1953)发现绵羊布鲁氏菌(Br. ovis),Stoenner(1956)发现森林鼠布鲁氏菌(Br. neotomae),Canmichael(1966)发现犬布鲁氏菌。1928 年猪布鲁氏杆菌也归属此属。1985 年 WHO 布病委员会将布氏杆菌分为 6 个种和 20 个生物型,即牛种布氏杆菌 9 个型,羊种布氏杆菌 3 个型,猪种布氏杆菌 5 个型;绵羊附睾布氏杆菌,沙林鼠布氏杆菌和犬布氏杆菌。我国已分离到 15 个生物型。近年来,发现鲸、海豹、海豚、海貂、海獭等十几株疑似布氏杆菌,经 16SrRNA 序列测定归属布氏杆菌属,最后待 FAO/WHO 布病专家委员会认定。进入 21 世纪已完成 B. melitensis 16M、B. suis 1330,B. aborturs 544A 菌的基因测序分析工作。

[病原]　布鲁氏菌属于布鲁氏菌属,临床上意义最大的是致人猪疾病的种有马耳他布氏菌、流产布氏菌和猪布氏菌。羊种致病力最强。多种生物型的产生可能与病原菌适应不同宿主而发生遗传变异有关。

(1) 马耳他布鲁氏杆菌(Br. melitensis)。Zammit(1905)和 Du Bois(1901)分别从山羊和绵羊分离出此菌,并证明它们是本菌的自然宿主。自然宿主还有牛、猪、人以及其他动物。本菌分 3 个生物型。本菌内毒素为布氏菌中最强毒素。在蛋白胨培养上基本不产生硫化氢或仅有微量产生。

(2) 流产布鲁氏菌(Br. abortus)。本菌分为 9 个生物型。本菌不产生外毒素,但有较强的内毒素。自然感染主要宿主是牛、羊、猴、豚鼠等。1~4 型和 9 型均能产生中等量的硫化氢。8 型无标准菌株,故缺位。3、6 型基本相同,合并为 3/6 型,可产生尿素酶,还原硝酸盐。易感宿主有猪、马、犬、鸡、小鼠、大鼠、兔。对人的致病力最小。

(3) 猪布鲁氏杆菌(Br. suis)。自 1946 年 S. H. mcNutt 等从感染猪组织中分离到猪种布氏菌 3 型后,目前本菌分为 5 个生物型。其尿素酶活性较高。在自然情况下,猪布氏杆菌均为光滑型菌落,与其他布氏杆菌无法区别。在区别光滑菌落的种时,猪布氏杆菌的尿素酶的反应比牛种和羊种的反应要迅速。本菌 1 型(只有生物 1 型)产生硫化氢的量最多,持续时间可达 10 天,而 2、3、4 型菌产生很少或没有。本菌具有更强的过氧氢酶活性。在已确认的 A、M、AM 和 R 抗原 4 个布鲁氏血清型中,猪布氏菌 1、2、3 型是 A 血清型,4 型是 AM 血清型。本菌毒力大于牛布氏菌,其各生物型对动物的致病性有一定的差异。猪种布氏菌储存宿主各不相同,主要宿主是猪,也可感染牛、羊、马、犬、猴、兔、鼠等。生物 1、2、3 型对猪有天然致病性,毒力较强,不仅是主要的病原菌,还可以转移到其他宿主,对人致病力也较高。生物 2 型也可感染猪和野兔,但对人不致病。生物 3 型可感染各种啮齿动物。生物 4 型对驯鹿有致病性,但对猪无明显的致病性。本菌引起的公共卫生危害要比其他种大,除 2 型外,各型菌株对人均有致病性。初感染时本菌只局限于局部淋巴结,在该处增殖后,可导致菌血症。B. suis 5 个亚种区别见表- 117。

表- 117 *Brucella suis* 亚种的特征

	产 H₂S	在 Thionin 上生长	在 Fuchsin 上生长	主要抗原	RID 被 Tb 噬菌体溶解	104RTD 被 Tb 噬菌体裂解
亚种 1	+	+	—[a]	A	不溶解[b]	溶解[c]
亚种 2	—	+	—	A	不溶解	溶解
亚种 3	—	+	+	A	不溶解	溶解
亚种 4	—	+	—[d]	AM	不溶解	溶解
亚种 5	—	+	—	M	不溶解	溶解

注：a 与 A 和 M 单特异血清发生凝集；b 不溶解；c 溶解；d 某些菌株可生长。

　　布鲁氏菌革兰氏染色阴性，吉姆萨染色呈红色，柯菲罗夫染色为红色，其他均为绿色。在初次分离培养时多呈小球杆状，毒力菌株有很薄的微荚膜，经传代培养后渐呈杆状，不产生芽孢，大小为 0.3 μm×0.5 μm。为严格需氧菌。而牛布氏菌在初次分离时，需在 5％～10％二氧化碳环境中才能生长，最适宜温度为 37℃，最适宜 pH 为 6.6～7.1。生长时需要硫胺素、烟酸和生物素、泛酸和钙等。实验室常用肝浸液培养基和改良厚氏培养基。本菌生长缓慢，48 小时后才出现透明的小菌落。鸡胚培养也能生长。在琼脂平皿上生长的菌落为圆形、无色透明，表面光滑，隆起均质样，一般直径为 0.5～1.0 mm，可达 3～4 mm；对光从背面看菌皆呈酒滴状，培养时间过长菌落可变成黏液样。在人工培养下，菌落常发生光滑型—粗糙型(S‐R)变异；在某些条件下还可形成 L 型。

　　本菌细菌有 3 种抗原即 A、M 和 R 抗原。光滑菌株以含 A 和 M 抗原为主，但两种抗原在每种菌上的分布比例不同。马耳他布菌 A：M 比例为 1：20，DNA 中 G+C 含量为 58 mol％；流产布氏菌则为 20：1 和 57 mol％；猪布氏菌为 2：1 和 57 mol％。制备单价 A、M 抗原可用其鉴定菌种。Hoyer 和 Cullough(1968)用 DNA‐DNA 杂交试验证实，牛种、猪种、羊种、沙林鼠种它们的多核苷酸序列为 100％同源，5 个种的 G+C 碱基组为 56～58 mol％。Renous(1955)认为本菌还含有 Z 和 R 抗原。粗糙型布氏菌不含 A 和 M 抗原，仅含有 R 抗原，而 Z 抗原则有或无。光滑型和粗糙型某些菌株，还有 4 种亚表面抗原，即 f、x、β 和 γ 抗原。布氏杆菌的分子生物学研究表明，*ery*、H202 酶基因、*SOD*、*RecA*、*groE*、*HtrA* 等基因都与布氏杆菌的毒力有密切关系。无外毒素，致病力与活菌和内毒素有关。细菌死亡或裂解后释放内毒素是致病的重要物质。

　　布氏菌属中各生物种的 G+C 均在 55～59 mol％，各生物种的 DNA 同源性皆在 90％以上，有高度同源性。该菌的基因组为两个独立而完整的环状 DNA 复制子，大小分别为 2.1×10⁶ bp 和 1.15×10⁶ bp；猪种 3 型是一个复制子，大小为 3.2×10⁶ bp。布氏菌的基因中无质粒，也无温和噬菌体，有 IS 存在，但各菌中拷贝数不同，牛、羊、猪菌中有 10 个拷贝，还有其他较短重复回叉序列存在。布鲁氏菌属胞内寄生菌，在自然界中抵抗力较强，在病畜脏器和分泌物中，一般存活 4 个月左右，在食品中约能生存 2 个月；对低温的抵抗力也强，但对热敏感，70℃ 10 分钟即可死亡；阳光直射 1 小时死亡；在腐败病料中迅速失去活力；在土壤、皮毛、乳制品中可存活数月;一般消毒药都能很快将其杀死。

[流行病学] 本属菌的易感范围很广,如牛、牦牛、野牛、水牛、羊、羚羊、鹿、骆驼、猪、野猪、马、犬、猫、狐、野兔、猴、鸡、啮齿动物、人等。病畜和带菌动物(包括野生动物)是主要传染源。现已公认 60 多种野生动物可感染(分离到不同种及其生物型布菌)和携带布菌,该菌宿主广泛。布鲁氏杆菌病是自然疫源性传染病。畜与动物之间布病可互相传染。即羊种菌可能转移到牛、猪,或相反。布病病原存在于病畜的脏器组织。猪种布病遍布全世界,主要由 1、3 生物型引起。在南美、东南亚的流行程度较高;北美、俄罗斯出现猪种布氏生物 4 型的暴发流行。

猪种 1、3 生物型的自然宿主为家猪,野猪同样感染成宿主。牛可以感染但不出现症状;乳房极易感,发生乳房炎,长期排毒。病原菌可随感染动物的流产胎儿、胎衣、羊水和子宫渗出物排出。流产后期阴道分泌物及乳汁中都含有布鲁氏菌。实验表明,感染羊布鲁氏杆菌的动物流产后,每毫升乳含菌量高达 3 万个以上,带菌时间可达 1.5～2 年,所以是人类最危险的传染源。布鲁氏菌感染的睾丸炎精囊中也有布鲁氏菌存在。此外布鲁氏菌均间或随粪尿排除,通过污染饮水、饲料、用具、草场和昆虫等媒介造成动物感染。消化道感染是本病传播的主要途径,即摄取被病原体污染的饲料与饮水而感染。也可通过结膜、阴道、损伤或未损伤皮肤感染,曾有试验证明,通过无创伤的皮肤使牛感染成功。布氏杆菌病对猪是一种性病,当与感染的公猪交配时,或用感染了布氏杆菌的猪精液人工授精时,母猪很快被感染。仔猪可经母乳感染。此外,有欧洲野兔和野猪已被确认也可感染本病并为主要潜在传染源。此外,实验证明,布鲁氏菌在脾内存活时间较长,且保持对哺乳动物的致病力,吸血昆虫可以传播布鲁氏病。羊型菌附着力强,对人致病最强,猪型其次,牛型较弱,犬型偶尔可感染人。

布鲁氏杆菌属各个种不但对本宿主致病,而且对其他宿主致病,并有宿主转移现象(表- 118、表- 119)。布鲁氏杆菌宿主转移现象,除布鲁菌属各个种都能侵害人畜兽外,还有是布鲁氏菌种间在体内干扰的因素。当某地区布鲁氏病流行优势菌种被完全控制,很可能相继出现原非当地优势布鲁氏菌种上升为优势菌种并传播、流行。

表- 118 布鲁氏杆菌的宿主转移现象

布氏菌生物种	从不同宿主中分到布氏菌菌株数										合计
	人	羊	牛	犬	马	骆驼	黄羊	鹿	黄胸鼠	岩羊	
羊种菌	536	1 008	7		11	1		2	31	4	1 600
牛种菌	3	89	154						17		263
猪种菌	12	2	1	76	3				2	1	97
犬种菌					2						2
未定种	83	2	87				1				173
合计	634	1 901	249	76	16	1	1	2	50	1	4 2 135

表-119　282 株布菌的种、生物型的贮存宿主及其转移关系

种	生物型	羊		牛		猪		鹿		骆驼		总计	
		菌株数	占比/%	菌株数	占比/%	菌株数	占比/%	菌株数	占比/%	菌株数	占比/%	菌株数	占比/%
羊种菌	1	89		3				10				102	
	2	52		3		1				1		61	
	3	31										31	
	合计	176	90.7	6	3.1	1	0.5	10	5.2	1	0.5	194	68.8
牛种菌	1	1		17				1				19	
	3			4								4	
	4	2		4								6	
	6			7								7	
	9	2		17								19	
	合计	5	9.1	49	89.1			1	1.8			55	19.5
猪种菌	1	4		4		8						16	
	3					17						17	
	合计	4	12.1	4	12.1	25	75.8					33	11.7

注：摘自王庆禧(1980)的流行病学杂志。

　　我国在 1983 年发现犬布鲁氏菌(B. Canis)后，在调查中发现在羊、牛、猪种的布鲁氏菌流行优势区，很难找到犬鲁氏菌感染存在，而非牛、羊、猪种布鲁氏菌的流行区内可查到犬布鲁氏菌。20 世纪 80 年代前羊种布鲁氏菌占我国分布的布鲁氏菌的 73.8%，而 80—90 年代，在羊种布鲁氏菌得到控制的情况下，羊种菌占到布鲁氏菌的 25.24%，而牛、猪种布鲁氏菌则上升为 55% 以上。这现象认为是 R 型与 S 型的干扰，对预防、控制布鲁氏菌病是需探讨的问题。

　　猪种菌寄生于猪占 78.3%，其余 21.7% 均为转移型寄生。人主要被羊种布氏菌侵犯，也有猪种菌和牛种菌的侵犯，猪是人群散发性布氏杆菌的传染源。

　　我国布氏杆菌的流行总体上表现以马耳他布氏菌为主的混合感染，随着时间和地域的改变仍表现为不同的特点，1980 年之前的流行株中 65% 为马尔他布菌，25% 为流产布菌，10% 为猪布菌；1980—1990 年 3 菌分别为 30%、40% 和 20%；90 年代分别为 80%、10% 和 10%。人的感染率达 14%（其他省区则介于 1%～5%），同时表现明显的职业特点，其中畜牧业者和兽医感染率在 19%～20%，肉品屠宰加工和皮毛业者为 11%～12%，农民为 5%，学生低于 1%。

　　[发病机制]　布鲁氏菌属细菌大多数种型对人、畜有致病性，人和动物一旦通过接触

被感染动物及其产品而感染,病原在机体中的侵染会经过淋巴源性迁徙阶段、菌血症阶段、多发性病灶形成阶段、慢性阶段、慢性纤维性 5 个阶段,主要分为局部感染和全身感染两种。

布鲁氏菌侵入机体后,几天内侵入附近淋巴结,被吞噬细胞吞噬。如吞噬细胞未能将菌杀灭,则细菌在淋巴结内生长繁殖,形成局部原发性病灶。此阶段称为淋巴源性迁徙阶段,相当于潜伏期。布鲁氏菌在吞噬细胞内大量繁殖导致吞噬细胞破裂,随之大量细菌进入血液形成菌血症,此时患畜体温升高,经过一定时间,菌血症消失,经过长短不等的间歇后,可再发生菌血症。侵入血液中的布鲁氏菌随血流散布至各器官中,在停留器官期间引起各种病理变化的同时可能有布鲁氏菌由粪、尿排出。但是,也有的布鲁氏菌被体内的吞噬细胞吞噬而死亡。

布鲁氏菌进入绒毛膜上皮细胞内增殖,产生胎盘炎,并在绒毛膜与子宫膜之间扩散,导致子宫内膜炎。在绒毛上皮细胞内增殖时,使绒毛发生渐进性坏死,同时,产生一层纤维性脓性分泌物,逐渐使胎儿胎盘与母体胎盘松离,及由此引起胎儿营养障碍和胎儿病变,使母畜可发生流产。此菌侵入乳腺、关节、睾丸等也可引起病变,机体的各器官、网状内皮系统因布鲁氏菌、代谢产物及内毒素不断进入血液,反复刺激使敏感性增高,发生变态性反应性改变。

研究表明,Ⅰ、Ⅱ、Ⅲ、Ⅳ型变态反应在布鲁氏菌病的发病机理中可能都起一定作用。疾病早期机体的巨噬细胞、T 细胞及体液免疫功能正常,它们联合作用将布鲁氏菌清除而痊愈。如果不能将布鲁氏菌彻底消灭,则布鲁氏菌、代谢产物及内毒素反复在局部或进入血液刺激机体,致使 T 淋巴细胞致敏,当致敏淋巴细胞再次受抗原作用时,释放各种淋巴因子,如淋巴结通透因子、趋化因子、巨噬细胞活性因子等,致以上单核细胞发生浸润为特征的变态反应性炎症,形成肉芽肿、纤维组织增生等慢性病变。

[临床表现] 马耳他布氏菌、流产布氏菌和猪布氏菌均可致猪发病,Traum(1914)报道了印第安纳州猪群存在布菌感染,但很多人认为是牛布菌所致。Cotton 等(1932)证实猪布菌可传播,可感染各年龄猪,是唯一引起猪全身感染从而导致繁殖障碍的布鲁氏杆菌。其他布鲁氏杆菌也可自然感染或人工感染猪,但症状轻微或无明显临床症状,只有侵入点的局部淋巴结有自限性感染。B. suis 感染的临床表现在不同的猪群变化极大。在感染的猪群中,多数没有可被畜主看到的布氏杆菌病的症状。未达到性成熟的猪对本菌不敏感,性成熟后的公、母猪十分敏感。猪布氏杆菌病的典型表现是流产、无生育力、睾丸炎、后肢瘫痪以及跛行。感染猪不表现任何稽留热或波浪热。临床症状是一过性的,死亡罕有出现。

母猪流产是症状之一,曲继智(1985)某猪场繁殖母猪 60 头,种公猪 6 头,在引进公猪后陆续发生以母猪流产为特征的群发病。主要表现妊娠母猪流产、早产、死产、弱仔、胎儿畸形和母猪产奶推迟。60 头母猪受胎 49 次,正产 38 窝,占妊娠母猪的 77.6%;流产 9 窝,占妊娠母猪的 18.4%;产期推迟、胎儿发育受阻的 2 窝,占 4.1%;空怀 11 窝,占配种母猪的 18.3%。流产发生在妊娠后 40～111 天。特别是怀孕母猪最敏感,尤其是头胎怀孕母猪更易感染。

感染母猪可以发生流产,流产可发生在妊娠的任何时间,且受到感染时间的影响比妊娠时间更大。有的在妊娠的 2~3 周即流产,有的则接近妊娠期满而早产,但流产最多发生在妊娠的 4~12 周。流产前患猪的主要征兆是精神沉郁、发热、食欲明显减少、阴唇和乳房肿胀,有时从阴道流出黏性红色分泌物。早期流产时,因母猪会将胎儿连同胎衣吃掉,故常不易被人发现。在配种时通过生殖道感染的母猪流产发生率最高,最早在与患病公猪自然交配授精后的 17 天就可观察到流产。早期流产易被忽略,早期的迹象是大量的母猪在配种后 30~40 天有发情征兆。也很难观察到阴道排泄物。妊娠中期或晚期发生流产,通常与母猪在妊娠 35 天或 40 天后受到感染有关。母猪生殖系统感染持续性变化极大。后期流产时胎衣不下的情况很少,则第二次可正常怀孕,产仔,极少见重复流产。流产后一般经过 8~16 天方可自愈,但排毒时间较长,需要经过 30 天以上才能停止。在感染母猪妊娠后,由于各个胎儿的胎衣互不相连,不一定所有的胎衣被侵染,因而所产胎儿有全部死亡,有的病例则只有个别胎儿死亡,而且死亡时期不同,有的可能在正常分娩时期生产,所产仔猪可能完全健康或虚弱或有不同时期死胎。

已证明,很少母猪阴道分泌物中的 B. suis 可存在 30 个月。而且多数病例在 30 天内排菌。临床上很少见子宫感染的母猪有不正常阴道分泌物,除非濒临流产或刚刚流产,多数母猪最终从生殖系统痊愈。母猪生殖系统感染只在流产、分娩或与公猪交配后短期内发生,母猪会有 2~3 个静止发情期,继后的妊娠率和生产能力通常很好。

对于公猪主要表现为睾丸炎,可单侧亦可双侧发生,睾丸肿大、疼痛,有时可波及附睾丸和尿道。严重时睾丸极度肿大,状如肿瘤,而未患病侧的睾丸萎缩,甚至阳痿。公猪生殖系统的感染比母猪持续时间长,某些公猪不形成局部的生殖感染,而且很少痊愈。公猪缺乏性欲和无生育能力,常与睾丸感染有关。公猪附性腺或睾丸的病理变化,一般比子宫的会更广泛和不可逆转。公猪的附性腺感染更常见,在它们的精液里的 B. suis 可大量播散。但这些公猪的授精力未必降低。多数情况下,公猪可出现 B. suis 亚种 1、2 或亚种 3 的临床病灶。

本病对仔猪和断奶仔猪主要表现为跛行、后肢瘫痪、脊椎炎等。同时一些公、母猪在患病过程中也会出现一后肢或双后肢跛行,关节肿大,甚至瘫痪。出现跛行的约占发病数的41%,瘫痪较少见。偶发子宫炎,后肢和其他部位出现溃疡。这些临床症状偶尔可见于其他各年龄组的猪。

[病理变化]   B. suis 引起猪的大体病变各种各样。大量的化脓出现,导致大部分黏膜坏死和脱落。一般的组织学变化包括:子宫腺体的淋巴细胞浸润,子宫内膜基质的细胞浸润,腺体周围结缔组织的增生。弥散的化脓性炎症在感染的胎盘经常出现,也可出现大量上皮细胞坏死和纤维素性结缔组织增生。

发病母猪子宫可见黏膜上散在分布着灰黄色粟粒大小的小结节,质地硬突,含有少量干酪样物质,或结节融合成不规则的斑块,使子宫壁增厚和内膜狭窄。在子宫阔韧带上可见扁平、红色,不规则肉芽肿、卵巢囊肿。输卵管也有类似子宫结节病变,可引起输卵管阻塞。公猪睾丸炎结节中心坏死,外围有一上皮样细胞区和浸润有白细胞的结缔组织包囊,附睾呈化脓性炎。淋巴结、肝、脾、肾、乳腺可发生菌结节病变。布氏杆菌引起的关节炎,主要侵害四肢的复合关节,病变开始呈滑膜炎和骨的病变,后者表现为具有中央坏死灶的增生性结节,有的坏死灶可发生脓性液化,化脓性炎症的蔓延可能引起化脓性骨髓炎或椎旁脓肿。

局部的显微肉芽肿常可在患布氏菌病的猪的肝脏见到,特别是在该病的菌血症期内。这些病灶常常有淋巴细胞、巨噬细胞、嗜中性细胞和巨细胞浸润的坏死区,并有组织细胞和上皮细胞覆盖,干酪样或凝固性的坏死中心。该病灶通常被一个纤维囊部分地或全部地包裹。肉芽肿的坏死部分中心有大量嗜中性细胞浸润,并出现液化和矿物质化。

$B.\ suis$ 的感染有时会引起骨骼的显微病变。这些病变发生在脊柱和长骨。该病变常发生在接近骨骺软骨的地方,通常组成一个由巨噬细胞和白细胞围绕的干酪样坏死中心,外部包有纤维结缔组织。

慢性的淋巴细胞和巨噬细胞浸润的炎性病灶和化脓病灶,不常见于感染猪的肾、脾、脑、卵巢、肾上腺、肺及其他组织。

[诊断]　本病除母畜流产外,流行病学、临床症状和病理变化等无明显特征,确诊必须进行细菌分离培养,血清学试验等实验室诊断。

细菌学诊断:通常采用流产胎儿、阴道分泌物或乳汁制成涂片,染色镜检或接种选择性培养基(100 mL 马丁琼脂或肝汤琼脂中,加入杆菌酞 2 500 IU,放线菌酮 10 mg,乙种多黏菌素 600 IU),进行细菌分离培养,或先将病料处理后接种豚鼠,3～5 周后剖杀,取淋巴结或脾脏做细菌分离培养与鉴定。

血清学试验:主要应用试管凝集试验(SAT)、虎红平板凝聚试验(RBPT)、全乳环状试验(MRT)、补体结合试验(CFT)。猪布氏菌病常用血清凝集试验,也有用补体结合试验和变态反应。

2016 年中国兽医药品监察所朱良全等人针对现有血清学方法无法区分布鲁氏菌疫苗免疫抗体和自然感染抗体难题,提供具有鉴别诊断价值的布鲁氏菌基因表达产物,运用免疫学方法,从而实现疫苗免疫抗体及自然感染抗体的鉴别诊断。该发明是采用免疫蛋白组学技术,选择我国应用最广泛的布鲁氏菌疫苗株 S2 和我国布病影响严重的羊血清为研究对象,从 S2 株膜蛋白中筛选出 3 个鉴别诊断抗原基因编号(GI)为 489054867、490823642 和 490819668,并将这 3 个基因分别经原核表达,并经谷胱甘肽 S 转移酶(GST)亲和层析柱与谷胱甘肽梯度洗脱法纯化获得产物分别作为包被抗原,可作为区分动物布鲁氏菌疫苗免疫和自然感染血清检测的诊断抗原。将该 3 个抗原分别与疫苗免疫抗体及自然感染抗体进行免疫印迹(Western-blot),均表现出差异明显。将该 3 个抗原作为间接酶联免疫吸附测定法(ELISA)包被抗原,检测数百份布病临床血清样本,鉴别诊断效果均显著(中国专利申请:2016110773999、2016110777078 和 201610784207)。

弯曲杆菌病、胎毛滴虫病、钩端螺旋体病、衣原体病、沙门氏菌病、弓形虫病、乙脑、伪狂犬病、蓝耳病等都可能发生流产,应注意鉴别。

[防治]　本病药物治疗效果不佳,因此对病畜一般不做治疗,应予淘汰。预防和控制本病的有效措施是检疫、隔离、控制传染源、切断传染源途径,培养健康畜群和免疫接种。

定期对动物进行布鲁氏菌 19 号弱毒苗或冻干布鲁氏菌羊 5 号弱毒苗免疫接种。

猪型 2 号(S2)弱毒菌,系 1964 年由中国兽医药品监察所从猪体选育的自然弱毒病株,对猪、绵羊、山羊、牦牛、牛等都有较好的免疫效果。免疫方法有口服、气雾和皮下注射。免疫期猪为 1 年,牛和羊均为 2 年。

本发明涉及 1 株布鲁氏菌弱毒株及其疫苗。2014 年中国兽医药品监察所丁家波等采用将疫苗株通过抗菌素与 A 因子血清相结合的驯化和筛选技术,筛选出 1 株粗糙型牛种布鲁氏菌弱毒株 RA343。该粗糙型弱毒株的安全性显著提高,但仍保留了对布鲁氏菌病良好的免疫效果。利用该弱毒株制备成布鲁氏菌病疫苗,将改变布鲁氏菌疫苗免疫动物与野毒株感染动物难以区分的现状,并有效提高现有疫苗的安全性(中国专利 CN103981139 B)。

粗糙型布鲁氏菌活疫苗开发的意义:① 可实现与布鲁氏菌自然感染的鉴别诊断。由于常规布鲁氏菌活疫苗与布鲁氏菌野毒株均为光滑型表型,疫苗免疫动物后产生的抗体无法通过血清学方法与自然感染相区分,这在很大程度上限制了布鲁氏菌活疫苗的应用。粗糙型布鲁氏菌活疫苗则从根本上改变了这一困境,其免疫动物后不产生光滑型布鲁氏菌抗体,因而不干扰此病的临床诊断。② 可显著提高布鲁氏菌活疫苗的安全性。当光滑型布鲁氏菌转变成粗糙型布鲁氏菌时,往往伴随着毒力的下降,从而降低了疫苗对人的潜在危害,同时提高了对施用动物的安全性。实验室研究发现,当光滑型布鲁氏菌转变成粗糙型布鲁氏菌时,其毒力下降 40~100 倍。③ 粗糙型布鲁氏菌活疫苗具有良好的免疫保护性。粗糙型布鲁氏菌与光滑型布鲁氏菌虽然在抗体上无交叉反应性,但却具有交叉保护性。一般通过增加免疫菌数,已经优化免疫程序,粗糙型布鲁氏菌活疫苗能提供不低于常规光滑型布鲁氏菌活疫苗的免疫效果。

由于人群的布病是不能相互传染的,人的布病来自动物之间。因此防控人布病首先应该防控动物布病。布病菌种间有抗原干扰现象,在防疫一种布病后,会在其地区流行中出现菌种更替现象,因而要注意流行病调查和全面防疫。

三十、结核病(*Tuberculosis*)

该病是由致病的结核分枝杆菌复合群(Mycobacterium tuberculosis complex 简称结核分枝杆菌或结核菌)引起的人、畜和禽鸟等多种动物罹患的一种慢性肉芽肿性传染病的总称。其特征是低热和多种组织器官形成肉芽肿及干酪样、钙化结节病变。

[历史简介] 结核病在人类历史上有很多事实例证。Bartheles 证实,在德国海德尔堡市发现的石器时代人的第 4、第 5 胸椎有典型的结核性病变,证明了距今 7 000 年以前的古代已经有结核性疾病。从发掘的公元前 2500 年古埃及墓葬中的木乃伊脊椎上也发现了结核病变;在努比亚的木乃伊有 5 例脊椎结核,并有骨关节结核。公元前 2000 年印度已有本病记载。我国宋代前,结核病称为尸疰、劳疰、虫疰、鬼疰、传尸等。根据症状特点又称为肺痿疾、劳嗽、急痨等。近代中医称肺结核为肺痨,西医一般称为肺结核。希腊人 Hippocrates (公元前 460—前 377 年)总结了埃及以往的医学和自己的经验,第一次详细记载了肺结核,并认为此病是传染性疾病。Celsus(公元前 43—公元 20 年)和 Plinius(公元 23—79 年)对肺

结核作了详细记载，其中提到气候条件、开放疗法等。Galenus（公元 134—201 年）详细地记述了对肺结核患者的对症方法。Fracastoro（1483—1538）在论文"接触传染病及其治疗"中论述健康者与肺结核病人一起居住可发病，病人的衣服 2 年后仍有传染性。Sylvius（1650）解剖了死于所谓"消耗病"或"痨病"人的尸体，发现肺脏及其他器官里有颗粒状病变，根据其形态特征称为"结核"。结核的名称就此而被应用至今。K. Marten（1720）提出致肺结核的病因是由看不见的小生物引起的，并发表了有关论文。西班牙国王 Ferdinand 六世（1751）出台了结核病预防法，规定要报告结核病，要烧掉病人使用的衣物、家具等。1753 年佛罗伦萨（Firenge）出台法令，规定结核病人使用的衣物和家具都要烧掉，以达消毒目的。

　　Klenke（1843）在家兔耳静脉注入肺结核病人痰液，经达一段时间观察，在兔肺、肝内发现结核结节，由于只做了一只家兔而未被重视。Villemin（1865）也对家兔耳静脉接种结核病人痰液，3 个半月后在家兔腹腔发现小黄点，肺内也发现结核病变。但当时有不少人否定这一实验。Cohnheim Chauvean（1879）再次追试证明 Villemin 的实验正确性，其后又有人用病人痰液进行了各种动物实验，证明病人痰中有病原体。于是结核病首次被科学地证明为传染病。Baumgar 和 Koch（1882）从病人痰中发现本菌，当时认为是链球菌细菌。Robert Koch 通过抗酸染色法，发现是结核杆菌，并于 1882 年 3 月 24 日在柏林生理学会发表了这一发现，标志着结核细菌学的诞生，开创了结核病的免疫学和现代临床治疗学的先河。在此过程中建立了 Koch 病原学三原则。Lenman 和 Neumann（1886）正式命名后，将其分类于分枝杆菌属。人类方对结核病有了较为全面的认识，各国学者对结核分枝杆菌及其所致的结核病进行深入研究，包括结核分枝杆菌在内的分枝杆菌进行了详细的分类和鉴定。Theobald Smith（1898）将牛分枝杆菌与其他型结核菌明确区别开来。结核分枝杆菌、牛分枝杆菌、禽分枝杆菌在 1901 年伦敦国际结核会议以后得到完全确认，被称为结核杆菌。分枝杆菌属中还包括非洲分枝杆菌、卜耐提分枝杆菌、田鼠分枝杆菌和海分枝杆菌。

　　Miss（2002）在分类上提出鸟分枝杆菌人和猪亚种这一名称。这样分枝杆菌属包括结核分枝杆菌复合群和鸟分枝杆菌复合群。结核分枝复合群包括结核分枝杆菌、牛分枝杆菌和非洲分枝杆菌，鸟分枝杆菌复合群包括鸟亚种、人和猪亚种及负结合亚种。

　　[病原]　结核分枝杆菌属于分枝杆菌属。对人、猪致病的菌群主要有 3 个型，即人型、牛型和禽型。

　　本菌为革兰氏染色阳性，用一般染色法较难着色，常用 Ziehl - Neelsen 氏抗酸染色法。结核杆菌呈红色，其他非抗酸菌等呈蓝色。用金胺等荧光染料着染，在荧光镜下呈现明亮金黄色荧光。本菌不产生芽孢和荚膜，也不能运动。杆状形态，不同型别稍有差异。人型菌是直或微弯的细长杆菌，呈单独或平行相聚排列，多为棍棒状，间有分枝状；牛型菌比人型菌短粗，且着色不均匀；禽型菌短而小，为多形性。结核杆菌为严格需氧菌，生长最适宜 pH：牛型菌为 5.9～6.9；人型菌为 7.4～8.0；禽型菌 7.2，最适宜温度 37～38℃。初次分离结核菌时，可劳文斯坦-钱氏培养基培养，经 10～14 天长出菌落。结核菌对营养物质要求严格，培养基内应含足够的营养成分。结核菌的独特特征之一是专嗜甘油作为碳源；牛分枝杆菌利用丙酮酸盐作为碳源，天冬酰胺是结核杆菌生长的最好碳源，钾、铁和磷能促进生长。

此菌在含鸡蛋、血清、牛乳、马铃薯和甘油(除牛型外)的培养基中易生长。在固体培养基上,菌落呈灰黄白色,干燥颗粒,显著隆起,表面粗糙皱缩,形似菜花状。另外,也可在不含蛋白质而仅含无机盐、铵盐、氨基酸、维生素和葡萄糖等物质的综合培养基中生长。由于培养基内的营养物质不易进入菌体,所以细菌生长缓慢,尤其是初次分离时,一般需要1~2周才开始生长,3~4周到旺盛期,其中牛分枝杆菌最慢,禽分枝杆菌较快,结核分枝杆菌居中。

结核分枝杆菌不发酵糖类,触酶活性很弱,68℃加热丧失触酶活性,吐温80水解试验阴性,可合成烟酸和还原硝酸盐,而牛分枝杆菌无此特性。结核分枝杆菌大多数酶试验阳性,热触酶试验阴性,而牛和禽分枝杆菌的试验均为阴性。3种菌生化鉴别见表-120。

表- 120　人、牛、禽结核杆菌的生化鉴定

鉴 别 项 目	结核分枝杆菌	牛分枝杆菌	禽分枝杆菌
尿素酶	+	+	-
吡嗪酰胺酶	+	-	-
硝酸盐还原	+	-	-
酸性磷酸酶	+	+	-
接触酶(68℃)	-	-	+
烟酸的产生	+	-	-
吐温80水解	不定	-	-
对 $T^2H^\#$ 抵抗力	+	-	+
44℃	-	-	+

注：#表示 10 μg/mL 噻吩羧酸酰肼。

结核病病原是一复合群,其基因是由一简单的共价封闭环的DNA组成。有些分枝杆菌还含有附加的小的环状DNA,即质粒。复性动物学分析测定的结核分枝杆菌H37Rd基因大小是 $2.8×10^9$ D,G+C为65%。富含G+C是结核分枝杆菌基因构成的共同特点,大多数G+C为64%~67%,结核分枝杆菌复合群为65%。Cole(1998)报道结核分枝杆菌MTB(H37Rv)全染色体测序;整个基因组由4 411 532个碱基组成,长4 411 529 bp,G+C为65.5%,含4 000个基因,核糖体rRNA是一个高度保守稳定RNA分子,由23rRNA和16S rRNA组成。1947年报道分枝杆菌噬菌体可分为裂解和溶解性两类。研究发现与结核分枝杆菌致病性相关的毒力因子有索状因子、硫脂、脂阿拉伯甘露聚糖(LAM)和磷脂等。

1. 索状因子　是双分枝菌酸、海藻糖,可破坏线粒体上呼吸和磷酸化酶系,微克数量级索状因子即可使小鼠致死。

2. 硫脂　是结核分枝杆菌中性红特征性反应的基础,研究发现株毒物和菌硫脂含量有关。

3. 脂阿拉伯甘露聚糖（LAM） 是分枝杆菌细胞壁的主要成分。LAM 可抑制人外周血淋巴细胞对结核分枝杆菌抗原反应性，抑制 γ-干扰素介导的小鼠巨噬细胞活化。

4. 磷质 磷质可刺激单核细胞增生，增强变态反应，促进肉芽肿及干酪性坏死。

结核杆菌因含有丰富的脂类，故在外界中生存力较强。但可出现变种，粗糙（R）菌落毒力强，光滑型（S）菌落毒力小。对干燥和湿冷的抵抗力强；对热抵抗力差，60℃、30 分钟即死亡；在痰中可存活 6 个月；在水中可存活 5 个月；在土壤中存活 7 个月；在粪便中可生存 6～7 个月；在牧场青草中可生存 1.5 个月。常用消毒药处理 4 小时方可杀死，而在 70% 酒精或 10% 漂白粉中很快死亡。

本菌对磺胺类药物、青霉素及其他广谱抗菌素均不敏感，对链霉素、异烟肼、对氨基水杨酸和环丝氨酸等药物敏感，本菌有耐药性。随着细胞免疫学和分析微生物学的发展，研究发现结核病难以治的主要原因之一是结核分枝杆菌的变异，包括耐药性变异、毒力变异、L 型变异及休眠菌形成。

［流行病学］ 已发现分枝杆菌上百种，本菌可侵袭多种动物，大多数情况下对人畜有致病性，其易感性因动物种类和个体不同而异。该菌通常感染人、野生动物、家禽和野鸟，几乎感染所有脊椎动物和某些冷血动物。根据报道约 50 种哺乳类动物、25 种禽类可以患此病。在家畜中牛最易感，特别是奶牛，其次是黄牛、牦牛、水牛；猪和家禽可患病，羊极少感染，单蹄兽罕见。野生动物中猴、鹿较多，狮、豹等有结核病发生。

结核病患者和患病畜禽是本病的传染源，特别是开放结核患者通过各种途径向外排菌。由于各种动物之间相互交叉感染，同时也是人结核病的主要传染源（图-29、表-121、表-122）。牛型菌感染牛，也感染人和猪，也能使马、羊、猫等其他动物致病；人型菌可以感染人、猴、猿、牛、猪、马、羊、犬、猫、鹦鹉等；对猪的病变一般认为局限于肠系膜和颈部淋巴结，现已发现在猪肺部出现干酪样结核病变；禽型菌是禽结核主要病原菌，但也可感染人、牛、猪、马、羊、鸟等。其中以兔和猪最易感染；牛型猪群与牛接触可感染。有的野生动物如：野猪是牛分枝杆菌的终末宿主，野猪可感染，但不继续传染。Johnsen 等（2007）对挪威的 37 株人源分离株和 51 株猪源分离株鉴定全部属于人和猪亚种；Cvetnic 对克罗地亚 183 株猪源分离株鉴定，175 株（90.7%）为鸟分枝杆菌复合群，其中 21.1% 为鸟亚种，78.9% 为人和猪亚种；Mohamed 对埃及屠宰猪结核分型，18/67 存在结核分枝杆菌和 12/67 存在牛分枝杆菌感染。Van Es 和 Matrin（1925）调查表明，在美国绝大多数结核病由禽分枝杆菌引起，而且禽分枝杆菌的血清型 1，2，4 和 8 从猪结核病灶中最常分离到（Mitcheu、Thoesn 等，1975）。其后各国从猪中分离 15 个血清型禽分枝杆菌。动物间的结核病传给人类，主要通过呼吸道、消化道和带菌动物排泄物。但由于结核菌能够在自然环境中存在一定的时间，疾病在动物间传播不一定依赖动物间的直接密切接触，污染的环境可能是一个重要疫源地。所以认为动物和人是该病的终末宿主，感染来源很有可能是环境。猪可通过母猪间接传播，以及猪之间相互暴露的传染。某些感染的猪在扁桃体和肠道出现病灶，可从它们的粪便检出细菌。

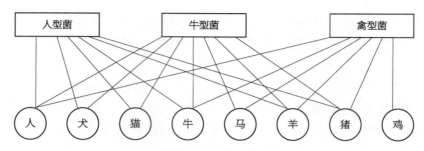

图-29　各型结核菌感染动物示意

表-121　结核菌的宿主

宿主种类	结核分枝杆菌	牛分枝杆菌	禽分枝杆菌
储存宿主	人、猴	牛、水牛	鸡、鸭、鹅、天鹅、雉野鸟、家鼠
偶然宿主	犬、猫及其他食肉动物；猪、马、骆驼、豪猪、象、熊等	人、猪、犬、猫及其他食肉动物；马、驴、绵羊及其他食草动物；猴	野鸟、火鸡、几乎所有鸟类，猪、仓鼠
实验性宿主	家兔、豚鼠、小鼠	家兔、豚鼠、小白鼠	家兔、家禽

表-122　分枝杆菌对人与动物致病性差异

感 染 对 象	结核分枝杆菌	牛分枝杆菌	禽分枝杆菌
人	++++	++++	±
牛	+	+++	+
猪	+	+++	++++
山羊	+	+++	+++
马	+	+++	—
犬	+++	+++	—
猫	+++	+++	
灵长类	++++	++++	—
家兔	—	++++	++++
豚鼠	+++	++++	
小白鼠	+++	++++	++++
禽	—	—	++++

　　结核病是一值得关注的问题是，人们与结核病进行长期的斗争中，结核病不但没有减少，其流行反而呈上升趋势，即使欧美国也没有遏制结核病上升的势头。尽管没有猪、羊、禽等其他家畜结核病与人结核病流行的关系直接研究报告，但从目前养殖业普遍存在的多种

动物混居,造成人和动物结核病流行平行呈逐年上升趋势的现实状况来看,绝对不能忽视动物结核病在人结核流行中的作用。这种影响从理论上是肯定的,但在实际工作中却是被忽视的,在人和动物共存于一个生态环境中,防治这类传染病有很大难度。

本病多呈散发、无明显的季节性和地区性,但一般认为春季易发生,潮湿地带也易传染。

近年的流行病学调查认为,羊型菌可感染人、犬、猫、牛、猪、羊、骆驼,不容忽视。

[发病机制] 结核杆菌的致病过程是以细胞内寄生和形成局部病灶为特点。细菌的毒力、感染的剂量和部位、宿主的先天与获得性免疫力都与感染的结果有重要关系。结核菌进入体内,只有在靶器官(肺肠等)着床后,才能使人和动物感染。易感的人和牛吸入含菌飞沫、尘埃到达肺泡,侵入局部,出现炎性病变,即所谓的原发病灶。如从咽进入大量结核菌和肠道接触,则发生肠道原发病变。在初次感染时,既无变态反应,又无免疫力。机体感染后不一定都发病。在初次感染的机体中,单核吞噬细胞接触结核分枝杆菌后,黏附结核分枝杆菌的细胞膜部分内陷,逐渐凹向深陷形成包裹结核分枝杆菌的囊样小体-吞噬小体。结核菌为细胞内寄生菌,产生以细胞介导免疫反应为主的细胞免疫。再次感染时,除已有免疫力之外,也产生了激烈的变态反应。结核变态反应的致敏原是结核菌蜡质D。结核菌蛋白是使已致敏的机体呈现变态的反应原,其中以C蛋白的活性最强。

免疫及变态反应在结核病的发病过程中起重要作用。

分枝杆菌是胞内寄生细菌。机体抗结核病的免疫基础主要是细胞免疫,细胞免疫反应主要依靠致敏的淋巴细胞和激活的单核细胞互相协作来完成的,体液免疫因素只是次要的。结核免疫的主要特点就是传染性免疫和传染性变态反应同时存在。传染性免疫是指只有分枝杆菌的抗原在体内存在时,抗原不断刺激机体才能获得结核特异性免疫力,因此,也称为带菌免疫。若细菌和其抗原消失后,免疫力也随之消失。传染性变态反应是指机体初次感染分枝杆菌后,机体被致敏,当再次接触菌体抗原时,机体反应性大大提高,炎症反应也较强烈,这种变态反应是在结核传染过程中出现时,故称为传染性变态反应。

分枝杆菌侵入机体后,与巨噬细胞相遇,易被吞噬或将分枝杆菌带入局部的淋巴管和组织,并在侵入的组织或淋巴结处发生原发病灶,细菌被滞留在该处形成结核。当机体抵抗力强时,此局部的原发性病灶局限化,长期甚至终生不扩散。如果机体抵抗力弱,疾病进一步发展,细菌以淋巴管向其他一些淋巴结扩散,形成继发性病灶。如果疾病继续发展,细菌进入血流,散布全身,引起其他组织器官的结核病灶和全身性结核。因而在人与动物的结核病中会产生以下的疾病过程。根据结核杆菌的致病作用特点,可分为4类:原发结核、淋巴血液性传播、多发性浆膜炎、继发性结核。

1. 原发结核 结核菌首次侵入造成原发结核。

结核杆菌初次侵入肺泡后,在局部出现炎症性病变,形成原发病灶。从咽入的大量结核杆菌,和肠道淋巴组织接触,发生肠道原发病灶。侵入肺内的结核杆菌从原发病灶沿着淋巴管蔓延,导致肺门和纵隔淋巴结肿大,形成结核病变。原发病灶、淋巴管炎和局部淋巴结病变三者统称为"结核原发综合征"。每个原发感染者体内均有原发综合征变化。

猪发生在喉及消化道肠系膜淋巴结。家禽主要发生在脾、肝等部位。这些病灶可以经过钙化或形成瘢痕而痊愈,它是在神经-体液调节下经过复杂的免疫生物学反应出现的机体适应状态。原发性肺结核多数可不治愈,仅少数原发性结核进一步发展、恶化。

2. **淋巴血液性传播** 在机体免疫状态低下时或继发结核转化而来,结核菌可通过淋巴管或血流传播,能使一系列的器官和组织发生感染,形成全身性结核或全身性粟结核。侵入肺外器官的肺外结核,如颈淋巴结核、肠系膜淋巴结核、泌尿生殖结核和骨关节结核等。

3. **多发性浆膜炎** 结核杆菌原发感染后4~7周,机体逐渐产生免疫力,同时,也出现结核蛋白过敏反应,胸膜、脑膜、心包、腹膜等浆膜可发生渗出性改变,有一些病人亦可出现结节性红斑、泡性眼结膜炎与多发性关节炎等原发结核病的过敏性增高综合征。

4. **继发性结核** 以内源性为主或偶有外源再感染而出现的病灶,多发生在已受结核感染的成人或成年动物。继发性结核病可发生于原发性感染后任何时期,因结核菌未被全部消灭而成为体内潜伏灶,可长期潜伏,也可能一生不活动,但在机体抵抗力下降时可发展为结核病。继发性肺结核比原发性肺结核更具有临床意义和流行病学意义。

[临床表现] 导致猪发生结核病的有3类分枝杆菌,即鸟分枝杆菌、牛分枝杆菌和结核分枝杆菌,还有羊型结核分枝杆菌。

Pallasle(1931)和Feldman(1938)曾分别对病猪尸检时发现并报道猪结核杆菌病。1995年美国在联邦政府监督下屠宰了94 490 329头猪中,其中有196 944头(0.21%)有结核病变,是同期结核牛的1 400多倍。郭明星等(2004)利用PPD对湖北一供港猪场进行结核病检疫,结果阳性率种猪37%(7/19)、育肥猪13%(118/941)、中小猪13%(18/634)、保育猪1%(1/98);大连屠宰场结核病调查,2000年结核病率为1%,2004年上升至4%左右,不能忽视猪结核病的流行。

猪结核常从消化道感染,所以原发性病变多见于头部和腹腔淋巴结,但在猪的肝、脾和肺中也出现病变。猪的全身性结核病不常见。

猪结核病变常局限在咽、扁桃体、颈部、下颌和肠系膜淋巴结,有的病灶较小、仅数毫米,呈黄白色干酪样,有的整个淋巴组织(结)弥漫性肿大。随着病程发展,其中心区多坏死,形成浑浊微黄干燥物,最后形成钙化灶。病灶可继续增大或几个相互融合形成外形和大小不一的结核病变。这种增生型的结核多呈局限性经过,但有时也表现灰色、多汁,半透明软而韧的绒毛状肉芽组织弥漫增生,其间散布着微小黄色结节,部分为坚而硬的圆形构造。有时结核表现为渗出物,通常不吸收,也不形成结节,常与组织一起发生似豆渣的干酪样坏死。在解剖时可见到一淋巴结结核;有时可能有较多的消化道淋巴结核。当肠道有病灶时则发生消化不良、顽固性下痢。肺结核时,肺部出现干酪样结核,表现干咳、呼吸困难和气喘,间有呕吐;乳房结核时,乳房肿大,坚硬,同侧腹股沟淋巴结肿大。

人型、牛型和禽型结核分枝杆菌均可引起猪结核病,呈慢性经过,由于猪的生命周期短,猪患结核病常呈无症状经过。猪结核很少传染。猪结核病主要从消化道感染,有扁桃体、颌下淋巴结、颈、咽等淋巴结形成表面凹凸不平、无热无痛的硬块。颈淋巴结的结核性损害,除非向外破溃,一般不引起临床异常。主要症状为消瘦、咳嗽、气喘、腹泻等,只有当肠道发生病灶时则发生下痢,很少表现症状。人型菌感染时,猪以消化道淋巴结核为主,常有下痢,慢性进行性死亡;牛型菌感染时,呈进行性病程。猪以肝、脾脏病变为主和进行性病程,一般集中在胃肠道淋巴结,在肠系膜或颌下淋巴结经常能观察到干酪样结节,当肠道有病灶,常导致死亡,多见于年龄较大的繁育猪群,主要病变位于呼吸道,在肺常能发现渐进性病变,其次是在肠淋巴结;禽型菌感染时,猪对其的易感性比较其他哺乳动物高,以猪腺炎为常见,少数可见肝、脾、肺病变。大山钲一等(1979)对本地 72 头种猪和 108 头肥育猪结核菌素检测,鸟型(禽型)阳性种猪为 47%,肥育猪为 87%,而哺乳型分别仅为 1% 和 9%。108 头肥育猪中 84 头(78%)能见肉眼病变,其局限于肠系膜淋巴结和颚下淋巴结,其他脏器未见异常。一般为淋巴结肿胀,为单发或散发,切面有点状至几厘米黄白色的干酪样病灶或碳化结核样病灶。病灶多发生肠系膜淋巴结,浆膜面隆起有明显的结核结节。一部分的颚下淋巴结有结核样病变。由禽型菌引起的猪淋巴结核,淋巴结可能肿而硬,不会形成分散性脓灶,或一个或几个边缘不分明的软的干酪样病灶,很少发生钙化,而肠系膜淋巴结病灶可能会多见禽型菌,有时见到淋巴结节的弥漫性的纤维变性。但几乎没有形成包囊的趋势。也有出现面积较大的干酪化,有时波及整个淋巴结,病灶不易形成核。而结核杆菌和牛结核杆菌引起的病灶往往形成包囊,并与周围组织易剥离,病灶的钙化也明显。

禽结核 1、2、3 血清型引起猪结核和其他动物结核。有报道,脑膜炎和关节的结核性损害,在猪也较为常见。

剖检可见,猪结核主要由消化道感染,因而其结核病灶多在头部淋巴结、腹腔淋巴结和肺部。颌下淋巴结和咽淋巴结肿胀,切开有灰白色结核病灶,小的仅针头至粟粒大,大的可似鸡蛋,结核病灶为特异性肉芽肿,中心干酪样坏死或钙化。肺部常见豆粒大乃至胡桃大结核结节,切面呈灰白色、黄白色干酪性物质,有时钙化,切时有沙砾感。肠结核亦能见到。肝、脾、肾等全身脏器也偶尔可见结核病变。

在猪可见到一些泛化性结核病例,大多数器官里有粟粒状结节,通常病变是定位在扁桃体、颌下、颈、肝、支气管、纵隔和肠系膜淋巴结里。淋巴结显著肿大,内含有大量白色干酪样的、有时钙化的物质,被一个牢固的纤维囊包围,并由纤维组织交织在一起。由于本病为猪的退行性本质,这些病变在进行培养和接种豚鼠时呈阴性。

[诊断] 在畜禽中发生不明原因的渐进消瘦、咳嗽、慢性乳房炎顽固性下痢、体表淋巴结慢性肿胀等,可作为疑似本病依据。但很多时候,结核病的症状和体征不具特异性,且发病早期通常不出现临床症状。但还须结合流行病学、临床症状、病理变化、细菌学检验、结核菌素试验等来综合诊断。

目前细菌学检测是最可靠的诊断方法。人畜禽的痰液、粪尿、乳汁及分泌物、病变组织的涂片等,用抗酸法染色后镜检。视野下有红色单个、成双、成丛细长而微弯杆菌即可确诊。亦可用免疫荧光抗体技术检查病料。也可用胸部 X 光线检查和病理组织学检查。结核菌素检查是群检常规方法。

猪对结核菌素的反应是耳朵出现红斑和肿大,而对禽结核菌素只有轻微反应,而二者有交叉反应。这种交叉反应可用稀释的结核菌素(1∶1 000)避免。结核菌素试验一般在猪耳或肛门的皮下进行。也可在猪一侧耳根皮内注射牛型结核菌素,另一侧耳根皮内注射禽结核菌素,注射量为 0.1 mol,48～72 小时后发红和肿胀,皮增厚 4 mm 以上即为阳性。

分枝杆菌鉴定可采用 16sDNA 的序列分析或 16SrDNA 和 23SrDNA 之间的间隔(IGS)进行测序。

[防治]　传染病防治是一个复杂和系统工程,对于结核病的多宿主感染的防治,既需要考虑多种易感动物结核病本身的发病规律,更需要对所有易感宿主结核病综合考虑。主要是两个控制和一个净化(人的药物控制、治疗净化、动物淘汰净化)。

1. 控制结核病由人类传向动物　在人兽共患传染病中,结核病具有较为独特的性质,它不仅存在疾病由动物向人类的传播过程,同时也存在疾病由人类向动物的传播过程。后一个过程,增加了疾病在动物中的感染源,实际上也增加了对人类的威胁;阻断疾病由人类向动物的传播过程,也是结核病总的控制策略的组成部分。

2. 控制结核病由动物传向人类　动物间的结核病传入人类主要通过以下 3 种传播途径。

(1) 呼吸道。患结核病的动物咳嗽时可将带菌飞沫排于空气中,健康人吸入即可引起感染。

(2) 消化道。饮用牛结核菌污染的牛奶,未经消毒或消毒不合理,皆可引发人类发病。儿童饮用污染牛结核菌的奶,可在咽部和肠部发病,也可引起咽部及锁骨上浅表淋巴结炎,或在肠道引起肠系膜淋巴结炎。感染严重时,可以形成原发病灶。

(3) 患结核病的动物的带菌排泄物也可能引起人类感染。

饮用患结核病牛的牛奶是目前比较肯定的人类由动物感染结核的方式,坚持对乳制品的巴氏消毒,是阻断这种传播的有效方式。结核菌在牛奶中可存活 9～10 天,但对湿热抵抗力弱,60℃ 30 分钟或 80℃以上 5 分钟以内即可失去活力,因此乳品巴氏消毒处理后已无危险。乳类不是结核病由动物向人类传播的唯一渠道。

猪的结核病依靠结核菌素试验和淘汰阳性反应来控制,始终未能成功。首先是同一地区多种动物共同饲养,增加了猪感染结核病的机会,据研究淘汰 2 年的鸡结核病场,猪仍可发病;4 年后该鸡场土壤废弃物中发现活的和有致病性的结核杆菌。感染后在肺脏常能发现进行性病变,在肝、脾和胸腔、腹腔淋巴结均能检出致病菌。猪肠道病灶的发生,使猪粪便中的结核杆菌得以传播,猪在活动和圈内的密切接触为结核病在猪间传播提供了机会。另外,地区环境因素的影响,因猪对各型结核菌均易感,猪又处于各种人为造成的食物链的末端,几乎所有动物下脚料都有机会被猪摄入,这就增加了猪感染结核病的机会;个体养猪户常食用城市、家庭泔脚,使猪患人型、牛型、禽型结核的可能性增加。因此,在猪防治上,必须是单一动物隔离饲养,严禁混养。同时严控泔脚饲养或泔脚高温消毒饲养。由于药物治疗本病不易根治,且疗程长,也易感染人。因此,对动物结核病一般不予治疗。诊断或检疫出的病畜立即淘汰,净化污染群;对无种用猪,应全群淘汰、消毒;采用综合措施,培育健康畜群。增强猪群整体抗体水平,阻断病原在猪群间的传播和流行。控制结核病人和动物的双向传播是该病的重要组成部分。

三十一、奴卡氏菌病（*Nocardiosis*）

该病是由星形奴卡氏菌（*Nocardia asteroides*）和巴西奴卡氏菌（*N. brasiliensis*）引起人畜共患的一种急性或慢性传染病。主要侵害动物的关节、皮肤、黏膜、浆膜及内脏器官。被侵害的部位以脓样和肉芽肿为特征。本菌可成为人的呼吸道疾病的病原体。

[历史简介]　奴卡氏菌是热带地区牛皮疽病的病原菌，曾在法属西印度流行。Sowllo（1829）描述了牛皮疽病。Nocard（1888）从瓜德罗普岛的一种"牛皮疽"的患牛淋巴结中分离出一种需氧放线菌，此种微生物被 Tievisan（1889）命名皮疽奴卡氏菌（*N. farcinica*）。Eppinger（1891）又从患肺炎和脑脓肿病人中发现类似的丝状物，当时把它称为星状分枝丝菌（*cladothrix asteroides*）。其后 Bishop 和 Fenster maeher（1933）从一头疑似结核病牛的腹膜和胸膜病灶中分离出星状奴卡菌。Lindenberg（1919）发现巴西奴卡菌，于 1958 年正式定名为巴西奴卡菌。Munch - Peterson（1953）证实对人致病的为星形奴卡氏菌和巴西奴卡氏菌。医学文献中常报道 2 种奴卡氏菌：星形奴卡氏菌和巴西奴卡氏菌，作为人和动物局部和全身感染的原因。目前认为原始种皮疽奴卡氏菌是星形奴卡氏菌的同义名。第 3 种奴卡氏菌是与星形奴卡氏菌极相似的豚鼠奴卡氏菌，偶见于动物和人的病理过程。

[病原]　奴卡氏菌属放线菌亚目放线菌属。现已知的奴卡氏菌有百余种，正式命名的有 63 种。星形奴卡氏菌是人、猪主要致病病原。

本菌革兰氏染色阳性，形成长的、丝状分枝细胞，培养 4 天后分裂呈小球状或杆状。有些菌耐酸性染色。本菌为需氧菌，最适生长温度 28～30℃，最适 pH 为 7.5，在培养基上生成隆起、堆积、重叠的颗粒性菌落，菌落边缘不整齐；常产生黄橙色色素；在血液琼脂或沙劳氏培养基上，经 24 小时形成 2～3 mm、透明灰白色如水泡杆菌苔，经 48 小时后逐渐干燥，形成波纹，经 72～96 小时菌苔有隆起物并产生粉红色，菌落周围 48 小时左右可见透明溶血现象。

本菌发酵 D-果糖、D-葡萄糖、糊精及甘露糖产酸；还原硝酸盐，产生尿素酶，不产生明胶酶；不水解酪蛋白。奴卡氏菌属 DNA 中 G+C 含量为 68～72 mol%，星形奴卡氏菌 DNA 中 G+C 含量为 67～69.4 mol%，鼻疽奴卡氏菌为 71 mol%。

Erown Elliott（2006）将奴卡氏菌分为 9 个群：星形奴卡菌复合体、脓肿奴卡菌复合体、短链/少食奴卡菌复合体、新星奴卡菌复合体、南非奴卡菌复合体、巴西奴卡菌复合体和豚鼠奴卡菌复合体。

本菌耐高温，在 48℃亦可生长，在 58℃可生存 8 小时。

[流行病学]　该菌广泛存在于土壤和家畜中，为土壤腐生菌。易感动物常见有犬、牛、马、羊、猫、鹿、猪、人、鸟、猴、狐、考拉、猫鼬、鱼等。引起人类致病的主要是星形奴卡氏菌、巴西奴卡氏菌、鼻疽奴卡氏菌、豚鼠奴卡氏菌等。巴西奴卡氏菌毒力最强，其次星形奴卡氏菌。在美国，发现的人畜奴卡氏菌病例，约 90% 由星形奴卡氏菌感染引起。由巴西奴卡氏菌引起的疾病较少，约占 7%，分布范围也比较小，主要发生于热带，因此多见于中美洲和非洲，可通过呼吸道、皮肤伤口和污染食物而侵入人体。带菌的灰尘、土壤或食

物通过呼吸道、皮肤或消化道进入人体,然后局限于某一器官或组织,或经血液循环散播至脑、肾或其他器官。动物的传染源主要是患畜及其排泄物,经皮肤伤口或呼吸道感染。奴卡氏菌是乳房炎的一种条件性致病菌,乳房炎多为散发,偶尔出现地方性流行。通常不认为奴卡氏菌是可传播的疾病,人体和畜体的感染来源一般都是外源性的。然而,本病具有传染性,故应避免伤口或其他上皮裂口被直接污染。过去在我国发生的不多,从 20 世纪 80 年代开始我国的西南、东北、华北等地陆续有猪发病的报道,虽发病率不高,但病程长,对养猪业有很大破坏性。

[发病机制]　奴卡氏菌经破损皮肤、呼吸道或消化道侵入机体,在局部引起病变,亦可经血液循环播散至大脑、肾或其他部位。一般星形奴卡氏菌主要引起内脏型奴卡氏菌病;巴西奴卡氏菌和豚鼠奴卡氏菌主要引起皮肤和骨骼奴卡氏菌病。奴卡氏菌感染与放线菌病一样,也激起患病组织增生和糜烂反应。主要引起全身器官或组织化脓病变,很少有呈肉芽肿、干酪样坏死或周围组织纤维化。在脓肿中有大量中性粒细胞、淋巴细胞与浆细胞浸润,并可见革兰氏阴性分枝细菌的菌丝或菌丝颗粒。亚急性和慢性损伤常被广泛的纤维变性所包围;肉芽肿形成、窦道产生、实质组织坏死和化脓,都是奴卡氏菌感染的特征。奴卡氏菌病在临床上与放线菌病无法区别。大多数感染由吸入引起,因此肺是大多数病例的原发感染部位,慢性肉芽肿病变可播散到肺实质,尤其是上叶肺,本病血源性播散可累及脑、软组织等其他部位。免疫功能正常者因直接接触土壤可发生皮肤奴卡菌病。

急性化脓性坏死性乳房炎的乳房背侧部常可见到榛子大微隆起的、灰黄色至红棕色大理石样小叶群,其表面起初闪光,后来呈干燥颗粒性构造。在靠近乳池和乳房外侧的实质中有红棕色大块地图样坏死区,通常狭窄的化脓区域为粗糙的结缔组织条索所分隔。组织学检查可见有多形核白细胞渗出于充满细胞碎片核病原菌丝体的腺泡中,腺泡上皮变性,腺泡之间的间质水肿,还可能见到大面积坏死区被白细胞所分隔。

在亚急性病程中,可见大量坚韧如肥肉样的网状结缔组织增生,有大量豌豆大肉芽性脓肿存在于网眼中。

慢性肉芽性脓肿乳房炎的组织学检查,可见以一种类上皮组织细胞大量增生的间质反应为主,并以多层条带的方式将一个腺泡的细胞碎片或较大的坏死小叶群包围起来,与放线菌病的肉芽肿非常相似,只是中央缺乏嗜伊红性菌核。

[临床表现]　Gottschalk(1971)曾报道猪奴卡氏菌病。从 20 世纪 80 年代开始,在我国西南、东北、华北等地陆续有猪发病报道。王照福(1986)报道京郊某猪场 192 头猪中 58 头猪发生无外伤的关节肿,最小的 2 日龄,最大的 20 余日龄,个别的为育成猪和成年猪。患猪突然出现跛行,四肢的一个或数个关节肿大,有热感,多数病猪无体温变化,个别仔猪体温升至 41℃。喜伏卧,不爱活动,由于吃奶困难,经时较久,患猪消瘦、死亡。患猪关节囊内见有数量不等的淡黄或黄色脓性物质。发病部位皮肤不见外伤,故非外伤感染所引起,可能是由细菌通过血液流侵入关节。分离鉴定为诺(奴)卡氏菌。

临床主要症状为关节炎及关节周围脓肿。病猪发生跛行,患肢关节处有肿胀坚硬的感觉,有热痛。严重者行走时呈悬跛或拖地爬行,身体消瘦。一般体温正常,个别体温升高到

40.5℃,食欲减退。白血球增高,总数可达 24 150/m³。另外白细胞中的嗜中性白血球增多。

病理可见,肢关节肿胀部位的关节囊囊外围肌腱鞘间有乳白色或黄色渗出液,其中混有粟粒样白色颗粒。关节囊周围有大小不等的脓包,内有黏稠无异味、黄色的脓液。患部肌肉有 5～6 cm 空洞,空洞内充满淡红色浆液,肌肉呈煮熟肉色、无弹力,坏死部位的骨髓呈灰黑色、烂泥状,髋关节常见脱臼。

全身淋巴结肿胀,股内外侧淋巴结肿大如鸡蛋大小,有粟粒至黄豆粒大的灰黄色坏死灶,内有灰黄色干酪样脓液。

胸腔有灰白色浑浊渗出液。心包有淡黄色积液,心冠脂肪呈胶样浸润,心内膜有少量粟粒至高粱米粒大的陈旧出血点,心耳边缘见蚕豆大灰白色结节。喉部充血,有陈旧性出血斑。肺表面凹凸不平,间质增宽,切面有米粒大的白色或黄色小结节或内部软化小结节,有斑块状实质病灶。肝脏呈暗红或土黄色,质地脆弱。胆囊增大充盈,胆汁呈杏黄色。

脾脏表面有灰白色纤维附着,边缘有粒状淤血斑。肾脏表面色泽不均,呈暗红或土黄色,表面有针尖状出血点。膀胱黏膜有针尖状出血点。胃空虚,有少量红色泡沫样液体。脑膜淤血,脑实质软化。

凡发现跛行或关节肿大的病猪,如不及时治疗,可致使发病部位形成器质性病变。

[诊断] 本病通过临床表现和病原学检查即可作出初步诊断。星形奴卡氏菌可通过革兰氏染色或改良的碳酸品红染色鉴定,可见到广泛分枝的菌丝,破裂呈短杆菌。该菌在培养基上生长缓慢,需要培养 4～6 周。分离培养可用沙堡培养基和血平板,在 30℃、37℃ 及 45℃ 下培养,星形奴卡氏菌可在 45℃ 下生长,故温度培养可有初步鉴别意义。培养 24～48 小时后有小菌落出现,涂片染色镜检,可见革兰氏阴性纤细分枝菌丝,老培养物的菌丝可部分断裂成链杆状或球杆菌。奴卡菌侵入肺组织,可出现 L 型变异,故常需反复检查才能证实。

猪临床和病理变化及细菌学检查可作出初步诊断。以血液琼脂及沙劳平板培养,24 小时形成 2～3 mm 菌落,透明灰白色,48 小时形成波纹,经 72～96 小时菌苔有隆起物并产生粉红色。有溶血现象。

[防治] 奴卡氏菌的感染无特异预防方法。对脓肿和瘘管等可手术清创,切除坏死组织。各种感染可用抗生素或磺胺类药物治疗,一般治疗时间不少于 6 周。

磺胺类药物主要为甲氧苄胺嘧啶(TMD)和磺胺甲基异噁唑(SMZ)联合应用,疗程为 3 个月。其他药物有阿米卡星、亚胺培南、头孢曲松、头孢噻肟、阿莫西林等。合并细菌感染则应根据药敏试验结果选择适宜的抗生素治疗。此外全身支持疗法治疗对于促进病情恢复也很重要。

三十二、紫色杆菌感染(*Chromobacterium violaceum* Infection)

该病是由紫色杆菌(*Chromobacterium violaceum*)感染引起的人畜共患病,主要特征是皮肤脓疱、淋巴结、脏器炎症或败血症。

［历史简介］ 本菌致病记载最早报道于 1904 年，Wolley 在菲律宾的病死牛中分离到本菌。Lesslevr(1927)报道马来西亚感染本菌的病人。1937 年斯德哥尔摩国际和平研究院的有关文献把该菌列为"新的潜在的生物战剂"而引起世界重视。

［病原］ 紫色杆菌属于色杆菌属，本属有 2 个确定的种：紫色杆菌($C. violaceum$)，嗜温 4℃不生长、37℃生长，产生氢氰酸，不分解阿拉伯糖、木糖，不分解七叶灵；另一种是蓝黑杆菌($C. lividun$)，嗜冷 4℃生长、37℃不生长，不产生氢氰酸，分解木糖、阿拉伯糖，水解七叶灵。

本菌革兰氏染色呈阴性，两端浓染，多形性杆菌，2×0.7 μm，不形成芽孢、荚膜，单极鞭毛。需氧，普通培养基 37℃培养 24 小时，菌落凸出，半透明淡紫色，直径 1～2 mm；血琼脂培养基上形成溶血环；在伊红亚甲蓝培养基、麦康凯培养基、马铃薯培养基上生长良好；SS 培养基和 6% NaCl 琼脂培养基上少量生长；Cetrimede 培养基上不生长。菌落有 R 型和 S 型，其特征是产紫色素，呈龙胆紫样着色；在肉汤培养液表面形成紫色环，紫色素溶于酒精，不溶于水和氯仿。如用牛肉膏、酵母或缺氧培养都能抑制色素产生，但自然界中还有无色素变异株；在培养基上产生明显氢氰酸气味，产量较高。

本菌分解葡萄糖、覃塘、果糖、产酸不产气，缓慢分解蔗糖、甘露糖、淀粉，不分解麦芽糖、乳糖、阿拉伯糖、鼠李糖、肌酸、水杨素、菊糖，硫化氢纸片阳性，硝酸盐还原性阳性，靛基质阳性，MR 和 VP 阴性，液化明胶，枸橼酸盐阳性，触酶阳性，氧化酶弱阳性，尿素酶、凝固酶、赖氨酸脱羧酶、鸟氨酸脱羧酶阴性；而无色素菌株靛基质阳性。

本菌在 56℃ 30 分钟或煮沸数分钟可被杀死，4℃ 1 周死亡。DNA G+C 克分子浓度为 63%～68%。本菌含内毒素，未发现外毒素。R 型比 S 型毒力低。

本菌对四环素、氯霉素、新霉素、红霉素、土霉素、金霉素、链霉素、庆大霉素、萘啶酸等敏感；对先锋霉素、多黏菌素、青霉素、林肯霉素、杆菌肽、磺胺产生抗药性。

［流行病学］ 本病较为罕见，但宿主动物较多，除人外，哺乳动物、牛、猪、犬、猴、熊都有感染报告。主要位于南北纬 35°中间。从水中分离到本菌的有美国佛罗里达州、卡州、拉丁美洲的特立尼达，英属奎那亚，马来西亚，泰国，越南，我国广东、广西、云南、浙江等地。报道动物感染地有美国佐治亚州、法属奎那亚、新加坡、泰国、菲律宾、越南、澳大利亚等地。

传播途径主要是人或动物接触水和土壤等多种途径；皮肤伤口感染。Macher(1982)曾报道美国有 12 人感染，8 人是由于赤脚而感染，并从 8 例皮肤病变中分离出病菌；口、鼻感染可能是另一途径，Sipple 等(1954)曾成功经口、鼻接种复制出猪感染模型。

［临床表现］ 本病菌能致动物败血症和慢性多发性脓肿。Sipple 等(1954)报道了猪紫色杆菌的暴发流行，125 头猪中发病猪 85 头，病死 60 头，主要症状是发热、咳嗽、精神沉郁、厌食；病猪颌下淋巴结肿大，白细胞增加。通常于出现症状后 2～3 天死亡。未死亡猪转为慢性。主要表现为肺脏、肝脏、脾脏有脓肿，颌下和腮淋巴结有干酪样小脓肿，肾、盲肠和结肠局部充血，上皮样细胞形成特殊慢性肉芽肿，并能从脓肿和干酪样坏死灶中培养出紫色杆菌；血清抗体阳性，约 1∶1 280。

实验室肉猪攻毒试验,每头猪经口接种菌液 8、1 和 0.2 mL,猪只分别在 44～45 小时、4 天和 6 天死亡。而经口接种 0.1 mL 猪仅表现发热、6 天后康复。经鼻接种猪也死亡。

[诊断]　本病的及时早期诊断非常重要,主要根据临床表现和病原培养,可从脓肿、坏死灶中分离到杆菌,培养基及肉汤呈紫色菌落和紫色环。

[防治]　目前发病率较低,仅知人与动物接触水和土壤感染,伤口是主要途径,所以保护皮肤防止伤口感染是预防本病主要措施,治疗可用敏感药物如氯霉素、庆大霉素、萘啶酸系列药物。

三十三、绿脓杆菌感染(Pseudomonas aeruginosa)

该病是由自然界中广泛存在、人畜肠道和皮肤上的正常菌绿脓杆菌,在一定程度下对人或动物致病的条件性疾病。该菌可在创口局部感染化脓,全身感染可引起败血症。

[历史简介]　铜绿假单细胞菌是 1872 年由 Schroeter 首先命名,也称绿脓假单细胞菌。1882 年 Gressard 从临床脓液标本中分离到本菌,因其脓液呈绿色,故被命名为铜绿假单细胞菌。

Van Tonder(1976)报道绵羊的绿色羊毛病。Poels 等(1901)报道犊牛腹泻粪中检到本菌。Tucker(1950)报道本菌引起奶牛乳腺炎。此菌均在雏鸡肠内容物中常见,可引起肌肉的早期变质,近年来是医院常见的主要致病源。

[病原]　绿脓杆菌又称铜绿假单胞菌(*pseudomonas aeruginosa*),属于假单胞菌属。根据对假单胞 rRNA/DNA 杂试验得出的 rRNA 同源性结果分析为 5 个群,绿脓杆菌为 I 群。本菌为需氧或兼性厌氧菌,革兰氏阴性,是一种细长的中等大杆菌,大为 1.5～3.0 $\mu m \times$ 0.5～0.8 μm,单个、成对或偶尔成短链,具有 1～3 根鞭毛,能运动,能形成芽孢和荚膜。在普通培养基上易于生长,4℃下不生长,42℃可生长,最适温度 35℃,最适 pH 为 7.2。菌落中等大小、光滑、微隆起、边缘整齐或波状。由于产生水溶性的绿脓素(蓝绿色)、绿脓荧光素(黄绿色)和脓红素,使培养基变为黄绿色,数日后,培养基的绿色逐渐变深,菌落表明呈现金属光泽。还可产生红脓素、黑脓素。在血琼脂上本菌能产生绿脓酶,可将红细胞溶解,故菌落周围出现溶血环。在 SS、麦康凯培养基上,菌落为无色半透明小菌落,中央可呈棕色,有生姜气味。在普通肉汤培养基中呈均匀浑浊、黄绿色,可以看到长丝状形态。液体上部的细菌发育更旺盛,表明形成一层很厚的菌膜。DNA 中的 G+C 含量为 57～70 mol%。

本菌能分解葡萄糖、伯胶糖、单奶糖、甘露糖产酸不产气;不能分解乳糖、蔗糖、麦芽糖、菊糖和棉子糖、液化明胶,不产靛基质,不产 H_2S,MR 和 VP 试验均为阴性。分解尿素,氧化酶(根据细胞色素氧化酶阳性与肠杆菌科细菌区分)、触酶试验为阳性,能还原硝酸盐(可利用硝酸盐作为受氢体在厌氧条件下生长),利用枸橼酸盐。

绿脓杆菌有 O 抗原和 H 抗原,S 抗原和菌毛抗原均有良好的免疫原性。O 抗原有两种成分,一是内毒素蛋白(外膜蛋白),为一种保护性抗原;二是脂多糖,与特异性有密切关系。应用 O 抗原进行血清学分型,目前有 20 个血清型。此外,还可用噬菌体、细菌素和绿脓素进行分型。Kawahara J 报告菌株存在血清群多变性。晏毕君等通过对上海地区

243 株铜绿假单胞菌血清群的观察发现,铜绿假单胞菌有血清转换现象,对 50 株菌株作了转种前后的血清群别观察,结果 46 株未变(92%),一株由 V 群转为区群(2%),一株Ⅳ群、二株Ⅶ群经转种后,12 种"O"诊断血清均不凝集(6%),占 Kauahara J 报告菌株存在血清群多变性相似(表- 123)。

表- 123　50 株菌转种前后血清群的转换

接种前血清群	接 种 后 血 清 型						
	Ⅰ	Ⅱ	Ⅳ	Ⅴ	Ⅶ	Ⅸ	不凝集
Ⅰ	3						
Ⅱ		2					
Ⅳ							1
Ⅴ				5		1	
Ⅶ							20
Ⅸ						8	
不凝集							23

本菌还可产生内毒素,外毒素 A、S,致死毒素,肠毒素,溶血毒素,杀白细胞素及胞外酶(如蛋白酶、胶原酶、卵磷脂酶、纤维蛋白酶等),是人畜致病因子。

本菌对化学药物的抵抗力比一般革兰氏阴性菌强大,1∶2 000 新洁尔灭、1∶5 000 消毒净在 5 分钟内将其杀死;0.5%~1%醋酸也可迅速使其死亡。

青霉素对此菌无效;有些菌株对磺胺、链霉素、氯霉素敏感,但极易产生耐药性;庆大霉素,多黏菌素 B、E 作用较明显。

[流行病学]　本菌在土壤、空气和水中广泛存在,在正常人畜的肠道和皮肤上也可发现,属于自然状态下正常菌,几乎在任何环境中都有少量存在。它能在含有少量有机物的水中繁殖,特别是污水常常是有损伤宿主的感染源。医院因器械污染和创伤感染及抗生素治疗造成感染发病率为细菌感染的 70%。报道感染除人外,动物有牛、奶牛、羊、猪、犬、水貂、兔子、灰鼠、小鼠、雏鸡、鸭。王文贵、张道永(1986—1990)对四川省 20 州 18 种畜禽与珍稀动物调查,从奶牛、猪、鸡、羊、兔等 2 244 份材料中分到绿脓杆菌 314 株占 26.8%;对 747 株绿脓杆菌用中国Ⅰ～Ⅻ型和 Iats(国际抗原分型系统)的Ⅰ～ⅩⅩⅢ型标准株定型血清进行凝集试验,证明属于中国Ⅰ～Ⅻ型的菌株 484 株,占 64.79%,其中以Ⅰ、Ⅲ、Ⅵ、Ⅶ、Ⅺ等居多,另有 263 株不与中国菌型发生凝集反应,即属于 Iats 的Ⅲ、ⅩⅤ、ⅩⅥ、ⅩⅫ型,而以Ⅲ型为主(表- 124)。动物除了个体创伤感染外,往往会造成幼小畜禽的大群暴发,造成这种暴发型的先决条件是环境恶劣、营养不良、疲劳运输等原因导致对本菌入侵缺乏足够的抵抗力。在群发时,往往分离到各种血清型菌株。

表-124 四川省动物绿脓杆菌菌型分布表

分型	CHN I-XII												Iats I-XVII					合计
	I	II	III	IV	V	VI	VII	VIII	IX	X	XI	XII	III	XIII	XV	XVI	XVII	
奶牛	57	12	10	13	34	65	10	42	16	5	18		18	12	2			314
奶山羊		1	18	1			2	19						4				45
绵羊												1	2					3
鸡	2	2	15	5	13	4	1	10	4		11	4	20	3		1	1	96
兔	3	9	5	5	4			1	5		6		5	6				45
猪	1			1	5					4		1	3	1				16
肉牛				1											1			2
牦牛									2						2			4
马				1														1
鹌鹑	3	1	2	1							1		3				1	14
鸭		1		1		1												3
黑熊				1									159	7	2	2		171
麝		1	1	4	1			2		1			1				1	12
鸽子										1	1							2
长臂猿	3												1	1				5
大熊猫													1	2				3
红嘴鹤	3									1	1							5
黑猩猩				1											1	1		3
合计	72	27	51	34	58	69	11	57	26	9	61	9	213	37	7	3	3	747
%	9.6	3.6	6.8	4.6	7.7	9.2	1.5	7.6	3.5	1.2	8.2	1.2	28.5	5	0.9	0.4	0.4	

[发病机制] 铜绿假单胞菌有多种有致病性产物,其内毒素是引起脓毒综合征或系统炎症反应综合征(SIRS)的关键因子。不过由于铜绿假单胞菌内毒素的含量较低,故在发病上的作用要小于肠杆菌科细菌。其分泌的外毒素 A(ExoA)是最主要的致病、致死性物质,进入敏感细胞后被活化而发挥毒性作用,使哺乳动物的蛋白质合成受阻并引起组织坏死,造成局部或全身性疾病过程。动物模型表明给动物注射外毒素 A 后,可出现肝细胞坏死、肺出血、肾坏死及休克等,如注射外毒素 A 抗体则对铜绿假单胞菌感染有保护作用。铜绿假单胞菌尚能产生蛋白酶,有外毒素 A 和弹性蛋白酶同时存在时则毒力最大;胞外酶 S 是铜绿假单胞菌所产生的一种不同于外毒素 A 的 ADP 核糖转移酶,它可以破坏细胞骨架,从而促进铜绿假单胞菌的侵袭扩散,感染产此酶的铜绿假单胞菌患者,可有肝功能损伤而出现黄疸。此外,如碱性蛋白酶、磷酸酶、细胞毒素等铜绿假单胞菌外毒素亦常是造成组织破坏、细菌散布的重要原因。铜绿假单胞菌是条件致病菌,完整皮肤是天然屏障,活力较高的毒素亦不能引起病变。正常健康人血清中含有调理素及补体,可协助中

性粒细胞和单核巨噬细胞杀灭铜绿假单胞菌,故亦不易发病;但如改变或损害宿主正常防御机制,如皮肤黏膜破损、留置导尿管、气管切开插管,或免疫机制缺损如粒细胞缺乏、低蛋白血症、各种肿瘤患者、应用激素或抗生素者,在医院环境中常可带菌发展为感染。烧伤焦痂下,婴儿和儿童的皮肤、脐带和肠道,老年人的泌尿道,常常是铜绿假单胞菌败血症的原发灶或入侵门户。

铜绿假单胞菌一旦致病,由于其产生毒力因子的多样性和复杂性,对人类来说十分棘手。事实上,这一病原体的致病机制中包含了所有主要的细菌毒力因子(表- 125)。

表- 125   铜绿假单胞菌的毒力因子

位置或种类	举 例	对宿主的活性或影响
	藻酸盐	吞噬或抵抗调理素的杀伤作用
	脂多糖	内毒素/抗吞噬/逃避由原口抗原所产生的预成抗体
	菌毛	颤抖样运动,形成生物被膜,黏附于宿主组织上
	鞭毛	能运动,形成生物被膜,黏附于宿主组织,构成黏蛋白
外膜	Ⅲ型分泌性毒素的注入	PcrG,PcrV,PcrH,PcrB 和 PcrD 蛋白构成Ⅲ型效应器的桥梁
	铁结合受体流出泵	为细菌生长和逃避抗生素提供铁
Ⅲ型分泌作用	ExoS,ExoT,ExoU,ExoY	兴奋细胞(ExoS/ExoT),细胞毒性(ExoU),破坏机动蛋白细胞骨架
分泌的抗酶类	LasA 蛋白酶、LasB 弹性蛋白酶、碱性蛋白酶、蛋白酶Ⅳ	降低宿主的免疫效应(抗体、补体),降解基质蛋白
铁的获得	脓绿素、铜绿假单胞菌螯铁蛋白	从宿主体内提取细菌所需要的铁
分泌性毒素	外毒素 A、杀白细胞素、磷脂酶类、溶血素类、鼠李糖脂	抑制蛋白质合成,杀死白细胞,红细胞溶血,降低宿主细胞表面糖脂
分泌的氧化因子	铜绿假单胞菌素,铁螯合物	产生活性氧:H_2O_2,O_2^- 破坏上皮细胞功能
群体效应	Las/LasI,RhlR/RhlI,PQS	形成生物膜,毒力因子分泌的调节

铜绿假单胞菌是产生耐药最为严重的细菌之一,主要原因是其复杂的耐药机制。已了解的耐药机制就有以下几种:① 产酶,铜绿假单胞菌是一种可以产 Esb1 酶、Ampc 酶和碳青霉烯酶的细菌。② 生物被膜:一些长期住院的顽固性感染的患者,最容易出现这种情况。它的外面包着一层生物膜,就像是穿了铠甲使药物无法进去。③ 结合靶位的改变:发生改变的青霉素结合蛋白(PBPs)可导致铜绿假单胞菌对 β-内酰胺类抗生素耐药,这是相对罕见

的耐药机制。④ 膜孔蛋白：亲水抗生素（如 β -内酰胺类）通过细菌外膜的膜孔蛋白通道进入革兰氏阴性细菌的内部。已经证实膜孔蛋白通道决定了铜绿假单胞菌对不同抗生素的敏感性。大多数革兰氏阴性菌的膜孔蛋白数约 105，而铜绿假单胞菌仅是前者的 1/4，则比大肠杆菌对亲水抗生素更耐药，这是因为前者的膜孔蛋白限制了这类抗生素进入体内。膜孔蛋白的缺失也可以导致获得性耐药。研究表明无论是体外还是临床上分离出的铜绿假单胞菌，外膜膜孔蛋白（OprD）的缺失或改变都会造成其对碳青酸烯类抗生素的耐药。⑤ 外排系统：所有活细胞都有外排机制。这些蛋白复合体可以排出进入细菌内的外环境的毒素，外排系统既是天然也是获得性的抗生素耐药机制。铜绿假单胞菌含有 12 种外排系统的基因编码——是全部基因组的主要组成部分。MexAB－OprM 系统是铜绿假单胞菌最普遍的外排系统。它由 3 种蛋白组成：内膜蛋白起到"泵"的作用；膜孔蛋白将胞质周围空间中的外排底物排到细菌体外；另外，一种蛋白质起到将上述两种蛋白连接起来的作用。虽然亚胺培南和美罗培南在结构上相似，但很重要的一点是：铜绿假单胞菌显示出的对这两种碳青霉烯类抗生素的耐药机制中的主动外排系统仅影响美罗培南，而对亚胺培南无作用。外排系统的高度表达，导致细菌不只是对某一种而是对所有外排底物（抗生素）的 MIC 显著升高，包括喹诺酮类、青霉素、头孢菌素、大环内酯类、硫胺类抗生素。这就是细菌多重耐药性的形成机制。

该菌能产生富有黏附性的由蛋白质构成的生物被膜，它能阻止和抑制白细胞、巨噬细胞、抗体以及抗生素侵入生物被膜中杀灭细菌。细菌有足够时间启动耐药基因，改变外膜的通透性，故生物被膜中的细菌仍得以存活，不断游离繁殖，反复引起组织炎症，久治不愈。生物被膜主要由糖醛酸（如藻酸）和碳水化合物组成，形成所谓胞外黏液多糖，但由于氧气和营养物质获得等条件的不同，其组成可相关很大。胞外黏液多糖是重要的致病因子，与慢性呼吸道感染密切相关（特别是肺囊性纤维化、支气管扩张继发感染）。其中藻酸盐是重要的组成部分，其可以使细菌牢固地黏附于肺上皮表面，形成膜。一方面可以抵御单核细胞、巨噬细胞的吞噬作用，另一方面可以抵御抗菌药物杀灭作用。

生物被膜有很强的耐药作用，其耐药机制较为复杂，有以下几个特点：胞外多糖被膜能阻止和妨碍抗生素渗入生物被膜底层菌细胞；此外，该糖被膜含有较高浓度的抗生素降解酶，也使抗生素无法作用于菌体；多糖被膜可阻止化学杀菌剂的活化；位于多糖被膜深部的细菌很难获得充足的养分和氧气，代谢废物不及时清除，因此，这些细菌代谢活动低，甚至处于休眠状态，对外界的各种刺激（如抗生素）不再敏感。

[临床表现]　绿脓杆菌病没有特异的临床症状和特征性病理变化，但它往往与其他慢性疾病和炎症有关，猪为继发性侵入菌。绿脓杆菌通常可从患有萎缩性鼻炎猪的鼻甲部，尤其是从已作过抗菌素治疗的部位分离到，它可诱发坏死性鼻炎。一旦脓汁由鼻腔随血液侵入肺、肝、肾、脾、肠道，可引发坏死性肺炎、坏死性肠炎及肝、脾、肾脓疡。肠炎水样（褐色）腹泻，这种肠炎一般都在用抗菌药物治疗后发生。保加利亚曾报道过猪绿脓杆菌败血症。新生仔猪可出现高热性败血症，有一些较大的免疫功能受损的猪也会发生。母猪乳房炎和膀胱炎，也可能是绿脓杆菌引起的，但在临床上很像大肠杆菌和克雷伯氏菌感染。在临床上能

见到绿脓杆菌的唯一部位,就是皮肤病灶。当猪出现慢性、湿润的化脓性的或血清渗出性的结痂和慢性炎症时,即可怀疑绿脓杆菌感染的皮肤病变,以水肿和纤维性增厚多见,常伴有血浆渗出。但这样的病灶很难治疗,病猪往往衰弱,这些症状大多在渗出性皮炎的后期见到,而且病程较长。

黄勉(2001)报道野猪绿脓杆菌病:幼猪初期精神沉郁,食欲减少,嗜睡,排灰色粪便,有腥臭味;后期出现厌食,呼吸困难,全身发绀,卧地抽搐,最后一周发生严重腹泻后衰竭死亡。

剖检可见:腹部膨大,呈青蓝色,四肢内侧皮下淤血、水肿、有淡黄色胶冻样渗出物;肺郁血,气管内有黏液,气管、支气管黏膜出血;心包积液;胃充满发臭的未消化的食物;肠黏膜广泛性出血,尤以十二指肠明显;肝脏、脾脏淤血、肿大、质脆,有出血点;肾脏肿大,表面有出血点;淋巴结肿大、出血。

[诊断] 　 对本病诊断常采集的样本为血液、脑脊液、各种渗出液、脓、痰、尿、粪等以及空气、水、土壤等。因脓等含有各种革兰氏阴性菌,如变形杆菌、大肠杆菌等,在形态上、染色上很难与绿脓杆菌区别,故进行微生物学诊断时,直接涂片镜检无实用价值,几乎完全依赖细菌学检查。如果皮肤出现慢性感染,并在潮湿条件下不能治愈,或对革兰氏阳性菌有特效的药物处理无效时,即可考虑绿脓杆菌参与的可能。同时根据菌落形态、特殊的气味、绿色素的产生以及在麦康凯琼脂平板上出现的非乳酸发酵菌落完全可以作出鉴别诊断。其诊断步骤如图-30。

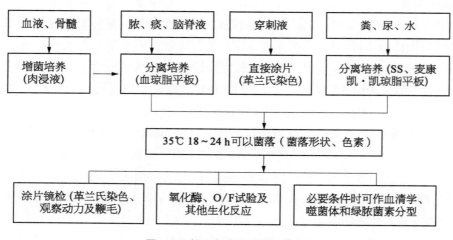

图-30 　 铜绿假细胞菌检验程序

对本菌的初步鉴定主要依据形态、动力、菌落特征(约有10%的菌株不产生色素)在普通培养基上产生绿色水溶性色素;在麦康凯培养基上菌落不呈红色;在三糖铁上不产生 H_2S,且底部不变黄,气味、氧化酶试验。并结合本菌的最低鉴定特性(表-126)来做初步鉴定。必要时可进行血清学分型、噬菌体分型和绿脓菌素分型。细菌的分型在病原学鉴定中极为重要,尤其对调查医院感染的暴发和流行具有重要的意义。

表-126 铜绿假单细胞菌最低鉴定特征

生物学特性	符号	所占比例(%)
单端鞭毛(3根以下)	＋	93
动力	＋	93
氧化酶	＋	100
O/F(葡萄糖)	＋(O型)	100
枸橼酸盐利用	＋	100
精氨酸双水解酶	＋	96
在42℃生长(心脏浸液内)	＋	100

[防治] 治疗药物常用庆大霉素和多黏菌素B和E。但有不良反应，应用较少。常用环丙沙星或司帕沙星与头孢菌素、亚胺培菌、美罗培南等联合治疗。对发病动物应移置温暖干燥的场所，以利康复。

预防方面应保持环境干燥、卫生，辅以必要的卫生措施，使用消毒剂清洗等；清洁饮水系统，使用氯气处理过的饮水可防止此途径感染绿脓杆菌。

三十四、军团菌病(*Legionellosis*)

该病是由军团菌属(*Legionella*)类细菌所致的肺部感染的急性人畜共患病，特征为肺炎并伴有全身性毒血症症状，严重者出现肾功能衰竭、呼吸衰竭。

[历史简介] 1976年7月，美国退伍军人组织宾夕法尼亚州分团于费城召开第58届年会期间，在与会者中爆发了一种肺炎。参会人员4 400人，其中149人发病。当时病因不明，报刊称之为军团病(Legionnaires' disease)。后发现，其他曾与同一旅馆有过接触的人员在同一时间内也发生过类似病患。此次流行共发病182例，死亡34人(18.7%)。不久，美国疾病控制中心(CDC)证实此流行乃由一种新的细菌——军团病菌所致。McDade等(1977)从4例1976年死亡者肺中分离出一种新的革兰氏染色阴性杆菌，从而正式定名为嗜肺军团菌(*Legionella pneumophila*，Lp)。据流行学调查，该病于1943年有过发生，分离出立克次体样因子病原；1965年7—8月华盛顿圣伊丽莎白医院曾有一次类似流行，81人罹病，14人死亡(17.3%)；1968年7—8月密歇根州庞提阿克(Pontiac)市曾发生一次不明原因的疾患，累及114人，特点为发热、头痛、肌痛、腹泻及呕吐，无一例死亡，后称庞提阿克热。经回顾性两次流行收集的血清标本检测，证实军团病和庞提阿克热是同种病原体所致的不同临床表现，后统称为军团病杆菌感染。1978年国际上正式将该病原命名为嗜肺军团菌(*Legionella pneumophila*，Lp)。Brenner(1979)提议建立军团菌种、军团菌属。1979年确定其分类学位置：军团菌科、军团菌属、嗜肺军团菌种，种内又分为不同的血清群或血清型。

[病原] 嗜肺军团菌是革兰氏染色阴性、两端钝圆小杆菌，因培养条件不同，有显著多形性，呈杆状、纺锤状、丝状，无芽孢、无荚膜，有端鞭毛和侧鞭毛。本菌含大量分枝脂肪酸，

不易被革兰氏染料染色。用苏丹黑 B 做脂肪染色时，可观察到细胞内有蓝黑色或蓝灰色颗粒，大小为 $2\sim20~\mu m\times0.3\sim0.9~\mu m$。

本菌为需氧菌，初次分离培养时需加 $2.5\%\sim5\%$ 二氧化碳，最适温度为 $35\sim36℃$，最适 pH 为 $6.9\sim7.0$，营养要求特殊，在一般营养琼脂和血琼脂上不生长，在含有盐酸半胱氨酸和铁离子的培养基上才能生长。在 BCYE（酵母浸出液、活性炭、焦磷酸铁、N-2 乙酸氨基-乙氧基乙烷碳酸）培养基上培养 $3\sim4$ 天可形成灰色菌落；F-G 培养基上培养 $3\sim5$ 天，可见针尖大小菌落，在紫外线光照射下可发黄色荧光。本菌产生多种酶，触酶阳性，部分菌株氧化酶阳性，能水解明胶和淀粉，不分解糖酶，不能还原硝酸盐，尿素酶阴性，多数菌株产生 β-丙酰胺酶。

军团菌的抗原构成，表面有 O 抗原和 H 抗原。O 抗原具有型特异性，因此将军团菌分为 42 种、64 个血清型。军团菌病约有 90% 是嗜肺军团菌所致，嗜肺军团菌有 15 个血清型，其中以 LP1 血清常见，是引起军团菌肺炎的主要病原菌；LP2 和 LP4 也可以致肺炎；LP6 常引起庞提阿克热。我国已发现 LP1、LP3、LP5、LP6、LP7 和 LP9。军团菌的 C+G 为 $39\sim45~mol\%$。统计过 13 个嗜肺军团菌的 C+G，有 10 个 C+G 为 $38\sim43~mol\%$；1 个 C+G 为 $46~mol\%$；2 个 C+G 为 $51\sim52~mol\%$。

军团菌是单核细胞和巨噬细胞的单性细胞内寄生菌。基因水平研究表明，某些军团菌含有巨噬细胞感染增强基因（mip），可调控 $24\sim27~kDa$ 外膜蛋白的形成，这种蛋白可使正常身体强壮的人患病。本菌致病物质有多种酶、外毒素、细胞毒素和一种新的脂多糖类型的内毒素，可经气化形成气溶胶微粒，经过呼吸道侵入机体，寄生在肺泡和细支气管，被吞噬细胞吞噬，在细胞内繁殖，导致细胞死亡裂解。

[流行病学]　在对军团菌的传染源的调查中发现，引起人类和动物疾病的约有 20 个血清种群。很多证据表明除人体外，很多家畜和动物会感染。动物血清学调查发现，军团菌抗体阳性率，猪 2.9%、牛 5.1%、马 31.4%、羊 1.9%、犬 1.9%。此外，兔、鼠等动物中存在有广泛的军团菌感染。我国从羊中分离到 2 株军团菌（LP1），对 4 种畜禽嗜肺军团菌 $1\sim10$ 型及博兹曼军团菌首（Lb）、米克德军团菌（Lm）、约州军团菌（Lj）、和菲利军团菌（Lf）共 5 种 14 型进行抗体检测，呈现多菌型感染。不同畜禽显示某些优势菌种，尤其是牛、羊等感染菌型广，而且抗体阳性率和抗体几何平均滴度（CMT）高，有可能是军团菌的主要储存宿主。研究认为，受感染的人和动物排出的军团菌污染环境、土壤和水源，成为本病的传染源。军团菌的储存宿主不仅是人和动物，因军团菌是水生菌群，可存在于自然水、人造供水系统，少量的铁和低营养水平的其他寄生菌以及较高温度均有助于军团菌生长。生态学研究进一步揭示了军团菌为什么会长期存活在自然界的水中。据研究，军团菌在各种介质中存活时间：空气中为 24 小时，蒸馏水中为 4 周到 139 天，自来水中为 1 年左右。在冷却塔下风口 1 米处可分离到菌，对 21 个冷却塔检出细菌阳性率 55.1%，16 株菌为嗜肺军团菌，其中 8 株为血清 I 型。研究认为，其广泛存在于土壤、水，生存方式与其他大多数细菌不同，它没有噬菌体，与许多细菌和原虫存在共生关系，其中许多藻类可以为军团菌生长繁殖提供必需的营养。所以，国外认为"有水即有军团菌"。水和含水设备很可能成为军团菌的另一类储存宿

主。Rowbotham 指出军团菌可与土壤中阿米巴菌共存,这种生存方式对流行病学提供了一个很有意义的课题。

研究表明气溶胶是军团菌传播、传染的重要载体,因此,一切适合军团菌繁殖的可氧化、雾化形成气溶胶微粒的供水系统、空调器都会成为其藏身和传播的工具。感染的主要途径是呼吸道感染。

[发病机制] 军团病的致病性是与细菌本身、外环境和宿主的细胞免疫功能密切相关。由于该菌是人类单核细胞和巨噬细胞的兼性细胞内寄生菌,为机会致病菌,吸入的病原先累及呼吸系统,侵入肺泡巨噬细胞并在其中生长,细胞内的军团菌能够避免内涵体和溶酶体的杀菌作用。军团菌以二分裂复制,建立其独有的复制型吞噬体,在吞噬过程中,毒力株抑制多形核粒细胞生成超氧化物等杀菌物质;吞噬体酸化及吞噬体-溶酶体融合均受到抑制,细菌在吞噬体中大量繁殖,最终破坏细胞而释出,引起新一轮的吞噬及释放,导致肺泡上皮和内皮的急性损害,并伴有水肿液和纤维素的渗出。嗜肺军团菌进入细胞后可以下调人单核细胞的 MHC I 类分子表达,从而抑制 T 细胞的活化,并减少其自身蛋白与 MHC II 类抗原的联合,逃避机体的杀灭。细菌的 Doc/Icm 分泌系统在诱导巨噬细胞凋亡的过程中起着重要作用。

嗜肺军团菌的致病涉及多种表面结构,如脂多糖(LPS)、鞭毛、IV 型菌毛、外膜蛋白等。研究认为 LPS 与血清抗性、胞内生长和毒力有关。LPS 有利于细菌黏附宿主细胞,保护细菌免受细胞内酶破坏,促进单核吞噬细胞对细菌的摄入,干扰吞噬体磷脂双层结构从而阻止吞噬体与溶酶体的融合。嗜肺军团菌鞭毛通过黏附,加速细菌与宿主细胞的接触,增强侵袭而感染巨噬细胞。嗜肺军团菌的所有菌株都可产生细胞外蛋白酶、脂酶、脱氧核糖核酸酶、核糖核酸酶、磷脂酶 C、溶血素、磷酸酶和蛋白激酶等。军团菌胞外蛋白是巨噬细胞菌先接触的抗原。含肽聚糖的外膜孔蛋白是一个补体结合位点,介导调理素吞噬作用。巨噬细胞感染增强蛋白是具有丙基脯氨酸异构酶活性的表面蛋白,在感染巨噬细胞、原虫、肺泡上皮细胞内的早期以及感染动物中必需的,可促进吞噬细胞对细菌的摄入并破坏细菌杀菌功能。热休克蛋白能增强军团菌对上皮细胞入侵并诱导巨噬细胞表达前炎症细胞因子和细胞因子等。在军团菌致病机制中,II 型和 IV 型分泌系统起着关键作用。II 型(LPS)系统分泌降解酶,IV 型(Dot/Icm)系统产生在传输军团菌吞噬体中有重要作用的效应蛋白。编码 II 型分泌系统的 Lsp 基因突变将降低嗜肺军团菌对于巨噬细胞和原虫的感染力。依赖 IV 型 PilD 的 II 型蛋白分泌系统分泌许多降解酶,嗜肺军团菌 PilD 基因突变株对动物的毒力大大降低。胞内感染急剧减少,提示可能存在一种促进人类细胞胞内感染的新的 PilD 依赖性分泌途径。可以加速胞内感染的分泌系统是 Dot/Icm 系统,可作为将质粒 DNA 从一个细胞转运至另一个细胞的分泌系统。巨噬细胞自分泌 IFN-γ 与不同模式的抗嗜肺军团活动有关,在胞内感染中可能很重要。外源性注入 IFN-γ 或 IFN-γ 的短暂基因表达,可使宿主细胞的抗菌能力增强,肝肾功能受到保护。

嗜肺军团菌肺炎中,CXC 趋化因子受体(CXCR2)介导的中性粒细胞募集反应可能在小鼠抵御嗜肺军团菌肺炎中有重要作用。体外嗜肺军团菌感染模型发现 EGCg 选择性地调节巨噬细胞对嗜肺军团菌的免疫反应,在感染中具有重要作用。T淋巴细胞激活后的吞噬细胞则对军团菌有抑制杀灭作用,肿瘤坏死因子(TNF-α)、干扰素(IFN-γ)、白介素(IL-2)可增强效应细胞活性,有助于清除军团菌。随着细胞免疫的形成,感染得到控制。特异性抗体及补体对吞噬细胞吞噬军团菌起促进作用。但体液免疫对作为细胞内病原体的军团菌无直接杀伤作用。

分子生物学研究表明,在军团菌感染呼吸道上皮细胞后,可以使细胞膜上蛋白激酶C转位和激活,顺次激活核转录因子NF-Kappa B、丝裂原激活的蛋白激酶、MAKP、p38和宽2/44MAPk等重要的激酶系统,引起一系列的细胞因子和炎症因子的合成和释放,如IL-2、IL-4、IL-6、IL-8、IL-17、MCP-1、TNF-α、IL-1β、IFN-γ、G-CSF等,但不影响IL-5、IL-5、IL-10、IL-12(p70)、IL-13或GM-CSF等因子的合成。还可以激活磷脂酶A2和诱导COX-2及微粒体前列腺素E2合成酶-1,使前列腺素E2合成增加。基因删除Ⅳ型分泌系统(Dot/Icm),不影响COX-2的激活和前列腺素E-2合成增加,也不影响IL-8的合成。鞭毛蛋白对IL-8的合成是必需的。MAKP的亚型MEK1/ERK在军团菌感染呼吸道上皮细胞后前炎症细胞因子的合成过程中的作用相对次要。尚未见对JNK系统的研究报告。

[临床表现]　猪感染军团菌尚未见临床症状,但猪的感染在我国普遍存在并有多种血清型。

家畜可感染,可从马、牛、猪、羊、犬分离到病原体,并检出特异性抗体。Collins MT等(1982)、Sang-Nal-Cho(1983)不但检测到猪血清特异抗体,而且其血清型以Lp1、2、3、4为主,表明猪可感染。而且各地血清型检出率不完全一致。罗学圃等(1989)在四川省诊断人的军团病的同时,采集了510份畜禽血清检测其嗜肺军团菌(Lp-1)血/阴性率,结果见表-127。畜禽感染率经 χ^2 检验($\chi^2 = 2.61, P > 0.05$),无显著差异。感染率以猪最高达3.33%,人的Lp-1血清阳性率为3.68%。

表-127　510份畜禽嗜肺军团菌(LP-1)血清抗体检测结果

	MA抗体滴度倒数					GMA	感染率(%)
	2	4	8	16	合计		
鸭	92	9	29	7	3	140	1.64	2.14
鹅	127	1	1	4	2	135	1.12	1.48
鸡	101	0	0	3	1	105	1.08	0.95
猪	94	20	1	1	4	120	1.26	3.33
总计	424	30	31	15	10	510	1.27	

姚凤海等(1994)对沈阳地区7种畜禽军团菌的血清调查,结果猪的LP1、LP6型抗体阳性率为33.7%、10.33%(表-128)。

表-128　家畜军团菌 LP1、LP6 型抗体效价比较

动物名称	型别	检查例数	滴度							GMT	>1:16(%)	32/%	64/%	128/%
			<4	4	8	16	32	61	128					
牛	LP1	200	49	12	28	64	29	14	4	10.2	55.5	23.5	9	3
	LP6	200	53	12	28	74	22	6	5	8.6	53.5	16.5	5.5	2.5
羊	LP1	6	5	6	0	1	0	0	0	2.8	16.7	0	0	0
	LP6	6	4	1	0	1	0	0	0	3.2	16.7	0	0	0
犬	LP1	58	31	6	3	15	2	1	0	4.6	31.0	5.2	1.7	0
	LP6	58	46	3	1	7	1	0	0	2.9	13.8	1.7	0	0
猪	LP1	184	89	10	23	47	13	2	0	5.3	33.7	8.2	1.1	0
	LP6	184	142	10	13	16	2	1	0	2.6	10.3	1.6	0.5	0

刘运喜等(1994)对山东部分地区畜禽军团菌血清学调查(表-129)，结果感染猪在22.03％和26％，猪血清型主要为 LP1、LP5、LP10 和 LP11。

表-129　山东部分地区畜禽军团菌血清抗体检测

动物	市县	受检数	阳性数	阳性率(%)	LP 血清型分布													
					1	2	3	4	5	6	7	8	9	10	11	12	13	14
鸡	济南	51	10	19.1	4	1		1		1				1	1		1	
					7.8	1.96		1.96		1.96				1.96	1.96		1.96	
羊	垦利	47	12	22.53	6		1						1			4		
					12.77		2.13						2.13			0.51		
牛	济南	62	9	14.52	2	1				1				2		3		
					3.23	1.61				1.61				3.23		4.04		
猪	滨州	59	13	22.03	1				1					11				
					1.70				1.70					18.65				
猪	吕南	50	13	26	1				1					10	1			
					2.0				2.0					20	2			

陈永金(1995)采集丽水县 3 年以上母猪血清 27 份,分别用 CIE、PHA 和 ELISA 法进行军团菌检测,结果检出军团菌 3 个血清型即 LP3、LP5、LP6 型,各检测方法的检出率分别为 29.6%、33.3%和 48.1%,说明不同检测方法,检出率有差别(表- 130)。

表- 130　27 份猪血清 3 种方法的检出率

方　法	LP3	LP5	LP6	总　　数
CIE	3(11.1)	3(11.1)	7(25.6)	8(29.6)
PHA	3(11.1)	3(11.1)	7(25.6)	9(33.3)
ELISA	6(22.2)	4(14.8)	8(29.6)	13(48.1)

注:括号内为百分数。

潘晓莉等(1999)对泸州地区大种畜禽进行军团病血清学调查,结果 120 份猪血清检出 10 个血清感染型(表- 131),阳性率为 4.17%~28.13%,其中 LP7 为 28.33%,LP6 为 20%,合计阳性率为 7.22%;鸡共 8 个血清型,阳性率为 2.0%~25%,LP6 为 25%,LP4 为 20%,合计阳性率为 5.8%;鸭为 7 个血清型,阳性率为 3.57%~28.57%,LP7 为 28.57%,LP6 为 17.86%,合计阳性率为 6.07%;鹅为 9 个血清型,阳性率为 4.44%~22.22%,LP4 为 6.14%,LM 合计阳性率为 8.29%。

表- 131　猪血清军团菌 LP1 - LP14 型和 LM 抗体 GMA 及阳性率

	GMA	抗体阳性率(%)	
		>1:16	>1:32
LP1	5.76	5.83	1.67
LP2	6.17	8.33	1.67
LP3	7.05	12.50	2.50
LP4	7.17	12.50	0
LP5	4.76	4.17	0
LP6	8.98	20.0	5.0
LP7	9.57	28.33	8.33
LP8	6.50	8.33	0
LP9	2.78	0	0
LP10	2.26	0	0
LP11	2.95	0	0
LP12	5.69	4.17	0
LP13	2.00	0	0
LP14	5.10	4.17	0.83
LM	3.73	0	0

猪对军团菌多个血清均能自然感染(江宁南京地区调查表-132、表-133)。

表-132　春秋季猪种亚种(12型)军团菌抗体检测结果

动物	季节	检查数	抗体指数	LP1	LP2	LP3	LP4	LP5	LP6	LP7	LP8	LB	LM	LD	LG
猪	春	200	阳性率(%)	0	0	3.0	0	3.0	1.0	1.5	0	20.50	2.50	73.50	15.0
			GMA例数	3.57	4.27	7.07	3.61	6.0	6.15	5.74	3.41	10.20	8.17	34.06	13.93
	秋	207	阳性率(%)	2.90	3.38	42.03	0.97	38.16	7.25	10.14	0.48	73.43	32.85	96.62	53.62
			GMA例数	5.50	7.95	17.99	4.32	16.66	10.35	10.56	3.53	33.20	18.11	77.46	22.36

注：LP1～8为嗜军团菌，LB为博兹曼军团菌，LM为米克达德军团菌，LD为杜莫夫军团菌，LG为高曼军团菌。

表-133　猪5种(12型)军团菌抗体滴度分布

菌别	猪(407头)							
	<1:4	1:4	1:8	1:16	1:32	1:64	>1:128	ULN(P85)
LP1	135	123	107	36	6	0	0	14.4
LP2	95	92	134	79	3	2	2	19.92
LP3	35	48	100	131	85	8	0	41.51
LP4	138	166	78	23	1	1	0	11.61
LP5	57	64	73	128	70	14	1	40.56
LP6	45	61	168	116	15	2	0	24.59
LP7	56	65	147	115	23	1	0	25.60
LP8	162	178	57	9	0	1	0	8.60
LB	30	28	54	102	116	59	18	77.19
LM	17	43	110	164	57	15	1	37.01
LD	5	2	22	31	80	151	116	177.75
LG	6	9	55	196	122	18	1	50.40

注：军团菌抗体滴度的正常上限水平(ULN)用百分位数法计算各种(型)抗体。

郭玲对阜阳市人畜嗜肺军团感染血清流行病学调查结果见表-134。

[诊断]　因猪军团菌感染无明显临床症状，故流行病学调查时，必须进行血清学和病原学等实验室检查。

表-134　嗜肺军团血清抗体滴度分布

血清	检测液	阳性率(%)	抗体滴度(1：)																				
			LP1				LP3					LP6					混合型				
			8	16	32	GMT	8	16	32	>64	GMT	8	16	32	>64	GMT	8	16	32	>64	GMT
健康人	1 932	264	6	12	0	11.7	84	54	10	30	15.1	76	36	10	24	14.7					
发热病人	224	80	0	2	0	16.8	0	10	10	20	38.1	0	18	10	20	33.0					
鼠	40	18	0	0	0	0	6	14	4	0	15.1	0	0	0	0	0					
犬	172	72	2	2	2	16.0	26	10	16	18	20.7	6	12	8	4	20.2					
牛	362	148	20	8	2	10.6	0	42	20	2	20.7	0	30	16	2	21.4	10	24	2	0	13.7
马	80	54	6	6	0	11.3	10	6	10	6	20.7	2	10	8	4	24	6	2	2	0	12.1
猪	48	46	4	6	2	14.3	4	8	14	6	25.8	8	8	6	6	20.5					
驴	68	10	2	0	0	8.0	4	6	0	0	12.1	6	0	0	0	10.6					
羊	126	6	6	2	0	8.0	16	4	2	0	10.3	4	0	0	0	8.0					
合计	3 052	698	42	36	6		150	150	86	82		102	118	58	60		54	82	8	8	

注：畜间感染率种间差异有非常显著意义（$X^2=95.00$，$P<0.001$）。马、猪的感染率最高。

1. 病原学检验

（1）染色法。上呼吸道分泌物革兰氏染色，发现炎症细胞而无病因意义的病原体时，当怀疑可能为军团菌感染时，作 Himenes 染色，如炎症细胞中染出红色杆菌，便可基本认定为本菌。另外，某些军团菌也呈抗酸染色阳性。

（2）分离培养。呼吸道分泌物、唾液、痰、胸水、血液、气管抽取物、尸检或活检组织以及环境因素，如水、土壤等均可用于分离细菌。常用活性炭酵母浸出液琼脂培养基（BCYE），军团菌在本培养基上菌落呈大小不一、乳白色，具有独特之酸臭味。

（3）核酸探针技术。原位杂交技术能够特异性地检测到细菌。

2. 其他抗原、抗体检测法　　直接免疫荧光抗体法（DFA）、酶联免疫吸附试验、微量凝集试验、PCR 及相关技术等。

［防治］　猪的防治，因发病症状不明显，目前尚未见有防治方法。

三十五、类鼻疽（*Melioidosis*）

该病是由类鼻疽杆菌引起的一种地方性人畜共患疾病，其特征是临床表现多样化，皮肤、肺脏、肝脏、脾脏、淋巴结等化脓病灶和特异性肉芽肿结节。猪肺及其他脏器有大小不一的结节和脓肿。曾称为类鼻疽假单胞菌病。

［历史简介］　Whitmore 和 Krishnasnami（1911）报道缅甸仰光 38 例类似鼻疽的病人，并从一街头流浪者和吗啡瘾者病人肺中分离到病原体，因其形态、培养特性类似鼻疽杆菌，血清学上也有明显的交叉反应，故命名为类鼻疽杆菌（*Pseudomonas psedomallei*）。Whitmore（1913）证明该病原体对人和动物皆有致病性。同年在吉隆坡医学研究所的实验动物中分离到病原，而后从野鼠、家猫、犬中发现病原。Fletoher（1921）为纪念发现者，建议命名为 Whitmore 杆菌。Stanton 和 Flrtcher（1932）指出该病是一种与马鼻疽不同的疾病，命名为类鼻疽。Brindle 和 Cowan（1951）建议改名为类鼻疽吕弗勒菌（病）。Haynes（1957）建议将该菌分类归入假单胞菌属。Olds（1955）报道了澳大利亚猪类鼻疽败血症病例。蒋豫图（1972）提出在我国南方存在类鼻疽疫源地。1976 年香港海洋公园的海豚死于类鼻疽。陆振豸和张我东从 1975—1985 年间进行动物类鼻疽血清学调查，证实猪为阳性，海南岛家畜存在类鼻疽，是疫源地之一。1993 年国际上根据其新发现的生物学特性，将其定名为类鼻疽伯克霍尔德菌（*Burkholderia pseudomallei*）。薮内（1993）根据 16SrRNA 序列分析结果，将该菌与原假单胞菌属中的 DNA 群 Ⅱ 中的几个种列入伯克霍尔德氏菌。1997 年对一部分对人类不致病的类鼻疽伯克霍尔德氏菌，成立一独立科——泰国伯克霍尔德氏菌。

［病原］　类鼻疽伯克霍尔德菌在自然界是一种腐生菌，分类上属于伯氏菌科、伯氏菌属，为具有动力的革兰氏染色阴性需氧菌。该菌呈卵圆形或长链状，用亚甲蓝染色常见两级浓染；大小为 1.2～2.0 μm×0.4～0.5 μm；有端鞭毛 6～8 根，无芽孢，无荚膜，菌体系需氧菌；生长温度为 18～24℃，最适 pH 6.8～7.0，对营养要求不严格。在血琼脂平板上生长良好，缓慢溶血；5％甘油琼脂上形成中央微突起的圆形、扁平、光滑小菌落，48～72 小时后变为粗糙型，表面出现蜂窝状皱褶，呈同心圆，类似矢车菊（Cornflower），头带有色素，培养有强烈的

霉臭味;BTB 琼脂上形成黄绿色有金属光泽菌苔;麦康凯琼脂上形成红色、不透明菌落;马铃薯斜面上形成灰白色菌落,后变成蜂蜜样菌苔。类鼻疽伯克霍尔德菌分 R(粗糙)型和 S(黏液)型,R 型幼龄菌体短而两级着染明显;能分解葡萄糖、乳糖、麦芽糖、甘露糖、蔗糖、淀粉和糊精、产酸不产气;液化明胶,但不凝固牛乳。本菌对多种抗生素有自然耐药性;可产生 3 种毒素:内毒素,耐热,具有免疫原性;坏死性毒素和致死性毒素,不耐热,可使豚鼠、小鼠、兔感染而致死。本菌有独特生长方式,可产生细胞外的多糖类,在培养中细菌集落陷于大量纤维样物质中。本菌有 2 种类型的抗原,依次分为两个血清型。1 型具有耐热和不耐热抗原,主要存在于亚洲;2 型仅均有不耐热抗原,主要存在于澳大利亚和非洲。我国分离的菌株大部分属Ⅰ型,少部分属Ⅱ型,未证实我国菌株存在 AraL-阿拉伯糖生物型;该菌只具备 α-1,4 糖苷键和 β-1,4-糖苷键酶。DNA 中的 G+C 为 69.5 mol%。Rogel 证实为 68 mol%。有两条环状的染色体,K96243 株的基因组全序列:染色体 1,长 4.07 Mb,编码 3 460 个开式读码框;染色体 2,长 3.17 Mb,编码 2 395 个开式编码框,基因组中的重复串联序列很多,总体特点见表-135。本菌与鼻疽杆菌之间存在共同抗原,所以二者在凝集试验、补体结合试验及变态反应中均发生交叉反应。

表-135　类鼻疽菌基因组序列总体特点

项　目	大染色体	小染色体	总　计
碱基数 bp	4 074 542	3 173 005	7 247 547
G+C 含量	67.7	68.5	68
编码序列(CDSs)	3 460	2 395	5 855
基因平均碱基数 bp	990	1 099	1 030
rRNA	3×16S-23S-5S	1×16S-23S-5S	4×16S-23S-5S
tRNA	53	8	61
假基因(pseudogenes)	13	13	26
插入序列元件(Insertion sequence elements)	22	20	42

　　本菌在水和土壤中可存活 1 年以上,加热 56℃ 10 分钟可将其杀死,常用的各种消毒药也可将其迅速杀灭,0.01%新洁尔灭可在 5 分钟内杀死本菌;2%石炭酸、5%漂白粉、1%苛性钠、2%福尔马林、5%石灰水均可在 1 小时内杀死本菌。

　　[流行病学]　本病为自然疫源性疾病。牛、羊、马、猪、猫是主要宿主。各种哺乳动物和人都易感,主要发生于马、骡,其他动物如绵羊、山羊、猪、牛、灵长类动物都有易感性,骆驼、犬、猫、兔、树袋鼠、啮齿动物及鹦鹉、禽类、海洋哺乳动物也有感染的报道。1975—1980 年澳大利亚再次报道猪的类鼻疽。Dodin A 等(1977)报道香港海洋公园海豚暴发流行类鼻疽。其病原菌与生存环境的温度、湿度、雨量及水和土壤形状均有密切关系。病原是广泛分

布于热带、亚热带自然界的一种腐生菌,生活在水和土壤里,泰国东北部的病区内,50％以上稻田中都可检出本病的病原体。本菌不形成芽孢,其耐受环境因素的能力的机制不清楚。该菌能在 18～42℃生长,4℃存活 58 天、8℃存活 163 天、12℃存活 207 天、16～30℃存活 1 年以上;而在冰冻条件下存活不超过 14 天;14～46℃的干燥土壤中存活不超过 30 天,湿度大于 20％时可存活 1 年以上。本病原体的生物地理分布范围主要在热带雨林、热带落叶林和生长在红土、褐土上的热带草地,人和动物的类鼻疽的地理分布几乎局限在北回归线(23°27′N)和南回归线(23°27′S)之间的热带和亚热带地区。但由于进出口和生态破坏,本病也可以在传统的常在地以外地区存在,并局部发生。所以我国南方热带、亚热带地区比较适合该菌生存。随着气候变暖本病有北移现象,其中以稻田水、土壤中分离率最高,地表下 25～45 cm 的黏土层也适合本菌生存,降雨量与类鼻疽的发生呈正相关,雨季河水泛滥季节往往造成猪类鼻疽流行。

本病无须生物媒介传播,土壤和水是主要的传播媒介,按目前了解其自然循环方式:动物和人多因接触污染的水和土壤,通过损伤的皮肤、黏膜感染,也可经呼吸道、消化道、泌尿生殖道感染。病原微生物在动物体内增殖,通过动物死亡或排脓方式排出体外进一步加重环境污染以感染其他动物,同时动物和人常呈隐性感染,病菌可长期在体内生存,也可因随动物、人的流动将病菌带到新区,当动物或人受到某些诱因时,可促进本病的发生。本菌偶尔也能够建立起适合于它自己生长的微环境。家畜如马和猪的隐性感染率可分别达到 9％～18％和 35％。我国多发生在广东、广西北回归线两侧、北纬 23°以南。本病的自然疫源地和波及地区细菌间有许差别,可能是病原微生物在自然环境中长期存在突变积累的特征。该病在时间方面的消失规律尚不清楚,目前只知道是一种雨季疾病。根据海南血清学调查结果表明,雨季里猪的感染率为 35.5％。在流行病学中本病存在细菌的环境分布和病例分布不一致问题,如我国广东惠州等地细菌的环境分布较少,而迄今发现人和动物的病例主要集中在海南岛。

[发病机制]　类鼻疽伯克菌的毒力由细胞结合性和分泌性两大因素决定,对人和动物机体内的许多杀菌机制都有抗性,发现它与其致病能力有关的因素有热不稳定毒素、溶血素、细胞毒性外脂 蛋白酶、脂酶、卵磷脂酶、触酶、过氧化物酶、超氧化歧化酶等至少一种铁载体以及外周多糖、脂多糖与菌毛、鞭毛等细胞结合因子。其中,一些毒力因子也与免疫逃逸机制有关。机理上证实了补体系统完成了杀灭类鼻疽杆菌的第一步。有研究发现Ⅲ型分泌系统与群感知系统与病原菌的毒力密切相关。由于基因的水平转移或缺失,不同地区的分离株在基因组、转录水平和蛋白质组均有很大差异,表现出了遗传学上的多样性。

1. Ⅲ型分泌系统(Type three secretion system,TTSS)　类鼻疽伯克菌存在 3 个Ⅲ型分泌系统,其中,TTSS3 与沙门氏菌和志贺菌的 IM/Mxi - Spa 系统存在同源性,在类鼻疽伯克菌感染过程中扮演重要作用。该基因簇编码的分泌体功能类似于分子注射器,该系统的亚单位与真核细胞的细胞膜互作,把Ⅲ型分泌系统的效应分子转移至靶细胞的胞质,然后破坏宿主细胞的细胞周期。体外研究表明,TTSS3 能够促进病原菌对健康细胞的入侵、从内涵体的逃脱、在细胞内的存活和繁殖,并且是诱导细菌细胞凋亡所必需因素。最新研究表明，Ⅵ型分泌系统（TTSS Ⅵ），类鼻疽伯克菌的 TTSS 命名为 tss-5，能够诱导病原菌在巨噬细胞中的生活周期；突变或缺失该基因，能够减少细菌在上皮细胞的噬斑和细胞间的传播。因此认为，tss-5 是类鼻疽伯克菌的重要毒力决定簇，但关于这个分泌系统的效应分子目前还不清楚。

2. 群感知系统　细胞密度依赖的群感知系统（guorum sensing）使用 N-酰同型丝氨酸内酯（AHLs）调节基因表达，LuxI 负责 AHL 的生物合成，LuxR 是转录调节因子，还有一些同源的 AHLs。这些蛋白因子参与基因表达或抑制基因表达。据报告，类鼻疽伯克菌基因组包括 3 个 LuxI 和 5 个 LuxR 群感知系统同簇体，参与调节金属蛋白酶合成，是该菌实验动物感染模型的毒力所必需，最佳毒力发挥和外源毒素分泌也需要同源物 BpsI-BpsR 的参与。有些群感知系统控制着潜在毒力因子和致病过程，如含铁蛋白、磷酸酯酶 C 和菌膜的形成等都可能依赖于 BpeAB-OprB，该菌的一种多药外排泵系统，与该菌的抗生素耐药性如氨基糖苷和大环内酯物的抗性有关。

3. 荚膜多糖与脂多糖　荚膜多糖先前认为是Ⅰ型 O 抗原多糖。其荚膜的抗吞噬作用主要表现在抗溶菌酶体功能上，这一现象是类鼻疽潜伏期可长达数十年之久的原因之一。荚膜缺失会导致补体 C3b 在菌体表面的沉积增多。此外，还与该菌对环境的抵抗力和抗生素抗性有关。脂多糖是先前命名的Ⅱ型 O 抗原多糖，该菌有很强的抗补体杀灭机制。近期的研究表明，Ⅱ型 O 抗原是抗补体杀灭作用的分子基础。

4. Ⅳ型菌毛　Ⅳ型菌毛（与细菌的黏附有关）是许多革兰氏阴性菌的主要毒力因子。类鼻疽伯克菌 K9624 基因组包含多个Ⅳ型菌毛相关位点，其中包括一个菌毛结构蛋白 PliA。体外试验表明，该菌可以附着于人类肺泡、支气管、喉部、口腔、结膜和子宫组织的上皮细胞系，而且 30℃时接种细菌对这些上皮细胞的黏附能力比 37℃更强。缺失 PliA 蛋白，会减少对上皮细胞的黏附性和对鼠类类鼻疽的发病。这些结果说明Ⅳ型菌毛在该菌的毒力中起一定作用。

5. 鞭毛　类鼻疽伯克菌鞭毛的氨基酸序列已经清楚。Chua 等（2003）构建的该菌鞭毛基因（filC）缺失突变株。试验结果表明，该菌株丢失了运动性，失去了对 BALB/C 小鼠的致病性，不能引起发病。

6. 其他毒力因子　嗜铁蛋白（siderophore）也是该菌毒力因子之一，能够提高细菌对铁的摄取能力。还有细胞分裂素活化蛋白激酶 P38、丝氨酸金属蛋白酶和鼠李糖脂，以及细胞致死毒素（CTL）等。

[临床症状]

1. 急性型　急性型多见于幼龄仔猪。患猪营养不良或瘦弱，体温升高至 40～41℃；精神沉郁，厌食或废绝；肺炎，呼吸增数，咳嗽；鼻、眼流出脓样分泌物；关节肿胀，有时呈现跛行，运动失调，四肢皮下肿胀。排出黄色并混有红色纤维样物质的尿液。死亡率高，通常在症状出现 1～2 周死亡。公猪睾丸肿大，有时还有蹄冠肿胀等症状。剖检见肺小叶实质性和结节性病变和水肿。

2. 猪的隐性与亚急性　猪的类鼻疽呈地方性流行暴发。Cotew（1952）、Olds（1955）报道了澳大利亚猪类鼻疽败血症病例,1956—1961 年间共检测了 226 头猪,发现类鼻疽猪 75 头,成年猪多是慢性经过,到屠宰时才发现。1977 年 Thomas 发现北昆士兰某千头猪场,因类鼻疽感染而废弃的屠宰猪占 2.36%。1981 年从北昆士兰州猪脓肿分离到类鼻疽菌率达 30%。临床表现发热,呼吸增速,运动失调,鼻流出脓性分泌物,四肢和睾丸肿胀,肺损害,脓肿或肺炎,肝、脾、淋巴结有大小不一脓肿,脓肿有完整包囊,有时也侵害肾脏、睾丸。李俐等(1990)首先调查证实海南岛是类鼻疽的疫源地。张我东等(1986)对 1975—1985 年采集的海南马、牛、猪、羊家畜血清样品作间接血凝试验,结果为 1∶40 以上为阳性;补体结合试验中 1∶8 以上为阳性,结果除山羊外,几种家畜均有不同程度的阳性反应(表-136)。广东惠阳曾从猪分离到 15 株、山羊 1 株、病人 3 株类鼻疽伯克菌。

表-136　血清学调查结果

样 品	间接血凝试验			补体结合试验		
	例数	阳性数	阳性率(%)	例数	阳性数	阳性率(%)
马	261	38	14.6	241	40	16.6
猪	238	25	10.5	56	2	3.6
牛	97	28	28.9	66	18	27.3
山羊	57	0	0	0	0	0

　　1982 年从海口市屠宰场收集猪的脏器、淋巴结脓肿的病料 91 份,从中分离出类鼻疽菌 12 株。阳性病料中脾脓肿 4 份、肝脓肿 3 份、肺脓肿 2 份、脏器淋巴结 3 份。阳性猪未出现症状(阳性猪 4 月阳性率为 6%,9 月为 35%),宰后在肺及所属淋巴结中发现病灶,并分离到类鼻疽菌,这些脓肿是多发的,一个脏器上可有几个甚至十几个大小不同的脓肿,大的有鸭蛋大,脓肿中脓汁似奶油样或干酪样,病变程度比较严重。镜下可见细小的特殊肉芽结节,结节中心为干酪样坏死,外绕上皮样细胞和炎性反应细胞层,有明显的结缔组织包膜。陆振豸等(1984)从琼海猪脏器脓汁及血清阳性体内,以及羊脏器获得类鼻疽病原菌 15 株。

　　张我东、陆振豸(1986)对海南某农场 3 个猪场调查认为:

　　① 猪群发生类鼻疽与猪舍周围污水有关。3 个猪场类鼻疽 IHA 反应结果见表-137。

表-137　3 群猪 9 月类鼻疽 IHA 反应结果

队别	头数	血 清 稀 释 倍 数								阳性数	阳性率(%)
		<10	10	20	40	80	160	320	≥640		
A 队	51	22	5	6	6	4	2	3	3	18	35.3
B 队	50	40	5	3	0	0	0	0	0	0	0
C 队	15	14	1							0	0

注:A 队从猪场周围采集 42 份水样,接种地鼠 21 只,分离到类鼻疽 7 株;B 队、C 队未分离到病菌。

② 阳性猪场每月有 1～2 头猪猝死,原因不明。猪群无大疫情,但猪群有抗体变化(表-138)。

表-138　A 队猪 4 月与 9 月类鼻疽 IHA 反应结果

时间	调查头数	血清稀释倍数								阳性数	阳性率(%)
		<10	10	20	40	80	160	320	≥640		
4.12	66	51	9	2	2	2	0	0	0	4	6.1
9.13	51	22	5	6	6	4	2	3	3	18	35.3

③ 类鼻疽对猪存在隐性感染,不一定造成患猪死亡,但可在猪群中呈地方性流行。它可以造成渗出性、化脓性炎症,也可以发展为脏器、淋巴结脓肿。曾选择 8 头血清学反应阳性猪观察,10 天内除个别偶发咳嗽外,临床上未发现明显症状。扑杀后剖检,其中 4 头见颈下及肺门淋巴结肿胀、充血或出血,肺脏有黄豆至蚕豆大硬结,切面见支气管壁增厚,有炎性或化脓性分泌物渗出,印象为间质性肺炎。4 头猪病料分离培养,有 3 头猪的病料通过地鼠分离出类鼻疽菌。

蒋忠军(2002)报道,从海南岛购买的 8 头类鼻疽血清抗体阳性的猪中从 3 头分离出类鼻疽杆菌,而土壤中有类鼻疽菌地区,其他家畜类鼻疽阳性也高,这一结果提示类鼻疽不仅是养猪业的一种威胁,而且是公共卫生的一种威胁(表-139)。

表-139　动物类鼻疽血清抗体变化

地 区	阳性率(%)		
	马	牛	猪
兴隆＋	16.6(40/241)	31.3(22/60)	22.7(34/150)
潼湖＋	70(7/10)	Nd	26.7(8/30)
湛江＋	18.4(7/38)	6.7(2/30)	13.4(9/67)
英得－	0(0/132)	0(0/30)	Nd
南宁＋	9.1(4/44)	34(7/50)	15(9/60)

注:＋表示土壤类鼻疽杆菌分离为阳性;－分离为阴性;Nd 为未做。

[病理变化]　受侵害的脏器主要表现为化脓性炎症和结节。最常见的部位是肺脏,其次是肝、脾、淋巴结、肾、皮肤,以及骨骼肌、关节、骨髓、睾丸、前列腺、肾上腺、脑和心肌。猪肺脏常见有肺炎和结节,在肝脏、脾脏、淋巴结和睾丸有大小不一、数量不等的结节,以及出现化脓性关节炎、肋胸膜、膈有结节病变。肺突变区多位于尖叶、心叶和膈叶的前下部,质地坚实,呈淡黄色或灰白色,切面湿润、致密。幼猪除肺脏外其他器官多无特殊病变。肺脏结节,直径多为 5 cm 以上,较小的结节倾向于融合,有时可见干酪样坏死。较大的结节常见于较大的猪,为散在性,包被良好,内含半固体、黏稠的脓汁。有时结节呈淡绿色到化脓干酪化病变。少数病例,在胸肋膜和膈也见有结节病变。病猪肺脏出现渗出性支气管炎性肺炎,结

节变化分为渗出型和增生型。渗出型见结节中心为崩溃的嗜中性粒细胞,外围环绕巨噬细胞和嗜中性粒细胞,再外围为疏松的网状结缔组织,其中有较多的巨噬细胞、淋巴细胞和浆细胞浸润,不伴有明显的包囊形成。肝、脾病变常与肠系膜、邻近器官和腹壁发生粘连。肾、肾上腺、盲肠、结肠和膀胱有时亦有结节。肝脏早期的典型病变是在肝小叶的窦状隙内有成群的上皮样细胞聚集,以后在上皮样细胞之中掺杂着许多巨噬细胞和淋巴细胞,形成较大的细胞性结节。结节大多倾向于融合,形成大而不规则干酪化区,有厚层包囊环绕,内含乳白色脓汁及干酪物。许多肝脏被膜可见大而不规则的纤维性斑块。肾脏结节为散发性,有良好的包囊形成,肾脏表现广泛性血管淤血,肾小球肿大皱褶,球囊增厚,球囊周围与间质内可见大量淋巴细胞浸润,髓质有不同程度的纤维化和炎性细胞浸润。有些集合管和乳头管内见有单核细胞和嗜中性粒细胞组成的细胞性团块。脾脏的结节常为多发性、散在、直径 1～5 cm,隆突于器官表面,被包良好,内含浓稠、干酪样物质。

公猪常见一侧或两侧睾丸受侵害,以一个大脓肿置换睾丸组织而导致阴囊膨大,成为多发性结节并伴发相当程度的纤维增殖。睾丸坚实,切面混有黄色、干燥、干酪样病灶。有的公猪附睾头部有细小结节,阴囊也可发现病变。

此外,四肢关节常见化脓性关节炎;颌下淋巴结、纵隔淋巴结、支气管淋巴结、各脏器门淋巴结以及腹股沟线淋巴结多被侵害,常为单一结节,直径达 3 cm 以上。急性病例,淋巴结仅呈现水肿性肿大和充血(表- 140、表- 141)。

表- 140　10 头急性致死性仔猪的病变分布(Omar, 1963)

动物	年龄(月)	肺脏			胸腺淋巴结		心脏	肝脏	脾脏	肾脏	其他部位
		尖叶	心叶	膈叶	支气管淋	纵隔淋					
1	4	H	—	—	+	—	—	+	—	—	盲肠、膀胱
2	2	H+	H+	H+	O	—	—	—	—	—	
3	2	H	—	—	—	—	—	—	—	—	
4	12	H+	—	—	—	—	—	—	—	—	
5	1	H	H	—	O	O	心包粘连	—	—	—	
6	2	H	H+	—	+	—	—	—	—	—	
7	3.5	H+	H	H	O	—	心包粘连	—	—	—	
8	1.5	H	H	—	O	—	—	—	—	—	肠系膜淋巴结
9	2.5	H+	H+	H+	—	—	—	—	—	—	结肠
10	9	H+	H+	H	+	—	—	—	+	+	鼻中隔、颌下淋巴结

注: H 为肝变或突变;+为结节状病变;O 为水肿。

表-141　27头成年猪病变的分布(Omar, 1963)

动物	性别	肺脏			胸腔淋巴结		心脏	肝脏	脾脏	肾脏	其他部位	其他淋巴结
		尖叶	心叶	膈叶	支气管淋	纵膈淋						
1	公	H+	H+	H+	+	+	−	+	+	−	两侧睾丸、肾上腺	腹股沟浅、深淋巴结及肾淋
2	公	−	−	−	+	+	−	+	+	−	皮下*	腹股沟线
3	公	−	−	−	−	−	−	−	+	−	皮下*	
4	公	−	−	H	+	−	−	−	+	−	皮下*	−
5	公	H+	H+	+	+	+	−	+	−	−	−	肩前淋、脏器门淋
6	公	−	+	−	+	−	−	−	−	−		脏器门
7	公	H+	H+	−	+	−	−	−	−	−		
8	公	H	H	−	O	−	−	+	+	−		
9	公	H	−	−	+	−	−	−	−	−	皮下*	腹股沟浅
10	公	H+	+	+	+	−	−	+	−	−		脏器门
11	公	−	−	−	−	−	−	−	−	−	皮下*	腹股沟浅
12	公	−	−	−	−	−	−	−	−	−		脏器门
13	母	−	H+	−	+	−	−	−	−	−		−
14	母	−	H+	−	−	−	−	+	−	−		脏器门
15	母	−	+	−	+	−	−	−	−	−		
16	母	−	H	−	O	−	−	−	−	−		
17	母	H+	H+	−	−	−	−	−	−	−		
18	母	H	−	−	−	−	−	−	−	−		
19	公	+	+	+	O	+	−	+	+	−	睾丸、附睾	脏器门、胸腔及腹股沟浅
20	母	−	−	−	−	−	−	−	+	−		−
21	母	−	H	−	−	−	−	−	−	−		乳房上
22	母	−	+	+	+	−	−	+	−	−		脏器门、回肠
23	母	−	−	−	−	−	−	+	+	−		脏器门
24	公	−	−	−	−	−	−	+	−	−		
25	公	+	+	+	+	−	−	+	+	+	两侧睾丸	肾淋、脏器门
26	母	−	−	−	−	−	−	+	−	−		−
27	母	−	−	−	−	−	−	+	−	−		脏器门

注：H为肝变或突变；＋为结节状病变；O为水肿性变化；* 为后腹部皮下有被包的结节。

[诊断]

1. 流行病与临床诊断　类鼻疽的临床症状是多样性的,国外有"似百样病"之称,故根据临床症状难以确诊。因此,对出现原因不明的发热或化脓性疾病,如暴发性呼吸衰竭,多器官受累,多发性小脓疱、皮下坏死或皮下脓肿;要考虑到本病。

2. 细胞学检查　细胞标本直接镜检或荧光抗体试验。对污染的病料培养需要用选择性培养基,在每100 mL可康培凯的培养基中加入2 mg多黏菌素或头孢菌素或在每升BPSA培养基中加麦芽糖4 g、中性红100 g、庆大霉素20 mg、5 mg/L尼罗兰1 mL、甘油10 mL。

3. 血清学检查　主要有间接血凝试验和补体结合试验2种。此外,有酶联免疫、荧光抗体、PCR技术检测等,血清子方法价值不大,故很少用。

4. 动物试验　通过接种豚鼠或仓鼠分离本菌。豚鼠如出现睾丸红肿、化脓、溃烂、阴囊内偶白色干酪样渗出物,即为阳性反应。

[防治]　① 由于类鼻疽的致病机制以细菌在体细胞内大量繁殖为主,可选用对细胞有穿透力较强的抗菌药物,可杀死潜在细胞内的细菌,如氯霉素、四环素、复方新诺明(SMZ-TMP)。同时,病原菌具有多种耐药机制的耐药性,往往治疗困难。所以治疗前要进行药敏检测,经药敏试验发现90%以上菌株对头孢他定、头孢噻肟、头孢哌酮、哌拉西林、亚胺培南、阿莫西林—棒酸、氨苄西林等敏感;对四环素、卡那霉素、复方磺胺甲噁唑和多西环素中度敏感。② 本病的疫苗仍在研制阶段,目前无可使用的疫苗。③ 本病防治主要采取一般防疫卫生措施,防治污染本菌的水和土壤经损伤皮肤、黏膜感染。病人、畜的排泄物、脓渗出物应以漂白粉消毒。预防水传播。为预防带菌动物扩散病菌,应加强动物检疫、乳和禽卫生管理。感染猪、羊及其产品需高温处理或废弃。加强水、饲料管理,做好畜舍消毒、卫生、消灭邻近啮齿动物。对病人和病畜应隔离,并积极治疗。

三十六、土拉弗朗西斯菌病(*Tularemia*)

该病是由土拉弗西斯杆菌引起的人和多种动物共患的热性传染病。其特征是患病的人或动物淋巴结肿大,皮肤溃疡,眼结膜充血溃疡,呼吸道及消化道炎症及菌血症,肝、脾与淋巴结中有无出血的结核性肉芽肿。又称野兔热(wild hare diseas)、兔热病(rabbit fever)和"Francis病"。

[历史简介]　土拉弗朗西斯菌病在中世纪以前欧洲鼠类密度增大时,人群中就暴发一种鼠疫样的疫病——旅鼠热(lemming fever)。McCoy于1906年美国大地震时观察人的腹股沟炎中进行研究。1907年9月美国凤凰城眼科医生描写过该病,1910年加利福尼亚州土拉地区发现黄鼠狼中有类似鼠疫但细菌培养阴性的疾病流行。Pears(1911)报道了6起因鹿蝇叮咬而导致的非脓型发热病例,称之为鹿蝇热。次年McCoy和Chapin(1911)应用凝固蛋黄培养基从黄鼠狼体内分离到一种新的细菌,命名为土拉伦斯杆菌。由于野兔为本病的主要宿主,人最常因捕猎或接触野兔受感染,故又称"野兔热"和"兔热病"。1914年在美国俄亥俄州的辛辛那提市,Vail和Lamb用一名患溃疡性眼结膜炎和淋巴结炎的屠夫的结膜拭子感染豚鼠,分离出这种细菌,这是细菌学证实的第一个病例。由于当时还不真正了解其病因,只知道该病是由鹿蝇传播的,便称之为鹿蝇热。1919年Francis在犹他州研究当地人

称为鹿蝇热的疾病时,详细报告了鹿蝇热的综合临床症状,并从人血和淋巴腺脓肿物中分离到致病菌,同时证明此病的传染源是野兔,从而将此菌所致的人类疾病命名为土拉菌病。Francis 其后在改进土拉杆菌的培养和血清学诊断方法等方面做了大量研究,证实鹿蝇热的真正病因是土拉杆菌,而鹿蝇只是其传播媒介,确定了传播该菌的蜱和其他动物宿主。发现该菌的某些生物学特性与巴氏菌属的出血性败血病菌群类似,也在啮齿动物中流行,故将其归入巴氏菌属。鉴于 Francin 的贡献,Dorofeev(1947)按细菌命名法将该菌命名为土拉热弗朗西斯菌。后来由于对一些细菌种系发生的亲缘关系有了新认识,Bergey(1947)对其分类作了调整。1947 年归属于弗朗西斯菌属。1970 年国际系统细菌学分类委员会正式将其归入弗氏菌属,定名为土拉弗朗西斯菌属。

[病原]　根据 16SrDNA 序列分析法,本菌归属于 γ-变形菌纲、弗朗西斯科、弗朗西斯菌属。

本菌为专性需氧菌,革兰氏染色阴性,菌体涂片着色不良,经 3‰盐酸酒精固定标本,用石炭酸龙胆紫或吉姆萨染液极易着色,亚甲蓝染色呈两极着染。碳酸复红染色效果较好,常呈两极浓染,不形成芽孢,动物组织涂片可见菌体周围有狭小荚膜。本菌是一种多形态的细小状细菌,在患病动物的血液中近似球形;在培养物中呈小球状、杆状、精虫状等,一般无杆状,大小为 $0.2\sim1.0\ \mu m \times 1\sim3\ \mu m$。无鞭毛,不能运动,不产生芽孢,在动物体内可形成荚膜。在普通培养基础上不能生长,只有加入胱氨酸、半胱氨酸和血液等营养物后,才能生长繁殖。最常用的培养基为凝固卵黄培养基,以及弗朗西斯培养基、麦康凯培养基、Chapin 培养基或含血的葡萄糖半胱氨酸(GCA)培养基。最适生长温度为 36~37℃,pH 为 6.8~7.2。在接种材料含菌量较大时,能形成具有光泽的薄膜,以及表面凹凸不平、边缘整齐的菌落;在GCA 上很容易形成白色突起、边缘整齐的菌落,2~4 天菌落直径达 1~3 毫米,周围出现褪色的特征性绿色带。在弗朗西斯培养基上,菌落融合乳白色。初次分离培养常需 2~5 天以上才形成透明灰白色、黏性的小菌落。本菌能发酵葡萄糖,产酸不产气,多数菌株能发酵麦芽糖和甘露醇。

土拉菌主要有 3 种抗原,即 O 抗原能引起恢复期患者发生迟发型变态反应;包膜抗原(Vi 抗原),有免疫原性内毒素作用,Vi 抗原与毒力免疫原性有关,丧失 Vi 抗原的毒株同时失去毒力和免疫原性。菌苗菌株有残余毒力时,称 ViO 型菌株,完全无毒力菌株称 O 型菌株。强毒株含 10%~12% Vi 抗原;ViO 型株合 8% Vi 抗原可阻止 O 抗原凝集,S 型菌与 O抗血清不发生凝集。如用毒力菌株感染兔,获得的抗体含量比 O 抗原产生的抗体价高10~12 倍;蛋白质抗原可产生迟发变态反应,并与布氏杆菌抗原有交叉反应。根据病菌的培养特性、流行病学和对某些宿主的毒力,土拉菌可分为 2 个型:A 型,与北美兔有关,主要经蜱、蝇叮咬传播,对人和兔具有较强的致病力,且能发酵甘油,已作为美国标准生物战剂的菌株,能引起 30%~40% 的病死率;B 型主要存在于北美北部水生的啮齿动物(海狸香鼠)及欧亚大陆北部野兔和啮齿动物,通过水和节肢昆虫传播,对人和兔感染较弱,不能发酵甘油。在欧、亚和美洲 3 个大陆上分布的菌生物学性状有差异,划分为 3 个地理亚种和 1 个变种,不同亚种菌的致病性和基因型也有所差异。DNA 中的 G+C 为 33~36 mol%。模式株:

B38，ATCC6223；Gen Bank 登录号（16SrRNA）：Z21931，Z21932。2004 年 12 月完成该菌 Schu4 株的全基因组序列测定，全长 1 892 819 bp，有 1 804 个开式读码框。疫苗株 LVS 的两个质粒 pnf110 和 pOM$_1$（4 442 bp），分别于 2003 年和 1998 年完成了测序。相比其他细菌组序列，土拉弗朗西斯菌有较多特有的基因。

本菌对外界的抵抗力强，在土壤、水、肉和皮毛中可存活数十天，在尸体中可存活 100 余天。但接种到灭菌的肉汤中，样品中的细菌在 4～10℃时仅存活几小时，如要保存较长时间，应保存于－70℃条件下。但在室温下动物尸体中可存活 40 天，谷物上为 24 天；在阳光直射下只能存活 30 分钟；60℃以下高温和常用消毒药可很快将其杀死；对漂白粉等比其他肠道菌敏感；对链霉素、氯霉素和四环素类等药物很敏感。

[流行病学]　本病分布很广，是一种经野生动物宿主感染的自然疫源性疾病。土拉菌对人和动物均高度致病，吸收最低感染剂量 15 个克隆形成单位（CFU）即可。自然疫源地主要分布在北纬 30°～71°地区。我国 1957 年内蒙古通辽县从自毙黄鼠中分离到土拉弗朗西斯菌，在西藏、山东、青海等地也有发现，说明在我国广大地区存在着土拉弗朗西斯菌病的自然疫源地。自然界易感和带菌动物种类很多，目前已发现哺乳动物 190 种、节肢动物 112 种，主要宿主动物为野兔和鼠类。136 种啮齿动物是本菌的自然贮存宿主，又是主要携带者及传染源。主要传染源是欧兔、白兔、砂兔和灰尾兔。棉尾兔、水鼠、海狸等最为常见，各种畜、禽和皮毛兽都有发病报道，在家畜中绵羊、猪、黄牛、水牛、马和骆驼均易感。本病主要通过蜱、蚊、吸血昆虫、鼠蚤和虻吸血昆虫传播，被污染的饲料、饮水也是重要的疫源，支持着疫源地存在的自然条件。土拉弗朗西斯菌的 A 型亚种储存宿主主要是家兔和野兔，B 型亚种主要是啮齿动物。家禽也可能作为本菌的储存宿主。

本病一般发生于春季但也有在冬季发病的报道，这与当地野生啮齿动物及昆虫的繁殖有关。动物间的传播和流行，取决于高度敏感动物和媒介昆虫的数量，动物数量越多，流行程度越猛烈。一年四季均可流行。

能把病原体长期地保存下来的，主要是蜱类，在革蜱属、钝缘蜱属和拉合尔钝缘蜱的蜱体内可保存 1～2 年，在边缘革螨体内可存活 710 天，它们和野兔共同维持着微小疫源地的稳定性。在疾病的自然循环中，微小疫源地可通过"接力"式远距离扩散，使散发病例大面积地暴发流行。由于宿主动物和传播媒介不同，疫源地流行季节和传播规律也有差异。但各自然疫源地之间并非完全闭锁，目前也并没有成熟的疫源地分型方法。

[发病机制]　土拉弗朗西斯菌病是一种多宿主、多媒介、多传播途径的自然疫源性疾病，因而其流行病学特点及临床感染类型也是多种多样的。病原体经由皮肤或黏膜侵入或呼吸道吸入。感染机体一般经过淋巴源性迁徙阶段、菌血症阶段、多发性病灶形成 3 个阶段。淋巴源性迁徙阶段：病原体经皮肤黏膜侵入组织间隙，随淋巴液达局部淋巴结。被淋巴结内单核细胞吞噬的菌在胞内生存繁殖，以此形成了原发病灶。菌血症阶段：在原发灶繁殖的菌突破屏障进入淋巴及血流，形成血行播散，出现菌血症。病原体被吞噬细胞吞噬后在胞内生存繁殖，当细菌冲破细胞或被机体破坏时释放出内毒素等物质形成败血症，可导致感染全身化及发热等一系列病理过程。多发性病灶形成阶段：继菌血症后细菌进入全身各

实质脏器形成多发性病灶,病原体主要寄居于网状内皮系统,如肝脏、脾脏、淋巴结等。

[临床表现]

1. 隐性感染 自然疫源地的犬、猫、猪、羊、马、牛等家禽和鸡、鸭、鸽等家禽也可能感染成年猪,常呈隐性经过,病原体不能在其间传播,故不是主要传染源。

2. 感染发病猪 Airapetyan(1959)报道仔猪发病,多见于小猪,潜伏期1~9天。主要表现为体温升高,可达41~42℃;精神委顿,行动迟缓,全身衰弱,食欲不振;大量出汗和呼吸困难,可呈腹式呼吸,时有咳嗽;腮腺淋巴结及体表淋巴结肿大、化脓,支气管肺炎、胸膜炎、肺炎以及腋下和腮腺淋巴结脓肿。肝脏、脾脏等器官有可见灰白坏死性肉芽肿结节。病程7~10天,很少死亡。组织学变化可见坏死灶中心有大量崩解的细胞核,干酪化病灶周围排列有上皮样浆细胞和淋巴细胞。在增生细胞间可见崩解的中性粒细胞。

3. 猪肉带菌 有报道人吃未煮熟的猪肉而感染。

[诊断]

1. 病原学检查

(1)病料采集:取有病变的淋巴结、肝、脾、肾和肺脏等组织器官作为被验材料。实验感染高度易感的豚鼠可有效地分离病原。

(2)涂片或压片触片:用 Mag - Grnmwal - Giemsa 染色,可见本菌特征形态。

(3)细菌培养:在弗朗西斯、麦康凯、GCA 培养基上培养。发酵蔗糖,区别于新杀弗朗西斯氏菌。

(4)动物接种试验:对动物诊断意义不大,因为动物感染后,产生特异性抗体前已死亡,而可作流行病学调查。以康氏试管作凝集试验最为常见,将本菌接种到弗朗西斯培养基上,培养5~6后收获培养物,用96%酒精悬浮菌落,形成浓稠的悬浮物,用生理盐水洗涤后,再用等量的生理盐水悬浮,加入结晶紫粉末使终浓度为0.25%,染色1~6天。弃去清液,沉淀用生理盐水悬浮,加1/万硫柳汞防腐。用阳性和阴性血清标化悬液,加入生理盐水调其浓度,在载玻片上检验,以使试验用抗原能在清亮液的背景下稳定产生易见的染色凝集反应。试验在试管中进行,加入0.9 mL抗原和做1/10、1/20、1/40等不同稀释度的血清,37℃水浴1小时后置室温下过夜,判读结果,上清液清澈的试验为阳性反应。

凝集抗体一般于病后10~14天出现,1~2个月达到高峰,然后逐渐下降,于数年内消失。猪发病后第二周,若其血清中凝集滴度升高,可诊断为本病。对猪1∶50的滴度判断为阳性反应。取自布氏杆菌病患猪的血清不凝集土拉弗朗西斯菌抗原,但患土拉杆菌病猪的血清凝集布氏杆菌抗原。

用 ELISA 试验有可能进行早期诊断;荧光抗体试验和毛细管沉淀试验可用于检测病理样品和分离培养中细菌进行鉴定。

2. 变态反应试验 没有免疫的人和动物,注射土拉弗朗西斯菌抗原时,完全无皮肤变态反应。动物用0.2 mL土拉菌素注射于尾根皱褶处皮肉,24小时后检查,如局部发红、肿胀、发硬、疼痛者为阳性。但有少数病畜不发生反应。用"土拉弗朗西斯菌素"进行皮内猪变态反应试验亦是诊断本病的依据。

本病应与鼠疫、炭疽、鼠咬热等皮肤病灶和淋巴腺肿大鉴别。还要与结核、布鲁氏病、类鼻疽、组织胞浆菌病、李氏杆菌相鉴别。

[防治]　治疗本病以链霉素效果最好，1 g/天，分 2 次肌注，疗程 7～10 天。也可用土霉素、金霉素、四环素、卡那霉素、庆大霉素、氯霉素等。同时采用一般疗法和对症疗法，溃疡和腺肿局部，可用链霉素软膏。对肿大淋巴结若无脓肿形成，不可切开引流，宜用饱和硫酸镁溶液作局部湿敷。

本病流行地区，应驱除野生啮齿动物和吸血昆虫，经常进行杀虫、灭鼠和圈舍消毒。病畜及时隔离治疗，同场可同群家畜用凝集反应或变态反应检查，直至全部阴性为止。

三十七、猪传染性萎缩性鼻炎(Swine infectious atrophic rhinitis，AR)

该病是由波氏杆菌(Bb)和多杀性巴氏杆菌(Pm)产生的坏死毒素相互作用引起人或动物呼吸系统隐性感染或急性、慢性炎症的疾病。猪和啮齿动物及其他动物感染波氏杆菌属中的支气管败血波氏杆菌，发生急性、亚急性、慢性呼吸道症，以肺炎和鼻炎为特征。

[历史简介]　本病原是 Ferry(1910)从患有犬瘟热犬的呼吸道分离，曾被误认为犬瘟热的病原体，被列为芽孢杆菌属。随后又分别于 1912—1913 年从豚鼠，猴和人的呼吸道分离到特征相一致的病原菌。Galli - Valerio(1896)从犬热性病的病犬肺脏中分离到病原菌。Mc Gowon(1911)从兔分离到波氏杆菌。Franque(1930)报道了"喷嚏性疾病"。Thorp 和Tanner(1940)及 phillips(1943)分别从仔猪肺脏中分离到本菌。AR 于 1830 年发现于德国，称之为"Schnuffelkrankheit"。Switzer(1956)从猪鼻腔中分离到本菌，并证明此菌能单独引起新生仔猪鼻甲骨发育不良，为其后 AR 的一种原发性病原的基础。支气管败血波氏杆菌曾被描述为产碱杆菌属，后被鉴定为支气管败血波氏杆菌。Dejong(1980)在苏联 SLina 等研究基础上应用豚鼠皮肤坏死和小鼠致死试验将 Pm 分为 AR 致病菌和非致病菌，并发现只有产生 DNT 的 Pm 菌株才与 AR 有关。Kersters(1984)从火鸡中分离到本菌。Deley 等(1986)提出波氏杆菌属。由于本病原菌生长形态和生化特性与其他种属相似，被先后 4 次更名，最后，Moreno - Lopez 建议将支气管败血波氏杆菌划为波氏杆菌属。至此，该属分为 7个种，其中将百日咳波氏杆菌、副百日咳波氏杆菌和支气管败血波氏杆菌列为一个群，而禽波氏杆菌等其余 4 个种归列为另一群。本属细菌专性寄生于人和哺乳动物，定殖在呼吸道上皮细胞的纤毛上，并致呼吸道疾病。寄生范围有种特异性。百日咳波氏杆菌只感染人，副百日咳波氏杆菌见于人和绵羊，支气管败血波氏杆菌广泛感染哺乳动物(特别是猪)，有时也感染人，禽波氏菌只见于禽类。Pedersen 和 Nieisen(1998)在欧共体 PAR 专家委员会上与欧洲、美洲、亚洲等国专家达成一份协议，把该病分为两种型：一种是由 Bb 引起的非进行性萎缩性鼻炎(NPAR)；另一种是由 DNT＋Pm(产毒多杀巴氏杆菌)与其他病原协同如 Bb 引起的鼻甲骨萎缩的疾病，都称为传染性进行性萎缩性鼻炎(AR)

[病原]　(猪)支气管败血波氏杆菌归属于波氏杆菌属，为细小球状杆菌，呈两极染色，革兰氏染色阴性，大小为 0.2～0.3 μm×1.0 μm，散在或成对排列，偶呈短链。该菌不产生芽

孢,有的有荚膜,有周鞭毛,能运动;需氧,培养基中加入血液或血清可助生长。大多数菌株在鲜血琼脂上产生溶血;在10%葡萄糖中性血琼脂上,菌落中等大小,呈透明烟灰色;在马铃薯培养基上生长茂盛,使马铃薯变黑,菌落黄棕而微带绿色;不能发酵碳水化合物,产生氧化酶、过氧化氢酶和尿素酶;使石蕊牛奶变碱,但不凝固,肉汤培养物有腐霉味,能利用柠檬酸。

本菌极易变异,在波-让氏琼脂上分有3个菌相,但极易发生变异。其中病原性强的菌相是有荚膜的球形或短杆菌状的Ⅰ相菌,在绵羊血鲍-姜氏琼脂平板上呈灰白至乳白色光滑隆起的圆形菌落,呈典型的球状隆起,菌落周围有透明的溶血环,最典型的Ⅰ相菌菌落。它具有表在性K抗原和强坏死毒素(类内毒素),Nakase等认为波氏杆菌Ⅰ相菌产生的这种不耐热的皮肤坏死毒素-DNT可能是引起鼻甲骨萎缩的活性因子。Nakase(1957)报道波氏杆菌Ⅰ相菌对豚鼠的坏死毒性和对小白鼠的致死性都比Ⅲ相菌大。Sawata等(1982)报道具有皮肤坏死活性的Ⅰ相菌鼻腔感染幼鼠使其鼻甲骨发生萎缩,而缺乏这种活性的Ⅲ相菌则不能产生萎缩。Hanada等(1979)发现将Ⅰ相菌的无细胞超声波提取物滴入鼻腔中能使仔猪发生萎缩鼻炎(AR)。提取物中含有大量的对豚鼠有坏死毒性的不耐热毒素。由提取物引起的AR与波氏杆菌Ⅰ相菌引起的AR没有区别。Ⅱ相菌和Ⅲ相菌则毒力弱,Ⅲ相菌菌落较大,隆起不高,不溶血。Ⅱ相菌(中间型)溶血不明显。Ⅰ相菌由于抗体的作用或在不适当的培养条件下,可向Ⅲ相菌变异,具有O、K和H抗原。DNA中G+C含量为66 mol%。本菌的抵抗力不强,一般消毒药均可使其致死。

本菌抗原结构中含有黏附素,包括丝状血凝素、百日咳杆菌黏附素和菌毛。支气管败血波氏杆菌和百日咳杆菌都能产生纤毛血凝素(FHA),抗BpFHA血清可抑制BbFHA的血凝反应;反之亦然,两者在血清学上具有共同抗原。

毒素包括腺苷环化酶溶血素、气管细胞毒素、皮肤坏死毒素等和Ⅲ型分泌系统。

从生化指标、抗原性分析、新陈代谢特点、IS序列的多态性、DNA杂交和噬菌体等方面分析,支气管败血波氏杆菌、百日咳杆菌、副百日咳杆菌具有密切的相关性。支气管败血波氏杆菌(Bb)和百日咳杆菌(Bp)具有充分的DNA一致性,同属波氏杆菌属,并且同是由BvgA/S双因子调节系统来调节菌株的抗原表达。bvg基因(Bordetella virulence genes)位点是一种总开关,只有这一总开关被激活,才会产生皮肤坏死毒素和一些别的毒素。

[流行病学]　支气管败血波氏杆菌是在犬、猪和啮齿类动物上呼吸道的严格寄生菌,还能感染家兔、豚鼠、大鼠、其他灵长动物、猴、鸡、火鸡、犬、猫、鸟、狐狸和浣熊、雪豹、刺猬等。人亦可感染。临床上主要见于患有呼吸道亚临床或临床疾病的或正在康复中的幼年动物。康复后的动物大多数能从呼吸道清除此菌。带菌动物的带菌期限则尚未知。这种菌也是许多哺乳动物的一种病原或潜在性病原。人对本病的发生可能起到最关键的作用,De Jone认为交叉感染时可能是通过人进行的。在荷兰约30%的猪农患有慢性支气管炎,呼吸道和痰中携带产毒性多杀性巴氏杆菌,可使猪受到感染。Kendrik PL等(1980)报道支气管败血波氏杆菌可引起猪传染性萎缩性鼻炎及其他一些动物的呼吸道炎症,从患百日咳疾病的病人和动物饲养员的上呼吸道也曾分离到支气管败血波氏杆菌。

病猪和带菌猪是本病的传染源,任何年龄的猪都可感染本病,但幼猪的易感性最大。现已证明,其他带菌动物也能作为传染源使猪感染发病,有人认为鼠类可能是本病的自然贮存宿主。

尽管已有人用从猫、鼠和兔分离的支气管波氏杆菌接种猪产生了典型的鼻甲骨萎缩,但健康猪群如果不接触病猪或带菌猪,一般不会发生本病。把带菌猪引进一个健康猪群后,猪场首先会在仔猪中出现早期的临诊症状,但往往需要相当长的时间,才能达到一定的发病率,全群感染,一般需要 1~3 年。

传播方式主要是通过飞沫传染。已经证明,感染可经气雾传播,细菌能借助于原纤维(纤丝)物质吸附于气管纤毛而在气管中聚集和存留。病猪或带菌猪,通过呼吸把病源传给幼年猪。没有临诊症状的母猪,从呼吸道排菌,感染其全窝仔猪。但另有研究指出,随着猪龄的增长,抗体的保护率增高而菌的分离率下降,一般不容易发生再感染。因此,月龄渐大的种猪通过其感染而使仔猪受到感染的可能性极小。昆虫、苍蝇、污染的用具、工作人员在病的传播和蔓延扩散中,起一定作用。

有一些猪对本病的抵抗力较强,即使将其后代与病猪直接接触,发病也很少。但也有一些猪种对本病特别易感,如长白猪。这可能与遗传素质有关。未经免疫的仔猪或不喂初乳的仔猪发生鼻甲骨萎缩的较喂初乳的仔猪多,已经证明在地方流行感染的猪群中,母猪免疫接种可使发病率略为减少。但初乳中的抗体可使仔猪形成主动抗体的时间延长。

发现猪群中本菌感染最常发生于 10~20 周龄期间,直到 12 周龄以前还没有可测出的抗体。随着年龄的增长,在猪群中阳性效价(大于 1∶10)的频率也有增加。在患病猪群中,饲养管理不良,猪舍潮湿、肮脏、拥挤,高浓度氨可促进 Pm 在上呼吸道内的增殖;蛋白质、氨基酸(特别是赖氨酸)、矿物质(特别是磷和钙)和维生素不足,可促进本病的发生,加重病演过程。引进新猪混群和猪场内猪群频繁转群或混养也是本病暴发的诱因。

[发病机制] 萎缩性鼻炎是由多杀性巴氏杆菌和波氏杆菌产生的各种皮肤坏死毒素引发的一种疾病,可引起幼龄猪鼻甲骨、鼻软骨和鼻骨变形。试验表明用已经感染支气管败血波氏杆菌的猪支气管环再感染 Pm 后,Pm 的数量要比受到 Pm 单独感染的支气管环增加好几倍(Dugel,1992)。当支气管败血波氏杆菌引起黏液聚集和纤毛静止时,Pm 与黏膜的结合力增强。由于产毒素性多巴氏杆菌产生的毒素在适宜条件下有毒害作用。随后多杀性巴氏杆菌开始定植,并产生大量的毒素,进一步诱发疾病。Pm 的 146-k 脱氧核苷蛋白毒素(pm Toxin,PMT)是 AR 发病机理中重要的致病因子,猪经鼻内或各种非肠道途径摄入 PMT,可导致渐进性鼻变短和鼻甲萎缩(Il'ina 和 Zasukhin,1975);PMT 能够干扰鼻甲正常的骨再生和骨形成(Dominick,1988)并能减少猪长骨骨骺区,因而可能与 AR 生长减慢有关。PMT 可能直接侵袭鼻甲,但系统性的作用能力表明 PMT 也可能通过细菌在扁桃体或其他解剖部位的定植发挥作用。PMT 能够干扰 G 蛋白和 Rho 依赖型信号通路,并可刺激有丝分裂,生物活性区位于 C 末端,而细胞结合和内域似乎位于 N 端。PMT 由 toxA 基因编码,基因的 G+C 含量与 Pm 基因组有明显的不同,表明它可能是通过水平传播,进一步研究表明该基因位于可诱导的原噬菌体内。因而 De Jone 说,"将这一疾病命名为巴氏杆菌中毒性鼻炎。"支气管败血波氏杆菌是一种普遍存在的细菌,研究表明,本菌可入侵并滞留在肺

泡巨噬细胞并对巨噬细胞产生细胞毒性作用,在感染后7小时内就可使其活性丧失90%以上。并且其分泌的黏附素促进一种定居能力有限病原菌利用黏附素加强自身附着作用,强化本菌迅速破坏呼吸道纤毛上皮,为本来受到清除机制制约的其他病原菌打开感染之门,上下呼吸道非特异性保护机制的破坏大大增加继发性入侵病原菌产生危害的可能性。这在萎缩性鼻炎的致病机理中扮演重要角色,长期被认为是导致3周龄内仔猪发生萎缩性鼻炎的主要原因。支气管波氏杆菌能导致鼻腔黏膜发生炎症,这种炎症是多杀性巴氏杆菌快速生长的理想环境。当幼龄仔猪同时感染这两种细菌时,萎缩性鼻炎的发生更容易。同时其他细菌存在或环境氨气大量存在,也可使炎症发生。由于萎缩性鼻炎破坏了鼻部的空气过滤功能,而使肺部更容易受到损伤,因而这些猪更容易发生肺炎。其次大量的毒素也可以破坏肝脏和肾脏功能。

在感染后2~4周可在猪血液中出现血凝抗体(Brassine等,1976),病持续存在至少4个月。随着年龄的增长,在猪群中阳性效价(大于1∶10)的频率也增加。

不喂初乳的仔猪发生鼻甲骨萎缩的较喂初乳的仔猪为多见。但初乳中的抗体可能使被动免疫的仔猪形成主动抗体的时间延迟。已经证明当在地方流行感染的猪群中,母猪的免疫接种可使发病率略微减少。

出生后几周内感染产毒素性Pm的猪会受到AR最严重的影响,但这些感染在16周后才发生轻度和中度的鼻甲病变(Rutter,1984)。当健康的3月龄猪进入一个正发生严重疾病的猪场时,猪出现PAR(Nielsen,1977)疾病严重程度与猪的日龄有关,这部分可能与猪成熟的鼻腔内黏液素的数量和类型以及上皮层内细胞分布改变有一定关系。

[临床表现]

1. 猪萎缩性鼻炎的两个病原因子　猪出生后几周内感染产毒性Pm,会受到AR最严重的影响,但这些感染在到16周后才发生轻度或中度的鼻甲病变(Rutter,1984)。当健康的3月龄猪进入一个正发生严重疾病的猪场时,猪能够出现AR(Nielsen,1976)。Akira Sawata等(1984)从日本猪中分离到241株多杀性巴氏杆菌(Pm),其中62株(25.7%)中分离自鼻腔的为61株,分离自肺炎灶1株,具有皮肤坏死毒素(DNT),这些菌株属于Carter氏D血清型。感染PmDNT阳性的61头猪中有13头(21.3%)同时分离到波氏杆菌;感染DNT+的D血清型菌的61头猪中有18头见到萎缩性鼻炎(AR),占29.5%。感染PmDNT阴性的41头猪中有9头(22%)分离到波氏杆菌,感染DNT−的D血清型菌的41头猪中有11头(26.8%)有AR。猪AR的出现与PmDNT活性没有明显相关性,而波氏杆菌和Pm合并感染猪的AR临床发病占69%;Pm菌阳性而波氏杆菌阴性猪的AR发病仅占12.5%~18.8%,从而看出,猪AR临床发病与波氏杆菌的感染有明显的相关性($P<0.01$)。而波氏杆菌阴性、Pm阳性的猪则不到19%呈现AR。如果用AR单价免疫猪,在感染PmDNT+猪株的48头免疫猪中仅有6头(12.5%),而13头未免疫猪中有12头发现AR病变,占92.3%。E. Trigo等(1988)研究认为多杀性巴氏杆菌菌株纤毛的存在与萎缩性鼻炎有关(表-142)。

表- 142　从猪分离的多杀巴氏杆菌的特征

菌　株　数	血清型	毒性	血凝	纤毛
萎鼻的鼻腔分离物				
7	D	7/7	1/7	6/7
3	A	3/3	2/3	0/3
合计 10				
患肺炎的肺脏分离物				
6	A	0/6	4/6	0/6
4	D	0/4	4/4	2/4
合计 10				
从患肺炎和胸膜炎的肺脏分离物				
8	A	0/8	5/8	0/8

2. 影响猪的增重　萎缩性鼻炎菌常发现于育肥猪的鼻腔拭子和肺部病变中,现场研究证明无呼吸道症状的亚临床肺炎会导致猪增重迟滞、达到上市体重所需时间增加以及饲料利用率低下。耳廓受损的生长猪采食量可能减少,急性鼻炎猪采食困难,患病猪消瘦、衰弱。研究证明,在分娩后最初 9 周以及在肥育期后半段都可发生 AR 导致的增重迟滞。经过免疫接种的猪,平均日增重提高了 15%～28%(表- 143)。

表- 143　萎缩性鼻炎与肺炎对日增重的影响

萎缩性鼻炎严重程度	肺炎的严重程度(%)						
	0	1～10	11～20	21～30	31～40	41～50	51 以上
	平均日增重的减少(%)						
0	0	—3	—8	—15	—19	—24	—30
1	0	—3	—8	—15	—20	—24	—30
2	—3	—4	—10	—17	—20	—25	—32
3	—6	—8	—11	—18	—23	—28	—34
4	—12	—14	—17	—21	—25	—30	—36
5	—17	—18	—21	—25	—30	—33	—40

3. AR 的临床症状　支气管败血波氏杆菌有时引起仔猪原发性支气管败血症,并可能是较大猪下呼吸道的一种病原,但它的主要意义是能在鼻中生长,引起青年猪的鼻黏膜炎和鼻甲骨发育不良。该菌可引起仔猪发生支气管炎、咳嗽、气喘、呼吸困难。支气管败血波氏杆菌感染 3 周龄以内的猪能产生鼻甲骨萎缩病变,1 周龄以内猪感染几乎全部产生严重病变,超过 6 周龄的猪感染几乎不产生病变或发生轻微病变,但这样的猪成为带菌的传染源。

Delong 等(1986)为了证明产毒素的 Bb 和 Pm 感染情况的区别,选择几组不吃初乳的SPF 猪,日龄分别为 3、6、9、12 和 16 周,用 Bb 和 Pm 液接种,结果是,感染 Bb 的猪仅有 3 周龄和 6 周龄的猪发生鼻甲骨病变,9 周龄和更大的猪无病变;而同时感染 Pm 的猪,即使是 9、12 或 16 周龄,还会发生典型的猪鼻和鼻甲骨变形、萎缩;鼻中隔编曲等 AR 症状。实验证明 Pm 的毒素非鼻腔途径接种也能引起 AR 的病变。

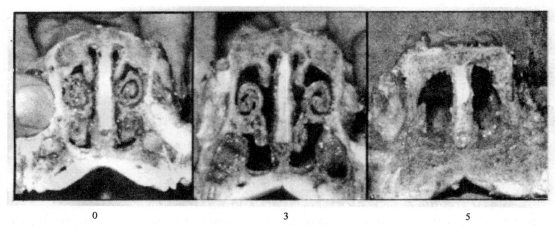

0　　　　　　　　　　　3　　　　　　　　　　　5

图-31　目测法评分实例

　　病猪首先发生喷嚏、吸气困难和发鼾声。喷嚏呈连续或断续性,特别是饲喂或运动时更为明显。流清液、黏性脓液或不同程度的鼻衄。病猪十分不安,以致奔跑、摇头、拱地、用前肢搔扒鼻部或擦鼻部。眼结膜发炎,鼻泪管堵塞,流泪,眼角有不同程度的泪斑。这种鼻炎症状最早见于 1 周龄仔猪,一般到 6～8 周龄时最显著。感染幼猪的鼻窦骨骼发生萎缩,而覆盖于上方的皮肤、皮下组织和健康部位的骨骼正常生长发育,故而致使猪面部变形或斜歪,上颌萎缩,鼻背部皮肤出现皱褶,上下门齿不能正常咬合,如一侧受损或两侧受损程度不同时,出现面部歪斜、影响采食。在一些猪群中,这种症状经过数周即可消失,并不发展为明显的鼻甲骨萎缩。但大多数猪群常有不同程度的萎缩变化。病猪如果在幼龄时感染,约 15％～25％猪经 2～3 个月后就出现面部变形或歪斜。如果不继续发生新的感染,在消除病原后,上皮组织可以获得对本菌抵抗力,萎缩鼻甲骨可以再生。因此,临诊上也有些猪并无鼻甲骨的萎缩可见,有的鼻炎延及筛骨板,则感染可经此而扩散到大脑,发生大脑炎。如果鼻甲骨损坏,异物和继发性细菌侵入肺部造成肺炎。Duncar 等(1966)观察到截然不同程度支气管肺炎,而肺炎又会加重鼻甲骨萎缩病演过程。

　　在发生鼻炎症状同时,眼角流泪,形成泪斑。主要病变为在肺心叶和尖叶有分散的肺炎灶,初呈深红色,后为褐色。病灶补丁样分布为其特征。

　　病猪体温一般正常,即使出现明显症状时,体温也不升高。血液变化是白细胞增多,红细胞和血红蛋白减少。钾、磷、活性磷酸酶、胆红素、脲及血清谷氨草酰转氨酶增加,血钙和钠含量降低,机体的钙等代谢障碍,生长延迟,饲料报酬低,并发肺炎的病猪病死率高。由于混合感染可恶化气喘病,猪肺疫的病势,给病猪也带来很大的损失。

　　支气管波氏杆菌和其他病原体之间有协同作用,如促进多杀性巴氏杆菌的感染,增高呼吸道疾病的发病率并增加其严重程度。

　　N. Chanter 等(1989)用两株支气管败血波氏杆菌(Bb)Ⅰ相菌株 B58 和 PV6(不产生细胞毒素)及一株 BbⅢ相菌株 B65 分别同产毒多杀巴氏杆菌(Pm)对猪鼻腔滴定攻击。结果 B58 和 Pm 猪,18 天后出现倦怠、厌食、呼吸困难、打喷嚏,鼻腔有大块浑浊的黏液。Pm 在猪鼻腔定居,其数量分别是 B58 为 $10^{5.5} \sim 10^{7.4}$ CFU/mL,PV6 为 10^4 CFU/mL,B65 为 10^3 CFU/mL,而 B6 的鼻腔定居数量相似。剖检所见鼻甲骨、PV6 单独感染猪的鼻甲骨看上去正常。B58 和 Pm 混感猪鼻甲骨减少 85%;PV6 和 Pm 混感猪鼻甲骨减少 32%~74%;B65 和 Pm 混感猪鼻甲骨减少 13%~32%。PV6 单独感染猪的鼻甲骨上皮增生,发育异常,含有纤毛细胞衬里的许多腺胞,基底层为淋巴细胞、浆细胞和嗜中性白细胞浸润。B58 和 Pm 混感猪的鼻甲骨病变最明显。上皮细胞常常形成乳头状突起导致上皮变厚,表明明显增生和发育异常,许多部位的鳞状细胞变形,多数上皮细胞纤毛消失。基底层纤维变性明显。上皮和基底层有炎性细胞浸润。骨质中心消失代之以纤维组织或呈岛屿状。PV6 和 Pm 混感猪的鼻甲骨底层发生不同程度的纤维化和骨质重吸收。不到 20% 的纤毛消失。B65 和 Pm 混感猪的鼻甲骨没有明显的组织学变化,但黏膜有轻度的炎性细胞浸润,骨质中心正常,破骨细胞多于 PV6 单独感染猪。实验表明,只有在感染细胞毒性 B6 Ⅰ相菌株(B58)的猪鼻腔中 Pm 才能大量地持续定居,这些猪的鼻甲骨严重萎缩。说明细胞毒素是 Bb 产生致病的一种关键因子。它为产毒素 Pm 在鼻腔中的生长创造有利条件。反之,产毒素 Pm 可促进 Bb 的定居和生长(Rutler, 1983)。Bb 细胞毒素既能直接引起鼻甲骨萎缩又能对产毒 Pm 的大量持续定居起先导作用。

　　接种支气管败血波氏杆菌的猪再接种猪链球菌,猪链球菌的分离增多,导致肺炎和散在性病变加重,也会增加副猪嗜血杆菌在鼻腔中的定植作用。

　　[诊断]　根据猪的临床症状、面部变形和生长发育停滞及发病年龄可初步诊断。

　　临床诊断不明显时,可通过剖检鼻腔进行诊断。方法是沿两侧第 1、第 2 白齿间的连线锯成拱断面,观察鼻甲骨的变化,最特征的变化是鼻甲骨萎缩,尤其是鼻甲骨的下卷曲骨为常见,鼻甲骨卷曲变小而钝直,甚至消失,鼻中隔部分或完全弯曲,使鼻腔变成一个鼻道,鼻腔黏膜常附有黏脓性或干酪样渗出物。目前鼻甲骨萎缩程度以目测评分法(0~5 分制)为判定标准(表-144)。汤锦如(1980)报道,总结泪斑对 AR 临床诊断及评值如下:

表-144　鼻甲骨萎缩程度目测评分法(0~5 分制)

评分	萎缩程度	特　　征
0	正常	鼻甲骨充满鼻腔,鼻中隔对称、笔直
1	轻度异常	与正常比较,稍微改变
2	轻度萎缩	腹侧鼻腔空隙增大,最大至 6 mm
3	中度萎缩	鼻中隔稍扭曲,腹侧鼻腔空隙为 7~8 mm,腹卷曲退行性改变
4	中重度萎缩	鼻腔空隙在 8 mm 以上,鼻甲卷曲退行性改变和骨质丢失,鼻中隔扭曲,腹卷曲消失
5	严重萎缩	腹鼻甲消失,背鼻甲退行性改变或消失,鼻中隔严重扭曲

　　摘自 Runnels, L. J., Veterin 萎缩性鼻炎 y Clinies of North America, L 萎缩性鼻炎 ge Animal Practice, 4(2), Nov. 1982, P301-319。

1. 泪斑产生的原因 感染支气管败血波氏杆菌后鼻腔黏膜发炎,波及泪管、泪管的鼻腔开口部因渗出物堵塞不能排出分泌物,引起轻度结膜炎,炎症刺激使泪液分泌增加,流泪不断,在眼内眦下部的皮肤上形成弯月状的湿润区,由于眼泪的浸渍并附着污物,从而逐渐形成黄、灰、黑色泪斑,以白猪明显。

2. 泪斑与病原菌分离关系 泪斑出现表示猪已感染。泪斑和流水样或黏性鼻液的检菌率高,急性期并具急性症状(泪液、流鼻液),小猪的细菌检出率高。无泪斑和无鼻变形的猪未检出菌(临床上有泪斑和鼻变形,无泪斑和无鼻变形,有泪斑、流鼻液、无鼻变形)。泪斑与鼻甲骨萎缩关系符合率如表-145:老疫区为87.5%～100%,新疫区为60.00%(65.71%)。老疫区母猪发病多,产下仔猪早期感染多,故鼻萎缩多,新疫区产仔母猪发病较少,其仔猪早期感染也少,仅有部分成猪感染发病,且鼻甲骨一般不萎缩或轻微萎缩,所以检出的符合率较低。日本研究发现,生后早期感染的猪鼻甲骨萎缩严重,多为重病例。1月龄以后感染的多为轻病例,3月龄感染的猪则仅见组织学 AR 病变。

表- 145 泪斑和鼻甲骨萎缩的符合率

疫　点	有泪斑病猪数(头)	同时有鼻甲骨萎缩的病猪数(头)	符合率(%)
老疫区- 1	8	8	100
老疫区- 2	12	11	91.6
老疫区- 3	37	32	87.0
老疫区- 4	88	77	87.5
新疫区	297	176	59.25

泪斑颜色深浅与鼻甲骨萎缩变化程度关系:泪斑颜色分黄、灰、黑3种,颜色深浅变化与鼻甲骨萎缩情况并不呈现平行关系,而以黄色为严重者和最重者。

泪斑与血清学反应的关系:有泪斑病猪46头,阳性44头,符合率达95.65%,以黄色、灰色、黑色泪斑成正比关系,血清阳性率也逐步提高。

[防治] 本病的预防应注意不从疫区引进种猪,确需引进时,必须隔离观察1个月以上,检查确实未被本菌感染后方可合群。同时应加强饲养管理和卫生防疫措施。

菌苗预防用波氏菌Ⅰ相菌油佐剂灭活苗。母猪在产前2个月及1个月各皮下注射1次,可保护生后几周内的仔猪不受感染。此外,还有 Bb 相菌与多杀巴氏杆菌二联灭活油佐剂苗,如 Bb＋Pm、Bb＋Pm - D、Bb＋Pm - A 等。大量试验证实,只有纯化毒素才具有刺激机体产生抗毒素的能力。其中以 Bb＋D 型 Pm 提纯类毒素的联苗最好。

猪群一旦发病,应严格封锁,停止外调,全部育肥后屠宰,经彻底消毒后,重新引进猪。

也可对全群猪进行药物治疗和预防,连续喂药5周以上,促进康复。具体使用药物:① 磺胺二甲嘧啶每吨饲料中拌入100 g,喂服。② 横胺二甲嘧啶100 g/t＋金霉素100 g/t,或青霉素50 g/t 或泰乐菌素100 g/t,混合拌料,饲喂。③ 土霉素400 g/t,连喂4～5周或更长时间。也可应用阿莫西林、多西环素、氟苯尼考、延胡酸泰妙菌素等。

日本大浦对波氏杆菌阳性猪场的防治是采取对分娩猪在分娩前 3 天,分娩当天及分娩后第 1、第 2、第 5 周,5 次向母猪鼻孔内喷雾卡那霉素(960 mg/头),同时用异氰尿酸钾每周猪场消毒一次等措施,结果母猪和仔猪鼻腔内未检出支气管败血波氏杆菌,猪群猪鼻甲骨萎缩减轻。

上述治疗方案为辅助性治疗,不能彻底清除呼吸道内的细菌,停药后部分或相当多的猪会复发。

三十八、嗜皮菌病(*Dermatophiliasis*)

该病是由刚果嗜皮菌(*Dermatophiliasis Congolensis*)为代表的嗜皮菌引起的,以皮肤表层发生急性或慢性的结节渗出皮炎,并形成结节为特征的人畜共患皮肤病,主要侵害反刍动物、家畜和野生动物,经常接触病畜的人亦能感染。本病亦是绵羊真菌性皮炎、疙瘩羊毛病、莓样蹄腐病及牛羊皮肤链丝菌病,以草食动物为主,人畜共患的急性或慢性感染病,通常是一种带疙瘩斑形成的渗出性皮炎。此病又称为真菌性皮炎、皮肤链丝菌病。

[历史简介]　由 Pospisi(1913)报道刚果发生此病。Ran Saceghem(1915)从比属刚果(扎伊尔)的渗出性皮炎的牛中分离到此菌,并作了描述,称之为“皮肤接触性传染病”,后又发现绵羊感染。1961 年美国报道该菌能导致动物疾病。Austwick(1960)将 3 种嗜皮菌归为刚果嗜皮菌,并提出了应将嗜皮菌科列入放线菌目的第 5 个科——嗜皮菌科:嗜皮菌属。《伯杰氏》手册第 8 版 17 部分将放线菌下设 8 个科,“V”科为嗜皮菌科,下有 2 个属,即嗜皮菌属和 *Geodermatophilus*。嗜皮菌属以刚果嗜皮菌为代表。

Gorden(1964)研究了嗜皮菌属中的一些病菌,电镜观察指出与放线菌和真菌无关,并决定将所有分离菌株归隶到刚果嗜皮菌这个种内,这一结论于 1965 年由 Roberts 的血清学研究予以支持。Gorden(1964)认为本病系真菌原发感染的概念不正确。Roberts(1967)指出本病命名为“嗜皮菌病”相当适合。1980 年中国农科院兰州兽医所从甘南藏族自治州牧民称为“刺”的牦牛身上发现和分离到本菌。

[病原]　刚果嗜皮菌,在分类上属于嗜皮菌科,嗜皮菌属,刚果种。本菌能产生菌丝,宽 $2\sim5\ \mu m$,雏形基内菌丝末端类细,有与主丝有直角的侧枝,菌丝粗大,呈直角分枝,菌丝有中隔,顶端断裂呈球状体。球状体游离后多形成团,似八链球菌。成团的球状体被胶状囊膜包裹,囊膜消失后,每个球状在适当条件下长出鞭毛,即成为有感染力的流动孢子,能运动。从新鲜标本易分离到菌,适温生长温度 37℃,在添加 10% CO_2 条件下比一般需氧培养发育良好,可形成气生菌丝,但分隔和孢子形成推迟,通常在复杂的有机培养基上生长,接触酶阳性,从葡萄糖、果糖产酸。菌丝和孢子均为革兰氏染色阳性。在普通肉汤、厌氧肝汤和 0.1% 葡萄糖肉汤等液体培养基中生长时,初呈轻度浑浊,以后出现白色絮片状物,逐渐下沉,不易摇散。有时出现白色菌环。在固体培养基上菌落为灰白色,渐渐变成淡黄色。菌落呈圆形,呈波浪形边缘,突起并愈着于培养基。菌落直径大小平均为 0.5～4.0 mm。CO_2 对粗糙和平滑菌落的影响不持久。在卵培养基上菌落小,苍白色并有少数孢子。在骆费勒氏培养基上有丰富的菌丝和孢子。在半固体培养基上菌落似放线菌属。

刚果嗜皮菌能凝固牛奶,通常能缓慢地液化明胶,并可在液体培养基上产生菌膜。它能发酵葡萄糖及甘露醇并产酸。对分解糊精、半乳糖、左旋糖和蔗糖的能力不一致。不发酵伯胶糖、卫矛醇、乳糖和山梨醇。

嗜皮菌的发育史很有趣,首先由芽生孢子生出直径约 1 μm 的细长菌丝,菌丝伸长、增宽,并从孢子端开始出现横膈。菌丝继续伸展,长出侧枝,并在不同的平面上不断生出横膈,直至菌丝形成 2~6 μm 宽的管枝,内部充满成堆的 1 μm 的球孢子。孢子(游动孢子)能活动,当渗出物痂皮湿润时,便从菌丝体中释放。Edwards 和 Gordon(1962)的电子显微镜研究显示放线菌目与真菌在结构上没有关系,而与真细菌目有密切相似之处。本菌 G+C 为57~59 mol%。咨询菌株为 ATCC14367。

所有已经研究过的刚果嗜皮菌菌株似乎都具有相似的菌体抗原、溶血素和沉淀素原。鞭毛抗原显现很大的变异性,但在分离出的菌株间有些可具有相同的鞭毛抗原。

引发迟发性过敏反应的可溶性抗原,在许多菌株中似乎是相似的。对刚果嗜皮菌的免疫应答既包括抗体的生成,也包括细胞介导免疫性,后者以迟发型过敏反应为证明。中性粒细胞吞噬游动孢子后杀灭该菌。鞭毛和自然的凝集性抗体似乎在保护作用上没有重要性。抗体应答对刚果嗜皮菌好像不具有重要的保护作用。

本菌孢子耐热,对干燥也有较强抵抗力,在肝中可存活 42 个月。对青霉素、链霉素、土霉素、螺旋霉素等敏感。

[流行病学]　本病无宿主特异性,不同年龄、不同动物皆可感染,易感的动物很多,牛(乳牛、水牛、牦牛)、羊(绵羊、山羊)、马、驴、猪、犬、猫、鹿、长颈鹿、羚羊、斑马、狐、黑熊、浣熊、袋鼠、松鼠、野兔、须龙四足蛇、刺猬、啮齿动物等都有自然发病的报道。幼龄动物发病率较高。动物营养不良或患其他疾病时,易发生本病。人亦可感染发病。

我国云、贵、川、云南、河南等地以牛多发,羊次之。1969 年在甘肃牦牛中发现,水牛和奶牛血清中皆有不同程度的抗体,说明均有不同程度的嗜皮菌感染。

本病的传染源为病畜。因本菌为病畜皮肤的专业寄生菌,在土壤中不能存活,能运动的游离孢子具有感染力,干燥的孢子能长期生存。病畜和带菌畜为本病的主要传染源。病畜皮肤病变中的菌丝或孢子,特别是游动孢子,主要通过直接接触损伤的皮肤感染,或经吸血蚊、蝇类叮咬传播,或经污染的畜舍、饲槽、用具划伤皮肤而间接接触传播。垂直传播也有可能。特别是孢子具有鞭毛,能游动易随渗出物或雨水扩散。

本病发病与雨水、昆虫和不良饲养管理有关,多见于气候炎热天气的雨季节、泥泞潮湿棚舍。故该病呈现出一定的季节性、散发性和地区流行。

此外,免疫状况低下或长期使用糖皮质激素类固醇药物治疗的动物发病严重。

[发病机制]　刚果嗜皮菌的致病性决定于皮肤上的游动孢子能否侵入表皮的深层组织。要完成感染必须克服皮肤的 1~3 个保护性屏障:被毛、皮脂层和棘化层。雨水浸渍、皮肤的创伤,为病菌的侵入提供了重要途径。游动孢子对从皮肤里弥散出来的 CO_2 能产生化学趋向性的反应。侵入皮肤的游动孢子发芽,发芽管伸长成菌丝,菌丝成长变粗,再产生分枝菌丝侵害毛囊,由于积集在真皮内嗜中性白细胞所产生的一种因子的作用,感染表皮下

方,嗜中性白细胞积集,浆性渗出物蓄积并向表面渗出,最终导致痂块形成,真皮不受侵害。受了感染的动物背部皮肤上出现小的、连成一片的、凸起的及有限度的硬皮。硬皮由表皮细胞及埋入有毛的凝固的浆液性渗出物组成。这种病变可以是局限的,或为进行性的,且有时可致死。该病实质上是一种渗出性皮炎,继之以痂皮大量形成。

微生物侵入损伤皮肤并建立细菌性皮炎。渗出的上皮碎片和微生物的菌丝型所产生的疙痂与线癣绝不相同。继发的细菌侵入可以发生并使疮疹突起以至广泛的化脓和严重的毒血症。在多数病例其病损表现出自身的界限而且此疙痂也与痊愈的病损是分开的。在一些动物中此病系急性、发展快、治疗则相应好转或在几周内自然消失,在另一些病例则为慢性并持续以月计,难以彻底治愈。

[临床表现]　本病主要发生于牛、羊、马、鹿、兔、猪等动物,典型表现是背部皮肤出现小的、成片的、凸起的及局限的硬皮,在黏着成簇状的毛下可见水肿或小脓疱。被毛与渗出物黏着成似毛刷束形、地毯隆起。有的是缠结的被毛完全由皮肤结痂覆盖,刮开痂皮,可见黄绿色脓汁和粉红色皮炎。痊愈时,结痂脱落,出现新毛或残留无毛部分。除背部感染外,头部、颜面、颈部、四肢、鼻镜也常感染发病。急性期的病损广泛,由原始部位以同心圆方式蔓延。

Vandemaele(1961)报道猪感染本病病情。Stankusshev 等(1968)报道中欧猪有一种"真菌性皮炎"。病变见于腹部、耳、四肢、颈部及蹄冠上。起初为一些丘疹和小突起,后变成褐色硬痂覆盖,病猪跛行。病变发生在 2～3 天间,后自愈。1983 年 L. G Lomax 从未断奶小猪耳翼皮肤病损处分离到刚果嗜皮菌,并有葡萄球菌感染。内蒙古赤峰旗(2006)报道,34 669 头猪中有 16 241 头发生本病。猪全身都可见到病变,病初局部皮肤潮红,后变成紫红,伴有渗出性皮肤炎,最后皮肤呈铁锈色或褐色斑。猪是接触感染,仔猪更易感染发病。

主要在保育舍仔猪,特别是刚断奶的仔猪易感染,分娩舍乳仔猪也有少数发病,起初是同舍中的 1～2 头发病,然后逐步传染扩散到全舍发病,发病率达 50%～60%。发病猪还表现精神萎靡,少食,毛乱,发痒蹭墙,怕冷,嗜睡,个别猪有腹泻或死亡。仔猪生长发育受阻,严重病猪瘦弱而死。

[诊断]　根据皮肤出现渗出性皮炎和痂块,体温无显著变化,可初步诊断本病。确诊要依靠细菌和病理学检查。

嗜皮菌病的诊断依赖于对可疑病损的渗出物(目前只能从病损材料中分离到;尽管作了大量努力,仍未从自由生活的环境中发现此种微生物)进行培养和镜检。用灭菌生理盐水将渗出性痂皮制成乳剂即可用于培养和镜检。吉姆萨染色的乳剂涂片往往必须仔细检查其是否呈现刚果嗜皮菌的多向分隔和分枝的典型菌丝型。痂皮乳剂在室温中放置 1～2 小时后,其上层中出现许多游动孢子;将该乳剂通过 1.2 μm 孔径的滤膜,把游动孢子和迅速生长的污染菌分离;滤液再作培养,便可分离出刚果嗜皮菌。

病理组织学可观察到表皮充血、水肿及白细胞浸润和硬皮为特征的增生性变化,并能在表皮细胞和毛囊发现病原体。细菌学检查可取病灶脓汁,涂片,染色,镜检检出分枝及多隔的菌丝和平行排列的革兰氏阳性球菌样细胞丛,既可作出确诊,或可培养。

必要时可将病料涂擦接种于家兔剪毛皮肤上,经2～4天后家兔发病,接种部皮肤红肿,有白色圆形、粟粒大至绿豆大丘疹,并有渗出液,干枯后形成结节,结节融合成黄白色薄痂,取痂皮涂片染色镜检,可见本菌。

根据报道,血清学诊断方法,已用于本病诊断,并取得良好效果。如免疫荧光抗体技术、酶联免疫吸附试验、琼脂扩散试验、凝集或间接凝集试验等。

[防治]　目前尚无防治本病的疫苗,因此,预防可采取如下措施。

(1)防治本病的主要措施为加强饲养管理,经常保持畜牧场舍干燥、环境卫生,清除污水、杂草。

(2)对病畜应严格隔离,及时治疗,及时清除病灶的痂皮、被毛及周围皮肤被毛,以减少病原体数量和病源扩散。保持畜牧场环境卫生和畜体卫生;保持畜体、畜舍干燥。

(3)尽可能防止家畜淋雨或被蜱、蝇等叮咬和设备意外创伤,做好灭蚊、蝇、蜱工作和设备维修。

(4)加强对集市贸易检疫和家畜运输检疫。

(5)加强人的防护,减少人与畜接触感染,防止发生创伤而感染(通过皮肤划痕的接种方法,典型病变的产生更早)。

(6)对病畜及时隔离治疗,局部可涂消毒液,如碘制剂或磺胺粉等,全身可用青霉素、链霉素、土霉素、螺旋霉素等,或用1‰龙胆紫酒精溶液和5%水杨酸酒精溶液敷搽局部,均证明有效。

双氢链霉素能有效地清除皮肤感染,但若渗出物痂皮仍留在动物体上并受潮湿,则有再感染的可能,所以常见的自然感染显然不能产生有效的免疫,故清疮去痂,清洁皮肤非常重要。

三十九、坏死杆菌病(*Necrobacillosis*)

该病是由坏死梭杆菌在机体局限创伤、组织坏死、需氧共生条件下侵袭繁殖致动物感染,患病组织坏死液化发生坏死性皮炎、坏死性口炎、坏死性肝炎、反刍动物趾间腐蹄、牛肝脓肿、猪皮肤溃疡等,人亦可患坏死杆菌病。

[历史简介]　最早发现坏死梭杆菌是从患病的畜禽上分离到的。Dommann(1818)观察到牛的坏死杆菌。Aammann(1877)描述了犊牛白喉,继而Loffier证实它是一种长成菌丝的细菌所致。Flugge(1886)定名为坏死梭杆菌。Halle(1898)从法国一女性生殖道内分离到一株坏死杆菌。Knorr(1922)根据多种梭菌形态、生化特性等建立了梭杆菌属,坏死杆菌是该菌属的一个代表菌种。March和Tunnicliff(1934)从感染了腐蹄病绵羊的潮湿牧场均分离到本菌。Lemerre(1936)发现并总结了人坏死杆菌病,引起口腔感染、脓毒败血症、内静脉炎症为特征的综合征,由此命名为Lemirre's综合征或称咽峡后脓毒症。Alston(1955)根据首发病灶位置的不同,将人的坏死梭杆菌归纳为4种感染类型:皮肤和皮下组织型、喉炎型、女性生殖道型和肺型。Gunn(1956)报道了能引起败血症的坏死梭菌,是名为Funduliformis拟杆菌,并对它进行了清晰的描述。

[**病原**]　坏死梭杆菌是梭菌属细菌。

本菌为革兰氏阴性的一种多形性细菌。在感染的组织中通常呈长丝状，特征是形态细长、两端尖细如梭状。但有的菌呈现短杆菌、梭状甚至球杆状。新分离的菌株以平直的长丝状为主。在某些培养物中还可见到较一般形态粗两倍的杆状菌体。菌宽约 $0.5\sim1.75~\mu m$，长可超过 $100~\mu m$，有时可达 $300~\mu m$。在病变组织和肉汤中以丝状较多见。培养物在 24 小时内菌体着色均匀，超过 24 小时，菌丝内常形成空泡，此时以石炭酸复红或碱性亚甲蓝染色，染色部位被淡染的和几乎无色的部分隔开，宛如佛珠样。菌体内有颗粒包涵体，无鞭毛，不能运动，不形成芽孢和荚膜。

超微结构研究表明坏死梭杆菌的外细胞壁是卷绕的，说明细胞壁中含有联系细胞质与细胞壁外部环境的通道，作用可能是用来排泄外毒素等相关产物。坏死梭杆菌是非抗酸性病原菌，易着染所有普通的苯胺染料。但 3 天的老龄培养物菌，许多细菌着色很差，短细菌染色微弱，在两端有着色深的颗粒，表现两极浓染。

本菌为严格厌氧菌，接种在固体培养基上，在无氧环境中培养表面形成菌落后，转入有氧环境中继续培养，菌落仍可继续增大，培养适温为 $37^{\circ}C$，适宜的 pH 为 7.0。通常用的最佳培养气体条件是 $5\%\sim10\%~CO_2$、$5\%\sim10\%~H_2$、$80\%\sim90\%~N_2$。用普通培养基培养时，须加入血清、血液、葡萄糖、肝块或脑块后可助其发育（营养琼脂和肉汤中发育不良），在葡萄糖肉渣汤中培养，须加入硫基乙酸钠，以降低培养基氧化还原电势方能生长。通常呈均匀一致的浑浊生长，有时形成平滑、絮状、颗粒状或细丝状沉淀，最后 pH 可达 $5.8\sim6.3$。可在人血琼脂中添加 0.01% 亮绿和 0.02% 龙胆紫作为选择培养基筛选和分离坏死梭杆菌。由于在病变部位常常存在链球菌、葡萄球菌和变形杆菌等其他细菌，因而从外部伤口分离病原菌十分困难，可以选用疱肉培养基或者以 EY 培养基为基础的半固体培养基作为运送培养基，以心脑肉汤、EY 培养基等为增菌培养基对坏死杆梭菌进行增菌后分离。

不同菌株的坏死梭杆菌在固体培养上产生 3 种不同类型的菌落，这也形成了后来被广泛认可的 Fievez 生物学分型系统，该系统将坏死梭杆菌分成 3 种生物型：A、B 和 AB 型。A 型菌即 Necrophorum 亚种，是一种严重威胁牛、羊和袋鼠生命的动物细菌源。在血液琼脂上 A 型菌落扁平，轮廓不规则，呈金属灰白色，β 溶血。溶血带直径通常等于或两倍于菌落的直径。B 型菌落隆起，轮廓圆整，黄色，不或弱溶血，通常产生 α-型（部分溶解，略呈绿色）的溶血带，其大小一般不超过菌落，并且仅在菌落下面。AB 型菌落为中间型，可见菌落为毡状菌丝所构成，中央致密，周围较疏松。在含二氧化碳环境中培养时菌落呈蓝色，被一圈不透明的明显的环围绕着。看上去似"煎鸡蛋"菌落，溶血程度通常与 A 型菌落相同。

在丰富的液体培养基中，A 型、AB 型细菌产生均匀浑浊培养物，而 β 型菌呈絮凝状生长，形成沉淀，肉汤清晰。这是因为 A 型、AB 型菌株在液体培养基中产生长丝状悬浮，而 B 型菌株菌体较短，易形成沉淀。

本菌除少数菌株偶尔可使果糖和葡萄糖发酵微产酸外，各种糖类均不发酵。有的菌株分解明胶，但不能分解复杂的蛋白质，能使牛乳凝固并胨化。分解色氨酸产生吲哚，利用苏氨酸脱氨基作用生成丙酸盐，利用乳酸盐转变为丙酸盐，产生丁酸。在蛋白胨酵母浸汁葡萄糖肉汤中的代谢产物主要为酪酸,也可产生少量醋酸和丙酸;极少数菌株的代谢产物以乳酸为主,并可产生少量的琥珀酸和蚁酸。在血液琼脂平板上多数菌株为 β 型溶血,少数菌株呈 α 型溶血或不溶血。β 溶血菌株通常酯酶阳性,不溶血株或弱溶血株为阴性。不还原硝酸盐,能产生靛基质,培养基散发恶臭味。不产生过氧化氢酶、卵磷脂酶或水解七叶苷。A 型和 AB 型菌株对人、鸡、鸽的红细胞有很强的凝集性,对牛、绵羊、兔、马和豚鼠的红细胞不敏感。B 型菌株不凝集人和动物的红细胞。从人体内分离的坏死梭杆菌内毒素能明显地凝集人、猪、鸡的红细胞,溶解人、马和家兔的红细胞,能破坏人体的白细胞。坏死梭杆菌白细胞毒素是一种对白细胞、巨噬细胞、肝实质细胞和瘤胃上皮细胞有毒害作用的分泌蛋白,具有较好的抗原性。

本菌产生内毒素、杀白细胞素、溶血素等多种毒素;有 2 个亚种,4 个生物型:A、B、AB、C,A 型 β 溶血菌株能产生杀白细胞素和血凝素,有致病力;B 型不溶血或弱溶血菌株不产生杀白细胞素,无致病力。但 B 型是人的病原菌。本菌 DNA 中 G+C 含量为 31~34 mol%。模式株:ATCC 25286;GenBank 登录号(16SrRNA):AJ867039。C 型为非致病型,原名为伪坏死梭杆菌,根据 DNA - DNA 杂交分析和 16S~23S 基因间沉默区序列分析 C 型为变形梭杆菌。

坏死梭杆菌广泛存在于自然界及各种动物的肠道和粪便中,很少有宿主特异性。该菌在外界环境中抵抗力较弱,在有氧的情况下,于 24 小时内即可死亡,而在粪球内的菌则 48 小时内死亡,在潮湿的牧场上能存活 3 周,在脓肺、肝中于 $-10℃$ 可存活 5 年。对热和消毒剂的抵抗力一般,$4℃$ 可存活 4~10 天,$59℃$ 仅可存活 15~20 分钟,$100℃$ 1 分钟内死亡。1% 煤酚肥溶液于 20 分钟内、1% 福尔马林溶液于 20 分钟内可将其杀灭。

对青霉素、氨苄青霉素、羧苄青霉素、5 -甲基- 3 -邻氨苯基- 4 -异噁唑青霉素、四环素、林可霉素、多黏菌素 B 及氯霉素敏感;对链霉素、新霉素、奈啶酮酸、卡那霉素和红霉素具有抵抗力。

[流行病学] 坏死杆梭菌在世界各地均有存在,长期存在于外界环境中,在良好条件(厌氧生活,富有腐殖质的土壤,充足的水分,最适宜的湿度)下,甚至有时也像腐生菌样增殖。多发生于低湿地带和多雨季节,呈散发或地方性流行。所有的畜禽和野生动物对本病均易感。该菌是人及动物共染的病原菌,无特定的宿主。绵羊、山羊、乳牛最易感,马、猪次之,还有鹿、犬、猫、兔、鸡、鸭等。Cygan(1975)检查了 2 267 头牛,其中 77 头发现有肝脓肿,并从 90% 的牛病料中分离到坏死梭杆菌 A 型和 B 型;野生动物中獐、叉角羚、袋鼠、麋鹿、猴等均可带菌。传染源主要为草食兽。病原菌常存在于草食兽的胃肠道内,随粪便排出体外,污染环境,所以本菌广泛存在于饲养场、放牧地,尤其是粪便污染更严重的低湿地。健康动物口腔、生殖道中也有本菌存在。本菌看来不像能在动物体外繁殖,但它无疑地能短期内在土壤中保持活力。在一些条件下,坏死梭杆菌病具有传染性,与病兽同时饲养,或同时饮用被坏死梭杆菌污染的水,或存在外伤伤口都能增加感染的机会;其他细菌如大肠杆菌或化脓类细菌的诱导,可能为坏死梭杆菌的感染提供条件。本病主要经损伤的皮肤、黏膜感染,然后经血液流散布至全身其他组织或器官,形成继发性坏死灶,在新生幼畜,病原菌可由脐静

脉进入肝脏。

无论是人的坏死梭杆菌感染还是动物的坏死梭杆菌病,均可于一年四季发生,而多雨潮湿炎热季节发病较多。

[发病机制]　坏死梭杆菌是很多种动物和人消化道的一种共生菌。其主要特点是受损部位的皮肤及皮下组织或口腔、胃黏膜发生坏死,或在内脏形成转移坏死灶。本菌很少或不能侵入正常的上皮。当组织损伤和循环障碍时(血肿、水肿、机械性损伤),侵入的病原菌很快繁殖。最初感染过程限于局部发生(极少发现它扩散),此时没有发现脓毒症。但当组织由于外伤、病毒感染或被其他细菌感染而受损时,它们就能容易地侵入并繁殖,从而把细菌散播至肝和其他器官。其致病机制,主要取决于坏死梭杆菌的致病因子,如白细胞毒素(Leukotoxin,LKt)、细胞壁溶胶原成分(Collagenolytic cell wall component)、溶血素、坏死梭杆菌的内毒素或皮肤坏死毒素等。这些致病因子能够使细菌进入机体、定居和增殖而引起各种损伤。其中,公认的致病性坏死梭杆菌产生的致病因子是具有溶解细胞作用的白细胞毒素和导致皮肤坏死的细胞壁溶胶原成分。

1. 白细胞毒素　是一种分泌型蛋白质,它能够溶解中性粒细胞、巨噬细胞和肝细胞,也可能具有溶解瘤胃上皮细胞的功能。这个毒素被认为比其他任何细菌的白细胞毒素要大,相对分子量约为 300 kDa。多个研究表明坏死梭杆菌 necrophorum 亚种比 funduliforme 亚种产生更多的白细胞毒素。也有研究发现,从肝脏分离的坏死梭杆菌比从瘤胃中分离的坏死梭杆菌对白细胞更具有毒性,因而推测产生白细胞毒素多的毒株更易进入瘤胃壁和肝脏。这种毒素可使牛的白细胞仅存活 5%~15%(对照组为 80%~90%);对蛋白分解作用敏感,对淀粉酶、神经氨酸酶、脂酶、DNA 酶、RNA 酶有抵抗力。

用实验动物进行毒力测定,并观察了肝脓肿的情况证实,白细胞毒素是坏死梭杆菌感染的致病因子。不产生白细胞毒素的菌株通过蹄真皮接种不能诱发蹄部脓肿。在研究中发现,抗白细胞毒素滴度的高低及其保护性与抑制感染方面具有相关性。

2. 细胞壁溶胶成分　引发坏死的效应被认为是坏死梭杆菌发病机制中最基本的致病因素。坏死梭杆菌细胞壁溶胶原成分(CCWC)是引起皮肤坏死的活性成分,并且导致坏死梭杆菌感染后坏死斑的形成。CCWC 能够使中性粒细胞表面由粗糙变光滑,形状变不规则,也使肝细胞出现不规则形态,细胞膜表面形成微小创口,是肝脓肿的重要致病因子。

3. 坏死毒素　毒素为脂多糖,与菌体细胞壁紧密结合,对小鼠、鸡胚和兔有毒性;对初代猪肾细胞有细胞致病作用,给小鼠腹腔注射可引起死亡;给兔和豚鼠皮内注射,可致局部坏死和红斑。

Abe(1979)指出,坏死梭杆菌的溶血特性是由于产生磷脂酸和溶血磷脂酸。

[临床表现]　动物坏死梭杆菌病的临床表现既具有细菌感染的一般临床症状,如发热(常为低热)、感染局部红肿热痛、血象升高(白细胞总数和中性粒细胞数升高)等,还具有其特征性临床表现,主要包括分泌物恶臭、带血或呈黑色,生长与代谢过程可产生吲哚、甲基吲哚等多种具腐败性气味的物质,感染多发生在黏膜,与长期大剂量应用抗生素有关。猪发生坏死梭杆菌病后,病猪全身症状不明显,因常有结状拟杆菌、化脓放线菌、葡萄球菌等协同致

病,病猪常减食或拒食,体温升高,消瘦,常因恶病质而死亡。根据发病部位不同,可分为 4 种类型病症。

1. **坏死性皮炎** 是最常见的病型,多见于乳猪、仔猪,多发于体侧、臀部及颈部,呈全身皮肤显著干性坏死炎症,臀股内外侧、乳房及前后肢周围皮肤硬板坏死,四肢蹄冠和皮肤形成龟裂、尾脱落、肢跛行等坏死和溃疡。病初创口很小,在体侧、耳、颈或四肢外侧出现圆形或椭圆形不等的突起肿块,附有少量脓汁或盖有干痂,触之硬固肿胀,无热无痛。肿胀很快扩大,自然破裂,形成化脓坏死性溃疡。皮肤溃疡形成和皮下渗出性、化脓性坏死炎症过程逐渐加剧。随着痂下组织坏死并迅速扩展,形成囊状坏死灶或大小不等的腔洞。患部脱毛,皮肤变白。病灶内组织坏死溶解,形成灰黄色或灰棕色恶臭液体,从创口流出。无痛感,病变下组织呈暗褐色浸润,有出血点,创口边缘不整齐,创底凹凸不平。少数病例的病变可深达肌肉、腱、韧带和骨骼,甚至造成透创至腹腔或胸腔内脏出现脓肿。有的猪发生耳或尾干性坏死,最后脱落。有的皮肤脱落,病健间组织呈红褐色,从边缘逐渐呈条状或片状脱落,有的脱离组织间呈黄白色腐烂化脓。病猪全身症状不明显,严重时可引起败血症而死亡。ГOSTOBИ(1977)报道了 716 头猪中有 233 头发生坏死梭杆菌病。发病先从 4 头公猪开始,半个月波及全群。病猪头部,体侧及大腿皮肤上先出现不同大小和形状的肿胀,肿胀部红、热、有痛感,2~3 天后溃烂,形成圆形或椭圆形溃疡,深达皮下和肌肉,深层坏死灶内含有暗灰色坏死物质。但严重病例可表现少食或停食,体温升高,消瘦或恶病质致死。母畜还会发生乳头和乳房皮肤坏死,甚至乳腺坏死。

2. **坏死性口炎** (仔猪白喉)主要发生于仔猪。病猪不安,少食,腹泻,消瘦,咳嗽,呕吐,流血状灰白色鼻液,咽部肿胀,头部僵直,呼吸困难。在唇、舌、齿龈、咽、扁桃体黏膜溃疡及周边组织坏死,上面附有伪膜或痂皮,下有黄色的化脓性坏性病变。有特殊臭气,剥去大小为豆至一分硬币的灰白色或柠檬色坏死组织覆盖物,露出鲜红的烂斑。剖检时,可见咽壁和气管上也有类似的淋巴结中可能含有的灰黄色坏死病灶。有些病猪直肠黏膜上也有污棕色覆盖物,表现腹泻。患病猪一般经 5~20 天死亡。患病仔猪常因窒息在 1~2 天内死亡,或拖延数周后,因异物性肺炎或衰竭而死。轻症病例则于坏死组织脱落后形成瘢痕而痊愈。

3. **坏死性鼻炎** 病灶原发于鼻腔黏膜,能蔓延至鼻软骨,有时波及窦腔、气管及肺部。在鼻软骨、鼻骨、鼻黏膜上出现溃疡与化脓,并附有伪膜,还可蔓延到气管和肺。表现为咳嗽、脓性鼻液、喘鸣和腹泻等。G. Bergstrom(1981)报道了仔猪的坏死梭杆菌病。14 日龄仔猪表现为鼻炎,有浆液性鼻液及眼分泌液,腹泻,精神极度沉郁,反射消失;3~4 周龄的猪,口鼻部肿胀,坏死。舌常有大面积坏死,致使病猪消瘦,甚至死亡。

4. **坏死型肠炎** 病猪出现腹泻、虚弱、精神症状等,胃肠主要为十二指肠到空肠黏膜弥漫性出血,大小肠黏膜上覆盖一层黄白色假膜并有坏死性溃疡。排出带血脓样粪便或坏死黏膜粪。死亡居多。常与猪瘟、副伤寒等传染病并发或继发。

剖检死亡的或急宰的猪,在原发病灶部位的皮肤,可见不太明显的缺损和创伤,还有化脓坏死溃疡,肌肉组织分解、"熔化",以及许多皮下"囊"里积聚带恶臭的渗出液。有些猪,皮下的"囊"穿通整个一侧肋骨部,或者从髋结节到肩胛骨和颈。

但临床并不是单一表现,病程呈散发慢性经过。袁永财(1996)报道,某猪场103头40～80 kg育肥猪,因混群打咬,开始1头猪两耳出现表皮擦伤有鸭蛋大肿块,6天后又有29头发病。后又有7头发病,其36头,占存栏数34.9%,死亡1头(2.8%)。临床表现:全身症状不明显,病重猪食欲减少,个别轻度拉稀,少数体温40.3～41.7℃,精神沉郁,卧地离群。所有病猪初期均在体侧、耳、颈或四肢外侧出现圆形或椭圆形不等的突起肿块,有不同程度的外伤结痂,指压感硬,不痛,有热感,大小不等,数量多的达12个,直径在3～6 cm,厚2 cm左右。病程较长的皮下组织坏死溃烂,有的指压局部有波动,切开后有黄褐色坏死组织和脓汁流出,具有恶臭味,有的可见大小不等的空洞。有2例耳部形成袋状脓肿,移动时有水击声,切开有黄白色脓汁流出。有3例尾椎坏死脱。尸检1例,消瘦,体表不见肿块,皮下有8处坏死灶,并溃烂到深层组织,达到胸、腹膜及全身各器官,肝硬变,心肌和胃不同程度坏死,肾包膜难剥离,膀胱黏膜增厚,胃和大肠黏膜有纤维样坏死性炎。有少例屠宰猪在皮下有数处坏死灶,呈眼子状。

另一猪场报道患猪食欲不足,嗜稀饲料,下腹紧缩。体温和呼吸无变化,后肢跛行,四肢蹄冠和皮肤形成龟裂,创面红污色,全身皮肤有显著干性坏死炎症,臀、股内外侧、乳房及前后肢周围皮肤硬板、坏死,无痛无热,表皮不易剥落,有的皮肤组织脱落,呈干皮状,病、健间组织呈红褐色,脱落组织大小不一,形状不一,有条状、片状等,有的连同乳头、阴唇黏膜脱落,有的脱落组织间呈黄白色腐烂性化脓。病变部皮下组织呈暗褐色浸润,有针头至小米粒大出血。小肠黏膜弥漫性出血,以十二指肠至空肠间处多。肝黑褐色,小叶明显,表面有界限较明显的核桃大的黑绿色斑,切面小叶呈空泡。

[诊断] 本病从发病部位及所呈现的溃疡、化脓等特殊的坏死症状可作出诊断。其他病变可见腹膜、胸各器官营养不良,肝硬变,心肌和胃有不同程度的坏死灶,肾包膜剥离困难,尿膀胱黏膜增厚,胃和大肠黏膜有纤维样坏死等。如果需进一步证实,可采取坏死组织与健康组织交界处的病变组织,置于无菌试管或保存于30%甘油溶液中送实验室检查病原菌。涂片染色见到着色不均匀呈串珠状长丝形菌体或细长的杆菌,即可确诊。如果病料污染或含菌很少,可将病料制成1∶10悬液,给家兔耳静脉注射,或小鼠皮下注射,待家兔死亡(约1周),取其内脏的坏死脓肿,进行镜检和分离培养。从坏死病灶的病健交界处取材料直接涂片,待干,固定,以石岩酸复红或亚甲蓝染色,可见佛珠状的菌丝,即为坏死梭杆菌。

迄今为止还没有令人满意的血清学方法以辅助和分类坏死梭杆菌。

[防治] 根据坏死梭杆菌广泛存在的特点,以及其主要的传染源和传播途径,要有效预防与控制相应感染的发生。

本病主要预防措施是搞好环境卫生,不让细菌在土壤和水中有生存机会,保护人畜的皮肤和黏膜不受损伤,切断感染途径。该病的治疗关键是早期诊断,受感染的动物应及时与健康动物隔离,强化环境,用具清洁与消毒,防止坏死梭杆菌的传播。猪群应要避免过于拥挤,防止相互咬斗,造成创伤。

一旦发现感染本病的人畜,要及时清理伤口和清除结痂,彻底清除坏死组织;口腔黏膜患病可用0.1%高锰酸钾溶液冲洗,再涂碘甘油;皮肤感染者要清创,以清除坏死组织碎屑和毒素,用 10%～20%硫酸铜液或 1%高锰酸钾液清洗,再用碘酊或磺胺类药物涂治。对严重病例可配合全身疗法,使用磺胺类、喹诺酮类药物、四环素或头孢类抗生素治疗,既可以控制本病发展,又可以防止继发感染。坏死梭杆菌对链霉素、新霉素、卡那霉素、万古霉素、红霉素、交沙霉素等具有不同程度的耐药性,故应筛选药物高效治疗并轮换使用。

四十、嗜麦芽窄食单胞菌感染(*Stenotrophomonas maltophilia* Infection)

该感染是由嗜麦芽窄食单胞菌致人和动物发生的细菌性疾病。主要特征是条件性、继发性多临床症状感染,如肺部感染、尿道感染、下呼吸道感染、败血症、脑膜炎、结膜炎、皮肤感染等。

[**历史简介**]　Huge 和 Ryschenkow,1958 年从人口腔肿瘤及咽部分离到此菌,于 1960年命名为嗜麦芽假单胞菌。1981—1983 年对本菌研究发现其基因和生化反应与其他假单胞菌有较大差别,根据 DNA - rRNA 杂交、细胞脂肪酸组成、噬菌体的实验结果,本菌被归入黄单胞菌属,称为嗜麦芽黄单胞菌。但由于本菌不产生黄单胞菌素,对植物有致病性,并能在 35℃生长,有一端丛毛,与其他黄单胞菌不同,故 Palleroni 和 Bradbury 等学者(1993)建议归入寡单胞菌属,定名为嗜麦芽窄食单胞菌(*Stenotrophomonas maltophilia*)。

[**病原**]　嗜麦芽窄食单胞菌是嗜麦芽窄食单胞菌属的唯一生物种。该菌为非发酵、需氧杆菌,革兰氏染色阴性,为较短或中等大小细长略弯曲杆菌,一端有丛鞭毛,多为 3 根以上,有动力。最适生长温度为 35～37℃,4℃不生长,42℃约有近半数菌株生长。在普通琼脂和血琼脂平板上菌数较大,约 0.5～1.0 mm,光滑,闪光,边缘不整齐,呈淡紫色,可见黄绿色色素,不溶血。多数菌株生长时需要蛋氨酸。氧化酶阴性,氧化分解葡萄糖的能力非常弱,且缓慢,能代谢的物质有限,与其他细菌有区别。葡萄糖 O/F 实验在培养 18～24 小时呈中性或弱碱性反应,培养 48 小时后呈酸性,故与产碱杆菌混淆。本菌能迅速分解麦芽糖,水解七叶苷,液化明胶和使赖氨酸脱羧。

Minkwitz 等将本菌分为 C 群(临床分离菌株和部分环境分离株)和 E1 与 E2 群,表明某些环境株与人体感染相关。张浩言(2004)报道猪源嗜麦芽窄食单胞菌 16SrRNA 基因序列长度为 1 502 bp,DNA 中 G+C 含量为 550 mol%。

细胞膜上已确定有 31 个 O 型抗原,其中与血清型密切相关的抗原,主要有 7 个(包括O3 抗原)。可通过 O 型抗原和内毒素进行血清分型。嗜麦芽窄食单胞菌与布鲁氏菌 O 型抗原有交叉反应。Orrison 等发现嗜肺军团菌与嗜麦芽窄食单胞菌之间存在单向交叉反应。该菌能够凝集鼠、兔及人类精子。

嗜麦芽窄食单胞菌易发生耐药性,对氨曲南、亚胺培南、头孢噻肟、头孢曲松、庆大霉素、妥希霉素、阿米卡耐药达 81%～97.1%;对复方新诺明、环丙沙星、头孢拉定耐药为 20.9%～37.2%。

[**流行病学**]　嗜麦芽窄食单胞菌广泛分布于水、土壤、植物根系和人与动物体表和消化道。可在人的皮肤、胃肠道、呼吸道、伤口等处定植。Denton(1995)报道本菌在医院感染的非发酵革兰氏阴性菌中,约占 3%～5%,分离率仅次于绿脓假单胞菌和不动杆菌。近年来发现该菌可污染血液透析液和内镜清洗液而导致感染。在医院内,可以从瓶塞、蒸馏水、喷雾器、透析

机、导管、血气分析机及体温计等处分离到此菌。一般认为医疗中流质导管和长期应用广谱抗生素和激素均是该菌感染的危险因素。动物流行病学尚不清楚。在猪传染性疾病的预防和治疗方面，广谱抗生素的大量和超剂量使用，可能是导致嗜麦芽窄食单胞菌感染猪的原因之一。

[发病机制]

1. 宿主防御功能减退

（1）局部防御屏障受损。烧伤、创伤、手术、某些介入性操作造成皮肤、黏膜的损伤，使嗜麦芽窄食单胞菌易于透入人体屏障而入侵。

（2）免疫系统功能缺陷。先天性免疫系统发育障碍，或后天性损伤（物理、化学、生物因素影响）如放射治疗、细胞毒性药物、免疫抑制剂、损害免疫系统的病毒（HIV）感染，均可造成感染机会。

2. 抗生素的广泛应用　广谱抗菌药物可抑制人体各部的正常菌群，对抗生素敏感的菌株被抑制，使耐药菌株大量繁殖，造成菌群失调。由于抗生素滥用，导致嗜麦芽窄食单胞菌成为重要病原菌。

[临床表现]　对嗜麦芽窄食单胞菌引起猪感染的临床表现尚缺乏系统的研究。

Suzuki（1995）报道猪感染，在猪舍及其周围环境中该菌大量存在，猪的气管和肺中可以分离到本菌。当猪群感染某种或几种疾病导致免疫功能低下时，这种条件性致病菌会乘虚而入，使病情加重或复杂化。

广东四会某猪场报道 40 日龄仔猪表现高热，绝食，精神萎靡，贫血等。张浩吉（2004）对发病猪采血，通过 16S rRNA 基因分析证实猪感染本病。对在分离的 20 个菌株中有 16 个株来源于病猪的呼吸系统，在猪群的呼吸道及肺脏具有较高感染水平。

[诊断]　本病临床表现多样并伴以并发症，所以依靠临床症状很难确诊。主要依靠实验病原分离和鉴定来确诊。

除了观察嗜麦芽窄食单胞菌的培养菌落的形态外，其对克氏双铁反应与其他非发酵菌相同，但氧化酶阴性，动力阳性，亚胺培南天然耐药（无论何种菌环）以及生化鉴定赖氨酸阳性而其他为阴性，即可诊断为嗜麦芽窄食单胞菌。

[防治]　本菌对亚胺培南天然耐药，对大多数抗生素具有耐药性且多重耐药性，对氨基糖苷类、青霉素类、头孢菌素药物有一定的抗药性。本菌对环丙沙星、多西环素耐药性较低，对复方新诺明敏感。所以防治前要进行药敏试验，选择好药物，进行联合用药防治。目前常用的方案是 SMZ - TMP 与其他一种抗生素联合使用，联合的抗生素包括替卡西林-克拉维酸、米诺环素、氟喹瑞酮类及头孢拉定。药敏试验对药物选择有一定指导意义，但临床疗效常常与之不一致。

加强医院和猪场的环境卫生，降低病原滋生条件。猪场要合理使用药物，避免机体免疫力下降。

四十一、亲水气单胞菌病（*Aeromonas Hydrophila Entritis*，AH）

该病是由气单胞菌属细菌引起人类、动物和鱼类等多种疾病。以消化系统疾患为特征，如急性胃肠炎、败血症、脓毒症、脑膜炎、霍乱样腹泻、食物中毒等。

　　该病菌已知能引起多种动物,尤其是某些鱼类及其他冷血动物的感染发病,如草鱼、青鱼肠炎;鲢、鳙鱼"打印病"等,是一种典型的人兽鱼共染的传染性疾病。

　　[历史简介]　亲水气单胞菌较早在欧洲被认为是导致人类腹泻的重要病原菌,几乎可以从所有水生动物中分离到。该菌最早由 Sanarelli(1891)从受感染的青蛙中分离到,并确认该菌能使青蛙发生"红腿病"(red leg disease),当时称其为褐色嗜水杆菌,此命名曾被Chester(1901)修正为嗜水杆菌(*Bacillus hydrophilus*)。同时 Ernst(1890)检出另一个引起青蛙"红腿病"的病原,名为杀蛙杆菌(*Bacillus ramicida*)。两菌株都能使青蛙发生同一病害,使人疑为同一病菌。但 Migula(1894)研究发现杀蛙杆菌能产生绿色色素,更似假单胞菌;并且对温血动物无感染力。Sanarelli 对两菌进行了比较研究,杀蛙杆菌在 36℃以上及8.5℃以下不生长,能液化明胶,产生气体,在 36℃也能良好生长,不产生色素,认为是属于气单胞菌属的细菌的种,即现在的亲水气单胞菌。因此,多数细菌分类学家认为 Sanarelli(1891)的报告是对气单胞菌属细菌第一次有效的描述。Kluyver 和 Niel(1936)提出气单胞菌概念并将 Sanarelli 命名的褐色嗜水杆菌命名为亲水气单胞菌。

　　Sanarelli(1891)从青蛙中分离到此菌后,其归属曾一度处于混乱的分类状态,曾先后被划分到许多不同的菌属中,包括气杆菌属(*Aerobacter*,Beijerinck,1990)、变形菌属(*Proteus*,Hauser,1885)、假单胞菌属(*Pseudomonas*,Migula,1894)、埃希菌属(*Escherichia*,Castellani and Chalmers,1919)、无色杆菌属(*Achromobacter*,Bergey et al.,1923)、黄杆菌属(Flauobacterium,Bergey et al.,1923 and Bernardet et al.,1996)、弧菌属(*Vibrio* pacini,1854)等。Kluyver和 van Niel(1936)提议建立气单胞菌属(Aeromonas Kluyver 和 van Niel,1936)。Stanier(1943)正式提出并待认定,同时将气单菌属分为无动的嗜冷性菌群和有动力的嗜温性菌群。Ewing(1961)认为气单胞菌至少包括 3 个种:杀鲑气单胞菌、类志贺氏气单胞菌和亲水气单胞菌混合群。在这一混合群中有人提出不同的命名,如亲水气单胞菌、斑点气单胞菌、解抗气单胞菌和豚鼠气单胞菌等。Popoff My 等(1976—1981)根据该菌属的嗜盐性、DNA 碱基成分和数值分类法研究结果,将 Schuber 分类法进行了修正,认为气单胞菌属包括亲水气单胞菌、温和气单胞菌、豚鼠气单胞菌和杀鲑气单胞菌 4 个种。气单胞菌属建立后,属内菌种的数量不断有所增加及变更。在 2005 年出版的《伯杰系统细菌学手册》第 2 卷中,气单胞菌属由归于弧菌科(Vibrionaceae Veron,1965)中划出,归在了新建的气单胞菌科(*Aeromonadaceae*,Colwell MacDonell and De Ley,1986);属内共记载了 14 个明确的种(Species)及 1 个位置未定的种(Species incertae sedis)和 7 个其他培养物(other organisms),亲水气单胞菌为模式种(type species),其中的杀鲑气单胞菌内含 5 个亚种,维氏气单胞菌(A. Ueronii)内含 2 个生物型。同时,还对气单胞菌属的命名作了变更——气单胞菌属(*Aeromonas*,Stanier,1943)。

　　[病原]　16SrRNA 等序列分析表明,亲水气单胞菌属于弧菌科,气单胞菌属。Altwegg等(1991)运用同工酶技术和 DNA 杂交技术,将气单胞菌分为 14 个 DNA 杂交群。该菌具有较强的属的特异性,与属内的菌有交叉裂解现象,而与属外菌无交叉裂解现象。本菌裂解力强,且多位增殖裂解反应,增殖效价均可达到 $10^8 \sim 10^9$ pfu/mL,单菌裂解率均在 22.0%~

38.0％。亲水气单胞菌呈穿梭状,有3种类型,一类为头部呈长轴六角形,尾部细长,结构简单;二类头部呈等轴六角形,尾部细长;三类头部呈等轴六角形,但尾部极短而不明显。有菌毛和鞭毛,但无荚膜和芽孢,也无包涵体。在电镜下,可发现一S层完整地包裹着菌体,仅有菌毛和鞭毛从S层晶格网眼中伸出。S层为多种病原菌的一种特殊表层蛋白质结构。

本菌为兼性厌氧菌,对营养要求不高。革兰氏染色阴性短杆菌,染色均匀或两极着染较深。两端钝圆,正直或略弯曲的小杆菌,单鞭毛,有动力,无荚膜,不产生芽孢,大小为$0.4\sim1.0\ \mu m\times1.0\sim4.4\ \mu m$,有时形成长达$8\ \mu m$的长丝状。最适温度为$30\sim38℃$,最适pH为$5.5\sim9.0$。在琼脂平板上菌落呈圆形。表面光滑,边缘整齐,半透明,微凸起,直径$2\sim4\ mm$。在SS培养基上,不发酵乳糖,圆形,呈橘黄色菌落。在血琼脂平板上,能形成灰色,不透明,β-溶血环。本菌发酵葡萄糖、甘露醇、甘油。产酸产气,发酵果糖和蔗糖产酸不产气,MR试验、氧化酶、过氧化酶、DNA酶试验阳性,吐温-80水解试验阴性,能利用柠檬酸盐,能以L-精氨酸、L-组氨酸作为主要唯一碳源。DNA中的$G+C$为$57\sim63\ mol\%$。模式株:ATCC 7966,DSM30187;GenBank登录号(16SrRNA):X60404。

亲水气单胞菌有4种抗原:耐热的O抗原,耐热的K抗原,鞭毛成分H抗原和菌毛抗原。

本菌属血清型复杂,并不断有新血清型出现。荷兰国立公共健康与环境卫生研究院分离出30个O抗原血清型;日本国立康复研究院分出44个,Thoma又增加了52个血清型。本菌O抗原有O3、O6、O11、O23、O34,其中O34是优势血清型。Thomas(1996)分型显示,其中O11、O16和O34毒力强大,被认为是引起人类腹泻的重要病原。本菌一个菌株只有一种O抗原,但可有不止一种K抗原。

气单胞菌只有具有毒力因子的菌株才有致病性。目前已发现并得到认可的致病因子主要包括外毒素(又称气溶素、溶血素、细胞毒素或肠毒素)、胞外酶(亲水气单胞菌的重要致病因子)和黏附因子(黏附素)。胞外酶主要包括热不稳定性丝氨酸蛋白酶、热稳定性金属蛋白酶、乙酰胆碱酯酶、甘油磷酸酯酶及部分不常见的酶。Gurwith从霍乱样腹泻急性胃肠炎患者粪便中分离出本菌,其培养液对小鼠肾上腺细胞、Hela细胞、人成纤维细胞等均可产生细胞毒作用,也可使兔结肠袢试验阳性,证明本菌有肠毒素存在,且具有强烈的致病作用。但仍存在是细胞圆缩性或为细胞毒的肠毒素的性质问题;另一个是肠毒素与霍乱毒素与大肠杆菌LT肠毒素的关系仍有争论。各毒力因子协同对动物的免疫机制的抑制作用,致使养殖对象容易重复感染,从而导致败血症的发生。本菌存在所谓活的非可培养(VBNC)状态,即一种休眠状态,一旦气温回升和获得生长所需要营养条件,VBNC状态的细菌又可恢复到正常状态,重新具有致病力。细菌滤液中含外毒素,具有溶血性,可引起兔皮肤坏死,鱼类出血性败血症。

本菌对鱼、蛙等冷血动物和小鼠、豚鼠、家兔等温血动物均有致死性。试验动物实验表明,注射该菌后动物局部发生红肿坏死,最终发生强直性抽搐死亡。据报告,所有亲水气单胞菌株均为产肠毒素株(Eat+)。失去肠毒素性和环境分离物初次测毒为Eat-的菌株。通过家兔肠袢传代数次后即可恢复为Eat+株。于嗜水单胞菌的Eat+菌株中未能检出质粒,从而表明此菌肠毒素的产生同霍乱弧菌一样是受感染色体控制。

[流行病学]　　本菌广泛存在于淡水、污水、海水及含有有机质的淤泥、土壤中,有广泛的储存宿主,可构成在自然界的生态循环。常存在于鱼、虾和爬行动物体内,是侵害鱼类、两栖动物的病原菌。鸡、鸭、鸟、猴、兔、牛猪犬、青蛙、蟾蜍及人类等都可感染(表- 146)。在一定条件下,如进食污染饮料、食物或皮肤伤口可导致水源性传播和腹泻暴发。某些菌株对人、动物致病,但有些是环境、动物正常菌群的组成部分。夏季饮用未消毒的水可造成本菌诱发的胃肠炎的暴发流行。在 35℃的水中,本菌数量最大,同时从河湾中分离率最高。Gray SJ(1984)通过对家畜的研究,认为畜群饮用含亲水气单胞菌的水,其粪便培养的阳性率在11.8%左右,其中乳牛和羊的阳性率高于猪与马。提示"健康"动物和未经处理的水源为人类主要传染源,也是该病散发或地方流行的重要原因。鱼类及蛙类等冷血动物为本菌的自然宿主,是人畜感染的主要来源,病人、病畜亦可作传染源,引起人-人、人-畜之间的传播。断奶不久的仔猪多发,主发于旱年枯水季节,因供水不足,用带菌的池塘水喂猪,引起本病发生。健康鱼带菌率很高,绝大多数亲水气单胞菌可产生肠毒素,是引起胃肠炎的主要毒力因子,引起人、牛、猪腹泻,水貂败血症。

表- 146　亲水气单胞菌对动物的危害

病　　名	危　害　对　象	类　型
暴发性传染病	白鲫鱼、鲢鱼等鱼类	Ⅰ
出血性败血症	香鱼、黄鳝、雷鱼、泥鳅	Ⅰ
打印病、腐皮病	鲢鱼、鳙鱼	Ⅲ
赤鳍病	鳗鲡	Ⅲ
溶血性腹水病	鲴鱼	Ⅰ
红腿病	蛙	Ⅰ
口腔炎	蛇	?
稚鱼白点病	20 克以下稚鳖	Ⅲ
烂甲病	50 克以上的鳖	Ⅲ
红脖子病、赤斑病	各种规格鳖	Ⅲ
肠炎	鱼、蛇、毛皮动物、人	Ⅱ
败血症	貉、貂、小猪、白鹤、小白鼠、家兔、豚鼠、地鼠	Ⅰ(Ⅱ)

[发病机制]　　根据亲水气单胞菌的致病作用特点,可将其对人及陆生动物的感染大致分为引起胃肠道感染(包括人的食物中毒)和胃肠道外感染的两类;感染鱼类,主要引起败血症。已有的研究表明,亲水气单胞菌感染在发病机制方面主要是其产生外毒素(exotoxin)、胞外蛋白酶(ECPase)、S层(S - layer)、黏附素(adhesin)、铁载体及它们与机体的互作。亲水气单胞菌不仅具有多种毒力因子,其致病机理也是比较复杂,且病理形成是与其毒力因子密切相关的。

1. **细菌黏附作用对感染形成的介导**　　根据亲水气单胞菌菌毛的形态学差异,可将其分为两类,一类短而硬,与细菌的自凝作用有关,但与血凝作用无关,不是黏附素;另一类则长而软,与细菌的黏附作用及血凝作用有关,是一种黏附素。在亲水气单胞菌的外膜蛋白(outer membrane proteins,OMP)中,分子量为 40 kDa 和 43 kDa 的两种 OMP 与黏附作用有关,它们能与宿主细胞膜中受体中的糖残基发生反应,从而使细菌固着在宿主细胞上;43 kDa 的 OMP 还能与菌体的脂多糖(lipopolysaccharide,LPS)结合在一起,形成 OMP - LPS 复合物,该复合物与细菌的血凝作用及黏附作用有关。

2. **蛋白酶对感染发生的作用**　　亲水气单胞菌可以产生多种蛋白酶,其种类和性质随着菌株、培养条件、细化方法等的不同有所差异。蛋白酶在亲水气单胞菌致病过程中的作用还尚未完全明了,但从已有的初步研究结果认为,其或是能作为直接致病因子或是能作为间接致病因子。总的来讲,亲水气单胞菌蛋白酶既能直接攻击宿主细胞,又能作为激活剂使毒素活化;对于酪蛋白及弹性蛋白的降解作用,不仅有利于亲水气单胞菌突破宿主的防卫屏障在体内广为扩散,还能为细菌提供增殖所需营养成分以利于在体内快速繁殖;此外,蛋白酶还有能灭活宿主血清中补体的作用,这在感染的早期对细菌本身的生存尤为重要。

3. **毒素与腹泻形成的关联**　　亲水气单胞菌产生肠毒素是由 Sanyal(1975)首先证明的,后被许多学者所证实。曾根据该菌产生的外毒素生物学活性冠以不同名称,如 HEC 毒素是取自英文名称 hemolytic activity、enterotoxicity and cytotoxicity 的各自第一个字母。已知亲水气单胞菌外毒素具有细胞毒性、溶血性和肠毒性,对试验动物有致死性,其外毒素的肠毒性机理与霍乱肠毒素(cholera enterotoxin,CT)相似,通过激活肠上皮细胞膜上的腺苷酸环化酶(adenylis acid cyclase,AC),导致细胞内三磷酸腺苷(adenosine triphosphate,ATP)转化成环磷酸腺苷(cyclic adenosine monophosphate,cAMP),当细胞内 cAMP 浓度明显增高后致使肠上皮细胞分泌功能亢进,肠液大量分泌和蓄积导致腹泻。

4. **表层结构的致病活性**　　在许多致病菌菌株的表面存在着一层呈晶格样排列的特殊表层(Surface,S)结构(S 层),构成 S 层的蛋白亚蛋白(S - layer protein)。在对亲水气单胞菌的 S 层研究中,有报告显示该蛋白成分是相应菌株的主要表面抗原;生物学活性试验显示,对 Vero 细胞有轻微的细胞毒性(可致 Vero 细胞变圆而不脱落)、无溶血活性(不能溶解人 O 型红细胞),也有一定的黏附活性。亲水气单胞菌的 LPS 同其他革兰氏阴性菌的一样,具有内毒素活性,如致热、白细胞减少或增多、弥漫性血管内凝血、神经症状及休克等,从某种意义上讲,其在亲水气单胞菌的致病作用中发挥着重要作用。

亲水气单胞菌可籍菌毛或 S 层蛋白等黏附于宿主,在部分 OMP 和孔蛋白等的作用下侵入宿主,籍丝氨酸蛋白酶、LPS 及其他胞外蛋白酶等破坏宿主细胞并定植,再不断合成与分泌外毒素等毒性物质并进一步生长繁殖,破坏机体组织而引发病变。

[**临床表现**]　　根据报道猪亲水气单胞菌感染的临床症状主要是急性胃肠炎,并有相应的病理变化。郑新永(1987)报道食堂饲养的 4 头小猪相继发生不同程度的腹泻,拉白色水样便,每天约 10 次,并死亡。检测为发生亲水气单胞菌病。猪在喂人工复制菌后 18 小时开始拉白色水样粪便,食欲减退,不爱活动;4 天后血清抗体上升。

辅志辉(1995)报道了猪亲水气单胞菌病。猪突然发生体温升高,腹泻,血便和急性死亡,病死率高。病初猪精神沉郁,食欲减少,饮水增加,体温升高至41～42℃,排黄绿色稀便,消瘦,个别猪严重脱水。后期食欲废绝,眼角有脓性分泌物,眼结膜充血和黄染。在背、腹、四肢内侧和耳后皮肤有大面积紫红斑块,呼吸迫促,心跳达150次/min左右,嗜睡,高度消瘦,卧地不起。强迫行走时,后躯摆动,步态不稳,频频腹泻,拉血便,尾根及其肛门周围黏附有黄绿色和红色粪便。多数病猪临死前间歇性抽搐,惊叫,口流红色浆液性血样液体。

剖检2头自然死亡猪见腹腔有大量红色积液,肠系膜淋巴结肿大,出血,十二指肠、回肠、结肠呈弥漫性出血,纤维素性渗出,黏膜坏死并脱落,盲肠、大结肠内容物呈污红色液体,整个结膜黏膜呈糠麸样变化,胃黏膜出血,尤以幽门部和胃底部严重,肝呈紫红色,其表面布满小米粒至黄豆粒大小的白色坏死灶,胆汁稀薄,脾脏肿大,气管内有淡红色泡沫样液体。经无菌采集病死猪的肝、脾及肠系膜淋巴结涂片染色镜检为革兰氏阴性粗短杆菌;动物接种获得同猪病料相同的细菌;对两株分离菌进行形态特征、培养特性及生化特性试验,鉴定为亲水气单胞菌。试验结果认为,该猪场发病可能是与饮用养鱼塘污水有关。邓绍基(2000)报道某猪场在7月中旬突然发生个别猪体温升高、腹泻、血便等症状,不久波及全群。共114头猪发病,占存栏猪217头的52.5%,病死猪36头,病死率为31.6%(36/114)。病初猪体温升高到40.5～41.8℃,食欲降低,饮水增加,精神萎靡,呆立,排黄绿色稀粪。后期表现食欲废绝,眼角有脓性分泌物,眼结膜充血和感染,在背、腹、四肢内侧及耳后等皮肤处有大面积紫红色斑块。呼吸迫促,嗜睡,高度消瘦,卧地不起,强迫行走时,后躯摆动。腹泻频频,血便,尾根及肛门周围黏附着黄绿色或红色粪便。临死前口流红色浆液性血样液体。

剖检5头自然病死猪,腹腔有大量红色积液;肠系膜淋巴结肿大,出血;肠道弥漫性出血,纤维素性渗出,黏膜坏死并脱落,严重者坏死组织与渗出物充满肠腔;胃黏膜出血,尤以幽门部和胃底部严重;肝脏呈紫红色,其表面布满小米粒或黄豆大小白色坏死灶;胆汁稀少色淡;脾脏肿大,髓质软化如泥;肺表面光亮,有大小不等的淤血、出血斑点,部分肉变,气管内有淡红色泡沫样液体,管壁充血;肾表面和皮质部呈点状出血;心肌松软、色淡,心室积血,外表被一层纤维性渗出物包裹着,心包膜粘连。实验室涂片镜检、细菌分离培养、生化检验等鉴定为亲水气单胞菌病。动物复制试验,取病死猪脾脏25克,加生理盐水25 mL后磨研,再加25 mL生理盐水稀释,取上清液,肌肉注射90日龄健康猪3头,每头5 mL。40小时后,3头试验猪脾、肾、肝、心血及肠系膜淋巴结分离培养,均分离到同样细菌。试验结果认为,猪发生亲水气单胞菌病系与饮用鱼塘污水有关。

[诊断]　对人及动物亲水气单胞菌病感染的诊断,可以通过流行病学调查、临床症状和剖检病变观察怀疑本病。由于人及动物的亲水气单胞菌感染,无论是胃肠道感染还是胃肠道外感染类型,一般均缺乏具有鉴别诊断价值的临床与病变特征,且常常是多种病原菌均可引起同样的感染症状,还有不少情况下是两种或两种以上病原菌的混合感染,也有的情况是继发感染。因此,对人及动物的亲水气单胞菌病的确诊,病原学检验是必需的程序。

对亲水气单胞菌病进行细菌学检查主要包括细菌的分离、形态学、生化特性、菌种鉴定、毒力因子等。

1.细菌分离与鉴定　亲水气单胞菌为革兰氏阴性杆菌,对营养的要求不高。所以,通常可将被检样本接种于普通营养琼脂、血液(常用家兔脱纤血液)营养琼脂、麦康凯琼脂;脏器分离可用 TSA 培养基;粪便分离可用 RS 选择培养基。

2.生化特性检测　对分离后的亲水气单胞菌进行培养特性及生化特性检查,目前仍是鉴定亲水气单胞菌可靠的方法。为简便区分嗜温有动力且在临床常见的亲水气单胞菌、温和气单胞菌(即现在的维氏气单胞菌温和生物型)及豚鼠气单胞菌,可做葡萄糖产气、分解七叶苷及水杨苷、V-P 反应 4 项试验。一般亲水气单胞菌病为+、+、+、+,温和气单胞菌为+、-、-、+,豚鼠气单胞菌为-、+、+、-。

另外,有亲水气单胞菌毒力因子 HEC 毒素、蛋白酶、S 层、动物感染等检查,不仅有助于区别病原及非病原菌株,并且能明确相应病原亲水气单胞菌菌株产生这些毒力因子的具体情况。免疫学检验和分子生物学检验目前尚待完善。

由于本病症状被原发疾病所掩盖,因此极易误诊或漏诊。凡遇有不能解释的无热性腹泻,一般肠道致病菌培养呈阴性者,需警惕本菌感染的可能。

[防治]　① 本病主要经水传播,人与动物应避免接触污水,鱼类在皮肤上会有一些寄生虫病毒、细菌等。因此,保持环境、饮用水及食品(尤其是水产品)、所用物品的清洁卫生,是防止亲水气单胞菌感染与传播的一项重要措施。② 对粪便、垃圾、污水等要进行无害化处理,防止循环感染处理;猪病的发生常与鱼场污染有关,所以,对水产养殖动物的养殖水,需定期监测细菌数量,要强化对这些水的消毒,以防感染的发生。③ 在治疗方面,猪等动物感染,由于细菌的耐药性,所以,对发病者要做药敏试验。对长效抗菌剂、痢特灵、氯霉素、庆大霉素、卡那霉素、链霉素敏感。4. 在免疫预防方面,目前已有亲水气单胞菌甲醛灭菌药应用于鱼类及某些陆生动物,有一定的免疫保护效果。但还未进入实际应用阶段。

四十二、副溶血弧菌肠炎(*Vibrio Parahaemolyticus* Enteritis，VPE)

该病是由嗜盐性副溶血弧菌(VP)致人畜以急性胃肠炎为主的细菌性疾病,称副溶血弧菌病。该病菌主要存在于近海岸、海水沉积物和鱼类、贝类等海产品中,可引起食物中毒、胃肠炎、反应性关节炎和心脏疾病等。以往习惯称为嗜盐菌食物中毒,但嗜盐菌并非都是副溶血弧菌。

[历史简介]　2 000 多年前已有霍乱弧菌记载。1817 年以来世界性霍乱大流行发生过7 次,前 6 次病原为古典生物型,1961 年以来由霍乱弧菌 EITOR 生物型为主。其中又发现副溶血弧菌为病原的病例,尤其在沿海地区发病较高。藤野恒三郎(1950)在大阪发生的一起咸沙丁鱼食物中毒死者的肠腔内容物和含物中发现并分离到此菌,电镜下,发现菌有端极单鞭毛,两极浓染,培养有溶血性,称其为副溶血巴氏杆菌。1955 年 8 月滝川巌再次从横滨医院腌黄瓜中毒病人的粪便(用 4% 含盐琼脂)分离到本菌,称其为“嗜盐菌”。由于其生化性状近似假单细胞菌属,又称其为肠炎假单胞菌。通过 11 名志愿者经口服试验,其中有 7 人发病,证实了该菌有致病性,后又称肠炎海洋单胞菌、溶血海洋单胞菌等。叶自隽(1958)从上海一起由烤鹅引起的食物中毒物中发现副溶血弧菌。坂崎(1961)对这类 1 702 株菌进行

形态、生理生化、对抗生素和弧菌抑制剂 O/129 的敏感作了详细研究,认为此菌应列入弧菌属,定名为副溶血弧菌。1966 年由国际弧菌委员会将致病性嗜盐菌列入弧菌属,正式命名为副溶血弧菌。此菌属弧菌科,弧菌属。该属共有 36 个种,其中有 12 个种与人感染有关。

[病原]　本菌为需氧或兼性厌氧菌,革兰氏染色阴性,呈两端浓染多形态性,常呈球杆状、弧状、棒状,甚至丝状。在 SS 琼脂和血手板上,大多数呈卵圆形,少数为杆状、球杆状或丝状。大小约为 0.7~1.0 μm×3.0~5.0 μm,无芽孢和荚膜,端极有一根鞭毛,在液体和固体培养基中形成一端丛鞭毛;仅在固体培养基形成周身鞭毛。本菌对营养要求不高,在不含盐的培养基上不生长,在含食盐 3%~3.5% 中生长最好,高于 8% 停止生长,这与 NA+/H+ 反向转运系统有关。最适温度为 30~37℃,pH 为 7.7~8.0。新分离菌株在 3.5% 食盐琼脂上菌落呈蔓延状生长,边缘不整齐,圆形隆起,光滑,湿润,不透明;在 SS 琼脂上部分菌株不能生长,能生长的菌落较小,约为 1.5~2.0 μm,圆形扁平,无色较透明蜡滴状,有辛辣味,有时出现黏性不易被挑起。在血琼脂上,菌落为 2~3 mm,圆形隆起,湿润,略带灰色或黄色,某些菌株可出现 β-溶血。在 TCBS 平板上形成 0.5~2.0 mm 菌落。不发酵蔗糖的绿色或蓝绿色菌落。大多数菌株对弧菌抑制剂 O/129(2,4-二氟基-6,7 二异丙基喋啶)不敏感。

本菌生化反应活泼,发酵葡萄糖、麦芽糖、甘露糖、覃糖、淀粉、甘油、靛基质,硝酸盐还原阳性;嗜盐,在 10% NaCl+1% 胰蛋白胨水中生长。

本菌 DNA 的 G+C 为 38~51 mol%;模式菌株:113,ATCC17802,DSM30189,NCMB1326;GenBank 登录号(16SrRNA):M5G161;X56580,X74720。有 3 种抗原成分,一种是鞭毛(H)抗原,又称不耐热抗原,本菌的 H 抗原都是相同的;一种是菌体抗原(O),为耐热抗原,具有群样特异性,O 抗原可分为 O1~O13;一种是表面(K)抗原,K 抗原有 74 种(K1~K70,其中缺 K2、K14、K16、K27、K35),是一种荚膜多糖抗原,存在菌体表面,可阻止抗菌体血清与菌体抗原发生凝集,加热至 100℃ 1~2 小时可以去除,它具有型特异性。K 抗原常在保存过程中发生变异,因 H 抗原在各菌株间均相同,无分型价值,所以,根据 K 抗原和 O 抗原的组合来定型,共有 845 种以上血清型,以 OxKx 表示。日本副溶血弧菌血清委员会于 2006 年公布了 O1~O13 及 K1~K75 的新血清型(O:K)组合(其中包括新增加及改动的,表-148)。本菌具有很强的自发变异性,当在需氧条件下,用基础培养基连续传 20 代以上,1% 细菌在胞浆中形成空泡,1/万细菌发生表型变异,菌膜中两种成分菌红素(rub)和调理素(ops)丢失。本菌具有大质粒(phi,此菌质粒可能与 rub 及菌膜的合成有关),当质粒发生嵌入、重组或缺失等变化时,菌株表型也随之发生变异。通过 RIMD2201633 株基因结构分析,全基因包括大小两个环状染色体,大染色体长 3 288 588 bp,小染色体长 1 877 212 bp,共有 4 832 个编码基因。

目前已发现本菌有 12 个种,分为 Ⅰ~Ⅴ 共 5 种类型,从患者粪便分离出的菌株属 Ⅰ~Ⅲ型,自致病食物分离的菌株 90% 以上属 Ⅳ、Ⅴ 型。

本菌可分为两个生物型:1 型,副溶血弧菌;2 型,溶藻性弧菌。1 型是致病的,2 型一般无致病性,但当食入一定量时可能致病。

认为发生食物中毒的主要原因是吞食了大量的活菌而引起的。有资料表明摄入一定数量活菌（$10^5 \sim 10^7$），可使人致病。与菌株毒力有关的因子有：① 耐热性溶血素（TDH），属于穿孔毒素，为不含糖或脂的蛋白，分子量 42 kDa，是一种具有溶血活性、致死作用和细胞毒等多种生物活性的蛋白质；② 不耐热性溶血素（TRH），分子量为 48 kDa；③ 磷脂酶；④ 溶血磷脂酶；⑤ 霍乱原样毒素；⑥ 胃肠毒素等。

目前比较明确的致病因素包括以下两个方面。

1. 肠毒素　该菌可产生一种类似霍乱弧菌肠毒素的不耐热毒素（heat-labile enterotoxin，LT），可通过 cAMP/cGMP 的介导，使细胞内 cAMP 浓度升高而引起剧烈分泌性腹泻及水分和电解质紊乱。动物实验中，该毒素对鼠和兔的心脏具有毒性，临床也有部分病例出现心肌损害症状。还分泌两种耐热的肠毒素，其一为耐热直接溶血素（thermostable direct hemolysin，TDH），可通过增加上皮细胞内的钙而引起氯离子分泌，动物实验表明具有细胞毒和心脏毒两种作用；另一个是耐热相关溶血素（thermostable related hemolysin，TRH），生物学功能与 TDH 相似，其基因与 TDH 同源性为 68%。

2. 侵袭力　副溶血弧菌能侵入肠黏膜上皮细胞，其致病物质包括黏附素和黏液素酶，可直接引起肠道病理损害。

本菌有的菌株会出现溶血，溶血是致病性的一个标志。用溶血反应能将副溶血弧菌分为两群，即神奈川阳性和神奈川阴性，用 Wagatuma 培养基作检查，能使人或家兔红细胞形成溶血圈，但不能使马红细胞发生溶血则为阳性，否则为神奈川现象阴性。神奈川现象与副溶血弧菌的致病性密切相关，自病人分离的菌株有 96.5% 为神奈川阳性；从鱼类、海水中分离到的副溶血弧菌 99.0% 为神奈川现象阴性。从环境中分离的菌株只有不到 1% 溶血，用 DNA 探针检查表明，非溶血性菌株实际上是缺乏溶血素所必需的遗传顺序。引起神奈川现象的因子是副溶血弧菌产生的耐热性溶血毒素所致。溶血素分为两种：一种为耐热溶血素（TDH），另一种为 TDH 相关溶血素，即不耐热溶血素（TRH）。临床上分离菌株大多为 TDH＋、TRH＋株，占 10%～15%，少数副溶血弧菌 TDH 和 TRH 双阳性，环境分离株几乎无 TDH 阳性。杨联耀等（1996）曾对 30 株不同来源（10 株分离于食物中毒标本、18 株分离于腹泻标本、2 株分离于海水）的副溶血弧菌，由上海市卫生防疫站提供的 13 种 O 血清（O1～O13）和 65 种 K 因子血清（K1～K71）进行血清学分型，同时，进行了 KP 试验，结果未见副溶血弧菌血清型同致病性之间的内在联系，因为没有发现固定的一种或几种血清型对人具有致病性。实验结果也间接支持了耐热性溶血素（TDH）为副溶血弧菌的一种毒力因子的观点。我国流行菌株主要以 O4 和 O1 群为主。

本菌对氯、石炭酸、来苏水等消毒剂敏感；不耐热，65℃ 30 分钟即被灭活；在淡水中生存不超过 2 天，在海水中能生存 47 天以上，盐渍酱菜中存活 30 天以上；耐碱怕酸；在 2% 冰醋酸或食醋中 5 分钟死亡。对氯霉素敏感，对新霉素、链霉素、多黏霉素、呋喃西林、吡哌酸中度敏感，对青霉素、磺胺嘧啶耐药。

日本副溶血弧菌血清型委员会，于 2004 年公布了 O1～O13 及 K1～K75 的新血清型（O∶K）组合（其中包括新增及改动的），见表-147（引自《日本细菌学杂志》2000）。

表-147   新的副溶血弧菌血清群

O 群	K 型
1	1,5,20,25,26,32,38,41,56,58,60,64,69
2	3,28
3	4,5,6,7,25,29,30,31,33,37,43,45,48,54,56,57,58,59,72,75
4	4,8,9,10,11,12,13,34,42,49,53,55,63,67,68,73
5	15,17,30,47,60,61,68
6	18,46
7	19
8	20,21,22,39,41,70,74
9	23,44
10	24,71
12	19,52,61,66
13	65

注:其中的 O12 和 O13 群抗原,与 O10 及 O13 的抗血清存在交叉凝集,是否作为独立抗原群尚有待研究确定。

[流行病学]   副溶血弧菌为分布极广的海洋细菌,其自然生存环境为近海岸和海湾水,因为这些水域中含有较丰富的动物有机物,利于该菌生长繁殖。本菌是沿海国家重要的食物中毒菌。目前已报告有副溶血肠炎的国家和地区有日本、中国、澳大利亚、印度、美国、越南、泰国、马来西亚、新加坡、俄罗斯、巴拿马、新西兰、罗马尼亚和墨西哥。以日本和我国分布最广、发病率最高。我国华东沿海该菌的检出率为 57.5%～66.5%。从宁波 6 216 份腹泻物样本中检出本菌 901 株,其中 408 株可分成 6 个血清型,而 O3 型占 72.71%。在日本约占细菌性食物中毒 70%～80%。O3：K6 和 O4：K8 为主要流行株,食物中毒者为 O3 型血清型。其中 O3K6 是 1966 年新出现血清型,目前已占到全球每年溶血弧菌引起的食物中毒的 50%～80%,这种血清型的菌株含 tdh 基因,不含 trh 基因。人是主要的易感者和传染源。易感人群主要是与接触海水或食海产口的机会较多有关。本病主要通过生食海产品和食用被细菌濡染而未被杀灭本菌的食物而感染。患者在发病初期排菌量最多,可成为传染源。但其后排菌量迅速减少,故一般并不在人群内辗转传播。人群中亚临床型感染和一次性带菌是存在的,但健康人群带菌率极低。近年来日本相继报道有新菌型由外国旅游者传入,并认为东南亚、非洲进口的鱼、贝类检出的菌型与日本国内流行菌株有密切关系。但食物带菌不容忽视,除污染本菌的肉、禽、咸菜和凉拌菜之外,我国不少地区发现淡水鱼带菌率达75%,有些河水也可被检出此菌。海产品中以乌贼、黄鱼、蛏子、海蜇头等带菌率较高。本病流行有明显的季节性,每年的 5—11 月均要发病,但多集中在 7—9 月。罗学辉等(2008)对不同季节采集的样品进行 VP 检查,结果在 7、8、9、10 月采集样为 VP 的检出率最高,分别为40.75%、50%、53.33%和 40%,这 4 个月检出 VP 株数占全年 VP 检出数的 71.05%。丁香萍等(2007)报道我国华东沿海地区海产品的污染率为 45%～48%,夏秋季更高。

发病为 8—10 月,高峰期 7—9 月,呈双峰型曲线。发病从 5 月逐增,7 月达高峰,8 月回落,维持高水平,9 月再升高峰,10 月后发病迅速下降。

气候和饮食习惯是发病的重要因素。该菌的年周期性循环的临界温度为 $14\sim19℃$,在每年 2 月份,海水温度在 9℃时基本上查不到,4—6 月大量增多,至 10 月几乎 100% 阳性。本菌食物中毒的发生与菌的摄入量有关。实验证明,其感染量为 $10^6\sim10^8$。其他动物报道很少,人工实验感染引起小白鼠和家兔中毒,但对犬、猫和猴则不引起发病。

本病免疫性较低,一般患者血凝效价在 1:320 左右,血清抗体 3～5 天达高峰,第 7 病日开始下降,15 天后显著下降,故部分病人会在短期内第 2 次发病。曾观察到第 2 次发病间隔时间为 10、16、28、83、293 天。

罗学辉等(2008)在对采集的 365 份生猪肉、牛羊肉、生禽肉、熟食制品、海产品中分离的 76 株 VP,检出 VP"O"抗原分布及神奈川试验阳性的有 69 株,阳性率为 90.79%;76 株 VP"O"抗原分布(表- 148)。

表- 148　76 株 VP"O"抗原分布

O 抗原	株　数	构成比(%)
O1	6	7.89
O2	5	6.58
O3	4	5.26
O4	21	27.63
O5	18	23.68
O6	3	3.95
O7	7	9.21
O8	5	6.58
O10	5	6.58
O11	2	2.63
合计	76	100.00

[发病机制]　本病的发病机制仍不十分清楚。已有资料证明,摄食一定数量的活菌可使人致病($10^5\sim10^7$个活菌)。细菌能侵入肠黏膜上皮细胞。日本从本病死者尸检中亦发现肠道有病理损害,说明细菌直接侵袭是致病原因。由本菌引起的皮肤感染、耳部感染、肺炎及败血症等,也说明此类菌有一定侵袭力。另一方面本病病原菌可产生一种肠毒素,类似霍乱弧菌的不耐热毒素(LT),可通过 cAMP/cGMP 的介导而引起分泌性腹泻及水分和电解质失调。周桂莲(1985)用提取的脂多糖(LPS)及相应肉汤培养物,进行小鼠肠袢结扎试验和乳鼠灌胃试验,结果均获得了与肠毒素相似的能促进肠液分泌的结果,提示 LPS 可能是副溶血弧菌感染导致患者水样腹泻的重要病因物质之一。

现已知副溶血弧菌产生 4 种溶血素,其中两种是与细菌结合的;第 3 种不耐热,见于液体培养物的上清液中(TRH);第 4 种见于 KP 阳性菌株培养物的上清液中,耐热并对胰蛋白酶敏感,钙剂可增强其溶血活性,实际上即 TDH。目前一般认为 TDH 是副溶血弧菌重要的毒力因子,与腹泻等症状有关。TDH 呈 KP 实验阳性,其溶血过程可分为两步:① 溶血素与宿主的红细胞膜结合,此过程呈温度依赖性并由受体介导,主要是神经节苷脂-2(GM2)介导,GM1 也参与介导;② 在红细胞膜表面成孔并最终红细胞胶样渗透溶解。此过程也呈温度依赖性。

对溶血毒素的致泻机制研究发现,TDH 可引起细胞外 Ca^{2+} 浓度增加,从而引起 Ca^{2+} 激活的 Cl^- 通道开放,Cl^- 分泌增加。当 TDH 浓度高时,启动的离子通道数量较多,可引起大范围的非特异性离子流入细胞,引起细胞内渗透压剧增,细胞肿胀、变圆,甚至死亡。肠黏膜细胞的破坏可使肠腔内的毒素和细菌进入血液。由于 TDH 的溶血、细胞致死、肠毒性和心脏毒性等生物活性,TDH 对心脏有特异性心脏毒作用,可引起心房纤颤、期前收缩等。TDH 的基因 *tdh* 位于不染色体上一个 80 kb 的毒力岛(PAI)内,在此 PAI 中还发现有数个与细菌毒力有关的基因及一组Ⅲ型分泌系统(TTSS)基因;*tdh* 有 2 个拷贝,分别被命名为 *tdh1* 和 *tdh2*,KP 阳性菌株均含有 2 个拷贝的 *tdh*。

TRH 是由日本 Honda 等(1988)首先从一批急性胃肠炎患者中分离到的 KP 阴性的副溶血弧菌中发现的,有 TRH1 和 TRH2,由 *trh* 基因编码。*trh* 基因与镍转运系统操纵子、尿素酶基因簇紧密连锁,均位于小染色体上,尿素酶活性表型是 *trh* 阳性副溶血弧菌菌株的一个诊断性标志。近年来 TRH 在临床株中所占比例有逐渐增加的趋势,并发现 TRH 对 Cl^- 的影响作用与 TDH 相似。有研究表明 TRH 的致病与尿素酶有密切关系,尿素酶阳性株均有 *trh* 基因,同时所有 *trh* 基因阳性株也都具有尿素酶活性。这些结果表明 URE^+ 现象与 *trh* 基因有着密切的联系,但其机制还不清楚。

副溶血弧菌的不耐热溶血素(TUH)需要卵磷脂的存在才具有溶血活性,又称卵磷脂依赖的溶血素(LDH),编码 TLH 的基因 *tlh* 位于染色体上,能溶解人和马红细胞,是一种非典型的磷脂酶(Plase)。TLH 的功能和致病性尚不清楚。

[临床表现]　中国 1964 年调查,温州地区猪血清阳性率达 15.2%,鸡、鸭分别为 17.7% 和 38.9%,表明鸡鸭猪亦可感染。

王琳娜(2006)报道人取食了猪腰子后 2~23 小时发生急性胃肠炎,猪肾及人类菌检阳性。取食猪肾后 2~23 小时,平均 9.8 小时,大多数餐后 6 小时发病。共 58 人,腹泻 48 人次(84.8%),腹痛 38 人次(65.5%),恶心、呕吐 26 人次(44.8%),发热 27 人次(46.6%)。样本经 37℃、10~12 小时增菌培养后,接种到 SS 平板、普通平板、血平板、山梨醇麦康凯平板和 TCBS 平板,37℃ 24 小时培养。结果:SS 平板、山梨醇麦康凯平板上细菌生长不良,仅在接种处生有细小菌落;在普通平板、血平板上菌落生长,菌落较湿润、边缘不整齐,蔓延生长;在 TCBS 平板上菌落生长良好,圆形,较大,边缘整齐,突起,呈绿色。革兰氏染色阴性。动力活泼,氧化酶试验阳性。三糖铁斜面培养分解葡萄糖产酸产气,不分解乳糖、蔗糖,不产生硫化氢,赖氨酸一、精氨酸一、鸟氨酸一、葡萄糖+、蔗糖一、甘露醇+、水杨苷一、枸橼酸盐一;在 3%、6%、8% NaCl 胨水中生长良好,均匀混浊,在 10% NaCl 胨水中不生长。

除海产品外，猪肉 VP 带菌也很高（表-149），畜产品的 VP 感染将会对公共卫生构成严重威胁。

表-149　不同种类样品 VP 检测结果

样品种类	检测份数	阳性数	阳性率（%）
生禽肉类	85	11	12.94
熟肉制品	84	2	2.38
海产品	74	29	39.19
生猪肉	61	15	24.59
生牛羊肉	61	19	31.15
合计	365	76	20.82

［诊断］　本病流行季节在夏秋季；但猪仅表现血清抗体增高，目前尚无诊断必要。

［防治］　目前尚无猪的防治方法。

四十三、猪传染性胸膜肺炎（*Porcine contagious pleuropneumonia*，PCP）

该病是由胸膜肺炎放线菌引起的猪呼吸系统的严重接触性传染病。本病以急性出血性纤维素胸膜肺炎和慢性纤维素性坏死性胸膜肺炎为特征；急性型发病迅速，病程短，伴有严重呼吸困难，从口腔和鼻腔排出带血泡沫，死亡率高。

［历史简介］　Pattison 等（1957）首次报道猪胸膜肺炎。Shope（1964）报道了阿根廷猪场的类似感染，并与 White 等共同将该菌命名为胸膜肺炎嗜血杆菌。而加利福尼亚和瑞士分离的菌株也引起本病，曾被称为副溶血嗜血杆菌（H. paahae molyticus）。Killan 等（1978）将两者归属为胸膜肺炎嗜血杆菌。Bertschinger 和 Seipert（1978）描述了出血性巴氏杆菌是引起坏死性肺炎的致死因子，其为 NDA 非依赖型胸膜肺炎亚种。Pohl 等（1983）的 NDA 同源性研究表明，胸膜肺炎嗜血杆菌与林氏放线杆菌有很近的亲缘关系。故将该菌归类为放线杆菌属，并命名为胸膜肺炎放线杆菌，为依赖 NDA 生长的生物 1 型。而能引起慢性坏死性胸膜肺炎嗜血杆菌形态特征的类溶血巴氏杆菌划归为放线杆菌属，命名为胸膜肺炎放线杆菌不依赖 NDA 生长的生物 II 型。研究发现生物 I 型菌毒力强，危害最大。

［病原］　胸膜肺炎放线杆菌分类上归属于放线杆菌属，是革兰氏阴性小球杆菌，具有多形性。新鲜病料中的细菌两极染色，菌体表面被覆荚膜和鞭毛，具有运动性。在有的菌株培养物表面电镜观察到纤细的菌毛，无运动性，不形成芽孢。本菌为兼性厌氧，最适生长温度 37℃。在普通培养基上不生长，需添加 V 因子。营养要求高，在 10% CO_2 条件下，可生成黏液状菌落。巧克力琼脂上培养 24～48 小时，形成淡灰色、不透明的菌落，直径 1～2 mm。菌落有两种类型，一种为圆形、坚硬的"蜡状型"，有黏性；一种为扁平、柔软、闪光型。有荚膜的菌株在琼脂平板上可形成带彩虹的菌落。在牛、羊血琼脂平板上通常产生稳定的 β 溶血环，其溶血素与金黄色葡萄球菌生物 β 毒素具有协同作用，金黄色葡萄球菌可使本菌在其周围

形成卫星菌落,在葡萄球菌β菌素的周围产生一个不断增大的溶血区(CAMP现象)。因此,在初次分离培养时,一定要在培养基上划一条葡菌株划线。此菌在血琼脂平板培养24小时候,在葡萄球菌附近呈大小为0.5~1.0 mm菌落,并呈β溶血。

根据荚膜多糖和LPS的抗原性差异,目前将本菌分为15个血清型,其中Ⅰ型分为1a和1b;Ⅱ型分为5a和5b亚型。根据分离菌对NAD的依赖性分为依赖NAD的生物Ⅰ型,该型包括1~12和15血清型;不依赖NAD的Ⅱ型,包括13和14血清型。由于LPS侧链及结构的相似性,某些型之间存在抗原交叉。血清型1、9和11、3、6以及8、4和7含有共同的LPS抗原,有血清学交叉反应。各国、各地区流行的血清型不尽相同,不同血清型之间毒力有差异,Ⅰ型最强。我国主要为血清1、5和7型。

PCP引起猪致病有几个毒力因子:荚膜多糖、LPS、外膜蛋白、转铁结合蛋白、蛋白酶、渗透因子及溶血素等。PCP具有荚膜,能产生APXⅠ~Ⅳ毒素,这些毒素能杀灭宿主肺泡内的巨噬细胞和损害红细胞,是引起心肺严重病理损害的主要原因。血清型有毒力差异,其中1、5、9及11型毒力最强,100个CFU的Ⅰ型菌可使猪发病、致死;3和6、9型毒力低。生物Ⅱ型的毒力比生物Ⅰ型低。

本菌的抵抗力不强,对一般消毒药物敏感。60℃ 5~30分钟即可杀死。对结晶紫、林肯霉素、壮观霉素和杆菌肽有一定的抵抗力。

[流行病学]   PCP是一种世界广泛分布的疾病。目前已知的15个血清型中,有一些血清型曾单独流行于某些国家,如血清Ⅰ型流行于瑞士、丹麦、瑞典;血清1型和5型流行于美国、加拿大;英国无血清1型和血清4型。流行型似乎与地域有关。也有一些国家存在几个血清型,如澳大利亚存在血清4~6型和Ⅱ型;西班牙存在11个血清。但随着国家和地区的频繁动物交易,而使本病传播,血清型在猪体内越来越国际化。存在几个血清型同时流行于同一个国家,出现新的血清型,甚至不同的血清型发生在同一猪场。一些在某些国家和地区,被认为是低毒性的,不会引起严重流行血清型(如血清3型),在新环境下,也可能在另一个国家和地区广泛流行。

PCP对各种年龄猪均易感,但以2~4月龄猪多发。单PCP毒力和抗体可影响猪群对本病流行的易感性。初乳中母源抗体的存在可以解释为什么本病多在6~8周龄的猪中发生传播迅速,发病率高,一般发病率为5%~8%,死亡率可高达25%。急性期本型死亡率高,其主要与PCP毒力和环境因子有关,如混合感染等。

猪是PCP的宿主和传染源。胸膜肺炎放线杆菌主要定居于猪的呼吸道并具有高的宿主特异性。从正常的呼吸组织中不易分离本菌,但本菌在康复猪和明显的临床健康猪肺内的慢性损伤中可能长期存留;在急性和亚急性病猪,此菌不仅存在于肺炎病灶和败血症中,也可以从血液和鼻分泌物中分离。存活猪可以变成带菌猪,病在肺、扁桃体及鼻腔中继续存在。这些猪是传染源。

本病病菌主要存在于猪的支气管、肺和鼻液中,病菌从鼻腔排出后形成飞沫,通过空气或污染排泄物猪与猪接触,经呼吸道传播。急性暴发时,可能不是每个猪群都感染,可从一个猪栏跳跃到另一猪栏。

本病在猪群之间的传播主要是由引进猪引起，种公猪在本病传播中也起重要作用。猪群的转移、混群；密度大、气温急骤变化、相对湿度高、通风不良等应激因素可促进本病的发生和传播。一般来讲，频繁转群的大猪比小猪群更易发生本病。老疫区的猪群发病率和死亡率较低或趋于稳定，如突然暴发是由于饲养管理或环境突变或引进猪只带有新的血清型所致。

本病多在 4—5 月或 9—11 月发生，具有明显的季节性。

[发病机制]　本病似乎是一种单纯的不伴有败血症的呼吸道感染，细菌通过呼吸道进入猪肺，并吸附于肺泡内，在扁桃体上定居并黏附于肺泡上皮。在自然状态下，本菌黏附是通过菌毛，而是否是菌的荚膜和呼吸道上皮细胞受体的结合尚不清楚。在肺内，该菌可被肺巨噬细胞迅速吞噬或吸附并产生 APX1、APX2 和 APX3 及 RTX 等毒素，这些毒素对肺巨噬细胞、肺内皮细胞及上皮细胞有潜在毒性，对呼吸道病变有直接作用。本菌的荚膜对巨噬细胞及补体都有抵抗作用，在 β IL-1β、IL-8 及 TNF 的作用下，其仍引起早起组织损伤。细菌毒素伴随细胞毒素的作用，可能是导致肺组织纤维性出血性胸膜肺炎组织病变的主要原因。实验发现活菌能使猪肺巨噬细胞发生中毒，培养皿上清液中的热稳定巨噬细胞毒素具有溶血活性，是致死性的，通过器官实验感染仔猪可以引起肺出血。急性和亚急性病变产生的全身症状类似于人的败血症。在急性期，肺内有明显的血管变化。死亡系换气损害所致，但内毒素可促进最急性病例死亡，人工感染最早于 3 小时后就可观察到由毒素引起的肺部病变，如肺泡壁水肿，毛细血管堵塞，淋巴管充满水肿液，纤维及炎性细胞扩张。同时，在损伤的肺泡内可见血小板凝集及嗜中性白细胞的积聚，同时动脉血栓及血管壁坏死并发生破裂。在受感染的肺泡内可看到病菌并发生菌血症。在肺坏死边缘可见死亡和受损的巨噬细胞及碎片。嗜中性粒细胞可能对本菌产生的毒素敏感，有趣的是在受感染的肺切片中很少见到嗜中性粒细胞，而最多见的是纺锤形的嗜碱性细胞，很可能是变性的巨噬细胞。在感染后 4 天，肺泡界线分明，同时支气管也充满黏稠的分泌物，随着病变时间的延长，中心部位出现坏死并有纤维化现象。

在不同血清型或同种血清中，其毒力也可能不同，主要由荚膜结构、LPS 成分或溶血素类造成。一般来说，血清型 1、5、9、10 和 11 比其他血清型毒力强。与其他呼吸道病原体共同感染会加深胸膜肺炎的严重发展。

人工感染或自然感染均能产生免疫反应，并在感染后 10～14 天检测到循环抗体。抗体可在 4～6 周内达到高峰并维持几个月或更长时间。免疫母猪可给仔猪被动免疫。母源抗体可持续 5～9 周，但在某些情况下，母源抗体只可保护 3 周左右，此抗体对细胞荚膜、LPS 毒素细胞膜蛋白、过氧化歧酶、铁结合蛋白及其他细菌结构和产物均发生免疫反应。同时也产生局部 IgA 和血清 IgG 抗体。

[临床表现]　潜伏期依据菌株的毒力和感染剂量不同而不同。人工实验接触传染猪的潜伏期为 1～7 天。人工实验感染可在短至 24 小时内发生死亡。吮乳仔猪感染已有报道，它发生败血症，死亡率达 100%，但此种年龄的猪不常发生感染，感染猪突然发作通常可发现几头猪死亡，其他一些猪表现严重的呼吸困难，病猪不愿活动，拒食，发热、伴有肌痉挛，发

绀,口、鼻带有带血的泡沫性排泄物。因猪的年龄、免疫状态、环境因素及病原型不同,感染程度等临床症状存在差异。由肺部出血坏死引起极端高死亡率达 10%～20%,可分为最急性、急性和慢性。

最急性期,通常有一头或几头猪突然严重发病,有的病猪在没有任何临床症状下突然死亡;发病、死亡可能短至数小时,但大多数猪为 1～2 天。新生仔猪通常伴有败血症。病猪体温高达 41.5℃,精神沉郁,厌食,有短期腹泻或呕吐,早期躺卧无明显的呼吸症状,但心跳加快,后期出现心衰和循环障碍,鼻、耳、腿、体侧皮肤发绀,呈蓝紫色。最后阶段,出现严重呼吸困难,张口呼吸,呈犬状姿势。病猪濒临死亡,严重呼吸困难,体温下降,口、鼻流血样泡沫,病死率高达 80%～100%。

急性期,在同舍猪群或不同舍猪群都有发病猪只。病猪体温可达 40.5～41.0℃,皮肤发红,精神沉郁,不愿站立,厌食,不愿饮水,呼吸困难,有时张口呼吸,咳嗽,心衰。其症状在发病初的 24 小时表现明显。不同猪的病期决定于肺部病变及治疗情况、饲养管理和气候环境因素,因而在同一猪群内病猪病程长短不一,有部分猪可能转为亚急性或慢性。

亚急性和慢性期,多在急性期后出现。病猪轻度发热或不发热,一般体温在 39.5～40℃,呼吸困难不很严重,有不同程度的自发性或间歇性咳嗽,出现一定程度的异常呼吸,这种状态经数天,或治愈或症状进一步恶化,不间断地出现胸膜肺炎症,病猪皮肤或白或红,不愿活动,故在驱赶喂食时勉强爬起,食欲减退,生长缓慢。Rohrbach 等(1993)证实,本病感染猪达到屠宰体重 113.6 kg 的时间将延长 5.64 天,肉猪的日增重下降 34%,饲料转化率下降 26%。

本病暴发初期母猪常发生流产,特别是 SPF 猪群。有部分猪可发生关节炎,心内膜炎及不同部位出现囊肿,尤其是感染了胸膜肺炎放线杆菌的血清 3 型。也有报道感染猪还可患中耳炎。

[病理变化]   尸体剖检肉眼特性病变局限于胸腔,主要为胸膜肺炎。毒素如 APX 毒素导致的内皮细胞损害,引起肺气道收缩,血管舒张,凝血途径的激活,局限缺血及坏死性肺炎,病变主要分布于肺叶尾背侧。大都胸腔积水,整个胸前粘连,肺炎大多数是两侧性,可波及心叶和尖叶以及膈叶,肺炎区色深而质地坚实,均而易碎。肺脏和心包有纤维素性白色物质附着,其他器官的病变不明显。但可见胸腔与肺、心外膜、心包膜粘连,心肌表面呈绒毛状。

最急性期:患猪流血色鼻液,肺炎病变多发于肺的前下部、肺的后上部,特别是靠近肺门的主支气管周围,常出现与正常组织界线分明的出血行性实变区域坏死区,器官和支气管充满泡沫样血色黏液性分泌物。早期病变为肺泡与间质水肿,淋巴管扩张,肺充血、出血和血管内有纤维素性血栓形成。后期,肺炎病灶变暗、变硬,但无纤维性胸膜炎出现,由于病猪突然死亡或发病后 1～2 天内死亡,而纤维素性胸膜炎发生病后至少 24 小时。

急性期:气管和支气管充满带血样的黏液性泡沫渗出物,喉头充满血样液体。肺炎多为两侧性,常发生于心叶、实叶和膈叶,病灶区有出血性坏死,呈紫红色,切面坚实,间质积满血样胶样液体。纤维素性胸膜炎蔓延至整个肺腔,肺和胸膜粘连,难以分离。从暗红色或黑色变得又亮又硬。

亚急性期与慢性期：在此过程中，肺的病灶由大的干酪性或含有坏死碎屑空洞逐渐变小，常见于膈叶有大小不等的结节，其周围有较厚的结缔组织围绕，形成硬壳并与胸膜炎纤维素性胸膜炎处粘连，多数情况下，肺部病灶逐渐溶解，仅剩下与纤维素性胸膜炎粘连的部位。在病的早期，其组织学变化为肺组织坏死、出血，嗜中性白细胞浸润，巨噬细胞和血小板激活，血管栓塞，大面积水肿和有纤维素性渗出物。在急性后期，坏死区周围巨噬细胞浸润，有大量的纤维及纤维素胸膜炎症。

此外，森罔秀就（1995）报道本菌也引起仔猪后躯麻痹，犬坐姿势，不能起立。在胸椎体间、胸膜间有 3 cm 大小乳白色脓肿。从肺病变部检出 2 型抗原。同舍猪 CF 抗体达 32～64 倍。

[诊断]　在急性暴发期，胸膜肺炎在临床上易于诊断。尸检时有明显的胸膜炎的肺部病变特别。但在急性期应与猪瘟、巴氏杆菌病、猪丹毒、猪链球菌，在亚急性期应与猪喘气病、葡萄球菌病等加以区别诊断。因此，确诊需要实验室诊断。

1. 细菌学诊断　从新鲜病死猪的气管、鼻腔的分泌物以及肺部病变区内采样进行涂片、染色，经革兰氏染色，可见大量阴性杆菌。通过 CAMP 平板细菌培养为阴性，或脲酶活性与甘露糖发酵等生化鉴定。

2. 血清学诊断　PCP 感染后，一般 10 天即可检出抗体，3～4 周抗体达到最高水平，并可维持数月。因此，可通过各种血清学方法进行诊断。如补体结合试验可用于进行血清学调查，以清除隐性感染，血清型分型可用琼脂扩散试验、间接血凝试验和葡萄球菌 A 蛋白（SPA）协同凝集试验等；ELISA 试验可用于自然感染早期检测不到血清抗体时，检测唾液中 IgA 抗体及支气管泡液中 IgA，晚期感染血清中 IgA、PCR 方法扩增 PCP 病菌不同特异片段，可用于 PCP 的诊断。选用的目的基因包括 PCP 的 *dsbE* 基因、*APX1P* 基因。PCR 方法比细菌方法时间短，更灵敏，更特异。

[防治]　由于本病是高度接触性传染病，除猪场的生物安全措施外，需要注重以下几方面。

1. 减少饲养应激　适当的饲养密度，控制好猪舍温度、湿度和通风是预防本病的一项主要措施。

2. 加强隔离和消毒，加强检疫　加强平时的人员、衣帽、工具消毒和粪尿等无害化处理，对可疑病猪及时淘汰；坚持自繁自养，采用人工授精，每舍饲养猪只按顺序只出不进；猪舍需至少空舍 1 个月，通过消毒再使用；引进猪只至少隔离 3 个月，经检测血清抗体阴性，确认健康方可混群。后备猪、保育猪、肥育猪在混群前需检测血清阴性，并预防性用药后混群。

3. 做好免疫接种　PCP 血清型多，相互之间交叉保护力差，故菌苗所含的血清型一定要有针对性。我国主要流行 1、5 和 7 型。经产母猪产后一个月免疫 1 次，仔猪 14 日龄首次进行免疫，断奶后 7 天进行第 2 次免疫，以后起半年免疫 1 次。后备种猪在配种前 1 个月免疫。该苗有一定的副反应，使用时应注意。

4. 药物治疗　对发病猪场的猪群可采用抗菌素进行治疗和预防性治疗。但是经治疗的猪常常持续带菌,成为一种隐性传染源。另一个问题是耐药菌株的出现需根据药敏试验的结果选择药物。

四十四、猪增生性肠炎(*Porcine proliferative enteropiithy*,PPE)

该病是由一种胞内劳森菌引起猪肠道出现单纯的增生性变化的基础上引发坏死性肠炎、局部性回肠炎或增生性出血性肠病等一群极为相似的肠道病理变化,因以回肠至盲肠黏膜呈现腺瘤样增生为特征的肠道疾病,又称肠腺瘤综合征(*Intestinal adenomatisis* complex)。又称回肠炎(Ileitis)、增生性出血性肠炎(*Proliferate haemorrhage enteritis*,PHE)胶皮管样肠病等。

[历史简介] 英国 Biester 和 Schwarte(1931)对肠腺病综合征进行了描述。Biester(1939)又在美国报道了本病的发生。Emsbo(1951)在对丹麦屠宰猪研究中报道了本病与坏死性慢性炎症并发关系的情况。其后多国报道过这类疾病,如单纯增生所引起临床症状为猪肠腺瘤病(PIA),引起综合征的病变又称坏死性肠炎(NE)、节段性回肠炎(RI)、增生性出血性肠炎(PHE)等。术语的混乱,造成疾病诊断混淆。许多临诊与研究将 PIA、NE、RI、PHE 和肌肉肥大伴有回肠狭窄与感染黏膜中一贯存在唾液弯杆菌黏膜亚种联系起来并报道过这种细菌的分离、描述其特性。Rowland 和 Rowntree(1974)采用超结构或银染色技术进行研究,这些细菌的特点是弧菌群,可从病变处大量分离到。在异常的增生细胞中,是存在着细胞内细菌。应用免疫荧光技术可在细胞质内看到。Lawson 等(1975)通过这些方法与生化试验在实验室鉴定并定名这种细菌为唾液弯杆菌黏膜亚种(*Campylobacter sputorum* subsp. *Mucosalis*)。但是,把这些细菌接种猪后猪既不产生特异性增生性病变,也不能在细胞内定居。Lawson 等(1985)应用特异性高免血清和单克隆抗体技术,排除了鉴定中的非特异性干扰,这种抗体只与劳氏胞内菌产生反应,Mcorist 等(1993,1994)用 1 亿劳氏胞内菌接种断奶仔猪,接种 3 周后从攻毒猪增生性肠病变部位分离到劳氏胞内菌。最终确定了 PPE 的病原菌,并确定了该菌的分类学地位(Gebhart 等,1993),正式命名为 Lawsonia 胞内菌(McOrist 等,1995)。

[病原] 胞内劳森菌属于解(脱)硫弧菌属,具有典型的弧菌外形,是主要生长于肠黏膜细胞中的专性胞内寄生菌。该菌呈弯曲状,逗点或 S 形,有波浪状三层外壁,末端渐细或钝圆,长 1.25~1.75 μm×长 0.25~0.43 μm。革兰氏染色阴性,抗酸染色阳性,未发现鞭毛,无运动力,亦无菌毛。严格细胞内寄生,因其特殊的培养条件,常规细菌培养未成功,接种鸡胚不能生长,本菌微嗜氧培养时需 5% CO_2。细菌经肠隐窝进入肠黏膜细胞内繁殖,主要分布在刷状缘下方的细胞胞浆的顶部,不聚集成团或形成包涵体,但可在特定上皮细胞上生长。其外膜(DMP)及 DNA 酶切图谱与弯曲菌不同。本菌主要存在于肠细胞的原生质中,也可见于粪便中,在 5~15℃环境中至少能存活 2 周。

实验室培养专性寄生的劳森胞内菌,需要建立适宜的细胞系,如 IEC - 18 大鼠肠细胞或 IPEC - J2 猪肠细胞,加入由猪肠道并纯化的胞内菌和一定量抗生素,以防止其他细菌的生长。细菌的维持和继代培养需要适宜的微好氧环境和细胞裂解条件。大部分单层细胞每个可感染大约 50 个浆内细菌。一般不出现细胞病变。

[流行病学]　本病在世界范围内广泛分布。在集约化养猪场本病有发生上升的趋势。卫秀余(2003)采用 PCR 检测显示,17 家疑似回肠炎感染猪场中有 12 个猪场阳性。52 份粪样中 30 份为阳性,52 份回肠组织样品中 35 份阳性,粪样与回肠组织样的相关性大于 85%。南农大、中农大在 2004 年采用回肠炎抗体阻断 ELISA 法检测,结果 54 个规模化猪场猪抗体阳性率 100%,受检猪群的种猪群抗体阳性率在 80% 以上。本病主要感染猪;仓鼠、大鼠、兔、雪貂、狐、马、鹿、鸵鸟等亦可被感染,均表现为肠炎及感染部位肠道的肠壁增厚。通过检查种公猪、后备母猪、断奶前后仔猪的粪便,证实各种年龄的猪都可受到感染。PCR 及血清学检测发现该菌主要侵害断奶至成年间 6～20 周龄的育肥猪,2 月龄以内和 1 周岁以上猪不易感,这与流行性母源抗体效价在 3 周时仍然较高和 6 周龄以后猪只无特异抵抗力有关。据报道,在屠宰猪中有 30%～40% 的猪有病变,受感染猪的感染率达 12%～15%。病猪和带菌猪粪便是主要传染源。通过 PCR 技术等检测猪粪中的劳森胞内菌,当在一群猪中出现临床病例后,即可在所有受到侵袭的猪粪中检测到本菌,亚临床感染猪也发现排出本菌。实验证明,猪在接种后 8～10 天出现胞内菌和病理变化,病变达高峰的时间是攻毒后 21 天,粪便中排出劳森胞内菌至少持续 10 周。实验感染猪的每克粪便中的劳森胞内菌数量可达 1 亿个以上,当本菌污染水、饲料、设备、工具和环境,可通过口腔消化道水平传播。感染母猪粪便可能是将本病传染给所产仔猪的主要污染源。有报道,在健康的猪群中发生的感染是由携带感染源的活猪所致。核心群中的公母猪是潜在的传染源,并能引起急性传染病的暴发(Smith,1997)。本病一年四季均可发生,但主要在 3—6 月呈散发或流行。某些应激因素,如天气突变、长途运输、饲养密度过大,及引进未经检疫活猪等是增生性肠炎发生的诱因。

[发病机理]　对易感猪接种劳森胞内菌或含有这种细菌的病变黏膜可以复制本病。病原菌主要侵害回肠黏膜,使回肠内层增厚。病菌首先感染的部位是肠隐窝细胞,大量胞内菌必需定居于未成熟的上皮细胞中,首先是胞内菌与细胞膜结合,然后通过形成液泡迅速穿透细胞进入细胞内。这样约在 3 小时内定居,病菌即在细胞浆中活动并游离增殖,并不与细胞膜连接。病菌进入细胞的过程取决于细胞而与病菌的致病性无关。感染的胞内菌穿透分隔的腺窝细胞,引起上皮细胞旺盛增生,使被感染细胞难以成熟并持续进行有丝分裂,细胞不脱落,使肠腺体异常增大,常呈分支状,即形成肠腺瘤。由于肠腺瘤的极度增生并形成分支,使未能消化的蛋白质流失到粪便中,既增厚了肠黏膜又阻碍了营养吸收进而引起饲料转化率下降和引起体重减轻。

在细胞增生的基础上,由于机体的代偿和修复作用,使病变重叠发生,随着表面纤维化反应的延伸及向纵深发展,炎性变化范围凝结成坏死,形成坏死性肠炎病变。早期病变含非常少的滤过性炎性细胞。但随着病变的进一步发展,可能发生主要由单核白细胞特别是 CD8 细胞所形成的渗出层。有些随后可能发生肉芽性组织增生,导致纤维性组织渗出和肌肉肥大,形成局限性回肠病变。在肠腺瘤形成的过程中,由于细胞内病原菌的大范围破坏作用,大量上皮细胞的变性脱落和毛细血管渗漏同时发生,因而形成增生性出血性肠病。

一种与急性或慢性增生性肠炎有关的劳森胞内菌能够产生一种病理变化。对猪接种慢性病猪的病变黏膜,可发生坏死性或急性出血性腹泻。用来自急性腹泻型增生肠炎猪的劳森胞内菌分离物接种猪,可比较规律地发生慢性增生性肠炎,偶尔可发展成为急性出血性增生性肠炎。主要是炎症伴随着细胞和部分白细胞与受感染的肠上皮细胞的死亡而发生。随着肠道的恢复,厚厚的黏膜可能会发生崩塌,变成为坏死性肠炎一样的坏死,最终在节段性回肠炎中会使得肌肉层增厚或成为"软管样肠道"。更快速的崩塌可能造成大量的失血,并使血液进入回肠,引发 PHE。急性出血性增生性肠炎的特征是大量血液进入肠腔,但是往往还伴随着潜伏的慢性增生性肠炎的病变。在慢性增生性肠炎病变中出血性的发生通常是由于大范围的上皮细胞退化、脱落以及毛细血管的渗漏所致。

[临床表现] 由急性或慢性增生性肠炎自然病例中分离到的劳森胞内菌,通常见于 6～20 周龄的断奶的育成猪,感染率在 0.7%～30%。在攻毒试验中,在攻毒后 14～21 天猪皆有腹泻,50% 的猪发生中度腹泻等。可能由于是疫区、非流行区及母源抗体、个体差异等因素,自然发病病例猪只临床上表现不一致。因为抗菌素的使用,即使有严重的炎症病例也往往康复或处于亚临床状态,只有屠宰时才能见到病变或病变痕迹。通常是首先食欲出现不同程度的丧失,生长停止和减重;猪的外表苍白,贫血,可能出现呕吐;粪便由松散的粒状到含血液的黑色粪便。临床上主要表现有 3 个型:急性型、慢性型和亚临床型。自然感染潜伏期为 2～3 周,人工感染潜伏期为 8～10 天。病程约为 15～25 天。

1. 急性型 常称为出血性肠炎,以严重腹泻和肠道大出血为主要特征,多发生于 4～12 月龄的育肥猪和后备母猪,表现为突然发病,出现严重腹泻,初期粪便暗褐色,很快变成红色,继而排黑色柏油状稀粪。急性出血性贫血,死亡前 1～2 小时,皮肤苍白,体温低至 37.8℃,部分病猪突然死亡。也有部分猪没有粪便异常,仅表现为皮肤苍白而突然死亡。大约有 40%～50% 病猪死亡。也有病猪出现腹泻一段时间后,可能与及时治疗有一定关系而自然康复。康复猪大多数生长正常。怀孕母猪感染后出现症状时发生流产。在猪群首次感染时,种猪可能会因 PHE 突然死亡。新感染猪群中,有 12% 的猪可能发病,其中 6% 的感染猪死亡。

2. 慢性型 又称腺瘤样增生性肠炎,多发于 6～12 周龄的猪。多数病例临床症状轻微,约 10%～15% 的猪出现临床症状。可见生长停滞,体重下降,有的猪表现特征性厌食,即对食物似感兴趣,但拒接进食;有的有轻度腹泻,出现间歇性下痢,排出颜色正常的稀便,这可能是大多数慢性病例的特点。有些病猪表现呆滞或麻木,间歇性下痢,粪便稀软,呈糊状或水样,有的混有血液或坏死组织碎片及残渣,有时呈灰黑色。消瘦,贫血。如无继发感染,死亡率在 5%～10%。病猪一般在出现症状后 4～6 周可突然恢复食欲,生长迅速可达正常水平,即使有严重炎症的病猪也往往可康复,只有在屠宰时才能见到病变痕迹。

3. 亚临床型 绝大多数主要表现为生长缓慢,无明显腹泻现象,这给临床诊断带来误判。当猪肠腺瘤肠炎呈地方性流行时,大多数病猪表现温和,不易被检查发现。但在隐性感染猪场中,在育成猪群中时可见到一些较为严重的病例,因肠黏膜发生不同程度的炎症和坏死性变化而导致猪只厌食,持续性腹泻和严重消瘦。发生局限性肠炎病猪,可在肥大的回肠壁中形成穿孔,导致腹膜炎而引起死亡。一些康复猪发育迟缓,消瘦,外表苍白,并有轻度腹泻。

[病理变化]　病死猪呈现腹泻,排灰黑或带血粪便,体表苍白。剖检主要见回肠、盲肠和结肠的肠管胀满,外径变粗,浆膜下和肠系膜水肿,肠系膜淋巴结肿大,色泽变浅,切面多汁。切开变粗肠管,肠黏膜增厚或水肿,回肠黏膜充血,回肠末端增厚,苍白色,并内壁扭曲折叠形成皱褶。延伸性差,部分大肠可能会受影响。不同临床表现的猪会出现相应的病理变化。慢性型的猪肠腺瘤,病变常见于小肠末端 50 cm 处以及邻近结肠上 1/3 处,并可形成不同程度的增生性变化,病变部位肠壁增厚,肠管外径变粗,常见浆膜下和肠系膜水肿,黏膜表面湿润,但没有黏液,有时黏附着点状炎性渗出物。肠黏膜脱落进入纵向或横向皱褶深处。大肠也有相似的变化,常见界限分明的斑块和形成的息肉。在病理组织学检查中,黏膜由不成熟上皮细胞排列形有肿大的呈分支状腺窝。病变腺窝由正常的一层厚度细胞变为5、10 或更多层细胞那么厚,整个腺窝出现大量有丝分裂现象。其他感染细胞的核可表现为肿大的小泡结构或颜色较深的细长纺锤形。杯状细胞缺乏。如果杯状细胞重新出现在腺窝深处,则预示炎症开始消退。轻度病变,黏膜固有层显示正常。在电镜下,可看到大量细胞内菌位于感染上皮细胞顶端胞浆中。在恢复期病变中,细菌呈凝集状,也可能被挤压在退化的细胞中进入管腔或被层状固有层中的巨噬细胞所消化。许多病例几乎无炎症反应,恢复期病变的显著特征是随着成熟上皮细胞的发育,上皮细胞逐渐恢复,在腺体深部出现杯状细胞,腺瘤细胞从表面迅速消失。该菌的纯培养物可引发所有类型的增生性肠炎。该菌进入肠道内壁的细胞中,通常是侵入位于小肠末端(回肠)的肠细胞中,有时也侵入大肠细胞中,并在细胞中增殖,导致肠细胞外观上表现出发育不全,破坏具有吸附能力的绒毛,并使肠绒毛间的隐窝变深,使得感染部位的肠道不具有吸附能力及功能,变薄且凹凸不平,引起节段性回肠炎。

急性出血性增生性肠炎,常发生在回肠末端和结肠,表现为肠壁增厚和浆膜水肿,回肠和结肠腔内中含有血块,结肠和直肠中可见黑色柏油状粪便。肠道感染部位的黏膜除了显著黏膜增厚外,有少量粗糙的损伤,无明显损伤,而出血点、溃疡或糜烂性并不常见。组织学检查证实有腺瘤病样上皮的广泛变性,增生黏膜内有退化性和出血性变化。感染肠黏膜和感染肠道腺窝内,积有细胞碎片和大量劳森胞内菌。

坏死性肠炎是在肠腺瘤病变基础上凝固性坏死和一些炎性渗出物覆盖在增生性肠炎的病变上,形成带有灰黄色干酪样被膜的坏死灶,紧密地与下层组织相连,牢牢地吸附在肠壁上,组织学检查发现界限清晰的凝固性坏死和纤维蛋白沉淀及变性炎性细胞。如果在深层观察到残留的增生上皮细胞即可做出诊断,病程较长的病例,可出现肉芽肿组织。

局限性回肠炎,该病变的识别特征是肠腔缩小,下部小肠变得如同硬管,又称"软肠管"(hose pipegut),肠道的感染部位常位于末端。打开肠腔时可见到溃疡面,带呈条形,有残存的岛状或邻近的黏膜相间。可见有明显的肉芽肿组织,主要特征是外肌层肥大。

[诊断]　由于本病的流行病学的特征不甚明显,很多病例没有或不表现临床症状,往往只有根据发病猪的临床表现,如血便及灰黑色稀粪和病理变化,如病变部位在回盲肠等作出

初步诊断,确诊需进行实验室检查。

1. 病理材料直接染色菌检　剖检尸体时,直接取肠病变组织涂片并进行吉姆萨或 Ziehl Neelsen 氏抗酸染色或革兰氏染色。在回肠后段增生的肠腺上皮细胞顶部胞浆中出现大量的胞内劳森菌。革兰氏染色为阴性,抗酸染色为阳性,菌体红色。

2. 免疫学诊断　常用诊断方法有 PCR、ELISA、免疫荧光、免疫组化法等。用 ELISA 法对发病猪血清和粪样进行诊断,猪被感染 14~21 天后血清中出现抗体阳性反应,能检出自然感染猪特异性 IgG,而且能检测母源抗体。用进口 ELISA 试剂盒对 6 个猪场的 200 份血清检测表明,成年母猪及 100 日龄肥育猪血清阳性率分别达 100% 和 50%~53%,40 日龄仔猪阳性率 10%,60 日龄猪均为阴性。而用 PCR 技术从 1 g 粪便中检出 1 000 个胞内劳森菌,用多重 PCR 法可以同时检测 PPE、猪痢疾和沙门氏菌,灵敏度达 10~100 pg DNA,并能实现鉴别诊断。

3. 细胞培养　目前培养胞内菌的细胞系有大鼠肠细胞 IEC - 18、IPEC - J2、Henle 407 和 IGPC - 1615 等。

[防治]　在临床上药物治疗是普遍采用的防治手段。目前认为大环内酯类抗生素有较好的治疗效果。泰乐菌素 150 mg/kg,磺胺制剂、泰妙菌素 100 mg/kg 饲料添加,连续使用 2~3 周;利高霉素可溶性粉 80 mg/kg 饮水,连续用药 3~7 天;硫黏菌素 120 mg/kg、林可霉素 120 mg/kg 拌料或饮水,连续使用 14 天;金霉素 400 mg/kg,连续使用 14 天。由于依靠药物根治胞内菌病比较困难,临床上也会出现治疗无效果的情况。治疗时要注意几个问题:① 选用抑菌效果好的药物;② 连续用有效浓度药物数天;由于该病可能会在受感染猪群治疗结束 3 周后复发,第 2 阶段的治疗通常在第 1 阶段治疗结束后 18 天进行。采用 2 阶段治疗法;③ 出现急性感染的猪群,需全群药物防治;④ 有过发病史猪群,要预防性治疗,特别是转群、运输、产前必须用药预防,对怀孕母猪在产仔前 1~2 周进行防治,可以减少仔猪的感染。明显康复猪和 2 岁龄以上的猪很少发生增生性肠炎,说明存在一定的自然免疫。从流行病学调查结果来看,原种猪、老龄猪,经过药物治疗后虽不发病,但不能消除其后代及其他猪群感染。药物治疗仅能控制猪群感染率保持在较低范围,不能保证为无病猪群。因此在阶段性治疗结束时用季胺、碘或氧化性消毒剂消毒猪舍,控制老鼠可以降低再感染概率。

预防要从管理入手,首先在药物控制基础上,做到猪只全进全出,严格自繁自养,控制种猪引进。加强粪便管理,改善饲养环境,如用微生态制剂发酵粪便,消毒环境,控制人员进出等。也可用适当消毒药进行场内外消毒。免疫接种是一个防病手段,迄今胞内菌(本病)有一个减毒活疫苗。

四十五、猪痢疾(*Swine dysentery*, SD)

该病是由猪痢疾短螺旋体(一种厌氧螺旋体、猪痢疾密螺旋体)引起的,临床以血泻、出血性痢疾、黑痢或黏液性及黏液出血性腹泻为特征的肠道疾病。其他微生物也可能引起该病,故该病曾被称为弧菌性痢疾、血泻、血痢、出血性痢疾、黑痢或黏液性出血性痢疾等。

[历史简介]　Whiting(1921)首次记述了猪痢疾临床症状,但未能证实原发性感染因子和鉴定出其特征。Doyle(1944)报道了大肠弧菌引起猪痢疾的病变,可以从粪便和结肠中培养出大肠弯曲菌,但培养物的感染均告失败,后证明分离出的本病病原是另一微生物,归属于空肠弯曲菌。Terpstre(1968)、Taylor(1972)发现一种大螺旋体,认为可能是本病原发病原体。Taylor(1970)和Harvis(1972)用经口接种猪痢疾病原的方法,引起无特定病原猪出现猪痢疾的典型症状和病变,为研究本病建立了动物模型。Taylor 和 Alexander(1971)从一头感染猪体内成功分离到一株致病厌氧螺旋体,并被同时进行该工作的美国 Glock 和 Harris(1972)证实,用普通猪和无特定病原(SPF)猪口服接种猪痢疾蛇形螺旋体(*S.hyody Senteriac*)后,产生典型的 SD 症状和病变,故 1972 年 Glock 和 Harris 将这种病原体命名为猪痢疾密螺旋体。

Hughes 等(1975)用外科手术在猪结肠段注射 SD 培养物;Whipp 等(1978)用肠线结扎猪的结肠并注射 SD 培养物都能产生与 SD 非常相似的病变。

Taylor 等(1971)研究证明正常猪的粪便中存在第 2 个型的厌氧螺旋体,这个非致病性螺旋体很可能存在于大多数猪体中和犬体中。Kinyon 等(1979)建议把此非致病性螺旋体命名为无害螺旋体(*T. innoces*)。后来该菌种与弱溶血性的无害螺旋体被归属到龙芥属。Stanton 等(1992)根据 16SrRNA 序列分析、RNA 的同源性、DNA - DNA 杂交试验、全细胞蛋白的 SDS - PAGE 图谱结果,建议这些螺旋体归属一新属,即蛇形螺旋体属(*Serpulina*)。Ochiai 等(1997)将其归属于短螺旋体属(*Brachyspira*)。该属还包括中间短螺旋体、无害短螺旋体、莫道短螺旋体、毛肠短螺旋体和猪鸭短螺旋体等。

[病原]　猪痢疾密螺旋体分类上归属短螺旋体属(*Brachyspira*)。

病原体革兰氏染色阴性。细菌呈两端尖锐、轻度卷曲的螺旋状,长度 5~8.5 μm,宽度 0.3~0.5 μm,具有运动型和溶血性,每个细胞末端的盘圈是疏松的,两端前有 7~9,也有认为 7~14 根轴丝(鞭毛)插入,轴丝从菌体每端开始并在原生质核体的中部重叠。细胞上覆盖的是松松的外膜。根据对 WAI 菌株观察,有 1 个大约 3.0 Mbp 的圆形染色体,1 个约 36 千碱基对(kbp)的环形质粒(Beiigarx 等,2009)。

在暗视野显微镜下,可见其活泼的蛇形运动。螺旋体末端呈弯曲状,向前旋转移动。

本病原是厌氧细菌,但能短时间暴露在氧气中。其生长能轻易被肠道菌群中其他厌氧细菌超越。但结肠、盲肠有些厌氧微生物,可协助该菌的定居,导致病变严重化。

本菌 37~42℃下培养 3~5 天,在平板上形成低水平的生长薄膜,不会形成菌落。在含 5%去纤维蛋白羊血或牛血平板上生长,可见明显的 β-溶血,溶血区内不见菌落,有时候可见灰色、云雾状表面生长成针尖、透明的小菌落,居于溶血环中,可以从环的边缘挑起一小块琼脂,移至作接种物供新的培养用。牛胎儿血清的脑心滤液肉汤培养基中培养,菌体在 2~3 天内能以 10^8~10^9 个细胞/mL 的速度生长,空气中加入 1%的 O_2 能促进生长。

本菌能分解焦葡萄酸盐,不能分解乳酸盐;过氧化氢酶阴性、细胞色素氧化酶阴性、硫化氢阴性;能液化明胶;分解肉汁、赖氨基醋酸,分解淀粉和尿素;胆汁耐性阳性,分解七叶苷,耐碘酸,发酵果糖产生吲哚。但已发现吲哚阴性菌株。

Picara 等(1978)证明本菌的培养液呈现溶血素。Baun 等(1979)用石炭酸提取菌体提取物,再通过淀粉板电泳分离到 B-169 纯蛋白,通过琼脂凝扩试验证明能与抗血清作用。碳酸提取物中的液状物质(脂多糖)琼脂扩散试验,分属 4 个血清型(表-150)。

表-150　用石炭酸提取物中水溶性抗原来确定猪密螺旋体的血清型(Baun, 1979)

血清型	分　离　株	来　　源
1	B78 株　1	美国艾奥瓦州
	B234　2	美国密苏里州
	7 和 191B	丹麦
	G	墨西哥
	T6	美国艾奥瓦州
2	B140	美国明尼苏达州
	B204　3	美国明尼苏达州
	JPWM300/8	荷兰
	T3、T4、T5	美国艾奥瓦州
	B9605	美国艾奥瓦州
3	B169	加拿大
4	A-1	英格兰

注:1 为特殊型,指 ATCC 第 27164;CCM6063。2 指 ATTC 第 31287。3 指 ATTC 第 31212。

猪痢疾短(密)螺旋体 W1 菌株的基因组序列已公布(Bellgard 等,2009)。

猪痢疾病原菌是短螺旋体属内部一个分立菌种,使用多位点酸电泳(Multilocus Enzyme Electrophoresis,MLEE)对种群结构进行分析表明,该菌种具有多样性,由大量基因不同的菌株组成(Lee 等,1993a)。随后的 MLEE 数据分析推断出该菌种属重组体,但它能产生普遍流行的克隆体,因此具有流行性群体结构(Trott 等,1997b)。

已证实很多不同菌株的存在。还能根据从分离株细胞膜套上提取的脂寡糖(LOS)把其区分为血清组和血清型(Hampson 等,1997)。

猪痢疾短螺旋体包含一个噬菌体样的基因转移因子(gene transper a gent,GTA),能随机携带宿主 DNA 的大约 7.5 kb 片段,并将其转移到其他猪痢疾短螺旋体菌株(Motro,2009;Stanton,2003)。GTA 有助于短螺旋体菌种内部和短螺旋体菌种之间发生大范围基因重排(Zuerner,2004)。除了随机突变和重组,GTA 可能通过从其他短螺旋体菌种或菌株转导新的序列促进了这种菌株的"微进化"。新出现的菌株可能改变了表型特征。潜在改变包括药敏性、定植潜力和意力。对分离株的分子分析表明,猪痢疾短螺旋体的新变体可能已出现在猪场(Hidaly,2010)。过去多年从同一猪场获得的分离株表面 LOS 抗原性漂移已有记载

(Combs 等,1992)。

　　猪痢疾的毒力因子有：① 鞭毛基因,病原质生质周围鞭毛是由 3 种抗原关系密切的核心多肽和 2 种不同多肽组成的 1 层外壳构成,能在覆盖于上皮的黏液胶状物中定居;② 黏附因子,是病原定居过程中第 1 步;③ 侵入因子,使病原侵入肠的吸附细胞,穿过上皮细胞的胞浆基质;④ 溶血素/细胞毒素,β 溶血素活性对猪场致病力密切相关,病原产生 tlyA、B、C 3 个溶血基因,既有溶血作用,又对上皮细胞有细胞毒作用;⑤ 脂多糖,引起肠病变和宿主免疫反应的主要因素;⑥ 肠毒素,引起肠过分分泌;⑦ 其他酶类,病原产生的 NADH 氧化酶,具有抵御外部氧化作用的能力,是病原定居于盲肠和结肠组织的基本特征。

　　本菌对一般消毒药敏感,次氯酸钠是有效消毒剂;对热、干燥也敏感,在 0～10℃下,在用水稀释粪便中能存活 48 天;在 25℃下存活 7 天;在 37℃能存活 1 天;在 10℃下,泥土中存活 1 天,在含有 10% 的猪粪便的土壤中存活 78 天,在纯猪粪中存活 112 天。

　　[流行病学]　本病仅发生于猪。Glock(1978)指出,SD 密螺旋体口服感染的犬和鸡分别导致粪便带菌 13 天和 8 小时。Jones 等(1918)用 SD 培养物口服接种豚鼠和小鼠,都能产生很像 SD 的病变。实验感染的小白鼠带菌 100 天以上,而粪中只带菌 2 天。蝇类至少带菌 4 小时。SD 大多数流行的初始来源是由于把带菌猪引入猪场。污染农场有 33%～58% 健猪是螺旋体携带者,只有 2%～32% 的猪发病。病原能通过鼠类、家畜、野兽和出售的猪从污染地带到清洁地。我国并无 SD,在 1973 年国外空运一批种猪至上海上空后,上海首发 SD,吴硕显从病猪中分离到病原并复制了该病,而后遍及全国种猪场。这也可能是没有引入新猪的猪场中也出现此病暴发的原因。污染猪场的污染水可能是本病传播的因素。Chia(1978)证明,SD 密螺旋体在下痢的水样稀粪中,5℃存活 61 天、25℃存活 7 天。Luna(1978)试验发现,在 0～10℃条件下,病猪粪便中存活 48 天,它能感染实验猪。从攻毒后 96 天的结肠刮取物,可复制密螺旋体。但 Egan(1980)发现 SD 密螺旋体在土壤中 4℃下存活 18 天,然而把此病菌通过污染脏物的场地传给易感染猪但未成功。表明引起 SD 还有其他各种应激因子,包括饲料改变、运输、去势、过度拥挤和环境温度的突然改变。该病似乎常发生于夏末和秋季。经口接种饥饿状态的猪,呈急性感染时,24 小时内在结肠黏膜形成病变。潜伏期发生改变与接种的菌量不同有关。但有些猪只已带菌而无临床病状。应激因素可以促进急性病型的发生和传播感染其他猪只。同时用无菌猪作实验感染,单独投与培养的猪痢疾密螺旋体则不能引起猪痢疾,这时假如有 2～3 种厌气性细菌(类杆菌、梭杆菌、梭状芽孢菌等)在肠道内先行定殖时,用人工培养菌作人工感染便成功,由此证明,作为猪痢疾的感染条件是肠内菌丛中必须有某些厌气性菌存在。

　　SD 最常见于 15～70 kg 或 7～16 周龄猪,而哺乳仔猪和成年猪也可发生本病。未见有不同品种的易感性差异。自然条件下,断奶仔猪发病率常超过 30%,死亡率达 50%;一个猪群的发病率可达 100%。本病在一个猪群里有持续存在的趋势,在猪群里传播缓慢,需要 7～14 天,在 2～3 周内蔓延至邻近的或其他猪圈,但常呈逐渐传播,每天都有新的猪受到感染,而已康复的猪可以继续排旋螺旋体达 90 天之久,从而感染其他与之接触的猪。此外,SD 的临床病状似乎有周期性特点,在有此病的大型猪群中,经治疗而消除症状之后,过了 3～4 周可能再出现病症。在疫区通常用药物控制 SD,绝大多数病例可被药物抑制,不呈现临床症状,感染猪临床症状也较缓和,而且呈现不含血或极少黏膜的灰色腹泻。

[发病机制] 猪痢疾密螺旋体能在胃的酸性环境下生存,并到达大肠,致病菌株进入肠道,首先将菌体吸附在猪的肠道黏膜上,感染时常见大量螺旋体以菌体的一端附在盲肠和直肠的上皮细胞表面。通过繁殖和侵入结肠黏膜腺导致发病,杯状细胞分泌使结肠腺排出大量黏液,上皮表面见有凝固性坏死,随着血管损伤和血液以及纤维蛋白的释放发展形成典型的纤维蛋白坏死膜。Jour 等(1978)报道螺旋体在 LieberKuhn 氏隐窝内,在那里它们在肠腔表面繁殖,并引起黏液出血性肠炎。在上皮定植,局部侵入及随后的结肠炎,导致盲肠和结肠内容物水分增多,并产生较多的黏液,有时还有血块。由此而来的上皮病变及不成熟的上皮,可导致结肠表面积减少,减弱对脂肪酸吸收,降低饲料转化率和增重减缓(Dukamsl,1986),通常因慢性脱水和细菌性毒血症死亡。成为病原的猪痢疾密螺旋体不会侵入大肠固有层以外的组织,而其他器官病变意味着缺少猪痢疾密螺旋体。本病的整个发病机理可直接归因于肠道病变。一种急性休克综合征使个别动物突然死亡。但最急性死亡的病理尚不了解。

典型的 SD 早期全身反应是肠炎引起体液和电解质失调的结果。Argenyic(1980)研究了本病发病机理,组织学检查认为,出现腹泻不是黏膜渗透性增加,不是渗出蛋白质,也不是从血管来的胞外液体或因增加液体压力的结果。体液丧失是结肠吸收障碍的结果。研究感染猪小肠的结果表明,刺激葡萄糖液吸收装置(功能)完整无损,没有附加的小肠分泌液。因此,体液丧失唯有结肠缺少再吸收自身分泌液的原因。因为这些动物形成的内分泌中,胞外体液量的 30%～50% 是被显示由结肠液吸收。结肠单独吸收衰退足以解释进行性脱水与疾病死亡相关。这些研究还暗示,口服葡萄糖电解质溶液,作为一种治疗措施以恢复丧失的那些胞外液会是有用的。而且,因为上皮细胞输导机能缺乏,不能从血管主动输送钠和氮。肠炎引起体液和电解质平衡失调,血液电解质发生明显变化,血清钠、氯和碳酸氢钠数值下降,并发生明显的、可能是致命的代谢性酸中毒,可见疾病末期的高血钾症,它和酸血症一起可能是死亡的重要因素。而感染仔猪结肠黏膜中的腺苷酸环化酶与鸟苷酸环化酶的值保持正常,但对茶碱等刺激的反应明显减弱,因而这些研究有力地提示,从黏膜发炎释放出的肠毒素或前列腺素没有促进产生腹泻。因此猪痢疾的发病机理与大肠杆菌肠毒素或沙门氏菌引起的腹泻不同。

猪痢疾密螺旋体可能产生毒素的详细研究尚无报告。Picara(1978)证明猪痢疾密螺旋体的培养液显现有溶血素。溶血素和 LOS 可能通过局部破坏肠上皮屏障起作用导致上皮脱落。

[临床表现] 本病的潜伏期自然感染通常在 10～14 天,但常反复不定。有报道用纯培养螺旋体感染仔猪,经 3～10 天出现临床症状,自然下 10～20 天。有报道潜伏期为 2 天至 3 个月,甚至感染后无临床表现。腹泻和黏液血性下痢及体重急剧下降是猪痢疾最一致的症状。但实际生产中,所见临床表现的严重程度并不相同,该病的经过,不仅在同一猪群各个体之间,而且在不同的群之间都不同。这可能与感染量有关。有些实验需要 10^{10} CFU 高的

剂量,但接种剂量达 10^5 就能引起感染。临床症状和病变在细胞数量达到 $10^6/cm$ 黏膜时开始出现。腹泻开始前 1～4 天,螺旋体出现在粪便中。如每克猪痢疾便中含 10^7～10^8 菌落形成单位的猪痢疾密螺旋体时,将此粪便排于有正常菌丛而无特定病原的猪,经 5～10 天的潜伏期就发生赤痢。用培养人工菌感染也能得到同样的结果。

本病在流行初期多呈急性经过,死亡数较多,2～4 周后逐渐转为亚急性或慢性,反复下痢,病猪消瘦,粪便中带有黑红色血液和黏液,死亡数不多,多数猪体温基本正常。患猪精神沉郁,拒食,极度口渴;死猪体质消瘦,双腹腹壁塌陷,皮肤和被毛呈灰污色。

1. 急性型　个别猪呈最急性感染,多见于流行初期,有很少猪在几小时内突然死亡,无或很少有腹泻症状。多数病猪表现体温升高至 40～40.5℃,但不那么一致。发病开始粪便为黄色至灰色软粪,随即变成水,粪便中有大量的黏液和血凝块,随着腹泻进一步发展,粪便中可见血液、黏液、白色黏液、纤维素性渗出物碎片、黏膜组织碎片等,其味腥臭。病猪精神沉郁,弓背,虚弱,持续腹泻导致脱水和饮欲增加,眼球下陷,全身寒战,病程12～24 小时。

2. 亚急性型　多见于流行中后期,多数病猪以同样顺序出现病状,但病程时间不一致,一般 7～10 天,病猪排软粪便或稀便,粪中含有大量半透明的黏液,多数粪便中含有血块和咖啡色或黑色的脱落黏膜组织碎片。体温基本正常,食欲减退,口渴,消瘦,渐渐死亡或转慢性。

3. 慢性型　多见于流行或发病中后期,腹泻时轻时重,反复发生;粪便中常含有混合很好的黑色血液,而成为所谓黑痢,有的如油脂状。病猪食欲不振,进行性消瘦,贫血,生长迟缓。临床症状似乎有周期性,部分康复猪往往经一定时间复发,甚至多次复发,这往往与治疗后停药有关。

哺乳仔猪一般不被感染,未见典型 SD 临床症状,但常有卡他性肠炎而无出血。直到离开母猪,这取决了母猪的免疫状态,无临床症状母猪粪便带有 SD 菌,能引起哺乳乳猪感染,乳猪可能不表现临床症状。

[病变]　死于 SD 的猪被毛粗乱,憔悴,眼窝凹陷,苍白,脱水状态,全身粪便污染。在 Lieberkuhn 氏隐窝内,在那里它们在肠腔的表面上繁殖,并引起黏液出血性肠炎。剖检所见病理变化是大肠病变,只存在于大肠,而小肠中没有,常在回盲口有一条明显的分界线,大肠壁与肠系膜充血与水肿,从回盲能垂直到直肠的大肠黏膜全部呈水肿性肥厚,并有充血或出血点。黏膜表面多皱丧失。炎症以表层黏膜最显著,深部黏膜较轻,黏膜下组织更轻,以至看不到病变。用 Warthin-Starry 氏法染色时,从黏膜表层黏膜中层及隐窝腔内大多能见到猪密螺旋体。在电镜中,可见微绒毛变成不规则化,密螺旋体侵入到上皮细胞间,或杯状细胞和上皮细胞内;受侵害上皮细胞可见胞质浓缩,线粒体膨胀等变性现象。

急性病例病变包括大肠肠壁和肠黏膜充血、水肿,肠系膜淋巴结肿胀,表面有清亮水样液体。结肠黏膜下淋巴结肿胀,浆膜面上出现白色轻度突起病灶,有明显的黏膜肿胀,其典型皱襞状外观消失。结肠内容物稀薄或水样,黏膜上覆盖带血块的纤维素和黏液。大结肠浆膜下呈多发性点状出血。

　　亚急性病例大肠肠壁内水肿可能减少，肠黏膜点状坏死，纤维素渗出增多，可见含有血液的厚层黏液纤维素性即一层薄的浓稠的纤维蛋白渗出物覆盖的假膜，呈麸皮样，似明显坏死外观。剥去假膜可见浅表层坏死性糜烂面。

　　大肠内的病变分布有所不同。有的病例波及整个大肠，有的病例仅损害某肠段。疾病后期呈弥漫性肠的病变。

　　显微病变主要见于盲肠、结肠和直肠。黏膜层和黏膜下层因血管充血和液体及白细胞渗出而显著增厚，杯状细胞增生，腺窝基部的上皮细胞伸长和深染，接近肠腔的毛细血管内和周围有过多的嗜中性的细胞聚集。早期管腔表面上皮细胞从固有层上脱落，毛细血管暴露，导致局部出血区和血液黏附在黏液上，因而产生疾病急性阶段时典型的结肠内容物血斑外观。病变后期是大肠腔表面和黏膜腺窝中有大量纤维素，黏液和细胞碎片堆积。黏膜表面坏死，但深度溃疡不明显。慢性病无明显特征。

　　疾病的所有时期在肠腔内和腺窝内可见 SD 密螺旋体，上皮细胞内有成丛的 SD 密螺旋体，以急性期数量最多。在肠腔表面和腺窝内邻近的上皮细胞微绒毛破坏，线粒体和网状内皮细胞肿胀，其他细胞器消失或密度减低，上皮细胞部皱缩和变暗。

　　[诊断]　SD 诊断，首先是临床表现为顽固性腹泻和血痢；但体温不高。从流行病学上可见在引进猪后一段时间发病，疾病主要发生在肉猪群，哺乳仔猪和母猪群未见流行，疾病逐渐传播，每天都有新猪感染，但不是同群所有猪发病。发病有周期性。粪便有特征性：仅部分成形，通常呈麦片粥状，排粪时不明显用力，腹泻开始发作后 2~3 天粪便中出现血液。

　　剖检可获得进一步的诊断依据，即急性病猪病变是局限在大肠段，呈弥漫性肠炎，肠腔内有黏液纤维性渗出物和游离血液。

　　确诊需观察到 SD 密螺旋体：① 镜检病原：取可疑病猪（最好是急性病猪）的结肠内容物或黏液直接涂片，革兰氏染色或暗视野显微镜下可见呈蛇形运动的螺旋体。② TSA 培养基 37~42℃厌氧培养，可见菌落周围产生 β-溶血环，并在溶血环上长出一层非常明显的薄膜，可作为一种常规观察指标。如果在 42℃中培养 48 小时，未见明显 β-溶血环，应继续培养，每隔 48 小时观察一次，共培养 144 小时，以区分产生弱 β-溶血环的其他螺旋体。直接黏膜涂片的敏感性显著低于分离和鉴定猪痢疾密螺旋体，而后者的灵敏度取决于样品中的细菌存在数量。取 SD 急性感染样品，病猪的结肠黏膜和粪便中含有大量的 SD 密螺旋体，10^8~10^9/克，易分离。但无症状猪、药物使用猪，在检测时其粪便可能只是周期性带菌，可能出现假阴性，故诊断时必须特别谨慎。

　　血清学试验、动物试验，仅作辅助性诊断。

　　要与增生性肠炎、猪沙门氏菌病、猪流行性腹泻、猪传染性胃肠炎、猪鞭虫病、胃溃疡和其他造成粪便带血的疾病相区别。

　　[防治]　胃肠外注射菌苗未取得成功，尚无免疫菌苗。

　　对已发病猪群和未发病猪群，全群药物治疗，可用痢菌净、万纳莫林、泰妙林等药物。应注意防止药物中毒和治疗猪的体内器官中残留药物。在屠宰前 7 天必须停止在饲料和饮水中添加药物。对能饮水病猪，在饮水中补充电解质。

要加强环境卫生消毒工作,粪便应做无害化处理。可用微生态制剂,进行口服和粪便无害化处理。

尚未根除 SD 的感染猪群,要成功地扑灭此病应采用仔细清扫和消毒程序为前提,对各种年龄病猪使用药物治疗。以 1 疗程 6～12 周为投药期,并在停药后 3～6 个月作 1 次菌检,判断是否扑杀。如果 SD 密螺旋体存在,则可能病情再现。产前 5～7 天药物预防仔猪感染。转移仔猪隔离用药 10～14 天,第 2 次用药。重建猪群关键是引进猪只,它是保证猪只的安全条件,把带菌猪引入猪场,任何预防措施将无效。

四十六、猪螺旋体性结肠炎(Porcine colonic spirochetosis)

该病是由大肠毛状短螺旋体引起的猪结肠炎症,以慢性黏液样腹泻及出血为特征的传染性疾病。

[历史简介]　Kinyon 等(1974)、Lemcke 等(1979)建立了含大豆脉蛋白和血清组成的液体培养基,厌氧,氮和二氧化碳存在下的生长程序,为螺旋体培养菌是基础。Kinyon 等在 1979 年和 1977 年指出口服接种 SPF 猪引起猪痢疾后所分离得到的密螺旋中有 25 株全部呈现 β-溶血,其中有 13 株呈现很弱的溶血,表明分离菌株组成多样、复杂。Taylor(1980)发现一种导致猪出现黏液样腹泻并伴有出血和结肠损伤的弱 β-溶血的肠道螺旋体,将其称为大肠毛状短螺旋体。

[病原]　大肠毛状短螺旋体分类上归属于短螺旋体属。

本菌似其他短螺旋体属细菌,革兰氏染色阴性,长 6～10 μm,宽 0.25～0.30 μm,具有特征性的 4～7 根环绕细胞质的鞭毛,末端细尖。TSA 培养基,37～42℃,厌气培养 3～6 天;鲜血琼脂培养基上可见形成薄薄的扩散表面光雾,围绕着弱 β-溶血环。

菌株表现出广泛的多样性。菌群是重组的(Lee,1994;Trott,1998),重组和基因重排可能一部分由 GTA 活性引起(Zuerner,2004)。95/1 000 菌株有一 2.59 Mbp 的环状染色体,GTA 的基因、一个完整的噬菌体,但没有质粒(Wanchen-thucek,2010)。菌体外膜含有 LoS,不同菌株具有血清异质性(Lee,1999),质粒上缺少 BfbBADC 基因簇。因此,预测这种菌具有不同的 LoS 结构,有很多的外膜蛋白和脂蛋白。

该菌对外界环境的抵抗力很强,能耐受氧化应激。在室温下可存活数天,4℃以下在粪便、污染的土壤和新鲜的水中可存活数月。

对消毒药抵抗力不强。

[流行病学]　病菌有广泛的宿主,除猪外,它可以寄生于很多动物,包括犬、鸡、野生水禽、鸟类和人的体内,因此又可能存在种间和人畜间传播的可能性。在不同地区调查发现,不同的猪发生持续腹泻问题的大部分猪场感染大肠毛状短螺旋体,而没有腹泻的猪场几乎没有出现感染。

带菌动物为本菌的传染源,病菌从患病或带菌动物的粪便中排出;感染猪可通过粪便连续排菌 6 周。通过粪-口途径,经消化道感染。

本菌主要危害 8～16 周龄,体重 20 千克以上育肥期的猪,感染率可达 80%。

本病一年四季均可发生。

[发病机制]　直接针对结肠毛状螺旋体的宿主免疫机制还不清楚。实验感染后的康复猪存在循环抗体,但免疫反应没有研究透彻(Taylor,1980)。

结肠毛状螺旋体不是以猪痢疾密螺旋体致病菌株那样的方式,将菌体吸附在猪的肠道黏膜蛋白上,感染时常见大量的螺旋体以菌株的一端附着在盲肠和直肠的上皮细胞表面。与 PIS 相关的结肠炎比猪痢疾要轻得多,并且只出现于疾病的早期。菌体自口腔感染后,在结肠黏膜上皮定植,接种后 2～7 后可在粪便棉拭中检测到;但潜伏期亦能长达 20 天。在感染初期,大量的接触毛状螺旋体菌体吸附到盲、结肠上皮细胞的表面,黏附作用只出现在成熟的肠上皮细胞的微绒毛的顶端,螺旋体不吸附于肠道隐窝中的未成熟细胞上(Trott,1995),上皮细胞的退化导致腺泡细胞有丝分裂加快,腺泡延长,形成含有黏液细胞或柱状细胞的不成熟的上皮组织。上皮的坏死变化主要是在黏膜表面有小的黏附结节。

它通过上皮细胞之间的紧密联结侵入。结肠毛状螺旋体出现于腺窝和固有层中,与嗜中性粒细胞和淋巴细胞浸润。

在上皮中定植,局部侵入致使微绒毛消失,外周内质网功能紊乱及随后的结肠炎,导致盲肠和结肠内容物水分增多,并产生较多的黏液,有时还有血块。由此而来的上皮病变及不成熟的上皮,可导致结肠表面积减少,减弱。对挥发性脂肪酸吸附,降低饲料转化率和增重减缓(Duhamel,1996)。

[临床表现]　潜伏期为 3～20 天。发病猪表现主要为腹泻,腹泻粪便呈"湿水泥样",通常无血,严重感染时,粪便呈水样,偶尔可见到黏液粪便或含血粪便。个别猪腹泻可持续 2 周,但大群猪腹泻可持续 6 周或更久。采食量可能不减少,但生长速度下降,饲料转化率明显降低。死亡率不高,死亡不是结肠炎的特征病症。病猪精神沉郁,食欲下降,逐渐消瘦,弓腰缩腹,起立无力。

临床上经常发生混合感染,如劳森胞内菌、沙门氏菌、猪痢疾短螺旋体、耶尔森菌、寄生虫等,造成更为严重的症状。

[病理变化]　结肠炎主要表现为增生性、弥漫性卡他性以及黏液性结肠炎。剖检可见盲肠和结肠充气膨胀,内容物含有大量黏液。组织学变化为大肠典型的卡他性结肠炎,肠腺变长,并伴随上皮细胞坏死的结肠增生及肠腔上皮细胞上有大量的大肠毛状短螺旋体附着。

[诊断]　根据临床症状很难做出确切诊断。感染严重时,可采用结肠黏膜触片、显微镜检查的方法。一般情况下最好进行细菌培养,再进行 PCR 检测,可以提高检出率。由于大肠毛状短螺旋体感染很少诱导血清抗体的产生,因而没有血清学的诊断方法。免疫组化和原位杂交也是诊断方法之一,但难度很高。与劳森胞内菌、沙门氏菌、短螺旋体感染症状非常相似,而且经常发生混合感染,所以需要与上述原病引起的疾病进行鉴别诊断。

[防治]　因临床表现与很多细菌性肠道病相似,因此,在发病群应选择抗生素的治疗。目前对结肠炎比较敏感的药物有泰妙菌素、万纳莫林、林可霉素、卡巴多、盐霉素等。预防性投药方案是在关键时期在饲料中投放预防量的抗生素,如泰妙菌素 60 克/吨,连用 14 天;或间歇式投药,每投药 1 周,停 3 周,再投药 1 周。有明显临床症状的猪场,可在每吨饲料中添

加泰妙菌素 100 克,连用 7～10 天。

由于本病菌寄生于多种动物及人,因此,以生物安全为核心的综合性措施更为重要。

四十七、猪附红细胞体(Porcine Eperythrozoonosis,PE)

该病是寄生于猪红细胞表面、血浆、组织液及脑脊髓液中的猪附红细胞体引起猪以发热、贫血、黄疸和母猪流产为主要特征的传染病。

[历史简介]　Schilling 和 Dinger 在 1928 年同时分别在啮齿动物中查到附红样个体,同时将其命名为类球状血虫体,又称鼠附红细胞体(*E. coccoides*)。Kinsely(1932)报道了美国类球状血虫体。随后几十年中,世界各地的学者们陆续发现报道了不同动物体中寄生的附红体。Doyle(1932)在印第安纳州报道了"一种类立克次体病或类微粒孢子虫病",以 2～8 月龄猪有明显的溶血性黄疸,猪血液稀淡,红细胞易发生自发性凝集,血浆被染成黄疸样颜色,体温升高及怀孕母猪感染等临床症状。Splitter 和 Williamson(1950)从类无浆体病猪和黄疸性贫血猪中发现了猪的附红体,并于 1958 年命名了猪附红细胞体病。Puntarie 等(1986)描述了人类附红体病。晋希民等(1981)报道了兔的附红体病,该病原体除引起黄疸外,病原与已知的牛附红体(*E. wenyoni*)和绵羊附红体(*E. ovis*)相似。国内外对引起人畜禽附红体病的称法多样,如"黄疸性贫血症""类边虫病""赤兽体病""猪红皮病""鸡白冠病"等。此外,其他畜禽也有专性宿主附红体病。附红体病病原的分类问题,国际上仍存在分歧。Livens(1961)将从不同动物体内发现的血营养菌(类球状血虫体)归类为立克体次目的附红细胞体属和血巴尔通体属。Neimank 等(1997—2002)通过 DNA 测序、PCR 扩增和 16SrRNA 序列分析,将附红细胞体属归类于支原体目,同时变更了名称,统称嗜血支原体。需随科学技术发展,进一步探讨。

[病原]　猪附红细胞体病的分类尚存在争议。现国际上将猪附红细胞体列入柔膜体目支原体属(*Mycoplasma*);猪附红细胞体改名为猪嗜血性支原体。

猪附红细胞体具有环形、球形、卵圆形、月牙形、顿点形、杆状或马蹄状等多形态,平均直径 0.2～2.0 μm,有报道寄生于猪体的较大,直径为 0.8～1.5 μm,最大 2.5 μm,随着形态不一变化及慢性期的延长而变小。大多数聚集在红细胞表面,呈星芒、齿状不规则包围整个红细胞,少则 3～5 个,多则 15～20 个,一旦附在红细胞表面即停止运动。猪球形附红细胞体在血液内只存在于血浆中,而血浆中的猪附红细胞体则灵活自如,伸展旋转,前后、左右、上下均可活动。原来将猪附红细胞体分为猪附红细胞体和小附红细胞体(*E. parvum*)(Splitter,1950)。现在的观察研究认为,两种形态的猪附红细胞体不是致病力不同的 2 种病原体,而是猪附红细胞体在成熟过程中形态和大小发生了改变。在急性感染期间,在红细胞上成熟的和未成熟的猪附红细胞体拥挤在一起,没有致病力的小附红细胞体是未成熟的前体附红细胞体。吴叙苏等根据猪附红细胞体的形态和致病特点,可分为以下 3 种类型。

1. 球形类(包括圆盘形和变形虫形)猪附红细胞体　直径 1.0～3.5 μm,有运动性,以翻滚摇摆运动为主。一个红细胞上可附着 1～10 个不等,受重力影响,绝大部分在红细胞边沿的表面围成一圈,并不停地运动,形同一个摆动的齿轮,又像一个周围镶入了许多闪光蓝色珠宝的圆盘。随着病程的发展,猪附红细胞小体入侵红细胞膜,直到红细胞解体,消失以后,仍然围成一团。而变形虫附红细胞体是从球形中央伸出一个蜗牛头一样的结构,可形成弓形点状,最后恢复成球状,故可称为"乒乓球拍"形或"发芽豆"形附红细胞体。其繁殖特征是环形分裂,圆盘中央首先出现空泡,空泡再发展成为一个环,最后断裂成 4~8 个单独小体。

2. 半月状类(包括杆状和点状)附红细胞体 直径 0.5~1.5 μm,有一个紫红色的核,细调显微镜焦距,可见红宝石般的折光,运动形式是多漂移,少翻滚。有时可见边沿有鞭毛状摆动,一旦附着了红细胞就不再运动。此类附红细胞体在染色图片上数量少,一个红细胞表面仅附着 1~2 个,它的繁殖,有人认为是二分裂繁殖,但吴叙苏等观察,它们形成一个个外有包囊内部可见球形的繁殖体,当直径达到 10 μm 以上时,包囊破裂,附红细胞体溢出,进入血浆。

3. 小型附红细胞体 直径 0.2~1.0 μm,不运动,多呈点状,也有细杆状,体积小,重力影响不大,不运动,常弥散在红细胞表面,一个红细胞可以附着数十个不等。繁殖同半月状附红体。

近年来研究表明,这不是致病力不同的病原,而是病原在成熟过程中形状和大小发生了改变。

附红细胞体苯胺色素染色,革兰氏染色阴性,在血浆中附红细胞体,瑞氏染色时红细胞被染成紫红色,附红细胞体呈浅蓝色。吉姆萨染色,附红细胞体为紫红色。压片检查时,附红细胞体大多位于红细胞边缘,被寄生的红细胞变形为齿轮状、星芒状或不规则形,由于折光关系,附红细胞体常似镶嵌着闪闪发亮宝石。

扫描电镜下,可见附着有附红细胞体的红细胞严重变形,呈锯齿状或不规则的多边形,而无附红细胞体附着的红细胞也发生不同形状的细胞膜突起。

在透射电镜下,附红细胞体仅有一层膜包被,在限制膜的胞浆层下有直径 10 μm 的微管,有类似核糖体颗粒无规律地分布于细胞浆内,偶尔形成串索、无明显的细胞器及核状结构。

附红细胞体的生活史尚不清楚,繁殖方式尚有争论,附红细胞体在红细胞内进行二分裂萌芽增殖。许耀成等在显微镜下看到单核个体裂殖子,多核个体是裂殖体,从裂殖子到裂殖体再到裂殖子的反复过程的无性繁殖的裂殖生殖。有研究认为附红细胞体含 DNA 和 RNA 2 种核酸,呈双分裂复制。附红细胞体是寄生在人畜红细胞表面、血浆和骨髓中的一群微生物。有研究报道猪球形附红细胞体在血液内只存在于血浆中,其他种附红细胞体存在于人或动物的血浆、骨髓和附着于红细胞上。骨髓的附红细胞体浓度最高,其次是血管末梢,故认为骨髓是附红细胞体的主要繁殖部位,红细胞是附红细胞体感染寄生场所。

附红细胞体对干燥和化学药品敏感,0.5%的碳酸在 37℃ 下 3 小时就可杀死小体,而在酸性溶液中其活性反而会增强。对低温抵抗力较强,4℃ 的血液中可保存 1 个月,不受红细胞溶解的影响。在冷冻组织的凝固血液中可以保存 1 个月。在加 15% 的甘油的血液中,于 -79℃ 条件下可保存 81 天。经过低温速冷可以保存活力达数年,不受红细胞溶解的影响。附红细胞体体外培养,不能在细胞培养基以及无细胞培养基上生长。

　　[流行病学]　猪附红细胞体病广泛分布于世界各个国家和地区。迄今已遍及欧亚大陆、美洲、大洋洲等 30 多个国家。我国猪红皮病在 20 世纪 60—70 年代已有流行。

　　猪附红细胞体的特异性表现为该病只见于家猪，未见于野猪报道。患病猪与隐性感染猪是最重要的传染源。一些研究认为猪附红细胞体产生的冷凝素是针对附红细胞体破坏的红细胞膜的，不是针对病原。所以机体应答产生的抗体和抗原的相关性是暂时的，每 1 次发病，都会有 1 次抗体应答。数次发病后，抗体水平只能在 2～3 个月维持较高水平，补体结合试验在发病后第 3 天，血清显示阳性反应，维持 2～3 周以后，逐步转化为阴性。慢性带菌者常常是阴性反应。血清学阴性猪，可能是病原携带者，可以通过血液传播给其他猪。许耀成等观察到猪附红细胞体无性裂殖生殖繁殖的过程，因为这个过程是在猪体内进行的，故认为猪是中间宿主，而终末宿主可能是节肢动物。根据猪附红细胞体发生的季节性，认为吸血节肢动物是病原体的主要传播媒介。Herny(1979)、王思训等(1987)从寄生于猪的猪虱体的体液中查到典型的附红细胞体。许耀臣(2001)用蚊子对健康猪进行自然接种，复制出该病，证明了蚊的传播媒介作用。

　　猪附红细胞体病的传播途径还不清楚，接触传播、血源传播、垂直传播及昆虫媒介传播等都为可能的途径。母猪只有在阳性公猪血液污染的精液留在阴道内才可能发生传染。发病母猪可以发生子宫内感染，垂直传播给胎儿。Beyiger 等认为哺乳仔猪发病是子宫内感染造成。邵秀珍报道，此病可通过猪胎盘进行垂直感染。李秀敏报道，检查了 20 头阳性母猪，有 16 头母猪所产仔猪为阳性，仅 4 头母猪所产仔猪阴性。

　　一年四季均可发病，但仍有明显的季节性，多在高温、高湿且吸血昆虫，如猪虱和蚊虫繁殖孳生季节高发，尤其是 5—11 月，7—9 月为高峰。

　　猪附红细胞体病是多种因素引发的疾病，病原的传播取决于猪群内和群猪间感染发生的可能性。因感染猪多呈隐性，只有猪遭遇各种应激时，免疫功能低下才会出现病症。

　　[发病机制]　猪附红细胞体感染猪后，呈潜伏状态，只有在一定条件下才会发病。如果宿主有功能健全的防御系统，宿主和猪附红细胞体之间能保持一种平衡，猪附红细胞体在血液中的数量保持相当低的水平。研究表明，猪附红细胞体感染后聚集在红细胞表面，入侵红细胞膜造成严重变形，同时，无猪附红细胞体附着的红细胞也发生不同程度的细胞膜突起，膜结构改变，直到红细胞解体。此时这些红细胞可被脾脏的网状内皮系统清除导致溶血、贫血。由于红细胞被破坏，发热期病猪的血液稀薄、水样，对血管壁的黏附性差。抗凝血冷却到室温倒出以后，试管壁遗留微凝血，血液加热到 37℃时，这个现象消失。这是猪附红细胞体病特有现象。猪附红细胞体附着于红细胞表面，削弱了红细胞携带氧气和营养物质的能力，使得糖代谢增强，病原体的大量繁殖和新陈代谢，机体的糖分分解大量增加，出现低血糖，隐性感染动物的血糖浓度可比正常动物下降 25%，急性发病则更加严重。产生大量乳酸，引起酸中毒，酸碱平衡失调，机体代谢紊乱，从而出现呼吸、心跳加快和体温升高等临床病症。

　　猪附红细胞体吸附红细胞后，细胞膜的通透性增加，细胞被溶解和破裂，使得红细胞表面隐蔽的自身抗原暴露后刺激机体产生 1 种抗体 M 型冷凝集素，导致Ⅰ型过敏反应。自身抗体攻击红细胞，进一步引起红细胞的免疫溶解，使红细胞数量减少，血红蛋白降低，导致机体出现贫血。大量解体红细胞被机体的脾脏和单核巨噬细胞所吞噬,加剧了溶血性贫血的发生,黄疸和血红蛋白尿的形成。在急性阶段,出血的可能性会增加,这种由于被激活和血管内血液凝固以及持续的消耗性血凝固病理作用所致。凝血反应时间和凝血时被延长,而幅度变小。受猪附红细胞体感染的红细胞数量越多,这种现象越明显。而猪附红细胞体的潜在感染对凝血未见明显影响。

本病溶血性贫血具有血色素正常和红细胞正常的特点。病猪红细胞的功能随红细胞数目、血红蛋白浓度和红细胞容积比的下降而下降,因为红细胞百分比小,白细胞带较宽,血浆呈轻微的黄疸色等现象。血液中的猪附红细胞体越多,红细胞越少,血红蛋白含量和红细胞压积越低。感染开始阶段,体温到达最高之前,血液涂片可以看到单个猪附红细胞体。发热期血液样品在血膜上出现微凝血,血色正常,红细胞正常为特征的溶血性贫血是本病的证据。血液样品检查细胞压积(packed cell volume, pvc)和血红蛋白水平(haemoglobin levels),正常猪分别在 35% 左右和 19~14 g/mL,而临床感染猪在 24% 左右和贫血低至 3~7 g/mL。

由于溶血,红细胞内的血红蛋白中的铁沉着在巨噬细胞吞噬红细胞的部位,血液中的铁含量下降,猪附红细胞体越多,血清就越少。治疗以后,血清中的铁在体内的储备足够条件下上升,红细胞数目增多,未成熟的红细胞增多,网状细胞增多。

[临床表现]　猪附红细胞体是一种寄生于红细胞表面或游离于血浆的病原体,可引起新生仔猪和断奶仔猪虚弱和贫血;肥育猪生长缓慢;母猪繁殖障碍,受胎率低,不发情,流产和死胎等症状。在各个生长阶段的猪感染猪附红细胞体后表现不同症状。但本病隐性感染率较高,据刘兴发(1997)调查报道,猪隐性感染率达到 93.45%。在清洁条件下,饲养正常的健康猪,人工感染不可能发生急性疫病。只有在环境、气候应激下,以及其他疾病混合感染时,猪只的免疫功能受到抑制,才会发病,出现贫血、发热、黄疸等症状,对于 1 个被感染的猪群而言,猪附红细胞体病只会发生于抵抗力下降的猪。30 日龄仔猪消瘦,体温升高(41~42℃),扎堆,步态不稳,皮肤发黄,苍白,耳部坏疽,腹泻,后期皮肤发黄或发红,以胸、股及四肢内侧更甚。贫血严重,死亡较多,大部分仔猪临死前四肢抽搐或划地,有的角弓反张。100 日龄育肥猪有耳部发绀、皮肤以及腹部和腹下呈浅紫红色,后期皮肤苍白。黏膜初期淡红色,后期苍白或黄疸,咳嗽气喘,呈犬或后肢瘫痪。

本病潜伏期为 6~10 天。Korn G 等将健康猪通过静脉注射病原后,可在 3~7 天在血液中检到猪附红细胞体。在人工感染的切脾猪中,平均潜伏期为 7 天(3~20 天)。Heinritzi K 等将猪的脾切除后,接种猪附红细胞体发现菌血症,发病期明显缩短至 2 天,表明机体免疫力下降,导致病势加快。体温升高至 40~42℃,全身皮肤发红,急性贫血和黄疸等。但临床表现差异较大,有的轻度贫血,有的急性致死性贫血伴有广泛出血,有的显现亚临床症状,死亡率低。据报道,哺乳仔猪最早 3 日龄发病。1 个群体中可能 3 种表现都有。根据病程长短可分为 3 种类型。

1. 急性型　病猪体温上升,稽留热,达 40℃ 以上。皮肤发红紫色,全身或下腹部出现紫色斑块,指压可退色,皮肤发绀,耳边缘出现特征性的大理石样纹理或暗红色。急性期因 M 冷凝集素存在,四肢毛细血管内发生微血栓,因此,四肢末端温度较低。有部分耳廓、尾部、四肢末端明显发绀,如果是持续感染,耳廓边缘甚至大部分耳廓发生坏死。患猪突然瘫痪,食欲废绝,嘶鸣或呻吟,肌肉震颤,四肢抽搐,突然死亡,死后口鼻、肛门流血。最急性病例发病后1天内死亡,一般病程1~3天。母猪为持续高热(40~41.7℃),厌食,妊娠后期和产后母猪易发乳房炎,部分母猪发生流产和死胎。急性阶段幸存猪生长缓慢。

2. 亚急性型　开始精神委顿,食欲减退,3~4天后病猪体温在39.5~42℃,全身颤抖,转圈,不愿站立,尿液黄色,粪便稀薄,黄白色变为黄色,带有未消化的饲料,最后粪便带有血液和肠黏膜。可见白毛猪首先从耳背开始皮肤发红后变成紫红色,随后波及全身,以耳部、鼻部、腹部发红严重,黑猪全身红或蓝紫色。流涎,喘息,结膜潮红后贫血,病程3~7天,死亡和慢性经过。

3. 慢性型　病猪体温在39.5℃左右,食欲差,精神不振,消瘦。皮肤和黏膜苍白和贫血黄疸,有些病例出现黏膜发黄,全身皮肤黄染,尿液黄色,大便干燥,呈黑褐色和鲜红血液。有些病猪全身苍白,皮肤干裂,脱皮,有些耳背破溃,耳边卷缩。有些出现荨麻疹样皮肤变态反应,但没有瘙痒。新生仔猪因过度贫血而死亡;断奶猪和育肥猪生长缓慢;母猪常呈现衰弱,黏膜苍白,黄疸,流产,死胎,不发情或发情后屡配不孕,乳头肿大坚硬;公猪性欲减退,精子活力减低。

被感染猪不能产生强的免疫力,任何时候都会再次感染,在同一猪圈中个体大的猪先发病,个体小的后发病且多数耐过。

[**病理变化**]　病猪主要变化以贫血和黄疸为主。

1. 病死猪外观　全身黄疸,可视黏膜苍白,四肢末端、耳廓,特别耳尖、鼻吻及腹下皮肤出现较大面积的紫红色斑块。死后剖检可见:血液稀薄,呈淡红色,不易凝固,皮下大面积淤血、出血或皮下胶冻样水肿,脂肪黄染,肌肉苍白,全身骨骼肌黄染,肌间水肿,多有胸水和腹水,心肌软化,多熟肉样,质地变脆,心包积水,心外膜和心冠脂肪有出血点,心冠沟脂肪黄染。肺脏肿胀,有出血斑或不同时期肝变。肝脏不同程度肿大,出血,呈土黄色或棕黄色,质地变脆,表面有黄色条纹或灰白色坏死灶或有出血点。胆囊膨胀,充满黏稠胆汁。脾脏肿大,呈暗黑色,边缘可见红色小突起,有散在出血点,质地柔软,切面结构模糊,边缘不整齐,有的脾脏有针头大至米粒大灰白色结节。肾脏肿大,一侧或两侧色淡,有微细出血点或黄色斑点。肾盂水肿,膀胱充盈,黏膜黄染并有少量出血点。胃肠道和胃肠系膜可见出血点。全身淋巴肿大,切面外翻,切面有灰白色坏死灶或出血斑点,有液体流出。软脑膜充血,脑实质有微细出血点,质软,脑室内脑脊液增多。

2. 病理组织学变化　肝细胞肿胀,胞浆呈空网状结构,部分肝细胞溶解坏死,肝细胞索排列紊乱,中央静脉扩张,水肿,肝窦扩张淤血,肝小叶间胆管扩大,肝小叶边缘间质中有少量吞噬含铁血黄素的巨噬细胞,小叶中央区肝细胞病变严重,有淋巴细胞和单核细胞浸润。脾小体中央动脉扩张,充血,滤泡纤维增生,滤泡消失,红髓内大部分细胞破裂,在红髓内有大量吞噬含铁血黄色的黄素的巨噬细胞。肾小管上皮细胞肿胀,部分上皮细胞水泡变性,肾小管间质血管内可见有溶解的红细胞,肾小球囊腔变窄,有红细胞和纤维素渗出。心肌纤维染色不均匀;肌源纤维断裂,呈粉红色颗粒状。肺间质水肿,肺泡壁因血管充血扩张而淋巴细胞浸润而增厚,肺泡腔内有少量纤维素性浆液渗出。脑血管内皮细胞肿胀,周围间隙增宽,有浆液性及纤维素性渗出,脑软膜充血、出血,有白细胞浸润,少部分脑神经脑浆溶解,细胞核浓缩。肠绒毛上皮细胞肿胀,水泡变性,绒毛小血管内红细胞溶解。

[诊断]　猪附红细胞体病不一定是原发性疾病,常常是继发感染。血液检查发现附猪红细胞体不一定能肯定本病。诊断猪附红细胞体病需要从流行病学、临床症状及实验室检查等进行综合判定。实验室诊断主要进行血液变化、血红细胞检查及免疫学检查。

1. 血液变化　发热期血液样品在血膜上出现微凝血,血色正常,红细胞正常为特征的溶血性贫血是本病的证据。感染猪的平均细胞压积(PCV)在24%左右(正常猪为35%);血红蛋白水平,贫血猪为3~78/100 mL(正常猪水平为19~148/100 mL)。

2. 显微镜检查急性发热期病猪血液中的病原体　可以检查发热期的病猪血液中的猪附红细胞体。无症状或已痊愈的带菌猪,一般检不出猪附红细胞体,只能采血作血清学试验。

(1) 鲜血悬滴镜检:取静脉血1滴于载玻片上,加等量的生理盐水稀释,降低血浆黏度,加盖玻片后,直接在高倍镜下观察虫体分布和运动。在发病早期易检出猪附红细胞体。当贫血症明显时,红细胞和猪附红细胞体均受到破坏,不易检出。

(2) 血涂片染色镜检:血涂片经固定后,通过各种染料染色,由于每个红细胞上附着的猪附红细胞体数量各异,所以通常以感染强度来判定。阳性判定:高倍镜下检查20个视野,未发现猪附红细胞体者为阴性;发现者为阳性,感染强度划分:+(<10%)、++(10%~50%)、+++(50%~80%)、+++(>80%)。根据附有虫体的红细胞数量,将感染程度分为3级:1级是1%~29%(轻度),2级是30%~60%(中度),3级>60%(重度)。

(3) 电镜观察:观察猪附红细胞体细微结构。

3. 血清学试验和PCR试验　血清学方法只作群体诊断,因为猪附红细胞体病发病时产生的冷凝素是针对猪附红细胞体破坏的红细胞膜的,不是针对病原的。所以抗体和抗原的相关性是暂时的,每次发病都会有1次抗体应答。数次发病以后,抗体水平只能在2~3个月内维持较高水平。

(1) 补体结合试验:Splitter(1958)首先用于诊断猪附红细胞体病。在猪急性发病的第3天,血清显示阳性反应,2~3周后逐渐转变为阴性。慢性带菌者常常是阴性反应。

(2) 间接血凝试验:Smith(1975)首报IHA试验技术,灵敏度高,滴度1:40为阳性,能检出补反试验转阴的耐过猪。

(3) 酶联免疫吸附试验:Lang等(1996)后Hoelzlel对此法用于猪。ELISA检测出IHA更敏感。

(4) PCR方法:对猪附红细胞体病的诊断和研究有价值,可作为群体调查检验方法。

4. 猪附红细胞体病的鉴别诊断

(1) 猪附红细胞体是血液性病原,需要与其他血液性病原相区别,主要有巴尔通氏体、锥虫、巴贝斯虫等。如猪附红细胞体和巴尔通氏体都位于红细胞的表面,在红细胞的周围表面围绕一周,都是球状或短杆状,但猪附红细胞体相对疏松,血浆中常见游离存在,而巴尔通氏体仅仅附着在红细胞表面,血浆中极少游离存在。

（2）猪附红细胞体病临床要与猪传染性胸膜肺炎、副猪嗜血杆菌病、PRRS、PMWS、黄疸性出血型钩端螺旋体病、引发贫血因子等。

［防治］　猪附红细胞体病对不同年龄、不同品种的猪均有危害，阻断感染的传播途径和防止再感染的发生是很重要的。但至今仍没有这方面的疫菌苗。因此应把防治工作的重点放在控制猪附红细胞体感染方面，并采取综合性防治措施。

"防重于治"的科学饲养管理和良好的卫生环境是控制此病的必要条件。在生物安全措施中，应强调涉及与血液传递有关的操作时应加强的卫生管理。对阴性猪场，首先是引进没有被感染的猪，可以减少猪附红细胞体病的传入。猪场内除一般消毒防病外，应对内、外寄生虫进行防治，防止媒介传播。对注射、剪齿、阉割、断尾、打记号、外科手术等器械实施应兽医操作管理程序消毒，每窝仔猪间不交叉使用器械。

猪的应激和其他疾病是引发猪附红细胞体病的急性暴发的诱因。所以，要做好猪场免疫和药物防治工作。同时，加强饲养管理，尽量减少不良的应激反应，如环境、饲料等诱发本病的因素。

在对发病猪场，首先对猪群清理，对病猪进行隔离，同时对病猪治疗和未发病猪预防性治疗。可用血虫净（或三氮咪、贝尼尔）每千克体重用 5～10 mg，用生理盐水稀释成 5％的溶液，分点肌肉注射，1 次/天，连用 3 天。咪唑苯脲，用 1～3 mg/kg 体重，1 次/天，连用 3 天。金霉素、土霉素、四环素、氟苯尼考也可有效控制疫情。

四十八、巴尔通体病（*Bartonellosis*）

该病是由主要侵袭于猪红细胞的巴尔通体引起猪的疾病，而以仔猪好发，主要特征为消瘦、贫血和皮肤丘疹与结节。

［历史简介］　巴尔通体病早在 1532 年就有文字记载。在南美洲安第斯山脉地区流行着由白蛉传播的卡里翁病（Carrion's. disease），人类最先认识它是一种血疣，这是曾在皮萨罗的军队中流行的鲜红色的赘生物，一碰就会大量出血，称为秘鲁疣。1869 年在修建安第斯铁路工人中暴发 1 种致命的溶血性贫血，死亡 7 000 人，称为 Oroya 热。1885 年卡里翁为研究血疣，将其内容物注射在自己身上，结果死亡于急性贫血，从而认识到血疣中含有 Oroya 热的病原体，实际上是同 1 种疾病的急性和慢性临床表现形式。1905 年，秘鲁医生 Alberto Barton 发现这种病原体，并于 1919 年与（Naguchi）另两位病原体分离者共同命名该病原体为杆状巴尔通体（*Bartonellabacilligormia* Naguchi，1926），并认为其是唯一的巴尔通体，而另 1 种巴尔通体（*Bartonellaquintana*）是引起堑壕热的病原体，1917 年称为五日热立克次体（五日热罗卡利马体），至 1993 年归入巴尔通体。法国 Pebre（1950）又发现了由横塞氏（*B.henselae*）巴尔通体感染的猫抓热。近年来发现的巴尔通体，多数存在于动物间，不同种的巴尔通体也有一定的宿主特异性，如横塞氏、克氏、郭霍氏巴尔通体常感染猫；文氏巴尔通体主要存在于犬和野生犬科动物如郊狼；*Bartonellaalsatica* 的宿主为野兔，啮齿动物也为多种巴尔通体的宿主。Daly（1993）在美国马萨诸塞州的伊丽莎白医院一心脏内膜炎病人的血液中分离到伊丽莎白巴尔通体（*Beligabethae*）。目前已公开发表的巴尔通体有 20 余

种,其中 8 种可致人类疾病。陈淑玉、罗杏芳(1980)从广东高热病猪体内分离到巴尔通体。

Brennet(1993)根据 16SrRNA 基因序列种系发育分析,基因序列种间同源性大于 98%,DNA 杂交及 G+C 含量将原立克次体科中的罗卡利马体属(五日热、万森、汉富和伊丽莎白罗卡列等体属)与巴尔通体合并重新命名为巴尔通体,从立克次体目中移出。Birtles(1995)根据表型、基因型建议将格拉汉体属与巴尔通体合并。目前巴尔通体包括 19 个种及亚种。

[病原]　巴尔通体归属于巴尔通体科巴尔通体属。

病原体主要存在于动物体血液、淋巴液、腹水及肝、脾、肾等组织中。血液内的小体多于红细胞上,少数在血浆中,1 个红细胞上可见到 1～25 个小体,一般为 5～10 个,使红细胞边缘残缺,呈齿轮状或星芒状,由于小体运动,红细胞随之游动,有时红细胞轮廓消失,仅见缓慢运动的"齿轮"。小体多位于红细胞内缘或表面,在变形红细胞上,小体多位于凹陷处,亦可见到原在血浆中的小体遇到红细胞后,活力强的小体碰到红细胞后并不附着,仍独自活跃运动,一段时间后又可离开红细胞返回血浆中,主要寄生在细胞质内。

巴尔通体为多形态小体,呈圆形、杆形、逗点形、椭圆形和菱形,多数单个、也有两个或两个以上相连的排列或由许多小体团集呈堆状,亦可见到中央淡染两极着色浓度以及"8"图样小体,小体周围有一淡黄色亮圈,有的小体中央折出蓝绿色和橘黄色光泽,拨调或微调或小体强烈运动时,这种光泽更强,明晰可辨。常以前进、后退、翻滚、扭转等形式作方位运动。

小体具有细胞壁,很活动。革兰氏染色阴性,但着色不佳;瑞氏和吉姆萨氏染色呈淡红色,双重染色呈紫蓝色。小体有鞭毛,染色不见鞭毛,大小为 0.5～1.0 μm×0.5～2.0 μm。

把巴尔通体接种于普通培养基上,37℃培养 8～120 小时,形成灰白色突起而干燥的小菌落,边缘不光滑,锯齿状,首次分离要经过 3～5 周才能看见菌落,再次分离只需 2～5 天,这种菌落变异是由细菌表面抗原结构的变异引起的。新菌落在培养基上呈凹陷状,经几代培养后消失此性状。随着培养时间延长,菌落逐渐增大,常融合成菌苔,168～192 小时培养,菌落由灰白色变成暗紫色。乳蛋白酚红琼脂上,35～37℃培养 48 小时,可见黄色针尖大菌群,72 小时菌落增大,中间突起,边缘不整齐,7 天以后菌落从黄色变为紫色。本菌体在麦康凯培养基上不生长。把小体接种于葡萄糖半固体培养基中,37℃,24 小时,可沿穿刺线生长,并在培养基面形成 1 层固着于管壁的灰白色膜,近似蘑菇状。

生化试验小体糖发酵能分解利用甘露醇、蕈醇、蔗糖、山梨醇、木糖、葡萄糖、鼠李糖、乳糖、果糖,产酸产气。对甜醇和菊糖不能分解利用。

在动物试验中,把巴尔通体接种家兔,可复制与猪相同症状;接种鸡胚致鸡胚出血、死亡。

[流行病学]　本病世界流行,猪巴尔通体病在我国南北方都有流行报道,陈淑玉、罗杏芳(1980)报道广东惠阳、肇庆、番禺等地从高温猪(临床上表现耳、四肢、腹部皮下有出血斑)的腹水和淋巴液中检出到本病原,从 14 头病死猪的腹水、血液、脊髓液中发现 11 头有本病原。通过菌检,回猪、兔和鸡胚进一步证实本病原。刘士恩等(2000)报道 1998 年以来辽宁省农村农产和饲养场陆续有本病发生,发病猪无品种、性别、年龄限制,但哺乳猪发病率高达100%,死亡率高,架子猪、肥猪、种公母猪发病后死亡率较低。哺乳仔猪发病都是由母猪发

病后感染的,往往是靠近母猪病变皮肤处哺乳的发病早。很快波及全群,一般均是全群感染。刘卫平、杨为华(2005)报道湘乡地区农场猪中检出巴尔通体,猪的临床症状明显,呈地方性流行,由于有人、猫等巴尔通体病,引发人们对食品安全关注,并提出猪得巴尔通体病后的肉能食用吗?

[发病机理]　巴尔通体属细菌,具有两大特征:侵袭并在红细胞内增殖;刺激血管内皮细胞增生。这些是特征也同时决定了巴尔通体的致病特征。

巴尔通体能侵入哺乳动物的红细胞,侵入红细胞后可以持续存在很长时间,并在宿主中引起红细胞内菌血症。侵入是一个缓慢过程,猫感染横塞氏巴尔通体后需要 8 个小时才能在细胞内检出较多数量的巴尔通体,但不同的巴尔通体侵入红细胞的能力差别很大,而侵入细胞是巴尔通体主动过程,鞭毛产生的动力,可以促进侵入过程。

巴尔通体在红细胞内增殖,获得了多方面的感染优势:可以逃避免疫的杀伤作用;随红细胞在体内扩散;可以通过吸血昆虫传播,最重要的是易获得血色素,使这种难以生长的微生物具备了繁殖条件。

巴尔通体病的两大特征:是其导致血管增生,形成血管病样病变,这种致病过程,由巴尔通体附着并侵入内皮细胞开始。首先,内皮细胞的前缘与沉积的细菌发生细胞接触,接着细菌在细胞表面凝集,排列起来的细菌形成团块,可能由数百个细菌组成,然后被宿主细胞吞入,最终进入细胞内部造成单个的、有明确界限的宿主细胞结构,侵袭体。巴尔通体侵入内皮细胞后迅速增殖,在琼脂培养基上经 48 小时只能增殖 10 倍,而在细胞内,同一时间内可增殖 1 000 倍。在巴尔通体侵入细胞导致血管内皮增生的同时,也引起免疫反应,这可能是横塞氏巴尔通体在免疫正常的个体中通常只引起猫抓病,而在免疫受损个体中都引起细菌性多发血管病和紫癜的原因。

[临床表现]　本病感染猪,大小猪均可发病。同一类病原体巴尔通体可引起一些非常不同的疾病,但有相同症状,只是症状轻重不一,仔猪好发而后果严重,大猪、成年猪转归较好。

仔猪好发,特别是 1~3 月龄的哺乳仔猪和断奶仔猪病程为 15~30 余天,多以死亡告终。其症状表现在几个方面,呈平行性、交互促进病程发展。症状有:① 体温变化,哺乳仔猪发病时体温在 40~41.5℃,最高可达 42℃,亦有病猪体温在 39℃左右。后期体温下降至35℃,哺乳仔猪四肢无力,拒绝哺乳后,很快死亡,有的病重仔猪持续十几小时卧地不起,张嘴断续呼吸,哺乳仔猪往往靠近母猪病变皮肤处哺乳的,发病早,很快波及全群,一般均是全群感染,往往是 24 小时内死亡。陈淑玉、罗杏芳(1980)用病猪的淋巴结,脾研磨稀释法腹腔接种 4 头健康小猪,试验猪第 2 天体温升高,第 3 天体温高达 42℃,血检查出同样病原。② 表征发生变化。首先被毛粗糙无光,逆立,逐渐消瘦,贫血,鼻盘干燥,眼无神,有小量眼屎,结膜潮红,后转白色。随之呼吸迫促,行走摇晃,肌肉震颤,四肢抽搐,呻吟,嚎叫,精神沉郁,减食,后期绝食,全身症状恶变。个别体况较好猪只突然全身苍白,很快死亡。部分猪只肛门括约肌松弛,病初粪球多干硬,继而出现下痢,排出黄色胶状、有黏液状腥臭粪便,有的呈消化不良性腹泻,有的便秘,猪体异常腥臭。③ 皮肤呈现特异性病理变化。初期被毛逆立,皮肤发红,广泛出血,有时呈粉红色,有时呈黄红色,多见于嘴唇、耳壳、四肢及下肢皮肤,胸腹侧皮肤发绀,多为全身性的,少数在臀部、腹部,很快变色部位出现大面积皮屑附着,并有丘疹,连成一片,使病变部皮肤增厚2～3倍,手感粗糙,呈砂粒状,继之局部坏死,呈现黄豆至拇指大凸起的紫黑色疹块结节,其上为焦状干痂,下为红色烂斑,可见体况消瘦,耳背肿胀、尖缘蜷曲外翻、龟裂,尾尖端干硬,因末端节营养缺乏,翻转耳尖和干硬尾尖呈干性坏死,最终断裂脱落。

架子猪、肥猪和种公母猪多呈隐性感染,以贫血和皮肤病变为主要特征,病初皮肤发红,以后逐渐苍白,可视黏膜黄染到苍白,出现贫血症状。其后在猪的腹侧、腹下及乳房周围出现黄豆至拇指大的红斑,进而形成丘疹,以后破溃形成边缘整齐的溃疡灶;坏死灶逐渐结痂、干涸、脱落,形成斑痕,并逐渐自愈,慢性猪可持续2～3个月,耐过猪成为僵猪。

[病理变化]　皮肤上的变化与临床症状是一致的,嘴唇、腹下、四肢等处皮肤发绀,贫血,结膜苍白,全身多处有凸出皮肤的蓝紫色疹块结节,上为干痂,下为烂斑。皮下血液凝固不良,色暗淡稀薄,可见猪尸内血管中有稀而淡的不全凝固血流。皮下有黄色、淡黄色、橘黄色等胶冻样浸润,有的肌肉、脂肪、肌间纤维和结缔组织有不同程度的黄染,贫血,肌肉暗淡无光,似如煮肉样。

全身淋巴结不同程度肿大,黄染,切面水肿湿润,有的呈弥漫出血。肺色淡、有水肿,气管内有白色泡沫样黏稠分泌物。心冠脂肪淡黄红色胶冻样,心耳积血;肝脏肿大,出血变性,呈现红黄相间外观,边缘呈紫黑色,胆囊充盈;脾脏肿大,边缘有时有梗死和坏死;肾脏肿大,贫血色淡,表面有出血点,膀胱积尿,一般为暗褐色,黏膜有出血点;胃有的空虚,有的含未消化食糜,胃壁血管树枝状瘀血,有的黏膜层出血;肠道充血,浆膜、黏膜轻度水肿,在回盲肠口、盲肠、结肠、直肠内呈现固膜状炎症变化;小肠空虚,充满气体,肠系膜树枝状瘀血。

刘士恩等报道辽宁猪巴尔通氏体病。病猪体温升高1～2℃,精神倦怠,被毛粗乱,饮欲、食欲下降,粪便干燥,以贫血和皮肤病变为主要特征。育肥猪和母猪在腹侧、腹下及乳房周围出现黄豆至蚕豆大的红斑,进而形成丘疹,破溃后形成边缘整齐的溃疡灶;坏死灶逐渐结痂、干涸、脱落,形成斑痕并逐渐自愈。发病初期皮肤变红,以后因贫血渐苍白,可视黏膜苍白与黄染。病猪粪便开始干硬成球状,后下痢,呈黄色,有胶状黏液,腥臭。哺乳仔猪起始皮肤发红,有时呈粉红色,或呈黄红色,很快变色部位皮肤出现大面积丘疹,连成一片,病变皮肤增厚2～3倍,呈砂岩状。贫血,黄染,有的皮肤和黏膜呈金黄色、橘红色。一般皮肤呈粉红色、红色;当皮肤出现深红色、橘红色时,仔猪四肢无力,拒绝哺乳而死亡。

尸检可见:血流稀薄,皮下有黄色、淡黄色、橘黄色等胶冻样浸润,有的肌肉、脂肪、肌间纤维和结缔组织黄染、贫血。全身淋巴结肿大、苍白、切面水肿,呈弥散性出血。肝肿大,边缘呈黑紫色。脾肿大,边缘有坏死灶。肾肿大,贫血发白,表面有出血点。肺水肿,色淡。心冠脂肪呈黄红色胶冻样。消化道充血,黏膜轻度水肿。膀胱尿液为暗褐色。

[诊断]　本病临床上以消瘦,贫血,皮肤发红和丘疹结节与龟裂为特征,但与一些原虫疾病有相似之处,所以实验室诊断是确诊之必需。

1. 压滴镜检　在血液待检材料中加1～2滴生理盐水稀释,盖上盖玻片,在40×10倍略暗视野显微镜下检查,可见多形态的小体,以前后、翻滚、扭转作方位运动。多数单个、两个或两个以上相连排列,小体周围有 1 个淡黄色亮圈,有的中央折出蓝绿色和橘黄色光泽。

在动物体内,小体主要存在于血液中,其次是肝、肺、肾等组织中,粪尿中也适宜小体生存。血液中的小体多数存在于细胞上,少数在血浆中。1 个红细胞上可见到 1～25 个小体,一般为 5～10 个,附于红细胞表面(位于红细胞内缘和表面),使红细胞边缘残缺,使红细胞变成"齿轮"状或呈星芒状。在变形红细胞上,小体多位于凹陷处,独立活跃运动,一段时间后又可离开红细胞返回血浆中。小体并未寄生于红细胞内。

2. 染色镜检　革兰氏染色为阴性。瑞氏染色,红细胞凹陷处小体被染成紫红色或蓝紫色。血液中小体使红细胞单个、两个相连或两个以上相连排列,或由许多小体团集呈堆状,可见到中央淡染两极着色浓度的"8"字图样小体。

3. 分离培养　在普通固体培养基上生长,麦康凯培养基上不生长。小体穿刺接种到葡萄糖半固体培养基中,37℃ 24 小时沿穿刺线生长,并在培养基上形成 1 层固着于管壁的灰白色膜,近似蘑菇状。

4. 动物实验　耳静脉注射兔,12 小时开始有体温的反应。随后眼结膜苍白,流泪,有干性眼屎,病程长的眼角长红疔,消瘦,脱毛,接种局部耳廓坏死,脱落,尾尖干裂,约 16 小时至16 天死亡。在血液及脏器中见小体。鸡胚接种则以培养液悬浮液 0.2 mL 接种 10～11 日龄的鸡胚尿囊腔,鸡胚于 36 小时开始死亡,胚的头、颈部、胸腹部、翅膀等处皮肤有出血点或出血斑,心耳充血,心肌点状出血。尿囊液中可见多量的巴尔通体。

巴尔通体病与猪附红细胞体病、锥虫病临床上症状较为相似,病原体都具有运动性,诊断时必须加以鉴别。巴尔通体除寄生于红细胞上和血浆外,还能在肝细胞、白细胞及其他组织间隙及体液以及粪尿中生存,遇到红细胞后,不附着仍运动;可在普通培养基上生长。

猪附红细胞体多寄生于红细胞表面,血浆中的猪附红细胞体遇到红细胞后附着其上不再运动,不能在普通培养基上生长。

锥虫只存在于血浆中,形态与上两者不同,活泼,运动,不能在普通培养基上生长。

[防治]　本病用抗生素、磺胺类药物治疗无效。用贝尼尔肌肉注射 5～10 mg/kg,每日1 次,连续 2～3 天。

日龄越小的猪越易死亡,故要求及早诊断,及早治疗。猪是传染源,故要求引进种猪要慎重,需经隔离检疫后,才能混群。

四十九、流行性斑疹伤寒(*Epidemic typhus*)

该病是由普氏立克次体(*Rickettsia prowazekii*)引起的,以人虱为传播媒介所致的急性传染病。临床上呈稽留高热,头痛,瘀点样皮疹或斑丘疹及中枢神经系统症状。自然病程2～3 周。患流行性斑疹伤寒后数月至数年,可能出现复发,称为复发性斑疹伤寒。因首先在欧洲发现,所以该病又称虱传斑疹伤寒或典型斑疹伤寒,欧洲斑疹伤寒。

[历史简介]　本病于 1498 年 Granada 围城士兵中发生,病死 1 万～7 万人。Fracastoro观察了 1505—1530 年间斑疹伤寒的流行。Mouytkoknn(1876)证明了斑疹伤寒人血液的传

染性。Nisolle 1909 年从患者血液中发现杆状菌病原体和体虱为流行性斑疹伤寒的传播媒介。Howard Taylor Ricktts(1910)描述了那种使人发生落基山斑疹热的病原微生物,这种血液中病原体与细菌、病毒均不同;同时发现此病是由安氏矩头蜱传播给人的,同年因研究此病被感染死亡。Prowazekii(1913)从患者中性粒细胞中检测到了普氏立克次体。Vonprowazek(1916)对此病原体感染人虱后在其体内进行研究,不幸也染病死亡。Rocha – Lima(1916)为纪念亡故先驱(Ricketts 和 Vonprowazek)把虱媒斑疹伤寒命名为普氏立克次体(*R. prowazekii*),即病原体种名,以 Ricketts 的姓氏作为此微生物属名,1922 年被国际组织正式认定。Rudolph Weigl(1930)研制出疫苗;Cox(1938—1940)研制出鸡胚疫苗;其后 Mevski 研制出鼠肺疫苗;Fox(1955)用减毒的"E"株制成减毒活疫苗。

[病原]   普氏立克次体属于立克次体属、斑疹伤寒群。菌体为 $0.3 \sim 1.0 \ \mu m \times 0.3 \sim 0.4 \ \mu m$ 微小球杆菌,亦可为丝状,在人肠壁细胞内为链状呈多形型,革兰氏染色阴性,呈淡紫红色,Macchiavello 染色为红色。必须在活细胞培养基上生长,通常寄生于人体小血管内皮细胞胞质内和体虱肠壁上皮细胞内,常单独或成对存在于细胞浆内,在立克次体血症时,也可附着于红细胞和血小板上。可用 $6 \sim 7$ 日龄鸡胚卵黄囊做组培,生长旺盛。病原体的化学组成和代谢物有蛋白质、糖、脂肪、磷脂、DNA、RNA、内毒素样物质和各种酶等。细胞壁由脂多糖组成,含有群的及种的特异性抗原。毒素样物质在试管中可使人、猴及兔等温血动物的红细胞溶解;注入大、小鼠静脉时,可引起呼吸困难、痉挛、抽搐性四肢麻痹,并导致血管壁通透性增强、血容量减少等。动物一般于 $6 \sim 24$ 小时内死亡。接种雄豚鼠腹腔,引起发热和血管病变,但不引起明显阴囊红肿。本菌与变形杆菌 ox19 有部分共同抗原,有两种主要抗原:① 可溶性抗原为组特异性抗原,可以与其他组的立克次体相鉴别;② 颗粒性抗原,含有种特异性抗原。普氏和莫氏立克次体的表面有 1 种多肽 I,具有种特异性,可用以相互鉴别。普氏立克次体基因组长 $1\,106 \pm 54 \ kb$。普氏立克次体主要有两种抗原,即群特异抗原和种特异抗原。存在于外膜中的 $28 \sim 32 \ kDa$ 的交叉反应蛋白为群特异抗原,与脂多糖成分有关,系可溶性抗原,耐热;$120 \ kDa$ 的表面蛋白为种特异性抗原,具有保护性抗原决定簇,与外膜蛋白有关,不耐热。DNA 中 $G+C$ 为 $29 \sim 33 \ mol\%$。模式株:ATCC:VR – 142,GenBenk 登录号(16SrRNA):M21789。

本立克次体对热、紫外线、一般消毒药敏感,56℃ 30 分钟,37℃ $5 \sim 7$ 小时即可灭活。但耐低温和干燥,-20℃以下可长期保存,在干虱粪中可存活数月。

[流行病学]   本病是世界分布,流行于欧、亚、美、南美洲等地。患者是本病的唯一传染源。在潜伏期末到退热后数日患者血液即有传染性,可持续排毒 3 周以上,以第 1 周传染性最强。此时寄生虱感染率可达 $46\% \sim 80\%$,所以早隔离患者对防止本病传播非常重要。个别患者病后立克次体长期隐存于单核巨噬细胞,当机体免疫力降低时引起复发,亦称复发性斑疹伤寒(Brillzinsser 病),故病人可能是病原体贮存宿主。东方鼩鼱、美国丛飞松鼠、牛、羊、猪等亦可为该病病原体的贮存宿主,但尚未证实为本病的传染源。

人虱是本病的传播媒介,以体虱为主,其次是头虱,阴虱一般不传播。立克次体在虱肠壁上皮细胞内繁殖,$4 \sim 5$ 天后致细胞破裂,大量立克次体进入虱肠腔内,虱可能因肠道阻塞致死或亦随粪便排出。以病人为传染源,体虱为传播媒介,这一"人-虱-人"的传播方式,仍是本病流行病学的基本概念。虱唾液内无立克次体,故虱叮咬人时不传播,立克次体是通过损伤皮肤、黏膜等途径感染人。干燥虱粪内立克次体,可污染空气形成气溶胶,通过呼吸道、眼结膜途径感染。虱喜生活于29℃环境中,一旦人等体温过高,虱即离开热者或死亡者趋向新的宿主。

本病以冬春季为多发,夏秋偶有散发,3—4月为高峰。卫生条件恶劣的集体生活场所,尤易流行。近年来,热带如非洲等地也有较多病例报道。

[发病机制]　立克次体的致病物质主要有内毒素和磷脂酶A两类。

1. 内毒素　普氏立克次体内毒素的主要成分为脂多糖,具有肠道杆菌内毒素相似的许多种生物学活性,如致热原性,损伤内皮细胞,致微循环障碍和中毒休克等。

2. 磷脂酶A　普氏立克次体磷脂酶A能溶解宿主细胞膜或细胞内吞噬体膜,以利于普氏立克次体穿入细胞并在其中生长繁殖。此外,普氏立克次体表面黏液层结构有利于黏附到宿主细胞表面和吞噬作用,增强其对易感细胞的侵袭力。

普氏立克次体侵入皮肤后与宿主细胞膜上的特异受体结合,然后被吞入宿主细胞内,在吞噬体内,依靠磷脂酶A溶解吞噬膜的甘油磷脂而进入胞质,并进行分裂繁殖,大量积累后导致细胞破裂。

普氏立克次体先在局部淋巴组织或小血管内皮细胞中增殖,产生初次立克次体血症。再经血流扩散至全身器官的小血管内皮细胞中繁殖后,大量立克次体释放入血导致第2次立克次体血症。由立克次体产生的内毒素等毒性物质也随血流波及全身,引起毒血症。

普氏立克次体损伤血管内皮细胞,引起细胞肿胀、组织坏死和血管通透性增高,导致血浆渗出,血容量降低以及凝血机制障碍、DIC等。在体内细胞因子(如IFN-γ等)和CTL的作用下,立克次体感染的宿主细胞被溶解。基本病理改变部位在血管,主要病变是血管内皮细胞大量增生,血栓形成以及血管壁有节段性或圆形坏死等。此外,还伴有全身实质性脏器血管周围的广泛性病变,常见于皮肤、心脏、肺脏和脑。

本病的主要发病机制如图-32。

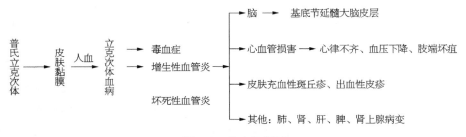

图-32　发病机制图

[临床表现]　猪有易感性,认为猪是贮存宿主。但病原体能在猴、猪、人、驴的头虱和体内繁殖。1975年国外从东方鼯鼠、牛、羊、猪体内分离到普氏立克次体。

[诊断]　根据病人发病季节,流行地区以及有无虱寄生或人虱接触史等流行病学资料,

有无发热、头痛、皮疹特征与中枢神经系统症状等临床表现，可作出初步诊断。猪未有诊断方法，仅借鉴人的诊断方法。需通过血检、外裴氏试验。单份血清对变形杆菌 OX19 凝集效价≥1∶160 有诊断意义。通过立克次体凝集反应、补体结合试验和接种雄性豚鼠等病毒分离试验来鉴别其他症状类似疾病来确诊。

　　[防治]　因猪仅为易感宿主，未有防治方法。

五十、地方性斑疹伤寒(*Endemiac typhus* fever)

　　该病是由莫氏立克次体引起的以鼠蚤为传播媒介的传于人的 1 种自然疫源性急性传染病。又称鼠型斑疹伤寒或蚤传斑疹伤寒。

　　[历史简介]　本病由于与传统的流行性虱传斑疹伤寒相同，因此，过去未曾考虑它是另外不同的病种。Mooser(1928)在墨西哥研究斑疹伤寒时，提醒人们注意某些墨西哥斑疹伤寒毒株与传统的流行性斑疹伤寒毒株在感染豚鼠后有极不相同的表现。Paullin(1913)报道美国佐治亚州本病的流行，即豚鼠阴囊肿胀，其睾丸鞘膜涂片可见与 Rocha Lima 描述的虱子体内相同的微生物。Dyer(1931)从大鼠脑和开皇客蚤中分离到鼠型斑疹伤寒病原体。Monteiro(1931)为纪念 Mooser 的功绩建议命名本病原为莫氏立克次体(*Rickettsia mooseri*)，并将具有特征性的豚鼠阴囊肿胀反应现象称为 Neal - Mooser 反应，以便与普氏立克次体病相区别。Mooser 则称该病为鼠型斑疹伤寒，以表明该病是大家鼠和小家鼠自然感染的，后进一步证实本病是普遍存在的动物性地方病。Philip(1934)命名为斑疹伤寒立克次体。1943年认可的名称为斑疹伤寒立克次体(R. typhi)。Michael P 等(2004)测定了莫氏立克次体的全基因序列。

　　[病原]　莫氏立克次体归属于立克次体属、斑疹伤寒群。菌体多为短丝状，也有球杆状或细小杆状，很少呈长链排列。大小为 0.3～0.7 μm×0.8～2.0 μm。用 Machiavello 或姬姆涅茨法染色呈红色，吉姆萨染色呈紫红色，可呈两极浓染。电子显微镜下观察可见 3 层细胞壁和 3 层胞质膜，为典型的细菌性细胞的单位膜结构，胞质内可见 DNA、核糖体、电子透明区、空泡及膜质小器官。DNA 同源性比较提示与普氏立克次体无密切关系，但有共同的耐热可溶抗原，存在交叉反应；而不耐热的颗粒性抗原稍有不同，可用补体结合和立克次体凝集试验相区别。莫氏立克次体接种雄性豚鼠可引起阴囊及睾丸明显肿胀，对小鼠和大鼠的致病性很强，可用于分离和保存病原体。

　　DNA 中的 G＋C 为 29～33 mol％，模式株：Breinl 株 ATCC VR - 142；GenBank(16SrRNA)：M21789。莫氏立克次体基因组长 1 133±44 kb。立克次体有两种主要抗原，一种为可溶性(醚类)抗原，耐热，与细胞壁表面的黏液层有关，为群特异性抗原。另一种为颗粒(外膜)性抗原，不耐热，与细胞壁成分有关，为种特异性抗原。在斑疹伤寒群，群特异性抗原在普氏、莫氏和加舒天立克次体中均存在。与其他属的立克次体很少交叉或不交叉，而种特异性蛋白抗原，在上述 3 个种间互不交叉。

　　[流行病学]　鼠型斑疹伤寒全球分布，多见于热带、亚热带属自然疫源地。家鼠为本病的主要传染源，以鼠→鼠蚤→鼠的循环方式传播。鼠感染后不立即死亡，立克次体可在其血

中循环 6～8 天。鼠蚤在鼠死亡后才叮咬人而传播。此外,患者、牛、羊、猪、马、骡等也可能作为传染源。人是宿主之一。本病与鼠有关,它由鼠疫蚤、鼠虱传播给人类。开皇客蚤和其他种蚤类,如缓慢细蚤、具带角叶蚤、犬栉头蚤和猫栉头蚤对鼠型斑疹伤寒立克次体皆具有高度易感性,与黑家鼠、褐家鼠等是典型的媒介和储存宿主。莫氏立克次体的传播方式与普氏立克次体不同。莫氏立克次体长期寄生于隐性感染的鼠体,鼠蚤吸取鼠血后,立克次体进入其消化道并在肠上皮细胞内繁殖。细胞破裂后将立克次体释出,混入蚤类中,在鼠和小家鼠群中间传播。鼠蚤只在鼠死亡后才离开鼠转向叮吸人血,而使人受感染。如此时人体寄生有人虱,可通过人虱继发地在人群中传播。人虱可作为人与人间传播媒介。此外,小型脊椎动物:小家鼠、田鼠、大家鼠、松鼠、旱獭、家兔、臭鼬、负鼠都易感。猴、猫也易感。1942 年在上海,在患者邻居家的猫体内检出病原体,因而猫在本病的传播中的作用不容忽视。曾从虱、恙螨、蜱及禽刺螨(OB)等昆虫分离到莫氏立克次体,有人认为热带鼠螨有作为媒介的可能。

夏秋季节较多发,但温暖地区终年均可发生。

[发病机制]　鼠型斑疹伤寒的发病机制,主要为病原体所致的血管病变以及其产生的毒素所引起的毒血症和一些免疫变态反应,但病理损害程度较轻。

莫氏立克次体在蚤肠胃道的上皮细胞繁殖,大量的立克次体从其粪便中排泄,污染叮咬处的皮肤,若皮肤上有微小伤痕或抓伤,则立克次体经皮肤或黏膜侵入人体后,首先在局部淋巴组织或小血管及毛细血管内皮细胞内生长繁殖,致细胞破裂和病原体逸出,产生初次立克次体血症。继而病原体在全身更多的脏器小血管及毛细血管内皮细胞中建立新感染灶并大量繁殖、死亡、释放毒素引起毒血症症状。病程第 2 周出现变态反应使血管病变加重。病理的增生性、血栓性、坏死性血管炎及血管周围炎性细胞浸润形成斑疹伤寒结节。这种增生性、坏死性血管炎可发生于全身各组织器官,多见于皮肤、心肌、中枢神经系统。

许多器官中可见立克次体,血管炎病灶内数量最多,说明立克次体的直接作用是构成血管病损的原因。而大多数甚至全部临床病理异常则又都源于立克次体诱生的血管损伤。随着血管损伤的增加,引起血管内容量、白蛋白和电解质的大流流失,同时,大量白细胞和血小板在感染灶内被消耗。由于多灶性的严重感染和随之而来的炎症,血管和突变的损伤可产生定位的症状和体征,或与感染和损伤部位有关的实验室检查异常。正常的自身稳定作用机制不足以纠正血容量减少,组织灌注进一步恶化,导致肾前性氮血症。常见轻度或中度肝损伤和可能肝窦状隙和肝门内皮细胞多灶性感染及无辜的肝细胞损伤。广泛的血管损伤和灌注不良导致肾功能衰竭、呼吸功能衰竭、中枢神经系统异常或多器官衰竭。

在被巨噬细胞、淋巴细胞和浆细胞炎性浸润所包围的小血管中,血管炎可伴有血管壁和内膜的血栓形成。这种病损称为斑疹伤寒小结节,灶状分布于整个中枢神经系统内。这种小结节炎症病损可能和小出血灶的继发病变相关。灰质受累一般较白质重,因其血管更丰富。随着血管炎的泛化,实际上任何器官都可受累,但通常以脾、心、肝、肺、肾和骨骼肌为显著。

斑疹伤寒立克次体的致病物质主要有内毒素和磷脂酶 A 两类。

1. **内毒素** 立克次体内毒素的主要成分为脂多糖,具有肠道杆菌内毒素相似的多种生物学活性,如致热原性,损伤内皮细胞,致微循环障碍和中毒性休克等。

2. **磷脂酶 A** 立克次体磷脂酶 A 能损伤宿主细胞膜及溶解膜内吞噬体膜,以利于立克次体穿入宿主细胞并在其中生长繁殖。立克次体表面黏液层结构有利于黏附到宿主细胞表面和抗吞噬作用,增强其对易感细胞的侵袭力。另外,该酶还能直接水解红细胞膜使之发生溶血。

立克次体侵入皮肤后与宿主细胞膜上的特异受体结合,然后被吞入宿主细胞内。不同立克次体在细胞内有不同的增殖过程。莫氏立克次体在吞噬体内,依靠磷脂酶 A 溶解吞噬体膜的甘油磷脂而进入胞质,并进行分裂繁殖,大量积累后导致细胞破裂。

[临床表现] 猪是莫氏立克次体的储存宿主。

猪有易感性,大多呈隐性感染。于恩庶(1959)从猪血清中检出莫氏立克次氏体抗体。

[诊断] 猪的检测是借助于人的检测方法。

莫氏立克次体,其形态、体外抵抗力及培养条件与普氏立克次体相同,但在动物试验反应上有区别。把莫氏立克次体接种豚鼠后 5～6 天,可见豚鼠发热,伴有阴囊肿大、皮肤发红、睾丸鞘膜有渗出性炎症,称为阴囊肿胀反应(Neill‐Mooser),其睾丸鞘膜涂片,常可在细胞浆内检测到大量立克次体。把普氏立克次体接种豚鼠,仅发生轻度阴囊肿胀,但大量接种也能引起阴囊反应,故实际鉴别价值有限。莫氏立克次体可使大白鼠发热,死亡,也可使小白鼠发生致死性腹膜炎与败血症。普氏与莫氏立克次体各含 3/4 种特异性抗原(颗粒性抗原)及 1/4 群特异性抗原(可溶性抗原),故两者间有交叉反应,可以群特异性免疫血清作荧光抗体染色做分离种毒的快速初步鉴定;再以颗粒抗原作凝集试验,或以豚鼠恢复期血清做补体结合试验作种的鉴定。

[防治] 因猪的感染呈隐性,故目前尚无猪的防治方法。

五十一、Q 热(Q fever)

该病是由贝纳特立克次体(现名贝氏柯克斯体)引起的一种自然疫源性人畜共患传染病,主要侵害牛、绵羊和山羊等多种动物,通常症状轻微,多为隐性感染,少数有发热、食欲不振、精神萎靡等症状。而人则以发热,乏力,头痛,腹痛及间质肺炎和无皮疹等为特征。

[历史简介] 本病于 1935 年在澳大利亚发生,由 Edward Derrick 报道了 Brisbane 地区肉品厂的 20 名屠宰工人发生不明原因发热病。后经 Burnet 证实病原体为一种立克次体。在 1937 年 Derrick 又报道了澳大利亚昆士兰州的人发生类似的发热,并描述了症状,并从病人血液中分离到病原体。因当时不明发病原因,故取名 Q 热,即 Query,表示疑问之意。同年,Burnet 和 Freeman 实验诱导小白鼠发病,观察到脾细胞囊泡中有圆形物质,用立克次体的染色方法观察到典型的短柄状结构,找到了这个病原体,证实该病原体为立克次体。为纪念 Burne 将此 Q 热病原体命名为贝纳特立克次体。Davis 和 Cox 等(1938)在美国蒙大拿州九里河地区从受感染的脾中找到 1 株立克次体,1 种滤过性病原体,当时称为 *Rickettsia diaporica*,后经证实是伯纳特立克次体(本病又称为"九哩热")。美国学者 Dyer 曾因实验感

染了这种立克次体而患 Q 热。Derrick 和 Smith(1940)从澳大利亚板齿鼠和硕鼠的外寄虫血蜱中分离到病原体，并以血清学实验证明 Q 热病原体也可感染其他小野生动物和牛，初步提出人患 Q 热可能来源于感染的家畜。但 Q 热病原体的发现主要限于蜱，因而人们以为 Q 热是仅发生于澳大利亚的一种传染病，导致本病的误诊率特别高，影响其他许多地区的及早发现和及时治疗。临床和免疫学研究证明，澳大利亚的 *R. burnetii* 和美国的 *R. diaporica* 实际上是同 1 种立克次体。鉴于 Q 热病原体有不能凝集变形杆菌 X 株等与其他立克次体不同的特点，Phillips(1948)建议，在立克次体内另立柯克斯属(*Coxiella*)；Q 热病原体被称为伯纳特柯克斯体(*Coxiella burnetii*)。根据 16S rRNA 基因分析，伯纳特柯克斯体属于变形纲的 γ 亚群内，而其他立克次体属于 α 亚群。

　　[病原]　本病原为贝氏立克次体，现名为贝氏柯克斯体属柯克斯属成员，可表现为两相抗原性。形态为短杆状，偶呈球状、双杆状、新月状或丝状等，无鞭毛，无荚膜，可形成芽孢。长 0.4～1.0 μm，宽 0.2～0.4 μm，常成对排列，有时成堆，位于内皮细胞或浆膜细胞内，形成微小集落。革兰氏染色阴性，有时两端浓染或不着色，染色呈红色。吉姆萨染色呈紫红色。G+C 为 43 mol%。模式株：ATCC VR615 株(九里株，Nine Mile phase I)，其他有代表性的菌株还有 Henzerling 株、Dyer、澳大利亚、ohio314、priscilla、Grita、ME、MAN、七医、李、雅安、新桥、YS‑8 等；GenBank 登录号(16SrRNA)：NC002971。

　　贝氏柯克斯体具有自身的代谢产物，有许多与细菌相似的酶系统，但它是一种嗜酸菌，其完整菌体在酸性环境 pH 4.5 才具有谷氨酸、葡萄糖显著代谢活性，在中性 pH 7.0 时则代谢很差，只能以丙酮酸作代谢底物。当外部提供 mRNA 的情况下，贝氏柯克斯体提取物可完成蛋白质合成的起始、延长和终止，能催化甘氨酸转变成丝氨酸，鸟氨酸转变成瓜氨酸；其叶酸还可能参与由天冬氨酸和氨甲酰磷酸合成嘧啶前体尿基琥珀酸和乳清酸。在加有谷氨酸的无生命培养基中于 pH 4.5 下孵育，放射性胸苷可掺入贝氏柯克斯体染色体 DNA。在体外含有 4 种核苷三磷酸等成分系统里，只要条件适宜(如有外源性能源)，贝氏柯克斯体的 DNA 依赖 RNA 聚合酶可催化合成 RNA 分子。Q 热立克次体染色体 DNA 组成约 1.6×10^6 bp，分子量约为 1.04×10^9 μ。迄今已分类的 Q 热立克次体基因达十多种。根据功能部分分为：代谢及调节有关酶的基因有 *gltA* 基因、*pyrB* 基因、*Sdh* 基因簇；与毒力相关的基因有 *Sod* 基因、*grS* 基因、*Cbmip* 基因、*dna* 基因、*mucZ* 基因以及 *rnc* 操纵元；编码免疫保护性抗原的基因有 *htp* 基因，*coml.17* 外膜蛋白基因。贝氏柯克斯体相变异是一种宿主依赖的变异现象，随适应宿主不同，贝氏柯克斯体表现为两相抗原性，与感染早期血清不反应，而与晚期血清呈阳性反应的动物传代株为 I 相，与动物早期或恢复期血清反应者为鸡胚适应株，称为 II 相。

　　病原体专性细胞内寄生，主要生长于脊椎动物巨噬细胞吞噬溶菌酶体内，多用鸡胚或组织细胞培养，能在鸡胚卵黄囊、绒毛尿囊膜及羊水中增殖，可在小鼠胚胎成纤维细胞、豚鼠肾细胞、脾细胞、猴肾细胞以及鸡胚成纤维细胞等多种细胞上生长，一般可引起细胞病变。病原体在鸡胚上长期传代后对动物致病力减弱。

　　本病是严格的细胞内寄生菌，以上分裂方式在宿主细胞的空泡内缓慢繁殖，繁殖 1 代需要 12～16 小时。菌体进入宿主巨噬细胞吞噬体后,迅速和溶酶体融合。吞噬溶酶体早期进行性地形成大的空泡,空泡内包含溶酶体的各种成分,如质子化 ATP 酶、酸性磷酸酶、组织蛋白酶 D、溶酶体糖蛋白、LAMP－1 和 LAMP－2 等。本菌具有高度的致病性,可被用作生物武器,目前的致病机制仍不清楚。大多数菌体具有 1 个大小不等(36～42 kb)质粒,分别被命名为 QpH1、QpRs、QpDG、QpDV,质粒的功能仍不清楚,一般质粒在菌体中有 1～3 个拷贝。4 种质粒存在 50% 以上的同源序列。除了共有序列外,每个质粒有特异的 DNA 序列,根据它们可以区别每个质粒型。

本病是立克次体科中唯一发现有质粒的成员。本菌存在宿主依赖的抗原相变异现象。自病畜和动物新分离菌株为 Ⅰ 相(表面抗原、毒力抗原),毒力强,含有完整的抗原组分,而传代后则失去 Ⅰ 相中的表面抗原而转变为 Ⅱ 相(毒力减弱),主要是细胞壁脂多糖发生变化,但经动物或蜱传代又可逆转为 Ⅰ 相抗原。各地分离菌株存在基因数量上的细微差异。目前 Q 热立克次体属仅 1 个贝氏柯克斯体,但不同 Q 热立克次体分离株在抗原性、毒力、遗传等方面显示不同程度的差异,即存在所谓的"急性病株"和"慢性病株"。

贝氏柯克斯体对外界环境的抵抗力很强,在干粪、干血、腌肉或冻肉中可分别生存 2 年、6 个月、5 个月和 1 个月,冻干后保存于 4℃ 下能存活多年。不能被乙醚,氯仿等脂溶剂溶解。加热 70～90℃ 30 分钟才能杀死。本菌对常用消毒剂不敏感。0.5% 福尔马林 3 天,2% 石炭酸在高温下 5 天才可杀死,0.3%～1.0% 来苏尔,经 3 小时可杀死,70% 酒精经 1 分钟即可杀死,紫外线照射可完全灭活。

[流行病学]　本病的流行呈世界性,Q 热疫区已遍及全球各大洲几乎所有国家。有些从未报告过 Q 热的国家如荷兰、芬兰和瑞典、爱尔兰,以及非洲及美洲的一些国家,现在都证明发生过 Q 热。J. Nassal(1978)报道巴登州东部人群出现一种所谓普通感冒的流行病,病人呈现高热、头痛和不典型肺炎症状,后查明是羊为传染源的 Q 热。美国 1946 年发生两次芝加哥屠宰工人 Q 热。加利福尼亚 Q 热调查证明,该州居民和家畜感染 Q 热很广泛。张永根(2010)于 2009 年 4—5 月在安徽几县采集农村人群血清,Q 热血清阳性率 53.67%(299/613),家畜血清 Q 热阳性率为 61.33%(92/150),人群于家畜 Q 热血清阳性率呈正相关关系。感染畜禽是一个重要传染源。

本病除感染人外,目前已知至少感染 90 多种动物,包括啮齿动物、家畜、家禽、鸟类、一些野生动物以及 10 个属的硬蜱、软蜱和其他节肢动物。其中牛、羊是主要宿主。传染源主要是感染的家畜、家禽,如黄牛、水牛、牦牛、绵羊、山羊、猪、马、骡、驴、骆驼、犬、猫、旱獭、藏鼠、兔及鸽、鹅、鸡、火鸡、鹊雀等,随排泄物排出病原体。人类 Q 热的传染源主要是感染家畜,特别是牛羊。牛、羊、马最易感,犬、猫、猪等其他家畜次之,禽类再次之。大多数情况下对家畜引发的仅是一种温和的或不明显的病情,但它们能作为本微生物的储主。如牛感染后,牛排菌 32 个月之久,病菌能在牛群中相互传染。

蜱是主要的传播媒介,贝氏柯克斯体通过蜱在野生动物间的传播,蜱通过叮咬感染宿主的血液而获得病原体,并可在体腔、消化道上皮细胞和唾液腺中繁殖,当再叮咬易感动物时传播本病。蜱的组织和粪便含病原最多,如安德逊革蜱,蜱组织 $10^{11\cdot7}$ 和蜱类 10^{10} 倍稀释液即可使豚鼠感染。蜱在自然疫源地保持和传播本病原体中起重要作用。在某些情况下人和家畜的贝氏柯克斯体疫源可独立地存在。某些蜱还可以经卵传递病原体,能从一个发育期传到下一个发育期。因此,蜱不仅是媒介,也是储存宿主。此外,还有一些节肢动物,如蚤、虱、臭虫、螨也存在感染 Q 热病原体。另外,家畜与野生动物之间也可经互相啃咬或经破损皮肤感染。受感染动物的粪、尿、羊水、胎盘甚至乳汁都含有贝氏柯克斯体。Behudieri (1959)报道,当食物中病原含量高时,如乳汁、病畜肉及内脏也会感染。人类通过微生物气溶胶或污染尘埃经呼吸道感染。

贝氏柯克斯体在自然界的进化适应过程,表现两种生态特征。其原始生态是病原体在蜱和野生动物中间循环,蜱以叮咬和粪便作为传播媒介传,野生动物还可通过空气(通过感染动物的分泌物、粪便等)传播,形成自然疫源地;另一为病原体由自然疫源传至哺乳动物,如牛、羊等家畜(雌性家畜在生产过程中的胎盘、羊水、乳汁中)的病原体借空气传播,形成完全独立的家畜间循环,即经济疫源地。另外,野生动物和节肢动物通过运输等工具也可以形成远距离的播散,形成新的经济型疫源地。鉴于疫源地非常广泛,其流行特征:可通过呼吸道、消化道和接触等多种途径使人、畜感染。

一般为散发,有时暴发流行。一年四季均发病,但男性病例多见于女性,并且以青壮年居多,主要取决于暴露于病原的频度和程度。

[发病机制]　Q 热在发病机制方面主要包括内毒素(LPS)中毒、炎症性反应、免疫复合物的形成、细胞介导的变态反应等。其致病机理也是比较复杂,机体受到感染,则会出现相应的一系列病理损伤和临床表征。

1. LPS 中毒　LPS 中毒可引起高热、体重减轻、白细胞增多、肝出现形态学和生物化学改变。将贝氏柯克斯体 LPS 注入豚鼠腹腔后,在脂肪组织细胞内的脂肪酶活性增强,储存脂肪动员过多,导致血浆自有脂肪酸水平增高,肝内甘油三酯合成较多。

2. 炎性反应　在急性 Q 热感染期间,机体的免疫应答主要出现抗 Ⅱ 相抗原的抗体和细胞免疫,病理改变主要表现为炎性反应,有肉芽肿形成,宿主细胞内病原体很少。急性和慢性炎症出现的许多宿主应答均与免疫活性细胞产生的 IL-1、IFN-7、TNF 有关。IL-1 有较强的致热源作用,引起急性期蛋白合成增加。不仅 Q 热心内膜炎患者单核细胞内 TNF、IL-1 的产生和分泌明显高于健康对照者,而且新患心内膜者的单核细胞分泌 TNF 和 IL-1 的水平也明显地比稳定的心内膜炎患者高,提示炎性细胞因子的过度产生可能作为疾病活动性的指标。

3. 免疫复合物　豚鼠实验性 Q 热性肾小球肾炎模型的建立,证实了不仅血流中存在特异性免疫复合物,而且在肾小球基底膜和泵膜区有病原体抗原、IgG 和 C3 的颗粒沉积。

4. 细胞介导的变态反应　Q 热的一个特殊病变为肉芽肿形成,提示 T 细胞介导变态反应可能也是一个重要的致病机制。虽然用 Ⅰ 相全细胞作皮肤试验证明,致敏豚鼠可出现迟发变态反应及肉芽肿形成但用 CMR 试验,则于第 1~3 天出现很强的迟发变态反应后,8~10 天无肉芽肿发生,与体外淋巴细胞增殖反应相吻合。

贝氏柯克斯体由皮肤、消化道、呼吸道侵入机体后,先在局部网状内皮细胞内繁殖,然后入血形成菌血症,导致一系列病变及临床症状。主要病变为受染细胞肿胀破裂、血管腔阻塞、组织坏死、凝血机制障碍、DIC等;晚期可形成免疫复合物,加重病理变化和临床症状。血管病变主要有内皮细胞肿胀,可有血栓形成。肺部病变与病毒或支原体肺炎相似。小支气管肺泡中有纤维蛋白、淋巴细胞及大单核细胞组成的渗出液,严重者类似大叶性肺炎。也有引起炎症性假性肺肿瘤的报告。肝脏有广泛的肉芽肿浸润。心脏可发生心肌炎、心内膜炎及心包炎、并能侵犯瓣膜形成赘生物,甚至导致主动脉窦破裂、瓣膜穿孔。脾、肾、睾丸亦可发生病变。

[临床表现] 　耿贯一(1979)调查证实感染Q热动物有牛、马、猪、犬等。山东1999年报道,Q热抗体阳性率,山羊1.2%、牛为3.47%、犬为47.06%、猪为1.76%。家畜感染后,绝大多数不表现有特征性的病症,常呈无症状经过,但存在1个菌血症期,使蜱感染。极少数病例出现发热,食欲不振,精神萎靡,间或有鼻炎、结膜炎、关节炎、乳房炎等。英国对某地区血清学调查中,既未从收集的血清中证实抗体存在,也未从肯特区收集的10份猪胎盘中分离出病原体。

猪以隐性感染传播疾病。中国台湾一调查猪场人员Q热血清阳性率高达20%,比同一地区人员阳性为2%高出10倍。因而,养猪场职工感染Q热可能是潜在的职业病之一。

[诊断] 　猪呈隐性感染,在流行病学调查中,借鉴人的实验室诊断方法。

实验室诊断Q热立克次体抗体特异性很高,未见与其他抗原有交叉反应。冷凝集试验和外斐反应均阴性。常用补体结合试验、微量凝集试验、酶联免疫吸附试验等。皮内试验,可用于流行病学调查,亦可用于现症病例诊断。也可探针检测。

病原分离可用患者血、痰、尿或脑脊液等材料,注入豚鼠腹腔,在2~5周内测定其血清补体结合抗体,可见效价上升,同时动物有发热及脾肿大,取脾表面渗出液涂片染色镜检病原体,也可用鸡胚卵黄囊或组织培养方法分离立克次体。由于动物试验易扩散病原体,并发生感染,必须在有条件实验室进行,加强隔离消毒措施。

[防治] 　根据Q热流行病学特点,针对自然界循环的预防和控制非常困难。而且许多老的Q热流行区往往不容易消灭。所以,出现病案一定要兽医、人医工作者密切配合,及时查明疫源地,防蜱,灭蜱,灭鼠。由于家畜是人类Q热的主要传染源,控制家畜感染是防治人兽Q热发生的关键。

家畜,包括猪感染Q热后常为隐性过程,绝大多数不表现有特征性病症,但菌血症期极少数病例出现发热,食欲不振,精神委顿时,特别是血清学检测阳性时,可应用四环素等抗生素预防与治疗。

五十二、斑疹伤寒(恙虫病)(*Tsutsugamushi* disease)

该病是由恙虫病热立克次体经恙螨幼虫叮咬传播的自然疫源性疾病,临床上以持续发热、焦痂溃疡、淋巴结肿大及全身性红色斑疹为特征。又称丛林斑疹伤寒、螨传斑疹伤寒、日本洪水热、热带斑疹伤寒、乡村斑疹伤寒等。

[历史简介] 　公元前313年晋朝葛洪在《抱朴子内篇》和《肘后方》中,就记载有关本病

流行病学、症候学、预防和治疗方面的内容,当时称为沙虱热或沙虱毒。桥木伯寿(1810)报道日本新潟县疾病流行,并描述该病。Ricketts(1909)描述了人落山基山斑疹热的病原微生物。19世纪初,日本描述了一种类似疾病"恙"。直到1878年Palm、Baelz、川上等描述了日本本州一些河流冲积平原的一种疾病,别的国家才知道此病。田中(1899)再次认为此病系红恙螨的幼虫叮咬引起的节肢动物传播性疾病,即恙虫病。1930年田宫、三田村、佐藤等确定了该病的立克次体性病因,并命名为东方立克次体($R.orientalis$),但是似乎早在1908年田林即认识了该种病原体,并于1920年命名为恙虫病泰勒氏梨浆虫。绪方规雄等(1927)将患者血液注入家兔睾丸内,经5~6次传代后,阴囊红肿,取其涂片染色在巨大网状组织细胞内发现多形态立克次体,命名为东方立克次体($R.orientalis$),1931年更名为恙虫热立克次体($R.tsutsugamushi$)。在分类学上,本病原归属于立克次体属,随后发现该病原体的细胞壁组成、化学结构,16SrRNA序列与立克次体其他成员如斑疹伤寒群(TG)以及斑点热群(斑点热)立克次体存在较大差异,至此,1995年Akira Tamura提出将恙虫病病原从立克次体属中划出来,命名为恙虫病东方体,简称东方体。Charles jules Henry Nicolle在突尼斯发现衣虱是该病的传染媒介,通过灭虱控制该病流行,从而获得1928年诺贝尔医学生理学奖。魏曦(1939)在哈佛用双料Tyrode氏培养液琼脂法培养出普氏立克次体,为抗原试剂及疫苗创造了条件。1948年广州市从患者血液中分离出恙虫病东方体。

[病原] 恙虫热立克次体又称恙虫病东方体(Orientca tsutsugamushi,Ot),归属于东方体属,为专性细胞内寄生菌,在宿主细胞中心以二分裂方式繁殖。其形态为多形性,常见为双杆或双球状,大小为0.3~0.5 μm×0.8~1.5 μm。用Machiavelle法染色,呈蓝色;用吉姆萨染色,呈红色;Gimenez染色呈暗红色,其他立克次体呈鲜红色,背景为绿色。该病原体的DNA的G+C为28.1~30.5 mol%;模式株:Karp,ATCC VR-150;参考株:Gilliam,ATCC VR-312;Kato,ATCC vr-609。GenBank登录号(16SrRNA):D38623,U17257。在鸡胚卵黄囊中生长良好,耐寒,不耐热,低温中可长期保存,-20℃可存活5周,56℃10分钟即可被杀灭,对一般消毒剂极为敏感。应用透射电镜观察感染发病小鼠腹膜黏液,吞噬细胞内恙虫病立克次体呈圆形、椭圆形、短杆形和哑铃形等多形态。恙虫病立克次体的细胞壁较厚,分为外叶层和内叶层,外叶层较内叶层厚,这一点,与其他立克次体的细胞壁明显不同,为将恙虫病从立克次属中划出来提供了主要依据。故本病原又称恙虫病东方体。恙虫病东方体细胞壁化学组成上缺乏肽聚糖和脂多糖,因而临床上应用青霉素无效。恙虫热立克次体外膜蛋白主要有54~56 kDa、35 kDa、25~21 kDa蛋白,其中56 kDa蛋白具有型和株特异性,刺激抗体产生中和抗体,具有免疫保护作用。此外,56 kDa蛋白基因是本病原分型的重要依据。本病病原体抗原性极为复杂,不同地方的抗原结构与毒力均有差异,目前有12个抗原型,即Gilliam、Karp、Kato、TA686、TA716、TA736和TA1878、T678、TH1817、Shimokoshi、Kawasaki、Kurok和Broyong型。其中Gilliam、Karp、Kato血清型为国际标准参考株。目前可分印度型、马来西亚型、新几内亚型、缅甸型和澎湖型(我国闽株)。恙虫病立克次体易发生基因突变,会陆续有新的血清型发现。恙虫病热立克次体极其脆弱,易受外界渗透压变化和各种理化因素影响而造成菌体破坏。该菌不易保存,易发生自溶,对青霉

素、链霉素和红霉素不敏感,但对氯霉素、多西环素、金霉素及四环素敏感。

[流行病学]　本病分布于中欧、南美、中美、亚洲、非洲、原苏联地区、美国等。鼠类及其他野生啮齿动物、家兔、家禽及某些鸟类也是储存宿主。我国已发现自然感染的恙虫病热立克次体的动物,除鼠类外,还有家兔(福建)、猪(福建)、猫(福建)、家鸡(云南)、麻雀(福建)、秧鸡(云南)。它们也能感染或携带恙螨成为传染源。人类对本病普遍易感,人是本病流行间隙的储主。本病是一个自然疫源性疾病。古典斑疹伤寒为人的体虱所传播。恙虫病立克次体只能通过受染的纤恙螨属的螨,如红纤恙螨、地里纤恙螨、苍白纤恙螨、小板纤恙螨、东方纤恙螨等幼虫叮咬而传播,因此恙螨是此病的传播媒介,也是恙虫病立克次体的原始贮存宿主。恙螨受染后,病原体能经卵传代。由于恙螨的聚团趋向,不是主动寻找宿主,而是等待宿主到来与它们接触的生态特性,故该病有一个典型的流行病学特性,与媒介螨的行为和栖息有密切关系,这就是暴发明显地局限在相当小的疫源地中,又称"恙虫病岛或恙螨岛"。由于鼠类及恙虫的孳生、繁殖,受气候与地理因素的影响,因此本病流行有明显的季节性与地区性。每年夏秋季开始流行,7—8月为流行高峰,11月尚可见少数病例。流行区分布于南纬30度、北纬30度之间。以雨量充沛、土壤肥沃的热带以及亚热带地区多见,尤多见于灌木丛生的平坦地区及江河两岸。恙螨的季节消长除其本身的生物学特点外,又受温度、湿度和雨量的影响,各地区的各种恙螨幼虫发现于宿主体上的有各自的季节的消长规律,大致可分为3个类型:① 夏季型;② 春秋型;③ 秋冬型。

[发病机制]　恙虫病热立克次体从恙螨幼虫叮咬处侵入机体,先在局部繁殖,引起局部皮肤损伤,然后直接或经淋巴系统进入血流,产生东方体血症及毒血症,然后到达身体各个器官组织,在小血管内皮细胞及其他单核—吞噬细胞系统内生长繁殖,不断释放病原体及毒素,出现毒血症的临床表现。病原体死后释放的毒素是致病的主要因素;在局部可发生皮疹、焦痂及溃疡;全身可引起浅表淋巴结肿大,尤以焦痂附件的淋巴结最为明显,淋巴结中央可坏死。体腔如胸腔、心包、腹腔可见草黄色浆液纤维蛋白渗出液。内脏普遍充血,肝脾可因网状内皮细胞增大而肿大,心脏呈局灶或弥漫性心肌炎,可有出血或小的变性病变,肺脏可有血性肺炎或继发性支气管肺炎,脑可发生脑膜炎,肾脏可呈广泛急性炎症性病变,胃肠道常广泛充血。

临床上恙虫病虽有多种类型,但可以分为局部感染和全身感染两种,以引起局部溃疡及全身广泛小血管炎及血管周围炎为特征。

[临床表现]　猪多为隐性感染。Traub 和 Wcsseman(1974)从福建的猪分离到病原体。

[诊断]　恙虫病的诊断主要依据临床表现及实验室检查。一般选用吉姆萨染色法;用 Gimenaz 和 Macchiavello 染色法可鉴别恙虫病热立克次体和其他立克次体属中的其他立克次体。外-裴二氏反应是在血清学试验中最广泛应用的初步诊断方法,阳性率约80%。其他可以用补体结合试验、间接免疫荧光试验等;病原组织分离,可将血液或组织悬液注射小白鼠,约在接种后 10～24 天,可从发病濒死的小白鼠的脾脏压片中发现病原体。

恙虫病病原体的分离培养是恙虫病最确切的诊断方法之一。一般采集患者病程一周内血液,尽量在应用抗生素之前,抗凝血最好用枸橼酸钠抗凝剂,避免应用 EDTA 抗凝剂以免影响细胞培养阳性率。非抗凝血可取血块研磨,用 SPG 制成 10% 悬液接种鸡胚、组织细胞及动物。动物宿主可取脏器研磨,用 SPG 制成 20% 悬液进行接种。媒介螨标本可将标本保存浸泡在 70% 乙醇中 30 分钟,然后用生理盐水洗涤 3 次,制成匀浆,加 SPG 制成悬液接种鸡胚、组织细胞及动物。

动物分离首选小白鼠,通常每份标本接种 2 只,一只待发病后取组织,进行各项检查,另一只留做恢复期血清抗体检查。也可取 6～7 日龄鸡胚进行卵黄囊接种。组织细胞培养采用 Vero 细胞及 L929 单层细胞进行培养。7～10 天观察细胞生长情况,发现细胞变圆、肿胀、成堆即可进行吉姆萨染色。菌体通常在细胞核旁呈堆状排列,为紫红色双球菌,较其他菌体为小。

[防治]　目前未能研制成有效、无传染性的菌苗,所以只有通过抗生素治疗和药物灭鼠、灭螨。治疗率达 100%,无复发。

做好灭鼠、灭螨以及个人防护。野外活动应紧扎袖口、裤腿,身体外露部位涂以驱虫剂。如发现恙螨幼虫叮咬,可立即用针挑去,涂以酒精或其他消毒剂。

有人试用活疫苗与间歇化学疗法有效。在注射活疫苗后 1 周,每周服用氯霉素 3 g 或多面环素 0.1～0.2 g,共 4 周,对同株立克次体有良好免疫效果。

五十三、猪衣原体病(*Swine Chlamydiosis*)

该病是由鹦鹉热衣原体等衣原体所引起猪的一种慢性接触性传染病,使多种动物和禽类发病,人亦有易感性。主要表现流产、肺炎、肠炎、结膜炎、心包炎、多发性关节炎、脑炎、睾丸炎、子宫感染等多种临床症状。

[历史简介]　1874 年,在阿根廷首都发现了与鹦鹉接触的人突然发病;1879 年 Ritter 在瑞士报道人患鹦鹉热,将其称为"肺炎斑疹伤寒"。因病原从鹦鹉中分离出,从而最终肯定,鹦鹉在人类感染和罹病中起重要作用,Morang(1895)提出鹦鹉热这一病名。1907 年 Holberstaeder 和 Von prowazek 在沙眼患者和实验室感染者眼结膜炎刮片中发现沙眼包涵体,直到 1955 年汤飞凡才从鸡胚中分离到病原。1930 年该病在欧洲和美洲大流行,德国 Levinthal、英国 Coles 和美国 Lillie 几乎同时分别报道了这种病的病原体形态,故一般将这种病原体称为 LCL 小体(即后来证明是原生小体)。同年 Bedson 和 Mesten 用患者和病鸟材料接种鹦鹉分离出"病毒样"病原体。将该病原描述为"类似细菌的细胞内专性寄生物",30 年后这一概念才得以公认,其后病原体的属名被命名为"Bedsoniae"。随后 Krumwiede 又用衣原体感染小白鼠成功,从而提供了一个较好的试验模型和发展了一种简易、廉价而敏感的分离技术。Bedson 实验室用感染小白鼠的组织制成抗原进行补体结合试验,可作为鹦鹉热和血清学诊断方法,其还于 1932—1934 年明确了鹦鹉热病原体的形态周期。Pinkerton 和 Swank(1940)报告家鸽发生此病,后来发现其他鸟类也患该病并传染给人。1941 年 Meyer 发现接触鹦鹉的人发病,称其为鸟疫。Willigan(1955)报道鹦鹉热美国衣原体对猪的致病性。Genove(1961)报道猪衣原体对猪的病原作用。Sordok 等(1965)报道罗马尼亚大批母猪流产和仔猪肺炎等猪衣原体病。我国杨宜生(1982)从罹患地方性流产的母猪胎儿、

多发性关节炎仔猪关节中分离到鹦鹉热衣原体。1980 年微生物协会国际委员会按 Bergey's 系统细菌手册将衣原体分属衣原体属，有 47 种。1986 年 Grayeton 在学生急性呼吸道感染中发现一种衣原体，以后又从成年人呼吸道疾病中发现这病原体，命名为鹦鹉热衣原体 TWAR－TW 株，后应用 DNA 探针核酸杂交和限制性内切酶分析显示，该病原与沙眼衣原体和鹦鹉热衣原体 TWAR－TW 株 DNA 相同度不到 1%，定名为肺炎衣原体。OIE(2003) 将禽、羊衣原体和绵羊地方流行性流产划归为 B 类动物疫病。

衣原体的分类是在变化的，2009 年俞征东的人兽共患传染病学中衣原体只有 1 科 1 属 4 个种，即沙眼衣原体(*Chlamydid trachomatis*，CT)、肺炎衣原体(*C. pneumonice*)、鹦鹉热衣原体 (*C. psittaci*) 和 兽 类 衣 原 体 (*C. pecoram*)，Everett 等 1991 年提出衣原体 (*Chlamydophila*)，故在房海(2012)人兽共患细菌病中按国际分类列出衣原体为衣原体科分为衣原体属和亲衣原体属。沙眼衣原体属于衣原体属，而鹦鹉热亲衣原体(*CP. psittaci*) 和肺炎亲衣原体(*CP. pneumoniae*)属于亲衣原体属。所以，很多文章或书在这些命名中有交错不一。

[**病原**]　猪衣原体是立克次氏体纲、衣原体科、衣原体属成员，是一类具有滤过性原核性微生物。

衣原体病是由衣原体科下设的衣原体属和亲衣原体属共 11 个种：衣原体属有沙眼衣原体(*C. trachomatis*)、鼠衣原体(*C. muridarum*)和猪衣原体(*C. suis*)；亲衣原体属有鹦鹉热亲衣原体(*CP. psittaci*)、流产衣原体(*CP. abortus*)、豚鼠亲衣原体(*CP. caviae*)、猫亲衣原体(*CP. felis*)、兽类亲衣原体(*CP. pecorumabortus*)、肺炎亲衣原体(*CP. pneumoniae*) 等引起。DNA 的 G＋C 为 40 mol%。对人、猪造成危害的主要有鹦鹉热衣原体，该菌 DNA 的 G＋C 为 39.4～43.05 mol%，模式株：ATCC VR－R5T；BenBank 登录号(16SrRNA)： AB001778。沙眼衣原体的 DNA G＋C 为 43.6～45.1 mol%，模式株：ATCC VR571、VR571B；BenBank 登录号(16SrRNA)：D85719。肺炎衣原体 1965 年发现于中国台湾，第 2 病例于 1983 年发现于美国华盛顿，代表株为 TWAR 株，但 Chi E Y(1987)等学者认为其属衣原体——生物变种。猪衣原体菌 A/Har－13^T，代表株为 ATCC VR571B。

衣原体是专性细胞内寄生的微生物，并经独特发育周期以二等分裂繁殖(可分为原始和始体两种形态)，能形成包涵体，介于细菌、病毒之间，类似于立克次体。衣原体既有 RNA，又有 DNA；在形态上有大、小两种，一种是小而致密的原体(元体或原生小体，EB)，呈球形、椭圆形，有的呈双球形，有细胞壁，是一种繁殖型中间体，无感染性。研究发现，这类微生物的特性是：① 存在 DNA 和 RNA 两种类型的核酸；② 具有独特的发育周期，类似于细菌的二分裂方式繁殖；③ 具有黏肽组成的细胞壁；④ 含有核糖体；⑤ 具有独立的酶系统，能分解葡萄糖释放 CO_2，有些还能合成叶酸盐，但缺乏产生代谢能量作用，必须依靠非宿主细胞的代谢中间产物，因而表现严格的细胞寄生；⑥ 对许多抗生素、磺胺敏感，这些物质抑制其生长。革兰氏染色呈阴性，麦氏染色呈鲜红色，吉姆萨染色呈深蓝色或紫红色。不具运动性，只能在活细胞胞浆内繁殖，依赖于宿主细胞的代谢。可在 5～7 日龄鸡胚卵黄囊内、10～12 日龄绒毛膜尿囊腔内增殖，发育周期一般为 2～3 天，经二等分裂繁殖形成包涵体，在死亡的鸡胚卵黄囊膜内可见衣原体包涵体、原始颗粒和始体颗粒。初体是繁殖型,形体较大,直径 0.9～1.0 μm,结构疏松,无传染性。原体(原生小体)是成熟性,位于细胞外,呈球形,直径 0.2～0.4 μm,在感染细胞内以包涵体形式存在,具有高度传染性。也能在 Vero 细胞、BHK - 21、Hele 细胞等传代细胞上生长。对污染较重的病料,常用 3～4 周龄小鼠进行腹腔或脑内接种来纯化抗原,然后再将小鼠病料接种上述鸡胚或传代细胞进行培养。衣原体对化学物质,如脂溶剂和去污剂,以及常用的消毒剂均很敏感,在几分钟内失去感染能力。

衣原体的抗原成分,主要有属特异性抗原和种特异性抗原两种。属特异性抗原为细胞壁脂多糖(LPS),是衣原体属共有的表面结构,与致病性无关;种特异性抗原为细胞壁主要外膜蛋白(MOMP),它与种、亚种和血清型特异性有关。目前沙眼衣原体已分出 18 个血清型,鹦鹉热衣原体在哺乳动物中已分出 A、B、C、D、E、F 和 WC 与 FM56 等 8～10 种血清型。MOMP 在体液免疫中具有重要作用,其特异性抗血清具有中和作用。MOMP 不仅是重要的抗原成分,而且与衣原体外膜完整性、生长代谢调节和致病性有关。MOMP 中有 2 种富含半胱氨酸的蛋白(CrP),它是始体发育晚期合成的,在缺少 CyS 的培养基中,始体向原体转化过程严重受阻,因此,推测 CrP 与衣原体的感染性有关。在衣原体结构蛋白中,还有巨噬细胞感染增强蛋白(MIP)和热休克蛋白(HsP)。MIP 是衣原体膜的蛋白成分,其抗体具有中和活性,所以 MIP 有可能成为沙眼衣原体疫苗的抗原。HsP60 与人类 HsP 相比具有很长的同源序列,它的免疫反映性增强会加重免疫病理反应。有人认为 HsP60IgG 可作为衣原体慢性感染的一个检测指标。

衣原体科成员 16SrRNA 和 23SrRNA 基因差异＜10%。衣原体属 16SrRNA 和 23SrRNA 基因同源性≥97%,其中猪衣原体 16SrRNA 基因序列差异＜1.1%。亲衣原体属成员的 16SrRNA 和 23SrRNA 基因序列的同源性≥95%,其中牛羊衣原体 16SrRNA 基因序列差异＜0.6%,鹦鹉热亲衣原体 16SrRNA 基因序列差异＜0.8%,副衣原体科和西氏衣原体科 16SrRNA 和 23SrRNA 基因序列的同源性＞95%。

衣原体有 3 种抗原:一是属特异性抗原,所有衣原体均具有,在不同种之间可引起交叉反应,为细胞壁脂多糖,耐热(100℃,30 分钟),能耐 0.5%的石炭酸,对乙醚、胰酶、木瓜蛋白酶等有抵抗力,但可被过碘酸盐灭活,具有补体结合特性;二是种特异性抗原,存在于细胞壁中,对热(60℃,30 分钟)敏感,可被石炭酸或木瓜酶等破坏,耐高碘酸盐;三是亚种或型特异性抗原,是一种含量丰富的半胱氨酸大分子。

经纯化的衣原体在含 1.8 mg/mL BSA 的 2%醋酸铵溶液中,可长期保持稳定;在 0.4 mol/L 蔗糖溶液中加 Na$^+$ 比在 0.2 mol/L 蔗糖溶液中加 K$^+$,其感染力保持的时间更长;pH 7.0～7.4 的 0.4 mol/L 蔗糖溶液或 0.02 mol/L 磷酸盐缓冲液是保持衣原体毒力的较理想的保存液。一70℃条件下,衣原体在感染的鸡胚卵黄囊中至少可存活 10 年。

衣原体中鹦鹉热衣原体抵抗力较强,在禽类的干粪和褥草中,衣原体可存活数月之久;衣原体对温度耐受性与宿主的体温有关,禽类体温高,适应的衣原体株就较耐热;哺乳动物体温较低,适应的衣原体株则不耐热。鹦鹉热衣原体对热敏感,在 100℃ 15 秒,70℃ 5 分钟,56℃ 25 分钟,37℃ 3 天,室温下 10 天可失活。

沙眼衣原体感染材料在 56℃中 5～10 分钟即可灭活,在干燥的脸盆上仅半小时失去活性,在−60℃感染滴度可保持 5 年,液氮中可保存 10 年以上,冰冷干燥保存 30 年以上仍可复苏,说明沙眼衣原体对冷和冷冻干燥有一定的耐受力。不能用甘油保存,一般保存在pH 7.6 的磷酸盐缓冲液中或 7.5%葡萄糖脱脂乳溶液中,这一点和病毒的保存不同。

许多普通消毒剂可使衣原体灭活,但耐受性有所不同。如对沙眼衣原体用 0.1%甲醛溶液或 0.5%碳酸溶液经 24 小时即杀死;用 2%来苏液仅 5 分钟。对鹦鹉热衣原体用 3%来苏液则需要 24～36 小时;用 75%乙醇 30 秒、1∶2 000 的升汞溶液 5 分钟即可灭活;紫外线照射可迅速灭活。四环素、氯霉素、红霉素和多黏菌素 B 等抗生素有抑制衣原体繁殖的作用;链霉素、庆大霉素、卡那霉素和新霉素基本无效。

[流行病学]　全世界的许多国家或地区均有本病报告。

该病为分布极为广泛的自然疫源性疾病。几乎所有的鸟类均为天然的储存宿主。

目前已知有 4 种衣原体,即鹦鹉热衣原体(*Ch. psittacosis*)、沙眼衣原体(*Ch. trachomotis*)、肺炎衣原体(*Ch. pneumonica*)和反刍动物衣原体(*Ch. pecorum*),前 3 种衣原体均感染猪,但它们对猪的致病性和致病力有所不同,特别是鹦鹉热衣原体可致猪发生流产、肺炎、关节炎等多种疾病。

鹦鹉热衣原体按致病力可分强毒力、弱毒力菌株两大类。强毒力菌株可使动物发生急性致死性疾病,导致重要器官发生广泛充血和炎症,动物死亡率可达 30%;弱毒力菌株引起的疾病临床症状不明显,动物死亡率低于 5%。目前已发现 190 余种鸟类以及 17 种哺乳动物,绵羊、山羊、牦牛、马属动物、猪、犬、猫、猴、兔、豚鼠、小鼠等许多哺乳动物、野生动物易感染衣原体。闫守敦等(1980—1989)对新疆 19 种 127 889 头(只)动物携带鹦鹉衣原体的情况进行调查,结果阳性率为:绵羊 6.24%、山羊 6.75%、猪 5.06%(46/919)、黄牛 3.31%、牦牛 2.08%、骆驼 1.18%、马类 1.99%、鹿 15.07%、犬 1.56%、兔 9.45%、鸡 6.35%,火鸡、喜鹊、貂都为 0,野鸭 11.11%、鸽 5.26%、豚鼠 0,旱獭、野鼠 0.26%。病畜和隐性感染或带毒者其隐性肠道感染比鸟类还高,经常从粪便中排出衣原体,是衣原体病的主要传染源。动物感染后发病或呈隐性感染,这取决于病原的毒力、数量、感染门户和宿主抵抗力等因素。隐性感染动物成为长期传染源。

该病在动物间的传播途径多种多样,如气溶胶、食物、卵传递、吸血性体外寄生虫等。衣原体带毒动物可由粪便、尿、乳汁以及流产胎儿、胎衣和羊水排出病原菌。污染水源和饲料,经消化道或眼结膜感染另一种动物。蝇、蜱等昆虫也可能传播本病。鸟类排泄物和分泌物中的细菌散播在空气中,通过呼吸道感染人和其他动物。人的沙眼衣原体病主要经直接或间接传播,即眼-眼、眼-手-眼或两性接触途径传播。人与感染鹦鹉热衣原体的病畜密切接触而感染的病例在国外已有报道。杨宜生(1991)在武汉 6 个猪场从有衣原体感染病史的猪的粪便中分离到鹦鹉热衣原体 22 株(从有流产史母猪粪便中分到 8 株,占 36.38%;有子宫炎猪中分到 1 株,占 4.55%;有肺炎、多发性关节史猪中分离到 8 株,占 36.3%;有腹泻史的仔猪中分离到 5 株,占 22.73%)。从流行病学角度值得注意,鹦鹉热衣原体的型别似与对人的致病性有关。

　　禽类和哺乳动物衣原体,二者可以互相交叉致病。在一定的条件下,禽类衣原体病可传给哺乳动物,哺乳动物的衣原体病也可以传染给家禽。该病传播流行形式不定,或呈地方流行性发生,或呈散发。鹦鹉热衣原体感染猪的主要途径是:可通过空气,也可通过尘埃将原生小体气溶胶经呼吸道、生殖道或肠道感染;食物污染后可经消化道传染;以及通过接触,特别是与生殖道感染的病猪交媾而传染。其他种动物如羊、鸽、牛、啮齿动物,这些感染动物都是猪感染鹦鹉热衣原体的传染源。

　　[发病机制]　衣原体的致病机制主要是抑制被感染细胞的代谢、溶解,破坏细胞并导致溶解酶释放代谢产物的细胞毒作用,引起变态反应和自身免疫。

　　衣原体能够产生不耐热的内毒素。该物质存在于衣原体的细胞壁中,不易与衣原体分开,这种毒素的作用能够被特异性受体中和。衣原体的致病机理除宿主细胞对毒素反应外,衣原体必须通过不同细胞的特异受体才能发挥特异的吸附和摄粒作用。因此各种衣原体表现不同的嗜组织性和致病性。当衣原体感染机体后,首先侵入柱状上皮细胞,沙眼衣原体仅侵犯黏膜上皮细胞,而鹦鹉热衣原体可感染包括巨噬细胞在内的几种不同的细胞。衣原体附着于上皮细胞的过程中,可能有透明质酸酶、植物血凝素或配体(如硫酸乙酰肝素等)及其相关的主要外膜蛋白(MOMP)参与。当具有感染性的衣原体原始小体(EB)吸附在易感细胞表面后,被宿主细胞通过吞噬作用摄入胞浆,由宿主细胞膜形成空泡,将原始小体包裹。此时原始小体分化相关基因启动,进而接受环境信号转化为网状小体。此时衣原体的形态、RNA水平及其传染性均有所改变,并在细胞内生长繁殖,然后进入单核巨噬细胞系统的细胞内增殖、繁殖,导致感染细胞死亡,同时,尚能逃避宿主免疫防御功能,得到间歇保护。

　　衣原体感染宿主后,诱导机体产生特异细胞免疫和体液免疫。但这些免疫应答的保护性不强,且为时短暂,因而常造成持续感染、隐性感染和反复感染。此外,也可能出现由迟发型超敏反应(DTH)引起的免疫病理损伤,如性病淋巴肉芽肿等。细胞免疫方面,大部分活动性已治愈的衣原体患者,给予相应的抗原皮内注射时,常引发迟发型变态反应,这种变态反应可用淋巴细胞进行被动转移,这种免疫性很可能是 T 细胞所介导;体液免疫方面,在衣原体感染后,在血清和局部分泌物中出现中和抗体,中和抗体可以阻止衣原体对宿主细胞的吸附,也能通过调理作用增强吞噬细胞的摄入。

　　由于衣原体具有特殊的生长条件和转化所需要的遗传基础系统的较少,使其具有独特的细胞外感染初期和细胞内寄生期两阶段生活方式,为了逃避宿主的免疫应答,衣原体能够以截然不同的抗原外形进入持久稳固发育期,致使其引发的各种疾病很难控制。

　　最近发现,衣原体感染后引起的 DTH 中,有一些无种间变异衣原体蛋白抗原亚群参与。此外发现一组热休克蛋白(heat shock protein,HSP)在 DTH 损伤反应中可能发挥重要作用。大多数病原体中存在这些蛋白,但衣原体 HSP 有其特有的位点。HSP 可能通过以下方式参与 DTH 反应:① 衣原体与宿主 HSP 存在交叉反应的表位,能以交叉反应的抗体或细胞介导的形式发生自身免疫;② HSP 可诱导仅与衣原体有关的反应。此外衣原体生长晚期产生的类组蛋白亦参与了 DTH。其他如宿主细胞在贮存衣原体的同时,可能亦充当了抗原提呈细胞。衣原体的抗原通过主要组织相容复合物Ⅰ类或Ⅱ类分子途径呈递并表达于细胞表面，从而发生免疫反应。

有关衣原体感染造成的免疫病理损伤，现在认为至少存在两种情况：① 衣原体繁殖的同时合并反复感染，对免疫应答持续刺激，最终表现为DTH；② 衣原体进入一种特殊持续体（persisting body，PB）状态，PB形态变大，其内每个病原体的应激反应基因表达增加，产生应激反应蛋白，如HSP参与了DTH，而此时衣原体的结构成分如MOMP减少，且在这些病原体中可持续检出多种基因组。当应激去除，PB可转换为正常的生长周期。现发现宿主细胞感染衣原体后，可像正常未感染细胞一样隐藏存在。而在适当的环境条件下，病原体可增殖活跃而致病。有关这一衣原体感染的隐匿过程的机制，尚待阐明。

[临床表现]　衣原体（鹦鹉热衣原体）的原生小体由呼吸道、口腔或生殖道进入动物体后，在上皮细胞内增殖或被吞噬细胞吞噬后带到淋巴结，病原可在侵入部位形成局部感染，以隐性状态潜伏下来；也可引起局部性疾病，如肺炎、肠炎或生殖障碍，也可形成全身感染。在实验性感染的研究中，曾使用过禽、牛、绵羊和猪源的鹦鹉热衣原体分离物回猪，猪源的菌株对猪的毒力最强。此外，疾病的临床症状多样性，似乎与菌株对传播方法有适应，如生殖道分离物不会引起严重的肺炎（Kielstein等，1983）；用关节炎分离物经非肠道接种后，必定发生关节炎；鼻内或气管内接种猪源菌株后，总引起肺炎；并发现感染总波及其他器官。这些研究表明，在感染后4~8天，往往会出现一种急性渗出性或间质性肺炎，支气管周围常常形成细胞性袖套和有碎片分布。感染后8~12天，就会出现病灶，并在感染后4周大部分消退，但肺部仍感染。Rogers等（1996）用从腹泻猪分离到的菌株感染无菌小猪后4~5天，最迟8天感染猪产生腹泻，菌体定位于空肠和回肠的绒毛末端，而在盲肠却很少感染或无感染。感染部位绒毛膜萎缩，感染后7~10天出现温和型浆膜炎。接触感染表明，自然传染一般不会太严重，而且3~4周后再感染时，也不会再发病或病很轻。

许多衣原体性感染均为隐性感染，但是呼吸道和全身感染往往有3~11天潜伏期，随后食欲不适，体温达39~41℃，以及发生、肺炎和关节炎。据报道，在屠宰猪中有多发性关节炎及滑膜炎。除步态紊乱外包括仔猪衰弱和各个年龄组的神经症状。致死性感染往往发生在青年猪中。腹泻与衣原体感染有关。许多报道涉及生殖道感染并影响到繁殖。公猪的精液带菌，获得精液的母猪将生下体弱仔猪，并不断排菌达20个月之久。

邹友诚（2007）报道一起猪衣原体病，1 200头母猪群，连续发生怀孕母猪早产、流产、产弱仔，有的母猪间隔产出活仔和死胎，弱仔多于产后1~2天内死亡。流产多在临产前几周产生，流产母猪无任何表现，体温正常，很少拒食和产后不良症，以初产母猪占多数，断奶母猪发情不正常，配种受胎产率低于80%。

流产胎儿水肿，早产死胎和新生死亡仔猪皮肤有出血斑点，头、胸及肩胛皮肤出血，皮下结缔组织水肿。心脏和脾脏有出血点，肺淤血水肿，表面有出血和出血斑，质地变硬。肝脏充血肿大。肾充血及点状出血。肠黏膜发炎潮红，小肠和结肠黏膜有灰白色浆液纤维素性覆盖物。小肠淋巴结充血、水肿。肠黏膜充血、出血。

1. 鹦鹉热衣原体感染　Guenow（1961）报道鹦鹉热衣原体可感染猪，引起母猪繁殖障碍

（流产、死产、胎儿死亡、弱仔和传染性不育），仔猪肺炎、肠炎、多发性关节炎、结膜炎、尿路感染、睾丸炎等，造成猪群生产性能低下，残次率增加等。

（1）隐性感染。Tolybekow AS(1973)曾报道，猪衣原体感染可发生在猪的各种年龄。在集约化猪场，猪衣原体感染作为流行病学部分病因已被证明，健康猪也存在衣原体感染。Kolbl O(1969)和 Leonhard I(1989)分别从猪粪中分离出了衣原体。这说明，同牛和绵羊相似，猪肠道的潜伏感染使衣原体可长期随粪便排出，这在病原扩散上有重要意义。杨宜生（1992）在湖北省 9 个地区 76 个县进行家畜衣原体血清学调查，共检出样品 31 718份，结果阳性率为：牛为 8.71%、马属动物为 9.28%、羊为 6.82%、猪为 10.84%、鸡为18.99%。索绪峰等（2005）报道，对海南 13 个未免疫猪场共 972 份血清衣原体调查发现，猪场整体抗体阳性率 49.49%，其中仔猪猪群阳性率 27.78%，肥猪群阳性率 47.79%，母猪群阳性率 53.66%，但猪衣原体感染率与各场母猪的生产性能没有明显联系，母猪呈隐性感染，仅有公猪睾丸炎。但感染率逐渐上升，1989 年猪衣原体的血清学阳性仅为4.7%。邓波等（2016）对上海 16 个规模化猪场调查，衣原体阳性在 10.14%，而老猪场高达 64%，7 家新建 5 年内猪场为 0；不同年龄阶段猪阳性率不同，母猪为 21.8%、肉猪为18.89%、仔猪为 12.5%。

（2）鹦鹉热衣原体致猪的临床表现。自从 Guenow(1961)报告鹦鹉热衣原体对猪的致病作用以来，许多研究人员和兽医陆续发现鹦鹉热衣原体感染猪可引起母猪流产、死胎、产弱仔，公猪睾丸炎、阴颈炎、尿道炎，仔猪胃肠炎、脑炎、心包炎、多发性关节炎，成年猪结膜炎、多发性关节炎；沙眼衣原感染猪引起仔猪肠炎、结膜炎，鹦鹉热衣原体和沙眼衣原体混合感染猪可引起母猪流产。

① 泌尿生殖道疾病和流产。母猪感染衣原体后多为无体温、无先兆、妊娠后期流产，初产母猪的流产与死胎达 40%~90%，主要是流产；老发病猪场多为死胎，常有 3~7 头死胎。

发病以初产母猪占多数。怀孕母猪常在妊娠后期，很少拒食，不见任何症状，体温也无明显变化下发生流产、死胎、产弱仔，活仔与死胎间隔产出，弱仔产出后由于病原体感染胎儿，新生仔猪呈败血症经过，呈精神不振，不吮乳，尖叫，寒战，下痢，体温升高 1~2℃，被毛散乱，1~2 天死亡。在围产期新生仔猪大批死亡。流产胎儿水肿，早产死胎和新生死亡仔猪皮肤有出血斑点，头、胸、肩胛皮肤出血，皮下结缔组织水肿，心、脾有出血点，肺淤血、水肿、表面有出血点及出血斑，质地变硬。肝充血、肿大。肠黏膜发炎、潮红。小肠、结肠黏膜表面有灰白浆液性纤维样物覆盖。小肠淋巴结充血、水肿。断奶母猪发情不正常，配种受胎率低于 80%。Surdan 等（1965）检查了 17 头母猪和 4 头公猪。通过接种小鼠、豚鼠和鸡胚，从母猪产胎儿器官和公猪睾丸及附睾组织中分离出衣原体，并在相应组织涂片中发现包涵体样结构。这些分离物接种于人成纤维细胞，72 小时内出现了细胞病变和圆形的包涵体。Schtscherban GP(1972)报道 1966—1971 年间苏联 8 个猪场发生猪地方流行性流产。流产发生在产前 2~4 周，初产母猪较经产母猪严重，流产率从 11% 上升到 41.2%。流产后 14 天从 40%~70% 患病母猪血清中检出抗衣原体抗体。有报道怀孕母猪病初体温升高，精神沉郁，喜卧，食欲减退，眼结膜潮红，心跳加快，呼吸加快或喘息。2~3 天后，母猪发生早产、流产、死胎、产弱仔、木乃伊胎及胎衣不下。初产母猪的发病率可达 40%～90%。在这些猪场患有睾丸炎和附睾炎的公猪血清中也查出衣原体抗体。将从流产胎儿中分离出的衣原体接种到怀孕母猪体内,引起流产,其血中抗衣原体抗体滴度也明显增高。Yazyschin 等(1976)对衣原体流产胎儿进行组织学检查。

流产胎儿可见皮肤上布有淤血斑,皮下水肿。肝肿大呈红黄色,心内外膜有出血点,脾脏肿大,肾有点状出血。肺、肠炎病变为呼吸道和消化道黏膜卡他性炎症,气管内充满黏液,肺的尖叶、心叶或部分隔叶有紫红色或灰红色的实质性病灶,界线清楚,肺间质水肿,膨胀不全,支气管增厚,切面多汁呈红色。腹腔和胸膜腔的纤维性炎症为主要病变,在腹腔和胸腔内积有多量呈淡红色渗出液,腹腔内器官纤维素性粘连,心包膜和心外膜、胸壁发生纤维素性粘连。胃和小肠黏膜充血水肿,黏膜有点状出血和小溃疡。肠系膜淋巴结充血、肿胀,肠内容物稀薄,混有黏液和血液。胃肠道黏膜脱落,小脑和脊髓发炎。在肺泡壁、结缔组织血管周围及肝、肾和心肌间质中,可发现网状内皮系统淋巴样细胞聚集。检查者认为,这些组织学变化有助于对衣原体作出诊断。

冈田望(1992)报道日本某猪场饲养了 700 头母猪,1990 年 1 月发生流产,仅 9 月 135 头分娩母猪中 25 头(占 18.5%)母猪流产,当月胎儿或活仔数减少为 6.5 头。

5 头 97～102 日胎龄的 12 头流产胎儿被检查,4 头的皮肤呈全身性出血斑,皮下明显浮肿,胸水及腹水超量,并带有血样物,肝脏肿大 2～3 倍,心脏可见带状的出血斑,全身淋巴结肿大。而胎龄 72～95 日龄的 8 头流产胎儿中的 1 头仅见轻度皮下轻度浮肿,其他无病变,7 头胎盘中 1 头表面呈现混浊。

95～102 日胎龄胎儿主要病变:脑周围管性细胞上轻度的单核细胞浸润,脉络炎及髓膜炎。肝脏混浊肿大明显,有坏死灶;心内膜炎和心外膜炎;淋巴结发生水肿且可见钙化的空洞,滤胞的细网细胞的肿大核正在浓缩坏死;各脏器血管发生水肿,血管内外膜有单核细胞,以肾脏为显著。在肝细胞质胎盘营养膜上皮细胞中可见经 S－AB 染色的细胞质内的原生小体。

肝脏、脾脏中分离到鹦鹉热衣原体。

杨宜生等(1984)用湖北分离的猪衣原体接种 4 头怀孕母猪,12 小时后母猪开始发热,皮温不均,24 小时达 41～41.9℃,随之第 2 天卧地不起,食欲废绝,结膜潮红,鼻盘干燥,尿黄,粪干,呼吸喘息,有时呈犬坐式呼吸,每分钟达 50～62 次,有明显湿啰音,心跳加快达 120次/分,心音增强。腹部出现紫红色斑块,甚至全身皮肤发红。病状持续 1～2 天,随后体温下降,病趋缓和。3 头母猪随体温下降至正常时,即第 2～3 天出现流产,1 头母猪延迟 12 天产出死胎。流产前患猪烦躁不安,阴户不时努责,食欲废绝。流产后精神、食欲逐渐恢复正常。2 头第 2 胎正常,1 头流产后不发情,1 头死亡。

流产胎儿病变:除 3 头木乃伊外,其余暂为死胎,发育完全。胎儿头顶部、鼻端、耳尖、前肢腋下、后肢每节呈暗红色及弥漫性出血。心冠状沟血管充血。肺水肿,有出血点。脾暗红色。肝土黄色或灰褐色,有裂纹,肝质脆。颅腔内有大量血样液体。胎盘出血、水肿,羊水混浊。

Daniels 和 woollen(1991)在美国 5 个州母猪流产仔猪中分离到鹦鹉热衣原体,认为是围产期仔猪死亡原因。每头母猪窝产 2.8 头仔猪(正常为 8.5 头)。某场 18 头母猪产了 186 头仔猪,只存活 50 头,有 28 头出生时即死亡。出生时存活仔猪都又小又弱,有 20% 仔猪表现头大,两眼间距宽,耳大,头上毛竖立等畸形。在肝等组织中发现衣原体。Guenov(1991)用鹦鹉热衣原体接种妊娠母猪(静注 5~20 mL 2 头和腹腔注 2 头)。3 头在接种后 2~3 天流产,1 头生产推迟,12 头产死胎,母猪死亡。第 2 胎发情、配种正常,产仔中有死胎。

Sarma 等(1983)发现一头公猪射出带血的精液。经尸体剖检,在前列腺和尿道黏膜均发现出血和出血斑。通过鸡胚接种,分离出衣原体。研究者认为,公猪是在与已感染衣原体的母猪交配时受到感染的。邱昌庆等(2000)报告,一个有繁殖母猪 3 000 头的猪场发现种用公猪发生睾丸炎,发病率 20% 左右,多数病例为单侧睾丸肿大,触诊病睾丸表皮温度较高,但病猪饮食,性欲似无明显改变。

② 致猪各种炎症。杨宜生用衣原体接种 15 头猪,结果 15 头体温升高;10 头发生肺炎;15 头发生肠炎;5 头发生结膜炎;8 头发生关节炎。腹腔接种猪 1~2 头后体温达 41~42.9℃,精神沉郁,食欲废绝,呼吸喘迫,打喷嚏,湿咳,持续拉稀。高温持续 1~2 天恢复正常,但间隔 4~8 天又升温至 40~40.5℃,出现眼睑肿胀,结膜淤血,有脓性眼屎,角膜炎等。关节肿胀、发热、疼痛,跛行;或睾丸炎。步态蹒跚,消瘦。肺水肿,肺泡膨胀不全,有大量出血点和出血斑。脾头肿胀有出血点。肝质脆,表面有灰白色斑。肺和肝门淋巴结肿大,边缘出血。结肠浆膜面有灰白色浆液性纤维沉着。公猪睾丸肿大 2~3 倍。

肺炎:Dobin(1969)报告,苏联许多猪场的 2~5 月龄的猪只中,出现一种支气管肺炎,表现为哮喘、咳嗽,运动后喘息加剧,部分病猪体温升高,增重减慢,病程持续 1~1.5 个月。如饲养条件不良,常常发生细菌继发感染。病理组织学诊断发现,病初肺脏见细支气管周围炎,小泡间质增厚,部分发生肺膨胀不全和气肿,继之出现与通常卡他一化脓性肺炎不同的肺炎病灶。在 1 153 头肥猪中,发现 771 头(66.8%)血清中存在抗衣原体抗体(抗体滴度 1∶4~64)。

Draghici 等(1970)从 49 头有炎性病变的病猪肺中,分离到 23 株支原体(46.9%)、7 株衣原体(14.3%),3 头猪肺内同时发现两种病原。Pospisil 等(1978)报告一个大饲养场均发生猪地方流行性肺炎,此病两个月内波及全场猪群,患猪体温升高达 41℃,喘息和长时间干咳,食欲废绝,躺卧和嗜眠。从患猪肺和脾脏中,经显微镜检查和鸡胚接种分离,均发现衣原体。Stellmacher H(1983)用病猪场分离的衣原体气管内接种 SPF 小猪,引起小猪严重肺炎。

仔猪常表现肺、肠炎和脑炎症状,体温高达 41~41.5℃,精神沉郁,衰竭无力,食欲减退或废绝,流浆液性、黏液性或脓性鼻液,呼吸加速,流泪,咳嗽,腹泻,粪便稀薄,后期粪便带黏液或带血液,呈褐色,多见于断奶前后的仔猪,表现为脱水,吮乳无力,死亡率高。约有一半猪结膜发炎,充血流泪,眼睑水肿,眼睛睁不开,约 5~6 天开始痊愈。断奶仔猪易发生脑炎症状,表现精神委顿,体温高,稽留热,皮肤震颤,有的病猪高度兴奋,尖叫,突然倒地,四肢呈游泳状,后肢轻度麻痹,呼吸困难,病死率 20%~60%,2~8 周龄仔猪易发生角膜结膜炎、阴茎炎、尿道炎，发生关节炎的病猪表现四肢关节肿大，有热痛，运步困难，个别的发生跛行。Guenov(1991)用鹦鹉热衣原体接种断奶仔猪，10头猪气管接种2~5 mL，1~2天后体温升至41~42.9℃，精神沉郁，食欲废绝，打喷嚏，咳嗽，气喘，腹泻。1~2天后体温下降，除呼吸与腹泻症状外，其他症状缓解，但到4~7天仔猪又出现第2次体温升高至40~40.5℃，并出现结膜炎、关节炎、睾丸炎。剖检为大叶性肺炎、腹膜炎。从肺淋巴结、脾和肿胀关节分离到病原。关节接种的5头猪，3~4天体温升至41~41.6℃，精神不振，食欲减退，腹泻，跛行，关节肿大，局部发热并有疼痛感。对照猪健活(6头)。妊娠母猪(静脉注射5~20 mL 2头和腹腔注射2头)，3头在接种后2~3天流产，1头推迟，12头产死胎，母猪死亡。第2胎发情、配种正常，产仔中有死胎。

结膜炎：多见于新生仔猪和架子猪。临床表现畏光，流泪，结膜充血(红眼睛呈水肿状)，眼角分泌物增多，有的2~3天后角膜混浊。病猪结膜上皮中发现衣原体样物已有报告。Paviov NM(1963)报告保加利亚有7个猪场中发生结膜角膜炎，镜检和鸡胚接种，从患病猪结膜上皮中检出衣原体。用分离物在鼻内接种小白鼠发生肺炎，接种猪结膜，引起结膜角膜炎。并实验再次证实为衣原体。Surdan等(1965)报告，从两个发生猪结膜炎猪场分离到立克次体和衣原体的混合感染。

Rogers D S(1993)报道了衣原体引起猪结膜炎和角膜结膜炎：第1猪场480头4~10周龄的猪中，有1%仔猪和10%10周龄猪具有黏液脓性结膜炎，可继发或不继发鼻炎。4~6周龄的所有猪发生结膜炎，但到肥猪阶段临床症状逐渐消失。第2猪场100头怀孕母猪，其中20%具有结膜炎和角膜结膜炎：单侧或双侧仔猪黏液脓性结膜炎，可见结膜轻微到中度淋巴浆细胞性结膜炎，继发轻度淋巴滤泡增生。而母猪单侧或双侧角膜结膜炎会伴有球结膜水肿。结膜炎组织检查可见，角膜有2 mm中央溃疡，基部水肿，一定量嗜中性细胞渗透到基质。

浆膜炎和多关节炎：1955年即有人报告从患纤维素性心包炎和腹膜炎的病猪中发现衣原体样微生物。Guenov(1961)报告他们解剖了18只因患纤维素性心包炎、胸膜炎、腹膜炎及肝周炎死亡的小猪。将心包液接种小白鼠引起肺炎和脑膜炎，涂片证实为衣原体。将分离出的衣原体再回归接种4日龄健康小猪，3天后部分小猪体温升高达40.5℃，第25天解剖死亡小猪发现与原病猪相似病变。Natscheff等(1965)报告一猪场27.5%的小猪发生衣原体病。在12头死亡猪和49头紧急扑杀小猪体内，发现纤维素性心包炎、心包积水、心肌营养不良和渗出性胸膜炎，8头小猪还见腹膜炎。Martinov等(1985)报告从患纤维素心包炎的肥育猪中分离到病原体，并证实是鹦鹉热衣原体。Kolbl等(1970)从39头患慢性非化脓性滑膜炎的屠宰猪关节内，24头分离出衣原体，1头为支原体、衣原体混合感染。用分离出的衣原体关节内和皮下接种3周龄SPF小猪。关节内接种猪第1周即发生严重运动障碍和低热，第18天死亡，并在关节、淋巴结、实质器官和粪便中发现衣原体。皮下接种的小猪，前肢出现短时间的轻度跛行，在淋巴结中找到衣原体。Kazemba等(1978)从15头患关节炎屠宰猪中分离出衣原体。

杨宜生(1984)用衣原体菌液接种断奶仔猪气管和关节囊，接种后3~4天仔猪体温升高到 41～41.6℃,精神不振,食欲减退,腹泻,跛行,关节肿大,发热并有疼痛反应。从气管和腹腔接种仔猪,于接种后 1～2 天体温急剧升高到 41～42.9℃,精神沉郁,食欲废绝,打喷嚏,咳嗽,气喘,腹泻等。1～2 天后体温逐渐下降,除呼吸和腹泻外,其他症状日趋缓和;但接种后 4～7 天,仔猪又出现第 2 次体温升高(40～40.5℃),并出现结膜炎、关节炎、睾丸炎等症状。剖检发现有大叶性肺炎、腹膜炎等,并从肺淋巴结、脾和肿胀关节内重新分离出衣原体。对 5 头断奶仔猪进行腕关节接种后,全部仔猪发生肠炎、关节炎。气管、腹腔接种的 10 头仔猪均出现肺炎、肠炎;其中 5 头并发结膜炎,3 头并发多发性关节炎。

Guenov(1991)对妊娠母猪(4 头)人工接种后半天母猪即出现体温升高,精神沉郁,喜卧地,食欲降低或废绝,结膜潮红,心跳加快,呼吸增数,喘息,有的呈犬坐式呼吸;接种 2～3 天后 3 头怀孕母猪流产,1 头母猪死产(超过预产期 12 天)。1 头母猪流产后 10 天死亡。

刘宗秀等(2000)用四川地区猪群分离的和标准 B394 株鹦鹉热衣原体悬液分别给每头 20 kg 断奶仔猪腹腔注射 10 mL、气管注射 4 mL、静注 2 mL,结果攻击后第 3 天各试验组和阳性对照组猪出现体温升高 1～2℃,精神不振,食欲减退,腹泻等症状,1 周后症状缓解,而 15 天后又表现出精神不振和腹泻等症状,并出现血清抗体阳性。未见猪死亡。

肠炎:病猪以腹泻为主,排灰黄色或灰白色水样粪便,是以上症状的一种伴随症状。

2. 沙眼衣原体感染 以前认为沙眼衣原体只感染人,近几年欧美一些国家从猪体也分离到沙眼衣原体。用猪源沙眼衣原体 R23 菌株喉内接种或用 R27 菌株口服接种仔猪,接种后 4～7 天屠宰仔猪,结果从感染猪的支气管上皮细胞、细支气管上皮细胞、肺泡和肺泡间隙巨噬细胞、空肠及回肠肠细胞中检出了沙眼衣原体核酸。衣原体感染细胞产生的强阳性染色信号只出现在浆胞内包涵体中。

病理变化可见流产母猪的子宫内膜水肿,充血,分布有大小不一的坏死灶。流产胎儿身体水肿,头颈和四肢出血,肝充血、出血和肿大。公猪睾丸变硬,输精管出血,阴茎水肿、出血或坏死,有的腹股沟淋巴结肿大。

肺炎患猪的肺肿大,肺表面有许多出血点或出血斑,有的肺充血或瘀血,质地变硬,在气管、支气管内有多量分泌物。肠炎患猪的肠系膜淋巴结充血、水肿,肠黏膜充血、出血、肠内容物稀薄,有的含血色,肝、脾肿大。关节炎患猪,可见关节周围组织水肿、充血或出血,关节腔内渗出物增多。

3. 其他衣原体感染 Harris 等(1984)报告用绵羊肺炎衣原体株,以不同剂量,经气管内接种 12 周龄 SPT 猪,结果:接种后所有猪只体况下降,短时喘气;第 2 天起体温升高达 42℃。解剖接种后第 2、3、4 和 10 天死亡猪只,在肺部发现渗出性支气管肺炎。组织学检查见支气管周围和上皮下淋巴细胞浸润,时间稍长的,肺泡间质的增长性变化明显。肺组织的病变程度与接种量明显相关。

[诊断] 动物衣原体病,虽可根据流行病学、临床症状和病理变化作出初步诊断,但猪在临床表现和病理变化方面均存在多种类型且比较复杂,故而在综合诊断基础上,必须依靠病原学检查来确诊。

衣原体病的诊断依赖于病原体的鉴定和特异性抗体检测。但由于该病原气溶胶具有高度传染性,易引发实验室感染,所以需要做好个人防护;实验室的衣原体的分离、抗原制备及诊断等工作,必须在 P3 或 P4 级实验室进行,以免造成实验室感染。

　　1. 病原学检查

　　(1) 涂片染色。涂片染色观察原生小体(EB)、网状体(RB)和包涵体。EB 吉姆萨染色为紫色,马基维洛染色呈红色;RB 吉姆萨和马基维洛染色均呈蓝色;成熟的包涵体革兰氏染色为阴性,吉姆萨染色呈深紫色。卵黄囊细胞内外,若有衣原体则可见针尖大小的红色颗粒。在衣原体中,只有沙眼衣原体的包涵体内含糖原,碘液染色时呈阴性,即显深褐色。

　　(2) 细菌分离与鉴定。对于衣原体的分离,可取流产胎儿的器官、胎盘或子宫分泌物,关节炎病例的囊液,脑炎病例的大脑或脊髓,肺炎病例的肺、支气管、淋巴结,肠炎病例的肠黏膜或粪便等。病料经研磨后用 PBS 缓冲液(pH 7.2)或链球菌蛋白 G(SPG)缓冲液稀释成20%的悬液,经 2 000r/min 离心沉淀 20 分钟,取上清液重复离心沉淀两次,最后取上清液进行纯培养和接种鸡胚、细胞和动物。

　　鸡胚培养是最经典的方法,许多衣原体都是首先用它分离出来的。把 0.5 mL 上清液接种于 5～7 日龄的鸡胚或鸭胚卵黄囊内,39℃孵化,一般于接种后的 5～21 天,可在卵黄囊膜中找到包涵体、始体和原体颗粒;能够引起鸡胚死亡,鸡胚卵黄囊膜出现典型的血管充血病变。采用卵黄囊及绒毛膜双途径接种法,可以大大提高原体的产量,可以从卵黄液、卵黄膜、尿囊膜和绒毛膜中回收衣原体,其中以卵黄膜的滴度为最高。有些衣原体菌株引起的病变不明显或鸡胚仍存活,应进行 2 代盲传,有时要盲传 5 代,6 代后接种于 6～8 日龄鸡胚在 4～7 天出现规律性死亡,胚体充血、出血,鸡胚的头、颈、背部有出血斑;卵黄囊膜变薄,尿囊液清澈,囊膜水肿。再用间接血凝试验(IHA)或直接用荧光抗体试验进行病原鉴定。

　　取上清液接种细胞系,如 Mccoy、Hela、Vero 和 L - 929 等细胞,在细胞中培养的衣原体能够形成不同形态的核旁包涵体,再用直接荧光抗体试验进行检测,其特异性可达 95%。

　　动物致病性试验是选用 21～28 日龄的幼鼠,将病料等通过腹腔、脑内或鼻腔接种,如5～15 天小鼠出现不食、精神委顿、被毛蓬乱、结膜炎、腹部胀泻甚至死亡等症状,剖检腹腔有纤维素样渗出物,肺充血,肝、脾肿大等,即可进一步诊断为衣原体病。也可做同种健康动物,如回猪等的感染发病试验,以能复制出与自然病例同样的症状与病变,并能重新分类回收到原感染菌作为判断标准,这一点对于确定那些少见感染类型及混合感染类型的动物衣原体尤为重要。

　　2. 血清学检测　　动物患病后常在其体内检出特异性抗体升高。动物在感染衣原体后7～10 天,血清中可检出衣原体的特异性抗体,15～20 天特异性抗体含量达到高峰。补体结合反应试验常用于全身性衣原体病的诊断。人主要用于性病淋巴肉芽肿的辅助诊断。

　　国家农业部已颁发了《动物衣原体病诊断技术》(NY/T562 - 2002),适用于各种畜禽衣原体病的检疫,因动物种类不同,可采取直接补体结合试验和间接补体结合试验。哺乳动物和禽类一般于感染后 7～10 天出现补体结合抗体。临床常采用急性期和恢复期双份血清进行补体结合试验,如果抗体滴度增高 4 倍以上,则判断为阳性。但补体结合试验是属特异的,不能将鹦鹉热衣原体、沙眼衣原体和肺炎衣原体三者感染相区别;间接血凝试验适用于各种畜禽衣原体的检疫,结果判定:哺乳动物血凝效应≥1:64(++)为阳性,血凝效价≤1:16(++)为阴性,介于两者之间均可疑。禽类血凝效价≥1:16(++)为阳性,血凝效价≤1:4(++)为阴性,介于二者之间均可疑;微量免疫荧光抗体检测是检查人和动物的特异性 IgM 与 IgG 抗体,滴度常可达 1:64 或更高。IgM 抗体 1:16 阳性可作为诊断依据,病程中 IgG 抗体滴度有 4 倍以上且滴度不低于 1:32 的有诊断价值。本法特异性强,敏感性高,为诊断人群感染的一种常用的血清诊断学方法。其他还有血清中和试验、乳胶凝集试验、空斑减数试验、酶联免疫吸附试验、酶免疫测定(多用固定酶免疫法),但此类试验易出血假阳性或不能排除交叉反应。应用抗生素治疗后可使抗体反应延迟或减弱,应予注意。

分子生物检测,用根据病原体 16SrRNA 设计的属特异性引物,已建立了 PCR 或 PCR(nPCR)法等,目前尚在研究阶段。

3. 临床鉴别诊断　在母猪流产临床诊断时,应与 PR、PPV、JEV、PRRV、HCV 等相区别;也要注意与仔猪肺、肠炎、关节肿等一些病毒病、细菌病相鉴别。

[防治]　四环素、氯霉素、红霉素和磺胺嘧啶等药物,对衣原体均具有较强的抑制作用。大剂量土霉素拌饲料口服可取得良好的防治作用。对出现临床症状的新生仔猪,可肌注 1% 土霉素 1 mg/kg,连续 5~7 天;对怀孕母猪在产前 2~3 周,可注射四环素,预防仔猪感染;群防按每吨饲料 300 g 饲喂。

由于衣原体病是一种广泛传播的自然疫源性疾病,其病原体自然宿主很多,要想根除,很难办到。要有效预防和控制衣原体病的发生,一个重要的方面是不断改善环境卫生条件,减少环境中的衣原体数量以及感染发生的机会。

猪场应考虑本病在种内和种间传播特点,野生动物如野禽、啮齿动物能向畜禽传播病原的可能性,并临床感染的存在及其危害性,病畜、禽对人的传播等各种因素,因此,密闭的饲养环境是防治本病的有效措施。消除一切可能降低动物抗体抵抗力的应激因素,如温度、湿度、饲料营养、噪声、饲养密度等,保持畜禽舍通风,集约化饲养的畜禽场应实施"全进全出"制度和自繁自养的饲养方法,以及引进畜禽的隔离检疫制度,防止新老动物接触,对畜禽舍应在彻底消毒后才能进入新的畜禽。加强饲养场、屠宰场和加工厂有关人员的卫生管理,定期检疫;加强对产房、圈舍、场地消毒,常用消毒药物有 2% 苛性钠、2% 氯胺、5% 来苏尔等。严防猫、鼠、鸟、家禽、牛、羊等动物进入猪场,防止衣原体的侵入和感染猪群。做好粪尿、废弃物无害化处理。控制传染源,消灭传播媒介,切断传播途径,可有效地防止该病的发生和传播。对感染的动物群,应定期检疫,及时清除有临床症状的动物;对确诊的种公猪和种母猪要及时进行隔离、淘汰处理,其后代一般不宜作种猪用。衣原体感染的猪群,可用衣原体菌苗进行免疫接种,对繁殖母猪在配种前和配种后 1 个月免疫接种 1 次,对公猪在每年春秋两季各免疫接种 1 次;可用四环素或土霉素,每吨饲料添加 300 克,进行药物预防,可达到良好的效果。

应用人工免疫方法来控制动物衣原体病的发生和蔓延,国内外已研制了不少菌苗:① 胎膜菌苗:以衣原体性流产的胎膜制成悬液,用甲醛灭活,以明矾沉淀制成菌苗。② 鸡胚卵黄囊膜粗制灭活菌苗和纯化灭活菌苗。③ 细胞(鸡成纤维细胞)培养菌苗。④ 减毒活菌苗：Mitscherlich(1965)用羊胎膜分离株在鸡胚上传递移植 64 代后制成减毒菌苗。

20 世纪 50 年代，国外已对猪衣原体流产菌苗进行研究，80 年代段跃进等用 SDD‐PAGE 技术对我国各地流产猪鹦鹉热衣原体株进行抗原结构分析，发现这些流产株的 MOMP 的多肽图谱一致，为猪流产衣原体菌苗研制提供了依据。兰州兽医研究所和广西兽医研究所按农业部颁布的《鹦鹉热衣原体流产灭活苗制造和检验试行规程》生产了灭活苗，每头皮下注射 2 mL。猪的最小免疫剂量为 1 mL。4～8℃下有效保存期 2 年，免疫持续期 1 年。

五十四、猪支原体肺炎(*Mycoplasmal pneumonia* of swine，MPS)

该病是由猪肺炎支原体引起的一种慢性呼吸道传染病。主要表现为猪连续性干咳和气喘；肺的心叶、尖叶、中间叶和隔叶前缘呈肉样病变。俗称猪气喘病，又称猪地方流行性肺炎(*Enzootic pneumonia* of pigs)、猪霉形体肺炎(*Mycoplasma Hyopneumoniae*，Mhp)。

[历史简介]   1898 年 Nocard 首先从患胸膜肺炎的病牛中分离出病原体，称类胸膜肺炎微生物(*Pleuropneumnonia*-like organisms，PPLO)，以后命名为支原体。以后曾从山羊、犬、猫、鸡等动物分离到数十种有致病力的支原体。Gulragani(1951)证明病原可通过 0.8 μm 火棉胶滤膜，不能通过 0.5 μm 的滤膜；－20℃冰冻或甘油中 0℃保存，32、50、55 天没有破坏其传染性，疑似其病原为病原，而且在常规的细菌培养基上不能生长，故 1933 年后猪肺炎支原体肺炎曾被称为猪病毒性肺炎等。Goodwin 和 Whittestone(1963—1966)用煮沸组织细胞人工培养方法，从患肺炎猪的肺组织中分离到该病原，并通过动物试验复制出猪肺炎支原体病。Goodwin、More 和 Switzer(1965)命名该菌为猪肺炎支原体(*M. hyopneumoniae* M. hyo)。Darbyshire(1968)通过电镜观察到马血清中猪肺炎支原体存在细小丝状体。而 Switzer(1968)发现猪血清中的同株支原体没有相应的丝状体，但菌落很小，为猪鼻炎支原体和猪滑膜支原体菌落的 1/6。

我国许日龙(1973)用 Goodwin 等方法，也从猪喘气病的猪肺中分离到似"煎荷包蛋"微生物，并由刘瑞三鉴定为猪肺炎支原体(图‐33)。

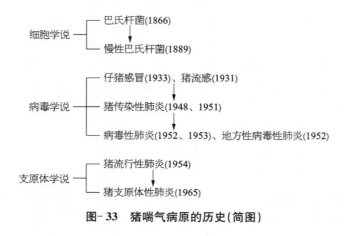

图‐33 猪喘气病原的历史(简图)

　　[病原]　猪肺炎支原体(美国定名为 *M. hyopneumoiae* 或英国定名为 *M. Suipneumoniae*，后经血清学鉴定证实为同一个种)分类上属于支原体科、支原体属。

　　病原存在于猪的咽喉、气管、支气管、细支气管的绒毛上段；肺组织、肺门淋巴结和纵膈淋巴结中。病原是一类无细胞壁的多形态微生物，呈球形、环形、杆状和两极状及丝状等，双股 DNA 菌体。Domeruth C H 等、黄芬等(1986)通过电镜技术观察到肺炎支原体质膜外包裹一层荚膜，荚膜在细胞分裂过程中更为显著。菌体大小为 $110 \sim 225$ nm，可通过 300 nm 的滤器。革兰氏染色阴性，着色不佳，吉姆萨或瑞氏染色良好，呈淡紫色。

　　支原体的致病因子主要是外层荚膜及一些蛋白质，研究证明致病蛋白有 P97 以及 P3、P26、P50、P68、P90 等，它们有一定免疫原性。E. L. Strait 等对美国不同地方分离菌株分析后，认为它们的致病力不同，毒力因子不同，引起肺脏病变的严重程度不同，4 株地方分离株引起肺脏病变的百分比为 2.61、9.41、12.59 和 13.5，而标准 M.hyo232 株引起猪的肺炎病变平均比率为 5.61。

　　本菌兼性厌氧，因支原体基因组分子量小，其鸟嘌呤(guanine, G)＋胞嘧啶(Cytidine, C)量局限在 30 mol％ 以下，携带的信息量小，生物合成能力有限，需要从体外摄取许多通过细胞膜的比较复杂的大分子，如胆固醇、脂肪酸、核酸前体、维生素、氨基酸等，对营养要求高，病原生长缓慢，培养条件苛刻，需要特殊培养基，pH、温度、湿度等均影响生长，固体培养基上菌落很小，通常为圆形，中间凸起，表面常为颗粒状，较老的菌落产生稍微凹陷的中心，呈煎荷包蛋形。在 A26 的液体培养基中，37℃培养 $2 \sim 10$ 天，可生长成直径 $25 \sim 100$ μm 的菌落，但不呈"煎荷包蛋状"；$6 \sim 7$ 日龄鸡胚卵黄囊或猪非单层细胞中生长形成"煎荷包蛋状"；在培养基中加血清、水解乳蛋白、酵母浸液、氨基酸、维生素等，$5\% \sim 10\%$ CO_2 培养到第 9 天，菌体直径达 $47.6 \sim 314$ μm，呈露滴状，边缘整齐，表面粗糙。病原也能适应在家兔或在细胞培养基上生长。在肉汤培养物中生长缓慢，经 $3 \sim 30$ 天培养物轻微浑浊，并产酸使颜色发生变化。

　　支原体对外界抵抗力低。在外界环境中存活不超过 36 小时，病肺悬液在 $15 \sim 25$℃下，36 小时失去致病力。病肺在 $1 \sim 4$℃中存活 7 天，-15℃保存 45 天，60℃几分钟即可杀死。

　　对放线菌素 D、丝裂菌素 C 敏感。常用消毒药 1% NaOH、20%草木灰等均可在数分钟内将其灭活。

　　[流行病学]　本病呈世界性流行。据对肥育猪血清学调查，各国肺炎支原体阳性率在 $35\% \sim 90\%$。自然感染仅发生于猪，不同品种、性别的各年龄段的猪均可感染，以架子猪和肥育猪多见。哺乳猪少见发病。美国报道最小感染日龄可在 $7 \sim 10$ 日龄；仔猪容易发生早期感染并出现明显的临床症状，有报道 17 日龄至 19 日龄仔猪感染率在 $7.7\% \sim 13.2\%$，最高为 51.8%；成年猪多呈隐性感染；土种猪易暴发流行。其他动物、家畜未见自然感染报道。可在乳鼠、绵羊、山羊体内传代，但不表现任何症状和病理变化。

　　猪是自然宿主。病猪和带菌猪是本病的主要传染源。因购进或混群的亚临床猪进入健康猪群或空气方式传播。接触和呼吸道是主要传播途径。Goodwin(1972)证明能从感染猪的鼻腔分泌物中分离到病原。Farrington(1976)证明肺炎支原体可在同圈猪之间传播,通过咳嗽、喷嚏将含病原体分泌物形成飞沫微粒局部散布,增加空气传播概率。Goodwin(1985)发现当猪群间隔少于 3.2 km 时,这种传播最频繁。理论上避免空气传播肺炎支原体的猪场之间的最小距离至少为 3 km。Thomsen 等(1992)指出空气传播是猪肺炎支原体阴性的 SPF 猪群中发生感染的重要传播方式。支原体在成年猪呼吸道中可持续存在 185 天,可水平从大龄猪传染给低龄猪及圈圈之间水平传播,并传播给新引进母猪,包括已进行免疫的猪。通过母猪向仔猪发生持续性感染,尤其是低胎次母猪或小母猪抗体水平低,对外排出的支原体病原要高于高胎次母猪。nPCR 检测表明,繁育母猪从第 2 胎起至第 7 胎能保持猪肺炎支原体的持续感染。Megen 等(2004)通过校正再感染率(Rn)统计发现,猪只间传染速度很慢,一头在断奶前受到感染仔猪在保育期能够感染 1~4 只同圈猪,同圈猪之间病原传播发生在感染后的第 7 天到第 28 天。Fano 等(2005)报道,直接或间接接触的动物血清转化比试验攻毒晚 5~6 周。而且,接种与未接种疫苗猪的 Rn 值分别为 2.38 和 3.51,免疫猪群中血清转化猪的数量至肥育期结束时逐渐增加,表明猪肺炎支原体仍能够在免疫猪群中传播。

猪肺炎支原体病的临床表现除与病原感染数量和感染部位外,还与猪的品种、年龄、营养状况、环境及与继发感染有关。

本病无明显季节性,冬春季多发,多因与繁殖、转群有关。饲养管理和卫生条件是影响本病发生和发展的主要因素,尤以饲料质量、猪舍拥挤、阴暗、潮湿、寒冷、通风不良等环境突变影响较大。当猪群多于 500 头时,传播的可能性特别大,有的猪场连续不断发病是由于病猪临床症状消失后,在相当时间内不断排菌感染健康猪。曾观察到 262 天前感染猪肺中仍有支原体形态微生物,仍能长期稽留呼吸道。故而不同年龄猪及新老疫区流行状况和发病率不一致。母猪将支原体传给仔猪,使得很多猪群中肺炎支原体继续存在。虽然本菌感染哺乳期仔猪已经开始,但在这种病变中常找不到支原体存在、潜伏期长、在仔猪间传播缓慢。直到仔猪 6 周龄或更长即混群时,才能见到明显症状。新疫区或长期控制本病的猪场,常因混群、引进带病原猪而暴发流行,而疫区或老疫区多为慢性经过。因为康复猪对再感染具有一定的抵抗力。

[发病机制] 病原通过呼吸道感染,支原体随吸入的空气直接从环境中或从鼻黏膜和扁桃体上皮很容易到达咽喉、气管、支气管、细支气管的绒毛上段;肺组织、肺门淋巴结和纵膈淋巴结中作用部位。猪肺支原体唯一的入侵途径:肺支气管、小支气管上皮细胞与纤毛间是支原体唯一聚集、生长、繁殖的地方,有严格的局限性,局限于呼吸道黏膜里层,而且局限于上皮细胞表面,而不是上皮细胞内。在感染初期电镜荧光可观察到大量支原体,在气管、支气管和细支气管表面的支原体多,而末端细支气管和肺泡内支原体少。已知支原体病原的致病性过程很复杂,包括病原的定植吸附、细胞毒性、竞争物质逃避和调节宿主免疫反应。这一过程不是单一因素,而是通过大量基因产物、黏附素、营养受体、有丝分裂原、多糖聚合物和代谢中间体的表达来实现的。Blanchard 等(1992)观察,猪肺炎支原体感染的肺脏,发现支原体与纤毛大面积脱落有密切关系。这种微观变化,特别是支气管及

血管周围淋巴网状细胞增生，反映了免疫反应明显地参与病变发展。尚未发现该支原体对上皮细胞具有特定的黏附和定向作用。Zielinski 等（1990）还证明，在体外肺炎支原体可吸附到各种细胞表面，证明支原体吸附到单个有纤毛的气管细胞的纤毛束上。Livingston C W 等（1972）发现猪肺炎支原体感染的仔猪肺气管上皮细胞微绒毛附近出现不少支原体，且纤毛明显减少。Zhan 等（1995）通过体外微量滴定来弄清吸附过程的特征并证明支原体上至少有 2 种蛋白（97 kDa 和 154 kDa）可能与吸附过程有关。Chen 等（1996）证明另外 2 种蛋白（28.5 kDa 和 57 kDa）通过竞争结合位点阻止猪肺支原体结合到猪的纤毛上。支原体这种吸附过程无疑是 1 个多面性的感染和复杂的感染过程。呼吸道感染证明纤毛和上皮细胞受到损害，本病的致病因素中另 1 个潜在的重要因素是支原体与淋巴细胞的相互作用。在体外，支原体膜是猪淋巴细胞的促有丝分裂剂，支原体的感染改变了肺巨噬细胞吞噬功能和出现免疫抑制。猪肺炎支原体表面含有致病蛋白 P97，其会使纤毛凝结成束并逐渐脱落，则呼吸系统失去天然屏障的保护作用。脱落的纤毛和吸入的病原微生物共进肺部，导致肺部炎症，猪表现呼吸困难等，造成支原体肺炎。病理组织学检查表明，病肺的大部分或部分支气管周围、小血管周围有大量淋巴细胞浸润，呈围管状、滤泡状。接种后 13 天，细支气管和血管周围有淋巴细胞浸润，使整个肺脏的正常结构发生变形。淋巴细胞围绕着支气管、细支气管和血管附近形成结节。纤毛活力消失，随之纤毛与呼吸道上皮被破坏，致器质性和功能性损伤，致病作用在肺部表现出来（肺组织有抗原受体）。疾病的发生与否可能决定于猪肺炎支原体在气管、支气管黏膜表面感染程度。肺炎的愈合、卡他性支气管炎的痊愈过程很慢，大约需几周至几个月，痊愈期很大程度上取决于病因。对 SPF 猪接种猪肺炎支原体引起的肺炎病变 2 个月后痊愈，尽管肺发生裂隙持续 3 个月。推测急性支原体病持续期约为 12 周。Pattison（1956）发现接种猪肺支原体后肺损伤可达 175 天。猪感染后 2～3 周血清中能检出补体结合抗体，但血清中抗体价与抵抗力之间不相关。猪肺炎支原体在猪场普遍存在，但很少能从健康猪体中分离到。在仔猪由被动免疫转为主动免疫期间，这种病原菌的出现常引起疾病，一般为亚临床感染，临床感染少见。对于乳猪和断奶仔猪，猪支原体肺炎的发病率和死亡率高于成年猪。其次是怀孕末期和哺乳期母猪。

　　[临床表现]　猪群感染肺炎支原体后 6～8 周，各年龄段猪均会有临床表现。主要为咳嗽（多为干咳或无痰干咳）、气喘、腹式呼吸等。支原体病和饲料转化率有关。Pointon（1985）报道，大多数感染猪无不适表现，但显著沉郁，皮毛数量光泽正常，食欲似正常，但可能生长受阻或停滞。与感染支原体猪保持接触的猪体重为 50%～85%，其生长率降低 12.7%；与感染母猪接触的猪生长率降低 15.9%，日增重降低 2.8%～44.1%，饲料转化率降低 13.8%，其总饲料消耗量增加 10%以上，延长饲养期 1 个月以上。

　　本病的潜伏期为 10 天或更长，小猪通常 3～10 周龄时出现支原体感染的症状，经 8～14 天潜伏期之后，已感染小猪可患暂时性腹泻，继之发生一种可只咳嗽 1～3 周或持续时间不固定的干咳、无痰，这种无痰干咳于人工感染后 10～16 天后出现，在运动后或清晨宁静时症状更明显。根据病程经过可分为急性、慢性和隐性。

1. **急性型**　主要发生在新疫区、新引进猪的混群猪群、土种猪群及营养不良猪群以及哺乳及断奶仔猪、怀孕母猪。在气候突变应激下或继发感染猪群,常呈现暴发。病猪清晨咳嗽明显,精神不振,体温略有升高,呼吸困难。严重时猪只张口呼吸,呼吸加快,可达每分钟60～120次,发出喘鸣声,腹式呼吸明显,呈犬坐式,流鼻液。本病传播快,呈暴发型,可持续数月,发病率高,死亡率高。经治疗可转为慢性,病程1～2周。

2. **慢性型**　多在老疫区。潜伏期10～16天,短的5～7天,长的可达1个月以上。发病猪多在3～10周龄仔猪出现干咳,Holmgren(1974)报道有2周龄仔猪出现症状,一般传染后猪场许多猪直至3～6月龄才明显发病。咳嗽持续几周或数月,但有一些猪很少或不规则咳嗽,且反复发作,体温和食欲变化不大,但生长发育迟缓。病猪咳嗽,在驱赶时更明显,站立不动,拱背;多次咳嗽,严重时呈连续的痉挛性咳嗽;头颈伸直,头下垂,肥育猪咳嗽最严重。有时呕吐。流黏或脓液,消瘦,停止生长。病程2～3个月以上。一般不会引起死亡。4～6月龄看似呼吸运动正常猪,但在继发或应激时可死亡。

3. **隐性型**　病猪没有明显症状。Wallyren P等对某屠宰场调查,发现猪的感染率高达91.6%。病原体存在于病猪或带菌猪的呼吸道及其分泌物中。有时发生轻咳,生长发育几乎正常。但气候变化时会出现症状,影响料肉比。病猪在症状消失后1年多仍可排菌。

[病理变化]　病变局限于肺和胸腔内的淋巴结,由肺的心叶开始,逐渐扩展到尖叶、心叶中间叶和膈叶的前缘,出现融合性支气管肺炎。是各种年龄段的猪均较为常发的一种肺的病理变化。典型特征为病变部与健康组织的界限明显,两侧肺叶病变分布对称,呈淡红、紫红、灰红、灰白色,半透明肺萎陷。小叶间结痂萎缩,在猪肺支原体单独感染下,感染后12～14周内肉眼病变才完全恢复。早期病变不明显,由一条明显的线沿小叶间隔分开,切面如肉样,但不很坚实。随着病程延长或病情加重,颜色转为淡红、灰白或灰红色,硬度增加,外观似肉样、胰样,切面组织致密,肺泡间隔明显增宽。急性病例肺有不同程度的水肿和气肿以及充血,支气管内带有灰白色、混浊、黏稠的泡沫样渗出物。肺泡中有大量脱落的肺泡上皮和大量巨噬细胞、嗜中性粒细胞和淋巴细胞。肺支气管周围及小血管周围有大量淋巴细胞浸润和滤泡样增生形成的套管。支气管淋巴结和纵隔淋巴结肿大,切面黄白色髓样为淋巴组织弥漫性增生所致。常见胸膜炎和心包炎。

[诊断]

1. **根据临床症状诊断**　咳嗽、气喘、腹式呼吸,消瘦,体温基本正常,少数小猪会出现发绀及划水现象,无全身症状。

2. **根据剖检或X光诊断**　肺部病变明显,而无其他病变。各个肺叶的突变程度评分为5或10,所有肺叶都发生侵害,则实叶评分可达55。尤其在支原体暴发期间,膈叶也会受到侵害。如果超过15%的肺叶受到影响,那么,猪群暴发了地方性肺炎。未携带支原体的猪群肺部极少发生超过1%～2%的突变。同时也可通过评分系统评估对猪的影响(表-151)。剖检时要注意猪的日龄与肺炎的比例(表-152)。

表-151　猪肺炎支原体病变对日增重的影响

评分（最大总分 55）	日增重损失（%）
0	0
1～10	0
11～20	6
21～30	18
31～40	26
41～55	50

表-152　不同日龄的猪中 3 种原发性病原引起肺部炎症的比例

日龄/周	蓝耳病病毒	猪流感病毒	肺炎支原体
<3	10	5	0
3～8	50	25	15
8～14	30	40	50
14～19	5	20	15
>19	5	10	20

3. 细菌学培养　采集肺组织接种在液体培养基中，连续传 3 代，在 37℃培养 4 天后，pH 从 7.6 降到 7.0，液体轻微混浊。涂片、染色、镜检，见有多形菌体。

4. 血清学诊断　自然感染猪血清抗体阳性要 2～4 周，高抗体在 11 周左右，故 ELISA 检查血清阳性者可确诊。

5. 抗原诊断　有原位杂交、PCR 等分子检测。

[防治]　提高管理水平，建立完善生产体制是控制猪肺炎支原体感染的基本要求。

1. 全进全出制　猪群自始至终为一个生产群体，它能阻断病原体从大年龄猪向低年龄猪扩散的传染周期，能使生产者调整饲养环境条件以形成一个免疫水平均匀的群体，并能够免疫、清洗、消毒各猪群及设施。

2. 提高舍饲条件　做好猪的引种、饲养密度、群体大小及营养水平管理。

3. 做好生物安全措施　严格的生物安全措施，如卫生，灭鼠、虫，限制人员和设备在不同年龄猪群间的流动。

4. 用抗菌素进行药物治疗　常用药物有金霉素、林可霉素、喹诺酮类、氟苯尼考等。

5. 免疫接种　免疫接种所引发的确切保护机制尚未清楚。但当前所用的菌苗能够减少呼吸道中的支原体数量，并且可降低猪群的感染水平。因为仔猪在其出生后的第 1 周中可能已感染支原体，因此在产仔前 5～3 周给母猪接种菌苗，可减少猪肺炎支原体阳性断奶仔猪数。保育阶段和肥育期仍必须对猪群实施其他控制猪肺炎支原体感染的措施。

五十五、猪鼻支原体病(*Mycoplasma hyorhinis* Infection，Mhr)

该病是由猪鼻支原体致猪的一种支原体疾病，又称"格拉斯"病。主要特征是猪，特别是仔猪多发性浆膜炎、耳炎和关节炎。

[历史简介]　支原体是 Nocard 和 Rous(1894)用含血清人工培养基从患胸膜肺炎病牛中分离出的病原体，曾命名为胸膜肺炎微生物(PPLO)。Dujardia - Beaumetz(1899)在固体培养基上观察到 PPLO 菌落和可滤过性特性。Bride 和 Donatin(1923)分离到绵羊、山羊无乳症支原体。Dienes 和 Edsall(1937)从人体巴氏腺中分离出 PPLO。Nicol 和 Edward(1956)分离到人型支原体。现在支原体已鉴定出 160 种，逐渐形成一门系统而独立的学科，称为支原体学。国际上也成立了相应的学术团体——国际支原体学组织(IOM)。

猪鼻支原体由 Switzer(1955)从猪分离并命名。Ross(1933)从 10%母猪和 30%断奶仔猪的鼻腔分泌物中分离，都认为是小猪上呼吸道存在的正常菌。Caron(2000)在正常肺组织中也检出 Mhr，在发病的组织中，则更容易分离到 Mhr。德国 Kinner J 等(1991)和 Johannsen U(1991)在呼吸道组织的病理学和呼吸道变化方面的研究，初步阐述了 Mhr 的致病性。

[病原]　猪鼻支原体分类上属于支原体属。已知有颗粒支原体、鼻支原体、猪肺炎支原体和莱德芳氏支原体等。此类微生物类似细菌，但只有 3 层细胞膜，无细胞壁，是能在无生命的人工培养基中培养的原核微生物，故形态多变。猪鼻支原体在培养物中的形态有点状、球状、丝状、小环状等，革兰氏阴性。直径 $500\sim600$ nm。DNA 的 G+C 含量为 $27\sim28$ mol%。Mhr 生长需要胆固醇，发酵葡萄糖、产酸，OF 试验氧化型、甘露糖产酸，不利用精氨酸和水解尿素(阴性)，磷酸酶阳性，模式株：ATCC17981，在固体培养基的菌落发育 $2\sim3$ 天，直径 $0.5\sim1.0$ mm。在固体培养基的菌落不能吸附豚鼠红血球。在液体培养基内，特别是培养基的上中部，通常产生轻微的混浊，有细微的沉淀。用鸡胚分离 Mhr 需要 $3\sim5$ 天，而在已适应的培养物上 Mhr 只需 $1\sim2$ 天内就能长好。接种 $6\sim7$ 日龄的鸡胚卵黄囊，鸡胚在接种后 $4\sim12$ 天死亡，或在出壳前 2 天剖检时可见到多发性浆膜炎，尤其是心包炎。

[流行病学]　Mhr 在猪群中普遍存在。据统计 Mhr 在长沙猪群中的阳性率为 22.3%，中国台湾 2001—2002 年猪肺炎病料中 Mhr 的感染率从 72.3%上升至 99.4%；屠宰猪肺炎病料 Mhr 的阳性率达 64.6%，高于 Mhp，10%母猪鼻腔和鼻腔分泌物中有 Mhr；可以从40%断奶猪鼻腔分泌物中以及屠宰猪病肺中分离到 Mhr，表明 Mhr 是引起猪地方性肺炎的主要病原之一。病猪和带菌猪是本病的传染源。Mhr 存在于猪上呼吸道内，经过呼吸道传播，通过飞沫小滴或直接接触而传染，一头猪感染后通过鼻腔、支气管传播全群，一般首先在少数几头 $4\sim8$ 周龄的猪发生，大部分猪场到 12 周时都经历了鼻和咽部感染，同圈猪之间是否发生传染尚不清楚，也见于较大的吮乳猪和断奶猪，偶见大龄猪散发，个别僵猪。一窝或多窝中有多个病例，致死率小于 10%。扩散速度与群密度及环境等因素有关。当饲料和饮水被严重污染后，病原也可经消化道侵入机体，随血流到达相应的靶器官而致病。研究证明，当机体的免疫力降低时，本病的发生率就高，当机体免疫力增强时，则可抑制本病的发生。急性期的病灶内可分离到 Mhr。在亚急性期发病后 2 周到 3 个月仍能从少数部位分离

到 Mhr,某些急性感染关节中可持续存在 6 个月以上。Ennis(1972)在没有分离到 Mhr 的猪体中,从慢性关节及其局部淋巴结内检出 Mhr。

Mhr 引起的多发性浆膜炎一般多发生在 3~10 周龄小猪,偶尔也发生于幼猪。通过感染母猪传给哺乳仔猪或生长圈内大猪传给小猪,但多感染出生后几周内仔猪。感染 Mhr 猪引起浆膜炎的严重程度取决于 4 个因素:① 年龄因素,通过腹腔接种试验发现,6 周龄或以下的猪比 8 周龄以上猪病变严重得多;② 各 Mhr 分离菌株对不同部位浆膜亲嗜性不同,有些菌株在所有浆膜面上引起病变,有些菌株可能选择心包浆膜面或关节表面;③ 应激情况下病变严重,即使成年猪也将发生严重的多发性浆膜炎,把易感公猪引入到感染猪群,公猪可发生热反应,明显地阴囊肿胀,接触敏感以及严重多发性浆膜炎的运动疼痛;④ 某些品种的遗传易感性。

Mhr 对猪的感染率与气候有关,有资料表明冬季 Mhr 的感染率最高(表- 153)。

表- 153 猪鼻支原体在猪呼吸道和血液中的检出率

季节	被检头数	鼻拭 3%	支气管拭 3%	支气管肺泡洗液/%	肺/%	血液/%	合计
冬季	120	77.5(93/120)	2.5(3/120)	6.7(8/120)	35.8(38/106)	20(16/80)	82.5(99/120)
春季	112	25.9(29/112)			4.2(2/48)		27.7(31/112)
夏季	155	1.9(3/155)			0(0/41)		1.9(3/155)
秋季	128	0(0/128)			0(0/30)		0(0/128)
合计	515	24.3(125/515)	2.5(3/120)	6.7(8/120)	17.8(40/225)	20(16/80)	25.8(133/515)

本病原也是人类和各种动物细胞培养中常见的污染物,因病原较小,不易被处理,造成生物制剂被污染和扩散,对人猪具有流行病学意义。人的一些癌症的发生与体内的 Mhr 存在有相关性,通过体外试验发现 Mhr 的 P37 蛋白影响肿瘤细胞的侵袭。有报道人感染 Mhr 后还可能导致良性前列腺细胞的恶化,并明确在一定程度上 Mhr 是癌症发生的诱发因子。

[发病机制] 目前对 Mhr 的致病机理了解不是很多,也不清楚 Mhr 经呼吸道移行及诱导全身性疾病发生的机制,以及其他病原菌的存在或者某些外界因素是否可能会促使 Mhr 的全身传播。Mhr 是猪呼吸道和黏膜的一种常在菌,它在生后前几周定居于吮乳猪黏膜上,在某种应激下可自发侵入血液,引起菌血症。研究表明,在实验感染猪的鼻腔、耳道、气管和支气管中,用免疫荧光和免疫组织化学方法检测到上皮细胞的纤毛部有 Mhr(Morita T,1993)。而且一旦感染 Mhr,其能在上呼吸道迅速传播,能从感染猪的肺脏和鼻咽管中分离到(Morita T,1999)。对于患有肺炎的猪,在细支气管上皮以及支气管和肺泡渗出物也可以检测到 Mhr。王贵单等(2016)报道 Mhr 在上呼吸道(鼻拭子)检出率为 24.3%;中呼吸道(支气管拭子)为 2.5%;然后逐渐升高,支气管肺泡为 6.7%,肺检出率为 17.8%。对于患有浆膜炎的猪,可以在肾中检测到 Mhr,也可以在猪的胸膜、心包、关节损伤部位检测到 Mhr。已从血液中检测到 Mhr,证明 Mhr 从血液循环到关节感染。Lin 等(2006)报道检测 2001—

2002年猪肺炎支原体(SEP)的病料,Mhr的感染率从72.3%上升到99.4%;从屠宰场收集的有肺炎的猪肺组织,分离检测到Mhr,检测率高于Mhp,达64.6%;人工感染试验证实,Mhr也可以单独引起猪肺炎,因此认为Mhr是引起SEP的主要病原之一,或者说是第2个致病源。Boye等(2001)通过人工感染试验证实,用Mhr和Mhp共同感染实验猪,可以引起猪卡他性或化脓性支气管肺炎,进一步说明Mhr可引发肺炎或者说Mhr和Mhp协同引起肺炎。Kinne J等(1997)和Johannsen等(1991)研究Mhr的组织病理学和呼吸道变化,初步阐明了Mhr的致病性,一般不通过直接的毒力因子致病,证明Mhr能够黏附到猪呼吸道上部和下部有纤毛的上皮细胞上,引起纤毛的损伤,发生肺炎。通过黏附宿主细胞,并增殖、感染,黏附因子对致病过程非常重要。

研究证明,Mhr能够体外感染PAM(猪肺泡巨噬细胞)。PAM是肺部最早接触病原微生物的免疫防御细胞之一。Mhr能有效刺激巨噬细胞,Muhlradt等(1998)报道,Mhr的脂蛋白和脂肽可能是刺激PAM引起炎症的主要原因。其他疾病或应激促使Mhr定居的猪发生败血症感染。当发生败血症时,Mhr可能附着在关节或体腔浆膜上,引起急性浆液纤维蛋白性炎症,随病情发展,病猪的血清蛋白,特别是γ-免疫球蛋白明显增加,也可能产生低水平的抗球蛋白。

[临床表现]

1. 隐性感染　成年猪和母猪感染常无明显临床症状。

2. 临床表现　本病原主要侵害3～10周龄的仔猪,潜伏期为3～10天。Mhr常出现于多发性浆膜炎的病灶和关节中,是哺乳仔猪30日龄前后多发性浆膜炎和关节炎的主要病原体,能引起猪肺炎、中耳炎和体重下降等,近年导致保育猪死亡率显著增加。

猪感染Mhr后第3～4天,被毛粗乱,短暂体温升高,很少达40.6℃。其病程有些不规律,5～6天后可平息,但大多数在病后10～14天,症状开始减轻,几天后又复发。患猪食欲明显减少,精神沉郁。四肢关节肿胀或跛行,不愿站立,关节中度肿胀、发热,许多病猪出现特殊动作,即首次骚扰时出现过度伸展动作,这是试图减轻多发性浆膜炎造成的刺激。受害关节滑膜充血,滑液明显增加,并混有血清和血液。经常有关节炎,还可能波及任何关节,以跗关节、膝关节、腕关节和肩关节最常见,偶尔见于寰枕关节。若病猪将头转向一侧,另一些病猪头向后仰,这个动作可能和一侧性中耳感染的姿态改变相仿。病猪还表现腹部疼痛和呼吸困难。Boye(2001)人工试验用Mhp和Mhr共同感染猪,引起卡他性或化脓性支气管炎。生产中观察到猪跛行、消瘦,但没有咳嗽症状,个别猪突然死亡。死亡剖检可见肺脏、心肝或腹腔炎症。临床上分急性期和亚急性期。

(1) 急性期:3～8周龄仔猪可急性暴发,被毛粗糙,中度发热,精神沉郁,食欲不振,行走困难,腹部触痛,跛行及关节肿胀。腹痛和喉部发病,表现身体蜷曲,呼吸困难。运动极度紧张及胸部斜卧等。急性期的持续期和严重程度因病变的严重性不同而异。一些猪病情恶化或发生急性死亡。发病后10～14天,急性症状开始减轻,此后临床症状为跛行或关节肿胀。

(2) 亚急性期:其间关节病变最为严重,发病后2～3个月跛行和关节肿胀可减轻,但有些猪 6 个月后仍跛行。

　　危艳武等(2014)用 Mhr - DL 菌株感染巴马猪后,第 2 天猪体温达 41.6℃,持续 3～4 天,感染第 9 天体温降至正常水平。感染猪在第 28 天体重为对照猪的 65％。临床表现:精神沉郁 5/5,被毛粗乱 5/5,伸展动作 5/5,结膜炎 5/5,食欲不振 5/5,发病率 5/5,死亡率 0/5,以及粪便干燥,皮肤发红,鼻镜干燥,消瘦,跛行,喜卧等。并从肺、扁桃体、颌下淋巴结、心、肝、肾检测到 Mhr 核酸。病变有腹股沟淋巴结充血肿大,腹膜炎,胃大网膜纤维渗出,脾边缘白色纤维渗出物沉积,肠系膜淋巴结充血肿大,胸膜炎,肺呈虾肉样变,肺叶边缘有纤维渗出物沉积,肝边缘有纤维渗出物沉积,心脏与心包粘连。感染猪肺呈现间质性肺炎,扁桃体内淋巴细胞增生和坏死崩解,淋巴结内淋巴细胞广泛增生,小肠固有层有大量嗜酸性粒细胞浸润,部分小肠绒毛结构不完整,肾的间质小血管及肾小球毛细血管淤血,肝实质内有小淋巴细胞浸润灶,心的间质小血管淤血,脾白髓内淋巴细胞轻度增生。Mhr 是引起猪肺炎的第 2 个病原,研究显示,患猪呼吸道综合征的猪肺中分离到 Mhr 高达 64％以上。Mhr 可引起肺炎。Poland(1971)将 Mhr(TR32)气雾接种 9 头猪,结果 1 头出现支气管肺炎,2 头出现胸膜肺炎,2 头出现胸膜炎,4 头未发生病变。Gois(1971)用 Mhr 鼻接种 6 日龄猪引起肺炎,28 天后 Mhr 在肺内滴度高达 $10^5 \sim 10^7$ CCU(colorchange units)。Lin JH(2006)用野毒(ATIT - 1)气管接种 6 周龄的 SPF 猪 6 头,结果 2 头出现典型的支原体肺炎,表现为间质性肺炎、血管及支气管间淋巴细胞浸润,Mhr 分离率达 83.6％。Barden J A(1973)将 Mhr 腹腔接种 5 周龄 SPF 猪,4～7 天后猪体温升高 1～2℃,精神沉郁,行动不便,生长缓慢等,随后出现不同程度的关节炎,行动困难,关节肿胀及跛行等,此临床症状只持续 1 个月,到第 6 个月临床症状完全消失。虽 Yorkshire 和 Minis 猪,急性滑膜炎相似,但 Yorkshire 猪更严重,γ - 免疫球蛋白上升高于 Minis 猪,其 MIT(代谢抑制试验)达几千,Minis 猪为几百,6 个月后 Minis 猪恢复正常,而 Yorkshire 猪体内存在 Mhr,免疫球蛋白及 MIT 居高不下,最终发展为慢性关节炎。Gois M(1977)将 Mhr(s218 株)鼻内接种 6 天 SPF 猪,结果约 10％～20％猪出现多发性浆膜炎。Johannsen U(1999)将从化脓性中耳炎猪鼓室分离到的 Mhr(14ATC)在鼻腔接种 11 头 12 日龄 SPF 猪,结果部分猪鼓室出现亚急性炎症并分离到 Mhr。

　　[病理变化]　对患有浆膜炎的猪,可见浆液性纤维性心包炎、胸膜炎和轻度腹膜炎,积液增多。肺、肝和肠的浆膜面常有黄白色网状纤维素。急性期的多发性浆膜炎的病变主要表现为纤维素性化脓性心包炎、纤维素性化脓性胸膜炎和程度较轻的腹膜炎,表现为滑膜充血、肿胀,滑液中有血液和血清,数量明显增加。显微镜下,浆膜增厚,浆膜下组织出现淋巴细胞、浆细胞及嗜中性粒细胞浸润,浆膜面产生脓性纤维蛋白性渗出物等。亚急性期浆膜炎的主要表现为浆膜表面变得粗糙,云雾状化,发生纤维素粘连并增厚。也可在肾、胸膜、心包检到 Mhr。在显微镜下,滑膜内出现淋巴细胞弥漫性及血管周围性积聚。有时形成淋巴结,看到绒毛肥大及上皮细胞增厚。在感染后期 3～6 个月,可见软骨腐蚀现象及关节翳形成,但病变缓和,滑膜内出现淋巴细胞结节,浆膜内出现淋巴细胞结节,浆膜有陈旧的、机化的纤维素性粘连病灶。Roberts 等(1963)曾描述了关节炎的病理学,关节性病理灶淋巴细胞浸

润,滑液容量增加,有纤维蛋白性细片,滑液膜充血,绒毛肥大等。关节炎的急性病例表现为关节疼痛、肿胀,滑膜肿胀、充血,滑液增多,滑液中混有血清。亚急性期主要表现为滑液大量增加,滑膜发生纤维性粘连,疾病后期可出现软骨病腐蚀现象及形成关节翳。猪鼻支原体引起的耳炎以在耳道内的纤毛间出现支原体为特征。此外,常在萎缩性鼻炎甲骨上分离到Mhr,认为本病原不引起鼻炎或甲骨萎缩,可能是继发感染。

[诊断]　临床上 3～10 周龄的仔猪出现多发性浆膜炎和关节炎,或当猪群在接种某种弱毒疫苗后 5～7 天出现呼吸困难,体温升高等症状,病猪出现浆液纤维素性及脓性多发性浆膜炎等肉眼病变时,可怀疑此病。但确诊需要从猪的病灶分离出猪鼻支原体。并可用PCR 方法来分离,鉴别支原体的种类。

本病应与猪支原体病、猪滑膜液支原体、传染性胸膜肺炎、副猪嗜血杆菌、猪链球菌、巴氏杆菌及猪感染牛黏膜病等疾病相鉴别。

[防治]　本病目前尚未有有效药物和菌苗。由于本病多为混合感染或继发感染,所以对其的预防和控制,首先是加强控制和消灭猪群中的气喘病、蓝耳病、萎缩性鼻炎等。加强饲养管理,较少应激因素对猪群的刺激。早期可试用泰乐霉素、林可霉素和土霉素等。

泰乐菌素每吨饲料加 100 克饲喂或注射 20％泰乐菌素注射液(每千克体重 0.05 mL,每天 1 次),连续 5～7 天,可用替米考星(每吨饲料添加 400 克)。

由于猪鼻支原体污染组织细胞,故在生物制品特别是弱毒疫苗生产过程中要严格控制制品的污染,以防疫苗传播。

五十六、猪滑液支原体感染(Swine *Mycoplasmal hyosynoviae*,Mhs)

该病是由寄生于猪的猪滑液支原体引起 3～6 月龄猪的多发性关节炎,如膝关节以及肩关节、肘关节和跗关节与其他关节的非化脓性关节炎。

[历史简介]　生长猪多发性关节炎的病原支原体的最初分类学不明确,直到 Ross 和 Karmon(1970)对从猪呼吸道和关节中分离出需固醇支原体系统的 12 株,利用精氨酸进行生化学、血清学和丙烯酰胺凝胶电泳研究后,才将其命名为猪滑液支原体,并将 S16 株选为典型株(ROSS.R.F 等,1970)。

[病原]　猪滑液支原体分类上属于支原体属。菌体在吉姆萨染色中为 0.3～0.6 μm 紫蓝色球杆菌,还有直径 5～10 μm 的蓝色球形菌体。在琼脂培养基上培养 2～4 天形成直径 0.5～1.0 mm 菌落,菌落隆起半透明。在 20％马血清的固体培养基上生长 1 周,在培养基表面形成一层珠白色皱褶状薄膜,菌落周围或菌落上出现深色斑点,而猪鼻支原体不形成薄膜和斑点。病原在富含猪胃黏膜素的牛心浸液—禽血清培养基中生长旺盛,生长呈模糊的颗粒状结构,液体培养基出现微弱到中等度蜡样薄膜。吉姆萨染色的生长物沉淀的涂片中,含有由不同数量不定形沉淀物包围的菌丝,此沉淀物菌丝可能是一团结构不清的物质。病原生长需要甾醇,利用精氨酸,不发酵葡萄糖,水解尿素(表-154)。

表-154　猪滑液支原体和猪鼻支原体形态、生长代谢比较

特　　　性	猪鼻支原体	猪滑液支原体
蜡度薄膜	−	＋
浊度	小	大
液培物中沉淀物呈光滑沉淀	＋	−
液培物中沉淀物呈颗粒状沉淀	−不呈颗粒沉淀	＋
猪胃黏蛋白刺激生长 2～4 倍	−	＋
酵母菌溶物刺激生长	−	＋
在固体培养基上 2～3 天发育为 0.1 mm 细致隆起半透明菌落	＋	＋
用摇振培养使生长增加达 8 倍	＋	−
穿刺培养的整个深度均出现生长	−	＋
穿刺培养仅上部出现生长	＋	−
48 小时内还原四氮唑（不加酚红）	＋橘红色	−无色透明
48 小时内还原亚甲蓝	＋（不产生 H_2O_2）	−产生 H_2O_2
胶腔接种小猪有致病力	＋	
利用精氨酸	−	＋使 pH 由 7.2 升至 7.6
利用葡萄糖	＋使 pH 由 7.5 降至 6.7	−

[流行病学]　猪滑液支原体在猪群中普遍存在。Ross 和 Speavr（1973）在 10 个猪群的 27 头母猪中以剖检和分离培养证明了 18 头母猪的鼻咽分泌物有猪滑液支原体,提示母猪鼻咽感染率很高,并长期存在于这些带菌猪的喉部。虽咽黏膜和扁桃体有猪滑液支原体,但排出少,通常不能从小于 7 周龄仔猪咽部分离到。病原长期存在于这些带菌猪,这些猪成为传染源。研究表明,在疾病急性期,病猪从黏膜分泌物中排出大量的猪滑液支原体。

猪滑液支原体的感染首先在少数几头 4～8 周龄的猪发生。通过何种途径传播尚不明确。流行病学调查某些猪群发现大部分猪到 12 周龄时都已经历了鼻部和咽部感染。人工鼻腔接种,能从猪血液中分离出病原,表明呼吸道是传播途径之一。本病发病率低,发病率为 5％～15％,可达 50％,很少死亡,但可长期存在。约 2％～15％转为慢性。扩散速度与病原菌株毒力、群体密度和环境因素有关。菌株毒力强如遇应激等几天后感染猪发生菌血症,随之关节炎。

[发病机制]　猪滑液支原体可从鼻咽黏膜及分泌物中分离到,但只有在急性期和应激条件下,才会出现临床症状。鼻腔接种后 2～4 天,能从猪的血液中分离到病原,这种菌血症持续 8～10 天,在此期间可能会出现关节炎感染。关节感染的持续期和严重性各不相同。许多感染关节不出现炎性病变,少数猪几天内即可恢复。而其他的关节产生急性关节炎,在这些关节内猪滑液支原体的滴度可能很高,持续期长。曾在感染后 24 天的关节内分离到猪

滑液支原体。

[临床表现]   ① 隐性感染可从健康猪的鼻咽部和关节中分离到。Mhs 可在健康猪的扁桃体内携带数月而不产生任何健康症状。② 引起3～6月龄关节炎潜伏期4～10天,多见于大年龄猪,以12～24周龄猪多见,表现为关节炎。病猪突然发生一肢或数肢跛行或后肢关节炎。有轻度或没有体温升高。以膝关节、跗关节和肘关节最常受害,有的轻度肿胀,跛行不严重,大多数3～10天康复。但有的病猪跛行会持续数周或数月而卧地不起,因不能饮食或遭其他猪踩踏而死亡,或产生并发症,如化脓性关节炎或滑膜炎等而死亡。

[病理变化]   急性猪滑液支原体感染的关节,滑膜肿胀,水肿,充血。滑液量明显增加,呈黄褐色,可能含有纤维素片;亚急性感染猪,滑膜黄褐色,充血,增厚。绒毛可能轻度肥大;慢性感染猪与鼻支原体感染猪都发生滑膜肥大和增厚,关节中血清、血液的滑液量增多,关节囊增厚,不同程度关节糜烂和血管翳形成。有时能见到关节软骨出现病变。Roberts 等(1972)报道了两头病猪膝关节软骨溃烂。关节炎是唯一一致的病变。

显微病变,在急性期主要关节炎病变,绒毛轻度肥大,滑膜细胞层加厚,滑膜下组织被淋巴细胞、浆细胞及巨噬细胞浸润。

[诊断]   在10～20周龄猪暴发急性跛行时,用青霉素治疗无效时,可以考虑本病。确诊必须进行病原检测和血清学检测。病原检测的待检猪选择在疾病急性发作期,未用过抗菌素的活猪,检测液来自有代表性的关节囊内,需数个渗出液,因为有些滑液培养不出猪滑液支原体。血清学检测采用补体结合试验。许多亚临床感染的猪也能产生抗体,因此应当对急性期和早期恢复期两次采样,进行双份血清检测。作为辅助诊断,一般不常用血清学试验。猪滑液支原体的特点是:① 代谢精氨酸;② 不利用葡萄糖;③ 在含马血清培养基上产生薄膜和斑点;④ 四氮唑还原阴性;⑤ 黏液素刺激该菌生长增长2～4倍,为精氨酸代谢的支原体仅有的。

临床上猪滑液支原体可使正在生长的猪产生单纯的多关节炎但要与鼻支原体、链球菌、猪丹毒及嗜血杆菌关节炎等加以鉴别。鼻支原体主要侵害哺乳期仔猪,一般不满10周龄,在断奶和某些应激后尤其如此,除关节炎外,还可引起多浆膜炎,有纤维性心包粘连和胸膜粘连。猪发育不良。链球菌关节炎多见于幼年猪,引起脓性关节炎和明显的关节肿胀。猪丹毒关节炎,在同一年龄猪群中发生,有体温升高、感染关节病变严重等其他症状。嗜血杆菌关节炎在3～10周龄猪中表现浆液纤维蛋白性到脓性纤维蛋白性多发性浆膜炎和关节炎,伴有严重呼吸困难和体温升高至41.1～41.7℃。腐蹄病为蹄肿胀及在蹄冠处有脓液窦。

此外,猪佝偻病、慢性锌中毒,都为营养性疾病,一般无体温反应,虽可产生跛行,但是发生在特殊环境。

[防治]   目前未有上市菌苗。可用泰乐菌素、林肯霉素或泰乐霉素药物治疗。

五十七、钩端螺旋体病(*Leptospriosis*)

该病是由各种不同血清型的致病性钩端螺旋体引起的一种复杂的人畜共患病和自然疫源性传染病。又称细螺旋体病。临诊表现形式多样,主要有发热、呕吐、黄疸、贫血、血红蛋白尿、出血性素质、流产、皮肤及黏膜坏死、水肿及胃肠、肝、肾损害等。

　　[历史简介]　古代医书称本病为"打谷黄"或"稻瘟病"。1800 年 Larrey 曾观察到在埃及的法国士兵中流行的一种传染病,其主要症状为黄疸、出血、眼结膜充血及肾功能衰竭。但作为一种独立的疾病系 1886 年 Weil 所确定。故在很长一段时间内一直沿用着 Weil 病。实际上 Weil 病是钩体病的一种临床类型。1907 年 Stimson 在美国新奥尔良州黄热病暴发的患者肾小管中发现了一种末端有钩的细螺旋状微生物,与以前发现的各种属螺旋体均不相同,是一种"有疑问的螺旋体",并制成病理标本。Nouch(1928)和 Sellards(1940)分别观察了 Stimson 最初制作的切片照片和其绘制的图片,一致认为 Stimson 发现的微生物无疑是钩体。可惜 Stimson 未作病原分离。为了纪念这一发现,后将由患者或动物宿主分离的致病性(寄生性)钩体称为问号状钩端螺旋体(*Leptospira interrogans*)。1914 年日本稻田(Imada)等和 Idn 发现致病性钩体并用 Weil 病患者血液注射入豚鼠体内,在豚鼠肝脏组织中查出有螺旋体,而用其他传染病血液未见到螺旋体。因此,认为此种螺旋体即是 Weil 病的病原微生物,命名为黄疸出血型螺旋体,其代表株为黄疸出血 1 株(Ictero No.1)。同年 Walback 和 Binger 在美国用不流动的池塘水,经过滤分离获得了螺旋体,称之为"双曲螺旋体"。后来将由水体分离的非致病性(腐生性)螺旋体称为双曲钩端螺旋体。1916 年井户从家鼠、野鼠肾中查见有毒力的钩体。1917~1918 年野口将在日本、比利时、美国、英国等地,由患者与动物宿主中分离的螺旋体经形态学、运动性和抵抗力进行比较研究,认为有足够的形态学特征创建一个新菌属,并将其命名为钩端螺旋体,隶属于螺旋体目。Michin 和 Azinov(1933)发现牛发生本病。1934 年汤光泽在广州的一所监狱对 3 例 Weil 病例观察,用其血液注射豚鼠后,从其肝脏病理切片中查见有典型钩体。1940 年钟惠澜等又报道了 2 例有脑膜炎症状钩体患者,并发现犬和鼠的自然感染。1974 年国际细菌分类委员会细螺旋体小组委员会,将其列为一个种,以似问号细螺旋体作为其种名。此种内包括两个主要群体,即"似问号细螺旋体"和"双弯类细螺旋体"。也有根据其致病性分为 3 个群:致病性、腐生性钩端螺旋体群和中间群。

　　[病原]　本病原属细螺旋体属,亦称钩端螺旋体属(*Leptospira*)。本属分类上仅有一种,称为似问号细螺旋体,下分"双弯类"(腐生性)和"似问号形类"(寄生及病原性)两大类。

　　本菌多为需氧菌,很纤细,中央有一根轴丝,大小为 0.63 μm×0.1 μm,螺旋从一端盘绕至另一端,整齐而细密,螺宽 0.2~0.3 μm,螺距 0.3~0.5 μm,因为不易看清。在暗视野检查时,常似细小的珠链状。革兰氏染色不易着色,常用吉姆萨氏染色或镀银法染色。此螺旋体有 12~18 个螺旋不仅一端或两端可弯转呈钩状,且可绕长轴旋转和摆动,运动活泼,使整个菌体可弯成 C、S、O 等多种形状。该菌由外膜、轴丝和圆粒形菌体组成。钩体具有双膜结构,其中细胞质膜与肽聚糖细胞壁结合,并被一层外膜覆盖。在外膜中,脂多糖构成了钩体的主要抗原。

　　钩体以横分裂繁殖,每 6~18 h 分裂一次,在加青霉素 G 诱导形成 L 型。致病因素有溶血素、细胞毒性因子、细胞致病作用物质、内毒素等。DNA 中 G+C 含量为 35~41 mol%。

　　本菌对培养基的成分要求并不苛刻,只要含有少量动物血清如新鲜灭能兔血清(5%~20%)的格林氏液、井水或雨水的培养基,一般都能生长。常用的培养基为科索夫培养基或

希夫纳培养基,适温为 28～30℃；适宜 pH 7.2～7.6。初代分离培养 7～15 天,有时 30～60
天或更长；传代培养一般 4～7 天。经暗视野检查才能确定培养物的生长情况。

　　钩体基因组 DNA 由两个环形 DNA 形成,大的 4 600 kb,小的 350 kb。主要有 3 种结构
基因：内鞭毛蛋白基因及其表达产物具有较好的免疫原性；外膜蛋白基因具有较强的抗原
性和免疫原性,其外膜微孔蛋白(OMPL1)为钩体致病性标记,有助于鉴别致病和非致病性
钩体；rRNA 基因有 23SrRNA、16 SrRNA 和 5 SrRNA 3 种类型,在细胞器合成中起十分重
要的作用,也是钩体分类鉴定的基础。

　　根据国家人类基因组南方研究中心等单位对我国流行危害重的黄疸出血群赖型赖株钩
体进行的全基因组序列分析结果,证明钩体有两个环形染色体组成：一个较大的染色体有
4 332 241 bp；一个较小的染色体,有 358 943 bp。检测结果归纳于表-155。

表-155　赖株钩体的基因特征

基 因 特 征	大染色体	小染色体	合 计
基因大小(bp)	4 332 241	358 943	4 691 184
G+C(%)	36	36	36
蛋白质编码	78.3	78.8	78.4
蛋白质编码基因	4 360	367	4 727
有功能定位的	1 901	159	2 060
无功能定位的	2 459	208	2 667
未知功能蛋白质的	140	6	146
在其他生物中相似的未定位 CDS	509	60	569
在其他生物中相似的无意义的 CDS	1 810	142	1 952
基因密度(bp/基因)	993	978	992
已知基因的平均长度(bp)	778	781	778
未知基因平均长度(bp)	557	567	558
插入序列	18	12	30
IS1500 族	7	1	8
IS1501 族	1	4	5
其他	10	7	17
rRNA	4	0	4
tRNA	37	0	37

　　寄生及病原性钩体采用杂交法对 303 个血清型参考菌株作基因分析,共可分为 17 个基因种。
根据抗原结构的成分,以凝聚溶解反应区别为出血性黄疸钩端螺旋体(*L.icterohemorrhagiae*)、爪
哇钩端螺旋体(*L.javanica*)、犬.(*L.canicola*)、秋季(*L.auturnnalis*)、澳洲群钩端螺旋体(*L.
australis*)、波摩纳钩端螺旋体(*L.pomona*)、流感伤寒钩端螺旋体(*L.grippotyphosa*)、七日

热钩端螺旋体(*L.hebdomadis*)、塔拉素钩端螺旋体(*L.talassori*)等。直到 1979 年已知有 20 个血清群(Serogroup)。再以交互凝聚试验将每群又区分为若干血清型(Serotype),共有 167 个血清型。目前世界各地已从患者和各种动物宿主中分离获得的致病性(寄生性)钩体有 12 个基因种、24 个血清群和 223 个血清型。我国至今分离出的致病性钩端螺旋体共有 9 个基因种、18 个血清群、75 个血清型。其中包括我国的亚历山大新基因种、曼耗斯新血清群和 38 个新血清型钩体菌株。猪主要的钩端螺旋体见表-156。

表- 156 报道的猪的最重要的钩端螺旋体

种	血 清 群	血 清 型
博氏钩端螺旋体 (*L.borgpetersenii*)	塔拉索维钩端螺旋体(*Tarassovi*)	塔拉索维型(*Tarassovi*)
	澳洲型钩端螺旋体(*Australis*)	布拉迪斯拉发型(*Bratislava*)
		慕尼黑型(*Muenchen*)
问号钩端螺旋体 (*L.interrogans*)	犬钩端螺旋体(*Canicola*)	犬型(*Canicola*)
	黄疸出血型钩端螺旋体(*Icterohaemorrhagiae*)	黄疸出血型(*Icterohaemorrhagiae*)
	波摩那钩端螺旋体(*Pomona*)	波摩那型(*Pomona*)
寇氏钩端螺旋体 (*L.kirschneri*)	感冒伤寒型钩端螺旋体(*Grippotyphosa*)	感冒伤寒型(*Grippotyphosa*)
	波摩那型钩端螺旋体(*Pomona*)	莫佐朵克型(*Mozdok*)

一个地区家畜主要感染一种或几种型。

钩端螺旋体在一般水田、池塘、沼泽地及淤泥中可以存在数月或更长,但适宜的酸碱度为 pH 7.0～7.6,超过此范围以外,对过酸或过碱均甚敏感,故在水呈碱性或过碱的地区,其为害亦受限制。加热至 50℃ 10 分钟即可致死,但对冷冻的抵抗力较强,在 −70℃ 下使培养物速冷,可保持毒力数年。−20℃ 可存活 100 天,4℃ 脏器中可存活 2 周。干燥和直射阳光均能使其迅速死亡。一般常用消毒药均易将其杀死,水中漂白粉超过 0.3～0.5 mg/L,1～3 分钟死亡。

[流行病学] 病原性钩端螺旋体几乎遍布于世界各地,尤其是气候温暖,雨量较多的热带、亚热带地区的江河两岸、湖泊、沼泽、池塘和水田地带为甚。在 92 个国家中有钩体病存在和不同程度的流行,但以欧亚为主,东南亚是钩体病的重流行区。

钩端螺旋体的动物宿主非常广泛,有 200 余种,包括哺乳动物纲、鸟纲、爬行纲、两栖纲、鱼纲、蛛形纲等大纲动物。几乎所有温血动物都可感染,迄今已超过 80 多种动物有易感性,其中以猪、牛、水牛和鸭的感染率最多,主要发生于猪、牛、羊、犬、马次之,还有骆驼、兔、猫、鹅、鸡、鸽等;其他野兽、野禽、野鸟均可感染带菌。鼠、虎、鼬、水貂、蝙蝠、狼、沱熊等也能感染此病。家畜家禽污染环境严重,是重要的传染源。我国已从 67 种动物中分离出钩体,其中 34 种动物为我国首次发现。特别是猪、犬、牛等是非常主要的储存宿主和传染源。猪会充当布拉迪斯拉发型（Bratislava）、波摩那型（Pomona）和塔那索维型（Tarassovi）的维持宿主。它们能感染各群钩体，且长期带菌和排菌，污染居民点周围的水源，对人的威胁极大，在国内曾暴发流行。其中以猪为主要传染源的波摩那样、波摩那型钩体等最为重要。动物血清阳性率猪为 35.8%（167/466），波摩那群占 50.9%，其次青蛙占 19.4%，鸭为 16.6%。啮齿动物的鼠类是重要的贮存宿主。鼠类感染后，大多数呈健康带菌者，带菌率达 5.8%～70%，尤以黄胸鼠、沟鼠、黑线姬鼠、罗赛鼠、鼹鼠等分布较广，带菌率也高。鼠类带菌时间长达 1～2 年，甚至终生鼠类排菌时间长达 1 054 天。鼠类繁殖快，分布广，带菌率高是本病自然疫源主体。因此，带菌的鼠类和带菌的畜禽构成自然界牢固的疫源地。据报道，猪排菌约 1 年，犬排菌期达 700 天、猫 371 天、马 210 天、水牛 180 天、羊 180 天、黄牛 170 天。不但是温血动物，现在已证明爬行动物、两栖动物、节肢动物、软体动物和蠕虫等亦可自然感染钩端螺旋体。如蛙类带菌率达 1.26%～13.7%，排菌期 30～46 天。我国曾从黑斑蛙、泽蛙、沼蛙、虎纹蛙、棘胸蛙分离出致病性钩端螺旋体 100 株以上。蛙感染后可从尿排出钩端螺旋体持续达一个多月。其次蛇、蜥蜴、龟等均可感染钩端螺旋体，但这些动物在流行病学上的作用则认为不如温血动物。

钩端螺旋体可经皮肤、黏膜、消化道或生殖道侵入动物体后于体内组织中繁殖，并迅速进入血液，引起时间长短不一的菌血症，动物出现轻重不一的临床反应，但大多数轻度反应后耐过。最后是位于肾脏的肾小管，生长繁殖，间歇性地或连续地从尿中排除，污染周围环境，如水源、土壤、饲料、栏圈和用具等，构成重要的传染因素，使家畜和人感染。鼠类、家畜和人的钩端螺旋体感染常常相互发生，构成错综复杂的传染锁链。

湿地、死水塘、水田、淤泥、沼泽等中呈或微碱性有水地方，可被带菌的鼠类、家畜、人的尿污染成为危险的疫源地。人和家畜在那里耕作、放牧，肢体浸在水里就有被感染的可能性。本病主要通过皮肤、黏膜和经消化道感染，也可通过交配、人工授精和在菌血症期间通过吸血昆虫如蜱、虻、蝇等传播。

钩体主要流行类型分为稻田型、洪水型及雨水型，各型有其主要临床类型和特点（表-157）。钩体疫源地存在，必须具备 3 个相互连接的条件，即传染源、传播途径和对钩体易感动物。由于钩体与动物同处一种生态环境，宿主动物所带的血清型病原呈现明显的"宿主偏好"现象。一般而言，啮齿类动物和其他种小哺乳动物在热带地区较温带地区更为广泛，且其所带的钩体血清型也更多。因此，人在热带地区较温带地会感染更多血清型的钩体。发病和带菌动物是本病的传染源，我国南方主要是鼠，北方主要是猪。

表- 157　钩体病主要临床类型及其特点

	稻 田 型	雨 水 型	洪 水 型
主要菌群	黄疸出血型	波莫纳型	波莫纳型
主要传染源	鼠类	猪与犬	猪
传染因素	鼠尿污染	暴雨积水	洪水淹没

续　表

	稻　田　型	雨　水　型	洪　水　型
感染地区	稻田、水塘	地势低洼村落	洪水泛滥区
发现情况	较集中	分散	较集中
国内地区	南方水稻耕作区	北方和南方	北方和南方
临床类型	流感伤寒型、黄疸出血型、肺出血型	流感伤寒型	流感伤寒型、少数脑膜脑炎型

钩体病的自然循环,可分为以下 4 种类型。

1. 在圈养的猪、牛、羊等家畜之间的感染　其传播方式有两种:第 1 种是先天性或初生感染,随后恢复并成为继续带菌状态,感染其他动物;第 2 种更为重要,是由带菌动物的尿扩散到畜圈内的地、泥地或饮水水源,从而感染其他动物。人的感染是由接触了上述动物的带菌尿液或被尿液所污染的水源,或污泥等而引起,同时也反映出流行的血清型。

2. 在猪、牛、羊等家畜与啮齿动物之间的感染　啮齿类动物到畜圈寻食,带菌动物的尿液污染食物或水源或湿地,可感染家畜;同样,带菌家畜的尿液可直接或间接地感染啮齿类动物。人的感染源可能来自上述两类动物中的任一种。

3. 在家畜、水和啮齿类动物之间的感染　啮齿类带菌动物污染水或泥土,猪、牛、羊等家畜进入而被感染,进而成为带菌者和排菌者,从而感染其他啮齿类动物或更多的同种动物。因此,控制污染的废水是主要问题,因为它是人类受感染的一个主要途径。这也是世界水稻种植地区引起钩端螺旋体感染的一种共同类型。

4. 在野生啮齿类动物之间的感染　在自然生态环境中的野生啮齿类动物之间,其感染的循环是靠自家维持的,并与动物的个体、家族和种属的地理范围有关。人或家畜进入这些生态环境中,就有感染钩体的可能。相反,寻找食物的野生动物入侵到干净的居民区,带菌的尿液对人和家畜也可造成危险。

在这 4 种疾病循环中,总的传播关系如图-34。

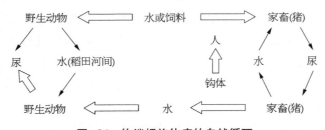

图-34　钩端螺旋体病的自然循环

钩端螺旋体病疫源地可分为以下 3 类:

1. 自然疫源地　其是指病原体、特异的传播媒介和动物宿主不依赖于人类参与而独立。我国钩体病的自然疫源地,宿主动物种类及其所带菌型比较复杂,但其主要宿主大多为野生鼠类。

2. 经济疫源地　其是指为了经济的目的,饲养猪、牛、羊、马、犬等家畜的经济动物,而钩体病原仍可寄生在这些家畜中,使其带菌、排菌,保持循环,延续其生物种。该地区即是钩体病的经济疫源地。我国钩体病的经济疫源地分布很广,主要位于淮河以北直至东北,可能包括西北,以猪为主要宿主动物。在目前的农村条件下,一旦带菌猪进入,就可能在猪间循环,形成疫源地。人群可因直接或间接接触猪尿或被其污染的地面水等,发生小规模流行或散发病例。

3. 混合疫源地　自然疫源地和经济疫源地并存,称为混合疫源地。在这些地区内,两种疫源地各自独立存在,每种宿主动物所带的主要菌型基本固定,虽然各宿主动物接触频繁,可以相互传染但它们所带的主要菌型并未改变。

本病发生于各种年龄的家畜,但以幼畜发病较多。

本病有明显的流行季节,每年以 7~10 月为流行的高峰期,其他月份常仅个别散发。在畜群中常间隔一定时间成群地暴发。

饲养管理好坏与本病的发生和流行有密切关系,如饥饿、饲养不合理或其他疾病使机体衰弱时,原有隐性的动物会表现出临诊症状,甚至死亡。管理不善,畜禽、运动场地粪尿、污水不及时清理,常常是造成本病暴发的重要因素。

[发病机制]　钩体经皮肤侵入机体后,可经淋巴系统或直接进入血液循环繁殖,感染后 1~2 天,会有持续 4~7 天的钩体血症期。菌体含有溶血素、游脂物质及类似内毒素的物质,对机体的毒害作用很大,初期引起钩体败血症,继而可引起毛细血管损伤和破坏血凝功能。经动物模型及患者死后解剖证实,发生钩体败血症后,钩体即可广泛浸入几乎所有机体各内脏器官,包括中枢神经系统甚至眼前房,以及肝、脾、肾、肺及脑等实质器官,尤以肝内数量最多,但钩体的大量存在与器官的病损程度并不一致。在成年动物,该感染期通常不会被察觉。在实验感染猪或未曾感染猪于感染期,许多猪可能会呈现轻度厌食、发热和轻微的结膜炎。钩体本身似无直接的致病作用,所引起的主要组织损伤和病变为毛细血管损害,乃为钩体毒素与器官组织间相互反应的结果,引起器官局部缺血,从而导致肾小管坏死、肝细胞和肺脏损伤、脑膜炎、肌炎和胎盘炎。通常存在粒细胞增多症和脾肿大,从而导致器官程度不等的功能紊乱,但对这些物质的分离和鉴定,尚未能肯定其致病作用。因此,可以认为钩体病的发病过程是以钩体毒素引起的全身毛细血管病变为基础,以各种重要器官功能严重紊乱为主要临床表现,以受累的主要靶器官不同而分成临床的不同类型。也就是说在血液和组织中钩体数量达到临界水平后,会出现不明钩体毒素或有毒细胞成分导致的病变,并可能会看到由此产生的症状。

钩体病的临床类型及严重程度差异很大,随感染钩体的型别、毒力及数量,不同地区的人群以及个体反应差异的不同而复杂多样。钩体对有的宿主致病,对另一些可以不致病。其致病力的大小,系直接来自数量众多的钩体直接作用,抑或是钩体裂解释放的毒素或其他代谢产物的作用尚无肯定结论。近年来国内研究发现,钩体结构组分上的差别可能与致病力有关,致病性和非致病性钩体外膜蛋白的各种电泳图谱有明显差别。将致病性非致病性钩体菌株,分别进行全细胞溶解,再经蛋白酶 K 消化后的产物(LPS)进行比较也发现有明显差别,如进一步提取后做细胞毒试验,证明两者的致病性和毒力有明显不同。此外,致病性和非致病性的钩体的轴丝蛋白亦有明显差别,轴丝是钩体的运动器官,与钩体的致病力和毒力显然有重要关系。

钩体在入侵组织前先要发生黏附,当钩体黏附于细胞时,并未发现有毒素存在亦无细胞病变,但可以发生穿透。国内用内皮细胞研究钩体的黏附和侵入时,也发现能引起内皮细胞结构和功能的一系列变化(图-35)。上述研究结果提示,虽然钩体病的发病机制尚未完全阐明,但重症病例的发病,必须具备钩体数量多,致病力和毒力强三大发病要素,方能导致重症钩体病或实验动物重症模型。

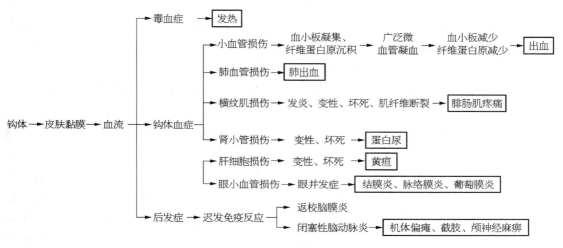

图-35 钩体病发病原理示意图

钩体感染猪后约5~10天,可在血清中检测出凝集抗体。该免疫反应可清除血液和大多数器官中的钩端螺旋体。但是,根据感染的血清型,有的钩体仍然可处于肾脏的近端小管中,还可存在于怀孕母猪的子宫内。在肾脏存留和增殖的结果是钩体从尿液中排出。偶发性血清型感染,钩体尿症的持续时间为2~3个月;而适应性的血清型,如波摩那型,可持续2年。慢性感染猪会出现多灶性间质性肾炎,通常称为"白点"(肾脏中不规则的1cm的发白区)。

[临床表现]

1. **带菌不表现明显症状** 猪感染多型钩体,国外分离菌株分属10个群以上;国内猪的分离菌株超过14个群,以波摩那群为主。成年猪感染通常不被察觉,尤其是在地方性感染的猪场常不易察觉。猪的带菌率为5%~7%,排菌有持续排菌和间歇排菌2种形式,感染率放养比圈养高4~11倍。猪感染后20~30天,尿中钩体含量最高,尽管大多数猪尿于3周后已实际上无病原菌,但钩体尿可持续比3周更长时间,肾受损最严重,导致发生间质性肾炎,钩体在肾中存留45天以上,比任何其他器官中都长,大部分猪为隐性感染,不表现临床症状,但其抗体滴度普遍升高。

2. **感染仔猪有明显临床表现并且死亡率较高** 邓绍基(2006)报道广西某猪场268头50~65日龄仔猪群各栏个别猪出现体温升高,食欲减少,贫血,黄疸,血尿,皮肤坏死等。半个月后存栏后 65％仔猪发病,并死亡 25 头。

猪发病初期体温升高到 40.5～41.5℃,并稽留 3～7 天,食欲减少或废绝;精神沉郁,喜伏卧,眼结膜潮红,皮肤发红,呼吸困难,大便干燥,呈黑褐色状。中期,皮肤呈现坏死,以耳皮肤更为严重,双眼有炎性或脓性分泌物并有粘连,便秘,拉出算盘珠样的粪便,尿呈浓茶样;有些病猪的头、颈、胸前发生水肿,指压后留下痕迹;鼻腔流出含有血液的分泌物。后期,全身极度消瘦,拉出血稀粪和血尿,贫血,黄疸,没有坏死的皮肤苍白,卧地不起,临死前四肢呈游泳状划动,嘴角流出大量泡沫,有的全身呈紫色。病程 4～5 天,长的 15～20 天死亡。慢性不死的形成僵猪,生长缓慢,甚至不生长。

尸检可见:全身出现黄疸,大部分组织、器官呈黄色或柠檬色,胸腔、腹腔有大量混浊黄色液体。腹股沟淋巴结、颌下淋巴结呈灰白色髓样肿大。肝脏肿大,土黄色,质脆;胆囊肿大,内多胆汁;脾有紫黑色坏死灶;肾肿大,表面有灰白色大小不一的坏死灶。肺淤血,水肿,表面有大量针点状出血点,切面流出带气泡的液体。心脏柔软无弹性,心外膜有出血点,心包内血液稀薄,呈酱油色。肠系膜脂肪黄染,有的肠系膜水肿或有针点大小的出血点。膀胱内有较多的絮状分泌物和沉渣。

丁晋成等(1970)报道一起猪感染波摩那型钩体病例。3 个猪场发病 48.6％,病猪死亡率在 50％～70％。一部分有症状表现的病猪是:开始短期发热,体温 39.5～40.5℃,2～3 天后恢复正常。而后猪减食或完全不吃。血尿,小便发黄或红棕色,似浓茶样。大便先干结,棕褐色,后期腹泻。眼结膜发炎,充血,严重者黄疸。四肢下端、鼻端、耳皮肤呈紫色。有母猪流产。主要病变为肌肉、内脏、皮下脂肪广泛出血,黄染。心包积有大量的黄色液体,心耳、冠状沟点状出血,心外膜、心瓣膜呈黄色。肺郁血,有点状出血。肝体积增大,呈橘黄色或棕红色,肝小叶有时可见白色坏死小点,有胆汁沉积。胆囊缩小,胆汁浓稠、量少或无胆汁。肾脏肿大,表面有淡黄色的斑块,有时有出血点,肾盂黏膜呈黄色,有沉着物蓄积。腹腔中有黄色的积液,淋巴结稍肿,肝门淋巴结明显肿大。脑充血,有少量点状出血。

有报道,仔猪自然和实验感染病例,急性罕见。黄疸出血性钩体感染引起败血性钩体病,死亡率高。在一次染疫畜群育成率可能下降 10％～30％。

3. 母猪流产、返情和不孕　怀孕母猪感染钩体,最常发生慢性钩体病,其特征是发生早产、流产和死胎增多(Michna S.W.,1965)。何子双(2015)报道某猪场在保育猪发病后 10～15 天,妊娠母猪在 2 个月中流产、早产 28 窝,全部产死胎 12 窝。在妊娠母猪的子宫内,当钩体突破胎盘屏障时,胎儿会发生感染,这种情况仅发生在母猪钩体病的有限阶段内。在妊娠的前半阶段,经胎盘感染的可能性较低,如发生这种情况,则会出现胎儿死亡并被吸收,母猪定期或不定期返情,以及有木乃伊胎或无木乃伊胎的窝产仔数减少。一胎中绝大多数的胎儿从妊娠中期开始就会感染,然后发生流产、死胎和产弱仔。无论哪种感染状态,胚胎死亡、流产、死胎和产弱仔,通常发生在感染后 7～60 天,多数流产发生于产前 2～4 周,足月生下的仔猪可能死亡或体况衰弱而后产出后不久死亡。

钩体感染的临床严重程度根据感染的血清型不同变化很大。对波摩那型,一旦传染源侵入猪场,就会发生很高的感染率,大约20％的妊娠母猪会发生流产,死亡的仔猪/母猪数可达28％。波摩拉型的血清阳性猪群发生木乃伊胎、死胎和母猪反复配种的发生率比阴性母猪群高。塔拉索维型,不会在猪群中迅速传播,比波摩那型更温和。据报道该血清型可造成30％的感染母猪流产。出血性黄疸血清型的血清抗体阳性与早产、死胎、弱仔、子宫内膜炎的高发生率和高流产率(23.5％)有关。犬型、流感伤寒血清可能会引起暴发性流产,因为猪产生了高抗体滴度的免疫应答,肾脏带毒状态持续时间短,这暴发是有时限性的,该型的血清阳性会导致母猪从断奶到配种的间隔时间延长。布拉迪斯发型感染会持续存在于非妊娠母猪和公猪的生殖系统中,其钩体可从流产后5个月扑杀的母猪的输卵管、子宫、阴道和乳腺淋巴结中分离到。猪通常对感染具有较短的抗体凝集反应。未感染猪群或免疫力正在下降的猪群,最初的症状可能类似于在由适应性血清引发的其他感染中观察到的症状:流产(特别是在妊娠后期),早产,窝产仔数减少,死胎,木乃伊胎和出生仔猪质量参差不齐增多,包括弱仔的高发生率。布拉迪斯拉发型感染最重要的影响是对随后繁殖性能的影响,母猪返情到配种的间隔时间较正常返情时间延长许多,且延长时间不规则(23~38天),在许多情况下还会伴有脓性黏液流出,这种情况可能会发生在返情前2~3天,可能造成低受胎率。同时布拉迪斯拉发型也会导致持续时间不超过5个月的严重不孕。钩体病不常观察到不孕,曾报道犬钩体病的不孕。

本病初次感染可能发生流产"风暴",但随畜群免疫的产生,流产减少。免疫建立后,全呈现地方性流行,因母猪具有一定的免疫力,重复配种的母猪仅限于后备母猪,或者在某些情况下仅为第2次妊娠的母猪,母猪感染偶发性血清型会发生流产,而在适应性血清感染中,流产或其他繁殖障碍可能会推迟数周或数月出现。然而,母猪通常会出现一个为期2年的流行周期。

4. 感染母猪胎儿被吸收,死胎,木乃伊和流产　流产胎儿的胎盘一般表现正常,但在某些病例中可能会出现胎膜增厚和水肿,且呈褐色和外观坏死。流产胎儿可能会表现出非特异性的大体病变,包括多组织水肿、体腔内出现浆液性或血色液体,有时皮肤、肾皮质和肺脏出现点状出血。特征性灶性坏死为1~4 cm灰白色小斑点,轮廓不规则,约40％流产胎儿肝脏出现局灶性坏死,以妊娠后3个月流产及胎儿肝坏死最常见,属本病特有症状。

5. 新生猪和哺乳仔猪死亡率高　何子双(2015)报道某猪场开始出现保育仔猪发病,表现发热、呼吸加快、倒地抽搐、死亡,保育猪死亡109头,哺乳仔猪死亡180头。该场部分母猪出现整窝死胎。哺乳仔猪一般在5~7日龄开始发病,基本上整窝发生,死亡率98％。发病仔猪表现发热,体温40~40.5℃,精神沉郁,食欲差或废绝,皮肤苍白、水肿,有时腹部皮肤呈灰黄色,尿液呈茶色,倒地,四肢无力,抽搐,呈游泳样动作,发病后1~3天死亡。

尸检可见心包积液,皮下脂肪淡黄色,有少量出血点;仔猪肠道黏膜有少量出血,肠系膜淋巴结肿大;肝脏、肾脏肿大。

临床上常为急性黄疸型和亚急性与慢性型。

(1)急性型黄疸型。多见于大猪和种猪,呈散发性暴发。病猪食欲减退或废绝,精神萎靡,皮肤干燥,头部浮肿,体温于短期升至41℃以上。大便干硬,有血红素尿,似浓茶样,皮毛松乱,1～2日全身黏膜及皮肤黄染。常见病猪擦痒,以致皮肤出血,数小时或几天突然死亡,致死率很高。

(2)亚急性和慢性。多发于断奶前后的仔猪或架子猪,病猪主要表现眼结膜潮红,随后泛黄,流鼻血,上下颌、头部、颈部、甚至全身水肿,体温升高,绝食,沉郁,几天后结膜浮肿,常有脓性结膜炎。皮肤发红,黄染,坏死。喜擦痒,尿如浓茶,血尿或蛋白尿,浓臭腥味,粪便干硬常带血,有时腹泻,病程10天到一个月不等,致死率50％～90％,少数康复猪生长迟缓,称为"僵猪"。孕猪发生流产,流产率20％～70％不等。流产胎儿为死胎、木乃伊或弱胎,新生仔猪不能站立或吮乳,常于产后1～2天后死亡。个别母猪流产后,可出现后肢麻痹或迅速死亡。

皮下脂肪带黄色,水肿部切开有黄色液体流出。肝脏呈土黄色,质脆,胆囊肿大,胆汁黏稠。肺、胃、肠、肾、肝、膀胱等脏器带黄色,并有出血。

[诊断]

1. 临床综合诊断　本病呈地方性流行或散发,夏秋季常见幼龄动物多发。急性病例依据黄疸、出血、流产和短期发热等临床症状,可做出初步诊断。但本病慢性和隐性病例较多,进行临床综合诊断,只有结合实验室检查才能确诊,实验室采样应根据病情取样,病症发热黄疸期可采取血液(加抗凝剂如肝素或柠檬酸钠),病中期、后期菌体逐渐从血液和肝中消失,肾尿中大量出现,可采集尿液、脊髓液和血清,死后采取新鲜的肾、肝、脑、脾等病料。

2. 血液涂片检查　采取发病母猪、哺乳仔猪耳静脉血作血液涂片,瑞氏染色,1 000倍显微镜油镜观察,可发现红细胞形态不规则,大小不一致,血液中存在多量的钩端螺旋体。病死猪肾组织触片,经干燥、固定,吉姆萨染色,可见到紫色,两端有钩的钩端螺旋体。

(1)暗视野显微镜检查。取新鲜血液或尿液或脊髓液,采用直接或差速离心集菌,在暗视野显微镜下检查活动钩体,但阳性检出率不高,不易识别某些非典型菌体。

(2)涂片检查。对血液涂片、脏器压印片、尿或培养液涂片和病理组织切片,可用吉姆萨染色法、改良镀银染色法、免疫荧光法、免疫酶染色法和免疫金银染色法等染色,镜检。

(3)细菌分离。将病料接种于含5-氟尿嘧啶100～200 mg/mL的柯托夫氏(Korthof)、捷氏(Tepckuu)或8％的正常兔血清磷酸盐培养基中培养。病料接种后于25～30℃进行培养。由于细菌在培养基中生长缓慢,即使生长培养液仍清朗而肉眼无法判断,故应每5天做一次镜检。阳性病料一般10～15天即可检到钩体。

(4)动物分离。病料或分离物通过乳仓鼠或幼龄豚鼠腹腔接种,取24小后发病死亡动物脏器或取发热期动物血、肾检测有无钩体,若3周后仍无发病迹象,即采血测抗体。盲传3代仍为阴性者才能定为阴性。

3. 血清学诊断　钩体病的血清、尿检测方法很多,有显微镜凝集试验(MAT,旧称凝集溶解试验),具有型特异性,适用做流行病学调查和菌型鉴定,但不宜早期诊断;间接血凝试验(IMA)具有属特异性;酶联免疫吸附试验(ELISA),具有属特异性。此外还有补体结合试验(CF)、间接碳凝试验(ICAT)、荧光偏振检测法(FRA)、有色抗原玻片凝集反应等。

4. 分子生物学诊断　主要有 DNA 探针、rRNA 探针、PCR、限制性内切酶图谱分析(REA)。

[**防治**]　一旦发现疫情立即报告防疫部门,以便采取防治措施。在钩体病发生流行的疫点,进行人、畜和环境管理。

(1) 对疫点水源消毒;对疫区进行灭鼠、猪圈消毒管理。本菌污染水后,能存活数月之久。它所适宜的酸碱度为 pH 7.0～7.6,对酸和碱十分敏感,故在水呈酸性或碱性地区其危害大受限制。在水中有效氯含量达 2 mg/L 时,1～2 小时内即可死亡。在消毒剂 1∶2 000 升汞、70%酒精、2%盐酸、0.5%石炭酸、漂白粉、0.25%福尔马林溶液等中 5 分钟病原菌即死亡。猪要圈养;猪粪尿堆积发酵 20 天以上。同时对疫点进行带菌率调查,如猪带菌率、鼠密度和鼠带菌率调查,制定相应的控制和消灭传染措施。对流行的菌型进行鉴定,以便采取针对性预防和治疗方案。

(2) 体外试验证明,本菌对许多抗生素敏感,通常用青霉素、链霉素、庆大霉素、四环素、第 3 代头孢菌素和喹诺酮类治疗钩体病。对人除一般治疗、病菌治疗外,在临床上还需对症治疗和后发治疗。在疫区要积极进行药物预防,可使用多西四环素,0.2 g 每周一次。高度怀疑者要用青霉素,每天 80 万～120 万 U,连用 3 天,较早防治。但也有认为青霉素无效报告,故临床要做药敏试验。

五十八、气球菌感染(*Aerococcus* Infection)

该感染是由气球菌属的各种气球菌致人畜感染的"机会性"疾病或称"条件性"致病。主要特征是造成机体各种炎症。

[**历史简介**]　本菌最初存在于自然界。WILLAMS REO 等于 1950 年发现并于 1953 年命名为绿色气球菌。1992 年以前一直是一个单一的种别,即绿色气球菌。Aguirre M 等(1992)从尿路感染病人中分离到 5 株气球菌,鉴定为尿道气球菌,经 16SRNA 序列检测,认为应分类为气球菌属,该菌为一新种,正式命名为尿道气球菌。

Collins. M. D. 等(1999)从人阴道分离到一株气球样菌并用丹麦微生物学家 Christensen 名字命名,简称柯氏气球菌。Lawson P A 等(2001)分离出人血气球菌。又报告从人尿液中分离到 1 株类似气球菌,鉴定为人尿气球菌。2001 年 Bergey 氏系统细菌手册《第 2 版》第 1 卷,将气球菌属分类于芽孢杆菌纲、乳杆菌目、气球菌科、气球菌属,为气球菌科第 1 属。气球菌属包括绿色气球菌(*A.Viridans*)、尿道气球菌(*A.urinae*)、血气球菌(*A. Sarguicola*)、柯氏气球菌(*A.christenseii*)、人尿气球菌(*A.urinaehominis*)、马尿气球菌(*A. urinaeequi*)和猪气球菌(*A.suis*)共 7 种菌。据报道又发现虾气球菌。代表菌种为绿色气球菌。绿色气球菌可引起心内膜炎、泌尿道感染、脓毒性关节炎、脑膜炎等。绿色气球菌曾归于链球菌科气球菌属,后微球科命名国际委员会认为气球菌属是微球菌科。

[**病原**]　本类菌属于气球菌属。菌细胞呈球形,直径 1.0～2.0 μm。在液体培养基中呈四联状,革兰氏染色阳性,无鞭毛,不运动,需微氧,在空气厌氧条件下生长差,好氧生长时产 H₂O₂。在血液琼脂平板上显著变绿。呼吸代谢为化能异养菌。从各种碳水化合物类葡萄

糖、果糖、半乳糖、麦芽糖、蔗糖产酸不产气,没有血红素存在时触酶阴性或极弱。不液化明胶,硝酸盐不还原。最适生长温度 30℃,10℃能生长,45℃不生长,在 pH 9.6,100 g/L NaCl 和 400 g/L 胆盐中都能生长。DNA 中 G+C 含量 35～40 mol%。

　　该属一个种:绿色气球菌。血培混浊 G+,固体培养基上 27℃培养 24 小时生长出散在微小菌落。G+球形,成对或四联排列。在 40%胆汁、6.5%NaCl 及 0.01%亚蹄酸钾中生长。触酶活性弱,45℃下不生长,动力(一)。与肠球菌和 D 群链球菌易混淆(表- 158)。

表- 158　气球菌属各种的鉴别

产　酸	血气球菌	柯氏气球菌	尿道气球菌	人尿气球菌	绿色气球菌
乳糖	－	－	－	－	＋
麦芽糖	＋	－	－	＋	＋
甘露醇	－	－	＋	－	√
核糖	－	－	√	＋	√
蔗糖	＋	－	＋	＋	＋
蕈糖	＋	－	－	－	＋
山梨醇	－	－	＋	－	－
β-半乳糖酶	－	－	－	－	＋
β-葡萄糖苷酶	＋	－	－	＋	＋
吡咯谷氨酸芳胺酶	＋	－	－	－	＋
精氨酸双水鲜酶	＋	－	－	－	－
DNAG+Cmol%	/	38.5	44.4	/	/
血琼脂	血流分离 α-溶无色素	P 肥分离 α-溶	尿路分离 α-溶	尿液分离 α-溶无色素	腐生菌 反应绿色

　　5 个种的 16SrRNA 分析,其序列同源性为 98.1%～99.8%。尿道气球菌其模式株为 NCFB2893;柯氏气球菌其模式株为 CCUG28831T;血气球菌其模式株为 CCUG43001T(＝CIP106533T);人尿气球菌其模式株为 CCUG420386T(＝CIP10667ST)。

　　[流行病学]　本属菌广泛分布于自然界,最初从空气、尘埃、牛奶中分而得,在咸肉、生肉、盐水和加工蔬菜中也广泛分布,一般情况下不致病。甚至从致病动物体中分离的菌株,回归动物也不发病。自绿色气球菌发现后,1992 年后又陆续发现 4 个种别气球菌。目前已知,绿色气球菌是医院重要的机会致病菌,对动物和猪等也致病,对于其他 4 个菌种认识尚不足。近年来,由于免疫抑制剂的广泛应用、侵入性治疗机会的增加以及临床抗菌药物滥用等因素,人与动物临床上气球菌所致感染的报道不断增加。由于药物在临床上大量使用,这可能是造成气球菌这种伺机"病原菌"感染的原因。可能是正常菌群长期存在机体内,受到抗菌药物、抗生素长期诱导,亦可能是其他携带耐药基因的细菌通过质粒、转座子和融合子等将耐药基因转移过来。同样这些携带多重耐药基因的正常菌株亦可以同样的方式将耐药基因转移给敏感细菌,造成大量耐药菌株产生。

[临床表现]　感染猪的气球菌属病原是绿色气球菌。可从正常猪的气管、肺和血液中分离到本菌。有研究从小型猪中分离率达 16％(4/25)。

谢彬等(2010)报道两起仔猪绿色气球菌感染病例：病例一：2006 年 6 月广东省靖远县某猪场饲养的 200 多头母猪,所产仔猪有近 40％发生膝关节肿大、跛行,死亡率在 10％～20％,用抗生素治疗及猪链球菌菌苗免疫,没有明显效果。经 PCR 检测,猪伪狂犬病病毒阴性,细菌分离出 G＋球菌。病例二：2008 年 11 月广西北流市某猪场,保育猪转栏后 10 天仔猪开始发病,体温 40.5～41.5℃,耳朵、背部、腹部有针尖大出血点,后肢膝关节肿大,排黄色水样稀便。用抗生素治疗、退热药治疗,病情不断反复,发病率达 50％,死亡率 10％左右。解剖可见肺粘连、心包粘连,表面均有纤维素性渗出物覆盖,心包积液,胸腔积液,腹腔内器官均纤维素性渗出物覆盖,腹腔积液,膝关节有积液等。经 PCR 检测,蓝耳病、猪圆环病病毒均为阴性,细菌分离出 G＋球菌。

[诊断]　气球菌属种类较多,所引起的临床症状也多样,临床上不易与其他病原菌感染相区分,只有在采集样本后,通过实验室检验来诊断。

按常规方法进行血培养,用血琼脂平板分离,于 35℃培养 24 小时后菌落为行尖小,48 小时后菌落为 1 mm,灰白色,呈明显溶血(α-溶血);革兰氏染色阳性,为四联状排列球菌。从形态上气球菌与其阳性球菌很难区别,但绿色气球菌在血平板上,呈现绿色反应。如触酶阴性或弱阳性,能在 65 g/L Nacl 肉汤中生长,能耐受 40％胆汁和水解七叶苷,应怀疑为绿色气球菌,但要与肠球菌、微球菌进行鉴别。

通过生化反应进行 5 个气球菌鉴别,见病原气球菌鉴别表。

此外,可通过小鼠致病试验和 16SrRNA 序列进行鉴别。

[防治]　气球菌对药物表现出不同敏感性,因此,临床治疗前要对分离菌株进行药敏试验,针对性治疗。

猪绿色气球菌是非致病条件性致病菌,与伪狂犬病、蓝耳病、圆环病毒感染等免疫抑制病毒混合感染,所以猪场应做好疾病预防工作。

第二节　可致猪感染或出现临床症状个案的细菌

一、摩根菌感染(*Morganella*)

摩根菌感染是由肠杆菌科、摩根菌属细胞引起的。Fulton(1913)提出该菌群的细菌与变形杆菌属的其他成员间存在表型差异,使其可作为一个独立属,命名为摩根菌。根据 DNA 杂交结果(检测了 3 个 DNA 相关群),所有菌群遗传同源性相关性仅低于种间水平,包括摩根菌摩根亚种和摩氏摩根菌希伯尼亚种。

摩根菌为革兰氏阴性,短棒状,两端钝圆,不形成芽孢,无荚膜,大小为 1～3 μm,有时单个存在,有时呈短链状,能运动,需氧或兼厌氧生长,在 2～35℃条件下都可生长。在血琼脂上菌落 2～3 mm,非溶血,浅黄色,圆形。在 SS 平板上呈圆形,较扁平,湿润,中等大小;在 KIA 上斜面红色,下层黄色气体,有动力。生化反应无迁徙现象,枸橼酸盐阴性,硫化氢阴性,鸟氨酸脱羧酶阳性。

是其特征。吲哚阳性,发酵葡萄糖代谢产酸、产气,但不发酵许多常见糖类。

动物猪、犬、虎、蛇及人有不同程度的易感性,该菌可引起动物的口腔炎,肺炎腐败,在肠道中偶尔寄生,导致胃肠炎。摩根菌感染猪后,可引起猪的胸膜肺炎。

二、沙雷菌(*Serratia*)

沙雷菌分类上属肠杆菌科沙雷菌属。沙雷菌广泛分布于水、土壤、植物、人类以及动物的肠道和呼吸道中,是空气中的条件致病菌。该菌长期以来被认为对人体无害,但由于其具有侵袭性并对许多常用抗生素有耐药性,已成为一种重要的病原菌。除感染人外,该菌还能引起牛乳房炎、马结膜炎、山羊脓毒症及鸡、猪和家兔等多种动物感染。近年来沙雷菌对饮水和乳制品的污染状况越来越受到重视。沙雷菌属现有 10 个种,包括黏度沙雷菌(*S. marcescens*)、液化沙雷菌(*S.liquefaciens*)等。前者已列入我国卫生部制定的《人间传染病的病原微生物名录》(2006),其危害程度属第 3 类。

猪液化沙雷菌感染时病猪食欲不振,呼吸急促,甚至呈犬坐状并张口呼吸,食欲废绝,具有传染性,而体温始终正常。

三、哈夫尼亚菌(*Hafnia*)

哈夫尼亚菌感染是由哈夫尼亚菌引起的一种机会性人与动物共患病。

该菌分类上属哈夫尼亚菌属。Moller(1954)对肠杆菌科成员脱羧酶活性进行研究时发现,有 30 株 VP 阳性的菌株,其赖氨酸和鸟氨酸脱酸酶阳性,且精氨酸二氢脱水酶阴性,因此将这类表型相异的细菌命名为“哈夫尼亚群”。模式菌种为蜂窝哈夫尼亚菌。

该菌的自然宿主有昆虫、鸟、鸡、鱼、蛇、猪、马、兔和啮齿动物。在水源中,饮用水、污水和鱼塘存在哈夫尼亚菌。动物中,昆虫、猪自然宿主可携带本菌,可能是该菌传染源。

四、土生克雷伯菌感染(*Klebsiella Terrigena* Infection)

土生克雷伯菌感染是由克雷伯菌属中的土生克雷伯氏菌(土生拉乌尔菌)致人畜共患性疾病。病人深度昏迷,呼吸困难,弥漫性出血,皮肤呈玫瑰红色,甚至死亡。

土生克雷伯菌原属克雷伯氏菌属。2001 年根据 16SrRNA 和 rpoB 基因测定出克雷伯菌属内的 3 个菌群:肺炎克雷伯菌构成菌群Ⅰ,由鲜鸟氨酸克雷伯菌、植生土克雷伯菌和土生克雷伯菌组成菌群Ⅱ。测序结果加上生化和 DNA 杂交数据,使人们为菌群Ⅱ中的种建立一个新的属——Raoultelle. Danccourt(2001)等学者提议将鸟氨酸克雷伯菌、植生克雷伯菌和土生克雷伯菌从该属归入拉乌尔菌属,分别命名为鲜鸟氨酸拉乌尔菌、植生乌尔菌和土生乌拉尔菌。代表菌种为植生乌尔菌。

[病原]　土生拉乌尔菌隶属肠杆菌科、拉乌尔菌属,为粗大杆菌、厌气培养近似球形粗

大杆菌,从环境或畜体分离菌有3～4个相连呈短链状、2个呈双排列,无芽孢,有荚膜。革兰氏染色为阴性。38℃18～24小时血平板上细菌缓慢生长,形成中等大小菌落,未发现溶血环。在37℃、45℃培养生长快,形成边缘整齐、不透明、有黏稠性的大菌落。中国兰培养24～48小时,呈蓝色大菌落,胶水样菌苔、粘连处先变色,单个菌落后变色,菌落无拉丝现象;48～72小时菌落逐渐变为红色。土生拉乌尔菌具有在中国蓝平板上由蓝色菌落变为红色菌落的显著培养特征。分解蛋白质产气,分解糖类产酸产气,特别在含有葡萄糖肉汤中产酸产生大量气体。其具体生化反应特征见表-159,土生拉乌尔菌与属内菌种鉴别见表-160。

表-159　土生拉乌尔菌菌株生化反应

基　质	结果	基　质	结果	基　质	结果
葡萄糖产酸	+	甘油	+	苯乙酸	+
葡萄糖产气	+	对硝基-甲基半乳糖	+	苯内氨酸	—
乳糖	+	阿拉伯糖	+	柠檬酸	+
麦芽糖	+	明胶	—	苹果酸	+
甘露糖	+	尿素	—	鸟氨酸	—
蔗糖	+	七叶灵	+	赖氨酸	+
木糖	+	甲基红	+	硝酸盐还原	+
纤维二糖	+	动力	—	氧化酶	—
松三糖	—	牛奶发酵	—	硫化氢	—
鼠李糖	—	甘露醇	+	己二酸	—
海藻糖	+	柳醇	+	触酶	+
棉子糖	+	山梨醇	+	卫矛醇	+
N-乙酰-葡萄糖	—	葵酸	+	液化牛肉	+
吲哚	—	侧金盏花醇	+	卵磷脂酶	—

表-160　土生拉乌尔菌与属内菌种鉴别的关键性试验

菌　名	吲哚	鸟氨酸	VP	丙二酸盐	ONPG	10℃	44℃	松三糖
鲜鸟氨酸拉乌尔菌	+	+	V	+	+	+	ND	ND
植生拉乌尔菌	V	—	+	+	+	+	—	—
土生拉乌尔菌	—	—	+	+	+	+	—	+

注:+表示90%以上菌株阳性;—表示90%以上菌株阴性;V表示11%～89%菌株阳性;ND表示无资料

　　该菌代谢产物明显对红细胞有溶解作用。DNA G+C 为 52.4 mol%,典型菌株为ATCC 33257。

　　[流行病学]　拉乌尔菌属可以从水、土壤、植物中分离,偶尔从哺乳动物黏膜,包括人类标本中分离到,在免疫力低下人群且由于侵入性操作提供感染途径后发生感染。

[临床表现]　猪发热,吐白色分泌物,呼吸困难,16～19小时后死亡。

动物解剖检查:心脏、肠、胃、胰、肺、皮下、脑等有出血点、出血斑,四肢、头部、腹部、胸前出现玫瑰红,特别是肺出血,出血斑最严重,与患者一致;菌株溶血与患者出血颜色相同。

[诊断]　本病发生较少,可以根据流行病学,特别是与动物接触史与较为特征性的临床症状,进行初步诊断。确诊需要进行细菌学分离、培养,但因发病急,在临床上意义不大。

与肺炎克雷伯炎菌相区别:肺炎克雷伯菌脲酶试验阳性,土生拉乌尔菌脲酶试验阴性。

[防治]　药敏试验认为该菌对哌拉西林、氟罗沙星、氯霉素、左氧氟沙星、链霉素、诺氟沙星等敏感;对多西环素、交沙霉素耐药。

五、弯曲杆菌亚种(*Campylobacter sub*)

1. 唾液弯曲杆菌黏膜亚种　吉田伸夫(1984)报道一起猪肠腺综合征,主要是以回肠和盲肠部黏膜形成腺肿样增生为特征的肠道疾病,其包括增生性出血肠炎、肠腺肿症、局限性肠炎及坏死性肠炎等。其病原菌是唾液弯曲杆菌黏膜亚种。本病发生很少,大部分病例发现于屠宰场。中泽等在日本茨城县屠宰场,仅从1例增生性出血性肠炎病猪中分离到该菌。日本冈山县(1978)从增生性出血性肠炎猪中分到唾液弯曲杆菌黏膜亚种。Lawand从肠腺肿综合征的许多病例中分离到唾液弯曲杆菌黏膜亚种,并认为这些病例具有弯曲杆菌感染不同阶段的病变。由于从病理切片确认有多数弯曲杆菌的螺旋状细菌,因而认为至少肠腺肿和坏死性肠炎是弯曲杆菌感染症的不同阶段的病变。

2. 胚胎弯曲杆菌亚种　内村(1982)报道一窝24日龄断奶猪,断奶后25天的23头仔猪食欲减少,轻微下痢,消瘦,贫血,并于病后11天死亡,死亡率达50%。病变局限于回肠,轻度至重度肥厚,出血,坏死即伪膜可见,形成或已剥离。其他脏器未见异常。病理可见,黏膜出血,上皮细胞增生及黏膜上皮剥离。黏膜层出现凝固性坏死(坏死性肠炎);黏膜上皮脱落,腺上皮细胞增生,腺腔内有脱落腺上皮细胞和淋巴细胞,有淤血性变化。黏膜下组织有芽组织增生及组织细胞系细胞、浆细胞、嗜酸性粒细胞浸润(肠腺肿症)。腺上皮细胞质内有弯曲杆菌胚胎弯曲杆菌亚种。内村认为从千叶县下痢仔猪空肠以下黏膜分离到胚胎弯曲杆菌亚种,其对肠腺肿症发生起相当大的作用。Robert认为从回肠黏膜多能分离到大肠杆菌、蜂窝哈夫尼杆菌和胚胎弯曲杆菌,其可复制出似肠腺肿症和坏死性肠炎的轻度病变,但不能复制出猪增生性出血性肠炎。

六、志贺菌(*Genus shigellae*)

志贺菌病是由志贺菌属的痢疾志贺菌、鲍氏志贺菌、宋内志贺菌引起的人及某些动物的感染,常以临床腹泻、结肠黏膜呈化脓性溃疡性炎症的病变为特征。Bouvet等(2001)检查猪肉、猪皮肤、猪环境的棉拭和猪粪及烫猪小时,用PCR法检出有猪痢疾志贺菌1型。国内外已分别有在豚鼠、袋鼠、牛、马、猪、兔、鸡、鸭、犬、蝙蝠、蚂蚁、鱼、贝等检出该属菌的报告。国外有该菌引起犊牛、仔猪、小鼠、豚鼠等动物感染报告。

七、溶血性曼杆菌（*Mannheimia haemolytica*）

溶血性曼杆菌感染是由溶血性曼杆菌引起的人与动物共患传染病。

溶血性曼杆菌分类上属巴斯德科曼杆菌属，以前归于溶血性巴斯德菌，1999 年根据核糖体分型、多点位酶电泳、16SrRNA 序列比较和 DNA－DNA 杂交试验，将以前的溶血性巴斯德菌 A 血清中的 A1、A2、A5、A6、A7、A8、A9、A12、A13、A14、A16 划归为溶血性曼杆菌。

该菌自然宿主有牛、绵羊、禽类、梅花鹿、黄鹿、猪、银狐、跳羚、海豹等。该菌引起的病一般表现为散发，但猪、水牛、牦牛有时呈地方流行性，绵羊有时也可大量发生。家禽如鸭发病多呈流行性，人为零星散发。

李春生（1993）报道得州某猪场 2 400 余头 20～60 日龄仔猪暴发以消化与呼吸系统症状为主的传染病，死亡 350 头，体重在 7.5～75 kg，多数为 25～40 kg，而母猪、公猪无一头发病。发病是从一排猪圈的一端向另一端蔓延。同窝发病仔猪多数全窝死亡。发病猪开始便秘 1～2 天后下痢，最后出现喘气症状，很快死亡。病死猪全身皮肤淤血，淋巴结肿胀，出血，质脆易碎；心包内有多量棕黄色液体；肺肝变，肝硬肿，切开后有多量黄色颗粒；十二指肠及膀胱黏膜出血。菌检、生化检验及动物试验鉴定为溶血性巴氏菌（即溶血性曼杆菌）。

八、产气巴斯德菌（*Pasteurella aerogenes*）

产气巴斯德菌感染是由产气巴斯德菌引起的一种机会性人与动物共患病。该菌是动物体内具有条件致病性的正常菌群。临床上，猪、兔感染后可发生流产等。本菌分类上属巴斯德菌属。

产气巴斯德菌属于肠道正常菌群，可感染马、兔、猪、野猪、牛、猫、犬、仓鼠等。人被猪咬伤，外伤口感染，养猪场妇女流产死婴及从其阴道穹隆中分离到此菌；一例男性发生 C6～C7 脊椎骨髓炎。

该菌首例分离来自流产母猪，并从流产胎儿的多个器官中分离得到。以后又有两例产气巴斯德菌引起猪流产的报道。

九、猪脲巴氏杆菌（*Pasteurella ureae*）

铃木达部（1982）报道 1981 年 5～10 月从 2 个农场送来 4～6 月龄育肥猪 18 头，其中 2 头死亡。猪临床表现为食欲不振，精神委顿，发热，咳嗽，腹式呼吸。肺严重炎症病灶，肺尖叶、隔叶及中间叶呈现大量褐色及灰色肺炎病灶，占全肺的 50%～70%。肺胸膜粘连及有散在性出血斑块。对 18 头猪肺进行细菌分离，其中从 8 头分离到脲巴氏杆菌，16 头分离到多杀性巴氏杆菌，1 头分离到胸膜肺炎嗜血杆菌。肺的解剖情况见表-161。

表-161 猪肺病变

病变猪号	1	2	3	4	5	6	7	8	9
肺炎病灶	+++	+++	+++	+++	+++	+++	+++	+++	+++
出血斑块	−	−	−	−	++	−	−	−	+
胸膜粘连	−	−	+	−	+	−	+	−	−

病变猪号	10	11	12	13	14	15	16	17	18
肺炎病灶	+++	+	+++	+++	+++	+++	+++	+++	+++
出血斑块	−	−	++	−	−	−	+++	−	−
胸膜粘连	−	−	+	−	−	+	+++	−	−

十、枯草芽孢杆菌(*Bacillus subtilis*)

陈先中(1988)在宰杀生猪中发现了5例极似疹块型猪丹毒的肉尸。眼观肉尸臀部、背部、臂部和腹部有为数不等、菱形、圆形和不规则高出皮肤表面的红色疹块,极似疹块型猪丹毒,但肉尸、内脏无异常,浅层淋巴结稍有出血。病样化验为枯草芽孢杆菌。把枯草芽孢杆菌的肉汤培养液人工接种健康猪局部,次日接种局部发生炎症,以后逐渐消失,全过程无其他临床症状。本病发生于冬春季节,疑似垫草划伤所致。由于是外部局部感染,炎症一般不侵入皮肤的皮下组织,一旦侵入皮下组织也不形成丹毒疹块所有的锥体形充血。枯草芽孢杆菌属于动物的正常菌群,但近年来陆续报道对动物致病。

十一、脆弱拟杆菌(*Bacteroides fragilis*,BF)

脆弱拟杆菌分类归属于拟杆菌属(Bacteride),为革兰氏阴性、专性厌氧菌,不产生芽孢,部分脆弱拟杆菌能产生肠毒素。产肠毒素拟杆菌(ETBF)与牛犊、羔羊、犬的腹泻有关。Lyie L,Myers 在《Vet.Res》1987,48(5):774-775 报道了仔猪腹泻与 ETBF 的关系,具体为:本试验自45只腹泻仔猪中的10只猪中分离出 ETBF,其中7只为1~4周龄猪,3只为已断奶的6~8周龄猪。这10只 ETBF 感染猪中9只兼有 K88 大肠埃希氏杆菌、轮状病毒、冠状病毒、球虫或隐孢子虫感染。将11只1~2日龄健康仔猪与之接触,2只猪在断奶后腹泻,随后死亡。自粪便中分离到在血清学上与攻毒用 ETBF 相似的细菌。

12只结扎盲肠的成年兔,经回肠注入 $5×10^9$ 个 ETBF 活菌,11只出现致死性肠道疾病。病兔食欲下降,剧烈腹泻,粪便带有黏液和血液。11只注射非 ETBF 和无菌脑-心浸液肉汤的兔,连续7天临床正常。

脆弱类杆菌存在于人和动物的下肠道中,分离率为1‰~5‰,每克湿粪活菌数为 10^4~10^8 个,在临床标本中分离率达80%。该菌是人类软组织感染中最常见的厌氧菌菌种。DNA 的 G+C 比例是41%~44%。

脆弱类杆菌是肠道菌群的重要组成部分,根据其内毒素中异多糖,将其分成7种血清型,脆弱类杆菌为 E₁、E₂ 和 E₃ 血清型。拟杆菌与肠菌群中的一些菌,在肠内分解或合成一些致癌和辅助致癌因子,如亚硝酸、胍类、酚类、苏铁苷、偶氮化合物等,它们与宿主癌症的关系,已经引起人们的注意。有人曾将脆弱拟杆菌提出物、结肠黏膜微粒体与氨基酸(aminofluorene)混合培养,结果可促进致癌诱变剂的转换。证明肠道癌症与其自身肠道菌群有关系,这种联系可能来自细菌的酶对致癌物的转化和促进。

十二、肺炎链球菌 (*Streptococcus pnumoniae*)

肺炎链球菌旧称肺炎双球菌,又名肺炎球菌,存在于人及动物上呼吸道中,既可发生内源性感染,亦可发生外源性感染。

本菌为革兰氏阳性,呈卵圆形,成双、似两个瓜子仁状,仁尖朝外,具有典型的排列为双球状,具有明显的荚膜,陈旧培养物可为革兰氏阴性。多为黏液(M)型,多次移植可失去荚膜变成无毒力的粗糙 CRS 型。张锡鎏、朱璇、郭锡全、黄如意(1981)报道一起 2～7 日龄乳猪发热、神经症状、心肌变性、关节肿胀等肺炎链球病。13 头母猪产 160 头哺乳仔猪,刚出生时仔猪外表不见异常。2～7 日龄时呈该病散发,死亡,发病 60 头(37.5%),死亡 58 头(96.6%)。突然发病,鸣叫,精神不佳,站不起,无力,体温升高达 41℃,后下降至 39.5℃,四肢颤抖,多在一侧或二后肢关节明显肿胀,有剧烈痛感并鸣叫。后期体温在 39℃,倒地不起,四肢抽搐,3～4 天后死亡。尸检:皮肤苍白,眼、口黏膜苍白,关节肿胀。心肌变软,色淡白,心包积水,胸腔有纤维素渗出物。肝土黄色,稍肿,质脆,有淤血区。脾肿大,胆囊肿大,胆汁淡黄半透明。肾软,色淡,有针点状出血。大脑充血,有脑室积液。肺、胃、膀胱、大小肠未见明显病变。全身肌肉苍白,弹性差,全身淋巴结水肿,切开有白色透明液流出,似髓样水肿。四肢关节有不同程度的肿胀,关节腔内有白色或淡黄干酪样物。回乳猪试验得到相同临症,并分离到相同细菌。

陈螺眉、郭金森(2006)报道福建 41 个发病猪场,发病中小猪呼吸困难,败血症死亡,多为 10～75 kg 的猪,偶见乳猪、后备母猪。本病多以急性发病,体温 41～41.5℃,2～4 天内陆续有新的病例。死前全身体表紫绀,耳部暗紫。四肢斑点状出血,常融合成片,有的猪腹部皮下水肿。中后期病猪呼吸困难,黏膜暗紫色,尿赤黄至茶色,后肢内侧及肢下部皮肤毛囊出血,呈现紫蓝色小点,后部乳头皮下出血。病变只要为肺,初期肺叶出血到红色肝变,病程 3～5 天后进入黄色至灰色肝变,并有大量混浊浆液,纤维性渗出。当肺病变达到三分之二时,病猪死亡。肺支气管内有泡沫性渗出物或带血泡液。脾肿大,淤血,色暗紫,质脆。淋巴结肿大 4～6 倍,质硬,切面周边水肿。肾肿胀,皮质局部瘀斑或出血斑。肠系膜水肿,后腹部皮下水肿。鉴定病原为肺炎双球菌。熊毅等(2001)报道广西某猪场 3 头断奶猪,发病率为 5%～10%,病程 10～15 天,死亡率约 80%。断奶猪体温达 41℃左右,精神不振,呆滞,食欲废绝,呼吸困难,有腹式呼吸,耳尖,腹部皮肤有绿豆大的蓝点。肝、脾、肾、心有针尖大的出血点;肺充血,出血;淋巴结肿大,出血;气管环出血等。黄夏(1998)报道广西某猪场育肥猪(40～60 kg)发生咳嗽,呼吸困难,发热,发病率 22%,死亡率 41%。病猪呼吸急促,频频咳嗽,腹式呼吸,张口伸舌,极度痛苦。体温 40～41.5℃,精神沉郁,不食,昏睡,呆立,大便干硬,部分拉稀。鼻流黏性或脓性鼻液。耳、胸、腹及四肢皮肤发绀。后期呼吸极度困难,最后抽搐,惊厥死亡。病程 3～5 天。病变为胸膜、肺有严重出血点,充淤血,肺叶呈粉红色或灰白色,胸腔积液。气管、支气管内有大量泡沫液体,气管黏膜出血。心冠脂肪出血或出血斑。肝有出血斑点。脾暗紫色,有少量出血点。胃黏膜脱落,小肠黏膜有出血点。颌下、肺门淋巴结出血,切面呈大理石样变。

十三、艰难梭菌(*Clostridium difficile*)

艰难梭菌病是由艰难梭菌因人类长期使用抗生素而导致肠道菌群失调后引起的内源性感染。艰难梭菌是引起人结肠炎的病原。

艰难梭菌分类上属于梭菌杆菌属,是一种革兰氏阳性粗杆菌,厌气,可形成芽孢、卵圆形,位于菌体的次极端,可运动。菌株基因由全长 4 290 252 bp 的环形染色体组成,G+C％为 29.06％,并带有 G+C％为 27.9％的一个环形质粒,质粒长 7 881 bp。艰难梭菌之所以能够致病,是因为它具有了毒力因子,即毒素 A、毒素 B 和一种能够抑制肠蠕动的物质。该菌只有在厌氧箱中培养才能成功,最适生长温度为 30～37℃;在血琼脂、牛脑心浸液琼脂或环丝氨酸-甲氧头孢霉素-果糖琼脂选择培养基上,经 24 小时培养,形成直径 3～5 mm、圆形、略隆起的白色或淡黄色、不透明、边缘不整齐、表面粗糙的菌落。该菌不分解蛋白质;发酵葡萄糖、果糖、甘露糖,产酸;分解七叶苷;不分解乳糖、麦芽糖与蔗糖;液化明胶不定;不产生吲哚化硫化氢;不凝固牛奶;不还原硝酸盐,不产生卵磷脂即脂肪酶。

本菌广泛分布于自然界,为新生儿肠道正常菌群,约 20％12 月龄儿的猪肠道中有本菌;一些大型动物牛、马、驴的粪便及犬、猫、啮齿动物的粪便中检出艰难梭菌,并有致病性。近年来,从猪、牛、马和犬的艰难梭菌分离株的耐药谱与人源分离株的耐药谱有部分重叠,使得艰难梭菌发生的生物种间传播的可能性增加。多年来艰难梭菌对猪的致病性未见报道,仅从个别猪(仔猪)分离到本菌。在猪肉和牛肉中检出了休眠期的艰难梭菌芽孢。有些分离株的核糖体型与人源致病菌相似相同。近年来,艰难梭菌已经形成猪的重要病原。

1. 致母猪腹泻、死亡,带菌母猪是主要传染源　D.Kiss 等(2005)报道东欧克罗地亚一个户外猪场,突然发生产后母猪死亡增加。这些母猪腹泻,呼吸困难,死亡。产后出现关节炎、子宫炎等,无乳(MMA)母猪,虽然治疗仍有 13％死亡,而产后无 MMA 母猪死亡率为0.4％。其病变为腹水,胸膜腔积水,结肠水肿,结肠外膜有散在化脓病灶,结肠黏膜有嗜血中性粒细胞积聚和纤维附着,结肠厌氧培养呈现艰难梭菌生长;免疫酶测试呈现艰难梭菌毒素 A 和 B。也有报道临床上还可见腹部膨胀及阴囊水肿,但不一定出现腹泻;外结肠水肿,结肠内容物呈糊状至水样,肾脏出现尿酸盐。结肠内由黏液和纤维蛋白原的渗出物形成的多发性病灶及黏膜下水肿。

2. 新生仔猪腹泻的重要病原　一些研究表明,该菌是引起 1～7 日龄仔猪腹泻的第 2 常见病原。Yaeger 等从新生腹泻仔猪中分离的病原菌中 47％为产气荚膜梭菌,48％为艰难梭菌。该菌产生的 A 毒素是肠毒素,能趋化中性粒细胞浸润回肠壁,稀释淋巴因子,引起体液的分泌进入肠腔和出血性坏死;B 毒素是细胞毒素,可干扰肠上皮细胞的肌动蛋白骨架,使得细胞丧失功能,致使细胞团缩、坏死,直接损伤肠壁细胞,诱发肠道炎症。几乎可见到所有病猪有特征性结肠系膜水肿。腹泻与年龄有关,临床调查结果是哺乳仔猪腹泻严重为卅,断奶仔猪十,生长期猪为十。

十四、梅契尼柯夫弧菌(*Vibrio metschnikovii*)

梅契尼柯夫弧菌感染是由梅契尼柯夫弧菌引起的一种人与动物共患传染病。该菌在分类上属弧菌科、弧菌属。美国疾病控制中心将其归为肠道菌群 16,《柏杰氏系统细菌手册》(2005)归为弧菌属的一个种。

梅氏弧菌广泛存在于自然水域中,由 Gamaleia 于 1888 年首次分离。梅氏弧菌也可寄生在水生生物中,如鱼类、贝类、虾类等,也可寄生于人和动物的肠道中,当条件适宜,繁殖到一定数量后可致病。该菌可感染多种动物,目前已从牛、猪、马、鸭、鹅、鸡、海鸟及多种水生生物中分离到,致人伤口感染、败血症、胃肠炎等。我国该菌曾几次在鸡中流行,主要是雏鸡,最早为 3 日龄,可引起严重死亡,死亡率为 17.4%～26.7%。雏鸡突然发病,不见任何症状很快死亡。病程稍长的雏鸡精神沉郁,食欲减退或不食,呆立,翅膀下垂,缩颈闭眼,嗜睡,对外界刺激反应性降低。也有的病雏呈半蹲姿势,或趴地不起。呼吸困难,呼吸时翅膀扇动。张口伸颈,呼吸次数增加。发病初期排灰白色或黄白色粪便,有时为黄绿色,而后变成褐色或暗褐色样粪便,有时带血样黏液。最后倒地死亡,病程 2～3 天,最长 10 天左右。病变部位是肝、肺和肠道。肝肿大,质地脆,有大小不等,形状不规则或呈星状的坏死点或坏死灶,有明显出血。少数病例在肝被膜下形成血肿。胆囊肿大,呈绿色。肺充血,水肿,淤血,有的整个肺脏呈紫黑色或有大小不等的实变区,个别肺脏萎缩。心肌松弛,苍白。脾脏明显肿大,褪色,有时有出血。肾脏肿大,褪色或呈紫红色,有出血点或被膜下有小血肿。腺胃和肌胃浆膜下条纹状淤血。小肠黏膜充血,出血,呈斑点状,肠腔中有褐色或黄绿色液状内容物,有时含有血样黏液,严重者肠黏膜呈慢性的暗红色。脑软化,延脑与小脑交界处有淤血斑,硬膜外充血。

十五、河弧菌感染(*Vibrio fluvialis*)

河弧菌是一种阴性嗜盐短杆菌,有 2 个生物型,1 型为人类分离菌,2 型为牛、猪、兔粪分离菌,也有从人粪中分离的好氧菌。

十六、小螺菌鼠咬热(*Spirillum mosus* muris)

鼠咬热(Rat-bite fever)是由鼠类或其他啮齿类动物咬伤所致的一种急性自然疫源性疾病,其病原体有小螺菌(Spirillum minus)和念珠状链杆菌(Streptobacillus moniliformis),以此临床上分为螺菌热(Spirillum fever)和链杆菌热(Streptobacillus fever)两种。Marwell(1913)首选报道本病,1916 年证明是由革兰氏阴性杆菌引起。Cadbury(1926)从病人伤口渗出液涂片中查见小螺菌,薛庆熠等(1951)从病人血标本培养粗念珠状链杆菌。

小螺菌又称鼠咬热螺旋体,分类上属螺菌种,螺菌属。

鼠类是小螺菌的贮存宿主和传染源。螺菌热的主要传染源为家鼠,野鼠中也有带菌鼠,咬过病鼠的猫、猪及其他食肉动物也具有感染性。犬、猫、猪、黄鼠狼、松鼠、雪貂等也可感染,受染后血清中能产生特异性抗体。人可感染并致病。

十七、念球菌猪螺杆菌(*Candidatus Helicobacter* Suis,H. Suis)

猪胃中的螺旋状细菌,与发生于食管部位的溃疡及胃腺上皮的炎症有关。细菌主要集中在胃底部的胃腺黏膜处,深深地穿透胃腺,常常在胃壁细胞中发现。细菌寄生于胃的基底部,同时也伴有胃的固有膜慢性炎症存在,表现为出现单核细胞。细菌也可存在于胃腔的胃窝中,但在胃的该区域没有发现炎症。该菌体外培养困难。HellemanS 等(比利时)从 7 个猪场收集 30 份猪胃样本,通过脲酶检测、PCR 检测和接种于小白鼠。结果,小白鼠感染,用 PCR 检测 BALB/C 系小鼠粪便,两周后就可检测到病原,直至 4 个月。用念球菌猪螺杆菌感染小鼠后该菌是可以在体内繁殖,直到 4 个月后仍然存在。在感染期间,小鼠不断向外排菌。因此,老鼠可以作为念球菌猪螺杆菌的储存宿主,使该病菌长期存在于猪场。

十八、海尔曼螺杆菌(*Helicobacter heilmannii*,Hh)

Hh 是除幽门螺杆菌(HP)外的第二种螺旋形细菌,广泛存在于猪、猫、犬胃中,并引起定植部位炎症,人仅见个案。

十九、斑点热(*Spotted fever*)

斑点热是由斑点热群立克次体(SFGR)引起的人及动物的一组疾病。有致病性的斑点热群立克次体有近 20 种,通过虫媒传播,动物多隐性感染。在我国鼠类、野兔、野猪、麂、狐狸、犬等动物存在斑点热病例,感染动物可能发热,无其他明显临床症状,但能够在其体内检测到抗体。陈振光等(1999)报告宁化林区动物感染斑点热群立克次体,鼠、野兔、野猪、麂、狐狸、犬存在斑点热群立克次体感染,其抗体阳性率分别为 11.20%。5.88%、50%、20%、55.56%、6.67%。

二十、库克菌(*Kocceria*)

克氏库克菌:库克菌属命名于 1974 年,归微球菌属。1995 年经 16SrRNA 分析属于库克菌属。人的病例与接触生牛、羊、猪肉有关。

第一节　寄生虫感染性疾病

一、猪锥虫病(Suine *Trypanosomiasis*)

该病是锥体属中一组不同致病性锥虫所引起的几乎所有种类的脊椎动物都有的原虫病。锥虫寄生于人和动物血液里引起严重的疾病。

[历史简介]　锥虫最早是在 1841 年在鱼体内发现,以后相继在两栖动物、鸟类和哺乳动物体内发现。

第一个昏睡病由阿拉伯旅行家伊本·哈勒敦在 14 世纪记载,"一个部落首领大部分时间在昏睡、乏力,2 年后死亡;整个部落的人昏睡死亡"。1902 年英国奥尔多·卡斯泰拉尼研究小组通过尸体剖检发现患者大脑里有一种不知名新寄生虫。1903 年杰维·布鲁斯加入此组,发现牛"非洲锥虫病"是由一种称为锥虫的寄生虫引起的,由采采蝇叮咬人体后传播,称为卡斯泰拉尼,即锥虫。

[病原]　各种锥虫属于锥虫属。其形态特征为,虫体呈纺锤状或柳叶状,两端变窄,前端较尖,后端稍钝。长度 $15\sim20\,\mu m \times 1.5\sim4\,\mu m$,靠近虫体中央有一个较大的近于圆形的细胞核(主核);靠近体后端有一点状的动基体,又称运动核。动基体由两部分组成,前方的小体谓生毛体,后端的小体称副基体。鞭毛由生毛体生出,沿体一侧边缘向前延伸,最后由虫体前端伸出体外,成为游离鞭毛。鞭毛与体部由一皱曲的薄膜相连,鞭毛运动时,膜亦随之呈波状运动,故称此膜为波动膜。感染猪锥虫分单型和多型:单型有刚果、枯氏、猪、双态、伊氏锥虫;多型有凹型、布氏、冈比亚锥虫等。

许多种锥虫寄生在动物血浆及其他组织液中,靠渗透作用直接吸取营养,并以纵分裂方式繁殖。分裂时先由动基体的生毛体开始鞭毛分裂,继则主核分裂,虫体随即自前向后地逐步裂开,最后后端分裂,形成了两个独立的虫体。对于寄生于哺乳动物的锥虫,Hoare(1972)提出了新的分类意见,冈比亚、罗得西亚和布氏锥虫都属于 Trypanoyoon 亚属,并皆是布氏锥虫(*T.brucei*)的亚种。

主要寄生于家畜及野生动物和禽的锥虫有:伊氏锥虫(*T.evansi*)引起伊氏锥虫病,又名苏拉病（Surra）；布氏锥虫指名亚种（*T.brucei*）引起的布氏锥虫病，又名舒干舒病（Nagana）；媾疫锥虫（*T.equiperdum*）引起的马媾疫，又名马梅毒（Lues Venerea egui）或淋病（Durine）；刚果锥虫（*T.congolense*）引起的刚果锥虫病，又名副舒干舒病；活泼锥虫（*T.vivax*）引起的苏马病（Souma）；冈比亚锥虫（*T.gambiense*）；泰氏锥虫（*T.theileri*）引起的泰氏锥虫病（牛）；绵羊蜱蝇锥虫（*T.melophogium*）；西奥多锥虫（*T.theodori*）；双态锥虫（*T.dimorpha*）引起马、牛、猪锥虫病；凹形锥虫（*T.simiae*）又名猴锥虫，引起猪、马、牛、骆驼锥虫病；猪锥虫（*T.suis*）引起猪、野猪锥虫病；枯氏锥虫（*T.cruzi*）又名克氏锥虫引起美洲锥虫病或夏格氏病及鸡锥虫、路氏锥虫等。

伊氏锥虫为单形型锥虫，虫体细长扁平，呈卷曲的柳叶状，前端比后端尖。虫体大小为 $18\sim34\ \mu m \times 1\sim2\ \mu m$。细胞核位于虫体中央，呈椭圆形；距虫体后端约 $1.6\ \mu m$ 处有 1 个小点状或短杆形的动基体；动基体前端有 1 生毛体并长出 1 根鞭毛，沿虫体伸向前方并以波动膜与虫体相连，最后游离，游离鞭毛约长 $6\ \mu m$。虫体活泼运动。

伊氏锥虫寄生在动物血液、淋巴液中和造血器官中以纵分裂进行繁殖。一般沿长轴纵分裂，由 1 个分裂为 2 个，有时分裂为 3 或 4 个，分裂时先从动基体 1 分为 2，并从其中 1 个产生新的鞭毛。继而核分裂，新鞭毛继续增长，最后形成 2 个核和 2 根鞭毛，胞浆沿虫体长轴前端分裂成 2 个新个体。伊氏锥虫的质膜（Masma menbrane）外表面有一层变异表面糖蛋白（VSG），具有极强的抗原变异性。虫体在血液中繁殖的同时，宿主的抗体即相应产生；在虫体被消灭时，却有一部分 VSG 发生变异的虫体，逃避了抗体的作用，重新增厚，从而出现新的虫血症高潮。如此反复发作，致使疾病出现周期性的高潮。

布氏锥虫病由 Livingstone（1857）于牛疫中发现，Bruce（1894）发现该病病原体并做了临床描述。Theiler（1901）进行了流行病学调查。Koch（1898～1908）、Kleine（1909）进行了生活史研究。本虫的宿主以马、骡为主，牛、绵羊、山羊、猴、骆驼、猪、犬、驴、猫等均可被感染。大鼠、小鼠、豚鼠、兔均可人工感染。

布氏锥虫病是由布氏锥虫指名亚种（*T.brucei*）引起的，后经 Hoare（1967）、Ormerod（1967）等学者论证，与冈比亚锥虫（*T.gambiense*）和罗德西亚锥虫（*T.rhodesinse*）同为布氏锥虫的 3 个亚种。但它们感染的宿主和发病的症状有所不同。布氏锥虫是一种多形的虫体，在血液中可见到没有鞭毛的短粗型和具有鞭毛的细长型以及过渡型。虫体大小 $12\sim35\ \mu m \times 1.5\sim3.5\ \mu m$，扁平无色。体形似叶，前端逐渐变为细长，后端较圆。体中部或附近有 1 个较大的核；近后端有 1 个扁圆形的动基体。虫体一侧有宽而呈波浪状的波动膜，有 1 根鞭毛自毛基体发出，沿波动膜的边缘向前延伸，在前端伸出，成游离鞭毛。虫体借鞭毛和波动膜运动活泼。

布氏锥虫病的传播是由舌蝇属中的舌蝇（采采蝇）等为主要传播媒介。当舌蝇叮咬病畜的血液时，锥虫进入蝇体消化道，后至唾液腺内，其间经过 2～3 周复杂的周期性发育繁殖，经过短膜型至后雏型或后循环锥虫型。后循环锥虫型是感染性虫体，它大量地积聚在唾液腺中，当舌蝇再次吸血时，后循环锥虫随同舌蝇唾液进入动物体内。

美洲锥虫病（American *Trypanosomiosis*）由枯氏锥虫（chaga's，1909）引起。该锥虫寄

生于人与其他 100 余种哺乳动物的血液里,在血液中时为锥虫型,在组织细胞中为利什曼型。血液中虫体有 2 种,一种长而纤细;另一种短而宽,不繁殖也不做直线运动,多在原地旋转而不移位置,常前后端相接,形成"O"或"C"形。锥虫在媒介锥蝽的成虫或稚虫消化道繁殖,经 8～10 天发育为后循环锥虫随锥蝽粪便排出,人和其他动物经伤口、黏膜感染。

[流行病学]　本病主要流行于热带和亚热带地区。

伊氏锥虫寄生于马、骡、驴、黄牛、水牛、绵羊、骆驼、猪、犬、猫、虎、象、小鼠、豚鼠、黄金鼠和长爪沙地鼠等动物的血浆、脑脊液,淋巴液,并随血流而进入各组织器官。20 世纪印度、马来西亚和斯里兰卡等地曾报道人感染伊氏锥虫病案。马、骡、驴、犬对伊氏锥虫的易感性最强,马感染后呈急性发病。骆驼、牛的易感性较弱,少数病例在流行初期会发生急性死亡,但多数呈带虫状态或慢性经过。在国外大多数认为猪仅带虫而不发病,但近年来,我国江苏、安徽、江西等地相继有猪发病和死亡病案。由于本虫的寄生范围广泛,对不同种类的宿主的致病性差异又很大,一些受感染而不发病的动物可长期带虫而成为传染源,如黄牛、水牛、猪和骆驼等,在感染而未发病阶段或药物治疗后未能完全杀灭体内虫体时,亦可能成为传染源。

发病季节与气温、传播媒介昆虫活动季节密切相关。锥虫属的锥虫都需要节肢动物传播。成虻在气温不低于 15～16℃时飞翔、追袭骚扰牲畜,有时还叮人。传播伊氏锥虫的虻类为红色虻(*Tabanus rubidus*)、蚊带虻(*T. striatus*)、细蚊虻(*T. lineola*)、牛虻(*T. bovinus*)、华广虻(*T. amaenus*)、华虻(*T. mandarinus*)、白条虻(*T. atratus*)和中华斑虻(*Chrysops sinensis*)等。伊氏锥虫在红色虻体内生存 33～34 小时,在 7 小时内能使小鼠发病(刘俊华,1964)。伊氏锥虫在厩螫蝇体内生存 22 小时,3 小时内对易感动物有致病力(刘俊华,1963)。此外,蚊、水蛭和山蛭也具有机械性地传播伊氏锥虫的作用;手术器械、注射用具可造成健畜感染;孕畜罹病可使胎感染;吞食病畜、血液及通过皮肤和黏膜上的伤口而感染(Lingard,ware 等)。

冈比亚锥虫病主要在人之间传播,病人为传染源,以及无症状带虫者,属涎源性锥虫传播。冈比亚锥虫传染源为患者及无症状带虫者,牛、猪、山羊、绵羊、犬为贮存宿主。感染的牛、猪、山羊、犬、马、羚羊、野牛、河马、鳄鱼等动物可能是保虫宿主。主要传播媒介为须舌蝇。该病分布在西非和中非大部分地区,主要在人间传播,主要传播媒介为须舌蝇。

罗德西亚锥虫局限在东非,感染人,非洲羚羊、牛、猪、犬、野牛、河马、水羊、鳄鱼、狮、鬣狗等及野生动物均可出现虫血症,而成为传染源,表现为慢性或隐性感染,长期带虫,为保虫宿主。主要传播媒介为须舌蝇、淡足舌蝇种团等,在动物和人中传播锥虫。

枯氏锥虫在 150 多种哺乳动物中寄生,如犬、猫、狐、松鼠、食蚁兽、犰狳、家鼠等,Liamond 和 Rubin(1956)报道美国南部的浣熊和猪可以充当人枯氏锥虫感染的一个很主要的宿主。已发现 36 种锥蝽自然感染枯氏锥虫,主要虫种为骚扰锥蝽、长红锥蝽、大锥蝽、泥色锥蝽等,属粪源性锥虫传播。

[发病机制]　非洲锥虫病的病理机制很复杂,许多方面至今还不清楚。

布氏锥虫不仅在血液中循环,且侵入各组织,最重要的入侵中枢神经系统(CNS)。在

CNS中,锥虫能更有效地逃避宿主免疫系统的作用。

非洲锥虫病的基本病理过程可分为3期:锥虫在入侵局部增殖引起的初发反应,锥虫在体内散播的淋巴血液期(Ⅰ期)和侵入CNS后的脑膜脑炎(Ⅱ期)。

最初,锥虫在舌蝇叮咬部位组织间歇内繁殖,引起以淋巴细胞浸润和血管损害为主的局部炎症。在被叮咬后约1周产生本病最早的症状—锥虫下疳,几周后自行消失。

锥虫由上述局部侵入血液和淋巴系统,再通过淋巴和血流广泛扩散,历时数周或数月,发展为全身性血液淋巴疾病。再后,锥虫由血管进入组织间隙,并在其内繁殖,血管通透性的增强对此过程有促进作用。

淋巴血液期有广泛的淋巴结病和组织细胞增生,而后纤维化。各组织中常见桑葚细胞(Mott细胞)。这种细胞是浆细胞胞质空泡化、核固缩形成,在产生IgM中起作用。脾肿大,细胞广泛增生,充血,并有局灶性坏死。随着疾病的发展,淋巴结核脾内产生动膜内膜炎,血管周围锥虫和淋巴细胞浸润。

锥虫侵入血液和淋巴系统大量繁殖引起发热和虫血症。锥虫和宿主免疫系统细胞之间产生复杂的相互作用,这一谜团至今还未完全解开。每一虫血症波和有限数目VGS的表达相联系。宿主广泛特异性抗体应答,从血液中将靠近相应抗原的锥虫清除,从而释放锥虫的内部抗原。已转换为表达新VGS抗原的锥虫残存下来,继续繁殖又引起一波虫血症,如此循环反复产生一次又一次的虫血症波和发热。继续的虫血症使IgM水平显著增高,在慢性感染时,还导致免疫系统衰竭和免疫抑制。可使T细胞核B细胞应答观察到后一效应,巨噬细胞和$CD8^+$T细胞间的相互作用似乎在其中起作用,但还不了解其全面情况。促炎细胞的释放引起种种组织损伤和全身效应。在动物模型中,恶液质素[肿瘤坏死因子α-$(TNF-\alpha)$]的分解代谢效应引起厌食、发热和体重减轻,提示恶液质素就能引起锥虫病的多种症状。

心脏也常受累,尤其是东非锥虫病。可发生侵害心脏的所有各层(心壁、心瓣膜和心内膜)的泛心炎。心脏传导系统和自主神经也可受侵害。细胞水平的病理学变化是严重的淋巴细胞、浆细胞核桑葚状细胞浸润,最后可发展为肌细胞崩溃和纤维化。

此期呈现许多血液学变化,主要是免疫介导溶血所致。最常见的是正常红细性贫血、血沉加快,通过伴明显的网状细胞增多。血小板常减少,特别是东非锥虫病,在治疗前或治疗期间可发生播散性血管内凝血。白细胞中度增多,特别是在病初几个月,并伴多克隆B细胞活化,IgM显著增多,其中大部分并非抗锥虫特异抗原的。常可检出异嗜性抗体、类风湿因子和抗DNA抗体。此外,普遍存在高水平的循环抗原-抗体复合物,从而引起贫血、组织损伤和血管通透性增高,还可见低补体血症。

脑膜脑炎期(锥虫病Ⅱ期)是锥虫侵入CNS,导致CNS的渐进性损伤。现今认为这一过程在感染的较早期即开始,实验动物的染料示踪试验表明,血脑屏障在感染数天后即受累。最近发现,患者脑脊髓液(CSF)中含前凋亡因子、可溶性Fas的配体和抗Fas抗体等,它们在体外能诱导小神经胶质细胞和内皮细胞凋亡,可能和血脑屏障的破坏有关。

CNS早期的变化是脉络膜丛的损伤,使锥虫和淋巴细胞得以渗入室周围区。锥虫经血流到达脑和脑膜,引起脑膜脑炎和(或)脊髓脊膜炎。中枢神经受侵害的先兆是CSF蛋白含量和细胞数增多,细胞主要是单核细胞,另有少数桑葚细胞和嗜酸性粒细胞,并常常可检出锥虫。锥虫在脑内主要存在于额叶、脑桥和延髓,但也可见于其他部位。CSF 中也常有锥虫存在。尸检时,受损害部位肉眼检查可见水肿和出血。锥虫存在于血管周围,也成堆地存在于与血管无关系的部位。锥虫存在的部位有以淋巴细胞、浆细胞核桑葚细胞为主的单核细胞浸润。

至今还未发现锥虫本身释放任何致病毒素。CNS 病变的产生似乎是锥虫与宿主免疫系统相互作用的结果。细胞因子/前列腺素网在脑炎病理发展中似乎起关键作用,也影响嗜睡和发热等一般症状。西非锥虫病晚期患者,CSF 中具嗜睡作用的前列腺素 PGD2(一种平滑肌吸缩剂)的水平上升,而白细胞介素 1(IL-1)和 PGE2(可使平滑肌松弛,血管扩张的一种前列腺素)的水平仍正常。CNS 中活化的星形细胞以及侵入的淋巴细胞能产生多种细胞因子和前列腺素,阐明它们之间一系列复杂的相互关系,无疑将有助于澄清锥虫病晚期的病理发生机制。

克氏锥虫的致病机制迄今尚未完全明了。目前有毒素说和自身免疫说两种观点。毒素说认为,美洲锥虫病对宿主损伤不是源于感染细胞的破裂,而是源于无鞭毛体产生的毒素。此毒素是神经毒素,虫体释放的毒素作用于周围组织。尽管患者许多器官被感染,但以心脏和肠道最为严重。毒素作用于肠道和心脏的传导系统,其长期效应是使肌肉细胞丧失收缩能力,可能需多年才导致严重的疾病。心脏由希氏东受侵和心肌细胞伸长,致心肌不能正常收缩,导致心脏扩张、原血效率逐渐降低,最终导致心衰。肠道最常见的两种病变是巨食道和巨结肠综合征。肠道平滑肌不能收缩导致肠蠕动减弱,停止,肠内容物不能后送;食道受累则呈现吞咽困难;大肠受累则结肠难以排空。

自身免疫说认为美洲锥虫病的一系列病理改变是自身免疫引起。慢性患者主要的病理变化包括神经源性和肌源性病变,免疫学和组织病理学研究提示这些病变系自家免疫过程,实验模型似表明,自身抗体的出现迟于明显的神经元破坏。

[临床表现]　致猪感染发病的锥虫有:凹形锥虫、猪锥虫、枯氏锥虫、冈比亚锥虫、双态锥虫、布氏锥虫、刚果锥虫和伊氏锥虫等,但认为猪是布氏冈比亚锥虫和枯氏锥虫的保虫宿主(Faust,1955)。Liamond 和 Rubin(1956)报道关于枯氏锥虫来自美国东南部浣熊,以及猪可以充当人枯氏锥虫感染的一个很重要的储存宿主。

J. S. Dunlap 在《Diseases of Suine》报道过来自猪体的一些锥虫(表-162),刘俊华(1993)汇总的猪锥虫(表-163)和默克兽医手册第 10 版中的锥虫(表-164)。

表-162　猪锥虫的记录表

名　称	长度(μm)	媒　介	宿　主	分布区域
凹型锥虫(T.simiae),Bruce 1912(猴锥虫)	12～24	采采蝇、马虻	疣猪、猴子、绵羊、山羊	非洲
刚果锥虫(T.congolense),Broden 1904	8～21	采采蝇	牛、绵羊、山羊、马、驴、骆驼、犬	非洲

续　表

名　　称	长度(μm)	媒　介	宿　　主	分布区域
布氏锥虫(*T. brucei*)，Plimmer 和 Bradforb 1899	12～35	采采蝇	所有的家畜和许多野生哺乳动物	非洲
冈比锥虫(*T. gambiense*)，Von Forde 1901	12～28	采采蝇、马虻、鳌蝇	猩猩、野猪、牛、绵羊、山羊	非洲
枯氏锥虫(*T.cruzi*)，Chagas 1909	15～20×1.5～4	食虫蝽象科	人、犬、猫、树鼠、袋鼠、蝙蝠、浣熊、犰狳和其他野生哺乳动物	美洲中部和南部

表-163　猪锥虫(刘俊华，1993)汇总

锥虫名	长度(μm)	宿　　主	媒介	易感实验动物	繁殖方式	分布	致病性
刚果锥虫，1904	9～18	牛、绵羊、山羊、马、猪、犬	采采蝇	啮齿类	分裂增殖	非洲	有
双态锥虫(*T.dimorpha*)，Laveran 等 1904	12～25	马、牛、绵羊、山羊、犬、猪	采采蝇	啮齿类	分裂增殖	非洲	有
凹型锥虫(*T.simiae Bruce*)，1911	14～24	猪、瘤猪、牛、马、骆驼	采采蝇	家兔	分裂增殖	中非东非	有
猪锥虫(*T.suis*)，Ochmann，1905	14～19	猪、野猪	采采蝇	无	分裂增殖	中非东非	猪锥虫病
布氏锥虫指名亚种(*T. bruce brucei*)，Plimmer 1899	12～35	所有家畜及羚羊	采采蝇	啮齿类	分裂增殖	非洲	舒干舒病
伊氏锥虫(*T.evansi*)	15～35		虻及刺蝇	啮齿类、猫、兔、猴	分裂增殖	亚洲、非洲、中东、苏联	苏拉病

表-164　采采蝇传播的动物锥虫

锥虫属	主要受感染动物	主要分布区域
刚果锥虫	牛、绵羊、山羊、犬、猪、马、骆驼、大多数野生动物	非洲的采采蝇区域
活动锥虫	牛、绵羊、山羊、马、骆驼、大多数野生动物	非洲、中美洲、南美、西印度群岛西部
布鲁斯锥虫	所有家畜和野生动物、犬、马、猫最严重	非洲采采蝇区域
猴锥虫	猪、野猪、骆驼	非洲采采蝇区域

猪的锥虫病是猪的一种血液原虫病。主要特征是间歇发热，贫血，渐进性衰竭等。

1. **猪锥虫病**　汪久滢（1980）报道了江西省的猪锥虫病，对成年猪为慢性感染，二月龄内仔猪感染后发生急性死亡。病猪食欲减退，精神沉郁，常会卧地一时不起，间歇发热，贫血，渐渐消瘦，毛失光泽。后肢可能出现水肿，淋巴结肿大，耳、尾有不同程度的坏死。母猪停止发情，孕猪有流产现象。体表发生炎性病变，上颌右上方有手指大到梨样大炎肿，中心溃烂，穿孔至口腔。腹部皮肤有硬币大溃疡创面。后肢关节下炎肿，跛行，粪便干结。体温 41.3～40.3℃，多为不定型间歇热。晚期倒地，虚弱，血液稀薄，枯瘦。急性病程 2～3 天死亡，慢性病程达 3 个月。剖检：尸表消瘦，血液稀薄不易凝固，肝、脾、淋巴结肿大。何先知报道患猪体温 41.5℃，精神沉郁，有时转圈，出现神经症状。耳部发绀，随后枯烂，同时尾尖也枯焦，颈部发生水肿，死亡前 2～3 天拉稀，后死亡。

2. **伊氏锥虫病**　猪是伊氏锥虫病的保虫宿主，认为猪带虫而不发病。伊氏锥虫寄生于马、牛、猪、犬、猫、兔等的血液和造血器官内（骨髓、淋巴、脾），已有试验和临床报道可致猪疾病。Cabrera（1956）以伊氏锥虫接种 5 头猪，5 头猪均发生慢性感染，但未死亡，而淋巴细胞减少，单核细胞和嗜酸性白细胞增多。Kuppnswan（1941）以伊氏锥虫接种 2 头猪，1 头猪未发生感染，1 头无症状死亡。但自然发病的猪只有部分猪发病出现严重临床症状。江苏、安徽、江西偶有发病致猪死亡报道。李杨等（1990）报道金湖县两个猪场 90 头生猪，30 头发病，4 头死亡病例。病初猪仅少食，消瘦，精神沉郁。体温正常或升高到 40℃。体温正常时病猪可站立行走，体温升高时则卧地不起。病重猪两前肢疲软，触诊前肢患猪发出痛苦的叫声，不久四肢同时发生疲软，勉行数步即跌倒地，四肢伸直，有轻微颤抖现象，人工可使患肢屈曲，叫声有力，有疼痛感，这时体温下降到正常或偏低，眼结膜苍白，眼球凹陷，口腔黏膜苍白，呼吸困难，皮毛粗乱无光泽，尾部少毛。发病一周后，食欲废绝，不能起立，四肢伸直似木马状，强行扶起似醉汉，发生尖而嘶哑的叫声，盲目行走，但多数卧地不起，站立时四肢叉开，悬蹄着地，拱背，尾上翘，弯曲，无毛，拨开尾毛，尾尖干枯，呈针锥状，耳尖干枯，全身体表水肿。最后呼吸困难，卧地不起，体温正常或偏低，极度消瘦，贫血，耳、尾尖干枯，2～3 天后死亡，整个病程最急性为 8～10 天，一般 2～3 个月。剖检皮下水肿和明显的胶样浸润，血凝不佳，肝、脾肿大。聂海洋、叶万祥、方元（1993）通过低虫数接种水牛和猪，猪于接种后第 7 天出现虫血症。杨玉芬等（2003）报道 2002 年德宏某猪场暴发了一种以消瘦、贫血、体温高为主要症状的疾病。该场共有存栏猪 260 余头，种公猪 4 头，种母猪 130 多头。种母猪先后发病，采用抗生素和磺胺类药物治疗无效，死亡 15 头。病猪表现精神沉郁，卧地昏睡，四肢僵硬，跛行，食欲下降，逐渐消瘦，发抖，结膜发炎，贫血，四肢、耳有不同程度的浮肿和坏死，体温呈不定型的间歇热，高达 41℃，呼吸增加，心搏动亢进。血检诊断为伊氏锥虫感染。采用拜耳 205，按 8～10 mg/kg·W 的量溶于 100 mL 生理盐水，加入 10％安钠加注射液 10 mL，缓慢耳静脉注射，4～6 天后重复用药 1 次，疾病得以控制。周新民（1988）报道安徽猪伊氏锥虫病，83 头感染猪精神沉郁，食欲下降，四肢僵硬，尾、耳有不同程度坏死，并死亡 5 头。有25 头脊背脱毛，消瘦，贫血，有间歇热，但有 9 头未见体温升高。耳采血镜检 65.8％（27/41）血中有锥虫虫体，每视野 2～3 条，多达 8 条。间接血凝反应 75％（42/56）阳性；血凝抗体价达 1：160，抗生素无效。刘龙生认为散养户猪发病少，多为隐性感染，而良种猪易发，其中断奶猪、生长肥育猪对伊氏锥虫病最易感，多呈急性发生。种公猪、种母猪、哺乳仔猪感染往往呈不显性症状和隐性经过。病初体温高至 41℃，出现为不定期的间歇热；精神沉郁，食欲减少或厌食，四肢僵硬；大便一般正常，眼结膜苍白或黄染，呼吸增加；被毛干枯，有的背毛脱落，尾尖及耳缘有不同程度干枯坏死。治疗可缓解，但可反复，约 8～10 天衰竭死亡。黏膜发黄，胸腔积液，肝脏肿大，淤血质硬；淋巴结肿大，呈灰色，切面浸润；脾脏肿大，髓液增多。

沈永林等（1983）报道用伊氏锥虫攻击 2 头猪：2 头猪在接种后 16 天体内出现虫体。1 号猪在第 31 天体温升高至 40℃，1 天后下降，血液内虫体增多，生长严重不良，体重由 6.5 kg 降为 5 kg，41 天死亡，死前仍吃食，恶病质死亡，四肢末端坏死，皮肤有点状出血。2 号猪在接种后 44 天体温升高达 40℃，持续 2 天，生长不良，虫体增加至 75 天。两猪淋巴细胞减少，单核细胞增加。

3. 布氏锥虫　有罗得西亚锥虫和冈比亚锥虫两亚种。世界卫生组织寄生性动物流行病（人民卫生出版社，1982）的报道：在大多数地区冈比亚锥虫完全是在人群中传播的，有的人认为猪是一种动物宿主，易通过循环传代在猪群中传播。实验证明牛、猪、山羊、绵羊、犬等布氏锥虫可感人。布氏锥虫常引起猪发生严重疾病，有些病猪在尚未出现临诊症状前而突然死亡。

4. 美洲锥虫-克氏锥虫、枯氏锥虫　已从 24 个科 150 种以上动物分离到，幼龄猪和山羊可实验感染，但虫血症低。Liamond 和 Rubin（1956）报道，美国南部猪可以充当人枯氏锥虫感染的一个重要宿主。

5. 猴锥虫又称凹型锥虫　默克兽医手册写道，猴锥虫对猪致病性最强。对猪往往呈急性经过，猪数天内死亡。国内未见报道。

[诊断]　早期诊断特别重要，因为抗锥虫药物并非特效或对晚期患者疗效不甚可靠。诊断应结合临床症状、实验室检查结果进行综合判断，病原学检查是最可靠的诊断依据。

1. 病原学检查　采集血液、淋巴结穿刺物、腹腔渗出物、骨髓液和脊髓液涂片，直接染色检查有无虫体。一般急性期或高热期多可见虫。或采集多量血液，加抗凝剂，离心沉淀后镜检沉渣，查找虫体。也可在病猪发热期间，耳尖采血抹 1～3 张涂片，瑞氏、吉姆萨染色，镜检。

2. 血清学检查　利用锥虫抗原与检血清反应。常用琼脂法、间接血凝法、对流免疫电泳法和补体结合实验等。

3. 分子生物学技术　特异 PCR 及 DNA 探针技术，对于检测虫数极低的血标本，有很高的检出率。

4. 动物接种试验　用疑似血液标本 0.2～0.5 mL，接种小鼠、豚鼠、兔等的腹腔或皮下，每隔 1～2 天采血检查一次，连续检查一个月仍不见虫体，可判为阴性。

[防治]　猪锥虫病常用贝尼尔（血虫净）5～7 mg/kg 体重，用 5% 葡萄糖稀释成 10% 溶液，加 10 mL 安钠加，肌注，或静注；拜耳 205，8～12 mg/kg 体重，用生理盐水稀释成 10% 溶

液,加 10 mL 安钠加静注。

预防该病的关键是控制传播媒介与人畜的接触。搞好环境卫生,在媒介活跃的季节驱杀媒介,减少感染传播机会;对病人、病畜要及时隔离、治疗。

二、贾第鞭毛虫病(*Giardiasis*)

该病又称蓝氏贾第鞭毛虫病,是由蓝氏贾第鞭毛虫(*Giardia Zambia*)致人兽以腹泻为主要症状的原虫性疾病。蓝氏贾第鞭毛虫寄生于人体和某些哺乳动物的小肠,特别是十二指肠多见,偶尔寄生于胆道或胆囊内,可引起腹泻、吸收障碍和体重减轻等症状。

[历史简介]　Van Leeuwhock(1681)在自己粪中发现此虫的滋养体。Lambl(1859)从腹泻儿童粪中发现虫体。Stiles(1915)为纪念 Giard 和 Lambl 对本病的发现,将此虫命名为蓝氏贾第鞭毛虫(Giard Lambl),又称肠贾第虫。Meyer(1976)建立人贾第虫株的纯培养方法。Boreham 等(1984)推荐贾第虫培养株的命名,如 BEIJ88/BTMRI/1。WHO(1978)推荐用锥虫命名法于贾第虫病,贾第虫病已被列为全世界危害人类健康的 10 种主要寄生虫病之一。

[病原]　蓝氏贾第鞭毛虫分类归属于六鞭虫科贾第鞭毛虫属。

贾第虫有滋养体和包囊两个阶段。滋养体呈倒置梨形,长 9.5～21 μm,宽 5～15 μm,厚 2～4 μm。两侧对称,前端宽钝,后端尖细,背面隆起,腹面扁平。腹面前半部向内凹陷成吸盘状,可吸附在宿主肠黏膜上。前侧、后侧、腹侧和尾各有 1 对鞭毛,均由位于两核间靠前端的基体发出。经铁苏木染色后可见 1 对并列在吸盘底部、卵圆形的泡状核。有轴柱 1 对,纵贯虫体中部,不伸出体外。在轴部的中部还可见到 2 个半月形中体,包囊呈椭圆形,大小为 8～12 μm×7～10 μm。碘液染色后呈黄绿色,未成熟包囊内含 2 个细胞核,成熟包囊有 4 个细胞核,且多偏于一端。囊内可见鞭毛、丝状物、轴柱等结构。后者为感染期。根据蛋白质和 DNA 多态性,贾第鞭毛虫至少可分为 7 个明显不同的基因型(A–G)。即集合体,A 和 B 可感染人和多种哺乳动物;C 和 D 可感染犬科动物;E 可感染家畜;F 可感染猫科动物;D 可感染啮齿动物。

贾第鞭毛虫的滋养体黏附于小肠细胞内层的刷状缘上获取营养后,通过二分裂进行增殖,并在小肠或大肠中形成包囊,以感染性卵囊通过粪便排出。

包囊在冷水、温水中可存活 1～3 个月,在苍蝇肠道内能存活 24 小时;在蟑螂消化道内经 12 天仍有活力;粪便中活力可保持 10 天以上。−20℃ 10 小时死亡,但加热到 100℃ 立即死亡,在含 0.5％氯的水中可存活 2～3 天。常规剂量的消毒剂对包囊无效,但在 5％石炭酸或 3％来苏尔中仅存活 3～30 分钟。

[流行病学]　本病呈世界性分布,常见于热带和亚热带地区。各地感染率约为 1％～30％不等,个别地区可达 50％～70％。在我国各地均有贾第虫病,但南方多见。本病可侵入人、牛、马、羊、犬、猫、鹿、河狸、狼、美洲驼等。猪、禽染病较少见。病人和无症状带包囊者是主要传染源。凡从粪便中排出贾第虫包囊的人和动物均为本病传染源。一般在硬度正常粪便中只能找到包囊,滋养体则在腹泻者粪便中发现。包囊在外界抵抗力强时,为贾第虫的传

播阶段。包囊随粪便排出到环境中,1 克粪便可排出成百上千个包囊,一次正常粪便中可有包囊 9 亿个,另一宿主摄入 10 个包囊即可感染。保虫宿主包括水污染之源的海狸,以及牛、羊、猫、猪、犬、草原狼、兔和雪豹等。

本病主要以水源传播为主,可造成暴发流行,也见食物源传播。人与人之间传播主要为粪-口途径,人和动物之间可交叉传播。媒介昆虫(苍蝇、蟑螂)的机械性携带在流行上起一定作用。也有可能接触性传播,一般呈散发,全年均可发病,但水源被污染时可呈暴发。水源的污染多来自人、动物粪便及污水。

世界各国各年龄段猪皆有感染报道,感染率为 0.1%~20% 之间:在俄亥俄州 8.3% 哺乳仔猪、2.6% 断奶仔猪、1.5% 经产母猪中能检测到贾第虫。发现加利福尼亚州 7.6% 的野猪感染,人也存在风险,同时也是家猪感染的一个来源。加拿大对 50 个猪调查,70% 猪感染,其中在 3.8% 仔猪、9.8% 断奶猪、15% 育成猪、5.7% 公猪和 4.1% 经产母猪中检测到贾第虫。在丹麦流行病学调查显示仔猪、断奶猪和经产母猪感染率分别为 22%、84% 和 18%;在仔猪和断奶猪中存在着基因 A 的分离株。在澳大利亚 17% 的断奶前猪和 41% 断奶后猪感染贾第虫,其感染主导型为 E 基因型(集合体),也有 A 基因型感染。

贾第虫感染在我国呈全国性分布。北起黑龙江省南至海南岛,西从西藏东到东南沿海,凡做过调查的地方均可发现本虫流行。

目前尚不清楚本病的自然病程。

[发病机制]   贾第虫的致病机制目前尚不十分清楚,可能与下列因素有关:

过去曾认为原虫大量寄生肠道,常将局部肠黏膜完全覆盖,影响吸收,或原虫的吸盘直接造成肠黏膜的机械性损伤,或胃酸缺乏、营养竞争等因素导致腹泻。近几年已经有一些新的观察发现:① 滋养体通过两种可能机制吸附到肠上皮细胞的刷状缘,即通过吸盘的收缩蛋白或鞭毛介导的水动力学作用来参与吸附;也可能与植物血凝素样分子(lectin like-molecules)介导的受-配体作用有关,从而致微绒毛损伤和绒毛萎缩导致刷状缘破坏,这引起二糖酶缺乏,估计这种损伤由蛋白酶或植物血凝样分子引起。同时,吸附作用限制了滋养体的移动。由于虫群对小肠黏膜表面的覆盖,吸盘对黏膜的机械损伤,原虫分泌物和代谢产物对肠黏膜微绒毛的化学刺激,以及虫体与宿主竞争基础营养等因素均可影响肠黏膜对营养物质的吸收,导致维生素 B12、乳糖、脂肪和蛋白质吸收障碍。② 二糖酶缺乏是导致宿主腹泻的原因之一。在贾第虫病患者和模型动物体内,二糖酶均有不同程度缺乏。动物实验显示,在二糖酶水平降低时,滋养体可直接损伤小鼠的肠黏膜细胞,造成小肠微绒毛变短,甚至扁平。提示此酶水平降低是小肠黏膜病变加重的直接原因,是造成腹泻的重要因素。③ 有报道贾第虫病人胆盐浓度下降,以及随之而来的胰脂肪酶活力降低和脂肪消化受损。胆盐能激活脂肪酶,消化脂肪释放出脂肪酸,杀死滋养体。贾第虫病人的低胆盐浓度可能与同时定植的肠杆菌或酵母菌有关。④ 贾第虫感染能抑制胰蛋白酶。⑤ 免疫反应与发病机制。究竟免疫因素是起致病作用还是仅仅为一种保护反应仍不清楚。首先是贾第虫病可使肠隐窝内增加的上皮翻转影响吸收,这可能是由不成熟的肠上皮细胞引起。T 淋巴细胞可导致这种隐窝过度增生。先天或后天血内丙球蛋白缺乏者不仅对贾第虫易感,而且感染后可出现慢性腹泻和吸收不良等严重临床症状。有学者认为，IgA 缺乏是导致贾第虫病的主要因素。胃肠道分泌的 IgA 与宿主体内寄生原虫的清除有关。据统计，10% 人群天然缺乏 IgA，对贾第虫易感。研究表明，贾第虫滋养体能够分泌降解 IgA 的蛋白酶，以降解宿主的 IgA，从而得以在小肠寄生、繁殖。免疫缺陷综合征病人中贾第虫病流行增多，表明免疫力在宿主防御中起作用。研究表明贾第虫感染产生细胞免疫反应，对细胞毒作用和协调 IgA 分泌十分重要，外周血中的粒细胞和肠淋巴细胞均对贾第虫有毒性作用，可能是宿主抵抗贾第虫的重要机制。另一次感染后不产生保护性免疫，可能是因为抗原的多样性和基因的适应性。

[临床表现]　首汉伟等（2000）报道一起贾第鞭毛虫病。病猪突然下痢，水样偶带暗红色血液，呈喷射状下泄，每天可多达十余次，臭味浓，体温一般正常，偶有升高，但很快回落。猪食欲减退，乏力，消瘦，卧地不起，被毛脏乱，腹胀圆鼓，疼痛颤抖；口腔黏液少，苍白，尿少，色浅黄，呼吸急促，后期伴有心力衰竭。

病猪剖检，胃黏膜轻度损伤，十二指肠、大肠黏膜损伤严重，多处呈溃疡灶、弥漫性出血，胆囊腔炎症，肝肿大，有小结节，全身淋巴肿大，暗红色，其他脏器及组织有轻微炎症病变，心内血液色泽正常，但凝固度降低。其他脏器和组织有轻微炎症病变。

在胃黏膜、十二指肠前段病灶组织中可检出滋养体和包囊，在十二指肠后段病灶、肝结节组织、结肠粪便中可检出成虫。

[诊断]

1. 病原学检查　贾第虫病的症状是非特异性的，诊断的关键是在粪便或小肠内容物中查到包囊或滋养体。猪可取胃黏膜、十二指肠前段病灶组织分别涂片镜检，可检出贾第鞭毛虫滋养体和包囊；取十二指肠后段病灶组织、肝结节组织、结肠内粪便用生理盐水湿片法涂片镜检，可检出滋养体、包囊和成虫。

2. 免疫学检查　免疫学诊断方法有较高的敏感性和特异性。酶联免疫吸附试验（ELISA）阳性率可达 75%～81%。间接荧光抗体试验（IFA）阳性率可达 81%～97%。对流免疫电泳（CIE）法的阳性率可达 90% 左右。

3. 分子生物学方法　用生物系标记贾第虫滋养体全基因组 DNA 或用放射性物质标记的 DNA 片段制成的 DNA 探针，或 β-贾第虫素基因标记物，对本虫感染均有较高的敏感性和特异性。PCR 方法也在实验室中应用。也可用谷氨酸脱氢酶和磷酸丙糖异构酶基因进行分析。

4. 鉴别诊断　本病急性期症状酷似急性病毒性肠炎、细菌性痢疾、或由细菌及其他原因引起的食物中毒、急性肠阿米巴病、致病性大肠杆菌引起的"旅游者腹泻"，应与之进行鉴别。贾第虫病的主要特征为潜伏期长，粪便水样具有恶臭，明显腹胀，粪便内无血、黏液细胞渗出物等。

[防治]　猪治疗药物有呱嗪、苯硫氨酯、甲硝唑，它们的治疗率达 87%、82%、94%。按每头 30 kg 体重计，甲硝唑 400 mg/头·次，拌料投喂，3 次/天，连用 15 天。

辅助治疗可用微生态制剂：VE。

贾第虫病分布广泛，宿主群大。因为供水受污染时，会被再感染，这些特点使贾第虫病彻底清除极为困难。因此，预防上主要集中于感染的主要来源，包括水源污染和宿主间传播。积极治疗病人和无症状带囊者。加强人和动物宿主的粪便管理和无害化处理。

三、阿米巴病（*Amebiasio*）

该病从广义上讲是指叶足纲多种阿米巴原虫致人畜感染的一组原虫病的总称，临床上专指溶组织内阿米巴感染所引起的疾病。以消化道为传染途径的原发性病灶多在结肠，有痢疾、腹泻、腹胀及消化不良、黏液性血便等临床症状，称为肠阿米巴病（阿米巴结肠炎或阿米巴痢疾）。病原体由肠壁经血流或淋巴结系统转移到其他组织和器官，引起继发性阿米巴病，临床上有非典型无症状阿米巴病、阿米巴脓胸、阿米巴阑尾炎等，并以肝阿米巴病最为常见，统称肠外阿米巴病。本病易复发转为慢性。WHO（1969）定义，凡体内有溶组织内阿米巴寄生者，无论有或无临床表现，都称阿米巴病。

[历史简介]　人们对于阿米巴病很早就有认识，我国古代医籍《内经素问》《伤寒论》《金匮要略》《千金方》《外台秘要》及《诸病源候论》中提到的肠澼、下痢、飧泄、垂下、滞下、疫痢及赤痢都包括阿米巴病在内。Lambl（1859）在1个死于肠炎的儿童肠壁中找到阿米巴。Ginninghaonan（1871）进行过描述。Losch（1875）在1个彼得堡患病农夫的粪便中找到阿米巴，并在尸检的结肠病损处找到活动性阿米巴，命名为"Amoeba Coli"。又将附有阿米巴的血样黏液粪便注入犬的直肠，结果犬发生痢疾和结肠下部的溃疡。Koch（1883）和Kartulis（1886）确定阿米巴是"热带痢疾"病原体，后者在1887年报告在肝脓肿坏死组织中找到阿米巴，认为是肝脓肿的病原体，并于1904年在脑脓肿中找到阿米巴。Strong（1990）在菲律宾将阿米巴痢疾与细菌性痢疾作了区别。Schaudinn（1903）对阿米巴形态作了研究，指出人肠内有两型阿米巴，即致病性溶组织内阿米巴和非致病性结肠阿米巴。Brunipt（1928）也认为溶组织内阿米巴有2个种，Sargeannt（1978—1987）将10 000个溶组织内阿米巴分离株进行同工酶分析发现有致病性酶株和非致病性酶株，两者的膜抗原及毒力蛋白存在明显差异。Clark（1991）比较了2类虫株的亚基核糖体（SSUrRNA）基因限制性内切酶的图样，认为只有1个种，不致病的是迪斯中的阿米巴（不等内阿米巴）。Von Powazek（1911）发现了人肠道威廉氏阿米巴（后由Dobell改称为布氏嗜碘阿米巴）。Wenyen和O'connor（1917）发现了微小内阿米巴。Jepps和Dobell（1918）发现了脆弱双核内阿米巴。Cutler（1917）将溶组织内阿米巴培养成功。Dobell（1919）对人的5种肠道阿米巴的形态与生活史作了系统研究。Boeck和Drbohlav（1924）用鸡蛋培养基培养出溶组织内阿米巴，并保持有致病性，奠定了临床试验的基础。张景栻将血清腴水培养基成功用于临床检查。溶组织内阿米巴血清学检查是Izar（1914）研究指出感染者血清中有补体结合抗体存在。Craig（1927）用于临床检查。1985年王正义对我国一些地区的阿米巴感染率作了统计（表-165）。WHO（1993）专家将溶组织阿米巴分为侵袭性溶组织阿米巴和非侵袭性的迪斯帕内阿米巴（*E.dispar*）。迪斯帕内阿米巴与溶组织内阿米巴形态相同，但致病性不同，无症状肠道阿米巴感染中，约90%是迪斯帕内阿米巴感染。

表-165　我国京、甘、辽、苏 阿米巴感染率(王正义,1985)

感染虫种	北　京		甘肃 张掖县	辽宁 朝阳市	江苏 江都县
	丰台区	海淀区			
溶组织内阿米巴	2/309(0.6%)	9/824(1.1%)	8/261(3.1%)	4/231(1.7%)	16/1 136(1.35%)
结肠内阿米巴	10(3.2%)	19(2.3%)	30(11.5%)	8(3.5%)	33(2.78%)
哈氏内阿米巴	2(0.6%)	2(0.2%)	2(0.8%)	5(2.2%)	52(4.38%)
微小内蜒阿米巴	0	11(1.3%)	0	18(7.8%)	16(1.35%)
脆弱双核阿米巴	0	1(0.1%)	0	0	0
布氏嗜碘阿米巴	0	1(0.1%)	1(0.1%)	3(1.3%)	10(0.84%)

[病原]　阿米巴(amoeba)即变形虫,为原生生物,属于内阿米巴属。由于生活环境不同将阿米巴分为内阿米巴和自由生活阿米巴,前者寄生于人和动物,后者生活在水和泥土中,偶尔侵入动物机体。内阿米巴主要有 4 个属,即内阿米巴属(Entamoeba)、内蜒属(Endolimax)、嗜碘阿米巴属(Iodamoeba)和脆双核阿米巴属(Dientamoeba),具有代表性的为溶组织内阿米巴。阿米巴形态可分为滋养体和包囊两个阶段。

1. 滋养体　是阿米巴运动、摄食和增殖阶段,也是致病阶段。研究认为溶组织内阿米巴种株有大型和小型之分,故致病力亦各不相同,但学者意见不一。彭仁渝(1959)研究结果是溶组织内阿米巴在不同培养基内并不继续保持原来大小的特点,且都形成包囊,可能是环境的影响而发生变化,而溶组织内阿米巴虫株并不存在有无毒性问题。当宿主免疫功能正常或肠道环境不利其生存时,大滋养体可变为小滋养体,直径为 10～20 μm。反之,小滋养体在某种因素影响下,可入侵肠壁并转为大滋养体。大滋养体有致病力,能侵袭宿主肠壁并进入肠外组织,故称组织型滋养体;小滋养体多无致病力,在肠腔营共楼生活,故称肠腔型滋养体,滋养体直径为 12～60 μm,分外质和内质部分。外质透明,内质颗粒状,分界明显。铁苏木素染色的滋养体,细胞核呈球形、泡状,占滋养体直径的 1/6～1/5。核膜清晰,核膜边缘有均匀分布、大小一致的核周染色质粒。核仁清晰,位于中心。核膜与核仁染色质之间有时可见放射状排列、着色较浅的网状核丝。吞噬的红细胞被染成蓝色,内质中见到被吞噬的红细胞,是溶组织内阿米巴,是与其他非致病性阿米巴滋养体鉴别的重要依据。排出体外的滋养体很快死亡。

2. 包囊　为不摄食的静止阶段。在滋养体进入肠道,生存环境发生变化,滋养体停止活动,进而团缩,并在表膜之外形成囊壁,终成包囊。在机体组织内的滋养体不形成包囊。未成熟的包囊在体外的适宜环境中可继续发育成熟。但肠组织内的滋养体也可随血流循环至肝脏和其他器官,亦可随坏死组织落入肠腔,继续增殖或形成包囊。包囊呈圆球形,直径约10～20 μm,包囊的囊壁折光性强,内含 1～4 个圆形、反光的细胞核。成熟包囊有 4 个核时,是其感染阶段。拟染色体呈棒状,未染色时糖原泡一般看不见。碘液染色的包囊呈棕黄色,核膜与核仁均未浅棕色,较清晰;拟染色体不着色,呈透明棒状;糖原泡呈黄棕色,边缘较模糊,在未成熟包囊中多见。铁苏木素染色后包囊呈蓝褐色,细胞核核膜与核仁清晰,结构与滋养体细胞核相似但稍小;拟染色体呈棒状、两端钝圆、蓝褐色,于成熟包囊形成过程中逐渐消失;糖原泡在染色制作过程中被溶解,呈空泡状。

3. 生活史　阿米巴生活史比较简单,包括滋养体期和包囊期两个阶段。生活史的基本过程为"包囊-滋养体-包囊",感染阶段为成熟(4核)包囊。

当食入被成熟包囊污染的食物或水时,包囊在肠内中性或偏碱性小肠消化酶的作用下,囊壁变薄,随着囊内虫体伸缩活动,4核的滋养体脱囊而出,并迅速分裂形成8个单核滋养体。滋养体以细菌和肠内容物为食,以二分裂方式增殖。滋养体随着肠内容物下行,在结肠上端随着肠内容物的脱水及环境变化等因素,虫体变圆,分泌囊壁成囊。早期囊内有1个核,内含有拟染色体和糖原泡,经两次有丝分裂形成4核成熟包囊,拟染色体及糖原泡消失,随粪便排出。但急性腹泻时,滋养体也可直接排出体外。溶组织内阿米巴滋养体可侵入肠黏膜,破坏肠壁组织,吞噬红细胞,引起肠壁溃疡;侵入肠组织的滋养体也可进入血管,随血流播散至其他器官如肝、肺、脑等;也可随坏死组织脱落至肠腔,随肠内容物排出体外。

自然界的阿米巴多营自生生活,少数会致动物发病。依据阿米巴的生活环境和致病性,大致可分为4类。

(1)致病性阿米巴。如溶组织内阿米巴等。

(2)共生性或非致病性阿米巴。如结肠内阿米巴、微小内蜒阿米巴、布氏嗜碘阿米巴、齿龈阿米巴等。这些种类阿米巴寄生于人体消化道,一般对人体无致病性。

(3)致病性自由阿米巴。存在于自然界的水和土壤中,一般营自生生活,偶进入人体可致病,如耐格里属阿米巴、棘阿米巴属阿米巴、巴拉姆斯阿米巴、匀变虫等,引起人脑膜脑炎等中枢神经感染以及角膜炎等眼疾,致死率高。

(4)嗜粪性阿米巴。在人和动物粪便中发现的阿米巴,为进入人和动物消化道内共生性阿米巴,也可在水、土壤中自由生活。已报道1例人体双核匀变虫病病例。

Sargeaunt PG(1978、1987)根据寄生于人体的溶组织内阿米巴同工酶谱特征将其分为致病性和非致病性的酶株群,迄今已检出至少22个酶株群。这些酶株群分布在世界各地,而且不同地区酶株群的分布也有一定的差异,并指出,酶株群Ⅱ、Ⅱa、Ⅵ、Ⅶ、Ⅺ、Ⅻ、ⅩⅣ、ⅩⅨ、ⅩⅩ等属于致病性的酶株群,主要是从病人肠壁溃疡、脓血便、阿米巴肝脓肿穿刺液中分离得到;而酶株群Ⅰ、Ⅲ、Ⅳ、Ⅴ、Ⅷ、Ⅸ、Ⅹ、ⅩⅢ、ⅩⅤ等属于非致病酶株群,多从无症状包囊携带者分离而得。

猪阿米巴有嗜碘阿米巴属的布氏嗜碘阿米巴,寄生于猪结肠;内阿米巴属的结肠内阿米巴虫寄生于猪结肠和溶组织内阿米巴寄生于猪、犬的大肠、肝;内蜒阿米巴的微小内蜒阿米巴虫寄生于猪肠内。还有波氏阿米巴、哈氏阿米巴。

[流行病学]　阿米巴病分布广泛,人、猿、猪、犬、鼠、狒狒、黑猩猩、猴、猫等都可自然感染。凡是能排出阿米巴包囊的有症状或无症状人畜兽都为传染源。人是溶组织内阿米巴和迪斯中自由阿米巴的主要宿主,无症状排包囊者、慢性感染者与恢复期病人是本病的传染

源。1个排包囊者,每天可随其粪便排出包囊 5 000 万个之多。多种哺乳动物也是溶组织内阿米巴的宿主,但其流行病学意义未明。阿米巴病的种较多,同一个种阿米巴病原可以感染多种动物,反之,同一个动物可以感染多个种阿米巴病原。溶组织内阿米巴带囊者是最主要传染源,无症状人感染率为 12.43%。Kessel 等检查了 100 头北京猪,发现 30%感染痢疾阿米巴(溶组织内阿米巴),故提出猪作为溶组织内阿米巴保虫宿主。Grassi(1879)报道结肠内阿米巴原虫是人肠道共栖原虫。波氏内阿米巴原虫是猪的肠道原虫,Von mowagek(1912)首先是从猪的大肠中发现,也见于猴、山羊、绵羊、牛、犬,人偶可感染。郑应良(1986)在山东章丘调查发现,该原虫对家养猪感染率为 50%,反之为 31.4%,提示猪作为该病的传染源及其在流行病学上的意义没引起重视。微小内阿米巴原虫可感染人、猪、猿、猴等。可自然感染人肠壁阿米巴也部分感染动物。另外,人单纯性齿龈阿米巴也在逐年上升,黄若玉(1985)报道浙江农民单纯齿龈阿米巴感染率为 17.8%(62/348)。国内普遍存在溶组织阿米巴感染(表-166)。

表-166 可自然感染人肠腔阿米巴的动物种类

阿 米 巴	猪	犬	黄狒狒	山魈	黑猩猩	黑叶猴	白头叶猴	翠猴	金丝猴
溶组织内阿米巴	+	+	+						+
结肠内阿米巴	+					+	+		+
哈氏内阿米巴			+					+	+
波氏内阿米巴	+			+				+	+
微小内阿米巴	+				+				+
布氏嗜碘阿米巴	+			+					
脆弱阿米巴					+				

从人中能检出 7 种阿米巴原虫,而除哈氏内阿米巴和脆弱阿米巴外,报道从猪中也检出其他各个种(表-167)。

表-167 家猪肠腔阿米巴原虫感染情况

地区	对象	数量	感染率(%)							报 告 人
			溶组织内阿米巴	结肠内阿米巴	哈氏内阿米巴	波氏内阿米巴	微小内阿米巴	布氏阿米巴	脆弱阿米巴	
北京	家猪	100	30	√	√	√	√	√	0	Kessel 1925
北京	家猪	160	20	0.6	—	39	14	42	0	Kessel 1928
沈阳	家猪	205	17.5	12.6	—	30.2	58	13.6	0	北昌荣太郎 1935
济南	家猪	209	0	6	—	70.8	15.3	0	0	张套 1938
南京	家猪	898	0	0	—	0	0	0.1	0	郑庆端 1964
山东	家猪	279	37.28	—	—	—	—	—	—	郑应良 1984

　　从表-167中可见各地感染率不一，感染率相差悬殊，这与生活、卫生习惯及环境有关。在自然环境下，有人认为动物与人间相互传播，动物源意义不大；在生活卫生习惯良好的地方，人-动物传染源环节被切断，交互感染可能性较小，而反之环境因素又很重要。山东省章丘市民常见猪厕合一，则人阿米巴痢疾、阿米巴肝脓肿发病率就高，经调查2 388人，阳性人数为147人，感染率为(6.16±0.49)%；在同地调查猪219头，阳性猪为85头，感染率为(38.81±3.29)%，两者有一定相关性(表-168)。

表-168　家猪有无溶组织内阿米巴感染同人群感染情况比较

家中有否受感染的猪	受检人数	阳性人数	阳性率(%)
有	427	36	8.34±1.34
无	623	28	4.49±0.83

　　两者有差别，家猪感染则人群明显阳性率高，并高于本地区平均阳性率；而家中猪无感染时，人群感染率低，而且低于本地区平均阳性率。同时表明有其他感染途径和大环境因素(表-169)。

表-169　人群的溶组织内阿米巴对猪感染的影响

家中有否受感染的	受检数	阳性数	阳性率(%)
有	57	31	54.39±6.60
无	162	54	33.33±3.70

　　郑应良(1986)收集家庭有无溶组织内阿米巴感染者所饲养猪的猪粪279份，阳性猪粪为104份，阳性率为37.28%，其中家人有原虫感染者，猪粪中阿米巴原虫阳性检出率为50%。

　　阿米巴病在热带、亚热带地区常见，如印度、印度尼西亚、非洲，这些地区的气候条件适于包囊生存。粪便中有包囊排出的慢性阿米巴患者和无症状携带者，是重要的传染源，而急性阿米巴病患者只排出滋养体。一般来说，滋养体在阿米巴病传播中的作用可以忽略，因为滋养体随粪便排出体外后短短2小时即死亡。同时卫生条件和生活习惯不佳有利于阿米巴的传播。因为成熟包囊污染食物或水源后，会经口感染。溶组织内阿米巴的包囊在外界环境中具有较强的生存力，一般自来水的余氯量不足以杀死包囊；在潮湿低温的环境中，可存活十余天，在水中可存活9～30天；粪内可活5周。包囊对干燥、高温和化学药品的抵抗力不强，于50℃、干燥环境中生存不超过数分钟；在0.2%盐酸、10%～20%食盐水及醋中均不能长时间存活。包囊通过苍蝇、蟑螂的消化道不受损伤，仍保存感染性，它们是污染食品、水的重要条件。从宿主方面看，感染者的全身状况(贫血、营养不良)尤其是胃肠道状况(有黏膜损伤、肠功能紊乱、感染，尤其是慢性细菌性感染等)均对溶组织内阿米巴是否侵入肠壁有不可忽略的影响。主要是通过进食被成熟包囊污染的食品与饮水传播。污染的人手、蝇类、蜚蠊等可机械携带。

[发病机制]　阿米巴病发生是在包囊被吞食后进入宿主消化道,随肠管蠕动移至小肠下段,滋养体脱囊逸出,随肠内容物下降,寄生于盲肠、结肠、直肠等部位的肠腔。以肠腔内细菌及浅表上皮细胞为食。滋养体是致病阶段,其具有侵入宿主组织和器官,适应宿主免疫反应和表达致病因子的能力。在多种因素的作用下,滋养体通过对肠上皮细胞接触、黏附、溶解、吞噬和降解等连续性损伤,侵袭肠黏膜,造成溃疡等病理变化,到一定范围和程度时,酿成痢疾。一般认为在溶组织内阿米巴的致病性因素中,有 3 种致病因子已在分子水平被广泛研究和阐明:① 260 kDa 半乳糖/乙酰氨基半乳糖(Gal/GalNAc)凝集素(由 170 kDa 和 35 kDa 亚单位通过二硫键连接组成的异二聚体)介导吸附于宿主细胞(结肠上皮细胞、中性粒细胞和红细胞)表面,吸附后还具有溶细胞作用;② 阿米巴穿孔素(amoeba pores)-成空肽是滋养体胞质颗粒中的小分子蛋白家族,当滋养体与靶细胞接触时或侵入组织时就会注入穿孔素,使宿主细胞的离子通道形成孔状坏死;宿主靶细胞表膜的完整性受损,胞内胞质和小分子物质向外渗透,最终靶细胞坏死。据观察,靶细胞被犬滋养体黏附后,大约 20 分钟死亡。③ 半脱氨酸蛋白酶是虫体最丰富的蛋白酶,其分子量为 30 kDa,可使靶细胞溶解,将补体 C3 降解为 C3a,阻止补体介导的抗炎反应。此外,胞外支架组织在多种酶(和胶原酶、透明质酸酶与蛋白水解酶)影响下崩塌。在此基础上,为滋养体入侵肠道组织创造条件。

阿米巴滋养体不仅能吞食红细胞,并且有迅速触杀白细胞的能力,这种触杀力的强弱,可以作为判断虫株毒力的指标。宿主的健康情况及滋养体的毒力程度可能与造成病变有关,滋养体的毒力并非固定不变,可以通过动物传代而增强,也可在多次人工培养后而减弱。某些革兰氏阴性菌可以增强滋养体的毒力,如产气荚膜杆菌等可以明显增强实验动物感染率和病变程度。

从宿主方面看,感染者的全身状况(贫血、营养不良),尤其是胃肠状况(有无黏膜损伤、肠功能紊乱、感染,尤其是慢性肠道细菌性感染等),均对溶组织内阿米巴是否侵入肠壁有不可忽视的影响。当宿主的生理发生变化或肠壁受损时,肠内的滋养体借助伪足的机械运动和酶的水解作用侵入肠壁组织,并在组织内大量繁殖,吞噬红细胞和组织细胞,破坏和酶解宿主组织,造成胸壁损伤,引起宿主发病。

[临床表现]　常见感染猪的阿米巴为溶组织内阿米巴。此外,还有从猪大肠中发现微小内阿米巴、波列基氏内阿米巴(E. polecki)、结肠阿米巴。猪体内的可感染人的 7 种阿米巴病原中的 5 种是重要的感染源,猪是重要宿主和传染源。

猪可能成为人阿米巴的保虫宿主。Kessel(1925)检查北京家猪 100 头,发现有 30% 感染溶组化内阿米巴,他明确指出猪可能是保虫宿主。潘玉珍等(1988)调查山东章丘某村,人溶组织阿米巴感染率为 6.16%(147/3 288),猪感染率为 38.81%(85/219);养的猪感染溶组织内阿米巴的家庭,人感染率为 8.43%(36/427),猪未感染的家庭,人感染率为 4.49%(28/623)(P<0.01);有人感染的家庭,其饲养的猪的感染率为 54%;无人感染的家庭,猪的感染率为 33%(P<0.01)。可以认为猪是引起该地区阿米巴蔓延的重要传染源。

　　临床上,猪陆续出现下痢,初似肠炎,抗生素治疗无效。临床上表现为病猪体温正常,精神不振,消瘦,毛粗乱,食欲不佳;尿液稍黄,大便次数增多,排粪不畅,粪便时干时稀,形状无规则,最后粪便果酱色,带脓血,腥臭。

　　剖检,直肠腔充盈,肠壁黏膜损伤,多处呈溃疡片;无息肉,无肿痛。首汉伟等(1999)报道购进的 27 头仔猪饲养 2 个月左右,12 头猪发生下痢,月底又有 9 头发病。患猪体温正常,精神不振,消瘦,毛粗乱,食欲不佳,尿液稍黄,大便次数增多,排便不畅,粪便时干时稀,形状无规则,果酱色带脓血,腥臭味。

　　波氏内阿米巴较少感染猪,对猪无致病作用。

　　[诊断]　阿米巴病主要依赖于病原学检查,血清学检查是有效的补充手段。

　　1. 临床观察　典型的阿米巴痢疾粪便呈果酱色,伴腐腥臭味,带血和黏液。

　　2. 病原学检查　急性阿米巴痢疾,一般在稀便中可查见滋养体,在成形粪便中可查见包囊。查见吞噬红细胞的滋养体则是诊断阿米巴痢疾的可靠依据。通常采用生理盐水涂片检查活动的滋养体;碘液染色法和苏木素染色法检查包囊;三色染色法适用于检查滋养体和包囊。慢性患者,可采集其未渗混尿液的新鲜粪便,挑选血、积液部分,反复多次检查。显微镜检查粪、肝脓液的阳性率不高,可用硫酸锌浮聚法和汞醛碘浓集法先将包囊浓集再染色检查。此外,体外培养比生理盐水涂片法敏感,常用鲁宾森培养基,对亚急性或慢性病例可提高检出率。

　　粪便中共生的非致病性的阿米巴常常与致病性阿米巴混淆,要注意鉴别。

　　3. 免疫学检查　检测血清中阿米巴抗体是对病原学检查是个补充。但阿米巴抗体会在感染后持续存在多年,因此,区分患者是现症还是曾经感染十分困难,给流行学调查带来困扰。

　　[防治]　对散发疫点猪,应及时扑杀发病猪,用酸性消毒剂对猪舍及周围环境消毒。要人厕和猪舍分开,猪只圈养,避免相互干扰。猪粪尿及排泄物要无害化处理,杀灭病原,防止污染水源及食物等。猪的药物治疗:甲硝唑中敏每次每头甲硝唑 6 片,拌料投喂,1 天 3 次,连用药 2 个月,同时用 0.5% 甲硝唑,每次每头 20 mL,肌肉注射,每 4 小时 1 次连用 20 天。

四、弓形虫病(*Toxoplasmosis*)

　　该病(*Toxoplasmosis*)又称弓形体病,是由龚地弓形虫(*Toxophasma gondii*)所引起的人畜共患病。人畜感染弓形虫可呈现多种临床症状,弓形虫是一种重要的机会致病性原虫。人畜感染后多呈隐性感染状态,弓形虫可致免疫功能低下的宿主中枢神经系统损害和全身性播散感染等;先天感染可影响妊娠和致胎儿畸形、脑炎,且病死率高。弓形虫可引起猪高热、流产、胎儿畸形等。

　　[历史简介]　弓形虫是 Nicoll 和 Manceaux(1908)从梳趾鼠体中发现。1090 年发现非利什曼原虫,建议命名为龚地弓形虫。其后在多种动物中和人中检出此虫。捷克医师 Janku(1923)报道人弓形虫病。Wolf(1937)从病人体内分离出弓形虫,Sabia(1941)从急性脑膜炎 5 岁小儿脊髓中发现一株弓形虫,并以该患儿姓名的第 1 个字命名为 RH 株,这是目前世界

上广泛采用的强毒株代表。法雷尔(1952)报道美国猪急性弓形体病。莫伯格-乔根森(1956)报道丹麦哺乳仔猪1周内发病、死亡的弓形体病。莫勒(1959)报道6~7日龄乳猪患急性弓形体病死亡。佐滕(1958)、信滕(1962)报道日本猪弓形体病。桑格等(1955)从无症状母猪的奶、胎盘和新生仔猪体内分离出弓形虫。吴硕显(1977)从上海高热病猪中分离到1株弓形虫,命名为沪株。Hutchison、Frenkel(1969、1970)从猫粪中发现了弓形虫卵囊,接着研究了弓形虫的无性繁殖和有性繁殖,阐明弓形虫在中间宿主和终末宿主体内发育过程的各阶段和形态,对其分类有较明确的认识。

[病原]　弓形虫分类上属住肉孢子虫科、弓形虫属。弓形虫发育的全过程有5种不同形态的阶段,即滋养体、包囊、裂殖体、配子体和卵囊。

1.滋养体　是指在中间宿主核细胞内营分裂繁殖的虫体,又称速殖子。游离的虫体呈新月牙形或香蕉形弓形体,一端钝圆,一端较尖;一边扁平,另一边较弯曲。虫体大小约4~7 μm×2~4 μm。经姬氏或瑞氏染色,虫体细胞质呈蓝色,核位于中央,呈紫红色,在虫体尖端和核之间为浅红色颗粒状的副核体。在弓形虫病急性期,可在血液、脑脊液、腹腔渗出液中见到滋养体,虫体单个或成对排列,游离虫体以滑动、螺旋样摆动或翻筋斗样运动。细胞内寄生的虫体呈纺锤形或椭圆形,可以内二芽殖、二分裂及裂体增殖3种方式不断繁殖;亦可在吞噬细胞内见有数个至数十个滋养体,这种被宿主细胞膜所包绕的虫体集合体称为假包囊,其内滋养体增殖至一定数目时,胞膜破裂,滋养体释出,随血流至其他细胞内继续繁殖。

2.包囊　见于宿主组织中,呈圆形或椭圆形,外有一层由虫体分泌的嗜银性和富有弹性的坚韧囊壁所包绕,随着囊内虫体缓慢增殖,包囊体积逐渐增大,小的直接仅5 μm,大的直径可达100 μm,内含数个至数百个虫体,称为缓殖体(包囊内滋养体又称缓殖体)。包囊在一定条件下可破裂,释放出的缓殖子可再入新的细胞形成新的包囊。包囊可在宿主组织内长期生存,主要见于弓形虫病慢性期或隐性感染期。

3.裂殖体　在猫科动物小肠绒毛上皮细胞内发育增殖,成熟的裂殖体为长椭圆形,内含4~29裂殖子,以10~15个居多,呈扇状排列,裂殖子形如新月状,前尖后钝,较滋养体为小。

4.配子体　一部分游离的裂殖子侵入肠上皮细胞内发育,形成配子母细胞,进而发育为配子体,有雌雄之分。雌配子体呈圆形,成熟后发育成为雌配子,其体积可增大达10~20 μm,胞质染色呈深蓝色,核染成棕红色,较大;雄配子体量较少,成熟后形成12~32个雄配子,其两端尖细,长约3 μm,电镜下可见前端部有2根鞭毛。雌雄配子受精结合成为合子,而后发育成卵囊。

5.卵囊　在终末宿主体内未孢子化的卵囊呈圆形或卵圆形,具有两层光滑透明的囊壁内充满均匀小颗粒,大小为12 μm×10 μm。卵囊随宿主粪便排到体外,在适宜的温度和湿度下,发育并迅速孢子化,24小时后含有2个孢子囊。成熟的卵囊体积稍增大,大小为13 μm×11 μm,孢子囊大小约为6~8 μm×2 μm,一个核居中或位于亚末端。卵囊对外界抵抗力较强,对酸、碱、消毒剂均有相当强的抵抗力,在室温中可生存3~18个月,猫粪内可存活1年;对干燥和热的抵抗力较差,80℃ 1分钟即可死亡,因此加热是防止卵囊传播最有效的方法。

弓形虫的基因构成、转录及翻译:弓形虫生活史中的大部分时期,包括中间宿主中所有的无性分裂,其核均为单倍体(Pfefferkorn ER 等,1977)。单倍体核 DNA 大小为 8×10^7 bp,GC 组成大约为 55%,没有在基因调解中具有重要作用甲基化碱基,其线粒体 DNA 为环形,36 kb,有 10 kb 的重复倒位。弓形虫单倍体中确切的染色体数目尚未确定,但通过脉冲均递度凝胶电脉(PEGE)已确定了 8 条,估计总数在 12 条左右。染色体大小在 2~10 mbp。弓形体不同分离物之间染色体大小的差异在 20% 以下。

对弓形虫 DNA 多聚酶尚一无所知,已用编码 rRNA 小亚基的序列确定弓形虫乃是相当古老的生物,接近肉包子虫属,但在种素发生中,又是与疟原虫不同的生物。弓形虫的 rRNA 具有典型的大小亚基,mRNA 具有 $3'$- poly 末端,并已在异原系统中产生弓形虫蛋白。

弓形虫由 1 000 种以上的蛋白质组成,已克隆的弓形虫基因及编码蛋白质见表- 170。

表- 170　已经测序的弓形虫基因及编码蛋白

已测序的基因	mRNA(Kb)	定　位
P22	1.6	表膜
P33	1.5	膜
P23	1.4	致密颗粒、空泡网
P28	1.1	致密颗粒、空泡网
ROP1	2.1	类锥体
P54	1.6	膜
α -球蛋白	1.4	Subpellicurar 微管
β -球蛋白	1.4	Subpellicurar 微管
B1	1.6	不清楚
P63,NTPase	2.8	线粒体

6. 生活史　弓形虫完整生活史是在猫上皮细胞卵囊发现后才被揭露(Hutchisin,1970)。弓形虫在全部发育过程中有 5 个不同形态,需要两类宿主。在终末宿主(猫科中的猫属和山猫属)内有一个肠上皮细胞生活环,进行有性和无性增殖,最后发育成卵囊,此外无性增殖可在肠外其他器官组织内进行,猫科动物又作为其中间宿主。另一生活环为肠外其他器官无性繁殖。弓形虫对中间宿主选择性极不严格,除寄生人体外,多种哺乳动物、鸟禽类等都可作为其中间宿主,对寄生组织的选择性也不严格,除红细胞外,可侵犯各种有核细胞,尤其对脑组织细胞有明显的亲嗜性。

[流行病学]　弓形虫病是呈世界性分布的一种人兽共患寄生虫病。全球人群弓形虫感染率为 25%~50%,有些地区感染率可高达 80% 以上,但在不同国家、不同地区、不同种族,弓形虫抗体阳性率差异很大。弓形虫在动物中分布相当广泛,几乎所有温血动物对弓形虫易感,血清调查证实,有特异性抗体动物达 190 余种;根据病原学调查,证实有弓形虫感染的哺乳动物有 140 余种。一些鸟禽如鸡、鸭、鹅、鸽、火鸡、麻雀、乌鸦等也是弓形虫的自然宿主。此外,乌龟、蜥蜴等爬行冷血动物体内也有发现,故动物是人弓形虫感染的重要传染源。

动物是本病的传染源,患病和带虫动物的脏器和分泌物、粪、尿、乳汁、血液及渗出液等都是传染源。猫是本病的最重要的传染源,被感染的猫,一般一天可排出1 000万个卵囊,排囊可持续约10～20天,其间排出卵囊数量的高峰时间为5～8天,是传播的重要阶段。按我国各地人群食用动物肉类的习惯,猪和牛羊是重要传染源,猪弓形虫感染率为4.0%～71.4%,牛弓形虫感染率为0.2%～43.0%。此外,犬、马、骆驼、驴等家畜,鸡、鸭、鹅等家畜和野禽,鼠、兔等动物都是传染源。尤其是鼠的种类繁多,分布广,在弓形虫病的传播上也起重要作用。

传播途径有先天性和获得性2种。先天性是指胎儿在母体经胎盘感染;获得性主要是经口、鼻、咽、呼吸道黏膜、眼结膜感染,主要通过卵囊污染食物、水源或生食、半生食含有弓形虫滋养体或包囊的动物及制品,造成弓形虫在人、动物间相互传播。虫体还可经口、鼻、眼黏膜或划破的皮肤伤口侵入感染宿主。迪恩斯和维马(1965)曾从无症状感染猪唾液腺和唾液中分出弓形体,证明了弓形虫病可经口腔传播。此外,研究表明蚊、蟑螂、虱和蚤也能机械性传播弓形虫病。

猪患弓形虫病的途径,一般认为有垂直感染和水平感染两种方式。垂直感染是通过胎盘、子宫、阴道和初乳而引起,可从母猪的流产胎儿和出生后的虚弱胎儿中检出原虫。桑格(1955)、乔利(1969)等已证明了仔猪先天性感染,并从仔猪脑内分出弓形虫。关于水平感染问题,目前已证实弓形虫的包囊、卵囊通过消化道可感染猪只,一般认为增殖型原虫因受胃液作用,短期内死亡,不易感染,而包囊因对胃液的抵抗力较强,故可导致感染。但有试验,对6头猪灌胃接种滋养体,其中4头第5～6天体温至41℃以上,病后检出滋养体,2头未发病。皮肤划痕感染第6天猪发病并检出虫体。也可通过飞沫呼吸道感染。但与病猪接触感染并不全部发病。

人群感染弓形虫发病的季节性无资料记载。但在温暖潮湿地区较寒冷干燥地区为高。家畜弓形虫病一年四季均可发病,但一般以夏秋居多。我国猪弓形虫病的发病季节在每年的5～10月份。

[**发病机制**]　弓形虫滋养体能分泌穿透增强因子,主要攻击使细胞壁发生变化而进入细胞内,使其受损。宿主可以对之产生一定免疫力,消灭部分虫体,而部分未消灭的虫体常潜隐存于脑部、眼部,并形成包囊。当宿主免疫力降低时,包囊破裂后逸出的缓殖子进入另一细胞进行裂殖,形成新的播散。弓形虫在感染后,可使宿主的T细胞、B细胞功能受到抑制,以致在急性感染期虽存在高浓度的循环抗原,但缺乏抗体。而且特异性抗体的保护作用有限,其滴度高低对机体保护作用并无重大意义,仍有再感染的可能。由于细胞免疫应答受抑制,T细胞亚群可发生明显变化,症状明显者,T4/T8比例倒置。而NK细胞活性先增加后抑制,但所起到的免疫保护作用不明显。近年研究发现IFN、IL-2均具有保护宿主抗弓形虫的作用。免疫反应Ⅱ、Ⅲ、Ⅳ型在弓形虫病变中均起到相当重要的作用。

弓形虫直接损害宿主细胞,宿主对之产生免疫应答导致变态反应是其发病机制。从虫体侵入造成虫血症,再播散到全身器官和组织,在细胞内迅速裂殖,可引起坏死性病变与迟发性变态反应,形成肉芽肿样炎症,多沿小血管壁发展而易引起栓塞性病变。弓形虫侵入主要部位肠道一般不引起炎症。最常见的病变为非特异性淋巴结炎,淋巴滤泡增生;肝脏间质性炎症或肝细胞损害;急性心肌炎;间质性肺炎;中枢神经系统早期见脑部散在多发性皮质的梗死性坏死及周围炎症,小胶质细胞增生可形成结节,血栓形成及管室膜溃疡,以致导水管阻塞,形成脑积水。视网膜脉络膜炎较常见。

[临床表现]

1. 无症状隐性感染　弓形虫病系作为隐性感染广泛地存在于温血动物中,被感染宿主不显病理变化。在无继发或并发其他病原条件下,猪弓形虫病更多的是无症状隐性感染,体内长期带虫。雅各布等(1957)用屠宰场猪 50 头、肉牛 60 头、羊 86 头的横膈膜浸出液接种小白鼠,弓形虫检出率分别是 24%、1.7% 和 9.3%。艾尔斯等(1959)在美国血检 178 头猪,染色试验阳性反应为 129 头(72%)。信滕等(1961)报道,6 月龄大猪 12%染色阳性(滴度1∶16 以上),2～3 岁母猪 53%阳性。隐性感染可从宿主体中分离出原虫,或是通过抗体调查而被初次发现宿主隐性感染的实际情况不尽一致,十分复杂。特别是猪的隐性感染情况更为复杂,其中有的伴随着病变(淋巴结的肿胀,充血,出血和坏死,肝坏死灶等)。有的无病变发生(表-171)。屠宰场中病变猪的发生率为 0.1%～0.2%而无病变猪的发生率为前者的 50～100 倍,无病变猪的发生率是本病传播之隐患,不可忽视。在自然界所见的病例几乎都是隐性感染,而显性感染的病例极少。可能由于本原虫缺少对内脏器官或细胞特异性。中国台湾省(1974)报道,据血清学试验,有 10%～20% 的猪感染。一些幼年猪低滴度阳性结果,可能由于从母猪获得被动抗体。猪本身感染后产生的抗体,其滴度常在次年迅速下降。值得注意的是,在屠宰场屠宰的血清学反应阴性的健康猪中,也时能分离出弓形虫(表-172)。

表-171　检出感染弓形虫病例的数目

组　　别	检 出 例 数	阳性 Tp 例数	抗体或抗原测定	
			荧光抗体	病原分离
猪没有肉眼病变(明显健康)	1组 45 头	5	－	＋
猪有肉眼病变	2-1组　7 头	7	＋	＋
	2-2组　3 头	3		＋
	2-3组　2 头	2	＋	－

表-172　在没有肉眼可见病变猪的体内弓形体的分布

部　位	猪　　号					总　计
	1	2	3	4	5	
隔膜	＋	＋	＋	＋	－	4/5
腹部肌肉	＋		＋	＋	＋	4/5

续　表

部　位	猪　号					总　计
	1	2	3	4	5	
心脏	＋	＋	＋	＋	－	4/5
脑	＋	－	＋	＋	＋	4/5
肺脏	＋	＋	＋	D	＋	4/5
肝脏	＋	＋	－	＋	－	3/5
脾脏	＋	＋	－	－	－	2/5
肾脏	＋	－	＋	－	－	2/5
胃淋巴结	＋	＋	－	－	－	2/5
肝淋巴结	＋	＋	－	－	－	2/5
肺淋巴结	＋	＋	－	－	－	2/5
小肠淋巴结	－	＋	－	－	－	1/5
大肠淋巴结	－	＋	－	＋	－	2/5

注：D为接种鼠因大肠杆菌败血症致死。

隐性感染猪也会出现发育不良，僵猪，慢性下痢，眼炎，神经症状。母猪发生死亡，流产。初生猪发生急性死亡，无哺乳能力，畸形等。

2. 显性感染　本病主要特征是高热，颇似猪瘟。20 世纪 60 年代上海及全国流行猪无名高热，吴硕显等从病死猪中分离到弓形虫。确诊弓形虫为猪无名高热病原之一。急性猪弓形虫病常呈散发或暴发，3～4 月龄的猪最易发病。暴发性的发生率高，死亡率可达 50%左右。猪感染后经 3～7 天的潜伏期，体温升高至 40.5～42.5℃，一般在 41.5℃左右。病猪精神不振；眼结膜充血，发绀，有眼屎，出现浆液性或脓性分泌物；食欲下降，先减食后废食；有的腹泻，但多数猪为便秘，粪便干硬呈粟状，外附黏液，有的病猪在发病后期拉橘黄色稀粪。随着病程发展，鼻腔干燥，流黏液或脓性鼻汁；咳嗽，呼吸困难，明显的腹式呼吸，有呈犬坐姿势。病程后期逐渐可见耳边缘、下腹和下肢等处皮肤发紫色，间有小点出血；有的病猪在耳壳上形成痂皮，耳尖发生坏死。最后因呼吸困难和体温急剧下降而死亡。由于有的在发病数天后出现神经症状后肢麻痹；后驱衰弱，常步态踉跄，甚至起立困难。少数病猪在病初可发生呕吐。症状持续 10 天左右，最急性猪在 4～5 天死亡，在下腹部股内侧有弥漫性出血点，仔猪死亡率达 30%～40%，架子猪死亡较少。急性暴发随着淋巴结炎症与肿胀，出现呕吐、鼻出血、血尿、痉挛等。15 天后不死的可逐渐康复。有的发生视网膜脉络炎，甚至失明。

病理检查可见，病死猪的头、耳、下腹、四肢等皮肤发紫，有时可见出血点。体表淋巴结肿大、出血、水肿和坏死，尤以胃、肝门和肠系膜淋巴结最为显著。切面湿润、外翻，有大小不等的灰黄色或灰白色病灶。胸腹腔常有积液。肺退缩不全、水肿，间质增宽呈半透明状，切面流出多量稍带气泡的液体，有的有散在小出血斑和灰白色小点。肝略肿胀，质较硬实，有的表面散在针尖至绿豆大小不等的灰黄色小点。脾正常或略见肿胀。肾脏呈土黄色，散布有小出血点,有针尖或粟粒大灰白色小点,点周有红色、带状炎性反应。胃底黏膜出血,有时会有片状或条状溃疡。肠黏膜增厚、渐红,有溃疡,黏膜有点状或斑点状出血,有时形成假膜。但病猪如曾用过磺胺药治疗,则脏器涂片中不易找到虫体。隐性感染猪病理变化主要是在中枢神经系统(特别是脑组织)内见有包囊,有时可见有神经胶质增生症和肉芽肿性脑炎。

日本信藤(1975)报道,某猪场成年猪 14 头,育成猪 70 头,哺乳猪 53 头,计 137 头。发病第 1 天有 1 圈 1 头猪精神,食欲不振,体温 42℃,第 2 天有 4 圈 10 头、第 3 天另又有 4 圈 24 头发病。在发病的 1～4 日,体重为 22.5～60 kg 育成猪 40/41 头(98%)发病;发病的 4～5 日体重为 5～20 kg 的育成猪 17/29 头(59%)发病;5～8 日,8/14(57%)的成年猪发病;15 日,9/53 头(17%)的哺乳猪发病,总计发病率 74/137 头(54%)。病猪白细胞数减少(6 000～10 000/立方毫米),其中 22 头猪中有 6 头(5 600～9 000/立方毫米),白细胞相出现幼稚嗜中球白细胞。肝坏死卌,脾坏死卌,肺炎症水肿＋;肝门淋巴结坏死卅,肺门淋巴结坏死十,肠系膜淋巴结坏死卌。从有肉眼病变猪的体内弓形体的分布为:膈膜 5/7,腹部肌肉 3/8,心脏 6/8,脑 8/9,肺 5/8,肝 8/8,脾 7/7,肾 5/9;淋巴结(胃 10/10、肝 9/9、肺 10/10、小肠 10/10、大肠 9/9),胃 0/10,小肠 0/10,大肠 0/10,脉络网膜 5/9,玻璃状体液 1/10,子宫 0/4。

3. 母猪流产、产死胎畸形胎,新生仔猪体弱、死亡　怀孕母猪感染病原可通过胎盘感染,造成流产、死胎。经胎盘感染的途径有 3 种,即通过绒毛膜,通过绒毛膜的破坏部位和在胎盘引起病变。急性感染母体发生虫血症时,虫体进入胎盘绒毛间腔,向胎儿移行;还可因胎儿咽下羊水中原虫而感染。由于妊娠处于休止状态的原虫再次开始活动,这时致病的弓形体是增殖型原虫,借助于血流到达胎盘。一般认为妊娠早期受感染,引起胎儿流产和早产;妊娠后期受感染,引起死产;正产后不久发病,瘫痪或弱胎等。日本(1963)报道某猪场一窝 6 只新生死猪和 3 只瘫痪猪诊断为弓形体病。我国台湾某一猪场 66 头怀孕母猪,其中初妊娠 51 头早产,有 44 头妊娠母猪无症状,但产下仔猪数小时至数日内死亡,有的失明,有的后肢运动失调。从流产仔猪体内检出弓形体,母猪抗体阳性(表- 173)。

表- 173　先天性感染弓形体妊娠母猪发病例

		异常产仔时期				合　　计
		妊娠初期 1～40 日	妊娠中期 41～80 日	妊娠后期 81～119 日	分娩延迟 120～130 日	
罹患母猪		3 头(6.9%)	7 头(15.9%)	30 头(68.1%)	4 头(9.1%)	44 头(100%)
胎儿	流、死产	?	7(2 - 6)	107(39.9)	14(5.2)	268(100%)
	ミィラ胎儿	0	6(2 - 2)	66(24.7)	19(7.1)	
	生产	0	0	49(18.3)	0	

垂直感染除流产、死亡外,还造成中枢神经系统疾病、脑水肿、脉络网膜炎、脑钙化、运动

神经障碍。初生猪的脑水肿后头部异常肿大，成为水头症。阳性（HA 阳性）母猪所生仔猪，未哺乳前 HA 抗体阴性，哺乳后同母猪抗体呈阳性，40～90 天后仔猪 HA 抗体又转阴。多数仔猪在出生后发生阳性天数在 120～150 天。在仔猪 HA 抗体阳性时，临床有反应的约 1/3，2/3 无临床症状。除抗体影响外，猪有无临床症状还受感染剂量有关。有试验表明，在出生后 3 个月在没有抗体的猪鼻内接种 15～10^7 个原虫悬浮液，1 500 个以上被感染，而 15 个、100 个就没有感染，也未出现阳性抗体。同时，临床反应与虫株毒力有关，以 RH 强毒株和鼠毒株最强，但研究有不同结果，因此猪弓形体的临床很复杂。

[诊断]　弓形虫病的临床表现缺乏特异性，如人、猪高热很多疾病都有，所以只根据临床症状无法作出明确诊断，确诊必须进行病原学和血清学诊断。

1. 病原学诊断　病原学检查时采集脑脊液、腹水、胸水、羊水、骨髓、血液等体液或可疑病变组织，做涂片染色或组织切片或动物接种，经姬氏染色找到速殖子可确诊急性感染；用银染色检查包囊或用过碘酸希夫染色缓殖子反应呈强阳性可诊断为慢性感染。前两者阳性率较低，故常采用上述样本做动物接种试验。一般采用小白鼠腹腔接种，盲传 3 代，再镜检。亦可接种于有核细胞单层培养基中。

2. 血清学检查　目前主要的诊断方法有间接荧光抗体试验（IFA）、酶联免疫吸附试验（ELISA）、染色试验（DT）、免疫印渍试验（ELIB）和 IgG 抗体结合力测定等。近年来 PCR 分子试验诊断，其敏感性和特异性都较为理想。经典特异血清学亚甲蓝染色试验等镜检虫体不被蓝染者为阳性，虫体多数被蓝染者为阴性。

3. 各类弓形虫病的诊断　弓形虫感染可产生各种症状，除健康人感染需要进行调查外，主要是为婴计生检查。一般诊断对象有免疫功能正常的获得性弓形虫病；胎儿弓形虫病（超声检查、羊水检查、胎血检查）；新生儿和婴儿弓形虫病、免疫功能低下弓形虫病；眼弓形虫病和妊娠期的获得性弓形虫病。

4. 注意事项　猪弓形虫病常易与猪瘟、流感、猪肺疫、猪副伤寒和猪丹毒等发热性疾病相混淆或继发、混合感染，要注意区别诊断。

[防治]　本病尚无疫苗应用于临床，一般抗生素对本病无效，猪可用磺胺嘧啶、磺胺-6-甲氧嘧啶、磺胺-5-甲氧嘧啶治疗，剂量为每日每千克体重 50～100 mg，肌肉注射连用 3～4 天。治疗此病应在发病早期进行，如果治疗太晚，效果就不明显。

人常用复方磺胺甲噁唑防治，每天 2 片，分两次口服，首次加倍，15 天为一疗程。也可用乙胺嘧啶-克林霉素或乙胺嘧啶-螺旋霉素联合治疗，克林霉素为 300～400 mg/次，每天 4 次；螺旋霉素剂量为每天 3～4 g，分 3～4 次口服。

预防主要控制两个方面：① 控制猫的感染与排卵，猪场要对猫及时治疗和防止鼠的感染；家庭要科学养猫，不定期给予药物预防和不喂生肉等；② 人要注意个人卫生，不食生肉和半生肉等，定期对孕妇进行血清学检查。

五、猪巴贝斯虫病（*Babesiosis*）

该病是由陶氏巴贝斯虫或柏氏巴贝斯虫寄生于猪红血球引起的疾病。病原（虫体）侵害红血球引起不同临床症状，以致使猪死亡。

[历史简介]　最早于1888年由罗马利亚巴贝斯(Babes)在血红蛋白尿患牛的红细胞中发现一种圆形小体，并成功接种传染给健康牛，误认为牛血液虫，同时也在绵羊血液中发现此虫，被称为牛巴贝斯虫。T.H.smith和Kiborme(1893)鉴定该虫为一种原虫，其后与在墨西哥牛病中发现的牛双芽巴贝斯焦虫病，又称"塔城热""红尿热""血红蛋白尿热"等相似。也第一次揭示了"虫媒病"，即为传播媒介，为后人阐明疟疾、黄热病的传播机制奠定了基础。其后相继报道了弩巴贝斯虫、犬巴贝斯虫(1895)、马巴贝斯虫(1901)、犬的吉氏巴贝斯虫(1910)、羊的莫氏巴贝斯虫(1926)等。Dennis(1932)研究了牛双芽巴贝斯虫生活史。Petrov(1941)发现篦子硬蜱体内巴贝斯虫。Knuth和Du Toit(1921)发现猪的陶氏巴贝斯虫。Cerruti(1939)发现猪的佩郎斯巴贝斯虫，又称柏氏巴贝斯虫。我国从云南血红扇头蜱中检出陶氏巴贝斯虫，从内蒙古、吉林、山东等北方地区猪中检出柏氏巴贝斯虫。

Skrablo和Deanovic(1957)在南斯拉夫报道第1例人巴贝斯虫病病例后，使人们认识到它也是人畜共患病。

[病原]　猪巴贝斯虫归属于巴贝斯科(*Babesiidae*)、巴贝斯属(*Babesia*)。该科虫体呈梨形、圆形或卵圆形，在红细胞内，有时在其他细胞，顶腹器退化成极环、棒状体和膜下微管；在一些时期里存在微残体，寄生于哺乳动物。

猪巴贝斯虫有两种，一种为柏氏巴贝斯虫，郭媛华、白音巴图等(1993)描述从患猪和无症状猪末梢血涂片镜检，每个红细胞内都有梨形虫体，几乎所有虫体长度均小于红细胞半径，1个红细胞内的虫体为1～10个，多数为1～3个。虫体形态呈多样性，梨形者以单梨形占多数，也有双梨形，其长度为1.0～3.1 μm，宽度为1.0～2.0 μm，一字形(杆状)虫体长度为1.2～2.0 μm，宽度为0.7～1.2 μm；圆环形虫体直径为1.2～2.0 μm，椭圆形长度为1.3～2.0 μm，宽度为0.8～1.1 μm。对41个虫体观察，其中单梨形虫体占45.3%，双梨形虫体占27.4%，圆环形虫体占16.1%，椭圆形虫体占11.2%。另一种为陶氏巴贝斯虫，寄生于红细胞内。虫体较大，长度2.5～4.0 μm，宽度为1.5～2.0 μm，多双梨形，还有呈环形、椭圆形、单梨形和变形虫体等，双梨形虫体以锐角相联，位于红细胞中央，虫体直径大于红细胞半径，1个红细胞内可有4个虫体，有时有5～6个。

吉姆萨氏染色，可见红细胞内蓝色虫体；瑞氏染色可见红细胞内蓝紫色虫体。

[临床表现]　云南发现柏氏巴贝斯虫(*B.perroncitoi*)，猪被侵染后的临床表现为：病猪体温升高至40.2～42.7℃，稽留3～7天或直至死亡；呼吸促迫，每分钟可达87次，腹式呼吸，咳嗽，肺部有湿性啰音；脉搏频数，每分钟达66～142次，心悸亢进，心律不齐；病初食欲减退，后期食欲废绝；肠音弱。初期粪便呈球状，带有黏液及血液，后期稀。部分病例，尿液呈茶色。患猪消瘦，被毛粗糙乱，鼻镜干燥，眼结膜初期黄染，后期苍白。部分病猪四肢关节肿大，腹部皮下水肿；有的精神沉郁，昏睡，极度衰竭而死；有的转圈、痉挛；后肢交叉步伐及腰部运转不灵，步态踉跄，少数兴奋狂逃而死亡，病程一般7～10天，病重者3～4天，病轻者约20天，如不治疗，病猪迅速消瘦，衰竭死亡。

[病理变化]　尸体消瘦，可视黏膜、皮肤及皮下组织黄染，苍白；淋巴结肿大，剖面多汁，

有出血点;肺水肿、气肿,切面湿润多泡沫;心肌质软、色淡,冠状脂肪胶样变性;肝脏、脾脏肿大,被膜上有出血点;全身肌肉出血,肩部、背部、腿部肌肉出血尤为严重;胃肠道炎性出血,黏膜易脱落。

王志远等(2005)报道,山东潍坊20多个猪场,30~75 kg猪及部分哺乳仔猪与母猪发生以发热、厌食、贫血、黄疸为主要特征的疾病,主要表现为发热,食欲下降,逐渐消瘦,皮肤苍白,粪便干,尿液初期为黄色,后期呈茶水样,可视黏膜苍白或黄染,有的猪呕吐,呕吐物呈黄色,发病率8%~60%,死亡率3%~5%。

病理变化:早期病猪,剖检可见淋巴结肿大、水肿;脾肿胀,呈紫黑色,约为正常的2~3倍,尿液黄色。病程长的病死猪,可视黏膜苍白或黄染,血液稀薄,肌肉苍白,淋巴结水肿,肺水肿,心肌松软,肝成土黄色且肿胀,胆囊充盈,并充满黏稠胆汁,肾脏色淡呈黄色斑驳状,膀胱积尿,尿色黄或茶水样。

朱景来等(2007)报道吉林某市检测了41份猪血样,检出猪巴贝斯虫阳性33份,阳性率达80.4%。受侵染猪主要临床表现为,发病初期病猪体温升高,一般多为39.5~41℃,呈稽留热。精神沉郁,食欲减退或废绝,喝水量减少。发病2~3天时,耳部、腹部、股内侧皮肤出现红色,呼吸加快,肺部听诊有湿啰音,背毛无光泽。发病4天时,皮肤呈紫红或黑红色,毛色变得灰暗无光泽,眼分泌物多,粪便干燥并带有脱落的黏膜,两后肢无力,起立困难,发病5~6天时,病猪两耳皮肤呈紫黑色,破损易坏死。股内侧、臀部、肩部皮肤出现出血斑,呼吸促迫,甚至窒息死亡。此时,多数病猪出现拉稀,体温下降至37.5~36.5℃,卧地不起,一般于8到12天死亡。

病理变化:尸体消瘦,可视黏膜及皮下组织黄染,淋巴结肿大出血,切面多汁;心肌变性、松软、色淡,心冠脂肪呈胶样、水肿;肺水肿气肿,肝肿大,被膜下有出血点;肩部、背部、腿部肌肉重度出血;胃肠黏膜出血,小肠黏膜脱落出血。

郭媛华,白音巴图等(1993)报道呼和浩特市一起猪贝斯虫病的急性暴发病例(病原为柏氏巴贝斯虫),64头(母猪54头公猪10头)发病,死亡13头。病猪主要表现为发热,稽留热高达41℃,初期眼结膜潮红,后相继变成苍白或黄白色,精神沉郁,食欲减退,严重者食欲废绝,呕吐,便秘。呼吸加快,发病急,病程短,有的发病后3天内即死亡。

病理变化:死亡纯种猪均在150千克左右,膘情好,皮肤表面尤其在耳后、腹下、后腿股内侧等处有大小不等的出血点或出血斑,胸腹腔内积有较多淡红色液体,血液凝固不良。全身淋巴结肿胀,并有不均匀的白色坏死灶,胃肠、胆囊、膀胱等处黏膜出血点及小的坏死灶。

[诊断]　皮肤和可见黏膜苍白、黄染、黄疸、血凝不良等是本病常见的症状,但不能与其他致红细胞破坏等的疾病鉴别,故确诊仍需实验室的病原检测。

病原检查按常规采取血、肝、脾病科进行涂片和细菌分离培养。采血涂片,进行吉姆萨染色或瑞氏染色,可见红细胞中有梨形、圆形或椭圆形虫体,即可确诊。

[防治]　病猪肌肉注射贝尼尔5~10 mg/kg,每天1次,连用3天,但贝尼尔有副反应,剂量大于10 mg/kg治疗,猪会出现腹痛、腹泻和呕吐反应,遇到反应严重猪可用阿托品治疗。对于怀孕母猪,可在治疗前10分钟先注射阿托品以预防不良反应。

发病猪场需进行综合防治，全群猪可用 50 mg/kg 洛克沙生拌于饲料中，疗程 2 周，同时清理猪舍并用 2%～5%敌百虫或其他灭蜱药物灭蜱。

因为巴贝斯虫在猪体内往往是隐性感染，只有在应激状况下易发生，蜱既是保虫者又是传播媒介。消灭传染源和传播媒介，才能控制本病。

对发病地区，既要控制猪群流动与引进，还要定期普查。

六、隐孢子虫病(*Crytosporidiosis*)

该病是隐孢子虫感染而引起的以腹泻为主要临床表现的一种人兽共患性原虫病，该虫可感染大多数脊椎动物包括人类，可引起免疫正常的个体发生自限性腹泻；可引起免疫功能低下或受损个体发生渐进性、致死性腹泻。

[历史简介] Clark(1895)在小鼠胃黏膜上皮细胞发现游动孢子(swarm spores)，可能是最早发现的隐孢子虫内生发育阶段的虫体。Tyzzer(1907)又在小鼠的胃腺窝上皮细胞内发现了一种细胞的寄生原虫，并定名为小鼠隐孢子虫(*C.muris*)，其后在 1912 年又在小鼠小肠中发现该虫，并命名为微小隐孢子虫(*C.parvum*)。随后 Slavin(1955)从急性严重腹泻并死亡的火鸡分离到该虫；Paneiera(1971)在美国发现犊牛隐孢子虫病。Nime 和 Heisel(1976)从严重腹泻的患者粪中找到人隐孢子虫；Bergeland 和 Kennedy(1977)在一坏死性肠炎猪肠道内发现隐孢子虫等，都以宿主命名。目前本虫的分类学地位已基本确定，为隐孢子虫属，但其分类至今尚未统一，主要是缺乏一致的分类标准。多种隐孢子虫通过动物交叉感染实验发现，多数隐孢子虫没有宿主特异性，所以以宿主命名的很多种无效。Levine(1984)命名了 4 个种；1990 年为 6 个种；Lihua 等(2000)报道了人、哺乳动物、禽、爬行类及鱼等体内发现 13 个有效种；现报道隐孢子虫有 20 余种。目前隐孢子虫属至少有 23 个种，WHO(1986)将人隐孢子虫病列入艾滋病的怀疑指标之一。

[病原] 隐孢子虫在分类上属于隐孢子科、隐孢子虫属(*Cryptosporidium*)。隐孢子虫是动物源性寄生虫，基于其形态和生物学特征，只能鉴定到属，鉴定种有一定困难。隐孢子虫在宿主消化道中排出卵囊，呈圆形或椭圆形，直径 4～6 μm，卵囊壁光滑无色，无卵囊膜孔。成熟的卵囊内有 4 个裸露的香蕉样子孢子和由颗粒物组成的圆形的残留体。在有的残留体上可见折光颗粒，无孢子囊。抗酸染色呈玫瑰红色，较鲜艳。卵囊是该虫的唯一感染阶段，当人和其他易感动物吞食成熟卵囊后，经消化液作用子孢子自囊内逸出，在宿主消化道（主要在小肠）黏膜细胞内发育为滋养体，经多次裂殖生殖发育为 3 代裂殖体。裂殖体发育为雌、雄配子体，进入有性生殖阶段。雌雄配子结合后形成合子，合子外层形成囊壁即发育为卵囊。在宿主体内可产生 2 种不同类型的卵囊，一种为薄膜型卵囊，约占 20%，仅有一层单位膜，其子孢子逸出后直接侵入宿主肠上皮细胞，继续无性繁殖，使宿主自身体内重复感染；另一种为厚壁卵囊，约占 80%，在宿主细胞或肠腔内形成子孢子。孢子化的卵囊随宿主粪便排出体外，即具感染性。根据 current 等(1983—1986)和蒋金书等(1986—1984)的研究，隐孢子虫的发育过程与球虫的发育基本相似，全部生活史需经 3 个发育阶段，即裂殖生殖、配子生殖和孢子生殖阶段。通过无性生殖、有性生殖和孢子生殖 3 个阶段，完成其生活

史,需 13～15 天(图-36)。隐孢子虫的整个发育阶段都在肠道中进行,病变包括不同程度的绒毛萎缩、绒毛融合、固有层的细胞渗出及上皮细胞脱落,以小隐孢子虫严重。

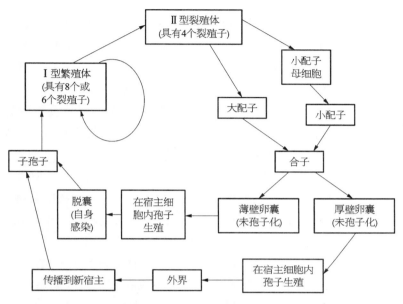

图-36　隐孢子虫(*Crytosporidiosis*)的生活史和传播

卵囊对外界环境有很强的抵抗力,在潮湿环境下能存活数日;卵囊对大多数消毒剂有明显的抵抗力,只有 50％以上的氨水和 30％以上的福尔马林液作用 30 分钟才能杀死。

[流行病学]　张龙现等(2001)报道隐孢子虫分布于世界热带到温带的约 50 个国家,可以感染 170 多种动物,宿主包括(人、哺乳动物、两栖动物、爬行类、鱼、鸟和昆虫,如人、牛、猪、羊、马、犬、猫、兔、小鼠、松树、鹿、火鸡、孔雀、骆驼、蛇等)。家畜、野生和饲养的动物中均有自然感染,反刍动物最为易感。年幼的动物更易感并发生临床症状。血清学调查发现,牛、羊、猪、马、猫、犬、鹿隐孢子虫抗体阳性率均在 80％以上。迄今为止,发现引起人畜共患病的隐孢子虫有 8 个种和 3 个基因型,分别为人隐孢子虫、微小隐孢子虫、犬隐孢子虫、猫隐孢子虫、鼠隐孢子虫、安氏隐孢子虫、贝氏隐孢子虫,以及鹿基因型、臭鼬基因型和 CZB141 基因型。但隐孢子虫的宿主特异性因种而异,有些种类的宿主范围较固定,如雷利隐孢子虫只感染豚鼠,牛隐孢子虫只感染牛;感染哺乳动物的微小隐孢子虫不感染鸭、鹅,但能感染鸡。另一些种类的隐孢子虫有较广泛的宿主,用 1 株人隐孢子虫引起 SPF 仔猪和 6 头犊牛小肠炎和结肠炎。1 种隐孢子虫可感染多种动物或多种隐孢子虫交叉感染 1 个动物,成为畜牧地区和农村的重要动物传染源。Tziporis 等(1980)用牛隐孢子虫成功感染小白鼠、天竺鼠、牛、猪、鸡。根据其不同宿主间可以交互感染而认为隐孢子虫仅 1 个种;Levine 等(1984)认为应分 4 个种。J.Vitovec 和 B.Koudela(1992)等检测证实感染人的隐孢子虫种类或基因型有 *C.hominis*[根据生物学特种和遗传学特性的独特性,Morgan-Ryan 等(2002)将 *C.parvum* 人基因型确认为独立种]、*C.muris*、*C.parvum* 的牛基因型、鹿基因型或猪基因型、*C.*

meleagridis、*C.felis*、*C.canis* 等。人隐孢子虫和微小隐孢子虫最常见，对于免疫动物低下的人群来说，虫种的宿主特异性不典型，但主要为这两种隐孢子虫。Xiao. L. H.等（2002）从艾滋病病人体内分离到小球隐孢子虫猪基因型。感染猪的隐孢子虫种类或基因型，自然感染的有 *C.parvum* 猪基因型、牛基因型和新基因型；实验感染有 *C.hominis*、*C.parvum* 牛基因型、*C.meleagridis* 等。猪主要感染猪隐孢子虫、隐孢子虫猪基因 II 型，偶感微小隐孢子虫，实验感染人隐孢子虫（*C.hominis*）和火鸡隐孢子虫（*C.meleagridis*）。刘毅等（1970）从自然感染的猪体内分离到小球隐孢子虫。人隐孢子虫感染通常来源于动物，虫卵随粪便排出体外，所有被人和动物粪便污染的食物、水都能使人和动物感染，尽管食物传播也有发生，但主要经过水源传播，1984 年证实隐孢子虫病可经水传播。1993 年美国发生该病经水传播病例达 40 万人，引起世界重视。我国 1986 年也有报道。暴发流行都可追溯到水源被动物粪便污染。Pereira. S. J.等（2002）报道猪除能感染 *C.parvum* 猪基因型外，还能感染 *C.parvum* 牛基因型、*C.hominis* 和火鸡隐孢子虫等，说明猪在人和动物的隐孢子虫感染中是一个重要的传染源。Moon 用隐孢子虫病人的粪便接种 6 头剖腹产而未给初乳的 1 日龄仔猪，感染后 4～5 天，仔猪发生腹泻，检查粪便发现了隐孢子虫。由此可见人和家畜的隐孢子虫可以相互感染。感染隐孢子虫并可排出卵囊的人和多种动物都是本病的传染源。已知有 170 种以上的动物皆可能成为宿主。患病人和动物不仅在整个腹泻期始终排出卵囊，已不腹泻的恢复期亦可排出卵囊数日至几周以上，隐性感染者亦可自粪便排出卵囊，持续时间不详。症状消退后天数越长，卵囊排出率越低，卵囊数越少，症状消退到卵囊转阴时间与症状持续时间无线性关系。孢子虫的传播方式以粪-口、手-口途径为主。用仔猪卵囊进行气管注射及眼结膜接种均获成功。由于隐孢子虫发育过程中产生薄壁型卵囊。因而隐孢子虫可发生自身感染。传播类型为动物-人、人-人之间传播。隐孢子虫不具有明显的宿主特异性，从牛分离的隐孢子虫能感染羊、猪、鼠等。从人分离株引起 SPF 小猪和犊牛的小肠炎和结肠炎、动物腹泻，其致病性与牛分离株相似。BeRGELAND（1977）报道在坏死性肠炎猪肠道中发现隐孢子虫。Links（1982）报道澳大利亚猪空肠和回肠的隐孢子虫。

　　[发病机制]　　隐孢子虫主要寄生于小肠上皮细胞的刷状缘，由宿主细胞形成的纳虫空泡内。空肠近端是胃肠道感染该虫虫数最多的部位，严重者可扩散到整个消化道。具有感染性的成熟卵囊进入机体肠道后，子孢子逸出，并借助其顶端的复合型子孢子糖蛋白 CSL 与肠黏上皮细胞膜中的相应受体（85 kDa 的表面蛋白）结合而黏附于肠上皮绒毛膜，在其膜下形成的寄生空泡内完成生活史。由于本虫寄生于肠黏膜，使之表面可出现凹陷或呈火山口状，绒毛萎缩，变短变粗，甚至融合、移位或脱落，上皮细胞出现老化和脱落速度加快现象，肠腔表面积减少，破坏了肠绒毛的正常功能，肠黏膜吸收功能削弱，而发生腹泻。但感染轻者肠黏膜的变化不明显。其致病机制很可能是多因素的，如肠黏膜表面积缩小，多种黏膜酶的减少也可能起重要作用。如隐孢子虫感染对肠上皮细胞结合乳糖酶有明显影响，肠道乳糖的丢失，也是引起腹泻的原因。近年来研究发现，隐孢子虫患者血清 IL-1、IL-6、IL-8、TNF-α 等炎性细胞因子水平明显升高。它们诱导肠上皮细胞内源性前列腺素表达增加，从而使细胞内 cAMP 水平升高，肠上皮细胞分泌亢进，并对水、电解质吸收减少，引起类似于

霍乱的分泌性腹泻。在对 *C.parvum* 的研究中,该虫体可以激活第 2 信号途径,如核因子 kB(NF－kB)和 C－STC 系统。NF－kB 的激活可以诱导细胞因子(cytokines)和化学因子(chemokines),如白介素－8(interleukin－8)的产生,激发炎症反应,并刺激感染细胞内抗凋亡生存信号。c-src 的激活与宿主细胞骨架重组和功能障碍有关。*C.parvum* 诱导分泌 5－羟色胺(5－HT)和前列腺素 E2(PGE2)进入肠腔,从感染犊牛粪便中的提取物中检测到肠毒素(Entextoxin)的活性。*C.parvum* 诱导上皮细胞凋亡,造成上皮细胞屏障的破坏,并通过未知机制产生不同程度的绒毛萎缩,造成营养吸收不良。此外,固有层可见单个核细胞浸润为主的轻度或中度炎症反应。

对于免疫功能健全者,隐孢子虫感染多限于空肠、回肠末端;对于免疫功能受损者(如艾滋病),隐孢子虫可累及整个肠道以及胆管、胆囊与胰腺,在肺、扁桃体、胰腺和胆囊等器官亦发现有虫体,但以小肠下半部最常见。胆囊与胆管上皮可有水肿,囊壁增厚,黏膜下有少量淋巴细胞浸润。有时,扁桃体及呼吸道黏膜上皮亦有类似病变,甚至表现为浆细胞浸润为主的间质性肺炎。感染者是否发病,以及病情的轻重与转阴,主要取决于机体的免疫功能和营养状态,亦与卵囊数目多少有一定关系。细胞免疫功能正常者,常呈带虫状态,或呈自限性腹泻,排虫期较短,排出量较少。细胞免疫功能有缺陷者,原虫持续繁殖而呈重度感染,往往表现为持续腹泻,排虫量大,排虫持久,甚至死亡。虫体的清除,可能与辅助性 T 细胞有关;杀伤细胞参与抗体依赖性细胞介导的细胞毒效应及 γ－干扰素等细胞因子,也发挥着抗虫作用。低丙种球蛋白血症患者,易罹患本病。感染后,患者血清中可检出抗卵囊特异抗体 IgG;这些抗体可能对宿主有一定的保护作用,或能降低再感染时的病情严重程度。

[临床表现]　感染猪的虫种:猪隐孢子虫(*C.snis*)、隐孢子虫猪基因Ⅱ(C.pig genotype Ⅱ)和小隐孢子虫(*C.parvum*)、人隐孢子虫。

隐孢子虫病流行广泛,不受季节和地域限制,不仅在饲养条件比较差的散养猪普遍存在,而且在集约化猪场也有较高的感染率。猪隐孢子虫感染与年龄有一定关系。众多文献报道时点研究患病率研究感染猪群主要集中在 1～6 月龄的断奶仔猪和育肥猪,卵囊排出率 1～2 月龄的断奶仔猪高于 2～6 月龄育肥猪,在 20 日龄以下的哺乳仔猪和成年猪的粪便中检不出隐孢子虫卵囊;主要感染群集中在 20～60 日龄的仔猪。谢小于凡调查了不同年龄猪隐孢子虫感染情况(表-174)。

表-174　不同年龄段猪隐孢子虫感染情况

年龄段	检查头数	阳性头数	阴性头数	阳性率(%)
仔猪	767	96	671	12.52
后备猪	566	126	440	22.26
种猪	457	81	376	17.72

闫文朝(2006)对河南省几个猪场调查结果也相一致(表-175),其中感染最早的为 24 日

龄仔猪,显示感染群主要集中在断奶前后仔猪。

表-175　猪隐孢子虫感染情况

地　　区	猪场号	阳性数/ 采集数	1～20日龄 阳性数/采集数	21～40日龄 阳性数/采集数	41～60日龄 阳性数/采集数	阳性率(%)
漯河	1	9/81	0/20	2/41	7/21	11.1
许昌	2	0/44	0/20	0/14	0/10	0
	3	24/102	0/20	15/65	9/25	23.53
禹州	4	11/44	0/7	8/25	3/12	25.0
郑州	5	0/47	0/15	0/20	0/12	0
	6	6/99	0/20	0/40	6/39	6.06
合计阳性率		50/417	0/94 0	25/205 12.20	25/118 21.19	—10.95

Opdenboson等(1985)对动物隐孢子虫感染血清学进行了调查,其阳性率猪100%、马94%、牛92%、绵羊84%、兔40%、天竺鼠30%。调查发现我国感染率可达1.12%～89.7%。隐孢子虫在绝大部分家畜体内潜隐期为2～14天,显露期随不同种类动物和机体免疫状况而变化,从几天到几个月。仔猪、羔羊、犊牛发病较为严重,主要是由小隐孢子虫引起的。潜伏期3～7天,主要症状为厌食,精神沉郁,腹泻,粪便带有大量的纤维素,有时含有血液,生长发育停滞,消瘦,有时体温升高,并发生死亡。

Kennedy等(1977)、Links等(1982)、J.vitovec等(1992)都报道猪可自然感染隐孢子虫。Moon等(1981)报道,实验感染可引起仔猪腹泻,至少3日龄大小的乳猪,一般在10日龄感染,表现为精神沉郁,厌食,腹泻(可持续8天),进行性腹泻等;有的不表现明显的症状;无并发感染,死亡率低,死亡病症不明显。Heine等(1984)对仔猪用卵囊进行气管和结膜囊接种成功。虫体主要寄生在肠道和胆囊,是以腹泻、呕吐、脱水、降低日增重和饲料转化率为特征,是仔猪腹泻的一种重要病原。不同年龄段的猪对隐孢子虫均易感,对断奶前后仔猪危害更大。7日龄以内的仔猪感染易出现明显的腹泻症状,15日龄以上的仔猪虽然也排出卵囊,但腹泻症状不明显甚至不表现腹泻。幼龄仔猪表现腹泻、厌食、贫血、消瘦。仔猪肠黏膜水肿、绒毛萎缩、融合,肠腔充满水样液体。育肥猪和种猪虽不表现症状,然而是重要的病原携带者。据调查,有多种隐孢子虫都能感染猪,感染小球隐孢子虫牛基因型猪,虫体主要寄居于空肠前、中端,中后期主要集中在空肠后段、回肠、盲肠和结肠,病变严重,出现腹泻等临床症状;而感染小球隐孢子虫猪基因型和新基因型的猪,虽然排出数量较多的卵囊,但不出现或仅出现轻微腹泻症状。从羊体内分离的隐孢子虫也能感染猪。

人工试验仔猪感染后5天从粪便中检出卵囊,高峰期在感染后第5～6天,感染强度最高达到平均每个视野153个卵囊,感染后第14天粪便中卵囊数量极少,但是于感染后第15～16天粪便中卵囊量剧升,高达平均每个视野中200个卵囊,卵囊的形态大小与自然分离到的一致。在高峰期,仔猪水样腹泻,脱水和呕吐,至试验结束感染组没有死亡猪,对照组没有排出隐孢子虫卵囊和腹泻症状。

动物隐孢子虫病的潜伏期在 3～9 天,症状主要表现为腹泻,蒋金书(1992)对北京地区 10 个猪场调查,其中有 9 个猪场感染隐孢子虫。感染率平均为 47.9%,2 月龄以内仔猪阳性率为 59.5%,2 月龄以上阳性率为 35.5%,经鉴定的虫种为小隐孢子虫($C. parvum$)。张龙现(1999)对河南 8 个猪场调查,7 个猪场隐孢子虫阳性,2 月龄以内仔猪感染率为 19.4%,而 2 月龄以上为 12.5%。猪的隐孢子虫病严重性与猪年龄有关。Tzipori 等(1982)以纯隐孢子虫卵囊实验感染猪,1 日龄和 3 日龄的猪感染后受到严重的影响,出现呕吐、腹泻和厌食。小肠后段的组织学变化最明显,黏膜广泛受损,表现绒毛变短,融合并出现变形。某些黏膜顶部腐肉形成,水肿,相邻固有层发炎,为严重的小肠结肠炎;7 日龄感染猪受影响轻为中度腹泻;15 日龄后出现症状;4 周龄猪断奶期间感染,断奶后不出现腹泻。15 日龄后仔猪则无临床症状。

临床上发现,猪隐孢子虫易于和大肠杆菌、沙门氏菌、轮状病毒、圆环病毒 II 型、等孢球虫、蛔虫、贾第鞭毛虫、结肠小袋虫和酵母等混合感染或继发感染,往往加重仔猪腹泻症状,加速死亡。

病理变化:空肠绒毛萎缩和损伤,空肠后段、盲肠和结肠固有层中弥散分布有红细胞,有充血、出血病变,肠黏膜固有层中有大量的炎性细胞浸润、淋巴细胞、浆细胞、嗜酸性粒细胞和巨噬细胞增多,肠黏膜的酶活性较正常黏膜低,呈典型肠炎病变。在盲肠,结肠和直肠肠腺病变部位有大量的隐孢子虫内生发育阶段的各期虫体。其他部位没有虫体寄生。

[诊断]　隐孢子虫感染多为隐性感染,水样泻的临床症状可作参考,确切的诊断只能靠实验室手段观察到虫体,或用免疫学技术检测隐孢子虫抗原或抗体的方法或分子生物学技术检测种属特异性基因片段。

早期对隐孢子虫病的诊断须进行肠黏膜活组织检查,主要是组织切片 H.E 染色,该方法相对复杂费时,但是仍是研究隐孢子虫寄生部位和致病性等的有效手段。近年来主要依据从粪便直接涂片染色查出卵囊确诊。目前多从两方面着手:即浓集技术及染色方法的改进。前者包括饱和蔗糖溶液浮聚法、Ritchie 福尔马林乙酸乙酯沉淀法、饱和硫酸锌浮聚法等,其中饱和蔗糖溶液浮聚法比较简便,常用,漂浮之后直接镜检,可见到特异的粉红色、有内部结构的卵囊;染色方法有吉姆萨染色法、改良抗酸染色法、直接免疫荧光染色法(IFA)、番红-亚甲蓝染色法、金胺-酚染色法等,其中改良抗酸染色法最常用,该方法特异、简便。但是饱和蔗糖溶液浮聚法和改良抗酸染色法的缺点是检出率比较低。另外,利用蔗糖密度梯度离心法和孔雀绿染色或免疫荧光染色可以进行卵囊计数和纯化,是研究隐孢子虫排卵囊规律及进行免疫学和分子生物学研究不可缺少的基础性应用技术。

免疫学诊断方面,目前普遍采用 ELISA 法和间接免疫荧光抗体反应测定宿主血清中的特异性抗体,还可应用单克隆抗体检测隐孢子虫卵囊壁抗原,目前国外已有商品化试剂盒销售。80 年代兴起的 DNA 分析和 PCR 技术特异、敏感,不但为病原体含量过低的样本如养殖场排出水、地表水和公共用水及隐性感染者的粪样和肠组织活检样本等的检测提供了强有力的工具,也为隐孢子虫的分类定型提供了可靠手段,已成为当前研究的热点。

[防治]　隐孢子虫目前尚无有效的治疗药物。由于该病是一种自限性疾病,所以采用支持治疗,增强机体免疫功能更为重要。绝对不准采取绝食疗法、限制摄取营养与水,必须继续哺乳并输液,否则只能加快脱水、衰竭、死亡。先后报道的众多药物中,多数的药物只能产生部分疗效,可靠性差,其中以螺旋霉素和巴龙霉素效果较好,可缓解病情,减轻腹泻及减少排卵囊数量,但不能避免复发。中药大蒜素、苦参合剂和驱隐汤试验效果也不错,但中药还没做过双盲实验。

隐孢子虫病主要是通过摄入被卵囊污染的水或食物而感染。在 -4℃ 和 25℃ 粪便中,隐孢子虫卵囊分别能保持其感染性为 12 周以上和 4 周。因此,应加强饲养管理,搞好环境卫生,合理处理粪便特别是病畜粪便,减少隐孢子虫卵囊对人的食物、饮水和动物水源、饲料、用具、环境等的污染;把好引种关,做好隐孢子虫检测,杜绝从有隐孢子虫感染史的猪场引种;接触病畜或被隐孢子虫卵囊污染的器械等,要洗手;实验室或被污染的场所,要彻底消毒,用福尔马林或氨水等能使隐孢子虫卵囊感染力丧失,加热 65℃ 以上 30 分钟也可消除其感染力。由于隐孢子虫种类较多,为人兽共患,所以应进一步研究其流行病学和生物特性,制定有效的防治措施,以降低或消除隐孢子虫对人和其他家畜的感染及危害。许多科学家正致力研究隐孢子虫 DNA 疫苗、基因工程疫苗、射线致弱疫苗以预防隐孢子虫病,也有学者在研制高免牛乳来防治人和动物的隐孢子虫感染,可望为未来隐孢子虫病的防治提供有力武器。

七、肉孢子虫病(*Sarcocystosis*)

该病是由一种细胞内寄生原虫——肉孢子虫属的肉孢子虫引起的人兽共患的原虫病。该病呈世界性分布,主要对畜牧业造成危害,偶尔寄生于人体。人感染后,有的表现为恶心,腹痛,腹泻,头痛及发热等症状;有的出现肌肉痛,局灶性心肌炎,嗜酸性粒细胞增多等现象。

[历史简介]　Miescher(1843)在瑞士家鼠骨骼肌中发现鼠住肉孢子虫称为米氏小管(Miescher's tules),Kuhn(1865)在猪的舌肌和心肌中发现虫体(类似的小管),并命名为 *Synchytrium miescherianum*。S.Lindemanni.Rivolta(1878)报道在肌肉中观察到林氏肉孢子虫。LanKester(1882)描述了人体内肉孢子虫,同年在猪肉中发现肉孢子虫,将该原虫纳入住肉孢子虫属,称为米氏住肉孢子虫,成为该属的模式种。1882 年 Butschli 建立了肉孢子虫目。Levine(1973,1986)对原虫分类作了修订,把这一原虫划归住肉孢子虫科(*Sarcocystidae*)。到 20 世纪初才被确认为一种常见于食草动物(牛、羊、马、猪)的寄生虫。Corner(1961)报道了加拿大安大略省暴发了达尔梅尼病(牛流产,死亡达 68%);1979 年报道了挪威绵羊肉孢子虫病;1980 年报道了肉孢子虫引起的马脑脊髓炎。斯品德勒和泰墨曼根据肉孢子虫在左旋糖中培养能生长菌丝和孢子,用孢子感染猪,使猪肉中出现肉孢子虫的事实,认为肉孢子

虫是植物性寄生虫。Fayer(1990)和 Heydom(1972)试验研究证实住肉孢子虫也有一段有性生殖过程。用滋养体培养在牛、犬、火鸡胚化的肾细胞和鸡胚化的肌细胞,出现了相当于滋养体、裂殖体和卵囊的几个阶段。1972 年发现肉孢子虫具有球虫的特征生活史以来,对牛、羊、猪有较强的致病性。通过细胞培养和动物感染才揭示其生活史。左仰贤(1982)发现人肌肉肉孢子虫病。

[病原]　住肉孢子虫属于住肉孢子虫属。寄生于猪肌纤维内和各脏器毛细血管内皮细胞内所引起的人兽共患原虫病。以猪为中间宿主的住肉孢子虫有 3 个种,即以人为终宿主的猪人住肉孢子虫(*S.suihominis*)、以犬为终宿主的米氏住肉孢子虫,又称猪犬住肉孢子虫(*S.suicanis*)和以猫为终宿主的猪猫住肉孢子虫(*S.porcifelis*)。

肉孢子虫生活史中有卵囊和肉孢子囊两种形态。成熟卵囊长椭圆形,内含 2 个孢子囊。因囊壁薄而脆弱在肠内自行破裂。进入粪便的孢子囊呈椭圆形或卵圆形,壁双层而透明,内含 4 个子孢子,大小为 12.6~16.4 μm×8.3~10.6 μm。内孢子囊在中间宿主的肌肉中形成与肌肉平行的包囊,又称米氏囊,呈圆柱形或纺锤形,色灰白至乳白;大小差异很大,大的长径可达 5 cm,横径可达 1 cm,通常长径为 1 cm 或更小,横径 1~2 mm,囊壁由 2 层组成,内壁向囊内延伸,构成很多中隔,将囊腔分成若干小室。发育成熟的包囊,小室中包藏着许多香蕉形的慢殖子,又称南雷氏小体或囊孢子。

肉孢子虫需要两个不同种类的宿主才能完成其生活史,Fayer 等(1970)、Heydom(1972)研究证明,肉孢子虫的发育必须换宿主,中间宿主是草食动物、杂食动物、禽类、啮齿动物、爬行动物等;而终末宿主是肉食动物、猪、犬、人等。住肉孢子虫的发育必须在两个不同种的宿主体内完成(表- 176)。终宿主(食肉类动物)粪便中的卵囊或孢子囊被中间宿主(食草类动物)食入后,在其小肠内卵囊中的子孢子逸出,穿过肠壁进入血液,在多数器官的血管壁内皮细胞中进行 1 代或几代的裂体增殖,形成裂殖体,产生的裂殖体再进入肌细胞中发育为肉孢子囊,囊内滋养母细胞裂体增殖生成缓殖子。这一过程一般需要 2 个多月。此时的肉孢子囊对于终宿主具有感染性。肉孢子囊多见于横纹肌和心肌。

中间宿主肌肉中的肉孢子囊被终宿主吞食后,囊壁被蛋白水解酶破坏,缓殖子释放出并侵入小肠固有层,无须经过裂体增殖就直接形成配子,雌雄配子交配后成为卵囊,卵囊在小肠固有层逐渐发育为含有 4 个子孢子的成熟卵囊。Fayer(1972)在细胞培养中接种从鸟体取得的肉孢子囊释出的缓殖子,结果观察到了类似球虫的配子和卵囊。Rommel(1972)把从羊取得的肉孢子虫包囊喂猫后在其粪中发现卵囊。Wallace(1973)用自然感染的猫粪中的球虫卵囊喂小鼠,结果获得了肉孢子虫的卵囊,确定肉孢子虫是寄生性孢子虫类之一,具有像球虫的生活史。

肉孢子虫的宿主特异性不强,如猪肉孢子虫最早是从小鼠体内发现。肉孢子虫并无严格的宿主特异性,可相互感染。虫体寄生于不同宿主,同一虫种在不同宿主寄生时其形态可以发生变化,而且同一虫种在同一宿主体内的不同虫龄,其形态大小有显著差异。同时在对肉孢子虫发育研究发现,一种中间宿主可能有一种以上的肉孢子虫寄生,如牛可被来自不同终宿主的 3 种肉孢子虫所感染,猪可为 3 种,马 2 种,羊 2 种等。

表-176　各种家畜住肉孢子虫的生物学特性

中间宿主	黄牛			水牛			山羊	绵羊		猪			马	
旧名	Sarcocystis fusiformis			Sarcocystis fusiformis			Sarcocystis capracanis	Sarcocystis tenella		Sarcocystis miescheriana			Sarcocystis bertrami	
现用名	$S.cruzi$ (S. bovicanis)	S. hirsuta (S.bovifelis)	S.Hominis (S. boshminis)	S.levinei	S.cruzi	S. fusiformis	S.capraca-nis	S.ovicanis	S.tenella	S.miesche-riana (S. suicanis)	S. procif-elis	S.suihami-nis (S, porcihominis)	S.fayeri	S.bertrami (S.eguica-mis)
包囊壁	薄	厚有纹	厚有纹	薄	薄	厚	厚	厚放射状纹	薄	未知	未知	未知	薄	薄
致病性	致病	不致病	不致病	不详	致病	不详	致病	致病	较弱	致病	致病	不详	不详	不详
终末宿主	犬、土狼、狼、狐、浣熊	猫	人、猕猴、狼、狒狒	犬	犬、狼、狐、熊		犬	犬	猫	犬	猫	人	犬	犬
潜伏期(天)	9~10	7~9	9~10		9~10	18~21	10	8~9	11~14	9~10	5~10	10~17	12~15	8
孢子囊大小(μm)	16×11	12×8	15×9	15×10	16×11	13×8	15×0	15×10	12×8	13×10	13×8	13×9	12×8	15×0

[流行病学]　肉孢子虫病呈全球性流行,但是在热带、亚热带地区的动物中感染尤为普遍。感染肉孢子虫的动物宿主种类多,包括羊、牛、马、猪、犬、猫、兔、鼠、鸡、鸭、鹿、麋鹿、野鸭、海豹等。住肉孢子虫的命名混淆一直困扰着寄生虫学工作者,其主要原因是一直认为 1 类或 1 种草食动物只被 1 种住肉孢子虫寄生,现发现有多种住肉孢子虫寄生于 1 种中间宿主,而 1 种住肉孢子虫又可在几种终末宿主体内寄生。由于 1 个宿主可能被几种肉孢子虫寄生,形成多种终宿主传播肉孢子虫;肉孢子虫缓殖子在宿主固有层发育,存活在宿主体内时间长,可细水长流排出卵囊污染环境,加之终末宿主无免疫力,可重复感染等,故动物感染率高,流行广,危害大。一般集约化养殖场动物的感染率明显低于散养动物。还有一些动物(包括骆驼、水牛、牦牛和野猪)肉类中常见的虫种尚不能确定其终宿主。调查发现,猪、牛、羊等动物肉孢子虫很普遍。澳大利亚和德国报告肉孢子虫在猪中的流行率分别为 7.4% 和 5%。动物孢子虫感染率高低直接影响人的感染率。对广西某村 201 人粪检发现猪人肉孢子虫自然感染率为 5.9%,其中 30 岁以上的人占 96.3%;市售肉猪感染率占 63.3%。感染者都有食生猪肉史。

能感染人的猪人肉孢子虫和牛人肉孢子虫的保虫宿主有黑猩猩和猕猴。现已证实猪、黄牛是人、猕猴、猫、犬肉孢子虫的中间宿主之一。连自强(1987)报道,Tadros 等(1976)认为恒河猴是人猪肉孢子虫的终宿主。Fayer 等(1978)曾用人粪便的孢子囊接种猪,又用此猪肉成功地感染了猴,从而将人猪肉孢子虫的终宿主扩大到非灵长动物,并认为后者是此种孢子虫的自然保虫宿主,但云南人猪孢子虫可感染猪,用人粪中孢子囊接种猪,56 天后在猪心肌、舌、食道、腹肌、骨骼肌、臀肌中发现包囊,每克肌肉中检出 40~52 个。

肉孢子虫的传播途径在动物之间的传播方式尚不清楚,左仰贤等(1983)在国内发现猪人肉孢子虫和人肉孢子虫,并进行了人-猪-猴、人-猪-人、人-牛-猴、人-牛-人之间循环感染实验。食肉动物通过捕食食草动物获得感染。食肉动物和杂食动物的粪便中含有肉孢子虫的卵囊,食草动物可通过拱食粪便获得感染。节肢动物可携带卵囊,动物在自然界也能捕食节肢动物受到感染。人则通过食入生的或未煮熟的猪肉或牛肉而感染;成为肉孢子虫的终宿主。

肉孢子虫四季皆可感染猪。李小军(2014)对豫北 1 016 200 头屠宰猪调查发现,平均阳性率为 2.38%,而 1~12 月猪的阳性率分别为 1.62%、1.69%、5.29%、3.07%、3.29%、4.40%、4.60%、1.81%、0.38%、0.46%、0.38%、0.17%。有报道,从市售 44 头猪中的 28 头中检到肉孢子虫包囊占 63.6%,人猪肉孢子虫占 36.4%(16/44),米氏肉孢子虫占 50%(22/44)。28 头肉孢子虫感染,单纯人猪肉孢子虫猪 6 头,米氏肉孢子虫猪为 12 头,同时感染两种虫种的猪为 10 头,表明猪可混合感染。

[发病机制]　肉孢子虫对人的致病作用不强。猪-人肉包子虫的致病力比牛-人肉孢子虫稍强。当人肠肉孢子虫寄生肠黏膜固有层时很少引起明显的病变,或可见轻度炎症反应。虫体多在骨骼肌,部分在心肌内寄生,形成肉孢子囊;该囊囊壁有的光滑,有的有绒毛状胞被(cytophaneres)。孢子囊可破坏所侵犯的肌细胞,囊周围肌肉很少有明显炎症,但可有出血、水肿等,当长大时可造成邻近细胞的压迫性萎缩。如果囊壁破裂可释放出一种很强的毒素,

FAO 和 WHO(1978)的研究报道,某些住肉孢子虫不但具有明显的致病性,而且可以引起动物死亡。从住肉孢子虫分离到的住肉孢子虫毒素(Sarcocystin)可引起兔、鼠肌肉细胞变性、肌束膜炎症反应;以及是引起心脏及其传导系统继发性疾病的原因。而且感染住肉孢子虫的牛肉、猪肉、羊肉对兔、鼠均具有毒性,其中毒性最强的为猪和牛的住肉孢子虫。注射含住肉孢子虫的鲜肉匀浆,小鼠可在 12 小时内死亡。肉孢毒素作用于神经系统、心、肾上腺、肝和小肠等,大量时可致人死亡。

肉孢子虫的前 2 代裂殖生殖阶段为主要致病阶段,在猪肝脏及其全身其他脏器小动脉毛细血管和小静脉内皮细胞内完成,其包囊阶段主要寄生于横纹肌、心肌、膈肌、肋间肌、咬肌、颈背侧肌、腰肌和脑部等。其中膈肌和肋间肌包囊感染强度较大。两次裂殖生殖的裂殖子损伤毛细血管内皮细胞,并释放毒素,引起全身性出血和剧烈的免疫炎症反应。急性病例在感染后 5~9 天和 11~15 天出现 2 次发热。在第 2 次发热伴随着精神沉郁,呼吸困难,贫血和黄疸。感染后期,寄生于肌纤维内的包囊机械性压迫周围肌肉组织,同时包囊内缓殖子释放内毒素类物质,肌纤维变性、萎缩,包囊周围出现巨噬细胞、淋巴细胞浸润,引起肌炎。红细胞压积明显较低,红细胞平均血红蛋白量、乳酸脱氢酶活性和血浆总蛋白较高,表明猪的住肉孢子虫病可引起猪的溶血性贫血,白细胞升高,表明在虫体刺激下,机体产生较强的炎症应答反应。后期出现肌肉痉挛,过度兴奋和卧地不起,母猪会流产。

[临床表现] 　猪肉孢子虫感染的临床表现轻重取决于食入孢子囊的数量和机体的免疫状态等。主要分为慢性或隐性感染和急性或显性感染。

1. 慢性型 　猪的肉孢子虫感染相当普遍,通常为无明显临床症状的隐性感染,但影响猪增重和肉质品质下降。Furmahski(1988)在崇斯特检查 1 131 头肉猪和 207 头母猪,肉孢子虫感染率分别为 3.8% 和 17.8%,其中 33.3% 为猪人肉孢子虫,57.1% 为米氏肉孢子虫,4.8% 为混合感染。德国某屠宰场采集 1 175 头猪的舌下肌和膈肌,老母猪检出率 33.3%、肥猪为 9.7%。其中猪人孢子虫占 61%,米氏肉孢子虫占 46%,混合感染为 11 例。苏联猪肉孢子虫检出率为 67%,野猪为 76%。保加利亚调查中野猪 74 头中 69% 感染肉孢子虫。李锦辉(2007)在调查市售 44 头肉猪的肉孢子虫带虫情况:28 头猪中检到肉孢子虫包囊,占 63.6%,其中猪人肉孢子虫为 36.4%(16/44),米氏肉孢子虫为 50%(22/44)。28 头肉孢子虫感染猪中,单纯感染猪人孢子虫的猪 6 头,米氏肉孢子虫猪 12 头,同时感染 2 种虫种猪为 10 头。李文春(1986)对云南大理 4 个自然村调查,人群感染率为 9.2%~62.5%,猪的肉孢子虫感染率为 72.1%,用吃生猪肉患者粪便中分离的孢子囊感染幼猪,56 天后猪的心肌、骨骼肌中有肉孢子虫。据调查,我国云南猪自然感染率为 68%,印度为 47.1%,一般认为致病性非常低。人工给犊牛、猪、羔羊口服犬粪中肉孢子虫包囊,这些动物可出现一定的症状,通常不显症状。由于大量虫体寄生于肌肉中,致局部肌肉变性而降低利用价值。Bogush 对 38 头感染肉孢子虫猪和 38 头阴性对照猪的肉样进行化学测定和比较,结果阳性肉样肉质下降,糖原含量下降,游离氨基酸总量升高。剖检时常见肌纤维中有包囊状物,为灰白色或乳白色,有两层膜,囊内有很多小室,内含活动滋养体。由于大量虫体寄生于肌肉中,致局部肌肉变性而被废弃。

2. **急性型**　病猪发热,主要为间歇热(发生在感染后 14～25 天),减食,废食,贫血,黄疸,呼吸困难,下痢,体质逐渐瘦弱,四肢末端和尾尖脱毛,发育不良,腰无力。严重时,肌肉震颤,肌肉僵硬,运动失调、跛行或短时期的后肢瘫痪,进一步衰竭,死亡。Kuhml(1865)报道猪感染肉孢子虫后,仔猪发热,消瘦,呼吸困难,运动困难及死亡;母猪流产。J. P. Dubey 等(1983)报道,妊娠的牛、绵羊、山羊和妊娠母猪吞食住肉孢子虫的包囊后发生流产。血液检查发现猪白细胞与血小板减少。剖检可见耳部、鼻部及臀部的皮肤发紫,皮下水肿,脂肪浆液性萎缩,肝脏有炎症,脑炎,非化脓性心肌炎,肌肉疏松、多水、切面上呈糜烂状,肉色苍白,肌纤维内有虫体。Srivastava C. P.(1977)发现 1 头 14 月龄公猪突然死亡,剖解见肺充血,胸水和腹水增加,肌纤维间严重感染肉孢子虫。

猪住肉孢子虫有 3 种,米氏住肉孢子虫(猪犬住肉孢子虫)终宿主为犬和狐,猪中常见;猪人住肉孢子虫终宿主为人、黑猩猩、罗猴;猪猫住肉孢子虫(野猪住肉孢子虫)终宿主为猫。

(1) 猪米氏住肉孢子虫感染。Barrows 给 6 头断奶仔猪接种 $5 \times 10^5 \sim 3 \times 10^6$ 个猪犬肉孢子囊/头。其中 3 头在接种后 14 和 15 天死亡,死亡前伴发有耳、口、鼻、后肢出现紫斑,呼吸困难,肌肉痉挛和跛行等症状。给猪吞食 5 万或更多包囊,猪即发病,体重减轻,皮肤紫癜,呼吸困难,肌肉发抖等。猪感染 21 万个包囊后,从第 9 天开始轻度厌食,第 11 天几乎不进食,此后厌食程度逐渐减轻,2 周后基本恢复正常,同时有消瘦、乏力等症状。吞食 100 万包囊即有 50% 猪死亡。Erber. M.(1979)对 5 头怀孕母猪感染猪犬肉孢子虫,剂量为 5 万个/头,其中 2 头在妊娠 22 天和 65 天接种,感染后 12 和 14 天流产。其余 3 头在感染后 12 天发病,出现发热、腹泻、贫血、偏瘫症状,1 头急性死亡,另 2 头极度衰竭被扑杀。眼观可见髂淋巴结明显肿大。

猪感染米氏住肉孢子虫后临床症状轻重取决于食入孢子囊的数量和机体的免疫状态。用 5 万孢子囊接种育肥猪,没有严重症状出现,体重下降 11%～27%;接种 200 万～300 万孢子囊出现厌食,发热,特别在感染后 14 天左右,体温达 41℃以上,皮肤出现紫斑,肠炎,贫血,甚至死亡;感染后 47～52 天,在猪的肌肉中出现大量成熟包囊,猪出现跛行和运动困难。给妊娠 3～15 周母猪接种 200 万～800 万米氏住肉孢子虫,除出现上述症状外,在感染后 9～14 天发生流产。这主要是由于肉孢子虫 2 次裂殖生殖阶段大量裂殖子损伤各脏器毛细血管内皮细胞,并释放毒素,引起全身出血和剧烈的免疫炎症反应。感染后期,寄生于肌纤维内的包囊机械性压迫周围肌肉组织,同时包囊内缓殖子释放内毒素物质,肌纤维变性、萎缩,包囊周围出现巨噬细胞、淋巴细胞浸润,引起肌炎。红细胞压积明显较低,白细胞数较多,红细胞平均血红蛋白量、乳酸脱氢酶活性和血浆总蛋白较高,表明猪的住肉孢子虫可引起猪的溶血性贫血。Lunde. M. N.(1977)用 S. *suicanis* 犬排出的孢子囊,以 5 万、10 万和 100 万个感染了 20 头猪,经过急性期(裂体繁殖),感染后 4～10 天出现高热,10～15 天体温升至 41.5℃,13～19 天出现贫血,伴发全身出血,心细血管血栓形成。慢性期是包囊在肌肉中形成,感染后 40 天 GOT(AST)高度活动(13 mu/mg 蛋白质)。感染后 84 天,CPK 高度活动(100 mu/mg 蛋白质)。组织病理变化包括心、肌纤维变性,局限性非化脓性炎症。尸体含水量多而质量差。

（2）猪的猪人肉孢子虫感染。Heydorn（1977）报道猪人肉孢子虫对猪、人都有致病性。Taylor. M. A.（2007）、杨月中（1992）报道，猪人肉孢子虫前2代裂殖生殖阶段主要在肝脏血管内皮细胞内完成，致病阶段集中在肝脏血管内皮细胞的裂殖生殖阶段。急性病例，在感染后5～9天和11～15天出现2次发热。在第2次发热中伴随着精神沉郁，呼吸困难，贫血，黄疸，后期出现肌肉麻痹，过度兴奋和卧地不起。母猪有时会流产。从自然感染者粪中收集孢子囊约28 000个感染猪，感染后第9天猪开始轻度厌食，到第11天几乎不进食，此后厌食程度逐渐减轻，2周后食欲完全恢复。在厌食的同时猪出现疲乏，无力等症状。感染后144天扑杀，在骨骼肌和心肌发现大量包囊；脑和胃平滑肌组织上未见包囊。第132天发现卵囊和孢子囊。左仰贤（1983）用人的人猪肉孢子虫粪喂5～7.5 kg（2月龄）猪，感染后56天扑杀。感染猪在实验过程中未发现有异常表现。在感染猪心、舌、食道、腹肌、臀肌中均发现包囊，每克肌肉检出40～50个包囊。李锦辉（2007）报道猪感染猪人肉孢子虫后第5天出现轻度厌食，第8天出现疲乏，无力，便秘，毛疏松，第17天上述症状消失，进食恢复正常。第56天扑杀时在肌肉中检出肉孢子虫包囊。裂殖生殖阶段的大量裂殖子损伤各脏器毛细血管内皮细胞，并释放毒素，引起全身性出血和剧烈的免疫炎症反应。前2代裂殖生殖阶段为主要致病阶段，在猪的肝脏及全身其他脏器小动脉、毛细血管和小静脉内皮细胞内完成；包囊主要寄生于猪的膈肌、肋间肌、咬肌、颈背侧肌、腰肌和心肌等部位，其中膈肌和肋间肌包囊感染强度较大。感染后期寄生于肌纤维内的包囊机械性压迫周围肌肉组织，同时包囊内缓殖子释放内毒素物质，肌纤维变性、萎缩，包囊周围出现巨噬细胞、淋巴细胞浸润，引起肌炎，红细胞压积明显较低，红细胞平均血红蛋白量、乳酸脱氢酶活性和血浆总蛋白较高，白细胞数较多，表明猪的住肉孢子虫病可引起猪的溶血性贫血，虫体刺激机体产生较强的炎症应答反应。

人工感染猪住肉孢子虫试验证明，以低剂量1.5万个孢子囊口服时，在临床上未见明显症状。以2.5个孢子囊感染时猪只呈现食欲不振和精神沉郁。用5万个孢子囊感染时，体重下降11%～27%，当用200万～300万个孢子囊感染时，猪只表现呼吸困难，肌肉震颤，运动困难，耳部和头部出现紫斑，并出现全身贫血，血细胞减少，血小板减少，血凝不良；并于感染后12～15天发生死亡。当给妊娠3～15周的母猪感染200～800万个孢子囊后，孕猪出现厌食、发热、肢体僵硬、运动困难等临床症状，并于9～14天发生流产并死亡。大体病变：肝脏有炎症，非化脓性心肌炎，肌肉疏松，多水，切面上呈糜烂状，肉色苍白，肌纤维内有虫体。

人工接种人猪肉孢子虫，4万个孢子囊感染后在猪的心、舌、食道、腹肌、臀肌中均发现包囊，每克肌肉检出40～52个，包囊呈梭状、椭圆或长椭圆形，囊壁有密集线毛状突起，室中充满香蕉形缓殖子，52个月剥离出来的殖子 10.46 μm×4.61 μm，在实验过程中未发现有感染猪异常表现。J. P. Dubey 等（1983）报道，妊娠的牛、绵羊、山羊和猪吞食了住肉孢子虫的包囊后，流产或保留胎儿，其发生原因不详。

（3）猪猫住肉孢子虫感染。Dubey（1976）报道猪的另一种肉孢子虫是由猫传播的。Kreier. J. P.（1977）报道，S. porcifelis 对猪有很强的致病力，当猪吃下猫粪中的孢子囊时，发生腹泻、衰弱、肌炎、跛行等。

[诊断]　诊断本病通常用硫酸锌浮聚法检查粪便中孢子囊。一般宿主在进食生肉后第9天起,在患者新鲜粪便中可查到肉孢子虫卵囊,即可确诊为肠道肉孢子虫病。卵囊内一般含4个子孢子。

也可活检动物肌肉,对于肌肉炎症患者也可考虑肌肉活检。取新鲜动物膈肌、咽喉肌、心肌各10 g,每份肉样剥去肌膜后,肉眼仔细观察,可见灰白色肉膘样包囊。随后称取各部位肌肉0.1 g,沿肌纤维方向剪成米粒大小,置于载玻片上压平至半透明,在显微镜下(100×)检查。在上述任何一个部位发现肉孢子囊,即判定为阳性。

动物肉孢子虫的生前诊断主要采用血清学方法。目前已建立的方法有间接血凝、酶联免疫吸附试验、间接荧光抗体试验等。

[防治]　肉孢子虫感染一般呈自限性,发病时间短或症状较轻微,一般不需要采取特殊治疗,仅需对症治疗。目前还没有治疗肉孢子虫病特效药,对患者可试用磺胺嘧啶、复方新诺明、吡喹酮、螺旋霉素(成人每次600 mg,每天4次,连用20天)、甲硝唑等。动物常用常山酮、土霉素、莫能霉素、拉沙霉素、氨丙啉等。

肉孢子虫病的防治应从消灭传染源、切断传播途径、保护易感宿主入手,可采取下述方法阻断肉孢子虫病的传播环节,以消灭或减少肉孢子虫病。随肉食动物的粪便排出住肉孢子虫是感染的关键因素,所以,防治措施必须以预防肉食动物感染及预防其粪便污染食物和牧场的原则来制订,以打断住肉孢子虫的发育环节:① 搞好食品安全措施和肉类检查;② 肉制品无害化处理,肉制品−20℃冷冻后可有效阻断该病的传播;③ 注意饮食卫生,避免生食动物肉类、凉拌菜,瓜果蔬菜都要严格清洗,避免该病的粪-口传播;④ 防治中间宿主感染,严格管理粪便,严禁终末宿主的粪便污染动物饲料、饮水和饲养场地;⑤ 染病动物的处理,疑似或确诊感染肉孢子虫的动物也应治疗,死亡动物应当焚烧或深埋。

八、肺孢子虫病(*Pneumocystosis*)

该感染是由卡氏肺孢子(虫)寄生于人和哺乳动物肺组织引起的呼吸系统原虫感染的人畜共患寄生虫病。它的病理和临床特点是间质性肺炎,故又称耶氏孢子虫肺炎(PCP)。

[历史简介]　Chagas(1908)在接种枯氏锥虫的豚鼠肺切片中,见到了肺孢子,当初认为是枯氏锥虫的另一形态。Carini(1910)也在大鼠的肺脏组织中发现本虫。Delanoe 夫妇(1911)在感染了路氏(*T.lewisii*)锥虫的大鼠肺部又观察到此肺孢子,并命名为卡氏肺孢子。此后从马、山羊、猫、牛、猪和人等中发现,从形态学等观察,似乎感染于不同动物的肺孢子是同一个种,也称卡氏肺孢子。此病一直被认为是动物寄生虫病,未引起医学者注意。当时欧洲的营养不良是婴儿中流行一种特殊的肺炎,原因不明,病理表现为肺间质增生及浆细胞浸润。Vanek 等(1952)在间质性浆细胞性肺炎死亡患者的肺泡渗出液中检到卡氏肺孢子。Bille - Hansen. V.(1990)报道了仔猪肺孢子虫病。Ozer 等(1995)报道仔猪肺孢子感染。1988年有人对肺孢子基因及基因表达产物进行分析,认为是真菌。Vanek 和 Jirovec(1952)、Campbell(1972)根据本虫染色标本形态、电镜观察和肺部病理变化推测卡氏肺孢子虫的生活史是在肺泡内完成。Faust(1970)将 *P.carinii* 列为单孢子虫纲。Frenkel(1999)

将寄生于人体的肺孢子虫定名为耶氏肺孢子虫,以纪念Jirovec确认人体肺孢子虫病第1例病例,而卡氏肺孢子虫专指大鼠中发现的肺孢子虫。

[病原]　自1908年发现卡氏肺孢子以来,目前有3个种,即卡氏肺孢子(*Pneumocystis carinii*);第2个种是人的肺孢子,这个种Frenkel(1976)提出以捷克的寄生虫学家Otto. Jirovec命名,叫耶氏肺孢子(*Pneumocystis jiroveci*),人的肺孢子不仅在蛋白质分子大小与动物的不一致,与大鼠肺孢子的16s rRNA序列也有5%的差别;第3个种是English发现犬肺孢子DNA序列与其他动物肺孢子的同源性为73%～87%,说明感染犬的肺孢子在遗传学上与其他动物肺孢子有差异,故建议犬的肺孢子为一新种,并命名为犬肺孢子(*Pneumocystis carnis*)。卡氏肺孢子为代表种。卡氏肺孢子为单细胞真核生物,其分类地位尚未明确。根据目前通常的分类方法,暂时地规划为顶端复合体门、孢子虫纲、球虫亚纲。现有学者将其列为真菌类,命名为肺囊菌。

肺孢子感染后存在于肺泡,有包囊及滋养体2种形态及二者之间的中间形。滋养体呈多态形,在姬氏染色标本中,大小为2～5 μm,胞核1个,呈深紫色,胞质为浅蓝色。包囊呈圆形或椭圆形,直径约为6 μm,囊壁较厚,姬氏染色的标本中,囊壁不着色,透明似晕圈状或环状。成熟包囊内含有8个囊内小体(又称子孢子),呈玫瑰花状或不规则排列,每个小体都呈香蕉形,横径1.0～1.5 μm,各有1个核。囊内小体的胞质浅蓝色,核1个,呈紫红色。

卡氏肺孢子在人和动物的肺组织内的发育过程已基本清楚(图-37)。动物实验证实,其在肺泡内发育阶段有滋养体、囊前期和包囊期3个时期。小滋养体从包囊逸出,逐渐发育为大滋养体,经二分裂、内出芽和接合生殖等进行繁殖。继而滋养体细胞膜逐渐增厚形成囊壁,进入囊前期;随后囊内核进行分裂,每个核围以一团胞质,形成囊内小体,以后脱囊而出形成滋养体。而在宿主体外的发育阶段尚未完全明了。据推测泡囊被宿主吞食后,子孢子逸出,穿过肠壁侵入肠黏膜上皮细胞,后转移至肺泡及小支气管,在其泡沫状的分泌物中即可见到卡氏肺孢子虫。该虫体小,单核,呈圆形或长圆形,以二分裂法繁殖,最后形成8个子孢子的包囊,此8个小体包囊为诊断上重要依据。

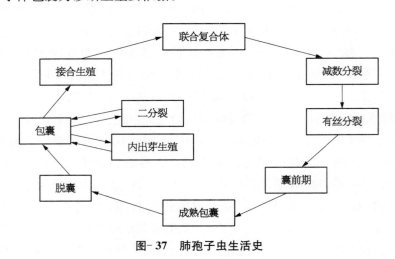

图-37　肺孢子虫生活史

Masahiro Fujita 等(1989)对日本猪卡氏肺孢子调查发现,猪的卡氏肺孢子虫卵囊的形态与小鼠、大鼠和人的肺孢子虫极为相似。猪的卡氏肺孢子虫似乎与来自其他哺乳动物的具有共同抗原,与报道不同宿主来源的卡氏肺孢子虫的抗原性相似。

[流行病学]　卡氏肺孢子虫广泛存在于自然界,也存在于人和某些动物肺组织内。肺孢子是一种威胁人类健康的人兽共患寄生虫疾病,该"虫"为机会性病原,呈世界性分布,正常人群中隐性感染率为 1%～10%,但发病率很低。感染的动物有犊牛、成年牛、绵羊羔、成年绵羊、幼年山羊、成年山羊、野兔、家兔、狐、马驹、猪、犬、豚鼠、猴、猫、大鼠、小鼠、猩猩、雪貂、三指树懒等,未见有禽类感染报告。报道肺孢子感染的国家有美国、丹麦、南非、澳大利亚、墨西哥、中国、日本、捷克、加拿大、土耳其、英国、荷兰、苏联等。本病流行、传播途径不甚清楚,一般认为,感染期为成熟包囊,感染方式是成熟包囊经空气或飞沫传播而进入肺内,也有人认为病原可经血流从母体传给胎儿。免疫力低、感染细菌或病毒或低幼龄是最常见的合并感染机会性致病病原和主要致死原因之一。多种哺乳动物能自然感染肺孢子,约 80% 的健康鼠肺组织中发现有卡氏肺孢子的感染。Vanek(1952)在间质性浆细胞性肺炎死亡患者的肺泡渗出液中检出卡氏肺孢子,并确定它是该肺炎的病原体。带虫者和患者均为传染源。成人呼吸道的带虫状态可能持续多年,受感染动物是否具有传染源的作用尚未确定,原因是寄生在人和动物肺体内的肺孢子虫,可能有种或株的差异。但肺孢子对宿主的选择具有很强的特异性,如人肺孢子不感染其他动物。

[发病机制]　一般情况下,肺孢子虫只在肺泡内增殖,不侵入组织内,但引起动物严重呼吸困难,其原因在于多数的滋养体附着于肺泡上皮上,肺泡内充满滋养体和包囊集块,物理性地阻碍了气体交换所致。可以仅有肺内感染,引起严重肺炎,亦可播散至全身脏器及组织。现已知卡氏肺孢子虫属于机会性致病病原体,平时存在于呼吸道并不致病,但当宿主免疫功能不全或受损时,则乘机繁殖而致病。

死于本病肺炎患者(或实验动物)解剖可见,肺脏肿大、重量增加、变硬、肝样变。切面有渗出液流出,肺泡内充满黏稠的物质,无气体存在。肺泡肿胀或成网目状,内充满蜂窝状泡沫物质为本肺炎的特征。在慢性间质性肺炎患儿肺脏切片可以看到除肺泡内充满蜂窝状物质外,间质增生肥厚和浆细胞浸润为特征,故称之为"间质性浆细胞性肺炎"。但用大量免疫抑制剂诱发的卡氏肺孢子虫肺炎则大多数看不到间质增生和浆细胞浸润,主要病变为肺泡上皮剥离、断裂,形成玻璃样膜,肺泡内有蜂窝状泡沫状物质。

[临床表现]　卡氏肺孢子虫病多为散发,通常呈隐性感染,不显示临床症状。幼龄及免疫力低下是发生肺孢子病的重要因素。Ozer. E.等(1995)报道猪的病例主要是 2～4 月龄的小猪,常死亡;Bille‐Hansen. V.等(1990)报道仔猪肺孢子的感染率,从 4%～37.1% 或 42%。患病幼年动物精神委顿,行动迟缓,被毛粗乱,生长受阻,有的厌食,有的仔猪有腹泻与黄疸,消瘦体弱,有的逐渐消瘦死亡。感染细菌性或病毒性疾病的动物易患肺孢子疾病。Jorsal. S. E.等(1993)报道猪肺炎支原体病、放线杆菌病、支气管败血波氏菌、猪痢疾和巴氏杆菌病的猪发生肺孢子病;Fukuura. M.等(2002)报道感染圆环病毒Ⅱ型的猪发生肺孢子病。苏联一流行病学实验室养有 1～4 月龄猪 23 头,均营养不良,经组织学检查,证明感染

卡氏肺孢子。有的猪肺切片后肺前缘有气体。

Masahiro Fujita 等(1989)对日本 223 头约 6 月龄杂交长白猪进行调查发现,其中 120 头为健康猪,体重约 100 kg,103 头生长迟缓猪,体重为 50～70 kg。结果是所查的发育迟缓猪的样本没有见到明显的眼观病变,但这些猪的卡氏肺孢子虫感染率很高(表- 177、表- 178)。因此,对生长迟缓猪的检查结果提示,可能与免疫功能缺损有关。

表- 177　屠宰猪肺中卡氏肺孢子虫检出率(%)

猪	触　　　片		匀　浆　涂　片		胶原酶消化的匀浆涂片
	吉姆萨染色	TBO 染色	吉姆萨染色	TBO 染色	TBO 染色
生长迟滞猪	1.0 (1/103)[a]	13.6 (14/103)	2.9 (3/103)	37.9（39/ 103）	44.4 (46/103)
健康猪	0 (0/120)	0(0/120)	0 (0/120)	0 (0/120)	0 (0/120)
合计	0.4 (1/223)	6.3 (14/223)	1.3 (3/223)	17.5（39/ 223）	20.6 (46/223)

注：a,以百分率表示;括号中数字表示阳性样本数/受检样本数。

表- 178　甲苯胺蓝染色的生长迟滞猪肺中卡氏肺孢子虫卵囊数

猪	触　　　片	匀　浆　涂　片	胶原酶消化匀浆涂片
生长迟滞猪	1.20±1.10[a] (n=14)	2.27±0.12[b] (n=39)	1.14±0.29[b] (n=10)

注：a,每 cm² 涂片的卵囊数(Log 10)(平均值±标准差);b,每克肺组织中的卵囊数(Log 10)(平均值±标准差)。匀浆涂片中卵囊数达 2.27±0.12/g,由此推测生长迟滞猪的两侧肺叶(重约 350 克)中的卵囊数约为 4.81/每肺。

[诊断]　卡氏肺孢子病主要依靠病原学诊断,从呼吸道或肺组织取材以检获包囊是确诊的依据。常用姬氏染色、甲苯胺蓝染色、六亚甲基四胺银染色。

免疫学诊断常用 IFA、ELISA 和补体结合试验,只用于本病的辅助诊断。近年来,DNA 探针、rDNA 探针和 PCR 技术等已用于本病诊断,检测患者的痰液、血液、肺活检组织和唾液,有较高的敏感性和特异性。

[防治]　目前未见可供预防肺孢子病的疫苗,一般预防就是做好动物保健工作。提高人和动物的免疫力,避免应激或疾病造成免疫力减弱。

卡氏肺孢子病在临床上死亡率较高,如及早治疗则有 60%～80% 的生存率。抗肺孢子的药物主要有：① 复方新诺明：TMP 20 mg/kg～SMZ 100 mg/kg,每天分 4 次口服;连用 14 天;② 喷他脒：4 mg/kg·d,每天 1 次肌注,连用 14 天;③ 三甲曲沙：45 mg/kg·d,静脉滴注,连用 21 天。

肺孢子可以通过空气经呼吸道传播,尤其是医源性传播非常重要。Miller 等(2001)在研究医院的传播源时,发现一些无症状的医护人员携带有肺孢子。所以尽量采取隔离、空气净化、消毒措施,以防医院内交叉感染。

九、结肠小袋纤毛虫病(*Balantidiasis*, B. Coli)

该病是由结肠小袋纤毛虫寄生于哺乳动物和人的大肠,侵犯宿主肠组织引起痢疾,偶尔造成肠外感染的疾病。灵长目动物、反刍动物及其他哺乳动物也可感染。

[历史简介] Malmsten(1857)从两例急性痢疾病人的粪便中检出此虫,命名为结肠草履虫(*Parameccum coli*)。Leuckert(1861)、Stein(1862)分别从猪大肠中发现此虫。Stein(1863)认为人猪两虫为同一种归于小袋属,并定名为结肠小袋纤毛虫。Van Der Hoeden(1964)证明猪结肠小袋虫可传染给人。该虫同异名有 *Paramecium coli*, *Plagiotoma coli*, *Leukophyra coli* 和 *Holophyra coli* 等。

[病原] 结肠小袋纤毛虫归属小袋科、小袋属。此虫虫体较大,在发育过程中有滋养体和包囊两种形态。滋养体呈椭圆形,无色透明或淡灰略带绿色,大小为 30~200 μm×20~150 μm,虫体前端有胞口,后接漏斗状胞咽,后端有胞肛。体表被有许多均一的纤毛。虫体中央有一肾形大核,其凹陷处有一小核。寄生在盲肠和结肠,为人体最大寄生原虫。包囊呈圆形或卵圆形,色淡黄或淡绿,囊壁厚,囊内有一团原生质,内含胞核、伸缩饱和食物泡。直径为 40~60 μm,染色后可见胞核。

动物和人因吞食包囊而感染,包囊内的虫体在肠腔中受到消化液的影响脱囊而出,转变为滋养体,进入大肠以肠内容物(淀粉颗粒、细菌和细胞)为食,并以横二分裂增殖。当宿主抵抗力下降或受其他因素的影响时,滋养体侵入肠细胞内生长繁殖,繁殖到一定时期,滋养体变圆,并分泌囊壁,滋养体形成包囊,随粪便排出体外。滋养体随粪便排到外界也能形成包囊。包囊期基本上是结肠小袋纤毛虫生活史中的休眠期,包囊内的虫体不进行繁殖。人肠道内的滋养体很少形成包囊,而猪肠道内的虫体可大量形成包囊。

据 Sangeaunt(1972)报道,结肠小袋纤毛虫还有芽生生殖方式,即由母体分出 1 个小的舌状突起,逐渐游离母体,形成一个新的个体。本虫宜在 pH 值大于 5 的环境下生存,它能产生透明质酸酶,借助此酶溶化细胞间质而穿入肠壁组织,在严重感染的猪粪中,可分离出分解糖原的酶和溶血素。

滋养体对外界环境有一定的抵抗力,如在厌氧环境和室温条件下能存活 10 天,但在胃酸中很快被杀死,因此,滋养体不是主要的传播时期。包囊具有较强抵抗力,在潮湿环境中能存活 2 个月,在干燥而阴暗环境中能存活 1~2 周,在 1‰甲醛溶液中存活 4 小时,石炭酸中存活 3 小时,阳光暴晒 3 小时后死亡。但滋养体随粪便排出体外可存活 10 天。

[流行病学] 本病呈世界分布,主要分布在热带和亚热带地区,其中以菲律宾、新几内亚、中美洲等地区最常见。我国在广东、广西、福建、四川、云南、河南、山西、辽宁等 22 个省市存在本虫感染。感染率在(0.036±0.09)‰。以广东感染率最高达 0.284‰。本虫已知除感染人外,猪、野猪、猕猴、马、牛、犬、猫、豚鼠、鼠及野生动物等 33 种以上动物可感染。猪感

染率最高一般在 20%～80%,在中国,大井司(1923)报道中国台湾南部感染率为 60%;张奎(1938)在济南检查 209 头猪,感染率为 70.6%;谷宗藩(1956)在青岛检验 1 102 头猪,感染率为 62.43%。爱尔兰贝尔法斯高寒气候的家猪感染率达 74%。猪是重要的保虫宿主和传染源。主要传播来源是成年猪,慢性病猪猪肠内的滋养体可形成包囊,特别是排包囊母猪,往往使乳猪全部感染,而急性病猪排出的滋养体似乎不感染同栏健康猪。猴次之。从形态学上来看,感染猪和感染人的结肠小袋纤毛虫是没有区别的。然而,在虫体感染能力或在宿主的感染性方面,二者间却又存在着一定的差异:来自人体的虫株传给猪十分容易,而来自猪的虫株传给人的实验未成功;然而认为猪结肠小袋纤毛虫能否成为人结肠小袋纤毛虫病的传染源有 2 种不同的看法。有研究认为人体和猪体寄生的结肠小袋纤毛虫抗原性不同,可能是两种不同虫种,故猪的传染源作用尚未定论。从流行病学及预防学角度来看,尽管在虫株或宿主感染性上存在上述差异,但猪的感染在一定程度上,对人构成一种潜在威胁。从粪便排出结肠小袋纤毛虫包囊的人和多种哺乳动物均可成为传染源和贮存宿主。包囊为感染阶段,人和其他宿主主要是通过吞食被包囊污染的食物或饮水而感染。本病的传播途径除了与猪粪及污染物接触外,蟑螂、苍蝇等昆虫的携带在传播上有重要意义。粪-口传播是本病主要传播途径,在自然条件下,当仔猪吃了被结肠小袋纤毛虫包囊体污染的饲料或水,以及从母猪乳头吮吸奶水时就会发生感染。由于在外界环境中寄生虫有相当大的抵抗性,所以可通过器械、运输工具、饲管人员机械传播。

[发病机制]　感染结肠小袋纤毛虫后发病与否与宿主机体免疫功能有关,并受寄生部位的理化、生物以及机体状态等多种因素的影响。当包囊进入宿主消化道后,受消化液等的影响在小肠内脱囊而成滋养体。若滋养体进入宿主胃内则被胃酸杀灭。滋养体在肠道内摄取食料的同时,借助其纤毛以螺旋形旋转的方式向前运动,至碱性低氧环境的回盲部与结肠,如生存条件合适(肠腔内有充足的淀粉粒、肺炎克雷伯菌、金黄色葡萄球菌、肠杆菌属等)方可大量繁殖。滋养体除自身的机械运动外,虫体有时能分泌蛋白分解酶和分泌透明质酸酶,溶解肠壁细胞间质,侵入肠壁黏膜及黏膜下层,引起炎症、充血、水肿并最终形成口小底大的溃疡。此种溃疡与肠阿米巴病溃疡的不同点是口较宽,颈较粗短。溃疡处有圆形细胞、嗜酸性粒细胞浸润,亦能见到滋养体。病变多见于大肠肠壁,偶见于回肠末端与阑尾。若溃疡波及肠壁肌层,偶可发生肠穿孔及腹膜炎症。肠外组织很少有结肠小袋纤毛虫发现。滋养体主要随粪便排出体外,也可在结肠下段演变成包囊后再排出体外。严重病例可出现大面积的结肠黏膜的破坏和脱落,肠黏膜水肿、充血,有时呈针头状出血。病理变化颇似阿米巴脓肿。患者出现腹痛、腹泻和黏液性血便,并常有脱水及营养不良等。结肠溃疡导致多形核白细胞和淋巴的浸润,随之可出血及继发细菌感染。

[临床表现]　结肠小袋纤毛虫病可能是急性、慢性和隐性经过。猪是主要的保虫宿主。猪的感染较为普遍,常由于经口摄取裂殖体而感染。本虫对大多数猪不表现有致病作用,而成为共栖者。主要引起 1.5～4 月龄仔猪发病。Solaymani Mohammadi(2004)报道野猪的感染率可达 25%。2001 年对广东省 20 个代表性集约化猪场的种猪和肉猪共 1 906 头的粪样进行检查,结果阳性场 100%(20/20),各场感染率为 14%～72.2%。其中母猪感染率为

46.8%、种公猪为 50.5%。生长猪为 34.8%、育肥猪为 48.8%、保育猪为 20.1%。2002 年在贵州毕节地区对猪感染结肠小袋纤毛虫调查，其感染率达 22.7%。福建莆田的猪感染率为 33.8%。Hindsbo 等(2002)报道，未断奶猪感染率可达 57%，4 周龄以上的猪感染率可达 100%；12 周龄内猪的每克粪便中包囊数可达 206 个，28~56 周龄为 865 个。结肠小袋纤毛虫对猪的致病作用较强，尤其对仔猪的致病力更强，往往造成严重疾病，并致死。主要引起拉稀和肠出血，急性病猪发病突然，粪便如稀糊状，量增 1~2 倍，表面灰白色，有黏液及内含大量未消化的食物和大量滋养体(百倍镜下可见 2~10 个)，极少见包囊。临床上主要表现为拉稀和肠出血。可于 2~3 天内死亡。当滋养体由肠腔转入肠壁寄生后，猪表现慢性症状。慢性型可持续数周至数月。患猪表现精神沉郁，食欲减退或废绝，喜躺卧，有些表现颤抖，有时会有体温升高。开始粪便较硬，腹泻前会拉软粪(粪便表面附有灰、白黏液及黏膜)后水泻，带有黏液、黏膜和血液，并有恶臭。多见于仔猪拉稀，粪便呈泥状，有恶臭并混有黏液、黏膜碎片和血液。粪便含包囊，少有滋养体。结肠、直肠呈溃疡性肠炎，可引起死亡。体重减轻 15%~20%。卢春祥(1985)对福建莆田猪场进行猪结肠小袋纤毛虫病调查，共检猪 1 248 头，阳性猪 442 头(33.8%)，各场感染率为 23.2%~56.4%；感染强度，每片可查到滋养体或包囊，2~4 月龄小猪为 17~63 个(342 头)；7~10 月龄猪 11~51 个(156 头)；成年猪 5~28 个(750 头)。仔猪下痢，逐渐消瘦，衰弱，严重者陷于虚脱，死亡。断奶仔猪呈急性或慢性胃肠炎症状，下痢，初为泥状后为淡黄色稀薄状或污棕色稀薄状及水样，有时混有黏液及血液，逐渐消瘦、衰弱，严重者可死亡。症状可间断延续 1~2 个月，影响发育。孔德文(2017)报道保育猪顽固痢疾，病初排软便，食欲降低，部分猪体温升高，随病情加重，粪便呈水样，颜色呈污灰色，有组织碎片，恶臭，食欲废绝，消瘦，严重脱水，猪卧地不起而死亡。肠系膜淋巴结肿大，出血，结肠、盲肠和直肠肠管肿大，肠壁变薄，肠黏膜形成溃疡，肠内容物稀薄如水，含有从溃疡灶表面脱落的伪膜。孔艳等(2015)报道 90 日龄仔猪精神沉郁，食欲减退或废绝，喜饮水，腹泻排出物带有黏膜碎片，有的拉血痢，呈喷射状，可达 2 米，病程 5 天以上；也有急性死亡。发病 60%，死亡 10%(23 头)。病死猪消瘦，毛粗，眼球凹陷，皮肤及黏膜苍白。肝上有白色寄生虫斑点，盲肠、结肠血管扩张充血，小肠膨气，内有稀粪，肠黏膜脱落有溃疡斑。结肠充盈，肠腔内充满米黄色水样液体，部分米粒大小干酪样坏死结节，肠系膜淋巴结肿大，其他脏器未见明显病变。Negru(1964)报道本病可引起仔猪缺铁性贫血。

　　А.Ф.МаНКОС(1983)报道结肠小袋纤毛虫病可能是急性、慢性和隐性经过。潜伏期从 8 天延长到 17 天。病的急性经过终归康复，但常常出现明显的症状并延长到 2 周以上。仔猪开始表现食欲减退，精神抑郁，口渴，体温升高 0.2~0.5℃，腹泻。以后腹泻次数更多，排粪频繁，失禁。动物拱背，后肢前伸，少有走动。腹股沟部凹陷，腹壁触诊时动物表现疼痛。给一月龄仔猪灌喂包囊体第一天出现食欲减退，精神稍有抑郁。在这一期间排出的粪便中结肠小袋纤毛虫的数量平均达 $25~30 \times 10^8$ 个/mL。在第 2~10 天体温升高 0.2~0.5℃，出现腹泻的次数增多。体况从第 16~20 天开始好转。试验结束，感染的仔猪生长和发育迟缓。尸检主要变化在盲肠和结肠，表现为黏膜肿胀、增厚、皱褶处有出血点，其外表很像大脑皮层。黏膜刮取物里有大量原虫(超过 120~125 千个)。吴国光(1984)报道南宁一猪栏，26

头小猪全部感染,死亡率为 79.9%。虫体一般情况下对肠黏膜损害不大,但当宿主的消化功能紊乱,特别是猪沙门氏菌感染时,虫体可乘机侵入,破坏组织,造成溃疡性肠炎。Holler (1968)等报道结肠小袋纤毛虫常引起 6～8 周龄仔猪发生大肠损伤的疾病,在某些病例中会出现坏死性肠炎。当发生小肠结肠炎时,结肠小袋纤毛虫的侵袭力达 100%,而侵袭强度为 31×10^4 个/mL。大龄猪也会感染。

[诊断]　根据流行病学、病状和粪便寄生虫学检查确诊。取新鲜粪便作压滴标本或用沉淀法检查,阳性粪便可发现游动的滋养体,有时也可见包囊。因滋养体排出后容易死亡(通常滋养体自粪便排出后 6 小时即死亡),且排出呈间歇型,因此检查时标本应新鲜。采用新鲜粪并反复送检可以提高检出率。对虫体鉴定有疑问时可做苏木紫染色。必要时亦可采用乙状结肠镜进行活组织检查或用阿米巴培养基进行人工培养。猪死后剖检主要见结肠和直肠发生溃疡性肠炎。取刮取物检查时可发现滋养体和包囊。临床诊断需与阿米巴痢疾、细菌性痢疾及肠炎进行鉴别。

对急、慢性感染性腹泻病因未明,按细菌性腹泻(包括细菌性痢疾)治疗未能奏效者,应考虑有无原虫性腹泻的可能,除临床表现可大致区别外(表- 179),应多次取新鲜粪便检查有无结肠小袋纤毛虫及溶组织内阿米巴滋养体或包囊以明确诊断。有时,还应与特异性溃疡性结肠炎、结肠核等鉴别。

表- 179　结肠小袋纤毛虫病的鉴别诊断

病　名	结肠小袋纤毛虫病	细菌性痢疾	阿米巴痢疾
流行特点	散发	流行或散发	散发
临床表现			
起病	多缓起	以急起为主	多缓起
发热	偶有	常有	多无
毒血症	不明显	常明显	多不明显
里急后重	可有	常见	较少
腹部压痛	在脐下方或两下肢	多在左下腹	多在右下肢
外周白细胞	总数多正常	急性期总数及多形核白细胞增多	早期总数可增多
粪便检查	脓细胞较少,可找到结肠小袋纤毛虫滋养体	脓细胞和红细胞较多,培养生长志贺菌	脓细胞较少,可找到溶组织内阿米巴滋养体

[防治]　病猪可用甲硝唑 120 mg/kg 体重,配成溶液拌料或灌服 1 次,重症重复 1 次;有试验用甲硝羟乙唑复方(甲硝唑 50 mg/kg ＋ 次硝酸铋 5 g＋酵母片 5 g)每头猪每天 3 次,连用 3 天,治疗率达 90.36%(150/160);青蒿素 200 mg/kg 加次硝酸铋 5 克/头加酵母片 5 克/头,每天 2 次,连用 2 天,治疗率达 100%(168 头)。但停药 1 周后会有少量重复感染(8/168)。

猪结肠小袋纤毛虫玻片上滴加青蒿素 1 分钟后,虫体运动速度减慢→翻滚→仅见纤毛运动→最后虫体崩裂。或用 0.02%～0.02%呋喃唑酮拌料喂食,或用驱虫净。本病重点应在于预防,以各种方法隔绝包囊体与健康猪的接触或者使包囊灭活,是预防本病的根本。即注意搞好畜舍卫生和消毒,防止粪便污染饮水和饲料。发病畜要及时隔离治疗,并对周围环境进行彻底清扫和消毒。灭蟑、灭蝇。对各种易感动物要适时用药物预防,尤其是仔猪。饲养者要注意个人卫生,避免虫体污染食物和水源,杜绝人-猪传播。最后要查治病人、病猪和带虫者,控制传染源。

十、猪毛滴虫病(Swine *trichomoniasis*)

该病是毛滴虫属中某些毛滴虫感染猪导致的一类原虫性疾病的总称,因侵害猪体多个系统,而临床上呈现多症状表现,如下痢、阴道炎等,又称猪三毛滴虫病。

[历史简介] D.Gruhy(1834)等人在猪盲肠中发现了猪毛滴虫,并对其形态特点进行了描述。Hibler 等(1960)又发现了 *Trichomitusrtunda* 和 *Tetra-trichomonas battreyi* 3 种滴虫种,并进行了形态学研究。A.Mattos 等(1997)对其大体和超微结构进行了描述。Davaine 将其命名为三毛滴虫,后来又从猪盲肠和粪便中发现此原虫,统称三毛滴虫。

Switzer 在猪的鼻腔发现了此原虫,B. W. Buttrey 发现在猪鼻中寄生的毛滴虫有别于猪盲肠寄生的毛滴虫,并描述了其中 1 种体形稍小的毛滴虫,命名为巴里特毛滴虫。

Mazzanti(1900)是继 Dresher 等之后在牛的生殖器官和牛的胎儿中见到毛滴虫,直到 Ahelein(1929—1932),才肯定其致病作用,Weinrich 和 Emmerson(1933)证实胎儿毛三滴虫(*T.foetus*)寄生于牛生殖道引起牛不孕早产和生殖系统炎症。

[病原] 猪毛滴虫归属于鞭毛虫纲、毛滴虫科、毛滴虫属。目前已报道认可的猪毛滴虫有 3 种,分别是猪三毛滴虫(*T.Suis*),巴特里毛滴虫(*T.nutteryi*)和圆形毛滴虫(*T.rotirnda*)。另有报道的猪呼吸道的猪鼻毛滴虫,又名德安八里毛滴虫,后证实属猪三毛滴虫。种毛滴虫之间的形态结构差异较大(表-180)。

表- 180 3 种猪毛滴虫形态结构鉴别表

项目	虫 体		
	猪三毛滴虫	巴特里毛滴虫	圆形毛滴虫
外形	纺锤状,偶尔梨形,有弹性易变形	圆形或椭圆形,易变形	梨形、偶见卵圆形,弹性差、不易变形
体长	9～16 μm	4～7 μm	7～11 μm
体宽	2～6 μm	2～5 μm	5～7 μm
前鞭毛	3 根等长,7～17 μm,终止于同一旋钮	3～4 根,长度不等,1 根很短,另 2～3 根为体长 2 倍,终止于同 1 根,1 根在另一基体	3 根等长,7～17 μm,终止于同一旋钮

虫　体			
后鞭毛	游离于体外成为后鞭毛,长度 7～17 μm	1 根游离于体外,较长	1 根游离于体外,较短
波动膜	4～6 个折褶,贯穿全身	4～6 个褶,总长与体长相等	体细胞一侧,平滑紧密,为体长的 1/2～2/3
轴柱	棒球形,透明,后圆锥状,狭小,末端突出,较短,0.6～1.7 μm	纵走轴柱,轴柱头端呈匙状,末端突出体外 3～6 μm	轴柱狭长平直,不透明,轴头呈镰刀形,末端突出长度为 0.6～6.3 μm,呈锥形投影
副基体	1 个细长管状或 J 形结构,2～5 μm,位于背侧或右侧	1 个,圆盘形,大小、形状相似,0.3～1.1 μm,位于核外侧	由 2 个分支构成呈"V",2.3～3.4 μm×0.4～1.3 μm,一支位于核背侧,另一支向纵轴
核	长椭圆形,位于虫体前端 1/3 处,直径 2～5 μm×1～3 μm	椭圆形,直径为 2～3 μm×1～2 μm,位于虫体前部,体表腹侧	近球形,直径为 2～3 μm,位于虫体前端的中央或背侧
寄生部位	鼻腔、胃、盲肠、结肠	盲肠、结肠	盲肠、结肠

　　猪三毛滴虫,虫体呈长或梭形,似纺锤状,偶尔呈梨形,当快速运动时多呈纺锤状,缓慢运动时多呈梨形,定向运动类似胎儿三毛滴虫。虫体有一定弹性,伸缩性强,很容易改变形状以穿过障碍物。虫体长度为 9～16 μm,宽度为 2～6 μm,前端有 3 根等长的鞭毛,长度为 7～17 μm,鞭毛终止于一个旋钮式的结构;虫体一侧可见波动膜纵贯全身,并形成 4～6 个近似相等的折叠,终止于身体后端。波动膜宽 1.6 μm,其末端伸出体外,其游离的一端成为后鞭毛,游离部分长 5～17 μm,波动膜的波动模式从轻微的波动到大的起伏。肋纵贯全身,具有细小的肋 7 颗粒。虫体中央有一根纵行透明轴柱,分轴头、躯干和后端,轴头呈棒球形,直径 1.7 μm,向后逐渐缩小形成圆锥状的轴干,直径为 0.60 μm,轴柱末端突出于虫体后端,形成一个锥形投影,快速缩小变成短尖状,长度为 0.6～1.7 μm。细胞核一个,呈长椭圆形,大小为 2～5 μm×1～3 μm,位于虫体前端 1/3 处。在吉姆萨染色标本中,可见胞浆呈淡紫色,胞核呈深蓝色,胞核纵向长轴与轴柱平行,细胞核包含一个较大的透明内体,有 6～8 个大小相近的染色质颗粒和 1 个核仁,有 1 个相对清晰的光环包围,副基体 1 个,位于核的背侧或右侧,长度 2～5 μm,呈细长管状结构或呈"J"形结构。常寄生于猪的鼻腔、胃、盲肠、结肠,偶见于小肠。

　　巴特里毛滴虫,虫体比较小,呈圆形或椭圆形,个别虫体稍长,体长 4～7 μm,宽 2～5 μm,运动速度快,非定向,常做圆周运动,体形易变。虫体前端有 3～4 根不等长的鞭毛称前鞭毛,其中 1 根很短,另 2～3 根超过体长 2 倍,其中 3 根起源于 1 个共同的根,1 根独立,由另一基体发出。虫体的另一端有 1 根后鞭毛,与主体细胞形成明显的波动膜,并延伸至虫体后端,末端游离,形成 3～5 个波浪状。虫体中央有 1 根纵走的轴柱,长度为虫体的 2/3,轴柱头端呈匙状,狭窄,末端突出体外 3～6 μm。细胞核呈椭圆形,大小为 2～3 μm×1～2 μm,位于虫体前部,与轴柱平行,靠近体表腹侧,但不同个体形状差别较大。副基体为圆盘状结构,直径为 $0.3\sim1.1\,\mu m$,位于细胞核外侧,边缘和中央颗粒通常颜色较深。副基体的大小和形状相对均匀。主要寄生于猪的盲肠、结肠,偶见于小肠。

圆形毛滴虫。虫体形态通常呈梨形,偶尔呈圆形或椭圆形,体长 $7\sim11\,\mu m$,宽 $5\sim7\,\mu m$,虫体运动较前两种虫慢,虫体弹性差,且形状不易改变。虫体前端有 3 根近于等长的前鞭毛,长度为 $10\sim17\,\mu m$,每根鞭毛都终止于 1 个旋钮或匙形结构的基体。在虫体的另一端有 1 根后鞭毛,较短,终止于 1 个长 $1.3\,\mu m$ 的细长丝,与主体细胞在一侧形成波动膜,呈平滑或波样卷曲,其长度是体长的 $1/2\sim2/3$。轴柱较长,头端呈月牙形或镰刀形,整个轴柱狭长而平直,不透明,末端突出长度为 $0.6\sim6.3\,\mu m$。细胞核较大,近似球形,位于虫体前端的中央或背侧。副基体由 2 个分支组成,在基底部连接形成 V 字形,大小为 $2.3\sim3.4\,\mu m\times0.4\sim1.3\,\mu m$,其中一支沿着核背侧延伸,并附其上;另一支则以斜角延伸到虫体的纵轴,位于核的右边,2 支长度大致相同,但背支经常稍短。主要寄生于猪盲肠和结肠。

猪毛滴虫的生活史简单,依靠纵二分裂进行繁殖,无有性生殖阶段,整个发育史只有滋养体阶段,没有卵囊阶段。在环境条件不利的情况下,原来有极性和鞭毛的滋养体变圆,鞭毛内化,形成球形结构的伪包囊。研究表明伪包囊是虫体对应激的一种反应,与滋养体之间的变化是可逆的。

[流行病学]　毛滴虫病是牛常见的原虫病。自 D. Gruby 和 Delafold 等(1834)报道以后,世界各地未见有猪毛滴虫病报道,而牛毛滴虫病成为世界牛病的主要原虫病,多见报道。直到 20 世纪后期,猪毛滴虫病例报道已遍布世界各国。D. M. Hammond 等对美国西部猪群调查发现,56.3%(36/64)猪鼻腔、10.2%(33/329)猪胃、73%(314/431)猪盲肠中均有毛滴虫寄生。E. A. Jensen 等,调查 14 头猪盲内容物,100%有毛滴虫寄生,而且是 3 个种,即 12 头感染三毛滴虫、7 头感染巴特里毛滴虫、4 头感染圆形毛滴虫。Pakamdl. M.检查 842 头家猪和 91 头野猪,发现除哺乳仔猪外,其他阶段猪均有三毛滴虫感染。Solaymani. M. S.等对伊朗西部的 12 头野猪调查,有 25%的野猪感染三毛滴虫。北野良夫(1991)在日本一农家猪场下痢的仔猪中检测到毛滴虫。

吴胜会等(2007)报道我国猪三毛滴虫感染病例,张全成(1999)报道江苏,商常发等(2003)报道延安母猪感染猪毛滴虫病例。

单振民等(1964)报道江西猪鼻毛滴虫病例。毛滴虫的来源目前还不十分明确。由于健康或亚健康猪群中毛滴虫的隐性感染率较高,特别是隐性感染公猪是主要传播源。据观察在以山泉水或井水作为水源的猪场,猪群中毛滴虫病的发病率较高,水源可能成为传播媒介。此外,呼吸道和消化道也是传播途径。

[发病机制]　毛滴虫可致人、牛等疾病,但猪毛滴虫一般倾向性地认为,与猪之间是一种无害的共生关系,通常也被认为是非致病性的。随着猪毛滴虫寄生于猪呼吸道而使猪发病死亡、寄生于消化道致猪下痢和寄生于阴道致猪阴道炎及流产等病例陆续报道,说明猪毛滴虫具有一定的致病性。

猪毛滴虫可在呼吸道内大量寄生,猪发生肺损害和肺炎与死亡,但分离株培养物鼻腔感染未能引起发病,未能复制本病,故毛滴虫在什么条件下由鼻腔转移至呼吸道内繁殖并致病,尚待研究。

猪毛滴虫在急性病例的肠道内,通常以二分裂繁殖为主,有时也可见多分裂法繁殖,滋养体既是本虫的繁殖阶段,也是感染阶段。在不利环境下,毛滴虫滋养体会变圆,鞭毛内化,形成一个球形结构的伪包囊,它与滋养体之间的变化是可逆的。当环境适合毛滴虫生长时,毛滴虫滋养体会以二分裂或多分裂方式大量繁殖,对宿主靶细胞的黏膜上皮细胞具有黏附和毒性破坏作用,包括分泌各种水解酶类,改变和破坏局部靶器官的酶系统,导致靶器官(如盲肠和结肠)出现卡他性炎症,易导致细菌等继发感染,造成下痢。下痢的猪肠道液体或半液体环境更有利于毛滴虫的生长繁殖,故在肠道病变处可查到毛滴虫。

毛滴虫寄生于猪阴道中,主要以红细胞、组织上皮细胞和黏液为食物,大量消耗糖源,妨碍乳酸菌的酵解作用,影响乳酸的正常浓度,使母猪阴道中 pH 由酸性转为近中性或碱性,造成毛滴虫和其他有害菌大量繁殖,从而加重阴道的炎症反应,影响精子生存;此外,毛滴虫可吞噬精子,阴道炎期间所产生的分泌物可灭活精子,而毛滴虫在母猪阴道内分泌物中繁殖加快,所以造成母猪发情周期紊乱和屡配不孕。严重时毛滴虫还能上行到子宫,可危害到妊娠中的胎儿,使妊娠母猪发生早期流产或胚胎死亡。

[临床表现]   猪毛滴虫可寄生于猪体的多个部位,故表现出的临床症状呈多样性,甚至是无症状的寄居或感染,目前所知的临床表现有:

1. 猪毛滴虫的隐性感染或寄生   在健康、亚健康猪群中,毛滴虫的隐性感染率较高。据调查,在猪只鼻腔、上呼吸道、胃、大肠、盲肠、小肠内均检出猪三毛滴虫,表明毛滴虫在猪群的消化道和呼吸道内隐性带虫现象十分普遍。对很多母猪阴道炎调查,表明隐性感染的公猪是母猪疾病的传染源。这些隐性带虫猪在饲养管理不良时或其他疾病感染时,有可能进一步发展为猪毛滴虫病。

2. 感染与发病猪主要集中在保育猪   吴胜会等(2009)对猪场中的 426 头腹泻病例猪调查发现,猪三毛滴虫主要发生于保育猪阶段的小猪(占三毛滴虫腹泻猪的 75.5%)占总腹泻调查猪的 18.9%(表-181)。

表-181   猪三毛滴虫感染情况调查

	哺乳仔猪	保育猪	中、大猪	累计
腹泻病例(个)	185	179	62	426
感染数(个)	7	34	4	45
感染比例(%)	3.8	18.9	6.5	10.6

3. 感染引发猪腹泻   北野良夫等(1993)、吴胜会等(2007)都报道了毛滴虫引发猪下痢,下痢猪主要集中在断奶后仔猪。发病率高,部分猪死亡。患猪主要表现为厌食,消瘦,拉水样稀粪或黄褐色软粪,眼睛凹陷,全身脱水,精神委顿,被毛粗乱,肛门皮肤因顽固性腹泻而

红肿。急性病例一般 2～3 天出现脱水死亡,慢性病例可持续 10 天以上,最后因腹泻衰竭死亡。剖检病死猪可见结肠和盲肠肿大明显,肉眼可见结肠和肠系膜淋巴结的病变。肠系膜淋巴结肿大,有的如鹌鹑蛋大小。切开大肠壁,内容物充满气体,内容物为黄绿色液体。大肠壁出现卡他性炎症。结肠的黏膜上有白色结节,黏膜粗糙肥厚。结肠、盲肠上黏膜上皮细胞发生病变、剥离、脱落,在结肠固有层上可观察到淋巴细胞、血细胞及类上皮细胞浸润。肠皱襞多数可见存在着细菌、黏液和伴生的滴虫。肠皱襞上皮增生,寄生有滴虫且伴有嗜中性白细胞浸润。增生上皮黏膜结痂、发生断裂,裂口一直延伸到皮下组织,可见到上皮胀裂形成的大化脓灶和坏死病变。这种现象均发生在肉眼可见的白色结节相应的部位。化脓灶边缘的皱襞上存在着毛滴虫。

胃和小肠内空虚,肾脏、脾脏和肺脏器官无明显病变。

4. **母猪阴道炎及流产**　猪三毛滴虫的形态、体外培养的特征以及 DNA 序列等方面与寄生于牛生殖道的胎儿三毛滴虫(T‐foetus)非常相似,许多学者认为两者应该是同物异名,而胎儿三毛滴虫可引起牛不孕和流产。近年来我国也零星报道了毛滴虫引起母猪阴道炎的病例。张全成(1999.等)调查表明,毛滴虫可引起母猪阴道炎,严重时会导致母猪流产,以及发情周期紊乱,发情后屡配不孕。1997 年夏洪泽县发生 5 例母猪毛滴虫感染,母猪阴道流出灰白色或乳白色的黏性分泌物并带有絮状物,阴户红肿;外阴部可见大小不同、数量不等的结节,阴道黏膜粗糙;有的母猪阴道、子宫感染,流出的分泌物量多恶臭;病猪体温 41℃,食欲减弱。2 例是妊娠 45 天后发生流产,产下 17 头死胎,1 例是发情后屡配不孕,2 例发情周期紊乱。

商常发等(2005)报道安徽省某猪场经产 1～3 胎的 21～33 月龄母猪中有 7 头母猪在同一公猪配种后(自然交配)7～49 天发生精神不安,体温升高,阴户红肿及排出带豆腐渣样絮状物的尿液。临床表现为患病的母猪体温为 40.2～41.5℃,心跳 78～96 次/分,呼吸 20～36 次/分,精神沉郁或不安,食欲减退或增加,阴户中等红肿,4 例阴户外挂有灰白色或乳白色的黏性分泌物。阴道黏膜粗糙,被覆大小不同,数量不等的结节,弥漫性地附着白色或灰白色絮状物,有恶臭。排尿次数增多,尿液不成泡,多为淡黄色,带有白色豆腐渣样的内容物。粪便未见异常。尿液中可见大量的运动活泼小体,呈纺锤状、梨形或圆形,大小为 10.3～16.8 $\mu m \times 4.7$～9.2 μm,前方的毛基体长出 4 根鞭毛,3 根为等长前鞭毛,1 根弯曲体后,沿体表形成明显的波动膜,其末端伸出体外,成为后鞭毛。1 小时后运动减弱。刮取阴道渗出物或絮状物,可见同样虫体。感染怀孕的母猪均发生流产。

公猪呈隐性感染,体温 39.5℃,心跳 72 次/分,呼吸 18 次/分。精神、食欲、性欲正常;阴茎,包皮黏膜及粪、尿未见异常,但精子活力降低,死精及原地晃动的精子约占 40%,精液中含有大量的与精子头部相当或略小于精子头部的三毛滴虫,呈蛇行或曲线运动,穿梭于精液中。

5. **毛滴虫呼吸道感染**　猪只鼻腔、上呼吸道内毛滴虫检出率极高,在猪萎缩鼻炎的病猪中能检出毛滴虫,表明呼吸道内感染中毛滴虫只是隐性带虫。但在发病地区猪鼻腔内检出率并不高。单振民等(1982)对有鼻毛滴虫的 48 头散养猪(2～6 月龄)检测,仅 3 头猪

(6.3%)阳性,而且均未发病。但也有部分猪只出现症状,甚至死亡。

发病猪只鼻腔流出大量脓性鼻液,初为浆液性鼻液,后黏性鼻液,每隔3~5分钟,从鼻腔内流出灰白色带有絮状物的脓性鼻液,鼻腔外有多量泡沫状脓性分泌物附着。伴有咳嗽,被毛粗乱,精神差,低头呆立,呼吸困难(45~80次/分),体温为39~40℃。感染发病猪只生长发育缓慢,极度消瘦,4个月龄猪只体重仅8~11 kg,患猪发生化脓性支气管炎,因治疗无效死亡,病程15~17天。鼻液镜检,发现大量运动性很强的毛滴虫。但当用继代毛滴虫攻击猪鼻腔,未能复制此临床症状。

病理解剖:全身脂肪多为胶冻样。整个呼吸道充满脓性分泌物,鼻腔、喉头、气管黏膜粗糙,用手触摸有砂粒感,其内被大量含有气泡的灰白色絮状脓性分泌物充塞。两肺表面散有许多红色斑块区域,膈叶后部尤多。全肺色泽不匀,以灶状粉红、灰红、淡红相间。触摸肺内有许多硬块。切面亦呈色泽不均斑块状,色泽异常处肺均突变。断面挤压从细支气管中流出多量脓性分泌物。肺门淋巴结无肉眼可见变化。其他内脏器官肉眼变化不明显。

[诊断] 鉴于该病在猪群中多呈隐性带虫,在临床上除了在保育猪腹泻病例中检查到结肠和盲肠肿大明显,内容物充满气体和黄绿色液体;阴道黏膜、呼吸道黏膜粗糙,有砂粒感外,其他病症或病变无明显的特征性。流行病学上无特征性,加之三毛滴虫引起的症状多样性,因此借助实验方法检查虫体是最主要的诊断方法。

1. 直接镜检 采集猪只粪便、尿液、精液,盲肠、结肠、胃、鼻腔、阴道等分泌物以及相应器官的黏膜刮取物放在载玻片上,滴加1~2滴生理盐水,盖上盖玻片直接镜检。10×10倍镜下可见到纺锤形或梨形的会游动虫体;在40×10倍镜下可观察到虫体形态结构,1~3小时后待虫体游动缓慢时,在盖玻璃片上加镜油,于100×10镜下进一步观察虫体结构(见表-180),必要时可涂片,选用碘液染色、吉姆萨染色、苏木素染色。吉姆萨染色虫体,原生质呈蓝色、细胞核呈红色,轴柱色浅透明,鞭毛为黑色或深蓝色,毛基体呈红色。

2. 体外培养 目前有肝浸液和蛋黄浸液培养基[吴观陵,人体寄生虫学(M),人卫社1983]、Ty1-s-33培养基[李文超等,猪毛滴虫病的研究进展,黑龙江畜牧兽医2012(1)]即改良Diamond培养基,以及1640.改良plastridge.CPLM等培养基。单振民等用鸡蛋的柠檬酸钠培养基(2.32%柠檬酸钠水溶液20 mL,加等量鸡蛋白,充分接药混匀后,以5 mL管分装备用),于37~38℃培养时间为48~72小时,继代培养3~4天后再移种。

3. 分子生物学检测 用毛滴虫5.8rRNA、ITS等序列设计的PCR和RAPD等方法鉴别毛滴虫虫种。

[防治] 甲硝唑作为抗滴虫的首选药物,使用剂量为每千克饲料添加300~500 mg,连用3~5天。但该药物存在致畸和致癌作用以及耐药性等不良反应,目前只允许用作治疗使用,同时对孕猪要慎用。此外,滴虫也可用硝唑及衍生物地美硝唑,每千克饲料添加300~400 mg,连用3~5天。

由于母猪的感染与公猪交配有关,所以要实施人工授精,并保持圈舍清洁、卫生,定期消毒。

十一、微孢子虫病(*Microsporidiosis*)

该病是由微孢子虫门中一组不同的专性细胞病原体,广泛寄生于原生动物、昆虫等无脊椎动物及鱼类、鸟类、各种动物与人类引发的致病性的原虫病,其感染的疾病的总称。

[**历史简介**]　Nageli(1857)首先报道了微孢子虫对家蚕的危害,此后研究表明微孢子虫几乎可以感染动物界的任何一门动物,严重危害农牧渔业发展。Matsubayashi 等(1959)从日本一名 9 岁儿童体内发现人微孢子虫感染病例。1982 年美国得克萨斯大学病理学家Gourley 在对一例慢性腹泻患者的十二指肠活检组织进行检查时发现一种光镜下不能辨认的病原体,当时认为可能是"酵母菌"或某种原虫孢子。后在另一位慢性腹泻的 HIV 患者的小肠活检组织中发现了同一种病原,并认为属于肠上皮细胞微孢子虫属的病原,随后以该患者的名字,将其命名为毕氏肠细胞内微孢子虫。Desportes(1985)从法国 HIV 感染的患者中发现微孢子虫,由毕氏肠微孢子(*Entroeytozoon bieneusi*)所致。Zhu(1993)报告从粪便中孢子 ITS 核苷酸序列鉴定 97% 毕氏肠微孢子虫。其后,各国不断发现微孢子虫的新属和新种,以及各种动物、鸟和禽的微孢子虫感染。Deplazes 等(1996)首次在瑞士报道 2 头母猪和 2 头青年猪感染毕氏微孢子虫后,世界多个地区均有猪群微孢子虫感染的报道,感染率在 8.3%~9.4%。作为机会性致病性病原对人和动物的危害越来越受到重视。2003 年美国国立卫生信息中心(NCBI)正式确认了微孢子虫的分类地位,但至今对微孢子虫还没有统一分类标准。

[**病原**]　微孢子虫的分类地位属于微孢子门(Microspora Sprague,1997),目前已被确认的微孢子虫约 160 多个属,计 1 300 多个种,已经报道感染人体并致病的微孢子虫有 8 属14 种,即短粒虫属的阿尔及利亚短粒虫、康氏短粒虫、小泡短粒虫;脑炎微孢子属的肠脑微孢子虫、兔脑微孢子虫、海伦脑炎微孢子虫;肠微孢子虫属的毕氏肠微孢子虫;微孢子虫属的钩南微孢子虫、非洲微孢子虫;微粒虫属的眼微粒虫;匹里虫属;气管匹里虫属的人气管匹里虫、人眼气管匹里虫;条纹孢子虫属的角膜条纹孢子虫。目前已鉴定的微孢子虫基因超过200 个,据统计超过 90% 的微孢子虫病是由毕氏微孢子虫所引起。猪体内发现的微孢子虫虫种主要是毕氏微孢子虫,并存在多种基因组(表-182)。

表- 182　猪体内发现的微孢子虫和基因组

虫　种	基因组/型	感染动物及人
Enterocytozoon bieneusi	Ebp D	感染许多哺乳动物及人
E.bieneusi	Ebp C	感染许多哺乳动物
E.bieneusi	PigEBITS-1-8	仅感染猪
E.bieneusi	EbpD、G、H、O 5 个基因型	仅感染猪
E.bieneusi	Ebp A	牛、猪

注:*Enterocytozoon bieneusi*(*E.bieneusi*)为毕氏微孢子虫。

Xu Zhang 等(2011)对吉林地区的毕氏微孢子虫流行情况调查发现(表-183),220 份样本中,猪的 61 份样本中,PCR 阳性为 10 份,占 16.4%,宿主基因型为 CHN_1、CHN_7、CHN_9、CHN_{10};共同宿主感染阳性基因型为 CHN_1、CHN_{10}、CHN_9。经鉴定出的 12 个毕氏微孢子虫基因中有 10 个是新基因型,而且 41.6% 的基因型发现在人和动物中,表现出虫种基因型多样性。我国对毕氏微孢子虫的调查,感染率为 10.2%~100%,发现至少 70 个基因型。此外,据报道犬基因型(微孢子基因Ⅲ型)可感染猪,且是美国人群中最常见基因型。

表-183　220 份样本毕氏微孢子虫的流行

样本来源	检测样本数	PCR 样本阳性(%)	基因型(宿主阳性)	宿主阳性数
人	40	9(22.5)	I(3),J(3),CHN_1(5),CHN_2(2),CHN_3(4),CHN_4(3)	I,CHN_2,CHN_3(1);I,CHN_3(1);J,CHN_1(1);J,CHN_1,CHN_2,CHN_4(1);CHN_1,CHN_4(1);I,CHN_1,CHN_4(1)
犬	26	2(7.8)	CHN_5(1),CHN_6(1)	
牛	93	35(37.6)	I(8),J(9),CHN_1(10),CHN_3(14),CHN_4(2)	I,J(5);CHN_1,CHN_3(1);I,J,CHN_1(1);CHN_1,CHN_4(1);J,CHN_1(1);CHN_3,CHN_4(1)
猪	61	10(16.4)	CHN_4(4),CHN_7(4),CHN_8(1),CHN_9(1),CHN_{10}(1)	CHN_1,CHN_{10}(1);CHN_1,CHN_9(1);
总计	220	56(25.5)		

微孢子虫的生活史包括感染期、裂殖生殖和孢子生殖 3 个阶段(图-36)。孢子是唯一可在宿主细胞外生存的发育阶段,也是本虫的感染虫态。成熟的孢子呈圆形和椭圆形,其大小因虫种而异,毕氏肠细胞内微孢子虫($E.bieneusi$,E、b)约为 0.8~1.0 μm×1.2~1.6 μm,其他有些虫种可达 1.5~2.5 μm×3.5~4.5 μm。孢子在光镜下有折光,呈绿色,革兰氏染色阳性,姬氏或 HE 染色着色均较淡。孢子壁由内、外两层构成,内壁里有一极薄的胞膜,细胞核位于中后部,围绕细胞核有极管(亦称极丝)呈螺旋状(鉴定微孢子虫的主要特征),卷曲的极丝从孢子前端的固定盘连至虫体末端,后端有一空泡。极管螺旋数依不同属的微孢子虫而异。

感染人体的微孢子虫一般寄生在十二指肠及空肠,空肠上段最多见,食管、胃、结肠及直肠部位寄生罕见。有些种类微孢子虫在宿主细胞内的纳虫空泡中生长繁殖,有的则直接在宿主细胞的泡质中发育。入侵宿主细胞时,成熟孢子内极管伸出,刺入宿主细胞膜,然后将感染性的孢子注入宿主细胞而使其受染。微孢子虫在宿主细胞内以裂体增殖形成分裂体,转化形成母孢子,由裂殖生殖阶段进入孢子生殖阶段。孢子增殖最后形成的孢子胀破细胞再进入其他细胞中寄生。宿主免疫功能低下时,孢子可经血循环播散到肝、肾、脑、肌肉等组织器官,孢子可随坏死的肠细胞脱落并被排出宿主体外。成熟孢子为感染阶段,在外界环境

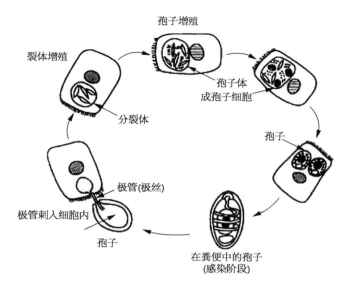

图-38　微孢子虫的生活史

中呈现极强抵抗力。

微孢子虫被认为是较古老的生物,是原核生物向真核生物进化过程中的一个早期性生物,缺乏典型的真核生物的某些特征,在超微结核上有 70S 的核糖体(30S、50S)、rRNA(16S、23S),但缺乏 5.8S 的 SRNA;没有线粒体、过氧化酶系及典型的囊状高尔基体。感染人的毕氏细胞微孢子虫已有 4 个基因型(A、B、C、D)被确定。

[流行病学]　微孢子虫为细胞内寄生,广泛寄生于脊椎动物、鱼类、鸟类及哺乳动物中。微孢子虫病广泛分布于世界各地,发病亦无明显的季节性。很早以前人们就认识到微孢子虫可引起动物疾病,但直到 20 世纪 80 年代以后才认识到某些种类可以引起人的疾病。

人是自然宿主。患者和带虫者是主要传染源。感染者各受累及的脏器排泄物向环境中排出微孢子虫。美国和法国的地表水中曾检出微孢子虫。在一些野生动物、家养牲畜,包括猪、牛、兔、犬、猫、猴和鸟类粪便中也检测到微孢子虫。毕氏微孢子虫也发现于猪体内,在众多的感染动物中,猪感染率最高。据调查统计,美、德、日、瑞士、巴西、埃及和泰国的猪毕氏肠微孢子虫的感染率分别为 31.7%、35.3%、33.3%、34.9%、59.3%、18.8% 和 15.7%～28.1%;我国东北地区、南方地区、陕西、河南、云南、西藏分别为 47.4%、31.6%、78.9%、45.5%、43.2%,虫体存在遗传多样性。水牛的感染率为 9.5%～11.5%;恒河猴自然感染率为 16.7%。除猪、牛外,本虫还在多种野生动物体内发现,如河狸、狐、麝鼠、水獭、浣熊等,这些动物是本虫的保虫宿主。此外,何氏微孢子虫对鹦鹉感染率最高,鸡、鸵鸟、候鸟、水禽等禽类是何氏微孢子虫重要的传染源。兔脑炎微孢子虫以兔、猴、山羊、牛等为最主要保虫宿主。其他宿主有豚鼠、仓鼠、鼩鼱、小野生啮齿动物、猫、犬、北极狐、云豹、猪、麻雀、鹦鹉、鸽等。随着检测技术的发展,在健康人群中也有微孢子虫感染的报道,因此有人提出微孢子虫可能是人类的固有寄生虫,只在免疫抑制的人群中发病。

猪微孢子虫病的流行病学也不清楚。但可在许多国家的猪体内找到猪微孢子虫,也可感染其他动物,可作为人感染的一个潜在来源,可是,几乎没有这方面的病例报告。同时传染的途径和传染的贮库仍不清楚。通常认为,微孢子虫的传播途径是先经消化道进入,继之感染呼吸系统、生殖系统、肌肉、神经系统、排泄系统,甚至所有的组织和器官都可能受到感染。主要为粪(尿)-口途径传播;该虫可经水传播,也可吸入感染或口-肛传播。可能是人-人传播或动物-人传播。动物中发现有经胎盘感染,试验证明,兔脑炎微孢子虫可以经胎盘垂直传播。此外,有可能经体表伤口和眼部直接接触空气中带有微孢子虫的雾滴而感染。水源污染造成的感染在法国已经得到证实。Dowd 等用 PCR 和基因序列分析技术检测了不同来源的 14 份水样(包括地下水、地面水和下水道水),发现其中 7 份含有肠上皮细胞微孢子虫,表明其可能经水传播。肠道微孢子虫病暴发流行的回溯性研究也认为水可能是微孢子虫的传播途径。

[发病机制]　本虫是机会性感染,微孢子虫感染与宿主免疫功能密切相关,故多发于免疫功能低下或缺陷者,某些具有免疫豁免的部位,如眼角膜部位也可受其侵袭。研究显示微孢子虫虫荷及是否发病、病症严重程度与宿主的免疫功能、免疫力相关。动物实验证明在感染微孢子虫后主要表现 3 种形式:① 年幼宿主易发病,常常死亡;② 获得免疫力的成年宿主发展为慢性、亚临床感染;③ 免疫缺陷宿主往往表现为严重而明显的临床症状,甚至死亡。有报道,近 30％隐孢子虫感染者合并感染微孢子虫。

微孢子虫对器官和组织特异性不严格,由于不同宿主所感染的微孢子虫基因型不同,且不同基因型对宿主的致病性也存在明显差异(santin & Fayer 2009)。其成熟孢子进入人体后先侵入宿主的小肠细胞,在细胞内生长繁殖,并逐渐向周围的细胞扩散或经血循环播散至脑、心、肝、肾、眼、肌肉等其他组织器官。微孢子虫引起严重腹泻的发病机制尚不清楚。

人微孢子虫病的典型特异性病理变化为局灶性肉芽肿、脉管炎及脉管周围炎。消化道微孢子虫感染多发部位为空肠,其次为十二指肠远端。感染引起的病变依赖感染程度而异,一般仅有轻微损害。内窥镜检查发现十二指肠远端及空肠近端明显,黏膜出现红斑,未见分散溃烂或成片的损伤。病理标本显微镜检查可见受染部位的微绒毛萎缩、变钝,受染细胞变形,形状多样,紊乱拥挤,胞质空泡化,直至变性坏死。受染细胞核深染,形态不规则,线粒体、高尔基复合体及内质网肿胀,次级溶酶体和脂肪泡积聚等,并可引起单个或成片的肠细胞脱落。Frangen 和 Muller(1999)认为微孢子虫感染引起宿主腹痛和腹泻是成熟孢子在肠绒毛上皮细胞内大量繁殖,从而导致肠绒毛缩短且表面积减小,引起寄主吸收不良,有时还伴有腹泻症状。

[临床表现]

1. 猪呈隐性感染是保虫宿主　毕氏肠微孢子虫是一种单细胞专性胞内寄生真核生物,在众多感染动物中,首先发现于猪体内,猪的感染率最高。在瑞士,猪排泄物中微孢子虫检出率达 67％;捷克调查了 65 头的粪样,微孢子虫阳性率为 82％(80％～88％)。Rinder 等(2000),在 4 头罹患严重腹泻和生长萎缩的猪的粪中检出微孢子虫,同时在 28 头健康猪的粪便中也检出了微孢子虫。Jeong 等(2007)发现,38 头患腹泻的猪和 29 头没有腹泻的猪都呈微孢子虫阳性,是否某些基因型有致病性而其他的没有,目前尚不得而知。Breitenmoser

等(1998)也从瑞士 109 头健康猪中通过 ITS 序列检出 28 头猪毕氏肠微孢子虫阳性。

毕氏微孢子虫属于机会性致病寄生虫,猪的年龄越小,其免疫力相对越弱、抵抗力越差,因此感染概率越高。对于成年动物来说,毕氏微孢子虫感染后常呈隐性感染状态,不表现明显的腹泻症状,但排出的粪便是仔猪感染的主要污染源。

据 Zou 等(2018)报道我国南方地区 1~3 月龄猪毕氏肠微孢子虫感染率为 67.8%,而 4~6 月龄为 16.4%,大于 6 月龄猪为 22.9%。Wang 等(2018)报道,陕西省哺乳猪、断奶后仔猪、育肥猪、成年母猪和种公猪毕氏肠微孢子虫感染率分别为 80.6%、85.9%、82.7%、47.9% 和 66.7%,表明各年龄段猪皆有感染。

石莲琴等(2018)对云南 4 个猪场 129 份猪粪样通过巢式 PCR 检测猪毕氏微孢子虫,其感染率为 23.26%(不同地区感染率有差别,即 5.88%~56.82%);而仔猪感染率最高达 76.92%,成年猪的感染率相对较低为 11.39%,感染率在不同发育阶段间差异极显著(表-184)。共发现 6 个基因型是:CHC5(3 个)、CHG19(7 个)、EbpD(9 个)、Ebpa(2 个)、EbpC(1 个)和新发现基因 YNZ1(5 个),都属于 Group 1。

表-184　不同发育阶段猪群毕氏微孢子虫感染率比较

发 育 阶 段	检测数	阳性数	感染率(%)	95%置信区间
仔猪(1~3 月龄)	13	10	76.92A	54.02~99.83
育肥猪(3~12 月龄)	37	11	29.73B	15.00~44.46
成年猪(大于 12 月龄)	79	9	11.39C	4.39~18.40
合计	129	30	23.26	11.97~70.55

注:同列数据后不同大写字母表示差异极显著($P<0.01$)。

张盈等(2019)对阿克苏香猪 44 份粪便 DNA 样本进行 PCR 扩增,检出毕氏肠微孢子虫阳性样本 18 份,总感染率为 40.9%(18/44),其中断奶前与断奶后仔猪的感染率分别为 100%(9/9)和 32.1%(9/28),并存在基因遗传多样性,而成年母猪未发现感染(表-185)。

表-185　阿克苏香猪 *E.beineusi* 感染情况及基因型

年　龄	样本数	阳性数	感染率(%)	基因型(个数)
<60 天	9	9	100	EbpC(4)、MJ12(2)、EbpA(1)、Peru8(1)、XJP-I(1)
60~180 天	28	9	32.1	EbpC(9)
>360 天	7	0	0	
总计	44	18	40.9	EbpC(13)、MJ12(2)、EbpA(1)、Peru8(1)、XJP-I(1)

2. 感染与猪腹泻有相关性　Du Kyung Jeong 等(2007)对澳大利亚有或没有腹泻猪进行与毕氏微孢子虫相关的动物疾病及特异菌株检测,腹泻猪 237 头粪样阳性猪为 38 头(约

16%),而未腹泻猪 235 头粪样阳性为 29 头(约 12%)。调查表明 1～2 周龄健康仔猪中未检出阳性(未检出毕氏微孢子虫),其 3 周龄为 5.7%阳性,随着日龄增大,感染率增加;而腹泻仔猪 1～2 周龄阳性率为 9.4%～13.3%,随着年龄增大,3～7 周龄阳性率与健康猪相似(表- 186),表明较大年龄猪呈现无症状感染,对幼龄仔猪来说毕氏微孢子虫感染可能是仔猪腹泻的一个原因。对 10 个分离菌株 ITS 分析和巢式 PCR 分析,有 5 个不同基因型即 PEbA－PEbE,其中 9 份分离株是已知的从仔猪分离的病原(虫)的基因型,即 PEbA4 株、PEbB2 株、PEbC1 株、PEbD1 株、而 1 株是 PEbE 被鉴定为从人类分离的虫基因 CAF1 型。

表- 186   来自腹泻和未腹泻仔猪毕氏肠微孢子虫的检测

		年 龄 (周 龄)						
		<1	1～2	2～3	3～4	4～5	5～6	6～7
腹泻仔猪	试验数	32	45	39	43	25	32	21
	阳性率(%)	3(9.4)	6(13.3)	5(12.8)	8(18.6)	4(16)	7(21.8)	5(23.8)
未腹泻仔猪	试验数	23	27	35	32	39	37	42
	阳性率(%)	0(0)	0(0)	2(5.7)	4(12.5)	7(17.9)	9(243)	7(16.6)

检测表明猪毕氏微孢子虫感染影响仔猪的腹泻率。

Saovanee Leelayoova 等(2009)在泰国中心猪场,收集了 21 日龄到 22 月龄间猪粪样 268 个。通过 gram 染色发现猪粪芽孢孢子阳性率为 0.7%。而较大流行期 PCR 检测到毕氏肠微孢子虫感染率为 15.7%。对微孢子虫流行感染的 4 个农场不同年龄猪群检测(表- 187),各场感染率不一,从 1%到 20%,但发生在 2～3.9 月龄猪的感染率比其他年龄猪群要高,多变量分析证实,2～3.9 月龄猪的感染风险比其他年龄猪群高 5.3 倍(95% 2：6～10.6;P<0.001)。对 42 头毕氏微孢子虫阳性样本序列分析发现,仅 21 头(50%)有其特征,其基因型生物型鉴定为 E 型(12 个占 57.1%)、O 型(8 个占 38.1%)、H 型(1 个占 4.8%)。

表- 187   毕氏肠微孢子虫流行猪样本 PCR 阳性猪

样 本 来 源	总样本的百分比	毕氏肠微孢子虫阳性率(%)	P 值
农场			
1	120(44.8%)	20(16.7)	
2	25(9.3)	1(4.0)	0.01
3	51(19)	16(31.4)	
4	72(26.9)	5(6.9)	
样本年龄(月)			
<1	29(10.8%)	1(3.4)	

样 本 来 源	总样本的百分比	毕氏肠微孢子虫阳性率(%)	P 值
1～2	40(14.9)	3(7.5)	
2～4	80(29.9)	27(33.8)	
4～6	64(23.9)	7(10.7)	
6～8	38(14.2)	2(5.3)	
>8	17(6.3)	2(11.8)	
总计	268(100)	42(15.7)	

[诊断]　由于病患者多无特异性症状和临床体征,微孢子虫感染误诊率和漏诊率高,主要与病原体小、细胞内寄生、常规组织染色法着色差(特别是繁殖阶段),而且血清学检查作用不大或方法不完善,以及人们对此类寄生虫不了解等有关。故诊断上多依靠病原学检查。

病原学检查是诊断的主要方法。采集标本时应注意粪便样本新鲜,或加入 10% 的甲醛;对扩散性病例,可采集尿液、痰、鼻腔分泌物或结膜涂片、角膜刮片等作为受检物。

1. 粪便、体液涂片染色法　取新鲜标本,经离心处理后以 10～20 μL 的浓集样本涂薄片,染色后油镜下检查。虫体呈布朗运动的微小体。经改良抗酸法及三色染色体染成带荧光的深玫瑰红色,在三色染色基础上,进行多色复染,可见外壁紫红色,内部为蓝色的虫体。毕氏肠细胞内微孢子虫染色可见孢子内斜行条纹(极管)。

2. 标准化粪便浓集染色法　取 0.5 粪便用 10 mL 饱和盐水调匀,经 300 μm 滤膜过滤,200 g 离心 10 分钟,取 100 μL 上清液,用蒸馏水洗涤 2 次;然后用 150 μL 蒸馏水重新混悬沉淀,离心后将沉渣涂片,干燥后用无水乙醇固定 10 分钟,10% 吉姆萨染液染色 35 分钟,油镜下检查。孢子胞质染成灰蓝色,胞核呈深紫色。

Weber 等(1992)报道一种能检查粪便和十二指肠液中微孢子虫孢子的简便方法:将稀粪便样本与 3 倍 10% 福尔马林液混匀后无须离心沉淀即直接涂片,晾干后用甲醇固定 5 分钟;然后用新配制的改良三色染液染色,经醋酸乙醇及 95% 乙醇冲洗后,再依次置 95% 乙醇、100% 乙醇及 Hemo - De(一种二甲苯代用品)中脱水。经此法染色后,孢子壁呈鲜樱红色。

3. 革兰氏染色法　主要用于散播性微孢子虫病的检查。样本可以是尿液、支气管肺泡灌洗液、痰及其他体液及其脱落细胞,样本经高速离心后的涂片用革兰氏染色检查。因这些样本中杂质含量较低,分辨率及检测效果均较好。

其他有组织学检查,如组织切片经 PAS、铁苏木素、姬氏染色和免疫荧光灯染色;内窥镜检查、电镜检查、检测组织和体液等样本,检出率高,形态特征明显。血清学检查:IFA、ELISA 等方法。基因检测:rRNA 和 PCR - RFLP 方法可以区别海伦脑炎微孢子虫和兔脑炎微孢子虫。PCR 扩增结合种子发育软件分析序列可以鉴定虫种。

[防治]　动物是微孢子虫的保虫宿主,很难对病治疗。一般抗原虫药和抗菌药物无治疗效果。阿苯达唑 400 mg、环丙沙星 1 g、万古霉素 0.4 g,每天口服 2 次,常被用来治疗微孢

子虫病,主要是作用于发育阶段的虫体,抑制其传播,但对毕氏肠细胞微孢子虫引起的疾病治疗效果不佳。

由于微孢子虫保虫宿主和感染途径较多,孢子在外界抵抗力很强,所以,注意饮水、饮食卫生,提高患者自身免疫功能,在疾病的预防控制中有重要的作用。① 加强对腹泻病人的检查并及时治疗,减少传染源;② 保护水源,避免污染;③ 管理好粪便等,对粪便、垃圾进行无害化处理,防止粪便污染水源及食物,是切断传播的主要环节;④ 养成良好的卫生习惯,注意饮水、饮食卫生和个人卫生,防止病从口入;⑤ 环境卫生整治,加强饮食服务行业卫生管理;⑥ 消灭苍蝇、蟑螂等传播媒介;加强禽、鸟、野生动物、犬、猪等管理。

猪的微孢子虫病防治未见报道。

十二、芽囊原虫病(*Blastocystisis*)

该病是由一种寄生于人和动物肠道内具有潜在致病性的单细胞原虫——芽囊原虫引起人和几乎所有哺乳动物感染的原虫病。芽囊原虫感染后的临床表现有一定差异性,严重感染者可出现腹泻、呕吐、恶心等症状,但大多数感染者为无症状的芽囊原虫携带者。所以大多数学者认为,芽囊原虫一般无致病性,或者为机会致病。

[历史简介]   芽囊原虫是一种单细胞原生生物,寄生在高等灵长动物体内的肠道寄生虫,由 Perronito(1899)首先报道。Alexieff(1911)从动物粪便中分离得到,但一直认为其是肠道酵母菌类并命名为 *B.enterocola*。Brumpt(1912)从人粪便中分离得到此原生生物并描述了其形态,把其种名改为 *B.hominis*,归属于寄生于人肠道内的对人无害的肠道酵母菌类。Zierdt(1967)根据其超微结构将其归为原虫,经研究到 1988 年才证实其是具有致病性的肠道原虫,为人腹泻病原之一,腹泻病人中检出率为 0.05%～18%。江静波等(1993)将其归为人芽囊原虫亚门。Sliberman 等(1996)根据其小亚基核糖体基因序列,将芽囊原虫归属于藻界的原生藻菌。

[病原]   芽囊原虫属于芽囊原虫科、芽囊原虫属。虫体有多种形态,有空泡型、颗粒型、阿米巴型、包囊型、多泡型和无泡型等,我国学者还观察到复分裂型。空泡型是芽囊原虫典型形态,在新鲜粪便中及体外培养时最常见。光镜下,空泡型虫体呈圆形或卵圆形,大小为 2～29.10 μm,平均为 4～15 μm。虫体中央有一个大的透明的空泡,可占虫体总体积的 90%以上,空泡和细胞膜之间形成"月牙状"间隙,内含细胞质,细胞核被挤在空泡边缘,偶可见细胞质及细胞器内陷于中央空泡中。阿米巴型虫体呈不规则卵圆形,较空泡型虫体大,可出现伪足,内有多个空泡,2～4 个核散布在靠近外质的胞质内。体外观察到包囊型可经多泡型发育成空泡型。Noël(2005)用全长的 SSUrRNA 序列将来源于不同宿主的芽囊原虫分为 12 个基因群,其中主要有 7 个单系群:Ⅰ群包括人、灵长类动物、牛、猪、鸟的分离株;Ⅱ群包括人和灵长类动物分离株;Ⅲ群包括人、牛、猪分离株;Ⅳ群包括灵长类动物、鸟和啮齿类动物分离株;Ⅴ群包括牛和猪分离株;Ⅵ和Ⅶ群包括人和鸟的分离株。猪与人的芽囊原虫的基因具有高度多态性。Clark 等(1997)以 PCR-RFLP 分析了该原虫核糖体蛋白体 DNA 的小亚基单位,将人芽囊原虫分为 7 种核型;Hoves 等(2000)用 5 种限制性内切酶对来自 4 个不同

地区 14 种虫株进行 ssrRNA 的限制性片段长度多态性分析，共发现 12 种基因型，其中 7 种虫株含多种基因型，虫株的来源地区与基因型无关。目前已将该原虫分成 22 种不同的亚型（STs）。这些亚型在多种动物中发现（Stensvold 等，2012）。一些 ST 具有低宿主特异性，因为它们可以在不同宿主动物中发现。猪的 ST 基因型为 ST1、ST2、ST3、ST5 和 ST10。根据对不同研究结果的比较分析，列出了不同分类法中芽囊原虫亚型之间的对应关系表（表- 188）。

表- 188　不同分类法芽囊原虫亚型的对应关系

亚型 （yoshikaw 分类）	Arisue 分化单位 （kaneda 分类）	群 （stensvold 分类）	Stensvold，2007 （标准化分类）
1	I	E	*Blastocystis* sp. Subtype1
2	Ⅶ		*Blastocystis* sp. Subtype7
3	Ⅲ	A	*Blastocystis* sp. Subtype3
4	Ⅵ		*Blastocystis* sp. Subtype6
5	Ⅱ	C,D	*Blastocystis* sp. Subtype2
6	V		*Blastocystis* sp. Subtype5
7	Ⅳ	B	*Blastocystis* sp. Subtype7

芽囊原虫寄生在猪的消化道（表- 189）。完成生活史只需一个宿主（图- 39）。包囊是本原虫的传播阶段。宿主因摄入被包囊污染的饮水或食物而被感染。包囊在宿主消化道内经多泡型发育成空泡型或其他形态；空泡型可以二分裂方式进行繁殖。空泡型、阿米巴型和包囊型均可排出体外，但前两者对外界环境的抵抗力弱，很快死亡，包囊型在室温下则可在外界环境中存活达 19 天，4℃ 2 个月。暴露于空气、高温和消毒剂下很快死亡。

表- 189　用分子和显微镜检查猪粪便、肠内容物和肠组织中芽囊原虫

猪号	粪便 PCR	粪便 IFA	肠 腔 内 容 物			组 织 切 片				
			十二指肠、空肠、回肠 IFA/PCR	盲肠 PCR	盲肠 IFA	十二指肠	空肠	回肠	盲肠	近侧和远侧结肠
1	ST5a、ST5b	+	-/-	-	+	-	+	-	+	+
2	ST5D	+	-/-	-	+	-	+	-	+	+
3	ST5C、ST5D、ST5e、ST5f	v	-/-	-	+	-	-	-	-	+
4	ST5C、ST5i、ST5j	+	-/-	ST5C、ST5g、ST5k	+	-	-	-	+	+
5	ST5g、ST5h	+	-/-	ST5C、ST5l、ST5m	+	-	+	-	+	+

猪号	粪便 PCR	粪便 IFA	肠腔内容物			组织切片				
			十二指肠、空肠、回肠 IFA/PCR	盲肠 PCR	盲肠 IFA	十二指肠	空肠	回肠	盲肠	近侧和远侧结肠
6	ND	+	ND	ND	ND	ND	−	−	ND	ND
7	ND	+	ND	ND	ND	ND	−	−	ND	ND
8	ND	+	ND	ND	ND	ND	−	−	ND	ND
9	ND	+	ND	ND	ND	ND	+	−	ND	ND
10	ND	+	ND	ND	ND	ND	−	−	ND	ND
11	ND	+	ND	ND	ND	ND	+	−	ND	ND

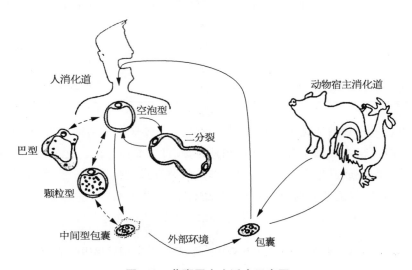

图-39　芽囊原虫生活史示意图

[流行病学]　芽囊原虫在自然界中广泛分布,在寄生虫(病)调查中常为检出频率最高的一种原生动物。芽囊原虫属有许多种,且宿主种类较多,可寄生在多种动物体内,可感染人、猴、猩猩、牛、犬、猪、猫、禽鸟类,以及啮齿类、两栖类、爬行类、鱼类、昆虫、环节动物,甚至蜚蠊。该原虫种类及宿主都呈多样性,不同宿主间存在交叉感染,带虫者或保虫者均可作为保虫者。Niichiro 等(2002)对日本的牛、猪、犬和动物园的灵长动物、食肉动物、食草动物、鸭和野鸡等进行芽囊原虫的显微镜检查,感染率分别为猪95%、牛71%、犬0%、灵长类85%、野鸡80%、鸭56%、食草动物和食肉动物均为0。但 Duda 等(1997)发现澳洲犬、猪的人芽囊原虫感染率为分别为70.8%和67.3%。人和动物通过粪便排出芽囊原虫寄生物(包囊),为传染源。南京肉联厂调查,本病患者与生猪有接触者占57.6%;与禽类有接触者占57%。Yoshikawa. H 等(2004)研究证实包囊是该寄生虫唯一的传播虫态。猪芽囊原虫在猪群中的感染率达到了70%～95%,但自然因素对芽囊原虫的感染率、流行和分布具有重要影响,

包括气候、地理位置、水源分布等。在热带、亚热带地区和卫生、经济条件较差的地区以及禽养殖高密度、高接触猪场感染率较高。从基因角度证实可在人和动物中传播的猪源芽囊原虫均为 ST5 亚型，为人兽共患的寄生原虫。其传播模式还不十分清楚，众多研究表明芽囊原虫的感染与接触动物，吞咽被包囊污染的水和食物有关。猪芽囊原虫的传播途径与其他肠道原虫一样是粪-口途径。张红卫等研究发现，芽囊原虫感染与宿主的免疫状况有关。本虫感染后不会产生持久性免疫，可重复感染。

　　流行病学调查猪和人芽囊原虫感染发现，除单一虫种感染外，还存在不同亚型混合感染同一宿主个体，甚至几个亚型感染同一宿主个体（表- 190、表- 191）。

表- 190　PCR 法检测昆士兰和柬埔寨猪和猪场人的芽囊原虫感染率及亚型

感　染	昆士兰猪(n=240)	柬埔寨猪(73)	昆士兰人(n=36)	柬埔寨村民(n=210)
阳性率/%	76.7%(184)	45.2%(33)	83.3%(30)	53.2%(116)
ST1	4	0	11	33
ST2	0	0	0	27
ST3	4	0	16	45
ST5	167	20	3	0
ST 混合感染亚型猪(SMS1)	9	13	0	11

表- 191　PCR 法调查昆士兰和柬埔寨猪芽囊原虫亚型及混合感染情况

亚　型	昆士兰猪(n=240)	柬埔寨猪(n=73)
阳性率	76.7%(184)	45.2%(33)
单一 5 亚型	167	20
1+5 亚型	6	0
2 亚型	0	0
3+5 亚型	4	0
1、3 和 5 亚型	3	0
ST5+未知 STS 亚型	4	13

　　[发病机制]　芽囊原虫的感染与发病机制尚不明了。人、猪等芽囊原虫寄生在宿主的肠道的回盲部，呈共栖生活，具潜在致病力。Wang 等发现芽囊原虫易定植在免疫功能受损的小猪肠中，表明宿主的免疫状况或肠道环境可能影响原虫的定植。免疫抑制的小鼠粪便和肠道中芽囊原虫虫数更多，同时带虫感染持续时间明显长于正常小鼠，而且其肠道病变更为严重。目前体外研究证明芽囊原虫① 可使肠道通透性增加。Mirza 等将 STT 虫株与 Caxo - 2 细胞共培养后，虫株的半酰胺酸蛋白酶诱导 Rho 激酶/肌球蛋白轻链磷酸化导致紧

密连接蛋白 20‐1 降解和 F‐肌动蛋白重组,使肠道上皮通透性增加。② 细胞凋亡。Puthia 等用 ST4 虫株与 IEC‐6 细胞共培养,IEC‐6 细胞中半胱天冬酶活性显著增加,凋亡细胞百分比增加了 4 和 7 倍。③ 上调促炎细胞因子表达。研究表明 ST4 虫株通过 NF‐KB 介导,诱导 T84 细胞中的 IL‐8 上调;促进促炎细胞因子 IL‐17、IL‐23 高表达;产生的丝氨蛋白酶诱导巨噬细胞丝氨酸—苏氨酸蛋白激酶活化,上调促炎细胞因子 IL‐1β、IL‐6 和 TNFα 的表达,从而诱导肠道炎症的发生。

此外,虫体的感染数量与虫株亚型对宿主的致病力有关联。苏云普等(1997)用人芽囊原虫 10^4 个接种小鼠,鼠肠黏膜上无虫体和病变,接种量大于 10^4 的数倍时,黏膜上发现大量虫体,肠黏膜被破坏,呈网状或蜂窝状,有成片黏膜脱落,可出现死亡,但多数动物大体病理变化不明显,仅发现少数动物肠黏膜充血。显微镜下可见虫体侵入肠黏膜上皮,但未见局部黏膜的炎症反应;肠腔中含有大量虫体。动物实验表明,宿主症状的有无和病情轻重,以及肠黏膜是否发生病变,与感染虫体的数量密切相关。同时 Wang 等(2014)发现芽囊原虫易定植于免疫功能受损的猪小肠中,表明宿主的免疫状况或肠道环境可能影响芽囊原虫的定植。

[临床表现]

1. 芽囊原虫在猪体内普遍存在,在各地流行率不同,可感染不同年龄猪　猪源芽囊原虫在猪群中的感染率达到 70%～95%,但大多猪并无明显临床表现。M.pakandl(1991)对不同生长阶段猪和 7 日龄以内猪调查,结果除 1、2 日龄仔猪未检出芽囊原虫外,在其他年龄段猪中皆检出芽囊原虫(表‐192、表‐193)。胡瑞思(2018)对陕西 5 个地区采集的 560 份猪粪样本检测,发现 419 份为芽囊原虫阳性样本,总感染率为 74.8%。5 个地区猪感染率分别为 89.2%、83.5%、77%、68% 和 60.8%,感染率差异显著;而各年龄段猪感染率为 4～6 月龄育肥猪为 95.9%,公猪为 87.7%,母猪为 86.7%;1～2 月龄的保育猪为 57.1%,感染率差异也显著。同时观察到了 4 个基因亚型(ST1、ST3、ST5 和 ST10),其中 ST5(占 94.7%,397/419)为猪只感染的优势亚型。某些地区猪只存在混合亚型感染同一猪只的情况。

表‐192　猪芽囊原虫在猪群中流行调查

猪　年　龄　段	调 查 猪 数	流 行 率 (%)
1 周龄吮乳猪	100	68
断奶猪	21	90
初产小母猪群	140	86
青年母猪群	50	84
怀孕母猪	49	93
哺乳母猪	50	83
公猪	4	75

表-193　1周龄以内哺乳仔猪猪芽囊原虫流行调查

日　　　龄	调 查 猪 数	流 行 率（%）
1	22	0
2	26	0
3	23	57
4	23	39
5	24	67
6	21	81
7	21	90

2. 芽囊原虫在猪体内有趋组织寄生向性　芽囊原虫在猪体内寄居部位有趋向性。Fayer 等对自然感染芽囊原虫的猪进行研究后发现在空肠、结肠及盲肠的组织切片中观察到芽囊原虫,而在十二指肠或回肠中没有检测到该原虫。IFA 或 PCR 法也证实了这一结果。大多数情况下,在盲肠中发现的芽囊原虫为空泡型和颗粒型,而在结肠中仅发现包囊型。在盲肠中,芽囊原虫主要存在于管腔内容物中,组织切片显示芽囊原虫黏附于肠上皮,而在上皮层或固有层场未观察到芽囊原虫。姚繁荣等发现经口感染的小鼠胃内有大量芽囊原虫寄生,而经直肠感染的小鼠的上消化道均有虫体寄生,推测芽囊原虫可能以阿米巴样运动方式从直肠向上消化道运动,该研究提示芽囊原虫的寄居部位可能比以往报道的肠道范围更广。有研究显示在猪受到免疫抑制的情况下,芽囊原虫不仅在结肠定植,还可以在小肠内定植。但很少观察到人类和猪小肠组织的病变。

3. 芽囊原虫有一定的致病性　芽囊原虫对宿主的致病性仍存在争论。因为至今仍未完成原虫的致病的柯赫定律。但 Hussein 等评估了感染不同亚型芽囊原虫的大鼠病理变化、肠组织病理状态和肠上皮通透性,发现所有无症状的亚型(ST2 和 ST4)仅诱发轻度感染,而ST1 和大多数 ST3 虫株诱导的肠道病理变化更严重。其他学者也证实了这一现象。表明肠道症状与感染的芽囊原虫亚型的致病性有关。而猪芽囊原虫亚型为 ST1、ST3、ST5 和ST10。感染仔猪出现腹泻,体重下降,盲肠充血及肠道炎症,腹泻仔猪粪便中,有大量包囊状样的芽囊原虫。2015 年 3 月澳大利亚某猪场饲养了 60 头母猪,仔猪 28 日龄断奶,封闭式饲养。断奶仔猪发生腹泻,体重下降,死亡率超 5%,无其他症状,常规抗生素治疗,降低蛋白质饲料或增加纤维等都无效。病死猪无明显消化道症状,仅结肠等中消化物为浅绿色、液体状,小肠黏膜有嗜酸性粒细胞。菌检和 PCR 检测未有劳森氏菌和螺旋菌等致病菌,仅空肠有类似酵母菌。猪粪中可见圆形结构物,直径 $10 \sim 20\ \mu m$,呈透明状,几乎没有细胞内物质。圆形结构物用 Diff - Quick 类染色表明圆形结构物为单细胞,主要为嗜碱性结构体,鉴定该结构体为芽囊原虫。

4. 芽囊原虫感染在一定程度上可能有调节肠道菌群的作用　但芽囊原虫是否能通过改变肠道菌群来刺激宿主免疫应答目前尚不明确。

未见到猪的这方面研究报告,但已对人进行了观察研究。如 Nourrisson 等发现芽囊原虫感染引起人肠道内双歧杆菌属和普拉梭菌属的含量降低,而这两种菌有抗肠道炎症的作用。表明芽囊原虫能引起肠道菌群的改变。Audeberf 等认为芽囊原虫感染者肠道具有更高的细菌多样性,可能与健康的肠道菌群相关。

[诊断]　芽囊原虫感染有关疾病的临床表现无特异性,如出现不明原因的消化道疾病,尤其是免疫功能受损个体,应考虑本虫感染。病原学检查主要是粪检及体外培养。

1. 粪便检查　直接涂片或碘液染色(碘液染色可见虫体的核染成棕黄色,中心团块物呈褐色,细胞质呈一无色的透明区带)、铁苏木素染色、三色染色后镜检。由于本虫较小,且形态多样,极易漏检和误诊。浓聚法可提高检出率。可查见空泡型、阿米巴型、包囊型。但要与白细胞、脂肪滴、阿米巴虫、隐孢子虫、酵母菌等相鉴别和假阴性。此外,可进行体外培养。

2. 其他检查　可用 ELISA、FA 等免疫检查和采用 PCR 技术进行基因检测。

[防治]　加强饲养管理,制定合理的清洁和消毒程序是预防猪芽囊原虫的有效方法之一。

由于致病性尚不明确且具有自限性,感染者及症状轻微者一般不需治疗。对症状严重的感染者,且未发现其他致病因素存在时,可进行试验性驱虫治疗。可选用甲硝唑(甲硝唑 0.4~0.6 g/天,连用 7~10 天,疗效达 95%,但易复发)。饲料中添加甲氧共氨嘧啶—对氨基苯磺酰胺(TMP/STX)或饮水中加入巴龙霉素。本虫具有人畜共患性,与动物密切接触者,要加强个人防护,养成良好的卫生习惯,不饮用生水,严防"病从口入"。同时应该改善饲养场的环境卫生设施,加强粪便管理,防治水源污染。严禁人畜粪便直接排入环境,不用新鲜粪便施肥,对人畜粪便进行无害化处理。

十三、猪球虫病(*Coccidiosis*)

该病是由多种球虫或猪等孢子虫寄生于猪的肠上皮细胞内而引起的主要以肠黏膜出血和腹泻等为症状的一种原虫病。主要发生于仔猪,且多发生于 7~11 日龄的乳猪。成年猪多为带虫者。

[历史简介]　猪球虫是由 Zurn 和 Rivalta(1878)首次报道。Douwes(1920)描述过从猪分离出来的肠球虫,但在他记述仔猪的蒂氏艾美耳球虫之前,没有给上述肠球虫命名。自此后,分类学家对猪球虫的种类意见不一。自从 Douwes(1920)报道蒂氏艾美耳球虫和 Noiler(1921)报道猪艾美耳球虫之后,Vetterling(1965)报道有 9 个种,Levine(1978)列出 12 个种。全世界共报道 17 个种,即 Pellerdy(1974)增加了罗马尼亚艾美耳球虫,以及可能存在的毕替卡艾美耳球虫(*E.betica*)和残体艾美耳球虫(*E.residualis*)2 个种,它们都分类在 Schneider(1875)制订的艾美耳属。其中有 5 个种具有争议,其独立性有待研究。邬捷(1980)报道四川有 13 个种,新种为四川艾美耳球虫。蒋金书(1986)对北京、河北家猪和野猪球虫调查发现,家猪有 2 属 8 个种;野猪有 1 属 2 个种。Zhang(1994)报道陕西新种杨陵艾美耳球虫。

Biester 和 Murray(1934)报道猪等孢子虫。Sangstor(1976)、Bergland(1977)从临床上将猪等孢子虫病确诊为哺乳仔猪的一种球虫病。Stuart(1978)和 Lindsay(1979)将自然感染的球虫分离并在哺乳仔猪中人工复制,证实等孢子虫的致病性。Schenider(1881)建立等孢子属。

[病原] 猪球虫病的病原有很多种的球虫和猪等孢子虫,它们在分类上分别属于艾美耳科的艾美耳属和等孢属。全世界报道的猪球虫有17种,由于大多数猪肠道球虫只有在孢子化阶段才能鉴定,故至今仍不能确定感染猪的球虫有多少种,其中有5种有争议,比较可靠的有6种。我国报道的有8个种。一般认为致病性较强的是猪等孢子虫、平滑艾美耳球虫、豚艾美耳球虫、蒂氏艾美耳球虫、粗糙艾美耳球虫和有刺艾美耳球虫。

目前已知艾美耳属的猪球虫:蠕孢艾美耳球虫(*E.cerdonis*,Vetterling,1965)、蒂氏艾美耳球虫(*E.debliecki*,Douwes,1921)、盖氏艾美耳球虫(*E.guevaria*,Romero,1971)、新蒂氏艾美耳球虫(*E.neodebliecki*,Vetterling,1965)、极细(细小)艾美耳球虫(*E.perminata*,Heary,1931)、光滑艾美耳球虫(*E.palita pellerdy*,1949)、豚艾美耳球虫(*E.porci*,vetterling,1965),又称种猪艾美耳球虫、罗马尼亚艾美耳球虫(*E.romaniae*,Doneiu,1962)、粗糙艾美耳球虫(*E.scabra*,Henny,1931)、母猪艾美耳球虫(*E.scrofae*,Galli-Valeric,1935)、有刺艾美耳球虫(*E.spinosa*,Henny,1931)、猪艾美耳球虫(*E.suis*,Noller,1921)、四川艾美耳球虫(*E.szechuanensis*,Wu et Hu,1980)、杨陵艾美耳球虫(*E.yanglingensis*,Zhang,1994),以及毕替卡艾美耳球虫(*E.betica*)和残体艾美耳球虫(*E.residualis*)。等孢子属的猪孢子虫有:阿拉木图等孢子虫(*I.almaalaensis*,paichuk,1951)、拉氏等孢子虫(*I.Lacazei*,Labbe,1893)、猪等孢子虫(*I.suis*,Biester et Murray,1934)。

1. 猪等孢子球虫(*Isaspora suis*) 卵囊呈球虫或亚球虫。囊壁光滑,无色,无卵膜孔。卵囊在卵囊壁和孢子体之间有被称为"模糊状"的特征结构(其他猪艾美耳球虫卵囊没有这一结构)。有些卵囊可能处在2个细胞的成殖子细胞阶段。大小为18.67～23.88 μm×16.9～20.67 μm。卵囊内有2个孢子囊,无极粒和卵囊残体。每个孢子囊内有4个孢子囊残体,无斯氏体。子孢子呈香蕉形,形成的最早时间为63小时。除猪等孢子虫外,在猪粪便中还发现马他等孢子虫和内拉氏等孢子虫。

2. 蒂氏艾美耳球虫(*E.debliecki*) 卵囊呈椭圆形或卵圆形。囊壁光滑,无色。大小为21.64～31.52 μm×15.6～21.54 μm。卵囊内有4个孢子囊,无极粒,无卵囊残体,每个孢子囊内有2个子孢子,孢子囊残体呈颗粒状,有斯氏体。子孢子呈香蕉形,一端偏尖,一端钝圆,有2个折光体,子孢子形成的最早时间为170小时。

3. 粗糙艾美耳球虫(*E.scabra*) 卵囊呈卵圆形,偶见椭圆形。囊壁粗糙,具有放射性条纹,黄色或褐色。卵膜孔明显,无极帽。大小为23.01～35.10 μm×16.0～25.13 μm。卵囊内有4个孢子囊,有极粒,无卵囊残体。每个孢子囊内有2个子孢子,孢子囊残体呈颗粒状,有斯氏体。子孢子呈香蕉形,一端偏尖,一端钝圆,有2个折光体。子孢子形成最早时间为194小时。

4. 有刺艾美耳球虫(*E.spinosa*) 卵囊呈卵圆形,少数椭圆形。囊壁粗糙,上有细刺,褐色,无卵膜孔。大小为21.75～28.32 μm×16.25～21.24 μm。卵囊内有4个孢子囊,有极粒,无卵膜残体。每个孢子囊内有2个子孢子,孢子囊残体呈粗颗粒状,有斯氏体。子孢子呈香蕉形,一端偏尖,一端钝圆,有一个折光体。子孢子形成最早时间为260小时。

猪球虫的生活史分为在宿主动物体内和外界环境中的体外2个发育阶段。卵囊在随病猪或带虫猪粪便排出体外后,在适宜的温度、湿度和氧气条件下,卵囊会在1～3天内发育成孢子化卵囊,这一阶段卵囊含有2个孢子,每个孢子又含有4个孢子体,成为感染性卵囊,能够感染其他猪。卵囊被猪吞食后,这种虫卵的靶器官是小肠,它就在小肠的黏膜组织中发育,孢子体释放入肠腔后,每个孢子体都能进入猪的肠细胞。孢子体进入细胞后就会多次分裂,产生许多后代,每个后代又进入其他肠细胞。这一循环可重复2次。这一阶段的迅速增殖意味着大量肠细胞遭到破坏。最终,这一循环终止,产生了性分化细胞。雄性可使雌性受精从而产生卵囊,而卵囊则由肠细胞内破壁而出,随粪便排入外界环境中,如此循环(见图-40)。

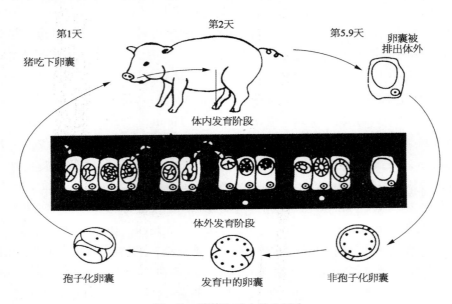

图-40　猪等孢球虫的生活史

[流行病学]　各种猪均有易感性,猪是唯一易感种,病猪和带虫猪是传染源。在一个人工感染模型中,猪饲养在最佳的管理条件下,仅1万个卵囊就可很容易地使一头猪受到感染。一头感染猪排出的1克粪中就含有10万个以上的卵囊。这些卵囊在仔猪直接接触的环境中无处不在,在圈栏的地板上或黏附在母猪的乳头上,只要比较少的卵囊就可引起临床发病。1～5月龄猪感染率较高,发病严重,6月龄以上的猪很少感染。成年猪多为带虫者。本病多发生于气候温暖、雨水较多季节,或暖湿不佳的产房。由于一个完整的发育周期(从卵囊排出到具有感染力的阶段)只需要几天时间,所以,分娩产房在仔猪出生后最初10—14天内就会迅速产生很高的感染压(风险)。即使因卫生搞得好因而分娩时的感染压很低时也可能发生感染。

[临床表现]　本病多发于小猪,主要危害7～21日龄小猪,也可见于3日龄乳猪。但是断奶仔猪也会发生。成年猪多为带虫者且常是混合感染。潜伏期2～3周,有时达1个月,发病多为急性型。临床症状是腹泻,可持续4～6天,粪便呈水样或粥状,呈黄色至白色,偶尔由于隐血而棕褐色。有的病例猪消瘦,发育受阻,但并不腹泻。球虫病的发病率一般较高(50%～75%),但死亡率变化较大,有的病例低,有的则高达75%。死亡率的差异是由于猪

吞食孢子化卵囊的数量和环境条件以及同时存在其他疾病有关。

1. **猪的艾美耳球虫引起的感染**　腹泻是主要临床表现，粪便呈黄色到灰色，开始时粪便松软或呈糊状，随着病情加重粪便呈糊状，偶尔呈棕色。仔猪常常黏满液状粪便，并且会发出腐败乳汁样的酸臭味。一般情况下，仔猪会继续吃奶，但被毛粗乱，脱水，消瘦，增重缓慢。不同窝的仔猪症状严重程度往往不同，即使同窝仔猪不同个体受影响的程度也不尽相同。本病发病率通常高达 50%～75%，但死亡率一般较低。也可发现于 1～3 月龄仔猪，可持续 7～10 天，仔猪食欲不振，腹泻，有时腹泻与便秘交替，一般能自行耐过。陈剑波(2017)报道云南某猪场 4 月 21～26 日，3 头母猪产仔 29 头，21～29 日有 10 头仔猪中 6 头腹泻，到 30 日 100% 发病，发病猪精神萎靡，食欲不振，被毛粗乱，眼窝下陷，排黄白便，便恶臭，1～2 天后粪便为黄色水泻。个别猪流有黏液便呈干酪样。

主要病理变化表现为：局限于空肠和回肠的急性肠炎，有时可见严重的坏死性肠炎，肠壁变厚，呈不透明浆膜表面和内容物含坏死物质，黄色纤维素坏死性假膜松弛地附着在充血的黏膜上。乳糜的吸收随着病情的严重性而变化。小肠有出血性炎症，小肠黏膜充出血、肿胀、变性、坏死，淋巴滤泡肿大突出，有白色和灰白色的小病灶，同时这些部位常常出现直径 4～15 mm 的溃疡，其表面覆盖有凝乳样薄膜。肠内容呈褐色，带恶臭、稀薄和黏膜碎片，混有少量血液。肠系膜淋巴结肿大，结肠部分有白色结节病灶，呈圆形。其他器官无明显病变。

组织学观察，可见小肠黏膜上有黏化的呈双核寄生虫，它占据宿主每个细胞。小肠黏膜上不同成熟期的球虫和小配子体、大配子体及卵囊寄生于肠细胞，形成孢子的卵囊。

2. **猪等孢子虫引起的感染**　猪等孢子虫是引起仔猪球虫病的主要病原，为感染 8～15 日龄仔猪寄生虫。潜伏期为 4～6 天。仔猪年龄越小越易感染，以 7～11 日龄的仔猪最易感，因仔猪个体差异，感染卵囊的数量差异及饲养管理水平与环境污染状况，仔猪可最早在 1 日龄或 21 日龄感染等孢子虫，其中以 1～2 日龄感染时症状最为严重。因此球虫在其复杂的发育史中，于感染后 5～9 天和 11～14 天时成熟而从肠壁释出，此时即导致下痢。临床上可见个别 6 日龄仔猪因感染球虫下痢，一窝猪多数均在 8～10 日龄受感染而下痢。患猪少食，被毛粗乱，皮肤苍白，眼窝下陷；感染猪开始拉黄色至灰色糊状粪便，便恶臭，部分患病猪粪便呈白色或灰白色块状，1～2 日后随病情加重呈水样腹泻，腹泻持续 3～5 天，致患病猪严重脱水。如继发或混合感染，常引起 1～2 日龄仔猪大批死亡。年龄稍大猪形体消瘦，喜卧，站立不稳，生长发育缓慢，严重感染猪可因脱水、衰弱而死。在 21 日龄以后感染，虽在粪便中可检测到猪等孢子虫，但临床症状不明显。Nilsson(1988)报道等孢子虫可引起 5～6 周龄断奶仔猪腹泻，出现在断奶后 4～7 天发病，发病率达 80%～92%。其主要临床特征是感染仔猪发生乳白色水样腹泻和断奶猪体重过轻。但该病也可以表现为亚临床感染。

等孢子虫具有很强的繁殖能力，可以在很短时间内完成体内生活史，随后感染猪开始排泄具有感染能力的子代卵囊，期间即已破坏仔猪或哺乳仔猪的小肠绒毛和肠道黏膜。主要致空肠中段和后段绒毛坏死和萎缩，引起纤维素肠炎。有试验对产后 6 小时仔猪感染等孢子虫，在 14 天中因坏死性肠炎死亡猪占 37.5%。

杨丽君等(2003)报道某猪场每月产仔 100 多窝近千头，从春季开始，新生仔猪下痢十分严重,发病率高达80%。表现为出生后一周仔猪开始排出主要为灰白色粪便,偶尔为黄白色粪便,便恶臭,先为糊状,后为液状。仔猪皮肤变暗变白,被毛粗糙,无光泽。眼窝下陷,皮肤无弹性,喜卧,体重减轻,有的因脱水衰竭而死。存活者,生长速度减慢。病检:小肠黏膜充血,肠壁变薄。未见其他肉眼变化。病程为3~5天,死亡率约5%,发病时间约在1~3周龄。

猪的亚临床感染,比利时研究表明占40%,但不同地区差异很大,但对猪的增重和死亡率有影响,Meas等对10个患球虫病但无临床症状的正常猪群进行研究,每窝含50%卵囊的猪群,日增重为(94±56)克,而对照为(112±32)克;死亡率为(12.6±7)%,而对照为(8.8±8.4)%。

[诊断]　临床上15日龄以内腹泻仔猪,且抗生素治疗无效的应怀疑本病。

确诊需要实验室检查。粪检和肠黏膜虫卵检查是主要方法。由于猪球虫所致猪腹泻开始于卵囊排出前1天,而卵囊产出的高峰出现在临床症状出现后2~3天;腹泻期间卵囊可能并不排出,因此,漂浮法检查卵囊对于诊断价值不大。确诊可直接刮取空肠、回肠黏膜,制成抹片染色。找到大量内生发育阶段的裂殖子、配子体等阶段虫体即可。

[防治]　应采用综合性防治措施,首先是猪场规划为母猪、种猪、成年猪、仔猪的饲养区,分区饲养。母猪舍应设置于上游,防止污水、污物下流。粪尿、垫草无害化处理。乳猪和仔猪是主要感染者,初乳可为仔猪提供一定的保护来抵抗艾美耳球虫,但不能抵抗猪等孢子虫。故要定期对母猪进行预防性治疗,降低感染源。母猪在分娩前一周和产后的哺乳期给予氨丙啉25~65 mg/kg体重内服,或磺胺二甲嘧啶(SM2)0.1 g/kg,内服,每天1次,连用3~7天,配合酞酰磺胺噻唑(PST)0.1 g/kg,内服,效果更好。

卵囊在土壤中能生存15个月之久。这些卵囊在适宜温度、空气和湿度条件下会在16小时以内(环境期)孢子化。产房可提供敏感的宿主群体,从而使猪球虫病在猪场中持续蔓延。因此,环境消毒是重要一环。可用0.3%~0.5%热碱水消毒地面、猪栏、饲槽和饮水槽等。

十四、日本分体吸虫病(*Schistosomiasis japonica*)

该病是日本分体吸虫寄生于哺乳动物和人肠系膜血管中引起的疾病,又称血吸虫病。其尾蚴侵入皮肤时,由于要机械损伤和变态反应引起宿主皮炎;童虫移行致器官组织损伤或使肺微血管阻塞、破裂、细胞浸润;成虫产卵于肠壁堆积形成结节、溃疡、坏死灶,卵进入肝脏形成肉芽肿,导致肝硬化,最终给宿主带来腹泻、出血、贫血等一系列不良后果。

[历史简介]　1807年日本就有日本血吸虫病症状记载。藤井好直(1847)所著的《片山记》中描述了广岛县片山地方的一种因种植水稻与水接触后先是腿部皮肤发生痒痛的皮疹,然后有肝脾肿大、血便和腹水特点的"片山病"。马岛永德(1888)在解剖1例因肝硬化而死亡的患者时发现肝脏中有许多不知名的虫卵。以后在日本患病尸体的肝脏和肠膜壁中发现不知名的虫卵,而且认为它与该地流行的肝脾肿大疾病有关,但未找到虫体。桂田富士郎(1904)在检查山梨县12名肝脾肿大病人粪便时,发现4人粪便中含有与埃及血吸虫虫卵相似的虫卵,同时在解剖1只猫时,在门静脉发现1条雄虫。同年又在该地解剖另1只猫时,又检到24条雄虫和8条雌虫,证明了该虫和虫卵与"片山病"的关系,而且认为这是一种新种,命名为 *Schistosomun japonicum*。后Stiles(1905)按虫的种属分类将桂田富士郎命名修

订为 *Schistosoma japonicum*。藤浪鉴(1904)在解剖广岛县 1 例 53 岁男性死者时,于门静脉发现 1 条雌虫,并指出沉积在死者肝脏中的虫卵和所发现雌虫子宫中的虫卵在形态上是一致的,证明了寄生于人体的血吸虫和桂田富士郎报告的寄生在猫体内的血吸虫是相同的。Catto(1905)在新加坡解剖 1 例福建华侨尸体时,在其肠系膜静脉检获血吸虫,经 Blanchard(1905)鉴定为 *S.catto*。不久 Stilea(1905)和 Loose(1907)又对此虫加以比较,均认为此虫应是日本血吸虫的同物异名。Logan(1905)在湖南省常德县,从 1 个 18 岁男性农民粪便中检出含毛蚴的日本血吸虫卵,从而确定我国日本血吸虫病的存在。

关于血吸虫生活史的发现过程经历了一段曲折的历史。首先是人体如何发生感染。藤浪鉴和中村八太郎(1909)在广岛县的疫区用耕牛作实验以及桂田富士郎和长谷川恒治(1909)在冈山县流行区猫、犬作试验,完全证实了人体患血吸虫病是经皮肤而感染。宫川米次(1912)对幼虫从皮肤至门脉系统的移行途径进行了研究。宫入庆之助和铃木稔(1913)在佐贺疫区发现宫入贝,并在其体内检得 3 种尾蚴,其中 1 种尾蚴的数量最多,称为 A 型尾蚴,将其与小鼠接触 3 小时,连续进行 4 天实验,约 3 周后小鼠死亡,解剖时在肠系膜血管中意外发现大量血吸虫,从而确定宫入贝是日本血吸虫的中间宿主,这是血吸虫生活中的一项重大发现,也是血吸虫发现史上的一个重要里程碑。Robson(1915)命名该小贝为 *Katayama nosophora*,即今日称为日本光壳钉螺(*Oncomalania hupensis nosphosa*)。

在人体血吸虫的属命名方面有一段争论的历史,直到 1967 年世界卫生组织在第 372 号技术报告中将"*Bilharziasis*"改为"*Schistomiasis*"。故有关病原的属名也相应改为"*Schistosama*",国际上对血吸虫的属名取得一致。

[病原]　日本分体(裂体)吸虫分类上属于分体科、分体属。雌雄异体,虫体线状,外观呈圆柱状,常呈合抱状态,故又称裂体吸虫。腹吸盘大于口可疼,具有短而粗的柄,位于虫体近前方。雄虫乳白色,短而粗,长 9～18 mm,宽 0.5 mm。从腹吸盘起向后,虫体两侧向腹面卷起,形成抱雌沟,雌虫常位于此沟内。两条肠管在虫体后三分之一处合并成一条。睾丸 7 个,单列于腹吸盘后的背侧。

雌虫细长,暗褐色,长 12～26 mm,宽 0.1～0.3 mm。肠管在卵巢后合并。成虫寄生于肠系膜静脉等处,雌雄交配后,雌虫产卵,每条雌虫每天可产卵 2 000～3 000 个,一部分卵随血流沉积于肝脏,另一部分沉积于肠壁血管内,随组织破溃,虫卵穿过肠壁进入肠腔,随粪便排出进入水中,在 25～30℃下孵出毛蚴。毛蚴尔虞钻入钉螺体内约 6～8 周,经胞蚴、子胞蚴形成尾蚴。尾蚴离开钉螺在水中流动,遇到终末宿主后,从皮肤侵入机体,尾蚴随血液循环到达肠系膜,随血流到门静脉发育为成虫,然后移居到肠系膜。从尾蚴侵入到成虫需 30～50 天,成虫生存期在 3～5 年以上。

虫卵平均大小为 89 μm×67 μm,椭圆形,淡黄色,卵壳厚薄均匀,无小盖,一侧有一小棘,卵壳上常附有脏物,壳内是一发育成熟的毛蚴,毛蚴与卵壳间见大小不等油滴状分泌物。毛蚴平均大小约为 99 μm×35 μm,前端有一锥形顶突,流动时呈长椭圆形,静止或固定后呈梨形。

尾蚴全长 280～360 μm,分体部和尾部,尾部又分尾干和尾叉,体部长 100～150 μm,尾干长 140～160 μm。尾蚴前端为头器,口孔位于虫体前端正腹面,腹吸盘位于虫体后 1/3

处,具有较强的吸附能力。血吸虫每一虫种又由若干地域品系组成复合体。何毅勋(1993)根据形态度量学、哺乳动物的易感性、幼虫与钉螺的相容性、对宿主的致病性、感染动物的血清免疫学反应、药物敏感性、蛋白质电泳和抗原组分测定。DNA 杂交多点位酶电泳分析和群体遗传学等方面研究结果表明,中国大陆日本血吸虫并非单一大陆品系,至少分为云南、广西、四川、皖鄂 4 个不同地域品系,每一个品系具有各自特定的生物学特性。

[流行病学]　本病的传染源为能排出血吸虫虫卵的病人和动物宿主。病人包括急性、慢性和晚期血吸虫病患者及无症状的感染者。动物宿主有家畜及野生动物,家畜有黄牛、水牛、羊、马、猪、犬、兔等。野生动物有沟鼠、黄胸鼠、姬鼠、猴、狐、野兔等 40 余种。但东方田鼠对血吸虫感染不敏感。该病只存在于有钉螺滋生的热带、亚热带地区,大陆发现的螺区均在北纬 22°43′～33°15′,东经 121°45′～99°4′之间。钉螺是中间宿主,钉螺的存在对本病的流行起决定作用。由于钉螺生态要求呈负二项分布,水线以下一般无钉螺滋生,常生存在沼泽、河沿,所以水中尾蚴分布不均匀。只有钉螺和尾蚴可生存处,才能在人、动物接触后被感染。一般钉螺阳性率高的地区接触疫水机会多的人、畜感染率也高。目前流行类型分平原水网型、山丘沟渠和湖沼型。血吸虫病是通过接触有血吸虫尾蚴的水体(疫水)而感染。人的感染途径主要有生产性感染和生活性感染两种类型。

粪便污染水源在血吸虫病传播中起重要作用。

郑江(1991)对大山区粪便污染水源方式及其在传播血吸虫病中的作用进行调查(表-194、表-195)。

表-194　各种野粪检出血吸虫卵情况

野粪种类	检查数(份)	阳性数(份)	阳性率(%)	虫卵数(g 粪便)
人	14	1	7.14	15.8
牛	425	32	7.53	0.9
犬	397	47	11.84	4.3
猪	239	3	1.26	1.0
马	185	0	0	0
羊	24	0	0	0
合计	1 284	80	6.23	

表-195　各种野粪传播期排放虫卵情况

种类	密度(份/100 m²)	野粪(g/份)	阳性率(%)	虫卵数(g 粪)	传播期排放虫卵(万)	构成比例(%)
牛	0.49	2 500	7.53	0.9	51 629.65	67.11
犬	0.39	75	11.84	4.3	9 261	12.04
猪	0.24	437.5	1.26	1.0	808.48	1.05
人	0.16	134.9	7.74	15.8	15 112.34	19.81

钉螺是日本血吸虫唯一的中间宿主。钉螺为雌雄异体、水陆两栖的淡水螺类,呈圆锥形。钉螺长度一般为 1 cm 左右,宽度不超过 4 mm。钉螺有两种:一种螺壳为褐色或灰褐色,表面有凸起的纵向条纹(叫作肋),称为肋壳钉螺,一般分布在湖沼地区和水网地区;另一种比肋壳钉螺略小,螺壳为暗褐色或黄褐色,其表面比较光滑,这种没有肋的钉螺叫作光壳螺,一般分布在山丘地区。

钉螺多孳生于冬陆夏水、土质肥沃、杂草丛生、水流缓慢的自然环境中。钉螺交配最盛期为 4~5 月份,9~11 月份次之。适合钉螺交配的温度为 25℃。一般螺卵产出 1 个月后即可孵出幼螺,孵化时间的长短与温度有关,平均温度 13℃时约需 30~40 天,23℃时 20 天左右,37℃以上或 6℃以下 100 天也孵不出幼螺。光照有利于螺卵孵化。钉螺需适当的水分才能存活,螺卵在水中发育孵化,幼螺生活在水中,成螺生活在潮湿的环境。最适宜于钉螺生活和繁殖的温度为 20~25℃,高温和低温都能影响钉螺的活动和寿命。钉螺的分布取决于自然因素,钉螺滋生地区 1 月份气温都在 0℃ 以上,全年降雨量都在 750 mm 以上。在有机质和氮、磷、钙含量较丰富的土壤,钉螺密度有增大的趋势。此外,草是钉螺生存的重要条件之一,因为杂草能保持土壤潮湿,调节温度和遮阴等,且为钉螺提供食物。

[发病机制]　在日本血吸虫生活史中,尾蚴、童虫和虫卵阶段均可对人体产生不同程度的损害。一般来说,尾蚴、童虫和成虫所致的损伤多为一过性或较轻微。

尾蚴侵入人的皮肤数小时到 48 小时内,可出现粟粒或黄豆大小的红色丘疹,然后数小时至 2~3 天内消失,称尾蚴性皮炎;童虫在宿主组织移行,可引起肺血管周围轻度水肿和嗜酸性粒细胞浸润,但通常很短暂,认为是童虫代谢产物和/或死亡童虫异性蛋白引起的变态反应;成虫在静脉内寄生,一般无明显致病作用,少数可引起机械性损害,可见静脉内炎和静脉周围炎。上述尾蚴、童虫和成虫的直接损害虽不具重要的临床意义,但血吸虫由童虫在宿主体内移行和发育至性成熟期及成虫寄生阶段过程中,虫体的代谢物、分泌物和成虫不断更新的表膜都具抗原性,是诱导宿主免疫病理变化的重要因子。如童虫及成虫的可溶性抗原均能刺激机体产生相应的抗体和细胞免疫应答。当成虫产卵后,由于虫卵抗原能与各期血吸虫所诱生的抗体发生交叉反应,在抗原过量的情况下,可形成免疫复合物并作用于机体而引起急性炎血清病综合征,这可能是急性血吸虫病的发病机制。

虫卵沉积于肝、肠组织诱生的虫卵肉芽肿及随后发生的纤维化是血吸虫病临床综合征的主要组织病理学基础,因此,血吸虫虫卵是血吸虫的主要致病因子。虫卵肉芽肿形成基本上是宿主对虫卵抗原的变态反应,故有人将血吸虫病列入免疫性疾病范畴。日本血吸虫虫卵肉芽肿在渗出期中心性坏死更为显著。可见较多的嗜多形核白细胞和浆细胞,具有明显的中山-何博礼现象,提示日本血吸虫虫卵肉芽肿性炎症可能是局部抗原-抗体复合物介导的变态反应;但有研究表明,日本血吸虫虫卵肉芽肿的形成也受 T 淋巴细胞调节。在动物实验中已经注意到在疾病进行期间,围绕新产出和沉积在组织内的成熟虫卵周围的肉芽肿性炎症减轻,视作为一种对宿主具有保护作用的向下调节现象,可能涉及多种调节细胞因子、免疫效应细胞和成纤维母细胞间复杂的相互作用。门脉周围纤维化导致门脉血流障碍及连续的病理生理变化是血吸虫感染最严重的转归。

　　与虫卵肉芽肿形成的免疫机制不同,血吸虫性肝纤维化的形成机制复杂,涉及多种细胞、细胞因子、血吸虫卵和其他因子的参与调节。

　　[临床表现]　Chu 和 Kao(1976)证明猪易感日本分体吸虫病。感染后猪表现发热,拉血,大量死亡。剖检可见肠系膜静脉、肝门静脉及肝脏有大量虫体。根据猪只体重、营养状况和感染尾蚴数量不同,可分为急性和慢性型。

　　急性病例多见于仔猪,死亡率可高达 90%。一般在感染后 40 天左右发病。分重型和轻型。重型仔猪反复多次大量感染尾蚴,猪会突然发热,体温达 40.4~41℃,被毛粗乱,精神委顿,少食或废食,粪便干结带血丝或黏液,血丝或血块鲜红色或暗红色。发热持续一周后体温下降至 37℃左右,出现寒战,喜钻入草堆内,有的有共济失调神经症状。几天后体温降至 35℃左右,即使治疗预后也不良。轻型仔猪体温在 40℃左右,血痢为主要特征,排泄稀粪混有大量鲜红血和夹有黏液、泡沫,有腐败气味,采食量明显减少,喜拱土和异嗜现象。机体贫血、消瘦,病程延至 1 个月左右,衰竭死亡。少数患病猪经过一段时间后粪便逐步正常,转为慢性。

　　育肥猪、成年猪急性感染,常表现食欲减退,粪便带血或黏液,机体抵抗力差,易感染其他疾病。怀孕母猪常发生流产、死胎。若无继发感染,多数转为慢性。

　　慢性感染,猪表现消瘦,被毛粗乱,贫血,发育不良,生长停滞,形成僵猪。有部分猪呈大肚猪,腹内有大量淡黄色腹水,肝脏、脾脏肿大,质地坚硬,肝表面有似橘皮结节,最后衰竭死亡。

　　病死猪剖检常见肝、脾肿大,成年猪比仔猪肿胀明显,肝脾表面有灰白色针眼大小结节,肝脏切面可见成虫,大部分是雄虫,在孵化中可见少量毛蚴,脾脏偶见成虫。大肠弥漫性出血,肠壁增厚,直肠可见肉芽肿,肠系膜静脉怒张。取肝、肾压片镜检,可见大量血吸虫虫卵。

　　[诊断]　诊断原则是根据流行病学结合个体临床症状及寄生虫学、血清免疫学和临床检查进行综合诊断。病原学检查是常规诊断手段,有粪便检查,一般采用"三粪三检",常用尾龙袋集卵孵化法、改良辊藤厚涂片法、集卵透明法等。此外,直肠活组织检查、肝脏及其他组织活检或手术标本病理检查及血清免疫学检查等。

　　[防治]　我国在积极防治日本血吸虫的危害中,积累了比较完善的防治措施。

　　(1)在对策上形成以治疗患病人和家畜为对象,降低发病率;全民普治或治疗有寄生虫检查阳性者,降低感染率;治疗感染的人、畜,控制钉螺滋生切断传播途径,控制传播,并针对不同地区的流行病学、生态学、社会经济特点,拟定切实可行的对策。

　　(2)同步进行家畜防治,药物治疗用吡喹酮一次疗法,黄牛 30 mg/kg,水牛 25 mg/kg,猪 30 mg/kg,口服。

　　(3)查螺灭螺,灭螺必须因地制宜。灭螺常用药物是:五氯酚钠 15 g/m³浸杀,5~10 g/m³喷洒;贝螺杀(氯硝柳胺乙醇胺盐)50%可湿性粉剂,0.4 mg/L 浸杀,1 g/m³喷洒;N-三苯甲基吗啉,0.5 mg/L 浸杀,0.5~1.0 g/m³喷洒。要按照说明使用。

　　(4)强化粪水管理,防止粪便入水,粪便经数周发酵虫卵便可死亡;水可用漂白粉、碘酊消毒,加强人畜防护,减少人畜去疫水活动。

（5）监测和宣传。做好宣传教育工作，加深人们对血吸虫病的认识。做好螺情监测、传染源的监测和预防工作，在监测工作中，一旦发现问题，应及时组织力量扑灭。

十五、并殖吸虫病（*Paragonimiasis*）

该病是由致病性并殖吸虫寄生于人和哺乳动物所引起的人兽共患寄生虫病。并殖吸虫不仅可在肺脏寄生，也可在脑、肝等脏器和皮下组织中寄生引起病变。因发现于病人的肺内，故又名肺吸虫病。

[**历史简介**]　Diesing（1850）首次从巴西一水獭的肺内发现肺吸虫。Westeman（1877）在荷兰阿姆斯特丹一公园死亡孟加拉虎的肺中发现成虫。Cobbold 和 Westerman（1859）分别从印度灵豹和荷兰虎的肺内分离到成虫。他将其送给了 Kerbert，后者将其命名为卫氏二口吸虫（*Distoma westermanii*）。Ringer（1879）在尸检我国台湾一名葡萄牙人的肺中发现相似的吸虫。Cobbold 和 Ringer（1880）对虫体形态观察，因其生殖器官并列，则定名为并殖吸虫。Manson（1880）从福建厦门一名患者痰中检出并殖吸虫虫卵。Kobayashi 和 S. yokogawai 阐明了生活史。Braun（1899）将属名 *Distoma* 改为 *Paragonimus*，将发现的人体肺吸虫定名为 *P.westermani*（kerbert）。横川和幸川（1915）报告淡水蟹和河川贝为中间宿主。中川（1915）发现了并殖吸虫的传播方式。应元岳和吴光（1930）从浙江省绍兴检出人肺型卫氏并殖吸虫病，人和哺乳动物为终末宿主。斯氏并殖吸虫（*P. skrjabini*）由陈心陶（1959）从广东果子狸中检出，并定名，建种，后改属斯氏狸殖吸虫（1965）。安耕九（1954）在上海江湾猪等检出大平肺吸虫。黄文德和上海寄研所与上海畜牧兽医研究所于 1963 年从上海虹口、沪南、薛家浜屠宰场的猪检出大平肺吸虫。

[**病原**]　并殖吸虫分类上属于并殖科、并殖属。目前已知有 50 多种，我国有 32 个种及 2 个变种，其中有一些是同物异名或隶属不同种群。近年来经分子生物学、分子遗传学的研究，认为独立有效种或亚种约为 20 多个种。其中致病的只有 8 种。我国主要有卫氏并殖吸虫、斯氏狸殖吸虫（又名四川并殖吸虫或会同并殖吸虫）、云南并殖吸虫（*P. yunnaninus*）、大平肺吸虫和怡乐村肺吸虫等。虫体肥厚，红褐色，卵圆形，长 7.5～16 mm，宽 4～6 mm。口服吸盘大小相近，腹吸盘位于体中横线之前。虫卵呈金黄色、椭圆形，卵壳厚薄不均，卵内有 10 余个卵黄细胞，常位于中央，大多有卵盖。而大平肺吸虫口、腹吸盘大小相似，两肠支各有 3 处明显弯曲。肠道呈红黑色。卵巢分枝细而多呈珊瑚状，睾丸 5～6 叶，虫体中间为透明排泄囊，其余分布卵黄腺。体棘衣成虫期以棘为特征，口腹吸盘一般 3～6 支一簇，多达 10 支一簇，腹吸盘附近及侧方簇生棘明显，5～11 支一簇，多达 16 支一簇，腹吸盘与尾端间每簇为 5～10 支。虫卵壳厚薄均匀，金黄色，两边对称，有盖端与无盖端大小差异不大。Miyazaki（1977）根据两型的形态生殖及病人临床症状等方面存在的差异，将卫氏并殖吸虫分为 2 种染色体类型，一种为二倍体（n＝22），另一种为三倍体（n＝33），并把三倍体型作为一独立种，定名为肺并殖吸虫。两性的主要区别是前者贮精囊内存在精子，为基本型；后者贮精囊内无精子，也称无精子型。后者可产生典型的胸肺型症状。贺联印（1982）已报告我国存在 2 个型。刘玉珍（1990）观察了家猪卫氏并殖吸虫染色体。我国宽甸县的卫氏并殖吸虫为染色体

三倍体型(表- 196)。

表- 196   家猪体内卫氏并殖吸虫染色体相对长度、臂比指数和着丝点指数

组别	染色体编号	相对长度	臂比指数	着丝点指数	染色体类型
Ⅰ	1	18.80±0.1	8.28±0.21	4.0±3.33	m
Ⅱ	2	12.27±0.24	4.76±1.16	18.51±4.60	st
	3	11.63±0.49	5.22±0.89	16.22±1.99	st
	4	10.44±0.70	2.88±0.47	26.65±2.99	sm
	5	9.15±0.38	5.04±0.56	17.34±3.52	st
Ⅲ	6	7.27±0.83	2.28±0.42	32.82±3.31	sm
	7	6.90±0.51	1.12±0.08	47.56±1.79	m
	8	6.44±0.54	2.50±0.78	29.29±5.04	sm
	9	5.90±0.55	2.02±0.29	33.45±3.37	sm
	10	5.92±0.83	2.10±0.41	32.87±4.68	sm
	11	6.07±0.75	1.45±0.16	40.92±2.67	m

袁建华(1987)发现卫氏并殖吸虫嵌合体与卫氏并殖吸虫 3 种类型在哺乳动物体内自然混合寄生。已查明辽宁省宽甸县存在两类不同类型的卫氏并殖吸虫病流行区：南北股河卫氏并殖吸虫三倍体型分布区和浑江下游下露河地区的卫氏并殖吸虫二倍体型分布区；在上述两流行区之间的中间流域为卫氏并殖吸虫二倍体和三倍体型的混合分布区,在哺乳动物体内存在两型的自然混合寄生。对该地区并殖吸虫进行了形态学和染色体的观察和分析,发现卫氏并殖吸虫的一种新类型——嵌合体型的存在。嵌合体成虫生殖细胞的染色体数为22/23。虫卵大小介于卫氏并殖吸虫二倍体型和三倍体型虫卵之间。同时证实,中间流域的哺乳动物体内有卫氏并殖吸虫 3 种类型的自然混合寄生,研究结果显示,两型的关系确实极为近源。

并殖吸虫的生活史(图- 39)包括成虫、虫卵、毛蚴、胞蚴、雷蚴(母雷蚴、子雷蚴)、尾蚴、囊蚴、后尾蚴和囊虫等发育阶段。后尾蚴、囊虫和成虫阶段存在于终宿主体内。成虫主要在终末宿主肺脏中产生虫卵,卵随咳嗽进入口腔后被咽下到消化道,随粪便排出体外。卵落入水中,3 周后发育成毛蚴,毛蚴遇到中间宿主淡水螺类时侵入体内,经胞蚴、雷蚴、子雷蚴阶段发育为尾蚴。尾蚴从螺体逸出后侵入补充宿主(淡水蟹及蝲蛄)体内,形内囊蚴。从毛蚴发育到囊蚴大约需要 3 个月。终末宿主吞食含有囊蚴的补充宿主后,幼虫在十二指肠破囊而出,穿过肠壁进入腹腔,徘徊于肝脏等各内脏之间或侵入组织,经 1～3 周穿过膈肌、肺浆膜到肺脏发育为成虫。从囊蚴到发育为成虫约需 2～3 个月,成虫常成对被包围在肺组织形成的包囊,包囊以微小管道与气管相通,虫卵则由管道进入小支气管。成虫寿命为 5～6 年,甚至 20 年。黄文德观察到大平肺吸虫在猪体内移行经路：囊蚴经口于小肠脱囊,蚴虫穿过肠

壁在 7～10 天于腹腔移行,第 10 天后穿入肝脏,约在肝内移行 4～5 天或更长,穿透横膈,向胸内移行,一般在 14 天后侵入胸腔至 21 天后常侵入肺脏,引起肺出血、脓肿及囊肿形成。取 7 头猪的肺统计囊肿数共 89 个,平均 18.3 个,最多 1 头为 32 个。每个虫囊中常见 2 个虫体(一囊两虫体的为 53 个),也有 3～6 虫同条或单虫囊。共查出虫体 311 个。虫体超过绿豆大的子宫内有虫卵,右肺虫数比左肺多。自感染后 26～128 天虫体发育成熟开始排卵,此时约 80% 的虫体定居于肺囊肿内。故此虫成熟期较卫氏肺吸虫(62～94 天)短。

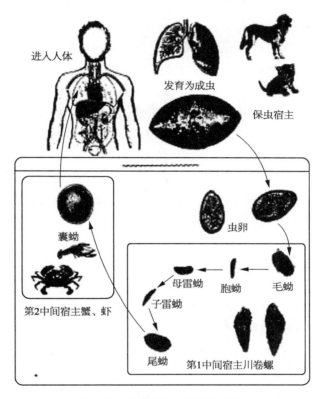

图-41　并殖吸虫生活史示意图

[流行病学]　本病主要流行于亚洲,主要见于日本、韩国、朝鲜、中国、泰国、缅甸、越南、菲律宾、印度、尼泊尔、印尼等国家。凡在痰中、粪便中能检出卫氏并殖吸虫卵的动物和人均可作为此病的传染源,包括患者和保虫宿主。保虫宿主包括家畜(如猫、犬等)和野生动物(如虎、豹、狼、狐、豹猫等)。能自然感染的野生和家养哺乳动物保虫宿主有 20 余种。感染卫氏并殖吸虫的转续宿主至少有 15 种(如猪、野猪、兔、大鼠、鸡、恒河猴、食蟹猴、山羊、绵羊、兔、豚鼠、鼠类、鸭、鹌鹑、鹦鹉等)。而病兽在人畜罕到的地区构成自然疫源地。2 种并殖吸虫的第 1 中间宿主是生活在淡水的川卷螺、拟钉螺和小豆螺等,已知有 5 科 34 种淡水螺。第 2 中间宿主为淡水蟹和蝲蛄,已知有 6 科 80 余种淡水甲壳动物。人群普遍易感,无年龄及性别差异。但儿童的感染率相对较高,可能与儿童接触溪蟹或蝲蛄的机会较多有关。主要流行区居民感染卫氏并殖吸虫病的主要途径是人们生食或半生食吸虫囊蚴的溪蟹或蝲

蛄,也可因进食生或半生的带有并殖吸虫幼虫的转续宿主的肉而感染。有时饮用带囊蚴的溪水而感染。

波部重久(1978)对卫氏并殖吸虫感染途径进行了实验:用20~1 800个后囊蚴给固有宿主猫、犬与非固有宿主猪、野猪、大鼠、小鼠、家兔、母鸡口服,40天后成虫收获率:猫、犬为96%和81.9%,非固有宿主为22.6%~58.3%,在此类动物中虫体发育不良,其中66.7%~99.4%侵入肌肉,长期停止发育,其形态类似后囊蚴,排泄囊内充满颗粒,虫体长1.0~1.5 cm,略大于后囊蚴。幼虫在家猪和野猪全身肌肉中均匀分布,其肝包膜下可见虫囊形成。田鼠、小鼠等均半数死亡,母鸡全部死亡。

从非固有宿主的肌肉中得到的幼虫对人工胃肠液的抵抗力与脱囊的后囊蚴相同或更强,可生存8~20小时,还可在5~10℃的林格液中生存1个月。

从非固有宿主的肌肉中得到的幼虫对犬经口感染的感染率极高,成虫收获率达32%~94%,大多在感染后64天在肺中发育成熟;而非固有宿主口服后,仅少数能完全发育。

给犬肌肉注射后囊蚴,发现囊蚴脱囊移行于肺达84.4%~86.6%,感染60~100天后,从皮下或肌肉得到的虫体均未成熟,从肌肉得到的虫体相当于正常发育30~35天的虫体。

实验表明,几种动物可作为卫氏并殖吸虫的寄生宿主,而且寄生宿主的相互感染是可能的,卫氏并殖吸虫除可经口生食带有后囊蚴的石蟹类受感染外,尚可因生食寄生宿主,如野猪和猪的带虫肉而受感染,而此种感染方式在自然界普遍存在。此外,后囊蚴可能经皮肤伤口感染终宿主。

据报道,大平肺吸虫的宿主有猪、狸、田鼠、獾、猫等,人工感染成功的有小白鼠、犬等,人也有感染的报道。

我国已报告有25个省(区、直辖市)有并殖吸虫分布,东北地区为卫氏并殖吸虫单一分布,西北地区为斯氏并殖吸虫单一分布,其他有并殖吸虫分布地区则为并殖吸虫混合分布。

[发病机制]　并殖吸虫病的主要病理变化有两种。一种是由成虫(或囊虫)在腔或组织器官游走或穿行时所引起的;在早期是组织遭破坏、出血或发生渗出性炎症,以及特殊形式有隧道样改变。这是与虫体穿行时的机械作用和代谢产物的刺激有关。在卫氏并殖吸虫脱囊后尾蚴及囊虫的分泌物(ESP)中含有大量的蛋白分解酶,这些酶对虫体在宿主体内组织中移行和免疫调节具有重要作用。它们在试管中可降解胶原纤维、纤维连接蛋白及肌球蛋白,卫氏并殖吸虫后尾蚴的ESP中的中性含硫蛋白酶,可抑制宿主的若干免疫应答,并诱导对特定抗原的免疫耐受性。并殖吸虫的表皮及覆盖的糖被在免疫逃避过程中起作用;宿主组织中移行的虫体,其糖被的形成和转化尤为活跃,而在成虫时大为减少。在转续宿主肌肉中的卫氏并殖吸虫囊虫的抗体糖被,似以形成对炎性细胞的一道物理屏障,成虫的ESP中含有过氧化酶、催化酶和超氧歧化酶,可以保护虫体免受宿主细胞的氧化性杀虫作用的损害,而且这些酶的水平在后尾蚴及囊虫中要比成虫高。后尾蚴在肠内脱囊穿出肠壁时可在浆膜上见到点状出血,到达腹腔,在腹内游走时,早期可引起腹膜浆液纤维素炎,并可诱发少量腹水,以后腹壁、大网膜、大小肠、肝、脾等可有不同程度的粘连。如虫体在腹内停留并发育亦可形成大小不等之囊肿。切面呈多房性,其内容物为果酱样黏稠体。以后急性变化逐

渐消失而出现愈合过程及纤维化,甚至钙化。另一种变化是具有特征性的并殖吸虫囊肿,这是由于虫体在组织或脏器内停留(暂时或永久)所引起的周围纤维组织增生包绕而成的。内含虫体、虫卵、被破坏的组织残片和炎性渗出物、菱形(夏科-雷登)结晶等。以后如虫体死亡或转移,内含物亦可逐渐被吸收,代以肉芽组织增生,后形成瘢痕或钙化。被侵害的部位主要是肺、肝、脾、肾等。在尿内找到虫卵和菱形(夏科-雷登)结晶。虫体亦可直接沿神经根侵入脊椎管在脊髓旁边形成囊肿,破坏或压迫脊髓,造成截瘫。窜向下腹可侵及膀胱或沿腹股沟管到阴囊,引起精索及阴囊的病变;有的虫体可穿过腹壁肌至皮下组织,并到处游走形成为游走性皮下结节,其切面实为囊肿样,有时可找到虫体或虫卵、菱形(夏科-雷登)结晶等。穿过横膈膜进入胸腔内之虫体先在胸腔内游走,可使胸膜产生点状出血及局限性胸膜炎,病变多在膈面及纵膈面,数天后侵入肺组织,引起出血及急性炎性反应,在其周围有大量中性粒细胞、嗜酸性粒细胞和巨噬细胞浸润,若虫体停留则其周围的肺组织坏死及结缔组织增生形成囊壁,其厚薄可因时间长短而不等。囊肿直径约为1～2 cm,多位于肺之浅表处,大多在靠纵膈面,囊肿因虫体长大成熟排卵而肿胀,最后破裂与小支气管相通,虫卵随囊内容物不断被咯出,囊肿多呈暗红色或稍带蓝色,较久者成灰红色。此外,虫卵偶可进入血循环随血流到心肌、脑内形成虫卵栓塞,这已有动物实验证实。

[临床表现]　猪并殖吸虫病。

1. 猪感染卫氏并殖吸虫　朱金昌(1986)用卫氏并殖吸虫(P.W.)囊蚴经口感染家猪,30～107天可在猪腰、背、腹部肌肉中找到比尾蚴略大的童虫,认为家猪可能是转续宿主。实验如下:

P.W.囊蚴来源于水华溪蟹,囊蚴大小为363.48±18.45 μm。实验分为3组:

(1) P.W.囊蚴经口感染组:猪1、2、3和犬1、2、3感染囊蚴数分别为2 100、500、500、100、150和150条。分别于感染后30、107、100、30、80和100天后解剖。

在猪1腰、背部及腹膜及其下的骨骼肌中可见点状、细丝状暗红色病变,以横膈膜附着处下方的腰背部肌肉为明显。从猪1和猪2的部分腰背肌浸出液中分别找到15条和10条童虫,平均大小为1.18×0.59 mm和1.36×0.46 mm;部分童虫有屈壳性颗粒。猪1的肝脾表面有灶性纤维素性炎症;肝表面、切面有12个灰白色纽扣样结节,镜检为嗜酸性脓肿及少量棕黑色肺吸虫色素。猪2肝中见钙化小节,横膈四周附着处的腹膜浑浊增厚;切片见陈旧性窦道及索状疤痕。猪3肝及横膈下腹膜、骨骼肌的病变与猪1、2相似,但未找到虫体。犬在胸腔及肺中找到发育正常的童虫、成虫。

(2) 后尾蚴臀肌注射组:分别用P.W.后尾蚴300、50和100条,臀肌注射感染猪4、犬4和犬5,于感染后12～15天解剖。结果在猪4、犬4和犬5体内分别找到童虫15、23和42条。童虫平均大小0.85×0.41 mm,排泄囊中见屈光性颗粒,臀肌切片见童虫。犬胸腔、腹腔、肝肺中见成虫体。

(3) 成虫感染组:① 皮下感染组:在猪5的皮下接种处见到有2.5×1.8 cm大小的多房性囊肿,其中找到有5条明显萎缩的成虫及卵壳团块。腹腔、胸腔各脏器均未见虫体。② 腹腔感染组:猪6的腹腔中找到明显萎缩的成虫,但未移行至胸腔。③ 胸腔感染组:猪

7 的胸腔内检获成虫 1 条,明显萎缩,卵黄腺消失。且见在纵隔中形成死虫结节。肺内检获成虫 7 条,并见 3 个双虫囊和 1 个单囊,除 1 条成虫的子宫内有较多的正常卵,其他成虫子宫内虫卵稀少,并见到有许多变性的卵细胞及卵黄颗粒。猪 8 的胸、腹腔各感染 10 条成虫,30 天后解剖发现,肺内可见 3 个双虫囊及 1 个单虫囊,虫体均明显萎缩,子宫内见厚壳卵块。在腹腔中接种成虫后,除找到 1 条明显萎缩的成虫外,余均死亡,未见成虫穿过横肠膜进入胸腔。

不论用 P.W. 囊蚴或后尾蚴感染猪,童虫多在肌肉中成滞育状态,少数移行至腹腔、肝脏等处,但多早期死亡,未见游走,在流行病学上属于转续宿主。

但锺惠镧等(1965)报道辽宁宽甸县发现猪为 P.W. 的终宿主;刘思成(1965)发现在宽甸猪肺中有性成熟 P.W.,但认为此猪不是 P.W. 的适宜宿主。刘玉珍(1990)从东北家猪的肺部获得了 3 个成虫。浙江等地报道卫氏并殖吸虫染色体有二倍体和三倍体。二倍体卫氏并殖吸虫对猪不适宜,在猪体内寄生成滞留状态而为本虫的转续宿主;而三倍体型对猪适宜,可寄生于肺脏发育为成虫并产卵,为本虫的终宿主。我国医学教材(1984)将猪、猫、犬同引为 P.W. 的终宿主。Miyazaki(1975)报道野猪为本虫转续宿主,童虫只在胸肌中,未见于肺。Habe(1978)用囊蚴人工感染野猪和家猪成功,认为猪是转续宿主。目前仍有争论,或与地域、虫种、接种品种不同有关,待研究。

猪可感染本病。动物感染后表现体温升高,消瘦,咳嗽,有铁锈色痰液,时有腹痛、腹泻和血便。

2. **猪感染大平肺吸虫**　猪感染大平肺吸虫 10~20 个时临床表现不明显,感染 50~100 个虫体以上时,一般表现消瘦。肺叶表现有多处新旧不等的出血灶,其深部或附近有 0.8~1.5 cm 的囊肿分布。病变处肺组织炎症、水肿明显,外观微隆起呈棕红色或暗红色。囊肿分厚壁与薄壁两类,多与支气管相通,也有闭镇性囊肿。肺底与肺膜面纤维素性炎,浆膜肥厚,肺叶间与纵隔之胸膜炎症性增厚。胸纵隔砖红色如绒毛样纤维蛋白渗出。心包膜与纵隔相连处有大量绒毛样纤维蛋白。横膈部病变中心腱部可见虫体移行过的孔迹,在肌部之肺侧与肝侧可见纤维渗出粗糙面,可见出血灶。胸膜内有麦粒大虫体和胸膜面可见粟粒大灰白发亮纤维蛋白。表明虫体在胸肺部不断移行。虫体常侵犯肝,在腹部近肝区与腹股肌上有虫体移行损伤的灰白色透明瘢痕,表面有纤维蛋白,肝实质有纤维化白纹,条索状分布,肝包膜纤维素炎并肥厚。在虫体移行期,肝出血,纤维蛋白渗出,形成虫穴、窦道及纤维化与肉芽组织,极少有囊肿。肺门淋巴结不规则肿大,表面出血,呈棕褐色污土样沉着物剖面,内为淋巴组织增生及大量虫卵。淋巴窦扩大,可见吞食红细胞的大单核细胞和虫卵,含铁血黄素被吞噬细胞吞下。还有坏死组织炎症渗出物及夏科雷登氏结晶。脾膈面出血,包膜纤维蛋白增厚,粗糙不平,稍有隆起。

观察肺组织切面,脓性气管炎及出血,肺组织坏死,肺实质及血管内均见虫卵栓塞,有嗜酸性细胞浸润及脓肿形成,局部有明显的脓性肺炎。

心、气管、食道、胃肠及脑组织无异常。

3. **其他类型**　克氏并殖吸虫、云南并殖吸虫对猪感染并有轻度致病力;宫崎并殖吸虫感染犬,人,猪为转宿宿主。

[诊断] 根据病症,检查痰液及粪便中虫卵确诊。痰液用 1‰ NaOH 溶液处理后,离心沉淀检查。粪便检查用沉淀法。此外,在粪便、胃液、胸腔积水、脑脊液、肾、尿中查找虫卵。

[防治] 并殖吸虫病是典型的食源性传播的人兽共患寄生虫病。理论上说,较那些经媒介传播和水源传播的寄生虫病而言,其防治难度明显较小。从传播环节上考虑,并殖吸虫病具有突出的自然疫源特性,野生哺乳动物作为传染源的意义远较病人为重要。在传播途径上,人多因生食和半生食来自疫源地的淡水蟹和蝲蛄,或生饮溪水而感染,也有因生食或半生食感染并殖吸虫的转续宿主的肉而感染。因此,并殖吸虫预防和控制重点放在病从口入关,不生食或半生食甲壳类及转续宿主肉。因此,不用生蟹和蝲蛄作犬、猫等肉食动物的饲料;人及患畜粪便要发酵处理;人禁食生蟹和蝲蛄;患病脏器损害轻微者,剔除病变部后可利用,重者工业用或销毁;搞好灭螺。

治疗可用:① 吡喹酮(praziquantel,embay8840)75 mg/kg·天,分两次服用,3 天为一疗程,治疗效率为 70%～80%,必要时可重复 1～2 个疗程。② 别丁(硫氯酚 bithionol,bitim)成人 3 g/天,儿童 50 mg/kg·天,分 3 次服用,隔日服用。胸肺型患者 15～20 个治疗日为 1 个疗程,脑型患者 25～30 个治疗日为一疗程。副反应有恶心、呕吐、腹痛、腹泻等。③ 三氯苯达唑(Triclabendazole fasinex):10 mg/kg·天,单剂服用,治愈率可达 90% 以上。④ 丙硫咪唑剂量一般为 15～20 mg/kg·天,5～7 天为一疗程,总剂量为 100～150 mg/kg·天。

十六、华支睾吸虫病(*Clonorchiasis sinensis*)

该病是由华支睾吸虫寄生在动物和人体肝胆管中所引起的以肝胆病变为主要损害的寄生虫病。临床表现为腹痛、腹泻、疲乏及肝肿大,可并发胆管炎、胆囊炎、胆石症,少数严重者可发展成肝硬化。

[历史简介] McConnell(1874)在印度加尔各答一华侨木匠的胆管中发现本虫,并对其形态做了初步的描述。Cobbold(1875)、Looss(1907)命名为中华分支睾吸虫病(*Distoma sinense*),又称肝吸虫。1908 年,在广东、汉口、上海、沈阳等地发现人感染的病例。Kobayashi(小林氏,1910)证明鲤鱼科的淡水鱼为本虫的第 2 中间宿主。武藤氏(1917)发现淡水螺(绍纹螺)为本虫的第 1 中间宿主。

Faust(1927)对华支睾吸虫在各种动物体内的发育及排卵进行了观察。Nagano(1925)、Faust 和 Khaw(1927)、徐锡藩等(1936—1940)、Komiya 等(1940)分别对其幼虫发育做了观察修正和补充,基本阐明了全部生活史环节。

[病原] 华支睾吸虫属于后睾科,支睾属,为雌雄同体。其生活史包括成虫、毛蚴、胞蚴、雷蚴、尾蚴及囊蚴等阶段。成虫虫体背腹扁平,半透明,呈葵花籽仁状。前端稍尖,后端较钝,体被无棘,光滑透明,大小约为 10～25 mm×3～5 mm。有口,腹、吸盘各一个。消化道由口、咽、食管和两条直的肠支组成。雄性生殖器官包括一对高度分支的睾丸,前后排列在虫体的后三分之一处,它们各发出一条输出管向前行时汇合为输精管,逐渐膨大为贮精

囊,前接射精管,其开口于腹吸盘前缘的生殖腔。缺阴茎及阴袋。雌性生殖器官是有一个细小分叶的卵巢,受精囊较大,椭圆形,劳氏管细长弯曲开口于虫体的背面,子宫亦开口于虫体的生殖腔。虫卵甚小,黄褐色,形态似西瓜子状,大小平均为 29 μm×17 μm,卵内含有一个毛蚴。虫卵电镜扫描,可见卵壳表面有网纹样结构。华支睾吸虫染色体数目为 2n=14,n=7。除 2 倍体外,还可见少量的 4 倍体。有大型中部着丝粒染色体 2 对,小型中部着丝粒染色体 1 对,小型亚中部着丝粒染色体 3 对,小型端部着染色体 1 对,未发现决定性别的异性染色体。

华支睾吸虫成虫主要寄生在人、犬、猫及猪等哺乳动物的肝胆管内,虫体发育成熟后产卵,虫卵随胆汁进入消化道(十二指肠粪),混于粪便中排出体外。在水中,虫卵被该虫适宜的第 1 中间体宿主如纹沼螺,长脚豆螺等吞食后,在螺体内孵出毛蚴,并在螺内经胞蚴、雷蚴及尾蚴发育,成熟的尾蚴在水中遇到适宜的第 2 中间宿主如淡水鱼、虾类,在其体内形成囊蚴。囊蚴被终宿主(人、猫、猪)吞食后,在消化液作用下,后尾蚴脱囊而出。一般认为脱囊后的后尾蚴循胆汁逆流而行至肝胆管,也有人认为可钻入肠壁经血液循环到肝胆管,囊蚴进入猪体后 4~7 小时移至胆总管,再到小胆管内发育,在肝胆管内约经一个月发育为成虫。实验证明,有的也通过血管或穿过肠壁腹腔到达肝脏于胆管内变成成虫。囊蚴进入终宿主体内发育为成虫,在粪中可检到虫卵所需时间随宿主而异。成虫寿命,一般记载为 20~30 年。

[流行病学]　华支睾吸虫病分布颇为广泛,几乎遍及世界各地,但主要流行于中国、日本、朝鲜、韩国、越南等国家。

本病的传染源为患者,患者为带虫者和保虫宿主。可作为保虫宿主的动物有 40 多种,其中猫、犬、猪、鼠在华支睾吸虫病的流行和传播上起着特别重要的作用,还有鼬、貂、獾等动物。第 1 中间宿主为锥螺科中的豆螺属和拟黑螺属。第 2 中间宿主约包括 80 种鱼类,其中约有十几种对人体感染有重要作用。中国又发现有种淡水小虾也可做本种的第 2 宿主,我国已证实的淡水鱼类有 70 余种,以鲤、鲫、草、鲢鱼以及船丁鱼、麦穗鱼感染率较高。北京、山东、河南等地麦穗鱼的囊蚴阳性率可达 90% 以上。曾查出河南省 1 条 0.2 克重的麦穗鱼中囊蚴 3 429 个;广东省梅县每克麦穗鱼可带囊蚴 6 548 个。对第 2 中间宿主的选择似乎十分严格。此外,福建发现细足米虾和巨掌沼虾均可作第 2 中间宿主。囊蚴在淡水鱼体内的分布几乎遍及全身,但以肌肉为最多,占 84.7%,依次为鱼皮占 5.9%、鳃占 4.7%、鳞占 2% 和鳍等部位。

简阳地区调查了华支睾吸虫的阳性率:第 1 中间宿主:绍纹螺为 0.4%、赤豆螺为 0.1%、长角沼螺为 0.4%,豆螺料检出;第 2 中间宿主:麦穗鱼为 30.1%~95%、中华细鲫为 31.8%、白鲢鱼为 1.4%、棒花鱼为 15%、泥鳅为 15%;本病是一种自然疫源性疾病,保虫宿主种类多,多种家畜为本病的保虫宿主,翁约球(1993)对佛山华支睾吸虫保虫宿主调查,在肝胆管中找到成虫,猫 89.7%(78/87)、犬为 84.2%(64/76)、猪为 7.99%(7/89)、鼠 18.3%(26/142)、野鼠 1%(2/209)。自然终末宿主除人之外,尚有犬、猫和鸟类。实验宿主为犬、猫、兔、豚鼠、大小白鼠等。据辽宁省(1985)调查,华支睾吸虫感染率:人为 13.3%~86.7%(平均 18.2%)、猪为 27.3%;郑诗芷(1990)对安徽市场猪肝成虫检查,均有华支睾吸虫成虫寄生。由于猪的数量多,因此在传播疾病中的作用与猫、犬同样重要。华支睾吸虫各地猪感染率高低不一,可能与饲养方式有关,猪粪便污染水源的可能性最大,无疑是重要的传染源。江西瑞昌围绕着林前塘边和沿着排水沟通向塘中的 93 堆野粪调查,犬粪的感染率为 32.8%,感染度平均 EPG 为 2131.4;猪粪的感染率为 20.4%,感染度平均 EPG 为 489.9。安徽、河南、四川、山东、江苏、江西、广东、北京、辽宁都发现猪感染,林秀敏(1990)对其在闽、赣、苏 1984—1988 年间保虫宿主自然感染华支睾吸虫的情况做了报告(表- 197),个别地区猪感染率达 35.3%,这些在流行病学上也是很有意义的。

表- 197　保虫宿主自然感染华支睾吸虫的情况

地　　区	阳性率(%)			
	家　猪	豹　猫	小灵猫	家　猫
闽南	28(32/114)	53(12/23)	40(4/10)	44(11/25)
闽西	13(9/69)	30(3/10)	0	33.3(4/12)
闽北	21.5(56/261)	41.2(21/51)	0	40.5(17/42)
江西(九江)	18.8(13/69)	20(2/10)	37.5(6/16)	0
江苏(洪泽)	5.8(8/138)	2.8(4/14)	0	29.1(7/24)
合计	18.3(118/651)	38.9(42/108)	37(10/27)	37.9(39/103)

在自然环境中,本虫的中间宿主种类多,分布范围广,也是该虫能在广大地区存在和流行的重要原因。本病能在一个地区流行的关键因素是居民有生吃、半生吃、凉拌鱼虾的习惯。有的地方将人粪投入鱼塘、河沟,使浮游生物繁殖,是造成人体感染和本虫难以根绝的重要原因。猪的感染也有因用小鱼小虾作猪饲料或用鱼鳞、肚肠、带鱼肉的骨头、鱼头、碎肉渣、洗鱼水喂猪,以及放牧或散放的猪在河边、沟塘边吃了死鱼虾等均可引起感染。据统计,猪因食生鱼引致的阳性率为 50%,不喂者为 7.4%;放养猪感染率为 55.6%,圈养猪感染率为 7.3%。

[发病机制]　华支睾吸虫幼虫到达肝胆管后定居并生长发育为成虫,成虫的机械刺激及其分泌物和代谢产物的化学刺激作用,使寄生部位的胆管上皮细胞脱落继而腺瘤样增生,并伴有黏蛋白的大量分泌,其程度与感染的程度相平行。胆管壁增厚,管腔狭窄,管壁周围有不同程度淋巴细胞、浆细胞和少量酸性粒细胞的浸润。随着病程的延长,炎性细胞的浸润逐渐减少,纤维组织的增生明显。由于管壁的增厚,瘢痕组织的收缩和虫体的集聚,使管腔阻塞,引起小胆管内胆汁的淤积,引起阻塞性黄疸,胆汁引流不畅,易继发细菌感染引起胆道炎症。胆管可呈圆柱状或囊状扩张,使胆管附近的肝细胞受压而萎缩,甚至坏死。胆管周围纤维组织增生,逐渐向肝小叶内延伸,分割肝小叶,假小叶形成而肝硬化。左肝管与胆总管的连接较平直,幼虫易上行,故肝左叶的病变较重。

虫卵、死亡的虫体、炎性渗出物、脱落的胆管上皮细胞等可在胆管和胆囊内形成结石的核心,从而诱发胆石症。虫体数量较多时,也可寄生并阻塞胰管而引起慢性胰腺病变。长期的华支睾吸虫感染与胆管上皮癌、肝细胞的发生有密切的关系。

华支睾吸虫病的病理变化主要为二级胆管壁的细胞改变,病变可分为 4 个阶段。第 1

阶段为上皮脱落、再生;第2阶段为上皮脱落、再生和增生;第3阶段上皮增生更为剧烈,形成腺瘤样组织,胆管壁的组织开始增生,二级胆管扩张,管壁增厚,末梢胆管随之扩张;第4阶段结缔组织增生剧烈,腺瘤样组织逐渐减少,胆管壁显著增厚,但扩张不明显。

[临床表现]　猪是华支睾吸虫的保虫宿主。湖北省阳新县调查,猪的感染率为16.67%。当人、猪、猫等取食带囊蚴的鱼虾时感染发病。华支睾囊蚴进入猪体后4~7天移行至胆总管再到小胆管内发育4周后成为成虫,在粪便中可见到虫卵。虫卵虽小但产量很大,猪体中成虫每条每天产卵2 400个。少量寄生时没有任何症状或轻度拉稀,多呈慢性经过。大量寄生时主要表现为消化系统症状,食欲减退,贫血,消瘦,腹泻,乏力,浮肿腹水,轻度黄疸。虫体对胆管的长期刺激,使胆管发炎、管壁增厚、粗糙。虫体过多时堵塞胆管,出现胆汁排泄障碍,肝脏肿大、硬化或坏死。严重黄疸致消化不良,猪消瘦,衰竭死亡。林秀敏(1999)观察到本虫在家猪感染率达28%(32/114),造成胆道大出血。

肝区叩诊有痛感。严重感染猪,病程较长,可并发其他疾病死亡。血液检查嗜酸性粒细胞增多。

病变可见胆管扩张,变粗,胆囊肿大,胆汁浓稠呈草绿色,上皮细胞脱落,管壁增厚,周围结缔组织增生。有时还会出现肝细胞混浊肿,脂肪变性和萎缩,有时见坏死灶。在胆管阻塞和胆管炎的基础上偶尔可发生胆汁性硬变。大量寄生时虫体阻塞胆管并出现阻塞性黄疸现象。病变一般以左叶较为明显。继发感染时,可引起化脓性胆管炎,甚至肝脓肿。有时还可在胆囊中发现虫体,并引起胆囊肿大和胆囊炎。偶尔有少数虫体侵入胰管内,引起急性胰腺炎。

[诊断]　猪有无生食或半生食淡水鱼史;动物临床上表现消化不良,贫血,轻度黄疸,下痢;肝脏肿大,叩诊时肝区敏感,严重病例有腹水;粪检虫卵,虫卵应与异形吸虫及横川后殖吸虫相区别,它们的大小近似,但这两种虫卵无肩峰,卵盖对侧的突起不明显或缺如。血液检查嗜酸性粒细胞增多。

鉴别诊断与猪细颈囊尾蚴病的相同点:食欲减退,消瘦,贫血,黄疸,下痢等;不同点:猪细颈囊尾蚴病不是因为吃了生鱼虾而致病;此病的病原寄生于肺脏和胸腔等处,引起呼吸困难和咳嗽;可引起腹膜炎,有腹水,腹壁敏感;剖检可见肝表面和实质中及肠系膜、网膜上有大小不等的被结缔组织包裹着的囊状肿瘤样的细颈囊尾蚴。

鉴别诊断与猪姜片吸虫病的相同点:食欲减退,消化不良,贫血,消瘦,下痢等;不同点:猪姜片吸虫病多因吃水生植物而发病;剖检时可见虫体寄生在十二指肠,虫体比较大;十二指肠肠壁黏膜脱落呈糜烂状,肠壁变薄,严重时发生脓肿。

鉴别诊断与猪食道口线虫病的相同点:食欲不振,消瘦,贫血,下痢等;不同点:猪食道口线虫病不因吃生鱼虾而发病;剖检可见在大肠黏膜上有黄色结节,有时回肠也有,结节大小为1~6 mm。

鉴别诊断与猪鞭虫病的相同点:食欲减退,贫血,下痢等;不同点:猪鞭虫病眼结膜苍白,顽固性下痢,有时夹有红色的血丝或棕色的血便,便稀薄而有恶臭,行走摇摆;剖检可见盲肠、结肠充血、出血、肿胀,间有绿豆大小的坏死病灶;结肠黏膜上布满乳白色细针尖样虫体(前部钻入黏膜内),钻入处形成结节。

[**防治**]　防止病从口入是预防本病的关键。加强饮食卫生管理,改变饮食习惯,不吃未经煮熟的鱼虾,不用生鱼喂猫、犬、猪等,加强粪便管理,防止虫卵入水,不使用未经无害化处理的人或猪、猫、犬等粪便,防止污染水体,在流行区对居民、动物进行普查、普治,对猫、犬、猪等感染家畜进行驱虫。同时结合农田水利建设消灭中间宿主——淡水螺。

猪以吡喹酮 60 mg/kg 体重,拌料喂服,每日 1 次,连用两天。六氯酚 20 mg/kg 体重,口服,1 次/天,连用 3 天。三氯苯丙酰嗪 50～60 mg/kg 体重,口服,1 次/天,连用 5 天。氯对二甲苯(血防 846)200 mg/kg 体重,口服,1 次/天,连用 7 天。硫酸二氯酚(别丁)80～100 mg/kg 体重,灌服或混入饲料。

十七、姜片吸虫病(*Fasciolopsiasis*)

该病是布氏姜片吸虫寄生于人和猪的小肠中所致的一种人畜共患寄生虫病,可产生肠壁局部炎症、溃疡及出血,因而临床上以腹痛、慢性腹泻、消化功能紊乱、营养不良等为主要表现。该病对人的损害比猪大。

[**历史简介**]　在 1 600 年前我国东晋时就有该病记载。1 300 多年前隋代有"九虫"中的"赤虫"描述,状如生肉,其形态与姜片吸虫相似。Bush(1843)在伦敦 1 名印度水手尸体的十二指肠中发现虫体。Lankester(1857)和 Odhner(1902)进一步对该虫形态描述、鉴定和命名。LOOSS(1899)确定其分类地位。Kerr(1873)在中国广州检出第 1 个病例。Nakagawa(中川幸庵)和 Ishii(石井义男)(1921)在我国台湾地区研究了本虫对猪的致病性,Barlow(1925)先后在我国台湾地区和浙江阐明了本虫在猪体生活史,并在绍兴进行人体感染试验。许鹏如(1962)、王傅歆(1977)在粤、闽进行了猪姜片吸虫生活史与生理特性研究。

[**病原**]　布氏姜片吸虫属姜片属,呈扁平的椭圆形,肥厚,似姜片状。新鲜虫体肉红色,固定后为灰白色,长 20～70 mm,宽 8～20 mm。腹吸盘是口吸盘的 3～4 倍,与口吸盘靠近。雌雄同体,成虫在人体内寿命 1～2 年,长者可达 4～4.5 年龄。虫卵椭圆形,淡黄色,内涵一个胚细胞和许多卵黄细胞,一端有不明显的卵盖。

国内外曾对猪布氏姜片吸虫染色体核型进行观察,王芃芃对浙江猪布氏姜片吸虫染色体按大小顺序排列,依 Levan(1964)法分类:染色体数目为 2n＝14。据 10 个精原细胞的有丝分裂中期相的相对长度、臂比指数和着丝点指数的测量数值,14 个染色体可配成 7 对同源染色体,即 2n＝14(n＝7)。由四组染色体组成姜片吸虫染色体核型:第 1 组,即第 1 对,为大型中部的着丝点染色体(M);第 2 组,包括第 2～4 对,为中型的中部着丝点染色体(M);第 3 组,包括第 5～6 对,为小型的中部着丝点染色体(M);第 4 组,即第 7 对,为小型的端部着丝点染色体(T)。Dewechtes 等(1982)研究了姜片吸虫 5SrRNA 二级结构模型和 Waters(1988)研究用真核生物 5SrRNA 二级结构通用模型构建出姜片吸虫 5SrRNA 二级结构是由 5 个环区和 5 个螺旋区构成。其结构是:在 M 环有 GAAG 序列,在螺旋上有 G 与 G 不配对碱基,在 B 螺旋 5′一端链上有一个环状的腺嘌呤碱基,在 C 螺旋上可出现一个环状的胞嘧啶碱基,环 L1 有重复序列 GGCGG 和颠倒重复序列 AAGGAA,环 H1 上有与 tRNA 分子上的 T_{Φ},C 环上 GT_{Φ} 序列互补的 AAts 保护序列。

中间宿主为扁卷螺。据报道有 9 种扁卷螺,据调查我国有 3 种扁卷螺,即尖口圆扁螺(克多利圆扁螺)、半球多脉扁螺、凸旋螺都会感染。成虫在终末宿主小肠内产生虫卵,卵随粪便排出体外,在 27～32℃的水中,经 3～7 天孵出毛蚴。研究认为姜片吸虫的虫卵发育需要较高的温度,而且昼夜温差变动较大影响其发育。在 18～25℃下,发育甚为缓慢,可延长至两个月,而且发育不整齐,有一部分虫卵在发育中途死亡。在 26～30℃,发育形成毛蚴需20～24 天。姜片吸虫毛蚴具有 1 对眼点,对光敏感,发育成熟时受光刺激,能推开卵盖孵出。无光线培养到毛蚴成熟时亦可逐渐孵出。黑暗推迟毛蚴孵化时间,不能阻止毛蚴的孵出,毛蚴钻入扁卷螺体内,在 25～30 天经胞蚴、雷蚴、子雷蚴发育为尾蚴。尾蚴离开螺体,在水生植物上形成囊蚴。据调查在 17 种水生植物上发现囊蚴。汪傅钦、姚天麟等(1977)将成熟尾蚴放于培养皿或吸取其放在玻片上,即迅速形成囊蚴;将蕹菜叶放在有感染成熟的扁卷螺培养缸内,次日叶子上形成多数囊蚴;但将叶面粗毛的甘薯叶褶成圆形,把成熟尾蚴放于叶中有水处,则不形成囊蚴,最终死亡。在池塘的天然水生植物检查中,多根浮萍的叶底面附着囊蚴数量最多,青萍的数量次之,凤眼蓝的叶露出水面,仅在浸于水中的烂叶和根部拴得囊蚴。水浮莲叶底有粗毛、无囊蚴附着,仅在根部检得少数的囊蚴。表明姜片吸虫囊蚴附着水生植物,无种的选择性,只要有表面光滑的物体,均可形成。用附有囊蚴的水生植物喂猪或饮入含有囊蚴的水而感染,感染后 3 个月左右发育为成虫。成虫生存期为 12～13 个月。许鹏如(1962)报道猪体内姜片吸虫寿命为 10～13 个月。翁玉麟、庄总来(1984)用扁卷螺感染姜片吸虫尾蚴阳性率高的漂浮囊蚴或附着囊蚴 200、222、81、150、15、83、200 个分别滴服试验猪,其初次发现虫卵时间分别为 51、51、61、61、55、64、54 天,仔猪感染姜片吸虫囊蚴后51～67 天虫体发育成熟排卵,平均需要 57.1 天。接种后 115 天剖检,从小肠上半段取得成熟姜片吸虫 107 条,囊蚴发育率为 53.5%,而同圈饲养的同胎生的仔猪,粪检结果阴性,表明猪与猪间不会接触感染。

[流行病学]　姜片吸虫可感染犬、野猪、猕猴、兔。患者和受感染猪是本病主要传染源,患者是终末宿主,猪是主要的保虫宿主。野猪和猕猴也可自然感染,亦可作传染源。在兔体内也能正常发育。在其他动物体内还不能完全发育。姜片吸虫的尾蚴亦有感染性,Nakagawa(1921)以姜片吸虫囊蚴感染猪后,以尾蚴重复感染,解剖猪所得成虫数超过口饲的囊蚴数;许鹏如(1963)以尾蚴感染猪获得成虫;黄文德、汤子慧(1998)用尾蚴感染猪和兔,于 100 天后割检均获得成虫,成虫率猪为 26.6%、兔为 10.1%,说明姜片吸虫尾蚴有感染性。姜片吸虫成虫繁殖力较强,每条虫体一昼夜可产虫卵 1～5 万个;在螺体内进行无性繁殖,形成大量尾蚴。囊蚴在 30℃以下可生存 3 个月,在 5℃的潮湿环境下生存 1 年。

该病主要分布在用水生植物喂猪的南方,5～10 月份均可感染,高峰期在 6～8 月份。发病季节多在夏秋季,有时延续到冬季。3～6 月龄"架子猪"最易感染发病,成年猪感染率和发病率较低。

[发病机制]　姜片吸虫成虫寄生于宿主的小肠,以十二指肠多见。

成虫虫体较大,吸盘发达,具有较强的吸附能力,虫体借助其强大的口吸盘和腹吸盘将宿主肠黏膜吸入吸盘腔而固定,造成局部肠黏膜的机械损伤,被吸附的肠黏膜可发生炎症、出血、水肿、坏死、脱落以至溃疡或脓肿。炎症部位中性粒细胞、淋巴细胞和嗜酸性粒细胞浸润，肠黏膜分泌增加。虫体数量多时还可覆盖肠壁，可机械性阻塞肠道，妨碍吸收与消化，导致消化功能紊乱，其代谢产物被吸收后可引起变态反应，出现腹痛和腹泻，营养不良，白蛋白减少，各种维生素缺乏。虫体也摄取营养，包括猪所必需的维生素，如维生素 C，还可引起腹泻与便秘交替出现现象，甚至虫体呈团，堵塞肠腔，引起肠梗阻。少数虫体可进入胆管引起阻塞，并造成继发感染，呈现贫血、消瘦和营养不良，严重感染幼畜发育障碍等，反复感染病例，少数可因衰竭、虚脱而致死。

[临床表现]　患猪以幼龄为多。姜片吸虫在十二指肠寄生最多，也有报道见于胃和大肠的。本病对于仔猪危害很大，不仅妨碍生长，影响肥育，而且可导致死亡。杨述祖(1936)用姜片吸虫囊蚴感染猪，3 个月后从粪中检出虫卵；许鹏如等(1962)用囊蚴感染 9 头小猪，感染后第 90～103 天，从粪中检出虫卵(平均 96.75 天)。陈存瑞(1979)报道从 1 头猪肠中检出虫体 4 041 条；Barlow(1925)报道 1 头母猪排出虫体 3 721 条。对吸着部位产生机械损伤，引起肠黏膜发炎、水肿、出血，腹泻，粪中混合有黏膜，影响消化和吸收机能。感染猪表现精神沉郁，被毛粗乱无光泽，食欲减退，逐渐消瘦，眼睑及下腹水肿，重者死亡。姚江平(1995)报道 1 头 90 kg 体重的低强度感染成年猪临床表现：精神较差，食欲减少，常站于圈内嘶叫，似有饥饿感。患畜被毛逆生，无光泽，时有下痢症状。宰杀后仅见小肠内有 8 片大小不一、肉红色姜片吸虫。吸虫吸附着的小肠黏膜脱落，为鲜红色，呈糜烂状，十二指肠糜烂处最多。患畜其他部位无异常现象。薛德浩(1980)、黄朝学(2004)分别报道了猪发生姜片吸虫童虫病的报告：病猪拉稀，食欲不振，吃料减少，体质呈进行性消瘦。一个月内大猪普遍减重 15～35 kg，小猪则发生严重水肿，92 头猪中死亡 8 头。贫血，水肿，体温 38.6～39.4℃，皮肤粗糙失去弹性，精神不佳，低头拱背，步伐跛跄，夜间不安，惊叫等。后期大便量少而硬，尿少而黄。严重水肿(头颈部、腹部及股内侧严重水肿)者 20 头，中度轻度水肿者 25 头。极度消瘦者 15 头，生长停滞及体重稍减轻者 24 头。剖检猪 1 号：临床上表现高度消瘦，卧地不起，废食。7 月初进栏重 52.5 kg，后增重到 70 kg，现仅为 35 kg。经扑杀后可见主要病变：全身消瘦，严重贫血，血液稀薄，可视黏膜苍白。全身皮下组织有程度不等的水肿。心肌萎缩，心包液增多，肺部有鸭蛋大肺炎病灶。肝脏有轻度感染，小肠有四处环状狭窄口，前端充满水粪及虫体，后端充满气体。小肠及胃底部黏膜呈中度水肿，并有出血点。小肠处发现 2 172 条姜片吸虫，其中豌豆大的姜片吸虫成虫 35 条，其余均为米粒大至瓜子大小的姜片吸虫童虫。剖检猪 2 号：断奶后 2 个月体重 12.5 kg。临床表现为严重水肿，精神沉郁，少食。可见病变为全身皮下水肿，尤以头部、下颌、腹部、腹股沟水肿更为严重，高度贫血，可视黏膜苍白，血液稀薄，脂肪胶样变性，切开压挤，有多量透明液体流出，淋巴结普遍肿胀，胸水、腹水及心包液增加，肝脏轻度黄染，肠壁及胃底黏膜严重水肿，脆弱易破。小肠中检出米粒及瓜子大小姜片吸虫童虫 441 条。胃及大肠中也有少量姜片吸虫。黄朝学报道某猪场 180 头 10～40 kg 幼猪发生精神沉郁，被毛粗乱，腹泻，食欲减退，逐渐消瘦，眼睑及腹下水肿等症状。严重者出现贫血，行动迟缓，低头，呆立，爱独处栏角，最后衰竭死亡。先后死亡 11 头。尸体消瘦，肝脾肿大，大肠黏膜水肿，有点状出血和溃疡，肠壁上可见密集的片状物——椭圆形、肉

红色、扁平肥厚的姜片吸虫。小肠黏膜有点状出血,水肿以至溃疡和脓肿,并可发现虫体。黄文德(1998)用姜片吸虫尾蚴饲喂 2 只小猪,100 天后剖检:1 号猪攻击 82 条尾蚴,从小肠获得 19 条成虫;2 号猪攻击 188 条尾蚴,从小肠获得 31 条成虫,附着虫体的小肠黏膜处充血,有小出血点及炎症,未见溃疡,黏液较多,患猪时有拉稀,排稀便。肥育猪患病时增重速度减慢,每 21～53 条姜片吸虫可引起猪少长肉 1 kg,日增重减少 70～310 克,猪姜片吸虫的感染数量少的 20 多条,多的达 1 400 多条,大约 30%的病猪超过 1 000 条。

[诊断]   根据流行病学、临床病症、粪便检查及剖检结果可确诊。剖检可见小肠黏膜脱落呈糜烂状,并可见虫体。

粪便检查用沉淀法或尼龙筛淘洗法。一般用生理盐水直接涂片法,采用 1 次粪检 3 张涂片可达 90%以上;浓集法,轻度感染者可采用沉淀法检查;厚涂片透明法(改良加藤法),每克粪便卵数(EPG)小于 2 000 者为轻度感染,2 000～10 000 为中度感染,大于 10 000 者为重度感染。

[防治]   猪治疗,用敌百虫 100 mg/kg,混于少量精料,早晨空腹饲喂,隔日 1 次,2 次为一疗程;六氯对二甲苯 200 mg/kg;硫双二氯酚 100～200 mg/kg;硝硫氰胺 10 mg/kg;吡喹酮 30～50 mg/kg;辛硫磷 0.12 mL/kg,以上药物均混料饲喂。

每年春、秋季驱虫;对人和猪的粪便发酵处理后或新鲜粪便贮存 8 天后再使用,再作水生植物的肥料;水生植物洗净浸烫或做成青贮饲料后再喂猪;搞好灭螺,初夏季节,中间宿主扁卷螺等迅速繁殖,开始受姜片吸虫毛蚴侵袭,此时采用药物灭螺或池塘养鸭、鲤鱼灭螺。人不生食菱、荸荠、茭白等水生植物,食用前用沸水浸烫。

猪姜片吸虫病主要采取药物驱虫消灭病原,处理粪便避免病原传播,杀灭中间宿主,切断其生活史,防治感染等措施。但各地实施时间并不能相同,因为姜片吸虫的虫卵发育需要较高温度,平均气温福州 4 月下旬达到 20℃时,姜片吸虫的虫卵才能发育,由此推算,福州是在 7 月中下旬猪才开始感染姜片吸虫,而浙江杭州地区因气温关系,猪感染要相应推迟 15～30 天。因此,掌握姜片吸虫的发育规律,作为预防措施的参考是十分重要的。如福建的姜片吸虫旺盛感染季节是在 7～9 月间,因此在姜片吸虫囊蚴未形成之时(福州在 7 月前、闽南在 6 月前)有必要进行一次彻底灭螺,预防感染。灭螺药物用 50 万分之一的硫酸铜、0.1%的生石灰、0.01%茶子饼等都有效果。

十八、肝片吸虫病(*Fascioliasis hepatica*)

该病是由肝片形吸虫(*Fasciola hepatica*)和大片形吸虫(*Fasciola gigantica*)寄生于草食性哺乳动物的肝胆管内,引起牛、羊等动物发生的严重的寄生虫病之一,也将其统称为肝片形吸虫病。

[历史简介]   在 2 000 多年前人们已认识到此虫对家畜的影响,因此,兽医界对此虫很早就进行了广泛研究,Bric(1379)在法国发现羊因吃牧场感染肝吸虫病。又称绵羊肝吸虫病。Linnaeus(1758)对本虫进行描述和鉴定。Cobbold(1855)报道了大片型吸虫。Yamaguti(1958)记载片形属有 6 个种。Leuckart(1883)、Thomas(1883)通过实验阐明了肝片吸虫生活史。

[病原]　肝片吸虫属片形科、片形属。已报道有 9 个种及亚种和变种。成虫呈扁平叶状。新鲜虫体棕灰色,固定后为灰白色。长 20～30 mm,宽 8～10 mm。虫体前部呈圆锥状突起,口吸盘位于突起尖端,突起基部骤然增宽,形似肩样,以后逐渐变窄。腹吸盘位于肩水平线中央。睾丸分支,前后排列。卵巢鹿角状,位于睾丸之前。肠管分支。每条成虫日产卵量为 20 000 个左右。虫卵椭圆形,金黄色,卵膜薄而光滑,一端有不明显的卵盖,卵内有一胚细胞,周围有卵黄细胞。

肝片吸虫包括卵、毛蚴、胞蚴、母雷蚴、子雷蚴、尾蚴、囊蚴、后尾蚴、童虫和成虫等各个生活阶段。成虫在终末宿主胆管内产生虫卵,卵随胆汁进入肠道,而后随粪便排出体外。虫卵在 15～30℃水中,经 9～12 天发育成为含毛蚴虫卵,在 35～50 天内经胞蚴到尾蚴阶段而离开螺体,在水面或植物叶上形成囊蚴(结囊),终末宿主在肝脏表面进入肝脏或经肠壁血管进入肝脏,再穿过肝实质,进入胆管约 4 周发育为成虫。从感染到发育为成虫约需 2～4 个月,成虫在终末宿主体内存活 3～5 年。据调查在宿主体内最长存活期绵羊为 11 年、牛为 9～12 个月、人为 12 年。肝片吸虫染色体核型有 3 个型:二倍体、三倍体和二、三倍体混合型;染色体数 n=10,二倍体是 n=20,三倍体是 n=30,前者为有性生殖型,后者为孤雌生殖型。我国发现的是二倍体型和三倍体型。

[流行病学]　肝片吸虫病流行于全世界,在我国也普遍流行。流行地区与 20 多种中间宿主椎实螺有关,我国已证实有 3 种,即小土蜗椭圆萝卜螺、耳萝卜螺、截口土蜗螺,它们孳生及外界环境条件关系密切,多发生于地势低洼地区、稻田地区和江河流域。肝片吸虫对终末宿主的要求不严格,主要有几十种。传染源主要是草食动物,如牛、羊等数十种哺乳动物,另外还有猪、马、骡、驴、兔、鹿、骆驼等。猪和马属动物的感染率亦不断增高。此外,犬、猫也有感染报道。感染宿主患急性或慢性肝炎和胆管炎,并可因虫体毒素而发生全身中毒,还可发生贫血和营养障碍。肝片吸虫危害相当严重,造成幼畜大批死亡。

传播中最常见的中介植物是水生植物,囊蚴在水及湿草上可存活 3～5 个月;在干草上可存活 1～1.5 个月,虫卵对干燥抵抗力较差,在干燥粪便中停止发育,完全干燥时迅速死亡。喝生水、生食或半生食含肝片形吸虫童虫的牛和羊等的内脏也可感染。肝片形吸虫感染多在夏秋季节,幼虫引起的疾病多在秋末冬初,成虫引起的疾病多见于冬末和春季。

[发病机制]　肝片形吸虫囊蚴经口感染后,在消化液和胆汁的作用下后尾蚴脱落而出,囊虫穿过肠壁,经腹腔侵入肝突质,数周后直接侵入肝内胆管,或淋巴、血液循环进入胆管定居,发育为成虫。囊虫移行和成虫寄生都可对机体产生机械损伤和化学毒害作用,引起肝胆系统的病变。病变的轻重程度与感染的虫数、移行途径、寄生部位及机体的免疫状况等因素有关。

1. 囊虫致病　囊虫在体内窜扰移行可引起局部组织和腹膜的损伤和炎症,随着囊虫的长大,损害作用逐渐明显而广泛,严重者可致纤维蛋白性腹膜炎。侵入肝脏的囊虫以肝细胞为食,可引起肝脏的广泛损伤和炎症,一般表现为损伤性肝炎,也可表现为炎症、坏死、纤维化等渐进性病理改变,甚至出现肝萎缩,若损伤血管可致肝突质梗死和出血性损伤。囊虫移行造成的肝损伤中充满肝细胞残片、嗜中性粒细胞、红细胞、淋巴细胞、嗜酸性粒细胞和巨噬细胞,周围有退变的肝细胞、巨噬细胞、嗜酸性粒细胞和单核细胞浸润。在较久的损伤处逐渐由巨噬细胞和成纤维细胞所取代。在这些肉芽组织中有胆小管增生。此外,肝脏中尚可有未达到胆管的未成熟虫体被包囊在纤维囊中。胆管上皮增生现象在虫体达到胆管前就已出现。Isseroff 等(1977)研究表明,肝片型吸虫可产生大量脯氨酸,感染后 25 天宿主胆汁中脯氨酸浓度增高 4 倍。此时囊虫尚未到达胆管。这说明胆管上皮细胞增生与脯氨酸在胆汁中浓度有关。

2. 成虫致病   成虫寄生肝内胆管,通过机械刺激和毒素过敏作用,可引起胆管炎、胆囊炎、慢性肝炎和贫血等。病理变化以慢性增生性改变为主,表现为胆管上皮增生、管壁增厚等。据测定,胆管中有肝片吸虫成虫寄生时,胆汁中脯氨酸浓度可增高万倍以上。脯氨酸在胆汁中积聚是引起胆管上皮细胞增生的重要原因。

轻度感染时,胆管呈局限性扩大,重感染者则胆管的所有分支均可增厚。从肝表面可见白色条索状结构分布于肝组织中,有时增厚和钙化的胆管可突出于肝表面。再加上结缔组织的增生,使肝表面变得粗糙不平。这种病理变化以肝敷面尤为明显。胆管扩张多因虫体和胆汁阻塞所致。

[临床表现]   该病呈地方性流行,流行地常在放羊且放猪的地方。Dalchow 等(1971)报道了猪吞食水生食物上的囊蚴感染肝片形吸虫病。主要症状为食欲减退,贫血,黄疸,水肿,消瘦。肝片吸虫可寄生于肝脏,但无明显临床症状。徐芳南等(1965)报道,肝片吸虫寄生于牛、羊及人胆管内,有时在猪和牛的肝脏内找到。大片型吸虫对兔、豚鼠和猪可实验感染。

[诊断]   根据患者来自流行区,有喝生水或吃不洁水生植物的流行病学史;长期不规则发热等全身症状,及肝胆系统的症状,伴以嗜酸粒细胞明显增多,且抗生素治疗无效,并能排除其他肝胆疾病后,应考虑到发生本病的可能性,并作进一步病原学检查。

1. 病原诊断   粪便或十二指肠引流液沉淀检查以发现虫卵而确认。虫卵数量少时极易漏检,而肝片吸虫虫卵与姜片虫虫卵近似,易混淆,应注意鉴别。姜片吸虫的卵黄粒均匀分布于卵内部卵黄细胞中,而肝片形吸虫卵黄粒集中于卵黄细胞核周围。此外,成虫与姜片吸虫不同:① 成虫前段有一明显的头锥;② 腹部吸盘较小,不显著;③ 肠支有很多侧支。也可经外科腹部检查或进行胆管手术时若发现肝片形吸虫虫体亦可确诊。肝脏表面见白色条索状隆起及胆管增粗等亦可提示有胆管寄生吸虫存在的可能。

2. 实验诊断   ① 血常规和肝功能检查:急性期多为嗜酸性粒细胞数增加;慢性期 GOT、GPT 活力升高,血沉增快,血清 ALT、AST 活性升高,出现黄疸时血清疸红素明显增多;② 免疫学诊断:常用皮内试验(IDT)、间接血凝试验(IHA)和酶联免疫试验(ELISA)等。

用 ELISA、IHA 和 IFA 等方法检测患者血清中的特异性抗体均有较高的敏感性。由于肝片吸虫与其他吸虫有较多的抗原成分,对阳性的结果应结合临床分析。用纯化的肝片形吸虫抗原和排泄分泌物抗原或提高被测血清的稀释度均有助于提高免疫诊断的特异性。

[防治]   病畜治疗方法如下。

1. 阿苯达唑(抗蠕敏)   为广谱驱虫药,对驱除肝片吸虫成虫有良效,使用剂量为 5～15 mg/kg体重,口服。

2. 硝氯酚(拜耳 9015)   驱除成虫高效,使用剂量为 4～5 mg/kg 体重,口服。

3. 羟氯柳胺　驱成虫高效，使用剂量为 15 mg/kg 体重，口服。

4. 碘醚柳胺　驱成虫和 6～12 周的未成熟肝片吸虫有效，使用剂量为 7.5 mg/kg 体重，口服。

5. 双酰胺氧醚　对 1～6 周龄肝片吸虫高效，但随着虫龄的增长，药效也随之降低。用于治疗急性肝片吸虫病，使用剂量为 7.5 mg/kg 体重，口服。

6. 硫酸二氯酚（别丁）　对驱除成虫有效，但使用后有较强的泻下作用。使用剂量为 80～100 mg/kg 体重，口服。

本病预防主要是发现病者或家畜应及时隔离治疗，从根本上阻断传染源。其次是结合水利消灭中间宿主或饲养水禽灭螺。在流行区要求每年 2 次应用复合药物对人、畜驱虫；粪便集中管理，经生物热处理灭卵后再使用，防止虫卵入水。平时注意不在低洼、潮湿的地区放牧，要经常消毒处理，保持水源、饮水清洁卫生。

十九、胰阔盘吸虫病（*Eurytremiasis*）

该病是由双腔科阔盘属吸虫寄生于动物胰腺，少见于胆管及十二指肠，而引起的营养障碍、腹泻、水肿、消瘦、贫血等慢性症状的寄生虫病。严重感染时可造成动物大批死亡。亦有人体感染的报道，主要是因为人误食了含有本吸虫囊蚴的草螽（如红脊螽、中华草螽）等昆虫而感染，所以本病是一种人兽共患性寄生虫病。

[**历史简介**]　阔盘吸虫于 1889 年发现。Looss（1907）将 *Distoma pancreaticum*（Fauson，1889）和 *Distoma coelomaticum*（Giard.et Billet，1892）从双腔属（*Dicrocoelium*）中分出，定为阔盘属（*Eurytrema*）。Maxwell（1921）报道福建牛中有胰阔盘吸虫和腔阔盘吸虫。徐荫祺（1935）在苏州的牛中检出胰阔盘吸虫病。陈心陶（1937）描述了广州水牛胰阔盘吸虫。浅田顺一（1942）记录了长春的牛和猪的所谓"膵蛭"。金大中及李贵贞等在西南的山羊及家猫的胰脏中发现本属吸虫。Basch（1965）在马来西亚首先找到了第 2 中间宿主螽斯（*Conocephalus maculatus*），完成了胰阔盘吸虫病百年未解的生活史循环。以后苏联、朝鲜也相继报道了近似种的螽斯。HaBHKTO（1937）海参崴发现蟋蟀（*Occanthus ongicaudus* Mosch）为第 2 中间宿主。唐仲璋、唐崇惕（1950）报告了第 1 中间宿主为两种陆地螺蛳，即阔纹蜗牛（*Bradybaena Similaris* Farussec）和中华蜗牛（*Cathaica varida* Sieboldeiana Pfeiffer），并详细描述了虫体在第 1 中间宿主体内发育的过程。1974 年他们在扬州又找到第 2 中间宿主红脊螽斯，在国内首先完成了胰阔盘吸虫生活史的研究。

[**病原**]　胰阔盘吸虫属于双腔科、阔盘属。本属吸虫有 10 个种，我国有胰阔盘吸虫（*E.pancreaticum*）、腔阔盘吸虫（*E.coelomaticum*）、枝睾阔盘吸虫（*E.clastorchis*）、河鹿阔盘吸虫（*E.hydropotes*）、圆睾阔盘吸虫（*E.sphaeriorchis*）、福建阔盘吸虫（*E.fukienensis*）和广州阔盘吸虫（*E.guang Zhouensis*）等，目前已知胰阔盘吸虫为人畜共患吸虫。

胰阔盘吸虫呈棕红色，虫体扁平，较厚，呈长卵圆形，体表有小刺，但到成虫时小刺常已脱落。体长 8～6 mm，宽 5～5.8 mm。口吸盘较腹吸盘大，咽小，食道短。睾丸 2 个，圆形或略分叶，左右排列在腹吸盘水平线的稍后方，雄基囊呈长管状，位于腹吸盘前方和肠管分支之间。生殖孔开口于肠管分叉处的后方。卵巢分叶 3～6 瓣，位于睾丸之后，虫体中线附近，受精囊呈圆形，在卵巢附近。子宫弯曲，充满虫卵。卵黄腺呈颗粒状，位于虫体中部两侧。

成虫寄生终宿主胰脏的胰管内，产的卵随动物粪便排出体外。成熟卵深褐色，呈两端钝圆的椭圆形，大小为 0.034～0.047×0.026～0.034 mm，卵内含有 1 个椭圆形毛蚴，毛蚴不需要从卵中卿出，即和虫卵一起在外界被第 1 中间宿主蜗牛吞食而感染。

毛蚴体长 0.032 mm，宽 0.028 mm，体前端有 1 个可伸缩的锥刺，长约占虫体的四分之一，位神经团前部，毛蚴体表有两列纤毛板，焰细胞分列在体两侧，其后有两个圆形或椭圆形的排泄囊，内含许多颗粒，排泄囊在显微镜下明显可见毛蚴至螺体后破壳而出，经母孢蚴、子孢蚴两个阶段的发育，在寒冷地带一般需 400～445 天。

母孢蚴是由毛蚴发育而来的，毛蚴在螺体内先是脱掉锥刺和纤毛，而后在体末端形成生殖细胞，7～16 天生殖细胞增加至 8～9 个，进一步发育逐渐在体内形成许多隔，至 3 个月母孢蚴已经是多瓣的囊体了，囊内有许多子孢蚴体胚，1 个母孢蚴体内含子孢蚴 100 多个。

子孢蚴开始是个椭圆形胚体，有很厚的壁，体透明，直径 0.066～0.120 mm，两侧各有 1 个排泄孔，当子孢蚴长大时空隙中积累了许多颗粒状物，以后逐渐伸长，至 118 天子孢蚴前端发育成较细的吻突，这在母孢蚴破裂时用以穿入宿主组织吸取营养的，完全成熟的子孢蚴移入螺的气室内，大小为 6.9～0.7×0.7～1.0 mm。

第 2 中间宿主感染是吞食了从陆地螺呼吸孔中排出的子孢蚴，子孢蚴黏团入螽斯体后，只经过 23～30 天的发育，尾蚴即从子孢蚴中解出，发育到囊蚴。阔盘属吸虫尾蚴为短尾类，呈扁平的椭圆形，体长 0.23～0.37 mm，宽 0.112～0.140 mm。后端小尾巴圆形，内含 13～15 个细胞。尾蚴体表光滑，尾球后缘有硬毛 10 余根，口吸盘位于顶端，直径为 0.049～0.05 mm，腹吸盘比口吸盘略大，直径 0.05～0.06 mm，中央穿刺腺 4 对，侧穿刺腺 5 对，分布腹吸盘两旁，开口于锥刺基部。

囊蚴是由尾蚴发育形成的，第 2 中间宿主螽斯感染 1.5 小时尾蚴在胃中脱去尾巴，而后穿过胃壁到昆虫的血腔中形成囊蚴，它们绝大部分是到腹部的血腔中，也有少数到脚部等其他腔的间隙中。囊蚴外表成囊状，虫体皱缩或弯曲在囊中。成熟囊蚴达 0.327～0.399×0.254～0.310 mm，正椭圆形。囊内蚴虫随着囊的增大而逐渐发育完善。

终宿主感染是在牧场上吃草时，把含有囊蚴的尾蚴吃下。囊蚴到牛羊体内，一般需 80～100 天发育为成虫。整个发育周期，从卵经毛蚴、母孢蚴、子孢蚴、尾蚴、囊蚴到成虫，寒冷地区一共需要 500～560 天，越冬两次。

国内发现能传播腹吸虫的蜗牛有阔纹蜗牛（同型巴蜗牛）、中华蜗牛（中华蜗牛）、丽光蜗牛（弧形小丽螺）（*Ganesella stearnsii*）、*G. japonica*、*G. myomphala*、*G. arcasiana* 和枝小丽螺（*Canesella virgo*）。国外报道贝类宿主尚有 *Bradybacna arcasiana*、*B. dickmanni*、*B. fragilis*、*B. selskii*、*B. middendorffi*、*B. maacki*、*B. lantzi*、*Gathaieca plectolropis*（以上分布于苏联）、*Acusta despecta*（分布于朝鲜）。

尾蚴宿主有中华草螽 *Conocephalus chinensis*、*C. maculatus*（分布于马来西亚和朝鲜）、*G. gladistu*（在朝鲜）、*G. fuscus*、*C. percaudatus*、*Platycleis intermedia*、*Occanthus langicaudus*（以上分布于苏联）。

[流行病学]　我国牛羊感染胰阔盘吸虫病较多的省有福建、江西、江苏、河北、贵州、陕西、内蒙古和吉林等。感染率福州南郊两个乳牛场 66.67%，福建泉州耕牛 18.06%～14.7%；吉林双辽种羊场 1980 年检查 5 069 只羊，检出胰吸虫羊 1 896 只，感染率 37.4%，红星种羊场高达 84.2%，最高为内蒙古科右前旗 1 个牧场感染率达 90% 以上。感染强度 1 只羊体内寄生虫最多 1 502 条，整个胰脏的所有胰管几乎都像口袋似的充满虫体，羊只下颌水肿、体况消瘦，5 岁成年羊体重仅 31 kg；另 1 只羊寄生虫体重量 23 g，占胰脏重量的 45%。剖检 105 只羊，平均感染强度 235 条，危害比较严重。

成虫在终宿主绵羊体内寄生可达 7 年以上，并随粪便经常排出大量的虫卵，遇到草原有蜗牛存在虫体就会发育繁殖起来，因为螽斯是到处都有的。

蜗牛多滋生在丘陵间的低洼草甸和草丛中，并经常爬到草茎、草叶和自然形成的"塔头"上。雨后和早晨草上的蜗牛明显增多，蜗牛分布密度一平方米可达十几个。我国北方一般 4～5 月份出现，10～11 月份开始冬眠；南方随着气温的增高出没时间也相应地拉长，炎热地区蜗牛尚需进行夏眠一段时间再继续发育，螽斯 5～6 月份出现，成虫 10～11 月份消失。胰阔盘吸虫幼虫在贝类宿主体内发育时间较长，而我国北方有的地方蜗牛生活时间较短，幼虫在蜗牛体内当年发育不到成熟阶段，需到次年 4～5 月份复苏后才能继续发育，同时还要经过螽斯体内发育一个月左右，因此，终宿主感染时间多在 8～9 月份进行，炎热地区感染季节可以提前和推后相当长时间。

[发病机制]　虫体寄生胰管中，刺激管壁引起慢性增生性炎症，镜下可见淋巴细胞、嗜酸性粒细胞和异型细胞等聚集。胰组织被增生的结缔组织所破坏，功能降低。

大量感染时，所有胰管都明显地扩张，像口袋似的充满虫体，压迫周围组织，使胰腺萎缩，消化液分泌不足，产生消化不良。胰岛萎缩，胰岛素分泌减少，引起糖代谢紊乱，加之虫体吸食宿主血液，造成动物贫血、营养不良、水肿和消瘦等。

寄生虫体少时动物临床症状不明显，虫体多时破坏胰岛呈现全身症状，开始表现消化不良，粪便时干时稀，并逐渐消瘦贫血，下颌和腹下浮肿，严重时病畜呈衰弱状态，颈部、腹部浮肿加剧，并排出带黏液性粪便。全身消瘦，被毛粗糙，行动迟缓，末期则陷于恶病质死亡。

剖检可见胰脏表面凸凹不平，色泽不均。整个胰脏由粉红色逐渐变灰白色，胰管内如大量虫体寄生，引起管壁肥厚，管腔增大，使原来不太明显的胰管呈树枝状。胰管内经常有灰绿色不太坚硬的结石，内含大量虫卵，胰管黏膜不平，有大量弥散性小结节和出血点。

组织学检查可见黏膜上皮破坏，发生渐进性坏死病变，胰腺小叶结构和机能发生紊乱，胰岛细胞由胰管扩张压迫呈萎缩状态。

[临床表现]　未见有猪临床症状报道。浅田顺一（1942）记录了长春猪的所谓"膵蛭"。但历来资料和寄生虫病学都提及胰阔盘吸虫寄生于牛、羊、猪、骆驼、人的胰脏（胰管）中，也有报道成虫可寄生于人、犬、熊、狐、猪的胆管及十二指肠，猪可能与人相似，属于偶发，而临床症状未给予关注。

[诊断]　临床没有特异症状，必须经过粪便检查发现虫卵才能确诊，并结合症状判定

之。这里需要注意的是动物体内有胰吸虫卵不一定发病,感染胰吸虫的和患胰吸虫病的要加以区别。

粪便检查用改进的水洗沉淀法,直肠取粪 3～5 g,放入 300 mL 烧杯内,先加少量水捣碎。然后经 100 目纱网过滤到另一烧杯内,边过滤边用清水冲洗纱网。依次再用 200 目和 250 目两种纱网过滤,水洗沉淀 4～5 次,每次 15～10 分钟,直到上清液完全和清水一样为止。镜检全部沉渣,寻找虫卵。

虫卵正椭圆形,深褐色,长(0.048±0.000 5)mm,宽(0.032±0.000 4)mm。刚排出的卵内已经含有发育成熟的毛蚴,毛蚴呈梨形,锥刺细长,神经团横方形,位于毛蚴中部稍前方。排泄囊椭圆形,边缘整齐,对称地分布于毛蚴后部两侧。未成熟卵较小,卵内无成熟毛蚴,颜色也随未成熟的程度而由淡黄色逐渐变为灰白色。

胰阔盘吸虫卵与双腔吸虫卵很相似,其区别点是胰阔盘吸虫卵较大,为(0.048±0.000 5)mm×(0.032±0.000 4)mm,形状为两端钝圆的正椭圆形,深褐色,毛蚴锥刺细长,神经团方形,排泄囊内颗粒大;双腔吸虫卵小,为(0.042±0.000 4)mm×(0.026±0.000 4)mm,形状为一端钝圆,一端较尖椭圆形,黄褐色,毛蚴锥刺短,神经团三角形,排泄囊内顺粒小。

[防治]　当前治疗绵羊胰阔盘吸虫比较理想的药物为吡喹酮,绵羊口服剂量每千克体重 80 mg,疗效可达 100%。

防治可采用治疗病羊、杀灭中间宿主、划区放牧和培育无胰吸虫病羊 4 项综合技术措施进行。

有关免疫问题研究得很少。据林统民报道,胰阔盘吸虫有异种免疫嗜异性自愈现象,已经寄生枝睾阔盘吸虫和胰阔盘吸虫的牛,感染腔阔盘吸虫囊蚴后出现自动排虫现象,而剖检牛原来寄生的枝睾阔盘吸虫和胰阔盘吸虫已排尽,但却重新感染了腔阔盘吸虫。

二十、猪囊尾蚴病(*Cysticercosis cellulosae*)

该病是由寄生于人体小肠内有钩绦虫(又名猪肉绦虫、猪带绦虫、链状带绦虫)的幼虫(猪囊尾蚴)寄生于猪和人等动物的肌肉组织和其他器官所引起的寄生虫病,俗称囊虫病;患此病猪的猪肉,俗称"豆猪肉"或"米猪肉",因误食猪有钩绦虫虫卵而感染,也可因体内有猪有钩绦虫而自身感染。猪囊尾蚴在人体寄生的部位很广泛,肌肉、皮下组织、脑、眼、心、舌、肺等处都可见到囊虫寄生。

[历史简介]　猪有钩绦虫(猪带绦虫、猪肉绦虫)的幼虫(囊尾蚴)很早就有记载。Gesner(1550)、Rumler(1558)、Werner(1787)观察到猪囊尾蚴感染人,并发现人体内猪肉绦虫幼虫。Linneaus(1758)鉴定并定名。Kuchemeister(1855)和 Leuchart(1856)分别以饲养方法用猪肉绦虫的孕节感染猪,实验证明了猪囊尾蚴与人体成虫的关系,获得绦虫链体期。给人吃猪囊尾蚴后,在其肠中获得链状带绦虫,阐明了生活史。Cadigan(1967)以猪囊尾蚴感染白手长臂猿与大狒狒获得成功。我国绦虫研究起步较晚,胡氏(HU.C.K)和柯氏(Khaw.O.K)于 1927 年开始人体猪囊尾蚴研究。

[病原]　有钩带绦虫属于带科、带属,寄生于人的小肠内。虫体长 25 m,宽 5 mm,扁平

带状,由近千个节片构成,分为头节、颈节和链体3部分。头节粟粒大,呈圆球形,有4个吸盘和1个顶实。顶实在头节的顶端,具有角质小钩,排成大小相同的两圈,计25～30枚。头节下为颈节,细长狭小,下接链体,有节片700～1000个。每个节片边缘各有1个生殖孔,不规则地排列于链体两侧。每个节片具有雌雄生殖器官各一套。睾丸呈滤泡状,约150～200个,分布在节片两侧,输精管横行,经阴茎囊开口于节片一侧的生殖腔。卵巢分3叶,位于节片中后部,两侧叶大,中间一叶较小,位于阴道和子宫之间,卵巢之后为卵黄腺。阴道在输精管后方开口于节片一侧的生殖腔。孕节为长方形,其中除充满虫卵的子宫外,其他器官均退化。子宫有侧支7～12对。每个孕节中约含有4万个虫卵。虫卵呈球形或近似球形,卵壳薄而无色透明,内为胚膜。当虫卵自孕节脱落后,卵壳极易脱落,成为不完整虫卵。胚膜厚而坚固,棕黄色,内为胚膜。光镜下呈现放射状条纹,内含有3对小钩的球形幼虫,称为六钩蚴。卵在宿主胃肠内发育成六钩蚴,再变成一充满液体囊泡,2～3个月后形成头节。囊尾蚴在猪体内发育时间为60～270天,在中间宿主体内的寿命为3～10年,少数长达20年以上。虫体死亡后发生纤维化和钙化。囊尾蚴呈囊状,故又称猪囊虫,成熟的猪囊虫呈椭圆形,长8～18mm,宽5mm,呈白色半透明状,内有白色头节1个,上有4个吸盘和有小钩的顶实。囊尾蚴的大小与形态因寄生部位、营养条件和组织反应的差异而不同,在疏松组织与脑室中多呈圆形,约5～8mm;在肌肉中略长;在脑底部可大至2.5mm,并可分支或呈葡萄样,称葡萄状囊尾蚴。猪囊尾蚴染色体DNA GC含量为31%,AT含量为69%。

虫卵在外界存活时间较长,4℃下能存活1年,零下30℃下也能存活3～4个月,37℃时存活7天左右。虫卵的抵抗力也强,70%乙醇、3%煤粉皂溶液以及食醋都无法将其杀死,只有2%碘酒和100℃高温可将其杀死。

谷宗藩(1955)试验证明,猪囊尾蚴经加热到51℃保持10分钟,54℃保持1分钟后在胆汁中经9小时,头节不伸出,焰细胞也不活动。对22.5～36.5g肉块加热,肉块中心温度54℃,5分钟后,经胆汁试验,囊尾蚴不表现任何生活能力;把140g肉块置于沸腾的生理盐水(101℃)中10分钟,肉块内的囊尾蚴全部死亡。

[流行病学] 猪带绦虫在全世界分布广泛,但主要流行于发展国家。人为猪带绦虫的唯一终末宿主,成虫寄生于人体的小肠内,使得人体患绦虫病,是唯一传染源。猪囊尾蚴主要是猪与人之间循环感染,唯一感染来源是猪带绦虫的患者,他们每天向外排出孕节和卵,而且可持续20余年,这使得猪群长期处在威胁之中。猪体囊虫是人体绦虫的传染源,相互之间互为因果广为传播。中间宿主为猪和野猪,但人也可以作为其中间宿主。据调查猪带绦虫病人伴有囊虫病率高达14.9%～51.8%。其幼虫寄生于人体横纹肌、心、脑、眼等器官,使人患囊尾蚴病,但人体猪囊尾蚴在流行病学上不起传播作用。其他中间宿主有犬、猫、骆驼等,也曾见羊、牛、马、狗熊、猴等。

流行因素与人们的个人卫生、饮食、烹调习惯和饲养猪的方式有关。人感染囊尾蚴病的方法有:异体感染,又称外源性感染,是由于食入了被虫卵污染的食物而感染;自体感染是因体内有猪带绦虫寄生而发生的囊尾蚴感染。若患者食入自己排出的粪便中的虫卵而造成的感染;若因患者恶心、呕吐引起肠管逆蠕动,使肠内容物中的孕节返入胃和十二指肠中,绦虫卵经过消化孵化六钩蚴而造成感染,称为自身体内感染。自身体内感染往往最为严重。据调查自体感染只占30%～40%,因此异体感染还是主要感染方式,所以从未吃过"米猪肉"的人也可感染囊尾蚴病。人食入猪带绦虫后,卵在胃中或小肠中经过消化液作用,六钩蚴脱囊而出,穿破肠壁血管,随着血液散布全身,经9～10周发育成囊尾蚴。

用未经处理的人粪施肥或随地大便都会造成孕节或虫卵污染环境。人极易因误食虫卵而导致感染猪囊尾蚴。猪的饲养方式不当,如农村将猪散放户外,任其在户外自由觅食,某些居民不习惯使用厕所和有随地大小便的不良行为,或人厕直接建造于猪圈之上,猪群容易吞食人的粪便,这是造成囊尾蚴病的主要原因。此外,猪囊尾蚴感染与人群绦虫病感染率高低有一定关系。据报道,6%～25%猪带绦虫病患者伴有囊尾蚴病;而囊尾蚴患者中,约55.6%伴有猪带绦虫寄生。马云祥等(1990)在该病的流行病学调查中发现,猪体囊虫病感染率较高的乡村,绦虫病及人体囊虫病的发生率也高,故而提出3者呈平行消长趋势,显示了绦虫、宿主、自然环境和社会因素间矛盾统一的动态。该病在人与猪之间相互传播,形成恶性循环,相互间传播又受多种因素影响(图-42,图-43)。

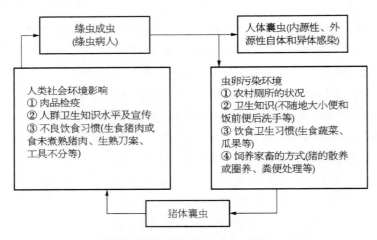

图-42 影响绦虫种群数量的人文、社会环境因素

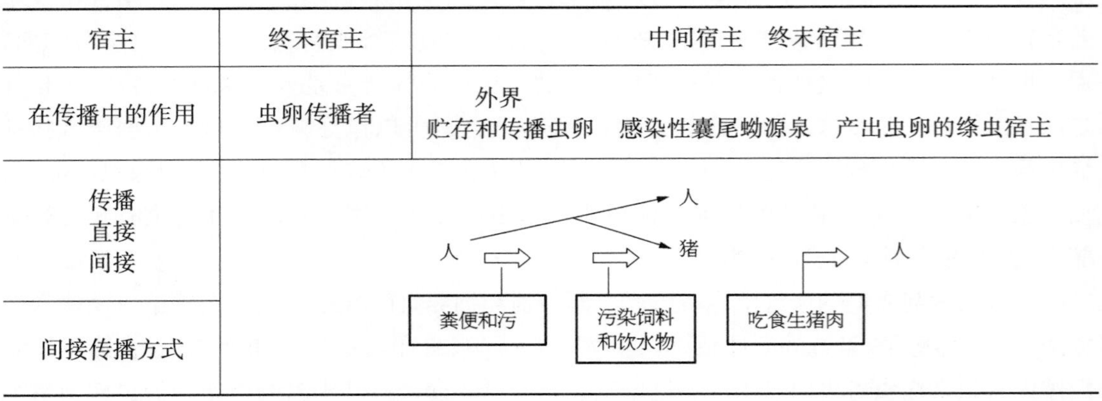

宿主	终末宿主	中间宿主　终末宿主		
在传播中的作用	虫卵传播者	外界 贮存和传播虫卵	感染性囊尾蚴源泉	产出虫卵的绦虫宿主
传播 直接 间接		人 ⇨ 污染饲料和饮水物 ⇨ 人 粪便和污	吃食生猪肉 ⇨ 人	
间接传播方式		粪便和污	污染饲料和饮水物	吃食生猪肉

图-43 猪带绦虫的传播方式(Pawxowski, 1992)

[发病机制]　猪囊尾蚴寄生于机体的部位很广,常见为肌肉、皮下、眼、脑,其次为心、舌、喉、口、肺、上唇、乳房、脊髓及椎管等处。囊尾蚴寄生于人体引起的病理损害远较成虫为重。六钩蚴周围有大量巨噬细胞和嗜酸性粒细胞浸润,大部分六钩蚴遭杀灭,仅少量得以生存并发育成囊尾蚴。

囊尾蚴病引起机体病理变化的主要原因是虫体机械性刺激和毒素作用所致。囊尾蚴在组织内占据一定体积,是一种占位性病变,破坏局部组织;感染严重者,囊尾蚴群集,破坏组织也更严重;此外,囊尾蚴对周围组织有压迫作用,或对有腔系统产生梗阻性变化;再者,囊尾蚴的代谢物或毒素作用,常引起局部组织反应。囊尾蚴对机体可引起程度不等的血中嗜酸性粒细胞增高,产生相应的特异性抗体。患者在感染绦虫卵后可产生一定免疫力,血清及脑脊液中可检测到特异性抗体,主要是免疫球蛋白的 IgG,一些患者还可检测到 IgM、IgE 和 IgA。猪囊尾蚴在人体组织有较长的存活期,可存活 3～10 年之久,甚至 15～17 年。囊尾蚴产生的病理变化,必然引起相应的临床症状。猪囊尾蚴在机体内引起的病理变化过程有 3 个阶段:① 激惹组织产生细胞浸润,病灶附近有中性、嗜酸性粒细胞、淋巴细胞、浆细胞及巨噬细胞等浸润;② 发生结缔组织样变化,胞膜坏死及干酪性病变等;③ 出现钙化现象,囊尾蚴常被宿主组织所形成的包囊所包绕。囊壁的结构与周围组织的改变因囊尾蚴不同寄生部位、时间长短及囊尾蚴是否存活而不同。包囊通常分两层:内层为玻璃样变性,外层为细胞浸润,两层之间有明显分界。囊尾蚴周围脑组织的反应包括 4 层,自内向外依次为细胞层、胶原纤维层、炎性细胞层及神经组织层。脑组织不仅在囊尾蚴周围有所改变,而且在它稍远处也有弥漫性的改变,并有水肿、血管增生及血管周围浸润的现象。肌肉内和脑部的囊尾蚴死亡后均可产生钙化。如囊尾蚴较少,寄生于皮下或肌肉内,可无任何自觉症状,常被患者所忽略。寄生于脑部或眼内的囊尾蚴可引起严重后果,甚至造成死亡。

囊尾蚴抗原可诱发机体产生体液和细胞免疫应答。

Garcca 等发现猪在感染 1 周后,先出现特异性 IgM,6～9 周后其水平开始下降,特异性 IgG 水平开始升高,但两者针对的抗原不同。IgG_4 是 IgG 抗体的亚类,从感染到康复其水平会出现由低到高、又由高到低的变化。Yang(1999)等证实 IgG_4 在脑囊尾蚴病患者的抗感染免疫中起重要作用。田莉宁等(1999)报道治疗前 IgG 与 IgG_4 的阳性检出率几乎相等,而 4 个疗程后 IgG_4 的检出率明显低于 IgG;感染越重,IgG_4 水平越高;随病情减轻,IgG_4 水平降低。IgE 水平在血清或脑积液中浓度虽低,但在脑囊尾蚴病的发病机制中起重要作用,故应作脑脊液免疫学检查。

细胞免疫是寄生虫病免疫的一种重要形式。在囊尾蚴感染早期,其周围即开始出现炎症反应,上皮样细胞增多,淋巴细胞和嗜酸性粒细胞浸润。随后在囊尾蚴周围形成胶原外囊及少量淋巴细胞浸润,从而提示淋巴细胞、嗜酸性粒细胞等参与抗囊尾蚴的免疫应答。囊虫病患者皮下结节有时会自然消失,被认为是患者免疫系统,特别是细胞免疫作用的结果。

细胞因子在囊尾蚴病发病过程中的作用已有报道。囊尾蚴病患者外周血单个核细胞

(PBMCs)体外诱生 IL-Ⅰ及 IFN-γ 能力降低,使细胞免疫功能低下,免疫保护作用减弱。患者血中可溶性 IL-2R、IL-8 水平升高;PBMC 产生 TNF 水平也高于正常,INF 升高与囊尾蚴寄生部位单核-巨噬细胞浸润、囊尾蚴诱导单核-巨噬细胞产生过量 TNF 有关。IL-6 和 IL-8 水平升高是由于囊尾蚴寄生诱导免疫保护作用的结果,可增强杀伤性 T 细胞、NK 细胞、多形核白细胞及单核-巨噬细胞等的增殖分化及杀伤效应。

一氧化氮(NO)是一种免疫介质,由巨噬细胞产生,有杀虫作用。猪肉绦虫中绦期产生的中绦因子可抑制各种细胞因子的产生,使宿主 IL-Ⅰ、TNF-α 等分泌减少,抑制免疫效应细胞的活性,使效应介质 NO 减少。陈传等(2000)证实脑囊尾蚴病人血清中 NO 水平低于正常,表明免疫功能受抑制,从而使囊尾蚴逃避免疫系统的杀灭。

[临床表现] 猪是中间宿主,猪囊尾蚴寄生于猪体,引起猪囊尾蚴病。猪吞食的虫卵或孕节在胃肠消化液作用下,六钩蚴破溃而出,借助小钩以及六钩蚴分泌物的作用在 1~2 天内钻入肠壁,进入淋巴管及血管内,随血流带到猪体的各组织部位;在到达肌肉组织(有时也能在各器官组织)以后,就停留下来开始发育。在初期由于六钩蚴在猪体内移行,引起组织损伤,有一定致病作用;停留后体积增大,逐步形成一个充满液体的囊包体,囊壁是一层薄膜,壁上有一个圆形黍粒大乳白色小结,只是猪囊尾蚴外形较椭圆无角光滑,头节上有四个圆形吸盘,最前端的顶突上带有许多个角质小钩,分两圈排列。20 天后囊出现凹陷,2 个月后囊尾蚴即已成熟,有感染力。马云祥(1992)报道猪囊尾蚴可在猪的肝脏寄生。李宝华(2008)报道,猪带绦虫实验感染猪后,感染后 20 天囊尾蚴出现在肝脏,40 天在骨骼肌和脑组织等部位逐步可见囊尾蚴,120~150 天肝中猪囊尾蚴会逐渐死亡或钙化。因幼虫寄居部分不同,其症状不同。一般性患猪本身不出现症状,轻度感染猪一般无明显症状,重度感染时出现营养不良、生长迟缓、贫血、水肿症状。寄生于眼,眼皮有结节,发生眼球变位,视力障碍,失眠。寄生于脑引发神经症状,还会破坏大脑的完整性,而降低机体的防御能力。脑部病变,发展严重时会出现癫痫,急性脑炎等症状,会使患畜死亡。寄生于舌根部有半透明的水泡囊。寄生于肌肉,出现椭圆形半透明包囊,俗称"米猪肉"。呈现肌肉外张或臀部不正常。极严重感染的猪肩胛部增宽,后臀部隆起,身体呈现葫芦形,病猪不愿走动。肺和喉头寄生囊尾蚴猪可出现呼吸、吞咽困难和声音嘶哑。严重感染猪囊尾蚴的猪肉,呈苍白色易湿润。

主要病变是肉眼可见囊虫寄生于舌肌、腹肌、肩腰肌、腿内侧肌及心肌。严重时,遍布于肌肉以及眼、肝、脾、肺、脑甚至脂肪及淋巴结中。在初期囊尾蚴外部被细胞浸润,继而发生纤维性变,约半年后囊虫死亡,逐渐钙化。

国内外学者在猪体的感染实验中发现,重复多次大量绦虫卵感染,猪体囊尾蚴并非无限增加,相反加速囊尾蚴的退变、钙化和吸收。抗囊尾蚴感染免疫具有以下特点:① 囊尾蚴抗原可诱发机体免疫力,包括体液免疫和细胞免疫;② 抗体和补体的联合作用只对六钩蚴或早期囊尾蚴有损伤作用,随囊壁的形成,其作用逐渐减弱;③ 患囊虫病时,宿主血液中嗜酸性粒细胞浸润,此可能是杀伤囊尾蚴的主要效应细胞。

[诊断] 猪生前临床诊断较为困难,主要是免疫学诊断。一般在宰后经肉眼发现囊虫

而确诊。但只有猪较严重感染时才观察到，可采用"听、看、查"方法进行生前检查。听：听异常声音，病猪呼吸粗糙，嘶哑，伴有呼噜声。看：看体温，食欲正常；体型呈"葫芦型"或"雄狮型"，前后明显不对称；眼球稍突出，活动差，迟钝，脸、腮腺增大，腮部松软。查：舌面、舌尖、舌两侧及根部有米粒大至黄豆大、白色、透明的凸起硬结（小水疱囊），眼也检查到。宰后检查可从肌肉中发现囊虫。

［鉴别诊断］　脑囊尾蚴病临床表现复杂多样，有时应注意与病毒性脑炎、散发性脑炎、脑脓肿、结核性脑膜炎、脑包虫病、脑型血吸虫病、脑型并殖吸虫病、弓形虫性脑病、脑阿米巴病、脑梗死、脑血栓形成、脑血管畸形、结节性硬化、脑胶质瘤、脑病及脑转移瘤等相鉴别。

［防治］　采用"驱、检、管、灭"综合措施。

加强饲料和卫生管理，改变猪散养习惯，实施圈养，修建卫生厕所，避免猪吃人粪，人猪粪便进行无害化处理，杀灭虫卵，切断中间环节，切断猪的感染途径。人禁止吃生的或半生的猪肉，对绦虫病要进行驱虫治疗，以消灭传染源。加强城乡肉品检验，杜绝米猪肉上市并烧毁。对猪囊虫病发生地区应逐户普查，绦虫病患者或患猪应及时进行驱虫治疗；人应以驱虫完整绦虫虫体并有头节方为驱虫成功。治疗人的绦虫病对于防止人、猪的疾病传播有着密切联系，首先是防止自体感染囊尾蚴病，其次是人若无绦虫病，切断传染源，猪就不会感染囊尾蚴。

猪囊尾蚴防治通常用吡喹酮 50 mg/kg 体重，口服或配制成 20% 悬液肌肉注射，1 日 1 次，连用 3～5 天，或 200 mg/kg 体重，1 次口服丙硫苯咪唑 60～65 mg/kg 体重，配制成 6% 悬液肌肉注射，或 20 mg/kg 体重，口服，每隔 24 小时喂服 1 次，共服用 3 次。

猪带绦虫病（*Taeniasis solium*）猪带绦虫病是由猪带绦虫又称猪肉绦虫、有沟绦虫、链状带绦虫成虫寄生在人体小肠内引起的一种绦虫病。猪带绦虫是一种寄生在人体的大型绦虫，也是我国主要的人体寄生绦虫。

猪带绦虫寄生于人和猪，野猪、犬、猪、羊也可称为中间宿主。人可作为本虫中间宿主，即囊尾蚴寄生于人体，如果肠内有成虫，同时身体其他部位又有囊尾蚴寄生，那么同一个人既是猪带绦虫的终末宿主，同时又是中间宿主。

在自然条件下人是猪带绦虫的唯一终宿主。有人以猪囊尾蚴感染长臂猿和狒狒获得成功。成虫寄生于人的小肠，头节深埋于肠黏膜内，孕节常单独地或 5～6 节相连从链体脱落，随粪便排出体外，其活动力较牛带绦虫为差。脱离虫体的孕节片，由于子宫膨胀可自正中纵浅破裂，虫卵被散出。虫卵或孕节片污染了食物或地面，被猪等中间宿主（也可被野猪、羊、犬、熊、猴等其他动物）吞食后，虫卵经胃液和十二指肠液消化作用，24～72 小时后胚膜破裂，六钩蚴逸出。由于小钩蚴的活动及六钩蚴液分泌物的作用，六钩蚴钻入肠壁，经血液循环或淋巴系统而达宿主身体的各部位。到达寄生部位后，经过发育逐渐长大，中间细胞溶解形成空腔，并充满液体。60 天后头节上出现小钩和吸盘，并逐渐发育成为囊尾蚴。马云祥等（1991）实验研究发现猪囊尾蚴的发育，与感染虫卵的数量和时间有密切关系，猪一次性大量虫卵感染后，可出现囊尾蚴发育成熟时间不齐，有滞育现象，成熟时间长者可达到 9 个月以上。机体内环境发生变化时，未成熟的囊尾蚴可继续发育成熟，囊尾蚴在猪体生长的时间越长，囊泡越大；囊尾蚴的密度越大，囊泡越小，成熟程度越差。人若吃了生的或未经煮熟含有囊尾蚴的猪肉后，囊尾蚴经胃液和十二指肠液的作用，头节即翻出，以吸盘和头钩附着在肠黏膜上进行发育，经 2～3 个月后，虫体发育成熟，孕节片开始由链体脱落排出宿主体外。成虫在人体可存活 25 年以上。虫体本身多不引起病变，或仅在附着处导致小损伤，但能干扰小肠运动，导致消化道症状。多条虫感染者，虫体扭成团，可造成肠梗阻等。

实验证明，感染猪肉绦虫后，宿主免疫系统对成虫有排斥或抑制生长的作用。患者血中嗜酸性粒细胞增多，IgE 水平升高，IgG 水平亦升高，补体降低，表明细胞核体液免疫均参与其免疫病理过程。

猪带绦虫病人常有猪囊尾蚴病症状。猪带绦虫病诊断、防治可参见猪囊尾蚴病。

二十一、细颈囊尾蚴病(*Cysticercus tenuicollis*)

该病是由泡状带绦虫的幼虫（细颈囊尾蚴）所引起的疾病。幼虫寄生于黄牛、绵羊、山羊、猪等多种家畜和野生动物的肝脏、浆膜、网膜及肠系膜等处，严重感染时还可进入胸腔，寄生于肺脏而引起的一种绦虫蚴病。

[历史简介]　Pallas(1766)从犬体内发现泡状带绦虫。Rudolphi(1810)从动物体中发现泡状带绦虫幼虫，称为细颈囊尾蚴。Ludwing(1886)将其归类于带科带属。Khobdakevich(1938)提出人可作为该虫的中间宿主。Gemmell 和 Lawson(1985,1990)试验发现苍蝇可作为虫卵传播媒介。

[病原]　泡状带绦虫属于带科带属。成虫是一种大型虫体，寄生于犬、狼等食肉动物的小肠中。由 250～500 个节片组成，体长 1.5～2 m，有的可长达 5 m，宽 8～10 mm，颜色为黄色。头节稍宽于颈节，顶突有 30～40 个小钩排成两列；前部的节片宽而短，向后逐渐加长，孕节的长度大于宽度。孕节子宫每侧有 5～10 个粗大分支，每支又有小分支，全部被虫卵充满。虫卵近似椭圆形，大小为 38～30 μm，内含六钩蚴。

中绦期即为细颈囊尾蚴（幼虫），俗称水铃铛，呈囊泡状，囊壁乳白色，泡内充满透明液体，囊体为黄豆大到鸡蛋大。囊壁分两层，内层可看到囊壁上有一个不透明的乳白色结节，即其颈部及内凹的头节所在。如果使小结的内凹翻转出来，能见到一个相当细长的颈部与其游离端的头节。由于蚴虫有一个细长的颈部，故称为细颈囊尾蚴。虫体寄生在宿主体内各脏器中的囊体，虫体外还有一层由宿主组织反应产生的厚膜包围，形成外层，外层厚而坚韧，不透明，从外观上常易与棘球蚴相混。细颈囊尾蚴染色体 DNA 的碱基组成：GC 含量为38.3％，AT 含量为 61.7％。

生活史泡状带绦虫（成虫）寄生在犬、狼、狐狸的小肠内，鼬、北极熊甚至家猫也可作为终宿主。当终宿主吞食有细颈囊尾蚴的脏器后，它们即在小肠内经 52～78 天发育为成虫。孕节随终宿主的粪便被排出体外，孕节及其破裂后散出的虫卵污染牧草、饲料和饮水，被猪、牛、羊、鹿、骆驼及多种野生动物中间宿主吞食，则在消化道内逸出的六钩蚴即钻入肠壁血管,随血流到肝实质,以后逐渐移行到肝脏表面,有些进入腹腔寄生于大网膜、肠系膜或腹腔的其他部位发育,当体积增至尚未超过 8.5×5 cm 时,头节未能形成。头节一般要经过 3 个月多的时间充分发育即囊体成熟,而具有感染性,亦有进入胸腔者。此时,囊体的直径可达 5 cm 或更长,囊内充满着液体。以此循环。

[流行病学] 本虫在世界上分布很广,凡养犬的地方,一般都会有家畜感染细颈囊尾蚴。据调查报告,我国的犬感染泡状带绦虫遍及全国。犬是重要传染源;据全国的统计,家畜感染细颈囊尾蚴一般以猪最普遍,感染率为 50%,个别地区高达 70%;绵羊则以牧区感染较重;黄牛、水牛受感的较少见,在四川有牦牛感染的记录。此外,还有鹿、骆驼、兔、马、绵羊、山羊、鸡、鸭,偶尔野猪及一些啮齿动物亦被寄生;人罕见。感染犬排出的粪污染环境,虫卵再感染猪等。犬的这种感染方式和这种形式的循环,在我国不少农村很常见,对幼畜致病力强,尤其以仔猪、羔羊、犊牛为甚。林富林(1983)检查万县肥猪 2 996 头,感染猪 1 894 头,感染率为 63.22%,共检出细颈囊尾蚴 12 738 个,每头猪感染 6.7 个。在肝脏和肠系膜上检出尾蚴占 62.4%,少数寄生于肺和网膜。抽检 113 头猪,检出尾蚴 1 653 个(肝上 265 个、肠系膜上 1 388 个)。对增重有影响,其中一头感染 67 个尾蚴猪,尾蚴重 9 kg,而胴体重均 32.5 kg,尾蚴与胴体重比为 27.7∶100。

Gemmell 和 Lawson(1985,1990)经过研究发现,苍蝇在将虫卵传播给中间宿主猪和羔羊的过程中起着重要作用。

[发病机制] 细颈囊尾蚴对幼龄家畜致病力强,尤以仔猪、羔羊与犊牛为甚。六钩蚴在肝脏内移行时,穿成孔道引起急性出血和肝炎。大部分幼虫在肝实质间肝包膜内移行,最后到达大网膜、肠系膜或其他部分的浆膜发育时,其致病力即行减弱,但有时引起局限性或弥散性腹膜炎。细颈囊尾蚴在严重感染时还能侵入胸腔、肺实质及其他脏器而引起胸膜炎或肺炎。还有一些幼虫一直在肝脏内发育,可引起结缔组织增生,久后可引起肝硬化。

[临床表现] 本病多呈慢性经过,感染早期大猪一般无明显症状。但对仔猪的危害严重,仔猪有明显症状,在肝脏中移行的幼虫数量较多时,可破坏肝实质及微血管,形成虫道,导致出血性肝炎。由于肝脏和腹膜发生炎症,病猪体温升高,精神沉郁,若发生腹膜炎并有腹水,按压腹壁有痛感,不少病例由于腹腔出血,腹部膨大,因肝炎及腹膜炎死亡,也有的仔猪突然大叫后死亡。慢性型多发生于幼虫自肝脏出来之后,多数病猪表现为虚弱、消瘦和出现黄疸。腹部膨大或因囊体压迫肠道发生便秘。如胸腔和肺脏也有寄生可表现呼吸困难和咳嗽等症状。幼虫侵入呼吸道会引起支气管炎、肺炎和胸膜炎。何庆兰(1985)报道了对猪体中细颈囊尾蚴的调查。在 1 000 头屠宰猪中计在 726 头中检出细颈囊尾蚴,占比 72.6%。各脏器组织中,以网膜中最多,次之为肝脏、肠系膜;肝、肾、胸腔浆膜、胃系膜、横膈膜、膀胱系膜、腹膜都有寄生,寄生部位、强度、寄生率见表-198。刘钟灵(1983)在当阳剖检 1 头饲养 6 个月仅 6.5 kg 的猪,在其腹腔、肠系膜及肝等处共检获细颈囊尾蚴 176 个。检查了 96 头猪,感染头数 55(57.3%),感染强度 1～176 个。

表-198 猪细颈囊尾蚴在猪体内分布

部位	肝	大网膜	肠系膜	肺	肾	胸腔浆膜	胃系膜	横膈膜	膀胱系膜	腹膜
被寄生猪数(头)	363	614	142	14	2	10	8	10	4	3
寄生总蚴数(个)	881	2 024	213	15	2	10	8	12	4	3
个体的最多寄生数(个)	43	55	7	2	1	1	1	2	1	1
平均寄生数(个)	2.4	3.3	1.5	1.1	1	1	1	1.2	1	1
寄生率(%)	36.3	61.4	14.2	1.4	0.2	1	0.8	1	0.4	0.3

细颈囊尾蚴在肝的表面和实质中均有寄生,也有黏着在胆囊上的。肠系膜中以结肠系膜上寄生最多,占89.4%;直肠系膜次之,为9.2%;十二指肠系膜只占1.4%;空肠、回肠、盲肠的系膜上没有发现寄生。肺上以膈叶为多,尤其尖部,寄生于肺表面。肾,细颈囊尾蚴寄生于实质中。胸腔浆膜包括纵膈和胸膜表面,胃系膜在小弯和幽门处被寄生。横膈膜在胸、腹面均有寄生。

肝、大网膜和肠系膜3处寄生的细颈囊尾蚴,在1～5个的数量范围内,肝上为94.8%,大网膜上为85.7%,肠系膜上为99.3%。这3处被寄生的细颈囊尾蚴的数量分布状况,见表-199,表-200。

表-199 细颈囊尾蚴在猪三个部位的分布数量(只)

细颈囊尾蚴数(个)	1至5	6至10	11至15	16至20	21至25	26至30	31至35	36至40	41至45	46至50	51至55	合计
肝	344	8	4	2	2	0	1	1	1	0	0	363
大网膜	526	58	18	2	5	2	0	2	0	0	1	614
肠系膜	141	1	0	0	0	0	0	0	0	0	0	142

表-200 哈尔滨屠宰场检验肉猪细颈囊尾蚴检出情况(1980)

名称	调查头数	检出头数	感染率(%)	各器官寄生情况(%)				
				肠系膜、大网膜、腹膜	肝	肺	心	肾
细颈囊尾蚴	11 345	4 387	38.67	36.67	13.81	0.1	0.01	0.01

正常的细颈囊尾蚴,最小的直径1 cm,最大的短径8 cm,长径9.5 cm,重500克。观察到与国外学者报道所不同的现象,即细颈囊尾蚴能在猪肝实质中完成头钩和吸盘的发育,一些细颈囊尾蚴贯穿肝实质的两面。

包囊壁的变化:包囊壁是包裹在细颈囊尾蚴体壁外的一层结缔组织,是猪体防御反应机化过程的产物。随着寄生时间的延长,包囊壁由薄而较透明逐渐增厚而不透明,壁厚可达3 mm左右。据观察是一层一层包裹上去的,在剖检中发现有达十一层的。在包裹壁内膜上往往有出血斑点,有的有污黄色的钙化物沉着,粒点状散在或密集。

包囊内的细颈囊尾蚴,当包囊壁增厚,包得时间久了,可以引起死亡。包囊和包囊可互相粘连成串,在剖检的一千多头猪中寄生最多一头猪的细颈囊尾蚴包囊共有74个,重量为3.5 kg。

细颈囊尾蚴常在腹腔内的各脏器浆膜上(肠系膜、大网膜、胃肠浆膜、肝、脾、肾、胰包膜)寄生,数量不等,大小不一。囊泡一般为白色透明,呈圆形或梨形。小者直径在1 cm,大者直径在14 cm,一般在4 cm左右,囊泡内充满白色透明或半透明的液体,有时可见囊液发生脓疡或干酪样变性。囊壁薄,内层有一个高粱粒大小的白色头节。轻微感染时,寄生部位无明显变化,仅出现压痕。严重感染时,可引起腹膜炎,甚至使整个脏器粘连在一起,此时,机体处于极度消瘦呈恶病质状态。在肝脏感染时,虫体95%寄生在肝被膜上,由于虫体的机械压迫,使肝表面凹陷,常与膈膜发生粘连。

被寄生的脏器组织肉眼可见的一些变化:① 由于细颈囊尾蚴在一些器官组织之间寄生,可使这些器官组织之间形成间接粘连。② 肝脏由于细颈囊尾蚴的压迫,可有一明显的窝状压迹,此虫寄生过多,可形成网格状肝。肝的体积缩小,重量减轻。如1头猪的肝脏只有800 g,而其上的细颈囊尾蚴包囊就有375 g。有的肝表面布满白色绒毛状纤维组织,有的肝区质地变硬。③ 大网膜和肠系膜表面可见充血增生,状如疝内容物。

患猪食欲不振,随着细颈囊尾蚴包囊增大,采食量也随之减少。猪只生长缓慢(表-201),寄生较严重的猪,普遍存在腹部增大,以下腹部尤为明显,猪胸腹腔内寄生的细颈囊尾蚴包囊,数量有多达200余个,重量有高达20 kg的。大的细颈囊尾蚴,直径10～16 cm。猪消瘦,大网膜上几乎没有脂肪,板油如一层薄纸。

表-201　细颈囊尾蚴对猪生长的影响

猪号	饲养期(天)	断奶重(kg)	宰前活重(kg)	膈体重(kg)	屠宰率(%)	日长肉(不除断奶重,kg)	细颈囊尾蚴寄生概况
1	270	5.5	35.0	11.5	32.8	0.043	寄生极多,腹部膨大如葫芦状,不能跨过16 cm高的门槛
2	391	8.0	58.5	17.5	29.9	0.044	肝上有8—9个直径10—16 cm的细颈囊尾蚴,腹大只能侧卧,食欲渐减至很少,瘦得皮包骨
3	365	6.75	64.5	28.5	44.2	0.078	胸腔及肝、胃肠系膜均寄生很多,花(网)油几乎无,板油如薄纸
4	367	6.15	60.5	34.375	56.8	0.093	细颈囊尾蚴共7.5 kg
5	543	6.5	106	59	55.6	0.109	肝萎缩,硬化处较多,并与横膈膜黏连。肠粘在一起,不如翻洗内容物。细颈囊尾蚴包囊重8 kg

细颈囊尾蚴可在睾丸、卵巢和子宫等处寄生,影响生殖。有报道细颈囊尾蚴致猪脐大如足球,皮肤破溃,内有黄色液体,生长缓慢。

[病理变化]   急性发病时,可见肝脏肿大,表面有很多小结节和小出血点,肝叶往往变为黑红色或灰褐色,在肝实质中能找到六钩蚴移行时遗留的虫道,初期虫道充满血液,继后逐渐变为黄灰色。有时能见到急性腹膜炎,腹腔内有腹水并混有渗出的血液,其中含有幼小的虫体。慢性病例在肠系膜、大网膜、肝被膜和肝实质中可找到虫体。肝局部组织褪色,呈萎缩现象,肝浆膜层发生纤维素性炎症,严重病例还可在肺组织和胸腔内等处找到虫体。寄生实质器官的虫体常被结缔组织包裹,有时甚至形成较厚的包膜。有的包膜内的虫体死亡钙化,此时常形成皮球样硬壳,破开后则见到许多黄褐色钙化碎片以及淡黄或灰白色头颈残骸。

邵樟顺(1987)报道一农户一窝 48 日龄的 13 头猪中,有 1 头突然发病,发生尖叫声,四肢站立不稳,倒地后呈游泳姿势;全身皮肤发白,经 10 分钟左右死亡。后又相继死亡 5 头。尸体剖检:腹腔内全是淡红色血水,内含大量粟粒状或瓜子大小的水泡样虫体。肝脏暗红色,质脆,表面有稍隆起的小白点,切面有多量小囊泡,心肌松弛。经虫体鉴定为细颈囊尾蚴。

陈方建(1985)报道 35 例大小不同的细颈囊尾蚴寄生于母猪的输卵管和卵巢之间的漏斗部位;母猪体质大部分消瘦,眼结膜苍白,发育不全,蚴虫对卵巢和输卵管的机械压迫,使排卵受阻,至受胎率低或不育。

哺乳仔猪急性细颈囊尾蚴病。张碧莲(1982)报道,2 头 3 日龄时母猪哺养仔猪,18 日龄时,体重为 1 kg,体温 39.5~40℃,呼吸数增至 120~135 次/分,心跳增至 132~150 次/分。不吃奶,尿少,粪少而干。腹围明显增大,有疼痛反应。喜卧地,两肢向后伸张,呻吟,尖叫。腹腔剖检,见肠系膜有大小似"葵瓜子"状未成熟细颈囊尾蚴,共 503 个。

皮下组织共黄,肠管壁粘连。肝肿,表面粗糙呈土黄色,有条状和大小不等的块状淤血斑,切面呈暗红至褐红色,质脆,内有米粒大虫体。脾表面粗糙,腹水增多,色淡红色。

[诊断]   细颈囊尾蚴病的临床症状和流行病学无特异之处,所以生前不易诊断,只有死后剖检或屠宰时发现虫体方可确诊。但也有用细颈囊尾蚴囊液制成抗原做皮内试验,此法已成为进行大面积普查和筛选的主要手段。

[防治]   目前尚无有效疗法。驱中绦期幼虫可试用吡喹酮,按每千克体重 50 mg,1 次口服,连用 3 天为一疗程;丙硫咪唑,每千克重 300 mg,1 次口服,连用 3 天。

对猪的细颈囊尾蚴病的预防主要掌握两方面关键性环节:① 禁止用寄生有细颈囊尾蚴的家畜内脏喂犬,防止犬感染泡带绦虫,同时对犬要定期驱虫并要严格管理,防止犬到处活动和进入猪圈舍排粪便污染牧草、饲料和饮水,并消灭野犬。② 猪要圈养,这样猪就吃不到野外犬、狼、狐狸等肉食动物粪便中的虫卵,可避免猪感染细颈囊尾蚴病。③ 要防止啮齿动物进入猪舍。

同时要加强肉品卫生检验,严禁有虫肉品上市。带虫内脏要无害化处理,防止犬食入。

二十二、棘球蚴病(*Echinococcosis*)

该病是由棘球绦虫的中绦期的幼虫(棘球蚴)寄生于哺乳动物脏器内引起的疾病,俗称包虫病(hydatidosis)。因为其生长力强,体积大,不但使机体器官组织受到高压力而萎缩,也易产生继发感染;蚴体如果破裂,后果尤为严重。

[历史简介]　细粒棘球绦虫幼虫所引起的囊肿,远在公元前就被人们所认识。在人体内棘球蚴被称为"充满水的肝脏"。Hippocrates,Aretaeus 和 Galen 等在临床上已见过包囊。直到 17 世纪 Redi Hartonan、Tyson 等描述了它的动物属性,才被猜测为动物寄生虫引起。Palls(1766)指出人与其他哺乳动物的包虫病相似。Goeze(1782)研究了幼虫的头节,认识到其与绦虫的关系,见到囊内的原头蚴,认为是带绦类。Batsch(1786)定名为细粒棘类绦虫,Hartmann(1695)、Rudalphi(1808)观察了犬的肠内细粒棘球绦虫成虫。Von Siebold(1852)在德国将人体棘球蚴中的原头蚴喂犬,原头蚴在犬肠内发育成链体成虫,Naunyn(1863)用人的棘球囊喂犬,棘球囊在家犬肠内发育成成虫。因此,逐渐搞清了棘球绦虫生活史和搞清楚了囊肿与成虫的关系。18 世纪前泡头蚴最早在德国南部和奥地利西部发现,被误认为是一种胶样癌,Virchow(1855)澄清了本病的病原为一种寄生虫。Leuckart(1863)观察了绦虫的幼虫,称之为泡型包虫病。后定名为多房棘球绦虫(Leuckart 1863,Vogel 1955)。Rausch 和 Schiller(1954)曾发现西伯利亚棘球绦虫,后经 Vogel(1957)证明系多房棘球绦虫。Rudolphi(1801)将棘球绦虫属从多头绦虫属中分离出来,建立了独立属。20 世纪 50—70 年代 Vogel 和 Rausch 等将多房棘头绦虫、少节棘头绦虫和杨氏棘头绦虫各自立为独立种,而将其他棘球绦虫种群归于细粒棘球绦虫,从生物分类上来讲流行于世界的棘头绦虫虫种分为 4 种。由于棘球绦虫利用不同的偶蹄类动物作为中间宿主,逐渐进化发育成为形态学上不同种群的细粒棘球绦虫则被定为株或基因型,还需要通过多种研究来促进棘球绦虫的分类。

[病原]　本病原属于带科棘头属。全球有 7 种棘球绦虫,与人畜有关棘球绦虫有细粒棘球绦虫(*E.granulosus*,Batsch 1786),其幼虫期称棘球蚴,引致棘球蚴病,俗称包虫,通常为单房型;多房棘球蚴绦虫(*E.multilocularis*,Leuckert 1863),幼虫期称多房棘球蚴,又称泡球蚴,引致泡球蚴病,少节棘球绦虫(*E.oligarthrus*,Diesing 1863)和福氏棘球绦虫(*E.vogeli*,Rausch and Bernstein 1972)。后两虫主要是在南美洲,前两虫我国有发现,而以细粒棘球绦虫多见。它们的中绦期的幼虫分别引起囊型包虫病和泡型包虫病。我国还发现石渠棘球绦虫。

棘球绦虫利用不同有蹄类动物作为中间宿主,逐步进化发育成为形态学上不同种群的细粒棘球绦虫被定为株(strain)或基因型(genotype)。研究者通过对细粒棘球绦虫线粒体的细胞色素氧化酶亚基 I(CDI)和 NADH 脱氧酶 I(NDI)以及 rDNA 第一内转录间隔区(ITS-1)的序列进行分析,已将细粒棘球绦虫分为 10 基因型(G1-G10),其中 G1、G2、G3、G5、G6、G7、G8 和 G9 均可感染人(表-202)。我国 G1 为流行株,也有 G6 分布于西北地区。

表-202   细粒棘球绦虫基因型、中间宿主与分布

基因型/株系	中间宿主及分布
G1(细粒棘球绦虫 E.granulosus)/普通单株	绵羊、山羊、牛、骆驼、猪、水牛、牦牛、人、袋鼠等野生动物(世界性分布)
G2/塔斯马尼亚单株 sheep	羊、水牛、人(印度、阿根廷、意大利)
G3/水牛株	水牛、牛、羊、人(南亚、印度、意大利)
G4/马棘球绦虫(E.equinus)/马株	马、其他马属动物和猴(英国、爱尔兰、瑞士、西班牙、意大利、比利时)
G5/奥氏棘球绦虫(E.ortleppi)/Ordeppi strain	水牛、猪、人(瑞士、荷兰、印度、肯尼亚、苏丹、俄罗斯、阿根廷)
G6/骆驼株	骆驼、山羊、人(西亚、肯尼亚、阿根廷、毛里塔尼亚、土耳其、中国)
G7/猪株	猪、野猪、人(波兰、阿根廷、俄罗斯、立陶宛、斯洛伐克、罗马尼亚、乌克兰、意大利)
G8/鹿株	鹿科动物、人(美国、加拿大、爱沙尼亚)
G9/波兰株	人(波兰)
G10/芬诺斯堪迪亚鹿株	驯鹿、麋鹿(芬兰、瑞典、爱沙尼亚)

细粒棘球绦虫的成虫乳白色,长度为 2~11 mm,多数为 5 mm 以下。由 4~6 个节片组成,最前端为头节,节头有吸盘、顶突和小钩,其后为颈节,后接链体,根据生殖器官发育程度链体分为幼节,成节和孕节。节片内有一组生殖器官,有睾丸 35~55 个,卵巢蹄铁形,孕卵子宫每侧 12~15 个分支,子宫内含虫卵 200~800 个。虫卵略呈圆形,内含六钩蚴。幼虫为棘头蚴,也称续绦期,包囊构造,单房囊,由囊壁和液态内含物组成为圆形或不规则囊状体,大小因寄生时间、部位和宿主的不同而异,由黄豆大小到直径 50 cm。囊壁分为角皮层和胚层(生发层),长有许多头节,有的长出子囊和孙囊,与原头蚴组成棘头砂。

六钩蚴入体后大部分能够被机体消灭,或者棘球蚴在发育过程中部位死亡。六钩蚴侵入肝脏后 12 小时,病灶周围即可见到单核细胞浸润,如不被破坏,第 3 天即发育至 40 μm 大小,并开始出现囊腔,其周围有嗜酸性粒细胞、异物巨细胞、上皮样细胞及成纤维细胞浸润与增生。第 7 天囊肿更为明显,其周围充血,镜下可见出血点。第 14 天囊肿更大,周围近邻部分可见上皮样细胞,外围有成纤维细胞和白细胞,附近肝细胞有变性。第 3 周囊肿直径达 250 μm,周围有内皮细胞及嗜酸性粒细胞浸润,再外层为成纤维细胞形成的纤维性外囊,及单核细胞、嗜酸性粒细胞浸润和新生血管形成。第 4 周囊肿的角质层分界更明显。第 3 个月囊肿直径 4~5 mm。第 5 个月直径约 1 cm,通常呈球形,在此阶段小胆管常被包入囊壁,较大的小静脉也可能被包入。其他器官或组织感染棘球蚴时同样是这一病理过程。囊肿逐渐扩大,其周围组织长期受挤压,可以产生继发性病变,例如肝硬化、肺不张等。除机械性损伤外,棘球蚴掠夺营养、其代谢产物使机体产生中毒及过敏反应;因其产生热源,刺激神经和

内分泌系统,使代谢增加,消耗加大,机体营养障碍。棘球蚴可以存活40年或更久。部分棘球蚴囊肿可退化而衰亡,囊液逐渐吸收,内容物变为浑浊胶冻样,母囊与子囊均可以钙化。钙化并不等于棘球蚴的生物学死亡,有些仍然可以存活多年。

细粒细胞绦虫卵被中间宿主牛、羊、猪、马、骆驼或人吞食后进入小肠经消化液作用,六钩蚴孵出钻入肠壁,随血液循环至肝脏、肺脏等器官,约经3~5个月成直径1~3 cm的棘球蚴,内含大量原头蚴,当犬、狼等吞食家畜(含饲料)肉后,原头蚴在犬、狼等体内经2个月发育成为成虫。它们为细粒棘球绦虫终宿主和中间宿主。

细粒棘球绦虫的卵(六钩蚴)在外界环境中可以长期生存,在0℃时能生存116天,高温50℃时1小时死亡;对化学物质也有相当的抵抗力;直射阳光易使之死亡。

[流行病学]　本病呈全球性分布,尤以放牧牛、羊地区为多,是自然疫源性疾病。国外以地中海周围各国、东北非洲、南北美洲及大洋洲常有流行。国内则以甘肃、青海、内蒙古及新疆牧区广为流行。但其他各省亦有分布,在犬体中已查出有成虫感染者计有:北京、内蒙古、吉林、甘肃、新疆、青海、西藏、宁夏、山西、四川、云南和贵州等地。而在绵羊、山羊、黄牛、水牛、猪及骆驼体内发现棘球蚴的省份有青海、甘肃、新疆、宁夏、内蒙古、贵州、四川、云南、江西和福建等省市,其中以绵羊感染率最高,分布面最广。细粒棘球绦虫成虫阶段寄生在犬、狼、狐狸、豹等肉食动物的小肠;鼬、北极熊甚至猫也可作为终宿主。本病最主要传染源是犬、狼,狐狸是野生动物的传染源。孕节随终宿主的粪便排出体外,孕节及其破裂后散出的虫卵污染了牧草、饲料和饮水,被中间宿主吞食。中间宿主有山羊、绵羊、黄牛、牦牛、猪、骆驼、鹿及野生动物和啮齿动物。以犬羊循环感染为主体。人体受感染的主要途径是消化道,但也有通过呼吸道和伤口感染的情况。造成该病严重流行因素有虫卵对外界环境的污染,感染犬排粪虫卵污染水、土壤、牧草等。虫卵在适宜条件可生存1年,且对外界环境有较强的抵抗力。对一般化学物质也有较强的抵抗力。病变内脏处理不当,内脏中棘球蚴和原头蚴在-2~2℃可存活10天,10~15℃ 4天,20~22℃ 2天。

由于终宿主排出的孕节具有蠕动能力,可以爬到植物的根茎上;有的遗留在肛门的皱褶内或肛门周围,孕节的蠕动使犬瘙痒不安,因而就找异物摩擦,加上犬的活动范围广,从而把虫卵散布到许多地方。这些因素大大增加了虫卵污染饲料和饮水以及牧地的机会,自然也就增加了人和家畜与虫卵接触的机会;这一点也使本病在牧区和农区都有广泛散播的可能。

史大中(1993)报道甘肃存在细粒棘球蚴和多房棘球蚴2种包虫病。多房棘球蚴自然感染的动物有红狐、沙狐、野犬,也有病人。家犬为终宿主成为甘肃本病在该地区流行的重要因素。

多房棘球绦虫成虫寄生在终宿主红狐、沙狐、狼、犬、猫的小肠中;中间宿主有9科26属,46种啮齿动物,多房棘球蚴寄生在麝鼠、布氏田鼠、长爪沙鼠、黄鼠、中华鼢鼠及人的肝脏;在牛、牦牛、绵羊、猪的肝脏亦可发现有泡球蚴寄生,有自然感染报道,但不能发育至感染阶段。肝组织纤维化泡囊均无原头节。日本北海道报道猪是多房棘球绦虫中间宿主。瑞士报道DNA分析显示,马的细粒棘球蚴也能感染牛和猪。

细粒棘球蚴中间宿主有牛、马、羊、骆驼、猪、鹿及人。细粒棘球绦虫株有绵羊株、牛株、水牛株、猪株、马株、骆驼株、鹿株、狮株、塔斯马尼亚绵羊株。猪株在欧洲中部和东部流行型主要是犬/猪循环，如猪波兰株、西班牙株，犬是猪株的天然终宿主，在波兰亦可能是银狐。猪株棘球蚴主要见于猪的肝脏，肺脏和其他脏器少见。猪株对人是否致病，尚有待查证。Yamashite(1968)用含原头蚴的羊肝接种猪，2 个月后在猪腹腔中检出 1.5～2 mm 棘球蚴。

石渠棘球蚴，猪是中间宿主。肖宁等(2005)报道四川石渠县猪感染率为 3.5%。泡囊无原头节。

[发病机制]   棘球蚴对宿主的危害视蚴体大小与寄生部位而异，其致病作用一是对器官的挤压，棘球蚴主要寄生在肝脏，其次是肺。蚴虫发育慢，在体积不大时，宿主长时期无感觉，但长大时即压迫组织，引起脏器萎缩和机能障碍，致宿主死亡。二是分泌毒素及囊液异体蛋白产生致敏反应。

细粒棘球绦虫卵进入人体后须经历 3 个主要过程：① 六钩蚴从胚膜中孵化；② 六钩蚴被激活；③ 移行到适当组织并定位发育。胃酸和胆盐的表面活性作用和胃蛋白酶、胰蛋白酶及胰酶等是六钩蚴孵化和激活的必要条件。肠黏膜的分泌型 IgA 有阻止六钩蚴入侵作用。感染后 3 小时即可在包虫囊最终发育部位发现六钩蚴，通常被宿主的单核细胞和巨噬细胞包围。感染后 16 小时内在寄生虫周围形成炎性小结节。如果这阶段宿主非特异性反应很强烈，可使寄生虫变性、坏死。感染后 3 周，肝内包虫囊的直径已达 250 μm，环绕包虫囊周围的单核细胞、嗜酸性粒细胞、巨噬细胞和成纤维细胞组成的一定区域开始发生纤维化。在寄生虫不断生长的压力下，囊周纤维层逐渐增厚，形成"外囊"。外囊与寄生虫组织（内囊）之间有一定间隙。

宿主感染棘球蚴后可产生特异性免疫应答，并可产生一定的免疫保护力，表现为伴随免疫，即棘球蚴逃避宿主的免疫作用而维持本身生存的同时，刺激宿主产生对不同类感染的免疫排斥。这种免疫效应对已成功寄生的包虫囊不起作用，但可控制后来的感染。其效应机制是在作用于六钩蚴表面组分的抗体介导下补体依赖性溶解作用。主要抗体亚类是 IgG2，在与多形核白细胞表面 Fc 受体结合后，多形核白细胞发挥主要的效应细胞作用。动物实验表明免疫球蛋白可透过包虫囊的囊壁，破坏生发层，阻滞棘球蚴增殖。

[临床症状]   细粒棘球绦虫也可寄生在肝脏，但无明显临床症状。高凤林(1993)对肉联厂 176 头猪调查发现 22 头猪(占 15%)生猪棘球蚴病，肝脏包囊占 90.9%(20/22)、肺脏包囊占 9.1%(2/22)，脏器感染强度肝为 1～3 个包囊，肺为 1 个包囊。哈尔滨肉联厂许志华、贾力子(1980)对万余头宰后检验，发现棘球蚴寄生见表-203。剖检时可见被侵害的肝脏体积增大，表面凹凸不平，约 90% 囊泡壁外露，10% 的囊泡壁寄生在肝脏组织深层。囊泡壁较厚，在生发层上有时见针尖大小的颗粒，囊泡内含透明液体，囊液呈茶色或啤酒色，囊内有呈黄褐色或黄绿色沉着的碎片。囊泡大小不一，数量不等，小的直径在 0.2 cm，最大直径在 12.5 cm。感染轻微的肝脏，肝脏无明显变化，仅在囊泡周围的肝脏遭受机械性压迫，发生萎缩、变性。严重感染时，几乎看不到肝组织，肝体积显著增大，重量增加，可达 7.5

千克,切面呈蜂窝状,机体消瘦,呈恶病质状态,有时可见黄疸现象。由于棘球蚴寄生部位不一,出现临床症状不同,在肺,引起肺炎、咳嗽、呼吸困难、气喘,突变区扩大,引起另侧肺叶发生气肿;寄生于肝,引起肝萎缩,肝肿大,黄疸及腹膜炎,腹水等。腹水中可能混有棘球砂,体温升高,消瘦,贫血下痢等。彭显明(1990)报道1头15 kg猪腹部增大,有清水样腹水,无体温,呼吸加快后死亡。猪消瘦,肝有一大包囊,重8.3 kg,宽12 cm,为肝包虫(棘球蚴病)。有文献报道8～10个月猪患棘球蚴肝重达9.5 kg,牧区一母猪因棘头蚴病不能生育,可见内脏布满互相连黏棘球蚴囊。

表-203 猪宰后检验棘球蚴体内分布

名称	调查头数	检出头数	感染率(%)	检出病肝虫数				心脏感染率(%)	肺脏感染率(%)	肾脏感染率(%)	胃肠感染率(%)
				1～5个虫体	占检出率(%)	5个以上虫体	占检出率(%)				
棘头蚴	10.295	548	5.32	367	67	181	33	0.01	0.02		

猪棘球蚴病不如牛、羊症状明显,通常有带虫免疫现象。在临床上比较少见,也不易被确诊,多于宰后检验发现。倪宝贞等(1984)发现3例病猪,生前表现为"大肚症",腹部膨大、弓腰、消瘦,生长缓慢,同窝正常猪体重达100千克,发病猪仅为40千克,并有部分"大肚症"猪死亡。30头猪中有病猪为8头,宰后见肝、肾、心等器官上有大量囊泡。腹腔有充满樱桃红色腹水,肝肿大,肝表面凹凸不平,形成不规则的斑块。肝、脾、肾等脏器有大量纤维素渗出,肾萎缩。浆膜面有大小不等的囊泡。心脏、胃有囊泡。根据囊液中有无头节可分为有头节棘球蚴和无头节棘球蚴两种。无头节棘球蚴无繁育能力和侵袭力,但能损害所寄生动物的脏器。洪志华(2000)报道1头肥猪宰后两肾特别巨大,两肾重达7.2千克,肾脏外面形成椭圆形大小不等的包囊,囊泡内充满微黄色液体,已看不到肾实质。有的囊泡的囊液中可以看到如沙粒大小的原头蚴。万季(2001)报道一宰后肥猪左侧肺表面有大小不一的包囊。肺70%呈水泡状,有大小不等呈葡萄串状的成群的无色小囊挂于肺组织表面,并产生肺组织增生,肺组织变性,萎缩,坏死,肺叶间隙变宽。包囊内无头节,鉴定为猪多房棘球蚴。

[诊断] 流行病学调查中,了解患猪是否来自流行区以及是否与犬、羊等动物或其皮、毛等接触史。确诊本病应以查到虫体为依据。

[防治] 早期较小的棘球蚴可用吡喹酮、甲苯达唑和阿苯达唑配合治疗。1966年WHO公布1 000例以上细棘球蚴药物治疗效果,治疗12个月,近期疗效为30%治愈,30%～50%为改善,20%～40%为无效。表现了预防的重要性。针对棘球蚴病的发病环节,进行预防是有效的措施:① 定期对犬、猪场内犬、宠物进行驱虫,控制感染源,喂服吡喹酮,每千克10～20 mg。驱虫期间粪便应及时收集、无害化处理,防止病原的扩散。在疫区同时要对其他宿主进行药物治疗。② 加强防病意识,加强屠宰场和个体屠宰点的检疫,处理病鹅内脏,

及时销毁,不能喂犬及其他动物。防止病犬在捕杀、驱虫时乱跑,散布虫卵污染环境。猪场人员、屠宰工人及喜欢养犬、猪、人应妥为自我保护,严防感染。③ 普及预防棘球蚴病知识,不吃生物、生菜、生水,管好水源,杜绝虫卵感染。

二十三、伪裸头绦虫病(*Pseudanoplocephaliasis*)

该病是由克氏伪裸头绦虫寄生于猪、野猪和人的小肠内的寄生虫病。同义名为盛氏许壳绦虫病等。

[历史简介] Baylis(1925~1927)在锡南(斯里兰卡)的野猪中发现虫体并鉴定,Mudaliar 和 Lyer(1938)报道印度发现此病。安耕九(1956)报道解放前陕西和上海的家猪中检有虫体。杨平等(1957)在甘肃兰州屠宰场猪小肠中发现此绦虫,定名为盛氏许壳绦虫。而 Spasskii(1980)认为它是克氏假裸头绦虫。薛季德等(1980)报道陕西户县人的 10 例临床寄生虫病例。李贵等(1980)研究了该虫的生活史,其虫卵在昆虫体内发育成为似囊尾蚴,认为赤拟谷盗是中间宿主,褐蜉金龟是自然传播媒介,链接了该虫生物链。Cnacckhu(1980)、汪溥钦(1980)、李贵(1980)对克氏伪裸头绦虫(终末宿主:野猪、家猪)、日本伪裸头绦虫(终末宿主:野猪)、盛氏许壳绦虫(终末宿主:家猪、人)、陕西许壳绦虫(终末宿主:家猪)进行对比研究,认为克氏裸头绦虫(*Pseudanoplocephala crawfordi* Baylis, 1927)应作为有效的种名,隶于膜壳科,它的同名异名有:(Hsuolepis Shengi Yang, Zhai and Chen, 1957)、(H. Shensiensis Liang and Cheng, 1963)、(Pseudanoplocephala nippone-nsis HatsushiKa et al., 1978)、[P Shengi (Yangetal, 1957) Wang, 1980.]。

[病原] 伪裸头绦虫病的病原为克氏伪裸头绦虫,属于膜壳科伪裸头属。新鲜虫体乳白色,虫体较大,长 97~107 cm。头节近圆形,有 4 个吸盘及 1 个橄榄形顶突,但无吻钩,颈长而纤细。雄性生殖器官睾丸呈不正的圆形或椭圆形,有睾丸 15~44 个。雌性生殖器官卵巢呈花菜状,位于节片中部,卵黄腺为一实体,紧靠卵巢之后,孕节子宫呈线状,子宫内充满虫卵。生殖孔一侧开口,偶尔对侧开口。虫卵呈球形,直径 51~92 μm,棕黄色或黄褐色,内含六钩蚴。

李贵等(1982)报告了柯氏伪裸头绦虫的生活史,赤拟谷盗甲虫吞食绦虫孕节片后,其幼虫在赤拟谷盗体内的发育可以分为 5 个阶段。

六钩蚴期(Stage of oncosphere)用绦虫卵感染赤拟谷盗之后 24 小时,六钩蚴已穿过肠壁进入血腔发育。虫体呈梨形或圆形,淡黄色,大小为 0.036×0.046 mm~0.043×0.049 mm,用中性红作活体染色观察,穿刺腺萎缩。六钩蚴经过 6~8 天的发育,虫体增大呈圆球形,其纵径为 0.056×0.079 mm,横径为 0.050~0.068 mm。

原腔期(stage of lacunaprimiva)感染后 7~9 天,虫体中央出现 1 个很小的腔——原腔。随着虫体的发育增大,原腔也相应地扩大,体壁相对地变薄,而厚度的不均称性日渐明显,3 对胚钩呈倒三角形位于体表(表- 204)。第 10~12 天,虫体前端的体壁比后端的体壁略有增厚,随着发育越加明显;原腔透明,其前缘呈淡灰色。解剖感染后 13~15 天的甲虫,原腔期幼虫为淡黄褐色,多呈卵圆形或圆锥体状。虫体前端的体壁细胞为 3~5 层,侧面和后端的体壁较薄,多为 2 层,个别的部位为 1 层。原腔的前缘呈灰色或淡咖啡色。第 16～18 天的虫体,呈舌状。原腔的前缘呈褐色或棕色,向后颜色渐淡,随着虫体的发育,原腔的着色区逐渐扩大,该区段的体壁比其透明部分的体壁较厚。虫体可缓慢地作变形活动。在甲虫体内发育 20～23 天的幼虫,呈履状。继续发育,虫体稍弯曲,其后端向一边伸长呈足状。在原腔后缘出现柔软组织细胞,胚钩位于体后 1/3 的区段上。感染到第 22～25 天,虫体前部较粗,向后渐细并弯曲呈牛角状。原腔的前部呈铁灰色,为泡沫样的结构,而后部透明。

表- 204　原腔期幼虫的大小

发育天数	虫　体	原　腔
7～9	0.086～0.094×0.079～0.090	刚出现 1 小的原腔
10～12	0.180～0.218×0.162～0.211	0.130～0.172×0.122～0.172
13～15	0.230～0.343×0.203～0.296	0.172～0.281×0.156～0.250
16～18	0.658～1.041×0.312～0.452	0.546～0.959×0.265～0.425
20～23	0.530～1.069×0.234～0.438	0.452～0.952×0.187～0.384
22～25	0.546～1.411×0.234～0.384	0.437～1.206×0.172～0.329

囊腔期(stage of bleadder cavity)发育 23～26 天的虫体,在原腔的着色区和透明区的交界处,组织细胞增殖形成的一横隔,将原腔分成 2 个腔,前者谓囊腔。虫体长 1.219～1.513 mm,宽 0.329～0.359 mm,囊腔长 0.288～0.466 mm,宽 0.234～0.288 mm,原腔长 0.595～0.811 mm,宽 0.267～0.312 mm。虫体随着发育,前端的组织细胞增殖较快,后部逐渐变细。由于柔软组织细胞的增多,原腔逐渐缩小。

头结形成期(从 stage of scolex-formation)感染后 25～28 天,虫体分为头、囊体和尾 3 部分,体长 1.384～1.825 mm,最大体宽 0.254～0.374 mm,头结宽 0.219～0.328 mm。初期,在头结上出现 2 对黄褐色圆饼状的结构——吸盘。囊体与头结由颈部相联,颈的髓部有一团空泡样结构,其后面有一喇叭花样的褐色色着,向后颜色渐淡并一直延伸到髓腔内。囊体膨大成为虫体的最大部分,囊腔呈淡咖啡色,前方有一较窄的开口。囊壁分为内外两层,外层的组织细胞排列较密;内层的较疏松。依着虫体的发育,原腔逐渐缩小。前面 2 对胚钩位于尾的后 1/2～1/3,另 1 对位于亚末端。再经过 1～2 天的发育,吸盘呈盘状,外面包被 1 层透明的膜。吻和排泄管隐约可见。在颈的后部出现数个石灰质小体(calcareous granules)。沿着囊腔的边缘生一菲薄的纤维层(fibrous layer)。随着虫体的发育,石灰质小体逐渐增多,纤维层的纤维日渐密集,呈淡咖啡色。尾部较细,有的原腔已被柔软组织细胞填满,但绝大多数还残留有大小不等的空腔。

拟囊尾蚴期(stage of cysticercoid)在甲虫体内发育 27～31 天的幼虫,头结已缩入囊腔形成拟囊尾蚴,它由囊体和尾两部分组成,虫体长 1.372 9±0.218 2(0.940 8～1.986 5)mm;囊体呈梨形,纵径为 0.503 0±0.057 5(0.405 9～0.648 0)mm,横径 0.427 1±0.060 8(0.313 2～

0.468 0)mm,前方有一紧闭的伸缩孔道。囊壁除表面透明的薄膜外,分为 3 层:外层较薄,组织致密;中层最厚,细胞较大,排列疏松;内层为纤维层,前方沿着伸缩孔道向内凹内,形成纤维囊呈淡棕色。在纤维囊里,头结向前重叠于颈上,颈部有许多石灰质小体。尾部常残留 1 个大小不等的原腔。经过一段时间的发育,囊壁中层的细胞逐渐模糊融合呈网络状;第 76 天的拟囊尾蚴为淡米黄色,形态结构没有什么变化。纤维层呈棕色。尾长 0.845 7±0.184 6 (0.499 6~1.465 9)mm,基部略膨大,原腔消失,胚钩常易脱落。

拟囊尾蚴对猪的感染试验:克氏伪裸头绦虫的卵感染赤拟谷盗之后,将培养不同日龄的拟囊尾蚴喂给小猪,经 10~30 天解剖检查,感染结果见(表- 205)。试验结果:用虫卵感染赤拟谷盗后,把培养发育 50 天的拟囊尾蚴喂给 8 头小猪,3 次试验结果全部呈阳性,拟囊尾坳感染小猪后 10 天,已发育成成虫,体长 41.7 cm,最大体宽 0.28 cm,虫体最后几个节片的卵巢残体明显,子宫里仅有一些数量不多的虫卵。感染后 15 天的虫体长 72~96.7 cm,最大体宽 0.35~0.6 cm,子宫里的虫卵发育尚未成熟。感染 30 天的虫体长 34 cm,最大体宽 0.5 cm,卵已发育成熟,但其节片还未开始链体断脱。

表- 205　不同日龄拟囊尾蚴对猪的感染结果

赤拟谷盗感染虫卵后饲养天数	40		45		50	
组　别	感染组	对照组	感染组	对照组	感染组	对照组
猪的头数	1	1	2	2	3	3
剖检结果	－	－	－,－	－,－	＋,＋,＋	－,－,－

克氏假裸头绦虫寄生在猪、野猪和褐家鼠的小肠内,虫卵或孕节随粪便排出后,被中间宿主赤拟谷盗、黑粉虫、黄粉虫等昆虫吞食,经 27~31 天发育为拟囊尾蚴,但有试验证明,需经 50 天发育才具感染性。当猪食入带有拟囊尾蚴的中间宿主后,经 10 天即可发育为成虫,30 天后虫卵开始成熟。人体感染是因为偶然误食含有似囊尾蚴的赤拟谷盗等昆虫所致。

[流行病学]　本病原除寄生于家猪、野猪外,还在褐色家鼠中发现,人体病例报道也陆续增多。猪为该虫的重要宿主,与褐色家鼠和人在病原的散布上起重要作用。食甲虫褐蜉金龟是自然中间宿主,猪和人因食入带拟囊尾蚴的褐蜉金龟而被感染。李贵等调查发现某农场越冬褐蜉金龟 541 只,拟囊尾蚴感染率为 1.29%,表明携带拟囊尾蚴越冬的金龟是每年猪伪裸头绦虫病的最早侵袭源。

传播媒介为昆虫赤拟谷盗(*Tribolium castaneum* Herbst)。将成熟虫卵感染赤拟谷盗,一定条件下,六钩蚴穿过其消化道壁进入血液,经 27~31 天,从原腔期、囊腔期和头节形成期发育为拟囊尾蚴,再用成熟蚴感染仔猪,经 30 天后在仔猪空肠内发现成熟绦虫。试验证明,虫卵不能直接侵袭宿主进行发育,而需要在昆虫吃了猪粪中虫卵,经发育后,再被猪、人误食后引起感染。在我国分布于晋、苏、闽、鲁、湘、贵、云、陕、甘等地。王九江(1983)对辽宁几个县屠宰场的猪进行调查,盛氏许壳绦虫感染率为2%,感染强度为1～31条;山西猪感染率为1.81%～77.68%;福建某良种场猪的感染率为29.4%。据闽西地区调查,9个乡1 445头猪粪检阳性猪151头(10.45%)(3.27%～14.50%),平均感染强为14.35条(1～44条);不同性别、品种和月龄的猪均可感染发病,粪检阳性的病猪最短日龄为64天,在1头52日龄哺乳仔猪肠道内见虫体;4～7月龄猪占病猪总数的55.17%,1年以上病猪占16.37%,中猪和小猪发病较多。张宝祥报道该虫主要寄生于幼龄猪,感染率1.8%～73.68%,感染强度为1～160条。

[临床表现] 猪轻度感染时无症状,严重感染时被毛无光泽,生长发育受阻,消瘦,甚至发生肠梗塞或阵发性腹痛,腹泻,呕吐,厌食等症状。刘进民(1996)对49头病猪调查,日增重29.80～423 g,日增重在200 g以下的病猪达41头,比健康猪增重明显减慢。剖检1头病猪,已饲养270天,其净重为16.50 kg。肠道内有虫体42条。肠黏膜充血,有条纹状出血斑。据李贵等调查,陕西省延安和关中部分地区,猪的感染率达22.4%～29.4%,症状为毛焦、消瘦、生长发育滞缓,严重感染猪小肠阻塞,发生肠梗阻。王志宏、刘钟灵(1982)在大冶县进行猪寄生虫普查时,在523头猪粪中发现了带绦虫卵者12头,对2头阳性猪剖检,在小肠中收集到1和14条绦虫,又对另一头猪剖检小肠中收集到24条绦虫。经生理盐水漂洗,去粪液,平摊于玻片上,对虫体体长与体宽量度;其中17条压片,用70%酒精固定,盐酸卡红染色,观察其头节与各类节片的形态构造,经鉴定为柯氏伪裸头绦虫。对全县5个公社1 547头猪的粪便进行检查,共查出29头绦虫阳性猪(5个公社均有感染猪),阳性率1.9%,感染强度1～24条。王宏志(1984)报道,1981年前其县多次对猪寄生虫调查未检出柯氏伪裸头绦虫。84年普查523头猪的粪便,在其中12头中检出虫卵。小肠收集到虫体1～14条。感染猪的增加,原因不详。

人工试验用感染赤拟谷盗后第50天的拟囊尾蚴感染仔猪,经过30天拟囊尾蚴在小肠内完全发育为成虫。陕西省进行流行病学调查,查出感染率为1.81%～73.68%,感染强度在1～160条。对屠宰猪调查,猪未表现症状,而调查表明感染率在2%,感染强度在1～31条。杨平等(1957)在甘肃发现虫体的猪场,猪轻度感染时无症状,重度感染猪表现食欲不振,毛焦无光泽,有阵发性呕吐,腹泻,腹痛,粪中带有黏液,生长迟缓,消瘦,甚至发生肠道梗阻。

剖检可见寄生部位黏膜充血,细胞浸润,黏膜细胞变性坏死及黏膜水肿等,进而形成溃疡或脓肿,炎症部位淋巴细胞、中性粒细胞及嗜酸性粒细胞大量浸润,头节附着部位肠黏膜损伤严重,末梢血相中嗜酸性粒细胞略有增高。野猪伪裸头绦虫病国外有报道,国内福建永定也有报道。

[诊断] 诊断主要依靠从粪便中检获虫卵或孕节。节片与虫卵都与缩小膜壳绦虫相近,唯其虫体和虫卵体积都较大,成节中睾丸数较多可资鉴别。

在猪粪中找到虫卵或孕节可做出诊断。虫卵的表面布满大小均匀的球状突起,卵壳外缘呈纹状花纹。

[防治] 未有系统防治方法,参照一般寄生虫病防治措施。含拟囊尾蚴的赤拟谷盗,可

能会窜入住宅、厨房而污染餐具、食物,被人误食引起感染,所以人们必须注意环境卫生和饮水卫生。

　　猪可用药物驱虫:① 硫酸二氯酚,80~100 mg/kg 体重,1 次口服;② 吡喹酮,50 mg/kg 体重,1 次口服;③ 其他药物和硝硫氰醚或丙硫咪唑等。猪场预防只有采取综合性预防性卫生措施。保持猪舍清洁,加强粪便管理以免病原传播,防止仓库害虫赤拟谷盗等污染猪的饲料和用具等。

二十四、阔节裂头绦虫病(*Diphylloboriasis latum*)

　　该病是由寄生于小肠的阔节裂头绦虫引起的一种人兽共患寄生虫病,主要为消化系统症状和贫血。又名阔节双槽头绦虫。

　　[历史简介]　Dunus(1592)从瑞士发现的若干样本中,首先辨认并描述了一种鱼类绦虫。Plater(1602)将其与人体的其他犬型绦虫作了明确的区分。Liihe(1910)观察到猪感染。Janicki 和 Rosen(1917)又证实了该绦虫在桡足虫体内发育的幼虫期,是在鱼类体内发现的第 2 幼虫期的前身。Pavlosky 等(1949)观察到猪体内成虫。Von Bonsdoff(1964)、Rees(1967)描述了裂头绦虫病的发病机制。Vik(1971)对裂头绦虫进行了系统性综述,提出了人体的典型阔节裂头绦虫实际上可认为是裂头绦虫中阔节型复合体的一个原型。

　　[病原]　阔节裂头绦虫属于双槽头科、双槽头属(又名裂头属)。虫体较长,可长达 10 m,有 3 000~4 000 个节片。头节呈匙形或棍棒状,有一对深陷的吸槽,颈部细长,成节宽于长,有睾丸和卵巢等雌性生殖器官,子宫盘曲呈玫瑰花状,位于节片中央;孕节结构与成节基本相同。虫卵呈卵圆形,较大,约 55~76 μm×41~56 μm,浅灰褐色,卵壳较厚,一端有明显的卵盖,另一端有小棘,卵内含 1 个卵细胞和多个卵黄细胞。排出体外时,卵内胚胎已开始发育。

　　阔节裂头绦虫必须经过 2 个中间宿主才能完成其生活史。成虫寄生于人、犬、猫等终宿主的小肠内,虫卵随宿主粪便排出体外,落入水中发育,如温度适宜,经 7~15 天即可孵出钩球蚴,钩球蚴被第 1 中间宿主——剑水蚤和缥水蚤吞入,在其血腔中经 2~3 周发育为原尾蚴。含有原尾蚴的剑水蚤和缥水蚤被第 2 中间宿主——淡水鱼(梭鱼、鲈鱼、鳍鱼、蛙鱼、爵鱼等)吞食后,原尾蚴穿出肠壁,从腹腔进入肌肉,经 1~4 周发育为裂头蚴。鱼体内的裂头蚴被终宿主食入后寄生于肠道,经 5~6 周发育为成虫。成虫寿命约 10~15 年。

　　[流行病学]　阔节裂头绦虫主要寄生于犬科食肉动物;裂头蚴寄生于各种鱼类。其他许多食鱼哺乳动物也可发生感染,并且在没有人的条件下,可成为其的贮主。裂头蚴还可在非肉食鱼类、鳗、青蛙、蜥蜴、蝮蛇、龟,甚至猪体内存活(Pavlovsky 和 Gnezdilov 1949)许多动物是潜在的转续宿主。在犬、猫、狼、狐、熊、美洲狮、水貂和家猪体内都发现绦虫。用生鲜的鱼或鱼制品饲喂犬、猫,就会成为长期保持感染的动物贮主。阔节裂头绦虫要求有 2 个中间宿主,第 1 中间宿主是各种桡足虫类淡水甲壳动物,通常为剑水蚤属和缥水蚤属。它们可在湖泊、大河或人工水体的静水中生息。终末宿主的粪便中虫卵在水中经数天就会成熟,并开始孵化,形成带纤毛的胚蚴在水体中自由泳动,被桡足虫吞食后就在它们体腔内发育。当鱼类吞食感染的桡足虫后,该幼虫又会穿过鱼的肠道,在其腹腔内蜕化为第 2 期幼虫,而移

行至各部组织。含第 2 期幼虫(裂头蚴)鱼如果被另 1 条鱼吞食,该幼虫会穿透后者的肠道,进入肌肉及其他组织并保持幼虫状态。若是终末宿主吞食了感染的鱼,该幼虫就会附着在小肠黏膜而发育至成虫。鱼类运输和贮存采用各种冷却方法,都不足以预防感染。据证实,贮存在冰块中的鱼类体内的幼虫仍可保持感染力超过 40 天。来自地方流行区的鱼类,必须在－10℃冷冻 24～48 小时,才能保证杀死幼虫。

[临床表现]　猪为终末宿主,阔节裂头绦虫寄生于小肠内。

家畜轻度感染表现呕吐、腹痛、轻度慢性肠炎,皮毛粗硬、蓬乱,皮肤干燥等。严重感染时剧烈腹痛、贫血和神经症状。Liihe(1910)观察到猪感染;Pavlosky(1949)观察到猪体内成虫。

[诊断]　从粪便中查到本虫的虫卵或节片即可确诊。一般依靠虫卵检查,用福尔马林-乙醚沉淀法浓缩粪便中虫卵,其虫卵有卵盖,内部具有 6 极小钩的胚蚴尚未完全发育。而阔节裂头绦虫体节内,虫卵在中央玫瑰花形子宫中成团的形态,可与其他绦虫作出区别。

[防治]　由于裂头蚴几乎能无限期地滞留在人体内,以及鱼制品下脚,自然流入下水道,下水道未经处理的生活污水则成为湖泊河流的潜在污染源。因此,要宣传教育不食生鱼;对流行地区应做好鱼品检验,并严格控制流行区鱼外流,做好污水处理。

加强对犬、猫粪便管理,中间宿主也可能发生低水平的感染。若是制止饲喂生鱼,也就可以控制家畜的感染。

可用吡喹酮驱虫(praziquantel)、槟榔(betel nut)、南瓜子(cushaw seed)、氯硝柳胺(灭绦灵,niclosamide)、硫双二氯酚等治疗。

二十五、孟氏迭宫绦虫裂头蚴病(*Sparganosis*)

该病和孟氏迭宫裂头蚴病(*Sparganosis*)是迭宫绦虫寄生于人畜肠道的寄生虫病。前者由寄生于小肠的成虫引起,产生的症状轻微;后者则由其幼虫——裂头蚴引起,裂头蚴可在体内移行,并侵犯各种组织器官,产生的症状远较成虫严重。

[历史简介]　裂头蚴是 Diesing(1854)首先用以标示裂头科中成虫型未名的绦虫第 2 期幼虫的一个名称,是本属绦虫最早发现的幼虫期。后来,就对这类幼虫的人体感染称为裂头蚴病。Manson(1881)在中国厦门对 1 名当地居民进行尸体解剖时,于腹膜下筋膜内取得 12 个裂头蚴。同年 Scheube 在日本从 1 名患泌尿系统疾病的男子尿道中,发现 1 条裂头蚴。Cobbold(1883)对人体裂头蚴进行描述,并定名为孟氏迭宫绦虫(*Spirometre mansoni*)。Leuikart(1884)称为舌形槽头绦虫。Blanchard(1886)认为这两种虫属同种而改为孟氏迭宫绦虫。Okumura(1919)描述了迭宫绦虫的生活史,后来至 1929 年又由 Li 进行详细补充。Joyeux 和 Houdemer(1928)首先将裂头蚴经实验室感染发育为成虫。Wardle 及 Meleod(1952)建立迭宫属(*Spurometra*),并认为该属模式种应为孟氏迭宫绦虫。文献记载寄生于人畜的裂头蚴一般有 4 种,即孟氏裂头蚴、瑞氏裂头蚴(*S.raillieti*)、猬裂头蚴(*S.crinacei*)和似孟氏裂头蚴(*S.mansomoides*)。国外报道在猪体内寄生的为瑞氏裂头蚴,分布在印度、马达加斯加、苏门答腊和我国台湾;猬裂头蚴则在大洋洲的野猪体内发现,家猪也感染,人亦可吃含有猬裂头蚴的生猪肉而感染。报告寄生我国猪体的裂头蚴均为孟氏裂头蚴。

[病原]   本病原属裂头科迭宫属。虫体长 60～100 cm,体节宽度大于长度。冯义生等报道虫体长达 49 cm、宽 0.6 cm;横川定等(1974)报道长 60～75 cm,宽 1.0 cm;贵阳防疫站(1974)报道猪体内虫体长达 1 m。头节细小呈指形,背腹面各有 1 个吸沟,颈节细长,链体上有 1 000 个节片。睾丸和卵黄腺分布在节片的两侧,卵巢分两叶,在节片后端的中央。成节与孕节形态学上区别不明显。每节都有对生殖器官各一套,肉眼可见每个节片中都具有突起的子宫。子宫位于节片中央,膨大而盘叠,基宽顶窄,呈金字塔形或发髻状;孕节结构与成节相似,孕节中充满虫卵。子宫孔在距离雌雄末梢远处的中线上。虫卵卵圆形,两端稍尖,有卵盖,大小为 52～68 μm。虫卵随终宿主粪便排出后,需在水中适宜温度下孵出圆形或卵圆形具有纤毛的钩胚,称钩球蚴。虫体的中段两边各有一个焰细胞。钩球蚴被第 1 中间宿主剑水蚤吞食后,在其血腔中发育为原尾蚴。此期排泄系统具有 8 个焰细胞。原尾蚴可通过皮肤使小鼠感染裂头蚴病。Kobayashi. H.等(1931)曾报道原尾蚴可由完好的皮肤侵入人体,引起裂头蚴病。感染的剑水蚤被第 2 中间宿主蝌蚪、蛇、刺猬、鸟类、鼠类和猪吞食后,发育为突尾蚴,又称裂头蚴。裂头蚴当蝌蚪发育成蛙时,迁移至蛙的肌肉。鸟、蛇、猪等吞食感染的蛙后,裂头蚴不能在其肠内发育成为虫,而是穿过肠壁穿居腹腔、肌肉内,称为转续宿主。猫、犬进食转续宿主后立即被感染,裂头蚴在宿主肠内发育为成虫。人进食不熟的蛙、蛇、猪等,裂头蚴可在肠道发育为成虫,但常自行排出体外,多数裂头蚴穿过肠壁,移行至全身各处寄生,不能进一步发育为成虫。因此,人亦可为该虫的第 2 中间宿主,也可作为终宿主。裂头蚴寿命较长,在人体内一般可存活 12 年。其生活史见图- 44。

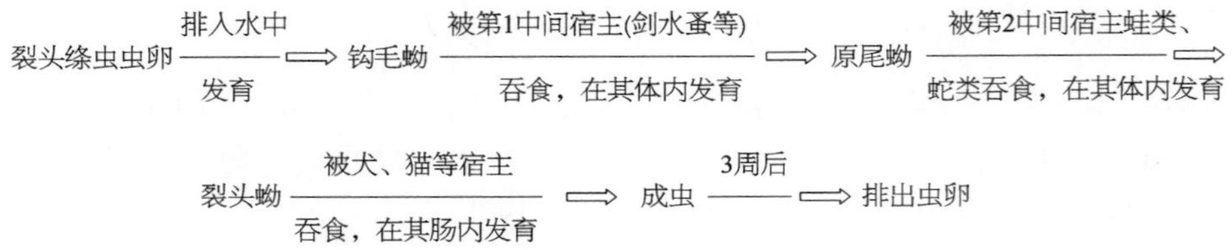

裂头绦虫虫卵 —排入水中 发育⟹ 钩毛蚴 —被第1中间宿主(剑水蚤等) 吞食,在其体内发育⟹ 原尾蚴 —被第2中间宿主蛙类、蛇类吞食,在其体内发育⟹

裂头蚴 —被犬、猫等宿主 吞食,在其肠内发育⟹ 成虫 —3周后⟹ 排出虫卵

图- 44   裂头绦虫的生活史

孟氏裂头蚴是孟氏裂头绦虫的幼虫,为乳白色扁平的带状体,头似扁桃,伸展如长矛,背腹侧各有一纵行吸沟,虫体向后逐渐变细,体长 8.6～30 cm,伸展后 120 cm 以上。

[流行病学]   迭宫裂头蚴病在中国、东南亚、印度尼西亚、日本、菲律宾、南美洲、加勒比地区、非洲、澳大利亚、意大利和苏联等地都有报道。该裂头蚴病的传染源是蛙。易感蛙种类多至 14 种,分布广,感染率高,其中以广东泽蛙和福建虎斑蛙感染率最高,分别为 82% 和 60.9%;其次是蛇,有报道的蛇有 26 种,贵州及辽宁的虎斑游蛇感染率达 100%。动物宿主:第 1 中间宿主为剑水蚤等水生甲壳动物;第 2 中间宿主及转续宿主,其流行病学关系和宿主范围尚未完全查明。感染裂头蚴的哺乳动物种类很多,有人和其他灵长动物、啮齿动物和狐等。猪的感染较普遍,在河北、贵州、云南、甘肃、陕西、山东、河南、江苏、福建、湖北等省的猪体内发现有裂头蚴,可能是吞食蛙及蛇等引起的。据报道,辽宁省庄河县猪的平均感染率达 1.88%,最高者达 17%,故猪在这一地区也可为裂头蚴的传染源。转续宿主中鸟类有 6 种,在

鸡、鸭体内也有此虫发现。不同地理区域终末宿主也各有区别，除人，主要为犬、猫等，我国调查犬229只，阳性63只(27.51％，即0～77.9％)；猫116只中阳性47只(40.52％，即0.9％～69％)，二者是主要传染源。但在亚洲骆、美洲红猞猁、狐、浣熊、鼠犬、狮、虎、豹等动物中，都曾发现迭宫绦虫属的成虫型。孟氏迭宫绦虫必须通过3个宿主才能完成其生活史。虎、豹、狐狸等肉食兽也可作为终宿主。其裂头蚴寄生在蛙、蛇、刺猬、家鼠、鼩鼱等。

迭宫绦虫属的幼虫期传播途径主要是水平链和宿主接触感染性卵和裂头蚴，如创口感染和生食或未熟肉品及组织。这种感染方式已在人体试验中证实。在作为食品原料的动物中，对人有传播作用的动物有蛇、蛙、鸡和其他畜禽及猪。冯结萍等检查1 949只蛙，其中阳性229只(11.75％)，检获裂头蚴1 493条，平均感染强度为6.25％条/只。

[发病机制]　孟氏迭宫绦虫的成虫和裂头蚴都可寄生于人体，但人不是它的适宜宿主，裂头蚴常常在人体内保持幼虫状态。裂头蚴引起的裂头蚴病，危害远较成虫为大。其严重性因裂头蚴的移行及寄生部位而异。致病系由虫体的机械和化学刺激引起，但成虫的致病力较弱，裂头蚴则可造成严重的损害。裂头蚴经皮肤或黏膜侵入人体后逐渐移行至各组织器官内寄生，可见于眼部、口腔、面颊、颈部、胸壁、腹膜、腹壁、肠壁、四肢、腹股沟、外阴、尿道、膀胱、脊索和脑部等处。一般多迁移至表皮、黏膜下或浅表肌肉内，以脂肪组织丰富处多见。可有1条至几十条寄生，最长可存活36年，在寄生部位出现大小不一的肿块。肉眼观察肿块无包膜，切面呈灰白色或灰红色，有白色豆渣样渗出物、出血区、不规则的裂隙和腔穴，穴与穴之间有相通的隧道，裂头蚴就蟠居在穴道之中，一般为1～2条。镜下可见实质性肉芽肿病灶，中心为嗜酸性坏死组织，有中性粒细胞、淋巴细胞、单核细胞和浆细胞浸润与夏科—雷登结晶，并有囊腔形成，囊壁为纤维结缔组织，内层为肉芽组织、嗜酸性粒细胞、上皮样细胞及异样物细胞；囊腔内有裂头蚴断面；因虫体及其分泌物和排泄物的持续刺激，周围组织常出现炎症反应，有大量嗜酸性粒细胞和少量淋巴细胞、巨噬细胞浸润，偶有上皮样细胞和异形细胞。

[临床表现]　猪孟氏裂头蚴病又称孟氏双槽蚴症，是孟氏裂头绦虫的中绦期虫——裂头蚴病。猪感染裂头蚴一般不显症状，大多数在屠宰后发现。杉本正笃(1930)在我国台湾发现猪体裂头蚴感染。陈心陶(1936)在广州猪的肠内找到1条裂头蚴；张宝栋(1955)报告在天津报告两只猪腹膜、腰肌等处检出裂头蚴，从接种39天猪的肠中获得裂头绦虫成虫。Ali-Khan等(1973)认为人感染裂头蚴的途径可能为取食未煮熟的猪肉。

Corkum(1966)实验证实猪易于感染裂头蚴；叶衍知(1962)调查青岛肉联厂猪体内寄生的蠕虫，该厂1962年屠宰猪的孟氏裂头蚴平均感染率为0.22％～0.3％。感染严重的1头猪体内有49条虫。1年中发现裂头蚴病猪达1 500多头。据对100头感染猪统计，大多猪体内寄生的孟氏裂头蚴的数量较少。发现仅寄生1条的占48％，2条的占26％，3条的占12％，4条的占3％，寄生6、8、13、28和49条的仅占1％。

张宝栋(1957)从猪的腰部肌肉中找到裂头蚴，并喂食家猫进行接种试验而获得成虫。许益明(1978)对猪体孟氏裂头蚴虫体寄生部位调查研究结果见表-206。在淮阴地区猪体裂头蚴的感染强度为1～95条，平均15条。18头猪中1头猪体内寄生10条以内者有14头，占78％，寄生10～100条者有4头，占22％。虫体长度为0.5～50 cm，宽度为0.15～0.2 cm，乳白色扁细带状,盘曲于肌膜下或脂肪中,易误认为脂肪小块。前端有凹陷,体不分节,有横纹,伸缩运动。置玻片上遇水不久发生崩解。寄生于脂肪中的虫体,大多盘曲或有部分伸展于脂肪中。寄生于肌肉中的虫体,均盘曲于肌膜之下或部分嵌在肌纤维之间。有的虫体在肌膜下被结缔组织包裹,呈黄色,特别是短小的虫体(仅有 0.5 cm 长),易被结缔组织包裹。无论寄生于肌肉或脂肪,都可使寄生部位发生出血(占 55.6%)。刘钟灵等(1974)在武汉肉联厂检获 5 条虫,在阳新、鹤峰等县也检获此虫。此虫寄生于猪腰肌、腹肌及皮下脂肪处,感染猪在生前无特殊临床症状。

表- 206　猪体裂头蚴的寄生部位与数量

| 编号 | 日期 | 检查猪号 | 检出虫体的部位与虫数 | | | | 全身虫数 |
			膈肌脚	膈肌	腹膜下板脂中	板脂与腹壁肌之间	
1	7.10	0	1	1	0	60	62
2	7.13	816	2	0	0	93	95
3	7.19	530	1	1	0	6	8
4		543	2	2	0	2	6
5	7.20	396	2	0	1	0	3
6		595	1	0	2	0	3
7	8.16	254	1	0	0	0	1
8	8.25	334	2	0	0	6	8
9	9.10	113	1	0	0	0	1
10		289	1	0	0	0	1
11		301	2	0	20	3	25
12	9.22	69	1	0	0	0	1
13		164	1	2	1	0	4
14	9.25	102	1	0	0	0	1
15		161	1	0	1	1	3
16		230	2	0	9	31	42
17		538	2	0	0	1	3
18		670	1	0	4	6	11
各部位合计检出虫数			25	6	38	209	278
各部位虫数占全身虫数比例			9%	2.2%	13.6%	75.2%	100%

宰后检验常见虫体寄生于腹斜肌、体腔内脂肪和膈肌的浆膜下。据统计虫体寄生最多的部位是在板脂与腹壁肌之间,占 75%,其次为腹膜下的板脂中,占 13.6%,再次为膈肌脚(旋毛虫检验用),占 9%。在观察中发现,凡有虫体寄生部位都或多或少附有脂肪。盆腔肌表有时亦见虫体。在肌肉深层、皮下及肋间肌则未发现过虫体。而腹膜下虫体检出率为膈肌脚上虫体的检出率的 6 倍(表- 207)。

表-207　猪体裂头蚴在腹膜下和膈肌中检出率(比)

时　间	猪　号	观察头数	腹膜下有虫头数	膈肌脚有虫头数
77.9.26	185～384	200	4	3
9.28	1～600	600	23	1
9.29	50～750	700	26	5
11.2	201～400	200	6	2
11.3	208～407	200	4	0
检验总头数	1 900		63	11
检出率			3.32%	0.58%

冯义生、张德河(1980)对100例猪体中孟氏裂头蚴寄生部位及虫数进行统计(表-208，表-209)。

表-208　100例猪体中孟氏裂头蚴寄生部位和虫数的统计

寄　生　部　位	例　数	百分数(%)	虫数范围	平均虫数	总虫数
腹膜下	91	91.00	1～20	2.25	205
膈肌	23	23.00	1～9	1.48	34
腰肌	5	5.00	1～8	2.08	14
腹肌	4	4.00	1～3	2.0	8
肾周脂肪组织	3	3.00	2～11	5.0	15
胸膜下	1	1.00	3	3	3
浅腹股沟区皮下脂肪	1	1.00	1	1	1

表-209　孟氏裂头蚴寄生猪体部位数量的比较

部位数	例　数		寄　生　部　位	百分数(%)
1 个部位	82	73	腹膜下	82
		9	膈肌	
2 个部位	14	12	腹膜下、膈肌	14
		2	腹膜下、腰肌	
3 个部位	2	1	腹膜下、膈肌、腰肌	2
		1	腹膜下、膈肌、肾周脂肪组织	
6 个部位	2	1	腹膜下、膈肌、腰肌、腹肌、肾周脂肪组织,胸膜下	2
		1	腹膜下、膈肌、腰肌、腹肌、肾周脂肪组织、浅腹股沟区皮下脂肪	

蔡子宣(1986)报道了大连孟氏裂头蚴病,疫区猪也常发生此病。据调查1980年庄河县57 037头屠宰猪中有裂头蚴病猪1 070头,占1.9%。母猪也发生死亡,其脑下有大小的囊

肿。切开检出裂头蚴 2 100 条。猪裂头蚴较大,有的虫长 238 cm,宽 0.5 cm。猪一般感染
1～2 条,裂头蚴多寄生于腹壁脂肪和肌肉中。据报道天津、延边的屠宰场的猪体中有裂头
蚴,感染猪可能是人体裂头蚴病的传染源。

裂头蚴严重感染时,表现营养不良、食欲不振、嗜睡等。猪腹肌、膈肌、肋间肌等肌膜下
(腹腔网膜、肠系膜脂肪)和肾周围等处,以及脂肪内寄生部位可发生炎症、水肿、出血、组织
化脓、坏死或中毒反应并形成结节。在猪体内发现的裂头蚴一般长度为数厘米至 20 cm。有
时数量很多,可达数十条。若干家养动物体内也有孟氏裂头蚴。

危粹凡(1959)报道黔西 1 头猪营养不良,身体瘦弱,食欲不振,精萎,常卧睡。剖检在病
猪皮下的腰肌、背肌和脂肪之间发现有白色带状物 40 条以上,分离于肌肉与脂肪,虫体乳白
色、带状,平均长度 201.375 mm(41～248 mm),宽度 7.168 毫米(4.3～14.5 mm)。

[诊断]　猪可根据其病原形态和寄生部位,宰后检验特征作出诊断。如在宰后检验旋
毛虫的膈肌脚。盘曲的白色虫体如同一小块脂肪附着在肌肉表面,挑出后为一白色带状虫
体,并见缓慢蠕动。常见虫体寄生于腹斜肌、体腔内脂肪和膈肌的浆膜下,猪的背长肌和皮
下脂肪中,盘曲成团,如脂肪结节状,展开后如棉线样,寄生于腹膜下的虫体则较为舒展,寄
生数目多少不等。1 头严重感染猪体内可发现多达 1 700 多条虫体,仅在肠系膜上就有几百
条之多。但在宰检程序中,板脂和腹壁肌之间虫体寄生虽属最多,但实际检验有些问题,不
适于作为最佳检验部位。因为:① 内销冻肉规格是不撕板脂,故无法观察这个部位虫数多
寡。② 作为外销分割肉与罐头肉原料的屠体是撕去板脂的,不少虫体已随板脂撕去,残留
于腹壁者为数不多,易于漏检。按肉检检验程序,最佳检验部位是在胴体去除内脏后检验腹
膜下板脂中有无虫体,其次旋毛虫检验用的膈肌脚,再者是撕去板脂后的腹壁肌。如果以检
查腹膜下板脂为主,并在检验膈肌脚旋毛虫、腹壁肌囊虫的同时检查裂头蚴,则可将本虫绝
大部分检出。所以,为提高裂头蚴的检出率,可将不撕去板脂改为撕去板脂,这不仅有利于
本虫检出,而且更有利于囊尾蚴和旋毛虫的检出。

[防治]　迭宫绦虫的生活史离不开水,只有在可被粪便污染的池塘、沼泽或村间水网或
浅小区中,才可维持其循环。

(1) 所有应用水必须经过过滤、煮沸或消毒处理,或取自有保护措施的水源,不吃生水。
在裂头蚴病流行地区所捕的鱼、虾最好不让犬、猫类等生食,以免被感染。

(2) 所有肉类必须充分煮透,以杀死全部裂头蚴。

(3) 必须劝阻用生肉膏、生蛙蛇皮等作为药膏敷贴伤口或疮疖。

(4) 对感染动物要用药物治疗。吡喹酮按每千克体重 2.5～5.0 mg,1 次口服治疗犬、猫
等,按每千克体重 10～15 mg 1 次口服治疗鸡等。切断传染途径。

(5) 加强对鸡、鸭及猪等食用动物的管理和肉类检查。对废弃物要进行无害化处理。

(6) 对患有本虫的猪肉如何安全利用尚无法定标准。猪肉卫生处理:按囊尾蚴感染处
理,虫体寄生部位及病变部分,割除作化制处理;胴体状况良好者,可在割除病变部分后出
场;胴体状况不良者,可经高温处理后出场,也可冷冻处理出场。冷冻处理方法主要参照青
岛肉类联合加工厂对寄生该虫的胴体所作的冷冻致死试验。他们把位于肌表的虫体(浅位

组)和埋于 6 cm 厚肉块中的虫体(深位组)在不同温度下,经不同时间进行冷冻,观察虫体死亡与否。结果是在急冻间:库温(－30±1)℃,经 20 小时,深浅两组肉温达到－18℃与－28℃,虫体 100%死亡;在冷藏间:库温(－19±1)℃,经 20、5、3 小时,浅层虫体全部死亡,深层内虫在－10℃ 100%死亡。1～－1℃者全部存活;在预冷间:库温(0±5)℃,分别经 20、70、120、240 小时,肉温达 0～－4℃,浅位组除 240 小时全部死亡外,其余时间组只有部分死亡,浅位组全部死亡。上述试验说明,不管深浅位置的虫体在库温(～19±1)℃条件下冷藏 20 小时以上(肉温在－10℃以下)可杀死全部虫体(表－210)。一般肉类联合加工厂均具有这样的冷冻条件,因此,冷冻致死处理法很有实用价值。但一般出售冷鲜肉的小型屠宰场,无冷冻条件,对屠宰胴体须仔细卫检找出虫体并杀死后方可出售。

表－210　孟氏裂头蚴在不同低温和时间冷冻致死的比较

组别	部位	温度(℃)		时间(hr)	试验只数	虫体蠕动情况		焰细胞活动情况		死亡率(%)	备注
		库温	肉温			活动只数	不活动只数	活动只数	不活动只数		
急冻	浅 深	(－30±1)	－28 －18	20	5 5	0 0	5 5	0 0	5 5	100 100	
验前抽样		室温		<6	5	5	0	—	—	0	
冷藏	浅 深	(－19±1)	－15 －10	20	5 5	0 0	5 5	0 0	5 5	100 100	试验过程裂头蚴保持在原寄生部位内,计数未能十分准确,故试验只能各组略有差异
	浅 深		－9 －1	5	3 1	0 1	3 0	0 1	3 3	100 0	
	浅 深		－9 1	3	9 5	0 5	9 0	0 5	9 0	100 0	
验前抽样		室温		6	10	10	0	—	—	0	
冷冻	浅 深	(0±5)	－2 －2	20	5 5	3 5	1 1	3 5	1 1	25 17	
	浅 深		－2～0.5 －0.5	70	5 5	4 5	1 0	4 5	1 0	20 0	
	浅 深		－2～0 －0.5	120	5 5	3 5	2 0	3 5	2 0	40 0	
	浅 深		－4～1 －1	240	5 5	0 5	5 0	0 5	5 0	100 0	
验前抽样		室温		<6	10	10	0	—	—	0	

二十六、旋毛虫病（*Trichinelliasis*）

该病是由毛型属的旋毛虫引起的动物源性病，是人畜共患病。成虫寄生于哺乳动物肠道，幼虫寄生于肌肉组织临床表现多样，以发热、水肿、肌肉痛和外围血嗜酸性粒细胞增多为特点，当幼虫移行至心肺脑组织时，可发生心肌炎、肺炎和脑炎。

[历史简介]　Tiedemann（1822）在德国人体中发现旋毛虫幼虫。Peacock（1928）从伦敦一尸体肌肉中发现旋毛虫包囊。Ohn Hilton（1832）看到尸体肌肉中白色小点。Jemes Paget 从死于肺结核的意大利人肌肉组织中意外现肉眼可见的钙化包囊，并在 1835 年 2 月 6 日于伊本纳西学会发表的论文中也描述了他的发现，用显微镜观此肌肉，发现包囊内卷曲的一种小线虫。Richard Owen（1835）用同样材料进行检验，并描述了包囊内这种线虫，将其定名为 *Trichina spiralis*（旋毛虫）。根据属名居先原则，后将其改为 *Trichinella spiralis*。Herbst（1835）从猫体内找到病原，1845 年描述了鼠体内旋毛虫包囊，1850 年又确定了旋毛虫可以通过感染肉传递给其他动物。Leidy（1846）在宾夕法尼亚猪的肌肉中检出该虫幼虫。Leuckark（1855）以实验方法阐明该虫的感染方式和发育经过，幼虫被喂动物后可以在动物肠中发育为成虫，其后阐明了虫的生活史并确认是胎生。Virchow（1859）先后用实验方法将猪肉中的旋毛虫包囊喂给实验动物，旋毛虫囊包在几天内在肠中发育为成虫。F. A. Von zenker（1860）详细描述了本病流行情况及一人的致死病例及临床症状，并描述了旋毛虫在感染宿主体内分布。Man Son（1881）在厦门猪体内发现旋毛虫并于 1964 年在西藏报道人体病例。唐仲璋（1939）从福建沙鼠中发现此虫。由于本病严重流行，在德国暴发了数次旋毛虫病之后，魏尔啸提出了对德国屠宰的全部猪进行显微镜检验主张，并作为一种检验方法被各国采纳。1898 年在美国开展出口猪肉的显微镜检查，但到 1906 年就中止了。1953—1954 年美国召开了有关旋毛虫会议。1960 年第 1 个旋毛虫国际会议在波兰召开，并成立了国际旋毛虫委员会。Zimmermann（1967）提出用人工胃液消化肌肉法检查。

[病原]　旋毛虫属于鞭形目、毛形科、毛形属，为小型线虫。旋毛虫前部较细，喉部较粗，其食道细胞成一串单行排列。雄虫长 1.4～1.6 mm，尾部无交合伞和交合刺，有两个耳状交配叶；雌虫长 3～4 mm，阴门位于食道部中央。幼虫寄生于肌纤维间，长 1.15 mm。幼虫蜷曲形成包囊，包囊呈圆形、椭圆形或梭形，长约 0.5～0.8 mm。旋毛虫的发育属生物源性，其终末宿主和中间宿主是同一宿主。成虫与幼虫寄生于同一宿主。宿主感染时，先为终末宿主，后变成中间宿主，包囊在胃内释出幼虫，之后幼虫到十二指肠和空肠内，经 2 个昼夜变为性成熟的肠旋毛虫。宿主肠内的旋毛虫雄雌交配后，雄虫死亡。雌虫钻入肠腺或黏膜下淋巴间隙产出长约 0.1 mm 的幼虫，幼虫随淋巴经胸导管、前腔静脉入心脏，然后随血循环散布到全身，只有到横纹肌的幼虫才能继续发育。感染后 3 周开始形成包囊，7～8 周后，幼虫在囊内呈螺旋状盘曲，此时即有感染能力，6 个月后包囊开始钙化，全部钙化后虫体死亡，否则幼虫可长期生存，保持生命力由数年至 25 年之久。当宿主吃了含有具有感染性幼虫的包囊被感染，在小肠内包囊被消化，幼虫逸出，钻入小肠黏膜内，经 7～10 天蜕皮后发育为成虫。每条雌虫可产 1 000～10 000 条幼虫。自 1835 年 Owen 发现旋毛虫后，一直认为旋毛

虫只有 1 个属,*Trichinallis spirallis* 1 个种,只有猪是保虫宿主,认为野生动物感染旋毛虫罕见。但近几十年已发现旋毛虫是野生食肉动物和杂食动物的 1 种常见寄生虫。但 Nelson 和 Mukundi(1963)在东非发现的旋毛虫在感染性方面明显不同于在伦敦和波兰发现的旋毛虫。1972 年发现一种发育中无包囊形成、可感染鸟类伪旋毛虫(*T.pseudospirallis*)后,才认识到旋毛虫属含有多个虫种。对世界各地收集到的 300 多个旋毛虫分离株进行分类研究。现已鉴定了 7 种毛形(线虫)属种。旋毛虫(*T.spiralis*,T-1)分布在温带地区,主要发生于猪、小鼠、大鼠,有高致病力。也有认为猪和野猪转是性宿主。本地毛线虫(*T.nativa*,T-2)分布在较冷地区,对猪感染较轻,主要发现于野犬、熊和海象,由于对冷的耐受力而闻名。布里拉夫毛线虫(*T.britos*,T-3)主要见于野生动物,偶见于猫和马,公布在亚欧温带地区。Y-3 有一些中间特征,包括耐寒,对猪轻度感染形成的囊较慢(幼虫易于无囊膜种相混)。姆里氏毛线虫(*T.nurrelli*,T-5),北美种,常见于野生动物,偶见于马和人,对猪感染率低,但人食入后危险。内尔逊毛线虫(*T.nelsoni*,T-7)可从非洲的野生动物中零星分离到。伪旋毛虫型线虫与其他种类相比特点是对温度有抵抗力,有的种旋毛虫在肌肉中不形成囊。*T.pseudospiralis*(T-4),在世界各地均有分布,可见于食肉鸟、野犬、鼠和有袋类,常见于亚洲、北美洲和澳大利亚。巴布亚毛线虫(*T.papuae*,T-10),是一种不形成囊的种,仅见于巴布亚新几内亚。旋毛虫 T-6 发现于北美洲,耐寒,对猪感染力低,对各种哺乳动物感染力强,对人有致病力。旋毛虫 T-8 来自非洲,与 T-3 相似,但分子标记鉴定与 T-3 不同。T-9 与 T-3 相似,但在分子上不同。国内研究证明,中国猪属旋毛虫为 T-1,中国犬源旋毛虫为 T-2。

　　目前对旋毛虫属的分类问题仍有不同意见,20 世纪 70 年代后有些学者依据形态学、遗传学、生理生化、对宿主适应性以及地理分布等不同特性,认为旋毛虫属可划出 3 个新种:伪旋毛虫(*T. pseuclopiralis*)、北方旋毛虫(*T. nativa*)及南方旋毛虫(*T. nelsoni*);如 Bessonov 认为不能仅从等位基因酶来区分旋毛虫和伪旋毛虫,认为无囊包形成和生活史中有鸟类的参与才是区分旋毛虫和伪旋毛虫的主要指标。*Trichinella* 属正处在进化过程中,随着研究方法的进步和研究范围的扩大,还有可能发现旋毛属的新种、亚种或基因型,如最近在津巴布韦鳄鱼体内又发现了一种新的旋毛虫分离株,但尚未定种。此外,在我国周边国家除了 *T.spiralis* 和 *T.nativa* 以外,近年来还发现有其他种和基因型旋毛虫,如在日本黑熊和貉体内发现了 *T.britovi*。在泰国野猪内发现了伪旋毛虫并因生食野猪肉导致了伪旋毛虫病的暴发。

　　成虫寄生于小肠称为肠旋毛虫;幼虫寄生于横纹肌称为肌旋毛虫。旋毛虫成虫寄生于宿主小肠,幼虫寄生于横纹肌中。成虫细小,肉眼几乎难以辨认。虫体愈向前端愈细,雌雄异体。雄虫大小 1.4~1.6 mm×0.04~0.06 mm,雌虫大小 3~4 mm×0.06 mm。消化道为一简单管道,包括口、咽管、肠道和肛门。咽管总长约占体长的 1/3~1/2。除神经环后的部分略膨大外,均为毛细管状,膨大部分之后的咽管接杆状体。杆状体由数十个呈单层串球状排列的盘状杆细胞所组成。两性成虫的生殖器官均为单管型。雌性阴门在虫体前端约 1/5 处开口。子宫内虫卵大小约 $40×30\ \mu m$,卵胎生。新生幼虫大小为 $78~124\ \mu m×5~6\ \mu m$。

产生的新生幼虫经血流侵入肌纤维后发育为成熟的肌幼虫。成熟的肌幼虫分化形成雌雄个体。雌虫大小为 1 173×37 μm,比雄虫稍大,背面向内侧呈螺旋状卷曲。雄虫 1 143×36 μm,腹面向内侧卷曲。

生活史:见图-45 被摄食的幼虫在感染后 2～3 小时内在胃内脱囊,5 小时内侵入小肠黏膜,30 小时后开始蜕皮。感染后 52～60 小时雌雄虫开始在小肠黏膜中交配。此后雌虫,体内的胚细胞逐渐形成幼虫。雌虫从第 4～8 天起开始产幼虫。产出的新幼虫经血流移到全身横纹肌中。在第 8～25 天,血液中有大量幼虫。人体,以膈肌、咬肌、舌肌及肋间肌幼虫寄生密度最高。猪以膈肌、舌肌、前肢与后肢肌及腰肌寄生最多。从第 17 天起在幼虫周围形成包囊,经 7～8 周完成。一个包囊内通常仅一条幼虫,但亦有一个包囊内寄生数条的。旋毛虫包囊分内外两层,外层很薄,内层较厚,包囊的形态不是简单的圆形或椭圆形,还有两个突起的囊角。猪的旋毛虫包囊内壁较大白鼠的薄,囊角不及鼠和山羊的明显,断裂亦较早。兔感染后 3 个月包囊开始钙化,猪 5 个月后开始钙化,一般 4 个月左右即完成钙化。钙化后的幼虫有存活 11 年的报道。

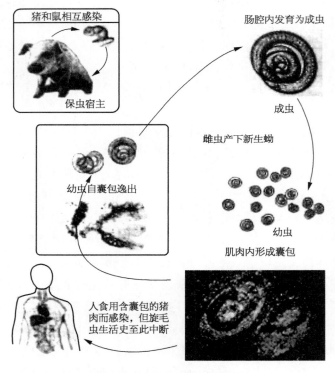

图-45　旋毛虫生活史示意图

[流行病学]　旋毛虫病分布于世界各地,除南极洲外,其余六大洲均有发现。1999 年法国发生生食野猪肉感染暴发;猪伪旋毛虫病也有报道,表明各个种的旋毛虫对人、猪都有感染(表-211)。旋毛虫宿主广泛,据报道有 150 多种动物感染旋毛虫,主要包括人、猪、小牛、羔羊、马、河马、鼠、犬、猫、熊、狐、狼、貂、黄鼠等几乎所有哺乳动物,28 种啮齿动物也是

带虫者,海豹、海象、野猪、鲸、野兔、负鼠鸥鹅都有感染报告,甚至某些昆虫也能感染旋毛虫。因此,旋毛虫的流行存在着广大的自然疫源性。患旋毛虫病的哺乳动物均是重要的感染源。由于这些动物互相捕食或新感染旋毛虫宿主排除的粪便(内含成虫和幼虫)污染了食物等,便可能成为其他动物的感染来源。其次旋毛虫病在野生动物之间传播,形成自然疫源地再传染人、猪。此外,旋毛虫在不良因素下的抵抗力很强,肉类的不同加工方法,大都不足以完全杀死肌肉内旋毛虫。如在低温−12℃可存活 57 天。盐渍或烟熏只能杀死肉内表层包囊里的幼虫,而深层的可存活一年以上。高温达 70℃左右,才能杀死包囊里的幼虫。在腐败的肉尸里的旋毛虫能存活 100 天以上,因此鼠类或其他动物的腐败尸体,可能相当长时期地保存旋毛虫的感染力,这都可成为传染源。猪是人旋毛虫的主要传染源和贮主。传播给人的主要方式有水平传播和垂直传播,进食含有活旋毛虫的肉品是常见传播途径。猪感染旋毛虫的主要原因有:吞食生泔水,用泔脚饲喂的猪,该病的染病率约为谷物饲喂的 4 倍;吃死老鼠;吃人的粪便;吃某些昆虫。鼠为杂食,且常互相蚕食,一旦旋毛虫侵入鼠群,就会长期地在鼠群中保持平行感染。因此,鼠是猪旋毛虫病的主要感染来源。对于放牧猪,某些动物的尸体、蝇蛆、步行虫,以至某些动物排出的含有未消化肌纤维和含幼虫包囊的粪便、生的废肉屑和有生肉屑的泔水都能成为猪的感染源,引起旋毛病的流行。我国主要存在猪旋毛虫($T.spiralis$)于南方和中原地区流行;犬旋毛虫($T.nativa$)于北方流行。

表-211　7种旋毛虫的生物学和动物地理学特征(引自崔晶)

虫　种	对宿主的感染性					对人的致病性	低温的抵抗	营养细胞发育(天)	分　布	主要保虫宿主
	人	猪	野猪	鼠	鸡					
$T.spiralis$(T_1)	高	高	高	高	N	高	低	16～37	世界性	猪、鼠等
$T.nativa$(T_2)	高	低	低	低	N	高	高	20～30	北极	熊、狐等
$T.britova$(T_3)	中	低	中	低	N	中	低	24～42	温带	狐、狼等
$T.pseudospiralis$(T_4)	中	低	中	中	Y	低	低	无包囊	世界性	鸟及哺乳类
$T.murrelli$(T_5)	—	低	低	低	N	—	低	24～70	北美洲	熊、狼、狐等
$T.nelsoni$(T_7)	高	低	中	低	N	低-中	低	34～60	赤道非洲	狮、狼等
$T.papuae$(T_{10})	—	高	—	中	N	—	—	无包囊	大洋洲	野猪

注:N=不感染,Y=感染。

猪、犬、鼠类在人感染旋毛虫病的过程中起了重要作用。猪是引起人体感染的主要贮主。某些地区犬有 50%感染旋毛虫,对人危害很大。人感染旋毛虫多与吃生猪肉或食用腌制、烧烤不当的猪肉制品有关。如生皮、刹生、酸肉等食品,做法虽不同,但均系生肉或未全熟肉,食用这种食品,自然容易感染旋毛虫病。此外,不良卫生习惯,餐具生熟不分开等亦可造成感染。野生动物旋毛虫感染率也很高,如意大利狐感染率达 7%,养宠物者和饲养野生动物者要引起注意。有些研究认为宿主的变化可以影响旋毛虫各隔离种感染性。Arakawa等(1971)认为 $T.nativa$ 开始对鼠感染力低,经几代后,其感染性大大增强。Pankova(1984)

用剂量 7 000 蚴/头的 *T.nativa* 感染 12 头猪,幼虫在猪体内传了 3 代,在 35、60 和 100 天剖检,结果感染性增高,感染 60 天猪第 1 代 LPG 为 1.06,而第 2、3 代为 7.5 和 12.4,比第 1 代高了几倍。Murrell(1984)认为,虽然旋毛虫有高度的宿主特异性,其能感染性易发生最初有宿主更换上,但猪一旦感染上少量旋毛虫,经传代,仍可提高其体内旋毛虫的适应性和感染性,传之成为猪和人的潜在感染源,是流行病学上需要重视的问题。

该寄生虫通过两种循环系统而在自然界长期存在:① 伴人(家养)循环,以猪为中心,也包括犬、猫和家鼠,伴人循环主要依赖人类而得以继续,即通过将感染猪肉残屑投入泔脚或厨房坆料为媒介,偶尔可与自然循环形成交替;② 自然循环(野生动物)。该病在自然界长期存在、传播,与野生动物贮主有关。这些野生动物往往成为贮主和传染源。据调查阿拉斯加地区检验了 42 种动物,在 23 种体内检出了旋毛虫,感染率在 52.9%~12.5%的动物有北极熊、大灰熊、红狐、狼、白鼬、猞猁、黑熊和郊狼等。掌握野生动物贮主情况,对于更好地了解旋毛虫的流行病学特别重要。

[发病机制] 猪旋毛虫感染分肠型和肌型,其对机体的致病作用及病情轻重与感染幼虫包囊的数量、不同虫体发育阶段及机体对旋毛虫的免疫反应密切相关。

发病的起初阶段,因成虫侵袭小肠上段,故以小肠的病理变化为主,引起小肠黏膜充血、水肿、灶性坏死甚至浅表溃疡,出现消化道症状,继而幼虫随血液移到全身,引起较广泛的病理变化。在十二指肠脱囊出来的幼虫,附着于肠黏膜表面或立即钻入十二指肠或空肠黏膜浅部,经 5~7 天发育为成虫。成虫在黏膜内交配并产生幼虫。在成虫寄生的部位,肠黏膜发生急性卡他性炎症,黏膜层充血、水肿,有中性及嗜酸性黏细胞、单核细胞、淋巴细胞等炎性细胞浸润,并见灶性出血。当幼虫进入血液循环于全身各部。由于虫体及其代谢产物的刺激,毒素引起全身中毒症状和炎症、过敏反应,出现发热、荨麻疹、血管神经水肿和嗜酸性细胞增高等。另外,幼虫的机械性穿透可引起小血管及间质的急性炎症,间质中小动脉及毛细血管扩张、充血,内皮细胞增生,血管壁及周围见白细胞浸润。这种急性小血管炎的变化,主要见于有幼虫寄生的横纹肌,特别是膈肌、胸肌、喉肌、肋间肌、腓肠肌、嚼肌、舌肌、臂肌等,受侵犯的肌纤维可发生变性、坏死,出现明显的炎症反应,并形成囊包。刚入肌质内的幼虫呈直条状与肌纤维平行,继而虫体开始卷曲,随着病变的发展,可形成肉芽、薄壁囊包及厚壁囊包,囊包的最终结局是发生钙化或肌化。除横纹肌外,其他器官如心、肾、肝、肺、延髓、视网膜等都可受到损害并引起不同程度的病变,其发病机制如图- 46。

[临床表现] Leidy(1846)在猪肉中发现包囊。Manson(1881)在中国厦门的猪体中发现成虫。两者分别寄生于猪的肌肉和小肠,表明猪是中间宿主和终末宿主。自然感染的病猪一般无明显临床症状。当严重感染时,病猪可于感染后 3~7 天体温升高,腹泻,有时呕吐,消瘦。其后呈现肌肉僵硬和疼痛,呼吸困难。有时眼睑、四肢水肿,甚至死亡。临床上分为肠型和肌型。肠型在感染后 2~7 天,相当于成虫寄生于肠黏膜的时期,主要引起宿主的急性肠炎。肌型相当于幼虫侵入肌纤维内生长形成包囊的时期,主要引起肌痛、嗜酸性粒细胞增高等。感染 6 周后,相当于幼虫包囊期,临床症状逐渐减轻。猪感染时,往往不显临床症状,大都表现厌食,肌肉疼痛和肿胀,波及后肢患猪极难起立,增重缓慢,饲料利用率低。

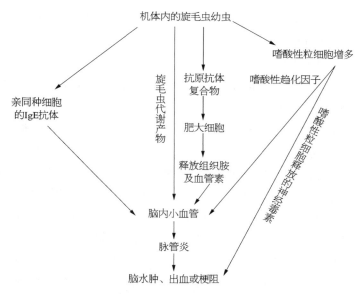

图-46　旋毛虫感染所致中枢神经系统损害的发病机制

偶有死亡。严重感染时,初期表现食欲不振,呕吐和腹泻的肠炎症状,可引起肠黏膜出血、发炎和绒毛坏死。随后出现肌肉疼痛、步伐僵硬、呼吸和吞咽有不同程度的障碍,有时眼睑、四肢水肿,可有死亡。一般经过 1～2 周症状减轻,4～6 周症状消失。移行期幼虫可引起肌炎、血管炎和胰腺炎等。猪的临床表现与感染剂量有关。Schwartz(1938)用每千克体重 1 000 条幼虫攻击猪后,在横膈膜查到包囊;Olsen 等(1964)用 150 000 条幼虫喂 3 个月小猪,猪不发生症状,仅查到肌肉内幼虫检出率是攻毒量的 216 倍;Campbell(1966)以每千克体重 10 000 条幼虫攻击猪,猪并不产生临床症状,仅表现嗜伊红白细胞和丙型球蛋白增加,以及血清学上有沉淀反应。而喂高剂量(每千克 10 万条)幼虫,症状表现出体重减轻,3 周后小猪不肯移动;2 只猪发生全身肌肉痉挛及倒伏不动,4 只猪有肌肉疼痛症状,历时 7～23 天;44 天后死亡 1 只。其余 3 只逐渐恢复。Leuckart 用高剂量攻击后,50%猪有临床症状,3～4 天有肠道症状、发热、肌痛;11 天时体温突然升高,肌肉发炎,僵硬,咀嚼和呼吸困难,极度消瘦,康复猪的症状的消失要从 6 周后开始。有的猪感染后 3～5 天,体温上升、下痢、呕吐、迅速消瘦,往往 12～15 天死亡。慢性表现猪有痒感,喜擦磨墙壁,肌肉有疼痛感,行走不便,食欲不振,长时间躺卧不动,四肢伸展,呼吸浅表,有时眼睑水肿,四肢水肿。病程延长一个多月,不显急性症状。

　　实验证实旋毛虫幼虫还可以传播淋巴细胞性脉络丛脑膜炎病毒和猪瘟病毒。

　　[病理变化]　旋毛虫幼虫常寄生的横纹肌主要是膈肌、咬肌、舌肌、喉部肌肉,肋间肌、胸肌及眼肌等。但肌肉间包囊一般肉眼看不到,有时肉眼可见到钙化后的包囊,为长约 1 mm 的灰色小结节。幼虫经过和寄生的地方,均会出现炎症。肉联厂猪旋毛虫检验中发现的大包囊病灶实际上分为 2 种类型:肉芽肿型及既有包囊结构又兼有肉芽肿的混合型。但学术上旋毛虫病灶分为肉芽肿型、包囊型及混合型。

[**诊断**]　本病的诊断方法主要有两类,即病原学诊断和血清学诊断。根据 2002 年国家下发猪旋毛虫病诊技术标准规定,猪旋毛虫病的病原学诊断采集肌肉进行目检、压片镜检和集样消化 3 种方法。根据国际兽医局(OIE)1996 年编写的哺乳动物、禽和蜜蜂 A 和 B 类疾病诊断试验和疫苗标准手册规定的血清学诊断,采用酶联免疫吸附试验(ELISA)的方法。猪旋毛虫病诊断为例将这些方法分述如下。

1. 目检法　目检法即用眼睛观察病猪肉检查旋毛虫的方法。自胴体两侧的横膈膜肌脚部各采集一块,记为一份肉样,其重量不少于 50～100 g,与胴体编成相同号码。如果是部分胴体,可从肋间肌、腰肌、咬肌、舌肌等处采样。撕去膈肌的机模,将膈肌肉缠在检验者左右食指第 2 指节上,使肌纤维垂直于手指伸展方向,再将左右握成半握拳式,借助于拇指的第 1 节和中指的第 2 节将肉块固定在食指上面,随即使左右掌心转向检验者,右手拇指波动肌纤维,在充足的光线下,仔细视检肉样的表面有无针尖大、半透明乳白色或灰白色隆起的小点。检完一面后再将膈肌反转,用同样方法检验膈肌的另一面。凡发现上述小点可疑为虫体。

2. 压片镜检法　与目检法同样方法采集待检肉样。用剪刀顺肌纤维方向,按随机采样的要求,自肉上剪取燕麦粒大小的肉样 24 粒,使肉粒均匀地在加压玻片上排成一排(或用载玻片,每片 12 粒);将另一加压片重叠在放有肉粒的加压片上,并旋动螺丝,使肉粒压成薄片,然后将压片放在低倍显微镜下,从压片一端的边沿开始观察,直到另一端为止。镜检判定标准如下:

(1) 没有形成包囊期的旋毛虫:在肌纤维之间呈直杆状或逐渐蜷曲状态,或虫体被挤干压出的肌浆中。

(2) 包囊形成期的旋毛虫:在淡紫薇色背景上,可看到发光透明的圆形或椭圆形物,囊中是蜷曲的虫体。成熟的包囊位于乡邻肌细胞所形成的梭形肌腔内。

(3) 钙化的旋毛虫:在包囊内可见到数量不等、浓度不均匀的褐色钙化物,或可见到模糊不清的虫体,此时启开压玻片,向肉片稍加 10% 的盐酸溶液,待 1～2 分钟后,再进行观察。

(4) 机化的旋毛虫:此时启开压玻片,平放桌上,滴加数滴甘油透明剂(甘油 20 mL,加双蒸水至 100 mL)于肉片上,待肉片变透明时,再覆盖加压玻片,置低倍镜下观察,虫体被肉芽组织包围、变大,形成纺锤形、椭圆形或圆形的肉芽肿。被包围的虫体结构完整或破碎,乃至完全消失。

若检验冻肉,可用上述同样方法进行采样制成压片,然后对压片进行染色或透明。

操作方法为:在肉片上滴加 1～2 滴亚甲蓝(饱和亚甲蓝酒精溶液 5 mL,加双蒸水至 100 mL)或盐酸水溶液(HCl 20 mL,加双蒸水至 100 mL),浸渍 1 分钟,盖上加压玻片后镜检。用亚甲蓝染色的肌纤维呈淡青色,脂肪组织不着染或周围具淡蔷薇色。旋毛虫包囊呈淡紫色、蔷薇色或蓝色。虫体完全不着染。用盐酸透明的肌纤维呈淡灰色且透明,包囊膨大具有明显轮廓,虫体清楚。

3. 集样消化法　集样消化法应用胃液对蛋白质消化的原理,肌纤维及包囊在胃液中可以被完全消化掉,而活旋毛虫仍可存活。基本操作方法为:

(1) 采样:每头猪取以去除脂肪、肌膜或腱膜的横膈肌或舌肌 1 个肉样(100 g),再从每个肉样上剪取 1 g 小样,集中 100 个小样(个别旋毛虫病高发地区以 15～20 个小样为一组)进行检验。

(2)绞碎肉样:将 100 个肉样(重 100 g)放入组织捣碎机内以 2 000 r/min,捣碎时间为 30～60 秒,以无肉眼可见细肉块为度。

(3)加温搅拌:将已绞碎的肉样放入置有消化液[胃蛋白酶(3 000 国际单位)10 g,HCl(密度 1.19)10 mL,加双蒸水至 1 000 mL,加温 40℃搅拌溶液,现用现配]的烧杯中,肉样与消化液的比例为 1∶20,置烧杯于加热磁力搅拌器上,启动开关,消化液逐渐被搅成一漩涡,液温控制在 40～43℃,加温搅拌 30～60 分钟,以无肉眼可见沉淀物为度。

(4)过滤:取 80 目的筛子,置于漏斗上,漏斗下再接一分液漏斗,将加温后的消化液徐徐倒入筛子。滤液在分液漏斗内沉淀 10～20 分钟,旋毛虫逐渐沉到底层,此时轻轻分几次移出底层沉淀物于凹面皿中。

(5)漂洗:沿凹面皿边缘,用带乳头的 100 mL 吸管徐徐加入 37℃温自来水,然后沉淀 1～2 分钟,并轻轻沿凹面皿边缘再轻轻多次吸出其中的液体,如此反复多次,加入或吸出凹面皿中的体液均以不冲起沉淀物为度,直至沉淀于凹面皿中心的沉淀物上清液透明(或用量筒自然沉淀,反复吸取上清液的方法进行漂洗)。

(6)镜检:将带有沉淀物的凹面皿放入倒置显微镜或在 80～100 倍的普通显微镜下,调好光源,将凹面皿左右或来回晃动,镜下捕捉虫体、包囊等,发现虫体时再对这一样品采用分组消化法进行复检,直到确定病猪为止。

4.酶联免疫吸附试验(ELISA)　用于检验寄生虫特异抗体的 ELISA 试验为动物屠宰前后血清检验提供了一种快速的方法。它能检测到 100 g 组织中只有一个包蚴的低水平感染,其敏感性大大高于消化法,在屠宰检查时可替代消化试验。试验步骤如下。

(1)抗原制备。用 ELISA 诊断旋毛虫病时,使用的抗原为旋毛虫的分泌性抗原。这种分泌性抗原是由分子量为 450～550 kU 的糖蛋白组成。将去掉皮和内脏并已磨碎的感染旋毛虫的鼠胴体,用 1%胃蛋白酶和 1%HCl 在 37℃下滑 4 小时,然后回收旋毛虫的肌肉期幼虫。幼虫用含有 500 U 双抗的 Dullbecco's 改良 Eagle's 培养基(DMEM)冲洗,并放在 DMEM 完全培养基中[即 DMEM 中补加下列成分:HPES(10 mmol/L)、谷氨酰胺(2 mmol/L)、丙酮酸(mmol/L)和各 50 U 的双抗]。并在 10%CO_2 的环境下放于 37℃培养 18～20 小时。回收的培养物滤去虫体,滤液在 5 kU 分子量的滞留压力下浓缩。回收的分泌性抗原可贮存在-20℃下,或在-70℃下长期保存;经 SDS-聚丙烯凝胶电泳分析表明,这种抗原约含 25 种蛋白质成分。用包被缓冲液(含 50 mol/L Tris,pH 7.4、150 mmol/L NaCl,50%脱脂干奶和 1.0%Triton X 100)将板冲洗 3 次。每次洗涤后,将滴定板晾干。

(2)用洗液 1∶10 或 1∶100 稀释猪血清,加 100 μL 稀释的猪血清到抗原包被孔。每板设与试验血清相同稀释度的已知和阴性血清对照。室温下孵育 30 分钟。用洗液洗涤 3 次。

(3)用洗液将免抗猪 IgG(0.1 mg/mL)1∶1 000 稀释,每孔加 100 μL,室温下孵育 30 分钟。用洗液洗涤 3 次。

(4)用洗液将山羊抗免 IgG 过氧化物酶结合物(0.1 mg/mL)1∶1 000 稀释,每孔加

$100\ \mu L$，室温下孵育 30 分钟。用洗液洗涤 3 次。

（5）加入 $100\ \mu L$ 适当的过氧化物酶底物［如 5′-对氨基水杨酸（0.8 mg/mL 含 0.005％过氧化氢酶底物，pH 5.6～6.0)］。5～15 分钟后，在美标仪测定微量板的光密度值的 450 nm 处，当该值达到混合阴性对照血清值的 4 倍判为阳性，达 3 倍则判为可疑。

［**防治**］　旋毛虫的生活史很特殊，同一宿主既是它的中间宿主，又是它的终末宿主。成虫和幼虫均寄生于同一宿主体内，不需要在外界环境中发育，但要完成生活史又必须更换宿主。其生活史的这一特点为控制和消灭旋毛虫病提供了前提条件。只要采取综合性的防治措施，即可防止旋毛虫进入人和动物的食物链，从而防止新的感染。

［**预防**］

1. 养猪方式的改善　猪不要任意放养，应当圈养，管好粪便，保持猪舍清洁卫生。饲料应加热处理，以防猪吃到含有旋毛虫的肉屑。美国 1983 年制定的"猪健康保护条例"明确规定，所有食物喂猪前必须煮沸 30 分钟，以确保杀死料中的所有旋毛虫。在欧盟，为了保证工业化养猪场的质量和预防猪的旋毛虫感染，按照欧盟旋毛虫工作组对无旋毛虫区的要求，在养猪场需进行以下防治措施。

设置微生物学的屏障，防止啮齿动物等进入猪圈和粮仓（通风口和下水道应使用孔径小于 1 cm 的铁丝网覆盖）；只有对新引进动物做血清学检查，确定旋毛虫特异性抗体为阴性后才允许进入养猪场；养猪必须有圈舍，不能散养，以免猪到处游走而吃入病原体；对死亡的动物做清洁处理，不用病死猪肉和生肉喂动物；确保养猪场无生的或适当加热的残食或含肉的残食；在养猪场附近无垃圾堆，改善卫生环境，扑灭饲养场和屠宰场鼠类，禁养犬、猫。

这些措施不仅可预防旋毛虫病的传播，而且还可以防止其他病原体如弓形虫等，从猪传播给人。如在瑞士已有数十年未发现家猪感染旋毛虫。因此，预防旋毛虫的传播不仅比检测被感染的动物更有效，而且更经济。

2. 加强肉类检疫　认真贯彻肉品卫生检查制度，加强食品卫生管理。不准未经宰后检疫的猪肉上市和销售。感染旋毛虫的猪肉要坚决销毁，这是预防工作的重要环节。

3. 加强进口检疫　国际贸易的全球化增加了旋毛虫传播的机会。随着我国加入 WTO 后，国际贸易的增多，每年有大量动物肉类进出口。在原无旋毛虫病流行或猪旋毛虫病已消灭的地区，在进口的感染有旋毛虫的动物死亡后，如果其尸体未及时销毁，则可输入或重新导致旋毛虫病的流行。因此，对于进出口的活动物、肉类及肉类制品均应加强旋毛虫的检疫。

4. 病猪肉的无害化处理　目前我国对旋毛虫病猪的处理依据是《四部规程》，实际应用中可用高温、辐射、腌制、冷冻等方法对病猪进行无害化处理。美国、加拿大等国于 18 年前采用低温冷冻无害化处理至今。有的学者建议猪肉一律低温冷冻无害化处理。据生产试验证明，猪肉在 $-15℃$ 下冷藏 20 天，可杀死旋毛虫包囊；美国 CDC 建议，上市冷藏肉必须预冷冻 $-15℃$ 20 天、$-23℃$ 10 天或 $-30℃$ 6 天，但不适用于 T2 虫株。苏维萍、李普霖（1990）报道低温处理对猪肉中旋毛虫幼虫超微结构的影响研究结果：肉尸急速冷冻，肉温达 $-18℃$，维持 4 天，肉内旋毛虫超微结构发生不可逆的质的变化。冷冻处理旋毛虫病猪肉的效果与胴体厚度、冷冻速度及冷藏时间等有关，现有资料证明，处理旋毛虫病猪肉不宜采用慢冻法(库温－8℃～－12℃)应用快冻法(库温－18℃～－23℃),可使虫体细胞内冰晶升高和渗透压升高;冰晶可机械破坏虫体细胞内的细胞器,渗透压改变则可使虫体蛋白质变性,二者共同作用使虫体细胞内结构改变达不可逆的程度。而高温处理仍是目前最可靠常用的方法。实际应用中要适当提高温度,延长加热时间,才能保证肉类的安全性,肉的中心温度达到76.6℃,时间10分钟为宜。泔脚以100℃30分钟,就能破坏全部旋毛虫。

5. 药物预防　1987—1995年在罗马尼亚开始应用阿苯达唑(Albenzole)对猪进行预防性治疗,猪旋毛虫的感染率与对照组相比降低了10倍。龚广学等(1993)在河南省南阳地区将阿苯达唑(0.01%～0.02%)作为猪饲料添加剂对42头猪按上述剂量作为添加剂喂养50 d,也有100%的杀虫效果,表明阿苯达唑用作猪饲料添加剂对猪旋毛虫病具有良好的预防作用。

(1) 丙硫咪唑(albendazole, AD)。丙硫咪唑是一种跨纲广谱性蠕虫药,目前已在全球100个国家和地区广泛使用,治疗各种蠕虫病,商品名:Zentel(肠虫清)、Valbazen、抗蠕敏,是目前应用最广的驱虫药物之一。治疗猪旋毛虫病,按0.01%～0.02%的剂量给猪连续饲喂50 d以上,对人工感染及自然感染旋毛虫病猪均有100%的疗效。按上述剂量以饲料添加剂的形式连用3～4个月,可预防猪感染旋毛虫。肌注剂量200 mg/kg,1次或分3次肌注;按0.02%拌饲,连用10 d或15 mg/kg连用15～18 d均可完全杀死肌肉中的旋毛虫幼虫。治疗人体旋毛虫病,按15～20 mg/kg·d,疗程一般5～7 d,疗效好,副作用少,使用方便,安全可靠。人服后大多发热、水肿消退,仅少数会低热3～5天,肌痛消失或减轻,少数有头昏、胃不适。治疗停药后仍可检到虫体,29天后部分虫体失去自然卷曲状态或虫体变混浊或局部发生缺陷。

(2) 氟苯咪唑(flubendazole, FD)。治疗猪旋毛虫病,按0.012 5%的FD拌饲,对各期虫体均有100%的杀灭作用。治疗人体旋毛虫病,剂量为200～400 mg/天,分3次口服,疗程至少10天,对旋毛虫病患者可获得良好治疗效果,且无副作用。

(3) 酚苯达唑(fenbendazole)。酚苯达唑是新引进的一种达并咪唑类药物,对肺吸虫、包虫也有一定杀灭作用,具有兼治组织及肠道内寄生虫的作用。试验表明,用100 mg/kg,每日2次,连续3 d投药,对小鼠肠道虫体的减虫率为100%。

(4) 加强宣传教育。要利用各种渠道和新闻手段,广泛向群众宣传旋毛虫病的危害性及防治工作的重要性。教育群众改变生食或半熟食肉的不良习惯及不卫生活动。烹调、加工猪肉及其制品要彻底煮熟,不吃半生不熟的肉。贮存、销售猪肉及其制品的店铺、摊点要做到刀案生熟分开,防止交叉污染。

(5) 免疫预防。许汴利等(1997)将旋毛虫成虫、肌幼虫和新生幼虫抗原及混合抗原用福氏完全佐剂乳化后对家猪进行免疫接种,然后攻击感染。发现上述4种抗原的减虫率分别为93.15%、82.34%、66.13%和97.84%。表明新生幼虫抗原和混合抗原为最佳的免疫源,对家猪可诱导出高效的免疫保护力。窦兰清等(1999)比较了旋毛虫成虫可溶性抗原与弗氏完全佐剂、白油司班佐剂、ISA206佐剂和蜂胶佐剂在乳化程序、注射、价格及免疫增强作用等方面都优于其他佐剂,具有开发应用前景。由于旋毛虫抗原来源较困难,且抗原的制备也不易标准化,因此,基因重组抗原和DNA疫苗将是今后旋毛虫病免疫预防的发展方向。

二十七、肾膨结线虫病(*Dioctophymiasis*)

该病是由肾膨结线虫(俗称巨肾虫,the giant kidney worm)寄生引起的人兽共患寄生虫病。肾膨结线虫主要寄生于貂和犬的肾脏或腹腔内,亦可见于其他多种哺乳动物,偶可寄生于人体肾脏或其他部位,可引起动物源性疾病。

[**历史简介**]　Goeze(1684)从水貂肾脏发现本虫,从犬肾内检出虫体(1782)。Ascaris renale、Collet‐Meygret(1802)将其移入 Dioctophyme 属。Woodhead(1950)及 Karmannovalk 描述了它的生活史。1854 年首次报道人体肾膨结线虫病。

Woodhead(1945)研究认为寡毛环节动物是本虫的第 1 中间宿主,鱼是第 2 中间宿主。Woodhead 和 Hallbery(1950)报道了本虫生活史。Kapmahob(1962~1963)研究修正了这一论点,完成了本虫生活史,中间宿主只有寡毛环节动物 1 种,而鱼是转续宿主。Meneil(1948)进行了病理学研究。

[**病原**]　肾膨结线虫,异名有 *Stromgylus gigas*、*S.renalis*、Eustronylus、Visceralis 和 *E.renalis* 等,属于膨结科、膨结属。成虫为血红色,圆柱形,整个虫体几乎等粗,体前半部向前端渐尖细,后半部较粗,角皮层有横纹,以前端尤为明显。体表具有不等距细横纹,虫体两侧各有一行乳突,其排列中部较稀,两端较密,越向后乳突排列越紧密,靠尾端尤为紧密。前端顶部有一口孔,围绕口孔有两圈乳突,外圈 6 个乳突较大呈六角形隆起,内圈 6 个乳突细小,隆起不明显,各有两个亚背、两个亚腹和两个侧乳突。口腔浅,直接与食管相连。

在不同宿主体内,虫体大小可有差别。寄生于犬肾、腹腔中的虫体长而粗大,体表横纹极为明显;而在鼬、家鼠及人体内的虫体较小。寄生于动物体内雄虫发育较好,长 14~45 cm,宽 0.4~0.6 cm;人体内寄生的发育较差,长 9.8~10.3 cm,宽 0.12~0.18 cm。尾端有钟形无肋的肉质变合伞,亦称为生殖盘或泄殖腔周围囊。向腹侧倾斜开口,其前缘略有凹陷,边缘和内壁有许多小乳突,中间有 1 个锥形隆起。交合刺一根,由锥形隆起端部的泄殖孔中伸出,其表面光滑,长 5.0~6.0 mm。寄生于动物体内的雌虫长 20~100 cm,宽 0.5~1.2 cm;人体内寄生的长 16~22 cm,宽 0.21~0.28 cm。阴门开口于虫体前端腹面的中线上,食管末端稍后。阴门周围稍隆起,该处表皮光滑。肛孔呈卵圆形,位于尾端略偏腹侧。

成熟虫卵呈椭圆形,两端略凸出,棕黄色;卵壳较厚,表面不平密布大小不等的球形突起;虫卵外周缘形成凹凸不平的波状花纹结构,两端有明显透明栓样结构;卵内含有 1~2 个大的卵细胞;卵的大小与宿主种类及受精与否有关,从动物宿主排出的卵为 60~80 μm×39~46 μm,从人体内排出的卵为 54~67 μm×34~44 μm。未成熟卵呈椭圆形,卵壳上的突起变化多样,卵骨含大量屈光颗粒。

肾膨结线虫成虫寄生在宿主的肾脏,虫卵经尿液排出体外。受精卵进入水中,在 14~30℃时,经 15~120 天发育为含有第 1 期幼虫的卵。过去有些学者认为虫卵对外界的抵抗力强,能生存 5 年,后经实验室证实在室温下经干燥或冰冻的虫卵即使放回合适的环境中也不能发育。虫卵在 6~10℃时至少可存活 2 个月。

含有第 1 期幼虫的卵被中间宿主蛭形蚓科和带丝蚓科的寡毛环节动物,如 *L. parie-*

gatus 摄食后,在其前肠孵出第 1 期幼虫,幼虫长 15.7 μm,宽 3 μm,借口刺穿出肠壁移行至腹部血管中进行发育。在 20℃时,约于感染后 50 天和 100 天进行各 1 次蜕皮,发育为第 2、3 期幼虫。以感染的寡毛环节动物试验感染犬和貂,感染期幼虫在终宿主的胃或十二指肠破囊而出,穿过胃壁和肠壁进入体腔,移行至肾脏或肝脏组织内寄生,在终宿主体内经 1～2 次蜕皮,由第 4 期幼虫发育至成虫。幼虫也常随血液移行至胃壁、体腔等部位。本虫在试验感染中完成生活史所需时间一般为 8.5～9 个月,大约经 1 个月发育成含胚卵;经 4.5～5 个月完成在中间宿主体内的发育;经 3 个月在终宿主体内发育成熟。成虫的寿命约 1～3 年。在生活史中曾被认为是第 2 中间宿主的淡水鱼和蛙类,实际只是转续宿主(paratenic host),感染期幼虫在组织内被包围,虽然体长增大,但并不进一步发育。可作转续宿主的有狗鱼、鲈鱼、鲇鱼、鲟鱼、赤梢鱼、雅罗鱼、食蚊鱼、拟鱼、卡拉白鱼、欧飘鱼、河鲃鱼、鮰鱼、白鱼、角桑鱼、婉仔蛔鱼、黑色蛔鱼、美洲蛔鱼等淡水鱼和湖蛙。Kapmahoba 认为兽类的感染主要是由于生食或半生食感染了的鱼和蛙类;食草动物则因吞食了水中或水生植物上的寡毛环节动物,人和猪的感染可能上述两种方式兼而有之。人和猪感染可能吃鱼和食水草。

[流行病学]　动物的肾膨结线虫病呈全世界性的分布,如意大利、波兰、加拿大、美国、巴西、阿根廷、澳大利亚、日本、朝鲜、印度、原苏联地区等。动物肾膨结线虫病主要见于犬、貂、胡狼、丛林狼、巴西狐、赤狐、貉、猎豹、狼獾、石貂、紫貂、松貂、欧洲水貂、美洲水貂、艾虎、水獭、巴西水獭、南美鼬、臭鼬、南美浣熊、棕熊、獴、海豹、褐家鼠、猫、猪、牛、马等哺乳动物。Fyvie(1971)对加拿大 12 种 6 500 头野生动物进行调查,感染率貂为 18%,黄鼬为 1.5%、水獭为 2.2%、丛林狼为 1%、山狗为 0.9%。可作为转续宿主的有狗鱼、鲈鱼、鲇鱼、鲟鱼、白水鱼、湖蛙、蛔鱼等。国内在南京、杭州、吉林和黑龙江发现犬的肾膨结线虫病,我国台湾地区发现牛感染本病,云南的褐家鼠、上海的黄鼬和浙江的水貂均患有本病。

肾膨结线虫主要寄生于貂和犬的肾脏或腹腔内,亦见于其他多种哺乳动物,偶尔可寄生于人体肾脏或其他部位而致人发病。

人和动物感染均可成为本病的传染源,由于动物的感染比人多,且随地便溺,其尿中的虫卵污染环境,所以动物是主要的传染源。肾膨结线虫生活史表明其发育过程需经多个中间宿主,所以感染不能直接在人与人、人与动物或动物与动物之间传播。

[临床表现]　猪的感染概率较低,大部分感染是因为取食了生的鱼、水生植物和寡毛环节动物等。李广生、邵明东(1998)报道某个体养猪户在屠宰猪时,在猪的左侧肾脏内发现两条虫体,虫体大小为 68 cm×0.8 cm～75 cm×0.8 cm。右肾严重损坏,肾实质消失,仅存白色被膜裹有 2 条红色虫体,被膜内表面有散在的、灰白色的钙化斑,触之较硬。虫体粗大,形似蛔虫。经鉴定为 2 条雌性肾膨结线虫。病猪有食生泥鳅等杂鱼史,7 月龄时体重轻,状态差,继续有便血现象。

[诊断]　在流行区有生食、半生食鱼或蛙史,反复出现肾盂肾炎症状而又久治不愈者,应考虑有感染本病的可能;对无症状仅出现蛋白尿、血尿、脓尿而用通常方法治疗无效者,也应考虑本病。从尿液中发现虫体或查见虫卵是确诊本病的依据。诊断肾膨结线虫病比较困难,虽可通过尿检获得虫卵,若仅有雄虫寄生,或输尿管发生阻塞,或寄生于腹腔,在尿中就

不能检到虫卵。寄生于腹腔或其他部位时,可行手术检查或活检发现。

　　该虫体在肾脏寄生,临床上出现血尿、肾绞痛,须与肾盂肾炎、肾结石相鉴别;若虫体至输尿管,阻塞尿路出现排尿困难、肾盂积水,须与输尿管结石相区别;虫破坏肾实质,其周围形成炎症性肉芽肿,须与肾癌、肾错构瘤等其他肾脏占位性病变相鉴别。临床上要与寄生于猪肾盂、肾周围脂肪和输尿管等处的猪冠尾线虫引起的猪肾虫病相区别。

　　[防治]　本病可用阿苯达唑、噻嘧啶等药物治疗。

　　动物和人亦可通过采食含有感染性幼虫的蚯蚓而遭受感染,还可通过食入多种淡水鱼、蛙等转续宿主而感染。此病是一种食源性寄生虫病,故要加强卫生宣传教育,勿食生食或半生未煮熟的鱼、蛙和生水、生菜、生的龙虾或其下脚,必须煮透或其他高温处理,切断传播途径。在本病呈地方性流行的地区,尤其要加强本病的预防。定期对犬、水貂和其他某些哺乳动物,采取必要的预防措施,以减少感染。

二十八、肝毛细线虫病(*Hepatic capillariasis*)

　　该病是由肝毛细线虫寄生于人畜肝脏引起的疾病。肝毛细线虫是啮齿动物与其他哺乳动物的常见寄生虫,人体感染较少见。同种异名还有肝脏肝居线虫(*Hepaticola hepatica*、*Trichocephalus hepaticus*、*Capillaria leidyi*、*Hepaticola anthropopitheci*)。成虫寄生于肝脏,肝实质由于虫卵的沉积而发生肉芽肿反应。

　　[历史简介]　Bancroft(1893)在大鼠肝脏内发现肝毛细线虫,称为 *Hepaticola hepatica*。1915 年 Travassos 再次发现,称为 *Trichocephalus hepaticus*。Mcarthur(1924)从 1 名死于脓毒症的印度裔英国士兵尸体的肝脏中检出大团虫卵,报告了第 1 例人的感染。

　　[病原]　肝毛细线虫属于毛细科、毛细属。成虫纤细,寄生于宿主肝脏内。雌虫为 53~78 mm,雄虫 24~37 mm。食管占虫体长度的三分之一(雌虫)至二分之一(雄虫)。雄虫有交合刺,交合刺长约 425~500 μm,外覆交合刺鞘。雌虫生殖孔位于食管稍后方。雌虫产出的虫卵多滞留在肝实质,仅少数随宿主粪便排出体外。卵在肝组织中并不发育,产出的虫卵在鼠肝组织中 7 个月后仍有 10%左右存活。患病动物死亡后,卵从腐烂的尸体释放于土壤中。动物之间由于捕食,感染动物的虫卵可进入捕食动物,含有虫卵的肝脏在捕食动物体内被消化后,虫卵即进入捕食动物的消化道,并随其粪便排到体外。在适宜的温度等条件下,排至土壤中的虫卵约需 1~2 个月孵化并发育为含胚感染性虫卵。感染性虫卵被适宜的动物或人食入后,幼虫在小肠中从感染性虫卵释出,穿透黏膜,通过门脉系统到达肝脏,经 4 次蜕皮,于感染后约 21 天发育为雌雄性成熟的成虫。雄虫寿命约 40 天,雌虫约 59 天。虫卵在肝脏出现的最早时间随动物种类而异。小鼠一般在感染后的 18~21 天,大鼠则在感染后的 21~32 天。约在第 18 天时,幼虫发育而达性成熟期。第 21 天在雌虫体内可见到成串虫卵,在约第 28 天随着雌虫死亡而释放。肝脏内虫卵在早期卵裂期发育减弱。虫卵在肝脏内可存活 7 个月或更长时间,但有时老龄虫卵可失去活力。

　　肝毛细线虫虫卵与鞭虫虫卵相似,但较大,为 51~68 μm×27~35 μm。虫卵两端各有黏液状塞状物,不突出于膜外;卵壳上可见明显的放射状条纹为其特点。卵在外界发育需要合适的温度、湿度及足够的氧气。在 30℃时需 4 周,室温下约需 7 周,虫卵内的胚胎才能完全发育成熟。虫卵在湿润的鼠粪和肝碎片中都能发育。卵对环境有很强的抵抗力,在室温和相对湿度低(50%)的条件下可存活 1~2 周。在−15℃的低温下仍可存活。

[流行病学] 肝毛细线虫病主要是动物寄生虫病,人仅偶尔被感染,目前已知肝毛细线虫的动物宿主有 70 种之多,以各种鼠类为主。除鼠类外,还有刺猬、猫、犬、黑猩猩、狒狒、河狸、欧洲野兔崽、猪、野猪、豪猪、犬、猫、卷尾猴、蜘蛛猴等。国外对鼠类肝毛细线虫感染调查表明,北美草原田鼠的感染率为 67%,巴西鼠为 56.5%。美国麝鼠肝毛细线虫的感染率为 0~78%。我国对武汉、云南等一些地区的调查显示,黄胸鼠感染率为 28.72%~65.13%,褐家鼠感染率为 34.68%~66.67%。对温州地区的调查显示为 18.3%。不同鼠种和栖居范围不同的鼠感染率不同,鼠感染率和感染度随鼠龄增大而增高。甲虫可作为传播宿主。

感染肝毛细线虫的动物死亡后沉积在肝脏中的虫卵随尸体腐烂分解而释放到外界,或鼠类被食肉动物捕食后,虫卵随捕食动物的粪便排出。寄生在感染动物体内的成虫产出的卵也有少量随粪排出。人肝毛细线虫感染是由于食入含感染性虫卵的动物宿主(主要是鼠类)粪便污染的土壤。此外,曾查到腐尸周围和土壤中的昆虫虫卵阳性,可能也起传播作用。

鼠类是本虫的主要宿主,因种类多、繁殖快,生活于人居环境中,故易使本病传染给人畜。

[发病机制] 成虫寄生于肝脏,产出的虫卵多数沉积在肝实质内,引起肝脏肉芽肿性病变。肉眼可见肝脏肿大,肝表面有许多白色或灰黄色点状小结节,大小为 0.1~0.2 cm,有时也可见到数个小结节融合成形状不规则的较大结节。肝实质内有多发性脓肿样灶性坏死及肉芽肿形成。肉芽肿中心由成虫、虫卵和坏死细胞组成。视肉芽肿形成的时间长短,虫体体壁可完整或部分崩解,虫卵结构可基本完整或变性、死亡、钙化。肉芽肿的外围有嗜酸性粒细胞、浆细胞、巨噬细胞、类上皮细胞浸润。肉芽肿相互间还可融合。由于肝脏中脓肿样病变和虫卵肉芽肿的形成,导致肝细胞的损害;慢性感染则有肝纤维化,肝硬化形成。

[临床表现] 肝毛细线虫可感染猪。1979 年前文献记载全世界共 23 例。

张化贤(1981)报道四川猪发生肝毛细线虫感染。患猪,雄性 3 月龄,体重 20 kg,营养中等,黑色,当地雅河猪种。购入作试验猪,临床表现未见可疑症状,剖检后见肝脏肿大,呈黄褐色,右内叶下沿散在分布不规则细小灰白区。切取病变组织块,10% 福尔马林液固定,石蜡包埋切片,HE 染色镜检出肝小叶间质增宽纤维化,汇管区内有成堆虫卵分布。虫卵大小为 46.8~52 μm×23.4~26 μm,横切面圆形,纵切面椭圆形,卵壳双层,外层薄,切面细线状,内层厚而致密,呈褐色,两层之间有许多放射状排列的细小杆形线。卵的两端各有一个塞状物,但不突出于膜外。卵内含有一团被膜包裹的胚细胞。卵周围增生的间质内浸润大量淋巴细胞、巨噬细胞及一定数量的嗜伊红粒细胞。巨噬细胞贴近虫卵。组织内未发现成虫。肝实质细胞脂肪变性,其间亦见淋巴细胞、中性粒细胞及嗜伊红细胞浸润。虫卵数量较多处,亦见侵入小叶内。

[诊断] 本病罕见,肝毛细线虫假性感染病例是因为食入生物或未煮熟的感染动物的肝,虫卵仅通过人体消化道随粪便排出,虽可在人粪中检到,但人并未获得真正感染;而真性

感染则是吞下被含胚胎的虫卵所污染的食物或尘土。感染者虫卵很少从粪便排出,只能凭活检或尸检取得肝组织进行显微镜检查才能确诊,因此临床诊断比较困难。

[防治]   消灭鼠类,提高环境卫生和个人卫生水平,防止、避免土壤污染食物和饮水,不吃生的或未熟透的保虫宿主的肝脏。避免猫、犬、鼠等宿主取食可感染的动物尸体,传播病原,以免虫卵随同类粪便排出;另外注意灭蝇,因为蝇类可传播毛细线虫虫卵;防止小孩与土壤和污物接触。这些都是预防肝毛细线虫病的重要措施。

二十九、鞭虫病(*Trichuriosis*)

该病主要是由毛首线虫(鞭虫)寄生于人畜大肠(主要是盲肠)中所引起的一种肠道线虫病。鞭虫寄生于人体盲肠,轻度感染者无症状,重度感染者可出现腹泻、腹痛、贫血及直肠脱垂等;寄生于猪盲肠可引起腹泻、顽固性下痢、贫血等,严重感染可致仔猪死亡。也可致羊等家畜发病。

[历史简介]   根据湖北省江陵县马山砖厂一号战国楚墓古尸研究,证实在2 300年前就有此虫寄生于人体。Roederer(1761)在盲肠中发现此虫并进行了形态描述。Linnacus(1771)发现毛首鞭形线虫,并与Stiles(1901)命名为鞭虫(Trithuris trichura)。Grassi(1887)、Fiilleborn(1923)和Hasagana(1924)研究了毛首线虫生活史。Beverleyurton和Beck(1968)认为猪鞭虫是个独立种。

[病原]   猪鞭虫(T.Suis)属毛首科、毛首属。虫体呈乳白色,前为食道部,细长,内为由一串单细胞围绕着的食道,后为体部,短粗,内有肠道和生殖器,外观像一条鞭子,因此又称为鞭虫。雄虫长34～64 mm,尾端呈螺旋状卷曲,交合刺一根,交合刺鞘上有小刺;雌虫后端钝圆,阴门位于粗细部交界处,雌虫长39.5～56 mm。成虫寄生于盲肠内,感染多时也见于人阑尾、回肠下端及结肠、直肠等处。猪毛首线虫(鞭虫)寄生于猪的大肠(盲肠),也寄生于人、野猪和猴。雌虫每日产卵3 000～10 000个,随着宿主粪便排出体外。虫卵呈黄褐色,腰鼓状或橄榄状,卵两端狭尖,各具一透明塞,大小为50～54 μm×22～23 μm,卵自人体排出时,其中细胞尚未分裂。虫卵对低温抵抗力强,但阳光直射能将其杀死。在旧猪栏的猪体内能存活达6年之久。在适宜温、湿度的条件下,在泥土约经3周(20～30天)发育为感染期虫卵(侵袭性虫卵),污染蔬菜及其他食物及水源,虫卵只在被吞食后才能孵化,虫卵在小肠内孵出幼虫,侵入肠黏膜,摄取营养发育,约10天移行至盲肠发育为成虫,雌、雄比值为(1.30～2.38):1,平均1.68:1。感染性虫卵被猪吞食后大约经过7周发育为成虫。猪毛首线虫(鞭虫)的雌虫在盲肠产卵,随粪便排出。虫卵在加有木炭末的猪粪中,发育至感染阶段所需的时间为:37℃需18天;33℃需22天;22～24℃需54天。在户外,温度为6～24℃时,需210天。感染性虫卵内为第1期幼虫,既不蜕皮,亦不孵化。囊性虫卵随同饮水或饲料进入猪体,第1期幼虫在小肠后部孵出,钻入肠绒毛间发育;到第8天后,移行到盲肠和结肠内,固着于肠黏膜上;感染后30～40天发育为成虫。成虫寿命为4～5个月。

人、猪鞭虫是否是一个种,曾有争论,通过交叉感染证明两者在不适宜宿主中虫体不能发育至性成熟;染色质人为4个、猪为6个;人猪虫卵的发育,人虫卵发育较快,故认为可能是 2 个种。但也有研究认为人鞭虫和猪鞭虫为同种（*T.trichicra* 和 *T.suis* 为同物异名），Beverley Burton（1968）认为是独立的种，因为人粪便中也可找到"猪鞭虫"卵，故在流行病中有一定公共卫生方面的重要性。

[流行病学]　鞭虫病呈世界分布，以热带、亚热带地区多见。在我国分布亦是以温暖、潮湿的南方地区为主。本病侵袭猪、野猪、猴和人类。1～4 月龄仔猪易感，感染后有明显的临床症状，成年猪或寄生量少时，危害性不大，且无临床症状。病人和病猪及带虫者是本病的传染源。虫卵在环境中发育成侵袭性虫卵而感染人、猪；污染的饲料、蔬菜、食物和饮水及木屑等垫料是主要的传播途径。用新鲜人粪、猪粪施肥或随地大便，使虫卵污染土壤或植物，苍蝇、蟑螂及禽类等可携带虫卵，在传播中起一定的作用。人的感染主要是由于食入被感染期鞭虫卵污染的蔬菜、瓜果等食物引起，饮用含虫卵的水也会感染。虫卵在自然界中抵抗力强，在 10～40℃环境中能够生存，在温暖、潮湿、荫蔽和氧气充足的土壤中可存活数年。

[发病机制]　成虫寄生在回盲部，其前端侵入黏膜层、黏膜下层，有时深达肌层，甚至穿入腹腔。由于虫体的机械损伤和分泌的代谢产物产生的刺激作用，可致肠壁黏膜组织出现充血，水肿或点状出血。严重者可出现黏膜糜烂、浅表溃疡及出血灶；新鲜出血灶不易凝固，以致长期慢性失血。虫体头部钻入肠黏膜，深度多达 10 mm，引起局部炎性改变，这是引起腹痛的主要原因。黏膜内有多形核白细胞和嗜酸性粒细胞浸润，黏膜下层血管扩张，间质水肿。有的导致鞭虫性阑尾炎，有的易并发阿米巴病变。偶有大量虫体寄生，引起肠管不规则痉挛性收缩，腹泻等急腹症。

[临床表现]　猪轻度感染时，一般不表现明显症状。但 1～4 月龄仔猪易感猪鞭虫，部分猪变成僵猪，严重感染可致仔猪死亡。曾彦钦（1990）报道猪场一猪舍 19 头断奶仔猪，6 头急性死亡，病程 3～6 天；5 头转为慢性，于发病后 11 天相继死亡。发病率 100%，死亡率 57.8%。临床症状为病猪排黄绿色稀粪，很快食欲下降或废绝，精神沉郁，体温升高，发生小肠卡他性炎症，所有病猪结肠和盲肠中均有鞭虫。病灶上的虫体几条到几十条不等。虫体乳白色，形似马鞭。附有虫体的肠黏膜充血，肿胀，表面被覆一层黄绿色假膜，不易剥离。

鞭虫严重感染猪表现，消瘦，被毛无光泽，易断，皮肤无弹性，贫血，眼黏膜苍白。虫头伸入盲肠黏膜，破坏黏膜，引起炎症。毒素引起仔猪顽固性下痢，随后出现类似赤痢样粪便，有鲜红色血丝或棕褐红黏液状、糊状粪便。病猪步态跄跄、出现犬座姿势。病程较短，仅喜饮水，厌食，最后衰竭而死亡。剖检可见大肠暗红色，内容物黑色，有恶臭。病程长者，肠内容物中见有伪样物，期间有微细的丝状虫体，少数在结肠。虫体寄生部位的周围，有带血黏液，肠黏膜表面呈弥漫性出血，其上分布有大小不同的暗红色溃疡灶。邬捷等报道一 3 月龄仔猪，长期拉稀死亡，盲肠炎症，在盲肠、结肠、直肠中检出 3 000 多条虫体。

糜宏年（1982）报道一大公猪腹泻不止，粪便呈稀水样，抗菌药物治疗无效。猪体重减轻，从 73.5 kg 减到 59 kg，骨架显露，被毛粗乱，拱腰吊腹，走路摇晃，眼球凹陷，眼结膜苍白，食欲下降，诊断为毛首线虫病，药物治疗后排出大量虫体相互缠绕呈"虫球"。收集的虫体挤干水分后共 104 g，取 2 克计数为 409 条，104 g 为 25 480 条，加上弃掉虫体 5 000 条，约 3 万条。

猪毛首线虫可寄生于野猪的盲肠中,虫体前部刺入肠黏膜的机械损伤和毒素作用致野猪患病。重度感染时(数千条虫体)盲肠和结肠黏膜有出血、水肿、溃疡和坏死,有时黏膜上形成结节,内有部分虫体和虫卵。患猪精神不振,贫血,消瘦,常卧,不愿走动,腹泻,排出少量灰白色水泥样稀粪,呈糊状,腥臭,常舔舐周围铁柱栏和水泥糙壁。

猪的试验性鞭虫病因感染性虫卵的剂量不同而症状不同。[Beer.,R.O.S,1979],急性病例猪厌食、下痢、贫血、共济失调、消瘦和死亡,表明在肠道中的微生物成分与猪鞭虫的协同作用引起严重的临床综合征。[Rutter,J.M.Q Beer,1975]报道猪的自然病例。E.A.(1966)报道猪腹泻、厌食、体重减轻,刚断奶的猪死亡率高。

[诊断]

1. 临床诊断　轻度鞭虫感染猪一般无明显症状,中度、重度感染者可有明显的消化道症状。本病流行区猪有慢性腹泻、腹痛、贫血等表现,应考虑有本病的可能。需进一步进行粪检,以便作出诊断。

2. 粪便检查　粪便中查到虫卵可以确诊。粪便检查中以直接涂片法最为简便,因鞭虫卵产量小,对轻度感染者易漏检。用水洗沉淀法和饱和盐水浮聚法等浓集方法,可提高检出率。若要了解感染度,可用定量透明厚片方法(改良加藤法)作虫卵计数。由于鞭虫卵较小,使用本法容易漏检,需反复检查,以提高检出率。

3. 成虫检查　盲肠中发现虫体也可确诊本病。猪是通过剖检盲肠直接寻找虫体。

[防治]　病猪应及时治疗,以免病原扩散。药物治疗,过去认为鞭虫不易彻底根治,一般服药后可使寄生虫数减少,症状减轻。近年应用驱虫药物有较好效果。

猪防治此病可用羟嘧啶,每千克体重 2~4 mg,溶于水中灌服,严禁注射。本药对驱猪鞭虫有特效;灭虫丁(阿氟菌素),每千克体重 0.3 mg,皮下注射;左咪唑,每千克体重 8 mg,一次拌料喂服;丙硫苯咪唑,每千克体重 10 mg,拌料服喂。

本病的预防主要是加强猪场饲料和环境卫生管理,防止或阻断虫卵污染蔬菜、饲料、食物、饮水等。粪便应堆积发酵,杀灭虫卵。可用微生态制剂处理粪便,通过生物菌产生的高温及杀菌物质杀灭虫卵。

三十、猪蛔虫病(*Ascarissis suin*)

该病是蛔科蛔属的猪蛔虫等寄生于猪小肠内引起的疾病。仔猪最易感染。

[历史简介]　古埃及和希腊人医学典籍均有本虫记载。黄帝内经称为"蛟蛕"。伤寒论概述"其人吐蚘,为蚘厥"。Linnaens(1785)描述了人蛔虫,又称"似引蛔线虫"。Kuechenmeister(1885)曾以成胚的蛔虫卵作体内孵化,但未成功。Davain(1863)发现虫卵在小肠可以孵化。Stewart(1916)证实幼虫穿过肠壁沿血流至肺脏,然后经气管回到消化道的移行过程。Ranson 和 Foster(1917)及 Ranson 和 Cram(1921)用猪做试验阐明其移行路径,幼虫回小肠后直接发育为成虫。Koino 兄弟(1922)在人体进行试验,证实了蛔虫蚴确需移行至肺,并在痰中检出幼虫。Goeze(1882)描述了猪蛔虫。Johnston(1916)发现犬肠道寄生虫犬蛔虫,其幼虫能在人体内移行,引起内脏幼虫移行症。Brumpt(1927)发现猫小肠寄生虫猫弓首线

虫,人偶尔可感染,幼虫可引起人体内脏移行症。Leiper(1909)发现寄生于野生猫科动物的胃、咽和气管寄生虫小兔唇蛔线虫,偶尔可感染人。

[病原] 猪蛔虫(*Ascaris sum* 同异名 *Ascaris Lumbri*,似蚓蛔虫)是一种土源性大型寄生虫,属于蛔科、蛔属。虫体形如蚯蚓的粉红稍带黄色大型线虫,呈长圆柱形,淡红色或淡黄色,头端口孔周围有 3 个唇片,排列成"品"字形。雄虫体长 15~25 cm,尾端向腹面弯曲,具有 1 对较粗大等长的交合刺。雌虫体长 30~35 cm,尾端直,阴门开口于虫体前 1/3 处。虫卵黄褐色,卵壳厚,有四层膜,最外层表面凹凸不平为波浪形的蛋白膜。受精卵为短椭圆形,内含未分裂的卵胚。未受精卵呈长椭圆形,壳薄,多数无蛋白膜,或蛋白膜薄而不规则。游绍阳、高隆声等(1994)对人、猪蛔虫不同发育期和不同染色体结构核型分析:两者的染色体组型相同,染色体数目均为 2n=24,n=12,其中大型染色体 10 个、中型染色体 10 个、小型染色体 4 个,可配成 12 对,根据染色体的大小、形态和着丝粒的位置,染色体分为 3 组:第 1 组,第 1~5 对染色体为大型中部着丝粒染色体;第 2 组,第 6~10 对染色体为中型中部着丝粒染色体;第 3 组,第 11~12 对染色体,为小型端部着丝粒染色体。未发现雌雄蛔虫有决定性别的异型染色体。

周春花(2012)研究 G2 型人蛔虫和猪蛔虫的遗传多样性。用 ITS1 对我国蛔虫的基因分型,发现共有 5 种基因型(G1‐G5),人蛔虫以 G2 型为主(占 70%),而猪蛔虫以 G3 型为主(占 80%)。G2 型是人和猪蛔虫共有的基因型,其在人蛔虫种群中占 25.5%,在猪蛔虫占 15.2%。来自人体的 G2 型蛔虫不能在猪体内发育为成虫,而来自猪的 G2 型蛔虫却能在猪体内发育为成虫。各基因型在不同地区同一宿主内的分布频率基本相同,而在不同宿主之间的分布明显不同。不同基因型的蛔虫具有不同的宿主寄生特异性。但 Criscione(2007)和 Zhou(2011)用微卫星标记监测发现人蛔虫和猪蛔虫杂交个体的存在。谱系地理研究提示人蛔虫线粒体 COX1 的 H9 单倍体可能是猪蛔虫远古祖先。这些都表明人蛔虫和猪蛔虫之间的关系并非仅仅是"同种或者异种"那么简单,尤其是人猪共占有种群相当比例的同为 G2 型蛔虫。

[发育史] 猪蛔虫属直接发育型,并有一个肝-肺移行途径。雌虫受精后,产出大量虫卵,随猪的粪便排出体外,刚排出的虫卵无感染力,在适宜的条件下 3~5 周发育为感染性卵。第 1 期和具有感染力的第 2 期幼虫,感染性虫卵被猪吞食后,卵内幼虫孵出,钻入肠壁血管,多数幼虫随血循通过静脉 24 小时即可到达肝脏,经心、肺,钻破肺泡入细支气管、气管,随痰液进入口腔,咽下后在小肠内发育为成虫。有些再次进入血管到达肺脏,可能通过肺脏达到身体的其他部分,到达其他器官的幼虫可以引起损伤,但不再进入肠道。自感染到虫体成熟,需 2~2.5 个月。成虫生命期为 7~10 个月。大多数的成虫在猪体内只生活 6 个月,然后随粪便排出,但猪可以保持 1 年以上的轻度感染。

[流行病学] 猪蛔虫普遍存在,据统计猪场猪感染率和感染强度:种猪为 44% 和 3 250;保育猪为 30.5% 和 1 459;育肥猪为 37.5% 和 2 196,而哺乳仔猪为 0。雌虫繁殖力很强,1 条雌虫一昼夜可产卵 10 万~20 万个,产卵旺盛时期每昼夜可达 100 万~200 万个,每条雌虫一生可产卵 8 000 万个。因此,凡有本病存在的猪场,猪舍内外地面会被大量虫卵污染。其感染性可保持长达 7 年。

虫卵具4层卵膜,对外界环境不良因素抵抗力很强,内膜能保护胚胎不受外界各种化学物质的侵蚀;中间两层有隔水作用,能保护胚胎不受干燥影响;外层有阻止紫外线透过的作用。

猪蛔虫的正常宿主为猪,成虫寄生于猪小肠,幼虫则感染多种动物及人,引起肝、肺、肾组织损伤。猪蛔虫病发生与环境卫生和饲养管理方式有密切关系。在饲养管理不良,卫生条件差,缺乏营养,特别是饲料中缺少维生素和矿物质的情况下,仔猪最易感染蛔虫,患病较重,常死亡。Ranson和Foete(1920)报道猪年龄越大越不易感染猪蛔虫。阶段性代谢功能表明,伴随着小肠内未成熟线虫幼虫的大量生长,对33～37日龄猪只的氮代谢有明显影响(Hale,1985)。尽管虫体感染数为600～6 000条,但屠宰时仅能查到13～18条成虫。Schwartz(1959)和Andersen(1973)多次观察到感染剂量与检查到的成虫数量间不一致的情况。猪蛔虫可感染绵羊、山羊、牛,并达到成熟期;对松鼠、犬、猫已有报道。在亚洲、非洲和美洲其他热带地区猪都会感染通常在人体内的蛔虫株。猪蛔虫寄生于猪,当人吞食感染性猪蛔虫卵后,幼虫在人体移行至肺,发生肺部症候,猪蛔虫和人蛔虫在形态学上差异很小,但各有宿主特异性,虽发生多次感染,但通常在人体内不能发育为成虫。所以,不能作为猪、犬、猫等蛔虫的传染源。潘宏杰、施宝坤、沈永林(1991)用猪蛔虫感染兔、豚鼠、鸡、鸭、鹌鹑均获成功。

虫卵的正常发育除要求一定湿度外,温度影响很大,28～30℃时,只需10天即发育为第1期幼虫;18～24℃时,需要20天;12～18℃时,需40天;高于40℃或低于-2℃时,虫卵则停止发育;60～65℃时,经5分钟虫卵死亡;如在-27～-20℃时,感染性虫卵可存活3周。虫卵对各种化学药物也有较强的抵抗力,常用浓度的消毒药不能杀死虫卵,只有60℃温度以上的热碱水或20%～30%热草木灰水才能杀死虫卵。

蚯蚓可为本虫的贮藏宿主,在传播疾病上起重要作用。

[致病机制]　猪蛔虫幼虫和成虫阶段致病作用有所不同,其危害程度视感染强度而定。

(1)幼虫对猪的危害来源于其在体内移行时,造成所经组织器官的损害。幼虫滞留在肝致叶间静脉毛细血管出血,肝细胞混浊肿胀、脂肪变性或坏死;幼虫由肺毛细血管进入肺泡时使血管破裂,造成大量的小点出血或水肿,甚至肺炎。幼虫移行时还引起嗜酸性粒细胞增加,出现荨麻疹和某些神经症状类的反应。

(2)蛔虫发育到成熟时,致病作用明显减弱。致病作用主要表现为:蛔虫虫体较大,产卵量大,自然要消耗宿主许多营养物质,致猪营养不良、消瘦;成虫机械性刺激损伤小肠黏膜,引起腹痛等或造成继发感染;蛔虫的游走习性,在某种因素刺激下,虫体窜入胃、胆管、胰管等,引起堵塞、炎症、消化障碍等;虫体寄生数量太多时,会引起肠阻塞、肠破裂、肠穿孔等,并发腹膜炎或死亡。

(3)成虫寄生生活中不断分泌有毒物质和排泄代谢产物,作用于宿主的中枢神经系统和血管,引起过敏反应,如阵发性痉挛、强直性痉挛、兴奋和麻痹等。

此外,成年猪往往有较强的免疫力,能耐受一定数量的虫体侵害,而不呈现明显的症状,但都是本病的传染来源。

[临床表现]　本病的危害程度与感染强度有关。可能出现咳嗽,肺脏损伤引起呼吸次

数和深度明显变化,严重病例可发生严重呼吸困难,或死于急性肝脏机能不全。

临床上哺乳仔猪感染率均为零,可随着猪龄增长猪蛔虫反复感染,种公猪和种母猪感染率最高,肥育猪次之,保育猪最低。由于猪蛔虫发育周期较长,需要 2~2.5 个月才能发育成熟排卵,但唐登云等(1995)观察到 45 日龄 12 头中 1 头猪不食,拉稀死亡,其后又有 7 头拉稀死亡。用左旋咪唑后,存活 5 头猪排出大量团状物,其中有猪蛔虫 20~40 条。发病时猪不时拉稀粪,轻微咳嗽;伏卧、眼结膜潮红、体温正常、死亡。肝有大量白色蛔虫斑,肺淤血,小肠阻塞段肠壁变薄透明,小肠黏膜卡他炎症并伴有出血。蛔虫成团,阻塞肠道。哺乳仔猪的感染率为零,这并不表示哺乳仔猪未受到感染,而是哺乳仔猪受感染时幼虫正处在体内肝肺等脏器中移行阶段。

1. 幼虫移行时,猪蛔虫单一虫种感染　试验表明,低剂量感染可使猪食欲下降,日增量减少,从而使饲养成本增加;较高剂量感染时,可使饲料转化率降低,造成部分或全部胴体的废弃。Steweart(1987)报道感染蛔虫的猪日增重下降 2%~69%,饲料转化率下降 1%~33%;轻度的猪蛔虫感染,每头感染猪因饲料利用率下降,而多消耗 10.4 kg 饲料。幼虫移行造成移行径路中的组织器官的损伤,尤其对肝和肺脏危害较重,常引起蛔虫性肺炎、咳嗽等病状,一般持续 1~2 周,以后病状逐渐减轻,直至消失。感染猪蛔虫的仔猪在感染后 7~12天,即发生过敏现象,这现象可持续 120~140 天。有时因幼虫移行造成病原微生物侵入的机会,常可并发流感、猪喘气病和猪瘟等。

2. 成虫感染　成虫在小肠寄生时,因虫体机械性破坏,有毒代谢产物的刺激,夺取营养和变态反应,引起小肠卡他性炎症。虫体大量寄生可阻塞肠道,引起猪阵发性痉挛腹痛,甚至造成肠破裂而致死亡。蛔虫钻入胆管,可引起胆道蛔虫病,病猪剧烈腹痛。临床上常见猪热性病,如猪瘟等高热引起蛔虫钻入胆道,造成皮肤、组织感染等黄疸症。多数病猪在轻度感染情况下,症状不明显,主要表现消化障碍,食欲不振,营养不良,生长缓慢,下痢,迅速消瘦,贫血,有时出现神经症状。如不及时驱虫则预后不良。

3. 猪蛔虫常引起的临床症状　体况正常的猪只在感染较少虫体时体温正常,虫体较多或发病时,常出现 2 种体温情况:开始发病或注射解热镇痛药后体温为 39℃或者 39.5℃,其中最典型的是 39℃,即使多次大剂量注射解热镇痛消炎药,其 39℃的体温固定不变。39.5℃一般出现于虫体较多、病情严重的患猪,体温会随着感染程度升达 40℃以上。其他症状如下。

大便:多不正常,为糊状下痢或者大便稀软,极少数出现经常的便秘,虫体较多且病程较长者,便秘或者下痢交替发生。

呛咳:在蛔虫幼虫由肺经喉向消化道移行阶段,患猪均有呛咳现象,尤其吃食时易出现。

异食:患猪多爱吃煤炭粒,有的喜爱嚼干草或啃泥土。

吃食异常:感染虫体数多时,患猪吃食常减少,有的食欲时好时坏,极个别的食欲亢进,发病严重者拒食或只食青草,有的发生呕吐,甚至呕吐出蛔虫。

腹痛:患猪均有腹痛,表现为喜伏卧地,严重者卷腹弓背,发生呻吟或突然惊叫,有的出现肌肉震颤或发抖。

外观:感染虫体多、病程长的患猪多消瘦,生长发育迟缓,被毛粗乱无光,有的出现皮疹,蛔虫胆者巩膜黄染并尿色深黄。

巩膜：感染虫体多,病程长的患猪在瞳孔内上方巩膜上有一根明显充血的倒Y状血管。

以上8项不可能全部存在,存在2项者可怀疑,存在有3项症状者,多必有蛔虫。

病理变化：病理变化因发病阶段不同而异。在大量侵袭早期可见肝脏肿大、充血,被膜下可能出血。

显微镜检：可见坏死带和幼虫切面,胸膜下出血,肺水肿、发绀。胸腔可能含有带血症状。幼虫很小,不能用肉眼观察,必须镜检支气管黏液刮取物。

慢性病例肝被膜有小白点,严重病例白色融合构成一个结缔组织网。当幼虫第1次移行组织学检查时可见条絮状坏死被纤维组织取代。尸体消瘦并可能有黄疸。小肠腔几乎被大量成虫所充满。

到肝脏时,可引起典型的炎症反应—"白斑"(WS)。这是一特征性病理变化。A. Kanora对屠宰的100 kg育肥猪10 175个肝脏检验。肝脏白斑计分为2～3分的为15%～42%,而每一批猪肝脏计分在2～3分的为10%～65%(表-212)。观察3种肉眼和显微病变：出血病变(小叶暗红)、粒型白斑(星型)和淋巴小结型白斑(珍珠样小结),并带来经济损失(表-213)。

表-212　屠宰猪肝脏的白斑指数

屠　宰　场	1	2	3	4	5	6
肝脏观察数	1 048	486	2 786	1 540	1 830	2 485
1分(%)	85	70	77	74	69	58
2分(%)	14	26	22	21	28	36
3分(%)	1	4	1	5	3	6
有白斑的肝脏(%)	15	30.1	23	26	31	42

注：1分：每个肝脏前部有或少于3个白斑；2分：有4～10个白斑；3分：超过10个白斑

表-213　由屠宰猪感染蛔虫带来的经济损失

项　　目	评估项目正负	经济损失(欧元)
生长	体重—2.5 kg	2.5
饲料	饲料增加18 kg	2.75
胴体降级	—5%	0.47
抗生素用量	多用1—2次药物	0.58
育肥期延长	6天	2.76
总计	每头	—9.06

猪蛔虫性肺炎是感染性虫卵被猪吞食后,卵内幼虫在小肠内出来,钻入肠壁血管,随血流通过门静脉进入肝脏。经肝静脉、后腔静脉进入右心,再到肺泡,在肺泡内蜕变2次,排出

毒素,同时幼虫经肺毛细血管移行到肺泡时,损伤肺毛细血管,使血管破裂,造成肝脏大量小点出血,引起肺脏出血性炎症,肺泡和支气管充满血液,使仔猪生长发育缓慢,停止生长,成为僵猪,可造成死亡。李忠文、朱辉鹏(2010)报道一起仔猪蛔虫性肺炎。患病 10 头仔猪精神委顿,行走无力,被毛粗乱,喜卧于光照处或低头呆立,呼吸频数,伴有咳嗽,出现低声顿挫的咳嗽,眼结膜苍白,叫声嘶哑,体温 37.1℃,随病情的不断加重,食欲减退,呼吸急促,口鼻流出泡沫状血液,并死亡。尸检:血液浅红,肉色苍淡,颌下淋巴结肿大,胸腔内有恶臭气味,肺表面有大量的出血点,呈暗红色,肺组织变得致密;气管、支气管内壁充满泡沫样血液。内有大量蛔虫的形态、结构相似的细小幼虫;肝、脾、肾等实质器官表面出现零星出血点,其他组织器官无明显变化。

猪感染人蛔虫:人蛔虫和猪蛔虫同属土源性寄生虫。Payna 等(1925)证明人、猪蛔虫血清学方面不同,但人蛔虫是否对猪致病有些存疑。一些研究认为人蛔虫不能在猪体内移行后发育为成虫。Ronson、Foster(1917),Cram(1921)用猪做试验,阐明了似引蛔虫移行路径的全程,并从肠内得到成虫。但有报告认为人蛔虫可在猪体内移行致病,但均不能达到成虫期。HiraIshi(1928)用人蛔虫、猪蛔虫皆能感染缺乏 VK 小猪或者不吃初乳的仔猪。Soulsby(1961)用人蛔虫幼虫感染不吃初乳仔猪,仔猪感染后咳嗽,体温升高,发生肺炎等。特别是幼猪症状明显,表现为发育受阻,消瘦,下痢,贫血,异食等。

[诊断]　根据仔猪多发,表现消瘦贫血,生长缓慢或停滞,初期发生肺炎,抗菌素治疗无效时可怀疑本病。

生前诊断可用粪便检查发现特征性虫卵而确诊。必要时可进行免疫学检查或驱虫诊断。

剖检时,幼虫期可见肺炎病变,局部肺组织致密,表面有大量出血点或暗红色斑点,用贝尔曼氏法检查可发现蛔虫幼虫。成虫寄生时可见小肠黏膜卡他性炎症,并可发现虫体;肠破裂时伴发腹膜炎及腹腔出血;胆道蛔虫病死亡的猪,可见蛔虫钻入胆管,胆管阻塞。严重的可造成黄疸症。

(1)临床病猪粪便中常有大量虫卵。蛔虫卵壁厚,表面凹凸不平,每克粪便超过 1 000 个卵为严重感染。

(2)被侵袭初期嗜酸性粒细胞明显增多,并持续存在。

(3)猪血清转氨酶水平明显升高,在侵袭 2~3 天后达高峰(幼虫移行造成肝损伤所致)。

[防治]　对蛔虫的有效驱虫药物很多,常用的有以下几种:左咪唑 8 mg/kg,混在少量饲料中喂服,也可配成 5% 的溶液,皮下或肌肉注射,亦可皮肤涂擦。阿苯达唑 5 mg/kg 1 次,间隔 2 个月重复 1 次。噻苯唑 100~150 mg/kg,哌哔嗪 300~400 mg/kg,敌百虫 100~150 mg/kg(极量为 7 g),酒石酸甲噻嘧啶 5 mg/kg,以上药物均混饲料喂饲。丙氧咪唑 10 mg/kg,1 次混料喂饲,或以饲料 40 mg/L 连喂 10 天。噻苯唑、丙硫咪唑、丙氧咪唑对移行期幼虫也有效。

[预防措施]

1. 预防性驱虫　每年春秋两季,对猪群进行 2 次驱虫,特别是对 2~6 个月的猪,应进行 1~3 次驱虫,孕猪在产前 3 个月驱虫可减少仔猪感染。污染严重的猪场,可在成虫期前驱虫,在感染季节每隔1.5～2个月驱虫1次。

2. 保持圈舍清洁卫生 定期清扫,勤换垫草,土圈铲除一层表土,垫以新土,连同粪便进行生物热除虫,只要达到50℃以上就可以杀死虫卵。对饲槽、用具和圈舍应每月1次用热碱水或20%～30%热草木灰进行消毒,消灭虫卵。猪粪尿要经过无害化处理,如自然堆积或用微生物热发酵熟化猪粪和垫料、排泄物后,方可作为肥料入田。

3. 改善饲养管理 注意饲料和饮水清洁卫生,减少和防止虫卵污染,要保证饲料有足够的维生素和矿物质,促进生长发育,增强机体抵抗力。

4. 严格检疫 对新引进的猪要先隔离饲养,进行粪便检查,对感染猪驱虫,然后再与本猪场猪同圈饲养。

5. 消灭贮藏宿主 对家畜或某些动物要驱虫,猪场不能混养其他家畜。粪便要无害化处理,防止蚯蚓等宿主感染,造成疾病流行。

三十一、猪钩虫病(*Ancylostomiasis*，hookorn disease)

该病主要是由多种钩虫(球首线虫)寄生于人畜、野生动物小肠引起的肠道寄生虫病。寄生部位通常在十二指肠及小肠前端。临床表现为匐行疹、丘疹、脓疱、贫血、水肿、营养不良、胃肠功能紊乱及发育不良等;严重的可引起心脏功能不全等,轻者无明显的临床症状,仅在粪便中发现钩虫虫卵。人体钩虫主要为十二指肠钩虫和美洲板口线虫,俗称"黄肿病""懒黄病"。

[历史简介] 公元前1553—1550年埃及已有类似钩虫的记载。Avicenna(981—1037)记载人体"圆虫"以及所引起的症状。Dubini(1838)从米兰女尸中获得虫体,叙述了十二指肠钩虫。Lee(1874)提出匐行疹一词,而Croker则认为病变是由幼虫引起的,故1893年创立了"幼虫移行症"这一名称。Grassi和Paron(1878)报告从粪中检出钩虫虫卵。Leichtenstera(1887)用试验证实钩虫病的传播是由于吞食钩虫幼虫所致。Looss(1898)因左手沾了一滴含钩虫蚴的水,从粪便中发现钩虫卵,进而证明钩虫蚴可从皮肤侵入人体,从肠道检出成虫。Looss(1911)根据自己体内十二指肠或粪类圆线虫的幼虫移行提出"线形移行皮炎"。Bilharz和Griesonger(1853～1854)发现埃及人的贫血与钩虫有关。Perroncite(1880)证明隧道矿工贫血是钩虫所致。颜福庆(1929)证实江西萍乡煤矿矿工的钩虫病。Stifes(1902)发现美洲板口线虫。Kirby-Smith(1926)对匐行疹进行了病原学、流行学、病理学和临床体征研究,并将其病原暂定名为移行缺母线虫(*Agamonematodum migrans*),White go Dove(1928)证实这种幼虫是巴西钩虫的第3期幼虫。混有犬钩虫的培养物都可引起匐行疹。

[病原] 猪钩虫病是由钩虫科的多种(个)属的线虫引起的寄生虫病,分类上这些线虫分属于球首属、钩口属、仰口属、钩刺属(弯口属)、板口属。

1. 球首线虫属猪球首线虫 虫体短粗,淡红色,口孔呈亚背部,口囊呈球形或漏斗状,外缘为一角质环,无叶冠和齿。靠近囊基底通常有1对亚腹齿,背沟显著。交合刺纤细。雌虫尾端尖刺状,阴门位于虫体后部。虫卵为卵圆形,灰色,卵壳薄,大小为58.5～61.7 μm×34～42.5 μm。

(1) 长钩(长尖)球首线虫(*G.longemucronantum*，Molin 1861),寄生于猪小肠,相关宿主有野猪、鹿等,分布于江西、广西、广东、河南、海南等地。

（2）尖（针）锥尾球首线虫（*G.urosubulatus*，Alessandrino 1909）寄生于猪小肠，相关宿主有野猪，分布于美、欧、非、亚洲及印度等地。我国浙江余姚、四川、广东、江苏有报道。

（3）无针尾球首线虫（*G.amucronaturm*，Smith et Notosoediro 1926，Ihle 1928），寄生于猪小肠。甘肃兰州有报道。

（4）萨摩亚球首线虫（*G.Samoensis*）寄生于猪小肠，分布于福建、广东。

（5）康氏球首线虫（*G.connorfilii*，Alessandrino 1909，Lene 1922），寄生于猪小肠，分布于吉林、湖北、云南、广西、广东。

（6）四川球首线虫（*G.sichuanensis*，邬捷和马福和，1984），报道寄生于猪小肠，为新亚种。

椎尾球首线虫雌虫在猪小肠内产卵，卵随粪便排出体外。在温度18~24℃时，经16~20小时，胚胎在卵内形成幼虫，再经10~15小时，幼虫脱壳而出。此幼虫长0.24~0.273 mm；第1期幼虫经48小时发育为第2期幼虫，长0.375~0.680 mm；再经48小时发育为第3期幼虫，长0.504~0.624 mm。从虫卵发育至感染性幼虫需7~8天。球虫线虫的幼虫在外温22~26℃中最适宜发育，降低温度能阻碍幼虫发育，4℃时发育停止，1℃时、50℃以上时幼虫死亡。感染期幼虫具有侵袭性，可通过消化道和皮肤感染猪，猪吞食侵袭性幼虫，经口感染的幼虫在小肠黏膜内直接发育为成虫，再回肠内寄生；经皮肤感染的幼虫，随血液流到肺，在肺内第4期幼虫穿破肺毛细血管至呼吸道，沿支气管和气管逆入口腔，再被吞咽在小肠寄生。皮肤感染经血流至肝、心，通过静脉和淋巴管到右心，再沿肺循环进入肺到小支气管和支气管；进入咽转入胃肠，在小肠内发育为成虫。感染期幼虫在猪体内发育至成虫需要22天。

2. 板口属美洲板口线虫（*Necuter americanus*）　虫体尖端弯曲背侧，口孔腹缘上有1对半月形板。口囊呈亚球形，底部有两个三角形亚腹齿和两个亚背侧齿。背食道腺管开口于背锥的顶部。雄虫长5~9 mm，雌虫长9~11 mm，卵大小为60~76 μm×30~40 μm。主要寄生于人、猩猩、犬、猪等。

3. 钩口属十二指肠钩虫　虫体头部向背侧弯转，雄虫体长8~11 mm×0.4~0.5 mm，雌虫体长10~18 mm×0.7~1 mm，后端尖细。虫卵大长为52~60 μm×32 μm，内含有深色较大的卵细胞4枚。主要寄生于人、猪、犬等十二指肠。

犬钩口线虫（*Ancylostoma caninum*）　虫体淡红色，前端向背面弯，口囊大，腹侧口缘上有3对大齿。口囊深部有1对背齿和1对腹齿。雄虫长约9~12 mm，交合伞的各叶及腹肋排列整齐对称，两根交合刺等长。雌虫长10~21 mm。阴门开口于虫体后1/3前部，尾尖细。虫卵钝椭圆形，无色，内含数个卵细胞，大小为60 μm×40 μm。主要寄生于犬、猫、狐、獾、浣熊和肉食类及猪的小肠，偶尔寄生于人。

4. 钩刺属（弯口属）狭头钩刺线虫　虫体头端向背面弯曲，口囊漏斗状，腹面有1对半月形板齿。口囊底部有1个背齿，两侧有1对三棱形腹齿，雄虫体长6—11 mm，雌虫体长9—16 mm，虫卵椭圆形，主要寄生于犬、猫、猪小肠。

一般认为大多数寄生的钩虫成虫的寿命在1~2年，长者也可存活数年。十二指肠钩虫为1~1.5年，美洲钩虫为3~5年。Kendrick（1934）用25人分别试验感染十二指肠钩虫和板口钩虫，结果受染后51~53天开始在粪便中有虫卵，在3~6个月降至高峰虫卵的50%~

70%。Palmer(1955)用人感染板口线虫,认为 6 年内排卵相当恒定,15 年才全部转阴。虫体寿命十二指肠钩虫约 74 个月,板口钩虫约 64 个月。

[流行病学]　钩虫感染遍及全球,据统计有 11 种钩虫感染人与动物(表- 214),加上感染猪的新种四川球首线虫计有 12 种。人可感染钩虫,感染高度流行区,感染率在 80% 以上。而猪感染报道较少。热带、亚热带地区尤其是发展中国家的农村,由于经济不发达、环境差,如潮湿环境,缺乏粪便的无害化处置,赤足步行等,均有利于本病流行。我国除气候高寒等少数地区外,广大农村(特别是解放前及解放后一段时期)几乎都有钩虫病流行。十二指肠钩虫属于温带型,分布于亚热带,北纬 50° 以北不存在;在北纬 47° 地区它的幼虫需要有荫蔽,温度适合的环境中才能生存。钩虫自由生活时期的幼虫需要 22℃ 下生存,如矿井下。发病和带蚴物是本病的传染源,南方主要是鼠类,北方主要是病猪。传染源主要是钩虫感染者和钩虫病患者。含有钩虫虫卵的人粪便未经处理就作为肥料应用,使农田广泛被钩虫卵污染,这在疾病传播作用最大。Cort Grant 和 Stoll(1926)调查了浙江省所谓"桑叶黄"的钩虫病;福建一带发生的一种水泡状皮炎,使人奇痒,称为"粪毒""粪蛆毒";四川福建薯地操作发生皮疹称为"红薯疙瘩"。

表- 214　钩虫与感染宿主

虫　种	感　染　宿　主
十二指肠钩虫	人、猪、狮、虎、犬、灵猫、斑灵猫、猴
美洲钩虫	人、猩猩、犬、猫、猪、豪猪、犀牛
锡兰钩虫	人、犬、猫、虎、狮、浣熊
巴西钩虫	豹、狐、狼、猫、犬、人
犬钩虫	人、犬、狐、狼、熊、猪、獾
管形钩虫	猫、人
马来钩虫	熊、人
鼠环齿口线虫	鼠、人
牛仰口线虫	黄牛、水牛、绵羊、人
羊仰口线虫	绵羊、山羊、牛
狭头弯口线虫	犬、猫、虎、狼、人

传播途径:各年龄猪均易感染。病猪、带虫猪是本病的传染源。人体感染钩虫主要是钩蚴经皮肤而感染,当赤手裸足下地劳动与污染的地面接触,极易受到感染。亦可通过生食含钩蚴的蔬菜和经口腔黏膜侵入。有报道椎尾球首线虫无须中间宿主,通过皮肤感染猪。

大量研究资料表明,十二指肠钩虫丝状蚴进入人体后或动物体后,一些虫体很快到达小肠发育为成虫。另一些虫体却发育缓慢,在进入小肠之前,可滞留于某组织中长时间暂停发育,当受到合适的刺激时,才移行到达肠腔,恢复发育,这种现象称之为迁延移行。此外,用十二指肠钩虫丝状蚴人工感染某些试验动物,如兔、小牛、小羊、猪等,26～34 天后,从其肌肉组织中检出活的同期幼虫,提示十二指肠钩虫有转续宿主存在,人若生食或食入未煮熟的这些动物肉类,也可能导致钩虫感染。但迄今未发现美洲钩虫在宿主体内有迁延的现象。十二指肠钩虫($A.duodenale$)可经口或经皮肤感染人体,而以经口感染为主。经皮肤感染者要经过肺部移行过程,而经口感染者不一定经肺部移行,可直接进入肠壁,数天后又返回肠腔发育。宿主粪便中出现虫卵是在感染后5～7周。

[发病机制]　钩蚴通过组织的移行过程通常并不引起明显的内脏损伤。然而,钩蚴侵入皮肤后,相关的炎症反应强烈,可引起钩蚴性皮炎。钩蚴性皮炎为Ⅰ型变态反应。美洲钩虫钩蚴引起皮炎反应较十二指肠钩虫钩蚴多见,且反应也较重。一些研究表明,钩虫幼虫释放的钩虫分泌蛋白(SPs)含有与昆虫毒液变应素同源的氨基酸序列,可能与钩蚴性皮炎的致病机制有关。此外,研究还指出,钩蚴释放的透明质酸酶能分解宿主组织的透明质酸而使虫体容易通过宿主组织。巴西钩虫钩蚴的透明质酸酶活性最强,其对表皮角质化细胞间连接处的分解促进了幼虫的横向移动。

钩虫病的危害,主要在于成虫。成虫寄生于小肠,其导致的病变,多只局限于虫体咬附部位及邻近组织。常见者为散在分布的黏膜咬附溃疡或出血点。溃疡或出血点的直径一般约在3～5 mm,其深度多仅限于黏膜层。有时也可见到较大的深及黏膜下层或肌层的出血样瘀斑,偶可见到涉及肠壁各层的肠段大量出血,可能溃疡破坏肠壁小动脉有关。有的病例,局部绒毛可较正常略平扁,或相互融合;极个别病例可出现绒毛萎缩现象。溃疡周围黏膜层、黏膜固有层及黏膜下层常有水肿及中性粒细胞、嗜酸性粒细胞及淋巴细胞浸润。

钩虫丝状蚴侵入处的皮肤可呈现一系列局部皮炎反应。最初多见小型充血斑点,渐次变为小型丘疹及水疱。幼虫侵入部位的真皮与纤维分开,局部血管扩张,充血,血清渗出,表皮掀起,形成水疱。渗出物及真皮内有细胞浸润。早期主要为中性粒细胞,之后又单核细胞、嗜酸性粒细胞和成纤维细胞浸润。若有继发性细菌感染,水疱可变为脓疱。在结缔组织,淋巴管及血管内有时可查见幼虫。

当移行的幼虫自肺部的微细血管穿入肺泡时,可引起肺部点状出血,出血点通常为少许约针尖大小,并可见中性粒细胞、嗜酸性粒细胞和成纤维细胞浸润。大量幼虫感染时,大块肺组织被涉及可出现广泛性炎症反应,后期可见纤维瘢痕和不规则的气肿形成。重度钩虫感染时,大量钩蚴移行至肺,穿破肺微血管进入肺泡时,可导致钩虫肺炎。钩虫使用钩齿或切板咬附黏膜和黏膜下层,导致的失血出现在成虫咬附在小肠的部位。已发现钩虫分泌的具药理活性的氨基酸参与了抗凝过程。犬钩虫成虫的可抑制凝血因子Xa和组织因子Ⅶ的丝氨酸蛋白酶抑制物多肽已被克隆和表达。钩虫成虫能释放中性粒细胞抑制因子下调宿主的免疫反应。成虫还释放水解酶,破坏黏膜毛细血管,促使血的溢出,导致钩虫相关的失血。慢性铁缺乏通过干扰多巴胺能神经元及脑部酶的生物合成可损害儿童的认知力和智力。

王正仪等的观察表明,至少有4种不同的途径导致患者失血:① 钩虫本身吸入而又很快排出的血液(即钩虫吸血量或排出量);② 钩虫吸血时,由咬附部位的黏膜伤口渗出的血液(咬附点渗血量);③ 虫体自原咬附部位迁移后,原伤口在血凝前继续流血失去的血液(移位伤口渗出血量);④ 偶尔出现的由肠段大量出血失去的血液。国内外学者对于钩虫导致宿主失血量的研究发现,由宿主肠黏膜伤口渗出的血量较钩虫本身吸入的血量要大;由雌虫导致的失血量,是由雄虫所导致的 4 倍左右。同时,对钩虫吸血活动的动态观察还表明,只有 40% 左右的虫体咬附在肠壁吸血,其余则处于其他状态,并未吸血。以 ^{51}Cr 标记的红细胞测量法测定,美洲钩虫导致的失血约为 $0.01\sim0.04\ mL/$虫$/d$。而十二指肠钩虫约为 $0.05\sim0.30\ mL/$虫$/d$。

由于钩蚴通过皮肤等进入机体的移行过程及肠黏膜损伤;成虫分泌抗凝血素和溶组织毒素引起猪感染、致病。

[临床表现]　猪钩虫病的病原有钩口科的十二指肠钩虫、犬钩虫、美洲板口线虫(Gordon 认为猪板口线虫是美洲板口线虫钩虫产生不同宿主的另一族)。这些虫在家猪的小肠、回肠中最多。此外,还有长钩球首线虫、康氏球首线虫等。邬捷等(1979)在四川阿坝州一小猪小肠内发现一种线虫,命名为四川球首线虫。

钩虫第 3 期(侵袭性)幼虫,叫丝状蚴。这种幼虫随饲料被猪吞食而感染,十二指肠钩虫丝蚴感染兔、小牛、小羊、猪,经 26~34 天后,在这些动物肌肉内查出活的周期幼虫,提示某些动物可作为十二指肠钩虫的持续宿主,人若生食这种动物肉类可能受到感染。幼虫在肠内侵入肠黏膜,有时在肠黏膜中完成最后的发育过程,再回到肠内寄生。有的随血流至肝、心和肺,最后穿破肺毛细血管至呼吸道,沿支气管和气管进入口腔,再被吞咽在小肠中而寄生。

幼虫也可经皮肤进入静脉和淋巴管到右心,再沿肺循环进入肺到小支气管、气管,返到咽喉部又随吞咽转入胃肠,最后在小肠内发育为成虫。

猪轻度感染时,一般症状不明显,感染严重时,消化紊乱,异嗜,消瘦,贫血。主要见可视黏膜苍白,皮下组织水肿,贫血,呼吸困难,咳嗽,身体衰弱,被毛粗乱,多数下痢,粪便带血呈棕黑色,并混有黏液,恶臭。

尸检,血液色淡,在小肠内可见虫体,小肠的寄生部位有粟粒大小出血斑点,肠内容物带红色,肠黏膜有卡他性炎症,黏膜有时有出血点,肠壁肥厚,肠系膜淋巴结肿胀,各脏器贫血。肺由于幼虫的移行而有出血点。

[诊断]　在流行区,有赤手裸足下田劳动史、"粪毒"史及贫血等临床症状,应怀疑钩虫病。粪便检查发现钩虫卵者即可确诊。实验室检查:

1. 血常规　患者常有不同程度贫血,红细胞中央苍白区增大、体积变小,属低色素小细胞性贫血。部分患者可查见异形红细胞及多染性现象。嗜酸性粒细胞增多,约 10%～30%,特别在感染初期和中期,严重病例较为明显。重症患者血浆白蛋白及血清铁蛋白含量均明显降低,一般在 9 $\mu mol/L$ 以下。可见造血旺盛现象,但红细胞发育阻滞于幼红细胞阶段,中幼红细胞显著增多;骨髓因贮铁减少,游离含铁血黄素与铁粒细胞减少或消失。

2. 粪便检查

(1)粪便隐血试验 可呈阳性。

(2)粪便中检出钩虫卵或钩虫蚴,常用的方法有:① 直接涂片法　分薄涂片法和厚涂片法。常用厚涂片法,取粪便 0.3 g,均匀涂在载玻片上,置室温中使其自然干燥,镜检时加香柏油、流体石蜡几滴于片上,加盖片后观察。油可使粪便变为透明,虫卵易查见。此法检出率较薄片可高出 10%～15%。② 浮聚法 用饱和盐水、33%硫酸锌液、饱和硝酸钠液,使粪卵分离,卵浮于液体表面。③ 钩蚴培养法 采用滤纸试管法,将定量的粪便涂在滤纸上,然后置于 2～3 mL 的小试管内于 20～30℃培养 3～5 天,钩虫卵在潮湿的滤纸上孵出幼虫顺滤纸沉入试管底部水中,用肉眼或放大镜观察,对孵出的丝状蚴进行虫种鉴别和计数。此法有利于驱虫治疗时选择药物及疗效考核,同时也适用于流行病学调查的需要。

3. 成虫检查 驱虫治疗后收集 24～48 小时内全部粪便,用水冲洗。常采用细箩筛滤水冲洗法或水洗沉淀收集成虫虫体。

4. 免疫学检查 免疫学方法在钩虫产卵前应用,结合病史等资料可以早期诊断。目前认为应用成虫抗原检测钩虫感染者血清中的相关抗体具有较高敏感性和特异性,ELISA 可作为诊断钩虫感染的一种方法。

猪钩虫病,除临床检查外,实验室粪检常采用浮聚法中饱和盐水漂浮法和钩蚴培养法。

[防治] 钩虫病在及时诊断后,经驱虫治疗均可治愈。

1. 猪钩虫病治疗 左旋咪唑,按 10 mg/kg 体重拌于饲料,顿服;丙硫咪唑 5～20 mg/kg 体重,拌料顿服;阿氟菌素(灭虫)0.3 mg/kg,皮下注射。

2. 预防 控制病原、切断传播途径是重要预防措施。在钩虫病流行区开展集体驱虫,对人、猪、其他动物驱虫,有利于阻断钩虫病的传播,并定期进行虫检。进行流行病学调查,制定防治方案,采取更有效措施。对于粪便及污物要无害化处理,可采用沉淀发酵池、沼气池和堆肥法,微生物发酵法对粪便堆积处理更快、更可靠。在感染作物区劳动时提倡穿鞋下地、下矿井;个人保护局部用 25%明矾水、2%碘液及左旋咪唑冷肤剂,以防止钩虫蚴进入皮肤。不吃生的蔬菜等,可防止钩虫幼虫经口感染。

三十二、广州管圆线虫病(*Angiostrongyliasis cantonensis*,AC)

该病是广州管圆线虫寄生于人和动物所致的疾病。人临床上主要表现为嗜酸性粒细胞增多性脑膜炎(EM)或脑膜炎。

[历史简介] 陈心陶从广州家鼠和褐鼠肺中发现(1933—1935),定名为广州肺线虫,是鼠类的肺虫,寄生于肺动脉,幼虫为脑炎的病原。Yokogaw(1937)和 Matsumoto(1937)也相继在我国台湾发现。Nomura(野村)和 Lin(1944)在我国台湾 1 名 15 岁死亡于脑膜炎患者脑脊液中找到幼虫,证实死者感染 CNS。Dougherty(1946)重新定名为广州管圆线虫。现在又发现哥斯达黎加管圆线虫(*A.costaricensisi*)。

[病原] 广州管圆线虫隶属于线形动物门、圆线虫目、管圆科、管圆属。

成虫为线状、白色,两端略尖,头部有三角形的齿,食管呈口棒状,神经环位于食管中部,其后有排泄孔,开口于腹面,肛孔位于虫体末端。雌雄异体,雄虫长 15～20 mm,宽 0.26～0.53 mm,尾端有交合伞、交合刺;雌虫长 21～45 mm,宽 0.3～0.7 mm,肠管周围有柱状子宫缠绕,尾端有阴门。

广州管圆线虫染色体数目及核型:成虫染色体数目,雌虫 n＝6,2n＝12;雄虫 n＝6,

2n＝11。Sakaguchi(1980)、沈浩贤(1966)报道,染色体核型为亚端或亚中着丝染色体或单倍体由 5 个中部着丝粒染色体(No1、3、4、5、6)和 1 个亚中部着丝粒(No2)组成,也说明可能有不同种、株。

　　成虫在鼠肺动脉内发育成熟、交配、产卵。虫卵随血液流动到达肺毛细血管,孵出第 1 期幼虫,幼虫经肺泡、气管到咽部,转入消化道,随粪便排出体外。第 1 期幼虫遇到中间宿主(软体动物)后,被动吞入或主动侵入宿主,蜕皮 2 次成为 2、3 期幼虫,第 3 期幼虫具有感染力。鼠等终末宿主吞食含有第 3 期幼虫的软体动物或受幼虫污染的食物而感染。第 3 期幼虫穿过宿主肠壁进入血液,经肝、心、肺及左心室至全身各器官,但多数幼虫却沿着颈总动脉到达脑部。在脑组织内蜕皮成为第 4 期幼虫,进入蛛网膜下腔,再蜕皮 1 次成为第 5 期幼虫(童虫),童虫经静脉再回到肺内而发育为成虫。从第 3 期幼虫侵入鼠体内到出现第 1 期幼虫的 6～7 周,在人体内发育大致与在鼠体内相同。但在人体内其生活史大多止于中枢神经系统,仅个别报告在病人肺内发现成虫。

　　[流行病学]　广州管圆线虫病分布于热带、亚热带地区,北纬 23°至南纬 23°地带。

　　2009～2010 年全国人体广州管圆线虫感染血清流行病学调查表明,广州管圆线虫病是中国重要的动物传播传染病。终宿主是鼠类,主要传染源是啮齿动物尤其是鼠,以寄生在褐家鼠体内最普遍。鼠的感染率国内外报道不相同,家鼠虫体感染率中国台湾为 8％～71％,2009 年调查中国台湾家鼠类感染率为 16.8％;广州为 10.7％;1984 年我国广州家地鼠感染率为 28.5％。广州管圆线虫必须经过中间宿主或转续宿主才能完成生活史,并经过这些宿主传播至动物和人。主要中间宿主是螺类及蛞蝓(俗称鼻涕虫)等软体动物。可作为广州管圆线虫中间宿主的主要有 3 大类,即螺类宿主,有褐云玛瑙螺,俗称菜螺,有相当高的自然感染率,中国台湾调查该螺自然感染率达 26％～61％,广州调查自然感染率达 24.76％～51.5％;福寿螺,又名大瓶螺,其不断在华南和华东地区各省份扩散。据浙江温州邢文鸢等调查福寿螺感染情况,共检查福寿螺 361 个,阳性螺 251 个,螺的感染率为 69.4％,共检出幼虫 11 784 条,平均每只阳性螺感染有 71.36 条。幼虫在螺体内分布:腮为 61.3％、肾为 16.35％、消化道为 12.62％、肌肉为 9.93％、肝为 0.7％。福州调查 235 只福寿螺,阳性螺 49 只,感染率为 20.8％,幼虫总数为 1 180 条。还有其他的一些螺类可以作为广州管圆线虫的中间宿主,如中国台湾的中国圆田螺存在自然感染,并有人因食此螺而生病。皱疤坚螺、方形环棱螺、扁平环肋螺、铜锈环棱螺等;蛞蝓类宿主有足襞蛞蝓、黄蛞蝓、双线大蛞蝓、双线嗜黏液蛞蝓、高突足襞蛞蝓、光滑颈蛞蝓、罗氏巨楯蛞蝓等;蜗牛类宿主有中华灰尖巴蜗牛、同型巴蜗牛、短梨巴蜗牛、淡红毛蜗牛、环带毛蜗牛等。除中间宿主外,起传播作用的还有一些转续宿主,有青蛙、蟾蜍、鱼类、蟹类、淡水虾、猪等。广州调查青蛙广州管圆线虫感染。广州管圆线虫可寄生在几十种哺乳动物体内,中间转续宿主有 50 多种。人、猪感染后广州管圆线虫很少在肺部发育为成虫,位于中枢神经幼虫不能离开人体继续发育。

　　[发病机制]　广州管圆线虫进入人体后为什么侵犯中枢神经系统的机会多于其他系统,目前仍不明确。可能与幼虫嗜神经的向性和特性有关。广州管圆线虫的幼虫进入人体后,侵犯中枢神经系统,引起嗜酸性粒细胞增多性脑膜脑炎或脑膜炎。病理改变主要在脑组

织,除大脑及脑膜外,小脑、脑干及脊髓均可受累。病变可在大脑、小脑、脑干及脊髓等处,脑脊液中嗜酸性粒细胞增高最明显,侵犯部位不一样,临床表现也有差异。研究证实,广州管圆线虫成虫含有抗原性极强的蛋白质,能诱导特异性免疫应答。除了虫体本身引起神经系统损害及免疫反应,有研究认为嗜酸性粒细胞增多同样对神经系统有毒性作用。Lee. H. H.等通过动物试验证实,广州管圆线虫引起脑损伤与核因子-kB(NF-kB)的诱导与原癌基因不表达及酪氨酸磷酸化有关。而这个过程与嗜酸性粒细胞增多和炎症反应密不可分。虫体移行、死亡虫体及虫卵可引起组织损伤及炎症。幼虫常可在脑和脊髓表面见到,可从有的病例脑组织检出数百条广州管圆线虫。1976年中国台湾学者Yii在一病死者脑组织中发现650条童虫。幼虫存在于脑膜、脑血管及血管周围间隙(死虫或活虫)。炎症细胞反应在活虫周围少见,而在死虫周围则很明显,其成分为单核细胞,淋巴细胞、巨噬细胞及嗜酸性粒细胞。有的病灶多核细胞占优势,有的病灶区可见夏科-雷登结晶。炎症反应不仅见于虫体周围,也见于脑膜及实质内血管。另一种特征性病变是脑实质内有微型空洞与虫体移行隧道,伴有脑组织的破坏、细胞浸润和小的出血。直径小于150 μm的隧道可无出血。蜘蛛膜下腔血管扩张,虫体或附近的神经细胞呈现染色体溶解、细胞浆和轴索肿胀。本虫的致病作用主要是幼虫移行造成脑组织损伤和虫体死亡引起局部炎症反应并在虫体周围形成嗜酸性粒细胞肉芽肿。

第2个受侵的部位是肺,肺出血及终末支气管肺炎也常可见。

[临床表现] Chen. M. X.等(2009—2010)进行的全国人体广州管圆线虫感染血清流行病学调查表明,广州管圆线虫病是中国重要的动物传播传染病。Hwang. K. P.等(2010)证明传播宿主有蛙、蟾蜍、淡水虾、猪等。Emile(1980)报道太平洋农夫以含广州管圆线虫的螺喂猪,人食用了含幼虫的猪肉而受感染,表明猪是广州管圆线虫的转续宿主。是本病感染者和传播者。

[诊断] 诊断本病最重要的一条线索就是病前一个月内接触过(或生食、半生食)广州管圆线虫的中间宿主或转续宿主。一般都有吃生螺肉或接触过此类产品史。在我国主要是褐云玛瑙螺、福寿螺等螺类。

实验室检查:约56%病例外周血白细胞增加高达500~2 000个/mL,73%病人嗜酸性粒细胞增加(≥10%)占20%~70%。54%病人压力增加(>1.96 kPa),常可超过4.9 kPa。绝大多数病例的脑脊液混浊如洗米水,白细胞数增加,(0.19~4.35)×10⁹/L;90%病例脑脊液中嗜酸性粒细胞增加(15%~98%)。约2/3病例蛋白增加,超过0.5 g/L,糖和氯化物极少变化。中国台湾报告的259例中有25例脑脊液中找到本病的病原体幼虫。若为婴儿患者可考虑取大便查幼虫。

此外,对免疫学检测方法已有许多研究。这些方法均有一定价值,通常采用成虫抗原检测血清或脑脊液中抗体,包括绵羊血球凝集试验、琼脂扩散法、对流电泳法、免疫黏附法、酶联免疫法和SPA-ELISA等。研究发现,31.29 kDa广州管圆线虫抗原均能成功用ELISA和广州管圆线虫特异性免疫诊断。本病应注意与脑型血吸虫病、脑囊虫病、丝虫病、肺吸虫病、棘球蚴病、旋毛虫病以及各种脑膜炎症相鉴别。膜斑点ELISA试剂盒可用于诊断对广州管圆线虫特异性的 31 kDa 和检测血清中的循环抗原来诊断由广州管圆线虫引起的 EM；也可用于鉴别不同产生成虫引起的 EM。免疫印迹技术分析 AC 的 IgG 亚类抗体反应可用于鉴别人广州管圆线虫、颚口线虫和囊尾蚴病的病原体。

［防治］　广州管圆线虫病的 3 大临床表现 EM、EoE 和眼部广州管圆线虫病。其中 EM 最常见，皮质类固醇治疗很有效；阿苯达唑和地塞米松联合治疗；阿苯达唑和黄芩黄素联合治疗广州管圆线虫感染引起的 EM 效果优于单药治疗。EoE 很少见，但可能致命，并且没有有效的治疗方法。眼部广州管圆线虫病很少见，治疗方法为外科手术或激光治疗。其效果取决于早期手术取出眼内虫体。Mehta. D. K. 等(2006)曾通过前房内用不含腐蚀剂的利多卡因使得虫体麻痹，然后外科手术移出有活性、丝线状虫体。

Chuang. C. C. 等(2010)免疫学研究发现，嗜酸性粒细胞趋化因子(CCLTT)及 Th2 型细胞因和 TL-5 是脑部损伤因子，腹膜内注射 CCR3 分子抗体后可以使 EM 病情明显减轻。Fang. W. 等(2010)用 Blastx 分析和注解广州管圆线虫表达序列标签和基因，其鉴定的蛋白质可能成为将来研制抗广州管圆线虫药物的潜在靶标。

预防本病的最主要方法是加强本病知识的宣传、教育，注意饮食卫生，改变生食或半生食食物的习惯，预防病从口入。特别加强对从业相关职业人群的卫生宣传教育，预防感染。不用转续宿主作为药物。不用螺肉等喂畜禽。防止畜禽继发感染人，螺肉、蛙肉、虾要熟食；防鼠灭鼠，减少传染源。

三十三、类圆线虫病(杆虫病)[*Strongyloidiasis（Rhadbitidiasis）*]

该病是由类圆属的兰氏类圆线虫和粪类圆线虫寄生于仔猪的小肠和大肠内而引起的一种线虫病。

［历史简介］　1876 年法军侵入越南时，很多士兵发生腹泻，Normand 从患者大便中发现一种线虫，Bavay(1877)将其定名为 *Anguilla stercoralis*。患者中有 5 人死亡，尸检时发现小肠、胆管、胰管内有不少线虫，但其构造与粪便中不同，Bavay 称其为 *A.intestinalis*，将 2 种线虫引起的腹泻称为越南腹泻病。Grassi(1878—1879)观察到粪便和肠内中两种虫体。Leuckart(1883)证明它们属于同一虫种。Askanazy(1900)发现其雌虫寄生于肠壁组织而非寄生于肠腔，并详细描述了线虫所引起的组织损害。Durma(1902)、Loose(1905)、Ranson(1907)、Fulleborn(1914)证明粪类圆线虫侵入宿主的移行路径与 Loose 所阐明的虫蚴入侵的路径相同。Kreis(1932)发现雄虫，其后 Faust 证实其是雄虫。Nishigori(1928)、Faust(1932)证明了人的粪类圆线虫在肠组织内孵化幼虫。

［病原］　类圆线虫包括多种类圆线虫，目前已知有 54 种。侵染猪的类圆线虫，目前已知有兰氏类圆线虫(*S.ransomi*)和粪类圆线虫(*S.Stercoralis*)，两虫皆属于杆形目、类圆科、类圆属。

寄生于动物体内的虫体均为寄生性孤雌生殖的雌虫。雌虫虫体细小，呈乳白色，毛发状，口腔小，有两片唇，食道简单。尾端尖细，生殖系统为双管型。自生世代成熟成虫子宫内有呈单行排列的各发育期虫卵，阴门位于体腹面中部略后；寄生世代雌虫子宫前后排列，各含虫卵8~12个，单行排列。阴门位于距尾端1/3处的腹面，并且稍突出。虫卵小，无色透明，壳薄，椭圆形，内含折刀样幼虫。在人体内有无寄生雄虫，但在动物体内发现有寄生世代雄虫，雄虫短小。① 兰氏类圆线虫：虫体大小为3.1~4.6 mm×0.055~0.080 mm，虫卵大小为4.2~53 μm×24~32 μm，寄生于猪的小肠；② 粪类圆线虫：虫体大小为2.0~2.5 mm×0.03~0.07 mm，虫卵为56~58 μm×30~34 μm，新鲜粪便为逸出卵壳的杆虫形幼虫。寄生于人、犬、猪的大小肠黏膜内。遗传学的研究表明，孤雌生殖的雌虫产出的虫卵（含有幼虫）有3种不同的染色体：① 三倍体型虫卵（triploid ova），直接发育为同性生殖（homogonic）丝虫型雌虫的幼虫；② 单倍体型虫卵（haploid ova），产生异性生殖（heterogonic）或间接发育的自由生活的杆虫型雄虫；③ 二倍体型虫卵（diploid Ova），产生异性生殖的或间接发育自由生活的杆虫型雄虫。单倍体型的雄虫和二倍体型的雌虫交配后，产出三倍体型幼虫。三倍体型的幼虫进入终宿主后发育为寄生性孤雌生殖的雌虫。

杆虫的生活史比较特殊，是以世代交替的方式进行的。① 自生世代孤雌生殖的雌虫在终宿主肠道产出含有第1期幼虫的虫卵，随粪便排到外界，数小时（夏季5~6小时）发育为杆型幼虫（食道短，有两个食道球）。第1期幼虫的发育有直接和间接两种类型。第1期杆型幼虫在48小时内变成性成熟的自由生活的雌虫和雄虫，交配后雌虫含有第1期杆虫型幼虫的虫卵，之后幼虫直接发育具有感染性的丝虫蚴。② 寄生世代动物是经皮肤或经口感染了感染性丝虫蚴，丝虫蚴经静脉系统、右心至肺，穿过肺毛细血管进入肺泡，大部分幼虫沿支气管、气管逆行至咽部，被吞咽后，到肠道发育为成虫。寄生在小肠黏膜内的雌虫产卵。少数幼虫在肺部和支气管也可发育成熟。从宿主感染开始到虫体成熟产卵需10~12天。虫体在宿主体内的寿命可达5~9个月。

兰氏类圆线虫的感染途径包括从皮肤钻入、经口和初乳及胎盘感染。Moncol（1975）报道，猪试验或自然的胎期感染，母猪前4小时，每0.06 mL乳汁约有1条幼虫，产后12小时乳汁中幼虫下降到4.4 mL中1条幼虫。仔猪饮用这种乳汁就被感染，将乳汁过滤再喂，仔猪则未被感染。表明感染新生仔猪的幼虫可以从母猪乳脂中分离，在初乳中存在幼虫具活力。Batte报道，检测一感染母猪连续数窝的初乳中每毫升平均有20.3和1条幼虫。仔猪在出生后4天内感染。母猪产前30天和10天，乳腺活检均未查到幼虫，但产前4~6小时和产后12~18小时都查到幼虫。Stewart（1976）对刚断奶母猪试验感染兰氏类圆线虫，并多次接种。这些猪在配种繁殖时，粪检均为阴性。结果13头人工感染过的母猪所生的21窝仔猪中有3窝（14%）胎内感染，检查了仔猪104头，有12%（12）为胎内感染，胎内感染只发现于第1胎小猪，以后各胎次均未发现。母猪体内的幼虫可在妊娠后期在胎儿的各种组织中聚集，在仔猪出生后迅速移行至新生仔猪的小肠，在出生后2~3天即可发生严重感染。检查了14头人工感染母猪的39胎次乳样，证实38胎次的乳样中有幼虫。在生第4胎次的乳样中仍可发现幼虫。乳样中的幼虫一般在产后24小时内的初乳中就排净了，但也有在产后达20天的母乳样中发现幼虫。母猪初乳中的幼虫与第3期幼虫在生理上不同，可经胃到达小肠，直接发育为成虫（经口感染第3期幼虫被胃液杀死），仔猪可经初乳感染，在产后4天发育为成虫。

[流行病学]   本病主要流行于非洲、南美洲、东南亚的热带和亚热带地区及温带地区，类圆线虫可感染人、猪、猫、犬等，属于兼性生活史类型，可营自由生活，大多数生活在温暖、潮湿的土壤中，当遇到合适的宿主（人和某些动物）时，其幼虫（丝状蚴）可经皮肤、口、乳汁、胎盘感染，引起体内、体外自身感染。感染者是本病的主要传染源；受感染动物也可作为传染源。主要在幼畜中流行，生后即可感染。未孵化的虫卵能在适宜环境中保持其发育蚴达6个月以上，感染性幼虫在潮湿的环境中可生存两个月。1月龄左右的仔猪感染最严重，2、3月龄后逐渐减少；春季产仔猪较秋季产仔猪的感染更严重。

[临床表现]   猪类圆线虫可致猪多种临床表现。

1. 兰氏类圆线虫感染   据金秀振（2002）观察到10～30 kg猪的臀部、腹下部、胸部有零星的湿疹，尤以臀部居多。1～2天内湿疹蔓延到整个臀部、腹部和胸部及耳根部。幼虫侵染皮肤发生湿疹状红块并向背部蔓延，同时皮肤出现瘙痒，而把患部皮肤在硬物上摩擦出现水肿。3～4天内猪只开始减食，有的开始拉稀，拉出的粪便由灰色变成黑色，最后变成褐色。2～3天内猪只开始死亡。小猪在拉稀的过程中，有时可见腹式呼吸，部分体温升高至41℃左右。尸检：尸体苍白，消瘦，表皮布满湿疹，颌下淋巴结和部分肠系膜淋巴结肿大，肺叶边缘有明显的炎症浸润，胸腔隔膜间有少量黄色清亮水液，小肠充血、溃疡。在小肠黏膜中发现虫体。郭金森等（1996）报道外购2～4月龄小型猪，当天发现少数猪腹泻，呈脱水状，体温正常或偏低，在10天内波及全群。病猪腹泻，发生皮疹、肺炎、眼结膜炎、鼻炎和严重神经症状，少数病猪体温升高。健康猪与人工感染猪共同饲养5天，健猪出现拉稀，皮肤出现扁平丘疹，第7天出现脑膜刺激征。第8天持续痉挛而死亡。病猪于第4天死于肺炎。从病肺中检出幼虫；从小肠中检到成虫，未发现其他寄生蠕虫寄生。将体外培养的第3代侵袭幼虫500条，口服攻击健康猪，24小时候猪厌食，随后呕吐，3天后腹泻，与自然感染发病时间相同，症状一致。

兰氏类圆线虫感染猪初期出现呕吐和水样腹泻，绝食，渴感，眼窝凹陷，步态不稳或无法行走。后期粪中混有胃肠黏膜、伪膜，有时带血。有些病猪出现肺炎，呼吸急促，鼻孔及眼裂有黏脓性分泌物，常因化脓性眼炎而失明。有些病猪在体侧、耳部、腹下部出现大小不等的圆形扁平丘疹，边缘清晰，中央具一圆心点，3天后干涸结痂呈灰色，剥脱后创面光滑粉红色，不出血。5%～6%的病猪出现不同程度的神经过敏，稍触即尖叫，全身颤抖或强直痉挛，初为阵发性，后为持续性，1～2天后死亡。据统计，8个猪场3 000余头猪发病，发病率为20%～73%，最高达100%，死亡率50%以上。病理变化主要在消化道、肺和小脑。胃黏膜散在性或片状出血斑，胃底黏膜呈黄色干酪样坏死，易脱落，肠系膜淋巴结成倍肿胀，十二指肠及空肠黏膜散在性出血，深达浆膜。肺有不同程度的小叶性和大叶性肺炎，以出血为主，渗出为辅，小叶间组织水肿，肺膈叶严重，少数猪有胸腔积液和纤维素性胸膜炎。有神经症状的病猪，小脑脑膜有点状和片状出血，周围脑膜血管充血明显。肾、脾表面和眼结膜、鼻黏膜有针尖或小斑块出血，肝表面有云雾状白斑，皮肤和皮下组织溢血常与皮疹同时存在。

2. 粪类圆线虫感染   本病主要感染人、灵长动物、犬、猫、狐等，猪的病例较少。多数仔猪于出生当天即被感染，最快时于仔猪8～11日龄即可在粪便中见到此虫卵。但仔猪因虫寄生感染而发生下痢则多见于 20 日龄前后。线虫系从仔猪口腔或皮肤侵入猪体,并寄生于小肠。几乎所有猪都遭侵袭,但实际受害猪多为 20～90 日龄仔猪。

3. 其他临床表现 类圆线虫的移行,致仔猪支气管肺炎、胸膜炎,进入消化道引起营养吸收障碍、肠壁炎症、出血等,临床上可见小猪贫血特别严重。造成仔猪死亡达 50％以上。Spinller 和 Hill(1942)报道,小猪兰氏类圆线虫引起的死亡猪,其心脏中有幼虫,附着堵塞心内膜引起心脏栓塞。同时在母猪肠内找到成虫 280 条,在心肌上有 77 条。

[诊断] 本病除临床诊断以外,主要是实验室的皮屑检查和消化道及粪样虫体、虫卵检查。

1. 皮屑检查 采集皮肤湿疹病健交界处皮屑。把皮屑侵入 10％的 NaOH 液后在酒精灯上加热煮沸 3～5 分钟,溶化皮屑后,吸取试管内沉淀物制压片,在 10 倍显微镜下检查。

2. 粪便淘洗法 采用饱和盐水或尼龙筛淘洗法检查虫卵和虫体。

[防治] 对患病猪舍进行彻底清扫,冲洗干净,并喷洒漂白粉或 20％石灰乳等进行消毒,杀死圈舍内残留的感染性幼虫。

对患病猪及未发现感染猪进行全面药物防治,并于第 1 次治疗后 2 周防治 1 次,防治药物有噻苯唑、丙硫咪唑、伊维菌素等。

三十四、后圆线虫病(*Metastrongylosis*)

该病是由后圆线虫属的线虫引起的寄生虫病。虫体呈丝线状,寄生于猪的支气管和细支气管,故又称猪肺线虫病或肺丝虫病。以引起猪等肺炎为主要症状。同物异名为长刺后圆线虫(*M.elongatus*)。

[历史简介] Leipier(1908)鉴定了猪后圆线虫。Hobmaire 等(1929)、Sahuarte 和 Alicate(1929、1931、1934)、Rose(1959)、汪溥钦(1962)研究了其发育史,后者曾考察幼虫在宿主体内移行路径。

[病原] 后圆线虫属后圆线虫总科、后圆属。常见致病线虫有长刺后圆线虫又称野猪后圆线虫、猪后圆线虫、复阴后圆线虫又称短阴后圆线虫和萨氏后圆线虫。3 种虫皆感染猪和野猪,仅猪后圆线虫感染人。虫体细长,乳白色或灰黄色,体表具有细微横纹。口囊小,口缘间有二侧唇,每一侧唇分为三叶,中央一叶较大,上、下二叶较小,每叶基部有一个乳突。食道筒状,基部根扩大,神经环位于食道中部;颈乳头小,在神经环后缘;排泄孔开口在颈乳突的后方。长刺后圆线虫雄虫长 11～25 mm,宽 0.16～0.23 mm,交合伞较小,前侧肋顶端膨大,中后侧肋融合在一起,背肋极小。交合刺呈丝状,长 4～4.5 mm,末端为单钩,无引器。雌虫长 20～50 mm,阴道长超过 2 mm,尾长 90～175 μm,稍弯向腹面。复阴后圆线虫,雄虫长 16～18 mm,宽 0.27～0.29 mm。交合伞较大,交合刺短,仅 1.4～1.7 mm,末端呈锚状双钩形,有导刺带。雌虫长 22～35 mm,宽 0.35～0.43 mm,阴道短,不足 1 mm,尾长 175 μm,尾端直,阴门前角质膨大,呈球形。萨氏后圆线虫,雄虫长 17～18 mm,宽 0.23～0.26 mm。交合刺长 2.1～2.4 mm,末端呈单钩状。雌虫长 30～45 mm,宽 0.32～0.39 mm,阴道长 1～2 mm。尾长 95 μm,尾端稍向腹面弯曲。3 种虫卵相似,呈椭圆形,外膜稍显粗糙状。虫卵大小为 51～54 μm×33～36 μm,卵胎生内含有卷曲的幼虫。卵在土壤中发育为第 1 期幼

虫,蚯蚓吞食后,经 2 次蜕皮发育为感染性幼虫,猪从土壤吞食到感染性幼虫或蚯蚓,经消化后幼虫钻入盲肠壁、大肠前段壁或肠系膜淋巴结,在 1～5 天内 3～4 次脱皮,通过静脉到肺泡,再钻入细支气管、支气管和气管。约在感染后 23 天发育成成虫并排列。感染后 5～9 周产卵最多。

本线虫生活史需要在中间宿主中完成,可供其充作中间宿主有蚯蚓中的暗灰异唇蚓、微小双胸蚓、无锡杜拉蚓、赤子爱胜蚓、红欧洲蚯蚓、参环毛蚓、秉氏环毛蚓、白颈环毛蚓等。

猪感染后 4 天开始雌雄分化,雌虫已进行第 4 次蜕皮为第 5 期幼虫,并从淋巴管经小循环到宿主肺部。人工感染试验,把感染期幼虫从耳静脉等血管注入,虫体直接到肺部亦可发育为成虫。在适当气候条件下,自虫卵经中间宿主发育,再到猪体发育到成虫仅需 35 天。成虫在猪体内可存活 1 年。

[流行病学] 野猪后圆线虫是猪肺线虫病的主要病原体,分布广泛。感染动物除野猪和家猪外,也见于牛、羊、鹿等反刍动物及人和犬。其重要的流行因素有:① 虫卵的生存期长,在粪便中的虫卵可存活 6～8 个月;牧场结冰的冬季,生存 5 个月以上。② 第 1 期幼虫存活力强,在水中可以生存 6 个月以上;在潮湿土壤中达 4 个月以上。③ 虫卵在蚯蚓体内发育到感染幼虫时间长,平均室温为 10.6℃和 13.8℃时不发育;14～21℃需 1 个月;24～30℃需 8 天。蚯蚓的感染率在夏秋季节高达 71.9%,感染强度高达 208 个,其中几乎都是感染阶段的幼虫。我国已发现中间宿主蚯蚓有 20 余种。④ 在蚯蚓体内的感染性幼虫保持感染性的时间,可能和蚯蚓的寿命一样长。据 Rose(1959)观察,被幼虫感染的蚯蚓寿命不超过 15 个月。⑤ 野猪后圆线虫对中间宿主蚯蚓的选择性不强,我国已发现宿主蚯蚓有 6 个属 20 种之多,这也是分布广泛的部分重要原因。而且虫卵污染有蚯蚓的牧场,放牧猪 1 年可以发生两次感染,第 1 次在夏季,第 2 次在秋季。⑥ 传递其他疾病,肺线虫可以给肺部其他细菌性或病毒性疾病创造条件,从而使这些疾病易于发生或加重其病程。猪流感病毒可感染虫卵,虫卵发育成幼虫时,病毒仍能在幼虫体内保持活力 32 个月之久,猪感染这种幼虫时,即同时感染流感病毒;幼虫传播猪瘟、捷申病毒;加重或并发肺疫、支原体肺炎等。

猪后圆线虫病呈地方性流行。成虫主要寄生在肺的深呼吸道,这些虫体是污染牧场和导致其他猪群感染的主要原因。流行病学调查中,本病多为野猪后圆线虫和复阴后圆线虫混合感染,试验证明野猪后圆线虫单独感染猪,幼虫发育到性成熟的约为 4%,而与复阴后圆线虫同时感染,各有 35% 的幼虫发育成熟。复阴后圆线虫单一感染的猪,幼虫发育到性成熟的只有 1%,所以 2 种线虫同时寄生时,二者可能有协同作用,二者一起寄生同一猪虽然非必然,但确实彼此有利。

本虫为猪常见寄生虫,但猪后圆线虫病有明显的年龄特征,4～6 月龄猪群中最为流行,但不常出现暴发流行,其与蚯蚓有关。

[发病机制] 后圆线虫初期感染猪并无症状,当虫体增大时对非组织起破坏作用。幼虫移行时破坏猪肠壁、淋巴结和肺组织,尤其对肺脏损害严重,幼虫移行时可造成肺泡损伤;虫体在细支气管和支气管寄生时造成机械损伤,大量虫卵进入肺泡以及新陈代谢产物被机体血液吸收,可引起中毒,童虫在肺部发育移行,促使支气管黏液分泌增强,产生出血斑点。

虫体和黏液阻碍支气管产生蠕动,造成蠕虫性肺炎,支气管黏膜变性、恶化和片状脱落,白细胞浸润,感染2周后白细胞增加10%～15%。肺气肿、肺突质中有结缔组织增生性结节,肺尖部变紫、肺叶后缘有界限清晰的灰白色、微突起的病灶,患猪呈现以呼吸系统临床特征的病理变化。

[临床表现] 猪在感染后几周内可能排出大量的虫体,似有"自愈"机制。少量虫体感染仅在支气管检出虫体,但无症状。试验证明,猪在初次感染后15天,在血液中发现抗体,以后抗体浓度逐渐升高。当把幼虫置于存在抗体的血清中时,虫体鞘的前端和脱鞘幼虫的排泄孔等处都有沉淀物沉着。Jagger和Herbert(1964)在英国屠宰场检查猪肺发现,后圆线虫的感染率为8%～65%,常见的是猪后圆线虫;但多为混合感染。美国调查结果为,侵染后圆线虫的情况为,猪后圆线虫占62%、复阴后圆线虫占37%、萨氏后圆线虫占1%,雄雌比例为3∶2,有的猪群76%是猪后圆线虫与复阴线虫混合感染,11%为3种线虫混合感染。匈牙利的调查结果为,729头家猪有30%为后圆线虫感染;160头野猪有88%为后圆线虫感染,野猪感染率为家猪的3倍,但家猪以猪后圆线虫感染为主,而野猪以复阴后圆线虫为主,常见2种线虫混合感染。Ewing和Todd(1961)对单一和或两个种幼虫混合感染进行了比较。给每头猪接种两种线虫分别为100和400条幼虫,单一种幼虫感染,幼虫不能发育为成虫,而2个种混合感染,幼虫多能成长。用6 000条幼虫进行试验,混合感染有35%幼虫发育为成虫;单一感染猪后圆线虫幼虫,只有4%能发育,而单一感染复阴后圆线虫,只有1%能发育。徐全健(1982)报道四川一头10 kg仔猪被毛粗乱,拱背,消瘦,时有咳嗽,呼吸困难,鼻腔黏稠液体流出,有轻度腹泻。肺脏苍白,所有支气管和细支气管塞满虫体,共有虫体10 391条,气管中有大量泡沫样液体。虫体鉴定为长刺后园线虫和复阴后圆线虫混合感染。

本病多发生于仔猪,主要引起猪慢性支气管炎和支气管肺炎,导致病猪消瘦,发育受阻,甚至引起死亡。轻度感染时症状不明显,仅在支气管中检出虫体,但生长发育受影响。成虫在肺部产生的大量虫卵进入肺泡以及虫体代谢产物被吸收,引起机械性和化学性刺激,如继发细菌感染,则发生化脓性肺炎,猪的死亡率甚高。龚广学(1958)报道猪后圆线虫严重感染,患猪发生支气管肺炎,有强烈的阵发性咳嗽,呈嘴唶地腰弓起咳嗽,呼吸困难,以运动或采食后及早晚最明显、最剧烈。肺有啰音。体温间或升高。继之,食欲丧失,贫血,营养不良,皮毛发干、发焦、无光泽,皮肤脱屑,精神委顿,体况消瘦,步态蹒跚,不愿行动,流黏液性脓性分泌物,发生喘气、衰竭死亡。即使病愈,也生长缓慢,有的呈侏儒猪,6～7个月仅7.5 kg重。人工感染试验中,猪在感染后10天开始咳嗽,自第32天起症状明显,50天后常在食后呕吐,但也有的试验感染猪几乎无可见的临床症状。

对成年猪致病力较轻微。轻度感染,症状不明显;严重感染猪有强力咳嗽,呼吸困难,肺部有啰音,体温间或升高,贫血,食欲减低或丧失,即使病愈,也生长缓慢。

肉眼病变不明显,肺膈叶腹面边缘有楔状肺气肿区,支气管增厚、扩张,靠近肺气肿区有坚实的灰色小结,小支气管周围呈现淋巴样组织增生和肌纤维肥大。支气管内有虫体和黏液。病变似猪支原体肺炎症状。有时可见肝脏因幼虫移行显现的"乳黄色小点"。幼虫在猪体内移行时,破损猪的肠壁、淋巴结及肺组织,并带入病毒产生疾病。

Shop(1941—1955)报告猪后圆线虫能传播流行性感冒,并证明感冒病毒可在虫卵中遗留到中间宿主蚯蚓体内发育的幼虫,在幼虫体内生存 32 个月之久,病毒在此期间以隐性形式存在。Sen 等(1961)也证明后圆线虫是猪流感病毒的传播者,把这一潜在病原带进猪体内。后圆线虫的幼虫可携带流感、猪瘟等病毒,从而加重病情,可造成继发感染。

野猪肺线虫病又称后圆线虫病,是后圆属的线虫寄生于野猪的支气管和细支气管引起的一种肺线虫病。终末宿主有家猪、野猪、西湖野猪、天山野猪、西貒,偶见于牛、山羊、绵羊、犬和人,寄生于支气管。Muelall 等(2001)检查了西班牙 47 头野猪的粪便,后圆线虫卵(*Metastrongylus* spp.)阳性率为 88%。

[诊断]

1. 流行病学观察　与土壤有密切接触的散养或放牧猪群;蚯蚓易繁殖的土壤;猪肺线虫病流行区或从疫区引进过猪的饲养场;在夏末秋初气候转冷时,发现很多仔猪或幼猪出现阵发性咳嗽,日渐消瘦,而又无明显的体温升高,可怀疑本病。

2. 病死猪的尸体剖检　病变主要集中在肺脏的膈叶下垂部,切开后发现大量虫体,并可对虫体形态学观察。

3. 粪便中的虫卵检查　肺线虫虫卵比重较大,可用饱和硫酸镁溶液(硫酸镁 920 g 加水 1 L,比重 1.285)或亚硫酸钠饱和溶液(硫代硫酸钠 1 750 g 加水 1 L)或饱和盐水加等量甘油混合液,进行漂浮法检查虫卵。取粪便 2 g 加溶液 30 mL,搅匀,再通过每英时 44 孔筛过滤,滤液装满 15 mL 离心管,管口加盖片,使与液面接触,以每分钟 1 500 转离心 3 分钟,取下盖片,计算虫卵数,每有 1～2 个虫卵,体内有成虫 30 条,并进行形态学观察。但并非经常可以检出虫卵,这可能与排卵周期有关。有临床症状并检出虫卵时,始能确诊。

4. 变态反应诊断　抗原用患猪气管黏液,加 30 倍的 0.9%氯化钠溶液,搅匀,再滴加 3%醋酸液,直至稀释的黏液发生沉淀为止,过滤,于溶液中徐徐滴加 3%的碳酸氢钠液中和,调其酸碱度到中性或微碱性,间歇消毒后备用。以抗原 0.2 mL 注射于猪耳背的皮内,在 5～15 分钟内,注射部位肿胀超过 1 cm 者为阳性(潘亚生,1960)。

[防治]　本病的流行与中间宿主蚯蚓有关,故预防中主要是切断病原传播途径。① 定期驱虫对流行区的猪进行预防性和治疗性驱虫并停止放牧;② 对猪的粪便等排泄物进行发酵等无害化处理,对场地进行消毒,即用 1%热碱水或 3%草木灰等;③ 防止蚯蚓潜入猪场在每平方米腐殖质土壤中蚯蚓可达 300～700 条,而砂土及石板地猪场无蚯蚓存在,故猪场应创造水地硬地,防止蚯蚓来杜绝本病发生。

药物防治可用:① 左咪唑 15 mg/kg 1 次肌注,间隔 4 小时重复 1 次或 10 mg/kg 混于饲料服用,对 15 日龄幼虫和成虫 100%有效,有些猪服药后 30 分钟左右出现咳嗽,呕吐和兴奋等中毒反应,有时较严重,但易于 1～1.5 小时后自行消失;② 四咪唑(驱虫净)20～25 mg/kg 口服或 10～15 mg/kg 肌注,对各期幼虫和成虫均高效;③ 对于肺炎严重猪,应在驱虫同时,连用青、链霉素 3 天,有助于改善肺部症状和康复。

(1)主要是尽量避免猪与之间宿主接触,防止蚯蚓潜入猪场。猪场改用坚实地面,注意排水和保持干燥,创造无蚯蚓条件,即可杜绝本病的发生。

(2)猪粪应发酵消毒,禁止有肺线虫的猪进入牧场。

(3)在不安全区,应对猪进行预防性的治疗性驱虫,对牧区猪应定期检查,发现有肺线虫感染时,立即进行治疗性驱虫,并停止放牧。

另外,也可用噻苯咪唑、苯硫咪唑、丙硫咪唑或依佛菌等驱虫。

三十五、毛圆线虫病(*Trichostrongyliasis*)

该病是由红色猪圆线虫(Hyostrongylus rubidus)寄生于猪胃底部引起的疾病。

[病原]　红色猪圆线虫分类上属于猪圆线虫属。虫体从宿主体内取出时呈鲜红色、纤细、头小,角皮上有横纹,有颈乳突 1 对。雄虫大小为 4～7 mm×0.098～0.106 mm,交合伞 3 叶,发育良好。交合刺 1 对,等长,末端分为两支,有导刺带,支持器复杂。雌虫体长 5～9 mm,生殖孔位于虫体的中后部。虫卵呈椭圆形,不对称,卵壳薄,桑葚形,大小为 64～83 μm×32～47 μm。

红色猪圆线虫在发育过程中不需要中间宿主。雌虫在猪胃中产卵,虫卵随粪便排出体外时含 16～32 个胚细胞,在适宜条件下,经 39 小时孵出幼虫,经 68 小时幼虫蜕皮 2 次,约经 7 天发育为第 3 期幼虫,即感染性幼虫,达到感染期阶段。当猪吞食后,幼虫钻入胃黏膜的深层寄生,停留约 2 周,经两次蜕皮发育为第 5 期幼虫即青年成虫,然后返回到胃腔的黏膜表面。在感染的 20～25 天,发育为性成熟的雄虫和雌虫,雌虫开始产卵,进入新的生活史期。

[流行病学]　本病在我国浙江、江苏、陕西、甘肃、云南、海南、广东、四川等都有检出报道。猪是唯一宿主,感染在猪与粪肥间循环,未见中间宿主。发生率约 30%,有报道相关宿主有海猪、西貒等。

[临床表现]　此病主要危害小猪、架子猪。一般红色猪圆线虫感染不会有致病作用;此线虫在成年母猪和肥猪虽大量寄生,但不引起明显症状,猪只表现增重减少,饲料转化率降低。由于红色猪圆线虫是一种吸血寄生虫,当有大量虫体寄生时,可导致胃充血、卡他性胃炎,严重时引起呕吐、消瘦、食欲减退,皮肤和黏膜贫血等。

病死猪剖检可见胃黏膜水肿、炎症、出血、黏膜糜烂及溃疡。黏膜上附着大量黏稠的黏液物。

诊断猪死圆线虫病无特异性临床表现,故需通过虫体检查和虫卵鉴定来确诊。因红色猪圆线虫虫卵与结节虫虫卵在大小、形态上非常相似,不易区别。幼虫培养是鉴别这两种线虫较好方法。

目前防治参考线虫病防治方法。

三十六、猪结节虫病(*Mycoplasma hyorhinis*)

该病主要是由食道口属的多种食道口线虫寄生于猪的结肠和盲肠而引起的一类线虫病。由于幼虫寄生于猪大肠壁内形成结节,故称结节虫病。线虫严重感染时可以引起结肠炎。

[病原]　食道口线虫属(食道口属同物异名结节虫属),包涵多种食道口线虫,常见种类有有齿食道口线虫(*O.dentatus*)、长尾食道口线虫(*O.longica udum*),以及短尾食道口线虫(*O.breuicaudum*)。

1. 有齿食道口线虫   乳白色，口孔具外叶冠 9 叶，内叶冠 18 叶，口囊浅，头囊膨大，食道漏斗小，后部稍膨大，颈乳突位于食道膨大部两侧。雄虫长 8～9 mm×0.3 mm，交合刺长 1～1.3 mm。雌虫长 8～11.3 mm×0.461～0.566 mm，尾长 350 μm。寄生于结肠。

2. 长尾食道口线虫   暗灰色，口孔具外叶冠 9 叶，内叶冠 18 叶，口囊较宽深，囊壁后部向外斜；头囊膨大、较短；食道漏斗大，后部膨大明显，全形似花瓶。颈乳突位于食道膨大部两侧。雄虫长 6.5～8.5 mm×0.28～0.40 mm，交合刺长 0.87～0.95 mm。雌虫长 8.2～9.4 mm×0.4～0.48 mm，尾长 4.00～4.60 μm。寄生于盲肠和结肠。

3. 短尾食道口线虫   雄虫的大小为 6.2～6.8 mm×0.310～0.449 mm，交合刺长 1.05～1.23 mm；雌虫的大小为 6.4～6.8 mm×0.31～0.45 mm，尾长为 81～120 μm。

雌虫在猪大肠内产卵，虫卵随猪粪便排出体外。在外界适宜的温度（25～27℃）和湿度条件下夏天经 24～48 小时孵化，幼虫孵出 3～6 天并经两次蜕皮发育为带鞘的感染性幼虫。猪经口吞食后，幼虫在肠内蜕鞘，经 24～48 小时钻入大肠黏膜下形成大小为 1～6 mm 的结节；感染后 6～10 天，幼虫在结节内蜕第 3 次皮，成为第 4 期幼虫；之后返回肠腔，蜕第 4 次皮，成为第 5 期幼虫。感染后 38 天（幼猪）或（成猪）发育为成虫。成虫在大肠内寄生期限为 8～10 个月。

成年猪被寄生的数量多。1 月龄的猪虫卵检出率为 10%，每克粪便中虫卵数为 10 个左右；7 月龄猪的虫卵检出率为 30%左右，每克粪便中虫卵数约 700 个；13 月龄猪的虫卵检出率为 50%左右，每克粪便中的虫卵数达 2 500 个以上。

感染性幼虫在室温 22～24℃的湿润状态下，可生存达 10 个月，在－19～22℃可生存一个月，故在北方有些感染性幼虫，如在圈舍内向阳处的墙根下，被厚雪覆盖的土壤、粪便及杂草中的感染性幼虫可以越冬。虫卵在 60℃高温下迅速死亡；在 41～47℃时，47 小时后失去孵化力。干燥容易使虫卵和幼虫死亡。

[流行病学]   猪是传染源。感染率高低受季节的影响，幼虫感染率最高季节为夏季，其次为晚春和秋季，越冬感染性幼虫只在早春返暖后开始感染，但圈舍内由于气温较高，感染性幼虫冬季亦能感染。潮湿和垫草不勤换的猪舍内感染较高。放牧猪在清晨雨后和多雾时易被感染。

[临床表现]   幼虫在大肠黏膜下形成结节，所造成的危害性最大。初次感染时，很少发生结节，连续感染 3～4 次后，许多幼虫寄生在大肠壁，这是黏膜产生免疫力的表现。在幼虫对局部的机械刺激和产生的毒素作用下，结节大量产生。形成结节的机制是幼虫周围发生局部性炎症，继之由纤维细胞在病变部位形成包囊。结节因虫种不同而不同，有齿结节虫的结节较小，消失较快；长尾结节虫的结节高出黏膜表面，并有坏死性炎症，在感染 35 天后开始消失。大量感染时，大肠壁普遍增厚，并有卡他性炎症。

除大肠外，小肠（特别是回肠）也有结节发生。细菌感染结节时，能继发弥漫性大肠炎，经 1～2 周，结节向肠腔内破裂，其中幼虫进入肠腔，在结节处留下溃疡。成千阶段的致病力轻微，有时可见有肠溃疡。结节在肠浆膜面破裂，可引起腹膜炎，但这种病例较少见。

成虫的致病力较轻微，只有高度感染时，可造成肠壁机械损伤，虫体的代谢产物被机体吸收可致全身性中毒,严重者导致死亡。

Bolle(1951)报道,猪感染有齿食道口线虫时,发生慢性间质性肝炎,病变部有嗜伊红细胞集聚,并有幼虫。

食道口线虫虫体的致病力轻微,只有严重寄生时,大肠上才出现大量结节,发生结节性肠炎。粪便中带有脱落的黏膜,猪腹泻或下痢,逐渐表现贫血,高度消瘦,拱背,发育障碍。继发感染时,则发生化脓性结节性大肠炎。也可引起仔猪死亡。

[病理变化]　幼虫在大肠黏膜下形成结节。初次感染时,很少发生结节,连续感染3~4次后,许多幼虫寄生在大肠壁,幼虫周围发生局部性炎症,可见由纤维细胞在病变部位形成包囊。猪结肠内壁有结节虫凸起,肠壁有出血。大量感染时,大肠壁增厚,并有卡他性炎症。除大肠外,小肠、回肠也有结节发生。当并发细菌感染时,出现弥漫性大肠炎,经过1~2周,结节向肠腔内破裂,幼虫进入肠腔,在结节处留下溃疡。

[诊断]　用漂浮法检查粪便中虫卵及观察自然排出的虫体,结合临床症状可以确诊。

虫卵不易鉴别时,可培养检查幼虫。幼虫长500~532 μm×26 μm,尾部呈圆锥形,尾顶端呈圆形。

[防治]　轻度感染时无驱虫的必要,严重感染时应进行驱虫,预防性驱虫,每个春、秋季对猪进行1次预防性驱虫,常用左旋咪唑和噻嘧啶驱虫。

保持饲料和饮水的清洁,避免被幼虫污染。搞好猪舍和运动场清洁卫生和消毒;保持圈舍干燥和勤换垫草;及时清理粪便,并堆积发酵,以杀死虫卵和幼虫。

提倡圈养,散养或放牧的猪场,选择干燥牧场,不在低洼潮湿地放养。

三十七、冠尾线虫病(*Stephanuriasis*)

该病是由有齿冠尾线虫寄生于猪的肾盂、肾周围脂肪和输尿管壁等处,偶尔寄生于腹腔及膀胱引起的一种线虫病。又称猪肾虫病。患病仔猪生长缓慢,公猪性欲减退,失去配种能力;母猪不孕或流产,甚至死亡。

[历史简介]　猪肾虫由Natterer于1834年在巴西猪的肠系膜包囊中发现,以后在美洲猪的肾周围脂肪中检出。我国在1935年出口至巴西的猪群中发现此虫。此外,S. Diesing(1839、1851、1861);Varril(1870);Taylor(1899);Hellmans(1911);Drabble(1922、1927);汪溥钦(1962);熊大仕(1981),都描述肾虫形态。Diesing(1839)对其命名并分类于肾线虫属。黄文德、张峰山等(2001)报道在1970—1990年间温州地区猪场和毛猪仓库等处的工人和农民接触猪粪尿或污染土壤发生猪肾虫致人皮炎,并从皮疹处检获幼虫。

[病原]　有齿冠尾线虫(*S.dentatus*)分类属冠尾科、冠尾属。

成虫虫体粗大,红褐色,新鲜虫体呈灰褐色,形似火柴杆,体壁透明,内部器官隐约可见。体表具有横纹,两侧各有一条明显的红色侧线。口孔椭圆形,口囊杯状,口缘一侧有细小的叶冠和六个角质隆起,口囊底部有6~10个小齿。雄虫长20~30 mm,交合伞小不发达,短小腹肋并行,其基部为一总干;侧肋基部为一总干,前肋侧肋细小,中侧肋和后侧肋较大,外背肋细小,自背肋基部分出,背肋粗壮,其末端分为4小支。交合刺两根等长或稍不等。有引器和副引器。雌虫长 30～45 mm,阴门开口靠近肛门。虫卵椭圆形、较大,灰白色,两端钝圆,卵壳薄,大小为 100～125 $\mu m \times$ 59～70 μm,内含 32～64 个深灰色的胚细胞,但胚与卵壳间仍有较大的空隙。寄生在肾盂、肾周围脂肪组织及输尿管壁的虫体形成包囊,包囊有小管与输尿管相通,雌虫所产虫卵随病猪的尿排出体外,在适宜温度、湿度和充足的氧气条件下,经 24～48 小时即能孵出第 1 期幼虫,经 24 小时进行第 1 次蜕皮,变为第 2 期幼虫,再经 34～36 小时进行第 2 次蜕皮,变成第 3 期幼虫,成为感染性幼虫。感染性第 3 期幼虫侵入猪体的途径有 2 个:经皮肤和经口感染。经口感染的幼虫钻入胃壁在胃内发育 3 天进行第 3 次蜕皮为第 4 期幼虫(L4),然后离开胃壁进入肠内,钻入肠壁血管,随血液循环经门脉到肝脏。幼虫在肝脏停留 3 个月或更长时间,经第 4 次蜕皮后穿过肝包膜进入腹腔,移行到肾脏周围或输尿管壁组织中形成包囊并发育为成虫。经皮肤感染的幼虫,钻入皮肤或肌肉,经 72 小时进行 3 次蜕皮变为第 4 期幼虫,钻入血管,随血流到肺,再经体循环到肝,其大多数于 8～40 天内到达。少数幼虫移行中进入其他器官,如肺、脾、腰肌、脊髓等,在这些部位均不能发育为成虫而死亡。从幼虫进入猪体至发育为成虫,并成熟产卵,需 6～12 个月。

虫卵和幼虫对干燥和阳光的抵抗力弱。虫卵在 30℃ 以上,干燥 6 小时即不能孵化;在 32～40℃ 高温下,阳光照射下 1～3 小时均死亡。幼虫在完全干燥的环境中,在 21℃ 以下温度中,干燥 56 小时全部死亡;在 36～40℃ 下,阳光照射 3～5 分钟全部死亡。对化学药物的抵抗力很强,1% 硫酸铜、煤酚皂、硼砂、氢氧化钾、碘化钾等溶液不能杀死幼虫和虫卵。而 1%～4% 漂白粉或石炭酸具有较高的杀虫力。5% 烧碱 15 分钟可杀死虫卵和幼虫。由于幼虫一般生活在地表 2 cm 深处,不易被化剂影响,可长期生活在土壤中。

[流行病学]　本病主要分布于热带和亚热带地区。南美洲及大西洋各国猪肾虫感染率达 51.1%～94%,曾调查屠宰场猪肝上有肾虫病占 84%。此病我国南方各省分布较广,而且流行严重,1956 年福建漳州、漳浦就有报道。闽南 5 区 22 个猪场平均肾虫感染率为 62%(1 350/2 159),年均每头 24 条,最多的 1 头猪有 253 条。个别猪场感染率为 100%。黄文德等(2001)对浙南 1 139 头猪调查发现,母猪阳性率 50.1%(126/254),平均从每头母猪获虫 25 条;肉猪阳性率为 35.98%,平均从每头肉猪获虫 16.29 条。但随着商品流动频繁和全球气候变暖等因素的影响,我国北方的辽宁、吉林通化、黑龙江的五常、依兰、佳木斯都有本病发生,该病呈地方性流行。本病除致猪感染外,还能传染给黄牛、马、驴、豚鼠等动物。汪溥钦(1963)曾从福州一黄牛肾周围组织中检得雄虫 4 条,雌虫 5 条。

患病猪和带虫猪是本病重要的传染源。由于猪肾虫发育不需中间宿主,虫体繁殖力强,一头中等程度感染的猪,每天可排出 100 万个以上的虫卵,它们粪便中的虫卵污染猪场或无肾虫病感染的猪场引进病猪或带虫猪引起感染和流行。但其感染率高低不一,高者可达 100%,似乎与猪年龄与饲料密度有关。

由于感染性幼虫可经口和皮肤感染,从而感染概率增加。感染性幼虫分布于猪舍的墙根和猪排尿的地方;其次是运动场潮湿处,猪只往往在墙根、运动场地掘土时而食入感染性幼虫或在墙根及其他潮湿处躺卧时,感染性幼虫钻入皮肤而感染。生活在土壤表层 2 cm 范围内的幼虫,其向土壤周围和向下层迁移的能力较弱,而向表面爬行的能力顽强,在 12 cm 深处的幼虫,经1周后便能迁移到土壤表面;幼虫在32 cm深的疏松而潮湿的土壤中可生存6个月。

[发病机制]　幼虫和成虫均有致病力。幼虫钻入皮肤,引起皮肤红肿,产生小结节,有时形成化脓性皮炎,尤以腹部皮肤最常发生;同时体表淋巴结肿大。幼虫在体内移行时,对移行经过的组织造成损伤,在肝脏移行时由于机械和毒素作用,可引起肝小叶间结缔组织增生,肝硬化,产生结节和坏死及肝机能障碍,并引起贫血、黄疸和水肿,如带入细菌也会引起肝脓肿、肝组织破坏、结缔组织增生。慢性肝炎产生不规则的白色斑痕及肝硬结等。肝门静脉因成虫寄生而膨大,肝门静脉管血流常含有包囊,内有正在发育的小童虫。成虫亦可在肝组织内形成包囊,使肝组织出血和红血球浸润,后期病变产生肝硬化症状。在向肺脏移行时会引起卡他性肺炎。肺产生炎症造成血管内产生栓塞。在腰椎形成包囊时,压迫神经引起后肢麻痹。成虫寄生于输尿管壁时,形成包囊,有小孔与输尿管相通,多是寄生时致使尿管壁上形成许多贯穿性小孔,一旦管壁或包囊损伤时,尿液即流入腹腔,引起尿性腹膜炎而致猪死亡。成虫在肾盂寄生时,使肾盂肿大,结缔组织增生,寄生在肾周围脂肪时,形成白色胶状的脓性糜烂物。幼虫移行引起的病害比成虫定居在肾组织内更严重,幼虫移行会损害胃、肠壁,损害多时,会引起猪死亡。

黄文德等(2001)对34头猪剖检,结果为共获虫321条,其中成虫250条,3、4、5期幼虫71条寄生在不同部位:在输尿管周围组织为66.67%(214/321),肝脏为9.96%(32/321),肾周围脂肪囊为9.03%,肾盂为4.05%,门静脉血凝块为3.43%,腹腔、肠系膜为2.49%,肺脏为2.18%,横膈为1.25%,胸膜为0.626%,膀胱为0.31%。虫体在肝脏移行时,有机械和毒素作用,可引起肝小叶间结缔组织增生、肝硬化,产生结节和坏死及肝机能障碍等,并引起机体贫血、黄疸和水肿,带入细菌也会引起肝脓肿。成虫在肾盂寄生时,肾肿大,结缔组织增生;在肾周围脂肪寄生时,形成白色胶状的脓性糜烂物;在输尿管壁时,形成包囊,有小孔与输尿管相通,寄生虫量多时致使尿管壁上形成许多贯穿性小孔,一旦管壁或包囊损伤时,尿液即流入腹腔,引起尿性腹膜炎而致猪死亡。豚鼠口服试验第10天剖检,幼虫体长1 060～1 520 μm,主要分布于腹内,肝实质及表面有出血斑及隧道,结节内有虫分布,肝脏有出血点,胃浆膜面见出血斑,纤维蛋白渗出。50天时虫多数在内脏,肝脏有虫,虫长1.420～2.030 mm,雌虫已分化。

[临床表现]　猪肾虫的幼虫或成虫,对猪的致病作用都很强。感染性幼虫侵入机体,在体内移行,刺激组织,使之增生,形成结节,诱发各脏器病变。患者食欲不振,消瘦,贫血,异食,皮肤黏膜苍白。四肢集拢,拱背,行走蹒跚,一侧或两侧跛行或后肢麻痹。幼猪生长发育受阻。母猪发情紊乱或长期不发情,配种不受孕,即使怀孕也往往流产;公猪性欲降低,缺乏交配能力。排尿频数,尿液浑浊,有白色小点下沉。虫体移行喉头、气管时,引起炎症。头部淋巴结肿大,面部浮肿;从血管进入输尿管,可引起血尿。严重流行时,可引起患猪大批死亡。患猪在感染后2～3周间,WBC升高,嗜酸性粒细胞升高,可达39.0%,一个月后又恢复正常。RBC及Hgb下降,EsR(血沉试验)加速,FDP(血清纤维蛋白酶原)增高;发病早期幼虫侵害肺、肝及腹腔时,EOS常显增。

张满其(2012)报道,病初幼虫感染,出现皮肤炎症,有丘疹和红色小结节或脓肿。有时体表淋巴结肿大,有的肿大如鸡蛋大小,出现肺炎症状。一般3~4周后自愈。随后病猪出现食欲不振,精神委顿,消瘦,贫血,黄疸,被毛粗乱或皮肤黏膜苍白,有异食现象等。随着病程的发展,病猪出现后肢无力,左右摇摆和跛行、拱背,喜卧;后躯麻痹或僵硬,不能站立,拖地而行。尿频,尿淋漓,尿液浑浊,常有白色黏稠絮状物或脓液。

仔猪发育不良,母猪不发情、不孕或流产或产死胎。公猪性欲降低或失去交配能力。严重的病猪因极度衰弱而死亡。

谭志成等(2003)报道一猪场肾虫病:全群猪发育缓慢,其中一头8月龄猪仅30 kg。僵猪喜卧,伸舌,走路摇摆,后肢无力。尿液为茶色、混浊,排尿频繁且量少。左肾1.4 kg,右肾1.6 kg,两肾重为体重的十分之一,超出正常肾重的10倍以上。其中一头母猪流产。

漳浦县一头母猪肝上有百余条肾虫寄生,引起炎症,如头部淋巴结肿胀,面部浮肿,肾虫还寄生于肺、肠系膜、横膈膜等处。病情严重时猪因极度衰竭而大批死亡。蒲田某乡1 200多头猪因患肾虫病,患病后14个月左右全死亡或病宰1 114头。湖北新河(1973)报道,病猪食欲不振,逐渐消瘦,背部拱起,后躯无力,行步摇晃。公猪性欲减退,母猪发情紊乱,有的长期不发情,配种不受孕;母猪不孕和流产,产死胎,仔猪瘦弱,生长受阻;在饲养管理不良情况下,常于出生后4个月左右死亡。Battle(1960)报道,比健康猪每日体重增长相差半磅。卢澄光(1960)报道幼虫移行引起各种症状,出现喉头、气管炎症,头部淋巴结肿胀,颜面和头部水肿。虫穿血管进入尿道,引起血尿而死亡;虫进入阴道壁时,引起阴户肿胀。45 kg以上猪感染,食欲正常,仅表现被毛粗乱无光泽,生长缓慢等。

[病理变化]   尸体消瘦,皮肤上有水肿性丘疹和结节,其附近淋巴结肿大。剖检见肝脏、肾脏周围组织、肝脏质地柔软,肝表面有黄白色的弯曲虫道,切开后有时可见幼虫。肝内有绿豆大小、呈棕褐色结节,突出于肝表面为包囊和脓肿,内含幼虫。肝肿大、变硬,结缔组织增生,切面可见到幼虫钙化的结节,肝门静脉内有血栓,内含幼虫及含血液包囊内有正在发育小童虫。在肾盂或肾周围脂肪组织内可见到核桃大的包囊或脓肿,其中常含有虫体。虫体多时引起肾肿大,虫体可穿过囊壁与肾盂相通致输尿管肥厚、弯曲或被堵塞。有多量包囊内含成虫。有时膀胱黏膜充血,外围也有包囊,内含成虫。腹腔腹水增多,并可见成虫。胸膜壁面和肺脏中均可见结节和脓肿,脓液中可见幼虫。此外,皮肤、喉头、肺、腹腔器官、腰肌、淋巴结、雄性生殖道周围组织、子宫、阴道壁内有不同程度损害,可见到成虫寄生,曾发现猪脊髓中有肾虫。肾和输尿管周围的结缔组织增生,肾表面挤满黄豆粒大小的淡红色的包囊——肾虫尾端,输尿管周围也有寄生的成虫包囊。还可见到内脏粘连,脾肿、大网膜及内脏多处结节、脓肿。

[诊断]   对5月龄以上可疑猪,可采尿液进行虫卵检查,以清晨第1次尿的检出率较多。由于虫卵大、黏性大,故采用自然沉淀法或离心沉淀法。尿液静止沉淀30分钟,倒去上清液,在杯底可见黏附的白色针尖大小虫卵,取尿渣沉淀物镜检。对5月龄以下仔猪,只能依靠剖检,在肝、肾处发现虫体来确诊。有时由于幼虫移行在肝、肺、脾等处也可见到虫体。在肾内肾盂部以上的输尿管,特别是肾盂及肾门近侧是肾虫喜欢寄生部位,从肾的纵轴正中切开,可见典型的病变。在重病症猪的管壁可见粗硬索状体(硬结索)。

免疫学诊断:可采用皮内变态反应进行诊断。

鉴别诊断：主要与猪膨结线虫区别。膨结线虫也寄生于肾,尿检也有包囊,但虫卵和虫体都比肾虫大。

[防治] 本病应采用综合性预防措施;对有病情的猪场,应进行普查,疫区每 2 个月进行 1 次尿检,检出病猪应及时隔离治疗或淘汰、屠宰,并将原圈彻底消毒。应注意引进猪的隔离。治疗后的猪应加强饲养管理,补充维生素及矿物质,以提高猪只的抗病力。建立无虫哺乳室,防治母猪感染小猪;同时,母猪和仔猪的运动场分开。对病猪在确诊后要及时治疗,一般可用丙硫咪唑、左旋咪唑等驱虫,并结合抗菌素抗感染治疗。四咪唑按每千克体重 25 mg,1 次口服或每千克体重 15 mg,肌注或腹腔注,连用 2 次,虫卵转阴率达 100%;左咪唑按 8% 溶液每千克肌注 8 mg,5 天后再注射 1 次,3 个月内虫卵转阴率为 88.6%,成虫崩解率为 83.6%,成虫减退率为 98.5%,肝内幼虫减退率为 90.1%;丙硫咪唑:每千克体重 20 mg 1 次口服,可杀死寄生在肾盂内、输卵管壁结节内、脂肪囊内、肺内的全部虫体;服药后 10 天剖检,虫体均崩解。消毒药可用 5% 烧碱、5%~10% 碳水、漂白粉等。

三十八、猪胃线虫病(*Ascaropsis*)

该病是由圆形似蛔线虫、有齿螺咽线虫、六翼环咽线虫、奇异西蒙线虫和刚棘颚口线虫等寄生在猪胃内而引起的疾病。可引起猪只急性或慢性胃炎、生长发育受阻,严重感染时可导致猪死亡。

[病原]

1. 圆形似蛔线虫(*Ascarops strongylina*) 又称类圆螺咽线虫,分类上属蛔样属(蛔状属、螺咽属)。虫体较小,淡红色,有口唇,无齿。咽长 0.083~0.098 mm,咽壁上有 3~4 套螺旋形的加厚部分。雄虫大小为 10~15 mm×0.30 mm,身体左侧有颈翼膜,尾部向腹面卷曲,有尾翼,尾部腹面有 4 对肛前性乳突和 1 对肛后性乳突。交合刺两根,不等长。雌虫大小为 16~22 mm×0.30~0.39 mm,阴门位于虫体中部稍前方。虫卵呈深黄色、壳厚,表面不平,有条纹,两端似有小塞,内含一幼虫,大小为 34~39 μm×20 μm。该虫也感染牛、羊、驴、兔、野猪等。

2. 有齿似蛔线虫(*A.dentata*) 又称有齿螺咽线虫,分类上属螺咽属。虫体较粗大,口囊前有 1 对齿。雄性大小为 25~35 mm×0.7~0.8 mm,交合刺 1 对,不等长。磁虫大小为40~55 mm×1~1.2 mm。虫卵大小为 39×1.7 μm。该虫也感染山羊、野猪、猫等。

3. 六翼泡首线虫(*Physocephalus sexalatus*) 又称六翼环咽线虫,分类上属泡首属。虫体较小,咽环状,咽壁厚,两端呈简单的螺旋形增厚,中部有环形增厚,咽部角皮稍许膨大,其后每侧有 3 个颈翼膜,并向后延伸到虫体后部,有颈乳突 2 个,不对称。雄虫大小为 6~11 mm×0.30 mm,虫体尾部有肛前性乳突 4 对,肛后性乳突 4 对。交合刺 1 对,不等长。雌虫大小为 13~22.5 mm×0.33~0.45 mm,阴门位于虫体中部后方。虫卵壳厚,内含一幼虫。该虫也感染驴、兔、野兔。

4. 奇异西蒙线虫(*Swimondsia paradox*) 分类上属西蒙属。雄虫纤细,圆筒状,体长 12~15 mm,尾端呈螺旋体卷曲。雌虫体长 15 mm,头部纤细,而后部呈花瓣状膨大,呈球腔形。有颈翼,有 1 个大的背齿和 1 个大的腹齿。虫卵圆形或椭圆形,大小为 28 μm×17 μm。该虫也感染驴。

5. 刚棘颚口线虫、陶氏颚口线虫　见颚口线虫病一节。

圆形似蛔线虫、有齿似蛔线虫和六翼泡首线虫需要中间宿主食粪甲虫、金龟子参与。成虫寄生在猪胃内,雌虫产卵随粪便排出,卵囊被中间寄生食入,在寄主体内经 1 个月的发育变成可感染动物的拟囊尾蚴;猪吞食此感染幼虫的中间宿主,幼虫在猪胃内逸出并在胃中寄生,经过 30~42 天发育为成虫,完成生活史。

奇异西蒙线虫的发育过程尚不清楚。

[流行病学]　本病主要发生于猪,各种年龄的猪均可感染,但小猪更易发病。此病分布于世界各地,呈地方性流行,我国各省均有发生;也有报道感染牛、羊、山羊、野猪、驴、兔、猫等。在其传播过程中各虫需要不同中间宿主。如圆形似蛔线虫需要中间宿主粪甲虫,幼虫在其体内 36 天或更长时间发育为感染性幼虫,甲虫被哺乳动物、鸟类、爬虫类吞食,并形成包囊,猪吞食后约 6 周幼虫在猪体内发育为成虫。甲虫活动高峰季节猪群感染率高。

据调查,黑龙江 15 个市县调查圆形似蛔虫的感染率为 89.47%,六翼泡首线虫的感染率为 31.58%;宾县圆形似蛔线虫感染率为 100%,六翼泡首线虫为 40%,感染强度:在一头猪的胃内检出圆形似蛔线虫 1 063 条。由于虫体在胃内寄生,引发猪只急性或慢性胃炎,生长受阻,严重感染时可导致猪只死亡。

[临床表现]　猪被各种猪胃线虫轻度感染时,因此类线虫致病作用不强(虫少或虫体致病力不强),成年猪通常不表现症状。只有严重感染时,由于虫体吸附的机械刺激和幼虫钻入胃黏膜或成虫的某部分进入胃黏膜以及毒素作用,致使胃黏膜发炎和溃疡,从而影响胃的正常机能。而小猪感染后症状明显,线虫寄生在胃底部或幽门部,刺激胃黏膜发炎、肿胀,局部出血,溃疡或被假膜覆盖。在这种情况下病猪可表现急性或慢性胃炎症状,食欲减退或消失,腹痛,呕吐,喜饮水,逐渐消瘦,贫血,营养不良,生长发育停滞,甚至衰竭死亡。

解剖病变:病猪消瘦,贫血,胃内容物少,且大量为黏液,胃黏膜尤其是胃底部黏膜红肿,有时覆盖有假膜。假膜下的组织明显发红,并有溃疡,病变处有游离或部分侵入胃黏膜的大量虫体及黏液中的细小虫体。

显微病变:组织学病变主要是胃黏膜尤其是胃底黏膜坏死脱落,胃底部黏膜出血、充血,正常结构消失,胃底腺出血、坏死,假膜下组织明显发红,并有溃疡。

[诊断]　同群仔猪大部分出现消瘦、贫血、拉稀、生长停滞症状时可怀疑本病。确诊需在粪便中检查到虫卵,但由于虫卵数量一般不多,不易在粪中发现,故生前确诊较困难。主要依赖剖检病死猪,从胃内或胃壁上发现虫体来确诊。

[防治]

1. 定期驱虫　在甲虫活动季节作 1~2 次预防性驱虫,发现病猪及时对全部猪驱虫。常用丙硫苯咪唑每千克体重 10~20 mg,1 次口服。左咪唑 8~15 mg/kg,拌入饲料中服喂。阿维菌素/伊维菌素 0.3 mg/kg,皮下注射。

2. 加强饲料与环境管理　猪粪应堆积发酵杀灭虫卵。切断传染源。

3. 改放牧为舍饲　防止猪吃到中间宿主,降低感染率。

三十九、颚口线虫病(*Gnathosmiasis*)

该病是由颚口线虫属中的几种线虫引起的人兽共患动物源性寄生虫病。颚口线虫幼虫在皮肤或皮下移行引起皮肤幼虫移行症,临床表现取决于幼虫的具体寄生部位,如移行到深部组织引起内脏幼虫移行症。是一种寄生虫病。刚刺颚口线虫以头球侵入猪胃壁,破坏胃黏膜,使胃壁形成腔窦,扰乱猪消化作用;幼虫在猪体中发育移行时,侵入肝脏破坏肝组织,阻碍猪的生长发育。

[**历史简介**]　Owen(1836)在英国伦敦动物园 1 只老虎的胃壁肿瘤内发现一虫体,命名为棘颚口线虫。Fedtschenke(1872)报道刚棘颚口线虫寄生于土耳斯坦家猪和野猪的胃中,并定名。Coske 等(1882)从欧洲猪中发现此虫。Deuntrer(1887)在泰国一妇女乳房脓肿中检得一未成熟雄虫,经 Levinson 研究定名为 *Cheiracanthus Siamansis*;Korr(1909)从泰国一妇女皮肤结节中找到 1 个未成熟的雄虫,经 Leiper 鉴定为 *Gnathostoma Siamensis*。不久,Leiper(1911)发现这种线虫是 *G.spinigerum* 的同物异名。Tamura(1911)发现一居住于中国的日本妇女体内的棘颚口线虫。Samy(1918)从马来的一中国工人手部脓肿里检出虫体。Famura(1919)从久居中国的日本妇人匍行疹中发现本虫。Ikegami(1919)报告从福建厦门一匍行疹男子体内发现本虫,经 Morshita 和 Funst(1925)鉴定为颚口线虫的幼虫。Fujila kawano(1925)报道汉口日本人和 1945~1946 年上海 30 多名日本人患长江浮肿病。Charlder(1925)在印度蛇中检到成囊幼虫。陈心陶(1949)在广州发现寄生于人体中的幼虫,吴菁黎(1958)调查认为猫、犬体内分布广泛。Heydon(1929)在澳大利亚观察到虫卵孵出幼虫。Promes 和 Daengsvang(1913)在泰国进行感染试验,找到第 1 中间宿主剑水蚤,第 2 中间宿主鲇鱼和线鳢。Refuerzo 和 Carcia(1936)对线虫在第 1 中间宿主剑水蚤和甲壳动物中的发育作了详细研究。Heydon(1929)、Dissamarn(1916)、陈心陶(1949)、Goloving(1956)和汪溥钦(1976)研究了颚口线虫生活史。

[**病原**]　本病原属于旋尾目、颚口科、颚口属。除越南颚口线虫的成虫和幼虫是寄生在泌尿系统外,其他种的成虫都寄生于终宿主的胃壁内。目前认为颚口属有 20 余个虫种,其中有棘颚口线虫(*Gnathostoma spinigerum*)、刚刺颚口线虫(*G.hispidum*)、杜氏颚口线虫(*G.doloresi*)、日本颚口线虫(*G.nipponicum*)、巴西颚口线虫和马来颚口线虫等。

颚口属线虫有一个大的球状头部,上面有很多小棘,除刚刺颚口线虫全身披有体棘外,其他颚口线虫体表前半和尾端才有棘体。刚刺颚口线虫为较粗大的圆柱形线虫,新鲜虫体呈淡红色,表皮菲薄,可见体内的白色生殖器官,头部突出呈球形,其后部与体部之间具有一沟。虫体前部略粗,向尾部逐渐变细。雄虫长 15~25 mm,雌虫长 25~45 mm。虫卵呈椭圆形,黄褐色,一端有帽状结构,卵的大小为 72~74 μm×39~42 μm。

颚口线虫有成虫、虫卵和 1、2、3、4 期幼虫。成虫寄生于猫、犬、猪等终宿主的胃壁。虫卵随宿主粪便落入水中,在一定温度下(27~29℃)相继发育为第 1、2 期幼虫,第 2 期幼虫被第 1 中间宿主剑水蚤吞食后在其体发育为早期第 3 期幼虫,含有此期幼虫的剑水蚤被第 2

中间宿主淡水鱼(主要为乌鳢、泥鳅、黄鳝等)及蛙、蛇等吞食,约经 1 个月早期第 3 期幼虫在第 2 中间宿主肌肉或结缔组织中发育成为晚期第 3 期幼虫,随后在肝脏或肌肉中结囊即成感染期幼虫。含晚期第 3 期幼虫的鱼、蛙被蛇、鸟类等转续宿主吞食后,幼虫在其体内无形态上的进一步变化,且又形成结囊幼虫。此期幼虫长 4 mm,头球上有 4 个环小钩,外有囊壁包裹。第 3 期幼虫头球上的小钩数目、形态、颈乳突和排泄孔的位置,体棘环列数及肠上皮细胞核数目,可作为鉴别棘颚口线虫、刚刺颚口线虫和杜氏颚口线虫的依据。如被终末宿主吞食,第 3 期幼虫在其胃内脱囊并穿过胃壁,进入肝脏发育为第 4 期,随后移入胃壁在黏膜下形成特殊的肿块发育为成虫,寄居在特殊的瘤块内。1 个肿块中通常有 1~2 条虫体,但也有更多,甚至多达数十条。典型的肿块有 1 个小孔与胃腔相通,肿块里的虫体(成虫)前端埋入增厚的胃壁,雌虫产的卵通过小孔排出,感染后约 100 天,虫卵开始在宿主粪便中出现。

　　刚刺颚口线虫和杜氏颚口线虫的终宿主(家猪和野猪)吞食了含有早期第 3 期幼虫的剑水蚤,幼虫亦能发育为成虫。刚刺颚口线虫成虫,体粗壮,圆柱形,淡褐色,头球顶端具 2 个大的侧唇,每唇背面各有 1 对双乳突;唇的前缘和侧缘有角质颚板。头球周围具 9~12 环列小钩,每环 90~120 个,体表披有体表棘,在体前 1/4 部,棘具粗大的根部,游离缘有不同大小和不同数目的小齿。体前端的棘短小,其齿数较少,为 2~3 齿,其后各环列的棘逐渐增大,其齿数增多为 6~9 个小齿,再后棘渐增长,齿数也逐渐减少,终呈针状棘覆盖全体。我国 3 种颚口线虫第 3 期幼虫形态特征比较见表- 215。

表- 215　我国 3 种颚口线虫第 3 期幼虫形态特征比较

形　　态		棘颚口线虫	刚刺颚口线虫	陶氏颚口线虫
虫体大小		(2.59 ± 0.1) mm × (0.314±0.169)mm	(2.258 ± 0.703) mm × (0.284±0.031)mm	(2.195 ± 0.693) mm × (0.275±0.058)mm
头球大小		(99 ± 32) μm × (187 ± 60)μm	(113 ± 51) μm × (176 ± 50)μm	(62 ± 11) μm × (15 ± 29)μm
头球小	Ⅰ	41.5±3.5	36±3	38.5±4.5
钩数目	Ⅱ	43±4	39±6	36±2
	Ⅲ	46±6	40±6	36.5±3.5
	Ⅳ	50±4	42±6	37.5±4.5
头球基极形态		类长方形	不规则哑铃形	不规则梅花形
颈乳实位置		在体棘第 14~16 环列之间	在体棘第 9~14 环列之间,多数在 9~10 之间	在体棘第 14~18 环列之间,多数在 15~16 之间
排泄孔位置		在体棘第 24~27 环列之间	在体棘第 19~24 环列之间,多数在 19~20 之间	在体棘第 23~27 环列之间,多数在 24~25 之间
体棘环列数		257.5±30.5	210±35	205±20
肠上皮细胞核数		3~7	1	2

　　分子生物学方法在颚口线虫分类上显得越来越重要。目前应用于颚口线虫类识别的分子标记主要是 rRNA 基因重复单位中的内转录间隔区 1 和 2（ITS1 和 ITS2）和 motRNA 中的细胞色素 C 氧化酶亚基 I 基因（COI）。

　　[流行病学]　流行病学调查和病例报告见于世界各地。该病主要流行于泰国、日本、印度、越南、柬埔寨、墨西哥等地或曾到过这些国家的居民。我国以浙江、江苏、安徽、湖南、湖北、广东、福建及上海等 13 个省市较为多见。1959 年四川省雅安、象山等县发现猪胃中杜氏颚口线虫。1960 年后颚口线虫病在东南亚多见，尤为泰国，病原为棘颚口线虫；1980 年后日本是刚棘颚口线虫，我国逐年棘颚口线虫病增多。第 2 中间宿主主要为淡水鱼类，黄鳝的感染率最高，其次是海鱼。目前已知的自然感染的第 2 中间宿主和转续宿主至少有 100 余种，其中鱼类 44 种，两栖类 6 种，爬行类 16 种，鸟类 29 种，哺乳类 17 种。甲壳类、淡水鱼、两栖动物、爬行动物、鸟类及哺乳类，如蛇、蛙、蟾蜍、家鸡、褐家鼠、猕猴、家猪、野猪、虎、猫、犬、黄鼬、豚鼠、水獭等为颚口线虫的转续宿主。已报告本虫人工感染的第 2 中间宿主和转续宿主 63 种，其中鸡、鸭和猪在本病的流行病学上具有重要性。最近 Komalamisra（2009）用棘颚口线虫第 3 期幼虫成功感染上福寿螺，预示着福寿螺也可能成为本病的主要感染源。

　　我国猪有刚刺颚口线虫、杜氏颚口线虫和陶氏颚口线虫感染。猪和野猪是刚刺颚口线虫的重要宿主。Golovin（1956）报道苏联 Astrakhan 地区猪感染率为 38%～70%，Le（1992）报道越南猪感染率为 30%～40%，陈清泉（1990）报道洪泽地区猪感染率为 34.9%～60%，1991 年安徽调查为 14.9%，林秀敏（1995）福建调查猪感染率为 4%～5%；野猪为 75%，黄锦源（2008）在福建乐县调查猪为 1.5%（43/3 176）、野猪为 14.7%（10/68），Boes（2000）湖南调查猪为 4.2%。Le-Van-Hoa 等（1965）在越南检出猪感染率为 30%～40%。Daeng-Svang（1992）在泰国检查 847 只猪，阳性猪为 2.4%。

　　汪溥钦等（1976）报告了刚刺颚口线虫的发育与感染猪的途径。猪胃中只寄生雌虫时，此虫卵在水中培养不发育，不久崩解死亡；而雌雄同在猪胃中寄生的虫卵，在水中培养 5～6 天发育为幼虫雏形，第 7～8 天发育为幼虫，第 9～10 天，卵内幼虫第 1 次蜕皮，发育为到第 1、2 期幼虫。第 2 期幼虫感染剑水蚤，均可发育。幼虫在感染剑水蚤第 3 天，虫体伸长，头突消失，头端膨大隆起，随后头泡的后端逐渐出现头球，形成四环列的小钩，感染第 9 天头泡脱落，为第 3 期幼虫。剑水蚤类为中间宿主。用含有刚刺颚口线虫第 3 期幼虫的剑水蚤感染金鱼、奇异麦穗鱼、斗鱼、小鸡、小鸭、小白鼠和鼠兔等动物，各种小鱼均可获得感染，但幼虫在鱼体中不发育长大，经几天逐渐被鱼体组织包围而死亡。小鸡、小鸭不感染，用感染金鱼 5 天后取出的幼虫感染小鸡，为阴性；感染小鸭，感染率甚低。小白鼠和鼠兔感染良好，不论从剑水蚤体中或从鱼类的体内取得的幼虫感染，幼虫迅速发育长大，经 10 天发育成为后期第 3 期幼虫。而鸟类依种类而不同，食鱼的鸟类可以感染。这与陶氏颚口线虫幼虫在剑水蚤体中发育经两次蜕皮为早期的第 3 期幼虫不同，也与棘颚口线虫幼虫在剑水蚤体内发育后，还需通过鱼类等再进一步发育才获得感染不同。

　　哺乳类动物适于刚刺颚口线虫的发育，猪直接吞食含有第 3 期幼虫的剑水蚤即获得感染，幼虫在其体内发育为成虫。用含有第 3 期幼虫的剑水蚤约 20 个，直接口服饲喂初生 1

周的仔猪,隔离饲养 5 个月后,在猪胃中检到 42 个雌雄成虫。棘颚口线虫和刚刺颚口线虫的传播途径不同,可能是由于寄生虫与终宿主之间接触关系不同而长期适应形成的结果。前者的终宿主是猫、虎和豹等肉食性动物,是从食生肉获得感染,而演化成需要补充宿主来完成生活史;后者的终宿主是猪,猪是食植物性的动物,生食鱼肉的机会少,喝生水和水生植物的青饲料多,含有幼虫的剑水蚤易随着青饲料被吞食而感染猪,直接从剑水蚤中感染更有利于生活史的完成。

感染方式主要是食用生食或半生熟肉类或喝生水经口感染;通过皮肤接触感染和母体受染后通过胎盘感染。临床上以生食第 2 中间宿主和鱼、蛙和转续宿主如蛇、鸟类等感染最为常见。Nitidanhaprahbas P(1978)报告一泰国 18 岁男性因喜食发酵的半生猪肉感染棘颚口线虫的枕骨部颚口线虫病。

[发病机制]　猪感染颚口线虫,其幼虫在肠中逸出后穿过肠壁在腹腔、肠系膜、膈膜、胸腔、肝脏、结缔组织等处移行,引起猪出血,发生溃疡,引起机能紊乱,造成机械损伤,组织破坏,特别是在肝移行时破坏肝组织引起肝炎;虫体在发育成熟后又回到胃中侵入胃黏膜深处寄生,杜氏颚口线虫多数雌虫、雄虫成对寄生在一个孔内,偶尔有 3 条;而刚刺颚口线虫一个孔内有 9 条寄生的记载。颚口线口寄生于胃黏膜可破坏胃黏膜,分泌毒素,使壁形成腔窦,继之窦内累积含血脓液体,使腔窦逐渐增厚,窦腔周围黏膜组织比正常胃壁厚 3~4 倍,坚硬隆起成为肿瘤。幼虫在猪胃内发育为成虫,虫体的头部深入胃壁中,形成空腔,内含淡红色液体,周围的组织发炎、红肿,黏膜显著肥厚。严重感染时,病猪呈剧烈的胃炎症状,食欲不振,营养障碍,呕吐,局部有肿瘤结节。轻度感染时不表现任何症状(表- 216)。未成熟虫体会犯错误移行于许多器官,特别是肝脏和肝动脉,引发相应症状。

表- 216　乐县家(野)猪颚口线虫感染率

动物	调查数(头)	感染数(头)	感染率(%)	陶氏颚口线虫		刚刺颚口线虫		合　计	
				感染数(头)	感染率(%)	感染数(头)	感染率(%)	感染数(头)	感染率(%)
家猪	3 176	128	4.03	80	2.57	6	0.8	2	0.69
野猪	68	28	41.1	18	2.65	10	5.9	0	8.82
合计	3 244	156	4.8	98	3.02	16	0.9	8	0.86

[临床表现]

1. 猪是转续宿主　主要致病的有刚刺颚口线虫、陶氏颚口线虫、杜氏颚口线虫和猪颚口线虫(*G.hispidum*,Fedtchenko 1872)。

福建报道猪颚口线虫调查,认为该虫常见于家猪和野猪宰后胃中。赖从龙(1976)共检查 164 个猪胃,其中感染陶氏颚口线虫的胃 34 个,占 20.73%,感染强度 1~48 条,平均 3.7 条。黄锦源(2008)调查猪陶氏颚口线虫感染率为 3.21%(126/3 176)、野猪为 35.29%(24/68),亦有部分猪同时感染刚刺颚口线虫,新几内亚猪感染率为 50%。

2. 刚刺颚口线虫对猪的致病性 陈美等(2001)在刚刺颚口线虫第3期幼虫感染猪试验中观察到猪的临床表现：① 刚刺颚口线虫第3期幼虫经口入胃并在猪体内移行危害胃和肝脏。根据4次感染试验，结果第1次在感染10天后剖检，未从胃内查见幼虫，仅见1条第3期幼虫正在穿过胃壁，并在膈肌中发现横穿膈肌的第3期幼虫，肝脏边缘区检得幼虫16条，肝脏中区检得幼虫20条；另2次为在感染20天后剖检，未见胃中有幼虫，肝脏中分别检得27和30条幼虫，表明刚刺颚口线虫第3期幼虫经口侵入猪到达寄生部位的途径是从口到胃，穿过胃壁经膈肌到达肝脏，此过程需10天左右，然后在肝脏停留20～30天再返回至胃寄生。经口感染刚刺颚口线虫第3期幼虫60条，193天后得成虫23条。② 虫体移行寄生致猪出现临床症状。本虫主要致胃和肝脏受损，胃和肝脏是食物消化和新陈代谢的重要器官，由于这些器官的受损，因此，仔猪表现食欲减退，经常停食和呕吐。感染后猪体重减轻，被毛松散。正常仔猪饲养56天，每天增重0.27 kg；感染致病仔猪饲养56天，每天增重0.135 kg，后者日增重仅为前者的50%（表-217）。同时，幼虫的移行对肝脏造成的危害，引起肝脏等大量出血并导致猪死亡。本试验有2只仔猪各感染40多条第3期幼虫，20天后都突然死亡，经剖检发现腹腔内大量出血，并在肝门静脉流出的血块中找到幼虫。李长生(1976)报告云南某农场猪患刚刺颚口线虫病，大批猪只死亡，猪只死亡可能与此病有关。此外，感染猪血象的各种细胞数目没有明显变化，唯有嗜酸性粒细胞在感染刚棘颚口线虫第3期幼虫的7天至31天明显升高，最高达24%(9.5%～24%)，这种变化在感染2个月后又恢复到正常值(2%～4%)。③ 在幼虫移行早期胃底部有出血点和发炎病状，成虫寄生阶段剖检发现有30条左右虫体，整个胃底部布满被虫体钻刺的洞穴，穴呈圆形，似钉刺样，洞穴数目多于虫体数十倍，说明虫体经常转移钉刺部位。因此，整个胃黏膜增厚，表面鲜红呈发炎、充血和溃疡状。

表-217 试验和对照仔猪体重增长情况(单位：kg)

日 期	试 验 组		对 照 组	
	体重	平均日增重	体重	平均日增重
3月22日	8.5	—	9.5	—
4月11日	10.0	0.075	14.5	0.25
4月23日	13.0	0.14	19.25	0.30
5月17日	16	0.135	24.5	0.22

注：试验经口感染刚刺颚口线虫第3期幼虫60条，173天后解剖得成虫23条。

肝脏呈暗红色，表面布满虫道，杂有灰色圆斑块，幼虫在肝内移行时造成损坏，肝表面形成黄色斑点及实质性坏死灶。肝小叶结缔组织增生，并有许多充血虫道。肝的组织切片：正常的肝组织切片可见肝细胞和肝小叶界限清楚，肝细胞索和中央静脉排列整齐，肝细胞核明显；感染20天的肝组织切片显示，肝内有许多幼虫移行形成的穿孔虫道，虫道出血，充满红血球和由结缔组织、纤维蛋白形成的网状结构；肝小叶间和肝小叶内结缔组织增生；肝细胞索紊乱、变窄,肝窦变宽,部分肝细胞萎缩;肝细胞脂肪变性和液化坏死,在病灶区有许多炎性细胞浸润。

许益明(1983)对自然发病屠宰肉猪观察:刚刺颚口线虫除能引起猪胃溃疡外,还引起出血性肝炎、增生性肝炎、淋巴结炎,还发现虫体可寄生于膈肌和淋巴结。① 成虫寄生于胃。对 912 头肥猪剖检,感染率为 29.2%,感染强度为 1～12 条。由于虫体头部深深钻入胃黏膜,使胃壁发生溃疡和炎症。② 幼虫在虫体内移行时在膈肌迷路寄生,在膈肌脚肌膜下可发现第 3 期晚期刚刺颚口线虫。在膈肌脚的表面可见到小水泡样的透明球状囊泡,直径 0.2 cm 左右。挑破小水泡,有新液体流出,可见弯曲的幼虫,可见其特殊的头球形态和身体前部环行密生的小棘。③ 虫体可钻入淋巴结中寄生。④ 引起出血性坏死性肝炎。送检的 146 块猪肝中有 56 块发生肝小叶出血(占 38.35%),另一次送检的 100 块中有 52 块发生同样病变。在病灶深处的肝实质中找到弯曲的刚刺线虫,长 0.5 cm 左右。新鲜的出血小叶呈紫红色,微突出于肝表面,有时一处有几个小叶同时出血,突出较明显。显微镜下,肝脏病变为出血、坏死和炎症。出血小叶的实质细胞完全消失,全为红细胞所填充。其周围也有数个小叶中散在有坏死灶。坏死灶中肝细胞崩解,周围充血,嗜酸性粒细胞、巨噬细胞、浆细胞、淋巴细胞浸润,成纤维细胞增生。⑤ 肝门脉区结缔组织显著增生,肝门淋巴结肿大。肝块的门脉区有结缔组织显著增生并向左叶延伸,肝表面有时发生纤维素性炎症,似肝片吸虫所致病变。增生性的结缔组织中有以巨噬细胞为主的大量炎性细胞浸润,淋巴细胞呈滤泡样增生。可见虫体。

3. 其他动物棘颚口线虫病　成虫寄生在终末宿主猫、犬等动物胃壁,局部组织增厚,形成一个坚硬的包块,内有虫体数条,包块大小不等,视其虫数而定;一般包块直径为 10～20 mm,囊壁上有一小孔与胃腔相通,产出虫卵可从小孔排出。

幼虫移行到肝脏时,可引起肝炎。严重感染的猫、犬可出现剧烈胃炎症状,如食欲减退、呕吐、营养不良等,轻度感染可不出现症状。

[诊断]　颚口线虫病的确诊依据是检获虫体,但检出率低,且多为未成熟的虫体,虫种鉴定也较难。

猪颚口线虫病一般采用粪便检查,可用浮集法或沉淀法检出虫卵,查到颚口线虫或虫卵即可确诊。

[防治]　动物颚口线虫病的控制主要采取综合性的防治措施。首先要控制和消灭传染源,原则上应有计划地进行定期预防性驱虫;其次要切断疾病的传播途径,尽可能地减少宿主与传染源的接触机会,防止犬、猫等动物食用生的鱼类、甲壳类及两栖动物等,避免其到水边吃到剑水蚤和第 2 中间宿主。对病畜可应用阿苯达唑 10 mg/kg 体重、甲苯咪唑及复方伊维菌素 0.2 mg/kg 体重广谱驱虫药。猪常用丙硫苯咪唑 10～20 mg/kg 体重,1 次拌料口服。这些药物对寄生于动物体内的成虫有较好的疗效。碘硝酚 0.2 mg/kg 体重,每隔 10 天注射 1 次,连续注射 12 次,对动物体内的幼虫治疗效果较佳。对终宿主犬、猫的治疗也是预防本病的重要环节。

四十、筒线虫病 (*Gongylonemisis*)

该病是由筒线虫寄生于鸟类和哺乳动物消化道而引起的一种寄生虫。美丽筒线虫也可寄生于人和猪等哺乳动物。虫体寄生于口腔及消化道致相应病变与临床症状。

[**历史简介**]　美丽筒线虫寄生于人体的最早病例是 Leidy（1850）在美国费城发现。Moline（1857）发现本虫。Pane（1864）在意大利患者中发现虫体。Alessandrini（1914）发现人下唇及口腔中寄生虫体病例。以后世界各地皆有散发。我国冯兰州、董民声等（1955）报道了人体感染美丽筒线虫病例。Ranson 和 Hall（1915、1917）阐明了本虫的发育史。横川（1925）从 2 个蟑螂肌肉中获得本虫的幼虫。Buylis（1925）认为癌筒线虫是美丽筒线虫的同种异名。Lucker（1932）证实猪、鼠、豚鼠、牛、山羊、绵羊为本虫的专性宿主。

[**病原**]　筒线虫是一类主要寄生于鸟类及哺乳动物消化道的寄生虫，皆属筒线虫属。该属已有 34 个种，其中寄生于鼠体的是癌筒线虫（*G. neoplasticum*）和东方筒线虫（*G. Orientale*）。常见病原种类有美丽筒线虫和多瘤筒线虫。寄生于人体和猪体内的美丽筒线虫较寄生于反刍动物体内者小。美丽筒线虫成虫细长如线状，乳白色，其体表有明显而纤细的横纹。虫体前段表皮具有明显纵行排列、大小不等、形状各异、数量不同的花缘状表皮突，背、腹各 4 行，延至近侧翼处增至 8 行。近头端两侧各有颈乳突 1 个，距头端 0.13 mm，口小，漏斗形，其后有分节状的侧翼。三叶唇 2 片（左、右侧）及间唇 2 片（腹、背侧），其尖端均有乳头。咽为细管形，食管前端为肌质，后端为腺质。排泄孔位于食管前后部连接处的腹面。神经环位于肌质食管中段。雌雄异体。雄虫长约 21.5～62 mm，宽约 0.1～0.36 mm，尾部有明显的膜状尾翼，两侧不对称，左右交合刺不对称，各 1 根，左细长，右粗短，尾部肛门前后有成对乳突。雌虫长约 70～150 mm，宽约 0.2～0.53 mm，尾端不对称，钝锥状。阴门位于肛门的稍前方，阴道长，一直由后方延伸至虫体中部。子宫粗大，双管型，充满虫体的大部分，内含大量虫卵。虫卵为椭圆形，两端较钝，表面光滑，卵壳厚而透明，大小为 50～70 μm×25～42 μm，内含发育期幼虫。美丽筒线虫适宜的终宿主为山羊、绵羊、牛等反刍动物及猪。

[**流行病学**]　动物美丽筒线虫感染呈世界性分布，美丽筒线虫病为散发。

美丽筒线虫病是一种虫媒动物源性寄生虫病，美丽筒线虫在发育过程需要终宿主和中间宿主，其终宿主和中间宿主的范围非常广泛。该虫的终末宿主有黄牛、水牛、牦牛、山羊、绵羊、兔、马、骡、骆驼、猪、野猪、猴、猿、熊、河狸、鹿、瞪羚、狝猴、鼠和刺猬等动物，它们是传染源，其中牛、山羊、绵羊、猪也是本虫的专性宿主。我国山西、四川、陕西、甘肃、青海等地皆有猪感染报道。人是偶然的终宿主，亦可能为本虫的传染源。人和动物均可传染。有报告陕西马、骡及驴的平均感染率为 18.33%；沈守川（1960）报道在新疆南部检查了 50 只绵羊，感染率为 10%；张峰山等（1979）在浙江丽水检查羊群，感染率为 0.5%；李学文（1988）在宁夏中卫检查黄牛 18 只，感染率为 66%。成虫常寄生于终宿主的食管及口腔黏膜下，在人体及动物寄生主要部位为上唇、下唇、舌下、舌根、舌韧带、牙龈、软硬腭、颊、颌角、扁桃体、咽喉及食管等黏膜及黏膜下层。亦有报道在鼻涕内找到成虫。在食管活组织及吐出的血中找到虫卵，虫卵经雌虫产出后，随粪便至体外，被中间宿主（鞘翅目的金龟子科、拟步行科、水龟虫科和天牛科的甲虫,其中仅金龟子科中就有 71 种可作为中间宿主;蜣螂、粪甲虫是人体感染的主要中间宿主;螳螂、蝗虫、蝈蝈、豆虫、天牛等也可能成为中间宿主)吞食后,即在食管内孵出第 1 期幼虫,幼虫穿过宿主消化道进入体腔,经两次蜕皮(感染后第 17～18 天和 27～30 天)发育成囊状感染性(此蚴可在甲虫体内过冬)蚴。当中间宿主跌入水中或污染了食物,感染性蚴从囊内逸出,钻入胃和肠黏膜,并向食管、口腔黏膜下组织移行,逐渐发育为成虫而完成生活周期。试验证明,幼虫在入侵羊、兔后第 11～12 天及 32～36 天分别进行第 3 次和第 4 次蜕皮,第 50～56 天发育成虫。成虫在人体存活多为 1 年半左右,也有达 5 年甚至 10 年者。本病传播途径主要是人和动物误食中间宿主如屎甲虫、蜣螂以及蝗虫、螳螂、蝈蝈、蚕蛹、蚂蚱、天牛、金龟子等或饮用被感染期蚴污染的水或食物(饲料)。一般认为雌虫卵由黏膜破溃处进入消化道→中间宿主粪甲虫、蟑螂→幼虫→囊状体→昆虫吞食。

[发病机制]　美丽筒线虫主要是在终宿主体内移行引起各症状。被寄生部位可发生鳞状上皮增生、淋巴细胞及浆细胞流通浸润,虫体周围黏膜水肿,发生水疱、出血。寄生于食管,面部黏膜可出现浅表溃疡及出血。

[临床表现]　家畜中牛的感染遍布全世界。Lucker J T(1932)观察到猪为本虫的保虫宿主和专性宿主,人偶为终宿主;猪、鼠、豚鼠可作试验动物宿主,成虫寄生于猪的食道、咽部及口腔黏膜下。用 G.macrogubernaculum 进行的动物试验表明,该虫寄生在食管、喉、颊和舌等部位的黏膜和黏膜下层,分别导致不同程度的食管炎、喉炎、胃炎和舌炎。感染动物可表现呼吸困难和营养不足、消瘦的临床征象。尸检时化脓性鼻炎也常见。Cebotaren(1959)在波兰检测到本虫,牛感染率为 32%～94%(黄牛咽喉线虫)、羊感染率为 32%～94%、猪感染率 0～37%。Zinter(1971)在美国某屠宰场共检查了 1 518 个猪舌,检获阳性 80 只;苏联Ramishvili 和 Azimov1972 和 1973 年曾报告猪感染率分别为 14% 和 18.7%。野猪体内也常常检出此虫。动物因刺激可产生消化道黏膜赘生物。感染猪一般不显临床症状。大部分是在屠宰猪的食管黏膜处或舌下观察到有小白疱或乳白色的线状弯曲隆起。虫体寄生部位及附近有相应病变。

[诊断]　本病的诊断,可根据口腔症状和病史作出初步诊断,以找到成虫作为确诊本病的依据。猪通常是宰后检出,在食道黏膜下可见锯齿形弯曲虫体,少有盘曲成白色的纽状物。

[防治]　本病尚无特效疗法。本病一般预后良好。取出虫体或切除病变部位后,症状常自行消失,本病的主要治疗方法是局部消毒后,用注射针头挑破寄生部位的黏膜,露出虫体,然后用镊子夹住,取出虫体,症状即可自行消失。可试用丙硫咪唑、依佛菌素等治疗。动物预防应消灭和防止家畜取食中间宿主或中间宿主污染的饲料和饮水。家畜分泌物、粪便均应无害化处理。在有家畜和鼠美丽筒线虫流行的地方,应注意积极开展本病的防治工作,以杜绝感染的来源。

四十一、猪棘头虫病(*Acenthocephaliasis*)

该病是由巨吻棘头虫寄生在终宿主猪、人等动物的肠道引起的人畜共患寄生虫病,又称钩头虫病。人、猪皆表现为腹痛、腹泻,甚至肠穿孔、腹膜炎等急腹症。

[**历史简介**]　Redi(1984)在鳝鱼体内发现棘头虫。Pallas(1776)发现此虫,Bloch(1782)将之定名为猪巨吻棘头虫。Lamble(1859)在捷克布拉格一名 9 岁白血病患儿尸体中发现一条未成熟的雌虫。Travassos(1916)命名为蛭形巨吻棘头虫。冯兰滨(1964)在辽宁发现 2 名患者。

[**病原**]　寄生于兽类的棘头虫有 100 多种,其中人兽共感染的主要有猪巨吻棘头虫(*Macracanthorhynchus hirudinaceus*)和念珠链状棘头虫(*Moniliformis moniliformis*),前者寄生于猪的肠道,其成虫亦寄生于人体,引起人体棘头虫病;后者寄生于鼠的肠内,中间宿主为蟑螂,国外仅有数例人体病例报道,国内于新疆发现 2 例。

猪棘头虫属于巨吻棘头虫属。虫体寄生在猪的小肠,多在空肠中。虫体呈灰白色或淡红色长圆柱形的大型虫体,前端稍粗大,后端较细,尾部膨大钝圆,有明显的环状横皱纹,呈假体节。虫体由吻突、颈部和体部 3 部分组成。在头端棒状的吻突向前端伸出,上有向后弯曲的钩,吻突的表面凹凸不平,有 36 个吻钩分 6 例排列其上。吻突下方紧接短的颈部,与吻鞘相连。颈之后为体部,前部较粗大,后部渐细,尾部钝圆。虫体无腔体,属假体腔。猪体蛭形巨吻棘头虫寄生于猪十二指肠后段和空肠,在小肠浆膜上可见呈淡黄色的黄豆至豌豆大小的结节,大小为 5～12 mm×5～8 mm,平均 6.83 mm×5.58 mm。雌虫 31～69.2 cm,平均 44.9 cm;雄虫长 5.0～11.3 cm,平均 8.5 cm。在人体寄生的棘头虫有 2 种:一是猪巨吻棘头虫;二是寄生鼠肠内的链状棘头虫。雄虫长 30～68 cm,无口腔及消化系统,靠体表渗透吸收营养;在中间宿主体内寄生时已具有分裂卵巢,随着虫体发育,卵巢逐渐分解为若干卵原细胞团,称为卵巢球,游离于假体腔中,成熟后为卵细胞。一条雌虫每日产卵 57.5～68 万个,虫卵呈暗绿色至深褐色,正椭圆形,表面光滑,大小为 80～100 μm×50～56 μm。刚产出时内含一成熟幼虫-棘头蚴。卵壳厚而不透明,较尖的一端有一稍透明点,厚 7 μm,卵壳 4 层,一端明显增厚,呈隆脊的嵌接处称接合部,此处易裂,幼虫由此逸出。病原发育过程包括虫卵、棘头蚴、棘头体、感染性棘头体和成虫等阶段。成虫主要寄生在猪和野猪的小肠内,偶尔亦可寄生于犬、猫及人体,在小肠内以吻突固着在肠壁上寄生。虫卵随宿主粪便排出体外,当被中间宿主甲虫类幼虫吞食后,棘头蚴逸出,借体表小钩穿破肠壁进入甲虫血腔,逐渐发育为棘头体,棘头体进一步发育,吻突缩入体内,并保持对终宿主的感染力。当猪等动物吞食含有感染性棘头体的甲虫(包括幼虫、蛹或成虫)后,在其小肠内约经 3～4 月发育为成虫。

人们已在寄生虫生理、生化方面做了一定工作,已认识到蛭形巨吻棘头虫的二羟酸循环。琥珀酸、苹果酸、酮戊二酸在代谢过程中的氧化,证明了蛭形巨吻棘头虫体内有转醛醇酶、转酮醇酶、5-磷酸 D-木酮糖差向异构酶、乳酸脱氢酶、乌头酸酶、异柠檬酸脱氢酶、延胡索酸酶、苹果酸脱氢酶、6-磷酸葡萄糖脱氢酶、葡萄糖激酶、果糖激酶、半乳糖激酶、甘露糖激酶、P=葡萄糖变位酶、P=葡萄糖同分异构酶、己糖激酶;虫体体内的脂类有磷脂酰胆碱、磷脂酰乙醇胺、少量 18 个碳原子的鞘磷脂和溶血磷脂胆碱、20 个碳原子以上的中性脂类和磷脂等。

[**流行病学**]　本病呈世界性流行,猪是本病的重要传染源。国外在猪群中分布广阔,南斯拉夫、意大利、匈牙利、罗马尼亚、巴西、阿根廷、印度、俄罗斯等地猪感染本病皆很普遍,日本报道野猪感染此虫。据王梅萱(1997)报道,我国猪体感染本虫的有 24 个省(市),我国辽

宁猪的感染高达 44.4%。我国 1964 年在辽宁发现后，鲁、豫、广、冀、内蒙古和西藏等也有发现，该虫为人畜共患寄生虫，影响公共卫生，应引起兽医界和医学界的足够重视。成虫在猪、野猪，偶尔在犬、猫、松鼠、猴及人体的小肠内寄生，这些动物皆为终末宿主。有人工感染羊、小牛、兔、豚鼠成功的报道。鞘翅目甲虫类昆虫作中间宿主，有 9 科 28 种甲虫。国内发现 9 科 35 种，有 2 种天牛，11 种金龟子。任家琰等(1994)报道在山西甲虫调查中发现金龟科甲虫是山西猪巨吻棘头虫的中间宿主和传播媒介，其中白星花金龟子、华北大黑鳃金龟子感染率高，强度大，是主要传播媒介。小青花金龟子、斑青花金龟子、华扁犀金龟、中华弧金龟、戴锤角粪金龟，也证实为猪巨吻棘头虫的传播媒介，使国内猪巨吻棘头虫的传播媒介增加到 8 科 41 种。犬、猴、狸鼠等为贮存宿主。雌虫产出的虫卵随粪便排出体外，被金龟子和甲虫等中间宿主的幼虫吞食后，在其体内发育成有感染性的幼虫。此虫在中间宿主的整个发育过程中，幼虫始终停留在中间宿主体内，当猪吞食了任何发育阶段的金龟子或甲虫均可感染。幼虫在猪消化道内逸出，用吻突吸在小肠壁上，经 70～110 天发育为成虫。成虫在猪体内寿命为 1～2 年。本虫主要寄生于猪，尤其是 8～10 月龄的猪，虫体可寄生在猪体内 10～23 个月。有时亦可寄生于人、野猪、犬、猫、猴和狸鼠。猪感染棘头虫病有明显的季节性，这主要与中间宿主的生活习性有关。由于中间宿主的幼虫夏季生活在浅土中，易被猪吞食；另外，金龟子在夏季羽化，飞翔于有灯光的猪舍，落地被猪吞食，因而夏季猪更易感染。

棘头虫在其生活史过程中需要中间宿主甲虫的存在，这些甲虫的存在与否，决定了棘头虫病能否流行。据调查，大牙踞天牛、曲牙踞天牛、棕色锶金龟感染率最高，其成虫阶段感染率可高达 62.5%。

本病呈地方性流行，有明显的季节性，与中间宿主出现的季节一致。因在一年中，下半年猪取食阳性中间宿主的机会多，因此该病感染率下半年高于上半年。由于各地的气温、湿度、地理等因素不同，流行的时间有差异，辽宁中间宿主于 4 月开始出现，6～7 月种类多，感染率高，8 月后开始减少，9 月基本消失。终末宿主猪在 5、6 月感染，虫体在宿主体内成活率相对较低即 36.3%，虫体于感染 60 天后雌虫长 208.3 mm，雄虫长 67.0 mm，33～34 天性成熟，70 天后在宿主粪便中查出虫卵；猪在 11 月感染，虫体成活率较高即 49.1%，40 天后性成熟，75 天后在宿主粪便中查出虫卵。余广海(1978)报道四川一肥猪的小肠内大量的蛭形巨吻棘头虫几乎使肠管阻塞，在 1.5 m 范围内的一段小肠内，虫体达 152 条，牢固地叮在肠壁上，不易分离。

[发病机制] 虫体主要寄生在回肠，病变以回肠中下段最明显，受累肠管达 30～200 cm，重者可累及整个小肠。棘头体被吞食后在肠道伸出吻突，以角质吻挂于小肠壁黏膜上，或吻突侵入肠壁，形成一个圆柱形小窦道，造成机械损伤，同时吻腺分泌的毒素可使吻突入侵部位的周围组织出现坏死、炎症，继而形成溃疡、穿孔。虫体在发育过程中还常更换附着部位，从而使损伤面扩大，炎症反应加重，形成新旧深浅不一的病灶。当虫体不断入侵而累及浆膜层时，可穿破肠壁引起局限性腹膜炎。小的慢性穿孔部位结缔组织增生，肠管增厚，或形成腹内炎症包块，并发细菌感染形成脓肿、粘连性肠梗阻等。随着机体的防御功能增强，炎症修复，局部区域纤维组织增生，形成圆形或椭圆形的棘头结节，直径 0.7～1.0 cm，突出于浆膜面，质硬，中心灰白色，外周充血呈暗红色，且大多数结节与大网膜或附近的肠管形成包块。

[临床表现]　猪是本病的重要保虫宿主和传染源。个别地区感染率达100%。日本曾发现野猪感染此虫。据冯兰滨(1964)调查,辽宁某地区猪的阳性率为10.5%～82.2%。感染度一般为2～10条/头。最多者为四川农学院在资中县调查中在一头猪体内检出此虫152条。四川木里猪的感染率达45.2%。廖党金等(1993)报告在四川的调查,通过剖检猪,上半年525头中有38头感染,感染率为7.24%,下半年检查459头猪,有21头感染,感染率为4.58%,虫卵检查,上半年阳性率为17.33%,下半年为46.3%。虫体以强有力的吻突及其小钩牢牢地叮着在肠黏膜上,造成黏膜组织充血、出血、坏死,并形成溃疡。随后出现结缔组织增生,形成结节,并向浆膜面突出,可与大网膜组织粘连,形成包块。又因虫体常更换寄生部位,致使肠壁多处损伤,严重者可造成肠穿孔,诱发腹膜炎而猪死亡。

王玉臣报道(1976)通辽哲盟地区20世纪70年代以来常见此病。猪在病初有食欲,以后逐渐减少,前肢向前后肢向后,腰部凹下,常出现挫弓姿势,由于酸痛还不断呻吟,发出哼哼-哼-哼的声音,因此当地又称之为哼哼病。病情严重时,猪则会倒在食槽边,四蹄乱蹬,约1～5分钟恢复正常后才起来吃食。严重时,症状表现剧烈,食欲减退,肠虫动荡强,下痢带血,肌肉震颤,弓背,贫血,极度消瘦等。由于肠穿孔,而继发腹膜炎,体温可升到41℃,最后死亡。

余广海等(1978)报道一例猪巨吻棘头虫强度(152条虫)感染的猪,6月龄体重仅30 kg,食欲废绝,结膜潮红,大便硬结,被毛粗乱。死亡剖检,全身淋巴结肿胀,脾稍肿大,肾有少数出血点,肺呈红色。灰色各期肝变并有纤维素性炎性渗出物沉积浆膜面,皮下及肠系膜脂肪消耗殆尽,但其他脏器未见明显异常。1.5 m小肠内阻塞整肠管,虫体叮在肠壁上,不易分离。

猪感染较轻时,一般无明显临床症状。多因虫体吸收大量营养物质和虫体的有毒物质的作用,猪表现贫血、消瘦和发育停滞。严重感染时,在第3天病猪表现食欲降低,腹痛,腹肌抽搐,拉稀,粪便中带有血液。刨地,互相对咬。病猪腹痛时,表现为采食骤然停止,四肢撑开,肚皮贴地呈拉弓姿势,同时不断地发出哼哼声(有些地区又称哼哼病)。病情重者则突然倒在食槽旁,四蹄乱蹬,通常1～3分钟后又逐渐恢复正常,继续采食。同窝健康猪在体重达100 kg时,感染猪仅为85 kg。经1～2个月后,病猪日渐消瘦,黏膜苍白,生长发育停滞,成为僵猪。当虫体固着部位发生脓肿或肠壁穿孔时,体温升高达41℃,呼吸浅表,腹部剧烈疼痛,后期引发腹膜炎,肌肉震颤,卧地抽搐而死。

剖检可见小肠尤其是空肠壁上有虫体,虫体附着处黏膜充血,出血,黏膜上往往有小结节。若猪肠壁穿孔,可见腹膜呈弥漫暗红色,浑浊,粗糙。

[病理变化]　空肠、回肠浆膜上有灰黄色或暗红色小结节,周围有红色充血带,吻突穿过肠壁吸附于附近浆膜上,引起粘连,肠壁增厚,有溃疡病灶,有时塞满虫体造成肠破裂。在显微镜下呈肉芽肿病变,其病理形态可分为中心的坏死区和周边的肉芽组织带,吻突侵入部位的周围肠组织发生凝固性坏死,组织细胞消失,坏死周边可见大量的嗜酸性粒细胞、嗜中性粒细胞和单核细胞。坏死区周围可见大量的结缔组织、成纤维细胞及毛细血管增生,在肉芽组织中尚有大量的嗜酸性粒细胞或浆细胞浸润。

车德娟(1990)报道1例罕见的3日龄哺乳仔猪巨吻棘球虫病例:仔猪3日龄到10日龄时发生拉稀,食欲不振,消瘦,而后死亡,肠黏膜有出血性纤维素炎症。小肠内有1条40 cm

长的雌性巨吻棘球虫成虫。猪正常情况下吃进带有棘头体的中间宿主,棘头体发育为成虫需 2.5~4 个月,而此病例猪仅为 10 日龄,其感染途径和过程尚不清楚。

陶金陵等(1998)报道在猪场 3 头因腹泻消瘦死亡的 1 头 12 日龄乳猪的肠道中检出 1 条体长 36.5 cm、白色虫体。虫前粗后细,体表中见环状皱纹,头端有一可伸缩的环状吻突,并见 6 列向后弯曲的淡红色小钩。虫体内未见有消化器官,仅见许多虫卵、子宫基、子宫及阴道。鉴定为巨吻棘头虫成虫。

野猪棘头虫感染轻微时一般不表现临床症状。感染严重时,食欲减退,腹泻,粪便带血,腹痛。虫体固定部位穿孔时,体温升高到 41℃,食欲废绝,剧烈腹痛卧地。

[诊断] 诊断此病主要依据流行病学、临床症状及病理变化等。临床症状如腹痛,拉稀,粪血,消瘦,贫血等可做参考。

流行病区影响棘头虫生活史和中间宿主甲虫的地理环境和气候因素,如温度、湿度、雨量、光照等,与甲虫的消长季节有密切关系,甲虫出现于早春至 6、7 月间,猪一般是春夏感染。在猪及野猪粪中均可检出虫卵,检查方法以汞醛浓集法最好,其次是水洗离心沉淀法、饱和硫代硫酸钠法,直接涂片法检出率低。据报道,棘头虫寄生在猪十二指肠后段和空肠,在该段小肠浆膜上可见呈淡黄色的黄豆至豌豆大小的结节,大小为 5~12 mm×5~8 mm,平均 6.83 mm×6.58 mm。虫卵呈深褐色,卵圆形,表面光滑,卵壳厚而不透明,较尖的一端有一稍透明点。一旦发现粪中排出虫卵或呕吐出虫体或在手术时见到棘头体结节或肠活组织检出虫体或肠腔内有虫体均可确诊。

棘头虫与蛔虫的区别为:蛔虫表皮光滑游离于肠腔内,而棘头虫表皮有横的皱纹以及吻突固着在肠壁上。

[防治] 从源头上控制传染源是主要措施。切断传播途径是预防本病有效的方法。首先是改变散养猪习惯,要圈养猪。并加强猪粪的管理,猪粪要统一发酵或高温生物菌发酵等无害化处理,杀死虫卵后才能返田。强化猪舍灭虫,消灭金龟子和甲虫等中间宿主。应用灭虫灯诱杀灭虫,防止用照明灯诱虫,避免诱来的金龟子等被猪吞食。在流行区卫生部门和兽医部门配合开展对猪棘头虫的普查、普治工作,对猪群应每年春秋两季定期驱虫;猪在转棚,并群前进行驱虫。发现病猪应及时驱虫治疗,以消灭传染源。

目前尚无理想的特效驱虫药。因早期很难发现本虫寄生,疑有本虫时,常用驱虫药:① 氯硝柳胺,每天 20 mg/kg 体重,口服,连用 3~5 天;② 左旋咪唑,4~6 mg/kg 体重,肌注,或 8 mg/kg 体重,口服;③ 硫氯酚,0.16 g/kg 体重,顿服;④ 硝硫氰醚 80 mg/kg 体重,1 次口服,间隔 2 天重复喂 1 次,连续喂 3 次。因硝硫氰醚对蛭形巨吻棘头虫的特异乳酸脱氢同工酶有抑制作用,临床试验表明该药对猪蛭形巨吻棘头虫病有一定效果。也可试用丙硫咪唑和吡喹酮合剂,按 50 mg/kg 体重 1 次口服。

生物防治:金龟子幼虫——蛴螬是猪蛭形巨吻棘头虫的中间宿主。猪因吞食含有棘头囊的蛴螬而感染棘头虫。乳状芽孢杆菌(*Bacillus popilliae*)是引起蛴螬乳状病的专性病原。日本金龟子乳状杆菌的营养体呈杆状。在蛴螬体内迅速繁殖,破坏各种组织,使金龟子幼虫感染发病,不久死亡。

四十二、猪浆膜丝虫病(*Serofilaria suis* Diseasea)

该病是由寄生于猪心脏等组织上的猪浆膜丝虫造成的一种新的丝虫病。

[**历史简介**]　灿烂丝虫亚科是由 Chaballd 和 Choguet 于 1953 年在修订丝虫亚目 (FilariatSkrjabin, 1915)建立的,1961 年报道有 29 个属。寄生于哺乳动物的有 4 个属。1957 年时明喧等在猪病灶的砂粒物玻璃夹片中找到钙化病灶中细长而盘曲的线状物,并于条索状和水泡状病灶中找到活虫。1968 年江苏北部地区发现猪心脏表面有一种病变,其后华东、中南等地肉联厂反映在家猪心脏上发现一种寄生虫,并有感染率增高,分布不断扩大趋势。1976 年中科院动物研究所和济南肉联厂对该虫的种类、生活史、流行病学进行调查,由吴淑卿、员莲等鉴定为双瓣线虫科、灿烂亚种(Splendidofilarinaechabaud et choguet, 1955)中的一新属新种,定名为猪浆膜丝虫(*Serofilaria suis*, Wu et yun 1979)。

[**病原**]　猪浆膜丝虫属于灿烂丝虫亚科。虫体为中等大小的丝状线虫,前部较尖,头端稍膨大。角质层有细的横纹,无疣状突出物或任何角质增厚。口结构简单,无唇,口孔周围有 4 个小乳突,另有 4 个下中乳突排列在外围,两侧尚有 1 个化感器,食道分为肌质和腺体 2 个部分,神经环位于食道肌质部的后方。

雄虫体长 12.0～26.25 mm,宽度 0.076～0.160 mm。食道肌质部长 0.188～0.209 mm、腺体长 0.705～1.231 mm。神经环距头端 0.181～0.209 mm。尾部指状,向腹面卷曲,长 0.056～0.070 mm,有乳突 6～12 对,规则地排列在整个尾部腹侧,肛前后各 3～6 对。交合刺 1 对,弱角质化、短、不等长,形状相似,末端稍后腹面弯曲,其近端(即柄部)不扩大,与体部交界处有一明显的变窄部分。泄殖腔体宽 0.033～0.060 mm。无尾翼和导刺带。

雌虫长 50.62～60.0 mm,宽度 0.165～0.221 mm,食道肌质部长 0.202～0.233 mm,腺体长 0.893～1.383 mm。神经环位于距头端 0.181～0.233 mm 处,阴门不隆起,开口于食道腺体部分中点的稍前方,距头端 0.448～0.543 mm。尾部指环,稍向腹面弯曲,端部两侧各有 1 个乳突,腹面有一簇 15～20 小乳突。肛门萎缩,距尾端 0.099～0.139 mm。繁殖方式为胎生。微丝蚴两端钝,长 0.1188～0.1254 mm,宽 0.0066 mm,有鞘,可在血液中发现。成虫寄生于猪的心脏、肝、胆囊、子宫和膈肌等浆膜淋巴管内。

其生活史为猪浆膜丝虫的雄虫与雌虫交配后,雌虫产幼虫(微丝蚴),微丝蚴进入血液循环后,被传播媒介——蚊(三带喙库蚊)吸猪血的同时进入蚊的体内,当该蚊叮食另健康猪血液时,把浆膜丝虫的幼虫注入其体内,该虫进入猪体后容易死亡钙化。

丝虫引起的病灶形态可分为两种类型:① 包囊型:多为圆形、椭圆形或长条形,内含有白色透明的液体和卷曲活动的虫体;亦可见包囊内含有黄白色混浊液体,虫体趋近死亡,活动微弱,或虫体已经死亡,结成团块。包囊型较少见,仅见阳性病变的 5.95%。② 结节型:病灶呈不规则形状,常见的是圆形、椭圆形的突起结节,其大小不一,小如粟粒,大如赤豆,亦可见条索状突起结节。一般质地较硬,呈白色或淡黄色,结节中央常见黄褐色的断碎虫体,在有的结节中看不到虫体。结节型较多见,占阳性病变的 94.05%。

[**流行病学**]　自 1968 年江苏北部发现后,其后山东、安徽、江苏等地肉联厂都有报道,

兖州肉联厂检验 269 只猪心，其中 105 只有病灶，阳性率为 62.13％，在 4 只中找到活虫；蚌埠肉联厂检验 120 只猪心，83 只有病灶，占 83％，并在有病灶猪心中找到活虫；江浦报道，猪感染率在 40％～60％，高达 80％。吴淞肉联厂对来自灌云、郯城等地运沪 13 787 头生猪屠宰检验中发现并检出 56％—65％的心脏中有浆膜丝虫病。我国山东、河北、河南、安徽、四川、福建、湖北等省相继发生流行，以山东、安徽猪的感染率高，但向东南逐渐减少。

蚊是猪浆膜丝虫的媒介。有研究观察到蚊刺吸血中含有微丝蚴猪血 18 天后，蚊体内有丝虫蚴，未发育到感染期（从三带喙库蚊的胸肌中发现 1 条丝虫蚴）。微丝蚴体外存活 12 小时。

[发病机制]　猪浆膜丝虫病发病机制尚不清楚。但猪猝死系虫体寄生于心脏引起心、肺功能障碍，死于心力衰竭、窒息。林荣泉等（1994）对猝死猪剖检、观察可见：① 体态丰满，肌肉发达，按压肩胛、股部肌肉时，有黑紫色淤血溢出。肌肉脂肪间的毛细血管淤血严重。② 颌下、肩胛前、乳房、股前、腘淋巴结充出血和水肿，切面多汁。③ 胸腔有透明胸水；有胸膜炎的胸水浑浊，含有大量纤维素和红、白细胞。④ 心外膜、纵行沟、冠状沟、心耳、心肌等部位均有形态、大小不一粟粒、赤绿豆椭圆形包囊或条索状"虫"结节病灶，心外膜见有出血斑点。右心室有大量血液停滞，显著扩大。⑤ 肺呈红褐色，严重淤血伴肺水肿。体积增大，硬度、重量增加，切面有泡沫样浆液溢出。⑥ 肝暗红色，严重淤血。体积增大，切面流出多量血液。⑦ 肾脏含大量静脉血，髓质含大量血液。⑧ 脾淤血，体积增大，被膜紧张，边缘钝厚。⑨ 胰脏手感柔软，以死亡时间分为褐色、绿色、黑色。通过病理组织学观察，证明丝虫可以导致淋巴管扩张、淋巴管炎，形成肉芽肿结节。由于虫体寄生于淋巴管内，引起淋巴液阻滞，所以淋巴管高度扩张。随着机体对虫体刺激的反应增强，淋巴管内皮细胞增生、肿大，外膜细胞增生，并有嗜酸性粒细胞的浸润。当虫体发生死亡时，虫体坏死、崩解或有钙化，淋巴管壁增生的细胞转变成上皮样细胞及成纤维细胞包围虫体，从而形成肉芽肿结节。同时有大量的嗜酸性粒细胞和淋巴细胞的浸润。随着病程的延长，病灶完全被结缔组织所取代则形成纤维结节。

[临床表现]　丝虫寄生在猪的心脏、子宫、肝、胆囊、胃、膈肌、腹膜、肋胸肌、肺动脉基部等处浆膜淋巴管内，外观呈乳斑状、条索状、砂粒状、水泡状和钙化结节。在心脏中发现 95％以上虫体钙化，表明该虫在猪体的寿命可能很短，故很少见活虫。水泡状少见，常寄生于冠状沟脂肪内呈鱼眼状。感染猪一般在安定、有规律的饲养环境中，病症不明显，死亡率极低。但在长期运输、应激状态下，病情会急剧变化，因心肺功能障碍而猝死。据对 137 897 头运输生猪统计，中途猝死猪约 1 126 头，占总数的 1.08％；山东运输的 34 589 头生猪中猝死 565 头，占 1.6％。

发病猪精神委顿，离群独居。四肢和吻突拱地（五足落地），体温升高，眼结膜严重充血，有黏性分泌物。食欲不振，跛状行走，前肢有疼痛感，惊悸吼叫，剧烈湿咳。心缩无节律，心区有疼痛感，易产生惊恐反应，呈心悸状，汗液分泌增多，黏膜发绀，犬座或俯卧姿势，呼吸困难，鼻翼率动快，呼吸频率为 60～80 次/分，呈现腹式呼吸为主的胸腹混合式呼吸，并伴有肺炎。静卧时肌肉震颤。有的病猪会突然惊厥倒地，四肢痉挛抽搐而死。从发现以上症状到死亡仅几分钟时间。陈瑞熙等（1986）检测了福州郊区猪心脏 2 009 只，检出 263 只含有虫体,占比 23.09%,各区感染率 4.35%～34.8%。

[病理变化]　猪浆膜丝虫的病灶多发生于心脏,以左部为最多,其次是分布于纵行沟,再次为右心室部与冠状沟及附近心外膜,心耳与心尖部最少。病灶沿扩张的淋巴管分布,偶见于肌纤维之间。通常一个心脏上仅见 1～2 处病灶,也有多达 20 多处的,散在地分布于整个心外膜表面,病变部位的心外膜增厚。有时在一些心脏表面可见到似棉线粗细的乳白色纵行条纹,结节分布于白色纵行条纹之中或沿纵纹方向可见死亡虫体;少数病变严重者,心脏外膜呈绒毛状,有纤维素渗出。外观病变大致可分为 3 种类型:① 心外膜表面稍凸起,呈透明、灰白色、绿豆大小水泡状的包囊,有的呈条索状,囊内有液体,可找到活虫;② 心外膜凸起呈半透明包囊,囊内可见到虫体钙化物。③ 心外膜凸起,囊壁较厚,不透明,质地较硬,病灶大小和数目不一,通常在 1 个心脏上少则见到 1 个,多则可达数 10 个。病变严重者心脏与心外膜粘连,呈水泡状、乳斑状、条索状和砂粒状病变。

其他脏器主要为子宫及子宫阔韧带,于韧带内发现透明包囊,不突出表面,其中有活动蟠卷的虫体。在肝脏、胆总管及胆囊的被膜上偶见扩张而透明的淋巴管,内有活动虫体,可见白色或淡黄色质地较硬、突起的寄生性结节。膈肌肌膜与肌纤维之间有突起明显的黄、白色寄生性结节。在胃、肋胸膜、主动脉基部等处也有发现。对蒲田(1981)60 头猪进行调查发现 45 头的心脏中寄生有虫体,同时寄生于肺的 41 头;心室及纵沟处为 36 头,心耳为 6 头,冠状脂肪 2 头、心包膜 1 头。另见有肝脏膈面,以左外叶肝脏面多见。

显微观察:虫体寄生的淋巴管扩张,发生淋巴管炎及形成肉芽肿、纤维结节等病理变化。根据病程不同,其病理变化也有差异,大致可分为下列几种类型:① 淋巴管扩张型:病变初期,肉眼所见呈包囊状,病变组织的小淋巴管高度扩张,虫体断面清楚,并可见虫体内部的微细结构。② 肉芽肿型:肉芽肿中心有死亡虫体之断面,有的能看清其内部结构,或模糊不清,只为一片淡红色的坏死物。因其病程不同所浸润炎症细胞有所不同,又可分为:嗜酸性肉芽肿和淋巴细胞性肉芽肿。肉芽肿周围结缔组织增生,从而导致心外膜、肝被膜等增厚。周围实质细胞发生萎缩、变性以及溶解和崩溃消失。周围组织有程度不同的淋巴细胞和嗜酸性粒细胞浸润。③ 纤维结节型:心外膜结缔组织增生,明显增厚,有数个较小的纤维结节,残存淋巴管明显增生闭塞性改变。在纤维结节内看不到虫体及残骸。

[诊断]　根据病理变化可作出初步诊断。

[防治]　目前尚无治疗报告。

第二节　其他寄生虫病

一、兔脑炎孢子虫(*E.cunicuni*)

兔脑炎孢子虫分类上属脑炎微孢子虫属。该虫于 1922 年由 Wright 和 Craihead 检查出,1923 年由 Levaditi、Nicolan 和 Schcen 报道并定名为脑原虫。

兔脑炎孢子虫的基因Ⅳ型从猪肾脏、脑等脏器分离到。

相关宿主有鼠、仓鼠、多乳头小鼠、豚鼠、兔、鼩鼱等啮齿类,猫、犬、北极熊、云豹、猴、猪、羊、麻雀、鹦鹉、鸽等。

二、犬新孢子虫(*Newspora caninum*)

新孢子虫病是犬新孢子虫寄生于宿主体内而引起的一种致死性的原虫病,于1998年Dubey报道。已发现20多个国家有关本病的报道。

犬新孢子虫分类上属新孢子虫属。其速殖子为卵圆形、月牙形或球形,含1~2个核,寄生于犬神经细胞、血管内皮细胞、室骨膜细胞和其他体细胞中;组织包囊:圆形或椭圆形,大小不等,组织包囊内含缓殖子,缓殖子间常有管泡状结构,主要寄生于脊髓和大脑中。

新孢子虫还可感染其他动物,相关宿主有犬、牛、羊、马、鹿、猴、兔、猫等。人工感染猪,证明虫体可寄生于猪的神经、肌肉、肝脏和脑等部位。

三、大片吸虫(*F.gigantica*)

大片吸虫分类上属于片形属,该虫首先发现于牛等动物,并于1856年由Cobbold报道。

大片吸虫虫体体形较大,大小为25~75 mm×12 mm,虫体两侧缘较平行,肩部不明显,后端钝圆。虫卵较大,大小为144~208 μm×70~109 μm。其中宿主为淡水螺、小土窝螺等。成虫寄生于动物肝脏、胆管内,产出的虫卵随胆汁进入肠腔,经粪便排出体外,在外界虫卵孵出毛蚴;毛蚴侵入螺体发育为胞蚴、雷蚴、尾蚴的无性繁殖阶段,一个毛蚴可孵出数百个尾蚴;尾蚴在水中形成囊蚴,吸附于植物上,动物食草后囊蚴进入机体内发育为成虫。大片吸虫可侵袭牛、马、羊、骆驼、牦牛、驴、兔、猪、人等,该虫可寄生于猪的胆管、胆囊内;已由临床剖检和试验感染证实。虫体随机机械刺激、堵塞胆管和产生毒素致病外,还以血液、胆汁和细胞为营养致机体营养障碍、贫血、黄疸、消瘦,甚至死亡。

四、横川后殖吸虫(*Matagoninus yokogawai*)

横川后殖吸虫属异形科吸虫。虫体呈梨形或椭圆形,前端稍尖,后端钝圆,体表布满鳞刺,大小为1.10~1.66 mm×0.58~0.69 mm。虫卵为黄色或深黄色,大小为19.7~23.8 μm×11.4~17.6 μm,有卵盖,内含毛蚴。发育需要第1中间宿主短沟蜷类淡水螺和第2中间宿主淡水鱼类完成胞蚴、雷蚴和尾蚴及囊蚴发育。含囊蚴淡水鱼被终宿主犬、猫、猪、人及鹈鹕吞食,并在终宿主小肠内发育为成虫。本病分布于东亚诸国。我国黑龙江、吉林、辽宁、北京、上海、浙江、江西、两广、四川、中国台湾等地均有猪感染报道,该病是一种人兽共患的吸虫病。

五、双腔吸虫病(*Dicrocoeliagis*)

本病是由双腔吸虫致牛、羊等哺乳动物感染的一种寄生虫病,偶感人类或猪。

双腔吸虫共有十多种,如矛形双腔吸虫、中华双腔吸虫、枝双腔吸虫、东方双腔吸虫等。

人猪共感的主要为矛形双腔吸虫（*D.lanceatum*），虫体扁平，矛状，半透明，雌雄同体。大小为 6.7～8.3 mm×1.6～2.1 mm。活虫棕紫色，口吸盘位于虫体前端，腹吸盘位于虫体前端 21%～23% 处。咽小、食道细长，肠管在吸盘之间分为左右 2 支，沿体侧向后延伸，终于体后部。两睾丸不分叶或微分叶，前后排列或斜排在腹吸盘后呈团块状，阴袋位于肠区后至腹吸盘间，袋内有贮精囊、前列腺及雄茎。生殖孔在肠皮附近开口。卵巢圆形或分叶，边缘不规则，位于睾丸稍后方，受精囊和梅氏腺位于卵巢后方。子宫盘曲在虫体后部，子宫内充满大量卵，卵黄腺小，滤泡大，位于体中部两侧缘。虫卵小，大小为 44～45 mm×29～33 mm，暗褐色，壳厚，椭圆形，两侧不对称，一端有卵盖，壳口边缘有口齿状缺刻，卵内含有一个已成熟的毛蚴。

双腔吸虫发育分为虫卵、毛蚴、母胞蚴、子胞蚴、尾蚴、囊蚴（后尾蚴）和成虫等阶段，需要 2 个中间宿主。成虫在肝胆管内部产卵，卵通过胆汁进入十二指肠，并随粪便排出体外，被第 1 中间宿主蜗牛（条纹蜗牛）、蚶小丽螺、陆栖螺、滑槲螺吞食。毛蚴从卵内逸出，脱去纤毛成为母胞蚴，再发育成子胞蚴，子胞蚴形成尾蚴，尾蚴离开子胞蚴而黏结成团，被第 1 中间宿主排出体外。每 5～15 个球体黏成大囊体（黏性球）。黏性球被蚂蚁吞食在腹腔内形成囊蚴。蚂蚁被猪或牛羊吞食，囊蚴在小肠内脱囊而出，穿过肠壁经过门静脉至肝脏，在肝静脉停留 1 周进入胆管发育为成虫。在绵羊体内发育时间为 72—85 天。

虫体寄生于牛、羊、猪、骆驼、马、驴、兔等的胆管和胆囊中，偶寄生于人。邬捷报道四川仁寿县患病猪约 10 kg，消瘦，被毛粗乱，体温不高，食欲不佳，喜饮水。腹围膨大，大便拉稀，叫声嘶哑，饲喂了 2 月未见体重增加，最后衰竭死亡。剖检见肝肿大，胆管内有矛形双腔吸虫 400—500 条，腹腔有腹水。未见其他变化。

六、人拟腹盘吸虫病（*Gastrodiscoides hominis*）

本病是由人拟腹碟吸虫引起的人的寄生虫病，此虫主要寄生于人的盲肠、结肠。Lewiset 等（1876）从印度病人盲肠中检出此虫。Ward（1903）定名。江苏农科院牧医系寄生虫组于 1977 年报道江苏高淳古柏公社果园猪场百余头母猪消瘦，疑寄生虫感染，进行驱虫，后排出一种较小的吸虫。拟腹碟吸虫雌雄共体，鲜虫鲜红色或淡红色，体表无小刺，也无明显乳突。虫体外形似瓢状，明显区分为前体和后体两部分。前体较狭，圆锥形，锥端为吸口盘，前体腹面有一四周稍隆起的圆形生殖孔。后体宽呈半球形，背面隆起，腹面内凹，呈小蝶状，边缘明显，仅在后端正中断开留一缺口。吸盘下为咽，咽管前端两侧各有一憩室，咽管末端有一咽球。两条盲肠后伸到腹吸盘水平处。生殖系统有 2 个大而分叶的睾丸，纵列或稍斜列。卵巢在睾丸之后体中线附近，靠近卵巢处有梅氏腺，子宫疏松盘曲，前伸至生殖孔，生殖孔附近有咽球，一般略偏右，卵黄腺围绕在产肠管盲端附近。虫体大小为 6.9～10.2 mm×4.7～7.1 mm。虫卵两端尖细，近乎菱形，色淡，一端有盖，一端有结节，大小为 134.5～153 μm×64.6～68 μm。本虫引起寄生部位炎症，并引发腹泻。虫的蝶状部位可在肠黏膜上形成一界限明显的圆形印记，而腹吸盘则更把肠黏膜吸出，成为圆形印记上的 1 个乳头状突起，黏膜表面脱落，黏膜和黏膜下层有酸性细胞、淋巴细胞和浆细胞。生活史不明，人工感染扁卷螺成功。Erau 和 Bruyer 报道本种寄生虫寄生于越南猪，猪为贮存宿主，可引起猪发生严重消化道炎症,腹泻。对人的致病情况不清。

七、圆圃棘口吸虫(*Echinostoma hortense*)

本虫由 Asada 于 1926 年发现。该虫在日本、朝鲜等地有报道,主要寄生于鼠类,也发现于人类和犬。国内见于福建、上海等地,浙江平湖县黄鼠狼体内检到此虫。沈金奎、潘新玉在 1983 年在浙江余杭禽畜调查中,在猪肠道内检获此虫。

虫体长叶形,体长 8.2～9.3 mm×1.2～1.3 mm,头顶小,其宽度 0.4～0.41 mm,头棘 27 枚,前后交替互相排列,左右腹角各 4 枚,稍大、密集,其余 19 枚较短,体表棘从前端分布到睾丸后缘为止。口吸盘大小 0.18～0.21～0.24 mm。腹吸盘位于体前部 1/5 处,大小为 0.60～0.64 mm×0.58～0.68 mm。前咽长 0.020～0.025 mm。咽 0.18～0.22 mm×0.18～0.21 mm。食道长 0.33～0.68 mm。两场支伸至虫体亚末端。睾丸近似三角形,前后排列。雄茎囊长袋状,位于腹吸盘与肠叉支之间。卵巢呈圆形,直径 0.20～0.25 mm,位于睾丸前左侧。卵黄腺发达,前界从卵巢边缘开始,分布至虫体末端,睾丸以后的卵巢黄腺两边汇合。子宫长,位于腹吸盘与睾丸之间。生殖孔开口于肠叉的下方。虫卵大小为 0.102～0.11 mm×0.055～0.065 mm。

八、三尖盘头线虫(*Ollulanus tricuspis*)

该虫分类上属盘头科(*Ollulanidae*,Skrjabin et Schihobalova 1952)、盘头属(*Ollulanus*,Leuckart 1984)。

雄虫体长为 0.7～0.8 mm。交合伞发达,无伞前乳突,背肋于末端分类交叉,外背肋分布于背肋的中部。交合刺粗糙状,末端分为 2 支,1 支尖,1 支钝。无引带。雌虫体长 0.8～1.mm、宽 0.04 mm。尾端有 3 个突起。尾长 0.03～0.04 mm。阴门位于虫体后 1/6 处,仅有 1 个子宫与卵巢。胎生。虫体寄生于猫、猪的肾,横膈膜,肺。我国台湾省曾报道,猪感染三尖盘头线虫。

九、截形吸虫(*Microtrema trunactum*)

猪截形吸虫病是由后睾科微口属截形吸虫寄生于猪胆管内所引起的疾病,报道发生于中国台湾、上海、四川、云南、江西。西昌猪的感染率为 6%,感染虫数最多达 2 485 余条。猪截形吸虫系雌雄同体,新鲜虫体淡红色,透明,中部为棕黑色,两侧各有 10～12 个乳白色的卵黄腺。虫体头端稍尖,体后端平齐如刀截,腹面平而微凹,背面微凸,体表布满小棘。体长 6～16 mm×4～6 mm,厚 1.5～2.5 mm。口吸盘位于头端,直径约 0.4 mm。腹吸盘小,位于虫体腹面中部稍后方。咽大,食道短,肠管分为左右 2 支,止于虫体后端。睾丸 2 个,很小,微分叶,平行位于虫体后 1/3 部位。卵巢和受精囊位于两个睾丸之间,子宫位于腹吸盘之前至肠分叉处,绕曲的子宫内充满棕褐色虫卵。虫卵小为 0.025～0.032 mm×0.013～0.016 mm,棕褐色,椭圆形,外壳厚,粗纹状。卵末端有一明显的小盖,而钝端有一小刺,卵内有一个毛蚴。

无有关生活史的研究报告。这种寄生虫多是群居,常为两个以上,聚集在胆管扩张的囊内,很少见到单独寄生者。似有雌雄同体异体受精现象。虫卵随粪便排出体外,在外界的发育情况,尚需进一步研究。

该虫寄生于宿主有猪、犬、猫的胆管、胆囊。活猪被寄生后临症尚少被人研究。从解剖观察,寄生虫数少时,病理变化轻,症状不明显;重度感染时,肝脏病理变化显著,胆管扩大,呈瘤状,突出于肝表面,肝小叶和结缔组织大量增生,甚至整个肝肿大,肝表面粗糙不平,肝硬化。透过肝表面可以看到内部寄生的虫体。

彭万才(1985)报道四川某猪场1头30日龄仔猪精神沉郁,头置食槽边缘上昏睡,全身发抖,皮肤出现红色小点,有时骚动不安,步态蹒跚,不时发生嘶叫,在饮水后嘶叫更为突出,最后嘶叫一夜死亡。尸检,病死猪消瘦,皮下胶样浸润,肌肉苍白,腹腔有红色液体并混有大量椭圆形虫体。肠系膜增厚,有胶样浸润,肠壁薄。肝色淡,质硬,表面凹凸不平,密布豌豆大至绿豆大的突出物,坚韧。胆囊肿大,胆管壁薄,有大量虫体。心肌苍白,柔软,心冠脂肪胶样浸润,心色黏液呈黄色。检获虫体11 600余条,鉴定为截形微口吸虫。

十、叶形棘隙吸虫(*E.peryoliatus*)

叶形棘隙吸虫分类属于棘隙属。由Ratz(1908)分离、鉴定,又名抱茎棘隙吸虫。虫体呈长叶形,大小为3.52～4.98 mm×0.73～0.88 mm,头棘24枚。人畜都可感染,无须通过中间宿主。主要寄生于犬、猫、人的小肠。我国黑龙江、河南、四川、湖南、江西、福建、浙江各省都有感染猪的报道。对浙江寄生虫调查发现,江山地区4头母猪中1头感染此虫,感染强度17条;义乌30头肉猪1头感染,感染强度1条。

十一、奇异西蒙线虫(*Simondsia paradoxa*)

奇异西蒙线虫分类上属于西蒙属,由Cobbold于1864年报道。相关宿主有驴等。1979年湖北在对家猪寄生虫普查中于京山县1家猪胃内胃黏膜获得雄虫9条。雄虫长14.9～15.3 mm,口内背、腹侧各有大齿1枚。颈部两侧自带5—7咽环的水平起,有宽阔的翼膜向后延伸,最宽处约达0.2 mm。尾部呈螺旋状卷曲。两侧尾翼膜上各有4对带柄的泄殖腔前乳突和1对带柄的泄殖腔后乳突。两根交合刺长度分别平均为0.62 mm和0.31 mm。

十二、狼旋尾线虫(*Spirocerca lupi*)

狼旋尾线虫属于旋尾线虫属,其属还有北极狐旋尾线虫(*S.arctica*)、*S.Vigisina* 和 *S.heydomi* 3种。它们寄生于犬、狐、狼等毛皮兽和肉食兽的食道、胃、主动脉、肺等器官的肿瘤内。

旋尾线虫幼虫的发育,一般需要食粪甲虫为中间宿主,幼虫连同食粪甲虫被终末宿主吞食,即可发育成熟。幼虫也可随同食粪甲虫被两栖类、爬虫类、鸟类和哺乳类动物吞食,在这些动物的食道、肠系膜等组织器官中形成包囊。这些动物为其保虫宿主,有资料记载野猪可作为狼旋尾线虫的保虫宿主。

湖北省1979年在对家猪寄生虫普查中,从一家猪胃内找获成熟雌虫1条。虫体粗壮、长42 mm,呈螺旋状卷曲。体表有西环纹,6个环口乳突明显。咽长0.14 mm,咽壁略不平行,口部和底部宽约0.06 mm;中部宽0.1 mm。尾端钝圆。虫卵椭圆形,壳厚;外壳凹凸不平,两端有栓塞,卵内有幼虫,虫卵大小为39～49 μm×20～27 μm。根据虫体形态和量度,判断为狼旋尾线虫。家猪作为此虫的终末宿主,未见报道。究竟是偶栖寄生,抑或固有寄生,尚缺流行病学资料,但该虫在本普查中为成熟雌虫。

十三、华氏食道口线虫(*Oesophagostomum watamabei*)

华氏食道口线虫属于食道口属,又名结节属,由 Yamaguti 于 1961 年报道从日本野猪大肠中发现。我国福建、广东也有野猪感染的报道。虫体寄生于家猪大肠(盲肠、结肠)。虫体白色伸直,口颌明显,6 个环口乳突较短。口孔围有 31 片外叶冠,末端尖削并拢。内叶冠 62 片。口囊发达,口囊壁厚而平直,有头泡和颈沟,头泡较短,颈沟约在食道前端膨大稍后方,围绕虫体的腹面和侧面。颈乳突在食道的末端附近两侧。神经环在颈沟的后方。食道前后端有膨大部,食道漏斗不明显。雄虫长 9.5 mm,交合伞发达,侧叶和背叶分界明显,腹脂肪和侧腹肋并行到达伞的边缘。前侧肋从主干单独分出,到达伞的边缘。中、后侧肋并行到伞的边缘,在侧肋的基部后方有一短小的分支。交合刺长度为 0.77 mm。雌虫长 9.8 mm,尾部伸直,尾端略向腹侧弯曲。阴门离肛门 0.55 mm。肛门离尾端 0.24 mm。报道在我国川、鄂、豫、皖、浙、闽、滇等省市家猪中都有检获此虫。

十四、双管鲍吉线虫(*B.diducta*)和林猪鲍吉线虫(*B.hylochoeri*)

鲍吉线虫病病原为双管鲍吉线虫和林猪鲍吉线虫,又称猪大肠线虫,这两种线虫分类上属毛线科鲍吉属。

虫体口孔直向前方,无颈沟、口囊线,壁厚。虫体分前后两部分,后部与宽的食道漏斗内壁相连,有内外叶冠。交合刺等长,阴门靠近肛门,雄虫长 9～12 mm,雌虫长 11.0～13.5 mm。虫卵呈卵圆形,大小为 58～77 μm×36～42 μm,灰色,卵壳薄,内含 32 个以上胚细胞。发育可能属直接型。虫体寄生于猪的盲肠和结肠,但对其致病力缺少研究。野猪和欧、亚及我国猪皆有感染。浙江对畜禽寄生虫调查中发现,其感染率分别为母猪 17/19,感染强度 19～551 条;肉猪 55/254,1～359 条;中猪 8/41,1～137 条;仔猪 3/7,2～14 条。

十五、唇乳突丝状线虫(*S.labiatopapillosa*)

又称鹿丝虫(*S.cervi*),由 Ales Sandrini(1838)和 Railliet 与 Henry(1811)鉴定。虫体口孔呈长圆形,背、腹突较大,相距 120～180 μm。雄虫长 40～60 μm,其尾部性乳突共 17 个(泄殖腔孔后方 4 对),交合刺 2 根,不等长。雌虫长 60～120 μm,尾端球形,表面粗糙,由多数刺状乳突构成,尾部侧突距尾端 100～140 μm。微丝蚴长 240～1 260 μm。

丝虫寄生于马、牛、羊、驼、鹿、羚羊、猪的腹腔;微丝蚴寄生于宿主的血液、眼、脑、肾中。蛇是中间宿主。

十六、宽节双叶槽绦虫(*D.latum*)

又名宽节裂头绦虫,分类属于双叶槽科双叶槽属。

成虫长可达 2～12 m 以上,头节上有两个肌质纵行的吸槽,槽狭而深。成节和孕节均呈正方形。睾丸750～800个，与卵黄腺一起散在于体两侧。卵巢分两叶，位于体中央后部；子宫呈玫瑰花状，在体中央的腹面开孔，其后为生殖孔。虫卵呈卵圆形，两端钝圆，淡褐色，有卵盖，大小为67～71 μm×40～51 μm。主要寄生于人，也可寄生于犬、猫、猪、狼、狐、小貂、野猪、北极熊及其他食鱼的哺乳动物的小肠里，在其他动物体内寄生时仅产生极少数的受精卵。野猪是保虫宿主，寄生于野猪小肠。报道在猪小肠中检出成虫。我国沪、闽、湘有报道。

十七、莫尼茨绦虫（*Moniezia*）

莫尼茨绦虫分类上属裸头科莫尼茨属。该虫寄居于黄牛、水牛、牦牛、绵羊、山羊、猪的小肠。寄生于猪体的绦虫，一般为中绦期。成虫能寄生于猪体者，以往记录甚为稀少。国外学者曾报道能寄生（或偶见）于猪体的绦虫成虫有扩展莫尼茨绦虫、盖氏缒随体绦虫（*Thysanosoma giardi*）和克氏伪裸绦虫。

十八、牛囊虫病（牛囊尾蚴，*Cysticercus bovis*）

牛囊虫属带科、带属的肥胖带吻绦虫，又称牛带绦虫（*Taemiarhynchus saginatus*），其中绦期为牛囊尾蚴。黄牛是其主要中间宿主。李溥等（2005）用3～4万个都匀和从江的牛带绦虫卵分别攻击14日龄乳猪，并在攻击后75天扑杀。结果：都匀牛带绦虫感染猪后75天，在猪肝脏表面和实质中发现数目不等的囊尾蚴，但在心肌、舌、四肢肌肉及膈肌中未发现囊尾蚴，而从江牛带绦虫感染猪后75天在肝脏、心肌、舌肌、心脏、肌肉、膈肌、肾脏中发现囊尾蚴。囊尾蚴椭圆形可近圆形，囊体透明，囊壁厚，囊内充满体液，可见囊内凹入的乳白色点状头节，大小为1.34～2.78 mm×1.22～2.31 mm。虫体部均可见4个吸盘及顶突，3个囊尾蚴原头节顶突周围发现两圆似小钩的点状结构。从江牛带绦虫特征与都匀牛带绦虫相同，但囊体较大，无小钩或类似小钩的结构。

都匀牛带绦虫感染猪牛后，肝小叶结构破坏，纤维结缔组织增生，形成很多假小叶，有些小叶中央静脉缺如，有些具有2个中央静脉；从江牛带绦虫感染猪牛后，纤维结缔组织弥漫性增生，纤维间隔增宽，形成许多假小叶，肝索排列紊乱，几乎由纤维组织替代，门管区大量纤维组织增生，可见肉芽肿外周纤维组织呈星状向肝小叶内延伸，肝细胞呈现灶状；点状坏死，均符合肝纤维化特征。牛绦虫感染猪、牛可致肝组织损伤，表现肝纤维化形成，应该引起畜牧业高度重视。

十九、猪小袋虫（*Balantidiasis suis*）

猪小袋虫分类上属小袋属。

许嘉尤（1996）报道了仔猪小袋虫病。一猪场106头白猪产仔1 039头，其中21窝238头仔猪发病，发病率98%，以15～60日龄多发。

患猪精神沉郁，食欲减退，有颤抖现象。体温有时升高，有不同程度的拉稀，先半稀后水泻，便中带黏液碎片和血液，猪逐渐消瘦。病期长，有的持续3～4周。

二十、其他猪寄生虫

寄生于猪的其他寄生虫,据报道有:① 猪肺丝虫(*Suifilaria suis*,Ortlepp 1937),寄生于猪肌内膜内,虫体处于游离或呈包囊状。分类上属于猪肺丝虫属。分布于南非、肯尼亚。② 贝氏丝状丝虫(*Setaria bernardi*,Raillet、Henry 1911),寄生于田野猪腹腔。分类上属于丝状属。分布于我国川、皖、赣、闽、滇、台。③ 刚果丝状线虫(*Setoria congolensis*,Railliet 和 Henry 1911),寄生于非洲野猪、疣猪腹腔。分类上属于丝状属。我国云南有报道。④ 蛇形毛圆线虫(*Trichostrongylus colubriformis*,Giles 1892),寄生于绵羊、山羊、黄牛、牛、驴、骆驼、兔、猪的真胃、小肠、胰腺。分类上属于毛圆属。⑤ 土耳其斯坦东毕吸虫(*Orientobilharzia turkestanica*)由 Skxjabin(1913)和 Dutt 与 Srivastava(1955)分别定名。又名程氏东毕吸虫(*Or. cheni*,Hsu at yang 1957)。分类上属于东毕属,寄生于黄牛、水牛、绵羊、马、驴、骡、骆驼、猫、兔、猪的门静脉、肠系膜静脉。⑥ 獾似颈吸虫(*Isthmiophora melis*)由 Liihe(1909)定名。分类上属似颈属。寄生于猪小肠。⑦ 埃及腹盘吸虫(*Gastrodiscus aegyptiacus*)由 Cobbold(1876)和 Railliet(1893)分别定名。分类上属于腹盘属。寄生于马、驴、骡、猪的结肠。⑧ 猫后睾吸虫病系猫后睾吸虫(*Opisthorchis felineus*,Rivalta 1884)寄生于胆道引起的疾病。有人认为本虫与细颈后睾吸虫(*Opisthorchis tenuiollis*,Rudolphi 1819)系同物异名。成虫寄生于猫、犬等哺乳动物肝胆管内,形态很像华支睾吸虫。虫体大小为 7~12 mm×2~3 mm,体表无棘。口腹吸盘大小相近。睾丸两个,不分支,略作梅花样。卵巢一个,多呈椭圆形。虫卵与华支睾吸虫也相似,大小为 30 μm×11 μm,卵盖旁的肩峰不明显,内含一个成熟的毛蚴。生活史和华支睾吸虫也相似。虫卵被第 1 中间宿主淡水螺吞食后,毛蚴在消化道内孵出,侵入螺体,经胞蚴、雷蚴形成尾蚴。螺蛳感染后约 2 个月,成熟的尾蚴开始从螺体逸入水中。尾蚴侵入第 2 中间宿主淡水鱼体内形成囊蚴。尾蚴和囊蚴的形态与华支睾吸虫相似。人或动物吃入含有囊蚴的生鱼,幼虫在十二指肠内脱囊,经胆总管移行至肝胆管,约 4 周虫体成熟,虫卵开始在大便中出现。本虫的第 1 中间宿主淡水螺为 *Bithynia leachi*,第 2 中间宿主淡水鱼主要有 *Idus melanotus*,*Tincta tinca* 等 10 多种。终宿主除人外,尚有猫、犬、狐、狼、狮、獾、野猪、猪、貂、鼠、海狸、海豹、海马等。本虫在人体所引起的变化和症状也与华支睾吸虫病者基本相同。⑨ 异形异形吸虫(*Heterophyes heterophyes*)由 Stiles 和 Hassal 于 1990 年定名。分类上属于异形属。寄生于猪、犬、猫的小肠。⑩ 乳突类圆线虫(*Strongloides papillous*)由 Wedl(1856)和 Ranson(1911)分别定名。分类上属于类圆属。寄生于绵羊、山羊、黄牛、水牛、牦牛、骆驼、猪、兔的小肠黏膜内。⑪ 捻转血矛线虫(*Haemonchus contortus*)由 Rudolphi(1803)和 Cobbold(1898)分别定名。分类上属于血矛属。寄生于黄牛、水牛、牦牛、绵羊、山羊、猪、骆驼的真胃、小肠。⑫ 指形长刺线虫(*Mecistocirrus digitatus*)由 Railliet(1906)和 Hemry(1912)分别定名。分类上属于长刺属。寄生于黄牛、水牛、牦牛、绵羊、山羊、猪的胃。⑬ 淡红原圆线虫(*Protostronglus rufescens*)由 Leuckart(1865)和 Kamensky(1905)分别定名,同异名为柯氏原圆线虫(*P. Kochi*,Schulz 等,1933)。分类上属于原圆属。寄生于绵羊、山羊、猪的支气管、细支气管。

参考文献

1. 王君玮,王志亮.非洲猪瘟[M].北京：中国农业出版社,2010.

2. 刘克洲.人类病毒性疾病[M].北京：人民卫生出版社,2002.

3. 李兰娟.埃博拉病毒病[M].杭州：浙江大学出版社,2015.

4. Francisco Sobrino，Esteban Domingo 主编,朱彩珠译.口蹄疫现状与未来[M].北京：中国农业科学技术出版社,2009.

5. 蒋次鹏.棘球绦虫和包虫病[M].济南：山东科学技术出版社,1994.

6. 蔡宝祥.家畜传染病[M].北京：中国农业出版社,2001.

7. 陈兴保.现代寄生虫病学[M].北京：人民军医出版社,2002.

8. 黄兵.中国畜禽寄生虫形态分类图谱[M].北京：中国农业科学技术出版社,2006.

9. 崔言顺,焦新安.人畜共患病[M].北京：中国农业出版社,2008.

10. 范学工.新发传染病学[M].北京：中国农业出版社,2007.

11. 房海等.人兽共患细菌病[M].北京：中国农业科技出版社,2012.

12. 费恩阁.动物疫病学[M].北京：中国农业出版社,2004.

13. 施宝坤等.家畜寄生虫的鉴别与防制[M].南京：江苏科学技术出版社,1989.

14. 郑世军,宋清明.现代动物传染病学[M].北京：中国农业出版社,2013.

15. 陈谊,郑明.人猪共患疾病与感染[M].北京：中国农业出版社,2017.

16. 蒋金书.动物原虫病学[M].北京：中国农业大学出版社,2000.

17. 张宏伟等.动物寄生虫病[M].北京：中国农业出版社,2006.

18. 孙怀昌.非洲猪瘟病毒研究进展[J].中国预防兽医学,2006,28(1).

19. Afonso CL, et al. Characterization of P30, a highly antigenic membrane and secreted protein of African Swine Fever Virus[J]. Virology, 1992, 189(1)：368-373.

20. Barderas M G, et al. Serodiagnosis of African swine fever using the recombinant protein P30 expressed in insect larvae[J]. Journal of Virological Methods, 2000, 89(1-2)：129-136.

21. 刘显煜.猪伪狂犬病临床表现的多样性及控制对策[J].当代畜禽养殖业,2002(4).

22. Phillip C. Gauger, et al. An outbreak of porcine malignant catarrhal fever in a farrow-to-finish swine farm in the United States [J]. Journal of Swine Health and

production，2010，18(5)：244－248.

23. K. Dhama，et al. Rotavirus diarrhea in bovines and other domestic animals[J]. Vet Res Commun，2009，33(1)：1－23.

24. 孙泉云，潘水春.狂犬病的流行病学及其诊断[J].上海畜牧兽医通讯，2004(4).

25. Brown F，et al. Antigenic differences between isolates of swine vesicular disease virus and their relationship to Coxsackie B5 virus[J]. Nature，1973，245(5424)：315－316.

26. Marsh G A et al. Ebola Reston virus infection of pigs：clinical significance and transmission potential[J]. J Infect Dis. 2011 Nov；204 Suppl 3：S804－9.

27. Pan Y，et al. Reston virus in domestic pigs in China[J]. Arch virol，2014，159(5)：1129.

28. Weingartl H M，et al. Transmission of Ebola virus from pigs to non-human primates[J]. Sci Rep，2012，2：811.

29. Jung K，et al. Pathogenicity of 2 porcine deltacoronavirus strains in gnotobiotic pigs[J]. Emerging Infectious Diseases，2005，21(4)：650－654.

30. Wang L，et al. Detection and genetic characterization of deltacoronavirus in pigs，Ohio，USA，2014[J]. Emerging Infectious Diseases，2014，20(7)：1227－1230.

31. Camilo Guzmán-Terán，et al. Venezuelan equine encephalitis virus：the problem is not over for tropical America[J]. Ann Clin Microbiol Antimicrob，2020，19(1)：19.

32. Jaime Maldonado，et al. Evidence of the concurrent circulation of H1N2，H1N1 and H3N2 influenza A viruses in densely populated pig areas in Spain[J]. Vet J. 2006，172(2)：377－381.

33. Xian Q I，et al. Genetic Analysis and Rescue of a Triple-reassortant H3N2 Influenza A Virus Isolated From Swine in Eastern China[J]. Virologica Sinica，2009，24(1)：52－58.

34. Philbey A W，et al. Skeletal and neurological malformations in pigs congenitally infected with Menangle virus[J]. Australian Veterinary Journal，2007，85(4)：134－140.

35. 杨文友.新近发现的人畜共患病毒病——曼拉角病(Menangle disease) [J].肉品卫生，2001(6).

36. Corona E. Porcine parmyxovirus (Blue eye disease)[J]. The pig. J，2000，45：115－118.

37. Goebel S J，et al. Isolation of avian paramyxovirus 1 from a patient with a lethal case of pneumonia[J]. J Virol，2007，81(22)：12709－12714.

38. Bowden T R，et al. Molecular characterization of Menangle virus，a novel paramyxovirus which infects pigs，fruit bats，and humans[J]. Virology. 2001，283(2)：358－373.

39. Weingartl H M，et al. Recombinant nipah virus vaccines protect pigs against

challenge[J]. J Virol，2006，80(16)：7929－7938.

40. 阚保东.新的人兽共患病病原体——Nipah 病毒[J].中国人兽共患病杂志,2002(2).

41. Faísca P，et al. Sendai virus，the mouse parainfluenza type 1：a longstanding pathogen that remains up-to-date[J]. Res Vet Sci，2007，82(1)：115－125.

42. 丸山成和.アヵバネウイルスの豚感染实验[J].ウイルス,1983,33(2)：131－133.

43. Bahgat Z Youssef. The potential role of pigs in the enzootic cycle of rift valley Fever at alexandria governorate，egyp[J]. J Egypt Public Health Assoc，2009，84(3－4)：331－344.

44. Imam I Z，et al. An epidemic of Rift Valley fever in Egypt. 2. Isolation of the virus from animals[J]. Bull World Health Organ，1979，57(3)：441－443.

45. 信爱国.口蹄疫病毒致病性及抗原变异研究进展[J].上海畜牧兽医通讯,2011(4).

46. 倪德全.目前猪水疱病的防治[J].国外畜牧学(猪与禽),2012,32(12).

47. Smith A W，et al. Vesicular exanthema of swine[J]. Am Vet Med Assoc，1976，169(7)：700－703.

48. Wang Q H，et al. Prevalence of noroviruses and sapoviruses in swine of various ages determined by reverse transcription-PCR and microwell hybridization assays[J]. Journal of clinical microbiology，2006，44(6)：2057－2062.

49. Cheetham，S，et al. Pathogenesis of a Genogroup II Human Norovirus in Gnotobiotic Pigs[J]. Journal of Virology 2006，80(21)：10372－10381.

50. Dong-Jun An，et al. Encephalomyocarditis in Korea：Serological survey in pigs and phylogenetic analysis of two historical isolates[J]. Vet Microbiol，2009，137(1－2)：37－44.

51. Reuter G，et al. Candidate New Species of Kobuvirus in Porcine Hosts[J]. Emerging Infectious Diseases，2008，14(12)：1968－1970.

52. Dong-Jun An，et al. Porcine kobuvirus from pig stool in Korea[J]. Virus Genes，2011，42(2)：208－211.

53. Seong-Jun Park，et al. Molecular detection of porcine kobuviruses in pigs in Korea and their association with diarrhea[J]. Archives of Virology，2010，155(11)：1803－1811.

54. 翁善钢.密切关注 A 型塞内卡病毒的流行与传播[J].养猪,2016(1).

55. Drobeniuc J，et al. Hepatitis E virus antibody prevalence among persons who work with swine[J]. The Journal of Infectious Diseases，2001，184(12)：1594－1597.

56. Meng X J，et al. Genetic and experimental evidence for cross-species infection by swine hepatitis E virus[J].Journal of Virology，1998，72(12)：9714－9721.

57. 方美玉,林立辉.登革病毒的研究进展[J].中华传染病杂志,2000(2).

58. Ratho R K，et al. Prevalence of Japanese encephalitis and West Nile viral infections in pig population in and around Chandigarh[J]. J Commun Dis，1999，31(2)：113－116.

59. Estela Escribano-Romero，et al. West Nile virus serosurveillance in pigs，wild

boars, and roe deer in Serbia[J]. Vet Microbiol, 2015, 176(3-4): 365-369.

60. 杜念兴.猪瘟免疫失败剖析[J].畜牧与兽医,2007,39(11).

61. 李其平.东方马脑炎病毒研究进展[J].地方病通报,1995,10(4).

62. Pursell A R, et al. Naturally occurring and artificially induced eastern encephalomyelitis in pigs[J].J Am Vet Med Assoc, 1972, 161(10): 1143-1147.

63. Izumida A, et al. Experimental infection of Getah virus in swine[J].Nihon Juigaku Zasshi, 1988, Jun; 50(3): 679-684.

64. Zhai Y G, et al. Complete sequence characterization of isolates of Getah virus (genus Alphavirus, family Togaviridae) from China [J]. J Gen Virol, 2008 Jun; 89(Pt 6): 1446-1456.

65. 潘雪珠,粟寿初.猪细小病毒灭活疫苗研究(简报)[J].上海畜牧兽医通讯,1987(5).

66. Yasuhara H, et al. Characterization of a parvovirus isolated from the diarrheic feces of a pig[J]. Nihon Juigaku Zasshi, 1989, 51(2): 337-344.

67. Krakowka, S, et al. Viral wasting syndrome of swine: experimental reproduction of postweaning multisystemic wasting syndrome in gnotobiotic swine by coinfection with porcine circovirus 2 and porcine parvovirus[J]. Vet Pathol, 2000, 37(3): 254-263.

68. Bolt D. M., et al. Non-suppurative myocarditis in piglets associated with porcine parvovirus infection[J]. J Comp Pathol. 1997, 117(2): 107-118.

69. Zeeuw E J L, et al. Study of the virulence and cross-neutralization capability of recent porcine parvovirus field isolates and vaccine viruses in experimentally infected pregnant gilts[J]. J Gen Virol, 2007, 88(Pt 2): 420-427.

70. Kekarainen T, et al. Torque teno virus infection in the pig and its potential role as a model of human infection [J]. Vet J, 2009, 180(2): 163-168.

71. Patterson A R, et al. Epidemiology and horizontal transmission of porcine circovirus type 2 (PCV2)[J]. Anim Health Res Rev, 2010, 11(2): 217-234.

72. Harding J C S, et al. Dual heterologous porcine circovirus genogroup 2a/2b infection induces severe disease in germ-free pigs[J]. Vet Microbiol, 2010, 145(3-4): 209-219.

73. Alex Eggen. Why Viraemia matters: The PCV2 debate continues[J]. Animal Science Abroad(Pigs and Poultry), 2011(3).

74. Mengeling W L, et al. Clinical effects of porcine reproductive and respiratory syndrome virus on pigs during the early postnatal interval[J]. Am J Vet Res, 1998, 59 (1): 52-55.

75. Hubálek Z, et al. Mosquito-borne viruses in Europe[J]. Parasitology Research, 2008, 103(S1): 29-43.

76. Brown D W, et al. Prevalence of neutralising antibodies to Berne virus in animals

and humans in Vellore, South India. Brief report[J]. Arch Virol, 1988, 98(3-4)：267-269.

77. Crandell, R A, et al. Isolation of infectious bovine rhinotracheitis virus from a latently infected feral pig[J]. Vet Microbiol, 1987, 14(2)：191-195.

78. 内村和也著,韩宇译.以多发性浆膜炎和关节炎为特征的仔猪大肠杆菌病[J].国外畜牧科技,1986(5).

79. 陈国营.引起哺乳期仔猪腹泻的大肠杆菌病[J].国外畜牧学(猪与禽),2012(4).

80. 陈爱平.一种新的致病菌：非典型肠致病性大肠杆菌[J].海峡预防医学杂志,2011(6).

81. 肖剑,林时作.仔猪腹泻阴沟肠杆菌的分离及鉴定[J].浙江畜牧兽医,2004(4).

82. 古文鹏.耶尔森菌致病机理研究[J].中国人兽共患病学报,2010,26(9).

83. 霍峰.猪伪结核耶新氏杆菌病[J].中国兽医杂志,2000(4).

84. 宫前千史.V因子领事性多杀巴氏杆菌引起的哺乳仔猪多发性关节炎[J].国外兽医学：畜禽传染病,1997(2).

85. 李希林,Tim Lundeen.副猪嗜血杆菌在仔猪保育期死亡中的作用及其防制[J].国外畜牧学(猪与禽),2003,23(3).

86. 刘山辉.腐败梭菌引起猪败血症的病例观察[J].中国兽医杂志,2008(7).

87. Hogh P. Necrotizing infectious enteritis in piglets, caused by Clostridium perfringens type C. 3. Pathological changes[J] Acta Vet Scand, 1969, 10(1)：57-83.

88. 顾爱民.母猪猝死症的防控体会[J].上海畜牧兽医通讯,2018(2).

89. 赵爱民.猪猝死症(诺维氏梭菌感染)及其防治[J].云南畜牧兽医,2008(4).

90. 林荣泉.疹块型猪丹毒检验技术的探讨[J].家畜传染病,1986(4).

91. 王长吉.猪急性炭疽70例[J].中国兽医杂志,1996(3).

92. 朱其太.动物李氏杆菌病[J].中国兽医杂志,1999(1).

93. 朱效俊.一例仔猪葡萄球菌病的诊治[J].上海畜牧兽医通讯,2015(6).

94. 李仲兴.肠球菌感染的研究进展[J].医学综述,2005(10).

95. 刘磊.感染猪的肠球菌致病机制及溶血素cylA基因的原核表达研究.硕士论文,河南农业大学,2009.

96. Larsson J, et al. Neonatal Piglet Diarrhoea Associated with Enteroadherent Enterococcus hirae[J]. J Comp Pathol. Aug-Oct, 2014, 151(2-3)：137-147.

97. Lu H-Z, et al. Enterococcus faecium-Related Outbreak with Molecular Evidence of Transmission from Pigs to Humans[J]. J Clin Microbiol, 2002, 40(3)：913-917.

98. 柳建新.布鲁氏菌致病及免疫机制研究进展[J].动物医学进展,2004(3).

99. 尚德秋.布鲁氏菌病及其防制[J].中华流行病学杂志,1998(2).

100. 李建唐.猪结核病病理变化的观察[J].中国兽医杂志,1982(2).

101. 钱爱东.猪非典型分枝杆菌的分离与鉴定[J].家畜传染病,1986(5).

102. 李俐.从海南病人体内分离到紫色杆菌2株[J].中华微生物学和免疫学杂志,1986(2).

103. 黄勉.幼龄野猪绿脓杆菌病的诊断[J].畜牧与兽医,2001(2).

104. 柏崎守.猪赤痢的发病机制[J].日本细菌学杂志,1984,39(3).

105. Register, Karen. Bordetella Bronchiseptica-a New Look at An Old Pathogen (Article to Appearin Pig Progress, a Trade Journal Published by Elsevier)[J]. Pig Progress, 2000, June.

106. 姚龙涛.猪增生性肠病[J].动物科学与动物医学,2005(10).

107. 易曙光.猪巴尔通氏体病的诊断[J].中国兽医杂志.1996(9).

108. 邱昌庆.衣原体致病机制的研究进展[J].河北科技师范学院学报,2010(4).

109. 邱昌庆.用位点杂交技术检测猪源沙眼衣原体[J].畜牧兽医科技信息,2000(4).

110. 徐学平.畜禽鹦鹉热衣原体病的研究进展[J].中国兽医科技,1990(10).

111. 朱其太.衣原体分类新进展[J].中国兽医杂志,2001(4).

112. 汪文滢. 猪锥虫病临床病例报告[J]. 中国兽医杂志,1980(9).

113. 嘉峪关市畜牧兽医站.弓形体病概述[J].畜牧兽医简讯,1978(4).

114. G Reiner, et al. Genetic resistance to Sarcocystis miescheriana in pigs following experimental infection[J]. Vet Parasitol, 2007, 145(1 - 2): 2 - 10.

115. 廖延雄.动物的肺孢子感染[J].畜牧与兽医,2006(4).

116. Saovanee Leelayoova, et al. Genotypic characterization of Enterocytozoon bieneusi in specimens from pigs and humans in a pig farm community in Central Thailand [J]. J Clin Microbiol. 2009 May; 47(5): 1572 - 1574.

117. Jeong D K, et al. Occurrence and genotypic characteristics of Enterocytozoon bieneusi in pigs with diarrhea[J]. Parasitol Res. 2007 Dec; 102(1): 123 - 128.

118. 黄文德.上海地区猪肺吸虫病的初步调查[J].中国兽医杂志,1980(10).

119. 孙维东.胰阔盘吸虫病[J].中国兽医杂志,1984(10).

120. 杉木正笃.豚の"フブ川"状绦虫[J].东京南山堂,1939.

121. 包怀恩.我国亚洲牛带绦虫研究的现状和展望[J].热带医学杂志,2002(3).

122. 刘子权.猪细颈囊尾蚴病在广西的流行情况调查[J].畜牧与兽医,1987(6).

123. 张碧莲.用狗哺养仔猪发生急性细颈囊尾蚴病[J].中国兽医杂志,1982(2).

124. 朵红.棘球绦虫分类学研究进展[J].上海畜牧兽医通讯,2011(1).

125. 王九江.在朝阳地区首次发现盛氏许壳绦虫[J].辽宁畜牧兽医,1984(3).

126. 糜宏年.种公猪毛首线虫病例[J].畜牧与兽医,1984(4).

127. Schoneweis D A, et al. Trichuris suis infection in young pigs[J]. Vet Med Small Anim Clin. 1970 Jan; 65(1): 63 - 66.

128. piFarleigh E A. Observations on the pathogenic effects of Trichuris ovis in sheep under drought conditions[J]. Aust Vet J, 1966 Dec; 42(12): 462 - 463.

129. Stewart T B. Economics of endoparasitism of pigs[J]. Pig News and Information, 2001, 22(1): 29 - 30.

130. 全秀振.猪类圆线虫引起皮肤湿疹的防治措施[J].当代畜禽养殖业,2002(6).

131. Stewart T B, et al. Strongyloides ransomi: prenatal and transmammary infection of pigs of sequential litters from dams experimentally exposed as weanlings[J]. Am J Vet Res, 1976 May; 37(5): 541-544.

132. 曹同雪.猪浆膜丝虫致死试验[J].西南民族学院学报（自然科学版）,1992(1).

133. 阮正祥.贵州省毕节地区猪蛭形巨吻棘头虫感染情况初报[J].中国兽医寄生虫病,1997(3).

134. Asha K, et al. Emerging Influenza D Virus Threat: What We Know so Far! [J]. J Clin Med., 2019, 8(2): 192.

135. Snoeck C J, et al. Influenza D Virus Circulation in Cattle and Swine, Luxembourg, 2012-2016[J]. Emerg Infect Dis., 2018 Jul; 24(7): 1388-1389.

136. Ferguson L, et al. Influenza D Virus Infection in Feral Swine Populations, United States[J]. Emerg Infect Dis., 2018 Jun; 24(6): 1020-1028.

137. Su S, et al. Novel Influenza D virus: Epidemiology, pathology, evolution and biological characteristics[J]. Virulence, 2017, 8(8): 1580-1591.

138. Chiapponi C, et al. Detection of Influenza D Virus among Swine and Cattle, Italy [J]. Emerg Infect Dis., 2016 Feb; 22(2): 352-354.

139. Chen Y, et al. Evolution and Genetic Diversity of Porcine Circovirus 3 in China [J]. Viruses, 2019, 11(9): 786.

140. Qi S H, et al. Molecular detection and phylogenetic analysis of porcine circovirus type 3 in 21 Provinces of China during 2015-2017[J]. Transbound Emerg Dis., 2019 Mar; 66(2): 1004-1015.

141. Jiang H J, et al. Induction of Porcine Dermatitis and Nephropathy Syndrome in Piglets by Infection with Porcine Circovirus Type 3[J]. J Virol, 2019, 93(4): e02045-18.

142. Kedkovid R, et al. Porcine circovirus type 3 (PCV3) shedding in sow colostrum [J]. Vet Microbiol, 2018 Jul; 220: 12-17.

143. Franzo G, et al. Porcine circovirus type 3: a threat to the pig industry? [J]. Vet Rec, 2018, 182(3): 83.

144. Kim H J, et al. Outbreak of African swine fever in South Korea, 2019[J]. Transbound Emerg Dis, 2020 Mar; 67(2): 473-475.

145. Jia L J, et al. Nanopore sequencing of African swine fever virus[J]. Sci China Life Sci., 2020 Jan; 63(1): 160-164.

146. Ge S Q, et al. An extra insertion of tandem repeat sequence in African swine fever virus, China, 2019[J]. Virus Genes, 2019 Dec; 55(6): 843-847.

147. Li L, et al. Infection of African swine fever in wild boar, China, 2018[J]. Transbound Emerg Dis., 2019 May; 66(3): 1395-1398.

148. Ge S Q et al. Molecular Characterization of African Swine Fever Virus, China,

2018[J]. Emerg Infect Dis., 2018 Nov; 24(11): 2131 - 2133.

149. Qin P, et al. Characteristics of the Life Cycle of Porcine Deltacoronavirus (PDCoV) In Vitro: Replication Kinetics, Cellular Ultrastructure and Virion Morphology, and Evidence of Inducing Autophagy[J]. Viruses, 2019 May 18; 11(5): 455.

150. Zhang H L, et al. Prevalence, phylogenetic and evolutionary analysis of porcine deltacoronavirus in Henan province, China[J]. Prev Vet Med., 2019 May 1; 166: 8 - 15.

151. Mai K, et al. The detection and phylogenetic analysis of porcine deltacoronavirus from Guangdong Province in Southern China[J]. Transbound Emerg Dis., 2018 Feb; 65 (1): 166 - 173.

152. Zhai S L, et al. Occurrence and sequence analysis of porcine deltacoronaviruses in southern China[J]. Virol J., 2016 Aug 5; 13: 136.

153. Hu H, et al. Isolation and characterization of porcine deltacoronavirus from pigs with diarrhea in the United States[J]. J Clin Microbiol., 2015 May; 53(5): 1537 - 1548.

154. Meng Q, et al. Molecular detection and genetic diversity of porcine bocavirus in piglets in China[J]. Acta Virologica, 2018, 62(4): 343 - 349.

155. Mohan Jacob D, et al. First molecular detection of porcine bocavirus in Malaysia [J]. Tropical Animal Health & Production, 2018, 50(4): 733 - 739.

156. Zhang QZ, et al. Evolutionary, epidemiological, demographical, and geographical dissection of porcine bocavirus in China and America[J]. Virus Res, 2015; 195: 13 - 24.

157. Zhou F, et al. Porcine bocavirus: achievements in the past five years[J]. Viruses. 2014; 6(12): 4946 - 4960.

158. Zhang H B, et al. Porcine bocaviruses: genetic analysis and prevalence in Chinese swine population[J]. Epidemiology & Infection, 2011, 139(10): 1581 - 1586.

159. Jian-QH, et al. Progress on Porcine Senecavirus [J]. Progress in Veterinary Medicine, 2019(3).

160. Sun Y, Cheng J, Wu R T, et al. Phylogenetic and Genome Analysis of 17 Novel Senecavirus A Isolates in Guangdong Province, 2017[J]. Frontiers in Veterinary Science, 2018, 5.

161. Zhang X, et al. Identification and genomic characterization of the emerging Senecavirus A in southeast China, 2017[J]. Transboundary & Emerging Diseases, 2018, 65(2): 297 - 302.

162. Leme R A, et al. Senecavirus A: An Emerging Vesicular Infection in Brazilian Pig Herds[J]. Transboundary & Emerging Diseases, 2015, 62(6): 603 - 611.

163. Fayer R., et al. Blastocystis tropism in the pig intestine [J]. Parasitology Research, 2014, 113(4): 1465 - 1472.

164. Wenqi Wang, et al. Molecular epidemiology of Blastocystis in pigs and their in-

contact humans in Southeast Queenslang, Australia, and Cambodia[J]. Vet parasitology, 2014, 203(3 - 4): 264 - 269.

165. Carla M F Rodrigues, et al. Expanding our knowledge on African trypanosomes of the subgenus Pycnomonas A novel Trypanosoma suis-like in tsetse flies, livestock and wild ruminants sympatric with Trypanosoma suis in Mozambique[J]. Infect Genet Evol 2020 Mar; 78: 104 - 143.